U0189398

拉汉世界鱼类系统名典

伍汉霖　邵广昭　赖春福　庄棣华　林沛立 ◎ 编著

Latin-Chinese Dictionary of Fish Names by Classification System

中国海洋大学出版社
·青岛·

图书在版编目（CIP）数据

拉汉世界鱼类系统名典／伍汉霖等编著. —青岛：中国
海洋大学出版社, 2017.9
ISBN 978-7-5670-1538-8

Ⅰ.①拉…　Ⅱ.①伍…　Ⅲ.①鱼类—词典—拉丁语、汉语
Ⅳ.①Q959.4-61

中国版本图书馆CIP数据核字（2017）第204801号

版权合同登记号：图字15-2017-202

编者：伍汉霖，邵广昭，赖春福，庄棣华，林沛立
台湾水产出版社，2012
台湾基隆市七堵区永富路10号2楼
ISBN 978-957-8596-76-4
http://www.scppress.com；http://www.taiwan-fisheries.com.tw
scp@seed.net.tw；scpster@gmail.com

出版发行	中国海洋大学出版社		
社　　址	青岛市香港东路23号	邮政编码	266071
网　　址	http://www.ouc-press.com		
出 版 人	杨立敏		
电子信箱	465407097@qq.com		
订购电话	0532-82032573（传真）		
责任编辑	董　超	电　　话	0532-85902342
印　　制	青岛国彩印刷有限公司		
版　　次	2017年9月第1版		
印　　次	2017年9月第1次印刷		
成品尺寸	210 mm × 297 mm		
印　　张	38.75		
字　　数	2700千		
印　　数	1-1500		
定　　价	258.00元		

发现印装质量问题，请致电0532-88193177，由印刷厂负责调换。

陈　序

在地球生物漫长的演化过程中，鱼类处于十分关键的地位，即使用"承前启后"四个字来形容它们所扮演的角色，似乎一点也不嫌过分。它们打从亿万年前的古生代崭露头角以来，不知道有多少种类曾经在生命的大舞台粉墨登场，也不知道有多少种鱼像走马灯或跑龙套似的扮演了一定的角色之后，黯然地退出了舞台，就此消失得无踪，或成为化石。而现生的鱼类，依旧种类繁多、品相复杂，从高山湖泊到海底深渊，几乎可以说有水就有鱼，鱼类与人类的经济活动有着密切的关系，对人类的生存发展也具有重大的意义。

正确使用鱼类名称，不仅在鱼类分类学研究上十分重要，在科学研究、教育倡导、水产利用、生态保育等工作中也至关重要。因此，物种拉丁学名的有效与否，及其所对应的世界各国不同语言及文字的该鱼种之名称（俗名），就必须由分类学者来负责厘定或命名。为避免混淆或彼此沟通上的方便，每一种鱼的俗名在每一个国家或每一种文字，就最好能有统一的鱼名，而避免各呼其名。

海峡两岸分隔已久，60多年来已使两岸绝大部分鱼的中文名不一致，影响及阻碍了两岸的交流与合作。除了各学科名词翻译对照已在两岸间推动了多年之外，生物中文名的两岸对照和统一也应尽速推动。很高兴看到水产出版社成立以来，一直关注及致力于介绍和推广海洋、水产、生物、环境科技等各项相关的知识及信息，尤其在两岸交流上，20多年来亦不遗余力。

从1995年开始，该社就邀请两岸著名的鱼类分类学家伍汉霖及邵广昭教授，开始着手搜集整理全球鱼类分类文献最新且有效的种名，并给予每一属及每一种一个名称。在1999年7月出版的《拉汉世界鱼类名典》，共收录全球鱼种数26 600种。

近些年来，全球采集及调查方法的进步，使调查范围深入到许多未曾探勘过的水域，加上DNA研究及鉴定方法的运用，发现了更多的新种及隐蔽种，而全球新鱼种的增加速度，在近五年内，已达每年平均近800种，分类系统在这期间也经过大幅度的修订。

因此，他们决定重新整理编写并照分类系统来编排，故书名改为《拉汉世界鱼类系统名典》。目前此书共收录31 707个有效学名及792个同种异名，及其中文名。

此外，也标注了有哪些鱼种过去曾在大陆及台湾记录过，以及是否外来或入侵种等，使得此书也成为两岸鱼类最新及最权威的名录资料。这本名典，中文命名的修订以及大陆地区有效鱼种查核的工作由上海海洋大学水产与生命学院鱼类学研究室负责，台湾地区鱼类名录的查核及整理，以及全书档案的编辑和数据库比对工作则是由台北"中央研究院生物多样性研究中心"鱼类生态进化研究室负责，耗时两年半才完成此次名典改版的艰巨工作。

此名典之出版，可提供给海内外从事鱼类分类、生态、资源及多样性研究与保护、水产学、进出口商品检验等相关领域的教学科研、产业的师生阅读参考。本人十分乐见到这部新编的鱼类名典付梓上市，在此亦表敬贺之忱。

谨识

院士、中国国家自然科学基金委员会主任

2012年3月22日

沈　序

　　本书作者邀请我为该书撰序，可能因为我在1986年及2003年曾经分别出版过《中、英、日、拉世界鱼类名典》及《鱼类名词》两本书，所以每次提到"世界的鱼名"就觉得头大，因为当年编撰那两本书时，由于工程浩大，而备感艰辛。当年的世界鱼种数只有两万左右，但时至今日，本书中的统计，已多达31 707种，据邵广昭教授研究团队所建置的台湾鱼类数据库最新数据的统计，台湾的鱼种数也已有3 100种，占了世界鱼种数的1/10。大陆或台湾的鱼种虽然各自都已有了中文的名称，但海峡两岸的名称大多数均不一致，甚至在同一地区内的同一种鱼也有几个不同的中文名，更别说还有百分之八九十的世界鱼种，因未分布或引入大陆和台湾，也大多还没有给它们命中文名。一般人或许认为如没有中文名，就给它取个中文名还不简单吗？岂不知所有生物的学名，有99%都是由外国人以拉丁文或是希腊文来命名的，而学名包括属名或（亚属名）加种小名或（亚种名）再加上命名者及命名年代，这才是一个完整的学名，所以给鱼取个名字也不像想象中那么简单，如果我们要依据学名来翻译成中文名，还真是要大费周章。学分类的人都知道属名是"名词"，种小名多是"形容词"，如*Engraulis*是希腊文，意思是一种小鱼，而我们叫作"鳀"，*japonicus*是日本的拉丁化的英文，所以这种鱼的中文名是"日本鳀"，这样翻译的名字才不会违背原意，虽然如此，但是有多少人懂拉丁文和希腊文呢？这就需要去查原始描述文献中的词源学（etymology），了解其原意后，再来命中文名才会正确，当然20世纪的还容易查到，18、19世纪的可就难了，所以鱼名的翻译不是一般人所想的给它取一个名字那么简单，这就是我在前面所提到头大的原因了。

　　总之，作者们这次能够不计成本，花费这么多年的精力，重新改编1999年所出版的《拉汉世界鱼类名典》，否定传统分类的人士一定会嗤笑你们这一群傻子，在为谁辛苦，为谁忙呢？大家可以看到所有的动、植物的学名99%都是由欧美人士所命名的，那是因为两个半世纪前他们就在世界各地搜集动、植物标本带回国去做形态分类的研究，因此他们用以命名的模式标本都保留在他们自己的国家，我们晚了他们两个半世纪才开始有华人来命名新种，自然难以迎头赶上。但往者已矣，来者可追，盼有识之士，仍能认识到生物多样性的领域中基础分类学的重要性。因此，在这里我们应该为作者们能有这股热忱、勇气及高瞻远瞩来完成此书的改编，予以肯定与鼓励。特别是他们摒弃了1999年《拉汉世界鱼类名典》编排的旧模式，除了增加甚多的新种鱼类外，更提供了使用者对鱼类演化史的概念，可以说是本书的另一大贡献。

沈世杰

于台大动研所名誉教授研究室
2012年3月20日

前　言

一、目的及缘由

本书搜集整理修订目前全球所记录或发表过的鱼种，分别给予中文名，并将两岸过去分隔60多年来已几乎完全不同的鱼种中文名对照并列，以便提供两岸学术、文化及经贸交流查询使用，随着两岸关系日益密切，将来不论在研究、教育、保育或经营管理的合作上，希望能够有所帮助。更盼望本书能够作为两岸，乃至于全球华人统一鱼类中文名称的基础。

1999年7月出版《拉汉世界鱼类名典》后迄今已逾十二载。这期间由于采集及调查方法的进步，使调查范围深入到许多未曾探勘过的水域，加上DNA研究及鉴定方法的运用，发现了更多新种及隐蔽种。分类系统在这期间也经过大幅度的修订，网络信息新技术的运用也使得搜寻数据、查核标本更为便捷，甚至已经能在网络上快速地发表分类报告。因此全球新鱼种的增加速度，在近五年内（2006~2011）已达每年平均772种，比起过去Nelson1994年的 *Fishes of The World* 第三版到其2006年第四版间每年平均增加296种，要快了2.6倍。1999年7月出版的《拉汉世界鱼类名典》记录了全球鱼种数26 600种，到2011年年底增加到31 707种，增加了5 000种有效种，科别也从482科增加到515科，加上分类系统变动而需增加修订的学名或异名等，总数已达上万之多。虽然这些拉丁学名在"中央研究院"的台湾鱼类数据库中已尽可能地随时修订，但为维持中文名命名的一贯性，中文名并未配合做修订。因此在两年半前我们开始着手进行《拉汉世界鱼类名典》的改版工作，此项中文名的修订以及大陆有效鱼种查核的工作由上海海洋大学负责；台湾鱼类名录的查核及整理，以及全书档案的编辑和数据库比对工作则是由"中央研究院"负责；出版工作则由水产出版社负责。经过过去两年多来的努力，很高兴此书终于可以付梓。

为了方便读者使用此书，本书的编排方式与旧版有很大的差异，本书为全球第一本以分类系统演化次序排列的鱼名专著，并在书后增加种名、属及属级以上学名以及中文名的索引，因此本书已非1999年《拉汉世界鱼类名典》的再版或修订版，而是一本重新编印的新书，因此书名改为《拉汉世界鱼类系统名典》。

二、本书与1999年出版之《拉汉世界鱼类名典》相异处

表1　本书与1999年出版之《拉汉世界鱼类名典》相异处

	旧版	新版
1.书名	拉汉世界鱼类名典	拉汉世界鱼类系统名典
2.内容排列方式	依英文字母排列	依鱼类演化分类系统排列
3.分布信息	以*号表示台湾及大陆均有分布之鱼种	在各种鱼名后直接加注 陆 表示产于大陆； 台 表示产于台湾； 陆 表示被引进大陆； 台 表示被引进台湾
4.鱼科、属、种数	482科，4 949属，26 600种有效名及3 000种异名	515科，4 930属，31 707种有效名及792个异名
5.索引	无索引功能	（1）种名、属及属级以上学名分别依拉丁名字母编排索引。 （2）按中文名笔画数编排索引
6.文献	共列有197篇	共140篇，包括2000~2011年之重要参考文献
7.附录	Nelson第三版之科级分类系统，共482科	（1）依据Nelson 2006年出版的第四版之分类系统，共515科，并改为目录置于书前。 （2）提供"台湾及香港鱼类俗名对照表"。 （3）提供"科中文名歧异概况一览表"
8.序	沈世杰	陈宜瑜及沈世杰
9.页数	1 028页÷2=514张，以单栏排版	不含附录约600页÷2=300张，以双栏排版
10.编著	伍汉霖、邵广昭、赖春福	伍汉霖、邵广昭、赖春福、庄棣华、林沛立

三、《拉汉世界鱼类系统名典》中文名之命名原则

1. 沿用旧版的属中文名及种中文名，每个鱼种的中文名皆不同，每个属的中文名也都不同。

2. 分类系统以Nelson（2006）版为原则，目前收录31 707个有效学名及792个同种异名。

3. 中文命名原则以拉丁文原意为准，若有地方性长期习惯使用名称，则予引用，以方便大众。

4. 学名以发现地之地名命名时，原则上用中文直接音译，但是如果地名难以音译或是不太为人们所熟知，则以物种分布之大区域或国家名称命名。例如*Parotocinclus aripuanensis*命名为巴西耳孔鲇；*Parotocinclus cearensis*命名为南美耳孔鲇。

5. 学名以人名命名时，原则上用中文直接音译，当同属中有相近音译时，为避免混淆，改以物种分布之大区域或国家名称命名。例如*Eptatretus springeri*命名为斯氏黏盲鳗；*Eptatretus stoutii*命名为太平洋黏盲鳗。

四、两岸对鱼种有效性及分布涵盖区域之认定及中文命名的差异

1. 物种有效名之认定有时在不同学者之间会有不同的分类观点，且难以取得共识，本名典中学名之有效性基本上是依Eschmeyer的Catalog of Fishes网站最新资料及最新出版的分类文献为基准来修订，特别是台湾的海水鱼之部分，而淡水鱼或海水虾虎鱼学名之有效性则是以大陆方面之分类观为主，软骨鱼之六鳃𫚉亦为有争议之类群。

2. 由于两岸对外来种或入侵种之定义不同，故在外来种之认定上，台湾将已在自然环境下繁衍者列入标识，大陆则将少数外来养殖种类列入，其余全数剔除标识。

3. 在中文名之采用上，大陆及台湾过去已惯用之鱼名均沿用并列对照，譬如大陆的"虎鲨"及"豹纹鲨"，在台湾则分别称为"异齿鲨"及"虎鲨"；大陆的"麻哈鱼"属，在台湾则习惯称为"钩吻鲑"属。对于惯用程度不高的中文名，即借此机会更改，力求简洁统一，例如台湾使用的"鲛"，大部分均改为"鲨"。如果中文鱼名中已经有鱼字旁的字，原则上后面就不再加鱼字，如"梭鱼"中要有鱼字，如用"鲛"则不加鱼字。

4. 在分类系统方面，本书采用Nelson（2006）版*Fishes of The World*书中的分类系统。在科中文名方面，于附录中将两岸不一致的部分以及其他不同的用法或别名列在对照表中，以供查阅。

5. "陆"所涵盖的分布范围除大陆外还包括香港及澳门，但并不包括"台"所指的台、澎、金、马及东沙及南沙太平岛之鱼种在内。

五、中国鱼类的总数

全书共收集世界鱼类有效学名31 707个，同种异名792个。大陆和台湾产鱼类总计4 981种，产于大陆者3 927种（含被引进大陆者37种），产于台湾者3 093种（含被引进台湾者38种），大陆及台湾均有分布者2 039种。

六、致谢

此书的完成，首先要感谢林永昌先生在排版程序设计及数据库技术上给予大力的协助。更要谢谢周伟、陈小勇、张鹗、赵亚辉、张春光、黄宗国、唐文乔、钟俊生等教授的协助。还要谢谢陈义雄、于名振（已过世）、陈鸿鸣、何宣庆、廖德裕以及中坊彻次、濑能宏、蓝泽正宏等学者的帮忙。也要感谢台湾鱼类各类群的专家们协助审阅相关的目、科。最后更要谢谢中国自然科学基金会的陈宜瑜主任及台湾大学荣退的沈世杰教授愿意帮忙写推荐序，真是令我等感到万分荣幸。

编者

伍汉霖、邵广昭、赖春福、庄棣华、林沛立

2012年3月15日

目　录

本书格式图例说明：

● 中文名以分号区隔并列时，前者为大陆使用的中文名，后者为台湾使用的中文名。
● 符号 陆 表示产于大陆。
● 符号 ㊦ 表示被引进大陆。
● 符号 台 表示产于台湾。
● 符号 ㊠ 表示被引进台湾。
● syn.表示为异名。
● 科名前方的编号为 Nelson (2006) *Fishes of World* 书中的科名编号。

Legend Description:

● When two Chinese names are separated by a semicolon, the former is used in mainland China and the latter is used in Taiwan.
● 陆 occurred in mainland China;
● ㊦ introduced into mainland China;
● 台 occurred in Taiwan;
● ㊠ introduced into Taiwan.
● syn. (synonym)
● The assigned number before a family name was based on the 4th ed. of *Fishes of the World* (Nelson, 2006).

Class Myxini 盲鳗纲

Order Myxiniformes 盲鳗目

Family 001 Myxinidae 盲鳗科

Genus *Eptatretus* Cloquet, 1819 黏盲鳗属

Eptatretus alastairi Mincarone & Fernholm, 2010 阿拉氏黏盲鳗

Eptatretus ancon (Mok, Saavedra-Diaz & Acero P., 2001) 隅黏盲鳗

Eptatretus astrolabium Fernholm & Mincarone, 2010 星唇黏盲鳗

Eptatretus atami (Dean, 1904) 阿塔氏黏盲鳗

Eptatretus bischoffii (Schneider, 1880) 比氏黏盲鳗

Eptatretus burgeri (Girard, 1855) 蒲氏黏盲鳗;布氏黏盲鳗 陆 台

Eptatretus caribbeaus Fernholm, 1982 加勒比海黏盲鳗

Eptatretus carlhubbsi McMillan & Wisner, 1984 卡氏黏盲鳗

Eptatretus cheni (Shen & Tao, 1975) 陈氏黏盲鳗 台

Eptatretus chinensis Kuo & Mok, 1994 中华黏盲鳗 台

Eptatretus cirrhatus (Forster, 1801) 新西兰黏盲鳗

Eptatretus deani (Evermann & Goldsborough, 1907) 黑黏盲鳗

Eptatretus eos Fernholm, 1991 塔斯曼海黏盲鳗

Eptatretus fernholmi McMillan & Wisner, 2004 费氏黏盲鳗

Eptatretus fritzi Wisner & McMillan, 1990 弗氏黏盲鳗

Eptatretus goliath Mincarone & Stewart, 2006 宽尾黏盲鳗

Eptatretus gomoni Mincarone & Fernholm, 2010 戈氏黏盲鳗

Eptatretus grouseri McMillan, 1999 格氏黏盲鳗

Eptatretus hexatrema (Müller, 1836) 六鳃黏盲鳗

Eptatretus indrambaryai Wongratana, 1983 安达曼黏盲鳗

Eptatretus lakeside Mincarone & McCosker, 2004 紫橙黏盲鳗

Eptatretus laurahubbsae McMillan & Wisner, 1984 劳拉黏盲鳗

Eptatretus longipinnis Strahan, 1975 长鳍黏盲鳗

Eptatretus lopheliae Fernholm & Quattrini, 2008 美洲黏盲鳗

Eptatretus mcconnaugheyi Wisner & McMillan, 1990 麦氏黏盲鳗

Eptatretus mccoskeri McMillan, 1999 马科斯黏盲鳗

Eptatretus mendozai Hensley, 1985 门氏黏盲鳗

Eptatretus menezesi Mincarone, 2000 梅内兹黏盲鳗

Eptatretus minor Fernholm & Hubbs, 1981 小黏盲鳗

Eptatretus moki (McMillan & Wisner, 2004) 莫氏黏盲鳗

Eptatretus multidens Fernholm & Hubbs, 1981 多齿黏盲鳗

Eptatretus nanii Wisner & McMillan, 1988 南氏黏盲鳗

Eptatretus nelsoni (Kuo, Huang & Mok, 1994) 纽氏黏盲鳗 台

Eptatretus octatrema (Barnard, 1923) 八孔黏盲鳗

Eptatretus okinoseanus (Dean, 1904) 紫黏盲鳗 陆 台

Eptatretus polytrema (Girard, 1855) 多孔黏盲鳗

Eptatretus profundus (Barnard, 1923) 五鳃黏盲鳗

Eptatretus rubicundus Kuo, Lee & Mok, 2010 红尾黏盲鳗 台

Eptatretus sheni (Kuo, Huang & Mok, 1994) 沈氏黏盲鳗 台

Eptatretus sinus Wisner & McMillan, 1990 海湾黏盲鳗

Eptatretus springeri (Bigelow & Schroeder, 1952) 斯氏黏盲鳗

Eptatretus stoutii (Lockington, 1878) 太平洋黏盲鳗

Eptatretus strahani McMillan & Wisner, 1984 史氏黏盲鳗

Eptatretus strickrotti Møller & Jones, 2007 长体黏盲鳗

Eptatretus taiwanae (Shen & Tao, 1975) 台湾黏盲鳗 台

Eptatretus walkeri (McMillan & Wisner, 2004) 沃氏黏盲鳗

Eptatretus wayuu Mok, Saavedra-Diaz & Acero P., 2001 韦氏黏盲鳗

Eptatretus wisneri McMillan, 1999 怀氏黏盲鳗

Eptatretus yangi (Teng, 1958) 杨氏黏盲鳗 台

Genus *Myxine* Linnaeus, 1758 盲鳗属

Myxine affinis Günther, 1870 安芬盲鳗

Myxine australis Jenyns, 1842 澳洲盲鳗

Myxine capensis Regan, 1913 南非盲鳗

Myxine circifrons Garman, 1899 圆身盲鳗

Myxine debueni Wisner & McMillan, 1995 德布氏盲鳗

Myxine dorsum Wisner & McMillan, 1995 长背盲鳗

Myxine fernholmi Wisner & McMillan, 1995 费氏盲鳗

Myxine formosana Mok & Kuo, 2001 台湾盲鳗 台

Myxine garmani Jordan & Snyder, 1901 紫盲鳗

Myxine glutinosa Linnaeus, 1758 大西洋盲鳗

Myxine hubbsi Wisner & McMillan, 1995 赫氏盲鳗

Myxine hubbsoides Wisner & McMillan, 1995 似赫氏盲鳗

Myxine ios Fernholm, 1981 白头盲鳗

Myxine jespersenae Møller, Feld, Poulsen, Thomsen & Thormar, 2005 白首盲鳗

Myxine knappi Wisner & McMillan, 1995 克氏盲鳗

Myxine kuoi Mok, 2002 郭氏盲鳗 台

Myxine limosa Girard, 1859 泞盲鳗

Myxine mccoskeri Wisner & McMillan, 1995 麦氏盲鳗

Myxine mcmillanae Hensley, 1991 麦克米伦盲鳗

Myxine paucidens Regan, 1913 少牙盲鳗

Myxine pequenoi Wisner & McMillan, 1995 佩氏盲鳗

Myxine robinsorum Wisner & McMillan, 1995 加勒比盲鳗

Myxine sotoi Mincarone, 2001 巴西盲鳗

Genus *Nemamyxine* Richardson, 1958 线盲鳗属

Nemamyxine elongata Richardson, 1958 长体线盲鳗

Nemamyxine kreffti McMillan & Wisner, 1982 克氏线盲鳗

Genus *Neomyxine* Richardson, 1953 新盲鳗属

Neomyxine biniplicata (Richardson & Jowett, 1951) 新盲鳗

Genus *Notomyxine* Nani & Gneri, 1951 南盲鳗属

Notomyxine tridentiger (Garman, 1899) 叉齿南盲鳗

Genus *Paramyxine* Dean, 1904 副盲鳗属

Paramyxine fernholmi Kuo, Huang & Mok, 1994 费氏副盲鳗 陆 台

Paramyxine wisneri Kuo, Huang & Mok, 1994 怀氏副盲鳗 台

Class Petromyzontia 七鳃鳗纲

Order Petromyzontiformes 七鳃鳗目

Family 002 Petromyzontidae 七鳃鳗科

Genus *Caspiomyzon* Berg, 1906 里海七鳃鳗属

Caspiomyzon graecus (Renaud & Economidis, 2010) 希腊里海七鳃鳗

Caspiomyzon hellenicus (Vladykov, Renaud, Kott & Economidis, 1982) 海伦里海七鳃鳗

Caspiomyzon wagneri (Kessler, 1870) 里海七鳃鳗

Genus *Eudontomyzon* Regan, 1911 双齿七鳃鳗属

Eudontomyzon danfordi Regan, 1911 多瑙河双齿七鳃鳗

Eudontomyzon lanceolata (Kux & Steiner, 1972) 矛状双齿七鳃鳗

Eudontomyzon mariae (Berg, 1931) 乌克兰双齿七鳃鳗

Eudontomyzon stankokaramani Karaman, 1974 斯氏双齿七鳃鳗

Eudontomyzon vladykovi Oliva & Zanandrea, 1959 粗首双齿七鳃鳗

Genus *Ichthyomyzon* Girard, 1858 鱼吸鳗属(单鳍七鳃鳗属)

Ichthyomyzon bdellium (Jordan, 1885) 俄亥俄鱼吸鳗

Ichthyomyzon castaneus Girard, 1858 栗色鱼吸鳗

Ichthyomyzon fossor Reighard & Cummins, 1916 北美鱼吸鳗

Ichthyomyzon gagei Hubbs & Trautman, 1937 南方鱼吸鳗

Ichthyomyzon greeleyi Hubbs & Trautman, 1937 格氏鱼吸鳗

Ichthyomyzon unicuspis Hubbs & Trautman, 1937 银色鱼吸鳗

Genus *Lampetra* Malm, 1863 七鳃鳗属

Lampetra aepyptera (Abbott, 1860) 陡鳍七鳃鳗

Lampetra alaskensis (Vladykov & Kott, 1978) 阿拉斯加七鳃鳗

Lampetra appendix (DeKay, 1842) 溪七鳃鳗

Lampetra ayresii (Günther, 1870) 河七鳃鳗

Lampetra fluviatilis (Linnaeus, 1758) 七鳃鳗

Lampetra folletti (Vladykov & Kott, 1976) 北美七鳃鳗

Lampetra geminis (Alvarez, 1964) 双生七鳃鳗

Lampetra hubbsi (Vladykov & Kott, 1976) 赫氏七鳃鳗

Lampetra lamottenii (Lesueur, 1827) 拉蒙德七鳃鳗

Lampetra lethophaga Hubbs, 1971 皮特河七鳃鳗

Lampetra macrostoma Beamish, 1982 大口七鳃鳗

Lampetra minima Bond & Kan, 1973 米勒湖七鳃鳗

Lampetra morii Berg, 1931 东北七鳃鳗 陆

Lampetra planeri (Bloch, 1784) 泼氏七鳃鳗

Lampetra richardsoni Vladykov & Follett, 1965 李氏七鳃鳗

Lampetra similis (Vladykov & Kott, 1979) 克拉马思河七鳃鳗

Lampetra spadicea Bean, 1887 棕色七鳃鳗

Lampetra tridentata (Richardson, 1836) 三峰七鳃鳗

Lampetra zanandreai Vladykov, 1955 赞氏七鳃鳗

Genus *Lethenteron* Creaser & Hubbs, 1922 叉牙七鳃鳗属

Lethenteron camtschaticum (Tilesius, 1811) 东亚叉牙七鳃鳗

Lethenteron japonica (Martens, 1868) 日本叉牙七鳃鳗 陆

   syn. *Lampetra japonica* (Martens, 1868) 日本七鳃鳗

Lethenteron kessleri (Anikin, 1905) 黑尾叉牙七鳃鳗

Lethenteron matsubarai Vladykov & Kott, 1978 松原叉牙七鳃鳗

Lethenteron ninae Naseka, Tuniyev & Renaud, 2009 砂栖叉牙七鳃鳗

Lethenteron reissneri (Dybowski, 1869) 雷氏叉牙七鳃鳗 陆

   syn. *Lampetra japonica* (Martens, 1868) 雷氏七鳃鳗

Genus *Petromyzon* Linnaeus, 1758 海七鳃鳗属

Petromyzon marinus Linnaeus, 1758 海七鳃鳗

Family 003 Geotriidae 囊口七鳃鳗科

Genus *Geotria* Gray, 1851 囊口七鳃鳗属

Geotria australis Gray, 1851 澳洲囊口七鳃鳗

Family 004 Mordaciidae 袋七鳃鳗科

Genus *Mordacia* Gray, 1851 袋七鳃鳗属

Mordacia lapicida (Gray, 1851) 小眼袋七鳃鳗

Mordacia mondax (Richardson, 1846) 短头袋七鳃鳗

Mordacia praecox Potter, 1968 早熟袋七鳃鳗

Class Chondrichthyes 软骨鱼纲

Subclass Holocephali 全头亚纲

Order Chimaeriformes 银鲛目

Suborder Chimaeroidei 银鲛亚目

Family 005 Callorhinchidae 叶吻银鲛科

Genus *Callorhinchus* Lacepède, 1798 叶吻银鲛属

Callorhinchus callorynchus (Linnaeus, 1758) 叶吻银鲛

Callorhinchus capensis Duméril, 1865 南非叶吻银鲛

Callorhinchus milii Bory de Saint-Vincent, 1823 米氏叶吻银鲛

Family 006 Rhinochimaeridae 长吻银鲛科

Genus *Harriotta* Goode & Bean, 1895 扁吻银鲛属(尖吻银鲛属)

Harriotta haeckeli Karrer, 1972 黑氏扁吻银鲛

Harriotta raleighana Goode & Bean, 1895 扁吻银鲛 陆

　　syn. *Harriotta opisthoptera* Deng, Xiong & Zhan, 1983 后鳍扁吻银鲛

Genus *Neoharriotta* Bigelow & Schroeder, 1950 新吻银鲛属

Neoharriotta carri Bullis & Carpenter, 1966 加勒比海新吻银鲛

Neoharriotta pinnata (Schnakenbeck, 1931) 羽状新吻银鲛

Neoharriotta pumila Didier & Stehmann, 1996 矮新吻银鲛

Genus *Rhinochimaera* Garman, 1901 长吻银鲛属

Rhinochimaera africana Compagno, Stehmann & Ebert, 1990 非洲长吻银鲛

Rhinochimaera atlantica Holt & Byrne, 1909 大西洋长吻银鲛

Rhinochimaera pacifica (Mitsukuri, 1895) 太平洋长吻银鲛 陆 台

Family 007 Chimaeridae 银鲛科

Genus *Chimaera* Linnaeus, 1758 银鲛属

Chimaera argiloba Last, White & Pogonoski, 2008 白鳍银鲛

Chimaera cubana Howell Rivero, 1936 古巴银鲛

Chimaera fulva Didier, Last & White, 2008 黄褐银鲛

Chimaera jordani Tanaka, 1905 乔氏银鲛;乔丹氏银鲛 陆 台

Chimaera lignaria Didier, 2002 钝吻银鲛

Chimaera macrospina Didier, Last & White, 2008 长棘银鲛

Chimaera monstrosa Linnaeus, 1758 大西洋银鲛

Chimaera notafricana Kemper, Ebert, Compagno & Didier, 2010 背非洲银鲛

Chimaera obscura Didier, Last & White, 2008 暗色银鲛

Chimaera owstoni Tanaka, 1905 欧氏银鲛

Chimaera panthera Didier, 1998 豹斑银鲛

Chimaera phantasma Jordan & Snyder, 1900 黑线银鲛 陆 台

Genus *Hydrolagus* Gill, 1862 兔银鲛属

Hydrolagus affinis (de Brito Capello, 1868) 深水兔银鲛

Hydrolagus africanus (Gilchrist, 1922) 非洲兔银鲛

Hydrolagus alberti Bigelow & Schroeder, 1951 大眼兔银鲛

Hydrolagus alphus Quaranta, Didier, Long & Ebert, 2006 白斑兔银较

Hydrolagus barbouri (Garman, 1908) 斑点兔银鲛

Hydrolagus bemisi Didier, 2002 比氏兔银鲛

Hydrolagus colliei (Lay & Bennett, 1839) 科氏兔银鲛

Hydrolagus deani (Smith & Radcliffe, 1912) 迪氏兔银鲛

Hydrolagus eidolon (Jordan & Hubbs, 1925) 黑兔银鲛

Hydrolagus homonycteris Didier, 2008 黑魔兔银鲛

Hydrolagus lemures (Whitley, 1939) 鬼形兔银鲛

Hydrolagus lusitanicus Moura, Figueiredo, Bordalo-Machado, Almeida & Gordo, 2005 葡萄牙兔银鲛

Hydrolagus macrophthalmus de Buen, 1959 大目兔银鲛

Hydrolagus marmoratus Didier, 2008 网纹兔银鲛

Hydrolagus matallanasi Soto & Vooren, 2004 马氏兔银鲛

Hydrolagus mccoskeri Barnett, Didier, Long & Ebert, 2006 麦氏兔银鲛

Hydrolagus melanophasma James, Ebert, Long & Didier, 2009 黑身兔银鲛

Hydrolagus mirabilis (Collett, 1904) 暗紫兔银鲛

Hydrolagus mitsukurii (Jordan & Snyder, 1904) 箕作氏兔银鲛(冬兔银鲛) 陆 台

Hydrolagus novaezealandiae (Fowler, 1911) 新西兰兔银鲛

Hydrolagus ogilbyi (Waite, 1898) 奥氏兔银鲛 陆

　　syn. *Hydrolagus tsengi* (Fang & Wang, 1932) 曾氏兔银鲛

Hydrolagus pallidus Hardy & Stehmann, 1990 苍白兔银鲛

Hydrolagus purpurescens (Gilbert, 1905) 紫色兔银鲛

Hydrolagus trolli Didier & Séret, 2002 蓝灰兔银鲛

Hydrolagus waitei Fowler, 1907 韦特氏兔银鲛

Subclass Elasmobranchii 板鳃亚纲

Order Heterodontiformes 虎鲨目

Family 008 Heterodontidae 虎鲨科;异齿鲨科

Genus *Heterodontus* Blainville, 1816 虎鲨属;异齿鲨属

Heterodontus francisci (Girard, 1855) 佛氏虎鲨;佛氏异齿鲨

Heterodontus galeatus (Günther, 1870) 眶脊虎鲨;眶脊异齿鲨

Heterodontus japonicus Maclay & Macleay, 1884 宽纹虎鲨;日本异齿鲨 陆 台

Heterodontus mexicanus Taylor & Castro-Aguirre, 1972 墨西哥虎鲨;墨西哥异齿鲨

Heterodontus omanensis Baldwin, 2005 阿曼虎鲨;阿曼异齿鲨

Heterodontus portusjacksoni (Meyer, 1793) 波氏虎鲨;波氏异齿鲨

Heterodontus quoyi (Fréminville, 1840) 瓜氏虎鲨;瓜氏异齿鲨

Heterodontus ramalheira (Smith, 1949) 白点虎鲨;白点异齿鲨

Heterodontus zebra (Gray, 1831) 狭纹虎鲨;斑纹异齿鲨 陆 台

Order Orectolobiformes 须鲨目

Suborder Parascylliioidei 斑鳍鲨亚目

Family 009 Parascylliidae 斑鳍鲨科

Genus *Cirrhoscyllium* Smith & Radcliffe, 1913 橙黄鲨属;喉须鲨属

Cirrhoscyllium expolitum Smith & Radcliffe, 1913 橙黄鲨;喉须鲨 陆

Cirrhoscyllium formosanum Teng, 1959 台湾橙黄鲨;台湾喉须鲨 台

Cirrhoscyllium japonicum Kamohara, 1943 日本橙黄鲨;日本喉须鲨 陆

Genus *Parascyllium* Gill, 1862 斑鳍鲨属

Parascyllium collare Ramsay & Ogilby, 1888 项带斑鳍鲨

Parascyllium elongatum Last & Stevens, 2008 长体斑鳍鲨

Parascyllium ferrugineum McCulloch, 1911 锈色斑鳍鲨

Parascyllium sparsimaculatum Goto & Last, 2002 散斑斑鳍鲨

Parascyllium variolatum (Duméril, 1853) 杂色斑鳍鲨

Suborder Orectoloboidei 须鲨亚目

Family 010 Brachaeluridae 长须鲨科

Genus *Brachaelurus* Ogilby, 1908 长须鲨属

Brachaelurus colcloughi Ogilby, 1908 科氏长须鲨

Brachaelurus waddi (Bloch & Schneider, 1801) 瓦氏长须鲨

Family 011 Orectolobidae 须鲨科

Genus *Eucrossorhinus* Regan, 1908 叶须鲨属

Eucrossorhinus dasypogon (Bleeker, 1867) 叶须鲨

Genus *Orectolobus* Bonaparte, 1834 须鲨属

Orectolobus floridus Last & Chidlow, 2008 花斑须鲨

Orectolobus halei Whitley, 1940 赫尔须鲨

Orectolobus hutchinsi Last, Chidlow & Compagno, 2006 哈钦斯须鲨

Orectolobus japonicus Regan, 1906 日本须鲨 陆 台

Orectolobus leptolineatus Last, Pogonoski & White, 2010 细线须鲨

Orectolobus maculatus (Bonnaterre, 1788) 斑纹须鲨 陆 台

Orectolobus ornatus (De Vis, 1883) 饰妆须鲨

Orectolobus parvimaculatus Last & Chidlow, 2008 矮斑须鲨

Orectolobus reticulatus Last, Pogonoski & White, 2008 网纹须鲨

Orectolobus wardi Whitley, 1939 渥氏须鲨

Genus *Sutorectus* Whitley, 1939 疣背须鲨属

Sutorectus tentaculatus (Peters, 1864) 疣背须鲨

Family 012 Hemiscylliidae 长尾须鲨科

Genus *Chiloscyllium* Müller & Henle, 1837 斑竹鲨属;狗鲨属

Chiloscyllium arabicum Gubanov, 1980 阿拉伯斑竹鲨;阿拉伯狗鲨

Chiloscyllium burmensis Dingerkus & DeFino, 1983 缅甸斑竹鲨;缅甸狗鲨

Chiloscyllium caeruleopunctatum Pellegrin, 1914 淡斑斑竹鲨;淡斑狗鲨

Chiloscyllium griseum Müller & Henle, 1838 灰斑斑竹鲨;灰斑狗鲨 陆台

Chiloscyllium hasseltii Bleeker, 1852 哈氏斑竹鲨;哈氏狗鲨

Chiloscyllium indicum (Gmelin, 1789) 印度斑竹鲨;印度狗鲨 陆台

　　syn. *Chiloscyllium colax* (Meuschen, 1781) 长鳍斑竹鲨

Chiloscyllium plagiosum (Anonymous [Bennett], 1830) 条纹斑竹鲨;条纹狗鲨 陆台

Chiloscyllium punctatum Müller & Henle, 1838 点纹斑竹鲨;点纹狗鲨 陆台

Genus *Hemiscyllium* Müller & Henle, 1838 长尾须鲨属

Hemiscyllium freycineti (Quoy & Gaimard, 1824) 印度尼西亚长尾须鲨

Hemiscyllium galei Allen & Erdmann, 2008 盖氏长尾须鲨

Hemiscyllium hallstromi Whitley, 1967 巴布亚长尾须鲨

Hemiscyllium henryi Allen & Erdmann, 2008 亨氏长尾须鲨

Hemiscyllium michaeli Allen & Dudgeon, 2010 迈克尔长尾须鲨

Hemiscyllium ocellatum (Bonnaterre, 1788) 斑点长尾须鲨

Hemiscyllium strahani Whitley, 1967 斯氏长尾须鲨

Hemiscyllium trispeculare Richardson, 1843 项斑长尾须鲨

Family 013 Stegostomatidae 豹纹鲨科;虎鲨科

Genus *Stegostoma* Müller & Henle, 1837 豹纹鲨属;虎鲨属

Stegostoma fasciatum (Hermann, 1783) 豹纹鲨;大尾虎鲨 陆台

Family 014 Ginglymostomatidae 铰口鲨科

Genus *Ginglymostoma* Müller & Henle, 1837 铰口鲨属

Ginglymostoma cirratum (Bonnaterre, 1788) 铰口鲨

Genus *Nebrius* Rüppell, 1837 光鳞鲨属;锈须鲨属

Nebrius ferrugineus (Lesson, 1831) 长尾光鳞鲨;锈须鲨 陆台

　　syn. *Nebrius macrurus* (Garman, 1913) 光鳞鲨

Genus *Pseudoginglymostoma* Dingerkus, 1986 拟铰口鲨属

Pseudoginglymostoma brevicaudatum (Günther, 1867) 拟铰口鲨

Family 015 Rhincodontidae 鲸鲨科

Genus *Rhincodon* Smith, 1829 鲸鲨属

Rhincodon typus Smith, 1828 鲸鲨 陆台

Order Lamniformes 鼠鲨目;鲭鲨目

Family 016 Odontaspididae 砂锥齿鲨科

Genus *Carcharias* Rafinesque, 1810 锥齿鲨属

Carcharias taurus Rafinesque, 1810 锥齿鲨 陆台

　　syn. *Eugomphodus arenaries* (Ogilby, 1911) 沙锥齿鲨

Carcharias tricuspidatus Day, 1878 三峰锥齿鲨

Genus *Odontaspis* Agassiz, 1838 砂锥齿鲨属

Odontaspis ferox (Risso, 1810) 凶猛砂锥齿鲨

Odontaspis noronhai (Maul, 1955) 大眼砂锥齿鲨

Family 017 Mitsukurinidae 尖吻鲨科

Genus *Mitsukurina* Jordan, 1898 尖吻鲨属

Mitsukurina owstoni Jordan, 1898 欧氏尖吻鲨 陆台

Family 018 Pseudocarchariidae 拟锥齿鲨科

Genus *Pseudocarcharias* Cadenat, 1963 拟锥齿鲨属

Pseudocarcharias kamoharai (Matsubara, 1936) 蒲原氏拟锥齿鲨 台

Family 019 Megachasmidae 巨口鲨科

Genus *Megachasma* Taylor, Compagno & Struhsaker, 1983 巨口鲨属

Megachasma pelagios Taylor, Compagno & Struhsaker, 1983 巨口鲨 陆台

Family 020 Alopiidae 长尾鲨科;狐鲨科

Genus *Alopias* Rafinesque, 1810 长尾鲨属;狐鲨属

Alopias pelagicus Nakamura, 1935 浅海长尾鲨;浅海狐鲨 陆台

Alopias superciliosus (Lowe, 1841) 大眼长尾鲨;深海狐鲨 陆台

　　syn. *Alopias profundus* Nakamura, 1935 深海长尾鲨

Alopias vulpinus (Bonnaterre, 1788) 弧形长尾鲨;狐鲨 陆台

Family 021 Cetorhinidae 姥鲨科;象鲨科

Genus *Cetorhinus* Blainville, 1816 姥鲨属;象鲨属

Cetorhinus maximus (Gunnerus, 1765) 姥鲨;象鲨 陆台

Family 022 Lamnidae 鼠鲨科

Genus *Carcharodon* Smith, 1838 噬人鲨属;食人鲨属

Carcharodon carcharias (Linnaeus, 1758) 噬人鲨;食人鲨 陆台

Genus *Isurus* Rafinesque, 1810 鲭鲨属

Isurus oxyrinchus Rafinesque, 1810 尖吻鲭鲨 陆台

　　syn. *Isurus glaucus* (Müller & Henle, 1839) 灰鲭鲨

Isurus paucus Guitart Manday, 1966 长臂鲭鲨 陆台

Genus *Lamna* Cuvier, 1816 鼠鲨属

Lamna ditropis Hubbs & Follett, 1947 太平洋鼠鲨

Lamna nasus (Bonnaterre, 1788) 鼠鲨

Order Carcharhiniformes 真鲨目

Family 023 Scyliorhinidae 猫鲨科

Genus *Apristurus* Garman, 1913 光尾鲨属;篦鲨属

Apristurus albisoma Nakaya & Séret, 1999 白腹光尾鲨;白腹篦鲨

Apristurus ampliceps Sasahara, Sato & Nakaya, 2008 头光尾鲨;头篦鲨

Apristurus aphyodes Nakaya & Stehmann, 1998 竖鳞光尾鲨;竖鳞篦鲨

Apristurus australis Sato, Nakaya & Yarozu, 2008 澳洲光尾鲨;澳洲篦鲨

Apristurus brunneus (Gilbert, 1892) 褐光尾鲨;褐篦鲨

Apristurus bucephalus White, Last & Pogonoski, 2008 大头光尾鲨;大头篦鲨

Apristurus canutus Springer & Heemstra, 1979 高臀光尾鲨(灰光尾鲨);高臀篦鲨 陆

Apristurus exsanguis Sato, Nakaya & Stewart, 1999 血色光尾鲨;新西兰篦鲨

Apristurus fedorovi Dolganov, 1983 费氏光尾鲨;费氏篦鲨

Apristurus gibbosus Meng, Chu & Li, 1985 驼背光尾鲨;驼背篦鲨 陆

Apristurus herklotsi (Fowler, 1934) 霍氏光尾鲨;长吻篦鲨 陆

　　syn. *Apristurus abbreviatus* Deng, Xiong & Zhan, 1985 短体光尾鲨

　　syn. *Apristurus xenolepis* Meng, Chu & Li, 1985 异鳞光尾鲨

Apristurus indicus (Brauer, 1906) 印度光尾鲨;印度篦鲨

Apristurus internatus Deng, Xiong & Zhan, 1988 中间光尾鲨;中间篦鲨 陆

Apristurus investigatoris (Misra, 1962) 宽吻光尾鲨;宽吻篦鲨

Apristurus japonicus Nakaya, 1975 日本光尾鲨;日本篦鲨 陆

Apristurus kampae Taylor, 1972 加州光尾鲨;加州篦鲨

Apristurus laurussonii (Saemundsson, 1922) 冰岛光尾鲨;冰岛篦鲨

Apristurus longicephalus Nakaya, 1975 长头光尾鲨;长头篦鲨 陆台

Apristurus macrorhynchus (Tanaka, 1909) 大吻光尾鲨;广吻篦鲨 陆台

Apristurus macrostomus Meng, Chu & Li, 1985 大口光尾鲨;大口篦鲨 陆

Apristurus manis (Springer, 1979) 锥体光尾鲨;锥体篦鲨

Apristurus melanoasper Iglésias, Nakaya & Stehmann, 2004 黑盾光尾鲨;黑盾篦鲨

Apristurus microps (Gilchrist, 1922) 小眼光尾鲨;小眼篦鲨 陆

Apristurus micropterygeus Meng, Chu & Li, 1986 小鳍光尾鲨;小鳍篦鲨 陆

Apristurus nasutus de Buen, 1959 大鼻光尾鲨;大吻篦鲨

Apristurus parvipinnis Springer & Heemstra, 1979 微鳍光尾鲨;微鳍篦鲨

Apristurus pinguis Deng, Xiong & Zhan, 1983 粗体光尾鲨;粗体篦鲨 陆

Apristurus platyrhynchus (Tanaka, 1909) 扁吻光尾鲨;扁吻篦鲨 陆 台

    syn. *Apristurus acanutus* Chu, Meng & Li, 1985 无斑光尾鲨

    syn. *Apristurus verweyi* (Fowler, 1934) 范氏光尾鲨

Apristurus profundorum (Goode & Bean, 1896) 深水光尾鲨;深水篦鲨

Apristurus riveri Bigelow & Schroeder, 1944 宽鳃光尾鲨;宽鳃篦鲨

Apristurus saldanha (Barnard, 1925) 南非光尾鲨;南非篦鲨

Apristurus sibogae (Weber, 1913) 加里曼丹光尾鲨;加里曼丹篦鲨

Apristurus sinensis Chu & Hu, 1981 中华光尾鲨;中华篦鲨 陆

Apristurus spongiceps (Gilbert, 1905) 圆鳍光尾鲨;圆鳍篦鲨

Apristurus stenseni (Springer, 1979) 斯氏光尾鲨;巴拿马篦鲨

Genus *Asymbolus* Whitley, 1939 圆吻猫鲨属

Asymbolus analis (Ogilby, 1885) 斑点圆吻猫鲨

Asymbolus funebris Compagno, Stevens & Last, 1999 致命圆吻猫鲨

Asymbolus galacticus Séret & Last, 2008 星点圆吻猫鲨

Asymbolus occiduus Last, Gomon & Gledhill, 1999 鞍斑圆吻猫鲨

Asymbolus pallidus Last, Gomon & Gledhill, 1999 淡斑圆吻猫鲨

Asymbolus parvus Compagno, Stevens & Last, 1999 白点圆吻猫鲨

Asymbolus rubiginosus Last, Gomon & Gledhill, 1999 锈色圆吻猫鲨

Asymbolus submaculatus Compagno, Stevens & Last, 1999 浅斑圆吻猫鲨

Asymbolus vincenti (Zietz, 1908) 文森氏圆吻猫鲨

Genus *Atelomycterus* Garman, 1913 斑鲨属;斑猫鲨属

Atelomycterus baliensis White, Last & Dharmadi, 2005 巴利岛斑鲨;巴利岛斑猫鲨

Atelomycterus fasciatus Compagno & Stevens, 1993 条纹斑鲨;条纹斑猫鲨

Atelomycterus macleayi Whitley, 1939 黑点斑鲨;黑点斑猫鲨

Atelomycterus marmoratus (Anonymous [Bennett], 1830) 白斑斑鲨;斑猫鲨 陆 台

Atelomycterus marnkalha Jacobsen & Bennett, 2007 横带斑鲨;横带斑猫鲨

Genus *Aulohalaelurus* Fowler, 1934 长唇沟鲨属

Aulohalaelurus kanakorum Séret, 1990 太平洋长唇沟鲨

Aulohalaelurus labiosus (Waite, 1905) 黑斑长唇沟鲨

Genus *Bythaelurus* Compagno, 1988 深海沟鲨属

Bythaelurus alcockii (Garman, 1913) 阿氏深海沟鲨

Bythaelurus canescens (Günther, 1878) 暗灰深海沟鲨

Bythaelurus clevai (Séret, 1987) 克氏深海沟鲨

Bythaelurus dawsoni (Springer, 1971) 道森氏深海沟鲨

Bythaelurus hispidus (Alcock, 1891) 糙皮深海沟鲨

Bythaelurus immaculatus (Chu & Meng, 1982) 无斑深海沟鲨 陆

    syn. *Halaelurus immaculatus* Chu & Meng, 1982 无斑梅花鲨

Bythaelurus incanus Last & Stevens, 2008 灰白深海沟鲨

Bythaelurus lutarius (Springer & D'Aubrey, 1972) 泥黄深海沟鲨

Genus *Cephaloscyllium* Gill, 1862 绒毛鲨属;头鲨属

Cephaloscyllium albipinnum Last, Motomura & White, 2008 白鳍绒毛鲨;白鳍头鲨

Cephaloscyllium circulopullum Yano, Ahmad & Gambang, 2005 圆斑绒毛鲨;圆斑头鲨

Cephaloscyllium cooki Last, Séret & White, 2008 库克绒毛鲨;库克头鲨

Cephaloscyllium fasciatum Chan, 1966 网纹绒毛鲨;条纹头鲨 陆 台

Cephaloscyllium hiscosellum White & Ebert, 2008 喜斗绒毛鲨;东印度洋头鲨

Cephaloscyllium isabellum (Bonnaterre, 1788) 暗影绒毛鲨;暗影头鲨

Cephaloscyllium laticeps (Duméril, 1853) 澳洲绒毛鲨;澳洲头鲨

Cephaloscyllium maculatum Schaaf-Da Silva & Ebert, 2008 花斑绒毛鲨;花斑头鲨 台

Cephaloscyllium pardelotum Schaaf-Da Silva & Ebert, 2008 豹斑绒毛鲨;豹纹头鲨 台

Cephaloscyllium pictum Last, Séret & White, 2008 着色绒毛鲨;印度尼西亚头鲨

Cephaloscyllium sarawakensis Yano & Gambang, 2005 沙捞越绒毛鲨;沙捞越头鲨 陆

    syn. *Cephaloscyllium parvum* Inoue & Nakaya, 2006 小绒毛鲨

Cephaloscyllium signourum Last, Séret & White, 2008 旗尾绒毛鲨;旗尾头鲨

Cephaloscyllium silasi (Talwar, 1974) 赛氏绒毛鲨;印度头鲨

Cephaloscyllium speccum Last, Séret & White, 2008 小斑绒毛鲨;小斑头鲨

Cephaloscyllium sufflans (Regan, 1921) 南非绒毛鲨;南非头鲨

Cephaloscyllium umbratile Jordan & Fowler, 1903 阴影绒毛鲨;污斑头鲨 陆 台

    syn. *Cephaloscyllium formosanum* Teng, 1962 台湾绒毛鲨

Cephaloscyllium variegatum Last & White, 2008 鞍斑绒毛鲨;鞍斑头鲨

Cephaloscyllium ventriosum (Garman, 1880) 东太平洋绒毛鲨;东太平洋头鲨

Cephaloscyllium zebrum Last & White, 2008 狭带绒毛鲨;狭带头鲨

Genus *Cephalurus* Bigelow & Schroeder, 1941 圆头鲨属

Cephalurus cephalus (Gilbert, 1892) 圆头鲨

Genus *Figaro* Whitley, 1928 黑鳃双锯鲨属

Figaro boardmani (Whitley, 1928) 博氏黑鳃双锯鲨

Figaro striatus Gledhill, Last & White, 2008 鞍斑黑鳃双锯鲨

Genus *Galeus* Valmont de Bomare, 1768 锯尾鲨属;蜥鲨属

Galeus antillensis Springer, 1979 安的列斯锯尾鲨;安的列斯蜥鲨

Galeus arae (Nichols, 1927) 粗尾锯尾鲨;粗尾蜥鲨

Galeus atlanticus (Vaillant, 1888) 大西洋锯尾鲨;大西洋蜥鲨

Galeus cadenati Springer, 1966 长鳍锯尾鲨;长鳍蜥鲨

Galeus eastmani (Jordan & Snyder, 1904) 伊氏锯尾鲨;依氏蜥鲨 陆 台

Galeus gracilis Compagno & Stevens, 1993 细锯尾鲨;细蜥鲨

Galeus longirostris Tachikawa & Taniuchi, 1987 长吻锯尾鲨;长吻蜥鲨

Galeus melastomus Rafinesque, 1810 黑口锯尾鲨;黑口蜥鲨

Galeus mincaronei Soto, 2001 明氏锯尾鲨;明氏蜥鲨

Galeus murinus (Collett, 1904) 冰岛锯尾鲨;冰岛蜥鲨

Galeus nipponensis Nakaya, 1975 日本锯尾鲨;日本蜥鲨 陆

Galeus piperatus Springer & Wagner, 1966 加州锯尾鲨;加州蜥鲨

Galeus polli Cadenat, 1959 波氏锯尾鲨;波氏蜥鲨

Galeus priapus Séret & Last, 2008 长鳍脚锯尾鲨;长鳍脚蜥鲨

Galeus sauteri (Jordan & Richardson, 1909) 沙氏锯尾鲨;梭氏蜥鲨 陆 台

Galeus schultzi Springer, 1979 舒氏锯尾鲨;舒氏蜥鲨

Galeus springeri Konstantinou & Cozzi, 1998 斯氏锯尾鲨;斯氏蜥鲨

Genus *Halaelurus* Gill, 1862 梅花鲨属;豹鲨属

Halaelurus boesemani Springer & D'Aubrey, 1972 波氏梅花鲨;波氏豹鲨

Halaelurus buergeri (Müller & Henle, 1838) 梅花鲨;伯氏豹鲨 陆 台

Halaelurus lineatus Bass, D'Aubrey & Kistnasamy, 1975 细纹梅花鲨;细纹豹鲨

Halaelurus maculosus White, Last & Stevens, 2007 印度尼西亚梅花鲨;印度尼西亚豹鲨

Halaelurus natalensis (Regan, 1904) 虎纹梅花鲨;虎纹豹鲨

Halaelurus quagga (Alcock, 1899) 斑纹梅花鲨;斑纹豹鲨

Halaelurus sellus White, Last & Stevens, 2007 锈色梅花鲨;锈色豹鲨

Genus *Haploblepharus* Garman, 1913 宽瓣鲨属

Haploblepharus edwardsii (Schinz, 1822) 埃氏宽瓣鲨

Haploblepharus fuscus Smith, 1950 褐宽瓣鲨

Haploblepharus kistnasamyi Human & Compagno, 2006 南非宽瓣鲨

Haploblepharus pictus (Müller & Henle, 1838) 白斑宽瓣鲨

Genus *Holohalaelurus* Fowler, 1934 似梅花鲨属

Holohalaelurus favus Human, 2006 蜂巢似梅花鲨

Holohalaelurus grennian Human, 2006 肯雅似梅花鲨

Holohalaelurus melanostigma (Norman, 1939) 黑点似梅花鲨
Holohalaelurus punctatus (Gilchrist, 1914) 斑点似梅花鲨
Holohalaelurus regani (Gilchrist, 1922) 网纹似梅花鲨

Genus *Parmaturus* Garman, 1906 盾尾鲨属

Parmaturus albimarginatus Séret & Last, 2007 白缘盾尾鲨
Parmaturus albipenis Séret & Last, 2007 白鳍脚盾尾鲨
Parmaturus bigus Séret & Last, 2007 喜暖盾尾鲨
Parmaturus campechiensis Springer, 1979 墨西哥盾尾鲨
Parmaturus lanatus Séret & Last, 2007 绒毛盾尾鲨
Parmaturus macmillani Hardy, 1985 麦氏盾尾鲨
Parmaturus melanobranchus (Chan, 1966) 黑鳃盾尾鲨 陆 台
    syn. *Parmaturus piceus* (Chu , Meng & Liu , 1983) 棕黑盾尾鲨
Parmaturus pilosus Garman, 1906 盾尾鲨
Parmaturus xaniurus (Gilbert, 1892) 梳尾盾尾鲨

Genus *Pentanchus* Smith & Radcliffe, 1912 单鳍猫鲨属

Pentanchus profundicolus Smith & Radcliffe, 1912 单鳍猫鲨

Genus *Poroderma* Smith, 1838 长须猫鲨属

Poroderma africanum (Gmelin, 1789) 带纹长须猫鲨
Poroderma pantherinum (Müller & Henle, 1838) 虫纹长须猫鲨

Genus *Schroederichthys* Springer, 1966 短唇沟鲨属

Schroederichthys bivius (Müller & Henle, 1838) 狭口短唇沟鲨
Schroederichthys chilensis (Guichenot, 1848) 智利短唇沟鲨
Schroederichthys maculatus Springer, 1966 白斑短唇沟鲨
Schroederichthys saurisqualus Soto, 2001 蜥形短唇沟鲨
Schroederichthys tenuis Springer, 1966 细尾短唇沟鲨

Genus *Scyliorhinus* Blainville, 1816 猫鲨属

Scyliorhinus besnardi Springer & Sadowsky, 1970 乌拉圭猫鲨
Scyliorhinus boa Goode & Bean, 1896 黑点猫鲨
Scyliorhinus canicula (Linnaeus, 1758) 小点猫鲨
Scyliorhinus capensis (Müller & Henle, 1838) 黄斑猫鲨
Scyliorhinus cervigoni Maurin & Bonnet, 1970 西非猫鲨
Scyliorhinus comoroensis Compagno, 1988 科摩罗猫鲨
Scyliorhinus garmani (Fowler, 1934) 褐斑猫鲨
Scyliorhinus haeckelii (Miranda Ribeiro, 1907) 黑氏猫鲨
Scyliorhinus hesperius Springer, 1966 白斑猫鲨
Scyliorhinus meadi Springer, 1966 米氏猫鲨
Scyliorhinus retifer (Garman, 1881) 网纹猫鲨
Scyliorhinus stellaris (Linnaeus, 1758) 斑点猫鲨
Scyliorhinus tokubee Shirai, Hagiwara & Nakaya, 1992 白点猫鲨
Scyliorhinus torazame (Tanaka, 1908) 虎纹猫鲨 陆
Scyliorhinus torrei Howell Rivero, 1936 横带猫鲨

Family 024 Proscylliidae 原鲨科

Genus *Ctenacis* Compagno, 1973 前鲨属

Ctenacis fehlmanni (Springer, 1968) 鞍斑前鲨

Genus *Eridacnis* Smith, 1913 光唇鲨属

Eridacnis barbouri (Bigelow & Schroeder, 1944) 巴氏光唇鲨
Eridacnis radcliffei Smith, 1913 雷氏光唇鲨 陆 台
Eridacnis sinuans (Smith, 1957) 东非光唇鲨

Genus *Proscyllium* Hilgendorf, 1904 原鲨属

Proscyllium habereri Hilgendorf, 1904 哈氏原鲨 陆 台
Proscyllium magnificum Last & Vongpanich, 2004 大原鲨
Proscyllium venustum (Tanaka, 1912) 维纳斯原鲨 陆 台

Family 025 Pseudotriakidae 拟皱唇鲨科

Genus *Gollum* Compagno, 1973 古林原鲨属

Gollum attenuatus (Garrick, 1954) 古林原鲨

Genus *Pseudotriakis* Brito Capello, 1868 拟皱唇鲨属

Pseudotriakis microdon de Brito Capello, 1868 小齿拟皱唇鲨 台

Family 026 Leptochariidae 细须雅鲨科

Genus *Leptocharias* Smith, 1838 细须雅鲨属

Leptocharias smithii (Müller & Henle, 1839) 史氏细须雅鲨

Family 027 Triakidae 皱唇鲨科

Genus *Furgaleus* Whitley, 1951 怒鲨属

Furgaleus macki (Whitley, 1943) 麦氏怒鲨

Genus *Galeorhinus* Blainville, 1816 翅鲨属

Galeorhinus galeus (Linnaeus, 1758) 翅鲨

Genus *Gogolia* Compagno, 1973 帆鳍鲨属

Gogolia filewoodi Compagno, 1973 帆鳍鲨

Genus *Hemitriakis* Herre, 1923 半皱唇鲨属

Hemitriakis abdita Compagno & Stevens, 1993 隐半皱唇鲨
Hemitriakis complicofasciata Takahashi & Nakaya, 2004 杂纹半皱唇鲨 台
Hemitriakis falcata Compagno & Stevens, 1993 镰鳍半皱唇鲨
Hemitriakis indroyonoi White, Compagno & Dharmadi, 2009 英氏半皱唇鲨
Hemitriakis japanica (Müller & Henle, 1839) 日本半皱唇鲨(日本翅鲨) 陆 台
Hemitriakis leucoperiptera Herre, 1923 白鳍半皱唇鲨

Genus *Hypogaleus* Smith, 1957 下盔鲨属

Hypogaleus hyugaensis (Miyosi, 1939) 下盔鲨(黑鳍翅鲨) 陆 台

Genus *Iago* Compagno & Springer, 1971 前鳍皱唇鲨属

Iago garricki Fourmanoir & Rivaton, 1979 长吻前鳍皱唇鲨
Iago omanensis (Norman, 1939) 大眼前鳍皱唇鲨

Genus *Mustelus* Valmont de Bomare, 1764 星鲨属;貂鲨属

Mustelus albipinnis Castro-Aguirre, Atuna-Mendiola, Gonzáz-Acosta & De la Cruz-Agüero, 2005 白鳍星鲨;白鳍貂鲨
Mustelus antarcticus Günther, 1870 南极星鲨;南极貂鲨
Mustelus asterias Cloquet, 1821 宽鼻星鲨;宽鼻貂鲨
Mustelus californicus Gill, 1864 加利福尼亚星鲨;加州貂鲨
Mustelus canis (Mitchill, 1815) 美星鲨;美貂鲨
Mustelus dorsalis Gill, 1864 尖齿星鲨;尖齿貂鲨
Mustelus fasciatus (Garman, 1913) 横带星鲨;横带貂鲨
Mustelus griseus Pietschmann, 1908 灰星鲨;灰貂鲨 陆 台
    syn. *Mustelus kanekonis* (Tanaka, 1916) 前鳍星鲨
Mustelus henlei (Gill, 1863) 褐星鲨;褐貂鲨
Mustelus higmani Springer & Lowe, 1963 小星鲨;小眼貂鲨
Mustelus lenticulatus Phillipps, 1932 新西兰星鲨;新西兰貂鲨
Mustelus lunulatus Jordan & Gilbert, 1882 新月星鲨;新月貂鲨
Mustelus manazo Bleeker, 1854 白斑星鲨;星貂鲨 陆 台
Mustelus mento Cope, 1877 南美星鲨;南美貂鲨
Mustelus minicanis Heemstra, 1997 小星鲨;小貂鲨
Mustelus mosis Hemprich & Ehrenberg, 1899 阿拉伯星鲨;阿拉伯貂鲨
Mustelus mustelus (Linnaeus, 1758) 星鲨;貂鲨
Mustelus norrisi Springer, 1939 诺氏星鲨;诺氏貂鲨
Mustelus palumbes Smith, 1957 南非星鲨;南非貂鲨
Mustelus punctulatus Risso, 1827 黑斑星鲨;黑斑貂鲨
Mustelus ravidus White & Last, 2006 暗星鲨;暗貂鲨
Mustelus schmitti Springer, 1939 舒氏星鲨;舒氏貂鲨
Mustelus sinusmexicanus Heemstra, 1997 北美星鲨;北美貂鲨
Mustelus stevensi White & Last, 2008 史氏星鲨;史氏貂鲨
Mustelus walkeri White & Last, 2008 沃氏星鲨;沃氏貂鲨
Mustelus whitneyi Chirichigno F., 1973 惠氏星鲨;惠氏貂鲨
Mustelus widodoi White & Last, 2006 威氏星鲨;威氏貂鲨

Genus *Scylliogaleus* Boulenger, 1902 长瓣鲨属

Scylliogaleus quecketti Boulenger, 1902 长瓣鲨

Genus *Triakis* Müller & Henle, 1838 皱唇鲨属

Triakis acutipinna Kato, 1968 尖鳍皱唇鲨
Triakis maculata Kner & Steindachner, 1867 斑点皱唇鲨

Triakis megalopterus (Smith, 1839) 大鳍皱唇鲨
Triakis scyllium Müller & Henle, 1839 皱唇鲨 陆 台
Triakis semifasciata Girard, 1855 半带皱唇鲨

Family 028 Hemigaleidae 半沙条鲨科

Genus *Chaenogaleus* Gill, 1862 尖齿鲨属

Chaenogaleus macrostoma (Bleeker, 1852) 大口尖齿鲨 陆 台
  syn. *Negogaleus balfourii* (Day, 1878) 鲍氏沙条鲨

Genus *Hemigaleus* Bleeker, 1852 半沙条鲨属

Hemigaleus australiensis White, Last & Compagno, 2005 澳洲半沙条鲨
Hemigaleus microstoma Bleeker, 1852 小口半沙条鲨 陆 台
  syn. *Hemigaleus brachygnathus* (Chu, 1960) 短颌半沙条鲨

Genus *Hemipristis* Agassiz, 1843 钝吻鲨属;半锯鲨属

Hemipristis elongata (Klunzinger, 1871) 钝吻鲨(半锯鲨);长半锯鲨 陆 台
  syn. *Paragaleus acutiventralis* Chu, 1960 尖鳍副沙条鲨

Genus *Paragaleus* Budker, 1935 副沙条鲨属

Paragaleus leucolomatus Compagno & Smale, 1985 南非副沙条鲨
Paragaleus pectoralis (Garman, 1906) 大胸鳍副沙条鲨
Paragaleus randalli Compagno, Krupp & Carpenter, 1996 兰氏副沙条鲨
Paragaleus tengi (Chen, 1963) 邓氏副沙条鲨 台

Family 029 Carcharhinidae 真鲨科

Genus *Carcharhinus* Blainville, 1816 真鲨属

Carcharhinus acronotus (Poey, 1860) 黑吻真鲨
Carcharhinus albimarginatus (Rüppell, 1837) 白边鳍真鲨 陆 台
Carcharhinus altimus (Springer, 1950) 大鼻真鲨 台
Carcharhinus amblyrhynchoides (Whitley, 1934) 似钝吻真鲨
Carcharhinus amblyrhynchos (Bleeker, 1856) 钝吻真鲨 陆 台
Carcharhinus amboinensis (Müller & Henle, 1839) 安汶真鲨
Carcharhinus borneensis (Bleeker, 1858) 婆罗真鲨
Carcharhinus brachyurus (Günther, 1870) 短尾真鲨 陆 台
  syn. *Carcharhinus remotoides* Dang, Xiong & Zhan, 1981 远鳍真鲨
Carcharhinus brevipinna (Müller & Henle, 1839) 直齿真鲨 陆 台
Carcharhinus cautus (Whitley, 1945) 黑边真鲨
Carcharhinus dussumieri (Müller & Henle, 1839) 杜氏真鲨 陆 台
Carcharhinus falciformis (Müller & Henle, 1839) 镰状真鲨 陆 台
  syn. *Carcharhinus atrodorsus* Deng, Xiong & Zhan, 1981 黑背真鲨
  syn. *Carcharhinus menisorrah* (Müller & Henle, 1839) 黑印真鲨
Carcharhinus fitzroyensis (Whitley, 1943) 昆士兰真鲨
Carcharhinus galapagensis (Snodgrass & Heller, 1905) 直翅真鲨
Carcharhinus hemiodon (Müller & Henle, 1839) 半齿真鲨 陆
  syn. *Hypoprion hemiodon* (Müller & Henle, 1839) 黑鳍基齿鲨
Carcharhinus isodon (Müller & Henle, 1839) 长孔真鲨
Carcharhinus leiodon Garrick, 1985 光齿真鲨
Carcharhinus leucas (Müller & Henle, 1839) 低鳍真鲨(公牛真鲨) 陆 台
Carcharhinus limbatus (Müller & Henle, 1839) 黑边鳍真鲨 陆 台
  syn. *Carcharhinus pleurotaenia* (Bleeker, 1852) 侧条真鲨
Carcharhinus longimanus (Poey, 1861) 长鳍真鲨 陆 台
Carcharhinus macloti (Müller & Henle, 1839) 麦氏真鲨 陆 台
  syn. *Hypoprion macloti* (Müller & Henle, 1839) 长吻基齿鲨
Carcharhinus macrops Liu, 1983 大眼真鲨 陆
Carcharhinus melanopterus (Quoy & Gaimard, 1824) 污翅真鲨 陆 台
Carcharhinus obscurus (Lesueur, 1818) 灰真鲨(暗体真鲨);灰色真鲨 陆 台
Carcharhinus perezii (Poey, 1876) 佩氏真鲨
Carcharhinus plumbeus (Nardo, 1827) 铅灰真鲨 陆 台
  syn. *Carcharhinus latistomus* Fang & Wang, 1932 阔口真鲨
Carcharhinus porosus (Ranzani, 1839) 小尾真鲨
Carcharhinus sealei (Pietschmann, 1913) 西氏真鲨
Carcharhinus signatus (Poey, 1868) 长吻真鲨
Carcharhinus sorrah (Müller & Henle, 1839) 色拉真鲨 陆 台
Carcharhinus tilstoni (Whitley, 1950) 蒂氏真鲨

Genus *Galeocerdo* Müller & Henle, 1837 鼬鲨属

Galeocerdo cuvier (Péron & Lesueur, 1822) 鼬鲨 陆 台

Genus *Glyphis* Agassiz, 1843 露齿鲨属

Glyphis fowlerae Compagno, White & Cavanagh, 2010 福勒氏露齿鲨
Glyphis gangeticus (Müller & Henle, 1839) 恒河露齿鲨 陆 台
Glyphis garricki Compagno, White & Last, 2008 加氏露齿鲨
Glyphis glyphis (Müller & Henle, 1839) 露齿鲨
Glyphis siamensis (Steindachner, 1896) 暹罗露齿鲨

Genus *Isogomphodon* Gill, 1862 剑吻鲨属

Isogomphodon oxyrhynchus (Müller & Henle, 1839) 剑吻鲨

Genus *Lamiopsis* Gill, 1862 宽鳍鲨属

Lamiopsis temminckii (Müller & Henle, 1839) 特氏宽鳍鲨 陆
  syn. *Carcharhinus microphthalmus* Chu, 1960 小眼真鲨

Genus *Loxodon* Müller & Henle, 1838 弯齿鲨属

Loxodon macrorhinus Müller & Henle, 1839 广鼻弯齿鲨 陆 台
  syn. *Scoliodon dumerili* (Bleeker, 1856) 杜氏斜齿鲨

Genus *Nasolamia* Compagno & Garrick, 1983 窄吻鲨属

Nasolamia velox (Gilbert, 1898) 窄吻鲨

Genus *Negaprion* Whitley, 1940 柠檬鲨属

Negaprion acutidens (Rüppell, 1837) 尖齿柠檬鲨 陆 台
  syn. *Negaprion queenslandicus* Whitley, 1939 昆士兰柠檬鲨
Negaprion brevirostris (Poey, 1868) 短吻柠檬鲨

Genus *Prionace* Cantor, 1849 大青鲨属;锯峰齿鲨属

Prionace glauca (Linnaeus, 1758) 大青鲨;锯峰齿鲨 陆 台

Genus *Rhizoprionodon* Whitley, 1929 斜锯牙鲨属;曲齿鲨属

Rhizoprionodon acutus (Rüppell, 1837) 尖吻斜锯牙鲨;尖头曲齿鲨 陆 台
  syn. *Scoliodon walbeehmi* (Bleeker, 1856) 瓦氏斜齿鲨
Rhizoprionodon lalandii (Müller & Henle, 1839) 巴西斜锯牙鲨;巴西曲齿鲨
Rhizoprionodon longurio (Jordan & Gilbert, 1882) 太平洋斜锯牙鲨;太平洋曲齿鲨
Rhizoprionodon oligolinx Springer, 1964 短鳍斜锯牙鲨(短鳍尖吻鲨);短鳍曲齿鲨 陆
  syn. *Scoliodon palasorrah* Chu, 1960 (not Cuvier) 短鳍斜齿鲨
Rhizoprionodon porosus (Poey, 1861) 加勒比斜锯牙鲨;加勒比曲齿鲨
Rhizoprionodon taylori (Ogilby, 1915) 泰勒斜锯牙鲨;泰勒曲齿鲨
Rhizoprionodon terraenovae (Richardson, 1836) 大西洋斜锯牙鲨;大西洋曲齿鲨

Genus *Scoliodon* Müller & Henle, 1837 斜齿鲨属

Scoliodon laticaudus Müller & Henle, 1838 宽尾斜齿鲨 陆 台
  syn. *Scoliodon sorrakowah* (Bleeker, 1853) 尖头斜齿鲨

Genus *Triaenodon* Philippi, 1876 三齿鲨属

Triaenodon obesus (Rüppell, 1837) 灰三齿鲨 陆 台

Family 030 Sphyrnidae 双髻鲨科

Genus *Eusphyra* Gill, 1862 真双髻鲨属

Eusphyra blochii (Cuvier, 1816) 布氏真双髻鲨 陆

Genus *Sphyrna* Rafinesque, 1810 双髻鲨属

Sphyrna corona Springer, 1940 长吻双髻鲨
Sphyrna couardi Cadenat, 1951 白鳍双髻鲨
Sphyrna lewini (Griffith & Smith, 1834) 路易氏双髻鲨 陆 台
Sphyrna media Springer, 1940 短吻双髻鲨
Sphyrna mokarran (Rüppell, 1837) 无沟双髻鲨 陆 台
Sphyrna tiburo (Linnaeus, 1758) 窄头双髻鲨
Sphyrna tudes (Valenciennes, 1822) 小眼双髻鲨
Sphyrna zygaena (Linnaeus, 1758) 锤头双髻鲨 陆 台

Order Hexanchiformes 六鳃鲨目
Family 031 Chlamydoselachidae 皱鳃鲨科

Genus *Chlamydoselachus* Garman, 1884 皱鳃鲨属

Chlamydoselachus africana Ebert & Compagno, 2009 非洲皱鳃鲨

Chlamydoselachus anguineus Garman, 1884 皱鳃鲨 台

Family 032 Hexanchidae 六鳃鲨科

Genus *Heptranchias* Rafinesque, 1810 七鳃鲨属

Heptranchias perlo (Bonnaterre, 1788) 尖头七鳃鲨 陆 台

syn. *Heptranchias dakini* Whitley,1931 达氏七鳃鲨

Genus *Hexanchus* Rafinesque, 1810 六鳃鲨属

Hexanchus griseus (Bonnaterre, 1788) 灰六鳃鲨 陆 台

Hexanchus nakamurai Teng, 1962 中村氏六鳃鲨 陆 台

syn. *Hexanchus vitulus* Springer & Waller, 1969 大眼六鳃鲨

Genus *Notorynchus* Ayres, 1855 哈那鲨属;油夷鲨属

Notorynchus cepedianus (Péron, 1807) 扁头哈那鲨;油夷鲨 陆 台

syn. *Notorynchus platycephalus* (Tenore, 1809) 哈那鲨

Order Echinorhiniformes 棘鲨目

Family 033 Echinorhinidae 棘鲨科;笠鳞鲨科

Genus *Echinorhinus* Blainville, 1816 棘鲨科;笠鳞鲨属

Echinorhinus brucus (Bonnaterre, 1788) 棘鲨;笠鳞鲨

Echinorhinus cookei Pietschmann, 1928 笠鳞棘鲨;库克笠鳞鲨 台

Order Squaliformes 角鲨目

Family 034 Squalidae 角鲨科

Genus *Cirrhigaleus* Tanaka, 1912 卷盔鲨属

Cirrhigaleus asper (Merrett, 1973) 卷盔鲨

Cirrhigaleus australis White, Last & Stevens, 2007 澳洲卷盔鲨

Cirrhigaleus barbifer Tanaka, 1912 长须卷盔鲨 陆 台

Genus *Squalus* Linnaeus, 1758 角鲨属

Squalus acanthias Linnaeus, 1758 白斑角鲨 陆

Squalus acutirostris Chu, Meng & Li, 1984 尖吻角鲨 陆

Squalus albifrons Last, White & Stevens, 2007 白缘角鲨

Squalus altipinnis Last, White & Stevens, 2007 高翅角鲨

Squalus blainville (Risso, 1827) 高鳍角鲨 台

Squalus brevirostris Tanaka, 1917 短吻角鲨 陆 台

Squalus bucephalus Last, Séret & Pogonoski, 2007 牛首角鲨

Squalus chloroculus Last, White & Motomura, 2007 碧目角鲨

Squalus crassispinus Last, Edmunds & Yearsley, 2007 粗棘角鲨

Squalus cubensis Howell Rivero, 1936 古巴角鲨

Squalus edmundsi White, Last & Stevens, 2007 埃氏角鲨

Squalus grahami White, Last & Stevens, 2007 格雷厄姆角鲨

Squalus griffini Phillipps, 1931 格里芬角鲨

Squalus hemipinnis White, Last & Yearsley, 2007 半鳍角鲨

Squalus japonicus Ishikawa, 1908 日本角鲨 陆 台

Squalus lalannei Baranes, 2003 塞舌尔角鲨

Squalus megalops (Macleay, 1881) 大眼角鲨 陆 台

Squalus melanurus Fourmanoir & Rivaton, 1979 黑尾角鲨

Squalus mitsukurii Jordan & Snyder, 1903 长吻角鲨 陆 台

Squalus montalbani Whitley, 1931 蒙氏角鲨

Squalus nasutus Last, Marshall & White, 2007 长鼻角鲨

Squalus notocaudatus Last, White & Stevens, 2007 条尾角鲨

Squalus rancureli Fourmanoir & Rivaton, 1979 窄吻角鲨

Squalus raoulensis Duffy & Last, 2007 新西兰角鲨;新西兰棘鲨

Family 035 Centrophoridae 刺鲨科

Genus *Centrophorus* Müller & Henle, 1837 刺鲨属

Centrophorus acus Garman, 1906 尖鳍刺鲨(针刺鲨) 陆 台

Centrophorus atromarginatus Garman, 1913 黑缘刺鲨 台

Centrophorus granulosus (Bloch & Schneider, 1801) 颗粒刺鲨(大西洋刺鲨) 陆

Centrophorus harrissoni McCulloch, 1915 哈氏刺鲨

Centrophorus isodon (Chu, Meng & Liu, 1981) 等齿刺鲨

Centrophorus lusitanicus Barbosa du Bocage & de Brito Capello, 1864 低鳍刺鲨 台

syn. *Centrophorus ferrugineus* Chu et al. , 1982 锈色刺鲨

Centrophorus moluccensis Bleeker, 1860 皱皮刺鲨 陆 台

Centrophorus niaukang Teng, 1959 台湾刺鲨 陆 台

Centrophorus robustus Deng, Xiong & Zhan, 1985 粗体刺鲨 陆

Centrophorus seychellorum Baranes, 2003 塞舌尔刺鲨

Centrophorus squamosus (Bonnaterre, 1788) 叶鳞刺鲨 陆 台

Centrophorus tessellatus Garman, 1906 锯齿刺鲨 陆

Centrophorus uyato (Rafinesque, 1810) 同齿刺鲨 陆 台

syn. *Squalus uyato* Rafinesque, 1810 同齿角鲨

Centrophorus westraliensis White, Ebert & Compagno, 2008 西澳洲刺鲨

Centrophorus zeehaani White, Ebert & Compagno, 2008 齐氏刺鲨

Genus *Deania* Jordan & Snyder, 1902 田氏鲨属

Deania calcea (Lowe, 1839) 喙吻田氏鲨 陆 台

syn. *Deania aciculata* (Garman, 1906) 田氏鲨

Deania hystricosa (Garman, 1906) 长吻田氏鲨

Deania profundorum (Smith & Radcliffe, 1912) 深水田氏鲨

Deania quadrispinosa (McCulloch, 1915) 四棘田氏鲨

Family 036 Etmopteridae 乌鲨科

Genus *Aculeola* de Buen, 1959 短棘鲨属

Aculeola nigra de Buen, 1959 暗色短棘鲨

Genus *Centroscyllium* Müller & Henle, 1841 霞鲨属

Centroscyllium excelsum Shirai & Nakaya, 1990 高体霞鲨

Centroscyllium fabricii (Reinhardt, 1825) 黑霞鲨 陆

Centroscyllium granulatum Günther, 1887 长尾霞鲨

Centroscyllium kamoharai Abe, 1966 蒲原氏霞鲨 陆 台

Centroscyllium nigrum Garman, 1899 乌霞鲨 陆

Centroscyllium ornatum (Alcock, 1889) 饰妆霞鲨

Centroscyllium ritteri Jordan & Fowler, 1903 里氏霞鲨

Genus *Etmopterus* Rafinesque, 1810 乌鲨属

Etmopterus baxteri Garrick, 1957 巴氏乌鲨

Etmopterus bigelowi Shirai & Tachikawa, 1993 比氏乌鲨 陆 台

Etmopterus brachyurus Smith & Radcliffe, 1912 短尾乌鲨 陆 台

Etmopterus bullisi Bigelow & Schroeder, 1957 布氏乌鲨

Etmopterus burgessi Schaaf-Da Silva & Ebert, 2006 伯氏乌鲨 台

Etmopterus carteri Springer & Burgess, 1985 卡特乌鲨

Etmopterus caudistigmus Last, Burgess & Séret, 2002 深水乌鲨

Etmopterus compagnoi Fricke & Koch, 1990 康氏乌鲨

Etmopterus decacuspidatus Chan, 1966 南海乌鲨 陆

Etmopterus dianthus Last, Burgess & Séret, 2002 宽口乌鲨

Etmopterus dislineatus Last, Burgess & Séret, 2002 细身乌鲨

Etmopterus evansi Last, Burgess & Séret, 2002 埃文斯乌鲨

Etmopterus fusus Last, Burgess & Séret, 2002 纺锤乌鲨

Etmopterus gracilispinis Krefft, 1968 宽带乌鲨

Etmopterus granulosus (Günther, 1880) 南方乌鲨

Etmopterus hillianus (Poey, 1861) 加勒比乌鲨

Etmopterus joungi Knuckey, Ebert & Burgess, 2011 庄氏乌鲨

Etmopterus litvinovi Parin & Kotlyar, 1990 利氏乌鲨

Etmopterus lucifer Jordan & Snyder, 1902 亮乌鲨 陆 台

Etmopterus molleri (Whitley, 1939) 莫氏乌鲨 陆 台

Etmopterus perryi Springer & Burgess, 1985 佩里乌鲨

Etmopterus polli Bigelow, Schroeder & Springer, 1953 波氏乌鲨

Etmopterus princeps Collett, 1904 棘鳞乌鲨

Etmopterus pseudosqualiolus Last, Burgess & Séret, 2002 拟角乌鲨

Etmopterus pusillus (Lowe, 1839) 小乌鲨 陆 台

Etmopterus pycnolepis Kotlyar, 1990 壮乌鲨

Etmopterus robinsi Schofield & Burgess, 1997 罗宾斯乌鲨

Etmopterus schultzi Bigelow, Schroeder & Springer, 1953 舒氏乌鲨

Etmopterus sentosus Bass, D'Aubrey & Kistnasamy, 1976 粗鳞乌鲨

Etmopterus spinax (Linnaeus, 1758) 黑腹乌鲨 陆

Etmopterus splendidus Yano, 1988 斯普兰汀乌鲨 台

Etmopterus tasmaniensis Myagkov & Pavlov, 1986 塔斯曼乌鲨

Etmopterus unicolor (Engelhardt, 1912) 褐乌鲨 陆

Etmopterus villosus Gilbert, 1905 绒乌鲨

Etmopterus virens Bigelow, Schroeder & Springer, 1953 绿乌鲨

Genus *Miroscyllium* Shirai & Nakaya, 1990 细乌霞鲨属

Miroscyllium sheikoi (Dolganov, 1986) 希氏细乌霞鲨

Genus *Trigonognathus* Mochizuki & Ohe, 1990 尖颌乌鲨属

Trigonognathus kabeyai Mochizuki & Ohe, 1990 卡氏尖颌乌鲨

Family 037 Somniosidae 睡鲨科

Genus *Centroscymnus* Barbosa du Bocage & de Brito Capello, 1864 荆鲨属

Centroscymnus coelolepis Barbosa du Bocage & de Brito Capello, 1864 腔鳞荆鲨 陆

Centroscymnus crepidater (Barbosa du Bocage & de Brito Capello, 1864) 长吻荆鲨

Centroscymnus cryptacanthus Regan, 1906 隐棘荆鲨

Centroscymnus macracanthus Regan, 1906 大棘荆鲨

Centroscymnus owstonii Garman, 1906 欧氏荆鲨 陆

Centroscymnus plunketi (Waite, 1910) 普氏荆鲨

Genus *Scymnodalatias* Garrick, 1956 拟铠鲨属

Scymnodalatias albicauda Taniuchi & Garrick, 1986 白尾拟铠鲨

Scymnodalatias garricki Kukuyev & Konovalenko, 1988 加氏拟铠鲨

Scymnodalatias oligodon Kukuyev & Konovalenko, 1988 寡齿拟铠鲨

Scymnodalatias sherwoodi (Archey, 1921) 希氏拟铠鲨

Genus *Scymnodon* Barbosa du Bocage & de Brito Capello, 1864 异鳞鲨属

Scymnodon obscurus (Vaillant, 1888) 暗异鳞鲨 陆

Scymnodon ringens Barbosa du Bocage & de Brito Capello, 1864 尖齿异鳞鲨

Genus *Somniosus* Lesueur, 1818 睡鲨属

Somniosus microcephalus (Bloch & Schneider, 1801) 小头睡鲨(大西洋睡鲨)

Somniosus pacificus Bigelow & Schroeder, 1944 太平洋睡鲨 台

Somniosus rostratus (Risso, 1827) 小鳍睡鲨

Genus *Zameus* Jordan & Fowler, 1903 鳞睡鲨属

Zameus ichiharai (Yano & Tanaka, 1984) 一原氏鳞睡鲨

Zameus squamulosus (Günther, 1877) 鳞睡鲨 陆 台

　syn. *Scymnodon niger* Chu & Meng, 1982 小口异鳞鲨

　syn. *Scymnodon squamulosus* (Günther, 1877) 异鳞鲨

Family 038 Oxynotidae 尖背角鲨科

Genus *Oxynotus* Rafinesque, 1810 尖背角鲨属

Oxynotus bruniensis (Ogilby, 1893) 澳洲尖背角鲨

Oxynotus caribbaeus Cervigón, 1961 加勒比尖背角鲨

Oxynotus centrina (Linnaeus, 1758) 尖背角鲨

Oxynotus japonicus Yano & Murofushi, 1985 日本尖背角鲨

Oxynotus paradoxus Frade, 1929 帆鳍尖背角鲨

Family 039 Dalatiidae 铠鲨科

Genus *Dalatias* Rafinesque, 1810 铠鲨属

Dalatias licha (Bonnaterre, 1788) 铠鲨 陆 台

　syn. *Dalatias tachiensis* Shen & Ting, 1972 大溪铠鲨

Genus *Euprotomicroides* Hulley & Penrith, 1966 拟小鳍鲨属

Euprotomicroides zantedeschia Hulley & Penrith, 1966 亮尾拟小鳍鲨

Genus *Euprotomicrus* Gill, 1865 小鳍鲨属

Euprotomicrus bispinatus (Quoy & Gaimard, 1824) 白边小鳍鲨

Genus *Heteroscymnoides* Fowler, 1934 似异鳞角鲨属

Heteroscymnoides marleyi Fowler, 1934 白边似异鳞角鲨

Genus *Isistius* Gill, 1865 达摩鲨属

Isistius brasiliensis (Quoy & Gaimard, 1824) 巴西达摩鲨 台

Isistius labialis Meng, Zhu & Li, 1985 唇达摩鲨 陆

Isistius plutodus Garrick & Springer, 1964 大齿达摩鲨

Genus *Mollisquama* Dolganov, 1984 软鳞鲨属

Mollisquama parini Dolganov, 1984 帕氏软鳞鲨

Genus *Squaliolus* Smith & Radcliffe, 1912 拟角鲨属

Squaliolus aliae Teng, 1959 阿里拟角鲨 台

Squaliolus laticaudus Smith & Radcliffe, 1912 宽尾拟角鲨

Order Squatiniformes 扁鲨目
Family 040 Squatinidae 扁鲨科

Genus *Squatina* Risso, 1810 扁鲨属

Squatina aculeata Cuvier, 1829 疣突扁鲨

Squatina africana Regan, 1908 非洲扁鲨

Squatina albipunctata Last & White, 2008 白点扁鲨

Squatina argentina (Marini, 1930) 阿根廷扁鲨

Squatina armata (Philippi, 1887) 智利扁鲨

Squatina australis Regan, 1906 澳洲扁鲨

Squatina californica Ayres, 1859 加州扁鲨

Squatina dumeril Lesueur, 1818 杜氏扁鲨

Squatina formosa Shen & Ting, 1972 台湾扁鲨 台

Squatina guggenheim Marini, 1936 南美扁鲨

Squatina heteroptera Castro-Aguirre, Pérez & Campos, 2006 异鳍扁鲨

Squatina japonica Bleeker, 1858 日本扁鲨 陆 台

Squatina legnota Last & White, 2008 色边扁鲨

Squatina mexicana Castro-Aguirre, Pérez & Campos, 2006 墨西哥扁鲨

Squatina nebulosa Regan, 1906 星云扁鲨 陆 台

Squatina occulta Vooren & da Silva, 1992 巴西扁鲨

Squatina oculata Bonaparte, 1840 白斑扁鲨

Squatina pseudocellata Last & White, 2008 假眼扁鲨

Squatina punctata Marini, 1936 斑扁鲨

Squatina squatina (Linnaeus, 1758) 扁鲨

Squatina tergocellata McCulloch, 1914 背斑扁鲨

Squatina tergocellatoides Chen, 1963 拟背斑扁鲨 台

Order Pristiophoriformes 锯鲨目
Family 041 Pristiophoridae 锯鲨科

Genus *Pliotrema* Regan, 1906 六鳃锯鲨属

Pliotrema warreni Regan, 1906 瓦氏六鳃锯鲨

Genus *Pristiophorus* Müller & Henle, 1837 锯鲨属

Pristiophorus cirratus (Latham, 1794) 长吻锯鲨

Pristiophorus delicatus Yearsley, Last & White, 2008 热带锯鲨

Pristiophorus japonicus Günther, 1870 日本锯鲨 陆 台

Pristiophorus nudipinnis Günther, 1870 裸棘锯鲨

Pristiophorus schroederi Springer & Bullis, 1960 巴哈马锯鲨

Order Torpediniformes 电鳐目;电鲼目
Family 042 Torpedinidae 电鳐科;电鲼科

Genus *Hypnos* Duméril, 1852 澳洲睡电鳐属;澳洲睡电鲼属

Hypnos monopterygius (Shaw, 1795) 单鳍澳洲睡电鳐;单鳍澳洲睡电鲼

Genus *Torpedo* Rafinesque, 1810 电鳐属;电鲼属

Torpedo adenensis Carvalho, Stehmann & Manilo, 2002 亚丁湾电鳐;亚丁湾电鲼

Torpedo alexandrinsis Mazhar, 1987 埃及电鳐;埃及电鲼

Torpedo andersoni Bullis, 1962 安德森电鳐;安德森电鲼

Torpedo bauchotae Cadenat, Capapé & Desoutter, 1978 博乔电鳐;博乔电鲼

Torpedo californica Ayres, 1855 加州电鳐;加州电鲼

Torpedo fairchildi Hutton, 1872 费氏电鳐;费氏电鲼

9

Torpedo formosa Haas & Ebert, 2006 台湾电鳐;台湾电鳐 台

Torpedo fuscomaculata Peters, 1855 黑斑电鳐;黑斑电鳐

Torpedo mackayana Metzelaar, 1919 麦克电鳐;麦克电鳐

Torpedo macneilli (Whitley, 1932) 麦氏电鳐;麦氏电鳐 陆

Torpedo marmorata Risso, 1810 石纹电鳐;石纹电鳐

Torpedo microdiscus Parin & Kotlyar, 1985 小盘电鳐;小盘电鳐

Torpedo nobiliana Bonaparte, 1835 珍电鳐;珍电鳐 陆

Torpedo panthera Olfers, 1831 魔电鳐;魔电鳐

Torpedo peruana Chirichigno F., 1963 秘鲁电鳐;秘鲁电鳐

Torpedo puelcha Lahille, 1926 砂电鳐;砂电鳐

Torpedo semipelagica Parin & Kotlyar, 1985 半海电鳐;半海电鳐

Torpedo sinuspersici Olfers, 1831 云纹电鳐;云纹电鳐

Torpedo suessii Steindachner, 1898 休氏电鳐;休氏电鳐

Torpedo tokionis (Tanaka, 1908) 东京电鳐(圆电鳐);东京电鳐 陆 台

Torpedo torpedo (Linnaeus, 1758) 电鳐;电鳐

Torpedo tremens de Buen, 1959 特里梅电鳐;特里梅电鳐

Family 043 Narcinidae 双鳍电鳐科;双鳍电鳐科

Genus *Benthobatis* Alcock, 1898 深海电鳐属;深海电鳐属

Benthobatis kreffti Rincon, Stehmann & Vooren, 2001 克氏深海电鳐;克氏深海电鳐

Benthobatis marcida Bean & Weed, 1909 马氏深海电鳐;马氏深海电鳐

Benthobatis moresbyi Alcock, 1898 莫氏深海电鳐;莫氏深海电鳐 陆

Benthobatis yangi Carvalho, Compagno & Ebert, 2003 杨氏深海电鳐;杨氏深海电鳐 台

Genus *Crassinarke* Takagi, 1951 坚皮单鳍电鳐属;坚皮单鳍电鳐属

Crassinarke dormitor Takagi, 1951 坚皮单鳍电鳐;坚皮单鳍电鳐 陆 台

Genus *Diplobatis* Bigelow & Schroeder, 1948 双电鳐属;双电鳐属

Diplobatis colombiensis Fechhelm & McEachran, 1984 哥伦比亚双电鳐;哥伦比亚双电鳐

Diplobatis guamachensis Martín Salazar, 1957 委内瑞拉双电鳐;委内瑞拉双电鳐

Diplobatis ommata (Jordan & Gilbert, 1890) 背斑双电鳐;背斑双电鳐

Diplobatis pictus Palmer, 1950 绣花双电鳐;绣花双电鳐

Genus *Discopyge* Heckel, 1846 盘臀电鳐属;盘臀电鳐属

Discopyge castelloi Menni, Rincón & Garcia, 2008 卡氏盘臀电鳐;卡氏盘臀电鳐

Discopyge tschudii Heckel, 1846 盘臀电鳐;盘臀电鳐

Genus *Electrolux* Compagno & Heemstra, 2007 华丽电鳐属;华丽电鳐属

Electrolux addisoni Compagno & Heemstra, 2007 艾氏华丽电鳐;艾氏华丽电鳐

Genus *Heteronarce* Regan, 1921 异双鳍电鳐属;异双鳍电鳐属

Heteronarce bentuviai (Baranes & Randall, 1989) 本氏异双鳍电鳐;本氏异双鳍电鳐

Heteronarce garmani Regan, 1921 加氏异双鳍电鳐;加氏异双鳍电鳐

Heteronarce mollis (Lloyd, 1907) 软身异双鳍电鳐;软身异双鳍电鳐

Heteronarce prabhui Talwar, 1981 普氏异双鳍电鳐;普氏异双鳍电鳐

Genus *Narcine* Henle, 1834 双鳍电鳐属;双鳍电鳐属

Narcine atzi Carvalho & Randall, 2003 阿氏双鳍电鳐;阿氏双鳍电鳐

Narcine bancroftii (Griffith & Smith, 1834) 班氏双鳍电鳐;班氏双鳍电鳐

Narcine brasiliensis (Olfers, 1831) 巴西双鳍电鳐;巴西双鳍电鳐

Narcine brevilabiata Bessednov, 1966 短唇双鳍电鳐;短唇双鳍电鳐 台

Narcine brunnea Annandale, 1909 深棕双鳍电鳐;深棕双鳍电鳐

Narcine entemedor Jordan & Starks, 1895 小口双鳍电鳐;小口双鳍电鳐

Narcine insolita Carvalho, Séret & Compagno, 2002 吹沙双鳍电鳐;吹沙双鳍电鳐

Narcine lasti Carvalho & Séret, 2002 拉氏双鳍电鳐;拉氏双鳍电鳐

Narcine leoparda Carvalho, 2001 狮色双鳍电鳐;狮色双鳍电鳐

Narcine lingula Richardson, 1846 舌形双鳍电鳐;舌形双鳍电鳐 陆 台

Narcine maculata (Shaw, 1804) 黑斑双鳍电鳐;黑斑双鳍电鳐 陆

Narcine nelsoni Carvalho, 2008 纳氏双鳍电鳐;纳氏双鳍电鳐

Narcine oculifera Carvalho, Compagno & Mee, 2002 眼斑双鳍电鳐;眼斑双鳍电鳐

Narcine ornata Carvalho, 2008 饰妆双鳍电鳐;饰妆双鳍电鳐

Narcine prodorsalis Bessednov, 1966 前背双鳍电鳐;前背双鳍电鳐 台

Narcine rierai (Lloris & Rucabado, 1991) 里氏双鳍电鳐;里氏双鳍电鳐

Narcine tasmaniensis Richardson, 1841 塔斯马尼双鳍电鳐;塔斯马尼双鳍电鳐

Narcine timlei (Bloch & Schneider, 1801) 丁氏双鳍电鳐;丁氏双鳍电鳐 陆
syn. *Narcine indica* Henle, 1834 印度双鳍电鳐

Narcine vermiculatus Breder, 1928 虫纹双鳍电鳐;虫纹双鳍电鳐

Narcine westraliensis McKay, 1966 西澳洲双鳍电鳐;西澳洲双鳍电鳐

Genus *Narke* Kaup, 1826 单鳍电鳐属;单鳍电鳐属

Narke capensis (Gmelin, 1789) 南非单鳍电鳐;南非单鳍电鳐

Narke dipterygia (Bloch & Schneider, 1801) 双翅单鳍电鳐;双翅单鳍电鳐

Narke japonica (Temminck & Schlegel, 1850) 日本单鳍电鳐;日本单鳍电鳐 陆 台

Genus *Temera* Gray, 1831 缺鳍电鳐属;缺鳍电鳐属

Temera hardwickii Gray, 1831 缺鳍电鳐;缺鳍电鳐

Genus *Typhlonarke* Waite, 1909 盲电鳐属;盲电鳐属

Typhlonarke aysoni (Hamilton, 1902) 艾氏盲电鳐;艾氏盲电鳐

Typhlonarke tarakea Phillipps, 1929 塔氏盲电鳐;塔氏盲电鳐

Order Pristiformes 锯鳐目;锯鳐目

Family 044 Pristidae 锯鳐科

Genus *Anoxypristis* White & Moy-Thomas, 1941 钝锯鳐属

Anoxypristis cuspidata (Latham, 1794) 钝锯鳐(尖齿锯鳐) 陆 台

Genus *Pristis* Linck, 1790 锯鳐属

Pristis clavata Garman, 1906 昆士兰锯鳐

Pristis microdon Latham, 1794 小齿锯鳐 陆

Pristis pectinata Latham, 1794 栉齿锯鳐

Pristis perotteti Müller & Henle, 1841 大齿锯鳐

Pristis pristis (Linnaeus, 1758) 锯鳐

Pristis zijsron Bleeker, 1851 后鳍锯鳐

Order Rajiformes 鳐目

Family 045 Rhinidae 圆犁头鳐科;鲎头鳐科

Genus *Rhina* Schaeffer, 1760 圆犁头鳐属;鲎头鳐属

Rhina ancylostoma Bloch & Schneider, 1801 圆犁头鳐;波口鲎头鳐 陆 台

Family 046 Rhynchobatidae 尖犁头鳐科;龙纹鳐科

Genus *Rhynchobatus* Müller & Henle, 1837 尖犁头鳐属;龙纹鳐属

Rhynchobatus australiae Whitley, 1939 澳洲尖犁头鳐;澳洲龙纹鳐

Rhynchobatus djiddensis (Forsskål, 1775) 及达尖犁头鳐;吉打龙纹鳐 陆 台

Rhynchobatus laevis (Bloch & Schneider, 1801) 光滑尖犁头鳐;光滑龙纹鳐

Rhynchobatus luebberti Ehrenbaum, 1915 利氏尖犁头鳐;利氏龙纹鳐

Rhynchobatus palpebratus Compagno & Last, 2008 瞬眼尖犁头鳐;瞬眼龙纹鳐

Rhynchobatus springeri Compagno & Last, 2010 斯氏尖犁头鳐;斯氏龙纹鳐

Family 047 Rhinobatidae 犁头鳐科;琵琶鳐科

Genus *Aptychotrema* Norman, 1926 铲吻犁头鳐属;铲吻琵琶鳐属

Aptychotrema bougainvillii (Müller & Henle, 1841) 鲍氏铲吻犁头鳐;鲍氏铲吻琵琶鳐

Aptychotrema rostrata (Shaw, 1794) 钩鼻铲吻犁头鳐;钩鼻铲吻琵琶鳐

Aptychotrema timorensis Last, 2004 帝汶铲吻犁头鳐;帝汶铲吻琵琶鳐

Aptychotrema vincentiana (Haacke, 1885) 澳洲铲吻犁头鳐;澳洲铲吻琵琶鳐

Genus *Glaucostegus* Bonaparte, 1846 蓝吻犁头鳐属;蓝吻琵琶鳐属

Glaucostegus granulatus (Cuvier, 1829) 颗粒蓝吻犁头鳐;颗粒蓝吻琵琶鳐 陆 台

  syn. *Rhinobatos granulatus* Cuvier, 1829 颗粒犁头鳐

Glaucostegus halavi (Forsskål, 1775) 哈氏蓝吻犁头鳐;哈氏蓝吻琵琶鳐

Glaucostegus typus (Anonymous [Bennett], 1830) 蓝吻犁头鳐;蓝吻琵琶鳐

Genus *Rhinobatos* Linck, 1790 犁头鳐属;琵琶鳐属

Rhinobatos albomaculatus Norman, 1930 白斑犁头鳐;白斑琵琶鳐

Rhinobatos annandalei Norman, 1926 安氏犁头鳐;安氏琵琶鳐

Rhinobatos annulatus Müller & Henle, 1841 突吻犁头鳐;突吻琵琶鳐

Rhinobatos blochii Müller & Henle, 1841 布氏犁头鳐;布氏琵琶鳐

Rhinobatos cemiculus Geoffroy Saint-Hilaire, 1817 吻斑犁头鳐;吻斑琵琶鳐

Rhinobatos formosensis Norman, 1926 台湾犁头鳐;台湾琵琶鳐 台

Rhinobatos glaucostigma Jordan & Gilbert, 1883 银点犁头鳐;银点琵琶鳐

Rhinobatos holcorhynchus Norman, 1922 长犁头鳐;长琵琶鳐

Rhinobatos horkelii Müller & Henle, 1841 霍氏犁头鳐;霍氏琵琶鳐

Rhinobatos hynnicephalus Richardson, 1846 斑纹犁头鳐;斑纹琵琶鳐 陆 台

Rhinobatos irvinei Norman, 1931 暗斑犁头鳐;暗斑琵琶鳐

Rhinobatos jimbaranensis Last, White & Fahmi, 2006 印度尼西亚犁头鳐;印度尼西亚琵琶鳐

Rhinobatos lentiginosus Garman, 1880 大西洋犁头鳐;大西洋琵琶鳐

Rhinobatos leucorhynchus Günther, 1867 白吻犁头鳐;白吻琵琶鳐

Rhinobatos leucospilus Norman, 1926 灰斑犁头鳐;灰斑琵琶鳐

Rhinobatos lionotus Norman, 1926 光背犁头鳐;光背琵琶鳐

Rhinobatos microphthalmus Teng, 1959 小眼犁头鳐;小眼琵琶鳐 台

Rhinobatos nudidorsalis Last, Compagno & Nakaya, 2004 裸背犁头鳐;裸背琵琶鳐

Rhinobatos obtusus Müller & Henle, 1841 钝吻犁头鳐;钝吻琵琶鳐

Rhinobatos ocellatus Norman, 1926 南非犁头鳐;南非琵琶鳐

Rhinobatos penggali Last, White & Fahmi, 2006 彭氏犁头鳐;彭氏琵琶鳐

Rhinobatos percellens (Walbaum, 1792) 白点犁头鳐;白点琵琶鳐

Rhinobatos petiti Chabanaud, 1929 佩氏犁头鳐;佩氏琵琶鳐

Rhinobatos planiceps Garman, 1880 太平洋犁头鳐;太平洋琵琶鳐

Rhinobatos prahli Acero P. & Franke, 1995 普氏犁头鳐;普氏琵琶鳐

Rhinobatos productus Ayres, 1854 环吻犁头鳐;环吻琵琶鳐

Rhinobatos punctifer Compagno & Randall, 1987 红海犁头鳐;红海琵琶鳐

Rhinobatos rhinobatos (Linnaeus, 1758) 琴犁头鳐;琴琵琶鳐

Rhinobatos sainsburyi Last, 2004 塞氏犁头鳐;塞氏琵琶鳐

Rhinobatos salalah Randall & Compagno, 1995 色拉兰犁头鳐;色拉兰琵琶鳐

Rhinobatos schlegelii Müller & Henle, 1841 许氏犁头鳐;薛氏琵琶鳐 陆 台

Rhinobatos spinosus Günther, 1870 棘吻犁头鳐;棘吻琵琶鳐

Rhinobatos thouin (Anonymous, 1798) 素氏犁头鳐;素氏琵琶鳐

Rhinobatos thouiniana (Shaw, 1804) 肖氏犁头鳐;肖氏琵琶鳐

Rhinobatos variegatus Nair & Lal Mohan, 1973 印度犁头鳐;印度琵琶鳐

Rhinobatos zanzibarensis Norman, 1926 桑给巴尔犁头鳐;桑给巴尔琵琶鳐

Genus *Tarsistes* Jordan, 1919 扁犁头鳐属;扁琵琶鳐属

Tarsistes philippii Jordan, 1919 菲利普扁犁头鳐;菲利普扁琵琶鳐

Genus *Trygonorrhina* Müller & Henle, 1838 南犁头鳐属;南琵琶鳐属

Trygonorrhina fasciata Müller & Henle, 1841 斑纹南犁头鳐;斑纹南琵琶鳐

Trygonorrhina melaleuca Scott, 1954 黑体南犁头鳐;黑体南琵琶鳐

Genus *Zapteryx* Jordan & Gilbert, 1880 强鳍鳐属

Zapteryx brevirostris (Müller & Henle, 1841) 短吻强鳍鳐

Zapteryx exasperata (Jordan & Gilbert, 1880) 洁背强鳍鳐

Zapteryx xyster Jordan & Evermann, 1896 光滑强鳍鳐

Family 048 Rajidae 鳐科

Genus *Amblyraja* Malm, 1877 钝头鳐属

Amblyraja badia (Garman, 1899) 宽钝头鳐

Amblyraja doellojuradoi (Pozzi, 1935) 多氏钝头鳐

Amblyraja frerichsi (Krefft, 1968) 弗氏钝头鳐

Amblyraja georgiana (Norman, 1938) 南极钝头鳐

Amblyraja hyperborea (Collett, 1879) 北极钝头鳐

Amblyraja jenseni (Bigelow & Schroeder, 1950) 詹氏钝头鳐

Amblyraja radiata (Donovan, 1808) 棘背钝头鳐

Amblyraja reversa (Lloyd, 1906) 阿拉伯海钝头鳐

Amblyraja robertsi (Hulley, 1970) 罗氏钝头鳐

Amblyraja taaf (Meissner, 1987) 塔氏钝头鳐

Genus *Anacanthobatis* von Bonde & Swart, 1923 无鳍鳐属

Anacanthobatis americanus Bigelow & Schroeder, 1962 美洲无鳍鳐

Anacanthobatis borneensis Chan, 1965 婆罗洲无鳍鳐 陆 台

Anacanthobatis donghaiensis (Deng, Xiong & Zhan, 1983) 东海无鳍鳐 陆

Anacanthobatis folirostris (Bigelow & Schroeder, 1951) 叶吻无鳍鳐

Anacanthobatis longirostris Bigelow & Schroeder, 1962 长吻无鳍鳐

Anacanthobatis marmoratus von Bonde & Swart, 1923 斑无鳍鳐

Anacanthobatis nanhaiensis (Meng & Li, 1981) 南海无鳍鳐 陆

Anacanthobatis ori (Wallace, 1967) 奥氏无鳍鳐

Anacanthobatis stenosoma (Li & Hu, 1982) 狭体无鳍鳐 陆

Genus *Arhynchobatis* Waite, 1909 长尾鳐属

Arhynchobatis asperrimus Waite, 1909 长尾鳐

Genus *Atlantoraja* Menni, 1972 大西洋鳐属

Atlantoraja castelnaui (Miranda Ribeiro, 1907) 卡氏大西洋鳐

Atlantoraja cyclophora (Regan, 1903) 巴西大西洋鳐

Atlantoraja platana (Günther, 1880) 紫背大西洋鳐

Genus *Bathyraja* Ishiyama, 1958 深海鳐属

Bathyraja abyssicola (Gilbert, 1896) 稀棘深海鳐

Bathyraja aguja (Kendall & Radcliffe, 1912) 艾杰深海鳐

Bathyraja albomaculata (Norman, 1937) 白斑深海鳐

Bathyraja aleutica (Gilbert, 1896) 腹斑深海鳐

Bathyraja andriashevi Dolganov, 1983 安氏深海鳐

Bathyraja bergi Dolganov, 1983 贝氏深海鳐 陆

Bathyraja brachyurops (Fowler, 1910) 短尾深海鳐

Bathyraja caeluronigricans Ishiyama & Ishihara, 1977 暗色深海鳐

Bathyraja cousseauae Díaz de Astarloa & Mabragaña, 2004 尖鳍深海鳐

Bathyraja diplotaenia (Ishiyama, 1952) 黑肛深海鳐 陆

Bathyraja eatonii (Günther, 1876) 伊氏深海鳐

Bathyraja fedorovi Dolganov, 1983 费氏深海鳐

Bathyraja griseocauda (Norman, 1937) 灰尾深海鳐

Bathyraja hesperafricana Stehmann, 1995 西非深海鳐

Bathyraja interrupta (Gill & Townsend, 1897) 白令海深海鳐

Bathyraja irrasa Hureau & Ozouf-Costaz, 1980 粗深海鳐

Bathyraja ishiharai Stehmann, 2005 石原深海鳐

Bathyraja isotrachys (Günther, 1877) 匀棘深海鳐 陆 台

Bathyraja lindbergi Ishiyama & Ishihara, 1977 林氏深海鳐 陆

Bathyraja longicauda (de Buen, 1959) 长尾深海鳐

Bathyraja maccaini Springer, 1971 马氏深海鳐

Bathyraja macloviana (Norman, 1937) 麦克罗深海鳐

Bathyraja maculata Ishiyama & Ishihara, 1977 斑深海鳐

Bathyraja magellanica (Philippi, 1902) 智利深海鳐

Bathyraja mariposa Stevenson, Orr, Hoff & McEachran, 2004 黄斑深海鳐

Bathyraja matsubarai (Ishiyama, 1952) 松原深海鳐 陆 台

Bathyraja meridionalis Stehmann, 1987 南方深海鳐

Bathyraja minispinosa Ishiyama & Ishihara, 1977 少棘深海鳐

Bathyraja multispinis (Norman, 1937) 多棘深海鳐

Bathyraja murrayi (Günther, 1880) 默氏深海鳐

Bathyraja notoroensis Ishiyama & Ishihara, 1977 大眼深海鳐

Bathyraja pallida (Forster, 1967) 灰白深海鳐

Bathyraja papilionifera Stehmann, 1985 阿根廷深海鳐

Bathyraja parmifera (Bean, 1881) 尾棘深海鳐

Bathyraja peruana McEachran & Miyake, 1984 秘鲁深海鳐

Bathyraja pseudoisotrachys Ishihara & Ishiyama, 1985 日本深海鳐

Bathyraja richardsoni (Garrick, 1961) 里氏深海鳐

Bathyraja scaphiops (Norman, 1937) 舟形深海鳐

Bathyraja schroederi (Krefft, 1968) 施罗德深海鳐

Bathyraja shuntovi Dolganov, 1985 尖吻深海鳐

Bathyraja simoterus Ishiyama, 1967 扁吻深海鳐

Bathyraja smirnovi (Soldatov & Pavlenko, 1915) 斯氏深海鳐

Bathyraja smithii (Müller & Henle, 1841) 史氏深海鳐

Bathyraja spinicauda (Jensen, 1914) 棘尾深海鳐

Bathyraja spinosissima (Beebe & Tee-Van, 1941) 棘深海鳐

Bathyraja taranetzi (Dolganov, 1983) 塔氏深海鳐

Bathyraja trachouros (Ishiyama, 1958) 糙体深海鳐 陆 台

Bathyraja trachura (Gilbert, 1892) 糙尾深海鳐

Bathyraja tunae Stehmann, 2005 滕氏深海鳐

Bathyraja tzinovskii Dolganov, 1983 褶尾深海鳐

Bathyraja violacea (Suvorov, 1935) 紫色深海鳐

Genus *Breviraja* Bigelow & Schroeder, 1948 短鳐属

Breviraja claramaculata McEachran & Matheson, 1985 耀斑短鳐

Breviraja colesi Bigelow & Schroeder, 1948 科氏短鳐

Breviraja marklei McEachran & Miyake, 1987 马氏短鳐

Breviraja mouldi McEachran & Matheson, 1995 莫氏短鳐

Breviraja nigriventralis McEachran & Matheson, 1985 黑腹短鳐

Breviraja spinosa Bigelow & Schroeder, 1950 小棘短鳐

Genus *Brochiraja* Last & McEachran, 2006 网鳐属

Brochiraja aenigma Last & McEachran, 2006 新西兰网鳐

Brochiraja albilabiata Last & McEachran, 2006 白唇网鳐

Brochiraja asperula (Garrick & Paul, 1974) 糙网鳐

Brochiraja leviveneta Last & McEachran, 2006 光腹网鳐

Brochiraja microspinifera Last & McEachran, 2006 小棘网鳐

Brochiraja spinifera (Garrick & Paul, 1974) 刺网鳐

Genus *Cruriraja* Bigelow & Schroeder, 1948 肢鳐属

Cruriraja andamanica (Lloyd, 1909) 安达曼岛肢鳐

Cruriraja atlantis Bigelow & Schroeder, 1948 大西洋肢鳐

Cruriraja cadenati Bigelow & Schroeder, 1962 凯氏肢鳐

Cruriraja durbanensis (von Bonde & Swart, 1923) 南非肢鳐

Cruriraja hulleyi Aschliman, Ebert & Compagno, 2010 赫利氏肢鳐

Cruriraja parcomaculata (von Bonde & Swart, 1923) 稀斑肢鳐

Cruriraja poeyi Bigelow & Schroeder, 1948 波氏肢鳐

Cruriraja rugosa Bigelow & Schroeder, 1958 皱肢鳐

Genus *Dactylobatus* Bean & Weed, 1909 指鳐属

Dactylobatus armatus Bean & Weed, 1909 指鳐

Dactylobatus clarkii (Bigelow & Schroeder, 1958) 克氏指鳐

Genus *Dentiraja* Whitley, 1940 齿鳐属

Dentiraja lemprieri (Richardson, 1845) 莱氏齿鳐

Genus *Dipturus* Rafinesque, 1810 长吻鳐属

Dipturus acrobelus Last, White & Pogonoski, 2008 深水长吻鳐

Dipturus apricus Last, White & Pogonoski, 2008 日光长吻鳐

Dipturus argentinensis Díaz de Astarloa, Mabragaña, Hanner & Figueroa, 2008 阿根廷长吻鳐

Dipturus australis (Macleay, 1884) 澳洲长吻鳐

Dipturus batis (Linnaeus, 1758) 蓝长吻鳐

Dipturus bullisi (Bigelow & Schroeder, 1962) 布利斯长吻鳐

Dipturus campbelli (Wallace, 1967) 坎氏长吻鳐

Dipturus canutus Last, 2008 灰长吻鳐

Dipturus cerva (Whitley, 1939) 褐黄长吻鳐

Dipturus confusus Last, 2008 鸢长吻鳐

Dipturus crosnieri (Séret, 1989) 克氏长吻鳐

Dipturus diehli Soto & Mincarone, 2001 迪氏长吻鳐

Dipturus doutrei (Cadenat, 1960) 道氏长吻鳐

Dipturus ecuadoriensis (Beebe & Tee-Van, 1941) 厄瓜多尔长吻鳐

Dipturus endeavouri Last, 2008 恩氏长吻鳐

Dipturus falloargus Last, 2008 伪光长吻鳐

Dipturus flavirostris (Philippi, 1892) 黄吻长吻鳐

Dipturus flindersi (Last & Gledhill, 2008) 弗氏长吻鳐

Dipturus garricki (Bigelow & Schroeder, 1958) 加氏长吻鳐

Dipturus gigas (Ishiyama, 1958) 巨长吻鳐 陆

Dipturus grahami Last, 2008 格氏长吻鳐

Dipturus gudgeri (Whitley, 1940) 古氏长吻鳐

Dipturus healdi Last, White & Pogonoski, 2008 希氏长吻鳐

Dipturus innominatus (Garrick & Paul, 1974) 光背长吻鳐

Dipturus johannisdavisi (Alcock, 1899) 约氏长吻鳐

Dipturus kwangtungensis (Chu, 1960) 广东长吻鳐 陆 台

Dipturus laevis (Mitchill, 1818) 光滑长吻鳐

Dipturus lanceorostratus (Wallace, 1967) 尖嘴长吻鳐 台

Dipturus leptocauda (Krefft & Stehmann, 1975) 细尾长吻鳐

Dipturus linteus (Fries, 1838) 白斑长吻鳐

Dipturus macrocauda (Ishiyama, 1955) 大尾长吻鳐 陆 台

Dipturus melanospilus Last, White & Pogonoski, 2008 黑点长吻鳐

Dipturus mennii Gomes & Paragó, 2001 门氏长吻鳐

Dipturus nidarosiensis (Storm, 1881) 挪威长吻鳐

Dipturus oculus Last, 2008 眼斑长吻鳐

Dipturus olseni (Bigelow & Schroeder, 1951) 欧氏长吻鳐

Dipturus oregoni (Bigelow & Schroeder, 1958) 奥氏长吻鳐

Dipturus oxyrinchus (Linnaeus, 1758) 尖长吻鳐

Dipturus polyommata (Ogilby, 1910) 多眼长吻鳐

Dipturus pullopunctatus (Smith, 1964) 睛斑长吻鳐

Dipturus queenslandicus Last, White & Pogonoski, 2008 昆士兰长吻鳐

Dipturus springeri (Wallace, 1967) 史氏长吻鳐

Dipturus stenorhynchus (Wallace, 1967) 窄吻长吻鳐

Dipturus teevani (Bigelow & Schroeder, 1951) 蒂氏长吻鳐

Dipturus tengu (Jordan & Fowler, 1903) 天狗长吻鳐 陆 台

Dipturus trachyderma (Krefft & Stehmann, 1975) 糙皮长吻鳐

Dipturus wengi Séret & Last, 2008 温氏长吻鳐

Dipturus whitleyi (Iredale, 1938) 惠氏长吻鳐

Dipturus wuhanlingi Jeong & Nakabo, 2008 汉霖长吻鳐 陆

Genus *Fenestraja* McEachran & Compagno, 1982 侏鳐属

Fenestraja atripinna (Bigelow & Schroeder, 1950) 暗鳍侏鳐

Fenestraja cubensis (Bigelow & Schroeder, 1950) 古巴侏鳐

Fenestraja ishiyamai (Bigelow & Schroeder, 1962) 石山氏侏鳐

Fenestraja maceachrani (Séret, 1989) 梅氏侏鳐

Fenestraja mamillidens (Alcock, 1889) 印度洋侏鳐

Fenestraja plutonia (Garman, 1881) 深水侏鳐

Fenestraja sibogae (Weber, 1913) 印度尼西亚侏鳐

Fenestraja sinusmexicanus (Bigelow & Schroeder, 1950) 墨西哥湾侏鳐

Genus *Gurgesiella* de Buen, 1959 吞鳐属

Gurgesiella atlantica (Bigelow & Schroeder, 1962) 大西洋吞鳐

Gurgesiella dorsalifera McEachran & Compagno, 1980 吞鳐
Gurgesiella furvescens de Buen, 1959 小吞鳐

Genus *Hongeo* Jeong & Nakabo, 2009 洪鳐属

Hongeo koreana (Jeong & Nakabo, 1997) 朝鲜洪鳐

Genus *Insentiraja* Yearsley & Last, 1992 薄鳐属

Insentiraja laxipella (Yearsley & Last, 1992) 宽口薄鳐
Insentiraja subtilispinosa (Stehmann, 1989) 薄鳐

Genus *Irolita* Whitley, 1931 圆鳐属

Irolita waitii (McCulloch, 1911) 韦氏圆鳐
Irolita westraliensis Last & Gledhill, 2008 西澳洲圆鳐

Genus *Leucoraja* Malm, 1877 白鳐属

Leucoraja caribbaea (McEachran, 1977) 加勒比白鳐
Leucoraja circularis (Couch, 1838) 圆白鳐
Leucoraja compagnoi (Stehmann, 1995) 康氏白鳐
Leucoraja erinacea (Mitchill, 1825) 猬白鳐
Leucoraja fullonica (Linnaeus, 1758) 结刺白鳐
Leucoraja garmani (Whitley, 1939) 加氏白鳐
Leucoraja lentiginosa (Bigelow & Schroeder, 1951) 雀斑白鳐
Leucoraja leucosticta (Stehmann, 1971) 小点白鳐
Leucoraja melitensis (Clark, 1926) 突尼斯白鳐
Leucoraja naevus (Müller & Henle, 1841) 肩斑白鳐
Leucoraja ocellata (Mitchill, 1815) 密点白鳐
Leucoraja pristispina Last, Stehmann & Séret, 2008 锯棘白鳐
Leucoraja virginica (McEachran, 1977) 弗吉尼亚白鳐
Leucoraja wallacei (Hulley, 1970) 华莱士白鳐
Leucoraja yucatanensis (Bigelow & Schroeder, 1950) 墨西哥白鳐

Genus *Malacoraja* Stehmann, 1970 丑鳐属

Malacoraja kreffti (Stehmann, 1977) 冰岛丑鳐
Malacoraja obscura Carvalho, Gomes & Gadig, 2005 暗丑鳐
Malacoraja senta (Garman, 1885) 紫红丑鳐
Malacoraja spinacidermis (Barnard, 1923) 粗皮丑鳐

Genus *Neoraja* McEachran & Compagno, 1982 新鳐属

Neoraja africana (Stehmann & Séret, 1983) 非洲新鳐
Neoraja caerulea (Stehmann, 1976) 淡黑新鳐
Neoraja carolinensis McEachran & Stehmann, 1984 卡罗林新鳐
Neoraja iberica Stehmann, Séret, Costa & Baro, 2008 伊比利亚新鳐
Neoraja stehmanni (Hulley, 1972) 斯氏新鳐

Genus *Notoraja* Ishiyama, 1958 隆背鳐属

Notoraja azurea McEachran & Last, 2008 蓝灰隆背鳐
Notoraja hirticauda Last & McEachran, 2006 糙尾隆背鳐
Notoraja lira McEachran & Last, 2008 印度洋隆背鳐
Notoraja ochroderma McEachran & Last, 1994 赭皮隆背鳐
Notoraja sapphira Séret & Last, 2009 青玉隆背鳐
Notoraja sticta McEachran & Last, 2008 点斑隆背鳐
Notoraja tobitukai (Hiyama, 1940) 日本隆背鳐(短鳐) 陆 台

Genus *Okamejei* Ishiyama, 1958 瓮鳐属

Okamejei acutispina (Ishiyama, 1958) 尖棘瓮鳐 陆 台
Okamejei arafurensis Last & Gledhill, 2008 阿氏瓮鳐
Okamejei boesemani (Ishihara, 1987) 鲍氏瓮鳐 台
Okamejei cairae Last, Fahmi & Ishihara, 2010 凯氏瓮鳐
Okamejei heemstrai (McEachran & Fechhelm, 1982) 希氏瓮鳐
Okamejei hollandi (Jordan & Richardson, 1909) 何氏瓮鳐 陆 台
Okamejei jensenae Last & Lim, 2010 约翰逊瓮鳐
Okamejei kenojei (Müller & Henle, 1841) 斑瓮鳐 陆 台
    syn. *Raja porosa* (Günther, 1874) 孔鳐
Okamejei leptoura Last & Gledhill, 2008 小尾瓮鳐
Okamejei meerdervoortii (Bleeker, 1860) 麦氏瓮鳐 台
    syn. *Raja macrophthalma* Ishiyama, 1958 大眼鳐
Okamejei mengae Jeong, Nakabo & Wu, 2007 孟氏瓮鳐 陆
Okamejei pita (Fricke & Al-Hassan, 1995) 褐斑瓮鳐

Okamejei powelli (Alcock, 1898) 波氏瓮鳐
Okamejei schmidti (Ishiyama, 1958) 施氏瓮鳐

Genus *Pavoraja* Whitley, 1939 深鳐属

Pavoraja alleni McEachran & Fechhelm, 1982 阿氏深鳐
Pavoraja arenaria Last, Mallick & Yearsley, 2008 砂地深鳐
Pavoraja mosaica Last, Mallick & Yearsley, 2008 斑驳深鳐
Pavoraja nitida (Günther, 1880) 光泽深鳐
Pavoraja pseudonitida Last, Mallick & Yearsley, 2008 拟光泽深鳐
Pavoraja umbrosa Last, Mallick & Yearsley, 2008 澳洲深鳐

Genus *Psammobatis* Günther, 1870 砂鳐属

Psammobatis bergi Marini, 1932 伯格氏砂鳐
Psammobatis extenta (Garman, 1913) 巴西砂鳐
Psammobatis lentiginosa McEachran, 1983 雀斑砂鳐
Psammobatis normani McEachran, 1983 诺氏砂鳐
Psammobatis parvacauda McEachran, 1983 微尾砂鳐
Psammobatis rudis Günther, 1870 糙皮砂鳐
Psammobatis rutrum Jordan, 1891 铲砂鳐
Psammobatis scobina (Philippi, 1857) 斯科比砂鳐

Genus *Pseudoraja* Bigelow & Schroeder, 1954 丝吻鳐属

Pseudoraja fischeri Bigelow & Schroeder, 1954 费氏丝吻鳐

Genus *Raja* Linnaeus, 1758 鳐属

Raja ackleyi Garman, 1881 阿氏鳐
Raja africana Capapé, 1977 非洲鳐
Raja asterias Delaroche, 1809 星斑鳐
Raja bahamensis Bigelow & Schroeder, 1965 巴哈马鳐
Raja binoculata Girard, 1855 双斑鳐
Raja brachyura Lafont, 1873 短尾鳐
Raja cervigoni Bigelow & Schroeder, 1964 塞氏鳐
Raja chinensis Basilewsky, 1855 华鳐 陆
Raja clavata Linnaeus, 1758 背棘鳐
Raja cortezensis McEachran & Miyake, 1988 科特鳐
Raja eglanteria Bosc, 1800 晶吻鳐
Raja equatorialis Jordan & Bollman, 1890 赤道鳐
Raja herwigi Krefft, 1965 赫氏鳐
Raja inornata Jordan & Gilbert, 1881 北美鳐
Raja maderensis Lowe, 1838 马德拉鳐
Raja microocellata Montagu, 1818 小眼斑鳐
Raja miraletus Linnaeus, 1758 镜鳐
Raja montagui Fowler, 1910 蒙鳐
Raja polystigma Regan, 1923 多刺鳐
Raja pulchra Liu, 1932 美鳐 陆
Raja radula Delaroche, 1809 粗背鳐
Raja rhina Jordan & Gilbert, 1880 糙吻鳐
Raja rondeleti Bougis, 1959 龙氏鳐
Raja rouxi Capapé, 1977 鲁氏鳐
Raja stellulata Jordan & Gilbert, 1880 小星鳐
Raja straeleni Poll, 1951 斯氏鳐
Raja texana Chandler, 1921 美洲鳐
Raja undulata Lacepède, 1802 波鳐
Raja velezi Chirichigno F., 1973 维氏鳐

Genus *Rajella* Stehmann, 1970 细鳐属

Rajella annandalei (Weber, 1913) 安氏细鳐
Rajella barnardi (Norman, 1935) 巴氏细鳐
Rajella bathyphila (Holt & Byrne, 1908) 深细鳐
Rajella bigelowi (Stehmann, 1978) 比氏细鳐
Rajella caudaspinosa (von Bonde & Swart, 1923) 尾棘细鳐
Rajella challengeri Last & Stehmann, 2008 查氏细鳐
Rajella dissimilis (Hulley, 1970) 鬼细鳐
Rajella eisenhardti Long & McCosker, 1999 艾氏细鳐
Rajella fuliginea (Bigelow & Schroeder, 1954) 灰细鳐

Rajella fyllae (Lütken, 1887) 法氏细鳐

Rajella kukujevi (Dolganov, 1985) 库氏细鳐

Rajella leopardus (von Bonde & Swart, 1923) 狮色细鳐

Rajella nigerrima (de Buen, 1960) 黑体细鳐

Rajella purpuriventralis (Bigelow & Schroeder, 1962) 紫腹细鳐

Rajella ravidula (Hulley, 1970) 暗灰细鳐

Rajella sadowskii (Krefft & Stehmann, 1974) 萨氏细鳐

Genus *Rhinoraja* Ishiyama, 1952 吻鳐属

Rhinoraja kujiensis (Tanaka, 1916) 久慈吻鳐 陆

Rhinoraja longicauda Ishiyama, 1952 长尾吻鳐

Rhinoraja obtusa (Gill & Townsend, 1897) 钝吻鳐

Rhinoraja odai Ishiyama, 1958 小田吻鳐

Genus *Rioraja* Whitley, 1939 里奥鳐属

Rioraja agassizii (Müller & Henle, 1841) 阿氏里奥鳐

Genus *Rostroraja* Hulley, 1972 鼻鳐属

Rostroraja alba (Lacepède, 1803) 白鼻鳐

Genus *Sinobatis* Hulley, 1973 海湾无鳍鳐属

Sinobatis bulbicauda Last & Séret, 2008 球尾海湾无鳍鳐

Sinobatis caerulea Last & Séret, 2008 蓝背海湾无鳍鳐

Sinobatis filicauda Last & Séret, 2008 线尾海湾无鳍鳐

Sinobatis melanosoma (Chan, 1965) 黑体海湾无鳍鳐 台
　　syn. *Anacanthobatis melanosoma* (Chan, 1965) 黑体无鳍鳐(黑体施氏鳐)

Genus *Sympterygia* Müller & Henle, 1837 同鳍鳐属

Sympterygia acuta Garman, 1877 尖同鳍鳐

Sympterygia bonapartii Müller & Henle, 1841 波氏同鳍鳐

Sympterygia brevicaudata (Cope, 1877) 短尾同鳍鳐

Sympterygia lima (Poeppig, 1835) 黏同鳍鳐

Genus *Zearaja* Whitley, 1939 谷鳐属

Zearaja chilensis (Guichenot, 1848) 智利谷鳐

Zearaja maugeana Last & Gledhill, 2007 塔斯马尼亚谷鳐

Zearaja nasuta (Müller & Henle, 1841) 大鼻谷鳐

Order Myliobatiformes 鲼目

Suborder Platyrhinoidei 团扇鳐亚目;黄点鲉亚目

Family 049 Platyrhinidae 团扇鳐科;黄点鲉科

Genus *Platyrhina* Müller & Henle, 1838 团扇鳐属;黄点鲉属

Platyrhina sinensis (Bloch & Schneider, 1801) 中国团扇鳐;中国黄点鲉 陆

Platyrhina tangi (Bloch & Schneider, 1801) 汤氏团扇鳐;汤氏黄点鲉 陆 台
　　syn. *Platyrhina limboonkengi* Tang, 1933 林氏团扇鳐

Genus *Platyrhinoidis* Garman, 1881 拟团扇鳐属;拟黄点鲉属

Platyrhinoidis triseriata (Jordan & Gilbert, 1880) 棘背拟团扇鳐;棘背拟黄点鲉

Suborder Zanobatoidei 梳板鳐亚目

Family 050 Zanobatidae 梳板鳐科

Genus *Zanobatus* Garman, 1913 梳板鳐属

Zanobatus atlantica (Chabanaud, 1928) 大西洋梳板鳐

Zanobatus schoenleinii (Müller & Henle, 1841) 斯氏梳板鳐

Suborder Myliobatoidei 燕虹亚目

Family 051 Hexatrygonidae 六鳃虹科

Genus *Hexatrygon* Heemstra & Smith, 1980 六鳃虹属

Hexatrygon bickelli Heemstra & Smith, 1980 比氏六鳃虹 台
　　syn. *Hexatrygon brevirostra* Shen, 1986 短吻六鳃虹
　　syn. *Hexatrygon taiwanensis* Shen & Liu, 1984 台湾六鳃虹
　　syn. *Hexatrygon yangi* Shen & Liu, 1984 杨氏六鳃虹

Hexatrygon longirostra (Chu & Meng, 1981) 长吻六鳃虹 陆

Family 052 Plesiobatidae 深水尾虹科

Genus *Plesiobatis* Nishida, 1990 深水尾虹属

Plesiobatis daviesi (Wallace, 1967) 达氏深水尾虹 陆 台
　　syn. *Urolophus marmoratus* Chu, Hu & Li, 1981 斑纹扁虹

Family 053 Urolophidae 扁虹科

Genus *Trygonoptera* Müller & Henle, 1841 鹞扁虹属

Trygonoptera galba Last & Yearsley, 2008 黄体鹞扁虹

Trygonoptera imitata Yearsley, Last & Gomon, 2008 仿鹞扁虹

Trygonoptera mucosa (Whitley, 1939) 黏鹞扁虹

Trygonoptera ovalis Last & Gomon, 1987 卵形鹞扁虹

Trygonoptera personata Last & Gomon, 1987 野鹞扁虹

Trygonoptera testacea Müller & Henle, 1841 昆士兰鹞扁虹

Genus *Urobatis* Garman, 1913 大尾扁虹属

Urobatis concentricus Osburn & Nichols, 1916 多斑大尾扁虹

Urobatis halleri (Cooper, 1863) 哈氏大尾扁虹

Urobatis jamaicensis (Cuvier, 1816) 牙买加大尾扁虹

Urobatis maculatus Garman, 1913 圆点大尾扁虹

Urobatis marmoratus (Philippi, 1892) 斑纹大尾扁虹

Urobatis tumbesensis (Chirichigno F. & McEachran, 1979) 秘鲁大尾扁虹

Genus *Urolophus* Müller & Henle, 1837 扁虹属

Urolophus armatus Müller & Henle, 1841 盔扁虹

Urolophus aurantiacus Müller & Henle, 1841 褐黄扁虹 陆 台

Urolophus bucculentus Macleay, 1884 大扁虹

Urolophus circularis McKay, 1966 圆盘扁虹

Urolophus cruciatus (Lacepède, 1804) 带纹扁虹

Urolophus deforgesi Séret & Last, 2003 德氏扁虹

Urolophus expansus McCulloch, 1916 南澳扁虹

Urolophus flavomosaicus Last & Gomon, 1987 杂色扁虹

Urolophus gigas Scott, 1954 巨扁虹

Urolophus javanicus (Martens, 1864) 爪哇扁虹

Urolophus kaianus Günther, 1880 凯氏扁虹

Urolophus kapalensis Yearsley & Last, 2006 澳洲扁虹

Urolophus lobatus McKay, 1966 叶状扁虹

Urolophus mitosis Last & Gomon, 1987 纹背扁虹

Urolophus neocaledoniensis Séret & Last, 2003 新喀利多尼亚扁虹

Urolophus orarius Last & Gomon, 1987 滨海扁虹

Urolophus papilio Séret & Last, 2003 蝶状扁虹

Urolophus paucimaculatus Dixon, 1969 少斑扁虹

Urolophus piperatus Séret & Last, 2003 珊瑚海扁虹

Urolophus sufflavus Whitley, 1929 丑扁虹

Urolophus viridis McCulloch, 1916 浅绿扁虹

Urolophus westraliensis Last & Gomon, 1987 西澳扁虹

Family 054 Urotrygonidae 巨尾虹科

Genus *Urotrygon* Gill, 1863 巨尾虹属

Urotrygon aspidura (Jordan & Gilbert, 1882) 盾巨尾虹

Urotrygon caudispinosus Hildebrand, 1946 尾棘巨尾虹

Urotrygon chilensis (Günther, 1872) 智利巨尾虹

Urotrygon cimar López S. & Bussing, 1998 紫红巨尾虹

Urotrygon microphthalmum Delsman, 1941 小眼巨尾虹

Urotrygon munda Gill, 1863 曼达巨尾虹

Urotrygon nana Miyake & McEachran, 1988 矮巨尾虹

Urotrygon peruanus Hildebrand, 1946 秘鲁巨尾虹

Urotrygon reticulata Miyake & McEachran, 1988 网纹巨尾虹

Urotrygon rogersi (Jordan & Starks, 1895) 罗氏巨尾虹

Urotrygon serrula Hildebrand, 1946 锯齿巨尾虹

Urotrygon simulatrix Miyake & McEachran, 1988 仿巨尾虹

Urotrygon venezuelae Schultz, 1949 委内瑞拉巨尾虹

Family 055 Dasyatidae 魟科

Genus *Dasyatis* Rafinesque, 1810 魟属

Dasyatis acutirostra Nishida & Nakaya, 1988 尖吻魟 台

Dasyatis akajei (Müller & Henle, 1841) 赤魟 陆 台

Dasyatis americana Hildebrand & Schroeder, 1928 美洲魟

Dasyatis bennettii (Müller & Henle, 1841) 黄魟 陆 台

Dasyatis brevicaudata (Hutton, 1875) 短尾魟

Dasyatis brevis (Garman, 1880) 鞭尾魟

Dasyatis centroura (Mitchill, 1815) 粗尾魟

Dasyatis chrysonota (Smith, 1828) 金魟

Dasyatis colarensis Santos, Gomes & Charvet-Almeida, 2004 巴西魟

Dasyatis dipterura (Jordan & Gilbert, 1880) 菱魟

Dasyatis fluviorum Ogilby, 1908 溪魟

Dasyatis garouaensis (Stauch & Blanc, 1962) 加鲁阿魟

Dasyatis geijskesi Boeseman, 1948 吉氏魟

Dasyatis gigantea (Lindberg, 1930) 巨魟

Dasyatis guttata (Bloch & Schneider, 1801) 长吻魟

Dasyatis hastata (DeKay, 1842) 矛魟

Dasyatis hypostigma Santos & Carvalho, 2004 下棘魟

Dasyatis izuensis Nishida & Nakaya, 1988 伊豆魟

Dasyatis laevigata Chu, 1960 光魟 陆 台

Dasyatis laosensis Roberts & Karnasuta, 1987 橘点魟

Dasyatis lata (Garman, 1880) 鬼魟 台

Dasyatis longa (Garman, 1880) 长魟

Dasyatis margarita (Günther, 1870) 珠粒魟

Dasyatis margaritella Compagno & Roberts, 1984 珍魟

Dasyatis marianae Gomes, Rosa & Gadig, 2000 马里阿纳魟

Dasyatis marmorata (Steindachner, 1892) 花背魟

Dasyatis matsubarai Miyosi, 1939 松原魟

Dasyatis microps (Annandale, 1908) 细眼魟

Dasyatis multispinosa (Tokarev, 1959) 多刺魟

Dasyatis navarrae (Steindachner, 1892) 奈氏魟 陆 台

Dasyatis parvonigra Last & Whtie, 2008 黑魟

Dasyatis pastinaca (Linnaeus, 1758) 蓝纹魟

Dasyatis rudis (Günther, 1870) 糙魟

Dasyatis sabina (Lesueur, 1824) 大西洋魟

Dasyatis say (Lesueur, 1817) 钝吻魟

Dasyatis sinensis (Steindachner, 1892) 中国魟 陆

Dasyatis thetidis Ogilby, 1899 棘尾魟

Dasyatis tortonesei Capapé, 1975 托氏魟

Dasyatis ukpam (Smith, 1863) 尤克魟

Dasyatis ushiei (Jordan & Hubbs, 1925) 尤氏魟 台

Dasyatis zugei (Müller & Henle, 1841) 尖嘴魟 陆 台

Genus *Himantura* Müller & Henle, 1837 窄尾魟属

Himantura alcockii (Annandale, 1909) 阿氏窄尾魟

Himantura astra Last, Manjaji-Matsumoto & Pogonoski, 2008 星窄尾魟

Himantura bleekeri (Blyth, 1860) 布氏窄尾魟

Himantura chaophraya Monkolprasit & Roberts, 1990 查菲窄尾魟

Himantura dalyensis Last & Manjaji-Matsumoto, 2008 德利窄尾魟

Himantura draco Compagno & Heemstra, 1984 疣突窄尾魟

Himantura fai Jordan & Seale, 1906 费氏窄尾魟

Himantura fava (Annandale, 1909) 蜂巢窄尾魟

Himantura fluviatilis (Hamilton, 1822) 河栖窄尾魟

Himantura gerrardi (Gray, 1851) 齐氏窄尾魟 陆 台

Himantura granulata (Macleay, 1883) 细点窄尾魟

Himantura hortlei Last, Manjaji-Matsumoto & Kailola, 2006 霍氏窄尾魟

Himantura imbricata (Bloch & Schneider, 1801) 覆瓦窄尾魟

Himantura jenkinsii (Annandale, 1909) 詹氏窄尾魟

Himantura kittipongi Vidthayanon & Roberts, 2005 基氏窄尾魟

Himantura krempfi (Chabanaud, 1923) 克氏窄尾魟

Himantura leoparda Manjaji-Matsumoto & Last, 2008 狮色窄尾魟

Himantura lobistoma Manjaji-Matsumoto & Last, 2006 片口窄尾魟

Himantura marginata (Blyth, 1860) 缘边窄尾魟

Himantura microphthalma (Chen, 1948) 小眼窄尾魟 陆 台

　　syn. *Dasyatis microphthalmus* Chen, 1948 小眼魟

Himantura oxyrhyncha (Sauvage, 1878) 尖吻窄尾魟

Himantura pacifica (Beebe & Tee-Van, 1941) 太平洋窄尾魟

Himantura pareh (Bleeker, 1852) 印度尼西亚窄尾魟

Himantura pastinacoides (Bleeker, 1852) 拟鞭窄尾魟

Himantura schmardae (Werner, 1904) 施氏窄尾魟

Himantura signifer Compagno & Roberts, 1982 大窄尾魟

Himantura toshi Whitley, 1939 斑点窄尾魟

Himantura uarnacoides (Bleeker, 1852) 长鞭窄尾魟

Himantura uarnak (Forsskål, 1775) 花点窄尾魟 陆 台

Himantura undulata (Bleeker, 1852) 波缘窄尾魟

Himantura walga (Müller & Henle, 1841) 沃尔窄尾魟

Genus *Makararaja* Roberts, 2007 马魟属

Makararaja chindwinensis Roberts, 2007 马魟

Genus *Neotrygon* Castelnau, 1873 新魟属

Neotrygon annotata (Last, 1987) 帝汶新魟

Neotrygon kuhlii (Müller & Henle, 1841) 古氏新魟 陆 台

　　syn. *Dasyatis kuhlii* (Müller & Henle, 1841) 古氏魟

Neotrygon leylandi (Last, 1987) 莱氏新魟

Neotrygon ningalooensis Last, White & Puckridge, 2010 魅形新魟

Neotrygon picta Last & White, 2008 绣色新魟

Genus *Paratrygon* Duméril, 1865 副江魟属

Paratrygon aiereba (Müller & Henle, 1841) 巴西副江魟

Genus *Pastinachus* Rüppell, 1829 萝卜魟属

Pastinachus gracilicaudus Last & Manjaji-Matsumoto, 2010 细尾萝卜魟

Pastinachus sephen (Forsskål, 1775) 褶尾萝卜魟

Pastinachus solocirostris Last, Manjaji & Yearsley, 2005 糙吻萝卜魟

Pastinachus stellurostris Last, Fahmi & Naylor, 2010 星吻萝卜魟

Genus *Pteroplatytrygon* Fowler, 1910 翼魟属

Pteroplatytrygon violacea (Bonaparte, 1832) 紫色翼魟 陆 台

　　syn. *Dasyatis atratus* (Ishiyama & Okada, 1955) 黑魟

　　syn. *Dasyatis violacea* (Bonaparte, 1832) 紫魟

Genus *Taeniura* Müller & Henle, 1837 条尾魟属

Taeniura grabata (Geoffroy Saint-Hilaire, 1817) 圆条尾魟

Taeniura lymma (Forsskål, 1775) 蓝斑条尾魟

Taeniura meyeni Müller & Henle, 1841 迈氏条尾魟 陆 台

　　syn. *Taeniura melanospilus* Bleeker, 1853 黑斑条尾魟

Genus *Urogymnus* Müller & Henle, 1837 沙粒魟属

Urogymnus asperrimus (Bloch & Schneider, 1801) 糙沙粒魟 陆 台

　　syn. *Urogymnus africana* (Bloch & Schneider, 1801) 非洲沙粒魟

Family 056 Potamotrygonidae 江魟科

Genus *Plesiotrygon* Rosa, Castello & Thorson, 1987 近江魟属

Plesiotrygon iwamae Rosa, Castello & Thorson, 1987 岩前氏近江魟

Genus *Potamotrygon* Garman, 1877 江魟属

Potamotrygon boesemani Rosa, de Carvalho & de Almeida Wanderley, 2008 贝氏江魟

Potamotrygon brachyura (Günther, 1880) 短尾江魟

Potamotrygon constellata (Vaillant, 1880) 密星江魟

Potamotrygon falkneri Castex & Maciel, 1963 福氏江魟

Potamotrygon henlei (Castelnau, 1855) 亨利江魟

Potamotrygon hystrix (Müller & Henle, 1841) 多棘江魟

Potamotrygon leopoldi Castex & Castello, 1970 利氏江魟

Potamotrygon magdalenae (Duméril, 1865) 马氏江魟

Potamotrygon marinae Deynat, 2006 玛丽娜江魟

Potamotrygon motoro (Müller & Henle, 1841) 南美江魟

Potamotrygon ocellata (Engelhardt, 1912) 红斑江魟

Potamotrygon orbignyi (Castelnau, 1855) 奥氏江魟

Potamotrygon schroederi Fernández-Yépez, 1958 施罗德江魟

Potamotrygon schuhmacheri Castex, 1964 舒氏江魟
Potamotrygon scobina Garman, 1913 锉棘江魟
Potamotrygon signata Garman, 1913 巴西江魟
Potamotrygon yepezi Castex & Castello, 1970 耶氏江魟

Family 057 Gymnuridae 燕魟科

Genus *Gymnura* van Hasselt, 1823 燕魟属

Gymnura afuerae (Hildebrand, 1946) 阿富燕魟
Gymnura altavela (Linnaeus, 1758) 大燕魟
Gymnura australis (Ramsay & Ogilby, 1886) 澳洲燕魟
Gymnura bimaculata (Norman, 1925) 双斑燕魟 陆 台
Gymnura crebripunctata (Peters, 1869) 密斑燕魟
Gymnura crooki Fowler, 1934 克氏燕魟
Gymnura hirundo (Lowe, 1843) 马德拉岛燕魟
Gymnura japonica (Temminck & Schlegel, 1850) 日本燕魟 陆 台
Gymnura marmorata (Cooper, 1864) 加州燕魟
Gymnura micrura (Bloch & Schneider, 1801) 小尾燕魟
Gymnura natalensis (Gilchrist & Thompson, 1911) 南非燕魟
Gymnura poecilura (Shaw, 1804) 花尾燕魟 陆
Gymnura tentaculata (Müller & Henle, 1841) 触角燕魟
Gymnura zonura (Bleeker, 1852) 条尾燕魟;菱燕魟 陆 台
　　syn. *Aetoplatea zonura* Bleeker, 1852 条尾鸢魟

Family 058 Myliobatidae 鲼科

Genus *Aetobatus* Blainville, 1816 鹞鲼属

Aetobatus flagellum (Bloch & Schneider, 1801) 无斑鹞鲼 陆
Aetobatus guttatus (Shaw, 1804) 斑点鹞鲼
Aetobatus narinari (Euphrasen, 1790) 纳氏鹞鲼 陆 台
Aetobatus ocellatus (Kuhl, 1823) 眼斑鹞鲼

Genus *Aetomylaeus* Garman, 1908 无刺鲼属

Aetomylaeus maculatus (Gray, 1834) 花点无刺鲼 陆 台
Aetomylaeus milvus (Müller & Henle, 1841) 鹰状无刺鲼 陆 台
Aetomylaeus nichofii (Bloch & Schneider, 1801) 聂氏无刺鲼 陆 台
Aetomylaeus vespertilio (Bleeker, 1852) 蝠状无刺鲼 陆 台
　　syn. *Aetomylaeus reticulatus* Teng, 1962 网纹鹞鲼

Genus *Manta* Bancroft, 1829 前口蝠鲼属

Manta alfredi (Krefft, 1868) 阿氏前口蝠鲼
Manta birostris (Walbaum, 1792) 双吻前口蝠鲼 陆 台

Genus *Mobula* Rafinesque, 1810 蝠鲼属

Mobula eregoodootenkee (Bleeker, 1859) 侏儒蝠鲼
Mobula hypostoma (Bancroft, 1831) 下口蝠鲼
Mobula japanica (Müller & Henle, 1841) 日本蝠鲼 陆 台
Mobula kuhlii (Müller & Henle, 1841) 库氏蝠鲼
Mobula mobular (Bonnaterre, 1788) 蝠鲼 陆
　　syn. *Mobula diabola* (Show, 1804) 无刺蝠鲼
Mobula munkiana Notarbartolo-di-Sciara, 1987 芒基蝠鲼
Mobula rochebrunei (Vaillant, 1879) 罗切氏蝠鲼
Mobula tarapacana (Philippi, 1892) 褐背蝠鲼 台
　　syn. *Mobula formosana* Teng, 1962 台湾蝠鲼
Mobula thurstoni (Lloyd, 1908) 印度蝠鲼

Genus *Myliobatis* Geoffroy Saint-Hilaire, 1817 鲼属

Myliobatis aquila (Linnaeus, 1758) 隼鲼
Myliobatis australis Macleay, 1881 澳洲鲼
Myliobatis californica Gill, 1865 加州鲼
Myliobatis chilensis Philippi, 1892 智利鲼
Myliobatis freminvillei Lesueur, 1824 弗氏鲼
Myliobatis goodei Garman, 1885 古氏鲼
Myliobatis hamlyni Ogilby, 1911 哈氏鲼
Myliobatis longirostris Applegate & Fitch, 1964 长吻鲼
Myliobatis peruvianus Garman, 1913 秘鲁鲼

Myliobatis tenuicaudatus Hector, 1877 薄尾鲼
Myliobatis tobijei Bleeker, 1854 鸢鲼 陆 台

Genus *Pteromylaeus* Garman, 1913 前鳍鲼属

Pteromylaeus asperrimus (Gilbert, 1898) 糙前鳍鲼
Pteromylaeus bovinus (Geoffroy Saint-Hilaire, 1817) 横纹前鳍鲼

Genus *Rhinoptera* van Hasselt, 1824 牛鼻鲼属

Rhinoptera adspersa Müller & Henle, 1841 糙吻牛鼻鲼
Rhinoptera bonasus (Mitchill, 1815) 大西洋牛鼻鲼
Rhinoptera brasiliensis Müller, 1836 巴西牛鼻鲼
Rhinoptera hainanica Chu, 1960 海南牛鼻鲼 陆
Rhinoptera javanica Müller & Henle, 1841 爪哇牛鼻鲼 陆 台
Rhinoptera jayakari Boulenger, 1895 杰氏牛鼻鲼
Rhinoptera marginata (Geoffroy Saint-Hilaire, 1817) 缘牛鼻鲼
Rhinoptera neglecta Ogilby, 1912 澳洲牛鼻鲼
Rhinoptera steindachneri Evermann & Jenkins, 1891 斯氏牛鼻鲼

Class Actinopterygii 辐鳍鱼纲；条鳍鱼纲

Subclass Cladistia 枝鳍鱼亚纲；腕鳍鱼亚纲

Order Polypteriformes 多鳍鱼目

Family 059 Polypteridae 多鳍鱼科

Genus *Erpetoichthys* Smith, 1865 芦鳗属

Erpetoichthys calabaricus Smith, 1865 芦鳗

Genus *Polypterus* Lacepède, 1803 多鳍鱼属

Polypterus ansorgii Boulenger, 1910 安氏多鳍鱼
Polypterus bichir bichir Lacepède, 1803 多鳍鱼
Polypterus bichir katangae Poll, 1941 卡坦多鳍鱼
Polypterus bichir lapradei Steindachner, 1869 拉氏多鳍鱼
Polypterus delhezi Boulenger, 1899 戴氏多鳍鱼
Polypterus endlicherii congicus Boulenger, 1898 刚果多鳍鱼
Polypterus endlicherii endlicherii Heckel, 1847 恩氏多鳍鱼
Polypterus mokelembembe Schliewen & Schäfer, 2006 莫克多鳍鱼
Polypterus ornatipinnis Boulenger, 1902 饰翅多鳍鱼
Polypterus palmas buettikoferi Steindachner, 1891 比氏绿多鳍鱼
Polypterus palmas palmas Ayres, 1850 绿多鳍鱼
Polypterus palmas polli Gosse, 1988 波氏绿多鳍鱼
Polypterus retropinnis Vaillant, 1899 后翼多鳍鱼
Polypterus senegalus meridionalis Poll, 1941 梅里多鳍鱼
Polypterus senegalus senegalus Cuvier, 1829 塞内加尔多鳍鱼
Polypterus teugelsi Britz, 2004 托氏多鳍鱼
Polypterus weeksii Boulenger, 1898 魏氏多鳍鱼

Subclass Chondrostei 软骨硬鳞鱼亚纲；软质亚纲

Order Acipenseriformes 鲟形目

Suborder Acipenseroidei 鲟亚目

Family 060 Acipenseridae 鲟科

Genus *Acipenser* Linnaeus, 1758 鲟属

Acipenser baerii baerii Brandt, 1869 西伯利亚鲟 陆
Acipenser baerii baicalensis Nikolskii, 1896 贝加尔湖鲟
Acipenser brevirostrum Lesueur, 1818 短吻鲟
Acipenser dabryanus Duméril, 1869 达氏鲟 陆
Acipenser fulvescens Rafinesque, 1817 湖鲟
Acipenser gueldenstaedtii Brandt & Ratzeburg, 1833 俄罗斯鲟 陆
Acipenser medirostris Ayres, 1854 中吻鲟
Acipenser mikadoi Hilgendorf, 1892 米氏鲟
Acipenser multiscutatus Tanaka, 1908 多鳞鲟
Acipenser naccarii Bonaparte, 1836 纳氏鲟
Acipenser nudiventris Lovetsky, 1828 裸腹鲟 陆
Acipenser oxyrinchus desotoi Vladykov, 1955 德氏尖吻鲟
Acipenser oxyrinchus oxyrinchus Mitchill, 1815 尖吻鲟
Acipenser persicus Borodin, 1897 里海鲟
Acipenser ruthenus Linnaeus, 1758 小体鲟 陆
Acipenser schrenckii Brandt, 1869 史氏鲟 陆
Acipenser sinensis Gray, 1835 中华鲟 陆
Acipenser stellatus Pallas, 1771 闪光鲟
Acipenser sturio Linnaeus, 1758 鲟
Acipenser transmontanus Richardson, 1836 高首鲟

Genus *Huso* Brandt & Ratzeburg, 1833 鳇属

Huso dauricus (Georgi, 1775) 鳇 陆
Huso huso (Linnaeus, 1758) 黑海鳇(欧鳇)

Genus *Pseudoscaphirhynchus* Nikolskii, 1900 拟铲鲟属

Pseudoscaphirhynchus fedtschenkoi (Kessler, 1872) 锡尔河拟铲鲟
Pseudoscaphirhynchus hermanni (Kessler, 1877) 短尾拟铲鲟
Pseudoscaphirhynchus kaufmanni (Kessler, 1877) 丝尾拟铲鲟

Genus *Scaphirhynchus* Heckel, 1836 铲鲟属

Scaphirhynchus albus (Forbes & Richardson, 1905) 密苏里铲鲟
Scaphirhynchus platorynchus (Rafinesque, 1820) 扁吻铲鲟
Scaphirhynchus suttkusi Williams & Clemmer, 1991 萨氏铲鲟

Family 061 Polyodontidae 匙吻鲟科

Genus *Polyodon* Lacepède, 1797 匙吻鲟属

Polyodon spathula (Walbaum, 1792) 匙吻鲟 陆

Genus *Psephurus* Günther, 1873 白鲟属

Psephurus gladius (Martens, 1862) 白鲟 陆

Subclass Neopterygii 新鳍鱼亚纲

Order Lepisosteiformes 雀鳝目

Family 062 Lepisosteidae 雀鳝科

Genus *Atractosteus* Rafinesque, 1820 骨雀鳝属

Atractosteus spatula (Lacepède, 1803) 纺锤骨雀鳝
Atractosteus tristoechus (Bloch & Schneider, 1801) 古巴骨雀鳝
Atractosteus tropicus Gill, 1863 热带骨雀鳝

Genus *Lepisosteus* Lacepède, 1803 雀鳝属

Lepisosteus oculatus Winchell, 1864 眼斑雀鳝
Lepisosteus osseus (Linnaeus, 1758) 骨雀鳝
Lepisosteus platostomus Rafinesque, 1820 宽口雀鳝
Lepisosteus platyrhincus DeKay, 1842 扁吻雀鳝

Order Amiiformes 弓鳍鱼目

Family 063 Amiidae 弓鳍鱼科

Genus *Amia* Linnaeus, 1766 弓鳍鱼属

Amia calva Linnaeus, 1766 弓鳍鱼

Order Hiodontiformes 月眼鱼目

Family 064 Hiodontidae 月眼鱼科

Genus *Hiodon* Lesueur, 1818 月眼鱼属(月目鱼属)

Hiodon alosoides (Rafinesque, 1819) 似鲱月眼鱼
Hiodon tergisus Lesueur, 1818 背甲月眼鱼

Order Osteoglossiformes 骨舌鱼目

Family 065 Osteoglossidae 骨舌鱼科

Genus *Arapaima* Müller, 1843 巴西骨舌鱼属

Arapaima gigas (Schinz, 1822) 巨巴西骨舌鱼 陆

Genus *Heterotis* Rüppell, 1828 异耳骨舌鱼属

Heterotis niloticus (Cuvier, 1829) 尼罗河异耳骨舌鱼

Genus *Osteoglossum* Cuvier, 1829 骨舌鱼属

Osteoglossum bicirrhosum (Cuvier, 1829) 双须骨舌鱼(银龙鱼)
Osteoglossum ferreirai Kanazawa, 1966 费氏骨舌鱼

Genus *Pantodon* Peters, 1876 齿蝶鱼属

Pantodon buchholzi Peters, 1876 齿蝶鱼

Genus *Scleropages* Günther, 1864 硬骨舌鱼属

Scleropages aureus Pouyaud, Sudarto & Teugels, 2003 金色硬骨舌鱼
Scleropages formosus (Müller & Schlegel, 1844) 美丽硬骨舌鱼(金龙鱼) 陆
Scleropages jardinii (Saville-Kent, 1892) 乔氏硬骨舌鱼 陆
Scleropages legendrei Pouyaud, Sudarto & Teugels, 2003 莱氏硬骨舌鱼
Scleropages leichardti Günther, 1864 利氏硬骨舌鱼
Scleropages macrocephalus Pouyaud, Sudarto & Teugels, 2003 大头硬骨舌鱼

Family 066 Notopteridae 弓背鱼科

Genus *Chitala* Fowler, 1934 铠弓鱼属

Chitala blanci (d'Aubenton, 1965) 白氏铠弓鱼

Chitala borneensis (Bleeker, 1851) 婆罗洲铠弓鱼

Chitala chitala (Hamilton, 1822) 铠弓鱼

Chitala hypselonotus (Bleeker, 1852) 高鳍铠弓鱼

Chitala lopis (Bleeker, 1851) 大眼铠弓鱼

Chitala ornata (Gray, 1831) 饰妆铠弓鱼

Genus *Notopterus* Lacepède, 1800 弓背鱼属

Notopterus notopterus (Pallas, 1769) 弓背鱼(驼背鱼)

Genus *Papyrocranus* Greenwood, 1963 驼背鱼属

Papyrocranus afer (Günther, 1868) 非洲驼背鱼

Papyrocranus congoensis (Nichols & La Monte, 1932) 刚果驼背鱼

Genus *Xenomystus* Lütken, 1874 光背鱼属

Xenomystus nigri (Günther, 1868) 光背鱼

Family 067 Mormyridae 长颌鱼科

Genus *Boulengeromyrus* Taverne & Géry, 1968 小鳞丽鱼属

Boulengeromyrus knoepffleri Taverne & Géry, 1968 鲍氏长颌鱼

Genus *Brienomyrus* Taverne, 1971 壮象鼻鱼属

Brienomyrus adustus (Fowler, 1936) 金焰壮象鼻鱼

Brienomyrus brachyistius (Gill, 1862) 壮象鼻鱼

Brienomyrus kingsleyae eburneensis (Bigorne, 1991) 埃布尼壮象鼻鱼

Brienomyrus kingsleyae kingsleyae (Günther, 1896) 喀麦隆壮象鼻鱼

Brienomyrus longianalis (Boulenger, 1901) 长臀壮象鼻鱼

Brienomyrus niger (Günther, 1866) 黑壮象鼻鱼

Brienomyrus tavernei Poll, 1972 塔氏壮象鼻鱼

Genus *Campylomormyrus* Bleeker, 1874 弯颌象鼻鱼属

Campylomormyrus alces (Boulenger, 1920) 驼背弯颌象鼻鱼

Campylomormyrus bredoi (Poll, 1945) 布氏弯颌象鼻鱼

Campylomormyrus cassaicus (Poll, 1967) 盔弯颌象鼻鱼

Campylomormyrus christyi (Boulenger, 1920) 克氏弯颌象鼻鱼

Campylomormyrus curvirostris (Boulenger, 1898) 弧吻弯颌象鼻鱼

Campylomormyrus elephas (Boulenger, 1898) 大弯颌象鼻鱼

Campylomormyrus luapulaensis (David & Poll, 1937) 卢普弯颌象鼻鱼

Campylomormyrus mirus (Boulenger, 1898) 奇异弯颌象鼻鱼

Campylomormyrus numenius (Boulenger, 1898) 新月弯颌象鼻鱼

Campylomormyrus orycteropus Poll, Gosse & Orts, 1982 大头弯颌象鼻鱼

Campylomormyrus phantasticus (Pellegrin, 1927) 小口弯颌象鼻鱼

Campylomormyrus rhynchophorus (Boulenger, 1898) 猪嘴弯颌象鼻鱼

Campylomormyrus tamandua (Günther, 1864) 弯颌象鼻鱼

Campylomormyrus tshokwe (Poll, 1967) 楚氏弯颌象鼻鱼

Genus *Genyomyrus* Boulenger, 1898 颏长颌鱼属

Genyomyrus donnyi Boulenger, 1898 唐氏颏长颌鱼

Genus *Gnathonemus* Gill, 1863 锥颌象鼻鱼属

Gnathonemus barbatus Poll, 1967 短须锥颌象鼻鱼

Gnathonemus echidnorhynchus Pellegrin, 1924 蝮吻锥颌象鼻鱼

Gnathonemus longibarbis (Hilgendorf, 1888) 长须锥颌象鼻鱼

Gnathonemus petersii (Günther, 1862) 彼氏锥颌象鼻鱼(鹳嘴长颌鱼)

Genus *Heteromormyrus* Steindachner, 1866 异长颌鱼属

Heteromormyrus pauciradiatus (Steindachner, 1866) 少辐异长颌鱼

Genus *Hippopotamyrus* Pappenheim, 1906 河马长颌鱼属

Hippopotamyrus aelsbroecki (Poll, 1945) 艾氏河马长颌鱼

Hippopotamyrus ansorgii (Boulenger, 1905) 安氏河马长颌鱼

Hippopotamyrus castor Pappenheim, 1906 高身河马长颌鱼

Hippopotamyrus discorhynchus (Peters, 1852) 盘吻河马长颌鱼

Hippopotamyrus grahami (Norman, 1928) 格氏河马长颌鱼

Hippopotamyrus harringtoni (Boulenger, 1905) 哈氏河马长颌鱼

Hippopotamyrus longilateralis Kramer & Swartz, 2010 大侧河马长颌鱼

Hippopotamyrus macrops (Boulenger, 1909) 大眼河马长颌鱼

Hippopotamyrus macroterops (Boulenger, 1920) 大身河马长颌鱼

Hippopotamyrus pappenheimi (Boulenger, 1910) 帕氏河马长颌鱼

Hippopotamyrus paugyi Lévêque & Bigorne, 1985 波氏河马长颌鱼

Hippopotamyrus pictus (Marcusen, 1864) 浅色河马长颌鱼

Hippopotamyrus psittacus (Boulenger, 1897) 鹦色河马长颌鱼

Hippopotamyrus retrodorsalis (Nichols & Griscom, 1917) 弯背河马长颌鱼

Hippopotamyrus szaboi Kramer, van der Bank & Wink, 2004 赞氏河马长颌鱼

Hippopotamyrus weeksii (Boulenger, 1902) 威氏河马长颌鱼

Hippopotamyrus wilverthi (Boulenger, 1898) 韦氏河马长颌鱼

Genus *Hyperopisus* Gill, 1862 背眼长颌鱼属

Hyperopisus bebe bebe (Lacepède, 1803) 贝比背眼长颌鱼

Hyperopisus bebe occidentalis Günther, 1866 西方背眼长颌鱼

Genus *Isichthys* Gill, 1863 似长颌鱼属

Isichthys henryi Gill, 1863 亨氏似长颌鱼

Genus *Ivindomyrus* Taverne & Géry, 1975 伊迈长颌鱼属

Ivindomyrus opdenboschi Taverne & Géry, 1975 奥氏伊迈长颌鱼

Genus *Marcusenius* Gill, 1862 异吻象鼻鱼属

Marcusenius abadii (Boulenger, 1901) 阿氏异吻象鼻鱼

Marcusenius altisambesi Kramer, Skelton, van der Bank & Wink, 2007 奥氏异吻象鼻鱼

Marcusenius angolensis (Boulenger, 1905) 安哥尔异吻象鼻鱼

Marcusenius annamariae (Parenzan, 1939) 安娜异吻象鼻鱼

Marcusenius bentleyi (Boulenger, 1897) 本氏异吻象鼻鱼

Marcusenius brucii (Boulenger, 1910) 布氏异吻象鼻鱼

Marcusenius cuangoanus (Poll, 1967) 宽果异吻象鼻鱼

Marcusenius cyprinoides (Linnaeus, 1758) 似鲤异吻象鼻鱼

Marcusenius deboensis (Daget, 1954) 登布异吻象鼻鱼

Marcusenius devosi Kramer, Skelton, van der Bank & Wink, 2007 德氏异吻象鼻鱼

Marcusenius dundoensis (Poll, 1967) 安哥拉异吻象鼻鱼

Marcusenius friteli (Pellegrin, 1904) 弗氏异吻象鼻鱼

Marcusenius furcidens (Pellegrin, 1920) 叉牙异吻象鼻鱼

Marcusenius fuscus (Pellegrin, 1901) 灰异吻象鼻鱼

Marcusenius ghesquierei (Poll, 1945) 格氏异吻象鼻鱼

Marcusenius greshoffii (Schilthuis, 1891) 格雷氏异吻象鼻鱼

Marcusenius intermedius Pellegrin, 1924 中间异吻象鼻鱼

Marcusenius kutuensis (Boulenger, 1899) 库图异吻象鼻鱼

Marcusenius leopoldianus (Boulenger, 1899) 利奥波德异吻象鼻鱼

Marcusenius livingstonii (Boulenger, 1899) 利氏异吻象鼻鱼

Marcusenius macrolepidotus (Peters, 1852) 大鳞异吻象鼻鱼

Marcusenius macrophthalmus (Pellegrin, 1924) 大眼异吻象鼻鱼

Marcusenius mento (Boulenger, 1890) 长颌异吻象鼻鱼

Marcusenius meronai Bigorne & Paugy, 1990 墨氏异吻象鼻鱼

Marcusenius monteiri (Günther, 1873) 蒙氏异吻象鼻鱼

Marcusenius moorii (Günther, 1867) 穆氏异吻象鼻鱼

Marcusenius ntemensis (Pellegrin, 1927) 特氏异吻象鼻鱼

Marcusenius nyasensis (Worthington, 1933) 奈氏异吻象鼻鱼

Marcusenius rheni (Fowler, 1936) 里氏异吻象鼻鱼

Marcusenius sanagaensis Boden, Teugels & Hopkins, 1997 喀麦隆异吻象鼻鱼

Marcusenius schilthuisiae (Boulenger, 1899) 希尔异吻象鼻鱼

Marcusenius senegalensis gracilis (Pellegrin, 1922) 细异吻象鼻鱼

Marcusenius senegalensis pfaffi (Fowler, 1958) 帕氏异吻象鼻鱼

Marcusenius senegalensis senegalensis (Steindachner, 1870) 塞内加尔异吻象鼻鱼

Marcusenius stanleyanus (Boulenger, 1897) 斯坦利异吻象鼻鱼

Marcusenius thomasi (Boulenger, 1916) 汤氏异吻象鼻鱼

Marcusenius ussheri (Günther, 1867) 厄氏异吻象鼻鱼

Marcusenius victoriae (Worthington, 1929) 维氏异吻象鼻鱼

Genus *Mormyrops* Müller, 1843 拟长颌鱼属

Mormyrops anguilloides (Linnaeus, 1758) 鳗形拟长颌鱼

Mormyrops attenuatus Boulenger, 1898 狭拟长颌鱼

Mormyrops batesianus Boulenger, 1909 巴特拟长颌鱼

Mormyrops breviceps Steindachner, 1894 短头拟长颌鱼

Mormyrops caballus Pellegrin, 1927 马头拟长颌鱼

Mormyrops citernii Vinciguerra, 1912 西氏拟长颌鱼

Mormyrops curtus Boulenger, 1899 短身拟长颌鱼

Mormyrops curviceps Roman, 1966 弯头拟长颌鱼

Mormyrops engystoma Boulenger, 1898 直口拟长颌鱼

Mormyrops furcidens Pellegrin, 1900 叉齿拟长颌鱼

Mormyrops intermedius Vinciguerra, 1928 中间拟长颌鱼

Mormyrops lineolatus Boulenger, 1898 线纹拟长颌鱼

Mormyrops mariae (Schilthuis, 1891) 玛丽拟长颌鱼

Mormyrops masuianus Boulenger, 1898 马休拟长颌鱼

Mormyrops microstoma Boulenger, 1898 小口拟长颌鱼

Mormyrops nigricans Boulenger, 1899 黑拟长颌鱼

Mormyrops oudoti Daget, 1954 乌氏拟长颌鱼

Mormyrops parvus Boulenger, 1899 小拟长颌鱼

Mormyrops sirenoides Boulenger, 1898 似神女拟长颌鱼

Genus *Mormyrus* Linnaeus, 1758 长颌鱼属

Mormyrus bernhardi Pellegrin, 1926 伯氏长颌鱼

Mormyrus caballus asinus Boulenger, 1915 驴头长颌鱼

Mormyrus caballus bumbanus Boulenger, 1909 本巴长颌鱼

Mormyrus caballus caballus Boulenger, 1898 马头长颌鱼

Mormyrus caballus lualabae Reizer, 1964 卢拉长颌鱼

Mormyrus casalis Vinciguerra, 1922 卡萨长颌鱼

Mormyrus caschive Linnaeus, 1758 长颌鱼

Mormyrus cyaneus Roberts & Stewart, 1976 青长颌鱼

Mormyrus felixi Pellegrin, 1939 费氏长颌鱼

Mormyrus goheeni Fowler, 1919 戈氏长颌鱼

Mormyrus hasselquistii Valenciennes, 1847 哈氏长颌鱼

Mormyrus hildebrandti Peters, 1882 希氏长颌鱼

Mormyrus iriodes Roberts & Stewart, 1976 拟虹彩长颌鱼

Mormyrus kannume Forsskål, 1775 卡氏长颌鱼

Mormyrus lacerda Castelnau, 1861 西部长颌鱼

Mormyrus longirostris Peters, 1852 长吻长颌鱼

Mormyrus macrocephalus Worthington, 1929 大头长颌鱼

Mormyrus macrophthalmus Günther, 1866 大眼长颌鱼

Mormyrus niloticus (Bloch & Schneider, 1801) 尼罗河长颌鱼

Mormyrus ovis Boulenger, 1898 羊形长颌鱼

Mormyrus rume proboscirostris Boulenger, 1898 象鼻长颌鱼

Mormyrus rume rume Valenciennes, 1847 非洲长颌鱼

Mormyrus subundulatus Roberts, 1989 波纹长颌鱼

Mormyrus tapirus Pappenheim, 1905 厚身长颌鱼

Mormyrus tenuirostris Peters, 1882 细鼻长颌鱼

Mormyrus thomasi Pellegrin, 1938 汤氏长颌鱼

Genus *Myomyrus* Boulenger, 1898 鼠长颌鱼属

Myomyrus macrodon Boulenger, 1898 大齿鼠长颌鱼

Myomyrus macrops Boulenger, 1914 大眼鼠长颌鱼

Myomyrus pharao Poll & Taverne, 1967 法老鼠长颌鱼

Genus *Oxymormyrus* Bleeker, 1874 尖长颌鱼属

Oxymormyrus boulengeri (Pellegrin, 1900) 布氏尖长颌鱼

Oxymormyrus zanclirostris (Günther, 1867) 镰鼻尖长颌鱼

Genus *Paramormyrops* Taverne, Thys van den Audenaerde & Heymer, 1977 副长颌鱼属

Paramormyrops batesii (Boulenger, 1906) 巴氏副长颌鱼

Paramormyrops curvifrons (Taverne, Thys van den Audenaerde, Heymer & Géry, 1977) 弯口副长颌鱼

Paramormyrops gabonensis Taverne, Thys van den Audenaerde & Heymer, 1977 加蓬副长颌鱼

Paramormyrops hopkinsi (Taverne & Thys van den Audenaerde, 1985) 霍氏副长颌鱼

Paramormyrops jacksoni (Poll, 1967) 杰氏副长颌鱼

Paramormyrops longicaudatus (Taverne, Thys van den Audenaerde, Heymer & Géry, 1977) 长尾副长颌鱼

Paramormyrops sphekodes (Sauvage, 1879) 泽生副长颌鱼

Genus *Petrocephalus* Marcusen, 1854 岩头长颌鱼属

Petrocephalus ansorgii Boulenger, 1903 安氏岩头长颌鱼

Petrocephalus balayi Sauvage, 1883 巴氏岩头长颌鱼

Petrocephalus bane bane (Lacepède, 1803) 杂色岩头长颌鱼

Petrocephalus bane comoensis de Merona, 1979 科莫河岩头长颌鱼

Petrocephalus binotatus Pellegrin, 1924 河栖岩头长颌鱼

Petrocephalus bovei bovei (Valenciennes, 1847) 博氏岩头长颌鱼

Petrocephalus bovei guineensis Reizer, Mattei & Chevalier, 1973 几内亚岩头长颌鱼

Petrocephalus catostoma catostoma (Günther, 1866) 下口岩头长颌鱼

Petrocephalus catostoma congicus David & Poll, 1937 刚果岩头长颌鱼

Petrocephalus catostoma haullevillei Boulenger, 1912 豪氏岩头长颌鱼

Petrocephalus catostoma tanensis Whitehead & Greenwood, 1959 太宁岩头长颌鱼

Petrocephalus christyi Boulenger, 1920 克氏岩头长颌鱼

Petrocephalus cunganus Boulenger, 1910 孔加岩头长颌鱼

Petrocephalus gliroides (Vinciguerra, 1897) 似鼠岩头长颌鱼

Petrocephalus grandoculis Boulenger, 1920 大身岩头长颌鱼

Petrocephalus hutereaui (Boulenger, 1913) 赫氏岩头长颌鱼

Petrocephalus keatingii Boulenger, 1901 基氏岩头长颌鱼

Petrocephalus levequei Bigorne & Paugy, 1990 利维氏岩头长颌鱼

Petrocephalus mbossou Lavoué, Sullivan & Arnegard, 2010 蒙巴萨岩头长颌鱼

Petrocephalus microphthalmus Pellegrin, 1908 小眼岩头长颌鱼

Petrocephalus odzalaensis Lavoué, Sullivan & Arnegard, 2010 敖德萨岩头长颌鱼

Petrocephalus pallidomaculatus Bigorne & Paugy, 1990 白斑岩头长颌鱼

Petrocephalus pellegrini Poll, 1941 佩氏岩头长颌鱼

Petrocephalus pulsivertens Lavoué, Sullivan & Arnegard, 2010 旋岩头长颌鱼

Petrocephalus sauvagii (Boulenger, 1887) 萨氏岩头长颌鱼

Petrocephalus schoutedeni Poll, 1954 谢氏岩头长颌鱼

Petrocephalus simus Sauvage, 1879 扁鼻岩头长颌鱼

Petrocephalus soudanensis Bigorne & Paugy, 1990 苏丹岩头长颌鱼

Petrocephalus squalostoma (Boulenger, 1915) 鲨口岩头长颌鱼

Petrocephalus sullivani Lavoué, Hopkins & Kamdem Toham, 2004 沙利文岩头长颌鱼

Petrocephalus tenuicauda (Steindachner, 1895) 细尾岩头长颌鱼

Petrocephalus valentini Lavoué, Sullivan & Arnegard, 2010 瓦伦丁岩头长颌鱼

Petrocephalus wesselsi Kramer & van der Bank, 2000 韦氏岩头长颌鱼

Petrocephalus zakoni Lavoué, Sullivan & Arnegard, 2010 蔡氏岩头长颌鱼

Genus *Pollimyrus* Taverne, 1971 矮长颌鱼属

Pollimyrus adspersus (Günther, 1866) 野矮长颌鱼

Pollimyrus brevis (Boulenger, 1913) 短矮长颌鱼

Pollimyrus castelnaui (Boulenger, 1911) 卡氏矮长颌鱼

Pollimyrus guttatus (Fowler, 1936) 斑矮长颌鱼

Pollimyrus isidori fasciaticeps (Boulenger, 1920) 纹首矮长颌鱼

Pollimyrus isidori isidori (Valenciennes, 1847) 伊氏矮长颌鱼

Pollimyrus isidori osborni (Nichols & Griscom, 1917) 奥氏矮长颌鱼

Pollimyrus maculipinnis (Nichols & La Monte, 1934) 斑鳍矮长颌鱼

Pollimyrus marchei (Sauvage, 1879) 马氏矮长颌鱼

Pollimyrus marianne Kramer, van der Bank, Flint, Sauer-Gürth & Wink, 2003 赞比西矮长颌鱼

Pollimyrus nigricans (Boulenger, 1906) 黑矮长颌鱼

Pollimyrus nigripinnis (Boulenger, 1899) 黑翅长颌鱼

Pollimyrus pedunculatus (David & Poll, 1937) 河栖矮长颌鱼

Pollimyrus petherici (Boulenger, 1898) 彼氏矮长颌鱼

Pollimyrus petricolus (Daget, 1954) 岩矮长颌鱼

Pollimyrus plagiostoma (Boulenger, 1898) 横口矮长颌鱼

Pollimyrus pulverulentus (Boulenger, 1899) 柔矮长颌鱼

Pollimyrus schreyeni Poll, 1972 沙氏矮长颌鱼

Pollimyrus stappersii kapangae (David, 1935) 卡佩矮长颌鱼

Pollimyrus stappersii stappersii (Boulenger, 1915) 斯氏矮长颌鱼

Pollimyrus tumifrons (Boulenger, 1902) 大眼矮长颌鱼

Genus *Stomatorhinus* Boulenger, 1898 锉口象鼻鱼属

Stomatorhinus ater Pellegrin, 1924 黑锉口象鼻鱼

Stomatorhinus corneti Boulenger, 1899 科氏锉口象鼻鱼

Stomatorhinus fuliginosus Poll, 1941 媒色锉口象鼻鱼

Stomatorhinus humilior Boulenger, 1899 矮锉口象鼻鱼

Stomatorhinus ivindoensis Sullivan & Hopkins, 2005 加蓬锉口象鼻鱼

Stomatorhinus kununguensis Poll, 1945 孔古锉口象鼻鱼

Stomatorhinus microps Boulenger, 1898 小眼锉口象鼻鱼

Stomatorhinus patrizii Vinciguerra, 1928 帕氏锉口象鼻鱼

Stomatorhinus polli Matthes, 1964 波氏锉口象鼻鱼

Stomatorhinus polylepis Boulenger, 1899 多鳞锉口象鼻鱼

Stomatorhinus puncticulatus Boulenger, 1899 斑点锉口象鼻鱼

Stomatorhinus schoutedeni Poll, 1945 施氏锉口象鼻鱼

Stomatorhinus walkeri (Günther, 1867) 沃克氏锉口象鼻鱼

Family 068 Gymnarchidae 裸臀鱼科

Genus *Gymnarchus* Cuvier, 1829 裸臀鱼属

Gymnarchus niloticus Cuvier, 1829 裸臀鱼

Order Elopiformes 海鲢目

Family 069 Elopidae 海鲢科

Genus *Elops* Linnaeus, 1766 海鲢属

Elops affinis Regan, 1909 太平洋海鲢

Elops hawaiensis Regan, 1909 夏威夷海鲢

Elops lacerta Valenciennes, 1847 西非海鲢

Elops machnata (Forsskål, 1775) 大眼海鲢 陆 台

Elops saurus Linnaeus, 1766 蜥海鲢 陆

Elops senegalensis Regan, 1909 塞内加尔海鲢

Elops smithi McBride, Rocha, Ruiz-Carus & Bowen, 2010 史氏海鲢

Family 070 Megalopidae 大海鲢科

Genus *Megalops* Lacepède, 1803 大海鲢属

Megalops atlanticus Valenciennes, 1847 大西洋大海鲢

Megalops cyprinoides (Broussonet, 1782) 大海鲢 陆 台

Order Albuliformes 北梭鱼目;狐鰮目

Suborder Albuloidei 北梭鱼亚目;狐鰮亚目

Family 071 Albulidae 北梭鱼科;狐鰮科

Genus *Albula* Scopoli, 1777 北梭鱼属;狐鰮属

Albula argentea (Forster, 1801) 银北梭鱼;银狐鰮

Albula esuncula (Garman, 1899) 麦北梭鱼;麦狐鰮

Albula forsteri Valenciennes, 1847 福氏北梭鱼;福氏狐鰮

Albula glossodonta (Forsskål, 1775) 圆颌北梭鱼;圆颌狐鰮 陆 台

Albula nemoptera (Fowler, 1911) 黑吻北梭鱼;黑吻狐鰮

Albula neoguinaica Valenciennes, 1847 尖颌北梭鱼;尖颌狐鰮

Albula oligolepis Hidaka, Iwatsuki & Randall, 2008 寡鳞北梭鱼;寡鳞狐鰮

Albula virgata Jordan & Jordan, 1922 条纹北梭鱼;条纹狐鰮

Albula vulpes (Linnaeus, 1758) 北梭鱼;狐鰮

Genus *Pterothrissus* Hilgendorf, 1877 长背鱼属

Pterothrissus belloci Cadenat, 1937 贝氏长背鱼

Pterothrissus gissu Hilgendorf, 1877 长背鱼 陆 台

　　syn. *Istieus gissu* (Hilgendorf, 1877)

Suborder Notacanthoidei 背棘鱼亚目

Family 072 Halosauridae 海蜥鱼科

Genus *Aldrovandia* Goode & Bean, 1896 海蝎鱼属

Aldrovandia affinis (Günther, 1877) 异鳞海蝎鱼 陆 台

Aldrovandia gracilis Goode & Bean, 1896 细海蝎鱼

Aldrovandia mediorostris (Günther, 1887) 中吻海蝎鱼

Aldrovandia oleosa Sulak, 1977 多脂海蝎鱼

Aldrovandia phalacra (Vaillant, 1888) 裸头海蝎鱼 陆 台

Aldrovandia rostrata (Günther, 1878) 钩鼻海蝎鱼

Genus *Halosauropsis* Collett, 1896 拟海蜥鱼属

Halosauropsis macrochir (Günther, 1878) 短吻拟海蜥鱼 台

Genus *Halosaurus* Johnson, 1864 海蜥鱼属

Halosaurus attenuatus Garman, 1899 弱海蜥鱼

Halosaurus carinicauda (Alcock, 1889) 龙尾海蜥鱼

Halosaurus guentheri Goode & Bean, 1896 冈氏海蜥鱼

Halosaurus johnsonianus Vaillant, 1888 约翰海蜥鱼

Halosaurus ovenii Johnson, 1864 欧氏海蜥鱼

Halosaurus pectoralis McCulloch, 1926 海蜥鱼

Halosaurus radiatus Garman, 1899 短头海蜥鱼

Halosaurus ridgwayi (Fowler, 1934) 里奇伟海蜥鱼

Halosaurus sinensis Abe, 1974 中华海蜥鱼 陆

Family 073 Notacanthidae 背棘鱼科

Genus *Lipogenys* Goode & Bean, 1895 离颌鳗属

Lipogenys gillii Goode & Bean, 1895 吉氏离颌鳗

Genus *Notacanthus* Bloch, 1788 背棘鱼属

Notacanthus abbotti Fowler, 1934 长吻背棘鱼 陆 台

Notacanthus bonaparte Risso, 1840 短鳍背棘鱼

Notacanthus chemnitzii Bloch, 1788 灰背棘鱼

Notacanthus indicus Lloyd, 1909 印度背棘鱼

Notacanthus sexspinis Richardson, 1846 六刺背棘鱼

Notacanthus spinosus Garman, 1899 大刺背棘鱼

Genus *Polyacanthonotus* Bleeker, 1874 多刺背棘鱼属

Polyacanthonotus africanus (Gilchrist & von Bonde, 1924) 非洲多刺背棘鱼

Polyacanthonotus challengeri (Vaillant, 1888) 白令海多刺背棘鱼 台

Polyacanthonotus merretti Sulak, Crabtree & Hureau, 1984 梅氏多刺背棘鱼

Polyacanthonotus rissoanus (De Filippi & Verany, 1857) 小口多刺背棘鱼

Order Anguilliformes 鳗鲡目;鳗形目

Suborder Anguilloidei 鳗鲡亚目

Family 074 Anguillidae 鳗鲡科

Genus *Anguilla* Schrank, 1798 鳗鲡属

Anguilla anguilla (Linnaeus, 1758) 欧洲鳗鲡 陆

Anguilla australis australis Richardson, 1841 澳洲鳗鲡

Anguilla australis schmidti Philipps, 1925 新澳鳗鲡

Anguilla bengalensis bengalensis (Gray, 1831) 孟加拉国鳗鲡

　　syn. *Anguilla elphinstonei* Sykes, 1839 疏斑鳗鲡

Anguilla bengalensis labiata (Peters, 1852) 东印度洋鳗鲡

Anguilla bicolor bicolor McClelland, 1844 双色鳗鲡

Anguilla bicolor pacifica Schmidt, 1928 太平洋双色鳗鲡 陆 台

　　syn. *Anguilla foochowensis* Chu & Jin, 1984 福州鳗鲡

Anguilla celebesensis Kaup, 1856 西里伯鳗鲡 台

Anguilla dieffenbachii Gray, 1842 大鳗鲡

Anguilla interioris Whitley, 1938 内唇鳗鲡

Anguilla japonica Temminck & Schlegel, 1846 日本鳗鲡 陆 台

    syn. *Anguilla breviceps* Chu & Jin, 1984 短头鳗鲡

    syn. *Anguilla sinensis* McClelland, 1844 中华鳗鲡

Anguilla luzonensis Watanabe, Aoyama & Tsukamoto, 2009 吕宋鳗鲡 台

    syn. *Anguilla huangi* Teng, Lin & Tzeng, 2009 黄氏鳗鲡

Anguilla malgumora Kaup, 1856 印度尼西亚鳗鲡

Anguilla marmorata Quoy & Gaimard, 1824 花鳗鲡 陆 台

Anguilla megastoma Kaup, 1856 大口鳗鲡

Anguilla mossambica (Peters, 1852) 莫桑比克鳗鲡

Anguilla nebulosa McClelland, 1844 云纹鳗鲡 陆

Anguilla nigricans Chu & Wu, 1984 乌耳鳗鲡 陆

Anguilla obscura Günther, 1872 灰鳗鲡

Anguilla reinhardtii Steindachner, 1867 宽鳍鳗鲡

Anguilla rostrata (Lesueur, 1817) 美洲鳗鲡 陆

Family 075 Heterenchelyidae 异鳗科

Genus *Panturichthys* Pellegrin, 1913 短颊鳗属

Panturichthys fowleri (Ben-Tuvia, 1953) 福氏短颊鳗

Panturichthys isognathus Poll, 1953 等颌短颊鳗

Panturichthys longus (Ehrenbaum, 1915) 长身短颊鳗

Panturichthys mauritanicus Pellegrin, 1913 毛里塔尼亚短颊鳗

Genus *Pythonichthys* Poey, 1868 蟒鳗属

Pythonichthys asodes Rosenblatt & Rubinoff, 1972 巴拿马蟒鳗

Pythonichthys macrurus (Regan, 1912) 大尾蟒鳗

Pythonichthys microphthalmus (Regan, 1912) 小眼蟒鳗

Pythonichthys sanguineus Poey, 1868 蟒鳗

Family 076 Moringuidae 蚓鳗科

Genus *Moringua* Gray, 1831 蚓鳗属

Moringua abbreviata (Bleeker, 1863) 短线蚓鳗 陆 台

Moringua arundinacea (McClelland, 1844) 苇蚓鳗

Moringua bicolor Kaup, 1856 双色蚓鳗

Moringua edwardsi (Jordan & Bollman, 1889) 爱氏蚓鳗

Moringua ferruginea Bliss, 1883 锈色蚓鳗

Moringua javanica (Kaup, 1856) 爪哇蚓鳗

Moringua macrocephalus (Bleeker, 1863) 大头蚓鳗 陆 台

Moringua macrochir Bleeker, 1855 大鳍蚓鳗 陆

Moringua microchir Bleeker, 1853 小鳍蚓鳗 陆

Moringua penni Schultz, 1953 佩恩蚓鳗

Moringua raitaborua (Hamilton, 1822) 赖塔蚓鳗

Genus *Neoconger* Girard, 1858 新康吉鳗属;新糯鳗属

Neoconger mucronatus Girard, 1858 新康吉鳗;新糯鳗

Neoconger tuberculatus (Castle, 1965) 瘤新康吉鳗;瘤新糯鳗

Neoconger vermiformis Gilbert, 1890 蠕新康吉鳗;蠕新糯鳗

Suborder Muraenoidei 海鳝亚目;鯙亚目

Family 077 Chlopsidae 草鳗科;拟鯙科

Genus *Boehlkenchelys* Tighe, 1992 贝龟鳗属;贝龟拟鯙属

Boehlkenchelys longidentata Tighe, 1992 贝龟鳗;贝龟拟鯙

Genus *Catesbya* Böhlke & Smith, 1968 卡特斯草鳗属;卡特斯拟鯙属

Catesbya pseudomuraena Böhlke & Smith, 1968 卡特斯草鳗;卡特斯拟鯙

Genus *Chilorhinus* Lütken, 1852 唇鼻鳗属;唇鼻拟鯙属

Chilorhinus platyrhynchus (Norman, 1922) 扁吻唇鼻鳗;扁吻唇鼻拟鯙 陆 台

Chilorhinus suensonii Lütken, 1852 休氏唇鼻鳗;休氏唇鼻拟鯙

Genus *Chlopsis* Rafinesque, 1810 草鳗属;拟鯙属

Chlopsis apterus (Beebe & Tee-Van, 1938) 无鳍草鳗;无鳍拟鯙

Chlopsis bicollaris (Myers & Wade, 1941) 双项草鳗;双项拟鯙

Chlopsis bicolor Rafinesque, 1810 双色草鳗;双色拟鯙

Chlopsis bidentatus Tighe & McCosker, 2003 双齿草鳗;双齿拟鯙

Chlopsis dentatus (Seale, 1917) 裸胸草鳗;裸胸拟鯙

Chlopsis kazuko Lavenberg, 1988 墨西哥草鳗;墨西哥拟鯙

Chlopsis longidens (Garman, 1899) 长齿草鳗;长齿拟鯙

Chlopsis olokun (Robins & Robins, 1966) 奥洛草鳗;奥洛拟鯙

Chlopsis slusserorum Tighe & McCosker, 2003 苏禄海草鳗;苏禄海拟鯙

Genus *Kaupichthys* Schultz, 1943 眶鼻鳗属;眶鼻拟鯙属

Kaupichthys atronasus Schultz, 1953 黑吻眶鼻鳗;黑吻眶鼻拟鯙 陆

Kaupichthys brachychirus Schultz, 1953 短鳍眶鼻鳗;短鳍眶鼻拟鯙

Kaupichthys diodontus Schultz, 1943 双齿眶鼻鳗;双齿眶鼻拟鯙 陆 台

Kaupichthys hyoproroides (Strömman, 1896) 高体眶鼻鳗;高体眶鼻拟鯙

Kaupichthys japonicus Matsubara & Asano, 1960 日本眶鼻鳗;日本眶鼻拟鯙

Kaupichthys nuchalis Böhlke, 1967 项环眶鼻鳗;项环眶鼻拟鯙

Genus *Powellichthys* Smith, 1966 鲍氏鳗属;鲍氏拟鯙属

Powellichthys ventriosus Smith, 1966 白腹鲍氏鳗;白腹鲍氏拟鯙

Genus *Robinsia* Böhlke & Smith, 1967 罗宾斯草鳗属;罗宾斯拟鯙属

Robinsia catherinae Böhlke & Smith, 1967 罗宾斯草鳗;罗宾斯拟鯙

Genus *Thalassenchelys* Castle & Raju, 1975 龟草鳗属;龟拟鯙属

Thalassenchelys coheni Castle & Raju, 1975 科氏龟草鳗;科氏龟拟鯙

Thalassenchelys foliaceus Castle & Raju, 1975 叶状龟草鳗;叶状龟拟鯙

Genus *Xenoconger* Regan, 1912 奇康吉鳗属;奇糯鳗属

Xenoconger fryeri Regan, 1912 弗氏奇康吉鳗;弗氏奇糯鳗

Family 078 Myrocongridae 油康吉鳗科

Genus *Myroconger* Günther, 1870 油康吉鳗属

Myroconger compressus Günther, 1870 扁身油康吉鳗

Myroconger gracilis Castle, 1991 深海油康吉鳗

Myroconger nigrodentatus Castle & Bearez, 1995 黑齿油康吉鳗

Myroconger prolixus Castle & Bearez, 1995 长体油康吉鳗

Myroconger seychellensis Karmovskaya, 2006 塞舌尔油康吉鳗;塞席尔油康吉鳗

Family 079 Muraenidae 海鳝科;鯙科

Genus *Anarchias* Jordan & Starks, 1906 高眉鳝属;裸臀鯙属

Anarchias allardicei Jordan & Starks, 1906 褐高眉鳝;褐裸臀鯙 陆 台

    syn. *Anarchias fuscus* Smith, 1962 暗色高眉鳝

Anarchias cantonensis (Schultz, 1943) 坎顿高眉鳝;坎顿裸臀鯙 陆

Anarchias euryurus (Lea, 1913) 宽尾高眉鳝;宽尾裸臀鯙

Anarchias exulatus Reece, Smith & Holm, 2010 珊瑚高眉鳝;珊瑚裸臀鯙

Anarchias galapagensis (Seale, 1940) 加拉帕戈斯高眉鳝;加拉帕戈斯裸臀鯙

Anarchias leucurus (Snyder, 1904) 白尾高眉鳝;白尾裸臀鯙

Anarchias longicaudis (Peters, 1877) 长尾高眉鳝;长尾裸臀鯙

Anarchias schultzi Reece, Smith & Holm, 2010 舒尔茨高眉鳝;舒尔茨裸臀鯙

Anarchias seychellensis Smith, 1962 塞舌尔高眉鳝;塞舌尔裸臀鯙

Anarchias similis (Lea, 1913) 似高眉鳝;似裸臀鯙

Anarchias supremus McCosker & Stewart, 2006 栗色高眉鳝;栗色裸臀鯙

Genus *Channomuraena* Richardson, 1848 鳢鳝属;鳢鯙属

Channomuraena bauchotae Saldanha & Quéro, 1994 印度洋鳢鳝;印度洋鳢鯙

Channomuraena vittata (Richardson, 1845) 宽带鳢鳝;条纹鳢鯙 陆 台

Genus *Cirrimaxilla* Chen & Shao, 1995 颌须鳝属;须鯙属

Cirrimaxilla formosa Chen & Shao, 1995 台湾颌须鳝(须裸海鳝);台湾胡鯙 陆 台

Genus *Diaphenchelys* McCosker & Randall, 2007 泥栖鳝属;泥栖鯙属

Diaphenchelys pelonates McCosker & Randall, 2007 棕色泥栖鳝;棕色泥栖鯙

Genus *Echidna* Forster, 1788 蛇鳝属;蝮鯙属

Echidna amblyodon (Bleeker, 1856) 钝齿蛇鳝;钝齿蝮鯙

Echidna catenata (Bloch, 1795) 链蛇鳝;链蝮鯙

Echidna delicatula (Kaup, 1856) 棕斑蛇鳝;棕斑蝮鯙 陆

Echidna leucotaenia Schultz, 1943 白颌蛇鳝;白颌蝮鯙

Echidna nebulosa (Ahl, 1789) 云纹蛇鳝(云纹海鳝);星带蝮鯙 陆 台

　　syn. *Gymnothorax boschi* (Bleeker, 1853) 博氏裸胸鳝

Echidna nocturna (Cope, 1872) 蛇鳝;蝮鯙

Echidna peli (Kaup, 1856) 白点蛇鳝;白点蝮鯙

Echidna polyzona (Richardson, 1845) 多带蛇鳝(多带海鳝);多环蝮鯙 陆 台

Echidna rhodochilus Bleeker, 1863 玫唇蛇鳝;玫唇蝮鯙

Echidna unicolor Schultz, 1953 单色蛇鳝;单色蝮鯙

Echidna xanthospilos (Bleeker, 1859) 黄点蛇鳝;黄斑蝮鯙 陆 台

Genus *Enchelycore* Kaup, 1856 勾吻鳝属;勾吻鯙属

Enchelycore anatina (Lowe, 1838) 尖齿勾吻鳝;尖齿勾吻鯙

Enchelycore bayeri (Schultz, 1953) 贝氏勾吻鳝;贝氏勾吻鯙 陆

Enchelycore bikiniensis (Schultz, 1953) 比基尼勾吻鳝;比基尼勾吻鯙 陆 台

Enchelycore carychroa Böhlke & Böhlke, 1976 栗色勾吻鳝;栗色勾吻鯙

Enchelycore kamara Böhlke & Böhlke, 1980 卡马勾吻鳝;卡马勾吻鯙

Enchelycore lichenosa (Jordan & Snyder, 1901) 苔斑勾吻鳝;苔斑勾吻鯙 陆 台

Enchelycore nigricans (Bonnaterre, 1788) 褐勾吻鳝;褐勾吻鯙 陆

　　syn. *Gymnothorax brunneus* Herre, 1923 褐裸胸鳝

Enchelycore nycturanus Smith, 2002 夜游勾吻鳝;夜游勾吻鯙

Enchelycore octaviana (Myers & Wade, 1941) 八斑勾吻鳝;八斑勾吻鯙

Enchelycore pardalis (Temminck & Schlegel, 1846) 豹纹勾吻鳝;豹纹勾吻鯙 陆 台

Enchelycore ramosa (Griffin, 1926) 蜂巢勾吻鳝;蜂巢勾吻鯙

Enchelycore schismatorhynchus (Bleeker, 1853) 裂纹勾吻鳝;裂吻勾吻鯙 陆 台

Enchelycore tamarae Prokofiev, 2005 印度勾吻鳝;印度勾吻鯙

Genus *Enchelynassa* Kaup, 1855 锐齿鳝属;锐齿鯙属

Enchelynassa canina (Quoy & Gaimard, 1824) 锐齿鳝;犬齿锐齿鯙 陆

Genus *Gymnomuraena* Lacepède, 1803 裸海鳝属;裸海鯙属

Gymnomuraena zebra (Shaw, 1797) 条纹裸海鳝;斑马裸海鯙 陆 台

Genus *Gymnothorax* Bloch, 1795 裸胸鳝属;裸胸鯙属

Gymnothorax afer Bloch, 1795 非洲裸胸鳝;非洲裸胸鯙

Gymnothorax albimarginatus (Temminck & Schlegel, 1846) 白缘裸胸鳝;白缘裸胸鯙 陆 台

Gymnothorax angusticauda (Weber & de Beaufort, 1916) 窄尾裸胸鳝;窄尾裸胸鯙

Gymnothorax angusticeps (Hildebrand & Barton, 1949) 窄头裸胸鳝;窄头裸胸鯙

Gymnothorax annasona Whitley, 1937 安娜裸胸鳝;安娜裸胸鯙

Gymnothorax annulatus Smith & Böhlke, 1997 环带裸胸鳝;环带裸胸鯙

Gymnothorax atolli (Pietschmann, 1935) 阿氏裸胸鳝;阿氏裸胸鯙

Gymnothorax australicola Lavenberg, 1992 澳洲裸胸鳝;澳洲裸胸鯙

Gymnothorax austrinus Böhlke & McCosker, 2001 南澳洲裸胸鳝;南澳洲裸胸鯙

Gymnothorax bacalladoi Böhlke & Brito, 1987 巴考氏裸胸鳝;巴考氏裸胸鯙

Gymnothorax baranesi Smith, Brokovich & Einbinder, 2008 巴拉氏裸胸鳝;巴拉氏裸胸鯙

Gymnothorax bathyphilus Randall & McCosker, 1975 深栖裸胸鳝;深栖裸胸鯙

Gymnothorax berndti Snyder, 1904 班第氏裸胸鳝;班第氏裸胸鯙 陆 台

Gymnothorax breedeni McCosker & Randall, 1977 布氏裸胸鳝;布氏裸胸鯙

Gymnothorax buroensis (Bleeker, 1857) 伯恩斯裸胸鳝;伯恩斯裸胸鯙 陆 台

Gymnothorax castaneus (Jordan & Gilbert, 1883) 栗色裸胸鳝;栗色裸胸鯙

Gymnothorax castlei Böhlke & Randall, 1999 卡氏裸胸鳝;卡氏裸胸鯙

Gymnothorax cephalospilus Böhlke & McCosker, 2001 头棘裸胸鳝;头棘裸胸鯙

Gymnothorax chilospilus Bleeker, 1864 云纹裸胸鳝;云纹裸胸鯙 陆 台

Gymnothorax chlamydatus Snyder, 1908 黑环裸胸鳝;黑环裸胸鯙 陆 台

Gymnothorax conspersus Poey, 1867 威猛裸胸鳝;威猛裸胸鯙

Gymnothorax cribroris Whitley, 1932 克里裸胸鳝;克里裸胸鯙

Gymnothorax davidsmithi McCosker & Randall, 2008 达氏裸胸鳝;达氏裸胸鯙

Gymnothorax dorsalis Seale, 1917 长背裸胸鳝;长背裸胸鯙 陆 台

Gymnothorax dovii (Günther, 1870) 多氏裸胸鳝;多氏裸胸鯙

Gymnothorax elegans Bliss, 1883 美裸胸鳝;美裸胸鯙

Gymnothorax emmae Prokofiev, 2010 埃玛氏裸胸鳝;埃玛氏裸胸鯙

Gymnothorax enigmaticus McCosker & Randall, 1982 虎纹裸胸鳝;虎纹裸胸鯙

Gymnothorax equatorialis (Hildebrand, 1946) 赤道裸胸鳝;赤道裸胸鯙

Gymnothorax eurostus (Abbott, 1860) 霉身裸胸鳝;霉身裸胸鯙 陆 台

Gymnothorax eurygnathos Böhlke, 2001 宽颌裸胸鳝;宽颌裸胸鯙

Gymnothorax favagineus Bloch & Schneider, 1801 豆点裸胸鳝;大斑裸胸鯙 陆 台

　　syn. *Gymnothorax pescadoris* Jordan & Evermann, 1902 澎湖裸胸鳝

Gymnothorax fimbriatus (Bennett, 1832) 细斑裸胸鳝;花鳍裸胸鯙 陆 台

Gymnothorax flavimarginatus (Rüppell, 1830) 黄边裸胸鳝;黄边鳍裸胸鯙 陆 台

Gymnothorax flavoculus (Böhlke & Randall, 1996) 灰头裸胸鳝;灰头裸胸鯙

Gymnothorax formosus Bleeker, 1864 美丽裸胸鳝;美丽裸胸鯙 陆 台

Gymnothorax funebris Ranzani, 1839 绿裸胸鳝;绿裸胸鯙

Gymnothorax fuscomaculatus (Schultz, 1953) 褐斑裸胸鳝;褐斑裸胸鯙

Gymnothorax gracilicauda Jenkins, 1903 细尾裸胸鳝;细尾裸胸鯙

Gymnothorax griseus (Lacepède, 1803) 灰裸胸鳝;灰裸胸鯙

Gymnothorax hansi Heemstra, 2004 汉斯裸胸鳝;汉斯裸胸鯙

Gymnothorax hepaticus (Rüppell, 1830) 白边裸胸鳝;肝色裸胸鯙 陆 台

Gymnothorax herrei Beebe & Tee-Van, 1933 海氏裸胸鳝;海氏裸胸鯙 陆 台

Gymnothorax hubbsi Böhlke & Böhlke, 1977 赫氏裸胸鳝;赫氏裸胸鯙

Gymnothorax intesi (Fourmanoir & Rivaton, 1979) 英氏裸胸鳝;英氏裸胸鯙

Gymnothorax isingteena (Richardson, 1845) 魔斑裸胸鳝;魔斑裸胸鯙 陆

　　syn. *Gymnothorax melanospilos* (Bleeker, 1855) 黑点裸胸鳝

Gymnothorax javanicus (Bleeker, 1859) 爪哇裸胸鳝;爪哇裸胸鯙 陆 台

Gymnothorax johnsoni (Smith, 1962) 白点裸胸鳝;白点裸胸鯙

Gymnothorax kidako (Temminck & Schlegel, 1846) 蠕纹裸胸鳝;蠕纹裸胸鯙 陆 台

Gymnothorax kolpos Böhlke & Böhlke, 1980 科尔裸胸鳝;科尔裸胸鯙

Gymnothorax kontodontos Böhlke, 2000 直齿裸胸鳝;直齿裸胸鯙

Gymnothorax longinquus (Whitley, 1948) 长体裸胸鳝;长体裸胸鯙

Gymnothorax maderensis (Johnson, 1862) 马德拉裸胸鳝;马德拉裸胸鯙

Gymnothorax mareei Poll, 1953 马氏裸胸鳝;马氏裸胸鯙

Gymnothorax margaritophorus Bleeker, 1864 斑项裸胸鳝;斑项裸胸鯙 陆 台

Gymnothorax marshallensis (Schultz, 1953) 马绍尔岛裸胸鳝;马绍尔岛裸胸鯙

Gymnothorax mccoskeri Smith & Böhlke, 1997 麦氏裸胸鳝;麦氏裸胸鲹

Gymnothorax megaspilus Böhlke & Randall, 1995 大点裸胸鳝;大点裸胸鲹

Gymnothorax melatremus Schultz, 1953 黄体裸胸鳝;黄身裸胸鲹 陆 台

Gymnothorax meleagris (Shaw, 1795) 斑点裸胸鳝;白口裸胸鲹 陆 台

Gymnothorax microspila (Günther, 1870) 小斑裸胸鳝;小斑裸胸鲹

Gymnothorax microstictus Böhlke, 2000 小点裸胸鳝;小点裸胸鲹

Gymnothorax miliaris (Kaup, 1856) 柔裸胸鳝;柔裸胸鲹

Gymnothorax minor (Temminck & Schlegel, 1846) 小裸胸鳝;小裸胸鲹 陆 台

Gymnothorax moluccensis (Bleeker, 1864) 摩鹿加裸胸鳝;摩鹿加裸胸鲹

Gymnothorax monochrous (Bleeker, 1856) 黄纹裸胸鳝;黄纹裸胸鲹

Gymnothorax monostigma (Regan, 1909) 眼斑裸胸鳝;眼斑裸胸鲹 台

Gymnothorax mordax (Ayres, 1859) 螫裸胸鳝;螫裸胸鲹

Gymnothorax moringa (Cuvier, 1829) 点纹裸胸鳝;点纹裸胸鲹

Gymnothorax mucifer Snyder, 1904 黏裸胸鳝;黏裸胸鲹

Gymnothorax nasuta de Buen, 1961 大鼻裸胸鳝;大鼻裸胸鲹

Gymnothorax neglectus Tanaka, 1911 细花斑裸胸鳝;细花斑裸胸鲹 陆 台

Gymnothorax nigromarginatus (Girard, 1858) 黑缘裸胸鳝;黑缘裸胸鲹

Gymnothorax niphostigmus Chen, Shao & Chen, 1996 雪花斑裸胸鳝;雪花斑裸胸鲹 台

Gymnothorax nubilus (Richardson, 1848) 云状裸胸鳝;云状裸胸鲹

Gymnothorax nudivomer (Günther, 1867) 裸犁裸胸鳝;裸锄裸胸鲹 台

Gymnothorax nuttingi Snyder, 1904 纳氏裸胸鳝;纳氏裸胸鲹

Gymnothorax obesus (Whitley, 1932) 壮体裸胸鳝;壮体裸胸鲹

Gymnothorax ocellatus Agassiz, 1831 眼点裸胸鳝;眼点裸胸鲹

Gymnothorax panamensis (Steindachner, 1876) 眼带裸胸鳝;眼带裸胸鲹

Gymnothorax parini Collette, Smith & Böhlke, 1991 帕氏裸胸鳝;帕氏裸胸鲹

Gymnothorax phalarus Bussing, 1998 淡点裸胸鳝;淡点裸胸鲹

Gymnothorax phasmatodes (Smith, 1962) 无斑裸胸鳝;无斑裸胸鲹

Gymnothorax philippinus Jordan & Seale, 1907 菲律宾裸胸鳝;菲律宾裸胸鲹

Gymnothorax pictus (Ahl, 1789) 花斑裸胸鳝;细点裸胸鲹 陆 台

    syn. *Siderea picta* (Ahl, 1789) 花斑星斑鳝

Gymnothorax pikei Bliss, 1883 帕克氏裸胸鳝;帕克氏裸胸鲹

Gymnothorax pindae Smith, 1962 平氏裸胸鳝;平达裸胸鲹 台

Gymnothorax polygonius Poey, 1875 多腺裸胸鳝;多腺裸胸鲹

Gymnothorax polyspondylus Böhlke & Randall, 2000 多椎裸胸鳝;多椎裸胸鲹

Gymnothorax polyuranodon (Bleeker, 1853) 豹纹裸胸鳝;豹纹裸胸鲹 陆 台

Gymnothorax porphyreus (Guichenot, 1848) 红棕裸胸鳝;红棕裸胸鲹

Gymnothorax prasinus (Richardson, 1848) 珊礁裸胸鳝;珊礁裸胸鲹

Gymnothorax prionodon Ogilby, 1895 锯齿裸胸鳝;锯齿裸胸鲹 陆 台

    syn. *Gymnothorax leucostigma* Jordan & Richardson, 1909 白斑裸胸鳝

Gymnothorax prismodon Böhlke & Randall, 2000 棱牙裸胸鳝;棱牙裸胸鲹

Gymnothorax prolatus Sasaki & Amaoka, 1991 长身裸胸鳝;长身裸胸鲹 台

Gymnothorax pseudoherrei Böhlke, 2000 休氏裸胸鳝;休氏裸胸鲹

Gymnothorax pseudothyrsoideus (Bleeker, 1852) 密网裸胸鳝;淡网纹裸胸鲹 陆 台

Gymnothorax punctatofasciatus Bleeker, 1863 斑条裸胸鳝;斑条裸胸鲹 陆

Gymnothorax punctatus Bloch & Schneider, 1801 点斑裸胸鳝;点斑裸胸鲹

Gymnothorax randalli Smith & Böhlke, 1997 兰氏裸胸鳝;兰氏裸胸鲹

Gymnothorax reevesii (Richardson, 1845) 勾斑裸胸鳝;雷福氏裸胸鲹 陆 台

Gymnothorax reticularis Bloch, 1795 网纹裸胸鳝;疏条裸胸鲹 陆 台

Gymnothorax richardsonii (Bleeker, 1852) 异纹裸胸鳝;李氏裸胸鲹 陆 台

Gymnothorax robinsi Böhlke, 1997 罗氏裸胸鳝;罗氏裸胸鲹

Gymnothorax rueppellii (McClelland, 1844) 鞍斑裸胸鳝;宽带裸胸鲹 台

Gymnothorax sagenodeta (Richardson, 1848) 雨斑裸胸鳝;雨斑裸胸鲹

Gymnothorax sagmacephalus Böhlke, 1997 鞍头裸胸鳝;鞍头裸胸鲹

Gymnothorax saxicola Jordan & Davis, 1891 石色裸胸鳝;石色裸胸鲹

Gymnothorax serratidens (Hildebrand & Barton, 1949) 锯牙裸胸鳝;锯牙裸胸鲹

Gymnothorax shaoi Chen & Loh, 2007 邵氏裸胸鲹 台

Gymnothorax sokotrensis Kotthaus, 1968 也门裸胸鳝;也门裸胸鲹

Gymnothorax steindachneri Jordan & Evermann, 1903 斯氏裸胸鳝;斯氏裸胸鲹

Gymnothorax taiwanensis Chen, Loh & Shao, 2008 台湾裸胸鳝;台湾裸胸鲹 台

Gymnothorax thyrsoideus (Richardson, 1845) 密点裸胸鳝;密点裸胸鲹 陆 台

    syn. *Siderea thyrsoideus* (Richardson, 1845) 密点星斑鳝

Gymnothorax tile (Hamilton, 1822) 蒂尔裸胸鳝;蒂尔裸胸鲹

Gymnothorax undulatus (Lacepède, 1803) 波纹裸胸鳝;疏斑裸胸鲹 陆 台

Gymnothorax unicolor (Delaroche, 1809) 单色裸胸鳝;单色裸胸鲹

Gymnothorax vagrans (Seale, 1917) 夜游裸胸鳝;夜游裸胸鲹

Gymnothorax verrilli (Jordan & Gilbert, 1883) 维氏裸胸鳝;维氏裸胸鲹

Gymnothorax vicinus (Castelnau, 1855) 紫颌裸胸鳝;紫颌裸胸鲹

Gymnothorax walvisensis Prokofiev, 2009 华尔夫裸胸鳝;华尔夫裸胸鲹

Gymnothorax woodwardi McCulloch, 1912 伍氏裸胸鳝;伍氏裸胸鲹

Gymnothorax ypsilon Hatooka & Randall, 1992 褐首裸胸鲹;丫环裸胸鲹 台

Gymnothorax zonipectis Seale, 1906 带尾裸胸鳝;带尾裸胸鲹 陆 台

Genus *Monopenchelys* Böhlke & McCosker, 1982 孤蛇鳝属;孤蝮鲹属

Monopenchelys acuta (Parr, 1930) 孤蛇鳝;孤蝮鲹

Genus *Muraena* Linnaeus, 1758 海鳝属;鲹属

Muraena appendiculata (Guichenot, 1848) 智利海鳝;智利鲹

Muraena argus (Steindachner, 1870) 光海鳝;光鲹

Muraena augusti (Kaup, 1856) 细点海鳝;细点鲹

Muraena australiae Richardson, 1848 澳洲海鳝;澳洲鲹

Muraena clepsydra Gilbert, 1898 锐齿海鳝;锐齿鲹

Muraena helena Linnaeus, 1758 泽生海鳝;泽生鲹

Muraena lentiginosa Jenyns, 1842 雀斑海鳝;雀斑鲹

Muraena melanotis (Kaup, 1860) 黑孔海鳝;黑孔鲹

Muraena pavonina Richardson, 1845 孔雀海鳝;孔雀鲹

Muraena retifera Goode & Bean, 1882 网纹海鳝;网纹鲹

Muraena robusta Osório, 1911 大斑海鳝;大斑鲹

Genus *Pseudechidna* Bleeker, 1863 拟蛇鳝属;拟蝮鲹属

Pseudechidna brummeri (Bleeker, 1859) 拟蛇鳝;布氏拟蝮鲹 陆 台

Genus *Rhinomuraena* Garman, 1888 管鼻鳝属;管鼻鲹属

Rhinomuraena quaesita Garman, 1888 大口管鼻鳝;黑身管鼻鲹 陆 台

    syn. *Rhinomuraena amboinensis* Barbour, 1908 蓝体管鼻鳝

Genus *Scuticaria* Jordan & Snyder, 1901 鞭尾鳝属;鞭尾鲹属

Scuticaria okinawae (Jordan & Snyder, 1901) 冲绳鞭尾鳝;冲绳鞭尾鲹

Scuticaria tigrina (Lesson, 1828) 虎斑鞭尾鳝;虎斑鞭尾鲹 陆 台

Genus *Strophidon* McClelland, 1844 弯牙海鳝属;长鲹属

Strophidon sathete (Hamilton, 1822) 长尾弯牙海鳝(长海鳝);长鲹 陆 台

    syn. *Evenchelys macrurus* (Bleeker, 1854) 长体真泽鳝

    syn. *Strophidon ui* Tanaka, 1918 弯牙海鳝

    syn. *Thyrsoidea macrurus* (Bleeker, 1854) 长体鳝

Genus *Uropterygius* Rüppell, 1838 尾鳍属;尾鳟属

Uropterygius concolor Rüppell, 1838 单色尾鳍;单色尾鳟 陆

Uropterygius fasciolatus (Regan, 1909) 条纹尾鳍;条纹尾鳟

Uropterygius fuscoguttatus Schultz, 1953 棕斑尾鳍;棕斑尾鳟

Uropterygius genie Randall & Golani, 1995 红海尾鳍;红海尾鳟

Uropterygius golanii McCosker & Smith, 1997 戈兰氏尾鳍;戈兰氏尾鳟

Uropterygius inornatus Gosline, 1958 丑尾鳍;丑尾鳟

Uropterygius kamar McCosker & Randall, 1977 斑唇尾鳍;斑唇尾鳟

Uropterygius macrocephalus (Bleeker, 1864) 大头尾鳍;大头尾鳟 陆 台

Uropterygius macularius (Lesueur, 1825) 斑尾鳍;斑尾鳟

Uropterygius marmoratus (Lacepède, 1803) 花斑尾鳍;石纹尾鳟 陆 台

Uropterygius micropterus (Bleeker, 1852) 小鳍尾鳍;小鳍尾鳟 陆 台

Uropterygius nagoensis Hatooka, 1984 网纹尾鳍;网纹尾鳟 陆

Uropterygius oligospondylus Chen, Randall & Loh, 2008 少椎尾鳍;少椎尾鳟 台

Uropterygius polyspilus (Regan, 1909) 多斑尾鳍;多斑尾鳟

Uropterygius polystictus Myers & Wade, 1941 富斑尾鳍;富斑尾鳟

Uropterygius supraforatus (Regan, 1909) 穴栖尾鳍;穴栖尾鳟

Uropterygius versutus Bussing, 1991 巧尾鳍;巧尾鳟

Uropterygius wheeleri Blache, 1967 惠氏尾鳍;惠氏尾鳟

Uropterygius xanthopterus Bleeker, 1859 黄鳍尾鳍;黄鳍尾鳟

Uropterygius xenodontus McCosker & Smith, 1997 异齿尾鳍;异齿尾鳟

Suborder Congroidei 康吉鳗亚目;糯鳗亚目

Family 080 Synaphobranchidae 合鳃鳗科

Genus *Atractodenchelys* Robins & Robins, 1970 箭杆鳗属

Atractodenchelys phrix Robins & Robins, 1970 箭杆鳗

Atractodenchelys robinsorum Karmovskaya, 2003 深水箭杆鳗

Genus *Diastobranchus* Barnard, 1923 舒鳃鳗属

Diastobranchus capensis Barnard, 1923 南非舒鳃鳗

Genus *Dysomma* Alcock, 1889 前肛鳗属

Dysomma anguillare Barnard, 1923 前肛鳗 陆 台

Dysomma brevirostre (Facciolà, 1887) 短吻前肛鳗

Dysomma bucephalus Alcock, 1889 牛首前肛鳗

Dysomma dolichosomatum Karrer, 1982 长身前肛鳗 台

Dysomma fuscoventralis Karrer & Klausewitz, 1982 棕腹前肛鳗

Dysomma goslinei Robins & Robins, 1976 高氏前肛鳗 台

Dysomma longirostrum Chen & Mok, 2001 长吻前肛鳗 台

Dysomma melanurum Chen & Weng, 1967 黑尾前肛鳗 陆 台

Dysomma muciparus (Alcock, 1891) 浅色前肛鳗

Dysomma opisthoproctus Chen & Mok, 1995 后臀前肛鳗 台

Dysomma polycatodon Karrer, 1982 多齿前肛鳗 台

Dysomma tridens Robins, Böhlke & Robins, 1989 三齿前肛鳗

Genus *Dysommina* Ginsburg, 1951 后肛鳗属;短身前肛鳗属

Dysommina proboscideus (Lea, 1913) 象鼻后肛鳗;象鼻短身前肛鳗

Dysommina rugosa Ginsburg, 1951 后肛鳗;多皱短身前肛鳗 台

Genus *Haptenchelys* Robins & Martin, 1976 缚鳗属

Haptenchelys texis Robins & Martin, 1976 缚鳗

Genus *Histiobranchus* Gill, 1883 旗鳃鳗属

Histiobranchus australis (Regan, 1913) 澳洲旗鳃鳗

Histiobranchus bathybius (Günther, 1877) 深海旗鳃鳗 陆 台

Histiobranchus bruuni Castle, 1964 布氏旗鳃鳗

Genus *Ilyophis* Gilbert, 1891 软泥鳗属

Ilyophis arx Robins, 1976 阿氏软泥鳗

Ilyophis blachei Saldanha & Merrett, 1982 布氏软泥鳗

Ilyophis brunneus Gilbert, 1891 软泥鳗 台

Ilyophis nigeli Shcherbachev & Sulak, 1997 奈氏软泥鳗

Ilyophis robinsae Sulak & Shcherbachev, 1997 罗宾斯软泥鳗

Ilyophis saldanhai Karmovskaya & Parin, 1999 沙氏软泥鳗

Genus *Linkenchelys* Smith, 1989 线泥鳗属

Linkenchelys multipora Smith, 1989 多孔线泥鳗

Genus *Meadia* Böhlke, 1951 箭齿前肛鳗属

Meadia abyssalis (Kamohara, 1938) 箭齿前肛鳗 台

Meadia roseni Mok, Lee & Chan, 1991 罗氏箭齿前肛鳗 台

Genus *Simenchelys* Gill, 1879 寄生鳗属

Simenchelys parasitica Gill, 1879 寄生鳗 陆 台

Genus *Synaphobranchus* Johnson, 1862 合鳃鳗属

Synaphobranchus affinis Günther, 1877 长鳍合鳃鳗(连鳃鳗) 陆 台

Synaphobranchus brevidorsalis Günther, 1887 短背鳍合鳃鳗 陆 台

Synaphobranchus calvus Melo, 2007 光滑合鳃鳗

Synaphobranchus dolichorhynchus (Lea, 1913) 长身合鳃鳗

Synaphobranchus kaupii Johnson, 1862 高氏合鳃鳗 陆 台

Synaphobranchus oregoni Castle, 1960 奥氏合鳃鳗

Genus *Thermobiotes* Geistdoerfer, 1991 贪食合鳃鳗属

Thermobiotes mytilogeiton Geistdoerfer, 1991 贪食合鳃鳗

Family 081 Ophichthidae 蛇鳗科

Genus *Ahlia* Jordan & Davis, 1891 阿尔蛇鳗属

Ahlia egmontis (Jordan, 1884) 大眼阿尔蛇鳗

Genus *Allips* McCosker, 1972 蒜蛇鳗属

Allips concolor McCosker, 1972 同色蒜蛇鳗

Genus *Aplatophis* Böhlke, 1956 恐蛇鳗属

Aplatophis chauliodus Böhlke, 1956 狼牙恐蛇鳗

Aplatophis zorro McCosker & Robertson, 2001 强壮恐蛇鳗

Genus *Aprognathodon* Böhlke, 1967 猪颌蛇鳗属

Aprognathodon platyventris Böhlke, 1967 扁腹猪颌蛇鳗

Genus *Apterichtus* Duméril, 1806 无鳍蛇鳗属

Apterichtus anguiformis (Peters, 1877) 鳗形无鳍蛇鳗

Apterichtus ansp (Böhlke, 1968) 小无鳍蛇鳗

Apterichtus australis McCosker & Randall, 2005 澳洲无鳍蛇鳗

Apterichtus caecus (Linnaeus, 1758) 欧洲无鳍蛇鳗

Apterichtus equatorialis (Myers & Wade, 1941) 赤道无鳍蛇鳗

Apterichtus flavicaudus (Snyder, 1904) 黄尾无鳍蛇鳗

Apterichtus gracilis (Kaup, 1856) 细无鳍蛇鳗

Apterichtus gymnocelus (Böhlke, 1953) 裸身无鳍蛇鳗

Apterichtus kendalli (Gilbert, 1891) 肯氏无鳍蛇鳗

Apterichtus keramanus Machida, Hashimoto & Yamakawa, 1997 冲绳无鳍蛇鳗

Apterichtus klazingai (Weber, 1913) 克氏无鳍蛇鳗

Apterichtus monodi (Roux, 1966) 莫氏无鳍蛇鳗

Apterichtus moseri (Jordan & Snyder, 1901) 骏河湾无鳍蛇鳗 台

Apterichtus orientalis Machida & Ohta, 1994 东方无鳍蛇鳗

Genus *Asarcenchelys* McCosker, 1985 细辛蛇鳗属

Asarcenchelys longimanus McCosker, 1985 细辛蛇鳗属

Genus *Bascanichthys* Jordan & Davis, 1891 褐蛇鳗属

Bascanichthys bascanium (Jordan, 1884) 褐蛇鳗

Bascanichthys bascanoides Osburn & Nichols, 1916 似褐蛇鳗

Bascanichthys ceciliae Blache & Cadenat, 1971 大口褐蛇鳗

Bascanichthys congoensis Blache & Cadenat, 1971 刚果褐蛇鳗

Bascanichthys cylindricus Meek & Hildebrand, 1923 圆筒褐蛇鳗

Bascanichthys deraniyagalai Menon, 1961 多兰氏褐蛇鳗

Bascanichthys fijiensis (Seale, 1935) 斐济褐蛇鳗

Bascanichthys filaria (Günther, 1872) 线状褐蛇鳗

Bascanichthys inopinatus McCosker, Böhlke & Böhlke, 1989 弱褐蛇鳗

Bascanichthys kirkii (Günther, 1870) 克氏褐蛇鳗 陆 台

Bascanichthys longipinnis (Kner & Steindachner, 1867) 长鳍褐蛇鳗 陆
  syn. *Sphagebranchus longipinnis* (Kner & Steindachner, 1867) 喉鳃鳗

Bascanichthys myersi (Herre, 1932) 迈尔氏褐蛇鳗

Bascanichthys panamensis Meek & Hildebrand, 1923 巴拿马褐蛇鳗

Bascanichthys paulensis Storey, 1939 巴西褐蛇鳗

Bascanichthys pusillus Seale, 1917 微褐蛇鳗

Bascanichthys scuticaris (Goode & Bean, 1880) 鞭褐蛇鳗

Bascanichthys sibogae (Weber, 1913) 矛褐蛇鳗

Genus *Benthenchelys* Fowler, 1934 渊底蛇鳗属

Benthenchelys cartieri Fowler, 1934 卡氏渊底蛇鳗

Benthenchelys indicus Castle, 1972 印度渊底蛇鳗

Benthenchelys pacificus Castle, 1972 太平洋渊底蛇鳗

Genus *Brachysomophis* Kaup, 1856 短体蛇鳗属

Brachysomophis atlanticus Blache & Saldanha, 1972 大西洋短体蛇鳗

Brachysomophis cirrocheilos (Bleeker, 1857) 须唇短体蛇鳗 陆 台

Brachysomophis crocodilinus (Bennett, 1833) 鳄形短体蛇鳗 陆 台

Brachysomophis henshawi Jordan & Snyder, 1904 亨氏短体蛇鳗 陆 台

Brachysomophis longipinnis McCosker & Randall, 2001 长鳍短体蛇鳗 陆 台

Brachysomophis porphyreus (Temminck & Schlegel, 1846) 紫身短体蛇鳗 陆 台

 syn. *Mystriophis porphyreus* (Temminck & Schlegel, 1846) 紫匙鳗

Brachysomophis umbonis McCosker & Randall, 2001 砾栖短体蛇鳗

Genus *Caecula* Vahl, 1794 盲蛇鳗属

Caecula cincta (Tanaka, 1908) 带纹盲蛇鳗

Caecula kuro (Kuroda, 1947) 喉鳃盲蛇鳗 陆 台

Caecula pterygera Vahl, 1794 小鳍盲蛇鳗 陆

Genus *Callechelys* Kaup, 1856 丽蛇鳗属

Callechelys bilinearis Kanazawa, 1952 双线丽蛇鳗

Callechelys bitaeniata (Peters, 1877) 双带丽蛇鳗

Callechelys catostoma (Schneider & Forster, 1801) 下口丽蛇鳗 陆

Callechelys cliffi Böhlke & Briggs, 1954 克氏丽蛇鳗

Callechelys eristigma McCosker & Rosenblatt, 1972 宝石丽蛇鳗

Callechelys galapagensis McCosker & Rosenblatt, 1972 加拉帕戈斯岛丽蛇鳗

Callechelys guineensis (Osório, 1893) 几内亚丽蛇鳗

Callechelys leucoptera (Cadenat, 1954) 银鳍丽蛇鳗

Callechelys lutea Snyder, 1904 褐黄丽蛇鳗

Callechelys maculatus Chu, Wu & Jin, 1981 斑纹丽蛇鳗 陆

Callechelys marmorata (Bleeker, 1853) 云纹丽蛇鳗 陆 台

Callechelys muraena Jordan & Evermann, 1887 斑点丽蛇鳗

Callechelys papulosa McCosker, 1998 丘丽蛇鳗

Callechelys randalli McCosker, 1998 兰氏丽蛇鳗

Callechelys springeri (Ginsburg, 1951) 斯氏丽蛇鳗

Genus *Caralophia* Böhlke, 1955 头蛇鳗属

Caralophia loxochila Böhlke, 1955 弯体头蛇鳗

Genus *Cirrhimuraena* Kaup, 1856 须鳗属;须蛇鳗属

Cirrhimuraena calamus (Günther, 1870) 南澳须鳗;南澳须蛇鳗

Cirrhimuraena cheilopogon (Bleeker, 1860) 唇须鳗;唇须蛇鳗

Cirrhimuraena chinensis Kaup, 1856 中华须鳗;中华须蛇鳗 陆 台

Cirrhimuraena inhacae (Smith, 1962) 莫桑比克须鳗;莫桑比克须蛇鳗

Cirrhimuraena oliveri (Seale, 1910) 奥利弗须鳗;奥利弗须蛇鳗

Cirrhimuraena orientalis Nguyen, 1993 东方须鳗;东方须蛇鳗

Cirrhimuraena paucidens Herre & Myers, 1931 少齿须鳗;少齿须蛇鳗

Cirrhimuraena playfairii (Günther, 1870) 普氏须鳗;普氏须蛇鳗

Cirrhimuraena tapeinoptera Bleeker, 1863 细鳍须鳗;细鳍须蛇鳗

Cirrhimuraena yuanding Tang & Zhang, 2003 元鼎须鳗;元鼎须蛇鳗 陆

Genus *Cirricaecula* Schultz, 1953 无鳍须蛇鳗属;须盲蛇鳗属

Cirricaecula johnsoni Schultz, 1953 无鳍须蛇鳗;琼森须盲蛇鳗

Cirricaecula macdowelli McCosker & Randall, 1993 麦氏无鳍须蛇鳗;麦氏须盲蛇鳗 台

Genus *Dalophis* Rafinesque, 1810 明蛇鳗属

Dalophis boulengeri (Blache, Cadenat & Stauch, 1970) 布氏明蛇鳗

Dalophis cephalopeltis (Bleeker, 1863) 大头明蛇鳗

Dalophis imberbis (Delaroche, 1809) 无须明蛇鳗

Dalophis multidentatus Blache & Bauchot, 1972 多齿明蛇鳗

Dalophis obtusirostris Blache & Bauchot, 1972 钝吻明蛇鳗

Genus *Echelus* Rafinesque, 1810 蠕鳗属

Echelus myrus (Linnaeus, 1758) 白点蠕鳗

Echelus pachyrhynchus (Vaillant, 1888) 厚吻蠕鳗

Echelus uropterus (Temminck & Schlegel, 1846) 小尾鳍蠕鳗 陆 台

Genus *Echiophis* Kaup, 1856 匙吻蛇鳗属

Echiophis brunneus (Castro-Aguirre & Suárez de los Cobos, 1983) 褐匙吻蛇鳗

Echiophis creutzbergi (Cadenat, 1956) 克氏匙吻蛇鳗

Echiophis intertinctus (Richardson, 1848) 雨点匙吻蛇鳗

Echiophis punctifer (Kaup, 1860) 斑匙吻蛇鳗

Genus *Ethadophis* Rosenblatt & McCosker, 1970 埃塞蛇鳗属

Ethadophis akkistikos McCosker & Böhlke, 1984 艾克埃塞蛇鳗

Ethadophis byrnei Rosenblatt & McCosker, 1970 伯氏埃塞蛇鳗

Ethadophis epinepheli (Blache & Bauchot, 1972) 爱氏埃塞蛇鳗

Ethadophis foresti (Cadenat & Roux, 1964) 福氏埃塞蛇鳗

Ethadophis merenda Rosenblatt & McCosker, 1970 露珠埃塞蛇鳗

Genus *Evips* McCosker, 1972 埃维蛇鳗属

Evips percinctus McCosker, 1972 帕劳埃维蛇鳗

Genus *Glenoglossa* McCosker, 1982 诱舌蛇鳗属

Glenoglossa wassi McCosker, 1982 诱舌蛇鳗

Genus *Gordiichthys* Jordan & Davis, 1891 结蛇鳗属

Gordiichthys combibus McCosker & Lavenberg, 2001 结蛇鳗

Gordiichthys ergodes McCosker, Böhlke & Böhlke, 1989 魔结蛇鳗

Gordiichthys irretitus Jordan & Davis, 1891 縻结蛇鳗

Gordiichthys leibyi McCosker & Böhlke, 1984 利比氏结蛇鳗

Gordiichthys randalli McCosker & Böhlke, 1984 兰氏结蛇鳗

Genus *Hemerorhinus* Weber & de Beaufort, 1916 白吻蛇鳗属

Hemerorhinus heyningi (Weber, 1913) 海氏白吻蛇鳗

Hemerorhinus opici Blache & Bauchot, 1972 奥氏白吻蛇鳗

Genus *Herpetoichthys* Kaup, 1856 蔓蛇鳗属

Herpetoichthys fossatus (Myers & Wade, 1941) 穴居蔓蛇鳗

Genus *Hyphalophis* McCosker & Böhlke, 1982 海蛇鳗属

Hyphalophis devius McCosker & Böhlke, 1982 外海蛇鳗

Genus *Ichthyapus* Brisout de Barneville, 1847 小眼蛇鳗属

Ichthyapus acuticeps (Barnard, 1923) 尖吻小眼蛇鳗

Ichthyapus insularis McCosker, 2004 海岛小眼蛇鳗

Ichthyapus omanensis (Norman, 1939) 阿曼小眼蛇鳗

Ichthyapus ophioneus (Evermann & Marsh, 1900) 小眼蛇鳗

Ichthyapus platyrhynchus (Gosline, 1951) 扁吻小眼蛇鳗

Ichthyapus selachops (Jordan & Gilbert, 1882) 光明小眼蛇鳗

Ichthyapus vulturis (Weber & de Beaufort, 1916) 大口小眼蛇鳗

Genus *Kertomichthys* McCosker & Böhlke, 1982 角蛇鳗属

Kertomichthys blastorhinos (Kanazawa, 1963) 刺吻角蛇鳗

Genus *Lamnostoma* Kaup, 1856 粗犁鳗属;粗锄蛇鳗属

Lamnostoma kampeni (Weber & de Beaufort, 1916) 坎氏粗犁鳗;坎氏粗锄蛇鳗

Lamnostoma mindora (Jordan & Richardson, 1908) 明多粗犁鳗;明多粗锄蛇鳗 陆 台

Lamnostoma orientalis (McClelland, 1844) 东方粗犁鳗;东方粗锄蛇鳗

Lamnostoma polyophthalma (Bleeker, 1853) 多睛粗犁鳗;多眼粗锄蛇鳗

Lamnostoma taylori (Herre, 1923) 泰氏粗犁鳗;泰氏粗锄蛇鳗

Genus *Leiuranus* Bleeker, 1853 盖蛇鳗属

Leiuranus semicinctus (Lay & Bennett, 1839) 半环盖蛇鳗 陆 台

Leiuranus versicolor (Richardson, 1848) 变色盖蛇鳗

Genus *Leptenchelys* Myers & Wade, 1941 小龟蛇鳗属

Leptenchelys vermiformis Myers & Wade, 1941 蠕形小龟蛇鳗

Genus *Letharchus* Goode & Bean, 1882 帆鳍蛇鳗属

Letharchus aliculatus McCosker, 1974 野帆鳍蛇鳗

Letharchus rosenblatti McCosker, 1974 罗氏帆鳍蛇鳗

Letharchus velifer Goode & Bean, 1882 帆鳍蛇鳗

Genus *Lethogoleos* McCosker & Böhlke, 1982 遗蛇鳗属

Lethogoleos andersoni McCosker & Böhlke, 1982 安氏遗蛇鳗

Genus *Leuropharus* Rosenblatt & McCosker, 1970 滑犁鳗属;滑锄蛇鳗属

Leuropharus lasiops Rosenblatt & McCosker, 1970 滑犁鳗;滑锄蛇鳗

Genus *Luthulenchelys* McCosker, 2007 黄软蛇鳗属

Luthulenchelys heemstraorum McCosker, 2007 黄软蛇鳗

Genus *Malvoliophis* Whitley, 1934 葵蛇鳗属

Malvoliophis pinguis (Günther, 1872) 壮体葵蛇鳗

Genus *Mixomyrophis* McCosker, 1985 香蛇鳗属

Mixomyrophis pusillipinna McCosker, 1985 小鳍香蛇鳗

Genus *Muraenichthys* Bleeker, 1853 虫鳗属

Muraenichthys elerae Fowler, 1934 沼泽虫鳗

Muraenichthys gymnopterus (Bleeker, 1853) 裸鳍虫鳗 陆

    syn. *Muraenichthys hattae* Jordan & Snyder, 1901 短鳍虫鳗

Muraenichthys macrostomus Bleeker, 1864 大口虫鳗

Muraenichthys philippinensis Schultz & Woods, 1949 菲律宾虫鳗

Muraenichthys schultzei Bleeker, 1857 许氏虫鳗

Muraenichthys sibogae Weber & de Beaufort, 1916 帝汶虫鳗

Muraenichthys thompsoni Jordan & Richardson, 1908 汤氏虫鳗 陆

    syn. *Muraenichthys malabonensis* Herre, 1923 马拉邦虫鳗

Genus *Myrichthys* Girard, 1859 花蛇鳗属

Myrichthys aspetocheiros McCosker & Rosenblatt, 1993 粗鳍花蛇鳗

Myrichthys bleekeri Gosline, 1951 布氏花蛇鳗

Myrichthys breviceps (Richardson, 1848) 短头花蛇鳗

Myrichthys colubrinus (Boddaert, 1781) 斑竹花蛇鳗 陆 台

Myrichthys maculosus (Cuvier, 1816) 斑纹花蛇鳗 陆 台

    syn. *Myrichthys aoki* Jordan & Snyder, 1901 艾氏花蛇鳗

Myrichthys magnificus (Abbott, 1860) 大花蛇鳗

Myrichthys ocellatus (Lesueur, 1825) 金斑花蛇鳗

Myrichthys pantostigmius Jordan & McGregor, 1898 黑斑花蛇鳗

Myrichthys pardalis (Valenciennes, 1839) 豹纹花蛇鳗

Myrichthys tigrinus Girard, 1859 虎纹花蛇鳗

Myrichthys xysturus (Jordan & Gilbert, 1882) 光尾花蛇鳗

Genus *Myrophis* Lütken, 1852 油蛇鳗属

Myrophis anterodorsalis McCosker, Böhlke & Böhlke, 1989 前背油蛇鳗

Myrophis cheni Chen & Weng, 1967 陈氏油蛇鳗 陆 台

Myrophis lepturus Kotthaus, 1968 细尾油蛇鳗

Myrophis microchir (Bleeker, 1864) 小尾油蛇鳗 陆 台

Myrophis platyrhynchus Breder, 1927 扁吻油蛇鳗

Myrophis plumbeus (Cope, 1871) 铅色油蛇鳗

Myrophis punctatus Lütken, 1852 斑纹油蛇鳗

Myrophis vafer Jordan & Gilbert, 1883 狡油蛇鳗

Genus *Mystriophis* Kaup, 1856 匙蛇鳗属

Mystriophis crosnieri Blache, 1971 克罗氏匙蛇鳗

Mystriophis rostellatus (Richardson, 1848) 非洲匙蛇鳗

Genus *Neenchelys* Bamber, 1915 新蛇鳗属

Neenchelys buitendijki Weber & de Beaufort, 1916 比氏新蛇鳗

Neenchelys daedalus McCosker, 1982 新几内亚新蛇鳗 台

Neenchelys microtretus Bamber, 1915 小孔新蛇鳗

Neenchelys parvipectoralis Chu, Wu & Jin, 1981 微鳍新蛇鳗 陆 台

Neenchelys retropinna Smith & Böhlke, 1983 弯鳍新蛇鳗 台

Genus *Ophichthus* Ahl, 1789 蛇鳗属

Ophichthus alleni McCosker, 2010 艾伦氏蛇鳗

Ophichthus altipennis (Kaup, 1856) 高鳍蛇鳗 陆 台

    syn. *Pisodonophis zophistius* Jordan & Snyder, 1901 帆鳍豆齿鳗

Ophichthus aniptocheilos McCosker, 2010 彩斑蛇鳗

Ophichthus apachus McCosker & Rosenblatt, 1998 薄皮蛇鳗

Ophichthus aphotistos McCosker & Chen, 2000 暗鳍蛇鳗 台

Ophichthus apicalis (Anonymous [Bennett], 1830) 尖吻蛇鳗 陆 台

Ophichthus arneutes McCosker & Rosenblatt, 1998 潜栖蛇鳗

Ophichthus asakusae Jordan & Snyder, 1901 浅草蛇鳗 陆 台

Ophichthus bonaparti (Kaup, 1856) 鲍氏蛇鳗 台

Ophichthus brachynotopterus Karrer, 1982 短鳍蛇鳗

Ophichthus brasiliensis (Kaup, 1856) 巴西蛇鳗

Ophichthus brevicaudatus Chu, Wu & Jin, 1981 短尾蛇鳗 陆

Ophichthus brevirostris McCosker & Ross, 2007 短吻蛇鳗

Ophichthus celebicus (Bleeker, 1856) 西里伯斯蛇鳗 陆

Ophichthus cephalozona Bleeker, 1864 项斑蛇鳗 陆 台

Ophichthus congroides McCosker, 2010 似康吉蛇鳗

Ophichthus cruentifer (Goode & Bean, 1896) 血蛇鳗

Ophichthus cylindroideus (Ranzani, 1839) 圆筒蛇鳗

Ophichthus echeloides (D'Ancona, 1928) 似蝮蛇鳗

Ophichthus episcopus Castelnau, 1878 枝蛇鳗

Ophichthus erabo (Jordan & Snyder, 1901) 斑纹蛇鳗 陆 台

    syn. *Microdonophis erabo* Jordan & Snyder, 1901 圆斑小齿蛇鳗

Ophichthus evermanni Jordan & Richardson, 1909 艾氏蛇鳗 陆 台

Ophichthus exourus McCosker, 1999 秃尾蛇鳗

Ophichthus fasciatus (Chu, Wu & Jin, 1981) 横带蛇鳗 陆 台

Ophichthus frontalis Garman, 1899 大额蛇鳗

Ophichthus garretti Günther, 1910 加氏蛇鳗

Ophichthus genie McCosker, 1999 金氏蛇鳗

Ophichthus gomesii (Castelnau, 1855) 郭氏蛇鳗

Ophichthus grandoculis (Cantor, 1849) 大眼蛇鳗

Ophichthus hirritus McCosker, 2010 赫立脱蛇鳗

Ophichthus humanni McCosker, 2010 休曼氏蛇鳗

Ophichthus hyposagmatus McCosker & Böhlke, 1984 鞍蛇鳗

Ophichthus ishiyamorum McCosker, 2010 石山氏蛇鳗

Ophichthus karreri Blache, 1975 卡氏蛇鳗

Ophichthus kunaloa McCosker, 1979 夏威夷蛇鳗

Ophichthus lentiginosus McCosker, 2010 雀斑蛇鳗

Ophichthus leonensis Blache, 1975 莱昂蛇鳗

Ophichthus limkouensis Chen, 1929 临高蛇鳗

Ophichthus lithinus (Jordan & Richardson, 1908) 石蛇鳗

Ophichthus longipenis McCosker & Rosenblatt, 1998 长尾蛇鳗

Ophichthus macrochir (Bleeker, 1853) 大鳍蛇鳗 陆 台

Ophichthus macrops Günther, 1910 大眼蛇鳗

Ophichthus maculatus (Rafinesque, 1810) 斑蛇鳗

Ophichthus madagascariensis Fourmanoir, 1961 马达加斯加蛇鳗

Ophichthus manilensis Herre, 1923 马尼拉蛇鳗

Ophichthus marginatus (Peters, 1855) 短头蛇鳗

Ophichthus mecopterus McCosker & Rosenblatt, 1998 长胸鳍蛇鳗

Ophichthus megalops Asano, 1987 巨目蛇鳗

Ophichthus melanoporus Kanazawa, 1963 黑孔蛇鳗

Ophichthus melope McCosker & Rosenblatt, 1998 背孔蛇鳗

Ophichthus menezesi McCosker & Böhlke, 1984 米氏蛇鳗

Ophichthus microstictus McCosker, 2010 小斑驳蛇鳗

Ophichthus mystacinus McCosker, 1999 唇蛇鳗

Ophichthus omorgmus McCosker & Böhlke, 1984 点线蛇鳗

Ophichthus ophis (Linnaeus, 1758) 蛇鳗

Ophichthus parilis (Richardson, 1848) 等鳍蛇鳗

Ophichthus polyophthalmus Bleeker, 1864 多斑蛇鳗(眼斑蛇鳗) 陆 台

Ophichthus puncticeps (Kaup, 1860) 斑头蛇鳗

Ophichthus regius (Richardson, 1848) 皇蛇鳗

Ophichthus remiger (Valenciennes, 1837) 有枝蛇鳗

Ophichthus retrodorsalis Liu, Tang & Zhang, 2010 后鳍蛇鳗

Ophichthus rex Böhlke & Caruso, 1980 大王蛇鳗

Ophichthus roseus Tanaka, 1917 玫瑰蛇鳗

Ophichthus rotundus Lee & Asano, 1997 圆身蛇鳗

Ophichthus rufus (Rafinesque, 1810) 淡红蛇鳗

Ophichthus rugifer Jordan & Bollman, 1890 加拉帕戈斯蛇鳗

Ophichthus rutidoderma (Bleeker, 1853) 皱皮蛇鳗

Ophichthus serpentinus Seale, 1917 蜥蛇鳗

Ophichthus singapurensis Bleeker, 1864-1865 新加坡蛇鳗

Ophichthus spinicauda (Norman, 1922) 刺尾蛇鳗

Ophichthus stenopterus Cope, 1871 窄鳍蛇鳗 陆 台

Ophichthus tchangi Tang & Zhang, 2002 张氏蛇鳗 陆

Ophichthus tetratrema McCosker & Rosenblatt, 1998 四孔蛇鳗

Ophichthus tomioi McCosker, 2010 托氏蛇鳗

Ophichthus triserialis (Kaup, 1856) 尖尾蛇鳗

Ophichthus tsuchidae Jordan & Snyder, 1901 柴田氏蛇鳗 陆 台

Ophichthus unicolor Regan, 1908 单色蛇鳗

Ophichthus urolophus (Temminck & Schlegel, 1846) 裙鳍蛇鳗 陆 台

Ophichthus woosuitingi Chen, 1929 伍氏蛇鳗

Ophichthus zophochir Jordan & Gilbert, 1882 黄蛇鳗

Genus *Ophisurus* Lacepède, 1800 沙蛇鳗属

Ophisurus macrorhynchos Bleeker, 1853 大吻沙蛇鳗 陆 台

Ophisurus serpens (Linnaeus, 1758) 褐沙蛇鳗

Genus *Paraletharchus* McCosker, 1974 副丽蛇鳗属

Paraletharchus opercularis (Myers & Wade, 1941) 大盖副丽蛇鳗

Paraletharchus pacificus (Osburn & Nichols, 1916) 太平洋副丽蛇鳗

Genus *Phaenomonas* Myers & Wade, 1941 短鳍蛇鳗属

Phaenomonas cooperae Palmer, 1970 短毛短鳍蛇鳗

Phaenomonas longissima (Cadenat & Marchal, 1963) 长鼻短鳍蛇鳗

Phaenomonas pinnata Myers & Wade, 1941 羽短鳍蛇鳗

Genus *Phyllophichthus* Gosline, 1951 叶鼻蛇鳗属

Phyllophichthus macrurus McKay, 1970 大尾叶鼻蛇鳗

Phyllophichthus xenodontus Gosline, 1951 叶鼻蛇鳗

Genus *Pisodonophis* Kaup, 1856 豆齿鳗属;豆齿蛇鳗属

Pisodonophis boro (Hamilton, 1822) 杂食豆齿鳗;波路豆齿蛇鳗 陆 台

Pisodonophis cancrivorus (Richardson, 1848) 食蟹豆齿鳗;食蟹豆齿蛇鳗 陆 台

Pisodonophis copelandi Herre, 1953 科氏豆齿鳗;科氏豆齿蛇鳗

Pisodonophis daspilotus Gilbert, 1898 斑豆齿鳗;斑豆齿蛇鳗

Pisodonophis hijala (Hamilton, 1822) 恐怖豆齿鳗;恐怖豆齿蛇鳗

Pisodonophis hoeveni (Bleeker, 1853) 霍氏豆齿鳗;霍氏豆齿蛇鳗

Pisodonophis hypselopterus (Bleeker, 1851) 高鳍豆齿鳗;高鳍豆齿蛇鳗

Pisodonophis semicinctus (Richardson, 1848) 半环豆齿鳗;半环豆齿蛇鳗

Genus *Pseudomyrophis* Wade, 1946 拟油鳗属

Pseudomyrophis atlanticus Blache, 1975 大西洋拟油鳗

Pseudomyrophis frio (Jordan & Davis, 1891) 弗里奥拟油鳗

Pseudomyrophis fugesae McCosker, Böhlke & Böhlke, 1989 黏滑拟油鳗

Pseudomyrophis micropinna Wade, 1946 小鳍拟油鳗

Pseudomyrophis nimius Böhlke, 1960 细身拟油鳗

Genus *Quassiremus* Jordan & Davis, 1891 微鳍蛇鳗属

Quassiremus ascensionis (Studer, 1889) 阿森微鳍蛇鳗

Quassiremus evionthas (Jordan & Bollman, 1890) 真微鳍蛇鳗

Quassiremus nothochir (Gilbert, 1890) 伪手微鳍蛇鳗

Quassiremus polyclitellum Castle, 1996 鞍斑微鳍蛇鳗

Genus *Rhinophichthus* McCosker, 1999 吻蛇鳗属

Rhinophichthus penicillatus McCosker, 1999 笔状吻蛇鳗

Genus *Schismorhynchus* McCosker, 1970 裂鼻蛇鳗属

Schismorhynchus labialis (Seale, 1917) 裂鼻蛇鳗

Genus *Schultzidia* Gosline, 1951 舒蛇鳗属

Schultzidia johnstonensis (Schultz & Woods, 1949) 约氏舒蛇鳗

Schultzidia retropinnis (Fowler, 1934) 后翼舒蛇鳗

Genus *Scolecenchelys* Ogilby, 1897 蠕蛇鳗属

Scolecenchelys acutirostris (Weber & de Beaufort, 1916) 尖吻蠕蛇鳗

Scolecenchelys australis (Macleay, 1881) 澳洲蠕蛇鳗

Scolecenchelys borealis (Machida & Shiogaki, 1990) 北方蠕蛇鳗

Scolecenchelys breviceps (Günther, 1876) 短头蠕蛇鳗

Scolecenchelys castlei McCosker, 2006 卡氏蠕蛇鳗

Scolecenchelys chilensis (McCosker, 1970) 智利蠕蛇鳗

Scolecenchelys cookei (Fowler, 1928) 库克蠕蛇鳗

Scolecenchelys erythraeensis (Bauchot & Maugé, 1980) 微红蠕蛇鳗

Scolecenchelys godeffroyi (Regan, 1909) 戈氏蠕蛇鳗

Scolecenchelys gymnota (Bleeker, 1857) 裸身蠕蛇鳗 陆 台

  syn. *Muraenichthys gymnotus* Bleeker, 1857 裸身虫鳗

Scolecenchelys japonica (Machida & Ohta, 1993) 日本蠕蛇鳗

Scolecenchelys laticaudata (Ogilby, 1897) 侧尾蠕蛇鳗

Scolecenchelys macroptera (Bleeker, 1857) 大鳍蠕蛇鳗 陆 台

  syn. *Muraenichthys macropterus* Bleeker, 1857 大鳍虫鳗

Scolecenchelys nicholsae (Waite, 1904) 尼氏蠕蛇鳗

Scolecenchelys okamurai (Machida & Ohta, 1996) 冈村蠕蛇鳗

Scolecenchelys profundorum (McCosker & Parin, 1995) 深蠕蛇鳗

Scolecenchelys puhioilo (McCosker, 1979) 变色蠕蛇鳗

Scolecenchelys tasmaniensis (McCulloch, 1911) 塔斯马尼亚蠕蛇鳗

Scolecenchelys vermiformis (Peters, 1866) 虫状蠕蛇鳗

Scolecenchelys xorae (Smith, 1958) 橘头蠕蛇鳗

Genus *Scytalichthys* Jordan & Davis, 1891 革蛇鳗属

Scytalichthys miurus (Jordan & Gilbert, 1882) 细尾革蛇鳗

Genus *Skythrenchelys* Castle & McCosker, 1999 龟蛇鳗属

Skythrenchelys lentiginosa Castle & McCosker, 1999 雀斑龟蛇鳗

Skythrenchelys zabra Castle & McCosker, 1999 斑马龟蛇鳗

Genus *Stictorhinus* Böhlke & McCosker, 1975 吻斑蛇鳗属

Stictorhinus potamius Böhlke & McCosker, 1975 巴西吻斑蛇鳗

Genus *Xestochilus* McCosker, 1998 锉唇蛇鳗属

Xestochilus nebulosus (Smith, 1962) 云斑锉唇蛇鳗

Genus *Xyrias* Jordan & Snyder, 1901 列齿蛇鳗属

Xyrias chioui McCosker, Chen & Chen, 2009 邱氏列齿蛇鳗 台

Xyrias guineensis (Blache, 1975) 几内亚列齿蛇鳗

Xyrias multiserialis (Norman, 1939) 多线列齿蛇鳗

Xyrias revulsus Jordan & Snyder, 1901 列齿蛇鳗(光唇蛇鳗) 陆 台

Genus *Yirrkala* Whitley, 1940 细犁鳗属;细锄蛇鳗属

Yirrkala chaselingi Whitley, 1940 蔡氏细犁鳗;蔡氏细锄蛇鳗

Yirrkala fusca (Zuiew, 1793) 棕细犁鳗;棕细锄蛇鳗

Yirrkala gjellerupi (Weber & de Beaufort, 1916) 吉氏细犁鳗;吉氏细锄蛇鳗

Yirrkala insolitus McCosker, 1999 喜贝细犁鳗;喜贝细锄蛇鳗

Yirrkala kaupii (Bleeker, 1858) 库氏细犁鳗;库氏细锄蛇鳗

Yirrkala macrodon (Bleeker, 1863) 大牙细犁鳗;大牙细锄蛇鳗

Yirrkala maculata (Klausewitz, 1964) 斑纹细犁鳗;斑纹细锄蛇鳗

Yirrkala misolensis (Günther, 1872) 米苏尔细犁鳗;米苏尔细锄蛇鳗

Yirrkala moluccensis (Bleeker, 1864) 摩鹿加细犁鳗;摩鹿加细锄蛇鳗

Yirrkala moorei McCosker, 2006 穆尔细犁鳗;穆尔细锄蛇鳗

Yirrkala tenuis (Günther, 1870) 薄细犁鳗;薄细锄蛇鳗

Yirrkala timorensis (Günther, 1870) 帝汶细犁鳗;帝汶细锄蛇鳗

Family 082 Colocongridae 短尾康吉鳗科;短糯鳗科

Genus *Coloconger* Alcock, 1889 短尾康吉鳗属;短糯鳗属

Coloconger cadenati Kanazawa, 1961 凯氏短尾康吉鳗;凯氏短糯鳗

Coloconger canina (Castle & Raju, 1975) 犬牙短尾康吉鳗;犬牙短糯鳗

Coloconger eximia (Castle, 1967) 细短尾康吉鳗;细短糯鳗

Coloconger giganteus (Castle, 1959) 巨短尾康吉鳗;巨短糯鳗

Coloconger japonicus Machida, 1984 日本短尾康吉鳗;日本短糯鳗 陆 台

Coloconger meadi Kanazawa, 1957 大眼短尾康吉鳗;大眼短糯鳗

Coloconger raniceps Alcock, 1889 蛙头短尾康吉鳗;蛙头短糯鳗 陆 台

Coloconger scholesi Chan, 1967 施氏短尾康吉鳗;施氏短糯鳗 陆

Family 083 Derichthyidae 项鳗科

Genus *Derichthys* Gill, 1884 项鳗属

Derichthys serpentinus Gill, 1884 短吻项鳗 陆

Genus *Nessorhamphus* Schmidt, 1931 鸭项鳗属

Nessorhamphus danae Schmidt, 1931 丹氏鸭项鳗

Nessorhamphus ingolfianus (Schmidt, 1912) 鸭项鳗

Family 084 Muraenesocidae 海鳗科

Genus *Congresox* Gill, 1890 原鹤海鳗属

Congresox talabon (Cuvier, 1829) 原鹤海鳗 陆

  syn. *Muraenesox talabon* (Cuvier, 1829) 原鹤海鳗

Congresox talabonoides (Bleeker, 1853) 似原鹤海鳗 陆

  syn. *Muraenesox talabonoides* (Bleeker, 1853) 鹤海鳗

Genus *Cynoponticus* Costa, 1845 粗犁齿海鳗属;粗锄齿海鳗属

Cynoponticus coniceps (Jordan & Gilbert, 1882) 锥头粗犁齿海鳗;锥头粗锄齿海鳗

Cynoponticus ferox Costa, 1846 粗犁齿海鳗;粗锄齿海鳗

Cynoponticus savanna (Bancroft, 1831) 萨瓦粗犁齿海鳗;萨瓦粗锄齿海鳗

Genus *Gavialiceps* Alcock, 1889 鳄头鳗属;丝尾海鳗属

Gavialiceps arabicus (D'Ancona, 1928) 阿拉伯鳄头鳗;阿拉伯丝尾海鳗

Gavialiceps bertelseni Karmovskaya, 1993 伯氏鳄头鳗;伯氏丝尾海鳗

Gavialiceps javanicus Karmovskaya, 1993 爪哇鳄头鳗;爪哇丝尾海鳗

Gavialiceps taeniola Alcock, 1889 鳄头鳗;丝尾海鳗 陆

Gavialiceps taiwanensis (Chen & Weng, 1967) 台湾鳄头鳗;台湾丝尾海鳗 台

Genus *Muraenesox* McClelland, 1844 海鳗属

Muraenesox bagio (Hamilton, 1822) 褐海鳗;百吉海鳗 陆 台

Muraenesox cinereus (Forsskål, 1775) 海鳗;灰海鳗 陆 台

Genus *Oxyconger* Bleeker, 1864 细颌鳗属;狭颌海鳗属

Oxyconger leptognathus (Bleeker, 1858) 细颌鳗;狭颌海鳗 陆 台

Family 085 Nemichthyidae 线鳗科

Genus *Avocettina* Jordan & Davis, 1891 喙吻鳗属

Avocettina acuticeps (Regan, 1916) 尖头喙吻鳗

Avocettina bowersii (Garman, 1899) 鲍氏喙吻鳗

Avocettina infans (Günther, 1878) 喙吻鳗 陆 台

Avocettina paucipora Nielsen & Smith, 1978 少孔喙吻鳗

Genus *Labichthys* Gill & Ryder, 1883 唇线鳗属

Labichthys carinatus Gill & Ryder, 1883 唇线鳗

Labichthys yanoi (Mead & Rubinoff, 1966) 亚氏唇线鳗

Genus *Nemichthys* Richardson, 1848 线鳗属

Nemichthys curvirostris (Strömman, 1896) 弯吻线鳗

Nemichthys larseni Nielsen & Smith, 1978 拉氏线鳗

Nemichthys scolopaceus Richardson, 1848 线鳗(线口鳗) 陆 台

Family 086 Congridae 康吉鳗科;糯鳗科

Genus *Acromycter* Smith & Kanazawa, 1977 前唇鳗属

Acromycter alcocki (Gilbert & Cramer, 1897) 阿氏前唇鳗

Acromycter atlanticus Smith, 1989 大西洋前唇鳗

Acromycter longipectoralis Karmovskaya, 2004 长胸鳍前唇鳗

Acromycter nezumi (Asano, 1958) 顶鼻前唇鳗 陆

Acromycter perturbator (Parr, 1932) 头孔前唇鳗

Genus *Ariosoma* Swainson, 1838 美体鳗属;锥体糯鳗属

Ariosoma anago (Temminck & Schlegel, 1846) 穴美体鳗(齐头鳗);穴锥体糯鳗 陆 台

  syn. *Anago anago* (Temminck & Schlegel, 1846) 齐头鳗

Ariosoma anagoides (Bleeker, 1853) 拟穴美体鳗(奇鳗);拟穴锥体糯鳗 陆

Ariosoma anale (Poey, 1860) 长美体鳗;长锥体糯鳗

Ariosoma balearicum (Delaroche, 1809) 美体鳗;锥体糯鳗

Ariosoma bauchotae Karrer, 1982 细齿美体鳗;细齿锥体糯鳗

Ariosoma coquettei Smith & Kanazawa, 1977 小牙美体鳗;小牙锥体糯鳗

Ariosoma fasciatum (Günther, 1872) 条纹美体鳗;条纹锥体糯鳗 台

  syn. *Ariosoma nancyae* Shen, 1998 南希美体鳗

  syn. *Poeciloconger fasciatus* Günther, 1872 条纹杂康鳗

Ariosoma gilberti (Ogilby, 1898) 吉氏美体鳗;吉氏锥体糯鳗

Ariosoma howensis (McCulloch & Waite, 1916) 豪威美体鳗;豪威锥体糯鳗

Ariosoma major (Asano, 1958) 大美体鳗(大奇鳗);大锥体糯鳗 陆 台

Ariosoma marginatum (Vaillant & Sauvage, 1875) 缘美体鳗;缘锥体糯鳗

Ariosoma mauritianum (Pappenheim, 1914) 钝齿美体鳗;钝齿锥体糯鳗

Ariosoma meeki (Jordan & Snyder, 1900) 米克氏美体鳗;米克氏锥体糯鳗 陆 台

Ariosoma megalops Fowler, 1938 大眼美体鳗;大眼锥体糯鳗

Ariosoma mellissii (Günther, 1870) 梅氏美体鳗;梅氏锥体糯鳗

Ariosoma multivertebratum Karmovskaya, 2004 多椎美体鳗;多椎锥体糯鳗

Ariosoma nigrimanum Norman, 1939 暗黑美体鳗;暗黑锥体糯鳗

Ariosoma obud Herre, 1923 菲律宾美体鳗;菲律宾锥体糯鳗

Ariosoma ophidiophthalmus Karmovskaya, 1991 蛇眼美体鳗;蛇眼锥体糯鳗

Ariosoma opistophthalmum (Ranzani, 1839) 背眼美体鳗;背眼锥体糯鳗

Ariosoma prorigerum (Gilbert, 1891) 厄瓜多尔美体鳗;厄瓜多尔锥体糯鳗

Ariosoma sazonovi Karmovskaya, 2004 萨氏美体鳗;萨氏锥体糯鳗

Ariosoma scheelei (Strömman, 1896) 谢勒美体鳗;谢勒锥体糯鳗

Ariosoma selenops Reid, 1934 月眼美体鳗;月眼锥体糯鳗

Ariosoma sereti Karmovskaya, 2004 塞氏美体鳗;塞氏锥体糯鳗

Ariosoma shiroanago (Asano, 1958) 白穴美体鳗;白穴锥体糯鳗

Ariosoma sokotranum Karmovskaya, 1991 印度洋美体鳗;印度洋锥体糯鳗

Genus *Bassanago* Whitley, 1948 皮须康吉鳗属;皮须糯鳗属

Bassanago albescens (Barnard, 1923) 南美皮须康吉鳗;南美皮须糯鳗

Bassanago bulbiceps Whitley, 1948 宽头皮须康吉鳗;宽头皮须糯鳗

Bassanago hirsutus (Castle, 1960) 糙皮须康吉鳗;糙皮须糯鳗

Bassanago nielseni (Karmovskaya, 1990) 尼氏皮须康吉鳗;尼氏皮须糯鳗

Genus *Bathycongrus* Ogilby, 1898 深海康吉鳗属;深海糯鳗属

Bathycongrus aequoreus (Gilbert & Cramer, 1897) 渊深海康吉鳗;渊深海糯鳗

Bathycongrus bertini (Poll, 1953) 伯氏深海康吉鳗;伯氏深海糯鳗

Bathycongrus bleekeri Fowler, 1934 布氏深海康吉鳗;布氏深海糯鳗

Bathycongrus bullisi (Smith & Kanazawa, 1977) 步氏深海康吉鳗;步氏深海糯鳗

Bathycongrus dubius (Breder, 1927) 细尾深海康吉鳗;细尾深海糯鳗

Bathycongrus guttulatus (Günther, 1887) 小斑深海康吉鳗;小斑深海糯鳗 台

Bathycongrus longicavis Karmovskaya, 2009 长孔深海康吉鳗;长孔深海糯鳗

Bathycongrus macrocercus (Alcock, 1894) 卵犁深海康吉鳗;卵犁深海糯鳗

Bathycongrus macrurus (Gilbert, 1891) 大尾深海康吉鳗;大尾深海糯鳗 陆

Bathycongrus nasicus (Alcock, 1894) 尖鼻深海康吉鳗;尖鼻深海糯鳗

Bathycongrus odontostomus (Fowler, 1934) 齿口深海康吉鳗;齿口深海糯鳗

Bathycongrus parapolyporus Karmovskaya, 2009 副多孔深海康吉鳗;副多孔深海糯鳗

Bathycongrus polyporus (Smith & Kanazawa, 1977) 多孔深海康吉鳗;多孔深海糯鳗

Bathycongrus retrotinctus (Jordan & Snyder, 1901) 网格深海康吉鳗;网格深海糯鳗 台

　syn. *Rhechias retrotincta* (Jordan & Snyder, 1901) 黑边鳍康吉鳗

Bathycongrus thysanochilus (Reid, 1934) 缨唇深海康吉鳗;缨唇深海糯鳗

Bathycongrus trilineatus (Castle, 1964) 三线深海康吉鳗;三线深海糯鳗

Bathycongrus trimaculatus Karmovskaya & Smith, 2008 三斑深海康吉鳗;三斑深海糯鳗

Bathycongrus unimaculatus Karmovskaya, 2009 无斑深海康吉鳗;无斑深海糯鳗

Bathycongrus varidens (Garman, 1899) 杂色深海康吉鳗;杂色深海糯鳗

Bathycongrus vicinalis (Garman, 1899) 古巴深海康吉鳗;古巴深海糯鳗

Bathycongrus wallacei (Castle, 1968) 瓦氏深海康吉鳗;瓦氏深海糯鳗 台

Genus *Bathymyrus* Alcock, 1889 渊油鳗属

Bathymyrus echinorhynchus Alcock, 1889 猬吻渊油鳗

Bathymyrus simus Smith, 1965 锉吻渊油鳗(锉吻深海康吉鳗) 陆 台

Bathymyrus smithi Castle, 1968 史氏渊油鳗

Genus *Bathyuroconger* Fowler, 1934 深海尾鳗属

Bathyuroconger parvibranchialis (Fowler, 1934) 少耙深海尾鳗 台

Bathyuroconger vicinus (Vaillant, 1888) 深海尾鳗 陆 台

Genus *Blachea* Karrer & Smith, 1980 懒康吉鳗属;懒糯鳗属

Blachea longicaudalis Karmovskaya, 2004 长尾懒康吉鳗;长尾懒糯鳗

Blachea xenobranchialis Karrer & Smith, 1980 外鳃懒康吉鳗;外鳃懒糯鳗 台

Genus *Castleichthys* Smith, 2004 卡氏康吉鳗属;卡氏糯鳗属

Castleichthys auritus Smith, 2004 金色卡氏康吉鳗;金色卡氏糯鳗

Genus *Chiloconger* Myers & Wade, 1941 大唇康吉鳗属;大唇糯鳗属

Chiloconger dentatus (Garman, 1899) 尖牙大唇康吉鳗;尖牙大唇糯鳗

Chiloconger philippinensis Smith & Karmovskaya, 2003 菲律宾大唇康吉鳗;菲律宾大唇糯鳗

Genus *Conger* Oken, 1817 康吉鳗属;糯鳗属

Conger cinereus Rüppell, 1830 灰康吉鳗;灰糯鳗 陆 台

Conger conger (Linnaeus, 1758) 欧洲康吉鳗;欧洲糯鳗

Conger erebennus (Jordan & Snyder, 1901) 暗康吉鳗;暗糯鳗

Conger esculentus Poey, 1861 佳味康吉鳗;佳味糯鳗

Conger japonicus Bleeker, 1879 日本康吉鳗;日本糯鳗 陆 台

Conger macrocephalus Kanazawa, 1958 大头康吉鳗;大头糯鳗

Conger myriaster (Brevoort, 1856) 星康吉鳗;繁星糯鳗 陆 台

Conger oceanicus (Mitchill, 1818) 大洋康吉鳗;大洋糯鳗 陆

Conger oligoporus Kanazawa, 1958 寡孔康吉鳗;寡孔糯鳗

Conger orbignianus Valenciennes, 1837 圆肛康吉鳗;圆肛糯鳗

Conger philippinus Kanazawa, 1958 菲律宾康吉鳗;菲律宾糯鳗

Conger triporiceps Kanazawa, 1958 多齿康吉鳗;多齿糯鳗

Conger verreauxi Kaup, 1856 维氏康吉鳗;维氏糯鳗

Conger wilsoni (Bloch & Schneider, 1801) 威氏康吉鳗;威氏糯鳗

Genus *Congrhynchus* Fowler, 1934 康吉吻鳗属

Congrhynchus talabonoides Fowler, 1934 原鹤康吉吻鳗

Genus *Congriscus* Jordan & Hubbs, 1925 大口康吉鳗属;大口糯鳗属

Congriscus maldivensis (Norman, 1939) 马尔代夫大口康鳗;马尔地夫大口糯鳗

Congriscus marquesaensis Karmovskaya, 2004 马克萨斯岛大口康鳗;马克萨斯岛大口糯鳗

Congriscus megastomus (Günther, 1877) 大口康吉鳗;大口糯鳗 陆 台

Genus *Congrosoma* Garman, 1899 康吉体鳗属

Congrosoma evermanni Garman, 1899 埃氏康吉体鳗

Genus *Diploconger* Kotthaus, 1968 双康吉鳗属;双糯鳗属

Diploconger polystigmatus Kotthaus, 1968 多点双康吉鳗;多点双糯鳗

Genus *Gnathophis* Kaup, 1860 颌吻鳗属

Gnathophis andriashevi Karmovskaya, 1990 安氏颌吻鳗

Gnathophis asanoi Karmovskaya, 2004 阿氏颌吻鳗

Gnathophis bathytopos Smith & Kanazawa, 1977 黑肠颌吻鳗

Gnathophis bracheatopos Smith & Kanazawa, 1977 大眼颌吻鳗

Gnathophis capensis (Kaup, 1856) 卡彭颌吻鳗

Gnathophis castlei Karmovskaya & Paxton, 2000 卡氏颌吻鳗

Gnathophis cinctus (Garman, 1899) 带纹颌吻鳗

Gnathophis codoniphorus Maul, 1972 雪颌吻鳗

Gnathophis grahami Karmovskaya & Paxton, 2000 格氏颌吻鳗

Gnathophis habenatus (Richardson, 1848) 多孔颌吻鳗

Gnathophis heterognathos (Bleeker, 1858-1859) 异颌颌吻鳗 陆 台

　syn. *Gnathophis nystromi ginanago* (Asano, 1958) 日本颌吻鳗

　syn. *Gnathophis nystromi nystromi* (Jordan & Snyder, 1901) 尼氏颌吻鳗

Gnathophis heterolinea (Kotthaus, 1968) 异纹颌吻鳗

Gnathophis leptosomatus Karrer, 1982 细身颌吻鳗

Gnathophis longicauda (Ramsay & Ogilby, 1888) 长尾颌吻鳗

Gnathophis macroporis Karmovskaya & Paxton, 2000 大孔颌吻鳗

Gnathophis melanocoelus Karmovskaya & Paxton, 2000 黑腹颌吻鳗

Gnathophis microps Karmovskaya & Paxton, 2000 小眼颌吻鳗

Gnathophis musteliceps (Alcock, 1894) 褐头颌吻鳗

Gnathophis mystax (Delaroche, 1809) 薄唇颌吻鳗

Gnathophis nasutus Karmovskaya & Paxton, 2000 大鼻颌吻鳗

Gnathophis neocaledoniensis Karmovskaya, 2004 新喀里多尼亚颌吻鳗

Gnathophis parini Karmovskaya, 1990 佩氏颌吻鳗

Gnathophis smithi Karmovskaya, 1990 史氏颌吻鳗

Gnathophis tritos Smith & Kanazawa, 1977 加勒比海颌吻鳗

Gnathophis umbrellabius (Whitley, 1948) 伞状颌吻鳗

Gnathophis xenica (Matsubara & Ochiai, 1951) 尖尾颌吻鳗 台

Genus *Gorgasia* Meek & Hildebrand, 1923 园鳗属

Gorgasia barnesi Robison & Lancraft, 1984 巴氏园鳗

Gorgasia cotroneii (D'Ancona, 1928) 科氏园鳗

Gorgasia galzini Castle & Randall, 1999 高氏园鳗

Gorgasia hawaiiensis Randall & Chess, 1980 夏威夷园鳗

Gorgasia inferomaculata (Blache, 1977) 低斑园鳗

Gorgasia japonica Abe, Miki & Asai, 1977 日本园鳗 台

Gorgasia klausewitzi Quéro & Saldanha, 1995 克氏园鳗

Gorgasia maculata Klausewitz & Eibl-Eibesfeldt, 1959 大斑园鳗

Gorgasia naeocepaea (Böhlke, 1951) 菲律宾园鳗

Gorgasia preclara Böhlke & Randall, 1981 横带园鳗

Gorgasia punctata Meek & Hildebrand, 1923 细斑园鳗

Gorgasia sillneri Klausewitz, 1962 西氏园鳗

Gorgasia taiwanensis Shao, 1990 台湾园鳗 台

Gorgasia thamani Greenfield & Niesz, 2004 泰氏园鳗

Genus *Heteroconger* Bleeker, 1868 异康吉鳗属;异糯鳗属

Heteroconger balteatus Castle & Randall, 1999 贪食异康吉鳗;贪食异糯鳗

Heteroconger camelopardalis (Lubbock, 1980) 驼纹异康吉鳗;驼纹异糯鳗

Heteroconger canabus (Cowan & Rosenblatt, 1974) 细身异康吉鳗;细身异糯鳗

Heteroconger chapmani (Herre, 1923) 查氏异康吉鳗;查氏异糯鳗

Heteroconger cobra Böhlke & Randall, 1981 蛇形异康吉鳗;蛇形异糯鳗

Heteroconger congroides (D'Ancona, 1928) 似康吉异康吉鳗;似康吉异糯鳗

29

Heteroconger digueti (Pellegrin, 1923) 迪氏异康吉鳗;迪氏异糯鳗

Heteroconger enigmaticus Castle & Randall, 1999 竖头异康吉鳗;竖头异糯鳗

Heteroconger hassi (Klausewitz & Eibl-Eibesfeldt, 1959) 哈氏异康吉鳗;哈氏异糯鳗 囦 囼

Heteroconger klausewitzi (Eibl-Eibesfeldt & Köster, 1983) 克氏异康吉鳗;克氏异糯鳗

Heteroconger lentiginosus Böhlke & Randall, 1981 细点异康吉鳗;细点异糯鳗

Heteroconger longissimus Günther, 1870 长身异康吉鳗;长身异糯鳗

Heteroconger luteolus Smith, 1989 黄身异康吉鳗;黄身异糯鳗

Heteroconger mercyae Allen & Erdmann, 2009 葡匐异康吉鳗;葡匐异糯鳗

Heteroconger obscurus (Klausewitz & Eibl-Eibesfeldt, 1959) 暗色异康吉鳗;暗色异糯鳗

Heteroconger pellegrini Castle, 1999 佩氏异康吉鳗;佩氏异糯鳗

Heteroconger perissodon Böhlke & Randall, 1981 褐黄异康吉鳗;褐黄异糯鳗

Heteroconger polyzona Bleeker, 1868 横带异康吉鳗;横带异糯鳗

Heteroconger taylori Castle & Randall, 1995 泰勒异康吉鳗;泰勒异糯鳗

Heteroconger tomberua Castle & Randall, 1999 斐济异康吉鳗;斐济异糯鳗

Heteroconger tricia Castle & Randall, 1999 印度尼西亚异康吉鳗;印度尼西亚异糯鳗

Genus *Japonoconger* Asano, 1958 日本康吉鳗属;日本糯鳗属

Japonoconger africanus (Poll, 1953) 非洲日本康吉鳗;非洲日本糯鳗

Japonoconger caribbeus Smith & Kanazawa, 1977 加勒比海日本康吉鳗;加勒比海日本糯鳗

Japonoconger sivicolus (Matsubara & Ochiai, 1951) 小头日本康吉鳗(南鳗);小头日本糯鳗 囦 囼

Genus *Kenyaconger* Smith & Karmovskaya, 2003 肯亚康吉鳗属;肯亚糯鳗属

Kenyaconger heemstrai Smith & Karmovskaya, 2003 希氏肯亚康吉鳗;希氏肯亚糯鳗

Genus *Lumiconger* Castle & Paxton, 1984 发光康吉鳗属;发光糯鳗属

Lumiconger arafura Castle & Paxton, 1984 发光康吉鳗;发光糯鳗

Genus *Macrocephenchelys* Fowler, 1934 大头糯鳗属

Macrocephenchelys brachialis Fowler, 1934 臂斑大头糯鳗 囦 囼

Macrocephenchelys brevirostris (Chen & Weng, 1967) 短吻大头糯鳗 囦 囼
syn. *Rhynchoconger brevirostris* Chen & Weng, 1967 短吻糯鳗

Genus *Parabathymyrus* Kamohara, 1938 拟海蠕鳗属

Parabathymyrus brachyrhynchus (Fowler, 1934) 短吻拟海蠕鳗 囼

Parabathymyrus fijiensis Karmovskaya, 2004 斐济拟海蠕鳗

Parabathymyrus karrerae Karmovskaya, 1991 卡勒氏拟海蠕鳗

Parabathymyrus macrophthalmus Kamohara, 1938 大眼拟海蠕鳗 囦 囼

Parabathymyrus oregoni Smith & Kanazawa, 1977 奥氏拟海蠕鳗

Genus *Paraconger* Kanazawa, 1961 副康吉鳗属;副糯鳗属

Paraconger californiensis Kanazawa, 1961 加州副康吉鳗;加州副糯鳗

Paraconger caudilimbatus (Poey, 1867) 尾边副康吉鳗;尾边副糯鳗

Paraconger guianensis Kanazawa, 1961 圭亚那副康吉鳗;圭亚那副糯鳗

Paraconger macrops (Günther, 1870) 大眼副康吉鳗;大眼副糯鳗

Paraconger notialis Kanazawa, 1961 几内亚副康吉鳗;几内亚副糯鳗

Paraconger ophichthys (Garman, 1899) 蛇副康吉鳗;蛇副糯鳗

Paraconger similis (Wade, 1946) 似副康吉鳗;似副糯鳗

Genus *Poeciloconger* Günther, 1872 杂色康吉鳗属;杂色糯鳗属

Poeciloconger kapala Castle, 1990 卡帕拉杂色康吉鳗;卡帕拉杂色糯鳗

Genus *Promyllantor* Alcock, 1890 前口康吉鳗属;前口糯鳗属

Promyllantor adenensis (Klausewitz, 1991) 亚丁湾前口康吉鳗;亚丁湾前口糯鳗

Promyllantor atlanticus Karmovskaya, 2006 大西洋前口康吉鳗;大西洋前口糯鳗

Promyllantor purpureus Alcock, 1890 紫色前口康吉鳗;紫色前口糯鳗

Genus *Pseudophichthys* Roule, 1915 拟康吉鳗属;拟糯鳗属

Pseudophichthys splendens (Lea, 1913) 拟康吉鳗;拟糯鳗

Genus *Rhynchoconger* Jordan & Hubbs, 1925 吻鳗属;突吻糯鳗属

Rhynchoconger ectenurus (Jordan & Richardson, 1909) 黑尾吻鳗;黑尾突吻糯鳗 囦 囼

Rhynchoconger flavus (Goode & Bean, 1896) 黄鼻吻鳗;黄鼻突吻糯鳗

Rhynchoconger gracilior (Ginsburg, 1951) 细尾吻鳗;细尾突吻糯鳗

Rhynchoconger guppyi (Norman, 1925) 格氏吻鳗;格氏突吻糯鳗

Rhynchoconger nitens (Jordan & Bollman, 1890) 泽吻鳗;泽突吻糯鳗

Rhynchoconger squaliceps (Alcock, 1894) 鲨头吻鳗;鲨头突吻糯鳗

Rhynchoconger trewavasae Ben-Tuvia, 1993 特氏吻鳗;特氏突吻糯鳗

Genus *Scalanago* Whitley, 1935 梯鳗属

Scalanago lateralis Whitley, 1935 小头梯鳗

Genus *Uroconger* Kaup, 1856 尾鳗属;尾糯鳗属

Uroconger drachi (Blache & Bauchot, 1976) 德氏尾鳗;德氏尾糯鳗

Uroconger erythraeus Castle, 1982 红尾鳗;红尾糯鳗

Uroconger lepturus (Richardson, 1845) 尖尾鳗;狭尾糯鳗 囦 囼

Uroconger syringinus Ginsburg, 1954 丝尾鳗;丝尾糯鳗

Genus *Xenomystax* Gilbert, 1891 异唇鳗属

Xenomystax atrarius Gilbert, 1891 异唇鳗

Xenomystax austrinus Smith & Kanazawa, 1989 南方异唇鳗

Xenomystax bidentatus (Reid, 1940) 双齿异唇鳗

Xenomystax congroides Smith & Kanazawa, 1989 似康吉异唇鳗

Xenomystax trucidans Alcock, 1894 凶猛异唇鳗

Family 087 Nettastomatidae 鸭嘴鳗科

Genus *Facciolella* Whitley, 1938 小鸭嘴鳗属

Facciolella castlei Parin & Karmovskaya, 1985 卡氏小鸭嘴鳗

Facciolella equatorialis (Gilbert, 1891) 赤道小鸭嘴鳗

Facciolella gilbertii (Garman, 1899) 吉氏小鸭嘴鳗

Facciolella karreri Klausewitz, 1995 卡勒氏小鸭嘴鳗

Facciolella oxyrhyncha (Bellotti, 1883) 尖吻小鸭嘴鳗

Facciolella saurencheloides (D'Ancona, 1928) 似蜥小鸭嘴鳗

Genus *Hoplunnis* Kaup, 1860 长犁齿鳗属;长锄齿鳗属

Hoplunnis diomediana Goode & Bean, 1896 黑尾长犁齿鳗;黑尾长锄齿鳗

Hoplunnis macrura Ginsburg, 1951 大尾长犁齿鳗;大尾长锄齿鳗

Hoplunnis megista Smith & Kanazawa, 1989 大长犁齿鳗;大长锄齿鳗

Hoplunnis pacifica Lane & Stewart, 1968 太平洋长犁齿鳗;太平洋长锄齿鳗

Hoplunnis punctata Regan, 1915 斑长犁齿鳗;斑长锄齿鳗

Hoplunnis schmidti Kaup, 1860 施氏长犁齿鳗;施氏长锄齿鳗

Hoplunnis sicarius (Garman, 1899) 招潮长犁齿鳗;招潮长锄齿鳗

Hoplunnis similis Smith, 1989 似长犁齿鳗;似长锄齿鳗

Hoplunnis tenuis Ginsburg, 1951 细尾长犁齿鳗;细尾长锄齿鳗

Genus *Leptocephalus* Scopoli, 1777 弱头鳗属

Leptocephalus bellottii D'Ancona, 1928 贝氏弱头鳗

Leptocephalus ophichthoides D'Ancona, 1928 似蛇弱头鳗

Genus *Nettastoma* Rafinesque, 1810 丝鳗属(鸭嘴鳗属)

Nettastoma falcinaris Parin & Karmovskaya, 1985 镰形丝鳗(镰形鸭嘴鳗)

Nettastoma melanurum Rafinesque, 1810 黑尾丝鳗(黑尾鸭嘴鳗)

Nettastoma parviceps Günther, 1877 小头丝鳗(小头鸭嘴鳗) 陆 台

Nettastoma solitarium Castle & Smith, 1981 前鼻丝鳗(前鼻鸭嘴鳗) 台

Nettastoma syntresis Smith & Böhlke, 1981 古巴丝鳗(古巴鸭嘴鳗)

Genus *Nettenchelys* Alcock, 1898 鸭蛇鳗属

Nettenchelys dionisi Brito, 1989 戴氏鸭蛇鳗

Nettenchelys erroriensis Karmovskaya, 1994 印度洋鸭蛇鳗

Nettenchelys exoria Böhlke & Smith, 1981 野鸭蛇鳗

Nettenchelys gephyra Castle & Smith, 1981 鸭蛇鳗

Nettenchelys inion Smith & Böhlke, 1981 大枕鸭蛇鳗

Nettenchelys paxtoni Karmovskaya, 1999 帕氏鸭蛇鳗

Nettenchelys pygmaea Smith & Böhlke, 1981 矮身鸭蛇鳗

Nettenchelys taylori Alcock, 1898 泰勒鸭蛇鳗

Genus *Saurenchelys* Peters, 1864 蜥鳗属

Saurenchelys cancrivora Peters, 1864 细蜥鳗

Saurenchelys cognita Smith, 1989 野蜥鳗

Saurenchelys fierasfer (Jordan & Snyder, 1901) 线尾蜥鳗 陆 台

Saurenchelys finitimus (Whitley, 1935) 裸蜥鳗

Saurenchelys lateromaculatus (D'Ancona, 1928) 侧斑蜥鳗

Saurenchelys meteori Klausewitz & Zajonz, 2000 米氏蜥鳗

Saurenchelys stylura (Lea, 1913) 柱蜥鳗

Saurenchelys taiwanensis Karmovskaya, 2004 台湾蜥鳗 陆 台

Genus *Venefica* Jordan & Davis, 1891 巫鳗属

Venefica multiporosa Karrer, 1982 多孔巫鳗

Venefica ocella Garman, 1899 眼斑巫鳗

Venefica proboscidea (Vaillant, 1888) 黑吻巫鳗

Venefica procera (Goode & Bean, 1883) 长巫鳗

Venefica tentaculata Garman, 1899 巫鳗

Family 088 Serrivomeridae 锯犁鳗科;锯锄鳗科

Genus *Serrivomer* Gill & Ryder, 1883 锯犁鳗属;锯锄鳗属

Serrivomer beanii Gill & Ryder, 1883 比氏锯犁鳗;比氏锯锄鳗 陆

Serrivomer bertini Bauchot, 1959 伯氏锯犁鳗;伯氏锯锄鳗

Serrivomer brevidentatus Roule & Bertin, 1929 短齿锯犁鳗;短齿锯锄鳗

Serrivomer danae (Roule & Bertin, 1924) 唐氏锯犁鳗;唐氏锯锄鳗

Serrivomer garmani Bertin, 1944 加曼氏锯犁鳗;加曼氏锯锄鳗

Serrivomer jesperseni Bauchot-Boutin, 1953 横咽锯犁鳗;横咽锯锄鳗

Serrivomer lanceolatoides (Schmidt, 1916) 锐齿拟锯犁鳗;锐齿拟锯锄鳗

Serrivomer samoensis Bauchot, 1959 萨摩亚锯犁鳗;萨摩亚锯锄鳗

Serrivomer schmidti Bauchot-Boutin, 1953 施氏锯犁鳗;施氏锯锄鳗

Serrivomer sector Garman, 1899 长齿锯犁鳗;长齿锯锄鳗 陆 台

Genus *Stemonidium* Gilbert, 1905 前鳍锯犁鳗属;前鳍锯锄鳗属

Stemonidium hypomelas Gilbert, 1905 前鳍锯犁鳗;前鳍锯锄鳗

Order Saccopharyngiformes 囊鳃鳗目

Suborder Cyematoidei 月尾鳗亚目

Family 089 Cyematidae 月尾鳗科

Genus *Cyema* Günther, 1878 月尾鳗属

Cyema atrum Günther, 1878 月尾鳗

Genus *Neocyema* Castle, 1978 新月尾鳗属

Neocyema erythrosoma Castle, 1978 红体新月尾鳗

Suborder Saccopharyngoidei 囊鳃鳗亚目;囊咽鳗亚目

Family 090 Saccopharyngidae 囊鳃鳗科

Genus *Saccopharynx* Mitchill, 1824 囊鳃鳗属(囊咽鱼属)

Saccopharynx ampullaceus (Harwood, 1827) 囊鳃鳗(囊咽鱼)

Saccopharynx berteli Tighe & Nielsen, 2000 伯特囊鳃鳗

Saccopharynx harrisoni Beebe, 1932 哈氏囊鳃鳗

Saccopharynx hjorti Bertin, 1938 约氏囊鳃鳗

Saccopharynx lavenbergi Nielsen & Bertelsen, 1985 拉文氏囊鳃鳗

Saccopharynx paucovertebratis Nielsen & Bertelsen, 1985 少椎囊鳃鳗

Saccopharynx ramosus Nielsen & Bertelsen, 1985 枝囊鳃鳗

Saccopharynx schmidti Bertin, 1934 施氏囊鳃鳗

Saccopharynx thalassa Nielsen & Bertelsen, 1985 海囊鳃鳗

Saccopharynx trilobatus Nielsen & Bertelsen, 1985 三叶囊鳃鳗

Family 091 Eurypharyngidae 宽咽鱼科

Genus *Eurypharynx* Vaillant, 1882 宽咽鱼属

Eurypharynx pelecanoides Vaillant, 1882 宽咽鱼 台

Family 092 Monognathidae 单颌鳗科

Genus *Monognathus* Bertin, 1936 单颌鳗属

Monognathus ahlstromi Raju, 1974 阿氏单颌鳗

Monognathus berteli Nielsen & Hartel, 1996 伯氏单颌鳗

Monognathus bertini Bertelsen & Nielsen, 1987 贝蒂单颌鳗

Monognathus boehlkei Bertelsen & Nielsen, 1987 贝氏单颌鳗

Monognathus bruuni Bertin, 1936 布氏单颌鳗

Monognathus herringi Bertelsen & Nielsen, 1987 赫氏单颌鳗

Monognathus isaacsi Raju, 1974 艾氏单颌鳗

Monognathus jesperseni Bertin, 1936 杰氏单颌鳗

Monognathus jesse Raju, 1974 杰斯氏单颌鳗

Monognathus nigeli Bertelsen & Nielsen, 1987 奈氏单颌鳗

Monognathus ozawai Bertelsen & Nielsen, 1987 小眼单颌鳗

Monognathus rajui Bertelsen & Nielsen, 1987 雷氏单颌鳗

Monognathus rosenblatti Bertelsen & Nielsen, 1987 罗氏单颌鳗

Monognathus smithi Bertelsen & Nielsen, 1987 史氏单颌鳗

Monognathus taningi Bertin, 1936 坦氏单颌鳗

Order Clupeiformes 鲱形目

Suborder Denticipitoidei 齿头鲱亚目

Family 093 Denticipitidae 齿头鲱科

Genus *Denticeps* Clausen, 1959 齿头鲱属

Denticeps clupeoides Clausen, 1959 齿头鲱

Suborder Clupeoidei 鲱亚目

Family 094 Pristigasteridae 锯腹鳓科

Genus *Ilisha* Richardson, 1846 鳓属

Ilisha africana (Bloch, 1795) 西非鳓

Ilisha amazonica (Miranda Ribeiro, 1920) 亚马孙鳓

Ilisha compressa Randall, 1994 窄身鳓

Ilisha elongata (Anonymous [Bennett], 1830) 鳓 陆 台

Ilisha filigera (Valenciennes, 1847) 丝鳓

Ilisha fuerthii (Steindachner, 1875) 富尔氏鳓

Ilisha kampeni (Weber & de Beaufort, 1913) 凯氏鳓

Ilisha lunula Kailola, 1986 新月鳓

Ilisha macrogaster Bleeker, 1866 大腹鳓

Ilisha megaloptera (Swainson, 1839) 大鳍鳓 陆

Ilisha melastoma (Bloch & Schneider, 1801) 黑口鳓 陆 台

    syn. *Ilisha indica* (Swainson, 1839) 印度鳓

Ilisha novacula (Valenciennes, 1847) 缅甸鳓

Ilisha obfuscata Wongratana, 1983 孟买鳓

Ilisha pristigastroides (Bleeker, 1852) 锯肚鳓

Ilisha sirishai Seshagiri Rao, 1975 薛氏鳓

Ilisha striatula Wongratana, 1983 纵带鳓

Genus *Opisthopterus* Gill, 1861 后鳍鱼属

Opisthopterus dovii (Günther, 1868) 杜氏后鳍鱼

Opisthopterus effulgens (Regan, 1903) 高身后鳍鱼

Opisthopterus equatorialis Hildebrand, 1946 厄瓜多尔后鳍鱼

Opisthopterus macrops (Günther, 1867) 大眼后鳍鱼

Opisthopterus tardoore (Cuvier, 1829) 后鳍鱼 陆 台

31

Opisthopterus valenciennesi Bleeker, 1872 伐氏后鳍鱼 陆

Genus *Pellona* Valenciennes, 1847 多齿鰳属

Pellona altamazonica Cope, 1872 秘鲁多齿鰳
Pellona castelnaeana Valenciennes, 1847 近视多齿鰳
Pellona dayi Wongratana, 1983 戴氏多齿鰳
Pellona ditchela Valenciennes, 1847 庇隆多齿鰳 台
Pellona flavipinnis (Valenciennes, 1837) 黄鳍多齿鰳
Pellona harroweri (Fowler, 1917) 哈氏多齿鰳

Genus *Pristigaster* Cuvier, 1816 锯腹鰳属

Pristigaster cayana Cuvier, 1829 卡耶锯腹鰳
Pristigaster whiteheadi Menezes & de Pinna, 2000 怀氏锯腹鰳

Family 095 Engraulidae 鳀科

Genus *Amazonsprattus* Roberts, 1984 亚马孙鳀属

Amazonsprattus scintilla Roberts, 1984 亚马孙鳀

Genus *Anchoa* Jordan & Evermann, 1927 小鳀属

Anchoa analis (Miller, 1945) 长鳍小鳀
Anchoa argentivittata (Regan, 1904) 银带小鳀
Anchoa belizensis (Thomerson & Greenfield, 1975) 贝利塞小鳀
Anchoa cayorum (Fowler, 1906) 大头小鳀
Anchoa chamensis Hildebrand, 1943 变色小鳀
Anchoa choerostoma (Goode, 1874) 豚口小鳀
Anchoa colonensis Hildebrand, 1943 窄带小鳀
Anchoa compressa (Girard, 1858) 高体小鳀
Anchoa cubana (Poey, 1868) 古巴小鳀
Anchoa curta (Jordan & Gilbert, 1882) 突吻小鳀
Anchoa delicatissima (Girard, 1854) 绿小鳀
Anchoa eigenmannia (Meek & Hildebrand, 1923) 艾氏小鳀
Anchoa exigua (Jordan & Gilbert, 1882) 长体小鳀
Anchoa filifera (Fowler, 1915) 丝鳍小鳀
Anchoa helleri (Hubbs, 1921) 海氏小鳀
Anchoa hepsetus (Linnaeus, 1758) 宽带小鳀
Anchoa ischana (Jordan & Gilbert, 1882) 瘦小鳀
Anchoa januaria (Steindachner, 1879) 尖头小鳀
Anchoa lamprotaenia Hildebrand, 1943 大眼小鳀
Anchoa lucida (Jordan & Gilbert, 1882) 丽小鳀
Anchoa lyolepis (Evermann & Marsh, 1900) 短鳍小鳀
Anchoa marinii Hildebrand, 1943 马氏小鳀
Anchoa mitchilli (Valenciennes, 1848) 浅湾小鳀
Anchoa mundeola (Gilbert & Pierson, 1898) 芒德拉小鳀
Anchoa mundeoloides (Breder, 1928) 拟芒德拉小鳀
Anchoa nasus (Kner & Steindachner, 1867) 长吻小鳀
Anchoa panamensis (Steindachner, 1877) 巴拿马小鳀
Anchoa parva (Meek & Hildebrand, 1923) 细身小鳀
Anchoa pectoralis Hildebrand, 1943 短胸小鳀
Anchoa scofieldi (Jordan & Culver, 1895) 斯氏小鳀
Anchoa spinifer (Valenciennes, 1848) 南美小鳀
Anchoa starksi (Gilbert & Pierson, 1898) 斯塔克小鳀
Anchoa tricolor (Spix & Agassiz, 1829) 三色小鳀
Anchoa trinitatis (Fowler, 1915) 特立尼达小鳀
Anchoa walkeri Baldwin & Chang, 1970 瓦氏小鳀

Genus *Anchovia* Jordan & Evermann, 1895 多耙鳀属

Anchovia clupeoides (Swainson, 1839) 似鲱多耙鳀
Anchovia macrolepidota (Kner, 1863) 大鳞多耙鳀
Anchovia surinamensis (Bleeker, 1865) 苏里南多耙鳀

Genus *Anchoviella* Fowler, 1911 小公鱼属

Anchoviella alleni (Myers, 1940) 阿林氏小公鱼
Anchoviella balboae (Jordan & Seale, 1926) 巴氏小公鱼
Anchoviella blackburni Hildebrand, 1943 勃氏小公鱼
Anchoviella brevirostris (Günther, 1868) 短吻小公鱼
Anchoviella carrikeri Fowler, 1940 卡氏小公鱼

Anchoviella cayennensis (Puyo, 1946) 西大西洋小公鱼
Anchoviella elongata (Meek & Hildebrand, 1923) 长体小公鱼
Anchoviella guianensis (Eigenmann, 1912) 圭亚那小公鱼
Anchoviella jamesi (Jordan & Seale, 1926) 简氏小公鱼
Anchoviella lepidentostole (Fowler, 1911) 宽带小公鱼
Anchoviella manamensis Cervigón, 1982 麦纳小公鱼
Anchoviella nattereri (Steindachner, 1879) 纳氏小公鱼
Anchoviella perezi Cervigón, 1987 佩氏小公鱼
Anchoviella perfasciata (Poey, 1860) 条纹小公鱼
Anchoviella vaillanti (Steindachner, 1908) 伐氏小公鱼

Genus *Cetengraulis* Günther, 1868 鲸鳀属

Cetengraulis edentulus (Cuvier, 1829) 无齿鲸鳀
Cetengraulis mysticetus (Günther, 1867) 神秘鲸鳀

Genus *Coilia* Gray, 1830 鲚属

Coilia borneensis Bleeker, 1852 婆罗洲鲚
Coilia coomansi Hardenberg, 1934 柯氏鲚
Coilia dussumieri Valenciennes, 1848 发光鲚
Coilia grayii Richardson, 1845 七丝鲚 陆 台
Coilia lindmani Bleeker, 1858 林氏鲚
Coilia macrognathos Bleeker, 1852 长颌鲚
Coilia mystus (Linnaeus, 1758) 凤鲚 陆 台
Coilia nasus Temminck & Schlegel, 1846 刀鲚 陆
　　syn. *Coilia brachygnathus* Kreyenberg & Pappenheim, 1908 短颌鲚
　　syn. *Coilia ectenes* Jordan & Seale, 1905 刀鲚异名
Coilia neglecta Whitehead, 1967 高体鲚
Coilia ramcarati (Hamilton, 1822) 拉氏鲚
Coilia rebentischii Bleeker, 1858 多丝鲚
Coilia reynaldi Valenciennes, 1848 雷氏鲚

Genus *Encrasicholina* Fowler, 1938 半棱鳀属

Encrasicholina devisi (Whitley, 1940) 戴氏半棱鳀 陆
Encrasicholina heteroloba (Rüppell, 1837) 尖吻半棱鳀;异叶半棱鳀 陆 台
　　syn. *Stolephorus pseudoheterolobus* Hardenberg, 1933 短吻侧带小公鱼
Encrasicholina oligobranchus (Wongratana, 1983) 寡鳃半棱鳀 台
Encrasicholina punctifer Fowler, 1938 银灰半棱鳀 台
Encrasicholina purpurea (Fowler, 1900) 紫色半棱鳀

Genus *Engraulis* Cuvier, 1816 鳀属

Engraulis albidus Borsa, Collet & Durand, 2004 白鳀
Engraulis anchoita Hubbs & Marini, 1935 阿根廷鳀
Engraulis australis (White, 1790) 澳洲鳀
Engraulis capensis Gilchrist, 1913 南非鳀
Engraulis encrasicolus (Linnaeus, 1758) 欧洲鳀
Engraulis eurystole (Swain & Meek, 1884) 银鳀
Engraulis japonicus Temminck & Schlegel, 1846 日本鳀 陆 台
Engraulis mordax Girard, 1854 美洲鳀
Engraulis ringens Jenyns, 1842 秘鲁鳀

Genus *Jurengraulis* Whitehead, 1988 裘罗鳀属

Jurengraulis juruensis (Boulenger, 1898) 裘罗鳀

Genus *Lycengraulis* Günther, 1868 狼鳀属

Lycengraulis batesii (Günther, 1868) 贝氏狼鳀
Lycengraulis grossidens (Agassiz, 1829) 厚牙狼鳀
Lycengraulis limnichthys Schultz, 1949 沼泽狼鳀
Lycengraulis poeyi (Kner, 1863) 波氏狼鳀

Genus *Lycothrissa* Günther, 1868 粗齿鳀属

Lycothrissa crocodilus (Bleeker, 1851) 鳄形粗齿鳀

Genus *Papuengraulis* Munro, 1964 小鳍鳀属

Papuengraulis micropinna Munro, 1964 小鳍鳀

Genus *Pseudosetipinna* Peng & Zhao, 1988 拟黄鲫属

Pseudosetipinna haizhouensis Peng & Zhao, 1988 海州拟黄鲫 陆

Genus *Pterengraulis* Günther, 1868 翼鳀属

Pterengraulis atherinoides (Linnaeus, 1766) 翼鳀

Genus *Setipinna* Swainson, 1839 黄鲫属

Setipinna breviceps (Cantor, 1849) 小头黄鲫 [陆]

Setipinna brevifilis (Valenciennes, 1848) 短丝黄鲫

Setipinna melanochir (Bleeker, 1849) 黑鳍黄鲫 [陆]

Setipinna paxtoni Wongratana, 1987 隆背黄鲫

Setipinna phasa (Hamilton, 1822) 恒河黄鲫

Setipinna taty (Valenciennes, 1848) 太的黄鲫 [陆]

　　syn. *Setipinna giberti* Koo, 1933 吉氏黄鲫

Setipinna tenuifilis (Valenciennes, 1848) 黄鲫 [陆][台]

Setipinna wheeleri Wongratana, 1983 惠勒氏黄鲫

Genus *Stolephorus* Lacepède, 1803 侧带小公鱼属

Stolephorus advenus Wongratana, 1987 海外侧带小公鱼

Stolephorus andhraensis Babu Rao, 1966 安得拉侧带小公鱼

Stolephorus apiensis (Jordan & Seale, 1906) 萨摩亚侧带小公鱼

Stolephorus baganensis Hardenberg, 1933 巴甘侧带小公鱼

Stolephorus brachycephalus Wongratana, 1983 短头侧带小公鱼

Stolephorus carpentariae (De Vis, 1882) 卡彭侧带小公鱼

Stolephorus chinensis (Günther, 1880) 中华侧带小公鱼 [陆]

Stolephorus commersonnii Lacepède, 1803 康氏侧带小公鱼 [陆][台]

Stolephorus dubiosus Wongratana, 1983 泰国侧带小公鱼

Stolephorus holodon (Boulenger, 1900) 全牙侧带小公鱼

Stolephorus indicus (van Hasselt, 1823) 印度侧带小公鱼 [陆][台]

Stolephorus insularis Hardenberg, 1933 岛屿侧带小公鱼 [陆][台]

Stolephorus multibranchus Wongratana, 1987 多耙侧带小公鱼

Stolephorus nelsoni Wongratana, 1987 尼氏侧带小公鱼

Stolephorus pacificus Baldwin, 1984 太平洋侧带小公鱼

Stolephorus ronquilloi Wongratana, 1983 龙氏侧带小公鱼

Stolephorus shantungensis (Li, 1978) 山东侧带小公鱼 [陆]

Stolephorus teguhi Kimura, Hori & Shibukawa, 2009 蒂氏侧带小公鱼

Stolephorus tri (Bleeker, 1852) 印度尼西亚侧带小公鱼 [陆]

Stolephorus waitei Jordan & Seale, 1926 韦氏侧带小公鱼 [陆][台]

　　syn. *Stolephorus bataviensis* (Hardenberg, 1933) 短背侧带小公鱼

Genus *Thryssa* Cuvier, 1829 棱鳀属

Thryssa adelae (Rutter, 1897) 汕头棱鳀 [陆]

Thryssa aestuaria (Ogilby, 1910) 河口棱鳀

Thryssa baelama (Forsskål, 1775) 贝拉棱鳀

Thryssa brevicauda Roberts, 1978 短尾棱鳀

Thryssa chefuensis (Günther, 1874) 芝芜棱鳀(烟台棱鳀) [陆][台]

Thryssa dayi Wongratana, 1983 戴氏棱鳀

Thryssa dussumieri (Valenciennes, 1848) 杜氏棱鳀 [陆][台]

Thryssa encrasicholoides (Bleeker, 1852) 印度尼西亚棱鳀

Thryssa gautamiensis Babu Rao, 1971 高泰棱鳀

Thryssa hamiltonii Gray, 1835 汉氏棱鳀 [陆][台]

Thryssa kammalensis (Bleeker, 1849) 赤鼻棱鳀 [陆][台]

Thryssa kammalensoides Wongratana, 1983 拟赤鼻棱鳀

Thryssa malabarica (Bloch, 1795) 马拉巴棱鳀

Thryssa marasriae Wongratana, 1987 北澳洲棱鳀

Thryssa mystax (Bloch & Schneider, 1801) 中颌棱鳀 [陆]

Thryssa polybranchialis Wongratana, 1983 多耙棱鳀

Thryssa purava (Hamilton, 1822) 斜颌棱鳀

Thryssa rastrosa Roberts, 1978 巴布亚棱鳀

Thryssa scratchleyi (Ramsay & Ogilby, 1886) 斯氏棱鳀

Thryssa setirostris (Broussonet, 1782) 长颌棱鳀 [陆][台]

Thryssa spinidens (Jordan & Seale, 1925) 刺棱鳀

Thryssa stenosoma Wongratana, 1983 长体棱鳀

Thryssa vitrirostris (Gilchrist & Thompson, 1908) 黄吻棱鳀 [陆]

Thryssa whiteheadi Wongratana, 1983 怀氏棱鳀

Family 096 Chirocentridae 宝刀鱼科

Genus *Chirocentrus* Cuvier, 1816 宝刀鱼属

Chirocentrus dorab (Forsskål, 1775) 宝刀鱼 [陆][台]

Chirocentrus nudus Swainson, 1839 长颌宝刀鱼 [陆][台]

Family 097 Clupeidae 鲱科

Genus *Alosa* Linck, 1790 西鲱属

Alosa aestivalis (Mitchill, 1814) 蓝背西鲱

Alosa agone (Scopoli, 1786) 阿戈西鲱

Alosa alabamae Jordan & Evermann, 1896 阿拉巴马西鲱

Alosa algeriensis Regan, 1916 阿尔及利西鲱

Alosa alosa (Linnaeus, 1758) 西鲱

Alosa braschnikowi (Borodin, 1904) 布氏西鲱

Alosa caspia caspia (Eichwald, 1838) 里海西鲱

Alosa caspia knipowitschi (Iljin, 1927) 尼氏里海西鲱

Alosa caspia persica (Iljin, 1927) 帕西卡西鲱

Alosa chrysochloris (Rafinesque, 1820) 黄绿西鲱

Alosa curensis (Suvorov, 1907) 库伦西鲱

Alosa fallax (Lacepède, 1803) 伪西鲱

Alosa immaculata Bennett, 1835 无斑西鲱

Alosa kessleri (Grimm, 1887) 黑背西鲱

Alosa killarnensis Regan, 1916 欧洲西鲱

Alosa macedonica (Vinciguerra, 1921) 马其顿西鲱

Alosa maeotica (Grimm, 1901) 黑海西鲱

Alosa mediocris (Mitchill, 1814) 柔西鲱

Alosa pseudoharengus (Wilson, 1811) 拟沙西鲱

Alosa sapidissima (Wilson, 1811) 美洲西鲱

Alosa saposchnikowii (Grimm, 1887) 萨氏西鲱

Alosa sphaerocephala (Berg, 1913) 圆头西鲱

Alosa tanaica (Grimm, 1901) 泰那西鲱

Alosa vistonica Economidis & Sinis, 1986 希腊西鲱

Alosa volgensis (Berg, 1913) 伏尔琴西鲱

Genus *Amblygaster* Bleeker, 1849 钝腹鲱属

Amblygaster clupeoides Bleeker, 1849 短颌钝腹鲱 [陆]

Amblygaster leiogaster (Valenciennes, 1847) 平胸钝腹鲱 [陆][台]

Amblygaster sirm (Walbaum, 1792) 斑点钝腹鲱;西姆钝腹鲱 [陆][台]

Genus *Anodontostoma* Bleeker, 1849 无齿鰶属

Anodontostoma chacunda (Hamilton, 1822) 无齿鰶 [陆]

Anodontostoma selangkat (Bleeker, 1852) 印度尼西亚无齿鰶

Anodontostoma thailandiae Wongratana, 1983 泰国无齿鰶

Genus *Brevoortia* Gill, 1861 油鲱属

Brevoortia aurea (Spix & Agassiz, 1829) 金油鲱

Brevoortia gunteri Hildebrand, 1948 贡氏油鲱

Brevoortia patronus Goode, 1878 大鳞油鲱

Brevoortia pectinata (Jenyns, 1842) 梳油鲱

Brevoortia smithi Hildebrand, 1941 史氏油鲱

Brevoortia tyrannus (Latrobe, 1802) 暴油鲱

Genus *Chirocentrodon* Günther, 1868 犬齿鰛属

Chirocentrodon bleekerianus (Poey, 1867) 勃氏犬齿鰛

Genus *Clupanodon* Lacepède, 1803 鰶属;盾齿鰶属

Clupanodon thrissa (Linnaeus, 1758) 花鰶;盾齿鰶 [陆][台]

　　syn. *Clupanodon maculatus* (Richardson, 1846)

Genus *Clupea* Linnaeus, 1758 鲱属

Clupea bentincki Norman, 1936 贝氏鲱

Clupea harengus Linnaeus, 1758 大西洋鲱

Clupea pallasii marisalbi Berg, 1923 白海鲱

Clupea pallasii pallasii Valenciennes, 1847 太平洋鲱 [陆]

Clupea pallasii suworowi Rabinerson, 1927 萨氏太平洋鲱

Genus *Clupeichthys* Bleeker, 1855 锯齿鲱属

Clupeichthys aesarnensis Wongratana, 1983 泰国锯齿鲱

Clupeichthys bleekeri (Hardenberg, 1936) 布氏锯齿鲱

Clupeichthys goniognathus Bleeker, 1855 纵纹锯齿鲱

Clupeichthys perakensis (Herre, 1936) 马来西亚锯齿鲱

Genus *Clupeoides* Bleeker, 1851 似鲱属

Clupeoides borneensis Bleeker, 1851 婆罗洲似鲱

Clupeoides hypselosoma Bleeker, 1866 高体似鲱

Clupeoides papuensis (Ramsay & Ogilby, 1886) 窄体似鲱

Clupeoides venulosus Weber & de Beaufort, 1912 宽带似鲱

Genus *Clupeonella* Kessler, 1877 棱鲱属

Clupeonella abrau abrau (Maliatsky, 1930) 阿勃劳棱鲱

Clupeonella abrau muhlisi Neu, 1934 土耳其棱鲱

Clupeonella caspia Svetovidov, 1941 加斯宾棱鲱

Clupeonella cultriventris (Nordmann, 1840) 犁腹棱鲱

Clupeonella engrauliformis (Borodin, 1904) 鳀状棱鲱

Clupeonella grimmi Kessler, 1877 大眼棱鲱

Clupeonella tscharchalensis (Borodin, 1896) 小头棱鲱

Genus *Congothrissa* Poll, 1964 刚果棱鲱属

Congothrissa gossei Poll, 1964 哥氏刚果棱鲱

Genus *Corica* Hamilton, 1822 细齿鲱属

Corica laciniata Fowler, 1935 曼谷细齿鲱

Corica soborna Hamilton, 1822 索布细齿鲱

Genus *Dayella* Talwar & Whitehead, 1971 少棱圆鲱属

Dayella malabarica (Day, 1873) 马拉巴少棱圆鲱

Genus *Dorosoma* Rafinesque, 1820 真鰶属

Dorosoma anale Meek, 1904 墨西哥真鰶

Dorosoma cepedianum (Lesueur, 1818) 美洲真鰶

Dorosoma chavesi Meek, 1907 蔡氏真鰶

Dorosoma petenense (Günther, 1867) 佩坦真鰶

Dorosoma smithi Hubbs & Miller, 1941 史氏真鰶

Genus *Dussumieria* Valenciennes, 1847 圆腹鲱属

Dussumieria acuta Valenciennes, 1847 尖吻圆腹鲱 陆台

Dussumieria elopsoides Bleeker, 1849 黄带圆腹鲱 陆台

Genus *Ehirava* Deraniyagala, 1929 多棱圆鲱属

Ehirava fluviatilis Deraniyagala, 1929 南亚多棱圆鲱

Genus *Escualosa* Whitley, 1940 叶鲱属

Escualosa elongata Wongratana, 1983 长体叶鲱

Escualosa thoracata (Valenciennes, 1847) 叶鲱 陆

  syn. *Kowala coval* Wang, 1963 (not Cuvier) 玉鳞鱼

Genus *Ethmalosa* Regan, 1917 筛鲱属(弯耙鲱属)

Ethmalosa fimbriata (Bowdich, 1825) 筛鲱

Genus *Ethmidium* Thompson, 1916 棱背鲱属

Ethmidium maculatum (Valenciennes, 1847) 斑纹棱背鲱

Genus *Etrumeus* Bleeker, 1853 脂眼鲱属

Etrumeus micropus (Temminck & Schlegel, 1846) 小鳞脂眼鲱

Etrumeus teres (DeKay, 1842) 脂眼鲱 陆台

Etrumeus whiteheadi Wongratana, 1983 怀氏脂眼鲱

Genus *Gilchristella* Fowler, 1935 吉氏鲱属

Gilchristella aestuaria (Gilchrist, 1913) 河口吉氏鲱

Genus *Gonialosa* Regan, 1917 多鳞鰶属

Gonialosa manmina (Hamilton, 1822) 恒河多鳞鰶

Gonialosa modesta (Day, 1870) 缅甸多鳞鰶

Gonialosa whiteheadi Wongratana, 1983 怀氏多鳞鰶

Genus *Gudusia* Fowler, 1911 小鳞鰣属

Gudusia chapra (Hamilton, 1822) 印度小鳞鰣

Gudusia variegata (Day, 1870) 杂色小鳞鰣

Genus *Harengula* Valenciennes, 1847 青鳞鱼属

Harengula clupeola (Cuvier, 1829) 似鲱青鳞鱼

Harengula humeralis (Cuvier, 1829) 红耳青鳞鱼

Harengula jaguana Poey, 1865 大西洋青鳞鱼

Harengula thrissina (Jordan & Gilbert, 1882) 太平洋青鳞鱼

Genus *Herklotsichthys* Whitley, 1951 似青鳞鱼属

Herklotsichthys blackburni (Whitley, 1948) 布氏似青鳞鱼

Herklotsichthys castelnaui (Ogilby, 1897) 卡氏似青鳞鱼

Herklotsichthys collettei Wongratana, 1987 科氏似青鳞鱼

Herklotsichthys dispilonotus (Bleeker, 1852) 鞍斑似青鳞鱼

Herklotsichthys gotoi Wongratana, 1983 戈氏似青鳞鱼

Herklotsichthys koningsbergeri (Weber & de Beaufort, 1912) 康氏似青鳞鱼

Herklotsichthys lippa (Whitley, 1931) 利帕似青鳞鱼

Herklotsichthys lossei Wongratana, 1983 海湾似青鳞鱼

Herklotsichthys ovalis (Anonymous [Bennett], 1830) 大眼似青鳞鱼 陆

Herklotsichthys punctatus (Rüppell, 1837) 斑点似青鳞鱼 台

Herklotsichthys quadrimaculatus (Rüppell, 1837) 四点似青鳞鱼 台

Herklotsichthys spilurus (Guichenot, 1863) 斑鳍似青鳞鱼

Genus *Hilsa* Regan, 1917 花点鲥属

Hilsa kelee (Cuvier, 1829) 花点鲥 陆台

Genus *Hyperlophus* Ogilby, 1892 南鲱属

Hyperlophus translucidus McCulloch, 1917 透体南鲱

Hyperlophus vittatus (Castelnau, 1875) 南鲱

Genus *Jenkinsia* Jordan & Evermann, 1896 任氏鲱属

Jenkinsia lamprotaenia (Gosse, 1851) 宽带任氏鲱

Jenkinsia majua Whitehead, 1963 小眼任氏鲱

Jenkinsia parvula Cervigón & Velazquez, 1978 短带任氏鲱

Jenkinsia stolifera (Jordan & Gilbert, 1884) 美洲任氏鲱

Genus *Konosirus* Jordan & Snyder, 1900 斑鰶属;窝斑鰶属

Konosirus punctatus (Temminck & Schlegel, 1846) 斑鰶;窝斑鰶 陆台

Genus *Laeviscutella* Poll, Whitehead & Hopson, 1965 圆腹棱鲱属

Laeviscutella dekimpei Poll, Whitehead & Hopson, 1965 圆腹棱鲱

Genus *Lile* Jordan & Evermann, 1896 侧带鲱属

Lile gracilis Castro-Aguirre & Vivero, 1990 细侧带鲱

Lile nigrofasciata Castro-Aguirre, Ruiz-Campos & Balart, 2002 黑条侧带鲱

Lile piquitinga (Schreiner & Miranda Ribeiro, 1903) 大西洋侧带鲱

Lile stolifera (Jordan & Gilbert, 1882) 太平洋侧带鲱

Genus *Limnothrissa* Regan, 1917 湖鲱属

Limnothrissa miodon (Boulenger, 1906) 小齿湖鲱

Genus *Microthrissa* Boulenger, 1902 小棱鲱属

Microthrissa congica (Regan, 1917) 刚果河小棱鲱

Microthrissa minuta Poll, 1974 微体小棱鲱

Microthrissa moeruensis (Poll, 1948) 姆韦鲁湖小棱鲱

Microthrissa royauxi Boulenger, 1902 罗氏小棱鲱

Microthrissa whiteheadi Gourène & Teugels, 1988 怀氏小棱鲱

Genus *Minyclupeoides* Roberts, 2008 拟小鲱属

Minyclupeoides dentibranchialus Roberts, 2008 齿耙拟小鲱

Genus *Nannothrissa* Poll, 1965 细棱鲱属

Nannothrissa parva (Regan, 1917) 小细棱鲱

Nannothrissa stewarti Poll & Roberts, 1976 施氏细棱鲱

Genus *Nematalosa* Regan, 1917 海鰶属

Nematalosa arabica Regan, 1917 阿拉伯海鰶

Nematalosa come (Richardson, 1846) 环球海鰶 台

Nematalosa erebi (Günther, 1868) 埃氏海鰶

Nematalosa flyensis Wongratana, 1983 弗莱河海鰶

Nematalosa galatheae Nelson & Rothman, 1973 南亚海鰶

Nematalosa japonica Regan, 1917 日本海鰶 陆台

Nematalosa nasus (Bloch, 1795) 圆吻海鰶;高鼻海鰶 陆台

Nematalosa papuensis (Munro, 1964) 巴布亚海鰶

Nematalosa persara Nelson & McCarthy, 1995 神女海鰶

Nematalosa resticularia Nelson & McCarthy, 1995 绳纹海鰶

Nematalosa vlaminghi (Munro, 1956) 弗氏海鰶

Genus *Neoopisthopterus* Hildebrand, 1948 新后鳍鱼属

Neoopisthopterus cubanus Hildebrand, 1948 古巴新后鳍鱼

Neoopisthopterus tropicus (Hildebrand, 1946) 热带新后鳍鱼

Genus *Odaxothrissa* Boulenger, 1899 半脊鲱属

Odaxothrissa ansorgii Boulenger, 1910 安氏半脊鲱

Odaxothrissa losera Boulenger, 1899 非洲半脊鲱

Odaxothrissa mento (Regan, 1917) 长颌半脊鲱

Odaxothrissa vittata Regan, 1917 条纹半脊鲱

Genus *Odontognathus* Lacepède, 1800 长鳍鳓属

Odontognathus compressus Meek & Hildebrand, 1923 侧扁长鳍鳓

Odontognathus mucronatus Lacepède, 1800 尖细长鳍鳓

Odontognathus panamensis (Steindachner, 1876) 巴拿马长鳍鳓

Genus *Opisthonema* Gill, 1861 后丝鲱属

Opisthonema berlangai Berry & Barrett, 1963 伯氏后丝鲱

Opisthonema bulleri (Regan, 1904) 蒲氏后丝鲱

Opisthonema libertate (Günther, 1867) 太平洋后丝鲱

Opisthonema medirastre Berry & Barrett, 1963 少耙后丝鲱

Opisthonema oglinum (Lesueur, 1818) 大西洋后丝鲱(线鲱)

Genus *Pellonula* Günther, 1868 宽颌鲱属

Pellonula leonensis Boulenger, 1916 小齿宽颌鲱

Pellonula vorax Günther, 1868 大齿宽颌鲱

Genus *Platanichthys* Whitehead, 1968 孔头鲱属

Platanichthys platana (Regan, 1917) 孔头鲱

Genus *Pliosteostoma* Norman, 1923 光复齿鳓属

Pliosteostoma lutipinnis (Jordan & Gilbert, 1882) 黄鳍光复齿鳓

Genus *Poecilothrissa* Regan, 1917 杂棱鲱属

Poecilothrissa centralis Poll, 1974 西非杂棱鲱

Genus *Potamalosa* Ogilby, 1897 澳洲河鲱属

Potamalosa richmondia (Macleay, 1879) 澳洲河鲱

Genus *Potamothrissa* Regan, 1917 河棱鲱属

Potamothrissa acutirostris (Boulenger, 1899) 尖吻河棱鲱

Potamothrissa obtusirostris (Boulenger, 1909) 钝吻河棱鲱

Potamothrissa whiteheadi Poll, 1974 怀氏河棱鲱

Genus *Raconda* Gray, 1831 光背鳓属

Raconda russeliana Gray, 1831 光背鳓

Genus *Ramnogaster* Whitehead, 1965 若鲱属

Ramnogaster arcuata (Jenyns, 1842) 穹若鲱

Ramnogaster melanostoma (Eigenmann, 1907) 黑口若鲱

Genus *Rhinosardinia* Eigenmann, 1912 吻沙丁鱼属

Rhinosardinia amazonica (Steindachner, 1879) 亚马孙吻沙丁鱼

Rhinosardinia bahiensis (Steindachner, 1879) 巴伊吻沙丁鱼

Genus *Sardina* Antipa, 1904 沙丁鱼属

Sardina pilchardus (Walbaum, 1792) 沙丁鱼

Genus *Sardinella* Valenciennes, 1847 小沙丁鱼属

Sardinella albella (Valenciennes, 1847) 白腹小沙丁鱼 陆 台

　　syn. *Sardinella perforata* (Cantor, 1850) 孔鳞小沙丁鱼

Sardinella atricauda (Günther, 1868) 黑稍小沙丁鱼

Sardinella aurita Valenciennes, 1847 金色小沙丁鱼(圆小沙丁鱼)

Sardinella brachysoma Bleeker, 1852 高体小沙丁鱼 陆 台

Sardinella fijiense (Fowler & Bean, 1923) 斐济小沙丁鱼

Sardinella fimbriata (Valenciennes, 1847) 缘鳞小沙丁鱼 陆 台

Sardinella gibbosa (Bleeker, 1849) 隆背小沙丁鱼 陆 台

Sardinella hualiensis (Chu & Tsai, 1958) 花莲小沙丁鱼 陆 台

Sardinella janeiro (Eigenmann, 1894) 碧背小沙丁鱼

Sardinella jussieu (Lacepède, 1803) 裘氏小沙丁鱼 陆 台

Sardinella lemuru Bleeker, 1853 黄泽小沙丁鱼 陆 台

　　syn. *Sardinella nymphaea* (Richardson, 1846) 中华小沙丁鱼

Sardinella longiceps Valenciennes, 1847 长头小沙丁鱼

Sardinella maderensis (Lowe, 1838) 短体小沙丁鱼

Sardinella marquesensis Berry & Whitehead, 1968 马克萨斯小沙丁鱼

Sardinella melanura (Cuvier, 1829) 黑尾小沙丁鱼 陆 台

Sardinella neglecta Wongratana, 1983 大眼小沙丁鱼

Sardinella richardsoni Wongratana, 1983 里氏小沙丁鱼 陆

Sardinella rouxi (Poll, 1953) 黄尾小沙丁鱼

Sardinella sindensis (Day, 1878) 信德小沙丁鱼 陆 台

Sardinella tawilis (Herre, 1927) 菲律宾小沙丁鱼

Sardinella zunasi (Bleeker, 1854) 锤氏小沙丁鱼 陆 台

Genus *Sardinops* Hubbs, 1929 拟沙丁鱼属(沙瑙鱼属)

Sardinops sagax (Jenyns, 1842) 拟沙丁鱼;南美拟沙丁鱼 陆 台

　　syn. *Sardinops melanostictus* (Temminck & Schlegel, 1846) 远东拟沙丁鱼

Genus *Sauvagella* Bertin, 1940 萨氏鲱属

Sauvagella madagascariensis (Sauvage, 1883) 马达加斯加萨氏鲱

Sauvagella robusta Stiassny, 2002 萨氏鲱

Genus *Sierrathrissa* Thys van den Audenaerde, 1969 西拉棱鲱属

Sierrathrissa leonensis Thys van den Audenaerde, 1969 西拉棱鲱

Genus *Spratelloides* Bleeker, 1851 小体鲱属;银带鲱属

Spratelloides delicatulus (Bennett, 1832) 锈眼小体鲱;锈眼银带鲱 陆 台

Spratelloides gracilis (Temminck & Schlegel, 1846) 银带小体鲱;日本银带鲱 陆 台

Spratelloides lewisi Wongratana, 1983 莱氏小体鲱;莱氏银带鲱

Spratelloides robustus Ogilby, 1897 壮体小体鲱;壮体银带鲱

Genus *Spratellomorpha* Bertin, 1946 似黍鲱属

Spratellomorpha bianalis (Bertin, 1940) 双鳍似黍鲱

Genus *Sprattus* Girgensohn, 1846 黍鲱属

Sprattus antipodum (Hector, 1872) 蓝背黍鲱

Sprattus fuegensis (Jenyns, 1842) 富琼黍鲱

Sprattus muelleri (Klunzinger, 1879) 缪氏黍鲱

Sprattus novaehollandiae (Valenciennes, 1847) 新荷兰黍鲱

Sprattus sprattus (Linnaeus, 1758) 黍鲱

Genus *Stolothrissa* Regan, 1917 甲棱鲱属

Stolothrissa tanganicae Regan, 1917 坦噶尼喀甲棱鲱

Genus *Sundasalanx* Roberts, 1981 巽他银鱼属

Sundasalanx malleti Siebert & Crimmen, 1997 马氏巽他银鱼

Sundasalanx megalops Siebert & Crimmen, 1997 大眼巽他银鱼

Sundasalanx mekongensis Britz & Kottelat, 1999 湄公河巽他银鱼

Sundasalanx mesops Siebert & Crimmen, 1997 中眼巽他银鱼

Sundasalanx microps Roberts, 1981 小眼巽他银鱼

Sundasalanx platyrhynchus Siebert & Crimmen, 1997 扁吻巽他银鱼

Sundasalanx praecox Roberts, 1981 巽他银鱼

Genus *Tenualosa* Fowler, 1934 鲥属

Tenualosa ilisha (Hamilton, 1822) 云鲥 陆

Tenualosa macrura (Bleeker, 1852) 长尾鲥

Tenualosa reevesii (Richardson, 1846) 鲥 陆 台

Tenualosa thibaudeaui (Durand, 1940) 密鳃鲥(东南亚鲥)

Tenualosa toli (Valenciennes, 1847) 托氏鲥 陆

Genus *Thrattidion* Roberts, 1972 小细鲱属

Thrattidion noctivagus Roberts, 1972 小细鲱

Order Gonorhynchiformes 鼠鱚目

Suborder Chanoidei 遮目鱼亚目;虱目鱼亚目

Family 098 Chanidae 遮目鱼科;虱目鱼科

Genus *Chanos* Lacepède, 1803 遮目鱼属;虱目鱼属

Chanos chanos (Forsskål, 1775) 遮目鱼;虱目鱼 陆 台

Suborder Gonorynchoidei 鼠鱚亚目

Family 099 Gonorynchidae 鼠鱚科

Genus *Gonorynchus* Scopoli, 1777 鼠鱚属

Gonorynchus abbreviatus Temminck & Schlegel, 1846 鼠鱚 陆 台

Gonorynchus forsteri Ogilby, 1911 福氏鼠鱚

Gonorynchus gonorynchus (Linnaeus, 1766) 突吻鼠鱚

Gonorynchus greyi (Richardson, 1845) 格氏鼠鱚

Gonorynchus moseleyi Jordan & Snyder, 1923 莫氏鼠鱚

Suborder Knerioidei 克奈鱼亚目

Family 100 Kneriidae 克奈鱼科

Genus *Cromeria* Boulenger, 1901 尼罗鱼属

Cromeria nilotica Boulenger, 1901 尼罗鱼

Cromeria occidentalis Daget, 1954 西尼罗鱼

Genus *Grasseichthys* Géry, 1964 格拉斯鱼属

Grasseichthys gabonensis Géry, 1964 加蓬格拉斯鱼

Genus *Kneria* Steindachner, 1866 克奈鱼属

Kneria angolensis Steindachner, 1866 安哥拉克奈鱼

Kneria ansorgii (Boulenger, 1910) 安氏克奈鱼

Kneria auriculata (Pellegrin, 1905) 大耳克奈鱼

Kneria katangae Poll, 1976 卡坦克奈鱼

Kneria maydelli Ladiges & Voelker, 1961 梅氏克奈鱼

Kneria paucisquamata Poll & Stewart, 1975 少鳞克奈鱼

Kneria polli Trewavas, 1936 波氏克奈鱼

Kneria ruaha Seegers, 1995 鲁氏克奈鱼

Kneria rukwaensis Seegers, 1995 鲁夸湖克奈鱼

Kneria sjolandersi Poll, 1967 肖氏克奈鱼

Kneria stappersii Boulenger, 1915 史氏克奈鱼

Kneria uluguru Seegers, 1995 乌鲁克奈鱼

Kneria wittei Poll, 1944 威氏克奈鱼

Genus *Parakneria* Poll, 1965 副克奈鱼属

Parakneria abbreviata (Pellegrin, 1931) 短身副克奈鱼

Parakneria cameronensis (Boulenger, 1909) 喀麦隆副克奈鱼

Parakneria damasi Poll, 1965 达氏副克奈鱼

Parakneria fortuita Penrith, 1973 福图副克奈鱼

Parakneria kissi Poll, 1969 基氏副克奈鱼

Parakneria ladigesi Poll, 1967 拉迪副克奈鱼

Parakneria lufirae Poll, 1965 勒非副克奈鱼

Parakneria malaissei Poll, 1969 大头副克奈鱼

Parakneria marmorata (Norman, 1923) 云斑副克奈鱼

Parakneria mossambica Jubb & Bell-Cross, 1974 莫桑比克副克奈鱼

Parakneria spekii (Günther, 1868) 斯氏副克奈鱼

Parakneria tanzaniae Poll, 1984 坦桑尼亚副克奈鱼

Parakneria thysi Poll, 1965 小眼副克奈鱼

Parakneria vilhenae Poll, 1965 维尔副克奈鱼

Family 101 Phractolaemidae 枕枝鱼科

Genus *Phractolaemus* Boulenger, 1901 枕枝鱼属

Phractolaemus ansorgii Boulenger, 1901 非洲枕枝鱼

Order Cypriniformes 鲤形目

Family 102 Cyprinidae 鲤科

Genus *Aaptosyax* Rainboth, 1991 曲鲤属

Aaptosyax grypus Rainboth, 1991 曲鲤

Genus *Abbottina* Jordan & Fowler, 1903 棒花鱼属

Abbottina binhi Nguyen, 2001 越南棒花鱼

Abbottina lalinensis Huang & Li, 1995 拉林棒花鱼 陆

Abbottina liaoningensis Qin, 1987 辽宁棒花鱼 陆

Abbottina obtusirostris (Wu & Wang, 1931) 钝吻棒花鱼 陆

Abbottina rivularis (Basilewsky, 1855) 棒花鱼 陆

Abbottina springeri Banarescu & Nalbant, 1973 斯氏棒花鱼

Genus *Abramis* Cuvier, 1816 欧鳊属

Abramis brama (Linnaeus, 1758) 欧鳊

Genus *Acanthalburnus* Berg, 1916 刺欧鳊属

Acanthalburnus microlepis (De Filippi, 1863) 小鳞刺欧鳊

Acanthalburnus urmianus (Günther, 1899) 伊朗刺欧鳊

Genus *Acanthobrama* Heckel, 1843 刺鳊属

Acanthobrama centisquama Heckel, 1843 棘鳞刺鳊

Acanthobrama hadiyahensis Coad, Alkahem & Behnke, 1983 哈迪亚刺鳊

Acanthobrama hulensis (Goren, Fishelson & Trewavas, 1973) 胡拉湖刺鳊

Acanthobrama lissneri Tortonese, 1952 利氏刺鳊

Acanthobrama marmid Heckel, 1843 叙利亚刺鳊

Acanthobrama mirabilis Ladiges, 1960 奇异刺鳊

Acanthobrama telavivensis Goren, Fishelson & Trewavas, 1973 特拉维夫刺鳊

Acanthobrama terraesanctae Steinitz, 1952 圣刺鳊

Acanthobrama tricolor (Lortet, 1883) 三色刺鳊

Genus *Acanthogobio* Herzenstein, 1892 刺鮈属

Acanthogobio guentheri Herzenstein, 1892 刺鮈 陆

Genus *Acapoeta* Cockerell, 1910 坦噶尼喀魮属

Acapoeta tanganicae (Boulenger, 1900) 坦噶尼喀魮

Genus *Acheilognathus* Bleeker, 1860 鱊属

Acheilognathus asmussii (Dybowski, 1872) 阿氏鱊

Acheilognathus barbatulus Günther, 1873 短须鱊 陆

Acheilognathus barbatus Nichols, 1926 须鱊 陆

Acheilognathus binidentatus Li, 2001 双齿鱊 陆

Acheilognathus brevicaudatus Chen & Li, 1987 短尾鱊 陆

Acheilognathus chankaensis (Dybowski, 1872) 兴凯鱊 陆

Acheilognathus cyanostigma Jordan & Fowler, 1903 纵带鱊

Acheilognathus deignani (Smith, 1945) 迪氏鱊

Acheilognathus elongatoides Kottelat, 2001 拟长身鱊

Acheilognathus elongatus (Regan, 1908) 长身鱊 陆

Acheilognathus fasciodorsalis Nguyen, 2001 条背鱊

Acheilognathus gracilis Nichols, 1926 无须鱊 陆

Acheilognathus hondae (Jordan & Metz, 1913) 杭德鱊

Acheilognathus hypselonotus (Bleeker, 1871) 寡鳞鱊 陆

Acheilognathus imberbis Günther, 1868 缺须鱊 陆

　　syn. *Paracheilognathus imberbis* (Günther, 1868) 彩副鱊

Acheilognathus imfasciodorsalis Nguyen, 2001 低条背鱊

Acheilognathus koreensis Kim & Kim, 1990 朝鲜鱊

Acheilognathus kyphus (Mai, 1978) 驼背鱊

Acheilognathus longibarbatus (Mai, 1978) 长须鱊

Acheilognathus longipinnis Regan, 1905 长鳍鱊

Acheilognathus macromandibularis Doi, Arai & Liu, 1999 大颌舌鱊 陆

Acheilognathus macropterus (Bleeker, 1871) 大鳍鱊 陆

Acheilognathus majusculus Kim & Yang, 1998 大身鱊

Acheilognathus melanogaster Bleeker, 1860 黑腹鱊

Acheilognathus meridianus (Wu, 1939) 广西鱊 陆

　　syn. *Paracheilognathus meridianus* (Wu, 1939) 广西副鱊

Acheilognathus microphysa Yang, Chu & Chen, 1990 云南鱊 陆

Acheilognathus omeiensis (Shih & Tchang, 1934) 峨眉鱊 陆

Acheilognathus peihoensis (Fowler, 1910) 白河鱊 陆

Acheilognathus polylepis (Wu, 1964) 多鳞鱊 陆

Acheilognathus polyspinus (Holcík, 1972) 多棘鱊

Acheilognathus rhombeus (Temminck & Schlegel, 1846) 斜方鱊

Acheilognathus signifer Berg, 1907 高丽鱊

Acheilognathus somjinensis Kim & Kim, 1991 韩鱊

Acheilognathus striatus Yang, Xiong, Tang & Liu, 2010 条纹鱊 陆

Acheilognathus tabira erythropterus Arai, Fujikawa & Nagata, 2007 红鳍巨口鱊

Acheilognathus tabira jordani Arai, Fujikawa & Nagata, 2007 乔氏巨口鱊

Acheilognathus tabira nakamurae Arai, Fujikawa & Nagata, 2007 中村巨口鱊

Acheilognathus tabira tabira Jordan & Thompson, 1914 巨口鱊 陆

Acheilognathus tabira tohokuensis Arai, Fujikawa & Nagata, 2007 本州巨口鱊

Acheilognathus taenianalis (Günther, 1873) 斑条鱊 陆

Acheilognathus tonkinensis (Vaillant, 1892) 越南鱊 陆

Acheilognathus typus (Bleeker, 1863) 细鳞鱊

Acheilognathus yamatsutae Mori, 1928 山津鱊

Genus *Achondrostoma* Robalo, Almada, Levy & Doadrio, 2006 欧雅罗鱼属

Achondrostoma arcasii (Steindachner, 1866) 阿氏欧雅罗鱼

Achondrostoma occidentale (Robalo, Almada, Sousa Santos, Moreira & Doadrio, 2005) 葡萄牙欧雅罗鱼

Achondrostoma oligolepis (Robalo, Doadrio, Almada & Kottelat, 2005) 寡鳞欧雅罗鱼

Achondrostoma salmantinum Doadrio & Elvira, 2007 似鲑欧雅罗鱼

Genus *Acrocheilus* Agassiz, 1855 锐唇鲤(齿口鱼)属;锐唇鲤属

Acrocheilus alutaceus Agassiz & Pickering, 1855 美洲锐唇鲤

Genus *Acrossocheilus* Oshima, 1919 光唇鱼属;石鲮属

Acrossocheilus aluoiensis (Nguyen, 1997) 阿卢恩光唇鱼;阿卢恩石鲮

Acrossocheilus baolacensis Nguyen, 2001 宝蓝光唇鱼;宝蓝石鲮

Acrossocheilus beijiangensis Wu & Lin, 1977 北江光唇鱼;北江石鲮 陆

Acrossocheilus cinctus (Lin, 1931) 带光唇鱼;带石鲮 陆

    syn. *Acrossocheilus hemispinus cinctus* (Lin, 1931) 带半刺光唇鱼

Acrossocheilus clivosius (Lin, 1935) 多耙光唇鱼;多耙石鲮 陆

Acrossocheilus fasciatus (Steindachner, 1892) 条纹光唇鱼;条纹石鲮 陆

Acrossocheilus hemispinus (Nichols, 1925) 半刺光唇鱼;半刺石鲮 陆

Acrossocheilus iridescens iridescens (Nichols & Pope, 1927) 虹彩光唇鱼;虹彩石鲮 陆

Acrossocheilus iridescens yuanjiangensis Wu & Lin, 1977 元江虹彩光唇鱼 陆

Acrossocheilus jishouensis Zhao, Chen & Li, 1997 吉首光唇鱼;吉首石鲮 陆

Acrossocheilus kreyenbergii (Regan, 1908) 薄颌光唇鱼;薄颌石鲮 陆

Acrossocheilus labiatus (Regan, 1908) 厚唇光唇鱼 陆

Acrossocheilus lamus (Mai, 1978) 北越光唇鱼;北越石鲮

Acrossocheilus longipinnis (Wu, 1939) 长鳍光唇鱼;长鳍石鲮 陆

Acrossocheilus macrophthalmus Nguyen, 2001 大眼光唇鱼;大眼石鲮

Acrossocheilus malacopterus Zhang, 2005 软鳍光唇鱼;软鳍石鲮 陆

Acrossocheilus monticola (Günther, 1888) 宽口光唇鱼;宽口石鲮 陆

Acrossocheilus paradoxus (Günther, 1868) 台湾光唇鱼;台湾石鲮 陆 台

    syn. *Acrossocheilus formosanus* (Regan , 1908) 台湾光唇鱼

Acrossocheilus parallens (Nichols, 1931) 侧条光唇鱼;侧条石鲮

Acrossocheilus rendahli (Lin, 1931) 似细身光唇鱼;似细身石鲮 陆

Acrossocheilus spinifer Yuan, Wu & Zhang, 2006 小刺光唇鱼;小刺石鲮 陆

Acrossocheilus stenotaeniatus Chu & Cui, 1989 窄条光唇鱼;窄条石鲮 陆

Acrossocheilus wenchowensis Wang, 1935 温州光唇鱼;温州石鲮 陆

Acrossocheilus xamensis Kottelat, 2000 老挝光唇鱼;老挝石鲮

Acrossocheilus yalyensis Nguyen, 2001 越南光唇鱼;越南石鲮

Acrossocheilus yunnanensis (Regan, 1904) 云南光唇鱼;云南石鲮 陆

Genus *Agosia* Girard, 1856 美石鲃属

Agosia chrysogaster Girard, 1856 金腹美石鲃

Genus *Akrokolioplax* Zhang & Kottelat, 2006 阿克角鱼属

Akrokolioplax bicornis (Wu, 1977) 双角阿克角鱼 陆

    syn. *Epalzeorhynchos bicornis* Wu, 1977 角鱼

Genus *Albulichthys* Bleeker, 1860 梭短吻鱼属

Albulichthys albuloides (Bleeker, 1855) 北梭短吻鱼

Genus *Alburnoides* Jeitteles, 1861 拟白鱼属

Alburnoides bipunctatus (Bloch, 1782) 双斑拟白鱼

Alburnoides eichwaldii (De Filippi, 1863) 艾氏拟白鱼

Alburnoides fasciatus (Nordmann, 1840) 条纹拟白鱼

Alburnoides gmelini Bogutskaya & Coad, 2009 格氏拟白鱼

Alburnoides idignensis Bogutskaya & Coad, 2009 伊迪拟白鱼

Alburnoides kubanicus Berg, 1932 库班河拟白鱼

Alburnoides namaki Bogutskaya & Coad, 2009 纳氏拟白鱼

Alburnoides nicolausi Bogutskaya & Coad, 2009 尼古拉拟白鱼

Alburnoides oblongus Bulgakov, 1923 矩拟白鱼

Alburnoides ohridanus (Karaman, 1928) 欧连达湖拟白鱼

Alburnoides petrubanarescui Bogutskaya & Coad, 2009 皮氏拟白鱼

Alburnoides prespensis (Karaman, 1924) 普雷斯帕湖拟白鱼

Alburnoides qanati Coad & Bogutskaya, 2009 卡氏拟白鱼

Alburnoides taeniatus (Kessler, 1874) 带纹拟白鱼

Alburnoides varentsovi Bogutskaya & Coad, 2009 瓦氏拟白鱼

Genus *Alburnus* Rafinesque, 1820 欧白鱼属

Alburnus adanensis Battalgazi, 1944 爱丁欧白鱼

Alburnus akili Battalgil, 1942 艾氏欧白鱼

Alburnus albidus (Costa, 1838) 光欧白鱼

Alburnus alburnus (Linnaeus, 1758) 欧白鱼

Alburnus arborella (Bonaparte, 1841) 侧条欧白鱼

Alburnus atropatenae Berg, 1925 伊朗欧白鱼

Alburnus attalus Özulug & Freyhof, 2007 长身欧白鱼

Alburnus baliki Bogutskaya, Kucuk & Unlu, 2000 巴氏欧白鱼

Alburnus battalgilae Özulug & Freyhof, 2007 巴坦欧白鱼

Alburnus belvica Karaman, 1924 普雷斯湖欧白鱼

Alburnus caeruleus Heckel, 1843 淡黑欧白鱼

Alburnus carinatus Battalgil, 1941 卡连那欧白鱼

Alburnus chalcoides (Güldenstädt, 1772) 似蜥欧白鱼

Alburnus danubicus Antipa, 1909 德聂伯河欧白鱼

Alburnus demiri Özulug & Freyhof, 2007 迪氏欧白鱼

Alburnus derjugini Berg, 1923 德氏欧白鱼

Alburnus doriae De Filippi, 1865 多氏欧白鱼

Alburnus escherichii Steindachner, 1897 埃氏欧白鱼

Alburnus filippii Kessler, 1877 菲氏欧白鱼

Alburnus heckeli Battalgil, 1943 赫氏欧白鱼

Alburnus hohenackeri Kessler, 1877 霍氏欧白鱼

Alburnus istanbulensis Battalgil, 1941 伊斯坦布尔欧白鱼

Alburnus leobergi Freyhof & Kottelat, 2007 利氏欧白鱼

Alburnus macedonicus Karaman, 1928 银色欧白鱼

Alburnus mandrensis (Drensky, 1943) 曼德林欧白鱼

Alburnus mento (Heckel, 1836) 长颌欧白鱼

Alburnus mentoides Kessler, 1859 拟长颌欧白鱼

Alburnus mossulensis Heckel, 1843 褐背欧白鱼

Alburnus nasreddini Battalgil, 1943 纳氏欧白鱼

Alburnus neretvae Buj, Šanda & Perea, 2010 尼氏欧白鱼

Alburnus nicaeensis Battalgil, 1941 尼卡欧白鱼

Alburnus orontis Sauvage, 1882 奥龙河欧白鱼

Alburnus qalilus Krupp, 1992 叙利亚欧白鱼

Alburnus sarmaticus Freyhof & Kottelat, 2007 黑海欧白鱼

Alburnus schischkovi (Drensky, 1943) 斯氏欧白鱼

Alburnus scoranza Heckel & Kner, 1858 细尾欧白鱼

Alburnus sellal Heckel, 1843 波斯欧白鱼

Alburnus tarichi (Güldenstädt, 1814) 塔氏欧白鱼

Alburnus thessalicus (Stephanidis, 1950) 巴尔干欧白鱼

Alburnus vistonicus Freyhof & Kottelat, 2007 维斯东湖欧白鱼

Alburnus volviticus Freyhof & Kottelat, 2007 伏尔夫湖欧白鱼

Alburnus zagrosensis Coad, 2009 札格罗斯欧白鱼

Genus *Algansea* Girard, 1856 食草鲃属

Algansea amecae Pérez-Rodríguez, Pérez-Ponce de León, Domínguez-Domínguez & Doadrio, 2009 银色食草鲃

Algansea aphanea Barbour & Miller, 1978 墨西哥食草鲃

Algansea avia Barbour & Miller, 1978 热带食草鲅

Algansea barbata Alvarez & Cortés, 1964 髯食草鲅

Algansea lacustris Steindachner, 1895 湖栖食草鲅

Algansea monticola Barbour & Contreras-Balderas, 1968 山区食草鲅

Algansea popoche (Jordan & Snyder, 1899) 波波食草鲅

Algansea tincella (Valenciennes, 1844) 斑尾食草鲅

Genus *Amblypharyngodon* Bleeker, 1860 钝齿鱼属

Amblypharyngodon atkinsonii (Blyth, 1860) 阿氏钝齿鱼

Amblypharyngodon chulabhornae Vidthayanon & Kottelat, 1990 泰国钝齿鱼

Amblypharyngodon melettinus (Valenciennes, 1844) 印度钝齿鱼

Amblypharyngodon microlepis (Bleeker, 1854) 小鳞钝齿鱼

Amblypharyngodon mola (Hamilton, 1822) 磨齿钝齿鱼

Genus *Amblyrhynchichthys* Bleeker, 1860 钝吻𩾃属

Amblyrhynchichthys micracanthus Ng & Kottelat, 2004 小刺钝吻𩾃

Amblyrhynchichthys truncatus (Bleeker, 1851) 截尾钝吻𩾃

Genus *Anabarilius* Cockerell, 1923 白鱼属

Anabarilius alburnops (Regan, 1914) 银白鱼 陆

Anabarilius andersoni (Regan, 1904) 星云白鱼 陆

Anabarilius brevianalis Zhou & Cui, 1992 短臀白鱼 陆

Anabarilius duoyiheensis Li, Mao & Lu, 2002 多歧河白鱼 陆

Anabarilius goldenlineus Li & Chen, 1995 金线白鱼 陆

Anabarilius grahami (Regan, 1908) 鱇鱍白鱼 陆

Anabarilius liui chenghaiensis He, 1984 程海白鱼 陆

Anabarilius liui liui (Chang, 1944) 西昌白鱼 陆

Anabarilius liui yalongensis Li & Chen, 2003 雅砻白鱼 陆

Anabarilius liui yiliangensis He & Liu, 1983 宜良白鱼 陆

Anabarilius longicaudatus Chen, 1986 长尾白鱼 陆

Anabarilius macrolepis Yih & Wu, 1964 大鳞白鱼 陆

Anabarilius maculatus Chen & Chu, 1980 斑白鱼 陆

Anabarilius paucirastellus Yue & He, 1988 少耙白鱼 陆

Anabarilius polylepis (Regan, 1904) 多鳞白鱼 陆

Anabarilius qiluensis Chen & Chu, 1980 杞麓白鱼 陆

Anabarilius qionghaiensis Chen, 1986 邛海白鱼 陆

Anabarilius songmingensis Chen & Chu, 1980 嵩明白鱼 陆

Anabarilius transmontanus (Nichols, 1925) 山白鱼 陆

Anabarilius xundianensis He, 1984 寻甸白鱼 陆

Anabarilius yangzonensis Chen & Chu, 1980 阳宗白鱼 陆

Genus *Anaecypris* Collares-Pereira, 1983 西班牙鲅属

Anaecypris hispanica (Steindachner, 1866) 西班牙鲅

Genus *Ancherythroculter* Yih & Wu, 1964 近红鲌属

Ancherythroculter daovantieni (Banarescu, 1967) 达氏近红鲌

Ancherythroculter kurematsui (Kimura, 1934) 高体近红鲌 陆

Ancherythroculter lini Luo, 1994 大眼近红鲌 陆

Ancherythroculter nigrocauda Yih & Wu, 1964 黑尾近红鲌 陆

Ancherythroculter wangi (Tchang, 1932) 短臀近红鲌 陆

Genus *Anchicyclocheilus* Li & Lan, 1992 近金线属

Anchicyclocheilus halfibindus Li & Lan, 1992 半盲近金线 陆

Genus *Aphyocypris* Günther, 1868 细鲫属

Aphyocypris chinensis Günther, 1868 中华细鲫 陆

Aphyocypris kikuchii (Oshima, 1919) 菊池氏细鲫 陆 台

Aphyocypris lini (Weitzman & Chan, 1966) 林氏细鲫 陆

Genus *Araiocypris* Conway & Kottelat, 2008 壮鲌属

Araiocypris batodes Conway & Kottelat, 2008 越南壮鲌

Genus *Aristichthys* Oshima, 1919 鳙属

Aristichthys nobilis (Richardson, 1845) 鳙(花鲢) 陆 台

    syn. *Hypophthalmichthys nobilis* (Richardson, 1845)

Genus *Aspidoparia* Heckel, 1847 异鲴属

Aspidoparia jaya (Hamilton, 1822) 杰伊异鲴

Aspidoparia morar (Hamilton, 1822) 异鲴 陆

Aspidoparia ukhrulensis Selim & Vishwanath, 2001 印度异鲴

Genus *Aspiolucius* Berg, 1907 梭赤稍鱼属

Aspiolucius esocinus (Kessler, 1874) 梭赤稍鱼

Genus *Aspiorhynchus* Kessler, 1879 扁吻鱼属

Aspiorhynchus laticeps (Day, 1877) 新疆扁吻鱼(新强大头鱼) 陆

Genus *Aspius* Agassiz, 1832 赤稍鱼属

Aspius aspius (Linnaeus, 1758) 赤稍鱼 陆

Aspius vorax Heckel, 1843 贪食赤稍鱼

Genus *Atrilinea* Chu, 1935 黑线鳘属

Atrilinea macrolepis Song & Fang, 1987 大鳞黑线鳘 陆

Atrilinea macrops (Lin, 1931) 大眼黑线鳘 陆

Atrilinea roulei (Wu, 1931) 罗氏黑线鳘 陆

Genus *Aulopyge* Heckel, 1841 管臀鱼属

Aulopyge huegelii Heckel, 1843 管臀鱼

Genus *Aztecula* Jordan & Evermann, 1898 阿兹鱼属

Aztecula sallaei (Günther, 1868) 墨西哥阿兹鱼

Genus *Balantiocheilos* Bleeker, 1860 袋唇鱼属

Balantiocheilos ambusticauda Ng & Kottelat, 2007 湄公河袋唇鱼

Balantiocheilos melanopterus (Bleeker, 1851) 黑鳍袋唇鱼

Genus *Ballerus* Heckel, 1843 长臀鳊属

Ballerus ballerus (Linnaeus, 1758) 长臀鳊

Ballerus sapa (Pallas, 1814) 沙巴长臀鳊

Genus *Bangana* Hamilton, 1822 孟加拉国鲮属

Bangana almorae (Chaudhuri, 1912) 阿尔莫氏孟加拉国鲮

Bangana ariza (Hamilton, 1807) 阿里什孟加拉国鲮

Bangana behri (Fowler, 1937) 贝氏孟加拉国鲮

Bangana brevirostris Liu & Zhou, 2009 短吻孟加拉国鲮 陆

Bangana decora (Peters, 1881) 桂孟加拉国鲮 陆

    syn. *Sinilabeo decorus* (Peters, 1881) 桂华鲮

Bangana dero (Hamilton, 1822) 墨脱孟加拉国鲮 陆

    syn. *Sinilabeo dero* (Hamilton, 1822) 墨脱华鲮

Bangana devdevi (Hora, 1936) 德氏孟加拉国鲮

Bangana diplostoma (Heckel, 1838) 双孔孟加拉国鲮

Bangana discognathoides (Nichols & Pope, 1927) 盘唇孟加拉国鲮 陆

    syn. *Sinilabeo discognathoides* (Nichols & Pope, 1927) 盘唇华鲮

Bangana elegans Kottelat, 1998 美丽孟加拉国鲮

Bangana gedrosicus (Zugmayer, 1912) 砂栖孟加拉国鲮

Bangana horai (Banarescu, 1986) 霍氏孟加拉国鲮

Bangana lemassoni (Pellegrin & Chevey, 1936) 滇孟加拉国鲮 陆

    syn. *Sinilabeo lemassoni* (Pellegrin & Chevey, 1936) 滇华鲮

Bangana lippus (Fowler, 1936) 湄公河孟加拉国鲮 陆

    syn. *Sinilabeo laticeps* (Wu & Lin, 1977) 宽头华鲮

Bangana pierrei (Sauvage, 1880) 皮埃尔孟加拉国鲮

Bangana rendahli (Kimura, 1934) 伦氏孟加拉国鲮 陆

    syn. *Sinilabeo rendahli* (Kimura, 1934) 华鲮

Bangana sinkleri (Fowler, 1934) 辛氏孟加拉国鲮

Bangana tonkinensis (Pellegrin & Chevey, 1934) 河口孟加拉国鲮 陆

    syn. *Sinilabeo tonkinensis* (Pellegrin & Chevey, 1934) 河口华鲮

Bangana tungting (Nichols, 1925) 洞庭孟加拉国鲮 陆

    syn. *Sinilabeo tungting* (Nichols, 1925) 洞庭华鲮

Bangana wui (Zheng & Chen, 1983) 伍氏孟加拉国鲮 陆

    syn. *Sinilabeo wui* (Zheng & Chen, 1983) 伍氏华鲮

Bangana xanthogenys (Pellegrin & Chevey, 1936) 元江孟加拉国鲮 陆

    syn. *Sinilabeo xanthogenys* (Pellegrin & Chevey, 1936) 元江华鲮

Bangana yunnanensis (Chu & Wang, 1963) 云南孟加拉国鲮 陆

Bangana zhui (Zheng & Chen, 1989) 朱氏孟加拉国鲮 陆

    syn. *Sinilabeo zhui* Zheng & Chen, 1989 朱氏华鲮

Genus *Barbichthys* Bleeker, 1860 髯𩾃属

Barbichthys laevis (Valenciennes, 1842) 光髯𩾃

Genus *Barbodes* Bleeker, 1859 四须𩾃属

Barbodes belinka (Bleeker, 1860) 贝林克四须𩾃

Barbodes bovanicus (Day, 1878) 考维里河四须鲃

Barbodes carnaticus (Jerdon, 1849) 印度四须鲃

Barbodes colemani (Fowler, 1937) 科氏四须鲃

Barbodes elongatus (Oshima, 1920) 长身四须鲃

Barbodes mahakkamensis (Ahl, 1922) 婆罗洲四须鲃

Barbodes platysoma (Bleeker, 1855) 扁体四须鲃

Barbodes polylepis Chen & Li, 1988 多鳞四须鲃 陆

Barbodes strigatus (Boulenger, 1894) 直条四须鲃

Barbodes sunieri (Weber & de Beaufort, 1916) 萨氏四须鲃

Barbodes wynaadensis (Day, 1873) 保山四须鲃 陆

Genus *Barboides* Brüning, 1929 拟四须鲃属

Barboides britzi Conway & Moritz, 2006 布氏拟四须鲃

Barboides gracilis Brüning, 1929 细拟四须鲃

Genus *Barbonymus* Kottelat, 1999 高体鲃属

Barbonymus altus (Günther, 1868) 红尾高体鲃

Barbonymus balleroides (Valenciennes, 1842) 巴莱高体鲃

Barbonymus collingwoodii (Günther, 1868) 科氏高体鲃

Barbonymus gonionotus (Bleeker, 1849) 银高体鲃 陆 台

Barbonymus schwanenfeldii (Bleeker, 1853) 施氏高体鲃

Genus *Barbopsis* Di Caporiacco, 1926 小髭鲃属

Barbopsis devecchii di Caporiacco, 1926 德氏小髭鲃

Genus *Barbus* Cuvier & Cloquet, 1816 鲃属

Barbus ablabes (Bleeker, 1863) 艾布拉鲃

Barbus aboinensis Boulenger, 1911 阿博伊鲃

Barbus acuticeps Matthes, 1959 尖头鲃

Barbus afrohamiltoni Crass, 1960 阿氏鲃

Barbus afrovernayi Nichols & Boulton, 1927 斑尾鲃

Barbus albanicus Steindachner, 1870 阿尔巴尼亚鲃

Barbus aliciae Bigorne & Lévêque, 1993 艾丽西亚鲃

Barbus alluaudi Pellegrin, 1909 奥氏鲃

Barbus aloyi Roman, 1970 阿洛依氏鲃

Barbus altianalis Boulenger, 1900 高臀鲃

Barbus altidorsalis Boulenger, 1908 高背鲃

Barbus amanpoae Lambert, 1961 慈鲃

Barbus amatolicus Skelton, 1990 砂鲃

Barbus andrewi Barnard, 1937 安氏鲃

Barbus anema Boulenger, 1903 凤鲃

Barbus annectens Gilchrist & Thompson, 1917 宽带鲃

Barbus anniae Lévêque, 1983 安妮鲃

Barbus anoplus Weber, 1897 圆头鲃

Barbus ansorgii Boulenger, 1904 安索鲃

Barbus apleurogramma Boulenger, 1911 肋线鲃

Barbus arabicus Trewavas, 1941 阿拉伯鲃

Barbus arambourgi Pellegrin, 1935 阿拉姆鲃氏

Barbus arcislongae Keilhack, 1908 弓鲃

Barbus argenteus Günther, 1868 玫鳍鲃

Barbus aspilus Boulenger, 1907 盾身鲃

Barbus atakorensis Daget, 1957 阿太鲃

Barbus atkinsoni Bailey, 1969 碎点鲃

Barbus atromaculatus Nichols & Griscom, 1917 黑斑鲃

Barbus bagbwensis Norman, 1932 巴格文鲃

Barbus balcanicus Kotlík, Tsigenopoulos, Ráb & Berrebi, 2002 花身鲃

Barbus barbulus Heckel, 1847 小须鲃

Barbus barbus (Linnaeus, 1758) 鲃

Barbus barnardi Jubb, 1965 巴纳德鲃

Barbus barotseensis Pellegrin, 1920 巴洛士鲃

Barbus baudoni Boulenger, 1918 鲍登氏鲃

Barbus bawkuensis Hopson, 1965 鲍氏鲃

Barbus bergi Chichkoff, 1935 伯格氏鲃

Barbus bifrenatus Fowler, 1935 双缰鲃

Barbus bigornei Lévêque, Teugels & Thys van den Audenaerde, 1988 比高氏鲃

Barbus boboi Schultz, 1942 鲍勃氏鲃

Barbus borysthenicus Dybowski, 1862 贪食鲃

Barbus bourdariei Pellegrin, 1928 布尔氏鲃

Barbus brachygramma Boulenger, 1915 短带鲃

Barbus brazzai Pellegrin, 1901 布雷泽氏鲃

Barbus breviceps Trewavas, 1936 短首鲃

Barbus brevidorsalis Boulenger, 1915 短背鲃

Barbus brevilateralis Poll, 1967 短侧鲃

Barbus brevipinnis Jubb, 1966 短鳍鲃

Barbus brichardi Poll & Lambert, 1959 布里氏鲃

Barbus bynni bynni (Forsskål, 1775) 宾氏鲃

Barbus bynni occidentalis Boulenger, 1911 西方鲃

Barbus bynni waldroni Norman, 1935 澳尔德氏鲃

Barbus cadenati Daget, 1962 卡德氏鲃

Barbus calidus Barnard, 1938 敏鲃

Barbus callensis Valenciennes, 1842 卡伦鲃

Barbus callipterus Boulenger, 1907 丽鳍鲃

Barbus camptacanthus (Bleeker, 1863) 弯刺鲃

Barbus candens Nichols & Griscom, 1917 坎登鲃

Barbus caninus Bonaparte, 1839 小犬鲃

Barbus carcharhinoides Stiassny, 1991 似尖吻鲃

Barbus carens Boulenger, 1912 头鲃

Barbus carottae (Bianco, 1998) 卡路泰鲃

Barbus carpathicus Kotlík, Tsigenopoulos, Ráb & Berrebi, 2002 斯洛伐克鲃

Barbus castrasibutum Fowler, 1936 巫鲃

Barbus catenarius Poll & Lambert, 1959 链鲃

Barbus caudosignatus Poll, 1967 尾饰鲃

Barbus cercops Whitehead, 1960 长尾鲃

Barbus chicapaensis Poll, 1967 芝加鲃

Barbus chiumbeensis Pellegrin, 1936 休贝鲃

Barbus chlorotaenia Boulenger, 1911 绿纹鲃

Barbus choloensis Norman, 1925 银腹鲃

Barbus ciscaucasicus Kessler, 1877 高加索鲃

Barbus citrinus Boulenger, 1920 柠檬鲃

Barbus claudinae De Vos & Thys van den Audenaerde, 1990 克劳迪娜鲃

Barbus clauseni Thys van den Audenaerde, 1976 克劳森氏鲃

Barbus collarti Poll, 1945 科勒氏鲃

Barbus condei Mahnert & Géry, 1982 康氏鲃

Barbus cyclolepis Heckel, 1837 圆鳞鲃

Barbus dartevellei Poll, 1945 达特氏鲃

Barbus deguidei Matthes, 1964 德吉氏鲃

Barbus deserti Pellegrin, 1909 德塞氏鲃

Barbus dialonensis Daget, 1962 迪亚鲃

Barbus diamouanganai Teugels & Mamonekene, 1992 戴莫氏鲃

Barbus ditinensis Daget, 1962 迪蒂鲃

Barbus dorsolineatus Trewavas, 1936 背纹鲃

Barbus eburneensis Poll, 1941 埃布尼鲃

Barbus elephantis Boulenger, 1907 象鲃

Barbus ensis Boulenger, 1910 刀形鲃

Barbus ercisianus Karaman, 1971 涩鲃

Barbus erubescens Skelton, 1974 红鳍鲃

Barbus erythrozonus Poll & Lambert, 1959 红带鲃

Barbus ethiopicus Zolezzi, 1939 埃塞俄比鲃

Barbus euboicus Stephanidis, 1950 埃博鲃

Barbus eurystomus Keilhack, 1908 阔嘴鲃

Barbus eutaenia Boulenger, 1904 橘鳍鲃

Barbus evansi Fowler, 1930 埃文斯氏鲃

Barbus fasciolatus Günther, 1868 带纹鲃

Barbus fasolt Pappenheim, 1914 傲䰾

Barbus foutensis Lévêque, Teugels & Thys van den Audenaerde, 1988 富特䰾

Barbus fritschii Günther, 1874 弗里奇䰾

Barbus gananensis Vinciguerra, 1895 加纳䰾

Barbus gestetneri Banister & Bailey, 1979 格氏䰾

Barbus girardi Boulenger, 1910 吉氏䰾

Barbus goktschaicus Kessler, 1877 塞万䰾

Barbus greenwoodi Poll, 1967 格林纳达氏䰾

Barbus gruveli Pellegrin, 1911 格鲁氏䰾

Barbus grypus Heckel, 1843 隆背䰾

Barbus guildi Loiselle, 1973 吉尔德氏䰾

Barbus guineensis Pellegrin, 1913 几内亚䰾

Barbus guirali Thominot, 1886 圭氏䰾

Barbus gulielmi Boulenger, 1910 古氏䰾

Barbus gurneyi Günther, 1868 格尼氏䰾

Barbus haasi Mertens, 1925 哈斯氏䰾

Barbus haasianus David, 1936 镰鳍䰾

Barbus harterti Günther, 1901 哈特氏䰾

Barbus holotaenia Boulenger, 1904 点鳞䰾

Barbus hospes Barnard, 1938 主䰾

Barbus huguenyi Bigorne & Lévêque, 1993 休格氏䰾

Barbus huloti Banister, 1976 赫洛氏䰾

Barbus hulstaerti Poll, 1945 赫尔氏䰾

Barbus humeralis Boulenger, 1902 披肩䰾

Barbus humilis Boulenger, 1902 矮䰾

Barbus humphri Banister, 1976 汉弗莱氏䰾

Barbus inaequalis Lévêque, Teugels & Thys van den Audenaerde, 1988 粗皮䰾

Barbus innocens Pfeffer, 1896 英诺䰾

Barbus iturii Holly, 1929 依托氏䰾

Barbus jacksoni Günther, 1889 杰克逊氏䰾

Barbus jae Boulenger, 1903 杰氏䰾

Barbus janssensi Poll, 1976 约翰逊氏䰾

Barbus jubbi Poll, 1967 朱布氏䰾

Barbus kamolondoensis Poll, 1938 卡莫隆䰾

Barbus kerstenii Peters, 1868 克斯顿䰾

Barbus kessleri (Steindachner, 1866) 盖纹䰾

Barbus kissiensis Daget, 1954 基西䰾

Barbus kubanicus Berg, 1912 库班䰾

Barbus kuiluensis Pellegrin, 1930 库卢䰾

Barbus lacerta Heckel, 1843 叙利亚䰾

Barbus lagensis (Günther, 1868) 拉各斯䰾

Barbus lamani Lönnberg & Rendahl, 1920 拉曼氏䰾

Barbus laticeps Pfeffer, 1889 侧头䰾

Barbus lauzannei Lévêque & Paugy, 1982 劳氏䰾

Barbus leonensis Boulenger, 1915 莱昂䰾

Barbus leptopogon Schimper, 1834 细髭䰾

Barbus liberiensis Steindachner, 1894 利比里䰾

Barbus lineomaculatus Boulenger, 1903 侧点䰾

Barbus longiceps Valenciennes, 1842 长头䰾

Barbus longifilis Pellegrin, 1935 长丝䰾

Barbus lornae Ricardo-Bertram, 1943 曲唇䰾

Barbus lorteti Sauvage, 1882 洛特氏䰾

Barbus loveridgii Boulenger, 1916 洛夫里奇氏䰾

Barbus luapulae Fowler, 1958 卢佩拉䰾

Barbus lufukiensis Boulenger, 1917 卢富金䰾

Barbus luikae Ricardo, 1939 卢卡䰾

Barbus lujae Boulenger, 1913 卢什䰾

Barbus lukindae Boulenger, 1915 卢金䰾

Barbus lukusiensis David & Poll, 1937 卢库西䰾

Barbus luluae Fowler, 1930 卢卢阿䰾

Barbus macedonicus Karaman, 1928 马其顿䰾

Barbus machadoi Poll, 1967 马查杜氏䰾

Barbus macinensis Daget, 1954 莫钦䰾

Barbus macroceps Fowler, 1936 大头䰾

Barbus macrolepis Pfeffer, 1889 大鳞䰾

Barbus macrops Boulenger, 1911 大眼䰾

Barbus macrotaenia Worthington, 1933 阔带䰾

Barbus magdalenae Boulenger, 1906 马克达䰾

Barbus manicensis Pellegrin, 1919 黄䰾

Barbus mariae Holly, 1929 玛丽亚䰾

Barbus marmoratus David & Poll, 1937 斑点䰾

Barbus martorelli Roman, 1970 马托氏䰾

Barbus matthesi Poll & Gosse, 1963 马瑟斯氏䰾

Barbus mattozi Guimarães, 1884 马图氏䰾

Barbus mawambi Pappenheim, 1914 马万氏䰾

Barbus mawambiensis Steindachner, 1911 马万比䰾

Barbus mediosquamatus Poll, 1967 中鳞䰾

Barbus melanotaenia Stiassny, 1991 黑带䰾

Barbus meridionalis Risso, 1827 南方䰾

Barbus microbarbis David & Poll, 1937 短须䰾

Barbus microterolepis Boulenger, 1902 小奇鳞䰾

Barbus mimus Boulenger, 1912 仿䰾

Barbus miolepis Boulenger, 1902 微鳞䰾

Barbus mirabilis Pappenheim, 1914 奇䰾

Barbus mocoensis Trewavas, 1936 莫科䰾

Barbus mohasicus Pappenheim, 1914 莫哈䰾

Barbus motebensis Steindachner, 1894 穆脱氏䰾

Barbus multilineatus Worthington, 1933 多线䰾

Barbus musumbi Boulenger, 1910 马休氏䰾

Barbus myersi Poll, 1939 迈尔斯氏䰾

Barbus nanningsi (de Beaufort, 1933) 南宁氏䰾

Barbus nasus Günther, 1874 大鼻䰾

Barbus neefi Greenwood, 1962 尼夫氏䰾

Barbus neglectus Boulenger, 1903 遗䰾

Barbus neumayeri Fischer, 1884 纽万氏䰾

Barbus nigeriensis Boulenger, 1903 尼日尔䰾

Barbus nigrifilis Nichols, 1928 灰线䰾

Barbus nigroluteus Pellegrin, 1930 暗黄䰾

Barbus niluferensis Turan, Kottelat & Ekmekçi, 2009 尼卢䰾

Barbus niokoloensis Daget, 1959 尼科洛䰾

Barbus nounensis Van den Bergh & Teugels, 1998 怒恩河䰾

Barbus nyanzae Whitehead, 1960 奈氏䰾

Barbus okae (Fowler, 1949) 奥凯氏䰾

Barbus oligogrammus David, 1937 寡纹䰾

Barbus oligolepis Battalgil, 1941 寡鳞䰾

Barbus olivaceus Seegers, 1996 橄榄䰾

Barbus owenae Ricardo-Bertram, 1943 欧文䰾

Barbus oxyrhynchus Pfeffer, 1889 尖鼻䰾

Barbus pagenstecheri Fischer, 1884 佩金氏䰾

Barbus pallidus Smith, 1841 苍䰾

Barbus paludinosus Peters, 1852 直鳍䰾

Barbus papilio Banister & Bailey, 1979 蝶䰾

Barbus parablabes Daget, 1957 副䰾

Barbus parajae Van den Bergh & Teugels, 1998 萨纳加河䰾

Barbus parawaldroni Lévêque, Thys van den Audenaerde & Traoré, 1987 帕拉氏䰾

Barbus paucisquamatus Pellegrin, 1935 少鳞䰾

Barbus pellegrini Poll, 1939 佩氏䰾

Barbus peloponnesius Valenciennes, 1842 希䰾

Barbus pergamonensis Karaman, 1971 潘加望䰾

Barbus perince Rüppell, 1835 佩林斯魮

Barbus petchkovskyi Poll, 1967 佩奇氏魮

Barbus petenyi Heckel, 1852 皮特氏魮

Barbus petitjeani Daget, 1962 佩蒂氏魮

Barbus platyrhinus Boulenger, 1900 扁吻魮

Barbus plebejus Bonaparte, 1839 凡魮

Barbus pleurogramma Boulenger, 1902 肋斑魮

Barbus pobeguini Pellegrin, 1911 波比氏魮

Barbus poechii Steindachner, 1911 耀尾魮

Barbus prespensis Karaman, 1924 普雷斯泊魮

Barbus prionacanthus Mahnert & Géry, 1982 锯棘魮

Barbus profundus Greenwood, 1970 深水魮

Barbus pseudotoppini Seegers, 1996 休氏魮

Barbus pumilus Boulenger, 1901 小矮魮

Barbus punctitaeniatus Daget, 1954 点带魮

Barbus pygmaeus Poll & Gosse, 1963 侏魮

Barbus quadrilineatus David, 1937 四线魮

Barbus quadripunctatus Pfeffer, 1896 四块魮

Barbus radiatus Peters, 1853 辐鳞魮

Barbus raimbaulti Daget, 1962 雷氏魮

Barbus rebeli Koller, 1926 丽贝氏魮

Barbus reinii Günther, 1874 赖因氏魮

Barbus rhinophorus Boulenger, 1910 铧魮

Barbus rohani Pellegrin, 1921 罗汉魮

Barbus rosae Boulenger, 1910 罗莎魮

Barbus roussellei Ladiges & Voelker, 1961 鲁斯氏魮

Barbus rouxi Daget, 1961 鲁氏魮

Barbus ruasae Pappenheim, 1914 鲁什魮

Barbus rubrostigma Poll & Lambert, 1964 赤点魮

Barbus sacratus Daget, 1963 楯魮

Barbus salessei Pellegrin, 1908 塞尔氏魮

Barbus sensitivus Roberts, 2010 食黍魮

Barbus serengetiensis Farm, 2000 坦桑尼亚魮

Barbus serra Peters, 1864 锯鳍魮

Barbus sexradiatus Boulenger, 1911 六辐魮

Barbus seymouri Tweddle & Skelton, 2008 西摩氏魮

Barbus somereni Boulenger, 1911 萨默氏魮

Barbus sperchiensis Stephanidis, 1950 豕背魮

Barbus stanleyi Poll & Gosse, 1974 斯坦利氏魮

Barbus stappersii Boulenger, 1915 斯塔普氏魮

Barbus stauchi Daget, 1967 斯托氏魮

Barbus stigmasemion Fowler, 1936 瞳斑魮

Barbus stigmatopygus Boulenger, 1903 斑臀魮

Barbus strumicae Karaman, 1955 斯特拉魮

Barbus subinensis Hopson, 1965 苏比魮

Barbus sublimus Coad & Najafpour, 1997 伊朗魮

Barbus sublineatus Daget, 1954 下线魮

Barbus subquincunciatus Günther, 1868 美索不达米亚魮

Barbus sylvaticus Loiselle & Welcome, 1971 捷泳魮

Barbus syntrechalepis (Fowler, 1949) 糙鳞魮

Barbus taeniopleura Boulenger, 1917 纹胸魮

Barbus taeniurus Boulenger, 1903 纹尾魮

Barbus tanapelagius Graaf, Dejen, Sibbing & Osse, 2000 塔纳湖魮

Barbus tangandensis Jubb, 1954 坦噶魮

Barbus tauricus Kessler, 1877 克里米亚魮

Barbus tegulifer Fowler, 1936 瓦魮

Barbus tetraspilus Pfeffer, 1896 四点魮

Barbus tetrastigma Boulenger, 1913 四斑魮

Barbus thamalakanensis Fowler, 1935 塔马拉魮

Barbus thessalus Stephanidis, 1971 塞萨利魮

Barbus thysi Trewavas, 1974 赛氏魮

Barbus tiekoroi Lévêque, Teugels & Thys van den Audenaerde, 1987 蒂科氏魮

Barbus tomiensis Fowler, 1936 托米魮

Barbus tongaensis Rendahl, 1935 通加魮

Barbus toppini Boulenger, 1916 托普氏魮

Barbus trachypterus Boulenger, 1915 粗鳍魮

Barbus traorei Lévêque, Teugels & Thys van den Audenaerde, 1987 特拉氏魮

Barbus treurensis Groenewald, 1958 特罗河魮

Barbus trevelyani Günther, 1877 特里氏魮

Barbus trimaculatus Peters, 1852 三斑魮

Barbus trinotatus Fowler, 1936 三标魮

Barbus trispiloides Lévêque, Teugels & Thys van den Audenaerde, 1987 拟三斑魮

Barbus trispilomimus Boulenger, 1907 仿三斑魮

Barbus trispilopleura Boulenger, 1902 胸三斑魮

Barbus trispilos (Bleeker, 1863) 三点魮

Barbus tropidolepis Boulenger, 1900 弯鳞魮

Barbus turkanae Hopson & Hopson, 1982 土卡那湖魮

Barbus tyberinus Bonaparte, 1839 蒂勒尼安魮

Barbus unitaeniatus Günther, 1866 无纹魮

Barbus urostigma Boulenger, 1917 尾斑魮

Barbus urotaenia Boulenger, 1913 条尾魮

Barbus usambarae Lönnberg, 1907 尤塞魮

Barbus vanderysti Poll, 1945 范德氏魮

Barbus venustus Bailey, 1980 爱神魮

Barbus viktorianus Lohberger, 1929 维克多魮

Barbus viviparus Weber, 1897 弓线魮

Barbus waleckii Rolik, 1970 韦利氏魮

Barbus walkeri Boulenger, 1904 沃克氏魮

Barbus wellmani Boulenger, 1911 韦尔曼氏魮

Barbus wurtzi Pellegrin, 1908 沃慈魮

Barbus yeiensis Johnsen, 1926 耶依魮

Barbus yongei Whitehead, 1960 杨氏魮

Barbus zalbiensis Blache & Miton, 1960 扎尔皮魮

Barbus zanzibaricus Peters, 1868 桑给巴尔魮

Genus *Barilius* Hamilton, 1822 低线鱲属

Barilius bakeri Day, 1865 贝克氏低线鱲

Barilius barila (Hamilton, 1822) 滇西低线鱲 陆

Barilius barna (Hamilton, 1822) 巴纳低线鱲

Barilius bendelisis (Hamilton, 1807) 本代尔低线鱲

Barilius bernatziki Koumans, 1937 伯纳特低线鱲

Barilius bonarensis Chaudhuri, 1912 博纳低线鱲

Barilius borneensis Roberts, 1989 博尔尼低线鱲

Barilius canarensis (Jerdon, 1849) 卡尼亚尔低线鱲

Barilius caudiocellatus Chu, 1984 尾点低线鱲 陆

Barilius chatricensis Selim & Vishwanath, 2002 恰特低线鱲

Barilius dimorphicus Tilak & Husain, 1990 松河低线鱲

Barilius dogarsinghi Hora, 1921 多氏低线鱲

Barilius evezardi Day, 1872 伊夫氏低线鱲

Barilius gatensis (Valenciennes, 1844) 盖茨山低线鱲

Barilius huahinensis Fowler, 1934 泰国低线鱲

Barilius infrafasciatus Fowler, 1934 下纹低线鱲

Barilius lairokensis Arunkumar & Tombi Singh, 2000 莱罗低线鱲

Barilius mesopotamicus Berg, 1932 中河低线鱲

Barilius modestus Day, 1872 静低线鱲

Barilius naseeri Mirza, Rafiq & Awan, 1986 纳氏低线鱲

Barilius nelsoni Barman, 1988 纳尔逊低线鱲

Barilius ngawa Vishwanath & Monojkumar, 2002 雅万低线鱲

Barilius ornatus Sauvage, 1883 饰妆低线鱲

Barilius pakistanicus Mirza & Sadiq, 1978 巴基斯坦低线鱲

Barilius ponticulus (Smith, 1945) 糙低线鱲
Barilius radiolatus Günther, 1868 辐边低线鱲
Barilius shacra (Hamilton, 1822) 印度低线鱲
Barilius tileo (Hamilton, 1822) 蒂莱低线鱲
Barilius vagra (Hamilton, 1822) 漫游低线鱲

Genus *Belligobio* Jordan & Hubbs, 1925 似鳕属
Belligobio nummifer (Boulenger, 1901) 似鳕 陆
Belligobio pengxianensis Luo, Le & Chen, 1977 彭县似鳕 陆

Genus *Biwia* Jordan & Fowler, 1903 琵湖鮈属
Biwia tama Oshima, 1957 塔马琵湖鮈
Biwia yodoensis Kawase & Hosoya, 2010 横洞琵湖鮈
Biwia zezera (Ishikawa, 1895) 琵湖鮈

Genus *Blicca* Heckel, 1843 粗鳞鳊属
Blicca bjoerkna (Linnaeus, 1758) 粗鳞鳊

Genus *Boraras* Kottelat & Vidthayanon, 1993 泰波鱼属
Boraras brigittae (Vogt, 1978) 白氏泰波鱼
Boraras maculatus (Duncker, 1904) 斑纹泰波鱼
Boraras merah (Kottelat, 1991) 小泰波鱼
Boraras micros Kottelat & Vidthayanon, 1993 三斑泰波鱼
Boraras urophthalmoides (Kottelat, 1991) 拟尾眼泰波鱼

Genus *Brevibora* Liao, Kullander & Fang, 2010 短波鱼属
Brevibora dorsiocellata (Duncker, 1904) 背眼短波鱼

Genus *Caecobarbus* Boulenger, 1921 瞎眼鲃属
Caecobarbus geertsii Boulenger, 1921 瞎眼鲃(刚果盲鲃)

Genus *Caecocypris* Banister & Bunni, 1980 盲鲤属
Caecocypris basimi Banister & Bunni, 1980 盲鲤

Genus *Campostoma* Agassiz, 1855 曲口鱼属
Campostoma anomalum (Rafinesque, 1820) 突吻曲口鱼
Campostoma oligolepis Hubbs & Greene, 1935 稀鳞曲口鱼
Campostoma ornatum Girard, 1856 文饰曲口鱼
Campostoma pauciradii Burr & Cashner, 1983 波氏曲口鱼
Campostoma pullum (Agassiz, 1854) 北美曲口鱼

Genus *Candidia* Jordan & Richardson, 1909 须鱲属
Candidia barbata (Regan, 1908) 台湾须鱲 台
Candidia pingtungensis Chen, Wu & Hsu, 2008 屏东须鱲 台

Genus *Capoeta* Valenciennes, 1842 二须鲃属
Capoeta aculeata (Valenciennes, 1844) 灰褐二须鲃
Capoeta angorae (Hankó, 1925) 吹砂二须鲃
Capoeta antalyensis (Battalgil, 1943) 安塔利二须鲃
Capoeta baliki Turan, Kottelat, Ekmekçi & Imamoglu, 2006 贝利氏二须鲃
Capoeta banarescui Turan, Kottelat, Ekmekçi & Imamoglu, 2006 巴纳氏二须鲃
Capoeta barroisi (Lortet, 1894) 巴洛二须鲃
Capoeta bergamae Karaman, 1969 伯根氏二须鲃
Capoeta buhsei Kessler, 1877 布斯氏二须鲃
Capoeta caelestis Schöter, Özulug & Freyhof, 2009 土耳其二须鲃
Capoeta capoeta capoeta (Güldenstädt, 1773) 二须鲃
Capoeta capoeta gracilis (Keyserling, 1861) 细身二须鲃
Capoeta capoeta sevangi De Filippi, 1865 塞氏二须鲃
Capoeta damascina (Valenciennes, 1842) 鹿斑二须鲃
Capoeta ekmekciae Turan, Kottelat, Kirankaya & Engin, 2006 埃克氏二须鲃
Capoeta erhani Turan, Kottelat & Ekmekçi, 2008 埃哈氏二须鲃
Capoeta fusca Nikolskii, 1897 棕二须鲃
Capoeta kosswigi Karaman, 1969 科氏二须鲃
Capoeta mauricii Küçük, Turan, Sahin & Gülle, 2009 莫里斯二须鲃
Capoeta pestai (Pietschmann, 1933) 佩氏二须鲃
Capoeta sieboldii (Steindachner, 1864) 西氏二须鲃
Capoeta tinca (Heckel, 1843) 丁卡二须鲃
Capoeta trutta (Heckel, 1843) 鳟形二须鲃

Capoeta turani Özulug & Freyhof, 2008 特氏二须鲃
Capoeta umbla (Heckel, 1843) 底格里斯河二须鲃

Genus *Capoetobrama* Berg, 1916 长刺鳊属
Capoetobrama kuschakewitschi kuschakewitschi (Kessler, 1872) 长刺鳊
Capoetobrama kuschakewitschi orientalis Nikolskii, 1934 东方长刺鳊

Genus *Carasobarbus* Karaman, 1971 鲫须鲃属
Carasobarbus apoensis (Banister & Clarke, 1977) 沙特鲫须鲃
Carasobarbus canis (Valenciennes, 1842) 灰鲫须鲃
Carasobarbus chantrei (Sauvage, 1882) 钱氏鲫须鲃
Carasobarbus exulatus (Banister & Clarke, 1977) 也门鲫须鲃
Carasobarbus luteus (Heckel, 1843) 鲫须鲃

Genus *Carassioides* Oshima, 1926 须鲫属
Carassioides acuminatus (Richardson, 1846) 须鲫 陆
  syn. *Carassioides cantonensis* (Heincke, 1892) 须鲫
Carassioides argentea Nguyen, 2001 银须鲫
Carassioides macropterus Nguyen, 2001 大鳍须鲫

Genus *Carassius* Nilsson, 1832 鲫属
Carassius auratus argenteaphthalmus Nguyen, 2001 银眼鲫
Carassius auratus auratus (Linnaeus, 1758) 鲫 陆 台
Carassius auratus buergeri Temminck & Schlegel, 1846 布氏鲫
Carassius auratus grandoculis Temminck & Schlegel, 1846 大眼鲫(长背鲫)
Carassius auratus langsdorfii Temminck & Schlegel, 1846 兰氏鲫 陆
Carassius carassius (Linnaeus, 1758) 黑鲫 陆
Carassius cuvieri Temminck & Schlegel, 1846 高身鲫 陆 台
Carassius gibelio (Bloch, 1782) 银鲫 陆

Genus *Catla* Valenciennes, 1844 卡特拉鲃属
Catla catla (Hamilton, 1822) 真卡特拉鲃

Genus *Catlocarpio* Boulenger, 1898 印度鲤属
Catlocarpio siamensis Boulenger, 1898 暹罗印度鲤

Genus *Chagunius* Smith, 1938 沙昆鲤属
Chagunius baileyi Rainboth, 1986 贝利氏沙昆鲤
Chagunius chagunio (Hamilton, 1822) 沙昆鲤
Chagunius nicholsi (Myers, 1924) 尼氏沙昆鲤

Genus *Chanodichthys* Bleeker, 1860 红鳍鲌属
Chanodichthys abramoides (Dybowski, 1872) 似欧红鳍鲌
Chanodichthys dabryi dabryi (Bleeker, 1871) 达氏红鳍鲌 陆
  syn. *Culter dabryi dabryi* Bleeker, 1871 达氏鲌
Chanodichthys dabryi shinkainensis (Yih & Chu, 1959) 兴凯红鳍鲌 陆
  syn. *Culter dabryi shinkainensis* (Yih & Chu, 1959) 兴凯鲌
Chanodichthys erythropterus (Basilewsky 1855) 红鳍鲌 陆 台
  syn. *Culter erythropterus* (Basilewsky 1855) 红鳍鲌

Genus *Chela* Hamilton, 1822 元宝鳊属
Chela cachius (Hamilton, 1822) 元宝鳊
Chela khujairokensis Arunkumar, 2000 印度元宝鳊

Genus *Chelaethiops* Boulenger, 1899 埃塞鱼属
Chelaethiops bibie (Joannis, 1835) 比氏埃塞鱼
Chelaethiops congicus (Nichols & Griscom, 1917) 康吉埃塞鱼
Chelaethiops elongatus Boulenger, 1899 长体埃塞鱼
Chelaethiops minutus (Boulenger, 1906) 小埃塞鱼
Chelaethiops rukwaensis (Ricardo, 1939) 鲁夸湖埃塞鱼

Genus *Chondrostoma* Agassiz, 1832 软口鱼属
Chondrostoma angorense Elvira, 1987 皇软口鱼
Chondrostoma beysehirense Bogutskaya, 1997 土耳其软口鱼
Chondrostoma colchicum Derjugin, 1899 巫软口鱼
Chondrostoma cyri Kessler, 1877 库拉河软口鱼
Chondrostoma fahirae (Ladiges, 1960) 费氏软口鱼
Chondrostoma holmwoodii (Boulenger, 1896) 霍氏软口鱼

Chondrostoma kinzelbachi Krupp, 1985 金氏软口鱼
Chondrostoma knerii Heckel, 1843 克氏软口鱼
Chondrostoma kubanicum Berg, 1914 库班软口鱼
Chondrostoma meandrense Elvira, 1987 弧腹软口鱼
Chondrostoma nasus (Linnaeus, 1758) 大鼻软口鱼
Chondrostoma olisiponensis Gante, Santos & Alves, 2007 葡萄牙软口鱼
Chondrostoma orientale Bianco & Banarescu, 1982 东方软口鱼
Chondrostoma oxyrhynchum Kessler, 1877 尖吻软口鱼
Chondrostoma phoxinus Heckel, 1843 多鳞软口鱼
Chondrostoma prespense Karaman, 1924 红鳍软口鱼
Chondrostoma regium (Heckel, 1843) 大王软口鱼
Chondrostoma scodrense Elvira, 1987 斯库台软口鱼
Chondrostoma soetta Bonaparte, 1840 意大利软口鱼
Chondrostoma vardarense Karaman, 1928 南斯拉夫软口鱼
Chondrostoma variabile Yakovlev, 1870 杂色软口鱼

Genus *Chrosomus* Rafinesque, 1820 红腹鱼属

Chrosomus cumberlandensis (Starnes & Starnes, 1978) 黑带红腹鱼
　　syn. *Phoxinus cumberlandensis* Starnes & Starnes, 1978 黑带鲅

Chrosomus eos Cope, 1861 北美红腹鱼
　　syn. *Phoxinus eos* (Cope, 1861) 北美鲅

Chrosomus erythrogaster (Rafinesque, 1820) 南方红腹鱼
　　syn. *Phoxinus erythrogaster* (Rafinesque, 1820) 美洲鲅

Chrosomus oreas Cope, 1868 山红腹鱼
　　syn. *Phoxinus oreas* (Cope, 1868) 红腹鲅

Chrosomus tennesseensis (Starnes & Jenkins, 1988) 田纳西红腹鱼
　　syn. *Phoxinus tennesseensis* Starnes & Jenkins, 1988 田纳西鲅

Genus *Chuanchia* Herzenstein, 1891 黄河鱼属

Chuanchia labiosa Herzenstein, 1891 黄河鱼 陆

Genus *Cirrhinus* Oken, 1817 鲮属;鲮属

Cirrhinus caudimaculatus (Fowler, 1934) 尾斑鲮;尾斑鲮
Cirrhinus cirrhosus (Bloch, 1795) 卷须鲮;卷须鲮 陆
　　syn. *Cirrhinus mrigala* (Hamilton , 1822) 麦瑞加拉鲮
Cirrhinus fulungee (Sykes, 1839) 富露鲮;富露鲮
Cirrhinus inornatus Roberts, 1997 丑鲮;丑鲮
Cirrhinus jullieni Sauvage, 1878 裴氏鲮;裴氏鲮
Cirrhinus macrops Steindachner, 1870 大眼鲮;大眼鲮
Cirrhinus microlepis Sauvage, 1878 小鳞鲮;小鳞鲮
Cirrhinus molitorella (Valenciennes, 1844) 鲮;鲮 陆 台
Cirrhinus reba (Hamilton, 1822) 南亚鲮;南亚鲮
Cirrhinus rubirostris Roberts, 1997 赤吻鲮;赤吻鲮

Genus *Clinostomus* Girard, 1856 斜口鲹鱼属

Clinostomus elongatus (Kirtland, 1840) 斜口鲹鱼
Clinostomus funduloides Girard, 1856 玫瑰斜口鲹鱼

Genus *Clypeobarbus* Fowler, 1936 盾鲃属

Clypeobarbus bellcrossi (Jubb, 1965) 贝氏盾鲃
Clypeobarbus bomokandi (Myers, 1924) 博氏盾鲃
Clypeobarbus congicus (Boulenger, 1899) 刚果盾鲃
Clypeobarbus hypsolepis (Daget, 1959) 高鳞盾鲃
Clypeobarbus pleuropholis (Boulenger, 1899) 胸鳞盾鲃
Clypeobarbus pseudognathodon (Boulenger, 1915) 拟颌盾鲃
Clypeobarbus schoutedeni (Poll & Lambert, 1961) 斯氏盾鲃

Genus *Codoma* Girard, 1856 羚鲃属

Codoma ornata Girard, 1856 饰妆羚鲃

Genus *Coptostomabarbus* David & Poll, 1937 裂口须鲃属

Coptostomabarbus bellcrossi Poll, 1969 皮氏裂口须鲃
Coptostomabarbus wittei David & Poll, 1937 裂口须鲃

Genus *Coreius* Jordan & Starks, 1905 铜鱼属

Coreius cetopsis (Kner, 1867) 细铜鱼
Coreius guichenoti (Sauvage & Dabry de Thiersant, 1874) 圆口铜鱼 陆
Coreius heterodon (Bleeker, 1865) 铜鱼 陆
Coreius septentrionalis (Nichols, 1925) 北方铜鱼 陆

Genus *Coreoleuciscus* Mori, 1935 高丽雅罗鱼属

Coreoleuciscus splendidus Mori, 1935 高丽雅罗鱼

Genus *Cosmochilus* Sauvage, 1878 方口鲃属

Cosmochilus cardinalis Chu & Roberts, 1985 红鳍方口鲃 陆
Cosmochilus falcifer Regan, 1906 镰状方口鲃
Cosmochilus harmandi Sauvage, 1878 哈氏方口鲃
Cosmochilus nanlaensis Chen, He & He, 1992 南腊方口鲃 陆

Genus *Couesius* Jordan, 1878 铅鱼属

Couesius plumbeus (Agassiz, 1850) 铅鱼

Genus *Crossocheilus* Kuhl & van Hasselt, 1823 穗唇鲃属(缨鱼属)

Crossocheilus atrilimes Kottelat, 2000 黑带穗唇鲃
Crossocheilus burmanicus Hora, 1936 印度穗唇鲃 陆
　　syn. *Crossocheilus multirastellus* Su, Yang & Chen, 2000
Crossocheilus caudomaculatus (Battalgil, 1942) 尾斑穗唇鲃
Crossocheilus cobitis (Bleeker, 1853) 鳅形穗唇鲃
Crossocheilus diplochilus (Heckel, 1838) 双穗唇鲃
Crossocheilus gnathopogon Weber & de Beaufort, 1916 颌须穗唇鲃
Crossocheilus klatti (Kosswig, 1950) 克氏穗唇鲃
Crossocheilus langei Bleeker, 1860 兰氏穗唇鲃
Crossocheilus latius (Hamilton, 1822) 侧穗唇鲃 陆
Crossocheilus nigriloba Popta, 1904 黑叶穗唇鲃
Crossocheilus oblongus Kuhl & Van Hasselt, 1823 长身穗唇鲃
Crossocheilus obscurus Tan & Kottelat, 2009 暗色穗唇鲃
Crossocheilus periyarensis Menon & Jacob, 1996 贝里耶穗唇鲃
Crossocheilus reticulatus (Fowler, 1934) 网纹穗唇鲃 陆

Genus *Ctenopharyngodon* Steindachner, 1866 草鱼属

Ctenopharyngodon idella (Valenciennes, 1844) 草鱼 陆 台

Genus *Culter* Basilewsky, 1855 鲌属

Culter alburnus Basilewsky, 1855 翘嘴鲌 陆 台
Culter flavipinnis Tirant, 1883 越南鲌
Culter mongolicus elongatus (He & Liu, 1980) 程海鲌 陆
Culter mongolicus mongolicus (Basilewsky, 1855) 蒙古鲌 陆
　　syn. *Chanodichthys mongolicus* (Basilewsky, 1855) 蒙古红鲌
Culter mongolicus qionghaiensis (Ding , 1909) 邛海鲌 陆
Culter oxycephaloides Kreyenberg & Pappenheim, 1908 拟尖头鲌 陆
Culter oxycephalus Bleeker, 1871 尖头鲌 陆
Culter recurviceps (Richardson, 1846) 海南鲌 陆

Genus *Cultrichthys* Smith, 1938 原鲌属

Cultrichthys compressocorpus (Yih & Chu, 1959) 扁体原鲌 陆

Genus *Cyclocheilichthys* Bleeker, 1859 圆唇鱼属

Cyclocheilichthys apogon (Valenciennes, 1842) 天竺圆唇鱼
Cyclocheilichthys armatus (Valenciennes, 1842) 圆唇鱼
Cyclocheilichthys enoplus (Bleeker, 1850) 盔圆唇鱼
Cyclocheilichthys furcatus Sontirat, 1989 泰国圆唇鱼
Cyclocheilichthys heteronema (Bleeker, 1853) 异丝圆唇鱼
Cyclocheilichthys janthochir (Bleeker, 1853) 詹氏圆唇鱼
Cyclocheilichthys lagleri Sontirat, 1989 拉氏圆唇鱼
Cyclocheilichthys repasson (Bleeker, 1853) 斜口圆唇鱼
Cyclocheilichthys schoppeae Cervancia & Kottelat, 2007 菲律宾圆唇鱼
Cyclocheilichthys sinensis Bleeker, 1879 中华圆唇鱼 陆

Genus *Cyprinella* Girard, 1856 真小鲤属

Cyprinella alvarezdelvillari Contreras-Balderas & Lozano-Vilano, 1994 阿氏真小鲤
Cyprinella analostana Girard, 1859 阿纳真小鲤
Cyprinella bocagrande (Chernoff & Miller, 1982) 博卡真小鲤
Cyprinella caerulea (Jordan, 1877) 淡黑真小鲤
Cyprinella callisema (Jordan, 1877) 美体真小鲤
Cyprinella callistia (Jordan, 1877) 美身真小鲤
Cyprinella callitaenia (Bailey & Gibbs, 1956) 美纹真小鲤

Cyprinella camura (Jordan & Meek, 1884) 弯身真小鲤
Cyprinella chloristia (Jordan & Brayton, 1878) 黄绿真小鲤
Cyprinella eurystoma (Jordan, 1877) 宽嘴真小鲤
Cyprinella formosa (Girard, 1856) 美丽真小鲤
Cyprinella galactura (Cope, 1868) 乳色真小鲤
Cyprinella garmani (Jordan, 1885) 加曼氏真小鲤
Cyprinella gibbsi (Howell & Williams, 1971) 吉氏真小鲤
Cyprinella labrosa (Cope, 1870) 贪食真小鲤
Cyprinella leedsi (Fowler, 1942) 利氏真小鲤
Cyprinella lepida Girard, 1856 多鳞真小鲤
Cyprinella lutrensis (Baird & Girard, 1853) 卢伦真小鲤
Cyprinella nivea (Cope, 1870) 尼文真小鲤
Cyprinella panarcys (Hubbs & Miller, 1978) 帕纳真小鲤
Cyprinella proserpina (Girard, 1856) 冥真小鲤
Cyprinella pyrrhomelas (Cope, 1870) 赤黑真小鲤
Cyprinella rutila (Girard, 1856) 红真小鲤
Cyprinella spiloptera (Cope, 1867) 斑鳍真小鲤
Cyprinella stigmatura (Jordan, 1877) 点尾真小鲤
Cyprinella trichroistia (Jordan & Gilbert, 1878) 三色真小鲤
Cyprinella venusta Girard, 1856 迷人真小鲤
Cyprinella whipplei Girard, 1856 惠普尔真小鲤
Cyprinella xaenura (Jordan, 1877) 大眼真小鲤
Cyprinella xanthicara (Minckley & Lytle, 1969) 黄头真小鲤
Cyprinella zanema (Jordan & Brayton, 1878) 丝真小鲤

Genus *Cyprinion* Heckel, 1843 似真小鲤属

Cyprinion acinaces acinaces Banister & Clarke, 1977 也门似真小鲤
Cyprinion acinaces hijazi Krupp, 1983 希氏似真小鲤
Cyprinion kais Heckel, 1843 伊拉克似真小鲤
Cyprinion macrostomum Heckel, 1843 大口似真小鲤
Cyprinion mhalensis Alkahem & Behnke, 1983 沙特似真小鲤
Cyprinion microphthalmum (Day, 1880) 小眼似真小鲤
Cyprinion milesi (Day, 1880) 迈氏似真小鲤
Cyprinion semiplotum (McClelland, 1839) 半泳似真小鲤
Cyprinion tenuiradius Heckel, 1847 细线似真小鲤
Cyprinion watsoni (Day, 1872) 华生似真小鲤

Genus *Cyprinus* Linnaeus, 1758 鲤属

Cyprinus acutidorsalis Wang, 1979 尖鳍鲤 陆
Cyprinus barbatus Chen & Huang, 1977 洱海鲤 陆
Cyprinus carpio carpio Linnaeus, 1758 西鲤 陆 台
Cyprinus carpio haematopterus Martens, 1876 鲤 陆
Cyprinus centralus Nguyen & Mai, 1994 中心鲤
Cyprinus chilia Wu, Yang & Huang, 1963 杞麓鲤 陆
Cyprinus dai (Nguyen & Doan, 1969) 戴氏鲤
Cyprinus daliensis Chen & Huang, 1977 大理鲤 陆
Cyprinus exophthalmus Mai, 1978 越南鲤
Cyprinus fuxianensis Yang et al., 1977 抚仙鲤 陆
Cyprinus hyperdorsalis Nguyen, 1991 上背鲤
Cyprinus ilishaestomus Chen & Huang, 1977 翘嘴鲤 陆
Cyprinus intha Annandale, 1918 因莱湖鲤
Cyprinus longipectoralis Chen & Huang, 1977 春鲤 陆
Cyprinus longzhouensis Yang & Hwang, 1977 龙州鲤 陆
Cyprinus megalophthalmus Wu et al., 1963 大眼鲤 陆
Cyprinus micristius Regan, 1906 小鲤 陆
Cyprinus multitaeniata Pellegrin & Chevey, 1936 三角鲤 陆
Cyprinus pellegrini Tchang, 1933 大头鲤 陆
Cyprinus qionghaiensis Liu, 1981 邛海鲤 陆
Cyprinus quidatensis Nguyen, Le, Le & Nguyen, 1999 兰鲤
Cyprinus rubrofuscus Lacepède, 1803 赤棕鲤
Cyprinus yilongensis Yang et al., 1977 异龙鲤 陆
Cyprinus yunnanensis Tchang, 1933 云南鲤 陆

Genus *Danio* Hamilton, 1822 鲃属

Danio aesculapii Kullander & Fang, 2009 艾氏鲃
Danio albolineatus (Blyth, 1860) 白线鲃
Danio choprae Hora, 1928 肃氏鲃
Danio dangila (Hamilton, 1822) 红鳃鲃
Danio erythromicron (Annandale, 1918) 小红鲃
Danio feegradei Hora, 1937 菲氏鲃
Danio jaintianensis (Sen, 2007) 贾田鲃
Danio kerri Smith, 1931 克氏鲃
Danio kyathit Fang, 1998 蓝鲃
Danio margaritatus (Roberts, 2007) 玛格丽特鲃
Danio muongthanhensis Nguyen, 2001 越南鲃
Danio nigrofasciatus (Day, 1870) 黑纹鲃
Danio quagga Kullander, Liao & Fang, 2009 广吉鲃
Danio quangbinhensis (Nguyen, Le & Nguyen, 1999) 广平鲃
Danio rerio (Hamilton, 1822) 斑马鲃
Danio roseus Fang & Kottelat, 2000 玫瑰鲃
Danio tinwini Kullander & Fang, 2009 廷氏鲃
Danio trangi Ngo, 2003 特氏鲃

Genus *Danionella* Roberts, 1986 小鲃属

Danionella dracula Britz, Conway & Rüber, 2009 银小鲃
Danionella mirifica Britz, 2003 砾栖小鲃
Danionella priapus Britz, 2009 普里小鲃
Danionella translucida Roberts, 1986 透体小鲃

Genus *Delminichthys* Freyhof, Lieckfeldt, Bogutskaya, Pitra & Ludwig, 2006 鱼鲃属

Delminichthys adspersus (Heckel, 1843) 砂鱼鲃
Delminichthys ghetaldii (Steindachner, 1882) 吉氏鱼鲃
Delminichthys jadovensis (Zupancic & Bogutskaya, 2002) 贾都鱼鲃
Delminichthys krbavensis (Zupancic & Bogutskaya, 2002) 狡鱼鲃

Genus *Devario* Heckel, 1843 神鲃属

Devario acrostomus (Fang & Kottelat, 1999) 横口神鲃
Devario acuticephala (Hora, 1921) 尖头神鲃
Devario aequipinnatus (McClelland, 1839) 波条神鲃 陆
　　syn. *Danio aequipinnatus* (McClelland, 1839) 波条鲃
Devario affinis (Blyth, 1860) 印度神鲃
Devario annandalei (Chaudhuri, 1908) 安娜神鲃
Devario anomalus Conway, Mayden & Tang, 2009 糙身神鲃
Devario apogon (Chu, 1981) 缺须神鲃 陆
　　syn. *Danio apogon* Chu, 1981 缺须鲃
Devario apopyris (Fang & Kottelat, 1999) 湄公河神鲃
Devario assamensis (Barman, 1984) 阿萨姆神鲃
Devario auropurpureus (Annandale, 1918) 黄紫神鲃
Devario browni (Regan, 1907) 布朗氏神鲃
Devario chrysotaeniatus (Chu, 1981) 金线神鲃 陆
　　syn. *Danio chrysotaeniatus* Chu, 1981 金线鲃
Devario devario (Hamilton, 1822) 神鲃
Devario fangfangae (Kottelat, 2000) 方芳神鲃
Devario fraseri (Hora, 1935) 弗氏神鲃
Devario gibber (Kottelat, 2000) 驼背神鲃
Devario horai (Barman, 1983) 霍氏神鲃
Devario interruptus (Day, 1870) 半线神鲃 陆
　　syn. *Danio interruptus* (Day, 1870) 半线鲃
Devario kakhienensis (Anderson, 1879) 红蚌神鲃 陆
　　syn. *Danio kakhienensis* Anderson, 1879 波条鲃
Devario laoensis (Pellegrin & Fang, 1940) 老挝神鲃 陆
　　syn. *Danio myersi* (Smith, 1945) 麦氏鲃
Devario leptos (Fang & Kottelat, 1999) 细神鲃
Devario maetaengensis (Fang, 1997) 泰国神鲃
Devario malabaricus (Jerdon, 1849) 大神鲃
Devario manipurensis (Barman, 1987) 曼尼普尔神鲃
Devario naganensis (Chaudhuri, 1912) 那加神鲃

Devario neilgherriensis (Day, 1867) 尼尔神鲂

Devario pathirana (Kottelat & Pethiyagoda, 1990) 斯里兰卡神鲂

Devario peninsulae (Smith, 1945) 热带神鲂

Devario regina (Fowler, 1934) 皇神鲂

Devario salmonata (Kottelat, 2000) 鲑形神鲂

Devario shanensis (Hora, 1928) 沙姆神鲂

Devario sondhii (Hora & Mukerji, 1934) 桑氏神鲂

Devario spinosus (Day, 1870) 刺神鲂

Devario strigillifer (Myers, 1924) 多纹神鲂

Devario suvatti (Fowler, 1939) 苏氏神鲂

Devario xyrops Fang & Kullander, 2009 刀眼神鲂

Devario yuensis (Arunkumar & Tombi Singh, 1998) 尤溪神鲂

Genus *Dionda* Girard, 1856 圆吻鲹属

Dionda argentosa Girard, 1856 银圆吻鲹

Dionda diaboli Hubbs & Brown, 1957 德维尔斯圆吻鲹

Dionda episcopa Girard, 1856 科罗拉多河圆吻鲹

Dionda melanops Girard, 1856 黑眼圆吻鲹

Dionda nigrotaeniata (Cope, 1880) 黑带圆吻鲹

Dionda serena Girard, 1856 北美圆吻鲹

Genus *Diplocheilichthys* Bleeker, 1860 双唇鱼属

Diplocheilichthys jentinkii (Popta, 1904) 詹氏双唇鱼

Diplocheilichthys pleurotaenia (Bleeker, 1855) 胸纹双唇鱼

Genus *Diptychus* Steindachner, 1866 重唇鱼属

Diptychus maculatus Steindachner, 1866 斑重唇鱼 陆

Diptychus sewerzowi Kessler, 1872 西氏重唇鱼

Genus *Discherodontus* Rainboth, 1989 盘齿鲃属

Discherodontus ashmeadi (Fowler, 1937) 阿氏盘齿鲃

Discherodontus halei (Duncker, 1904) 黑氏盘齿鲃

Discherodontus parvus (Wu & Lin, 1977) 小盘齿鲃 陆

　　syn. *Barbodes parvus* Wu & Lin, 1977 小四须鲃

Discherodontus schroederi (Smith, 1945) 施氏盘齿鲃

Genus *Discocheilus* Zhang, 1997 盘唇鱼属

Discocheilus multilepis (Wang & Li, 1994) 多鳞盘唇鱼 陆

Discocheilus wui (Chen & Lan, 1992) 伍氏盘唇鱼 陆

Genus *Discogobio* Lin, 1931 盘鮈属

Discogobio antethoracalis Zheng & Zhou, 2008 前胸盘鮈

Discogobio bismargaritus Chu, Cui & Zhou, 1993 双珠盘鮈 陆

Discogobio brachyphysallidos Huang, 1989 短鳔盘鮈 陆

Discogobio caobangi Nguyen, 2001 考氏盘鮈

Discogobio dienbieni Nguyen, 2001 迪氏盘鮈

Discogobio elongatus Huang, 1989 长体盘鮈 陆

Discogobio laticeps Chu, Cui & Zhou, 1993 宽头盘鮈 陆

Discogobio longibarbatus Wu, 1977 长须盘鮈 陆

Discogobio macrophysallidos Huang, 1989 长鳔盘鮈 陆

Discogobio microstoma (Mai, 1978) 小口盘鮈

Discogobio multilineatus Cui, Zhou & Lan, 1993 多线盘鮈 陆

Discogobio pacboensis Nguyen, 2001 越南盘鮈

Discogobio poneventralis Zheng & Zhou, 2008 后腹盘鮈

Discogobio propeanalis Zheng & Zhou, 2008 近臀盘鮈

Discogobio tetrabarbatus Lin, 1931 四须盘鮈 陆

Discogobio yunnanensis (Regan, 1907) 云南盘鮈 陆

Genus *Discolabeo* Fowler, 1937 盘鲮属

Discolabeo wuluoheensis Li, Lu & Mao, 1996 五洛河盘鲮 陆

Genus *Distoechodon* Peters, 1881 圆吻鲴属

Distoechodon macrophthalmus Zhao, Kullander, Kullander & Zhang, 2009 大眼圆吻鲴 陆

Distoechodon tumirostris Peters, 1881 圆吻鲴 陆 台

Genus *Eirmotus* Schultz, 1959 连理鲮属

Eirmotus furvus Tan & Kottelat, 2008 黑身连理鲮

Eirmotus insignis Tan & Kottelat, 2008 印度尼西亚连理鲮

Eirmotus isthmus Tan & Kottelat, 2008 黑点连理鲮

Eirmotus octozona Schultz, 1959 十带连理鲮

Genus *Elopichthys* Bleeker, 1860 鳡属

Elopichthys bambusa (Richardson, 1845) 鳡 陆

Genus *Engraulicypris* Günther, 1894 鳀波鱼属

Engraulicypris sardella (Günther, 1868) 沙丁鳀波鱼

Genus *Epalzeorhynchos* Bleeker, 1855 角鱼属

Epalzeorhynchos bicolor (Smith, 1931) 双色角鱼

Epalzeorhynchos frenatus (Fowler, 1934) 橙尾角鱼

Epalzeorhynchos kalopterus (Bleeker, 1851) 美鳍角鱼

Epalzeorhynchos munense (Smith, 1934) 泰国角鱼

Genus *Eremichthys* Hubbs & Miller, 1948 漠鱼属

Eremichthys acros Hubbs & Miller, 1948 内华达漠鱼

Genus *Ericymba* Cope, 1865 舟鲹属

Ericymba amplamala (Pera & Armbruster, 2006) 长颌舟鲹

Genus *Erimonax* Jordan, 1924 僧鱼属

Erimonax monachus (Cope, 1868) 点鳍僧鱼

Genus *Erimystax* Jordan, 1882 厚唇雅罗鱼属

Erimystax cahni (Hubbs & Crowe, 1956) 卡恩氏厚唇雅罗鱼

Erimystax dissimilis (Kirtland, 1840) 厚唇雅罗鱼

Erimystax harryi (Hubbs & Crowe, 1956) 哈里氏厚唇雅罗鱼

Erimystax insignis (Hubbs & Crowe, 1956) 大头厚唇雅罗鱼

Erimystax x-punctatus (Hubbs & Crowe, 1956) 叉斑厚唇雅罗鱼

Genus *Esomus* Swainson, 1839 长须鲃属

Esomus ahli Hora & Mukerji, 1928 阿尔氏长须鲃

Esomus altus (Blyth, 1860) 阿尔特氏长须鲃

Esomus barbatus (Jerdon, 1849) 髯长须鲃

Esomus caudiocellatus Ahl, 1923 眼尾长须鲃

Esomus danricus (Hamilton, 1822) 长须鲃

Esomus lineatus Ahl, 1923 线纹长须鲃

Esomus longimanus (Lunel, 1881) 长身长须鲃

Esomus malabaricus Day, 1867 马拉巴长须鲃

Esomus malayensis Ahl, 1923 马来亚长须鲃

Esomus manipurensis Tilak & Jain, 1990 印度长须鲃

Esomus metallicus Ahl, 1923 金长须鲃

Esomus thermoicos (Valenciennes, 1842) 野长须鲃

Genus *Evarra* Woolman, 1894 真墨西哥鮈属

Evarra bustamantei Navarro, 1955 巴氏真墨西哥鮈

Evarra eigenmanni Woolman, 1894 艾氏真墨西哥鮈

Evarra tlahuacensis Meek, 1902 特拉真墨西哥鮈

Genus *Exoglossum* Rafinesque, 1818 切唇鱼属

Exoglossum laurae (Hubbs, 1931) 沟切唇鱼

Exoglossum maxillingua (Lesueur, 1817) 切唇鱼

Genus *Folifer* Wu, 1977 瓣结鱼属

Folifer brevifilis brevifilis (Peters, 1881) 瓣结鱼 陆

　　syn. *Tor brevifilis brevifilis* (Peters, 1881) 结鱼

Folifer brevifilis hainanensis (Wu, 1977) 海南瓣结鱼 陆

　　syn. *Tor brevifilis hainanensis* Wu, 1977 海南结鱼

Folifer brevifilis yunnanensis Wang, Zhuang & Gao, 1982 云南瓣结鱼 陆

　　syn. *Tor brevifilis yunnanensis* (Wang, Zhuang & Gao, 1982) 云南结鱼

Genus *Garra* Hamilton, 1822 墨头鱼属

Garra aethiopica (Pellegrin, 1927) 埃塞俄比亚墨头鱼

Garra allostoma Roberts, 1990 异口墨头鱼

Garra annandalei Hora, 1921 安氏墨头鱼

Garra apogon (Norman, 1925) 天竺墨头鱼

Garra arupi Nebeshwar, Vishwanath & Das, 2009 阿勒氏墨头鱼

Garra barreimiae barreimiae Fowler & Steinitz, 1956 巴氏墨头鱼(阿曼盲鱼)

Garra barreimiae shawkahensis Banister & Clarke, 1977 许家墨头鱼

Garra bibarbatus (Nguyen, 2001) 双须墨头鱼

Garra bicornuta Narayan Rao, 1920 双角墨头鱼

Garra bispinosa Zhang, 2005 双刺墨头鱼 陆

Garra blanfordii (Boulenger, 1901) 布氏墨头鱼

Garra borneensis (Vaillant, 1902) 婆罗洲墨头鱼

Garra bourreti (Pellegrin, 1928) 伯氏墨头鱼

Garra buettikeri Krupp, 1983 比氏墨头鱼

Garra cambodgiensis (Tirant, 1883) 柬埔寨墨头鱼 陆

　　syn. *Garra taeniata* Smith , 1931 条纹墨头鱼

Garra caudofasciatus (Pellegrin & Chevey, 1936) 尾纹墨头鱼 陆

　　syn. *Placocheilus caudofasciatus* (Pellegrin & Chevey, 1936) 尾纹盆唇鱼

Garra ceylonensis Bleeker, 1863 锡兰墨头鱼

Garra chebera Habteselassie, Mikschi, Ahnelt & Waidbacher, 2010 穴栖墨头鱼

Garra compressus Kosygin & Vishwanath, 1998 侧扁墨头鱼

Garra congoensis Poll, 1959 刚果墨头鱼

Garra cryptonemus (Cui & Li, 1984) 缺须墨头鱼 陆

　　syn. *Placocheilus cryptonemus* (Cui & Li, 1984) 缺须盆唇鱼

Garra cyclostomata Mai, 1978 圆口墨头鱼

Garra cyrano Kottelat, 2000 老挝墨头鱼

Garra dembecha Getahun & Stiassny, 2007 暗鳍墨头鱼

Garra dembeensis (Rüppell, 1835) 登比墨头鱼

Garra dulongensis (Chen, Pan, Kong & Yang, 2006) 杜朗墨头鱼

Garra dunsirei Banister, 1987 邓氏墨头鱼

Garra duobarbis Getahun & Stiassny, 2007 小须墨头鱼

Garra elongata Vishwanath & Kosygin, 2000 长身墨头鱼

Garra ethelwynnae Menon, 1958 埃氏墨头鱼

Garra fasciacauda Fowler, 1937 条尾墨头鱼

Garra findolabium Li, Zhou & Fu, 2008 裂唇墨头鱼

Garra fisheri (Fowler, 1937) 费氏墨头鱼

Garra flavatra Kullander & Fang, 2004 横带墨头鱼

Garra fuliginosa Fowler, 1934 烟色墨头鱼

Garra geba Getahun & Stiassny, 2007 格巴墨头鱼

Garra ghorensis Krupp, 1982 约旦墨头鱼

Garra gotyla gotyla (Gray, 1830) 银色墨头鱼

Garra gotyla stenorhynchus Jerdon, 1849 狭吻墨头鱼

Garra gracilis (Pellegrin & Chevey, 1936) 细墨头鱼

Garra gravelyi (Annandale, 1919) 沟额墨头鱼 陆

Garra hainanensis Chen & Zheng, 1983 海南墨头鱼 陆

Garra hindii (Boulenger, 1905) 欣氏墨头鱼

Garra hughi Silas, 1955 休氏墨头鱼

Garra ignestii (Gianferrari, 1925) 伊氏墨头鱼

Garra imbarbatus (Nguyen, 2001) 无髭墨头鱼

Garra imberba Garman, 1912 无须墨头鱼 陆

　　syn. *Garra alticorpora* Chu & Cui , 1987 高体墨头鱼

　　syn. *Garra pingi* (Tchang, 1929) 秉氏墨头鱼

Garra imberbis (Vinciguerra, 1890) 无髯墨头鱼

Garra kalakadensis Rema Devi, 1993 卡拉卡墨头鱼

Garra kempi Hora, 1921 肯普氏墨头鱼 陆

Garra laichowensis Nguyen & Doan, 1969 越南墨头鱼

Garra lamta (Hamilton, 1822) 墨头鱼

Garra lancrenonensis Blache & Miton, 1960 兰克墨头鱼

Garra lautior Banister, 1987 华丽墨头鱼

Garra lissorhynchus (McClelland, 1842) 裸吻墨头鱼

Garra litanensis Vishwanath, 1993 利顿河墨头鱼

Garra longipinnis Banister & Clarke, 1977 长鳍墨头鱼

Garra makiensis (Boulenger, 1904) 密金墨头鱼

Garra mamshuqa Krupp, 1983 也门墨头鱼

Garra manipurensis Vishwanath & Sarjnalini, 1988 曼尼普河墨头鱼

Garra mcclellandi (Jerdon, 1849) 麦氏墨头鱼

Garra menoni Rema Devi & Indra, 1984 梅氏墨头鱼

Garra micropulvinus Zhou, Pan & Kottelat, 2005 小垫墨头鱼 陆

Garra mirofrontis Chu & Cui, 1987 奇额墨头鱼 陆

Garra mullya (Sykes, 1839) 马耶墨头鱼

Garra naganensis Hora, 1921 那加墨头鱼

Garra nambulica Vishwanath & Joyshree, 2005 溪墨头鱼

Garra nasuta (McClelland, 1838) 长须墨头鱼

Garra nigricollis Kullander & Fang, 2004 黑项墨头鱼

Garra notata (Blyth, 1860) 显赫墨头鱼

Garra nujiangensis Chen, Zhao & Yang, 2009 怒江墨头鱼

Garra orientalis Nichols, 1925 东方墨头鱼 陆

Garra ornata (Nichols & Griscom, 1917) 饰妆墨头鱼

Garra paralissorhynchus Vishwanath & Shanta Devi, 2005 光吻墨头鱼

Garra periyarensis Gopi, 2001 佩里亚湖墨头鱼

Garra persica Berg, 1914 伊朗墨头鱼

Garra phillipsi Deraniyagala, 1933 菲氏墨头鱼

Garra poecilura Kullander & Fang, 2004 斑尾色墨头鱼

Garra poilanei Petit & Tchang, 1933 波氏墨头鱼

Garra propulvinus Kullander & Fang, 2004 吻垫墨头鱼

Garra qiaojiensis Wu & Yao, 1977 桥街墨头鱼 陆

Garra quadrimaculata (Rüppell, 1835) 四斑墨头鱼

Garra rakhinica Kullander & Fang, 2004 阔尾墨头鱼

Garra regressus Getahun & Stiassny, 2007 宽尾墨头鱼

Garra robustus (Zhang, He & Chen, 2002) 壮尾墨头鱼

Garra rossica (Nikolskii, 1900) 露西卡墨头鱼

Garra rotundinasus Zhang, 2006 圆吻墨头鱼 陆

Garra rufa (Heckel, 1843) 淡红墨头鱼

Garra rupecula (McClelland, 1839) 岩间墨头鱼

Garra sahilia gharbia Krupp, 1983 沙特阿拉伯墨头鱼

Garra sahilia sahilia Krupp, 1983 萨希利墨头鱼

Garra salweenica Hora & Mukerji, 1934 萨尔温江墨头鱼

Garra smarti Krupp & Budd, 2009 斯马特墨头鱼

Garra spilota Kullander & Fang, 2004 杂斑墨头鱼

Garra surendranathanii Shaji, Arun & Easa, 1996 休伦氏墨头鱼

Garra tana Getahun & Stiassny, 2007 塔纳湖墨头鱼

Garra tengchongensis Zhang & Chen, 2002 腾冲墨头鱼

Garra theunensis Kottelat, 1998 湄公河墨头鱼

Garra trewavasai Monod, 1950 特氏墨头鱼

Garra variabilis (Heckel, 1843) 变色墨头鱼

Garra vittatula Kullander & Fang, 2004 饰带墨头鱼

Garra wanae (Regan, 1914) 旺氏墨头鱼

Garra waterloti (Pellegrin, 1935) 瓦氏墨头鱼

Garra yiliangensis Wu & Chen, 1977 宜良墨头鱼 陆

Genus *Gila* Baird & Girard, 1853 骨尾鱼属

Gila alvordensis Hubbs & Miller, 1972 阿沃尔骨尾鱼

Gila atraria (Girard, 1856) 犹他骨尾鱼

Gila bicolor (Girard, 1856) 双色骨尾鱼

Gila boraxobius Williams & Bond, 1980 博兰骨尾鱼

Gila brevicauda Norris, Fischer & Minckley, 2003 短尾骨尾鱼

Gila coerulea (Girard, 1856) 蓝骨尾鱼

Gila conspersa Garman, 1881 小斑骨尾鱼

Gila crassicauda (Baird & Girard, 1854) 厚尾骨尾鱼

Gila cypha Miller, 1946 隆背骨尾鱼

Gila ditaenia Miller, 1945 亚利桑那骨尾鱼

Gila elegans Baird & Girard, 1853 美丽骨尾鱼

Gila eremica DeMarais, 1991 砂栖骨尾鱼

Gila intermedia (Girard, 1856) 中间骨尾鱼

Gila minacae Meek, 1902 墨西哥骨尾鱼

Gila modesta (Garman, 1881) 静骨尾鱼

Gila nigra Cope, 1875 浅黑骨尾鱼

Gila nigrescens (Girard, 1856) 黑骨尾鱼

Gila orcuttii (Eigenmann & Eigenmann, 1890) 奥氏骨尾鱼

Gila pandora (Cope, 1872) 潘多骨尾鱼

Gila pulchra (Girard, 1856) 秀美骨尾鱼

Gila purpurea (Girard, 1856) 紫骨尾鱼

Gila robusta Baird & Girard, 1853 粗壮骨尾鱼

Gila seminuda Cope & Yarrow, 1875 半裸骨尾鱼

Genus *Gnathopogon* Bleeker, 1860 颌须鮈属

Gnathopogon caerulescens (Sauvage, 1883) 暗色颌须鮈

Gnathopogon elongatus (Temminck & Schlegel, 1846) 长身颌须鮈

Gnathopogon herzensteini (Günther, 1896) 嘉陵颌须鮈 陆

Gnathopogon imberbis (Sauvage & Dabry de Thiersant, 1874) 短须颌须鮈 陆

Gnathopogon nicholsi (Fang, 1943) 隐色颌须鮈 陆

Gnathopogon polytaenia (Nichols, 1925) 多纹颌须鮈 陆

Gnathopogon strigatus (Regan, 1908) 条纹颌须鮈 陆

   syn. *Gnathopogon mantschuricus* (Regan, 1914) 东北颌须鮈

   syn. *Paraleucogobio strigatus* (Regan , 1908) 条纹似白鮈

Gnathopogon taeniellus (Nichols, 1925) 细纹颌须鮈 陆

Gnathopogon tsinanensis (Mori, 1928) 济南颌须鮈 陆

Genus *Gobio* Bertrand, 1763 鮈属

Gobio acutipinnatus Men'shikov, 1939 尖鳍鮈 陆

Gobio alverniae Kottelat & Persat, 2005 阿尔维鮈

Gobio battalgilae Naseka, Erk'akan & Küçük, 2006 贝谢湖鮈

Gobio brevicirris Fowler, 1976 短髭鮈

Gobio bulgaricus Drensky, 1926 贝尔干鮈

Gobio carpathicus Vladykov, 1925 卡帕鮈

Gobio coriparoides Nichols, 1925 似铜鮈 陆

Gobio cynocephalus Dybowski, 1869 犬首鮈 陆

Gobio delyamurei Freyhof & Naseka, 2005 德氏鮈

Gobio feraeensis Stephanidis, 1973 欧鮈

Gobio fushun Xie, Li & Xie, 2007 抚顺鮈 陆

Gobio gobio (Linnaeus, 1758) 鮈

Gobio hettitorum Ladiges, 1960 赫蒂鮈

Gobio holurus Fowler, 1976 砂鮈

Gobio huanghensis Luo, Le & Chen, 1977 黄河鮈 陆

Gobio insuyanus Ladiges, 1960 流溪鮈

Gobio kovatschevi Chichkoff, 1937 高氏鮈

Gobio krymensis Banarescu & Nalbant, 1973 克拉门鮈

Gobio kubanicus Vasil'eva, 2004 库班鮈

Gobio lingyuanensis Mori, 1934 凌源鮈 陆

Gobio lozanoi Doadrio & Madeira, 2004 洛氏鮈

Gobio macrocephalus Mori, 1930 大头鮈 陆

Gobio maeandricus Naseka, Erk'akan & Küçük, 2006 土耳其鮈

Gobio meridionalis Xu, 1987 南方鮈 陆

Gobio obtusirostris Valenciennes, 1842 钝吻鮈

Gobio occitaniae Kottelat & Persat, 2005 法兰西鮈

Gobio ohridanus Karaman, 1924 秘鮈

Gobio rivuloides Nichols, 1925 拟棒花鮈 陆

Gobio sarmaticus Berg, 1949 丽鮈

Gobio sibiricus Nikolskii, 1936 蒙古鮈

Gobio skadarensis Karaman, 1937 司库台鮈

Gobio soldatovi Berg, 1914 高体鮈 陆

Gobio volgensis Vasil'eva, Mendel, Vasil'ev, Lusk & Lusková, 2008 伏尔加鮈

Genus *Gobiobotia* Kreyenberg, 1911 鳅鮀属

Gobiobotia abbreviata Fang & Wang, 1931 短身鳅鮀 陆

Gobiobotia brevibarba Mori, 1935 短须鳅鮀

Gobiobotia brevirostris Chen & Cao, 1977 短吻鳅鮀 陆

Gobiobotia cheni Banarescu & Nalbant, 1966 陈氏鳅鮀 陆 台

Gobiobotia filifer (Garman, 1912) 线鳅鮀 陆

Gobiobotia guilingensis Chen, 1989 桂林鳅鮀 陆

Gobiobotia homalopteroidea Rendahl, 1932 平鳍鳅鮀 陆

Gobiobotia jiangxiensis Zhang & Liu, 1995 江西鳅鮀 陆

Gobiobotia kolleri Banarescu & Nalbant, 1966 科勒氏鳅鮀 陆 台

Gobiobotia longibarba Fang & Wang, 1931 长须鳅鮀 陆

Gobiobotia macrocephala Mori, 1935 大头鳅鮀

Gobiobotia meridionalis Chen & Cao, 1977 南方鳅鮀 陆

Gobiobotia naktongensis Mori, 1935 朝鲜鳅鮀

Gobiobotia nicholsi Banarescu & Nalbant, 1966 尼氏鳅鮀

Gobiobotia pappenheimi Kreyenberg, 1911 帕氏鳅鮀 陆

Gobiobotia paucirastella Zheng & Yan, 1986 少耙鳅鮀 陆

Gobiobotia tungi Fang, 1933 裸胸鳅鮀 陆

Gobiobotia yuanjiangensis Chen & Cao, 1977 元江鳅鮀 陆

Genus *Gobiocypris* Ye & Fu, 1983 鮈鲫属

Gobiocypris rarus Ye & Fu, 1983 稀有鮈鲫 陆

Genus *Gymnocypris* Günther, 1868 裸鲤属

Gymnocypris chilianensis Li & Chang, 1974 祁连裸鲤 陆

Gymnocypris chui Tchang, Yueh & Hwang, 1964 朱氏裸鲤 陆

Gymnocypris dobula Günther, 1868 软刺裸鲤 陆

Gymnocypris eckloni Herzenstein, 1891 花斑裸鲤 陆

Gymnocypris firmispinatus Wu & Wu, 1988 硬刺裸鲤 陆

Gymnocypris namensis (Wu & Ren, 1982) 纳木错裸鲤 陆

Gymnocypris potanini Herzenstein, 1891 松潘裸鲤 陆

Gymnocypris przewalskii ganzihonensis Zhu & Wu , 1975 甘子河裸鲤 陆

Gymnocypris przewalskii przewalskii (Kessler, 1876) 青海湖裸鲤 陆

Gymnocypris scleracanthus Tsao, Wu, Chen & Zhu, 1992 拉孜裸鲤 陆

Gymnocypris waddellii Regan, 1905 高原裸鲤 陆

Genus *Gymnodanio* Chen & He, 1992 裸鲃属

Gymnodanio strigatus Chen & He, 1992 条纹裸鲃 陆

Genus *Gymnodiptychus* Herzenstein, 1892 裸重唇鱼属

Gymnodiptychus dybowskii (Kessler, 1874) 新疆裸重唇鱼 陆

Gymnodiptychus integrigymnatus Mo, 1989 全裸裸重唇鱼 陆

Gymnodiptychus pachycheilus Herzenstein, 1892 厚唇裸重唇鱼 陆

Genus *Hainania* Koller, 1927 海南鱲属

Hainania serrata Koller, 1927 海南鱲 陆

Genus *Hampala* Kuhl & van Hasselt, 1823 裂峡鲃属

Hampala ampalong (Bleeker, 1852) 裂峡鲃

Hampala bimaculata (Popta, 1905) 双斑裂峡鲃

Hampala dispar Smith, 1934 异裂峡鲃

Hampala lopezi Herre, 1924 洛氏裂峡鲃

Hampala macrolepidota Kuhl & Van Hasselt, 1823 大鳞裂峡鲃 陆

Hampala sabana Inger & Chin, 1962 萨瓦纳裂峡鲃

Hampala salweenensis Doi & Taki, 1994 萨尔温裂峡鲃

Genus *Hemibarbus* Bleeker, 1860 鳕属

Hemibarbus brevipennus Yue, 1995 短鳍鳕 陆

Hemibarbus labeo (Pallas, 1776) 唇鳕 陆 台

Hemibarbus lehoai Nguyen, 2001 莱氏鳕

Hemibarbus longirostris (Regan, 1908) 长吻鳕 陆

Hemibarbus macracanthus Lu, Luo & Chen, 1977 大刺鳕 陆

Hemibarbus maculatus Bleeker, 1871 花鳕 陆

Hemibarbus medius Yue, 1995 间鳕 陆

Hemibarbus mylodon (Berg, 1907) 朝鲜鳕

Hemibarbus qianjiangensis Yu, 1990 钱江鳕 陆

Hemibarbus songloensis Nguyen, 2001 泸江鳕

Hemibarbus thacmoensis Nguyen, 2001 越南鳕

Hemibarbus *umbrifer* (Lin, 1931) 花棘鳕 陆

Genus *Hemiculter* Bleeker, 1860 鱊属

Hemiculter bleekeri Warpachowski, 1887 油鱊 陆

Hemiculter elongatus Nguyen & Ngo, 2001 长身鱊

Hemiculter krempfi Pellegrin & Chevey, 1938 克氏鱊

Hemiculter leucisculus (Basilewsky, 1855) 鱊 陆 台

Hemiculter lucidus lucidus (Dybowski, 1872) 乌苏里鱊 陆

Hemiculter lucidus warpachowskii Nicholsky , 1903 蒙古鳘 陆
Hemiculter songhongensis Nguyen & Nguyen, 2001 泸江鳘
Hemiculter tchangi Fang, 1942 张氏鳘 陆
Hemiculter varpachovskii Nikolskii, 1903 瓦氏鳘

Genus *Hemiculterella* Warpachowski, 1887 半鳘属
Hemiculterella macrolepis Chen, 1989 大鳞半鳘 陆
Hemiculterella sauvagei Warpachowski, 1887 四川半鳘 陆
Hemiculterella wui (Wang, 1935) 伍氏半鳘 陆

Genus *Hemigrammocapoeta* Pellegrin, 1927 半线二须鲃属
Hemigrammocapoeta culiciphaga Pellegrin, 1927 土耳其半线二须鲃
Hemigrammocapoeta elegans (Günther, 1868) 秀丽半线二须鲃
Hemigrammocapoeta kemali (Hankó, 1925) 凯氏半线二须鲃
Hemigrammocapoeta nana (Heckel, 1843) 矮半线二须鲃

Genus *Hemigrammocypris* Fowler, 1910 锦波鱼属
Hemigrammocypris rasborella Fowler, 1910 锦波鱼

Genus *Hemitremia* Cope, 1870 半孔鱼属
Hemitremia flammea (Jordan & Gilbert, 1878) 半孔鱼

Genus *Henicorhynchus* Smith, 1945 单吻鱼属
Henicorhynchus lineatus (Smith, 1945) 单吻鱼 陆
Henicorhynchus lobatus Smith, 1945 片唇单吻鱼
Henicorhynchus ornatipinnis (Roberts, 1997) 饰鳍单吻鱼
Henicorhynchus siamensis (Sauvage, 1881) 暹罗单吻鱼

Genus *Herzensteinia* Chu, 1935 高原鱼属
Herzensteinia microcephalus (Herzenstein, 1891) 小头高原鱼 陆

Genus *Hesperoleucus* Snyder, 1913 昏白鱼属
Hesperoleucus symmetricus (Baird & Girard, 1854) 昏白鱼

Genus *Hongshuia* Zhang, Qiang & Lan, 2008 红水野鲮属
Hongshuia banmo Zhang, Qiang & Lan, 2008 板么红水野鲮 陆
Hongshuia microstomatus (Wang & Chen, 1989) 小口红水野鲮 陆
 syn. *Sinocrossocheilus microstomatus* (Wang & Chen, 1989) 小口华缨鱼
Hongshuia paoli Zhang, Qiang & Lan, 2008 袍里红水野鲮 陆

Genus *Horadandia* Deraniyagala, 1943 霍氏鱼属
Horadandia atukorali Deraniyagala, 1943 印度霍氏鱼

Genus *Horalabiosa* Silas, 1954 霍氏唇鲃属
Horalabiosa arunachalami Johnson & Soranam, 2001 霍氏唇鲃
Horalabiosa joshuai Silas, 1954 乔舒亚霍氏唇鲃
Horalabiosa palaniensis Rema Devi & Menon, 1994 帕兰霍氏唇鲃

Genus *Huigobio* Fang, 1938 胡鮈属
Huigobio chenhsienensis Fang, 1938 嵊县胡鮈 陆

Genus *Hybognathus* Agassiz, 1855 突颌鱼属
Hybognathus amarus (Girard, 1856) 沟渠突颌鱼
Hybognathus argyritis Girard, 1856 银色突颌鱼
Hybognathus hankinsoni Hubbs, 1929 铜色突颌鱼
Hybognathus hayi Jordan, 1885 海氏突颌鱼
Hybognathus nuchalis Agassiz, 1855 密西西比突颌鱼
Hybognathus placitus Girard, 1856 素色突颌鱼
Hybognathus regius Girard, 1856 东部突颌鱼

Genus *Hybopsis* Agassiz, 1854 鮈鲹属
Hybopsis amblops (Rafinesque, 1820) 大眼鮈鲹
Hybopsis amnis (Hubbs & Greene, 1951) 羊鮈鲹
Hybopsis hypsinotus (Cope, 1870) 高背鮈鲹
Hybopsis lineapunctata Clemmer & Suttkus, 1971 条斑鮈鲹
Hybopsis rubrifrons (Jordan, 1877) 玫瑰鮈鲹
Hybopsis winchelli Girard, 1856 温氏鮈鲹

Genus *Hypophthalmichthys* Bleeker, 1860 鲢属
Hypophthalmichthys harmandi Sauvage, 1884 大鳞鲢 陆
Hypophthalmichthys molitrix (Valenciennes, 1844) 鲢 陆 台

Genus *Hypselobarbus* Bleeker, 1860 高须鲃属
Hypselobarbus curmuca (Hamilton, 1807) 黏高须鲃
Hypselobarbus dobsoni (Day, 1876) 多氏高须鲃
Hypselobarbus dubius (Day, 1867) 似高须鲃
Hypselobarbus kolus (Sykes, 1839) 印度高须鲃
Hypselobarbus kurali Menon & Rema Devi, 1995 库氏高须鲃
Hypselobarbus lithopidos (Day, 1874) 岩高须鲃
Hypselobarbus micropogon (Valenciennes, 1842) 小高须鲃
Hypselobarbus mussullah (Sykes, 1839) 马休高须鲃
 syn. *Tor mussullah* (Sykes, 1839) 马休结鱼
Hypselobarbus periyarensis (Raj, 1941) 喀拉拉湖高须鲃
Hypselobarbus pulchellus (Day, 1870) 美丽高须鲃
Hypselobarbus thomassi (Day, 1874) 汤氏高须鲃

Genus *Hypsibarbus* Rainboth, 1996 高须鱼属
Hypsibarbus annamensis (Pellegrin & Chevey, 1936) 越南高须鱼
Hypsibarbus lagleri Rainboth, 1996 拉氏高须鱼
Hypsibarbus macrosquamatus (Mai, 1978) 大鳞高须鱼
Hypsibarbus malcolmi (Smith, 1945) 马氏高须鱼
Hypsibarbus myitkyinae (Prashad & Mukerji, 1929) 迈氏高须鱼
Hypsibarbus pierrei (Sauvage, 1880) 高体高须鱼 陆 台
 syn. *Barbodes pierrei* (Sauvage, 1880) 高体四须
Hypsibarbus salweenensis Rainboth, 1996 萨尔温江高须鱼
Hypsibarbus suvattii Rainboth, 1996 苏氏高须鱼
Hypsibarbus vernayi (Norman, 1925) 维氏高须鱼 陆
 syn. *Barbodes vernayi* (Norman, 1925) 大鳞四须
Hypsibarbus wetmorei (Smith, 1931) 韦氏高须鱼

Genus *Iberochondrostoma* Robalo, Almada, Levy & Doadrio, 2006 伊比亚软口鱼属
Iberochondrostoma almacai (Coelho, Mesquita & Collares-Pereira, 2005) 阿氏伊比利亚软口鱼
Iberochondrostoma lemmingii (Steindachner, 1866) 莱氏伊比利亚软口鱼
Iberochondrostoma lusitanicum (Collares-Pereira, 1980) 伊比利亚软口鱼
Iberochondrostoma oretanum (Doadrio & Carmona, 2003) 喜潜伊比利亚软口鱼

Genus *Iberocypris* Doadrio, 1980 伊比鲁鲤属
Iberocypris palaciosi Doadrio, 1980 帕氏伊比鲁鲤

Genus *Inlecypris* Howes, 1980 非鲤属
Inlecypris jayarami (Barman, 1984) 萨尔温江非鲤

Genus *Iotichthys* Jordan & Evermann, 1896 阴河鱼属
Iotichthys phlegethontis (Cope, 1874) 阴河鱼

Genus *Iranocypris* Bruun & Kaiser, 1944 伊朗盲鲤属
Iranocypris typhlops Bruun & Kaiser, 1944 伊朗盲鲤(伊朗洞)

Genus *Ischikauia* Jordan & Snyder, 1900 石川鱼属
Ischikauia steenackeri (Sauvage, 1883) 日本石川鱼

Genus *Kalimantania* Banarescu, 1980 婆罗鲤属
Kalimantania lawak (Bleeker, 1855) 婆罗鲤

Genus *Kosswigobarbus* Karaman, 1971 科斯威鲃属
Kosswigobarbus kosswigi (Ladiges, 1960) 科斯威鲃

Genus *Kottelatia* Liao, Kullander & Fang, 2010 科特拉鱼属
Kottelatia brittani (Axelrod, 1976) 布氏科特拉鱼

Genus *Labeo* Cuvier, 1816 野鲮属
Labeo alluaudi Pellegrin, 1933 奥氏野鲮
Labeo alticentralis Tshibwabwa, 1997 高刺野鲮
Labeo altivelis Peters, 1852 高体野鲮
Labeo angra (Hamilton, 1822) 安格拉野鲮
Labeo annectens Boulenger, 1903 结野鲮
Labeo ansorgii Boulenger, 1907 安氏野鲮
Labeo baldasseronii Di Caporiacco, 1948 巴尔野鲮
Labeo barbatulus (Sauvage, 1878) 细须野鲮
Labeo barbatus Boulenger, 1898 须野鲮

Labeo bata (Hamilton, 1822) 巴塔野鲮
Labeo batesii Boulenger, 1911 巴氏野鲮
Labeo boga (Hamilton, 1822) 波加野鲮
Labeo boggut (Sykes, 1839) 博格野鲮
Labeo bottegi Vinciguerra, 1897 鲍氏野鲮
Labeo boulengeri Vinciguerra, 1912 博氏野鲮
Labeo brachypoma Günther, 1868 短盖野鲮
Labeo caeruleus Day, 1877 淡黑野鲮
Labeo calbasu (Hamilton, 1822) 蓝野鲮
Labeo camerunensis Trewavas, 1974 喀麦隆野鲮
Labeo capensis (Smith, 1841) 橘河野鲮
Labeo chariensis Pellegrin, 1904 查利野鲮
Labeo chrysophekadion (Bleeker, 1850) 金黑野鲮
Labeo congoro Peters, 1852 紫野鲮
Labeo coubie Rüppell, 1832 库比野鲮
Labeo curchius (Hamilton, 1822) 萨尔温江野鲮
Labeo curriei Fowler, 1919 柯里野鲮
Labeo cyclopinnis Nichols & Griscom, 1917 圆翅野鲮
Labeo cyclorhynchus Boulenger, 1899 圆吻野鲮
Labeo cylindricus Peters, 1852 红眼野鲮
Labeo degeni Boulenger, 1920 德根野鲮
Labeo dhonti Boulenger, 1920 多蒂氏野鲮
Labeo dussumieri (Valenciennes, 1842) 杜氏野鲮
Labeo dyocheilus (McClelland, 1839) 花颊野鲮
Labeo erythropterus Valenciennes, 1842 红鳍野鲮
Labeo falcipinnis Boulenger, 1903 镰野鲮
Labeo fimbriatus (Bloch, 1795) 缨野鲮
Labeo fisheri Jordan & Starks, 1917 绿野鲮
Labeo forskalii Rüppell, 1835 福氏野鲮
Labeo fuelleborni Hilgendorf & Pappenheim, 1903 菲氏野鲮
Labeo fulakariensis Tshibwabwa, Stiassny & Schelly, 2006 刚果野鲮
Labeo gonius (Hamilton, 1822) 尼伯尔野鲮
Labeo greenii Boulenger, 1902 格里氏野鲮
Labeo gregorii Günther, 1894 格雷氏野鲮
Labeo horie Heckel, 1847 霍氏野鲮
Labeo indramontri Smith, 1945 英氏野鲮
Labeo kawrus (Sykes, 1839) 高鲁野鲮
Labeo kibimbi Poll, 1949 基宾野鲮
Labeo kirkii Boulenger, 1903 柯氏野鲮
Labeo kontius (Jerdon, 1849) 竿野鲮
Labeo lineatus Boulenger, 1898 条纹野鲮
Labeo longipinnis Boulenger, 1898 长翅野鲮
Labeo lualabaensis Tshibwabwa, 1997 卢瓦拉巴河野鲮
Labeo lukulae Boulenger, 1902 卢库野鲮
Labeo luluae Fowler, 1930 卢勒野鲮
Labeo lunatus Jubb, 1963 新月野鲮
Labeo macmahoni Zugmayer, 1912 麦氏野鲮
Labeo macrostomus Boulenger, 1898 大口野鲮
Labeo maleboensis Tshibwabwa, 1997 马莱博湖野鲮
Labeo meroensis Moritz, 2007 梅隆野鲮
Labeo mesops Günther, 1868 中眼野鲮
Labeo microphthalmus Day, 1877 小眼野鲮
Labeo mokotoensis Poll, 1939 莫科野鲮
Labeo molybdinus du Plessis, 1963 铅色野鲮
Labeo moszkowskii Ahl, 1922 莫氏野鲮
Labeo nandina (Hamilton, 1822) 恒河野鲮
Labeo nasus Boulenger, 1899 大鼻野鲮
Labeo nigricans Boulenger, 1911 灰黑野鲮
Labeo nigripinnis Day, 1877 黑翅野鲮
Labeo niloticus (Forsskål, 1775) 尼罗野鲮

Labeo nunensis Pellegrin, 1929 彩虹野鲮
Labeo pangusia (Hamilton, 1822) 芒野鲮
Labeo parvus Boulenger, 1902 小野鲮
Labeo pellegrini Zolezzi, 1939 高山野鲮
Labeo percivali Boulenger, 1912 珀西瓦尔野鲮
Labeo pietschmanni Machan, 1930 皮氏野鲮
Labeo polli Tshibwabwa, 1997 波氏野鲮
Labeo porcellus (Heckel, 1844) 蠕野鲮
Labeo potail (Sykes, 1839) 波塔野鲮
Labeo quadribarbis Poll & Gosse, 1963 四须野鲮
Labeo rajasthanicus Datta & Majumdar, 1970 拉贾斯坦野鲮
Labeo rectipinnis Tshibwabwa, 1997 直鳍野鲮
Labeo reidi Tshibwabwa, 1997 里德氏野鲮
Labeo rohita (Hamilton, 1822) 露斯塔野鲮(南亚野鲮) 陆
Labeo rosae Steindachner, 1894 红吻野鲮
Labeo roseopunctatus Paugy, Guégan & Agnèse, 1990 玫斑野鲮
Labeo rouaneti Daget, 1962 鲁氏野鲮
Labeo rubromaculatus Gilchrist & Thompson, 1913 红斑野鲮
Labeo ruddi Boulenger, 1907 拉德氏野鲮
Labeo sanagaensis Tshibwabwa, 1997 沙内加野鲮
Labeo seeberi Gilchrist & Thompson, 1911 西氏野鲮
Labeo senegalensis Valenciennes, 1842 塞内加尔野鲮
Labeo simpsoni Ricardo-Bertram, 1943 辛普森野鲮
Labeo sorex Nichols & Griscom, 1917 鼩野鲮
Labeo stolizkae Steindachner, 1870 斯托氏野鲮
Labeo trigliceps Pellegrin, 1926 鲂形野鲮
Labeo udaipurensis Tilak, 1968 印度野鲮
Labeo umbratus (Smith, 1841) 荫野鲮
Labeo victorianus Boulenger, 1901 维多利亚野鲮
Labeo weeksii Boulenger, 1909 威克野鲮
Labeo werneri Lohberger, 1929 沃纳氏野鲮
Labeo worthingtoni Fowler, 1958 沃辛氏野鲮
Labeo yunnanensis Chaudhuri, 1911 云南野鲮 陆

Genus Labeobarbus Rüppell, 1835 非洲长背鲃属
Labeobarbus acutirostris (Bini, 1940) 尖吻非洲长背鲃
Labeobarbus aeneus (Burchell, 1822) 铜色非洲长背鲃
Labeobarbus aspius (Boulenger, 1912) 宽口非洲长背鲃
Labeobarbus batesii (Boulenger, 1903) 巴氏非洲长背鲃
Labeobarbus brevicauda (Keilhack, 1908) 短尾非洲长背鲃
Labeobarbus brevicephalus (Nagelkerke & Sibbing, 1997) 短头非洲长背鲃
Labeobarbus brevispinis (Holly, 1927) 短刺非洲长背鲃
Labeobarbus capensis (Smith, 1841) 南非非洲长背鲃
Labeobarbus cardozoi (Boulenger, 1912) 卡氏非洲长背鲃
Labeobarbus caudovittatus (Boulenger, 1902) 尾纹非洲长背鲃
Labeobarbus codringtonii (Boulenger, 1908) 科氏非洲长背鲃
Labeobarbus compiniei (Sauvage, 1879) 康氏非洲长背鲃
Labeobarbus crassibarbis (Nagelkerke & Sibbing, 1997) 粗须非洲长背鲃
Labeobarbus dainellii (Bini, 1940) 戴氏非洲长背鲃
Labeobarbus gorgorensis (Bini, 1940) 塔纳湖非洲长背鲃
Labeobarbus gorguari (Rüppell, 1835) 戈氏非洲长背鲃
Labeobarbus habereri (Steindachner, 1912) 哈氏非洲长背鲃
Labeobarbus intermedius (Rüppell, 1835) 中间非洲长背鲃
Labeobarbus johnstonii (Boulenger, 1907) 约氏非洲长背鲃
Labeobarbus kimberleyensis (Gilchrist & Thompson, 1913) 大口非洲长背鲃
Labeobarbus litamba (Keilhack, 1908) 黑纹非洲长背鲃
Labeobarbus longissimus (Nagelkerke & Sibbing, 1997) 长头非洲长背鲃
Labeobarbus lucius (Boulenger, 1910) 梭头非洲长背鲃
Labeobarbus macrophtalmus (Bini, 1940) 大眼非洲长背鲃
Labeobarbus malacanthus (Pappenheim, 1911) 软刺非洲长背鲃

Labeobarbus marequensis (Smith, 1841) 赞比西非洲长背鲃

Labeobarbus mbami (Holly, 1927) 姆巴巴氏非洲长背鲃

Labeobarbus megastoma (Nagelkerke & Sibbing, 1997) 黑口非洲长背鲃

Labeobarbus micronema (Boulenger, 1904) 细丝非洲长背鲃

Labeobarbus mungoensis (Trewavas, 1974) 蒙哥非洲长背鲃

Labeobarbus natalensis (Castelnau, 1861) 纳塔尔非洲长背鲃

Labeobarbus nedgia Rüppell, 1835 厚唇非洲长背鲃

Labeobarbus nthuwa Tweddle & Skelton, 2008 马拉维非洲长背鲃

Labeobarbus osseensis (Nagelkerke & Sibbing, 2000) 奥森非洲长背鲃

Labeobarbus platydorsus (Nagelkerke & Sibbing, 1997) 扁背非洲长背鲃

Labeobarbus polylepis (Boulenger, 1907) 多鳞非洲长背鲃

Labeobarbus progenys (Boulenger, 1903) 贾河非洲长背鲃

Labeobarbus rocadasi (Boulenger, 1910) 罗卡非洲长背鲃

Labeobarbus roylii (Boulenger, 1912) 罗伊尔非洲长背鲃

Labeobarbus surkis (Rüppell, 1835) 埃塞俄比亚非洲长背鲃

Labeobarbus truttiformis (Nagelkerke & Sibbing, 1997) 鳟形非洲长背鲃

Labeobarbus tsanensis (Nagelkerke & Sibbing, 1997) 红鳍非洲长背鲃

Labeobarbus versluysii (Holly, 1929) 弗氏非洲长背鲃

Genus Labiobarbus van Hasselt, 1823 长背鲃属

Labiobarbus fasciatus (Bleeker, 1853) 条纹长背鲃

Labiobarbus festivus (Heckel, 1843) 银光长背鲃

Labiobarbus lamellifer Kottelat, 1994 薄长背鲃

Labiobarbus leptocheilus (Valenciennes, 1842) 细唇长背鲃

Labiobarbus lineatus (Sauvage, 1878) 线纹长背鲃 陆

Labiobarbus ocellatus (Heckel, 1843) 眼斑长背鲃

Labiobarbus sabanus (Inger & Chin, 1962) 沙巴长背鲃

Labiobarbus siamensis (Sauvage, 1881) 暹罗长背鲃

Genus Ladigesocypris Karaman, 1972 拉迪赤梢鱼属

Ladigesocypris ghigii (Gianferrari, 1927) 格氏拉迪赤梢鱼

Ladigesocypris mermere (Ladiges, 1960) 土耳其拉迪赤梢鱼

Genus Ladislavia Dybowski, 1869 平口鮈属

Ladislavia taczanowskii Dybowski, 1869 平口鮈 陆

Genus Laocypris Kottelat, 2000 老挝鲤属

Laocypris hispida Kottelat, 2000 老挝鲤

Genus Laubuca Bleeker, 1860 宝鳊属

Laubuca caeruleostigmata Smith, 1931 绿斑宝鳊

Laubuca dadiburjori Menon, 1952 达氏宝鳊

Laubuca fasciata (Silas, 1958) 条纹宝鳊

Laubuca insularis Pethiyagoda, Kottelat, Silva, Maduwage & Meegaskumbura, 2008 宝鳊

Laubuca lankensis (Deraniyagala, 1960) 斯里兰卡宝鳊

Laubuca laubuca (Hamilton, 1822) 劳贝卡宝鳊

Laubuca ruhuna Pethiyagoda, Kottelat, Silva, Maduwage & Meegaskumbura, 2008 雨林宝鳊

Laubuca varuna Pethiyagoda, Kottelat, Silva, Maduwage & Meegaskumbura, 2008 凹尾宝鳊

Genus Lavinia Girard, 1854 美拟鲴属

Lavinia exilicauda Baird & Girard, 1854 细尾美拟鲴

Genus Lepidomeda Cope, 1874 刺鲹属

Lepidomeda albivallis Miller & Hubbs, 1960 白河刺鲹

Lepidomeda altivelis Miller & Hubbs, 1960 高膜刺鲹

Lepidomeda mollispinis Miller & Hubbs, 1960 软刺鲹

Lepidomeda vittata Cope, 1874 科罗拉多河刺鲹

Genus Lepidopygopsis Raj, 1941 美臀鱼属

Lepidopygopsis typus Raj, 1941 美臀鱼

Genus Leptobarbus Bleeker, 1860 细须鲃属

Leptobarbus hoevenii (Bleeker, 1851) 苏门答腊细须鲃

Leptobarbus hosii (Regan, 1906) 婆罗洲细须鲃

Leptobarbus melanopterus Weber & de Beaufort, 1916 暗鳍细须鲃

Leptobarbus melanotaenia Boulenger, 1894 暗带细须鲃

Leptobarbus rubripinna (Fowler, 1937) 红翅细须鲃

Genus Leptocypris Boulenger, 1900 瘦波鱼属

Leptocypris crossensis Howes & Teugels, 1989 缨吻瘦波鱼

Leptocypris guineensis (Daget, 1962) 几内亚瘦波鱼

Leptocypris konkoureensis Howes & Teugels, 1989 孔库瘦波鱼

Leptocypris lujae (Boulenger, 1909) 卢氏瘦波鱼

Leptocypris modestus Boulenger, 1900 瘦波鱼

Leptocypris niloticus (Joannis, 1835) 尼罗河瘦波鱼

Leptocypris taiaensis Howes & Teugels, 1989 泰恩瘦波鱼

Leptocypris weeksii (Boulenger, 1899) 威氏瘦波鱼

Leptocypris weynsii (Boulenger, 1899) 韦氏瘦波鱼

Genus Leucalburnus Berg, 1916 白鲹属

Leucalburnus satunini (Berg, 1910) 土耳其白鲹

Genus Leucaspius Heckel & Kner, 1858 小赤稍鱼属

Leucaspius delineatus (Heckel, 1843) 小赤稍鱼

Genus Leuciscus Klein, 1775 雅罗鱼属

Leuciscus baicalensis (Dybowski, 1874) 贝加尔湖雅罗鱼 陆

Leuciscus bearnensis (Blanchard, 1866) 贝尔雅罗鱼

Leuciscus bergi Kashkarov, 1925 伯氏雅罗鱼

Leuciscus burdigalensis Valenciennes, 1844 法兰西雅罗鱼

Leuciscus chuanchicus (Kessler, 1876) 黄河雅罗鱼 陆

Leuciscus danilewskii (Kessler, 1877) 丹氏雅罗鱼

Leuciscus dzungaricus Paepke & Koch, 1998 布尔干河雅罗鱼

Leuciscus gaderanus Günther, 1899 伊朗雅罗鱼

Leuciscus idus (Linnaeus, 1758) 红鳍雅罗鱼 陆

Leuciscus latus (Keyserling, 1861) 偏雅罗鱼

Leuciscus lehmanni Brandt, 1852 列氏雅罗鱼

Leuciscus leuciscus (Linnaeus, 1758) 雅罗鱼

Leuciscus lindbergi Zanin & Eremejev, 1934 林氏雅罗鱼

Leuciscus merzbacheri (Zugmayer, 1912) 新疆雅罗鱼 陆

Leuciscus oxyrrhis (La Blanchère, 1873) 尖吻雅罗鱼

Leuciscus schmidti (Herzenstein, 1896) 施氏雅罗鱼

Leuciscus waleckii tumensis Mori , 1930 图们雅罗鱼 陆

Leuciscus waleckii waleckii (Dybowski, 1869) 瓦氏雅罗鱼 陆

Genus Linichthys Zhang & Fang, 2005 林氏鲃属

Linichthys laticeps (Lin & Zhang, 1986) 宽头林氏鲃 陆

　　syn. Barbodes laticeps Lin & Zhang, 1986 宽头四须鲃

Genus Lobocheilos Bleeker, 1854 准舌唇鱼属

Lobocheilos bo (Popta, 1904) 牛准舌唇鱼

Lobocheilos cornutus Smith, 1945 角准舌唇鱼

Lobocheilos cryptopogon (Fowler, 1935) 隐须准舌唇鱼

Lobocheilos davisi (Fowler, 1937) 戴氏准舌唇鱼

Lobocheilos delacouri (Pellegrin & Fang, 1940) 德氏准舌唇鱼

Lobocheilos erinaceus Kottelat & Hui, 2008 猬准舌唇鱼

Lobocheilos falcifer (Valenciennes, 1842) 镰准舌唇鱼

Lobocheilos fowleri (Pellegrin & Chevey, 1936) 福氏准舌唇鱼

Lobocheilos gracilis (Fowler, 1937) 细身准舌唇鱼

Lobocheilos ixocheilos Kottelat & Hui, 2008 婆罗洲准舌唇鱼

Lobocheilos kajanensis (Popta, 1904) 印度尼西亚准舌唇鱼

Lobocheilos lehat Bleeker, 1858 利哈准舌唇鱼

Lobocheilos melanotaenia (Fowler, 1935) 黑纹舌唇鱼 陆

Lobocheilos nigrovittatus Smith, 1945 黑带准舌唇鱼

Lobocheilos ovalis Kottelat & Hui, 2008 椭圆准舌唇鱼

Lobocheilos quadrilineatus (Fowler, 1935) 四线准舌唇鱼

Lobocheilos rhabdoura (Fowler, 1934) 条纹准舌唇鱼

Lobocheilos schwanenfeldii Bleeker, 1853 施氏准舌唇鱼

Lobocheilos tenura Kottelat & Hui, 2008 加里曼丹准舌唇鱼

Lobocheilos terminalis Kottelat & Hui, 2008 马来亚准舌唇鱼

Lobocheilos thavili Smith, 1945 索氏准舌唇鱼

Lobocheilos trangensis (Fowler, 1939) 泰国准舌唇鱼

Lobocheilos unicornis Kottelat & Hui, 2008 单角准舌唇鱼

Genus *Longanalus* Li in Li, Ran & Chen, 2006 **长臀鲮属**

Longanalus macrochirous Li, Ran & Chen, 2006 大鳍长臀鲮 [陆]

Genus *Longiculter* Fowler, 1937 **长鲌属**

Longiculter siahi Fowler, 1937 赛氏长鲌

Genus *Luciobarbus* Heckel, 1843 **亮鲃属**

Luciobarbus bocagei (Steindachner, 1864) 波氏亮鲃

Luciobarbus brachycephalus (Kessler, 1872) 短头亮鲃

Luciobarbus capito (Güldenstädt, 1773) 大头亮鲃

Luciobarbus caspius (Berg, 1914) 砂亮鲃

Luciobarbus comizo (Steindachner, 1864) 科米索亮鲃

Luciobarbus escherichii (Steindachner, 1897) 埃氏亮鲃

Luciobarbus esocinus Heckel, 1843 伊索亮鲃

Luciobarbus graecus (Steindachner, 1895) 丑亮鲃

Luciobarbus graellsii (Steindachner, 1866) 格氏亮鲃

Luciobarbus guiraonis (Steindachner, 1866) 泞亮鲃

Luciobarbus kersin (Heckel, 1843) 克氏亮鲃

Luciobarbus kosswigi (Karaman, 1971) 科斯氏亮鲃

Luciobarbus kottelati Turan, Ekmekçi, Ilhan & Engin, 2008 科特氏亮鲃

Luciobarbus lydianus (Boulenger, 1896) 土耳其亮鲃

Luciobarbus microcephalus (Almaça, 1967) 小头亮鲃

Luciobarbus mursa (Güldenstädt, 1773) 鼠亮鲃

Luciobarbus mystaceus (Pallas, 1814) 唇亮鲃

Luciobarbus pectoralis (Heckel, 1843) 长胸亮鲃

Luciobarbus sclateri (Günther, 1868) 斯氏亮鲃

Luciobarbus steindachneri (Almaça, 1967) 史丹氏亮鲃

Luciobarbus xanthopterus Heckel, 1843 黄鳍亮鲃

Genus *Luciobrama* Bleeker, 1870 **鯮属**

Luciobrama macrocephalus (Lacepède, 1803) 鯮 [陆]

Genus *Luciocyprinus* Vaillant, 1904 **拟鯮属**

Luciocyprinus langsoni Vaillant, 1904 单纹拟鯮 [陆]

Luciocyprinus striolatus Cui & Chu, 1986 细纹拟鯮 [陆]

Genus *Luciosoma* Bleeker, 1855 **梭大口鱼属**

Luciosoma bleekeri Steindachner, 1878 布氏梭大口鱼

Luciosoma pellegrinii Popta, 1905 婆罗洲梭大口鱼

Luciosoma setigerum (Valenciennes, 1842) 马来半岛梭大口鱼

Luciosoma spilopleura Bleeker, 1855 长鳍梭大口鱼

Luciosoma trinema (Bleeker, 1852) 三线梭大口鱼

Genus *Luxilus* Rafinesque, 1820 **闪光美洲鲹属**

Luxilus albeolus (Jordan, 1889) 白闪光美洲鲹

Luxilus cardinalis (Mayden, 1988) 红闪光美洲鲹

Luxilus cerasinus (Cope, 1868) 樱红闪光美洲鲹

Luxilus chrysocephalus Rafinesque, 1820 闪光美洲鲹

Luxilus coccogenis (Cope, 1868) 猩红闪光美洲鲹

Luxilus cornutus (Mitchill, 1817) 角闪光美洲鲹

Luxilus pilsbryi (Fowler, 1904) 皮氏闪光美洲鲹

Luxilus zonatus (Putnam, 1863) 带闪光美洲鲹

Luxilus zonistius Jordan, 1880 条纹闪光美洲鲹

Genus *Lythrurus* Jordan, 1876 **美洲石鲹属**

Lythrurus alegnotus (Snelson, 1972) 北美美洲石鲹

Lythrurus ardens (Cope, 1868) 阿登美洲石鲹

Lythrurus atrapiculus (Snelson, 1972) 灰黑美洲石鲹

Lythrurus bellus (Hay, 1881) 美丽美洲石鲹

Lythrurus fasciolaris (Gilbert, 1891) 红鳍美洲石鲹

Lythrurus fumeus (Evermann, 1892) 烟色美洲石鲹

Lythrurus lirus (Jordan, 1877) 脊状美洲石鲹

Lythrurus matutinus (Cope, 1870) 厚唇美洲石鲹

Lythrurus roseipinnis (Hay, 1885) 玫翅美洲石鲹

Lythrurus snelsoni (Robison, 1985) 斯氏美洲石鲹

Lythrurus umbratilis (Girard, 1856) 蛰居美洲石鲹

Genus *Macrhybopsis* Cockerell & Allison, 1909 **大鮈鲹属**

Macrhybopsis aestivalis (Girard, 1856) 夏大鮈鲹

Macrhybopsis australis (Hubbs & Ortenburger, 1929) 澳大利亚大鮈鲹

Macrhybopsis gelida (Girard, 1856) 密苏里河大鮈鲹

Macrhybopsis hyostoma (Gilbert, 1884) 猪嘴大鮈鲹

Macrhybopsis marconis (Jordan & Gilbert, 1886) 黑带大鮈鲹

Macrhybopsis meeki (Jordan & Evermann, 1896) 镰鳍大鮈鲹

Macrhybopsis storeriana (Kirtland, 1845) 北美大鮈鲹

Macrhybopsis tetranema (Gilbert, 1886) 四线大鮈鲹

Genus *Macrochirichthys* Bleeker, 1860 **大鳍鱼属**

Macrochirichthys macrochirus (Valenciennes, 1844) 大鳍鱼 [陆]

Genus *Malayochela* Banarescu, 1968 **马来珍鱼属**

Malayochela maassi (Weber & de Beaufort, 1912) 马来珍鱼

Genus *Margariscus* Cockerell, 1909 **珍珠鱼属**

Margariscus margarita (Cope, 1867) 北美珍珠鱼

Margariscus nachtriebi (Cox, 1896) 纳氏珍珠鱼

Genus *Meda* Girard, 1856 **光鲹属**

Meda fulgida Girard, 1856 美国光鲹

Genus *Megalobrama* Dybowski, 1872 **鲂属**

Megalobrama amblycephala Yih, 1955 团头鲂 [陆] [台]

Megalobrama elongata Huang & Zhang, 1986 长体鲂 [陆]

Megalobrama mantschuricus (Basilewsky, 1855) 东北鲂

Megalobrama pellegrini (Tchang, 1930) 厚颌鲂 [陆]

Megalobrama skolkovii Dybowski, 1872 斯氏鲂 [陆]

Megalobrama terminalis (Richardson, 1846) 三角鲂 [陆]

Genus *Megarasbora* Günther, 1868 **大波鱼属**

Megarasbora elanga (Hamilton, 1822) 孟加拉国大波鱼

Genus *Mekongina* Fowler, 1937 **湄公鱼属**

Mekongina bibarba Nguyen, 2001 双须湄公鱼

Mekongina erythrospila Fowler, 1937 湄公鱼

Mekongina lancangensis Yang, Chen & Yang, 2008 澜沧湄公鱼 [陆]

Genus *Mesobola* Howes, 1984 **中波鱼属**

Mesobola bredoi (Poll, 1945) 中波鱼

Mesobola brevianalis (Boulenger, 1908) 短臀中波鱼

Mesobola moeruensis (Boulenger, 1915) 非洲中波鱼

Mesobola spinifer (Bailey & Matthes, 1971) 刺中波鱼

Genus *Mesogobio* Banarescu & Nalbant, 1973 **中鮈属**

Mesogobio lachneri Banarescu & Nalbant, 1973 鸭绿江中鮈 [陆]

Mesogobio tumenensis Chang, 1980 图们江中鮈 [陆]

Genus *Mesopotamichthys* Karaman, 1971 **中河鲃属**

Mesopotamichthys sharpeyi (Günther, 1874) 沙比氏中河鲃

Genus *Metzia* Jordan & Thompson, 1914 **梅茨鱼属;梅氏鳊属**

Metzia alba (Nguyen, 1991) 白梅茨鱼;白梅氏鳊

Metzia formosae (Oshima, 1920) 台湾梅茨鱼;台湾梅氏鳊 [陆] [台]

  syn. *Rasborinus formosae* Oshima, 1920 台细鳊

Metzia hautus (Nguyen, 1991) 梅茨鱼;梅氏鳊

Metzia lineata (Pellegrin, 1907) 线纹梅茨鱼;线纹梅氏鳊 [陆]

  syn. *Rasborinus lineatus* (Pellegrin, 1907) 细鳊

Metzia longinasus Gan, Lan & Zhang, 2009 长鼻梅茨鱼;长鼻梅氏鳊

Metzia mesembrinum (Jordan & Evermann, 1902) 大鳞梅茨鱼;大鳞梅氏鳊 [台]

Genus *Microdevario* Fang, Norén, Liao, Källersjö & Kullander, 2009 **小德鱼属**

Microdevario gatesi (Herre, 1939) 盖氏小德鱼

  syn. *Microrasbora gatesi* Herre, 1939 盖氏小波鱼

Microdevario kubotai (Kottelat & Witte, 1999) 库氏小德鱼

  syn. *Microrasbora kubotai* (Kottelat & Witte, 1999) 库氏小波鱼

Microdevario nana (Kottelat & Witte, 1999) 矮身小德鱼

syn. *Microrasbora nana* (Kottelat & Witte, 1999) 矮身小波鱼

Genus *Microphysogobio* Mori, 1934 小鳔鮈属

Microphysogobio alticorpus Banarescu & Nalbant, 1968 高身小鳔鮈 陆 台
Microphysogobio amurensis (Taranetz, 1937) 突吻小鳔鮈 陆
　　syn. *Rostrogobio amurensis* Taranetz, 1937 突吻鮈
Microphysogobio anudarini Holcík & Pivnicka, 1969 阿氏小鳔鮈
Microphysogobio brevirostris (Günther, 1868) 短吻小鳔鮈 陆 台
Microphysogobio chinssuensis (Nichols, 1926) 清除小鳔鮈 陆
　　syn. *Huigobio chinssuensis* (Nichols, 1926) 清徐胡鮈
Microphysogobio elongatus (Yao & Yang, 1977) 长身小鳔鮈 陆
Microphysogobio fukiensis (Nichols, 1926) 福建小鳔鮈 陆
Microphysogobio hsinglungshanensis Mori, 1934 东北小鳔鮈
Microphysogobio jeoni Kim & Yang, 1999 焦氏小鳔鮈
Microphysogobio kachekensis (Oshima, 1926) 嘉积小鳔鮈 陆
Microphysogobio kiatingensis (Wu, 1930) 乐山小鳔鮈 陆
Microphysogobio koreensis Mori, 1935 高丽小鳔鮈
Microphysogobio labeoides (Nichols & Pope, 1927) 似鲭小鳔鮈 陆
Microphysogobio linghensis Xie, 1986 凌河小鳔鮈 陆
Microphysogobio longidorsalis Mori, 1935 长背小鳔鮈
Microphysogobio microstomus Yue, 1995 小口小鳔鮈 陆
Microphysogobio pseudoelongatus Zhao & Zhang, 2001 似长身小鳔鮈 陆
Microphysogobio rapidus Chae & Yang, 1999 朝鲜小鳔鮈
Microphysogobio tafangensis (Wang, 1935) 建德小鳔鮈 陆
Microphysogobio tungtingensis (Nichols, 1926) 洞庭小鳔鮈 陆
Microphysogobio vietnamica Mai, 1978 越南小鳔鮈
Microphysogobio yaluensis (Mori, 1928) 鸭绿小鳔鮈 陆
Microphysogobio yunnanensis (Yao & Yang, 1977) 云南小鳔鮈 陆

Genus *Microrasbora* Annandale, 1918 小波鱼属

Microrasbora microphthalma Jiang, Chen & Yang, 2008 小眼小波鱼
Microrasbora rubescens Annandale, 1918 红身小波鱼

Genus *Moapa* Hubbs & Miller, 1948 革鲹属

Moapa coriacea Hubbs & Miller, 1948 内华达革鲹

Genus *Mylocheilus* Agassiz, 1855 豆口鱼属

Mylocheilus caurinus (Richardson, 1836) 加拿大豆口鱼

Genus *Mylopharodon* Ayres, 1855 臼齿鱼属

Mylopharodon conocephalus (Baird & Girard, 1854) 白齿鱼

Genus *Mylopharyngodon* Peters, 1881 青鱼属

Mylopharyngodon piceus (Richardson, 1846) 青鱼 陆 台

Genus *Mystacoleucus* Günther, 1868 长臀鲃属

Mystacoleucus argenteus (Day, 1888) 银色长臀鲃
Mystacoleucus atridorsalis Fowler, 1937 黑背鳍长臀鲃
Mystacoleucus chilopterus Fowler, 1935 月斑长臀鲃 陆
Mystacoleucus ectypus Kottelat, 2000 湄公河长臀鲃
Mystacoleucus greenwayi Pellegrin & Fang, 1940 格氏长臀鲃
Mystacoleucus lepturus Huang, 1979 细尾长臀鲃 陆
Mystacoleucus marginatus (Valenciennes, 1842) 缘长臀鲃 陆
Mystacoleucus padangensis (Bleeker, 1852) 帕当长臀鲃

Genus *Naziritor* Mirza & Javed, 1985 纳结鱼属

Naziritor zhobensis (Mirza, 1967) 若布河纳结鱼

Genus *Nematabramis* Boulenger, 1894 线纹鳊属

Nematabramis alestes (Seale & Bean, 1907) 阿里线纹鳊
Nematabramis borneensis Inger & Chin, 1962 婆罗洲线纹鳊
Nematabramis everetti Boulenger, 1894 埃氏线纹鳊
Nematabramis steindachnerii Popta, 1905 斯氏线纹鳊
Nematabramis verecundus Herre, 1924 羞线纹鳊

Genus *Neobarynotus* Banarescu, 1980 新重背鲃属

Neobarynotus microlepis (Bleeker, 1851) 小鳞新重背鲃

Genus *Neobola* Vinciguerra, 1895 新波鱼属

Neobola bottegoi Vinciguerra, 1895 博特氏新波鱼
Neobola fluviatilis (Whitehead, 1962) 河溪新波鱼
Neobola nilotica Werner, 1919 尼罗新波鱼
Neobola stellae (Worthington, 1932) 星新波鱼

Genus *Neolissochilus* Rainboth, 1985 新光唇鱼属

Neolissochilus baoshanensis (Chen & Yang, 1999) 宝山新光唇鱼 陆
Neolissochilus benasi (Pellegrin & Chevey, 1936) 贝氏新光唇鱼 陆
　　syn. *Barbodes benasi* (Pellegrin & Chevey, 1936) 软鳍四须
Neolissochilus blythii (Day, 1870) 布莱斯新光唇鱼
Neolissochilus compressus (Day, 1870) 侧扁新光唇鱼
Neolissochilus dukai (Day, 1878) 杜氏新光唇鱼
Neolissochilus hendersoni (Herre, 1940) 亨氏新光唇鱼
Neolissochilus heterostomus (Chen & Yang, 1999) 异口新光唇鱼 陆
　　syn. *Barbodes heterostomus* (Chen & Yang, 1999) 异口四须
Neolissochilus hexagonolepis (McClelland, 1839) 墨脱新光唇鱼 陆
　　syn. *Barbodes hexagonolepis* (McClelland, 1839) 墨脱四须
Neolissochilus hexastichus (McClelland, 1839) 萨尔温江新光唇鱼
Neolissochilus longipinnis (Weber & de Beaufort, 1916) 长翅新光唇鱼
Neolissochilus namlenensis (Nguyen & Doan, 1969) 南伦河新光唇鱼
Neolissochilus nigrovittatus (Boulenger, 1893) 黑纹新光唇鱼
Neolissochilus paucisquamatus (Smith, 1945) 少鳞新光唇鱼
Neolissochilus soroides (Duncker, 1904) 似丘新光唇鱼
Neolissochilus spinulosus (McClelland, 1845) 大棘新光唇鱼
Neolissochilus stevensonii (Day, 1870) 斯氏新光唇鱼
Neolissochilus stracheyi (Day, 1871) 史氏新光唇鱼
Neolissochilus subterraneus Vidthayanon & Kottelat, 2003 泰国新光唇鱼
Neolissochilus sumatranus (Weber & de Beaufort, 1916) 苏门答腊新光唇鱼
Neolissochilus thienemanni (Ahl, 1933) 蒂氏新光唇鱼
Neolissochilus tweediei (Herre & Myers, 1937) 特氏新光唇鱼
Neolissochilus vittatus (Smith, 1945) 饰带新光唇鱼

Genus *Nicholsicypris* Chu, 1935 拟细鲫属

Nicholsicypris dorsohorizontalis Nguyen & Doan, 1969 平背拟细鲫
Nicholsicypris normalis (Nichols & Pope, 1927) 拟细鲫 陆

Genus *Nipponocypris* Chen, Wu & Hsu, 2008 东瀛鲤属

Nipponocypris koreanus (Kim, Oh & Hosoya, 2005) 高丽东瀛鲤
Nipponocypris sieboldii (Temminck & Schlegel, 1846) 西氏东瀛鲤
Nipponocypris temminckii (Temminck & Schlegel, 1846) 特氏东瀛鲤

Genus *Nocomis* Girard, 1856 美鲹属

Nocomis asper Lachner & Jenkins, 1971 红点美鲹
Nocomis biguttatus (Kirtland, 1840) 双点美鲹
Nocomis effusus Lachner & Jenkins, 1967 红尾美鲹
Nocomis leptocephalus (Girard, 1856) 小头美鲹
Nocomis micropogon (Cope, 1865) 小须美鲹
Nocomis platyrhynchus Lachner & Jenkins, 1971 大吻美鲹
Nocomis raneyi Lachner & Jenkins, 1971 兰氏美鲹

Genus *Notemigonus* Rafinesque, 1819 美鳊属

Notemigonus crysoleucas (Mitchill, 1814) 金体美鳊

Genus *Notropis* Rafinesque, 1818 美洲鲹属

Notropis aguirrepequenoi Contreras-Balderas & Rivera-Teillery, 1973 艾格氏美洲鲹
Notropis albizonatus Warren & Burr, 1994 肯塔基美洲鲹
Notropis alborus Hubbs & Raney, 1947 白嘴美洲鲹
Notropis altipinnis (Cope, 1870) 高鳍美洲鲹
Notropis amabilis (Girard, 1856) 得克萨斯美洲鲹
Notropis amecae Chernoff & Miller, 1986 艾米美洲鲹
Notropis ammophilus Suttkus & Boschung, 1990 结节美洲鲹
Notropis amoenus (Abbott, 1874) 媚美洲鲹
Notropis anogenus Forbes, 1885 无颏美洲鲹
Notropis ariommus (Cope, 1867) 秀目美洲鲹
Notropis asperifrons Suttkus & Raney, 1955 糙额美洲鲹

Notropis atherinoides Rafinesque, 1818 翡翠美洲鳑

Notropis atrocaudalis Evermann, 1892 黑尾美洲鳑

Notropis aulidion Chernoff & Miller, 1986 管美洲鳑

Notropis baileyi Suttkus & Raney, 1955 贝氏美洲鳑

Notropis bairdi Hubbs & Ortenburger, 1929 红溪美洲鳑

Notropis bifrenatus (Cope, 1867) 双缰美洲鳑

Notropis blennius (Girard, 1856) 黏美洲鳑

Notropis boops Gilbert, 1884 大眼美洲鳑

Notropis boucardi (Günther, 1868) 鲍氏美洲鳑

Notropis braytoni Jordan & Evermann, 1896 勃氏美洲鳑

Notropis buccatus (Cope, 1865) 颊美洲鳑

Notropis buccula Cross, 1953 小眼美洲鳑

Notropis buchanani Meek, 1896 布氏美洲鳑

Notropis cahabae Mayden & Kuhajda, 1989 卡哈巴美洲鳑

Notropis calabazas Lyons & Mercado-Silva, 2004 丽美洲鳑

Notropis calientis Jordan & Snyder, 1899 加利美洲鳑

Notropis candidus Suttkus, 1980 闪亮美洲鳑

Notropis chalybaeus (Cope, 1867) 铅色美洲鳑

Notropis chihuahua Woolman, 1892 奇瓦美洲鳑

Notropis chiliticus (Cope, 1870) 红唇美洲鳑

Notropis chlorocephalus (Cope, 1870) 绿头美洲鳑

Notropis chrosomus (Jordan, 1877) 虹美洲鳑

Notropis cumingii (Günther, 1868) 卡氏美洲鳑

Notropis cummingsae Myers, 1925 卡明美洲鳑

Notropis dorsalis (Agassiz, 1854) 高背美洲鳑

Notropis edwardraneyi Suttkus & Clemmer, 1968 埃氏美洲鳑

Notropis girardi Hubbs & Ortenburger, 1929 吉拉德美洲鳑

Notropis greenei Hubbs & Ortenburger, 1929 格里尼美洲鳑

Notropis harperi Fowler, 1941 红目美洲鳑

Notropis heterodon (Cope, 1865) 异齿美洲鳑

Notropis heterolepis Eigenmann & Eigenmann, 1893 异鳞美洲鳑

Notropis hudsonius (Clinton, 1824) 斑尾美洲鳑

Notropis hypsilepis Suttkus & Raney, 1955 高鳞美洲鳑

Notropis imeldae Cortés, 1968 艾梅尔美洲鳑

Notropis jemezanus (Cope, 1875) 杰米美洲鳑

Notropis leuciodus (Cope, 1868) 露仙美洲鳑

Notropis longirostris (Hay, 1881) 长吻美洲鳑

Notropis lutipinnis (Jordan & Brayton, 1878) 黄鳍美洲鳑

Notropis maculatus (Hay, 1881) 亮尾美洲鳑

Notropis mekistocholas Snelson, 1971 费尔岬美洲鳑

Notropis melanostomus Bortone, 1989 黑口美洲鳑

Notropis micropteryx (Cope, 1868) 小鳍美洲鳑

Notropis moralesi de Buen, 1955 莫氏美洲鳑

Notropis nazas Meek, 1904 纳扎美洲鳑

Notropis nubilus (Forbes, 1878) 云纹美洲鳑

Notropis orca Woolman, 1894 鲸美洲鳑

Notropis ortenburgeri Hubbs, 1927 奥氏美洲鳑

Notropis oxyrhynchus Hubbs & Bonham, 1951 尖吻美洲鳑

Notropis ozarcanus Meek, 1891 奥扎克美洲鳑

Notropis percobromus (Cope, 1871) 鲈形美洲鳑

Notropis perpallidus Hubbs & Black, 1940 细点美洲鳑

Notropis petersoni Fowler, 1942 岸美洲鳑

Notropis photogenis (Cope, 1865) 银美洲鳑

Notropis potteri Hubbs & Bonham, 1951 波氏美洲鳑

Notropis procne (Cope, 1865) 厚尾美洲鳑

Notropis rafinesquei Suttkus, 1991 拉氏美洲鳑

Notropis rubellus (Agassiz, 1850) 红美洲鳑

Notropis rubricroceus (Cope, 1868) 赫色美洲鳑

Notropis rupestris Page, 1987 岩美洲鳑

Notropis sabinae Jordan & Gilbert, 1886 萨拜美洲鳑

Notropis saladonis Hubbs & Hubbs, 1958 萨拉多美洲鳑

Notropis scabriceps (Cope, 1868) 糙头美洲鳑

Notropis scepticus (Jordan & Gilbert, 1883) 显美洲鳑

Notropis semperasper Gilbert, 1961 粗首美洲鳑

Notropis shumardi (Girard, 1856) 银带美洲鳑

Notropis simus (Cope, 1875) 钝吻美洲鳑

Notropis spectrunculus (Cope, 1868) 镜美洲鳑

Notropis stilbius Jordan, 1877 银线美洲鳑

Notropis stramineus (Cope, 1865) 沙美洲鳑

Notropis suttkusi Humphries & Cashner, 1994 萨氏美洲鳑

Notropis telescopus (Cope, 1868) 远视美洲鳑

Notropis texanus (Girard, 1856) 杂色美洲鳑

Notropis topeka (Gilbert, 1884) 托普美洲鳑

Notropis tropicus Hubbs & Miller, 1975 热带美洲鳑

Notropis uranoscopus Suttkus, 1959 穹美洲鳑

Notropis volucellus (Cope, 1865) 飞跃美洲鳑

Notropis wickliffi Trautman, 1931 威氏美洲鳑

Notropis xaenocephalus (Jordan, 1877) 阿拉巴马美洲鳑

Genus *Ochetobius* Günther, 1868 鳡属

Ochetobius elongatus (Kner, 1867) 鳡 陆

Genus *Onychostoma* Günther, 1896 白甲鱼属

Onychostoma alticorpus (Oshima, 1920) 高身白甲鱼 陆 台

Onychostoma angustistomata (Fang, 1940) 四川白甲鱼 陆

Onychostoma barbatulum (Pellegrin, 1908) 台湾白甲鱼 陆 台

　syn. *Varicorhinus barbatulus* (Pellegrin, 1908) 台湾突吻鱼

Onychostoma barbatum (Lin, 1931) 粗须白甲鱼 陆

Onychostoma breve (Wu & Chen, 1977) 短身白甲鱼 陆

　syn. *Varicorhinus brevis* (Wu & Chen, 1977) 短身突吻鱼

Onychostoma daduense Ding, 1994 大渡白甲鱼 陆

Onychostoma elongatum (Pellegrin & Chevey, 1934) 长身白甲鱼

Onychostoma fangi Kottelat, 2000 范氏白甲鱼

Onychostoma fusiforme Kottelat, 1998 纺锤白甲鱼

Onychostoma gerlachi (Peters, 1881) 葛氏白甲鱼 陆

Onychostoma laticeps Günther, 1896 侧头白甲鱼

Onychostoma lepturum (Boulenger, 1900) 细尾白甲鱼 陆

Onychostoma lini (Wu, 1939) 小口白甲鱼 陆

Onychostoma macrolepis (Bleeker, 1871) 多鳞白甲鱼 陆

　syn. *Scaphesthes macrolepis* (Bleeker, 1871) 多鳞铲颌鱼

Onychostoma meridionale Kottelat, 1998 南方白甲鱼

Onychostoma ovale ovale Pellegrin & Chevey, 1936 卵形白甲鱼 陆

Onychostoma ovale rhomboids (Tang, 1942) 珠江卵形白甲鱼 陆

Onychostoma rarum (Lin, 1933) 稀有白甲鱼 陆

Onychostoma simum (Sauvage & Dabry de Thiersant, 1874) 准白甲鱼 陆

Onychostoma uniforme (Mai, 1978) 越南白甲鱼

Onychostoma virgulatum Xin, Zhang & Cao, 2009 条纹白甲鱼 陆

Genus *Opsaridium* Peters, 1854 马口波鱼属

Opsaridium boweni (Fowler, 1930) 鲍氏马口波鱼

Opsaridium engrauloides (Nichols, 1923) 似鳀马口波鱼

Opsaridium leleupi (Matthes, 1965) 勒氏马口波鱼

Opsaridium loveridgii (Norman, 1922) 洛氏马口波鱼

Opsaridium maculicauda (Pellegrin, 1926) 斑尾马口波鱼

Opsaridium microcephalum (Günther, 1864) 小头马口波鱼

Opsaridium microlepis (Günther, 1864) 小鳞马口波鱼

Opsaridium peringueyi (Gilchrist & Thompson, 1913) 佩氏马口波鱼

Opsaridium splendens Taverne & De Vos, 1997 秀美马口波鱼

Opsaridium tweddleorum Skelton, 1996 马拉维马口波鱼

Opsaridium ubangiense (Pellegrin, 1901) 乌班吉河马口波鱼

Opsaridium zambezense (Peters, 1852) 赞比西马口波鱼

Genus *Opsariichthys* Bleeker, 1863 马口鱼属;马口鱲属

Opsariichthys bea Nguyen, 1987 越南马口鱼;越南马口鱲

Opsariichthys bidens Günther, 1873 马口鱼;马口鱲 陆

Opsariichthys dienbienensis Nguyen & Nguyen, 2000 奠边马口鱼;奠边马口鱲

Opsariichthys evolans (Jordan & Evermann, 1902) 长鳍马口鱼;长鳍马口鱲 台

Opsariichthys hainanensis Nichols & Pope, 1927 海南马口鱼;海南马口鱲 陆

Opsariichthys hieni Nguyen, 1987 希氏马口鱼;希氏马口鱲

Opsariichthys kaopingensis Chen & Wu, 2009 高屏马口鱼 台

Opsariichthys pachycephalus Günther, 1868 厚头马口鱼;粗首马口鱲 陆 台

    syn. *Zacco pachycephalus* (Günther, 1868) 粗首鱲

    syn. *Zacco taiwanensis* Chen, 1989 台湾鱲

Opsariichthys songmaensis Ngueyn & Nguyen, 2000 松河马口鱼;松河马口鱲

Opsariichthys uncirostris (Temminck & Schlegel, 1846) 真马口鱼;真马口鱲

Genus *Opsarius* McClelland, 1839 真马口波鱼属

Opsarius cocsa (Hamilton, 1822) 印度真马口波鱼

Opsarius koratensis (Smith, 1931) 泰国真马口波鱼

Opsarius pulchellus (Smith, 1931) 美丽真马口波鱼 陆

    syn. *Barilius pulchellus* Smith, 1931 丽色低线鱲

Genus *Opsopoeodus* Hay, 1881 小口鮈属

Opsopoeodus emiliae emiliae Hay, 1881 小口鮈

Opsopoeodus emiliae peninsularis (Gilbert & Bailey, 1972) 北美小口鮈

Genus *Oregonichthys* Hubbs, 1929 伸口鲅属

Oregonichthys crameri (Snyder, 1908) 克氏伸口鲅

Oregonichthys kalawatseti Markle, Pearsons & Bills, 1991 卡氏伸口鲅

Genus *Oreichthys* Smith, 1933 山鲃属

Oreichthys cosuatis (Hamilton, 1822) 印度山鲃

Oreichthys crenuchoides Schäfer, 2009 似泉水山鲃

Oreichthys parvus Smith, 1933 小山鲃

Genus *Oreoleuciscus* Warpachowski, 1889 山雅罗鱼属

Oreoleuciscus angusticephalus Bogutskaya, 2001 窄头山雅罗鱼

Oreoleuciscus dsapchynensis Warpachowski, 1889 蒙古山雅罗鱼

Oreoleuciscus humilis Warpachowski, 1889 密鳃山雅罗鱼

Oreoleuciscus potanini (Kessler, 1879) 波氏山雅罗鱼

Genus *Orthodon* Girard, 1856 直齿鱼属

Orthodon microlepidotus (Ayres, 1854) 直齿鱼

Genus *Ospatulus* Herre, 1924 截颌鲤属

Ospatulus palaemophagus Herre, 1924 嗜虾截颌鲤

Ospatulus truncatulus Herre, 1924 棉兰老截颌鲤

Genus *Osteobrama* Heckel, 1843 骨鳊属

Osteobrama alfredianus (Valenciennes, 1844) 阿尔弗连德骨鳊

Osteobrama bakeri (Day, 1873) 贝克氏骨鳊

Osteobrama belangeri (Valenciennes, 1844) 比氏骨鳊

Osteobrama bhimensis Singh & Yazdani, 1992 比马河骨鳊

Osteobrama cotio cotio (Hamilton, 1822) 骨鳊

Osteobrama cotio cunma (Day, 1888) 印度骨鳊

Osteobrama cotio peninsularis Silas, 1952 大头骨鳊

Osteobrama feae Vinciguerra, 1890 费氏骨鳊

Osteobrama neilli (Day, 1873) 尼尔氏骨鳊

Osteobrama vigorsii (Sykes, 1839) 维氏骨鳊

Genus *Osteochilichthys* Hora, 1942 骨纹唇鱼属

Osteochilichthys brevidorsalis (Day, 1873) 短背骨纹唇鱼

Genus *Osteochilus* Günther, 1868 纹唇鱼属

Osteochilus bellus Popta, 1904 美丽纹唇鱼

Osteochilus bleekeri Kottelat, 2008 布氏纹唇鱼

Osteochilus borneensis (Bleeker, 1857) 婆罗洲纹唇鱼

Osteochilus brachynotopteroides Chevey, 1934 似短背鳍纹唇鱼

Osteochilus chini Karnasuta, 1993 钦氏纹唇鱼

Osteochilus enneaporos (Bleeker, 1852) 九孔纹唇鱼

Osteochilus flavicauda Kottelat & Tan, 2009 黄尾纹唇鱼

Osteochilus harrisoni Fowler, 1905 哈里森氏纹唇鱼

Osteochilus ingeri Karnasuta, 1993 英氏纹唇鱼

Osteochilus intermedius Weber & de Beaufort, 1916 中间纹唇鱼

Osteochilus jeruk Hadiaty & Siebert, 1998 苏门答腊纹唇鱼

Osteochilus kahajanensis (Bleeker, 1857) 卡亨纹唇鱼

Osteochilus kappenii (Bleeker, 1857) 卡氏纹唇鱼

Osteochilus kelabau Popta, 1904 凯拉纹唇鱼

Osteochilus kerinciensis Tan & Kottelat, 2009 克林季纹唇鱼

Osteochilus kuekenthali Ahl, 1922 库氏纹唇鱼

Osteochilus lini Fowler, 1935 林氏纹唇鱼

Osteochilus longidorsalis (Pethiyagoda & Kottelat, 1994) 长背纹唇鱼

Osteochilus melanopleurus (Bleeker, 1852) 黑肋纹唇鱼

Osteochilus microcephalus (Valenciennes, 1842) 小头纹唇鱼

Osteochilus nashii (Day, 1869) 纳氏纹唇鱼

Osteochilus partilineatus Kottelat, 1995 四带纹唇鱼

Osteochilus pentalineatus Kottelat, 1982 五线纹唇鱼

Osteochilus repang Popta, 1904 雷帕纹唇鱼

Osteochilus salsburyi Nichols & Pope, 1927 暗花纹唇鱼 陆

Osteochilus sarawakensis Karnasuta, 1993 沙捞越纹唇鱼

Osteochilus schlegelii (Bleeker, 1851) 施氏纹唇鱼

Osteochilus serokan Hadiaty & Siebert, 1998 印度尼西亚纹唇鱼

Osteochilus sondhii Hora & Mukerji, 1934 桑氏纹唇鱼

Osteochilus spilurus (Bleeker, 1851) 斑点纹唇鱼

Osteochilus striatus Kottelat, 1998 条纹纹唇鱼

Osteochilus thomassi (Day, 1877) 汤氏纹唇鱼

Osteochilus vittatus (Valenciennes, 1842) 纵带纹唇鱼 陆

Osteochilus waandersii (Bleeker, 1852) 瓦氏纹唇鱼

Genus *Oxygaster* van Hasselt, 1823 尖腹鳊属

Oxygaster anomalura Van Hasselt, 1823 小尖腹鳊

Oxygaster pointoni (Fowler, 1934) 波氏尖腹鳊

Genus *Oxygymnocypris* Tsao, 1964 尖裸鲤属

Oxygymnocypris stewartii (Lloyd, 1908) 斯氏尖裸鲤 陆

Genus *Pachychilon* Steindachner, 1882 肥唇鱼属

Pachychilon macedonicum (Steindachner, 1892) 马其顿肥唇鱼

Pachychilon pictum (Heckel & Kner, 1858) 肥唇鱼

Genus *Paedocypris* Kottelat, Britz, Hui & Witte, 2006 微鲤属

Paedocypris carbunculus Britz & Kottelat, 2008 婆罗洲微鲤

Paedocypris micromegethes Kottelat, Britz, Tan & Witte, 2006 马来亚微鲤

Paedocypris progenetica Kottelat, Britz, Tan & Witte, 2006 微鲤

Genus *Parabramis* Bleeker, 1864 鳊属

Parabramis pekinensis (Basilewsky, 1855) 鳊 陆

Genus *Paracanthobrama* Bleeker, 1864 似刺鳊鮈属

Paracanthobrama guichenoti Bleeker, 1865 似刺鳊鮈 陆

Genus *Parachela* Steindachner, 1881 副元宝鳊属

Parachela cyanea Kottelat, 1995 蓝黑副元宝鳊

Parachela hypophthalmus (Bleeker, 1860) 低眼副元宝鳊

Parachela ingerkongi (Banarescu, 1969) 英氏副元宝鳊

Parachela maculicauda (Smith, 1934) 斑尾副元宝鳊

Parachela oxygastroides (Bleeker, 1852) 似尖腹副元宝鳊

Parachela siamensis (Günther, 1868) 暹罗副元宝鳊

Parachela williaminae Fowler, 1934 威氏副元宝鳊

Genus *Parachondrostoma* Robalo, Almada, Levy & Doadrio, 2006 副软口鱼属

Parachondrostoma arrigonis (Steindachner, 1866) 丽颊副软口鱼

Parachondrostoma miegii (Steindachner, 1866) 梅氏副软口鱼

Parachondrostoma toxostoma (Vallot, 1837) 弓口副软口鱼

Parachondrostoma turiense (Elvira, 1987) 蛰栖副软口鱼

Genus *Paracrossochilus* Popta, 1904 副穗唇鲃属

Paracrossochilus acerus Inger & Chin, 1962 尖副穗唇鲃

Paracrossochilus vittatus (Boulenger, 1894) 饰带副穗唇鲃

Genus *Paralaubuca* Bleeker, 1864 罗碧鱼属

Paralaubuca barroni (Fowler, 1934) 巴氏罗碧鱼 陆

Paralaubuca harmandi Sauvage, 1883 哈氏罗碧鱼

Paralaubuca riveroi (Fowler, 1935) 里氏罗碧鱼

Paralaubuca stigmabrachium (Fowler, 1934) 点臂罗碧鱼

Paralaubuca typus Bleeker, 1864 罗碧鱼

Genus *Paraleucogobio* Berg, 1907 似白鮈属

Paraleucogobio notacanthus Berg, 1907 似白鮈 陆

Genus *Parapsilorhynchus* Hora, 1921 副裸吻鱼属

Parapsilorhynchus discophorus Hora, 1921 印度尼西亚副裸吻鱼

Parapsilorhynchus elongatus Singh, 1994 长身副裸吻鱼

Parapsilorhynchus prateri Hora & Misra, 1938 普氏副裸吻鱼

Parapsilorhynchus tentaculatus (Annandale, 1919) 触角副裸吻鱼

Genus *Pararasbora* Regan, 1908 副细鲫属

Pararasbora moltrechti Regan, 1908 台湾副细鲫 台

Genus *Pararhinichthys* Stauffer, Hocutt & Mayden, 1997 副吻鱼属

Pararhinichthys bowersi (Goldsborough & Clark, 1908) 鲍氏副吻鱼

Genus *Parasikukia* Doi, 2000 副短吻鱼属

Parasikukia maculata Doi, 2000 斑副短吻鱼

Genus *Parasinilabeo* Wu, 1939 异华鲮属

Parasinilabeo assimilis Wu & Yao, 1977 异华鲮 陆

Parasinilabeo longibarbus Zhu, Lan & Zhang, 2006 长须异华鲮 陆

Parasinilabeo longicorpus Zhang, 2000 长身异华鲮 陆

Parasinilabeo longiventralis Huang, Chen & Yang, 2007 长腹异华鲮 陆

Parasinilabeo maculatus Zhang, 2000 斑异华鲮 陆

Parasinilabeo microps (Su, Yang & Cui, 2001) 小眼异华鲮 陆

Genus *Paraspinibarbus* Chu & Kottelat, 1989 副袋唇鱼属

Paraspinibarbus alloiopleurus (Vaillant, 1893) 平腹副袋唇鱼 陆

    syn. *Paraspinibarbus hekouensis* (Wu, 1977) 副袋唇鱼

    syn. *Paraspinibarbus macrocanthus* (Pellegrin & Chevery, 1936) 大刺副袋唇鱼

Genus *Parasqualidus* Doi, 2000 副赤眼鳟属

Parasqualidus maii Doi, 2000 梅氏副赤眼鳟

Genus *Parator* Wu, Yang, Yue & Huang, 1963 副结鱼属

Parator zonatus (Lin, 1935) 叶副结鱼

    syn. *Tor zonatus* Lin, 1935 叶结鱼

Genus *Parazacco* Chen, 1982 异鱲属

Parazacco fasciatus (Koller, 1927) 海南异鱲 陆

Parazacco spilurus (Günther, 1868) 异鱲 陆

Genus *Pectenocypris* Kottelat, 1982 密耙鱼属

Pectenocypris balaena Roberts, 1989 鲸形密耙鱼

Pectenocypris korthausae Kottelat, 1982 科氏密耙鱼

Pectenocypris micromysticetus Tan & Kottelat, 2009 银光密耙鱼

Genus *Pelasgus* Kottelat & Freyhof, 2007 希腊鲹属

Pelasgus epiroticus (Steindachner, 1895) 短吻希腊鲹

Pelasgus laconicus (Kottelat & Barbieri, 2004) 大鳞希腊鲹

Pelasgus marathonicus (Vinciguerra, 1921) 圆头希腊鲹

Pelasgus minutus (Karaman, 1924) 细尾希腊鲹

Pelasgus prespensis (Karaman, 1924) 细鳞希腊鲹

Pelasgus stymphalicus (Valenciennes, 1844) 圆身希腊鲹

Pelasgus thesproticus (Stephanidis, 1939) 扁身希腊鲹

Genus *Pelecus* Agassiz, 1835 欧飘鱼属

Pelecus cultratus (Linnaeus, 1758) 欧飘鱼

Genus *Percocypris* Chu, 1935 鲈鲤属

Percocypris pingi pingi (Tchang, 1930) 秉氏鲈鲤 陆

Percocypris pingi retrodorslis Cui & Chu, 1990 后背鲈鲤 陆

Percocypris regani (Tchang, 1935) 里根鲈鲤 陆

Percocypris tchangi (Pellegrin & Chevey, 1936) 张氏鲈鲤 陆

Genus *Petroleuciscus* Bogutskaya, 2002 岩雅罗鱼属

Petroleuciscus borysthenicus (Kessler, 1859) 棕色岩雅罗鱼

Petroleuciscus esfahani Coad & Bogutskaya, 2010 伊氏岩雅罗鱼

Petroleuciscus kurui (Bogutskaya, 1995) 库氏岩雅罗鱼

Petroleuciscus persidis (Coad, 1981) 戈尔河岩雅罗鱼

Petroleuciscus smyrnaeus (Boulenger, 1896) 食芹岩雅罗鱼

Genus *Phenacobius* Cope, 1867 美洲拟鲹属

Phenacobius catostomus Jordan, 1877 美洲拟鲹

Phenacobius crassilabrum Minckley & Craddock, 1962 厚唇美洲拟鲹

Phenacobius mirabilis (Girard, 1856) 奇美洲拟鲹

Phenacobius teretulus Cope, 1867 光滑美洲拟鲹

Phenacobius uranops Cope, 1867 颚孔美洲拟鲹

Genus *Phoxinellus* Heckel, 1843 小鲹属

Phoxinellus alepidotus Heckel, 1843 波斯尼亚小鲹

Phoxinellus dalmaticus Zupancic & Bogutskaya, 2000 达耳马小鲹

Phoxinellus pseudalepidotus Bogutskaya & Zupancic, 2003 拟鳞小鲹

Genus *Phoxinus* Rafinesque, 1820 鲹属

Phoxinus bigerri Kottelat, 2007 比氏鲹

Phoxinus brachyurus Berg, 1912 短尾鲹 陆

Phoxinus colchicus Berg, 1910 高加索鲹

Phoxinus grumi Berg, 1907 吐鲁番鲹 陆

Phoxinus issykkulensis Berg, 1912 伊塞克湖鲹

Phoxinus jouyi (Jordan & Snyder, 1901) 朱氏鲹

Phoxinus keumkang (Chyung, 1977) 斑鳍鲹 陆

Phoxinus kumgangensis Kim, 1980 金钢鲹

Phoxinus lumaireul (Schinz, 1840) 杂斑鲹

Phoxinus neogaeus Cope, 1867 细鳞鲹

Phoxinus oxyrhynchus (Mori, 1930) 尖吻鲹 陆

Phoxinus phoxinus phoxinus (Linnaeus, 1758) 真鲹 陆

Phoxinus phoxinus tumensis Luo, 1996 图们鲹 陆

Phoxinus saylori Skelton, 2001 塞氏鲹

Phoxinus semotilus (Jordan & Starks, 1905) 黑星鲹

Phoxinus septimaniae Kottelat, 2007 幽鲹

Phoxinus steindachneri Sauvage, 1883 斯丹氏鲹

Phoxinus strandjae Drensky, 1926 斯特兰鲹

Phoxinus strymonicus Kottelat, 2007 泉水鲹

Phoxinus tchangi Chen, 1988 张氏鲹 陆

Phoxinus ujmonensis Kashchenko, 1899 阿尔泰鲹 陆

Genus *Phreatichthys* Vinciguerra, 1924 洞穴鱼属

Phreatichthys andruzzii Vinciguerra, 1924 索马里洞穴鱼

Genus *Pimephales* Rafinesque, 1820 胖头鲹属

Pimephales notatus (Rafinesque, 1820) 钝吻胖头鲹

Pimephales promelas Rafinesque, 1820 胖头鲹

Pimephales tenellus (Girard, 1856) 北美胖头鲹

Pimephales vigilax (Baird & Girard, 1853) 凝胖头鲹

Genus *Placogobio* Nguyen, 2001 扁盘鮈属

Placogobio bacmeensis Nguyen & Vo, 2001 越南扁盘鮈

Placogobio nahangensis Nguyen, 2001 杂食扁盘鮈

Genus *Plagiognathops* Berg, 1907 斜颌鲴属

Plagiognathops microlepis (Bleeker, 1871) 细鳞斜颌鲴 陆

    syn. *Xenocypris microlepis* (Bleeker, 1871) 细鳞鲴

Genus *Plagopterus* Cope, 1874 伤鳍鱼属

Plagopterus argentissimus Cope, 1874 北美伤鳍鱼

Genus *Platygobio* Gill, 1863 平头鮈属

Platygobio gracilis (Richardson, 1836) 小眼平头鮈

Genus *Platypharodon* Herzenstein, 1891 扁咽齿鱼属

Platypharodon extremus Herzenstein, 1891 扁咽齿鱼 陆

Genus *Platysmacheilus* Lu, Luo & Chen, 1977 片唇鮈属

Platysmacheilus exiguus (Lin, 1932) 片唇鮈 陆
Platysmacheilus longibarbatus Luo, Le & Chen, 1977 长须片唇鮈 陆
Platysmacheilus nudiventris Luo, Le & Chen, 1977 裸腹片唇鮈 陆
Platysmacheilus zhenjiangensis Ni, Chen & Zhou, 2005 镇江片唇鮈 陆

Genus *Pogobrama* Luo, 1995 须鳊属

Pogobrama barbatula (Luo & Huang, 1985) 须华鳊 陆

Genus *Pogonichthys* Girard, 1854 裂尾鱼属

Pogonichthys ciscoides Hopkirk, 1974 加利福尼亚裂尾鱼
Pogonichthys macrolepidotus (Ayres, 1854) 大鳞裂尾鱼

Genus *Poropuntius* Smith, 1931 头孔小鲃属

Poropuntius angustus Kottelat, 2000 窄身头孔小鲃
Poropuntius bantamensis (Rendahl, 1920) 湄公河头孔小鲃
Poropuntius birtwistlei (Herre, 1940) 伯氏头孔小鲃
Poropuntius bolovenensis Roberts, 1998 高身头孔小鲃
Poropuntius burtoni (Mukerji, 1933) 伯顿头孔小鲃
Poropuntius carinatus (Wu & Lin, 1977) 棱头孔小鲃 陆
　　syn. *Barbodes carinatus* Wu & Lin, 1977 棱四须鲃
Poropuntius chondrorhynchus (Fowler, 1934) 软吻头孔小鲃
Poropuntius chonglingchungi (Tchang, 1938) 常氏头孔小鲃 陆
　　syn. *Barbodes chonglingchungi* (Tchang, 1938) 常氏四须鲃
Poropuntius clavatus (McClelland, 1845) 棒形头孔小鲃
Poropuntius cogginii (Chaudhuri, 1911) 科氏头孔小鲃
Poropuntius consternans Kottelat, 2000 锥头头孔小鲃
Poropuntius daliensis (Wu & Lin, 1977) 洱海头孔小鲃 陆
　　syn. *Barbodes daliensis* Wu & Lin, 1977 洱海四须鲃
Poropuntius deauratus (Valenciennes, 1842) 印度支那头孔小鲃
Poropuntius exiguus (Wu & Lin, 1977) 油头孔小鲃 陆
Poropuntius faucis (Smith, 1945) 泰国头孔小鲃
Poropuntius fuxianhuensis (Wang, Zhuang & Gao, 1982) 抚仙头孔小鲃 陆
　　syn. *Barbodes fuxianhuensis* (Wang, Zhuang & Gao, 1982) 抚仙四须鲃
Poropuntius genyognathus Roberts, 1998 须颌头孔小鲃
Poropuntius hampaloides (Vinciguerra, 1890) 似头孔小鲃
Poropuntius hathe Roberts, 1998 哈瑟头孔小鲃
Poropuntius heterolepidotus Roberts, 1998 异鳞头孔小鲃
Poropuntius huangchuchieni (Tchang, 1962) 云南头孔小鲃 陆
　　syn. *Barbodes huangchuchieni* (Tchang, 1962) 云南四须鲃
Poropuntius huguenini (Bleeker, 1853) 休氏头孔小鲃
Poropuntius ikedai (Harada, 1943) 池田头孔小鲃 陆
　　syn. *Acrossocheilus ikedai* Harada, 1943 池田光唇鱼鲃
Poropuntius kontumensis (Chevey, 1934) 越南头孔小鲃
Poropuntius krempfi (Pellegrin & Chevey, 1934) 克氏头孔小鲃
Poropuntius laoensis (Günther, 1868) 老挝头孔小鲃
Poropuntius lobocheiloides Kottelat, 2000 喜荫头孔小鲃
Poropuntius margarianus (Anderson, 1879) 太平头孔小鲃 陆
　　syn. *Barbodes margarianus* (Anderson, 1879) 太平四须鲃
Poropuntius melanogrammus Roberts, 1998 黑纹头孔小鲃
Poropuntius normani Smith, 1931 诺氏头孔小鲃
Poropuntius opisthoptera (Wu, 1977) 后鳍头孔小鲃 陆
　　syn. *Barbodes opisthoptera* Wu, 1977 后鳍四须鲃
Poropuntius rhomboides (Wu & Lin, 1977) 鲂形头孔小鲃 陆
　　syn. *Barbodes rhomboides* Wu & Lin, 1977 鲂形四须鲃
Poropuntius scapanognathus Roberts, 1998 萨尔温头孔小鲃
Poropuntius shanensis (Hora & Mukerji, 1934) 沙内头孔小鲃
Poropuntius smedleyi (de Beaufort, 1933) 斯氏头孔小鲃
Poropuntius solitus Kottelat, 2000 尾缘头孔小鲃
Poropuntius speleops (Roberts, 1991) 盲头孔小鲃
Poropuntius susanae (Banister, 1973) 苏珊头孔小鲃
Poropuntius tawarensis (Weber & de Beaufort, 1916) 印度尼西亚头孔小鲃

Genus *Probarbus* Sauvage, 1880 原鲃属

Probarbus jullieni Sauvage, 1880 湄公河原鲃
Probarbus labeamajor Roberts, 1992 大唇原鲃
Probarbus labeaminor Roberts, 1992 小唇原鲃

Genus *Procypris* Lin, 1933 原鲤属

Procypris mera Lin, 1933 乌原鲤 陆
Procypris rabaudi (Tchang, 1930) 岩原鲤 陆

Genus *Prolabeo* Norman, 1932 原野鲮属

Prolabeo batesi Norman, 1932 塞拉利昂原野鲮

Genus *Prolabeops* Schultz, 1941 前眼野鲮属

Prolabeops melanhypopterus (Pellegrin, 1928) 喀麦隆前眼野鲮
Prolabeops nyongensis Daget, 1984 尼翁河前眼野鲮

Genus *Protochondrostoma* Robalo, Almada, Levy & Doadrio, 2006 原软口鱼属

Protochondrostoma genei (Bonaparte, 1839) 吉恩氏原软口鱼
　　syn. *Chondrostoma genei* (Bonaparte, 1839) 吉恩氏软口鱼

Genus *Protolabeo* An, Liu, Zhao & Zhang, 2010 原鲮属

Protolabeo protolabeo An, Liu, Zhao & Zhang, 2010 原鲮 陆

Genus *Pseudaspius* Dybowski, 1869 拟赤稍鱼属

Pseudaspius leptocephalus (Pallas, 1776) 拟赤稍鱼 陆

Genus *Pseudobarbus* Smith, 1841 拟鲃属

Pseudobarbus afer (Peters, 1864) 非洲拟鲃
Pseudobarbus asper (Boulenger, 1911) 糙拟鲃
Pseudobarbus burchelli (Smith, 1841) 南非拟鲃
Pseudobarbus burgi (Boulenger, 1911) 伯氏拟鲃
Pseudobarbus phlegethon (Barnard, 1938) 涌拟鲃
Pseudobarbus quathlambae (Barnard, 1938) 纳塔尔拟鲃
Pseudobarbus tenuis (Barnard, 1938) 细拟鲃

Genus *Pseudobrama* Bleeker, 1870 似鳊属

Pseudobrama simoni (Bleeker, 1865) 似鳊 陆

Genus *Pseudochondrostoma* Robalo, Almada, Levy & Doadrio, 2006 拟软口鱼属

Pseudochondrostoma duriense (Coelho, 1985) 硬鳍拟软口鱼
　　syn. *Chondrostoma duriense* (Coelho, 1985) 硬鳍软口鱼
Pseudochondrostoma polylepis (Steindachner, 1864) 细鳞拟软口鱼
　　syn. *Chondrostoma polylepis* Steindachner, 1864 细鳞软口鱼
Pseudochondrostoma willkommii (Steindachner, 1866) 威氏拟软口鱼
　　syn. *Chondrostoma willkommii* Steindachner, 1866 威氏软口鱼

Genus *Pseudocrossocheilus* Zhang & Chen, 1997 拟缨鱼属

Pseudocrossocheilus bamaensis (Fang, 1981) 巴马拟缨鱼 陆
　　syn. *Sinocrossocheilus bamaensis* (Fang, 1981) 巴马华缨鱼
Pseudocrossocheilus liuchengensis (Liang, Liu & Wu, 1987) 柳城拟缨鱼 陆
　　syn. *Sinocrossocheilus liuchengensis* (Liang, Liu & Wu, 1987) 柳城华缨鱼
Pseudocrossocheilus longibullus (Su, Yang & Cui, 2003) 长鳔拟缨鱼 陆
　　syn. *Sinocrossocheilus longibulla* Su, Yang & Cui, 2003 长鳔华缨鱼
Pseudocrossocheilus nigrovittatus (Su, Yang & Cui, 2003) 黑带拟缨鱼 陆
　　syn. *Sinocrossocheilus nigrovittata* Su, Yang & Cui, 2003 黑带华缨鱼
Pseudocrossocheilus papillolabrus (Su, Yang & Cui, 2003) 瘤唇拟缨鱼 陆
　　syn. *Sinocrossocheilus papillolabra* Su, Yang & Cui, 2003 瘤唇华缨鱼
Pseudocrossocheilus tridentis (Cui & Chu, 1986) 三齿拟缨鱼 陆
　　syn. *Sinocrossocheilus tridentis* Cui & Chu, 1986 三齿华缨鱼

Genus *Pseudogobio* Bleeker, 1860 似鮈属

Pseudogobio banggiangensis Nguyen, 2001 班江似鮈
Pseudogobio esocinus (Temminck & Schlegel, 1846) 长吻似鮈
Pseudogobio guilinensis Yao & Yang, 1977 桂林似鮈 陆
Pseudogobio vaillanti (Sauvage, 1878) 似鮈 陆

Genus *Pseudogyrinocheilus* Fang, 1933 泉水鱼属

Pseudogyrinocheilus longisulcus Zheng, Chen & Yang, 2010 长沟泉水鱼 陆

Pseudogyrinocheilus prochilus (Sauvage & Dabry de Thiersant, 1874) 泉水鱼 陆

  syn. *Semilabeo prochilus* (Sauvage & Dabry de Thiersant, 1874) 泉水唇鲮

Genus *Pseudohemiculter* Nichols & Pope, 1927 拟鲻属

Pseudohemiculter dispar (Peters, 1881) 南方拟鲻

Pseudohemiculter hainanensis (Boulenger, 1900) 海南拟鲻

Pseudohemiculter kweichowensis (Tang, 1942) 贵州拟鲻

Pseudohemiculter pacboensis Nguyen, 2001 越南拟鲻 陆

Genus *Pseudolaubuca* Bleeker, 1864 飘鱼属

Pseudolaubuca engraulis (Nichols, 1925) 寡鳞飘鱼 陆

Pseudolaubuca hotaya Mai, 1978 越南飘鱼

Pseudolaubuca jouyi (Jordan & Starks, 1905) 朱氏飘鱼

Pseudolaubuca sinensis Bleeker, 1865 银飘鱼 陆

Genus *Pseudophoxinus* Bleeker, 1860 拟鲹属

Pseudophoxinus alii Küçük, 2007 艾尔拟鲹

Pseudophoxinus anatolicus (Hankó, 1925) 东方拟鲹

Pseudophoxinus antalyae Bogutskaya, 1992 土耳其拟鲹

Pseudophoxinus atropatenus (Derjavin, 1937) 黑膜拟鲹

Pseudophoxinus battalgilae Bogutskaya, 1997 巴氏拟鲹

Pseudophoxinus callensis (Guichenot, 1850) 卡伦拟鲹

Pseudophoxinus crassus (Ladiges, 1960) 厚身拟鲹

Pseudophoxinus drusensis (Pellegrin, 1933) 约旦河拟鲹

Pseudophoxinus egridiri (Karaman, 1972) 埃氏拟鲹

Pseudophoxinus elizavetae Bogutskaya, Küçük & Atalay, 2006 伊利氏拟鲹

Pseudophoxinus evliyae Freyhof & Özulug, 2009 伊夫氏拟鲹

Pseudophoxinus fahrettini Freyhof & Özulug, 2009 法氏拟鲹

Pseudophoxinus firati Bogutskaya, Küçük & Atalay, 2006 弗氏拟鲹

Pseudophoxinus handlirschi (Pietschmann, 1933) 汉氏拟鲹

Pseudophoxinus hasani Krupp, 1992 哈氏拟鲹

Pseudophoxinus hittitorum Freyhof & Özulug, 2010 希特拟鲹

Pseudophoxinus kervillei (Pellegrin, 1911) 克氏拟鲹

Pseudophoxinus libani (Lortet, 1883) 黎氏拟鲹

Pseudophoxinus maeandri (Ladiges, 1960) 梅氏拟鲹

Pseudophoxinus maeandricus (Ladiges, 1960) 缠拟鲹

Pseudophoxinus ninae Freyhof & Özulug, 2006 神拟鲹

Pseudophoxinus punicus (Pellegrin, 1920) 微红拟鲹

Pseudophoxinus sojuchbulagi (Abdurakhmanov, 1950) 苏氏拟鲹

Pseudophoxinus syriacus (Lortet, 1883) 叙利亚拟鲹

Pseudophoxinus zekayi Bogutskaya, Küçük & Atalay, 2006 泽氏拟鲹

Pseudophoxinus zeregi (Heckel, 1843) 齐氏拟鲹

Genus *Pseudopungtungia* Mori, 1935 拟扁吻鮈属

Pseudopungtungia nigra Mori, 1935 暗色拟扁吻鮈

Pseudopungtungia tenuicorpus Jeon & Choi, 1980 细拟扁吻鮈

Genus *Pseudorasbora* Bleeker, 1860 麦穗鱼属;罗汉鱼属

Pseudorasbora elongata Wu, 1939 长麦穗鱼;长罗汉鱼 陆

Pseudorasbora interrupta Xiao, Lan & Chen, 2007 断线麦穗鱼;断线罗汉鱼 陆

Pseudorasbora parva (Temminck & Schlegel, 1846) 麦穗鱼;罗汉鱼 陆 台

  syn. *Pseudorasbora fowleri* Nichols, 1925

Pseudorasbora pumila Miyadi, 1930 倭麦穗鱼;倭罗汉鱼

Genus *Pteronotropis* Fowler, 1935 鳍美洲鲹属

Pteronotropis euryzonus (Suttkus, 1955) 宽带鳍美洲鲹

Pteronotropis grandipinnis (Jordan, 1877) 大鳍美洲鲹

Pteronotropis hubbsi (Bailey & Robison, 1978) 赫氏鳍美洲鲹

Pteronotropis hypselopterus (Günther, 1868) 帆鳍鳍美洲鲹

Pteronotropis merlini (Suttkus & Mettee, 2001) 默氏鳍美洲鲹

Pteronotropis metallicus (Jordan & Meek, 1884) 锈色鳍美洲鲹

Pteronotropis signipinnis (Bailey & Suttkus, 1952) 显翼鳍美洲鲹

Pteronotropis stonei (Fowler, 1921) 斯通氏鳍美洲鲹

Pteronotropis welaka (Evermann & Kendall, 1898) 韦拉加鳍美洲鲹

Genus *Ptychidio* Myers, 1930 卷口鱼属

Ptychidio jordani Myers, 1930 卷口鱼 陆

Ptychidio longibarbus Chen & Chen, 1989 长须卷口鱼 陆

Ptychidio macrops Fang, 1981 大眼卷口鱼 陆

Genus *Ptychobarbus* Steindachner, 1866 叶须鱼属

Ptychobarbus chungtienensis (Tsao, 1964) 中甸叶须鱼(中甸重唇鱼) 陆

Ptychobarbus conirostris Steindachner, 1866 锥吻叶须鱼(锥吻重唇鱼) 陆

Ptychobarbus dipogon (Regan, 1905) 双须叶须鱼(双须重唇鱼) 陆

Ptychobarbus kaznakovi Nikolskii, 1903 裸腹叶须鱼(裸腹重唇鱼) 陆

Genus *Ptychocheilus* Agassiz, 1855 叶唇鱼属

Ptychocheilus grandis (Ayres, 1854) 丰满叶唇鱼

Ptychocheilus lucius Girard, 1856 尖头叶唇鱼

Ptychocheilus oregonensis (Richardson, 1836) 俄勒冈叶唇鱼

Ptychocheilus umpquae Snyder, 1908 昂普夸叶唇鱼

Genus *Pungtungia* Herzenstein, 1892 扁吻鮈属

Pungtungia herzi Herzenstein, 1892 赫茨扁吻鮈 陆

Pungtungia hilgendorfi (Jordan & Fowler, 1903) 日本扁吻鮈

Pungtungia shiraii Oshima, 1957 夏氏扁吻鮈

Genus *Puntioplites* Smith, 1929 鲃鲤属

Puntioplites bulu (Bleeker, 1851) 印度尼西亚鲤鲃

Puntioplites falcifer Smith, 1929 镰鲤鲃

Puntioplites proctozystron (Bleeker, 1865) 鲤鲃 陆

Puntioplites waandersi (Bleeker, 1858-59) 爪哇鲤鲃 陆

Genus *Puntius* Hamilton, 1822 小鲃属

Puntius amarus (Herre, 1924) 苦味小鲃

Puntius ambassis (Day, 1869) 安巴萨小鲃

Puntius amphibius (Valenciennes, 1842) 两栖小鲃 陆

Puntius anchisporus (Vaillant, 1902) 娑罗洲小鲃

Puntius aphya (Günther, 1868) 吸口小鲃

Puntius arenatus (Day, 1878) 砂小鲃

Puntius arulius (Jerdon, 1849) 长鳍小鲃

Puntius asoka Kottelat & Pethiyagoda, 1989 阿苏小鲃

Puntius assimilis (Jerdon, 1849) 似小鲃

Puntius ater Linthoingambi & Vishwanath, 2007 黑小鲃

Puntius aurotaeniatus (Tirant, 1885) 金带小鲃

Puntius bandula Kottelat & Pethiyagoda, 1991 班顿拉小鲃

Puntius banksi Herre, 1940 班克小鲃

Puntius bantolanensis (Day, 1914) 班通兰小鲃

Puntius baoulan (Herre, 1926) 宝兰小鲃

Puntius bimaculatus (Bleeker, 1863) 双斑小鲃

Puntius binotatus (Valenciennes, 1842) 双点小鲃

Puntius bramoides (Valenciennes, 1842) 似鲂小鲃

Puntius brevis (Bleeker, 1850) 短小鲃

Puntius bunau Rachmatika, 2005 丘小鲃

Puntius burmanicus (Day, 1878) 缅甸小鲃

Puntius cataractae (Fowler, 1934) 野小鲃

Puntius cauveriensis (Hora, 1937) 考维里小鲃

Puntius chalakkudiensis Menon, Rema Devi & Thobias, 1999 卡拉邦小鲃

Puntius chelynoides (McClelland, 1839) 似龟小鲃

Puntius chola (Hamilton, 1822) 沼泽小鲃

Puntius clemensi (Herre, 1924) 克氏小鲃

Puntius compressiformis (Cockerell, 1913) 扁形小鲃

Puntius conchonius (Hamilton, 1822) 玫瑰小鲃

Puntius crescentus Yazdani & Singh, 1994 大身小鲃

Puntius cumingii (Günther, 1868) 坎氏小鲃

Puntius deccanensis Yazdani & Babu Rao, 1976 德干小鲃

Puntius denisonii (Day, 1865) 丹尼氏小鲃

Puntius didi Kullander & Fang, 2005 迪氏小鲃

Puntius disa (Herre, 1932) 多毛小鲃

Puntius dorsalis (Jerdon, 1849) 长吻小鲃

Puntius dorsimaculatus (Ahl, 1923) 背斑小鲃

Puntius dunckeri (Ahl, 1929) 邓氏小鲃

Puntius endecanalis Roberts, 1989 无管小鲃

Puntius erythromycter Kullander, 2008 红吻小鲃

Puntius everetti (Boulenger, 1894) 皇冠小鲃

Puntius exclamatio Pethiyagoda & Kottelat, 2005 柄斑小鲃

Puntius fasciatus (Jerdon, 1849) 条纹小鲃

Puntius filamentosus (Valenciennes, 1844) 黑点小鲃

Puntius flavifuscus (Herre, 1924) 黄棕小鲃

Puntius foerschi (Kottelat, 1982) 福氏小鲃

Puntius fraseri (Hora & Misra, 1938) 弗雷泽小鲃

Puntius gelius (Hamilton, 1822) 金色小鲃

Puntius gemellus Kottelat, 1996 孖孖小鲃

Puntius guganio (Hamilton, 1822) 亚穆纳河小鲃

Puntius hemictenus (Jordan & Richardson, 1908) 半梳小鲃

Puntius herrei (Fowler, 1934) 赫氏小鲃

Puntius hexazona (Weber & de Beaufort, 1912) 六带小鲃

Puntius jacobusboehlkei (Fowler, 1958) 雅氏小鲃

Puntius jayarami Vishwanath & Tombi Singh, 1986 杰氏小鲃

Puntius jerdoni (Day, 1870) 乔丹小鲃

Puntius johorensis (Duncker, 1904) 尖吻小鲃

Puntius kamalika Silva, Maduwage & Pethiyagoda, 2008 卡马利小鲃

Puntius kannikattiensis Arunachalam & Johnson, 2003 卡尼加小鲃

Puntius katolo (Herre, 1924) 卡托小鲃

Puntius kelumi Pethiyagoda, Silva, Maduwage & Meegaskumbura, 2008 凯卢小鲃

Puntius khohi Dobriyal, Singh, Uniyal, Joshi, Phurailatpam & Bisht, 2004 基氏小鲃

Puntius khugae Linthoingambi & Vishwanath, 2007 休氏小鲃

Puntius kuchingensis Herre, 1940 古晋小鲃

Puntius lanaoensis (Herre, 1924) 拉瑙小鲃

Puntius lateristriga (Valenciennes, 1842) 侧条小鲃

Puntius layardi (Günther, 1868) 莱氏小鲃

Puntius lindog (Herre, 1924) 林多小鲃

Puntius lineatus (Duncker, 1904) 线纹小鲃

Puntius macrogramma Kullander, 2008 粗纹小鲃

Puntius mahecola (Valenciennes, 1844) 马埃小鲃

Puntius manalak (Herre, 1924) 马纳小鲃

Puntius manguaoensis (Day, 1914) 曼盖小鲃

Puntius manipurensis Menon, Rema Devi & Viswanath, 2000 赤鳍小鲃

Puntius martenstyni Kottelat & Pethiyagoda, 1991 马顿氏小鲃

Puntius masyai Smith, 1945 马赛氏小鲃

Puntius meingangbii Arunkumar & Singh, 2003 迈氏小鲃

Puntius melanomaculatus Deraniyagala, 1956 黑斑小鲃

Puntius microps (Günther, 1868) 小眼小鲃

Puntius montanoi Sauvage, 1881 蒙氏小鲃

Puntius morehensis Arunkumar & Tombi Singh, 1998 穆尔小鲃

Puntius mudumalaiensis Menon & Rema Devi, 1992 泰米尔小鲃

Puntius muvattupuzhaensis Jameela Beevi & Ramachandran, 2005 穆瓦小鲃

Puntius nangalensis Jayaram, 1990 纳加尔小鲃

Puntius nankyweensis Kullander, 2008 南祈小鲃

Puntius narayani (Hora, 1937) 纳氏小鲃

Puntius nigrofasciatus (Günther, 1868) 黑带小鲃

Puntius oligolepis (Bleeker, 1853) 寡鳞小鲃

Puntius ophicephalus (Raj, 1941) 蛇头小鲃

Puntius ornatus Vishwanath & Laisram, 2004 饰妆小鲃

Puntius orphoides (Valenciennes, 1842) 类小鲃 台

Puntius pachycheilus (Herre, 1924) 厚唇小鲃

Puntius padamya Kullander & Britz, 2008 潘达小鲃

Puntius parrah Day, 1865 帕拉小鲃

Puntius partipentazona (Fowler, 1934) 杂纹小鲃

Puntius paucimaculatus Wang & Ni, 1982 疏斑小鲃 陆

Puntius pentazona (Boulenger, 1894) 五带小鲃

Puntius phutunio (Hamilton, 1822) 食虫小鲃

Puntius pleurotaenia Bleeker, 1863 侧带小鲃

Puntius pookodensis Mercy & Jacob, 2007 波哥大小鲃

Puntius pugio Kullander, 2008 普吉小鲃

Puntius punctatus Day, 1865 斑小鲃

Puntius punjabensis (Day, 1871) 旁遮普小鲃

Puntius puntio (Hamilton, 1822) 孟加拉国小鲃

Puntius resinus (Herre, 1924) 四须小鲃

Puntius reval Meegaskumbura, Silva, Maduwage & Pethiyagoda, 2008 雷氏小鲃

Puntius rhombeus Kottelat, 2000 菱形小鲃

Puntius rhomboocellatus Koumans, 1940 菱斑小鲃

Puntius rohani Rema Devi, Indra & Knight, 2010 罗氏小鲃

Puntius sachsii (Ahl, 1923) 沙氏小鲃

Puntius sahyadriensis Silas, 1953 南亚小鲃

Puntius sarana (Hamilton, 1822) 萨拉小鲃

Puntius schanicus (Boulenger, 1893) 印支小鲃

Puntius sealei (Herre, 1933) 西尔氏小鲃

Puntius semifasciolatus (Günther, 1868) 半纹小鲃 陆 台

Puntius setnai Chhapgar & Sane, 1992 塞氏小鲃

Puntius shalynius Yazdani & Talukdar, 1975 沙利小鲃

Puntius sharmai Menon & Rema Devi, 1992 沙曼氏小鲃

Puntius singhala (Duncker, 1912) 新哈拉小鲃

Puntius sirang (Herre, 1932) 希兰小鲃

Puntius snyderi Oshima, 1919 斯奈德小鲃 台

Puntius sophore (Hamilton, 1822) 斑尾小鲃 陆

Puntius sophoroides (Günther, 1868) 似蝶小鲃

Puntius spilopterus (Fowler, 1934) 斑鳍小鲃

Puntius srilankensis (Senanayake, 1985) 斯里兰卡小鲃

Puntius stoliczkanus (Day, 1871) 斯托利小鲃

Puntius takhoaensis Nguyen & Doan, 1969 泰豪小鲃

Puntius tambraparniei Silas, 1954 坦布氏小鲃

Puntius terio (Hamilton, 1822) 单点小鲃

Puntius tetraspilus (Günther, 1868) 四斑小鲃

Puntius tetrazona (Bleeker, 1855) 四带小鲃

Puntius thelys Kullander, 2008 短线小鲃

Puntius tiantian Kullander & Fang, 2005 斑柄小鲃

Puntius ticto (Hamilton, 1822) 异斑小鲃 陆

Puntius titteya Deraniyagala, 1929 樱桃小鲃

Puntius tras (Herre, 1926) 柬埔寨小鲃

Puntius trifasciatus Kottelat, 1996 三带小鲃

Puntius tumba (Herre, 1924) 滕巴小鲃

Puntius vittatus Day, 1865 饰圈小鲃

Puntius waageni (Day, 1872) 瓦氏小鲃

Puntius yuensis Arunkumar & Singh, 2003 育恩小鲃

Genus *Qianlabeo* Zhang & Chen, 2004 黔野鲮属

Qianlabeo striatus Zhang & Chen, 2004 条纹黔野鲮 陆

Genus *Raiamas* Jordan, 1919 长嘴鱲属

Raiamas ansorgii (Boulenger, 1910) 安氏长嘴鱲

Raiamas batesii (Boulenger, 1914) 巴氏长嘴鱲

Raiamas bola (Hamilton, 1822) 波拉长嘴鱲

Raiamas buchholzi (Peters, 1876) 布氏长嘴鱲

Raiamas christyi (Boulenger, 1920) 克氏长嘴鱲

Raiamas guttatus (Day, 1870) 长嘴鱲 陆

Raiamas kheeli Stiassny, Schelly & Schliewen, 2006 卡氏长嘴鱲

Raiamas levequei Howes & Teugels, 1989 莱氏长嘴鱲

Raiamas longirostris (Boulenger, 1902) 大吻长嘴鱲

Raiamas moorii (Boulenger, 1900) 穆氏长嘴鱲

Raiamas nigeriensis (Daget, 1959) 尼日尔长嘴鱲

Raiamas salmolucius (Nichols & Griscom, 1917) 鲑形长嘴鱲

Raiamas scarciensis Howes & Teugels, 1989 塞拉利昂长嘴鱲

Raiamas senegalensis (Steindachner, 1870) 塞内加尔长嘴鱲

Raiamas shariensis (Fowler, 1949) 沙里长嘴鱲

Raiamas steindachneri (Pellegrin, 1908) 斯氏长嘴鱲

Genus *Rasbora* Bleeker, 1859 波鱼属

Rasbora amplistriga Kottelat, 2000 钝头波鱼

Rasbora aprotaenia Hubbs & Brittan, 1954 豚带波鱼

Rasbora argyrotaenia (Bleeker, 1850) 银线波鱼

Rasbora armitagei Silva, Maduwage & Pethiyagoda, 2010 阿米塔氏波鱼

Rasbora atridorsalis Kottelat & Chu, 1987 黑背波鱼 陆

Rasbora aurotaenia Tirant, 1885 金带波鱼

Rasbora baliensis Hubbs & Brittan, 1954 巴利岛波鱼

Rasbora bankanensis (Bleeker, 1853) 印度波鱼

Rasbora beauforti Hardenberg, 1937 博氏波鱼

Rasbora borapetensis Smith, 1934 红尾波鱼

Rasbora borneensis Bleeker, 1860 婆罗洲波鱼

Rasbora bunguranensis Brittan, 1951 邦古拉波鱼

Rasbora caudimaculata Volz, 1903 尾斑波鱼

Rasbora caverii (Jerdon, 1849) 卡氏波鱼

Rasbora cephalotaenia (Bleeker, 1852) 头条波鱼

Rasbora chrysotaenia Ahl, 1937 黄纹波鱼

Rasbora daniconius (Hamilton, 1822) 细波鱼

Rasbora dies Kottelat, 2007 塔拉坎波鱼

Rasbora dorsinotata Kottelat & Chu, 1987 厚背波鱼

Rasbora dusonensis (Bleeker, 1851) 黄尾波鱼 陆

    syn. *Rasbora myersi* Brittan, 1954 麦氏波鱼

Rasbora einthovenii (Bleeker, 1851) 艾氏波鱼

Rasbora elegans Volz, 1903 双点波鱼

Rasbora ennealepis Roberts, 1989 九鳞波鱼

Rasbora gerlachi Ahl, 1928 格氏波鱼

Rasbora hobelmani Kottelat, 1984 霍氏波鱼

Rasbora hosii Boulenger, 1895 霍西波鱼

Rasbora hubbsi Brittan, 1954 哈氏波鱼

Rasbora jacobsoni Weber & de Beaufort, 1916 杰氏波鱼

Rasbora johannae Siebert & Guiry, 1996 约翰娜波鱼

Rasbora kalbarensis Kottelat, 1991 斑柄波鱼

Rasbora kalochroma (Bleeker, 1851) 大点波鱼

Rasbora kobonensis Chaudhuri, 1913 科博波鱼

Rasbora kottelati Lim, 1995 科氏波鱼

Rasbora labiosa Mukerji, 1935 大唇波鱼

Rasbora lacrimula Hadiaty & Kottelat, 2009 泪波鱼

Rasbora lateristriata (Bleeker, 1854) 侧带波鱼 陆

Rasbora laticlavia Siebert & Richardson, 1997 麦穗波鱼

Rasbora leptosoma (Bleeker, 1855) 瘦体波鱼

Rasbora macrophthalma Meinken, 1951 大眼波鱼

Rasbora meinkeni de Beaufort, 1931 米氏波鱼

Rasbora naggsi Silva, Maduwage & Pethiyagoda, 2010 内氏波鱼

Rasbora nematotaenia Hubbs & Brittan, 1954 线纹波鱼

Rasbora notura Kottelat, 2005 背尾波鱼

Rasbora ornata Vishwanath & Laisram, 2005 饰妆波鱼

Rasbora patrickyapi Tan, 2009 佩氏波鱼

Rasbora paucisqualis Ahl, 1935 大鳞波鱼

Rasbora paviana Tirant, 1885 孔雀波鱼

Rasbora philippina Günther, 1880 菲律宾波鱼

Rasbora rasbora (Hamilton, 1822) 波鱼

Rasbora reticulata Weber & de Beaufort, 1915 网纹波鱼

Rasbora rubrodorsalis Donoso-Büchner & Schmidt, 1997 红背波鱼

Rasbora rutteni Weber & de Beaufort, 1916 拉氏波鱼

Rasbora sarawakensis Brittan, 1951 撒拉波鱼

Rasbora semilineata Weber & de Beaufort, 1916 半线波鱼

Rasbora septentrionalis Kottelat, 2000 北波鱼

Rasbora spilotaenia Hubbs & Brittan, 1954 斑条波鱼

Rasbora steineri Nichols & Pope, 1927 斯氏波鱼 陆

Rasbora subtilis Roberts, 1989 微波鱼

Rasbora sumatrana (Bleeker, 1852) 苏门答腊波鱼

Rasbora tawarensis Weber & de Beaufort, 1916 塔瓦兰波鱼

Rasbora taytayensis Herre, 1924 巴拉望岛波鱼

Rasbora tobana Ahl, 1934 吐巴纳湖波鱼

Rasbora tornieri Ahl, 1922 托氏波鱼

Rasbora trifasciata Popta, 1905 三带波鱼

Rasbora trilineata Steindachner, 1870 三线波鱼

Rasbora tubbi Brittan, 1954 图氏波鱼

Rasbora tuberculata Kottelat, 1995 瘤背波鱼

Rasbora volzii Popta, 1905 沃氏波鱼

Rasbora vulcanus Tan, 1999 武氏波鱼

Rasbora vulgaris Duncker, 1904 沙栖波鱼

Rasbora wilpita Kottelat & Pethiyagoda, 1991 威氏波鱼

Genus *Rasborichthys* Bleeker, 1860 真波鱼属

Rasborichthys helfrichii (Bleeker, 1857) 赫氏真波鱼

Genus *Rasboroides* Brittan, 1954 类波鱼属

Rasboroides vaterifloris (Deraniyagala, 1930) 类波鱼

Genus *Rasbosoma* Liao, Kullander & Fang, 2010 波体鱼属

Rasbosoma spilocerca (Rainboth & Kottelat, 1987) 杂斑波体鱼

Genus *Rastrineobola* Fowler, 1936 新耙波拉鱼属

Rastrineobola argentea (Pellegrin, 1904) 银色新耙波拉鱼

Genus *Rectoris* Lin, 1935 直口鲮属

Rectoris longifinus Li, Mao & Lu, 2002 长鳍直口鲮 陆

Rectoris luxiensis Wu & Yao, 1977 泸溪直口鲮 陆

Rectoris mutabilis (Lin, 1933) 变形直口鲮 陆

Rectoris posehensis Lin, 1935 直口鲮 陆

Genus *Relictus* Hubbs & Miller, 1972 孑鱼属

Relictus solitarius Hubbs & Miller, 1972 内华达孑鱼

Genus *Rhinichthys* Agassiz, 1849 吻鲹属

Rhinichthys atratulus (Hermann, 1804) 黑吻鲹

Rhinichthys cataractae (Valenciennes, 1842) 吻鲹

Rhinichthys cobitis (Girard, 1856) 鳅形吻鲹

Rhinichthys deaconi Miller, 1984 迪氏吻鲹

Rhinichthys evermanni Snyder, 1908 埃氏吻鲹

Rhinichthys falcatus (Eigenmann & Eigenmann, 1893) 镰鳍吻鲹

Rhinichthys obtusus Agassiz, 1854 钝头吻鲹

Rhinichthys osculus (Girard, 1856) 小点吻鲹

Rhinichthys umatilla (Gilbert & Evermann, 1894) 乌马吻鲹

Genus *Rhinogobio* Bleeker, 1870 吻鮈属

Rhinogobio cylindricus Günther, 1888 圆筒吻鮈 陆

Rhinogobio hunanensis Tang, 1980 湖南吻鮈 陆

Rhinogobio nasutus (Kessler, 1876) 大鼻吻鮈 陆

Rhinogobio typus Bleeker, 1871 吻鮈 陆

Rhinogobio ventralis Sauvage & Dabry de Thiersant, 1874 长鳍吻鮈 陆

Genus *Rhodeus* Agassiz, 1832 鳑鲏属

Rhodeus amarus (Bloch, 1782) 苦味鳑鲏

Rhodeus amurensis (Vronsky, 1967) 黑龙江鳑鲏

Rhodeus atremius (Jordan & Thompson, 1914) 暗色鳑鲏

Rhodeus colchicus Bogutskaya & Komlev, 2001 格鲁吉亚鳑鲏

Rhodeus fangi (Miao, 1934) 方氏鳑鲏 陆

Rhodeus haradai Arai, Suzuki & Shen, 1990 原田鳑鲏 陆

Rhodeus laoensis Kottelat, Doi & Musikasinthorn, 1998 老挝鳑鲏

Rhodeus lighti (Wu, 1931) 彩石鳑鲏 陆

Rhodeus meridionalis Karaman, 1924 南方鳑鲏

Rhodeus ocellatus kurumeus Jordan & Thompson, 1914 久留米鳑鲏

Rhodeus ocellatus ocellatus (Kner, 1867) 高体鳑鲏 陆 台

Rhodeus pseudosericeus Arai, Jeon & Ueda, 2001 拟丝鳑鲏

Rhodeus rheinardti (Tirant, 1883) 莱氏鳑鲏

Rhodeus sciosemus (Jordan & Thompson, 1914) 鬼符鳑鲏

Rhodeus sericeus (Pallas, 1776) 丝鳑鲏 陆

Rhodeus sinensis Günther, 1868 中华鳑鲏 陆

Rhodeus smithii (Regan, 1908) 史氏鳑鲏

Rhodeus spinalis Oshima, 1926 刺鳍鳑鲏 陆

Rhodeus suigensis (Mori, 1935) 细鳑鲏

Rhodeus uyekii (Mori, 1935) 朝鲜鳑鲏

Genus *Rhynchocypris* Günther, 1889 大吻鱥属

Rhynchocypris czekanowskii (Dybowski, 1869) 花江大吻鱥 陆

    syn. *Phoxinus czekanowskii* Dybowski, 1869 花江鱥

Rhynchocypris dementjevi (Turdakov & Piskarev, 1954) 德氏大吻鱥

Rhynchocypris lagowskii (Dybowski, 1869) 拉氏大吻鱥 陆

    syn. *Phoxinus lagowski* Dybowski, 1869 拉氏鱥

Rhynchocypris oxycephalus (Sauvage & Dabry de Thiersant, 1874) 尖头大吻鱥 陆

    syn. *Phoxinus oxycephalus* (Sauvage & Dabry de Thiersant, 1874) 尖头鱥

Rhynchocypris percnurus (Pallas, 1814) 湖大吻鱥 陆

    syn. *Phoxinus percnurus* (Pallas, 1814) 湖鱥

Rhynchocypris poljakowii (Kessler, 1879) 波氏大吻鱥

Genus *Richardsonius* Girard, 1856 红胁鱥属

Richardsonius balteatus (Richardson, 1836) 红胁鱥

Richardsonius egregius (Girard, 1858) 秀丽红胁鱥

Genus *Rohtee* Sykes, 1839 露鲃属

Rohtee ogilbii Sykes, 1839 奥氏露鲃

Genus *Rohteichthys* Bleeker, 1860 罗塔鲃属

Rohteichthys microlepis (Bleeker, 1851) 小鳞罗塔鲃

Genus *Romanogobio* Banarescu, 1961 罗马诺鮈属

Romanogobio albipinnatus (Lukasch, 1933) 白鳍罗马诺鮈

Romanogobio amplexilabris (Banarescu & Nalbant, 1973) 黄河罗马诺鮈 陆

Romanogobio antipai (Banarescu, 1953) 安氏罗马诺鮈

Romanogobio banaticus (Banarescu, 1960) 罗马尼亚罗马诺鮈

Romanogobio belingi (Slastenenko, 1934) 贝林罗马诺鮈

Romanogobio benacensis (Pollini, 1816) 贝纳森罗马诺鮈

Romanogobio ciscaucasicus (Berg, 1932) 长须罗马诺鮈

Romanogobio elimeius (Kattoulas, Stephanidis & Economidis, 1973) 希腊罗马诺鮈

Romanogobio johntreadwelli (Banarescu & Nalbant, 1973) 山西罗马诺鮈 陆

Romanogobio kesslerii (Dybowski, 1862) 凯氏罗马诺鮈

Romanogobio macropterus (Kamensky, 1901) 大鳍罗马诺鮈

Romanogobio parvus Naseka & Freyhof, 2004 小罗马诺鮈

Romanogobio pentatrichus Naseka & Bogutskaya, 1998 库班河罗马诺鮈

Romanogobio persus (Günther, 1899) 河神罗马诺鮈

Romanogobio tanaiticus Naseka, 2001 乌克兰罗马诺鮈

Romanogobio tenuicorpus (Mori, 1934) 细体罗马诺鮈 陆

    syn. *Gobio tenuicorpus* Mori, 1934 细体鮈

Romanogobio uranoscopus (Agassiz, 1828) 瞻星罗马诺鮈

Romanogobio vladykovi (Fang, 1943) 多瑙河罗马诺鮈

Genus *Rostrogobio* Taranetz, 1937 突吻鮈属

Rostrogobio liaohensis Qin, 1987 辽河突吻鮈 陆

Genus *Rutilus* Rafinesque, 1820 拟鲤属

Rutilus aula (Bonaparte, 1841) 威拟鲤

Rutilus basak (Heckel, 1843) 泽生拟鲤

Rutilus caspicus (Yakovlev, 1870) 里海拟鲤

Rutilus frisii (Nordmann, 1840) 弗氏拟鲤

Rutilus heckelii (Nordmann, 1840) 赫氏拟鲤

Rutilus karamani Fowler, 1977 卡氏拟鲤

Rutilus kutum (Kamensky, 1901) 帕色拟鲤

Rutilus meidingeri (Heckel, 1851) 迈氏拟鲤

Rutilus ohridanus (Karaman, 1924) 奥里德湖拟鲤

Rutilus panosi Bogutskaya & Iliadou, 2006 帕氏拟鲤

Rutilus pigus (Lacepède, 1803) 多瑙河拟鲤

Rutilus prespensis (Karaman, 1924) 普雷斯帕湖拟鲤

Rutilus rubilio (Bonaparte, 1837) 亚得里亚拟鲤

Rutilus rutilus (Linnaeus, 1758) 拟鲤 陆

Rutilus virgo (Heckel, 1852) 多纹拟鲤

Rutilus ylikiensis Economidis, 1991 欧洲拟鲤

Genus *Salmophasia* Swainson, 1839 剃腹鲤属

Salmophasia acinaces (Valenciennes, 1844) 短刀剃腹鲤

Salmophasia bacaila (Hamilton, 1822) 贝卡拉剃腹鲤

Salmophasia balookee (Sykes, 1839) 巴洛克剃腹鲤

Salmophasia belachi (Jayaraj, Krishna Rao, Ravichandra Reddy, Shakuntala & Devaraj, 1999) 贝拉氏剃腹鲤

Salmophasia boopis (Day, 1874) 牛眼剃腹鲤

Salmophasia horai (Silas, 1951) 荷氏剃腹鲤

Salmophasia novacula (Valenciennes, 1840) 宝刀剃腹鲤

Salmophasia orissaensis (Banarescu, 1968) 奥利沙剃腹鲤

Salmophasia phulo (Hamilton, 1822) 喜荫剃腹鲤

Salmophasia punjabensis (Day, 1872) 巴基斯坦剃腹鲤

Salmophasia sardinella (Valenciennes, 1844) 沙丁剃腹鲤

Salmophasia sladoni (Day, 1870) 斯氏剃腹鲤

Salmophasia untrahi (Day, 1869) 昂氏剃腹鲤

Genus *Sanagia* Holly, 1926 萨纳鱼属

Sanagia velifera Holly, 1926 喀麦隆萨纳鱼

Genus *Sarcocheilichthys* Bleeker, 1860 鳈属

Sarcocheilichthys biwaensis Hosoya, 1982 琵琶湖鳈

Sarcocheilichthys caobangensis Nguyen & Vo, 2001 越南鳈

Sarcocheilichthys czerskii (Berg, 1914) 切氏鳈 陆

Sarcocheilichthys davidi (Sauvage, 1878) 川西鳈 陆

Sarcocheilichthys hainanensis Nichols & Pope, 1927 海南鳈

Sarcocheilichthys kiangsiensis Nichols, 1930 江西鳈 陆

Sarcocheilichthys lacustris (Dybowski, 1872) 东北鳈 陆

Sarcocheilichthys nigripinnis morii Jordan & Hubbs, 1925 森氏黑鳍鳈

Sarcocheilichthys nigripinnis nigripinnis (Günther, 1873) 黑鳍鳈 陆

Sarcocheilichthys parvus Nichols, 1930 小鳈 陆

Sarcocheilichthys sinensis fukiensis Nichols, 1925 福建华鳈 陆

Sarcocheilichthys sinensis sinensis Bleeker, 1871 华鳈 陆

Sarcocheilichthys soldatovi (Berg, 1914) 索氏鳈

Sarcocheilichthys variegatus microoculus Mori, 1927 小鳈

Sarcocheilichthys variegatus variegatus (Temminck & Schlegel, 1846) 杂色鳈

Sarcocheilichthys variegatus wakiyae Mori, 1927 胁谷鳈

Genus *Saurogobio* Bleeker, 1870 蛇鮈属

Saurogobio dabryi Bleeker, 1871 蛇鮈 陆

Saurogobio dumerili Bleeker, 1871 长蛇鮈 陆

Saurogobio gracilicaudatus Yao & Yang, 1977 细尾蛇鮈 陆

Saurogobio gymnocheilus Lo, Yao & Chen, 1998 光唇蛇鮈 陆

Saurogobio immaculatus Koller, 1927 无斑蛇鮈 陆

Saurogobio lissilabris Banarescu & Nalbant, 1973 滑唇蛇鮈

Saurogobio xiangjiangensis Tang, 1980 湘江蛇鮈 陆

Genus *Sawbwa* Annandale, 1918 闪光鲹属

Sawbwa resplendens Annandale, 1918 闪光鲹

Genus *Scaphiodonichthys* Vinciguerra, 1890 铲齿鱼属

Scaphiodonichthys acanthopterus (Fowler, 1934) 刺鳍铲齿鱼(少鳞舟齿鱼) 陆

Scaphiodonichthys burmanicus Vinciguerra, 1890 缅甸铲齿鱼

Scaphiodonichthys macracanthus (Pellegrin & Chevey, 1936) 大刺铲齿鱼(长鳍舟齿鱼) 陆

Genus *Scaphognathops* Smith, 1945 拟铲颌鱼属

Scaphognathops bandanensis Boonyaratpalin & Srirungroj, 1971 曼谷拟铲颌鱼

Scaphognathops stejnegeri (Smith, 1931) 斯氏拟铲颌鱼

Scaphognathops theunensis Kottelat, 1998 湄公河拟铲颌鱼

Genus *Scardinius* Bonaparte, 1837 红眼鱼属

Scardinius acarnanicus Economidis, 1991 隆背红眼鱼

Scardinius dergle Heckel & Kner, 1858 急流红眼鱼

Scardinius elmaliensis Bogutskaya, 1997 伊尔马红眼鱼

Scardinius erythrophthalmus (Linnaeus, 1758) 红眼鱼

Scardinius graecus Stephanidis, 1937 希腊红眼鱼

Scardinius hesperidicus Bonaparte, 1845 西方红眼鱼

Scardinius knezevici Bianco & Kottelat, 2005 尼氏红眼鱼

Scardinius plotizza Heckel & Kner, 1858 美红眼鱼

Scardinius racovitzai Müller, 1958 拉氏红眼鱼

Scardinius scardafa (Bonaparte, 1837) 意大利红眼鱼

Genus *Schismatorhynchos* Bleeker, 1855 裂吻鱼属

Schismatorhynchos endecarhapis Siebert & Tjakrawidjaja, 1998 印度尼西亚裂吻鱼

Schismatorhynchos heterorhynchos (Bleeker, 1853) 异裂吻鱼

Schismatorhynchos holorhynchos Siebert & Tjakrawidjaja, 1998 马来亚裂吻鱼

Schismatorhynchos nukta (Sykes, 1839) 裸颊裂吻鱼

Genus *Schizocypris* Regan, 1914 裂鲤属

Schizocypris altidorsalis Bianco & Banarescu, 1982 高背裂鲤

Schizocypris brucei Regan, 1914 布氏裂鲤

Schizocypris ladigesi Karaman, 1969 阿富汗裂鲤

Genus *Schizopyge* Heckel, 1847 裂臀鱼属

Schizopyge curvifrons (Heckel, 1838) 弯颌裂臀鱼

Schizopyge dainellii (Vinciguerra, 1916) 戴氏裂臀鱼

Schizopyge niger (Heckel, 1838) 黑裂臀鱼

Genus *Schizopygopsis* Steindachner, 1866 裸裂尻鱼属

Schizopygopsis anteroventris Wu & Tsao, 1989 前腹裸裂尻鱼

Schizopygopsis kessleri Herzenstein, 1891 柴达木裸裂尻鱼 陆

Schizopygopsis kialingensis Tsao & Tun, 1962 嘉陵裸裂尻鱼 陆

Schizopygopsis malacanthus chengi (Fang, 1936) 大渡软刺裸裂尻鱼 陆

Schizopygopsis malacanthus malacanthus Herzenstein, 1891 软刺裸裂尻鱼 陆

Schizopygopsis pylzovi Kessler, 1876 黄河裸裂尻鱼 陆

Schizopygopsis stoliczkai bangongensis Wu & Zhu, 1979 班公湖裸裂尻鱼 陆

Schizopygopsis stoliczkai maphamyumemsis Wu & Zhu, 1979 玛旁雍裸裂尻鱼 陆

Schizopygopsis stoliczkai stoliczkai Steindachner, 1866 高原裸裂尻鱼 陆

Schizopygopsis thermalis Herzenstein, 1891 温泉裸裂尻鱼 陆

Schizopygopsis younghusbandi wui Tchang, Yueh & Hwang, 1964 昂仁裸裂尻鱼 陆

Schizopygopsis younghusbandi younghusbandi Regan, 1905 拉萨裸裂尻鱼 陆

Genus *Schizothorax* Heckel, 1838 裂腹鱼属

Schizothorax argentatus Kessler, 1874 银裂腹鱼 陆

Schizothorax beipanensis Yang, Chen & Yang, 2009 北盘裂腹鱼 陆

Schizothorax biddulphi Günther, 1876 塔里木裂腹鱼 陆

Schizothorax chongi (Fang, 1936) 细鳞裂腹鱼 陆

Schizothorax curvilabiatus (Wu & Tsao, 1992) 弓唇裂腹鱼 陆

Schizothorax davidi (Sauvage, 1880) 重口裂腹鱼 陆

Schizothorax dolichonema Herzenstein, 1889 长丝裂腹鱼 陆

Schizothorax dulongensis Huang, 1985 独龙裂腹鱼 陆

Schizothorax edeniana McClelland, 1842 阿富汗裂腹鱼

Schizothorax elongatus Huang, 1985 长身裂腹鱼 陆

Schizothorax esocinus Heckel, 1838 狗裂腹鱼

Schizothorax eurystomus Kessler, 1872 宽口裂腹鱼

Schizothorax gongshanensis Tsao, 1964 贡山裂腹鱼 陆

Schizothorax grahami (Regan, 1904) 昆明裂腹鱼 陆

Schizothorax griseus Pellegrin, 1931 灰裂腹鱼 陆

Schizothorax heterochilus Ye & Fu, 1986 异唇裂腹鱼 陆

Schizothorax heterophysallidos Yang, Chen & Yang, 2009 异鳔裂腹鱼 陆

Schizothorax huegelii Heckel, 1838 赫氏裂腹鱼

Schizothorax integrilabiatus (Wu et al., 1992) 完唇裂腹鱼 陆

Schizothorax kozlovi Nikolskii, 1903 四川裂腹鱼 陆

Schizothorax kumaonensis Menon, 1971 喜马拉雅裂腹鱼

Schizothorax labiatus (McClelland, 1842) 全唇裂腹鱼 陆

Schizothorax labrosus Wang, Zhuang & Gao, 1981 厚唇裂腹鱼 陆

Schizothorax lantsangensis Tsao, 1964 澜沧裂腹鱼 陆

Schizothorax lepidothorax Yang, 1991 鳞胸裂腹鱼 陆

Schizothorax lissolabiatus Tsao, 1964 光唇裂腹鱼 陆

Schizothorax longibarbus (Fang, 1936) 长须裂腹鱼 陆

Schizothorax macrophthalmus Terashima, 1984 大眼裂腹鱼

Schizothorax macropogon Regan, 1905 大须裂腹鱼 陆

Schizothorax malacanthus Huang, 1985 软刺裂腹鱼 陆

Schizothorax meridionalis Tsao, 1964 南方裂腹鱼 陆

Schizothorax microcephalus Day, 1877 小头裂腹鱼

Schizothorax microstomus Hwang, 1982 小口裂腹鱼 陆

Schizothorax molesworthi (Chaudhuri, 1913) 墨脱裂腹鱼 陆

Schizothorax myzostomus Tsao, 1964 吸口裂腹鱼 陆

Schizothorax nasus Heckel, 1838 大鼻裂腹鱼

Schizothorax nepalensis Terashima, 1984 尼泊尔裂腹鱼

Schizothorax ninglangensis Wang, Zhang & Zhuang, 1981 宁蒗裂腹鱼 陆

Schizothorax nudiventris Yang, Chen & Yang, 2009 裸腹裂腹鱼 陆

Schizothorax nukiangensis Tsao, 1964 怒江裂腹鱼 陆

Schizothorax oconnori Lloyd, 1908 异齿裂腹鱼 陆

Schizothorax oligolepis Huang, 1985 寡鳞裂腹鱼 陆

Schizothorax parvus Tsao, 1964 小裂腹鱼 陆

Schizothorax pelzami Kessler, 1870 佩氏裂腹鱼

Schizothorax plagiostomus Heckel, 1838 横口裂腹鱼 陆

Schizothorax prenanti (Tchang, 1930) 齐口裂腹鱼 陆
　syn. *Schizothorax cryptolepis* Fu & Ye, 1984 隐鳞裂腹鱼

Schizothorax progastus (McClelland, 1839) 前裂腹鱼

Schizothorax prophylax Pietschmann, 1933 纺锤裂腹鱼

Schizothorax pseudoaksaiensis issykkuli Berg, 1907 伊氏裂腹鱼 陆

Schizothorax pseudoaksaiensis pseudoaksaiensis Herzenstein, 1888 伊犁裂腹鱼 陆

Schizothorax raraensis Terashima, 1984 拉拉湖裂腹鱼

Schizothorax richardsonii (Gray, 1832) 理氏裂腹鱼

Schizothorax rotundimaxillaris Wu & Wu, 1992 圆颌裂腹鱼 陆

Schizothorax sinensis Herzenstein, 1889 中华裂腹鱼 陆

Schizothorax skarduensis Mirza & Awan, 1978 巴基斯坦裂腹鱼

Schizothorax waltoni Regan, 1905 拉萨裂腹鱼 陆

Schizothorax wangchiachii (Fang, 1936) 短须裂腹鱼 陆

Schizothorax yunnanensis paoshanensis Tsao, 1964 保山裂腹鱼 陆

Schizothorax yunnanensis weiningensis Chen, 1998 威宁裂腹鱼

Schizothorax yunnanensis yunnanensis Norman, 1923 云南裂腹鱼 陆

Schizothorax zarudnyi (Nikolskii, 1897) 扎氏裂腹鱼

Genus *Securicula* Günther, 1868 斧鲤属

Securicula gora (Hamilton, 1822) 印度斧鲤

Genus *Semilabeo* Peters, 1881 唇鲮属

Semilabeo notabilis Peters, 1881 唇鲮 [陆]
Semilabeo obscurus Lin, 1981 暗唇鲮 [陆]

Genus *Semiplotus* Bleeker, 1860 半泳鲤属

Semiplotus cirrhosus Chaudhuri, 1919 卷须半泳鲤
Semiplotus manipurensis Vishwanath & Kosygin, 2000 印度半泳鲤
Semiplotus modestus Day, 1870 缅甸半泳鲤

Genus *Semotilus* Rafinesque, 1820 须雅罗鱼属

Semotilus atromaculatus (Mitchill, 1818) 黑斑须雅罗鱼
Semotilus corporalis (Mitchill, 1817) 小眼须雅罗鱼
Semotilus lumbee Snelson & Suttkus, 1978 卢姆比须雅罗鱼
Semotilus thoreauianus Jordan, 1877 猛须雅罗鱼

Genus *Sikukia* Smith, 1931 短吻鱼属

Sikukia flavicaudata Chu & Chen, 1987 黄尾短吻鱼 [陆]
Sikukia gudgeri (Smith, 1934) 短吻鱼
Sikukia longibarbata Li, Chen, Yang & Chen, 1998 长须短吻鱼 [陆]
Sikukia stejnegeri Smith, 1931 史氏短吻鱼 [陆]

Genus *Sinibrama* Wu, 1939 华鳊属

Sinibrama affinis (Vaillant, 1892) 越南华鳊
Sinibrama longianalis Xie, Xie & Zhang, 2003 长鳍华鳊 [陆]
Sinibrama macrops (Günther, 1868) 大眼华鳊 [陆][台]
  syn. *Sinibrama wui* (Rendahl, 1932) 伍氏华鳊
Sinibrama melrosei (Nichols & Pope, 1927) 海南华鳊 [陆]
Sinibrama taeniatus (Nichols, 1941) 四川华鳊 [陆]

Genus *Sinilabeo* Rendahl, 1932 华鲮属

Sinilabeo binhluensis Nguyen, 2001 平律华鲮
Sinilabeo brevirostris Nguyen, 2001 短吻华鲮
Sinilabeo cirrhinoides Wu & Lin, 1977 似鲮华鲮
Sinilabeo hummeli Zhang, Kullander & Chen, 2006 赫氏华鲮 [陆]
Sinilabeo longibarbatus Chen & Zheng, 1988 长须华鲮 [陆]
Sinilabeo longirostris Nguyen, 2001 长吻华鲮

Genus *Sinocrossocheilus* Wu, 1977 华缨鱼属

Sinocrossocheilus guizhouensis Wu, 1977 华缨鱼 [陆]
Sinocrossocheilus labiatus Su, Yang & Cui, 2003 宽唇华缨鱼 [陆]
Sinocrossocheilus megalophthalmus Chen, Yang & Cui, 2006 大眼华缨鱼 [陆]

Genus *Sinocyclocheilus* Fang, 1936 金线鲃属

Sinocyclocheilus altishoulderus (Li & Lan, 1992) 高肩金线鲃 [陆]
Sinocyclocheilus anatirostris Lin & Luo, 1986 鸭嘴金线鲃 [陆]
  syn. *Sinocyclocheilus albeoguttatus* Zhou & Li, 1998 白斑金线鲃
  syn. *Sinocyclocheilus guangxiensis* Zhou & Li, 1998 广西金线鲃
Sinocyclocheilus angularis Zheng & Wang, 1990 角金线鲃 [陆]
Sinocyclocheilus angustiporus Zheng & Xie, 1985 狭孔金线鲃 [陆]
  syn. *Sinocyclocheilus aluensis* Li, Xiao, Feng & Zhao, 2005 阿庐金线鲃
Sinocyclocheilus anophthalmus Chen, Chu, Luo & Wu, 1988 无眼金线鲃 [陆]
Sinocyclocheilus aquihornes Li & Yang, 2007 鹰喙角金线鲃 [陆]
Sinocyclocheilus bicornutus Wang & Liao, 1997 双角金线鲃 [陆]
Sinocyclocheilus brevibarbatus Zhao, Lan & Zhang, 2008 短须金线鲃 [陆]
Sinocyclocheilus brevis Lan & Chen, 1992 短身金线鲃 [陆]
Sinocyclocheilus broadihornes Li & Mao, 2007 宽角金线鲃 [陆]
Sinocyclocheilus cyphotergous (Dai, 1988) 驼背金线鲃 [陆]
Sinocyclocheilus donglanensis Zhao, Watanabe & Zhang, 2006 东兰金线鲃 [陆]
Sinocyclocheilus furcodorsalis Chen, Yang & Lan, 1997 叉背金线鲃 [陆]
  syn. *Sinocyclocheilus tianeensis* Li, Xiao & Luo, 2003 天峨金线鲃
Sinocyclocheilus grahami (Regan, 1904) 滇池金线鲃 [陆]
  syn. *Sinocyclocheilus guanduensis* Li & Xiao, 2004 官渡金线鲃
  syn. *Sinocyclocheilus huanglongdongensis* Li & Xiao, 2004 黄龙洞金线鲃
Sinocyclocheilus guilinensis Zhao, Zhang & Zhou, 2008 桂林金线鲃 [陆]
Sinocyclocheilus guishanensis Li, 2003 圭山金线鲃 [陆]

Sinocyclocheilus huaningensis Li, 1998 华宁金线鲃 [陆]
Sinocyclocheilus hugeibarbus Li & Ran, 2003 巨须金线鲃 [陆]
  syn. *Sinocyclocheilus liboensis* Li, Chen & Ran, 2004 荔波金线鲃
Sinocyclocheilus hyalinus Chen & Yang, 1993 透明金线鲃 [陆]
Sinocyclocheilus jii Zhang & Dai, 1992 季氏金线鲃 [陆]
Sinocyclocheilus jiuxuensis Li & Lan, 2003 九墟金线鲃 [陆]
Sinocyclocheilus lateristriatus Li, 1992 侧条金线鲃 [陆]
Sinocyclocheilus lingyunensis Li, Xiao & Luo, 2000 凌云金线鲃 [陆]
Sinocyclocheilus longibarbatus Wang & Chen, 1989 长须金线鲃 [陆]
Sinocyclocheilus longifinus Li, 1996 长鳍金线鲃 [陆]
Sinocyclocheilus luopingensis Li & Tao, 2002 罗平金线鲃 [陆]
Sinocyclocheilus macrocephalus Li, 1985 大头金线鲃 [陆]
Sinocyclocheilus macrolepis Wang & Chen, 1989 大鳞金线鲃 [陆]
Sinocyclocheilus macrophthalmus Zhang & Zhao, 2001 大眼金线鲃 [陆]
Sinocyclocheilus macroscalus Li, 1996 陆良金线鲃 [陆]
Sinocyclocheilus maculatus Li, 2000 麻花金线鲃 [陆]
Sinocyclocheilus maitianheensis Li, 1992 麦田河金线鲃 [陆]
Sinocyclocheilus malacopterus Chu & Cui, 1985 软鳍金线鲃 [陆]
Sinocyclocheilus microphthalmus Li, 1989 小眼金线鲃 [陆]
Sinocyclocheilus multipunctatus (Pellegrin, 1931) 多斑金线鲃 [陆]
Sinocyclocheilus oxycephalus Li, 1985 尖头金线鲃 [陆]
  syn. *Sinocyclocheilus lunanensis* Li, 1985 路南金线鲃
Sinocyclocheilus purpureus Li, 1985 紫色金线鲃 [陆]
Sinocyclocheilus qiubeiensis Li, 2002 丘北金线鲃 [陆]
  syn. *Sinocyclocheilus jiuchengensis* Li, 2002 旧城金线鲃
Sinocyclocheilus qujingensis Li, Mao & Lu, 2002 曲靖金线鲃 [陆]
Sinocyclocheilus rhinocerous Li & Tao, 1994 犀角金线鲃 [陆]
Sinocyclocheilus robustus Chen & Zhao, 1988 粗壮金线鲃 [陆]
Sinocyclocheilus tianlinensis Zhou, Zhang & He, 2004 田林金线鲃 [陆]
Sinocyclocheilus tileihornes Mao, Lu & Li, 2003 瓦状角金线鲃 [陆]
Sinocyclocheilus tingi Fang, 1936 抚仙金线鲃 [陆]
Sinocyclocheilus wumengshanensis Li, Mao & Lu, 2003 乌蒙山金线鲃 [陆]
Sinocyclocheilus xunlensis Lan, Zhao & Zhang, 2004 驯乐金线鲃 [陆]
Sinocyclocheilus yangzongensis Chu & Chen, 1977 阳宗金线鲃 [陆]
Sinocyclocheilus yaolanensis Zhou, Li & Hou, 2009 尧兰金线鲃 [陆]
Sinocyclocheilus yimenensis Li, Xiao, Feng & Zhao, 2005 易门金线鲃 [陆]
Sinocyclocheilus yishanensis Li & Lan, 1992 宜山金线鲃 [陆]

Genus *Snyderichthys* Miller, 1945 斯奈德鱼属

Snyderichthys copei (Jordan & Gilbert, 1881) 斯奈德鱼

Genus *Spinibarbus* Oshima, 1919 倒刺鲃属;棘鲃属

Spinibarbus babeensis Nguyen, 2001 越南倒刺鲃;越南棘鲃
Spinibarbus denticulatus denticulatus (Oshima, 1926) 锯齿倒刺鲃;锯齿棘鲃 [陆]
Spinibarbus denticulatus polylepis Chu, 1989 多鳞倒刺鲃;多鳞棘鲃 [陆]
Spinibarbus denticulatus yunnanensis Tsu, 1977 云南倒刺鲃;云南棘鲃 [陆]
Spinibarbus hollandi Oshima, 1919 光倒刺鲃;何氏棘鲃 [陆][台]
  syn. *Spinibarbus caldwelli* (Nichols, 1925) 喀氏倒刺鲃
Spinibarbus nammauensis Nguyen & Nguyen, 2001 南模倒刺鲃;南模棘鲃
Spinibarbus ovalius Nguyen & Ngo, 2001 卵形倒刺鲃;卵形棘鲃
Spinibarbus sinensis (Bleeker, 1871) 中华倒刺鲃;中华棘鲃 [陆]

Genus *Spratellicypris* Herre & Myers, 1931 斯普拉特鲤属

Spratellicypris palata (Herre, 1924) 斯普拉特鲤

Genus *Squalidus* Dybowski, 1872 银鮈属

Squalidus argentatus (Sauvage & Dabry de Thiersant, 1874) 银鮈 [陆][台]
Squalidus atromaculatus (Nichols & Pope, 1927) 暗斑银鮈 [陆]
Squalidus banarescui Chen & Chang, 2007 巴氏银鮈 [台]
Squalidus chankaensis biwae (Jordan & Snyder, 1900) 琵琶湖银鮈
Squalidus chankaensis chankaensis Dybowski, 1872 兴凯银鮈 [陆]

Squalidus gracilis gracilis (Temminck & Schlegel, 1846) 细银鮈
Squalidus gracilis majimae (Jordan & Hubbs, 1925) 真岛氏细银鮈
Squalidus homozonus (Günther, 1868) 平腹银鮈
Squalidus iijimae (Oshima, 1919) 饭岛氏银鮈 [陆] [台]
Squalidus intermedius (Nichols, 1929) 中间银鮈 [陆]
Squalidus japonicus coreanus (Berg, 1906) 朝日银鮈
Squalidus japonicus japonicus (Sauvage, 1883) 日本银鮈
Squalidus minor (Harada, 1943) 海南银鮈(小银鮈) [陆]
Squalidus multimaculatus Hosoya & Jeon, 1984 多斑银鮈
Squalidus nitens (Günther, 1873) 亮银鮈 [陆]
Squalidus wolterstorffi (Regan, 1908) 点纹银鮈 [陆]

Genus *Squaliobarbus* Günther, 1868 赤眼鳟属

Squaliobarbus curriculus (Richardson, 1846) 赤眼鳟 [陆]

Genus *Squalius* Bonaparte, 1837 欧雅鱼属

Squalius agdamicus Kamensky, 1901 锐头欧雅鱼
Squalius albus (Bonaparte, 1838) 银白欧雅鱼
Squalius anatolicus (Bogutskaya, 1997) 东方欧雅鱼
Squalius aphipsi (Aleksandrov, 1927) 库斑河欧雅鱼
Squalius aradensis (Coelho, Bogutskaya, Rodrigues & Collares-Pereira, 1998) 阿拉丁欧雅鱼
Squalius carolitertii (Doadrio, 1988) 卡氏欧雅鱼
Squalius castellanus Doadrio, Perea & Alonso, 2007 西班牙欧雅鱼
Squalius cephalus (Linnaeus, 1758) 大头欧雅鱼
Squalius cii (Richardson, 1857) 西氏欧雅鱼
Squalius illyricus Heckel & Kner, 1858 钝吻欧雅鱼
Squalius janae Bogutskaya & Zupancic, 2010 简氏欧雅鱼
Squalius keadicus (Stephanidis, 1971) 希腊欧雅鱼
Squalius kottelati Turan, Yilmaz & Kaya, 2009 科氏欧雅鱼
Squalius laietanus Doadrio, Kottelat & de Sostoa, 2007 突吻欧雅鱼
Squalius lepidus Heckel, 1843 秀美欧雅鱼
Squalius lucumonis (Bianco, 1983) 意大利欧雅鱼
Squalius malacitanus Doadrio & Carmona, 2006 马拉加雅鱼
Squalius microlepis Heckel, 1843 小鳞欧雅鱼
Squalius moreoticus (Stephanidis, 1971) 高体欧雅鱼
Squalius orpheus Kottelat & Economidis, 2006 长身欧雅鱼
Squalius pamvoticus (Stephanidis, 1939) 突唇欧雅鱼
Squalius peloponensis (Valenciennes, 1844) 伯罗欧雅鱼
Squalius platyceps Zupancic, Maric, Naseka & Bogutskaya, 2010 扁头欧雅鱼
Squalius prespensis (Fowler, 1977) 普雷斯湖欧雅鱼
Squalius pyrenaicus (Günther, 1868) 尖吻欧雅鱼
Squalius spurius Heckel, 1843 似欧雅鱼
Squalius squaliusculus Kessler, 1872 小欧雅鱼
Squalius squalus (Bonaparte, 1837) 鲨欧雅鱼
Squalius svallize Heckel & Kner, 1858 短颌欧雅鱼
Squalius tenellus Heckel, 1843 多鳞欧雅鱼
Squalius torgalensis (Coelho, Bogutskaya, Rodrigues & Collares-Pereira, 1998) 猛欧雅鱼
Squalius turcicus De Filippi, 1865 土耳其欧雅鱼
Squalius ulanus (Günther, 1899) 乌兰欧雅鱼
Squalius valentinus Doadrio & Carmona, 2006 壮体欧雅鱼
Squalius vardarensis Karaman, 1928 瓦尔特河欧雅鱼
Squalius zrmanjae Karaman, 1928 克罗地亚欧雅鱼

Genus *Stypodon* Garman, 1881 残齿鲤属

Stypodon signifer Garman, 1881 墨西哥残齿鲤

Genus *Sundadanio* Kottelat & Witte, 1999 巽他鲃属

Sundadanio axelrodi (Brittan, 1976) 苏门答腊巽他鲃

Genus *Tampichthys* Schönhuth, Doadrio, Dominguez-Dominguez, Hillis & 坦鲹属

Tampichthys catostomops (Hubbs & Miller, 1977) 下口坦鲹
Tampichthys dichromus (Hubbs & Miller, 1977) 变色坦鲹

Tampichthys erimyzonops (Hubbs & Miller, 1974) 墨西哥坦鲹
Tampichthys ipni (Alvarez & Navarro, 1953) 伊氏坦鲹
Tampichthys mandibularis (Contreras-Balderas & Verduzco-Martínez, 1977) 颌舌坦鲹
Tampichthys rasconis (Jordan & Snyder, 1899) 拉什康坦鲹

Genus *Tanakia* Jordan & Thompson, 1914 田中鳑鲏属

Tanakia chii (Miao, 1934) 齐氏田中鳑鲏 [台]
Tanakia himantegus (Günther, 1868) 革条田中鳑鲏 [陆] [台]
　　syn. Paracheilognathus himantegus (Günther, 1868) 革条副鱊
Tanakia lanceolata (Temminck & Schlegel, 1846) 矛形田中鳑鲏
Tanakia limbata (Temminck & Schlegel, 1846) 黄褐田中鳑鲏
Tanakia shimazui (Tanaka, 1908) 岛津氏田中鳑鲏
Tanakia tanago (Tanaka, 1909) 关东田中鳑鲏

Genus *Tanichthys* Lin, 1932 唐鱼属

Tanichthys albonubes Lin, 1932 唐鱼 [陆]
Tanichthys micagemmae Freyhof & Herder, 2001 贤良江唐鱼
Tanichthys thacbaensis Nguyen & Ngo, 2001 越南唐鱼

Genus *Telestes* Bonaparte, 1837 侧带雅罗鱼属

Telestes beoticus (Stephanidis, 1939) 柔侧带雅罗鱼
Telestes croaticus (Steindachner, 1866) 野栖侧带雅罗鱼
Telestes fontinalis (Karaman, 1972) 泉栖侧带雅罗鱼
Telestes metohiensis (Steindachner, 1901) 梅托河侧带雅罗鱼
Telestes montenigrinus (Vukovic, 1963) 蒙特尼侧带雅罗鱼
Telestes muticellus (Bonaparte, 1837) 意大利侧带雅罗鱼
Telestes pleurobipunctatus (Stephanidis, 1939) 双斑侧带雅罗鱼
Telestes polylepis Steindachner, 1866 多鳞侧带雅罗鱼
Telestes souffia (Risso, 1827) 杂食侧带雅罗鱼
Telestes turskyi (Heckel, 1843) 特氏侧带雅罗鱼
Telestes ukliva (Heckel, 1843) 光灿侧带雅罗鱼

Genus *Thryssocypris* Roberts & Kottelat, 1984 芦鲤属

Thryssocypris ornithostoma Kottelat, 1991 鸟喙芦鲤
Thryssocypris smaragdinus Roberts & Kottelat, 1984 宝石芦鲤
Thryssocypris tonlesapensis Roberts & Kottelat, 1984 托雷芦鲤

Genus *Thynnichthys* Giglioli, 1880 鲔雅鱼属

Thynnichthys polylepis Bleeker, 1860 多鳞鲔雅鱼
Thynnichthys sandkhol (Sykes, 1839) 沙特鲔雅鱼
Thynnichthys thynnoides (Bleeker, 1852) 似鲔雅鱼
Thynnichthys vaillanti Weber & de Beaufort, 1916 瓦氏鲔雅鱼

Genus *Tinca* Cuvier, 1816 丁鲹属

Tinca tinca (Linnaeus, 1758) 丁鲹 [陆]

Genus *Tor* Gray, 1834 结鱼属

Tor ater Roberts, 1999 黑结鱼
Tor barakae Arunkumar & Basudha, 2003 巴拉克河结鱼
Tor douronensis (Valenciennes, 1842) 爪哇结鱼 [陆]
Tor hemispinus Chen & Chu, 1985 半刺结鱼 [陆]
Tor khudree (Sykes, 1839) 突吻结鱼
Tor kulkarnii Menon, 1992 库氏结鱼
Tor laterivittatus Zhou & Cui, 1996 侧带结鱼
Tor macrolepis (Heckel, 1838) 大鳞结鱼
Tor malabaricus (Jerdon, 1849) 马拉巴结鱼
Tor polylepis Zhou & Cui, 1996 多鳞结鱼
Tor progeneius (McClelland, 1839) 珠结鱼
Tor putitora (Hamilton, 1822) 黄鳍结鱼 [陆]
Tor qiaojiensis Wu, 1977 桥街结鱼 [陆]
Tor sinensis Wu, 1977 中国结鱼 [陆]
Tor soro (Valenciennes, 1842) 丘结鱼
Tor tambra (Valenciennes, 1842) 野结鱼
Tor tambroides (Bleeker, 1854) 似野结鱼
Tor tor (Hamilton, 1822) 结鱼

Tor yingjiangensis Chen & Yang, 2004 盈江结鱼 陆

Tor yunnanensis (Wang, Zhuang & Gao, 1982) 云南结鱼 陆

Genus *Toxabramis* Günther, 1873 似鲚属

Toxabramis argentifer Abbott, 1901 银似鲚

Toxabramis hoffmanni Lin, 1934 小似鲚 陆

Toxabramis hotayensis Nguyen, 2001 越南似鲚

Toxabramis houdemeri Pellegrin, 1932 海南似鲚 陆

Toxabramis maensis Nguyen & Duong, 2006 南越似鲚

Toxabramis nhatleensis Nguyen, Tran & Ta, 2006 日丽河似鲚

Toxabramis swinhonis Günther, 1873 似鲚 陆

Genus *Tribolodon* Sauvage, 1883 三块鱼属

Tribolodon brandtii (Dybowski, 1872) 三块鱼 陆

Tribolodon hakonensis (Günther, 1877) 珠星三块鱼

Tribolodon nakamurai Doi & Shinzawa, 2000 中村三块鱼 陆

Tribolodon sachalinensis (Nikolskii, 1889) 萨却林三块鱼 陆

Genus *Trigonopoma* Liao, Kullander & Fang, 2010 三菱波鱼属

Trigonopoma gracile (Kottelat, 1991) 细身三菱波鱼

Trigonopoma pauciperforatum (Weber & de Beaufort, 1916) 红带三菱波鱼

Genus *Trigonostigma* Kottelat & Witte, 1999 三角波鱼属

Trigonostigma espei (Meinken, 1967) 埃氏三角波鱼

Trigonostigma hengeli (Meinken, 1956) 亨氏三角波鱼

Trigonostigma heteromorpha (Duncker, 1904) 黑斑三角波鱼

Trigonostigma somphongsi (Meinken, 1958) 红身三角波鱼

Genus *Troglocyclocheilus* Kottelat & Bréhier, 1999 孔唇鱼属

Troglocyclocheilus khammouanensis Kottelat & Bréhier, 1999 老挝孔唇鱼(甘蒙洞)

Genus *Tropidophoxinellus* Stephanidis, 1974 龙骨鲹属

Tropidophoxinellus alburnoides (Steindachner, 1866) 白腹龙骨鲹

Tropidophoxinellus hellenicus (Stephanidis, 1971) 侧条龙骨鲹

Tropidophoxinellus spartiaticus (Schmidt-Reis, 1943) 希腊龙骨鲹

Genus *Typhlobarbus* Chu & Chen, 1982 盲鲃属

Typhlobarbus nudiventris Chu & Chen, 1982 裸腹盲鲃 陆

Genus *Typhlogarra* Trewavas, 1955 盲墨头鱼属

Typhlogarra widdowsoni Trewavas, 1955 威氏盲墨头鱼

Genus *Varicorhinus* Rüppell, 1835 突吻鱼属

Varicorhinus altipinnis Banister & Poll, 1973 高鳍突吻鱼

Varicorhinus ansorgii Boulenger, 1906 安森氏突吻鱼

Varicorhinus axelrodi Getahun, Stiassny & Teugels, 2004 阿氏突吻鱼

Varicorhinus beso Rüppell, 1835 比索突吻鱼

Varicorhinus brauni Pellegrin, 1935 布氏突吻鱼

Varicorhinus capoetoides Pellegrin, 1938 乍得突吻鱼

Varicorhinus clarkeae Banister, 1984 克拉克突吻鱼

Varicorhinus dimidiatus Tweddle & Skelton, 1998 马拉维突吻鱼

Varicorhinus ensifer Boulenger, 1910 剑形突吻鱼

Varicorhinus fimbriatus Holly, 1926 缨突吻鱼

Varicorhinus iphthimostoma Banister & Poll, 1973 凶突吻鱼

Varicorhinus jaegeri Holly, 1930 耶格氏突吻鱼

Varicorhinus jubae Banister, 1984 朱巴突吻鱼

Varicorhinus latirostris Boulenger, 1910 偏嘴突吻鱼

Varicorhinus leleupanus Matthes, 1959 李利突吻鱼

Varicorhinus longidorsalis Pellegrin, 1935 长背突吻鱼

Varicorhinus lufupensis Banister & Bailey, 1979 卢福突吻鱼

Varicorhinus macrolepidotus Pellegrin, 1928 大鳞突吻鱼

Varicorhinus mariae Holly, 1926 玛丽亚突吻鱼

Varicorhinus maroccanus (Günther, 1902) 摩洛哥突吻鱼

Varicorhinus nelspruitensis Gilchrist & Thompson, 1911 南非突吻鱼

Varicorhinus pellegrini Bertin & Estève, 1948 皮氏突吻鱼

Varicorhinus platystomus Pappenheim, 1914 平口突吻鱼

Varicorhinus pungweensis Jubb, 1959 津巴布韦突吻鱼

Varicorhinus robertsi Banister, 1984 罗伯特突吻鱼

Varicorhinus ruandae Pappenheim, 1914 卢安达突吻鱼

Varicorhinus ruwenzorii (Pellegrin, 1909) 鲁氏突吻鱼

Varicorhinus sandersi Boulenger, 1912 桑氏突吻鱼

Varicorhinus semireticulatus Pellegrin, 1924 半网纹突吻鱼

Varicorhinus steindachneri Boulenger, 1910 斯坦氏突吻鱼

Varicorhinus stenostoma Boulenger, 1910 直口突吻鱼

Varicorhinus tornieri Steindachner, 1906 托尼氏突吻鱼

Varicorhinus upembensis Banister & Bailey, 1979 乌奔突吻鱼

Varicorhinus varicostoma Boulenger, 1910 尖嘴突吻鱼

Varicorhinus werneri Holly, 1929 沃纳氏突吻鱼

Varicorhinus wittei Banister & Poll, 1973 威氏突吻鱼

Varicorhinus xyrocheilus Tweddle & Skelton, 1998 刀唇突吻鱼

Genus *Vimba* Fitzinger, 1873 文鳊属

Vimba elongata (Valenciennes, 1844) 长体文鳊

Vimba melanops (Heckel, 1837) 黑目文鳊

Vimba vimba (Linnaeus, 1758) 文鳊

Genus *Xenobarbus* Norman, 1923 奇须鲃属

Xenobarbus loveridgei Norman, 1923 非洲奇须鲃

Genus *Xenocyprioides* Chen, 1982 似鲴属

Xenocyprioides carinatus Chen & Huang, 1985 梭似鲴 陆

Xenocyprioides parvulus Chen, 1982 小似鲴 陆

Genus *Xenocypris* Günther, 1868 鲴属

Xenocypris argentea Günther, 1868 银鲴 陆

　　syn. *Xenocypris macrolepis* Bleeker, 1871 大鳞鲴

Xenocypris davidi Bleeker, 1871 黄尾鲴 陆

Xenocypris fangi Tchang, 1930 方氏鲴 陆

Xenocypris hupeinensis (Yih, 1964) 湖北鲴 陆

　　syn. *Distoechodon hupeinensis* Yih, 1964 湖北圆吻鲴

Xenocypris medius (Oshima, 1920) 台湾鲴

Xenocypris yunnanensis Nichols, 1925 云南鲴 陆

Genus *Xenophysogobio* Chen & Cao, 1977 异鳔鳅鮀属

Xenophysogobio boulengeri (Tchang, 1929) 异鳔鳅鮀 陆

Xenophysogobio nudicorpa (Huang & Zhang, 1986) 裸体异鳔鳅鮀 陆

Genus *Yaoshanicus* Lin, 1931 瑶山鲤属

Yaoshanicus arcus Lin, 1931 瑶山鲤 陆

Yaoshanicus kyphus Mai, 1978 驼背瑶山鲤

Genus *Yuriria* Jordan & Evermann, 1896 耶律雅罗鱼属

Yuriria alta (Jordan, 1880) 阿尔泰耶律雅罗鱼

Yuriria amatlana Domínguez-Domínguez, Pompa-Domínguez & Doadrio, 2007 愚耶律雅罗鱼

Yuriria chapalae (Jordan & Snyder, 1899) 北美耶律雅罗鱼

Genus *Zacco* Jordan & Evermann, 1902 鱲属

Zacco chengtui Kimura, 1934 成都鱲 陆

Zacco platypus (Temminck & Schlegel, 1846) 宽鳍鱲;平颌鱲 陆 台

Zacco taliensis (Regan, 1907) 大理鱲 陆

　　syn. *Schizothorax taliensis* Regan, 1907 大理裂腹鱼

Family 103 Psilorhynchidae 裸吻鱼科

Genus *Psilorhynchus* McClelland, 1839 裸吻鱼属

Psilorhynchus amplicephalus Arunachalam, Muralidharan & Sivakumar, 2007 大头裸吻鱼

Psilorhynchus arunachalensis (Nebeshwar, Bagra & Das, 2007) 阿鲁纳查裸吻鱼

Psilorhynchus balitora (Hamilton, 1822) 斑裸吻鱼

Psilorhynchus brachyrhynchus Conway & Britz, 2010 短吻裸吻鱼

Psilorhynchus breviminor Conway & Mayden, 2008 短体裸吻鱼

Psilorhynchus gokkyi Conway & Britz, 2010 戈氏裸吻鱼

Psilorhynchus gracilis Rainboth, 1983 细裸吻鱼

Psilorhynchus homaloptera Hora & Mukerji, 1935 平鳍裸吻鱼 陆
Psilorhynchus melissa Conway & Kottelat, 2010 梅莉沙裸吻鱼
Psilorhynchus microphthalmus Vishwanath & Manojkumar, 1995 小眼裸吻鱼
Psilorhynchus nepalensis Conway & Mayden, 2008 尼伯尔裸吻鱼
Psilorhynchus pavimentatus Conway & Kottelat, 2010 孔雀裸吻鱼
Psilorhynchus piperatus Conway & Britz, 2010 椒裸吻鱼
Psilorhynchus pseudecheneis Menon & Datta, 1964 尼泊尔裸吻鱼
Psilorhynchus rahmani Conway & Mayden, 2008 拉姆氏裸吻鱼
Psilorhynchus robustus Conway & Kottelat, 2007 壮体裸吻鱼
Psilorhynchus sucatio (Hamilton, 1822) 琥珀裸吻鱼
Psilorhynchus tenura Arunachalam & Muralidharan, 2008 细尾裸吻鱼

Family 104 Gyrinocheilidae 双孔鱼科

Genus *Gyrinocheilus* Vaillant, 1902 双孔鱼属

Gyrinocheilus aymonieri (Tirant, 1883) 湄公双孔鱼 陆
Gyrinocheilus pennocki (Fowler, 1937) 暹罗双孔鱼
Gyrinocheilus pustulosus Vaillant, 1902 金边双孔鱼

Family 105 Catostomidae 亚口鱼科

Genus *Carpiodes* Rafinesque, 1820 鲤亚口鱼属

Carpiodes carpio (Rafinesque, 1820) 鲤亚口鱼
Carpiodes cyprinus (Lesueur, 1817) 似鲤亚口鱼
Carpiodes velifer (Rafinesque, 1820) 北美鲤亚口鱼

Genus *Catostomus* Lesueur, 1817 亚口鱼属

Catostomus ardens Jordan & Gilbert, 1881 犹他亚口鱼
Catostomus bernardini Girard, 1856 伯氏亚口鱼
Catostomus cahita Siebert & Minckley, 1986 卡希太亚口鱼
Catostomus catostomus catostomus (Forster, 1773) 真亚口鱼
Catostomus catostomus lacustris Bajkov, 1927 湖亚口鱼
Catostomus clarkii Baird & Girard, 1854 克氏亚口鱼
Catostomus columbianus (Eigenmann & Eigenmann, 1893) 哥伦比亚亚口鱼
Catostomus commersonii (Lacepède, 1803) 康氏亚口鱼
Catostomus conchos Meek, 1902 贝亚口鱼
Catostomus discobolus discobolus Cope, 1871 蓝首亚口鱼
Catostomus discobolus jarrovii (Cope, 1874) 贾氏亚口鱼
Catostomus fumeiventris Miller, 1973 烟腹亚口鱼
Catostomus insignis Baird & Girard, 1854 显亚口鱼
Catostomus latipinnis Baird & Girard, 1853 偏翼亚口鱼
Catostomus leopoldi Siebert & Minckley, 1986 利氏亚口鱼
Catostomus macrocheilus Girard, 1856 大嘴亚口鱼
Catostomus microps Rutter, 1908 小眼亚口鱼
Catostomus nebuliferus Garman, 1881 墨西哥亚口鱼
Catostomus occidentalis lacusanserinus Fowler, 1913 稀齿亚口鱼
Catostomus occidentalis occidentalis Ayres, 1854 西域亚口鱼
Catostomus platyrhynchus (Cope, 1874) 扁吻亚口鱼
Catostomus plebeius Baird & Girard, 1854 普通亚口鱼
Catostomus rimiculus Gilbert & Snyder, 1898 小鳞亚口鱼
Catostomus santaanae (Snyder, 1908) 圣安娜亚口鱼
Catostomus snyderi Gilbert, 1898 斯氏亚口鱼
Catostomus tahoensis Gill & Jordan, 1878 塔霍湖亚口鱼
Catostomus utawana Mather, 1886 乌太亚口鱼
Catostomus warnerensis Snyder, 1908 瓦伦亚口鱼
Catostomus wigginsi Herre & Brock, 1936 威氏亚口鱼

Genus *Chasmistes* Jordan, 1878 裂鳍亚口鱼属

Chasmistes brevirostris Cope, 1879 短吻裂鳍亚口鱼
Chasmistes cujus Cope, 1883 丘裂鳍亚口鱼
Chasmistes fecundus (Cope & Yarrow, 1875) 犹他湖裂鳍亚口鱼
Chasmistes liorus liorus Jordan, 1878 平滑裂鳍亚口鱼
Chasmistes liorus mictus Miller & Smith, 1981 蛰伏裂鳍亚口鱼
Chasmistes muriei Miller & Smith, 1981 穆氏裂鳍亚口鱼

Genus *Cycleptus* Rafinesque, 1819 长背亚口鱼属

Cycleptus elongatus (Lesueur, 1817) 长背亚口鱼
Cycleptus meridionalis Burr & Mayden, 1999 南方长背亚口鱼

Genus *Deltistes* Seale, 1896 三角亚口鱼属

Deltistes luxatus (Cope, 1879) 三角亚口鱼

Genus *Erimyzon* Jordan, 1876 北美吸口鱼属

Erimyzon oblongus (Mitchill, 1814) 椭圆北美吸口鱼
Erimyzon sucetta (Lacepède, 1803) 北美吸口鱼
Erimyzon tenuis (Agassiz, 1855) 叉尾北美吸口鱼

Genus *Hypentelium* Rafinesque, 1818 黑猪鱼属(叶唇亚口鱼属)

Hypentelium etowanum (Jordan, 1877) 亚拉巴马黑猪鱼(叶唇亚口鱼)
Hypentelium nigricans (Lesueur, 1817) 北方黑猪鱼(黑叶唇亚口鱼)
Hypentelium roanokense Raney & Lachner, 1947 卡罗来纳黑猪鱼

Genus *Ictiobus* Rafinesque, 1820 牛胭脂鱼属

Ictiobus bubalus (Rafinesque, 1818) 小口牛胭脂鱼
Ictiobus cyprinellus (Valenciennes, 1844) 小鲤牛胭脂鱼
Ictiobus labiosus (Meek, 1904) 厚唇牛胭脂鱼
Ictiobus meridionalis (Günther, 1868) 南方牛胭脂鱼
Ictiobus niger (Rafinesque, 1819) 黑牛胭脂鱼

Genus *Minytrema* Jordan, 1878 小孔亚口鱼属

Minytrema melanops (Rafinesque, 1820) 小孔亚口鱼

Genus *Moxostoma* Rafinesque, 1820 吸口鱼属

Moxostoma albidum (Girard, 1856) 墨西哥吸口鱼
Moxostoma anisurum (Rafinesque, 1820) 银吸口鱼
Moxostoma ariommum Robins & Raney, 1956 大眼吸口鱼
Moxostoma austrinum Bean, 1880 密歇根吸口鱼
Moxostoma breviceps (Cope, 1870) 短头吸口鱼
Moxostoma carinatum (Cope, 1870) 河川吸口鱼
Moxostoma cervinum (Cope, 1868) 黑吸口鱼
Moxostoma collapsum (Cope, 1870) 凹唇吸口鱼
Moxostoma congestum (Baird & Girard, 1854) 灰吸口鱼
Moxostoma duquesnii (Lesueur, 1817) 杜氏吸口鱼
Moxostoma erythrurum (Rafinesque, 1818) 红吸口鱼
Moxostoma hubbsi Legendre, 1952 铜色吸口鱼
Moxostoma lacerum (Jordan & Brayton, 1877) 兔唇吸口鱼
Moxostoma lachneri Robins & Raney, 1956 拉氏吸口鱼
Moxostoma macrolepidotum (Lesueur, 1817) 大鳞吸口鱼
Moxostoma mascotae Regan, 1907 马斯科吸口鱼
Moxostoma pappillosum (Cope, 1870) 柔吸口鱼
Moxostoma pisolabrum Trautman & Martin, 1951 豆唇吸口鱼
Moxostoma poecilurum Jordan, 1877 杂色吸口鱼
Moxostoma robustum (Cope, 1870) 小鳍吸口鱼
Moxostoma rupiscartes Jordan & Jenkins, 1889 线纹吸口鱼
Moxostoma valenciennesi Jordan, 1885 瓦氏吸口鱼

Genus *Myxocyprinus* Gill, 1878 胭脂鱼属

Myxocyprinus asiaticus (Bleeker, 1865) 胭脂鱼 陆

Genus *Thoburnia* Jordan & Snyder, 1917 绍布亚口鱼属

Thoburnia atripinnis (Bailey, 1959) 黑鳍绍布亚口鱼
Thoburnia hamiltoni Raney & Lachner, 1946 汉密登绍布亚口鱼
Thoburnia rhothoeca (Thoburn, 1896) 红带绍布亚口鱼

Genus *Xyrauchen* Eigenmann & Kirsch, 1889 锐项亚口鱼属

Xyrauchen texanus (Abbott, 1860) 锐项亚口鱼

Family 106 Cobitidae 鳅科

Genus *Acanthopsoides* Fowler, 1934 拟长鳅属

Acanthopsoides delphax Siebert, 1991 豚形拟长鳅
Acanthopsoides gracilentus (Smith, 1945) 细拟长鳅
Acanthopsoides gracilis Fowler, 1934 湄公河拟长鳅 陆
Acanthopsoides hapalias Siebert, 1991 软拟长鳅

Acanthopsoides molobrion Siebert, 1991 小口拟长鳅

Acanthopsoides robertsi Siebert, 1991 劳氏拟长鳅

Genus *Acantopsis* van Hasselt, 1823 小刺眼鳅属

Acantopsis arenae (Lin, 1934) 沙小刺眼鳅 陆

　　syn. Cobitis arenae Lin, 1934 沙花鳅

Acantopsis choirorhynchos (Bleeker, 1854) 马头小刺眼鳅 陆

Acantopsis dialuzona Van Hasselt, 1823 苍带小刺眼鳅

Acantopsis multistigmatus Vishwanath & Laisram, 2005 多斑小刺眼鳅

Acantopsis octoactinotos Siebert, 1991 八线小刺眼鳅

Acantopsis thiemmedhi Sontirat, 1999 泰国小刺眼鳅

Genus *Bibarba* Chen & Chen, 2007 双须鳅属

Bibarba bibarba Chen & Chen, 2007 双须鳅 陆

Genus *Botia* Gray, 1831 沙鳅属

Botia almorhae Gray, 1831 尼泊尔沙鳅

Botia birdi Chaudhuri, 1909 伯德氏沙鳅

Botia dario (Hamilton, 1822) 达林沙鳅

Botia dayi Hora, 1932 戴氏沙鳅

Botia histrionica Blyth, 1860 伊洛瓦底沙鳅 陆

Botia javedi Mirza & Syed, 1995 贾氏沙鳅

Botia kubotai Kottelat, 2004 斑条沙鳅

Botia lohachata Chaudhuri, 1912 洛哈沙鳅

Botia macrolineata Teugels, De Vos & Snoeks, 1986 大纹沙鳅

Botia pulchripinnis Paysan, 1970 美鳍沙鳅

Botia rostrata Günther, 1868 突吻沙鳅 陆

Botia striata Narayan Rao, 1920 条纹沙鳅

Botia udomritthiruji Ng, 2007 尤氏沙鳅

Genus *Canthophrys* Swainson, 1838 驮鳅属

Canthophrys gongota (Hamilton, 1822) 瘦身驮鳅

Genus *Chromobotia* Kottelat, 2004 色鳅属

Chromobotia macracanthus (Bleeker, 1852) 大刺色鳅

Genus *Cobitis* Linnaeus, 1758 鳅属

Cobitis albicoloris Chichkoff, 1932 白鳅

Cobitis arachthosensis Economidis & Nalbant, 1996 地中海鳅

Cobitis bilineata Canestrini, 1865 双线鳅

Cobitis bilseli Battalgil, 1942 比氏鳅

Cobitis biwae Jordan & Snyder, 1901 琵琶湖鳅

Cobitis calderoni Bacescu, 1962 考氏鳅

Cobitis choii Kim & Son, 1984 乔氏鳅

Cobitis conspersa Cantoni, 1882 横斑鳅

Cobitis dalmatina Karaman, 1928 达尔马鳅

Cobitis dolichorhynchus Nichols, 1918 长吻鳅

Cobitis elazigensis Coad & Sarieyyüpoglu, 1988 埃拉泽鳅

Cobitis elongata Heckel & Kner, 1858 长鳅

Cobitis elongatoides Bacescu & Maier, 1969 似长鳅

Cobitis evreni Erk'akan, Özeren & Nalbant, 2008 伊氏鳅

Cobitis fahirae Erk'akan, Atalay-Ekmekçi & Nalbant, 1998 费氏鳅

Cobitis granoei Rendahl, 1935 北方鳅 陆

Cobitis hankugensis Kim, Park, Son & Nalbant, 2003 韩鳅

Cobitis hellenica Economidis & Nalbant, 1996 泽鳅

Cobitis illyrica Freyhof & Stelbrink, 2007 泞鳅

Cobitis jadovaensis Mustafic, Marcic, Duplic, Mrakovcic, Caleta, Zanella, Buj, Podnar & Dolenec, 2008 克罗地亚鳅

Cobitis kellei Erk'akan, Atalay-Ekmekçi & Nalbant, 1998 凯氏鳅

Cobitis kurui Erk'akan, Atalay-Ekmekçi & Nalbant, 1998 库氏鳅

Cobitis laoensis (Sauvage, 1878) 老挝鳅

Cobitis lebedevi Vasil'eva & Vasil'ev, 1985 莱氏鳅

Cobitis levantina Krupp & Moubayed, 1992 捷鳅

Cobitis linea (Heckel, 1847) 线鳅

Cobitis lutheri Rendahl, 1935 黑龙江鳅 陆

Cobitis macrostigma Dabry de Thiersant, 1872 大斑鳅 陆

Cobitis maroccana Pellegrin, 1929 摩洛哥鳅

Cobitis matsubarai Okada & Ikeda, 1939 松原氏鳅

Cobitis megaspila Nalbant, 1993 黑点鳅

Cobitis melanoleuca gladkovi Vasil'ev & Vasil'eva, 2008 格氏黑白鳅

Cobitis melanoleuca melanoleuca Nichols, 1925 黑白鳅

Cobitis meridionalis Karaman, 1924 南方鳅

Cobitis narentana Karaman, 1928 纳伦鳅

Cobitis ohridana Karaman, 1928 奥赫里德鳅

Cobitis pacifica Kim, Park & Nalbant, 1999 太平鳅

Cobitis paludica (de Buen, 1930) 沼泽鳅

Cobitis pontica Vasil'eva & Vasil'ev, 2006 沼鳅

Cobitis puncticulata Erk'akan, Atalay-Ekmekçi & Nalbant, 1998 中斑鳅

Cobitis punctilineata Economidis & Nalbant, 1996 斑条鳅

Cobitis rhodopensis Vassilev, 1998 保加利亚鳅

Cobitis rossomeridionalis Vasil'eva & Vasil'ev, 1998 黑海鳅

Cobitis satunini Gladkov, 1935 萨氏鳅

Cobitis shikokuensis Suzawa, 2006 四国岛鳅

Cobitis simplicispina Hankó, 1925 单棘鳅

Cobitis sinensis Sauvage & Dabry de Thiersant, 1874 中华鳅 陆 台

Cobitis splendens Erk'akan, Atalay-Ekmekçi & Nalbant, 1998 明鳅

Cobitis stephanidisi Economidis, 1992 斯氏鳅

Cobitis striata Ikeda, 1936 条纹鳅

Cobitis strumicae Karaman, 1955 瘤鳅

Cobitis taenia Linnaeus, 1758 花鳅

Cobitis takatsuensis Mizuno, 1970 高鳅

Cobitis tanaitica Bacescu & Maier, 1969 乌克兰鳅

Cobitis taurica Vasil'eva, Vasil'ev, Janko, Ráb & Rábová, 2005 克里米亚鳅

Cobitis tetralineata Kim, Park & Nalbant, 1999 四线鳅

Cobitis trichonica Stephanidis, 1974 希腊鳅

Cobitis turcica Hankó, 1925 土耳其鳅

Cobitis vardarensis Karaman, 1928 短命鳅

Cobitis vettonica Doadrio & Perdices, 1997 西班牙鳅

Cobitis zanandreai Cavicchioli, 1965 赞氏鳅

Cobitis zhejiangensis Son & He, 2005 浙江鳅

Genus *Iksookimia* Nalbant, 1993 益秀朝鲜鳅属

Iksookimia hugowolfeldi Nalbant, 1993 休氏益秀朝鲜鳅

Iksookimia koreensis (Kim, 1975) 益秀朝鲜鳅

Iksookimia longicorpa (Kim, Choi & Nalbant, 1976) 长身益秀朝鲜鳅

Iksookimia pumila (Kim & Lee, 1987) 斑纹益秀朝鲜鳅

Iksookimia yongdokensis Kim & Park, 1997 盈德益秀朝鲜鳅

Genus *Kichulchoia* Kim, Park & Nalbant, 1999 动鳅属

Kichulchoia brevifasciata (Kim & Lee, 1995) 短纹动鳅

Genus *Koreocobitis* Kim, Park & Nalbant, 1997 高丽鳅属

Koreocobitis naktongensis Kim, Park & Nalbant, 2000 洛东江高丽鳅

Koreocobitis rotundicaudata (Wakiya & Mori, 1929) 圆尾高丽鳅

Genus *Kottelatlimia* Nalbant, 1994 柯氏鳅属

Kottelatlimia hipporhynchos Kottelat & Tan, 2008 马吻柯氏鳅

Kottelatlimia katik (Kottelat & Lim, 1992) 凯蒂柯氏鳅

Kottelatlimia pristes (Roberts, 1989) 锉柯氏鳅

Genus *Lepidocephalichthys* Bleeker, 1863 似鳞头鳅属

Lepidocephalichthys alkaia Havird & Page, 2010 秀美似鳞头鳅

Lepidocephalichthys annandalei Chaudhuri, 1912 安氏似鳞头鳅

Lepidocephalichthys arunachalensis (Datta & Barman, 1984) 印度似鳞头鳅

Lepidocephalichthys berdmorei (Blyth, 1860) 柏氏似鳞头鳅

Lepidocephalichthys birmanicus (Rendahl, 1948) 尾斑似鳞头鳅 陆

Lepidocephalichthys furcatus (de Beaufort, 1933) 叉尾似鳞头鳅

Lepidocephalichthys guntea (Hamilton, 1822) 冈特似鳞头鳅

Lepidocephalichthys hasselti (Valenciennes, 1846) 赫氏似鳞头鳅

Lepidocephalichthys irrorata Hora, 1921 雀斑似鳞头鳅
Lepidocephalichthys jonklaasi (Deraniyagala, 1956) 乔氏似鳞头鳅
Lepidocephalichthys kranos Havird & Page, 2010 细似鳞头鳅
Lepidocephalichthys lorentzi (Weber & de Beaufort, 1916) 罗氏似鳞头鳅
Lepidocephalichthys manipurensis Arunkumar, 2000 曼尼普尔河似鳞头鳅
Lepidocephalichthys menoni Pillai & Yazdani, 1976 梅氏似鳞头鳅
Lepidocephalichthys micropogon (Blyth, 1860) 小须似鳞头鳅
Lepidocephalichthys sandakanensis (Inger & Chin, 1962) 山打根似鳞头鳅
Lepidocephalichthys thermalis (Valenciennes, 1846) 温泉似鳞头鳅
Lepidocephalichthys tomaculum Kottelat & Lim, 1992 背纹似鳞头鳅
Lepidocephalichthys zeppelini Havird & Tangjitjaroen, 2010 泽氏似鳞头鳅

Genus *Lepidocephalus* Bleeker, 1859 鳞头鳅属

Lepidocephalus coromandelensis Menon, 1992 克罗芒鳞头鳅
Lepidocephalus macrochir (Bleeker, 1854) 鳞头鳅
Lepidocephalus spectrum Roberts, 1989 印度尼西亚鳞头鳅

Genus *Leptobotia* Bleeker, 1870 薄鳅属

Leptobotia curta (Temminck & Schlegel, 1846) 短薄鳅 陆
Leptobotia elongata (Bleeker, 1870) 长薄鳅 陆
Leptobotia flavolineata Wang, 1981 黄线薄鳅 陆
Leptobotia guilinensis Chen, 1980 桂林薄鳅 陆
Leptobotia hengyangensis Huang & Zhang, 1986 衡阳薄鳅 陆
Leptobotia microphthalma Fu & Ye, 1983 小眼薄鳅 陆
Leptobotia orientalis Xu, Fang & Wang, 1981 东方薄鳅 陆
Leptobotia pellegrini Fang, 1936 佩氏薄鳅 陆
Leptobotia posterodorsalis Lan & Chen, 1992 后鳍薄鳅 陆
Leptobotia punctata Li, Li & Chen, 2008 斑点薄鳅
Leptobotia rubrilabris (Dabry de Thiersant, 1872) 红唇薄鳅 陆
Leptobotia taeniops (Sauvage, 1878) 紫薄鳅 陆
Leptobotia tchangi Fang, 1936 宽斑薄鳅 陆
Leptobotia tientainensis (Wu, 1930) 天台薄鳅 陆
Leptobotia zebra (Wu, 1939) 斑纹薄鳅 陆

Genus *Microcobitis* Bohlen & Harant, 2010 微鳅属

Microcobitis misgurnoides (Rendahl, 1944) 越南微鳅

Genus *Misgurnus* Lacepède, 1803 泥鳅属

Misgurnus anguillicaudatus (Cantor, 1842) 泥鳅 陆 台
Misgurnus buphoensis Kim & Park, 1995 朝鲜泥鳅
Misgurnus fossilis (Linnaeus, 1758) 纵带泥鳅
Misgurnus mizolepis Günther, 1888 大鳞泥鳅 陆
Misgurnus mohoity (Dybowski, 1869) 黑龙江泥鳅 陆
    syn. *Misgurnus bipartitus* (Sauvage & Dabry,1874) 北方泥鳅
Misgurnus nikolskyi Vasil'eva, 2001 俄罗斯泥鳅
Misgurnus tonkinensis Rendahl, 1937 越南泥鳅

Genus *Neoeucirrhichthys* Banarescu & Nalbant, 1968 新真髭鳅属

Neoeucirrhichthys maydelli Banarescu & Nalbant, 1968 梅氏新真髭鳅

Genus *Niwaella* Nalbant, 1963 后鳍花鳅属

Niwaella delicata (Niwa, 1937) 后鳍花鳅
Niwaella laterimaculata (Yan & Zheng, 1984) 侧斑后鳍花鳅 陆
    syn. *Cobitis laterimaculata* Yan & Zheng, 1984 斑条花鳅
Niwaella longibarba Chen & Chen, 2005 长须后鳍花鳅 陆
Niwaella multifasciata (Wakiya & Mori, 1929) 多带后鳍花鳅
Niwaella xinjiangensis Chen & Chen, 2005 信江后鳍花鳅 陆

Genus *Pangio* Blyth, 1860 潘鳅属

Pangio agma (Burridge, 1992) 阿格玛潘鳅
Pangio alcoides Kottelat & Lim, 1993 似雀潘鳅
Pangio alternans Kottelat & Lim, 1993 上眼潘鳅
Pangio anguillaris (Vaillant, 1902) 鳗形潘鳅
Pangio apoda Britz & Maclaine, 2007 无足潘鳅
Pangio atactos Tan & Kottelat, 2009 喜暖潘鳅

Pangio bitaimac Tan & Kottelat, 2009 秀美潘鳅
Pangio borneensis (Boulenger, 1894) 加里曼丹潘鳅
Pangio cuneovirgata (Raut, 1957) 肉桂潘鳅
Pangio doriae (Perugia, 1892) 多里潘鳅
Pangio elongata Britz & Maclaine, 2007 长身潘鳅
Pangio filinaris Kottelat & Lim, 1993 野潘鳅
Pangio fusca (Blyth, 1860) 棕色潘鳅
Pangio goaensis (Tilak, 1972) 印度潘鳅
Pangio incognito Kottelat & Lim, 1993 婆罗洲潘鳅
Pangio kuhlii (Valenciennes, 1846) 库勒潘鳅
Pangio lidi Hadiaty & Kottelat, 2009 利氏潘鳅
Pangio longimanus Britz & Kottelat, 2010 长翅潘鳅
Pangio longipinnis (Menon, 1992) 长鳍潘鳅
Pangio lumbriciformis Britz & Maclaine, 2007 蚓状潘鳅
Pangio malayana (Tweedie, 1956) 马来亚潘鳅
Pangio mariarum (Inger & Chin, 1962) 玛利潘鳅
Pangio myersi (Harry, 1949) 迈尔潘鳅
Pangio oblonga (Valenciennes, 1846) 椭圆潘鳅
Pangio pangia (Hamilton, 1822) 真潘鳅
Pangio piperata Kottelat & Lim, 1993 椒潘鳅
Pangio pulla Kottelat & Lim, 1993 印度尼西亚潘鳅
Pangio robiginosa (Raut, 1957) 锈色潘鳅
Pangio semicincta (Fraser-Brunner, 1940) 半带潘鳅
Pangio shelfordii (Popta, 1903) 谢氏潘鳅
Pangio signicauda Britz & Maclaine, 2007 条尾潘鳅
Pangio superba (Roberts, 1989) 小眼潘鳅

Genus *Parabotia* Dabry de Thiersant, 1872 副沙鳅属

Parabotia banarescui (Nalbant, 1965) 武昌副沙鳅 陆
Parabotia bimaculata Chen, 1980 双斑副沙鳅 陆
Parabotia dubia Kottelat, 2001 越南副沙鳅
Parabotia fasciata Dabry de Thiersant, 1872 花斑副沙鳅 陆
Parabotia lijiangensis Chen, 1980 漓江副沙鳅 陆
Parabotia maculosa (Wu, 1939) 头点副沙鳅 陆
Parabotia mantschurica (Berg, 1907) 松花江副沙鳅 陆
Parabotia parva Chen, 1980 小副沙鳅 陆

Genus *Paralepidocephalus* Tchang, 1935 细头鳅属

Paralepidocephalus guishanensis Li, 2004 圭山细头鳅 陆
Paralepidocephalus yui Tchang, 1935 细头鳅 陆

Genus *Paramisgurnus* Dabry de Thiersant, 1872 副泥鳅属

Paramisgurnus dabryanus Dabry de Thiersant, 1872 大鳞副泥鳅 陆 台

Genus *Protocobitis* Yang & Chen, 1993 原花鳅属

Protocobitis polylepis Zhu, Lü, Yang & Zhang, 2008 多鳞原花鳅 陆
Protocobitis typhlops Yang, Chen & Lan, 1993 盲眼原花鳅 陆

Genus *Sabanejewia* Vladykov, 1929 萨瓦纳鳅属

Sabanejewia aurata aralensis (Kessler, 1877) 咸海萨瓦纳鳅
Sabanejewia aurata aurata (De Filippi, 1863) 金色萨瓦纳鳅
Sabanejewia balcanica (Karaman, 1922) 巴尔干岛萨瓦纳鳅
Sabanejewia baltica Witkowski, 1994 山溪萨瓦纳鳅
Sabanejewia bulgarica (Drensky, 1928) 保加利亚萨瓦纳鳅
Sabanejewia caspia (Eichwald, 1838) 里海萨瓦纳鳅
Sabanejewia caucasica (Berg, 1906) 高加索萨瓦纳鳅
Sabanejewia kubanica Vasil'eva & Vasil'ev, 1988 库班河萨瓦纳鳅
Sabanejewia larvata (De Filippi, 1859) 幼萨瓦纳鳅
Sabanejewia romanica (Bacescu, 1943) 罗马尼亚萨瓦纳鳅
Sabanejewia vallachica (Nalbant, 1957) 沙溪萨瓦纳鳅

Genus *Serpenticobitis* Roberts, 1997 蛇鳅属

Serpenticobitis cingulata Roberts, 1997 泰国蛇鳅
Serpenticobitis octozona Roberts, 1997 八带蛇鳅

Serpenticobitis zonata Kottelat, 1998 老挝蛇鳅

Genus *Sinibotia* Fang, 1936 华鳅属

Sinibotia longiventralis (Yang & Chen, 1992) 长腹华鳅 陆

    syn. *Botia longiventralis* Yang & Chen, 1992 长腹沙鳅

Sinibotia pulchra (Wu, 1939) 美丽华鳅 陆

    syn. *Botia pulchra* Wu, 1939 美丽沙鳅

Sinibotia reevesae (Chang, 1944) 宽体华鳅 陆

    syn. *Botia reevesae* Chang, 1944 宽体沙鳅

Sinibotia robusta (Wu, 1939) 壮体华鳅 陆

    syn. *Botia robusta* Wu, 1939 壮体沙鳅

Sinibotia superciliaris (Günther, 1892) 华鳅 陆

    syn. *Botia superciliaris* Günther, 1892 中华沙鳅

Genus *Syncrossus* Blyth, 1860 缨须鳅属

Syncrossus beauforti (Smith, 1931) 斑鳍缨须鳅 陆

    syn. *Botia beauforti* Smith, 1931 斑鳍沙鳅

    syn. *Botia yunnanensis* Chen, 1980 云南沙鳅

Syncrossus berdmorei Blyth, 1860 缅甸缨须鳅 陆

    syn. *Botia berdmorei* (Blyth, 1860) 缅甸沙鳅

    syn. *Botia lucasbahi* Fowler, 1937 南方沙鳅

Syncrossus helodes (Sauvage, 1876) 沼生缨须鳅

Syncrossus hymenophysa (Bleeker, 1852) 横带缨须鳅

    syn. *Botia hymenophysa* Bleeker, 1852 横带沙鳅

Syncrossus reversa (Roberts, 1989) 李氏缨须鳅

Genus *Yasuhikotakia* Nalbant, 2002 安彦鳅属

Yasuhikotakia caudipunctata (Taki & Doi, 1995) 尾斑安彦鳅

    syn. *Botia caudipunctata* Taki & Doi, 1995 尾斑沙鳅

Yasuhikotakia eos (Taki, 1972) 东方安彦鳅

Yasuhikotakia lecontei (Fowler, 1937) 勒氏安彦鳅

Yasuhikotakia longidorsalis (Taki & Doi, 1995) 长背安彦鳅

Yasuhikotakia modesta (Bleeker, 1864) 橙鳍安彦鳅

Yasuhikotakia morleti (Tirant, 1885) 湄公河安彦鳅

Yasuhikotakia nigrolineata (Kottelat & Chu, 1987) 黑线安彦鳅 陆

    syn. *Botia nigrolineata* (Kottelat & Chu, 1987) 黑线沙鳅

Yasuhikotakia sidthimunki (Klausewitz, 1959) 西氏安彦鳅

Yasuhikotakia splendida (Roberts, 1995) 闪光安彦鳅

Family 107 Balitoridae 爬鳅科

Genus *Aborichthys* Chaudhuri, 1913 阿波鳅属

Aborichthys elongatus Hora, 1921 长体阿波鳅

Aborichthys garoensis Hora, 1925 印度阿波鳅

Aborichthys kempi Chaudhuri, 1913 墨脱阿波鳅 陆

Genus *Acanthocobitis* Peters, 1861 棘鳅属

Acanthocobitis botia (Hamilton, 1822) 巴基斯坦棘鳅

Acanthocobitis rubidipinnis (Blyth, 1860) 红翼棘鳅

Acanthocobitis urophthalmus (Günther, 1868) 尾斑棘鳅

Acanthocobitis zonalternans (Blyth, 1860) 横带棘鳅

Genus *Afronemacheilus* Golubtsov & Prokofiev, 2009 非洲条鳅属

Afronemacheilus abyssinicus (Boulenger, 1902) 塔纳湖非洲条鳅

Genus *Annamia* Hora, 1932 腹盘鳅属

Annamia normani (Hora, 1931) 腹盘鳅

Genus *Balitora* Gray, 1830 爬鳅属

Balitora annamitica Kottelat, 1988 安南爬鳅

Balitora brucei Gray, 1830 布鲁斯氏爬鳅

Balitora burmanica Hora, 1932 缅甸爬鳅

Balitora eddsi Conway & Mayden, 2010 埃迪爬鳅

Balitora elongata Chen & Li, 1985 长体爬鳅 陆

Balitora kwangsiensis (Fang, 1930) 广西爬鳅 陆

    syn. *Sinohomaloptera kwangsiensis* Fang, 1930 广西华平鳅

Balitora lancangjiangensis (Zheng, 1980) 澜沧江爬鳅 陆

Balitora longibarbata (Chen, 1982) 长须爬鳅 陆

    syn. *Sinohomaloptera longibarbata* Chen, 1982 长须华平鳅

Balitora meridionalis Kottelat, 1988 南方爬鳅

Balitora mysorensis Hora, 1941 印度爬鳅

Balitora nantingensis Chen, Cui & Yang, 2005 南町爬鳅 陆

Balitora tchangi Zheng, 1982 张氏爬鳅 陆

Genus *Barbatula* Linck, 1790 须鳅属

Barbatula altayensis Zhu, 1992 阿尔泰须鳅 陆

Barbatula araxensis (Banarescu & Nalbant, 1978) 阿拉兴须鳅

Barbatula barbatula (Linnaeus, 1758) 条须鳅 陆

Barbatula bergamensis Erk'Akan, Nalbant & Özeren, 2007 贝尔加须鳅

Barbatula bergiana (Derzhavin, 1934) 伊朗须鳅

Barbatula brandtii (Kessler, 1877) 勃氏须鳅

Barbatula cinica Erk'Akan, Nalbant & Özeren, 2007 幸河须鳅

Barbatula compressirostris (Warpachowski, 1897) 扁吻须鳅

Barbatula dgebuadzei (Prokofiev, 2003) 迪氏须鳅

Barbatula erdali Erk'Akan, Nalbant & Özeren, 2007 厄氏须鳅

Barbatula euphratica (Banarescu & Nalbant, 1964) 宽头须鳅

    syn. *Nemacheilus euphratica* (Banarescu & Nalbant, 1964) 宽头条鳅

Barbatula farsica (Nalbant & Bianco, 1998) 点斑须鳅

Barbatula frenata (Heckel, 1843) 缰须鳅

Barbatula germencica Erk'Akan, Nalbant & Özeren, 2007 杰尔门须鳅

Barbatula kermanshahensis (Banarescu & Nalbant, 1966) 克尔门须鳅

Barbatula kosswigi (Erk'akan & Kuru, 1986) 科氏须鳅

Barbatula mediterraneus Erk'Akan, Nalbant & Özeren, 2007 地中海须鳅

Barbatula nuda (Bleeker, 1864) 北方须鳅

Barbatula panthera (Heckel, 1843) 豹斑须鳅

Barbatula paucilepis Erk'Akan, Nalbant & Özeren, 2007 少鳞须鳅

Barbatula persa (Heckel, 1847) 神须鳅

Barbatula phoxinoides Erk'Akan, Nalbant & Özeren, 2007 似细须鳅

Barbatula potaninorum (Prokofiev, 2007) 细尾须鳅

Barbatula pulsiz (Krupp, 1992) 搏须鳅

Barbatula quignardi (Bacescu-Mester, 1967) 奎氏须鳅

Barbatula sawadai (Prokofiev, 2007) 萨氏须鳅

Barbatula seyhanensis (Banarescu, 1968) 塞哈河须鳅

Barbatula sturanyi (Steindachner, 1892) 斯氏须鳅

Barbatula toni (Dybowski, 1869) 托尼须鳅

Barbatula tschaiyssuensis (Banarescu & Nalbant, 1964) 土耳其须鳅

Barbatula zetensis (Soric, 2000) 赞丁须鳅

Genus *Barbucca* Roberts, 1989 颊须鳅属

Barbucca diabolica Roberts, 1989 魔颊须鳅

Genus *Beaufortia* Hora, 1932 爬岩鳅属

Beaufortia cyclica Chen, 1980 圆体爬岩鳅 陆

Beaufortia huangguoshuensis Zheng & Zhang, 1987 黄果树爬岩鳅 陆

Beaufortia intermedia Tang & Wang, 1997 中间爬岩鳅 陆

Beaufortia kweichowensis gracilicauca Chen & Zheng , 1980 细尾贵州爬岩鳅 陆

Beaufortia kweichowensis kweichowensis (Fang, 1931) 贵州爬岩鳅 陆

Beaufortia leveretti (Nichols & Pope, 1927) 爬岩鳅 陆

Beaufortia liui Chang, 1944 侧沟爬岩鳅 陆

Beaufortia niulanensis Chen, Huang & Yang, 2009 牛栏爬岩鳅 陆

Beaufortia pingi (Fang, 1930) 秉氏爬岩鳅 陆

Beaufortia polylepis Chen, 1982 多鳞爬岩鳅 陆

Beaufortia szechuanensis (Fang, 1930) 四川爬岩鳅 陆

Beaufortia zebroidus (Fang, 1930) 条斑爬岩鳅

Genus *Bhavania* Hora, 1920 巴伐尼亚鳅属

Bhavania arunachalensis Nath, Dam, Bhutia, Dey & Das, 2007 印度巴伐尼亚鳅

Bhavania australis (Jerdon, 1849) 澳洲巴伐尼亚鳅

Genus *Claea* Kottelat, 2010 克拉爬鳅属

Claea dabryi (Sauvage, 1874) 达氏克拉爬鳅 陆

    syn. *Schistura dabryi* (Sauvage, 1874) 达氏南鳅

Genus *Cryptotora* Kottelat, 1998 隐鳅属

Cryptotora thamicola (Kottelat, 1988) 美体隐鳅

Genus *Dienbienia* Nguyen & Nguyen, 2002 奠边鳅属

Dienbienia namnuaensis Nguyen & Nguyen, 2002 奠边鳅

Genus *Dzihunia* Prokofiev, 2001 齐胡爬鳅属

Dzihunia amudarjensis (Rass, 1929) 阿穆达齐胡爬鳅

Dzihunia ilan (Turdakov, 1936) 细尾齐胡爬鳅

Dzihunia turdakovi Prokofiev, 2003 特氏齐胡爬鳅

Genus *Ellopostoma* Vaillant, 1902 低唇鱼属

Ellopostoma megalomycter (Vaillant, 1902) 大吻低唇鱼

Ellopostoma mystax Tan & Lim, 2002 髭低唇鱼

Genus *Erromyzon* Kottelat, 2004 游吸鳅属

Erromyzon compactus Kottelat, 2004 越南游吸鳅

Erromyzon sinensis (Chen, 1980) 中华游吸鳅 陆

　　syn. *Protomyzon sinensis* Chen, 1980 中华原吸鳅

Erromyzon yangi Neely, Conway & Mayden, 2007 杨氏游吸鳅

Genus *Formosania* Oshima, 1919 台鳅属

Formosania chenyiyui (Zheng, 1991) 陈氏台鳅 陆

　　syn. *Crossostoma chenyiyui* Zheng, 1991 陈氏缨口鳅

Formosania davidi (Sauvage, 1878) 达氏台鳅 陆

　　syn. *Crossostoma davidi* Sauvage, 1878 达氏缨口鳅

Formosania fascicauda (Nichols, 1926) 花尾台鳅 陆

　　syn. *Crossostoma fascicauda* Nichols, 1926 花尾缨口鳅

Formosania fasciolata (Wang, Fan & Chen, 2006) 横纹台鳅 陆

　　syn. *Crossostoma fasciolatus* Wang, Fan & Chen, 2006 横纹缨口鳅

Formosania lacustre (Steindachner, 1908) 缨口台鳅 陆 台

　　syn. *Crossostoma lacustre* Steindachner, 1908 台湾缨口鳅

Formosania paucisquama (Zheng, 1981) 少鳞台鳅 陆

　　syn. *Crossostoma paucisquama* Zheng, 1981 少鳞缨口鳅

Formosania stigmata (Nichols, 1926) 斑纹台鳅 陆

　　syn. *Crossostoma stigmata* Nichols, 1926 斑纹缨口鳅

Formosania tinkhami (Herre, 1934) 廷氏台鳅 陆

　　syn. *Crossostoma tinkhami* Herre, 1934 廷氏缨口鳅

Genus *Gastromyzon* Günther, 1874 腹吸鳅属

Gastromyzon aequabilis Tan, 2006 直孔腹吸鳅

Gastromyzon aeroides Tan & Sulaiman, 2006 蓝鳍腹吸鳅

Gastromyzon auronigrus Tan, 2006 黑身腹吸鳅

Gastromyzon bario Tan, 2006 黄带腹吸鳅

Gastromyzon borneensis Günther, 1874 腹吸鳅

Gastromyzon contractus Roberts, 1982 窄体腹吸鳅

Gastromyzon cornusaccus Tan, 2006 截吻腹吸鳅

Gastromyzon cranbrooki Tan & Sulaiman, 2006 科氏腹吸鳅

Gastromyzon crenastus Tan & Leh, 2006 泉腹吸鳅

Gastromyzon ctenocephalus Roberts, 1982 栉头腹吸鳅

Gastromyzon danumensis Chin & Inger, 1989 达努腹吸鳅

Gastromyzon embalohensis Rachmatika, 1998 印度尼西亚腹吸鳅

Gastromyzon extrorsus Tan, 2006 沙巴腹吸鳅

Gastromyzon farragus Tan & Leh, 2006 杂色腹吸鳅

Gastromyzon fasciatus Inger & Chin, 1961 条纹腹吸鳅

Gastromyzon ingeri Tan, 2006 英氏腹吸鳅

Gastromyzon introrsus Tan, 2006 沼泽腹吸鳅

Gastromyzon katibasensis Leh & Chai, 2003 卡提腹吸鳅

Gastromyzon lepidogaster Roberts, 1982 美腹腹吸鳅

Gastromyzon megalepis Roberts, 1982 大鳞腹吸鳅

Gastromyzon monticola (Vaillant, 1889) 高山腹吸鳅

Gastromyzon ocellatus Tan & Ng, 2004 眼斑腹吸鳅

Gastromyzon ornaticauda Tan & Martin-Smith, 1998 饰尾腹吸鳅

Gastromyzon pariclavis Tan & Martin-Smith, 1998 马来亚腹吸鳅

Gastromyzon praestans Tan, 2006 早熟腹吸鳅

Gastromyzon psiloetron Tan, 2006 棕黑腹吸鳅

Gastromyzon punctulatus Inger & Chin, 1961 侧斑腹吸鳅

Gastromyzon ridens Roberts, 1982 小鳞腹吸鳅

Gastromyzon russulus Tan, 2006 淡红腹吸鳅

Gastromyzon scitulus Tan & Leh, 2006 美丽腹吸鳅

Gastromyzon spectabilis Tan, 2006 灰绿腹吸鳅

Gastromyzon stellatus Tan, 2006 黄点腹吸鳅

Gastromyzon umbrus Tan, 2006 圆吻腹吸鳅

Gastromyzon venustus Tan & Sulaiman, 2006 红尾腹吸鳅

Gastromyzon viriosus Tan, 2006 泞腹吸鳅

Gastromyzon zebrinus Tan, 2006 斑马腹吸鳅

Genus *Glaniopsis* Boulenger, 1899 鲇鳅属

Glaniopsis denudata Roberts, 1982 裸鲇鳅

Glaniopsis gossei Roberts, 1982 戈氏鲇鳅

Glaniopsis hanitschi Boulenger, 1899 哈氏鲇鳅

Glaniopsis multiradiata Roberts, 1982 多辐鲇鳅

Genus *Hedinichthys* Rendahl, 1933 赫氏爬鳅属

Hedinichthys macropterus (Herzenstein, 1888) 大鳍赫氏爬鳅 陆

　　syn. *Triplophysa yarkandensis macroptera* (Herzenstein, 1888) 河西叶尔羌高原鳅

Hedinichthys yarkandensis (Day, 1877) 叶尔羌赫氏爬鳅 陆

　　syn. *Triplophysa yarkandensis yarkandensis* (Day, 1877) 叶尔羌高原鳅

Genus *Hemimyzon* Regan, 1911 间吸鳅属；间爬岩鳅属

Hemimyzon abbreviata (Günther, 1892) 短身间吸鳅；短身间爬岩鳅 陆

Hemimyzon confluens Kottelat, 2000 湄公河间吸鳅；湄公河间爬岩鳅

Hemimyzon ecdyonuroides Freyhof & Herder, 2002 乳突间吸鳅；乳突间爬岩鳅

Hemimyzon formosanus (Boulenger, 1894) 台湾间吸鳅；台湾间爬岩鳅 台

Hemimyzon khonensis Kottelat, 2000 老挝间吸鳅；老挝间爬岩鳅

Hemimyzon macroptera Zheng, 1982 大鳍间吸鳅；大鳍间爬岩鳅 陆

Hemimyzon megalopseos Li & Chen, 1985 大眼间吸鳅；大眼间爬岩鳅 陆

Hemimyzon nanensis Doi & Kottelat, 1998 难府间吸鳅；难府间爬岩鳅

Hemimyzon nujiangensis (Zhang & Zheng, 1983) 怒江间吸鳅；怒江间爬岩鳅 陆

　　syn. *Balitora nujiangensis* Zhang & Zheng, 1983 怒江爬鳅

Hemimyzon papilio Kottelat, 1998 蝶纹间吸鳅；蝶纹间爬岩鳅

Hemimyzon pengi (Huang, 1982) 秉氏间吸鳅；秉氏间爬岩鳅 陆

Hemimyzon pumilicorpora Zheng & Zhang, 1987 短体间吸鳅；短体间爬岩鳅 陆

Hemimyzon sheni Chen & Fang, 2009 沈氏间吸鳅；沈氏间爬岩鳅 台

Hemimyzon taitungensis Tzeng & Shen, 1982 台东间吸鳅；台东间爬岩鳅 台

Hemimyzon yaotanensis (Fang, 1931) 窑滩间吸鳅；窑滩间爬岩鳅 陆

Genus *Heminoemacheilus* Zhu & Cao, 1987 间条鳅属

Heminoemacheilus hyalinus Lan, Yang & Chen, 1996 透明间条鳅 陆

Heminoemacheilus zhengbaoshani Zhu & Cao, 1987 郑氏间条鳅 陆

Genus *Homaloptera* van Hasselt, 1823 平鳍鳅属

Homaloptera batek Tan, 2009 扁平鳍鳅

Homaloptera bilineata Blyth, 1860 深线平鳍鳅

Homaloptera confuzona Kottelat, 2000 带纹平鳍鳅

Homaloptera gymnogaster Bleeker, 1853 裸腹平鳍鳅

Homaloptera heterolepis Weber & de Beaufort, 1916 异鳞平鳍鳅

Homaloptera hoffmanni (Herre, 1938) 霍氏平鳍鳅

Homaloptera indochinensis Silas, 1953 印支平鳍鳅

Homaloptera leonardi Hora, 1941 李氏平鳍鳅

Homaloptera manipurensis Arunkumar, 1998 印度平鳍鳅

Homaloptera maxinae Fowler, 1937 马克辛平鳍鳅

Homaloptera menoni Shaji & Easa, 1995 梅氏平鳍鳅

Homaloptera modesta (Vinciguerra, 1890) 静平鳍鳅

Homaloptera montana Herre, 1945 蒙大那平鳍鳅

Homaloptera nebulosa Alfred, 1969 云纹平鳍鳅

Homaloptera nigra Alfred, 1969 黑身平鳍鳅

Homaloptera ocellata van der Hoeven, 1833 眼斑平鳍鳅

Homaloptera ogilviei Alfred, 1967 欧氏平鳍鳅

Homaloptera ophiolepis Bleeker, 1853 蛇鳞平鳍鳅

Homaloptera orthogoniata Vaillant, 1902 直角平鳍鳅

Homaloptera parclitella Tan & Ng, 2005 鞍斑平鳍鳅

Homaloptera pillaii Indra & Rema Devi, 1981 皮莱平鳍鳅

Homaloptera ripleyi (Fowler, 1940) 里氏平鳍鳅

Homaloptera rupicola (Prashad & Mukerji, 1929) 岩栖平鳍鳅

Homaloptera santhamparaiensis Arunachalam, Johnson & Rema Devi, 2002 黄腹平鳍鳅

Homaloptera sexmaculata Fowler, 1934 六斑平鳍鳅

Homaloptera smithi Hora, 1932 史氏平鳍鳅

Homaloptera stephensoni Hora, 1932 斯氏平鳍鳅

Homaloptera tatereganii Popta, 1905 塔氏平鳍鳅

Homaloptera tweediei Herre, 1940 特氏平鳍鳅

Homaloptera vanderbilti Fowler, 1940 范氏平鳍鳅

Homaloptera vulgaris Kottelat & Chu, 1988 普通平鳍鳅 陆

    syn. *Balitoropsis vulgaris* (Kottelat & Chu, 1988) 原爬鳅

Homaloptera wassinkii Bleeker, 1853 瓦氏平鳍鳅

Homaloptera weberi Hora, 1932 韦氏平鳍鳅

Homaloptera yunnanensis (Chen, 1978) 云南平鳍鳅 陆

    syn. *Balitoropsis yunnanensis* Chen, 1978 云南原爬鳅

Homaloptera yuwonoi Kottelat, 1998 尤氏平鳍鳅

Homaloptera zollingeri Bleeker, 1853 佐氏平鳍鳅

Genus *Homatula* Nichols, 1925 密鳞副鳅属

Homatula pycnolepis Hu & Zhang, 2010 密鳞副鳅 陆

Genus *Hypergastromyzon* Roberts, 1989 外腹吸鳅属

Hypergastromyzon eubranchus Roberts, 1991 真鳃外腹吸鳅

Hypergastromyzon humilis Roberts, 1989 矮外腹吸鳅

Genus *Ilamnemacheilus* Coad & Nalbant, 2005 伊拉姆爬鳅属

Ilamnemacheilus longipinnis Coad & Nalbant, 2005 长鳍伊拉姆爬鳅

Genus *Indoreonectes* Rita & Banarescu, 1978 印度泳鳅属

Indoreonectes evezardi (Day, 1872) 埃氏印度泳鳅

Genus *Iskandaria* Prokofiev, 2009 伊势鳅属

Iskandaria kuschakewitschi (Herzenstein, 1890) 库氏伊势鳅

Genus *Jinshaia* Kottelat & Chu, 1988 金沙鳅属

Jinshaia abbreviata (Günther, 1892) 短身金沙鳅 陆

Jinshaia sinensis (Sauvage & Dabry de Thiersant, 1874) 中华金沙鳅 陆

Genus *Katibasia* Kottelat, 2004 猫鳅属

Katibasia insidiosa Kottelat, 2004 马来猫鳅

Genus *Lefua* Herzenstein, 1888 北鳅属

Lefua costata (Kessler, 1876) 北鳅 陆

Lefua echigonia Jordan & Richardson, 1907 斑北鳅

Lefua nikkonis (Jordan & Fowler, 1903) 短体北鳅

Lefua pleskei (Herzenstein, 1888) 普氏北鳅

Genus *Lepturichthys* Regan, 1911 犁头鳅属;锄头鳅属

Lepturichthys dolichopterus Dai, 1985 长鳍犁头鳅 陆

Lepturichthys fimbriata (Günther, 1888) 犁头鳅 陆

Genus *Liniparhomaloptera* Fang, 1935 拟平鳅属

Liniparhomaloptera disparis disparis (Lin, 1934) 拟平鳅 陆

Liniparhomaloptera disparis qiongzhongensis Zheng & Chen, 1980 琼中拟平鳅 陆

Liniparhomaloptera monoloba (Mai, 1978) 越南拟平鳅

Liniparhomaloptera obtusirostris Zheng & Chen, 1980 钝吻拟平鳅 陆

Genus *Longischistura* Banarescu & Nalbant, 1995 长裂爬鳅属

Longischistura bhimachari (Hora, 1937) 比氏长裂爬鳅

Longischistura striata (Day, 1867) 条纹长裂爬鳅

Genus *Mesonoemacheilus* Banarescu & Nalbant, 1982 中间真条鳅属

Mesonoemacheilus guentheri (Day, 1867) 冈瑟氏中间真条鳅

Mesonoemacheilus herrei Nalbant & Banarescu, 1982 赫氏中间真条鳅

Mesonoemacheilus pambarensis (Rema Devi & Indra, 1994) 潘巴中间真条鳅

Mesonoemacheilus pulchellus (Day, 1873) 美丽中间真条鳅

Mesonoemacheilus remadevii Shaji, 2002 雷氏中间真条鳅

Mesonoemacheilus triangularis (Day, 1865) 三角中间真条鳅

Genus *Metahomaloptera* Chang, 1944 后平鳅属

Metahomaloptera longicauda Yang, Chen & Yang, 2007 长尾后平鳅 陆

Metahomaloptera omeiensis hangshuiensis Xie, Yang & Gong, 1984 汉水后平鳅 陆

Metahomaloptera omeiensis omeiensis Chang, 1944 峨眉后平鳅 陆

Genus *Metaschistura* Prokofiev, 2009 后南鳅属

Metaschistura cristata (Berg, 1898) 土库曼后南鳅

Genus *Micronemacheilus* Rendahl, 1944 小条鳅属

Micronemacheilus pulcher (Nichols & Pope, 1927) 美丽小条鳅 陆

    syn. *Nemacheilus pulcher* Nichols & Pope, 1927 美丽条鳅

    syn. *Traccatichthys pulcher* (Nichols & Pope, 1927) 美丽中条鳅

Micronemacheilus taeniatus (Pellegrin & Chevey, 1936) 越南小条鳅

    syn. *Nemacheilus taeniatus* (Pellegrin & Chevey, 1936) 越南条鳅

    syn. *Traccatichthys taeniatus* (Pellegrin & Chevey, 1936) 越南中条鳅

Micronemacheilus zispi Prokofiev, 2004 齐氏小条鳅

Genus *Nemacheilus* Bleeker, 1863 条鳅属

Nemacheilus anguilla Annandale, 1919 鳗形条鳅

Nemacheilus arenicolus Kottelat, 1998 沙栖条鳅

Nemacheilus banar Freyhof & Serov, 2001 巴纳条鳅

Nemacheilus barapaniensis Menon, 1987 巴拉条鳅

Nemacheilus binotatus Smith, 1933 鼓颊条鳅

Nemacheilus carletoni Fowler, 1924 卡尔顿条鳅

Nemacheilus chrysolaimos (Valenciennes, 1846) 金喉条鳅

Nemacheilus cleopatra Freyhof & Serov, 2001 越南条鳅

Nemacheilus devdevi Hora, 1935 德氏条鳅

Nemacheilus doonensis Tilak & Husain, 1977 敦河条鳅

Nemacheilus drassensis Tilak, 1990 德拉斯条鳅

Nemacheilus elegantissimus Chin & Samat, 1992 马来亚鳅

Nemacheilus fasciatus (Valenciennes, 1846) 带纹条鳅

Nemacheilus gangeticus Menon, 1987 恒河条鳅

Nemacheilus guttatus (McClelland, 1839) 斑点条鳅

Nemacheilus hamwii Krupp & Schneider, 1991 哈维氏条鳅

Nemacheilus huapingensis Wu & Wu, 1992 华坪条鳅

Nemacheilus inglisi Hora, 1935 英氏条鳅

Nemacheilus insignis (Heckel, 1843) 矶条鳅

Nemacheilus kaimurensis Husain & Tilak, 1998 凯穆尔条鳅

Nemacheilus kapuasensis Kottelat, 1984 卡普阿斯条鳅

Nemacheilus keralensis (Rita, Banarescu & Nalbant, 1978) 卡拉拉邦条鳅

Nemacheilus kodaguensis Menon, 1987 科达冈条鳅

Nemacheilus kullmanni (Banarescu, Nalbant & Ladiges, 1975) 库尔曼条鳅

Nemacheilus lactogeneus Roberts, 1989 乳色条鳅

Nemacheilus leontinae Lortet, 1883 狮纹条鳅

Nemacheilus longicaudus (Kessler, 1872) 长尾条鳅

Nemacheilus longipectoralis Popta, 1905 长胸鳍条鳅

Nemacheilus longipinnis Ahl, 1922 长翅条鳅

Nemacheilus longistriatus Kottelat, 1990 长带条鳅

Nemacheilus marang Hadiaty & Kottelat, 2010 婆罗洲条鳅

Nemacheilus masyai Smith, 1933 马氏麓条鳅

Nemacheilus menoni Zacharias & Minimol, 1999 梅氏条鳅

Nemacheilus monilis Hora, 1921 项纹条鳅

Nemacheilus mooreh (Sykes, 1839) 武陵条鳅

Nemacheilus nilgiriensis Menon, 1987 尼尔吉里条鳅

Nemacheilus obscurus Smith, 1945 暗纹条鳅 陆
Nemacheilus olivaceus Boulenger, 1894 榄色条鳅
Nemacheilus ornatus Kottelat, 1990 饰妆条鳅
Nemacheilus oxianus Kessler, 1877 叉尾条鳅
Nemacheilus pallidus Kottelat, 1990 浅色条鳅
Nemacheilus papillos Tan & Kottelat, 2009 乳突条鳅
Nemacheilus pardalis Turdakov, 1941 豹纹条鳅
Nemacheilus pavonaceus (McClelland, 1839) 孔雀条鳅
Nemacheilus periyarensis Madhusoodana Kurup & Radhakrishnan, 2005 佩里亚尔条鳅
Nemacheilus petrubanarescui Menon, 1984 佩特勒条鳅
Nemacheilus pfeifferae (Bleeker, 1853) 法伊条鳅
Nemacheilus platiceps Kottelat, 1990 扁头条鳅
Nemacheilus polytaenia Zhu, 1982 多纹条鳅 陆
Nemacheilus rueppelli (Sykes, 1839) 鲁氏条鳅
Nemacheilus saravacensis Boulenger, 1894 色拉迈条鳅
Nemacheilus scaturigina (McClelland, 1839) 阿萨姆条鳅
Nemacheilus selangoricus Duncker, 1904 西兰条鳅
Nemacheilus shehensis Tilak, 1990 谢欣条鳅
Nemacheilus shuangjiangensis Zhu & Wang, 1985 双江条鳅 陆
Nemacheilus singhi Menon, 1987 辛格氏条鳅
Nemacheilus smithi (Greenwood, 1976) 史氏条鳅
Nemacheilus spiniferus Kottelat, 1984 刺条鳅
Nemacheilus starostini Parin, 1983 斯塔罗氏盲条鳅
Nemacheilus stigmofasciatus Arunachalam & Muralidharan, 2009 点纹条鳅
Nemacheilus subfusca (McClelland, 1839) 浅棕条鳅
Nemacheilus tebo Hadiaty & Kottelat, 2009 天宝条鳅
Nemacheilus tikaderi (Barman, 1985) 蒂氏条鳅
Nemacheilus troglocataractus Kottelat & Géry, 1989 穴条鳅
Nemacheilus tuberigum Hadiaty & Siebert, 2001 苏门答腊条鳅
Nemacheilus yingjiangensis Zhu, 1982 盈江条鳅 陆

Genus *Nemachilichthys* Day, 1878 条唇爬鳅属

Nemachilichthys shimogensis Narayan Rao, 1920 印度条唇爬鳅

Genus *Neogastromyzon* Popta, 1905 新腹吸鳅属

Neogastromyzon brunei Tan, 2006 布龙氏新腹吸鳅
Neogastromyzon chini Tan, 2006 钦氏新腹吸鳅
Neogastromyzon crassiobex Tan, 2006 印度尼西亚新腹吸鳅
Neogastromyzon kottelati Tan, 2006 科氏新腹吸鳅
Neogastromyzon nieuwenhuisii Popta, 1905 新腹吸鳅
Neogastromyzon pauciradiatus (Inger & Chin, 1961) 少辐新腹吸鳅

Genus *Neohomaloptera* Herre, 1944 新平鳍鳅属

Neohomaloptera johorensis (Herre, 1944) 柔佛新平鳍鳅

Genus *Neonoemacheilus* Zhu & Guo, 1985 新条鳅属

Neonoemacheilus assamensis (Menon, 1987) 阿萨姆新条鳅
Neonoemacheilus labeosus (Kottelat, 1982) 厚唇新条鳅 陆
Neonoemacheilus mengdingensis Zhu & Guo, 1989 孟定新条鳅 陆
Neonoemacheilus morehensis Arunkumar, 2000 印度新条鳅
Neonoemacheilus peguensis (Hora, 1929) 少枝新条鳅

Genus *Nun* Banarescu & Nalbant, 1982 嫩爬鳅属

Nun galilaeus (Günther, 1864) 嫩爬鳅

Genus *Oreonectes* Günther, 1868 岭鳅属(平头鳅属)

Oreonectes anophthalmus Zheng, 1981 无眼岭鳅 陆
Oreonectes furcocaudalis Zhu & Cao, 1987 叉尾岭鳅 陆
Oreonectes macrolepis Huang, Du, Chen & Yang, 2009 大鳞岭鳅 陆
Oreonectes microphthalmus Du, Chen & Yang, 2008 小眼岭鳅 陆
Oreonectes platycephalus Günther, 1868 平头岭鳅 陆

Oreonectes polystigmus Du, Chen & Yang, 2008 多斑岭鳅 陆
Oreonectes retrodorsalis Lan, Yang & Chen, 1995 后鳍岭鳅 陆
Oreonectes translucens Zhang, Zhao & Zhang , 2006 透明岭鳅 陆

Genus *Oxynoemacheilus* Banarescu & Nalbant, 1966 尖条鳅属

Oxynoemacheilus anatolica Erk'akan, Özeren & Nalbant, 2008 土耳其尖条鳅
Oxynoemacheilus angorae (Steindachner, 1897) 安哥拉尖条鳅
Oxynoemacheilus banarescui (Delmastro, 1982) 巴氏尖条鳅
Oxynoemacheilus bureschi (Drensky, 1928) 伯氏尖条鳅
Oxynoemacheilus eregliensis (Banarescu & Nalbant, 1978) 埃雷利尖条鳅
Oxynoemacheilus kaynaki Erk'akan, Özeren & Nalbant, 2008 卡氏尖条鳅
Oxynoemacheilus merga (Krynicki, 1840) 小口尖条鳅
Oxynoemacheilus pindus (Economidis, 2005) 希腊尖条鳅
Oxynoemacheilus simavicus (Balik & Banarescu, 1978) 锡马尖条鳅
Oxynoemacheilus theophilii Stoumboudi, Kottelat & Barbieri, 2006 西氏尖条鳅

Genus *Paracobitis* Bleeker, 1863 副鳅属

Paracobitis acuticephala Zhou & He, 1993 尖头副鳅 陆
Paracobitis anguillioides Zhu & Wang, 1985 拟鳗副鳅 陆
Paracobitis boutanensis (McClelland, 1842) 阿富汗副鳅
Paracobitis erhaiensis Zhu & Cao, 1988 洱海副鳅 陆
Paracobitis ghazniensis (Banarescu & Nalbant, 1966) 加兹尼河副鳅
Paracobitis iranica Nalbant & Bianco, 1998 伊朗副鳅
Paracobitis malapterura (Valenciennes, 1846) 黑鳍副鳅
Paracobitis maolanensis Li, Ran & Chen, 2006 茂兰盲副鳅 陆
Paracobitis nanpanjiangensis Min, Chen & Yang, 2010 南盘江副鳅 陆
Paracobitis oligolepis Cao & Zhu, 1989 寡鳞副鳅
Paracobitis posterodorsalus Li, Ran & Chen, 2006 后鳍盲副鳅 陆
Paracobitis potanini (Günther, 1896) 短体副鳅 陆
Paracobitis rhadinaeus (Regan, 1906) 柔副鳅
Paracobitis tigris (Heckel, 1843) 虎纹副鳅
Paracobitis variegatus (Dabry de Thiersant, 1874) 红尾副鳅 陆
Paracobitis vignai Nalbant & Bianco, 1998 伐氏副鳅
Paracobitis wujiangensis Ding & Deng, 1990 乌江副鳅 陆

Genus *Paranemachilus* Zhu, 1983 异条鳅属

Paranemachilus genilepis Zhu, 1983 颊鳞异条鳅 陆

Genus *Paraprotomyzon* Pellegrin & Fang, 1935 副原腹吸鳅属

Paraprotomyzon bamaensis Tang, 1997 巴马副原腹吸鳅 陆
Paraprotomyzon lungkowensis Xie, Yang & Gong, 1984 龙口副原腹吸鳅 陆
Paraprotomyzon multifasciatus Pellegrin & Fang, 1935 副原腹吸鳅 陆
Paraprotomyzon niulanjiangensis Lu, Lu & Mao, 2005 牛栏江副原腹吸鳅 陆

Genus *Paraschistura* Prokofiev, 2009 副南鳅属

Paraschistura alepidota (Mirza & Banarescu, 1970) 丑副南鳅
Paraschistura bampurensis (Nikolskii, 1900) 伊朗副南鳅
Paraschistura kessleri (Günther, 1889) 凯斯勒副南鳅
Paraschistura lepidocaulis (Mirza & Nalbant, 1981) 雅副南鳅
Paraschistura lindbergi (Banarescu & Mirza, 1965) 林德伯格副南鳅
Paraschistura microlabra (Mirza & Nalbant, 1981) 小唇副南鳅
Paraschistura montana (McClelland, 1838) 蒙大那副南鳅
Paraschistura naseeri (Ahmad & Mirza, 1963) 纳西氏副南鳅
Paraschistura prashari (Hora, 1933) 普拉氏副南鳅
Paraschistura sargadensis (Nikolskii, 1900) 萨加副南鳅

Genus *Parhomaloptera* Vaillant, 1902 副平鳍鳅属

Parhomaloptera microstoma (Boulenger, 1899) 小口副平鳍鳅

Genus *Physoschistura* Banarescu & Nalbant, 1982 游鳔条鳅属

Physoschistura brunneana (Annandale, 1918) 褐体游鳔条鳅

Physoschistura elongata Sen & Nalbant, 1982 长身游鳔条鳅

Physoschistura meridionalis (Zhu, 1982) 南方游鳔条鳅 陆

　　syn. *Schistura meridionalis* (Zhu, 1982) 南方南鳅

Physoschistura pseudobrunneana Kottelat, 1990 似褐体游鳔条鳅

Physoschistura raoi (Hora, 1929) 兰氏游鳔条鳅

Physoschistura rivulicola (Hora, 1929) 河溪游鳔条鳅

Physoschistura shanensis (Hora, 1929) 掸邦游鳔条鳅

Genus *Plesiomyzon* Zheng & Chen, 1980 近腹吸鳅属

Plesiomyzon baotingensis Zheng & Chen, 1980 保亭近腹吸鳅 陆

Genus *Protomyzon* Hora, 1932 原吸鳅属

Protomyzon aphelocheilus Inger & Chin, 1962 光唇原吸鳅

Protomyzon borneensis Hora & Jayaram, 1952 婆罗洲原吸鳅

Protomyzon griswoldi (Hora & Jayaram, 1952) 格氏原吸鳅

Protomyzon pachychilus Chen, 1980 厚唇原吸鳅 陆

Protomyzon whiteheadi (Vaillant, 1894) 怀氏原吸鳅

Genus *Protonemacheilus* Yang & Chu, 1990 原条鳅属

Protonemacheilus longipectoralis Yang & Chu, 1990 长胸鳍原条鳅

Genus *Pseudogastromyzon* Nichols, 1925 拟腹吸鳅属

Pseudogastromyzon buas (Mai, 1978) 布瓦拟腹吸鳅

Pseudogastromyzon changtingensis changtingensis Liang, 1942 长汀拟腹吸鳅 陆

Pseudogastromyzon changtingensis tungpeiensis Chen & Liang, 1949 东陂拟腹吸鳅 陆

Pseudogastromyzon cheni Liang, 1942 圆斑拟腹吸鳅 陆

Pseudogastromyzon daon (Mai, 1978) 越南拟腹吸鳅

Pseudogastromyzon elongatus (Mai, 1978) 长体拟腹吸鳅

Pseudogastromyzon fangi (Nichols, 1931) 珠江拟腹吸鳅 陆

Pseudogastromyzon fasciatus fasciatus (Sauvage, 1878) 条纹拟腹吸鳅 陆

Pseudogastromyzon fasciatus jiulongjiangenesis Chen, 1980 九龙江拟腹吸鳅 陆

Pseudogastromyzon laticeps Chen & Zheng, 1980 宽头拟腹吸鳅 陆

Pseudogastromyzon lianjiangensis Zheng, 1981 练江拟腹吸鳅 陆

Pseudogastromyzon loos (Mai, 1978) 洛斯拟腹吸鳅

Pseudogastromyzon meihuashanensis Li, 1998 梅花山拟腹吸鳅 陆

Pseudogastromyzon myersi Herre, 1932 迈氏拟腹吸鳅 陆

Pseudogastromyzon peristictus Zheng & Li, 1986 密斑拟腹吸鳅 陆

Genus *Schistura* McClelland, 1838 南鳅属

Schistura acuticephalus (Hora, 1929) 尖头南鳅

Schistura afasciata Mirza & Banarescu, 1981 无带南鳅

Schistura alta Nalbant & Bianco, 1998 高体南鳅

Schistura alticrista Kottelat, 1990 高冠南鳅

Schistura altipedunculatus (Banarescu & Nalbant, 1968) 高尾南鳅

Schistura amplizona Kottelat, 2000 宽带南鳅

Schistura anambarensis (Mirza & Banarescu, 1970) 安那巴南鳅

Schistura antennata Freyhof & Serov, 2001 大须南鳅

Schistura aramis Kottelat, 2000 壮南鳅

Schistura arifi Mirza & Banarescu, 1981 阿氏南鳅

Schistura athos Kottelat, 2000 老挝南鳅

Schistura atra Kottelat, 1998 黑身南鳅

Schistura bachmaensis Freyhof & Serov, 2001 承流河南鳅

Schistura bairdi Kottelat, 2000 贝亚德南鳅

Schistura balteata (Rendahl, 1948) 背纹南鳅

Schistura baluchiorum (Zugmayer, 1912) 俾路支南鳅

Schistura bannaensis Chen, Yang & Qi, 2005 版纳南鳅 陆

Schistura beavani (Günther, 1868) 比氏南鳅

Schistura bella Kottelat, 1990 美南鳅

Schistura bolavenensis Kottelat, 2000 湄公河南鳅

Schistura breviceps (Smith, 1945) 短头南鳅 陆

Schistura bucculenta (Smith, 1945) 鼓颊南鳅 陆

Schistura callichromus (Zhu & Wang, 1985) 丽南鳅 陆

Schistura carbonaria Freyhof & Serov, 2001 侧带南鳅

Schistura cataracta Kottelat, 1998 猫南鳅

Schistura caudofurca (Mai, 1978) 叉尾南鳅 陆

Schistura ceyhanensis Erk'Akan, Nalbant & Özeren, 2007 杰伊汉南鳅

Schistura chapaensis (Rendahl, 1944) 查帕恩南鳅

Schistura chindwinica (Tilak & Husain, 1990) 钦敦江南鳅

Schistura chrysicristinae Nalbant, 1998 土耳其南鳅

Schistura cincticauda (Blyth, 1860) 尾纹南鳅

Schistura clatrata Kottelat, 2000 格纹南鳅

Schistura conirostris (Zhu, 1982) 锥吻南鳅 陆

Schistura corica (Hamilton, 1822) 革南鳅

Schistura coruscans Kottelat, 2000 波纹南鳅

Schistura crabro Kottelat, 2000 蜂南鳅

Schistura cryptofasciata Chen, Kong & Yang, 2005 隐纹南鳅 陆

Schistura curtistigma Mirza & Nalbant, 1981 短斑南鳅

Schistura dalatensis Freyhof & Serov, 2001 达拉特南鳅

Schistura daubentoni Kottelat, 1990 奥氏南鳅

Schistura dayi (Hora, 1935) 达氏南鳅

Schistura deansmarti Vidthayanon & Kottelat, 2003 迪氏南鳅

Schistura defectiva Kottelat, 2000 软南鳅

Schistura deignani (Smith, 1945) 戴氏南鳅

Schistura denisoni (Day, 1867) 丹尼森南鳅

Schistura desmotes (Fowler, 1934) 多带南鳅

Schistura disparizona Zhou & Kottelat, 2005 异斑南鳅 陆

Schistura dorsizona Kottelat, 1998 背带南鳅

Schistura dubia Kottelat, 1990 易变南鳅

Schistura ephelis Kottelat, 2000 方斑南鳅

Schistura evreni Erk'Akan, Nalbant & Özeren, 2007 埃氏南鳅

Schistura fascimaculata Mirza & Nalbant, 1981 条斑南鳅

Schistura fasciolata (Nichols & Pope, 1927) 横纹南鳅 陆

Schistura finis Kottelat, 2000 异鳍南鳅

Schistura fowleriana (Smith, 1945) 亚洲南鳅

Schistura fusinotata Kottelat, 2000 锤背南鳅

Schistura geisleri Kottelat, 1990 吉氏南鳅

Schistura globiceps Kottelat, 2000 圆头南鳅

Schistura harnaiensis (Mirza & Nalbant, 1969) 哈尔奈南鳅

Schistura himachalensis (Menon, 1987) 喜马查尔邦南鳅

Schistura hingi (Herre, 1934) 欣氏南鳅

Schistura horai (Menon, 1952) 霍氏南鳅

Schistura humilis (Lin, 1932) 矮南鳅

Schistura huongensis Freyhof & Serov, 2001 香江南鳅

Schistura imitator Kottelat, 2000 拟南鳅

Schistura implicata Kottelat, 2000 糙南鳅

Schistura incerta (Nichols, 1931) 无斑南鳅 陆

Schistura irregularis Kottelat, 2000 异南鳅

Schistura isostigma Kottelat, 1998 同点南鳅

Schistura jarutanini Kottelat, 1990 杰氏南鳅

Schistura kangjupkhulensis (Hora, 1921) 印度南鳅

Schistura kaysonei Vidthayanon & Jaruthanin, 2002 凯氏南鳅

Schistura kengtungensis (Fowler, 1936) 湄公南鳅

Schistura khamtanhi Kottelat, 2000 哈氏南鳅

Schistura khugae Vishwanath & Shanta, 2004 库氏南鳅

Schistura kloetzliae Kottelat, 2000 克洛氏南鳅

Schistura kohatensis Mirza & Banarescu, 1981 科哈特南鳅

Schistura kohchangensis (Smith, 1933) 高钦南鳅

Schistura kongphengi Kottelat, 1998 康氏南鳅

Schistura kontumensis Freyhof & Serov, 2001 昆嵩南鳅

Schistura laterimaculata Kottelat, 1990 侧斑南鳅

Schistura latidens Kottelat, 2000 车邦南鳅

Schistura latifasciata (Zhu & Wang, 1985) 宽纹南鳅 陆

Schistura leukensis Kottelat, 2000 勒克南鳅

Schistura longa (Zhu, 1982) 长南鳅 陆

Schistura machensis (Mirza & Nalbant, 1970) 马奇南鳅

Schistura macrocephalus Kottelat, 2000 大头南鳅

Schistura macrolepis Mirza & Banarescu, 1981 大鳞南鳅

Schistura macrotaenia (Yang, 1990) 大斑南鳅 陆

Schistura maculiceps (Roberts, 1989) 斑头南鳅

Schistura maepaiensis Kottelat, 1990 萨尔温江南鳅

Schistura magnifluvis Kottelat, 1990 大川南鳅

Schistura mahnerti Kottelat, 1990 马氏南鳅

Schistura malaisei Kottelat, 1990 云纹南鳅

Schistura manipurensis (Chaudhuri, 1912) 马尼南鳅

Schistura melarancia Kottelat, 2000 南乌江南鳅

Schistura menanensis (Smith, 1945) 湄南鳅

Schistura minutus Vishwanath & Shanta Kumar, 2005 微南鳅

Schistura moeiensis Kottelat, 1990 漠恩南鳅

Schistura multifasciata (Day, 1878) 多纹南鳅

Schistura nagaensis (Menon, 1987) 纳加南鳅

Schistura nagodiensis Sreekantha, Gururaja, Remadevi, Indra & Ramachandra, 2006 纳戈德南鳅

Schistura nalbanti (Banarescu & Mirza, 1972) 纳氏南鳅

Schistura namboensis Freyhof & Serov, 2001 南坡南鳅

Schistura namiri (Krupp & Schneider, 1991) 纳米氏南鳅

Schistura nandingensis (Zhu & Wang, 1985) 南定南鳅 陆

Schistura nasifilis (Pellegrin, 1936) 丝鼻南鳅

Schistura nicholsi (Smith, 1933) 尼氏南鳅 陆

　　syn. *Schistura thai* (Fowler, 1934) 泰氏南鳅

Schistura nielseni Nalbant & Bianco, 1998 尼尔森南鳅

Schistura niulanjiangensis Chen, Lu & Mao, 2006 牛栏江南鳅 陆

Schistura nomi Kottelat, 2000 诺氏南鳅

Schistura notostigma (Bleeker, 1863) 背点南鳅

Schistura novemradiata Kottelat, 2000 九辐南鳅

Schistura nudidorsum Kottelat, 1998 裸背南鳅

Schistura obeini Kottelat, 1998 欧氏南鳅

Schistura oedipus (Kottelat, 1988) 神仙南鳅

Schistura orthocauda (Mai, 1978) 直尾南鳅

Schistura pakistanica (Mirza & Banarescu, 1969) 巴基斯坦南鳅

Schistura papulifera Kottelat, Harries & Proudlove, 2007 隆丘南鳅

Schistura paucicincta Kottelat, 1990 少纹南鳅

Schistura paucifasciata (Hora, 1929) 少带南鳅

Schistura personata Kottelat, 2000 假面南鳅

Schistura pertica Kottelat, 2000 潘迪南鳅

Schistura pervagata Kottelat, 2000 佩尔瓦南鳅

Schistura poculi (Smith, 1945) 密带南鳅

Schistura porthos Kottelat, 2000 虫纹南鳅

Schistura prashadi (Hora, 1921) 皱唇南鳅

Schistura pridii Vidthayanon, 2003 普氏南鳅

Schistura procera Kottelat, 2000 高南鳅

Schistura pseudofasciolata Zhou & Cui, 1993 拟带南鳅 陆

Schistura psittacula Freyhof & Serov, 2001 鹦南鳅

Schistura punctifasciata Kottelat, 1998 斑条南鳅

Schistura punjabensis (Hora, 1923) 旁遮普南鳅

Schistura quaesita Kottelat, 2000 南贡南鳅

Schistura quasimodo Kottelat, 2000 砾石南鳅

Schistura rara (Zhu & Cao, 1987) 稀有南鳅 陆

Schistura reidi (Smith, 1945) 雷氏南鳅

Schistura rendahli (Banarescu & Nalbant, 1968) 伦氏南鳅

Schistura reticulata Vishwanath & Nebeshwar, 2004 网纹南鳅

Schistura reticulofasciata (Singh & Banarescu, 1982) 网条南鳅

Schistura rikiki Kottelat, 2000 赖氏南鳅

Schistura robertsi Kottelat, 1990 劳氏南鳅

Schistura rupecula McClelland, 1838 裂条南鳅

Schistura russa Kottelat, 2000 淡红南鳅

Schistura samantica (Banarescu & Nalbant, 1978) 沙门南鳅

Schistura savona (Hamilton, 1822) 砂南鳅

Schistura schultzi (Smith, 1945) 多鳞南鳅

Schistura semiarmata (Day, 1867) 半臂南鳅

Schistura sertata Kottelat, 2000 橙斑南鳅

Schistura sexcauda (Fowler, 1937) 尾带南鳅

Schistura seyhanicola Erk'Akan, Nalbant & Özeren, 2007 塞伊汉南鳅

Schistura shadiwalensis Mirza & Nalbant, 1981 沙迪威南鳅

Schistura sharavathiensis Sreekantha, Gururaja, Remadevi, Indra & Ramachandra, 2006 色拉瓦蒂南鳅

Schistura sigillata Kottelat, 2000 印纹南鳅

Schistura sijuensis (Menon, 1987) 锡朱南鳅

Schistura sikmaiensis (Hora, 1921) 锡克曼南鳅 陆

　　syn. *Nemacheilus sikmaiensis* (Hora, 1921) 锡克曼条鳅

Schistura similis Kottelat, 1990 似南鳅

Schistura sokolovi Freyhof & Serov, 2001 索氏南鳅

Schistura sombooni Kottelat, 1998 松氏南鳅

Schistura spekuli Kottelat, 2004 史氏南鳅

Schistura spiesi Vidthayanon & Kottelat, 2003 斯氏南鳅

Schistura spiloptera (Valenciennes, 1846) 斑鳍南鳅

Schistura spilota (Fowler, 1934) 圆斑南鳅

Schistura suber Kottelat, 2000 苏比南鳅

Schistura susannae Freyhof & Serov, 2001 苏珊南鳅

Schistura tenura Kottelat, 2000 薄尾南鳅

Schistura thanho Freyhof & Serov, 2001 清河南鳅

Schistura tigrinum Vishwanath & Nebeshwar Sharma, 2005 虎纹南鳅

Schistura tirapensis Kottelat, 1990 蒂拉普南鳅

Schistura tizardi Kottelat, 2000 蒂氏南鳅

Schistura tubulinaris Kottelat, 1998 管纹南鳅

Schistura udomritthiruji Bohlen & Slechtová, 2009 尤氏南鳅

Schistura vinciguerrae (Hora, 1935) 密纹南鳅 陆

　　syn. *Nemacheilus putaoensis* Rendahl, 1948 葡萄条鳅

Schistura waltoni (Fowler, 1937) 瓦氏南鳅 陆

Schistura xhatensis Kottelat, 2000 西丁南鳅

Schistura yersini Freyhof & Serov, 2001 耶氏南鳅

Schistura zonata McClelland, 1839 带南鳅

Genus *Sectoria* Kottelat, 1990 棱唇条鳅属

Sectoria atriceps (Smith, 1945) 黑首棱唇条鳅

Sectoria heterognathos (Chen, 1999) 异颌棱唇条鳅 陆

Sectoria megastoma Kottelat, 2000 大口棱唇条鳅

Genus *Seminemacheilus* Banarescu & Nalbant, 1995 半条鳅属

Seminemacheilus ispartensis Erk'Akan, Nalbant & Özeren, 2007 土耳其半条鳅

Seminemacheilus lendlii (Hankó, 1925) 伦氏半条鳅

Seminemacheilus tongiorgii Nalbant & Bianco, 1998 托氏半条鳅

Genus *Sewellia* Hora, 1932 思凡鳅属

Sewellia albisuera Freyhof, 2003 越南思凡鳅

Sewellia breviventralis Freyhof & Serov, 2000 短腹鳍思凡鳅

Sewellia diardi Roberts, 1998 迪氏思凡鳅

Sewellia elongata Roberts, 1998 长身思凡鳅

Sewellia lineolata (Valenciennes, 1846) 线纹思凡鳅

Sewellia marmorata Serov, 1996 云纹思凡鳅

Sewellia patella Freyhof & Serov, 2000 砾石思凡鳅

Sewellia pterolineata Roberts, 1998 纹鳍思凡鳅

Sewellia speciosa Roberts, 1998 老挝思凡鳅

Genus *Sinogastromyzon* Fang, 1930 华吸鳅属;中华爬岩鳅属

Sinogastromyzon chapaensis Mai, 1978 红河华吸鳅;红河中华爬岩鳅

Sinogastromyzon hsiashiensis Fang, 1931 下司华吸鳅;下司中华爬岩鳅 陆

Sinogastromyzon lixianjiangensis Liu, Chen & Yang, 2009 李仙江华吸鳅;李仙江中华爬岩鳅 陆

Sinogastromyzon macrostoma Liu, Chen & Yang, 2009 大口华吸鳅;大口中华爬岩鳅

Sinogastromyzon minutus Mai, 1978 小华吸鳅;小中华爬岩鳅

Sinogastromyzon nanpanjiangensis Li, 1987 南盘江华吸鳅;南盘江中华爬岩鳅 陆

Sinogastromyzon nantaiensis Chen, Han & Fang, 2002 南台中华吸鳅;南台中华爬岩鳅 台

Sinogastromyzon puliensis Liang, 1974 埔里华吸鳅;埔里中华爬岩鳅 陆 台

Sinogastromyzon rugocauda Mai, 1978 皱尾华吸鳅;皱尾中华爬岩鳅

Sinogastromyzon sichangensis Chang, 1944 西昌华吸鳅;西昌中华爬岩鳅 陆

Sinogastromyzon szechuanensis Fang, 1930 四川华吸鳅;四川中华爬岩鳅 陆

Sinogastromyzon tonkinensis Pellegrin & Chevey, 1935 越南华吸鳅;越南中华爬岩鳅 陆

Sinogastromyzon wui Fang, 1930 刺臀华吸鳅;刺臀中华爬岩鳅 陆

Genus *Sphaerophysa* Cao & Zhu, 1988 球鳔鳅属

Sphaerophysa dianchiensis Cao & Zhu, 1988 滇池球鳔鳅 陆

Genus *Sundoreonectes* Kottelat, 1990 松多鳅属

Sundoreonectes obesus (Vaillant, 1902) 强壮松多鳅

Sundoreonectes sabanus (Chin, 1990) 马来亚松多鳅

Sundoreonectes tiomanensis Kottelat, 1990 加里曼丹松多鳅

Genus *Travancoria* Hora, 1941 特拉爬鳅属

Travancoria elongata Pethiyagoda & Kottelat, 1994 长身特拉爬鳅

Travancoria jonesi Hora, 1941 印度特拉爬鳅

Genus *Triplophysa* Rendahl, 1933 高原鳅属

Triplophysa alexandrae Prokofiev, 2001 亚历山大高原鳅

Triplophysa aliensis (Wu & Zhu, 1979) 阿里高原鳅 陆

Triplophysa alticeps (Herzenstein, 1888) 隆头高原鳅 陆

Triplophysa aluensis Li & Zhu, 2000 阿庐高原鳅 陆

Triplophysa angeli (Fang, 1941) 安氏高原鳅 陆

Triplophysa anterodorsalis Zhu & Cao, 1989 前鳍高原鳅 陆

Triplophysa aquaecaeruleae Prokofiev, 2001 水绿高原鳅

Triplophysa arnoldii Prokofiev, 2006 阿氏高原鳅

Triplophysa bashanensis Xu & Wang, 2009 巴山高原鳅 陆

Triplophysa bleekeri (Sauvage & Dabry de Thiersant, 1874) 勃氏高原鳅 陆

Triplophysa bombifrons (Herzenstein, 1888) 隆额高原鳅 陆

Triplophysa brahui (Zugmayer, 1912) 布氏高原鳅

Triplophysa brevicauda (Herzenstein, 1888) 短尾高原鳅 陆

Triplophysa cakaensis Cao & Zhu, 1988 茶卡高原鳅 陆

Triplophysa chandagaitensis Prokofiev, 2002 俄罗斯高原鳅

Triplophysa chondrostoma (Herzenstein, 1888) 铲颌高原鳅 陆

Triplophysa choprai (Hora, 1934) 肃氏高原鳅

Triplophysa coniptera (Turdakov, 1954) 尖鳍高原鳅

Triplophysa crassilabris Ding, 1994 粗唇高原鳅 陆

Triplophysa cuneicephala (Shaw & Tchang, 1931) 楔头高原鳅 陆

Triplophysa dalaica (Kessler, 1876) 达里湖高原鳅 陆

Triplophysa daqiaoensis Ding, 1993 大桥高原鳅 陆

Triplophysa dorsalis (Kessler, 1872) 黑背高原鳅 陆

Triplophysa edsinica Prokofiev, 2003 贪食高原鳅

Triplophysa eugeniae Prokofiev, 2002 尤金氏高原鳅

Triplophysa farwelli (Hora, 1935) 法氏高原鳅

Triplophysa flavicorpus Yang, Chen & Lan, 2004 黄体高原鳅 陆

Triplophysa furva Zhu, 1992 暗色高原鳅 陆

Triplophysa fuxianensis Yang & Chu, 1990 抚仙高原鳅 陆

Triplophysa gejiuensis (Chu & Chen, 1979) 个旧盲高原鳅 陆

　syn. *Schistura gejiuensis* Chu & Chen, 1979 个旧南鳅

Triplophysa gerzeensis Cao & Zhu, 1988 改则高原鳅 陆

Triplophysa gracilis (Day, 1877) 灰高原鳅 陆

Triplophysa grahami (Regan, 1906) 昆明高原鳅 陆

Triplophysa griffithii (Günther, 1868) 格氏高原鳅

Triplophysa gundriseri Prokofiev, 2002 冈氏高原鳅

Triplophysa hazaraensis (Omer & Mirza, 1975) 哈扎拉高原鳅

Triplophysa herzensteini (Berg, 1909) 赫氏高原鳅

Triplophysa hexiensis (Zhao & Wang, 1988) 河西高原鳅 陆

Triplophysa heyangensis Zhu, 1992 合阳高原鳅 陆

Triplophysa hialmari Prokofiev, 2001 希氏高原鳅

Triplophysa hsutschouensis (Rendahl, 1933) 酒泉高原鳅 陆

Triplophysa hutjertjuensis (Rendahl, 1933) 忽吉图高原鳅 陆

Triplophysa incipiens (Herzenstein, 1888) 蛰栖高原鳅

Triplophysa intermedia (Kessler, 1876) 中间高原鳅

Triplophysa jianchuanensis Zheng, Du, Chen & Yang, 2010 剑川高原鳅 陆

Triplophysa kashmirensis (Hora, 1922) 克什米尔高原鳅

Triplophysa kaznakowi Prokofiev, 2004 卡氏高原鳅

Triplophysa labiata (Kessler, 1874) 唇高原鳅 陆

　syn. *Barbatula labiata* (Kessler, 1874) 穗唇须鳅

Triplophysa lacustris Yang & Chu, 1990 湖高原鳅 陆

Triplophysa ladacensis (Günther, 1868) 拉达克高原鳅

Triplophysa laterimaculata Li, Liu & Yang, 2007 侧斑高原鳅 陆

Triplophysa laticeps Zhou & Cui, 1997 侧头高原鳅

Triplophysa leptosoma (Herzenstein, 1888) 梭形高原鳅(修长高原鳅) 陆

Triplophysa lixianensis He, Song & Zhang, 2008 理县高原鳅 陆

Triplophysa longianguis Wu & Wu, 1984 蛇形高原鳅 陆

Triplophysa longibarbata (Chen, Yang, Sket & Aljancic, 1998) 长须高原鳅 陆

　syn. *Paracobitis longibarbata* Chen, Yang, Sket & Aljancic, 1998 长须盲副鳅

Triplophysa longipectoralis Zheng, Du, Chen & Yang, 2009 长胸鳍高原鳅 陆

Triplophysa macromaculata Yang, 1990 大斑高原鳅 陆

Triplophysa macrophthalma Zhu & Guo, 1985 大眼高原鳅 陆

　syn. *Barbatula macrophthalma* (Zhu & Guo, 1985) 大眼须鳅

Triplophysa markehenensis (Zhu & Wu, 1981) 玛柯河高原鳅 陆

Triplophysa marmorata (Heckel, 1838) 石纹高原鳅

Triplophysa microphthalma (Kessler, 1879) 细眼高原鳅 陆

Triplophysa microphysa (Fang, 1935) 小鳔高原鳅 陆

Triplophysa microps (Steindachner, 1866) 小眼高原鳅 陆

Triplophysa minuta (Li, 1966) 小体高原鳅 陆

Triplophysa minxianensis (Wang & Zhu, 1979) 岷县高原鳅 陆

Triplophysa moquensis Ding, 1994 墨曲高原鳅 陆

Triplophysa nandanensis Lan, Yang & Chen, 1995 南丹高原鳅 陆

Triplophysa nanpanjiangensis (Zhu & Cao, 1988) 南盘江高原鳅 陆

Triplophysa nasobarbatula Wang & Li, 2001 鼻须高原鳅 陆

Triplophysa naziri (Ahmad & Mirza, 1963) 纳氏高原鳅

Triplophysa ninglangensis Wu & Wu, 1988 宁蒗高原鳅 陆

Triplophysa nujiangensa Chen, Cui & Yang, 2004 怒江高原鳅 陆

Triplophysa obscura Wang, 1987 黑体高原鳅 陆

Triplophysa obtusirostra Wu & Wu, 1988 钝吻高原鳅 陆

Triplophysa orientalis (Herzenstein, 1888) 东方高原鳅 陆

Triplophysa pappenheimi (Fang, 1935) 黄河高原鳅 陆

Triplophysa paradoxa (Turdakov, 1955) 塔拉斯高原鳅

Triplophysa parvus Chen, Li & Yang, 2009 小高原鳅

Triplophysa polyfasciata Ding, 1996 多带高原鳅

Triplophysa pseudoscleroptera (Zhu & Wu, 1981) 拟硬鳍高原鳅 陆

Triplophysa qiubeiensis Li & Yang, 2008 丘北高原鳅 陆

Triplophysa robusta (Kessler, 1876) 粗壮高原鳅 陆
Triplophysa rosa Chen & Yang, 2005 玫瑰高原鳅 陆
Triplophysa rossoperegrinatorum Prokofiev, 2001 红异高原鳅
Triplophysa rotundiventris (Wu & Chen, 1979) 圆腹高原鳅 陆
Triplophysa scapanognatha Prokofiev, 2007 挖颌高原鳅
Triplophysa scleroptera (Herzenstein, 1888) 硬鳍高原鳅 陆
Triplophysa sellaefer (Nichols, 1925) 赛丽高原鳅 陆
Triplophysa sewerzowi (Nikolskii, 1938) 截尾高原鳅
Triplophysa shaanxiensis Chen, 1987 陕西高原鳅 陆
Triplophysa shehensis Tilak, 1987 印度高原鳅
Triplophysa shilinensis Chen & Yang, 1992 石林盲高原鳅 陆
Triplophysa siluroides (Herzenstein, 1888) 似鲇高原鳅 陆
Triplophysa stenura (Herzenstein, 1888) 细尾高原鳅 陆
Triplophysa stewarti (Hora, 1922) 异尾高原鳅 陆
Triplophysa stoliczkai (Steindachner, 1866) 斯氏高原鳅
Triplophysa strauchii strauchii (Kessler, 1874) 新疆高原鳅 陆
Triplophysa strauchii ulacholicus (Anikin, 1905) 乌拉高原鳅
Triplophysa tanggulaensis (Zhu, 1982) 唐古拉高原鳅 陆
Triplophysa tenuicauda (Steindachner, 1866) 窄尾高原鳅 陆
Triplophysa tenuis (Day, 1877) 长身高原鳅 陆
Triplophysa tianeensis Chen, Cui & Yang, 2004 天峨高原鳅 陆
Triplophysa tibetana (Regan, 1905) 西藏高原鳅 陆
Triplophysa trewavasae Mirza & Ahmad, 1990 特氏高原鳅
Triplophysa turpanensis Wu & Wu, 1992 吐鲁番高原鳅 陆
Triplophysa venusta Zhu & Cao, 1988 秀丽高原鳅 陆
Triplophysa waisihani Cao & Zhang, 2008 歪思可汗高原鳅
Triplophysa wuweiensis (Li & Chang, 1974) 武威高原鳅 陆
Triplophysa xiangshuingensis Li, 2004 响水箐高原鳅 陆
Triplophysa xiangxiensis (Yang, Yuan & Liao, 1986) 湘西高原鳅
    syn. *Schistura xiangxiensis* Yang, Yuan & Liao, 1986 湘西南鳅
Triplophysa xichangensis Zhu & Cao, 1989 西昌高原鳅 陆
Triplophysa xingshanensis (Yang & Xie, 1983) 兴山高原鳅 陆
Triplophysa xiqiensis Ding & Lai, 1996 西溪高原鳅 陆
Triplophysa yaopeizhii Xu, Zhang & Cai, 1995 姚氏高原鳅 陆
Triplophysa yasinensis (Alcock, 1898) 南亚高原鳅
Triplophysa yunnanensis Yang, 1990 云南高原鳅 陆
Triplophysa zamegacephala (Zhao, 1985) 巨头高原鳅 陆
Triplophysa zhaoi Prokofiev, 2006 曹氏高原鳅
Triplophysa zhenfengensis Wang & Li, 2001 贞丰高原鳅 陆

Genus *Tuberoschistura* Kottelat, 1990 瘤粒条鳅属

Tuberoschistura baenzigeri (Kottelat, 1983) 朋氏瘤粒条鳅
Tuberoschistura cambodgiensis Kottelat, 1990 柬埔寨瘤粒条鳅

Genus *Turcinoemacheilus* Banarescu & Nalbant, 1964 土耳其爬鳅属

Turcinoemacheilus kosswigi Banarescu & Nalbant, 1964 科氏土耳其爬鳅

Genus *Vaillantella* Fowler, 1905 梵条鳅属

Vaillantella cinnamomea Kottelat, 1994 幸氏梵条鳅
Vaillantella euepiptera (Vaillant, 1902) 梵条鳅
Vaillantella maassi Weber & de Beaufort, 1912 马氏梵条鳅

Genus *Vanmanenia* Hora, 1932 原缨口鳅属

Vanmanenia caldwelli (Nichols, 1925) 纵纹原缨口鳅 陆
Vanmanenia crassicauda Kottelat, 2000 厚尾原缨口鳅
Vanmanenia gymnetrus Chen, 1980 裸腹原缨口鳅 陆
Vanmanenia hainanensis Chen & Zheng, 1980 海南原缨口鳅 陆
Vanmanenia homalocephala Zhang & Zhao, 2000 扁头原缨口鳅
Vanmanenia lineata (Fang, 1935) 线纹原缨口鳅 陆
Vanmanenia multiloba (Mai, 1978) 越南原缨口鳅
Vanmanenia pingchowensis (Fang, 1935) 平舟原缨口鳅 陆
Vanmanenia serrilineata Kottelat, 2000 湄公原缨口鳅
Vanmanenia stenosoma (Boulenger, 1901) 原缨口鳅 陆

Vanmanenia striata Chen, 1980 斑原缨口鳅 陆
Vanmanenia tetraloba (Mai, 1978) 四叶原缨口鳅 陆
Vanmanenia ventrosquamata (Mai, 1978) 鳞腹原缨口鳅
Vanmanenia xinyiensis Zheng & Chen, 1980 信宜原缨口鳅 陆

Genus *Yunnanilus* Nichols, 1925 云南鳅属

Yunnanilus altus Kottelat & Chu, 1988 高体云南鳅 陆
Yunnanilus analis Yang, 1990 长臀云南鳅 陆
Yunnanilus bajiangensis Li, 2004 巴江云南鳅 陆
Yunnanilus beipanjiangensis Li, Mao & Sun, 1994 北盘江云南鳅 陆
Yunnanilus brevis (Boulenger, 1893) 短身云南鳅
Yunnanilus caohaiensis Ding, 1992 草海云南鳅 陆
Yunnanilus chui Yang, 1991 褚氏云南鳅 陆
Yunnanilus cruciatus (Rendahl, 1944) 十字云南鳅
    syn. *Micronemacheilus cruciatus* (Rendahl, 1944) 十字小条鳅
Yunnanilus discoloris Zhou & He, 1989 异色云南鳅 陆
Yunnanilus elakatis Cao & Zhu, 1989 纺锤云南鳅 陆
Yunnanilus forkicaudalis Li, 1999 叉尾云南鳅 陆
Yunnanilus ganheensis An, Liu & Li, 2009 干河云南鳅 陆
Yunnanilus jinxiensis Zhu, Du, Chen & Yang, 2009 靖西云南鳅 陆
Yunnanilus longibarbatus Gan, Chen & Yang, 2007 长须云南鳅 陆
Yunnanilus longibulla Yang, 1990 长鳔云南鳅 陆
Yunnanilus longidorsalis Li, Tao & Lu, 2000 长背云南鳅 陆
Yunnanilus macrogaster Kottelat & Chu, 1988 膨腹云南鳅 陆
Yunnanilus macroistainus Li, 1999 大斑云南鳅 陆
Yunnanilus macrolepis Li, Tao & Mao, 2000 大鳞云南鳅 陆
Yunnanilus nanpanjiangensis Li, Mao & Lu, 1994 南盘江云南鳅 陆
Yunnanilus niger Kottelat & Chu, 1988 黑体云南鳅 陆
Yunnanilus nigromaculatus (Regan, 1904) 黑斑云南鳅 陆
Yunnanilus obtusirostris Yang, 1995 钝吻云南鳅 陆
Yunnanilus pachycephalus Kottelat & Chu, 1988 宽头云南鳅 陆
Yunnanilus paludosus Kottelat & Chu, 1988 沼泽云南鳅 陆
Yunnanilus parvus Kottelat & Chu, 1988 小云南鳅 陆
Yunnanilus pleurotaenia (Regan, 1904) 侧纹云南鳅 陆
Yunnanilus pulcherrimus Yang, Chen & Lan, 2004 丽纹云南鳅 陆
Yunnanilus sichuanensis Ding, 1995 四川云南鳅 陆
Yunnanilus spanisbripes An, Liu & Li, 2009 横斑云南鳅 陆
Yunnanilus tigerivinus Li & Duan, 1999 虎斑云南鳅 陆
Yunnanilus yangzonghaiensis Cao & Zhu, 1989 阳宗海云南鳅 陆

Order Characiformes 脂鲤目

Suborder Citharinoidei 琴脂鲤亚目

Family 108 Distichodontidae 复齿脂鲤科

Genus *Belonophago* Giltay, 1929 针脂鲤属

Belonophago hutsebouti Giltay, 1929 针脂鲤
Belonophago tinanti Poll, 1939 蒂氏针脂鲤

Genus *Congocharax* Matthes, 1964 刚果琴脂鲤属

Congocharax olbrechtsi (Poll, 1954) 奥氏刚果琴脂鲤
Congocharax spilotaenia (Boulenger, 1912) 斑尾刚果琴脂鲤

Genus *Distichodus* Müller & Troschel, 1844 复齿脂鲤属

Distichodus affinis Günther, 1873 银复齿脂鲤
Distichodus altus Boulenger, 1899 高身复齿脂鲤
Distichodus antonii Schilthuis, 1891 安东氏复齿脂鲤
Distichodus atroventralis Boulenger, 1898 黑腹复齿脂鲤
Distichodus brevipinnis Günther, 1864 短翼复齿脂鲤
Distichodus decemmaculatus Pellegrin, 1926 多斑复齿脂鲤
Distichodus engycephalus Günther, 1864 窄头复齿脂鲤
Distichodus fasciolatus Boulenger, 1898 宽带复齿脂鲤
Distichodus hypostomatus Pellegrin, 1900 下口复齿脂鲤
Distichodus kolleri Holly, 1926 科氏复齿脂鲤
Distichodus langi Nichols & Griscom, 1917 兰氏复齿脂鲤

Distichodus lusosso Schilthuis, 1891 长吻复齿脂鲤

Distichodus maculatus Boulenger, 1898 斑点复齿脂鲤

Distichodus mossambicus Peters, 1852 莫桑比克复齿脂鲤

Distichodus nefasch (Bonnaterre, 1788) 复齿脂鲤

Distichodus noboli Boulenger, 1899 诺氏复齿脂鲤

Distichodus notospilus Günther, 1867 背斑复齿脂鲤

Distichodus petersii Pfeffer, 1896 彼氏复齿脂鲤

Distichodus rostratus Günther, 1864 尖吻复齿脂鲤

Distichodus rufigiensis Norman, 1922 鲁菲吉复齿脂鲤

Distichodus schenga Peters, 1852 舒氏复齿脂鲤

Distichodus sexfasciatus Boulenger, 1897 六带复齿脂鲤

Distichodus teugelsi Mamonekene & Vreven, 2008 刚果河复齿脂鲤

Genus *Dundocharax* Poll, 1967 图腾脂鲤属

Dundocharax bidentatus Poll, 1967 图腾脂鲤

Genus *Eugnathichthys* Boulenger, 1898 真琴脂鲤属

Eugnathichthys eetveldii Boulenger, 1898 刚果真琴脂鲤

Eugnathichthys macroterolepis Boulenger, 1899 大鳞真琴脂鲤

Genus *Hemigrammocharax* Pellegrin, 1923 半线琴脂鲤属

Hemigrammocharax angolensis Poll, 1967 安哥拉半线琴脂鲤

Hemigrammocharax lineostriatus Poll, 1967 条纹半线琴脂鲤

Hemigrammocharax machadoi Poll, 1967 矮半线琴脂鲤

Hemigrammocharax minutus (Worthington, 1933) 微体半线琴脂鲤

Hemigrammocharax monardi Pellegrin, 1936 蒙氏半线琴脂鲤

Hemigrammocharax multifasciatus (Boulenger, 1923) 多带半线琴脂鲤

Hemigrammocharax ocellicauda (Boulenger, 1907) 眼尾半线琴脂鲤

Hemigrammocharax uniocellatus (Pellegrin, 1926) 单斑半线琴脂鲤

Hemigrammocharax wittei Poll, 1933 威氏半线琴脂鲤

Genus *Hemistichodus* Pellegrin, 1900 半杆脂鲤属

Hemistichodus lootensi Poll & Daget, 1968 卢氏半杆脂鲤

Hemistichodus mesmaekersi Poll, 1959 梅氏半杆脂鲤

Hemistichodus vaillanti Pellegrin, 1900 维氏半杆脂鲤

Genus *Ichthyborus* Günther, 1864 长脂鲤属

Ichthyborus besse besse (Joannis, 1835) 长脂鲤

Ichthyborus besse congolensis Giltay, 1930 刚果长脂鲤

Ichthyborus monodi (Pellegrin, 1927) 莫诺长脂鲤

Ichthyborus ornatus (Boulenger, 1899) 饰妆长脂鲤

Ichthyborus quadrilineatus (Pellegrin, 1904) 四线长脂鲤

Genus *Mesoborus* Pellegrin, 1900 中噬脂鲤属

Mesoborus crocodilus Pellegrin, 1900 鳄形中噬脂鲤

Genus *Microstomatichthyoborus* Nichols & Griscom, 1917 小口贪食脂鲤属

Microstomatichthyoborus bashforddeani Nichols & Griscom, 1917 刚果小口贪食脂鲤

Microstomatichthyoborus katangae David & Poll, 1937 卡坦小口贪食脂鲤

Genus *Nannaethiops* Günther, 1872 刚果矮脂鲤属

Nannaethiops bleheri Géry & Zarske, 2003 布氏刚果矮脂鲤

Nannaethiops unitaeniatus Günther, 1872 单线刚果矮脂鲤

Genus *Nannocharax* Günther, 1867 矮脂鲤属

Nannocharax altus Pellegrin, 1930 高身矮脂鲤

Nannocharax ansorgii Boulenger, 1911 安氏矮脂鲤

Nannocharax brevis Boulenger, 1902 短身矮脂鲤

Nannocharax elongatus Boulenger, 1900 长身矮脂鲤

Nannocharax fasciatus Günther, 1867 条纹矮脂鲤

Nannocharax fasciolaris Nichols & Boulton, 1927 带纹矮脂鲤

Nannocharax gracilis Poll, 1939 细身矮脂鲤

Nannocharax hollyi Fowler, 1936 霍氏矮脂鲤

Nannocharax intermedius Boulenger, 1903 中间矮脂鲤

Nannocharax latifasciatus Coenen & Teugels, 1989 侧纹矮脂鲤

Nannocharax lineomaculatus Blache & Miton, 1960 线斑矮脂鲤

Nannocharax luapulae Boulenger, 1915 卢亚河矮脂鲤

Nannocharax macropterus Pellegrin, 1926 大鳍矮脂鲤

Nannocharax maculicauda Vari & Géry, 1981 斑尾矮脂鲤

Nannocharax micros Fowler, 1936 微矮脂鲤

Nannocharax niloticus (Joannis, 1835) 尼罗河矮脂鲤

Nannocharax occidentalis Daget, 1959 西域矮脂鲤

Nannocharax ogoensis Pellegrin, 1911 奥戈矮脂鲤

Nannocharax parvus Pellegrin, 1906 小矮脂鲤

Nannocharax procatopus Boulenger, 1920 大头矮脂鲤

Nannocharax pteron Fowler, 1936 翼矮脂鲤

Nannocharax reidi Vari & Ferraris, 2004 里德氏矮脂鲤

Nannocharax rubrolabiatus Van den Bergh, Teugels, Coenen & Ollevier, 1995 红唇矮脂鲤

Nannocharax schoutedeni Poll, 1939 施氏矮脂鲤

Nannocharax signifer Moritz, 2010 橙鳍矮脂鲤

Nannocharax taenia Boulenger, 1902 条带矮脂鲤

Nannocharax usongo Dunz & Schliewen, 2009 矮脂鲤

Nannocharax zebra Dunz & Schliewen, 2009 斑马矮脂鲤

Genus *Neolebias* Steindachner, 1894 新唇脂鲤属

Neolebias ansorgii Boulenger, 1912 恩氏新唇脂鲤

Neolebias axelrodi Poll & Gosse, 1963 阿氏新唇脂鲤

Neolebias gossei (Poll & Lambert, 1964) 戈氏新唇脂鲤

Neolebias gracilis Matthes, 1964 细新唇脂鲤

Neolebias kerguennae Daget, 1980 克古新唇脂鲤

Neolebias lozii Winemiller & Kelso-Winemiller, 1993 洛氏新唇脂鲤

Neolebias philippei Poll & Gosse, 1963 菲氏新唇脂鲤

Neolebias powelli Teugels & Roberts, 1990 鲍氏新唇脂鲤

Neolebias trewavasae Poll & Gosse, 1963 特氏新唇脂鲤

Neolebias trilineatus Boulenger, 1899 三线新唇脂鲤

Neolebias unifasciatus Steindachner, 1894 单纹新唇脂鲤

Genus *Paradistichodus* Pellegrin, 1922 副复齿脂鲤属

Paradistichodus dimidiatus (Pellegrin, 1904) 副复齿脂鲤

Genus *Paraphago* Boulenger, 1899 副噬脂鲤属

Paraphago rostratus Boulenger, 1899 大吻副噬脂鲤

Genus *Phago* Günther, 1865 细尾脂鲤属

Phago boulengeri Schilthuis, 1891 布氏细尾脂鲤

Phago intermedius Boulenger, 1899 间细尾脂鲤

Phago loricatus Günther, 1865 细尾脂鲤

Genus *Xenocharax* Günther, 1867 异琴脂鲤属

Xenocharax spilurus Günther, 1867 异琴脂鲤

Family 109 Citharinidae 琴脂鲤科

Genus *Citharidium* Boulenger, 1902 脊鳞琴脂鲤属

Citharidium ansorgii Boulenger, 1902 脊鳞琴脂鲤

Genus *Citharinops* Daget, 1962 瑙琴脂鲤属

Citharinops distichodoides distichodoides (Pellegrin, 1919) 瑙琴脂鲤

Citharinops distichodoides thomasi (Pellegrin, 1924) 尼日尔瑙琴脂鲤

Genus *Citharinus* Cuvier, 1816 琴脂鲤属

Citharinus citharus citharus (Geoffroy Saint-Hilaire, 1809) 月琴脂鲤

Citharinus citharus intermedius Worthington, 1932 间月琴脂鲤

Citharinus congicus Boulenger, 1897 小鳞琴脂鲤

Citharinus eburneensis Daget, 1962 加纳琴脂鲤

Citharinus gibbosus Boulenger, 1899 驼背琴脂鲤

Citharinus latus Müller & Troschel, 1844 侧琴脂鲤

Citharinus macrolepis Boulenger, 1899 大鳞琴脂鲤

Suborder Characoidei 脂鲤亚目

Family 110 Parodontidae 下口半脂鲤科

Genus *Apareiodon* Eigenmann, 1916 颊脂鲤属

Apareiodon affinis (Steindachner, 1879) 安芬颊脂鲤

Apareiodon agmatos Taphorn B., López-Fernández & Bernard, 2008 圭亚那颊脂鲤

Apareiodon argenteus Pavanelli & Britski, 2003 银颊脂鲤

Apareiodon cavalcante Pavanelli & Britski, 2003 穴居颊脂鲤

Apareiodon davisi Fowler, 1941 戴氏颊脂鲤

Apareiodon gransabana Starnes & Schindler, 1993 委内瑞拉颊脂鲤

Apareiodon hasemani Eigenmann, 1916 哈氏颊脂鲤

Apareiodon ibitiensis Amaral Campos, 1944 圣保罗颊脂鲤

Apareiodon itapicuruensis Eigenmann & Henn, 1916 巴西颊脂鲤

Apareiodon machrisi Travassos, 1957 马氏颊脂鲤

Apareiodon orinocensis Bonilla, Machado-Allison, Silvera, Chernoff, López & Lasso, 1999 奥里诺河颊脂鲤

Apareiodon piracicabae (Eigenmann, 1907) 皮雷颊脂鲤

Apareiodon tigrinus Pavanelli & Britski, 2003 虎纹颊脂鲤

Apareiodon vittatus Garavello, 1977 条纹颊脂鲤

Apareiodon vladii Pavanelli, 2006 弗氏颊脂鲤

Genus *Parodon* Valenciennes, 1850 副牙脂鲤属

Parodon apolinari Myers, 1930 阿氏副牙脂鲤

Parodon bifasciatus Eigenmann, 1912 双带副牙脂鲤

Parodon buckleyi Boulenger, 1887 巴氏副牙脂鲤

Parodon caliensis Boulenger, 1895 考卡副牙脂鲤

Parodon carrikeri Fowler, 1940 卡氏副牙脂鲤

Parodon guyanensis Géry, 1959 圭亚那副牙脂鲤

Parodon hilarii Reinhardt, 1867 希氏副牙脂鲤

Parodon moreirai Ingenito & Buckup, 2005 莫氏副牙脂鲤

Parodon nasus Kner, 1859 大鼻副牙脂鲤

Parodon pongoensis (Allen, 1942) 蓬戈河副牙脂鲤

Parodon suborbitalis Valenciennes, 1850 亚眶副牙脂鲤

Genus *Saccodon* Kner, 1863 囊齿脂鲤属

Saccodon dariensis (Meek & Hildebrand, 1913) 巴拿马囊齿脂鲤

Saccodon terminalis (Eigenmann & Henn, 1914) 特氏囊齿脂鲤

Saccodon wagneri Kner, 1863 韦氏囊齿脂鲤

Family 111 Curimatidae 无齿脂鲤科

Genus *Curimata* Walbaum, 1792 无齿脂鲤属

Curimata acutirostris Vari & Reis, 1995 尖吻无齿脂鲤

Curimata aspera (Günther, 1868) 糙身无齿脂鲤

Curimata cerasina Vari, 1984 樱红无齿脂鲤

Curimata cisandina (Allen, 1942) 秘鲁无齿脂鲤

Curimata cyprinoides (Linnaeus, 1766) 似鲤无齿脂鲤

Curimata incompta Vari, 1984 野无齿脂鲤

Curimata inornata Vari, 1989 丑无齿脂鲤

Curimata knerii (Steindachner, 1876) 克氏无齿脂鲤

Curimata macrops (Eigenmann & Eigenmann, 1889) 大眼无齿脂鲤

Curimata mivartii (Steindachner, 1878) 米氏无齿脂鲤

Curimata ocellata (Eigenmann & Eigenmann, 1889) 眼斑无齿脂鲤

Curimata roseni Vari, 1989 露氏无齿脂鲤

Curimata vittata (Kner, 1858) 饰带无齿脂鲤

Genus *Curimatella* Eigenmann & Eigenmann, 1889 小无齿脂鲤属

Curimatella alburna (Müller & Troschel, 1844) 鲑形小无齿脂鲤

Curimatella dorsalis (Eigenmann & Eigenmann, 1889) 厚背小无齿脂鲤

Curimatella immaculata (Fernández-Yépez, 1948) 无斑小无齿脂鲤

Curimatella lepidura (Eigenmann & Eigenmann, 1889) 秀丽小无齿脂鲤

Curimatella meyeri (Steindachner, 1882) 迈氏小无齿脂鲤

Genus *Curimatopsis* Steindachner, 1876 短线脂鲤属

Curimatopsis crypticus Vari, 1982 密藏短线脂鲤

Curimatopsis evelynae Géry, 1964 伊夫林短线脂鲤

Curimatopsis macrolepis (Steindachner, 1876) 大鳞短线脂鲤

Curimatopsis microlepis Eigenmann & Eigenmann, 1889 小鳞短线脂鲤

Curimatopsis myersi Vari, 1982 迈氏短线脂鲤

Genus *Cyphocharax* Fowler, 1906 驼背脂鲤属

Cyphocharax abramoides (Kner, 1858) 似鳊驼背脂鲤

Cyphocharax aspilos Vari, 1992 蝎形驼背脂鲤

Cyphocharax derhami Vari & Chang, 2006 德氏驼背脂鲤

Cyphocharax festivus Vari, 1992 秀美驼背脂鲤

Cyphocharax gangamon Vari, 1992 巴西驼背脂鲤

Cyphocharax gilbert (Quoy & Gaimard, 1824) 吉尔伯特驼背脂鲤

Cyphocharax gillii (Eigenmann & Kennedy, 1903) 吉氏驼背脂鲤

Cyphocharax gouldingi Vari, 1992 古尔氏驼背脂鲤

Cyphocharax helleri (Steindachner, 1910) 赫氏驼背脂鲤

Cyphocharax laticlavius Vari & Blackledge, 1996 宽带驼背脂鲤

Cyphocharax leucostictus (Eigenmann & Eigenmann, 1889) 白斑驼背脂鲤

Cyphocharax magdalenae (Steindachner, 1878) 马氏驼背脂鲤

Cyphocharax meniscaprorus Vari, 1992 委内瑞拉驼背脂鲤

Cyphocharax mestomyllon Vari, 1992 亚马孙河驼背脂鲤

Cyphocharax microcephalus (Eigenmann & Eigenmann, 1889) 小头驼背脂鲤

Cyphocharax modestus (Fernández-Yépez, 1948) 静驼背脂鲤

Cyphocharax multilineatus (Myers, 1927) 多线驼背脂鲤

Cyphocharax nagelii (Steindachner, 1881) 内氏驼背脂鲤

Cyphocharax nigripinnis Vari, 1992 黑鳍驼背脂鲤

Cyphocharax notatus (Steindachner, 1908) 野生驼背脂鲤

Cyphocharax oenas Vari, 1992 酒色驼背脂鲤

Cyphocharax pantostictos Vari & Barriga S., 1990 全斑驼背脂鲤

Cyphocharax pinnilepis Vari, Zanata & Camelier, 2010 毛鳞驼背脂鲤

Cyphocharax platanus (Günther, 1880) 大口驼背脂鲤

Cyphocharax plumbeus (Eigenmann & Eigenmann, 1889) 铅色驼背脂鲤

Cyphocharax punctatus (Vari & Nijssen, 1986) 点斑驼背脂鲤

Cyphocharax saladensis (Meinken, 1933) 色拉驼背脂鲤

Cyphocharax santacatarinae (Fernández-Yépez, 1948) 银色驼背脂鲤

Cyphocharax signatus Vari, 1992 南美驼背脂鲤

Cyphocharax spilotus (Vari, 1987) 污斑驼背脂鲤

Cyphocharax spiluropsis (Eigenmann & Eigenmann, 1889) 亚马孙驼背脂鲤

Cyphocharax spilurus (Günther, 1864) 尾斑驼背脂鲤

Cyphocharax stilbolepis Vari, 1992 光鳞驼背脂鲤

Cyphocharax vanderi (Britski, 1980) 范氏驼背脂鲤

Cyphocharax vexillapinnus Vari, 1992 旗鳍驼背脂鲤

Cyphocharax voga (Hensel, 1870) 小斑驼背脂鲤

Genus *Potamorhina* Cope, 1878 川脂鲤属

Potamorhina altamazonica (Cope, 1878) 亚马孙河川脂鲤

Potamorhina laticeps (Valenciennes, 1850) 侧头川脂鲤

Potamorhina latior (Spix & Agassiz, 1829) 高身川脂鲤

Potamorhina pristigaster (Steindachner, 1876) 锯腹川脂鲤

Potamorhina squamoralevis (Braga & Azpelicueta, 1983) 鳞胸川脂鲤

Genus *Psectrogaster* Eigenmann & Eigenmann, 1889 刀脂鲤属

Psectrogaster amazonica Eigenmann & Eigenmann, 1889 亚马孙刀脂鲤

Psectrogaster ciliata (Müller & Troschel, 1844) 毛刀脂鲤

Psectrogaster curviventris Eigenmann & Kennedy, 1903 弯刀脂鲤

Psectrogaster essequibensis (Günther, 1864) 埃塞刀脂鲤

Psectrogaster falcata (Eigenmann & Eigenmann, 1889) 镰刀脂鲤

Psectrogaster rhomboides Eigenmann & Eigenmann, 1889 菱体刀脂鲤

Psectrogaster rutiloides (Kner, 1858) 似红刀脂鲤

Psectrogaster saguiru (Fowler, 1941) 巴西刀脂鲤

Genus *Pseudocurimata* Fernández-Yépez, 1948 拟无齿脂鲤属

Pseudocurimata boehlkei Vari, 1989 伯氏拟无齿脂鲤

Pseudocurimata boulengeri (Eigenmann, 1907) 鲍氏拟无齿脂鲤
Pseudocurimata lineopunctata (Boulenger, 1911) 条斑无齿脂鲤
Pseudocurimata patiae (Eigenmann, 1914) 佩氏拟无齿脂鲤
Pseudocurimata peruana (Eigenmann, 1922) 秘鲁拟无齿脂鲤
Pseudocurimata troschelii (Günther, 1860) 特氏拟无齿脂鲤

Genus *Steindachnerina* Fowler, 1906 斯坦达脂鲤属

Steindachnerina amazonica (Steindachner, 1911) 亚马孙河斯坦达脂鲤
Steindachnerina argentea (Gill, 1858) 银斯坦达脂鲤
Steindachnerina atratoensis (Eigenmann, 1912) 哥伦比亚斯坦达脂鲤
Steindachnerina bimaculata (Steindachner, 1876) 双斑斯坦达脂鲤
Steindachnerina binotata (Pearson, 1924) 双标斯坦达脂鲤
Steindachnerina biornata (Braga & Azpelicueta, 1987) 双饰斯坦达脂鲤
Steindachnerina brevipinna (Eigenmann & Eigenmann, 1889) 短鳍斯坦达脂鲤
Steindachnerina conspersa (Holmberg, 1891) 斑点斯坦达脂鲤
Steindachnerina corumbae Pavanelli & Britski, 1999 科氏斯坦达脂鲤
Steindachnerina dobula (Günther, 1868) 秘鲁斯坦达脂鲤
Steindachnerina elegans (Steindachner, 1875) 美丽斯坦达脂鲤
Steindachnerina fasciata (Vari & Géry, 1985) 条纹斯坦达脂鲤
Steindachnerina gracilis Vari & Williams Vari, 1989 细身斯坦达脂鲤
Steindachnerina guentheri (Eigenmann & Eigenmann, 1889) 冈瑟氏斯坦达脂鲤
Steindachnerina hypostoma (Boulenger, 1887) 下口斯坦达脂鲤
Steindachnerina insculpta (Fernández-Yépez, 1948) 蚀齿斯坦达脂鲤
Steindachnerina leucisca (Günther, 1868) 雅罗斯坦达脂鲤
Steindachnerina notograptos Lucinda & Vari, 2009 背点斯坦达脂鲤
Steindachnerina notonota (Miranda Ribeiro, 1937) 高背斯坦达脂鲤
Steindachnerina planiventris Vari & Williams Vari, 1989 平腹斯坦达脂鲤
Steindachnerina pupula Vari, 1991 委内瑞拉斯坦达脂鲤
Steindachnerina quasimodoi Vari & Williams Vari, 1989 夸氏斯坦达脂鲤
Steindachnerina varii Géry, Planquette & Le Bail, 1991 瓦氏斯坦达脂鲤

Family 112 Prochilodontidae 鲮脂鲤科

Genus *Ichthyoelephas* Posada, 1909 象齿脂鲤属

Ichthyoelephas humeralis (Günther, 1860) 披肩象齿脂鲤
Ichthyoelephas longirostris (Steindachner, 1879) 长吻象齿脂鲤

Genus *Prochilodus* Agassiz, 1829 鲮脂鲤属

Prochilodus argenteus Spix & Agassiz, 1829 银色鲮脂鲤
Prochilodus brevis Steindachner, 1875 短身鲮脂鲤
Prochilodus britskii Castro, 1993 布氏鲮脂鲤
Prochilodus costatus Valenciennes, 1850 巴西鲮脂鲤
Prochilodus hartii Steindachner, 1875 哈氏鲮脂鲤
Prochilodus lacustris Steindachner, 1907 湖栖鲮脂鲤
Prochilodus lineatus (Valenciennes, 1837) 条纹鲮脂鲤 (食)
    syn. Prochilodus scrofa Steindachner , 1881 宽体鲮脂鲤
Prochilodus magdalenae Steindachner, 1879 马格达河鲮脂鲤
Prochilodus mariae Eigenmann, 1922 玛丽鲮脂鲤
Prochilodus nigricans Spix & Agassiz, 1829 黑鲮脂鲤
Prochilodus reticulatus Valenciennes, 1850 网纹鲮脂鲤
Prochilodus rubrotaeniatus Jardine & Schomburgk, 1841 红带鲮脂鲤
Prochilodus vimboides Kner, 1859 酒色鲮脂鲤

Genus *Semaprochilodus* Fowler, 1941 真唇脂鲤属

Semaprochilodus brama (Valenciennes, 1850) 巴西真唇脂鲤
Semaprochilodus insignis (Jardine & Schomburgk, 1841) 亚马孙真唇脂鲤
Semaprochilodus kneri (Pellegrin, 1909) 克氏真唇脂鲤
Semaprochilodus laticeps (Steindachner, 1879) 侧头真唇脂鲤
Semaprochilodus taeniurus (Valenciennes, 1821) 条尾真唇脂鲤
Semaprochilodus varii Castro, 1988 瓦氏真唇脂鲤

Family 113 Anostomidae 上口脂鲤科

Genus *Abramites* Fowler, 1906 扁脂鲤属

Abramites eques (Steindachner, 1878) 马头扁脂鲤

Abramites hypselonotus (Günther, 1868) 扁脂鲤

Genus *Anostomoides* Pellegrin, 1909 拟上口脂鲤属

Anostomoides atrianalis Pellegrin, 1909 变色拟上口脂鲤属
Anostomoides laticeps (Eigenmann, 1912) 侧头拟上口脂鲤属
Anostomoides passionis Dos Santos & Zuanon, 2006 湖栖拟上口脂鲤属

Genus *Anostomus* Scopoli, 1777 上口脂鲤属

Anostomus anostomus (Linnaeus, 1758) 红尾上口脂鲤
Anostomus brevior Géry, 1961 短身上口脂鲤
Anostomus longus Géry, 1961 长身上口脂鲤
Anostomus ternetzi Fernández-Yépez, 1949 特氏上口脂鲤
Anostomus ucayalensis (Fowler, 1906) 乌卡亚利河上口脂鲤

Genus *Gnathodolus* Myers, 1927 颌口脂鲤属

Gnathodolus bidens Myers, 1927 颌口脂鲤

Genus *Hypomasticus* Borodin, 1929 下脂鲤属

Hypomasticus despaxi (Puyo, 1943) 德氏下脂鲤
Hypomasticus garmani (Borodin, 1929) 加氏下脂鲤
Hypomasticus julii (Santos, Jegu & Lima, 1996) 朱氏下脂鲤
Hypomasticus megalepis (Günther, 1863) 大鳞下脂鲤
Hypomasticus mormyrops (Steindachner, 1875) 长颌下脂鲤
Hypomasticus pachycheilus (Britski, 1976) 肥唇下脂鲤
Hypomasticus thayeri (Borodin, 1929) 塞耶氏下脂鲤

Genus *Laemolyta* Cope, 1872 咽无齿脂鲤属

Laemolyta fasciata Pearson, 1924 条纹咽无齿脂鲤
Laemolyta fernandezi Myers, 1950 费氏咽无齿脂鲤
Laemolyta garmani (Borodin, 1931) 加曼氏咽无齿脂鲤
Laemolyta macra Géry, 1974 大咽无齿脂鲤
Laemolyta nitens (Garman, 1890) 高鳍咽无齿脂鲤
Laemolyta orinocensis (Steindachner, 1879) 黑带咽无齿脂鲤
Laemolyta proxima (Garman, 1890) 泽生咽无齿脂鲤
Laemolyta taeniata (Kner, 1858) 带纹咽无齿脂鲤
Laemolyta varia (Garman, 1890) 杂色咽无齿脂鲤

Genus *Leporellus* Lütken, 1875 稚脂鲤属

Leporellus cartledgei Fowler, 1941 卡氏稚脂鲤
Leporellus pictus (Kner, 1858) 南美稚脂鲤
Leporellus retropinnis (Eigenmann, 1922) 后鳍稚脂鲤
Leporellus vittatus (Valenciennes, 1850) 饰带稚脂鲤

Genus *Leporinus* Agassiz, 1829 兔脂鲤属

Leporinus acutidens (Valenciennes, 1837) 尖齿兔脂鲤
Leporinus affinis Günther, 1864 安芬兔脂鲤
Leporinus agassizii Steindachner, 1876 阿氏兔脂鲤
Leporinus aguapeiensis Amaral Campos, 1945 巴拉那河兔脂鲤
Leporinus alternus Eigenmann, 1912 互生兔脂鲤
Leporinus amae Godoy, 1980 阿马河兔脂鲤
Leporinus amazonicus Santos & Zuanon, 2008 亚马孙兔脂鲤
Leporinus amblyrhynchus Garavello & Britski, 1987 钝吻兔脂鲤
Leporinus arcus Eigenmann, 1912 弓纹兔脂鲤
Leporinus aripuanaensis Garavello & Santos, 1981 巴西兔脂鲤
Leporinus badueli Puyo, 1948 巴氏兔脂鲤
Leporinus bahiensis Steindachner, 1875 巴希河兔脂鲤
Leporinus bimaculatus Castelnau, 1855 双斑兔脂鲤
Leporinus bistriatus Britski, 1997 双纹兔脂鲤
Leporinus bleheri Géry, 1999 布氏兔脂鲤
Leporinus boehlkei Garavello, 1988 贝氏兔脂鲤
Leporinus brunneus Myers, 1950 深棕兔脂鲤
Leporinus conirostris Steindachner, 1875 尖嘴兔脂鲤
Leporinus copelandii Steindachner, 1875 科氏兔脂鲤
Leporinus crassilabris Borodin, 1929 厚唇兔脂鲤
Leporinus cylindriformis Borodin, 1929 圆筒兔脂鲤

Leporinus desmotes Fowler, 1914 链状兔脂鲤

Leporinus ecuadorensis Eigenmann & Henn, 1916 厄瓜多尔兔脂鲤

Leporinus elongatus Valenciennes, 1850 细长兔脂鲤

Leporinus falcipinnis Mahnert, Géry & Muller, 1997 镰鳍兔脂鲤

Leporinus fasciatus (Bloch, 1794) 细纹兔脂鲤

Leporinus friderici (Bloch, 1794) 弗氏兔脂鲤

Leporinus geminis Garavello & Santos, 2009 砾栖兔脂鲤

Leporinus gomesi Garavello & Santos, 1981 戈氏兔脂鲤

Leporinus gossei Géry, Planquette & Le Bail, 1991 戈瑟氏兔脂鲤

Leporinus granti Eigenmann, 1912 格氏兔脂鲤

Leporinus guttatus Birindelli & Britski, 2009 细点兔脂鲤

Leporinus holostictus Cope, 1878 全斑兔脂鲤

Leporinus jamesi Garman, 1929 詹姆斯兔脂鲤

Leporinus jatuncochi Ovchynnyk, 1971 贾氏兔脂鲤

Leporinus klausewitzi Géry, 1960 克氏兔脂鲤

Leporinus lacustris Amaral Campos, 1945 湖栖兔脂鲤

Leporinus latofasciatus Steindachner, 1910 侧条兔脂鲤

Leporinus lebaili Géry & Planquette, 1983 勒氏兔脂鲤

Leporinus leschenaulti Valenciennes, 1850 莱氏兔脂鲤

Leporinus macrocephalus Garavello & Britski, 1988 大头兔脂鲤

Leporinus maculatus Müller & Troschel, 1844 斑兔脂鲤

Leporinus marcgravii Lütken, 1875 马克兔脂鲤

Leporinus melanopleura Günther, 1864 黑肋兔脂鲤

Leporinus melanostictus Norman, 1926 黑点兔脂鲤

Leporinus microphthalmus Garavello, 1989 小眼兔脂鲤

Leporinus moralesi Fowler, 1942 莫氏兔脂鲤

Leporinus multifasciatus Cope, 1878 多带兔脂鲤

Leporinus muyscorum Steindachner, 1900 哥伦比亚兔脂鲤

Leporinus nattereri Steindachner, 1876 纳氏兔脂鲤

Leporinus niceforoi Fowler, 1943 奈氏兔脂鲤

Leporinus nigrotaeniatus (Jardine, 1841) 黑带兔脂鲤

Leporinus nijsseni Garavello, 1990 尼氏兔脂鲤

Leporinus obtusidens (Valenciennes, 1837) 钝齿兔脂鲤

Leporinus octofasciatus Steindachner, 1915 八带兔脂鲤

Leporinus octomaculatus Britski & Garavello, 1993 八斑兔脂鲤

Leporinus ortomaculatus Garavello, 2000 内格罗河兔脂鲤

Leporinus pachyurus Valenciennes, 1850 肥尾兔脂鲤

Leporinus parae Eigenmann, 1908 佩拉兔脂鲤

Leporinus paralternus Fowler, 1914 苏里南兔脂鲤

Leporinus paranensis Garavello & Britski, 1987 巴拉那兔脂鲤

Leporinus pearsoni Fowler, 1940 皮氏兔脂鲤

Leporinus pellegrinii Steindachner, 1910 佩氏兔脂鲤

Leporinus piau Fowler, 1941 弧背兔脂鲤

Leporinus pitingai Santos & Jégu, 1996 匹氏兔脂鲤

Leporinus platycephalus Meinken, 1935 扁头兔脂鲤

Leporinus punctatus Garavello, 2000 体斑兔脂鲤

Leporinus reinhardti Lütken, 1875 赖氏兔脂鲤

Leporinus reticulatus Britski & Garavello, 1993 网纹兔脂鲤

Leporinus sexstriatus Britski & Garavello, 1980 六纹兔脂鲤

Leporinus silvestrii Boulenger, 1902 西氏兔脂鲤

Leporinus spilopleura Norman, 1926 肋斑兔脂鲤

Leporinus steindachneri Eigenmann, 1907 斯氏兔脂鲤

Leporinus steyermarki Inger, 1956 史氏兔脂鲤

Leporinus striatus Kner, 1858 条纹兔脂鲤

Leporinus subniger Fowler, 1943 暗灰兔脂鲤

Leporinus taeniatus Lütken, 1875 条带兔脂鲤

Leporinus taeniofasciatus Britski, 1997 带纹兔脂鲤

Leporinus tigrinus Borodin, 1929 虎纹兔脂鲤

Leporinus trifasciatus Steindachner, 1876 三带兔脂鲤

Leporinus trimaculatus Garavello & Santos, 1992 三斑兔脂鲤

Leporinus uatumaensis Santos & Jégu, 1996 乌都河兔脂鲤

Leporinus unitaeniatus Garavello & Santos, 2009 单纹兔脂鲤

Leporinus vanzoi Britski & Garavello, 2005 范氏兔脂鲤

Leporinus venerei Britski & Birindelli, 2008 维氏兔脂鲤

Leporinus wolfei Fowler, 1940 沃氏兔脂鲤

Leporinus y-ophorus Eigenmann, 1922 奥河兔脂鲤

Genus *Petulanos* Sidlauskas & Vari, 2008 莽脂鲤属

Petulanos intermedius (Winterbottom, 1980) 中间莽脂鲤

Petulanos plicatus (Eigenmann, 1912) 碧背莽脂鲤

Petulanos spiloclistron (Winterbottom, 1974) 苏里南莽脂鲤

Genus *Pseudanos* Winterbottom, 1980 若无齿脂鲤属

Pseudanos gracilis (Kner, 1858) 细若无齿脂鲤

Pseudanos irinae Winterbottom, 1980 伊氏若无齿脂鲤

Pseudanos trimaculatus (Kner, 1858) 三斑若无齿脂鲤

Pseudanos winterbottomi Sidlauskas & Santos, 2005 温氏若无齿脂鲤

Genus *Rhytiodus* Kner, 1858 皱牙脂鲤属

Rhytiodus argenteofuscus Kner, 1858 银棕皱牙脂鲤

Rhytiodus elongatus (Steindachner, 1908) 长身皱牙脂鲤

Rhytiodus lauzannei Géry, 1987 劳氏皱牙脂鲤

Rhytiodus microlepis Kner, 1858 小鳞皱牙脂鲤

Genus *Sartor* Myers & Carvalho, 1959 泽脂鲤属

Sartor elongatus Santos & Jégu, 1987 细长泽脂鲤

Sartor respectus Myers & Carvalho, 1959 喜荫泽脂鲤

Sartor tucuruiense Santos & Jégu, 1987 图库鲁泽脂鲤

Genus *Schizodon* Agassiz, 1829 裂齿脂鲤属

Schizodon altoparanae Garavello & Britski, 1990 蛮裂齿脂鲤

Schizodon australis Garavello, 1994 狡裂齿脂鲤

Schizodon borellii (Boulenger, 1900) 博氏裂齿脂鲤

Schizodon corti Schultz, 1944 科特氏裂齿脂鲤

Schizodon dissimilis (Garman, 1890) 对斑裂齿脂鲤

Schizodon fasciatus Spix & Agassiz, 1829 条纹裂齿脂鲤

Schizodon intermedius Garavello & Britski, 1990 中间裂齿脂鲤

Schizodon isognathus Kner, 1858 等颌裂齿脂鲤

Schizodon jacuiensis Bergmann, 1988 南美裂齿脂鲤

Schizodon knerii (Steindachner, 1875) 尼氏裂齿脂鲤

Schizodon nasutus Kner, 1858 大鼻裂齿脂鲤

Schizodon platae (Garman, 1890) 扁体裂齿脂鲤

Schizodon rostratus (Borodin, 1931) 大吻裂齿脂鲤

Schizodon scotorhabdotus Sidlauskas, Garavello & Jellen, 2007 委内瑞拉裂齿脂鲤

Schizodon vittatus (Valenciennes, 1850) 带纹裂齿脂鲤

Genus *Synaptolaemus* Myers & Fernández-Yépez, 1950 喉脂鲤属

Synaptolaemus cingulatus Myers & Fernández-Yépez, 1950 喉脂鲤

Family 114 Chilodontidae 唇齿脂鲤科

Genus *Caenotropus* Günther, 1864 新热脂鲤属

Caenotropus labyrinthicus (Kner, 1858) 亚马孙新热脂鲤

Caenotropus maculosus (Eigenmann, 1912) 斑鳍新热脂鲤

Caenotropus mestomorgmatos Vari, Castro & Raredon, 1995 密斑新热脂鲤

Caenotropus schizodon Scharcansky & Santos de Lucena, 2007 裂齿新热脂鲤

Genus *Chilodus* Müller & Troschel, 1844 突吻脂鲤属

Chilodus fritillus Vari & Ortega, 1997 秘鲁突吻脂鲤

Chilodus gracilis Isbrücker & Nijssen, 1988 细突吻脂鲤

Chilodus punctatus Müller & Troschel, 1844 斑点突吻脂鲤

Chilodus zunevei Puyo, 1946 朱氏突吻脂鲤

Family 115 Crenuchidae 锯唇脂鲤科

Genus *Ammocryptocharax* Weitzman & Kanazawa, 1976 砂脂鲤属

Ammocryptocharax elegans Weitzman & Kanazawa, 1976 砂脂鲤

Ammocryptocharax lateralis (Eigenmann, 1909) 砖红砂脂鲤

Ammocryptocharax minutus Buckup, 1993 袖珍砂脂鲤

Ammocryptocharax vintonae (Eigenmann, 1909) 文顿砂脂鲤

Genus *Characidium* Reinhardt, 1867 溪脂鲤属

Characidium alipioi Travassos, 1955 艾氏溪脂鲤

Characidium bahiense Almeida, 1971 巴希溪脂鲤

Characidium bimaculatum Fowler, 1941 双斑溪脂鲤

Characidium boavistae Steindachner, 1915 柄斑溪脂鲤

Characidium boehlkei Géry, 1972 伯氏溪脂鲤

Characidium bolivianum Pearson, 1924 博利瓦溪脂鲤

Characidium borellii (Boulenger, 1895) 博氏溪脂鲤

Characidium brevirostre Pellegrin, 1909 短吻溪脂鲤

Characidium caucanum Eigenmann, 1912 考卡溪脂鲤

Characidium chupa Schultz, 1944 查帕溪脂鲤

Characidium crandellii Steindachner, 1915 克氏溪脂鲤

Characidium declivirostre Steindachner, 1915 斜吻溪脂鲤

Characidium etheostoma Cope, 1872 紧口溪脂鲤

Characidium etzeli Zarske & Géry, 2001 埃氏溪脂鲤

Characidium fasciatum Reinhardt, 1867 线纹溪脂鲤

Characidium gomesi Travassos, 1956 戈氏溪脂鲤

Characidium grajahuensis Travassos, 1944 南美溪脂鲤

Characidium hasemani Steindachner, 1915 黑斯曼氏溪脂鲤

Characidium heinianum Zarske & Géry, 2001 玻利维亚溪脂鲤

Characidium heirmostigmata da Graça & Pavanelli, 2008 点斑溪脂鲤

Characidium interruptum Pellegrin, 1909 断线溪脂鲤

Characidium japuhybense Travassos, 1949 热普溪脂鲤

Characidium lagosantense Travassos, 1947 兔溪脂鲤

Characidium lanei Travassos, 1967 兰氏溪脂鲤

Characidium laterale (Boulenger, 1895) 侧带溪脂鲤

Characidium lauroi Travassos, 1949 劳氏溪脂鲤

Characidium longum Taphorn, Montaña & Buckup, 2006 长溪脂鲤

Characidium macrolepidotum (Peters, 1868) 大丽溪脂鲤

Characidium marshi Breder, 1925 马尔斯氏溪脂鲤

Characidium nupelia da Graça, Pavanelli & Buckup, 2008 纳普溪脂鲤

Characidium occidentale Buckup & Reis, 1997 巴西溪脂鲤

Characidium oiticicai Travassos, 1967 奥氏溪脂鲤

Characidium orientale Buckup & Reis, 1997 东方溪脂鲤

Characidium pellucidum Eigenmann, 1909 圭亚那溪脂鲤

Characidium phoxocephalum Eigenmann, 1912 细头溪脂鲤

Characidium pteroides Eigenmann, 1909 似鳍溪脂鲤

Characidium pterostictum Gomes, 1947 斑鳍溪脂鲤

Characidium purpuratum Steindachner, 1882 紫溪脂鲤

Characidium rachovii Regan, 1913 雷氏溪脂鲤

Characidium roesseli Géry, 1965 罗氏溪脂鲤

Characidium sanctjohanni Dahl, 1960 桑氏溪脂鲤

Characidium schindleri Zarske & Géry, 2001 沙因氏溪脂鲤

Characidium schubarti Travassos, 1955 舒氏溪脂鲤

Characidium serrano Buckup & Reis, 1997 高原溪脂鲤

Characidium steindachneri Cope, 1878 斯氏溪脂鲤

Characidium stigmosum Melo & Buckup, 2002 椭斑溪脂鲤

Characidium tenue (Cope, 1894) 细溪脂鲤

Characidium timbuiense Travassos, 1946 野溪脂鲤

Characidium vestigipinne Buckup & Hahn, 2000 弱鳍溪脂鲤

Characidium vidali Travassos, 1967 维氏溪脂鲤

Characidium xanthopterum Silveira, Langeani, da Graça, Pavanelli & Buckup, 2008 黄鳍溪脂鲤

Characidium xavante da Graça, Pavanelli & Buckup, 2008 横斑溪脂鲤

Characidium zebra Eigenmann, 1909 条纹溪脂鲤

Genus *Crenuchus* Günther, 1863 泉脂鲤属

Crenuchus spilurus Günther, 1863 斑点泉脂鲤

Genus *Elachocharax* Myers, 1927 美鲑脂鲤属

Elachocharax geryi Weitzman & Kanazawa, 1978 格氏美鲑脂鲤

Elachocharax junki (Géry, 1971) 琼氏美鲑脂鲤

Elachocharax mitopterus Weitzman, 1986 线鳍美鲑脂鲤

Elachocharax pulcher Myers, 1927 秀美鲑脂鲤

Genus *Geryichthys* Zarske, 1997 格里脂鲤属

Geryichthys sterbai Zarske, 1997 斯氏格里脂鲤

Genus *Klausewitzia* Géry, 1965 克鲁兹脂鲤属

Klausewitzia ritae Géry, 1965 克鲁兹脂鲤

Genus *Leptocharacidium* Buckup, 1993 柔脂鲤属

Leptocharacidium omospilus Buckup, 1993 柔脂鲤

Genus *Melanocharacidium* Buckup, 1993 黑身脂鲤属

Melanocharacidium auroradiatum Costa & Vicente, 1994 金辐黑身脂鲤

Melanocharacidium blennioides (Eigenmann, 1909) 似黑身脂鲤

Melanocharacidium compressus Buckup, 1993 侧扁黑身脂鲤

Melanocharacidium depressum Buckup, 1993 巴西黑身脂鲤

Melanocharacidium dispilomma Buckup, 1993 亚马孙河黑身脂鲤

Melanocharacidium melanopteron Buckup, 1993 暗鳍黑身脂鲤

Melanocharacidium nigrum Buckup, 1993 全黑身脂鲤

Melanocharacidium pectorale Buckup, 1993 大胸黑身脂鲤

Melanocharacidium rex (Böhlke, 1958) 皇黑身脂鲤

Genus *Microcharacidium* Buckup, 1993 细身脂鲤属

Microcharacidium eleotrioides (Géry, 1960) 沼泽细身脂鲤

Microcharacidium geryi Zarske, 1997 格里氏细身脂鲤

Microcharacidium gnomus Buckup, 1993 委内瑞拉细身脂鲤

Microcharacidium weitzmani Buckup, 1993 韦氏细身脂鲤

Genus *Odontocharacidium* Buckup, 1993 牙脂鲤属

Odontocharacidium aphanes (Weitzman & Kanazawa, 1977) 神秘牙脂鲤

Genus *Poecilocharax* Eigenmann, 1909 杂色脂鲤属

Poecilocharax bovalii Eigenmann, 1909 博氏杂色脂鲤

Poecilocharax weitzmani Géry, 1965 韦氏杂色脂鲤

Genus *Skiotocharax* Presswell, Weitzman & Bergquist, 2000 锯牙脂鲤属

Skiotocharax meizon Presswell, Weitzman & Bergquist, 2000 小带锯牙脂鲤

Family 116 Hemiodontidae 半齿脂鲤科

Genus *Anodus* Cuvier, 1829 无牙脂鲤属

Anodus elongatus Agassiz, 1829 长身无牙脂鲤

Anodus orinocensis (Steindachner, 1887) 奥连无牙脂鲤

Genus *Argonectes* Böhlke & Myers, 1956 懒齿鲤属

Argonectes longiceps (Kner, 1858) 长头懒齿鲤

Argonectes robertsi Langeani, 1999 罗氏懒齿鲤

Genus *Bivibranchia* Eigenmann, 1912 鳃脂鲤属

Bivibranchia bimaculata Vari, 1985 孖斑鳃脂鲤

Bivibranchia fowleri (Steindachner, 1908) 福氏鳃脂鲤

Bivibranchia notata Vari & Goulding, 1985 巴西鳃脂鲤

Bivibranchia simulata Géry, Planquette & Le Bail, 1991 仿鳃脂鲤

Bivibranchia velox (Eigenmann & Myers, 1927) 捷泳鳃脂鲤

Genus *Hemiodus* Müller, 1842 半齿脂鲤属

Hemiodus amazonum (Humboldt, 1821) 亚马孙半齿脂鲤

Hemiodus argenteus Pellegrin, 1909 银半齿脂鲤

Hemiodus atranalis (Fowler, 1940) 鳍半齿脂鲤

Hemiodus goeldii Steindachner, 1908 戈氏半齿脂鲤

Hemiodus gracilis Günther, 1864 细半齿脂鲤

Hemiodus huraulti (Géry, 1964) 赫氏半齿脂鲤

Hemiodus immaculatus Kner, 1858 无斑半齿脂鲤

Hemiodus jatuarana Langeani, 2004 贾顿半齿脂鲤

Hemiodus microlepis Kner, 1858 小鳞半齿脂鲤

Hemiodus orthonops Eigenmann & Kennedy, 1903 直半齿脂鲤

Hemiodus parnaguae Eigenmann & Henn, 1916 盾半齿脂鲤

Hemiodus quadrimaculatus Pellegrin, 1909 四斑半齿脂鲤

Hemiodus semitaeniatus Kner, 1858 半纹半齿脂鲤

Hemiodus sterni (Géry, 1964) 斯氏半齿脂鲤

Hemiodus ternetzi Myers, 1927 特氏半齿脂鲤

Hemiodus thayeria Böhlke, 1955 南美半齿脂鲤

Hemiodus tocantinensis Langeani, 1999 图康河半齿脂鲤

Hemiodus unimaculatus (Bloch, 1794) 单斑半齿脂鲤

Hemiodus vorderwinkleri (Géry, 1964) 沃氏半齿脂鲤

Genus *Micromischodus* Roberts, 1971 小柄齿鲤属

Micromischodus sugillatus Roberts, 1971 小柄齿鲤

Family 117 Alestiidae 鲑脂鲤科

Genus *Alestes* Müller & Troschel, 1844 鲑脂鲤属

Alestes baremoze (Joannis, 1835) 贝尔鲑脂鲤

Alestes comptus Roberts & Stewart, 1976 头饰鲑脂鲤

Alestes dentex (Linnaeus, 1758) 尖齿鲑脂鲤

Alestes inferus Stiassny, Schelly & Mamonekene, 2009 低眼鲑脂鲤

Alestes liebrechtsii Boulenger, 1898 利氏鲑脂鲤

Alestes macrophthalmus Günther, 1867 大眼鲑脂鲤

Alestes stuhlmannii Pfeffer, 1896 斯图尔氏鲑脂鲤

Genus *Alestopetersius* Hoedeman, 1951 非洲鲑鲤属

Alestopetersius brichardi Poll, 1967 布氏非洲鲑鲤

Alestopetersius caudalis (Boulenger, 1899) 短尾非洲鲑鲤

Alestopetersius compressus (Poll & Gosse, 1963) 扁非洲鲑鲤

Alestopetersius hilgendorfi (Boulenger, 1899) 希氏非洲鲑鲤

Alestopetersius leopoldianus (Boulenger, 1899) 小口非洲鲑鲤

Alestopetersius nigropterus Poll, 1967 灰鳍非洲鲑鲤

Alestopetersius smykalai Poll, 1967 斯氏非洲鲑鲤

Genus *Arnoldichthys* Myers, 1926 红眼脂鲤属

Arnoldichthys spilopterus (Boulenger, 1909) 点鳍红眼脂鲤

Genus *Bathyaethiops* Fowler, 1949 深埃脂鲤属

Bathyaethiops breuseghemi (Poll, 1945) 布氏深埃脂鲤

Bathyaethiops caudomaculatus (Pellegrin, 1925) 尾斑深埃脂鲤

Bathyaethiops greeni Fowler, 1949 格氏深埃脂鲤

Genus *Brachypetersius* Hoedeman, 1956 短脂鲤属

Brachypetersius cadwaladeri (Fowler, 1930) 卡氏短脂鲤

Brachypetersius huloti (Poll, 1954) 哈氏短脂鲤

Brachypetersius notospilus (Pellegrin, 1930) 背斑短脂鲤

Brachypetersius pseudonummifer Poll, 1967 刚果短脂鲤

Genus *Brycinus* Valenciennes, 1850 非洲脂鲤属

Brycinus abeli (Fowler, 1936) 艾氏非洲脂鲤

Brycinus affinis (Günther, 1894) 安芬非洲脂鲤

Brycinus bartoni (Nichols & La Monte, 1953) 巴托氏非洲脂鲤

Brycinus batesii (Boulenger, 1903) 巴特非洲脂鲤

Brycinus bimaculatus (Boulenger, 1899) 双斑非洲脂鲤

Brycinus brevis (Boulenger, 1903) 短非洲脂鲤

Brycinus carmesinus (Nichols & Griscom, 1917) 砾栖非洲脂鲤

Brycinus carolinae (Paugy & Lévêque, 1981) 卡罗利纳非洲脂鲤

Brycinus derhami Géry & Mahnert, 1977 德氏非洲脂鲤

Brycinus ferox (Hopson & Hopson, 1982) 凶猛非洲脂鲤

Brycinus fwaensis Géry, 1995 刚果非洲脂鲤

Brycinus grandisquamis (Boulenger, 1899) 密鳞非洲脂鲤

Brycinus humilis (Boulenger, 1905) 倭非洲脂鲤

Brycinus imberi (Peters, 1852) 英氏非洲脂鲤

Brycinus intermedius (Boulenger, 1903) 间非洲脂鲤

Brycinus jacksonii (Boulenger, 1912) 杰氏非洲脂鲤

Brycinus kingsleyae (Günther, 1896) 金斯利氏非洲脂鲤

Brycinus lateralis (Boulenger, 1900) 砖红非洲脂鲤

Brycinus leuciscus (Günther, 1867) 雅罗非洲脂鲤

Brycinus longipinnis (Günther, 1864) 长鳍非洲脂鲤

Brycinus luteus (Roman, 1966) 微黄非洲脂鲤

Brycinus macrolepidotus Valenciennes, 1850 大鳞非洲脂鲤

Brycinus minutus (Hopson & Hopson, 1982) 微非洲脂鲤

Brycinus nigricauda (Thys van den Audenaerde, 1974) 黑尾非洲脂鲤

Brycinus nurse (Rüppell, 1832) 尼罗河非洲脂鲤

Brycinus opisthotaenia (Boulenger, 1903) 后纹非洲脂鲤

Brycinus peringueyi (Boulenger, 1923) 帕氏非洲脂鲤

Brycinus poptae (Pellegrin, 1906) 波特氏非洲脂鲤

Brycinus rhodopleura (Boulenger, 1906) 红胸非洲脂鲤

Brycinus sadleri (Boulenger, 1906) 萨氏非洲脂鲤

Brycinus schoutedeni (Boulenger, 1912) 斯考顿非洲脂鲤

Brycinus taeniurus (Günther, 1867) 带纹非洲脂鲤

Brycinus tessmanni (Pappenheim, 1911) 特氏非洲脂鲤

Brycinus tholloni (Pellegrin, 1901) 托氏非洲脂鲤

Genus *Bryconaethiops* Günther, 1873 啮埃脂鲤属

Bryconaethiops boulengeri Pellegrin, 1900 布氏啮埃脂鲤

Bryconaethiops macrops Boulenger, 1920 大眼啮埃脂鲤

Bryconaethiops microstoma Günther, 1873 小口啮埃脂鲤

Bryconaethiops quinquesquamae Teugels & Thys van den Audenaerde, 1990 五鳞啮埃脂鲤

Bryconaethiops yseuxi Boulenger, 1899 耶氏啮埃脂鲤

Genus *Clupeocharax* Pellegrin, 1926 鲱脂鲤属

Clupeocharax schoutedeni Pellegrin, 1926 肃氏鲱脂鲤

Genus *Duboisialestes* Poll, 1967 杜鹃脂鲤属

Duboisialestes bifasciatus Poll, 1967 双带杜鹃脂鲤

Duboisialestes tumbensis (Hoedeman, 1951) 通贝杜鹃脂鲤

Genus *Hemigrammopetersius* Pellegrin, 1926 非洲裙鱼属

Hemigrammopetersius barnardi (Herre, 1936) 灰鳍非洲裙鱼

Hemigrammopetersius pulcher (Boulenger, 1909) 美丽非洲裙鱼

Genus *Hydrocynus* Cuvier, 1816 狗脂鲤属

Hydrocynus brevis (Günther, 1864) 短身狗脂鲤

Hydrocynus forskahlii (Cuvier, 1819) 福氏狗脂鲤

Hydrocynus goliath Boulenger, 1898 巨狗脂鲤

Hydrocynus somonorum (Daget, 1954) 索莫狗脂鱼

Hydrocynus tanzaniae Brewster, 1986 坦赞狗脂鲤

Hydrocynus vittatus Castelnau, 1861 饰纹狗脂鲤

Genus *Ladigesia* Géry, 1968 拉迪脂鲤属

Ladigesia roloffi Géry, 1968 非洲拉迪脂鲤

Genus *Lepidarchus* Roberts, 1966 雅非洲脂鲤属

Lepidarchus adonis Roberts, 1966 加纳雅非洲脂鲤

Genus *Nannopetersius* Hoedeman, 1956 矮非洲脂鲤属

Nannopetersius lamberti Poll, 1967 兰氏矮非洲脂鲤

Nannopetersius mutambuei Wamuini & Vreven, 2008 马氏矮非洲脂鲤

Genus *Petersius* Hilgendorf, 1894 彼得桂脂鲤属

Petersius conserialis Hilgendorf, 1894 彼得桂脂鲤

Genus *Phenacogrammus* Eigenmann, 1907 断线脂鲤属

Phenacogrammus altus (Boulenger, 1899) 高体断线脂鲤

Phenacogrammus ansorgii (Boulenger, 1910) 安氏断线脂鲤

Phenacogrammus aurantiacus (Pellegrin, 1930) 橘色断线脂鲤

Phenacogrammus bleheri Géry, 1995 布氏断线脂鲤

Phenacogrammus deheyni Poll, 1945 德氏断线脂鲤

Phenacogrammus gabonensis (Poll, 1967) 加蓬断线脂鲤

Phenacogrammus interruptus (Boulenger, 1899) 断线脂鲤

Phenacogrammus major (Boulenger, 1903) 大断线脂鲤

Phenacogrammus polli Lambert, 1961 波氏断线脂鲤

Phenacogrammus stigmatura (Fowler, 1936) 眼点断线脂鲤

Phenacogrammus taeniatus Géry, 1996 条纹断线脂鲤

Phenacogrammus urotaenia (Boulenger, 1909) 条尾断线脂鲤

Genus *Rhabdalestes* Hoedeman, 1951 纹鲑脂鲤属

Rhabdalestes aeratis Stiassny & Schaefer, 2005 刚果纹鲑脂鲤

Rhabdalestes brevidorsalis (Pellegrin, 1921) 短背纹鲑脂鲤

Rhabdalestes leleupi Poll, 1967 利氏纹鲑脂鲤

Rhabdalestes maunensis (Fowler, 1935) 马翁纹鲑脂鲤

Rhabdalestes rhodesiensis (Ricardo-Bertram, 1943) 罗得西亚纹鲑脂鲤

Rhabdalestes septentrionalis (Boulenger, 1911) 塞氏纹鲑脂鲤

Rhabdalestes tangensis (Lönnberg, 1907) 坦噶河纹鲑脂鲤

Rhabdalestes yokai Ibala Zamba & Vreven, 2008 约氏纹鲑脂鲤

Genus *Tricuspidalestes* Poll, 1967 三叉牙脂鲤属

Tricuspidalestes caeruleus (Matthes, 1964) 淡黑三叉牙脂鲤

Family 118 Gasteropelecidae 胸斧鱼科

Genus *Carnegiella* Eigenmann, 1909 飞脂鲤属

Carnegiella marthae Myers, 1927 黑翼飞脂鲤

Carnegiella myersi Fernández-Yépez, 1950 迈氏飞脂鲤

Carnegiella schereri Fernández-Yépez, 1950 谢氏飞脂鲤

Carnegiella strigata (Günther, 1864) 细纹飞脂鲤

Genus *Gasteropelecus* Scopoli, 1777 胸斧鱼属

Gasteropelecus levis (Eigenmann, 1909) 银胸斧鱼

Gasteropelecus maculatus Steindachner, 1879 点胸斧鱼

Gasteropelecus sternicla (Linnaeus, 1758) 圭亚那胸斧鱼

Genus *Thoracocharax* Fowler, 1907 大胸斧鱼属

Thoracocharax securis (De Filippi, 1853) 大胸斧鱼

Thoracocharax stellatus (Kner, 1858) 星大胸斧鱼

Family 119 Characidae 脂鲤科

Genus *Acanthocharax* Eigenmann, 1912 刺脂鲤属

Acanthocharax microlepis Eigenmann, 1912 小鳞刺脂鲤

Genus *Acestrocephalus* Eigenmann, 1910 粘鲈属

Acestrocephalus acutus Menezes, 2006 尖粘鲈

Acestrocephalus anomalus (Steindachner, 1880) 哥伦比亚粘鲈

Acestrocephalus boehlkei Menezes, 1977 贝氏粘鲈

Acestrocephalus maculosus Menezes, 2006 斑粘鲈

Acestrocephalus nigrifasciatus Menezes, 2006 黑纹粘鲈

Acestrocephalus pallidus Menezes, 2006 苍白粘鲈

Acestrocephalus sardina (Fowler, 1913) 沙丁粘鲈

Acestrocephalus stigmatus Menezes, 2006 点斑粘鲈

Genus *Acinocheirodon* Malabarba & Weitzman, 1999 葡齿鱼属

Acinocheirodon melanogramma Malabarba & Weitzman, 1999 黑纹葡齿鱼

Genus *Acnodon* Eigenmann, 1903 尖牙脂鲤属

Acnodon normani Gosline, 1951 诺氏尖牙脂鲤

Acnodon oligacanthus (Müller & Troschel, 1844) 寡棘尖牙脂鲤

Acnodon senai Jégu & Santos, 1990 塞纳氏尖牙脂鲤

Genus *Acrobrycon* Eigenmann & Pearson, 1924 磨牙脂鲤属

Acrobrycon ipanquianus (Cope, 1877) 秘鲁磨牙脂鲤

Acrobrycon tarijae Fowler, 1940 塔氏磨牙脂鲤

Genus *Agoniates* Müller & Troschel, 1845 盗鲑鲤属

Agoniates anchovia Eigenmann, 1914 鳀形盗鲑鲤

Agoniates halecinus Müller & Troschel, 1845 海盗鲑鲤

Genus *Amazonspinther* Bührnheim, Carvalho, Malabarba & Weitzman, 2008 亚马孙棘脂鲤属

Amazonspinther dalmata Bührnheim, Carvalho, Malabarba & Weitzman, 2008 亚马孙棘脂鲤

Genus *Aphyocharacidium* Géry, 1960 吸脂鲤属

Aphyocharacidium bolivianum Géry, 1973 玻利维亚吸脂鲤

Aphyocharacidium melandetum (Eigenmann, 1912) 苏里南吸脂鲤

Genus *Aphyocharax* Günther, 1868 细脂鲤属

Aphyocharax agassizii (Steindachner, 1882) 阿氏细脂鲤

Aphyocharax alburnus (Günther, 1869) 白细脂鲤

Aphyocharax anisitsi Eigenmann & Kennedy, 1903 安氏细脂鲤

Aphyocharax colifax Taphorn & Thomerson, 1991 委内瑞拉细脂鲤

Aphyocharax dentatus Eigenmann & Kennedy, 1903 大牙细脂鲤

Aphyocharax erythrurus Eigenmann, 1912 淡红细脂鲤

Aphyocharax gracilis Fowler, 1940 细脂鲤

Aphyocharax nattereri (Steindachner, 1882) 纳氏细脂鲤

Aphyocharax paraguayensis Eigenmann, 1915 巴拉圭细脂鲤

Aphyocharax pusillus Günther, 1868 柔弱细脂鲤

Aphyocharax rathbuni Eigenmann, 1907 拉氏细脂鲤

Aphyocharax yekwanae Willink, Chernoff & Machado-Allison, 2003 耶瓦细脂鲤

Genus *Aphyocheirodon* Eigenmann, 1915 吸宝莲鱼属

Aphyocheirodon hemigrammus Eigenmann, 1915 半带吸宝莲鱼

Genus *Aphyodite* Eigenmann, 1912 纹吸鱼属

Aphyodite grammica Eigenmann, 1912 纹吸鱼

Genus *Argopleura* Eigenmann, 1913 白肋脂鲤属

Argopleura chocoensis (Eigenmann, 1913) 乔科白肋脂鲤

Argopleura conventus (Eigenmann, 1913) 小头白肋脂鲤

Argopleura diquensis (Eigenmann, 1913) 迪克白肋脂鲤

Argopleura magdalenensis (Eigenmann, 1913) 黑带白肋脂鲤

Genus *Astyanacinus* Eigenmann, 1907 拟丽脂鲤属

Astyanacinus moorii (Boulenger, 1892) 穆氏拟丽脂鲤

Astyanacinus multidens Pearson, 1924 多牙拟丽脂鲤

Astyanacinus platensis Messner, 1962 普拉滕拟丽脂鲤

Genus *Astyanax* Baird & Girard, 1854 丽脂鲤属

Astyanax abramis (Jenyns, 1842) 小头丽脂鲤

Astyanax aeneus (Günther, 1860) 铜色丽脂鲤

Astyanax ajuricaba Marinho & Lima, 2009 喜斗丽脂鲤

Astyanax alburnus (Hensel, 1870) 似鲑丽脂鲤

Astyanax altior Hubbs, 1936 尤加坦丽脂鲤

Astyanax altiparanae Garutti & Britski, 2000 高身丽脂鲤

Astyanax angustifrons (Regan, 1908) 小型丽脂鲤

Astyanax anterior Eigenmann, 1908 前丽脂鲤

Astyanax aramburui Protogino, Miquelarena & López, 2006 阿氏丽脂鲤

Astyanax argyrimarginatus Garutti, 1999 银缘丽脂鲤

Astyanax armandoi Lozano-Vilano & Contreras-Balderas, 1990 阿曼德丽脂鲤

Astyanax asuncionensis Géry, 1972 亚松森丽脂鲤

Astyanax atratoensis Eigenmann, 1907 阿特拉托河丽脂鲤

Astyanax aurocaudatus Eigenmann, 1913 金尾丽脂鲤

Astyanax bimaculatus (Linnaeus, 1758) 双斑丽脂鲤

Astyanax biotae Castro & Vari, 2004 巴西丽脂鲤

Astyanax bockmanni Vari & Castro, 2007 博克氏丽脂鲤

Astyanax bourgeti Eigenmann, 1908 布氏丽脂鲤

Astyanax brachypterygium Bertaco & Malabarba, 2001 短鳍丽脂鲤

Astyanax brevirhinus Eigenmann, 1908 短鼻丽脂鲤

Astyanax burgerai Zanata & Camelier, 2009 伯格氏丽脂鲤

Astyanax caucanus (Steindachner, 1879) 考卡河丽脂鲤

Astyanax chaparae Fowler, 1943 玻利维亚丽脂鲤

Astyanax chico Casciotta & Almirón, 2004 奇科丽脂鲤

Astyanax clavitaeniatus Garutti, 2003 棒纹丽脂鲤

Astyanax cocibolca Bussing, 2008 银光丽脂鲤

Astyanax cordovae (Günther, 1880) 科尔多瓦丽脂鲤

Astyanax correntinus (Holmberg, 1891) 阿根廷丽脂鲤

Astyanax courensis Bertaco, Carvalho & Jerep, 2010 高伦丽脂鲤

Astyanax cremnobates Bertaco & Malabarba, 2001 爬岩丽脂鲤

Astyanax daguae Eigenmann, 1913 大个丽脂鲤

Astyanax depressirostris Miranda Ribeiro, 1908 扁吻丽脂鲤

Astyanax dnophos Lima & Zuanon, 2004 黑丽脂鲤

Astyanax eigenmanniorum (Cope, 1894) 艾奇曼丽脂鲤

Astyanax elachylepis Bertaco & Lucinda, 2005 微鳞丽脂鲤

Astyanax endy Mirande, Aguilera & Azpelicueta, 2006 内丽脂鲤

Astyanax epiagos Zanata & Camelier, 2008 砂丽脂鲤

Astyanax erythropterus (Holmberg, 1891) 红鳍丽脂鲤

Astyanax fasciatus (Cuvier, 1819) 斑条丽脂鲤

Astyanax fasslii (Steindachner, 1915) 法氏丽脂鲤

Astyanax festae (Boulenger, 1898) 费斯特丽脂鲤

Astyanax filiferus (Eigenmann, 1913) 南美丽脂鲤

Astyanax gisleni Dahl, 1943 吉氏丽脂鲤

Astyanax giton Eigenmann, 1908 邻丽脂鲤

Astyanax goyacensis Eigenmann, 1908 戈亚丽脂鲤

Astyanax goyanensis (Miranda Ribeiro, 1944) 戈洋丽脂鲤

Astyanax gracilior Eigenmann, 1908 细身丽脂鲤

Astyanax guaporensis Eigenmann, 1911 瓜波雷丽脂鲤

Astyanax guianensis Eigenmann, 1909 圭亚那丽脂鲤

Astyanax gymnodontus (Eigenmann, 1911) 裸齿丽脂鲤

Astyanax gymnogenys Eigenmann, 1911 裸颊丽脂鲤

Astyanax hastatus Myers, 1928 矛丽脂鲤

Astyanax henseli de Melo & Buckup, 2006 亨氏丽脂鲤

Astyanax hermosus Miquelarena, Protogino & López, 2005 秀丽脂鲤

Astyanax integer Myers, 1930 无疵丽脂鲤

Astyanax intermedius Eigenmann, 1908 间丽脂鲤

Astyanax ita Almirón, Azpelicueta & Casciotta, 2002 雀尾丽脂鲤

Astyanax jacobinae Zanata & Camelier, 2008 雅各布丽脂鲤

Astyanax jacuhiensis (Cope, 1894) 凹尾丽脂鲤

Astyanax janeiroensis Eigenmann, 1908 热内罗丽脂鲤

Astyanax jenynsii (Steindachner, 1877) 詹氏丽脂鲤

Astyanax jordanensis Vera Alcaraz, Pavanelli & Bertaco, 2009 约旦丽脂鲤

Astyanax jordani (Hubbs & Innes, 1936) 乔氏丽脂鲤

Astyanax kennedyi Géry, 1964 肯尼迪丽脂鲤

Astyanax kompi Hildebrand, 1938 康氏丽脂鲤

Astyanax kullanderi Costa, 1995 库氏丽脂鲤

Astyanax lacustris (Lütken, 1875) 湖丽脂鲤

Astyanax latens Mirande, Aguilera & Azpelicueta, 2004 潜丽脂鲤

Astyanax laticeps (Cope, 1894) 侧头丽脂鲤

Astyanax leonidas Azpelicueta, Casciotta & Almirón, 2002 狮纹丽脂鲤

Astyanax leopoldi Géry, Planquette & Le Bail, 1988 利氏丽脂鲤

Astyanax lineatus (Perugia, 1891) 线纹丽脂鲤

Astyanax longior (Cope, 1878) 长身丽脂鲤

Astyanax maculisquamis Garutti & Britski, 1997 斑鳞丽脂鲤

Astyanax magdalenae Eigenmann & Henn, 1916 马格达河丽脂鲤

Astyanax marionae Eigenmann, 1911 马里奥丽脂鲤

Astyanax maximus (Steindachner, 1877) 巨丽脂鲤

Astyanax megaspilura Fowler, 1944 大斑丽脂鲤

Astyanax mexicanus (De Filippi, 1853) 墨西哥丽脂鲤

Astyanax microlepis Eigenmann, 1913 小鳞丽脂鲤

Astyanax microschemos Bertaco & Lucena, 2006 微丽脂鲤

Astyanax multidens Eigenmann, 1908 多齿丽脂鲤

Astyanax mutator Eigenmann, 1909 变色丽脂鲤

Astyanax myersi (Fernández-Yépez, 1950) 迈尔斯丽脂鲤

Astyanax nasutus Meek, 1907 大鼻丽脂鲤

Astyanax nicaraguensis Eigenmann & Ogle, 1907 尼加拉瓜丽脂鲤

Astyanax obscurus (Hensel, 1870) 暗色丽脂鲤

Astyanax ojiara Azpelicueta & Garcia, 2000 泽丽脂鲤

Astyanax orbignyanus (Valenciennes, 1850) 壮丽脂鲤

Astyanax orthodus Eigenmann, 1907 直齿丽脂鲤

Astyanax pampa Casciotta, Almirón & Azpelicueta, 2005 潘帕丽脂鲤

Astyanax paraguayensis (Fowler, 1918) 巴拉圭丽脂鲤

Astyanax parahybae Eigenmann, 1908 副驼背丽脂鲤

Astyanax paranae Eigenmann, 1914 巴拉那丽脂鲤

Astyanax paranahybae Eigenmann, 1911 巴拉那驼背丽脂鲤

Astyanax paris Azpelicueta, Almirón & Casciotta, 2002 帕里斯丽脂鲤

Astyanax pedri (Eigenmann, 1908) 佩氏丽脂鲤

Astyanax pelecus Bertaco & Lucena, 2006 斧丽脂鲤

Astyanax pellegrini Eigenmann, 1907 皮氏丽脂鲤

Astyanax poetzschkei Ahl, 1932 波氏丽脂鲤

Astyanax puka Mirande, Aguilera & Azpelicueta, 2007 普卡丽脂鲤

Astyanax pynandi Casciotta, Almirón, Bechara, Roux & Ruiz Diaz, 2003 派曼氏丽脂鲤

Astyanax ribeirae Eigenmann, 1911 里贝拉丽脂鲤

Astyanax rivularis (Lütken, 1875) 溪丽脂鲤

Astyanax robustus Meek, 1912 强壮丽脂鲤

Astyanax ruberrimus Eigenmann, 1913 尾斑丽脂鲤

Astyanax rupununi Fowler, 1914 鲁氏丽脂鲤

Astyanax saguazu Casciotta, Almirón & Azpelicueta, 2003 萨瓜丽脂鲤

Astyanax saltor Travassos, 1960 萨尔托丽脂鲤

Astyanax scabripinnis (Jenyns, 1842) 粗鳍丽脂鲤

Astyanax schubarti Britski, 1964 舒伯特丽脂鲤

Astyanax scintillans Myers, 1928 火丽脂鲤

Astyanax siapae Garutti, 2003 赛丽脂鲤

Astyanax stenohalinus Messner, 1962 窄体丽脂鲤

Astyanax stilbe (Cope, 1870) 闪光丽脂鲤

Astyanax superbus Myers, 1942 大头丽脂鲤

Astyanax symmetricus Eigenmann, 1908 对称丽脂鲤

Astyanax taeniatus (Jenyns, 1842) 条纹丽脂鲤

Astyanax totae Ferreira Haluch & Albilhoa, 2005 托泰丽脂鲤

Astyanax trierythropterus Godoy, 1970 三红鳍丽脂鲤

Astyanax troya Azpelicueta, Casciotta & Almirón, 2002 特罗伊丽脂鲤

Astyanax tumbayaensis Miquelarena & Menni, 2005 滕巴丽脂鲤

Astyanax tupi Azpelicueta, Mirande, Almirón & Casciotta, 2003 塔氏丽脂鲤

Astyanax turmalinensis Triques, Vono & Caiafa, 2003 图曼丽脂鲤

Astyanax unitaeniatus Garutti, 1998 单纹丽脂鲤

Astyanax utiariti Bertaco & Garutti, 2007 尤氏丽脂鲤

Astyanax validus Géry, Planquette & Le Bail, 1991 壮体丽脂鲤

Astyanax varzeae Abilhoa & Duboc, 2007 瓦氏丽脂鲤

Astyanax venezuelae Schultz, 1944 委内瑞拉丽脂鲤

Astyanax vermilion Zanata & Camelier, 2009 虫纹丽脂鲤

Astyanax villwocki Zarske & Géry, 1999 维氏丽脂鲤

Astyanax xavante Garutti & Venere, 2009 大口丽脂鲤

Genus *Atopomesus* Myers, 1927 **怪脂鲤属**

Atopomesus pachyodus Myers, 1927 内格罗河怪脂鲤

Genus *Attonitus* Vari & Ortega, 2000 **奇脂鲤属**

Attonitus bounites Vari & Ortega, 2000 秘鲁奇脂鲤

Attonitus ephimeros Vari & Ortega, 2000 高贵奇脂鲤

Attonitus irisae Vari & Ortega, 2000 虹奇脂鲤

Genus *Aulixidens* Böhlke, 1952 **奥利脂鲤属**

Aulixidens eugeniae Böhlke, 1952 奥利脂鲤

Genus *Axelrodia* Géry, 1965 **阿克塞脂鲤属**

Axelrodia lindeae Géry, 1973 南美阿克塞脂鲤

Axelrodia riesei Géry, 1966 里氏阿克塞脂鲤

Axelrodia stigmatias (Fowler, 1913) 眼点阿克塞脂鲤

Genus *Bario* Myers, 1940 **巴里奥脂鲤属**

Bario steindachneri (Eigenmann, 1893) 斯氏巴里奥脂鲤

Genus *Boehlkea* Géry, 1966 **贝基脂鲤属**

Boehlkea fredcochui Géry, 1966 弗氏贝基脂鲤

Genus *Brachychalcinus* Boulenger, 1892 **短蝎脂鲤属**

Brachychalcinus copei (Steindachner, 1882) 科氏短蝎脂鲤

Brachychalcinus nummus Böhlke, 1958 厄瓜多尔短蝎脂鲤

Brachychalcinus orbicularis (Valenciennes, 1850) 圭亚那短蜴脂鲤

Brachychalcinus parnaibae Reis, 1989 巴西短蜴脂鲤

Brachychalcinus retrospina Boulenger, 1892 后刺短蜴脂鲤

Genus *Bramocharax* Gill, 1877 布拉姆脂鲤属

Bramocharax baileyi Rosen, 1972 巴氏布拉姆脂鲤

Bramocharax bransfordii Gill, 1877 勃氏布拉姆脂鲤

Bramocharax caballeroi Contreras-Balderas & Rivera-Teillery, 1985 卡氏布拉姆脂鲤

Bramocharax dorioni Rosen, 1970 多氏布拉姆脂鲤

Genus *Brittanichthys* Géry, 1965 布列塔尼鱼属

Brittanichthys axelrodi Géry, 1965 巴西布列塔尼鱼

Brittanichthys myersi Géry, 1965 布列塔尼鱼

Genus *Brycon* Müller & Troschel, 1844 石脂鲤属

Brycon alburnus (Günther, 1860) 白石脂鲤

Brycon amazonicus (Spix & Agassiz, 1829) 亚马孙河石脂鲤

Brycon argenteus Meek & Hildebrand, 1913 银石脂鲤

Brycon atrocaudatus (Kner, 1863) 黑尾石脂鲤

Brycon behreae Hildebrand, 1938 贝雷石脂鲤

Brycon bicolor Pellegrin, 1909 双色石脂鲤

Brycon cephalus (Günther, 1869) 头石脂鲤

Brycon chagrensis (Kner, 1863) 查格石脂鲤

Brycon coquenani Steindachner, 1915 科氏石脂鲤

Brycon coxeyi Fowler, 1943 考氏石脂鲤

Brycon dentex Günther, 1860 小齿石脂鲤

Brycon devillei (Castelnau, 1855) 德氏石脂鲤

Brycon falcatus Müller & Troschel, 1844 镰石脂鲤

Brycon ferox Steindachner, 1877 野石脂鲤

Brycon fowleri Dahl, 1955 福氏石脂鲤

Brycon gouldingi Lima, 2004 古氏石脂鲤

Brycon guatemalensis Regan, 1908 危地马石脂鲤

Brycon henni Eigenmann, 1913 亨氏石脂鲤

Brycon hilarii (Valenciennes, 1850) 希氏石脂鲤

Brycon insignis Steindachner, 1877 尾斑石脂鲤

Brycon labiatus Steindachner, 1879 厚唇石脂鲤

Brycon medemi Dahl, 1960 梅氏石脂鲤

Brycon meeki Eigenmann & Hildebrand, 1918 米克石脂鲤

Brycon melanopterus (Cope, 1872) 黑鳍石脂鲤

Brycon moorei Steindachner, 1878 莫氏石脂鲤

Brycon nattereri Günther, 1864 纳氏石脂鲤

Brycon obscurus Hildebrand, 1938 暗色石脂鲤

Brycon oligolepis Regan, 1913 寡鳞石脂鲤

Brycon opalinus (Cuvier, 1819) 玛瑙石脂鲤

Brycon orbignyanus (Valenciennes, 1850) 大鳞石脂鲤

Brycon orthotaenia Günther, 1864 直纹石脂鲤

Brycon pesu Müller & Troschel, 1845 圭亚那石脂鲤

Brycon petrosus Meek & Hildebrand, 1913 石脂鲤

Brycon polylepis Mosco Morales, 1988 多鳞石脂鲤

Brycon posadae Fowler, 1945 波萨石脂鲤

Brycon rubricauda Steindachner, 1879 红尾石脂鲤

Brycon sinuensis Dahl, 1955 西努河石脂鲤

Brycon stolzmanni Steindachner, 1879 斯氏石脂鲤

Brycon striatulus (Kner, 1863) 条纹石脂鲤

Brycon unicolor Mosco Morales, 1988 单色石脂鲤

Brycon vermelha Lima & Castro, 2000 巴西石脂鲤

Brycon whitei Myers & Weitzman, 1960 怀特氏石脂鲤

Genus *Bryconacidnus* Myers, 1929 啮齿脂鲤属

Bryconacidnus ellisi (Pearson, 1924) 埃氏啮齿脂鲤

Bryconacidnus hemigrammus (Pearson, 1924) 半带啮齿脂鲤

Bryconacidnus paipayensis (Pearson, 1929) 秘鲁啮齿脂鲤

Genus *Bryconadenos* Weitzman, Menezes, Evers & Burns, 2005 啮牙脂鲤属

Bryconadenos tanaothoros Weitzman, Menezes, Evers & Burns, 2005 巴西啮牙脂鲤

Bryconadenos weitzmani Menezes, Netto-Ferreira & Ferreira, 2009 韦氏啮牙脂鲤

Genus *Bryconamericus* Eigenmann, 1907 啮脂鲤属

Bryconamericus agna Azpelicueta & Almirón, 2001 洁啮脂鲤

Bryconamericus alfredae Eigenmann, 1927 阿氏啮脂鲤

Bryconamericus alpha Eigenmann, 1914 阿尔发啮脂鲤

Bryconamericus andresoi Román-Valencia, 2003 安氏啮脂鲤

Bryconamericus arilepis Román-Valencia, Vanegas-Ríos & Ruiz-C., 2008 美鳞啮脂鲤

Bryconamericus bayano (Fink, 1976) 贝氏啮脂鲤

Bryconamericus bolivianus Pearson, 1924 玻利维亚啮脂鲤

Bryconamericus brevirostris (Günther, 1860) 短吻啮脂鲤

Bryconamericus carlosi Román-Valencia, 2003 卡氏啮脂鲤

Bryconamericus caucanus Eigenmann, 1913 高卡啮脂鲤

Bryconamericus charalae Román-Valencia, 2005 南美啮脂鲤

Bryconamericus cinarucoense Román-Valencia, Taphorn & Ruiz-C., 2008 彻纳河啮脂鲤

Bryconamericus cismontanus Eigenmann, 1914 高山啮脂鲤

Bryconamericus cristiani Román-Valencia, 1999 克氏啮脂鲤

Bryconamericus dahli Román-Valencia, 2000 达氏啮脂鲤

Bryconamericus deuterodonoides Eigenmann, 1914 似牙啮脂鲤

Bryconamericus diaphanus (Cope, 1878) 秘啮脂鲤

Bryconamericus ecai da Silva, 2004 埃氏啮脂鲤

Bryconamericus eigenmanni (Evermann & Kendall, 1906) 艾氏啮脂鲤

Bryconamericus emperador (Eigenmann & Ogle, 1907) 巴拿马啮脂鲤

Bryconamericus exodon Eigenmann, 1907 外齿啮脂鲤

Bryconamericus foncensis Román-Valencia, Vanegas-Ríos & Ruiz-C., 2009 丰森啮脂鲤

Bryconamericus galvisi Román-Valencia, 2000 高氏啮脂鲤

Bryconamericus gonzalezi Román-Valencia, 2002 冈萨雷斯啮脂鲤

Bryconamericus grosvenori Eigenmann, 1927 格罗夫纳啮脂鲤

Bryconamericus guaytarae Eigenmann & Henn, 1914 皮特河啮脂鲤

Bryconamericus guizae Román-Valencia, 2003 吉氏啮脂鲤

Bryconamericus guyanensis Zarske, Le Bail & Géry, 2010 盖扬啮脂鲤

Bryconamericus huilae Román-Valencia, 2003 休氏啮脂鲤

Bryconamericus hyphesson Eigenmann, 1909 波塔河啮脂鲤

Bryconamericus icelus Dahl, 1964 嗜睡啮脂鲤

Bryconamericus ichoensis Román-Valencia, 2000 黑带啮脂鲤

Bryconamericus iheringii (Boulenger, 1887) 伊氏啮脂鲤

Bryconamericus ikaa Casciotta, Almirón & Azpelicueta, 2004 艾肯啮脂鲤

Bryconamericus lambari Malabarba & Kindel, 1995 拉氏啮脂鲤

Bryconamericus lassorum Román-Valencia, 2002 拉森啮脂鲤

Bryconamericus loisae Géry, 1964 洛伊斯啮脂鲤

Bryconamericus macrophthalmus Román-Valencia, 2003 大头啮脂鲤

Bryconamericus megalepis Fowler, 1941 大鳞啮脂鲤

Bryconamericus mennii Miquelarena, Protogino, Filiberto & López, 2002 门氏啮脂鲤

Bryconamericus microcephalus (Miranda Ribeiro, 1908) 小头啮脂鲤

Bryconamericus miraensis Fowler, 1945 米拉河啮脂鲤

Bryconamericus motatanensis Schultz, 1944 马拉开波湖啮脂鲤

Bryconamericus multiradiatus Dahl, 1960 多辐啮脂鲤

Bryconamericus novae Eigenmann & Henn, 1914 塔科河啮脂鲤

Bryconamericus orinocoense Román-Valencia, 2003 高原啮脂鲤

Bryconamericus ornaticeps Bizerril & Perez-Neto, 1995 饰头啮脂鲤

Bryconamericus osgoodi Eigenmann & Allen, 1942 奥氏啮脂鲤

Bryconamericus pachacuti Eigenmann, 1927 帕氏啮脂鲤

Bryconamericus patriciae da Silva, 2004 野啮脂鲤

Bryconamericus pectinatus Vari & Siebert, 1990 梳啮脂鲤

Bryconamericus peruanus (Müller & Troschel, 1845) 秘鲁啮脂鲤
Bryconamericus phoenicopterus (Cope, 1872) 紫鳍啮脂鲤
Bryconamericus plutarcoi Román-Valencia, 2001 普氏啮脂鲤
Bryconamericus pyahu Azpelicueta, Casciotta & Almirón, 2003 阿根廷啮脂鲤
Bryconamericus rubropictus (Berg, 1901) 红啮脂鲤
Bryconamericus scleroparius (Regan, 1908) 硬头啮脂鲤
Bryconamericus simus (Boulenger, 1898) 仰鼻啮脂鲤
Bryconamericus singularis Román-Valencia, Taphorn & Ruiz-C., 2008 孤啮脂鲤
Bryconamericus stramineus Eigenmann, 1908 准乌拉圭啮脂鲤
Bryconamericus subtilisform Román-Valencia, 2003 细啮脂鲤
Bryconamericus sylvicola Braga, 1998 巴拉拿河啮脂鲤
Bryconamericus tenuis Bizerril & Auraujo, 1992 细身啮脂鲤
Bryconamericus ternetzi Myers, 1928 特氏啮脂鲤
Bryconamericus terrabensis Meek, 1914 哥斯达黎加啮脂鲤
Bryconamericus thomasi Fowler, 1940 汤氏啮脂鲤
Bryconamericus tolimae Eigenmann, 1913 托连啮脂鲤
Bryconamericus turiuba Langeani, Lucena, Pedrini & Tarelho-Pereira, 2005 叉牙啮脂鲤
Bryconamericus uporas Casciotta, Azpelicueta & Almirón, 2002 乌拉圭河啮脂鲤
Bryconamericus yokiae Román-Valencia, 2003 高体啮脂鲤
Bryconamericus ytu Almirón, Azpelicueta & Casciotta, 2004 侧带啮脂鲤
Bryconamericus zeteki Hildebrand, 1938 泽氏啮脂鲤

Genus *Bryconella* Géry, 1965 小啮脂鲤属

Bryconella pallidifrons (Fowler, 1946) 南美小啮脂鲤

Genus *Bryconexodon* Géry, 1980 侧牙啮鱼属

Bryconexodon juruenae Géry, 1980 巴西侧牙啮鱼
Bryconexodon trombetasi Jégu, Santos & Ferreira, 1991 特氏侧牙啮鱼

Genus *Bryconops* Kner, 1858 瑠脂鲤属

Bryconops affinis (Günther, 1864) 安芬瑠脂鲤
Bryconops alburnoides Kner, 1858 瑠脂鲤
Bryconops caudomaculatus (Günther, 1864) 尾斑瑠脂鲤
Bryconops colanegra Chernoff & Machado-Allison, 1999 卡罗尼河瑠脂鲤
Bryconops colaroja Chernoff & Machado-Allison, 1999 南美瑠脂鲤
Bryconops collettei Chernoff & Machado-Allison, 2005 科氏瑠脂鲤
Bryconops cyrtogaster (Norman, 1926) 弧腹瑠脂鲤
Bryconops disruptus Machado-Allison & Chernoff, 1997 溪河瑠脂鲤
Bryconops durbini (Eigenmann, 1908) 德宾瑠脂鲤
Bryconops giacopinii (Fernández-Yépez, 1950) 贾氏瑠脂鲤
Bryconops gracilis (Eigenmann, 1908) 细身瑠脂鲤
Bryconops humeralis Machado-Allison, Chernoff & Buckup, 1996 披肩瑠脂鲤
Bryconops imitator Chernoff & Machado-Allison, 2002 拟瑠脂鲤
Bryconops inpai Knöppel, Junk & Géry, 1968 英氏瑠脂鲤
Bryconops magoi Chernoff & Machado-Allison, 2005 梅氏瑠脂鲤
Bryconops melanurus (Bloch, 1794) 黑尾瑠脂鲤
Bryconops transitoria (Steindachner, 1915) 贵瑠脂鲤
Bryconops vibex Machado-Allison, Chernoff & Buckup, 1996 条痕瑠脂鲤

Genus *Caiapobrycon* Malabarba & Vari, 2000 啮鱼属

Caiapobrycon tucurui Malabarba & Vari, 2000 南美啮鱼

Genus *Carlana* Strand, 1928 头脂鲤属

Carlana eigenmanni (Meek, 1912) 艾氏头脂鲤

Genus *Catoprion* Müller & Troschel, 1844 下锯脂鲤属

Catoprion mento (Cuvier, 1819) 蒙图下锯脂鲤

Genus *Ceratobranchia* Eigenmann, 1914 角鳃脂鲤属

Ceratobranchia binghami Eigenmann, 1927 宾氏角鳃脂鲤
Ceratobranchia delotaenia Chernoff & Machado-Allison, 1990 隐纹角鳃脂鲤
Ceratobranchia elatior Tortonese, 1942 厄瓜多尔角鳃脂鲤

Ceratobranchia joanae Chernoff & Machado-Allison, 1990 南美角鳃脂鲤
Ceratobranchia obtusirostris Eigenmann, 1914 钝吻角鳃脂鲤

Genus *Chalceus* Cuvier, 1818 大鳞脂鲤属

Chalceus epakros Zanata & Toledo-Piza, 2004 亚马孙大鳞脂鲤
Chalceus erythrurus (Cope, 1870) 红铜大鳞脂鲤
Chalceus fasciatus Jardine & Schomburgk, 1841 条纹大鳞脂鲤
Chalceus guaporensis Zanata & Toledo-Piza, 2004 瓜波雷大鳞脂鲤
Chalceus latus Jardine, 1841 巴西大鳞脂鲤
Chalceus macrolepidotus Cuvier, 1818 大鳞脂鲤
Chalceus spilogyros Zanata & Toledo-Piza, 2004 污斑大鳞脂鲤
Chalceus taeniatus Jardine & Schomburgk, 1841 条带大鳞脂鲤

Genus *Charax* Scopoli, 1777 桂脂鲤属

Charax apurensis Lucena, 1987 阿普雷桂脂鲤
Charax caudimaculatus Lucena, 1987 尾斑桂脂鲤
Charax condei (Géry & Knöppel, 1976) 康德氏桂脂鲤
Charax gibbosus (Linnaeus, 1758) 驼背桂脂鲤
Charax hemigrammus (Eigenmann, 1912) 半线桂脂鲤
Charax leticiae Lucena, 1987 莱氏桂脂鲤
Charax macrolepis (Kner, 1858) 大鳞桂脂鲤
Charax metae Eigenmann, 1922 米塔氏桂脂鲤
Charax michaeli Lucena, 1989 迈克尔氏桂脂鲤
Charax niger Lucena, 1989 黑桂脂鲤
Charax notulatus Lucena, 1987 南美桂脂鲤
Charax pauciradiatus (Günther, 1864) 少辐桂脂鲤
Charax rupununi Eigenmann, 1912 鲁氏桂脂鲤
Charax stenopterus (Cope, 1894) 窄鳍桂脂鲤
Charax tectifer (Cope, 1870) 猛桂脂鲤
Charax unimaculatus Lucena, 1989 单斑桂脂鲤

Genus *Cheirodon* Girard, 1855 宝莲灯鱼属

Cheirodon australe Eigenmann, 1928 智利宝莲灯鱼
Cheirodon galusdai Eigenmann, 1928 加氏宝莲灯鱼
Cheirodon ibicuhiensis Eigenmann, 1915 巴西宝莲灯鱼
Cheirodon interruptus (Jenyns, 1842) 断纹宝莲灯鱼
Cheirodon jaguaribensis Fowler, 1941 贾贵宝莲灯鱼
Cheirodon kiliani Campos, 1982 基氏宝莲灯鱼
Cheirodon luelingi Géry, 1964 卢林宝莲灯鱼
Cheirodon ortegai Vari & Géry, 1980 奥氏宝莲灯鱼
Cheirodon parahybae Eigenmann, 1915 副驼背宝莲灯鱼
Cheirodon pisciculus Girard, 1855 小宝莲灯鱼

Genus *Cheirodontops* Schultz, 1944 宝莲鱼属

Cheirodontops geayi Schultz, 1944 吉氏宝莲鱼

Genus *Chilobrycon* Géry & de Rham, 1981 唇啮脂鲤属

Chilobrycon deuterodon Géry & de Rham, 1981 唇啮脂鲤

Genus *Chrysobrycon* Weitzman & Menezes, 1998 金啮脂鲤属

Chrysobrycon hesperus (Böhlke, 1958) 秘鲁金啮脂鲤
Chrysobrycon myersi (Weitzman & Thomerson, 1970) 梅氏金啮脂鲤

Genus *Clupeacharax* Pearson, 1924 鳀脂鲤属

Clupeacharax anchoveoides Pearson, 1924 拟鳀脂鲤

Genus *Colossoma* Eigenmann & Kennedy, 1903 巨脂鲤属

Colossoma macropomum (Cuvier, 1816) 大鳃盖巨脂鲤 固

Genus *Compsura* Eigenmann, 1915 吹砂脂鲤属

Compsura gorgonae (Evermann & Goldsborough, 1909) 巴拿马吹砂脂鲤
Compsura heterura Eigenmann, 1915 异尾吹砂脂鲤

Genus *Coptobrycon* Géry, 1966 匕啮鱼属

Coptobrycon bilineatus (Ellis, 1911) 双线匕啮鱼

Genus *Corynopoma* Gill, 1858 剑尾脂鲤属

Corynopoma riisei Gill, 1858 里氏剑尾脂鲤

Genus *Creagrutus* Günther, 1864 钩齿脂鲤属

Creagrutus affinis Steindachner, 1880 安芬钩齿脂鲤

Creagrutus amoenus Fowler, 1943 叉尾钩齿脂鲤

Creagrutus anary Fowler, 1913 巴西钩齿脂鲤

Creagrutus atratus Vari & Harold, 2001 黑体钩齿脂鲤

Creagrutus atrisignum Myers, 1927 暗斑钩齿脂鲤

Creagrutus barrigai Vari & Harold, 2001 巴氏钩齿脂鲤

Creagrutus beni Eigenmann, 1911 本氏钩齿脂鲤

Creagrutus bolivari Schultz, 1944 博氏钩齿脂鲤

Creagrutus brevipinnis Eigenmann, 1913 短鳍钩齿脂鲤

Creagrutus britskii Vari & Harold, 2001 布氏钩齿脂鲤

Creagrutus calai Vari & Harold, 2001 卡氏钩齿脂鲤

Creagrutus caucanus Eigenmann, 1913 多鳞钩齿脂鲤

Creagrutus changae Vari & Harold, 2001 杂食钩齿脂鲤

Creagrutus cochui Géry, 1964 科氏钩齿脂鲤

Creagrutus cracentis Vari & Harold, 2001 纤细钩齿脂鲤

Creagrutus crenatus Vari & Harold, 2001 钝锯钩齿脂鲤

Creagrutus ephippiatus Vari & Harold, 2001 内格罗钩齿脂鲤

Creagrutus figueiredoi Vari & Harold, 2001 菲氏钩齿脂鲤

Creagrutus flavescens Vari & Harold, 2001 黄钩齿脂鲤

Creagrutus gephyrus Böhlke & Saul, 1975 桥钩齿脂鲤

Creagrutus gracilis Vari & Harold, 2001 细身钩齿脂鲤

Creagrutus guanes Torres-Mejia & Vari, 2005 哥伦比亚钩齿脂鲤

Creagrutus gyrospilus Vari & Harold, 2001 圆点钩齿脂鲤

Creagrutus hildebrandi Schultz, 1944 海氏钩齿脂鲤

Creagrutus holmi Vari & Harold, 2001 霍氏钩齿脂鲤

Creagrutus hysginus Harold, Vari, Machado-Allison & Provenzano, 1994 鲜红钩齿脂鲤

Creagrutus ignotus Vari & Harold, 2001 火红钩齿脂鲤

Creagrutus kunturus Vari, Harold & Ortega, 1995 涩钩齿脂鲤

Creagrutus lassoi Vari & Harold, 2001 拉氏钩齿脂鲤

Creagrutus lepidus Vari, Harold, Lasso & Machado-Allison, 1993 美丽钩齿脂鲤

Creagrutus machadoi Vari & Harold, 2001 马氏钩齿脂鲤

Creagrutus maculosus Román-Valencia, García-Alzate, Ruiz-C. & Taphorn B., 2010 斑纹钩齿脂鲤

Creagrutus magdalenae Eigenmann, 1913 高身钩齿脂鲤

Creagrutus magoi Vari & Harold, 2001 梅氏钩齿脂鲤

Creagrutus manu Vari & Harold, 2001 大鳍钩齿脂鲤

Creagrutus maracaiboensis (Schultz, 1944) 委内瑞拉钩齿脂鲤

Creagrutus maxillaris (Myers, 1927) 斜颌钩齿脂鲤

Creagrutus melanzonus Eigenmann, 1909 黑带钩齿脂鲤

Creagrutus melasma Vari, Harold & Taphorn, 1994 黑点钩齿脂鲤

Creagrutus menezesi Vari & Harold, 2001 米氏钩齿脂鲤

Creagrutus meridionalis Vari & Harold, 2001 南方钩齿脂鲤

Creagrutus molinus Vari & Harold, 2001 阿拉瓜河钩齿脂鲤

Creagrutus mucipu Vari & Harold, 2001 黏钩齿脂鲤

Creagrutus muelleri (Günther, 1859) 米勒氏钩齿脂鲤

Creagrutus nigrostigmatus Dahl, 1960 少鳞钩齿脂鲤

Creagrutus occidaneus Vari & Harold, 2001 眼点钩齿脂鲤

Creagrutus ortegai Vari & Harold, 2001 奥氏钩齿脂鲤

Creagrutus ouranonastes Vari & Harold, 2001 阿普河钩齿脂鲤

Creagrutus paraguayensis Mahnert & Géry, 1988 巴拉圭钩齿脂鲤

Creagrutus paralacus Harold & Vari, 1994 近湖钩齿脂鲤

Creagrutus pearsoni Mahnert & Géry, 1988 皮氏钩齿脂鲤

Creagrutus peruanus (Steindachner, 1877) 秘鲁钩齿脂鲤

Creagrutus petilus Vari & Harold, 2001 瘦身钩齿脂鲤

Creagrutus phasma Myers, 1927 奇异钩齿脂鲤

Creagrutus pila Vari & Harold, 2001 毛鳞钩齿脂鲤

Creagrutus planquettei Géry & Renno, 1989 普氏钩齿脂鲤

Creagrutus provenzanoi Vari & Harold, 2001 普罗氏钩齿脂鲤

Creagrutus runa Vari & Harold, 2001 尼格罗河钩齿脂鲤

Creagrutus saxatilis Vari & Harold, 2001 溪钩齿脂鲤

Creagrutus seductus Vari & Harold, 2001 潜钩齿脂鲤

Creagrutus taphorni Vari & Harold, 2001 塔氏钩齿脂鲤

Creagrutus tuyuka Vari & Lima, 2003 多椎钩齿脂鲤

Creagrutus ungulus Vari & Harold, 2001 尖鳍钩齿脂鲤

Creagrutus varii Ribeiro, Benine & Figueiredo, 2004 瓦氏钩齿脂鲤

Creagrutus veruina Vari & Harold, 2001 矛状钩齿脂鲤

Creagrutus vexillapinnus Vari & Harold, 2001 旗鳍钩齿脂鲤

Creagrutus xiphos Vari & Harold, 2001 剑形钩齿脂鲤

Creagrutus yanatili Harold & Salcedo, 2010 杨氏钩齿脂鲤

Creagrutus zephyrus Vari & Harold, 2001 西方钩齿脂鲤

Genus *Ctenobrycon* Eigenmann, 1908 栉唒鱼属

Ctenobrycon alleni (Eigenmann & McAtee, 1907) 阿氏栉唒鱼

Ctenobrycon hauxwellianus (Cope, 1870) 秘鲁栉唒鱼

Ctenobrycon multiradiatus (Steindachner, 1876) 多辐栉唒鱼

Ctenobrycon spilurus (Valenciennes, 1850) 斑点栉唒鱼

Genus *Cyanocharax* Malabarba & Weitzman, 2003 蓝脂鲤属

Cyanocharax alegretensis Malabarba & Weitzman, 2003 阿来格蓝脂鲤

Cyanocharax dicropotamicus Malabarba & Weitzman, 2003 河栖蓝脂鲤

Cyanocharax itaimbe Malabarba & Weitzman, 2003 巴西蓝脂鲤

Cyanocharax lepiclastus Malabarba, Weitzman & Casciotta, 2003 碎鳞蓝脂鲤

Cyanocharax tipiaia Malabarba & Weitzman, 2003 秀美蓝脂鲤

Cyanocharax uruguayensis (Messner, 1962) 乌拉圭蓝脂鲤

Genus *Cynopotamus* Valenciennes, 1850 犬齿河脂鲤属

Cynopotamus amazonum (Günther, 1868) 亚马孙犬齿河脂鲤

Cynopotamus argenteus (Valenciennes, 1836) 银犬齿河脂鲤

Cynopotamus atratoensis (Eigenmann, 1907) 阿特拉托犬齿河脂鲤

Cynopotamus bipunctatus Pellegrin, 1909 双斑犬齿河脂鲤

Cynopotamus essequibensis Eigenmann, 1912 埃塞奎博犬齿河脂鲤

Cynopotamus gouldingi Menezes, 1987 古氏犬齿河脂鲤

Cynopotamus juruenae Menezes, 1987 朱氏犬齿河脂鲤

Cynopotamus kincaidi (Schultz, 1950) 金氏犬齿河脂鲤

Cynopotamus magdalenae (Steindachner, 1879) 旋游犬齿河脂鲤

Cynopotamus tocantinensis Menezes, 1987 图康廷斯犬齿河脂鲤

Cynopotamus venezuelae (Schultz, 1944) 委内瑞拉犬齿河脂鲤

Cynopotamus xinguano Menezes, 2007 丽体犬齿河脂鲤

Genus *Dectobrycon* Zarske & Géry, 2006 咬唒鱼属

Dectobrycon armeniacus Zarske & Géry, 2006 杏色咬唒鱼

Genus *Deuterodon* Eigenmann, 1907 副齿脂鲤属

Deuterodon iguape Eigenmann, 1907 副齿脂鲤

Deuterodon langei Travassos, 1957 兰格氏副齿脂鲤

Deuterodon longirostris (Steindachner, 1907) 长吻副齿脂鲤

Deuterodon parahybae Eigenmann, 1908 驼背副齿脂鲤

Deuterodon potaroensis Eigenmann, 1909 波塔副齿脂鲤

Deuterodon rosae (Steindachner, 1908) 玫瑰副齿脂鲤

Deuterodon singularis Lucena & Lucena, 1992 南美副齿脂鲤

Deuterodon stigmaturus (Gomes, 1947) 眼点副齿脂鲤

Deuterodon supparis Lucena & Lucena, 1992 巴西副齿脂鲤

Genus *Diapoma* Cope, 1894 全脂鲤属

Diapoma speculiferum Cope, 1894 全脂鲤

Diapoma terofali (Géry, 1964) 泰氏全脂鲤

Genus *Engraulisoma* Castro, 1981 似鳀鲱脂鲤属

Engraulisoma taeniatum Castro, 1981 似鳀鲱脂鲤

Genus *Exodon* Müller & Troschel, 1844 鹿齿鱼属

Exodon paradoxus Müller & Troschel, 1844 亚马孙河鹿齿鱼

Genus *Galeocharax* Fowler, 1910 盔脂鲤属

Galeocharax gulo (Cope, 1870) 贪食盔脂鲤

Galeocharax humeralis (Valenciennes, 1834) 巴拉圭盔脂鲤

Galeocharax knerii (Steindachner, 1879) 尼氏盔脂鲤

Genus *Genycharax* Eigenmann, 1912 丽颊脂鲤属

Genycharax tarpon Eigenmann, 1912 丽颊脂鲤

Genus *Gephyrocharax* Eigenmann, 1912 裙鱼属

Gephyrocharax atracaudatus (Meek & Hildebrand, 1912) 黑尾裙鱼

Gephyrocharax caucanus Eigenmann, 1912 高加裙鱼

Gephyrocharax chaparae Fowler, 1940 夏帕裙鱼

Gephyrocharax chocoensis Eigenmann, 1912 乔科裙鱼

Gephyrocharax intermedius Meek & Hildebrand, 1916 间裙鱼

Gephyrocharax major Myers, 1929 大裙鱼

Gephyrocharax martae Dahl, 1943 苦裙鱼

Gephyrocharax melanocheir Eigenmann, 1912 黑裙鱼

Gephyrocharax sinuensis Dahl, 1964 南美裙鱼

Gephyrocharax valencia Eigenmann, 1920 壮裙鱼

Gephyrocharax venezuelae Schultz, 1944 委内瑞拉裙鱼

Gephyrocharax whaleri Hildebrand, 1938 惠氏裙鱼

Genus *Glandulocauda* Eigenmann, 1911 腺尾脂鲤属

Glandulocauda caerulea Menezes & Weitzman, 2009 蓝身腺尾脂鲤

Glandulocauda melanopleura Eigenmann, 1911 黑胸腺尾脂鲤

Genus *Gnathocharax* Fowler, 1913 颌脂鲤属

Gnathocharax steindachneri Fowler, 1913 斯氏颌脂鲤

Genus *Grundulus* Valenciennes, 1846 胖脂鲤属

Grundulus bogotensis (Humboldt, 1821) 波哥大胖脂鲤

Grundulus cochae Román-Valencia, Paepke & Pantoja, 2003 科恰胖脂鲤

Grundulus quitoensis Román-Valencia, Ruiz C. & Barriga, 2005 厄瓜多尔胖脂鲤

Genus *Gymnocharacinus* Steindachner, 1903 裸脂鲤属

Gymnocharacinus bergii Steindachner, 1903 伯氏裸脂鲤

Genus *Gymnocorymbus* Eigenmann, 1908 裸顶脂鲤属

Gymnocorymbus bondi (Fowler, 1911) 邦氏裸顶脂鲤

Gymnocorymbus ternetzi (Boulenger, 1895) 坦氏裸顶脂鲤

Gymnocorymbus thayeri Eigenmann, 1908 塞氏裸顶脂鲤

Genus *Gymnotichthys* Fernández-Yépez, 1950 裸身脂鲤属

Gymnotichthys hildae Fernández-Yépez, 1950 希氏裸身脂鲤

Genus *Hasemania* Ellis, 1911 光尾裙鱼属

Hasemania crenuchoides Zarske & Géry, 1999 巴西光尾裙鱼

Hasemania hanseni (Fowler, 1949) 汉氏光尾裙鱼

Hasemania kalunga Bertaco & Carvalho, 2010 卡龙光尾裙鱼

Hasemania maxillaris Ellis, 1911 颌光尾裙鱼

Hasemania melanura Ellis, 1911 黑色光尾裙鱼

Hasemania nambiquara Bertaco & Malabarba, 2007 溪光尾裙鱼

Hasemania nana (Lütken, 1875) 银顶光尾裙鱼

Hasemania piatan Zanata & Serra, 2010 黏滑光尾裙鱼

Genus *Hemibrycon* Günther, 1864 半啮脂鲤属

Hemibrycon beni Pearson, 1924 本氏半啮脂鲤

Hemibrycon boquiae (Eigenmann, 1913) 博克半啮脂鲤

Hemibrycon brevispini Román-Valencia & Arcila-Mesa, 2009 布氏半啮脂鲤

Hemibrycon cairoense Román-Valencia & Arcila-Mesa, 2009 凯罗半啮脂鲤

Hemibrycon carrilloi Dahl, 1960 卡氏半啮脂鲤

Hemibrycon colombianus Eigenmann, 1914 哥伦比亚半啮脂鲤

Hemibrycon dariensis Meek & Hildebrand, 1916 达瑞安半啮脂鲤

Hemibrycon decurrens (Eigenmann, 1913) 南美半啮脂鲤

Hemibrycon dentatus (Eigenmann, 1913) 大牙半啮脂鲤

Hemibrycon divisorensis Bertaco, Malabarba, Hidalgo & Ortega, 2007 近视半啮脂鲤

Hemibrycon helleri Eigenmann, 1927 赫氏半啮脂鲤

Hemibrycon huambonicus (Steindachner, 1882) 万博半啮脂鲤

Hemibrycon jabonero Schultz, 1944 嘉宝半啮脂鲤

Hemibrycon jelskii (Steindachner, 1877) 杰氏半啮脂鲤

Hemibrycon metae Myers, 1930 梅塔河半啮脂鲤

Hemibrycon microformaa Román-Valencia & Ruiz-C., 2007 小型半啮脂鲤

Hemibrycon orcesi Böhlke, 1958 奥氏半啮脂鲤

Hemibrycon paez Román-Valencia & Arcila-Mesa, 2010 伯埃兹半啮脂鲤

Hemibrycon palomae Román-Valencia, Garcia-Alzate, Ruiz-C. & Taphorn, 2010 帕氏半啮脂鲤

Hemibrycon polyodon (Günther, 1864) 多牙半啮脂鲤

Hemibrycon quindos Román-Valencia & Arcila-Mesa, 2010 隆突半啮脂鲤

Hemibrycon rafaelense Román-Valencia & Arcila-Mesa, 2008 杂食半啮脂鲤

Hemibrycon raqueliae Román-Valencia & Arcila-Mesa, 2010 锋齿半啮脂鲤

Hemibrycon santamartae Román-Valencia, Ruiz-C., García-Alzate & Taphorn, 2010 圣氏半啮脂鲤

Hemibrycon surinamensis Géry, 1962 苏里南半啮脂鲤

Hemibrycon taeniurus (Gill, 1858) 条纹半啮脂鲤

Hemibrycon tridens Eigenmann, 1922 三齿半啮脂鲤

Hemibrycon velox Dahl, 1964 捷泳半啮脂鲤

Hemibrycon virolinica Román-Valencia & Arcila-Mesa, 2010 砾栖半啮脂鲤

Hemibrycon yacopiae Román-Valencia & Arcila-Mesa, 2010 丽颊半啮脂鲤

Genus *Hemigrammus* Gill, 1858 半线脂鲤属

Hemigrammus aereus Géry, 1959 金色半线脂鲤

Hemigrammus analis Durbin, 1909 南美半线脂鲤

Hemigrammus arua Lima, Wosiacki & Ramos, 2009 喜暖半线脂鲤

Hemigrammus barrigonae Eigenmann & Henn, 1914 巴里半线脂鲤

Hemigrammus bellottii (Steindachner, 1882) 贝氏半线脂鲤

Hemigrammus bleheri Géry & Mahnert, 1986 布氏非洲裙鱼

Hemigrammus boesemani Géry, 1959 贝斯曼半线脂鲤

Hemigrammus brevis Ellis, 1911 短半线脂鲤

Hemigrammus coeruleus Durbin, 1908 红身半线脂鲤

Hemigrammus cupreus Durbin, 1918 铜色半线脂鲤

Hemigrammus cylindricus Durbin, 1909 纺锤半线脂鲤

Hemigrammus elegans (Steindachner, 1882) 华美半线脂鲤

Hemigrammus erythrozonus Durbin, 1909 红带半线脂鲤

Hemigrammus geisleri Zarske & Géry, 2007 盖斯半线脂鲤

Hemigrammus gracilis (Lütken, 1875) 灰半线脂鲤

Hemigrammus guyanensis Géry, 1959 圭亚那半线脂鲤

Hemigrammus haraldi Géry, 1961 哈氏半线脂鲤

Hemigrammus hyanuary Durbin, 1918 豚形半线脂鲤

Hemigrammus iota Durbin, 1909 约太半线脂鲤

Hemigrammus levis Durbin, 1908 光滑半线脂鲤

Hemigrammus luelingi Géry, 1964 吕氏半线脂鲤

Hemigrammus lunatus Durbin, 1918 月牙半线脂鲤

Hemigrammus mahnerti Uj & Géry, 1989 麦氏半线脂鲤

Hemigrammus marginatus Ellis, 1911 黄边半线脂鲤

Hemigrammus matei Eigenmann, 1918 马氏半线脂鲤

Hemigrammus maxillaris (Fowler, 1932) 大颌半线脂鲤

Hemigrammus megaceps Fowler, 1945 大头半线脂鲤

Hemigrammus melanochrous Fowler, 1913 黑色半线脂鲤

Hemigrammus micropterus Meek, 1907 小鳍半线脂鲤

Hemigrammus microstomus Durbin, 1918 小口半线脂鲤

Hemigrammus mimus Böhlke, 1955 仿半线脂鲤

Hemigrammus neptunus Zarske & Géry, 2002 仙子半线脂鲤

Hemigrammus newboldi (Fernández-Yépez, 1949) 纽氏半线脂鲤

Hemigrammus ocellifer (Steindachner, 1882) 眼点半线脂鲤

Hemigrammus ora Zarske, Le Bail & Géry, 2006 大口半线脂鲤

Hemigrammus orthus Durbin, 1909 直鳍半线脂鲤

Hemigrammus parana Marinho, Carvalho, Langeani & Tatsumi, 2008 巴拉那半线脂鲤

Hemigrammus pretoensis Géry, 1965 大眼半线脂鲤

Hemigrammus pulcher Ladiges, 1938 丽半线脂鲤

Hemigrammus rhodostomus Ahl, 1924 红吻半线脂鲤

Hemigrammus rodwayi Durbin, 1909 罗氏半线脂鲤

Hemigrammus schmardae (Steindachner, 1882) 施氏半线脂鲤

Hemigrammus silimoni Britski & Lima, 2008 西氏半线脂鲤

Hemigrammus skolioplatus Bertaco & Carvalho, 2005 巴西半线脂鲤

Hemigrammus stictus (Durbin, 1909) 斑点半线脂鲤

Hemigrammus taphorni Benine & Lopes, 2007 塔氏半线脂鲤

Hemigrammus tocantinsi Carvalho, Bertaco & Jerep, 2010 托氏半线脂鲤

Hemigrammus tridens Eigenmann, 1907 三齿半线脂鲤

Hemigrammus ulreyi (Boulenger, 1895) 黑带半线脂鲤

Hemigrammus unilineatus (Gill, 1858) 单线半线脂鲤

Hemigrammus vorderwinkleri Géry, 1963 沃氏半线脂鲤

Genus *Henochilus* Garman, 1890 唇脂鲤属

Henochilus wheatlandii Garman, 1890 惠氏唇脂鲤

Genus *Heterocharax* Eigenmann, 1912 异脂鲤属

Heterocharax leptogrammus Toledo-Piza, 2000 细纹异脂鲤

Heterocharax macrolepis Eigenmann, 1912 大鳞异脂鲤

Heterocharax virgulatus Toledo-Piza, 2000 亚马孙河异脂鲤

Genus *Heterocheirodon* Malabarba, 1998 异唇齿鱼属

Heterocheirodon jacuiensis Malabarba & Bertaco, 1999 南美异唇齿鱼

Heterocheirodon yatai (Casciotta, Miquelarena & Protogino, 1992) 耶氏异唇齿鱼

Genus *Hollandichthys* Eigenmann, 1910 南美荷兰鱼属

Hollandichthys multifasciatus (Eigenmann & Norris, 1900) 多带南美荷兰鱼

Genus *Hoplocharax* Géry, 1966 武脂鲤属

Hoplocharax goethei Géry, 1966 戈氏武脂鲤

Genus *Hyphessobrycon* Durbin, 1908 鿭脂鲤属

Hyphessobrycon agulha Fowler, 1913 阿古哈鿭脂鲤

Hyphessobrycon albolineatum Fernández-Yépez, 1950 白带鿭脂鲤

Hyphessobrycon amandae Géry & Uj, 1987 爱泳鿭脂鲤

Hyphessobrycon amapaensis Zarske & Géry, 1998 红带鿭脂鲤

Hyphessobrycon amaronensis García-Alzate, Román-Valencia & Taphorn, 2010 阿马隆鿭脂鲤

Hyphessobrycon anisitsi (Eigenmann, 1907) 恩氏鿭脂鲤

Hyphessobrycon arianae Uj & Géry, 1989 阿里那鿭脂鲤

Hyphessobrycon auca Almirón, Casciotta, Bechara & Ruiz Diaz, 2004 涩味鿭脂鲤

Hyphessobrycon axelrodi (Travassos, 1959) 阿氏鿭脂鲤

Hyphessobrycon balbus Myers, 1927 射水鿭脂鲤

Hyphessobrycon bentosi Durbin, 1908 本氏鿭脂鲤

Hyphessobrycon bifasciatus Ellis, 1911 双带鿭脂鲤

Hyphessobrycon borealis Zarske, Le Bail & Géry, 2006 北方鿭脂鲤

Hyphessobrycon boulengeri (Eigenmann, 1907) 鲍氏鿭脂鲤

Hyphessobrycon cachimbensis Travassos, 1964 卡钦博河鿭脂鲤

Hyphessobrycon catableptus (Durbin, 1909) 猫眼鿭脂鲤

Hyphessobrycon coelestinus Myers, 1929 青色鿭脂鲤

Hyphessobrycon columbianus Zarske & Géry, 2002 哥伦比亚鿭脂鲤

Hyphessobrycon compressus (Meek, 1904) 窄头鿭脂鲤

Hyphessobrycon condotensis Regan, 1913 昆多鿭脂鲤

Hyphessobrycon copelandi Durbin, 1908 科氏鿭脂鲤

Hyphessobrycon cyanotaenia Zarske & Géry, 2006 蓝带鿭脂鲤

Hyphessobrycon diancistrus Weitzman, 1977 雀尾鿭脂鲤

Hyphessobrycon duragenys Ellis, 1911 杜兰鿭脂鲤

Hyphessobrycon ecuadorensis (Eigenmann, 1915) 红尾鿭脂鲤

Hyphessobrycon ecuadoriensis Eigenmann & Henn, 1914 厄瓜多尔鿭脂鲤

Hyphessobrycon eilyos Lima & Moreira, 2003 盘头鿭脂鲤

Hyphessobrycon elachys Weitzman, 1984 卑微鿭脂鲤

Hyphessobrycon eos Durbin, 1909 狭颌鿭脂鲤

Hyphessobrycon epicharis Weitzman & Palmer, 1997 华美鿭脂鲤

Hyphessobrycon eques (Steindachner, 1882) 马头鿭脂鲤

Hyphessobrycon erythrostigma (Fowler, 1943) 高鳍鿭脂鲤

Hyphessobrycon fernandezi Fernández-Yépez, 1972 芬氏鿭脂鲤

Hyphessobrycon flammeus Myers, 1924 火焰鿭脂鲤

Hyphessobrycon frankei Zarske & Géry, 1997 弗氏鿭脂鲤

Hyphessobrycon georgettae Géry, 1961 乔吉特鿭脂鲤

Hyphessobrycon gracilior Géry, 1964 薄鿭脂鲤

Hyphessobrycon griemi Hoedeman, 1957 双点鿭脂鲤

Hyphessobrycon guarani Mahnert & Géry, 1987 格氏鿭脂鲤

Hyphessobrycon hamatus Bertaco & Malabarba, 2005 钩鿭脂鲤

Hyphessobrycon haraldschultzi Travassos, 1960 哈氏鿭脂鲤

Hyphessobrycon hasemani Fowler, 1913 黑斯曼鿭脂鲤

Hyphessobrycon heliacus Moreira, Landim & Costa, 2002 泽生鿭脂鲤

Hyphessobrycon herbertaxelrodi Géry, 1961 黑事纹鿭脂鲤

Hyphessobrycon heteresthes (Ulrey, 1894) 异条鿭脂鲤

Hyphessobrycon heterorhabdus (Ulrey, 1894) 异纹鿭脂鲤

Hyphessobrycon hexastichos Bertaco & Carvalho, 2005 六斑鿭脂鲤

Hyphessobrycon hildae Fernández-Yépez, 1950 希尔达鿭脂鲤

Hyphessobrycon igneus Miquelarena, Menni, López & Casciotta, 1980 似火鿭脂鲤

Hyphessobrycon iheringi Fowler, 1941 伊氏鿭脂鲤

Hyphessobrycon inconstans (Eigenmann & Ogle, 1907) 易变鿭脂鲤

Hyphessobrycon isiri Almirón, Casciotta & Körber, 2006 艾氏鿭脂鲤

Hyphessobrycon itaparicensis Lima & Costa, 2001 高身鿭脂鲤

Hyphessobrycon khardinae Zarske, 2008 卡特鿭脂鲤

Hyphessobrycon langeanii Lima & Moreira, 2003 兰氏鿭脂鲤

Hyphessobrycon latus Fowler, 1941 侧鿭脂鲤

Hyphessobrycon loretoensis Ladiges, 1938 洛雷托鿭脂鲤

Hyphessobrycon loweae Costa & Géry, 1994 洛氏鿭脂鲤

Hyphessobrycon luetkenii (Boulenger, 1887) 宽齿鿭脂鲤

Hyphessobrycon maculicauda Ahl, 1936 尾点鿭脂鲤

Hyphessobrycon megalopterus (Eigenmann, 1915) 大鳍鿭脂鲤

Hyphessobrycon melanostichos Carvalho & Bertaco, 2006 黑灰鿭脂鲤

Hyphessobrycon melasemeion Fowler, 1945 黑标鿭脂鲤

Hyphessobrycon melazonatus Durbin, 1908 黑带鿭脂鲤

Hyphessobrycon meridionalis Ringuelet, Miquelarena & Menni, 1978 南方鿭脂鲤

Hyphessobrycon metae Eigenmann & Henn, 1914 后鳍鿭脂鲤

Hyphessobrycon micropterus (Eigenmann, 1915) 小鳍鿭脂鲤

Hyphessobrycon milleri Durbin, 1908 米勒鿭脂鲤

Hyphessobrycon minimus Durbin, 1909 微鿭脂鲤

Hyphessobrycon minor Durbin, 1909 小鿭脂鲤

Hyphessobrycon moniliger Moreira, Lima & Costa, 2002 项纹鿭脂鲤

Hyphessobrycon mutabilis Costa & Géry, 1994 变色鿭脂鲤

Hyphessobrycon negodagua Lima & Gerhard, 2001 巴拉圭河鿭脂鲤

Hyphessobrycon nicolasi Miquelarena & López, 2010 尼氏鿭脂鲤

Hyphessobrycon nigricinctus Zarske & Géry, 2004 黑条鿭脂鲤

Hyphessobrycon notidanos Carvalho & Bertaco, 2006 喜雨鿭脂鲤

Hyphessobrycon ocasoensis García-Alzate & Román-Valencia, 2008 奥卡索鿭脂鲤

Hyphessobrycon oritoensis García-Alzate, Román-Valencia & Taphorn, 2008 宝石鿭脂鲤

Hyphessobrycon otrynus Benine & Lopes, 2008 黑尾鿭脂鲤

Hyphessobrycon panamensis Durbin, 1908 巴拿马鲃脂鲤

Hyphessobrycon pando Hein, 2009 潘多鲃脂鲤

Hyphessobrycon parvellus Ellis, 1911 细鲃脂鲤

Hyphessobrycon paucilepis García-Alzate, Román-Valencia & Taphorn, 2008 少鳞鲃脂鲤

Hyphessobrycon peruvianus Ladiges, 1938 佩鲁鲃脂鲤

Hyphessobrycon piabinhas Fowler, 1941 慈鲃脂鲤

Hyphessobrycon poecilioides Eigenmann, 1913 拟杂斑鲃脂鲤

Hyphessobrycon procerus Mahnert & Géry, 1987 长身鲃脂鲤

Hyphessobrycon proteus Eigenmann, 1913 原鲃脂鲤

Hyphessobrycon pulchripinnis Ahl, 1937 丽鳍鲃脂鲤

Hyphessobrycon pyrrhonotus Burgess, 1993 微红鲃脂鲤

Hyphessobrycon pytai Géry & Mahnert, 1993 派氏鲃脂鲤

Hyphessobrycon reticulatus Ellis, 1911 网纹鲃脂鲤

Hyphessobrycon robustulus (Cope, 1870) 壮体鲃脂鲤

Hyphessobrycon rosaceus Durbin, 1909 蔷薇鲃脂鲤

Hyphessobrycon roseus (Géry, 1960) 玫瑰鲃脂鲤

Hyphessobrycon rutiliflavidus Carvalho, Langeani, Miyazawa & Troy, 2008 红黄鲃脂鲤

Hyphessobrycon saizi Géry, 1964 塞氏鲃脂鲤

Hyphessobrycon santae (Eigenmann, 1907) 桑泰鲃脂鲤

Hyphessobrycon savagei Bussing, 1967 萨氏鲃脂鲤

Hyphessobrycon schauenseei Fowler, 1926 沙氏鲃脂鲤

Hyphessobrycon scholzei Ahl, 1937 黄鳍鲃脂鲤

Hyphessobrycon scutulatus Lucena, 2003 金刚鲃脂鲤

Hyphessobrycon sebastiani García-Alzate, Román-Valencia & Taphorn, 2010 西氏鲃脂鲤

Hyphessobrycon simulatus (Géry, 1960) 似鲃脂鲤

Hyphessobrycon socolofi Weitzman, 1977 索氏鲃脂鲤

Hyphessobrycon sovichthys Schultz, 1944 委内瑞拉鲃脂鲤

Hyphessobrycon stegemanni Géry, 1961 斯氏鲃脂鲤

Hyphessobrycon stramineus Durbin, 1918 亚马孙鲃脂鲤

Hyphessobrycon sweglesi (Géry, 1961) 史氏鲃脂鲤

Hyphessobrycon taguae García-Alzate, Román-Valencia & Taphorn, 2010 塔格鲃脂鲤

Hyphessobrycon takasei Géry, 1964 图氏鲃脂鲤

Hyphessobrycon taurocephalus Ellis, 1911 牛首鲃脂鲤

Hyphessobrycon tenuis Géry, 1964 薄身鲃脂鲤

Hyphessobrycon togoi Miquelarena & López, 2006 托氏鲃脂鲤

Hyphessobrycon tortuguerae Böhlke, 1958 哥斯达黎加鲃脂鲤

Hyphessobrycon tropis Géry, 1963 热带鲃脂鲤

Hyphessobrycon tukunai Géry, 1965 塔氏鲃脂鲤

Hyphessobrycon tuyensis García-Alzate, Román-Valencia & Taphorn, 2008 宣越鲃脂鲤

Hyphessobrycon uruguayensis (Fowler, 1943) 乌拉圭鲃脂鲤

Hyphessobrycon vilmae Géry, 1966 维而马鲃脂鲤

Hyphessobrycon vinaceus Bertaco, Malabarba & Dergam, 2007 酒色鲃脂鲤

Hyphessobrycon wajat Almirón & Casciotta, 1999 韦杰鲃脂鲤

Hyphessobrycon weitzmanorum Lima & Moreira, 2003 韦斯曼鲃脂鲤

Hyphessobrycon werneri Géry & Uj, 1987 沃氏鲃脂鲤

Genus *Hypobrycon* Malabarba & Malabarba, 1994 下啮脂鲤属

Hypobrycon leptorhynchus da Silva & Malabarba, 1996 小吻下啮脂鲤

Hypobrycon maromba Malabarba & Malabarba, 1994 马隆巴下啮脂鲤

Hypobrycon poi Almirón, Casciotta, Azpelicueta & Cione, 2001 阿根廷下啮脂鲤

Genus *Hysteronotus* Eigenmann, 1911 宫脂鲤属

Hysteronotus megalostomus Eigenmann, 1911 巴西宫脂鲤

Genus *Iguanodectes* Cope, 1872 蜥形脂鲤属

Iguanodectes adujai Géry, 1970 阿氏蜥形脂鲤

Iguanodectes geisleri Géry, 1970 盖氏蜥形脂鲤

Iguanodectes gracilis Géry, 1993 细身蜥形脂鲤

Iguanodectes polylepis Géry, 1993 多鳞蜥形脂鲤

Iguanodectes purusii (Steindachner, 1908) 普氏蜥形脂鲤

Iguanodectes rachovii Regan, 1912 雷氏蜥形脂鲤

Iguanodectes spilurus (Günther, 1864) 点斑蜥形脂鲤

Iguanodectes variatus Géry, 1993 杂色蜥形脂鲤

Genus *Inpaichthys* Géry & Junk, 1977 青脂鲤属

Inpaichthys kerri Géry & Junk, 1977 克氏青脂鲤

Genus *Iotabrycon* Roberts, 1973 早熟啮脂鲤属

Iotabrycon praecox Roberts, 1973 早熟啮脂鲤

Genus *Jupiaba* Zanata, 1997 琼脂鲤属

Jupiaba abramoides (Eigenmann, 1909) 似小头琼脂鲤

Jupiaba acanthogaster (Eigenmann, 1911) 棘腹琼脂鲤

Jupiaba anteroides (Géry, 1965) 亚马孙琼脂鲤

Jupiaba apenima Zanata, 1997 阿彭琼脂鲤

Jupiaba asymmetrica (Eigenmann, 1908) 巴西琼脂鲤

Jupiaba atypindi Zanata, 1997 何氏琼脂鲤

Jupiaba citrina Zanata & Ohara, 2009 尾斑琼脂鲤

Jupiaba elassonaktis Pereira & Lucinda, 2007 细琼脂鲤

Jupiaba essequibensis (Eigenmann, 1909) 圭亚那琼脂鲤

Jupiaba iasy Netto-Ferreira, Zanata, Birindelli & Sousa, 2009 大眼琼脂鲤

Jupiaba keithi (Géry, Planquette & Le Bail, 1996) 基恩琼脂鲤

Jupiaba kurua Birindelli, Zanata, Sousa & Netto-Ferreira, 2009 点鳞琼脂鲤

Jupiaba maroniensis (Géry, Planquette & Le Bail, 1996) 马龙琼脂鲤

Jupiaba meunieri (Géry, Planquette & Le Bail, 1996) 穆氏琼脂鲤

Jupiaba minor (Travassos, 1964) 小琼脂鲤

Jupiaba mucronata (Eigenmann, 1909) 尖琼脂鲤

Jupiaba ocellata (Géry, Planquette & Le Bail, 1996) 眼斑琼脂鲤

Jupiaba paranatinga Netto-Ferreira, Zanata, Birindelli & Sousa, 2009 细尾琼脂鲤

Jupiaba pinnata (Eigenmann, 1909) 大翼琼脂鲤

Jupiaba pirana Zanata, 1997 扁体琼脂鲤

Jupiaba poekotero Zanata & Lima, 2005 食藻琼脂鲤

Jupiaba polylepis (Günther, 1864) 多鳞琼脂鲤

Jupiaba poranga Zanata, 1997 南美琼脂鲤

Jupiaba potaroensis (Eigenmann, 1909) 波塔罗琼脂鲤

Jupiaba scologaster (Weitzman & Vari, 1986) 刺腹琼脂鲤

Jupiaba yarina Zanata, 1997 亚里那琼脂鲤

Jupiaba zonata (Eigenmann, 1908) 带纹琼脂鲤

Genus *Knodus* Eigenmann, 1911 诺德脂鲤属

Knodus borki Zarske, 2008 博克氏诺德脂鲤

Knodus breviceps (Eigenmann, 1908) 短头诺德脂鲤

Knodus caquetae Fowler, 1945 哥伦比亚诺德脂鲤

Knodus chapadae (Fowler, 1906) 查氏诺德脂鲤

Knodus delta Géry, 1972 河口诺德脂鲤

Knodus dorsomaculatus Ferreira & Netto-Ferreira, 2010 背斑诺德脂鲤

Knodus gamma Géry, 1972 亚马孙河诺德脂鲤

Knodus geryi Lima, Britski & Machado, 2004 格氏诺德脂鲤

Knodus heteresthes (Eigenmann, 1908) 异形诺德脂鲤

Knodus hypopterus (Fowler, 1943) 低鳍诺德脂鲤

Knodus longus Zarske & Géry, 2006 长身诺德脂鲤

Knodus megalops Myers, 1929 大眼诺德脂鲤

Knodus meridae Eigenmann, 1911 银色诺德脂鲤

Knodus mizquae (Fowler, 1943) 迈氏诺德脂鲤

Knodus moenkhausii (Eigenmann & Kennedy, 1903) 芒氏诺德脂鲤

Knodus orteguasae (Fowler, 1943) 奥特加诺德脂鲤

Knodus pasco Zarske, 2007 帕斯科河诺德脂鲤

Knodus savannensis Géry, 1961 巴西诺德脂鲤

Knodus septentrionalis Géry, 1972 北方诺德脂鲤

Knodus shinahota Ferreira & Carvajal, 2007 玻利维亚诺德脂鲤

Knodus smithi (Fowler, 1913) 史氏诺德脂鲤

Knodus tiquiensis Ferreira & Lima, 2006 叉尾诺德脂鲤

Knodus victoriae (Steindachner, 1907) 秀体诺德脂鲤

Genus *Kolpotocheirodon* Malabarba & Weitzman, 2000 似宝莲鱼属

Kolpotocheirodon figueiredoi Malabarba, Lima & Weitzman, 2004 菲氏似宝莲鱼

Kolpotocheirodon theloura Malabarba & Weitzman, 2000 巴西似宝莲鱼

Genus *Landonia* Eigenmann & Henn, 1914 兰脂鲤属

Landonia latidens Eigenmann & Henn, 1914 厄瓜多尔兰脂鲤

Genus *Leptagoniates* Boulenger, 1887 细腺脂鲤属

Leptagoniates pi Vari, 1978 南美细腺脂鲤

Leptagoniates steindachneri Boulenger, 1887 斯氏细腺脂鲤

Genus *Leptobrycon* Eigenmann, 1915 细石脂鲤属

Leptobrycon jatuaranae Eigenmann, 1915 亚马孙细石脂鲤属

Genus *Lignobrycon* Eigenmann & Myers, 1929 食蚊脂鲤属

Lignobrycon myersi (Miranda Ribeiro, 1956) 梅氏食蚊脂鲤属

Genus *Lonchogenys* Myers, 1927 矛脂鲤属

Lonchogenys ilisha Myers, 1927 鳓形矛脂鲤

Genus *Lophiobrycon* Castro, Ribeira, Benine & Melo, 2003 冠石脂鲤属

Lophiobrycon weitzmani Castro, Ribeira, Benine & Melo, 2003 韦氏冠石脂鲤

Genus *Macropsobrycon* Eigenmann, 1915 傲脂鲤属

Macropsobrycon uruguayanae Eigenmann, 1915 乌拉圭傲脂鲤

Macropsobrycon xinguensis Géry, 1973 南美傲脂鲤

Genus *Markiana* Eigenmann, 1903 马基脂鲤属

Markiana geayi (Pellegrin, 1909) 吉氏马基脂鲤

Markiana nigripinnis (Perugia, 1891) 黑鳍马基脂鲤

Genus *Metynnis* Cope, 1878 银板鱼属

Metynnis altidorsalis Ahl, 1923 高背银板鱼

Metynnis argenteus Ahl, 1923 闪光银板鱼

Metynnis cuiaba Pavanelli, Ota & Petry, 2009 库亚巴银板鱼

Metynnis fasciatus Ahl, 1931 条纹银板鱼

Metynnis guaporensis Eigenmann, 1915 瓜波雷银板鱼

Metynnis hypsauchen (Müller & Troschel, 1844) 高身银板鱼

Metynnis lippincottianus (Cope, 1870) 密斑银板鱼

Metynnis longipinnis Zarske & Géry, 2008 长翼银板鱼

Metynnis luna Cope, 1878 亚马孙河银板鱼

Metynnis maculatus (Kner, 1858) 斑点银板鱼

Metynnis mola Eigenmann & Kennedy, 1903 磨牙银板鱼

Metynnis orinocensis (Steindachner, 1908) 奥里诺科河银板鱼

Metynnis otuquensis Ahl, 1923 巴拉圭银板鱼

Metynnis polystictus Zarske & Géry, 2008 多斑银板鱼

Genus *Micralestes* Boulenger, 1899 小鲑脂鲤属

Micralestes acutidens (Peters, 1852) 尖齿小鲑脂鲤

Micralestes ambiguus Géry, 1995 蛇眼小鲑脂鲤

Micralestes argyrotaenia Trewavas, 1936 银带小鲑脂鲤

Micralestes comoensis Poll & Roman, 1967 红鳍小鲑脂鲤

Micralestes congicus Poll, 1967 刚果河小鲑脂鲤

Micralestes eburneensis Daget, 1965 埃布小鲑脂鲤

Micralestes elongatus Daget, 1957 长身小鲑脂鲤

Micralestes fodori Matthes, 1965 福氏小鲑脂鲤

Micralestes holargyreus (Günther, 1873) 银身小鲑脂鲤

Micralestes humilis Boulenger, 1899 矮小鲑脂鲤

Micralestes lualabae Poll, 1967 劳拉小鲑脂鲤

Micralestes occidentalis (Günther, 1899) 西域小鲑脂鲤

Micralestes pabrensis (Roman, 1966) 巴勃小鲑脂鲤

Micralestes sardina Poll, 1938 沙丁小鲑脂鲤

Micralestes schelly Stiassny & Mamonekene, 2007 叉尾小鲑脂鲤

Micralestes stormsi Boulenger, 1902 斯氏小鲑脂鲤

Micralestes vittatus (Boulenger, 1917) 饰带小鲑脂鲤

Genus *Microgenys* Eigenmann, 1913 小颏脂鲤属

Microgenys lativirgata Pearson, 1927 亚马孙小颏脂鲤

Microgenys minuta Eigenmann, 1913 微小颏脂鲤

Microgenys weyrauchi Fowler, 1945 韦氏小颏脂鲤

Genus *Microschemobrycon* Eigenmann, 1915 小体石脂鲤属

Microschemobrycon callops Böhlke, 1953 美目小体石脂鲤

Microschemobrycon casiquiare Böhlke, 1953 南美小体石脂鲤

Microschemobrycon elongatus Géry, 1973 长小体石脂鲤

Microschemobrycon geisleri Géry, 1973 盖氏小体石脂鲤

Microschemobrycon guaporensis Eigenmann, 1915 巴西小体石脂鲤

Microschemobrycon melanotus (Eigenmann, 1912) 黑背小体石脂鲤

Microschemobrycon meyburgi Meinken, 1975 迈氏小体石脂鲤

Genus *Mimagoniates* Regan, 1907 长臀脂鲤属

Mimagoniates barberi Regan, 1907 巴氏长臀脂鲤

Mimagoniates inequalis (Eigenmann, 1911) 巴西长臀脂鲤

Mimagoniates lateralis (Nichols, 1913) 侧长臀脂鲤

Mimagoniates microlepis (Steindachner, 1877) 小鳞长臀脂鲤

Mimagoniates pulcher Menezes & Weitzman, 2009 华丽长臀脂鲤

Mimagoniates rheocharis Menezes & Weitzman, 1990 溪长臀脂鲤

Mimagoniates sylvicola Menezes & Weitzman, 1990 南美长臀脂鲤

Genus *Mixobrycon* Eigenmann, 1915 墨西石脂鲤属

Mixobrycon ribeiroi (Eigenmann, 1907) 里氏墨西石脂鲤

Genus *Moenkhausia* Eigenmann, 1903 直线脂鲤属

Moenkhausia affinis Steindachner, 1915 安芬直线脂鲤

Moenkhausia agnesae Géry, 1965 洁身直线脂鲤

Moenkhausia atahualpiana (Fowler, 1907) 秘鲁直线脂鲤

Moenkhausia barbouri Eigenmann, 1908 巴氏直线脂鲤

Moenkhausia bonita Benine, Castro & Sabino, 2004 博奈直线脂鲤

Moenkhausia browni Eigenmann, 1909 布朗氏直线脂鲤

Moenkhausia celibela Marinho & Langeani, 2010 西丽直线脂鲤

Moenkhausia ceros Eigenmann, 1908 角状直线脂鲤

Moenkhausia chlorophthalma Sousa, Netto-Ferreira & Birindelli, 2010 绿眼直线脂鲤

Moenkhausia chrysargyrea (Günther, 1864) 金银直线脂鲤

Moenkhausia collettii (Steindachner, 1882) 科利特氏直线脂鲤

Moenkhausia comma Eigenmann, 1908 美饰直线脂鲤

Moenkhausia copei (Steindachner, 1882) 科普氏直线脂鲤

Moenkhausia cosmops Lima, Britski & Machado, 2007 饰眼直线脂鲤

Moenkhausia costae (Steindachner, 1907) 科斯塔氏直线脂鲤

Moenkhausia cotinho Eigenmann, 1908 巴西直线脂鲤

Moenkhausia crisnejas Pearson, 1929 亚马孙河直线脂鲤

Moenkhausia diamantina Benine, Castro & Santos, 2007 多孔直线脂鲤

Moenkhausia dichroura (Kner, 1858) 叉尾直线脂鲤

Moenkhausia diktyota Lima & Toledo-Piza, 2001 黑带直线脂鲤

Moenkhausia doceana (Steindachner, 1877) 茅状直线脂鲤

Moenkhausia dorsinuda Zarske & Géry, 2002 背裸直线脂鲤

Moenkhausia eigenmanni Géry, 1964 艾氏直线脂鲤

Moenkhausia eurystaenia Marinho, 2010 宽纹直线脂鲤

Moenkhausia forestii Benine, Mariguela & Oliveira, 2009 福氏直线脂鲤

Moenkhausia georgiae Géry, 1965 乔治直线脂鲤

Moenkhausia gracilima Eigenmann, 1908 细直线脂鲤

Moenkhausia grandisquamis (Müller & Troschel, 1845) 大鳞直线脂鲤

Moenkhausia hasemani Eigenmann, 1917 赫氏直线脂鲤

Moenkhausia heikoi Géry & Zarske, 2004 海氏直线脂鲤
Moenkhausia hemigrammoides Géry, 1965 似半纹直线脂鲤
Moenkhausia hystericta Lucinda, Malabarba & Benine, 2007 杂斑直线脂鲤
Moenkhausia inrai Géry, 1992 英氏直线脂鲤
Moenkhausia intermedia Eigenmann, 1908 中间直线脂鲤
Moenkhausia jamesi Eigenmann, 1908 詹氏直线脂鲤
Moenkhausia justae Eigenmann, 1908 贾氏直线脂鲤
Moenkhausia lata Eigenmann, 1908 莱太直线脂鲤
Moenkhausia latissima Eigenmann, 1908 南美直线脂鲤
Moenkhausia lepidura (Kner, 1858) 美丽直线脂鲤
Moenkhausia levidorsa Benine, 2002 滑背直线脂鲤
Moenkhausia lopesi Britski & de Silimon, 2001 洛氏直线脂鲤
Moenkhausia loweae Géry, 1992 洛温氏直线脂鲤
Moenkhausia margitae Zarske & Géry, 2001 缘边直线脂鲤
Moenkhausia megalops (Eigenmann, 1907) 大眼直线脂鲤
Moenkhausia melogramma Eigenmann, 1908 黑纹直线脂鲤
Moenkhausia metae Eigenmann, 1922 米塔直线脂鲤
Moenkhausia miangi Steindachner, 1915 明氏直线脂鲤
Moenkhausia mikia Marinho & Langeani, 2010 米奇直线脂鲤
Moenkhausia moisae Géry, Planquette & Le Bail, 1995 莫氏直线脂鲤
Moenkhausia naponis Böhlke, 1958 拿波直线脂鲤
Moenkhausia newtoni Travassos, 1964 牛顿直线脂鲤
Moenkhausia nigromarginata Costa, 1994 黑缘直线脂鲤
Moenkhausia oligolepis (Günther, 1864) 寡鳞直线脂鲤
Moenkhausia orteguasae Fowler, 1943 哥伦比亚直线脂鲤
Moenkhausia ovalis (Günther, 1868) 卵形直线脂鲤
Moenkhausia pankilopteryx Bertaco & Lucinda, 2006 柄斑直线脂鲤
Moenkhausia petymbuaba Lima & Birindelli, 2006 宽带直线脂鲤
Moenkhausia phaeonota Fink, 1979 灰背直线脂鲤
Moenkhausia pirauba Zapata, Birindelli & Moreira, 2009 细鳞直线脂鲤
Moenkhausia pittieri Eigenmann, 1920 闪光直线脂鲤
Moenkhausia plumbea Sousa, Netto-Ferreira & Birindelli, 2010 铅灰直线脂鲤
Moenkhausia pyrophthalma Costa, 1994 红眼直线脂鲤
Moenkhausia robertsi Géry, 1964 罗氏直线脂鲤
Moenkhausia sanctaefilomenae (Steindachner, 1907) 黄带直线脂鲤
Moenkhausia shideleri Eigenmann, 1909 夏氏直线脂鲤
Moenkhausia simulata (Eigenmann, 1924) 类直线脂鲤
Moenkhausia surinamensis Géry, 1965 苏里南直线脂鲤
Moenkhausia takasei Géry, 1964 坦氏直线脂鲤
Moenkhausia tergimacula Lucena & Lucena, 1999 背斑直线脂鲤
Moenkhausia tridentata Holly, 1929 三齿直线脂鲤
Moenkhausia xinguensis (Steindachner, 1882) 新国直线脂鲤

Genus *Monotocheirodon* Eigenmann & Pearson, 1924 单宝莲鱼属

Monotocheirodon pearsoni Eigenmann, 1924 皮尔逊氏单宝莲鱼

Genus *Mylesinus* Valenciennes, 1850 磨脂鲤属

Mylesinus paraschomburgkii Jégu, Santos & Ferreira, 1989 帕氏磨脂鲤
Mylesinus paucisquamatus Jégu & dos Santos, 1988 少鳞磨脂鲤
Mylesinus schomburgkii Valenciennes, 1850 施氏磨脂鲤

Genus *Myleus* Müller & Troschel, 1844 锯腹脂鲤属

Myleus altipinnis (Valenciennes, 1850) 高鳍锯腹脂鲤
Myleus arnoldi (Ahl, 1936) 阿氏锯腹脂鲤
Myleus asterias (Müller & Troschel, 1844) 星锯腹脂鲤
Myleus knerii (Steindachner, 1881) 尼氏锯腹脂鲤
Myleus latus (Jardine & Schomburgk, 1841) 喜荫锯腹脂鲤
Myleus levis Eigenmann & McAtee, 1907 铅灰锯腹脂鲤
Myleus lobatus (Valenciennes, 1850) 叶锯腹脂鲤
Myleus micans (Lütken, 1875) 巴西锯腹脂鲤
Myleus pacu (Jardine & Schomburgk, 1841) 锯腹脂鲤

Myleus rhomboidalis (Cuvier, 1818) 菱体锯腹脂鲤
Myleus schomburgkii (Jardine & Schomburgki, 1841) 斯氏锯腹脂鲤
Myleus setiger Müller & Troschel, 1844 圭亚那锯腹脂鲤
Myleus ternetzi (Norman, 1929) 特氏锯腹脂鲤
Myleus tiete (Eigenmann & Norris, 1900) 巴拉圭锯腹脂鲤
Myleus torquatus (Kner, 1858) 项圈锯腹脂鲤

Genus *Myloplus* Gill, 1896 臼牙脂鲤属

Myloplus planquettei Jégu, Keith & Le Bail, 2003 普氏臼牙脂鲤
Myloplus rubripinnis (Müller & Troschel, 1844) 红翼臼牙脂鲤

Genus *Mylossoma* Eigenmann & Kennedy, 1903 四齿脂鲤属

Mylossoma acanthogaster (Valenciennes, 1850) 刺腹四齿脂鲤
Mylossoma aureum (Spix & Agassiz, 1829) 金四齿脂鲤
Mylossoma duriventre (Cuvier, 1818) 硬腹四齿脂鲤

Genus *Myxiops* Zanata & Akama, 2004 黏眼鱼属

Myxiops aphos Zanata & Akama, 2004 巴西黏眼鱼

Genus *Nanocheirodon* Malabarba, 1998 矮宝莲鱼属

Nanocheirodon insignis (Steindachner, 1880) 侧带矮宝莲鱼

Genus *Nantis* Mirande, Aguilera & Azpelicueta, 2006 侏脂鲤属

Nantis indefessus Mirande, Aguilera & Azpelicueta, 2004 阿根廷侏脂鲤
  syn. *Nans indefessus* (Mirande, Aguilera & Azpelicueta, 2004) 阿根廷倭脂鲤

Genus *Nematobrycon* Eigenmann, 1911 丝尾脂鲤属

Nematobrycon lacortei Weitzman & Fink, 1971 彩虹丝尾脂鲤
Nematobrycon palmeri Eigenmann, 1911 南美丝尾脂鲤

Genus *Nematocharax* Weitzman, Menezes & Britski, 1986 线纹脂鲤属

Nematocharax venustus Weitzman, Menezes & Britski, 1986 维纳斯线纹脂鲤

Genus *Odontostilbe* Cope, 1870 光牙宝莲鱼属

Odontostilbe dialeptura (Fink & Weitzman, 1974) 苍光牙宝莲鱼
Odontostilbe dierythrura Fowler, 1940 双红尾光牙宝莲鱼
Odontostilbe ecuadorensis Bührnheim & Malabarba, 2006 厄瓜多尔光牙宝莲鱼
Odontostilbe fugitiva Cope, 1870 秘鲁光牙宝莲鱼
Odontostilbe gracilis (Géry, 1960) 细身光牙宝莲鱼
Odontostilbe littoris (Géry, 1960) 滨岸光牙宝莲鱼
Odontostilbe microcephala Eigenmann, 1907 小头光牙宝莲鱼
Odontostilbe mitoptera (Fink & Weitzman, 1974) 线鳍光牙宝莲鱼
Odontostilbe nareuda Bührnheim & Malabarba, 2006 大鼻奥光牙宝莲鱼
Odontostilbe pao Bührnheim & Malabarba, 2007 保奥光牙宝莲鱼
Odontostilbe paraguayensis Eigenmann & Kennedy, 1903 巴拉圭光牙宝莲鱼
Odontostilbe parecis Bührnheim & Malabarba, 2006 巴西光牙宝莲鱼
Odontostilbe pequira (Steindachner, 1882) 巴拉那河光牙宝莲鱼
Odontostilbe pulchra (Gill, 1858) 美丽光牙宝莲鱼
Odontostilbe roloffi Géry, 1972 罗氏光牙宝莲鱼
Odontostilbe splendida Bührnheim & Malabarba, 2007 野光牙宝莲鱼
Odontostilbe stenodon (Eigenmann, 1915) 窄齿光牙宝莲鱼

Genus *Odontostoechus* Gomes, 1947 单牙脂鲤属

Odontostoechus lethostigmus Gomes, 1947 单牙脂鲤

Genus *Oligobrycon* Eigenmann, 1915 寡石脂鲤属

Oligobrycon microstomus Eigenmann, 1915 小口寡石脂鲤

Genus *Oligosarcus* Günther, 1864 寡脂鲤属

Oligosarcus acutirostris Menezes, 1987 尖吻寡脂鲤
Oligosarcus argenteus Günther, 1864 银寡脂鲤
Oligosarcus bolivianus (Fowler, 1940) 玻利维亚寡脂鲤
Oligosarcus brevioris Menezes, 1987 短寡脂鲤
Oligosarcus hepsetus (Cuvier, 1829) 贪食寡脂鲤
Oligosarcus jacuiensis Menezes & Ribeiro, 2010 杰卡河寡脂鲤

Oligosarcus jenynsii (Günther, 1864) 詹氏寡脂鲤
Oligosarcus longirostris Menezes & Géry, 1983 长吻寡脂鲤
Oligosarcus macrolepis (Steindachner, 1877) 大鳞寡脂鲤
Oligosarcus menezesi Miquelarena & Protogino, 1996 米尼兹寡脂鲤
Oligosarcus oligolepis (Steindachner, 1867) 少鳞寡脂鲤
Oligosarcus paranensis Menezes & Géry, 1983 巴那拉河寡脂鲤
Oligosarcus perdido Ribeiro, Cavallaro & Froehlich, 2007 巴西寡脂鲤
Oligosarcus pintoi Amaral Campos, 1945 平托氏寡脂鲤
Oligosarcus planaltinae Menezes & Géry, 1983 南美寡脂鲤
Oligosarcus robustus Menezes, 1969 红寡脂鲤
Oligosarcus schindleri Menezes & Géry, 1983 谢氏寡脂鲤
Oligosarcus solitarius Menezes, 1987 沼泽寡脂鲤

Genus *Orthospinus* Reis, 1989 直棘脂鲤属
Orthospinus franciscensis (Eigenmann, 1914) 巴西直棘脂鲤

Genus *Ossubtus* Jégu, 1992 骨脂鲤属
Ossubtus xinguense Jégu, 1992 骨脂鲤

Genus *Othonocheirodus* Myers, 1927 帆鳍脂鲤属
Othonocheirodus eigenmanni Myers, 1927 艾氏帆鳍脂鲤

Genus *Oxybrycon* Géry, 1964 锐啮脂鲤属
Oxybrycon parvulus Géry, 1964 亚马孙河锐啮脂鲤

Genus *Paracheirodon* Géry, 1960 霓虹脂鲤属
Paracheirodon axelrodi (Schultz, 1956) 南美霓虹脂鲤
Paracheirodon innesi (Myers, 1936) 英氏霓虹脂鲤
Paracheirodon simulans (Géry, 1963) 类霓虹脂鲤

Genus *Paragoniates* Steindachner, 1876 副角脂鲤属
Paragoniates alburnus Steindachner, 1876 白副角脂鲤

Genus *Parapristella* Géry, 1964 副细锯脂鲤属
Parapristella aubynei (Eigenmann, 1909) 奥氏副细锯脂鲤
Parapristella georgiae Géry, 1964 南美副细锯脂鲤

Genus *Parastremma* Eigenmann, 1912 副线脂鲤属
Parastremma album Dahl, 1960 哥伦比亚副线脂鲤
Parastremma pulchrum Dahl, 1960 美副线脂鲤
Parastremma sadina Eigenmann, 1912 沙丁副线脂鲤

Genus *Parecbasis* Eigenmann, 1914 佩力克脂鲤属
Parecbasis cyclolepis Eigenmann, 1914 圆鳞佩力克脂鲤

Genus *Petitella* Géry & Boutière, 1964 珀蒂鱼属
Petitella georgiae Géry & Boutière, 1964 珀蒂鱼

Genus *Phallobrycon* Menezes, Ferreira & Netto-Ferreira, 2009 茎啮脂鲤属
Phallobrycon adenacanthus Menezes, Ferreira & Netto-Ferreira, 2009 碧背茎啮脂鲤

Genus *Phenacobrycon* Eigenmann, 1922 盗脂鲤属
Phenacobrycon henni (Eigenmann, 1914) 汉氏盗脂鲤

Genus *Phenacogaster* Eigenmann, 1907 平腹脂鲤属
Phenacogaster apletostigma Lucena & Gama, 2007 双斑平腹脂鲤
Phenacogaster beni Eigenmann, 1911 本氏平腹脂鲤
Phenacogaster calverti (Fowler, 1941) 卡氏平腹脂鲤
Phenacogaster capitulatus de Lucena & Malabarba, 2010 大头平腹脂鲤
Phenacogaster carteri (Norman, 1934) 卡特平腹脂鲤
Phenacogaster franciscoensis Eigenmann, 1911 弗朗西斯平腹脂鲤
Phenacogaster jancupa Malabarba & Lucena, 1995 巴西平腹脂鲤
Phenacogaster maculoblongus de Lucena & Malabarba, 2010 椭斑平腹脂鲤
Phenacogaster megalostictus Eigenmann, 1909 大斑平腹脂鲤
Phenacogaster microstictus Eigenmann, 1909 小斑平腹脂鲤
Phenacogaster napoatilis de Lucena & Malabarba, 2010 那波平腹脂鲤
Phenacogaster ojitatus de Lucena & Malabarba, 2010 贪食平腹脂鲤
Phenacogaster pectinatus (Cope, 1870) 梳平腹脂鲤
Phenacogaster prolatus de Lucena & Malabarba, 2010 银色平腹脂鲤

Phenacogaster retropinnus de Lucena & Malabarba, 2010 弯翼平腹脂鲤
Phenacogaster simulatus de Lucena & Malabarba, 2010 似平腹脂鲤
Phenacogaster suborbitalis Ahl, 1936 亚圆平腹脂鲤
Phenacogaster tegatus (Eigenmann, 1911) 巴拉圭河平腹脂鲤
Phenacogaster wayampi de Lucena & Malabarba, 2010 韦氏平腹脂鲤
Phenacogaster wayana de Lucena & Malabarba, 2010 韦亚娜平腹脂鲤

Genus *Phenagoniates* Eigenmann & Wilson, 1914 短腺脂鲤属
Phenagoniates macrolepis (Meek & Hildebrand, 1913) 大鳞短腺脂鲤

Genus *Piabarchus* Myers, 1928 慈须鱼属
Piabarchus analis (Eigenmann, 1914) 飘然慈须鱼
Piabarchus torrenticola Mahnert & Géry, 1988 急流慈须鱼

Genus *Piabina* Reinhardt, 1867 双慈鱼属
Piabina anhembi da Silva & Kaefer, 2003 巴西双慈鱼
Piabina argentea Reinhardt, 1867 银双慈鱼

Genus *Piabucus* Oken, 1817 慈脂鲤属
Piabucus caudomaculatus Vari, 1977 尾斑慈脂鲤
Piabucus dentatus (Koelreuter, 1763) 大齿慈脂鲤
Piabucus melanostoma Holmberg, 1891 黑口慈脂鲤

Genus *Piaractus* Eigenmann, 1903 肥脂鲤属(淡水白鲳属)
Piaractus brachypomus (Cuvier, 1818) 短盖肥脂鲤(淡水白鲳) 🏠
Piaractus mesopotamicus (Holmberg, 1887) 细鳞肥脂鲤 🏠

Genus *Planaltina* Böhlke, 1954 游脂鲤属
Planaltina britskii Menezes, Weitzman & Burns, 2003 布氏游脂鲤
Planaltina glandipedis Menezes, Weitzman & Burns, 2003 巴西游脂鲤
Planaltina myersi Böhlke, 1954 迈氏游脂鲤

Genus *Poptella* Eigenmann, 1908 银鞍脂鲤属
Poptella brevispina Reis, 1989 短棘银鞍脂鲤
Poptella compressa (Günther, 1864) 窄身银鞍脂鲤
Poptella longipinnis (Popta, 1901) 长鳍银鞍脂鲤
Poptella paraguayensis (Eigenmann, 1907) 巴拉圭银鞍脂鲤

Genus *Priocharax* Weitzman & Vari, 1987 锯齿脂鲤属
Priocharax ariel Weitzman & Vari, 1987 艾氏锯齿脂鲤
Priocharax pygmaeus Weitzman & Vari, 1987 侏锯齿脂鲤

Genus *Prionobrama* Fowler, 1913 锯鳊脂鲤属
Prionobrama filigera (Cope, 1870) 玻璃锯鳊脂鲤(玻璃红翅鱼)
Prionobrama paraguayensis (Eigenmann, 1914) 巴拉圭锯鳊脂鲤

Genus *Pristella* Eigenmann, 1908 细锯脂鲤属
Pristella maxillaris (Ulrey, 1894) 大颌细锯脂鲤

Genus *Pristobrycon* Eigenmann, 1915 锯啮脂鲤属
Pristobrycon aureus (Spix & Agassiz, 1829) 金色锯啮脂鲤
Pristobrycon calmoni (Steindachner, 1908) 亚马孙河锯啮脂鲤
Pristobrycon careospinus Fink & Machado-Allison, 1992 端棘锯啮脂鲤
Pristobrycon maculipinnis Fink & Machado-Allison, 1992 斑鳍锯啮脂鲤
Pristobrycon striolatus (Steindachner, 1908) 条纹锯啮脂鲤

Genus *Probolodus* Eigenmann, 1911 奇口脂鲤属
Probolodus heterostomus Eigenmann, 1911 奇口脂鲤

Genus *Prodontocharax* Eigenmann & Pearson, 1924 前齿脂鲤属
Prodontocharax alleni Böhlke, 1953 艾伦前齿脂鲤
Prodontocharax howesi (Fowler, 1940) 豪氏前齿脂鲤
Prodontocharax melanotus Pearson, 1924 黑背前齿脂鲤

Genus *Psellogrammus* Eigenmann, 1908 饰纹脂鲤属
Psellogrammus kennedyi (Eigenmann, 1903) 肯氏饰纹脂鲤

Genus *Pseudochalceus* Kner, 1863 拟蜥脂鲤属
Pseudochalceus bohlkei Orcés V., 1967 厄瓜多尔拟蜥脂鲤
Pseudochalceus kyburzi Schultz, 1966 凯氏拟蜥脂鲤
Pseudochalceus lineatus Kner, 1863 线纹拟蜥脂鲤

Pseudochalceus longianalis Géry, 1972 长臂拟蜥脂鲤

Genus *Pseudocheirodon* Meek & Hildebrand, 1916 拟翼脂鲤属

Pseudocheirodon arnoldi (Boulenger, 1909) 阿诺拟翼脂鲤
Pseudocheirodon terrabae Bussing, 1967 哥斯达黎加拟翼脂鲤

Genus *Pseudocorynopoma* Perugia, 1891 脊腹脂鲤属

Pseudocorynopoma doriae Perugia, 1891 多丽脊腹脂鲤
Pseudocorynopoma heterandria Eigenmann, 1914 异脊腹脂鲤

Genus *Pterobrycon* Eigenmann, 1913 啮翅脂鲤属

Pterobrycon landoni Eigenmann, 1913 兰氏啮翅脂鲤
Pterobrycon myrnae Bussing, 1974 哥斯达黎加啮翅脂鲤

Genus *Ptychocharax* Weitzman, Fink, Machado-Allison & Royero L., 1994 褶脂鲤属

Ptychocharax rhyacophila Weitzman, Fink, Machado-Allison & Royero L., 1994 喜溪褶脂鲤

Genus *Pygocentrus* Müller & Troschel, 1844 臀点脂鲤属

Pygocentrus cariba (Humboldt, 1821) 凯里臀点脂鲤
Pygocentrus nattereri Kner, 1858 纳氏臀点脂鲤
Pygocentrus palometa Valenciennes, 1850 委内瑞拉臀点脂鲤
Pygocentrus piraya (Cuvier, 1819) 迷人臀点脂鲤

Genus *Pygopristis* Müller & Troschel, 1844 尻锯脂鲤属

Pygopristis denticulata (Cuvier, 1819) 尻锯脂鲤

Genus *Rachoviscus* Myers, 1926 厚头脂鲤属

Rachoviscus crassiceps Myers, 1926 厚头脂鲤
Rachoviscus graciliceps Weitzman & Cruz, 1981 细厚头脂鲤

Genus *Rhinobrycon* Myers, 1944 大吻石脂鲤属

Rhinobrycon negrensis Myers, 1944 南美大吻石脂鲤

Genus *Rhinopetitia* Géry, 1964 瘦吻脂鲤属

Rhinopetitia myersi Géry, 1964 梅氏瘦吻脂鲤属

Genus *Rhoadsia* Fowler, 1911 玫瑰脂鲤属

Rhoadsia altipinna Fowler, 1911 高鳍玫瑰脂鲤
Rhoadsia minor Eigenmann & Henn, 1914 小玫瑰脂鲤

Genus *Roeboexodon* Géry, 1959 锈牙脂鲤属

Roeboexodon geryi Myers, 1960 格氏锈牙脂鲤
Roeboexodon guyanensis (Puyo, 1948) 圭亚那锈牙脂鲤

Genus *Roeboides* Günther, 1864 突颌脂鲤属

Roeboides affinis (Günther, 1868) 安芬突颌脂鲤
Roeboides araguaito Lucena, 2003 阿拉瓜突颌脂鲤
Roeboides biserialis (Garman, 1890) 双线突颌脂鲤
Roeboides bouchellei Fowler, 1923 布什突颌脂鲤
Roeboides carti Lucena, 2000 卡氏突颌脂鲤
Roeboides dayi (Steindachner, 1878) 戴氏突颌脂鲤
Roeboides descalvadensis Fowler, 1932 巴西突颌脂鲤
Roeboides dientonito Schultz, 1944 南美突颌脂鲤
Roeboides dispar Lucena, 2001 异突颌脂鲤
Roeboides guatemalensis (Günther, 1864) 危地马拉突颌脂鲤
Roeboides ilseae Bussing, 1986 伊尔斯突颌脂鲤
Roeboides margareteae Lucena, 2003 珍珠突颌脂鲤
Roeboides microlepis (Reinhardt, 1851) 小鳞突颌脂鲤
Roeboides myersii Gill, 1870 迈氏突颌脂鲤
Roeboides numerosus Lucena, 2000 新月突颌脂鲤
Roeboides occidentalis Meek & Hildebrand, 1916 西方突颌脂鲤
Roeboides oligistos Lucena, 2000 亚马孙突颌脂鲤
Roeboides prognathus (Boulenger, 1895) 前口突颌脂鲤
Roeboides sazimai Lucena, 2007 萨氏突颌脂鲤
Roeboides xenodon (Reinhardt, 1851) 异齿突颌脂鲤

Genus *Saccoderma* Schultz, 1944 盾皮脂鲤属

Saccoderma hastata (Eigenmann, 1913) 茅形盾皮脂鲤
Saccoderma melanostigma Schultz, 1944 黑斑盾皮脂鲤

Saccoderma robusta Dahl, 1955 壮体盾皮脂鲤

Genus *Salminus* Agassiz, 1829 小脂鲤属

Salminus affinis Steindachner, 1880 安芬小脂鲤
Salminus brasiliensis (Cuvier, 1816) 大口小脂鲤
Salminus franciscanus Lima & Britski, 2007 弗朗西斯小脂鲤
Salminus hilarii Valenciennes, 1850 希氏小脂鲤

Genus *Schultzites* Géry, 1964 舒尔茨脂鲤属

Schultzites axelrodi Géry, 1964 南美舒尔茨脂鲤

Genus *Scissor* Günther, 1864 裂脂鲤属

Scissor macrocephalus Günther, 1864 大头裂脂鲤

Genus *Scopaeocharax* Weitzman & Fink, 1985 短矮脂鲤属

Scopaeocharax atopodus (Böhlke, 1958) 异齿短矮脂鲤
Scopaeocharax rhinodus (Böhlke, 1958) 糙齿短矮脂鲤

Genus *Serrabrycon* Vari, 1986 锯石脂鲤属

Serrabrycon magoi Vari, 1986 梅氏锯石脂鲤

Genus *Serrapinnus* Malabarba, 1998 锯翼脂鲤属

Serrapinnus calliurus (Boulenger, 1900) 南美锯翼脂鲤
Serrapinnus heterodon (Eigenmann, 1915) 异牙锯翼脂鲤
Serrapinnus kriegi (Schindler, 1937) 克氏锯翼脂鲤
Serrapinnus microdon (Eigenmann, 1915) 小牙锯翼脂鲤
Serrapinnus micropterus (Eigenmann, 1907) 小鳍锯翼脂鲤
Serrapinnus notomelas (Eigenmann, 1915) 黑背锯翼脂鲤
Serrapinnus piaba (Lütken, 1875) 巴西锯翼脂鲤

Genus *Serrasalmus* Lacepède, 1803 锯脂鲤属(噬人鲳属)

Serrasalmus altispinis Merckx, Jégu & Santos, 2000 高棘锯脂鲤
Serrasalmus altuvei Ramírez, 1965 阿尔氏锯脂鲤
Serrasalmus brandtii Lütken, 1875 布氏锯脂鲤
Serrasalmus compressus Jégu, Leão & Santos, 1991 扁锯脂鲤
Serrasalmus eigenmanni Norman, 1929 艾氏锯脂鲤
Serrasalmus elongatus Kner, 1858 长身锯脂鲤
Serrasalmus emarginatus (Jardine, 1841) 缘边锯脂鲤
Serrasalmus geryi Jégu & Santos, 1988 格里氏锯脂鲤
Serrasalmus gibbus Castelnau, 1855 驼背锯脂鲤
Serrasalmus gouldingi Fink & Machado-Allison, 1992 古氏锯脂鲤
Serrasalmus hastatus Fink & Machado-Allison, 2001 茅锯脂鲤
Serrasalmus hollandi Eigenmann, 1915 霍氏锯脂鲤
Serrasalmus humeralis Valenciennes, 1850 肩锯脂鲤
Serrasalmus irritans Peters, 1877 黄臀锯脂鲤
Serrasalmus maculatus Kner, 1858 斑锯脂鲤
Serrasalmus manueli (Fernández-Yépez & Ramírez, 1967) 曼氏锯脂鲤
Serrasalmus marginatus Valenciennes, 1837 多斑锯脂鲤
Serrasalmus medinai Ramírez, 1965 梅氏锯脂鲤
Serrasalmus nalseni Fernández-Yépez, 1969 纳氏锯脂鲤
Serrasalmus neveriensis Machado-Allison, Fink, López Rojas & Rodenas, 1993 委内瑞拉锯脂鲤
Serrasalmus nigricans Spix & Agassiz, 1829 灰黑锯脂鲤
Serrasalmus rhombeus (Linnaeus, 1766) 菱锯脂鲤
Serrasalmus sanchezi Géry, 1964 桑切氏锯脂鲤
Serrasalmus scotopterus (Jardine, 1841) 黑鳍锯脂鲤
Serrasalmus serrulatus (Valenciennes, 1850) 锐齿锯脂鲤
Serrasalmus spilopleura Kner, 1858 暗带锯脂鲤
Serrasalmus stagnatilis (Jardine, 1841) 池沼锯脂鲤
Serrasalmus undulatus (Jardine, 1841) 亚马孙河锯脂鲤

Genus *Spintherobolus* Eigenmann, 1911 焰脂鲤属

Spintherobolus ankoseion Weitzman & Malabarba, 1999 巴西焰脂鲤
Spintherobolus broccae Myers, 1925 布氏焰脂鲤
Spintherobolus leptoura Weitzman & Malabarba, 1999 小尾焰脂鲤
Spintherobolus papilliferus Eigenmann, 1911 乳突焰脂鲤

Genus *Stethaprion* Cope, 1870 锯胸脂鲤属

Stethaprion crenatum Eigenmann, 1916 刻痕锯胸脂鲤

Stethaprion erythrops Cope, 1870 锯胸脂鲤

Genus *Stichonodon* Eigenmann, 1903 列牙脂鲤属
Stichonodon insignis (Steindachner, 1876) 列牙脂鲤

Genus *Stygichthys* Brittan & Böhlke, 1965 冥脂鲤属
Stygichthys typhlops Brittan & Böhlke, 1965 盲眼冥脂鲤

Genus *Tetragonopterus* Cuvier, 1816 大眼脂鲤属
Tetragonopterus argenteus Cuvier, 1816 银大眼脂鲤
Tetragonopterus chalceus Spix & Agassiz, 1829 金大眼脂鲤
Tetragonopterus rarus (Zarske, Géry & Isbrücker, 2004) 罕见大眼脂鲤

Genus *Thayeria* Eigenmann, 1908 企鹅鱼属
Thayeria boehlkei Weitzman, 1957 搏氏企鹅鱼
Thayeria ifati Géry, 1959 艾夫氏企鹅鱼
Thayeria obliqua Eigenmann, 1908 亚马孙河企鹅鱼

Genus *Thrissobrycon* Böhlke, 1953 鳓脂鲤属
Thrissobrycon pectinifer Böhlke, 1953 南美鳓脂鲤

Genus *Tometes* Valenciennes, 1850 托梅脂鲤属
Tometes lebaili Jégu, Keith & Belmont-Jégu, 2002 莱氏托梅脂鲤
Tometes makue Jégu, Santos & Belmont-Jégu, 2002 尼格罗河托梅脂鲤
Tometes trilobatus Valenciennes, 1850 三叶托梅脂鲤

Genus *Triportheus* Cope, 1872 石斧脂鲤属
Triportheus albus Cope, 1872 白石斧脂鲤
Triportheus angulatus (Spix & Agassiz, 1829) 鳗形石斧脂鲤
Triportheus auritus (Valenciennes, 1850) 金色石斧脂鲤
Triportheus brachipomus (Valenciennes, 1850) 短臂石斧脂鲤
Triportheus culter (Cope, 1872) 刀石斧脂鲤
Triportheus curtus (Garman, 1890) 短石斧脂鲤
Triportheus elongatus (Günther, 1864) 长体石斧脂鲤
Triportheus guentheri (Garman, 1890) 冈瑟石斧脂鲤
Triportheus magdalenae (Steindachner, 1878) 旋石斧脂鲤
Triportheus nematurus (Kner, 1858) 线纹石斧脂鲤
Triportheus orinocensis Malabarba, 2004 高体石斧脂鲤
Triportheus pantanensis Malabarba, 2004 巴拉圭石斧脂鲤
Triportheus paranensis (Günther, 1874) 巴西石斧脂鲤
Triportheus pictus (Garman, 1890) 花斑石斧脂鲤
Triportheus rotundatus (Jardine, 1841) 圆石斧脂鲤
Triportheus signatus (Garman, 1890) 饰妆石斧脂鲤
Triportheus trifurcatus (Castelnau, 1855) 三叉石斧脂鲤
Triportheus venezuelensis Malabarba, 2004 委内瑞拉石斧脂鲤

Genus *Trochilocharax* Zarske, 2010 轮唇脂鲤属
Trochilocharax ornatus Zarske, 2010 饰妆圆唇脂鲤

Genus *Tucanoichthys* Géry & Römer, 1997 啮齿鱼属
Tucanoichthys tucano Géry & Römer, 1997 南美啮齿鱼

Genus *Tyttobrycon* Géry, 1973 泰托啮脂鲤属
Tyttobrycon dorsimaculatus Géry, 1973 背斑泰托啮脂鲤
Tyttobrycon hamatus Géry, 1973 钩牙泰托啮脂鲤
Tyttobrycon spinosus Géry, 1973 大刺泰托啮脂鲤
Tyttobrycon xeruini Géry, 1973 兴氏泰托啮脂鲤

Genus *Tyttocharax* Fowler, 1913 泰托脂鲤属
Tyttocharax cochui (Ladiges, 1950) 科氏泰托脂鲤
Tyttocharax madeirae Fowler, 1913 亚马孙河泰托脂鲤
Tyttocharax tambopatensis Weitzman & Ortega, 1995 秘鲁泰托脂鲤

Genus *Utiaritichthys* Miranda Ribeiro, 1937 犹他脂鲤属
Utiaritichthys longidorsalis Jégu, Tito de Morais & Santos, 1992 长背犹他脂鲤
Utiaritichthys sennaebragai Miranda Ribeiro, 1937 塞氏犹他脂鲤

Genus *Xenagoniates* Myers, 1942 奇石脂鲤属
Xenagoniates bondi Myers, 1942 奇石脂鲤

Genus *Xenurobrycon* Myers & Miranda Ribeiro, 1945 奇腺
尾脂鲤属
Xenurobrycon coracoralinae Moreira, 2005 锥牙奇腺尾脂鲤
Xenurobrycon heterodon Weitzman & Fink, 1985 异齿奇腺尾脂鲤
Xenurobrycon macropus Myers & Miranda Ribeiro, 1945 大眼奇腺尾脂鲤
Xenurobrycon polyancistrus Weitzman, 1987 多钩奇腺尾脂鲤
Xenurobrycon pteropus Weitzman & Fink, 1985 巴西奇腺尾脂鲤

Family 120 Acestrorhynchidae 狼牙脂鲤科

Genus *Acestrorhynchus* Eigenmann & Kennedy, 1903 狼牙
脂鲤属
Acestrorhynchus abbreviatus (Cope, 1878) 短狼牙脂鲤
Acestrorhynchus altus Menezes, 1969 多鳞狼牙脂鲤
Acestrorhynchus britskii Menezes, 1969 布氏狼牙脂鲤
Acestrorhynchus falcatus (Bloch, 1794) 镰状狼牙脂鲤
Acestrorhynchus falcirostris (Cuvier, 1819) 镰吻狼牙脂鲤
Acestrorhynchus grandoculis Menezes & Géry, 1983 大眼狼牙脂鲤
Acestrorhynchus heterolepis (Cope, 1878) 异鳞狼牙脂鲤
Acestrorhynchus isalineae Menezes & Géry, 1983 巴西狼牙脂鲤
Acestrorhynchus lacustris (Lütken, 1875) 湖沼狼牙脂鲤
Acestrorhynchus maculipinna Menezes & Géry, 1983 斑鳍狼牙脂鲤
Acestrorhynchus microlepis (Schomburgk, 1841) 小鳞狼牙脂鲤
Acestrorhynchus minimus Menezes, 1969 小狼牙脂鲤
Acestrorhynchus nasutus Eigenmann, 1912 大鼻狼牙脂鲤
Acestrorhynchus pantaneiro Menezes, 1992 紫鳍狼牙脂鲤

Family 121 Cynodontidae 犬齿脂鲤科

Genus *Cynodon* Cuvier, 1829 犬牙脂鲤属
Cynodon gibbus (Agassiz, 1829) 驼背犬牙脂鲤
Cynodon meionactis Géry, Le Bail & Keith, 1999 小鳞犬牙脂鲤
Cynodon septenarius Toledo-Piza, 2000 圭亚那犬牙脂鲤

Genus *Gilbertolus* Eigenmann, 1907 吉氏脂鲤属
Gilbertolus alatus (Steindachner, 1878) 大鳍吉氏脂鲤
Gilbertolus atratoensis Schultz, 1943 哥伦比亚吉氏脂鲤
Gilbertolus maracaiboensis Schultz, 1943 贪食吉氏脂鲤

Genus *Hydrolycus* Müller & Troschel, 1844 水狼牙鱼属
Hydrolycus armatus (Jardine & Schomburgk, 1841) 巨水狼牙鱼
Hydrolycus scomberoides (Cuvier, 1819) 似鲭水狼牙鱼
Hydrolycus tatauaia Toledo-Piza, Menezes & Santos, 1999 塔图阿水狼牙鱼
Hydrolycus wallacei Toledo-Piza, Menezes & Santos, 1999 沃氏水狼牙鱼

Genus *Rhaphiodon* Agassiz, 1829 针牙脂鲤属
Rhaphiodon vulpinus Agassiz, 1829 亚马孙河针牙脂鲤

Genus *Roestes* Günther, 1864 露斯塔脂鲤属
Roestes itupiranga Menezes & Lucena, 1998 南美露斯塔脂鲤
Roestes molossus (Kner, 1858) 巴西露斯塔脂鲤
Roestes ogilviei (Fowler, 1914) 奥氏露斯塔脂鲤

Family 122 Erythrinidae 虎脂鲤科

Genus *Erythrinus* Scopoli, 1777 虎脂鲤属
Erythrinus erythrinus (Bloch & Schneider, 1801) 亚马孙河虎脂鲤
Erythrinus kessleri Steindachner, 1877 凯氏虎脂鲤

Genus *Hoplerythrinus* Gill, 1896 红脂鲤属
Hoplerythrinus cinereus (Gill, 1858) 灰色红脂鲤
Hoplerythrinus gronovii (Valenciennes, 1847) 圭亚那红脂鲤
Hoplerythrinus unitaeniatus (Spix & Agassiz, 1829) 单带红脂鲤

Genus *Hoplias* Gill, 1903 利齿脂鲤属
Hoplias aimara (Valenciennes, 1847) 血色利齿脂鲤
Hoplias australis Oyakawa & Mattox, 2009 澳洲利齿脂鲤
Hoplias brasiliensis (Spix & Agassiz, 1829) 巴西利齿脂鲤
Hoplias curupira Oyakawa & Mattox, 2009 库伦利齿脂鲤
Hoplias lacerdae Miranda Ribeiro, 1908 侧带利齿脂鲤

Hoplias macrophthalmus (Pellegrin, 1907) 大眼利齿脂鲤
Hoplias malabaricus (Bloch, 1794) 马拉巴厘齿脂鲤
Hoplias microcephalus (Agassiz, 1829) 小头利齿脂鲤
Hoplias microlepis (Günther, 1864) 小鳞利齿脂鲤
Hoplias patana (Valenciennes, 1847) 扁身利齿脂鲤
Hoplias teres (Valenciennes, 1847) 南美利齿脂鲤

Family 123 Lebiasinidae 鲮脂鲤科

Genus *Copeina* Fowler, 1906 短颌鲮脂鲤属

Copeina guttata (Steindachner, 1876) 红点短颌鲮脂鲤
Copeina osgoodi Eigenmann, 1922 奥氏短颌鲮脂鲤

Genus *Copella* Myers, 1956 丝鳍脂鲤属

Copella arnoldi (Regan, 1912) 阿氏丝鳍脂鲤
Copella carsevennensis (Regan, 1912) 圭亚那丝鳍脂鲤
Copella compta (Myers, 1927) 头带丝鳍脂鲤
Copella eigenmanni (Regan, 1912) 艾氏丝鳍脂鲤
Copella meinkeni Zarske & Géry, 2006 迈氏丝鳍脂鲤
Copella metae (Eigenmann, 1914) 米氏丝鳍脂鲤
Copella nattereri (Steindachner, 1876) 纳氏丝鳍脂鲤
Copella nigrofasciata (Meinken, 1952) 黑纹丝鳍脂鲤
Copella vilmae Géry, 1963 维玛丝鳍脂鲤

Genus *Derhamia* Géry & Zarske, 2002 德勒姆鲮脂鲤属

Derhamia hoffmannorum Géry & Zarske, 2002 圭亚那德勒姆鲮脂鲤

Genus *Lebiasina* Valenciennes, 1847 鲮脂鲤属

Lebiasina bimaculata Valenciennes, 1847 双斑鲮脂鲤
Lebiasina chucuriensis Ardila Rodríguez, 2001 南美鲮脂鲤
Lebiasina colombia Ardila Rodríguez, 2008 哥伦比亚鲮脂鲤
Lebiasina floridablancaensis Ardila Rodríguez, 1994 佛罗里达鲮脂鲤
Lebiasina intermedia Meinken, 1936 中间鲮脂鲤
Lebiasina multimaculata Boulenger, 1911 多斑鲮脂鲤
Lebiasina narinensis Ardila Rodríguez, 2002 纳林鲮脂鲤
Lebiasina ortegai Ardila Rodríguez, 2008 奥特加鲮脂鲤
Lebiasina provenzanoi Ardila Rodríguez, 1999 普氏鲮脂鲤
Lebiasina uruyensis Fernández-Yépez, 1967 乌鲁鲮脂鲤
Lebiasina yuruaniensis Ardila Rodríguez, 2000 委内瑞拉鲮脂鲤

Genus *Nannostomus* Günther, 1872 铅笔鱼属(小口脂鲤属)

Nannostomus anduzei Fernandez & Weitzman, 1987 安氏铅笔鱼
Nannostomus beckfordi Günther, 1872 贝氏铅笔鱼
Nannostomus bifasciatus Hoedeman, 1954 双带铅笔鱼
Nannostomus britskii Weitzman, 1978 布氏铅笔鱼
Nannostomus digrammus (Fowler, 1913) 双线铅笔鱼
Nannostomus eques Steindachner, 1876 管口铅笔鲤
Nannostomus espei (Meinken, 1956) 埃斯佩氏铅笔鱼
Nannostomus harrisoni (Eigenmann, 1909) 哈氏铅笔鱼
Nannostomus limatus Weitzman, 1978 亚马孙河铅笔鱼
Nannostomus marginatus Eigenmann, 1909 短铅笔鱼
Nannostomus marilynae Weitzman & Cobb, 1975 玛丽铅笔鱼
Nannostomus minimus Eigenmann, 1909 微铅笔鱼
Nannostomus mortenthaleri Paepke & Arendt, 2001 红带铅笔鱼
Nannostomus nitidus Weitzman, 1978 光泽铅笔鱼
Nannostomus rubrocaudatus Zarske, 2009 红尾铅笔鱼
Nannostomus trifasciatus Steindachner, 1876 三带铅笔鱼
Nannostomus unifasciatus Steindachner, 1876 单线铅笔鱼

Genus *Piabucina* Valenciennes, 1850 片鲮脂鲤属

Piabucina astrigata Regan, 1903 厄瓜多尔片鳍脂鲤
Piabucina aureoguttata Fowler, 1911 金斑片鳍脂鲤
Piabucina boruca Bussing, 1967 博氏片鳍脂鲤
Piabucina elongata Boulenger, 1887 长身片鳍脂鲤
Piabucina erythrinoides Valenciennes, 1850 似红鳍片鳍脂鲤
Piabucina festae Boulenger, 1899 哥伦比亚片鳍脂鲤

Piabucina panamensis Gill, 1877 巴拿马片鳍脂鲤
Piabucina pleurotaenia Regan, 1903 胸带片鳍脂鲤
Piabucina unitaeniata Günther, 1864 单纹片鳍脂鲤

Genus *Pyrrhulina* Valenciennes, 1846 翘嘴脂鲤属

Pyrrhulina australis Eigenmann & Kennedy, 1903 巴拉圭河翘嘴脂鲤
Pyrrhulina beni Pearson, 1924 本氏翘嘴脂鲤
Pyrrhulina brevis Steindachner, 1876 短翘嘴脂鲤
Pyrrhulina eleanorae Fowler, 1940 埃氏翘嘴脂鲤
Pyrrhulina elongata Zarske & Géry, 2001 长身翘嘴脂鲤
Pyrrhulina filamentosa Valenciennes, 1847 丝鳍翘嘴脂鲤
Pyrrhulina laeta (Cope, 1872) 半带翘嘴脂鲤
Pyrrhulina lugubris Eigenmann, 1922 南美翘嘴脂鲤
Pyrrhulina macrolepis Ahl & Schindler, 1937 大鳞翘嘴脂鲤
Pyrrhulina maxima Eigenmann & Eigenmann, 1889 巨翘嘴脂鲤
Pyrrhulina melanostoma (Cope, 1870) 黑口翘嘴脂鲤
Pyrrhulina obermulleri Myers, 1926 奥氏翘嘴脂鲤
Pyrrhulina rachoviana Myers, 1926 扇鳍翘嘴脂鲤
Pyrrhulina semifasciata Steindachner, 1876 半花翘嘴脂鲤
Pyrrhulina spilota Weitzman, 1960 斑点翘嘴脂鲤
Pyrrhulina stoli Boeseman, 1953 斯氏翘嘴脂鲤
Pyrrhulina vittata Regan, 1912 条纹翘嘴脂鲤
Pyrrhulina zigzag Zarske & Géry, 1997 之形翘嘴脂鲤

Family 124 Ctenoluciidae 舒脂鲤科

Genus *Boulengerella* Eigenmann, 1903 鲍氏脂鲤属

Boulengerella cuvieri (Spix & Agassiz, 1829) 长吻鲍氏脂鲤
Boulengerella lateristriga (Boulenger, 1895) 侧带鲍氏脂鲤
Boulengerella lucius (Cuvier, 1816) 尖嘴鲍氏脂鲤
Boulengerella maculata (Valenciennes, 1850) 花斑鲍氏脂鲤
Boulengerella xyrekes Vari, 1995 亚马孙河鲍氏脂鲤

Genus *Ctenolucius* Gill, 1861 舒脂鲤属

Ctenolucius beani (Fowler, 1907) 哥伦比亚舒脂鲤
Ctenolucius hujeta (Valenciennes, 1850) 钝吻舒脂鲤 陆

Family 125 Hepsetidae 鳢脂鲤科

Genus *Hepsetus* Swainson, 1838 鳢脂鲤属

Hepsetus odoe (Bloch, 1794) 鳢脂鲤

Order Siluriformes 鲇形目

Family 126 Diplomystidae 二须鲇科

Genus *Diplomystes* Bleeker, 1858 二须鲇属

Diplomystes camposensis Arratia, 1987 坎波二须鲇
Diplomystes chilensis (Molina, 1782) 智利二须鲇
Diplomystes nahuelbutaensis Arratia, 1987 讷韦尔二须鲇

Genus *Olivaichthys* Arratia, 1987 油双须鲇属

Olivaichthys cuyanus (Ringuelet, 1965) 科罗拉多河油双须鲇
Olivaichthys mesembrinus (Ringuelet, 1982) 中间油双须鲇
Olivaichthys viedmensis (MacDonagh, 1931) 维德马油双须鲇

Family 127 Cetopsidae 鲸鲇科

Genus *Cetopsidium* Vari, Ferraris & de Pinna, 2005 准鲸鲇属

Cetopsidium ferreirai Vari, Ferraris & de Pinna, 2005 费氏准鲸鲇
Cetopsidium minutum (Eigenmann, 1912) 细小准鲸鲇
Cetopsidium morenoi (Fernández-Yépez, 1972) 莫氏准鲸鲇
Cetopsidium orientale (Vari, Ferraris & Keith, 2003) 东方准鲸鲇
Cetopsidium pemon Vari, Ferraris & de Pinna, 2005 佩蒙准鲸鲇
Cetopsidium roae Vari, Ferraris & de Pinna, 2005 罗氏准鲸鲇
Cetopsidium soniae Vari & Ferraris Jr., 2009 索尼亚准鲸鲇

Genus *Cetopsis* Agassiz, 1829 鲸鲇属

Cetopsis amphiloxa (Eigenmann, 1914) 双栖鲸鲇
Cetopsis arcana Vari, Ferraris & de Pinna, 2005 巴西鲸鲇
Cetopsis baudoensis (Dahl, 1960) 保多河鲸鲇

Cetopsis caiapo Vari, Ferraris & de Pinna, 2005 卡波鲸鲇

Cetopsis candiru Spix & Agassiz, 1829 凹尾鲸鲇

Cetopsis coecutiens (Lichtenstein, 1819) 亚马孙河鲸鲇

Cetopsis fimbriata Vari, Ferraris & de Pinna, 2005 缨鲸鲇

Cetopsis gobioides Kner, 1858 拟虾鲸鲇

Cetopsis jurubidae (Fowler, 1944) 朱鲁鲸鲇

Cetopsis montana Vari, Ferraris & de Pinna, 2005 蒙大那鲸鲇

Cetopsis motatanensis (Schultz, 1944) 莫搭鲸鲇

Cetopsis oliveirai (Lundberg & Rapp Py-Daniel, 1994) 奥氏鲸鲇

Cetopsis orinoco (Schultz, 1944) 奥里诺科河鲸鲇

Cetopsis othonops (Eigenmann, 1912) 异眼鲸鲇

Cetopsis parma Oliveira, Vari & Ferraris, 2001 有盾鲸鲇

Cetopsis pearsoni Vari, Ferraris & de Pinna, 2005 皮尔逊鲸鲇

Cetopsis plumbea Steindachner, 1882 铅色鲸鲇

Cetopsis sandrae Vari, Ferraris & de Pinna, 2005 砂鲸鲇

Cetopsis sarcodes Vari, Ferraris & de Pinna, 2005 多肉鲸鲇

Cetopsis starnesi Vari, Ferraris & de Pinna, 2005 斯氏鲸鲇

Cetopsis umbrosa Vari, Ferraris & de Pinna, 2005 喜荫鲸鲇

Genus *Denticetopsis* Ferraris, 1996 大牙鲸鲇属

Denticetopsis epa Vari, Ferraris & de Pinna, 2005 巴西大牙鲸鲇

Denticetopsis iwokrama Vari, Ferraris & de Pinna, 2005 依华大牙鲸鲇

Denticetopsis macilenta (Eigenmann, 1912) 瘦大牙鲸鲇

Denticetopsis praecox (Ferraris & Brown, 1991) 早熟大牙鲸鲇

Denticetopsis royeroi Ferraris, 1996 罗氏大牙鲸鲇

Denticetopsis sauli Ferraris, 1996 索尔氏大牙鲸鲇

Denticetopsis seducta Vari, Ferraris & de Pinna, 2005 亚马孙大牙鲸鲇

Genus *Helogenes* Günther, 1863 泽鲇属

Helogenes castaneus (Dahl, 1960) 栗色泽鲇

Helogenes gouldingi Vari & Ortega, 1986 古氏泽鲇

Helogenes marmoratus Günther, 1863 斑纹泽鲇

Helogenes uruyensis Fernández-Yépez, 1967 乌鲁耶泽鲇

Genus *Paracetopsis* Eigenmann & Bean, 1907 副鲸鲇属

Paracetopsis atahualpa Vari, Ferraris & de Pinna, 2005 秘鲁副鲸鲇

Paracetopsis bleekeri Bleeker, 1862 白氏副鲸鲇

Paracetopsis esmeraldas Vari, Ferraris & de Pinna, 2005 南美副鲸鲇

Family 128 Amphiliidae 平鳍鮡科

Genus *Amphilius* Günther, 1864 平鳍鮡属

Amphilius atesuensis Boulenger, 1904 阿特休平鳍鮡

Amphilius athiensis Thomson & Page, 2010 阿瑟河平鳍鮡

Amphilius brevis Boulenger, 1902 短体平鳍鮡

Amphilius caudosignatus Skelton, 2007 尾斑平鳍鮡

Amphilius chalei Seegers, 2008 查氏平鳍鮡

Amphilius cryptobullatus Skelton, 1986 隐棘平鳍鮡

Amphilius dimonikensis Skelton, 2007 非洲平鳍鮡

Amphilius jacksonii Boulenger, 1912 杰氏平鳍鮡

Amphilius kakrimensis Teugels, Skelton & Lévêque, 1987 卡克里河平鳍鮡

Amphilius kivuensis Pellegrin, 1933 基伍平鳍鮡

Amphilius korupi Skelton, 2007 科氏平鳍鮡

Amphilius lamani Lönnberg & Rendahl, 1920 拉氏平鳍鮡

Amphilius lampei Pietschmann, 1913 蓝氏平鳍鮡

Amphilius laticaudatus Skelton, 1984 宽尾平鳍鮡

Amphilius lentiginosus Trewavas, 1936 雀斑平鳍鮡

Amphilius longirostris (Boulenger, 1901) 长吻平鳍鮡

Amphilius maesii Boulenger, 1919 梅氏平鳍鮡

Amphilius mamonekenensis Skelton, 2007 刚果平鳍鮡

Amphilius natalensis Boulenger, 1917 南非平鳍鮡

Amphilius opisthophthalmus Boulenger, 1919 背眼平鳍鮡

Amphilius platychir (Günther, 1864) 扁鳍平鳍鮡

Amphilius pulcher Pellegrin, 1929 美丽平鳍鮡

Amphilius rheophilus Daget, 1959 捷泳平鳍鮡

Amphilius uranoscopus (Pfeffer, 1889) 胆星平鳍鮡

Amphilius zairensis Skelton, 1986 扎伊尔平鳍鮡

Genus *Andersonia* Boulenger, 1900 安氏细尾鲇属

Andersonia leptura Boulenger, 1900 尼罗河安氏细尾鲇

Genus *Belonoglanis* Boulenger, 1902 针鳅鲇属

Belonoglanis brieni Poll, 1959 布氏针鳅鲇

Belonoglanis tenuis Boulenger, 1902 刚果河针鳅鲇

Genus *Dolichamphilius* Roberts, 2003 长平鳍鮡属

Dolichamphilius brieni (Poll, 1959) 布氏长平鳍鮡

Dolichamphilius longiceps Roberts, 2003 大头长平鳍鮡

Genus *Doumea* Sauvage, 1879 杜鳅鲇属

Doumea alula Nichols & Griscom, 1917 翼杜鳅鲇

Doumea angolensis Boulenger, 1906 安哥拉杜鳅鲇

Doumea chappuisi Pellegrin, 1933 查氏杜鳅鲇

Doumea gracila Skelton, 2007 细杜鳅鲇

Doumea sanaga Skelton, 2007 喀麦隆杜鳅鲇

Doumea thysi Skelton, 1989 赛氏杜鳅鲇

Doumea typica Sauvage, 1879 杜鳅鲇

Genus *Leptoglanis* Eigenmann, 1912 细鳠属

Leptoglanis bouilloni Poll, 1959 布氏细鳠

Leptoglanis xenognathus Boulenger, 1902 大颌细鳠

Genus *Paramphilius* Pellegrin, 1907 副平鳍鮡属

Paramphilius baudoni (Pellegrin, 1928) 鲍氏副平鳍鮡

Paramphilius firestonei Schultz, 1942 费氏副平鳍鮡

Paramphilius teugelsi Skelton, 1989 托氏副平鳍鮡

Paramphilius trichomycteroides Pellegrin, 1907 似毛鼻副平鳍鮡

Genus *Phractura* Boulenger, 1900 护尾鮡属

Phractura ansorgii Boulenger, 1902 安氏护尾鮡

Phractura bovei (Perugia, 1892) 博氏护尾鮡

Phractura brevicauda Boulenger, 1911 短尾护尾鮡

Phractura clauseni Daget & Stauch, 1963 克氏护尾鮡

Phractura fasciata Boulenger, 1920 条纹护尾鮡

Phractura gladysae Pellegrin, 1931 格拉迪护尾鮡

Phractura intermedia Boulenger, 1911 中间护尾鮡

Phractura lindica Boulenger, 1902 林迪护尾鮡

Phractura longicauda Boulenger, 1903 长尾护尾鮡

Phractura macrura Poll, 1967 大护尾鮡

Phractura scaphyrhynchura (Vaillant, 1886) 铲吻护尾鮡

Phractura stiassny Skelton, 2007 加蓬护尾鮡

Phractura tenuicauda (Boulenger, 1902) 薄护尾鮡

Genus *Psammphiletria* Roberts, 2003 爱砂鮡属

Psammphiletria delicata Roberts, 2003 美味爱砂鮡

Psammphiletria nasuta Roberts, 2003 大鼻爱砂鮡

Genus *Tetracamphilius* Roberts, 2003 四鳍鮡属

Tetracamphilius angustifrons (Boulenger, 1902) 刚果四鳍鮡

Tetracamphilius clandestinus Roberts, 2003 隐身四鳍鮡

Tetracamphilius notatus (Nichols & Griscom, 1917) 高背四鳍鮡

Tetracamphilius pectinatus Roberts, 2003 梳四鳍鮡

Genus *Trachyglanis* Boulenger, 1902 粗鳅鲇属

Trachyglanis ineac (Poll, 1954) 粗鳅鲇

Trachyglanis intermedius Pellegrin, 1928 中间粗鳅鲇

Trachyglanis minutus Boulenger, 1902 小粗鳅鲇

Trachyglanis sanghensis Pellegrin, 1925 上兴粗鳅鲇

Genus *Zaireichthys* Roberts, 1967 带平鳍鮡属

Zaireichthys brevis (Boulenger, 1915) 短带平鳍鮡

Zaireichthys camerunensis (Daget & Stauch, 1963) 尼日尔河带平鳍鮡

Zaireichthys compactus Seegers, 2008 马拉维带平鳍鮡

Zaireichthys dorae (Poll, 1967) 凹尾带平鳍鮡

Zaireichthys flavomaculatus (Pellegrin, 1926) 金斑带平鳍鮡

Zaireichthys heterurus Roberts, 2003 异尾带平鳍鮡

Zaireichthys mandevillei (Poll, 1959) 马氏带平鳍鮡

Zaireichthys rotundiceps (Hilgendorf, 1905) 圆头带平鳍鮡

Zaireichthys wamiensis (Seegers, 1989) 沃氏带平鳍鮡

Zaireichthys zonatus Roberts, 1967 条带平鳍鮡

Family 129 Trichomycteridae 毛鼻鲇科

Genus *Acanthopoma* Lütken, 1892 刺毛鼻鲇属

Acanthopoma annectens Lütken, 1892 细柄刺毛鼻鲇

Genus *Ammoglanis* Costa, 1994 砾毛鼻鲇属

Ammoglanis amapaensis Mattos, Costa & Gama, 2008 阿马帕砾毛鼻鲇

Ammoglanis diaphanus Costa, 1994 巴西砾毛鼻鲇

Ammoglanis pulex de Pinna & Winemiller, 2000 强壮砾毛鼻鲇

Genus *Apomatoceros* Eigenmann, 1922 河毛鼻鲇属

Apomatoceros alleni Eigenmann, 1922 艾伦氏毛鼻鲇

Genus *Bullockia* Arratia, Chang, Menu-Marque & Rojas, 1978 泡鼻鲇属

Bullockia maldonadoi (Eigenmann, 1928) 马氏泡鼻鲇

Genus *Copionodon* de Pinna, 1992 桨齿鲇属

Copionodon lianae Campanario & de Pinna, 2000 线纹桨齿鲇

Copionodon orthiocarinatus de Pinna, 1992 龙首桨齿鲇

Copionodon pecten de Pinna, 1992 巴西桨齿鲇

Genus *Eremophilus* Humboldt, 1805 沙毛鼻鲇属

Eremophilus mutisii Humboldt, 1805 马氏沙毛鼻鲇

Genus *Glanapteryx* Myers, 1927 鳗形腺鳍鲇属

Glanapteryx anguilla Myers, 1927 鳗形腺鳍鲇

Glanapteryx niobium de Pinna, 1998 南美腺鳍鲇

Genus *Glaphyropoma* de Pinna, 1992 黏滑光鼻鲇属

Glaphyropoma rodriguesi de Pinna, 1992 罗氏黏滑光鼻鲇

Glaphyropoma spinosum Bichuette, Cardoso de Pinna & Trajano, 2008 多棘黏滑光鼻鲇

Genus *Haemomaster* Myers, 1927 血色乳突鲇属

Haemomaster venezuelae Myers, 1927 委内瑞拉血色乳突鲇

Genus *Hatcheria* Eigenmann, 1909 孵器鲇属

Hatcheria macraei (Girard, 1855) 马氏孵器鲇

Genus *Henonemus* Eigenmann & Ward, 1907 泽丝鲇属

Henonemus intermedius (Eigenmann & Eigenmann, 1889) 中间泽丝鲇

Henonemus macrops (Steindachner, 1882) 大眼泽丝鲇

Henonemus punctatus (Boulenger, 1887) 斑泽丝鲇

Henonemus taxistigmus (Fowler, 1914) 圭亚那泽丝鲇

Henonemus triacanthopomus Do Nascimiento & Provenzano, 2006 三刺泽丝鲇

Genus *Homodiaetus* Eigenmann & Ward, 1907 同鼻鲇属

Homodiaetus anisitsi Eigenmann & Ward, 1907 安氏同鼻鲇

Homodiaetus banguela Koch, 2002 热带同鼻鲇

Homodiaetus graciosa Koch, 2002 巴西同鼻鲇

Homodiaetus passarellii (Miranda Ribeiro, 1944) 帕氏同鼻鲇

Genus *Ituglanis* Costa & Bockmann, 1993 伊都毛鼻鲇属

Ituglanis amazonicus (Steindachner, 1882) 亚马孙河伊都毛鼻鲇

Ituglanis bambui Bichuette & Trajano, 2004 巴氏伊都毛鼻鲇

Ituglanis cahyensis Saramento-Soares, Martins-Pinheiro, Aranda & Chamon, 2006 裸身伊都毛鼻鲇

Ituglanis eichorniarum (Miranda Ribeiro, 1912) 巴西伊都毛鼻鲇

Ituglanis epikarsticus Bichuette & Trajano, 2004 小口伊都毛鼻鲇

Ituglanis gracilior (Eigenmann, 1912) 细身伊都毛鼻鲇

Ituglanis guayaberensis (Dahl, 1960) 瓜亚河伊都毛鼻鲇

Ituglanis herberti (Miranda Ribeiro, 1940) 赫氏伊都毛鼻鲇

Ituglanis laticeps (Kner, 1863) 侧头伊都毛鼻鲇

Ituglanis macunaima Datovo & Landim, 2005 秀美伊都毛鼻鲇

Ituglanis mambai Bichuette & Trajano, 2008 玛氏伊都毛鼻鲇

Ituglanis metae (Eigenmann, 1917) 米塔氏伊都毛鼻鲇

Ituglanis nebulosus de Pinna & Keith, 2003 云纹伊都毛鼻鲇

Ituglanis paraguassuensis Campos-Paiva & Costa, 2007 帕拉瓜伊都毛鼻鲇

Ituglanis parahybae (Eigenmann, 1918) 帕拉氏伊都毛鼻鲇

Ituglanis parkoi (Miranda Ribeiro, 1944) 帕高氏伊都毛鼻鲇

Ituglanis passensis Fernández & Bichuette, 2002 帕西伊都毛鼻鲇

Ituglanis proops (Miranda Ribeiro, 1908) 前眼伊都毛鼻鲇

Ituglanis ramiroi Bichuette & Trajano, 2004 拉氏伊都毛鼻鲇

Genus *Listrura* de Pinna, 1988 铲鼻鲇属

Listrura boticario de Pinna & Wosiacki, 2002 巴西铲鼻鲇

Listrura camposi (Miranda Ribeiro, 1957) 坎氏铲鼻鲇

Listrura nematopteryx de Pinna, 1988 线翼铲鼻鲇

Listrura picinguabae Villa-Verde & Costa, 2006 暗黑铲鼻鲇

Listrura tetraradiata Landim & Costa, 2002 南美铲鼻鲇

Genus *Malacoglanis* Myers & Weitzman, 1966 软鼻鲇属

Malacoglanis gelatinosus Myers & Weitzman, 1966 软鼻鲇

Genus *Megalocentor* de Pinna & Britski, 1991 大刺毛鼻鲇属

Megalocentor echthrus de Pinna & Britski, 1991 亚马孙河大刺毛鼻鲇

Genus *Microcambeva* Costa & Bockmann, 1994 小髭鼻鲇属

Microcambeva barbata Costa & Bockmann, 1994 巴西小髭鼻鲇

Microcambeva draco Mattos & Lima, 2010 龙状小髭鼻鲇

Microcambeva ribeirae Costa, Lima & Bizerril, 2004 短小髭鼻鲇

Genus *Miuroglanis* Eigenmann & Eigenmann, 1889 微腺叉牙鲇属

Miuroglanis platycephalus Eigenmann & Eigenmann, 1889 扁头微腺叉牙鲇

Genus *Ochmacanthus* Eigenmann, 1912 棘盖鲇属

Ochmacanthus alternus Myers, 1927 泽生棘盖鲇

Ochmacanthus batrachostomus (Miranda Ribeiro, 1912) 蛙口棘盖鲇

Ochmacanthus flabelliferus Eigenmann, 1912 圭亚那棘盖鲇

Ochmacanthus orinoco Myers, 1927 高山棘盖鲇

Ochmacanthus reinhardtii (Steindachner, 1882) 莱氏棘盖鲇

Genus *Paracanthopoma* Giltay, 1935 副棘盖鲇属

Paracanthopoma parva Giltay, 1935 副棘盖鲇

Genus *Parastegophilus* Miranda Ribeiro, 1946 副喜盖鲇属

Parastegophilus maculatus (Steindachner, 1879) 斑副喜盖鲇

Parastegophilus paulensis (Miranda Ribeiro, 1918) 南美副喜盖鲇

Genus *Paravandellia* Miranda Ribeiro, 1912 副寄生鲇属

Paravandellia oxyptera Miranda Ribeiro, 1912 尖鳍副寄生鲇

Paravandellia phanerema (Miles, 1943) 线纹副寄生鲇

Genus *Pareiodon* Kner, 1855 锯颊鲇属

Pareiodon microps Kner, 1855 小眼锯颊鲇

Genus *Plectrochilus* Miranda Ribeiro, 1917 锤形鲇属

Plectrochilus diabolicus (Myers, 1927) 魔锤形鲇

Plectrochilus machadoi Miranda Ribeiro, 1917 亚马孙河锤形鲇

Plectrochilus wieneri (Pellegrin, 1909) 威氏锤形鲇

Genus *Pseudostegophilus* Eigenmann & Eigenmann, 1889 拟喜盖鲇属

Pseudostegophilus haemomyzon (Myers, 1942) 拟喜盖鲇

Pseudostegophilus nemurus (Günther, 1869) 秘鲁拟喜盖鲇

Genus *Pygidianops* Myers, 1944 臀斑毛鼻鲇属

Pygidianops cuao Schaefer, Provenzano, de Pinna & Baskin, 2005 委内瑞拉臀斑毛鼻鲇

Pygidianops eigenmanni Myers, 1944 艾氏臀斑毛鼻鲇

Pygidianops magoi Schaefer, Provenzano, de Pinna & Baskin, 2005 梅氏臀斑毛鼻鲇

Genus *Rhizosomichthys* Miles, 1943 茎鼻鮡属

Rhizosomichthys totae (Miles, 1942) 哥伦比亚茎鼻鮡

Genus *Sarcoglanis* Myers & Weitzman, 1966 肉鼻鮡属

Sarcoglanis simplex Myers & Weitzman, 1966 肉鼻鮡

Genus *Schultzichthys* Dahl, 1960 舒尔茨鮡属

Schultzichthys bondi (Myers, 1942) 亚马孙河舒尔茨鮡

Schultzichthys gracilis Dahl, 1960 细体舒尔茨鮡

Genus *Scleronema* Eigenmann, 1917 硬丝鮡属

Scleronema angustirostre (Devincenzi, 1942) 窄吻硬丝鮡

Scleronema minutum (Boulenger, 1891) 微体硬丝鮡

Scleronema operculatum Eigenmann, 1917 巴西硬丝鮡

Genus *Silvinichthys* Arratia, 1998 树须鮡属

Silvinichthys bortayro Fernández & de Pinna, 2005 阿根廷树须鮡

Silvinichthys mendozensis (Arratia, Chang, Menu-Marque & Rojas, 1978) 门多
萨树须鮡

Genus *Stauroglanis* de Pinna, 1989 十字鮡属

Stauroglanis gouldingi de Pinna, 1989 古氏十字鮡

Genus *Stegophilus* Reinhardt, 1859 喜盖鮡属

Stegophilus insidiosus Reinhardt, 1859 巴西喜盖鮡

Stegophilus panzeri (Ahl, 1931) 潘氏喜盖鮡

Stegophilus septentrionalis Myers, 1927 北方喜盖鮡

Genus *Stenolicmus* de Pinna & Starnes, 1990 狭鼻鮡属

Stenolicmus sarmientoi de Pinna & Starnes, 1990 萨氏狭鼻鮡

Genus *Trichogenes* Britski & Ortega, 1983 鼻须鮡属

Trichogenes longipinnis Britski & Ortega, 1983 长翼鼻须鮡

Genus *Trichomycterus* Valenciennes, 1832 毛鼻鮡属

Trichomycterus aguarague Fernández & Osinaga, 2006 阿瓜拉瓜毛鼻鮡

Trichomycterus albinotatus Costa, 1992 白背毛鼻鮡

Trichomycterus alternatus (Eigenmann, 1917) 互生毛鼻鮡

Trichomycterus alterus (Marini, Nichols & La Monte, 1933) 高身毛鼻鮡

Trichomycterus areolatus Valenciennes, 1846 野毛鼻鮡

Trichomycterus arleoi (Fernández-Yépez, 1972) 阿氏毛鼻鮡

Trichomycterus auroguttatus Costa, 1992 金点毛鼻鮡

Trichomycterus bahianus Costa, 1992 巴伊亚毛鼻鮡

Trichomycterus banneaui (Eigenmann, 1912) 斑奈氏毛鼻鮡

Trichomycterus barbouri (Eigenmann, 1911) 巴伯氏毛鼻鮡

Trichomycterus belensis Fernández & Vari, 2002 贝伦毛鼻鮡

Trichomycterus bogotensis (Eigenmann, 1912) 波哥大毛鼻鮡

Trichomycterus bomboizanus (Tortonese, 1942) 厄瓜多尔毛鼻鮡

Trichomycterus borellii Boulenger, 1897 博雷尔毛鼻鮡

Trichomycterus boylei (Nichols, 1956) 博伊尔毛鼻鮡

Trichomycterus brasiliensis Lütken, 1874 巴西毛鼻鮡

Trichomycterus brunoi Barbosa & Costa, 2010 布鲁诺毛鼻鮡

Trichomycterus cachiraensis Ardila Rodríguez, 2008 卡钦毛鼻鮡

Trichomycterus caipora Lima, Lazzarotto & Costa, 2008 凯波拉毛鼻鮡

Trichomycterus caliensis (Eigenmann, 1912) 卡利毛鼻鮡

Trichomycterus candidus (Miranda Ribeiro, 1949) 耀目毛鼻鮡

Trichomycterus castroi de Pinna, 1992 卡斯特罗毛鼻鮡

Trichomycterus catamarcensis Fernández & Vari, 2000 卡塔马河毛鼻鮡

Trichomycterus caudofasciatus Alencar & Costa, 2004 尾纹毛鼻鮡

Trichomycterus celsae Lasso & Provenzano, 2002 高体毛鼻鮡

Trichomycterus chaberti Durand, 1968 查氏毛鼻鮡

Trichomycterus chapmani (Eigenmann, 1912) 查普曼毛鼻鮡

Trichomycterus chiltoni (Eigenmann, 1928) 奇氏毛鼻鮡

Trichomycterus chungaraensis Arratia, 1983 中伦毛鼻鮡

Trichomycterus claudiae Barbosa & Costa, 2010 克劳迪娅毛鼻鮡

Trichomycterus concolor Costa, 1992 同色毛鼻鮡

Trichomycterus conradi (Eigenmann, 1912) 康拉德毛鼻鮡

Trichomycterus corduvensis Weyenbergh, 1877 阿根廷毛鼻鮡

Trichomycterus crassicaudatus Wosiacki & de Pinna, 2008 粗尾毛鼻鮡

Trichomycterus davisi (Haseman, 1911) 戴维斯毛鼻鮡

Trichomycterus diabolus Bockmann, Casatti & de Pinna, 2004 魅形毛鼻鮡

Trichomycterus dispar (Tschudi, 1846) 异毛鼻鮡

Trichomycterus dorsostriatum (Eigenmann, 1917) 背纹毛鼻鮡

Trichomycterus duellmani Arratia & Menu-Marque, 1984 迪氏毛鼻鮡

Trichomycterus emanueli (Schultz, 1944) 埃曼氏毛鼻鮡

Trichomycterus fassli (Steindachner, 1915) 法氏毛鼻鮡

Trichomycterus florense (Miranda Ribeiro, 1943) 弗洛雷斯毛鼻鮡

Trichomycterus fuliginosus Barbosa & Costa, 2010 煤色毛鼻鮡

Trichomycterus gabrieli (Myers, 1926) 加布里毛鼻鮡

Trichomycterus giganteus Lima & Costa, 2004 巨毛鼻鮡

Trichomycterus goeldii Boulenger, 1896 戈尔毛鼻鮡

Trichomycterus gorgona Fernández & Schaefer, 2005 凶猛毛鼻鮡

Trichomycterus guaraquessaba Wosiacki, 2005 瓜拉加毛鼻鮡

Trichomycterus guianense (Eigenmann, 1909) 圭亚那毛鼻鮡

Trichomycterus hasemani (Eigenmann, 1914) 黑斯曼毛鼻鮡

Trichomycterus heterodontus (Eigenmann, 1917) 异齿毛鼻鮡

Trichomycterus hualco Fernández & Vari, 2009 瓦可毛鼻鮡

Trichomycterus igobi Wosiacki & de Pinna, 2008 艾戈氏毛鼻鮡

Trichomycterus iheringi (Eigenmann, 1917) 伊氏毛鼻鮡

Trichomycterus immaculatus (Eigenmann & Eigenmann, 1889) 无斑毛鼻鮡

Trichomycterus itacambirussu Triques & Vono, 2004 喜荫毛鼻鮡

Trichomycterus itacarambiensis Trajano & de Pinna, 1996 厚唇毛鼻鮡

Trichomycterus itatiayae Miranda Ribeiro, 1906 伊搭蒂毛鼻鮡

Trichomycterus jacupiranga Wosiacki & Oyakawa, 2005 贪食毛鼻鮡

Trichomycterus jequitinhonhae Triques & Vono, 2004 饰妆毛鼻鮡

Trichomycterus johnsoni (Fowler, 1932) 约翰逊毛鼻鮡

Trichomycterus knerii Steindachner, 1882 尼尔氏毛鼻鮡

Trichomycterus landinga Triques & Vono, 2004 兰丁毛鼻鮡

Trichomycterus latidens (Eigenmann, 1917) 侧牙毛鼻鮡

Trichomycterus latistriatus (Eigenmann, 1917) 侧纹毛鼻鮡

Trichomycterus laucaensis Arratia, 1983 卢卡毛鼻鮡

Trichomycterus lewi Lasso & Provenzano, 2002 卢氏毛鼻鮡

Trichomycterus longibarbatus Costa, 1992 长须毛鼻鮡

Trichomycterus macrotrichopterus Barbosa & Costa, 2010 大鳍毛鼻鮡

Trichomycterus maracaiboensis (Schultz, 1944) 马拉开波湖毛鼻鮡

Trichomycterus maracaya Bockmann & Sazima, 2004 马拉凯毛鼻鮡

Trichomycterus mariamole Barbosa & Costa, 2010 华美毛鼻鮡

Trichomycterus mboycy Wosiacki & Garavello, 2004 姆博伊毛鼻鮡

Trichomycterus megantoni Fernández & Chuquihuaman, 2007 米氏毛鼻鮡

Trichomycterus meridae Regan, 1903 梅氏毛鼻鮡

Trichomycterus migrans (Dahl, 1960) 漂游毛鼻鮡

Trichomycterus mimonha Costa, 1992 南美毛鼻鮡

Trichomycterus mirissumba Costa, 1992 川毛鼻鮡

Trichomycterus mondolfi (Schultz, 1945) 蒙多氏毛鼻鮡

Trichomycterus motatanensis (Schultz, 1944) 莫塔达毛鼻鮡

Trichomycterus naipi Wosiacki & Garavello, 2004 奈氏毛鼻鮡

Trichomycterus nigricans Valenciennes, 1832 黑毛鼻鮡

Trichomycterus nigroauratus Barbosa & Costa, 2008 黑金毛鼻鮡

Trichomycterus nigromaculatus Boulenger, 1887 黑斑毛鼻鮡

Trichomycterus novalimensis Barbosa & Costa, 2010 新利门毛鼻鮡

Trichomycterus pantherinus Alencar & Costa, 2004 豹斑毛鼻鮡

Trichomycterus paolence (Eigenmann, 1917) 丑毛鼻鮡

Trichomycterus papilliferus Wosiacki & Garavello, 2004 乳突毛鼻鮡

Trichomycterus paquequerense (Miranda Ribeiro, 1943) 帕克基毛鼻鮡

Trichomycterus pauciradiatus Alencar & Costa, 2006 少耙毛鼻鮡

Trichomycterus piurae (Eigenmann, 1922) 皮乌拉河毛鼻鮡

Trichomycterus plumbeus Wosiacki & Garavello, 2004 铅色毛鼻鲇

Trichomycterus potschi Barbosa & Costa, 2003 波氏毛鼻鲇

Trichomycterus pradensis Sarmento-Soares, Martins-Pinheiro, Aranda & Chamon, 2005 普拉屯毛鼻鲇

Trichomycterus pseudosilvinichthys Fernández & Vari, 2004 拟树须毛鼻鲇

Trichomycterus punctatissimus Castelnau, 1855 斑点毛鼻鲇

Trichomycterus punctulatus Valenciennes, 1846 大斑毛鼻鲇

Trichomycterus ramosus Fernández, 2000 拉莫斯毛鼻鲇

Trichomycterus regani (Eigenmann, 1917) 里根氏毛鼻鲇

Trichomycterus reinhardti (Eigenmann, 1917) 莱因氏毛鼻鲇

Trichomycterus retropinnis Regan, 1903 弯鳍毛鼻鲇

Trichomycterus riojanus (Berg, 1897) 里奥哈纳毛鼻鲇

Trichomycterus rivulatus Valenciennes, 1846 溪毛鼻鲇

Trichomycterus roigi Arratia & Menu-Marque, 1984 罗氏毛鼻鲇

Trichomycterus romeroi (Fowler, 1941) 罗梅氏毛鼻鲇

Trichomycterus rubiginosus Barbosa & Costa, 2010 锈色毛鼻鲇

Trichomycterus sandovali Ardila Rodríguez, 2006 桑氏毛鼻鲇

Trichomycterus santaeritae (Eigenmann, 1918) 圣塔丽毛鼻鲇

Trichomycterus santanderensis Castellanos-Morales, 2007 圣坦塔毛鼻鲇

Trichomycterus spegazzinii (Berg, 1897) 斯佩氏毛鼻鲇

Trichomycterus spelaeus Do Nascimiento, Villarreal & Provenzano, 2001 穴栖毛鼻鲇

Trichomycterus spilosoma (Regan, 1913) 体斑毛鼻鲇

Trichomycterus stawiarski (Miranda Ribeiro, 1968) 斯氏毛鼻鲇

Trichomycterus stellatus (Eigenmann, 1918) 星斑毛鼻鲇

Trichomycterus straminius (Eigenmann, 1917) 天狗毛鼻鲇

Trichomycterus striatus (Meek & Hildebrand, 1913) 条纹毛鼻鲇

Trichomycterus taczanowskii Steindachner, 1882 塔氏毛鼻鲇

Trichomycterus taenia Kner, 1863 纹带毛鼻鲇

Trichomycterus taeniops Fowler, 1954 眼带毛鼻鲇

Trichomycterus taroba Wosiacki & Garavello, 2004 泰隆巴毛鼻鲇

Trichomycterus tenuis Weyenbergh, 1877 瘦身毛鼻鲇

Trichomycterus therma Fernández & Miranda, 2007 喜暖毛鼻鲇

Trichomycterus tiraquae (Fowler, 1940) 蒂拉克毛鼻鲇

Trichomycterus transandianus (Steindachner, 1915) 横带毛鼻鲇

Trichomycterus trefauti Wosiacki, 2004 特氏毛鼻鲇

Trichomycterus triguttatus (Eigenmann, 1918) 三斑毛鼻鲇

Trichomycterus tupinamba Wosiacki & Oyakawa, 2005 图皮毛鼻鲇

Trichomycterus uisae Castellanos-Morales, 2008 尤萨毛鼻鲇

Trichomycterus unicolor (Regan, 1913) 单色毛鼻鲇

Trichomycterus variegatus Costa, 1992 杂色毛鼻鲇

Trichomycterus venulosus (Steindachner, 1915) 脉纹毛鼻鲇

Trichomycterus vermiculatus (Eigenmann, 1917) 虫纹毛鼻鲇

Trichomycterus vittatus Regan, 1903 饰带毛鼻鲇

Trichomycterus weyrauchi (Fowler, 1945) 韦罗克毛鼻鲇

Trichomycterus yuska Fernández & Schaefer, 2003 尤斯克毛鼻鲇

Trichomycterus zonatus (Eigenmann, 1918) 带纹毛鼻鲇

Genus Tridens Eigenmann & Eigenmann, 1889 叉齿毛鼻鲇属

Tridens melanops Eigenmann & Eigenmann, 1889 叉齿毛鼻鲇

Genus Tridensimilis Schultz, 1944 拟叉齿毛鼻鲇属

Tridensimilis brevis (Eigenmann & Eigenmann, 1889) 短拟叉齿毛鼻鲇

Tridensimilis venezuelae Schultz, 1944 委内瑞拉拟叉齿毛鼻鲇

Genus Tridentopsis Myers, 1925 小叉齿毛鼻鲇属

Tridentopsis cahuali Azpelicueta, 1990 卡氏小叉齿毛鼻鲇

Tridentopsis pearsoni Myers, 1925 亚马孙河小叉齿毛鼻鲇

Tridentopsis tocantinsi La Monte, 1939 托氏小叉齿毛鼻鲇

Genus Typhlobelus Myers, 1944 绒鼻鲇属

Typhlobelus guacamaya Schaefer, Provenzano, de Pinna & Baskin, 2005 委内瑞拉绒鼻鲇

Typhlobelus lundbergi Schaefer, Provenzano, de Pinna & Baskin, 2005 伦氏绒鼻鲇

Typhlobelus macromycterus Costa & Bockmann, 1994 大绒鼻鲇

Typhlobelus ternetzi Myers, 1944 特氏绒鼻鲇

Genus Vandellia Valenciennes, 1846 寄生鲇属

Vandellia balzanii Perugia, 1846 巴氏寄生鲇

Vandellia beccarii Di Caporiacco, 1935 贝氏寄生鲇

Vandellia cirrhosa Valenciennes, 1846 卷须寄生鲇

Vandellia sanguinea Eigenmann, 1917 亚马孙河寄生鲇

Family 130 Nematogenyidae 丝鼻鲇科

Genus Nematogenys Girard, 1855 丝鼻鲇属

Nematogenys inermis (Guichenot, 1848) 丝鼻鲇

Family 131 Callichthyidae 美鲇科

Genus Aspidoras Ihering, 1907 盾皮鲍属

Aspidoras albater Nijssen & Isbrücker, 1976 巴西盾皮鲍

Aspidoras belenos Britto, 1998 贝伦盾皮鲍

Aspidoras brunneus Nijssen & Isbrücker, 1976 深棕盾皮鲍

Aspidoras carvalhoi Nijssen & Isbrücker, 1976 卡氏盾皮鲍

Aspidoras depinnai Britto, 2000 德氏盾皮鲍

Aspidoras eurycephalus Nijssen & Isbrücker, 1976 宽头盾皮鲍

Aspidoras fuscoguttatus Nijssen & Isbrücker, 1976 棕点盾皮鲍

Aspidoras lakoi Miranda Ribeiro, 1949 莱氏盾皮鲍

Aspidoras maculosus Nijssen & Isbrücker, 1976 斑驳盾皮鲍

Aspidoras menezesi Nijssen & Isbrücker, 1976 梅氏盾皮鲍

Aspidoras microgalaeus Britto, 1998 南美盾皮鲍

Aspidoras pauciradiatus (Weitzman & Nijssen, 1970) 少辐盾皮鲍

Aspidoras poecilus Nijssen & Isbrücker, 1976 杂色盾皮鲍

Aspidoras psammatides Britto, Lima & Santos, 2005 砂盾皮鲍

Aspidoras raimundi (Steindachner, 1907) 雷氏盾皮鲍

Aspidoras rochai Ihering, 1907 盾皮鲍

Aspidoras spilotus Nijssen & Isbrücker, 1976 污斑盾皮鲍

Aspidoras taurus Lima & Britto, 2001 杂食盾皮鲍

Aspidoras velites Britto, Lima & Moreira, 2002 喜斗盾皮鲍

Aspidoras virgulatus Nijssen & Isbrücker, 1980 条纹盾皮鲍

Genus Brochis Cope, 1871 弓背鲇属

Brochis britskii Nijssen & Isbrücker, 1983 布氏弓背鲇

Brochis multiradiatus (Orcés V., 1960) 多辐弓背鲇

Brochis splendens (Castelnau, 1855) 闪光弓背鲇

Genus Callichthys Scopoli, 1777 美鲇属

Callichthys callichthys (Linnaeus, 1758) 美鲇

Callichthys fabricioi Román-Valencia, Lehmann A. & Muñoz, 1999 法氏美鲇

Callichthys oibaensis Ardilia Rodríguez, 2005 哥伦比亚美鲇

Callichthys serralabium Lehmann A. & Reis, 2004 锯唇美鲇

Genus Corydoras Lacepède, 1803 兵鲇属

Corydoras acrensis Nijssen, 1972 阿克伦兵鲇

Corydoras acutus Cope, 1872 黑顶兵鲇

Corydoras adolfoi Burgess, 1982 阿道夫兵鲇

Corydoras aeneus (Gill, 1858) 侧斑兵鲇

Corydoras agassizii Steindachner, 1876 阿氏兵鲇

Corydoras albolineatus Knaack, 2004 白条兵鲇

Corydoras amandajanea Sands, 1995 阿曼达兵鲇

Corydoras amapaensis Nijssen, 1972 阿马帕兵鲇

Corydoras ambiacus Cope, 1872 安比兵鲇

Corydoras amphibelus Cope, 1872 双栖兵鲇

Corydoras approuaguensis Nijssen & Isbrücker, 1983 阿普路兵鲇

Corydoras araguaiaensis Sands, 1990 阿拉瓜亚河兵鲇

Corydoras arcuatus Elwin, 1938 纵带兵鲇

Corydoras areio Knaack, 2000 巴拉圭兵鲇

Corydoras armatus (Günther, 1868) 盔兵鲇
Corydoras atropersonatus Weitzman & Nijssen, 1970 神兵鲇
Corydoras aurofrenatus Eigenmann & Kennedy, 1903 金缰兵鲇
Corydoras axelrodi Rössel, 1962 亚氏兵鲇
Corydoras baderi Geisler, 1969 巴德氏兵鲇
Corydoras bicolor Nijssen & Isbrücker, 1967 双色兵鲇
Corydoras bifasciatus Nijssen, 1972 双带兵鲇
Corydoras bilineatus Knaack, 2002 双线兵鲇
Corydoras blochi Nijssen, 1971 布氏兵鲇
Corydoras boehlkei Nijssen & Isbrücker, 1982 贝拉兵鲇
Corydoras boesemani Nijssen & Isbrücker, 1967 博氏兵鲇
Corydoras bondi Gosline, 1940 邦德氏兵鲇
Corydoras breei Isbrücker & Nijssen, 1992 布里氏兵鲇
Corydoras brevirostris Fraser-Brunner, 1947 短吻兵鲇
Corydoras burgessi Axelrod, 1987 伯奇氏兵鲇
Corydoras carlae Nijssen & Isbrücker, 1983 卡拉氏兵鲇
Corydoras caudimaculatus Rössel, 1961 尾斑兵鲇
Corydoras cervinus Rössel, 1962 鹿兵鲇
Corydoras cochui Myers & Weitzman, 1954 科氏兵鲇
Corydoras concolor Weitzman, 1961 同色兵鲇
Corydoras condiscipulus Nijssen & Isbrücker, 1980 头带兵鲇
Corydoras copei Nijssen & Isbrücker, 1986 科普氏兵鲇
Corydoras coppenamensis Nijssen, 1970 科珀纳默河兵鲇
Corydoras coriatae Burgess, 1997 科连特兵鲇
Corydoras crimmeni Grant, 1997 克氏兵鲇
Corydoras cruziensis Knaack, 2002 黑背鳍兵鲇
Corydoras crypticus Sands, 1995 隐兵鲇
Corydoras davidsandsi Black, 1987 戴氏兵鲇
Corydoras delphax Nijssen & Isbrücker, 1983 德氏兵鲇
Corydoras difluviatilis Britto & Castro, 2002 双溪兵鲇
Corydoras diphyes Axenrot & Kullander, 2003 双生兵鲇
Corydoras duplicareus Sands, 1995 内格罗河兵鲇
Corydoras ehrhardti Steindachner, 1910 俄氏兵鲇
Corydoras elegans Steindachner, 1876 小点兵鲇
Corydoras ellisae Gosline, 1940 伊丽沙兵鲇
Corydoras ephippifer Nijssen, 1972 背兵鲇
Corydoras eques Steindachner, 1876 骑士兵鲇
Corydoras esperanzae Castro, 1987 花尾兵鲇
Corydoras evelynae Rössel, 1963 伊夫氏兵鲇
Corydoras filamentosus Nijssen & Isbrücker, 1983 棋盘兵鲇
Corydoras flaveolus Ihering, 1911 黄兵鲇
Corydoras fowleri Böhlke, 1950 福勒氏兵鲇
Corydoras garbei Ihering, 1911 加布氏兵鲇
Corydoras geoffroy Lacepède, 1803 杰弗里兵鲇
Corydoras geryi Nijssen & Isbrücker, 1983 格里氏兵鲇
Corydoras gladysae Calviño & Alonso, 2010 格拉迪氏兵鲇
Corydoras gomezi Castro, 1986 戈梅斯兵鲇
Corydoras gossei Nijssen, 1972 戈氏兵鲇
Corydoras gracilis Nijssen & Isbrücker, 1976 细兵鲇
Corydoras griseus Holly, 1940 灰兵鲇
Corydoras guapore Knaack, 1961 原栖兵鲇
Corydoras guianensis Nijssen, 1970 圭亚那兵鲇
Corydoras habrosus Weitzman, 1960 哈伯兵鲇
Corydoras haraldschultzi Knaack, 1962 哈氏兵鲇
Corydoras hastatus Eigenmann & Eigenmann, 1888 矛斑兵鲇
Corydoras heteromorphus Nijssen, 1970 异态兵鲇
Corydoras imitator Nijssen & Isbrücker, 1983 仿兵鲇
Corydoras incolicana Burgess, 1993 巴西兵鲇
Corydoras isbrueckeri Knaack, 2004 艾氏兵鲇
Corydoras julii Steindachner, 1906 豹纹兵鲇
Corydoras kanei Grant, 1998 凯恩兵鲇

Corydoras lacerdai Hieronimus, 1995 莱西达氏兵鲇
Corydoras lamberti Nijssen & Isbrücker, 1986 兰伯特氏兵鲇
Corydoras latus Pearson, 1924 侧兵鲇
Corydoras leopardus Myers, 1933 豹兵鲇
Corydoras leucomelas Eigenmann & Allen, 1942 白黑兵鲇
Corydoras longipinnis Knaack, 2007 长翼兵鲇
Corydoras loretoensis Nijssen & Isbrücker, 1986 秘鲁兵鲇
Corydoras loxozonus Nijssen & Isbrücker, 1983 弯带兵鲇
Corydoras maculifer Nijssen & Isbrücker, 1971 斑驳兵鲇
Corydoras mamore Knaak, 2002 玻利维亚兵鲇
Corydoras melanistius Regan, 1912 黑点兵鲇
Corydoras melanotaenia Regan, 1912 黑带兵鲇
Corydoras melini Lönnberg & Rendahl, 1930 梅氏兵鲇
Corydoras metae Eigenmann, 1914 印记兵鲇
Corydoras micracanthus Regan, 1912 细棘兵鲇
Corydoras multimaculatus Steindachner, 1907 繁点兵鲇
Corydoras nanus Nijssen & Isbrücker, 1967 亮斑兵鲇
Corydoras napoensis Nijssen & Isbrücker, 1986 纳波河兵鲇
Corydoras narcissus Nijssen & Isbrücker, 1980 痹兵鲇
Corydoras nattereri Steindachner, 1876 纳特兵鲇
Corydoras negro Knaack, 2004 尼格罗河兵鲇
Corydoras nijsseni Sands, 1989 奈氏兵鲇
Corydoras noelkempffi Knaack, 2004 诺埃兵鲇
Corydoras oiapoquensis Nijssen, 1972 奥亚波河兵鲇
Corydoras ornatus Nijssen & Isbrücker, 1976 饰妆兵鲇
Corydoras orphnopterus Weitzman & Nijssen, 1970 暗鳍兵鲇
Corydoras ortegai Britto, Lima & Hidalgo, 2007 奥特加兵鲇
Corydoras osteocarus Böhlke, 1951 骨项兵鲇
Corydoras ourastigma Nijssen, 1972 尾点兵鲇
Corydoras oxyrhynchus Nijssen & Isbrücker, 1967 尖吻兵鲇
Corydoras paleatus (Jenyns, 1842) 杂色兵鲇 囷
Corydoras panda Nijssen & Isbrücker, 1971 波鳍兵鲇
Corydoras pantanalensis Knaack, 2001 红头兵鲇
Corydoras paragua Knaack, 2004 巴拉瓜河兵鲇
Corydoras parallelus Burgess, 1993 蓝兵鲇
Corydoras pastazensis Weitzman, 1963 帕斯塔兵鲇
Corydoras paucerna Knaack, 2004 少耙兵鲇
Corydoras petracinii Calviño & Alonso, 2010 皮特拉氏兵鲇
Corydoras pinheiroi Dinkelmeyer, 1995 平氏兵鲇
Corydoras polystictus Regan, 1912 多点兵鲇
Corydoras potaroensis Myers, 1927 波塔罗河兵鲇
Corydoras pulcher Isbrücker & Nijssen, 1973 美兵鲇
Corydoras punctatus (Bloch, 1794) 点兵鲇
Corydoras pygmaeus Knaack, 1966 小兵鲇
Corydoras rabauti La Monte, 1941 黑躯兵鲇
Corydoras reticulatus Fraser-Brunner, 1938 网纹兵鲇
Corydoras reynoldsi Myers & Weitzman, 1960 雷诺兹氏兵鲇
Corydoras robineae Burgess, 1983 罗宾氏兵鲇
Corydoras robustus Nijssen & Isbrücker, 1980 壮兵鲇
Corydoras sanchesi Nijssen & Isbrücker, 1967 桑切斯氏兵鲇
Corydoras saramaccensis Nijssen, 1970 萨拉马卡河兵鲇
Corydoras sarareensis Dinkelmeyer, 1995 色拉雷兵鲇
Corydoras schwartzi Rössel, 1963 施瓦茨氏兵鲇
Corydoras semiaquilus Weitzman, 1964 半锋兵鲇
Corydoras septentrionalis Gosline, 1940 北方兵鲇
Corydoras serratus Sands, 1995 锯兵鲇
Corydoras seussi Dinkelmeyer, 1996 索兹氏兵鲇
Corydoras similis Hieronimus, 1991 似兵鲇
Corydoras simulatus Weitzman & Nijssen, 1970 仿兵鲇
Corydoras sipaliwini Hoedeman, 1965 赛氏兵鲇
Corydoras sodalis Nijssen & Isbrücker, 1986 侣兵鲇

Corydoras solox Nijssen & Isbrücker, 1983 丑兵鲇
Corydoras spectabilis Knaack, 1999 醒目兵鲇
Corydoras spilurus Norman, 1926 大眼兵鲇
Corydoras steindachneri Isbrücker & Nijssen, 1973 斯氏兵鲇
Corydoras stenocephalus Eigenmann & Allen, 1942 窄头兵鲇
Corydoras sterbai Knaack, 1962 斯特巴氏兵鲇
Corydoras surinamensis Nijssen, 1970 苏里南兵鲇
Corydoras sychri Weitzman, 1960 西克里氏兵鲇
Corydoras treitlii Steindachner, 1906 崔氏兵鲇
Corydoras trilineatus Cope, 1872 三线兵鲇
Corydoras tukano Britto & Lima, 2003 胸斑兵鲇
Corydoras undulatus Regan, 1912 波纹兵鲇
Corydoras virginiae Burgess, 1993 弗吉尼亚氏兵鲇
Corydoras vittatus Nijssen, 1971 饰纹兵鲇
Corydoras weitzmani Nijssen, 1971 韦氏兵鲇
Corydoras xinguensis Nijssen, 1972 兴冈兵鲇
Corydoras zygatus Eigenmann & Allen, 1942 南美兵鲇

Genus *Dianema* Cope, 1871 双线美鲇属

Dianema longibarbis Cope, 1872 长须双线美鲇
Dianema urostriatum (Miranda Ribeiro, 1912) 带尾双线美鲇

Genus *Hoplosternum* Gill, 1858 护胸鲇属

Hoplosternum littorale (Hancock, 1828) 滨岸护胸鲇
Hoplosternum magdalenae Eigenmann, 1913 马格达护胸鲇
Hoplosternum punctatum Meek & Hildebrand, 1916 小斑护胸鲇

Genus *Lepthoplosternum* Reis, 1997 细甲美鲇属

Lepthoplosternum altamazonicum Reis, 1997 秘鲁细甲美鲇
Lepthoplosternum beni Reis, 1997 贝氏细甲美鲇
Lepthoplosternum pectorale (Boulenger, 1895) 大胸细甲美鲇
Lepthoplosternum stellatum Reis & Kaefer, 2005 星细甲美鲇
Lepthoplosternum tordilho Reis, 1997 托迪细甲美鲇
Lepthoplosternum ucamara Reis & Kaefer, 2005 短唇细甲美鲇

Genus *Megalechis* Reis, 1997 大美鲇属

Megalechis picta (Müller & Troschel, 1848) 锈色大美鲇
Megalechis thoracata (Valenciennes, 1840) 隆胸大美鲇

Genus *Scleromystax* Günther, 1864 硬唇美鲇属

Scleromystax barbatus (Quoy & Gaimard, 1824) 须硬唇美鲇
Scleromystax macropterus (Regan, 1913) 大鳍硬唇美鲇
Scleromystax prionotos (Nijssen & Isbrücker, 1980) 锯背硬唇美鲇
Scleromystax salmacis Britto & Reis, 2005 巴西硬唇美鲇

Family 132 Scoloplacidae 矮甲鲇科

Genus *Scoloplax* Bailey & Baskin, 1976 矮甲鲇属

Scoloplax baskini Salles Rocha, Ribeiro de Oliveira & Rapp Py-Daniel, 2008 巴氏矮甲鲇
Scoloplax dicra Bailey & Baskin, 1976 矮甲鲇
Scoloplax distolothrix Schaefer, Weitzman & Britski, 1989 南美矮甲鲇
Scoloplax dolicholophia Schaefer, Weitzman & Britski, 1989 长项矮甲鲇
Scoloplax empousa Schaefer, Weitzman & Britski, 1989 亚马孙矮甲鲇

Family 133 Astroblepidae 视星鲇科

Genus *Astroblepus* Humboldt, 1805 视星鲇属

Astroblepus boulengeri (Regan, 1904) 鲍氏视星鲇
Astroblepus brachycephalus (Günther, 1859) 短头视星鲇
Astroblepus caquetae Fowler, 1943 卡贵塔视星鲇
Astroblepus chapmani (Eigenmann, 1912) 查普曼视星鲇
Astroblepus chimborazoi (Fowler, 1915) 奇氏视星鲇
Astroblepus chotae (Regan, 1904) 乔氏视星鲇
Astroblepus cirratus (Regan, 1912) 卷须视星鲇
Astroblepus cyclopus (Humboldt, 1805) 圆鳍视星鲇
Astroblepus eigenmanni (Regan, 1904) 艾氏视星鲇
Astroblepus festae (Boulenger, 1898) 费斯特视星鲇

Astroblepus fissidens (Regan, 1904) 裂牙视星鲇
Astroblepus formosus Fowler, 1945 秀丽视星鲇
Astroblepus frenatus Eigenmann, 1918 缰视星鲇
Astroblepus grixalvii Humboldt, 1805 格氏视星鲇
Astroblepus guentheri (Boulenger, 1887) 根室氏视星鲇
Astroblepus heterodon (Regan, 1908) 异齿视星鲇
Astroblepus homodon (Regan, 1904) 等齿视星鲇
Astroblepus jurubidae Fowler, 1944 哥伦比亚视星鲇
Astroblepus labialis Pearson, 1937 大唇视星鲇
Astroblepus latidens Eigenmann, 1918 侧牙视星鲇
Astroblepus longiceps Pearson, 1924 长头视星鲇
Astroblepus longifilis (Steindachner, 1882) 长丝视星鲇
Astroblepus mancoi Eigenmann, 1928 曼氏视星鲇
Astroblepus mariae (Fowler, 1919) 玛丽亚视星鲇
Astroblepus marmoratus (Regan, 1904) 华美视星鲇
Astroblepus micrescens Eigenmann, 1918 小视星鲇
Astroblepus mindoensis (Regan, 1916) 明德视星鲇
Astroblepus nicefori Myers, 1932 奈斯福视星鲇
Astroblepus orientalis (Boulenger, 1903) 东方视星鲇
Astroblepus peruanus (Steindachner, 1877) 秘鲁视星鲇
Astroblepus phelpsi Schultz, 1944 费氏视星鲇
Astroblepus pholeter Collette, 1962 穴栖视星鲇
Astroblepus pirrensis (Meek & Hildebrand, 1913) 皮伦河视星鲇
Astroblepus praeliorum Allen, 1942 早熟视星鲇
Astroblepus prenadillus (Valenciennes, 1840) 厄瓜多尔视星鲇
Astroblepus regani (Pellegrin, 1909) 里根视星鲇
Astroblepus rengifoi Dahl, 1960 伦氏视星鲇
Astroblepus retropinnus (Regan, 1908) 后翼视星鲇
Astroblepus riberae Cardona & Guerao, 1994 里氏视星鲇
Astroblepus rosei Eigenmann, 1922 罗斯氏视星鲇
Astroblepus sabalo (Valenciennes, 1840) 萨巴视星鲇
Astroblepus santanderensis Eigenmann, 1918 马格达河视星鲇
Astroblepus simonsii (Regan, 1904) 西蒙氏视星鲇
Astroblepus stuebeli (Wandolleck, 1916) 斯氏视星鲇
Astroblepus supramollis Pearson, 1937 软颌视星鲇
Astroblepus taczanowskii (Boulenger, 1890) 塔氏视星鲇
Astroblepus theresiae (Steindachner, 1907) 特氏视星鲇
Astroblepus trifasciatus (Eigenmann, 1912) 三带视星鲇
Astroblepus ubidiai (Pellegrin, 1931) 尤氏视星鲇
Astroblepus unifasciatus (Eigenmann, 1912) 单纹视星鲇
Astroblepus vaillanti (Regan, 1904) 维氏视星鲇
Astroblepus vanceae (Eigenmann, 1913) 万斯视星鲇
Astroblepus ventralis (Eigenmann, 1912) 腹视星鲇
Astroblepus whymperi (Boulenger, 1890) 怀氏视星鲇

Family 134 Loricariidae 甲鲇科

Genus *Acanthicus* Agassiz, 1829 棘甲鲇属

Acanthicus adonis Isbrücker & Nijssen, 1988 大棘甲鲇
Acanthicus hystrix Spix & Agassiz 1829 刺猬棘甲鲇

Genus *Acestridium* Haseman, 1911 蜓状鲇属

Acestridium colombiense Retzer, 2005 哥伦比亚蜓状鲇
Acestridium dichromum Retzer, Nico & Provenzano R., 1999 南美蜓状鲇
Acestridium discus Haseman, 1911 盘蜓状鲇
Acestridium gymnogaster Reis & Lehmann A., 2009 裸腹蜓状鲇
Acestridium martini Retzer, Nico & Provenzano R., 1999 马丁蜓状鲇
Acestridium scutatum Reis & Lehmann A., 2009 楯蜓状鲇
Acestridium triplax Rodriquez & Reis, 2007 砂栖蜓状鲇

Genus *Ancistrus* Kner, 1854 钩鲇属

Ancistrus abilhoai Bifi, Pavanelli & Zawadzki, 2009 艾氏钩鲇
Ancistrus agostinhoi Bifi, Pavanelli & Zawadzki, 2009 阿戈斯钩鲇
Ancistrus aguaboensis Fisch-Muller, Mazzoni & Weber, 2001 阿瓜波钩鲇

Ancistrus bodenhameri Schultz, 1944 博登钩鲇

Ancistrus bolivianus (Steindachner, 1915) 玻利维亚钩鲇

Ancistrus brevifilis Eigenmann, 1920 短线钩鲇

Ancistrus brevipinnis (Regan, 1904) 短鳍钩鲇

Ancistrus bufonius (Valenciennes, 1840) 蟾钩鲇

Ancistrus caucanus Fowler, 1943 哥伦比亚钩鲇

Ancistrus centrolepis Regan, 1913 刺鳞钩鲇

Ancistrus chagresi Eigenmann & Eigenmann, 1889 查氏钩鲇

Ancistrus cirrhosus (Valenciennes, 1836) 须钩鲇

Ancistrus claro Knaack, 1999 克拉罗钩鲇

Ancistrus clementinae Rendahl, 1937 静钩鲇

Ancistrus cryptophthalmus Reis, 1987 隐眼钩鲇

Ancistrus cuiabae Knaack, 1999 库亚巴钩鲇

Ancistrus damasceni (Steindachner, 1907) 达氏钩鲇

Ancistrus dolichopterus Kner, 1854 长鳍钩鲇

Ancistrus dubius Eigenmann & Eigenmann, 1889 蕾钩鲇

Ancistrus erinaceus (Valenciennes, 1840) 猬钩鲇

Ancistrus eustictus (Fowler, 1945) 真斑钩鲇

Ancistrus falconensis Taphorn, Armbruster & Rodríguez-Olarte, 2010 法尔孔钩鲇

Ancistrus formoso Sabino & Trajano, 1997 美丽钩鲇

Ancistrus fulvus (Holly, 1929) 微黄钩鲇

Ancistrus galani Perez & Viloria, 1994 加氏钩鲇

Ancistrus gymnorhynchus Kner, 1854 裸吻钩鲇

Ancistrus heterorhynchus (Regan, 1912) 异吻钩鲇

Ancistrus hoplogenys (Günther, 1864) 盔钩鲇

Ancistrus jataiensis Fisch-Muller, Cardoso, da Silva & Bertaco, 2005 贾塔恩钩鲇

Ancistrus jelskii (Steindachner, 1877) 杰氏钩鲇

Ancistrus latifrons (Günther, 1869) 秘鲁钩鲇

Ancistrus leucostictus (Günther, 1864) 白点钩鲇

Ancistrus lineolatus Fowler, 1943 线纹钩鲇

Ancistrus lithurgicus Eigenmann, 1912 石纹钩鲇

Ancistrus macrophthalmus (Pellegrin, 1912) 大眼钩鲇

Ancistrus maculatus (Steindachner, 1881) 斑驳钩鲇

Ancistrus malacops (Cope, 1872) 软身钩鲇

Ancistrus maracasae Fowler, 1946 姥钩鲇

Ancistrus martini Schultz, 1944 马氏钩鲇

Ancistrus mattogrossensis Miranda Ribeiro, 1912 马托格罗河钩鲇

Ancistrus megalostomus Pearson, 1924 大口钩鲇

Ancistrus minutus Fisch-Muller, Mazzoni & Weber, 2001 小钩鲇

Ancistrus montanus (Regan, 1904) 山钩鲇

Ancistrus mullerae Bifi, Pavanelli & Zawadzki, 2009 马勒钩鲇

Ancistrus multispinis (Regan, 1912) 多棘钩鲇

Ancistrus nudiceps (Müller & Troschel, 1849) 裸头钩鲇

Ancistrus occidentalis (Regan, 1904) 西域钩鲇

Ancistrus occloi Eigenmann, 1928 奥氏钩鲇

Ancistrus parecis Fisch-Muller, Cardoso, da Silva & Bertaco, 2005 狭柄钩鲇

Ancistrus pirareta Muller, 1989 巴拉圭钩鲇

Ancistrus piriformis Muller, 1989 梨形钩鲇

Ancistrus ranunculus Muller, Rapp Py-Daniel & Zuanon, 1994 蛙头钩鲇

Ancistrus reisi Fisch-Muller, Cardoso, da Silva & Bertaco, 2005 赖斯钩鲇

Ancistrus salgadae Fowler, 1941 喜盐钩鲇

Ancistrus spinosus Meek & Hildebrand, 1916 大棘钩鲇

Ancistrus stigmaticus Eigenmann & Eigenmann, 1889 柱头钩鲇

Ancistrus tamboensis Fowler, 1945 坦博钩鲇

Ancistrus taunayi Miranda Ribeiro, 1918 汤氏钩鲇

Ancistrus temminckii (Valenciennes, 1840) 特氏钩鲇

Ancistrus tombador Fisch-Muller, Cardoso, da Silva & Bertaco, 2005 窄体钩鲇

Ancistrus trinitatis (Günther, 1864) 特立尼达钩鲇

Ancistrus triradiatus Eigenmann, 1918 光灿钩鲇

Ancistrus variolus (Cope, 1872) 杂色钩鲇

Ancistrus verecundus Fisch-Muller, Cardoso, da Silva & Bertaco, 2005 羞钩鲇

Genus *Aphanotorulus* Isbrücker & Nijssen, 1983 笔甲鲇属

Aphanotorulus ammophilus Armbruster & Page, 1996 喜砂笔甲鲇

Aphanotorulus unicolor (Steindachner, 1908) 单色笔甲鲇

Genus *Apistoloricaria* Isbrücker & Nijssen, 1986 伪甲鲇属

Apistoloricaria condei Isbrücker & Nijssen, 1986 康氏伪甲鲇

Apistoloricaria laani Nijssen & Isbrücker, 1988 拉氏伪甲鲇

Apistoloricaria listrorhinos Nijssen & Isbrücker, 1988 光吻伪甲鲇

Apistoloricaria ommation Nijssen & Isbrücker, 1988 小眼伪甲鲇

Genus *Aposturisoma* Isbrücker, Britski, Nijssen & Ortega, 1983 繁齿甲鲇属

Aposturisoma myriodon Isbrücker, Britski, Nijssen & Ortega, 1983 繁齿甲鲇

Genus *Baryancistrus* Rapp Py-Daniel, 1989 重钩鲇属

Baryancistrus beggini Lujan, Arce & Armbruster, 2009 贝氏重钩鲇

Baryancistrus demantoides Werneke, Sabaj, Lujan & Armbruster, 2005 金黄重钩鲇

Baryancistrus longipinnis (Kindle, 1895) 长鳍重钩鲇

Baryancistrus niveatus (Castelnau, 1855) 巴西重钩鲇

Genus *Brochiloricaria* Isbrücker & Nijssen, 1979 突牙甲鲇属

Brochiloricaria chauliodon Isbrücker, 1979 阿根廷突牙甲鲇

Brochiloricaria macrodon (Kner, 1853) 大突牙甲鲇

Genus *Chaetostoma* Tschudi, 1846 毛口鲇属

Chaetostoma aburrensis (Posada, 1909) 南美毛口鲇

Chaetostoma aequinoctiale Pellegrin, 1909 厄瓜多尔毛口鲇

Chaetostoma alternifasciatum Fowler, 1945 替纹毛口鲇

Chaetostoma anale (Fowler, 1943) 阿纳尔毛口鲇

Chaetostoma anomalum Regan, 1903 粗毛口鲇

Chaetostoma branickii Steindachner, 1881 布兰尼克氏毛口鲇

Chaetostoma breve Regan, 1904 布雷维毛口鲇

Chaetostoma brevilabiatum Dahl, 1942 短唇毛口鲇

Chaetostoma changae Salcedo, 2006 秘鲁毛口鲇

Chaetostoma daidalmatos Salcedo, 2006 宝石毛口鲇

Chaetostoma dermorhynchum Boulenger, 1887 革吻毛口鲇

Chaetostoma dorsale Eigenmann, 1922 大背毛口鲇

Chaetostoma dupouii Fernández-Yépez, 1945 杜氏毛口鲇

Chaetostoma fischeri Steindachner, 1879 费氏毛口鲇

Chaetostoma greeni Isbrücker, 2001 格林毛口鲇

Chaetostoma guairense Steindachner, 1881 瓜伊拉毛口鲇

Chaetostoma jegui Rapp Py-Daniel, 1991 杰氏毛口鲇

Chaetostoma lepturum Regan, 1912 小毛口鲇

Chaetostoma leucomelas Eigenmann, 1918 亮黑毛口鲇

Chaetostoma lineopunctatum Eigenmann & Allen, 1942 线斑毛口鲇

Chaetostoma loborhynchos Tschudi, 1846 裂吻毛口鲇

Chaetostoma machiquense Fernández-Yépez & Martin Salazar, 1953 隐伏毛口鲇

Chaetostoma marcapatae Regan, 1904 秘鲁毛口鲇

Chaetostoma marginatum Regan, 1904 贪食毛口鲇

Chaetostoma marmorescens Eigenmann & Allen, 1942 石纹毛口鲇

Chaetostoma microps Günther, 1864 小眼毛口鲇

Chaetostoma milesi Fowler, 1941 迈尔斯氏毛口鲇

Chaetostoma mollinasum Pearson, 1937 软鼻毛口鲇

Chaetostoma niveum Fowler, 1944 雪毛口鲇

Chaetostoma nudirostre Lütken, 1874 裸吻毛口鲇

Chaetostoma palmeri Regan, 1912 帕尔默氏毛口鲇

Chaetostoma patiae Fowler, 1945 佩氏毛口鮎
Chaetostoma paucispinis Regan, 1912 少棘毛口鮎
Chaetostoma pearsei Eigenmann, 1920 彼氏毛口鮎
Chaetostoma sericeum Cope, 1872 丝毛口鮎
Chaetostoma sovichthys Schultz, 1944 索维毛口鮎
Chaetostoma stannii Lütken, 1874 斯坦尼氏毛口鮎
Chaetostoma stroumpoulos Salcedo, 2006 喜斗毛口鮎
Chaetostoma tachiraense Schultz, 1944 塔奇拉毛口鮎
Chaetostoma taczanowskii Steindachner, 1882 塔氏毛口鮎
Chaetostoma thomsoni Regan, 1904 汤姆森氏毛口鮎
Chaetostoma vagum Fowler, 1943 瓦氏毛口鮎
Chaetostoma vasquezi Lasso & Provenzano, 1998 伐氏毛口鮎
Chaetostoma venezuelae (Schultz, 1944) 委内瑞拉毛口鮎
Chaetostoma yurubiense Ceas & Page, 1996 野毛口鮎

Genus Cordylancistrus Isbrücker, 1980 瘤甲鮎属
Cordylancistrus daguae (Eigenmann, 1912) 达戈河瘤甲鮎
Cordylancistrus nephelion Provenzano & Milani, 2006 云状瘤甲鮎
Cordylancistrus perijae Pérez & Provenzano R., 1996 佩氏瘤甲鮎
Cordylancistrus platycephalus (Boulenger, 1898) 扁头瘤甲鮎
Cordylancistrus platyrhynchus (Fowler, 1943) 扁吻瘤甲鮎
Cordylancistrus torbesensis (Schultz, 1944) 委内瑞拉瘤甲鮎

Genus Corumbataia Britski, 1997 科龙巴鮎属
Corumbataia britskii Ferreira & Ribeiro, 2007 布氏科龙巴鮎
Corumbataia cuestae Britski, 1997 丘氏科龙巴鮎
Corumbataia tocantinensis Britski, 1997 巴西科龙巴鮎
Corumbataia veadeiros Carvalho, 2008 喜荫科龙巴鮎

Genus Corymbophanes Eigenmann, 1909 盔甲鮎属
Corymbophanes andersoni Eigenmann, 1909 安氏盔甲鮎
Corymbophanes kaiei Armbruster & Sabaj, 2000 凯氏盔甲鮎

Genus Crossoloricaria Isbrücker, 1979 穗甲鮎属
Crossoloricaria bahuaja Chang & Castro, 1999 玻利维亚穗甲鮎
Crossoloricaria cephalaspis Isbrücker, 1979 大头穗甲鮎
Crossoloricaria rhami Isbrücker & Nijssen, 1983 雷氏穗甲鮎
Crossoloricaria variegata (Steindachner, 1879) 巴拿马穗甲鮎
Crossoloricaria venezuelae (Schultz, 1944) 委内瑞拉穗甲鮎

Genus Cteniloricaria Isbrücker & Nijssen, 1979 梳甲鮎属
Cteniloricaria fowleri (Pellegrin, 1908) 福氏梳甲鮎
Cteniloricaria maculata (Boeseman, 1971) 斑纹梳甲鮎
Cteniloricaria platystoma (Günther, 1868) 苏里南梳甲鮎

Genus Dasyloricaria Isbrücker & Nijssen, 1979 髯甲鮎属
Dasyloricaria capetensis (Meek & Hildebrand, 1913) 巴拿马髯甲鮎
Dasyloricaria filamentosa (Steindachner, 1878) 长丝髯甲鮎
Dasyloricaria latiura (Eigenmann & Vance, 1912) 宽尾髯甲鮎
Dasyloricaria seminuda (Eigenmann & Vance, 1912) 半裸髯甲鮎
Dasyloricaria tuyrensis (Meek & Hildebrand, 1913) 图伊拉髯甲鮎

Genus Dekeyseria Rapp Py-Daniel, 1985 德凯鮎属
Dekeyseria amazonica Rapp Py-Daniel, 1985 亚马孙河德凯鮎
Dekeyseria brachyura (Kner, 1854) 短尾德凯鮎
Dekeyseria niveata (La Monte, 1929) 雪德凯鮎
Dekeyseria picta (Kner, 1854) 绣色德凯鮎
Dekeyseria pulchra (Steindachner, 1915) 美丽德凯鮎
Dekeyseria scaphirhyncha (Kner, 1854) 铲吻德凯鮎

Genus Delturus Eigenmann & Eigenmann, 1889 三角下口鮎属
Delturus angulicauda (Steindachner, 1877) 鳗尾三角下口鮎
Delturus brevis Reis & Pereira, 2006 巴西三角下口鮎
Delturus carinotus (La Monte, 1933) 龙首三角下口鮎
Delturus parahybae Eigenmann & Eigenmann, 1889 驼背三角下口鮎

Genus Dentectus Martín Salazar, Isbrücker & Nijssen, 1982 大牙甲鮎属
Dentectus barbarmatus Martín Salazar, Isbrücker & Nijssen, 1982 委内瑞拉大牙甲鮎

Genus Dolichancistrus Isbrücker, 1980 长龟鮎属
Dolichancistrus atratoensis (Dahl, 1960) 阿特拉托河长龟鮎
Dolichancistrus carnegiei (Eigenmann, 1916) 卡氏长龟鮎
Dolichancistrus cobrensis (Schultz, 1944) 委内瑞拉长龟鮎
Dolichancistrus fuesslii (Steindachner, 1911) 菲氏长龟鮎
Dolichancistrus pediculatus (Eigenmann, 1918) 小鳍长龟鮎
Dolichancistrus setosus (Boulenger, 1887) 多毛长龟鮎

Genus Epactionotus Reis & Schaefer, 1998 宽背鮎属
Epactionotus bilineatus Reis & Schaefer, 1998 双线宽背鮎
Epactionotus gracilis Reis & Schaefer, 1998 细身宽背鮎
Epactionotus itaimbezinho Reis & Schaefer, 1998 南美宽背鮎
Epactionotus yasi Almirón, Azpelicueta & Casciotta, 2004 亚氏宽背鮎

Genus Eurycheilichthys Reis & Schaefer, 1993 宽唇甲鮎属
Eurycheilichthys limulus Reis & Schaefer, 1998 泞栖宽唇甲鮎
Eurycheilichthys pantherinus (Reis & Schaefer, 1992) 豹纹宽唇甲鮎

Genus Exastilithoxus Isbrücker & Nijssen, 1979 艳甲鮎属
Exastilithoxus fimbriatus (Steindachner, 1915) 缨艳甲鮎
Exastilithoxus hoedemani Isbrücker & Nijssen, 1985 霍氏艳甲鮎

Genus Farlowella Eigenmann & Eigenmann, 1889 管吻鮎属
Farlowella acus (Kner, 1853) 尖管吻鮎
Farlowella altocorpus Retzer, 2006 高体管吻鮎
Farlowella amazonum (Günther, 1864) 亚马孙河管吻鮎
Farlowella colombiensis Retzer & Page, 1997 哥伦比亚管吻鮎
Farlowella curtirostra Myers, 1942 短吻管吻鮎
Farlowella gracilis Regan, 1904 细身管吻鮎
Farlowella hahni Meinken, 1937 哈恩氏管吻鮎
Farlowella hasemani Eigenmann & Vance, 1917 黑斯曼管吻鮎
Farlowella henriquei Miranda Ribeiro, 1918 亨里克氏管吻鮎
Farlowella isbruckeri Retzer & Page, 1997 伊氏管吻鮎
Farlowella jauruensis Eigenmann & Vance, 1917 巴西管吻鮎
Farlowella knerii (Steindachner, 1882) 克氏管吻鮎
Farlowella mariaelenae Martín Salazar, 1964 玛丽管吻鮎
Farlowella martini Fernández-Yépez, 1972 马丁氏管吻鮎
Farlowella nattereri Steindachner, 1910 纳特氏管吻鮎
Farlowella odontotumulus Retzer & Page, 1997 大齿管吻鮎
Farlowella oxyrryncha (Kner, 1853) 尖鼻管吻鮎
Farlowella paraguayensis Retzer & Page, 1997 巴拉圭管吻鮎
Farlowella platorynchus Retzer & Page, 1997 扁吻管吻鮎
Farlowella reticulata Boeseman, 1971 网纹管吻鮎
Farlowella rugosa Boeseman, 1971 皱纹管吻鮎
Farlowella schreitmuelleri Ahl, 1937 施氏管吻鮎
Farlowella smithi Fowler, 1913 史氏管吻鮎
Farlowella taphorni Retzer & Page, 1997 塔氏管吻鮎
Farlowella venezuelensis Martín Salazar, 1964 委内瑞拉管吻鮎
Farlowella vittata Myers, 1942 饰纹管吻鮎

Genus Furcodontichthys Rapp Py-Daniel, 1981 叉牙甲鮎属
Furcodontichthys novaesi Rapp Py-Daniel, 1981 诺氏叉牙甲鮎

Genus Gymnotocinclus Carvalho, Lehmann A. & Reis, 2008 裸甲鮎属
Gymnotocinclus anosteos Carvalho, Lehmann A. & Reis, 2008 巴西裸甲鮎

Genus Harttia Steindachner, 1877 哈氏甲鮎属
Harttia carvalhoi Miranda Ribeiro, 1939 卡佛哈氏甲鮎
Harttia depressa Rapp Py-Daniel & Oliveira, 2001 扁身哈氏甲鮎
Harttia dissidens Rapp Py-Daniel & Oliveira, 2001 双齿哈氏甲鮎
Harttia duriventris Rapp Py-Daniel & Oliveira, 2001 硬腹哈氏甲鮎

Harttia garavelloi Oyakawa, 1993 加拉哈氏甲鲇

Harttia gracilis Oyakawa, 1993 细身哈氏甲鲇

Harttia guianensis Rapp Py-Daniel & Oliveira, 2001 圭亚那哈氏甲鲇

Harttia kronei Miranda Ribeiro, 1908 克朗哈氏甲鲇

Harttia leiopleura Oyakawa, 1993 裸胸哈氏甲鲇

Harttia longipinna Langeani, Oyakawa & Montoya-Burgos, 2001 长鳍哈氏甲鲇

Harttia loricariformis Steindachner, 1877 哈氏甲鲇

Harttia merevari Provenzano R., Machado-Allison, Chernoff, Willink & Petry, 2005 梅氏哈氏甲鲇

Harttia novalimensis Oyakawa, 1993 巴西哈氏甲鲇

Harttia punctata Rapp Py-Daniel & Oliveira, 2001 斑纹哈氏甲鲇

Harttia rhombocephala Miranda Ribeiro, 1939 菱首哈氏甲鲇

Harttia surinamensis Boeseman, 1971 苏里南哈氏甲鲇

Harttia torrenticola Oyakawa, 1993 急流哈氏甲鲇

Harttia trombetensis Rapp Py-Daniel & Oliveira, 2001 特朗贝哈氏甲鲇

Harttia uatumensis Rapp Py-Daniel & Oliveira, 2001 沃图门河哈氏甲鲇

Genus *Harttiella* Boeseman, 1971 赫氏甲鲇属

Harttiella crassicauda (Boeseman, 1953) 粗尾赫氏甲鲇

Genus *Hemiancistrus* Bleeker, 1862 半钩鲇属

Hemiancistrus annectens (Regan, 1904) 泽生半钩鲇

Hemiancistrus aspidolepis (Günther, 1867) 盔鳞半钩鲇

Hemiancistrus cerrado de Souza, Melo, Chamon & Armbruster, 2008 巴西半钩鲇

Hemiancistrus chlorostictus Cardoso & Malabarba, 1999 绿半钩鲇

Hemiancistrus fugleri Ovchynnyk, 1971 富氏半钩鲇

Hemiancistrus fuliginosus Cardoso & Malabarba, 1999 煤色半钩鲇

Hemiancistrus guahiborum Werneke, Armbruster, Lujan & Taphorn, 2005 白斑半钩鲇

Hemiancistrus hammarlundi Rendahl, 1937 哈氏半钩鲇

Hemiancistrus holostictus Regan, 1913 全斑半钩鲇

Hemiancistrus landoni Eigenmann, 1916 兰登氏半钩鲇

Hemiancistrus macrops (Lütken, 1874) 大眼半钩鲇

Hemiancistrus maracaiboensis Schultz, 1944 马拉开波湖半钩鲇

Hemiancistrus medians (Kner, 1854) 蛰伏半钩鲇

Hemiancistrus megacephalus (Günther, 1868) 大头半钩鲇

Hemiancistrus megalopteryx Cardoso, 2004 大鳍半钩鲇

Hemiancistrus meizospilos Cardoso & da Silva, 2004 大斑半钩鲇

Hemiancistrus micrommatos Cardoso & Lucinda, 2003 南美半钩鲇

Hemiancistrus pankimpuju Lujan & Chamon, 2008 潘基半钩鲇

Hemiancistrus punctulatus Cardoso & Malabarba, 1999 点斑半钩鲇

Hemiancistrus spilomma Cardoso & Lucinda, 2003 污斑半钩鲇

Hemiancistrus spinosissimus Cardoso & Lucinda, 2003 多棘半钩鲇

Hemiancistrus subviridis Werneke, Sabaj, Lujan & Armbruster, 2005 浅绿半钩鲇

Hemiancistrus votouro Cardoso & da Silva, 2004 点鳍半钩鲇

Hemiancistrus wilsoni Eigenmann, 1918 威尔逊半钩鲇

Genus *Hemiodontichthys* Bleeker, 1862 半齿甲鲇属

Hemiodontichthys acipenserinus (Kner, 1853) 鲟形半齿甲鲇

Genus *Hemipsilichthys* Eigenmann & Eigenmann, 1889 半下口鲇属

Hemipsilichthys gobio (Lütken, 1874) 鲟形半下口鲇

Hemipsilichthys nimius Pereira, Reis, Souza & Lazzarotto, 2003 巴西半下口鲇

Hemipsilichthys papillatus Pereira, Oliveira & Oyakawa, 2000 乳突半下口鲇

Genus *Hisonotus* Eigenmann & Eigenmann, 1889 背甲鲇属

Hisonotus aky (Azpelicueta, Casciotta, Almirón & Koerber, 2004) 阿根廷背甲鲇

  syn. *Epactionotus aky* (Azpelicueta, Casciotta, Almirón & Koerber, 2004)

Hisonotus armatus Carvalho, Lehmann, Pereira & Reis, 2008 盔背甲鲇

Hisonotus charrua Almirón, Azpelicueta, Casciotta & Litz, 2006 乌拉圭背甲鲇

Hisonotus chromodontus Britski & Garavello, 2007 色齿背甲鲇

Hisonotus depressicauda (Miranda Ribeiro, 1918) 扁尾背甲鲇

Hisonotus depressinotus (Miranda Ribeiro, 1918) 扁背甲鲇

Hisonotus francirochai (Ihering, 1928) 弗氏背甲鲇

Hisonotus hungy Azpelicueta, Almirón, Casciotta & Koerber, 2007 肛板背甲鲇

Hisonotus insperatus Britski & Garavello, 2003 光棘背甲鲇

Hisonotus iota Carvalho & Reis, 2009 巴西背甲鲇

Hisonotus laevior Cope, 1894 光滑背甲鲇

Hisonotus leucofrenatus (Miranda Ribeiro, 1908) 黄缰背甲鲇

Hisonotus leucophrys Carvalho & Reis, 2009 白腹背甲鲇

Hisonotus luteofrenatus Britski & Garavello, 2007 褐黄背甲鲇

Hisonotus maculipinnis (Regan, 1912) 斑鳍背甲鲇

Hisonotus megaloplax Carvalho & Reis, 2009 漫游背甲鲇

Hisonotus montanus Carvalho & Reis, 2009 蒙大那背甲鲇

Hisonotus nigricauda (Boulenger, 1891) 黑尾背甲鲇

Hisonotus notatus Eigenmann & Eigenmann, 1889 高背甲鲇

Hisonotus paulinus (Regan, 1908) 蛰伏背甲鲇

Hisonotus ringueleti Aquino, Schaefer & Miquelarena, 2001 林氏背甲鲇

Hisonotus taimensis (Buckup, 1981) 太孟背甲鲇

Genus *Hopliancistrus* Isbrücker & Nijssen, 1989 棘身钩鲇属

Hopliancistrus tricornis Isbrücker & Nijssen, 1989 三角棘身钩鲇

Genus *Hypancistrus* Isbrücker & Nijssen, 1991 下钩鲇属

Hypancistrus contradens Armbruster, Lujan & Taphorn, 2007 密齿下钩鲇

Hypancistrus debilittera Armbruster, Lujan & Taphorn, 2007 软件下钩鲇

Hypancistrus furunculus Armbruster, Lujan & Taphorn, 2007 委内瑞拉下钩鲇

Hypancistrus inspector Armbruster, 2002 白点下钩鲇

Hypancistrus lunaorum Armbruster, Lujan & Taphorn, 2007 月色下钩鲇

Hypancistrus zebra Isbrücker & Nijssen, 1991 斑马下钩鲇

Genus *Hypoptopoma* Günther, 1868 下口蜻鲇属

Hypoptopoma baileyi Aquino & Schaefer, 2010 贝利下口蜻鲇

Hypoptopoma bianale Aquino & Schaefer, 2010 双臀下口蜻鲇

Hypoptopoma brevirostratum Aquino & Schaefer, 2010 短吻下口蜻鲇

Hypoptopoma elongatum Aquino & Schaefer, 2010 长身下口蜻鲇

Hypoptopoma guianense Boeseman, 1974 苏里南下口蜻鲇

Hypoptopoma gulare Cope, 1878 大咽下口蜻鲇

Hypoptopoma incognitum Aquino & Schaefer, 2010 野栖下口蜻鲇

Hypoptopoma inexspectatum (Holmberg, 1893) 巴拉瓜下口蜻鲇

Hypoptopoma joberti (Vaillant, 1880) 乔氏下口蜻鲇

Hypoptopoma machadoi Aquino & Schaefer, 2010 町田氏下口蜻鲇

Hypoptopoma muzuspi Aquino & Schaefer, 2010 马齐氏下口蜻鲇

Hypoptopoma psilogaster Fowler, 1915 裸腹下口蜻鲇

Hypoptopoma spectabile (Eigenmann, 1914) 亚马孙河下口蜻鲇

Hypoptopoma steindachneri Boulenger, 1895 史氏下口蜻鲇

Hypoptopoma sternoptychum (Schaefer, 1996) 褶胸下口蜻鲇

Hypoptopoma thoracatum Günther, 1868 甲胸下口蜻鲇

Genus *Hypostomus* Lacepède, 1803 下口鲇属

Hypostomus affinis (Steindachner, 1877) 安芬下口鲇

Hypostomus agna (Miranda Ribeiro, 1907) 洁身下口鲇

Hypostomus alatus Castelnau, 1855 翼下口鲇

Hypostomus albopunctatus (Regan, 1908) 白点下口鲇

Hypostomus ancistroides (Ihering, 1911) 似钩下口鲇

Hypostomus angipinnatus (Leege, 1922) 扇鳍下口鲇

Hypostomus argus (Fowler, 1943) 光灿下口鲇

Hypostomus asperatus Castelnau, 1855 糙下口鲇

Hypostomus aspilogaster (Cope, 1894) 无斑下口鲇

Hypostomus atropinnis (Eigenmann & Eigenmann, 1890) 黑鳍下口鲶

Hypostomus auroguttatus Kner, 1854 金点下口鲶

Hypostomus bolivianus (Pearson, 1924) 玻利维亚下口鲶

Hypostomus borellii (Boulenger, 1897) 博雷尔下口鲶

Hypostomus boulengeri (Eigenmann & Kennedy, 1903) 布伦杰下口鲶

Hypostomus brevicauda (Günther, 1864) 短尾下口鲶

Hypostomus brevis (Nichols, 1919) 短吻下口鲶

Hypostomus carinatus (Steindachner, 1881) 龙首下口鲶

Hypostomus carvalhoi (Miranda Ribeiro, 1937) 卡氏下口鲶

Hypostomus chrysostiktos Bertaco, Malabarba, Hidalgo & Ortega, 2007 金色下口鲶

Hypostomus cochliodon Kner, 1854 旋牙下口鲶

Hypostomus commersoni Valenciennes, 1836 康氏下口鲶

Hypostomus coppenamensis Boeseman, 1969 科帕下口鲶

Hypostomus corantijni Boeseman, 1968 科拉氏下口鲶

Hypostomus cordovae (Günther, 1880) 科多夫下口鲶

Hypostomus crassicauda Boeseman, 1968 粗尾下口鲶

Hypostomus denticulatus Zawadzki, Weber & Pavanelli, 2008 小齿下口鲶

Hypostomus derbyi (Haseman, 1911) 德比氏下口鲶

Hypostomus dlouhyi Weber, 1985 迪氏下口鲶

Hypostomus eptingi (Fowler, 1941) 埃氏下口鲶

Hypostomus ericae Carvalho & Weber, 2005 南美下口鲶

Hypostomus ericius Armbruster, 2003 猬下口鲶

Hypostomus faveolus Zawadzki, Birindelli & Lima, 2008 蜂巢下口鲶

Hypostomus fluviatilis (Schubart, 1964) 河溪下口鲶

Hypostomus fonchii Weber & Montoya-Burgos, 2002 方氏下口鲶

Hypostomus francisci (Lütken, 1874) 弗氏下口鲶

Hypostomus garmani (Regan, 1904) 加曼氏下口鲶

Hypostomus goyazensis (Regan, 1908) 巴西下口鲶

Hypostomus gymnorhynchus (Norman, 1926) 裸吻下口鲶

Hypostomus hemicochliodon Armbruster, 2003 半旋牙下口鲶

Hypostomus hemiurus (Eigenmann, 1912) 半尾下口鲶

Hypostomus heraldoi Zawadzki, Weber & Pavanelli, 2008 赫氏下口鲶

Hypostomus hermanni (Ihering, 1905) 海氏下口鲶

Hypostomus hondae (Regan, 1912) 杭德下口鲶

Hypostomus hoplonites Rapp Py-Daniel, 1988 盔下口鲶

Hypostomus iheringii (Regan, 1908) 伊氏下口鲶

Hypostomus interruptus (Miranda Ribeiro, 1918) 断线下口鲶

Hypostomus isbrueckeri Reis, Weber & Malabarba, 1990 艾氏下口鲶

Hypostomus itacua Valenciennes, 1836 凶猛下口鲶

Hypostomus jaguribensis (Fowler, 1915) 贪婪下口鲶

Hypostomus johnii (Steindachner, 1877) 约翰下口鲶

Hypostomus kopeyaka Carvalho, Lima & Zawadzki, 2010 寡齿下口鲶

Hypostomus laplatae (Eigenmann, 1907) 拉普下口鲶

Hypostomus latifrons Weber, 1986 喜暖下口鲶

Hypostomus latirostris (Regan, 1904) 侧吻下口鲶

Hypostomus levis (Pearson, 1924) 光滑下口鲶

Hypostomus lexi (Ihering, 1911) 莱氏下口鲶

Hypostomus lima (Lütken, 1874) 锉下口鲶

Hypostomus longiradiatus (Holly, 1929) 长辐下口鲶

Hypostomus luteomaculatus (Devincenzi, 1942) 黄斑下口鲶

Hypostomus luteus (Godoy, 1980) 金黄下口鲶

Hypostomus macrophthalmus Boeseman, 1968 大目下口鲶

Hypostomus macrops (Eigenmann & Eigenmann, 1888) 大眼下口鲶

Hypostomus macushi Armbruster & de Souza, 2005 马氏下口鲶

Hypostomus margaritifer (Regan, 1908) 珍珠下口鲶

Hypostomus meleagris (Marini, Nichols & La Monte, 1933) 珠斑下口鲶

Hypostomus micromaculatus Boeseman, 1968 小斑下口鲶

Hypostomus microstomus Weber, 1987 小嘴下口鲶

Hypostomus multidens Jerep, Shibatta & Zawadzki, 2007 多齿下口鲶

Hypostomus mutucae Knaack, 1999 摩氏下口鲶

Hypostomus myersi (Gosline, 1947) 迈氏下口鲶

Hypostomus nematopterus Isbrücker & Nijssen, 1984 线鳍下口鲶

Hypostomus niceforoi (Fowler, 1943) 奈氏下口鲶

Hypostomus nickeriensis Boeseman, 1969 尼克里河下口鲶

Hypostomus niger (Marini, Nichols & La Monte, 1933) 暗色下口鲶

Hypostomus nigromaculatus (Schubart, 1964) 黑斑下口鲶

Hypostomus nudiventris (Fowler, 1941) 裸腹下口鲶

Hypostomus obtusirostris (Steindachner, 1907) 钝吻下口鲶

Hypostomus occidentalis Boeseman, 1968 西域下口鲶

Hypostomus oculeus (Fowler, 1943) 眼下口鲶

Hypostomus pagei Armbruster, 2003 佩氏下口鲶

Hypostomus panamensis (Eigenmann, 1922) 巴拿马下口鲶

Hypostomus pantherinus Kner, 1854 豹斑下口鲶

Hypostomus papariae (Fowler, 1941) 帕派下口鲶

Hypostomus paranensis Weyenbergh, 1877 巴拉那湖下口鲶

Hypostomus paucimaculatus Boeseman, 1968 稀斑下口鲶

Hypostomus paucipunctatus Carvalho & Weber, 2005 稀点下口鲶

Hypostomus paulinus (Ihering, 1905) 贪食下口鲶

Hypostomus piratatu Weber, 1986 巴拉瓜河下口鲶

Hypostomus plecostomoides (Eigenmann, 1922) 拟绒口下口鲶

Hypostomus plecostomus (Linnaeus, 1758) 绒口下口鲶 陆

Hypostomus pseudohemiurus Boeseman, 1968 似半尾下口鲶

Hypostomus punctatus Valenciennes, 1840 斑纹下口鲶

Hypostomus pusarum (Starks, 1913) 神女下口鲶

Hypostomus pyrineusi (Miranda Ribeiro, 1920) 派氏下口鲶

Hypostomus regani (Ihering, 1905) 里根氏下口鲶

Hypostomus rhantos Armbruster, Tansey & Lujan, 2007 露斑下口鲶

Hypostomus robinii Valenciennes, 1840 罗氏下口鲶

Hypostomus rondoni (Miranda Ribeiro, 1912) 朗登氏下口鲶

Hypostomus roseopunctatus Reis, Weber & Malabarba, 1990 玫瑰下口鲶

Hypostomus saramaccensis Boeseman, 1968 萨河下口鲶

Hypostomus scabriceps (Eigenmann & Eigenmann, 1888) 糙头下口鲶

Hypostomus scaphyceps (Nichols, 1919) 舟头下口鲶

Hypostomus sculpodon Armbruster, 2003 铲牙下口鲶

Hypostomus seminudus (Eigenmann & Eigenmann, 1888) 半裸下口鲶

Hypostomus simios Carvalho & Weber, 2005 半矮下口鲶

Hypostomus sipaliwinii Boeseman, 1968 赛氏下口鲶

Hypostomus soniae Carvalho & Weber, 2005 黄尾下口鲶

Hypostomus strigaticeps (Regan, 1908) 纹首下口鲶

Hypostomus subcarinatus Castelnau, 1855 准龙首下口鲶

Hypostomus surinamensis Boeseman, 1968 苏里南下口鲶

Hypostomus tapanahoniensis Boeseman, 1969 塔斑那河下口鲶

Hypostomus taphorni (Lilyestrom, 1984) 塔氏下口鲶

Hypostomus tapijara Oyakawa, Akama & Zanata, 2005 塔皮雅下口鲶

Hypostomus ternetzi (Boulenger, 1895) 特氏下口鲶

Hypostomus tietensis (Ihering, 1905) 蒂河下口鲶

Hypostomus topavae (Godoy, 1969) 托帕氏下口鲶

Hypostomus unae (Steindachner, 1878) 尤纳氏下口鲶

Hypostomus uruguayensis Reis, Weber & Malabarba, 1990 乌拉圭下口鲶

Hypostomus vaillanti (Steindachner, 1877) 维氏下口鲶

Hypostomus variipictus (Ihering, 1911) 杂色下口鲶

Hypostomus varimaculosus (Fowler, 1945) 杂斑下口鲶

Hypostomus variostictus (Miranda Ribeiro, 1912) 杂点下口鲶

Hypostomus ventromaculatus Boeseman, 1968 腹斑下口鲶

Hypostomus vermicularis (Eigenmann & Eigenmann, 1888) 虫纹下口鲶

Hypostomus waiampi Carvalho & Weber, 2005 韦氏下口鲶

Hypostomus watwata Hancock, 1828 沃瓦达下口鲶

Hypostomus weberi Carvalho, Lima & Zawadzki, 2010 韦伯氏下口鲶

Hypostomus winzi (Fowler, 1945) 温氏下口鲶

Hypostomus wuchereri (Günther, 1864) 伍氏下口鲶

Genus *Isbrueckerichthys* Derijst, 1996 伊斯甲鲶属

Isbrueckerichthys alipionis (Gosline, 1947) 巴西伊斯甲鲇

Isbrueckerichthys calvus Jerep, Shibatta, Pereira & Oyakawa, 2006 裸露伊斯甲鲇

Isbrueckerichthys duseni (Miranda Ribeiro, 1907) 达氏伊斯甲鲇

Isbrueckerichthys epakmos Pereira & Oyakawa, 2003 南美伊斯甲鲇

Isbrueckerichthys saxicola Jerep, Shibatta, Pereira & Oyakawa, 2006 砾栖伊斯甲鲇

Genus *Isorineloricaria* Isbrücker, 1980 等锉甲鲇属

Isorineloricaria spinosissima (Steindachner, 1880) 强棘等锉甲鲇

Genus *Ixinandria* Isbrücker & Nijssen, 1979 伊克兴甲鲇属

Ixinandria steinbachi (Regan, 1906) 斯氏伊克兴甲鲇

Genus *Kronichthys* Miranda Ribeiro, 1908 克隆甲鲇属

Kronichthys heylandi (Boulenger, 1900) 海氏克隆甲鲇

Kronichthys lacerta (Nichols, 1919) 蜥形克隆甲鲇

Kronichthys subteres Miranda Ribeiro, 1908 巴西克隆甲鲇

Genus *Lamontichthys* Miranda Ribeiro, 1939 拉蒙特鲇属

Lamontichthys avacanoeiro de Carvalho Paixão & Toledo-Piza, 2009 爱华拉蒙特鲇

Lamontichthys filamentosus (La Monte, 1935) 长丝拉蒙特鲇

Lamontichthys llanero Taphorn & Lilyestrom, 1984 蜓尾拉蒙特鲇

Lamontichthys maracaibero Taphorn & Lilyestrom, 1984 马拉开波湖拉蒙特鲇

Lamontichthys parakana de Carvalho Paixão & Toledo-Piza, 2009 大口拉蒙特鲇

Lamontichthys stibaros Isbrücker & Nijssen, 1978 壮体拉蒙特鲇

Genus *Lampiella* Isbrücker, 2001 炬甲鲇属

Lampiella gibbosa (Miranda Ribeiro, 1908) 驼背炬甲鲇

Genus *Lasiancistrus* Regan, 1904 毛钩鲇属

Lasiancistrus caucanus Eigenmann, 1912 高加索毛钩鲇

Lasiancistrus guacharote (Valenciennes, 1840) 波多黎各毛钩鲇

Lasiancistrus heteracanthus (Günther, 1869) 异棘毛钩鲇

Lasiancistrus saetiger Armbruster, 2005 加玛毛钩鲇

Lasiancistrus schomburgkii (Günther, 1864) 舍氏毛钩鲇

Lasiancistrus tentaculatus Armbruster, 2005 触手毛钩鲇

Genus *Leporacanthicus* Isbrücker & Nijssen, 1989 兔甲鲇属

Leporacanthicus galaxias Isbrücker & Nijssen, 1989 乳色兔甲鲇

Leporacanthicus heterodon Isbrücker & Nijssen, 1989 异牙兔甲鲇

Leporacanthicus joselimai Isbrücker & Nijssen, 1989 乔氏兔甲鲇

Leporacanthicus triactis Isbrücker, Nijssen & Nico, 1992 哥伦比亚兔甲鲇

Genus *Leptoancistrus* Meek & Hildebrand, 1916 细钩甲鲇属

Leptoancistrus canensis (Meek & Hildebrand, 1913) 细钩甲鲇

Leptoancistrus cordobensis Dahl, 1964 科尔多瓦细钩甲鲇

Genus *Limatulichthys* Isbrücker & Nijssen, 1979 锉体鲇属

Limatulichthys griseus (Eigenmann, 1909) 灰锉体鲇

Genus *Lipopterichthys* Norman, 1935 滑鳍鲇属

Lipopterichthys carrioni Norman, 1935 卡氏滑鳍鲇

Genus *Lithogenes* Eigenmann, 1909 石星鲇属

Lithogenes valencia Provenzano, Schaefer, Baskin & Royero-Leon, 2003 委内瑞拉石星鲇

Lithogenes villosus Eigenmann, 1909 绒毛石星鲇

Lithogenes wahari Schaefer & Provenzano, 2008 石星鲇

Genus *Lithoxus* Eigenmann, 1910 石钩鲇属

Lithoxus boujardi Muller & Isbrücker, 1993 布氏石钩鲇

Lithoxus bovallii (Regan, 1906) 博氏石钩鲇

Lithoxus jantjae Lujan, 2008 贾氏石钩鲇

Lithoxus lithoides Eigenmann, 1912 南美石钩鲇

Lithoxus pallidimaculatus Boeseman, 1982 苍斑石钩鲇

Lithoxus planquettei Boeseman, 1982 普氏石钩鲇

Lithoxus stocki Nijssen & Isbrücker, 1990 斯氏石钩鲇

Lithoxus surinamensis Boeseman, 1982 苏里南石钩鲇

Genus *Loricaria* Linnaeus, 1758 甲鲇属

Loricaria apeltogaster Boulenger, 1895 矶甲鲇

Loricaria birindellii Thomas & Sabaj Pérez, 2010 伯林氏甲鲇

Loricaria cataphracta Linnaeus, 1758 胄甲鲇

Loricaria clavipinna Fowler, 1940 棒鳍甲鲇

Loricaria holmbergi Rodríguez & Miquelarena, 2005 霍氏甲鲇

Loricaria lata Eigenmann & Eigenmann, 1889 拉达甲鲇

Loricaria lentiginosa Isbrücker, 1979 雀斑甲鲇

Loricaria lundbergi Thomas & Rapp Py-Daniel, 2008 伦氏甲鲇

Loricaria nickeriensis Isbrücker, 1979 苏里南甲鲇

Loricaria parnahybae Steindachner, 1907 帕纳甲鲇

Loricaria piracicabae Ihering, 1907 巴西甲鲇

Loricaria pumila Thomas & Rapp Py-Daniel, 2008 侏甲鲇

Loricaria simillima Regan, 1904 类甲鲇

Loricaria spinulifera Thomas & Rapp Py-Daniel, 2008 棘甲鲇

Loricaria tucumanensis Isbrücker, 1979 阿根廷甲鲇

Genus *Loricariichthys* Bleeker, 1862 真甲鲇属

Loricariichthys acutus (Valenciennes, 1840) 尖真甲鲇

Loricariichthys anus (Valenciennes, 1835) 小肛真甲鲇

Loricariichthys brunneus (Hancock, 1828) 深棕真甲鲇

Loricariichthys cashibo (Eigenmann & Allen, 1942) 亚马孙河真甲鲇

Loricariichthys castaneus (Castelnau, 1855) 栗色真甲鲇

Loricariichthys chanjoo (Fowler, 1940) 秘鲁真甲鲇

Loricariichthys derbyi Fowler, 1915 德比氏真甲鲇

Loricariichthys edentatus Reis & Pereira, 2000 乌拉圭真甲鲇

Loricariichthys hauxwelli Fowler, 1915 豪氏真甲鲇

Loricariichthys labialis (Boulenger, 1895) 大唇真甲鲇

Loricariichthys maculatus (Bloch, 1794) 斑点真甲鲇

Loricariichthys melanocheilus Reis & Pereira, 2000 黑唇真甲鲇

Loricariichthys microdon (Eigenmann, 1909) 小齿真甲鲇

Loricariichthys nudirostris (Kner, 1853) 裸吻真甲鲇

Loricariichthys platymetopon Isbrücker & Nijssen, 1979 平额真甲鲇

Loricariichthys rostratus Reis & Pereira, 2000 钩鼻真甲鲇

Loricariichthys stuebelii (Steindachner, 1882) 施氏真甲鲇

Loricariichthys ucayalensis Regan, 1913 乌卡亚河真甲鲇

Genus *Macrotocinclus* Isbrücker & Seidel, 2001 大孔甲鲇属

Macrotocinclus affinis (Steindachner, 1877) 大孔甲鲇

Genus *Megalancistrus* Isbrücker, 1980 大钩鲇属

Megalancistrus barrae (Steindachner, 1910) 巴尔氏大钩鲇

Megalancistrus parananus (Peters, 1881) 巴拉拿大钩鲇

Genus *Metaloricaria* Isbrücker, 1975 后甲鲇属

Metaloricaria nijsseni (Boeseman, 1976) 苏里南后甲鲇

Metaloricaria paucidens Isbrücker, 1975 少齿后甲鲇

Genus *Microlepidogaster* Eigenmann & Eigenmann, 1889 小美腹鲇属

Microlepidogaster bourguyi Miranda Ribeiro, 1911 巴西小美腹鲇

Microlepidogaster longicolla Calegari & Reis, 2010 长项小美腹鲇

Microlepidogaster perforatus Eigenmann & Eigenmann, 1889 大孔小美腹鲇

Genus *Neblinichthys* Ferraris, Isbrücker & Nijssen, 1986 尼布鲇属

Neblinichthys brevibracchium Taphorn, Armbruster, López-Fernández & Bernard, 2010 短壮尼布鲇

Neblinichthys echinasus Taphorn, Armbruster, López-Fernández & Bernard, 2010 棘鼻尼布鲇

Neblinichthys pilosus Ferraris, Isbrücker & Nijssen, 1986 多鳞尼布鲇

Neblinichthys roraima Provenzano R., Lasso & Ponte, 1995 南美尼布鲇

Neblinichthys yaravi (Steindachner, 1915) 雅氏尼布鲇

Genus *Neoplecostomus* Eigenmann & Eigenmann, 1888 新吸口鲇属

Neoplecostomus corumba Zawadzki, Pavanelli & Langeani, 2008 魅形新吸口鲇

Neoplecostomus espiritosantensis Langeani, 1990 巴西新吸口鲇

Neoplecostomus franciscoensis Langeani, 1990 南美新吸口鲇

Neoplecostomus granosus (Valenciennes, 1840) 圭亚那新吸口鲇

Neoplecostomus microps (Steindachner, 1877) 小眼新吸口鲇

Neoplecostomus paranensis Langeani, 1990 巴拉那新吸口鲇

Neoplecostomus ribeirensis Langeani, 1990 里贝拉新吸口鲇

Neoplecostomus selenae Zawadzki, Pavanelli & Langeani, 2008 月形新吸口鲇

Neoplecostomus variipictus Bizerril, 1995 杂色新吸口鲇

Neoplecostomus yapo Zawadzki, Pavanclli & Langeani, 2008 雅浦新吸口鲇

Genus *Niobichthys* Schaefer & Provenzano R., 1998 神女鲇属

Niobichthys ferrarisi Schaefer & Provenzano R., 1998 弗氏神女鲇

Genus *Oligancistrus* Rapp Py-Daniel, 1989 寡钩鲇属

Oligancistrus punctatissimus (Steindachner, 1881) 斑纹寡钩鲇

Genus *Otocinclus* Cope, 1871 筛耳鲇属

Otocinclus batmani Lehmann A., 2006 贝氏筛耳鲇

Otocinclus bororo Schaefer, 1997 博罗筛耳鲇

Otocinclus caxarari Schaefer, 1997 卡氏筛耳鲇

Otocinclus cocama Reis, 2004 宝石筛耳鲇

Otocinclus flexilis Cope, 1894 弓筛耳鲇

Otocinclus hasemani Steindachner, 1915 赫氏筛耳鲇

Otocinclus hoppei Miranda Ribeiro, 1939 霍氏筛耳鲇

Otocinclus huaorani Schaefer, 1997 瓦氏筛耳鲇

Otocinclus macrospilus Eigenmann & Allen, 1942 大斑筛耳鲇

Otocinclus mariae Fowler, 1940 玛丽筛耳鲇

Otocinclus mimulus Axenrot & Kullander, 2003 仿筛耳鲇

Otocinclus mura Schaefer, 1997 鼠筛耳鲇

Otocinclus tapirape Britto & Moreira, 2002 厚身筛耳鲇

Otocinclus vestitus Cope, 1872 秘鲁筛耳鲇

Otocinclus vittatus Regan, 1904 纵带筛耳鲇

Otocinclus xakriaba Schaefer, 1997 巴西筛耳鲇

Genus *Otothyris* Myers, 1927 耳孔甲鲇属

Otothyris juquiae Garavello, Britski & Schaefer, 1998 南美耳孔甲鲇

Otothyris lophophanes (Eigenmann & Eigenmann, 1889) 项冠耳孔甲鲇

Otothyris rostrata Garavello, Britski & Schaefer, 1998 钩吻耳孔甲鲇

Otothyris travassosi Garavello, Britski & Schaefer, 1998 屈氏耳孔甲鲇

Genus *Otothyropsis* Ribeiro, Carvalho & Melo, 2005 耳盾鲇属

Otothyropsis marapoama Ribeiro, Carvalho & Melo, 2005 巴西耳盾鲇

Genus *Oxyropsis* Eigenmann & Eigenmann, 1889 捷泳鲇属

Oxyropsis acutirostra Miranda Ribeiro, 1951 尖吻捷泳鲇

Oxyropsis carinata (Steindachner, 1879) 淡黄捷泳鲇

Oxyropsis wrightiana Eigenmann & Eigenmann, 1889 亚马孙河捷泳鲇

Genus *Panaqolus* Isbrücker & Schraml, 2001 巴那瓜鲇属

Panaqolus albomaculatus (Kanazawa, 1958) 白边巴那瓜鲇

Panaqolus changae (Chockley & Armbruster, 2002) 张氏巴那瓜鲇

Panaqolus dentex (Günther, 1868) 大牙巴那瓜鲇

Panaqolus gnomus (Schaefer & Stewart, 1993) 南美巴那瓜鲇

Panaqolus maccus (Schaefer & Stewart, 1993) 粉红巴那瓜鲇

Panaqolus nocturnus (Schaefer & Stewart, 1993) 夜游巴那瓜鲇

Panaqolus purusiensis (La Monte, 1935) 普鲁河巴那瓜鲇

Genus *Panaque* Eigenmann & Eigenmann, 1889 巴那圭鲇属

Panaque bathyphilus Lujan & Chamon, 2008 喜渊巴那圭鲇

Panaque cochliodon (Steindachner, 1879) 旋齿巴那圭鲇

Panaque nigrolineatus (Peters, 1877) 黑线巴那圭鲇 圉

Panaque suttonorum Schultz, 1944 蓝眼巴那圭鲇

Genus *Paraloricaria* Isbrücker, 1979 若甲鲇属

Paraloricaria agastor Isbrücker, 1979 奇异若甲鲇

Paraloricaria commersonoides (Devincenzi, 1943) 似康氏若甲鲇

Paraloricaria vetula (Valenciennes, 1835) 南美若甲鲇

Genus *Parancistrus* Bleeker, 1862 副钩鲇属

Parancistrus aurantiacus (Castelnau, 1855) 橘色副钩鲇

Parancistrus nudiventris Rapp Py-Daniel & Zuanon, 2005 裸腹副钩鲇

Genus *Pareiorhaphis* Miranda Ribeiro, 1918 颊缝鲇属

Pareiorhaphis azygolechis (Pereira & Reis, 2002) 巴西颊缝鲇

Pareiorhaphis bahianus (Gosline, 1947) 巴伊亚颊缝鲇

Pareiorhaphis cameroni (Steindachner, 1907) 坎氏颊缝鲇

Pareiorhaphis cerosus (Miranda Ribeiro, 1951) 角颊缝鲇

Pareiorhaphis eurycephalus (Pereira & Reis, 2002) 宽头颊缝鲇

Pareiorhaphis garbei (Ihering, 1911) 加氏颊缝鲇

Pareiorhaphis hypselurus (Pereira & Reis, 2002) 南美颊缝鲇

Pareiorhaphis hystrix (Pereira & Reis, 2002) 猬颊缝鲇

Pareiorhaphis mutuca (Oliveira & Oyakawa, 1999) 秀丽颊缝鲇

Pareiorhaphis nasuta Pereira, Vieira & Reis, 2007 大鼻颊缝鲇

Pareiorhaphis nudulus (Reis & Pereira, 1999) 裸身颊缝鲇

Pareiorhaphis parmula Pereira, 2005 小盾颊缝鲇

Pareiorhaphis regani (Giltay, 1936) 里根颊缝鲇

Pareiorhaphis scutula Pereira, Vieira & Reis, 2010 棱楯颊缝鲇

Pareiorhaphis splendens (Bizerril, 1995) 条纹颊缝鲇

Pareiorhaphis steindachneri (Miranda Ribeiro, 1918) 斯氏颊缝鲇

Pareiorhaphis stephanus (Oliveira & Oyakawa, 1999) 皇冠颊缝鲇

Pareiorhaphis stomias (Pereira & Reis, 2002) 大口颊缝鲇

Pareiorhaphis vestigipinnis (Pereira & Reis, 1992) 萎鳍颊缝鲇

Genus *Pareiorhina* Gosline, 1947 锉颊鲇属

Pareiorhina brachyrhyncha Chamon, Aranda & Buckup, 2005 短吻锉颊鲇

Pareiorhina carrancas Bockmann & Ribeiro, 2003 巴西锉颊鲇

Pareiorhina rudolphi (Miranda Ribeiro, 1911) 鲁道夫锉颊鲇

Genus *Parotocinclus* Eigenmann & Eigenmann, 1889 耳孔鲇属

Parotocinclus amazonensis Garavello, 1977 亚马孙耳孔鲇

Parotocinclus arandai Sarmento-Soares, Lehmann A. & Martins-Pinheiro, 2009 阿氏耳孔鲇

Parotocinclus aripuanensis Garavello, 1988 巴西耳孔鲇

Parotocinclus bahiensis (Miranda Ribeiro, 1918) 巴哈耳孔鲇

Parotocinclus bidentatus Gauger & Buckup, 2005 双牙耳孔鲇

Parotocinclus britskii Boeseman, 1974 布氏耳孔鲇

Parotocinclus cearensis Garavello, 1977 南美耳孔鲇

Parotocinclus cesarpintoi Miranda Ribeiro, 1939 塞氏耳孔鲇

Parotocinclus collinsae Schmidt & Ferraris, 1985 柯氏耳孔鲇

Parotocinclus cristatus Garavello, 1977 冠耳孔鲇

Parotocinclus doceanus (Miranda Ribeiro, 1918) 横肛耳孔鲇

Parotocinclus eppleyi Schaefer & Provenzano R., 1993 埃氏耳孔鲇

Parotocinclus haroldoi Garavello, 1988 哈氏耳孔鲇

Parotocinclus jimi Garavello, 1977 吉氏耳孔鲇

Parotocinclus jumbo Britski & Garavello, 2002 杂斑耳孔鲇

Parotocinclus longirostris Garavello, 1988 长吻耳孔鲇

Parotocinclus maculicauda (Steindachner, 1877) 斑尾耳孔鲇

Parotocinclus minutus Garavello, 1977 微耳孔鲇

Parotocinclus muriaensis Gauger & Buckup, 2005 穆伦耳孔鲇

Parotocinclus planicauda Garavello & Britski, 2003 扁尾耳孔鲇

Parotocinclus polyochrus Schaefer, 1988 多鳍耳孔鲇

Parotocinclus prata Ribeiro, Melo & Pereira, 2002 青色耳孔鲇

Parotocinclus spilosoma (Fowler, 1941) 体斑耳孔鲇

Parotocinclus spilurus (Fowler, 1941) 尾斑耳孔鲇

Genus *Peckoltia* Miranda Ribeiro, 1912 梳钩鲇属

Peckoltia bachi (Boulenger, 1898) 巴氏梳钩鲇

Peckoltia braueri (Eigenmann, 1912) 布氏梳钩鲇

Peckoltia brevis (La Monte, 1935) 短身梳钩鲇

Peckoltia caenosa Armbruster, 2008 新梳钩鲇

Peckoltia cavatica Armbruster & Werneke, 2005 穴栖梳钩鲇

Peckoltia compta De Oliveira, Zuanon, Rapp Py-Daniel & Rocha, 2010 头饰梳钩鲇

Peckoltia furcata (Fowler, 1940) 叉尾梳钩鲇

Peckoltia lineola Armbruster, 2008 线纹梳钩鲇

Peckoltia multispinis (Holly, 1929) 多棘梳钩鲇

Peckoltia oligospila (Günther, 1864) 稀斑梳钩鲇

Peckoltia sabaji Armbruster, 2003 萨氏梳钩鲇

Peckoltia snethlageae (Steindachner, 1911) 黑斑梳钩鲇

Peckoltia vermiculata (Steindachner, 1908) 虫纹梳钩鲇

Peckoltia vittata (Steindachner, 1881) 饰带梳钩鲇

Genus *Planiloricaria* Isbrücker, 1971 平甲鲇属

Planiloricaria cryptodon (Isbrücker, 1971) 隐齿平甲鲇

Genus *Pogonopoma* Regan, 1904 须盖鲇属

Pogonopoma obscurum Quevedo & Reis, 2002 暗色须盖鲇

Pogonopoma parahybae (Steindachner, 1877) 驼背须盖鲇

Pogonopoma wertheimeri (Steindachner, 1867) 南美须盖鲇

Genus *Proloricaria* Isbrücker, 2001 原甲鲇属

Proloricaria prolixa (Isbrücker & Nijssen, 1978) 灰体原甲鲇

Genus *Pseudacanthicus* Bleeker, 1862 假棘甲鲇属

Pseudacanthicus fordii (Günther, 1868) 苏里南假棘甲鲇

Pseudacanthicus histrix (Valenciennes, 1840) 巴西假棘甲鲇

Pseudacanthicus leopardus (Fowler, 1914) 狮纹假棘甲鲇

Pseudacanthicus serratus (Valenciennes, 1840) 锯齿假棘甲鲇

Pseudacanthicus spinosus (Castelnau, 1855) 多刺假棘甲鲇

Genus *Pseudancistrus* Bleeker, 1862 拟钩鲇属

Pseudancistrus barbatus (Valenciennes, 1840) 长须拟钩鲇

Pseudancistrus brevispinis (Heitmans, Nijssen & Isbrücker, 1983) 短刺拟钩鲇

Pseudancistrus coquenani (Steindachner, 1915) 科氏拟钩鲇

Pseudancistrus corantijniensis De Chambrier & Montoya-Burgos, 2008 科兰河拟钩鲇

Pseudancistrus depressus (Günther, 1868) 扁身拟钩鲇

Pseudancistrus genisetiger Fowler, 1941 巴西拟钩鲇

Pseudancistrus guentheri (Regan, 1904) 冈瑟氏拟钩鲇

Pseudancistrus kwinti Willink, Mol & Chernoff, 2010 克氏拟钩鲇

Pseudancistrus longispinis (Heitmans, Nijssen & Isbrücker, 1983) 长刺拟钩鲇

Pseudancistrus niger (Norman, 1926) 黑拟钩鲇

Pseudancistrus nigrescens Eigenmann, 1912 暗黑拟钩鲇

Pseudancistrus orinoco (Isbrücker, Nijssen & Cala, 1988) 山溪拟钩鲇

Pseudancistrus papariae Fowler, 1941 帕氏拟钩鲇

Pseudancistrus pectegenitor Lujan, Armbruster & Sabaj, 2007 胸须拟钩鲇

Pseudancistrus reus Armbruster & Taphorn, 2008 委内瑞拉拟钩鲇

Pseudancistrus sidereus Armbruster, 2004 星斑拟钩鲇

Pseudancistrus yekuana Lujan, Armbruster & Sabaj, 2007 砾栖拟钩鲇

Genus *Pseudohemiodon* Bleeker, 1862 拟半齿甲鲇属

Pseudohemiodon amazonum (Delsman, 1941) 亚马孙河拟半齿甲鲇

Pseudohemiodon apithanos Isbrücker & Nijssen, 1978 燕尾拟半齿甲鲇

Pseudohemiodon devincenzii (Señorans, 1950) 迪氏拟半齿甲鲇

Pseudohemiodon lamina (Günther, 1868) 薄拟半齿甲鲇

Pseudohemiodon laticeps (Regan, 1904) 侧头拟半齿甲鲇

Pseudohemiodon platycephalus (Kner, 1853) 平头拟半齿甲鲇

Pseudohemiodon thorectes Isbrücker, 1975 胸甲拟半齿甲鲇

Genus *Pseudolithoxus* Isbrücker & Werner, 2001 拟石钩鲇属

Pseudolithoxus anthrax (Armbruster & Provenzano, 2000) 炭色拟石钩鲇

Pseudolithoxus dumus (Armbruster & Provenzano, 2000) 南美拟石钩鲇

Pseudolithoxus nicoi (Armbruster & Provenzano, 2000) 尼氏拟石钩鲇

Pseudolithoxus tigris (Armbruster & Provenzano, 2000) 虎斑拟石钩鲇

Genus *Pseudoloricaria* Bleeker, 1862 拟甲鲇属

Pseudoloricaria laeviuscula (Valenciennes, 1840) 光滑拟甲鲇

Genus *Pseudorinelepis* Bleeker, 1862 拟锉鳞鲇属

Pseudorinelepis genibarbis (Valenciennes, 1840) 颊须拟锉鳞鲇

Genus *Pseudotocinclus* Nichols, 1919 拟幽鲇属

Pseudotocinclus juquiae Takako, Oliveira & Oyakawa, 2005 秀美拟幽鲇

Pseudotocinclus parahybae Takako, Oliveira & Oyakawa, 2005 副驼背拟幽鲇

Pseudotocinclus tietensis (Ihering, 1907) 巴西拟幽鲇

Genus *Pseudotothyris* Britski & Garavello, 1984 拟盾甲鲇属

Pseudotothyris janeirensis Britski & Garavello, 1984 热内拟盾甲鲇

Pseudotothyris obtusa (Miranda Ribeiro, 1911) 钝头拟盾甲鲇

Genus *Pterosturisoma* Isbrücker & Nijssen, 1978 鲟体鲇属

Pterosturisoma microps (Eigenmann & Allen, 1942) 小眼鲟体鲇

Genus *Pterygoplichthys* Gill, 1858 翼甲鲇属

Pterygoplichthys anisitsi Eigenmann & Kennedy, 1903 阿氏翼甲鲇

Pterygoplichthys disjunctivus (Weber, 1991) 野翼甲鲇 (台)

Pterygoplichthys etentaculatus (Spix & Agassiz, 1829) 巴西翼甲鲇

Pterygoplichthys gibbiceps (Kner, 1854) 隆头翼甲鲇

Pterygoplichthys joselimaianus (Weber, 1991) 帆鳍翼甲鲇

Pterygoplichthys lituratus (Kner, 1854) 湖翼甲鲇

Pterygoplichthys multiradiatus (Hancock, 1828) 多辐翼甲鲇

Pterygoplichthys pardalis (Castelnau, 1855) 豹纹翼甲鲇 (台)

Pterygoplichthys parnaibae (Weber, 1991) 帕纳翼甲鲇

Pterygoplichthys punctatus (Kner, 1854) 斑翼甲鲇

Pterygoplichthys scrophus (Cope, 1874) 黄尾翼甲鲇

Pterygoplichthys undecimalis (Steindachner, 1878) 波翼甲鲇

Pterygoplichthys weberi Armbruster & Page, 2006 韦氏翼甲鲇

Pterygoplichthys xinguensis (Weber, 1991) 亚马孙河翼甲鲇

Pterygoplichthys zuliaensis Weber, 1991 委内瑞拉翼甲鲇

Genus *Pyxiloricaria* Isbrücker & Nijssen, 1984 箱甲鲇属

Pyxiloricaria menezesi Isbrücker & Nijssen, 1984 梅氏箱甲鲇

Genus *Reganella* Eigenmann, 1905 皇甲鲇属

Reganella depressa (Kner, 1853) 尼格罗河皇甲鲇

Genus *Rhadinoloricaria* Isbrücker & Nijssen, 1974 柔甲鲇属

Rhadinoloricaria macromystax (Günther, 1869) 大唇柔甲鲇

Genus *Rhinelepis* Agassiz, 1829 锉鳞甲鲇属

Rhinelepis aspera Spix & Agassiz, 1829 南美鳞甲鲇

Rhinelepis strigosa Valenciennes, 1840 条纹锉鳞甲鲇

Genus *Ricola* Isbrücker & Nijssen, 1978 里科拉甲鲇属

Ricola macrops (Regan, 1904) 大眼里科拉甲鲇

Genus *Rineloricaria* Bleeker, 1862 锉甲鲇属

Rineloricaria aequalicuspis Reis & Cardoso, 2001 贪食锉甲鲇

Rineloricaria altipinnis (Breder, 1925) 高鳍锉甲鲇

Rineloricaria anhaguapitan Ghazzi, 2008 南美锉甲鲇

Rineloricaria anitae Ghazzi, 2008 安尼塔锉甲鲇

Rineloricaria aurata (Knaack, 2003) 金色锉甲鲇

Rineloricaria baliola Rodriguez & Reis, 2008 贝利奥锉甲鲇

Rineloricaria beni (Pearson, 1924) 本氏锉甲鲇

Rineloricaria cacerensis (Miranda Ribeiro, 1912) 卡塞雷斯锉甲鲇

Rineloricaria cadeae (Hensel, 1868) 凯氏锉甲鲇

Rineloricaria capitonia Ghazzi, 2008 大头锉甲鲇

Rineloricaria caracasensis (Bleeker, 1862) 加拉加斯锉甲鲶

Rineloricaria castroi Isbrücker & Nijssen, 1984 卡斯特罗锉甲鲶

Rineloricaria catamarcensis (Berg, 1895) 阿根廷锉甲鲶

Rineloricaria cubataonis (Steindachner, 1907) 库巴锉甲鲶

Rineloricaria daraha Rapp Py-Daniel & Fichberg, 2008 达拉哈锉甲鲶

Rineloricaria eigenmanni (Pellegrin, 1908) 艾氏锉甲鲶

Rineloricaria fallax (Steindachner, 1915) 假锉甲鲶

Rineloricaria felipponei (Fowler, 1943) 费氏锉甲鲶

Rineloricaria formosa Isbrücker & Nijssen, 1979 美丽锉甲鲶

Rineloricaria hasemani Isbrücker & Nijssen, 1979 黑氏锉甲鲶

Rineloricaria henselii (Steindachner, 1907) 哈氏锉甲鲶

Rineloricaria heteroptera Isbrücker & Nijssen, 1976 异鳍锉甲鲶

Rineloricaria hoehnei (Miranda Ribeiro, 1912) 赫氏锉甲鲶

Rineloricaria isaaci Rodriguez & Miquelarena, 2008 伊氏锉甲鲶

Rineloricaria jaraguensis (Steindachner, 1909) 贾拉瓜锉甲鲶

Rineloricaria jubata (Boulenger, 1902) 朱氏锉甲鲶

Rineloricaria konopickyi (Steindachner, 1879) 康氏锉甲鲶

Rineloricaria kronei (Miranda Ribeiro, 1911) 克朗氏锉甲鲶

Rineloricaria lanceolata (Günther, 1868) 矛状锉甲鲶

Rineloricaria langei Ingenito, Ghazzi, Duboc & Abilhoa, 2008 兰氏锉甲鲶

Rineloricaria latirostris (Boulenger, 1900) 侧吻锉甲鲶

Rineloricaria lima (Kner, 1853) 线锉甲鲶

Rineloricaria longicauda Reis, 1983 长尾锉甲鲶

Rineloricaria maacki Ingenito, Ghazzi, Duboc & Abilhoa, 2008 马氏锉甲鲶

Rineloricaria magdalenae (Steindachner, 1879) 哥伦比亚锉甲鲶

Rineloricaria malabarbai Rodriguez & Reis, 2008 马拉巴锉甲鲶

Rineloricaria maquinensis Reis & Cardoso, 2001 马基锉甲鲶

Rineloricaria melini (Schindler, 1959) 梅氏锉甲鲶

Rineloricaria microlepidogaster (Regan, 1904) 小美胸锉甲鲶

Rineloricaria microlepidota (Steindachner, 1907) 小美锉甲鲶

Rineloricaria misionera Rodriguez & Miquelarena, 2005 细尾锉甲鲶

Rineloricaria morrowi Fowler, 1940 莫氏锉甲鲶

Rineloricaria nigricauda (Regan, 1904) 黑尾锉甲鲶

Rineloricaria osvaldoi Fichberg & Chamon, 2008 奥氏锉甲鲶

Rineloricaria pareiacantha (Fowler, 1943) 颊刺锉甲鲶

Rineloricaria parva (Boulenger, 1895) 小锉甲鲶

Rineloricaria pentamaculata Langeani & de Araujo, 1994 五斑锉甲鲶

Rineloricaria phoxocephala (Eigenmann & Eigenmann, 1889) 尖头锉甲鲶

Rineloricaria platyura (Müller & Troschel, 1849) 扁尾锉甲鲶

Rineloricaria quadrensis Reis, 1983 巴西锉甲鲶

Rineloricaria reisi Ghazzi, 2008 赖氏锉甲鲶

Rineloricaria rupestris (Schultz, 1944) 岩栖锉甲鲶

Rineloricaria sanga Ghazzi, 2008 桑加锉甲鲶

Rineloricaria setepovos Ghazzi, 2008 毛刺锉甲鲶

Rineloricaria sneiderni (Fowler, 1944) 斯奈特锉甲鲶

Rineloricaria steindachneri (Regan, 1904) 史氏锉甲鲶

Rineloricaria stellata Ghazzi, 2008 星斑锉甲鲶

Rineloricaria stewarti (Eigenmann, 1909) 斯图尔特锉甲鲶

Rineloricaria strigilata (Hensel, 1868) 刮锉甲鲶

Rineloricaria teffeana (Steindachner, 1879) 亚马孙锉甲鲶

Rineloricaria thrissoceps (Fowler, 1943) 硬头锉甲鲶

Rineloricaria tropeira Ghazzi, 2008 热带锉甲鲶

Rineloricaria uracantha (Kner, 1863) 棘尾锉甲鲶

Rineloricaria wolfei Fowler, 1940 沃尔夫锉甲鲶

Rineloricaria zaina Ghazzi, 2008 扎那锉甲鲶

Genus _Schizolecis_ Britski & Garavello, 1984 裂盘鲶属

Schizolecis guntheri (Miranda Ribeiro, 1918) 冈瑟氏裂盘鲶

Genus _Scobinancistrus_ Isbrücker & Nijssen, 1989 锉钩甲鲶属

Scobinancistrus aureatus Burgess, 1994 金色锉钩甲鲶

Scobinancistrus pariolispos Isbrücker & Nijssen, 1989 巴西锉钩甲鲶

Genus _Spatuloricaria_ Schultz, 1944 匙甲鲶属

Spatuloricaria atratoensis Schultz, 1944 阿特拉托河匙甲鲶

Spatuloricaria caquetae (Fowler, 1943) 卡克搭匙甲鲶

Spatuloricaria curvispina (Dahl, 1942) 弯棘匙甲鲶

Spatuloricaria euacanthagenys Isbrücker, 1979 真棘匙甲鲶

Spatuloricaria evansii (Boulenger, 1892) 埃文斯匙甲鲶

Spatuloricaria fimbriata (Eigenmann & Vance, 1912) 缨匙甲鲶

Spatuloricaria gymnogaster (Eigenmann & Vance, 1912) 裸腹匙甲鲶

Spatuloricaria lagoichthys (Schultz, 1944) 兔匙甲鲶

Spatuloricaria nudiventris (Valenciennes, 1840) 光腹匙甲鲶

Spatuloricaria phelpsi Schultz, 1944 南美匙甲鲶

Spatuloricaria puganensis (Pearson, 1937) 秘鲁匙甲鲶

Genus _Spectracanthicus_ Nijssen & Isbrücker, 1987 似鼠甲鲶属

Spectracanthicus murinus Nijssen & Isbrücker, 1987 巴西似鼠甲鲶

Genus _Squaliforma_ Isbrücker & Michels, 2001 似鳟甲鲶属

Squaliforma annae (Steindachner, 1881) 安娜似鳟甲鲶

Squaliforma biseriata (Cope, 1872) 亚马孙似鳟甲鲶

Squaliforma emarginata (Valenciennes, 1840) 缘边似鳟甲鲶

Squaliforma gomesi (Fowler, 1942) 戈氏似鳟甲鲶

Squaliforma horrida (Kner, 1854) 粗身似鳟甲鲶

Squaliforma phrixosoma (Fowler, 1940) 糙体似鳟甲鲶

Squaliforma scopularia (Cope, 1871) 岩栖似鳟甲鲶

Squaliforma squalina (Jardine, 1841) 南美似鳟甲鲶

Squaliforma tenuicauda (Steindachner, 1878) 细尾似鳟甲鲶

Squaliforma tenuis (Boeseman, 1968) 薄身似鳟甲鲶

Squaliforma villarsi (Lütken, 1874) 维氏似鳟甲鲶

Squaliforma virescens (Cope, 1874) 绿色似鳟甲鲶

Genus _Sturisoma_ Swainson, 1838 鲟身鲶属

Sturisoma aureum (Steindachner, 1900) 金色鲟身鲶

Sturisoma barbatum (Kner, 1853) 须鲟身鲶

Sturisoma brevirostre (Eigenmann & Eigenmann, 1889) 短吻鲟身鲶

Sturisoma dariense (Meek & Hildebrand, 1913) 中美洲鲟身鲶

Sturisoma festivum Myers, 1942 美丽鲟身鲶

Sturisoma frenatum (Boulenger, 1902) 缰纹鲟身鲶

Sturisoma guentheri (Regan, 1904) 冈瑟氏鲟身鲶

Sturisoma kneri Ghazzi, 2005 尼氏鲟身鲶

Sturisoma lyra (Regan, 1904) 琴状鲟身鲶

Sturisoma monopelte Fowler, 1914 单盔鲟身鲶

Sturisoma nigrirostrum Fowler, 1940 黑吻鲟身鲶

Sturisoma panamense (Eigenmann & Eigenmann, 1889) 巴拿马鲟身鲶

Sturisoma robustum (Regan, 1904) 强壮鲟身鲶

Sturisoma rostratum (Spix & Agassiz, 1829) 大吻鲟身鲶

Sturisoma tenuirostre (Steindachner, 1910) 细吻鲟身鲶

Genus _Sturisomatichthys_ Isbrücker & Nijssen, 1979 鲟甲鲶属

Sturisomatichthys caquetae (Fowler, 1945) 哥伦比亚鲟甲鲶

Sturisomatichthys citurensis (Meek & Hildebrand, 1913) 巴拿马鲟甲鲶

Sturisomatichthys leightoni (Regan, 1912) 莱顿氏鲟甲鲶

Sturisomatichthys tamanae (Regan, 1912) 太蒙那鲟甲鲶

Family 135 Amblycipitidae 钝头鮠科

Genus _Amblyceps_ Blyth, 1858 钝头鮠属

Amblyceps apangi Nath & Dey, 1989 阿氏钝头鮠

Amblyceps arunchalensis Nath & Dey, 1989 阿鲁查钝头鮠

Amblyceps caecutiens Blyth, 1858 真钝头鮠

Amblyceps carinatum Ng, 2005 龙首钝头鮠

Amblyceps foratum Ng & Kottelat, 2000 钻孔钝头鮠
Amblyceps laticeps (McClelland, 1842) 侧头钝头鮠
Amblyceps macropterus Ng, 2001 大鳍钝头鮠
Amblyceps mangois (Hamilton, 1822) 芒果钝头鮠
Amblyceps mucronatum Ng & Kottelat, 2000 细尖钝头鮠
Amblyceps murraystuarti Chaudhuri, 1919 伊洛瓦底江钝头鮠
Amblyceps platycephalus Ng & Kottelat, 2000 平首钝头鮠
Amblyceps protentum Ng & Wright, 2009 蛰伏钝头鮠
Amblyceps serratum Ng & Kottelat, 2000 锯齿钝头鮠
Amblyceps tenuispinis Blyth, 1860 细棘钝头鮠
Amblyceps torrentis Linthoingambi & Vishwanath, 2008 急流钝头鮠
Amblyceps tuberculatum Linthoingambi & Vishwanath, 2008 管栖钝头鮠
Amblyceps variegatum Ng & Kottelat, 2000 泰国钝头鮠

Genus *Liobagrus* Hilgendorf, 1878 鉠属

Liobagrus aequilabris Wright & Ng, 2008 大唇鉠
Liobagrus andersoni Regan, 1908 朝鲜鉠
Liobagrus anguillicauda Nichols, 1926 鳗尾鉠 陆
Liobagrus formosanus Regan, 1908 台湾鉠 陆 台
Liobagrus kingi Tchang, 1935 金氏鉠 陆
Liobagrus marginatoides (Wu, 1930) 拟缘鉠 陆
Liobagrus marginatus (Günther, 1892) 白缘鉠 陆
Liobagrus mediadiposalis Mori, 1936 中脂鉠
Liobagrus nantoensis Oshima, 1919 南投鉠 陆 台
Liobagrus nigricauda Regan, 1904 黑尾鉠 陆
Liobagrus obesus Son, Kim & Choo, 1987 牛头鉠
Liobagrus reinii Hilgendorf, 1878 日本鉠
Liobagrus styani Regan, 1908 司氏鉠 陆

Genus *Xiurenbagrus* Chen & Lundberg, 1995 修仁鉠属

Xiurenbagrus gigas Zhao, Lan & Zhang, 2004 巨修仁鉠 陆
Xiurenbagrus xiurenensis (Yue, 1981) 修仁鉠 陆

Family 136 Akysidae 粒鲇科

Genus *Acrochordonichthys* Bleeker, 1857 庞鲇属

Acrochordonichthys chamaeleon (Vaillant, 1902) 印度尼西亚庞鲇
Acrochordonichthys falcifer Ng & Ng, 2001 镰形庞鲇
Acrochordonichthys guttatus Ng & Ng, 2001 斑点庞鲇
Acrochordonichthys gyrinus Vidthayanon & Ng, 2003 蝌蚪庞鲇
Acrochordonichthys ischnosoma Bleeker, 1858 细体庞鲇
Acrochordonichthys mahakamensis Ng & Ng, 2001 婆罗洲庞鲇
Acrochordonichthys pachyderma Vaillant, 1902 厚身庞鲇
Acrochordonichthys rugosus (Bleeker, 1847) 皱纹庞鲇
Acrochordonichthys septentrionalis Ng & Ng, 2001 北方庞鲇
Acrochordonichthys strigosus Ng & Ng, 2001 瘦身庞鲇

Genus *Akysis* Bleeker, 1858 粒鲇属

Akysis brachybarbatus Chen, 1981 短须粒鲇 陆
Akysis clavulus Ng & Freyhof, 2003 长身粒鲇
Akysis clinatus Ng & Rainboth, 2005 柬埔寨粒鲇
Akysis ephippifer Ng & Kottelat, 1998 鞍斑粒鲇
Akysis fontaneus Ng, 2009 泉粒鲇
Akysis fuliginatus Ng & Rainboth, 2005 煤烟色粒鲇
Akysis galeatus Page, Rachmatika & Robins, 2007 盔粒鲇
Akysis hendricksoni Alfred, 1966 亨氏粒鲇
Akysis heterurus Ng, 1996 异尾粒鲇
Akysis longifilis Ng, 2006 长线粒鲇
Akysis maculipinnis Fowler, 1934 斑鳍粒鲇
Akysis manipurensis (Arunkumar, 2000) 印度粒鲇
Akysis microps Ng & Tan, 1999 小眼粒鲇
Akysis pictus Günther, 1883 花粒鲇
Akysis portellus Ng, 2009 栉粒鲇
Akysis prashadi Hora, 1936 普氏粒鲇
Akysis pulvinatus Ng, 2007 泰国隆粒鲇

Akysis recavus Ng & Kottelat, 1998 凹头粒鲇
Akysis scorteus Page, Hadiaty & López, 2007 革粒鲇
Akysis variegatus (Bleeker, 1846) 杂色粒鲇
Akysis varius Ng & Kottelat, 1998 变棘粒鲇
Akysis vespa Ng & Kottelat, 2004 蜂粒鲇
Akysis vespertinus Ng, 2008 蝙粒鲇

Genus *Breitensteinia* Steindachner, 1881 方尾鲇属

Breitensteinia cessator Ng & Siebert, 1998 懒方尾鲇
Breitensteinia hypselurus Ng & Seibert, 1998 婆罗洲方尾鲇
Breitensteinia insignis Steindachner, 1881 方尾鲇

Genus *Parakysis* Herre, 1940 副粒鲇属

Parakysis anomalopteryx Roberts, 1989 糙鳍副粒鲇
Parakysis grandis Ng & Lim, 1995 大副粒鲇
Parakysis hystriculus Ng, 2009 猬副粒鲇
Parakysis longirostris Ng & Lim, 1995 长吻副粒鲇
Parakysis notialis Ng & Kottelat, 2003 南方副粒鲇
Parakysis verrucosus Herre, 1940 疣副粒鲇

Genus *Pseudobagarius* Ferraris, 2007 拟鉝属

Pseudobagarius alfredi (Ng & Kottelat, 1998) 阿氏拟鉝
Pseudobagarius baramensis (Fowler, 1905) 巴拉望拟鉝
Pseudobagarius filifer (Ng & Rainboth, 2005) 细线拟鉝
Pseudobagarius fuscus (Ng & Kottelat, 1996) 纺锤拟鉝
Pseudobagarius hardmani (Ng & Sabaj, 2005) 哈氏拟鉝
Pseudobagarius inermis (Ng & Kottelat, 2000) 无刺拟鉝
Pseudobagarius leucorhynchus (Fowler, 1934) 白吻拟鉝
Pseudobagarius macronemus (Bleeker, 1860) 大纹拟鉝
Pseudobagarius meridionalis (Ng & Siebert, 2004) 南方拟鉝
Pseudobagarius nitidus (Ng & Rainboth, 2005) 光泽拟鉝
Pseudobagarius pseudobagarius (Roberts, 1989) 拟鉝
Pseudobagarius similis (Ng & Kottelat, 1998) 似拟鉝
Pseudobagarius sinensis (He, 1981) 中华拟鉝 陆
    syn. *Akysis sinensis* He , 1981 中华粒鲇
Pseudobagarius subtilis (Ng & Kottelat, 1998) 细身拟鉝

Family 137 Sisoridae 鮡科

Genus *Bagarius* Bleeker, 1853 鉝属

Bagarius bagarius (Hamilton, 1822) 鉝 陆
Bagarius rutilus Ng & Kottelat, 2000 老挝鉝
Bagarius suchus Roberts, 1983 暹罗鉝
Bagarius yarrelli (Sykes, 1839) 巨鉝 陆

Genus *Euchiloglanis* Regan, 1907 石爬鮡属

Euchiloglanis davidi (Sauvage, 1874) 青石爬鮡 陆
    syn. *Euchiloglanis kishinouyei* Kimura, 1934 黄石爬鮡

Genus *Exostoma* Blyth, 1860 鳃属

Exostoma barakensis Vishwanath & Joyshree, 2006 巴拉克鳃
Exostoma berdmorei Blyth, 1860 小孔鳃
Exostoma labiatum (McClelland, 1842) 藏鳃 陆
Exostoma stuarti (Hora, 1923) 斯氏鳃
Exostoma vinciguerrae Regan, 1905 印度鳃

Genus *Gagata* Bleeker, 1858 黑鮡属

Gagata cenia (Hamilton, 1822) 尾斑黑鮡 陆
Gagata dolichonema He, 1996 长丝黑鮡 陆
Gagata gagata (Hamilton, 1822) 短须黑鮡
Gagata gasawyuh Roberts & Ferraris, 1998 项带黑鮡
Gagata itchkeea (Sykes, 1839) 伊锡基黑鮡
Gagata melanopterus Roberts & Ferraris, 1998 乌鳍黑鮡
Gagata pakistanica Mirza, Parveen & Javed, 1999 巴基斯坦黑鮡
Gagata sexualis Tilak, 1970 丝鳍黑鮡
Gagata youssoufi Ataur Rahman, 1976 孟加拉国黑鮡

Genus *Glaridoglanis* Norman, 1925 凿齿鮡属

Glaridoglanis andersonii (Day, 1870) 安氏凿齿鮡 陆

Genus *Glyptosternon* McClelland, 1842 原鮡属

Glyptosternon akhtari Silas, 1952 阿富汗原鮡

Glyptosternon maculatum (Regan, 1905) 黑斑原鮡 陆

Glyptosternon malaisei Rendahl & Vestergren, 1941 马氏原鮡

Glyptosternon reticulatum McClelland, 1842 网纹原鮡 陆

Genus *Glyptothorax* Blyth, 1860 纹胸鮡属

Glyptothorax alaknandi Tilak, 1969 阿氏纹胸鮡

Glyptothorax annandalei Hora, 1923 墨脱纹胸鮡 陆

Glyptothorax armeniacus (Berg, 1918) 亚美尼亚纹胸鮡

Glyptothorax botius (Hamilton, 1822) 博特斯纹胸鮡

Glyptothorax brevipinnis Hora, 1923 短鳍纹胸鮡

Glyptothorax buchanani Smith, 1945 布坎南氏纹胸鮡

Glyptothorax burmanicus Prashad & Mukerji, 1929 缅甸纹胸鮡

Glyptothorax callopterus Smith, 1945 丽鳍纹胸鮡

Glyptothorax cavia (Hamilton, 1822) 穴形纹胸鮡 陆

Glyptothorax chimtuipuiensis Anganthoibi & Vishwanath, 2010 光刺纹胸鮡

Glyptothorax chindwinica Vishwanath & Linthoingambi, 2007 钦温纹胸鮡

Glyptothorax conirostris (Steindachner, 1867) 锥吻纹胸鮡

Glyptothorax coracinus Ng & Rainboth, 2008 大眼纹胸鮡

Glyptothorax cous (Linnaeus, 1766) 底格里斯河纹胸鮡

Glyptothorax davissinghi Manimekalan & Das, 1998 戴氏纹胸鮡

Glyptothorax deqinensis Mo & Chu, 1986 德钦纹胸鮡 陆

Glyptothorax dorsalis Vinciguerra, 1890 亮背纹胸鮡 陆

Glyptothorax exodon Ng & Rachmatika, 2005 外齿纹胸鮡

Glyptothorax filicatus Ng & Freyhof, 2008 柄带纹胸鮡

Glyptothorax fokiensis fokiensis (Rendahl, 1925) 福建纹胸鮡 陆

    syn. *Glyptothorax punctatum* Nichols, 1941 宽鳍纹胸鮡

Glyptothorax fokiensis hainanensis (Nichols & Pope , 1927) 海南纹胸鮡 陆

Glyptothorax fuscus Fowler, 1934 棕色纹胸鮡

Glyptothorax garhwali Tilak, 1969 加氏纹胸鮡

Glyptothorax gracilis (Günther, 1864) 细体纹胸鮡

Glyptothorax granulus Vishwanath & Linthoingambi, 2007 颗粒纹胸鮡

Glyptothorax honghensis Li, 1984 红河纹胸鮡 陆

Glyptothorax housei Herre, 1942 豪斯氏纹胸鮡

Glyptothorax indicus Talwar, 1991 印度纹胸鮡

Glyptothorax interspinalus (Mai, 1978) 间棘纹胸鮡 陆

Glyptothorax jalalensis Balon & Hensel, 1970 阿富汗纹胸鮡

Glyptothorax kashmirensis Hora, 1923 克什米尔纹胸鮡

Glyptothorax ketambe Ng & Hadiaty, 2009 克坦纹胸鮡

Glyptothorax kudremukhensis Gopi, 2007 库德雷穆克纹胸鮡

Glyptothorax kurdistanicus (Berg, 1931) 库尔德纹胸鮡

Glyptothorax lampris Fowler, 1934 丽纹胸鮡 陆

Glyptothorax laosensis Fowler, 1934 老挝纹胸鮡 陆

Glyptothorax lonah (Sykes, 1839) 路那纹胸鮡

Glyptothorax longicauda Li, 1984 长尾纹胸鮡 陆

Glyptothorax longjiangensis Mo & Chu, 1986 龙江纹胸鮡 陆

Glyptothorax macromaculatus Li, 1984 大斑纹胸鮡 陆

Glyptothorax madraspatanus (Day, 1873) 马德拉斯纹胸鮡

Glyptothorax major (Boulenger, 1894) 大纹胸鮡

Glyptothorax malabarensis Gopi, 2010 马拉巴纹胸鮡

Glyptothorax manipurensis Menon, 1955 曼尼普尔纹胸鮡

Glyptothorax minimaculatus Li, 1984 细斑纹胸鮡 陆

Glyptothorax minutus Hora, 1921 微体纹胸鮡

Glyptothorax naziri Mirza & Naik, 1969 内氏纹胸鮡

Glyptothorax nelsoni Ganguly, Datta & Sen, 1972 纳尔逊纹胸鮡

Glyptothorax ngapang Vishwanath & Linthoingambi, 2007 雅巴纹胸鮡

Glyptothorax nieuwenhuisi (Vaillant, 1902) 尼氏纹胸鮡

Glyptothorax obliquimaculatus Jiang, Chen & Yang, 2009 斜斑纹胸鮡 陆

Glyptothorax obscurus Li, 1984 暗色纹胸鮡 陆

Glyptothorax pallozonus (Lin, 1934) 白线纹胸鮡 陆

Glyptothorax panda Ferraris & Britz, 2005 波纹纹胸鮡

Glyptothorax pectinopterus (McClelland, 1842) 扇鳍纹胸鮡

Glyptothorax platypogon (Valenciennes, 1840) 扁须纹胸鮡

Glyptothorax platypogonides (Bleeker, 1855) 似扁须纹胸鮡

Glyptothorax plectilis Ng & Hadiaty, 2008 绞纹纹胸鮡

Glyptothorax poonaensis Hora, 1938 浦那纹胸鮡

Glyptothorax prashadi Mukerji, 1932 普氏纹胸鮡

Glyptothorax punjabensis Mirza & Kashmiri, 1971 旁遮普纹胸鮡

Glyptothorax quadriocellatus (Mai, 1978) 四斑纹胸鮡 陆

Glyptothorax rugimentum Ng & Kottelat, 2008 萨尔温江纹胸鮡

Glyptothorax saisii (Jenkins, 1910) 塞氏纹胸鮡

Glyptothorax schmidti (Volz, 1904) 施密特纹胸鮡

Glyptothorax siamensis Hora, 1923 暹罗纹胸鮡

Glyptothorax silviae Coad, 1981 西氏纹胸鮡

Glyptothorax sinensis (Regan, 1908) 中华纹胸鮡 陆

Glyptothorax steindachneri (Pietschmann, 1913) 斯氏纹胸鮡

Glyptothorax stocki Mirza & Nijssen, 1978 史氏纹胸鮡

Glyptothorax stolickae (Steindachner, 1867) 施氏纹胸鮡

Glyptothorax strabonis Ng & Freyhof, 2008 斯特拉波纹胸鮡

Glyptothorax striatus (McClelland, 1842) 条纹胸鮡

Glyptothorax sufii Asghar Bashir & Mirza, 1975 萨氏纹胸鮡

Glyptothorax sykesi (Day, 1873) 辛氏纹胸鮡

Glyptothorax telchitta (Hamilton, 1822) 特尔纹胸鮡

Glyptothorax tiong (Popta, 1904) 中纹胸鮡

Glyptothorax trewavasae Hora, 1938 屈氏纹胸鮡

Glyptothorax trilineatus Blyth, 1860 三线纹胸鮡 陆

Glyptothorax ventrolineatus Vishwanath & Linthoingambi, 2005 腹纹纹胸鮡

Glyptothorax zanaensis Wu, He & Chu, 1981 扎那纹胸鮡 陆

Glyptothorax zhujiangensis Lin, 2003 珠江纹胸鮡 陆

Genus *Gogangra* Roberts, 2001 戈冈鮡属

Gogangra laevis Ng, 2005 光滑戈冈鮡

Gogangra viridescens (Hamilton, 1822) 绿戈冈鮡

Genus *Myersglanis* Hora & Silas, 1952 迈氏鮡属

Myersglanis blythii (Day, 1870) 尼泊尔迈氏鮡

Myersglanis jayarami Vishwanath & Kosygin, 1999 杰亚迈氏鮡

Genus *Nangra* Day, 1877 南鮡属

Nangra assamensis Sen & Biswas, 1994 阿萨姆南鮡

Nangra bucculenta Roberts & Ferraris, 1998 丰颊南鮡

Nangra carcharhinoides Roberts & Ferraris, 1998 似尖吻南鮡

Nangra nangra (Hamilton, 1822) 南鮡

Nangra ornata Roberts & Ferraris, 1998 饰妆南鮡

Nangra robusta Mirza & Awan, 1973 壮体南鮡

Genus *Oreoglanis* Smith, 1933 异齿鳅属

Oreoglanis colurus Vidthayanon, Saenjundaeng & Ng, 2009 月尾异齿鳅

Oreoglanis delacouri (Pellegrin, 1936) 细尾异齿鳅 陆

Oreoglanis frenatus Ng & Rainboth, 2001 缰异齿鳅

Oreoglanis heteropogon Vidthayanon, Saenjundaeng & Ng, 2009 尖须异齿鳅

Oreoglanis hypsiurus Ng & Kottelat, 1999 高异齿鳅

Oreoglanis immaculatus Kong, Chen & Yang, 2007 无斑异齿鳅 陆

Oreoglanis infulatus Ng & Freyhof, 2001 带异齿鳅

Oreoglanis insignis Ng & Rainboth, 2001 伊洛瓦底江异齿鳅

Oreoglanis jingdongensis Kong, Chen & Yang, 2007 景东异齿鳅 陆

Oreoglanis laciniosus Vidthayanon, Saenjundaeng & Ng, 2009 凹尾异齿鳅

Oreoglanis lepturus Ng & Rainboth, 2001 短尾异齿鳅

Oreoglanis macronemus Ng, 2004 大丝异齿鳅

Oreoglanis macropterus (Vinciguerra, 1890) 大鳍异齿鳅 陆

Oreoglanis nakasathiani Vidthayanon, Saenjundaeng & Ng, 2009 纳氏异齿鳅

Oreoglanis setiger Ng & Rainboth, 2001 老挝异齿鳅

Oreoglanis siamensis Smith, 1933 暹罗异齿鳅

Oreoglanis sudarai Vidthayanon, Saenjundaeng & Ng, 2009 萨氏异齿鳅

Oreoglanis suraswadii Vidthayanon, Saenjundaeng & Ng, 2009 苏氏异齿鳅

Oreoglanis tenuicauda Vidthayanon, Saenjundaeng & Ng, 2009 窄尾异齿鳅

Oreoglanis vicinus Vidthayanon, Saenjundaeng & Ng, 2009 圆须异齿鳅

Genus *Parachiloglanis* Wu, He & Chu, 1981 平唇鳅属

Parachiloglanis hodgarti (Hora, 1923) 霍氏平唇鳅 陆

Genus *Pareuchiloglanis* Pellegrin, 1936 鳅属

Pareuchiloglanis abbreviatus Li, Zhou, Thomson, Zhang & Yang, 2007 短体鳅 陆

Pareuchiloglanis anteanalis Fang, Xu & Cui, 1984 前臀鳅 陆

Pareuchiloglanis feae (Vinciguerra, 1890) 短鳍鳅 陆

Pareuchiloglanis gongshanensis Chu, 1981 贡山鳅 陆

Pareuchiloglanis gracilicaudata (Wu & Chen, 1979) 细尾鳅 陆

Pareuchiloglanis kamengensis (Jayaram, 1966) 扁头鳅 陆

Pareuchiloglanis longicauda (Yue, 1981) 长尾鳅 陆

Pareuchiloglanis macropterus Ng, 2004 大鳍鳅

Pareuchiloglanis macrotrema (Norman, 1925) 大孔鳅 陆

Pareuchiloglanis myzostoma (Norman, 1923) 兰坪鳅 陆

Pareuchiloglanis nebulifer Ng & Kottelat, 2000 烟色鳅

Pareuchiloglanis poilanei Pellegrin, 1936 越南鳅

Pareuchiloglanis prolixdorsalis Li, Zhou, Thomson, Zhang & Yang, 2007 长背鳅 陆

Pareuchiloglanis rhabdurus Ng, 2004 条尾鳅

Pareuchiloglanis robustus Ding, Fu & Ye, 1991 壮鳅

Pareuchiloglanis sichuanensis Ding, Fu & Ye, 1991 四川鳅 陆

Pareuchiloglanis sinensis (Hora & Silas, 1952) 中华鳅 陆

Pareuchiloglanis songdaensis Nguyen & Nguyen, 2001 宋达鳅

Pareuchiloglanis songmaensis Nguyen & Nguyen, 2001 宋曼鳅

Pareuchiloglanis tianquanensis Ding & Fang, 1997 蒂氏鳅

Genus *Pseudecheneis* Blyth, 1860 褶鳅属

Pseudecheneis brachyurus Zhou, Li & Yang, 2008 粗尾褶鳅

Pseudecheneis crassicauda Ng & Edds, 2005 糙尾褶鳅

Pseudecheneis eddsi Ng, 2006 埃氏褶鳅

Pseudecheneis gracilis Zhou, Li & Yang, 2008 纤体褶鳅

Pseudecheneis immaculata Chu, 1982 无斑褶鳅 陆

Pseudecheneis koladynae Anganthoibi & Vishwanath, 2010 科氏褶鳅

Pseudecheneis longipectoralis Zhou, Li & Yang, 2008 长鳍褶鳅 陆

Pseudecheneis maurus Ng & Tan, 2007 暗褶鳅

Pseudecheneis paucipunctata Zhou, Li & Yang, 2008 少斑褶鳅 陆

Pseudecheneis paviei Vaillant, 1892 平吻褶鳅 陆

    syn. *Pseudecheneis intermedius* Chu, 1982 间褶鳅

Pseudecheneis serracula Ng & Edds, 2005 锯齿褶鳅

Pseudecheneis sirenica Vishwanath & Darshan, 2007 女神褶鳅

Pseudecheneis stenura Ng, 2006 窄尾褶鳅 陆

Pseudecheneis sulcata (McClelland, 1842) 黄斑褶鳅 陆

Pseudecheneis sulcatoides Zhou & Chu, 1992 似黄斑褶鳅 陆

Pseudecheneis suppaetula Ng, 2006 恒河褶鳅

Pseudecheneis sympelvica Roberts, 1998 盘褶鳅

Pseudecheneis tchangi (Hora, 1937) 张氏褶鳅 陆

Pseudecheneis ukhrulensis Vishwanath & Darshan, 2007 乌克鲁尔褶鳅

Genus *Pseudexostoma* Chu, 1979 拟鳠属

Pseudexostoma brachysoma Chu, 1979 短身拟鳠 陆

Pseudexostoma longipterus Zhou, Yang, Li & Li, 2007 长鳍拟鳠 陆

Pseudexostoma yunnanense (Tchang, 1935) 云南拟鳠 陆

Genus *Sisor* Hamilton, 1822 真鳅属

Sisor barakensis Vishwanath & Darshan, 2005 巴拉克真鳅

Sisor chennuah Ng & Lahkar, 2003 宽头真鳅

Sisor rabdophorus Hamilton, 1822 巴基斯坦真鳅

Sisor rheophilus Ng, 2003 河栖真鳅

Sisor torosus Ng, 2003 壮体真鳅

Family 138 Erethistidae 骨鳅科

Genus *Ayarnangra* Roberts, 2001 阿耶骨鳅属

Ayarnangra estuarius Roberts, 2001 三角洲阿耶骨鳅

Genus *Caelatoglanis* Ng & Kottelat, 2005 雕骨鳅属

Caelatoglanis zonatus Ng & Kottelat, 2005 雕骨鳅

Genus *Conta* Hora, 1950 短鳅属

Conta conta (Hamilton, 1822) 短鳅

Conta pectinata Ng, 2005 栉形短鳅

Genus *Erethistes* Müller & Troschel, 1849 骨鳅属

Erethistes horai (Misra, 1976) 霍氏骨鳅

Erethistes jerdoni (Day, 1870) 杰氏骨鳅

Erethistes maesotensis Kottelat, 1983 萨尔温江骨鳅

Erethistes pusillus Müller & Troschel, 1849 小骨鳅

Genus *Erethistoides* Hora, 1950 似骨鳅属

Erethistoides ascita Ng & Edds, 2005 斧似骨鳅

Erethistoides cavatura Ng & Edds, 2005 穴栖似骨鳅

Erethistoides infuscatus Ng, 2006 暗色似骨鳅

Erethistoides montana Hora, 1950 蒙大那似骨鳅

Erethistoides pipri Hora, 1950 皮氏似骨鳅

Erethistoides senkhiensis Tamang, Chaudhry & Choudhury, 2008 砾石似骨鳅

Erethistoides sicula Ng, 2005 印度似骨鳅

Genus *Hara* Blyth, 1860 兔鳅属

Hara hara (Hamilton, 1822) 真兔鳅

Hara koladynensis Anganthoibi & Vishwanath, 2009 科拉代河兔鳅

Hara longissima Ng & Kottelat, 2007 长鼻兔鳅

Hara mesembrina Ng & Kottelat, 2007 亚洲兔鳅

Hara minuscula Ng & Kottelat, 2007 微兔鳅

Hara spinulus Ng & Kottelat, 2007 大刺兔鳅

Genus *Pseudolaguvia* Misra, 1976 拟拉格鳅属

Pseudolaguvia ferruginea Ng, 2009 锈色拟拉格鳅

Pseudolaguvia ferula Ng, 2006 茴拟拉格鳅

Pseudolaguvia flavida Ng, 2009 黄色拟拉格鳅

Pseudolaguvia foveolata Ng, 2005 孟加拉国拟拉格鳅

Pseudolaguvia inornata Ng, 2005 丑拟拉格鳅

Pseudolaguvia kapuri (Tilak & Husain, 1975) 卡氏拟拉格鳅

Pseudolaguvia muricata Ng, 2005 短柄拟拉格鳅

Pseudolaguvia ribeiroi (Hora, 1921) 里氏拟拉格鳅

Pseudolaguvia shawi (Hora, 1921) 肃氏拟拉格鳅

Pseudolaguvia spicula Ng & Lalramliana, 2010 尖棘拟拉格鳅

Pseudolaguvia tenebricosa Britz & Ferraris, 2003 暗色拟拉格鳅

Pseudolaguvia tuberculata (Prashad & Mukerji, 1929) 瘤拟拉格鳅

Pseudolaguvia virgulata Ng & Lalramliana, 2010 条纹拟拉格鳅

Family 139 Aspredinidae 蝌蚪鲇科

Genus *Acanthobunocephalus* Friel, 1995 棘丘头鲇属

Acanthobunocephalus nicoi Friel, 1995 棘丘头鲇

Genus *Amaralia* Fowler, 1954 小渠鲇属

Amaralia hypsiura (Kner, 1855) 亚马孙河小渠鲇

Genus *Aspredinichthys* Bleeker, 1858 粗皮鲇属

Aspredinichthys filamentosus (Valenciennes, 1840) 丝鳍粗皮鲇

Aspredinichthys tibicen (Valenciennes, 1840) 巴西粗皮鲇

Genus *Aspredo* Swainson, 1838 蝌蚪鮕属

Aspredo aspredo (Linnaeus, 1758) 委内瑞拉蝌蚪鮕

Genus *Bunocephalus* Kner, 1855 丘头鮕属

Bunocephalus aleuropsis Cope, 1870 粉丘头鮕
Bunocephalus amaurus Eigenmann, 1912 暗色丘头鮕
Bunocephalus chamaizelus Eigenmann, 1912 缰丘头鮕
Bunocephalus colombianus Eigenmann, 1912 哥伦比亚丘头鮕
Bunocephalus coracoideus (Cope, 1874) 双色丘头鮕
Bunocephalus doriae Boulenger, 1902 多丽丘头鮕
Bunocephalus erondinae Cardoso, 2010 厄罗氏丘头鮕
Bunocephalus knerii Steindachner, 1882 尼氏丘头鮕
Bunocephalus larai Ihering, 1930 拉氏丘头鮕
Bunocephalus verrucosus (Walbaum, 1792) 多疣丘头鮕

Genus *Dupouyichthys* Schultz, 1944 杜布丘头鮕属

Dupouyichthys sapito Schultz, 1944 南美杜布丘头鮕

Genus *Ernstichthys* Fernández-Yépez, 1953 蕾蝌蚪鮕属

Ernstichthys anduzei Fernández-Yépez, 1953 蕾蝌蚪鮕
Ernstichthys intonsus Stewart, 1985 厄瓜多尔蕾蝌蚪鮕
Ernstichthys megistus (Orcés V., 1961) 巨蕾蝌蚪鮕

Genus *Hoplomyzon* Myers, 1942 棘鳗鮕属

Hoplomyzon atrizona Myers, 1942 腹带棘鳗鮕
Hoplomyzon papillatus Stewart, 1985 乳突棘鳗鮕
Hoplomyzon sexpapilostoma Taphorn & Marrero, 1990 南美棘鳗鮕

Genus *Micromyzon* Friel & Lundberg, 1996 小吸盘鮕属

Micromyzon akamai Friel & Lundberg, 1996 亚马孙河小吸盘鮕

Genus *Platystacus* Klein, 1779 扁蝌鮕属

Platystacus cotylephorus Bloch, 1794 委内瑞拉扁蝌鮕

Genus *Pseudobunocephalus* Friel, 2008 拟丘头鮕属

Pseudobunocephalus amazonicus (Mees, 1989) 亚马孙河拟丘头鮕
Pseudobunocephalus bifidus (Eigenmann, 1942) 双裂拟丘头鮕
Pseudobunocephalus iheringii (Boulenger, 1891) 伊氏拟丘头鮕
Pseudobunocephalus lundbergi Friel, 2008 伦氏拟丘头鮕
Pseudobunocephalus quadriradiatus (Mees, 1989) 四辐拟丘头鮕
Pseudobunocephalus rugosus (Eigenmann & Kennedy, 1903) 皱纹拟丘头鮕

Genus *Pterobunocephalus* Fowler, 1943 翼丘头鮕属

Pterobunocephalus depressus (Haseman, 1911) 扁翼丘头鮕
Pterobunocephalus dolichurus (Delsman, 1941) 长尾翼丘头鮕

Genus *Xyliphius* Eigenmann, 1912 喜泳鮕属

Xyliphius anachoretes Figueiredo & Britto, 2010 银光喜泳鮕
Xyliphius barbatus Alonzo de Arámburu & Arámburu, 1962 髭喜泳鮕
Xyliphius kryptos Taphorn & Lilystrom, 1983 宽头喜泳鮕
Xyliphius lepturus Orcés V., 1962 小尾喜泳鮕
Xyliphius lombarderoi Risso & Risso, 1964 南美喜泳鮕
Xyliphius magdalenae Eigenmann, 1912 马加达河喜泳鮕
Xyliphius melanopterus Orcés V., 1962 黑鳍喜泳鮕

Family 140 Pseudopimelodidae 拟油鮕科

Genus *Batrochoglanis* Gill, 1858 蟾鮕属

Batrochoglanis acanthochiroides (Güntert, 1942) 拟刺蟾鮕
Batrochoglanis melanurus Shibatta & Pavanelli, 2005 黑尾蟾鮕
Batrochoglanis raninus (Valenciennes, 1840) 亚马孙河蟾鮕
Batrochoglanis transmontanus (Regan, 1913) 山蟾鮕
Batrochoglanis villosus (Eigenmann, 1912) 毛蟾鮕

Genus *Cephalosilurus* Haseman, 1911 头鮕属

Cephalosilurus albomarginatus (Eigenmann, 1912) 白缘头鮕
Cephalosilurus apurensis (Mees, 1978) 阿普雷河头鮕
Cephalosilurus fowleri Haseman, 1911 福氏头鮕
Cephalosilurus nigricaudus (Mees, 1974) 黑尾头鮕

Genus *Cruciglanis* Ortega-Lara & Lehmann A., 2006 十字架鮕属

Cruciglanis pacifici Ortega-Lara & Lehmann A., 2006 太平洋十字架鮕

Genus *Lophiosilurus* Steindachner, 1876 冠鮕属

Lophiosilurus alexandri Steindachner, 1876 阿氏冠鮕

Genus *Microglanis* Eigenmann, 1912 多彩鮕属

Microglanis ater Ahl, 1936 黑身多彩鮕
Microglanis carlae Alcaraz, da Graça & Shibatta, 2008 卡拉多彩鮕
Microglanis cibelae Malabarba & Mahler, 1998 西比多彩鮕
Microglanis cottoides (Boulenger, 1891) 杜父多彩鮕
Microglanis eurystoma Malabarba & Mahler, 1998 宽口多彩鮕
Microglanis garavelloi Shibatta & Benine, 2005 加氏多彩鮕
Microglanis iheringi Gomes, 1946 伊氏多彩鮕
Microglanis leptostriatus Mori & Shibatta, 2006 细条多彩鮕
Microglanis malabarbai Bertaco & Cardoso, 2005 马氏多彩鮕
Microglanis nigripinnis Bizerril & Perez-Neto, 1992 黑鳍多彩鮕
Microglanis parahybae (Steindachner, 1880) 巴西多彩鮕
Microglanis pataxo Sarmento-Soares, Martins-Pinheiro, Aranda & Chamon, 2006 脂斑多彩鮕
Microglanis pellopterygius Mees, 1978 暗鳍多彩鮕
Microglanis poecilus Eigenmann, 1912 多彩鮕
Microglanis robustus Ruiz & Shibatta, 2010 壮身多彩鮕
Microglanis secundus Mees, 1974 次多彩鮕
Microglanis variegatus Eigenmann & Henn, 1914 杂色多彩鮕
Microglanis zonatus Eigenmann & Allen, 1942 条纹多彩鮕

Genus *Pseudopimelodus* Bleeker, 1858 拟油鮕属

Pseudopimelodus bufonius (Valenciennes, 1840) 蟾拟油鮕
Pseudopimelodus charus (Valenciennes, 1840) 巴西拟油鮕
Pseudopimelodus mangurus (Valenciennes, 1835) 芒拟油鮕
Pseudopimelodus pulcher (Boulenger, 1887) 美拟油鮕
Pseudopimelodus schultzi (Dahl, 1955) 施氏拟油鮕

Family 141 Heptapteridae 鼬鮕科

Genus *Acentronichthys* Eigenmann & Eigenmann, 1889 细棘鮕属

Acentronichthys leptos Eigenmann & Eigenmann, 1889 巴西细棘鮕

Genus *Brachyglanis* Eigenmann, 1912 短油鮕属

Brachyglanis frenatus Eigenmann, 1912 缰短油鮕
Brachyglanis magoi Fernández-Yépez, 1967 麦氏短油鮕
Brachyglanis melas Eigenmann, 1912 黑短油鮕
Brachyglanis microphthalmus Bizerril, 1991 小眼短油鮕
Brachyglanis nocturnus Myers, 1928 巴西短油鮕
Brachyglanis phalacra Eigenmann, 1912 秃短油鮕

Genus *Brachyrhamdia* Myers, 1927 短枝鮕属

Brachyrhamdia heteropleura (Eigenmann, 1912) 异腹短枝鮕
Brachyrhamdia imitator Myers, 1927 仿短枝鮕
Brachyrhamdia marthae Sands & Black, 1985 马撒短枝鮕
Brachyrhamdia meesi Sands & Black, 1985 米斯短枝鮕
Brachyrhamdia rambarrani (Axelrod & Burgess, 1987) 拉氏短枝鮕

Genus *Cetopsorhamdia* Eigenmann & Fisher, 1916 鲸油鮕属

Cetopsorhamdia boquillae Eigenmann, 1922 博奎尔鲸油鮕
Cetopsorhamdia filamentosa Fowler, 1945 丝条鲸油鮕
Cetopsorhamdia iheringi Schubart & Gomes, 1959 伊氏鲸油鮕
Cetopsorhamdia insidiosa (Steindachner, 1915) 巴西鲸油鮕
Cetopsorhamdia molinae Miles, 1943 莫氏鲸油鮕
Cetopsorhamdia nasus Eigenmann & Fisher, 1916 大鼻鲸油鮕
Cetopsorhamdia orinoco Schultz, 1944 高山鲸油鮕
Cetopsorhamdia phantasia Stewart, 1985 华秀鲸油鮕
Cetopsorhamdia picklei Schultz, 1944 皮克尔氏鲸油鮕

Genus *Chasmocranus* Eigenmann, 1912 宽盔鮕属

Chasmocranus brachynemus Gomes & Schubart, 1958 短线宽盔鮕

Chasmocranus brevior Eigenmann, 1912 短身宽盔鲀

Chasmocranus chimantanus Inger, 1956 委内瑞拉宽盔鲀

Chasmocranus longior Eigenmann, 1912 长体宽盔鲀

Chasmocranus lopezi Miranda Ribeiro, 1968 洛氏宽盔鲀

Chasmocranus peruanus Eigenmann & Pearson, 1942 秘鲁宽盔鲀

Chasmocranus quadrizonatus Pearson, 1937 四带宽盔鲀

Chasmocranus rosae Eigenmann, 1922 玫瑰宽盔鲀

Chasmocranus surinamensis (Bleeker, 1862) 苏里南宽盔鲀

Chasmocranus truncatorostris Borodin, 1927 截吻宽盔鲀

Genus *Gladioglanis* Ferraris & Mago-Leccia, 1989 剑鳍鲀属

Gladioglanis anacanthus Rocha, de Oliveira & Rapp Py-Daniel, 2008 多椎剑鳍鲀

Gladioglanis conquistador Lundberg, Bornbusch & Mago-Leccia, 1991 南美剑鳍鲀

Gladioglanis machadoi Ferraris & Mago-Leccia, 1989 马氏剑鳍鲀

Genus *Goeldiella* Eigenmann & Norris, 1900 戈迪拉鲀属

Goeldiella eques (Müller & Troschel, 1849) 戈迪拉鲀

Genus *Heptapterus* Bleeker, 1858 鼬鲀属

Heptapterus bleekeri Boeseman, 1953 布氏鼬鲀

Heptapterus fissipinnis Miranda Ribeiro, 1911 裂鳍鼬鲀

Heptapterus multiradiatus Ihering, 1907 多辐鼬鲀

Heptapterus mustelinus (Valenciennes, 1835) 巴西鼬鲀

Heptapterus ornaticeps Ahl, 1936 饰头鼬鲀

Heptapterus stewarti Haseman, 1911 斯氏鼬鲀

Heptapterus sympterygium Buckup, 1988 合鳍鼬鲀

Heptapterus tapanahoniensis Mees, 1967 苏里南鼬鲀

Heptapterus tenuis Mees, 1986 薄鼬鲀

Genus *Horiomyzon* Stewart, 1986 缘鳍鲀属

Horiomyzon retropinnatus Stewart, 1986 亚马孙河缘鳍鲀

Genus *Imparfinis* Eigenmann & Norris, 1900 羽油鲀属

Imparfinis borodini Mees & Cala, 1989 博氏羽油鲀

Imparfinis cochabambae (Fowler, 1940) 南美羽油鲀

Imparfinis guttatus (Pearson, 1924) 斑羽油鲀

Imparfinis hasemani Steindachner, 1915 哈氏羽油鲀

Imparfinis hollandi Haseman, 1911 何氏羽油鲀

Imparfinis lineatus (Bussing, 1970) 线羽油鲀

Imparfinis longicaudus (Boulenger, 1887) 长尾羽油鲀

Imparfinis microps Eigenmann & Fisher, 1916 小眼羽油鲀

Imparfinis minutus (Lütken, 1874) 微羽油鲀

Imparfinis mirini Haseman, 1911 米氏羽油鲀

Imparfinis mishky Almirón, Casciotta, Bechara, Ruíz Díaz, Bruno, D'Ambrosio, Solimano & Soneira, 2007 阿根廷羽油鲀

Imparfinis nemacheir (Eigenmann & Fisher, 1916) 线手羽油鲀

Imparfinis parvus (Boulenger, 1898) 小羽油鲀

Imparfinis pijpersi (Hoedeman, 1961) 皮氏羽油鲀

Imparfinis piperatus Eigenmann & Norris, 1900 胡椒羽油鲀

Imparfinis pristos Mees & Cala, 1989 锯刺羽油鲀

Imparfinis pseudonemacheir Mees & Cala, 1989 拟鳅羽油鲀

Imparfinis schubarti (Gomes, 1956) 舒氏羽油鲀

Imparfinis spurrellii (Regan, 1913) 斯氏羽油鲀

Imparfinis stictonotus (Fowler, 1940) 背斑羽油鲀

Genus *Leptorhamdia* Eigenmann, 1918 细盔鲀属

Leptorhamdia essequibensis (Eigenmann, 1912) 南美细盔鲀

Leptorhamdia marmorata Myers, 1928 斑细盔鲀

Leptorhamdia schultzi (Miranda Ribeiro, 1964) 沙氏细盔鲀

Genus *Mastiglanis* Bockmann, 1994 鞭鲀属

Mastiglanis asopos Bockmann, 1994 河神鞭鲀

Genus *Myoglanis* Eigenmann, 1912 鼠油鲀属

Myoglanis aspredinoides Donascimiento & Lundberg, 2005 长体鼠油鲀

Myoglanis koepckei Chang, 1999 凯氏鼠油鲀

Myoglanis potaroensis Eigenmann, 1912 南美鼠油鲀

Genus *Nannoglanis* Boulenger, 1887 矮鼬鲀属

Nannoglanis fasciatus Boulenger, 1887 条纹矮鼬鲀

Genus *Nemuroglanis* Eigenmann & Eigenmann, 1889 线油鲀属

Nemuroglanis lanceolatus Eigenmann & Eigenmann, 1889 尖头线油鲀

Nemuroglanis mariai (Schultz, 1944) 马氏线油鲀

Nemuroglanis panamensis (Bussing, 1970) 巴拿马线油鲀

Nemuroglanis pauciradiatus Ferraris, 1988 少辐线油鲀

Genus *Pariolius* Cope, 1872 环鼬鲀属

Pariolius armillatus Cope, 1872 环鼬鲀

Genus *Phenacorhamdia* Dahl, 1961 准鼬鲀属

Phenacorhamdia anisura (Mees, 1987) 委内瑞拉准鼬鲀

Phenacorhamdia boliviana (Pearson, 1924) 玻利维亚准鼬鲀

Phenacorhamdia hoehnei (Miranda Ribeiro, 1914) 霍氏准鼬鲀

Phenacorhamdia macarenensis Dahl, 1961 马卡伦准鼬鲀

Phenacorhamdia nigrolineata Zarske, 1998 黑线准鼬鲀

Phenacorhamdia provenzanoi Do Nascimiento & Milani, 2008 普氏准鼬鲀

Phenacorhamdia somnians (Mees, 1974) 梦准鼬鲀

Phenacorhamdia taphorni Do Nascimiento & Milani, 2008 塔氏准鼬鲀

Phenacorhamdia tenebrosa (Schubart, 1964) 暗色准鼬鲀

Phenacorhamdia unifasciata Britski, 1993 单纹准鼬鲀

Genus *Phreatobius* Goeldi, 1905 沟油鲀属

Phreatobius cisternarum Goeldi, 1905 南美沟油鲀

Phreatobius dracunculus Shibatta, Muriel-Cunha & De Pinna, 2007 大龙沟油鲀

Phreatobius sanguijuela Fernandez, Saucedo, Carvajal-Vallejos & Schaefer, 2007 秀美沟油鲀

Genus *Pimelodella* Eigenmann & Eigenmann, 1888 小油鲀属

Pimelodella altipinnis (Steindachner, 1864) 高鳍小油鲀

Pimelodella australis Eigenmann, 1917 澳洲小油鲀

Pimelodella avanhandavae Eigenmann, 1917 艾氏小油鲀

Pimelodella boliviana Eigenmann, 1917 玻利维亚小油鲀

Pimelodella boschmai Van der Stigchel, 1964 博氏小油鲀

Pimelodella brasiliensis (Steindachner, 1877) 巴西小油鲀

Pimelodella breviceps (Kner, 1858) 短头小油鲀

Pimelodella buckleyi (Boulenger, 1887) 巴氏小油鲀

Pimelodella chagresi (Steindachner, 1877) 查氏小油鲀

Pimelodella chaparae Fowler, 1940 蔡氏小油鲀

Pimelodella conquetaensis Ahl, 1925 科圭达小油鲀

Pimelodella cristata (Müller & Troschel, 1849) 小油鲀

Pimelodella cruxenti Fernández-Yépez, 1950 克劳氏小油鲀

Pimelodella cyanostigma (Cope, 1870) 蓝点小油鲀

Pimelodella dorseyi Fowler, 1941 多氏小油鲀

Pimelodella eigenmanni (Boulenger, 1891) 埃格小油鲀

Pimelodella eigenmanniorum (Miranda Ribeiro, 1911) 埃氏油鲀

Pimelodella elongata (Günther, 1860) 长身小油鲀

Pimelodella enochi Fowler, 1941 伊氏小油鲀

Pimelodella eutaenia Regan, 1913 真纹小油鲀

Pimelodella figueroai Dahl, 1961 菲氏小油鲀

Pimelodella geryi Hoedeman, 1961 格里氏小油鲀

Pimelodella gracilis (Valenciennes, 1835) 细小油鲀

Pimelodella griffini Eigenmann, 1917 格里芬小油鲀

Pimelodella grisea (Regan, 1903) 格赖斯小油鲀

Pimelodella harttii (Steindachner, 1877) 哈特小油鲀

Pimelodella hartwelli Fowler, 1940 哈特韦小油鲀

Pimelodella hasemani Eigenmann, 1917 哈斯曼小油鲀

Pimelodella howesi Fowler, 1940 豪斯小油鲀

Pimelodella ignobilis (Steindachner, 1907) 山栖小油鲀

Pimelodella itapicuruensis Eigenmann, 1917 贪婪小油鲇

Pimelodella kronei (Miranda Ribeiro, 1907) 克路氏小油鲇

Pimelodella lateristriga (Lichtenstein, 1823) 侧带小油鲇

Pimelodella laticeps Eigenmann, 1917 侧头小油鲇

Pimelodella laurenti Fowler, 1941 劳伦特小油鲇

Pimelodella leptosoma (Fowler, 1914) 细身小油鲇

Pimelodella linami Schultz, 1944 林氏小油鲇

Pimelodella longipinnis (Borodin, 1927) 长鳍小油鲇

Pimelodella macrocephala (Miles, 1943) 大头小油鲇

Pimelodella macturki Eigenmann, 1912 麦氏小油鲇

Pimelodella martinezi Fernández-Yépes, 1970 马氏小油鲇

Pimelodella meeki Eigenmann, 1910 米克氏小油鲇

Pimelodella megalops Eigenmann, 1912 大眼小油鲇

Pimelodella megalura Miranda Ribeiro, 1918 大尾小油鲇

Pimelodella metae Eigenmann, 1917 米塔氏小油鲇

Pimelodella modestus (Günther, 1860) 静小油鲇

Pimelodella montana Allen, 1942 蒙大那小油鲇

Pimelodella mucosa Eigenmann & Ward, 1907 黏小油鲇

Pimelodella nigrofasciata (Perugia, 1897) 黑带小油鲇

Pimelodella notomelas Eigenmann, 1917 黑背小油鲇

Pimelodella odynea Schultz, 1944 毒刺小油鲇

Pimelodella ophthalmica (Cope, 1878) 杏眼小油鲇

Pimelodella pallida Dahl, 1961 苍白小油鲇

Pimelodella papariae (Fowler, 1941) 佩帕小油鲇

Pimelodella pappenheimi Ahl, 1925 佩氏小油鲇

Pimelodella parnahybae Fowler, 1941 帕氏小油鲇

Pimelodella parva Güntert, 1942 微小油鲇

Pimelodella pectinifer Eigenmann & Eigenmann, 1888 梳小油鲇

Pimelodella peruana Eigenmann & Myers, 1942 秘鲁小油鲇

Pimelodella peruensis Fowler, 1915 亚马孙小油鲇

Pimelodella procera Mees, 1983 高体小油鲇

Pimelodella rendahli Ahl, 1925 伦氏小油鲇

Pimelodella reyesi Dahl, 1964 雷氏小油鲇

Pimelodella robinsoni (Fowler, 1941) 罗宾逊小油鲇

Pimelodella roccae Eigenmann, 1917 罗科小油鲇

Pimelodella rudolphi Miranda Ribeiro, 1918 鲁氏小油鲇

Pimelodella serrata Eigenmann, 1917 锯小油鲇

Pimelodella spelaea Trajano, Reis & Bichuette, 2004 斯佩小油鲇

Pimelodella steindachneri Eigenmann, 1917 斯氏小油鲇

Pimelodella taeniophora (Regan, 1903) 喜斗小油鲇

Pimelodella taenioptera Miranda Ribeiro, 1914 纹鳍小油鲇

Pimelodella tapatapae Eigenmann, 1920 塔氏小油鲇

Pimelodella transitoria Miranda Ribeiro, 1907 麦穗小油鲇

Pimelodella vittata (Lütken, 1874) 饰带小油鲇

Pimelodella wesselii (Steindachner, 1877) 韦氏小油鲇

Pimelodella witmeri Fowler, 1941 威氏小油鲇

Pimelodella wolfi (Fowler, 1941) 沃尔夫小油鲇

Pimelodella yuncensis Steindachner, 1902 尤桑小油鲇

Genus *Rhamdella* Eigenmann & Eigenmann, 1888 小雷氏鲇属

Rhamdella aymarae Miquelarena & Menni, 1999 艾马小雷氏鲇

Rhamdella cainguae Bockmann & Miquelarena, 2008 凯氏小雷氏鲇

Rhamdella eriarcha (Eigenmann & Eigenmann, 1888) 埃里小雷氏鲇

Rhamdella exsudans (Jenyns, 1842) 大头小雷氏鲇

Rhamdella jenynsii (Günther, 1864) 詹尼小雷氏鲇

Rhamdella longiuscula Lucena & da Silva, 1991 巴西小雷氏鲇

Rhamdella montana Eigenmann, 1913 高山小雷氏鲇

Rhamdella rusbyi Pearson, 1924 鲁斯伯小雷氏鲇

Genus *Rhamdia* Bleeker, 1858 雷氏鲇属

Rhamdia argentina (Humboldt, 1821) 银色雷氏鲇

Rhamdia enfurnada Bichuette & Trajano, 2005 喜荫雷氏鲇

Rhamdia foina (Müller & Troschel, 1849) 鼬雷氏鲇

Rhamdia guasarensis Do Nascimiento, Provenzano & Lundberg, 2004 瓜萨雷氏鲇

Rhamdia humilis (Günther, 1864) 矮雷氏鲇

Rhamdia itacaiunas Silfvergrip, 1996 亚马孙河雷氏鲇

Rhamdia jequitinhonha Silfvergrip, 1996 巴西雷氏鲇

Rhamdia laluchensis Weber, Allegrucci & Sbordoni, 2003 宽头雷氏鲇

Rhamdia laticauda (Kner, 1858) 偏尾雷氏鲇

Rhamdia laukidi Bleeker, 1858 劳基雷氏鲇

Rhamdia macuspanensis Weber & Wilkens, 1998 墨西哥雷氏鲇

Rhamdia muelleri (Günther, 1864) 米勒雷氏鲇

Rhamdia nicaraguensis (Günther, 1864) 尼加拉瓜雷氏鲇

Rhamdia parryi Eigenmann & Eigenmann, 1888 帕里雷氏鲇

Rhamdia poeyi Eigenmann & Eigenmann, 1888 波耶雷氏鲇

Rhamdia quelen (Quoy & Gaimard, 1824) 克林雷氏鲇

Rhamdia reddelli Miller, 1984 短须雷氏鲇

Rhamdia schomburgkii Bleeker, 1858 舒伯格雷氏鲇

Rhamdia velifer (Humboldt, 1821) 宝贝雷氏鲇

Rhamdia xetequepeque Silfvergrip, 1996 秘鲁雷氏鲇

Rhamdia zongolicensis Wilkens, 1993 宗哥雷氏鲇

Genus *Rhamdioglanis* Ihering, 1907 拉迪奥鲇属

Rhamdioglanis frenatus Ihering, 1907 巴西拉迪奥鲇

Rhamdioglanis transfasciatus Miranda Ribeiro, 1908 横带拉迪奥鲇

Genus *Rhamdiopsis* Haseman, 1911 雷迪油鲇属

Rhamdiopsis microcephala (Lütken, 1874) 小头雷迪油鲇

Rhamdiopsis moreirai Haseman, 1911 莫氏雷迪油鲇

Genus *Taunayia* Miranda Ribeiro, 1918 巴西项鲇属

Taunayia bifasciata (Eigenmann & Norris, 1900) 双带巴西项鲇

Family 142 Cranoglanididae 长臀鮠科

Genus *Cranoglanis* Peters, 1881 长臀鮠属

Cranoglanis bouderius (Richardson, 1846) 中国长臀鮠 陆

Cranoglanis henrici (Vaillant, 1893) 亨氏长臀鮠

Cranoglanis multiradiatus (Koller, 1926) 海南长臀鮠 陆

Family 143 Ictaluridae 鮰科

Genus *Ameiurus* Rafinesque, 1820 鮰属

Ameiurus brunneus Jordan, 1877 棕鮰

Ameiurus catus (Linnaeus, 1758) 犀目鮰

Ameiurus melas (Rafinesque, 1820) 黑鮰

Ameiurus natalis (Lesueur, 1819) 北美鮰

Ameiurus nebulosus (Lesueur, 1819) 云斑鮰 引

    syn. *Ictalurus nebulosus* (Lesueur, 1819) 云斑真鮰

Ameiurus platycephalus (Girard, 1859) 平头鮰

Ameiurus serracanthus (Yerger & Relyea, 1968) 锯棘鮰

Genus *Ictalurus* Rafinesque, 1820 真鮰属

Ictalurus australis (Meek, 1904) 澳洲真鮰

Ictalurus balsanus (Jordan & Snyder, 1899) 香真鮰

Ictalurus dugesii (Bean, 1880) 达氏真鮰

Ictalurus furcatus (Valenciennes, 1840) 长鳍真鮰(长鳍叉尾鮰) 引

Ictalurus lupus (Girard, 1858) 狼真鮰

Ictalurus mexicanus (Meek, 1904) 墨西哥真鮰

Ictalurus ochoterenai (de Buen, 1946) 奥氏真鮰

Ictalurus pricei (Rutter, 1896) 普氏真鮰

Ictalurus punctatus (Rafinesque, 1818) 斑真鮰(斑点叉尾鮰) 引

Genus *Noturus* Rafinesque, 1818 石鮰属

Noturus albater Taylor, 1969 白石鮰

Noturus baileyi Taylor, 1969 贝氏石鮰

Noturus crypticus Burr, Eisenhour & Grady, 2005 隐栖石鮰

Noturus elegans Taylor, 1969 美石鮰

Noturus eleutherus Jordan, 1877 山石鮰

Noturus exilis Nelson, 1876 细石鮰

Noturus fasciatus Burr, Eisenhour & Grady, 2005 条纹石鮰

Noturus flavater Taylor, 1969 格纹石鮰

Noturus flavipinnis Taylor, 1969 黄鳍石鮰

Noturus flavus Rafinesque, 1818 黄石鮰

Noturus funebris Gilbert & Swain, 1891 黑石鮰

Noturus furiosus Jordan & Meek, 1889 卡罗利纳石鮰

Noturus gilberti Jordan & Evermann, 1889 吉氏石鮰

Noturus gladiator Thomas & Burr, 2004 剑状石鮰

Noturus gyrinus (Mitchill, 1817) 蝌蚪石鮰

Noturus hildebrandi hildebrandi (Bailey & Taylor, 1950) 希氏石鮰

Noturus hildebrandi lautus Taylor, 1969 华丽希氏石鮰

Noturus insignis (Richardson, 1836) 镶边石鮰

Noturus lachneri Taylor, 1969 莱氏石鮰

Noturus leptacanthus Jordan, 1877 小刺石鮰

Noturus maydeni Egge, 2006 梅氏石鮰

Noturus miurus Jordan, 1877 斑纹石鮰

Noturus munitus Suttkus & Taylor, 1965 小石鮰

Noturus nocturnus Jordan & Gilbert, 1886 夜石鮰

Noturus phaeus Taylor, 1969 暗色石鮰

Noturus placidus Taylor, 1969 柔石鮰

Noturus stanauli Etnier & Jenkins, 1980 斯氏石鮰

Noturus stigmosus Taylor, 1969 密点石鮰

Noturus taylori Douglas, 1972 泰氏石鮰

Noturus trautmani Taylor, 1969 特氏石鮰

Genus *Prietella* Carranza, 1954 盲鮰属

Prietella lundbergi Walsh & Gilbert, 1995 伦氏盲鮰

Prietella phreatophila Carranza, 1954 墨西哥盲鮰

Genus *Pylodictis* Rafinesque, 1819 铲鮰属

Pylodictis olivaris (Rafinesque, 1818) 铲鮰

Genus *Satan* Hubbs & Bailey, 1947 撒旦鮰属

Satan eurystomus Hubbs & Bailey, 1947 宽口撒旦鮰

Genus *Trogloglanis* Eigenmann, 1919 洞鮰属

Trogloglanis pattersoni Eigenmann, 1919 北美洞鮰

Family 144 Mochokidae 双背鳍鲿科

Genus *Acanthocleithron* Nichols & Griscom, 1917 棘双鳍鲿属

Acanthocleithron chapini Nichols & Griscom, 1917 蔡氏棘双鳍鲿

Genus *Ancharius* Steindachner, 1880 准海鲇属

Ancharius fuscus Steindachner, 1880 灰暗准海鲇

Ancharius griseus Ng & Sparks, 2005 暗灰准海鲇

Genus *Atopochilus* Sauvage, 1879 异唇鲿属

Atopochilus chabanaudi Pellegrin, 1938 查氏异唇鲿

Atopochilus christyi Boulenger, 1920 刚果异唇鲿

Atopochilus macrocephalus Boulenger, 1906 大头异唇鲿

Atopochilus mandevillei Poll, 1959 曼氏异唇鲿

Atopochilus pachychilus Pellegrin, 1924 厚唇异唇鲿

Atopochilus savorgnani Sauvage, 1879 萨氏异唇鲿

Atopochilus vogti Pellegrin, 1922 坦桑尼亚异唇鲿

Genus *Atopodontus* Friel & Vigliotta, 2008 异牙鲿属

Atopodontus adriaensi Friel & Vigliotta, 2008 安氏异牙鲿

Genus *Chiloglanis* Peters, 1868 盘唇鲿属

Chiloglanis angolensis Poll, 1967 安戈尔盘唇鲿

Chiloglanis anoterus Crass, 1960 旗尾盘唇鲿

Chiloglanis asymetricaudalis De Vos, 1993 异尾盘唇鲿

Chiloglanis batesii Boulenger, 1904 贝氏盘唇鲿

Chiloglanis benuensis Daget & Stauch, 1963 贝努埃盘唇鲿

Chiloglanis bifurcus Jubb & Le Roux, 1969 双叉盘唇鲿

Chiloglanis brevibarbis Boulenger, 1902 短须盘唇鲿

Chiloglanis cameronensis Boulenger, 1904 喀麦隆盘唇鲿

Chiloglanis carnosus Roberts & Stewart, 1976 卡莫盘唇鲿

Chiloglanis congicus Boulenger, 1920 刚果盘唇鲿

Chiloglanis deckenii Peters, 1868 狄肯盘唇鲿

Chiloglanis disneyi Trewavas, 1974 迪氏盘唇鲿

Chiloglanis elisabethianus Boulenger, 1915 伊丽沙盘唇鲿

Chiloglanis emarginatus Jubb & Le Roux, 1969 吸口盘唇鲿

Chiloglanis fasciatus Pellegrin, 1936 条纹盘唇鳍

Chiloglanis harbinger Roberts, 1989 砂盘唇鲿

Chiloglanis kalambo Seegers, 1996 卡兰布盘唇鲿

Chiloglanis lamottei Daget, 1948 拉莫盘唇鲿

Chiloglanis lufirae Poll, 1976 勒非盘唇鲿

Chiloglanis lukugae Poll, 1944 卢库盘唇鲿

Chiloglanis macropterus Poll & Stewart, 1975 大鳍盘唇鲿

Chiloglanis marlieri Poll, 1952 马氏盘唇鲿

Chiloglanis mbozi Seegers, 1996 鲍氏盘唇鲿

Chiloglanis microps Matthes, 1965 小眼盘唇鲿

Chiloglanis modjensis Boulenger, 1904 莫佐盘唇鲿

Chiloglanis neumanni Boulenger, 1911 棘背盘唇鳍

Chiloglanis niger Roberts, 1989 灰黑盘唇鲿

Chiloglanis niloticus Boulenger, 1900 尼罗盘唇鲿

Chiloglanis normani Pellegrin, 1933 诺门氏盘唇鲿

Chiloglanis occidentalis Pellegrin, 1933 西方盘唇鲿

Chiloglanis paratus Crass, 1960 锯鳍盘唇鲿

Chiloglanis pojeri Poll, 1944 波氏盘唇鲿

Chiloglanis polyodon Norman, 1932 多齿盘唇鲿

Chiloglanis polypogon Roberts, 1989 多须盘唇鲿

Chiloglanis pretoriae Van Der Horst, 1931 短棘盘唇鲿

Chiloglanis productus Ng & Bailey, 2006 长身盘唇鲿

Chiloglanis reticulatus Roberts, 1989 网纹盘唇鲿

Chiloglanis rukwaensis Seegers, 1996 鲁夸湖盘唇鲿

Chiloglanis ruziziensis De Vos, 1993 卢旺达盘唇鲿

Chiloglanis sanagaensis Roberts, 1989 非洲盘唇鲿

Chiloglanis sardinhai Ladiges & Voelker, 1961 沙氏盘唇鲿

Chiloglanis somereni Whitehead, 1958 萨氏盘唇鲿

Chiloglanis swierstrai Van Der Horst, 1931 斯氏盘唇鲿

Chiloglanis trilobatus Seegers, 1996 三叶盘唇鲿

Chiloglanis voltae Daget & Stauch, 1963 伏尔泰盘唇鲿

Genus *Euchilichthys* Boulenger, 1900 真吸唇鲿属

Euchilichthys astatodon (Pellegrin, 1928) 动齿真吸唇鲿

Euchilichthys boulengeri Nichols & La Monte, 1934 布氏真吸唇鲿

Euchilichthys dybowskii (Vaillant, 1892) 戴氏真吸唇鲿

Euchilichthys guentheri (Schilthuis, 1891) 贡氏真吸唇鲿

Euchilichthys royauxi Boulenger, 1902 罗氏真吸唇鲿

Genus *Gogo* Ng & Sparks, 2005 戈海鲇属

Gogo arcuatus Ng & Sparks, 2005 马达加斯加岛戈海鲇

Gogo atratus Ng, Sparks & Loiselle, 2008 黑体戈海鲇

Gogo brevibarbis (Boulenger, 1911) 短须戈海鲇

Gogo ornatus Ng & Sparks, 2005 饰妆戈海鲇

Genus *Microsynodontis* Boulenger, 1903 细歧须鲿属

Microsynodontis armatus Ng, 2004 盔细歧须鲿

Microsynodontis batesii Boulenger, 1903 贝氏细歧须鲿

Microsynodontis emarginata Ng, 2004 缘边细歧须鲿

Microsynodontis hirsuta Ng, 2004 糙身细歧须鲿

Microsynodontis laevigata Ng, 2004 光滑细歧须鲿

Microsynodontis lamberti Poll & Gosse, 1963 兰氏细歧须鲿

Microsynodontis nannoculus Ng, 2004 赤道几内亚细歧须鲿

Microsynodontis nasutus Ng, 2004 大鼻细歧须鲿

Microsynodontis notata Ng, 2004 加蓬细歧须鲿

Microsynodontis polli Lambert, 1958 波氏细歧须鲿

Microsynodontis vigilis Ng, 2004 大目细歧须鲿

Genus *Mochokiella* Howes, 1980 细双鳍鳠属

Mochokiella paynei Howes, 1980 佩氏细双鳍鳠

Genus *Mochokus* Joannis, 1835 双背鳍鳠属

Mochokus brevis Boulenger, 1906 短双背鳍鳠

Mochokus niloticus Joannis, 1835 尼罗河双背鳍鳠

Genus *Synodontis* Cuvier, 1816 歧须鮠属

Synodontis acanthomias Boulenger, 1899 刺歧须鮠

Synodontis acanthoperca Friel & Vigliotta, 2006 棘歧须鮠

Synodontis afrofischeri Hilgendorf, 1888 阿氏歧须鮠

Synodontis alberti Schilthuis, 1891 艾伯特歧须鮠

Synodontis albolineata Pellegrin, 1924 白纹歧须鮠

Synodontis angelica Schilthuis, 1891 天使歧须鮠

Synodontis annectens Boulenger, 1911 连歧须鮠

Synodontis ansorgii Boulenger, 1911 安氏歧须鮠

Synodontis arnoulti Roman, 1966 阿诺氏歧须鮠

Synodontis aterrima Poll & Roberts, 1968 黑体歧须鮠

Synodontis bastiani Daget, 1948 巴斯蒂歧须鮠

Synodontis batensoda Rüppell, 1832 尼罗河歧须鮠

Synodontis batesii Boulenger, 1907 贝茨歧须鮠

Synodontis brichardi Poll, 1959 布氏歧须鮠

Synodontis budgetti Boulenger, 1911 巴奇氏歧须鮠

Synodontis camelopardalis Poll, 1971 驼纹歧须鮠

Synodontis caudalis Boulenger, 1899 大尾歧须鮠

Synodontis caudovittata Boulenger, 1901 尾纹歧须鮠

Synodontis centralis Poll, 1971 点歧须鮠

Synodontis clarias (Linnaeus, 1758) 歧须鮠

Synodontis comoensis Daget & Lévêque, 1981 科莫歧须鮠

Synodontis congica Poll, 1971 康吉歧须鮠

Synodontis contracta Vinciguerra, 1928 短歧须鮠

Synodontis courteti Pellegrin, 1906 考氏歧须鮠

Synodontis cuangoana Poll, 1971 宽果歧须鮠

Synodontis decora Boulenger, 1899 华美歧须鮠

Synodontis dekimpei Paugy, 1987 德基氏歧须鮠

Synodontis depauwi Boulenger, 1899 德普氏歧须鮠

Synodontis dhonti Boulenger, 1917 德胡氏歧须鮠

Synodontis dorsomaculata Poll, 1971 背斑歧须鮠

Synodontis euptera Boulenger, 1901 真翼歧须鮠

Synodontis filamentosa Boulenger, 1901 丝状歧须鮠

Synodontis flavitaeniata Boulenger, 1919 黄带歧须鮠

Synodontis frontosa Vaillant, 1895 宽额歧须鮠

Synodontis fuelleborni Hilgendorf & Pappenheim, 1903 菲氏歧须鮠

Synodontis gambiensis Günther, 1864 冈比亚歧须鮠

Synodontis geledensis Günther, 1896 格连登歧须鮠

Synodontis gobroni Daget, 1954 戈氏歧须鮠

Synodontis grandiops Wright & Page, 2006 巨目歧须鮠

Synodontis granulosa Boulenger, 1900 颗粒歧须鮠

Synodontis greshoffi Schilthuis, 1891 格雷歧须鮠

Synodontis guttata Günther, 1865 斑点歧须鮠

Synodontis haugi Pellegrin, 1906 豪氏歧须鮠

Synodontis ilebrevis Wright & Page, 2006 短头歧须鮠

Synodontis irsacae Matthes, 1959 艾萨歧须鮠

Synodontis iturii Steindachner, 1911 伊氏歧须鮠

Synodontis katangae Poll, 1971 凯氏歧须鮠

Synodontis khartoumensis Gideiri, 1967 喀土穆歧须鮠

Synodontis koensis Pellegrin, 1933 岗歧须鮠

Synodontis kogonensis Musschoot & Lalèyè, 2008 科谷歧须鮠

Synodontis laessoei Norman, 1923 莱氏歧须鮠

Synodontis leoparda Pfeffer, 1896 狮色歧须鮠

Synodontis leopardina Pellegrin, 1914 狮豹斑歧须鮠

Synodontis levequei Paugy, 1987 莱维氏歧须鮠

Synodontis longirostris Boulenger, 1902 长吻歧须鮠

Synodontis longispinis Pellegrin, 1930 长棘歧须鮠

Synodontis lucipinnis Wright & Page, 2006 尖鳍歧须鮠

Synodontis lufirae Poll, 1971 勒菲歧须鮠

Synodontis macrophthalma Poll, 1971 大眼歧须鮠

Synodontis macrops Greenwood, 1963 大目歧须鮠

Synodontis macropunctata Wright & Page, 2008 大点歧须鮠

Synodontis macrostigma Boulenger, 1911 大斑歧须鮠

Synodontis macrostoma Skelton & White, 1990 大口歧须鮠

Synodontis manni De Vos, 2001 曼氏歧须鮠

Synodontis marmorata Lönnberg, 1895 块斑歧须鮠

Synodontis matthesi Poll, 1971 马氏歧须鮠

Synodontis melanoptera Boulenger, 1903 黑鳍歧须鮠

Synodontis membranacea (Geoffroy Saint-Hilaire, 1809) 革歧须鮠

Synodontis multimaculata Boulenger, 1902 密斑歧须鮠

Synodontis multipunctata Boulenger, 1898 密点歧须鮠

Synodontis nebulosa Peters, 1852 云纹歧须鮠

Synodontis ngouniensis De Weirdt, Vreven & Fermon, 2008 恩古涅河歧须鮠

Synodontis nigrita Valenciennes, 1840 近黑歧须鮠

Synodontis nigriventris David, 1936 黑腹歧须鮠

Synodontis nigromaculata Boulenger, 1905 乌斑歧须鮠

Synodontis njassae Keilhack, 1908 奈氏歧须鮠

Synodontis notata Vaillant, 1893 野歧须鮠

Synodontis nummifer Boulenger, 1899 静歧须鮠

Synodontis obesus Boulenger, 1898 强壮歧须鮠

Synodontis ocellifer Boulenger, 1900 眼斑歧须鮠

Synodontis omias Günther, 1864 蛮歧须鮠

Synodontis orientalis Seegers, 2008 东方歧须鮠

Synodontis ornatipinnis Boulenger, 1899 饰翅歧须鮠

Synodontis ornatissima Gosse, 1982 妆饰歧须鮠

Synodontis ouemeensis Musschoot & Lalèyè, 2008 韦梅歧须鮠

Synodontis pardalis Boulenger, 1908 豹纹歧须鮠

Synodontis petricola Matthes, 1959 岩歧须鮠

Synodontis pleurops Boulenger, 1897 侧眼歧须鮠

Synodontis polli Gosse, 1982 波氏歧须鮠

Synodontis polyodon Vaillant, 1895 多齿歧须鮠

Synodontis polystigma Boulenger, 1915 多眼点歧须鮠

Synodontis pulcher Poll, 1971 华丽歧须鮠

Synodontis punctifer Daget, 1965 小孔歧须鮠

Synodontis punctulata Günther, 1889 贪食歧须鮠

Synodontis punu Vreven & Milondo, 2009 普纽歧须鮠

Synodontis rebeli Holly, 1926 丽贝氏歧须鮠

Synodontis resupinata Boulenger, 1904 砾栖歧须鮠

Synodontis ricardoae Seegers, 1996 里卡多氏歧须鮠

Synodontis robbianus Smith, 1875 罗比歧须鮠

Synodontis robertsi Poll, 1974 罗氏歧须鮠

Synodontis ruandae Matthes, 1959 鲁安歧须鮠

Synodontis rufigiensis Bailey, 1968 坦桑尼亚歧须鮠

Synodontis rukwaensis Hilgendorf & Pappenheim, 1903 鲁夸湖歧须鮠

Synodontis schall (Bloch & Schneider, 1801) 沙尔歧须鮠

Synodontis schoutedeni David, 1936 斯考顿歧须鮠

Synodontis serpentis Whitehead, 1962 蛇歧须鮠

Synodontis serrata Rüppell, 1829 锯棘歧须鮠

Synodontis smiti Boulenger, 1902 史氏歧须鮠

Synodontis soloni Boulenger, 1899 索伦歧须鮠

Synodontis sorex Günther, 1864 鼠歧须鮠

Synodontis steindachneri Boulenger, 1913 施氏歧须鮠

Synodontis tanganyicae Borodin, 1936 坦噶尼喀歧须鮠

Synodontis tessmanni Pappenheim, 1911 特氏歧须鮠

Synodontis thamalakanensis Fowler, 1935 南非歧须鮠

Synodontis thysi Poll, 1971 赛氏歧须鮠

Synodontis tourei Daget, 1962 图氏歧须鮠
Synodontis unicolor Boulenger, 1915 单色歧须鮠
Synodontis vaillanti Boulenger, 1897 维氏歧须鮠
Synodontis vanderwaali Skelton & White, 1990 细齿歧须鮠
Synodontis velifer Norman, 1935 缘膜歧须鮠
Synodontis vermiculata Daget, 1954 虫纹歧须鮠
Synodontis victoriae Boulenger, 1906 维多利亚歧须鮠
Synodontis violacea Pellegrin, 1919 堇色歧须鮠
Synodontis voltae Roman, 1975 伏尔泰歧须鮠
Synodontis waterloti Daget, 1962 沃氏歧须鮠
Synodontis woleuensis Friel & Sullivan, 2008 沃勒歧须鮠
Synodontis woosnami Boulenger, 1911 吴氏歧须鮠
Synodontis xiphias Günther, 1864 剑歧须鮠
Synodontis zambezensis Peters, 1852 赞比西河歧须鮠
Synodontis zanzibarica Peters, 1868 桑给巴尔歧须鮠

Family 145 Doradidae 陶乐鲇科

Genus *Acanthodoras* Bleeker, 1862 陶乐棘鲇属

Acanthodoras cataphractus (Linnaeus, 1758) 亚马孙河陶乐棘鲇
Acanthodoras depressus (Steindachner, 1881) 扁陶乐棘鲇
Acanthodoras spinosissimus (Eigenmann & Eigenmann, 1888) 多刺陶乐棘鲇

Genus *Agamyxis* Cope, 1878 蜴鲇属

Agamyxis albomaculatus (Peters, 1877) 白斑蜴鲇
Agamyxis pectinifrons (Cope, 1870) 梳额蜴鲇

Genus *Amblydoras* Bleeker, 1862 钝囊鲇属

Amblydoras affinis (Kner, 1855) 北美钝囊鲇
Amblydoras bolivarensis (Fernández-Yépez, 1968) 玻利维亚钝囊鲇
Amblydoras gonzalezi (Fernández-Yépez, 1968) 冈氏钝囊鲇
Amblydoras hancockii (Valenciennes, 1840) 亨氏钝囊鲇
Amblydoras monitor (Cope, 1872) 秘鲁钝囊鲇
Amblydoras nauticus (Cope, 1874) 大须钝囊鲇

Genus *Anadoras* Eigenmann, 1925 上棘鲇属

Anadoras grypus (Cope, 1872) 驼背上棘鲇
Anadoras insculptus (Miranda Ribeiro, 1912) 截尾上棘鲇
Anadoras regani (Steindachner, 1908) 里根氏上棘鲇
Anadoras weddellii (Castelnau, 1855) 韦氏上棘鲇

Genus *Anduzedoras* Fernández-Yépez, 1968 安渡陶鲇属

Anduzedoras oxyrhynchus (Valenciennes, 1821) 尖吻安渡陶鲇

Genus *Astrodoras* Bleeker, 1862 星额陶鲇属

Astrodoras asterifrons (Kner, 1853) 星额陶鲇

Genus *Centrochir* Agassiz, 1829 刺鳍陶鲇属

Centrochir crocodili (Humboldt, 1821) 克罗氏刺鳍陶鲇

Genus *Centrodoras* Eigenmann, 1925 刺陶鲇属

Centrodoras brachiatus (Cope, 1872) 大臂刺陶鲇
Centrodoras hasemani (Steindachner, 1915) 南美刺陶鲇

Genus *Doraops* Schultz, 1944 拟棘鲇属

Doraops zuloagai Schultz, 1944 拟棘鲇

Genus *Doras* Lacepède, 1803 陶乐鲇属

Doras carinatus (Linnaeus, 1766) 陶乐鲇
Doras eigenmanni (Boulenger, 1895) 艾氏陶乐鲇
Doras fimbriatus Kner, 1855 缨唇陶乐鲇
Doras higuchii Sabaj Pérez & Birindelli, 2008 海氏陶乐鲇
Doras micropoeus (Eigenmann, 1912) 小孔陶乐鲇
Doras phlyzakion Sabaj Pérez & Birindelli, 2008 高背陶乐鲇
Doras punctatus Kner, 1853 斑点陶乐鲇
Doras zuanoni Sabaj Pérez & Birindelli, 2008 朱氏陶乐鲇

Genus *Franciscodoras* Eigenmann, 1925 弗朗西斯陶鲇属

Franciscodoras marmoratus (Lütken, 1874) 云纹弗朗西斯陶鲇

Genus *Hassar* Eigenmann & Eigenmann, 1888 黑森鲇属

Hassar affinis (Steindachner, 1881) 安芬黑森鲇
Hassar orestis (Steindachner, 1875) 亚马孙河黑森鲇
Hassar wilderi Kindle, 1895 怀氏黑森鲇

Genus *Hemidoras* Bleeker, 1858 半棘鲇属

Hemidoras morrisi Eigenmann, 1925 莫氏半棘鲇
Hemidoras stenopeltis (Kner, 1855) 窄头半棘鲇

Genus *Hypodoras* Eigenmann, 1925 下陶鲇属

Hypodoras forficulatus Eigenmann, 1925 叉形下陶鲇

Genus *Kalyptodoras* Higuchi, Britski & Garavello, 1990 卡来陶鲇属

Kalyptodoras bahiensis Higuchi, Britski & Garavello, 1990 巴赫卡来陶鲇

Genus *Leptodoras* Boulenger, 1898 细棘鲇属

Leptodoras acipenserinus (Günther, 1868) 鲟形细棘鲇
Leptodoras cataniai Sabaj, 2005 卡氏细棘鲇
Leptodoras copei (Fernández-Yépez, 1968) 考氏细棘鲇
Leptodoras hasemani (Steindachner, 1915) 黑氏细棘鲇
Leptodoras juruensis Boulenger, 1898 裘路细棘鲇
Leptodoras linnelli Eigenmann, 1912 林氏细棘鲇
Leptodoras marki Birindelli & Sousa, 2010 马克细棘鲇
Leptodoras myersi Böhlke, 1970 梅氏细棘鲇
Leptodoras nelsoni Sabaj, 2005 尼氏细棘鲇
Leptodoras oyakawai Birindelli, Sousa & Sabaj Pérez, 2008 奥氏细棘鲇
Leptodoras praelongus (Myers & Weitzman, 1956) 长身细棘鲇
Leptodoras rogersae Sabaj, 2005 南美细棘鲇

Genus *Lithodoras* Bleeker, 1862 石陶乐鲇属

Lithodoras dorsalis (Valenciennes, 1840) 石陶乐鲇

Genus *Megalodoras* Eigenmann, 1925 大陶乐鲇属

Megalodoras guayoensis (Fernández-Yépez, 1968) 大陶乐鲇
Megalodoras laevigatulus (Berg, 1901) 光身大陶乐鲇
Megalodoras uranoscopus (Eigenmann & Eigenmann, 1888) 瞻星大陶乐鲇

Genus *Merodoras* Higuchi, Birindelli, Sousa & Britski, 2007 真陶乐鲇属

Merodoras nheco Higuchi, Birindelli, Sousa & Britski, 2007 真陶乐鲇

Genus *Nemadoras* Eigenmann, 1925 线纹陶鲇属

Nemadoras elongatus (Boulenger, 1898) 长身线纹陶鲇
Nemadoras hemipeltis (Eigenmann, 1925) 半楯线纹陶鲇
Nemadoras humeralis (Kner, 1855) 亚马孙河线纹陶鲇
Nemadoras leporhinus (Eigenmann, 1912) 吻鳞线纹陶鲇
Nemadoras trimaculatus (Boulenger, 1898) 三斑线纹陶鲇

Genus *Opsodoras* Eigenmann, 1925 仿陶乐鲇属

Opsodoras boulengeri (Steindachner, 1915) 布氏仿陶乐鲇
Opsodoras morei (Steindachner, 1881) 莫氏仿陶乐鲇
Opsodoras stuebelii (Steindachner, 1882) 施氏仿陶乐鲇
Opsodoras ternetzi Eigenmann, 1925 特氏仿陶乐鲇

Genus *Orinocodoras* Myers, 1927 高山陶鲇属

Orinocodoras eigenmanni Myers, 1927 艾氏高山陶鲇

Genus *Oxydoras* Kner, 1855 尖陶乐鲇属

Oxydoras kneri Bleeker, 1862 克氏尖陶乐鲇
Oxydoras niger (Valenciennes, 1821) 黑体尖陶乐鲇
Oxydoras sifontesi Fernández-Yépez, 1968 西氏尖陶乐鲇

Genus *Physopyxis* Cope, 1871 琴鲇属

Physopyxis ananas Sousa & Rapp Py-Daniel, 2005 阿纳纳琴鲇
Physopyxis cristata Sousa & Rapp Py-Daniel, 2005 高冠琴鲇
Physopyxis lyra Cope, 1872 利拉琴鲇

Genus *Platydoras* Bleeker, 1862 平囊鲇属

Platydoras armatulus (Valenciennes, 1840) 盔平囊鲇
Platydoras brachylecis Piorski, Garavello, Arce H. & Pérez, 2008 短臂平囊鲇

Platydoras costatus (Linnaeus, 1758) 阿根廷平囊鲀

Genus *Pterodoras* Bleeker, 1862 翼陶乐鲀属

Pterodoras granulosus (Valenciennes, 1821) 颗粒翼陶乐鲀
Pterodoras rivasi (Fernández-Yépez, 1950) 里氏翼陶乐鲀

Genus *Rhinodoras* Bleeker, 1862 吻陶鲀属

Rhinodoras armbrusteri Sabaj, 2008 南美吻陶鲀
Rhinodoras boehlkei Glodek, Whitmire & Orcés V., 1976 伯氏吻陶鲀
Rhinodoras dorbignyi (Kner, 1855) 多氏吻陶鲀
Rhinodoras gallagheri Sabaj, Taphorn & Castillo G., 2008 加氏吻陶鲀
Rhinodoras thomersoni Taphorn & Lilyestrom, 1984 汤氏吻陶鲀

Genus *Rhynchodoras* Klausewitz & Rössel, 1961 大吻陶鲀属

Rhynchodoras castilloi Birindelli, Sabaj & Taphorn, 2007 卡氏大吻陶鲀
Rhynchodoras woodsi Glodek, 1976 伍氏大吻陶鲀
Rhynchodoras xingui Klausewitz & Rössel, 1961 新氏大吻陶鲀

Genus *Scorpiodoras* Eigenmann, 1925 蝎鲀属

Scorpiodoras heckelii (Kner, 1855) 赫氏蝎鲀

Genus *Trachydoras* Eigenmann, 1925 粗皮陶鲀属

Trachydoras brevis (Kner, 1853) 短身粗皮陶鲀
Trachydoras microstomus (Eigenmann, 1912) 小口粗皮陶鲀
Trachydoras nattereri (Steindachner, 1881) 奈氏粗皮陶鲀
Trachydoras paraguayensis (Eigenmann & Ward, 1907) 巴拉圭粗皮陶鲀
Trachydoras steindachneri (Perugia, 1897) 亚马孙河粗皮陶鲀

Genus *Wertheimeria* Steindachner, 1877 沃特氏陶鲀属

Wertheimeria maculata Steindachner, 1877 巴西沃特氏陶鲀

Family 146 Auchenipteridae 项鳍鲀科

Genus *Ageneiosus* Lacepède, 1803 无须鲀属

Ageneiosus atronasus Eigenmann & Eigenmann, 1888 南美无须鲀
Ageneiosus brevis Steindachner, 1881 短体无须鲀
Ageneiosus inermis (Linnaeus, 1766) 红尾无须鲀
Ageneiosus magoi Castillo & Brull G., 1989 马氏无须鲀
Ageneiosus marmoratus Eigenmann, 1912 花斑无须鲀
Ageneiosus militaris Valenciennes, 1835 阿根廷无须鲀
Ageneiosus pardalis Lütken, 1874 豹纹无须鲀
Ageneiosus piperatus (Eigenmann, 1912) 胡椒无须鲀
Ageneiosus polystictus Steindachner, 1915 多斑无须鲀
Ageneiosus ucayalensis Castelnau, 1855 秘鲁无须鲀
Ageneiosus uranophthalmus Riberiro & Rapp Py-Daniel, 2010 瞻星无须鲀
Ageneiosus vittatus Steindachner, 1908 条纹无须鲀

Genus *Asterophysus* Kner, 1858 星项鲀属

Asterophysus batrachus Kner, 1858 巴特拉星鲀

Genus *Auchenipterichthys* Bleeker, 1862 准项鳍鲀属

Auchenipterichthys coracoideus (Eigenmann & Allen, 1942) 亚马孙河准项鳍鲀
Auchenipterichthys longimanus (Günther, 1864) 长肢准项鳍鲀
Auchenipterichthys punctatus (Valenciennes, 1840) 斑纹准项鳍鲀
Auchenipterichthys thoracatus (Kner, 1858) 胸甲准项鳍鲀

Genus *Auchenipterus* Valenciennes, 1840 项鳍鲀属

Auchenipterus ambyiacus Fowler, 1915 丽颊项鳍鲀
Auchenipterus brachyurus (Cope, 1878) 短尾项鳍鲀
Auchenipterus brevior Eigenmann, 1912 短体项鳍鲀
Auchenipterus britskii Ferraris & Vari, 1999 布氏项鳍鲀
Auchenipterus demerarae Eigenmann, 1912 德默项鳍鲀
Auchenipterus dentatus Valenciennes, 1840 大牙项鳍鲀
Auchenipterus fordicei Eigenmann & Eigenmann, 1888 福氏项鳍鲀
Auchenipterus menezesi Ferraris & Vari, 1999 门氏项鳍鲀
Auchenipterus nigripinnis (Boulenger, 1895) 黑翼项鳍鲀
Auchenipterus nuchalis (Spix & Agassiz, 1829) 项鳍鲀
Auchenipterus osteomystax (Miranda Ribeiro, 1918) 骨唇项鳍鲀

Genus *Centromochlus* Kner, 1858 棘杆鮠属

Centromochlus altae Fowler, 1945 高身棘杆鮠
Centromochlus concolor (Mees, 1974) 同色棘杆鮠
Centromochlus existimatus Mees, 1974 亚马孙棘杆鮠
Centromochlus heckelii (De Filippi, 1853) 赫氏棘杆鮠
Centromochlus macracanthus Soares-Porto, 2000 大刺棘杆鮠
Centromochlus megalops Kner, 1858 大眼棘杆鮠
Centromochlus musaicus (Royero, 1992) 南美棘杆鮠
Centromochlus perugiae Steindachner, 1882 豹斑棘杆鲀
Centromochlus punctatus (Mees, 1974) 点斑棘杆鮠
Centromochlus reticulatus (Mees, 1974) 网纹棘杆鮠
Centromochlus romani (Mees, 1988) 罗氏棘杆鮠
Centromochlus schultzi Rössel, 1962 希氏棘杆鮠
Centromochlus simplex (Mees, 1974) 简棘杆鮠

Genus *Entomocorus* Eigenmann, 1917 内项鳍鲀属

Entomocorus benjamini Eigenmann, 1917 本氏内项鳍鲀
Entomocorus gameroi Mago-Leccia, 1984 盖氏内项鳍鲀
Entomocorus melaphareus Akama & Ferraris, 2003 黑内项鳍鲀
Entomocorus radiosus Reis & Borges, 2006 拉迪内项鳍鲀

Genus *Epapterus* Cope, 1878 上项鳍鲀属

Epapterus blohmi Vari, Jewett, Taphorn & Gilbert, 1984 布氏上项鳍鲀
Epapterus dispilurus Cope, 1878 双斑上项鳍鲀

Genus *Gelanoglanis* Böhlke, 1980 乳项鳍鲀属

Gelanoglanis nanonocticolus Soares-Porto, Walsh, Nico & Netto, 1999 尼格罗河乳项鳍鲀
Gelanoglanis stroudi Böhlke, 1980 斯氏乳项鳍鲀
Gelanoglanis travieso Rengifo, Lujan, Taphorn & Petry, 2008 秘鲁乳项鳍鲀

Genus *Glanidium* Lütken, 1874 小项鳍鲀属

Glanidium albescens Lütken, 1874 小项鳍鲀
Glanidium bockmanni Sarmento-Soares & Buckup, 2005 博克小项鳍鲀
Glanidium catharinensis Miranda Ribeiro, 1962 卡塞小项鳍鲀
Glanidium cesarpintoi Ihering, 1928 塞氏小项鳍鲀
Glanidium leopardum (Hoedeman, 1961) 狮色小项鳍鲀
Glanidium melanopterum Miranda Ribeiro, 1918 黑鳍小项鳍鲀
Glanidium ribeiroi Haseman, 1911 里氏小项鳍鲀

Genus *Liosomadoras* Fowler, 1940 光体鮠属

Liosomadoras morrowi Fowler, 1940 摩氏光体鮠
Liosomadoras oncinus (Jardine & Schomburgk, 1841) 光体鮠

Genus *Pseudauchenipterus* Bleeker, 1862 拟项鳍鲀属

Pseudauchenipterus affinis (Steindachner, 1877) 缘边拟项鳍鲀
Pseudauchenipterus flavescens (Eigenmann & Eigenmann, 1888) 金黄拟项鳍鲀
Pseudauchenipterus jequitinhonhae (Steindachner, 1877) 杰氏拟项鳍鲀
Pseudauchenipterus nodosus (Bloch, 1794) 无锯齿拟项鳍鲀

Genus *Pseudepapterus* Steindachner, 1915 拟翼项鳍鲀属

Pseudepapterus cucuhyensis Böhlke, 1951 库库拟项鳍鲀
Pseudepapterus gracilis Ferraris & Vari, 2000 细拟翼项鳍鲀
Pseudepapterus hasemani (Steindachner, 1915) 赫氏拟翼项鳍鲀

Genus *Pseudotatia* Mees, 1974 拟特鲀属

Pseudotatia parva Mees, 1974 小拟特鲀

Genus *Tatia* Miranda Ribeiro, 1911 特鲀属

Tatia aulopygia (Kner, 1858) 管口特鲀
Tatia boemia Koch & Reis, 1996 鲍尔米特鲀
Tatia brunnea Mees, 1974 深棕特鲀
Tatia caxiuanensis Sarmento-Soares & Martins-Pinheiro, 2008 卡希河特鲀
Tatia dunni (Fowler, 1945) 邓氏特鲀
Tatia galaxias Mees, 1974 乳色特鲀
Tatia gyrina (Eigenmann & Allen, 1942) 蝌蚪特鲀

Tatia intermedia (Steindachner, 1877) 中间特鲇

Tatia jaracatia Pavanelli & Bifi, 2009 贾拉卡特鲇

Tatia meesi Sarmento-Soares & Martins-Pinheiro, 2008 米氏特鲇

Tatia neivai (Ihering, 1930) 尼氏特鲇

Tatia nigra Sarmento-Soares & Martins-Pinheiro, 2008 浅色特鲇

Tatia strigata Soares-Porto, 1995 条纹特鲇

Genus *Tetranematichthys* Bleeker, 1858 四丝无须鲇属

Tetranematichthys barthemi Peixoto & Wosiacki, 2010 巴氏四丝无须鲇

Tetranematichthys quadrifilis (Kner, 1858) 亚马孙河四丝无须鲇

Tetranematichthys wallacei Vari & Ferraris, 2006 华莱士四丝无须鲇

Genus *Tocantinsia* Mees, 1974 图康河项鲇属

Tocantinsia piresi (Miranda Ribeiro, 1920) 皮氏图康河项鲇

Genus *Trachelyichthys* Mees, 1974 项鲇属

Trachelyichthys decaradiatus Mees, 1974 项鲇

Trachelyichthys exilis Greenfield & Glodek, 1977 细项鲇

Genus *Trachelyopterichthys* Bleeker, 1862 喉鳍鱼属

Trachelyopterichthys anduzei Ferraris & Fernandez, 1987 阿氏喉鳍鱼

Trachelyopterichthys taeniatus (Kner, 1858) 条纹喉鳍鱼

Genus *Trachelyopterus* Valenciennes, 1840 喉鳍鲇属

Trachelyopterus albicrux (Berg, 1901) 阿根廷喉鳍鲇

Trachelyopterus amblops (Meek & Hildebrand, 1913) 近视喉鳍鲇

Trachelyopterus analis (Eigenmann & Eigenmann, 1888) 妪喉鳍鲇

Trachelyopterus brevibarbis (Cope, 1878) 短须喉鳍鲇

Trachelyopterus ceratophysus (Kner, 1858) 巴西喉鳍鲇

Trachelyopterus coriaceus Valenciennes, 1840 革喉鳍鲇

Trachelyopterus fisheri (Eigenmann, 1916) 菲什氏喉鳍鲇

Trachelyopterus galeatus (Linnaeus, 1766) 盔喉鳍鲇

Trachelyopterus insignis (Steindachner, 1878) 绝色喉鳍鲇

Trachelyopterus isacanthus (Cope, 1878) 等刺喉鳍鲇

Trachelyopterus lacustris (Lütken, 1874) 湖栖喉鳍鲇

Trachelyopterus leopardinus (Borodin, 1927) 狮色喉鳍鲇

Trachelyopterus lucenai Bertoletti, Pezzi da Silva & Pereira, 1995 卢氏喉鳍鲇

Trachelyopterus peloichthys (Schultz, 1944) 南美喉鳍鲇

Trachelyopterus striatulus (Steindachner, 1877) 条纹喉鳍鲇

Trachelyopterus teaguei (Devincenzi, 1942) 蒂格氏喉鳍鲇

Genus *Trachycorystes* Bleeker, 1858 粗盔鲇属

Trachycorystes cratensis Miranda Ribeiro, 1937 克雷特粗盔鲇

Trachycorystes porosus Eigenmann & Eigenmann, 1888 大孔粗盔鲇

Trachycorystes trachycorystes (Valenciennes, 1840) 粗盔鲇

Family 147 Siluridae 鲇科

Genus *Belodontichthys* Bleeker, 1857 矛齿鲇属

Belodontichthys dinema (Bleeker, 1851) 怖矛齿鲇

Belodontichthys truncatus Kottelat & Ng, 1999 泰国矛齿鲇

Genus *Ceratoglanis* Myers, 1938 角鲇属

Ceratoglanis pachynema Ng, 1999 角鲇

Ceratoglanis scleronema (Bleeker, 1862) 硬角鲇

Genus *Hemisilurus* Bleeker, 1857 半鲇属

Hemisilurus heterorhynchus (Bleeker, 1853) 异吻半鲇 陆

Hemisilurus mekongensis Bornbusch & Lundberg, 1989 湄公河半鲇

Hemisilurus moolenburghi Weber & de Beaufort, 1913 穆氏半鲇

Genus *Kryptopterus* Bleeker, 1857 缺鳍鲇属

Kryptopterus baramensis Ng, 2002 巴拉望缺鳍鲇

Kryptopterus bicirrhis (Valenciennes, 1840) 双须缺鳍鲇

Kryptopterus cheveyi Durand, 1940 谢氏缺鳍鲇

Kryptopterus cryptopterus (Bleeker, 1851) 隐翅缺鳍鲇

Kryptopterus dissitus Ng, 2001 双生缺鳍鲇

Kryptopterus geminus Ng, 2003 对生缺鳍鲇

Kryptopterus hesperius Ng, 2002 金星缺鳍鲇

Kryptopterus lais (Bleeker, 1851) 姬缺鳍鲇

Kryptopterus limpok (Bleeker, 1852) 林波缺鳍鲇

Kryptopterus lumholtzi Rendahl, 1922 拉氏缺鳍鲇

Kryptopterus macrocephalus (Bleeker, 1858) 大头缺鳍鲇

Kryptopterus minor Roberts, 1989 小缺鳍鲇

Kryptopterus mononema (Bleeker, 1847) 单丝缺鳍鲇

Kryptopterus palembangensis (Bleeker, 1852) 巨港缺鳍鲇

Kryptopterus paraschilbeides Ng, 2003 湄公河缺鳍鲇

Kryptopterus piperatus Ng, Wirjoatmodjo & Hadiaty, 2004 印度尼西亚缺鳍鲇

Kryptopterus sabanus (Inger & Chin, 1959) 沙巴缺鳍鲇

Kryptopterus schilbeides (Bleeker, 1858) 希氏缺鳍鲇

Genus *Micronema* Bleeker, 1858 细丝鲇属

Micronema hexapterus (Bleeker, 1851) 六鳍细丝鲇

Micronema moorei (Smith, 1945) 湄南细丝鲇 陆

　　syn. *Kryptopterus moorei* Smith, 1945 湄南缺鳍鲇

Micronema platypogon (Ng, 2004) 扁须细丝鲇

Genus *Ompok* Lacepède, 1803 绚鲇属

Ompok bimaculatus (Bloch, 1794) 双斑绚鲇

Ompok binotatus Ng, 2002 双背绚鲇

Ompok borneensis (Steindachner, 1901) 婆罗洲绚鲇

Ompok brevirictus Ng & Hadiaty, 2009 短吻绚鲇

Ompok canio (Hamilton, 1822) 卡尼绚鲇

Ompok eugeneiatus (Vaillant, 1893) 尤金绚鲇

Ompok fumidus Tan & Ng, 1996 烟色绚鲇

Ompok goae (Haig, 1952) 高氏绚鲇

Ompok hypophthalmus (Bleeker, 1846) 下眼绚鲇

Ompok javanensis (Hardenberg, 1938) 爪哇绚鲇

Ompok jaynei Fowler, 1905 杰氏绚鲇

Ompok leiacanthus (Bleeker, 1853) 光棘绚鲇

Ompok malabaricus (Valenciennes, 1840) 马拉巴绚鲇

Ompok miostoma (Vaillant, 1902) 小口绚鲇

Ompok pabda (Hamilton, 1822) 帕达绚鲇

Ompok pabo (Hamilton, 1822) 帕布绚鲇

Ompok pinnatus Ng, 2003 翼绚鲇

Ompok platyrhynchus Ng & Tan, 2004 扁吻绚鲇

Ompok pluriradiatus Ng, 2002 多辐绚鲇

Ompok rhadinurus Ng, 2003 柔尾绚鲇

Ompok sindensis (Day, 1877) 辛德绚鲇

Ompok supernus Ng, 2008 上绚鲇

Ompok urbaini (Fang & Chaux, 1949) 厄氏绚鲇

Ompok weberi (Hardenberg, 1936) 韦氏绚鲇

Genus *Phalacronotus* Bleeker, 1857 亮背鲇属

Phalacronotus apogon (Bleeker, 1851) 湄公河亮背鲇

Phalacronotus bleekeri (Günther, 1864) 滨河亮背鲇 陆

　　syn. *Kryptopterus bleekeri* Günther, 1864 滨河缺鳍鲇

Phalacronotus micronemus (Bleeker, 1846) 细丝亮背鲇

Phalacronotus parvanalis (Inger & Chin, 1959) 微臀亮背鲇

Genus *Pinniwallago* Gupta, Jayaram & Hajela, 1981 羽鳍鲇属

Pinniwallago kanpurensis Gupta, Jayaram & Hajela, 1981 印度羽鳍鲇

Genus *Pterocryptis* Peters, 1861 隐鳍鲇属

Pterocryptis afghana (Günther, 1864) 阿富汗隐鳍鲇

Pterocryptis anomala (Herre, 1934) 糙隐鳍鲇 陆

　　syn. *Silurus gilberti* Hora, 1938 西江鲇

Pterocryptis barakensis Vishwanath & Sharma, 2006 巴拉克河隐鳍鲇

Pterocryptis berdmorei (Blyth, 1860) 贝氏隐鳍鲇

Pterocryptis bokorensis (Pellegrin & Chevey, 1937) 波哥隐鳍鲇

Pterocryptis buccata Ng & Kottelat, 1998 大颊隐鳍鲇

Pterocryptis burmanensis (Thant, 1966) 缅甸隐鳍鲇

Pterocryptis cochinchinensis (Valenciennes, 1840) 越南隐鳍鲇 陆

　　syn. *Silurus cochinchinensis* Valenciennes, 1840 越南鲇

Pterocryptis crenula Ng & Freyhof, 2001 泉隐鳍鲇
Pterocryptis cucphuongensis (Mai, 1978) 宁平隐鳍鲇
Pterocryptis furnessi (Fowler, 1905) 弗氏隐鳍鲇
Pterocryptis gangelica Peters, 1861 恒河隐鳍鲇
Pterocryptis indicus (Datta, Barman & Jayaram, 1987) 印度隐鳍鲇
Pterocryptis inusitata Ng, 1999 变色隐鳍鲇
Pterocryptis taytayensis (Herre, 1924) 菲律宾隐鳍鲇
Pterocryptis torrentis (Kobayakawa, 1989) 托伦隐鳍鲇
Pterocryptis verecunda Ng & Freyhof, 2001 羞隐鳍鲇
Pterocryptis wynaadensis (Day, 1873) 怀纳德隐鳍鲇

Genus *Silurichthys* Bleeker, 1856 近鲇属

Silurichthys citatus Ng & Kottelat, 1997 快捷近鲇
Silurichthys gibbiceps Ng & Ng, 1998 驼头近鲇
Silurichthys hasseltii Bleeker, 1858 哈氏近鲇
Silurichthys indragiriensis Volz, 1904 印度尼西亚近鲇
Silurichthys marmoratus Ng & Ng, 1998 斑纹近鲇
Silurichthys phaiosoma (Bleeker, 1851) 婆罗洲近鲇
Silurichthys sanguineus Roberts, 1989 血色近鲇
Silurichthys schneideri Volz, 1904 施氏近鲇

Genus *Silurus* Linnaeus, 1758 鲇属

Silurus aristotelis Garman, 1890 阿氏六须鲇
Silurus asotus Linnaeus, 1758 鲇 陆 台
Silurus biwaensis (Tomoda, 1961) 琵琶湖鲇
Silurus chantrei Sauvage, 1882 钱氏鲇
Silurus duanensis Hu, Lan & Zhang, 2004 都安鲇 陆
Silurus glanis Linnaeus, 1758 欧鲇
Silurus grahami Regan, 1907 抚仙鲇 陆
Silurus lanzhouensis Chen, 1977 兰州鲇 陆
Silurus lithophilus (Tomoda, 1961) 石鲇
Silurus mento Regan, 1904 昆明鲇 陆
Silurus meridionalis Chen, 1977 大口鲇(南方鲇) 陆
Silurus microdorsalis (Mori, 1936) 小背鳍鲇 陆
Silurus morehensis Arunkumar & Tombi Singh, 1997 穆尔黑鲇
Silurus soldatovi Nikolskii & Soin, 1948 怀头鲇 陆
Silurus triostegus Heckel, 1843 伊拉克鲇

Genus *Wallago* Bleeker, 1851 叉尾鲇属

Wallago attu (Bloch & Schneider, 1801) 叉尾鲇 陆
Wallago hexanema (Kner, 1866) 六丝叉尾鲇
Wallago leerii Bleeker, 1851 泰国叉尾鲇
Wallago maculatus Inger & Chin, 1959 斑点叉尾鲇
Wallago micropogon Ng, 2004 小须叉尾鲇

Family 148 Malapteruridae 电鲇科

Genus *Malapterurus* Lacepède, 1803 电鲇属

Malapterurus barbatus Norris, 2002 须电鲇
Malapterurus beninensis Murray, 1855 贝尼电鲇
Malapterurus cavalliensis Roberts, 2000 卡瓦电鲇
Malapterurus electricus (Gmelin, 1789) 电鲇
Malapterurus leonensis Roberts, 2000 莱昂电鲇
Malapterurus melanochir Norris, 2002 黑翼电鲇
Malapterurus microstoma Poll & Gosse, 1969 小口电鲇
Malapterurus minjiriya Sagua, 1987 敏捷电鲇
Malapterurus monsembeensis Roberts, 2000 刚果电鲇
Malapterurus occidentalis Norris, 2002 西方电鲇
Malapterurus oguensis Sauvage, 1879 奥贡电鲇
Malapterurus punctatus Norris, 2002 小点电鲇
Malapterurus shirensis Roberts, 2000 希伦电鲇
Malapterurus stiassnyae Norris, 2002 潜电鲇
Malapterurus tanganyikaensis Roberts, 2000 坦噶尼喀湖电鲇
Malapterurus tanoensis Roberts, 2000 塔农电鲇
Malapterurus teugelsi Norris, 2002 托氏电鲇

Malapterurus thysi Norris, 2002 赛氏电鲇

Genus *Paradoxoglanis* Norris, 2002 副电鲇属

Paradoxoglanis caudivittatus Norris, 2002 尾纹副电鲇
Paradoxoglanis cryptus Norris, 2002 刚果河副电鲇
Paradoxoglanis parvus Norris, 2002 小副电鲇

Family 149 Auchenoglanididae 项鲇科

Genus *Notoglanidium* Günther, 1903 高背鲿属

Notoglanidium maculatum (Boulenger, 1916) 斑高背鲿
Notoglanidium pallidum Roberts & Stewart, 1976 苍白高背鲿
Notoglanidium thomasi Boulenger, 1916 托马高背鲿
Notoglanidium walkeri Günther, 1903 加纳高背鲿

Genus *Parauchenoglanis* Boulenger, 1911 副项鲿属

Parauchenoglanis ahli (Holly, 1930) 阿氏副项鲿
Parauchenoglanis altipinnis (Boulenger, 1911) 高翅副项鲿
Parauchenoglanis balayi (Sauvage, 1879) 巴氏副项鲿
Parauchenoglanis buettikoferi (Popta, 1913) 比氏副项鲿
Parauchenoglanis longiceps (Boulenger, 1913) 长头副项鲿
Parauchenoglanis monkei (Keilback, 1910) 蒙克副项鲿
Parauchenoglanis ngamensis (Boulenger, 1911) 恩孟副项鲿
Parauchenoglanis pantherinus (Pellegrin, 1929) 豹纹副项鲿
Parauchenoglanis punctatus (Boulenger, 1902) 斑副项鲿

Genus *Platyglanis* Daget, 1979 扁腺鲿属

Platyglanis depierrei Daget, 1979 扁腺鲿

Family 150 Chacidae 连尾鮠科

Genus *Chaca* Valenciennes, 1832 连尾鮠属

Chaca bankanensis Bleeker, 1852 班甘连尾鮠
Chaca burmensis Brown & Ferraris, 1988 缅甸连尾鮠
Chaca chaca (Hamilton, 1822) 连尾鮠(毛鲇)

Family 151 Plotosidae 鳗鲇科

Genus *Anodontiglanis* Rendahl, 1922 无齿鳗鲇属

Anodontiglanis dahli Rendahl, 1922 戴氏无齿鳗鲇

Genus *Cnidoglanis* Günther, 1864 荨麻鳗鲇属

Cnidoglanis macrocephalus (Valenciennes, 1840) 大头荨麻鳗鲇

Genus *Euristhmus* Ogilby, 1899 阔峡鲇属

Euristhmus lepturus (Günther, 1864) 长尾阔峡鲇
Euristhmus microceps (Richardson, 1845) 小头阔峡鲇
Euristhmus microphthalmus Murdy & Ferraris, 2006 小眼阔峡鲇
Euristhmus nudiceps (Günther, 1880) 裸头阔峡鲇
Euristhmus sandrae Murdy & Ferraris, 2006 砂阔峡鲇

Genus *Neosiluroides* Allen & Feinberg, 1998 拟新鳗鲇属

Neosiluroides cooperensis Allen & Feinberg, 1998 库帕拟新鳗鲇

Genus *Neosilurus* Steindachner, 1867 新鳗鲇属

Neosilurus ater (Perugia, 1894) 深黑新鳗鲇
Neosilurus brevidorsalis (Günther, 1867) 短背鳍新鳗鲇
Neosilurus coatesi (Allen, 1985) 科氏新鳗鲇
Neosilurus equinus (Weber, 1913) 印度尼西亚新鳗鲇
Neosilurus gjellerupi (Weber, 1913) 盖氏新鳗鲇
Neosilurus gloveri Allen & Feinberg, 1998 格氏新鳗鲇
Neosilurus hyrtlii Steindachner, 1867 灰黄新鳗鲇
Neosilurus idenburgi (Nichols, 1940) 艾氏新鳗鲇
Neosilurus mollespiculum Allen & Feinberg, 1998 软刺新鳗鲇
Neosilurus novaeguineae (Weber, 1907) 新几内亚新鳗鲇
Neosilurus pseudospinosus Allen & Feinberg, 1998 拟刺新鳗鲇

Genus *Oloplotosus* Weber, 1913 异味鳗鲇属

Oloplotosus luteus Gomon & Roberts, 1978 土黄异味鳗鲇
Oloplotosus mariae Weber, 1913 玛丽氏异味鳗鲇
Oloplotosus torobo Allen, 1985 托罗异味鳗鲇

Genus *Paraplotosus* Bleeker, 1862 副鳗鲇属

Paraplotosus albilabris (Valenciennes, 1840) 白唇副鳗鲇 陆

Paraplotosus butleri Allen, 1998 澳洲副鳗鲇

Paraplotosus muelleri (Klunzinger, 1879) 米勒副鳗鲇

Genus *Plotosus* Lacepède, 1803 鳗鲇属

Plotosus abbreviatus Boulenger, 1895 短鳗鲇

Plotosus canius Hamilton, 1822 印度洋鳗鲇 陆

Plotosus fisadoha Ng & Sparks, 2002 马达加斯加鳗鲇

Plotosus japonicus Yoshino & Kishimoto, 2008 日本鳗鲇

Plotosus limbatus Valenciennes, 1840 缘边鳗鲇

Plotosus lineatus (Thunberg, 1787) 线纹鳗鲇 陆 台

    syn. *Plotosus anguillaris* (Bloch, 1794) 鳗鲇

    syn. *Plotosus brevibarbus* Bessednov, 1967 短须鳗鲇

Plotosus nhatrangensis Prokofiev, 2008 越南鳗鲇

Plotosus nkunga Gomon & Taylor, 1982 长须鳗鲇

Plotosus papuensis Weber, 1910 巴布亚鳗鲇

Genus *Porochilus* Weber, 1913 孔唇鳗鲇属

Porochilus argenteus (Zietz, 1896) 银色孔唇鳗鲇

Porochilus meraukensis (Weber, 1913) 新几内亚孔唇鳗鲇

Porochilus obbesi Weber, 1913 奥氏孔唇鳗鲇

Porochilus rendahli (Whitley, 1928) 伦氏孔唇鳗鲇

Family 152 Clariidae 胡鲇科

Genus *Bathyclarias* Jackson, 1959 深水胡鲇属

Bathyclarias atribranchus (Greenwood, 1961) 围鳃深水胡鲇

Bathyclarias euryodon Jackson, 1959 宽齿深水胡鲇

Bathyclarias filicibarbis Jackson, 1959 蕨须深水胡鲇

Bathyclarias foveolatus (Jackson, 1955) 马拉维深水胡鲇

Bathyclarias longibarbis (Worthington, 1933) 长须深水胡鲇

Bathyclarias nyasensis (Worthington, 1933) 马拉维湖深水胡鲇

Bathyclarias rotundifrons Jackson, 1959 圆深水胡鲇

Bathyclarias worthingtoni Jackson, 1959 沃氏深水胡鲇

Genus *Channallabes* Günther, 1873 鳝胡鲇属

Channallabes alvarezi (Roman, 1970) 阿氏鳝胡鲇

Channallabes apus (Günther, 1873) 刚果河鳝胡鲇

Channallabes longicaudatus (Pappenheim, 1911) 长尾鳝胡鲇

Channallabes ogooensis Devaere, Adriaens & Verraes, 2007 奥果鳝胡鲇

Channallabes sanghaensis Devaere, Adriaens & Verraes, 2007 桑加鳝胡鲇

Channallabes teugelsi Devaere, Adriaens & Verraes, 2007 托氏鳝胡鲇

Genus *Clariallabes* Boulenger, 1900 耀鲇属

Clariallabes attemsi (Holly, 1927) 阿氏耀鲇

Clariallabes brevibarbis Pellegrin, 1913 短须耀鲇

Clariallabes centralis (Poll & Lambert, 1958) 刚果耀鲇

Clariallabes heterocephalus Poll, 1967 异头耀鲇

Clariallabes laticeps (Steindachner, 1911) 侧头耀鲇

Clariallabes longicauda (Boulenger, 1902) 长尾耀鲇

Clariallabes manyangae (Boulenger, 1919) 万年耀鲇

Clariallabes melas (Boulenger, 1887) 黑耀鲇

Clariallabes mutsindoziensis Taverne & De Vos, 1998 坦噶尼喀湖耀鲇

Clariallabes petricola Greenwood, 1956 岩栖耀鲇

Clariallabes pietschmanni (Güntert, 1938) 皮氏耀鲇

Clariallabes platyprosopos Jubb, 1965 扁脸耀鲇

Clariallabes simeonsi Poll, 1941 西氏耀鲇

Clariallabes teugelsi Ferraris, 2007 托氏耀鲇

Clariallabes uelensis (Poll, 1941) 于伦耀鲇

Clariallabes variabilis Pellegrin, 1926 杂色耀鲇

Genus *Clarias* Scopoli, 1777 胡鲇属

Clarias abbreviatus Valenciennes, 1840 短胡鲇

Clarias agboyiensis Sydenham, 1980 阿博胡鲇

Clarias albopunctatus Nichols & La Monte, 1953 白斑胡鲇

Clarias alluaudi Boulenger, 1906 奥氏胡鲇

Clarias anfractus Ng, 1999 曲胡鲇

Clarias angolensis Steindachner, 1866 安戈尔胡鲇

Clarias anguillaris (Linnaeus, 1758) 鳗胡鲇

Clarias batrachus (Linnaeus, 1758) 蟾胡鲇 陆 台

Clarias batu Lim & Ng, 1999 巴塔胡鲇

Clarias brachysoma Günther, 1864 短身胡鲇

Clarias buettikoferi Steindachner, 1894 比氏胡鲇

Clarias buthupogon Sauvage, 1879 大须胡鲇

Clarias camerunensis Lönnberg, 1895 喀麦隆胡鲇

Clarias cataractus (Fowler, 1939) 巨噬胡鲇

Clarias cavernicola Trewavas, 1936 穴胡鲇

Clarias dayi Hora, 1936 戴氏胡鲇

Clarias dhonti (Boulenger, 1920) 德氏胡鲇

Clarias dumerilii Steindachner, 1866 达氏胡鲇

Clarias dussumieri Valenciennes, 1840 杜氏胡鲇

Clarias ebriensis Pellegrin, 1920 伊布里胡鲇

Clarias engelseni (Johnsen, 1926) 恩氏胡鲇

Clarias fuscus (Lacepède, 1803) 胡鲇 陆 台

Clarias gabonensis Günther, 1867 加蓬胡鲇

Clarias gariepinus (Burchell, 1822) 尖齿胡鲇 陆

    syn. *Clarias lazera* Valenciennes, 1840 革胡鲇

Clarias hilli Fowler, 1936 希氏胡鲇

Clarias insolitus Ng, 2003 异胡鲇

Clarias intermedius Teugels, Sudarto & Pouyaud, 2001 间胡鲇

Clarias jaensis Boulenger, 1909 哈恩胡鲇

Clarias kapuasensis Sudarto, Teugels & Pouyaud, 2003 西婆罗洲胡鲇

Clarias laeviceps dialonensis Daget, 1962 迪亚光头胡鲇

Clarias laeviceps laeviceps Gill, 1862 光头胡鲇

Clarias lamottei Daget & Planquette, 1967 拉氏胡鲇

Clarias leiacanthus Bleeker, 1851 光棘胡鲇

Clarias liocephalus Boulenger, 1898 裸头胡鲇

Clarias longior Boulenger, 1907 长胡鲇

Clarias maclareni Trewavas, 1962 麦氏胡鲇

Clarias macrocephalus Günther, 1864 大头胡鲇

    syn. *Tachysurus sinensis* Lacepede, 1803 华海鲇

Clarias macromystax Günther, 1864 大唇胡鲇

Clarias meladerma Bleeker, 1846 黑皮胡鲇

Clarias microstomus Ng, 2001 小口胡鲇

Clarias nebulosus Deraniyagala, 1958 云纹胡鲇

Clarias ngamensis Castelnau, 1861 钝齿胡鲇

Clarias nieuhofii Valenciennes, 1840 尼氏胡鲇

Clarias nigricans Ng, 2003 暗色胡鲇

Clarias nigromarmoratus Poll, 1967 黑斑胡鲇

Clarias olivaceus Fowler, 1904 椭圆胡鲇

Clarias pachynema Boulenger, 1903 厚丝胡鲇

Clarias planiceps Ng, 1999 马来亚胡鲇

Clarias platycephalus Boulenger, 1902 平头胡鲇

Clarias pseudoleiacanthus Sudarto, Teugels & Pouyaud, 2003 拟光刺胡鲇

Clarias pseudonieuhofii Sudarto, Teugels & Pouyaud, 2004 普氏胡鲇

Clarias salae Hubrecht, 1881 萨拉胡鲇

Clarias stappersii Boulenger, 1915 斑胡鲇

Clarias submarginatus Peters, 1882 缘胡鲇

Clarias sulcatus Ng, 2004 沟胡鲇

Clarias teijsmanni Bleeker, 1857 泰氏胡鲇

Clarias theodorae Weber, 1897 蛇胡鲇

Clarias werneri Boulenger, 1906 沃氏胡鲇

Genus *Dinotopterus* Boulenger, 1906 脂鳍胡鲇属

Dinotopterus cunningtoni Boulenger, 1906 肯氏脂鳍胡鲇

Genus *Dolichallabes* Poll, 1942 细胡鲇属

Dolichallabes microphthalmus Poll, 1942 小眼细胡鲇

Genus *Encheloclarias* Myers, 1937 鳗胡鲶属

Encheloclarias baculum Ng & Lim, 1993 茎鳗胡鲶

Encheloclarias curtisoma Ng & Lim, 1993 短身鳗胡鲶

Encheloclarias kelioides Ng & Lim, 1993 长臀鳗胡鲶

Encheloclarias prolatus Ng & Lim, 1993 婆罗洲鳗胡鲶

Encheloclarias tapeinopterus (Bleeker, 1852) 细鳍鳗胡鲶

Encheloclarias velatus Ng & Tan, 2000 多须鳗胡鲶

Genus *Gymnallabes* Günther, 1867 裸胡鲶属

Gymnallabes nops Roberts & Stewart, 1976 盲裸胡鲶

Gymnallabes typus Günther, 1867 裸胡鲶

Genus *Heterobranchus* Geoffroy Saint-Hilaire, 1808 异鳃鲶属

Heterobranchus bidorsalis Geoffroy Saint-Hilaire, 1809 双背鳍异鳃鲶

Heterobranchus boulengeri Pellegrin, 1922 博氏异鳃鲶

Heterobranchus isopterus Bleeker, 1863 等鳍异鳃鲶

Heterobranchus longifilis Valenciennes, 1840 长丝异鳃鲶

Genus *Horaglanis* Menon, 1950 盲胡鲶属

Horaglanis alikunhii Subhash Babu & Nayar, 2004 阿氏盲胡鲶

Horaglanis krishnai Menon, 1950 克氏盲胡鲶

Genus *Platyallabes* Poll, 1977 扁聋鲶属

Platyallabes tihoni (Poll, 1944) 蒂氏扁聋鲶

Genus *Platyclarias* Poll, 1977 扁胡鲶属

Platyclarias machadoi Poll, 1977 麦氏扁胡鲶

Genus *Tanganikallabes* Poll, 1943 坦噶尼喀鲶属

Tanganikallabes mortiauxi Poll, 1943 坦噶尼喀鲶

Genus *Uegitglanis* Gianferrari, 1923 无眼胡鲶属

Uegitglanis zammaranoi Gianferrari, 1923 无眼胡鲶

Genus *Xenoclarias* Greenwood, 1958 奇胡鲶属

Xenoclarias eupogon (Norman, 1928) 真须奇胡鲶

Family 153 Heteropneustidae 囊鳃鲶科

Genus *Heteropneustes* Müller, 1840 囊鳃鲶属

Heteropneustes fossilis (Bloch, 1794) 印度囊鳃鲶

Heteropneustes kemratensis (Fowler, 1937) 湄公河囊鳃鲶

Heteropneustes longipectoralis Rema Devi & Raghunathan, 1999 长胸囊鳃鲶

Heteropneustes microps (Günther, 1864) 小眼囊鳃鲶

Family 154 Austroglanidae 澳岩鲶科

Genus *Austroglanis* Skelton, Risch & de Vos, 1984 澳岩鲶属

Austroglanis barnardi (Skelton, 1981) 点斑澳岩鲶

Austroglanis gilli (Barnard, 1943) 吉氏澳岩鲶

Austroglanis sclateri (Boulenger, 1901) 南非澳岩鲶

Family 155 Claroteidae 脂鲶科

Genus *Amarginops* Nichols & Griscom, 1917 沟鲶属

Amarginops platus Nichols & Griscom, 1917 宽体沟鲶

Genus *Anaspidoglanis* Teugels, Risch, de Vos & Thys van den Audenaerde, 1991 项脂鲶属

Anaspidoglanis akiri (Risch, 1987) 阿氏项脂鲶

Anaspidoglanis boutchangai (Thys van den Audenaerde, 1965) 刚果项脂鲶

Anaspidoglanis macrostomus (Pellegrin, 1909) 大口项脂鲶

Genus *Auchenoglanis* Günther, 1865 项鲶属

Auchenoglanis biscutatus (Geoffroy Saint-Hilaire, 1809) 尼罗河项鲶

Auchenoglanis occidentalis (Valenciennes, 1840) 西方项鲶

Auchenoglanis senegali Retzer, 2010 塞氏项鲶

Genus *Bathybagrus* Bailey & Stewart, 1984 深鲶属

Bathybagrus grandis (Boulenger, 1917) 巨深鲶

Bathybagrus graueri (Steindachner, 1911) 格氏深鲶

Bathybagrus platycephalus (Worthington & Ricardo, 1937) 平头深鲶

Bathybagrus sianenna (Boulenger, 1906) 坦噶尼喀湖深鲶

Bathybagrus stappersii (Boulenger, 1917) 斯氏深鲶

Bathybagrus tetranema Bailey & Stewart, 1984 四线深鲶

Genus *Chrysichthys* Bleeker, 1858 金鲶属

Chrysichthys acsiorum Hardman, 2008 细身金鲶

Chrysichthys aluuensis Risch, 1985 阿卢金鲶

Chrysichthys ansorgii Boulenger, 1910 安氏金鲶

Chrysichthys auratus (Geoffroy Saint-Hilaire, 1809) 华丽金鲶

Chrysichthys bocagii Boulenger, 1910 博氏金鲶

Chrysichthys brachynema Boulenger, 1900 短线金鲶

Chrysichthys brevibarbis (Boulenger, 1899) 短须金鲶

Chrysichthys cranchii (Leach, 1818) 克氏金鲶

Chrysichthys dageti Risch, 1992 戴氏金鲶

Chrysichthys delhezi Boulenger, 1899 德氏金鲶

Chrysichthys dendrophorus (Poll, 1966) 穴栖金鲶

Chrysichthys depressus (Nichols & Griscom, 1917) 扁身金鲶

Chrysichthys duttoni Boulenger, 1905 邓氏金鲶

Chrysichthys habereri Steindachner, 1912 哈氏金鲶

Chrysichthys helicophagus Roberts & Stewart, 1976 壮金鲶

Chrysichthys hildae Bell-Cross, 1973 希尔达金鲶

Chrysichthys johnelsi Daget, 1959 约氏金鲶

Chrysichthys laticeps Pellegrin, 1932 侧头金鲶

Chrysichthys levequei Risch, 1988 利氏金鲶

Chrysichthys longibarbis (Boulenger, 1899) 长须金鲶

Chrysichthys longidorsalis Risch & Thys van den Audenaerde, 1981 长背金鲶

Chrysichthys mabusi Boulenger, 1905 马氏金鲶

Chrysichthys macropterus Boulenger, 1920 大鳍金鲶

Chrysichthys maurus (Valenciennes, 1840) 摩洛金鲶

Chrysichthys nigrodigitatus (Lacepède, 1803) 黑鳍金鲶

Chrysichthys nyongensis Risch & Thys van den Audenaerde, 1985 喀麦隆金鲶

Chrysichthys ogooensis (Pellegrin, 1900) 奥果金鲶

Chrysichthys okae Fowler, 1949 奥凯金鲶

Chrysichthys ornatus Boulenger, 1902 饰妆金鲶

Chrysichthys persimilis Günther, 1899 似金鲶

Chrysichthys polli Risch, 1987 波氏金鲶

Chrysichthys praecox Hardman & Stiassny, 2008 早熟金鲶

Chrysichthys punctatus Boulenger, 1899 斑金鲶

Chrysichthys rueppelli Boulenger, 1907 鲁氏金鲶

Chrysichthys sharpii Boulenger, 1901 沙氏金鲶

Chrysichthys teugelsi Risch, 1987 托氏金鲶

Chrysichthys thonneri Steindachner, 1912 索氏金鲶

Chrysichthys thysi Risch, 1985 锡氏金鲶

Chrysichthys turkana Hardman, 2008 特克纳金鲶

Chrysichthys uniformis Pellegrin, 1922 匀色金鲶

Chrysichthys wagenaari Boulenger, 1899 瓦氏金鲶

Chrysichthys walkeri Günther, 1899 沃氏金鲶

Genus *Clarotes* Kner, 1855 脂鲶属

Clarotes bidorsalis Pellegrin, 1938 双背鳍脂鲶

Clarotes laticeps (Rüppell, 1829) 塞内加尔脂鲶

Genus *Gephyroglanis* Boulenger, 1899 桥鲶属

Gephyroglanis congicus Boulenger, 1899 刚果河桥鲶

Gephyroglanis gymnorhynchus Pappenheim, 1914 裸吻桥鲶

Gephyroglanis habereri Steindachner, 1912 哈氏桥鲶

Genus *Lophiobagrus* Poll, 1942 脊鲶属

Lophiobagrus aquilus Bailey & Stewart, 1984 利棘脊鲶

Lophiobagrus asperispinis Bailey & Stewart, 1984 粗棘脊鲶

Lophiobagrus brevispinis Bailey & Stewart, 1984 短棘脊鲶

Lophiobagrus cyclurus (Worthington & Ricardo, 1937) 圆尾脊鲿

Genus *Pardiglanis* Poll, Lanza & Romoli Sassi, 1972 豹鲿属

Pardiglanis tarabinii Poll, Lanza & Romoli Sassi, 1972 塔氏豹鲿

Genus *Phyllonemus* Boulenger, 1906 叶纹鲿属

Phyllonemus brichardi Risch, 1987 坦噶尼喀湖叶纹鲿

Phyllonemus filinemus Worthington & Ricardo, 1937 丝条叶纹鲿

Phyllonemus typus Boulenger, 1906 叶纹鲿

Family 156 Ariidae 海鲇科

Genus *Amissidens* Kailola, 2004 阿密海鲇属

Amissidens hainesi (Kailola, 2000) 海氏阿密海鲇

Genus *Amphiarius* Marceniuk & Menezes, 2007 两栖海鲇属

Amphiarius phrygiatus (Valenciennes, 1840) 亚马孙河两栖海鲇

Amphiarius rugispinis (Valenciennes, 1840) 皱刺两栖海鲇

Genus *Ariopsis* Gill, 1861 拟海鲇属

Ariopsis assimilis (Günther, 1864) 大眼拟海鲇

Ariopsis felis (Linnaeus, 1766) 墨西哥拟海鲇

Ariopsis guatemalensis (Günther, 1864) 尼加拉瓜拟海鲇

Ariopsis seemanni (Günther, 1864) 西氏拟海鲇

Genus *Arius* Valenciennes, 1840 海鲇属

Arius acutirostris Day, 1877 尖吻海鲇

Arius africanus Günther, 1867 非洲海鲇

Arius arenarius (Müller & Troschel, 1849) 砂海鲇

Arius arius (Hamilton, 1822) 丝鳍海鲇 陆 台

Arius brunellii Zolezzi, 1939 布氏海鲇

Arius cous Hyrtl, 1859 利齿海鲇

Arius dispar Herre, 1926 异海鲇

Arius festinus Ng & Sparks, 2003 捷海鲇

Arius gagora (Hamilton, 1822) 孟加拉国海鲇

Arius gagorides (Valenciennes, 1840) 拟孟加拉国海鲇

Arius gigas Boulenger, 1911 巨海鲇

Arius jella Day, 1877 黑鳍海鲇

Arius latiscutatus Günther, 1864 粗硬头海鲇

Arius leptonotacanthus Bleeker, 1849 细背棘海鲇

Arius macracanthus Günther, 1864 大棘海鲇

Arius macrorhynchus (Weber, 1913) 大吻海鲇

Arius maculatus (Thunberg, 1792) 斑海鲇 陆 台

Arius madagascariensis Vaillant, 1894 马达加斯加海鲇

Arius malabaricus Day, 1877 马拉巴海鲇

Arius manillensis Valenciennes, 1840 马尼拉海鲇

Arius microcephalus Bleeker, 1855 小头海鲇 陆

Arius nudidens Weber, 1913 裸牙海鲇

Arius oetik Bleeker, 1846 奥地海鲇

Arius parkii Günther, 1864 帕克海鲇

Arius subrostratus Valenciennes, 1840 铲吻海鲇

Arius sumatranus (Anonymous [Bennett], 1830) 苏门答腊海鲇

Arius uncinatus Ng & Sparks, 2003 钩海鲇

Arius venosus Valenciennes, 1840 脉海鲇 陆

Genus *Aspistor* Jordan & Evermann, 1898 盾海鲇属

Aspistor hardenbergi (Kailola, 2000) 哈氏盾海鲇

Aspistor luniscutis (Valenciennes, 1840) 月盾海鲇

Aspistor quadriscutis (Valenciennes, 1840) 圭亚那盾海鲇

Genus *Bagre* Oken, 1817 海鳗属

Bagre bagre (Linnaeus, 1766) 巴格海鳗

Bagre marinus (Mitchill, 1815) 海鳗

Bagre panamensis (Gill, 1863) 巴拿马海鳗

Bagre pinnimaculatus (Steindachner, 1877) 翅斑海鳗

Genus *Batrachocephalus* Bleeker, 1846 蛙头鲇属

Batrachocephalus mino (Hamilton, 1822) 蛙头鲇 陆

Genus *Brustiarius* Herre, 1935 食蟹鲇属

Brustiarius nox (Herre, 1935) 诺克斯食蟹鲇

Brustiarius solidus (Herre, 1935) 印度尼西亚食蟹鲇

Genus *Carlarius* Marceniuk & Menezes, 2007 卡拉海鲇属

Carlarius heudelotii (Valenciennes, 1840) 卡拉海鲇

Genus *Cathorops* Jordan & Gilbert, 1883 俯海鲇属

Cathorops agassizii (Eigenmann & Eigenmann, 1888) 阿氏俯海鲇

Cathorops aguadulce (Meek, 1904) 墨西哥俯海鲇

Cathorops arenatus (Valenciennes, 1840) 砂栖俯海鲇

Cathorops belizensis Marceniuk & Betancur-R., 2008 贝利塞俯海鲇

Cathorops dasycephalus (Günther, 1864) 毛首俯海鲇

Cathorops fuerthii (Steindachner, 1877) 富氏俯海鲇

Cathorops higuchii Marceniuk & Betancur-R., 2008 希氏俯海鲇

Cathorops hypophthalmus (Steindachner, 1877) 下眼俯海鲇

Cathorops kailolae Marceniuk & Betancur-R., 2008 凯罗俯海鲇

Cathorops laticeps (Günther, 1864) 侧头俯海鲇

Cathorops manglarensis Marceniuk, 2007 曼格拉俯海鲇

Cathorops mapale Betancur-R. & Acero P., 2005 哥伦比亚俯海鲇

Cathorops melanopus (Günther, 1864) 黑俯海鲇

Cathorops multiradiatus (Günther, 1864) 多辐俯海鲇

Cathorops nuchalis (Günther, 1864) 裸项俯海鲇

Cathorops puncticulatus (Valenciennes, 1840) 斑点俯海鲇

Cathorops spixii (Agassiz, 1829) 施氏俯海鲇

Cathorops steindachneri (Gilbert & Starks, 1904) 史氏俯海鲇

Cathorops tuyra (Meek & Hildebrand, 1923) 图拉俯海鲇

Cathorops variolosus (Valenciennes, 1840) 杂色俯海鲇

Genus *Cephalocassis* Bleeker, 1857 头胄海鲇属

Cephalocassis borneensis (Bleeker, 1851) 波孟头胄海鲇

Cephalocassis jatia (Hamilton, 1822) 蓝色头胄海鲇

Cephalocassis manillensis (Valenciennes, 1840) 马尼拉头胄海鲇

Cephalocassis melanochir (Bleeker, 1852) 黑鳍头胄海鲇

Genus *Cinetodus* Ogilby, 1898 泳海鲇属

Cinetodus carinatus (Weber, 1913) 龙首泳海鲇

Cinetodus conorhynchus (Weber, 1913) 锥吻泳海鲇

Cinetodus crassilabris (Ramsay & Ogilby, 1886) 厚唇泳海鲇

Cinetodus froggatti (Ramsay & Ogilby, 1886) 弗氏泳海鲇

Genus *Cochlefelis* Whitley, 1941 猫海鲇属

Cochlefelis burmanica (Day, 1870) 缅甸猫海鲇

Cochlefelis danielsi (Regan, 1908) 丹氏猫海鲇

Cochlefelis insidiator (Kailola, 2000) 扁身猫海鲇

Cochlefelis spatula (Ramsay & Ogilby, 1886) 宽头猫海鲇

Genus *Cryptarius* Kailola, 2004 秘海鲇属

Cryptarius daugueti (Chevey, 1932) 多氏秘海鲇

Cryptarius truncatus (Valenciennes, 1840) 截尾秘海鲇

Genus *Galeichthys* Valenciennes, 1840 雅首海鲇属

Galeichthys ater Castelnau, 1861 黑雅首海鲇

Galeichthys feliceps Valenciennes, 1840 猫头雅首海鲇

Galeichthys peruvianus Lütken, 1874 秘鲁雅首海鲇

Galeichthys trowi Kulongowski, 2010 特罗氏雅首海鲇

Genus *Genidens* Castelnau, 1855 髯海鲇属

Genidens barbus (Lacepède, 1803) 须髯海鲇

Genidens genidens (Cuvier, 1829) 叉尾髯海鲇

Genidens machadoi Miranda Ribeiro, 1918 马氏髯海鲇

Genidens planifrons (Higuchi, Reis & Araújo, 1982) 南美髯海鲇

Genus *Hemiarius* Bleeker, 1862 半海鲇属

Hemiarius dioctes (Kailola, 2000) 菊黄半海鲇

Hemiarius harmandi Sauvage, 1880 哈氏半海鲇

Hemiarius sona (Hamilton, 1822) 索纳半海鲇

Hemiarius stormii (Bleeker, 1858) 斯氏半海鲇

Hemiarius verrucosus (Ng, 2003) 湄公河半海鲇

Genus *Hexanematichthys* Bleeker, 1858 六丝鲇属

Hexanematichthys henni Eigenmann, 1922 南美六丝鲇
Hexanematichthys mastersi (Ogilby, 1898) 马氏六丝鲇
Hexanematichthys sagor (Hamilton, 1822) 细尾六丝鲇

Genus *Ketengus* Bleeker, 1847 门齿鲇属

Ketengus typus Bleeker, 1847 门齿鲇

Genus *Nedystoma* Ogilby, 1898 腹口鲇属

Nedystoma dayi (Ramsay & Ogilby, 1886) 戴氏腹口鲇
Nedystoma novaeguineae (Weber, 1913) 新几内亚腹口鲇

Genus *Nemapteryx* Ogilby, 1908 线翼鲇属

Nemapteryx armiger (De Vis, 1884) 盔线翼鲇
Nemapteryx augusta (Roberts, 1978) 威严线翼鲇
Nemapteryx bleekeri (Popta, 1900) 布氏线翼鲇
Nemapteryx caelata (Valenciennes, 1840) 丝背线翼鲇
Nemapteryx macronotacantha (Bleeker, 1846) 大刺线翼鲇
Nemapteryx nenga (Hamilton, 1822) 宁加线翼鲇

Genus *Neoarius* Castelnau, 1878 新海鲇属

Neoarius berneyi (Whitley, 1941) 伯尼新海鲇
Neoarius coatesi (Kailola, 1990) 科氏新海鲇
Neoarius graeffei (Kner & Steindachner, 1867) 格氏新海鲇
Neoarius latirostris (Macleay, 1883) 宽吻新海鲇
Neoarius leptaspis (Bleeker, 1862) 背盾新海鲇
Neoarius midgleyi (Kailola & Pierce, 1988) 米氏新海鲇
Neoarius pectoralis (Kailola, 2000) 大胸鳍新海鲇
Neoarius taylori (Roberts, 1978) 泰氏新海鲇
Neoarius utarus (Kailola, 1990) 犹他新海鲇
Neoarius velutinus (Weber, 1907) 鹅绒新海鲇

Genus *Netuma* Bleeker, 1858 多齿海鲇属

Netuma bilineata (Valenciennes, 1840) 双线多齿海鲇 陆
  syn. *Arius bilineata* (Valenciennes, 1840) 双线海鲇
Netuma proxima (Ogilby, 1898) 近岸多齿海鲇
Netuma thalassina (Rüppell, 1837) 大头多齿海鲇 陆 台
  syn. *Arius thalassinus* (Rüppell, 1837) 大海鲇

Genus *Notarius* Gill, 1863 隆背海鲇属

Notarius armbrusteri Betancur-R. & Acero P., 2006 阿氏隆背海鲇
Notarius biffi Betancur-R & Acero P., 2004 比弗隆背海鲇
Notarius bonillai (Miles, 1945) 博尼隆背海鲇
Notarius cookei (Acero P. & Betancur-R., 2002) 库氏隆背海鲇
Notarius grandicassis (Valenciennes, 1840) 大隆背海鲇
Notarius insculptus (Jordan & Gilbert, 1883) 巴拿马隆背海鲇
Notarius kessleri (Steindachner, 1877) 凯氏隆背海鲇
Notarius lentiginosus (Eigenmann & Eigenmann, 1888) 雀斑隆背海鲇
Notarius neogranatensis (Acero P. & Betancur-R., 2002) 哥伦比亚隆背海鲇
Notarius osculus (Jordan & Gilbert, 1883) 接吻隆背海鲇
Notarius planiceps (Steindachner, 1877) 平头隆背海鲇
Notarius troschelii (Gill, 1863) 特氏隆背海鲇

Genus *Occidentarius* Betancur-R. & Acero P., 2007 西海鲇属

Occidentarius platypogon (Günther, 1864) 扁须西海鲇

Genus *Osteogeneiosus* Bleeker, 1846 骨颊海鲇属

Osteogeneiosus militaris (Linnaeus, 1758) 骨颊海鲇

Genus *Plicofollis* Kailola, 2004 褶囊海鲇属

Plicofollis argyropleuron (Valenciennes, 1840) 银胸褶囊海鲇
Plicofollis dussumieri (Valenciennes, 1840) 杜氏褶囊海鲇
Plicofollis magatensis (Herre, 1926) 吕宋褶囊海鲇
Plicofollis nella (Valenciennes, 1840) 内尔褶囊海鲇 陆 台
  syn. *Arius leiotetodephalus* Bleeker, 1846 硬头海鲇
  syn. *Arius nella* (Valenciennes, 1840) 内尔海鲇
Plicofollis platystomus (Day, 1877) 平口褶囊海鲇

Plicofollis polystaphylodon (Bleeker, 1846) 葡齿褶囊海鲇 台
Plicofollis tenuispinis (Day, 1877) 窄刺褶囊海鲇
Plicofollis tonggol (Bleeker, 1846) 巴基斯坦褶囊海鲇

Genus *Potamarius* Hubbs & Miller, 1960 江海鲇属

Potamarius grandoculis (Steindachner, 1877) 南美江海鲇
Potamarius izabalensis Hubbs & Miller, 1960 危地马拉江海鲇
Potamarius nelsoni (Evermann & Goldsborough, 1902) 尼氏江海鲇
Potamarius usumacintae Betancur-R. & Willink, 2007 乌苏马江海鲇

Genus *Sciades* Müller & Troschel, 1849 沼海鲇属

Sciades couma (Valenciennes, 1840) 糙头沼海鲇
Sciades dowii (Gill, 1863) 道氏沼海鲇
Sciades herzbergii (Bloch, 1794) 赫氏沼海鲇
Sciades parkeri (Traill, 1832) 帕克沼海鲇
Sciades passany (Valenciennes, 1840) 截吻沼海鲇
Sciades paucus (Kailola, 2000) 强颌沼海鲇
Sciades proops (Valenciennes, 1840) 加勒比海沼海鲇

Genus *Tandanus* Mitchell, 1838 澳洲鳗鲇属

Tandanus bostocki Whitley, 1944 紫色澳洲鳗鲇
Tandanus tandanus (Mitchell, 1838) 澳洲鳗鲇

Family 157 Schilbeidae 锡伯鲇科

Genus *Ailia* Gray, 1830 艾利鲇属

Ailia coila (Hamilton, 1822) 巴基斯坦艾利鲇

Genus *Ailiichthys* Day, 1872 光背鲇属

Ailiichthys punctata Day, 1872 斑点光背鲇

Genus *Clupisoma* Swainson, 1838 鲱鲇属

Clupisoma bastari Datta & Karmakar, 1980 巴氏鲱鲇
Clupisoma garua (Hamilton, 1822) 加鲁鲱鲇
Clupisoma longianalis (Huang, 1981) 长臀鲱鲇
  syn. *Epactionotus longianalis* Huang, 1981 长臀刀鲇
Clupisoma montana Hora, 1937 蒙大拿鲱鲇
Clupisoma naziri Mirza & Awan, 1973 纳氏鲱鲇
Clupisoma nujiangense Chen, Ferraris & Yang, 2005 怒江鲱鲇 陆
Clupisoma prateri Hora, 1937 帕氏鲱鲇
Clupisoma roosae Ferraris, 2004 棱腹鲱鲇
Clupisoma sinense (Huang, 1981) 中华鲱鲇 陆
  syn. *Platytropius sinense* Huang, 1981 中华刀鲇

Genus *Eutropiichthys* Bleeker, 1862 真热带鲇属

Eutropiichthys britzi Ferraris & Vari, 2007 布氏真热带鲇
Eutropiichthys burmannicus Day, 1877 缅甸真热带鲇
Eutropiichthys goongwaree (Sykes, 1839) 古沃尔真热带鲇
Eutropiichthys murius (Hamilton, 1822) 鼠形真热带鲇
Eutropiichthys salweenensis Ferraris & Vari, 2007 萨尔温江真热带鲇
Eutropiichthys vacha (Hamilton, 1822) 巴基斯坦真热带鲇

Genus *Irvineia* Trewavas, 1943 欧文锡伯鲇属

Irvineia orientalis Trewavas, 1964 东方欧文锡伯鲇
Irvineia voltae Trewavas, 1943 沃尔特欧文锡伯鲇

Genus *Laides* Jordan, 1919 莱丝鲇属

Laides hexanema (Bleeker, 1852) 六丝莱丝鲇
Laides longibarbis (Fowler, 1934) 长须莱丝鲇

Genus *Neotropius* Kulkarni, 1952 新锡伯鲇属

Neotropius acutirostris (Day, 1870) 尖吻新锡伯鲇
Neotropius atherinoides (Bloch, 1794) 银汉新锡伯鲇
Neotropius khavalchor Kulkarni, 1952 印度新锡伯鲇
Neotropius mitchelli (Günther, 1864) 米氏新锡伯鲇

Genus *Parailia* Boulenger, 1899 副沙鲇属

Parailia congica Boulenger, 1899 康吉副沙鲇
Parailia occidentalis (Pellegrin, 1901) 西域副沙鲇
Parailia pellucida (Boulenger, 1901) 玻璃副沙鲇
Parailia somalensis (Vinciguerra, 1897) 索马里副沙鲇

Parailia spiniserrata Svensson, 1933 锯棘副沙鲇

Genus *Pareutropius* Regan, 1920 热带锡鲇属

Pareutropius buffei (Gras, 1961) 布氏热带锡鲇

Pareutropius debauwi (Boulenger, 1900) 德氏热带锡鲇

Pareutropius longifilis (Steindachner, 1914) 长丝热带锡鲇

Pareutropius mandevillei Poll, 1959 刚果河热带锡鲇

Genus *Platytropius* Hora, 1937 刀鲇属

Platytropius siamensis (Sauvage, 1883) 刀鲇

Genus *Proeutropiichthys* Hora, 1937 原热带鲇属

Proeutropiichthys taakree macropthalmos (Blyth, 1860) 大眼原热带鲇

Proeutropiichthys taakree taakree (Sykes, 1839) 塔克原热带鲇

Genus *Pseudeutropius* Bleeker, 1862 似刀鲇属

Pseudeutropius brachypopterus (Bleeker, 1858) 短鳍似刀鲇

Pseudeutropius buchanani (Valenciennes, 1840) 巴氏似刀鲇

Pseudeutropius moolenburghae Weber & de Beaufort, 1913 穆伦似刀鲇

Genus *Schilbe* Oken, 1817 锡伯鲇属

Schilbe angolensis (De Vos, 1984) 安哥拉锡伯鲇

Schilbe banguelensis (Boulenger, 1911) 邦吉锡伯鲇

Schilbe bocagii (Guimarães, 1884) 博氏锡伯鲇

Schilbe brevianalis (Pellegrin, 1929) 短臀锡伯鲇

Schilbe congensis (Leach, 1818) 贡吉锡伯鲇

Schilbe djeremi (Thys van den Audenaerde & De Vos, 1982) 迪氏锡伯鲇

Schilbe durinii (Gianferrari, 1932) 杜氏锡伯鲇

Schilbe grenfelli (Boulenger, 1900) 格氏锡伯鲇

Schilbe intermedius Rüppell, 1832 中间锡伯鲇

Schilbe laticeps (Boulenger, 1899) 侧头锡伯鲇

Schilbe mandibularis (Günther, 1867) 大颚锡伯鲇

Schilbe marmoratus Boulenger, 1911 大斑锡伯鲇

Schilbe micropogon (Trewavas, 1943) 小须锡伯鲇

Schilbe moebiusii (Pfeffer, 1896) 莫氏锡伯鲇

Schilbe multitaeniatus (Pellegrin, 1913) 多带锡伯鲇

Schilbe mystus (Linnaeus, 1758) 红线锡伯鲇

Schilbe nyongensis (De Vos, 1981) 尼翁锡伯鲇

Schilbe tumbanus (Pellegrin, 1926) 通布锡伯鲇

Schilbe uranoscopus Rüppell, 1832 瞻星锡伯鲇

Schilbe yangambianus (Poll, 1954) 大口锡伯鲇

Schilbe zairensis De Vos, 1995 刚果锡伯鲇

Genus *Silonia* Swainson, 1838 西隆鲇属

Silonia childreni (Sykes, 1839) 奇氏西隆鲇

Silonia silondia (Hamilton, 1822) 巴基斯坦西隆鲇

Genus *Siluranodon* Bleeker, 1858 大齿锡伯鲇属

Siluranodon auritus (Geoffroy Saint-Hilaire, 1809) 金黄大齿锡伯鲇

Family 158 Pangasiidae 鲿鲇科

Genus *Helicophagus* Bleeker, 1857 螺鲿属

Helicophagus leptorhynchus Ng & Kottelat, 2000 小吻螺鲿

Helicophagus typus Bleeker, 1858 螺鲿

Helicophagus waandersii Bleeker, 1858 湄公河螺鲿

Genus *Pangasianodon* Chevey, 1931 无齿鲿属

Pangasianodon gigas Chevey, 1931 巨无齿鲿

Pangasianodon hypophthalmus (Sauvage, 1878) 低眼无齿鲿 [陆引]

    syn. *Pangasius sutchi* Fowler, 1937 苏氏圆腹鲿

Genus *Pangasius* Valenciennes, 1840 鲿属

Pangasius beani Smith, 1931 粗尾鲿 [陆]

Pangasius bocourti Sauvage, 1880 博氏鲿

Pangasius conchophilus Roberts & Vidthayanon, 1991 嗜贝鲿

Pangasius djambal Bleeker, 1846 贾巴鲿

Pangasius elongatus Pouyaud, Gustiano & Teugels, 2002 长身鲿

Pangasius humeralis Roberts, 1989 大肩鲿

Pangasius kinabatanganensis Roberts & Vidthayanon, 1991 马来亚鲿

Pangasius krempfi Fang & Chaux, 1949 克氏鲿 [陆]

    syn. *Sinopangasius semicultratus* Chang & Wu, 1964 半棱华鲿

Pangasius kunyit Pouyaud, Teugels & Legendre, 1999 库氏鲿

Pangasius larnaudii Bocourt, 1866 拉氏鲿

Pangasius lithostoma Roberts, 1989 石口鲿

Pangasius macronema Bleeker, 1851 大线鲿

Pangasius mahakamensis Pouyaud, Gustiano & Teugels, 2002 加里曼丹鲿

Pangasius mekongensis Gustiano, Teugels & Pouyaud, 2003 湄公河鲿

Pangasius myanmar Roberts & Vidthayanon, 1991 鼠眼鲿

Pangasius nasutus (Bleeker, 1863) 细尾鲿 [陆]

Pangasius nieuwenhuisii (Popta, 1904) 尼氏鲿

Pangasius pangasius (Hamilton, 1822) 鲿

Pangasius polyuranodon Bleeker, 1852 多齿鲿

Pangasius rheophilus Pouyaud & Teugels, 2000 喜溪鲿

Pangasius sabahensis Gustiano, Teugels & Pouyaud, 2003 沙巴鲿

Pangasius sanitwongsei Smith, 1931 长丝鲿 [陆]

Pangasius tubbi Inger & Chin, 1959 图氏鲿

Genus *Pseudolais* Vaillant, 1902 拟鲿属

Pseudolais micronemus (Bleeker, 1847) 短须拟鲿 [陆]

    syn. *Pangasius micronemus* Bleeker, 1847 短须鲿

Pseudolais pleurotaenia (Sauvage, 1878) 胸纹拟鲿

Family 159 Bagridae 鲿科

Genus *Bagrichthys* Bleeker, 1857 唇齿鲿属

Bagrichthys hypselopterus (Bleeker, 1852) 唇齿鲿

Bagrichthys macracanthus (Bleeker, 1854) 大刺唇齿鲿

Bagrichthys macropterus (Bleeker, 1853) 大鳍唇齿鲿

Bagrichthys majusculus Ng, 2002 黑身唇齿鲿

Bagrichthys micranodus Roberts, 1989 婆罗洲唇齿鲿

Bagrichthys obscurus Ng, 1999 暗灰唇齿鲿

Bagrichthys vaillantii (Popta, 1906) 维氏唇齿鲿

Genus *Bagroides* Bleeker, 1851 仿鲿属

Bagroides hirsutus (Herre, 1934) 粗仿鲿

Bagroides melapterus Bleeker, 1851 黑鳍仿鲿

Genus *Bagrus* Bosc, 1816 鲿属

Bagrus bajad (Forsskål, 1775) 巴佳鲿

Bagrus caeruleus Roberts & Stewart, 1976 淡黑鲿

Bagrus degeni Boulenger, 1906 德氏鲿

Bagrus docmak (Forsskål, 1775) 多克玛鲿

Bagrus filamentosus Pellegrin, 1924 线鲿

Bagrus lubosicus Lönnberg, 1924 大眼鲿

Bagrus meridionalis Günther, 1894 南鲿

Bagrus orientalis Boulenger, 1902 东方鲿

Bagrus ubangensis Boulenger, 1902 刚果鲿

Bagrus urostigma Vinciguerra, 1895 尾点鲿

Genus *Batasio* Blyth, 1860 巴塔鲿属

Batasio affinis Blyth, 1860 大斑巴塔鲿

Batasio batasio (Hamilton, 1822) 巴塔鲿

Batasio dayi (Vinciguerra, 1890) 戴氏巴塔鲿

Batasio elongatus Ng, 2004 长身巴塔鲿

Batasio fasciolatus Ng, 2006 条纹巴塔鲿

Batasio feruminatus Ng & Kottelat, 2007 纵带巴塔鲿

Batasio fluviatilis (Day, 1888) 河栖巴塔鲿

Batasio macronotus Ng & Edds, 2004 大背巴塔鲿

Batasio merianiensis (Chaudhuri, 1913) 梅里恩巴塔鲿

Batasio pakistanicus Mirza & Jan, 1989 巴基斯坦巴塔鲿

Batasio procerus Ng, 2008 高背巴塔鲿

Batasio sharavatiensis Bhatt & Jayaram, 2004 黄尾巴塔鲿

Batasio spilurus Ng, 2006 斑点巴塔鲿

Batasio tengana (Hamilton, 1822) 坦氏巴塔鲿

Batasio tigrinus Ng & Kottelat, 2001 泰国巴塔鲿

Batasio travancoria Hora & Law, 1941 印度巴塔鲿

Genus *Chandramara* Jayaram, 1972 昌德拉鲿属

Chandramara chandramara (Hamilton, 1822) 昌德拉鲿

Genus *Coreobagrus* Mori, 1936 朝鲜鲿属

Coreobagrus brevicorpus Mori, 1936 短身朝鲜鲿

Coreobagrus ichikawai Okada & Kubota, 1957 石川氏朝鲜鲿

Genus *Hemibagrus* Bleeker, 1862 半鲿属

Hemibagrus amemiyai (Kimura, 1934) 阿氏半鲿

Hemibagrus baramensis (Regan, 1906) 巴兰半鲿

Hemibagrus bongan (Popta, 1904) 邦加半鲿

Hemibagrus caveatus Ng, Wirjoatmodjo & Hadiaty, 2001 洞栖半鲿

Hemibagrus centralus Mai, 1978 大刺半鲿

Hemibagrus chrysops Ng & Dodson, 1999 金眼半鲿

Hemibagrus filamentus (Fang & Chaux, 1949) 丝鳍半鲿

Hemibagrus fortis (Popta, 1904) 强体半鲿

Hemibagrus furcatus Ng, Martin-Smith & Ng, 2000 叉尾半鲿

Hemibagrus gracilis Ng & Ng, 1995 细身半鲿

Hemibagrus guttatus (Lacepède, 1803) 斑点半鲿 陆

    syn. *Mystus guttatus* (Lacepède, 1803) 斑鲿

Hemibagrus hainanensis (Tchang, 1935) 海南半鲿 陆

Hemibagrus hoevenii (Bleeker, 1846) 霍氏半鲿

Hemibagrus hongus Mai, 1978 红河半鲿

Hemibagrus imbrifer Ng & Ferraris, 2000 多椎半鲿

Hemibagrus johorensis (Herre, 1940) 柔佛半鲿

Hemibagrus macropterus Bleeker, 1870 大鳍半鲿 陆

    syn. *Mystus macropterus* (Bleeker, 1870) 大鳍鲿

Hemibagrus maydelli (Rössel, 1964) 马氏半鲿

Hemibagrus menoda (Hamilton, 1822) 新月半鲿

Hemibagrus microphthalmus (Day, 1877) 小眼半鲿

Hemibagrus nemurus (Valenciennes, 1840) 线尾半鲿 陆

    syn. *Mystus nemurus* (Valenciennes, 1840) 丝尾鲿

Hemibagrus olyroides (Roberts, 1989) 奥利罗半鲿

Hemibagrus peguensis (Boulenger, 1894) 伊洛瓦底江半鲿

Hemibagrus planiceps (Valenciennes, 1840) 平头半鲿

Hemibagrus pluriradiatus (Vaillant, 1892) 多辐半鲿 陆

    syn. *Mystus pluriradiatus* (Vaillant, 1892) 越鲿

Hemibagrus punctatus (Jerdon, 1849) 小斑半鲿

Hemibagrus sabanus (Inger & Chin, 1959) 沙巴半鳍

Hemibagrus spilopterus Ng & Rainboth, 1999 斑鳍半鲿

Hemibagrus variegatus Ng & Ferraris, 2000 杂色半鲿

Hemibagrus velox Tan & Ng, 2000 捷速半鲿

Hemibagrus vietnamicus Mai, 1978 越南半鲿

Hemibagrus wyckii (Bleeker, 1858) 威氏半鲿

Hemibagrus wyckioides (Fang & Chaux, 1949) 似威氏半鲿

Genus *Hemileiocassis* Ng & Lim, 2000 半鮠属

Hemileiocassis panjang Ng & Lim, 2000 潘杰半鮠

Genus *Horabagrus* Jayaram, 1955 下眼鲿属

Horabagrus brachysoma (Günther, 1864) 短体下眼鲿

Horabagrus nigricollaris Pethiyagoda & Kottelat, 1994 黑项下眼鲿

Genus *Hyalobagrus* Ng & Kottelat, 1998 透明鲿属

Hyalobagrus flavus Ng & Kottelat, 1998 金黄透明鲿

Hyalobagrus leiacanthus Ng & Kottelat, 1998 滑棘透明鲿

Hyalobagrus ornatus (Duncker, 1904) 饰妆透明鲿

Genus *Leiocassis* Bleeker, 1857 鮠属

Leiocassis aculeatus Ng & Hadiaty, 2005 尖鮠

Leiocassis collinus Ng & Lim, 2006 小山鮠

Leiocassis crassilabris Günther, 1864 粗唇鮠 陆

Leiocassis doriae Regan, 1913 襄鮠

Leiocassis herzensteini (Berg, 1907) 黑龙江鮠

Leiocassis hosii Regan, 1906 霍氏鮠

Leiocassis longibarbus Cui, 1990 长须鮠 陆

Leiocassis longirostris Günther, 1864 长吻鮠 陆

Leiocassis macropterus Vaillant, 1902 大鳍鮠

Leiocassis micropogon (Bleeker, 1852) 小须鮠

Leiocassis poecilopterus (Valenciennes, 1840) 花鳍鮠

Leiocassis saravacensis Boulenger, 1894 色拉湾鮠

Leiocassis tenebricus Ng & Lim, 2006 喜暗鮠

Leiocassis tenuifurcatus Nichols, 1931 叉尾鮠 陆

Genus *Mystus* Scopoli, 1777 鲿属

Mystus abbreviatus (Valenciennes, 1840) 短鲿

Mystus alasensis Ng & Hadiaty, 2005 长须鲿

Mystus albolineatus Roberts, 1994 白条鲿

Mystus ankutta Pethiyagoda, Silva & Maduwage, 2008 恩库鲿

Mystus armatus (Day, 1865) 武装鲿

Mystus armiger Ng, 2004 马来亚鲿

Mystus atrifasciatus Fowler, 1937 黑纹鲿

Mystus bimaculatus (Volz, 1904) 双斑鲿

Mystus bleekeri (Day, 1877) 布氏鲿

Mystus bocourti (Bleeker, 1864) 博氏鲿

Mystus canarensis Grant, 1999 卡纳鲿

Mystus castaneus Ng, 2002 栗色鲿

Mystus cavasius (Hamilton, 1822) 脂鲿

Mystus chinensis (Steindachner, 1883) 中国鲿 陆

Mystus cineraceus Ng & Kottelat, 2009 灰鲿

Mystus elongatus (Günther, 1864) 长鲿

Mystus falcarius Chakrabarty & Ng, 2005 镰鳍鲿

Mystus gulio (Hamilton, 1822) 潮鲿

Mystus horai Jayaram, 1954 何氏鲿

Mystus impluviatus Ng, 2003 雨鲿

Mystus keletius (Valenciennes, 1840) 小鲿

Mystus leucophasis (Blyth, 1860) 白鲿

Mystus malabaricus (Jerdon, 1849) 马拉巴尔鲿

Mystus montanus (Jerdon, 1849) 高山鲿

Mystus multiradiatus Roberts, 1992 多辐鲿

Mystus mysticetus Roberts, 1992 秘鲿

Mystus nigriceps (Valenciennes, 1840) 黑头鲿

Mystus oculatus (Valenciennes, 1840) 大眼鲿

Mystus pelusius (Solander, 1794) 黏鲿

Mystus pulcher (Chaudhuri, 1911) 美鲿

Mystus punctifer Ng, Wirjoatmodjo & Hadiaty, 2001 点斑鲿

Mystus rhegma Fowler, 1935 裂鲿

Mystus rufescens (Vinciguerra, 1890) 浅红鲿

Mystus seengtee (Sykes, 1839) 印度鲿

Mystus singaringan (Bleeker, 1846) 辛格鲿

Mystus tengara (Hamilton, 1822) 恒河鲿

Mystus vittatus (Bloch, 1794) 条纹鲿

Mystus wolffii (Bleeker, 1851) 沃氏鲿

Genus *Nanobagrus* Mo, 1991 矮鮠属

Nanobagrus armatus (Vaillant, 1902) 盔矮鮠

Nanobagrus immaculatus Ng, 2008 无斑矮鮠

Nanobagrus nebulosus Ng & Tan, 1999 云斑矮鮠

Nanobagrus stellatus Tan & Ng, 2000 星斑矮鮠

Nanobagrus torquatus Thomson, López, Hadiaty & Page, 2008 托尔奎矮鮠

Genus *Olyra* McClelland, 1842 独焰鲇属

Olyra burmanica Day, 1872 缅甸独焰鲇

Olyra collettii (Steindachner, 1881) 科氏独焰鲇

Olyra horae (Prashad & Mukerji, 1929) 霍氏独焰鲇

Olyra kempi Chaudhuri, 1912 肯氏独焰鲇

Olyra longicaudata McClelland, 1842 长尾独焰鲇

Genus *Pelteobagrus* Bleeker, 1864 黄颡鱼属

Pelteobagrus brashnikowi (Berg, 1907) 布氏黄颡鱼

Pelteobagrus eupogon (Boulenger, 1892) 长须黄颡鱼 陆

Pelteobagrus fulvidraco (Richardson, 1846) 黄颡鱼 陆

Pelteobagrus intermedius (Nichols & Pope, 1927) 中间黄颡鱼 陆

Pelteobagrus nudiceps (Sauvage, 1883) 叉尾黄颡鱼

Pelteobagrus ussuriensis (Dybowski, 1872) 乌苏里黄颡鱼 陆

    syn. *Pseudobagrus ussuriensis* (Dybowski, 1872) 乌苏里拟鲿

Pelteobagrus vachellii (Richardson, 1846) 瓦氏黄颡鱼 陆

Genus *Pseudobagrus* Bleeker, 1859 拟鲿属

Pseudobagrus adiposalis Oshima, 1919 长脂拟鲿 陆 台

Pseudobagrus albomarginatus (Rendahl, 1928) 白边拟鲿 陆

Pseudobagrus analis (Nichols, 1930) 长臀拟鲿 陆

Pseudobagrus aurantiacus (Temminck & Schlegel, 1846) 橘色拟鲿

Pseudobagrus brachyrhabdion Cheng, Ishihara & Zhang, 2008 短须拟鲿

Pseudobagrus brevianalis Regan, 1908 短臀拟鲿 陆 台

Pseudobagrus brevicaudatus (Wu, 1930) 短尾拟鲿 陆

Pseudobagrus emarginatus (Regan, 1913) 凹尾拟鲿 陆

Pseudobagrus eupogoides Wu, 1930 似真须拟鲿

Pseudobagrus gracilis Li, Chen & Chan, 2005 细身拟鲿 陆

Pseudobagrus henryi (Herre, 1932) 亨氏拟鲿

Pseudobagrus hoi (Pellegrin & Fang, 1940) 霍氏拟鲿

Pseudobagrus hwanghoensis (Mori, 1933) 黄河拟鲿 陆

Pseudobagrus kaifenensis (Tchang, 1934) 开封拟鲿 陆

Pseudobagrus koreanus Uchida, 1990 朝鲜拟鲿

Pseudobagrus kyphus Mai, 1978 侧斑拟鲿 陆

Pseudobagrus medianalis (Regan, 1904) 中臀拟鲿 陆

Pseudobagrus mica (Gromov, 1970) 小拟鲿

Pseudobagrus microps (Rendahl, 1932) 小眼拟鲿

Pseudobagrus nubilosus Ng & Freyhof, 2007 云斑拟鲿

Pseudobagrus omeihensis (Nichols, 1941) 峨眉拟鲿 陆

Pseudobagrus ondon Shaw, 1930 盎堂拟鲿 陆

Pseudobagrus pratti (Günther, 1892) 细体拟鲿 陆

Pseudobagrus ransonnettii Steindachner, 1877 兰氏拟鲿

Pseudobagrus rendahli (Pellegrin & Fang, 1940) 伦氏拟鲿

Pseudobagrus sinyanensis (Fu, 1935) 信阳拟鲿 陆

Pseudobagrus taeniatus (Günther, 1873) 条纹拟鲿 陆

Pseudobagrus taiwanensis Oshima, 1919 台湾拟鲿

Pseudobagrus tenuis (Günther, 1873) 圆尾拟鲿 陆

Pseudobagrus tokiensis Döderlein, 1887 越南拟鲿

Pseudobagrus trilineatus (Zheng, 1979) 三线拟鲿 陆

Pseudobagrus truncatus (Regan, 1913) 切尾拟鲿 陆

Pseudobagrus wangi Miao, 1934 王氏拟鲿

Pseudobagrus wittenburgii Popta, 1911 威氏拟鲿

Genus *Pseudomystus* Jayaram, 1968 拟鳠属

Pseudomystus bomboides Kottelat, 2000 白条拟鳠

Pseudomystus breviceps (Regan, 1913) 短头拟鳠

Pseudomystus carnosus Ng & Lim, 2005 食肉拟鳠

Pseudomystus flavipinnis Ng & Rachmatika, 1999 金黄拟鳠

Pseudomystus fumosus Ng & Lim, 2005 烟色拟鳠

Pseudomystus funebris Ng, 2010 斜带拟鳠

Pseudomystus fuscus (Popta, 1904) 棕色拟鳠

Pseudomystus heokhuii Lim & Ng, 2008 赫氏拟鳠

Pseudomystus inornatus (Boulenger, 1894) 丑拟鳠

Pseudomystus leiacanthus (Weber & de Beaufort, 1912) 滑棘拟鳠

Pseudomystus mahakamensis (Vaillant, 1902) 马哈加拟鳠

Pseudomystus moeschii (Boulenger, 1890) 莫氏拟鳠

Pseudomystus myersi (Roberts, 1989) 迈氏拟鳠

Pseudomystus robustus (Inger & Chin, 1959) 壮拟鳠

Pseudomystus rugosus (Regan, 1913) 皱纹拟鳠

Pseudomystus siamensis (Regan, 1913) 暹罗拟鳠

Pseudomystus sobrinus Ng & Freyhof, 2005 越南拟鳠

Pseudomystus stenogrammus Ng & Siebert, 2005 窄条拟鳠

Pseudomystus stenomus (Valenciennes, 1840) 窄身拟鳠

Pseudomystus vaillanti (Regan, 1913) 瓦氏拟鳠

Genus *Rama* Bleeker, 1858 枝鳠属

Rama rama (Hamilton, 1822) 印度枝鳠

Genus *Rita* Bleeker, 1853 丽塔鲇属

Rita chrysea Day, 1877 金色丽塔鲇

Rita gogra (Sykes, 1839) 钝吻丽塔鲇

Rita kuturnee (Sykes, 1839) 矛丽塔鲇

Rita macracanthus Ng, 2004 大刺丽塔鲇

Rita rita (Hamilton, 1822) 丽塔鲇

Rita sacerdotum Anderson, 1879 厚身丽塔鲇

Genus *Sperata* Holly, 1939 诺鲿属

Sperata acicularis Ferraris & Runge, 1999 尖刺诺鲿

Sperata aor (Hamilton, 1822) 刀诺鲿

Sperata aorella (Blyth, 1858) 小刀诺鲿

Sperata seenghala (Sykes, 1839) 月尾诺鲿

Genus *Tachysurus* Lacepède, 1803 疯鲿属

Tachysurus argentivittatus (Regan, 1905) 纵带疯鲿 陆

    syn. *Leiocassis argentivittatus* (Regan, 1905) 纵带鮠

Tachysurus longispinalis (Boulenger, 1899) 长翼疯鲿

    syn. *Chrysichthys longipinnis* (Boulenger, 1899) 长翼金鲿

Tachysurus nitidus (Sauvage & Dabry de Thiersant, 1874) 光泽疯鲿

    syn. *Pseudobagrus fui* Miao, 1934 傅氏拟鲿

    syn. *Pseudobagrus nitidu* Sauvage & Dabry de Thiersant, 1874 光泽拟鲿

Tachysurus spilotus Ng, 2009 污斑疯鲿

Tachysurus virgatus (Oshima, 1926) 纵纹疯鲿 陆

    syn. *Pseudobagrus virgatus* (Oshima, 1926) 纵带拟鲿

Family 160 Pimelodidae 油鲇科

Genus *Aguarunichthys* Stewart, 1986 魅鲇属

Aguarunichthys inpai Zuanon, Rapp Py-Daniel & Jégu, 1993 英氏魅鲇

Aguarunichthys tocantinsensis Zuanon, Rapp Py-Daniel & Jégu, 1993 巴西魅鲇

Aguarunichthys torosus Stewart, 1986 秘鲁魅鲇

Genus *Bagropsis* Lütken, 1874 油鲿属

Bagropsis reinhardti Lütken, 1874 莱氏油鲿

Genus *Bergiaria* Eigenmann & Norris, 1901 伯杰油鲇属

Bergiaria platana (Steindachner, 1908) 阿根廷伯杰油鲇

Bergiaria westermanni (Lütken, 1874) 韦氏伯杰油鲇

Genus *Brachyplatystoma* Bleeker, 1862 短平口鲇属

Brachyplatystoma capapretum Lundberg & Akama, 2005 细齿短平口鲇

Brachyplatystoma filamentosum (Lichtenstein, 1819) 丝条短平口鲇

Brachyplatystoma juruense (Boulenger, 1898) 朱鲁短平口鲇

Brachyplatystoma platynemum Boulenger, 1898 扁头短平口鲇

Brachyplatystoma rousseauxii (Castelnau, 1855) 鲁氏短平口鲇

Brachyplatystoma tigrinum (Britski, 1981) 虎纹短平口鲇

Brachyplatystoma vaillantii (Valenciennes, 1840) 伐氏短平口鲇

Genus *Calophysus* Müller & Troschel, 1843 美须鲿属

Calophysus macropterus (Lichtenstein, 1819) 大鳍美须鲿

Genus *Cheirocerus* Eigenmann, 1917 豚角鲇属

Cheirocerus abuelo (Schultz, 1944) 长须豚角鲇

Cheirocerus eques Eigenmann, 1917 驹豚角鲇

Cheirocerus goeldii (Steindachner, 1908) 戈氏豚角鲇

Genus *Conorhynchos* Bleeker, 1858 锥吻鲇属

Conorhynchos conirostris (Valenciennes, 1840) 锥吻鲇

Genus *Duopalatinus* Eigenmann & Eigenmann, 1888 厚颌甲鲇属

Duopalatinus emarginatus (Valenciennes, 1840) 无边厚颌甲鲇

Duopalatinus peruanus Eigenmann & Allen, 1942 秘鲁厚颌甲鲇

Genus *Exallodontus* Lundberg, Mago-Leccia & Nass, 1991 外齿油鲇属

Exallodontus aguanai Lundberg, Mago-Leccia & Nass, 1991 阿氏外齿油鲇

Genus *Hemisorubim* Bleeker, 1862 半丘油鲇属

Hemisorubim platyrhynchos (Valenciennes, 1840) 扁吻半丘油鲇

Genus *Hypophthalmus* Cuvier, 1829 低眼鲇属

Hypophthalmus edentatus Spix & Agassiz, 1829 无齿低眼鲇

Hypophthalmus fimbriatus Kner, 1858 缨低眼鲇

Hypophthalmus marginatus Valenciennes, 1840 缘边低眼鲇

Hypophthalmus oremaculatus Nani & Fuster, 1947 山斑低眼鲇

Genus *Iheringichthys* Eigenmann & Norris, 1900 伊林油鲇属

Iheringichthys labrosus (Lütken, 1874) 南美伊林油鲇

Iheringichthys megalops Eigenmann & Ward, 1907 大眼伊林油鲇

Genus *Lacantunia* Rodiles-Hernández, Hendrickson & Lundberg, 2005 石狗鲇属

Lacantunia enigmatica Rodiles-Hernández, Hendrickson & Lundberg, 2005 墨西哥石狗鲇

Genus *Leiarius* Bleeker, 1862 滑油鲇属

Leiarius arekaima (Jardine & Schomburgk, 1841) 奥卡马滑油鲇

Leiarius longibarbis (Castelnau, 1855) 长须滑油鲇

Leiarius marmoratus (Gill, 1870) 云纹滑油鲇

Leiarius pictus (Müller & Troschel, 1849) 绣滑油鲇

Genus *Luciopimelodus* Eigenmann & Eigenmann, 1888 梭油鲇属

Luciopimelodus pati (Valenciennes, 1835) 帕氏梭油鲇

Genus *Megalonema* Eigenmann, 1912 大丝油鲇属

Megalonema amaxanthum Lundberg & Dahdul, 2008 阿马兴大丝油鲇

Megalonema argentinum (MacDonagh, 1938) 阿根廷大丝油鲇

Megalonema orixanthum Lundberg & Dahdul, 2008 黄嘴大丝油鲇

Megalonema pauciradiatum Eigenmann, 1919 少辐大丝油鲇

Megalonema platanum (Günther, 1880) 狡大丝油鲇

Megalonema platycephalum Eigenmann, 1912 扁头大丝油鲇

Megalonema psammium Schultz, 1944 喜沙大丝油鲇

Megalonema xanthum Eigenmann, 1912 黄体大丝油鲇

Genus *Parapimelodus* La Monte, 1933 副油鲇属

Parapimelodus nigribarbis (Boulenger, 1889) 黑须副油鲇

Parapimelodus valenciennis (Lütken, 1874) 瓦氏副油鲇

Genus *Perrunichthys* Schultz, 1944 佩朗油鲇属

Perrunichthys perruno Schultz, 1944 佩朗油鲇

Genus *Phractocephalus* Agassiz, 1829 护头鲿属

Phractocephalus hemioliopterus (Bloch & Schneider, 1801) 红尾护头鲿

Genus *Pimelodina* Steindachner, 1876 怖油鲇属

Pimelodina flavipinnis Steindachner, 1876 黄翅怖油鲇

Genus *Pimelodus* Lacepède, 1803 油鲇属

Pimelodus absconditus Azpelicueta, 1995 隐油鲇

Pimelodus albicans (Valenciennes, 1840) 白油鲇

Pimelodus albofasciatus Mees, 1974 白纹油鲇

Pimelodus altissimus Eigenmann & Pearson, 1942 高身油鲇

Pimelodus argenteus Perugia, 1891 银油鲇

Pimelodus atrobrunneus Vidal & Lucena, 1999 棕油鲇

Pimelodus blochii Valenciennes, 1840 布氏油鲇

Pimelodus brevis Marini, Nichols & La Monte, 1933 短体油鲇

Pimelodus britskii Garavello & Shibatta, 2007 勃氏油鲇

Pimelodus coprophagus Schultz, 1944 桨鳍油鲇

Pimelodus fur (Lütken, 1874) 怒油鲇

Pimelodus garciabarrigai Dahl, 1961 加氏油鲇

Pimelodus grosskopfii Steindachner, 1879 格氏油鲇

Pimelodus halisodous Ribeiro, Lucena & Lucinda, 2008 海油鲇

Pimelodus heraldoi Azpelicueta, 2001 赫氏油鲇

Pimelodus jivaro Eigenmann & Pearson, 1942 杰伐罗油鲇

Pimelodus joannis Ribeiro, Lucena & Lucinda, 2008 乔安尼油鲇

Pimelodus luciae Rocha & Ribeiro, 2010 尖头油鲇

Pimelodus maculatus Lacepède, 1803 斑油鲇

Pimelodus microstoma Steindachner, 1877 小口油鲇

Pimelodus mysteriosus Azpelicueta, 1998 秘油鲇

Pimelodus navarroi Schultz, 1944 内夫油鲇

Pimelodus ornatus Kner, 1858 饰妆油鲇

Pimelodus ortmanni Haseman, 1911 奥氏油鲇

Pimelodus pantaneiro Souza-Filho & Shibatta, 2008 贪食油鲇

Pimelodus paranaensis Britski & Langeani, 1988 巴拉那油鲇

Pimelodus pictus Steindachner, 1876 平口油鲇

Pimelodus pintado Azpelicueta, Lundberg & Loureiro, 2008 斑点油鲇

Pimelodus platicirris Borodin, 1927 扁须油鲇

Pimelodus pohli Ribeiro & Lucena, 2006 波尔油鲇

Pimelodus punctatus (Meek & Hildebrand, 1913) 点斑油鲇

Pimelodus stewarti Ribeiro, Lucena & Lucinda, 2008 斯氏油鲇

Pimelodus tetramerus Ribeiro & Lucena, 2006 强壮油鲇

Genus *Pinirampus* Bleeker, 1858 松油鲇属

Pinirampus pirinampu (Spix & Agassiz, 1829) 松油鲇

Genus *Platynematichthys* Bleeker, 1858 扁带油鲇属

Platynematichthys notatus (Jardine & Schomburgk, 1841) 有名扁线油鲇

Genus *Platysilurus* Haseman, 1911 扁鲇属

Platysilurus malarmo Schultz, 1944 长须扁鲇

Platysilurus mucosus (Vaillant, 1880) 黏扁鲇

Platysilurus olallae (Orcés V., 1977) 芬芳扁鲇

Genus *Platystomatichthys* Bleeker, 1862 扁口油鲇属

Platystomatichthys sturio (Kner, 1858) 斯氏扁口油鲇

Genus *Propimelodus* Lundberg & Parisi, 2002 原油鲇属

Propimelodus araguayae Rocha, de Oliveira & Rapp Py-Daniel, 2007 阿拉贡原油鲇

Propimelodus caesius Parisi, Lundberg & Do Nascimiento, 2006 亚马孙原油鲇

Propimelodus eigenmanni (Van der Stigchel, 1946) 艾氏原油鲇

Genus *Pseudoplatystoma* Bleeker, 1862 鸭嘴鲇属

Pseudoplatystoma corruscans (Spix & Agassiz, 1829) 南美鸭嘴鲇

Pseudoplatystoma fasciatum (Linnaeus, 1766) 条纹鸭嘴鲇 阹

Pseudoplatystoma magdaleniatum Buitrago-Suárez & Burr, 2007 变色鸭嘴鲇

Pseudoplatystoma metaense Buitrago-Suárez & Burr, 2007 哥伦比亚鸭嘴鲇

Pseudoplatystoma orinocoense Buitrago-Suárez & Burr, 2007 高山鸭嘴鲇

Pseudoplatystoma tigrinum (Valenciennes, 1840) 虎纹鸭嘴鲇

Genus *Sorubim* Cuvier, 1829 铲吻油鲇属

Sorubim cuspicaudus Littmann, Burr & Nass, 2000 尖尾铲吻油鲇

Sorubim elongatus Littmann, Burr, Schmidt & Isern, 2001 长身铲吻油鲇

Sorubim lima (Bloch & Schneider, 1801) 铲吻油鲇

Sorubim maniradii Littmann, Burr & Buitrago-Suarez, 2001 马氏铲吻油鲇

Sorubim trigonocephalus Miranda Ribeiro, 1920 三角头铲吻油鲇

Genus *Sorubimichthys* Bleeker, 1862 苏禄油鲇属

Sorubimichthys planiceps (Spix & Agassiz, 1829) 平头苏禄油鲇

Genus *Steindachneridion* Eigenmann & Eigenmann, 1919 施氏油鲇属

Steindachneridion amblyurum (Eigenmann & Eigenmann, 1888) 钝尾施氏油鲇

Steindachneridion doceanum (Eigenmann & Eigenmann, 1889) 巴西施氏油鲇
Steindachneridion melanodermatum Garavello, 2005 黑身施氏油鲇
Steindachneridion parahybae (Steindachner, 1877) 拟驼背施氏油鲇
Steindachneridion punctatum (Miranda Ribeiro, 1918) 斑点施氏油鲇
Steindachneridion scriptum (Miranda Ribeiro, 1918) 阴影施氏油鲇

Genus *Zungaro* Bleeker, 1858 祖鲁鲶属

Zungaro jahu (Ihering, 1898) 南美祖鲁鲶
Zungaro zungaro (Humboldt, 1821) 祖鲁鲶

Genus *Zungaropsis* Steindachner, 1908 僧伽罗油鲇属

Zungaropsis multimaculatus Steindachner, 1908 多斑僧伽罗油鲇

Order Gymnotiformes 电鳗目

Suborder Gymnotoidei 裸背电鳗亚目

Family 161 Gymnotidae 裸背电鳗科

Genus *Electrophorus* Gill, 1864 电鳗属

Electrophorus electricus (Linnaeus, 1766) 电鳗

Genus *Gymnotus* Linnaeus, 1758 裸背电鳗属

Gymnotus anguillaris Hoedeman, 1962 鳗形裸背电鳗
Gymnotus arapaima Albert & Crampton, 2001 银蓝裸背电鳗
Gymnotus ardilai Maldonado-Ocampo & Albert, 2004 阿氏裸背电鳗
Gymnotus bahianus Campos-da-Paz & Costa, 1996 巴赫裸背电鳗
Gymnotus carapo Linnaeus, 1758 圭亚那裸背电鳗
Gymnotus cataniapo Mago-Leccia, 1994 南美裸背电鳗
Gymnotus chaviro Maxime & Albert, 2009 深灰裸背电鳗
Gymnotus chimarrao Cognato, Richer-de-Forges, Albert & Crampton, 2007 狭头裸背电鳗
Gymnotus choco Albert, Crampton & Maldonado, 2003 乔科裸背电鳗
Gymnotus coatesi La Monte, 1935 科氏裸背电鳗
Gymnotus coropinae Hoedeman, 1962 黄带裸背电鳗
Gymnotus curupira Crampton, Thorsen & Albert, 2005 斜带裸背电鳗
Gymnotus cylindricus La Monte, 1935 柱形裸背电鳗
Gymnotus diamantinensis Campos-da-Paz, 2002 潜裸背电鳗
Gymnotus esmeraldas Albert & Crampton, 2003 长臀裸背电鳗
Gymnotus henni Albert, Crampton & Maldonado, 2003 亨尼氏裸背电鳗
Gymnotus inaequilabiatus (Valenciennes, 1839) 糙唇裸背电鳗
Gymnotus javari Albert, Crampton & Hagedorn, 2003 贾氏裸背电鳗
Gymnotus jonasi Albert & Crampton, 2001 乔氏裸背电鳗
Gymnotus maculosus Albert & Miller, 1995 花斑裸背电鳗
Gymnotus mamiraua Albert & Crampton, 2001 浅色裸背电鳗
Gymnotus melanopleura Albert & Crampton, 2001 黑胸裸背电鳗
Gymnotus obscurus Crampton, Thorsen & Albert, 2005 暗灰裸背电鳗
Gymnotus omarorum Richer-de-Forges, Crampton & Albert, 2009 奥马罗裸背电鳗
Gymnotus onca Albert & Crampton, 2001 短头裸背电鳗
Gymnotus panamensis Albert & Crampton, 2003 巴拿马裸背电鳗
Gymnotus pantanal Fernandes, Albert, Daniel-Silva, Lopes, Crampton & Almeida-Toledo, 2005 长胸鳍裸背电鳗
Gymnotus pantherinus (Steindachner, 1908) 豹纹裸背电鳗
Gymnotus paraguensis Albert & Crampton, 2003 巴拉瓜裸背电鳗
Gymnotus pedanopterus Mago-Leccia, 1994 短鳍裸背电鳗
Gymnotus stenoleucus Mago-Leccia, 1994 窄身裸背电鳗
Gymnotus sylvius Albert & Fernandes-Matioli, 1999 雨林裸背电鳗
Gymnotus tigre Albert & Crampton, 2003 虎纹裸背电鳗
Gymnotus ucamara Crampton, Lovejoy & Albert, 2003 秘鲁裸背电鳗
Gymnotus varzea Crampton, Thorsen & Albert, 2005 瓦泽裸背电鳗

Suborder Sternopygoidei 线鳍电鳗亚目

Family 162 Rhamphichthyidae 大吻电鳗科

Genus *Gymnorhamphichthys* Ellis, 1912 裸吻电鳗属

Gymnorhamphichthys hypostomus Ellis, 1912 南美裸吻电鳗
Gymnorhamphichthys petiti Géry & Vu-Tan-Tuê, 1964 皮特裸吻电鳗
Gymnorhamphichthys rondoni (Miranda Ribeiro, 1920) 朗登氏裸吻电鳗
Gymnorhamphichthys rosamariae Schwassmann, 1989 尼格罗河裸吻电鳗

Genus *Iracema* Triques, 1996 埃拉电鳗属

Iracema caiana Triques, 1996 巴西埃拉电鳗

Genus *Rhamphichthys* Müller & Troschel, 1849 大吻电鳗属

Rhamphichthys apurensis (Fernández-Yépez, 1968) 南美大吻电鳗
Rhamphichthys atlanticus Triques, 1999 大西洋大吻电鳗
Rhamphichthys drepanium Triques, 1999 镰状大吻电鳗
Rhamphichthys hahni (Meinken, 1937) 哈恩氏大吻电鳗
Rhamphichthys lineatus Castelnau, 1855 线纹大吻电鳗
Rhamphichthys longior Triques, 1999 长身大吻电鳗
Rhamphichthys marmoratus Castelnau, 1855 云斑大吻电鳗
Rhamphichthys pantherinus Castelnau, 1855 豹斑大吻电鳗
Rhamphichthys rostratus (Linnaeus, 1766) 大吻电鳗

Family 163 Hypopomidae 短吻电鳗科

Genus *Brachyhypopomus* Mago-Leccia, 1994 短身电鳗属

Brachyhypopomus beebei (Schultz, 1944) 委内瑞拉短身电鳗
Brachyhypopomus bombilla Loureiro & Silva, 2006 突颌短身电鳗
Brachyhypopomus brevirostris (Steindachner, 1868) 短吻短身电鳗
Brachyhypopomus bullocki Sullivan & Hopkins, 2009 布洛克短身电鳗
Brachyhypopomus diazi (Fernández-Yépez, 1972) 戴氏短身电鳗
Brachyhypopomus draco Giora, Malabarba & Crampton, 2008 龙形短身电鳗
Brachyhypopomus gauderio Giora & Malabarba, 2009 无齿短身电鳗
Brachyhypopomus janeiroensis (Costa & Campos-da-Paz, 1992) 巴西短身电鳗
Brachyhypopomus jureiae Triques & Khamis, 2003 朱利短身电鳗
Brachyhypopomus occidentalis (Regan, 1914) 西域短身电鳗
Brachyhypopomus pinnicaudatus (Hopkins, 1991) 鳍尾短身电鳗

Genus *Hypopomus* Gill, 1864 短吻电鳗属

Hypopomus artedi (Kaup, 1856) 南美短吻电鳗

Genus *Hypopygus* Hoedeman, 1962 下臀电鳗属

Hypopygus lepturus Hoedeman, 1962 圭亚那下臀电鳗
Hypopygus neblinae Mago-Leccia, 1994 尼布利下臀电鳗

Genus *Microsternarchus* Fernández-Yépez, 1968 真小胸电鳗属

Microsternarchus bilineatus Fernández-Yépez, 1968 双线真小胸电鳗

Genus *Racenisia* Mago-Leccia, 1994 雷电鳗属

Racenisia fimbriipinna Mago-Leccia, 1994 亚马孙河雷电鳗

Genus *Steatogenys* Boulenger, 1898 脂颊电鳗属

Steatogenys duidae (La Monte, 1929) 花斑脂颊电鳗
Steatogenys elegans (Steindachner, 1880) 秀丽脂颊电鳗
Steatogenys ocellatus Crampton, Thorsen & Albert, 2004 眼斑脂颊电鳗

Genus *Stegostenopos* Triques, 1997 狭盖电鳗属

Stegostenopos cryptogenes Triques, 1997 狭盖电鳗

Family 164 Sternopygidae 线鳍电鳗科

Genus *Archolaemus* Korringa, 1970 喉电鳗属

Archolaemus blax Korringa, 1970 巴西喉电鳗

Genus *Distocyclus* Mago-Leccia, 1978 圆电鳗属

Distocyclus conirostris (Eigenmann & Allen, 1942) 锥吻圆电鳗
Distocyclus goajira (Schultz, 1949) 戈氏圆电鳗

Genus *Eigenmannia* Jordan & Evermann, 1896 埃氏电鳗属

Eigenmannia humboldtii (Steindachner, 1878) 亨堡埃氏电鳗
Eigenmannia limbata (Schreiner & Miranda Ribeiro, 1903) 缘边埃氏电鳗
Eigenmannia macrops (Boulenger, 1897) 大鳞埃氏电鳗

Eigenmannia microstoma (Reinhardt, 1852) 小口埃氏电鳗
Eigenmannia nigra Mago-Leccia, 1994 暗色埃氏电鳗
Eigenmannia trilineata López & Castello, 1966 三线埃氏电鳗
Eigenmannia vicentespelaea Triques, 1996 巴西埃氏电鳗
Eigenmannia virescens (Valenciennes, 1836) 青色埃氏电鳗

Genus *Rhabdolichops* Eigenmann & Allen, 1942 棒电鳗属

Rhabdolichops caviceps (Fernández-Yépez, 1968) 头孔棒电鳗
Rhabdolichops eastwardi Lundberg & Mago-Leccia, 1986 埃氏棒电鳗
Rhabdolichops electrogrammus Lundberg & Mago-Leccia, 1986 琥珀棒电鳗
Rhabdolichops jegui Keith & Meunier, 2000 朱氏棒电鳗
Rhabdolichops lundbergi Correa, Crampton & Albert, 2006 伦氏棒电鳗
Rhabdolichops navalha Correa, Crampton & Albert, 2006 巴西棒电鳗
Rhabdolichops nigrimans Correa, Crampton & Albert, 2006 浅黑棒电鳗
Rhabdolichops stewarti Lundberg & Mago-Leccia, 1986 史氏棒电鳗
Rhabdolichops troscheli (Kaup, 1856) 特氏棒电鳗
Rhabdolichops zareti Lundberg & Mago-Leccia, 1986 赞氏棒电鳗

Genus *Sternopygus* Müller & Troschel, 1849 线鳍电鳗属

Sternopygus aequilabiatus (Humboldt, 1805) 等唇线鳍电鳗
Sternopygus arenatus (Eydoux & Souleyet, 1850) 砂栖线鳍电鳗
Sternopygus astrabes Mago-Leccia, 1994 鞍斑线鳍电鳗
Sternopygus branco Crampton, Hulen & Albert, 2004 亚马孙河线鳍电鳗
Sternopygus castroi Triques, 1999 卡氏线鳍电鳗
Sternopygus macrurus (Bloch & Schneider, 1801) 大尾线鳍电鳗
Sternopygus obtusirostris Steindachner, 1881 钝吻线鳍电鳗
Sternopygus pejeraton Schultz, 1949 委内瑞拉线鳍电鳗
Sternopygus xingu Albert & Fink, 1996 巴西线鳍电鳗

Family 165 Apteronotidae 线翎电鳗科

Genus *Adontosternarchus* Ellis, 1912 无齿翎电鳗属

Adontosternarchus balaenops (Cope, 1878) 鲸眼无齿翎电鳗
Adontosternarchus clarkae Mago-Leccia, Lundberg & Baskin, 1985 克氏无齿翎电鳗
Adontosternarchus devenanzii Mago-Leccia, Lundberg & Baskin, 1985 德氏无齿翎电鳗
Adontosternarchus nebulosus Lundberg & Fernandes, 2007 云斑无齿翎电鳗
Adontosternarchus sachsi (Peters, 1877) 萨氏无齿翎电鳗

Genus *Apteronotus* Lacepède, 1800 翎电鳗属

Apteronotus albifrons (Linnaeus, 1766) 线翎电鳗
Apteronotus apurensis Fernández-Yépez, 1968 阿普雷翎电鳗
Apteronotus bonapartii (Castelnau, 1855) 波氏翎电鳗
Apteronotus brasiliensis (Reinhardt, 1852) 巴西翎电鳗
Apteronotus camposdapazi de Santana & Lehmann A., 2006 卡氏翎电鳗
Apteronotus caudimaculosus de Santana, 2003 尾斑翎电鳗
Apteronotus cuchillejo (Schultz, 1949) 宽胸翎电鳗
Apteronotus cuchillo Schultz, 1949 委内瑞拉翎电鳗
Apteronotus ellisi (Alonso de Arámburu, 1957) 埃利思翎电鳗
Apteronotus eschmeyeri de Santana, Maldonado-Ocampo, Severi & Mendes, 2004 埃氏翎电鳗
Apteronotus galvisi de Santana, Maldonado-Ocampo & Crampton, 2007 加氏翎电鳗
Apteronotus jurubidae (Fowler, 1944) 洁溪翎电鳗
Apteronotus leptorhynchus (Ellis, 1912) 小吻翎电鳗
Apteronotus macrolepis (Steindachner, 1881) 大鳞翎电鳗
Apteronotus macrostomus (Fowler, 1943) 大口翎电鳗
Apteronotus magdalenensis (Miles, 1945) 哥伦比亚翎电鳗
Apteronotus magoi de Santana, Castillo & Taphorn, 2006 马氏翎电鳗
Apteronotus mariae (Eigenmann & Fisher, 1914) 玛丽亚翎电鳗
Apteronotus milesi de Santana & Maldonado-Ocampo, 2005 米氏翎电鳗

Apteronotus rostratus (Meek & Hildebrand, 1913) 大吻翎电鳗
Apteronotus spurrellii (Regan, 1914) 斯珀氏翎电鳗

Genus *Compsaraia* Albert, 2001 头孔电鳗属

Compsaraia compsus (Mago-Leccia, 1994) 华丽头孔电鳗
Compsaraia samueli Albert & Crampton, 2009 萨氏头孔电鳗

Genus *Magosternarchus* Lundberg, Cox Fernandes & Albert, 1996 马氏鳍电鳗属

Magosternarchus duccis Lundberg, Cox Fernandes & Albert, 1996 裸头马氏鳍电鳗
Magosternarchus raptor Lundberg, Cox Fernandes & Albert, 1996 嗜肉马氏鳍电鳗

Genus *Megadontognathus* Mago-Leccia, 1994 大颌翎电鳗属

Megadontognathus cuyuniense Mago-Leccia, 1994 大颌翎电鳗
Megadontognathus kaitukaensis Campos-da-paz, 1999 凯图大颌翎电鳗

Genus *Orthosternarchus* Ellis, 1913 直胸电鳗属

Orthosternarchus tamandua (Boulenger, 1898) 巴西直胸电鳗

Genus *Parapteronotus* Albert, 2001 副鳍电鳗属

Parapteronotus hasemani (Ellis, 1913) 赫氏副鳍电鳗

Genus *Pariosternarchus* Albert & Crampton, 2006 围胸电鳗属

Pariosternarchus amazonensis Albert & Crampton, 2006 亚马孙围胸电鳗

Genus *Platyurosternarchus* Mago-Leccia, 1994 扁尾翎电鳗属

Platyurosternarchus crypticus de Santana & Vari, 2009 秘隐扁尾翎电鳗
Platyurosternarchus macrostomus (Günther, 1870) 大口扁尾翎电鳗

Genus *Porotergus* Ellis, 1912 背孔电鳗属

Porotergus duende de Santana & Crampton, 2010 亮褐背孔电鳗
Porotergus gimbeli Ellis, 1912 金氏背孔电鳗
Porotergus gymnotus Ellis, 1912 圭亚那背孔电鳗

Genus *Sternarchella* Eigenmann, 1905 小胸电鳗属

Sternarchella curvioperculata Godoy, 1968 弯盖小胸电鳗
Sternarchella orthos Mago-Leccia, 1994 直身小胸电鳗
Sternarchella schotti (Steindachner, 1868) 斯氏小胸电鳗
Sternarchella sima Starks, 1913 扁吻小胸电鳗
Sternarchella terminalis (Eigenmann & Allen, 1942) 端小胸电鳗

Genus *Sternarchogiton* Eigenmann, 1905 宽胸电鳗属

Sternarchogiton labiatus de Santana & Crampton, 2007 厚唇宽胸电鳗
Sternarchogiton nattereri (Steindachner, 1868) 纳氏宽胸电鳗
Sternarchogiton porcinum Eigenmann & Allen, 1942 猪状宽胸电鳗
Sternarchogiton preto de Santana & Crampton, 2007 普雷宽胸电鳗
Sternarchogiton zuanoni de Santana & Vari, 2010 朱氏宽胸电鳗

Genus *Sternarchorhamphus* Eigenmann, 1905 胸钩电鳗属

Sternarchorhamphus muelleri (Steindachner, 1881) 密勒氏胸钩电鳗

Genus *Sternarchorhynchus* Castelnau, 1855 胸啄电鳗属

Sternarchorhynchus axelrodi de Santana & Vari, 2010 阿氏胸啄电鳗
Sternarchorhynchus britskii Campos-da-Paz, 2000 布氏胸啄电鳗
Sternarchorhynchus caboclo de Santana & Nogueira, 2006 卡波胸啄电鳗
Sternarchorhynchus chaoi de Santana & Vari, 2010 赵氏胸啄电鳗
Sternarchorhynchus cramptoni de Santana & Vari, 2010 克氏胸啄电鳗
Sternarchorhynchus curumim de Santana & Crampton, 2006 亚马孙胸啄电鳗
Sternarchorhynchus curvirostris (Boulenger, 1887) 弯吻胸啄电鳗
Sternarchorhynchus freemani de Santana & Vari, 2010 弗氏胸啄电鳗
Sternarchorhynchus galibi de Santana & Vari, 2010 加氏胸啄电鳗
Sternarchorhynchus gnomus de Santana & Taphorn, 2006 委内瑞拉胸啄电鳗
Sternarchorhynchus goeldii de Santana & Vari, 2010 戈氏胸啄电鳗

Sternarchorhynchus hagedornae de Santana & Vari, 2010 哈吉胸啄电鳗

Sternarchorhynchus higuchii de Santana & Vari, 2010 海氏胸啄电鳗

Sternarchorhynchus inpai de Santana & Vari, 2010 英氏胸啄电鳗

Sternarchorhynchus jaimei de Santana & Vari, 2010 杰氏胸啄电鳗

Sternarchorhynchus kokraimoro de Santana & Vari, 2010 巴西胸啄电鳗

Sternarchorhynchus mareikeae de Santana & Vari, 2010 马莱胸啄电鳗

Sternarchorhynchus marreroi de Santana & Vari, 2010 马尔胸啄电鳗

Sternarchorhynchus mendesi de Santana & Vari, 2010 孟氏胸啄电鳗

Sternarchorhynchus mesensis Campos-da-Paz, 2000 梅逊胸啄电鳗

Sternarchorhynchus montanus de Santana & Vari, 2010 蒙太那胸啄电鳗

Sternarchorhynchus mormyrus (Steindachner, 1868) 长颌胸啄电鳗

Sternarchorhynchus oxyrhynchus (Müller & Troschel, 1849) 尖吻胸啄电鳗

Sternarchorhynchus retzeri de Santana & Vari, 2010 雷氏胸啄电鳗

Sternarchorhynchus roseni Mago-Leccia, 1994 罗氏胸啄电鳗

Sternarchorhynchus schwassmanni de Santana & Vari, 2010 施氏胸啄电鳗

Sternarchorhynchus severii de Santana & Nogueira, 2006 塞弗胸啄电鳗

Sternarchorhynchus starksi de Santana & Vari, 2010 司氏胸啄电鳗

Sternarchorhynchus stewarti de Santana & Vari, 2010 斯氏胸啄电鳗

Sternarchorhynchus taphorni de Santana & Vari, 2010 塔氏胸啄电鳗

Sternarchorhynchus villasboasi de Santana & Vari, 2010 维拉氏胸啄电鳗

Sternarchorhynchus yepezi de Santana & Vari, 2010 耶氏胸啄电鳗

Genus *Tembeassu* Triques, 1998 南美无背鱼属

Tembeassu marauna Triques, 1998 马劳纳南美无背鱼

Order Argentiniformes 水珍鱼目

Suborder Argentinoidei 水珍鱼亚目

Family 166 Argentinidae 水珍鱼科

Genus *Argentina* Linnaeus, 1758 水珍鱼属

Argentina aliceae Cohen & Atsaides, 1969 艾丽西亚水珍鱼

Argentina australiae Cohen, 1958 澳洲水珍鱼

Argentina brasiliensis Kobyliansky, 2004 巴西水珍鱼

Argentina brucei Cohen & Atsaides, 1969 布氏水珍鱼

Argentina elongata Hutton, 1879 长体水珍鱼

Argentina euchus Cohen, 1961 肯尼亚水珍鱼

Argentina georgei Cohen & Atsaides, 1969 乔奇水珍鱼

Argentina kagoshimae Jordan & Snyder, 1902 鹿儿岛水珍鱼 陆 台

Argentina sialis Gilbert, 1890 太平洋水珍鱼

Argentina silus (Ascanius, 1775) 大西洋水珍鱼

Argentina sphyraena Linnaeus, 1758 梭水珍鱼

Argentina stewarti Cohen & Atsaides, 1969 施氏水珍鱼

Argentina striata Goode & Bean, 1896 条纹水珍鱼

Genus *Glossanodon* Guichenot, 1867 舌珍鱼属

Glossanodon australis Kobyliansky, 1998 澳大利亚舌珍鱼

Glossanodon danieli Parin & Shcherbachev, 1982 丹氏舌珍鱼

Glossanodon elongatus Kobyliansky, 1998 长身舌珍鱼

Glossanodon kotakamaru Endo & Nashida, 2010 小鹰丸舌珍鱼

Glossanodon leioglossus (Valenciennes, 1848) 舌珍鱼(光舌水珍鱼)

Glossanodon lineatus (Matsubara, 1943) 线纹舌珍鱼

Glossanodon melanomanus Kobyliansky, 1998 黑灰舌珍鱼

Glossanodon mildredae Cohen & Atsaides, 1969 前肛舌珍鱼

Glossanodon nazca Parin & Shcherbachev, 1982 智利舌珍鱼

Glossanodon polli Cohen, 1958 波氏舌珍鱼

Glossanodon pseudolineatus Kobyliansky, 1998 拟线纹舌珍鱼

Glossanodon pygmaeus Cohen, 1958 矮舌珍鱼

Glossanodon semifasciatus (Kishinouye, 1904) 半带舌珍鱼 陆 台

Glossanodon struhsakeri Cohen, 1970 斯氏舌珍鱼

Family 167 Opisthoproctidae 后肛鱼科

Genus *Bathylychnops* Cohen, 1958 拟渊灯鲑属

Bathylychnops brachyrhynchus (Parr, 1937) 短吻拟渊灯鲑

Bathylychnops exilis Cohen, 1958 拟渊灯鲑

Genus *Dolichopteroides* Parin, 2009 似胸翼鱼属

Dolichopteroides binocularis (Beebe, 1932) 双眼似胸翼鱼

Genus *Dolichopteryx* Brauer, 1901 胸翼鱼属

Dolichopteryx anascopa Brauer, 1901 印度洋胸翼鱼

Dolichopteryx longipes (Vaillant, 1888) 长头胸翼鱼 陆

Dolichopteryx minuscula Fukui & Kitagawa, 2006 微胸翼鱼

Dolichopteryx parini Kobyliansky & Fedorov, 2001 帕里胸翼鱼

Dolichopteryx pseudolongipes Fukui, Kitagawa & Parin, 2008 拟长身胸翼鱼

Dolichopteryx rostrata Fukui & Kitagawa, 2006 大吻胸翼鱼

Dolichopteryx trunovi Parin, 2005 特氏胸翼鱼

Genus *Ioichthys* Parin, 2004 箭肛鱼属

Ioichthys kashkini Parin, 2004 卡氏箭肛鱼

Genus *Macropinna* Chapman, 1939 大口后肛鱼属

Macropinna microstoma Chapman, 1939 大口后肛鱼

Genus *Opisthoproctus* Vaillant, 1888 后肛鱼属

Opisthoproctus grimaldii Zugmayer, 1911 葛氏后肛鱼

Opisthoproctus soleatus Vaillant, 1888 后肛鱼 陆

Genus *Rhynchohyalus* Barnard, 1925 透吻后肛鱼属

Rhynchohyalus natalensis (Gilchrist & von Bonde, 1924) 南非透吻后肛鱼

Genus *Winteria* Brauer, 1901 冬肛鱼属

Winteria telescopa Brauer, 1901 望远冬肛鱼

Family 168 Microstomatidae 小口兔鲑科

Genus *Bathylagichthys* Kobyliansky, 1986 渊珍鱼属

Bathylagichthys australis Kobyliansky, 1990 澳洲渊珍鱼

Bathylagichthys greyae (Cohen, 1958) 格雷渊珍鱼

Bathylagichthys longipinnis (Kobyliansky, 1985) 长鳍渊珍鱼

Bathylagichthys parini Kobyliansky, 1990 帕氏渊珍鱼

Bathylagichthys problematicus (Lloris & Rucabado, 1985) 西南非洲渊珍鱼

Genus *Bathylagoides* Whitley, 1951 似深海鲑属

Bathylagoides argyrogaster (Norman, 1930) 银腹似深海鲑 陆

　syn. *Bathylagus argyrogaster* Norman, 1930 银腹深海鲑

Bathylagoides nigrigenys (Parr, 1931) 黑似深海鲑

Bathylagoides wesethi (Bolin, 1938) 韦氏似深海鲑

Genus *Bathylagus* Günther, 1878 深海鲑属(海珍鱼属)

Bathylagus andriashevi Kobyliansky, 1986 安氏深海鲑

Bathylagus antarcticus Günther, 1878 南极深海鲑

Bathylagus euryops Goode & Bean, 1896 冰岛宽深海鲑

Bathylagus gracilis Lönnberg, 1905 细深海鲑

Bathylagus niger Kobyliansky, 2006 黑体深海鲑

Bathylagus pacificus Gilbert, 1890 太平洋深海鲑(细体海珍鱼)

Bathylagus tenuis Kobyliansky, 1986 狭深海鲑

Genus *Dolicholagus* Kobyliansky, 1986 长兔鲑属

Dolicholagus longirostris (Maul, 1948) 大吻长兔鲑

Genus *Leuroglossus* Gilbert, 1890 光舌鲑属

Leuroglossus callorhini (Lucas, 1899) 卡氏光舌鲑

Leuroglossus schmidti Rass, 1955 施氏光舌鲑

Leuroglossus stilbius Gilbert, 1890 滑舌光舌鲑

Genus *Lipolagus* Kobyliansky, 1986 深海脂鲑属

Lipolagus ochotensis (Schmidt, 1938) 鄂霍次克深海脂鲑 陆

　syn. *Bathylagus ochotensis* Schmidt, 1938 深海鲑

Genus *Melanolagus* Kobyliansky, 1986 黑渊鲑属

Melanolagus bericoides (Borodin, 1929) 黑渊鲑 陆 台

Genus *Microstoma* Cuvier, 1816 小口兔鲑属

Microstoma microstoma (Risso, 1810) 小口兔鲑

Genus *Nansenia* Jordan & Evermann, 1896 南氏鱼属

Nansenia ahlstromi Kawaguchi & Butler, 1984 阿尔南氏鱼

Nansenia antarctica Kawaguchi & Butler, 1984 南极南氏鱼

Nansenia ardesiaca Jordan & Thompson, 1914 南氏鱼 陆台

Nansenia atlantica Blache & Rossignol, 1962 大西洋南氏鱼

Nansenia candida Cohen, 1958 光耀南氏鱼

Nansenia crassa Lavenberg, 1965 厚身南氏鱼

Nansenia groenlandica (Reinhardt, 1840) 大眼南氏鱼

Nansenia iberica Matallanas, 1985 西班牙南氏鱼

Nansenia indica Kobyliansky, 1992 印度南氏鱼

Nansenia longicauda Kawaguchi & Butler, 1984 长尾南氏鱼

Nansenia macrolepis (Gilchrist, 1922) 大鳞南氏鱼

Nansenia megalopa Kawaguchi & Butler, 1984 大南氏鱼

Nansenia oblita (Facciolà, 1887) 遗南氏鱼

Nansenia obscura Kobyliansky & Usachev, 1992 暗色南氏鱼

Nansenia pelagica Kawaguchi & Butler, 1984 海南氏鱼

Nansenia tenera Kawaguchi & Butler, 1984 柔南氏鱼

Nansenia tenuicauda Kawaguchi & Butler, 1984 薄尾南氏鱼

Genus *Pseudobathylagus* Kobyliansky, 1986 拟深海鲑属

Pseudobathylagus milleri (Jordan & Gilbert, 1898) 短吻拟深海鲑

Genus *Xenophthalmichthys* Regan, 1925 奇眼珍鱼属

Xenophthalmichthys danae Regan, 1925 奇眼珍鱼

Suborder Alepocephaloidei 平头鱼亚目;黑头鱼亚目
Family 169 Platytroctidae 管肩鱼科

Genus *Barbantus* Parr, 1951 须光鱼属

Barbantus curvifrons (Roule & Angel, 1931) 淡腹须光鱼

Barbantus elongatus Krefft, 1970 长体须光鱼

Genus *Holtbyrnia* Parr, 1937 平肩光鱼属

Holtbyrnia anomala Krefft, 1980 深水平肩光鱼

Holtbyrnia conocephala Sazonov, 1976 锥头平肩光鱼

Holtbyrnia cyanocephala (Krefft, 1967) 蓝首平肩光鱼

Holtbyrnia innesi (Fowler, 1934) 英氏平肩光鱼

Holtbyrnia intermedia (Sazonov, 1976) 中间平肩光鱼

Holtbyrnia laticauda Sazonov, 1976 细尾平肩光鱼

Holtbyrnia latifrons Sazonov, 1976 侧身平肩光鱼

Holtbyrnia macrops Maul, 1957 大眼平肩光鱼

Holtbyrnia ophiocephala Sazonov & Golovan, 1976 蛇头平肩光鱼

Genus *Matsuichthys* Sazonov, 1992 松原鱼属

Matsuichthys aequipinnis (Matsui & Rosenblatt, 1987) 管肩松原鱼

Genus *Maulisia* Parr, 1960 莫氏管肩鱼属

Maulisia acuticeps Sazonov, 1976 尖头莫氏管肩鱼

Maulisia argipalla Matsui & Rosenblatt, 1979 前红莫氏管肩鱼

Maulisia isaacsi Matsui & Rosenblatt, 1987 艾萨克莫氏管肩鱼

Maulisia mauli Parr, 1960 莫氏管肩鱼

Maulisia microlepis Sazonov & Golovan, 1976 小鳞莫氏管肩鱼

Genus *Mentodus* Parr, 1951 颏齿鱼属

Mentodus bythios (Matsui & Rosenblatt, 1987) 深水颏齿鱼

Mentodus crassus Parr, 1960 厚颏齿鱼

Mentodus eubranchus (Matsui & Rosenblatt, 1987) 丽鳃颏齿鱼

Mentodus facilis (Parr, 1951) 巴拿马颏齿鱼

Mentodus longirostris (Sazonov & Golovan, 1976) 长吻颏齿鱼

Mentodus mesalirus (Matsui & Rosenblatt, 1987) 大西洋颏齿鱼

Mentodus perforatus Sazonov & Trunov, 1978 头孔颏齿鱼

Mentodus rostratus (Günther, 1878) 大吻颏齿鱼

Genus *Mirorictus* Parr, 1947 奇口肩管鱼属

Mirorictus taningi Parr, 1947 坦氏奇口肩管鱼

Genus *Normichthys* Parr, 1951 真管肩鱼属

Normichthys herringi Sazonov & Merrett, 2001 赫氏真管肩鱼

Normichthys operosus Parr, 1951 大鳞真管肩鱼

Normichthys yahganorum Lavenberg, 1965 细鳞真管肩鱼

Genus *Pectinantus* Sazonov, 1986 梳肩鱼属

Pectinantus parini (Sazonov, 1976) 帕氏梳肩鱼

Genus *Persparsia* Parr, 1951 帕斯管肩鱼属

Persparsia kopua (Phillipps, 1942) 巨目帕斯管肩鱼

Genus *Platytroctes* Günther, 1878 管肩鱼属

Platytroctes apus Günther, 1878 东大西洋管肩鱼

Platytroctes mirus (Lloyd, 1909) 奇管肩鱼

Genus *Sagamichthys* Parr, 1953 相模肩灯鱼属

Sagamichthys abei Parr, 1953 阿部相模肩灯鱼

Sagamichthys gracilis Sazonov, 1978 细相模肩灯鱼

Sagamichthys schnakenbecki (Krefft, 1953) 大眼相模肩灯鱼

Genus *Searsia* Parr, 1937 肩灯鱼属

Searsia koefoedi Parr, 1937 小齿肩灯鱼

Genus *Searsioides* Sazonov, 1977 似肩灯鱼属

Searsioides calvala (Matsui & Rosenblatt, 1979) 裸身似肩灯鱼

Searsioides multispinus Sazonov, 1977 多棘似肩灯鱼

Family 170 Bathylaconidae 深海黑头鱼科

Genus *Bathylaco* Goode & Bean, 1896 深海黑头鱼属

Bathylaco macrophthalmus Nielsen & Larsen, 1968 大眼深海黑鱼

Bathylaco nielseni Sazonov & Ivanov, 1980 尼氏深海黑鱼

Bathylaco nigricans Goode & Bean, 1896 深海黑鱼

Genus *Herwigia* Nielsen, 1972 赫威平头鱼属;赫威黑头鱼属

Herwigia kreffti (Nielsen & Larsen, 1970) 克氏赫威平头鱼;克氏赫威黑头鱼

Family 171 Alepocephalidae 平头鱼科;黑头鱼科

Genus *Alepocephalus* Risso, 1820 平头鱼属;黑头鱼属

Alepocephalus agassizii Goode & Bean, 1883 大眼平头鱼;大眼黑头鱼

Alepocephalus andersoni Fowler, 1934 安氏平头鱼;安氏黑头鱼

Alepocephalus antipodianus (Parrott, 1948) 反足平头鱼;反足黑头鱼

Alepocephalus asperifrons Garman, 1899 糙体平头鱼;糙体黑头鱼

Alepocephalus australis Barnard, 1923 澳洲平头鱼;澳洲黑头鱼

Alepocephalus bairdii Goode & Bean, 1879 贝氏平头鱼;贝氏黑头鱼

Alepocephalus bicolor Alcock, 1891 双色平头鱼;双色黑头鱼 陆台

Alepocephalus blanfordii Alcock, 1892 布氏平头鱼;布氏黑头鱼

Alepocephalus dentifer Sazonov & Ivanov, 1979 小齿平头鱼;小齿黑头鱼

Alepocephalus fundulus Garman, 1899 底平头鱼;底黑头鱼

Alepocephalus longiceps Lloyd, 1909 长鳍平头鱼;长鳍黑头鱼 陆台

Alepocephalus longirostris Okamura & Kawanishi, 1984 长吻平头鱼;长吻黑头鱼 陆

Alepocephalus melas de Buen, 1961 黑平头鱼;暗色黑头鱼

Alepocephalus owstoni Tanaka, 1908 欧氏平头鱼;欧氏黑头鱼 陆

Alepocephalus planifrons Sazonov, 1993 太平洋平头鱼;太平洋黑头鱼

Alepocephalus productus Gill, 1883 阿根廷平头鱼;阿根廷黑头鱼

Alepocephalus rostratus Risso, 1820 钩鼻平头鱼;钩鼻黑头鱼

Alepocephalus tenebrosus Gilbert, 1892 特内平头鱼;特内黑头鱼

Alepocephalus triangularis Okamura & Kawanishi, 1984 尖吻平头鱼;尖吻黑头鱼 陆台

Alepocephalus umbriceps Jordan & Thompson, 1914 暗首平头鱼;暗首黑头鱼 陆

Genus *Asquamiceps* Zugmayer, 1911 裸头鱼属

Asquamiceps caeruleus Markle, 1980 淡黑裸头鱼

Asquamiceps hjorti (Koefoed, 1927) 约氏裸头鱼

Asquamiceps longmani Fowler, 1934 朗氏裸头鱼

Asquamiceps velaris Zugmayer, 1911 深水裸头鱼

Genus *Aulastomatomorpha* Alcock, 1890 管口平头鱼属; 管口黑头鱼属

Aulastomatomorpha phospherops Alcock, 1890 阿拉伯海管口平头鱼;阿拉伯海管口黑头鱼

Genus *Bajacalifornia* Townsend & Nichols, 1925 巴杰平头鱼属;巴杰加州黑头鱼属

Bajacalifornia aequatoris Miya & Markle, 1993 赤道巴杰平头鱼;赤道巴杰加州黑头鱼

Bajacalifornia arcylepis Markle & Krefft, 1985 网鳞巴杰平头鱼;网鳞巴杰加州黑头鱼

Bajacalifornia burragei Townsend & Nichols, 1925 伯氏巴杰平头鱼;伯氏巴杰加州黑头鱼 台

Bajacalifornia calcarata (Weber, 1913) 亚丁湾巴杰平头鱼;亚丁湾巴杰加州黑头鱼

Bajacalifornia erimoensis Amaoka & Abe, 1977 北海道巴杰平头鱼;北海道巴杰加州黑头鱼

Bajacalifornia megalops (Lütken, 1898) 大眼巴杰平头鱼;大眼巴杰加州黑头鱼

Bajacalifornia microstoma Sazonov, 1988 大口巴杰平头鱼;大口巴杰加州黑头鱼

Genus *Bathyprion* Marshall, 1966 深海锯平头鱼属;深海锯黑头鱼属

Bathyprion danae Marshall, 1966 深海锯平头鱼;深海锯黑头鱼

Genus *Bathytroctes* Günther, 1878 渊眼鱼属

Bathytroctes breviceps Sazonov, 1999 短头渊眼鱼

Bathytroctes elegans Sazonov & Ivanov, 1979 秀美渊眼鱼

Bathytroctes inspector Garman, 1899 中东太平洋渊眼鱼

Bathytroctes macrognathus Sazonov, 1999 大颌渊眼鱼

Bathytroctes macrolepis Günther, 1887 小唇渊眼鱼

Bathytroctes michaelsarsi Koefoed, 1927 葡萄牙渊眼鱼

Bathytroctes microlepis Günther, 1878 小鳞渊眼鱼 台

Bathytroctes oligolepis (Krefft, 1970) 寡鳞渊眼鱼

Bathytroctes pappenheimi (Fowler, 1934) 帕氏渊眼鱼

Bathytroctes squamosus Alcock, 1890 鳞状渊眼鱼

Bathytroctes zugmayeri Fowler, 1934 朱氏渊眼鱼

Genus *Conocara* Goode & Bean, 1896 锥首鱼属

Conocara bertelseni Sazonov, 2002 贝氏锥首鱼

Conocara fiolenti Sazonov & Ivanov, 1979 弗氏锥首鱼

Conocara kreffti Sazonov, 1997 克氏锥首鱼 台

Conocara macropterum (Vaillant, 1888) 大鳍锥首鱼

Conocara microlepis (Lloyd, 1909) 小鳞锥首鱼

Conocara murrayi (Koefoed, 1927) 默氏锥首鱼

Conocara nigrum (Günther, 1878) 黑锥首鱼

Conocara salmoneum (Gill & Townsend, 1897) 鲑形锥首鱼

Conocara werneri Nybelin, 1947 沃纳氏锥首鱼

Genus *Einara* Parr, 1951 依氏平头鱼属;依氏黑头鱼属

Einara edentula (Alcock, 1892) 无齿依氏平头鱼;无齿依氏黑头鱼

Einara macrolepis (Koefoed, 1927) 大鳞依氏平头鱼;大鳞依氏黑头鱼

Genus *Leptochilichthys* Garman, 1899 纤唇鱼属

Leptochilichthys agassizii Garman, 1899 阿氏纤唇鱼

Leptochilichthys microlepis Machida & Shiogaki, 1988 细鳞纤唇鱼

Leptochilichthys pinguis (Vaillant, 1886) 秉氏纤唇鱼

Genus *Leptoderma* Vaillant, 1886 细皮平头鱼属;细皮黑头鱼属

Leptoderma affinis Alcock, 1899 安芬细皮平头鱼;安芬细皮黑头鱼

Leptoderma lubricum Abe, Marumo & Kawaguchi, 1965 光滑细皮平头鱼;光滑细皮黑头鱼

Leptoderma macrops Vaillant, 1886 大眼细皮平头鱼;大眼细皮黑头鱼

Leptoderma retropinna Fowler, 1943 连尾细皮平头鱼;连尾细皮黑头鱼 陆 台

Genus *Microphotolepis* Sazonov & Parin, 1977 细光鳞鱼属

Microphotolepis multipunctata Sazonov & Parin, 1977 多点细光鳞鱼

Microphotolepis schmidti (Angel & Verrier, 1931) 印度洋细光鳞鱼

Genus *Mirognathus* Parr, 1951 异颌平头鱼属;异颌黑头鱼属

Mirognathus normani Parr, 1951 诺氏异颌平头鱼;诺氏异颌黑头鱼

Genus *Narcetes* Alcock, 1890 黑口鱼属

Narcetes erimelas Alcock, 1890 极黑黑口鱼

Narcetes kamoharai Okamura, 1984 蒲原黑口鱼 陆

Narcetes lloydi Fowler, 1934 鲁氏黑口鱼 陆 台

Narcetes stomias (Gilbert, 1890) 大嘴黑口鱼

Narcetes wonderi Herre, 1935 旺氏黑口鱼

Genus *Photostylus* Beebe, 1933 柱光鱼属

Photostylus pycnopterus Beebe, 1933 坚鳍柱光鱼

Genus *Rinoctes* Parr, 1952 锉栉平头鱼属

Rinoctes nasutus (Koefoed, 1927) 墨西哥湾锉栉平头鱼

Genus *Rouleina* Jordan, 1923 鲁氏鱼属

Rouleina attrita (Vaillant, 1888) 深水鲁氏鱼

Rouleina danae Parr, 1951 达纳鲁氏鱼

Rouleina eucla Whitley, 1940 佳美鲁氏鱼

Rouleina euryops Sazonov, 1999 宽眼鲁氏鱼

Rouleina guentheri (Alcock, 1892) 根室鲁氏鱼 陆 台

Rouleina livida (Brauer, 1906) 浅蓝鲁氏鱼

Rouleina maderensis Maul, 1948 平头鲁氏鱼

Rouleina nuda (Brauer, 1906) 裸体鲁氏鱼

Rouleina squamilatera (Alcock, 1898) 黑鲁氏鱼

Rouleina watasei (Tanaka, 1909) 渡濑鲁氏鱼 陆 台

Genus *Talismania* Goode & Bean, 1896 塔氏鱼属

Talismania antillarum (Goode & Bean, 1896) 安的列斯塔氏鱼 陆 台

Talismania aphos (Bussing, 1965) 智利塔氏鱼

Talismania bifurcata (Parr, 1951) 双叉塔氏鱼

Talismania brachycephala Sazonov, 1981 短头塔氏鱼 陆

Talismania bussingi Sazonov, 1989 布氏塔氏鱼

Talismania filamentosa Okamura & Kawanishi, 1984 丝鳍塔氏鱼 陆

Talismania homoptera (Vaillant, 1888) 等鳍塔氏鱼

Talismania kotlyari Sazonov & Ivanov, 1980 柯托塔氏鱼

Talismania longifilis (Brauer, 1902) 丝尾塔氏鱼 陆 台

Talismania mekistonema Sulak, 1975 大西洋塔氏鱼

Talismania okinawensis Okamura & Kawanishi, 1984 冲绳塔氏鱼

Genus *Xenodermichthys* Günther, 1878 裸平头鱼属;平额鱼属

Xenodermichthys copei (Gill, 1884) 柯氏裸平头鱼;柯氏平额鱼

Xenodermichthys nodulosus Günther, 1878 日本裸平头鱼;平额鱼 台

Order Osmeriformes 胡瓜鱼目

Family 172 Osmeridae 胡瓜鱼科

Genus *Allosmerus* Hubbs, 1925 异胡瓜鱼属

Allosmerus elongatus (Ayres, 1854) 长身异胡瓜鱼

Genus *Hemisalanx* Regan, 1908 间银鱼属

Hemisalanx brachyrostralis (Fang, 1934) 短吻间银鱼 陆

Genus *Hypomesus* Gill, 1862 公鱼属

Hypomesus japonicus (Brevoort, 1856) 日本公鱼 陆

Hypomesus nipponensis McAllister, 1963 西太公鱼 陆

Hypomesus olidus (Pallas, 1814) 池沼公鱼 陆

Hypomesus pretiosus (Girard, 1854) 阿拉斯加公鱼

Hypomesus transpacificus McAllister, 1963 越洋公鱼

Genus *Mallotus* Cuvier, 1829 毛鳞鱼属

Mallotus villosus (Müller, 1776) 毛鳞鱼 陆

Genus *Neosalanx* Wakiya & Takahashi, 1937 新银鱼属

Neosalanx anderssoni (Rendahl, 1923) 安氏新银鱼 陆

Neosalanx argentea (Lin, 1932) 银色新银鱼 陆

Neosalanx brevirostris (Pellegrin, 1923) 短吻新银鱼 陆

Neosalanx hubbsi Wakiya & Takahashi, 1937 赫氏新银鱼

Neosalanx jordani Wakiya & Takahashi, 1937 乔氏新银鱼 陆

Neosalanx oligodontis Chen, 1956 寡齿新银鱼 陆

Neosalanx pseudotaihuensis Zhang, 1987 近太湖新银鱼 陆

Neosalanx reganius Wakiya & Takahashi, 1937 有明海新银鱼

Neosalanx taihuensis Chen, 1956 太湖新银鱼 陆

Neosalanx tangkahkeii (Wu, 1931) 陈氏新银鱼 陆

Genus *Osmerus* Linnaeus, 1758 胡瓜鱼属

Osmerus eperlanus (Linnaeus, 1758) 胡瓜鱼

Osmerus mordax dentex Steindachner & Kner, 1870 亚洲胡瓜鱼

Osmerus mordax mordax (Mitchill, 1814) 美洲胡瓜鱼 陆

Osmerus spectrum Cope, 1870 野胡瓜鱼

Genus *Plecoglossus* Temminck & Schlegel, 1846 香鱼属

Plecoglossus altivelis altivelis (Temminck & Schlegel, 1846) 香鱼 陆 台

Plecoglossus altivelis chinensis Wu & Shan, 2005 中国香鱼 陆

Plecoglossus altivelis ryukyuensis Nishida, 1988 琉球香鱼

Genus *Protosalanx* Regan, 1908 大银鱼属

Protosalanx chinensis (Basilewsky, 1855) 中国大银鱼 陆

　　syn. *Protosalanx hyalocranius* (Abbott, 1901) 大银鱼

Genus *Salangichthys* Bleeker, 1860 日本银鱼属

Salangichthys ishikawae Wakiya & Takahashi, 1913 石川日本银鱼

Salangichthys microdon (Bleeker, 1860) 小齿日本银鱼 陆

Genus *Salanx* Cuvier, 1816 银鱼属

Salanx acuticeps Kishinouye, 1902 尖头银鱼 陆 台

Salanx ariakensis Kishinouye, 1902 有明银鱼 陆

Salanx chinensis (Osbeck, 1765) 中国银鱼 陆

　　syn. *Leucosoma chinensis* (Osbeck, 1765) 白肌银鱼

Salanx cuvieri Valenciennes, 1850 居氏银鱼 陆

Salanx prognathus (Regan, 1908) 前颌银鱼 陆

　　syn. *Hemisalanx prognathus* (Regan, 1908) 前颌间银鱼

Salanx reevesii (Gray, 1831) 里氏银鱼

Genus *Spirinchus* Jordan & Evermann, 1896 油胡瓜鱼属

Spirinchus lanceolatus (Hikita, 1913) 长体油胡瓜鱼

Spirinchus starksi (Fisk, 1913) 施氏油胡瓜鱼

Spirinchus thaleichthys (Ayres, 1860) 油胡瓜鱼

Genus *Thaleichthys* Girard, 1858 细齿鲑属(蜡鱼属)

Thaleichthys pacificus (Richardson, 1836) 太平洋细齿鲑(蜡鱼)

Family 173 Retropinnidae 后鳍鲑科

Genus *Prototroctes* Günther, 1864 南茴鱼属

Prototroctes maraena Günther, 1864 澳洲南茴鱼

Prototroctes oxyrhynchus Günther, 1870 尖吻南茴鱼

Genus *Retropinna* Gill, 1862 后鳍鲑属

Retropinna retropinna (Richardson, 1848) 后鳍鲑

Retropinna semoni (Weber, 1895) 西氏后鳍鲑

Retropinna tasmanica McCulloch, 1920 塔斯马尼亚后鳍鲑

Genus *Stokellia* Whitley, 1955 青瓜鱼属

Stokellia anisodon (Stokell, 1941) 新西兰青瓜鱼

Family 174 Galaxiidae 南乳鱼科

Genus *Aplochiton* Jenyns, 1842 单甲南乳鱼属

Aplochiton taeniatus Jenyns, 1842 条斑单甲南乳鱼

Aplochiton zebra Jenyns, 1842 条纹单甲南乳鱼

Genus *Brachygalaxias* Eigenmann, 1928 短南乳鱼属

Brachygalaxias bullocki (Regan, 1908) 布氏短南乳鱼

Brachygalaxias gothei Busse, 1983 戈氏短南乳鱼

Genus *Galaxias* Cuvier, 1816 南乳鱼属

Galaxias anomalus Stokell, 1959 糙南乳鱼

Galaxias argenteus (Gmelin, 1789) 银南乳鱼

Galaxias auratus Johnston, 1883 金南乳鱼

Galaxias brevipinnis Günther, 1866 短鳍南乳鱼

Galaxias cobitinis McDowall & Waters, 2002 鳅形南乳鱼

Galaxias depressiceps McDowall & Wallis, 1996 平头南乳鱼

Galaxias divergens Stokell, 1959 广布南乳鱼

Galaxias eldoni McDowall, 1997 埃氏南乳鱼

Galaxias fasciatus Gray, 1842 带纹南乳鱼

Galaxias fontanus Fulton, 1978 泉南乳鱼

Galaxias globiceps Eigenmann, 1928 圆头南乳鱼

Galaxias gollumoides McDowall & Chadderton, 1999 大洋洲南乳鱼

Galaxias gracilis McDowall, 1967 细南乳鱼

Galaxias johnstoni Scott, 1936 乔氏南乳鱼

Galaxias macronasus McDowall & Waters, 2003 大鼻南乳鱼

Galaxias maculatus (Jenyns, 1842) 大斑南乳鱼

Galaxias neocaledonicus Weber & de Beaufort, 1913 新喀里多尼亚南乳鱼

Galaxias niger Andrews, 1985 暗南乳鱼

Galaxias occidentalis Ogilby, 1899 西方南乳鱼

Galaxias olidus Günther, 1866 山南乳鱼

Galaxias parvus Frankenberg, 1968 小南乳鱼

Galaxias paucispondylus Stokell, 1938 少椎南乳鱼

Galaxias pedderensis Frankenberg, 1968 佩德南乳鱼

Galaxias platei Steindachner, 1898 普拉特南乳鱼

Galaxias postvectis Clarke, 1899 短颌南乳鱼

Galaxias prognathus Stokell, 1940 长颌南乳鱼

Galaxias pullus McDowall, 1997 暗色南乳鱼

Galaxias rostratus Klunzinger, 1872 大吻南乳鱼

Galaxias tanycephalus Fulton, 1978 长头南乳鱼

Galaxias truttaceus Valenciennes, 1846 点南乳鱼

Galaxias vulgaris Stokell, 1949 河溪南乳鱼

Galaxias zebratus (Castelnau, 1861) 斑马南乳鱼

Genus *Galaxiella* McDowall, 1978 小南乳鱼属

Galaxiella munda McDowall, 1978 洁小南乳鱼

Galaxiella nigrostriata (Shipway, 1953) 黑纹小南乳鱼

Galaxiella pusilla (Mack, 1936) 矮小南乳鱼

Genus *Lepidogalaxias* Mees, 1961 鳞南乳鱼属

Lepidogalaxias salamandroides Mees, 1961 色拉望鳞南乳鱼(蝾鱼)

Genus *Lovettia* McCulloch, 1915 溯河南乳鱼属

Lovettia sealii (Johnston, 1883) 斯氏溯河南乳鱼

Genus *Neochanna* Günther, 1867 新南乳鱼属

Neochanna apoda Günther, 1867 无足新南乳鱼

Neochanna burrowsius (Phillipps, 1926) 红新南乳鱼

Neochanna cleaveri (Scott, 1934) 克氏新南乳鱼

Neochanna diversus Stokell, 1949 黑新南乳鱼

Neochanna heleios Ling & Gleeson, 2001 沼泽新南乳鱼

Neochanna rekohua (Mitchell, 1995) 新西兰新南乳鱼

Genus *Paragalaxias* Scott, 1935 副南乳鱼属

Paragalaxias dissimilis (Regan, 1906) 塔斯马尼亚副南乳鱼

Paragalaxias eleotroides McDowall & Fulton, 1978 大湖副南乳鱼

Paragalaxias julianus McDowall & Fulton, 1978 朱利副南乳鱼

Paragalaxias mesotes McDowall & Fulton, 1978 大眼副南乳鱼

Order Salmoniformes 鲑形目

Family 175 Salmonidae 鲑科

Genus *Brachymystax* Günther, 1866 细鳞鱼属

Brachymystax lenok (Pallas, 1773) 细鳞鱼 陆

Brachymystax savinovi Mitrofanov, 1959 萨氏细鳞鱼

Brachymystax tumensis Mori, 1930 图们江细鳞鱼 陆

Genus *Coregonus* Linnaeus, 1758 白鲑属

Coregonus albellus Fatio, 1890 欧亚白鲑

Coregonus albula (Linnaeus, 1758) 欧白鲑

Coregonus alpenae (Koelz, 1924) 阿尔佩白鲑

Coregonus alpinus Fatio, 1885 山白鲑

Coregonus anaulorum Chereshnev, 1996 俄罗斯白鲑

Coregonus arenicolus Kottelat, 1997 砂白鲑

Coregonus artedi Lesueur, 1818 湖白鲑

Coregonus atterensis Kottelat, 1997 阿特尔泽白鲑

Coregonus autumnalis (Pallas, 1776) 秋白鲑

Coregonus baerii Kessler, 1864 贝尔氏白鲑

Coregonus baicalensis Dybowski, 1874 贝加尔湖白鲑

Coregonus baunti Mukhomediyarov, 1948 鲍氏白鲑

Coregonus bavaricus Hofer, 1909 阿梅尔白鲑

Coregonus bezola Fatio, 1888 贝佐拉白鲑

Coregonus candidus Goll, 1883 耀白鲑

Coregonus chadary Dybowski, 1869 卡达白鲑 陆

Coregonus clupeaformis (Mitchill, 1818) 鲱形白鲑

Coregonus clupeoides Lacepède, 1803 似鲱白鲑

Coregonus confusus Fatio, 1885 恼白鲑

Coregonus danneri Vogt, 1908 丹氏白鲑

Coregonus fatioi Kottelat, 1997 法氏白鲑

Coregonus fera Jurine, 1825 莱芒湖白鲑

Coregonus fontanae Schulz & Freyhof, 2003 泉白鲑

Coregonus gutturosus (Gmelin, 1818) 喉白鲑

Coregonus heglingus Schinz, 1822 奇白鲑

Coregonus hiemalis Jurine, 1825 日内瓦湖白鲑

Coregonus hoferi Berg, 1932 霍弗白鲑

Coregonus hoyi (Milner, 1874) 霍伊白鲑

Coregonus huntsmani Scott, 1987 亨氏白鲑

Coregonus johannae (Wagner, 1910) 深水白鲑

Coregonus kiletz Michailovsky, 1903 凯尔白鲑

Coregonus kiyi (Koelz, 1921) 基氏白鲑

Coregonus ladogae Pravdin, Golubev & Belyaeva, 1938 拉杜白鲑

Coregonus laurettae Bean, 1881 白令白鲑

Coregonus lavaretus (Linnaeus, 1758) 突唇白鲑

Coregonus lucidus (Richardson, 1836) 亮白鲑

Coregonus lucinensis Thienemann, 1933 卢钦湖白鲑

Coregonus lutokka Kottelat, Bogutskaya & Freyhof, 2005 拉多加湖白鲑

Coregonus macrophthalmus Nüsslin, 1882 大眼白鲑

Coregonus maraena (Bloch, 1779) 衰白鲑

Coregonus maxillaris Günther, 1866 颌白鲑

Coregonus megalops Widegren, 1863 大目白鲑

Coregonus migratorius (Georgi, 1775) 洄游白鲑

Coregonus muksun (Pallas, 1814) 穆森白鲑

Coregonus nasus (Pallas, 1776) 宽鼻白鲑

Coregonus nelsonii Bean, 1884 纳氏白鲑

Coregonus nigripinnis (Milner, 1874) 黑鳍白鲑

Coregonus nilssoni Valenciennes, 1848 尼氏白鲑

Coregonus nobilis Haack, 1882 显白鲑

Coregonus oxyrinchus (Linnaeus, 1758) 尖吻白鲑

Coregonus palaea Cuvier, 1829 古白鲑

Coregonus pallasii Valenciennes, 1848 帕拉白鲑

Coregonus peled (Gmelin, 1789) 高白鲑

Coregonus pennantii Valenciennes, 1848 彭氏白鲑

Coregonus pidschian (Gmelin, 1789) 驼背白鲑

Coregonus pollan Thompson, 1835 普伦白鲑

Coregonus pravdinellus Delkeit, 1949 银体白鲑

Coregonus reighardi (Koelz, 1924) 短吻白鲑

Coregonus renke (Schrank, 1783) 伦克白鲑

Coregonus restrictus Fatio, 1885 野白鲑

Coregonus sardinella Valenciennes, 1848 小白鲑

Coregonus stigmaticus Regan, 1908 点白鲑

Coregonus subautumnalis Kaganowsky, 1932 似秋白鲑

Coregonus suidteri Fatio, 1885 休氏白鲑

Coregonus trybomi Svärdson, 1979 特氏白鲑

Coregonus tugun lenensis Berg, 1932 勒尼白鲑

Coregonus tugun tugun (Pallas, 1814) 图冈白鲑

Coregonus ussuriensis Berg, 1906 乌苏里白鲑 陆

Coregonus vandesius Richardson, 1836 文第斯白鲑

Coregonus wartmanni (Bloch, 1784) 沃特曼氏白鲑

Coregonus widegreni Malmgren, 1863 怀氏白鲑

Coregonus zenithicus (Jordan & Evermann, 1909) 天穹白鲑

Coregonus zuerichensis Nüsslin, 1882 苏黎世湖白鲑

Coregonus zugensis Nüsslin, 1882 瑞士白鲑

Genus *Hucho* Günther, 1866 哲罗鱼属

Hucho bleekeri Kimura, 1934 虎嘉哲罗鱼 陆

Hucho hucho (Linnaeus, 1758) 多瑙哲罗鱼

Hucho ishikawae Mori, 1928 石川哲罗鱼 陆

Hucho perryi (Brevoort, 1856) 远东哲罗鱼

Hucho taimen (Pallas, 1773) 哲罗鱼 陆

Genus *Oncorhynchus* Suckley, 1861 大麻哈鱼属;钩吻鲑属

Oncorhynchus aguabonita (Jordan, 1892) 阿瓜大麻哈鱼;阿瓜钩吻鲑

Oncorhynchus apache (Miller, 1972) 亚利桑那大麻哈鱼;亚利桑那钩吻鲑

Oncorhynchus chrysogaster (Needham & Gard, 1964) 金腹大麻哈鱼;金腹钩吻鲑

Oncorhynchus clarkii clarkii (Richardson, 1836) 克拉克大麻哈鱼;克拉克钩吻鲑

Oncorhynchus clarkii pleuriticus (Cope, 1872) 科罗拉多河大麻哈鱼;科罗拉多钩吻鲑

Oncorhynchus formosanus (Jordan & Oshima, 1919) 台湾大麻哈鱼;台湾钩吻鲑 台

Oncorhynchus gilae (Miller, 1950) 吉尔大麻哈鱼;吉尔钩吻鲑

Oncorhynchus gorbuscha (Walbaum, 1792) 细鳞大麻哈鱼;细鳞钩吻鲑 陆

Oncorhynchus iwame Kimura & Nakamura, 1961 岩目大麻哈鱼;岩目钩吻鲑

Oncorhynchus keta (Walbaum, 1792) 大麻哈鱼;钩吻鲑 陆

Oncorhynchus kisutch (Walbaum, 1792) 银大麻哈鱼(银鲑);银钩吻鲑 陆

Oncorhynchus masou macrostomus (Günther, 1877) 大口马苏大麻哈鱼(降海型);大口马苏钩吻鲑(降海型)

Oncorhynchus masou masou (Brevoort, 1856) 马苏大麻哈鱼(河川型);马苏钩吻鲑(河川型) 陆

Oncorhynchus mykiss (Walbaum, 1792) 虹鳟 陆 台

Oncorhynchus nerka (Walbaum, 1792) 红大麻哈鱼;红钩吻鲑

Oncorhynchus rhodurus Jordan & McGregor, 1925 玫瑰大麻哈鱼;玫瑰钩吻鲑

Oncorhynchus tshawytscha (Walbaum, 1792) 大鳞大麻哈鱼;大鳞钩吻鲑

Genus *Prosopium* Jordan, 1878 柱白鲑属

Prosopium abyssicola (Snyder, 1919) 熊湖柱白鲑

Prosopium coulterii (Eigenmann & Eigenmann, 1892) 库尔特柱白鲑

Prosopium cylindraceum (Pennant, 1784) 真柱白鲑

Prosopium gemmifer (Snyder, 1919) 贝尔莱柱白鲑

Prosopium spilonotus (Snyder, 1919) 珠点柱白鲑

Prosopium williamsoni (Girard, 1856) 山地柱白鲑

Genus *Salmo* Linnaeus, 1758 鳟属(鲑属)

Salmo akairos Delling & Doadrio, 2005 伊夫尼湖鳟

Salmo aphelios Kottelat, 1997 润鳟

Salmo balcanicus (Karaman, 1927) 奥赫里德湖鳟

Salmo carpio Linnaeus, 1758 鲤形鳟

Salmo cettii Rafinesque, 1810 塞氏鳟

Salmo coruhensis Turan, Kottelat & Engin, 2010 乔鲁赫河鳟

Salmo dentex (Heckel, 1851) 棕红斑鳟

Salmo ezenami Berg, 1948 伊氏鳟

Salmo farioides Karaman, 1938 堡鳟

Salmo ferox Jardine, 1835 猛鳟

Salmo fibreni Zerunian & Gandolfi, 1990 菲氏鳟

Salmo ischchan Kessler, 1877 塞凡湖鳟

Salmo labrax Pallas, 1814 隆头鳟

Salmo letnica (Karaman, 1924) 野鳟

Salmo lumi Poljakov, Filipi & Basho, 1958 卢姆氏鳟

Salmo macedonicus (Karaman, 1924) 马克顿鳟

Salmo marmoratus Cuvier, 1829 虫纹鳟

Salmo nigripinnis Günther, 1866 黑鳍鳟

Salmo obtusirostris (Heckel, 1851) 钝吻鳟

Salmo ohridanus Steindachner, 1892 奥湖鳟

Salmo pallaryi Pellegrin, 1924 帕氏鳟

Salmo pelagonicus Karaman, 1938 海鳟

Salmo peristericus Karaman, 1938 鸽鳟

Salmo platycephalus Behnke, 1968 平头鳟

Salmo rhodanensis Fowler, 1974 罗讷河鳟

Salmo rizeensis Turan, Kottelat & Engin, 2010 里泽鳟

Salmo salar Linnaeus, 1758 安大略鳟 🔲

Salmo schiefermuelleri Bloch, 1784 舒氏鳟

Salmo stomachicus Günther, 1866 爱尔兰鳟

Salmo taleri (Karaman, 1933) 塔氏鳟

Salmo trutta aralensis Berg, 1908 威海鳟

Salmo trutta fario Linnaeus, 1758 河鳟(亚东鲑) 🔲

Salmo trutta lacustris Linnaeus, 1758 湖鳟

Salmo trutta macrostigma (Duméril, 1858) 大点鳟

Salmo trutta oxianus Kessler, 1874 尖鳟

Salmo trutta trutta Linnaeus, 1758 鳟

Salmo visovacensis Taler, 1950 维索伐鳟

Salmo zrmanjaensis Karaman, 1938 马其顿鳟

Genus *Salvelinus* Richardson, 1836 红点鲑属

Salvelinus agassizii (Garman, 1885) 阿氏红点鲑

Salvelinus albus Glubokovsky, 1977 银色红点鲑

Salvelinus alpinus alpinus (Linnaeus, 1758) 北极红点鲑

Salvelinus alpinus erythrinus (Georgi, 1775) 贝加尔湖红点鲑

Salvelinus anaktuvukensis Morrow, 1973 阿拉斯加红点鲑

Salvelinus andriashevi Berg, 1948 安氏红点鲑

Salvelinus boganidae Berg, 1926 窄体红点鲑

Salvelinus colii (Günther, 1863) 科氏红点鲑

Salvelinus confluentus (Suckley, 1859) 强壮红点鲑

Salvelinus curilus (Pallas, 1814) 库利尔红点鲑

Salvelinus czerskii Drjagin, 1932 切氏红点鲑

Salvelinus drjagini Logashev, 1940 黄斑红点鲑

Salvelinus elgyticus Viktorovsky & Glubokovsky, 1981 小眼红点鲑

Salvelinus evasus Freyhof & Kottelat, 2005 银侧红点鲑

Salvelinus fimbriatus Regan, 1908 缨红点鲑

Salvelinus fontinalis (Mitchill, 1814) 美洲红点鲑(溪红点鲑) 🔲

Salvelinus gracillimus Regan, 1909 细红点鲑

Salvelinus grayi (Günther, 1862) 格雷红点鲑

Salvelinus gritzenkoi Vasil'eva & Stygar, 2000 格里氏红点鲑

Salvelinus inframundus Regan, 1909 不列颠红点鲑

Salvelinus jacuticus Borisov, 1935 横带红点鲑

Salvelinus japonicus Oshima, 1961 日本红点鲑

Salvelinus killinensis (Günther, 1866) 基尔红点鲑

Salvelinus krogiusae Glubokovsky, Frolov, Efremov, Ribnikova & Katugin, 1993 俄罗斯红点鲑

Salvelinus kronocius Viktorovsky, 1978 堪察加红点鲑

Salvelinus kuznetzovi Taranetz, 1933 库氏红点鲑

Salvelinus lepechini (Gmelin, 1789) 莱氏红点鲑

Salvelinus leucomaenis imbrius Jordan & McGregor, 1925 斑头红点鲑

Salvelinus leucomaenis leucomaenis (Pallas, 1814) 远东红点鲑(白斑红点鲑) 🔲

Salvelinus leucomaenis pluvius (Hilgendorf, 1876) 雨红点鲑

Salvelinus levanidovi Chereshnev, Skopets & Gudkov, 1989 莱文氏红点鲑

Salvelinus lonsdalii Regan, 1909 朗斯代尔红点鲑

Salvelinus mallochi Regan, 1909 马氏红点鲑

Salvelinus malma krascheninnikova Taranetz, 1933 克氏红点鲑

Salvelinus malma malma (Walbaum, 1792) 玛红点鲑(花羔红点鲑) 🔲

Salvelinus malma miyabei Oshima, 1938 宫部红点鲑

Salvelinus maxillaris Regan, 1909 颚红点鲑

Salvelinus murta (Saemundsson, 1908) 鼠形红点鲑

Salvelinus namaycush (Walbaum, 1792) 突吻红点鲑

Salvelinus neiva Taranetz, 1933 内维红点鲑

Salvelinus neocomensis Freyhof & Kottelat, 2005 新科梅红点鲑

Salvelinus obtusus Regan, 1908 钝头红点鲑

Salvelinus perisii (Günther, 1865) 佩氏红点鲑

Salvelinus profundus (Schillinger, 1901) 深水红点鲑

Salvelinus salvelinoinsularis (Lönnberg, 1900) 似红点鲑

Salvelinus scharffi Regan, 1908 沙尔夫红点鲑

Salvelinus schmidti Viktorovsky, 1978 施氏红点鲑

Salvelinus struanensis (Maitland, 1881) 苏格兰红点鲑

Salvelinus taimyricus Mikhin, 1949 红鳍红点鲑

Salvelinus taranetzi Kaganowsky, 1955 塔氏红点鲑

Salvelinus thingvallensis (Saemundsson, 1908) 冰岛红点鲑

Salvelinus tolmachoffi Berg, 1926 埃塞湖红点鲑

Salvelinus trevelyani Regan, 1908 特里维红点鲑

Salvelinus umbla (Linnaeus, 1758) 瑞士红点鲑

Salvelinus vasiljevae Safronov & Zvezdov, 2005 萨哈林红点鲑

Salvelinus willoughbii (Günther, 1862) 威尔红点鲑

Salvelinus youngeri Friend, 1956 杨氏红点鲑

Genus *Salvethymus* Chereshnev & Skopets, 1990 茴鲑属

Salvethymus svetovidovi Chereshnev & Skopets, 1990 俄罗斯茴鲑

Genus *Stenodus* Richardson, 1836 北鲑属

Stenodus leucichthys (Güldenstädt, 1772) 白北鲑 🔲

Genus *Thymallus* Linck, 1790 茴鱼属

Thymallus arcticus (Pallas, 1776) 北极茴鱼 🔲

Thymallus baicalensis Dybowski, 1874 贝加尔湖茴鱼

Thymallus brevipinnis Svetovidov, 1931 短鳍茴鱼

Thymallus brevirostris Kessler, 1879 蒙古茴鱼

Thymallus burejensis Antonov, 2004 俄罗斯茴鱼

Thymallus grubii flavomaculatus Knizhin, Antonov & Weiss, 2006 黄点茴鱼

Thymallus grubii grubii Dybowski, 1869 黑龙江茴鱼 🔲

Thymallus mertensii Valenciennes, 1848 默氏茴鱼

Thymallus nigrescens Dorogostaisky, 1923 暗茴鱼

Thymallus pallasii Valenciennes, 1848 帕氏茴鱼

Thymallus svetovidovi Knizhin & Weiss, 2009 斯氏茴鱼

Thymallus thymallus (Linnaeus, 1758) 茴鱼

Thymallus tugarinae Knizhin, Antonov, Safronov & Weiss, 2007 帆鳍茴鱼

Thymallus yaluensis Mori, 1928 鸭绿江茴鱼

Order Esociformes 狗鱼目

Family 176 Esocidae 狗鱼科

Genus *Esox* Linnaeus, 1758 狗鱼属

Esox americanus americanus Gmelin, 1789 美洲狗鱼

Esox americanus vermiculatus Lesueur, 1846 虫纹狗鱼
Esox lucius Linnaeus, 1758 白斑狗鱼 陆
Esox masquinongy Mitchill, 1824 北美狗鱼
Esox niger Lesueur, 1818 暗色狗鱼
Esox reichertii Dybowski, 1869 黑斑狗鱼 陆

Family 177 Umbridae 荫鱼科

Genus *Dallia* Bean, 1880 黑鱼属

Dallia admirabilis Chereshnev, 1980 俄罗斯黑鱼
Dallia delicatissima Smitt, 1881 柔黑鱼
Dallia pectoralis Bean, 1880 阿拉斯加黑鱼

Genus *Novumbra* Schultz, 1929 新荫鱼属

Novumbra hubbsi Schultz, 1929 新荫鱼

Genus *Umbra* Kramer, 1777 荫鱼属

Umbra krameri Walbaum, 1792 荫鱼
Umbra limi (Kirtland, 1840) 林氏荫鱼(泥荫鱼)
Umbra pygmaea (DeKay, 1842) 矮荫鱼

Order Stomiiformes 巨口鱼目

Family 178 Diplophidae 双光鱼科

Genus *Diplophos* Günther, 1873 双光鱼属

Diplophos australis Ozawa, Oda & Ida, 1990 澳洲双光鱼
Diplophos orientalis Matsubara, 1940 东方双光鱼 陆 台
Diplophos pacificus Günther, 1889 太平洋双光鱼 陆 台
Diplophos rebainsi Krefft & Parin, 1972 里氏双光鱼
Diplophos taenia Günther, 1873 带纹双光鱼 陆 台

Genus *Triplophos* Brauer, 1902 三钻光鱼属

Triplophos hemingi (McArdle, 1901) 三钻光鱼 台

Suborder Gonostomatoidei 钻光鱼亚目

Family 179 Gonostomatidae 钻光鱼科

Genus *Bonapartia* Goode & Bean, 1896 波拿巴钻光鱼属

Bonapartia pedaliota Goode & Bean, 1896 大口波拿巴钻光鱼

Genus *Cyclothone* Goode & Bean, 1883 圆罩鱼属

Cyclothone acclinidens Garman, 1899 斜齿圆罩鱼 陆
Cyclothone alba Brauer, 1906 白圆罩鱼 陆 台
Cyclothone atraria Gilbert, 1905 黑圆罩鱼 陆 台
Cyclothone braueri Jespersen & Tåning, 1926 勃氏圆罩鱼
Cyclothone kobayashii Miya, 1994 科氏圆罩鱼
Cyclothone livida Brauer, 1902 利维圆罩鱼
Cyclothone microdon (Günther, 1878) 小齿圆罩鱼
Cyclothone obscura Brauer, 1902 暗圆罩鱼 陆
Cyclothone pallida Brauer, 1902 苍圆罩鱼 陆 台
Cyclothone parapallida Badcock, 1982 副苍圆罩鱼
Cyclothone pseudopallida Mukhacheva, 1964 近苍圆罩鱼 陆
Cyclothone pygmaea Jespersen & Tåning, 1926 侏圆罩鱼
Cyclothone signata Garman, 1899 弓背圆罩鱼

Genus *Gonostoma* van Hasselt, 1823 钻光鱼属

Gonostoma atlanticum Norman, 1930 大西洋钻光鱼 陆 台
Gonostoma denudatum Rafinesque, 1810 裸钻光鱼
Gonostoma elongatum Günther, 1878 长钻光鱼 陆 台

Genus *Manducus* Goode & Bean, 1896 爵灯鱼属

Manducus greyae (Johnson, 1970) 新几内亚爵灯鱼
Manducus maderensis (Johnson, 1890) 马德拉爵灯鱼

Genus *Margrethia* Jespersen & Tåning, 1919 缘光鱼属

Margrethia obtusirostra Jespersen & Tåning, 1919 钝吻缘光鱼
Margrethia valentinae Parin, 1982 太平洋缘光鱼

Genus *Sigmops* Gill, 1883 纤钻光鱼属

Sigmops bathyphilus (Vaillant, 1884) 深海纤钻光鱼
Sigmops ebelingi (Grey, 1960) 埃氏纤钻光鱼

Sigmops gracilis (Günther, 1878) 柔身纤钻光鱼 陆 台
Sigmops longipinnis (Mukhacheva, 1972) 长鳍纤钻光鱼

Family 180 Sternoptychidae 褶胸鱼科

Genus *Araiophos* Grey, 1961 薄光鱼属

Araiophos eastropas Ahlstrom & Moser, 1969 薄光鱼

Genus *Argyripnus* Gilbert & Cramer, 1897 银光鱼属

Argyripnus atlanticus Maul, 1952 大西洋银光鱼
Argyripnus brocki Struhsaker, 1973 布氏银光鱼
Argyripnus electronus Parin, 1992 电银光鱼
Argyripnus ephippiatus Gilbert & Cramer, 1897 双臀银光鱼
Argyripnus iridescens McCulloch, 1926 虹彩银光鱼
Argyripnus pharos Harold & Lancaster, 2003 裸身银光鱼

Genus *Argyropelecus* Cocco, 1829 银斧鱼属

Argyropelecus aculeatus Valenciennes, 1850 棘银斧鱼 陆 台
Argyropelecus affinis Garman, 1899 长银斧鱼 陆 台
Argyropelecus gigas Norman, 1930 巨银斧鱼 陆 台
Argyropelecus hemigymnus Cocco, 1829 半裸银斧鱼 陆 台
Argyropelecus lychnus Garman, 1899 烛银斧鱼
Argyropelecus olfersii (Cuvier, 1829) 奥氏银斧鱼
Argyropelecus sladeni Regan, 1908 斯氏银斧鱼 陆 台

Genus *Danaphos* Bruun, 1931 帝光鱼属

Danaphos oculatus (Garman, 1899) 哥伦比亚帝光鱼

Genus *Maurolicus* Cocco, 1838 穆氏暗光鱼属

Maurolicus amethystinopunctatus Cocco, 1838 蓝斑穆氏暗光鱼
Maurolicus australis Hector, 1875 澳洲穆氏暗光鱼
Maurolicus breviculus Parin & Kobyliansky, 1993 短身穆氏暗光鱼
Maurolicus imperatorius Parin & Kobyliansky, 1993 皇穆氏暗光鱼
Maurolicus inventionis Parin & Kobyliansky, 1993 南印度洋穆氏暗光鱼
Maurolicus japonicus Ishikawa, 1915 日本穆氏暗光鱼
Maurolicus javanicus Parin & Kobyliansky, 1993 爪哇穆氏暗光鱼
Maurolicus kornilovorum Parin & Kobyliansky, 1993 东非穆氏暗光鱼
Maurolicus mucronatus Klunzinger, 1871 尖穆氏暗光鱼
Maurolicus muelleri (Gmelin, 1789) 穆氏暗光鱼 台
Maurolicus parvipinnis Vaillant, 1888 小翅穆氏暗光鱼
Maurolicus rudjakovi Parin & Kobyliansky, 1993 鲁迪穆氏暗光鱼
Maurolicus stehmanni Parin & Kobyliansky, 1993 斯特穆氏暗光鱼
Maurolicus walvisensis Parin & Kobyliansky, 1993 南大西洋穆氏暗光鱼
Maurolicus weitzmani Parin & Kobyliansky, 1993 韦茨穆氏暗光鱼

Genus *Polyipnus* Günther, 1887 烛光鱼属

Polyipnus aquavitus Baird, 1971 光带烛光鱼 陆
Polyipnus asper Harold, 1994 糙烛光鱼
Polyipnus asteroides Schultz, 1938 似星烛光鱼
Polyipnus bruuni Harold, 1994 布氏烛光鱼
Polyipnus clarus Harold, 1994 清亮烛光鱼
Polyipnus danae Harold, 1990 达纳氏烛光鱼 陆 台
Polyipnus elongatus Borodulina, 1979 长身烛光鱼
Polyipnus fraseri Fowler, 1934 弗氏烛光鱼
Polyipnus indicus Schultz, 1961 印度烛光鱼
Polyipnus inermis Borodulina, 1981 无刺烛光鱼
Polyipnus kiwiensis Baird, 1971 基氏烛光鱼
Polyipnus laternatus Garman, 1899 宽柄烛光鱼
Polyipnus latirastrus Last & Harold, 1994 珊瑚海烛光鱼
Polyipnus limatulus Harold & Wessel, 1998 泞烛光鱼
Polyipnus matsubarai Schultz, 1961 松原烛光鱼
Polyipnus meteori Kotthaus, 1967 米氏烛光鱼
Polyipnus nuttingi Gilbert, 1905 短棘烛光鱼 陆
Polyipnus oluolus Baird, 1971 奥卢勒烛光鱼
Polyipnus omphus Baird, 1971 印度尼西亚烛光鱼
Polyipnus ovatus Harold, 1994 卵形烛光鱼
Polyipnus parini Borodulina, 1979 帕氏烛光鱼

Polyipnus paxtoni Harold, 1989 派氏烛光鱼

Polyipnus polli Schultz, 1961 普氏烛光鱼

Polyipnus ruggeri Baird, 1971 拉氏烛光鱼

Polyipnus soelae Harold, 1994 扁烛光鱼

Polyipnus spinifer Borodulina, 1979 头棘烛光鱼 台

Polyipnus spinosus Günther, 1887 大棘烛光鱼 陆 台

Polyipnus stereope Jordan & Starks, 1904 闪电烛光鱼 陆 台

Polyipnus suruguensis Aizawa, 1990 骏河湾烛光鱼

Polyipnus tridentifer McCulloch, 1914 三齿烛光鱼 陆 台

Polyipnus triphanos Schultz, 1938 三烛光鱼 台

Polyipnus unispinus Schultz, 1938 单棘烛光鱼 台

Genus *Sonoda* Grey, 1959 索光鱼属

Sonoda megalophthalma Grey, 1959 大眼索光鱼

Sonoda paucilampa Grey, 1960 古巴索光鱼

Genus *Sternoptyx* Hermann, 1781 褶胸鱼属

Sternoptyx diaphana Hermann, 1781 褶胸鱼 陆 台

Sternoptyx obscura Garman, 1899 暗色褶胸鱼 陆 台

Sternoptyx pseudobscura Baird, 1971 拟暗色褶胸鱼 陆 台

Sternoptyx pseudodiaphana Borodulina, 1977 拟眶灯褶胸鱼

Genus *Thorophos* Bruun, 1931 猛光鱼属

Thorophos euryops Bruun, 1931 宽眼猛光鱼

Thorophos nexilis (Myers, 1932) 菲律宾猛光鱼

Genus *Valenciennellus* Jordan & Evermann, 1896 丛光鱼属

Valenciennellus carlsbergi Bruun, 1931 卡氏丛光鱼 陆

Valenciennellus tripunctulatus (Esmark, 1871) 三斑丛光鱼 陆 台

Suborder Phosichthyoidei 巨口光灯鱼亚目
Family 181 Phosichthyidae 巨口光灯鱼科
Genus *Ichthyococcus* Bonaparte, 1840 颌光鱼属

Ichthyococcus australis Mukhacheva, 1980 澳大利亚颌光鱼

Ichthyococcus elongatus Imai, 1941 长体颌光鱼 台

Ichthyococcus intermedius Mukhacheva, 1980 间颌光鱼

Ichthyococcus irregularis Rechnitzer & Böhlke, 1958 异颌光鱼 陆

Ichthyococcus ovatus (Cocco, 1838) 卵圆颌光鱼 陆

Ichthyococcus parini Mukhacheva, 1980 帕氏颌光鱼

Ichthyococcus polli Blache, 1963 波氏颌光鱼

Genus *Phosichthys* Hutton, 1872 巨口光灯鱼属

Phosichthys argenteus Hutton, 1872 银巨口光鱼

Genus *Pollichthys* Grey, 1959 轴光鱼属

Pollichthys mauli (Poll, 1953) 莫氏轴光鱼 台

Genus *Polymetme* McCulloch, 1926 刀光鱼属

Polymetme andriashevi Parin & Borodulina, 1990 安氏刀光鱼

Polymetme corythaeola (Alcock, 1898) 腹灯刀光鱼

Polymetme elongata (Matsubara, 1938) 长刀光鱼 陆 台

Polymetme illustris McCulloch, 1926 光明刀光鱼

Polymetme suruguensis (Matsubara, 1943) 骏河湾刀光鱼 陆

Polymetme thaeocoryla Parin & Borodulina, 1990 东大西洋刀光鱼

Genus *Vinciguerria* Jordan & Evermann, 1896 串光鱼属

Vinciguerria attenuata (Cocco, 1838) 狭串光鱼 陆 台

Vinciguerria lucetia (Garman, 1899) 荧串光鱼 陆

Vinciguerria mabahiss Johnson & Feltes, 1984 红海串光鱼

Vinciguerria nimbaria (Jordan & Williams, 1895) 智利串光鱼 陆 台

Vinciguerria poweriae (Cocco, 1838) 强串光鱼 陆

Genus *Woodsia* Grey, 1959 离光鱼属

Woodsia meyerwaardeni Krefft, 1973 腹灯离光鱼

Woodsia nonsuchae (Beebe, 1932) 澳洲离光鱼 台

Genus *Yarrella* Goode & Bean, 1896 耶光鱼属

Yarrella argenteola (Garman, 1899) 银色耶光鱼

Yarrella blackfordi Goode & Bean, 1896 布氏耶光鱼

Family 182 Stomiidae 巨口鱼科
Genus *Aristostomias* Zugmayer, 1913 奇巨口鱼属

Aristostomias grimaldii Zugmayer, 1913 格氏奇巨口鱼

Aristostomias lunifer Regan & Trewavas, 1930 黑奇巨口鱼

Aristostomias polydactylus Regan & Trewavas, 1930 多指奇巨口鱼

Aristostomias scintillans (Gilbert, 1915) 闪亮奇巨口鱼 陆

Aristostomias tittmanni Welsh, 1923 蒂氏奇巨口鱼

Aristostomias xenostoma Regan & Trewavas, 1930 安哥拉奇巨口鱼

Genus *Astronesthes* Richardson, 1845 星衫鱼属

Astronesthes atlanticus Parin & Borodulina, 1996 大西洋星杉鱼

Astronesthes bilobatus Parin & Borodulina, 1996 双叶星杉鱼

Astronesthes boulengeri Gilchrist, 1902 鲍氏星杉鱼

Astronesthes caulophorus Regan & Trewavas, 1929 尾灯星杉鱼

Astronesthes chrysophekadion (Bleeker, 1849) 金星衫鱼 台

Astronesthes cyaneus (Brauer, 1902) 蓝黑星衫鱼

Astronesthes decoratus Parin & Borodulina, 2002 华美星杉鱼

Astronesthes dupliglandis Parin & Borodulina, 1997 苏禄海星杉鱼

Astronesthes exsul Parin & Borodulina, 2002 佳美星杉鱼

Astronesthes fedorovi Parin & Borodulina, 1994 费氏星杉鱼

Astronesthes formosana Liao, Chen & Shao, 2006 台湾星杉鱼 台

Astronesthes galapagensis Parin, Borodulina & Hulley, 1999 加拉帕戈斯岛星衫鱼

Astronesthes gemmifer Goode & Bean, 1896 宝石星衫鱼

Astronesthes gibbsi Borodulina, 1992 吉布斯氏星杉鱼

Astronesthes gudrunae Parin & Borodulina, 2002 古德星杉鱼

Astronesthes haplophos Parin & Borodulina, 2002 软星杉鱼

Astronesthes ijimai Tanaka, 1908 井岛星衫鱼

Astronesthes illuminatus Parin, Borodulina & Hulley, 1999 明光星衫鱼

Astronesthes indicus Brauer, 1902 印度星衫鱼 陆 台

Astronesthes indopacificus Parin & Borodulina, 1997 印太星衫鱼 台

Astronesthes karsteni Parin & Borodulina, 2002 卡氏星杉鱼

Astronesthes kreffti Gibbs & McKinney, 1988 克氏星杉鱼

Astronesthes lamellosus Goodyear & Gibbs, 1970 簿身星杉鱼

Astronesthes lampara Parin & Borodulina, 1998 火炬星杉鱼

Astronesthes leucopogon Regan & Trewavas, 1929 白须星杉鱼

Astronesthes lucibucca Parin & Borodulina, 1996 亮颊星杉鱼

Astronesthes lucifer Gilbert, 1905 荧光星衫鱼 陆 台

Astronesthes luetkeni Regan & Trewavas, 1929 吕氏星杉鱼

Astronesthes lupina Whitley, 1941 狼星杉鱼

Astronesthes macropogon Goodyear & Gibbs, 1970 大须星杉鱼

Astronesthes martensii Klunzinger, 1871 马丁星杉鱼

Astronesthes micropogon Goodyear & Gibbs, 1970 小须星杉鱼

Astronesthes neopogon Regan & Trewavas, 1929 新须星杉鱼

Astronesthes niger Richardson, 1845 黑星衫鱼

Astronesthes nigroides Gibbs & Aron, 1960 浅黑星杉鱼

Astronesthes oligoa Parin & Borodulina, 2002 喜荫星杉鱼

Astronesthes psychrolutes (Gibbs & Weitzman, 1965) 冷星衫鱼

Astronesthes quasiindicus Parin & Borodulina, 1996 太平洋星杉鱼

Astronesthes richardsoni (Poey, 1852) 李氏星衫鱼

Astronesthes similus Parr, 1927 似星衫鱼

Astronesthes spatulifer Gibbs & McKinney, 1988 匙形星杉鱼

Astronesthes splendidus Brauer, 1902 丝球星衫鱼 台

Astronesthes tanibe Parin & Borodulina, 2001 长星衫鱼

Astronesthes tatyanae Parin & Borodulina, 1998 太的星衫鱼

Astronesthes tchuvasovi Parin & Borodulina, 1996 朱氏星杉鱼

Astronesthes trifibulatus Gibbs, Amaoka & Haruta, 1984 三丝星衫鱼 台

Astronesthes zetgibbsi Parin & Borodulina, 1997 泽氏星杉鱼

Astronesthes zharovi Parin & Borodulina, 1998 柴露星杉鱼

Genus *Bathophilus* Miles, 1942 深巨口鱼属

Bathophilus abarbatus Barnett & Gibbs, 1968 无须深巨口鱼

Bathophilus altipinnis Beebe, 1933 高鳍深巨口鱼

Bathophilus ater (Brauer, 1902) 黑体深巨口鱼

Bathophilus brevis Regan & Trewavas, 1930 高腹深巨口鱼

Bathophilus digitatus (Welsh, 1923) 岐鳍深巨口鱼

Bathophilus filifer (Garman, 1899) 长丝深巨口鱼

Bathophilus flemingi Aron & McCrery, 1958 弗氏深巨口鱼

Bathophilus indicus (Brauer, 1902) 印度深巨口鱼

Bathophilus irregularis Norman, 1930 纳米比亚深巨口鱼

Bathophilus kingi Barnett & Gibbs, 1968 四丝深巨口鱼 台

Bathophilus longipinnis (Pappenheim, 1912) 长羽深巨口鱼 陆

Bathophilus nigerrimus Giglioli, 1882 丝须深巨口鱼 台

Bathophilus pawneei Parr, 1927 少鳍深巨口鱼

Bathophilus proximus Regan & Trewavas, 1930 近视深巨口鱼

Bathophilus schizochirus Regan & Trewavas, 1930 裂鳍深巨口鱼

Bathophilus vaillanti (Zugmayer, 1911) 维氏深巨口鱼

Genus *Borostomias* Regan, 1908 掠食巨口鱼属

Borostomias abyssorum (Koehler, 1896) 深底掠食巨口鱼

Borostomias antarcticus (Lönnberg, 1905) 南极掠食巨口鱼

Borostomias elucens (Brauer, 1906) 掠食巨口鱼 台

Borostomias mononema (Regan & Trewavas, 1929) 单丝掠食巨口鱼

Borostomias pacificus (Imai, 1941) 太平洋掠食巨口鱼

Borostomias panamensis Regan & Trewavas, 1929 巴拿马掠食巨口鱼

Genus *Chauliodus* Bloch & Schneider, 1801 蝰鱼属

Chauliodus barbatus Garman, 1899 须蝰鱼

Chauliodus danae Regan & Trewavas, 1929 达纳蝰鱼

Chauliodus dentatus Garman, 1899 利齿蝰鱼

Chauliodus macouni Bean, 1890 马康氏蝰鱼 台

Chauliodus minimus Parin & Novikova, 1974 长牙蝰鱼

Chauliodus pammelas Alcock, 1892 黑蝰鱼

Chauliodus schmidti Ege, 1948 施氏蝰鱼

Chauliodus sloani Bloch & Schneider, 1801 斯氏蝰鱼 陆 台

Chauliodus vasnetzovi Novikova, 1972 瓦氏蝰鱼

Genus *Chirostomias* Regan & Trewavas, 1930 肢巨口鱼属

Chirostomias pliopterus Regan & Trewavas, 1930 多鳍肢巨口鱼

Genus *Echiostoma* Lowe, 1843 刺巨口鱼属

Echiostoma barbatum Lowe, 1843 单须刺巨口鱼 陆 台

Genus *Eupogonesthes* Parin & Borodulina, 1993 真芒巨口鱼属

Eupogonesthes xenicus Parin & Borodulina, 1993 真芒巨口鱼 陆 台

Genus *Eustomias* Vaillant, 1888 真巨口鱼属

Eustomias achirus Parin & Pokhil'skaya, 1974 玛瑙真巨口鱼

Eustomias acinosus Regan & Trewavas, 1930 喜潜真巨口鱼

Eustomias aequatorialis Clarke, 1998 大西洋真巨口鱼

Eustomias albibulbus Clarke, 2001 白球真巨口鱼

Eustomias appositus Gibbs, Clarke & Gomon, 1983 联球真巨口鱼

Eustomias arborifer Parr, 1927 树球真巨口鱼

Eustomias australensis Gibbs, Clarke & Gomon, 1983 澳洲真巨口鱼

Eustomias austratlanticus Gibbs, Clarke & Gomon, 1983 南大西洋真巨口鱼

Eustomias bertelseni Gibbs, Clarke & Gomon, 1983 伯氏真巨口鱼

Eustomias bibulboides Gibbs, Clarke & Gomon, 1983 似双球真巨口鱼

Eustomias bibulbosus Parr, 1927 双球真巨口鱼

Eustomias bifilis Gibbs, 1960 岐须真巨口鱼 台

Eustomias bigelowi Welsh, 1923 比氏真巨口鱼

Eustomias bimargaritatus Regan & Trewavas, 1930 双缘真巨口鱼

Eustomias bimargaritoides Gibbs, Clarke & Gomon, 1983 似双缘真巨口鱼

Eustomias binghami Parr, 1927 宾氏真巨口鱼

Eustomias bituberatus Regan & Trewavas, 1930 双瘤真巨口鱼

Eustomias bituberoides Gibbs, Clarke & Gomon, 1983 似双瘤真巨口鱼

Eustomias borealis Clarke, 2000 北方真巨口鱼

Eustomias braueri Zugmayer, 1911 布氏真巨口鱼

Eustomias brevibarbatus Parr, 1927 短髭真巨口鱼

Eustomias bulbiramis Clarke, 2001 夏威夷真巨口鱼

Eustomias bulbornatus Gibbs, 1960 球须真巨口鱼

Eustomias cancriensis Gibbs, Clarke & Gomon, 1983 瘤须真巨口鱼

Eustomias cirritus Gibbs, Clarke & Gomon, 1983 卷须真巨口鱼

Eustomias contiguus Gomon & Gibbs, 1985 短头真巨口鱼

Eustomias crossotus Gibbs, Clarke & Gomon, 1983 流苏真巨口鱼

Eustomias crucis Gibbs & Craddock, 1973 十字真巨口鱼

Eustomias cryptobulbus Clarke, 2001 隐球真巨口鱼

Eustomias curtatus Gibbs, Clarke & Gomon, 1983 弯颌真巨口鱼

Eustomias curtifilis Clarke, 2000 短线真巨口鱼

Eustomias danae Clarke, 2001 隆头真巨口鱼

Eustomias decoratus Gibbs, 1971 佳丽真巨口鱼

Eustomias dendriticus Regan & Trewavas, 1930 东大西洋真巨口鱼

Eustomias deofamiliaris Gibbs, Clarke & Gomon, 1983 同族真巨口鱼

Eustomias digitatus Gomon & Gibbs, 1985 长指真巨口鱼

Eustomias dinema Clarke, 1999 双线真巨口鱼

Eustomias dispar Gomon & Gibbs, 1985 异真巨口鱼

Eustomias dubius Parr, 1927 疑真巨口鱼

Eustomias elongatus Clarke, 2001 长体真巨口鱼

Eustomias enbarbatus Welsh, 1923 内须真巨口鱼

Eustomias filifer (Gilchrist, 1906) 叉须真巨口鱼

Eustomias fissibarbis (Pappenheim, 1912) 丝须真巨口鱼

Eustomias flagellifer Clarke, 2001 鞭形真巨口鱼

Eustomias furcifer Regan & Trewavas, 1930 叉球真巨口鱼

Eustomias gibbsi Johnson & Rosenblatt, 1971 吉氏真巨口鱼

Eustomias grandibulbus Gibbs, Clarke & Gomon, 1983 须球真巨口鱼

Eustomias hulleyi Gomon & Gibbs, 1985 赫氏真巨口鱼

Eustomias hypopsilus Gomon & Gibbs, 1985 下裸真巨口鱼

Eustomias ignotus Gomon & Gibbs, 1985 巴西真巨口鱼

Eustomias inconstans Gibbs, Clarke & Gomon, 1983 真巨口鱼

Eustomias insularum Clarke, 1998 佛得角真巨口鱼

Eustomias intermedius Clarke, 1998 中间真巨口鱼

Eustomias interruptus Clarke, 1999 断线真巨口鱼

Eustomias ioani Parin & Pokhil'skaya, 1974 艾氏真巨口鱼

Eustomias jimcraddocki Sutton & Hartel, 2004 金氏真巨口鱼

Eustomias kreffti Gibbs, Clarke & Gomon, 1983 克氏真巨口鱼

Eustomias lanceolatus Clarke, 1999 尖头真巨口鱼

Eustomias leptobolus Regan & Trewavas, 1930 细真巨口鱼

Eustomias lipochirus Regan & Trewavas, 1930 滑鳍真巨口鱼

Eustomias longibarba Parr, 1927 长须真巨口鱼 陆 台

Eustomias longiramis Clarke, 2001 长枝真巨口鱼

Eustomias macronema Regan & Trewavas, 1930 大丝真巨口鱼

Eustomias macrophthalmus Parr, 1927 大眼真巨口鱼

Eustomias macrurus Regan & Trewavas, 1930 大尾真巨口鱼

Eustomias magnificus Clarke, 2001 大牙真巨口鱼

Eustomias medusa Gibbs, Clarke & Gomon, 1983 漂游真巨口鱼

Eustomias melanonema Regan & Trewavas, 1930 黑线真巨口鱼

Eustomias melanostigma Regan & Trewavas, 1930 黑点真巨口鱼

Eustomias melanostigmoides Gibbs, Clarke & Gomon, 1983 黑拟真巨口鱼

Eustomias mesostenus Gibbs, Clarke & Gomon, 1983 中真巨口鱼

Eustomias metamelas Gomon & Gibbs, 1985 黑体真巨口鱼

Eustomias micraster Parr, 1927 小星真巨口鱼

Eustomias micropterygius Parr, 1927 小鳍真巨口鱼

Eustomias minimus Clarke, 1999 微真巨口鱼

Eustomias monoclonoides Clarke, 1999 拟单色真巨口鱼

Eustomias monoclonus Regan & Trewavas, 1930 单色真巨口鱼

Eustomias monodactylus Regan & Trewavas, 1930 单指真巨口鱼

Eustomias multifilis Parin & Pokhil'skaya, 1978 多线真巨口鱼

Eustomias obscurus Vaillant, 1884 暗色真巨口鱼

Eustomias orientalis Gibbs, Clarke & Gomon, 1983 东方真巨口鱼

Eustomias pacificus Gibbs, Clarke & Gomon, 1983 太平洋真巨口鱼

Eustomias parini Clarke, 2001 帕氏真巨口鱼

Eustomias parri Regan & Trewavas, 1930 帕利真巨口鱼

Eustomias patulus Regan & Trewavas, 1930 展鳍真巨口鱼

Eustomias paucifilis Parr, 1927 少真巨口鱼

Eustomias paxtoni Clarke, 2001 帕克斯顿真巨口鱼

Eustomias perplexus Gibbs, Clarke & Gomon, 1983 近视真巨口鱼

Eustomias pinnatus Clarke, 1999 大翼真巨口鱼

Eustomias polyaster Parr, 1927 多星真巨口鱼

Eustomias posti Gibbs, Clarke & Gomon, 1983 波氏真巨口鱼

Eustomias precarius Gomon & Gibbs, 1985 海龙真巨口鱼

Eustomias problematicus Clarke, 2001 三歧须真巨口鱼

Eustomias pyrifer Regan & Trewavas, 1930 梨形真巨口鱼

Eustomias quadrifilis Gomon & Gibbs, 1985 贪食真巨口鱼

Eustomias radicifilis Borodin, 1930 拉氏真巨口鱼

Eustomias satterleei Beebe, 1933 塞氏真巨口鱼

Eustomias schiffi Beebe, 1932 施氏真巨口鱼

Eustomias schmidti Regan & Trewavas, 1930 史氏真巨口鱼

Eustomias silvescens Regan & Trewavas, 1930 银色真巨口鱼

Eustomias similis Parin, 1978 似真巨口鱼

Eustomias simplex Regan & Trewavas, 1930 简真巨口鱼

Eustomias spherulifer Gibbs, Clarke & Gomon, 1983 圆球真巨口鱼

Eustomias suluensis Gibbs, Clarke & Gomon, 1983 苏禄真巨口鱼

Eustomias tenisoni Regan & Trewavas, 1930 特氏真巨口鱼

Eustomias tetranema Zugmayer, 1913 四线真巨口鱼

Eustomias teuthidopsis Gibbs, Clarke & Gomon, 1983 库克群岛真巨口鱼

Eustomias tomentosis Clarke, 1998 长丝真巨口鱼

Eustomias trewavasae Norman, 1930 屈氏真巨口鱼

Eustomias triramis Regan & Trewavas, 1930 三歧真巨口鱼

Eustomias uniramis Clarke, 1999 单须真巨口鱼

Eustomias variabilis Regan & Trewavas, 1930 杂色真巨口鱼

Eustomias vitiazi Parin & Pokhil'skaya, 1974 维氏真巨口鱼

Eustomias vulgaris Clarke, 2001 凶猛真巨口鱼

Eustomias woollardi Clarke, 1998 伍氏真巨口鱼

Eustomias xenobolus Regan & Trewavas, 1930 加勒比海真巨口鱼

Genus *Flagellostomias* Parr, 1927 鞭须巨口鱼属

Flagellostomias boureei (Zugmayer, 1913) 波氏鞭须巨口鱼

Genus *Grammatostomias* Goode & Bean, 1896 裸巨口鱼属

Grammatostomias circularis Morrow, 1959 圆裸巨口鱼

Grammatostomias dentatus Goode & Bean, 1896 大西洋裸巨口鱼

Grammatostomias flagellibarba Holt & Byrne, 1910 鞭须裸巨口鱼

Genus *Heterophotus* Regan & Trewavas, 1929 异星杉鱼属

Heterophotus ophistoma Regan & Trewavas, 1929 蛇口异星杉鱼 陆 台

Genus *Idiacanthus* Peters, 1877 奇棘鱼属

Idiacanthus antrostomus Gilbert, 1890 穴口奇棘鱼

Idiacanthus atlanticus Brauer, 1906 大西洋奇棘鱼

Idiacanthus fasciola Peters, 1877 奇棘鱼 陆 台

Genus *Leptostomias* Gilbert, 1905 纤巨口鱼属

Leptostomias analis Regan & Trewavas, 1930 加勒比海纤巨口鱼

Leptostomias bermudensis Beebe, 1932 百慕大纤巨口鱼

Leptostomias bilobatus (Koefoed, 1956) 双叶纤巨口鱼

Leptostomias gladiator (Zugmayer, 1911) 丝须纤巨口鱼

Leptostomias gracilis Regan & Trewavas, 1930 纤巨口鱼

Leptostomias haplocaulus Regan & Trewavas, 1930 单茎纤巨口鱼

Leptostomias leptobolus Regan & Trewavas, 1930 细球纤巨口鱼

Leptostomias longibarba Regan & Trewavas, 1930 长须纤巨口鱼

Leptostomias macronema Gilbert, 1905 大丝纤巨口鱼

Leptostomias macropogon Norman, 1930 大须纤巨口鱼

Leptostomias multifilis Imai, 1941 多纹纤巨口鱼 台

Leptostomias robustus Imai, 1941 强壮纤巨口鱼 陆 台

Genus *Malacosteus* Ayres, 1848 柔骨鱼属

Malacosteus australis Kenaley, 2007 澳洲柔骨鱼

Malacosteus niger Ayres, 1848 黑柔骨鱼 陆 台

Genus *Melanostomias* Brauer, 1902 黑巨口鱼属

Melanostomias bartonbeani Parr, 1927 巴氏黑巨口鱼

Melanostomias biseriatus Regan & Trewavas, 1930 双光黑巨口鱼

Melanostomias globulifer Fowler, 1934 吕宋黑巨口鱼

Melanostomias macrophotus Regan & Trewavas, 1930 加勒比海黑巨口鱼

Melanostomias margaritifer Regan & Trewavas, 1930 珍珠黑巨口鱼

Melanostomias melanopogon Regan & Trewavas, 1930 乌须黑巨口鱼 陆

Melanostomias melanops Brauer, 1902 大眼黑巨口鱼 台

Melanostomias niger Gilchrist & von Bonde, 1924 暗色黑巨口鱼

Melanostomias nigroaxialis Parin & Pokhil'skaya, 1978 黑巨口鱼

Melanostomias paucilaternatus Parin & Pokhil'skaya, 1978 少灯黑巨口鱼

Melanostomias pauciradius Matsubara, 1938 少纹黑巨口鱼

Melanostomias pollicifer Parin & Pokhil'skaya, 1978 丝须黑巨口鱼

Melanostomias stewarti Fowler, 1934 斯氏黑巨口鱼

Melanostomias tentaculatus (Regan & Trewavas, 1930) 黑须黑巨口鱼

Melanostomias valdiviae Brauer, 1902 瓦氏黑巨口鱼 台

Melanostomias vierecki Fowler, 1934 维氏黑巨口鱼

Genus *Neonesthes* Regan & Trewavas, 1929 新衫鱼属

Neonesthes capensis (Gilchrist & von Bonde, 1924) 葡萄牙新衫鱼

Neonesthes microcephalus Norman, 1930 小头新衫鱼

Genus *Odontostomias* Norman, 1930 强牙巨口鱼属

Odontostomias masticopogon Norman, 1930 乳须强牙巨口鱼

Odontostomias micropogon Norman, 1930 小须强牙巨口鱼

Genus *Opostomias* Günther, 1887 脂巨口鱼属

Opostomias micripnus (Günther, 1878) 小鳍脂巨口鱼

Opostomias mitsuii Imai, 1941 脂巨口鱼 陆

Genus *Pachystomias* Günther, 1887 厚巨口鱼属

Pachystomias microdon (Günther, 1878) 小牙厚巨口鱼 陆 台

Genus *Photonectes* Günther, 1887 袋巨口鱼属

Photonectes achirus Regan & Trewavas, 1930 墨西哥湾袋巨口鱼

Photonectes albipennis (Döderlein, 1882) 白鳍袋巨口鱼 陆 台

Photonectes braueri (Zugmayer, 1913) 勃氏袋巨口鱼

Photonectes caerulescens Regan & Trewavas, 1930 暗蓝袋巨口鱼

Photonectes dinema Regan & Trewavas, 1930 双线袋巨口鱼

Photonectes gracilis Goode & Bean, 1896 细袋巨口鱼

Photonectes leucospilus Regan & Trewavas, 1930 白点袋巨口鱼

Photonectes margarita (Goode & Bean, 1896) 黑鳍袋巨口鱼

Photonectes mirabilis Parr, 1927 奇异袋巨口鱼

Photonectes munificus Gibbs, 1968 智利袋巨口鱼

Photonectes parvimanus Regan & Trewavas, 1930 球须袋巨口鱼

Photonectes phyllopogon Regan & Trewavas, 1930 叶须袋巨口鱼

Genus *Photostomias* Collett, 1889 光巨口鱼属

Photostomias atrox (Alcock, 1890) 野蛮光巨口鱼

Photostomias goodyeari Kenaley & Hartel, 2005 古氏光巨口鱼

Photostomias guernei Collett, 1889 格氏光巨口鱼 陆 台

Photostomias liemi Kenaley, 2009 利氏光巨口鱼

Photostomias lucingens Kenaley, 2009 灿烂光巨口鱼

Photostomias tantillux Kenaley, 2009 大牙光巨口鱼

Genus *Rhadinesthes* Regan & Trewavas, 1929 细杉鱼属

Rhadinesthes decimus (Zugmayer, 1911) 细杉鱼 陆 台

Genus *Stomias* Cuvier, 1816 巨口鱼属

Stomias affinis Günther, 1887 巨口鱼 陆 台

Stomias atriventer Garman, 1899 腹灯巨口鱼

Stomias boa boa (Risso, 1810) 发光巨口鱼

Stomias boa colubrinus Garman, 1899 似蛇巨口鱼

Stomias boa ferox Reinhardt, 1842 蛇形巨口鱼

Stomias brevibarbatus Ege, 1918 短须巨口鱼

Stomias danae Ege, 1933 太平洋巨口鱼

Stomias gracilis Garman, 1899 细口鱼

Stomias lampropeltis Gibbs, 1969 美丽巨口鱼

Stomias longibarbatus (Brauer, 1902) 长须巨口鱼

Stomias nebulosus Alcock, 1889 星云巨口鱼 陆 台

Genus *Tactostoma* Bolin, 1939 箭口鱼属

Tactostoma macropus Bolin, 1939 大鳍箭口鱼

Genus *Thysanactis* Regan & Trewavas, 1930 缨光鱼属

Thysanactis dentex Regan & Trewavas, 1930 缨光鱼 陆 台

Genus *Trigonolampa* Regan & Trewavas, 1930 三线巨口鱼属

Trigonolampa miriceps Regan & Trewavas, 1930 三线巨口鱼

Order Ateleopodiformes 辫鱼目;软腕鱼目

Family 183 Ateleopodidae 辫鱼科;软腕鱼科

Genus *Ateleopus* Temminck & Schlegel, 1846 辫鱼属;软腕鱼属

Ateleopus indicus Alcock, 1891 印度辫鱼;印度软腕鱼

Ateleopus japonicus Bleeker, 1853 日本辫鱼;日本软腕鱼 陆 台

Ateleopus natalensis Regan, 1921 南非辫鱼;南非软腕鱼

Ateleopus purpureus Tanaka, 1915 紫辫鱼;紫软腕鱼 陆 台

Ateleopus tanabensis Tanaka, 1918 田边辫鱼;田边软腕鱼 台

Genus *Guentherus* Osório, 1917 贡氏辫鱼属;贡氏软腕鱼属

Guentherus altivela Osório, 1917 高头贡氏辫鱼;高头贡氏软腕鱼

Guentherus katoi Senou, Kuwayama & Hirate, 2008 卡托贡氏辫鱼;卡托贡氏软腕鱼

Genus *Ijimaia* Sauter, 1905 大辫鱼属;大软腕鱼属

Ijimaia antillarum Howell Rivero, 1935 安的列斯大辫鱼;安的列斯大软腕鱼

Ijimaia dofleini Sauter, 1905 大眼大辫鱼;大眼大软腕鱼 陆 台

Ijimaia fowleri Howell Rivero, 1935 福氏大辫鱼;福氏大软腕鱼

Ijimaia loppei Roule, 1922 摩洛哥大辫鱼;摩洛哥大软腕鱼

Ijimaia plicatellus (Gilbert, 1905) 褶大辫鱼;褶大软腕鱼

Genus *Parateleopus* Smith & Radcliffe, 1912 副大辫鱼属;副软腕鱼属

Parateleopus microstomus Smith & Radcliffe, 1912 小口副大辫鱼;小口副大软腕鱼

Order Aulopiformes 仙女鱼目

Suborder Synodontoidei 狗母鱼亚目;合齿鱼亚目

Family 184 Paraulopidae 副仙女鱼科

Genus *Paraulopus* Sato & Nakabo, 2002 副仙女鱼属

Paraulopus atripes Sato & Nakabo, 2003 白尾副仙女鱼

Paraulopus brevirostris (Fourmanoir, 1981) 短吻副仙女鱼

Paraulopus filamentosus (Okamura, 1982) 丝鳍副仙女鱼

Paraulopus japonicus (Kamohara, 1956) 日本副仙女鱼 陆

Paraulopus legandi (Fourmanoir & Rivaton, 1979) 莱氏副仙女鱼

Paraulopus longianalis Sato, Gomon & Nakabo, 2010 长臀副仙女鱼

Paraulopus maculatus (Kotthaus, 1967) 大斑副仙女鱼

Paraulopus melanogrammus Gomon & Sato, 2004 黑纹副仙女鱼

Paraulopus melanostomus Sato, Gomon & Nakabo, 2010 黑口副仙女鱼

Paraulopus nigripinnis (Günther, 1878) 黑鳍副仙女鱼

Paraulopus novaeseelandiae Sato & Nakabo, 2002 新西兰副仙女鱼

Paraulopus oblongus (Kamohara, 1953) 大鳞副仙女鱼 陆

Paraulopus okamurai Sato & Nakabo, 2002 冈村副仙女鱼

Family 185 Aulopidae 仙女鱼科

Genus *Aulopus* Cuvier, 1816 仙女鱼属

Aulopus bajacali Parin & Kotlyar, 1984 贝氏仙女鱼

Aulopus cadenati Poll, 1953 卡氏仙女鱼

Aulopus diactithrix Prokofiev, 2008 越南仙女鱼

Aulopus filamentosus (Bloch, 1792) 丝鳍仙女鱼

Genus *Hime* Starks, 1924 姬鱼属

Hime curtirostris (Thomson, 1967) 短吻姬鱼

    syn. *Aulopus curtirostris* Thomson, 1967 短吻仙女鱼

Hime damasi (Tanaka, 1915) 达氏姬鱼 台

    syn. *Aulopus damasi* Tanaka, 1915 达氏仙女鱼

Hime formosanus (Lee & Chao, 1994) 台湾姬鱼 台

    syn. *Aulopus formosanus* Lee & Chao, 1994 台湾仙女鱼

Hime japonica (Günther, 1877) 日本姬鱼 陆 台

    syn. *Aulopus japonicus* Günther, 1877 日本仙女鱼

Hime microps Parin & Kotlyar, 1989 小眼姬鱼

    syn. *Aulopus microps* (Parin & Kotlyar, 1989) 小眼仙女鱼

Genus *Latropiscis* Whitley, 1931 寇女鱼属

Latropiscis purpurissatus (Richardson, 1843) 紫色寇女鱼

    syn. *Aulopus purpurissatus* Richardson, 1843 紫色仙女鱼

Family 186 Pseudotrichonotidae 拟毛背鱼科

Genus *Pseudotrichonotus* Yoshino & Araga, 1975 拟毛背鱼属

Pseudotrichonotus altivelis Yoshino & Araga, 1975 伊豆拟毛背鱼

Pseudotrichonotus xanthotaenia Parin, 1992 黄带拟毛背鱼

Family 187 Synodontidae 狗母鱼科;合齿鱼科

Genus *Harpadon* Lesueur, 1825 龙头鱼属;镰齿鱼属

Harpadon erythraeus Klausewitz, 1983 微红龙头鱼;微红镰齿鱼

Harpadon microchir Günther, 1878 短臂龙头鱼;小鳍镰齿鱼 陆 台

Harpadon nehereus (Hamilton, 1822) 龙头鱼;印度镰齿鱼 陆 台

Harpadon squamosus (Alcock, 1891) 鳞龙头鱼;鳞镰齿鱼

Harpadon translucens Saville-Kent, 1889 透明龙头鱼;透明镰齿鱼

Genus *Saurida* Valenciennes, 1850 蛇鲻属

Saurida argentea Macleay, 1881 银蛇鲻

Saurida brasiliensis Norman, 1935 巴西蛇鲻

Saurida caribbaea Breder, 1927 加勒比海蛇鲻

Saurida elongata (Temminck & Schlegel, 1846) 长体蛇鲻 陆 台

Saurida filamentosa Ogilby, 1910 长条蛇鲻 陆 台

Saurida flamma Waples, 1982 焰蛇鲻

Saurida gracilis (Quoy & Gaimard, 1824) 细蛇鲻 陆 台

Saurida grandisquamis Günther, 1864 巨鳞蛇鲻

Saurida isarankurai Shindo & Yamada, 1972 伊氏蛇鲻

Saurida longimanus Norman, 1939 长鳍蛇鲻

Saurida macrolepis Tanaka, 1917 大鳞蛇鲻

Saurida microlepis Wu & Wang, 1931 小鳞蛇鲻

Saurida micropectoralis Shindo & Yamada, 1972 短臂蛇鲻

Saurida nebulosa Valenciennes, 1850 云纹蛇鲻 陆 台

Saurida normani Longley, 1935 短颌蛇鲻

Saurida pseudotumbil Dutt & Sagar, 1981 拟多齿蛇鲻

Saurida suspicio Breder, 1927 拟蛇鲻

Saurida tumbil (Bloch, 1795) 多齿蛇鲻 陆 台

Saurida umeyoshii Inoue & Nakabo, 2006 梅芳蛇鲻 台

Saurida undosquamis (Richardson, 1848) 花斑蛇鲻 陆 台

Saurida wanieso Shindo & Yamada, 1972 鳄蛇鲻 陆

Genus *Synodus* Scopoli, 1777 狗母鱼属

Synodus binotatus Schultz, 1953 双斑狗母鱼 台

Synodus capricornis Cressey & Randall, 1978 羊角狗母鱼 台

Synodus dermatogenys Fowler, 1912 革狗母鱼 台

Synodus doaki Russell & Cressey, 1979 道氏狗母鱼 台

Synodus englemani Schultz, 1953 红带狗母鱼(纵带狗母鱼) 陆

Synodus evermanni Jordan & Bollman, 1890 埃氏狗母鱼

Synodus falcatus Waples & Randall, 1989 镰鳍狗母鱼

Synodus fasciapelvicus Randall, 2009 条腹狗母鱼

Synodus foetens (Linnaeus, 1766) 多鳞狗母鱼

Synodus fuscus Tanaka, 1917 褐狗母鱼(背斑狗母鱼) 陆 台

Synodus gibbsi Cressey, 1981 吉氏狗母鱼

Synodus hoshinonis Tanaka, 1917 肩斑狗母鱼 陆

Synodus indicus (Day, 1873) 印度狗母鱼 陆

Synodus intermedius (Spix & Agassiz, 1829) 中间狗母鱼

Synodus isolatus Randall, 2009 橘褐狗母鱼

Synodus jaculum Russell & Cressey, 1979 射狗母鱼 台

Synodus janus Waples & Randall, 1989 夏威夷狗母鱼

Synodus kaianus (Günther, 1880) 方斑狗母鱼(灰狗母鱼) 陆

Synodus lacertinus Gilbert, 1890 蜴狗母鱼

Synodus lobeli Waples & Randall, 1989 洛氏狗母鱼

Synodus lucioceps (Ayres, 1855) 尖头狗母鱼

Synodus macrocephalus Cressey, 1981 大首狗母鱼 陆

Synodus macrops Tanaka, 1917 叉斑狗母鱼;大目狗母鱼 陆 台

Synodus marchenae Hildebrand, 1946 马氏狗母鱼

Synodus mascarensis Prokofiev, 2008 马斯卡林岛狗母鱼

Synodus mundyi Randall, 2009 芒迪氏狗母鱼

Synodus oculeus Cressey, 1981 眼点狗母鱼

Synodus orientalis Randall & Pyle, 2008 东方狗母鱼 陆 台

Synodus poeyi Jordan, 1887 波氏狗母鱼

Synodus pylei Randall, 2009 派尔氏狗母鱼

Synodus randalli Cressey, 1981 兰氏狗母鱼

Synodus rubromarmoratus Russell & Cressey, 1979 红花斑狗母鱼 台

Synodus sageneus Waite, 1905 尖齿狗母鱼

Synodus sanguineus Randall, 2009 桑古狗母鱼

Synodus saurus (Linnaeus, 1758) 蜥狗母鱼

Synodus scituliceps Jordan & Gilbert, 1882 美首狗母鱼

Synodus sechurae Hildebrand, 1946 塞氏狗母鱼

Synodus similis McCulloch, 1921 黑点狗母鱼

Synodus synodus (Linnaeus, 1758) 红狗母鱼

Synodus taiwanensis Chen, Ho & Shao, 2007 台湾狗母鱼 台

Synodus tectus Cressey, 1981 肩盖狗母鱼 台

Synodus ulae Schultz, 1953 红斑狗母鱼 陆 台

Synodus usitatus Cressey, 1981 熊野狗母鱼

Synodus variegatus (Lacepède, 1803) 杂斑狗母鱼;花斑狗母鱼 陆 台

Synodus vityazi Ho, Prokofiev & Shao, 2010 维蒂氏狗母鱼

Genus *Trachinocephalus* Gill, 1861 大头狗母鱼属;大头花杆狗母属

Trachinocephalus myops (Forster, 1801) 大头狗母鱼;大头花杆狗母 陆 台

Suborder Chlorophthalmoidei 青眼鱼亚目

Family 188 Bathysauroididae 深海似蜥鱼科

Genus *Bathysauroides* Baldwin & Johnson, 1996 深海似蜥鱼属

Bathysauroides gigas (Kamohara, 1952) 大深海似蜥鱼

Family 189 Chlorophthalmidae 青眼鱼科

Genus *Chlorophthalmus* Bonaparte, 1840 青眼鱼属

Chlorophthalmus acutifrons Hiyama, 1940 尖额青眼鱼 陆 台

Chlorophthalmus agassizi Bonaparte, 1840 尖吻青眼鱼 陆

Chlorophthalmus albatrossis Jordan & Starks, 1904 大眼青眼鱼 陆 台

Chlorophthalmus atlanticus Poll, 1953 大西洋青眼鱼

Chlorophthalmus bicornis Norman, 1939 双角青眼鱼 陆

Chlorophthalmus borealis Kuronuma & Yamaguchi, 1941 北域青眼鱼 台

Chlorophthalmus brasiliensis Mead, 1958 巴西青眼鱼

Chlorophthalmus chalybeius (Goode, 1881) 铅色青眼鱼

Chlorophthalmus corniger Alcock, 1894 角青眼鱼

Chlorophthalmus ichthyandri Kotlyar & Parin, 1986 伊氏青眼鱼

Chlorophthalmus mento Garman, 1899 蒙图青眼鱼

Chlorophthalmus nigromarginatus Kamohara, 1953 黑缘青眼鱼 陆 台

Chlorophthalmus pectoralis Okamura & Doi, 1984 日本青眼鱼

Chlorophthalmus proridens Gilbert & Cramer, 1897 前齿青眼鱼

Chlorophthalmus punctatus Gilchrist, 1904 斑点青眼鱼

Chlorophthalmus zvezdae Kotlyar & Parin, 1986 智利青眼鱼

Genus *Parasudis* Regan, 1911 副青眼鱼属

Parasudis fraserbrunneri (Poll, 1953) 布氏副青眼鱼

Parasudis truculenta (Goode & Bean, 1896) 巴西副青眼鱼

Family 190 Bathysauropsidae 深海九棍鱼科

Genus *Bathysauropsis* Regan, 1911 深海九棍鱼属

Bathysauropsis gracilis (Günther, 1878) 纤体深海九棍鱼

Bathysauropsis malayanus (Fowler, 1938) 马来亚深海九棍鱼

Family 191 Notosudidae 崖蜥鱼科

Genus *Ahliesaurus* Bertelsen, Krefft & Marshall, 1976 阿尔蜥灯鱼属

Ahliesaurus berryi Bertelsen, Krefft & Marshall, 1976 贝氏阿尔蜥灯鱼

Ahliesaurus brevis Bertelsen, Krefft & Marshall, 1976 短尾阿尔蜥灯鱼

Genus *Luciosudis* Fraser-Brunner, 1931 光柱鱼属

Luciosudis normani Fraser-Brunner, 1931 诺氏光柱鱼

Genus *Scopelosaurus* Bleeker, 1860 弱蜥鱼属

Scopelosaurus adleri (Fedorov, 1967) 艾氏弱蜥鱼

Scopelosaurus ahlstromi Bertelsen, Krefft & Marshall, 1976 阿氏弱蜥鱼

Scopelosaurus argenteus (Maul, 1954) 银弱蜥鱼

Scopelosaurus craddocki Bertelsen, Krefft & Marshall, 1976 克氏弱蜥鱼

Scopelosaurus gibbsi Bertelsen, Krefft & Marshall, 1976 吉布斯弱蜥鱼

Scopelosaurus hamiltoni (Waite, 1916) 汉氏弱蜥鱼

Scopelosaurus harryi (Mead, 1953) 哈氏弱蜥鱼

Scopelosaurus herwigi Bertelsen, Krefft & Marshall, 1976 大眼弱蜥鱼

Scopelosaurus hoedti Bleeker, 1860 霍氏弱蜥鱼 台

Scopelosaurus hubbsi Bertelsen, Krefft & Marshall, 1976 哈布斯弱蜥鱼

Scopelosaurus lepidus (Krefft & Maul, 1955) 长胸弱蜥鱼

Scopelosaurus mauli Bertelsen, Krefft & Marshall, 1976 莫氏弱蜥鱼

Scopelosaurus meadi Bertelsen, Krefft & Marshall, 1976 米氏弱蜥鱼

Scopelosaurus smithii Bean, 1925 史氏弱蜥鱼

Family 192 Ipnopidae 炉眼鱼科

Genus *Bathymicrops* Hjort & Koefoed, 1912 小眼渊鱼属

Bathymicrops belyaninae Nielsen & Merrett, 1992 中太平洋小眼渊鱼

Bathymicrops brevianalis Nielsen, 1966 短臀小眼渊鱼

Bathymicrops multispinis Nielsen & Merrett, 1992 多棘小眼渊鱼

Bathymicrops regis Hjort & Koefoed, 1912 鸭嘴小眼渊鱼

Genus *Bathypterois* Günther, 1878 深海狗母鱼属

Bathypterois andriashevi Sulak & Shcherbachev, 1988 安氏深海狗母鱼

Bathypterois atricolor Alcock, 1896 小眼深海狗母鱼 陆 台

    syn. *Bathypterois antennatus* Gilbert, 1905 长胸丝深海狗母鱼

Bathypterois bigelowi Mead, 1958 比氏深海狗母鱼

Bathypterois dubius Vaillant, 1888 地中海深海狗母鱼

Bathypterois filiferus Gilchrist, 1906 胸丝深海狗母鱼

Bathypterois grallator (Goode & Bean, 1886) 短臂深海狗母鱼

Bathypterois guentheri Alcock, 1889 贡氏深海狗母鱼 陆 台

Bathypterois insularum Alcock, 1892 南非深海狗母鱼

Bathypterois longicauda Günther, 1878 长尾深海狗母鱼

Bathypterois longifilis Günther, 1878 长丝深海狗母鱼

Bathypterois longipes Günther, 1878 长头深海狗母鱼

Bathypterois oddi Sulak, 1977 奥氏深海狗母鱼
Bathypterois parini Shcherbachev & Sulak, 1988 帕氏深海狗母鱼
Bathypterois pectinatus Mead, 1959 腹丝深海狗母鱼
Bathypterois perceptor Sulak, 1977 黑鳃深海狗母鱼
Bathypterois phenax Parr, 1928 尖头深海狗母鱼
Bathypterois quadrifilis Günther, 1878 四线深海狗母鱼
Bathypterois ventralis Garman, 1899 智利深海狗母鱼
Bathypterois viridensis (Roule, 1916) 绿海狗母鱼

Genus *Bathytyphlops* Nybelin, 1957 深海青眼鱼属

Bathytyphlops marionae Mead, 1958 盲深海青眼鱼 台
Bathytyphlops sewelli (Norman, 1939) 西氏深海青眼鱼

Genus *Ipnops* Günther, 1878 炉眼鱼属

Ipnops agassizii Garman, 1899 阿氏炉眼鱼 陆
  syn. *Ipnops pristibrachium* (Fowler, 1943) 异目鱼
Ipnops meadi Nielsen, 1966 米氏炉眼鱼
Ipnops murrayi Günther, 1878 穆氏炉眼鱼

Suborder Alepisauroidei 帆蜥鱼亚目

Family 193 Scopelarchidae 珠目鱼科

Genus *Benthalbella* Zugmayer, 1911 深海珠目鱼属

Benthalbella dentata (Chapman, 1939) 后鳍深海珠目鱼
Benthalbella elongata (Norman, 1937) 长体深海珠目鱼
Benthalbella infans Zugmayer, 1911 大西洋深海珠目鱼
Benthalbella linguidens (Mead & Böhlke, 1953) 舌齿深海珠目鱼 陆
Benthalbella macropinna Bussing & Bussing, 1966 大翅深海珠目鱼

Genus *Rosenblattichthys* Johnson, 1974 红珠目鱼属

Rosenblattichthys alatus (Fourmanoir, 1970) 羽红珠目鱼 台
Rosenblattichthys hubbsi Johnson, 1974 赫氏红珠目鱼
Rosenblattichthys nemotoi Okiyama & Johnson, 1986 内氏红珠目鱼
Rosenblattichthys volucris (Rofen, 1966) 红珠目鱼

Genus *Scopelarchoides* Parr, 1929 拟珠目鱼属

Scopelarchoides climax Johnson, 1974 顶拟珠目鱼
Scopelarchoides danae Johnson, 1974 丹娜拟珠目鱼 陆 台
Scopelarchoides kreffti Johnson, 1972 克氏拟珠目鱼
Scopelarchoides nicholsi Parr, 1929 尼氏拟珠目鱼 陆
Scopelarchoides signifer Johnson, 1974 长胸拟珠目鱼

Genus *Scopelarchus* Alcock, 1896 珠目鱼属

Scopelarchus analis (Brauer, 1902) 柔珠目鱼 陆
Scopelarchus guentheri Alcock, 1896 根室珠目鱼 陆
Scopelarchus michaelsarsi Koefoed, 1955 暗胸珠目鱼
Scopelarchus stephensi Johnson, 1974 胸斑珠目鱼

Family 194 Evermannellidae 齿口鱼科

Genus *Coccorella* Roule, 1929 谷口鱼属

Coccorella atlantica (Parr, 1928) 大西洋谷口鱼 陆
Coccorella atrata (Alcock, 1894) 阿氏谷口鱼 陆

Genus *Evermannella* Fowler, 1901 齿口鱼属

Evermannella ahlstromi Johnson & Glodek, 1975 阿氏齿口鱼
Evermannella balbo (Risso, 1820) 葡萄牙齿口鱼
Evermannella indica Brauer, 1906 印度齿口鱼 陆 台
Evermannella megalops Johnson & Glodek, 1975 大眼齿口鱼
Evermannella melanoderma Parr, 1928 黑皮齿口鱼

Genus *Odontostomops* Fowler, 1934 拟强牙巨口鱼属

Odontostomops normalops (Parr, 1928) 细眼拟强牙巨口鱼 陆

Family 195 Alepisauridae 帆蜥鱼科

Genus *Alepisaurus* Lowe, 1833 帆蜥鱼属

Alepisaurus brevirostris Gibbs, 1960 短吻帆蜥鱼
Alepisaurus ferox Lowe, 1833 帆蜥鱼 陆 台

Genus *Omosudis* Günther, 1887 锤颌鱼属

Omosudis lowii Günther, 1887 锤颌鱼 陆 台

Family 196 Paralepididae 舒蜥鱼科

Genus *Anotopterus* Zugmayer, 1911 法老鱼属(剑齿鱼属)

Anotopterus nikparini Kukuev, 1998 尼氏法老鱼
Anotopterus pharao Zugmayer, 1911 加拿大法老鱼
Anotopterus vorax (Regan, 1913) 南太平洋法老鱼

Genus *Arctozenus* Gill, 1864 北极舒鳕属

Arctozenus risso (Bonaparte, 1840) 北极舒鳕

Genus *Dolichosudis* Post, 1969 长蜥鱼属

Dolichosudis fuliginosa Post, 1969 几内亚长蜥鱼

Genus *Lestidiops* Hubbs, 1916 盗目鱼属(海盗鱼属)

Lestidiops affinis (Ege, 1930) 安芬盗目鱼(海盗鱼) 陆
Lestidiops bathyopteryx (Fowler, 1944) 低鳍盗目鱼
Lestidiops cadenati (Maul, 1962) 卡氏盗目鱼
Lestidiops distans (Ege, 1953) 盗目鱼 陆
Lestidiops extrema (Ege, 1953) 凶猛盗目鱼
Lestidiops gracilis (Ege, 1953) 细身盗目鱼
Lestidiops indopacifica (Ege, 1953) 印太盗目鱼
Lestidiops jayakari jayakari (Boulenger, 1889) 前鳍盗目鱼
Lestidiops jayakari pseudosphyraenoides (Ege, 1918) 伪似舒盗目鱼
Lestidiops mirabilis (Ege, 1933) 黑盗目鱼 陆
Lestidiops neles (Harry, 1953) 贪食盗目鱼
Lestidiops pacificus (Parr, 1931) 太平洋盗目鱼
Lestidiops ringens (Jordan & Gilbert, 1880) 细盗目鱼 陆
Lestidiops similis (Ege, 1933) 尖嘴盗目鱼
Lestidiops sphyraenopsis Hubbs, 1916 后鳍盗目鱼
Lestidiops sphyrenoides (Risso, 1820) 似舒盗目鱼

Genus *Lestidium* Gilbert, 1905 裸蜥鱼属

Lestidium atlanticum Borodin, 1928 大西洋裸蜥鱼
Lestidium bigelowi Graae, 1967 比氏裸蜥鱼
Lestidium nudum Gilbert, 1905 裸蜥鱼
Lestidium prolixum Harry, 1953 长裸蜥鱼 陆 台

Genus *Lestrolepis* Harry, 1953 光鳞鱼属

Lestrolepis intermedia (Poey, 1868) 中间光鳞鱼 陆 台
Lestrolepis japonica (Tanaka, 1908) 日本光鳞鱼 陆 台
Lestrolepis luetkeni (Ege, 1933) 刘氏光鳞鱼
Lestrolepis pofi (Harry, 1953) 波氏光鳞鱼

Genus *Macroparalepis* Ege, 1933 大舒蜥鱼属

Macroparalepis affinis Ege, 1933 安芬大舒蜥鱼
Macroparalepis brevis Ege, 1933 短身大舒蜥鱼
Macroparalepis danae Ege, 1933 达纳大舒蜥鱼
Macroparalepis johnfitchi (Rofen, 1960) 约氏大舒蜥鱼
Macroparalepis longilateralis Post, 1973 长侧大舒蜥鱼
Macroparalepis macrogeneion Post, 1973 长体大舒蜥鱼
Macroparalepis nigra (Maul, 1965) 浅黑大舒蜥鱼

Genus *Magnisudis* Harry, 1953 大梭蜥鱼属

Magnisudis atlantica (Krøyer, 1868) 大西洋大梭蜥鱼 陆
  syn. *Paralepis brevis* Zugmayer, 1911 短舒蜥鱼
Magnisudis indica (Ege, 1953) 印度大梭蜥鱼
Magnisudis prionosa (Rofen, 1963) 背带大梭蜥鱼

Genus *Notolepis* Dollo, 1908 背鳞鱼属

Notolepis annulata Post, 1978 南极背鳞鱼
Notolepis coatsi Dollo, 1908 考氏背鳞鱼

Genus *Paralepis* Cuvier, 1816 舒蜥鱼属

Paralepis brevirostris (Parr, 1928) 短吻舒蜥鱼
Paralepis coregonoides Risso, 1820 北大西洋舒蜥鱼
Paralepis elongata (Brauer, 1906) 长舒蜥鱼
Paralepis speciosa Bellotti, 1878 灿舒蜥鱼

Genus *Stemonosudis* Harry, 1951 纤柱鱼属

Stemonosudis bullisi Rofen, 1963 布尔纤柱鱼

Stemonosudis distans (Ege, 1957) 热带纤柱鱼
Stemonosudis elegans (Ege, 1933) 尾斑纤柱鱼
Stemonosudis elongata (Ege, 1933) 长身纤柱鱼
Stemonosudis gracilis (Ege, 1933) 尖嘴纤柱鱼
Stemonosudis intermedia (Ege, 1933) 间纤柱鱼
Stemonosudis macrura (Ege, 1933) 大尾纤柱鱼
Stemonosudis miscella (Ege, 1933) 浅尾纤柱鱼
Stemonosudis molesta (Marshall, 1955) 智利纤柱鱼
Stemonosudis rothschildi Richards, 1967 侧斑纤柱鱼
Stemonosudis siliquiventer Post, 1970 短腹纤柱鱼

Genus *Sudis* Rafinesque, 1810 柱蛳鱼属

Sudis atrox Rofen, 1963 长胸柱蛳鱼
Sudis hyalina Rafinesque, 1810 透明柱蛳鱼

Genus *Uncisudis* Maul, 1956 鸭嘴蛳鱼属

Uncisudis advena (Rofen, 1963) 长臂鸭嘴蛳鱼
Uncisudis longirostra Maul, 1956 长吻鸭嘴蛳鱼
Uncisudis posteropelvis Fukui & Ozawa, 2004 后腹鸭嘴蛳鱼
Uncisudis quadrimaculata (Post, 1969) 四斑鸭嘴蛳鱼

Suborder Giganturoidei 巨尾鱼亚目

Family 197 Bathysauridae 深海蛳鱼科

Genus *Bathysaurus* Günther, 1878 深海蛳鱼属

Bathysaurus ferox Günther, 1878 深海蛳鱼
Bathysaurus mollis Günther, 1878 尖吻深海蛳鱼 台

Family 198 Giganturidae 巨尾鱼科

Genus *Gigantura* Brauer, 1901 巨尾鱼属

Gigantura chuni Brauer, 1901 朱氏巨尾鱼
Gigantura indica Brauer, 1901 印度巨尾鱼 台

Order Myctophiformes 灯笼鱼目

Family 199 Neoscopelidae 新灯笼鱼科

Genus *Neoscopelus* Johnson, 1863 新灯鱼属

Neoscopelus macrolepidotus Johnson, 1863 大鳞新灯鱼 陆 台
Neoscopelus microchir Matsubara, 1943 小鳍新灯鱼 陆 台
Neoscopelus porosus Arai, 1969 多孔新灯鱼 陆 台

Genus *Scopelengys* Alcock, 1890 拟灯笼鱼属

Scopelengys clarkei Butler & Ahlstrom, 1976 克氏拟灯笼鱼
Scopelengys tristis Alcock, 1890 拟灯笼鱼 陆

Genus *Solivomer* Miller, 1947 软犁灯鱼属;软锄灯鱼属

Solivomer arenidens Miller, 1947 软犁灯鱼

Family 200 Myctophidae 灯笼鱼科

Genus *Benthosema* Goode & Bean, 1896 底灯鱼属

Benthosema fibulatum (Gilbert & Cramer, 1897) 带底灯鱼 陆 台
Benthosema glaciale (Reinhardt, 1837) 冰底灯鱼
Benthosema panamense (Tåning, 1932) 巴拿马底灯鱼
Benthosema pterotum (Alcock, 1890) 七星底灯鱼 陆 台
Benthosema suborbitale (Gilbert, 1913) 耀眼底灯鱼 陆 台
    syn. *Benthosema simile* (Tåning, 1928) 肖底灯鱼

Genus *Bolinichthys* Paxton, 1972 虹灯鱼属

Bolinichthys distofax Johnson, 1975 后光虹灯鱼
Bolinichthys indicus (Nafpaktitis & Nafpaktitis, 1969) 印度虹灯鱼
Bolinichthys longipes (Brauer, 1906) 长鳍虹灯鱼 陆 台
Bolinichthys nikolayi Becker, 1978 尼氏虹灯鱼
Bolinichthys photothorax (Parr, 1928) 胸光虹灯鱼
Bolinichthys pyrsobolus (Alcock, 1890) 眶暗虹灯鱼 陆
    syn. *Bolinichthys blacki* Fowler,1934 布氏虹灯鱼
    syn. *Bolinichthys nanshanensis* Yang & Huang , 1992 南沙虹灯鱼
Bolinichthys supralateralis (Parr, 1928) 侧上虹灯鱼 台

Genus *Centrobranchus* Fowler, 1904 锦灯鱼属

Centrobranchus andreae (Lütken, 1892) 牡锦灯鱼 陆
Centrobranchus brevirostris Becker, 1964 短吻锦灯鱼
Centrobranchus choerocephalus Fowler, 1904 椭锦灯鱼 陆
Centrobranchus nigroocellatus (Günther, 1873) 黑鳃锦灯鱼 陆

Genus *Ceratoscopelus* Günther, 1864 角灯鱼属

Ceratoscopelus maderensis (Lowe, 1839) 马德拉角灯鱼
Ceratoscopelus townsendi (Eigenmann & Eigenmann, 1889) 汤氏角灯鱼 陆
Ceratoscopelus warmingii (Lütken, 1892) 瓦明氏角灯鱼 陆 台

Genus *Diaphus* Eigenmann & Eigenmann, 1890 眶灯鱼属

Diaphus adenomus Gilbert, 1905 腺眶灯鱼
Diaphus aliciae Fowler, 1934 长距眶灯鱼 陆 台
Diaphus anderseni Tåning, 1932 安氏眶灯鱼
Diaphus antonbruuni Nafpaktitis, 1978 大口眶灯鱼
Diaphus arabicus Nafpaktitis, 1978 阿拉伯眶灯鱼
Diaphus basileusi Becker & Prut'ko, 1984 巴氏眶灯鱼
Diaphus bertelseni Nafpaktitis, 1966 贝氏眶灯鱼
Diaphus brachycephalus Tåning, 1928 短头眶灯鱼 台
Diaphus burtoni Fowler, 1934 波腾眶灯鱼 陆
Diaphus chrysorhynchus Gilbert & Cramer, 1897 金鼻眶灯鱼 陆 台
Diaphus coeruleus (Klunzinger, 1871) 蓝光眶灯鱼 陆 台
Diaphus confusus Becker, 1992 无足眶灯鱼
Diaphus dahlgreni Fowler, 1934 达尔格伦氏眶灯鱼
Diaphus danae Tåning, 1932 戴氏眶灯鱼
Diaphus dehaveni Fowler, 1934 迪氏眶灯鱼
Diaphus diadematus Tåning, 1932 冠眶灯鱼 陆
Diaphus diademophilus Nafpaktitis, 1978 冠冕眶灯鱼 陆 台
Diaphus drachmanni Tåning, 1932 德扣眶灯鱼
Diaphus dumerilii (Bleeker, 1856) 杜氏眶灯鱼
Diaphus effulgens (Goode & Bean, 1896) 巴西眶灯鱼
Diaphus ehrhorni Fowler, 1934 伊氏眶灯鱼
Diaphus faustinoi Fowler, 1934 福氏眶灯鱼
Diaphus fragilis Tåning, 1928 符氏眶灯鱼 陆 台
Diaphus fulgens (Brauer, 1904) 灿烂眶灯鱼 陆 台
Diaphus garmani Gilbert, 1906 喀氏眶灯鱼 陆 台
    syn. *Diaphus latus* Gilbert, 1913 宽眶灯鱼
Diaphus gigas Gilbert, 1913 巨眶灯鱼
Diaphus handi Fowler, 1934 汉德氏眶灯鱼
Diaphus holti Tåning, 1918 大眼眶灯鱼 陆
Diaphus hudsoni Zurbrigg & Scott, 1976 汉逊氏眶灯鱼
Diaphus impostor Nafpaktitis, Robertson & Paxton, 1995 野眶灯鱼
Diaphus jenseni Tåning, 1932 颜氏眶灯鱼
Diaphus kapalae Nafpaktitis, Robertson & Paxton, 1995 卡帕眶灯鱼
Diaphus knappi Nafpaktitis, 1978 奈氏眼眶鱼 台
Diaphus kora Nafpaktitis, Robertson & Paxton, 1995 科拉眶灯鱼
Diaphus kuroshio Kawaguchi & Nafpaktitis, 1978 黑潮眶灯鱼
Diaphus lobatus Nafpaktitis, 1978 叶眶灯鱼
Diaphus longleyi Fowler, 1934 郎氏眶灯鱼
Diaphus lucidus (Goode & Bean, 1896) 耀眼眶灯鱼 陆 台
Diaphus lucifrons Fowler, 1934 吕宋眶灯鱼
Diaphus luetkeni (Brauer, 1904) 吕氏眶灯鱼 陆 台
Diaphus malayanus Weber, 1913 马来亚眶灯鱼 陆
Diaphus mascarensis Becker, 1990 印度洋眶灯鱼
Diaphus meadi Nafpaktitis, 1978 平吻眶灯鱼
Diaphus megalops Nafpaktitis, 1978 大鳞眶灯鱼 陆
Diaphus metopoclampus (Cocco, 1829) 高体眶灯鱼
Diaphus minax Nafpaktitis, 1968 突吻眶灯鱼
Diaphus mollis Tåning, 1928 短距眶灯鱼 陆 台
Diaphus nielseni Nafpaktitis, 1978 尼氏眶灯鱼
Diaphus ostenfeldi Tåning, 1932 奥氏眶灯鱼
Diaphus pacificus Parr, 1931 太平洋眶灯鱼
Diaphus pallidus Gjøsaeter, 1989 苍白眶灯鱼

Diaphus parini Becker, 1992 帕氏眶灯鱼

Diaphus parri Tåning, 1932 帕尔眶灯鱼 陆 台

Diaphus perspicillatus (Ogilby, 1898) 华丽眶灯鱼 陆

Diaphus phillipsi Fowler, 1934 菲氏眶灯鱼 陆

Diaphus problematicus Parr, 1928 莫名眶灯鱼

Diaphus rafinesquii (Cocco, 1838) 拉氏眶灯鱼

Diaphus regani Tåning, 1932 翘光眶灯鱼;雷氏眶灯鱼 陆 台

Diaphus richardsoni Tåning, 1932 李氏眶灯鱼 陆

Diaphus rivatoni Bourret, 1985 里氏眶灯鱼

Diaphus roei Nafpaktitis, 1974 罗氏眶灯鱼

Diaphus sagamiensis Gilbert, 1913 相模湾眶灯鱼 台

Diaphus schmidti Tåning, 1932 史氏眶灯鱼 台

Diaphus signatus Gilbert, 1908 后光眶灯鱼;叉尾眶灯鱼 陆 台

Diaphus similis Wisner, 1974 高位眶灯鱼 陆

Diaphus splendidus (Brauer, 1904) 亮眶灯鱼 台

Diaphus suborbitalis Weber, 1913 光腺眶灯鱼;眶下眶灯鱼 陆 台

Diaphus subtilis Nafpaktitis, 1968 细眶灯鱼

Diaphus taaningi Norman, 1930 谭氏眶灯鱼 台

Diaphus termophilus Tåning, 1928 多耙眶灯鱼 陆

Diaphus theta Eigenmann & Eigenmann, 1890 加州眶灯鱼

Diaphus thiollierei Fowler, 1934 西氏眶灯鱼

Diaphus trachops Wisner, 1974 管眼眶灯鱼

Diaphus umbroculus Fowler, 1934 纤眶灯鱼 陆

Diaphus vanhoeffeni (Brauer, 1906) 范氏眶灯鱼

Diaphus watasei Jordan & Starks, 1904 渡濑眶灯鱼 陆 台

Diaphus whitleyi Fowler, 1934 惠特利氏眶灯鱼

Diaphus wisneri Nafpaktitis, Robertson & Paxton, 1995 威斯纳氏眶灯鱼

Genus *Diogenichthys* Bolin, 1939 明灯鱼属

Diogenichthys atlanticus (Tåning, 1928) 大西洋明灯鱼 陆 台

Diogenichthys laternatus (Garman, 1899) 朗明灯鱼 陆

Diogenichthys panurgus Bolin, 1946 印度洋明灯鱼 陆 台

Genus *Electrona* Goode & Bean, 1896 电灯鱼属

Electrona antarctica (Günther, 1878) 南极电灯鱼

Electrona carlsbergi (Tåning, 1932) 卡氏电灯鱼

Electrona paucirastra Bolin, 1962 少耙电灯鱼

Electrona risso (Cocco, 1829) 高体电灯鱼 台

Electrona subaspera (Günther, 1864) 糙电灯鱼

Genus *Gonichthys* Gistel, 1850 星灯鱼属

Gonichthys barnesi Whitley, 1943 巴氏星灯鱼

Gonichthys cocco (Cocco, 1829) 柯氏星灯鱼 陆

Gonichthys tenuiculus (Garman, 1899) 小星灯鱼

Gonichthys venetus Becker, 1964 蓝星灯鱼

Genus *Gymnoscopelus* Günther, 1873 裸灯鱼属

Gymnoscopelus bolini Andriashev, 1962 波氏裸灯鱼

Gymnoscopelus braueri (Lönnberg, 1905) 勃氏裸灯鱼

Gymnoscopelus fraseri (Fraser-Brunner, 1931) 法氏裸灯鱼

Gymnoscopelus hintonoides Hulley, 1981 南极裸灯鱼

Gymnoscopelus microlampas Hulley, 1981 细裸灯鱼

Gymnoscopelus nicholsi (Gilbert, 1911) 尼氏裸灯鱼

Gymnoscopelus opisthopterus Fraser-Brunner, 1949 后鳍裸灯鱼

Gymnoscopelus piabilis (Whitley, 1931) 大眼裸灯鱼

Genus *Hintonia* Fraser-Brunner, 1949 亨灯鱼属

Hintonia candens Fraser-Brunner, 1949 犬牙亨灯鱼 台

Genus *Hygophum* Bolin, 1939 壮灯鱼属

Hygophum atratum (Garman, 1899) 黑壮灯鱼 陆

Hygophum benoiti (Cocco, 1838) 贝氏壮灯鱼

Hygophum bruuni Wisner, 1971 布氏壮灯鱼

Hygophum hanseni (Tåning, 1932) 汉氏壮灯鱼

Hygophum hygomii (Lütken, 1892) 大眼壮灯鱼

Hygophum macrochir (Günther, 1864) 长鳍壮灯鱼 陆

Hygophum proximum Becker, 1965 近壮灯鱼 陆 台

Hygophum reinhardtii (Lütken, 1892) 莱氏壮灯鱼 陆 台

Hygophum taaningi Becker, 1965 太宁壮灯鱼

Genus *Idiolychnus* Nafpaktitis & Paxton, 1978 异灯鱼属

Idiolychnus urolampus (Gilbert & Cramer, 1897) 异灯鱼

Genus *Krefftichthys* Hulley, 1981 克灯鱼属

Krefftichthys anderssoni (Lönnberg, 1905) 安氏克灯鱼

Genus *Lampadena* Goode & Bean, 1893 炬灯鱼属

Lampadena anomala Parr, 1928 糙炬灯鱼 台

Lampadena chavesi Collett, 1905 切氏炬灯鱼

Lampadena dea Fraser-Brunner, 1949 腺灯鱼

Lampadena luminosa (Garman, 1899) 发光炬灯鱼 陆 台

Lampadena notialis Nafpaktitis & Paxton, 1968 南方炬灯鱼

Lampadena pontifex Krefft, 1970 大头炬灯鱼

Lampadena speculigera Goode & Bean, 1896 暗柄炬灯鱼 陆

Lampadena urophaos atlantica Maul, 1969 大西洋炬灯鱼

Lampadena urophaos urophaos Paxton, 1963 尾光炬灯鱼

Lampadena yaquinae (Coleman & Nafpaktitis, 1972) 杨氏炬灯鱼

Genus *Lampanyctodes* Fraser-Brunner, 1949 拟珍灯鱼属

Lampanyctodes hectoris (Günther, 1876) 大口拟珍灯鱼

Genus *Lampanyctus* Bonaparte, 1840 珍灯鱼属

Lampanyctus acanthurus Wisner, 1974 大棘珍灯鱼

Lampanyctus alatus Goode & Bean, 1896 翼珍灯鱼 陆 台

   syn. Lampanyctus punctatissimus Gilbert, 1913 细斑珍灯鱼

Lampanyctus australis Tåning, 1932 澳洲珍灯鱼

Lampanyctus crocodilus (Risso, 1810) 鳄珍灯鱼

Lampanyctus festivus Tåning, 1928 杂色珍灯鱼 陆

   syn. Lampanyctus bensoni (Fowler , 1934) 朋氏珍灯鱼

Lampanyctus hubbsi Wisner, 1963 赫氏珍灯鱼

Lampanyctus intricarius Tåning, 1928 长颌珍灯鱼

Lampanyctus iselinoides Bussing, 1965 似艾氏珍灯鱼

Lampanyctus jordani Gilbert, 1913 乔氏珍灯鱼

Lampanyctus lepidolychnus Becker, 1967 丽珍灯鱼

Lampanyctus macdonaldi (Goode & Bean, 1896) 麦氏珍灯鱼

Lampanyctus macropterus (Brauer, 1904) 大鳍珍灯鱼 陆

Lampanyctus nobilis Tåning, 1928 诺贝珍灯鱼 陆 台

Lampanyctus omostigma Gilbert, 1908 同点珍灯鱼 陆

Lampanyctus parvicauda Parr, 1931 小尾珍灯鱼

Lampanyctus photonotus Parr, 1928 发光珍灯鱼

Lampanyctus pusillus (Johnson, 1890) 弱珍灯鱼

Lampanyctus simulator Wisner, 1971 仿珍灯鱼

Lampanyctus steinbecki Bolin, 1939 施氏珍灯鱼

Lampanyctus tenuiformis (Brauer, 1906) 天纽珍灯鱼 陆 台

Lampanyctus turneri (Fowler, 1934) 图氏珍灯鱼 台

Lampanyctus vadulus Hulley, 1981 长鳍珍灯鱼

Genus *Lampichthys* Fraser-Brunner, 1949 颊光鱼属

Lampichthys procerus (Brauer, 1904) 颊光鱼

Genus *Lepidophanes* Fraser-Brunner, 1949 华灯鱼属

Lepidophanes gaussi (Brauer, 1906) 高氏华灯鱼

Lepidophanes guentheri (Goode & Bean, 1896) 贡氏华灯鱼

Genus *Lobianchia* Gatti, 1904 叶灯鱼属

Lobianchia dofleini (Zugmayer, 1911) 道氏叶灯鱼

Lobianchia gemellarii (Cocco, 1838) 吉氏叶灯鱼 台

Genus *Loweina* Fowler, 1925 罗灯鱼属

Loweina interrupta (Tåning, 1928) 断纹罗灯鱼

Loweina rara (Lütken, 1892) 罕见罗灯鱼

Loweina terminata Becker, 1964 罗灯鱼

Genus *Metelectrona* Wisner, 1963 后灯笼鱼属

Metelectrona ahlstromi Wisner, 1963 阿氏后灯笼鱼

Metelectrona herwigi Hulley, 1981 赫氏后灯笼鱼

Metelectrona ventralis (Becker, 1963) 腹后灯笼鱼

Genus *Myctophum* Rafinesque, 1810 灯笼鱼属

Myctophum affine (Lütken, 1892) 芒光灯笼鱼 陆

Myctophum asperum Richardson, 1845 粗鳞灯笼鱼 陆 台

Myctophum aurolaternatum Garman, 1899 金焰灯笼鱼 陆 台

Myctophum brachygnathum (Bleeker, 1856) 短颌灯笼鱼 陆

Myctophum fissunovi Becker & Borodulina, 1971 费氏灯笼鱼

Myctophum indicum (Day, 1877) 印度灯笼鱼

Myctophum lunatum Becker & Borodulina, 1978 新月灯笼鱼

Myctophum lychnobium Bolin, 1946 双灯灯笼鱼 陆

Myctophum nitidulum Garman, 1899 闪光灯笼鱼 陆 台

Myctophum obtusirostre Tåning, 1928 钝吻灯笼鱼 陆 台

Myctophum orientale (Gilbert, 1913) 东方灯笼鱼

Myctophum ovcharovi Tsarin, 1993 奥氏灯笼鱼

Myctophum phengodes (Lütken, 1892) 发光灯笼鱼

Myctophum punctatum Rafinesque, 1810 斑点灯笼鱼

Myctophum selenops Tåning, 1928 月眼灯笼鱼 陆

    syn. *Myctophum selenoides* Tåning , 1928 高体灯笼鱼

Myctophum spinosum (Steindachner, 1867) 栉棘灯笼鱼 陆 台

Genus *Nannobrachium* Günther, 1887 短鳃灯鱼属

Nannobrachium achirus (Andriashev, 1962) 凹尾短鳃灯鱼

Nannobrachium atrum (Tåning, 1928) 黑短鳃灯鱼

Nannobrachium bristori Zahuranec, 2000 布氏短鳃灯鱼

Nannobrachium crypticum Zahuranec, 2000 隐栖短鳃灯鱼

Nannobrachium cuprarium (Tåning, 1928) 铜色短鳃灯鱼

Nannobrachium fernae (Wisner, 1971) 弗恩短鳃灯鱼

Nannobrachium gibbsi Zahuranec, 2000 吉布斯短鳃灯鱼

Nannobrachium hawaiiensis Zahuranec, 2000 夏威夷短鳃灯鱼

Nannobrachium idostigma (Parr, 1931) 幽斑短鳃灯鱼

Nannobrachium indicum Zahuranec, 2000 丝胸短鳃灯鱼

Nannobrachium isaacsi (Wisner, 1974) 伊氏短鳃灯鱼

Nannobrachium lineatum (Tåning, 1928) 丝鳍短鳃灯鱼

Nannobrachium nigrum Günther, 1887 黑体短鳃灯鱼 台

    syn. *Lampanyctus nigrum* (Günther , 1887) 黑体珍灯鱼

Nannobrachium phyllisae Zahuranec, 2000 叶状短鳃灯鱼

Nannobrachium regale (Gilbert, 1892) 北海道短鳃灯鱼

Nannobrachium ritteri (Gilbert, 1915) 里氏短鳃灯鱼

Nannobrachium wisneri Zahuranec, 2000 威氏短鳃灯鱼

Genus *Notolychnus* Fraser-Brunner, 1949 尖吻背灯鱼属

Notolychnus valdiviae (Brauer, 1904) 瓦氏尖吻背灯鱼 台

Genus *Notoscopelus* Günther, 1864 背灯鱼属

Notoscopelus bolini Nafpaktitis, 1975 博氏背灯鱼

Notoscopelus caudispinosus (Johnson, 1863) 尾棘背灯鱼 台

Notoscopelus elongatus (Costa, 1844) 长体背灯鱼

Notoscopelus japonicus (Tanaka, 1908) 日本背灯鱼

Notoscopelus kroyeri (Malm, 1861) 克氏背灯鱼

Notoscopelus resplendens (Richardson, 1845) 闪光背灯鱼 陆 台

Genus *Parvilux* Hubbs & Wisner, 1964 小光灯笼鱼属

Parvilux boschmai Hubbs & Wisner, 1964 博氏小光灯笼鱼

Parvilux ingens Hubbs & Wisner, 1964 强壮小光灯笼鱼

Genus *Protomyctophum* Fraser-Brunner, 1949 原灯笼鱼属

Protomyctophum andriashevi Becker, 1963 安氏原灯笼鱼

Protomyctophum arcticum (Lütken, 1892) 北极原灯笼鱼

Protomyctophum beckeri Wisner, 1971 贝氏原灯笼鱼

Protomyctophum bolini (Fraser-Brunner, 1949) 波氏原灯笼鱼

Protomyctophum chilense Wisner, 1971 智利原灯笼鱼

Protomyctophum choriodon Hulley, 1981 大西洋原灯笼鱼

Protomyctophum crockeri (Bolin, 1939) 克氏原灯笼鱼

Protomyctophum gemmatum Hulley, 1981 宝石原灯笼鱼

Protomyctophum luciferum Hulley, 1981 荧光原灯笼鱼

Protomyctophum mcginnisi Prokofiev, 2005 梅克氏原灯笼鱼

Protomyctophum normani (Tåning, 1932) 诺氏原灯笼鱼

Protomyctophum parallelum (Lönnberg, 1905) 大眼原灯笼鱼

Protomyctophum subparallelum (Tåning, 1932) 拟大眼原灯笼鱼

Protomyctophum tenisoni (Norman, 1930) 特尼氏原灯笼鱼

Protomyctophum thompsoni (Chapman, 1944) 汤氏原灯笼鱼

Genus *Scopelopsis* Brauer, 1906 真蜥灯鱼属

Scopelopsis multipunctatus Brauer, 1906 多点真蜥灯鱼

Genus *Stenobrachius* Eigenmann & Eigenmann, 1890 臂灯鱼属

Stenobrachius leucopsarus (Eigenmann & Eigenmann, 1890) 白身臂灯鱼

Stenobrachius nannochir (Gilbert, 1890) 宽尾臂灯鱼

Genus *Symbolophorus* Bolin & Wisner, 1959 标灯鱼属

Symbolophorus barnardi (Tåning, 1932) 巴氏标灯鱼

Symbolophorus boops (Richardson, 1845) 大眼标灯鱼 陆

Symbolophorus californiensis (Eigenmann & Eigenmann, 1889) 加利福尼亚标灯鱼

Symbolophorus evermanni (Gilbert, 1905) 埃氏标灯鱼 陆 台

Symbolophorus kreffti Hulley, 1981 克氏标灯鱼

Symbolophorus reversus Gago & Ricord, 2005 墨西哥标灯鱼

Symbolophorus rufinus (Tåning, 1928) 红标灯鱼 陆

Symbolophorus veranyi (Moreau, 1888) 大鳞标灯鱼

Genus *Taaningichthys* Bolin, 1959 月灯鱼属

Taaningichthys bathyphilus (Tåning, 1928) 前臂月灯鱼 陆

Taaningichthys minimus (Tåning, 1928) 新西兰月灯鱼 陆

Taaningichthys paurolychnus Davy, 1972 小月灯鱼 陆 台

Genus *Tarletonbeania* Eigenmann & Eigenmann, 1890 泰勒灯鱼属

Tarletonbeania crenularis (Jordan & Gilbert, 1880) 扇形泰勒灯鱼

Tarletonbeania taylori Mead, 1953 泰勒灯鱼

Genus *Triphoturus* Fraser-Brunner, 1949 尾灯鱼属

Triphoturus mexicanus (Gilbert, 1890) 墨西哥尾灯鱼

Triphoturus nigrescens (Brauer, 1904) 浅黑尾灯鱼 陆 台

    syn. *Triphoturus micropterus* (Brauer, 1906) 小鳍尾灯鱼

Triphoturus oculeum (Garman, 1899) 多眼尾灯鱼

Order Lampridiformes 月鱼目

Family 201 Veliferidae 旗月鱼科;草鲹科

Genus *Metavelifer* Walters, 1960 后旗月鱼属;后草鲹属

Metavelifer multiradiatus (Regan, 1907) 多辐后旗月鱼;多辐后草鲹

Genus *Velifer* Temminck & Schlegel, 1850 旗月鱼属;草鲹属

Velifer hypselopterus Bleeker, 1879 旗月鱼;草鲹 陆 台

Family 202 Lampridae 月鱼科

Genus *Lampris* Retzius, 1799 月鱼属

Lampris guttatus (Brünnich, 1788) 斑点月鱼 陆 台

Lampris immaculatus Gilchrist, 1904 无斑月鱼

Family 203 Stylephoridae 鞭尾鱼科

Genus *Stylephorus* Shaw, 1791 鞭尾鱼属

Stylephorus chordatus Shaw, 1791 鞭尾鱼

Family 204 Lophotidae 冠带鱼科

Genus *Eumecichthys* Regan, 1907 真冠带鱼属

Eumecichthys fiski (Günther, 1890) 菲氏真冠带鱼 台

Genus *Lophotus* Giorna, 1809 冠带鱼属

Lophotus capellei Temminck & Schlegel, 1845 凹鳍冠带鱼

Lophotus guntheri Johnston, 1883 根室氏冠棘鱼

Lophotus lacepede Giorna, 1809 拉氏冠带鱼

Family 205 Radiicephalidae 细尾粗鳍鱼科

Genus *Radiicephalus* Osório, 1917 细尾粗鳍鱼属

Radiicephalus elongatus Osório, 1917 长体细尾粗鳍鱼

Family 206 Trachipteridae 粗鳍鱼科

Genus *Desmodema* Walters & Fitch, 1960 扇尾鱼属

Desmodema lorum Rosenblatt & Butler, 1977 长吻扇尾鱼

Desmodema polystictum (Ogilby, 1898) 多斑扇尾鱼 台

Genus *Trachipterus* Goüan, 1770 粗鳍鱼属

Trachipterus altivelis Kner, 1859 高鳍粗鳍鱼

Trachipterus arcticus (Brünnich, 1788) 北极粗鳍鱼

Trachipterus fukuzakii Fitch, 1964 福氏粗鳍鱼

Trachipterus ishikawae Jordan & Snyder, 1901 石川粗鳍鱼 台

Trachipterus jacksonensis (Ramsay, 1881) 杰氏粗鳍鱼

Trachipterus trachypterus (Gmelin, 1789) 粗鳍鱼 陆 台

Genus *Zu* Walters & Fitch, 1960 丝鳍鱼属(横带粗鳍鱼属)

Zu cristatus (Bonelli, 1819) 冠丝鳍鱼 陆 台

Zu elongatus Heemstra & Kannemeyer, 1984 长丝鳍鱼(长横带粗鳍鱼)

Family 207 Regalecidae 皇带鱼科

Genus *Agrostichthys* Phillipps, 1924 长体皇带鱼属

Agrostichthys parkeri (Benham, 1904) 派氏长体皇带鱼

Genus *Regalecus* Ascanius, 1772 皇带鱼属

Regalecus glesne Ascanius, 1772 皇带鱼 陆 台

Regalecus kinoi Castro-Aguirre, Arvizu-Martinez & Alarcon-Gonzalez, 1991 金氏皇带鱼

Regalecus russelii (Cuvier, 1816) 勒氏皇带鱼 陆

Order Polymixiiformes 须鳂目;银眼鲷目

Family 208 Polymixiidae 须鳂科;银眼鲷科

Genus *Polymixia* Lowe, 1838 须鳂属

Polymixia berndti Gilbert, 1905 短须须鳂;贝氏须鳂 陆 台

Polymixia busakhini Kotlyar, 1992 布氏须鳂

Polymixia fusca Kotthaus, 1970 暗色须鳂

Polymixia japonica Günther, 1877 日本须鳂 陆 台

Polymixia longispina Deng, Xiong & Zhan, 1983 长棘须鳂 陆 台

Polymixia lowei Günther, 1859 罗氏须鳂

Polymixia nobilis Lowe, 1838 长须须鳂

Polymixia salagomeziensis Kotlyar, 1991 萨拉贡须鳂

Polymixia sazonovi Kotlyar, 1992 萨氏须鳂

Polymixia yuri Kotlyar, 1982 尤氏须鳂

Order Percopsiformes 鲑鲈目

Family 209 Percopsidae 鲑鲈科

Genus *Percopsis* Agassiz, 1849 鲑鲈属

Percopsis omiscomaycus (Walbaum, 1792) 加拿大鲑鲈

Percopsis transmontana (Eigenmann & Eigenmann, 1892) 沙鲑鲈

Family 210 Aphredoderidae 胸肛鱼科

Genus *Aphredoderus* Lesueur, 1833 胸肛鱼属

Aphredoderus sayanus (Gilliams, 1824) 北大西洋胸肛鱼(喉肛鱼)

Family 211 Amblyopsidae 洞鲈科

Genus *Amblyopsis* DeKay, 1842 穴鲈属(盲属)

Amblyopsis rosae (Eigenmann, 1898) 罗莎穴鲈

Amblyopsis spelaea DeKay, 1842 岩穴鲈

Genus *Chologaster* Agassiz, 1853 亮鳉属

Chologaster cornuta Agassiz, 1853 北大西洋亮鳉

Genus *Forbesichthys* Jordan, 1929 穴跳鳉属

Forbesichthys agassizii (Putnam, 1872) 阿氏穴跳鳉

Genus *Speoplatyrhinus* Cooper & Kuehne, 1974 宽吻盲鳉属

Speoplatyrhinus poulsoni Cooper & Kuehne, 1974 宽吻盲鳉

Genus *Typhlichthys* Girard, 1859 盲鳉鲈属

Typhlichthys subterraneus Girard, 1859 南方盲鳉鲈

Order Gadiformes 鳕形目

Family 212 Muraenolepididae 鳗鳞鳕科

Genus *Muraenolepis* Günther, 1880 鳗鳞鳕属

Muraenolepis andriashevi Balushkin & Prirodina, 2005 安氏鳗鳞鳕

Muraenolepis evseenkoi Balushkin & Prirodina, 2010 伊夫氏鳗鳞鳕

Muraenolepis kuderskii Balushkin & Prirodina, 2007 科氏鳗鳞鳕

Muraenolepis marmorata Günther, 1880 斑纹鳗鳞鳕

Muraenolepis microps Lönnberg, 1905 小眼鳗鳞鳕(南鳕)

Muraenolepis orangiensis Vaillant, 1888 阿根廷鳗鳞鳕

Muraenolepis pacifica Prirodina & Balushkin, 2007 太平洋鳗鳞鳕

Muraenolepis trunovi Balushkin & Prirodina, 2006 特氏鳗鳞鳕

Genus *Notomuraenobathys* Balushkin & Prirodina, 2010 背鳗鳕属

Notomuraenobathys microcephalus (Norman, 1937) 小头背鳗鳕

Family 213 Bregmacerotidae 犀鳕科;海鲫鳅科

Genus *Bregmaceros* Thompson, 1840 犀鳕属;海鲫鳅属

Bregmaceros arabicus D'Ancona & Cavinato, 1965 阿拉伯犀鳕;阿拉伯海鲫鳅 陆

Bregmaceros atlanticus Goode & Bean, 1886 大西洋犀鳕;大西洋海鲫鳅 陆

Bregmaceros bathymaster Jordan & Bollman, 1890 深游犀鳕;深游海鲫鳅 陆

Bregmaceros cantori Milliken & Houde, 1984 肯氏犀鳕;肯氏海鲫鳅

Bregmaceros cayorum Nichols, 1952 卡约犀鳕;卡约海鲫鳅

Bregmaceros houdei Saksena & Richards, 1986 霍氏犀鳕;霍氏海鲫鳅

Bregmaceros japonicus Tanaka, 1908 日本犀鳕;日本海鲫鳅 陆 台

Bregmaceros lanceolatus Shen, 1960 尖鳍犀鳕;尖鳍海鲫鳅 陆 台

Bregmaceros mcclellandi Thompson, 1840 麦氏犀鳕;麦氏海鲫鳅 陆
  syn. *Bregmaceros atripinnis* (Tickell, 1865) 黑鳍犀鳕

Bregmaceros nectabanus Whitley, 1941 银腰犀鳕;银腰海鲫鳅 陆

Bregmaceros neonectabanus Masuda, Ozawa & Tabeta, 1986 腹斑犀鳕;腹斑海鲫鳅

Bregmaceros pescadorus Shen, 1960 澎湖犀鳕;澎湖海鲫鳅 台

Bregmaceros pseudolanceolatus Torii, Javonillo & Ozawa, 2004 拟尖鳍犀鳕;拟尖鳍海鲫鳅 台

Bregmaceros rarisquamosus Munro, 1950 少鳞犀鳕;少鳞海鲫鳅

Family 214 Euclichthyidae 歪尾鳕科

Genus *Euclichthys* McCulloch, 1926 歪尾鳕属

Euclichthys polynemus McCulloch, 1926 多丝歪尾鳕

Family 215 Macrouridae 长尾鳕科;鼠尾鳕科

Genus *Albatrossia* Jordan & Gilbert, 1898 壮鳕属

Albatrossia pectoralis (Gilbert, 1892) 细鳞壮鳕

Genus *Asthenomacrurus* Sazonov & Shcherbachev, 1982 弱长尾鳕属

Asthenomacrurus fragilis (Garman, 1899) 弱长尾鳕

Asthenomacrurus victoris Sazonov & Shcherbachev, 1982 维多利亚弱长尾鳕

Genus *Bathygadus* Günther, 1878 底尾鳕属

Bathygadus antrodes (Jordan & Starks, 1904) 孔头底尾鳕 陆 台

Bathygadus bowersi (Gilbert, 1905) 鲍氏底尾鳕

Bathygadus cottoides Günther, 1878 杜父底尾鳕

Bathygadus dubiosus Weber, 1913 魅形底尾鳕

Bathygadus entomelas Gilbert & Hubbs, 1920 虫纹底尾鳕

Bathygadus favosus Goode & Bean, 1886 蜂巢底尾鳕

Bathygadus furvescens Alcock, 1894 暗色底尾鳕 台

Bathygadus garretti Gilbert & Hubbs, 1916 加氏底尾鳕 陆 台

Bathygadus macrops Goode & Bean, 1885 大眼底尾鳕

Bathygadus melanobranchus Vaillant, 1888 黑鳃底尾鳕

Bathygadus nipponicus (Jordan & Gilbert, 1904) 日本底尾鳕 台

Bathygadus spongiceps Gilbert & Hubbs, 1920 绵头底尾鳕 台

Bathygadus sulcatus (Smith & Radcliffe, 1912) 沟底尾鳕

Genus *Cetonurichthys* Sazonov & Shcherbachev, 1982 鲸尾鱼属

Cetonurichthys subinflatus Sazonov & Shcherbachev, 1982 澳大利亚鲸尾鱼

Genus *Cetonurus* Günther, 1887 鲸尾鳕属

Cetonurus crassiceps (Günther, 1878) 鲸尾鳕

Cetonurus globiceps (Vaillant, 1884) 球首鲸尾鳕 台

Genus *Coelorinchus* Giorna, 1809 腔吻鳕属

Coelorinchus acanthiger Barnard, 1925 荆棘腔吻鳕

Coelorinchus acantholepis Gilbert & Hubbs, 1920 棘鳞腔吻鳕

Coelorinchus aconcagua Iwamoto, 1978 枪吻腔吻鳕

Coelorinchus acutirostris Smith & Radcliffe, 1912 尖吻腔吻鳕

Coelorinchus amirantensis Iwamoto, Golani, Baranes & Goren, 2006 塞舌尔腔吻鳕

Coelorinchus amydrozosterus Iwamoto & Williams, 1999 幽带腔吻鳕

Coelorinchus anatirostris Jordan & Gilbert, 1904 鸭嘴腔吻鳕 陆 台

Coelorinchus anisacanthus Sazonov, 1994 喜荫腔吻鳕

Coelorinchus aratrum Gilbert, 1905 壮身腔吻鳕

Coelorinchus argentatus Smith & Radcliffe, 1912 银腔吻鳕 陆

Coelorinchus argus Weber, 1913 眼斑腔吻鳕 陆

Coelorinchus aspercephalus Waite, 1911 粗头腔吻鳕

Coelorinchus asteroides Okamura, 1963 拟星腔吻鳕 陆 台

Coelorinchus australis (Richardson, 1839) 澳洲腔吻鳕

Coelorinchus biclinozonalis Arai & Mcmillan, 1982 双带腔吻鳕

Coelorinchus bollonsi McCann & McKnight, 1980 博氏腔吻鳕

Coelorinchus braueri Barnard, 1925 勃氏腔吻鳕

Coelorinchus brevirostris Okamura, 1984 短吻腔吻鳕 陆 台

Coelorinchus caelorhincus (Risso, 1810) 真腔吻鳕

Coelorinchus campbellicus McCann & McKnight, 1980 坎贝尔腔吻鳕

Coelorinchus canus (Garman, 1899) 南非腔吻鳕

Coelorinchus caribbaeus (Goode & Bean, 1885) 加勒比腔吻鳕

Coelorinchus carinifer Gilbert & Hubbs, 1920 龙首腔吻鳕 陆

Coelorinchus carminatus (Goode, 1880) 长吻腔吻鳕

Coelorinchus caudani (Köhler, 1896) 考氏腔吻鳕

Coelorinchus celaenostomus McMillan & Paulin, 1993 黑腹腔吻鳕

Coelorinchus charius Iwamoto & Williams, 1999 锈色腔吻鳕

Coelorinchus chilensis Gilbert & Thompson, 1916 智利腔吻鳕

Coelorinchus cingulatus Gilbert & Hubbs, 1920 带斑腔吻鳕 陆 台

Coelorinchus commutabilis Smith & Radcliffe, 1912 变异腔吻鳕 陆 台

Coelorinchus cookianus McCann & McKnight, 1980 库京腔吻鳕

Coelorinchus cylindricus Iwamoto & Merrett, 1997 圆身腔吻鳕

Coelorinchus denticulatus Regan, 1921 锯齿腔吻鳕

Coelorinchus divergens Okamura & Yatou, 1984 广布腔吻鳕 陆 台

Coelorinchus dorsalis Gilbert & Hubbs, 1920 丝鳍腔吻鳕

Coelorinchus doryssus Gilbert, 1905 瓦胡岛腔吻鳕

Coelorinchus fasciatus (Günther, 1878) 斑纹腔吻鳕

Coelorinchus flabellispinnis (Alcock, 1894) 扇棘腔吻鳕

Coelorinchus formosanus Okamura, 1963 台湾腔吻鳕 陆 台

Coelorinchus fuscigulus Iwamoto, Ho & Shao, 2009 黑喉腔吻鳕 台

Coelorinchus gaesorhynchus Iwamoto & Williams, 1999 矛吻腔吻鳕

Coelorinchus geronimo Marshall & Iwamoto, 1973 杰罗腔吻鳕

Coelorinchus gilberti Jordan & Hubbs, 1925 吉氏腔吻鳕

Coelorinchus gladius Gilbert & Cramer, 1897 剑状腔吻鳕

Coelorinchus goobala Iwamoto & Williams, 1999 栗色腔吻鳕

Coelorinchus gormani Iwamoto & Graham, 2008 戈氏腔吻鳕

Coelorinchus hexafasciatus Okamura, 1982 六带腔吻鳕

Coelorinchus hige Matsubara, 1943 灯腔吻鳕

Coelorinchus hoangi Iwamoto & Graham, 2008 霍氏腔吻鳕

Coelorinchus horribilis McMillan & Paulin, 1993 糙腔吻鳕

Coelorinchus hubbsi Matsubara, 1936 哈氏腔吻鳕 台

Coelorinchus immaculatus Sazonov & Iwamoto, 1992 无斑腔吻鳕

Coelorinchus infuscus McMillan & Paulin, 1993 浅棕腔吻鳕

Coelorinchus innotabilis McCulloch, 1907 新西兰腔吻鳕

Coelorinchus japonicus (Temminck & Schlegel, 1846) 日本腔吻鳕 陆 台

Coelorinchus jordani Smith & Pope, 1906 乔丹氏腔吻鳕 陆

Coelorinchus kaiyomaru Arai & Iwamoto, 1979 海阳丸腔吻鳕

Coelorinchus kamoharai Matsubara, 1943 蒲原氏腔吻鳕 陆 台

Coelorinchus karrerae Trunov, 1984 凯氏腔吻鳕

Coelorinchus kermadecus Jordan & Gilbert, 1904 大红腔吻鳕

Coelorinchus kishinouyei Jordan & Snyder, 1900 岸上氏腔吻鳕 陆 台

Coelorinchus labiatus (Köhler, 1896) 厚唇腔吻鳕

Coelorinchus lasti Iwamoto & Williams, 1999 拉氏腔吻鳕

Coelorinchus leptorhinus Chiou, Shao & Iwamoto, 2004 窄吻腔吻鳕 台

Coelorinchus longicephalus Okamura, 1982 长头腔吻鳕 陆

Coelorinchus longissimus Matsubara, 1943 长管腔吻鳕 陆 台

Coelorinchus macrochir (Günther, 1877) 大臂腔吻鳕 台

Coelorinchus macrolepis Gilbert & Hubbs, 1920 大鳞腔吻鳕 陆

Coelorinchus macrorhynchus Smith & Radcliffe, 1912 大吻腔吻鳕 陆

Coelorinchus maculatus Gilbert & Hubbs, 1920 斑腔吻鳕 陆

Coelorinchus marinii Hubbs, 1934 马氏腔吻鳕

Coelorinchus matamua (McCann & McKnight, 1980) 蓝腹腔吻鳕

Coelorinchus matsubarai Okamura, 1982 松原腔吻鳕 陆

Coelorinchus maurofasciatus McMillan & Paulin, 1993 暗带腔吻鳕

Coelorinchus mayiae Iwamoto & Williams, 1999 梅伊腔吻鳕

Coelorinchus mediterraneus Iwamoto & Ungaro, 2002 地中海腔吻鳕

Coelorinchus melanobranchus Iwamoto & Merrett, 1997 黑鳃腔吻鳕

Coelorinchus melanosagmatus Iwamoto & Anderson, 1999 黑鞍腔吻鳕

Coelorinchus mirus McCulloch, 1926 钝头腔吻鳕

Coelorinchus multifasciatus Sazonov & Iwamoto, 1992 多带腔吻鳕

Coelorinchus multispinulosus Katayama, 1942 多棘腔吻鳕 陆 台

Coelorinchus mycterismus McMillan & Paulin, 1993 喙腔吻鳕

Coelorinchus mystax McMillan & Paulin, 1993 大唇腔吻鳕

Coelorinchus nazcaensis Sazonov & Iwamoto, 1992 海岭腔吻鳕

Coelorinchus notatus Smith & Radcliffe, 1912 知名腔吻鳕

Coelorinchus obscuratus McMillan & Iwamoto, 2009 暗体腔吻鳕

Coelorinchus occa (Goode & Bean, 1885) 剑吻腔吻鳕

Coelorinchus oliverianus Phillipps, 1927 鹰吻腔吻鳕

Coelorinchus osipullus McMillan & Iwamoto, 2009 瞻星腔吻鳕

Coelorinchus parallelus (Günther, 1877) 平棘腔吻鳕 陆 台

Coelorinchus pardus Iwamoto & Williams, 1999 豹纹腔吻鳕

Coelorinchus parvifasciatus McMillan & Paulin, 1993 细纹腔吻鳕

Coelorinchus platorhynchus Smith & Radcliffe, 1912 扁吻腔吻鳕

Coelorinchus polli Marshall & Iwamoto, 1973 波利腔吻鳕

Coelorinchus productus Gilbert & Hubbs, 1916 东海腔吻鳕 陆 台

Coelorinchus pseudoparallelus Trunov, 1983 拟平棘腔吻鳕

Coelorinchus quadricristatus (Alcock, 1891) 四冠腔吻鳕

Coelorinchus quincunciatus Gilbert & Hubbs, 1920 菲律宾腔吻鳕

Coelorinchus radcliffei Gilbert & Hubbs, 1920 蓝氏腔吻鳕

Coelorinchus scaphopsis (Gilbert, 1890) 晶腹腔吻鳕

Coelorinchus semaphoreus Iwamoto & Merrett, 1997 标灯腔吻鳕

Coelorinchus sereti Iwamoto & Merrett, 1997 萨氏腔吻鳕

Coelorinchus sexradiatus Gilbert & Hubbs, 1920 六线腔吻鳕

Coelorinchus shcherbachevi Iwamoto & Merrett, 1997 希氏腔吻鳕

Coelorinchus sheni Chiou, Shao & Iwamoto, 2004 沈氏腔吻鳕 台

Coelorinchus simorhynchus Iwamoto & Anderson, 1994 仰吻腔吻鳕

Coelorinchus smithi Gilbert & Hubbs, 1920 史氏腔吻鳕 陆 台

Coelorinchus sparsilepis Okamura, 1984 散鳞腔吻鳕 陆

Coelorinchus spathulata McMillan & Paulin, 1993 南大洋腔吻鳕

Coelorinchus spilonotus Sazonov & Iwamoto, 1992 污斑腔吻鳕

Coelorinchus spinifer Gilbert & Hubbs, 1920 大棘腔吻鳕 台

Coelorinchus supernasutus McMillan & Paulin, 1993 高鼻腔吻鳕

Coelorinchus thompsoni Gilbert & Hubbs, 1920 汤氏腔吻鳕 陆

Coelorinchus thurla Iwamoto & Williams, 1999 喜斗腔吻鳕

Coelorinchus tokiensis (Steindachner & Döderlein, 1887) 东京腔吻鳕 陆

Coelorinchus trachycarus Iwamoto, McMillan & Shcherbachev, 1999 糙首腔吻鳕

Coelorinchus triocellatus Gilbert & Hubbs, 1920 三眼斑腔吻鳕

Coelorinchus trunovi Iwamoto & Anderson, 1994 特氏腔吻鳕

Coelorinchus velifer Gilbert & Hubbs, 1920 缘膜腔吻鳕

Coelorinchus ventrilux Marshall & Iwamoto, 1973 斑翼腔吻鳕

Coelorinchus vityazae Iwamoto, Shcherbachev & Marquardt, 2004 南大西洋腔吻鳕

Coelorinchus weberi Gilbert & Hubbs, 1920 韦氏腔吻鳕

Coelorinchus yurii Iwamoto, Golani, Baranes & Goren, 2006 尤氏腔吻鳕

Genus *Coryphaenoides* Lacepède, 1801 突吻鳕属

Coryphaenoides acrolepis (Bean, 1884) 粗鳞突吻鳕

Coryphaenoides affinis Günther, 1878 安芬突吻鳕

Coryphaenoides alateralis Marshall & Iwamoto, 1973 翼突吻鳕

Coryphaenoides altipinnis Günther, 1877 高翼突吻鳕

Coryphaenoides anguliceps (Garman, 1899) 松鳞突吻鳕

Coryphaenoides ariommus Gilbert & Thompson, 1916 多鳞突吻鳕

Coryphaenoides armatus (Hector, 1875) 薄鳞突吻鳕

Coryphaenoides asper Günther, 1877 粗体突吻鳕 台

Coryphaenoides asprellus (Smith & Radcliffe, 1912) 糙突吻鳕

Coryphaenoides boops (Garman, 1899) 牛目突吻鳕

Coryphaenoides brevibarbis (Goode & Bean, 1896) 短须突吻鳕

Coryphaenoides bucephalus (Garman, 1899) 牛首突吻鳕

Coryphaenoides bulbiceps (Garman, 1899) 圆突吻鳕

Coryphaenoides camurus (Smith & Radcliffe, 1912) 弯突吻鳕

Coryphaenoides capito (Garman, 1899) 卡毕托突吻鳕

Coryphaenoides carapinus Goode & Bean, 1883 粉红突吻鳕

Coryphaenoides carminifer (Garman, 1899) 长吻突吻鳕

Coryphaenoides castaneus Shcherbachev & Iwamoto, 1995 栗色突吻鳕

Coryphaenoides cinereus (Gilbert, 1896) 灰突吻鳕

Coryphaenoides delsolari Chirichigno F. & Iwamoto, 1977 台氏突吻鳕

Coryphaenoides dossenus McMillan, 1999 驼背突吻鳕

Coryphaenoides dubius (Smith & Radcliffe, 1912) 拟突吻鳕

Coryphaenoides fernandezianus (Günther, 1887) 厚头突吻鳕

Coryphaenoides ferrieri (Regan, 1913) 弗氏突吻鳕

Coryphaenoides filamentosus Okamura, 1970 多丝突吻鳕

Coryphaenoides filicauda Günther, 1878 线尾突吻鳕

Coryphaenoides filifer (Gilbert, 1896) 细须突吻鳕

Coryphaenoides grahami Iwamoto & Shcherbachev, 1991 格氏突吻鳕

Coryphaenoides guentheri (Vaillant, 1888) 贡氏突吻鳕

Coryphaenoides gypsochilus Iwamoto & McCosker, 2001 鹰唇突吻鳕

Coryphaenoides hextii (Alcock, 1890) 海氏突吻鳕

Coryphaenoides hoskynii (Alcock, 1890) 霍氏突吻鳕

Coryphaenoides lecointei (Dollo, 1900) 莱氏突吻鳕

Coryphaenoides leptolepis Günther, 1877 小鳞突吻鳕

Coryphaenoides liocephalus (Günther, 1887) 裸头突吻鳕

Coryphaenoides longicirrhus (Gilbert, 1905) 长须突吻鳕

Coryphaenoides longifilis Günther, 1877 长丝突吻鳕

Coryphaenoides macrolophus (Alcock, 1889) 大脊突吻鳕

Coryphaenoides marginatus Steindachner & Döderlein, 1887 暗边突吻鳕;黑缘突吻鳕 陆 台

Coryphaenoides marshalli Iwamoto, 1970 马氏突吻鳕

Coryphaenoides mcmillani Iwamoto & Shcherbachev, 1991 麦氏突吻鳕

Coryphaenoides mediterraneus (Giglioli, 1893) 地中海突吻鳕

Coryphaenoides mexicanus (Parr, 1946) 墨西哥突吻鳕

Coryphaenoides microps (Smith & Radcliffe, 1912) 细眼突吻鳕 陆 台

Coryphaenoides microstomus McMillan, 1999 小口突吻鳕

Coryphaenoides murrayi Günther, 1878 默氏突吻鳕

Coryphaenoides myersi Iwamoto & Sazonov, 1988 迈氏突吻鳕

Coryphaenoides nasutus Günther, 1877 锥鼻突吻鳕 陆 台

Coryphaenoides oreinos Iwamoto & Sazonov, 1988 浅色突吻鳕

Coryphaenoides orthogrammus (Smith & Radcliffe, 1912) 直纹突吻鳕

Coryphaenoides paramarshalli Merrett, 1983 帕氏突吻鳕

Coryphaenoides profundicolus (Nybelin, 1957) 深突吻鳕

Coryphaenoides rudis Günther, 1878 野突吻鳕 台

Coryphaenoides rupestris Gunnerus, 1765 圆吻突吻鳕(岩突吻鳕)

Coryphaenoides semiscaber Gilbert & Hubbs, 1920 半糙突吻鳕

Coryphaenoides serrulatus Günther, 1878 新西兰突吻鳕

Coryphaenoides sibogae Weber & de Beaufort, 1929 西宝突吻鳕

Coryphaenoides spinulosus (Gilbert & Burke, 1912) 大刺突吻鳕

Coryphaenoides striaturus Barnard, 1925 条纹突吻鳕

Coryphaenoides subserrulatus Makushok, 1976 丝鳍突吻鳕

Coryphaenoides thelestomus Maul, 1951 乳突突吻鳕

Coryphaenoides tydemani (Weber, 1913) 泰氏突吻鳕

Coryphaenoides woodmasoni (Alcock, 1890) 伍氏突吻鳕

Coryphaenoides yaquinae Iwamoto & Stein, 1974 耶氏突吻鳕

Coryphaenoides zaniophorus (Vaillant, 1888) 粗须突吻鳕

Genus *Cynomacrurus* Dollo, 1909 青长尾鳕属

Cynomacrurus piriei Dollo, 1909 皮氏青长尾鳕

Genus *Echinomacrurus* Roule, 1916 猬鳕属

Echinomacrurus mollis Roule, 1916 软棘猬鳕

Echinomacrurus occidentalis Iwamoto, 1979 西方猬鳕

Genus *Gadomus* Regan, 1903 鼠鳕属

Gadomus aoteanus McCann & McKnight, 1980 新西兰鼠鳕

Gadomus arcuatus (Goode & Bean, 1886) 双丝鼠鳕

Gadomus capensis (Gilchrist & von Bonde, 1924) 岬鼠鳕

Gadomus colletti Jordan & Gilbert, 1904 柯氏鼠鳕 陆 台

Gadomus denticulatus Gilbert & Hubbs, 1920 小齿鼠鳕

Gadomus dispar (Vaillant, 1888) 加勒比海鼠鳕

Gadomus filamentosus (Smith & Radcliffe, 1912) 丝鳍鼠鳕

Gadomus introniger Gilbert & Hubbs, 1920 黑口鼠鳕 陆

Gadomus longifilis (Goode & Bean, 1885) 长丝鼠鳕

Gadomus magnifilis Gilbert & Hubbs, 1920 大丝鼠鳕 台

Gadomus melanopterus Gilbert, 1905 黑鳍鼠鳕 陆

Gadomus multifilis (Günther, 1887) 多丝鼠鳕 陆 台

Gadomus pepperi Iwamoto & Williams, 1999 佩氏鼠鳕

Genus *Haplomacrourus* Trunov, 1980 单长尾鳕属

Haplomacrourus nudirostris Trunov, 1980 裸吻单长尾鳕

Genus *Hymenocephalus* Giglioli, 1884 膜首鳕属

Hymenocephalus adelscotti Iwamoto & Merrett, 1997 艾氏膜首鳕

Hymenocephalus aeger Gilbert & Hubbs, 1920 艾吉膜首鳕

Hymenocephalus antraeus Gilbert & Cramer, 1897 孔膜首鳕

Hymenocephalus aterrimus Gilbert, 1905 暗灰膜首鳕

Hymenocephalus barbatulus Gilbert & Hubbs, 1920 小须膜首鳕

Hymenocephalus billsam Marshall & Iwamoto, 1973 比尔逊膜首鳕

Hymenocephalus gracilis Gilbert & Hubbs, 1920 细身膜首鳕 陆 台

Hymenocephalus grimaldii Weber, 1913 格氏膜首鳕

Hymenocephalus hachijoensis Okamura, 1970 八丈岛膜首鳕

Hymenocephalus heterolepis (Alcock, 1889) 异鳞膜首鳕

Hymenocephalus italicus Giglioli, 1884 大西洋膜首鳕

Hymenocephalus kuronumai Kamohara, 1938 库氏膜首鳕 陆 台

Hymenocephalus lethonemus Jordan & Gilbert, 1904 刺吻膜首鳕 陆 台

Hymenocephalus longibarbis (Günther, 1887) 长须膜首鳕 陆

Hymenocephalus longiceps Smith & Radcliffe, 1912 长头膜首鳕 陆 台

Hymenocephalus longipes Smith & Radcliffe, 1912 大头膜首鳕 陆

Hymenocephalus megalops Iwamoto & Merrett, 1997 黑身膜首鳕

Hymenocephalus nascens Gilbert & Hubbs, 1920 无须膜首鳕 陆

Hymenocephalus neglectissimus Sazonov & Iwamoto, 1992 太平洋膜首鳕

Hymenocephalus nesaeae Merrett & Iwamoto, 2000 内斯膜首鳕

Hymenocephalus papyraceus Jordan & Gilbert, 1904 冠膜首鳕

Hymenocephalus semipellucidus Sazonov & Iwamoto, 1992 半透明膜首鳕

Hymenocephalus striatissimus striatissimus Jordan & Gilbert, 1904 纹喉膜首鳕 陆 台

Hymenocephalus striatissimus torvus Smith & Radcliffe, 1912 菲律宾膜首鳕

Hymenocephalus striatulus Gilbert, 1905 条纹膜首鳕

Hymenocephalus tenuis Gilbert & Hubbs, 1917 薄身膜首鳕 陆

Genus *Idiolophorhynchus* Sazonov, 1981 异冠吻鳕属

Idiolophorhynchus andriashevi Sazonov, 1981 安氏异冠吻鳕

Genus *Kumba* Marshall, 1973 舟尾鳕属

Kumba calvifrons Iwamoto & Sazonov, 1994 裸额舟尾鳕

Kumba dentoni Marshall, 1973 登氏舟尾鳕

Kumba gymnorhynchus Iwamoto & Sazonov, 1994 裸吻舟尾鳕 台

Kumba hebetata (Gilbert, 1905) 夏威夷舟尾鳕

Kumba japonica (Matsubara, 1943) 日本舟尾鳕 陆 台

Kumba maculisquama (Trunov, 1981) 斑鳞舟尾鳕

Kumba musorstom Merrett & Iwamoto, 2000 鼠鼻舟尾鳕

Kumba punctulata Iwamoto & Sazonov, 1994 点斑舟尾鳕 台

Genus *Kuronezumia* Iwamoto, 1974 库隆长尾鳕属

Kuronezumia bubonis (Iwamoto, 1974) 缨瘤库隆长尾鳕

Kuronezumia darus (Gilbert & Hubbs, 1916) 达氏库隆长尾鳕 台

Kuronezumia leonis (Barnard, 1925) 狮色库隆长尾鳕

Kuronezumia macronema (Smith & Radcliffe, 1912) 大线库隆长尾鳕

Kuronezumia paepkei Shcherbachev, Sazonov & Iwamoto, 1992 佩氏库隆长尾鳕

Kuronezumia pallida Sazonov & Iwamoto, 1992 苍色库隆长尾鳕

Genus *Lepidorhynchus* Richardson, 1846 纹腹鳕属

Lepidorhynchus denticulatus Richardson, 1846 纹腹鳕

Genus *Lucigadus* Gilbert & Hubbs, 1920 梭鳕属

Lucigadus acrolophus Iwamoto & Merrett, 1997 新喀里多尼亚梭鳕

Lucigadus lucifer (Smith & Radcliffe, 1912) 魔灯梭鳕 台

Lucigadus microlepis (Günther, 1878) 小鳞梭鳕

Lucigadus nigromaculatus (McCulloch, 1907) 黑斑梭鳕

Lucigadus nigromarginatus (Smith & Radcliffe, 1912) 黑缘梭鳕 陆 台

Lucigadus ori (Smith, 1968) 奥氏梭鳕

Genus *Macrosmia* Merrett, Sazonov & Shcherbachev, 1983 大尾鳕属

Macrosmia phalacra Merrett, Sazonov & Shcherbachev, 1983 裸头大尾鳕 陆 台

Genus *Macrouroides* Smith & Radcliffe, 1912 卵头鳕属

Macrouroides inflaticeps Smith & Radcliffe, 1912 卵头鳕 陆

Genus *Macrourus* Bloch, 1786 长尾鳕属;鼠尾鳕属

Macrourus berglax Lacepède, 1801 喜荫长尾鳕;喜荫鼠尾鳕

Macrourus carinatus (Günther, 1878) 龙首长尾鳕;龙首鼠尾鳕

Macrourus holotrachys Günther, 1878 大眼长尾鳕;大眼鼠尾鳕

Macrourus whitsoni (Regan, 1913) 怀氏长尾鳕;怀氏鼠尾鳕

Genus *Macruroplus* Bleeker, 1874 细尾鳕属

Macruroplus potronus Pequeño, 1971 智利细尾鳕

Genus *Malacocephalus* Günther, 1862 软首鳕属

Malacocephalus boretzi Sazonov, 1985 博氏软首鳕

Malacocephalus hawaiiensis Gilbert, 1905 夏威夷软首鳕

Malacocephalus laevis (Lowe, 1843) 滑软首鳕 陆 台

Malacocephalus luzonensis Gilbert & Hubbs, 1920 吕宋软首鳕 陆

Malacocephalus nipponensis Gilbert & Hubbs, 1916 日本软首鳕 陆 台

Malacocephalus occidentalis Goode & Bean, 1885 西域软首鳕

Malacocephalus okamurai Iwamoto & Arai, 1987 冈村软首鳕

Genus *Mataeocephalus* Berg, 1898 愚首鳕属

Mataeocephalus acipenserinus (Gilbert & Cramer, 1897) 似鲟愚首鳕

Mataeocephalus adustus Smith & Radcliffe, 1912 锯鳍愚首鳕

Mataeocephalus cristatus Sazonov, Shcherbachev & Iwamoto, 2003 脊愚首鳕;冠愚首鳕 陆 台

Mataeocephalus hyostomus (Smith & Radcliffe, 1912) 下口愚首鳕 台

Mataeocephalus kotlyari Sazonov, Shcherbachev & Iwamoto, 2003 柯氏愚首鳕

Mataeocephalus tenuicauda (Garman, 1899) 细尾愚首鳕

Genus *Mesobius* Hubbs & Iwamoto, 1977 脊首长尾鳕属

Mesobius antipodum Hubbs & Iwamoto, 1977 无足脊首长尾鳕

Mesobius berryi Hubbs & Iwamoto, 1977 贝里脊首长尾鳕

Genus *Nezumia* Jordan, 1904 奈氏鳕属

Nezumia aequalis (Günther, 1878) 大西洋奈氏鳕

Nezumia africana (Iwamoto, 1970) 非洲奈氏鳕

Nezumia aspidentata Iwamoto & Merrett, 1997 盾齿奈氏鳕

Nezumia atlantica (Parr, 1946) 加勒比海奈氏鳕

Nezumia bairdii (Goode & Bean, 1877) 巴特奈氏鳕

Nezumia brevibarbata (Barnard, 1925) 短须奈氏鳕

Nezumia brevirostris (Alcock, 1889) 短吻奈氏鳕

Nezumia burragei (Gilbert, 1905) 冠吻奈氏鳕

Nezumia cliveri Iwamoto & Merrett, 1997 克利夫奈氏鳕

Nezumia coheni Iwamoto & Merrett, 1997 科氏奈氏鳕 台

Nezumia condylura Jordan & Gilbert, 1904 狮鼻奈氏鳕 台

Nezumia convergens (Garman, 1899) 秘鲁奈氏鳕

Nezumia cyrano Marshall & Iwamoto, 1973 仙女奈氏鳕

Nezumia duodecim Iwamoto, 1970 西非奈氏鳕

Nezumia ectenes (Gilbert & Cramer, 1897) 伸口奈氏鳕

Nezumia evides (Gilbert & Hubbs, 1920) 俊奈氏鳕 台

Nezumia holocentra (Gilbert & Cramer, 1897) 全棘奈氏鳕

Nezumia infranudis (Gilbert & Hubbs, 1920) 裸吻奈氏鳕

Nezumia investigatoris (Alcock, 1889) 吻鳞奈氏鳕

Nezumia kamoharai Okamura, 1970 蒲原奈氏鳕

Nezumia kapala Iwamoto & Williams, 1999 饰妆奈氏鳕

Nezumia kensmithi Wilson, 2001 栗色奈氏鳕

Nezumia latirostrata (Garman, 1899) 宽吻奈氏鳕

Nezumia leucoura Iwamoto & Williams, 1999 白尾奈氏鳕

Nezumia liolepis (Gilbert, 1890) 光鳞奈氏鳕

Nezumia longebarbata (Roule & Angel, 1933) 长须奈氏鳕

Nezumia loricata (Garman, 1899) 锉鳞奈氏鳕 台

Nezumia merretti Iwamoto & Williams, 1999 梅里奈氏鳕

Nezumia micronychodon Iwamoto, 1970 小齿奈氏鳕

Nezumia milleri Iwamoto, 1973 密勒奈氏鳕

Nezumia namatahi McCann & McKnight, 1980 生田奈氏鳕

Nezumia obliquata (Gilbert, 1905) 斜鳞奈氏鳕

Nezumia orbitalis (Garman, 1899) 圆眶奈氏鳕

Nezumia parini Hubbs & Iwamoto, 1977 帕林奈氏鳕

Nezumia polylepis (Alcock, 1889) 多鳞奈氏鳕

Nezumia propinqua (Gilbert & Cramer, 1897) 大鳍奈氏鳕

Nezumia proxima (Smith & Radcliffe, 1912) 原始奈氏鳕 陆 台

Nezumia pudens Gilbert & Thompson, 1916 智利奈氏鳕

Nezumia pulchella (Pequeño, 1971) 前鳍奈氏鳕

Nezumia sclerorhynchus (Valenciennes, 1838) 粗吻奈氏鳕

Nezumia semiquincunciata (Alcock, 1889) 针鳞奈氏鳕

Nezumia soela Iwamoto & Williams, 1999 鳎形奈氏鳕

Nezumia spinosa (Gilbert & Hubbs, 1916) 长棘奈氏鳕 陆 台

Nezumia stelgidolepis (Gilbert, 1890) 加州奈氏鳕

Nezumia suilla Marshall & Iwamoto, 1973 休拉奈氏鳕
Nezumia tinro Sazonov, 1985 微须奈氏鳕
Nezumia toi McCann & McKnight, 1980 托氏奈氏鳕
Nezumia tomiyamai (Okamura, 1963) 富山奈氏鳕
Nezumia umbracincta Iwamoto & Anderson, 1994 南非奈氏鳕
Nezumia ventralis Iwamoto, 1979 黑鳍奈氏鳕
Nezumia wularnia Iwamoto & Williams, 1999 胡拉奈氏鳕

Genus *Odontomacrurus* Norman, 1939 厉牙长尾鳕属

Odontomacrurus murrayi Norman, 1939 默氏厉牙长尾鳕

Genus *Paracetonurus* Marshall, 1973 副栉尾鳕属

Paracetonurus flagellicauda (Koefoed, 1927) 扇尾副栉尾鳕

Genus *Pseudocetonurus* Sazonov & Shcherbachev, 1982 拟栉尾鳕属

Pseudocetonurus septifer Sazonov & Shcherbachev, 1982 拟栉尾鳕 台

Genus *Pseudonezumia* Okamura, 1970 拟奈氏鳕属

Pseudonezumia cetonuropsis (Gilbert & Hubbs, 1916) 大头拟奈氏鳕 陆 台
Pseudonezumia japonicus Okamura, 1970 日本拟奈氏鳕
Pseudonezumia parvipes (Smith & Radcliffe, 1912) 小鳍拟奈氏鳕
Pseudonezumia pusilla (Sazonov & Shcherbachev, 1982) 微细拟奈氏鳕

Genus *Sphagemacrurus* Fowler, 1925 短吻长尾鳕属;短吻鼠尾鳕属

Sphagemacrurus decimalis (Gilbert & Hubbs, 1920) 菲律宾短吻长尾鳕;菲律宾短吻鼠尾鳕 台
Sphagemacrurus gibber (Gilbert & Cramer, 1897) 驼背短吻长尾鳕;驼背短吻鼠尾鳕
Sphagemacrurus grenadae (Parr, 1946) 格伦短吻长尾鳕;格伦短吻鼠尾鳕
Sphagemacrurus hirundo (Collett, 1896) 燕短吻长尾鳕;燕短吻鼠尾鳕
Sphagemacrurus pumiliceps (Alcock, 1894) 矮头短吻长尾鳕;矮头短吻鼠尾鳕 台
Sphagemacrurus richardi (Weber, 1913) 里氏短吻长尾鳕;里氏短吻鼠尾鳕 台

Genus *Squalogadus* Gilbert & Hubbs, 1916 卵首鳕属

Squalogadus modificatus Gilbert & Hubbs, 1916 卵首鳕 陆 台

Genus *Trachonurus* Günther, 1887 粗尾鳕属

Trachonurus gagates Iwamoto & McMillan, 1997 巨粗尾鳕
Trachonurus robinsi Iwamoto, 1997 罗宾氏粗尾鳕
Trachonurus sentipellis Gilbert & Cramer, 1897 糙皮粗尾鳕;棘皮粗尾鳕 陆 台
Trachonurus sulcatus (Goode & Bean, 1885) 大西洋粗尾鳕
Trachonurus villosus (Günther, 1877) 粗尾鳕;多毛粗尾鳕 陆 台
Trachonurus yiwardaus Iwamoto & Williams, 1999 澳洲粗尾鳕

Genus *Trachyrincus* Giorna, 1809 颞孔鳕属

Trachyrincus aphyodes McMillan, 1995 矶颞孔鳕
Trachyrincus helolepis Gilbert, 1892 智利颞孔鳕
Trachyrincus longirostris (Günther, 1878) 长吻颞孔鳕
Trachyrincus murrayi Günther, 1887 默氏颞孔鳕
Trachyrincus scabrus (Rafinesque, 1810) 粗吻颞孔鳕
Trachyrincus villegai Pequeño, 1971 灰颞孔鳕

Genus *Ventrifossa* Gilbert & Hubbs, 1920 凹腹鳕属

Ventrifossa atherodon (Gilbert & Cramer, 1897) 箭齿凹腹鳕
Ventrifossa ctenomelas (Gilbert & Cramer, 1897) 夏威夷凹腹鳕
Ventrifossa divergens Gilbert & Hubbs, 1920 歧异凹腹鳕 陆 台
Ventrifossa fusca Okamura, 1982 暗色凹腹鳕 陆 台
Ventrifossa garmani (Jordan & Gilbert, 1904) 加曼氏凹腹鳕 陆 台
Ventrifossa gomoni Iwamoto & Williams, 1999 戈氏凹腹鳕
Ventrifossa johnboborum Iwamoto, 1982 约氏凹腹鳕
Ventrifossa longibarbata Okamura, 1982 长须凹腹鳕 陆 台
Ventrifossa macrodon Sazonov & Iwamoto, 1992 大齿凹腹鳕
Ventrifossa macropogon Marshall, 1973 长颌凹腹鳕
Ventrifossa macroptera Okamura, 1982 大鳍凹腹鳕 台
Ventrifossa misakia (Jordan & Gilbert, 1904) 三崎凹腹鳕 陆
Ventrifossa mucocephalus Marshall, 1973 黏头凹腹鳕
Ventrifossa mystax Iwamoto & Anderson, 1994 大唇凹腹鳕
Ventrifossa nasuta (Smith, 1935) 锥吻凹腹鳕
Ventrifossa nigrodorsalis Gilbert & Hubbs, 1920 黑背鳍凹腹鳕 陆 台
Ventrifossa obtusirostris Sazonov & Iwamoto, 1992 钝吻凹腹鳕
Ventrifossa paxtoni Iwamoto & Williams, 1999 帕氏凹腹鳕
Ventrifossa petersonii (Alcock, 1891) 彼氏凹腹鳕 陆
Ventrifossa rhipidodorsalis Okamura, 1984 扇鳍凹腹鳕 陆 台
Ventrifossa saikaiensis Okamura, 1984 西海凹腹鳕 台
Ventrifossa sazonovi Iwamoto & Williams, 1999 萨氏凹腹鳕
Ventrifossa teres Sazonov & Iwamoto, 1992 下口凹腹鳕
Ventrifossa vinolenta Iwamoto & Merrett, 1997 黑唇凹腹鳕

Family 216 Moridae 深海鳕科;稚鳕科

Genus *Antimora* Günther, 1878 拟深海鳕属

Antimora microlepis Bean, 1890 细鳞拟深海鳕 台
Antimora rostrata (Günther, 1878) 大吻拟深海鳕

Genus *Auchenoceros* Günther, 1889 单指鳕属

Auchenoceros punctatus (Hutton, 1873) 单指鳕

Genus *Eeyorius* Paulin, 1986 澳鳕属

Eeyorius hutchinsi Paulin, 1986 赫氏澳鳕属

Genus *Eretmophorus* Giglioli, 1889 桨鳕属

Eretmophorus kleinenbergi Giglioli, 1889 克氏桨鳕

Genus *Gadella* Lowe, 1843 短稚鳕属

Gadella brocca Paulin & Roberts, 1997 贪食短稚鳕
Gadella dancoheni Sazonov & Shcherbachev, 2000 丹氏短稚鳕
Gadella edelmanni (Brauer, 1906) 埃氏短稚鳕
Gadella filifer (Garman, 1899) 丝短稚鳕
Gadella imberbis (Vaillant, 1888) 缺须短稚鳕
Gadella jordani (Böhlke & Mead, 1951) 乔丹氏短稚鳕 陆 台
Gadella macrura Sazonov & Shcherbachev, 2000 长尾短稚鳕
Gadella maraldi (Risso, 1810) 马氏短稚鳕
Gadella molokaiensis Paulin, 1989 摩洛哥短稚鳕
Gadella norops Paulin, 1987 新西兰短稚鳕
Gadella obscurus (Parin, 1984) 暗色短稚鳕
Gadella svetovidovi Trunov, 1992 斯氏短稚鳕
Gadella thysthlon Long & McCosker, 1998 橘鳍短稚鳕

Genus *Guttigadus* Taki, 1953 瘤鳕属

Guttigadus globiceps (Gilchrist, 1906) 球头瘤鳕
Guttigadus globosus (Paulin, 1986) 大头瘤鳕
Guttigadus kongi (Markle & Meléndez C., 1988) 康氏瘤鳕
Guttigadus latifrons (Holt & Byrne, 1908) 地中海瘤鳕
Guttigadus nudicephalus (Trunov, 1990) 裸头瘤鳕
Guttigadus nudirostre (Trunov, 1990) 裸吻瘤鳕
Guttigadus squamirostre (Trunov, 1990) 鳞吻瘤鳕

Genus *Halargyreus* Günther, 1862 双臀深海鳕属

Halargyreus johnsonii Günther, 1862 约氏双臀深海鳕

Genus *Laemonema* Günther, 1862 丝鳍鳕属

Laemonema barbatulum Goode & Bean, 1883 大须丝鳍鳕
Laemonema compressicauda (Gilchrist, 1903) 扁尾丝鳍鳕
Laemonema filodorsale Okamura, 1982 背丝丝鳍鳕
Laemonema goodebeanorum Meléndez C. & Markle, 1997 窄尾丝鳍鳕
Laemonema gracillipes Garman, 1899 细丝鳍鳕
Laemonema laureysi Poll, 1953 大眼丝鳍鳕
Laemonema longipes Schmidt, 1938 长鳍丝鳍鳕
Laemonema macronema Meléndez C. & Markle, 1997 大纹丝鳍鳕

Laemonema melanurum Goode & Bean, 1896 黑体丝鳍鳕

Laemonema modestum (Franz, 1910) 静丝鳍鳕

Laemonema nana Taki, 1953 小丝鳍鳕 台

Laemonema palauense Okamura, 1982 贝劳丝鳍鳕 陆 台

Laemonema rhodochir Gilbert, 1905 玫红丝鳍鳕

Laemonema robustum Johnson, 1862 壮体丝鳍鳕

Laemonema verecundum (Jordan & Cramer, 1897) 墨西哥丝鳍鳕

Laemonema yarrellii (Lowe, 1838) 耶氏丝鳍鳕

Laemonema yuvto Parin & Sazonov, 1990 姚氏丝鳍鳕

Genus *Lepidion* Swainson, 1838 雅鳕属

Lepidion capensis Gilchrist, 1922 卡彭雅鳕

Lepidion ensiferus (Günther, 1887) 阿根廷雅鳕

Lepidion eques (Günther, 1887) 驹雅鳕

Lepidion guentheri (Giglioli, 1880) 根室氏雅鳕

Lepidion inosimae (Günther, 1887) 灰雅鳕(乌须鳕)

Lepidion lepidion (Risso, 1810) 地中海雅鳕

Lepidion microcephalus Cowper, 1956 小头雅鳕

Lepidion natalensis Gilchrist, 1922 纳塔尔雅鳕

Lepidion schmidti Svetovidov, 1936 施氏雅鳕

Genus *Lotella* Kaup, 1858 浔鳕属

Lotella fernandeziana Rendahl, 1921 费尔南特岛浔鳕

Lotella fuliginosa Günther, 1862 烟色浔鳕

Lotella phycis (Temminck & Schlegel, 1846) 褐浔鳕 陆 台

Lotella rhacina (Forster, 1801) 浔鳕

Lotella schuettei Steindachner, 1866 谢氏浔鳕

Lotella tosaensis (Kamohara, 1936) 土佐浔鳕

Genus *Mora* Risso, 1827 深海鳕属;稚鳕属

Mora moro (Risso, 1810) 深海鳕;稚鳕

Genus *Notophycis* Sazonov, 2001 隆背褐鳕属

Notophycis fitchi Sazonov, 2001 菲氏隆背褐鳕

Notophycis marginata (Günther, 1878) 缘边隆背褐鳕

Genus *Physiculus* Kaup, 1858 小褐鳕属

Physiculus andriashevi Shcherbachev, 1993 安氏小褐鳕

Physiculus argyropastus Alcock, 1894 银色小褐鳕

Physiculus beckeri Shcherbachev, 1993 贝氏小褐鳕

Physiculus bertelseni Shcherbachev, 1993 伯氏小褐鳕

Physiculus capensis Gilchrist, 1922 岬小褐鳕

Physiculus chigodarana Paulin, 1989 丝背小褐鳕

Physiculus coheni Paulin, 1989 科恩小褐鳕

Physiculus cyanostrophus Anderson & Tweddle, 2002 深蓝小褐鳕

Physiculus cynodon Sazonov, 1986 犬牙小褐鳕

Physiculus dalwigki Kaup, 1858 黑小褐鳕

Physiculus fedorovi Shcherbachev, 1993 费氏小褐鳕

Physiculus fulvus Bean, 1884 金色小褐鳕

Physiculus grinnelli Jordan & Jordan, 1922 格尼小褐鳕

Physiculus helenaensis Paulin, 1989 赫勒拿小褐鳕

Physiculus hexacytus Parin, 1984 东太平洋小褐鳕

Physiculus huloti Poll, 1953 赫氏小褐鳕

Physiculus japonicus Hilgendorf, 1879 日本小褐鳕 陆 台

    syn. Physiculus maximowiczi (Herzenstein, 1896) 马氏小褐鳕

Physiculus karrerae Paulin, 1989 卡勒小褐鳕

Physiculus kaupi Poey, 1865 考珀氏小褐鳕

Physiculus longicavis Parin, 1984 长孔小褐鳕

Physiculus longifilis Weber, 1913 长丝小褐鳕

Physiculus luminosus Paulin, 1983 明光小褐鳕

Physiculus marisrubri Brüss, 1986 马里斯小褐鳕

Physiculus maslowskii Trunov, 1991 玛氏小褐鳕

Physiculus microbarbata Paulin & Matallanas, 1990 细髭小褐鳕

Physiculus natalensis Gilchrist, 1922 南非小褐鳕

Physiculus nematopus Gilbert, 1890 丝鳍小褐鳕

Physiculus nielseni Shcherbachev, 1993 尼氏小褐鳕

Physiculus nigrescens Smith & Radcliffe, 1912 灰小褐鳕

Physiculus nigripinnis Okamura, 1982 黑翼小褐鳕 台

Physiculus normani Brüss, 1986 诺门小褐鳕

Physiculus parini Paulin, 1991 帕氏小褐鳕

Physiculus peregrinus (Günther, 1872) 奇异小褐鳕

Physiculus rastrelliger Gilbert, 1890 小杷小褐鳕

Physiculus rhodopinnis Okamura, 1982 红鳍小褐鳕

Physiculus roseus Alcock, 1891 红须小褐鳕 台

Physiculus sazonovi Paulin, 1991 萨氏小褐鳕

Physiculus sterops Paulin, 1989 闪光小褐鳕

Physiculus sudanensis Paulin, 1989 苏达小褐鳕

Physiculus talarae Hildebrand & Barton, 1949 塔氏小褐鳕

Physiculus therosideros Paulin, 1987 夏星小褐鳕

Physiculus yoshidae Okamura, 1982 黑唇小褐鳕 台

Genus *Pseudophycis* Günther, 1862 拟褐鳕属

Pseudophycis bachus (Forster, 1801) 红拟褐鳕

Pseudophycis barbata Günther, 1863 大须拟褐鳕

Pseudophycis breviuscula (Richardson, 1846) 大鳞拟褐鳕

Genus *Rhynchogadus* Tortonese, 1948 大吻深海鳕属

Rhynchogadus hepaticus (Facciolà, 1884) 地中海深海鳕

Genus *Salilota* Günther, 1887 犁齿鳕属;锄齿鳕属

Salilota australis (Günther, 1878) 澳洲犁齿鳕;澳洲锄齿鳕

Genus *Svetovidovia* Cohen, 1973 斯氏深海鳕属

Svetovidovia lucullus (Jensen, 1953) 斯氏深海鳕

Genus *Tripterophycis* Boulenger, 1902 三鳍褐鳕属

Tripterophycis gilchristi Boulenger, 1902 吉氏三鳍褐鳕

Tripterophycis svetovidovi Sazonov & Shcherbachev, 1986 斯氏三鳍褐鳕

Family 217 Melanonidae 黑鳕科

Genus *Melanonus* Günther, 1878 黑鳕属

Melanonus gracilis Günther, 1878 细身黑鳕

Melanonus zugmayeri Norman, 1930 大洋黑鳕

Family 218 Merlucciidae 无须鳕科

Genus *Lyconodes* Gilchrist, 1922 节狼鳕属

Lyconodes argenteus Gilchrist, 1922 银节狼鳕

Genus *Lyconus* Günther, 1887 狼鳕属

Lyconus brachycolus Holt & Byrne, 1906 短狼鳕

Lyconus pinnatus Günther, 1887 羽狼鳕

Genus *Macruronus* Günther, 1873 尖尾无须鳕属

Macruronus capensis Davies, 1950 南非尖尾无须鳕

Macruronus maderensis Maul, 1951 尖尾无须鳕

Macruronus magellanicus Lönnberg, 1907 南美尖尾无须鳕

Macruronus novaezelandiae (Hector, 1871) 蓝尖尾无须鳕

Genus *Merluccius* Rafinesque, 1810 无须鳕属

Merluccius albidus (Mitchill, 1818) 大鳞无须鳕

Merluccius angustimanus Garman, 1899 巴拿马无须鳕

Merluccius australis (Hutton, 1872) 澳洲无须鳕

Merluccius bilinearis (Mitchill, 1814) 双线无须鳕

Merluccius capensis Castelnau, 1861 南非无须鳕

Merluccius gayi gayi (Guichenot, 1848) 智利无须鳕

Merluccius gayi peruanus Ginsburg, 1954 秘鲁无须鳕

Merluccius hernandezi Mathews, 1985 亨氏无须鳕

Merluccius hubbsi Marini, 1933 赫氏无须鳕

Merluccius merluccius (Linnaeus, 1758) 欧洲无须鳕

Merluccius paradoxus Franca, 1960 深水无须鳕

Merluccius patagonicus Lloris & Matallanas, 2003 潘太无须鳕

Merluccius polli Cadenat, 1950 波氏无须鳕

Merluccius productus (Ayres, 1855) 北太平洋无须鳕

Merluccius senegalensis Cadenat, 1950 塞内加尔无须鳕

Merluccius tasmanicus Matallanas & Lloris, 2006 塔斯曼尼亚无须鳕

Genus *Steindachneria* Goode & Bean, 1888 斯氏无须鳕属

Steindachneria argentea Goode & Bean, 1896 发光斯氏无须鳕

Family 219 Phycidae 褐鳕科

Genus *Ciliata* Couch, 1832 五须岩鳕属

Ciliata mustela (Linnaeus, 1758) 鼬五须岩鳕

Ciliata septentrionalis (Collett, 1875) 北方五须岩鳕 陆

Ciliata tchangi Li, 1994 张氏五须岩鳕 陆

Genus *Enchelyopus* Klein, 1775 岩鳕属

Enchelyopus cimbrius (Linnaeus, 1766) 四须岩鳕

Genus *Gaidropsarus* Rafinesque, 1810 三须鳕属

Gaidropsarus argentatus (Reinhardt, 1837) 银三须鳕

Gaidropsarus biscayensis (Collett, 1890) 岩三须鳕

Gaidropsarus capensis (Kaup, 1858) 南非三须鳕

Gaidropsarus ensis (Reinhardt, 1837) 剑状三须鳕

Gaidropsarus granti (Regan, 1903) 格氏三须鳕

Gaidropsarus guttatus (Collett, 1890) 斑三须鳕

Gaidropsarus insularum Sivertsen, 1945 长鳍三须鳕

Gaidropsarus macrophthalmus (Günther, 1867) 大眼三须鳕

Gaidropsarus mediterraneus (Linnaeus, 1758) 地中海三须鳕

Gaidropsarus novaezealandiae (Hector, 1874) 新西兰三须鳕

Gaidropsarus pacificus (Temminck & Schlegel, 1846) 太平洋三须鳕 陆
    syn. *Ciliata pacifica* (Temminck & Schlegel, 1846）太平洋五须岩鳕

Gaidropsarus pakhorukovi Shcherbachev, 1995 帕氏三须鳕

Gaidropsarus parini Svetovidov, 1986 巴氏三须鳕

Gaidropsarus vulgaris (Cloquet, 1824) 短鳍三须鳕

Genus *Phycis* Rafinesque, 1810 褐鳕属

Phycis blennoides (Brünnich, 1768) 状褐鳕

Phycis chesteri Goode & Bean, 1878 长鳍褐鳕

Phycis phycis (Linnaeus, 1766) 褐鳕

Genus *Urophycis* Gill, 1863 长鳍鳕属

Urophycis brasiliensis (Kaup, 1858) 巴西长鳍鳕

Urophycis chuss (Walbaum, 1792) 红长鳍鳕

Urophycis cirrata (Goode & Bean, 1896) 加勒比海长鳍鳕

Urophycis earllii (Bean, 1880) 卡罗林那长鳍鳕

Urophycis floridana (Bean & Dresel, 1884) 佛罗里达长鳍鳕

Urophycis mystacea Miranda Ribeiro, 1903 须长鳍鳕

Urophycis regia (Walbaum, 1792) 斑鳍长鳍鳕

Urophycis tenuis (Mitchill, 1814) 白长鳍鳕

Family 220 Gadidae 鳕科

Genus *Arctogadus* Dryagin, 1932 极鳕属

Arctogadus borisovi Dryagin, 1932 鲍氏极鳕

Arctogadus glacialis (Peters, 1872) 北极鳕

Genus *Boreogadus* Günther, 1862 北鳕属

Boreogadus saida (Lepechin, 1774) 白令海北鳕

Genus *Brosme* Rafinesque, 1815 单鳍鳕属

Brosme brosme (Ascanius, 1772) 单鳍鳕

Genus *Eleginus* Fischer, 1813 宽突鳕属

Eleginus gracilis (Tilesius, 1810) 远东宽突鳕(细身宽突鳕) 陆

Eleginus nawaga (Koelreuter, 1770) 北极宽突鳕

Genus *Gadiculus* Guichenot, 1850 大眼鳕属

Gadiculus argenteus argenteus Guichenot, 1850 银大眼鳕

Gadiculus argenteus thori Schmidt, 1914 索氏银大眼鳕

Genus *Gadus* Linnaeus, 1758 鳕属

Gadus macrocephalus Tilesius, 1810 大头鳕 陆

Gadus morhua Linnaeus, 1758 大西洋鳕

Gadus ogac Richardson, 1836 格陵兰鳕

Genus *Lota* Oken, 1817 江鳕属

Lota lota (Linnaeus, 1758) 江鳕 陆

Genus *Melanogrammus* Gill, 1862 黑线鳕属

Melanogrammus aeglefinus (Linnaeus, 1758) 黑线鳕

Genus *Merlangius* Garsault, 1764 牙鳕属

Merlangius merlangus (Linnaeus, 1758) 牙鳕

Genus *Microgadus* Gill, 1865 小鳕属

Microgadus proximus (Girard, 1854) 太平洋小鳕

Microgadus tomcod (Walbaum, 1792) 大西洋小鳕

Genus *Micromesistius* Gill, 1863 蓝鳕属

Micromesistius australis Norman, 1937 南蓝鳕

Micromesistius poutassou (Risso, 1827) 蓝鳕(小鳍鳕)

Genus *Molva* Lesueur, 1819 舒鳕属

Molva dypterygia (Pennant, 1784) 巴伦支海舒鳕

Molva macrophthalma (Rafinesque, 1810) 大眼舒鳕

Molva molva (Linnaeus, 1758) 舒鳕

Genus *Pollachius* Nilsson, 1832 青鳕属

Pollachius pollachius (Linnaeus, 1758) 青鳕

Pollachius virens (Linnaeus, 1758) 绿青鳕

Genus *Raniceps* Oken, 1817 平头鳕属

Raniceps raninus (Linnaeus, 1758) 大不列颠岛平头鳕

Genus *Theragra* Lucas, 1898 狭鳕属

Theragra chalcogramma (Pallas, 1814) 黄线狭鳕 陆

Theragra finnmarchica Koefoed, 1956 挪威狭鳕

Genus *Trisopterus* Rafinesque, 1814 长臀鳕属

Trisopterus esmarkii (Nilsson, 1855) 挪威长臀鳕

Trisopterus luscus (Linnaeus, 1758) 条长臀鳕

Trisopterus minutus (Linnaeus, 1758) 细长臀鳕

Order Ophidiiformes 鼬鳚目;鼬鱼目

Suborder Ophidioidei 鼬鳚亚目;鼬鱼亚目

Family 221 Carapidae 潜鱼科;隐鱼科

Genus *Carapus* Rafinesque, 1810 潜鱼属;隐鱼属

Carapus acus (Brünnich, 1768) 针潜鱼

Carapus bermudensis (Jones, 1874) 百慕大潜鱼

Carapus dubius (Putnam, 1874) 多椎潜鱼

Carapus mourlani (Petit, 1934) 蒙氏潜鱼 陆

Carapus sluiteri (Weber, 1905) 斯氏潜鱼

Genus *Echiodon* Thompson, 1837 底潜鱼属;底隐鱼属

Echiodon anchipterus Williams, 1984 前肛底潜鱼;前肛底隐鱼

Echiodon atopus Anderson, 2005 奇异底潜鱼;奇异底隐鱼

Echiodon coheni Williams, 1984 科氏底潜鱼;科氏底隐鱼 台

Echiodon cryomargarites Markle, Williams & Olney, 1983 智利底潜鱼;智利底隐鱼

Echiodon dawsoni Williams & Shipp, 1982 道氏底潜鱼;道氏底隐鱼

Echiodon dentatus (Cuvier, 1829) 大齿底潜鱼;大齿底隐鱼

Echiodon drummondii Thompson, 1837 德氏底潜鱼;德氏底隐鱼

Echiodon exsilium Rosenblatt, 1961 隐底潜鱼;隐底隐鱼

Echiodon neotes Markle & Olney, 1990 新底潜鱼;新底隐鱼

Echiodon pegasus Markle & Olney, 1990 海娥底潜鱼;海娥底隐鱼

Echiodon pukaki Markle & Olney, 1990 普氏底潜鱼;普氏底隐鱼

Echiodon rendahli (Whitley, 1941) 伦氏底潜鱼;伦氏底隐鱼

Genus *Encheliophis* Müller, 1842 细潜鱼属;细隐鱼属

Encheliophis boraborensis (Kaup, 1856) 博拉细潜鱼 台
    syn. *Carapus boraborensis* (Kaup, 1856) 博拉潜鱼

Encheliophis chardewalli Parmentier, 2004 查氏细潜鱼;查氏细隐鱼

Encheliophis gracilis (Bleeker, 1856) 鳗形细潜鱼;鳗形细隐鱼 台

Encheliophis homei (Richardson, 1846) 长胸细潜鱼;荷姆氏细隐鱼 陆 台

Encheliophis sagamianus (Tanaka, 1908) 佐上细潜鱼;佐上细隐鱼 台

Encheliophis vermicularis Müller, 1842 虫纹细潜鱼;虫纹细隐鱼

Encheliophis vermiops Markle & Olney, 1990 蠕眼细潜鱼;蠕眼细隐鱼

Genus *Eurypleuron* Markle & Olney, 1990 突吻潜鱼属;突吻隐鱼属

Eurypleuron cinereum (Smith, 1955) 灰色突吻潜鱼;灰色突吻隐鱼

Eurypleuron owasianum (Matsubara, 1953) 日本突吻潜鱼;日本突吻隐鱼 台

Genus *Onuxodon* Smith, 1955 钩潜鱼属;钩隐鱼属

Onuxodon fowleri (Smith, 1955) 福氏钩潜鱼;福氏钩隐鱼

Onuxodon margaritiferae (Rendahl, 1921) 珠贝钩潜鱼;珠贝钩隐鱼 台

Onuxodon parvibrachium (Fowler, 1927) 短臂钩潜鱼;短臂钩隐鱼 台

Genus *Pyramodon* Smith & Radcliffe, 1913 锥齿潜鱼属;锥齿隐鱼属

Pyramodon lindas Markle & Olney, 1990 琳达锥齿潜鱼;琳达锥齿隐鱼 台

Pyramodon parini Markle & Olney, 1990 帕氏锥齿潜鱼;帕氏锥齿隐鱼

Pyramodon punctatus (Regan, 1914) 斑纹锥齿潜鱼;斑纹锥齿隐鱼

Pyramodon ventralis Smith & Radcliffe, 1913 纤尾锥齿潜鱼;纤尾锥齿隐鱼 台

Genus *Snyderidia* Gilbert, 1905 斯氏潜鱼属;斯氏隐鱼属

Snyderidia canina Gilbert, 1905 犬齿斯氏潜鱼;犬齿斯氏隐鱼

Genus *Tetragondacnus* Anderson & Sitria, 2007 四角潜鱼属;四角隐鱼属

Tetragondacnus spilotus Anderson & Satria, 2007 苏门答腊四角潜鱼;苏门答腊四角隐鱼

Family 222 Ophidiidae 鼬鳚科

Genus *Abyssobrotula* Nielsen, 1977 底鼬鳚属

Abyssobrotula galatheae Nielsen, 1977 神女底鼬鳚

Genus *Acanthonus* Günther, 1878 大棘鼬鳚属

Acanthonus armatus Günther, 1878 大棘鼬鳚 陆 台

Genus *Alcockia* Goode & Bean, 1896 狡鼬鳚属

Alcockia rostrata (Günther, 1887) 大吻狡鼬鳚

Genus *Apagesoma* Carter, 1983 蜂鼬鳚属

Apagesoma australis Nielsen, King & Møller, 2008 澳洲蜂鼬鳚

Apagesoma delosommatus (Hureau, Staiger & Nielsen, 1979) 大眼蜂鼬鳚

Apagesoma edentatum Carter, 1983 蜂鼬鳚

Genus *Barathrites* Zugmayer, 1911 真渊鼬鳚属

Barathrites iris Zugmayer, 1911 艾里氏真渊鼬鳚

Barathrites parri Nybelin, 1957 潘氏真渊鼬鳚

Genus *Barathrodemus* Goode & Bean, 1883 渊鼬鳚属

Barathrodemus manatinus Goode & Bean, 1883 大西洋渊鼬鳚

Barathrodemus nasutus Smith & Radcliffe, 1913 大鼻渊鼬鳚

Genus *Bassogigas* Goode & Bean, 1896 大渊鼬鳚属

Bassogigas gillii Goode & Bean, 1896 吉氏大渊鼬鳚

Genus *Bassozetus* Gill, 1883 索深鼬鳚属

Bassozetus compressus (Günther, 1878) 扁索深鼬鳚 陆 台

Bassozetus elongatus Smith & Radcliffe, 1913 长体索深鼬鳚

Bassozetus galatheae Nielsen & Merrett, 2000 锈色索深鼬鳚

Bassozetus glutinosus (Alcock, 1890) 黏身索深鼬鳚 陆 台

Bassozetus levistomatus Machida, 1989 光口索深鼬鳚 陆

Bassozetus multispinis Shcherbachev, 1980 多棘索深鼬鳚 台

Bassozetus nasus Garman, 1899 大吻索深鼬鳚

Bassozetus normalis Gill, 1883 西北大西洋索深鼬鳚

Bassozetus oncerocephalus (Vaillant, 1888) 瘤头索深鼬鳚

Bassozetus robustus Smith & Radcliffe, 1913 壮体索深鼬鳚 陆 台

Bassozetus taenia (Günther, 1887) 条纹索深鼬鳚

Bassozetus werneri Nielsen & Merrett, 2000 韦氏索深鼬鳚

Bassozetus zenkevitchi Rass, 1955 黑首索深鼬鳚

Genus *Bathyonus* Goode & Bean, 1885 深水鼬鳚属

Bathyonus caudalis (Garman, 1899) 灰尾深水鼬鳚 陆 台

Bathyonus laticeps (Günther, 1878) 大西洋深水鼬鳚

Bathyonus pectoralis Goode & Bean, 1885 大胸深水鼬鳚

Genus *Benthocometes* Goode & Bean, 1896 深水须鼬鳚属;深水须鼬鳚属

Benthocometes australiensis Nielsen, 2010 澳洲深水须鼬鳚;澳洲深水须鼬鳚

Benthocometes robustus (Goode & Bean, 1886) 强壮深水须鼬鳚;强壮深水须鼬鳚

Genus *Brotula* Cuvier, 1829 须鼬鳚属

Brotula barbata (Bloch & Schneider, 1801) 须鼬鳚

Brotula clarkae Hubbs, 1944 克氏须鼬鳚

Brotula flaviviridis Greenfield, 2005 斐济须鼬鳚

Brotula multibarbata Temminck & Schlegel, 1846 多须鼬鳚 陆 台

    syn. *Brotula formosae* Jordan & Evermann, 1902 台湾须鼬鳚

Brotula ordwayi Hildebrand & Barton, 1949 奥氏须鼬鳚

Brotula townsendi Fowler, 1900 托氏须鼬鳚

Genus *Brotulotaenia* Parr, 1933 花须鼬鳚属

Brotulotaenia brevicauda Cohen, 1974 短尾花须鼬鳚

Brotulotaenia crassa Parr, 1934 蝌蚪花须鼬鳚

Brotulotaenia nielseni Cohen, 1974 尼氏花须鼬鳚 陆

Brotulotaenia nigra Parr, 1933 花须鼬鳚

Genus *Cherublemma* Trotter, 1926 齿蛇鼬鳚属;齿蛇鱼属

Cherublemma emmelas (Gilbert, 1890) 叉足齿蛇鼬鳚;叉足齿蛇鱼

Genus *Chilara* Jordan & Evermann, 1896 唇鼬鳚属

Chilara taylori (Girard, 1858) 泰勒唇鼬鳚

Genus *Dannevigia* Whitley, 1941 澳鼬鳚属

Dannevigia tusca Whitley, 1941 高体澳鼬鳚

Genus *Dicrolene* Goode & Bean, 1883 丝指鼬鳚属

Dicrolene filamentosa Garman, 1899 丝指鼬鳚

Dicrolene gregoryi Trotter, 1926 格氏丝指鼬鳚

Dicrolene hubrechti Weber, 1913 哈氏丝指鼬鳚

Dicrolene introniger Goode & Bean, 1883 黑口湾丝指鼬鳚

Dicrolene kanazawai Grey, 1958 金泽氏丝指鼬鳚

Dicrolene longimana Smith & Radcliffe, 1913 长丝指鼬鳚

Dicrolene mesogramma Shcherbachev, 1980 中带丝指鼬鳚

Dicrolene multifilis (Alcock, 1889) 多丝丝指鼬鳚 陆

Dicrolene nigra Garman, 1899 黑丝指鼬鳚

Dicrolene nigricaudis (Alcock, 1891) 黑尾丝指鼬鳚

Dicrolene pallidus Hureau & Nielsen, 1981 浅色丝指鼬鳚

Dicrolene pullata Garman, 1899 黑身丝指鼬鳚

Dicrolene quinquarius (Günther, 1887) 五指丝指鼬鳚 陆 台

Dicrolene tristis Smith & Radcliffe, 1913 短丝指鼬鳚 陆 台

Dicrolene vaillanti (Alcock, 1890) 维氏丝指鼬鳚

Genus *Enchelybrotula* Smith & Radcliffe, 1913 鳗鼬鳚属

Enchelybrotula gomoni Cohen, 1982 戈氏鳗鼬鳚

Enchelybrotula paucidens Smith & Radcliffe, 1913 少牙鳗鼬鳚

Genus *Epetriodus* Cohen & Nielsen, 1978 上新鼬鳚属

Epetriodus freddyi Cohen & Nielsen, 1978 弗氏上新鼬鳚

Genus *Eretmichthys* Garman, 1899 桨鼬鳚属

Eretmichthys pinnatus Garman, 1899 凹鳍桨鼬鳚

Genus *Genypterus* Philippi, 1857 羽鼬鳚属

Genypterus blacodes (Forster, 1801) 羽鼬鳚

Genypterus brasiliensis Regan, 1903 巴西羽鼬鳚

Genypterus capensis (Smith, 1847) 岬羽鼬鳚

Genypterus chilensis (Guichenot, 1848) 智利羽鼬鳚

Genypterus maculatus (Tschudi, 1846) 斑羽鼬鳚

Genypterus tigerinus Klunzinger, 1872 茎羽鼬鳚

Genus *Glyptophidium* Alcock, 1889 曲鼬鳚属

Glyptophidium argenteum Alcock, 1889 银色曲鼬鳚

Glyptophidium effulgens Nielsen & Machida, 1988 黏滑曲鼬鳚

Glyptophidium japonicum Kamohara, 1936 日本曲鼬鳚 陆

Glyptophidium longipes Norman, 1939 长尾曲鼬鳚

Glyptophidium lucidum Smith & Radcliffe, 1913 光曲鼬鳚 陆 台

Glyptophidium macropus Alcock, 1894 大鳍曲鼬鳚

Glyptophidium oceanium Smith & Radcliffe, 1913 大洋曲鼬鳚

Genus *Holcomycteronus* Garman, 1899 钝吻鼬鳚属

Holcomycteronus aequatoris (Smith & Radcliffe, 1913) 深海钝吻鼬鳚 陆 台

Holcomycteronus brucei (Dollo, 1906) 布氏钝吻鼬鳚

Holcomycteronus digittatus Garman, 1899 大趾钝吻鼬鳚

Holcomycteronus profundissimus (Roule, 1913) 深栖钝吻鼬鳚

Holcomycteronus pterotus (Alcock, 1890) 翼鳍钝吻鼬鳚

Holcomycteronus squamosus (Roule, 1916) 大鳞钝吻鼬鳚

Genus *Homostolus* Smith & Radcliffe, 1913 长趾鼬鳚属

Homostolus acer Smith & Radcliffe, 1913 长趾鼬鳚 陆 台

    syn. *Homostolus japonicus* Matsubara , 1943 日本长趾鼬鳚

Genus *Hoplobrotula* Gill, 1863 棘鼬鳚属

Hoplobrotula armata (Temminck & Schlegel, 1846) 棘鼬鳚 陆 台

Hoplobrotula badia Machida, 1990 圆吻棘鼬鳚

Hoplobrotula gnathopus (Regan, 1921) 短颌棘鼬鳚

Genus *Hypopleuron* Smith & Radcliffe, 1913 下肋鼬鳚属

Hypopleuron caninum Smith & Radcliffe, 1913 犬齿下肋鼬鳚

Genus *Lamprogrammus* Alcock, 1891 软鼬鳚属

Lamprogrammus brunswigi (Brauer, 1906) 布氏软鼬鳚 陆 台

    syn. *Bassobythites macropterus* (Smith & Radcliffe, 1913) 大鳍残鼬鳚

Lamprogrammus exutus Nybelin & Poll, 1958 孔头软鼬鳚

Lamprogrammus fragilis Alcock, 1892 破鳍软鼬鳚

Lamprogrammus niger Alcock, 1891 黑软鼬鳚

Lamprogrammus shcherbachevi Cohen & Rohr, 1993 希氏软鼬鳚

Genus *Lepophidium* Gill, 1895 鳞鼬鳚属

Lepophidium aporrhox Robins, 1961 阿波鳞鼬鳚

Lepophidium brevibarbe (Cuvier, 1829) 短须鳞鼬鳚

Lepophidium jeannae Fowler, 1941 杂色鳞鼬鳚

Lepophidium kallion Robins, 1959 华丽鳞鼬鳚

Lepophidium marmoratum (Goode & Bean, 1885) 斑纹鳞鼬鳚 陆

    syn. *Sirembo marmoratum* (Goode & Bean, 1885) 斑纹仙鼬鳚

Lepophidium microlepis (Gilbert, 1890) 小鳞鳞鼬鳚

Lepophidium negropinna Hildebrand & Barton, 1949 黑鳍鳞鼬鳚

Lepophidium pardale (Gilbert, 1890) 豹纹鳞鼬鳚

Lepophidium pheromystax Robins, 1960 围唇鳞鼬鳚

Lepophidium profundorum (Gill, 1863) 深海鳞鼬鳚

Lepophidium prorates (Jordan & Bollman, 1890) 端鳞鳞鼬鳚

Lepophidium staurophor Robins, 1959 十字鳞鼬鳚

Lepophidium stigmatistium (Gilbert, 1890) 细点鳞鼬鳚

Genus *Leptobrotula* Nielsen, 1986 细须鼬鳚属

Leptobrotula breviventralis Nielsen, 1986 细须鼬鳚

Genus *Leucicorus* Garman, 1899 白鼬鳚属

Leucicorus atlanticus Nielsen, 1975 大西洋白鼬鳚

Leucicorus lusciosus Garman, 1899 白鼬鳚

Genus *Luciobrotula* Smith & Radcliffe, 1913 矛鼬鳚属

Luciobrotula bartschi Smith & Radcliffe, 1913 巴奇氏矛鼬鳚 陆 台

Luciobrotula corethromycter Cohen, 1964 枝鼻矛鼬鳚

Luciobrotula lineata (Gosline, 1954) 线纹矛鼬鳚

Luciobrotula nolfi Cohen, 1981 诺氏矛鼬鳚

Genus *Mastigopterus* Smith & Radcliffe, 1913 鞭鳍鼬鳚属

Mastigopterus imperator Smith & Radcliffe, 1913 鞭鳍鼬鳚

Genus *Monomitopus* Alcock, 1890 单趾鼬鳚属

Monomitopus agassizii (Goode & Bean, 1896) 阿氏单趾鼬鳚

Monomitopus americanus (Nielsen, 1971) 美洲单趾鼬鳚

Monomitopus conjugator (Alcock, 1896) 鳞首单趾鼬鳚

Monomitopus garmani (Smith & Radcliffe, 1913) 加曼氏单趾鼬鳚

Monomitopus kumae Jordan & Hubbs, 1925 熊吉单趾鼬鳚 陆 台

Monomitopus longiceps Smith & Radcliffe, 1913 长头单趾鼬鳚 陆

Monomitopus magnus Carter & Cohen, 1985 古巴单趾鼬鳚

Monomitopus malispinosus (Garman, 1899) 绒鳞单趾鼬鳚

Monomitopus metriostoma (Vaillant, 1888) 前口单趾鼬鳚

Monomitopus microlepis Smith & Radcliffe, 1913 细鳞单趾鼬鳚

Monomitopus nigripinnis (Alcock, 1889) 黑鳍单趾鼬鳚

Monomitopus pallidus Smith & Radcliffe, 1913 重齿单趾鼬鳚 陆 台

Monomitopus torvus Garman, 1899 野单趾鼬鳚

Monomitopus vitiazi (Nielsen, 1971) 维氏单趾鼬鳚

Genus *Neobythites* Goode & Bean, 1885 新鼬鳚属

Neobythites alcocki Nielsen, 2002 阿氏新鼬鳚

Neobythites analis Barnard, 1927 黑缘新鼬鳚

Neobythites andamanensis Nielsen, 2002 安达曼新鼬鳚

Neobythites australiensis Nielsen, 2002 澳大利亚新鼬鳚

Neobythites bimaculatus Nielsen, 1997 双斑新鼬鳚 陆 台

Neobythites bimarginatus Fourmanoir & Rivaton, 1979 双缘新鼬鳚

Neobythites braziliensis Nielsen, 1999 巴西新鼬鳚

Neobythites crosnieri Nielsen, 1995 克氏新鼬鳚

Neobythites elongatus Nielsen & Retzer, 1994 长身新鼬鳚

Neobythites fasciatus Smith & Radcliffe, 1913 横带新鼬鳚 陆 台

Neobythites fijiensis Nielsen, 2002 斐济新鼬鳚

Neobythites franzi Nielsen, 2002 弗氏新鼬鳚

Neobythites gilli Goode & Bean, 1885 吉氏新鼬鳚

Neobythites javaensis Nielsen, 2002 爪哇新鼬鳚

Neobythites kenyaensis Nielsen, 1995 肯尼亚新鼬鳚

Neobythites longipes Smith & Radcliffe, 1913 长趾新鼬鳚 陆 台

Neobythites longispinis Nielsen, 2002 长刺新鼬鳚

Neobythites longiventralis Nielsen, 1997 长腹新鼬鳚

Neobythites macrocelli Nielsen, 2002 马氏新鼬鳚

Neobythites macrops Günther, 1887 大眼新鼬鳚

Neobythites malayanus Weber, 1913 马来亚新鼬鳚

Neobythites malhaensis Nielsen, 1995 印度洋新鼬鳚

Neobythites marginatus Goode & Bean, 1886 缘边新鼬鳚

Neobythites marianaensis Nielsen, 2002 马里亚纳新鼬鳚

Neobythites marquesaensis Nielsen, 2002 马克萨斯群岛新鼬鳚

Neobythites meteori Nielsen, 1995 米氏新鼬鳚

Neobythites monocellatus Nielsen, 1999 野新鼬鳚

Neobythites multidigitatus Nielsen, 1999 华美新鼬鳚

Neobythites multiocellatus Nielsen, Uiblein & Mincarone, 2009 多眼新鼬鳚

Neobythites multistriatus Nielsen & Quéro, 1991 多带新鼬鳚

Neobythites musorstomi Nielsen, 2002 穆氏新鼬鳚

Neobythites natalensis Nielsen, 1995 南非新鼬鳚

Neobythites neocaledoniensis Nielsen, 1997 新喀里多尼亚新鼬鳚

Neobythites nigriventris Nielsen, 2002 黑腹新鼬鳚

Neobythites ocellatus Günther, 1887 眼斑新鼬鳚

Neobythites pallidus Nielsen, 1997 苍色新鼬鳚

Neobythites purus Smith & Radcliffe, 1913 纯新鼬鳚

Neobythites sereti Nielsen, 2002 塞氏新鼬鳚

Neobythites sinensis Nielsen, 2002 中华新鼬鳚 陆

Neobythites sivicola (Jordan & Snyder, 1901) 黑潮新鼬鳚 陆 台

Neobythites soelae Nielsen, 2002 鳎形新鼬鳚

Neobythites somaliaensis Nielsen, 1995 索马里新鼬鳚

Neobythites steatiticus Alcock, 1894 多脂新鼬鳚

Neobythites stefanovi Nielsen & Uiblein, 1993 斯氏新鼬鳚

Neobythites stelliferoides Gilbert, 1890 似星新鼬鳚

Neobythites stigmosus Machida, 1984 多斑新鼬鳚 台

Neobythites trifilis Kotthaus, 1979 亚丁湾新鼬鳚

Neobythites unicolor Nielsen & Retzer, 1994 单色新鼬鳚

Neobythites unimaculatus Smith & Radcliffe, 1913 单斑新鼬鳚 陆 台

syn. *Neobythites nigromaculatus* Kamohara, 1938 黑斑新鼬鳚

Neobythites vityazi Nielsen, 1995 维氏新鼬鳚

Neobythites zonatus Nielsen, 1997 条带新鼬鳚

Genus *Neobythitoides* Nielsen & Machida, 2006 似新鼬鳚属

Neobythitoides serratus Nielsen & Machida, 2006 锯棘似新鼬鳚

Genus *Ophidion* Linnaeus, 1758 鼬鳚属

Ophidion antipholus Lea & Robins, 2003 穴栖鼬鳚

Ophidion asiro (Jordan & Fowler, 1902) 席鳞鼬鳚 陆

Ophidion barbatum Linnaeus, 1758 髯鼬鳚

Ophidion beani Jordan & Gilbert, 1883 长吻鼬鳚

Ophidion dromio Lea & Robins, 2003 捷泳鼬鳚

Ophidion exul Robins, 1991 野鼬鳚

Ophidion fulvum (Hildebrand & Barton, 1949) 红黄鼬鳚

Ophidion galeoides (Gilbert, 1890) 似盔鼬鳚

Ophidion genyopus (Ogilby, 1897) 强壮鼬鳚

Ophidion grayi (Fowler, 1948) 格氏鼬鳚

Ophidion guianense Lea & Robins, 2003 圭亚那鼬鳚

Ophidion holbrookii Putnam, 1874 霍氏鼬鳚

Ophidion imitator Lea, 1997 仿鼬鳚

Ophidion iris Breder, 1936 虹鼬鳚

Ophidion josephi Girard, 1858 约氏鼬鳚

Ophidion lagochila (Böhlke & Robins, 1959) 兔唇鼬鳚

Ophidion lozanoi Matallanas, 1990 洛鼬鳚

Ophidion marginatum DeKay, 1842 缘鼬鳚

Ophidion metoecus Robins, 1991 氓鼬鳚

Ophidion muraenolepis Günther, 1880 黑边鼬鳚 陆 台

Ophidion nocomis Robins & Böhlke, 1959 巴哈马岛鼬鳚

Ophidion puck Lea & Robins, 2003 普卡鼬鳚

Ophidion robinsi Fahay, 1992 罗宾氏鼬鳚

Ophidion rochei Müller, 1845 罗奇氏鼬鳚

Ophidion saldanhai Matallanas & Brito, 1999 萨氏鼬鳚

Ophidion scrippsae (Hubbs, 1916) 斯克里鼬鳚

Ophidion selenops Robins & Böhlke, 1959 月眼鼬鳚

Ophidion smithi (Fowler, 1934) 史氏鼬鳚

Ophidion welshi (Nichols & Breder, 1922) 韦氏鼬鳚

Genus *Otophidium* Gill, 1885 孔鳔鼬鳚属

Otophidium chickcharney Böhlke & Robins, 1959 巴哈马岛孔鳔鼬鳚

Otophidium dormitator Böhlke & Robins, 1959 头孔孔鳔鼬鳚

Otophidium indefatigabile Jordan & Bollman, 1890 加拉帕戈斯岛孔鳔鼬鳚

Otophidium omostigma (Jordan & Gilbert, 1882) 盖斑孔鳔鼬鳚

Genus *Parophidion* Tortonese, 1954 副蛇鳚属;副蛇鱼属

Parophidion schmidti (Woods & Kanazawa, 1951) 施氏副蛇鳚;施氏副蛇鱼

Parophidion vassali (Risso, 1810) 伐氏副蛇鳚;伐氏副蛇鱼

Genus *Penopus* Goode & Bean, 1896 大趾鼬鳚属

Penopus microphthalmus (Vaillant, 1888) 小眼大趾鼬鳚

Genus *Petrotyx* Heller & Snodgrass, 1903 岩鼬鳚属

Petrotyx hopkinsi Heller & Snodgrass, 1903 霍氏岩鼬鳚

Petrotyx sanguineus (Meek & Hildebrand, 1928) 红鳍岩鼬鳚

Genus *Porogadus* Goode & Bean, 1885 孔鼬鳚属

Porogadus abyssalis Nybelin, 1957 深海孔鼬鳚

Porogadus atripectus Garman, 1899 黑胸孔鼬鳚

Porogadus catena (Goode & Bean, 1885) 墨西哥湾孔鼬鳚

Porogadus gracilis (Günther, 1878) 鞭尾孔鼬鳚 陆

Porogadus guentheri Jordan & Fowler, 1902 贡氏孔鼬鳚 陆 台

Porogadus longiceps Garman, 1899 长头孔鼬鳚

Porogadus melampeplus (Alcock, 1896) 黑身孔鼬鳚

Porogadus melanocephalus (Alcock, 1891) 黑头孔鼬鳚

Porogadus miles Goode & Bean, 1885 头棘孔鼬鳚 陆 台

Porogadus nudus Vaillant, 1888 裸身孔鼬鳚

Porogadus silus Carter & Sulak, 1984 鲇形孔鼬鳚

Porogadus subarmatus Vaillant, 1888 大头孔鼬鳚

Porogadus trichiurus (Alcock, 1890) 带状孔鼬鳚

Genus *Pycnocraspedum* Alcock, 1889 姬鼬鳚属

Pycnocraspedum armatum Gosline, 1954 盔姬鼬鳚

Pycnocraspedum fulvum Machida, 1984 棕黄姬鼬鳚 陆

Pycnocraspedum microlepis (Matsubara, 1943) 细鳞姬鼬鳚 陆

Pycnocraspedum phyllosoma (Parr, 1933) 叶身姬鼬鳚

Pycnocraspedum squamipinne Alcock, 1889 鳞鳍姬鼬鳚

Genus *Raneya* Robins, 1961 蛙鼬鳚属;蛙鱼属

Raneya brasiliensis (Kaup, 1856) 巴西蛙鳚;巴西蛙鱼

Genus *Selachophidium* Gilchrist, 1903 犁牙鼬鳚属

Selachophidium guentheri Gilchrist, 1903 贡氏犁牙鼬鳚

Genus *Sirembo* Bleeker, 1857 仙鼬鳚属

Sirembo imberbis (Temminck & Schlegel, 1846) 仙鼬鳚 陆 台

Sirembo jerdoni (Day, 1888) 杰氏仙鼬鳚

Sirembo metachroma Cohen & Robins, 1986 柔软仙鼬鳚

Genus *Spectrunculus* Jordan & Thompson, 1914 五线鼬鳚属

Spectrunculus grandis (Günther, 1877) 五线鼬鳚

Genus *Spottobrotula* Cohen & Nielsen, 1978 斑髯鼬鳚属

Spottobrotula amaculata Cohen & Nielsen, 1982 菲律宾斑髯鼬鳚

Spottobrotula mahodadi Cohen & Nielsen, 1978 马氏斑髯鼬鳚

Genus *Tauredophidium* Alcock, 1890 牛鼬鳚属

Tauredophidium hextii Alcock, 1890 赫氏牛鼬鳚

Genus *Typhlonus* Günther, 1878 微眼新鼬鳚属

Typhlonus nasus Günther, 1878 印度微眼新鼬鳚

Genus *Ventichthys* Nielsen, Møller & Segonzac, 2006 风鼬鳚属

Ventichthys biospeedoi Nielsen, Møller & Segonzac, 2006 比氏风鼬鳚

Genus *Xyelacyba* Cohen, 1961 棘鳃鼬鳚属

Xyelacyba myersi Cohen, 1961 梅氏棘鳃鼬鳚 陆 台

Suborder Bythitoidei 深蛇鳚亚目;深海鼬鱼亚目

Family 223 Bythitidae 深蛇鳚科;深海鼬鱼科

Genus *Acarobythites* Machida, 2000 尖深蛇鳚属;尖深海鼬鱼属

Acarobythites larsonae Machida, 2000 拉氏尖深蛇鳚;拉氏尖深海鼬鱼

Genus *Alionematichthys* Møller & Schwarzhans, 2008 海鼬鱼属

Alionematichthys ceylonensis Møller & Schwarzhans, 2008 斯里兰卡海鼬鱼

Alionematichthys crassiceps Møller & Schwarzhans, 2008 糙头海鼬鱼

Alionematichthys minyomma (Sedor & Cohen, 1987) 小眼海鼬鱼 台

Alionematichthys phuketensis Møller & Schwarzhans, 2008 普吉海鼬鱼

Alionematichthys piger (Alcock, 1890) 大眼海鼬鱼

Alionematichthys plicatosurculus Møller & Schwarzhans, 2008 鳞颊海鼬鱼

Alionematichthys riukiuensis (Aoyagi, 1954) 琉球海鼬鱼 台

Alionematichthys samoaensis Møller & Schwarzhans, 2008 萨摩亚海鼬鱼

Alionematichthys shinoharai Møller & Schwarzhans, 2008 筱原氏海鼬鱼

Alionematichthys suluensis Møller & Schwarzhans, 2008 苏禄海鼬鱼

Alionematichthys winterbottomi Møller & Schwarzhans, 2008 温特海鼬鱼

Genus *Anacanthobythites* Anderson, 2008 无棘深鼬鳚属;无棘深海鼬鱼属

Anacanthobythites platycephalus Anderson, 2008 平头无棘深鳚;平头无棘深海鼬鱼

Anacanthobythites tasmaniensis Anderson, 2008 塔斯马尼亚无棘深鳚;塔斯马尼亚无棘深海鼬鱼

Genus *Beaglichthys* Machida, 1993 比格深蛇鳚属;比格深海鼬鱼属

Beaglichthys bleekeri Schwarzhans & Møller, 2007 印度尼西亚比格深蛇鳚;印度尼西亚比格深海鼬鱼

Beaglichthys larsonae Schwarzhans & Møller, 2007 拉森比格深蛇鳚;拉森比格深海鼬鱼

Beaglichthys macrophthalmus Machida, 1993 大眼比格深蛇鳚;大眼比格深海鼬鱼

Genus *Bellottia* Giglioli, 1883 丽胎鳚属;丽胎鼬鱼属

Bellottia apoda Giglioli, 1883 无足丽胎鳚;无足丽胎鼬鱼

Bellottia armiger (Smith & Radcliffe, 1913) 菲律宾丽胎鳚;菲律宾丽胎鼬鱼

Bellottia cryptica Nielsen, Ross & Cohen, 2009 喜隐丽胎鳚;喜隐丽胎鼬鱼

Bellottia galatheae Nielsen & Møller, 2008 加兰丽胎鳚;加兰丽胎鼬鱼

Bellottia robusta Nielsen, Ross & Cohen, 2009 强壮丽胎鳚;强壮丽胎鼬鱼

Genus *Bidenichthys* Barnard, 1934 离鳍深鳚属;离鳍深海鼬鱼属

Bidenichthys beeblebroxi Paulin, 1995 比氏离鳍深鳚;比氏离鳍深海鼬鱼

Bidenichthys capensis Barnard, 1934 大头离鳍深鳚;大头离鳍深海鼬鱼

Bidenichthys consobrinus (Hutton, 1876) 南纬离鳍深鳚;南纬离鳍深海鼬鱼

Genus *Brosmodorsalis* Paulin & Roberts, 1989 肌背深鳚属;肌背深海鼬鱼属

Brosmodorsalis persicinus Paulin & Roberts, 1989 新西兰肌背深鳚;新西兰肌背深海鼬鱼

Genus *Brosmolus* Machida, 1993 嗜肌深蛇鳚属;嗜肌深海鼬鱼属

Brosmolus longicaudus Machida, 1993 长尾嗜肌深蛇鳚;长尾嗜肌深海鼬鱼

Genus *Brosmophyciops* Schultz, 1960 似鳕鳚属;似鳕鼬鱼属

Brosmophyciops pautzkei Schultz, 1960 潘氏似鳕鳚;潘氏似鳕鼬鱼 台

Genus *Brosmophycis* Gill, 1861 鳕鳚属;鳕鼬鱼属

Brosmophycis marginata (Ayres, 1854) 缘鳕鳚;缘鳕鼬鱼

Genus *Brotulinella* Schwarzhans, Møller & Nielsen, 2005 小线深鳚属;小线深海鼬鱼属

Brotulinella taiwanensis Schwarzhans, Møller & Nielsen, 2005 台湾小线深鳚;台湾小线深海鼬鱼 台

Genus *Bythites* Reinhardt, 1835 深蛇鳚属;深海鼬鱼属

Bythites fuscus Reinhardt, 1837 棕深蛇鳚;棕深海鼬鱼

Bythites gerdae Nielsen & Cohen, 1973 格氏深蛇鳚;格氏深海鼬鱼

Bythites islandicus Nielsen & Cohen, 1973 冰岛深蛇鳚;冰岛深海鼬鱼

Genus *Calamopteryx* Böhlke & Cohen, 1966 芦胎鳚属;芦胎鼬鱼属

Calamopteryx goslinei Böhlke & Cohen, 1966 芦胎鳚;芦胎鼬鱼

Calamopteryx jeb Cohen, 1973 加拉帕戈斯岛芦胎鳚;加拉帕戈斯岛芦胎鼬鱼

Calamopteryx robinsorum Cohen, 1973 罗宾逊芦胎鳚;罗宾逊芦胎鼬鱼

Genus *Cataetyx* Günther, 1887 低蛇鳚属;低鼬鱼属

Cataetyx alleni (Byrne, 1906) 艾氏低蛇鳚;艾氏低鼬鱼

Cataetyx bruuni (Nielsen & Nybelin, 1963) 布氏低蛇鳚;布氏低鼬鱼

Cataetyx chthamalorhynchus Cohen, 1981 低吻低蛇鳚;低吻低鼬鱼

Cataetyx hawaiiensis Gosline, 1954 夏威夷低蛇鳚;夏威夷低鼬鱼

Cataetyx laticeps Koefoed, 1927 侧头低蛇鳚;侧头低鼬鱼

Cataetyx lepidogenys (Smith & Radcliffe, 1913) 丽颊低蛇鳚;丽颊低鼬鱼

Cataetyx messieri (Günther, 1878) 尖尾低蛇鳚;尖尾低鼬鱼

Cataetyx nielseni Balushkin & Prokofiev, 2005 尼尔逊低蛇鳚;尼尔逊低鼬鱼

Cataetyx niki Cohen, 1981 尼氏低蛇鳚;尼氏低鼬鱼

Cataetyx platyrhynchus Machida, 1984 扁吻低蛇鳚;扁吻低鼬鱼

Cataetyx rubrirostris Gilbert, 1890 红吻低蛇鳚;红吻低鼬鱼

Cataetyx simus Garman, 1899 巴拿马低蛇鳚;巴拿马低鼬鱼

Genus *Dactylosurculus* Schwarzhans & Møller, 2008 指枝蛇鳚属;指枝鼬鱼属

Dactylosurculus gomoni Schwarzhans & Møller, 2007 澳大利亚指枝蛇鳚;澳大利亚指枝鼬鱼

Genus *Dermatopsis* Ogilby, 1896 喉鳍深鳚属;喉鳍深海鼬鱼属

Dermatopsis greenfieldi Møller & Schwarzhans, 2006 绿野喉鳍深鳚;绿野喉鳍深海鼬鱼

Dermatopsis hoesei Møller & Schwarzhans, 2006 大堡礁喉鳍深鳚;大堡礁喉鳍深海鼬鱼

Dermatopsis joergennielseni Møller & Schwarzhans, 2006 乔氏喉鳍深鳚;乔氏喉鳍深海鼬鱼

Dermatopsis macrodon Ogilby, 1896 大齿喉鳍深鳚;大齿喉鳍深海鼬鱼

Genus *Dermatopsoides* Smith, 1948 似喉鳍深鳚属;似喉鳍深海鼬鱼属

Dermatopsoides andersoni Møller & Schwarzhans, 2006 安氏似喉鳍深鳚;安氏似喉鳍深海鼬鱼

Dermatopsoides kasougae (Smith, 1943) 南非似喉鳍深鳚;南非似喉鳍深海鼬鱼

Dermatopsoides morrisonae Møller & Schwarzhans, 2006 慕氏似喉鳍深鳚;慕氏似喉鳍深海鼬鱼

Dermatopsoides talboti Cohen, 1966 无鳞似喉鳍深鳚;无鳞似喉鳍深海鼬鱼

Genus *Diancistrus* Ogilby, 1899 猎神深鳚属;猎神深海鼬鱼属

Diancistrus alatus Schwarzhans, Møller & Nielsen, 2005 大翼猎神深鳚;大翼猎神深海鼬鱼

Diancistrus alleni Schwarzhans, Møller & Nielsen, 2005 阿氏猎神深鳚;阿氏猎神深海鼬鱼

Diancistrus altidorsalis Schwarzhans, Møller & Nielsen, 2005 高背猎神深鳚;高背猎神深海鼬鱼

Diancistrus atollorum Schwarzhans, Møller & Nielsen, 2005 近视猎神深鳚;近视猎神深海鼬鱼

Diancistrus beateae Schwarzhans, Møller & Nielsen, 2005 喜斗猎神深鳚;喜斗猎神深海鼬鱼

Diancistrus brevirostris Schwarzhans, Møller & Nielsen, 2005 短吻猎神深鳚;短吻猎神深海鼬鱼

Diancistrus eremitus Schwarzhans, Møller & Nielsen, 2005 孤独猎神深鳚;孤独猎神深海鼬鱼

Diancistrus erythraeus (Fowler, 1946) 红猎神深鳚;红猎神深海鼬鱼

Diancistrus fijiensis Schwarzhans, Møller & Nielsen, 2005 斐济猎神深鳚;斐济猎神深海鼬鱼

Diancistrus fuscus (Fowler, 1946) 暗色猎神深鳚;暗色猎神深海鼬鱼 台
syn. *Brotulina fusca* Fowler, 1946 黄褐小鼬鳚

Diancistrus jackrandalli Schwarzhans, Møller & Nielsen, 2005 杰克猎神深鳚;杰克猎神深海鼬鱼

Diancistrus jeffjohnsoni Schwarzhans, Møller & Nielsen, 2005 杰夫猎神深鳚;杰夫猎神深海鼬鱼

Diancistrus karinae Schwarzhans, Møller & Nielsen, 2005 卡氏猎神深鳚;卡氏猎神深海鼬鱼

Diancistrus katrineae Schwarzhans, Møller & Nielsen, 2005 凯氏猎神深鳚;凯氏猎神深海鼬鱼

Diancistrus leisi Schwarzhans, Møller & Nielsen, 2005 利氏猎神深鳚;利氏猎神深海鼬鱼

Diancistrus longifilis Ogilby, 1899 长丝猎神深鳚;长丝猎神深海鼬鱼

Diancistrus machidai Schwarzhans, Møller & Nielsen, 2005 町田氏猎神深鳚;町田氏猎神深海鼬鱼

Diancistrus manciporus Schwarzhans, Møller & Nielsen, 2005 小孔猎神深鳚;小孔猎神深海鼬鱼

Diancistrus mcgroutheri Schwarzhans, Møller & Nielsen, 2005 麦氏猎神深鳚;麦氏猎神深海鼬鱼

Diancistrus mennei Schwarzhans, Møller & Nielsen, 2005 门氏猎神深鳚;门氏猎神深海鼬鱼

Diancistrus niger Schwarzhans, Møller & Nielsen, 2005 黑体猎神深鳚;黑体猎神深海鼬鱼

Diancistrus novaeguineae (Machida, 1996) 新几内亚猎神深鳚;新几内亚猎神深海鼬鱼

Diancistrus pohnpeiensis Schwarzhans, Møller & Nielsen, 2005 中太平洋猎神深鳚;中太平洋猎神深海鼬鱼

Diancistrus robustus Schwarzhans, Møller & Nielsen, 2005 强壮猎神深鳚;强壮猎神深海鼬鱼

Diancistrus springeri Schwarzhans, Møller & Nielsen, 2005 斯氏猎神深鳚;斯氏猎神深海鼬鱼

Diancistrus tongaensis Schwarzhans, Møller & Nielsen, 2005 汤加猎神深鳚;汤加猎神深海鼬鱼

Diancistrus typhlops Nielsen, Schwarzhans & Hadiaty, 2009 盲眼猎神深鳚;盲眼猎神深海鼬鱼

Diancistrus vietnamensis Schwarzhans, Møller & Nielsen, 2005 越南猎神深鳚;越南猎神深海鼬鱼

Genus *Didymothallus* Schwarzhans & Møller, 2008 迪特深鳚属;迪特深海鼬鱼属

Didymothallus criniceps Schwarzhans & Møller, 2007 橙卵迪特深鳚;橙卵迪特深海鼬鱼

Didymothallus mizolepis (Günther, 1867) 小鳞迪特深鳚;小鳞迪特深海鼬鱼

Didymothallus pruvosti Schwarzhans & Møller, 2007 帕氏迪特深鳚;帕氏迪特深海鼬鱼

Genus *Dinematichthys* Bleeker, 1855 双线鼬鳚属;双线鼬鱼属

Dinematichthys iluocoeteoides Bleeker, 1855 双线鼬鳚;双线鼬鱼 陆 台

Dinematichthys trilobatus Møller & Schwarzhans, 2008 三叶双线鼬鳚;三叶双线鼬鱼

Genus *Diplacanthopoma* Günther, 1887 双棘鼬鳚属;双棘鼬鱼属

Diplacanthopoma alcockii Goode & Bean, 1896 阿氏双棘鼬鳚;阿氏双棘鼬鱼

Diplacanthopoma brachysoma Günther, 1887 短身双棘鼬鳚;短身双棘鼬鱼

Diplacanthopoma brunnea Smith & Radcliffe, 1913 褐双棘鼬鳚;褐双棘鼬鱼 陆

Diplacanthopoma japonicus (Steindachner & Döderlein, 1887) 日本双棘鼬鳚;日本双棘鼬鱼 陆

Diplacanthopoma jordani Garman, 1899 乔氏双棘鼬鳚;乔氏双棘鼬鱼

Diplacanthopoma kreffti Cohen & Nielsen, 2002 克氏双棘鼬鳚;克氏双棘鼬鱼

Diplacanthopoma nigripinnis Gilchrist & von Bonde, 1924 黑鳍双棘鼬鳚;黑鳍双棘鼬鱼

Diplacanthopoma raniceps Alcock, 1898 蛙头双棘鼬鳚;蛙头双棘鼬鱼

Diplacanthopoma riversandersoni Alcock, 1895 李氏双棘鼬鳚;李氏双棘鼬鱼

Genus *Dipulus* Waite, 1905 鳗鼬鳚属;鳗鼬鱼属

Dipulus caecus Waite, 1905 橘黄鳗鼬鳚;橘黄鳗鼬鱼

Dipulus hutchinsi Møller & Schwarzhans, 2006 哈氏鳗鼬鳚;哈氏鳗鼬鱼

Dipulus multiradiatus (McCulloch & Waite, 1918) 澳洲鳗鼬鳚;澳洲鳗鼬鱼

Dipulus norfolkanus Machida, 1993 诺福克鳗鼬鳚;诺福克鳗鼬鱼

Genus *Eusurculus* Schwarzhans & Møller, 2007 真稚深鳚属; 真稚深海鼬鱼属

Eusurculus andamanensis Schwarzhans & Møller, 2007 安达曼真稚深鳚;安达曼真稚深海鼬鱼

Eusurculus pistillum Schwarzhans & Møller, 2007 热带真稚深鳚;热带真稚深海鼬鱼

Eusurculus pristinus Schwarzhans & Møller, 2007 真稚深鳚;真稚深海鼬鱼

Genus *Fiordichthys* Paulin, 1995 菲奥胎鼬鳚属;菲奥胎鼬鱼属

Fiordichthys paxtoni (Nielsen & Cohen, 1986) 帕氏菲奥鼬鳚;帕氏菲奥鼬鱼

Fiordichthys slartibartfasti Paulin, 1995 斯氏菲奥鼬鳚;斯氏菲奥鼬鱼

Genus *Grammonus* Gill, 1896 寡须鳚属;寡须鼬鱼属

Grammonus ater (Risso, 1810) 黑寡须鳚;黑寡须鼬鱼

Grammonus claudei (de la Torrey Huerta, 1930) 克氏寡须鳚;克氏寡须鼬鱼

Grammonus diagrammus (Heller & Snodgrass, 1903) 横纹寡须鳚;横纹寡须鼬鱼

Grammonus longhursti (Cohen, 1964) 朗氏寡须鳚;朗氏寡须鼬鱼

Grammonus minutus Nielsen & Prokofiev, 2010 小寡须鳚;小寡须鼬鱼

Grammonus nagaredai Randall & Hughes, 2008 纳氏寡须鳚;纳氏寡须鼬鱼

Grammonus opisthodon Smith, 1934 大头寡须鳚;大头寡须鼬鱼

Grammonus robustus Smith & Radcliffe, 1913 粗寡须鳚;粗寡须鼬鱼 陆

Grammonus thielei Nielsen & Cohen, 2004 蒂氏寡须鳚;蒂氏寡须鼬鱼

Grammonus waikiki (Cohen, 1964) 韦氏寡须鳚;韦氏寡须鼬鱼

Grammonus yunokawai Nielsen, 2007 熊野川寡须鳚;熊野川寡须鼬鱼

Genus *Gunterichthys* Dawson, 1966 根舍鳕鳚属;根舍鳕鼬鱼属

Gunterichthys bussingi Møller, Schwarzhans & Nielsen, 2004 巴氏根舍鳕鳚;巴氏根舍鳕鼬鱼

Gunterichthys coheni Møller, Schwarzhans & Nielsen, 2004 科恩氏根舍鳕鳚;科恩氏根舍鳕鼬鱼

Gunterichthys longipenis Dawson, 1966 长鳍根舍鳕鳚;长鳍根舍鳕鼬鱼

Genus *Hastatobythites* Machida, 1997 额棘深蛇鳚属;额棘深海鼬鱼属

Hastatobythites arafurensis Machida, 1997 额棘深蛇鳚;额棘深海鼬鱼

Genus *Hephthocara* Alcock, 1892 无腹鳍深鳚属;无腹鳍深海鼬鱼属

Hephthocara crassiceps Smith & Radcliffe, 1913 糙头无腹鳍深鳚;糙头无腹鳍深海鼬鱼

Hephthocara simum Alcock, 1892 孟加拉国湾无腹鳍深鳚;孟加拉国湾无腹鳍深海鼬鱼

Genus *Lapitaichthys* Schwarzhans & Møller, 2007 昂头深鳚属;昂头深海鼬鱼属

Lapitaichthys frickei Schwarzhans & Møller, 2007 昂头深鳚;昂头深海鼬鱼

Genus *Lucifuga* Poey, 1858 盲须鳚属;盲须鼬鱼属

Lucifuga dentata Poey, 1858 大牙盲须鳚;大牙盲须鼬鱼

Lucifuga inopinata Cohen & McCosker, 1998 加拉帕戈斯岛盲须鳚;加拉帕戈斯岛盲须鼬鱼

Lucifuga lucayana Møller, Schwarzhans, Iliffe & Nielsen, 2006 卢卡盲须鳚;卢卡盲须鼬鱼

Lucifuga simile Nalbant, 1981 似盲须鳚;似盲须鼬鱼

Lucifuga spelaeotes Cohen & Robins, 1970 岩穴盲须鳚;岩穴盲须鼬鱼

Lucifuga subterranea Poey, 1858 古巴盲须鳚;古巴盲须鼬鱼

Lucifuga teresinarum Díaz Pérez, 1988 秀丽盲须鳚;秀丽盲须鼬鱼

Genus *Majungaichthys* Schwarzhans & Møller, 2007 马达加斯加深鳚属;马达加斯加深海鼬鱼属

Majungaichthys simplex Schwarzhans & Møller, 2007 马达加斯加深鳚;马达加斯加深海鼬鱼

Genus *Mascarenichthys* Schwarzhans & Møller, 2007 马卡林深鳚属;马卡林深海鼬鱼属

Mascarenichthys heemstrai Schwarzhans & Møller, 2007 海氏马卡林深鳚;海氏马卡林深海鼬鱼

Mascarenichthys microphthalmus Schwarzhans & Møller, 2007 小眼马卡林深鳚;小眼马卡林深海鼬鱼

Genus *Melodichthys* Nielsen & Cohen, 1986 悦蛇鳚属;悦鼬鱼属

Melodichthys hadrocephalus Nielsen & Cohen, 1986 厚头悦蛇鳚;厚头悦鼬鱼

Genus *Microbrotula* Gosline, 1953 小须鼬鳚属;小须鼬鱼属

Microbrotula bentleyi Anderson, 2005 本氏小须鼬鳚;本氏小须鼬鱼

Microbrotula greenfieldi Anderson, 2007 格氏小须鼬鳚;格氏小须鼬鱼

Microbrotula polyactis Anderson, 2005 多线小须鼬鳚;多线小须鼬鱼

Microbrotula punicea Anderson, 2007 微红小须鼬鳚;微红小须鼬鱼

Microbrotula queenslandica Anderson, 2005 昆士兰小须鼬鳚;昆士兰小须鼬鱼

Microbrotula randalli Cohen & Wourms, 1976 兰达小须鼬鳚;兰达小须鼬鱼

Microbrotula rubra Gosline, 1953 红小须鼬鳚;红小须鼬鱼

Genus *Monothrix* Ogilby, 1897 单须深鳚属;单须深海鼬鱼属

Monothrix polylepis Ogilby, 1897 多鳞单须深鳚;多鳞单须深海鼬鱼

Genus *Ogilbia* Jordan & Evermann, 1898 胎须鳚属;胎须鼬鱼属

Ogilbia boehlkei Møller, Schwarzhans & Nielsen, 2005 贝氏胎须鳚;贝氏胎须鼬鱼

Ogilbia boydwalkeri Møller, Schwarzhans & Nielsen, 2005 博氏胎须鳚;博氏胎须鼬鱼

Ogilbia cayorum Evermann & Kendall, 1898 胎须鳚;胎须鼬鱼

Ogilbia cocoensis Møller, Schwarzhans & Nielsen, 2005 科科群岛胎须鳚;科科群岛胎须鼬鱼

Ogilbia davidsmithi Møller, Schwarzhans & Nielsen, 2005 戴维胎须鳚;戴维胎须鼬鱼

Ogilbia deroyi (Poll & van Mol, 1966) 德氏胎须鳚;德氏胎须鼬鱼

Ogilbia galapagosensis (Poll & LeLeup, 1965) 加拉帕戈斯胎须鳚;加拉帕戈斯胎须鼬鱼

Ogilbia jeffwilliamsi Møller, Schwarzhans & Nielsen, 2005 杰氏胎须鳚;杰氏胎须鼬鱼

Ogilbia jewettae Møller, Schwarzhans & Nielsen, 2005 萨尔瓦多胎须鳚;萨尔瓦多胎须鼬鱼

Ogilbia mccoskeri Møller, Schwarzhans & Nielsen, 2005 麦氏胎须鳚;麦氏胎须鼬鱼

Ogilbia nigromarginata Møller, Schwarzhans & Nielsen, 2005 黑缘胎须鳚;黑缘胎须鼬鱼

Ogilbia nudiceps Møller, Schwarzhans & Nielsen, 2005 裸头胎须鳚;裸头胎须鼬鱼

Ogilbia robertsoni Møller, Schwarzhans & Nielsen, 2005 罗氏胎须鳚;罗氏胎须鼬鱼

Ogilbia sabaji Møller, Schwarzhans & Nielsen, 2005 萨氏胎须鳚;萨氏胎须鼬鱼

Ogilbia sedorae Møller, Schwarzhans & Nielsen, 2005 塞氏胎须鳚;塞氏胎须鼬鱼

Ogilbia suarezae Møller, Schwarzhans & Nielsen, 2005 苏阿尔胎须鳚;苏阿尔胎须鼬鱼

Ogilbia tyleri Møller, Schwarzhans & Nielsen, 2005 泰勒胎须鳚;泰勒胎须鼬鱼

Ogilbia ventralis (Gill, 1863) 白腹胎须鳚;白腹胎须鼬鱼

Genus *Ogilbichthys* Møller, Schwarzhans & Nielsen, 2004 胎须鱼属

Ogilbichthys ferocis Møller, Schwarzhans & Nielsen, 2004 凶猛胎须鱼

Ogilbichthys haitiensis Møller, Schwarzhans & Nielsen, 2004 海地胎须鱼

Ogilbichthys kakuki Møller, Schwarzhans & Nielsen, 2004 凯氏胎须鱼

Ogilbichthys longimanus Møller, Schwarzhans & Nielsen, 2004 长鳍胎须鱼

Ogilbichthys microphthalmus Møller, Schwarzhans & Nielsen, 2004 小眼胎须鱼

Ogilbichthys puertoricoensis Møller, Schwarzhans & Nielsen, 2004 波多黎谷胎须鱼

Ogilbichthys tobagoensis Møller, Schwarzhans & Nielsen, 2004 多巴哥胎须鱼

Genus *Paradiancistrus* Schwarzhans, Møller & Nielsen, 2005 副猎神鳚属;副猎神鼬鱼属

Paradiancistrus acutirostris Schwarzhans, Møller & Nielsen, 2005 尖吻副猎神鳚;尖吻副猎神鼬鱼

Paradiancistrus cuyoensis Schwarzhans, Møller & Nielsen, 2005 库约岛副猎神鳚;库约岛副猎神鼬鱼

Paradiancistrus lombokensis Schwarzhans & Møller, 2007 龙目副猎神鳚;龙目副猎神鼬鱼

Genus *Porocephalichthys* Møller & Schwarzhans, 2008 孔头鼬鱼属

Porocephalichthys dasyrhynchus (Cohen & Hutchins, 1982) 毛吻孔头鼬鱼 台

Genus *Pseudogilbia* Møller, Schwarzhans & Nielsen, 2004 拟胎须鳚属;拟胎须鼬鱼属

Pseudogilbia sanblasensis Møller, Schwarzhans & Nielsen, 2004 纤细拟胎须鳚;纤细拟胎须鼬鱼

Genus *Pseudonus* Garman, 1899 拟鼠鳚属;拟鼠鼬鱼属

Pseudonus acutus Garman, 1899 尖拟鼠鳚;尖拟鼠鼬鱼

Pseudonus squamiceps (Lloyd, 1907) 鳞头拟鼠鳚;鳞头拟鼠鼬鱼 台

Genus *Saccogaster* Alcock, 1889 囊胃鼬鳚属;囊胃鼬鱼属

Saccogaster hawaii Cohen & Nielsen, 1972 夏威氏囊胃鼬鳚;夏威氏囊胃鼬鱼

Saccogaster maculata Alcock, 1889 斑囊胃鼬鳚;斑囊胃鼬鱼

Saccogaster melanomycter Cohen, 1981 黑鼻囊胃鼬鳚;黑鼻囊胃鼬鱼

Saccogaster normae Cohen & Nielsen, 1972 诺门氏囊胃鼬鳚;诺门氏囊胃鼬鱼

Saccogaster parva Cohen & Nielsen, 1972 小囊胃鼬鳚;小囊胃鼬鱼

Saccogaster rhamphidognatha Cohen, 1987 钩颌囊胃鼬鳚;钩颌囊胃鼬鱼

Saccogaster staigeri Cohen & Nielsen, 1972 斯氏囊胃鼬鳚;斯氏囊胃鼬鱼

Saccogaster tuberculata (Chan, 1966) 毛突囊胃鼬鳚;毛突囊胃鼬鱼 陆

Genus *Stygnobrotula* Böhlke, 1957 柱蛇鳚属;柱鼬鱼属

Stygnobrotula latebricola Böhlke, 1957 弯嘴柱蛇鳚;弯嘴柱鼬鱼

Genus *Thalassobathia* Cohen, 1963 极深海鳚属;极深海鼬鱼属

Thalassobathia nelsoni Lee, 1974 尼氏极深海鳚;尼氏极深海鼬鱼

Thalassobathia pelagica Cohen, 1963 大洋极深海鳚;大洋极深海鼬鱼

Genus _Thermichthys_ Nielsen & Cohen, 2005 热海鼬鳚属; 热海鼬鱼属

Thermichthys hollisi (Cohen, Rosenblatt & Moser, 1990) 何氏热海鼬鳚;何氏热海鼬鱼

Genus _Tuamotuichthys_ Møller, Schwarzhans & Nielsen, 2004 土阿莫土深鳚属;土阿莫土深海鼬鱼属

Tuamotuichthys bispinosus Møller, Schwarzhans & Nielsen, 2004 双棘土阿莫土深鳚;双棘土阿莫土深海鼬鱼

Tuamotuichthys marshallensis Nielsen, Schwarzhans, Møller & Randall, 2006 马歇尔岛土阿莫土深鳚;马歇尔土阿莫土深海鼬鱼

Tuamotuichthys schwarzhansi Nielsen & Møller, 2008 施氏土阿莫土深鳚;施氏土阿莫土深海鼬鱼

Genus _Typhliasina_ Whitley, 1951 烟云鼬鳚属;烟云鼬鱼属

Typhliasina pearsei (Hubbs, 1938) 墨西哥烟云鼬鳚;墨西哥烟云鼬鱼

Genus _Ungusurculus_ Schwarzhans & Møller, 2007 恩古鼬鳚属;恩古鼬鱼属

Ungusurculus collettei Schwarzhans & Møller, 2007 科氏恩古鼬鳚;科氏恩古鼬鱼

Ungusurculus komodoensis Schwarzhans & Møller, 2007 科莫多岛恩古鼬鳚;科莫多岛恩古鼬鱼

Ungusurculus philippinensis Schwarzhans & Møller, 2007 菲律宾恩古鼬鳚;菲律宾恩古鼬鱼

Ungusurculus riauensis Schwarzhans & Møller, 2007 廖内恩古鼬鳚;廖内恩古鼬鱼

Ungusurculus sundaensis Schwarzhans & Møller, 2007 巽他恩古鼬鳚;巽他恩古鼬鱼

Ungusurculus williamsi Schwarzhans & Møller, 2007 威氏恩古鼬鳚;威氏恩古鼬鱼

Genus _Zephyrichthys_ Schwarzhans & Møller, 2007 西风鼬鳚属;西风鼬鱼属

Zephyrichthys barryi Schwarzhans & Møller, 2007 巴氏西风鼬鳚;巴氏西风鼬鱼

Family 224 Aphyonidae 胶胎鳚科;裸鼬鱼科

Genus _Aphyonus_ Günther, 1878 胶胎鳚属;裸鼬鱼属

Aphyonus bolini Nielsen, 1974 博林胶胎鳚;博林裸鼬鱼 陆

Aphyonus brevidorsalis Nielsen, 1969 短背胶胎鳚;短背裸鼬鱼

Aphyonus gelatinosus Günther, 1878 澳洲胶胎鳚;澳洲裸鼬鱼 台

Aphyonus rassi Nielsen, 1975 拉氏胶胎鳚;拉氏裸鼬鱼

Genus _Barathronus_ Goode & Bean, 1886 盲鼬鳚属;盲鼬鱼属

Barathronus affinis Brauer, 1906 安芬盲鼬鳚;安芬盲鼬鱼

Barathronus bicolor Goode & Bean, 1886 双色盲鼬鳚;双色盲鼬鱼

Barathronus bruuni Nielsen, 1969 布氏盲鼬鳚;布氏盲鼬鱼

Barathronus diaphanus Brauer, 1906 盲鼬鳚;盲鼬鱼 陆

Barathronus maculatus Shcherbachev, 1976 棕斑盲鼬鳚;棕斑盲鼬鱼 台

Barathronus multidens Nielsen, 1984 多齿盲鼬鳚;多齿盲鼬鱼

Barathronus pacificus Nielsen & Eagle, 1974 太平洋盲鼬鳚;太平洋盲鼬鱼

Barathronus parfaiti (Vaillant, 1888) 帕氏盲鼬鳚;帕氏盲鼬鱼

Barathronus solomonensis Nielsen & Møller, 2008 所罗门盲鼬鳚;所罗门盲鼬鱼

Barathronus unicolor Nielsen, 1984 单色盲鼬鳚;单色盲鼬鱼

Genus _Meteoria_ Nielsen, 1969 悬胶鳚属;悬胶鼬鱼属

Meteoria erythrops Nielsen, 1969 红眼悬胶鳚;红眼悬胶鼬鱼

Genus _Nybelinella_ Nielsen, 1972 宽臀胶鳚属;宽臀胶鼬鱼属

Nybelinella brevidorsalis Shcherbachev, 1976 短背宽臀胶鳚;短背宽臀胶鼬鱼

Nybelinella erikssoni (Nybelin, 1957) 伊氏宽臀胶鳚;伊氏宽臀胶鼬鱼

Genus _Parasciadonus_ Nielsen, 1984 副臂胶鳚属;副臂胶鼬鱼属

Parasciadonus brevibrachium Nielsen, 1984 副臂胶鳚;副臂胶鼬鱼

Parasciadonus pauciradiatus Nielsen, 1997 少辐副臂胶鳚;少辐副臂胶鼬鱼

Genus _Sciadonus_ Garman, 1899 臂胶鳚属;臂胶鼬鱼属

Sciadonus cryptophthalmus (Zugmayer, 1911) 隐眼臂胶鳚;隐眼臂胶鼬鱼

Sciadonus galatheae (Nielsen, 1969) 铠臂胶鳚;铠臂胶鼬鱼

Sciadonus jonassoni (Nybelin, 1957) 乔氏臂胶鳚;乔氏臂胶鼬鱼

Sciadonus pedicellaris Garman, 1899 智利臂胶鳚;智利臂胶鼬鱼

Family 225 Parabrotulidae 副须鼬鳚科;副须鼬鱼科

Genus _Leucobrotula_ Koefoed, 1952 白须鼬鳚属;白须鼬鱼属

Leucobrotula adipata Koefoed, 1952 肪白须鼬鳚;肪白须鼬鱼

Genus _Parabrotula_ Zugmayer, 1911 副渊鼬鳚属;副渊鼬鱼属

Parabrotula plagiophthalma Zugmayer, 1911 斜眼副渊鼬鳚;斜眼副渊鼬鱼

Parabrotula tanseimaru Miya & Nielsen, 1991 丹生丸副渊鼬鳚;丹生丸副渊鼬鱼

Order Batrachoidiformes 蟾鱼目
Family 226 Batrachoididae 蟾鱼科

Genus _Allenbatrachus_ Greenfield, 1997 奇蟾鱼属

Allenbatrachus grunniens (Linnaeus, 1758) 喉奇蟾鱼

Allenbatrachus meridionalis Greenfield & Smith, 2004 南方奇蟾鱼

Allenbatrachus reticulatus (Steindachner, 1870) 网纹奇蟾鱼

Genus _Amphichthys_ Swainson, 1839 双蟾鱼属

Amphichthys cryptocentrus (Valenciennes, 1837) 喜隐双蟾鱼

Amphichthys rubigenis Swainson, 1839 鲁比双蟾鱼

Genus _Aphos_ Hubbs & Schultz, 1939 无光蟾鱼属

Aphos porosus (Valenciennes, 1837) 头孔无光蟾鱼

Genus _Austrobatrachus_ Smith, 1949 澳洲蟾鱼属

Austrobatrachus foedus (Smith, 1947) 南方澳洲蟾鱼

Genus _Barchatus_ Smith, 1952 须蟾鱼属

Barchatus cirrhosus (Klunzinger, 1871) 红海须蟾鱼

Genus _Batrachoides_ Lacepède, 1800 蟾鱼属

Batrachoides boulengeri Gilbert & Starks, 1904 布氏蟾鱼

Batrachoides gilberti Meek & Hildebrand, 1928 吉氏蟾鱼

Batrachoides goldmani Evermann & Goldsborough, 1902 戈氏蟾鱼

Batrachoides liberiensis (Steindachner, 1867) 绒头蟾鱼

Batrachoides manglae Cervigón, 1964 芒蟾鱼

Batrachoides pacifici (Günther, 1861) 太平洋蟾鱼

Batrachoides surinamensis (Bloch & Schneider, 1801) 苏里南蟾鱼

Batrachoides walkeri Collette & Russo, 1981 沃克氏蟾鱼

Batrachoides waltersi Collette & Russo, 1981 沃尔特氏蟾鱼

Genus _Batrachomoeus_ Ogilby, 1908 拟蟾鱼属

Batrachomoeus dahli (Rendahl, 1922) 达氏拟蟾鱼

Batrachomoeus dubius (White, 1790) 澳洲拟蟾鱼

Batrachomoeus occidentalis Hutchins, 1976 西方拟蟾鱼

Batrachomoeus rubricephalus Hutchins, 1976 红头拟蟾鱼

Batrachomoeus trispinosus (Günther, 1861) 三刺拟蟾鱼

Genus _Batrichthys_ Smith, 1934 裸蟾鱼属

Batrichthys albofasciatus Smith, 1934 白纹裸蟾鱼

Batrichthys apiatus (Valenciennes, 1837) 蛇首裸蟾鱼

Genus *Bifax* Greenfield, Mee & Randall, 1994 蛙蟾鱼属

Bifax lacinia Greenfield, Mee & Randall, 1994 阿曼蛙蟾鱼

Genus *Chatrabus* Smith, 1949 叉鼻蟾鱼属

Chatrabus felinus (Smith, 1952) 南非叉鼻蟾鱼

Chatrabus hendersoni (Smith, 1952) 享氏叉鼻蟾鱼

Chatrabus melanurus (Barnard, 1927) 四带叉鼻蟾鱼

Genus *Colletteichthys* Greenfield, 2006 科利特蟾鱼属

Colletteichthys dussumieri (Valenciennes, 1837) 杜氏科利特蟾鱼

Genus *Daector* Jordan & Evermann, 1898 凶蟾鱼属

Daector dowi (Jordan & Gilbert, 1887) 道氏凶蟾鱼

Daector gerringi (Rendahl, 1941) 杰氏凶蟾鱼

Daector quadrizonatus (Eigenmann, 1922) 四带凶蟾鱼

Daector reticulata (Günther, 1864) 网纹凶蟾鱼

Daector schmitti Collette, 1968 施氏凶蟾鱼

Genus *Halobatrachus* Ogilby, 1908 孔蟾鱼属

Halobatrachus didactylus (Bloch & Schneider, 1801) 腋孔蟾鱼

Genus *Halophryne* Gill, 1863 小孔蟾鱼属

Halophryne diemensis (Lesueur, 1824) 横带小孔蟾鱼

Halophryne hutchinsi Greenfield, 1998 哈氏小孔蟾鱼

Halophryne ocellatus Hutchins, 1974 白斑小孔蟾鱼

Halophryne queenslandiae (de Vis, 1882) 昆士兰小孔蟾鱼

Genus *Opsanus* Rafinesque, 1818 豹蟾鱼属

Opsanus beta (Goode & Bean, 1880) 海湾豹蟾鱼

Opsanus brasiliensis Rotundo, Spinelli & Zavala-Camin, 2005 巴西豹蟾鱼

Opsanus dichrostomus Collette, 2001 变色豹蟾鱼

Opsanus pardus (Goode & Bean, 1880) 豹蟾鱼

Opsanus phobetron Walters & Robins, 1961 瘦体豹蟾鱼

Opsanus tau (Linnaeus, 1766) 毒棘豹蟾鱼

Genus *Perulibatrachus* Roux & Whitley, 1972 袋蟾鱼属

Perulibatrachus aquilonarius Greenfield, 2005 锋牙袋蟾鱼

Perulibatrachus elminensis (Bleeker, 1863) 埃尔袋蟾鱼

Perulibatrachus kilburni Greenfield, 1996 东非袋蟾鱼

Perulibatrachus rossignoli (Roux, 1957) 单鼻袋蟾鱼

Genus *Porichthys* Girard, 1854 光蟾鱼属

Porichthys analis Hubbs & Schultz, 1939 软光蟾鱼

Porichthys bathoiketes Gilbert, 1968 深水光蟾鱼

Porichthys ephippiatus Walker & Rosenblatt, 1988 上光蟾鱼

Porichthys greenei Gilbert & Starks, 1904 格氏光蟾鱼

Porichthys kymosemeum Gilbert, 1968 巴西光蟾鱼

Porichthys margaritatus (Richardson, 1844) 珠光蟾鱼

Porichthys mimeticus Walker & Rosenblatt, 1988 类光蟾鱼

Porichthys myriaster Hubbs & Schultz, 1939 细条光蟾鱼

Porichthys notatus Girard, 1854 斑光蟾鱼

Porichthys oculellus Walker & Rosenblatt, 1988 多眼光蟾鱼

Porichthys oculofrenum Gilbert, 1968 眼缰光蟾鱼

Porichthys pauciradiatus Caldwell & Caldwell, 1963 少辐光蟾鱼

Porichthys plectrodon Jordan & Gilbert, 1882 锤齿光蟾鱼

Porichthys porosissimus (Cuvier, 1829) 大孔光蟾鱼

Genus *Potamobatrachus* Collette, 1995 河蟾鱼属

Potamobatrachus trispinosus Collette, 1995 三棘河蟾鱼

Genus *Riekertia* Smith, 1952 饰眼蟾鱼属

Riekertia ellisi Smith, 1952 伊氏饰眼蟾鱼

Genus *Sanopus* Smith, 1952 礁蟾鱼属

Sanopus astrifer (Robins & Starck, 1965) 珊穴礁蟾鱼

Sanopus barbatus (Meek & Hildebrand, 1928) 须礁蟾鱼

Sanopus greenfieldorum Collette, 1983 格林菲尔礁蟾鱼

Sanopus johnsoni Collette & Starck, 1974 约翰礁蟾鱼

Sanopus reticulatus Collette, 1983 网纹礁蟾鱼

Sanopus splendidus Collette, Starck & Phillips, 1974 光灿礁蟾鱼

Genus *Thalassophryne* Günther, 1861 海蟾鱼属

Thalassophryne amazonica Steindachner, 1876 亚马孙海蟾鱼

Thalassophryne maculosa Günther, 1861 加勒比海蟾鱼

Thalassophryne megalops Bean & Weed, 1910 大眼海蟾鱼

Thalassophryne montevidensis (Berg, 1893) 蒙的维海蟾鱼

Thalassophryne nattereri Steindachner, 1876 纳氏海蟾鱼

Thalassophryne punctata Steindachner, 1876 斑纹海蟾鱼

Genus *Triathalassothia* Fowler, 1943 三海蟾鱼属

Triathalassothia argentina (Berg, 1897) 阿根廷三海蟾鱼

Triathalassothia lambaloti Menezes & de Figueiredo, 1998 兰氏三海蟾鱼

Genus *Vladichthys* Greenfield, 2006 弗拉特蟾鱼属

Vladichthys gloverensis (Greenfield & Greenfield, 1973) 弗拉特蟾鱼属

Order Lophiiformes 鮟鱇目

Suborder Lophioidei 鮟鱇亚目

Family 227 Lophiidae 鮟鱇科

Genus *Lophiodes* Goode & Bean, 1896 拟鮟鱇属

Lophiodes abdituspinus Ni, Wu & Li, 1990 隐棘拟鮟鱇 陆

Lophiodes beroe Caruso, 1981 贝罗拟鮟鱇

Lophiodes bruchius Caruso, 1981 夏威夷拟鮟鱇

Lophiodes caulinaris (Garman, 1899) 茎鼻拟鮟鱇

Lophiodes endoi Ho & Shao, 2008 远藤拟鮟鱇 台

Lophiodes fimbriatus Saruwatari & Mochizuki, 1985 长瓣拟鮟鱇

Lophiodes gracilimanus (Alcock, 1899) 细身拟鮟鱇

Lophiodes infrabrunneus Smith & Radcliffe, 1912 褐拟鮟鱇 陆

Lophiodes insidiator (Regan, 1921) 南非拟鮟鱇 台

Lophiodes kempi (Norman, 1935) 长棘拟鮟鱇

Lophiodes miacanthus (Gilbert, 1905) 少棘拟鮟鱇 台

Lophiodes monodi (Le Danois, 1971) 莫氏拟鮟鱇

Lophiodes mutilus (Alcock, 1894) 大眼拟鮟鱇 台

Lophiodes naresi (Günther, 1880) 奈氏拟鮟鱇 陆 台

Lophiodes reticulatus Caruso & Suttkus, 1979 网纹拟鮟鱇

Lophiodes spilurus (Garman, 1899) 线鳍拟鮟鱇

Genus *Lophiomus* Gill, 1883 黑鮟鱇属;黑口鮟鱇属

Lophiomus setigerus (Vahl, 1797) 黑鮟鱇;黑口鮟鱇 陆 台

Genus *Lophius* Linnaeus, 1758 鮟鱇属

Lophius americanus Valenciennes, 1837 美洲鮟鱇

Lophius budegassa Spinola, 1807 蕾鮟鱇

Lophius gastrophysus Miranda Ribeiro, 1915 长鳍鮟鱇

Lophius litulon (Jordan, 1902) 黄鮟鱇 陆 台

Lophius piscatorius Linnaeus, 1758 鮟鱇

Lophius vaillanti Regan, 1903 伐氏短棘鮟鱇

Lophius vomerinus Valenciennes, 1837 犁齿鮟鱇;锄齿鮟鱇

Genus *Sladenia* Regan, 1908 宽鳃鮟鱇属

Sladenia remiger Smith & Radcliffe, 1912 褐色宽鳃鮟鱇 陆

Sladenia shaefersi Caruso & Bullis, 1976 薛氏宽鳃鮟鱇

Suborder Antennarioidei 躄鱼亚目

Family 228 Antennariidae 躄鱼科

Genus *Allenichthys* Pietsch, 1984 异躄鱼属

Allenichthys glauerti (Whitley, 1944) 格氏异躄鱼

Genus *Antennarius* Daudin, 1816 躄鱼属

Antennarius analis (Schultz, 1957) 珊瑚躄鱼

Antennarius avalonis Jordan & Starks, 1907 粗颌躄鱼

Antennarius bermudensis Schultz, 1957 百慕大躄鱼;百慕达躄鱼

Antennarius biocellatus (Cuvier, 1817) 双斑躄鱼 台

Antennarius coccineus (Lesson, 1831) 细斑躄鱼 台

Antennarius commerson (Latreille, 1804) 康氏躄鱼 台

Antennarius dorehensis Bleeker, 1859 驼背躄鱼;新几内亚躄鱼 陆 台

Antennarius duescus Snyder, 1904 臀斑躄鱼

Antennarius hispidus (Bloch & Schneider, 1801) 毛躄鱼 陆 台

Antennarius indicus Schultz, 1964 印度躄鱼

Antennarius maculatus (Desjardins, 1840) 大斑躄鱼 陆 台

Antennarius multiocellatus (Valenciennes, 1837) 多斑躄鱼

Antennarius nummifer (Cuvier, 1817) 钱斑躄鱼 陆 台

Antennarius ocellatus (Bloch & Schneider, 1801) 眼斑躄鱼

Antennarius pardalis (Valenciennes, 1837) 豹纹躄鱼

Antennarius pauciradiatus Schultz, 1957 巴哈马躄鱼

Antennarius pictus (Shaw, 1794) 白斑躄鱼 陆 台

    syn. *Antennarius leprosus* (Eydoux & Souleyet, 1850) 皮屑躄鱼

Antennarius radiosus Garman, 1896 单斑躄鱼

Antennarius randalli Allen, 1970 蓝道氏躄鱼 台

Antennarius rosaceus Smith & Radcliffe, 1912 长杆躄鱼

Antennarius sanguineus Gill, 1863 加州躄鱼

Antennarius scriptissimus Jordan, 1902 歧胸躄鱼 台

Antennarius senegalensis Cadenat, 1959 塞内加尔躄鱼

Antennarius striatus (Shaw, 1794) 带纹躄鱼;条纹躄鱼 陆 台

    syn. *Antennarius melas* Bleeker,1857 黑躄鱼

    syn. *Antennarius pinniceps* Bleeker, 1856 三齿躄鱼

Genus *Antennatus* Schultz, 1957 手躄鱼属

Antennatus flagellatus Ohnishi, Iwata & Hiramatsu, 1997 长竿手躄鱼

Antennatus linearis Randall & Holcom, 2001 条纹手躄鱼

Antennatus strigatus (Gill, 1863) 云斑手躄鱼

Antennatus tuberosus (Cuvier, 1817) 网纹手躄鱼 陆 台

Genus *Echinophryne* McCulloch & Waite, 1918 刺躄鱼属

Echinophryne crassispina McCulloch & Waite, 1918 粗棘刺躄鱼

Echinophryne mitchellii (Morton, 1897) 米氏刺躄鱼

Echinophryne reynoldsi Pietsch & Kuiter, 1984 雷氏刺躄鱼

Genus *Histiophryne* Gill, 1863 薄躄鱼属

Histiophryne bougainvilli (Valenciennes, 1837) 鲍氏薄躄鱼

Histiophryne cryptacanthus (Weber, 1913) 隐刺薄躄鱼 台

Histiophryne psychedelica Pietsch, Arnold & Hall, 2009 拟态薄躄鱼

Genus *Histrio* Fischer, 1813 裸躄鱼属

Histrio histrio (Linnaeus, 1758) 裸躄鱼 陆 台

Genus *Kuiterichthys* Pietsch, 1984 糙躄鱼属

Kuiterichthys furcipilis (Cuvier, 1817) 塔斯马尼亚糙躄鱼

Genus *Lophiocharon* Whitley, 1933 绒冠躄鱼属

Lophiocharon hutchinsi Pietsch, 2004 哈氏绒冠躄鱼

Lophiocharon lithinostomus (Jordan & Richardson, 1908) 藻瓣绒冠躄鱼

Lophiocharon trisignatus (Richardson, 1844) 虫纹绒冠躄鱼

Genus *Nudiantennarius* Schultz, 1957 裸身躄鱼属

Nudiantennarius subteres (Smith & Radcliffe, 1912) 黑纹裸身躄鱼

Genus *Phyllophryne* Pietsch, 1984 叶蟾躄鱼属

Phyllophryne scortea (McCulloch & Waite, 1918) 西澳洲叶蟾躄鱼

Genus *Rhycherus* Ogilby, 1907 穗躄鱼属

Rhycherus filamentosus (Castelnau, 1872) 穗躄鱼

Rhycherus gloveri Pietsch, 1984 格氏穗躄鱼

Genus *Tathicarpus* Ogilby, 1907 腕躄鱼属

Tathicarpus butleri Ogilby, 1907 巴氏腕躄鱼

Family 229 Tetrabrachiidae 四臂躄鱼科

Genus *Dibrachichthys* Pietsch, Johnson & Arnold, 2009 双臂躄鱼属

Dibrachichthys melanurus Pietsch, Johnson & Arnold, 2009 黑尾双臂躄鱼

Genus *Tetrabrachium* Günther, 1880 四臂躄鱼属

Tetrabrachium ocellatum Günther, 1880 眼斑四臂躄鱼

Family 230 Lophichthyidae 鮟躄鱼科

Genus *Lophichthys* Boeseman, 1964 鮟躄鱼属

Lophichthys boschmai Boeseman, 1964 鲍氏鮟躄鱼

Family 231 Brachionichthyidae 臂钩躄鱼科

Genus *Brachionichthys* Bleeker, 1855 臂钩躄鱼属

Brachionichthys australis Last, Gledhill & Holmes, 2007 澳洲臂钩躄鱼

Brachionichthys hirsutus (Lacepède, 1804) 粗体臂钩躄鱼

Genus *Brachiopsilus* Last & Gledhill, 2009 裸臂躄鱼属

Brachiopsilus dianthus Last & Gledhill, 2009 粉红裸臂躄鱼

Brachiopsilus dossenus Last & Gledhill, 2009 驼背裸臂躄鱼

Brachiopsilus ziebelli Last & Gledhill, 2009 齐氏裸臂躄鱼

Genus *Pezichthys* Last & Gledhill, 2009 足躄鱼属

Pezichthys amplispinus Last & Gledhill, 2009 大棘足躄鱼

Pezichthys compressus Last & Gledhill, 2009 侧扁足躄鱼

Pezichthys eltanini Last & Gledhill, 2009 艾氏足躄鱼

Pezichthys macropinnis Last & Gledhill, 2009 高鳍足躄鱼

Pezichthys nigrocilium Last & Gledhill, 2009 眼斑足躄鱼

Genus *Sympterichthys* Gill, 1878 合鳍躄鱼属

Sympterichthys moultoni Last & Gledhill, 2009 摩氏合鳍躄鱼

Sympterichthys unipennis (Cuvier, 1817) 单翼合鳍躄鱼

Genus *Thymichthys* Last & Gledhill, 2009 疣躄鱼属

Thymichthys politus (Richardson, 1844) 红疣躄鱼

    syn. *Sympterichthys politus* (Richardson, 1844) 红合鳍躄鱼

Thymichthys verrucosus (McCulloch & Waite, 1918) 疣躄鱼

    syn. *Sympterichthys verrucosus* (McCulloch & Waite, 1918) 疣合鳍躄鱼

Suborder Ogcocephalioidei 蝙蝠鱼亚目
Family 232 Chaunacidae 单棘躄鱼科

Genus *Chaunacops* Garman, 1899 桨躄鱼属

Chaunacops coloratus (Garman, 1899) 印度洋桨躄鱼

Chaunacops melanostomus (Caruso, 1989) 黑口桨躄鱼

Chaunacops roseus (Barbour, 1941) 玫瑰桨躄鱼

Genus *Chaunax* Lowe, 1846 单棘躄鱼属

Chaunax abei Le Danois, 1978 阿部单棘躄鱼 台

Chaunax breviradius Le Danois, 1978 短辐单棘躄鱼

Chaunax endeavouri Whitley, 1929 恩氏单棘躄鱼

Chaunax fimbriatus Hilgendorf, 1879 单棘躄鱼 陆 台

Chaunax flammeus Le Danois, 1979 火焰单棘躄鱼

Chaunax latipunctatus Le Danois, 1984 侧斑单棘躄鱼

Chaunax nudiventer Ho & Shao, 2010 裸腹单棘躄鱼

Chaunax penicillatus McCulloch, 1915 云纹单棘躄鱼 陆 台

Chaunax pictus Lowe, 1846 圆头单棘躄鱼

Chaunax stigmaeus Fowler, 1946 斑点单棘躄鱼

Chaunax suttkusi Caruso, 1989 萨氏单棘躄鱼

Chaunax tosaensis Okamura & Oryuu, 1984 土佐湾单棘躄鱼

Chaunax umbrinus Gilbert, 1905 荫单棘躄鱼

Family 233 Ogcocephalidae 蝙蝠鱼科

Genus *Coelophrys* Brauer, 1902 腔蝠鱼属

Coelophrys arca Smith & Radcliffe, 1912 弓背腔蝠鱼

Coelophrys bradburyae Endo & Shinohara, 1999 日本腔蝠鱼

Coelophrys brevicaudata Brauer, 1902 短尾腔蝠鱼 台

Coelophrys brevipes Smith & Radcliffe, 1912 短身腔蝠鱼

Coelophrys micropa (Alcock, 1891) 小足腔蝠鱼 台

    syn. *Halieutopsis micropa* (Alcock, 1891) 扁头拟棘茄鱼

Coelophrys mollis Smith & Radcliffe, 1912 软件腔蝠鱼

Coelophrys oblonga Smith & Radcliffe, 1912 椭圆腔蝠鱼

    syn. *Halieutaea oblonga* (Smith & Radcliffe, 1912) 椭圆棘茄鱼

Genus *Dibranchus* Peters, 1876 长鳍蝠鱼属

Dibranchus accinctus Bradbury, 1999 透明长鳍蝠鱼

Dibranchus atlanticus Peters, 1876 大西洋长鳍蝠鱼

Dibranchus cracens Bradbury, McCosker & Long, 1999 纤细长鳍蝠鱼

Dibranchus discors Bradbury, McCosker & Long, 1999 圆盘长鳍蝠鱼

Dibranchus erinaceus (Garman, 1899) 猬长鳍蝠鱼

Dibranchus hystrix Garman, 1899 加利福尼亚长鳍蝠鱼

Dibranchus japonicus Amaoka & Toyoshima, 1981 日本长鳍蝠鱼

Dibranchus nasutus Alcock, 1891 大鼻长鳍蝠鱼

Dibranchus nudivomer (Garman, 1899) 裸犁长鳍蝠鱼

Dibranchus sparsus (Garman, 1899) 鲷形长鳍蝠鱼

Dibranchus spinosus (Garman, 1899) 刺棘长鳍蝠鱼

Dibranchus spongiosa (Gilbert, 1890) 海绵长鳍蝠鱼

Dibranchus tremendus Bradbury, 1999 墨西哥长鳍蝠鱼

Dibranchus velutinus Bradbury, 1999 绒长鳍蝠鱼

Genus *Halicmetus* Alcock, 1891 牙棘茄鱼属

Halicmetus niger Ho, Endo & Sakamaki, 2008 黑牙棘茄鱼 台

Halicmetus reticulatus Smith & Radcliffe, 1912 网纹牙棘茄鱼 陆 台

Halicmetus ruber Alcock, 1891 红牙棘茄鱼 陆 台

Genus *Halieutaea* Valenciennes, 1837 棘茄鱼属

Halieutaea brevicauda Ogilby, 1910 短尾棘茄鱼

Halieutaea coccinea Alcock, 1889 猩红棘茄鱼

Halieutaea fitzsimonsi (Gilchrist & Thompson, 1916) 费氏棘茄鱼 陆 台

Halieutaea fumosa Alcock, 1894 云纹棘茄鱼 陆 台

Halieutaea hancocki Regan, 1908 汉氏棘茄鱼

Halieutaea indica Annandale & Jenkins, 1910 印度棘茄鱼 陆 台

　　syn. *Halieutaea sinica* Tchang & Chang, 1964 中华棘茄鱼

Halieutaea nigra Alcock, 1891 黑棘茄鱼 陆

Halieutaea retifera Gilbert, 1905 网纹棘茄鱼

Halieutaea stellata (Vahl, 1797) 棘茄鱼 陆 台

Genus *Halieutichthys* Poey, 1863 副棘茄鱼属

Halieutichthys aculeatus (Mitchill, 1818) 副棘茄鱼

Halieutichthys bispinosus Ho, Chakrabarty & Sparks, 2010 双棘副棘茄鱼

Halieutichthys intermedius Ho, Chakrabarty & Sparks, 2010 中间副棘茄鱼

Genus *Halieutopsis* Garman, 1899 拟棘茄鱼属

Halieutopsis andriashevi Bradbury, 1988 安氏拟棘茄鱼

Halieutopsis bathyoreos Bradbury, 1988 深海拟棘茄鱼

Halieutopsis galatea Bradbury, 1988 女神拟棘茄鱼

Halieutopsis ingerorum Bradbury, 1988 英格拟棘茄鱼 台

Halieutopsis margaretae Ho & Shao, 2007 马格瑞拟棘茄鱼 台

Halieutopsis nudiventer (Lloyd, 1909) 裸腹拟棘茄鱼 台

Halieutopsis simula (Smith & Radcliffe, 1912) 准拟棘茄鱼 陆 台

Halieutopsis stellifera (Smith & Radcliffe, 1912) 少耙拟棘茄鱼

Halieutopsis tumifrons Garman, 1899 奇拟棘茄鱼

Halieutopsis vermicularis Smith & Radcliffe, 1912 虫纹拟棘茄鱼

Genus *Malthopsis* Alcock, 1891 海蝠鱼属

Malthopsis annulifera Tanaka, 1908 环纹海蝠鱼 陆 台

Malthopsis gigas Ho & Shao, 2010 巨海蝠鱼 台

Malthopsis gnoma Bradbury, 1998 古巴海蝠鱼

Malthopsis jordani Gilbert, 1905 乔氏海蝠鱼

Malthopsis lutea Alcock, 1891 密星海蝠鱼 陆 台

Malthopsis mitrigera Gilbert & Cramer, 1897 钩棘海蝠鱼 台

Malthopsis retifera Ho, Prokofiev & Shao, 2009 网纹海蝠鱼

Malthopsis tiarella Jordan, 1902 斑点海蝠鱼 台

Genus *Ogcocephalus* Fischer, 1813 蝙蝠鱼属

Ogcocephalus corniger Bradbury, 1980 角蝙蝠鱼

Ogcocephalus cubifrons (Richardson, 1836) 方额蝙蝠鱼

Ogcocephalus darwini Hubbs, 1958 达氏蝙蝠鱼

Ogcocephalus declivirostris Bradbury, 1980 斜吻蝙蝠鱼

Ogcocephalus nasutus (Cuvier, 1829) 短吻蝙蝠鱼

Ogcocephalus notatus (Valenciennes, 1837) 高背蝙蝠鱼

Ogcocephalus pantostictus Bradbury, 1980 全斑蝙蝠鱼

Ogcocephalus parvus Longley & Hildebrand, 1940 粗背蝙蝠鱼

Ogcocephalus porrectus Garman, 1899 秘鲁蝙蝠鱼

Ogcocephalus pumilus Bradbury, 1980 矮蝙蝠鱼

Ogcocephalus radiatus (Mitchill, 1818) 圆点蝙蝠鱼

Ogcocephalus rostellum Bradbury, 1980 钩吻蝙蝠鱼

Ogcocephalus vespertilio (Linnaeus, 1758) 长吻蝙蝠鱼

Genus *Solocisquama* Bradbury, 1999 梭罗蝠鱼属

Solocisquama carinata Bradbury, 1999 龙首梭罗蝠鱼

Solocisquama erythrina (Gilbert, 1905) 微红梭罗蝠鱼

Solocisquama stellulata (Gilbert, 1905) 星点梭罗蝠鱼 台

Genus *Zalieutes* Jordan & Evermann, 1896 浪蝙蝠鱼属

Zalieutes elater (Jordan & Gilbert, 1882) 斑点浪蝙蝠鱼

Zalieutes mcgintyi (Fowler, 1952) 麦氏浪蝙蝠鱼

Family 234 Caulophrynidae 茎角鮟鱇科;长鳍鮟鱇科

Genus *Caulophryne* Goode & Bean, 1896 茎角鮟鱇属;长鳍鮟鱇属

Caulophryne jordani Goode & Bean, 1896 乔氏茎角鮟鱇;乔氏长鳍鮟鱇

Caulophryne pelagica (Brauer, 1902) 大洋茎角鮟鱇;大洋长鳍鮟鱇 台

Caulophryne pietschi Balushkin & Fedorov, 1985 皮氏茎角鮟鱇;皮氏长鳍鮟鱇

Caulophryne polynema Regan, 1930 多丝茎角鮟鱇;多丝长鳍鮟鱇

Genus *Robia* Pietsch, 1979 罗布角鮟鱇属

Robia legula Pietsch, 1979 太平洋罗布角鮟鱇

Family 235 Neoceratiidae 新角鮟鱇科

Genus *Neoceratias* Pappenheim, 1914 新角鮟鱇属

Neoceratias spinifer Pappenheim, 1914 新角鮟鱇 台

Family 236 Melanocetidae 黑犀鱼科;黑鮟鱇科

Genus *Melanocetus* Günther, 1864 黑犀鱼属;黑鮟鱇属

Melanocetus eustalus Pietsch & Van Duzer, 1980 墨西哥黑犀鱼;墨西哥黑鮟鱇

Melanocetus johnsonii Günther, 1864 约氏黑犀鱼;约氏黑鮟鱇 陆 台

Melanocetus murrayi Günther, 1887 短柄黑犀鱼;短柄黑鮟鱇 台

Melanocetus niger Regan, 1925 黑犀鱼;黑鮟鱇

Melanocetus rossi Balushkin & Fedorov, 1981 罗斯海黑犀鱼;罗斯海黑鮟鱇

Family 237 Himantolophidae 鞭冠鮟鱇科

Genus *Himantolophus* Reinhardt, 1837 鞭冠鮟鱇属

Himantolophus albinares Maul, 1961 大西洋鞭冠鮟鱇

Himantolophus appelii (Clarke, 1878) 阿氏鞭冠鮟鱇

Himantolophus azurlucens Beebe & Crane, 1947 蓝光鞭冠鮟鱇

Himantolophus borealis Kharin, 1984 宝莲鞭冠鮟鱇

Himantolophus brevirostris (Regan, 1925) 短吻鞭冠鮟鱇

Himantolophus compressus (Osório, 1912) 窄鞭冠鮟鱇

Himantolophus cornifer Bertelsen & Krefft, 1988 角鞭冠鮟鱇

Himantolophus crinitus Bertelsen & Krefft, 1988 毛鞭冠鮟鱇

Himantolophus danae Regan & Trewavas, 1932 西太平洋鞭冠鮟鱇

Himantolophus groenlandicus Reinhardt, 1837 多指鞭冠鮟鱇

Himantolophus macroceras Bertelsen & Krefft, 1988 大角鞭冠鮟鱇

Himantolophus macroceratoides Bertelsen & Krefft, 1988 拟大角鞭冠鮟鱇

Himantolophus mauli Bertelsen & Krefft, 1988 穆尔鞭冠鮟鱇

Himantolophus melanolophus Bertelsen & Krefft, 1988 黑鞭冠鮟鱇 台

Himantolophus multifurcatus Bertelsen & Krefft, 1988 多叉鞭冠鮟鱇

Himantolophus nigricornis Bertelsen & Krefft, 1988 黑角鞭冠鮟鱇

Himantolophus paucifilosus Bertelsen & Krefft, 1988 少丝鞭冠鮟鱇

Himantolophus pseudalbinares Bertelsen & Krefft, 1988 南非鞭冠鮟鱇

Himantolophus sagamius (Tanaka, 1918) 相模湾鞭冠鮟鱇

Family 238 Diceratiidae 双角鮟鱇科

Genus *Bufoceratias* Whitley, 1931 蟾鮟鱇属;蟾蜍角鮟鱇属

Bufoceratias shaoi Pietsch, Ho & Chen, 2004 邵氏蟾鮟鱇;邵氏蟾蜍角鮟鱇 台

Bufoceratias thele (Uwate, 1979) 后棘蟾鮟鱇;蟾蜍角鮟鱇 陆 台

Bufoceratias wedli (Pietschmann, 1926) 韦氏蟾鮟鱇;韦氏蟾蜍角鮟鱇

Genus *Diceratias* Günther, 1887 双角鮟鱇属

Diceratias bispinosus (Günther, 1887) 细瓣双角鮟鱇 陆 台

Diceratias pileatus Uwate, 1979 派尔双角鮟鱇

Diceratias trilobus Balushkin & Fedorov, 1986 三叶双角鮟鱇

Family 239 Oneirodidae 梦鮟鱇科

Genus *Bertella* Pietsch, 1973 异梦鮟鱇属

Bertella idiomorpha Pietsch, 1973 异梦鮟鱇

Genus *Chaenophryne* Regan, 1925 蟾口鮟鱇属

Chaenophryne draco Beebe, 1932 龙蟾口鮟鱇

Chaenophryne longiceps Regan, 1925 长头蟾口鮟鱇

Chaenophryne melanorhabdus Regan & Trewavas, 1932 黑纹蟾口鮟鱇

Chaenophryne quasiramifera Pietsch, 2007 头柄蟾口鮟鱇

Chaenophryne ramifera Regan & Trewavas, 1932 太平洋蟾口鮟鱇

Genus *Chirophryne* Regan & Trewavas, 1932 梦蟾鳍鱼属

Chirophryne xenolophus Regan & Trewavas, 1932 梦蟾鳍鱼

Genus *Ctenochirichthys* Regan & Trewavas, 1932 栉梦鮟鱇属

Ctenochirichthys longimanus Regan & Trewavas, 1932 智利栉梦鮟鱇

Genus *Danaphryne* Bertelsen, 1951 戴娜鮟鱇属

Danaphryne nigrifilis (Regan & Trewavas, 1932) 黑褐戴娜鮟鱇

Genus *Dermatias* Smith & Radcliffe, 1912 韧皮梦鮟鱇属

Dermatias platynogaster Smith & Radcliffe, 1912 平腹韧皮梦鮟鱇

Genus *Dolopichthys* Garman, 1899 狡鮟鱇属

Dolopichthys allector Garman, 1899 加拿大狡鮟鱇

Dolopichthys danae Regan, 1926 达纳狡鮟鱇

Dolopichthys dinema Pietsch, 1972 双线狡鮟鱇

Dolopichthys jubatus Regan & Trewavas, 1932 朱巴狡鮟鱇

Dolopichthys karsteni Leipertz & Pietsch, 1987 卡氏狡鮟鱇

Dolopichthys longicornis Parr, 1927 长角狡鮟鱇

Dolopichthys pullatus Regan & Trewavas, 1932 黑狡鮟鱇 台

Genus *Leptacanthichthys* Regan & Trewavas, 1932 弱棘鮟鱇属

Leptacanthichthys gracilispinis (Regan, 1925) 弱棘鮟鱇

Genus *Lophodolos* Lloyd, 1909 冠鮟鱇属

Lophodolos acanthognathus Regan, 1925 棘颌冠鮟鱇

Lophodolos indicus Lloyd, 1909 印度冠鮟鱇 台

Genus *Microlophichthys* Regan & Trewavas, 1932 侏鮟鱇属

Microlophichthys microlophus (Regan, 1925) 侏鮟鱇

Genus *Oneirodes* Lütken, 1871 梦鮟鱇属

Oneirodes acanthias (Gilbert, 1915) 棘梦鮟鱇

Oneirodes alius Seigel & Pietsch, 1978 印度尼西亚梦鮟鱇

Oneirodes anisacanthus (Regan, 1925) 异棘梦鮟鱇

Oneirodes appendixus Ni & Xu, 1988 扁瓣梦鮟鱇 陆 台

Oneirodes basili Pietsch, 1974 巴氏梦鮟鱇

Oneirodes bradburyae Grey, 1956 布氏梦鮟鱇

Oneirodes bulbosus Chapman, 1939 球梦鮟鱇

Oneirodes carlsbergi (Regan & Trewavas, 1932) 卡氏梦鮟鱇 陆 台

Oneirodes clarkei Swinney & Pietsch, 1988 克拉克梦鮟鱇

Oneirodes cristatus (Regan & Trewavas, 1932) 冠毛梦鮟鱇

Oneirodes dicromischus Pietsch, 1974 热带梦鮟鱇

Oneirodes epithales Orr, 1991 上瓣梦鮟鱇

Oneirodes eschrichtii Lütken, 1871 伊氏梦鮟鱇

Oneirodes flagellifer (Regan & Trewavas, 1932) 鞭梦鮟鱇

Oneirodes haplonema Stewart & Pietsch, 1998 单丝梦鮟鱇

Oneirodes heteronema (Regan & Trewavas, 1932) 异丝梦鮟鱇

Oneirodes kreffti Pietsch, 1974 克氏梦鮟鱇

Oneirodes luetkeni (Regan, 1925) 柳氏梦鮟鱇

Oneirodes macronema (Regan & Trewavas, 1932) 大丝梦鮟鱇

Oneirodes macrosteus Pietsch, 1974 大瓣梦鮟鱇

Oneirodes melanocauda Bertelsen, 1951 黑尾梦鮟鱇

Oneirodes micronema Grobecker, 1978 小丝梦鮟鱇

Oneirodes mirus (Regan & Trewavas, 1932) 奇梦鮟鱇

Oneirodes myrionemus Pietsch, 1974 多丝梦鮟鱇

Oneirodes notius Pietsch, 1974 背丝梦鮟鱇

Oneirodes pietschi Ho & Shao, 2004 皮氏梦鮟鱇 台

Oneirodes plagionema Pietsch & Seigel, 1980 斜丝梦鮟鱇

Oneirodes posti Bertelsen & Grobecker, 1980 波氏梦鮟鱇

Oneirodes pterurus Pietsch & Seigel, 1980 鳍尾梦鮟鱇

Oneirodes rosenblatti Pietsch, 1974 罗氏梦鮟鱇

Oneirodes sabex Pietsch & Seigel, 1980 砂梦鮟鱇

Oneirodes schistonema Pietsch & Seigel, 1980 裂丝梦鮟鱇

Oneirodes schmidti (Regan & Trewavas, 1932) 史氏梦鮟鱇

Oneirodes theodoritissieri Belloc, 1938 西氏梦鮟鱇

Oneirodes thompsoni (Schultz, 1934) 汤氏梦鮟鱇

Oneirodes thysanema Pietsch & Seigel, 1980 茎丝梦鮟鱇

Oneirodes whitleyi Bertelsen & Pietsch, 1983 怀氏梦鮟鱇

Genus *Pentherichthys* Regan & Trewavas, 1932 哀鮟鱇属

Pentherichthys venustus (Regan & Trewavas, 1932) 美哀鮟鱇

Genus *Phyllorhinichthys* Pietsch, 1969 叶吻鮟鱇属

Phyllorhinichthys balushkini Pietsch, 2004 巴氏叶吻鮟鱇

Phyllorhinichthys micractis Pietsch, 1969 叶吻鮟鱇

Genus *Puck* Pietsch, 1978 普鮟鱇属

Puck pinnata Pietsch, 1978 普鮟鱇

Genus *Spiniphryne* Bertelsen, 1951 棘蟾鮟鱇属

Spiniphryne duhameli Pietsch & Baldwin, 2006 杜氏棘蟾鮟鱇

Spiniphryne gladisfenae (Beebe, 1932) 剑状棘蟾鮟鱇 台

Genus *Tyrannophryne* Regan & Trewavas, 1932 蛉鮟鱇属

Tyrannophryne pugnax Regan & Trewavas, 1932 暴龙蛉鮟鱇 台

Family 240 Thaumatichthyidae 奇鮟鱇科

Genus *Lasiognathus* Regan, 1925 毛颌鮟鱇属

Lasiognathus amphirhamphus Pietsch, 2005 两栖毛颌鮟鱇

Lasiognathus beebei Regan & Trewavas, 1932 毕比氏毛颌鮟鱇

Lasiognathus intermedius Bertelsen & Pietsch, 1996 中间毛颌鮟鱇

Lasiognathus saccostoma Regan, 1925 毛颌鮟鱇

Lasiognathus waltoni Nolan & Rosenblatt, 1975 华氏毛颌鮟鱇

Genus *Thaumatichthys* Smith & Radcliffe, 1912 奇鮟鱇属

Thaumatichthys axeli (Bruun, 1953) 阿氏奇鮟鱇

Thaumatichthys binghami Parr, 1927 宾氏奇鮟鱇

Thaumatichthys pagidostomus Smith & Radcliffe, 1912 印度洋奇鮟鱇 台

Family 241 Centrophrynidae 刺鮟鱇科

Genus *Centrophryne* Regan & Trewavas, 1932 刺鮟鱇属

Centrophryne spinulosa Regan & Trewavas, 1932 刺鮟鱇 台

Family 242 Ceratiidae 角鮟鱇科

Genus *Ceratias* Krøyer, 1845 角鮟鱇属

Ceratias holboelli Krøyer, 1845 霍氏角鮟鱇 陆 台

Ceratias tentaculatus (Norman, 1930) 触手角鮟鱇

Ceratias uranoscopus Murray, 1877 胆星角鮟鱇

Genus *Cryptopsaras* Gill, 1883 密棘角鮟鱇属

Cryptopsaras couesii Gill, 1883 密棘角鮟鱇 陆 台

Family 243 Gigantactinidae 大角鮟鱇科;巨棘鮟鱇科

Genus *Gigantactis* Brauer, 1902 大角鮟鱇属;巨棘鮟鱇属

Gigantactis balushkini Kharin, 1984 巴氏大角鮟鱇;巴氏巨棘鮟鱇

Gigantactis elsmani Bertelsen, Pietsch & Lavenberg, 1981 艾氏大角鮟鱇;艾氏巨棘鮟鱇 台

Gigantactis gargantua Bertelsen, Pietsch & Lavenberg, 1981 深口大角鮟鱇;深口巨棘鮟鱇 陆 台

Gigantactis gibbsi Bertelsen, Pietsch & Lavenberg, 1981 吉氏大角鮟鱇;吉氏巨棘鮟鱇

Gigantactis golovani Bertelsen, Pietsch & Lavenberg, 1981 戈氏大角鮟鱇;戈氏巨棘鮟鱇

Gigantactis gracilicauda Regan, 1925 细尾大角鮟鱇;细尾巨棘鮟鱇

Gigantactis herwigi Bertelsen, Pietsch & Lavenberg, 1981 赫氏大角鮟鱇;赫氏巨棘鮟鱇

Gigantactis ios Bertelsen, Pietsch & Lavenberg, 1981 锈色大角鮟鱇;锈色巨棘鮟鱇

Gigantactis kreffti Bertelsen, Pietsch & Lavenberg, 1981 克氏大角鮟鱇;克氏巨棘鮟鱇

Gigantactis longicauda Bertelsen & Pietsch, 2002 长尾大角鮟鱇;长尾巨棘鮟鱇

Gigantactis longicirra Waterman, 1939 长须大角鮟鱇;长须巨棘鮟鱇

Gigantactis macronema Regan, 1925 长棘大角鮟鱇;长棘巨棘鮟鱇

Gigantactis meadi Bertelsen, Pietsch & Lavenberg, 1981 米氏大角鮟鱇;米氏巨棘鮟鱇

Gigantactis microdontis Bertelsen, Pietsch & Lavenberg, 1981 小齿大角鮟鱇;小齿巨棘鮟鱇

Gigantactis microphthalmus (Regan & Trewavas, 1932) 小眼大角鮟鱇;小眼巨棘鮟鱇

Gigantactis paxtoni Bertelsen, Pietsch & Lavenberg, 1981 帕氏大角鮟鱇;帕氏巨棘鮟鱇

Gigantactis perlatus Beebe & Crane, 1947 扁瓣大角鮟鱇;扁瓣巨棘鮟鱇

Gigantactis savagei Bertelsen, Pietsch & Lavenberg, 1981 萨氏大角鮟鱇;萨氏巨棘鮟鱇

Gigantactis vanhoeffeni Brauer, 1902 梵氏巨棘鮟鱇 陆 台

Gigantactis watermani Bertelsen, Pietsch & Lavenberg, 1981 沃氏大角鮟鱇;沃氏巨棘鮟鱇

Genus *Rhynchactis* Regan, 1925 吻长角鮟鱇属;吻巨棘鮟鱇属

Rhynchactis leptonema Regan, 1925 细丝吻长角鮟鱇;细丝吻巨棘鮟鱇 台

Rhynchactis macrothrix Bertelsen & Pietsch, 1998 长丝吻长角鮟鱇;长丝吻巨棘鮟鱇 台

Rhynchactis microthrix Bertelsen & Pietsch, 1998 短丝吻长角鮟鱇;短丝吻巨棘鮟鱇

Family 244 Linophrynidae 树须鱼科;须鮟鱇科

Genus *Acentrophryne* Regan, 1926 无刺鮟鱇属

Acentrophryne dolichonema Pietsch & Shimazaki, 2005 长丝无刺鮟鱇

Acentrophryne longidens Regan, 1926 长牙无刺鮟鱇

Genus *Borophryne* Regan, 1925 贪口树须鱼属;贪口须鮟鱇属

Borophryne apogon Regan, 1925 贪口树须鱼;贪口须鮟鱇

Genus *Haplophryne* Regan, 1912 独树须鱼属;独须鮟鱇属

Haplophryne mollis (Brauer, 1902) 独树须鱼;独须鮟鱇

Haplophryne triregium Whitley & Phillipps, 1939 皇独树须鱼;皇独须鮟鱇

Genus *Linophryne* Collett, 1886 树须鱼属;须鮟鱇属

Linophryne algibarbata Waterman, 1939 藻髯树须鱼;藻髯须鮟鱇

Linophryne andersoni Gon, 1992 安氏树须鱼;安氏须鮟鱇

Linophryne arborifera Regan, 1925 新西兰树须鱼;新西兰须鮟鱇

Linophryne arcturi (Beebe, 1926) 阿氏树须鱼;阿氏须鮟鱇

Linophryne argyresca Regan & Trewavas, 1932 银树须鱼;银须鮟鱇

Linophryne bicornis Parr, 1927 双角树须鱼;双角须鮟鱇

Linophryne bipennata Bertelsen, 1982 双翼树须鱼;双翼须鮟鱇

Linophryne brevibarbata Beebe, 1932 短髭树须鱼;短髭须鮟鱇

Linophryne coronata Parr, 1927 球状树须鱼;球状须鮟鱇

Linophryne densiramus Imai, 1941 长杆树须鱼;长杆须鮟鱇

Linophryne digitopogon Balushkin & Trunov, 1988 趾杆树须鱼;趾杆须鮟鱇

Linophryne escaramosa Bertelsen, 1982 夏威夷树须鱼;夏威夷须鮟鱇

Linophryne indica (Brauer, 1902) 印度树须鱼;印度须鮟鱇 台

Linophryne lucifer Collett, 1886 灯笼树须鱼;灯笼须鮟鱇

Linophryne macrodon Regan, 1925 大齿树须鱼;大齿须鮟鱇

Linophryne maderensis Maul, 1961 马德拉树须鱼;马德拉须鮟鱇

Linophryne parini Bertelsen, 1980 珀氏树须鱼;珀氏须鮟鱇

Linophryne pennibarbata Bertelsen, 1980 羽髯树须鱼;羽髯须鮟鱇

Linophryne polypogon Regan, 1925 多须树须鱼;多须须鮟鱇 陆

Linophryne quinqueramosa Beebe & Crane, 1947 五岐树须鱼;五岐须鮟鱇

Linophryne racemifera Regan & Trewavas, 1932 茎树须鱼;茎须鮟鱇

Linophryne sexfilis Bertelsen, 1973 六线树须鱼;六线须鮟鱇

Linophryne trewavasae Bertelsen, 1978 特氏树须鱼;特氏须鮟鱇

Genus *Photocorynus* Regan, 1925 光棒鮟鱇属

Photocorynus spiniceps Regan, 1925 棘头光棒鮟鱇

Order Mugiliformes 鲻形目

Family 245 Mugilidae 鲻科

Genus *Agonostomus* Bennett, 1832 圆口鲻属

Agonostomus catalai Pellegrin, 1932 卡氏圆口鲻

Agonostomus monticola (Bancroft, 1834) 长体圆口鲻

Agonostomus telfairii Bennett, 1832 特氏圆口鲻

Genus *Aldrichetta* Whitley, 1945 厚唇鲻属

Aldrichetta forsteri (Valenciennes, 1836) 福氏厚唇鲻

Genus *Cestraeus* Valenciennes, 1836 斧鲻属

Cestraeus goldiei (Macleay, 1883) 高氏斧鲻

Cestraeus oxyrhyncus Valenciennes, 1836 尖吻斧鲻

Cestraeus plicatilis Valenciennes, 1836 新喀里多尼亚斧鲻

Genus *Chaenomugil* Gill, 1863 裂鲻属

Chaenomugil proboscideus (Günther, 1861) 裂鲻

Genus *Chelon* Artedi, 1793 龟鮻属

Chelon abu (Heckel, 1843) 伊朗龟鮻

Chelon affinis (Günther, 1861) 前鳞龟鮻 陆 台
    syn. *Liza carinatus* Oshima ,1922 前鳞鮻

Chelon alatus (Steindachner, 1892) 宝石龟鮻 陆 台
    syn. *Liza alata* (Steindachner, 1892) 宝石鮻

Chelon argenteus (Quoy & Gaimard, 1825) 银龟鮻

Chelon auratus (Risso, 1810) 金龟鮻

Chelon bispinosus (Bowdich, 1825) 双棘龟鮻

Chelon carinatus (Valenciennes, 1836) 棱龟鮻

Chelon dumerili (Steindachner, 1870) 杜氏龟鮻
    syn. *Liza dumerili* (Steindachner, 1870) 杜氏鮻

Chelon falcipinnis (Valenciennes, 1836) 犁鳍龟鮻

Chelon grandisquamis (Valenciennes, 1836) 巨鳞龟鮻

Chelon haematocheilus (Temminck & Schlegel, 1845) 龟鮻(梭鱼) 陆 台
    syn. *Liza haematocheilus* (Temminck & Schlegel, 1845) 鮻
    syn. *Liza soiuy* Basilewsky, 1855 鮻

Chelon klunzingeri (Day, 1888) 多耙龟鮻

Chelon labrosus (Risso, 1827) 粗唇龟鮻

Chelon macrolepis (Smith, 1846) 大鳞龟鮻 陆 台
    syn. *Liza macrolepis* (Smith, 1846) 大鳞鮻

Chelon mandapamensis Thomson, 1997 印度龟鮻

Chelon melinopterus (Valenciennes, 1836) 灰鳍龟鲛 陆

   syn. *Chelon luciae* (Penrith & Penrith, 1967) 南非龟鲛

Chelon parsia (Hamilton, 1822) 金点龟鲛

Chelon persicus (Senou, Randall & Okiyama, 1995) 波斯龟鲛

Chelon ramada (Risso, 1827) 枝龟鲛

Chelon ramsayi (Macleay, 1883) 拉氏龟鲛

Chelon richardsonii (Smith, 1846) 李氏龟鲛

Chelon saliens (Risso, 1810) 跳龟鲛

Chelon subviridis (Valenciennes, 1836) 绿背龟鲛 台

   syn. *Liza subviridis* (Valenciennes, 1836) 绿背鲛

Chelon tade (Forsskål, 1775) 尖头龟鲛 陆

   syn. *Liza tade* (Forsskål, 1775) 尖头鲛

Chelon tricuspidens (Smith, 1935) 叉牙龟鲛

Genus *Crenimugil* Schultz, 1946 粒唇鲻属

Crenimugil crenilabis (Forsskål, 1775) 粒唇鲻 陆 台

Crenimugil heterocheilos (Bleeker, 1855) 异粒唇鲻

Genus *Ellochelon* Whitley, 1930 鲻黄鲻属

Ellochelon vaigiensis (Quoy & Gaimard, 1825) 黄鲻 陆 台

   syn. *Liza vaigiensis* (Quoy & Gaimard, 1825) 截尾鲛

Genus *Joturus* Poey, 1860 锯齿鲻属

Joturus pichardi Poey, 1860 墨西哥锯齿鲻

Genus *Moolgarda* Whitley, 1945 莫鲻属

Moolgarda cunnesius (Valenciennes, 1836) 长鳍莫鲻 台

   syn. *Valamugil cunnesius* (Valenciennes, 1836) 长鳍凡鲻

Moolgarda delicata (Alleyne & Macleay, 1877) 柔莫鲻

Moolgarda pedaraki (Valenciennes, 1836) 少鳞莫鲻

   syn. *Moolgarda buchanani* (Bleeker,1854) 布氏莫鲻

Moolgarda perusii (Valenciennes, 1836) 佩氏莫鲻 台

Moolgarda robusta (Günther, 1861) 腋斑莫鲻

Moolgarda seheli (Forsskål, 1775) 薛氏莫鲻 陆 台

   syn. *Moolgarda formosae* (Oshima, 1922) 台湾莫鲻

Moolgarda speigleri (Bleeker, 1858-1859) 斯氏莫鲻

Genus *Mugil* Linnaeus, 1758 鲻属

Mugil bananensis (Pellegrin, 1927) 蕉鲻

Mugil broussonnetii Valenciennes, 1836 布氏鲻

Mugil capurrii (Perugia, 1892) 凯氏鲻

Mugil cephalus Linnaeus, 1758 鲻 陆 台

Mugil curema Valenciennes, 1836 库里鲻

Mugil curvidens Valenciennes, 1836 弯齿鲻

Mugil gaimardianus Desmarest, 1831 红眼鲻

Mugil galapagensis Ebeling, 1961 加拉帕戈斯岛鲻

Mugil gyrans (Jordan & Gilbert, 1884) 旋泳鲻

Mugil hospes Jordan & Culver, 1895 主鲻

Mugil incilis Hancock, 1830 沟鲻

Mugil liza Valenciennes, 1836 梭状鲻

Mugil platanus Günther, 1880 阿根廷鲻

Mugil rammelsbergii Tschudi, 1846 拉氏鲻

Mugil rubrioculus Harrison, Nirchio, Oliveira, Ron & Gaviria, 2007 红尾鲻

Mugil setosus Gilbert, 1892 蛾鲻

Mugil trichodon Poey, 1875 扇尾鲻

Genus *Myxus* Günther, 1861 黏鲻属

Myxus capensis (Valenciennes, 1836) 淡水黏鲻

Myxus elongatus Günther, 1861 长黏鲻

Myxus multidens (Ogilby, 1888) 多齿黏鲻

Myxus petardi (Castelnau, 1875) 佩氏黏鲻

Genus *Neomyxus* Steindachner, 1878 斜唇鲻属

Neomyxus chaptalii (Eydoux & Souleyet, 1850) 查氏斜唇鲻

Neomyxus leuciscus (Günther, 1872) 夏威夷斜唇鲻

Genus *Oedalechilus* Fowler, 1903 瘤唇鲻属

Oedalechilus labeo (Cuvier, 1829) 厚唇瘤唇鲻

Oedalechilus labiosus (Valenciennes, 1836) 角瘤唇鲻 陆 台

Genus *Osteomugil* Luther, 1982 骨鲻属

Osteomugil ophuyseni (Bleeker, 1858-1859) 前鳞骨鲻 陆

   syn. *Mugil kelaartii* Günther, 1861 开氏鲻

Osteomugil stronylocephalus (Richardson, 1846) 硬头骨鲻 陆

   syn. *Mugil engeli* (Bleeker, 1858-1859) 英氏鲻

Genus *Paramugil* Ghasemzadeh, Ivantsoff & Aarn, 2004 副鲻属

Paramugil georgii (Ogilby, 1897) 乔氏副鲻

Paramugil parmatus (Cantor, 1849) 盾副鲻

Genus *Rhinomugil* Gill, 1863 吻鲻属

Rhinomugil corsula (Hamilton, 1822) 印度吻鲻

Rhinomugil nasutus (De Vis, 1883) 大鼻吻鲻

Genus *Sicamugil* Fowler, 1939 剑鲻属

Sicamugil cascasia (Hamilton, 1822) 孟加拉国剑鲻

Sicamugil hamiltonii (Day, 1870) 剑鲻

Genus *Xenomugil* Schultz, 1946 奇鲻属

Xenomugil thoburni (Jordan & Starks, 1896) 索氏奇鲻

Order Atheriniformes 银汉鱼目

Family 246 Atherinopsidae 拟银汉鱼科

Genus *Atherinella* Steindachner, 1875 小银汉鱼属

Atherinella alvarezi (Díaz-Pardo, 1972) 阿氏小银汉鱼

Atherinella ammophila Chernoff & Miller, 1984 墨西哥小银汉鱼

Atherinella argentea Chernoff, 1986 银身小银汉鱼

Atherinella balsana (Meek, 1902) 黑灰小银汉鱼

Atherinella beani (Meek & Hildebrand, 1923) 比恩氏小银汉鱼

Atherinella blackburni (Schultz, 1949) 布氏小银汉鱼

Atherinella brasiliensis (Quoy & Gaimard, 1825) 巴西小银汉鱼

Atherinella callida Chernoff, 1986 卡利小银汉鱼

Atherinella chagresi (Meek & Hildebrand, 1914) 查氏小银汉鱼

Atherinella colombiensis (Hubbs, 1920) 哥伦比亚小银汉鱼

Atherinella crystallina (Jordan & Culver, 1895) 玻璃小银汉鱼

Atherinella elegans Chernoff, 1986 美丽小银汉鱼

Atherinella eriarcha Jordan & Gilbert, 1882 大口小银汉鱼

Atherinella guatemalensis (Günther, 1864) 危地马拉小银汉鱼

Atherinella guija (Hildebrand, 1925) 吉氏小银汉鱼

Atherinella hubbsi (Bussing, 1979) 赫氏小银汉鱼

Atherinella jiloaensis (Bussing, 1979) 尼加拉瓜小银汉鱼

Atherinella lisa (Meek, 1904) 利莎小银汉鱼

Atherinella marvelae (Chernoff & Miller, 1982) 马维尔小银汉鱼

Atherinella meeki (Miller, 1907) 米氏小银汉鱼

Atherinella milleri (Bussing, 1979) 密氏小银汉鱼

Atherinella nepenthe (Myers & Wade, 1942) 泳小银汉鱼

Atherinella nesiotes (Myers & Wade, 1942) 岛栖小银汉鱼

Atherinella nocturna (Myers & Wade, 1942) 夜游小银汉鱼

Atherinella pachylepis (Günther, 1864) 厚鳞小银汉鱼

Atherinella pallida (Fowler, 1944) 苍白小银汉鱼

Atherinella panamensis Steindachner, 1875 巴拿马小银汉鱼

Atherinella pellosemeion Chernoff, 1986 暗块小银汉鱼

Atherinella robbersi (Fowler, 1950) 罗氏小银汉鱼

Atherinella sallei (Regan, 1903) 萨氏小银汉鱼

Atherinella sardina (Meek, 1907) 沙丁小银汉鱼

Atherinella schultzi (Alvarez & Carranza, 1952) 施氏小银汉鱼

Atherinella serrivomer Chernoff, 1986 锯犁小银汉鱼

Atherinella starksi (Meek & Hildebrand, 1923) 斯氏小银汉鱼

Atherinella venezuelae (Eigenmann, 1920) 委内瑞拉小银汉鱼

Genus *Atherinops* Steindachner, 1876 拟银汉鱼属

Atherinops affinis (Ayres, 1860) 安芬拟银汉鱼

Genus *Atherinopsis* Girard, 1854 似银汉鱼属

Atherinopsis californiensis Girard, 1854 加州似银汉鱼

Genus *Basilichthys* Girard, 1855 基银汉鱼属
Basilichthys archaeus (Cope, 1878) 原始基银汉鱼
Basilichthys australis Eigenmann, 1928 澳洲基银汉鱼
Basilichthys microlepidotus (Jenyns, 1841) 细鳞基银汉鱼
Basilichthys semotilus (Cope, 1874) 远遁基银汉鱼

Genus *Chirostoma* Swainson, 1839 卡颏银汉鱼属
Chirostoma aculeatum Barbour, 1973 皮刺卡颏银汉鱼
Chirostoma arge (Jordan & Snyder, 1899) 墨西哥卡颏银汉鱼
Chirostoma attenuatum Meek, 1902 细窄卡颏银汉鱼
Chirostoma bartoni Jordan & Evermann, 1896 巴氏卡颏银汉鱼
Chirostoma chapalae Jordan & Snyder, 1899 查氏卡颏银汉鱼
Chirostoma charari (de Buen, 1945) 蔡氏卡颏银汉鱼
Chirostoma compressum de Buen, 1940 窄头卡颏银汉鱼
Chirostoma consocium Jordan & Hubbs, 1919 苦卡颏银汉鱼
Chirostoma contrerasi Barbour, 2002 康氏卡颏银汉鱼
Chirostoma copandaro de Buen, 1945 秀美卡颏银汉鱼
Chirostoma estor Jordan, 1880 砂栖卡颏银汉鱼
Chirostoma grandocule (Steindachner, 1894) 大卡颏银汉鱼
Chirostoma humboldtianum (Valenciennes, 1835) 卡颏银汉鱼
Chirostoma jordani Woolman, 1894 乔氏卡颏银汉鱼
Chirostoma labarcae Meek, 1902 拉巴氏卡颏银汉鱼
Chirostoma lucius Boulenger, 1900 梭形卡颏银汉鱼
Chirostoma melanoccus Alvarez, 1963 黑卡颏银汉鱼
Chirostoma patzcuaro Meek, 1902 帕兹湖卡颏银汉鱼
Chirostoma promelas Jordan & Snyder, 1899 前黑卡颏银汉鱼
Chirostoma reseratum Alvarez, 1963 北美卡颏银汉鱼
Chirostoma riojai Solórzano & López, 1966 里氏卡颏银汉鱼
Chirostoma sphyraena Boulenger, 1900 锤卡颏银汉鱼
Chirostoma zirahuen Meek, 1902 凶猛卡颏银汉鱼

Genus *Colpichthys* Hubbs, 1918 胸汉鱼属
Colpichthys hubbsi Crabtree, 1989 赫氏胸汉鱼
Colpichthys regis (Jenkins & Evermann, 1889) 大王胸汉鱼

Genus *Labidesthes* Cope, 1870 溪银汉鱼属
Labidesthes sicculus (Cope, 1865) 大眼溪银汉鱼

Genus *Leuresthes* Jordan & Gilbert, 1880 滑银汉鱼属
Leuresthes sardina (Jenkins & Evermann, 1889) 沙丁滑银汉鱼
Leuresthes tenuis (Ayres, 1860) 细长滑银汉鱼

Genus *Melanorhinus* Metzelaar, 1919 黑吻银汉鱼属
Melanorhinus boekei Metzelaar, 1919 博氏黑吻银汉鱼
Melanorhinus cyanellus (Meek & Hildebrand, 1923) 青色黑吻银汉鱼
Melanorhinus microps (Poey, 1860) 小眼黑吻银汉鱼

Genus *Membras* Bonaparte, 1836 糙银汉鱼属
Membras analis (Schultz, 1948) 柔弱糙银汉鱼
Membras argentea (Schultz, 1948) 银体糙银汉鱼
Membras dissimilis (Carvalho, 1956) 白腹糙银汉鱼
Membras gilberti (Jordan & Bollman, 1890) 吉氏糙银汉鱼
Membras martinica (Valenciennes, 1835) 大头糙银汉鱼
Membras vagrans (Goode & Bean, 1879) 漫游糙银汉鱼

Genus *Menidia* Browne, 1789 美洲原银汉鱼属
Menidia beryllina (Cope, 1867) 美洲原银汉鱼
Menidia clarkhubbsi Echelle & Mosier, 1982 克氏美洲原银汉鱼
Menidia colei Hubbs, 1936 科尔氏美洲原银汉鱼
Menidia conchorum Hildebrand & Ginsburg, 1927 壳状美洲原银汉鱼
Menidia extensa Hubbs & Raney, 1946 淡水美洲原银汉鱼
Menidia menidia (Linnaeus, 1766) 大西洋美洲原银汉鱼
Menidia peninsulae (Goode & Bean, 1879) 潮间美洲原银汉鱼

Genus *Odontesthes* Evermann & Kendall, 1906 牙汉鱼属
Odontesthes argentinensis (Valenciennes, 1835) 阿根廷牙汉鱼
Odontesthes bicudo Malabarba & Dyer, 2002 南美牙汉鱼
Odontesthes bonariensis (Valenciennes, 1835) 博纳里牙汉鱼
Odontesthes brevianalis (Günther, 1880) 短臀牙汉鱼
Odontesthes gracilis (Steindachner, 1898) 细牙汉鱼
Odontesthes hatcheri (Eigenmann, 1909) 哈奇牙汉鱼
Odontesthes humensis de Buen, 1953 胡孟牙汉鱼
Odontesthes incisa (Jenyns, 1841) 切齿牙汉鱼
Odontesthes ledae Malabarba & Dyer, 2002 莱氏牙汉鱼
Odontesthes mauleanum (Steindachner, 1896) 莫里牙汉鱼
Odontesthes mirinensis Bemvenuti, 1996 美里牙汉鱼
Odontesthes nigricans (Richardson, 1848) 灰白牙汉鱼
Odontesthes orientalis de Buen, 1950 东方牙汉鱼
Odontesthes perugiae Evermann & Kendall, 1906 秘鲁牙汉鱼
Odontesthes piquava Malabarba & Dyer, 2002 近视牙汉鱼
Odontesthes platensis (Berg, 1895) 扁牙汉鱼
Odontesthes regia (Humboldt, 1821) 雷吉牙汉鱼
Odontesthes retropinnis (de Buen, 1953) 弯鳍牙汉鱼
Odontesthes smitti (Lahille, 1929) 斯氏牙汉鱼
Odontesthes wiebrichi (Eigenmann, 1927) 威氏牙汉鱼

Genus *Poblana* de Buen, 1945 海波银汉鱼属
Poblana alchichica de Buen, 1945 墨西哥海波银汉鱼
Poblana ferdebueni Solórzano & López, 1965 费氏海波银汉鱼
Poblana letholepis Alvarez, 1950 遗鳞海波银汉鱼
Poblana squamata Alvarez, 1950 大鳞海波银汉鱼

Family 247 Notocheiridae 背手银汉鱼科

Genus *Iso* Jordan & Starks, 1901 浪花银汉鱼属;浪花鱼属
Iso flosmaris Jordan & Starks, 1901 浪花银汉鱼;浪花鱼 台
Iso hawaiiensis Gosline, 1952 夏威夷浪花银汉鱼;夏威夷浪花鱼
Iso natalensis Regan, 1919 纳塔尔浪花银汉鱼;纳塔尔浪花鱼
Iso nesiotes Saeed, Ivantsoff & Crowley, 1993 岛栖浪花银汉鱼;岛栖浪花鱼
Iso rhothophilus (Ogilby, 1895) 澳洲浪花银汉鱼;刀浪花鱼 台

Genus *Notocheirus* Clark, 1937 背手银汉鱼属
Notocheirus hubbsi Clark, 1937 智利背手银汉鱼

Family 248 Melanotaeniidae 虹银汉鱼科

Genus *Bedotia* Regan, 1903 皮杜银汉鱼属
Bedotia albomarginata Sparks & Rush, 2005 白缘皮杜银汉鱼
Bedotia alveyi Jones, Smith & Sparks, 2010 阿氏皮杜银汉鱼
Bedotia geayi Pellegrin, 1907 吉氏皮杜银汉鱼
Bedotia leucopteron Loiselle & Rodriguez, 2007 白翼皮杜银汉鱼
Bedotia madagascariensis Regan, 1903 马达加斯皮杜银汉鱼
Bedotia marojejy Stiassny & Harrison, 2000 侧斑皮杜银汉鱼
Bedotia masoala Sparks, 2001 马苏拉皮杜银汉鱼

Genus *Cairnsichthys* Allen, 1980 凯恩斯银汉鱼属
Cairnsichthys rhombosomoides (Nichols & Raven, 1928) 凯恩斯银汉鱼

Genus *Chilatherina* Regan, 1914 唇银汉鱼属
Chilatherina alleni Price, 1997 艾伦唇银汉鱼
Chilatherina axelrodi Allen, 1979 阿氏唇银汉鱼
Chilatherina bleheri Allen, 1985 布氏唇银汉鱼
Chilatherina bulolo (Whitley, 1938) 新几内亚唇银汉鱼
Chilatherina campsi (Whitley, 1957) 坎氏唇银汉鱼
Chilatherina crassispinosa (Weber, 1913) 粗棘唇银汉鱼
Chilatherina fasciata (Weber, 1913) 条纹唇银汉鱼
Chilatherina lorentzii (Weber, 1907) 洛氏唇银汉鱼
Chilatherina pricei Allen & Renyaan, 1996 普氏唇银汉鱼
Chilatherina sentaniensis (Weber, 1907) 印度尼西亚唇银汉鱼

Genus *Glossolepis* Weber, 1907 舌鳞银汉鱼属
Glossolepis dorityi Allen, 2001 多氏舌鳞银汉鱼
Glossolepis incisus Weber, 1907 伊瑞安岛舌鳞银汉鱼
Glossolepis leggetti Allen & Renyaan, 1998 莱氏舌鳞银汉鱼

Glossolepis maculosus Allen, 1981 斑舌鳞银汉鱼

Glossolepis multisquamata (Weber & de Beaufort, 1922) 多舌鳞银汉鱼

Glossolepis pseudoincisus Allen & Cross, 1980 拟切齿舌鳞银汉鱼

Glossolepis ramuensis Allen, 1985 拉穆舌鳞银汉鱼

Glossolepis wanamensis Allen & Kailola, 1979 瓦讷舌鳞银汉鱼

Genus *Iriatherina* Meinken, 1974 伊岛银汉鱼属

Iriatherina werneri Meinken, 1974 沃氏银汉鱼

Genus *Kalyptatherina* Saeed & Ivantsoff, 1991 美丽沼银汉鱼属

Kalyptatherina helodes (Ivantsoff & Allen, 1984) 伊瑞安岛美丽沼银汉鱼

Genus *Kiunga* Allen, 1983 琼银汉鱼属

Kiunga ballochi Allen, 1983 巴氏琼银汉鱼

Kiunga bleheri Allen, 2004 布氏琼银汉鱼

Genus *Marosatherina* Aarn, Ivantsoff & Kottelat, 1998 苦味银汉鱼属

Marosatherina ladigesi (Ahl, 1936) 拉迪氏苦味银汉鱼

Genus *Melanotaenia* Gill, 1862 虹银汉鱼属

Melanotaenia affinis (Weber, 1907) 安芬虹银汉鱼

Melanotaenia ajamaruensis Allen & Cross, 1980 爪哇虹银汉鱼

Melanotaenia ammeri Allen, Unmack & Hadiaty, 2008 安氏虹银汉鱼

Melanotaenia angfa Allen, 1990 安格虹银汉鱼

Melanotaenia arfakensis Allen, 1990 阿尔虹银汉鱼

Melanotaenia australis (Castelnau, 1875) 澳洲虹银汉鱼

Melanotaenia batanta Allen & Renyaan, 1998 印度尼西亚虹银汉鱼

Melanotaenia boesemani Allen & Cross, 1980 贝氏虹银汉鱼

Melanotaenia caerulea Allen, 1996 淡黑虹银汉鱼

Melanotaenia catherinae (de Beaufort, 1910) 卡瑟虹银汉鱼

Melanotaenia corona Allen, 1982 科隆虹银汉鱼

Melanotaenia duboulayi (Castelnau, 1878) 杜氏虹银汉鱼

Melanotaenia eachamensis Allen & Cross, 1982 大眼虹银汉鱼

Melanotaenia exquisita Allen, 1978 大颌虹银汉鱼

Melanotaenia fasinensis Kadarusman, Sudarto, Paradis & Pouyaud, 2010 法斯虹银汉鱼

Melanotaenia fluviatilis (Castelnau, 1878) 河虹银汉鱼

Melanotaenia fredericki (Fowler, 1939) 弗氏虹银汉鱼

Melanotaenia goldiei (Macleay, 1883) 戈氏虹银汉鱼

Melanotaenia gracilis Allen, 1978 细虹银汉鱼

Melanotaenia herbertaxelrodi Allen, 1981 赫氏虹银汉鱼

Melanotaenia irianjaya Allen, 1985 伊瑞安岛虹银汉鱼

Melanotaenia iris Allen, 1987 彩虹银汉鱼

Melanotaenia japenensis Allen & Cross, 1980 日本虹银汉鱼

Melanotaenia kamaka Allen & Renyaan, 1996 加马加湖虹银汉鱼

Melanotaenia kokasensis Allen, Unmack & Hadiaty, 2008 科卡斯虹银汉鱼

Melanotaenia lacustris Munro, 1964 湖虹银汉鱼

Melanotaenia lakamora Allen & Renyaan, 1996 拉加莫拉湖虹银汉鱼

Melanotaenia maccullochi Ogilby, 1915 麦氏虹银汉鱼

Melanotaenia maylandi Allen, 1983 梅氏虹银汉鱼

Melanotaenia misoolensis Allen, 1982 米苏尔岛虹银汉鱼

Melanotaenia monticola Allen, 1980 蒙特虹银汉鱼

Melanotaenia mubiensis Allen, 1996 新几内亚虹银汉鱼

Melanotaenia nigrans (Richardson, 1843) 黑带虹银汉鱼

Melanotaenia ogilbyi Weber, 1910 奥氏虹银汉鱼

Melanotaenia oktediensis Allen & Cross, 1980 奥梯虹银汉鱼

Melanotaenia papuae Allen, 1981 帕普虹银汉鱼

Melanotaenia parkinsoni Allen, 1980 派氏虹银汉鱼

Melanotaenia parva Allen, 1990 小虹银汉鱼

Melanotaenia pierucciae Allen & Renyaan, 1996 皮氏虹银汉鱼

Melanotaenia pimaensis Allen, 1981 皮马虹银汉鱼

Melanotaenia praecox (Weber & de Beaufort, 1922) 薄唇虹银汉鱼

Melanotaenia pygmaea Allen, 1978 侏虹银汉鱼

Melanotaenia rubripinnis Allen & Renyaan, 1998 红鳍虹银汉鱼

Melanotaenia sexlineata (Munro, 1964) 六带虹银汉鱼

Melanotaenia solata Taylor, 1964 变色虹银汉鱼

Melanotaenia splendida inornata (Castelnau, 1875) 丑虹银汉鱼

Melanotaenia splendida rubrostriata (Ramsay & Ogilby, 1886) 粗吻虹银汉鱼

Melanotaenia splendida splendida (Peters, 1866) 亮丽虹银汉鱼

Melanotaenia splendida tatei (Zietz, 1896) 塔氏虹银汉鱼

Melanotaenia sylvatica Allen, 1997 巴布亚虹银汉鱼

Melanotaenia synergos Allen & Unmack, 2008 宝贝虹银汉鱼

Melanotaenia trifasciata (Rendahl, 1922) 三带虹银汉鱼

Melanotaenia utcheensis McGuigan, 2001 秀美虹银汉鱼

Melanotaenia vanheurni (Weber & de Beaufort, 1922) 范氏虹银汉鱼

Genus *Paratherina* Kottelat, 1990 副银汉鱼属

Paratherina cyanea Aurich, 1935 青副银汉鱼

Paratherina labiosa Aurich, 1935 大唇副银汉鱼

Paratherina striata Aurich, 1935 条纹副银汉鱼

Paratherina wolterecki Aurich, 1935 苏拉威西副银汉鱼

Genus *Pelangia* Allen, 1998 金刚银汉鱼属

Pelangia mbutaensis Allen, 1998 印度尼西亚金刚银汉鱼

Genus *Pseudomugil* Kner, 1866 似鱲银汉鱼属

Pseudomugil connieae (Allen, 1981) 康妮似鱲银汉鱼

Pseudomugil cyanodorsalis Allen & Sarti, 1983 青背似鱲银汉鱼

Pseudomugil furcatus Nichols, 1955 叉尾似鱲银汉鱼

Pseudomugil gertrudae Weber, 1911 格氏似鱲银汉鱼

Pseudomugil inconspicuus Roberts, 1978 黏滑似鱲银汉鱼

Pseudomugil ivantsoffi Allen & Renyaan, 1999 伊凡似鱲银汉鱼

Pseudomugil majusculus Ivantsoff & Allen, 1984 巴布亚似鱲银汉鱼

Pseudomugil mellis Allen & Ivantsoff, 1982 蜜似鱲银汉鱼

Pseudomugil novaeguineae Weber, 1907 新几内亚似鱲银汉鱼

Pseudomugil paludicola Allen & Moore, 1981 沼栖似鱲银汉鱼

Pseudomugil paskai Allen & Ivantsoff, 1986 帕氏似鱲银汉鱼

Pseudomugil pellucidus Allen & Ivantsoff, 1998 似鱲银汉鱼属

Pseudomugil reticulatus Allen & Ivantsoff, 1986 网纹似鱲银汉鱼

Pseudomugil signifer Kner, 1866 似鱲银汉鱼

Pseudomugil tenellus Taylor, 1964 澳大利亚似鱲银汉鱼

Genus *Rhadinocentrus* Regan, 1914 柔棘鱼属

Rhadinocentrus ornatus Regan, 1914 新南威尔士柔棘鱼

Genus *Rheocles* Jordan & Hubbs, 1919 溪汉鱼属

Rheocles alaotrensis (Pellegrin, 1914) 马达加斯加岛溪汉鱼

Rheocles derhami Stiassny & Rodriguez, 2001 德氏溪汉鱼

Rheocles lateralis Stiassny & Reinthal, 1992 砖红溪汉鱼

Rheocles pellegrini (Nichols & La Monte, 1931) 佩氏溪汉鱼

Rheocles sikorae (Sauvage, 1891) 西科溪汉鱼

Rheocles vatosoa Stiassny, Rodriguez & Loiselle, 2002 非洲溪汉鱼

Rheocles wrightae Stiassny, 1990 赖特溪汉鱼

Genus *Scaturiginichthys* Ivantsoff, Unmack, Saeed & Crowley, 1991 泉生银汉鱼属

Scaturiginichthys vermeilipinnis Ivantsoff, Unmack, Saeed & Crowley, 1991 红鳍泉生银汉鱼

Genus *Telmatherina* Boulenger, 1897 沼银汉鱼属

Telmatherina abendanoni Weber, 1913 阿氏沼银汉鱼

Telmatherina antoniae Kottelat, 1991 安东尼沼银汉鱼

Telmatherina bonti Weber & de Beaufort, 1922 邦氏沼银汉鱼

Telmatherina celebensis Boulenger, 1897 西里伯斯沼银汉鱼

Telmatherina obscura Kottelat, 1991 暗色沼银汉鱼

Telmatherina opudi Kottelat, 1991 奥氏沼银汉鱼

Telmatherina prognatha Kottelat, 1991 燕沼银汉鱼

Telmatherina sarasinorum Kottelat, 1991 苏拉威西沼银汉鱼

Telmatherina wahjui Kottelat, 1991 伍氏沼银汉鱼

Genus *Tominanga* Kottelat, 1990 富永沼银汉鱼属

Tominanga aurea Kottelat, 1990 金色富永沼银汉鱼

Tominanga sanguicauda Kottelat, 1990 血尾富永沼银汉鱼

Family 249 Atherionidae 细银汉鱼科

Genus *Atherion* Jordan & Starks, 1901 细银汉鱼属

Atherion africanum Smith, 1965 非洲细银汉鱼

Atherion elymus Jordan & Starks, 1901 糙头细银汉鱼 陆 台

Atherion maccullochi Jordan & Hubbs, 1919 麦氏细银汉鱼

Family 250 Phallostethidae 精器鱼科

Genus *Dentatherina* Patten & Ivantsoff, 1983 牙银汉鱼属

Dentatherina merceri Patten & Ivantsoff, 1983 默氏牙银汉鱼

Genus *Gulaphallus* Herre, 1925 真精器鱼属

Gulaphallus bikolanus (Herre, 1926) 奇棒真精器鱼

Gulaphallus eximius Herre, 1925 真精器鱼

Gulaphallus falcifer Manacop, 1936 镰形真精器鱼

Gulaphallus mirabilis Herre, 1925 菲律宾真精器鱼

Gulaphallus panayensis (Herre, 1942) 吕宋真精器鱼

Genus *Neostethus* Regan, 1916 栉精器鱼属

Neostethus amaricola (Villadolid & Manacop, 1934) 沟栖栉精器鱼

Neostethus bicornis Regan, 1916 双角栉精器鱼

Neostethus borneensis Herre, 1940 婆罗洲栉精器鱼

Neostethus ctenophorus (Aurich, 1937) 梳栉精器鱼

Neostethus djajaorum Parenti & Louie, 1998 苏拉威西栉精器鱼

Neostethus lankesteri Regan, 1916 栉精器鱼

Neostethus palawanensis (Myers, 1935) 巴拉望栉精器鱼

Neostethus robertsi Parenti, 1989 罗氏栉精器鱼

Neostethus thessa (Aurich, 1937) 菲律宾栉精器鱼

Neostethus villadolidi Herre, 1942 维氏栉精器鱼

Neostethus zamboangae Herre, 1942 吕宋栉精器鱼

Genus *Phallostethus* Regan, 1913 精器鱼属

Phallostethus dunckeri Regan, 1913 精器鱼

Phallostethus lehi Parenti, 1996 马来亚精器鱼

Genus *Phenacostethus* Myers, 1928 拟精器鱼属

Phenacostethus posthon Roberts, 1971 苏门答腊拟精器鱼

Phenacostethus smithi Myers, 1928 史氏拟精器鱼

Phenacostethus trewavasae Parenti, 1986 屈氏拟精器鱼

Family 251 Atherinidae 银汉鱼科

Genus *Alepidomus* Hubbs, 1944 阿勒银汉鱼属

Alepidomus evermanni (Eigenmann, 1903) 艾氏阿勒银汉鱼

Genus *Atherina* Linnaeus, 1758 真银汉鱼属

Atherina boyeri Risso, 1810 博耶氏真银汉鱼

Atherina breviceps Valenciennes, 1835 短头真银汉鱼

Atherina hepsetus Linnaeus, 1758 西班牙真银汉鱼

Atherina lopeziana Rossignol & Blache, 1961 大口真银汉鱼

Atherina presbyter Cuvier, 1829 沙真银汉鱼

Genus *Atherinason* Whitley, 1934 坚头银汉鱼属

Atherinason hepsetoides (Richardson, 1843) 似鳜坚头银汉鱼

Genus *Atherinomorus* Fowler, 1903 美银汉鱼属

Atherinomorus aetholepis Kimura, Iwatsuki & Yoshino, 2002 褐鳞美银汉鱼

Atherinomorus balabacensis (Seale, 1910) 巴拉巴克岛美银汉鱼

Atherinomorus capricornensis (Woodland, 1961) 卡普里角美银汉鱼

Atherinomorus duodecimalis (Valenciennes, 1835) 非洲美银汉鱼

Atherinomorus endrachtensis (Quoy & Gaimard, 1825) 灰色美银汉鱼

Atherinomorus insularum (Jordan & Evermann, 1903) 岛屿美银汉鱼 台

Atherinomorus lacunosus (Forster, 1801) 南洋美银汉鱼 台

Atherinomorus lineatus (Günther, 1872) 线纹美银汉鱼

Atherinomorus pinguis (Lacepède, 1803) 壮体美银汉鱼 台

Atherinomorus regina (Seale, 1910) 大王美银汉鱼

Atherinomorus stipes (Müller & Troschel, 1848) 坚头美银汉鱼

Atherinomorus vaigiensis (Quoy & Gaimard, 1825) 澳洲美银汉鱼

Genus *Atherinosoma* Castelnau, 1872 坚银汉鱼属

Atherinosoma elongata (Klunzinger, 1879) 长身坚银汉鱼

Atherinosoma microstoma (Günther, 1861) 小口坚银汉鱼

Genus *Bleheratherina* Ivantsoff & Ivantsoff, 2009 布莱银汉鱼属

Bleheratherina pierucciae Ivantsoff & Ivantsoff, 2009 大口布莱银汉鱼

Genus *Craterocephalus* McCulloch, 1912 硬头鱼属

Craterocephalus amniculus Crowley & Ivantsoff, 1990 河硬头鱼

Craterocephalus capreoli Rendahl, 1922 卡氏硬头鱼

Craterocephalus centralis Crowley & Ivantsoff, 1990 圆硬头鱼

Craterocephalus cuneiceps Whitley, 1944 西部硬头鱼

Craterocephalus dalhousiensis Ivantsoff & Glover, 1974 达尔湖硬头鱼

Craterocephalus eyresii (Steindachner, 1883) 艾氏硬头鱼

Craterocephalus fistularis Crowley, Ivantsoff & Allen, 1995 管状硬头鱼

Craterocephalus fluviatilis McCulloch, 1912 溪硬头鱼

Craterocephalus gloveri Crowley & Ivantsoff, 1990 格氏硬头鱼

Craterocephalus helenae Ivantsoff, Crowley & Allen, 1987 海伦硬头鱼

Craterocephalus honoriae (Ogilby, 1912) 霍诺硬头鱼

Craterocephalus kailolae Ivantsoff, Crowley & Allen, 1987 凯洛硬头鱼

Craterocephalus lacustris Trewavas, 1940 湖硬头鱼

Craterocephalus laisapi Larson, Ivantsoff & Crowley, 2005 莱氏硬头鱼

Craterocephalus lentiginosus Ivantsoff, Crowley & Allen, 1987 雀斑硬头鱼

Craterocephalus marianae Ivantsoff, Crowley & Allen, 1987 玛丽硬头鱼

Craterocephalus marjoriae Whitley, 1948 马氏硬头鱼

Craterocephalus mugiloides (McCulloch, 1912) 鲻形硬头鱼

Craterocephalus munroi Crowley & Ivantsoff, 1988 芒氏硬头鱼

Craterocephalus nouhuysi (Weber, 1910) 诺氏硬头鱼

Craterocephalus pauciradiatus (Günther, 1861) 短鳍硬头鱼

Craterocephalus pimatuae Crowley, Ivantsoff & Allen, 1991 皮马硬头鱼

Craterocephalus randi Nichols & Raven, 1934 伦氏硬头鱼

Craterocephalus stercusmuscarum fulvus Ivantsoff, Crowley & Allen, 1987 微红硬头鱼

Craterocephalus stercusmuscarum stercusmuscarum (Günther, 1867) 点带硬头鱼

Craterocephalus stramineus (Whitley, 1950) 澳洲硬头鱼

Genus *Hypoatherina* Schultz, 1948 下银汉鱼属

Hypoatherina barnesi Schultz, 1953 巴氏下银汉鱼

Hypoatherina crenolepis (Schultz, 1953) 锯鳞下银汉鱼

Hypoatherina harringtonensis (Goode, 1877) 哈林下银汉鱼

Hypoatherina ovalaua (Herre, 1935) 椭圆银汉鱼

Hypoatherina temminckii (Bleeker, 1853) 坦氏下银汉鱼

Hypoatherina tropicalis (Whitley, 1948) 热带下银汉鱼

Hypoatherina tsurugae (Jordan & Starks, 1901) 后肛下银汉鱼 台

Hypoatherina valenciennei (Bleeker, 1853) 凡氏下银汉鱼 陆 台

  syn. *Allanetta bleekeri* Günther, 1861 白氏银汉鱼

Hypoatherina woodwardi (Jordan & Starks, 1901) 吴氏下银汉鱼 台

Genus *Kestratherina* Pavlov, Ivantsoff, Last & Crowley, 1988 凯斯特银汉鱼属

Kestratherina brevirostris Pavlov, Ivantsoff, Last & Crowley, 1988 短吻凯斯特银汉鱼

Kestratherina esox (Klunzinger, 1872) 梭形凯斯特银汉鱼

Genus *Leptatherina* Pavlov, Ivantsoff, Last & Crowley, 1988 瘦银汉鱼属

Leptatherina presbyteroides (Richardson, 1843) 短吻瘦银汉鱼

Leptatherina wallacei (Prince, Ivantsoff & Potter, 1982) 沃氏瘦银汉鱼

Genus *Stenatherina* Schultz, 1948 狭银汉鱼属

Stenatherina panatela (Jordan & Richardson, 1908) 狭银汉鱼

Genus *Teramulus* Smith, 1965 软汉鱼属

Teramulus kieneri Smith, 1965 基氏软汉鱼

Teramulus waterloti (Pellegrin, 1932) 沃氏软汉鱼

Order Beloniformes 颌针鱼目;鹤鱵目

Suborder Adrianichthyoidei 怪颌鳉亚目

Family 252 Adrianichthyidae 怪颌鳉科

Genus *Adrianichthys* Weber, 1913 怪颌鳉属

Adrianichthys kruyti Weber, 1913 克鲁氏怪颌鳉

Adrianichthys oophorus (Kottelat, 1990) 卵形怪颌鳉

Adrianichthys poptae (Weber & de Beaufort, 1922) 波氏怪颌鳉

Adrianichthys roseni Parenti & Soeroto, 2004 路氏怪颌鳉

Genus *Oryzias* Jordan & Snyder, 1906 青鳉属

Oryzias bonneorum Parenti, 2008 博尼青鳉

Oryzias carnaticus (Jerdon, 1849) 肉色青鳉

Oryzias celebensis (Weber, 1894) 西里伯斯青鳉

Oryzias curvinotus (Nichols & Pope, 1927) 弓背青鳉 陆

Oryzias dancena (Hamilton, 1822) 恒河青鳉

Oryzias hadiatyae Herder & Chapuis, 2010 哈氏青鳉

Oryzias haugiangensis Roberts, 1998 后江青鳉

Oryzias hubbsi Roberts, 1998 赫氏青鳉

Oryzias javanicus (Bleeker, 1854) 爪哇青鳉

Oryzias latipes (Temminck & Schlegel, 1846) 青鳉 陆 台

Oryzias luzonensis (Herre & Ablan, 1934) 吕宋青鳉

Oryzias marmoratus (Aurich, 1935) 花斑青鳉

Oryzias matanensis (Aurich, 1935) 马塔青鳉

Oryzias mekongensis Uwa & Magtoon, 1986 湄公河青鳉

Oryzias melastigma (McClelland, 1839) 黑点青鳉

Oryzias minutillus Smith, 1945 小青鳉 陆

Oryzias nebulosus Parenti & Soeroto, 2004 云斑青鳉

Oryzias nigrimas Kottelat, 1990 黑青鳉

Oryzias orthognathus Kottelat, 1990 直颌青鳉

Oryzias pectoralis Roberts, 1998 鳍斑青鳉

Oryzias profundicola Kottelat, 1990 深青鳉

Oryzias sarasinorum (Popta, 1905) 色拉青鳉

Oryzias setnai (Kulkarni, 1940) 塞氏青鳉

Oryzias sinensis Chen, Uwa & Chu, 1989 中华青鳉 陆

Oryzias songkhramensis Magtoon, 2010 宋卡青鳉

Oryzias timorensis (Weber & de Beaufort, 1922) 帝汶青鳉

Oryzias uwai Roberts, 1998 乌氏青鳉

Oryzias woworae Parenti & Hadiaty, 2010 沃氏青鳉

Suborder Belonoidei 颌针鱼亚目;鹤鱵亚目

Family 253 Exocoetidae 飞鱼科

Genus *Cheilopogon* Lowe, 1841 须唇飞鱼属

Cheilopogon abei Parin, 1996 阿氏须唇飞鱼 台

Cheilopogon agoo (Temminck & Schlegel, 1846) 燕鳐须唇飞鱼(燕鳐鱼);阿戈须唇飞鱼 陆 台

Cheilopogon antoncichi (Woods & Schultz, 1953) 安东须唇飞鱼

Cheilopogon arcticeps (Günther, 1866) 弓头唇须飞鱼 陆 台

Cheilopogon atrisignis (Jenkins, 1903) 红斑须唇飞鱼 陆 台

Cheilopogon cyanopterus (Valenciennes, 1847) 青翼须唇飞鱼 陆 台

    syn. *Exocoetus bahiensis* (Ranzani, 1842) 背斑燕鳐鱼

Cheilopogon doederleinii (Steindachner, 1887) 多氏须唇飞鱼

Cheilopogon dorsomacula (Fowler, 1944) 背斑须唇飞鱼

Cheilopogon exsiliens (Linnaeus, 1771) 隐须唇飞鱼

Cheilopogon furcatus (Mitchill, 1815) 斑翼须唇飞鱼

Cheilopogon heterurus (Rafinesque, 1810) 异尾须唇飞鱼

Cheilopogon hubbsi (Parin, 1961) 赫氏须唇飞鱼

Cheilopogon intermedius Parin, 1961 中间须唇飞鱼

Cheilopogon katoptron (Bleeker, 1865) 黄鳍须唇飞鱼 陆 台

Cheilopogon melanurus (Valenciennes, 1847) 黑尾须唇飞鱼

Cheilopogon milleri (Gibbs & Staiger, 1970) 米氏须唇飞鱼

Cheilopogon nigricans (Bennett, 1840) 黑背须唇飞鱼

Cheilopogon papilio (Clark, 1936) 帕氏须唇飞鱼

Cheilopogon pinnatibarbatus altipennis (Valenciennes, 1847) 小头须唇飞鱼

Cheilopogon pinnatibarbatus californicus (Cooper, 1863) 加州小头须唇飞鱼

Cheilopogon pinnatibarbatus japonicus (Franz, 1910) 羽须唇飞鱼

Cheilopogon pinnatibarbatus melanocercus (Ogilby, 1885) 黑须唇飞鱼

Cheilopogon pinnatibarbatus pinnatibarbatus (Bennett, 1831) 翼髭须唇飞鱼 台

Cheilopogon pitcairnensis (Nichols & Breder, 1935) 皮特凯恩须唇飞鱼

Cheilopogon rapanouiensis Parin, 1961 拉帕奴须唇飞鱼

Cheilopogon simus (Valenciennes, 1847) 扁鼻须唇飞鱼

Cheilopogon spilonotopterus (Bleeker, 1865) 点背须唇飞鱼 台

Cheilopogon spilopterus (Valenciennes, 1847) 点鳍须唇飞鱼 陆 台

Cheilopogon suttoni (Whitley & Colefax, 1938) 苏氏须唇飞鱼 陆 台

Cheilopogon unicolor (Valenciennes, 1847) 白鳍须唇飞鱼 台

Cheilopogon ventralis (Nichols & Breder, 1935) 大臀须唇飞鱼

Cheilopogon xenopterus (Gilbert, 1890) 腹点须唇飞鱼

Genus *Cypselurus* Swainson, 1838 燕鳐鱼属;斑鳍飞鱼属

Cypselurus angusticeps Nichols & Breder, 1935 细头燕鳐鱼;细头斑鳍飞鱼 台

Cypselurus callopterus (Günther, 1866) 美鳍燕鳐鱼;美鳍斑鳍飞鱼

Cypselurus comatus (Mitchill, 1815) 长毛燕鳐鱼;长毛斑鳍飞鱼

Cypselurus hexazona (Bleeker, 1853) 六带燕鳐鱼;六带斑鳍飞鱼 陆

    syn. *Cypselurus brevis* Weber & Beaufort, 1922 小燕鳐

Cypselurus hiraii Abe, 1953 平井燕鳐鱼;平井斑鳍飞鱼

Cypselurus naresii (Günther, 1889) 纳氏燕鳐鱼;纳氏斑鳍飞鱼 陆 台

Cypselurus oligolepis (Bleeker, 1865) 少鳞燕鳐鱼;寡鳞斑鳍飞鱼 陆 台

Cypselurus opisthopus (Bleeker, 1865) 黑鳍燕鳐鱼;黑鳍斑鳍飞鱼 陆

Cypselurus poecilopterus (Valenciennes, 1847) 花鳍燕鳐鱼;斑鳍飞鱼 陆 台

Cypselurus starksi Abe, 1953 斯氏燕鳐鱼;斯氏斑鳍飞鱼 台

Genus *Exocoetus* Linnaeus, 1758 飞鱼属

Exocoetus gibbosus Parin & Shakhovskoy, 2000 驼背飞鱼

Exocoetus monocirrhus Richardson, 1846 单须飞鱼 陆 台

Exocoetus obtusirostris Günther, 1866 钝吻飞鱼

Exocoetus peruvianus Parin & Shakhovskoy, 2000 秘鲁飞鱼

Exocoetus volitans Linnaeus, 1758 大头飞鱼 陆 台

Genus *Fodiator* Jordan & Meek, 1885 尖颏飞鱼属

Fodiator acutus (Valenciennes, 1847) 锐利尖颏飞鱼

Fodiator rostratus (Günther, 1866) 圆吻尖颏飞鱼

Genus *Hirundichthys* Breder, 1928 文鳐鱼属;细身飞鱼属

Hirundichthys affinis (Günther, 1866) 斑翼文鳐鱼;斑翼细身飞鱼

Hirundichthys albimaculatus (Fowler, 1934) 白斑文鳐鱼;白斑细身飞鱼

Hirundichthys coromandelensis (Hornell, 1923) 科罗曼文鳐鱼;科罗曼细身飞鱼

Hirundichthys ilma (Clarke, 1899) 伊玛文鳐鱼;伊玛细身飞鱼

Hirundichthys marginatus (Nichols & Breder, 1928) 缘边文鳐鱼;缘边细身飞鱼

Hirundichthys oxycephalus (Bleeker, 1852) 尖头文鳐鱼;尖头细身飞鱼 台

Hirundichthys rondeletii (Valenciennes, 1847) 黑翼文鳐鱼;隆氏细身飞鱼 台

Hirundichthys socotranus (Steindachner, 1902) 沙考文鳐鱼;沙考细身飞鱼

Hirundichthys speculiger (Valenciennes, 1847) 尖鳍文鳐鱼;尖鳍细身飞鱼 陆 台

Genus *Oxyporhamphus* Gill, 1864 飞鳐属

Oxyporhamphus convexus (Weber & de Beaufort, 1922) 黑鳍飞鳐 陆 台
Oxyporhamphus micropterus micropterus (Valenciennes, 1847) 白鳍飞鳐 陆 台
Oxyporhamphus micropterus similis Bruun, 1935 似飞鳐

Genus *Parexocoetus* Bleeker, 1865 拟飞鱼属

Parexocoetus brachypterus (Richardson, 1846) 短鳍拟飞鱼 陆 台
Parexocoetus hillianus (Gosse, 1851) 希尔拟飞鱼
Parexocoetus mento (Valenciennes, 1847) 长颌拟飞鱼 陆 台

Genus *Prognichthys* Breder, 1928 真燕鳐属(燕飞鱼属);原飞鱼属

Prognichthys brevipinnis (Valenciennes, 1847) 短鳍真燕鳐(短鳍燕飞鱼);短鳍原飞鱼 陆 台
Prognichthys gibbifrons (Valenciennes, 1847) 钝吻真燕鳐(钝吻燕飞鱼);钝吻原飞鱼
Prognichthys glaphyrae Parin, 1999 华美真燕鳐(华美燕飞鱼);华美原飞鱼
Prognichthys occidentalis Parin, 1999 西方真燕鳐(西方燕飞鱼);西方原飞鱼
Prognichthys sealei Abe, 1955 塞氏真燕鳐(塞氏燕飞鱼);塞氏原飞鱼 陆
Prognichthys tringa Breder, 1928 德灵真燕鳐(厄瓜多尔燕飞鱼);德灵原飞鱼

Family 254 Hemiramphidae 鱵科

Genus *Arrhamphus* Günther, 1866 星鱵属

Arrhamphus sclerolepis krefftii (Steindachner, 1867) 克氏圆吻星鱵
Arrhamphus sclerolepis sclerolepis Günther, 1866 圆吻星鱵

Genus *Chriodorus* Goode & Bean, 1882 圆颌鱵属

Chriodorus atherinoides Goode & Bean, 1882 圆颌鱵

Genus *Dermogenys* Kuhl & van Hasselt, 1823 皮颏鱵属

Dermogenys bispina Meisner & Collette, 1998 双棘皮颏鱵
Dermogenys brachynotopterus (Bleeker, 1854) 短背鳍皮颏鱵
Dermogenys bruneiensis Meisner, 2001 文莱皮颏鱵
Dermogenys collettei Meisner, 2001 科氏皮颏鱵
Dermogenys montana Brembach, 1982 高山皮颏鱵
Dermogenys orientalis (Weber, 1894) 东方皮颏鱵
Dermogenys palawanensis Meisner, 2001 巴拉望皮颏鱵
Dermogenys pusilla Kuhl & van Hasselt, 1823 小皮颏鱵
Dermogenys robertsi Meisner, 2001 罗氏皮颏鱵
Dermogenys siamensis Fowler, 1934 暹罗皮颏鱵
Dermogenys sumatrana (Bleeker, 1853) 苏门答腊皮颏鱵
Dermogenys vogti Brembach, 1982 伏氏皮颏鱵

Genus *Euleptorhamphus* Gill, 1859 长吻鱵属

Euleptorhamphus velox Poey, 1868 速泳长吻鱵
Euleptorhamphus viridis (van Hasselt, 1823) 长吻鱵 陆 台

Genus *Hemiramphus* Cuvier, 1816 鱵属

Hemiramphus archipelagicus Collette & Parin, 1978 岛鱵 陆
Hemiramphus balao Lesueur, 1821 巴劳鱵
Hemiramphus bermudensis Collette, 1962 百慕大鱵
Hemiramphus brasiliensis (Linnaeus, 1758) 巴西鱵
Hemiramphus depauperatus Lay & Bennett, 1839 低鱵
Hemiramphus far (Forsskål, 1775) 斑鱵 陆 台
Hemiramphus lutkei Valenciennes, 1847 无斑鱵 台
Hemiramphus marginatus (Forsskål, 1775) 水鱵 陆
Hemiramphus robustus Günther, 1866 澳洲鱵
Hemiramphus saltator Gilbert & Starks, 1904 长鳍鱵

Genus *Hemirhamphodon* Bleeker, 1865 齿鱵属

Hemirhamphodon chrysopunctatus Brembach, 1978 金斑齿鱵
Hemirhamphodon kapuasensis Collette, 1991 印度尼西亚齿鱵
Hemirhamphodon kuekenthali Steindachner, 1901 库氏齿鱵

Hemirhamphodon phaiosoma (Bleeker, 1852) 齿鱵
Hemirhamphodon pogonognathus (Bleeker, 1853) 颌须齿鱵
Hemirhamphodon tengah Collette, 1991 丁加齿鱵

Genus *Hyporhamphus* Gill, 1859 下鱵鱼属;下鱵属

Hyporhamphus acutus acutus (Günther, 1872) 锐下鱵鱼
Hyporhamphus acutus pacificus (Steindachner, 1900) 太平洋锐下鱵鱼
Hyporhamphus affinis (Günther, 1866) 蓝背下鱵鱼 陆
Hyporhamphus australis (Steindachner, 1866) 澳洲下鱵鱼
Hyporhamphus balinensis (Bleeker, 1859) 巴利下鱵鱼
Hyporhamphus brederi (Fernández-Yépez, 1948) 布氏下鱵鱼
Hyporhamphus capensis (Thominot, 1886) 南非下鱵鱼
Hyporhamphus dussumieri (Valenciennes, 1847) 杜氏下鱵鱼 陆 台
Hyporhamphus erythrorinchus (Lesueur, 1821) 红吻下鱵鱼
Hyporhamphus gamberur (Rüppell, 1837) 红海下鱵鱼
Hyporhamphus gernaerti (Valenciennes, 1847) 简氏下鱵鱼 陆 台
Hyporhamphus gilli Meek & Hildebrand, 1923 吉氏下鱵鱼
Hyporhamphus ihi Phillipps, 1932 伊氏下鱵鱼
Hyporhamphus improvisus (Smith, 1933) 短鳍下鱵鱼
Hyporhamphus intermedius (Cantor, 1842) 间下鱵鱼 陆 台
Hyporhamphus kronei Miranda Ribeiro, 1915 克氏下鱵鱼
Hyporhamphus limbatus (Valenciennes, 1847) 缘下鱵鱼 陆 台
  syn. *Hyporhamphus sinensis* (Günther, 1866) 中华下鱵
Hyporhamphus meeki Banford & Collette, 1993 米氏下鱵鱼
Hyporhamphus melanochir (Valenciennes, 1847) 黑臂下鱵鱼
Hyporhamphus melanopterus Collette & Parin, 1978 黑鳍下鱵鱼
Hyporhamphus mexicanus Alvarez, 1959 墨西哥下鱵鱼
Hyporhamphus naos Banford & Collette, 2001 强壮下鱵鱼
Hyporhamphus neglectissimus Parin, Collette & Shcherbachev, 1980 新几内亚下鱵鱼
Hyporhamphus neglectus (Bleeker, 1866) 遗下鱵鱼
Hyporhamphus paucirastris Collette & Parin, 1978 少耙下鱵鱼 陆
Hyporhamphus picarti (Valenciennes, 1847) 皮卡下鱵鱼
Hyporhamphus quoyi (Valenciennes, 1847) 瓜氏下鱵鱼 陆
  syn. *Hyporhamphus melanurus* (Valenciennes, 1847) 黑尾下鱵
Hyporhamphus regularis ardelio (Whitley, 1931) 阿登川下鱵鱼
Hyporhamphus regularis regularis (Günther, 1866) 川下鱵鱼
Hyporhamphus roberti hildebrandi Jordan & Evermann, 1927 巴拿马劳氏下鱵鱼
Hyporhamphus roberti roberti (Valenciennes, 1847) 劳氏下鱵鱼
Hyporhamphus rosae (Jordan & Gilbert, 1880) 加州下鱵鱼
Hyporhamphus sajori (Temminck & Schlegel, 1846) 日本下鱵鱼 陆
Hyporhamphus sindensis (Regan, 1905) 下鱵鱼
Hyporhamphus snyderi Meek & Hildebrand, 1923 斯氏下鱵鱼
Hyporhamphus taiwanensis Collette & Su, 1986 台湾下鱵鱼 台
Hyporhamphus unicuspis Collette & Parin, 1978 单峰齿下鱵鱼
Hyporhamphus unifasciatus (Ranzani, 1841) 横带下鱵鱼
Hyporhamphus xanthopterus (Valenciennes, 1847) 黄鳍下鱵鱼
Hyporhamphus yuri Collette & Parin, 1978 尤氏下鱵鱼 台

Genus *Melapedalion* Fowler, 1934 黑蛇鱵属

Melapedalion breve (Seale, 1910) 南海黑蛇鱵

Genus *Nomorhamphus* Weber & de Beaufort, 1922 正鱵属

Nomorhamphus australis Brembach, 1991 澳洲正鱵
Nomorhamphus bakeri (Fowler & Bean, 1922) 巴氏正鱵
Nomorhamphus brembachi Vogt, 1978 布氏正鱵
Nomorhamphus celebensis Weber & de Beaufort, 1922 西里伯正鱵
Nomorhamphus ebrardtii (Popta, 1912) 埃氏正鱵
Nomorhamphus hageni (Popta, 1912) 哈氏正鱵
Nomorhamphus kolonodalensis Meisner & Louie, 2000 印度尼西亚正鱵
Nomorhamphus liemi Vogt, 1978 利氏正鱵

Nomorhamphus manifesta Meisner, 2001 喜荫正鱵

Nomorhamphus megarrhamphus (Brembach, 1982) 黑喙正鱵

Nomorhamphus pectoralis (Fowler, 1934) 大胸正鱵

Nomorhamphus philippina (Ladiges, 1972) 菲律宾正鱵

Nomorhamphus pinnimaculata Meisner, 2001 翼斑正鱵

Nomorhamphus ravnaki Brembach, 1991 拉氏正鱵

Nomorhamphus rossi Meisner, 2001 路氏正鱵

Nomorhamphus sanussii Brembach, 1991 萨氏正鱵

Nomorhamphus towoetii Ladiges, 1972 托氏正鱵

Nomorhamphus vivipara (Peters, 1865) 胎生正鱵

Nomorhamphus weberi (Boulenger, 1897) 韦氏正鱵

Genus *Rhynchorhamphus* Fowler, 1928 吻鱵属

Rhynchorhamphus arabicus Parin & Shcherbachev, 1972 阿拉伯吻鱵

Rhynchorhamphus georgii (Valenciennes, 1847) 乔氏吻鱵 陆 台

Rhynchorhamphus malabaricus Collette, 1976 马拉巴吻鱵

Rhynchorhamphus naga Collette, 1976 泰国吻鱵

Genus *Tondanichthys* Collette, 1995 汤达鱵属

Tondanichthys kottelati Collette, 1995 科氏汤达鱵

Genus *Zenarchopterus* Gill, 1864 异鳞鱵属

Zenarchopterus alleni Collette, 1982 阿氏异鳞鱵

Zenarchopterus beauforti Mohr, 1926 博氏异鳞鱵

Zenarchopterus buffonis (Valenciennes, 1847) 蟾异鳞鱵 陆 台

Zenarchopterus caudovittatus (Weber, 1907) 饰尾异鳞鱵

Zenarchopterus clarus Mohr, 1926 耀异鳞鱵

Zenarchopterus dispar (Valenciennes, 1847) 匙鳍异鳞鱵

Zenarchopterus dunckeri Mohr, 1926 董氏异鳞鱵 台

Zenarchopterus dux Seale, 1910 杜克斯氏异鳞鱵

Zenarchopterus ectuntio (Hamilton, 1822) 恒河异鳞鱵

Zenarchopterus gilli Smith, 1945 吉氏异鳞鱵

Zenarchopterus kampeni (Weber, 1913) 异鳞鱵

Zenarchopterus novaeguineae (Weber, 1913) 新几内亚异鳞鱵

Zenarchopterus ornithocephala Collette, 1985 鸟啄异鳞鱵

Zenarchopterus pappenheimi Mohr, 1926 印度尼西亚异鳞鱵

Zenarchopterus philippinus (Peters, 1868) 菲律宾异鳞鱵

Zenarchopterus quadrimaculatus Mohr, 1926 四斑异鳞鱵

Zenarchopterus rasori (Popta, 1912) 拉氏异鳞鱵

Zenarchopterus robertsi Collette, 1982 劳氏异鳞鱵

Zenarchopterus striga (Blyth, 1858) 条纹异鳞鱵

Zenarchopterus xiphophorus Mohr, 1934 剑异鳞鱵

Family 255 Belonidae 颌针鱼科;鹤鱵科

Genus *Ablennes* Jordan & Fordice, 1887 扁颌针鱼属;扁鹤鱵属

Ablennes hians (Valenciennes, 1846) 横带扁颌针鱼;扁鹤鱵 陆 台

Genus *Belone* Oken, 1815 颌针鱼属;鹤鱵属

Belone belone (Linnaeus, 1761) 颌针鱼;鹤鱵

Belone svetovidovi Collette & Parin, 1970 斯氏颌针鱼;斯氏鹤鱵

Genus *Belonion* Collette, 1966 小颌针鱼属;小鹤鱵属

Belonion apodion Collette, 1966 小颌针鱼;小鹤鱵

Belonion dibranchodon Collette, 1966 亚马孙河小颌针鱼;亚马孙小鹤鱵

Genus *Petalichthys* Regan, 1904 多耙颌针鱼属;多耙鹤鱵属

Petalichthys capensis Regan, 1904 南非多耙颌针鱼;南非多耙鹤鱵

Genus *Platybelone* Fowler, 1919 宽尾颌针鱼属;宽尾鹤鱵属

Platybelone argalus annobonensis Collette & Parin, 1970 大西洋宽尾颌针鱼;大西洋宽尾鹤鱵

Platybelone argalus argalus (Lesueur, 1821) 巴西宽尾颌针鱼;巴西宽尾鹤鱵

Platybelone argalus lovii (Günther, 1866) 洛氏宽尾颌针鱼;洛氏宽尾鹤鱵

Platybelone argalus platura (Rüppell, 1837) 扁宽尾颌针鱼;扁宽尾鹤鱵

Platybelone argalus platyura (Bennett, 1832) 东非宽尾颌针鱼;宽尾鹤鱵 陆 台

Platybelone argalus pterura (Osburn & Nichols, 1916) 大鳍宽尾颌针鱼;大鳍宽尾鹤鱵

Platybelone argalus trachura (Valenciennes, 1846) 粗宽尾颌针鱼;粗宽尾鹤鱵

Genus *Potamorrhaphis* Günther, 1866 江颌针鱼属;江鹤鱵属

Potamorrhaphis eigenmanni Miranda Ribeiro, 1915 艾氏江颌针鱼;艾氏江鹤鱵

Potamorrhaphis guianensis (Jardine, 1843) 圭亚那江颌针鱼;圭亚那江鹤鱵

Potamorrhaphis petersi Collette, 1974 彼氏江颌针鱼;彼氏江鹤鱵

Genus *Pseudotylosurus* Fernández-Yépez, 1948 拟圆颌针鱼属;拟圆鹤鱵属

Pseudotylosurus angusticeps (Günther, 1866) 小头拟圆颌针鱼;小头拟圆鹤鱵

Pseudotylosurus microps (Günther, 1866) 小眼拟圆颌针鱼;小眼拟圆鹤鱵

Genus *Strongylura* van Hasselt, 1824 柱颌针鱼属;圆尾鹤鱵属

Strongylura anastomella (Valenciennes, 1846) 尖嘴柱颌针鱼;尖嘴圆尾鹤鱵 陆 台

Strongylura exilis (Girard, 1854) 加州柱颌针鱼;加州圆尾鹤鱵

Strongylura fluviatilis (Regan, 1903) 溪栖柱颌针鱼;溪栖圆尾鹤鱵

Strongylura hubbsi Collette, 1974 赫氏柱颌针鱼;赫氏圆尾鹤鱵

Strongylura incisa (Valenciennes, 1846) 琉球柱颌针鱼;琉球圆尾鹤鱵

Strongylura krefftii (Günther, 1866) 克氏柱颌针鱼;克氏圆尾鹤鱵

Strongylura leiura (Bleeker, 1850) 无斑柱颌针鱼;无斑圆尾鹤鱵 陆 台

syn. *Tylosurus leiurus* (Bleeker, 1850) 无斑圆颌针鱼

Strongylura marina (Walbaum, 1792) 大西洋柱颌针鱼;大西洋圆尾鹤鱵

Strongylura notata forsythia Breder, 1932 福氏红鳍柱颌针鱼;福氏红鳍圆尾鹤鱵

Strongylura notata notata (Poey, 1860) 红鳍柱颌针鱼;红鳍圆尾鹤鱵

Strongylura scapularis (Jordan & Gilbert, 1882) 光尾柱颌针鱼;光尾圆尾鹤鱵

Strongylura senegalensis (Valenciennes, 1846) 塞内加尔柱颌针鱼;塞内加尔圆尾鹤鱵

Strongylura strongylura (van Hasselt, 1823) 尾斑柱颌针鱼;尾斑圆尾鹤鱵 陆 台

Strongylura timucu (Walbaum, 1792) 蒂玛柱颌针鱼;蒂玛圆尾鹤鱵

Strongylura urvillii (Valenciennes, 1846) 厄氏柱颌针鱼;厄氏圆尾鹤鱵

Genus *Tylosurus* Cocco, 1833 圆颌针鱼属;叉尾鹤鱵属

Tylosurus acus acus (Lacepède, 1803) 尖形圆颌针鱼;尖形叉尾鹤鱵

Tylosurus acus imperialis (Rafinesque, 1810) 叉尾圆颌针鱼;叉尾鹤鱵

Tylosurus acus melanotus (Bleeker, 1850) 黑背圆颌针鱼;黑背叉尾鹤鱵 陆 台

Tylosurus acus rafale Collette & Parin, 1970 拉弗圆颌针鱼;拉弗叉尾鹤鱵

Tylosurus choram (Rüppell, 1837) 红海圆颌针鱼;红海叉尾鹤鱵

Tylosurus crocodilus crocodilus (Péron & Lesueur, 1821) 鳄形圆颌针鱼;鳄形叉尾鹤鱵 陆 台

syn. *Tylosurus giganteus* (Temminck & Schlegel, 1846) 大圆颌针鱼

Tylosurus crocodilus fodiator Jordan & Gilbert, 1882 掘食圆颌针鱼;掘食叉尾鹤鱵

Tylosurus gavialoides (Castelnau, 1873) 澳洲圆颌针鱼;澳洲叉尾鹤鱵

Tylosurus pacificus (Steindachner, 1876) 太平洋圆颌针鱼;太平洋叉尾鹤鱵

Tylosurus punctulatus (Günther, 1872) 斑点圆颌针鱼;斑点叉尾鹤鱵

Genus *Xenentodon* Regan, 1911 异齿颌针鱼属;异齿鹤鱵属

Xenentodon cancila (Hamilton, 1822) 斯里兰卡异齿颌针鱼
Xenentodon canciloides (Bleeker, 1853) 似灰异齿颌针鱼

Family 256 Scomberesocidae 竹刀鱼科

Genus *Cololabis* Gill, 1896 秋刀鱼属

Cololabis adocetus Böhlke, 1951 大吻秋刀鱼
Cololabis saira (Brevoort, 1856) 秋刀鱼 [固]

Genus *Scomberesox* Lacepède, 1803 竹刀鱼属

Scomberesox saurus saurus (Walbaum, 1792) 竹刀鱼
Scomberesox saurus scombroides (Richardson, 1843) 南方竹刀鱼
Scomberesox simulans (Hubbs & Wisner, 1980) 仿竹刀鱼

Order Cyprinodontiformes 鳉形目

Suborder Aplocheiloidei 虾鳉亚目

Family 257 Aplocheilidae 虾鳉科

Genus *Aplocheilus* McClelland, 1839 虾鳉属

Aplocheilus blockii (Arnold, 1911) 布氏虾鳉
Aplocheilus dayi (Steindachner, 1892) 条纹虾鳉
Aplocheilus kirchmayeri Berkenkamp & Etzel, 1986 基氏虾鳉
Aplocheilus lineatus (Valenciennes, 1846) 线纹虾鳉
Aplocheilus panchax (Hamilton, 1822) 巴基斯坦虾鳉
Aplocheilus parvus (Sundara Raj, 1916) 小虾鳉
Aplocheilus werneri Meinken, 1966 沃纳氏虾鳉

Genus *Pachypanchax* Myers, 1933 粗背鳉属

Pachypanchax arnoulti Loiselle, 2006 阿氏粗背鳉
Pachypanchax omalonotus (Duméril, 1861) 扁粗背鳉
Pachypanchax patriciae Loiselle, 2006 马达加斯加岛粗背鳉
Pachypanchax playfairii (Günther, 1866) 粗背鳉
Pachypanchax sakaramyi (Holly, 1928) 萨氏粗背鳉
Pachypanchax sparksorum Loiselle, 2006 变色粗背鳉
Pachypanchax varatraza Loiselle, 2006 秀美粗背鳉

Family 258 Nothobranchiidae 假鳃鳉科

Genus *Aphyoplatys* Clausen, 1967 吸虾鳉属

Aphyoplatys duboisi (Poll, 1952) 杜氏吸虾鳉

Genus *Aphyosemion* Myers, 1924 旗鳉属(琴尾鳉属)

Aphyosemion abacinum Huber, 1976 横纹旗鳉
Aphyosemion ahli Myers, 1933 阿氏旗鳉
Aphyosemion alpha Huber, 1998 阿尔发旗鳉
Aphyosemion amoenum Radda & Pürzl, 1976 非洲旗鳉
Aphyosemion aureum Radda, 1980 金黄旗鳉
Aphyosemion australe (Rachow, 1921) 琴尾旗鳉
Aphyosemion bamilekorum Radda, 1971 小头旗鳉
Aphyosemion batesii (Boulenger, 1911) 刚果河旗鳉
Aphyosemion bitaeniatum (Ahl, 1924) 条纹旗鳉
Aphyosemion bivittatum (Lönnberg, 1895) 斑鳍旗鳉
Aphyosemion bualanum (Ahl, 1924) 布阿拉宁旗鳉
Aphyosemion buytaerti Radda & Huber, 1978 拜氏旗鳉
Aphyosemion callipteron (Radda & Pürzl, 1987) 美鳍旗鳉
Aphyosemion calliurum (Boulenger, 1911) 红颈旗鳉
Aphyosemion cameronense (Boulenger, 1903) 喀麦隆旗鳉
Aphyosemion campomaanense Agnèse, Brummett, Caminade, Catalan & Kornobis, 2009 坎波旗鳉
Aphyosemion caudofasciatum Huber & Radda, 1979 条尾旗鳉
Aphyosemion celiae Scheel, 1971 雪莉旗鳉
Aphyosemion chauchei Huber & Scheel, 1981 昌氏旗鳉
Aphyosemion christyi (Boulenger, 1915) 克氏旗鳉

Aphyosemion citrineipinnis Huber & Radda, 1977 柠檬旗鳉
Aphyosemion coeleste Huber & Radda, 1977 青旗鳉
Aphyosemion cognatum Meinken, 1951 红斑旗鳉
Aphyosemion congicum (Ahl, 1924) 康吉旗鳉
Aphyosemion cyanostictum Lambert & Géry, 1968 青蓝旗鳉
Aphyosemion dargei Amiet, 1987 达氏旗鳉
Aphyosemion decorsei (Pellegrin, 1904) 戴氏旗鳉
Aphyosemion deltaense Radda, 1976 三角旗鳉
Aphyosemion ecucuense (Sonnenberg, 2008) 钩齿旗鳉
Aphyosemion edeanum Amiet, 1987 秀丽旗鳉
Aphyosemion elberti (Ahl, 1924) 埃氏旗鳉
Aphyosemion elegans (Boulenger, 1899) 美丽旗鳉
Aphyosemion erythron (Sonnenberg, 2008) 赤身旗鳉
Aphyosemion escherichi (Ahl, 1924) 厄氏旗鳉
Aphyosemion etsamense Sonnenberg & Blum, 2005 珍珠旗鳉
Aphyosemion exigoideum Radda & Huber, 1977 细旗鳉
Aphyosemion exiguum (Boulenger, 1911) 短旗鳉
Aphyosemion ferranti (Boulenger, 1910) 费氏旗鳉
Aphyosemion franzwerneri Scheel, 1971 弗氏旗鳉
Aphyosemion fulgens Radda, 1975 闪光旗鳉
Aphyosemion gabunense boehmi Radda & Huber, 1977 贝氏加蓬旗鳉
Aphyosemion gabunense gabunense Radda, 1975 加蓬旗鳉
Aphyosemion gabunense marginatum Radda & Huber, 1977 缘边加蓬旗鳉
Aphyosemion georgiae Lambert & Géry, 1968 乔氏旗鳉
Aphyosemion hanneloreae Radda & Pürzl, 1985 汉氏旗鳉
Aphyosemion heinemanni Berkenkamp, 1983 海氏旗鳉
Aphyosemion hera Huber, 1998 赫勒旗鳉
Aphyosemion herzogi Radda, 1975 赫氏旗鳉
Aphyosemion hofmanni Radda, 1980 霍氏旗鳉
Aphyosemion joergenscheeli Huber & Radda, 1977 樵氏旗鳉
Aphyosemion kouamense Legros, 1999 科氏旗鳉
Aphyosemion koungueense (Sonnenberg, 2007) 昆古旗鳉
Aphyosemion labarrei Poll, 1951 拉氏旗鳉
Aphyosemion lamberti Radda & Huber, 1976 蓝氏旗鳉
Aphyosemion lefiniense Woeltjes, 1984 拉飞尼河旗鳉
Aphyosemion lividum Legros & Zentz, 2007 秀美旗鳉
Aphyosemion loennbergii (Boulenger, 1903) 洛氏旗鳉
Aphyosemion louessense (Pellegrin, 1931) 刚果旗鳉
Aphyosemion lugens Amiet, 1991 紫纹旗鳉
Aphyosemion lujae (Boulenger, 1911) 卢佳旗鳉
Aphyosemion maculatum Radda & Pürzl, 1977 斑纹旗鳉
Aphyosemion malumbresi Legros & Zentz, 2006 马氏旗鳉
Aphyosemion melanogaster (Legros, Zentz & Agnèse, 2005) 黑腹旗鳉
Aphyosemion melinoeides (Sonnenberg, 2007) 似黑旗鳉
Aphyosemion mimbon Huber, 1977 长旗鳉
Aphyosemion ocellatum Huber & Radda, 1977 睛斑旗鳉;眼斑旗鳉
Aphyosemion ogoense (Pellegrin, 1930) 俄冈旗鳉
Aphyosemion omega (Sonnenberg, 2007) 奥米加旗鳉
Aphyosemion pascheni festivum Amiet, 1987 杂色旗鳉
Aphyosemion pascheni pascheni (Ahl, 1928) 派氏旗鳉
Aphyosemion passaroi Huber, 1994 帕氏旗鳉
Aphyosemion plagitaenium Huber, 2004 红纹旗鳉
Aphyosemion poliaki Amiet, 1991 波氏旗鳉
Aphyosemion polli Radda & Pürzl, 1987 波利旗鳉
Aphyosemion primigenium Radda & Huber, 1977 原旗鳉
Aphyosemion punctatum Radda & Pürzl, 1977 大斑旗鳉
Aphyosemion punctulatum (Legros, Zentz & Agnèse, 2005) 点斑旗鳉
Aphyosemion raddai Scheel, 1975 赖氏旗鳉
Aphyosemion rectogoense Radda & Huber, 1977 大眼旗鳉
Aphyosemion riggenbachi (Ahl, 1924) 力氏旗鳉
Aphyosemion schioetzi Huber & Scheel, 1981 休氏旗鳉

Aphyosemion schluppi Radda & Huber, 1978 许氏旗鳉

Aphyosemion seegersi Huber, 1980 西格旗鳉

Aphyosemion splendopleure (Brüning, 1929) 饰边旗鳉

Aphyosemion striatum (Boulenger, 1911) 五线旗鳉

Aphyosemion thysi Radda & Huber, 1978 茜氏旗鳉

Aphyosemion tirbaki Huber, 1999 蒂氏旗鳉

Aphyosemion trilineatus (Ladiges, 1934) 三线旗鳉

Aphyosemion volcanum Radda & Wildekamp, 1977 火山旗鳉

Aphyosemion wachtersi Radda & Huber, 1978 华氏旗鳉

Aphyosemion wildekampi Berkenkamp, 1973 怀氏旗鳉

Aphyosemion wuendschi Radda & Pürzl, 1985 伍氏旗鳉

Aphyosemion zygaima Huber, 1981 真珠旗鳉

Genus *Archiaphyosemion* Radda, 1977 原旗鳉属

Archiaphyosemion guineense (Daget, 1954) 几内亚原旗鳉

Genus *Callopanchax* Myers, 1933 丽虾鳉属

Callopanchax huwaldi (Berkenkamp & Etzel, 1980) 赫氏丽虾鳉

Callopanchax monroviae (Roloff & Ladiges, 1972) 门罗氏丽虾鳉

Callopanchax occidentalis (Clausen, 1966) 西域丽虾鳉

Callopanchax sidibei Sonnenberg & Busch, 2010 赛氏丽虾鳉

Callopanchax toddi (Clausen, 1966) 托德氏丽虾鳉

Genus *Epiplatys* Gill, 1862 扁鳉属

Epiplatys ansorgii (Boulenger, 1911) 安氏扁鳉

Epiplatys azureus Berkenkamp & Etzel, 1983 天蓝扁鳉

Epiplatys barmoiensis Scheel, 1968 巴莫扁鳉

Epiplatys biafranus Radda, 1970 双非扁鳉

Epiplatys bifasciatus bifasciatus (Steindachner, 1881) 双带扁鳉

Epiplatys bifasciatus taeniatus (Pfaff, 1933) 条纹扁鳉

Epiplatys chaperi (Sauvage, 1882) 金龙扁鳉

Epiplatys chevalieri (Pellegrin, 1904) 切氏扁鳉

Epiplatys coccinatus Berkenkamp & Etzel, 1982 猩红扁鳉

Epiplatys dageti dageti Poll, 1953 红颊扁鳉

Epiplatys dageti monroviae Arnoult & Daget, 1965 蒙罗维亚扁鳉

Epiplatys esekanus Scheel, 1968 埃塞扁鳉

Epiplatys etzeli Berkenkamp, 1975 埃氏扁鳉

Epiplatys fasciolatus (Günther, 1866) 带纹扁鳉

Epiplatys grahami (Boulenger, 1911) 格氏扁鳉

Epiplatys guineensis Romand, 1994 几内亚扁鳉

Epiplatys hildegardae Berkenkamp, 1978 希尔扁鳉

Epiplatys huberi (Radda & Pürzl, 1981) 赫氏扁鳉

Epiplatys josianae Berkenkamp & Etzel, 1983 乔赛扁鳉

Epiplatys lamottei Daget, 1954 拉穆扁鳉

Epiplatys longiventralis (Boulenger, 1911) 长腹扁鳉

Epiplatys maeseni (Poll, 1941) 梅斯氏扁鳉

Epiplatys mesogramma Huber, 1980 中条扁鳉

Epiplatys multifasciatus (Boulenger, 1913) 多带扁鳉

Epiplatys neumanni Berkenkamp, 1993 纽曼氏扁鳉

Epiplatys njalaensis Neumann, 1976 涅兰扁鳉

Epiplatys olbrechtsi dauresi Romand, 1985 多氏扁鳉

Epiplatys olbrechtsi kassiapleuensis Berkenkamp & Etzel, 1977 蓝色扁鳉

Epiplatys olbrechtsi olbrechtsi Poll, 1941 欧氏扁鳉

Epiplatys phoeniceps Huber, 1980 紫红扁鳉

Epiplatys roloffi Romand, 1978 罗氏扁鳉

Epiplatys ruhkopfi Berkenkamp & Etzel, 1980 郎氏扁鳉

Epiplatys sangmelinensis (Ahl, 1928) 喀麦隆扁鳉

Epiplatys sexfasciatus rathkei Radda, 1970 拉氏六带扁鳉

Epiplatys sexfasciatus sexfasciatus Gill, 1862 六带扁鳉

Epiplatys sexfasciatus togolensis Loiselle, 1971 多哥六带扁鳉

Epiplatys singa (Boulenger, 1899) 辛格扁鳉

Epiplatys spilargyreius (Duméril, 1861) 银斑扁鳉

Epiplatys zenkeri (Ahl, 1928) 曾氏扁鳉

Genus *Episemion* Radda & Pürzl, 1987 上鳉属

Episemion krystallinoron Sonnenberg, Blum & Misof, 2006 加蓬上鳉

Genus *Fenerbahce* Özdikmen, Polat, Yilmax & Yazicioglu, 2006 草鳉属

Fenerbahce formosus (Huber, 1979) 美丽草鳉

Genus *Foerschichthys* Scheel & Romand, 1981 福氏虾鳉属

Foerschichthys flavipinnis (Meinken, 1932) 福氏虾鳉

Genus *Fundulopanchax* Myers, 1924 底虾鳉属

Fundulopanchax amieti (Radda, 1976) 艾氏底虾鳉

Fundulopanchax arnoldi (Boulenger, 1908) 蓝腹底虾鳉

Fundulopanchax avichang Malumbres & Castelo, 2001 赤道几内亚底虾鳉

Fundulopanchax cinnamomeus (Clausen, 1963) 桂色底虾鳉

Fundulopanchax fallax (Ahl, 1935) 红点底虾鳉

Fundulopanchax filamentosus Meinken, 1933 丝底虾鳉

Fundulopanchax gardneri gardneri (Boulenger, 1911) 茄氏底虾鳉

Fundulopanchax gardneri lacustris (Langton, 1974) 湖栖底虾鳉

Fundulopanchax gardneri mamfensis (Radda, 1974) 红虫纹底虾鳉

Fundulopanchax gardneri nigerianus (Clausen, 1963) 黑边底虾鳉

Fundulopanchax gresensi Berkenkamp, 2003 格氏底虾鳉

Fundulopanchax gularis (Boulenger, 1902) 黄底虾鳉

Fundulopanchax intermittens (Radda, 1974) 中间底虾鳉

Fundulopanchax kamdemi Akum, Sonnenberg, Van der Zee & Wildekamp, 2007 坎氏底虾鳉

Fundulopanchax marmoratus (Radda, 1973) 花底虾鳉

Fundulopanchax mirabilis (Radda, 1970) 华丽底虾鳉

Fundulopanchax moensis (Radda, 1970) 喀麦隆底虾鳉

Fundulopanchax ndianus (Scheel, 1968) 恩蒂底虾鳉

Fundulopanchax oeseri (Schmidt, 1928) 奥氏底虾鳉

Fundulopanchax powelli Van der Zee & Wildekamp, 1994 鲍氏底虾鳉

Fundulopanchax puerzli (Radda & Scheel, 1974) 普氏底虾鳉

Fundulopanchax robertsoni (Radda & Scheel, 1974) 罗氏底虾鳉

Fundulopanchax rubrolabialis (Radda, 1973) 红唇底虾鳉

Fundulopanchax scheeli (Radda, 1970) 斯氏底虾鳉

Fundulopanchax sjostedti (Lönnberg, 1895) 肃氏底虾鳉

Fundulopanchax spoorenbergi (Berkenkamp, 1976) 史氏底虾鳉

Fundulopanchax traudeae (Radda, 1971) 特劳底虾鳉

Fundulopanchax walkeri (Boulenger, 1911) 瓦氏底虾鳉

Genus *Nimbapanchax* Sonnenberg & Busch, 2009 宁巴虾鳉属

Nimbapanchax jeanpoli (Berkenkamp & Etzel, 1979) 珍氏宁巴虾鳉

Nimbapanchax leucopterygius Sonnenberg & Busch, 2009 白鳍宁巴虾鳉

Nimbapanchax melanopterygius Sonnenberg & Busch, 2009 黑鳍宁巴虾鳉

Nimbapanchax petersi (Sauvage, 1882) 彼得氏宁巴虾鳉

Nimbapanchax viridis (Ladiges & Roloff, 1973) 微绿宁巴虾鳉

Genus *Nothobranchius* Peters, 1868 假鳃鳉属

Nothobranchius albimarginatus Watters, Wildekamp & Cooper, 1998 白缘假鳃鳉

Nothobranchius annectens Watters, Wildekamp & Cooper, 1998 联合假鳃鳉

Nothobranchius bojiensis Wildekamp & Haas, 1992 博氏假鳃鳉

Nothobranchius boklundi Valdesalici, 2010 博克氏假鳃鳉

Nothobranchius brieni Poll, 1938 布氏假鳃鳉

Nothobranchius cardinalis Watters, Cooper & Wildekamp, 2008 红羽假鳃鳉

Nothobranchius cyaneus Seegers, 1981 蓝假鳃鳉

Nothobranchius eggersi Seegers, 1982 爱氏假鳃鳉

Nothobranchius elongatus Wildekamp, 1982 长体假鳃鳉

Nothobranchius fasciatus Wildekamp & Haas, 1992 条纹假鳃鳉

Nothobranchius flammicomantis Wildekamp, Watters & Sainthouse, 1998 焰色假鳃鳉

Nothobranchius foerschi Wildekamp & Berkenkamp, 1979 福氏假鳃鳉

Nothobranchius furzeri Jubb, 1971 弗氏假鳃鳉

Nothobranchius fuscotaeniatus Seegers, 1997 褐纹假鳃鳉

Nothobranchius geminus Wildekamp, Watters & Sainthouse, 2002 双生假鳃鳉

Nothobranchius guentheri (Pfeffer, 1893) 贡氏假鳃鳉

Nothobranchius hassoni Valdesalici & Wildekamp, 2004 哈氏假鳃鳉

Nothobranchius hengstleri Valdesalici, 2007 亨氏假鳃鳉

Nothobranchius interruptus Wildekamp & Berkenkamp, 1979 间断假鳃鳉

Nothobranchius janpapi Wildekamp, 1977 詹氏假鳃鳉

Nothobranchius jubbi Wildekamp & Berkenkamp, 1979 朱布氏假鳃鳉

Nothobranchius kadleci Reichard, 2010 卡迪氏假鳃鳉

Nothobranchius kafuensis Wildekamp & Rosenstock, 1989 卡夫假鳃鳉

Nothobranchius kilomberoensis Wildekamp, Watters & Sainthouse, 2002 红尾假鳃鳉

Nothobranchius kirki Jubb, 1969 柯氏假鳃鳉

Nothobranchius kiyawensis Ahl, 1928 冈比亚假鳃鳉

Nothobranchius korthausae Meinken, 1973 科氏假鳃鳉

Nothobranchius krammeri Valdesalici & Hengstler, 2008 克氏假鳃鳉

Nothobranchius kuhntae (Ahl, 1926) 科恩氏假鳃鳉

Nothobranchius lourensi Wildekamp, 1977 路氏假鳃鳉

Nothobranchius lucius Wildekamp, Shidlovskiy & Watters, 2009 长头假鳃鳉

Nothobranchius luekei Seegers, 1984 吕氏假鳃鳉

Nothobranchius makondorum Wildekamp, Shidlovskiy & Watters, 2009 圆吻假鳃鳉

Nothobranchius malaissei Wildekamp, 1978 马氏假鳃鳉

Nothobranchius melanospilus (Pfeffer, 1896) 星棘假鳃鳉

Nothobranchius microlepis (Vinciguerra, 1897) 小鳞假鳃鳉

Nothobranchius neumanni (Hilgendorf, 1905) 纽氏假鳃鳉

Nothobranchius nubaensis Bellemans, 2003 苏丹假鳃鳉

Nothobranchius ocellatus (Seegers, 1985) 眼斑假鳃鳉

Nothobranchius orthonotus (Peters, 1844) 直背假鳃鳉

Nothobranchius palmqvisti (Lönnberg, 1907) 帕氏假鳃鳉

Nothobranchius patrizii (Vinciguerra, 1927) 白氏假鳃鳉

Nothobranchius polli Wildekamp, 1978 波利氏假鳃鳉

Nothobranchius rachovii Ahl, 1926 拉氏假鳃鳉

Nothobranchius robustus Ahl, 1935 壮假鳃鳉

Nothobranchius rosenstocki Valdesalici & Wildekamp, 2005 罗氏假鳃鳉

Nothobranchius rubripinnis Seegers, 1986 红翼假鳃鳉

Nothobranchius rubroreticulatus Blache & Miton, 1960 红网纹假鳃鳉

Nothobranchius ruudwildekampi Costa, 2009 朗德氏假鳃鳉

Nothobranchius steinforti Wildekamp, 1977 斯氏假鳃鳉

Nothobranchius symoensi Wildekamp, 1978 西蒙氏假鳃鳉

Nothobranchius taeniopygus Hilgendorf, 1891 臀带假鳃鳉

Nothobranchius thierryi (Ahl, 1924) 蒂氏假鳃鳉

Nothobranchius ugandensis Wildekamp, 1994 乌干达假鳃鳉

Nothobranchius virgatus Chambers, 1984 多枝假鳃鳉

Nothobranchius vosseleri Ahl, 1924 伏氏假鳃鳉

Nothobranchius willerti Wildekamp, 1992 威氏假鳃鳉

Genus *Pseudepiplatys* Clausen, 1967 拟扁鳉属

Pseudepiplatys annulatus (Boulenger, 1915) 拟扁鳉

Genus *Scriptaphyosemion* Radda & Pürzl, 1987 丽鳉属

Scriptaphyosemion banforense (Seegers, 1982) 邦福丽鳉

Scriptaphyosemion bertholdi (Roloff, 1965) 伯氏丽鳉

Scriptaphyosemion brueningi (Roloff, 1971) 勃氏丽鳉

Scriptaphyosemion cauveti (Romand & Ozouf-Costaz, 1995) 考氏丽鳉

Scriptaphyosemion chaytori (Roloff, 1971) 红纹丽鳉

Scriptaphyosemion etzeli (Berkenkamp, 1979) 埃氏丽鳉

Scriptaphyosemion fredrodi (Vandersmissen, Etzel & Berkenkamp, 1980) 弗雷德丽鳉

Scriptaphyosemion geryi (Lambert, 1958) 格氏丽鳉

Scriptaphyosemion guignardi (Romand, 1981) 奎氏丽鳉

Scriptaphyosemion liberiense (Boulenger, 1908) 利比里亚丽鳉

Scriptaphyosemion roloffi (Roloff, 1936) 劳氏丽鳉

Scriptaphyosemion schmitti (Romand, 1979) 施氏丽鳉

Family 259 Rivulidae 溪鳉科

Genus *Aphyolebias* Costa, 1998 吸小鳉属

Aphyolebias boticarioi Costa, 2004 博氏吸小鳉

Aphyolebias claudiae Costa, 2003 跛鳍吸小鳉

Aphyolebias manuensis Costa, 2003 美丽吸小鳉

Aphyolebias obliquus (Costa, Sarmiento & Barrera, 1996) 斜吸小鳉

Aphyolebias peruensis (Myers, 1954) 秘鲁吸小鳉

Aphyolebias rubrocaudatus (Seegers, 1984) 红尾吸小鳉

Aphyolebias schleseri Costa, 2003 沙氏吸小鳉

Aphyolebias wischmanni (Seegers, 1983) 威氏吸小鳉

Genus *Austrofundulus* Myers, 1932 澳鳉属

Austrofundulus guajira Hrbek, Taphorn & Thomerson, 2005 瓜希拉澳鳉

Austrofundulus leohoignei Hrbek, Taphorn & Thomerson, 2005 利氏澳鳉

Austrofundulus leoni Hrbek, Taphorn & Thomerson, 2005 利昂澳鳉

Austrofundulus limnaeus Schultz, 1949 林奈氏澳鳉

Austrofundulus myersi Dahl, 1958 迈氏澳鳉

Austrofundulus rupununi Hrbek, Taphorn & Thomerson, 2005 南美澳鳉

Austrofundulus transilis Myers, 1932 委内瑞拉澳鳉

Genus *Austrolebias* Costa, 1998 澳小鳉属

Austrolebias adloffi (Ahl, 1922) 柄斑澳小鳉

Austrolebias affinis (Amato, 1986) 安芬澳小鳉

Austrolebias alexandri (Castello & Lopez, 1974) 阿历山大澳小鳉

Austrolebias apaii Costa, Laurino, Recuero & Salvia, 2006 阿氏澳小鳉

Austrolebias arachan Loureiro, Azpelicueta & García, 2004 强壮澳小鳉

Austrolebias bellottii (Steindachner, 1881) 贝氏澳小鳉

Austrolebias carvalhoi (Myers, 1947) 卡氏澳小鳉

Austrolebias charrua Costa & Cheffe, 2001 绝色澳小鳉

Austrolebias cheradophilus (Vaz-Ferreira, Sierra de Soriano & Scaglia de Paulete, 1964) 横带澳小鳉

Austrolebias cinereus (Amato, 1986) 浅灰澳小鳉

Austrolebias cyaneus (Amato, 1987) 巴西澳小鳉

Austrolebias duraznensis (García, Scvortzoff & Hernández, 1995) 乌拉圭澳小鳉

Austrolebias elongatus (Steindachner, 1881) 长体澳小鳉

Austrolebias gymnoventris (Amato, 1986) 裸腹澳小鳉

Austrolebias ibicuiensis (Costa, 1999) 南美澳小鳉

Austrolebias jaegari Costa & Cheffe, 2002 耶氏澳小鳉

Austrolebias juanlangi Costa, Cheffe, Salvia & Litz, 2006 胡安澳小鳉

Austrolebias litzi Costa, 2006 利氏澳小鳉

Austrolebias luteoflammulatus (Vaz-Ferreira, Sierra de Soriano & Scaglia de Paulete, 1964) 黄焰澳小鳉

Austrolebias melanoorus (Amato, 1986) 黑澳小鳉

Austrolebias minuano Costa & Cheffe, 2001 圆尾澳小鳉

Austrolebias monstrosus (Huber, 1995) 高山澳小鳉

Austrolebias nachtigalli Costa & Cheffe, 2006 纳氏澳小鳉

Austrolebias nigripinnis (Regan, 1912) 黑鳍澳小鳉

Austrolebias nigrofasciatus Costa & Cheffe, 2001 黑纹澳小鳉

Austrolebias nioni (Berkenkamp, Reichert & Prieto, 1997) 尼恩氏澳小鳉

Austrolebias nonoiuliensis (Taberner, Fernández-Santos & Castelli, 1974) 阿根廷澳小鳉

Austrolebias paranaensis Costa, 2006 巴拉那澳小鳉

Austrolebias patriciae (Huber, 1995) 派翠克澳小鳉

Austrolebias paucisquama Ferrer, Malabarba & Costa, 2008 少鳞澳小鳉

Austrolebias periodicus (Costa, 1999) 黏滑澳小鳉

Austrolebias prognathus (Amato, 1986) 前颌澳小鳉

Austrolebias reicherti Loureiro & García, 2008 赖氏澳小鳉

Austrolebias robustus (Günther, 1883) 壮体澳小鳉

Austrolebias toba Calviño, 2006 托巴澳小鳉

Austrolebias univentripinnis Costa & Cheffe, 2005 单腹澳小鳉

Austrolebias vandenbergi (Huber, 1995) 范登堡澳小鳉

Austrolebias varzeae Costa, Reis & Behr, 2004 瓦尔齐澳小鳉

Austrolebias vazferreirai (Berkenkamp, Etzel, Reichert & Salvia, 1994) 瓦氏澳小鳉

Austrolebias viarius (Vaz-Ferreira, Sierra de Soriano & Scaglia de Paulete, 1964) 眼带澳小鳉

Austrolebias wolterstorffi (Ahl, 1924) 伍氏澳小鳉

Genus *Campellolebias* Vaz-Ferreira & Sierra, 1974 曲鳉属

Campellolebias brucei Vaz-Ferreira & Sierra de Soriano, 1974 曲鳉

Campellolebias chrysolineatus Costa, Lacerda & Brasil, 1989 金线曲鳉

Campellolebias dorsimaculatus Costa, Lacerda & Brasil, 1989 背斑曲鳉

Campellolebias intermedius Costa & De Luca, 2006 巴西曲鳉

Genus *Cynolebias* Steindachner, 1876 珠鳉属

Cynolebias albipunctatus Costa & Brasil, 1991 白斑珠鳉

Cynolebias altus Costa, 2001 高珠鳉

Cynolebias attenuatus Costa, 2001 柔弱珠鳉

Cynolebias gibbus Costa, 2001 驼背珠鳉

Cynolebias gilbertoi Costa, 1998 吉氏珠鳉

Cynolebias griseus Costa, Lacerda & Brasil, 1990 灰珠鳉

Cynolebias itapicuruensis Costa, 2001 巴西珠鳉

Cynolebias leptocephalus Costa & Brasil, 1993 小头珠鳉

Cynolebias microphthalmus Costa & Brasil, 1995 小眼珠鳉

Cynolebias paraguassuensis Costa, Suzart & Nielsen, 2007 巴拉圭珠鳉

Cynolebias parnaibensis Costa, Ramos, Alexandre & Ramos, 2010 帕纳珠鳉

Cynolebias perforatus Costa & Brasil, 1991 钻孔珠鳉

Cynolebias porosus Steindachner, 1876 大孔珠鳉

Cynolebias vazabarrisensis Costa, 2001 南美珠鳉

Genus *Cynopoecilus* Regan, 1912 黑带虾鳉属

Cynopoecilus fulgens Costa, 2002 电光黑带虾鳉

Cynopoecilus intimus Costa, 2002 绿点黑带虾鳉

Cynopoecilus melanotaenia (Regan, 1912) 黑带虾鳉

Cynopoecilus multipapillatus Costa, 2002 南美黑带虾鳉

Cynopoecilus nigrovittatus Costa, 2002 巴西黑带虾鳉

Genus *Gnatholebias* Costa, 1998 颌小鳉属

Gnatholebias zonatus (Myers, 1935) 委内瑞拉颌小鳉属

Genus *Kryptolebias* Costa, 2004 隐小鳉属

Kryptolebias brasiliensis (Valenciennes, 1821) 巴西隐小鳉

Kryptolebias campeiloi (Costa, 1990) 凯氏隐小鳉

Kryptolebias caudomarginatus (Seegers, 1984) 缘尾隐小鳉

Kryptolebias gracilis Costa, 2007 瘦身隐小鳉

Kryptolebias marmoratus (Poey, 1880) 斑纹隐小鳉

Kryptolebias ocellatus (Hensel, 1868) 眼点隐小鳉

Kryptolebias sepia Vermeulen & Hrbek, 2005 红胸隐小鳉

Genus *Leptolebias* Myers, 1952 云斑虾鳉属

Leptolebias aureoguttatus (da Cruz, 1974) 金点云斑虾鳉

Leptolebias citrinipinnis (Costa, Lacerda & Tanizaki, 1988) 橙鳍云斑虾鳉

Leptolebias itanhaensis Costa, 2008 美丽云斑虾鳉

Leptolebias leitaoi (da Cruz & Peixoto, 1992) 利氏云斑虾鳉

Leptolebias marmoratus (Ladiges, 1934) 白边云斑虾鳉

Leptolebias opalescens (Myers, 1942) 巴西云斑虾鳉

Leptolebias splendens (Myers, 1942) 灿烂云斑虾鳉

Genus *Llanolebias* Hrbek & Taphorn, 2008 草原鳉属

Llanolebias stellifer (Thomerson & Turner, 1973) 橘黄草原鳉

Genus *Maratecoara* Costa, 1995 马拉鳉属

Maratecoara formosa Costa & Brasil, 1995 美丽马拉鳉

Maratecoara lacortei (Lazara, 1991) 拉氏马拉鳉

Maratecoara splendida Costa, 2007 巴西马拉鳉

Genus *Micromoema* Costa, 1998 小溪鳉属

Micromoema xiphophora (Thomerson & Taphorn, 1992) 剑羽小溪鳉

Genus *Millerichthys* Costa, 1995 米氏虾鳉属

Millerichthys robustus (Miller & Hubbs, 1974) 壮体米氏虾鳉

Genus *Moema* Costa, 1989 莫氏溪鳉属

Moema apurinan Costa, 2004 魅形莫氏溪鳉

Moema hellneri Costa, 2003 赫尔尼莫氏溪鳉

Moema heterostigma Costa, 2003 异点莫氏溪鳉

Moema nudifrontata Costa, 2003 裸身莫氏溪鳉

Moema pepotei Costa, 1993 皮波莫氏溪鳉

Moema piriana Costa, 1989 莫氏溪鳉

Moema portugali Costa, 1989 巴西莫氏溪鳉

Moema quiii Huber, 2003 奎伊莫氏溪鳉

Moema staecki (Seegers, 1987) 斯特莫氏溪鳉

Genus *Nematolebias* Costa, 1998 线小鳉属

Nematolebias papilliferus Costa, 2002 巴西线小鳉

Nematolebias whitei (Myers, 1942) 怀氏线小鳉

Genus *Neofundulus* Myers, 1924 新底鳉属

Neofundulus acutirostratus Costa, 1992 尖吻新底鳉

Neofundulus guaporensis Costa, 1988 巴西新底鳉

Neofundulus ornatipinnis Myers, 1935 饰鳍新底鳉

Neofundulus paraguayensis (Eigenmann & Kennedy, 1903) 巴拉圭新底鳉

Neofundulus parvipinnis Costa, 1988 微鳍新底鳉

Genus *Notholebias* Costa, 2008 似小鳉属

Notholebias cruzi (Costa, 1988) 克氏似小鳉

Notholebias fractifasciatus (Costa, 1988) 曲纹似小鳉

Notholebias minimus (Myers, 1942) 南美似小鳉

Genus *Ophthalmolebias* Costa, 2006 大眼溪鳉属

Ophthalmolebias ilheusensis (Costa & Lima, 2010) 伊赫大眼溪鳉

Genus *Papiliolebias* Costa, 1998 蝴蝶鳉属

Papiliolebias bitteri (Costa, 1989) 比特氏蝴蝶鳉

Papiliolebias hatinne Azpelicueta, Buti & García, 2009 秀美蝴蝶鳉

Genus *Pituna* Costa, 1989 松虾鳉属

Pituna brevirostrata Costa, 2007 短吻松虾鳉

Pituna compacta (Myers, 1927) 巴西松虾鳉

Pituna obliquoseriata Costa, 2007 斜纹松虾鳉

Pituna poranga Costa, 1989 孔松虾鳉

Pituna schindleri Costa, 2007 欣氏松虾鳉

Pituna xinguensis Costa & Nielsen, 2007 兴可河松虾鳉

Genus *Plesiolebias* Costa, 1989 近虾鳉属

Plesiolebias altamira Costa & Nielsen, 2007 高背近虾鳉

Plesiolebias aruana (Lazara, 1991) 巴西近虾鳉

Plesiolebias canabravensis Costa & Nielsen, 2007 卡纳近虾鳉

Plesiolebias filamentosus Costa & Brasil, 2007 丝纹近虾鳉

Plesiolebias fragilis Costa, 2007 脆鳍近虾鳉

Plesiolebias glaucopterus (Costa & Lacerda, 1988) 灰鳍近虾鳉

Plesiolebias lacerdai Costa, 1989 莱氏近虾鳉

Plesiolebias xavantei (Costa, Lacerda & Tanizaki, 1988) 赞氏近虾鳉

Genus *Prorivulus* Costa, Lima & Suzart, 2004 原溪鳉属

Prorivulus auriferus Costa, Lima & Suzart, 2004 原溪鳉

Genus *Pterolebias* Garman, 1895 羽唇鳉属

Pterolebias hoignei Thomerson, 1974 霍氏羽唇鳉

Pterolebias longipinnis Garman, 1895 长鳍羽唇鳉
Pterolebias phasianus Costa, 1988 巴拉圭羽唇鳉

Genus *Rachovia* Myers, 1927 剑鳉属

Rachovia brevis (Regan, 1912) 短剑鳉
Rachovia hummelincki de Beaufort, 1940 赫氏剑鳉
Rachovia maculipinnis (Radda, 1964) 斑翼剑鳉
Rachovia pyropunctata Taphorn & Thomerson, 1978 秀美剑鳉

Genus *Renova* Thomerson & Taphorn, 1995 肾虾鳉属

Renova oscari Thomerson & Taphorn, 1995 奥氏肾虾鳉

Genus *Rivulus* Poey, 1860 溪鳉属

Rivulus agilae Hoedeman, 1954 阿金溪鳉
Rivulus altivelis Huber, 1992 高溪鳉
Rivulus amanan Costa & Lazzarotto, 2008 阿曼溪鳉
Rivulus amanapira Costa, 2004 亚马孙河溪鳉
Rivulus amphoreus Huber, 1979 长项溪鳉
Rivulus apiamici Costa, 1989 阿氏溪鳉
Rivulus atratus Garman, 1895 黑身溪鳉
Rivulus bahianus Huber, 1990 巴伊亚溪鳉
Rivulus beniensis Myers, 1927 玻利维亚溪鳉
Rivulus birkhahni Berkenkamp & Etzel, 1992 伯氏溪鳉
Rivulus boehlkei Huber & Fels, 1985 贝氏溪鳉
Rivulus bororo Costa, 2007 博罗溪鳉
Rivulus breviceps Eigenmann, 1909 短头溪鳉
Rivulus brunneus Meek & Hildebrand, 1913 棕溪鳉
Rivulus caurae Radda, 2004 西北溪鳉
Rivulus cearensis Costa & Vono, 2009 西伦河溪鳉
Rivulus christinae Huber, 1992 克氏溪鳉
Rivulus chucunaque Breder, 1925 巴拿马溪鳉
Rivulus cladophorus Huber, 1991 圭亚那溪鳉
Rivulus corpulentus Thomerson & Taphorn, 1993 野溪鳉
Rivulus crixas Costa, 2007 克连西溪鳉
Rivulus cryptocallus Seegers, 1980 隐美溪鳉
Rivulus cyanopterus Costa, 2005 青鳍溪鳉
Rivulus cylindraceus Poey, 1860 溪鳉
Rivulus dapazi Costa, 2005 达氏溪鳉
Rivulus decoratus Costa, 1989 华美溪鳉
Rivulus deltaphilus Seegers, 1983 三角洲溪鳉
Rivulus depressus Costa, 1991 扁溪鳉
Rivulus derhami Fels & Huber, 1985 德氏溪鳉
Rivulus dibaphus Myers, 1927 秀丽溪鳉
Rivulus egens Costa, 2005 热带溪鳉
Rivulus elegans Steindachner, 1880 美溪鳉
Rivulus elongatus Fels & de Rham, 1981 长身溪鳉
Rivulus erberi Berkenkamp, 1989 厄氏溪鳉
Rivulus faucireticulatus Costa, 2007 喉纹溪鳉
Rivulus formosensis Costa, 2008 福摩萨河溪鳉
Rivulus frenatus Eigenmann, 1912 缰纹溪鳉
Rivulus frommi Berkenkamp & Etzel, 1993 弗氏溪鳉
Rivulus fuscolineatus Bussing, 1980 棕纹溪鳉
Rivulus gaucheri Keith, Nandrin & Le Bail, 2006 高氏溪鳉
Rivulus geayi Vaillant, 1899 吉氏溪鳉
Rivulus giarettai Costa, 2008 贾氏溪鳉
Rivulus glaucus Bussing, 1980 银灰溪鳉
Rivulus gransabanae Lasso, Taphorn & Thomerson, 1992 格兰溪鳉
Rivulus haraldsiolii Berkenkamp, 1984 哈拉氏溪鳉
Rivulus hartii (Boulenger, 1890) 哈特溪鳉
Rivulus hildebrandi Myers, 1927 希氏溪鳉
Rivulus holmiae Eigenmann, 1909 霍氏溪鳉
Rivulus igneus Huber, 1991 火溪鳉
Rivulus illuminatus Costa, 2007 银光溪鳉
Rivulus immaculatus Thomerson, Nico & Taphorn, 1991 无斑溪鳉

Rivulus insulaepinorum de la Cruz & Dubitsky, 1976 派恩斯岛溪鳉
Rivulus intermittens Fels & de Rham, 1981 姥溪鳉
Rivulus iridescens Fels & de Rham, 1981 虹彩溪鳉
Rivulus isthmensis Garman, 1895 哥斯达黎加溪鳉
Rivulus jalapensis Costa, 2010 贾拉帕溪鳉
Rivulus janeiroensis Costa, 1991 热内罗溪鳉
Rivulus javahe Costa, 2007 贾哇溪鳉
Rivulus jucundus Huber, 1992 雅溪鳉
Rivulus jurubatibensis Costa, 2008 黄尾溪鳉
Rivulus karaja Costa, 2007 卡拉杰溪鳉
Rivulus kayabi Costa, 2007 卡耶氏溪鳉
Rivulus kayapo Costa, 2006 卡耶波溪鳉
Rivulus kirovskyi Costa, 2004 柯氏溪鳉
Rivulus kuelpmanni Berkenkamp & Etzel, 1993 库氏溪鳉
Rivulus lanceolatus Eigenmann, 1909 矛状溪鳉
Rivulus lazzarotoi Costa, 2007 拉氏溪鳉
Rivulus leucurus Fowler, 1944 白亮溪鳉
Rivulus limoncochae Hoedeman, 1962 利蒙溪鳉
Rivulus litteratus Costa, 2005 宝石溪鳉
Rivulus luelingi Seegers, 1984 吕林氏溪鳉
Rivulus lungi Berkenkamp, 1984 伦氏溪鳉
Rivulus lyricauda Thomerson, Berkenkamp & Taphorn, 1991 琴尾溪鳉
Rivulus magdalenae Eigenmann & Henn, 1916 马格达溪鳉
Rivulus mahdiaensis Suijker & Collier, 2006 吹砂溪鳉
Rivulus mazaruni Myers, 1924 马赞氏溪鳉
Rivulus megaroni Costa, 2010 梅氏溪鳉
Rivulus micropus (Steindachner, 1863) 小足溪鳉
Rivulus modestus Costa, 1991 静溪鳉
Rivulus monikae Berkenkamp & Etzel, 1995 莫尼卡溪鳉
Rivulus monticola Staeck & Schindler, 1997 厄瓜多尔溪鳉
Rivulus montium Hildebrand, 1938 高原溪鳉
Rivulus nicoi Thomerson & Taphorn, 1992 尼科氏溪鳉
Rivulus nudiventris Costa & Brasil, 1991 裸腹溪鳉
Rivulus ophiomimus Huber, 1992 蛇溪鳉
Rivulus ornatus Garman, 1895 饰妆溪鳉
Rivulus pacificus Huber, 1992 太平洋溪鳉
Rivulus paracatuensis Costa, 2003 帕拉卡蒂溪鳉
Rivulus paresi Costa, 2007 佩氏溪鳉
Rivulus parnaibensis Costa, 2003 巴那溪鳉
Rivulus peruanus (Regan, 1903) 秘鲁溪鳉
Rivulus pictus Costa, 1989 绣色溪鳉
Rivulus pinima Costa, 1989 南美溪鳉
Rivulus planaltinus Costa & Brasil, 2008 点尾溪鳉
Rivulus punctatus Boulenger, 1895 斑点溪鳉
Rivulus rectocaudatus Fels & de Rham, 1981 直尾溪鳉
Rivulus riograndensis Costa & Lanés, 2009 格朗德河溪鳉
Rivulus roloffi Roloff, 1938 罗氏溪鳉
Rivulus romeri Costa, 2003 罗默氏溪鳉
Rivulus rossoi Costa, 2005 罗森氏溪鳉
Rivulus rubripunctatus Bussing, 1980 赤斑溪鳉
Rivulus rubrolineatus Fels & de Rham, 1981 红线溪鳉
Rivulus rubromarginatus Costa, 2007 赤缘溪鳉
Rivulus rutilicaudus Costa, 2005 赤尾溪鳉
Rivulus salmonicaudus Costa, 2007 鲑尾溪鳉
Rivulus santensis Köhler, 1906 桑托斯溪鳉
Rivulus sape Lasso-Alcalá, Taphorn, Lasso & León-Mata, 2006 萨普溪鳉
Rivulus scalaris Costa, 2005 梯纹溪鳉
Rivulus siegfriedi Bussing, 1980 西格溪鳉
Rivulus simplicis Costa, 2004 简溪鳉
Rivulus speciosus Fels & de Rham, 1981 灿溪鳉
Rivulus stagnatus Eigenmann, 1909 沼栖溪鳉

Rivulus strigatus Regan, 1912 细纹溪鳉
Rivulus taeniatus Fowler, 1945 条纹溪鳉
Rivulus tecminae Thomerson, Nico & Taphorn, 1992 特克米溪鳉
Rivulus tenuis (Meek, 1904) 细溪鳉
Rivulus tessellatus Huber, 1992 格纹溪鳉
Rivulus tocantinensis Costa, 2010 图康河溪鳉
Rivulus torrenticola Vermeulen & Isbrücker, 2000 急流溪鳉
Rivulus uakti Costa, 2004 乌氏溪鳉
Rivulus uatuman Costa, 2004 小口溪鳉
Rivulus unaensis Costa & De Luca, 2009 乌南河溪鳉
Rivulus uroflammeus Bussing, 1980 火尾溪鳉
Rivulus urophthalmus Günther, 1866 尾斑溪鳉
Rivulus villwocki Berkenkamp & Etzel, 1997 维氏溪鳉
Rivulus violaceus Costa, 1991 紫堇溪鳉
Rivulus vittatus Costa, 1989 饰带溪鳉
Rivulus waimacui Eigenmann, 1909 温氏溪鳉
Rivulus wassmanni Berkenkamp & Etzel, 1999 沃氏溪鳉
Rivulus weberi Huber, 1992 韦伯氏溪鳉
Rivulus xanthonotus Ahl, 1926 黄背溪鳉
Rivulus xinguensis Costa, 2010 兴可河溪鳉
Rivulus xiphidius Huber, 1979 剑溪鳉
Rivulus zygonectes Myers, 1927 矶溪鳉

Genus *Simpsonichthys* Carvalho, 1959 辛普逊鳉属

Simpsonichthys adornatus Costa, 2000 泽生辛普逊鳉
Simpsonichthys alternatus (Costa & Brasil, 1994) 互生辛普逊鳉
Simpsonichthys antenori (Tulipano, 1973) 安氏辛普逊鳉
Simpsonichthys auratus Costa & Nielsen, 2000 金色辛普逊鳉
Simpsonichthys boitonei Carvalho, 1959 博氏辛普逊鳉
Simpsonichthys bokermanni (Carvalho & da Cruz, 1987) 博克氏辛普逊鳉
Simpsonichthys brunoi Costa, 2003 布氏辛普逊鳉
Simpsonichthys carlettoi Costa & Nielsen, 2004 卡氏辛普逊鳉
Simpsonichthys chacoensis (Amato, 1986) 巴拉圭辛普逊鳉
Simpsonichthys cholopteryx Costa, Moreira & Lima, 2003 残鳍辛普逊鳉
Simpsonichthys constanciae (Myers, 1942) 康斯坦辛普逊鳉
Simpsonichthys costai (Lazara, 1991) 科斯塔辛普逊鳉
Simpsonichthys delucai Costa, 2003 德氏辛普逊鳉
Simpsonichthys fasciatus Costa & Brasil, 2006 大纹辛普逊鳉
Simpsonichthys filamentosus Costa, Barrera & Sarmiento, 1997 丝条辛普逊鳉
Simpsonichthys flagellatus Costa, 2003 圆尾辛普逊鳉
Simpsonichthys flammeus (Costa, 1989) 焰色辛普逊鳉
Simpsonichthys flavicaudatus (Costa & Brasil, 1990) 黄尾辛普逊鳉
Simpsonichthys fulminantis (Costa & Brasil, 1993) 珍珠辛普逊鳉
Simpsonichthys ghisolfii Costa, Cyrino & Nielsen, 1996 吉氏辛普逊鳉
Simpsonichthys gibberatus Costa & Brasil, 2006 驼背辛普逊鳉
Simpsonichthys harmonicus Costa, 2010 哈莫尼辛普逊鳉
Simpsonichthys hellneri (Berkenkamp, 1993) 赫氏辛普逊鳉
Simpsonichthys igneus Costa, 2000 火红辛普逊鳉
Simpsonichthys inaequipinnatus Costa & Brasil, 2008 蛰伏辛普逊鳉
Simpsonichthys izecksohni (Da Cruz, 1983) 艾氏辛普逊鳉
Simpsonichthys janaubensis Costa, 2006 热努辛普逊鳉
Simpsonichthys longignatus Costa, 2008 长颌辛普逊鳉
Simpsonichthys lopesi Nielsen, Shibatta, Suzart & Martín, 2010 洛氏辛普逊鳉
Simpsonichthys macaubensis Costa & Suzart, 2006 马考河辛普逊鳉
Simpsonichthys magnificus (Costa & Brasil, 1991) 帆背辛普逊鳉
Simpsonichthys marginatus Costa & Brasil, 1996 缘边辛普逊鳉
Simpsonichthys mediopapillatus Costa, 2006 乳突辛普逊鳉
Simpsonichthys multiradiatus (Costa & Brasil, 1994) 多辐辛普逊鳉
Simpsonichthys myersi (Carvalho, 1971) 迈氏辛普逊鳉
Simpsonichthys nielseni Costa, 2005 尼氏辛普逊鳉

Simpsonichthys nigromaculatus Costa, 2007 黑斑辛普逊鳉
Simpsonichthys notatus (Costa, Lacerda & Brasil, 1990) 标名辛普逊鳉
Simpsonichthys ocellatus Costa, Nielsen & de Luca, 2001 眼斑辛普逊鳉
Simpsonichthys parallelus Costa, 2000 巴拉那河辛普逊鳉
Simpsonichthys perpendicularis Costa, Nielsen & de Luca, 2001 紫带辛普逊鳉
Simpsonichthys picturatus Costa, 2000 锈色辛普逊鳉
Simpsonichthys punctulatus Costa & Brasil, 2007 斑点辛普逊鳉
Simpsonichthys radiosus Costa & Brasil, 2004 闪亮辛普逊鳉
Simpsonichthys reticulatus Costa & Nielsen, 2003 网纹辛普逊鳉
Simpsonichthys rosaceus Costa, Nielsen & de Luca, 2001 玫瑰辛普逊鳉
Simpsonichthys rufus Costa, Nielsen & de Luca, 2001 淡红辛普逊鳉
Simpsonichthys santanae (Shibata & Garavello, 1992) 巴西辛普逊鳉
Simpsonichthys semiocellatus (Costa & Nielsen, 1997) 半眼辛普逊鳉
Simpsonichthys similis Costa & Hellner, 1999 宝石辛普逊鳉
Simpsonichthys stellatus (Costa & Brasil, 1994) 星斑辛普逊鳉
Simpsonichthys suzarti Costa, 2004 苏氏辛普逊鳉
Simpsonichthys trilineatus (Costa & Brasil, 1994) 三线辛普逊鳉
Simpsonichthys virgulatus Costa & Brasil, 2006 杂纹辛普逊鳉
Simpsonichthys zonatus (Costa & Brasil, 1990) 条纹辛普逊鳉

Genus *Stenolebias* Costa, 1995 狭唇虾鳉属

Stenolebias bellus Costa, 1995 美丽狭唇虾鳉
Stenolebias damascenoi (Costa, 1991) 巴拉圭狭唇虾鳉

Genus *Terranatos* Taphorn & Thomerson, 1978 特拉虾鳉属

Terranatos dolichopterus (Weitzman & Wourms, 1967) 长鳍特拉虾鳉属

Genus *Trigonectes* Myers, 1925 三角溪鳉属

Trigonectes aplocheiloides Huber, 1995 似单唇三角溪鳉
Trigonectes balzanii (Perugia, 1891) 巴氏三角溪鳉
Trigonectes macrophthalmus Costa, 1990 大眼三角溪鳉
Trigonectes rogoaguae (Pearson & Myers, 1924) 玻利维亚三角溪鳉
Trigonectes rubromarginatus Costa, 1990 红缘三角溪鳉
Trigonectes strigabundus Myers, 1925 巴西三角溪鳉

Suborder Cyprinodontoidei 鳉亚目

Family 260 Profundulidae 深鳉科

Genus *Profundulus* Hubbs, 1924 深鳉属

Profundulus candalarius Hubbs, 1924 犬深鳉
Profundulus guatemalensis (Günther, 1866) 洪都拉斯深鳉
Profundulus hildebrandi Miller, 1950 希氏深鳉
Profundulus labialis (Günther, 1866) 唇深鳉
Profundulus oaxacae (Meek, 1902) 奥氏深鳉
Profundulus portillorum Matamoros & Schaefer, 2010 小眼深鳉
Profundulus punctatus (Günther, 1866) 斑深鳉

Family 261 Goodeidae 谷鳉科

Genus *Allodontichthys* Hubbs & Turner, 1939 异齿谷鳉属

Allodontichthys hubbsi Miller & Uyeno, 1980 赫氏异齿谷鳉
Allodontichthys polylepis Rauchenberger, 1988 多鳞异齿谷鳉
Allodontichthys tamazulae Turner, 1946 塔氏异齿谷鳉
Allodontichthys zonistius (Hubbs, 1932) 带纹异齿谷鳉

Genus *Alloophorus* Hubbs & Turner, 1939 异蜂鳉属

Alloophorus robustus (Bean, 1892) 壮体异蜂鳉

Genus *Allotoca* Hubbs & Turner, 1939 异育鳉属

Allotoca catarinae (de Buen, 1942) 猫异育鳉
Allotoca diazi (Meek, 1902) 戴氏异育鳉
Allotoca dugesii (Bean, 1887) 中美洲异育鳉
Allotoca goslinei Smith & Miller, 1987 戈氏异育鳉
Allotoca maculata Smith & Miller, 1980 斑异育鳉
Allotoca meeki (Alvarez, 1959) 米氏异育鳉
Allotoca regalis (Alvarez, 1959) 皇异育鳉

Allotoca zacapuensis Meyer, Radda & Domínguez, 2001 斑条异育鳉

Genus *Ameca* Miller & Fitzsimmons, 1971 阿迈喀鳉属
Ameca splendens Miller & Fitzsimons, 1971 闪光阿迈喀鳉

Genus *Ataeniobius* Hubbs & Turner, 1939 无纹鳉属
Ataeniobius toweri (Meek, 1904) 托氏无纹鳉

Genus *Chapalichthys* Meek, 1902 驼谷鳉属
Chapalichthys encaustus (Jordan & Snyder, 1899) 驼谷鳉
Chapalichthys pardalis Alvarez, 1963 豹纹驼谷鳉
Chapalichthys peraticus Alvarez, 1963 墨西哥驼谷鳉

Genus *Characodon* Günther, 1866 棘齿鳉属
Characodon audax Smith & Miller, 1986 莽棘齿鳉
Characodon garmani Jordan & Evermann, 1898 加氏棘齿鳉
Characodon lateralis Günther, 1866 侧棘齿鳉

Genus *Crenichthys* Hubbs, 1932 泉鳉属
Crenichthys baileyi albivallis Williams & Wilde, 1981 白谷泉鳉
Crenichthys baileyi baileyi (Gilbert, 1893) 贝氏泉鳉
Crenichthys baileyi grandis Williams & Wilde, 1981 大泉鳉
Crenichthys baileyi moapae Williams & Wilde, 1981 北美泉鳉
Crenichthys baileyi thermophilus Williams & Wilde, 1981 秀美泉鳉
Crenichthys nevadae Hubbs, 1932 内华达泉鳉

Genus *Empetrichthys* Gilbert, 1893 裸腹鳉属
Empetrichthys latos concavus Miller, 1948 小孔裸腹鳉
Empetrichthys latos latos Miller, 1948 偏嘴裸腹鳉
Empetrichthys latos pahrump Miller, 1948 全裂偏嘴裸腹鳉
Empetrichthys merriami Gilbert, 1893 默氏裸腹鳉

Genus *Girardinichthys* Bleeker, 1860 吉鳉属
Girardinichthys ireneae Radda & Meyer, 2003 艾琳吉鳉
Girardinichthys multiradiatus (Meek, 1904) 多辐吉鳉
Girardinichthys viviparus (Bustamante, 1837) 胎生吉鳉

Genus *Goodea* Jordan, 1880 谷鳉属
Goodea atripinnis Jordan, 1880 黑鳍谷鳉
Goodea gracilis Hubbs & Turner, 1939 细谷鳉
Goodea luitpoldii (Steindachner, 1894) 卢氏谷鳉

Genus *Hubbsina* de Buen, 1940 赫氏谷鳉属
Hubbsina turneri de Buen, 1940 赫氏谷鳉

Genus *Ilyodon* Eigenmann, 1907 泞齿鳉属
Ilyodon cortesae Paulo-Maya & Trujillo-Jiménez, 2000 科氏泞齿鳉
Ilyodon furcidens (Jordan & Gilbert, 1882) 叉牙泞齿鳉
Ilyodon lennoni Meyer & Foerster, 1983 伦氏泞齿鳉
Ilyodon whitei (Meek, 1904) 惠氏泞齿鳉
Ilyodon xantusi (Hubbs & Turner, 1939) 赞氏泞齿鳉

Genus *Skiffia* Meek, 1902 斯基法鳉属
Skiffia bilineata (Bean, 1887) 双线斯基法鳉
Skiffia francesae Kingston, 1978 弗氏斯基法鳉
Skiffia lermae Meek, 1902 勒氏斯基法鳉
Skiffia multipunctata (Pellegrin, 1901) 多斑斯基法鳉

Genus *Xenoophorus* Hubbs & Turner, 1939 异谷鳉属
Xenoophorus captivus (Hubbs, 1924) 异谷鳉

Genus *Xenotaenia* Turner, 1946 异纹谷鳉属
Xenotaenia resolanae Turner, 1946 墨西哥异纹谷鳉

Genus *Xenotoca* Hubbs & Turner, 1939 异仔鳉属
Xenotoca eiseni (Rutter, 1896) 艾氏异仔鳉
Xenotoca melanosoma Fitzsimons, 1972 黑身异仔鳉
Xenotoca variata (Bean, 1887) 杂色异仔鳉

Genus *Zoogoneticus* Meek, 1902 宗谷鳉属
Zoogoneticus purhepechus Domínguez-Domínguez, Pérez-Rodríguez & Doadrio, 2008 砾栖宗谷鳉
Zoogoneticus quitzeoensis (Bean, 1898) 基坦宗谷鳉

Zoogoneticus tequila Webb & Miller, 1998 高体宗谷鳉

Family 262 Fundulidae 底鳉科

Genus *Adinia* Girard, 1859 小孔鳉属
Adinia xenica (Jordan & Gilbert, 1882) 异域小孔鳉

Genus *Fundulus* Lacepède, 1803 底鳉属
Fundulus albolineatus Gilbert, 1891 白线底鳉
Fundulus bermudae Günther, 1874 百慕大底鳉
Fundulus bifax Cashner & Rogers, 1988 阿拉巴马底鳉
Fundulus blairae Wiley & Hall, 1975 布氏底鳉
Fundulus catenatus (Storer, 1846) 北方底鳉
Fundulus chrysotus (Günther, 1866) 金色底鳉
Fundulus cingulatus Valenciennes, 1846 环带底鳉
Fundulus confluentus Goode & Bean, 1879 沼泽底鳉
Fundulus diaphanus diaphanus (Lesueur, 1817) 秀体底鳉
Fundulus diaphanus menona Jordan & Copeland, 1877 月尾底鳉
Fundulus dispar (Agassiz, 1854) 异底鳉
Fundulus escambiae (Bollman, 1887) 东部底鳉
Fundulus euryzonus Suttkus & Cashner, 1981 宽底鳉
Fundulus grandis Baird & Girard, 1853 大底鳉
Fundulus grandissimus Hubbs, 1936 伟底鳉
Fundulus heteroclitus heteroclitus (Linnaeus, 1766) 加拿大底鳉
Fundulus heteroclitus macrolepidotus (Walbaum, 1792) 大鳞底鳉
Fundulus jenkinsi (Evermann, 1892) 金氏底鳉
Fundulus julisia Williams & Etnier, 1982 柔底鳉
Fundulus kansae Garman, 1895 平原底鳉
Fundulus lima Vaillant, 1894 侧边底鳉
Fundulus lineolatus (Agassiz, 1854) 线纹底鳉
Fundulus luciae (Baird, 1855) 斑鳍底鳉
Fundulus majalis (Walbaum, 1792) 条带底鳉
Fundulus notatus (Rafinesque, 1820) 黑纹底鳉
Fundulus nottii (Agassiz, 1854) 诺特氏底鳉
Fundulus olivaceus (Storer, 1845) 黑点底鳉
Fundulus parvipinnis Girard, 1854 小翼底鳉
Fundulus persimilis Miller, 1955 玛瑙底鳉
Fundulus philpisteri García-Ramírez, Contreras-Balderas & Lozano-Vilano, 2007 菲氏底鳉
Fundulus pulvereus (Evermann, 1892) 海湾底鳉
Fundulus rathbuni Jordan & Meek, 1889 拉氏底鳉
Fundulus relictus Able & Felley, 1988 残嘴底鳉
Fundulus rubrifrons (Jordan, 1880) 红额底鳉
Fundulus saguanus Rivas, 1948 宝莲底鳉
Fundulus sciadicus Cope, 1865 半带底鳉
Fundulus seminolis Girard, 1859 小口底鳉
Fundulus similis (Baird & Girard, 1853) 长吻底鳉
Fundulus stellifer (Jordan, 1877) 星斑底鳉
Fundulus waccamensis Hubbs & Raney, 1946 瓦卡马底鳉
Fundulus zebrinus Jordan & Gilbert, 1883 斑马底鳉

Genus *Leptolucania* Myers, 1924 小底鳉属
Leptolucania ommata (Jordan, 1884) 小眼底鳉

Genus *Lucania* Girard, 1859 卢氏鳉属
Lucania goodei Jordan, 1880 蓝鳍卢氏鳉
Lucania interioris Hubbs & Miller, 1965 中间卢氏鳉
Lucania parva (Baird & Girard, 1855) 雨点卢氏鳉

Family 263 Valenciidae 强鳉科

Genus *Valencia* Myers, 1928 西班牙鳉属
Valencia hispanica (Valenciennes, 1846) 西班牙鳉
Valencia letourneuxi (Sauvage, 1880) 利氏西班牙鳉

Family 264 Cyprinodontidae 鳉科

Genus *Aphanius* Nardo, 1827 秘鳉属
Aphanius almiriensis Kottelat, Barbieri & Stoumboudi, 2007 阿尔米秘鳉

Aphanius anatoliae (Leidenfrost, 1912) 东方秘鳉

Aphanius apodus (Gervais, 1853) 无足秘鳉

Aphanius asquamatus (Sözer, 1942) 横带秘鳉

Aphanius baeticus Doadrio, Carmona & Fernández-Delgado, 2002 西班牙秘鳉

Aphanius burdurensis (Ermin, 1946) 土耳其秘鳉

Aphanius chantrei (Gaillard, 1895) 钱氏秘鳉

Aphanius danfordii (Boulenger, 1890) 丹氏秘鳉

Aphanius desioi (Gianferrari, 1933) 德氏秘鳉

Aphanius dispar dispar (Rüppell, 1829) 异色秘鳉

Aphanius dispar richardsoni (Boulenger, 1907) 理氏秘鳉

Aphanius fasciatus (Valenciennes, 1821) 斑条秘鳉

Aphanius ginaonis (Holly, 1929) 热泉秘鳉

Aphanius iberus (Valenciennes, 1846) 伊比利亚秘鳉

Aphanius isfahanensis Hrbek, Keivany & Coad, 2006 伊朗秘鳉

Aphanius mento (Heckel, 1843) 长颏秘鳉

Aphanius mesopotamicus Coad, 2009 中河秘鳉

Aphanius persicus (Jenkins, 1910) 桃色秘鳉

Aphanius punctatus (Heckel, 1847) 斑秘鳉

Aphanius saourensis Blanco, Hrbek & Doadrio, 2006 撒哈拉秘鳉

Aphanius sirhani Villwock, Scholl & Krupp, 1983 西氏秘鳉

Aphanius sophiae (Heckel, 1847) 小斑秘鳉

Aphanius splendens (Kosswig & Sözer, 1945) 灿烂秘鳉

Aphanius stiassnyae (Getahun & Lazara, 2001) 斯蒂秘鳉

Aphanius sureyanus (Neu, 1937) 大鳍秘鳉

Aphanius transgrediens (Ermin, 1946) 银光秘鳉

Aphanius villwocki Hrbek & Wildekamp, 2003 维氏秘鳉

Aphanius vladykovi Coad, 1988 伏氏秘鳉

Genus *Cualac* Miller, 1956 可拉鳉属

Cualac tessellatus Miller, 1956 墨西哥可拉鳉

Genus *Cubanichthys* Hubbs, 1926 古巴鳉属

Cubanichthys cubensis (Eigenmann, 1903) 古巴鳉

Cubanichthys pengelleyi (Fowler, 1939) 彭氏古巴鳉

Genus *Cyprinodon* Lacepède, 1803 鳉属

Cyprinodon albivelis Minckley & Miller, 2002 苍白鳉

Cyprinodon alvarezi Miller, 1976 阿氏鳉

Cyprinodon arcuatus Minckley & Miller, 2002 弓鳉

Cyprinodon artifrons Hubbs, 1936 叶鳉

Cyprinodon atrorus Miller, 1968 灰鳉

Cyprinodon beltrani Alvarez, 1949 贝氏鳉

Cyprinodon bifasciatus Miller, 1968 双带鳉

Cyprinodon bobmilleri Lozano-Vilano & Contreras-Balderas, 1999 米勒氏鳉

Cyprinodon bondi Myers, 1935 邦德氏鳉

Cyprinodon bovinus Baird & Girard, 1853 博文鳉

Cyprinodon ceciliae Lozano-Vilano & Contreras-Balderas, 1993 塞氏鳉

Cyprinodon dearborni Meek, 1909 达氏鳉

Cyprinodon diabolis Wales, 1930 魔鳉

Cyprinodon elegans Baird & Girard, 1853 长鳉

Cyprinodon eremus Miller & Fuiman, 1987 沙鳉

Cyprinodon esconditus Strecker, 2002 贪食鳉

Cyprinodon eximius Girard, 1859 超鳉

Cyprinodon fontinalis Smith & Miller, 1980 泉鳉

Cyprinodon higuey Rodriguez & Smith, 1990 多米尼加鳉

Cyprinodon hubbsi Carr, 1936 哈氏鳉

Cyprinodon inmemoriam Lozano-Vilano & Contreras-Balderas, 1993 墨西哥鳉

Cyprinodon labiosus Humphries & Miller, 1981 大唇鳉

Cyprinodon laciniatus Hubbs & Miller, 1942 巴哈马鳉

Cyprinodon latifasciatus Garman, 1881 侧条鳉

Cyprinodon longidorsalis Lozano-Vilano & Contreras-Balderas, 1993 长背鳉

Cyprinodon macrolepis Miller, 1976 大鳞鳉

Cyprinodon macularius Baird & Girard, 1853 斑鳉

Cyprinodon maya Humphries & Miller, 1981 梅鳉

Cyprinodon meeki Miller, 1976 米氏鳉

Cyprinodon nazas Miller, 1976 纳扎鳉

Cyprinodon nevadensis amargosae Miller, 1948 食藻鳉

Cyprinodon nevadensis calidae Miller, 1948 秀丽鳉

Cyprinodon nevadensis mionectes Miller, 1948 异鳉

Cyprinodon nevadensis nevadensis Eigenmann & Eigenmann, 1889 内华达鳉

Cyprinodon nevadensis pectoralis Miller, 1948 大胸鳉

Cyprinodon nevadensis shoshone Miller, 1948 肃氏鳉

Cyprinodon nichollsi Smith, 1989 尼氏鳉

Cyprinodon pachycephalus Minckley & Minckley, 1986 厚头鳉

Cyprinodon pecosensis Echelle & Echelle, 1978 得克萨斯鳉

Cyprinodon pisteri Miller & Minckley, 2002 皮氏鳉

Cyprinodon radiosus Miller, 1948 欧文鳉

Cyprinodon riverendi (Poey, 1860) 里氏鳉

Cyprinodon rubrofluviatilis Fowler, 1916 俄克拉何马鳉

Cyprinodon salinus milleri LaBounty & Deacon, 1972 密氏盐鳉

Cyprinodon salinus salinus Miller, 1943 盐鳉

Cyprinodon salvadori Lozano-Vilano, 2002 萨氏鳉

Cyprinodon simus Humphries & Miller, 1981 扁鼻鳉

Cyprinodon suavium Strecker, 2005 甜鳉

Cyprinodon tularosa Miller & Echelle, 1975 白沙鳉

Cyprinodon variegatus baconi Breder, 1932 培根杂色鳉

Cyprinodon variegatus ovinus (Mitchill, 1815) 北美鳉

Cyprinodon variegatus variegatus Lacepède, 1803 杂色鳉

Cyprinodon verecundus Humphries, 1984 春鳉

Cyprinodon veronicae Lozano-Vilano & Contreras-Balderas, 1993 维氏鳉

Genus *Floridichthys* Hubbs, 1926 佛罗里达鳉属

Floridichthys carpio (Günther, 1866) 黄点佛罗里达鳉

Floridichthys polyommus Hubbs, 1936 多眼佛罗里达鳉

Genus *Garmanella* Hubbs, 1936 加曼鳉属

Garmanella pulchra Hubbs, 1936 美丽加曼鳉

Genus *Jordanella* Goode & Bean, 1879 乔氏鳉属

Jordanella floridae Goode & Bean, 1879 佛罗里达乔氏鳉

Genus *Megupsilon* Miller & Walters, 1972 大鳉属

Megupsilon aporus Miller & Walters, 1972 墨西哥大鳉

Genus *Orestias* Valenciennes, 1839 山鳉属

Orestias agassizii Valenciennes, 1846 阿氏山鳉

Orestias albus Valenciennes, 1846 白山鳉

Orestias ascotanensis Parenti, 1984 智利山鳉

Orestias chungarensis Vila & Pinto, 1987 青加山鳉

Orestias crawfordi Tchernavin, 1944 克氏山鳉

Orestias ctenolepis Parenti, 1984 栉鳞山鳉

Orestias cuvieri Valenciennes, 1846 居氏山鳉

Orestias elegans Garman, 1895 美丽山鳉

Orestias empyraeus Allen, 1942 秘鲁山鳉

Orestias forgeti Lauzanne, 1981 福氏山鳉

Orestias frontosus Cope, 1876 额山鳉

Orestias gilsoni Tchernavin, 1944 吉氏山鳉

Orestias gracilis Parenti, 1984 细山鳉

Orestias gymnotus Parenti, 1984 裸背山鳉

Orestias hardini Parenti, 1984 哈氏山鳉

Orestias imarpe Parenti, 1984 的的喀喀湖山鳉

Orestias incae Garman, 1895 英卡山鳉

Orestias ispi Lauzanne, 1981 艾氏山鳉

Orestias jussiei Valenciennes, 1846 贾氏山鳉

Orestias lastarriae Philippi, 1876 泽生山鳉

Orestias laucaensis Arratia, 1982 智利劳卡河山鳉

Orestias luteus Valenciennes, 1846 土黄山鳉

Orestias minimus Tchernavin, 1944 小山鳉

Orestias minutus Tchernavin, 1944 微山鳉

Orestias mooni Tchernavin, 1944 穆恩氏山鳉

Orestias mulleri Valenciennes, 1846 穆勒氏山鳉

Orestias multiporis Parenti, 1984 多孔山鳉

Orestias mundus Parenti, 1984 洁山鳉

Orestias olivaceus Garman, 1895 油山鳉

Orestias parinacotensis Arratia, 1982 帕里那山鳉

Orestias pentlandii Valenciennes, 1846 彭氏山鳉

Orestias piacotensis Vila, 2006 皮亚考山鳉

Orestias polonorum Tchernavin, 1944 胡宁湖山鳉

Orestias puni Tchernavin, 1944 普氏山鳉

Orestias richersoni Parenti, 1984 理氏山鳉

Orestias robustus Parenti, 1984 壮体山鳉

Orestias silustani Allen, 1942 西氏山鳉

Orestias taquiri Tchernavin, 1944 塔氏山鳉

Orestias tchernavini Lauzanne, 1981 切氏山鳉

Orestias tomcooni Parenti, 1984 汤氏山鳉

Orestias tschudii Castelnau, 1855 楚迪氏山鳉

Orestias tutini Tchernavin, 1944 图氏山鳉

Orestias uruni Tchernavin, 1944 尤氏山鳉

Orestias ututo Parenti, 1984 厄氏山鳉

Family 265 Anablepidae 四眼鱼科

Genus *Anableps* Scopoli, 1777 四眼鱼属

Anableps anableps (Linnaeus, 1758) 巴西四眼鱼

Anableps dowei Gill, 1861 道氏四眼鱼

Anableps microlepis Müller & Troschel, 1844 小鳞四眼鱼

Genus *Jenynsia* Günther, 1866 任氏鳉属

Jenynsia alternimaculata (Fowler, 1940) 联斑任氏鳉

Jenynsia diphyes Lucinda, Ghedotti & Graça, 2006 巴西任氏鳉

Jenynsia eigenmanni (Haseman, 1911) 艾格曼任氏鳉

Jenynsia eirmostigma Ghedotti & Weitzman, 1995 连斑任氏鳉

Jenynsia lineata (Jenyns, 1842) 任氏鳉

Jenynsia maculata Regan, 1906 大斑任氏鳉

Jenynsia multidentata (Jenyns, 1842) 多齿任氏鳉

Jenynsia obscura (Weyenbergh, 1877) 暗色任氏鳉

Jenynsia onca Lucinda, Reis & Quevedo, 2002 瘤突任氏鳉

Jenynsia sanctaecatarinae Ghedotti & Weitzman, 1996 桑克任氏鳉

Jenynsia tucumana Aguilera & Mirande, 2005 阿根廷任氏鳉

Jenynsia unitaenia Ghedotti & Weitzman, 1995 单纹任氏鳉

Jenynsia weitzmani Ghedotti, Meisner & Lucinda, 2001 韦茨曼任氏鳉

Genus *Oxyzygonectes* Fowler, 1916 尖欢鳉属

Oxyzygonectes dovii (Günther, 1866) 巴拿马尖欢鳉

Family 266 Poeciliidae 花鳉科

Genus *Alfaro* Meek, 1912 鳞鳉属

Alfaro cultratus (Regan, 1908) 刀鳞鳉

Alfaro huberi (Fowler, 1923) 尼加拉瓜鳞鳉

Genus *Aplocheilichthys* Bleeker, 1863 灯鳉属

Aplocheilichthys antinorii (Vinciguerra, 1883) 恩氏灯鳉

Aplocheilichthys atripinna (Pfeffer, 1896) 黑翼灯鳉

Aplocheilichthys brichardi (Poll, 1971) 布氏灯鳉

Aplocheilichthys bukobanus (Ahl, 1924) 橘色灯鳉

Aplocheilichthys centralis Seegers, 1996 秀丽灯鳉

Aplocheilichthys fuelleborni (Ahl, 1924) 菲勒灯鳉

Aplocheilichthys hutereaui (Boulenger, 1913) 哈氏灯鳉

Aplocheilichthys jeanneli (Pellegrin, 1935) 珍妮灯鳉

Aplocheilichthys johnstoni (Günther, 1894) 约氏灯鳉

Aplocheilichthys katangae (Boulenger, 1912) 条纹灯鳉

Aplocheilichthys kingii (Boulenger, 1913) 金氏灯鳉

Aplocheilichthys kongoranensis (Ahl, 1924) 康果灯鳉

Aplocheilichthys lacustris Seegers, 1984 坦桑尼亚灯鳉

Aplocheilichthys loati (Boulenger, 1901) 洛氏灯鳉

Aplocheilichthys lualabaensis (Poll, 1938) 刚果灯鳉

Aplocheilichthys macrurus (Boulenger, 1904) 大尾灯鳉

Aplocheilichthys mahagiensis (David & Poll, 1937) 马哈灯鳉

Aplocheilichthys meyburghi Meinken, 1971 迈氏灯鳉

Aplocheilichthys moeruensis (Boulenger, 1914) 莫吕灯鳉

Aplocheilichthys myaposae (Boulenger, 1908) 南非灯鳉

Aplocheilichthys myersi Poll, 1952 梅氏灯鳉

Aplocheilichthys nigrolateralis Poll, 1967 暗侧灯鳉

Aplocheilichthys pumilus (Boulenger, 1906) 矮灯鳉

Aplocheilichthys rudolfianus (Worthington, 1932) 粗灯鳉

Aplocheilichthys spilauchen (Duméril, 1861) 项斑灯鳉

Aplocheilichthys terofali Berkenkamp & Etzel, 1981 特氏灯鳉

Aplocheilichthys vitschumbaensis (Ahl, 1924) 蓝身灯鳉

Genus *Belonesox* Kner, 1860 鲆鳉属

Belonesox belizanus Kner, 1860 墨西哥鲆鳉

Genus *Brachyrhaphis* Regan, 1913 短脊鳉属

Brachyrhaphis cascajalensis (Meek & Hildebrand, 1913) 巴拿马短脊鳉

Brachyrhaphis episcopi (Steindachner, 1878) 埃氏短棒鳉

Brachyrhaphis hartwegi Rosen & Bailey, 1963 哈氏短脊鳉

Brachyrhaphis hessfeldi Meyer & Etzel, 2001 赫氏短脊鳉

Brachyrhaphis holdridgei Bussing, 1967 霍氏短脊鳉

Brachyrhaphis olomina (Meek, 1914) 紫带短脊鳉

Brachyrhaphis parismina (Meek, 1912) 哥斯达黎加短脊鳉

Brachyrhaphis punctifer (Hubbs, 1926) 螯短脊鳉

Brachyrhaphis rhabdophora (Regan, 1908) 棒状短脊鳉

Brachyrhaphis roseni Bussing, 1988 罗森氏短脊鳉

Brachyrhaphis roswithae Meyer & Etzel, 1998 罗斯氏短脊鳉

Brachyrhaphis terrabensis (Regan, 1907) 特拉巴短脊鳉

Genus *Carlhubbsia* Whitley, 1951 卡尔花鳉属

Carlhubbsia kidderi (Hubbs, 1936) 危地马拉卡尔花鳉

Carlhubbsia stuarti Rosen & Bailey, 1959 斯氏卡尔花鳉

Genus *Cnesterodon* Garman, 1895 锉齿鳉属

Cnesterodon brevirostratus Rosa & Costa, 1993 短吻锉齿鳉

Cnesterodon carnegiei Haseman, 1911 卡氏锉齿鳉

Cnesterodon decemmaculatus (Jenyns, 1842) 十斑锉齿鳉

Cnesterodon holopteros Lucinda, Litz & Recuero, 2006 全翼锉齿鳉

Cnesterodon hypselurus Lucinda & Garavello, 2001 文鳐锉齿鳉

Cnesterodon iguape Lucinda, 2005 蜥形锉齿鳉

Cnesterodon omorgmatos Lucinda & Garavello, 2001 巴西锉齿鳉

Cnesterodon pirai Aguilera, Mirande & Azpelicueta, 2009 尖吻锉齿鳉

Cnesterodon raddai Meyer & Etzel, 2001 拉氏锉齿鳉

Cnesterodon septentrionalis Rosa & Costa, 1993 北方锉齿鳉

Genus *Fluviphylax* Whitley, 1965 溪花鳉属

Fluviphylax obscurus Costa, 1996 暗色溪花鳉

Fluviphylax palikur Costa & Le Bail, 1999 溪花鳉

Fluviphylax pygmaeus (Myers & Carvalho, 1955) 矮溪花鳉

Fluviphylax simplex Costa, 1996 简溪花鳉

Fluviphylax zonatus Costa, 1996 带溪花鳉

Genus *Gambusia* Poey, 1854 食蚊鱼属

Gambusia affinis (Baird & Girard, 1853) 食蚊鱼 陆 台

Gambusia alvarezi Hubbs & Springer, 1957 阿氏食蚊鱼

Gambusia amistadensis Peden, 1973 得克萨斯食蚊鱼

Gambusia atrora Rosen & Bailey, 1963 黑食蚊鱼

Gambusia aurata Miller & Minckley, 1970 金黄食蚊鱼

Gambusia baracoana Rivas, 1944 古巴食蚊鱼

Gambusia beebei Myers, 1935 毕比氏食蚊鱼

Gambusia bucheri Rivas, 1944 布克氏食蚊鱼

Gambusia clarkhubbsi Garrett & Edwards, 2003 克拉克氏食蚊鱼

Gambusia dominicensis Regan, 1913 多明戈食蚊鱼

Gambusia echeagarayi (Alvarez, 1952) 埃氏食蚊鱼

Gambusia eurystoma Miller, 1975 宽口食蚊鱼

Gambusia gaigei Hubbs, 1929 大弯食蚊鱼

Gambusia geiseri Hubbs & Hubbs, 1957 盖氏食蚊鱼

Gambusia georgei Hubbs & Peden, 1969 乔氏食蚊鱼

Gambusia heterochir Hubbs, 1957 异鳍食蚊鱼

Gambusia hispaniolae Fink, 1971 希氏食蚊鱼

Gambusia holbrooki Girard, 1859 霍氏食蚊鱼

Gambusia hurtadoi Hubbs & Springer, 1957 赫氏食蚊鱼

Gambusia krumholzi Minckley, 1963 克氏食蚊鱼

Gambusia lemaitrei Fowler, 1950 莱氏食蚊鱼

Gambusia longispinis Minckley, 1962 长刺食蚊鱼

Gambusia luma Rosen & Bailey, 1963 野食蚊鱼

Gambusia manni Hubbs, 1927 曼氏食蚊鱼

Gambusia marshi Minckley & Craddock, 1962 马氏食蚊鱼

Gambusia melapleura (Gosse, 1851) 黑胸食蚊鱼

Gambusia monticola Rivas, 1971 蒙的考拉食蚊鱼

Gambusia myersi Ahl, 1925 迈尔斯食蚊鱼

Gambusia nicaraguensis Günther, 1866 尼加拉瓜食蚊鱼

Gambusia nobilis (Baird & Girard, 1853) 珍食蚊鱼

Gambusia panuco Hubbs, 1926 墨西哥食蚊鱼

Gambusia pseudopunctata Rivas, 1969 拟斑食蚊鱼

Gambusia punctata Poey, 1854 蓝斑食蚊鱼

Gambusia puncticulata Poey, 1854 珍珠食蚊鱼

Gambusia regani Hubbs, 1926 里根氏食蚊鱼

Gambusia rhizophorae Rivas, 1969 曼格食蚊鱼

Gambusia senilis Girard, 1859 斑食蚊鱼

Gambusia sexradiata Hubbs, 1936 六辐食蚊鱼

Gambusia speciosa Girard, 1859 灿食蚊鱼

Gambusia vittata Hubbs, 1926 饰带食蚊鱼

Gambusia wrayi Regan, 1913 牙买加食蚊鱼

Gambusia xanthosoma Greenfield, 1983 黄体食蚊鱼

Gambusia yucatana Regan, 1914 尤卡坦食蚊鱼

Gambusia zarskei Meyer, Schories & Schartl, 2010 扎氏食蚊鱼

Genus Girardinus Poey, 1854 吉拉德食蚊鱼属

Girardinus creolus Garman, 1895 中美洲吉拉德食蚊鱼

Girardinus cubensis (Eigenmann, 1903) 古巴吉拉德食蚊鱼

Girardinus denticulatus Garman, 1895 小齿吉拉德食蚊鱼

Girardinus falcatus (Eigenmann, 1903) 镰形吉拉德食蚊鱼

Girardinus metallicus Poey, 1854 吉拉德食蚊鱼

Girardinus microdactylus Rivas, 1944 小指吉拉德食蚊鱼

Girardinus uninotatus Poey, 1860 单背吉拉德食蚊鱼

Genus Heterandria Agassiz, 1853 异小鳉属

Heterandria anzuetoi Rosen & Bailey, 1979 安氏异小鳉

Heterandria attenuata Rosen & Bailey, 1979 狭头异小鳉

Heterandria bimaculata (Heckel, 1848) 双斑异小鳉

Heterandria cataractae Rosen, 1979 危地马拉异小鳉

Heterandria dirempta Rosen, 1979 喜荫异小鳉

Heterandria formosa Girard, 1859 美丽异小鳉

Heterandria jonesii (Günther, 1874) 琼斯氏异小鳉

Heterandria litoperas Rosen & Bailey, 1979 热带异小鳉

Heterandria obliqua Rosen, 1979 斜带异小鳉

Heterandria tuxtlaensis McEachran & Dewitt, 2008 黑珍珠异小鳉

Genus Heterophallus Regan, 1914 异笔鳉属

Heterophallus milleri Radda, 1987 米氏异笔鳉

Heterophallus rachovii Regan, 1914 雷氏异笔鳉

Genus Hylopanchax Poll & Lambert, 1965 雨鳉属

Hylopanchax silvestris (Poll & Lambert, 1958) 刚果雨鳉

Hylopanchax stictopleuron (Fowler, 1949) 胸斑雨鳉

Genus Hypsopanchax Myers, 1924 花高鳉属

Hypsopanchax catenatus Radda, 1981 莲花高鳉

Hypsopanchax deprimozi (Pellegrin, 1928) 扎伊尔花高鳉

Hypsopanchax jobaerti Poll & Lambert, 1965 乔氏花高鳉

Hypsopanchax jubbi Poll & Lambert, 1965 朱氏花高鳉

Hypsopanchax platysternus (Nichols & Griscom, 1917) 刚果花高鳉

Hypsopanchax zebra (Pellegrin, 1929) 条纹花高鳉

Genus Lacustricola Myers, 1924 湖栖花鳉属

Lacustricola maculatus (Klausewitz, 1957) 斑湖栖花鳉

Lacustricola matthesi (Seegers, 1996) 马氏湖栖花鳉

Lacustricola mediolateralis (Poll, 1967) 侧条湖栖花鳉

Lacustricola omoculatus (Wildekamp, 1977) 背眼湖栖花鳉

Lacustricola usanguensis (Wildekamp, 1977) 乌沙湖栖花鳉

Genus Lamprichthys Regan, 1911 亮丽鳉属

Lamprichthys tanganicanus (Boulenger, 1898) 坦噶尼喀亮丽鳉

Genus Limia Poey, 1854 泥鳉属

Limia caymanensis Rivas & Fink, 1970 开曼岛泥鳉

Limia dominicensis (Valenciennes, 1846) 圣多明各泥鳉

Limia fuscomaculata Rivas, 1980 棕斑泥鳉

Limia garnieri Rivas, 1980 加氏泥鳉

Limia grossidens Rivas, 1980 厚身泥鳉

Limia heterandria Regan, 1913 委内瑞拉泥鳉

Limia immaculata Rivas, 1980 无斑泥鳉

Limia melanogaster (Günther, 1866) 黑腹泥鳉

Limia melanonotata Nichols & Myers, 1923 黑背泥鳉

Limia miragoanensis Rivas, 1980 米拉贡湖泥鳉

Limia nigrofasciata Regan, 1913 黑带泥鳉

Limia ornata Regan, 1913 绿泥鳉

Limia pauciradiata Rivas, 1980 少辐泥鳉

Limia perugiae (Evermann & Clark, 1906) 佩罗泥鳉

Limia rivasi Franz & Burgess, 1983 里氏泥鳉

Limia sulphurophila Rivas, 1980 多米尼加泥鳉

Limia tridens (Hilgendorf, 1889) 叉齿泥鳉

Limia versicolor (Günther, 1866) 变色泥鳉

Limia vittata (Guichenot, 1853) 古巴泥鳉

Limia yaguajali Rivas, 1980 亚ды泥鳉

Limia zonata (Nichols, 1915) 带泥鳉

Genus Micropanchax Myers, 1924 卉鳉属

Micropanchax bracheti (Berkenkamp, 1983) 多哥卉鳉

Micropanchax camerunensis (Radda, 1971) 喀麦隆卉鳉

Micropanchax ehrichi (Berkenkamp & Etzel, 1994) 伊氏卉鳉

Micropanchax keilhacki (Ahl, 1928) 凯氏卉鳉

Micropanchax macrophthalmus (Meinken, 1932) 大眼卉鳉

Micropanchax pelagicus (Worthington, 1932) 艾伯特湖卉鳉

Micropanchax pfaffi (Daget, 1954) 帕氏卉鳉

Micropanchax scheeli (Roman, 1970) 施氏卉鳉

Genus Micropoecilia Hubbs, 1926 小花鳉属

Micropoecilia bifurca (Eigenmann, 1909) 双叉小花鳉

Micropoecilia branneri (Eigenmann, 1894) 布氏小花鳉

Micropoecilia minima (Costa & Sarraf, 1997) 巴西小花鳉

Micropoecilia picta (Regan, 1913) 斑尾小花鳉

Genus Neoheterandria Henn, 1916 新异鳉属

Neoheterandria cana (Meek & Hildebrand, 1913) 犬新异鳉

Neoheterandria elegans Henn, 1916 美丽新异鳉

Neoheterandria tridentiger (Garman, 1895) 三峰新异鳉

Genus Pamphorichthys Regan, 1913 贼胎鳉属

Pamphorichthys araguaiensis Costa, 1991 巴西贼胎鳉

Pamphorichthys hasemani (Henn, 1916) 哈氏贼胎鳉
Pamphorichthys hollandi (Henn, 1916) 霍氏贼胎鳉
Pamphorichthys minor (Garman, 1895) 亚马孙河贼胎鳉
Pamphorichthys pertapeh Figueiredo, 2008 南美贼胎鳉
Pamphorichthys scalpridens (Garman, 1895) 刀形贼胎鳉

Genus *Pantanodon* Myers, 1955 豹齿鳉属
Pantanodon madagascariensis (Arnoult, 1963) 马达加斯加豹齿鳉
Pantanodon stuhlmanni (Ahl, 1924) 豹齿鳉

Genus *Phallichthys* Hubbs, 1924 茎鳉属
Phallichthys amates (Miller, 1907) 黑肛茎鳉
Phallichthys fairweatheri Rosen & Bailey, 1959 费氏茎鳉
Phallichthys quadripunctatus Bussing, 1979 四斑茎鳉
Phallichthys tico Bussing, 1963 哥斯达黎加茎鳉

Genus *Phalloceros* Eigenmann, 1907 角茎鳉属
Phalloceros alessandrae Lucinda, 2008 亚历山大角茎鳉
Phalloceros anisophallos Lucinda, 2008 茴角茎鳉
Phalloceros aspilos Lucinda, 2008 盾角茎鳉
Phalloceros buckupi Lucinda, 2008 巴氏角茎鳉
Phalloceros caudimaculatus (Hensel, 1868) 尾点角茎鳉
Phalloceros elachistos Lucinda, 2008 小角茎鳉
Phalloceros enneaktinos Lucinda, 2008 九背鳍条角茎鳉
Phalloceros harpagos Lucinda, 2008 巴拉圭角茎鳉
Phalloceros heptaktinos Lucinda, 2008 七背鳍条角茎鳉
Phalloceros leptokeras Lucinda, 2008 钩器角茎鳉
Phalloceros leticiae Lucinda, 2008 佳美角茎鳉
Phalloceros lucenorum Lucinda, 2008 银光角茎鳉
Phalloceros malabarbai Lucinda, 2008 马氏角茎鳉
Phalloceros megapolos Lucinda, 2008 大孔角茎鳉
Phalloceros mikrommatos Lucinda, 2008 纤细角茎鳉
Phalloceros ocellatus Lucinda, 2008 眼点角茎鳉
Phalloceros pellos Lucinda, 2008 暗色角茎鳉
Phalloceros reisi Lucinda, 2008 赖斯角茎鳉
Phalloceros spiloura Lucinda, 2008 斑尾角茎鳉
Phalloceros titthos Lucinda, 2008 巴西角茎鳉
Phalloceros tupinamba Lucinda, 2008 变色角茎鳉
Phalloceros uai Lucinda, 2008 乌氏角茎鳉

Genus *Phalloptychus* Eigenmann, 1907 褶茎鳉属
Phalloptychus eigenmanni Henn, 1916 艾氏褶茎鳉
Phalloptychus januarius (Hensel, 1868) 巴拉圭河褶茎鳉

Genus *Phallotorynus* Henn, 1916 亮花鳉属
Phallotorynus dispilos Lucinda, Rosa & Reis, 2005 侧斑亮花鳉
Phallotorynus fasciolatus Henn, 1916 巴西亮花鳉
Phallotorynus jucundus Ihering, 1930 愉亮花鳉
Phallotorynus pankalos Lucinda, Rosa & Reis, 2005 颌带亮花鳉
Phallotorynus psittakos Lucinda, Rosa & Reis, 2005 多肋亮花鳉
Phallotorynus victoriae Oliveros, 1983 维多利亚亮花鳉

Genus *Plataplochilus* Ahl, 1928 扁花鳉属
Plataplochilus cabindae (Boulenger, 1911) 卡宾扁花鳉
Plataplochilus chalcopyrus Lambert, 1963 蛳纹扁花鳉
Plataplochilus loemensis (Pellegrin, 1924) 大眼扁花鳉
Plataplochilus miltotaenia Lambert, 1963 赭带扁花鳉
Plataplochilus mimus Lambert, 1967 加蓬扁花鳉
Plataplochilus ngaensis (Ahl, 1924) 扁花鳉
Plataplochilus pulcher Lambert, 1967 秀丽扁花鳉
Plataplochilus terveri (Huber, 1981) 特氏扁花鳉

Genus *Platypanchax* Ahl, 1928 平花鳉属
Platypanchax modestus (Pappenheim, 1914) 平花鳉

Genus *Poecilia* Bloch & Schneider, 1801 花鳉属
Poecilia boesemani Poeser, 2003 鲍氏花鳉

Poecilia butleri Jordan, 1889 巴氏花鳉
Poecilia catemaconis Miller, 1975 胭脂花鳉
Poecilia caucana (Steindachner, 1880) 南美花鳉
Poecilia caudofasciata (Regan, 1913) 尾带花鳉
Poecilia chica Miller, 1975 稀卡花鳉
Poecilia dauli Meyer & Radda, 2000 多氏花鳉
Poecilia elegans (Trewavas, 1948) 美丽花鳉
Poecilia formosa (Girard, 1859) 秀美花鳉
Poecilia gillii (Kner, 1863) 吉氏花鳉
Poecilia hispaniolana Rivas, 1978 多米尼加花鳉
Poecilia koperi Poeser, 2003 科氏花鳉
Poecilia kykesis Poeser, 2002 红边花鳉
Poecilia latipinna (Lesueur, 1821) 茉莉花鳉 (台)
Poecilia latipunctata Meek, 1904 侧斑花鳉
Poecilia marcellinoi Poeser, 1995 马塞林花鳉
Poecilia maylandi Meyer, 1983 梅氏花鳉
Poecilia mechthildae Meyer, Etzel & Bork, 2002 哥伦比亚花鳉
Poecilia mexicana Steindachner, 1863 短鳍花鳉(短帆鳉)
Poecilia nicholsi (Myers, 1931) 尼氏花鳉
Poecilia obscura Schories, Meyer & Schartl, 2009 暗花鳉
Poecilia orri Fowler, 1943 奥氏花鳉
Poecilia parae Eigenmann, 1894 双点花鳉
Poecilia petenensis Günther, 1866 佩藤花鳉
Poecilia reticulata Peters, 1859 虹鳉(孔雀鱼);孔雀花鳉 (台)
Poecilia rositae Meyer, Schneider, Radda, Wilde & Schartl, 2004 危地马拉花鳉
Poecilia salvatoris Regan, 1907 萨尔瓦多花鳉
Poecilia sphenops Valenciennes, 1846 黑花鳉(摩丽鱼)
Poecilia sulphuraria (Alvarez, 1948) 野花鳉
Poecilia teresae Greenfield, 1990 特里萨花鳉
Poecilia vandepolli Van Lidth de Jeude, 1887 范氏花鳉
Poecilia velifera (Regan, 1914) 帆鳍花鳉(摩利鱼) (台)
Poecilia vivipara Bloch & Schneider, 1801 胎花鳉
Poecilia wandae Poeser, 2003 旺德花鳉
Poecilia wingei Poeser, Kempkes & Isbrücker, 2005 温氏花鳉

Genus *Poeciliopsis* Regan, 1913 若花鳉属
Poeciliopsis baenschi Meyer, Radda, Riehl & Feichtinger, 1986 贝氏若花鳉
Poeciliopsis balsas Hubbs, 1926 墨西哥若花鳉
Poeciliopsis catemaco Miller, 1975 卡特马可若花鳉
Poeciliopsis elongata (Günther, 1866) 长身若花鳉
Poeciliopsis fasciata (Meek, 1904) 条纹若花鳉
Poeciliopsis gracilis (Heckel, 1848) 若花鳉
Poeciliopsis hnilickai Meyer & Vogel, 1981 尼氏若花鳉
Poeciliopsis infans (Woolman, 1894) 哑若花鳉
Poeciliopsis latidens (Garman, 1895) 侧齿若花鳉
Poeciliopsis lucida Miller, 1960 光若花鳉
Poeciliopsis lutzi (Meek, 1902) 卢茨氏若花鳉
Poeciliopsis monacha Miller, 1960 孤若花鳉
Poeciliopsis occidentalis (Baird & Girard, 1853) 西域若花鳉
Poeciliopsis paucimaculata Bussing, 1967 少斑若花鳉
Poeciliopsis pleurospilus (Günther, 1866) 胸斑若花鳉
Poeciliopsis presidionis (Jordan & Culver, 1895) 中美洲若花鳉
Poeciliopsis prolifica Miller, 1960 多育若花鳉
Poeciliopsis retropinna (Regan, 1908) 弯鳍若花鳉
Poeciliopsis santaelena Bussing, 2008 宝莲若花鳉
Poeciliopsis scarlli Meyer, Riehl, Dawes & Dibble, 1985 斯氏若花鳉
Poeciliopsis sonoriensis (Girard, 1859) 沙诺若花鳉
Poeciliopsis turneri Miller, 1975 特氏若花鳉
Poeciliopsis turrubarensis (Meek, 1912) 哥斯达黎加若花鳉
Poeciliopsis viriosa Miller, 1960 壮体若花鳉

Genus *Poropanchax* Clausen, 1967 孔灯鳉属

Poropanchax hannerzi (Scheel, 1968) 哈氏孔灯鳉

Poropanchax normani (Ahl,1928) 诺门孔灯鳉

Poropanchax rancureli (Daget, 1965) 仑氏孔灯鳉

Poropanchax stigmatopygus Wildekamp & Malumbres, 2004 西非孔灯鳉

Genus *Priapella* Regan, 1913 锯花鳉属

Priapella bonita (Meek, 1904) 墨西哥锯花鳉

Priapella chamulae Schartl, Meyer & Wilde, 2006 胭脂锯花鳉

Priapella compressa Alvarez, 1948 窄身锯花鳉

Priapella intermedia Alvarez & Carranza, 1952 中间锯花鳉

Priapella olmecae Meyer & Espinosa Pérez, 1990 奥氏锯花鳉

Genus *Priapichthys* Regan, 1913 艳花鳉属

Priapichthys annectens (Regan, 1907) 艳花鳉

Priapichthys caliensis (Eigenmann & Henn, 1916) 卡利艳花鳉

Priapichthys chocoensis (Henn, 1916) 哥伦比亚艳花鳉

Priapichthys darienensis (Meek & Hildebrand, 1913) 达瑞安艳花鳉

Priapichthys nigroventralis (Eigenmann & Henn, 1912) 黑腹艳花鳉

Priapichthys panamensis Meek & Hildebrand, 1916 巴拿马艳花鳉

Priapichthys puetzi Meyer & Etzel, 1996 皮氏艳花鳉

Genus *Procatopus* Boulenger, 1904 丝足鳉属

Procatopus aberrans Ahl, 1927 异常丝足鳉

Procatopus lamberti (Daget, 1962) 兰氏丝足鳉

Procatopus nimbaensis (Daget, 1948) 银白丝足鳉

Procatopus nototaenia Boulenger, 1904 背纹丝足鳉

Procatopus schioetzi (Scheel, 1968) 希氏丝足鳉

Procatopus similis Ahl, 1927 类丝足鳉

Procatopus websteri Huber, 2007 韦氏丝足鳉

Genus *Pseudopoecilia* Regan, 1913 拟花鳉属

Pseudopoecilia austrocolumbiana Radda, 1987 哥伦比亚拟花鳉

Pseudopoecilia festae (Boulenger, 1898) 费氏拟花鳉

Pseudopoecilia fria (Eigenmann & Henn, 1914) 厄瓜多尔拟花鳉

Genus *Quintana* Hubbs, 1934 美花鳉属

Quintana atrizona Hubbs, 1934 美花鳉

Genus *Rhexipanchax* Huber, 1999 裂灯鳉属

Rhexipanchax kabae (Daget, 1962) 卡巴裂灯鳉

Genus *Scolichthys* Rosen, 1967 司考花鳉属

Scolichthys greenwayi Rosen, 1967 格氏司考花鳉

Scolichthys iota Rosen, 1967 危地马拉司考花鳉

Genus *Tomeurus* Eigenmann, 1909 尖尾鳉属

Tomeurus gracilis Eigenmann, 1909 细尖尾鳉

Genus *Xenodexia* Hubbs, 1950 花奇鳉属

Xenodexia ctenolepis Hubbs, 1950 梳鳞花奇鳉

Genus *Xenophallus* Hubbs, 1924 茎花鳉属

Xenophallus umbratilis (Meek, 1912) 蛰居茎花鳉

Genus *Xiphophorus* Heckel, 1848 剑尾鱼属

Xiphophorus alvarezi Rosen, 1960 阿氏剑尾鱼

Xiphophorus andersi Meyer & Schartl, 1980 安氏剑尾鱼

Xiphophorus birchmanni Lechner & Radda, 1987 伯氏剑尾鱼

Xiphophorus clemenciae Alvarez, 1959 柔身剑尾鱼

Xiphophorus continens Rauchenberger, Kallman & Morizot, 1990 墨西哥剑尾鱼

Xiphophorus cortezi Rosen, 1960 科氏剑尾鱼

Xiphophorus couchianus (Girard, 1859) 库舍剑尾鱼

Xiphophorus evelynae Rosen, 1960 伊夫娜剑尾鱼

Xiphophorus gordoni Miller & Minckley, 1963 戈登剑尾鱼

Xiphophorus hellerii Heckel, 1848 剑尾鱼 (台)

Xiphophorus kallmani Meyer & Schartl, 2003 卡氏剑尾鱼

Xiphophorus kosszanderi Meyer & Wischnath, 1981 克氏剑尾鱼

Xiphophorus maculatus (Günther, 1866) 花斑剑尾鱼 (台)

Xiphophorus malinche Rauchenberger, Kallman & Morizot, 1990 马林剑尾鱼

Xiphophorus mayae Meyer & Schartl, 2002 梅氏剑尾鱼

Xiphophorus meyeri Schartl & Schröder, 1988 迈耶剑尾鱼

Xiphophorus milleri Rosen, 1960 米勒剑尾鱼

Xiphophorus mixei Kallman, Walter, Morizot & Kazianis, 2004 米克斯剑尾鱼

Xiphophorus montezumae Jordan & Snyder, 1899 蒙氏剑尾鱼

Xiphophorus monticolus Kallman, Walter, Morizot & Kazianis, 2004 高山剑尾鱼

Xiphophorus multilineatus Rauchenberger, Kallman & Morizot, 1990 多线剑尾鱼

Xiphophorus nezahualcoyotl Rauchenberger, Kallman & Morizot, 1990 中美洲剑尾鱼

Xiphophorus nigrensis Rosen, 1960 尼加拉瓜剑尾鱼

Xiphophorus pygmaeus Hubbs & Gordon, 1943 侏剑尾鱼

Xiphophorus roseni Meyer & Wischnath, 1981 罗森剑尾鱼

Xiphophorus signum Rosen & Kallman, 1969 危地马拉剑尾鱼

Xiphophorus variatus (Meek, 1904) 杂色剑尾鱼

Xiphophorus xiphidium (Gordon, 1932) 刀剑尾鱼

Order Stephanoberyciformes 奇金眼鲷目

Family 267 Melamphaidae 孔头鲷科

Genus *Melamphaes* Günther, 1864 孔头鲷属

Melamphaes acanthomus Ebeling, 1962 加利福尼亚孔头鲷

Melamphaes danae Ebeling, 1962 大眼孔头鲷

Melamphaes ebelingi Keene, 1973 埃氏孔头鲷

Melamphaes eulepis Ebeling, 1962 真鳞孔头鲷

Melamphaes hubbsi Ebeling, 1962 哈氏孔头鲷

Melamphaes indicus Ebeling, 1962 智利孔头鲷

Melamphaes janae Ebeling, 1962 贾氏孔头鲷

Melamphaes laeviceps Ebeling, 1962 滑首孔头鲷

Melamphaes leprus Ebeling, 1962 多耙孔头鲷 (陆)

Melamphaes longivelis Parr, 1933 长腹孔头鲷

Melamphaes lugubris Gilbert, 1891 高吻孔头鲷

Melamphaes macrocephalus Parr, 1931 大头孔头鲷

Melamphaes microps (Günther, 1878) 小眼孔头鲷

Melamphaes parini Kotlyar, 1999 帕氏孔头鲷

Melamphaes parvus Ebeling, 1962 小孔头鲷

Melamphaes polylepis Ebeling, 1962 多鳞孔头鲷 (陆)

Melamphaes pumilus Ebeling, 1962 矮孔头鲷

Melamphaes simus Ebeling, 1962 洞孔头鲷 (陆)

Melamphaes spinifer Ebeling, 1962 棘孔头鲷

Melamphaes suborbitalis (Gill, 1883) 下眶孔头鲷

Melamphaes typhlops (Lowe, 1843) 盲眼孔头鲷

Genus *Poromitra* Goode & Bean, 1883 犀孔鲷属

Poromitra agafonovae Kotlyar, 2009 阿氏犀孔鲷

Poromitra atlantica (Norman, 1930) 大西洋犀孔鲷

Poromitra capito Goode & Bean, 1883 大头犀孔鲷

Poromitra coronata (Gilchrist & von Bonde, 1924) 花冠犀孔鲷

Poromitra crassa Parin & Ebeling, 1980 厚身犀孔鲷

Poromitra crassiceps (Günther, 1878) 厚头犀孔鲷 (陆)(台)

Poromitra cristiceps (Gilbert, 1890) 冠头犀孔鲷

Poromitra curilensis Kotlyar, 2008 库里犀孔鲷

Poromitra decipiens Kotlyar, 2008 德西犀孔鲷

Poromitra frontosa (Garman, 1899) 岩穴犀孔鲷

Poromitra gibbsi Parin & Borodulina, 1989 吉布斯犀孔鲷

Poromitra glochidiata Kotlyar, 2008 锯盖犀孔鲷

Poromitra indooceanica Kotlyar, 2008 印度大洋洲犀孔鲷

Poromitra jucunda Kotlyar, 2010 胡夸犀孔鲷

Poromitra kukuevi Kotlyar, 2008 库氏犀孔鲷

Poromitra megalops (Lütken, 1878) 大鳞犀孔鲷 (陆)

Poromitra nigriceps (Zugmayer, 1911) 暗头犀孔鲷
Poromitra nigrofulva (Garman, 1899) 暗黄犀孔鲷
Poromitra oscitans Ebeling, 1975 小眼犀孔鲷 陆 台
Poromitra rugosa (Chapman, 1939) 皱纹犀孔鲷
Poromitra unicornis (Gilbert, 1905) 单角犀孔鲷

Genus *Scopeloberyx* Zugmayer, 1911 灯孔鲷属

Scopeloberyx bannikovi Kotlyar, 2004 斑宁氏灯孔鲷
Scopeloberyx malayanus (Weber, 1913) 马来亚灯孔鲷
Scopeloberyx maxillaris (Garman, 1899) 长颌灯孔鲷
Scopeloberyx microlepis (Norman, 1937) 小鳞灯孔鲷
Scopeloberyx opisthopterus (Parr, 1933) 后鳍灯孔鲷 陆
Scopeloberyx pequenoi Kotlyar, 2004 佩氏灯孔鲷
Scopeloberyx robustus (Günther, 1887) 壮体灯孔鲷 陆
Scopeloberyx rossicus Kotlyar, 2004 罗森灯孔鲷
Scopeloberyx rubriventer (Koefoed, 1953) 红腹灯孔鲷

Genus *Scopelogadus* Vaillant, 1888 鳞孔鲷属

Scopelogadus beanii (Günther, 1887) 皮氏鳞孔鲷
Scopelogadus mizolepis bispinosus (Gilbert, 1915) 双棘鳞孔鲷
Scopelogadus mizolepis mizolepis (Günther, 1878) 大鳞鳞孔鲷 陆 台
Scopelogadus unispinis Ebeling & Weed, 1963 单棘鳞孔鲷

Genus *Sio* Moss, 1962 波头鲷属

Sio nordenskjoldii (Lönnberg, 1905) 诺氏波头鲷

Family 268 Stephanoberycidae 奇金眼鲷科

Genus *Abyssoberyx* Merrett & Moore, 2005 深海奇鲷属

Abyssoberyx levisquamosus Merrett & Moore, 2005 深海奇鲷

Genus *Acanthochaenus* Gill, 1884 棘冠鲷属

Acanthochaenus luetkenii Gill, 1884 罗氏棘冠鲷

Genus *Malacosarcus* Günther, 1887 软冠鲷属

Malacosarcus macrostoma (Günther, 1878) 大口软冠鲷

Genus *Stephanoberyx* Gill, 1883 奇金眼鲷属

Stephanoberyx monae Gill, 1883 新英格兰奇金眼鲷

Family 269 Hispidoberycidae 刺金眼鲷科

Genus *Hispidoberyx* Kotlyar, 1981 刺金眼鲷属

Hispidoberyx ambagiosus Kotlyar, 1981 太平洋刺金眼鲷 陆

Family 270 Gibberichthyidae 后鳍金眼鲷科

Genus *Gibberichthys* Parr, 1933 后鳍金眼鲷属

Gibberichthys latifrons (Thorp, 1969) 侧额后鳍金眼鲷
Gibberichthys pumilus Parr, 1933 小后鳍金眼鲷

Family 271 Rondeletiidae 龙氏鲸头鱼科;红口仿鲸科

Genus *Rondeletia* Goode & Bean, 1895 龙氏鲸头鱼属;红口仿鲸属

Rondeletia bicolor Goode & Bean, 1895 双色龙氏鲸头鱼;双色红口仿鲸
Rondeletia loricata Abe & Hotta, 1963 网肩龙氏鲸头鱼;网肩红口仿鲸 陆 台

Family 272 Barbourisiidae 须皮鱼科;须仿鲸科

Genus *Barbourisia* Parr, 1945 刺鲸口鱼属;须仿鲸属

Barbourisia rufa Parr, 1945 红刺鲸口鱼;红须仿鲸 陆 台

Family 273 Cetomimidae 仿鲸鱼科

Genus *Cetichthys* Paxton, 1989 裂鲸口鱼属

Cetichthys indagator (Rofen, 1959) 裂鲸口鱼
Cetichthys parini Paxton, 1989 帕氏裂鲸口鱼

Genus *Cetomimoides* Koefoed, 1955 似鲸口鱼属

Cetomimoides parri Koefoed, 1955 帕氏似鲸口鱼

Genus *Cetomimus* Goode & Bean, 1895 仿鲸鱼属

Cetomimus compunctus Abe, Marumo & Kawaguchi, 1965 无耙仿鲸鱼
Cetomimus craneae Harry, 1952 克兰仿鲸鱼

Cetomimus gillii Goode & Bean, 1895 吉氏仿鲸鱼
Cetomimus hempeli Maul, 1969 赫氏仿鲸鱼
Cetomimus kerdops Parr, 1934 巴哈马群岛仿鲸鱼
Cetomimus picklei (Gilchrist, 1922) 毕氏仿鲸鱼
Cetomimus teevani Harry, 1952 蒂氏仿鲸鱼

Genus *Cetostoma* Zugmayer, 1914 拟鲸口鱼属

Cetostoma regani Zugmayer, 1914 里根氏拟鲸口鱼 台

Genus *Danacetichthys* Paxton, 1989 丹鲸口鱼属

Danacetichthys galathenus Paxton, 1989 短背丹鲸口鱼

Genus *Ditropichthys* Parr, 1934 有耙鲸口鱼属

Ditropichthys storeri (Goode & Bean, 1895) 斯氏鲸口鱼

Genus *Gyrinomimus* Parr, 1934 小圆鲸鲷属

Gyrinomimus andriashevi Fedorov, Balushkin & Trunov, 1987 安氏小圆鲸鲷
Gyrinomimus bruuni Rofen, 1959 布氏小圆鲸鲷
Gyrinomimus grahami Richardson & Garrick, 1964 格氏小圆鲸鲷
Gyrinomimus myersi Parr, 1934 迈氏小圆鲸鲷
Gyrinomimus parri Bigelow, 1961 帕氏小圆鲸鲷

Genus *Notocetichthys* Balushkin, Fedorov & Paxton, 1989 背裂鲸口鱼属

Notocetichthys trunovi Balushkin, Fedorov & Paxton, 1989 背裂鲸口鱼

Genus *Procetichthys* Paxton, 1989 晶眼鲸口鱼属

Procetichthys kreffti Paxton, 1989 晶眼鲸口鱼

Genus *Rhamphocetichthys* Paxton, 1989 弯嘴鲸口鱼属

Rhamphocetichthys savagei Paxton, 1989 弯嘴鲸口鱼

Family 274 Mirapinnidae 异鳍鱼科

Genus *Eutaeniophorus* Bertelsen & Marshall, 1958 真鳗口鱼属

Eutaeniophorus festivus (Bertelsen & Marshall, 1956) 莫桑比克真鳗口鱼

Genus *Mirapinna* Bertelsen & Marshall, 1956 异鳍鱼属

Mirapinna esau Bertelsen & Marshall, 1956 亚速尔岛异鳍鱼

Genus *Parataeniophorus* Bertelsen & Marshall, 1956 副鳗口鱼属

Parataeniophorus bertelseni Shiganova, 1989 贝氏副鳗口鱼
Parataeniophorus brevis Bertelsen & Marshall, 1956 短体副鳗口鱼
Parataeniophorus gulosus Bertelsen & Marshall, 1956 大鳍副鳗口鱼

Family 275 Megalomycteridae 大吻鱼科

Genus *Ataxolepis* Myers & Freihofer, 1966 齐鳞大吻鱼属

Ataxolepis apus Myers & Freihofer, 1966 阿普齐鳞大吻鱼
Ataxolepis henactis Goodyear, 1970 齐鳞大吻鱼

Genus *Megalomycter* Myers & Freihofer, 1966 大吻鱼属

Megalomycter teevani Myers & Freihofer, 1966 蒂氏大吻鱼

Genus *Vitiaziella* Rass, 1955 狮鼻鱼属

Vitiaziella cubiceps Rass, 1955 方头狮鼻鱼 陆

Order Beryciformes 金眼鲷目

Suborder Trachichthyoidei 燧鲷亚目

Family 276 Anoplogastridae 高体金眼鲷科

Genus *Anoplogaster* Günther, 1859 高体金眼鲷属

Anoplogaster brachycera Kotlyar, 1986 短角高体金眼鲷
Anoplogaster cornuta (Valenciennes, 1833) 角高体金眼鲷 陆

Family 277 Diretmidae 银眼鲷科

Genus *Diretmichthys* Kotlyar, 1990 怖银眼鱼属

Diretmichthys parini (Post & Quéro, 1981) 帕氏怖银眼鱼 台

Genus *Diretmoides* Post & Quero, 1981 拟银眼鲷属

Diretmoides pauciradiatus (Woods, 1973) 短鳍拟银眼鲷 台
Diretmoides veriginae Kotlyar, 1987 维里拟银眼鲷 台

Genus *Diretmus* Johnson, 1864 银眼鲷属

Diretmus argenteus Johnson, 1864 银眼鲷 陆 台

Family 278 Anomalopidae 灯颊鲷科;灯眼鱼科

Genus *Anomalops* Kner, 1868 灯颊鲷属;灯眼鱼属

Anomalops katoptron (Bleeker, 1856) 菲律宾灯颊鲷;灯眼鱼 台

Genus *Kryptophanaron* Silvester & Fowler, 1926 隐灯眼鲷属

Kryptophanaron alfredi Silvester & Fowler, 1926 阿氏隐灯眼鲷

Genus *Parmops* Rosenblatt & Johnson, 1991 盾眼鲷属

Parmops coruscans Rosenblatt & Johnson, 1991 闪光盾眼鲷

Parmops echinatus Johnson, Seeto & Rosenblatt, 2001 猬盾眼鲷

Genus *Photoblepharon* Weber, 1902 颊灯鲷属

Photoblepharon palpebratum (Boddaert, 1781) 菲律宾颊灯鲷

Photoblepharon steinitzi Abe & Haneda, 1973 斯氏颊灯鲷

Genus *Phthanophaneron* Johnson & Rosenblatt, 1988 眉颊鲷属

Phthanophaneron harveyi (Rosenblatt & Montgomery, 1976) 哈氏眉颊鲷

Genus *Protoblepharon* Baldwin, Johnson & Paxton, 1997 原灯颊鲷属

Protoblepharon rosenblatti Baldwin, Johnson & Paxton, 1997 罗氏原灯颊鲷

Family 279 Monocentridae 松球鱼科

Genus *Cleidopus* De Vis, 1882 光颌松球鱼属

Cleidopus gloriamaris De Vis, 1882 澳洲光颌松球鱼

Genus *Monocentris* Bloch & Schneider, 1801 松球鱼属

Monocentris japonica (Houttuyn, 1782) 日本松球鱼 陆 台

Monocentris neozelanicus (Powell, 1938) 新西兰松球鱼

Monocentris reedi Schultz, 1956 里氏松球鱼

Family 280 Trachichthyidae 燧鲷科

Genus *Aulotrachichthys* Fowler, 1938 管燧鲷属

Aulotrachichthys argyrophanus (Woods, 1961) 银色管燧鲷

Aulotrachichthys atlanticus (Menezes, 1971) 大西洋管燧鲷

Aulotrachichthys heptalepis (Gon, 1984) 多鳞管燧鲷

Aulotrachichthys latus (Fowler, 1938) 侧管燧鲷

Aulotrachichthys novaezelandicus (Kotlyar, 1980) 新西兰管燧鲷

Aulotrachichthys prosthemius (Jordan & Fowler, 1902) 前肛管燧鲷 陆 台

Aulotrachichthys pulsator Gomon & Kuiter, 1987 金色管燧鲷

Aulotrachichthys sajademalensis (Kotlyar, 1979) 斜口管燧鲷

Genus *Gephyroberyx* Boulenger, 1902 桥棘鲷属;桥燧鲷属

Gephyroberyx darwinii (Johnson, 1866) 达氏桥棘鲷;达氏桥燧鲷 陆 台

Gephyroberyx japonicus (Döderlein, 1883) 日本桥棘鲷;日本桥燧鲷 陆 台

Gephyroberyx philippinus Fowler, 1938 菲律宾桥棘鲷;菲律宾桥燧鲷

Genus *Hoplostethus* Cuvier, 1829 胸棘鲷属;胸燧鲷属

Hoplostethus abramovi Kotlyar, 1986 阿氏胸棘鲷;阿氏胸燧鲷

Hoplostethus atlanticus Collett, 1889 大西洋胸棘鲷;大西洋胸燧鲷

Hoplostethus cadenati Quéro, 1974 黑胸棘鲷;黑胸燧鲷

Hoplostethus confinis Kotlyar, 1980 准胸棘鲷;准胸燧鲷

Hoplostethus crassispinus Kotlyar, 1980 重胸棘鲷;重胸燧鲷 陆 台

Hoplostethus druzhinini Kotlyar, 1986 德氏胸棘鲷;德氏胸燧鲷

Hoplostethus fedorovi Kotlyar, 1986 费氏胸棘鲷;费氏胸燧鲷

Hoplostethus fragilis (de Buen, 1959) 脆刺胸棘鲷;脆刺胸燧鲷

Hoplostethus gigas McCulloch, 1914 巨胸棘鲷;巨胸燧鲷

Hoplostethus intermedius (Hector, 1875) 中间胸棘鲷;中间胸燧鲷

Hoplostethus japonicus Hilgendorf, 1879 日本胸棘鲷;日本胸燧鲷 陆 台

Hoplostethus latus McCulloch, 1914 侧胸棘鲷;侧胸燧鲷

Hoplostethus marisrubri Kotlyar, 1986 马氏胸棘鲷;马氏胸燧鲷

Hoplostethus mediterraneus mediterraneus Cuvier, 1829 地中海胸棘鲷;地中海胸燧鲷 台

Hoplostethus mediterraneus sonodae Kotlyar, 1986 索奴胸棘鲷;索奴胸燧鲷

Hoplostethus mediterraneus trunovi Kotlyar, 1986 特氏胸棘鲷;特氏胸燧鲷

Hoplostethus melanopterus Fowler, 1938 黑鳍胸棘鲷;黑鳍胸燧鲷

Hoplostethus melanopus (Weber, 1913) 黑首胸棘鲷;黑首胸燧鲷 陆 台

Hoplostethus mento (Garman, 1899) 须胸棘鲷;须胸燧鲷

Hoplostethus metallicus Fowler, 1938 金胸棘鲷;金胸燧鲷

Hoplostethus mikhailini Kotlyar, 1986 米氏胸棘鲷;米氏胸燧鲷

Hoplostethus occidentalis Woods, 1973 西方胸棘鲷;西方胸燧鲷

Hoplostethus pacificus Garman, 1899 太平洋胸棘鲷;太平洋胸燧鲷

Hoplostethus ravurictus Gomon, 2008 黄色胸棘鲷;黄色胸燧鲷

Hoplostethus rifti Kotlyar, 1986 里氏胸棘鲷;里氏胸燧鲷

Hoplostethus robustispinus Moore & Dodd, 2010 钝棘胸棘鲷;钝燧胸燧鲷

Hoplostethus rubellopterus Kotlyar, 1980 浅红鳍胸棘鲷;浅红鳍胸燧鲷

Hoplostethus shubnikovi Kotlyar, 1980 舒氏胸棘鲷;舒氏胸燧鲷

Hoplostethus tenebricus Kotlyar, 1980 暗胸棘鲷;暗胸燧鲷

Hoplostethus vniro Kotlyar, 1995 野胸棘鲷;野胸燧鲷

Genus *Optivus* Whitley, 1947 细棘鲷属;细燧鲷属

Optivus agastos Gomon, 2004 奇异细棘鲷;奇异细燧鲷

Optivus agrammus Gomon, 2004 绿背细棘鲷;绿背细燧鲷

Optivus elongatus (Günther, 1859) 长体细棘鲷;长体细燧鲷

Genus *Paratrachichthys* Waite, 1899 臀棘鲷属;准燧鲷属

Paratrachichthys fernandezianus (Günther, 1887) 智利臀棘鲷;智利准燧鲷

Paratrachichthys macleayi (Johnston, 1881) 马氏臀棘鲷;马氏准燧鲷

Paratrachichthys sajademalensis Kotlyar, 1979 南方准燧鲷 台

Paratrachichthys trailli (Hutton, 1875) 特雷尔臀棘鲷;特雷尔准燧鲷

Genus *Parinoberyx* Kotlyar, 1984 珊瑚海金眼鲷属

Parinoberyx horridus Kotlyar, 1984 珊瑚海金眼鲷

Genus *Sorosichthys* Whitley, 1945 疣骨棘鲷属;疣骨燧鲷属

Sorosichthys ananassa Whitley, 1945 疣骨棘鲷;疣骨燧鲷

Genus *Trachichthys* Shaw, 1799 燧鲷属

Trachichthys australis Shaw, 1799 澳大利亚燧鲷

Suborder Berycoidei 金眼鲷亚目

Family 281 Berycidae 金眼鲷科

Genus *Beryx* Cuvier, 1829 金眼鲷属

Beryx decadactylus Cuvier, 1829 大目金眼鲷 陆

Beryx mollis Abe, 1959 软件金眼鲷 陆 台

Beryx splendens Lowe, 1834 红金眼鲷 陆 台

Genus *Centroberyx* Gill, 1862 拟棘鲷属;棘金眼鲷属

Centroberyx affinis (Günther, 1859) 拟棘鲷;棘金眼鲷

Centroberyx australis Shimizu & Hutchins, 1987 澳洲拟棘鲷;澳洲棘金眼鲷

Centroberyx druzhinini (Busakhin, 1981) 掘氏拟棘鲷;掘氏棘金眼鲷 台

Centroberyx gerrardi (Günther, 1887) 裘氏拟棘鲷;裘氏棘金眼鲷

Centroberyx lineatus (Cuvier, 1829) 线纹拟棘鲷;线纹棘金眼鲷 陆

Centroberyx rubricaudus Liu & Shen, 1985 金眼拟棘鲷;红尾棘金眼鲷 台

Centroberyx spinosus (Gilchrist, 1903) 短体拟棘鲷;短体棘金眼鲷

Suborder Holocentroidei 鳂亚目;金鳞鱼亚目

Family 282 Holocentridae 鳂科;金鳞鱼科

Genus *Corniger* Agassiz, 1831 棘盖锯鳞鱼属

Corniger spinosus Agassiz, 1831 棘盖锯鳞鱼

Genus *Holocentrus* Scopoli, 1777 真鳂属;金鳞鱼属

Holocentrus adscensionis (Osbeck, 1765) 岩栖真鳂;岩栖金鳞鱼

Holocentrus rufus (Walbaum, 1792) 长刺真鳂;长刺金鳞鱼

Genus *Myripristis* Cuvier, 1829 锯鳞鱼属

Myripristis adusta Bleeker, 1853 焦黑锯鳞鱼 陆 台

Myripristis amaena (Castelnau, 1873) 大眼锯鳞鱼

Myripristis astakhovi Kotlyar, 1997 阿氏锯鳞鱼

Myripristis aulacodes Randall & Greenfield, 1996 印度尼西亚犁锯鳞鱼;锄锯鳞鱼

Myripristis berndti Jordan & Evermann, 1903 凸颌锯鳞鱼 台

Myripristis botche Cuvier, 1829 柏氏锯鳞鱼 台

   syn. *Myripristis melanostictus* Bleeker, 1863 黑点锯鳞鱼

Myripristis chryseres Jordan & Evermann, 1903 黄鳍锯鳞鱼 台

Myripristis clarionensis Gilbert, 1897 克拉里昂锯鳞鱼

Myripristis earlei Randall, Allen & Robertson, 2003 厄氏锯鳞鱼

Myripristis formosa Randall & Greenfield, 1996 台湾锯鳞鱼 台

Myripristis gildi Greenfield, 1965 吉氏锯鳞鱼

Myripristis greenfieldi Randall & Yamakawa, 1996 格氏锯鳞鱼 台

Myripristis hexagona (Lacepède, 1802) 六角锯鳞鱼 陆 台

Myripristis jacobus Cuvier, 1829 黑条锯鳞鱼

Myripristis kochiensis Randall & Yamakawa, 1996 高知锯鳞鱼

Myripristis kuntee Valenciennes, 1831 康德锯鳞鱼 陆 台

Myripristis leiognathus Valenciennes, 1846 光颌锯鳞鱼

Myripristis murdjan (Forsskål, 1775) 白边锯鳞鱼;赤锯鳞鱼 陆 台

   syn. *Myripristis parvidens* Cuvier, 1829 小牙锯鳞鳠

Myripristis pralinia Cuvier, 1829 红锯鳞鱼;坚锯鳞鱼 陆 台

Myripristis randalli Greenfield, 1974 伦氏锯鳞鱼

Myripristis robusta Randall & Greenfield, 1996 壮体锯鳞鱼

Myripristis seychellensis Cuvier, 1829 塞舌尔岛锯鳞鱼

Myripristis tiki Greenfield, 1974 蒂氏锯鳞鱼

Myripristis trachyacron Bleeker, 1863 糙头锯鳞鱼

Myripristis violacea Bleeker, 1851 紫红锯鳞鱼;紫锯鳞鱼 陆 台

   syn. *Myripristis microphthalmus* Bleeker, 1852 小眼锯鳞鳠

Myripristis vittata Valenciennes, 1831 无斑锯鳞鱼;赤鳃锯鳞鱼 陆 台

Myripristis woodsi Greenfield, 1974 伍氏锯鳞鱼

Myripristis xanthacra Randall & Guézé, 1981 黄锯鳞鱼

Genus *Neoniphon* Castelnau, 1875 新东洋鳂属;新东洋金鳞鱼属

Neoniphon argenteus (Valenciennes, 1831) 银色新东洋鳂;银色新东洋金鳞鱼 陆

Neoniphon aurolineatus (Liénard, 1839) 黄带新东洋鳂;黄带新东洋金鳞鱼 陆 台

   syn. *Neoniphon scythrops* (Jordan & Evermann, 1903) 怒容新东洋鳂

Neoniphon marianus (Cuvier, 1829) 海新东洋鳂;海新东洋金鳞鱼

Neoniphon opercularis (Valenciennes, 1831) 黑鳍新东洋鳂;黑鳍新东洋金鳞鱼 陆 台

Neoniphon sammara (Forsskål, 1775) 莎姆新东洋鳂;莎姆新东洋金鳞鱼 陆 台

Genus *Ostichthys* Jordan & Evermann, 1896 骨鳂属;骨鳞鱼属

Ostichthys acanthorhinus Randall, Shimizu & Yamakawa, 1982 棘吻骨鳂;棘吻骨鳞鱼

Ostichthys archiepiscopus (Valenciennes, 1862) 长吻骨鳂;长吻骨鳞鱼 陆

Ostichthys brachygnathus Randall & Myers, 1993 短颌骨鳂;短颌骨鳞鱼

Ostichthys delta Randall, Shimizu & Yamakawa, 1982 留尼汪岛骨鳂;红骨鳞鱼 陆 台

Ostichthys hypsipterygion Randall, Shimizu & Yamakawa, 1982 高鳍骨鳂;高鳍骨鳞鱼

Ostichthys japonicus (Cuvier, 1829) 日本骨鳂;日本骨鳞鱼 陆 台

Ostichthys kaianus (Günther, 1880) 深海骨鳂;白线骨鳞鱼 台

Ostichthys ovaloculus Randall & Wrobel, 1988 椭圆骨鳂;椭圆骨鳞鱼

Ostichthys sandix Randall, Shimizu & Yamakawa, 1982 夏威夷骨鳂;夏威夷骨鳞鱼

Ostichthys sheni Chen, Shao & Mok, 1990 沈氏骨鳂;沈氏骨鳞鱼 台

Ostichthys trachypoma (Günther, 1859) 大眼骨鳂;大眼骨鳞鱼

Genus *Plectrypops* Gill, 1862 琉球鳂属;多鳞鱼属

Plectrypops lima (Valenciennes, 1831) 滩涂琉球鳂;滩涂多鳞鱼 台

Plectrypops retrospinis (Guichenot, 1853) 琉球鳂;多鳞鱼

Genus *Pristilepis* Randall, Shimizu & Yamakawa, 1982 棘首鲷属

Pristilepis oligolepis (Whitley, 1941) 少鳞棘首鲷

Genus *Sargocentron* Fowler, 1904 棘鳞鱼属

Sargocentron bullisi (Woods, 1955) 布利斯棘鳞鱼

Sargocentron caudimaculatum (Rüppell, 1838) 尾斑棘鳞鱼 陆 台

Sargocentron cornutum (Bleeker, 1853) 角棘鳞鱼;点鳍棘鳞鱼 陆 台

Sargocentron coruscum (Poey, 1860) 闪光棘鳞鱼

Sargocentron diadema (Lacepède, 1802) 黑鳍棘鳞鱼 陆 台

Sargocentron dorsomaculatum (Shimizu & Yamakawa, 1979) 背斑棘鳞鱼

Sargocentron ensifer (Jordan & Evermann, 1903) 剑棘鳞鱼 台

Sargocentron furcatum (Günther, 1859) 黄纹棘鳞鱼 陆

Sargocentron hastatum (Cuvier, 1829) 矛状棘鳞鱼

Sargocentron hormion Randall, 1998 红鳍棘鳞鱼

Sargocentron inaequalis Randall & Heemstra, 1985 格纹棘鳞鱼 陆

Sargocentron iota Randall, 1998 太平洋棘鳞鱼

Sargocentron ittodai (Jordan & Fowler, 1902) 银带棘鳞鱼 陆 台

Sargocentron lepros (Allen & Cross, 1983) 多鳞棘鳞鱼

Sargocentron macrosquamis Golani, 1984 大鳞棘鳞鱼 陆

Sargocentron marisrubri Randall, Golani & Diamant, 1989 马氏棘鳞鱼

Sargocentron megalops Randall, 1998 大眼棘鳞鱼

Sargocentron melanospilos (Bleeker, 1858) 黑点棘鳞鱼 陆 台

Sargocentron microstoma (Günther, 1859) 小口棘鳞鱼 陆

Sargocentron poco (Woods, 1965) 波科棘鳞鱼

Sargocentron praslin (Lacepède, 1802) 普拉斯林棘鳞鱼 台

Sargocentron punctatissimum (Cuvier, 1829) 斑纹棘鳞鱼;乳斑棘鳞鱼 陆 台

   syn. *Adioryx lacteoguttatus* (Cuvier, 1829) 乳斑鳂

Sargocentron rubrum (Forsskål, 1775) 点带棘鳞鱼;黑带棘鳍鱼 陆 台

Sargocentron seychellense (Smith & Smith, 1963) 塞舌尔棘鳞鱼;塞席尔棘鳞鱼

Sargocentron shimizui Randall, 1998 希氏棘鳞鱼

Sargocentron spiniferum (Forsskål, 1775) 尖吻棘鳞鱼 陆 台

Sargocentron spinosissimum (Temminck & Schlegel, 1843) 大刺棘鳞鱼 陆 台

Sargocentron suborbitalis (Gill, 1863) 眶下棘鳞鱼

Sargocentron tiere (Cuvier, 1829) 赤鳍棘鳞鱼 陆 台

Sargocentron tiereoides (Bleeker, 1853) 似赤鳍棘鳞鱼

Sargocentron vexillarium (Poey, 1860) 旗鳍棘鳞鱼

Sargocentron violaceum (Bleeker, 1853) 白边棘鳞鱼

Sargocentron wilhelmi (de Buen, 1963) 威廉棘鳞鱼

Sargocentron xantherythrum (Jordan & Evermann, 1903) 黄红棘鳞鱼

Order Zeiformes 海鲂目;的鲷目

Suborder Cyttoidei 短棘海鲂亚目;短棘的鲷亚目

Family 283 Cyttidae 短棘海鲂科;短棘的鲷科

Genus *Cyttus* Günther, 1860 短棘海鲂属;短棘的鲷属

Cyttus australis (Richardson, 1843) 澳洲短棘海鲂;澳洲短棘的鲷

Cyttus novaezealandiae (Arthur, 1885) 新西兰短棘海鲂;新西兰短棘的鲷

Cyttus traversi Hutton, 1872 特氏短棘海鲂;特氏短棘的鲷

Suborder Zeioidei 海鲂亚目;的鲷亚目

Family 284 Oreosomatidae 仙海鲂科;高的鲷科

Genus *Allocyttus* McCulloch, 1914 异海鲂属

Allocyttus folletti Myers, 1960 福氏异海鲂

Allocyttus guineensis Trunov & Kukuev, 1982 几内亚异海鲂

Allocyttus niger James, Inada & Nakamura, 1988 黑异海鲂

Allocyttus verrucosus (Gilchrist, 1906) 疣异海鲂

Genus *Neocyttus* Gilchrist, 1906 新海鲂属

Neocyttus acanthorhynchus Regan, 1908 棘吻新海鲂

Neocyttus helgae (Holt & Byrne, 1908) 赫氏新海鲂

Neocyttus psilorhynchus Yearsley & Last, 1998 裸吻新海鲂

Neocyttus rhomboidalis Gilchrist, 1906 菱体新海鲂

Genus *Oreosoma* Cuvier, 1829 仙海鲂属

Oreosoma atlanticum Cuvier, 1829 大西洋仙海鲂

Genus *Pseudocyttus* Gilchrist, 1906 拟短棘海鲂属

Pseudocyttus maculatus Gilchrist, 1906 斑点拟短棘海鲂

Family 285 Parazenidae 副海鲂科;准的鲷科

Genus *Cyttopsis* Gill, 1862 腹棘海鲂属;腹棘的鲷属

Cyttopsis cypho (Fowler, 1934) 驼背腹棘海鲂;驼背腹棘的鲷 陆

Cyttopsis rosea (Lowe, 1843) 红腹棘海鲂;玫瑰腹棘的鲷 陆 台

Genus *Parazen* Kamohara, 1935 副海鲂属;准的鲷属

Parazen pacificus Kamohara, 1935 太平洋副海鲂;太平洋准的鲷 陆 台

Genus *Stethopristes* Gilbert, 1905 锯胸海鲂;锯胸的鲷属

Stethopristes eos Gilbert, 1905 夏威夷锯胸海鲂;锯胸的鲷

Family 286 Zeniontidae 大海鲂科;甲眼的鲷科

Genus *Capromimus* Gill, 1893 羊海鲂属;羊的鲷属

Capromimus abbreviatus (Hector, 1875) 短体羊海鲂;短体羊的鲷

Genus *Cyttomimus* Gilbert, 1905 菱海鲂属;菱的鲷属

Cyttomimus affinis Weber, 1913 青菱海鲂;青菱的鲷 陆 台

Cyttomimus stelgis Gilbert, 1905 柱菱海鲂;柱菱的鲷

Genus *Zenion* Jordan & Evermann, 1896 小海鲂属;甲眼的鲷属

Zenion hololepis (Goode & Bean, 1896) 小海鲂;甲眼的鲷 陆 台

Zenion japonicum Kamohara, 1934 日本小海鲂;日本甲眼的鲷 陆 台

Zenion leptolepis (Gilchrist & von Bonde, 1924) 弱鳞小海鲂;弱鳞甲眼的鲷

Zenion longipinnis Kotthaus, 1970 长翅小海鲂;长翅甲眼的鲷

Family 287 Grammicolepididae 线菱鲷科

Genus *Grammicolepis* Poey, 1873 线菱鲷属

Grammicolepis brachiusculus Poey, 1873 斑线菱鲷 陆 台

Genus *Macrurocyttus* Fowler, 1934 大海鲂属;大的鲷属

Macrurocyttus acanthopodus Fowler, 1934 刺鳍大海鲂;刺鳍大的鲷

Genus *Xenolepidichthys* Gilchrist, 1922 异菱的鲷属

Xenolepidichthys dalgleishi Gilchrist, 1922 几内亚湾异菱的鲷 陆 台

Family 288 Zeidae 海鲂科;的鲷科

Genus *Zenopsis* Gill, 1862 亚海鲂属;雨印鲷属

Zenopsis conchifer (Lowe, 1852) 裸亚海鲂;裸雨印鲷

Zenopsis nebulosa (Temminck & Schlegel, 1845) 云纹亚海鲂;云纹雨印鲷 陆 台

Zenopsis oblonga Parin, 1989 长圆亚海鲂;长圆雨印鲷

Zenopsis stabilispinosa Nakabo, Bray & Yamada, 2006 多棘亚海鲂;多棘雨印鲷 陆 台

Genus *Zeus* Linnaeus, 1758 海鲂属;的鲷属

Zeus capensis Valenciennes, 1835 南非海鲂;南非的鲷

Zeus faber Linnaeus, 1758 远东海鲂 陆 台

 syn. *Zeus japonicus* Valencinnes, 1835 日本海鲂

Order Gasterosteiformes 刺鱼目

Suborder Gasterosteoidei 刺鱼亚目

Family 289 Hypoptychidae 裸玉褶鱼科

Genus *Hypoptychus* Steindachner, 1880 裸玉褶鱼属

Hypoptychus dybowskii Steindachner, 1880 戴氏裸玉褶鱼

Family 290 Aulorhynchidae 管吻刺鱼科

Genus *Aulichthys* Brevoort, 1862 管刺鱼属(管鱼属)

Aulichthys japonicus Brevoort, 1862 日本管刺鱼(管鱼)

Genus *Aulorhynchus* Gill, 1861 管吻刺鱼属

Aulorhynchus flavidus Gill, 1861 阿拉斯加管吻刺鱼

Family 291 Gasterosteidae 刺鱼科

Genus *Apeltes* DeKay, 1842 四棘刺鱼属

Apeltes quadracus (Mitchill, 1815) 加拿大四棘刺鱼

Genus *Culaea* Whitley, 1950 溪刺鱼属

Culaea inconstans (Kirtland, 1840) 溪刺鱼

Genus *Gasterosteus* Linnaeus, 1758 刺鱼属

Gasterosteus aculeatus aculeatus Linnaeus, 1758 北美三刺鱼 陆

Gasterosteus aculeatus santaeannae Regan, 1909 桑塔三刺鱼

Gasterosteus aculeatus williamsoni Girard, 1854 威氏三刺鱼

Gasterosteus crenobiontus Bacescu & Mayer, 1956 罗马尼亚锯刺鱼

Gasterosteus gymnurus Cuvier, 1829 裸尾刺鱼

Gasterosteus islandicus Sauvage, 1874 冰岛刺鱼

Gasterosteus microcephalus Girard, 1854 小头刺鱼

Gasterosteus wheatlandi Putnam, 1867 二棘刺鱼

Genus *Pungitius* Coste, 1848 多刺鱼属

Pungitius bussei (Warpachowski, 1888) 巴氏多刺鱼

Pungitius hellenicus Stephanidis, 1971 沼泽多刺鱼

Pungitius laevis (Cuvier, 1829) 光身多刺鱼

Pungitius platygaster (Kessler, 1859) 平胸多刺鱼

Pungitius pungitius (Linnaeus, 1758) 八棘多刺鱼

Pungitius sinensis (Guichenot, 1869) 中华多刺鱼 陆

Pungitius tymensis (Nikolskii, 1889) 图们江多刺鱼 陆

Genus *Spinachia* Fleming, 1828 海刺鱼属

Spinachia spinachia (Linnaeus, 1758) 北欧海刺鱼

Family 292 Indostomidae 甲刺鱼科

Genus *Indostomus* Prashad & Mukerji, 1929 甲刺鱼属

Indostomus crocodilus Britz & Kottelat, 1999 鳄形甲刺鱼

Indostomus paradoxus Prashad & Mukerji, 1929 柬埔寨甲刺鱼

Indostomus spinosus Britz & Kottelat, 1999 大棘甲刺鱼

Suborder Syngnathoidei 海龙亚目

Family 293 Pegasidae 海蛾鱼科

Genus *Eurypegasus* Bleeker, 1863 宽海蛾鱼属

Eurypegasus draconis (Linnaeus, 1766) 宽海蛾鱼(龙海蛾鱼) 陆 台

Eurypegasus papilio (Gilbert, 1905) 夏威夷宽海蛾鱼

Genus *Pegasus* Linnaeus, 1758 海蛾鱼属

Pegasus lancifer Kaup, 1861 矛海蛾鱼

Pegasus laternarius Cuvier, 1816 海蛾鱼 陆 台

Pegasus volitans Linnaeus, 1758 飞海蛾鱼 陆 台

Family 294 Solenostomidae 剃刀鱼科

Genus *Solenostomus* Lacepède, 1803 剃刀鱼属

Solenostomus armatus Weber, 1913 锯齿剃刀鱼 陆

Solenostomus cyanopterus Bleeker, 1854 蓝鳍剃刀鱼 陆 台

 syn. *Solenostomus paegnius* Jordan & Thompson,1914 锯吻剃刀鱼

Solenostomus halimeda Orr, Fritzsche & Randall, 2002 马歇尔岛剃刀鱼

Solenostomus leptosoma Tanaka, 1908 细体剃刀鱼

Solenostomus paradoxus (Pallas, 1770) 细吻剃刀鱼 台

Family 295 Syngnathidae 海龙科

Genus *Acentronura* Kaup, 1853 细尾海龙属

Acentronura breviperula Fraser-Brunner & Whitley, 1949 短身细尾海龙 台

Acentronura dendritica (Barbour, 1905) 枝状细尾海龙

Acentronura gracilissima (Temminck & Schlegel, 1850) 日本细尾海龙

Acentronura mossambica Smith, 1963 莫桑比克细尾海龙

Acentronura tentaculata Günther, 1870 南非细尾海龙

Genus *Anarchopterus* Hubbs, 1935 原鳍海龙属

Anarchopterus criniger (Bean & Dresel, 1884) 墨西哥原鳍海龙

Anarchopterus tectus (Dawson, 1978) 裸原鳍海龙

Genus *Apterygocampus* Weber, 1913 少鳍海龙属

Apterygocampus epinnulatus Weber, 1913 印度尼西亚少鳍海龙

Genus *Bhanotia* Hora, 1926 滨海龙属

Bhanotia fasciolata (Duméril, 1870) 侧条滨海龙

Bhanotia nuda Dawson, 1978 裸滨海龙

Bhanotia pauciradiata Allen & Kuiter, 1995 少辐滨海龙

Genus *Bryx* Herald, 1940 渊海龙属

Bryx analicarens (Duncker, 1915) 桑给巴尔渊海龙

Bryx dunckeri (Metzelaar, 1919) 邓氏渊海龙

Bryx randalli (Herald, 1965) 兰氏渊海龙

Bryx veleronis Herald, 1940 加拉帕戈斯岛渊海龙

Genus *Bulbonaricus* Herald, 1953 鳗海龙属

Bulbonaricus brauni (Dawson & Allen, 1978) 勃氏鳗海龙

Bulbonaricus brucei Dawson, 1984 布氏鳗海龙

Bulbonaricus davaoensis (Herald, 1953) 达澳鳗海龙

Genus *Campichthys* Whitley, 1931 曲海龙属

Campichthys galei (Duncker, 1909) 盖氏曲海龙

Campichthys nanus Dawson, 1977 小曲海龙 陆 台

Campichthys tricarinatus Dawson, 1977 龙首曲海龙

Campichthys tryoni (Ogilby, 1890) 特氏曲海龙

Genus *Choeroichthys* Kaup, 1856 猪海龙属

Choeroichthys brachysoma (Bleeker, 1855) 短体猪海龙

Choeroichthys cinctus Dawson, 1976 带纹猪海龙

Choeroichthys latispinosus Dawson, 1978 澳洲猪海龙

Choeroichthys sculptus (Günther, 1870) 雕纹猪海龙 台

Choeroichthys smithi Dawson, 1976 史氏猪海龙

Choeroichthys suillus Whitley, 1951 粗鳍猪海龙

Genus *Corythoichthys* Kaup, 1853 冠海龙属

Corythoichthys amplexus Dawson & Randall, 1975 环纹冠海龙

Corythoichthys benedetto Allen & Erdmann, 2008 巴利岛冠海龙

Corythoichthys flavofasciatus (Rüppell, 1838) 黄带冠海龙 陆 台

Corythoichthys haematopterus (Bleeker, 1851) 红鳍冠海龙 陆 台

　　syn. *Corythoichthys crenulatus* (Weber, 1913) 棘冠海龙

Corythoichthys insularis Dawson, 1977 海岛冠海龙

Corythoichthys intestinalis (Ramsay, 1881) 吸口冠海龙

Corythoichthys nigripectus Herald, 1953 黑胸冠海龙

Corythoichthys ocellatus Herald, 1953 眼斑冠海龙

Corythoichthys paxtoni Dawson, 1977 帕氏冠海龙

Corythoichthys polynotatus Dawson, 1977 糙背冠海龙

Corythoichthys schultzi Herald, 1953 史氏冠海龙 台

Genus *Cosmocampus* Dawson, 1979 环宇海龙属(齐海龙属)

Cosmocampus albirostris (Kaup, 1856) 白吻环宇海龙

Cosmocampus arctus arctus (Jenkins & Evermann, 1889) 窄身环宇海龙

Cosmocampus arctus coccineus (Herald, 1940) 猩红环宇海龙

Cosmocampus balli (Fowler, 1925) 鲍氏环宇海龙

Cosmocampus banneri (Herald & Randall, 1972) 斑氏环宇海龙;班氏环宇海龙 台

Cosmocampus brachycephalus (Poey, 1868) 短头环宇海龙

Cosmocampus darrosanus (Dawson & Randall, 1975) 达罗环宇海龙

Cosmocampus elucens (Poey, 1868) 百慕大环宇海龙

Cosmocampus heraldi (Fritzsche, 1980) 赫氏环宇海龙

Cosmocampus hildebrandi (Herald, 1965) 希氏环宇海龙

Cosmocampus howensis (Whitley, 1948) 豪温环宇海龙

Cosmocampus investigatoris (Hora, 1926) 缅甸环宇海龙

Cosmocampus maxweberi (Whitley, 1933) 马氏环宇海龙

Cosmocampus profundus (Herald, 1965) 深水环宇海龙

Cosmocampus retropinnis Dawson, 1982 后翼环宇海龙

Genus *Doryichthys* Kaup, 1853 枪吻海龙属

Doryichthys boaja (Bleeker, 1851) 宝珈枪吻海龙 陆 台

Doryichthys contiguus Kottelat, 2000 小口枪吻海龙

Doryichthys deokhatoides (Bleeker, 1853) 湄公河枪吻海龙

Doryichthys heterosoma (Bleeker, 1851) 异体枪吻海龙

Doryichthys martensii (Peters, 1868) 马氏枪吻海龙

Genus *Doryrhamphus* Kaup, 1856 矛吻海龙属

Doryrhamphus aurolineatus Randall & Earle, 1994 金带矛吻海龙

Doryrhamphus baldwini (Herald & Randall, 1972) 鲍尔氏矛吻海龙

Doryrhamphus bicarinatus Dawson, 1981 窄带矛吻海龙

Doryrhamphus chapmani (Herald, 1953) 查氏矛吻海龙

Doryrhamphus dactyliophorus (Bleeker, 1853) 带纹矛吻海龙 台

Doryrhamphus excisus Kaup, 1856 蓝带矛吻海龙 陆 台

　　syn. *Doryrhamphus melanopleura* (Bleeker, 1854) 矛吻海龙

Doryrhamphus excisus abbreviatus Dawson, 1981 短蓝带矛吻海龙

Doryrhamphus excisus paulus Fritzsche, 1980 卷尾矛吻海龙

Doryrhamphus janssi (Herald & Randall, 1972) 强氏矛吻海龙 台

Doryrhamphus japonicus Araga & Yoshino, 1975 日本矛吻海龙 台

Doryrhamphus multiannulatus (Regan, 1903) 多带矛吻海龙

Doryrhamphus negrosensis malus (Whitley, 1954) 丑双棘矛吻海龙

Doryrhamphus negrosensis negrosensis Herre, 1934 双棘矛吻海龙

Doryrhamphus pessuliferus (Fowler, 1938) 栓形矛吻海龙

Genus *Dunckerocampus* Whitley, 1933 斑节海龙属

Dunckerocampus boylei Kuiter, 1998 博氏斑节海龙

Dunckerocampus naia Allen & Kuiter, 2004 斐济斑节海龙

Genus *Enneacampus* Dawson, 1981 九环海龙属

Enneacampus ansorgii (Boulenger, 1910) 安氏九环海龙

Enneacampus kaupi (Bleeker, 1863) 库氏九环海龙

Genus *Entelurus* Duméril, 1870 金海龙属

Entelurus aequoreus (Linnaeus, 1758) 挪威金海龙

Genus *Festucalex* Whitley, 1931 光尾海龙属

Festucalex cinctus (Ramsay, 1882) 带纹光尾海龙

Festucalex erythraeus (Gilbert, 1905) 红光尾海龙 台

Festucalex gibbsi Dawson, 1977 吉氏光尾海龙

Festucalex kulbickii Fricke, 2004 库氏光尾海龙

Festucalex prolixus Dawson, 1984 长光尾海龙

Festucalex scalaris (Günther, 1870) 西澳光尾海龙

Festucalex wassi Dawson, 1977 沃斯氏光尾海龙

Genus *Filicampus* Whitley, 1948 线海龙属

Filicampus tigris (Castelnau, 1879) 虎纹线海龙

Genus *Halicampus* Kaup, 1856 海蝎鱼属

Halicampus boothae (Whitley, 1964) 隆吻海蝎鱼

Halicampus brocki (Herald, 1953) 布罗克氏海蝎鱼

Halicampus dunckeri (Chabanaud, 1929) 邓氏海蝎鱼 台

Halicampus edmondsoni (Pietschmann, 1928) 埃氏海蝎鱼

Halicampus grayi Kaup, 1856 葛氏海蝎鱼 陆 台

Halicampus macrorhynchus Bamber, 1915 大吻海蝎鱼 台

Halicampus marquesensis Dawson, 1984 马克萨斯海蝎鱼

Halicampus mataafae (Jordan & Seale, 1906) 马塔法海蝎鱼 台

Halicampus nitidus (Günther, 1873) 横带海蝎鱼

Halicampus punctatus (Kamohara, 1952) 轮斑海蝎鱼

Halicampus spinirostris (Dawson & Allen, 1981) 短吻海蝎鱼 台

Halicampus zavorensis Dawson, 1984 莫桑比克海蝎鱼

Genus *Haliichthys* Gray, 1859 带状多环海龙属

Haliichthys taeniophorus Gray, 1859 带状多环海龙 台

Genus *Heraldia* Paxton, 1975 宫海龙鱼属

Heraldia nocturna Paxton, 1975 新南威尔士宫海龙

Genus *Hippichthys* Bleeker, 1849 多环海龙属

Hippichthys albomaculosus Jenkins & Mailautoka, 2010 白斑多环海龙

Hippichthys cyanospilos (Bleeker, 1854) 蓝点多环海龙 台

Hippichthys heptagonus Bleeker, 1849 前鳍多环海龙 陆 台

    syn. *Syngnathus djarong* Bleeker, 1855 低海龙

Hippichthys parvicarinatus (Dawson, 1978) 小头多环海龙

Hippichthys penicillus (Cantor, 1849) 笔状多环海龙 陆 台

    syn. *Syngnathus argyrostictus* Kaup, 1856 珠海龙

Hippichthys spicifer (Rüppell, 1838) 带纹多环海龙 陆 台

Genus *Hippocampus* Rafinesque, 1810 海马属

Hippocampus abdominalis Lesson, 1827 膨腹海马

Hippocampus alatus Kuiter, 2001 翼海马

Hippocampus algiricus Kaup, 1856 食藻海马

Hippocampus angustus Günther, 1870 西澳海马

    syn. *Hippocampus erinaceus* Günther, 1870 猬海马

Hippocampus barbouri Jordan & Richardson, 1908 巴博海马

Hippocampus bargibanti Whitley, 1970 巴氏海马 台

Hippocampus biocellatus Kuiter, 2001 双斑海马

Hippocampus borboniensis Duméril, 1870 留尼汪岛海马

Hippocampus breviceps Peters, 1869 短头海马

Hippocampus camelopardalis Bianconi, 1854 驼背海马

Hippocampus capensis Boulenger, 1900 南非海马

Hippocampus colemani Kuiter, 2003 克里蒙氏海马 台

Hippocampus comes Cantor, 1849 虎尾海马

Hippocampus coronatus Temminck & Schlegel, 1850 冠海马 陆

Hippocampus curvicuspis Fricke, 2004 弯棘海马

Hippocampus debelius Gomon & Kuiter, 2009 德贝海马

Hippocampus denise Lourie & Randall, 2003 橘色海马

Hippocampus erectus Perry, 1810 直立海马

Hippocampus fisheri Jordan & Evermann, 1903 菲氏海马

Hippocampus fuscus Rüppell, 1838 棕海马

Hippocampus grandiceps Kuiter, 2001 大头海马

Hippocampus guttulatus Cuvier, 1829 浅黄海马

Hippocampus hendriki Kuiter, 2001 亨氏海马

Hippocampus hippocampus (Linnaeus, 1758) 欧洲海马

Hippocampus histrix Kaup, 1856 刺海马 陆 台

Hippocampus ingens Girard, 1858 太平洋海马

Hippocampus jayakari Boulenger, 1900 杰氏海马

Hippocampus jugumus Kuiter, 2001 棘眼海马

Hippocampus kelloggi Jordan & Snyder, 1901 大海马(克氏海马) 陆 台

Hippocampus kuda Bleeker, 1852 库达海马 陆 台

Hippocampus lichtensteinii Kaup, 1856 利氏海马

Hippocampus minotaur Gomon, 1997 梦海马

Hippocampus mohnikei Bleeker, 1853 莫氏海马(日本海马) 陆

    syn. *Hippocampus japonicus* Kaup, 1856

Hippocampus montebelloensis Kuiter, 2001 大环海马

Hippocampus multispinus Kuiter, 2001 多棘海马

Hippocampus paradoxus Foster & Gomon, 2010 魔海马

Hippocampus patagonicus Piacentino & Luzzatto, 2004 阿根廷海马

Hippocampus pontohi Lourie & Kuiter, 2008 彭氏海马 台

Hippocampus procerus Kuiter, 2001 高角海马

Hippocampus pusillus Fricke, 2004 弱海马

Hippocampus queenslandicus Horne, 2001 昆士兰海马

Hippocampus reidi Ginsburg, 1933 吻海马

Hippocampus satomiae Lourie & Kuiter, 2008 萨氏海马

Hippocampus semispinosus Kuiter, 2001 半棘海马

Hippocampus severnsi Lourie & Kuiter, 2008 赛氏海马 台

Hippocampus sindonis Jordan & Snyder, 1901 花海马 台

Hippocampus spinosissimus Weber, 1913 棘海马 陆 台

Hippocampus subelongatus Castelnau, 1873 亚长身海马

Hippocampus trimaculatus Leach, 1814 三斑海马 陆 台

Hippocampus tyro Randall & Lourie, 2009 多环海马

Hippocampus waleananus Gomon & Kuiter, 2009 伟利海马

Hippocampus whitei Bleeker, 1855 怀氏海马

Hippocampus zebra Whitley, 1964 条纹海马

Hippocampus zosterae Jordan & Gilbert, 1882 小海马

Genus *Histiogamphelus* McCulloch, 1914 脊吻海龙属

Histiogamphelus briggsii McCulloch, 1914 布氏脊吻海龙

Histiogamphelus cristatus (Macleay, 1881) 冠毛脊吻海龙

Genus *Hypselognathus* Whitley, 1948 管吻海龙属

Hypselognathus horridus Dawson & Glover, 1982 多刺管吻海龙

Hypselognathus rostratus (Waite & Hale, 1921) 澳洲管吻海龙

Genus *Ichthyocampus* Kaup, 1853 鱼海龙属

Ichthyocampus bikiniensis Herald, 1953 马歇尔岛鱼海龙

Ichthyocampus carce (Hamilton, 1822) 恒河鱼海龙 陆

Genus *Idiotropiscis* Whitley, 1947 异骨海龙属

Idiotropiscis australe (Waite & Hale, 1921) 澳洲异骨海龙

Idiotropiscis larsonae (Dawson, 1984) 拉氏异骨海龙

Idiotropiscis lumnitzeri Kuiter, 2004 卢氏异骨海龙

Genus *Kaupus* Whitley, 1951 柯氏海龙属

Kaupus costatus (Waite & Hale, 1921) 高体柯氏海龙

Genus *Kimblaeus* Dawson, 1980 金布拉海龙属

Kimblaeus bassensis Dawson, 1980 金布拉海龙

Genus *Kyonemichthys* Gomon, 2007 驼海龙属

Kyonemichthys rumengani Gomon, 2007 印度尼西亚驼海龙

Genus *Leptoichthys* Kaup, 1853 长尾海龙属

Leptoichthys fistularius Kaup, 1853 澳洲长尾海龙

Genus *Leptonotus* Kaup, 1853 隆背海龙属

Leptonotus blainvilleanus (Eydoux & Gervais, 1837) 高体隆背海龙

Leptonotus elevatus (Hutton, 1872) 新西兰隆背海龙

Leptonotus norae (Waite, 1910) 横带隆背海龙

Genus *Lissocampus* Waite & Hale, 1921 无棱海龙属

Lissocampus bannwarthi (Duncker, 1915) 红海无棱海龙

Lissocampus caudalis Waite & Hale, 1921 多环无棱海龙

Lissocampus fatiloquus (Whitley, 1943) 澳洲无棱海龙

Lissocampus filum (Günther, 1870) 新西兰无棱海龙

Lissocampus runa (Whitley, 1931) 横带无棱海龙

Genus *Maroubra* Whitley, 1948 棘环海龙属

Maroubra perserrata Whitley, 1948 澳洲棘环海龙

Maroubra yasudai Dawson, 1983 头带棘环海龙

Genus *Micrognathus* Duncker, 1912 小颌海龙属

Micrognathus andersonii (Bleeker, 1858) 安氏小颌海龙

Micrognathus brevicorpus Fricke, 2004 短身小颌海龙

Micrognathus brevirostris brevirostris (Rüppell, 1838) 短吻小颌海龙 陆

Micrognathus brevirostris pygmaeus Fritzsche, 1981 侏儒小颌海龙

Micrognathus crinitus (Jenyns, 1842) 毛小颌海龙

Micrognathus erugatus Herald & Dawson, 1974 平滑小颌海龙

Micrognathus micronotopterus (Fowler, 1938) 白鞍小颌海龙

Micrognathus natans Dawson, 1982 斐济岛小颌海龙

Genus *Microphis* Kaup, 1853 腹囊海龙属

Microphis argulus (Peters, 1855) 扁吻腹囊海龙

Microphis brachyurus aculeatus (Kaup, 1856) 刺腹囊海龙

Microphis brachyurus brachyurus (Bleeker, 1853) 短尾腹囊海龙 台

Microphis brachyurus lineatus (Kaup, 1856) 线纹腹囊海龙

Microphis brachyurus millepunctatus (Kaup, 1856) 多斑腹囊海龙

Microphis brevidorsalis (de Beaufort, 1913) 短背腹囊海龙

Microphis caudocarinatus (Weber, 1907) 尾脊腹囊海龙

Microphis cruentus Dawson & Fourmanoir, 1981 纵纹腹囊海龙

Microphis cuncalus (Hamilton, 1822) 红尾腹囊海龙

Microphis deocata (Hamilton, 1822) 印度腹囊海龙

Microphis dunckeri (Prashad & Mukerji, 1929) 邓氏腹囊海龙

Microphis fluviatilis (Peters, 1852) 河川腹囊海龙

Microphis insularis (Hora, 1925) 安达曼腹囊海龙

Microphis jagorii Peters, 1868 杰氏腹囊海龙

Microphis leiaspis (Bleeker, 1853) 无棘腹囊海龙 台

Microphis manadensis (Bleeker, 1856) 印度尼西亚腹囊海龙 台

Microphis mento (Bleeker, 1856) 苏拉威西腹囊海龙

Microphis ocellatus (Duncker, 1910) 睛斑腹囊海龙

Microphis pleurostictus Peters, 1868 湖沼腹囊海龙

Microphis retzii (Bleeker, 1856) 雷氏腹囊海龙

Microphis spinachioides (Duncker, 1915) 巴布亚淡水腹囊海龙

Genus *Minyichthys* Herald & Randall, 1972 鳃脊海龙属

Minyichthys brachyrhinus (Herald, 1953) 短吻鳃脊海龙

Minyichthys inusitatus Dawson, 1983 加勒比海鳃脊海龙

Minyichthys myersi (Herald & Randall, 1972) 长吻鳃脊海龙

Minyichthys sentus Dawson, 1982 粗鳃脊海龙

Genus *Mitotichthys* Whitley, 1948 尾囊海龙属

Mitotichthys meraculus (Whitley, 1948) 西澳尾囊海龙

Mitotichthys mollisoni (Scott, 1955) 莫氏尾囊海龙

Mitotichthys semistriatus (Kaup, 1856) 半线尾囊海龙

Mitotichthys tuckeri (Scott, 1942) 塔氏尾囊海龙

Genus *Nannocampus* Günther, 1870 南海龙属

Nannocampus elegans Smith, 1961 美丽南海龙

Nannocampus lindemanensis (Whitley, 1948) 林登南海龙

Nannocampus pictus (Duncker, 1915) 短臂南海龙

Nannocampus subosseus Günther, 1870 硬头南海龙

Nannocampus weberi Duncker, 1915 韦氏南海龙

Genus *Nerophis* Rafinesque, 1810 裸胸海龙属

Nerophis lumbriciformis (Jenyns, 1835) 蚓形裸胸海龙

Nerophis maculatus Rafinesque, 1810 斑裸胸海龙

Nerophis ophidion (Linnaeus, 1758) 挪威裸胸海龙

Genus *Notiocampus* Dawson, 1979 无臀海龙属

Notiocampus ruber (Ramsay & Ogilby, 1886) 红无臀海龙

Genus *Penetopteryx* Lunel, 1881 无鳍海龙属

Penetopteryx nanus (Rosén, 1911) 巴哈马无鳍海龙

Penetopteryx taeniocephalus Lunel, 1881 头纹无鳍海龙

Genus *Phoxocampus* Dawson, 1977 锥海龙属

Phoxocampus belcheri (Kaup, 1856) 黑锥海龙 台

Phoxocampus diacanthus (Schultz, 1943) 双棘锥海龙 台

Phoxocampus tetrophthalmus (Bleeker, 1858) 白斑锥海龙

Genus *Phycodurus* Gill, 1896 枝叶海龙属

Phycodurus eques (Günther, 1865) 澳洲枝叶海龙

Genus *Phyllopteryx* Swainson, 1839 叶海龙属

Phyllopteryx taeniolatus (Lacepède, 1804) 澳洲叶海龙

Genus *Pseudophallus* Herald, 1940 拟茎海龙属

Pseudophallus elcapitanensis (Meek & Hildebrand, 1914) 哥斯达黎加拟茎海龙

Pseudophallus mindii (Meek & Hildebrand, 1923) 米氏拟茎海龙

Pseudophallus starksii (Jordan & Culver, 1895) 斯氏拟茎海龙

Genus *Pugnaso* Whitley, 1948 拳海龙属

Pugnaso curtirostris (Castelnau, 1872) 短身拳海龙

Genus *Siokunichthys* Herald, 1953 肖孔海龙属

Siokunichthys bentuviai Clark, 1966 本氏肖孔海龙

Siokunichthys breviceps Smith, 1963 短头肖孔海龙

Siokunichthys herrei Herald, 1953 红海肖孔海龙

Siokunichthys nigrolineatus Dawson, 1983 黑线肖孔海龙

Siokunichthys southwelli (Duncker, 1910) 索氏肖孔海龙

Siokunichthys striatus Fricke, 2004 条纹肖孔海龙

Genus *Solegnathus* Swainson, 1839 刀海龙属

Solegnathus dunckeri Whitley, 1927 斗氏刀海龙

Solegnathus hardwickii (Gray, 1830) 哈氏刀海龙 陆 台

Solegnathus lettiensis Bleeker, 1860 黑斑刀海龙 陆 台

Solegnathus robustus McCulloch, 1911 壮体刀海龙

Solegnathus spinosissimus (Günther, 1870) 棘刀海龙

Genus *Stigmatopora* Kaup, 1853 尖尾海龙属

Stigmatopora argus (Richardson, 1840) 斑点尖尾海龙

Stigmatopora macropterygia Duméril, 1870 大鳍尖尾海龙

Stigmatopora narinosa Browne & Smith, 2007 宽鼻尖尾海龙

Stigmatopora nigra Kaup, 1856 暗色尖尾海龙

Genus *Stipecampus* Whitley, 1948 枝海龙属

Stipecampus cristatus (McCulloch & Waite, 1918) 克丽丝枝海龙

Genus *Syngnathoides* Bleeker, 1851 拟海龙属

Syngnathoides biaculeatus (Bloch, 1785) 双棘拟海龙 陆 台

Genus *Syngnathus* Linnaeus, 1758 海龙属

Syngnathus abaster Risso, 1827 短吻海龙

Syngnathus acus Linnaeus, 1758 尖海龙 陆

Syngnathus affinis Günther, 1870 邻海龙

Syngnathus auliscus (Swain, 1882) 管海龙

Syngnathus californiensis Storer, 1845 加州海龙

Syngnathus caribbaeus Dawson, 1979 加勒比海龙

Syngnathus carinatus (Gilbert, 1892) 棱海龙

Syngnathus dawsoni (Herald, 1969) 道氏海龙

Syngnathus euchrous Fritzsche, 1980 褐色海龙

Syngnathus exilis (Osburn & Nichols, 1916) 小海龙

Syngnathus floridae (Jordan & Gilbert, 1882) 佛罗里达海龙

Syngnathus folletti Herald, 1942 福氏海龙

Syngnathus fuscus Storer, 1839 棕海龙

Syngnathus insulae Fritzsche, 1980 岛栖海龙

Syngnathus leptorhynchus Girard, 1854 细吻海龙

Syngnathus louisianae Günther, 1870 路易斯安那海龙

Syngnathus macrobrachium Fritzsche, 1980 大臂海龙

Syngnathus macrophthalmus Duncker, 1915 大眼海龙

Syngnathus makaxi Herald & Dawson, 1972 梅氏海龙

Syngnathus pelagicus Linnaeus, 1758 漂海龙 陆

Syngnathus phlegon Risso, 1827 焰海龙

Syngnathus rostellatus Nilsson, 1855 钩鼻海龙

Syngnathus safina Paulus, 1992 约旦海龙

Syngnathus schlegeli Kaup, 1856 薛氏海龙 陆 台

Syngnathus schmidti Popov, 1927 施氏海龙

Syngnathus scovelli (Evermann & Kendall, 1896) 海湾海龙

Syngnathus springeri Herald, 1942 斯氏海龙

Syngnathus taenionotus Canestrini, 1871 纹背海龙

Syngnathus tenuirostris Rathke, 1837 狭吻海龙

Syngnathus typhle Linnaeus, 1758 宽吻海龙

Syngnathus variegatus Pallas, 1814 杂色海龙

Syngnathus watermeyeri Smith, 1963 瓦氏海龙

Genus *Trachyrhamphus* Kaup, 1853 粗吻海龙属

Trachyrhamphus bicoarctatus (Bleeker, 1857) 短尾粗吻海龙 台

Trachyrhamphus longirostris Kaup, 1856 长鼻粗吻海龙 台

Trachyrhamphus serratus (Temminck & Schlegel, 1850) 锯粗吻海龙 陆 台

Genus *Urocampus* Günther, 1870 须海龙属

Urocampus carinirostris Castelnau, 1872 毛须海龙

Urocampus nanus Günther, 1870 带纹须海龙 陆

Genus *Vanacampus* Whitley, 1951 梵海龙属

Vanacampus margaritifer (Peters, 1868) 珍珠梵海龙

Vanacampus phillipi (Lucas, 1891) 菲氏梵海龙

Vanacampus poecilolaemus (Peters, 1868) 长吻梵海龙

Vanacampus vercoi (Waite & Hale, 1921) 佛氏梵海龙

Family 296 Aulostomidae 管口鱼科

Genus *Aulostomus* Lacepède, 1803 管口鱼属

Aulostomus chinensis (Linnaeus, 1766) 中华管口鱼 陆 台

Aulostomus maculatus Valenciennes, 1841 斑点管口鱼

Aulostomus strigosus Wheeler, 1955 细管口鱼

Family 297 Fistulariidae 烟管鱼科;马鞭鱼科

Genus *Fistularia* Linnaeus, 1758 烟管鱼属;马鞭鱼属

Fistularia commersonii Rüppell, 1838 无鳞烟管鱼;康氏马鞭鱼 陆 台

Fistularia corneta Gilbert & Starks, 1904 角烟管鱼;角马鞭鱼

Fistularia petimba Lacepède, 1803 鳞烟管鱼;鳞马鞭鱼 陆 台

　　syn. *Fistularia villosa* Klunzinger, 1871 毛烟管鱼

Fistularia tabacaria Linnaeus, 1758 蓝斑烟管鱼;蓝斑马鞭鱼

Family 298 Macroramphosidae 长吻鱼科;鹬嘴鱼科

Genus *Macroramphosus* Lacepède, 1803 长吻鱼属;鹬嘴鱼属

Macroramphosus gracilis (Lowe, 1839) 细长吻鱼;细鹬嘴鱼

Macroramphosus scolopax (Linnaeus, 1758) 长吻鱼(鹭管鱼);鹬嘴鱼 陆 台

　　syn. *Macrorhamphosus japonicus* (Günther, 1861) 日本长吻鱼

Family 299 Centriscidae 玻甲鱼科

Genus *Aeoliscus* Jordan & Starks, 1902 虾鱼属

Aeoliscus punctulatus (Bianconi, 1855) 斑纹虾鱼 陆

Aeoliscus strigatus (Günther, 1861) 条纹虾鱼 陆 台

Genus *Centriscops* Gill, 1862 大鳞长吻鱼属

Centriscops humerosus (Richardson, 1846) 条纹大鳞长吻鱼

Genus *Centriscus* Linnaeus, 1758 玻甲鱼属

Centriscus cristatus (De Vis, 1885) 澳洲玻甲鱼

Centriscus scutatus Linnaeus, 1758 玻甲鱼 陆 台

Genus *Notopogon* Regan, 1914 连鳍长吻鱼属

Notopogon armatus (Sauvage, 1879) 盔连鳍长吻鱼

Notopogon endeavouri Mohr, 1937 恩氏连鳍长吻鱼

Notopogon fernandezianus (Delfin, 1899) 费尔南连鳍长吻鱼

Notopogon lilliei Regan, 1914 李氏连鳍长吻鱼

Notopogon macrosolen Barnard, 1925 小眼连鳍长吻鱼

Notopogon xenosoma Regan, 1914 长棘连鳍长吻鱼

Order Synbranchiformes 合鳃鱼目

Suborder Synbranchoidei 合鳃鱼亚目

Family 300 Synbranchidae 合鳃鱼科

Genus *Macrotrema* Regan, 1912 大孔鳝属

Macrotrema caligans (Cantor, 1849) 马来半岛大孔鳝

Genus *Monopterus* Lacepède, 1800 黄鳝属

Monopterus albus (Zuiew, 1793) 黄鳝 陆 台

Monopterus boueti (Pellegrin, 1922) 布氏黄鳝

Monopterus cuchia (Hamilton, 1822) 山黄鳝 陆

Monopterus desilvai Bailey & Gans, 1998 斯里兰卡黄鳝

Monopterus digressus Gopi, 2002 红黄鳝

Monopterus eapeni Talwar, 1991 伊氏黄鳝

Monopterus fossorius (Nayar, 1951) 穴栖黄鳝

Monopterus hodgarti (Chaudhuri, 1913) 霍氏黄鳝

Monopterus indicus (Silas & Dawson, 1961) 印度黄鳝

Monopterus roseni Bailey & Gans, 1998 罗氏黄鳝

Genus *Ophisternon* McClelland, 1844 蛇胸鳝属

Ophisternon aenigmaticum Rosen & Greenwood, 1976 穴栖蛇胸鳝

Ophisternon afrum (Boulenger, 1909) 非洲蛇胸鳝

Ophisternon bengalense McClelland, 1844 孟加拉国蛇胸鳝

Ophisternon candidum (Mees, 1962) 白蛇胸鳝

Ophisternon gutturale (Richardson, 1845) 斑点蛇胸鳝

Ophisternon infernale (Hubbs, 1938) 阴曹蛇胸鳝

Genus *Synbranchus* Bloch, 1795 合鳃鱼属

Synbranchus lampreia Favorito, Zanata & Assumpção, 2005 美丽合鳃鱼

Synbranchus madeirae Rosen & Rumney, 1972 马德合鳃鱼

Synbranchus marmoratus Bloch, 1795 合鳃鱼

Suborder Mastacembeloidei 刺鳅亚目

Family 301 Chaudhuriidae 鳗鳅科

Genus *Bihunichthys* Kottelat & Lim, 1994 线面鳅属

Bihunichthys monopteroides Kottelat & Lim, 1994 似单鳍线面鳅

Genus *Chaudhuria* Annandale, 1918 鳗鳅属

Chaudhuria caudata Annandale, 1918 大尾鳗鳅

Chaudhuria fusipinnis Kottelat & Britz, 2000 老挝鳗鳅

Chaudhuria ritvae Britz, 2010 里特氏鳗鳅

Genus *Chendol* Kottelat & Lim, 1994 面条鳅属

Chendol keelini Kottelat & Lim, 1994 祈麟面条鳅

Chendol lubricus Kottelat & Lim, 1994 溜滑面条鳅

Genus *Garo* Yazdani & Talwar, 1981 加罗印度鳅属

Garo khajuriai (Talwar, Yazdani & Kundu, 1977) 加罗印度鳅

Genus *Nagaichthys* Kottelat & Lim, 1991 龙鳗鳅属

Nagaichthys filipes Kottelat & Lim, 1991 红胸龙鳗鳅

Genus *Pillaia* Yazdani, 1972 印鳗鳅属

Pillaia indica Yazdani, 1972 印鳗鳅

Pillaia kachinica Kullander, Britz & Fang, 2000 克钦印鳗鳅

Family 302 Mastacembelidae 刺鳅科;棘鳅科

Genus *Macrognathus* Lacepède, 1800 吻棘鳅属

Macrognathus aculeatus (Bloch, 1786) 长吻棘鳅 陆

Macrognathus aral (Bloch & Schneider, 1801) 大吻棘鳅

Macrognathus aureus Britz, 2010 金色吻棘鳅

Macrognathus caudiocellatus (Boulenger, 1893) 眼尾吻棘鳅

Macrognathus circumcinctus (Hora, 1924) 环带吻棘鳅

Macrognathus dorsiocellatus Britz, 2010 背眼吻棘鳅

Macrognathus guentheri (Day, 1865) 冈氏吻棘鳅

Macrognathus keithi (Herre, 1940) 基氏吻棘鳅

Macrognathus lineatomaculatus Britz, 2010 线斑吻棘鳅

Macrognathus maculatus (Cuvier, 1832) 斑吻棘鳅

Macrognathus malabaricus (Jerdon, 1849) 马拉巴吻棘鳅

Macrognathus meklongensis Roberts, 1986 泰国吻棘鳅

Macrognathus morehensis Arunkumar & Tombi Singh, 2000 莫里亨吻棘鳅

Macrognathus obscurus Britz, 2010 暗体吻棘鳅

Macrognathus pancalus Hamilton, 1822 大头吻棘鳅

Macrognathus pavo Britz, 2010 孔雀吻棘鳅

Macrognathus semiocellatus Roberts, 1986 半斑吻棘鳅

Macrognathus siamensis (Günther, 1861) 曼谷吻棘鳅

Macrognathus taeniagaster (Fowler, 1935) 腹纹吻棘鳅

Macrognathus tapirus Kottelat & Widjanarti, 2005 泞栖吻棘鳅

Macrognathus zebrinus (Blyth, 1858) 斑纹吻棘鳅

Genus *Mastacembelus* Scopoli, 1777 刺鳅属

Mastacembelus alboguttatus Boulenger, 1893 白点刺鳅

Mastacembelus albomaculatus Poll, 1953 白斑刺鳅

Mastacembelus ansorgii Boulenger, 1905 安氏刺鳅

Mastacembelus armatus (Lacepède, 1800) 大刺鳅 陆

Mastacembelus aviceps Roberts & Stewart, 1976 鸟首刺鳅

Mastacembelus brachyrhinus Boulenger, 1899 短吻刺鳅

Mastacembelus brichardi (Poll, 1958) 盲刺鳅

Mastacembelus catchpolei Fowler, 1936 卡氏刺鳅

Mastacembelus congicus Boulenger, 1896 康吉刺鳅

Mastacembelus crassus Roberts & Stewart, 1976 厚身刺鳅

Mastacembelus cryptacanthus Günther, 1867 隐棘刺鳅

Mastacembelus cunningtoni Boulenger, 1906 坎宁顿刺鳅

Mastacembelus dayi Boulenger, 1912 戴氏刺鳅

Mastacembelus decorsei Pellegrin, 1919 德氏刺鳅

Mastacembelus ellipsifer Boulenger, 1899 不育刺鳅

Mastacembelus erythrotaenia Bleeker, 1850 红纹刺鳅

Mastacembelus favus Hora, 1924 网纹刺鳅

Mastacembelus flavidus Matthes, 1962 黄体刺鳅

Mastacembelus frenatus Boulenger, 1901 长尾刺鳅

Mastacembelus greshoffi Boulenger, 1901 格氏刺鳅

Mastacembelus kakrimensis Vreven & Teugels, 2005 几内亚刺鳅

Mastacembelus latens Roberts & Stewart, 1976 潜刺鳅

Mastacembelus liberiensis Boulenger, 1898 利比里亚刺鳅

Mastacembelus loennbergii Boulenger, 1898 洛氏刺鳅

Mastacembelus marchei Sauvage, 1879 马氏刺鳅

Mastacembelus mastacembelus (Banks & Solander, 1794) 真刺鳅

Mastacembelus micropectus Matthes, 1962 细胸刺鳅

Mastacembelus moeruensis Boulenger, 1914 莫湖刺鳅

Mastacembelus moorii Boulenger, 1898 摩氏刺鳅

Mastacembelus niger Sauvage, 1879 黑刺鳅

Mastacembelus nigromarginatus Boulenger, 1898 黑缘刺鳅

Mastacembelus notophthalmus Roberts, 1989 背眼刺鳅

Mastacembelus oatesii Boulenger, 1893 因莱湖刺鳅

Mastacembelus ophidium Günther, 1894 蜥形刺鳅

Mastacembelus pantherinus Britz, 2007 白腹刺鳅

Mastacembelus paucispinis Boulenger, 1899 少棘刺鳅

Mastacembelus plagiostomus Matthes, 1962 横口刺鳅

Mastacembelus platysoma Poll & Matthes, 1962 扁体刺鳅

Mastacembelus polli Vreven, 2005 波氏刺鳅

Mastacembelus praensis (Travers, 1992) 帕伦刺鳅

Mastacembelus robertsi (Vreven & Teugels, 1996) 劳氏刺鳅

Mastacembelus sanagali Thys van den Audenaerde, 1972 萨氏刺鳅

Mastacembelus seiteri Thys van den Audenaerde, 1972 塞氏刺鳅

Mastacembelus sexdecimspinus (Roberts & Travers, 1986) 喀麦隆刺鳅

Mastacembelus shiloangoensis (Vreven, 2004) 刚果刺鳅

Mastacembelus shiranus Günther, 1896 马拉维刺鳅

Mastacembelus signatus Boulenger, 1905 小眼刺鳅

Mastacembelus stappersii Boulenger, 1914 斯氏刺鳅

Mastacembelus taiaensis (Travers, 1992) 太安刺鳅

Mastacembelus tanganicae Günther, 1894 坦噶尼喀湖刺鳅

Mastacembelus tinwini Britz, 2007 廷氏刺鳅

Mastacembelus traversi (Vreven & Teugels, 1997) 特氏刺鳅

Mastacembelus trispinosus Steindachner, 1911 三棘刺鳅

Mastacembelus unicolor Cuvier, 1832 单色刺鳅

Mastacembelus vanderwaali Skelton, 1976 眼斑刺鳅

Mastacembelus zebratus Matthes, 1962 条纹刺鳅

Genus *Sinobdella* Kottelat & Lim, 1994 **中华刺鳅属**

Sinobdella sinensis (Bleeker, 1870) 中华刺鳅 陆 台

Order Scorpaeniformes 鲉形目

Suborder Dactylopteroidei 豹鲂鮄亚目;飞角鱼亚目

Family 303 Dactylopteridae 豹鲂鮄科;飞角鱼科

Genus *Dactyloptena* Jordan & Richardson, 1908 豹鲂鮄属;

飞角鱼属

Dactyloptena gilberti Snyder, 1909 吉氏豹鲂鮄;吉氏飞角鱼 陆 台

Dactyloptena macracantha (Bleeker, 1854) 大棘豹鲂鮄;大棘飞角鱼

Dactyloptena orientalis (Cuvier, 1829) 东方豹鲂鮄;东方飞角鱼 陆 台

Dactyloptena papilio Ogilby, 1910 帕彼氏豹鲂鮄;帕彼氏飞角鱼

Dactyloptena peterseni (Nyström, 1887) 单棘豹鲂鮄;皮氏飞角鱼 陆 台

　　syn. *Daicocus panderseni* (Nystrom,1887) 潘氏单棘豹鲂鮄

Dactyloptena tiltoni Eschmeyer, 1997 蒂氏豹鲂鮄;蒂氏飞角鱼

Genus *Dactylopterus* Lacepède, 1801 **真豹鲂鮄属;真飞角鱼属**

Dactylopterus volitans (Linnaeus, 1758) 翱翔真豹鲂鮄;翱翔真飞角鱼

Suborder Scorpaenoidei 鲉亚目

Family 304 Scorpaenidae 鲉科

Genus *Ablabys* Kaup, 1873 帆鳍鲉属

Ablabys binotatus (Peters, 1855) 红帆鳍鲉

Ablabys macracanthus (Bleeker, 1852) 大棘帆鳍鲉 台

Ablabys taenianotus (Cuvier, 1829) 背带帆鳍鲉 台

Genus *Adelosebastes* Eschmeyer, Abe & Nakano, 1979 隐鲉属

Adelosebastes latens Eschmeyer, Abe & Nakano, 1979 隐鲉

Genus *Apistops* Ogilby, 1911 拟棱须蓑鲉属

Apistops caloundra (De Vis, 1886) 新几内亚拟棱须蓑鲉

Genus *Apistus* Cuvier, 1829 须蓑鲉属

Apistus carinatus (Bloch & Schneider, 1801) 棱须蓑鲉 陆 台

　　syn. *Apistus alatus* (Cuvier, 1829) 须蓑鲉

Genus *Brachypterois* Fowler, 1938 短棘蓑鲉属

Brachypterois serrulata (Richardson, 1846) 锯棱短棘蓑鲉 陆 台

Genus *Centropogon* Günther, 1860 鳞鲉属

Centropogon australis (White, 1790) 澳洲鳞鲉

Centropogon latifrons Mees, 1962 宽额鳞鲉

Centropogon marmoratus Günther, 1862 云纹鳞鲉

Genus *Cheroscorpaena* Mees, 1964 豚蓑鲉属

Cheroscorpaena tridactyla Mees, 1964 三指豚蓑鲉

Genus *Choridactylus* Richardson, 1848 多指鲉属

Choridactylus lineatus Poss & Mee, 1995 线纹多指鲉

Choridactylus multibarbus Richardson, 1848 多须多指鲉 陆 台

Choridactylus natalensis (Gilchrist, 1902) 南非多指鲉

Choridactylus striatus Mandrytsa, 1993 条纹多指鲉

Genus *Coccotropsis* Barnard, 1927 拟可可鲉属

Coccotropsis gymnoderma (Gilchrist, 1906) 裸皮拟可可鲉

Genus *Cottapistus* Bleeker, 1876 项鳍鲉(拟鳍鲉)属;项鳍鲉属

Cottapistus cottoides (Linnaeus, 1758) 细鳞项鳍鲉

Cottapistus scorpio (Ogilby, 1910) 圣项鳍鲉

Genus *Dendrochirus* Swainson, 1839 短鳍蓑鲉属

Dendrochirus barberi (Steindachner, 1900) 巴氏短鳍蓑鲉

Dendrochirus bellus (Jordan & Hubbs, 1925) 美丽短鳍蓑鲉 陆 台

Dendrochirus biocellatus (Fowler, 1938) 双眼斑短鳍蓑鲉 陆 台

Dendrochirus brachypterus (Cuvier, 1829) 短鳍蓑鲉 台

Dendrochirus zebra (Cuvier, 1829) 花斑短鳍蓑鲉;斑马短鳍蓑鲉 陆 台

Genus *Ebosia* Jordan & Starks, 1904 盔蓑鲉属

Ebosia bleekeri (Döderlein, 1884) 布氏盔蓑鲉 陆 台

Ebosia falcata Eschmeyer & Rama-Rao, 1978 镰盔蓑鲉

Genus *Ectreposebastes* Garman, 1899 黑鲉属

Ectreposebastes imus Garman, 1899 无鳔黑鲉 台

Ectreposebastes niger (Fourmanoir, 1971) 暗黑鲉

Genus *Erosa* Swainson, 1839 狮头毒鲉属;达摩毒鲉属

Erosa daruma (Whitley, 1932) 澳大利亚狮头毒鲉;澳大利亚达摩毒鲉

Erosa erosa (Cuvier, 1829) 狮头毒鲉;达摩毒鲉 陆 台

Genus *Glyptauchen* Günther, 1860 蜥头鲉属

Glyptauchen panduratus (Richardson, 1850) 提琴蜥头鲉

Genus *Gymnapistes* Swainson, 1839 裸皮鲉属

Gymnapistes marmoratus (Cuvier, 1829) 云纹裸皮鲉

Genus *Helicolenus* Goode & Bean, 1896 无鳔鲉属

Helicolenus alporti (Castelnau, 1873) 阿氏无鳔鲉

Helicolenus avius Abe & Eschmeyer, 1972 胎生无鳔鲉

Helicolenus barathri (Hector, 1875) 巴氏无鳔鲉

Helicolenus dactylopterus (Delaroche, 1809) 黑腹无鳔鲉

Helicolenus fedorovi Barsukov, 1973 费氏无鳔鲉

Helicolenus hilgendorfii (Döderlein, 1884) 赫氏无鳔鲉 陆 台

Helicolenus lahillei Norman, 1937 拉氏无鳔鲉

Helicolenus lengerichi Norman, 1937 伦氏无鳔鲉

Helicolenus mouchezi (Sauvage, 1875) 穆氏无鳔鲉

Helicolenus percoides (Richardson & Solander, 1842) 似鲈无鳔鲉

Genus *Hoplosebastes* Schmidt, 1929 棘鲉属

Hoplosebastes armatus Schmidt, 1929 棘鲉 陆 台

Genus *Hozukius* Matsubara, 1934 眶棘鲉属

Hozukius emblemarius (Jordan & Starks, 1904) 眶棘鲉 陆

Hozukius guyotensis Barsukov & Fedorov, 1975 多耙眶棘鲉

Genus *Idiastion* Eschmeyer, 1965 小隐棘鲉属

Idiastion hageyi McCosker, 2008 哈氏小隐棘鲉

Idiastion kyphos Eschmeyer, 1965 加勒比海小隐棘鲉

Idiastion pacificum Ishida & Amaoka, 1992 太平洋小隐棘鲉 台

Genus *Inimicus* Jordan & Starks, 1904 鬼鲉属

Inimicus brachyrhynchus (Bleeker, 1874) 短吻鬼鲉

Inimicus caledonicus (Sauvage, 1878) 喀里多尼亚鬼鲉

Inimicus cuvieri (Gray, 1835) 居氏鬼鲉 陆

Inimicus didactylus (Pallas, 1769) 双指鬼鲉 陆 台

Inimicus filamentosus (Cuvier, 1829) 丝鳍鬼鲉

Inimicus gruzovi Mandrytsa, 1991 格氏鬼鲉

Inimicus japonicus (Cuvier, 1829) 日本鬼鲉 陆 台

Inimicus joubini (Chevey, 1927) 裘氏鬼鲉

Inimicus sinensis (Valenciennes, 1833) 中华鬼鲉 陆 台

Inimicus smirnovi Mandrytsa, 1990 斯氏鬼鲉

Genus *Iracundus* Jordan & Evermann, 1903 纪鲉属;红鲉属

Iracundus signifer Jordan & Evermann, 1903 南非纪鲉;斑点红鲉 台

Genus *Leptosynanceia* Bleeker, 1874 小毒鲉属

Leptosynanceia asteroblepa (Richardson, 1844) 马来亚小毒鲉

Genus *Liocranium* Ogilby, 1903 大眼鲉属

Liocranium pleurostigma (Weber, 1903) 大眼鲉

Liocranium praepositum Ogilby, 1903 黑斑大眼鲉

Genus *Lioscorpius* Günther, 1880 光鲉属

Lioscorpius longiceps Günther, 1880 长头光鲉

Lioscorpius trifasciatus Last, Yearsley & Motomura, 2005 三带光鲉

Genus *Maxillicosta* Whitley, 1935 大颌新鲉属

Maxillicosta lopholepis Eschmeyer & Poss, 1976 项鳞大颌新鲉

Maxillicosta meridianus Motomura, Last & Gomon, 2006 南方大颌新鲉

Maxillicosta raoulensis Eschmeyer & Poss, 1976 拉乌尔岛大颌新鲉

Maxillicosta reticulata (de Buen, 1961) 网纹大颌新鲉

Maxillicosta scabriceps Whitley, 1935 糙头大颌新鲉

Maxillicosta whitleyi Eschmeyer & Poss, 1976 惠氏大颌新鲉

Genus *Minous* Cuvier, 1829 虎鲉属

Minous andriashevi Mandrytsa, 1990 安氏虎鲉

Minous coccineus Alcock, 1890 独指虎鲉 陆 台

Minous dempsterae Eschmeyer, Hallacher & Rama-Rao, 1979 印度虎鲉

Minous inermis Alcock, 1889 无备虎鲉 陆

Minous longimanus Regan, 1908 长指虎鲉

Minous monodactylus (Bloch & Schneider, 1801) 单指虎鲉 陆 台

Minous pictus Günther, 1880 斑翅虎鲉 台

Minous pusillus Temminck & Schlegel, 1843 丝棘虎鲉 陆 台

Minous quincarinatus (Fowler, 1943) 五脊虎鲉 台

Minous trachycephalus (Bleeker, 1854) 粗首虎鲉 台

Minous usachevi Mandrytsa, 1993 尤氏虎鲉

Minous versicolor Ogilby, 1910 黑带虎鲉

Genus *Neocentropogon* Matsubara, 1943 新鳞鲉属

Neocentropogon aeglefinus (Weber, 1913) 巴利岛新鳞鲉

Neocentropogon affinis (Lloyd, 1909) 安芬新鳞鲉

Neocentropogon japonicus Matsubara, 1943 日本新鳞鲉 陆

Neocentropogon mesedai Klausewitz, 1985 梅氏新鳞鲉

Neocentropogon profundus (Smith, 1958) 深水新鳞鲉

Neocentropogon trimaculatus Chan, 1966 三斑新鳞鲉

Genus *Neomerinthe* Fowler, 1935 新棘鲉属

Neomerinthe amplisquamiceps (Fowler, 1938) 宽鳞头新棘鲉 台

Neomerinthe bathyperimensis Zajonz & Klausewitz, 2002 红海新棘鲉

Neomerinthe bauchotae Poss & Duhamel, 1991 鲍氏新棘鲉

Neomerinthe beanorum (Evermann & Marsh, 1900) 毒刺新棘鲉

Neomerinthe folgori (Postel & Roux, 1964) 福氏新棘鲉

Neomerinthe hemingwayi Fowler, 1935 海明威新棘鲉

Neomerinthe megalepis (Fowler, 1938) 大鳞新棘鲉 台

    syn. *Sebastapistes megalepis* (Fowler, 1938) 大鳞鳞头鲉

Neomerinthe pallidimacula (Fowler, 1938) 白斑新棘鲉

Neomerinthe procurva Chen, 1981 曲背新棘鲉 台

Neomerinthe rotunda Chen, 1981 钝吻新棘鲉 台

Neomerinthe rufescens (Gilbert, 1905) 淡红新棘鲉

Genus *Neoscorpaena* Mandrytsa, 2001 新鲉属

Neoscorpaena nielseni (Smith, 1964) 尼尔森新鲉

Genus *Neosebastes* Guichenot, 1867 新平鲉属

Neosebastes bougainvillii (Cuvier, 1829) 布氏新平鲉

Neosebastes capricornis Motomura, 2004 头纹新平鲉

Neosebastes entaxis Jordan & Starks, 1904 长鳍新平鲉 台

Neosebastes incisipinnis Ogilby, 1910 锐棘新平鲉

Neosebastes johnsoni Motomura, 2004 约翰新平鲉

Neosebastes longirostris Motomura, 2004 长吻新平鲉

Neosebastes multisquamus Motomura, 2004 多鳞新平鲉

Neosebastes nigropunctatus McCulloch, 1915 黑斑新平鲉

Neosebastes occidentalis Motomura, 2004 西域新平鲉

Neosebastes pandus (Richardson, 1842) 项沟新平鲉

Neosebastes scorpaenoides Guichenot, 1867 准新平鲉

Neosebastes thetidis (Waite, 1899) 斑纹新平鲉

Genus *Neovespicula* Mandrytsa, 2001 新项鳍鲉属

Neovespicula depressifrons (Richardson, 1848) 叶状新项鳍鲉

Genus *Notesthes* Ogilby, 1903 南鲉属

Notesthes robusta (Günther, 1860) 壮体南鲉

Genus *Ocosia* Jordan & Starks, 1904 线鲉属

Ocosia apia Poss & Eschmeyer, 1975 阿佩线鲉

Ocosia fasciata Matsubara, 1943 条纹线鲉 陆 台

Ocosia possi Mandrytsa & Usachev, 1990 波斯氏线鲉

Ocosia ramaraoi Poss & Eschmeyer, 1975 拉氏线鲉

Ocosia spinosa Chen, 1981 棘线鲉 台

Ocosia vespa Jordan & Starks, 1904 裸线鲉 陆 台

Ocosia zaspilota Poss & Eschmeyer, 1975 菲律宾线鲉

Genus *Paracentropogon* Bleeker, 1876 拟鳞鲉属

Paracentropogon longispinis (Cuvier, 1829) 长棘拟鳞鲉 陆 台

Paracentropogon rubripinnis (Temminck & Schlegel, 1843) 红鳍拟鳞鲉 陆

Paracentropogon vespa Ogilby, 1910 斑鳍拟鳞鲉

Paracentropogon zonatus (Weber, 1913) 带纹拟鳞鲉

Genus *Parapterois* Bleeker, 1876 拟蓑鲉属

Parapterois heterura (Bleeker, 1856) 异尾拟蓑鲉 陆 台

Genus *Parascorpaena* Bleeker, 1876 圆鳞鲉属

Parascorpaena aurita (Rüppell, 1838) 金圆鳞鲉

Parascorpaena bandanensis (Bleeker, 1851) 班达圆鳞鲉

Parascorpaena maculipinnis Smith, 1957 背斑圆鳞鲉 陆 台

Parascorpaena mcadamsi (Fowler, 1938) 斑鳍圆鳞鲉 陆 台

Parascorpaena mossambica (Peters, 1855) 莫桑比克圆鳞鲉 陆 台

Parascorpaena picta (Cuvier, 1829) 花彩圆鳞鲉 台

Genus *Phenacoscorpius* Fowler, 1938 伪大眼鲉属

Phenacoscorpius adenensis Norman, 1939 亚丁湾伪大眼鲉

Phenacoscorpius eschmeyeri Parin & Mandrytsa, 1992 埃氏伪大眼鲉

Phenacoscorpius longirostris Motomura & Last, 2009 长吻伪大眼鲉

Phenacoscorpius megalops Fowler, 1938 菲律宾伪大眼鲉 陆 台

Phenacoscorpius nebris Eschmeyer, 1965 鹿斑伪大眼鲷

Genus *Plectrogenium* Gilbert, 1905 平头鲉属

Plectrogenium barsukovi Mandrytsa, 1992 巴氏平头鲉

Plectrogenium nanum Gilbert, 1905 太平洋平头鲉 陆 台

Genus *Pogonoscorpius* Regan, 1908 须鲉属

Pogonoscorpius sechellensis Regan, 1908 塞舌尔岛须鲉

Genus *Pontinus* Poey, 1860 海鲉属

Pontinus accraensis Norman, 1935 红身海鲉

Pontinus castor Poey, 1860 长吻海鲉

Pontinus clemensi Fitch, 1955 克氏海鲉

Pontinus corallinus Miranda Ribeiro, 1903 珊瑚海鲉

Pontinus furcirhinus Garman, 1899 红体海鲉

Pontinus helena Eschmeyer, 1965 南美海鲉

Pontinus hexanema (Günther, 1880) 六丝海鲉

Pontinus kuhlii (Bowdich, 1825) 古氏海鲉

Pontinus leda Eschmeyer, 1969, 黑斑海鲉

Pontinus longispinis Goode & Bean, 1896 长棘海鲉

Pontinus macrocephalus (Sauvage, 1882) 大头海鲉 台

Pontinus nematophthalmus (Günther, 1860) 丝眼海鲉

Pontinus nigerimum Eschmeyer, 1983 眉须海鲉

Pontinus nigropunctatus (Günther, 1868) 黑点海鲉

Pontinus rathbuni Goode & Bean, 1896 拉氏海鲉

Pontinus rhodochrous (Günther, 1872) 玫瑰海鲉

Pontinus sierra (Gilbert, 1890) 希拉海鲉

Pontinus strigatus Heller & Snodgrass, 1903 条纹海鲉

Pontinus tentacularis (Fowler, 1938) 触手冠海鲉 陆 台

Pontinus vaughani Barnhart & Hubbs, 1946 沃氏海鲉

Genus *Pseudosynanceia* Day, 1875 拟毒鲉属

Pseudosynanceia melanostigma Day, 1875 尾纹拟毒鲉

Genus *Pseudovespicula* Mandrytsa, 2001 拟项鳍鲉属

Pseudovespicula dracaena (Cuvier, 1829) 无鳞拟项鳍鲉

Genus *Pteroidichthys* Bleeker, 1856 狭蓑鲉属

Pteroidichthys amboinensis Bleeker, 1856 安汶狭蓑鲉 台

Pteroidichthys godfreyi (Whitley, 1954) 戈氏狭蓑鲉

Genus *Pterois* Oken, 1817 蓑鲉属

Pterois andover Allen & Erdmann, 2008 点鳍蓑鲉

Pterois antennata (Bloch, 1787) 触角蓑鲉 陆 台

Pterois brevipectoralis (Mandrytsa, 2002) 短胸蓑鲉

Pterois lunulata Temminck & Schlegel, 1843 环纹蓑鲉 陆 台

Pterois miles (Bennett, 1828) 斑鳍蓑鲉

Pterois mombasae (Smith, 1957) 黑颊蓑鲉

Pterois radiata Cuvier, 1829 辐纹蓑鲉 陆 台

Pterois russelii Bennett, 1831 勒氏蓑鲉 陆 台

Pterois sphex Jordan & Evermann, 1903 蜂蓑鲉

Pterois volitans (Linnaeus, 1758) 魔鬼蓑鲉 陆 台

Genus *Pteropelor* Fowler, 1938 畸鳍鲉属

Pteropelor noronhai Fowler, 1938 诺氏畸鳍鲉 陆

Genus *Rhinopias* Gill, 1905 吻鲉属

Rhinopias aphanes Eschmeyer, 1973 隐居吻鲉 陆 台

Rhinopias argoliba Eschmeyer, Hirosaki & Abe, 1973 相模湾吻鲉

Rhinopias cea Randall & DiSalvo, 1997 复活岛吻鲉

Rhinopias eschmeyeri Condé, 1977 埃氏吻鲉

Rhinopias filamentosus (Fowler, 1938) 丝鳍吻鲉

Rhinopias frondosa (Günther, 1892) 前鳍吻鲉 台

Rhinopias xenops (Gilbert, 1905) 异眼吻鲉 台

Genus *Scorpaena* Linnaeus, 1758 鲉属

Scorpaena afuerae Hildebrand, 1946 阿福鲉

Scorpaena agassizii Goode & Bean, 1896 长鳍鲉

Scorpaena albifimbria Evermann & Marsh, 1900 白缘鲉

Scorpaena angolensis Norman, 1935 安哥拉鲉

Scorpaena annobonae Eschmeyer, 1969 安农鲉

Scorpaena ascensionis Eschmeyer, 1971 阿松森岛鲉

Scorpaena azorica Eschmeyer, 1969 鹰鲉

Scorpaena bergii Evermann & Marsh, 1900 贝氏鲉

Scorpaena brachyptera Eschmeyer, 1965 短鳍鲉

Scorpaena brasiliensis Cuvier, 1829 巴西鲉

Scorpaena brevispina Motomura & Senou, 2008 短棘鲉

Scorpaena bulacephala Motomura, Last & Yearsley, 2005 牛头鲉

Scorpaena calcarata Goode & Bean, 1882 光头鲉

Scorpaena canariensis (Sauvage, 1878) 卡纳亚鲉

Scorpaena cardinalis Solander & Richardson, 1842 主鲉

Scorpaena cocosensis Motomura, 2004 科科斯岛鲉

Scorpaena colorata (Gilbert, 1905) 彩鲉

Scorpaena cookii Günther, 1874 库克氏鲉

Scorpaena dispar Longley & Hildebrand, 1940 隆背鲉

Scorpaena elachys Eschmeyer, 1965 侏鲉

Scorpaena elongata Cadenat, 1943 长身鲉

Scorpaena fernandeziana Steindachner, 1875 费尔南迪鲉

Scorpaena gasta Motomura, Last & Yearsley, 2006 魔鲉

Scorpaena gibbifrons Fowler, 1938 驼背鲉

Scorpaena grandicornis Cuvier, 1829 狮鲉

Scorpaena grandisquamis Ogilby, 1910 大鳞鲉

Scorpaena grattanica Trunov, 2006 圆鳞鲉

Scorpaena guttata Girard, 1854 斑点鲉

Scorpaena hatizyoensis Matsubara, 1943 冠棘鲉 陆 台

Scorpaena hemilepidota Fowler, 1938 半丽鲉

Scorpaena histrio Jenyns, 1840 亚德里亚海鲉

Scorpaena inermis Cuvier, 1829 光滑鲉

Scorpaena isthmensis Meek & Hildebrand, 1928 地峡鲉

Scorpaena izensis Jordan & Starks, 1904 伊豆鲉 陆 台

Scorpaena lacrimata Randall & Greenfield, 2004 泪鲉

Scorpaena laevis Troschel, 1866 光鳞鲉

Scorpaena loppei Cadenat, 1943 脊皮鲉

Scorpaena maderensis Valenciennes, 1833 马德拉鲉

Scorpaena melasma Eschmeyer, 1965 黑点鲉

Scorpaena mellissii Günther, 1868 梅氏鲉

Scorpaena miostoma Günther, 1877 小口鲉 台

Scorpaena moultoni Whitley, 1961 莫氏鲉

Scorpaena mystes Jordan & Starks, 1895 秘鲉

Scorpaena neglecta Temminck & Schlegel, 1843 斑鳍鲉 陆 台

Scorpaena normani Cadenat, 1943 无斑鲉

Scorpaena notata Rafinesque, 1810 显鲉

Scorpaena onaria Jordan & Snyder, 1900 后颌鲉 台

Scorpaena orgila Eschmeyer & Allen, 1971 怒鲉

Scorpaena papillosa (Schneider & Forster, 1801) 乳突鲉

Scorpaena pascuensis Eschmeyer & Allen, 1971 鳃斑鲉

Scorpaena pele Eschmeyer & Randall, 1975 棕鲉

Scorpaena pepo Motomura, Poss & Shao, 2007 南瓜鲉 台

Scorpaena petricola Eschmeyer, 1965 岩栖鲉

Scorpaena plumieri Bloch, 1789 普氏鲉

Scorpaena porcus Linnaeus, 1758 石鲉

Scorpaena russula Jordan & Bollman, 1890 淡江鲉

Scorpaena scrofa Linnaeus, 1758 赤鲉

Scorpaena sonorae Jenkins & Evermann, 1889 桑诺鲉

Scorpaena stephanica Cadenat, 1943 皇冠鲉

Scorpaena sumptuosa Castelnau, 1875 糙鲉

Scorpaena thomsoni Günther, 1880 汤氏鲉

Scorpaena tierrae Hildebrand, 1946 蒂尔鲉

Scorpaena uncinata de Buen, 1961 钩鲉

Genus *Scorpaenodes* Bleeker, 1857 小鲉属

Scorpaenodes africanus Pfaff, 1933 非洲小鲉

Scorpaenodes albaiensis (Evermann & Seale, 1907) 长鳍小鲉

Scorpaenodes arenai Torchio, 1962 阿伦小鲉

Scorpaenodes caribbaeus Meek & Hildebrand, 1928 加勒比海小鲉

Scorpaenodes corallinus Smith, 1957 珊瑚小鲉

Scorpaenodes crossotus (Jordan & Starks, 1904) 皮须小鲉 台

  syn. *Thysanichthys crossotus* Jordan & Starks, 1904 缝鲉

Scorpaenodes elongatus Cadenat, 1950 长身小鲉

Scorpaenodes englerti Eschmeyer & Allen, 1971 英氏小鲉

Scorpaenodes evides (Jordan & Thompson, 1914) 日本小鲉

Scorpaenodes guamensis (Quoy & Gaimard, 1824) 关岛小鲉 陆 台

Scorpaenodes hirsutus (Smith, 1957) 少鳞小鲉 台

Scorpaenodes immaculatus Poss & Collette, 1990 无斑小鲉

Scorpaenodes insularis Eschmeyer, 1971 岛小鲉

Scorpaenodes investigatoris Eschmeyer & Rama-Rao, 1972 巴基斯坦小鲉

Scorpaenodes kelloggi (Jenkins, 1903) 克氏小鲉 陆 台

Scorpaenodes littoralis (Tanaka, 1917) 浅海小鲉 台

Scorpaenodes minor (Smith, 1958) 正小鲉 台

Scorpaenodes muciparus (Alcock, 1889) 黏小鲉

Scorpaenodes parvipinnis (Garrett, 1864) 短翼小鲉 陆 台

Scorpaenodes quadrispinosus Greenfield & Matsuura, 2002 四棘小鲉

Scorpaenodes rubrivinctus Poss, McCosker & Baldwin, 2010 橘条小鲉

Scorpaenodes scaber (Ramsay & Ogilby, 1886) 长棘小鲉 陆 台

Scorpaenodes smithi Eschmeyer & Rama-Rao, 1972 史氏小鲉

Scorpaenodes steenei Allen, 1977 斯氏小鲉

Scorpaenodes steinitzi Klausewitz & Fröiland, 1970 斯坦尼氏小鲉

Scorpaenodes tredecimspinosus (Metzelaar, 1919) 深礁小鲉

Scorpaenodes tribulosus Eschmeyer, 1969 三尖小鲉

Scorpaenodes varipinnis Smith, 1957 花翅小鲉 台

Scorpaenodes xyris (Jordan & Gilbert, 1882) 虹小鲉

Genus *Scorpaenopsis* Heckel, 1840 拟鲉属

Scorpaenopsis altirostris Gilbert, 1905 高吻拟鲉

Scorpaenopsis barbata (Rüppell, 1838) 髯拟鲉

Scorpaenopsis brevifrons Eschmeyer & Randall, 1975 大口拟鲉

Scorpaenopsis cacopsis Jenkins, 1901 夏威夷拟鲉

Scorpaenopsis cirrosa (Thunberg, 1793) 须拟鲉 陆 台

Scorpaenopsis cotticeps Fowler, 1938 杜父拟鲉 台

Scorpaenopsis diabolus (Cuvier, 1829) 毒拟鲉 台

Scorpaenopsis eschmeyeri Randall & Greenfield, 2004 埃氏拟鲉

Scorpaenopsis furneauxi Whitley, 1959 弗氏拟鲉

Scorpaenopsis gibbosa (Bloch & Schneider, 1801) 驼背拟鲉 陆

Scorpaenopsis gilchristi (Smith, 1957) 吉氏拟鲉

Scorpaenopsis insperatus Motomura, 2004 悉尼拟鲉

Scorpaenopsis lactomaculata (Herre, 1945) 白斑拟鲉

Scorpaenopsis longispina Randall & Eschmeyer, 2001 长棘拟鲉

Scorpaenopsis macrochir Ogilby, 1910 大手拟鲉

Scorpaenopsis neglecta Heckel, 1837 魔拟鲉 台

Scorpaenopsis obtusa Randall & Eschmeyer, 2001 钝吻拟鲉

Scorpaenopsis orientalis Randall & Eschmeyer, 2001 东方拟鲉

Scorpaenopsis oxycephala (Bleeker, 1849) 尖头拟鲉 台

Scorpaenopsis palmeri Ogilby, 1910 帕氏拟鲉

Scorpaenopsis papuensis (Cuvier, 1829) 红拟鲉

Scorpaenopsis pluralis Randall & Eschmeyer, 2001 贪食拟鲉

Scorpaenopsis possi Randall & Eschmeyer, 2001 波氏拟鲉 台

Scorpaenopsis pusilla Randall & Eschmeyer, 2001 小拟鲉

Scorpaenopsis ramaraoi Randall & Eschmeyer, 2001 拉氏拟鲉 台

Scorpaenopsis venosa (Cuvier, 1829) 枕脊拟鲉 台

Scorpaenopsis vittapinna Randall & Eschmeyer, 2001 纹鳍拟鲉

Genus *Sebastapistes* Gill, 1877 鳞头鲉属

Sebastapistes ballieui (Sauvage, 1875) 巴氏鳞头鲉

Sebastapistes coniorta Jenkins, 1903 锥鳞头鲉

Sebastapistes cyanostigma (Bleeker, 1856) 黄斑鳞头鲉 陆 台

  syn. *Sebastapistes albobrunnea* (Günther, 1874) 两色鳞头鲉

Sebastapistes fowleri (Pietschmann, 1934) 福氏鳞头鲉

Sebastapistes galactacma Jenkins, 1903 乳花鳞头鲉

Sebastapistes mauritiana (Cuvier, 1829) 斑鳍鳞头鲉 陆

Sebastapistes nuchalis (Günther, 1874) 花腋鳞头鲉 陆

Sebastapistes strongia (Cuvier, 1829) 眉须鳞头鲉 陆 台

Sebastapistes taeniophrys (Fowler, 1943) 条纹鳞头鲉

Sebastapistes tinkhami (Fowler, 1946) 廷氏鳞头鲉 台

Genus *Sebastes* Cuvier, 1829 平鲉属

Sebastes aleutianus (Jordan & Evermann, 1898) 阿留申岛平鲉

Sebastes alutus (Gilbert, 1890) 革平鲉

Sebastes atrovirens (Jordan & Gilbert, 1880) 墨绿平鲉

Sebastes auriculatus Girard, 1854 穗平鲉

Sebastes aurora (Gilbert, 1890) 晨平鲉

Sebastes babcocki (Thompson, 1915) 巴氏平鲉

Sebastes baramenuke (Wakiya, 1917) 巴拉望平鲉

Sebastes borealis Barsukov, 1970 北方平鲉

Sebastes brevispinis (Bean, 1884) 短棘平鲉

Sebastes capensis (Gmelin, 1789) 南非平鲉

Sebastes carnatus (Jordan & Gilbert, 1880) 肉色平鲉

Sebastes caurinus Richardson, 1844 铜平鲉

Sebastes chlorostictus (Jordan & Gilbert, 1880) 绿点平鲉

Sebastes chrysomelas (Jordan & Gilbert, 1881) 黄黑平鲉

Sebastes ciliatus (Tilesius, 1813) 睫平鲉

Sebastes constellatus (Jordan & Gilbert, 1880) 密星平鲉

Sebastes cortezi (Beebe & Tee-Van, 1938) 科氏平鲉

Sebastes crameri (Jordan, 1897) 克氏平鲉

Sebastes dallii (Eigenmann & Beeson, 1894) 多尔氏平鲉

Sebastes diploproa (Gilbert, 1890) 裂吻平鲉

Sebastes elongatus Ayres, 1859 长平鲉

Sebastes emphaeus (Starks, 1911) 显平鲉

Sebastes ensifer Chen, 1971 剑刺平鲉

Sebastes entomelas (Jordan & Gilbert, 1880) 寡平鲉

Sebastes eos (Eigenmann & Eigenmann, 1890) 粉红平鲉

Sebastes exsul Chen, 1971 野平鲉

Sebastes fasciatus Storer, 1854 条纹平鲉

Sebastes flammeus (Jordan & Starks, 1904) 红焰平鲉

Sebastes flavidus (Ayres, 1862) 黄尾平鲉

Sebastes gilli (Eigenmann, 1891) 吉氏平鲉

Sebastes glaucus Hilgendorf, 1880 银平鲉

Sebastes goodei (Eigenmann & Eigenmann, 1890) 郭氏平鲉

Sebastes helvomaculatus Ayres, 1859 黄斑平鲉

Sebastes hopkinsi (Cramer, 1895) 方斑平鲉

Sebastes hubbsi (Matsubara, 1937) 铠平鲉 陆

Sebastes ijimae (Jordan & Metz, 1913) 黑背平鲉
Sebastes inermis Cuvier, 1829 无备平鲉 陆
Sebastes iracundus (Jordan & Starks, 1904) 怒平鲉
Sebastes itinus (Jordan & Starks, 1904) 柳平鲉 陆
Sebastes jordani (Gilbert, 1896) 乔氏平鲉
Sebastes joyneri Günther, 1878 焦氏平鲉 陆
Sebastes kawaradae (Matsubara, 1934) 瓦田平鲉
Sebastes kiyomatsui Kai & Nakabo, 2004 清松氏平鲉
Sebastes koreanus Kim & Lee, 1994 朝鲜平鲉
Sebastes lentiginosus Chen, 1971 雀斑平鲉
Sebastes levis (Eigenmann & Eigenmann, 1889) 光滑平鲉
Sebastes longispinis (Matsubara, 1934) 长棘平鲉
Sebastes macdonaldi (Eigenmann & Beeson, 1893) 马氏平鲉
Sebastes maliger (Jordan & Gilbert, 1880) 背平鲉
Sebastes marinus (Linnaeus, 1758) 海平鲉
Sebastes matsubarai Hilgendorf, 1880 松原平鲉
Sebastes melanops Girard, 1856 黑睛平鲉
Sebastes melanosema Lea & Fitch, 1979 黑标平鲉
Sebastes melanostomus (Eigenmann & Eigenmann, 1890) 黑口平鲉
Sebastes mentella Travin, 1951 尖吻平鲉
Sebastes miniatus (Jordan & Gilbert, 1880) 朱红平鲉
Sebastes minor Barsukov, 1972 少鳍平鲉
Sebastes moseri Eitner, 1999 莫氏平鲉
Sebastes mystinus (Jordan & Gilbert, 1881) 蓝平鲉
Sebastes nebulosus Ayres, 1854 云纹平鲉
Sebastes nigrocinctus Ayres, 1859 黑带平鲉
Sebastes nivosus Hilgendorf, 1880 雪斑平鲉 陆
Sebastes norvegicus (Ascanius, 1772) 金平鲉
Sebastes notius Chen, 1971 高背平鲉
Sebastes oblongus Günther, 1877 椭圆平鲉
Sebastes oculatus Valenciennes, 1833 眼点平鲉
Sebastes ovalis (Ayres, 1862) 卵形平鲉
Sebastes owstoni (Jordan & Thompson, 1914) 欧氏平鲉
Sebastes pachycephalus chalcogrammus Matsubara, 1943 红斑平鲉
Sebastes pachycephalus nigricans (Schmidt, 1930) 黑厚头平鲉 陆
Sebastes pachycephalus nudus Matsubara, 1943 裸平鲉
Sebastes pachycephalus pachycephalus Temminck & Schlegel, 1843 厚头平鲉 陆
Sebastes paucispinis Ayres, 1854 稀棘平鲉
Sebastes peduncularis Chen, 1975 柄平鲉
Sebastes phillipsi (Fitch, 1964) 菲氏平鲉
Sebastes pinniger (Gill, 1864) 翼平鲉
Sebastes polyspinis (Taranetz & Moiseev, 1933) 多棘平鲉
Sebastes proriger (Jordan & Gilbert, 1880) 红带平鲉
Sebastes rastrelliger (Jordan & Gilbert, 1880) 纵痕平鲉
Sebastes reedi (Westrheim & Tsuyuki, 1967) 黄颌平鲉
Sebastes rosaceus Girard, 1854 玫瑰平鲉
Sebastes rosenblatti Chen, 1971 罗森氏平鲉
Sebastes ruberrimus (Cramer, 1895) 锉头平鲉
Sebastes rubrivinctus (Jordan & Gilbert, 1880) 红缚平鲉
Sebastes rufinanus Lea & Fitch, 1972 儒平鲉
Sebastes rufus (Eigenmann & Eigenmann, 1890) 淡江平鲉
Sebastes saxicola (Gilbert, 1890) 带尾平鲉
Sebastes schlegelii Hilgendorf, 1880 许氏平鲉 陆
Sebastes scythropus (Jordan & Snyder, 1900) 断斑平鲉
Sebastes semicinctus (Gilbert, 1897) 半环平鲉
Sebastes serranoides (Eigenmann & Eigenmann, 1890) 拟锯平鲉
Sebastes serriceps (Jordan & Gilbert, 1880) 锯首平鲉
Sebastes simulator Chen, 1971 仿平鲉
Sebastes sinensis (Gilbert, 1890) 中国平鲉

Sebastes spinorbis Chen, 1975 眶棘平鲉
Sebastes steindachneri Hilgendorf, 1880 斯氏平鲉
Sebastes swifti (Evermann & Goldsborough, 1907) 斯威夫特平鲉
Sebastes taczanowskii Steindachner, 1880 边尾平鲉
Sebastes thompsoni (Jordan & Hubbs, 1925) 汤氏平鲉 陆
Sebastes trivittatus Hilgendorf, 1880 条平鲉 陆
Sebastes umbrosus (Jordan & Gilbert, 1882) 荫平鲉
Sebastes variabilis (Pallas, 1814) 白令海平鲉
Sebastes variegatus Quast, 1971 杂色平鲉
Sebastes varispinis Chen, 1975 异棘平鲉
Sebastes ventricosus Temminck & Schlegel, 1843 日本平鲉
Sebastes viviparus Krøyer, 1845 北海平鲉
Sebastes vulpes Döderlein, 1884 带斑平鲉
Sebastes wakiyai (Matsubara, 1934) 胁谷氏平鲉
Sebastes wilsoni (Gilbert, 1915) 威氏平鲉
Sebastes zacentrus (Gilbert, 1890) 尖颏平鲉
Sebastes zonatus Chen & Barsukov, 1976 带平鲉

Genus *Sebastiscus* Jordan & Starks, 1904 菖鲉属;石狗公属
Sebastiscus albofasciatus (Lacepède, 1802) 白斑菖鲉;白条纹石狗公 陆 台
Sebastiscus marmoratus (Cuvier, 1829) 褐菖鲉;石狗公 陆 台
Sebastiscus tertius (Barsukov & Chen, 1978) 三色菖鲉;三色石狗公 台

Genus *Sebastolobus* Gill, 1881 鲬鲉属(叶鳍鲉属)
Sebastolobus alascanus Bean, 1890 阿拉斯加鲬鲉
Sebastolobus altivelis Gilbert, 1896 长棘鲬鲉
Sebastolobus macrochir (Günther, 1877) 大翅鲬鲉

Genus *Setarches* Johnson, 1862 囊头鲉属
Setarches armata (Fowler, 1938) 盔囊头鲉
Setarches guentheri Johnson, 1862 根室氏囊头鲉 陆
  syn. *Setarches fidjiensis* Günther, 1878 斐济囊头鲉
Setarches longimanus (Alcock, 1894) 长臂囊头鲉 陆 台

Genus *Snyderina* Jordan & Starks, 1901 斯氏前鳍鲉属
Snyderina guentheri (Boulenger, 1889) 亚丁湾斯氏前鳍鲉
Snyderina yamanokami Jordan & Starks, 1901 大眼斯氏前鳍鲉 台

Genus *Synanceia* Bloch & Schneider, 1801 毒鲉属
Synanceia alula Eschmeyer & Rama-Rao, 1973 翼毒鲉
Synanceia horrida (Linnaeus, 1766) 毒鲉 陆
Synanceia nana Eschmeyer & Rama-Rao, 1973 红海毒鲉
Synanceia platyrhyncha Bleeker, 1874 扁吻毒鲉
Synanceia verrucosa Bloch & Schneider, 1801 玫瑰毒鲉 陆 台

Genus *Taenianotus* Lacepède, 1802 带鲉属
Taenianotus triacanthus Lacepède, 1802 三棘带鲉 台

Genus *Tetraroge* Günther, 1860 真裸皮鲉属
Tetraroge barbata (Cuvier, 1829) 髭真裸皮鲉
Tetraroge darnleyensis Alleyne & Macleay, 1877 达尔里真裸皮鲉
Tetraroge niger (Cuvier, 1829) 无须真裸皮鲉

Genus *Trachicephalus* Swainson, 1839 粗头鲉属
Trachicephalus uranoscopus (Bloch & Schneider, 1801) 瞻星粗头鲉 陆 台

Genus *Trachyscorpia* Ginsburg, 1953 糙鲉属
Trachyscorpia carnomagula Motomura, Last & Yearsley, 2007 新西兰糙鲉
Trachyscorpia cristulata cristulata (Goode & Bean, 1896) 棘头糙鲉
Trachyscorpia cristulata echinata (Koehler, 1896) 多刺糙鲉
Trachyscorpia eschmeyeri Whitley, 1970 埃氏糙鲉
Trachyscorpia longipedicula Motomura, Last & Yearsley, 2007 鞍斑糙鲉
Trachyscorpia osheri McCosker, 2008 奥氏糙鲉
Trachyscorpia verai Béarez & Motomura, 2009 维拉糙鲉

Genus *Ursinoscorpaenopsis* Nakabo & Yamada, 1996 熊鲉属
Ursinoscorpaenopsis kitai Nakabo & Yamada, 1996 熊鲉

Genus *Vespicula* Jordan & Richardson, 1910 高鳍鲉属

Vespicula bottae (Sauvage, 1878) 博特高鳍鲉

Vespicula cypho (Fowler, 1938) 驼背高鳍鲉

Vespicula trachinoides (Cuvier, 1829) 粗高鳍鲉 陆

Vespicula zollingeri (Bleeker, 1848) 佐氏高鳍鲉

Family 305 Caracanthidae 头棘鲉科;颊棘鲉科

Genus *Caracanthus* Krøyer, 1845 头棘鲉属;颊棘鲉属

Caracanthus maculatus (Gray, 1831) 斑点头棘鲉;斑点颊棘鲉 陆 台

Caracanthus madagascariensis (Guichenot, 1869) 马达加斯加岛头棘鲉;马达加斯加颊棘鲉

Caracanthus typicus Krøyer, 1845 真头棘鲉;真颊棘鲉

Caracanthus unipinna (Gray, 1831) 椭圆头棘鲉;单鳍颊棘鲉 陆 台

Family 306 Aploactinidae 绒皮鲉科

Genus *Acanthosphex* Fowler, 1938 单棘鲉属

Acanthosphex leurynnis (Jordan & Seale, 1905) 印度单棘鲉 陆

Genus *Adventor* Whitley, 1952 脊首绒皮鲉属

Adventor elongatus (Whitley, 1952) 长体脊首绒皮鲉

Genus *Aploactis* Temminck & Schlegel, 1843 疣鲉属(绒皮鲉属)

Aploactis aspera (Richardson, 1845) 相模湾疣鲉;绒皮鲉 陆 台

Genus *Aploactisoma* Castelnau, 1872 拟疣鲉属;拟绒皮鲉属

Aploactisoma milesii (Richardson, 1850) 米氏拟疣鲉;米氏拟绒皮鲉

Genus *Bathyaploactis* Whitley, 1933 深水疣鲉属;深水绒皮鲉属

Bathyaploactis curtisensis Whitley, 1933 深水疣鲉;深水绒皮鲉

Bathyaploactis ornatissima Whitley, 1933 饰妆深水疣鲉;饰妆深水绒皮鲉

Genus *Cocotropus* Kaup, 1858 可可鲉属

Cocotropus altipinnis Waite, 1903 高鳍可可鲉

Cocotropus dermacanthus (Bleeker, 1852) 皮棘可可鲉

Cocotropus echinatus (Cantor, 1849) 多刺可可鲉

Cocotropus izuensis Imamura, Aizawa & Shinohara, 2010 伊势可可鲉

Cocotropus keramaensis Imamura & Shinohara, 2003 庆良间岛可可鲉

Cocotropus larvatus Poss & Allen, 1987 魅可可鲉

Cocotropus masudai Matsubara, 1943 开田可可鲉

Cocotropus microps Johnson, 2004 小眼可可鲉

Cocotropus monacanthus (Gilchrist, 1906) 单棘可可鲉

Cocotropus possi Imamura & Shinohara, 2008 波氏可可鲉

Cocotropus richeri Fricke, 2004 里氏可可鲉

Cocotropus roseomaculatus Imamura & Shinohara, 2004 玫斑可可鲉

Cocotropus roseus Day, 1875 玫瑰可可鲉

Cocotropus steinitzi Eschmeyer & Dor, 1978 斯氏可可鲉

Genus *Erisphex* Jordan & Starks, 1904 虻鲉属;绒鲉属

Erisphex aniarus (Thomson, 1967) 黑鳍虻鲉;黑鳍绒鲉

Erisphex philippinus (Fowler, 1938) 菲律宾虻鲉;菲律宾绒鲉

Erisphex pottii (Steindachner, 1896) 虻鲉(蜂鲉);绒鲉 陆 台

Erisphex simplex Chen, 1981 平滑虻鲉;平滑绒鲉 台

Genus *Eschmeyer* Poss & Springer, 1983 埃氏绒鲉属

Eschmeyer nexus Poss & Springer, 1983 短棘埃氏绒鲉

Genus *Kanekonia* Tanaka, 1915 无鳞鲉属

Kanekonia florida Tanaka, 1915 佛罗里达无鳞鲉

Kanekonia pelta Poss, 1982 盾无鳞鲉

Kanekonia queenslandica Whitley, 1952 昆士兰无鳞鲉

Genus *Matsubarichthys* Poss & Johnson, 1991 松原疣鲉属;松原绒皮鲉属

Matsubarichthys inusitatus Poss & Johnson, 1991 松原疣鲉;松原绒皮鲉

Genus *Neoaploactis* Eschmeyer & Allen, 1978 新疣鲉属;新绒皮鲉属

Neoaploactis tridorsalis Eschmeyer & Allen, 1978 三鳍新疣鲉;三鳍新绒皮鲉

Genus *Paraploactis* Bleeker, 1864 绒棘鲉属;副绒皮鲉属

Paraploactis hongkongiensis (Chan, 1966) 香港绒棘鲉;香港副绒皮鲉 陆

Paraploactis intonsa Poss & Eschmeyer, 1978 西澳绒棘鲉;西澳副绒皮鲉

Paraploactis kagoshimensis (Ishikawa, 1904) 鹿儿岛绒棘鲉;鹿儿岛副绒皮鲉 台

Paraploactis obbesi (Weber, 1913) 奥氏绒棘鲉;奥氏副绒皮鲉

Paraploactis pulvinus Poss & Eschmeyer, 1978 小枕绒棘鲉;小枕副绒皮鲉

Paraploactis taprobanensis (Whitley, 1933) 斯里兰卡绒棘鲉;斯里兰卡副绒皮鲉

Paraploactis trachyderma Bleeker, 1865 粗皮绒棘鲉;粗皮副绒皮鲉

Genus *Peristrominous* Whitley, 1952 狡疣鲉属;狡绒皮鲉属

Peristrominous dolosus Whitley, 1952 澳洲狡疣鲉;澳洲狡绒皮鲉

Genus *Prosoproctus* Poss & Eschmeyer, 1979 前肛鲉属

Prosoproctus pataecus Poss & Eschmeyer, 1979 前肛鲉

Genus *Pseudopataecus* Johnson, 2004 拟奇矮鲉属

Pseudopataecus taenianotus Johnson, 2004 长鳍拟奇矮鲉

Genus *Ptarmus* Smith, 1947 毒疣鲉属

Ptarmus gallus (Kossmann & Räuber, 1877) 野毒疣鲉

Ptarmus jubatus (Smith, 1935) 毒疣鲉

Genus *Sthenopus* Richardson, 1848 发鲉属

Sthenopus mollis Richardson, 1848 发鲉 陆

Genus *Xenaploactis* Poss & Eschmeyer, 1980 奇绒鲉属

Xenaploactis anopta Poss & Eschmeyer, 1980 吕宋奇绒鲉

Xenaploactis asperrima (Günther, 1860) 糙奇绒鲉

Xenaploactis cautes Poss & Eschmeyer, 1980 暹罗湾奇绒鲉

Family 307 Pataecidae 奇矮鲉科

Genus *Aetapcus* Scott, 1936 疣皮丑鲉属

Aetapcus maculatus (Günther, 1861) 斑纹疣皮丑鲉

Genus *Neopataecus* Steindachner, 1884 新丑鲉属

Neopataecus waterhousii (Castelnau, 1872) 细尾新丑鲉

Genus *Pataecus* Richardson, 1844 奇矮鲉属

Pataecus fronto Richardson, 1844 羽冠奇矮鲉

Family 308 Gnathanacanthidae 红疣鲉科

Genus *Gnathanacanthus* Bleeker, 1855 红疣鲉属

Gnathanacanthus goetzeei Bleeker, 1855 红疣鲉

Family 309 Congiopodidae 前鳍鲉科

Genus *Alertichthys* Moreland, 1960 镊口鲉属

Alertichthys blacki Moreland, 1960 布氏镊口鲉

Genus *Congiopodus* Perry, 1811 前鳍鲉属

Congiopodus coriaceus Paulin & Moreland, 1979 裸前鳍鲉

Congiopodus kieneri (Sauvage, 1878) 基氏前鳍鲉

Congiopodus leucopaecilus (Richardson, 1846) 尖吻前鳍鲉

Congiopodus peruvianus (Cuvier, 1829) 秘鲁前鳍鲉

Congiopodus spinifer (Smith, 1839) 棘吻前鳍鲉

Congiopodus torvus (Gronow, 1772) 光吻前鳍鲉

Genus *Perryena* Whitley, 1940 大吻前鳍鲉属

Perryena leucometopon (Waite, 1922) 白豚大吻前鳍鲉

Genus *Zanclorhynchus* Günther, 1880 镰吻鲉属

Zanclorhynchus spinifer Günther, 1880 棘镰吻鲉

Suborder Platycephaloidei 鲬亚目;牛尾鱼亚目

Family 310 Triglidae 鲂鮄科;角鱼科

Genus *Bellator* Jordan & Evermann, 1896 兵鲂鮄属;兵角鱼属

Bellator brachychir (Regan, 1914) 短鳍兵鲂鮄;短鳍兵角鱼

Bellator egretta (Goode & Bean, 1896) 飘兵鲂鮄;飘兵角鱼

Bellator farrago Richards & McCosker, 1998 加拉帕戈斯岛兵鲂鮄;加拉帕戈斯岛兵角鱼

Bellator gymnostethus (Gilbert, 1892) 裸胸兵鲂鮄;裸胸兵角鱼

Bellator loxias (Jordan, 1897) 弯嘴兵鲂鮄;弯嘴兵角鱼

Bellator militaris (Goode & Bean, 1896) 角兵鲂鮄;角兵角鱼

Bellator ribeiroi Miller, 1965 里氏兵鲂鮄;里氏兵角鱼

Bellator xenisma (Jordan & Bollman, 1890) 魅形兵鲂鮄;魅形兵角鱼

Genus *Bovitrigla* Fowler, 1938 牛鲂鮄属;牛角鱼属

Bovitrigla acanthomoplate Fowler, 1938 大棘牛鲂鮄;大棘牛角鱼

Genus *Chelidonichthys* Kaup, 1873 绿鳍鱼属;黑角鱼属

Chelidonichthys capensis (Cuvier, 1829) 南非绿鳍鱼;南非黑角鱼

Chelidonichthys cuculus (Linnaeus, 1758) 赤色绿鳍鱼;赤色黑角鱼

Chelidonichthys gabonensis (Poll & Roux, 1955) 加蓬绿鳍鱼;加蓬黑角鱼

Chelidonichthys ischyrus Jordan & Thompson, 1914 大头绿鳍鱼;大头黑角鱼 陆 台

Chelidonichthys kumu (Cuvier, 1829) 绿鳍鱼;黑角鱼 陆 台

Chelidonichthys lucerna (Linnaeus, 1758) 细鳞绿鳍鱼;细鳞黑角鱼

Chelidonichthys obscurus (Bloch & Schneider, 1801) 暗体绿鳍鱼;暗体黑角鱼

Chelidonichthys queketti (Regan, 1904) 奎氏绿鳍鱼;奎氏黑角鱼

Chelidonichthys spinosus (McClelland, 1844) 棘绿鳍鱼;棘黑角鱼 陆 台

Genus *Eutrigla* Fraser-Brunner, 1938 真鲂鮄属;真角鱼属

Eutrigla gurnardus (Linnaeus, 1758) 挪威真鲂鮄;挪威真角鱼

Genus *Lepidotrigla* Günther, 1860 红娘鱼属;鳞角鱼属

Lepidotrigla abyssalis Jordan & Starks, 1904 深海红娘鱼;深海鳞角鱼 陆 台

Lepidotrigla alata (Houttuyn, 1782) 翼红娘鱼;翼鳞角鱼 陆 台

Lepidotrigla alcocki Regan, 1908 阿氏红娘鱼;阿氏鳞角鱼

Lepidotrigla annamarae del Cerro & Lloris, 1997 安娜红娘鱼;安娜鳞角鱼

Lepidotrigla argus Ogilby, 1910 光亮红娘鱼;光亮鳞角鱼

Lepidotrigla argyrosoma Fowler, 1938 银身红娘鱼;银身鳞角鱼

Lepidotrigla bentuviai Richards & Saksena, 1977 贝氏红娘鱼;贝氏鳞角鱼

Lepidotrigla bispinosa Steindachner, 1898 双角红娘鱼;双角鳞角鱼

Lepidotrigla brachyoptera Hutton, 1872 短鳍红娘鱼;短鳍鳞角鱼

Lepidotrigla cadmani Regan, 1915 光棘红娘鱼;光棘鳞角鱼

Lepidotrigla calodactyla Ogilby, 1910 丽指红娘鱼;丽指鳞角鱼

Lepidotrigla carolae Richards, 1968 卡罗氏红娘鱼;卡罗氏鳞角鱼

Lepidotrigla cavillone (Lacepède, 1801) 大鳞红娘鱼;大鳞鳞角鱼

Lepidotrigla deasoni Herre & Kauffman, 1952 迪氏红娘鱼;迪氏鳞角鱼

Lepidotrigla dieuzeidei Blanc & Hureau, 1973 锯鳞红娘鱼;锯鳞鳞角鱼

Lepidotrigla eydouxii Sauvage, 1878 艾氏红娘鱼;艾氏鳞角鱼

Lepidotrigla faurei Gilchrist & Thompson, 1914 福氏红娘鱼;福氏鳞角鱼

Lepidotrigla grandis Ogilby, 1910 大红娘鱼;大鳞角鱼

Lepidotrigla guentheri Hilgendorf, 1879 贡氏红娘鱼;贡氏鳞角鱼 陆 台

Lepidotrigla hime Matsubara & Hiyama, 1932 姬红娘鱼;姬鳞角鱼 陆 台

Lepidotrigla japonica (Bleeker, 1854) 日本红娘鱼;日本鳞角鱼 陆 台

Lepidotrigla jimjoebob Richards, 1992 吉姆红娘鱼;吉姆鳞角鱼

Lepidotrigla kanagashira Kamohara, 1936 尖鳍红娘鱼;尖鳍鳞角鱼 陆 台

Lepidotrigla kishinouyi Snyder, 1911 岸上红娘鱼(尖棘红娘鱼);岸上氏鳞角鱼 陆 台

Lepidotrigla larsoni del Cerro & Lloris, 1997 拉氏红娘鱼;拉氏鳞角鱼

Lepidotrigla lepidojugulata Li, 1981 鳞胸红娘鱼;鳞胸鳞角鱼 陆

Lepidotrigla longifaciata Yatou, 1981 长头红娘鱼;长头鳞角鱼 陆

Lepidotrigla longimana Li, 1981 长指红娘鱼;长指鳞角鱼 陆

Lepidotrigla longipinnis Alcock, 1890 长鳍红娘鱼;长鳍鳞角鱼

Lepidotrigla macrobrachia Fowler, 1938 大臂红娘鱼;大臂鳞角鱼

Lepidotrigla marisinensis (Fowler, 1938) 南海红娘鱼;南海鳞角鱼 陆

Lepidotrigla microptera Günther, 1873 小鳍红娘鱼;小鳍鳞角鱼 陆

Lepidotrigla modesta Waite, 1899 静红娘鱼;静角鱼

Lepidotrigla mulhalli Macleay, 1884 米氏红娘鱼;米氏鳞角鱼

Lepidotrigla multispinosa Smith, 1934 脊颊红娘鱼;脊颊鳞角鱼

Lepidotrigla musorstom del Cerro & Lloris, 1997 新喀里多尼亚红娘鱼;新喀里多尼亚鳞角鱼

Lepidotrigla nana del Cerro & Lloris, 1997 矮红娘鱼;矮鳞角鱼

Lepidotrigla oglina Fowler, 1938 大眼红娘鱼;大眼鳞角鱼 陆 台

Lepidotrigla omanensis Regan, 1905 阿曼红娘鱼;阿曼鳞角鱼

Lepidotrigla papilio (Cuvier, 1829) 蝶红娘鱼;蝶鳞角鱼

Lepidotrigla pectoralis Fowler, 1938 长胸红娘鱼;长胸鳞角鱼

Lepidotrigla pleuracanthica (Richardson, 1845) 胸刺红娘鱼;胸刺鳞角鱼

Lepidotrigla punctipectoralis Fowler, 1938 斑鳍红娘鱼;臂斑鳞角鱼 陆 台

Lepidotrigla robinsi Richards, 1997 罗宾红娘鱼;罗氏鳞角鱼

Lepidotrigla russelli del Cerro & Lloris, 1995 勒氏红娘鱼;勒氏鳞角鱼

Lepidotrigla sayademalha Richards, 1992 塞耶红娘鱼;塞耶鳞角鱼

Lepidotrigla sereti del Cerro & Lloris, 1997 塞里氏红娘鱼;塞里氏鳞角鱼

Lepidotrigla spiloptera Günther, 1880 圆吻红娘鱼;圆吻鳞角鱼 陆

Lepidotrigla spinosa Gomon, 1987 大棘红娘鱼;大棘鳞角鱼

Lepidotrigla umbrosa Ogilby, 1910 荫红娘鱼;荫鳞角鱼

Lepidotrigla vanessa (Richardson, 1839) 凡尼红娘鱼;凡尼鳞角鱼

Lepidotrigla vaubani del Cerro & Lloris, 1997 沃氏红娘鱼;沃氏鳞角鱼

Lepidotrigla venusta Fowler, 1938 魅红娘鱼;魅鳞角鱼

Genus *Prionotus* Lacepède, 1801 锯鲂鮄属;锯角鱼属

Prionotus alatus Goode & Bean, 1883 翼锯鲂鮄;翼锯角鱼

Prionotus albirostris Jordan & Bollman, 1890 白吻锯鲂鮄;白吻锯角鱼

Prionotus beanii Goode, 1896 皮氏锯鲂鮄;皮氏锯角鱼

Prionotus birostratus Richardson, 1844 双吻锯鲂鮄;双吻锯角鱼

Prionotus carolinus (Linnaeus, 1771) 卡罗来纳锯鲂鮄;卡罗来纳锯角鱼

Prionotus evolans (Linnaeus, 1766) 带纹锯鲂鮄;带纹锯角鱼

Prionotus horrens Richardson, 1844 糙吻锯鲂鮄;糙吻锯角鱼

Prionotus longispinosus Teague, 1951 长棘锯鲂鮄;长棘锯角鱼

Prionotus martis Ginsburg, 1950 棒状锯鲂鮄;棒状锯角鱼

Prionotus miles Jenyns, 1840 迈尔斯锯鲂鮄;迈尔斯锯角鱼

Prionotus murielae Mobray, 1928 穆氏锯鲂鮄;穆氏锯角鱼

Prionotus nudigula Ginsburg, 1950 裸喉锯鲂鮄;裸喉锯角鱼

Prionotus ophryas Jordan & Swain, 1885 带尾锯鲂鮄;带尾锯角鱼

Prionotus paralatus Ginsburg, 1950 墨西哥锯鲂鮄;墨西哥锯角鱼

Prionotus punctatus (Bloch, 1793) 斑锯鲂鮄;斑锯角鱼

Prionotus roseus Jordan & Evermann, 1887 蓝点锯鲂鮄;蓝点锯角鱼

Prionotus rubio Jordan, 1886 黑鳍锯鲂鮄;黑鳍锯角鱼

Prionotus ruscarius Gilbert & Starks, 1904 小口锯鲂鮄;小口锯角鱼

Prionotus scitulus Jordan & Gilbert, 1882 豹锯鲂鮄;豹锯角鱼

Prionotus stearnsi Jordan & Swain, 1885 短翼锯鲂鮄;短翼锯角鱼

Prionotus stephanophrys Lockington, 1881 冠锯鲂鮄;冠锯角鱼

Prionotus teaguei Briggs, 1956 蒂氏锯鲂鮄;蒂氏锯角鱼

Prionotus tribulus Cuvier, 1829 大头锯鲂鮄;大头锯角鱼

Genus *Pterygotrigla* Waite, 1899 角鲂鮄属;棘角鱼属

Pterygotrigla amaokai Richards, Yato & Last, 2003 尼冈氏角鲂鮄;尼冈氏棘角鱼

Pterygotrigla andertoni Waite, 1910 安氏角鲂鮄;安氏棘角鱼

Pterygotrigla arabica (Boulenger, 1888) 阿拉伯角鲂鮄;阿拉伯棘角鱼

Pterygotrigla draiggoch Richards, Yato & Last, 2003 鳞腹角鲂鮄;鳞腹棘角鱼

Pterygotrigla elicryste Richards, Yato & Last, 2003 点鳍角鲂鮄;点鳍棘角鱼

Pterygotrigla guezei Fourmanoir, 1963 格氏角鲂鮄;格氏棘角鱼

Pterygotrigla hafizi Richards, Yato & Last, 2003 哈氏角鲂鮄;哈氏棘角鱼

Pterygotrigla hemisticta (Temminck & Schlegel, 1843) 尖棘角鲂鮄;尖棘角鱼 陆 台

Pterygotrigla hoplites (Fowler, 1938) 铠角鲂鮄;铠棘角鱼

Pterygotrigla leptacanthus (Günther, 1880) 黑鳍角鲂鮄;黑鳍棘角鱼

Pterygotrigla macrolepidota (Kamohara, 1938) 大鳞角鲂鮄;大鳞棘角鱼

Pterygotrigla macrorhynchus Kamohara, 1936 长吻角鲂鮄;长吻棘角鱼 台

Pterygotrigla megalops (Fowler, 1938) 大眼角鲂鮄;大眼棘角鱼

Pterygotrigla multiocellata (Matsubara, 1937) 多斑角鲂鮄;多斑棘角鱼 陆 台

Pterygotrigla multipunctata Yatou & Yamakawa, 1983 密点角鲂鮄;密点棘角鱼

Pterygotrigla pauli Hardy, 1982 黄斑角鲂鮄;黄斑棘角鱼

Pterygotrigla picta (Günther, 1880) 新西兰角鲂鮄;新西兰棘角鱼

Pterygotrigla polyommata (Richardson, 1839) 繁星角鲂鮄;繁星棘角鱼

Pterygotrigla robertsi del Cerro & Lloris, 1997 罗氏角鲂鮄;罗氏棘角鱼

Pterygotrigla ryukyuensis Matsubara & Hiyama, 1932 琉球角鲂鮄;琉球棘角鱼 陆 台

Pterygotrigla soela Richards, Yato & Last, 2003 斑鳍角鲂鮄;斑鳍棘角鱼

Pterygotrigla spirai Golani & Baranes, 1997 斯氏角鲂鮄;斯氏棘角鱼

Pterygotrigla tagala (Herre & Kauffman, 1952) 太加拉角鲂鮄;太加拉棘角鱼

Pterygotrigla urashimai Richards, Yato & Last, 2003 厄氏角鲂鮄;厄氏棘角鱼

Genus *Trigla* Linnaeus, 1758 鲂鮄属

Trigla lyra Linnaeus, 1758 大不列颠岛琴鲂鮄

Genus *Trigloporus* Smith, 1934 直棱鲂鮄属;直棱角鱼属

Trigloporus lastoviza (Bonnaterre, 1788) 纵带直棱鲂鮄;纵带直棱角鱼

Family 311 Peristediidae 黄鲂鮄科

Genus *Gargariscus* Smith, 1917 轮头鲂鮄属;波面黄鲂鮄属

Gargariscus prionocephalus (Duméril, 1869) 轮头鲂鮄;波面黄鲂鮄 陆 台

Genus *Heminodus* Smith, 1917 须鲂鮄属

Heminodus japonicus Kamohara, 1952 日本须鲂鮄

Heminodus philippinus Smith, 1917 菲律宾须鲂鮄

Genus *Paraheminodus* Kamohara, 1957 副半节鲂鮄属

Paraheminodus kamoharai Kawai, Imamura & Nakaya, 2004 蒲原副半节鲂鮄

Paraheminodus laticephalus (Kamohara, 1952) 宽头副半节鲂鮄

  syn. *Satyrichthys laticephalus* Kamohara, 1952 宽头红鲂鮄

Paraheminodus longirostralis Kawai, Nakaya & Séret, 2008 长吻副半节鲂鮄

Paraheminodus murrayi (Günther, 1880) 默氏副半节鲂鮄 台

  syn. *Satyrichthys murrayi* (Günther, 1880) 默氏红鲂鮄

Genus *Peristedion* Lacepède, 1801 黄鲂鮄属

Peristedion amblygenys Fowler, 1938 钝颊黄鲂鮄

Peristedion antillarum Teague, 1961 安的列斯黄鲂鮄

Peristedion barbiger Garman, 1899 髭黄鲂鮄

Peristedion brevirostre (Günther, 1860) 短吻黄鲂鮄

Peristedion cataphractum (Linnaeus, 1758) 大西洋黄鲂鮄

Peristedion crustosum Garman, 1899 盔黄鲂鮄

Peristedion ecuadorense Teague, 1961 厄瓜多尔黄鲂鮄

Peristedion gracile Goode & Bean, 1896 细黄鲂鮄

Peristedion greyae Miller, 1967 格雷黄鲂鮄

Peristedion imberbe Poey, 1861 细头黄鲂鮄

Peristedion investigatoris (Alcock, 1898) 秀美黄鲂鮄

Peristedion liorhynchus (Günther, 1872) 光吻黄鲂鮄 台

Peristedion longispatha Goode & Bean, 1886 长竿黄鲂鮄

Peristedion miniatum Goode, 1880 朱砂黄鲂鮄

Peristedion nierstraszi Weber, 1913 黑带黄鲂鮄 台

Peristedion orientale Temminck & Schlegel, 1843 东方黄鲂鮄 陆 台

Peristedion paucibarbiger Castro-Aguirre & Garcia-Domínguez, 1984 少须黄鲂鮄

Peristedion riversandersoni Alcock, 1894 里氏黄鲂鮄

Peristedion thompsoni Fowler, 1952 汤氏黄鲂鮄

Peristedion truncatum (Günther, 1880) 截尾黄鲂鮄

Peristedion unicuspis Miller, 1967 尖齿黄鲂鮄

Peristedion weberi Smith, 1934 韦氏黄鲂鮄

Genus *Satyrichthys* Kaup, 1873 红鲂鮄属

Satyrichthys adeni (Lloyd, 1907) 亚丁氏红鲂鮄

Satyrichthys amiscus (Jordan & Starks, 1904) 须红鲂鮄 陆 台

Satyrichthys clavilapis Fowler, 1938 菲律宾红鲂鮄 陆

Satyrichthys engyceros (Günther, 1872) 狭角红鲂鮄

Satyrichthys hians (Gilbert & Cramer, 1897) 褐缘红鲂鮄

Satyrichthys isokawae Yatou & Okamura, 1985 三须红鲂鮄 陆 台

Satyrichthys lingi (Whitley, 1933) 林氏红鲂鮄

Satyrichthys longiceps (Fowler, 1943) 长头红鲂鮄

Satyrichthys magnus Yatou, 1985 大头红鲂鮄

Satyrichthys moluccense (Bleeker, 1851) 摩鹿加红鲂鮄

Satyrichthys orientale (Fowler, 1938) 东方红鲂鮄

Satyrichthys piercei Fowler, 1938 皮氏红鲂鮄 陆 台

Satyrichthys quadratorostratus (Fourmanoir & Rivaton, 1979) 方吻红鲂鮄

Satyrichthys rieffeli (Kaup, 1859) 瑞氏红鲂鮄 陆 台

Satyrichthys serrulatus (Alcock, 1898) 锯棘红鲂鮄

Satyrichthys welchi (Herre, 1925) 魏氏红鲂鮄 台

Family 312 Bembridae 红鲬科;赤鲬科

Genus *Bembradium* Gilbert, 1905 玫瑰鲬属

Bembradium furici Fourmanoir & Rivaton, 1979 弗氏玫瑰鲬

Bembradium roseum Gilbert, 1905 印度尼西亚玫瑰鲬 台

Genus *Bembras* Cuvier, 1829 红鲬属;赤鲬属

Bembras adenensis Imamura & Knapp, 1997 亚丁湾红鲬;亚丁湾赤鲬

Bembras japonica Cuvier, 1829 日本红鲬;日本赤鲬 陆 台

Bembras longipinnis Imamura & Knapp, 1998 长鳍红鲬;长鳍赤鲬

Bembras macrolepis Imamura, 1998 大鳞红鲬;大鳞赤鲬

Bembras megacephala Imamura & Knapp, 1998 大头红鲬;大头赤鲬

Genus *Brachybembras* Fowler, 1938 短红鲬属;短赤鲬属

Brachybembras aschemeieri Fowler, 1938 阿氏短红鲬;阿氏短赤鲬

Genus *Parabembras* Bleeker, 1874 短鲬属

Parabembras curtus (Temminck & Schlegel, 1843) 短鲬 陆 台

Parabembras robinsoni Regan, 1921 罗氏短鲬

Family 313 Platycephalidae 鲬科;牛尾鱼科

Genus *Ambiserrula* Imamura, 1996 双锯鲬属;双锯牛尾鱼属

Ambiserrula jugosa (McCulloch, 1914) 澳洲双锯鲬;澳洲双锯牛尾鱼

Genus *Cociella* Whitley, 1940 鳄鲬属;鳄牛尾鱼属

Cociella crocodila (Cuvier, 1829) 鳄鲬;正鳄牛尾鱼 陆 台

Cociella heemstrai Knapp, 1996 希氏鳄鲬;希氏鳄牛尾鱼

Cociella hutchinsi Knapp, 1996 哈氏鳄鲬;哈氏鳄牛尾鱼

Cociella punctata (Cuvier, 1829) 点斑鳄鲬;点斑鳄牛尾鱼

Cociella somaliensis Knapp, 1996 索马里鳄鲬;索马里鳄牛尾鱼

Genus *Cymbacephalus* Fowler, 1938 孔鲬属;孔牛尾鱼属

Cymbacephalus beauforti (Knapp, 1973) 博氏孔鲬;博氏孔牛尾鱼 台

Cymbacephalus bosschei (Bleeker, 1860) 博希氏孔鲬;博希氏孔牛尾鱼

Cymbacephalus nematophthalmus (Günther, 1860) 孔鲬;孔牛尾鱼 陆

Cymbacephalus staigeri (Castelnau, 1875) 斯氏孔鲬;斯氏孔牛尾鱼

Genus *Elates* Jordan & Seale, 1907 丝鳍鲬属;丝鳍牛尾鱼属

Elates ransonnettii (Steindachner, 1876) 丝鳍鲬;丝鳍牛尾鱼

Genus *Grammoplites* Fowler, 1904 棘线鲬属;棘线牛尾鱼属

Grammoplites knappi Imamura & Amaoka, 1994 克氏棘线鲬;克氏棘线牛尾鱼 陆

Grammoplites scaber (Linnaeus, 1758) 横带棘线鲬;横带棘线牛尾鱼 陆 台

Grammoplites suppositus (Troschel, 1840) 斑鳍棘线鲬;斑鳍棘线牛尾鱼

Genus *Inegocia* Jordan & Thompson, 1913 瞳鲬属;瞳牛尾鱼属

Inegocia guttata (Cuvier, 1829) 斑瞳鲬;眼眶牛尾鱼 陆 台

Inegocia harrisii (McCulloch, 1914) 哈氏瞳鲬;哈氏眼眶牛尾鱼

Inegocia japonica (Tilesius, 1812) 日本瞳鲬;日本眼眶牛尾鱼 陆 台

Inegocia ochiaii Imamura, 2010 落合氏瞳鲬;落合氏眼眶牛尾鱼 台

Genus *Kumococius* Matsubara & Ochiai, 1955 凹鳍鲬属;凹鳍牛尾鱼属

Kumococius rodericensis (Cuvier, 1829) 凹鳍鲬;凹鳍牛尾鱼 陆 台

Genus *Leviprora* Whitley, 1931 光吻鲬属;光吻牛尾鱼属

Leviprora inops (Jenyns, 1840) 弱光吻鲬;弱光吻牛尾鱼

Genus *Onigocia* Jordan & Thompson, 1913 鳞鲬属;鳞牛尾鱼属

Onigocia bimaculata Knapp, Imamura & Sakashita, 2000 双斑鳞鲬;双斑鳞牛尾鱼

Onigocia grandisquama (Regan, 1908) 印度洋鳞鲬;印度洋鳞牛尾鱼

Onigocia lacrimalis Imamura & Knapp, 2009 裸吻鳞鲬;裸吻鳞牛尾鱼

Onigocia macrolepis (Bleeker, 1854) 大鳞鳞鲬;大鳞牛尾鱼 陆 台

Onigocia oligolepis (Regan, 1908) 寡鳞鳞鲬;寡鳞牛尾鱼

Onigocia pedimacula (Regan, 1908) 鞍斑鳞鲬;鞍斑鳞牛尾鱼

Onigocia spinosa (Temminck & Schlegel, 1843) 锯齿鳞鲬;棘鳞牛尾鱼 陆 台

Genus *Papilloculiceps* Fowler & Steinitz, 1956 乳突鲬属;乳突牛尾鱼属

Papilloculiceps longiceps (Cuvier, 1829) 长头乳突鲬;长头乳突牛尾鱼

Genus *Platycephalus* Miranda Ribeiro, 1902 鲬属;牛尾鱼属

Platycephalus aurimaculatus Knapp, 1987 金斑鲬;金斑牛尾鱼

Platycephalus bassensis Cuvier, 1829 巴斯鲬;巴斯牛尾鱼

Platycephalus caeruleopunctatus McCulloch, 1922 青点鲬;青点牛尾鱼

Platycephalus chauliodous Knapp, 1991 突牙鲬;突牙牛尾鱼

Platycephalus conatus Waite & McCulloch, 1915 野鲬;野牛尾鱼

Platycephalus cultellatus Richardson, 1846 刀鲬;刀牛尾鱼

Platycephalus endrachtensis Quoy & Gaimard, 1825 斑尾鲬;斑尾牛尾鱼

   syn. *Platycephalus arenarius* Ramsay & Ogilby, 1886 砂栖鲬

Platycephalus fuscus Cuvier, 1829 棕灰鲬;宽头牛尾鱼

Platycephalus indicus (Linnaeus, 1758) 鲬(印度鲬);印度牛尾鱼 陆 台

Platycephalus laevigatus Cuvier, 1829 光鲬;圆斑牛尾鱼

Platycephalus longispinis Macleay, 1884 长棘鲬;长棘牛尾鱼

Platycephalus marmoratus Stead, 1908 云纹鲬;云纹牛尾鱼

Platycephalus micracanthus Sauvage, 1873 小棘鲬;小棘牛尾鱼

Platycephalus orbitalis Imamura & Knapp, 2009 细点鲬;细点牛尾鱼

Platycephalus richardsoni Castelnau, 1872 里氏鲬;里氏牛尾鱼

Platycephalus speculator Klunzinger, 1872 蓝斑鲬;蓝斑牛尾鱼

Genus *Ratabulus* Jordan & Hubbs, 1925 犬牙鲬属;犬牙牛尾鱼属

Ratabulus diversidens (McCulloch, 1914) 娇犬牙鲬;娇犬牙牛尾鱼

Ratabulus megacephalus (Tanaka, 1917) 犬牙鲬;犬齿牛尾鱼 陆 台

Genus *Rogadius* Jordan & Richardson, 1908 倒棘鲬属;倒棘牛尾鱼属

Rogadius asper (Cuvier, 1829) 倒棘鲬;松叶倒棘牛尾鱼 陆 台

Rogadius mcgroutheri Imamura, 2007 麦氏倒棘鲬;麦氏倒棘牛尾鱼

Rogadius patriciae Knapp, 1987 派氏倒棘鲬;帕氏倒棘牛尾鱼 陆 台

Rogadius pristiger (Cuvier, 1829) 锯锉倒棘鲬;锯锉倒棘牛尾鱼

Rogadius serratus (Cuvier, 1829) 锯倒棘鲬;锯倒棘牛尾鱼

Rogadius welanderi (Schultz, 1966) 韦氏倒棘鲬;韦氏倒棘牛尾鱼

Genus *Solitas* Imamura, 1996 日鲬属;日牛尾鱼属

Solitas gruveli (Pellegrin, 1905) 格氏日鲬;格氏日牛尾鱼

Genus *Sorsogona* Herre, 1934 眶棘鲬属;眶棘牛尾鱼属

Sorsogona melanoptera Knapp & Wongratana, 1987 黑鳍眶棘鲬;黑鳍眶棘牛尾鱼

Sorsogona nigripinna (Regan, 1905) 黑翼眶棘鲬;黑翼眶棘牛尾鱼

Sorsogona portuguesa (Smith, 1953) 德班眶棘鲬;德班眶棘牛尾鱼

Sorsogona prionota (Sauvage, 1873) 锯背眶棘鲬;锯背眶棘牛尾鱼

Sorsogona tuberculata (Cuvier, 1829) 瘤眶棘鲬;突粒眶棘牛尾鱼 陆 台

Genus *Suggrundus* Whitley, 1930 大眼鲬属;大眼牛尾鱼属

Suggrundus cooperi (Regan, 1908) 库氏大眼鲬;库氏大眼牛尾鱼

Suggrundus macracanthus (Bleeker, 1869) 大棘大眼鲬;大棘大眼牛尾鱼 陆 台

Suggrundus meerdervoortii (Bleeker, 1860) 大眼鲬;大眼牛尾鱼 陆 台

Genus *Sunagocia* Imamura, 2003 苏纳鲬属;苏纳牛尾鱼属

Sunagocia arenicola (Schultz, 1966) 沙栖苏纳鲬;沙地苏纳牛尾鱼 陆 台

   syn. *Eurycephalus arenicola* (Schultz, 1966) 沙栖宽头鲬

Sunagocia carbunculus (Valenciennes, 1833) 煤色苏纳鲬;煤色苏纳牛尾鱼

   syn. *Eurycephalus carbunculus* (Valenciennes, 1833) 煤色宽头鲬

Sunagocia otaitensis (Cuvier, 1829) 粒唇苏纳鲬;乳瓣苏纳牛尾鱼 台

   syn. *Eurycephalus otaitensis* (Cuvier, 1829) 粒唇宽头鲬

Sunagocia sainsburyi Knapp & Imamura, 2004 萨氏苏纳鲬;萨氏苏纳牛尾鱼

Genus *Thysanophrys* Ogilby, 1898 缨鲬属;多棘牛尾鱼属

Thysanophrys armata (Fowler, 1938) 盔缨鲬;盔多棘牛尾鱼

Thysanophrys celebica (Bleeker, 1854) 西里伯斯缨鲬;西里伯多棘牛尾鱼 台

Thysanophrys chiltonae Schultz, 1966 窄眶缨鲬;窄眶多棘牛尾鱼 陆 台

Thysanophrys cirronasa (Richardson, 1848) 穗吻缨鲬;穗吻多棘牛尾鱼

Thysanophrys longirostris (Shao & Chen, 1987) 长吻缨鲬;长吻多棘牛尾鱼 台

Thysanophrys papillaris Imamura & Knapp, 1999 乳突缨鲬;乳突多棘牛尾鱼

Family 314 Hoplichthyidae 棘鲬科;针鲬科

Genus *Hoplichthys* Cuvier, 1829 棘鲬属;针鲬属

Hoplichthys acanthopleurus Regan, 1908 棘鲬;针鲬

Hoplichthys citrinus Gilbert, 1905 柠檬棘鲬;柠檬针鲬

Hoplichthys fasciatus Matsubara, 1937 黄带棘鲬;横带针鲬 台

Hoplichthys filamentosus Matsubara & Ochiai, 1950 丝鳍棘鲬;丝鳍针鲬

Hoplichthys gilberti Jordan & Richardson, 1908 吉氏棘鲬;吉氏针鲬 陆 台

Hoplichthys haswelli McCulloch, 1907 哈氏棘鲬;哈氏针鲬

Hoplichthys langsdorfii Cuvier, 1829 蓝氏棘鲬;郎氏针鲬 陆 台

Hoplichthys ogilbyi McCulloch, 1914 奥氏棘鲬;奥氏针鲬

Hoplichthys pectoralis (Fowler, 1943) 秀丽棘鲬;秀丽针鲬

Hoplichthys platophrys Gilbert, 1905 平头棘鲬;平头针鲬

Hoplichthys regani Jordan, 1908 长指棘鲬(雷氏棘鲬);里根氏针鲬 陆 台

Genus *Monhoplichthys* Fowler, 1938 菲律宾棘鲬属;菲律宾针鲬属

Monhoplichthys prosemion Fowler, 1938 菲律宾棘鲬;菲律宾针鲬

Suborder Anoplopomatoidei 裸盖鱼亚目

Family 315 Anoplopomatidae 裸盖鱼科

Genus *Anoplopoma* Ayres, 1859 裸盖鱼属

Anoplopoma fimbria (Pallas, 1814) 裸盖鱼(银鳕)

Genus *Erilepis* Gill, 1894 光裸头鱼属

Erilepis zonifer (Lockington, 1880) 白斑光裸头鱼

Suborder Hexagrammoidei 六线鱼亚目

Family 316 Hexagrammidae 六线鱼科

Genus *Hexagrammos* Tilesius, 1810 六线鱼属

Hexagrammos agrammus (Temminck & Schlegel, 1843) 斑头六线鱼 陆
Hexagrammos decagrammus (Pallas, 1810) 十线六线鱼
Hexagrammos lagocephalus (Pallas, 1810) 兔头六线鱼 陆
Hexagrammos octogrammus (Pallas, 1814) 叉线六线鱼 陆
Hexagrammos otakii Jordan & Starks, 1895 大泷六线鱼 陆
Hexagrammos stelleri Tilesius, 1810 白斑六线鱼

Genus *Ophiodon* Girard, 1854 蛇齿单线鱼属

Ophiodon elongatus Girard, 1854 长蛇齿单线鱼

Genus *Oxylebius* Gill, 1862 多棘单线鱼属

Oxylebius pictus Gill, 1862 多棘单线鱼

Genus *Pleurogrammus* Gill, 1861 多线鱼属

Pleurogrammus azonus Jordan & Metz, 1913 远东多线鱼
Pleurogrammus monopterygius (Pallas, 1810) 单鳍多线鱼

Genus *Zaniolepis* Girard, 1858 栉鳍鱼属

Zaniolepis frenata Eigenmann & Eigenmann, 1889 缰纹栉鳍鱼
Zaniolepis latipinnis Girard, 1858 侧翼栉鳍鱼

Suborder Normanichthyiodei 诺曼氏鱼亚目

Family 317 Normanichthyidae 诺曼氏鱼科

Genus *Normanichthys* Clark, 1937 诺曼氏鱼属

Normanichthys crockeri Clark, 1937 智利诺曼氏鱼

Suborder Cottoidei 杜父鱼亚目

Family 318 Rhamphocottidae 钩吻杜父鱼科

Genus *Rhamphocottus* Günther, 1874 钩吻杜父鱼属

Rhamphocottus richardsonii Günther, 1874 理查德森钩吻杜父鱼

Family 319 Ereuniidae 旋杜父鱼科

Genus *Ereunias* Jordan & Snyder, 1901 旋杜父鱼属

Ereunias grallator Jordan & Snyder, 1901 神奈川旋杜父鱼 陆 台

Genus *Marukawichthys* Sakamoto, 1931 丸川杜父鱼属

Marukawichthys ambulator Sakamoto, 1931 游走丸川杜父鱼 台
Marukawichthys pacificus Yabe, 1983 太平洋丸川杜父鱼

Family 320 Cottidae 杜父鱼科

Genus *Alcichthys* Jordan & Starks, 1904 雀杜父鱼属

Alcichthys alcicornis (Herzenstein, 1890) 鄂霍次克海雀杜父鱼
Alcichthys elongatus (Steindachner, 1881) 长体雀杜父鱼

Genus *Andriashevicottus* Fedorov, 1990 安德烈杜父鱼属

Andriashevicottus megacephalus Fedorov, 1990 大头安德烈杜父鱼

Genus *Antipodocottus* Bolin, 1952 反足杜父鱼属

Antipodocottus elegans Fricke & Brunken, 1984 华丽反足杜父鱼
Antipodocottus galatheae Bolin, 1952 加氏反足杜父鱼
Antipodocottus megalops DeWitt, 1969 大眼反足杜父鱼
Antipodocottus mesembrinus (Fricke & Brunken, 1983) 印度尼西亚反足杜父鱼

Genus *Archistes* Jordan & Gilbert, 1898 始杜父鱼属

Archistes biseriatus (Gilbert & Burke, 1912) 白令海始杜父鱼
Archistes plumarius Jordan & Gilbert, 1898 始杜父鱼

Genus *Argyrocottus* Herzenstein, 1892 银杜父鱼属

Argyrocottus zanderi Herzenstein, 1892 赞氏银杜父鱼

Genus *Artediellichthys* Taranetz, 1941 阿蒂迪鱼属

Artediellichthys nigripinnis (Schmidt, 1937) 黑鳍阿蒂迪鱼

Genus *Artediellina* Taranetz, 1937 阿蒂迪杜父鱼属

Artediellina antilope (Schmidt, 1937) 鄂霍次克海阿蒂迪杜父鱼

Genus *Artedielloides* Soldatov, 1922 似阿蒂迪杜父鱼属

Artedielloides auriculatus Soldatov, 1922 似阿蒂迪杜父鱼

Genus *Artediellus* Jordan, 1885 钩杜父鱼属

Artediellus aporosus Soldatov, 1922 无孔钩杜父鱼
Artediellus atlanticus Jordan & Evermann, 1898 大西洋钩杜父鱼
Artediellus camchaticus Gilbert & Burke, 1912 无纹钩杜父鱼
Artediellus dydymovi Soldatov, 1915 戴氏钩杜父鱼
Artediellus fuscimentus Nelson, 1986 纺锤钩杜父鱼
Artediellus gomojunovi Taranetz, 1933 戈氏钩杜父鱼
Artediellus ingens Nelson, 1986 强钩杜父鱼
Artediellus miacanthus Gilbert & Burke, 1912 小刺钩杜父鱼
Artediellus minor (Watanabe, 1958) 长胸钩杜父鱼
Artediellus neyelovi Muto, Yabe & Amaoka, 1994 尼氏钩杜父鱼
Artediellus ochotensis Gilbert & Burke, 1912 虫纹钩杜父鱼
Artediellus pacificus Gilbert, 1896 太平洋钩杜父鱼
Artediellus scaber Knipowitsch, 1907 粗糙钩杜父鱼
Artediellus schmidti Soldatov, 1915 舒氏钩杜父鱼
Artediellus uncinatus (Reinhardt, 1834) 加拿大钩杜父鱼

Genus *Artedius* Girard, 1856 阿氏杜父鱼属

Artedius corallinus (Hubbs, 1926) 珊瑚阿氏杜父鱼
Artedius fenestralis Jordan & Gilbert, 1883 阿拉斯加阿氏杜父鱼
Artedius harringtoni (Starks, 1896) 鳞首阿氏杜父鱼
Artedius lateralis (Girard, 1854) 光首阿氏杜父鱼
Artedius notospilotus Girard, 1856 硬头阿氏杜父鱼

Genus *Ascelichthys* Jordan & Gilbert, 1880 裸腹杜父鱼属

Ascelichthys rhodorus Jordan & Gilbert, 1880 玫瑰裸腹杜父鱼

Genus *Astrocottus* Bolin, 1936 星杜父鱼属

Astrocottus leprops Bolin, 1936 粗鳞星杜父鱼
Astrocottus matsubarae Katayama, 1942 松原氏星杜父鱼
Astrocottus oyamai Watanabe, 1958 鼻棘星杜父鱼
Astrocottus regulus Tsuruoka, Maruyama & Yabe, 2008 日本星杜父鱼

Genus *Atopocottus* Bolin, 1936 异杜父鱼属

Atopocottus tribranchius Bolin, 1936 异杜父鱼

Genus *Batrachocottus* Berg, 1903 蛙头杜父鱼属

Batrachocottus baicalensis (Dybowski, 1874) 蛙头杜父鱼
Batrachocottus multiradiatus Berg, 1907 多辐蛙头杜父鱼
Batrachocottus nikolskii (Berg, 1900) 尼氏蛙头杜父鱼
Batrachocottus talievi Sideleva, 1999 塔氏蛙头杜父鱼

Genus *Bero* Jordan & Starks, 1904 穗瓣杜父鱼属

Bero elegans (Steindachner, 1881) 美丽穗瓣杜父鱼
Bero zanclus Snyder, 1911 长穗瓣杜父鱼

Genus *Bolinia* Yabe, 1991 白令杜父鱼属

Bolinia euryptera Yabe, 1991 宽鳍白令杜父鱼

Genus *Chitonotus* Lockington, 1879 粗背杜父鱼属

Chitonotus pugetensis (Steindachner, 1876) 墨西哥粗背杜父鱼

Genus *Clinocottus* Gill, 1861 斜杜父鱼属

Clinocottus acuticeps (Gilbert, 1896) 尖头斜杜父鱼
Clinocottus analis (Girard, 1858) 臀斜杜父鱼
Clinocottus embryum (Jordan & Starks, 1895) 杂色斜杜父鱼
Clinocottus globiceps (Girard, 1858) 圆头斜杜父鱼
Clinocottus recalvus (Greeley, 1899) 贪食斜杜父鱼

Genus *Cottiusculus* Jordan & Starks, 1904 细杜父鱼属

Cottiusculus gonez Jordan, 1904 日本细杜父鱼 陆
Cottiusculus schmidti Jordan & Starks, 1904 斑鳍细杜父鱼

Genus *Cottocomephorus* Pellegrin, 1900 贝湖鱼属

Cottocomephorus alexandrae Taliev, 1935 阿历山大贝湖鱼

Cottocomephorus grewingkii (Dybowski, 1874) 格氏贝湖鱼

Cottocomephorus inermis (Yakovlev, 1890) 无刺贝湖鱼

Genus *Cottus* Linnaeus, 1758 杜父鱼属

Cottus aleuticus Gilbert, 1896 阿留申杜父鱼

Cottus amblystomopsis Schmidt, 1904 萨哈林杜父鱼

Cottus asper Richardson, 1836 多棘杜父鱼

Cottus asperrimus Rutter, 1908 糙皮杜父鱼

Cottus aturi Freyhof, Kottelat & Nolte, 2005 阿氏杜父鱼

Cottus baileyi Robins, 1961 黑杜父鱼

Cottus bairdii Girard, 1850 巴氏杜父鱼

Cottus beldingii Eigenmann & Eigenmann, 1891 贝氏杜父鱼

Cottus bendirei (Bean, 1881) 本氏杜父鱼

Cottus caeruleomentum Kinziger, Raesly & Neely, 2000 淡黑杜父鱼

Cottus carolinae (Gill, 1861) 卡罗来纳杜父鱼

Cottus chattahoochee Neely, Williams & Mayden, 2007 北美杜父鱼

Cottus cognatus Richardson, 1836 粘杜父鱼

Cottus confusus Bailey & Bond, 1963 短头杜父鱼

Cottus czerskii Berg, 1913 谢氏杜父鱼 陆

Cottus duranii Freyhof, Kottelat & Nolte, 2005 德氏杜父鱼

Cottus dzungaricus Kottelat, 2006 黏滑杜父鱼

Cottus echinatus Bailey & Bond, 1963 犹他杜父鱼

Cottus extensus Bailey & Bond, 1963 熊湖杜父鱼

Cottus girardi Robins, 1961 杰氏杜父鱼

Cottus gobio Linnaeus, 1758 鲄杜父鱼

Cottus greenei (Gilbert & Culver, 1898) 格氏杜父鱼

Cottus gulosus (Girard, 1854) 贪食杜父鱼

Cottus hangiongensis Mori, 1930 图们江杜父鱼 陆

Cottus hispaniolensis Bacescu & Bacescu-Mester, 1964 西班牙杜父鱼

Cottus hubbsi Bailey & Dimick, 1949 赫氏杜父鱼

Cottus hypselurus Robins & Robison, 1985 高杜父鱼

Cottus immaculatus Kinziger & Wood, 2010 无斑杜父鱼

Cottus kanawhae Robins, 2005 断线杜父鱼

Cottus kazika Jordan & Starks, 1904 西刺杜父鱼

Cottus klamathensis Gilbert, 1898 石纹杜父鱼

Cottus koreanus Fujii, Choi & Yabe, 2005 朝鲜杜父鱼

Cottus koshewnikowi Gratzianov, 1907 科氏杜父鱼

Cottus leiopomus Gilbert & Evermann, 1894 滑盖杜父鱼

Cottus marginatus (Bean, 1881) 饰边杜父鱼

Cottus metae Freyhof, Kottelat & Nolte, 2005 米塔氏杜父鱼

Cottus microstomus Heckel, 1837 小口杜父鱼

Cottus nasalis Berg, 1933 大吻杜父鱼

Cottus nozawae Snyder, 1911 大棘杜父鱼

Cottus paulus Williams, 2000 细小杜父鱼

Cottus perifretum Freyhof, Kottelat & Nolte, 2005 大斑杜父鱼

Cottus perplexus Gilbert & Evermann, 1894 网纹杜父鱼

Cottus petiti Bacescu & Bacescu-Mester, 1964 佩氏杜父鱼

Cottus pitensis Bailey & Bond, 1963 皮特杜父鱼

Cottus poecilopus Heckel, 1837 花足杜父鱼 陆

Cottus pollux Günther, 1873 钝头杜父鱼 陆

Cottus princeps Gilbert, 1898 青头杜父鱼

Cottus reinii Hilgendorf, 1879 赖氏杜父鱼

Cottus rhenanus Freyhof, Kottelat & Nolte, 2005 莱茵河杜父鱼

Cottus rhotheus (Smith, 1882) 急流杜父鱼

Cottus ricei (Nelson, 1876) 里氏杜父鱼

Cottus rondeleti Freyhof, Kottelat & Nolte, 2005 朗氏杜父鱼

Cottus sabaudicus Sideleva, 2009 沙巴杜父鱼

Cottus scaturigo Freyhof, Kottelat & Nolte, 2005 红褐杜父鱼

Cottus sibiricus Kessler, 1889 西伯利亚杜父鱼 陆

Cottus spinulosus Kessler, 1872 多刺杜父鱼

Cottus szanaga Dybowski, 1869 蒙古杜父鱼

Cottus tallapoosae Neely, Williams & Mayden, 2007 塔氏杜父鱼

Cottus tenuis (Evermann & Meek, 1898) 细尾杜父鱼

Cottus transsilvaniae Freyhof, Kottelat & Nolte, 2005 特氏杜父鱼

Cottus volki Taranetz, 1933 伏氏杜父鱼

Genus *Daruma* Jordan & Starks, 1904 鳃棘杜父鱼属

Daruma sagamia Jordan & Starks, 1904 鳃棘杜父鱼

Genus *Enophrys* Swainson, 1839 强棘杜父鱼属

Enophrys bison (Girard, 1854) 布法罗强棘杜父鱼

Enophrys diceraus (Pallas, 1787) 强棘杜父鱼

Enophrys lucasi (Jordan & Gilbert, 1898) 勒氏强棘杜父鱼

Enophrys taurina Gilbert, 1914 韧皮强棘杜父鱼

Genus *Furcina* Jordan & Starks, 1904 叉杜父鱼属

Furcina ishikawae Jordan & Starks, 1904 石川氏叉杜父鱼

Furcina osimae Jordan & Starks, 1904 日本宽叉杜父鱼 陆

Genus *Gymnocanthus* Swainson, 1839 裸棘杜父鱼属

Gymnocanthus detrisus Gilbert & Burke, 1912 宽额裸棘杜父鱼

Gymnocanthus galeatus Bean, 1881 盔裸棘杜父鱼

Gymnocanthus herzensteini Jordan & Starks, 1904 凹尾裸棘杜父鱼

Gymnocanthus intermedius (Temminck & Schlegel, 1843) 中间裸棘杜父鱼

Gymnocanthus pistilliger (Pallas, 1814) 截尾裸棘杜父鱼

Gymnocanthus tricuspis (Reinhardt, 1830) 三叉裸棘杜父鱼

Gymnocanthus vandesandei Poll, 1949 范氏裸棘杜父鱼

Genus *Hemilepidotus* Cuvier, 1829 杂鳞杜父鱼属

Hemilepidotus gilberti Jordan & Starks, 1904 吉氏杂鳞杜父鱼

Hemilepidotus hemilepidotus (Tilesius, 1811) 腹斑杂鳞杜父鱼

Hemilepidotus jordani Bean, 1881 乔氏杂鳞杜父鱼

Hemilepidotus papilio (Bean, 1880) 横带杂鳞杜父鱼

Hemilepidotus spinosus Ayres, 1854 大棘杂鳞杜父鱼

Hemilepidotus zapus Gilbert & Burke, 1912 长鳍杂鳞杜父鱼

Genus *Icelinus* Jordan, 1885 拟冰杜父鱼属

Icelinus borealis Gilbert, 1896 北方拟冰杜父鱼

Icelinus burchami Evermann & Goldsborough, 1907 伯氏拟冰杜父鱼

Icelinus cavifrons Gilbert, 1890 凹头拟冰杜父鱼

Icelinus filamentosus Gilbert, 1890 丝鳍拟冰杜父鱼

Icelinus fimbriatus Gilbert, 1890 缨鳍拟冰杜父鱼

Icelinus japonicus Yabe, Tsumura & Katayama, 1980 日本拟冰杜父鱼

Icelinus limbaughi Rosenblatt & Smith, 2004 林博氏拟冰杜父鱼

Icelinus oculatus Gilbert, 1890 眼斑拟冰杜父鱼

Icelinus pietschi Yabe, Soma & Amaoka, 2001 皮氏拟冰杜父鱼

Icelinus quadriseriatus (Lockington, 1880) 黄领拟冰杜父鱼

Icelinus tenuis Gilbert, 1890 斑鳍拟冰杜父鱼

Genus *Icelus* Krøyer, 1845 冰杜父鱼属

Icelus armatus (Schmidt, 1916) 横带冰杜父鱼

Icelus bicornis (Reinhardt, 1840) 双角冰杜父鱼

Icelus canaliculatus Gilbert, 1896 锯鳞冰杜父鱼

Icelus cataphractus (Pavlenko, 1910) 鳞棘冰杜父鱼

Icelus ecornis Tsutsui & Yabe, 1996 光头冰杜父鱼

Icelus euryops Bean, 1890 宽眼冰杜父鱼

Icelus gilberti Taranetz, 1936 大头冰杜父鱼

Icelus mandibularis Yabe, 1983 突额冰杜父鱼

Icelus ochotensis Schmidt, 1927 鄂霍次克海冰杜父鱼

Icelus perminovi Taranetz, 1936 贝氏冰杜父鱼

Icelus rastrinoides Taranetz, 1936 似耙冰杜父鱼

Icelus sekii Tsuruoka, Munehara & Yabe, 2006 塞克氏冰杜父鱼

Icelus spatula Gilbert & Burke, 1912 匙形冰杜父鱼

Icelus spiniger Gilbert, 1896 锯棘冰杜父鱼

Icelus stenosomus Andriashev, 1937 狭体冰杜父鱼

Icelus toyamensis (Matsubara & Iwai, 1951) 富山冰杜父鱼

Icelus uncinalis Gilbert & Burke, 1912 阿拉斯加冰杜父鱼

Genus *Jordania* Starks, 1895 乔氏杜父鱼属

Jordania zonope Starks, 1895 长鳍乔氏杜父鱼

Genus *Leiocottus* Girard, 1856 滑杜父鱼属

Leiocottus hirundo Girard, 1856 滑杜父鱼

Genus *Leocottus* Taliev, 1955 狮纹杜父鱼属

Leocottus kesslerii (Dybowski, 1874) 凯氏狮纹杜父鱼

Genus *Lepidobero* Qin & Jin, 1992 鳞舌杜父鱼属

Lepidobero sinensis Qin & Jin, 1992 中华鳞舌杜父鱼 陆

Genus *Leptocottus* Girard, 1854 鹿角杜父鱼属

Leptocottus armatus Girard, 1854 太平洋鹿角杜父鱼

Genus *Megalocottus* Gill, 1861 大杜父鱼属

Megalocottus platycephalus platycephalus (Pallas, 1814) 扁头大杜父鱼

Megalocottus platycephalus taeniopterus (Kner, 1868) 条带大杜父鱼

Genus *Mesocottus* Gratzianov, 1907 中杜父鱼属

Mesocottus haitej (Dybowski, 1869) 黑龙江中杜父鱼 陆

Genus *Micrenophrys* Andriashev, 1954 细眉杜父鱼属

Micrenophrys lilljeborgii (Collett, 1875) 细眉杜父鱼

Genus *Microcottus* Schmidt, 1940 小杜父鱼属

Microcottus matuaensis Yabe & Pietsch, 2003 千岛群岛小杜父鱼

Microcottus sellaris (Gilbert, 1896) 项鞍小杜父鱼

Genus *Myoxocephalus* Tilesius, 1811 床杜父鱼属

Myoxocephalus aenaeus (Mitchill, 1814) 铜色床杜父鱼

Myoxocephalus brandtii (Steindachner, 1867) 布氏床杜父鱼

Myoxocephalus incitus Watanabe, 1958 日本床杜父鱼

Myoxocephalus jaok (Cuvier, 1829) 浅色床杜父鱼

Myoxocephalus matsubarai Watanabe, 1958 松原氏床杜父鱼

Myoxocephalus niger (Bean, 1881) 黑床杜父鱼

Myoxocephalus ochotensis Schmidt, 1929 奥霍塔床杜父鱼

Myoxocephalus octodecimspinosus (Mitchill, 1814) 多刺床杜父鱼

Myoxocephalus polyacanthocephalus (Pallas, 1814) 棘头床杜父鱼

Myoxocephalus scorpioides (Fabricius, 1780) 北极床杜父鱼

Myoxocephalus scorpius (Linnaeus, 1758) 短角床杜父鱼

Myoxocephalus sinensis (Sauvage, 1873) 中华床杜父鱼 陆

Myoxocephalus stelleri Tilesius, 1811 斯氏床杜父鱼

Myoxocephalus thompsonii (Girard, 1851) 深水床杜父鱼

Myoxocephalus tuberculatus Soldatov & Pavlenko, 1922 瘤床杜父鱼

Myoxocephalus verrucosus (Bean, 1881) 疣床杜父鱼

Myoxocephalus yesoensis Snyder, 1911 栅床杜父鱼

Genus *Ocynectes* Jordan & Starks, 1904 蜥杜父鱼属

Ocynectes maschalis Jordan & Starks, 1904 暗纹蜥杜父鱼

Ocynectes modestus Snyder, 1911 光滑蜥杜父鱼

Genus *Oligocottus* Girard, 1856 寡杜父鱼属

Oligocottus latifrons (Gilbert & Thompson, 1905) 阿拉斯加寡杜父鱼

Oligocottus maculosus Girard, 1856 斑纹寡杜父鱼

Oligocottus rimensis (Greeley, 1899) 鞍背寡杜父鱼

Oligocottus rubellio (Greeley, 1899) 玫瑰寡杜父鱼

Oligocottus snyderi Greeley, 1898 斯氏寡杜父鱼

Genus *Orthonopias* Starks & Mann, 1911 直杜父鱼属

Orthonopias triacis Starks & Mann, 1911 狮鼻直杜父鱼

Genus *Paricelinus* Eigenmann & Eigenmann, 1889 棘背杜父鱼属

Paricelinus hopliticus Eigenmann & Eigenmann, 1889 棘背杜父鱼

Genus *Phallocottus* Schultz, 1938 茎杜父鱼属

Phallocottus obtusus Schultz, 1938 钝头茎杜父鱼

Genus *Phasmatocottus* Bolin, 1936 鬼杜父鱼属

Phasmatocottus ctenopterygius Bolin, 1936 梳鳍鬼杜父鱼

Genus *Porocottus* Gill, 1859 钩棘杜父鱼属

Porocottus allisi (Jordan & Starks, 1904) 艾氏钩棘杜父鱼 陆

syn. *Crossias allisi* Jordan & Starks , 1904 缀杜父鱼

Porocottus camtschaticus (Schmidt, 1916) 大眼钩棘杜父鱼

Porocottus coronatus Yabe, 1992 花冠钩棘杜父鱼

Porocottus japonicus Schmidt, 1935 日本钩棘杜父鱼

Porocottus leptosomus Muto, Choi & Yabe, 2002 细身钩棘杜父鱼

Porocottus mednius (Bean, 1898) 白令海钩棘杜父鱼

Porocottus minutus (Pallas, 1814) 微钩棘杜父鱼

Porocottus quadrifilis Gill, 1859 四线钩棘杜父鱼

Porocottus tentaculatus (Kner, 1868) 触指钩棘杜父鱼

Genus *Pseudoblennius* Temminck & Schlegel, 1850 鳚杜父鱼属

Pseudoblennius argenteus (Döderlein, 1887) 银色鳚杜父鱼

Pseudoblennius cottoides (Richardson, 1848) 银带鳚杜父鱼 陆

Pseudoblennius marmoratus (Döderlein, 1884) 斑纹鳚杜父鱼

Pseudoblennius percoides Günther, 1861 鲈形鳚杜父鱼

Pseudoblennius totomius Jordan & Starks, 1904 吻棘鳚杜父鱼

Pseudoblennius zonostigma Jordan & Starks, 1904 带斑鳚杜父鱼

Genus *Radulinopsis* Soldatov & Lindberg, 1930 拟刮食杜父鱼属

Radulinopsis derjavini Soldatov & Lindberg, 1930 德氏拟刮食杜父鱼

Radulinopsis taranetzi Yabe & Maruyama, 2001 塔氏拟刮食杜父鱼

Genus *Radulinus* Gilbert, 1890 刮食杜父鱼属

Radulinus asprellus Gilbert, 1890 细体刮食杜父鱼

Radulinus boleoides Gilbert, 1898 刮食杜父鱼

Radulinus taylori (Gilbert, 1912) 泰氏刮食杜父鱼

Radulinus vinculus Bolin, 1950 索状刮食杜父鱼

Genus *Rastrinus* Jordan & Evermann, 1896 小耙杜父鱼属

Rastrinus scutiger (Bean, 1890) 白令海小耙杜父鱼

Genus *Ricuzenius* Jordan & Starks, 1904 底杜父鱼属

Ricuzenius nudithorax Bolin, 1936 裸胸底杜父鱼

Ricuzenius pinetorum Jordan & Starks, 1904 松木底杜父鱼

Genus *Ruscarius* Jordan & Starks, 1895 吠杜父鱼属

Ruscarius creaseri (Hubbs, 1926) 克氏吠杜父鱼

Ruscarius meanyi Jordan & Starks, 1895 米氏吠杜父鱼

Genus *Scorpaenichthys* Girard, 1854 鲉杜父鱼属

Scorpaenichthys marmoratus (Ayres, 1854) 云斑鲉杜父鱼

Genus *Sigmistes* Rutter, 1898 弓杜父鱼属

Sigmistes caulias Rutter, 1898 茎状弓杜父鱼

Sigmistes smithi Schultz, 1938 史氏弓杜父鱼

Genus *Stelgistrum* Jordan & Gilbert, 1898 疣杜父鱼属

Stelgistrum beringianum Gilbert & Burke, 1912 阿留申群岛疣杜父鱼

Stelgistrum concinnum Andriashev, 1935 强壮疣杜父鱼

Stelgistrum stejnegeri Jordan & Gilbert, 1898 疣杜父鱼

Genus *Stlengis* Jordan & Starks, 1904 粗鳞鲬属

Stlengis distoechus Bolin, 1936 双列粗鳞鲬

Stlengis misakia (Jordan & Starks, 1904) 三崎粗鳞鲬 台

Stlengis osensis Jordan & Starks, 1904 高知粗鳞鲬

Genus *Synchirus* Bean, 1890 连鳍杜父鱼属

Synchirus gilli Bean, 1890 连鳍杜父鱼

Genus *Taurocottus* Soldatov & Pavlenko, 1915 牛杜父鱼属

Taurocottus bergii Soldatov & Pavlenko, 1915 伯氏牛杜父鱼

Genus *Taurulus* Gratzianov, 1907 牛首杜父鱼属

Taurulus bubalis (Euphrasen, 1786) 牛首杜父鱼

Genus *Thyriscus* Gilbert & Burke, 1912 甲杜父鱼属

Thyriscus anoplus Gilbert & Burke, 1912 白令海甲杜父鱼

Genus *Trachidermus* Heckel, 1837 松江鲈属

Trachidermus fasciatus Heckel, 1837 松江鲈 陆

Genus *Trichocottus* Soldatov & Pavlenko, 1915 毛杜父鱼属

Trichocottus brashnikovi Soldatov & Pavlenko, 1915 布氏毛杜父鱼

Genus *Triglops* Reinhardt, 1830 鲀杜父鱼属

Triglops dorothy Pietsch & Orr, 2006 陶乐鲀杜父鱼

Triglops forficatus (Gilbert, 1896) 尖尾鲀杜父鱼

Triglops jordani (Jordan & Starks, 1904) 叉尾鲀杜父鱼

Triglops macellus (Bean, 1884) 粗棘鲀杜父鱼

Triglops metopias Gilbert & Burke, 1912 高额鲀杜父鱼

Triglops murrayi Günther, 1888 牟氏鲀杜父鱼

Triglops nybelini Jensen, 1944 尼氏鲀杜父鱼

Triglops pingelii Reinhardt, 1837 平氏鲀杜父鱼

Triglops scepticus Gilbert, 1896 大眼鲀杜父鱼

Triglops xenostethus Gilbert, 1896 外胸鲀杜父鱼

Genus *Triglopsis* Girard, 1851 红目杜父鱼属

Triglopsis quadricornis (Linnaeus, 1758) 四角红目杜父鱼

Genus *Vellitor* Jordan & Starks, 1904 尖头杜父鱼属

Vellitor centropomus (Richardson, 1848) 尖头杜父鱼 固

Vellitor minutus Iwata, 1983 小尖头杜父鱼

Genus *Zesticelus* Jordan & Evermann, 1896 软首杜父鱼属

Zesticelus bathybius (Günther, 1878) 深水软首杜父鱼

Zesticelus ochotensis Yabe, 1995 鄂霍次克软首杜父鱼

Zesticelus profundorum (Gilbert, 1896) 极深软首杜父鱼

Family 321 Comephoridae 胎生贝湖鱼科

Genus *Comephorus* Lacepède, 1800 胎生贝湖鱼属

Comephorus baikalensis (Pallas, 1776) 胎生贝湖鱼

Comephorus dybowskii Korotneff, 1904 小眼胎生贝湖鱼

Family 322 Abyssocottidae 渊杜父鱼科

Genus *Abyssocottus* Berg, 1906 渊杜父鱼属

Abyssocottus elochini Taliev, 1955 埃氏渊杜父鱼

Abyssocottus gibbosus Berg, 1906 隆背渊杜父鱼

Abyssocottus korotneffi Berg, 1906 柯氏渊杜父鱼

Genus *Asprocottus* Berg, 1906 粗杜父鱼属

Asprocottus abyssalis Taliev, 1955 喜冷粗杜父鱼

Asprocottus herzensteini Berg, 1906 赫氏粗杜父鱼

Asprocottus intermedius Taliev, 1955 中间粗杜父鱼

Asprocottus korjakovi Sideleva, 2001 科氏粗杜父鱼

Asprocottus minor Sideleva, 2001 小粗杜父鱼

Asprocottus parmiferus Taliev, 1955 贝加尔湖粗杜父鱼

Asprocottus platycephalus Taliev, 1955 平头粗杜父鱼

Asprocottus pulcher Taliev, 1955 美艳粗杜父鱼

Genus *Cottinella* Berg, 1907 仔杜父鱼属

Cottinella boulengeri (Berg, 1906) 布氏仔杜父鱼

Genus *Cyphocottus* Sideleva, 2003 驼背杜父鱼属

Cyphocottus eurystomus (Taliev, 1955) 宽嘴驼背杜父鱼

Cyphocottus megalops (Gratzianov, 1902) 黑身驼背杜父鱼

Genus *Limnocottus* Berg, 1906 湖杜父鱼属

Limnocottus bergianus Taliev, 1935 贝加尔湖杜父鱼

Limnocottus godlewskii (Dybowski, 1874) 戈氏湖杜父鱼

Limnocottus griseus (Taliev, 1955) 灰湖杜父鱼

Limnocottus pallidus Taliev, 1948 苍色湖杜父鱼

Genus *Neocottus* Sideleva, 1982 新渊杜父鱼属

Neocottus thermalis Sideleva, 2002 温泉新渊杜父鱼

Neocottus werestschagini (Taliev, 1935) 沃氏新渊杜父鱼

Genus *Paracottus* Taliev, 1949 副杜父鱼属

Paracottus knerii (Dybowski, 1874) 克氏副杜父鱼

Genus *Procottus* Gratcianov, 1902 原杜父鱼属

Procottus gotoi Sideleva, 2001 戈氏原杜父鱼

Procottus gurwicii (Taliev, 1946) 古氏原杜父鱼

Procottus jeittelesii (Dybowski, 1874) 杰氏原杜父鱼

Procottus major Taliev, 1949 原杜父鱼

Family 323 Hemitripteridae 绒杜父鱼科

Genus *Blepsias* Cuvier, 1829 密棘杜父鱼属

Blepsias bilobus Cuvier, 1829 双叶密棘杜父鱼

Blepsias cirrhosus (Pallas, 1814) 银斑密棘杜父鱼

Genus *Hemitripterus* Cuvier, 1829 绒杜父鱼属

Hemitripterus americanus (Gmelin, 1789) 美洲绒杜父鱼

Hemitripterus bolini (Myers, 1934) 波氏绒杜父鱼

Hemitripterus villosus (Pallas, 1814) 绒杜父鱼 固

Genus *Nautichthys* Girard, 1858 帆鳍杜父鱼属

Nautichthys oculofasciatus (Girard, 1858) 眼斑帆鳍杜父鱼

Nautichthys pribilovius (Jordan & Gilbert, 1898) 暗色帆鳍杜父鱼

Nautichthys robustus Peden, 1970 壮体帆鳍杜父鱼

Family 324 Agonidae 八角鱼科

Genus *Agonomalus* Guichenot, 1866 髭八角鱼属

Agonomalus jordani Jordan & Starks, 1904 尖棘髭八角鱼

Agonomalus mozinoi Wilimovsky & Wilson, 1979 莫氏髭八角鱼

Agonomalus proboscidalis (Valenciennes, 1858) 斑鳍髭八角鱼

Genus *Agonopsis* Gill, 1861 拟八角鱼属

Agonopsis asperoculis Thompson, 1916 阿根廷髭八角鱼

Agonopsis chiloensis (Jenyns, 1840) 智利拟八角鱼

Agonopsis sterletus (Gilbert, 1898) 坚拟八角鱼

Agonopsis vulsa (Jordan & Gilbert, 1880) 尖吻拟八角鱼

Genus *Agonus* Bloch & Schneider, 1801 八角鱼属

Agonus cataphractus (Linnaeus, 1758) 八角鱼

Genus *Anoplagonus* Gill, 1861 长体八角鱼属

Anoplagonus inermis (Günther, 1860) 无棘长体八角鱼

Anoplagonus occidentalis Lindberg, 1950 西洋长体八角鱼

Genus *Aspidophoroides* Lacepède, 1801 单鳍八角鱼属

Aspidophoroides bartoni Gilbert, 1896 巴氏单鳍八角鱼

Aspidophoroides monopterygius (Bloch, 1786) 单鳍八角鱼

Genus *Bathyagonus* Gilbert, 1890 渊八角鱼属

Bathyagonus alascanus (Gilbert, 1896) 阿拉斯加渊八角鱼

Bathyagonus infraspinatus (Gilbert, 1904) 砂渊八角鱼

Bathyagonus nigripinnis Gilbert, 1890 黑鳍渊八角鱼

Bathyagonus pentacanthus (Gilbert, 1890) 五棘渊八角鱼

Genus *Bothragonus* Gill, 1883 穴八角鱼属

Bothragonus occidentalis Lindberg, 1935 西方穴八角鱼

Bothragonus swanii (Steindachner, 1876) 施氏加穴八角鱼

Genus *Brachyopsis* Gill, 1861 小眼八角鱼属

Brachyopsis segaliensis (Tilesius, 1809) 萨哈林小眼八角鱼

Genus *Chesnonia* Iredale & Whitley, 1969 棘刺八角鱼属

Chesnonia verrucosa (Lockington, 1880) 大疣棘刺八角鱼

Genus *Freemanichthys* Kanayama, 1991 棘棱八角鱼属

Freemanichthys thompsoni (Jordan & Gilbert, 1898) 汤氏棘棱八角鱼

Genus *Hypsagonus* Gill, 1861 高体八角鱼属

Hypsagonus corniger Taranetz, 1933 锐棱高体八角鱼

Hypsagonus quadricornis (Cuvier, 1829) 四隅高体八角鱼

Genus *Leptagonus* Gill, 1861 细八角鱼属

Leptagonus decagonus (Bloch & Schneider, 1801) 颌须细八角鱼

Genus *Occella* Jordan & Hubbs, 1925 棘八角鱼属

Occella dodecaedron (Tilesius, 1813) 白令海棘八角鱼

Occella iburia (Jordan & Starks, 1904) 短吻棘八角鱼

Occella kasawae (Jordan & Hubbs, 1925) 加泽氏棘八角鱼

Occella kuronumai (Freeman, 1951) 突眼棘八角鱼

Genus *Odontopyxis* Lockington, 1880 矮八角鱼属

Odontopyxis trispinosa Lockington, 1880 三刺矮八角鱼

Genus *Pallasina* Cramer, 1895 女神八角鱼属

Pallasina barbata (Steindachner, 1876) 长须女神八角鱼

Genus *Percis* Walbaum, 1792 隆背八角鱼属

Percis japonica (Pallas, 1769) 日本隆背八角鱼

Percis matsuii Matsubara, 1936 松原隆背八角鱼 台

Genus *Podothecus* Gill, 1861 足沟鱼属

Podothecus accipenserinus (Tilesius, 1813) 鲟形足沟鱼

Podothecus hamlini Jordan & Gilbert, 1898 汉氏足沟鱼

Podothecus sachi (Jordan & Snyder, 1901) 帆鳍足沟鱼

Podothecus sturioides (Guichenot, 1869) 似鲟足沟鱼 陆

Podothecus veternus Jordan & Starks, 1895 长尾足沟鱼

Genus *Sarritor* Cramer, 1896 柄八角鱼属

Sarritor frenatus (Gilbert, 1896) 锯鼻柄八角鱼 陆

Sarritor knipowitschi Lindberg & Andriashev, 1937 克氏柄八角鱼

Sarritor leptorhynchus (Gilbert, 1896) 吻鳞柄八角鱼

Genus *Stellerina* Cramer, 1896 棘胸八角鱼属

Stellerina xyosterna (Jordan & Gilbert, 1880) 棘胸八角鱼

Genus *Tilesina* Schmidt, 1904 长鳍八角鱼属

Tilesina gibbosa Schmidt, 1904 驼背长鳍八角鱼

Genus *Ulcina* Cramer, 1896 胶八角鱼属

Ulcina olrikii (Lütken, 1877) 北极胶八角鱼

Genus *Xeneretmus* Gilbert, 1903 异鳍八角鱼属

Xeneretmus latifrons (Gilbert, 1890) 宽头异鳍八角鱼

Xeneretmus leiops Gilbert, 1915 大眼异鳍八角鱼

Xeneretmus ritteri Gilbert, 1915 廉氏异鳍八角鱼

Xeneretmus triacanthus (Gilbert, 1890) 三棘异鳍八角鱼

Family 325 Psychrolutidae 隐棘杜父鱼科

Genus *Ambophthalmos* Jackson & Nelson, 1998 蟾眼杜父鱼属

Ambophthalmos angustus (Nelson, 1977) 窄头蟾眼杜父鱼

Ambophthalmos eurystigmatephoros Jackson & Nelson, 1999 新西兰蟾眼杜父鱼

Ambophthalmos magnicirrus (Nelson, 1977) 大须蟾眼杜父鱼

Genus *Cottunculus* Collett, 1875 拟杜父鱼属

Cottunculus granulosus Karrer, 1968 大头拟杜父鱼

Cottunculus konstantinovi Myagkov, 1991 康氏拟杜父鱼

Cottunculus microps Collett, 1875 小眼拟杜父鱼

Cottunculus nudus Nelson, 1989 裸身拟杜父鱼

Cottunculus sadko Essipov, 1937 极地拟杜父鱼

Cottunculus spinosus Gilchrist, 1906 棘拟杜父鱼

Cottunculus thomsonii (Günther, 1882) 汤氏拟杜父鱼

Cottunculus tubulosus Byrkjedal & Orlov, 2007 管栖拟杜父鱼

Genus *Dasycottus* Bean, 1890 须杜父鱼属

Dasycottus japonicus Tanaka, 1914 日本须杜父鱼

Dasycottus setiger Bean, 1890 棘头须杜父鱼

Genus *Ebinania* Sakamoto, 1932 红杜父鱼属

Ebinania australiae Jackson & Nelson, 2006 澳大利亚红杜父鱼

Ebinania brephocephala (Jordan & Starks, 1903) 短头红杜父鱼

Ebinania costaecanariae (Cervigón, 1961) 科氏红杜父鱼

Ebinania gyrinoides (Weber, 1913) 螺旋红杜父鱼

Ebinania macquariensis Nelson, 1982 马克萨斯红杜父鱼

Ebinania malacocephala Nelson, 1982 软头红杜父鱼

Ebinania vermiculata Sakamoto, 1932 虫纹红杜父鱼

Genus *Eurymen* Gilbert & Burke, 1912 宽杜父鱼属

Eurymen bassargini Lindberg, 1930 巴氏宽杜父鱼

Eurymen gyrinus Gilbert & Burke, 1912 蝌蚪宽杜父鱼

Genus *Gilbertidia* Berg, 1898 吉氏软杜父鱼属

Gilbertidia dolganovi Mandrytsa, 1993 多尔吉氏软杜父鱼

Gilbertidia ochotensis Schmidt, 1916 太平洋吉氏软杜父鱼

Gilbertidia pustulosa Schmidt, 1937 丘疣吉氏软杜父鱼

Genus *Malacocottus* Bean, 1890 软杜父鱼属

Malacocottus aleuticus (Smith, 1904) 阿留申岛软杜父鱼

Malacocottus gibber Sakamoto, 1930 驼背软杜父鱼

Malacocottus kincaidi Gilbert & Thompson, 1905 金氏软杜父鱼

Malacocottus zonurus Bean, 1890 头瓣软杜父鱼

Genus *Neophrynichthys* Günther, 1876 蟾杜父鱼属

Neophrynichthys heterospilos Jackson & Nelson, 2000 异斑蟾杜父鱼

Neophrynichthys latus (Hutton, 1875) 侧身蟾杜父鱼

Genus *Psychrolutes* Günther, 1861 隐棘杜父鱼属

Psychrolutes inermis (Vaillant, 1888) 光滑隐棘杜父鱼 陆 台

Psychrolutes macrocephalus (Gilchrist, 1904) 大头隐棘杜父鱼

Psychrolutes marcidus (McCulloch, 1926) 软隐棘杜父鱼

Psychrolutes marmoratus (Gill, 1889) 云纹隐棘杜父鱼

Psychrolutes microporos Nelson, 1995 小孔隐棘杜父鱼

Psychrolutes occidentalis Fricke, 1990 西域隐棘杜父鱼

Psychrolutes paradoxus Günther, 1861 寒隐棘杜父鱼 陆

Psychrolutes phrictus Stein & Bond, 1978 变色隐棘杜父鱼 台

Psychrolutes sigalutes (Jordan & Starks, 1895) 沉默隐棘杜父鱼

Psychrolutes sio Nelson, 1980 智利隐棘杜父鱼

Psychrolutes subspinosus (Jensen, 1902) 下刺隐棘杜父鱼

Family 326 Bathylutichthyidae 南极杜父鱼科

Genus *Bathylutichthys* Balushkin & Voskoboinikova, 1990 南极杜父鱼属

Bathylutichthys taranetzi Balushkin & Voskoboinikova, 1990 塔氏南极杜父鱼

Family 327 Cyclopteridae 圆鳍鱼科

Genus *Aptocyclus* De la Pylaie, 1835 圆腹鱼属

Aptocyclus ventricosus (Pallas, 1769) 白令海圆腹鱼

Genus *Cyclopsis* Popov, 1930 正圆鳍鱼属

Cyclopsis tentacularis Popov, 1930 触手正圆鳍鱼

Genus *Cyclopteropsis* Soldatov & Popov, 1929 拟圆鳍鱼属

Cyclopteropsis bergi Popov, 1929 伯氏拟圆鳍鱼

Cyclopteropsis brashnikowi (Schmidt, 1904) 布氏拟圆鳍鱼

Cyclopteropsis inarmatus Mednikov & Prokhorov, 1956 堪察加拟圆鳍鱼

Cyclopteropsis jordani Soldatov, 1929 乔氏拟圆鳍鱼

Cyclopteropsis lindbergi Soldatov, 1930 兰氏拟圆鳍鱼

Cyclopteropsis mcalpini (Fowler, 1914) 北极拟圆鳍鱼

Cyclopteropsis popovi Soldatov, 1929 普氏拟圆鳍鱼

Genus *Cyclopterus* Linnaeus, 1758 圆鳍鱼属

Cyclopterus lumpus Linnaeus, 1758 圆鳍鱼

Genus *Eumicrotremus* Gill, 1862 真圆鳍鱼属

Eumicrotremus andriashevi Perminov, 1936 安氏真圆鳍鱼

Eumicrotremus asperrimus (Tanaka, 1912) 北海道真圆鳍鱼

Eumicrotremus barbatus (Lindberg & Legeza, 1955) 须真圆鳍鱼

Eumicrotremus derjugini Popov, 1926 窦氏真圆鳍鱼

Eumicrotremus eggvinii Koefoed, 1956 埃氏真圆鳍鱼

Eumicrotremus fedorovi Mandrytsa, 1991 费氏真圆鳍鱼

Eumicrotremus gyrinops (Garman, 1892) 阿拉斯加真圆鳍鱼

Eumicrotremus orbis (Günther, 1861) 眶真圆鳍鱼

Eumicrotremus pacificus Schmidt, 1904 太平洋真圆鳍鱼

Eumicrotremus phrynoides Gilbert & Burke, 1912 似蟾真圆鳍鱼

Eumicrotremus schmidti Lindberg & Legeza, 1955 史氏真圆鳍鱼

Eumicrotremus soldatovi Popov, 1930 索氏真圆鳍鱼

Eumicrotremus spinosus (Fabricius, 1776) 刺真圆鳍鱼

Eumicrotremus taranetzi Perminov, 1936 塔氏真圆鳍鱼

Eumicrotremus tartaricus Lindberg & Legeza, 1955 塔坦利真圆鳍鱼

Eumicrotremus terraenovae Myers & Böhlke, 1950 纽芬兰真圆鳍鱼

Genus *Lethotremus* Gilbert, 1896 雀鱼属

Lethotremus awae Jordan & Snyder, 1902 雀鱼 陆

   syn. *Cyclopsisa awae* (Jordan & Snyder, 1902) 艾氏正圆鳍鱼

Lethotremus muticus Gilbert, 1896 圆球雀鱼

Family 328 Liparidae 狮子鱼科

Genus *Acantholiparis* Gilbert & Burke, 1912 棘狮鱼属

Acantholiparis caecus Grinols, 1969 盲棘狮鱼

Acantholiparis opercularis Gilbert & Burke, 1912 大盖棘狮鱼

Genus *Allocareproctus* Pitruk & Fedorov, 1993 异头狮鱼属

Allocareproctus jordani (Burke, 1930) 乔氏异头狮鱼

Allocareproctus kallaion Orr & Busby, 2006 红身异头狮鱼

Allocareproctus tanix Orr & Busby, 2006 细尾异头狮鱼

Allocareproctus unangas Orr & Busby, 2006 金眼异头狮鱼

Allocareproctus ungak Orr & Busby, 2006 阿留申岛异头狮鱼

Genus *Careproctus* Krøyer, 1862 短吻狮子鱼属

Careproctus abbreviatus Burke, 1930 侏短吻狮子鱼

Careproctus acaecus Andriashev, 1991 针短吻狮子鱼

Careproctus acanthodes Gilbert & Burke, 1912 棘短吻狮子鱼

Careproctus aciculipunctatus Andriashev & Chernova, 1997 刺斑短吻狮子鱼

Careproctus acifer Andriashev & Stein, 1998 锐缘短吻狮子鱼

Careproctus aculeolatus Andriashev, 1991 南大西洋短吻狮子鱼

Careproctus albescens Barnard, 1927 灰白短吻狮子鱼

Careproctus ampliceps Andriashev & Stein, 1998 大头短吻狮子鱼

Careproctus armatus Andriashev, 1991 盾头短吻狮子鱼

Careproctus atakamensis Andriashev, 1998 安宅短吻狮子鱼

Careproctus atrans Andriashev, 1991 黑短吻狮子鱼

Careproctus attenuatus Gilbert & Burke, 1912 弱身短吻狮子鱼

Careproctus aureomarginatus Andriashev, 1991 金缘短吻狮子鱼

Careproctus bathycoetus Gilbert & Burke, 1912 深海短吻狮子鱼

Careproctus batialis Popov, 1933 爬行短吻狮子鱼

Careproctus bowersianus Gilbert & Burke, 1912 红身短吻狮子鱼

Careproctus cactiformis Andriashev, 1990 深水短吻狮子鱼

Careproctus canus Kido, 1985 犬短吻狮子鱼

Careproctus catherinae Andriashev & Stein, 1998 钝唇短吻狮子鱼

Careproctus colletti Gilbert, 1896 科氏短吻狮子鱼

Careproctus comus Orr & Pearson Maslenikov, 2007 共生短吻狮子鱼

Careproctus continentalis Andriashev & Prirodina, 1990 陆架短吻狮子鱼

Careproctus credispinulosus Andriashev & Prirodina, 1990 肉棘短吻狮子鱼

Careproctus crozetensis Duhamel & King, 2007 克鲁兹短吻狮子鱼

Careproctus curilanus Gilbert & Burke, 1912 克里亚群岛短吻狮子鱼

Careproctus cyclocephalus Kido, 1983 圆头短吻狮子鱼

Careproctus cypseluroides Schmidt, 1950 似蜂巢短吻狮子鱼

Careproctus cypselurus (Jordan & Gilbert, 1898) 蜂巢短吻狮子鱼

Careproctus derjugini Chernova, 2005 德氏短吻狮子鱼

Careproctus discoveryae Duhamel & King, 2007 迪斯克短吻狮子鱼

Careproctus dubius Zugmayer, 1911 挪威短吻狮子鱼

Careproctus ectenes Gilbert, 1896 贪食短吻狮子鱼

Careproctus eltaninae Andriashev & Stein, 1998 斯科舍海短吻狮子鱼

Careproctus falklandicus (Lönnberg, 1905) 福克兰群岛短吻狮子鱼

Careproctus faunus Orr & Pearson Maslenikov, 2007 扁身短吻狮子鱼

Careproctus fedorovi Andriashev & Stein, 1998 费氏短吻狮子鱼

Careproctus filamentosus Stein, 1978 丝条短吻狮子鱼

Careproctus furcellus Gilbert & Burke, 1912 黑鳍短吻狮子鱼

Careproctus georgianus Lönnberg, 1905 乔治王岛短吻狮子鱼

Careproctus gilberti Burke, 1912 吉氏短吻狮子鱼

Careproctus guillemi Matallanas, 1998 吉利短吻狮子鱼

Careproctus herwigi Andriashev, 1991 赫氏短吻狮子鱼

Careproctus homopterus Gilbert & Burke, 1912 平鳍短吻狮子鱼

Careproctus hyaleius Geistdoerfer, 1994 透明短吻狮子鱼

Careproctus improvisus Andriashev & Stein, 1998 南极短吻狮子鱼

Careproctus inflexidens Andriashev & Stein, 1998 弯牙短吻狮子鱼

Careproctus kidoi Knudsen & Møller, 2008 基氏短吻狮子鱼

Careproctus knipowitschi Chernova, 2005 奈氏短吻狮子鱼

Careproctus lacmi Andriashev & Stein, 1998 拉氏短吻狮子鱼

Careproctus leptorhinus Andriashev & Stein, 1998 细吻短吻狮子鱼

Careproctus longifilis Garman, 1892 长身短吻狮子鱼

Careproctus longipectoralis Duhamel, 1992 长胸鳍短吻狮子鱼

Careproctus longipinnis Burke, 1912 长鳍短吻狮子鱼

Careproctus macranchus Andriashev, 1991 阿根廷短吻狮子鱼

Careproctus macrodiscus Schmidt, 1950 大盘短吻狮子鱼

Careproctus macrophthalmus Chernova, 2005 大眼短吻狮子鱼

Careproctus maculosus Stein, 2006 污斑短吻狮子鱼

Careproctus magellanicus Matallanas & Pequeño, 2000 魔鬼短吻狮子鱼

Careproctus marginatus Kido, 1988 缘边短吻狮子鱼

Careproctus mederi Schmidt, 1916 迈氏短吻狮子鱼

Careproctus melanuroides Schmidt, 1950 似黑尾短吻狮子鱼

Careproctus melanurus Gilbert, 1892 黑尾短吻狮子鱼

Careproctus merretti Andriashev & Chernova, 1988 米氏短吻狮子鱼

Careproctus micropus (Günther, 1887) 小眼短吻狮子鱼

Careproctus microstomus Stein, 1978 小口短吻狮子鱼

Careproctus minimus Andriashev & Stein, 1998 微小短吻狮子鱼

Careproctus mollis Gilbert & Burke, 1912 软身短吻狮子鱼

Careproctus nigricans Schmidt, 1950 黑身短吻狮子鱼

Careproctus novaezelandiae Andriashev, 1990 新西兰短吻狮子鱼

Careproctus opisthotremus Gilbert & Burke, 1912 背孔短吻狮子鱼

Careproctus oregonensis Stein, 1978 小鳍短吻狮子鱼

Careproctus ostentum Gilbert, 1896 鬼形短吻狮子鱼

Careproctus ovigerus (Gilbert, 1896) 驼背短吻狮子鱼

Careproctus pallidus (Vaillant, 1888) 苍白短吻狮子鱼

Careproctus parini Andriashev & Prirodina, 1990 帕氏短吻狮子鱼

Careproctus parvidiscus Imamura & Nobetsu, 2002 细盘短吻狮子鱼

Careproctus parviporatus Andriashev & Stein, 1998 小孔短吻狮子鱼

Careproctus patagonicus Matallanas & Pequeño, 2000 合恩角短吻狮子鱼

Careproctus paxtoni Stein, Chernova & Andriashev, 2001 派氏短吻狮子鱼

Careproctus phasma Gilbert, 1896 鬼幻短吻狮子鱼

Careproctus polarsterni Duhamel, 1992 波氏短吻狮子鱼

Careproctus profundicola Duhamel, 1992 深栖短吻狮子鱼

Careproctus pseudoprofundicola Andriashev & Stein, 1998 拟渊栖短吻狮子鱼

Careproctus pycnosoma Gilbert & Burke, 1912 壮体短吻狮子鱼

Careproctus ranula (Goode & Bean, 1879) 蓝氏短吻狮子鱼

Careproctus rastrinoides Schmidt, 1950 似细鳍短吻狮子鱼

Careproctus rastrinus Gilbert & Burke, 1912 细鳍短吻狮子鱼

Careproctus reinhardti (Krøyer, 1862) 林氏短吻狮子鱼

Careproctus rhodomelas Gilbert & Burke, 1912 黑玫短吻狮子鱼

Careproctus rimiventris Andriashev & Stein, 1998 裂腹短吻狮子鱼

Careproctus roseofuscus Gilbert & Burke, 1912 红褐短吻狮子鱼

Careproctus rotundifrons Sakurai & Shinohara, 2008 圆身短吻狮子鱼

Careproctus sandwichensis Andriashev & Stein, 1998 桑威奇岛短吻狮子鱼

Careproctus scaphopterus Andriashev & Stein, 1998 铲鳍短吻狮子鱼

Careproctus scottae Chapman & DeLacy, 1934 斯科特短吻狮子鱼

Careproctus segaliensis Gilbert & Burke, 1912 萨哈林短吻狮子鱼

Careproctus seraphimae Schmidt, 1950 塞拉芬短吻狮子鱼

Careproctus simus Gilbert, 1896 白令海短吻狮子鱼

Careproctus sinensis Gilbert & Burke, 1912 中华短吻狮子鱼 陆

Careproctus smirnovi Andriashev, 1991 斯氏短吻狮子鱼

Careproctus solidus Chernova, 1999 壮身短吻狮子鱼

Careproctus spectrum Bean, 1890 阿拉斯加短吻狮子鱼

Careproctus steini Andriashev & Prirodina, 1990 斯坦氏短吻狮子鱼

Careproctus stigmatogenus Stein, 2006 眼点短吻狮子鱼

Careproctus tapirus Chernova, 2005 厚皮短吻狮子鱼

Careproctus telescopus Chernova, 2005 全视短吻狮子鱼

Careproctus trachysoma Gilbert & Burke, 1912 粗体短吻狮子鱼

Careproctus tricapitidens Andriashev & Stein, 1998 三叉短吻狮子鱼

Careproctus vladibeckeri Andriashev & Stein, 1998 弗氏短吻狮子鱼

Careproctus zachirus Kido, 1985 紫红短吻狮子鱼

Careproctus zispi Andriashev & Stein, 1998 齐氏短吻狮子鱼

Genus *Crystallias* Jordan & Snyder, 1902 晶狮鱼属

Crystallias matsushimae Jordan & Snyder, 1902 日本海晶狮鱼

Genus *Crystallichthys* Jordan & Gilbert, 1898 透明狮子鱼属

Crystallichthys cameliae (Nalbant, 1965) 驼色透明狮子鱼

Crystallichthys cyclospilus Gilbert & Burke, 1912 圆斑透明狮子鱼

Crystallichthys mirabilis Jordan & Gilbert, 1898 奇异透明狮子鱼

Genus *Edentoliparis* Andriashev, 1990 无齿狮鱼属

Edentoliparis terraenovae (Regan, 1916) 南极无齿狮鱼

Genus *Eknomoliparis* Stein, Meléndez C. & Kong U., 1991 埃克努狮子鱼属

Eknomoliparis chirichignoae Stein, Meléndez C. & Kong U., 1991 智利埃克努狮子鱼

Genus *Elassodiscus* Gilbert & Burke, 1912 微盘狮子鱼属

Elassodiscus caudatus (Gilbert, 1915) 短尾微盘狮子鱼

Elassodiscus obscurus Pitruk & Fedorov, 1993 暗色微盘狮子鱼

Elassodiscus tremebundus Gilbert & Burke, 1912 穴栖微盘狮子鱼

Genus *Eutelichthys* Tortonese, 1959 爬行狮子鱼属

Eutelichthys leptochirus Tortonese, 1959 地中海爬行狮子鱼

Genus *Genioliparis* Andriashev & Neyelov, 1976 吻趾狮子鱼属

Genioliparis ferox (Stein, 1978) 凶猛吻趾狮子鱼

Genioliparis kafanovi Balushkin & Voskoboinikova, 2008 罗斯海吻趾狮子鱼

Genioliparis lindbergi Andriashev & Neyelov, 1976 林氏吻趾狮子鱼

Genus *Gyrinichthys* Gilbert, 1896 蝌蚪狮子鱼属

Gyrinichthys minytremus Gilbert, 1896 阿拉斯加蝌蚪狮子鱼

Genus *Liparis* Scopoli, 1777 狮子鱼属

Liparis adiastolus Stein, Bond & Misitano, 2003 小嘴狮子鱼

Liparis agassizii Putnam, 1874 阿氏狮子鱼

Liparis alboventer (Krasyukova, 1984) 白腹狮子鱼

Liparis antarcticus Putnam, 1874 南极狮子鱼

Liparis atlanticus (Jordan & Evermann, 1898) 大西洋狮子鱼

Liparis bikunin Matsubara & Iwai, 1954 长体狮子鱼

Liparis brashnikovi Soldatov, 1930 布氏狮子鱼

Liparis bristolensis (Burke, 1912) 布里斯托湾狮子鱼

Liparis burkei (Jordan & Thompson, 1914) 伯克氏狮子鱼

Liparis callyodon (Pallas, 1814) 斑点狮子鱼

Liparis catharus Vogt, 1973 纯洁狮子鱼

Liparis chefuensis Wu & Wang, 1933 网纹狮子鱼(烟台狮子鱼) 陆
　syn. *Liparis choanus* Wu & Wang, 1933 黑斑狮子鱼

Liparis coheni Able, 1976 海湾狮子鱼

Liparis curilensis (Gilbert & Burke, 1912) 库里尔湾狮子鱼

Liparis cyclopus Günther, 1861 斑鳍狮子鱼

Liparis dennyi Jordan & Starks, 1895 戴氏狮子鱼

Liparis dubius Soldatov, 1930 杜比狮子鱼

Liparis dulkeiti Soldatov, 1930 杜氏狮子鱼

Liparis eos Krasyukova, 1984 东方狮子鱼

Liparis fabricii Krøyer, 1847 费氏狮子鱼

Liparis fishelsoni Smith, 1967 菲氏狮子鱼

Liparis florae (Jordan & Starks, 1895) 弗氏狮子鱼

Liparis frenatus (Gilbert & Burke, 1912) 窄纹狮子鱼

Liparis fucensis Gilbert, 1896 光皮狮子鱼

Liparis gibbus Bean, 1881 细尾狮子鱼

Liparis grebnitzkii (Schmidt, 1904) 格氏狮子鱼

Liparis greeni (Jordan & Starks, 1895) 格林氏狮子鱼

Liparis inquilinus Able, 1973 原生狮子鱼

Liparis kusnetzovi Taranetz, 1935 库斯尼氏狮子鱼

Liparis kussakini Pinchuk, 1976 库萨氏狮子鱼

Liparis latifrons Schmidt, 1950 侧斑狮子鱼

Liparis liparis barbatus Ekström, 1832 长须狮子鱼

Liparis liparis liparis (Linnaeus, 1766) 狮子鱼

Liparis maculatus Krasyukova, 1984 斑纹狮子鱼 陆

Liparis marmoratus Schmidt, 1950 石纹狮子鱼

Liparis mednius (Soldatov, 1930) 中间狮子鱼

Liparis megacephalus (Burke, 1912) 褐首狮子鱼

Liparis micraspidophorus (Gilbert & Burke, 1912) 白令海狮子鱼

Liparis miostomus Matsubara & Iwai, 1954 小口狮子鱼

Liparis montagui (Donovan, 1804) 蒙氏狮子鱼

Liparis mucosus Ayres, 1855 纵带狮子鱼

Liparis newmani Cohen, 1960 黄海狮子鱼(点纹狮子鱼) 陆

Liparis ochotensis Schmidt, 1904 奥霍次狮子鱼

Liparis owstoni (Jordan & Snyder, 1904) 欧氏狮子鱼

Liparis petschiliensis (Rendahl, 1926) 河北狮子鱼 陆

Liparis pravdini Schmidt, 1951 普氏狮子鱼

Liparis pulchellus Ayres, 1855 美狮子鱼

Liparis punctatus Schmidt, 1950 秀美狮子鱼

Liparis punctulatus (Tanaka, 1916) 纤细狮子鱼

Liparis rhodosoma Burke, 1930 玫瑰狮子鱼

Liparis rotundirostris Krasyukova, 1984 圆吻狮子鱼

Liparis rutteri (Gilbert & Snyder, 1898) 罗氏狮子鱼

Liparis schantarensis (Lindberg & Dulkeit, 1929) 上坦狮子鱼

Liparis schmidti Lindberg & Krasyukova, 1987 施米德狮子鱼

Liparis tanakae (Gilbert & Burke, 1912) 田中狮子鱼 陆

Liparis tartaricus Soldatov, 1930 酒石狮子鱼

Liparis tessellatus (Gilbert & Burke, 1912) 方斑狮子鱼

Liparis tunicatiformis Krasyukova, 1984 被囊狮子鱼

Liparis tunicatus Reinhardt, 1836 格林兰狮子鱼

Liparis zonatus Chernova, Stein & Andriashev, 2004 宽带狮子鱼

Genus *Lipariscus* Gilbert, 1915 矮狮子鱼属

Lipariscus nanus Gilbert, 1915 窄尾矮狮子鱼

Genus *Lopholiparis* Orr, 2004 鸟冠狮子鱼属

Lopholiparis flerxi Orr, 2004 鸟冠狮子鱼

Genus *Menziesichthys* Nalbant & Mayer, 1971 孟席斯狮子鱼属

Menziesichthys bacescui Nalbant & Mayer, 1971 巴氏孟席斯狮子鱼

Genus *Nectoliparis* Gilbert & Burke, 1912 喉肛狮子鱼属

Nectoliparis pelagicus Gilbert & Burke, 1912 大洋喉肛狮子鱼

Genus *Notoliparis* Andriashev, 1975 隆背狮子鱼属

Notoliparis antonbruuni Stein, 2005 安氏隆背狮子鱼

Notoliparis kermadecensis (Nielsen, 1964) 克马德克岛隆背狮子鱼

Notoliparis kurchatovi Andriashev, 1975 隆背狮子鱼

Notoliparis macquariensis Andriashev, 1978 马贵林隆背狮子鱼

Genus *Osteodiscus* Stein, 1978 骨圆盘鱼属

Osteodiscus andriashevi Pitruk & Fedorov, 1990 安氏骨圆盘鱼

Osteodiscus cascadiae Stein, 1978 大尾骨圆盘鱼

Genus *Palmoliparis* Balushkin, 1996 掌状狮子鱼属

Palmoliparis beckeri Balushkin, 1996 贝氏掌状狮子鱼

Genus *Paraliparis* Collett, 1879 副狮子鱼属

Paraliparis abyssorum Andriashev & Chernova, 1997 深海副狮子鱼

Paraliparis acutidens Chernova, 2006 尖牙副狮子鱼

Paraliparis adustus Busby & Cartwright, 2009 焰火副狮子鱼

Paraliparis albeolus Schmidt, 1950 堪察加副狮子鱼

Paraliparis albescens Gilbert, 1915 浅色副狮子鱼

Paraliparis andriashevi Stein & Tompkins, 1989 安氏副狮子鱼

Paraliparis antarcticus Regan, 1914 南极副狮子鱼

Paraliparis anthracinus Stein, Chernova & Andriashev, 2001 煤色副狮子鱼

Paraliparis aspersus Andriashev, 1992 糙皮副狮子鱼

Paraliparis ater Stein, Chernova & Andriashev, 2001 黑色副狮子鱼

Paraliparis atramentatus Gilbert & Burke, 1912 黑体副狮子鱼

Paraliparis atrolabiatus Stein, Chernova & Andriashev, 2001 黑唇副狮子鱼

Paraliparis attenuatus Garman, 1899 狭尾副狮子鱼

Paraliparis auriculatus Stein, Chernova & Andriashev, 2001 金色副狮子鱼

Paraliparis australiensis Stein, Chernova & Andriashev, 2001 澳大利亚副狮子鱼

Paraliparis australis Gilchrist, 1902 澳洲副狮子鱼

Paraliparis avellaneus Stein, Chernova & Andriashev, 2001 褐身副狮子鱼

Paraliparis badius Stein, Chernova & Andriashev, 2001 栗色副狮子鱼

Paraliparis balgueriasi Matallanas, 1999 巴氏副狮子鱼

Paraliparis bathybius (Collett, 1879) 深水副狮子鱼

Paraliparis bipolaris Andriashev, 1997 双极副狮子鱼

Paraliparis brunneocaudatus Stein, Chernova & Andriashev, 2001 棕尾副狮子鱼

Paraliparis brunneus Stein, Chernova & Andriashev, 2001 深棕副狮子鱼

Paraliparis bullacephalus Busby & Cartwright, 2009 圆头副狮子鱼

Paraliparis calidus Cohen, 1968 低鳍副狮子鱼

Paraliparis carlbondi Stein, 2005 卡氏副狮子鱼

Paraliparis cephalus Gilbert, 1892 肿头副狮子鱼

Paraliparis cerasinus Andriashev, 1986 樱红副狮子鱼

Paraliparis challengeri Andriashev, 1993 查氏副狮子鱼

Paraliparis charcoti Duhamel, 1992 查康氏副狮子鱼

Paraliparis copei copei Goode & Bean, 1896 科氏副狮子鱼

Paraliparis copei gibbericeps Andriashev, 1982 隆头副狮子鱼

Paraliparis copei kerguelensis Andriashev, 1982 马达斯加岛副狮子鱼

Paraliparis copei wilsoni Richards, 1966 威氏副狮子鱼

Paraliparis coracinus Stein, Chernova & Andriashev, 2001 鸦黑副狮子鱼

Paraliparis costatus Stein, Chernova & Andriashev, 2001 黑肋副狮子鱼

Paraliparis csiroi Stein, Chernova & Andriashev, 2001 低眼副狮子鱼

Paraliparis dactyloides Schmidt, 1950 似指副狮子鱼

Paraliparis dactylosus Gilbert, 1896 叶牙副狮子鱼

Paraliparis darwini Stein & Chernova, 2002 达氏副狮子鱼

Paraliparis deani Burke, 1912 棘副狮子鱼

Paraliparis debueni Andriashev, 1986 德氏副狮子鱼

Paraliparis delphis Stein, Chernova & Andriashev, 2001 豚副狮子鱼

Paraliparis devriesi Andriashev, 1980 戴氏副狮子鱼

Paraliparis dewitti Stein, Chernova & Andriashev, 2001 迪氏副狮子鱼

Paraliparis diploprora Andriashev, 1986 南大洋副狮子鱼

Paraliparis dipterus Kido, 1988 丝胸副狮子鱼

Paraliparis duhameli Andriashev, 1994 杜氏副狮子鱼

Paraliparis eastmani Stein, Chernova & Andriashev, 2001 伊氏副狮子鱼

Paraliparis edwardsi (Vaillant, 1888) 爱氏副狮子鱼

Paraliparis eltanini Stein & Tompkins, 1989 埃氏副狮子鱼

Paraliparis entochloris Gilbert & Burke, 1912 锥牙副狮子鱼

Paraliparis fimbriatus Garman, 1892 流苏副狮子鱼

Paraliparis fuscolingua Stein & Tompkins, 1989 棕舌副狮子鱼

Paraliparis galapagosensis Stein & Chernova, 2002 加拉帕戈斯岛副狮子鱼

Paraliparis garmani Burke, 1912 黑腹副狮子鱼

Paraliparis gomoni Stein, Chernova & Andriashev, 2001 戈氏副狮子鱼

Paraliparis gracilis Norman, 1930 细副狮子鱼

Paraliparis grandis Schmidt, 1950 桃色副狮子鱼

Paraliparis hobarti Stein, Chernova & Andriashev, 2001 霍氏副狮子鱼

Paraliparis holomelas Gilbert, 1896 全黑副狮子鱼

Paraliparis hubbsi Andriashev, 1986 哈氏副狮子鱼

Paraliparis hureaui Matallanas, 1999 赫氏副狮子鱼

Paraliparis hystrix Merrett, 1983 猥副狮子鱼

Paraliparis impariporus Stein, Chernova & Andriashev, 2001 副狮子鱼

Paraliparis incognita Stein & Tompkins, 1989 戴维斯海副狮子鱼

Paraliparis infeliciter Stein, Chernova & Andriashev, 2001 颏孔副狮子鱼

Paraliparis kocki Chernova, 2006 科克副狮子鱼

Paraliparis kreffti Andriashev, 1986 克氏副狮子鱼

Paraliparis labiatus Stein, Chernova & Andriashev, 2001 大唇副狮子鱼

Paraliparis lasti Stein, Chernova & Andriashev, 2001 拉氏副狮子鱼

Paraliparis latifrons Garman, 1899 侧副狮子鱼

Paraliparis leobergi Andriashev, 1982 里氏副狮子鱼

Paraliparis leucogaster Andriashev, 1986 白腹副狮子鱼

Paraliparis leucoglossus Andriashev, 1986 白舌副狮子鱼

Paraliparis liparinus (Goode, 1881) 脂滑副狮子鱼

Paraliparis macrocephalus Chernova & Eastman, 2001 大头副狮子鱼

Paraliparis mandibularis Kido, 1985 大孔副狮子鱼

Paraliparis mawsoni Andriashev, 1986 莫氏副狮子鱼

Paraliparis megalopus Stein, 1978 大眼副狮子鱼

Paraliparis meganchus Andriashev, 1982 高体副狮子鱼

Paraliparis melanobranchus Gilbert & Burke, 1912 黑鳃副狮子鱼

Paraliparis membranaceus Günther, 1887 厚皮副狮子鱼

Paraliparis mento Gilbert, 1892 长颌副狮子鱼

Paraliparis meridionalis Kido, 1985 南方副狮子鱼 陆

Paraliparis merodontus Stein, Meléndez C. & Kong U., 1991 洁齿副狮子鱼

Paraliparis mexicanus Chernova, 2006 密歇根副狮子鱼

Paraliparis molinai Stein, Meléndez C. & Kong U., 1991 穆氏副狮子鱼

Paraliparis monoporus Andriashev & Neyelov, 1979 单孔副狮子鱼

Paraliparis murieli Matallanas, 1984 穆里尔副狮子鱼

Paraliparis nassarum Stein & Fitch, 1984 狭项副狮子鱼

Paraliparis neelovi Andriashev, 1982 倪氏副狮子鱼

Paraliparis nigellus Chernova & Møller, 2008 前肛副狮子鱼

Paraliparis obliquosus Chernova & Duhamel, 2003 斜带副狮子鱼

Paraliparis obtusirostris Stein, Chernova & Andriashev, 2001 钝吻副狮子鱼

Paraliparis operculosus Andriashev, 1979 鳃盖副狮子鱼

Paraliparis orcadensis Matallanas & Pequeño, 2000 奥克尼岛副狮子鱼

Paraliparis paucidens Stein, 1978 少牙副狮子鱼

Paraliparis pectoralis Stein, 1978 圆胸副狮子鱼

Paraliparis piceus Stein, Chernova & Andriashev, 2001 砂栖副狮子鱼

Paraliparis plagiostomus Stein, Chernova & Andriashev, 2001 横口副狮子鱼

Paraliparis porcus Chernova, 2006 孔副狮子鱼

Paraliparis retrodorsalis Stein, Chernova & Andriashev, 2001 后背副狮子鱼

Paraliparis rosaceus Gilbert, 1890 蓝体副狮子鱼

Paraliparis rossi Chernova & Eastman, 2001 罗斯氏副狮子鱼

Paraliparis skeliphrus Stein, 2005 大口副狮子鱼

Paraliparis somovi Andriashev & Neyelov, 1979 苏氏副狮子鱼

Paraliparis stehmanni Andriashev, 1986 斯氏副狮子鱼

Paraliparis tasmaniensis Stein, Chernova & Andriashev, 2001 塔斯马尼亚副狮子鱼

Paraliparis tetrapteryx Andriashev & Neyelov, 1979 四鳍副狮子鱼

Paraliparis thalassobathyalis Andriashev, 1982 海栖副狮子鱼
Paraliparis tompkinsae Andriashev, 1992 汤氏副狮子鱼
Paraliparis trilobodon Andriashev & Neyelov, 1979 三叶牙副狮子鱼
Paraliparis trunovi Andriashev, 1986 特氏副狮子鱼
Paraliparis ulochir Gilbert, 1896 加州湾副狮子鱼
Paraliparis vaillanti Chernova, 2004 维氏副狮子鱼
Paraliparis valentinae Andriashev & Neyelov, 1984 伐氏副狮子鱼
Paraliparis violaceus Chernova, 1991 紫色副狮子鱼
Paraliparis wolffi Duhamel & King, 2007 沃尔夫副狮子鱼

Genus *Polypera* Burke, 1912 多囊狮子鱼属
Polypera simushirae (Gilbert & Burke, 1912) 日本多囊狮子鱼

Genus *Praematoliparis* Andriashev, 2003 早熟狮子鱼属
Praematoliparis anarthractae (Stein & Tompkins, 1989) 智利早熟狮子鱼

Genus *Prognatholiparis* Orr & Busby, 2001 前颌狮子鱼属
Prognatholiparis ptychomandibularis Orr & Busby, 2001 前颌狮子鱼

Genus *Psednos* Barnard, 1927 瘦狮子鱼属
Psednos andriashevi Chernova, 2001 安氏瘦狮子鱼
Psednos anoderkes Chernova & Stein, 2002 斜口瘦狮子鱼
Psednos balushkini Stein, Chernova & Andriashev, 2001 巴氏瘦狮子鱼
Psednos barnardi Chernova, 2001 巴纳德瘦狮子鱼
Psednos carolinae Stein, 2005 卡罗来纳瘦狮子鱼
Psednos cathetostomus Chernova & Stein, 2002 垂口瘦狮子鱼
Psednos christinae Andriashev, 1992 欧洲瘦狮子鱼
Psednos delawarei Chernova & Stein, 2002 德兰氏瘦狮子鱼
Psednos dentatus Chernova & Stein, 2002 大齿瘦狮子鱼
Psednos gelatinosus Chernova, 2001 冰瘦狮子鱼
Psednos griseus Chernova & Stein, 2002 灰色瘦狮子鱼
Psednos groenlandicus Chernova, 2001 格陵兰瘦狮子鱼
Psednos harteli Chernova, 2001 哈氏瘦狮子鱼
Psednos islandicus Chernova & Stein, 2002 冰岛瘦狮子鱼
Psednos melanocephalus Chernova & Stein, 2002 黑头瘦狮子鱼
Psednos mexicanus Chernova & Stein, 2002 密歇根瘦狮子鱼
Psednos microps Chernova, 2001 小眼瘦狮子鱼
Psednos micruroides Chernova, 2001 多孔瘦狮子鱼
Psednos micrurus Barnard, 1927 短尾瘦狮子鱼
Psednos mirabilis Chernova, 2001 奇异瘦狮子鱼
Psednos nataliae Stein & Andriashev, 2001 漂浮瘦狮子鱼
Psednos pallidus Chernova & Stein, 2002 苍白瘦狮子鱼
Psednos rossi Chernova & Stein, 2004 罗斯氏瘦狮子鱼
Psednos sargassicus Chernova, 2001 马尾藻海瘦狮子鱼
Psednos spirohira Chernova & Stein, 2002 棕褐瘦狮子鱼
Psednos steini Chernova, 2001 斯氏瘦狮子鱼
Psednos whitleyi Stein, Chernova & Andriashev, 2001 怀氏瘦狮子鱼

Genus *Pseudoliparis* Andriashev, 1955 拟狮子鱼属
Pseudoliparis amblystomopsis (Andriashev, 1955) 钝口拟狮子鱼
Pseudoliparis belyaevi Andriashev & Pitruk, 1993 贝氏拟狮子鱼

Genus *Pseudonotoliparis* Pitruk, 1991 拟背狮鱼属
Pseudonotoliparis rassi Pitruk, 1991 拉氏拟背狮鱼

Genus *Rhinoliparis* Gilbert, 1896 吻狮鱼属
Rhinoliparis attenuatus Burke, 1912 白令海吻狮子鱼
Rhinoliparis barbulifer Gilbert, 1896 须吻狮子鱼

Genus *Rhodichthys* Collett, 1879 玫瑰狮鱼属
Rhodichthys regina Collett, 1879 北极玫瑰狮鱼

Genus *Squaloliparis* Pitruk & Fedorov, 1993 北海道狮鱼属
Squaloliparis dentatus (Kido, 1988) 大牙北海道狮鱼

Genus *Temnocora* Burke, 1930 清耀狮鱼属
Temnocora candida (Gilbert & Burke, 1912) 大眼清耀狮鱼

Order Perciformes 鲈形目
Suborder Percoidei 鲈亚目
Family 329 Centropomidae 锯盖鱼科
Genus *Centropomus* Lacepède, 1802 锯盖鱼属
Centropomus armatus Gill, 1863 强锯盖鱼
Centropomus ensiferus Poey, 1860 剑棘锯盖鱼
Centropomus medius Günther, 1864 中间锯盖鱼
Centropomus mexicanus Bocourt, 1868 墨西哥锯盖鱼
Centropomus nigrescens Günther, 1864 黑锯盖鱼
Centropomus parallelus Poey, 1860 小锯盖鱼
Centropomus pectinatus Poey, 1860 栉锯盖鱼
Centropomus poeyi Chávez, 1961 波氏锯盖鱼
Centropomus robalito Jordan & Gilbert, 1882 罗巴锯盖鱼
Centropomus undecimalis (Bloch, 1792) 锯盖鱼
Centropomus unionensis Bocourt, 1868 尤尼锯盖鱼
Centropomus viridis Lockington, 1877 青锯盖鱼

Family 330 Ambassidae 双边鱼科
Genus *Ambassis* Cuvier, 1828 双边鱼属
Ambassis agassizii Steindachner, 1867 阿氏双边鱼
Ambassis agrammus Günther, 1867 帆鳍双边鱼
Ambassis ambassis (Lacepède, 1802) 安巴双边鱼 陆
  syn. *Ambassis commersoni* Cuvier, 1828 康氏双边鱼
Ambassis buruensis Bleeker, 1856 布鲁双边鱼 陆 台
Ambassis buton Popta, 1918 印度尼西亚双边鱼
Ambassis dussumieri Cuvier, 1828 杜氏双边鱼
Ambassis elongata (Castelnau, 1878) 黄鳍双边鱼
Ambassis fontoynonti Pellegrin, 1932 封氏双边鱼
Ambassis gymnocephalus (Lacepède, 1802) 裸头双边鱼 陆
Ambassis interrupta Bleeker, 1852 断线双边鱼 台
Ambassis jacksoniensis (Macleay, 1881) 杰克逊双边鱼
Ambassis kopsii Bleeker, 1858 古氏双边鱼 陆
Ambassis macleayi (Castelnau, 1878) 麦氏双边鱼
Ambassis macracanthus Bleeker, 1849 大棘双边鱼 陆 台
Ambassis marianus Günther, 1880 玛丽双边鱼
Ambassis miops Günther, 1872 小眼双边鱼 陆 台
Ambassis nalua (Hamilton, 1822) 贝纹双边鱼
Ambassis natalensis Gilchrist & Thompson, 1908 南非双边鱼
Ambassis productus Guichenot, 1866 长棘双边鱼
Ambassis urotaenia Bleeker, 1852 尾纹双边鱼 陆 台
Ambassis vachellii Richardson, 1846 维氏双边鱼 台

Genus *Chanda* Hamilton, 1822 玻璃鱼属(圆鳞锯盖鱼属)
Chanda nama Hamilton, 1822 溪流玻璃鱼

Genus *Denariusa* Whitley, 1948 澳洲双边鱼属
Denariusa australis (Steindachner, 1867) 澳洲双边鱼

Genus *Gymnochanda* Fraser-Brunner, 1955 裸玻璃鱼属
Gymnochanda filamentosa Fraser-Brunner, 1955 长丝裸玻璃鱼
Gymnochanda flamea Roberts, 1995 焰色裸玻璃鱼
Gymnochanda limi Kottelat, 1995 利姆氏裸玻璃鱼

Genus *Paradoxodacna* Roberts, 1989 副高鲈属
Paradoxodacna piratica Roberts, 1989 海盗副高鲈

Genus *Parambassis* Bleeker, 1874 副双边鱼属
Parambassis alleni (Datta & Chaudhuri, 1993) 阿氏副双边鱼
Parambassis altipinnis Allen, 1982 高鳍副双边鱼
Parambassis apogonoides (Bleeker, 1851) 似天竺副双边鱼
Parambassis confinis (Weber, 1913) 新几内亚副双边鱼
Parambassis dayi (Bleeker, 1874) 戴氏副双边鱼
Parambassis gulliveri (Castelnau, 1878) 格氏副双边鱼
Parambassis lala (Hamilton, 1822) 印度副双边鱼
Parambassis macrolepis (Bleeker, 1857) 大鳞副双边鱼
Parambassis pulcinella Kottelat, 2003 高身副双边鱼

Parambassis ranga (Hamilton, 1822) 蛙副双边鱼 台

Parambassis siamensis (Fowler, 1937) 暹罗副双边鱼

Parambassis tenasserimensis Roberts, 1995 缅甸副双边鱼

Parambassis thomassi (Day, 1870) 托氏副双边鱼

Parambassis vollmeri Roberts, 1995 伏氏副双边鱼

Parambassis wolffii (Bleeker, 1851) 沃氏副双边鱼

Genus *Pseudambassis* Bleeker, 1874 拟双边鱼属

Pseudambassis baculis (Hamilton, 1822) 茎拟双边鱼

Pseudambassis roberti Datta & Chaudhuri, 1993 罗氏拟双边鱼

Genus *Tetracentrum* Macleay, 1883 四点双边鱼属

Tetracentrum apogonoides Macleay, 1883 似天竺四点双边鱼

Tetracentrum caudovittatus (Norman, 1935) 尾饰四点双边鱼

Tetracentrum honessi (Schultz, 1945) 霍氏四点双边鱼

Family 331 Latidae 尖吻鲈科

Genus *Hypopterus* Gill, 1861 尖鲈属

Hypopterus macropterus (Günther, 1859) 大鳍尖鲈

Genus *Lates* Cuvier, 1828 尖吻鲈属

Lates angustifrons Boulenger, 1906 窄体尖吻鲈

Lates calcarifer (Bloch, 1790) 尖吻鲈 陆 台

Lates japonicus Katayama & Taki, 1984 日本尖吻鲈 陆

Lates longispinis Worthington, 1932 长棘尖吻鲈

Lates macrophthalmus Worthington, 1929 大眼尖吻鲈

Lates mariae Steindachner, 1909 海尖吻鲈

Lates microlepis Boulenger, 1898 小鳞尖吻鲈

Lates niloticus (Linnaeus, 1758) 尼罗河尖吻鲈

Lates stappersii (Boulenger, 1914) 斯氏尖吻鲈

Genus *Psammoperca* Richardson, 1848 沙鲈属

Psammoperca waigiensis (Cuvier, 1828) 红眼沙鲈 陆 台

Family 332 Moronidae 狼鲈科

Genus *Dicentrarchus* Gill, 1860 舌齿鲈属

Dicentrarchus labrax (Linnaeus, 1758) 挪威舌齿鲈

Dicentrarchus punctatus (Bloch, 1792) 斑点舌齿鲈

Genus *Lateolabrax* Bleeker, 1855 花鲈属

Lateolabrax japonicus (Cuvier, 1828) 日本花鲈 台

Lateolabrax latus Katayama, 1957 宽花鲈 陆

Lateolabrax maculatus (McClelland,1844) 中国花鲈 陆

Genus *Morone* Mitchill, 1814 狼鲈属

Morone americana (Gmelin, 1789) 美洲狼鲈(白石鮨)

Morone chrysops (Rafinesque, 1820) 金眼狼鲈

Morone mississippiensis Jordan & Eigenmann, 1887 密西西比河狼鲈

Morone saxatilis (Walbaum, 1792) 条纹狼鲈 陆

Family 333 Percichthyidae 鮨鲈科;真鲈科

Genus *Bathysphyraenops* Parr, 1933 深海拟野鲈属

Bathysphyraenops declivifrons Fedoryako, 1976 斜额深海拟野鲈

Bathysphyraenops simplex Parr, 1933 深海拟野鲈 台

Genus *Bostockia* Castelnau, 1873 断线肖鲈属

Bostockia porosa Castelnau, 1873 糙皮断线肖鲈

Genus *Coreoperca* Herzenstein, 1896 少鳞鳜属

Coreoperca herzi Herzenstein, 1896 朝鲜少鳞鳜 陆

Coreoperca kawamebari (Temminck & Schlegel, 1843) 川目少鳞鳜 陆

Coreoperca loona (Wu, 1939) 漓江少鳞鳜 陆

Coreoperca whiteheadi Boulenger, 1900 中国少鳞鳜(石鳜) 陆

Genus *Edelia* Castelnau, 1873 断线矮鲈属

Edelia vittata Castelnau, 1873 杂斑断线矮鲈

Genus *Gadopsis* Richardson, 1848 鳕鲈属

Gadopsis bispinosus Sanger, 1984 双棘鳕鲈

Gadopsis marmoratus Richardson, 1848 斑鳕鲈

Genus *Guyu* Pusey & Kennard, 2001 格鮨鲈属

Guyu wujalwujalensis Pusey & Kennard, 2001 圆尾格鮨鲈

Genus *Howella* Ogilby, 1899 尖棘鲷属

Howella brodiei Ogilby, 1899 布氏尖棘鲷

Howella pammelas (Heller & Snodgrass, 1903) 全黑尖棘鲷

Howella parini Fedoryako, 1976 波氏尖棘鲷

Howella sherborni (Norman, 1930) 舍氏尖棘鲷 陆

Howella zina Fedoryako, 1976 腭齿尖棘鲷 台

Genus *Maccullochella* Whitley, 1929 麦鳕鲈属

Maccullochella ikei Rowland, 1986 艾氏麦鳕鲈

Maccullochella macquariensis (Cuvier, 1829) 突吻麦鳕鲈

Maccullochella mariensis Rowland, 1993 昆士兰麦鳕鲈

Maccullochella peelii (Mitchell, 1838) 虫纹麦鳕鲈

Genus *Macquaria* Cuvier, 1830 麦氏鲈属

Macquaria ambigua (Richardson, 1845) 圆尾麦氏鲈

Macquaria australasica Cuvier, 1830 澳洲麦氏鲈

Macquaria colonorum (Günther, 1863) 叉尾麦氏鲈

Macquaria novemaculeata (Steindachner, 1866) 九斑麦氏鲈

Genus *Nannatherina* Regan, 1906 南脂鲈属

Nannatherina balstoni Regan, 1906 巴氏南脂鲈

Genus *Nannoperca* Günther, 1861 矮鲈属

Nannoperca australis Günther, 1861 澳洲矮鲈

Nannoperca obscura (Klunzinger, 1872) 暗矮鲈

Nannoperca oxleyana Whitley, 1940 淡黄矮鲈

Nannoperca variegata Kuiter & Allen, 1986 杂色矮鲈

Genus *Percichthys* Girard, 1855 鮨鲈属(肖鲈属);真鲈属

Percichthys chilensis Girard, 1855 智利鮨鲈;智利真鲈

Percichthys colhuapiensis MacDonagh, 1955 大口鮨鲈;大口真鲈

Percichthys laevis (Jenyns, 1840) 光滑鮨鲈;光滑真鲈

Percichthys melanops Girard, 1855 黑眼鮨鲈;黑眼真鲈

Percichthys trucha (Valenciennes, 1833) 鮨鲈(肖鲈);真鲈

Genus *Pseudohowella* Fedoryako, 1976 拟尖棘鲷属

Pseudohowella intermedia Fedoryako, 1976 中间拟尖棘鲷

Genus *Siniperca* Gill, 1862 鳜属

Siniperca chuatsi (Basilewsky, 1855) 鳜 陆

Siniperca fortis (Lin, 1932) 麻鳜

Siniperca knerii Garman, 1912 大眼鳜

Siniperca liuzhouensis Zhou, Kong & Zhu, 1987 柳州鳜 陆

Siniperca obscura Nichols, 1930 暗鳜 陆

Siniperca roulei Wu, 1930 长身鳜 陆

Siniperca scherzeri Steindachner, 1892 斑鳜 陆

Siniperca undulata Fang & Chong, 1932 波纹鳜 陆

Siniperca vietnamensis Mai, 1978 越南鳜

Family 334 Perciliidae 准小鲈科

Genus *Percilia* Girard, 1855 准小鲈属

Percilia gillissi Girard, 1855 吉氏准小鲈

Percilia irwini Eigenmann, 1928 欧文氏准小鲈

Family 335 Acropomatidae 发光鲷科

Genus *Acropoma* Temminck & Schlegel, 1843 发光鲷属

Acropoma argentistigma Okamoto & Ida, 2002 银发光鲷

Acropoma boholensis Yamanoue & Matsuura, 2002 前肛发光鲷

Acropoma hanedai Matsubara, 1953 圆鳞发光鲷;羽根田氏发光鲷 陆 台

Acropoma japonicum Günther, 1859 日本发光鲷 陆 台

Acropoma lecorneti Fourmanoir, 1988 勒氏发光鲷

Genus *Apogonops* Ogilby, 1896 拟发光鲷属

Apogonops anomalus Ogilby, 1896 棘臀拟发光鲷

Genus *Doederleinia* Steindachner, 1883 赤鲑属;赤鲑属

Doederleinia berycoides (Hilgendorf, 1879) 赤鲑;赤鲑 陆 台

Doederleinia gracilispinis (Fowler, 1943) 细棘赤鲑;细棘赤鲑

Genus *Malakichthys* Döderlein, 1883 软鱼属

Malakichthys barbatus Yamanoue & Yoseda, 2001 须软鱼 台

Malakichthys elegans Matsubara & Yamaguti, 1943 美软鱼 陆 台

Malakichthys griseus Döderlein, 1883 灰软鱼 陆 台

Malakichthys levis Yamanoue & Matsuura, 2001 光滑软鱼

Malakichthys mochizuki Yamanoue & Matsuura, 2001 莫氏软鱼

Malakichthys similis Yamanoue & Matsuura, 2004 宝石软鱼

Malakichthys wakiyae Jordan & Hubbs, 1925 胁谷软鱼 陆 台

Genus *Neoscombrops* Gilchrist, 1922 新鲭属

Neoscombrops annectens Gilchrist, 1922 裂鳍新鲭

Neoscombrops atlanticus Mochizuki & Sano, 1984 大西洋新鲭

Neoscombrops cynodon (Regan, 1921) 犬齿新鲭

Neoscombrops pacificus Mochizuki, 1979 太平洋新鲭 台

Genus *Synagrops* Günther, 1887 尖牙鲈属

Synagrops adeni Kotthaus, 1970 艾氏尖牙鲈

Synagrops analis (Katayama, 1957) 多棘尖牙鲈 台

Synagrops argyreus (Gilbert & Cramer, 1897) 银尖牙鲈

Synagrops bellus (Goode & Bean, 1896) 黑口尖牙鲈

Synagrops japonicus (Döderlein, 1883) 日本尖牙鲈(光棘尖牙鲈) 陆 台

Synagrops malayanus Weber, 1913 马来尖牙鲈

Synagrops microlepis Norman, 1935 小鳞尖牙鲈

Synagrops philippinensis (Günther, 1880) 菲律宾尖牙鲈 陆 台

Synagrops pseudomicrolepis Schultz, 1940 拟小鳞尖牙鲈

Synagrops serratospinosus Smith & Radcliffe, 1912 锯棘尖牙鲈 陆 台

Synagrops spinosus Schultz, 1940 棘尖牙鲈 台

Synagrops trispinosus Mochizuki & Sano, 1984 三刺尖牙鲈

Genus *Verilus* Poey, 1860 尖牙发光鲷属

Verilus sordidus Poey, 1860 古巴尖牙发光鲷

Family 336 Symphysanodontidae 愈牙鲐科;愈齿鲷科

Genus *Symphysanodon* Bleeker, 1878 愈牙鲐属;愈齿鲷属

Symphysanodon andersoni Kotthaus, 1974 安氏愈牙鲐;安氏愈齿鲷

Symphysanodon berryi Anderson, 1970 伯氏愈牙鲐;伯氏愈齿鲷

Symphysanodon disii Khalaf & Krupp, 2008 迪氏愈牙鲐;迪氏愈齿鲷

Symphysanodon katayamai Anderson, 1970 片山愈牙鲐;片山氏愈齿鲷 台

Symphysanodon maunaloae Anderson, 1970 莫氏愈牙鲐;莫氏愈齿鲷

Symphysanodon mona Anderson & Springer, 2005 莫纳愈牙鲐;莫纳愈齿鲷

Symphysanodon octoactinus Anderson, 1970 黏滑愈牙鲐;黏滑愈齿鲷

Symphysanodon parini Anderson & Springer, 2005 帕氏愈牙鲐;帕氏愈齿鲷

Symphysanodon rhax Anderson & Springer, 2005 马尔代夫岛愈牙鲐

Symphysanodon typus Bleeker, 1878 愈牙鲐;愈齿鲷 台

Family 337 Polyprionidae 多锯鲈科

Genus *Polyprion* Oken, 1817 多锯鲈属

Polyprion americanus (Bloch & Schneider, 1801) 美洲多锯鲈

Polyprion moeone Phillipps, 1927 莫奈多锯鲈

Polyprion oxygeneios (Schneider & Forster, 1801) 长体多锯鲈

Polyprion yanezi de Buen, 1959 矢根多锯鲈

Genus *Stereolepis* Ayres, 1859 坚鳞鲈属

Stereolepis doederleini Lindberg & Krasyukova, 1969 多氏坚鳞鲈

Stereolepis gigas Ayres, 1859 巨坚鳞鲈

Family 338 Serranidae 鲐科

Genus *Acanthistius* Gill, 1862 刺鲐属

Acanthistius brasilianus (Cuvier, 1828) 巴西刺鲐

Acanthistius cinctus (Günther, 1859) 环带刺鲐

Acanthistius fuscus Regan, 1913 暗色刺鲐

Acanthistius joanae Heemstra, 2010 琼氏刺鲐

Acanthistius ocellatus (Günther, 1859) 睛斑刺鲐

Acanthistius pardalotus Hutchins, 1981 豹纹刺鲐

Acanthistius patachonicus (Jenyns, 1840) 云纹刺鲐

Acanthistius paxtoni Hutchins & Kuiter, 1982 帕氏刺鲐

Acanthistius pictus (Tschudi, 1846) 花刺鲐

Acanthistius sebastoides (Castelnau, 1861) 拟鲉刺鲐

Acanthistius serratus (Cuvier, 1828) 宽带刺鲐

Genus *Aethaloperca* Fowler, 1904 烟鲈属;烟鲙属

Aethaloperca rogaa (Forsskål, 1775) 红嘴烟鲈;烟鲙 陆 台

Genus *Alphestes* Bloch & Schneider, 1801 鸳鸯鲐属

Alphestes afer (Bloch, 1793) 圆尾鸳鸯鲐

Alphestes immaculatus Breder, 1936 无斑鸳鸯鲐

Alphestes multiguttatus (Günther, 1867) 密斑鸳鸯鲐

Genus *Anatolanthias* Anderson, Parin & Randall, 1990 神仙花鲐属

Anatolanthias apiomycter Anderson, Parin & Randall, 1990 秘鲁神仙花鲐

Genus *Anthias* Bloch, 1792 花鲐属

Anthias anthias (Linnaeus, 1758) 花鲐

Anthias asperilinguis Günther, 1859 粗舌花鲐

Anthias cyprinoides (Katayama & Amaoka, 1986) 似鲤花鲐

Anthias helenensis Katayama & Amaoka, 1986 海伦花鲐

Anthias menezesi Anderson & Heemstra, 1980 米氏花鲐

Anthias nicholsi Firth, 1933 黄鳍花鲐

Anthias noeli Anderson & Baldwin, 2000 诺氏花鲐

Anthias salmopunctatus Lubbock & Edwards, 1981 鲑斑花鲐

Anthias tenuis Nichols, 1920 薄花鲐

Anthias woodsi Anderson & Heemstra, 1980 伍兹氏花鲐

Genus *Anyperodon* Günther, 1859 光腭鲈属

Anyperodon leucogrammicus (Valenciennes, 1828) 白线光腭鲈 陆 台

Genus *Aporops* Schultz, 1943 少孔纹鲷属

Aporops bilinearis Schultz, 1943 双线少孔纹鲷 陆 台

Genus *Aulacocephalus* Temminck & Schlegel, 1843 紫鲈属

Aulacocephalus temminckii Bleeker, 1854 特氏紫鲈 台

Genus *Bathyanthias* Günther, 1880 渊花鲐属

Bathyanthias cubensis (Schultz, 1958) 古巴渊花鲐

Bathyanthias mexicanus (Schultz, 1958) 密歇根渊花鲐

Bathyanthias roseus Günther, 1880 玫瑰渊花鲐

Genus *Belonoperca* Fowler & Bean, 1930 鱲鲈属

Belonoperca chabanaudi Fowler & Bean, 1930 查氏鱲鲈 台

Belonoperca pylei Baldwin & Smith, 1998 派尔鱲鲈

Genus *Bullisichthys* Rivas, 1971 泡鲈属

Bullisichthys caribbaeus Rivas, 1971 加勒比泡鲈

Genus *Caesioperca* Castelnau, 1872 梅鲈属

Caesioperca lepidoptera (Forster, 1801) 大斑梅鲈

Caesioperca rasor (Richardson, 1839) 胸点梅鲈

Genus *Caesioscorpis* Whitley, 1945 鲉梅鲷属

Caesioscorpis theagenes Whitley, 1945 黄尾鲉梅鲷

Genus *Caprodon* Temminck & Schlegel, 1843 菱牙鲐属;菱齿花鲐属

Caprodon krasyukovae Kharin, 1983 克氏菱牙鲐;克氏菱齿花鲐

Caprodon longimanus (Günther, 1859) 长鳍菱牙鲐;长鳍菱齿花鲐

Caprodon schlegelii (Günther, 1859) 许氏菱牙鲐;许氏菱齿花鲐 陆 台

Genus *Centropristis* Cuvier, 1829 锯鲐属

Centropristis fuscula Poey, 1861 双点锯鲐

Centropristis ocyurus (Jordan & Evermann, 1887) 捷锯鲐

Centropristis philadelphica (Linnaeus, 1758) 费城锯鲐

Centropristis rufus Cuvier, 1829 淡红锯鲐

Centropristis striata (Linnaeus, 1758) 条纹锯鲐

Genus *Cephalopholis* Bloch & Schneider, 1801 九棘鲈属; 九刺鲐属

Cephalopholis aitha Randall & Heemstra, 1991 红鳍九棘鲈;红鳍九刺鲐

Cephalopholis argus Bloch & Schneider, 1801 斑点九棘鲈;斑点九刺鲐 陆 台

Cephalopholis aurantia (Valenciennes, 1828) 橙点九棘鲈;橙点九刺鲐 陆 台

　syn. *Cephalopholis analis* (Valenciennes, 1828) 翱翔九棘鲈

　syn. *Cephalopholis obtusaurrus* Evermann & Seale, 1907 钝九棘鲈

Cephalopholis boenak (Bloch, 1790) 横纹九棘鲈;横纹九刺鲐 陆 台

　syn. *Cephalopholis pachycentron* (Valenciennes, 1828) 横带九棘鲈

Cephalopholis cruentata (Lacepède, 1802) 血点九棘鲈;加勒比九刺鲐

Cephalopholis cyanostigma (Valenciennes, 1828) 蓝点九棘鲈;蓝点九刺鲐

Cephalopholis formosa (Shaw, 1812) 蓝线九棘鲈;台湾九棘鲐 台

Cephalopholis fulva (Linnaeus, 1758) 蓝臀九棘鲈;蓝臀九刺鲐

Cephalopholis hemistiktos (Rüppell, 1830) 半点九棘鲈;半点九刺鲐

Cephalopholis igarashiensis Katayama, 1957 七带九棘鲈;伊加拉九刺鲐 台

Cephalopholis leopardus (Lacepède, 1801) 豹纹九棘鲈;豹纹九刺鲐 陆 台

　syn. *Serranus spilurus* Valenciennes, 1833 斑鲐

Cephalopholis microprion (Bleeker, 1852) 细锯九棘鲈;细锯九刺鲐

Cephalopholis miniata (Forsskål, 1775) 青星九棘鲈;青星九刺鲐 陆 台

Cephalopholis nigri (Günther, 1859) 奈氏九棘鲈;奈氏九刺鲐

Cephalopholis oligosticta Randall & Ben-Tuvia, 1983 少点九棘鲈;少点九刺鲐

Cephalopholis panamensis (Steindachner, 1877) 巴拿马九棘鲈;巴拿马九刺鲐

Cephalopholis polleni (Bleeker, 1868) 波伦氏九棘鲈;波伦氏九刺鲐 陆

Cephalopholis polyspila Randall & Satapoomin, 2000 多斑九棘鲈;多斑九刺鲐

Cephalopholis sexmaculata (Rüppell, 1830) 六斑九棘鲈;六斑九刺鲐 陆 台

Cephalopholis sonnerati (Valenciennes, 1828) 索氏九棘鲈;宋氏九刺鲐 陆 台

Cephalopholis spiloparaea (Valenciennes, 1828) 黑缘尾九棘鲈;黑缘九刺鲐 台

Cephalopholis taeniops (Valenciennes, 1828) 纹眼九棘鲈;纹眼九刺鲐

Cephalopholis urodeta (Forster, 1801) 尾纹九棘鲈;尾纹九刺鲐 陆 台

Genus *Chelidoperca* Boulenger, 1895 赤鲐属

Chelidoperca hirundinacea (Valenciennes, 1831) 燕赤鲐 陆 台

Chelidoperca investigatoris (Alcock, 1890) 印度赤鲐

Chelidoperca lecromi Fourmanoir, 1982 利氏赤鲐

Chelidoperca margaritifera Weber, 1913 珠赤鲐 陆

Chelidoperca pleurospilus (Günther, 1880) 侧斑赤鲐 陆 台

Genus *Cratinus* Steindachner, 1878 壮鲈属

Cratinus agassizii Steindachner, 1878 阿氏壮鲈

Genus *Cromileptes* Not applicable 驼背鲈属

Cromileptes altivelis (Valenciennes, 1828) 驼背鲈 陆 台

Genus *Dactylanthias* Bleeker, 1871 独指花鲐属

Dactylanthias aplodactylus (Bleeker, 1858) 独指花鲐

Dactylanthias baccheti Randall, 2006 巴氏独指花鲐

Genus *Dermatolepis* Gill, 1861 鳞鲐属

Dermatolepis dermatolepis (Boulenger, 1895) 条斑鳞鲐

Dermatolepis inermis (Valenciennes, 1833) 革鳞鲐

Dermatolepis striolata (Playfair, 1867) 钱斑鳞鲐

Genus *Diplectrum* Holbrook, 1855 沙鲐属

Diplectrum bivittatum (Valenciennes, 1828) 侏沙鲐

Diplectrum conceptione (Valenciennes, 1828) 柄斑沙鲐

Diplectrum eumelum Rosenblatt & Johnson, 1974 真蜜沙鲐

Diplectrum euryplectrum Jordan & Bollman, 1890 宽沙鲐

Diplectrum formosum (Linnaeus, 1766) 美丽沙鲐

Diplectrum labarum Rosenblatt & Johnson, 1974 厚唇沙鲐

Diplectrum macropoma (Günther, 1864) 大盖沙鲐

Diplectrum maximum Hildebrand, 1946 大沙鲐

Diplectrum pacificum Meek & Hildebrand, 1925 太平洋沙鲐

Diplectrum radiale (Quoy & Gaimard, 1824) 辐状沙鲐

Diplectrum rostrum Bortone, 1974 大吻沙鲐

Diplectrum sciurus Gilbert, 1892 松鼠沙鲐

Genus *Diploprion* Cuvier, 1828 黄鲈属;双带鲈属

Diploprion bifasciatum Cuvier, 1828 双带黄鲈;双带鲈 陆 台

Diploprion drachi Roux-Estève, 1955 德氏黄鲈;德氏双带鲈

Genus *Epinephelides* Ogilby, 1899 仿石斑鱼属

Epinephelides armatus (Castelnau, 1875) 紫身仿石斑鱼

Genus *Epinephelus* Bloch, 1793 石斑鱼属

Epinephelus adscensionis (Osbeck, 1765) 岩石斑鱼

Epinephelus aeneus (Geoffroy Saint-Hilaire, 1817) 青铜石斑鱼

Epinephelus akaara (Temminck & Schlegel, 1842) 赤点石斑鱼 陆 台

Epinephelus albomarginatus Boulenger, 1903 白缘石斑鱼

Epinephelus amblycephalus (Bleeker, 1857) 镶点石斑鱼 陆 台

Epinephelus analogus Gill, 1863 斑条石斑鱼

Epinephelus andersoni Boulenger, 1903 安氏石斑鱼

Epinephelus areolatus (Forsskål, 1775) 宝石石斑鱼 陆 台

Epinephelus awoara (Temminck & Schlegel, 1842) 青石斑鱼 陆 台

Epinephelus bilobatus Randall & Allen, 1987 点鳍石斑鱼

Epinephelus bleekeri (Vaillant, 1878) 布氏石斑鱼 陆 台

Epinephelus bontoides (Bleeker, 1855) 点列石斑鱼 台

Epinephelus bruneus Bloch, 1793 褐带石斑鱼 陆 台

　syn. *Epinephelus moara* (Temminck & Schlegel, 1842) 云纹石斑鱼

Epinephelus caninus (Valenciennes, 1843) 犬牙石斑鱼

Epinephelus chabaudi (Castelnau, 1861) 查氏石斑鱼

Epinephelus chlorocephalus (Valenciennes, 1830) 绿头石斑鱼

Epinephelus chlorostigma (Valenciennes, 1828) 密点石斑鱼 陆 台

Epinephelus cifuentesi Lavenberg & Grove, 1993 西福氏石斑鱼

Epinephelus clippertonensis Allen & Robertson, 1999 克利珀顿岛石斑鱼

Epinephelus coeruleopunctatus (Bloch, 1790) 萤点石斑鱼;蓝点石斑鱼 陆 台

Epinephelus coioides (Hamilton, 1822) 点带石斑鱼 台

Epinephelus corallicola (Valenciennes, 1828) 珊瑚石斑鱼;黑驳石斑鱼 陆 台

Epinephelus costae (Steindachner, 1878) 棕线石斑鱼

Epinephelus cyanopodus (Richardson, 1846) 蓝鳍石斑鱼;细点石斑鱼 陆 台

Epinephelus daemelii (Günther, 1876) 斜带石斑鱼

Epinephelus darwinensis Randall & Heemstra, 1991 达尔文石斑鱼

Epinephelus diacanthus (Valenciennes, 1828) 双棘石斑鱼

Epinephelus drummondhayi Goode & Bean, 1878 德氏石斑鱼

Epinephelus epistictus (Temminck & Schlegel, 1842) 小纹石斑鱼 陆 台

Epinephelus erythrurus (Valenciennes, 1828) 红棕石斑鱼

Epinephelus fasciatomaculosus (Peters, 1865) 带点石斑鱼;斑带石斑鱼 陆 台

Epinephelus fasciatus (Forsskål, 1775) 横条石斑鱼;横带石斑鱼 陆 台

　syn. *Epinephelus alexandrinus* (Valenciennes, 1828) 纵纹石斑鱼

Epinephelus faveatus (Valenciennes, 1828) 巢斑石斑鱼

Epinephelus flavocaeruleus (Lacepède, 1802) 黄鳍石斑鱼 陆 台

Epinephelus fuscoguttatus (Forsskål, 1775) 棕点石斑鱼 陆 台

Epinephelus gabriellae Randall & Heemstra, 1991 阿曼石斑鱼

Epinephelus goreensis (Valenciennes, 1830) 西非石斑鱼

Epinephelus guttatus (Linnaeus, 1758) 红点石斑鱼

Epinephelus heniochus Fowler, 1904 颊条石斑鱼 陆

Epinephelus hexagonatus (Forster, 1801) 六角石斑鱼 陆 台

Epinephelus howlandi (Günther, 1873) 荷氏石斑鱼

Epinephelus indistinctus Randall & Heemstra, 1991 索马里石斑鱼

Epinephelus irroratus (Forster, 1801) 大棘石斑鱼

Epinephelus itajara (Lichtenstein, 1822) 伊氏石斑鱼

Epinephelus labriformis (Jenyns, 1840) 白点石斑鱼

Epinephelus lanceolatus (Bloch, 1790) 鞍带石斑鱼 陆 台

Epinephelus latifasciatus (Temminck & Schlegel, 1842) 宽带石斑鱼 台

Epinephelus lebretonianus (Hombron & Jacquinot, 1853) 神秘石斑鱼

Epinephelus longispinis (Kner, 1864) 长棘石斑鱼 陆

Epinephelus macrospilos (Bleeker, 1855) 大斑石斑鱼 陆 台

Epinephelus maculatus (Bloch, 1790) 花点石斑鱼 陆 台

Epinephelus magniscuttis Postel, Fourmanoir & Guézé, 1963 星点石斑鱼

Epinephelus malabaricus (Bloch & Schneider, 1801) 玛拉巴石斑鱼 陆 台

   syn. *Epinephelus salmonoides* (Lacepède, 1802) 似鲑石斑鱼

Epinephelus marginatus (Lowe, 1834) 乌鳍石斑鱼

Epinephelus melanostigma Schultz, 1953 黑斑石斑鱼;黑点石斑鱼 陆 台

Epinephelus merra Bloch, 1793 蜂巢石斑鱼;网纹石斑鱼 陆 台

Epinephelus miliaris (Valenciennes, 1830) 网鳍石斑鱼

Epinephelus morio (Valenciennes, 1828) 黑缘石斑鱼

Epinephelus morrhua (Valenciennes, 1833) 弧纹石斑鱼 陆 台

   syn. *Epinephelus cometae* Tanaka, 1927

Epinephelus multinotatus (Peters, 1876) 蓝棕石斑鱼

Epinephelus ongus (Bloch, 1790) 纹波石斑鱼 台

Epinephelus poecilonotus (Temminck & Schlegel, 1842) 琉璃石斑鱼 台

Epinephelus polylepis Randall & Heemstra, 1991 多鳞石斑鱼

Epinephelus polyphekadion (Bleeker, 1849) 清水石斑鱼 陆 台

   syn. *Epinephelus microdon* (Bleeker, 1858) 小牙石斑鱼

Epinephelus polystigma (Bleeker, 1853) 多点石斑鱼

Epinephelus posteli Fourmanoir & Crosnier, 1964 波氏石斑鱼

Epinephelus quoyanus (Valenciennes, 1830) 玳瑁石斑鱼 陆 台

   syn. *Epinephelus megachir* (Richardson, 1846) 指印石斑鱼

Epinephelus radiatus (Day, 1868) 云纹石斑鱼 陆 台

Epinephelus retouti Bleeker, 1868 雷拖氏石斑鱼 台

   syn. *Epinephelus truncatus* Katayama, 1957 截尾石斑鱼

Epinephelus rivulatus (Valenciennes, 1830) 霜点石斑鱼 台

   syn. *Epinephelus grammatophorus* Boulenger, 1903 纹斑石斑鱼

   syn. *Epinephelus rhyncholepis* Bleeker, 1852 霜点石斑鱼

Epinephelus sexfasciatus (Valenciennes, 1828) 六带石斑鱼 陆

Epinephelus socialis (Günther, 1873) 社会群岛石斑鱼

Epinephelus spilotoceps Schultz, 1953 吻斑石斑鱼 陆 台

Epinephelus stictus Randall & Allen, 1987 南海石斑鱼 陆 台

Epinephelus stoliczkae (Day, 1875) 肩饰石斑鱼

Epinephelus striatus (Bloch, 1792) 眼带石斑鱼

Epinephelus suborbitalis Amaoka & Randall, 1990 九州岛石斑鱼

Epinephelus summana (Forsskål, 1775) 白星石斑鱼 陆

Epinephelus tauvina (Forsskål, 1775) 巨石斑鱼;鲈滑石斑鱼 陆 台

Epinephelus timorensis Randall & Allen, 1987 帝汶石斑鱼

Epinephelus trimaculatus (Valenciennes, 1828) 三斑石斑鱼 台

   syn. *Epinephelus fario* (Thunberg, 1793) 鲑点石斑鱼

Epinephelus trophis Randall & Allen, 1987 短身石斑鱼

Epinephelus tuamotuensis Fourmanoir, 1971 土阿莫土石斑鱼

Epinephelus tukula Morgans, 1959 蓝身大斑石斑鱼;蓝身大斑石斑鱼 陆 台

Epinephelus undulatostriatus (Peters, 1866) 蚓纹石斑鱼

Epinephelus undulosus (Quoy & Gaimard, 1824) 波纹石斑鱼 陆 台

Genus *Giganthias* Katayama, 1954 巨花鮨属;巨棘花鲈属

Giganthias immaculatus Katayama, 1954 桃红巨花鮨;巨棘花鲈 陆 台

Genus *Gonioplectrus* Gill, 1862 纹鮨属

Gonioplectrus hispanus (Cuvier, 1828) 黄纵条纹鮨

Genus *Gracila* Randall, 1964 纤齿鲈属

Gracila albomarginata (Fowler & Bean, 1930) 白边纤齿鲈 陆 台

Genus *Grammistes* Bloch & Schneider, 1801 线纹鱼属

Grammistes sexlineatus (Thunberg, 1792) 六带线纹鱼 陆 台

Genus *Grammistops* Schultz, 1953 线纹鲈属

Grammistops ocellatus Schultz, 1953 眼斑线纹鲈

Genus *Hemanthias* Steindachner, 1875 银花鮨属

Hemanthias aureorubens (Longley, 1935) 金色银花鮨

Hemanthias leptus (Ginsburg, 1952) 长尾银花鮨

Hemanthias peruanus (Steindachner, 1875) 秘鲁银花鮨

Hemanthias signifer (Garman, 1899) 大头银花鮨

Hemanthias vivanus (Jordan & Swain, 1885) 丝尾银花鮨

Genus *Hemilutjanus* Bleeker, 1876 半鮨属

Hemilutjanus macrophthalmos (Tschudi, 1846) 葡眼半鮨

Genus *Holanthias* Günther, 1868 金花鮨属

Holanthias caudalis Trunov, 1976 大尾金花鮨

Holanthias fronticinctus (Günther, 1868) 额带金花鮨

Genus *Hypoplectrodes* Gill, 1862 织鮨属

Hypoplectrodes annulatus (Günther, 1859) 环带织鮨

Hypoplectrodes cardinalis Allen & Randall, 1990 红衣织鮨

Hypoplectrodes huntii (Hector, 1875) 亨氏织鮨

Hypoplectrodes jamesoni Ogilby, 1908 詹氏织鮨

Hypoplectrodes maccullochi (Whitley, 1929) 马氏织鮨

Hypoplectrodes nigroruber (Cuvier, 1828) 黑红织鮨

Hypoplectrodes semicinctum (Valenciennes, 1833) 半带织鮨

Hypoplectrodes wilsoni (Allen & Moyer, 1980) 威氏织鮨

Genus *Hypoplectrus* Gill, 1861 低纹鮨属

Hypoplectrus aberrans Poey, 1868 黄腹低纹鮨

Hypoplectrus chlorurus (Cuvier, 1828) 绿尾低纹鮨

Hypoplectrus gemma Goode & Bean, 1882 宝石低纹鮨

Hypoplectrus gummigutta (Poey, 1851) 金色低纹鮨

Hypoplectrus guttavarius (Poey, 1852) 半黄半紫低纹鮨

Hypoplectrus indigo (Poey, 1851) 紫青低纹鮨

Hypoplectrus nigricans (Poey, 1852) 横带低纹鮨

Hypoplectrus providencianus Acero P. & Garzón-Ferreira, 1994 大眼低纹鮨

Hypoplectrus puella (Cuvier, 1828) 美丽低纹鮨

Hypoplectrus unicolor (Walbaum, 1792) 单色低纹鮨

Genus *Hyporthodus* Gill, 1861 下美鮨属

Hyporthodus acanthistius (Gilbert, 1892) 黑尾下美鮨

   syn. *Epinephelus acanthistius* Gilbert, 1892 黑尾石斑鱼

Hyporthodus ergastularius (Whitley, 1930) 七条下美鮨

   syn. *Epinephelus ergastularius* Whitley, 1930 七带石斑鱼

Hyporthodus exsul (Fowler, 1944) 十棘下美鮨

Hyporthodus flavolimbatus (Poey, 1865) 金缘下美鮨

   syn. *Epinephelus flavolimbatus* (Poey, 1865) 金缘石斑鱼

Hyporthodus haifensis (Ben-Tuvia, 1953) 海丰下美鮨

Hyporthodus mystacinus (Poey, 1852) 厚唇下美鮨

   syn. *Epinephelus mystacinus* (Poey, 1851) 厚唇石斑鱼

Hyporthodus nigritus (Holbrook, 1855) 浅黑下美鮨

   syn. *Epinephelus nigritus* (Holbrook, 1855) 浅黑石斑鱼

Hyporthodus niphobles (Gilbert & Starks, 1897) 白斑下美鮨

   syn. *Epinephelus niphobles* (Gilbert & Starks, 1897) 白斑石斑鱼

Hyporthodus niveatus (Valenciennes, 1828) 雪花下美鮨

   syn. *Epinephelus niveatus* (Valenciennes, 1828) 雪花石斑鱼

Hyporthodus octofasciatus (Griffin, 1926) 八带下美鮨 台

   syn. *Epinephelus compressus* Postel, Fourmanoir & Guézé, 1963 黑带石斑鱼

   syn. *Epinephelus octofasciatus* Griffin, 1926 八带石斑鱼

Hyporthodus perplexus (Randall, Hoese & Last, 1991) 南昆士兰下美鮨

Hyporthodus quernus (Seale, 1901) 白雨斑下美鮨

   syn. *Epinephelus quernus* Seale, 1901 白雨斑石斑鱼

Hyporthodus septemfasciatus (Thunberg, 1793) 七带下美鮨 臼

syn. *Epinephelus septemfasciatus* (Thunberg, 1793) 七带石斑鱼

Genus *Jeboehlkia* Robins, 1967 杰氏线纹鱼属

Jeboehlkia gladifer Robins, 1967 加勒比杰氏线纹鱼

Genus *Lepidoperca* Regan, 1914 丽鮨属

Lepidoperca aurantia Roberts, 1989 橙丽鮨

Lepidoperca brochata Katayama & Fujii, 1982 突牙丽鮨

Lepidoperca caesiopercula (Whitley, 1951) 灰颊丽鮨

Lepidoperca coatsii (Regan, 1913) 科氏丽鮨

Lepidoperca filamenta Roberts, 1987 长丝丽鮨

Lepidoperca inornata Regan, 1914 无饰丽鮨

Lepidoperca magna Katayama & Fujii, 1982 魔丽鮨

Lepidoperca occidentalis Whitley, 1951 西方丽鮨

Lepidoperca pulchella (Waite, 1899) 艳丽鮨

Lepidoperca tasmanica Norman, 1937 塔斯马尼卡丽鮨

Genus *Liopropoma* Gill, 1861 长鲈属

Liopropoma aberrans (Poey, 1860) 异长鲈

Liopropoma africanum (Smith, 1954) 非洲长鲈

Liopropoma aragai Randall & Taylor, 1988 荒贺氏长鲈 臼

Liopropoma aurora (Jordan & Evermann, 1903) 黎长鲈

Liopropoma carmabi (Randall, 1963) 卡氏长鲈

Liopropoma collettei Randall & Taylor, 1988 柯氏长鲈

Liopropoma danae (Kotthaus, 1970) 达纳氏长鲈

Liopropoma dorsoluteum Kon, Yoshino & Sakurai, 1999 黄背长鲈 臼

Liopropoma erythraeum Randall & Taylor, 1988 黑缘长鲈 陆 臼

Liopropoma eukrines (Starck & Courtenay, 1962) 佛罗里达长鲈

Liopropoma fasciatum Bussing, 1980 条长鲈

Liopropoma flavidum Randall & Taylor, 1988 黄体长鲈

Liopropoma incomptum Randall & Taylor, 1988 粗长鲈

Liopropoma japonicum (Döderlein, 1883) 日本长鲈 臼

Liopropoma latifasciatum (Tanaka, 1922) 宽带长鲈 陆 臼

Liopropoma lemniscatum Randall & Taylor, 1988 饰带长鲈

Liopropoma longilepis Garman, 1899 大鳞长鲈

Liopropoma lunulatum (Guichenot, 1863) 新月长鲈 陆

Liopropoma maculatum (Döderlein, 1883) 斑长鲈

Liopropoma mitratum Lubbock & Randall, 1978 僧帽长鲈

Liopropoma mowbrayi Woods & Kanazawa, 1951 脊背长鲈

Liopropoma multilineatum Randall & Taylor, 1988 多线长鲈

Liopropoma pallidum (Fowler, 1938) 苍白长鲈 臼

Liopropoma rubre Poey, 1861 红长鲈

Liopropoma susumi (Jordan & Seale, 1906) 孙氏长鲈 臼

Liopropoma swalesi (Fowler & Bean, 1930) 斯氏长鲈

Liopropoma tonstrinum Randall & Taylor, 1988 红带长鲈

Genus *Luzonichthys* Herre, 1936 吕宋花鮨属

Luzonichthys earlei Randall, 1981 厄氏吕宋花鮨

Luzonichthys microlepis (Smith, 1955) 细鳞吕宋花鮨

Luzonichthys taeniatus Randall & McCosker, 1992 条纹吕宋花鮨

Luzonichthys waitei (Fowler, 1931) 双鳍吕宋花鮨

Luzonichthys whitleyi (Smith, 1955) 惠氏吕宋花鮨

Luzonichthys williamsi Randall & McCosker, 1992 威氏吕宋花鮨

Genus *Meganthias* Randall & Heemstra, 2006 大花鮨属

Meganthias carpenteri Anderson, 2006 卡氏大花鮨

Meganthias kingyo (Kon, Yoshino & Sakurai, 2000) 琉球大花鮨

Meganthias natalensis (Fowler, 1925) 丝尾大花鮨

Genus *Mycteroperca* Gill, 1862 喙鲈属(鼻鲈属)

Mycteroperca acutirostris (Valenciennes, 1828) 尖吻喙鲈

Mycteroperca bonaci (Poey, 1860) 博氏喙鲈

Mycteroperca cidi Cervigón, 1966 西氏喙鲈

Mycteroperca fusca (Lowe, 1838) 灰喙鲈

Mycteroperca interstitialis (Poey, 1860) 黄嘴喙鲈

Mycteroperca jordani (Jenkins & Evermann, 1889) 乔氏喙鲈

Mycteroperca microlepis (Goode & Bean, 1879) 小鳞喙鲈

Mycteroperca olfax (Jenyns, 1840) 黄喙鲈

Mycteroperca phenax Jordan & Swain, 1884 巫喙鲈

Mycteroperca prionura Rosenblatt & Zahuranec, 1967 锯尾喙鲈

Mycteroperca rosacea (Streets, 1877) 豹纹喙鲈

Mycteroperca rubra (Bloch, 1793) 云纹喙鲈

Mycteroperca tigris (Valenciennes, 1833) 虎喙鲈

Mycteroperca venenosa (Linnaeus, 1758) 黄鳍喙鲈

Mycteroperca xenarcha Jordan, 1888 帚尾喙鲈

Genus *Nemanthias* Smith, 1954 丝鳍花鮨属

Nemanthias carberryi Smith, 1954 卡氏丝鳍花鮨

Genus *Niphon* Cuvier, 1828 东洋鲈属

Niphon spinosus Cuvier, 1828 东洋鲈 陆 臼

Genus *Odontanthias* Bleeker, 1873 牙花鮨属;金花鲈属

Odontanthias borbonius (Valenciennes, 1828) 黄斑牙花鮨;黄斑金花鲈 臼

syn. *Holanthias borbonius* (Valenciennes, 1828) 花斑金花鲈

Odontanthias caudicinctus (Heemstra & Randall, 1986) 尾带牙花鮨;尾带金花鲈

Odontanthias chrysostictus (Günther, 1872) 金点牙花鮨;金点金花鲈 臼

Odontanthias dorsomaculatus Katayama & Yamamoto, 1986 背斑牙花鮨;背斑金花鲈

Odontanthias elizabethae Fowler, 1923 伊莉萨白牙花鮨;伊莉萨白金花鲈

Odontanthias flagris Yoshino & Araga, 1975 丝棘牙花鮨;丝棘金花鲈

Odontanthias fuscipinnis (Jenkins, 1901) 棕鳍牙花鮨;棕鳍金花鲈

Odontanthias grahami Randall & Heemstra, 2006 格氏牙花鮨;格氏金花鲈

Odontanthias katayamai (Randall, Maugé & Plessis, 1979) 片山氏牙花鮨;片山氏金花鲈

Odontanthias rhodopeplus (Günther, 1872) 红衣牙花鮨;红衣金花鲈 臼

Odontanthias tapui (Randall, Maugé & Plessis, 1979) 塔氏牙花鮨;塔氏金花鲈

Odontanthias unimaculatus (Tanaka, 1917) 单斑牙花鮨;单斑金花鲈 臼

Odontanthias wassi Randall & Heemstra, 2006 沃氏牙花鮨;沃氏金花鲈

Genus *Othos* Castelnau, 1875 帆花鮨属

Othos dentex (Cuvier, 1828) 犬牙帆花鮨

Genus *Paralabrax* Girard, 1856 副鲈属

Paralabrax albomaculatus (Jenyns, 1840) 白斑副鲈

Paralabrax auroguttatus Walford, 1936 金点副炉

Paralabrax callaensis Starks, 1906 南方副鲈

Paralabrax clathratus (Girard, 1854) 大口副鲈

Paralabrax dewegeri (Metzelaar, 1919) 迪氏副鲈

Paralabrax humeralis (Valenciennes, 1828) 红点副鲈

Paralabrax loro Walford, 1936 洛罗副鲈

Paralabrax maculatofasciatus (Steindachner, 1868) 斑带副鲈

Paralabrax nebulifer (Girard, 1854) 星云副鲈

Paralabrax semifasciatus (Guichenot, 1848) 半带副鲈

Genus *Paranthias* Guichenot, 1868 副花鮨属

Paranthias colonus (Valenciennes, 1846) 品红副鲈

Paranthias furcifer (Valenciennes, 1828) 斑副花鮨

Genus *Parasphyraenops* Bean, 1912 副舒竺鮨属

Parasphyraenops atrimanus Bean, 1912 副舒竺鮨

Parasphyraenops incisus (Colin, 1978) 切齿副舒竺鮨

Genus *Plectranthias* Bleeker, 1873 棘花鮨属;棘花鲈属

Plectranthias alleni Randall, 1980 阿氏棘花鮨;阿氏棘花鲈

Plectranthias altipinnatus Katayama & Masuda, 1980 高棘棘花鮨;高棘棘花鲈

Plectranthias anthioides (Günther, 1872) 拟棘花鮨;拟棘花鲈 陆

Plectranthias bauchotae Randall, 1980 鲍科氏棘花鮨;鲍科氏棘花鲈

Plectranthias bilaticlavia Paulin & Roberts, 1987 贪食棘花鮨;贪食棘花鲈

Plectranthias cirrhitoides Randall, 1980 拟髯棘花鮨;拟髯棘花鲈

Plectranthias elaine Heemstra & Randall, 2009 红色棘花鮨;红色棘花鲈

Plectranthias elongatus Wu, Randall & Chen, 2011 长身棘花鲈 台

Plectranthias exsul Heemstra & Anderson, 1983 斜带棘花鮨;斜带棘花鲈

Plectranthias fijiensis Raj & Seeto, 1983 斐济棘花鮨;斐济棘花鲈

Plectranthias foresti Fourmanoir, 1977 福雷斯特棘花鮨;福雷斯特氏棘花鲈

Plectranthias fourmanoiri Randall, 1980 福氏棘花鮨;福氏棘花鲈

Plectranthias gardineri (Regan, 1908) 加氏棘花鮨;加氏棘花鲈

Plectranthias garrupellus Robins & Starck, 1961 杏色棘花鮨;杏色棘花鲈

Plectranthias helenae Randall, 1980 海氏棘花鮨;海伦氏棘花鲈 台

Plectranthias inermis Randall, 1980 弱刺棘花鮨;弱刺棘花鲈

Plectranthias intermedius (Kotthaus, 1973) 中间棘花鮨;中间棘花鲈

Plectranthias japonicus (Steindachner, 1883) 日本棘花鮨;日本棘花鲈 陆 台

Plectranthias jothyi Randall, 1996 焦氏棘花鮨;焦氏棘花鲈 陆 台

Plectranthias kamii Randall, 1980 黄吻棘花鮨;黄吻棘花鲈 陆 台

Plectranthias kelloggi (Jordan & Evermann, 1903) 凯氏棘花鮨;凯氏棘花鲈 台

Plectranthias klausewitzi Zajonz, 2006 克氏棘花鮨;克氏棘花鲈

Plectranthias knappi Randall, 1996 纳普氏棘花鮨;纳普氏棘花鲈

Plectranthias lasti Randall & Hoese, 1995 拉氏棘花鮨;拉氏棘花鲈

Plectranthias longimanus (Weber, 1913) 银点棘花鮨;长臂棘花鲈 台

Plectranthias maculicauda (Regan, 1914) 斑尾棘花鮨;斑尾棘花鲈

Plectranthias maugei Randall, 1980 莫氏棘花鮨;莫氏棘花鲈

Plectranthias megalepis (Günther, 1880) 大鳞棘花鮨;大鳞棘花鲈

Plectranthias megalophthalmus Fourmanoir & Randall, 1979 大眼棘花鮨;大眼棘花鲈

Plectranthias morgansi (Smith, 1961) 高鳍棘花鮨;高鳍棘花鲈

Plectranthias nanus Randall, 1980 短棘花鮨;短棘花鲈 台

Plectranthias nazcae Anderson, 2008 纳氏棘花鮨;纳氏棘花鲈

Plectranthias pallidus Randall & Hoese, 1995 苍棘花鮨;苍棘花鲈

Plectranthias parini Anderson & Randall, 1991 帕氏棘花鮨;帕氏棘花鲈

Plectranthias pelicieri Randall & Shimizu, 1994 佩氏棘花鮨;佩氏棘花鲈 陆

Plectranthias randalli Fourmanoir & Rivaton, 1980 伦氏棘花鮨;兰道氏棘花鲈 台

Plectranthias retrofasciatus Fourmanoir & Randall, 1979 后纹棘花鮨;后纹棘花鲈

Plectranthias robertsi Randall & Hoese, 1995 罗氏棘花鮨;罗氏棘花鲈

Plectranthias rubrifasciatus Fourmanoir & Randall, 1979 红带棘花鮨;红带棘花鲈

Plectranthias sagamiensis (Katayama, 1964) 相模湾棘花鮨;相模湾棘花鲈

Plectranthias sheni Chen & Shao, 2002 沈氏棘花鮨;沈氏棘花鲈 台

Plectranthias taylori Randall, 1980 泰勒棘花鮨;泰勒棘花鲈

Plectranthias vexillarius Randall, 1980 旗鳍棘花鮨;旗鳍棘花鲈

Plectranthias wheeleri Randall, 1980 威氏棘花鮨;威氏棘花鲈 台

Plectranthias whiteheadi Randall, 1980 怀特氏棘花鮨;怀特氏棘花鲈 台

syn. *Plectranthias chungchowensis* Shen & Lin, 1984 中洲棘花鮨

Plectranthias winniensis (Tyler, 1966) 红斑棘花鮨;红斑棘花鲈

Plectranthias xanthomaculatus Wu, Randall & Chen, 2011 黄斑棘花鮨;黄斑棘花鲈 台

Plectranthias yamakawai Yoshino, 1972 山川氏棘花鮨;山川氏棘花鲈 台

Genus *Plectropomus* Oken, 1817 鳃棘鲈属;刺鳃鮨属

Plectropomus areolatus (Rüppell, 1830) 蓝点鳃棘鲈;蓝点刺鳃鮨 陆 台

syn. *Plectropomus truncatus* Fowler & Bean, 1930 截尾鳃棘鲈

Plectropomus laevis (Lacepède, 1801) 黑鞍鳃棘鲈;横斑刺鳃鮨 台

syn. *Plectropomus melanoleucus* (Lacepède, 1802) 黑带鳃棘鲈

Plectropomus leopardus (Lacepède, 1802) 豹纹鳃棘鲈;花斑刺鳃鮨 陆 台

Plectropomus maculatus (Bloch, 1790) 斑鳃棘鲈;斑刺鳃鮨 陆

Plectropomus oligacanthus (Bleeker, 1854) 点线鳃棘鲈;点线刺鳃鮨 陆

Plectropomus pessuliferus (Fowler, 1904) 蠕线鳃棘鲈;蠕线刺鳃鮨

Plectropomus punctatus (Quoy & Gaimard, 1824) 云纹鳃棘鲈;云纹刺鳃鮨

Genus *Pogonoperca* Günther, 1859 须鮨属

Pogonoperca ocellata Günther, 1859 眼斑须鮨

Pogonoperca punctata (Valenciennes, 1830) 斑点须鮨 台

Genus *Pronotogrammus* Gill, 1863 长尾鮨属

Pronotogrammus eos Gilbert, 1890 东方长尾鮨

Pronotogrammus martinicensis (Guichenot, 1868) 马丁长尾鮨

Pronotogrammus multifasciatus Gill, 1863 多纹长尾鮨

Genus *Pseudanthias* Bleeker, 1871 拟花鮨属;拟花鲈属

Pseudanthias albofasciatus (Fowler & Bean, 1930) 白条拟花鮨;白条拟花鲈

Pseudanthias aurulentus (Randall & McCosker, 1982) 金拟花鮨;金拟花鲈

Pseudanthias bartlettorum (Randall & Lubbock, 1981) 香拟花鮨;香拟花鲈

Pseudanthias bicolor (Randall, 1979) 双色拟花鮨;双色拟花鲈 台

Pseudanthias bimaculatus (Smith, 1955) 双斑拟花鮨;双斑拟花鲈

Pseudanthias calloura Ida & Sakaue, 2001 美尾拟花鮨;美尾拟花鲈

Pseudanthias carlsoni Randall & Pyle, 2001 卡氏拟花鮨;卡氏拟花鲈

Pseudanthias caudalis Kamohara & Katayama, 1959 丝尾拟花鮨;丝尾拟花鲈

Pseudanthias charleneae Allen & Erdmann, 2008 印度尼西亚拟花鮨;印度尼西亚拟花鲈

Pseudanthias cichlops (Bleeker, 1853) 丽拟花鮨;丽拟花鲈 陆

Pseudanthias connelli (Heemstra & Randall, 1986) 康氏拟花鮨;康氏拟花鲈

Pseudanthias conspicuus (Heemstra, 1973) 秀美拟花鮨;秀美拟花鲈

Pseudanthias cooperi (Regan, 1902) 锯鳃拟花鮨;库伯氏拟花鲈 台

Pseudanthias dispar (Herre, 1955) 刺盖拟花鮨;刺盖拟花鲈 台

Pseudanthias elongatus (Franz, 1910) 长拟花鮨;长拟花鲈 陆 台

Pseudanthias engelhardi (Allen & Starck, 1982) 恩氏拟花鮨;恩氏拟花鲈 台

Pseudanthias evansi (Smith, 1954) 黄尾拟花鮨;黄尾拟花鲈

Pseudanthias fasciatus (Kamohara, 1954) 条纹拟花鮨;条纹拟花鲈 台

Pseudanthias flavicauda Randall & Pyle, 2001 橙尾拟花鮨;橙尾拟花鲈

Pseudanthias flavoguttatus (Katayama & Masuda, 1980) 黄点拟花鮨;黄点拟花鲈

Pseudanthias fucinus (Randall & Ralston, 1985) 藻食拟花鮨;藻食拟花鲈

Pseudanthias georgei (Allen, 1976) 乔氏拟花鮨;乔氏拟花鲈

Pseudanthias heemstrai Schuhmacher, Krupp & Randall, 1989 希氏拟花鮨;希氏拟花鲈

Pseudanthias hiva Randall & Pyle, 2001 希伐拟花鮨;希伐拟花鲈

Pseudanthias huchtii (Bleeker, 1857) 赫氏拟花鮨;赫氏拟花鲈

Pseudanthias hutomoi (Allen & Burhanuddin, 1976) 哈氏拟花鮨;哈氏拟花鲈

Pseudanthias hypselosoma Bleeker, 1878 高体拟花鮨;高体拟花鲈 台

Pseudanthias ignitus (Randall & Lubbock, 1981) 发光拟花鮨;发光拟花鲈

Pseudanthias kashiwae (Tanaka, 1918) 背带拟花鮨;背带拟花鲈

Pseudanthias leucozonus (Katayama & Masuda, 1982) 白带拟花鮨;白带拟花鲈

Pseudanthias lori (Lubbock & Randall, 1976) 罗氏拟花鮨;罗氏拟花鲈

Pseudanthias lunulatus (Kotthaus, 1973) 新月拟花鮨;新月拟花鲈

Pseudanthias luzonensis (Katayama & Masuda, 1983) 吕宋拟花鮨;吕宋拟花鲈 台

Pseudanthias manadensis (Bleeker, 1856) 马纳顿拟花鮨;马纳顿拟花鲈

Pseudanthias marcia Randall & Hoover, 1993 软拟花鮨;软拟花鲈

Pseudanthias mooreanus (Herre, 1935) 变色拟花鮨;变色拟花鲈

Pseudanthias nobilis (Franz, 1910) 显赫拟花鮨;显赫拟花鲈

Pseudanthias olivaceus (Randall & McCosker, 1982) 强壮拟花鮨;强壮拟花鲈

Pseudanthias parvirostris (Randall & Lubbock, 1981) 小吻拟花鮨;小吻拟花鲈

Pseudanthias pascalus (Jordan & Tanaka, 1927) 紫红拟花鮨;厚唇拟花鲈 陆 台

Pseudanthias pictilis (Randall & Allen, 1978) 绣色拟花鮨;绣色拟花鲈

Pseudanthias pleurotaenia (Bleeker, 1857) 侧带拟花鮨;侧带拟花鲈 陆 台

Pseudanthias privitera Randall & Pyle, 2001 喜斗拟花鮨;喜斗拟花鲈

Pseudanthias pulcherrimus (Heemstra & Randall, 1986) 秀丽拟花鮨;秀丽拟花鲈

Pseudanthias randalli (Lubbock & Allen, 1978) 伦氏拟花鮨;伦氏拟花鲈

Pseudanthias regalis (Randall & Lubbock, 1981) 皇拟花鮨;皇拟花鲈

Pseudanthias rubrizonatus (Randall, 1983) 红带拟花鮨;红带拟花鲈 陆 台

Pseudanthias rubrolineatus (Fourmanoir & Rivaton, 1979) 红纹拟花鮨;红纹拟花鲈

Pseudanthias sheni Randall & Allen, 1989 沈氏拟花鮨;沈氏拟花鲈

Pseudanthias smithvanizi (Randall & Lubbock, 1981) 史氏拟花鮨;史氏拟花鲈

Pseudanthias squamipinnis (Peters, 1855) 丝鳍拟花鮨;丝鳍拟花鲈 陆 台

Pseudanthias taeniatus (Klunzinger, 1884) 纹带拟花鮨;纹带拟花鲈

Pseudanthias taira Schmidt, 1931 琉球拟花鮨;琉球拟花鲈

Pseudanthias thompsoni (Fowler, 1923) 汤氏拟花鮨;汤氏拟花鲈 台

Pseudanthias townsendi (Boulenger, 1897) 托氏拟花鮨;托氏拟花鲈

Pseudanthias truncatus (Katayama & Masuda, 1983) 截尾拟花鮨;截尾拟花鲈

Pseudanthias tuka (Herre & Montalban, 1927) 静拟花鮨;静拟花鲈 台

Pseudanthias venator Snyder, 1911 猎食拟花鮨;猎食拟花鲈

Pseudanthias ventralis hawaiiensis (Randall, 1979) 夏威夷拟花鮨;夏威夷拟花鲈

Pseudanthias ventralis ventralis (Randall, 1979) 大腹拟花鮨;大腹拟花鲈

Pseudanthias xanthomaculatus (Fourmanoir & Rivaton, 1979) 黄斑拟花鮨;黄斑拟花鲈

Genus *Pseudogramma* Bleeker, 1875 拟线鲈属

Pseudogramma astigma Randall & Baldwin, 1997 美拟线鲈

Pseudogramma australis Randall & Baldwin, 1997 澳大利亚拟线鲈

Pseudogramma axelrodi Allen & Robertson, 1995 阿氏拟线鲈

Pseudogramma erythrea Randall & Baldwin, 1997 红纹拟线鲈

Pseudogramma gregoryi (Breder, 1927) 乔氏拟线鲈

Pseudogramma guineensis (Norman, 1935) 圭亚那拟线鲈

Pseudogramma megamyctera Randall & Baldwin, 1997 大鼻拟线鲈

Pseudogramma pectoralis Randall & Baldwin, 1997 大胸拟线鲈

Pseudogramma polyacantha (Bleeker, 1856) 多棘拟线鲈 陆 台

Pseudogramma thaumasia (Gilbert, 1900) 神仙拟线鲈

Pseudogramma xantha Randall, Baldwin & Williams, 2002 黄拟线鲈

Genus *Rabaulichthys* Allen, 1984 暗澳鮨属

Rabaulichthys altipinnis Allen, 1984 高鳍暗澳鮨

Rabaulichthys stigmaticus Randall & Pyle, 1989 斑点暗澳鮨

Rabaulichthys suzukii Masuda & Randall, 2001 铃鹿氏暗澳鮨

Genus *Rainfordia* McCulloch, 1923 雷鮨属

Rainfordia opercularis McCulloch, 1923 长体雷鮨

Genus *Rypticus* Cuvier, 1829 皂鲈属

Rypticus bicolor Valenciennes, 1846 双色皂鲈

Rypticus bistrispinus (Mitchill, 1818) 雀斑皂鲈

Rypticus bornoi Beebe & Tee-Van, 1928 博氏皂鲈

Rypticus courtenayi McCarthy, 1979 考氏皂鲈

Rypticus maculatus Holbrook, 1855 白点皂鲈

Rypticus nigripinnis Gill, 1861 黑翅皂鲈

Rypticus randalli Courtenay, 1967 兰氏皂鲈

Rypticus saponaceus (Bloch & Schneider, 1801) 真皂鲈

Rypticus subbifrenatus Gill, 1861 斑纹皂鲈

Genus *Sacura* Jordan & Richardson, 1910 樱鮨属;珠斑花鲈属

Sacura boulengeri (Heemstra, 1973) 布氏樱鮨;布氏珠斑花鲈

Sacura margaritacea (Hilgendorf, 1879) 珠樱鮨;珠斑花鲈 台

Sacura parva Heemstra & Randall, 1979 小樱鮨;小珠斑花鲈

Sacura speciosa Heemstra & Randall, 1979 灿樱鮨;灿珠斑花鲈

Genus *Saloptia* Smith, 1964 泽鮨属;贫鲙属

Saloptia powelli Smith, 1964 鲍氏泽鮨;褒氏贫鲙 陆 台

Genus *Schultzea* Woods, 1958 舒鮨属

Schultzea beta (Hildebrand, 1940) 无齿舒鮨

Genus *Selenanthias* Tanaka, 1918 月花鮨属;月花鲈属

Selenanthias analis Tanaka, 1918 臀斑月花鮨;臀斑月花鲈 陆 台

Seleneanthias barroi (Fourmanoir, 1982) 巴氏月花鮨;巴氏月花鲈

Seleneanthias myersi Randall, 1995 梅氏月花鮨;梅氏月花鲈

Genus *Serraniculus* Ginsburg, 1952 小鮨属

Serraniculus pumilio Ginsburg, 1952 倭小鮨

Genus *Serranocirrhitus* Watanabe, 1949 鬐鮨属;宽身花鲈属

Serranocirrhitus latus Watanabe, 1949 伊豆鬐鮨;宽身花鲈 台

Genus *Serranus* Cuvier, 1816 鮨属

Serranus accraensis (Norman, 1931) 大鳞鮨

Serranus aequidens Gilbert, 1890 大口鮨

Serranus africanus (Cadenat, 1960) 非洲鮨

Serranus annularis (Günther, 1880) 环鮨

Serranus atricauda Günther, 1874 黑尾鮨

Serranus atrobranchus (Cuvier, 1829) 黑鳃鮨

Serranus auriga (Cuvier, 1829) 南美鮨

Serranus baldwini (Evermann & Marsh, 1899) 鲍得温氏鮨

Serranus cabrilla (Linnaeus, 1758) 九带鮨

Serranus chionaraia Robins & Starck, 1961 雪鮨

Serranus fasciatus (Jenyns, 1840) 条纹鮨

Serranus flaviventris (Cuvier, 1829) 黄腹鮨

Serranus hepatus (Linnaeus, 1758) 斑鳍鮨

Serranus heterurus (Cadenat, 1937) 点鳍鮨

Serranus huascarii Steindachner, 1900 瓦氏鮨

Serranus luciopercanus Poey, 1852 突颌鮨

Serranus maytagi Robins & Starck, 1961 梅氏鮨

Serranus notospilus Longley, 1935 鞍斑鮨

Serranus novemcinctus Kner, 1864 九纹鮨

Serranus phoebe Poey, 1851 横带鮨

Serranus psittacinus Valenciennes, 1846 鹦鮨

Serranus sanctaehelenae Boulenger, 1895 圣鮨

Serranus scriba (Linnaeus, 1758) 纹首鮨

Serranus socorroensis Allen & Robertson, 1992 苏科禄岛鮨

Serranus stilbostigma (Jordan & Bollman, 1890) 闪光鮨

Serranus subligarius (Cope, 1870) 佛罗里达鮨

Serranus tabacarius (Cuvier, 1829) 金鮨

Serranus tigrinus (Bloch, 1790) 虎纹鮨

Serranus tortugarum Longley, 1935 亚鮨

Genus *Suttonia* Smith, 1953 苏通鲈属

Suttonia lineata Gosline, 1960 线纹苏通鲈

Suttonia suttoni Smith, 1953 苏氏苏通鲈

Genus *Tosana* Smith & Pope, 1906 姬鮨属;姬花鲈属

Tosana niwae Smith & Pope, 1906 姬鮨;姬花鲈 陆 台

Genus *Tosanoides* Kamohara, 1953 拟姬鮨属

Tosanoides filamentosus Kamohara, 1953 丝鳍拟姬鮨

Tosanoides flavofasciatus Katayama & Masuda, 1980 黄带拟姬鮨

Genus *Trachypoma* Günther, 1859 糙盖花鮨属

Trachypoma macracanthus Günther, 1859 大棘糙盖花鮨

Genus *Triso* Randall, Johnson & Lowe, 1989 鸢鮨属;鸢鲙属

Triso dermopterus (Temminck & Schlegel, 1842) 鸢鮨(细鳞三棱鲈);鸢鲙 陆 台

  syn. *Trisotropis dermopterus* (Temminck & Schlegel, 1842) 细鳞三棱鲈

Genus *Variola* Swainson, 1839 侧牙鲈属;星鲙属

Variola albimarginata Baissac, 1953 白边侧牙鲈;白缘星鲙 陆 台

Variola louti (Forsskål, 1775) 侧牙鲈;星鲙 陆 台

Family 339 Centrogeniidae 棘鳞鮨鲈科

Genus *Centrogenys* Richardson, 1842 棘鳞鮨鲈属

Centrogenys vaigiensis (Quoy & Gaimard, 1824) 棘鳞鮨鲈

Family 340 Ostracoberycidae 鳏鲈科;巨棘鲈科

Genus *Ostracoberyx* Fowler, 1934 鳏鲈属;巨棘鲈属

Ostracoberyx dorygenys Fowler, 1934 矛状鳏鲈;矛状巨棘鲈 陆 台

Ostracoberyx fowleri Matsubara, 1939 福氏鳏鲈;福氏巨棘鲈

Ostracoberyx paxtoni Quéro & Ozouf-Costaz, 1991 帕氏鳏鲈;帕氏巨棘鲈

Family 341 Callanthiidae 丽花鮨科

Genus *Callanthias* Lowe, 1839 丽花鮨属

Callanthias allporti Günther, 1876 奥氏丽花鮨

Callanthias australis Ogilby, 1899 澳洲丽花鮨

Callanthias japonicus Franz, 1910 日本丽花鮨 陆 台

Callanthias legras Smith, 1948 红背丽花鮨

Callanthias parini Anderson & Johnson, 1984 帕氏丽花鮨

Callanthias platei Steindachner, 1898 普氏丽花鮨

Callanthias ruber (Rafinesque, 1810) 花尾丽花鮨

Callanthias splendens Griffin, 1921 新西兰丽花鮨

Genus *Grammatonotus* Gilbert, 1905 蓝带纹鲈属

Grammatonotus ambiortus Prokofiev, 2006 美丽蓝带纹鲈

Grammatonotus crosnieri (Fourmanoir, 1981) 克氏蓝带纹鲈

Grammatonotus lanceolatus (Kotthaus, 1976) 尖蓝带纹鲈

Grammatonotus laysanus Gilbert, 1905 夏威夷蓝带纹鲈

Grammatonotus macrophthalmus Katayama, Yamamoto & Yamakawa, 1982 大眼蓝带纹鲈

Grammatonotus surugaensis Katayama, Yamakawa & Suzuki, 1980 骏河湾蓝带纹鲈

Family 342 Pseudochromidae 拟雀鲷科

Genus *Amsichthys* Gill & Edwards, 1999 鱼雀鲷属

Amsichthys knighti (Allen, 1987) 奈氏鱼雀鲷 台

  syn. *Pseudoplesiops knighti* (Allen, 1987) 奈氏拟鲅

Genus *Anisochromis* Smith, 1954 异色鲈属

Anisochromis kenyae Smith, 1954 凯氏异色鲈

Anisochromis mascarenensis Gill & Fricke, 2001 斑鳍异色鲈

Anisochromis straussi Springer, Smith & Fraser, 1977 斯氏异色鲈

Genus *Assiculoides* Gill & Hutchins, 1997 似雅雀鲷属

Assiculoides desmonotus Gill & Hutchins, 1997 似雅雀鲷

Genus *Assiculus* Richardson, 1846 雅雀鲷属

Assiculus punctatus Richardson, 1846 斑点雅雀鲷

Genus *Blennodesmus* Günther, 1872 雀鲷属

Blennodesmus scapularis Günther, 1872 眼斑雀鲷

Genus *Chlidichthys* Smith, 1953 软雀鲷属

Chlidichthys abruptus Lubbock, 1977 橙眶软雀鲷

Chlidichthys auratus Lubbock, 1975 金软雀鲷

Chlidichthys bibulus (Smith, 1954) 红额软雀鲷

Chlidichthys cacatuoides Gill & Randall, 1994 阿曼软雀鲷

Chlidichthys chagosensis Gill & Edwards, 2004 查戈斯岛软雀鲷

Chlidichthys clibanarius Gill & Edwards, 2004 头带软雀鲷

Chlidichthys foudioides Gill & Edwards, 2004 礁栖软雀鲷

Chlidichthys inornatus Lubbock, 1976 丑软雀鲷

Chlidichthys johnvoelckeri Smith, 1953 紫体软雀鲷

Chlidichthys pembae Smith, 1954 彭伯氏软雀鲷

Chlidichthys randalli Lubbock, 1977 兰氏软雀鲷

Chlidichthys rubiceps Lubbock, 1975 红头软雀鲷

Chlidichthys smithae Lubbock, 1977 斯氏软雀鲷

Genus *Congrogadus* Günther, 1862 鳗鲷属

Congrogadus amplimaculatus (Winterbottom, 1980) 宽斑鳗鲷

Congrogadus hierichthys Jordan & Richardson, 1908 睛斑鳗鲷

Congrogadus malayanus (Weber, 1909) 马来亚鳗鲷

Congrogadus spinifer (Borodin, 1933) 棘鳗鲷

Congrogadus subducens (Richardson, 1843) 鳗鲷 陆 台

Congrogadus winterbottomi Gill, Mooi & Hutchins, 2000 温氏鳗鲷

Genus *Cypho* Myers, 1940 驼雀鲷属

Cypho purpurascens (De Vis, 1884) 紫红驼雀鲷

Cypho zaps Gill, 2004 扎帕驼雀鲷

Genus *Halidesmus* Günther, 1872 海鳒鲷属

Halidesmus coccus Winterbottom & Randall, 1994 鸡冠海鳒鲷

Halidesmus polytretus Winterbottom, 1982 多孔海鳒鲷

Halidesmus scapularis Günther, 1872 棕褐海鳒鲷

Halidesmus socotraensis Gill & Zajonz, 2003 也门海鳒鲷

Halidesmus thomaseni (Nielsen, 1961) 索氏海鳒鲷

Genus *Halimuraena* Smith, 1952 海鳝鲷属

Halimuraena hexagonata Smith, 1952 六角海鳝鲷

Halimuraena lepopareia Winterbottom, 1980 鳞颊海鳝鲷

Halimuraena shakai Winterbottom, 1978 沙氏海鳝鲷

Genus *Halimuraenoides* Maugé & Bardach, 1985 仿海鳝鲷属

Halimuraenoides isostigma Maugé & Bardach, 1985 仿海鳝鲷

Genus *Haliophis* Rüppell, 1829 海蛇鲷属

Haliophis aethiopus Winterbottom, 1985 埃塞俄比亚海蛇鲷

Haliophis diademus Winterbottom & Randall, 1994 头带海蛇鲷

Haliophis guttatus (Forsskål, 1775) 斑点海蛇鲷

Genus *Labracinus* Schlegel, 1858 戴氏鱼属

Labracinus atrofasciatus (Herre, 1933) 黑带戴氏鱼

Labracinus cyclophthalmus (Müller & Troschel, 1849) 圆眼戴氏鱼 台

Labracinus lineatus (Castelnau, 1875) 条纹戴氏鱼 台

Labracinus melanotaenia (Bleeker, 1852) 黑线戴氏鱼 陆

Genus *Lubbockichthys* Gill & Edwards, 1999 卢博鲅属

Lubbockichthys multisquamatus (Allen, 1987) 多鳞卢博鲅

Lubbockichthys myersi Gill & Edwards, 2006 梅尔卢博鲅

Lubbockichthys tanakai Gill & Senou, 2002 田中卢博鲅

Genus *Manonichthys* Gill, 2004 宽鲅属

Manonichthys alleni Gill, 2004 艾伦氏宽鲅

Manonichthys jamali Allen & Erdmann, 2007 贾氏宽鲅

  syn. *Pseudochromis jamali* (Allen & Erdmann, 2007) 贾氏拟雀鲷

Manonichthys paranox (Lubbock & Goldman, 1976) 奇宽鲅

  syn. *Pseudochromis paranox* (Lubbock & Goldman, 1976) 奇拟雀鲷

Manonichthys polynemus (Fowler, 1931) 多线宽鲅

  syn. *Pseudochromis polynemus* (Fowler, 1931) 多线拟雀鲷

Manonichthys splendens (Fowler, 1931) 闪光宽鲅

  syn. *Pseudochromis splendens* (Fowler, 1931) 闪光拟雀鲷

Manonichthys winterbottomi Gill, 2004 温氏宽鲅

Genus *Natalichthys* Winterbottom, 1980 长鳒鲅属

Natalichthys leptus Winterbottom, 1980 颊鳞长鳚䲁
Natalichthys ori Winterbottom, 1980 肩斑长鳚䲁
Natalichthys sam Winterbottom, 1980 大眼长鳚䲁

Genus *Ogilbyina* Fowler, 1931 奥氏拟雀鲷属

Ogilbyina novaehollandiae (Steindachner, 1879) 新荷兰奥氏拟雀鲷
Ogilbyina queenslandiae (Saville-Kent, 1893) 昆士兰奥氏拟雀鲷
Ogilbyina salvati (Plessis & Fourmanoir, 1966) 红身奥氏拟雀鲷

Genus *Oxycercichthys* Gill, 2004 尖角雀鲷属

Oxycercichthys veliferus (Lubbock, 1980) 维拉尖角雀鲷

Genus *Pectinochromis* Gill & Edwards, 1999 梳雀鲷属

Pectinochromis lubbocki (Edwards & Randall, 1983) 梳雀鲷

Genus *Pholidochromis* Gill, 2004 甲鳞雀鲷属

Pholidochromis cerasina Gill & Tanaka, 2004 樱红甲鳞雀鲷
Pholidochromis marginata (Lubbock, 1980) 缘边甲鳞雀鲷

Genus *Pictichromis* Gill, 2004 绣雀鲷属

Pictichromis aurifrons (Lubbock, 1980) 金黄绣雀鲷
Pictichromis caitlinae Allen, Gill & Erdmann, 2008 橘吻绣雀鲷
Pictichromis coralensis Gill, 2004 昆士兰绣雀鲷
Pictichromis diadema (Lubbock & Randall, 1978) 紫红背绣雀鲷 台
　　syn. *Pseudochromis diadema* Lubbock & Randall, 1978 马来拟雀鲷
Pictichromis dinar Randall & Schultz, 2009 背点绣雀鲷
Pictichromis ephippiata (Gill, Pyle & Earle, 1996) 新几内亚绣雀鲷
Pictichromis paccagnellae (Axelrod, 1973) 红黄绣雀鲷
Pictichromis porphyrea (Lubbock & Goldman, 1974) 紫绣雀鲷 陆 台
　　syn. *Pseudochromis porphyreus* Lubbock & Goldman, 1974 红棕拟雀鲷

Genus *Pseudochromis* Rüppell, 1835 拟雀鲷属

Pseudochromis aldabraensis Bauchot-Boutin, 1958 阿岛拟雀鲷
Pseudochromis alticaudex Gill, 2004 肥尾拟雀鲷
Pseudochromis andamanensis Lubbock, 1980 安达曼岛拟雀鲷
Pseudochromis aureolineatus Gill, 2004 金线拟雀鲷
Pseudochromis aurulentus Gill & Randall, 1998 金色拟雀鲷
Pseudochromis bitaeniatus (Fowler, 1931) 双带拟雀鲷
Pseudochromis caudalis Boulenger, 1898 长尾拟雀鲷
Pseudochromis coccinicauda (Tickell, 1888) 红尾拟雀鲷
Pseudochromis colei Herre, 1933 科氏拟雀鲷
Pseudochromis cometes Gill & Randall, 1998 彗尾拟雀鲷
Pseudochromis cyanotaenia Bleeker, 1857 蓝带拟雀鲷 陆 台
　　syn. *Pseudochromis kikaii* Aoyagi, 1941 吉氏拟雀鲷
Pseudochromis dilectus Lubbock, 1976 可爱拟雀鲷
Pseudochromis dixurus Lubbock, 1975 叉尾拟雀鲷
Pseudochromis dutoiti Smith, 1955 达氏拟雀鲷
Pseudochromis elongatus Lubbock, 1980 长身拟雀鲷
Pseudochromis flammicauda Lubbock & Goldman, 1976 焰尾拟雀鲷
Pseudochromis flavivertex Rüppell, 1835 黄顶拟雀鲷
Pseudochromis flavopunctatus Gill & Randall, 1998 黄斑拟雀鲷
Pseudochromis fowleri Herre, 1934 福氏拟雀鲷
Pseudochromis fridmani Klausewitz, 1968 弗氏拟雀鲷
Pseudochromis fuscus Müller & Troschel, 1849 褐拟雀鲷 陆 台
　　syn. *Pseudochromis aureus* Seale, 1910 金色拟雀鲷
Pseudochromis howsoni Allen, 1995 豪氏拟雀鲷
Pseudochromis jace Allen, Gill & Erdmann, 2008 杰茜拟雀鲷
Pseudochromis jamesi Schultz, 1943 贾氏拟雀鲷
Pseudochromis kolythrus Gill & Winterbottom, 1993 新喀里多尼亚拟雀鲷
Pseudochromis kristinae Gill, 2004 克里斯汀拟雀鲷
Pseudochromis leucorhynchus Lubbock, 1977 白吻拟雀鲷
Pseudochromis linda Randall & Stanaland, 1989 岛栖拟雀鲷
Pseudochromis litus Gill & Randall, 1998 绝代拟雀鲷
Pseudochromis lugubris Gill & Allen, 2004 多鳞拟雀鲷
Pseudochromis luteus Aoyagi, 1943 灰黄拟雀鲷 台
Pseudochromis madagascariensis Gill, 2004 马达加斯加拟雀鲷

Pseudochromis magnificus Lubbock, 1977 大头拟雀鲷
Pseudochromis marshallensis Schultz, 1953 马歇尔岛拟雀鲷 陆 台
Pseudochromis matahari Gill, Erdmann & Allen, 2009 又原氏拟雀鲷
Pseudochromis melanotus Lubbock, 1975 黑背拟雀鲷
Pseudochromis melanurus Gill, 2004 黑尾拟雀鲷
Pseudochromis melas Lubbock, 1977 黑体拟雀鲷
Pseudochromis mooii Gill, 2004 穆氏拟雀鲷
Pseudochromis moorei Fowler, 1931 穆兰氏拟雀鲷
Pseudochromis natalensis Regan, 1916 南非拟雀鲷
Pseudochromis nigrovittatus Boulenger, 1897 黑带拟雀鲷
Pseudochromis olivaceus Rüppell, 1835 红海拟雀鲷
Pseudochromis omanensis Gill & Mee, 1993 阿曼拟雀鲷
Pseudochromis persicus Murray, 1887 波斯湾拟雀鲷
Pseudochromis perspicillatus Günther, 1862 壮拟雀鲷
Pseudochromis pesi Lubbock, 1975 双色拟雀鲷
Pseudochromis pictus Gill & Randall, 1998 锈色拟雀鲷
Pseudochromis punctatus Kotthaus, 1970 长鳍拟雀鲷
Pseudochromis pylei Randall & McCosker, 1989 派尔氏拟雀鲷
Pseudochromis quinquedentatus McCulloch, 1926 五棘拟雀鲷
Pseudochromis ransonneti Steindachner, 1870 兰氏拟雀鲷
Pseudochromis reticulatus Gill & Woodland, 1992 网纹拟雀鲷
Pseudochromis sankeyi Lubbock, 1975 桑氏拟雀鲷
Pseudochromis springeri Lubbock, 1975 斯氏拟雀鲷
Pseudochromis steenei Gill & Randall, 1992 史氏拟雀鲷
Pseudochromis striatus Gill, Shao & Chen, 1995 条纹拟雀鲷 台
Pseudochromis tapeinosoma Bleeker, 1853 紫青拟雀鲷 台
　　syn. *Pseudochromis melanotaenia* Bleeker, 1863 黑线拟雀鲷
Pseudochromis tauberae Lubbock, 1977 黄胸拟雀鲷
Pseudochromis tonozukai Gill & Allen, 2004 汤氏拟雀鲷
Pseudochromis viridis Gill & Allen, 1996 绿拟雀鲷
Pseudochromis wilsoni (Whitley, 1929) 黄鳍拟雀鲷
Pseudochromis xanthochir Bleeker, 1855 黄尾拟雀鲷 陆

Genus *Pseudoplesiops* Boulenger, 1899 拟鮗属

Pseudoplesiops annae (Weber, 1913) 安娜拟鮗
Pseudoplesiops collare Gill, Randall & Edwards, 1991 大项拟鮗
Pseudoplesiops howensis Allen, 1987 豪文氏拟鮗
Pseudoplesiops immaculatus Gill & Edwards, 2002 无斑拟鮗 陆
Pseudoplesiops occidentalis Gill & Edwards, 2002 西方拟鮗
Pseudoplesiops revellei Schultz, 1953 雷氏拟鮗
Pseudoplesiops rosae Schultz, 1943 玫瑰拟鮗
Pseudoplesiops typus Bleeker, 1858 拟鮗
Pseudoplesiops wassi Gill & Edwards, 2003 沃氏拟鮗

Genus *Rusichthys* Winterbottom, 1979 红拟雀鲷属

Rusichthys explicitus Winterbottom, 1996 多杷红拟雀鲷
Rusichthys plesiomorphus Winterbottom, 1979 红拟雀鲷

Family 343 Grammatidae 蓝纹鲈科

Genus *Gramma* Poey, 1868 蓝纹鲈属

Gramma brasiliensis Sazima, Gasparini & Moura, 1998 巴西蓝纹鲈
Gramma linki Starck & Colin, 1978 林氏蓝纹鲈
Gramma loreto Poey, 1868 蓝纹鲈
Gramma melacara Böhlke & Randall, 1963 黑顶蓝纹鲈

Genus *Lipogramma* Böhlke, 1960 油纹鲈属

Lipogramma anabantoides Böhlke, 1960 暗体油纹鲈
Lipogramma evides Robins & Colin, 1979 婷婷油纹鲈
Lipogramma flavescens Gilmore & Jones, 1988 黄油纹鲈
Lipogramma klayi Randall, 1963 克氏油纹鲈
Lipogramma regia Robins & Colin, 1979 大王油纹鲈
Lipogramma robinsi Gilmore, 1997 罗氏油纹鲈
Lipogramma rosea Gilbert, 1979 玫瑰油纹鲈
Lipogramma trilineata Randall, 1963 三线油纹鲈

Family 344 Plesiopidae 鮗科;七夕鱼科

Genus *Acanthoclinus* Mocquard, 1885 棘鮗属

Acanthoclinus fuscus Jenyns, 1842 暗棘鮗

Acanthoclinus littoreus (Forster, 1801) 滨海棘鮗

Acanthoclinus marilynae (Hardy, 1985) 星火棘鮗

Acanthoclinus matti (Hardy, 1985) 马氏棘鮗

Acanthoclinus rua (Hardy, 1985) 新西兰棘鮗

Genus *Acanthoplesiops* Regan, 1912 若棘鮗属

Acanthoplesiops echinatus Smith-Vaniz & Johnson, 1990 猬若棘鮗

Acanthoplesiops hiatti Schultz, 1953 海氏若棘鮗 台

Acanthoplesiops indicus (Day, 1888) 印度若棘鮗

Acanthoplesiops naka Mooi & Gill, 2004 汤加若棘鮗

Acanthoplesiops psilogaster Hardy, 1985 滑腹若棘鮗 台

Genus *Assessor* Whitley, 1935 燕尾鮗属;燕尾七夕鱼属

Assessor flavissimus Allen & Kuiter, 1976 黄燕尾鮗;黄燕尾七夕鱼

Assessor macneilli Whitley, 1935 麦氏燕尾鮗;麦氏燕尾七夕鱼

Assessor randalli Allen & Kuiter, 1976 蓝氏燕尾鮗;兰氏燕尾七夕鱼 台

Genus *Beliops* Hardy, 1985 针鳍鮗属

Beliops batanensis Smith-Vaniz & Johnson, 1990 菲律宾针鳍鮗 台

Beliops xanthokrossos Hardy, 1985 黄针鳍鮗

Genus *Belonepterygion* McCulloch, 1915 针翅鮗属

Belonepterygion fasciolatum (Ogilby, 1889) 横带针翅鮗 台

　　syn. *Ernogrammoides fasciatus* Chen & Liang, 1948 台鮗

Genus *Calloplesiops* Fowler & Bean, 1930 丽鮗属;丽七夕鱼属

Calloplesiops altivelis (Steindachner, 1903) 珍珠丽鮗;珍珠丽七夕鱼 台

Calloplesiops argus Fowler & Bean, 1930 亮丽鮗;亮丽七夕鱼

Genus *Fraudella* Whitley, 1935 纹鮗属;纹七夕鱼属

Fraudella carassiops Whitley, 1935 纹鮗;纹七夕鱼

Genus *Paraplesiops* Bleeker, 1875 副鮗属;副七夕鱼属

Paraplesiops alisonae Hoese & Kuiter, 1984 小眼副鮗;小眼副七夕鱼

Paraplesiops bleekeri (Günther, 1861) 布氏副鮗;布氏副七夕鱼

Paraplesiops meleagris (Peters, 1869) 蓝副鮗;蓝副七夕鱼

Paraplesiops poweri Ogilby, 1908 横带副鮗;横带副七夕鱼

Paraplesiops sinclairi Hutchins, 1987 辛氏副鮗;辛氏副七夕鱼

Genus *Plesiops* Oken, 1817 鮗属;七夕鱼属

Plesiops auritus Mooi, 1995 金鮗;金七夕鱼

Plesiops cephalotaenia Inger, 1955 头带鮗;头带七夕鱼

Plesiops coeruleolineatus Rüppell, 1835 蓝线鮗;蓝线七夕鱼 陆 台

　　syn. *Plesiops melas* Bleeker, 1849 黑鮗

Plesiops corallicola Bleeker, 1853 珊瑚鮗;珊瑚七夕鱼 台

Plesiops facicavus Mooi, 1995 穴鮗;穴七夕鱼

Plesiops genaricus Mooi & Randall, 1991 颊鮗;颊七夕鱼

Plesiops gracilis Mooi & Randall, 1991 细鮗;细七夕鱼

Plesiops insularis Mooi & Randall, 1991 岛鮗;岛七夕鱼

Plesiops malalaxus Mooi, 1995 马达加斯加鮗;马达加斯加七夕鱼

Plesiops multisquamata Inger, 1955 多鳞鮗;多鳞七夕鱼

Plesiops mystaxus Mooi, 1995 唇鮗;唇七夕鱼

Plesiops nakaharae Tanaka, 1917 仲原氏鮗;仲原氏七夕鱼 台

Plesiops nigricans (Rüppell, 1828) 灰鮗;灰七夕鱼

Plesiops oxycephalus Bleeker, 1855 尖头鮗;尖头七夕鱼 陆 台

Plesiops polydactylus Mooi, 1995 多指鮗;多指七夕鱼

Plesiops thysanopterus Mooi, 1995 缕鳍鮗;缕鳍七夕鱼

Plesiops verecundus Mooi, 1995 羞鮗;羞七夕鱼 台

Genus *Steeneichthys* Allen & Randall, 1985 司蒂鮗属

Steeneichthys nativitatus Allen, 1987 圣诞岛司蒂鮗

Steeneichthys plesiopsus Allen & Randall, 1985 司蒂鮗

Genus *Trachinops* Günther, 1861 粗眼鮗属

Trachinops brauni Allen, 1977 布朗氏粗眼鮗

Trachinops caudimaculatus McCoy, 1890 尾斑粗眼鮗

Trachinops noarlungae Glover, 1974 诺亚粗眼鮗

Trachinops taeniatus Günther, 1861 条纹粗眼鮗

Family 345 Notograptidae 颏须鳚科

Genus *Notograptus* Günther, 1867 颏须鳚属

Notograptus gregoryi Whitley, 1941 格氏颏须鳚

Notograptus guttatus Günther, 1867 斑点颏须鳚

Notograptus kauffmani Tyler & Smith, 1970 考氏颏须鳚

Notograptus livingstonei Whitley, 1931 利氏颏须鳚

Family 346 Opistognathidae 后颌䲁科;后颌鱼科

Genus *Lonchopisthus* Gill, 1862 剑尾后颌䲁属;剑尾后颌鱼属

Lonchopisthus higmani Mead, 1959 海氏剑尾后颌䲁;海氏剑尾后颌鱼

Lonchopisthus lemur (Myers, 1935) 鬼形剑尾后颌䲁;鬼形剑尾后颌鱼

Lonchopisthus lindneri Ginsburg, 1942 林氏剑尾后颌䲁;林氏剑尾后颌鱼

Lonchopisthus micrognathus (Poey, 1860) 小颌剑尾后颌䲁;小颌剑尾后颌鱼

Lonchopisthus sinuscalifornicus Castro-Aguirre & Villavicencio-Garayzar, 1988 加州湾剑尾后颌䲁;加州湾剑尾后颌鱼

Genus *Opistognathus* Cuvier, 1816 后颌䲁属;后颌鱼属

Opistognathus adelus Smith-Vaniz, 2010 宽颌后颌䲁;宽颌后颌鱼

Opistognathus afer Smith-Vaniz, 2010 非洲后颌䲁;非洲后颌鱼

Opistognathus alleni Smith-Vaniz, 2004 阿氏后颌䲁;阿氏后颌鱼

Opistognathus aurifrons (Jordan & Thompson, 1905) 黄头后颌䲁;黄头后颌鱼

Opistognathus brasiliensis Smith-Vaniz, 1997 巴西后颌䲁;巴西后颌鱼

Opistognathus brochus Bussing & Lavenberg, 2003 滨海后颌䲁;滨海后颌鱼

Opistognathus castelnaui Bleeker, 1860 卡氏后颌䲁;卡氏后颌鱼 台

Opistognathus crassus Smith-Vaniz, 2010 厚身后颌䲁;厚身后颌鱼

Opistognathus cuvierii Valenciennes, 1836 居氏后颌䲁;居氏后颌鱼

Opistognathus darwiniensis Macleay, 1878 达尔文港后颌䲁;达尔文港后颌鱼

Opistognathus decorus Smith-Vaniz & Yoshino, 1985 黄尾后颌䲁;黄尾后颌鱼

Opistognathus dendriticus (Jordan & Richardson, 1908) 枝状后颌䲁;枝状后颌鱼

Opistognathus dipharus Smith-Vaniz, 2010 圆尾后颌䲁;圆尾后颌鱼

Opistognathus elizabethensis Smith-Vaniz, 2004 伊丽沙白后颌䲁;伊丽沙白后颌鱼

Opistognathus evermanni (Jordan & Snyder, 1902) 艾氏后颌䲁;艾氏后颌鱼 陆 台

Opistognathus eximius (Ogilby, 1908) 大眼后颌䲁;大眼后颌鱼

Opistognathus fenmutis Acero P. & Franke, 1993 哥伦比亚后颌䲁;哥伦比亚后颌鱼

Opistognathus fossoris Bussing & Lavenberg, 2003 穴栖后颌䲁;穴栖后颌鱼

Opistognathus galapagensis Allen & Robertson, 1991 加拉帕戈斯岛后颌䲁;加拉帕戈斯岛后颌鱼

Opistognathus gilberti Böhlke, 1967 吉氏后颌䲁;吉氏后颌鱼

Opistognathus hongkongiensis Chan, 1968 香港后颌䲁;香港后颌鱼 陆 台

Opistognathus hopkinsi (Jordan & Snyder, 1902) 霍氏后颌䲁;霍氏后颌鱼 台

Opistognathus inornatus Ramsay & Ogilby, 1887 黑体后颌䲁;黑体后颌鱼

Opistognathus iyonis (Jordan & Thompson, 1913) 伊氏后颌䲁;伊氏后颌鱼

Opistognathus jacksoniensis Macleay, 1881 杰克逊后颌䲁;杰克逊后颌鱼

Opistognathus latitabundus (Whitley, 1937) 背斑后颌䲁;背斑后颌鱼

Opistognathus leprocarus Smith-Vaniz, 1997 糙后颌䲁;糙后颌鱼

Opistognathus liturus Smith-Vaniz & Yoshino, 1985 头点后颌䲁;头点后颌鱼

Opistognathus lonchurus Jordan & Gilbert, 1882 颊纹后颌䲁;颊纹后颌鱼

Opistognathus longinaris Smith-Vaniz, 2010 长鼻后颌䲁;长鼻后颌鱼

Opistognathus macrognathus Poey, 1860 斑鳍后颌䲁;斑鳍后颌鱼

Opistognathus macrolepis Peters, 1866 粗鳞后颌䲁;粗鳞后颌鱼

Opistognathus margaretae Smith-Vaniz, 1984 大眼珍珠后颌䲁;大眼珍珠后颌鱼

Opistognathus maxillosus Poey, 1860 斑驳后颌䲁;斑驳后颌鱼

Opistognathus megalepis Smith-Vaniz, 1972 大鳞后颌䲁;大鳞后颌鱼

Opistognathus melachasme Smith-Vaniz, 1972 黑口后颌䲁;黑口后颌鱼

Opistognathus mexicanus Allen & Robertson, 1991 墨西哥后颌䲁;墨西哥后颌鱼

Opistognathus muscatensis Boulenger, 1888 壮身后颌䲁;壮身后颌鱼

Opistognathus nigromarginatus Rüppell, 1830 鞍纹后颌䲁;鞍纹后颌鱼

Opistognathus nothus Smith-Vaniz, 1997 似后颌䲁;似后颌鱼

Opistognathus panamaensis Allen & Robertson, 1991 巴拿马后颌䲁;巴拿马后颌鱼

Opistognathus papuensis Bleeker, 1868 巴布后颌䲁;巴布后颌鱼

Opistognathus punctatus Peters, 1869 斑后颌䲁;斑后颌鱼

Opistognathus reticeps Smith-Vaniz, 2004 网头后颌䲁;网头后颌鱼

Opistognathus reticulatus (McKay, 1969) 网纹后颌䲁;网纹后颌鱼

Opistognathus rhomaleus Jordan & Gilbert, 1882 壮体后颌䲁;壮体后颌鱼

Opistognathus robinsi Smith-Vaniz, 1997 鲁氏后颌䲁;鲁氏后颌鱼

Opistognathus rosenbergii Bleeker, 1857 罗森伯格后颌䲁;罗森伯格后颌鱼

Opistognathus rosenblatti Allen & Robertson, 1991 罗氏后颌䲁;罗氏后颌鱼

Opistognathus rufilineatus Smith-Vaniz & Allen, 2007 红纹后颌䲁;红纹后颌鱼

Opistognathus scops (Jenkins & Evermann, 1889) 枭后颌䲁;枭后颌鱼

Opistognathus seminudus Smith-Vaniz, 2004 半裸后颌䲁;半裸后颌鱼

Opistognathus signatus Smith-Vaniz, 1997 鬼后颌䲁;鬼后颌鱼

Opistognathus simus Smith-Vaniz, 2010 扁吻后颌䲁;扁吻后颌鱼

Opistognathus smithvanizi Bussing & Lavenberg, 2003 斯氏后颌䲁;斯氏后颌鱼

Opistognathus solorensis Bleeker, 1853 苏禄后颌䲁;索洛后颌鱼 台

Opistognathus stigmosus Smith-Vaniz, 2004 眼点后颌䲁;眼点后颌鱼

Opistognathus variabilis Smith-Vaniz, 2009 多彩后颌䲁;多彩后颌鱼 台

Opistognathus verecundus Smith-Vaniz, 2004 羞后颌䲁;羞后颌鱼

Opistognathus walkeri Bussing & Lavenberg, 2003 沃尔克后颌䲁;沃尔克后颌鱼

Opistognathus whitehursti (Longley, 1927) 怀氏后颌䲁;怀氏后颌鱼

Genus *Stalix* Jordan & Snyder, 1902 叉棘䲁属;叉棘鱼属

Stalix davidsheni Klausewitz, 1985 戴氏叉棘䲁;戴氏叉棘鱼

Stalix dicra Smith-Vaniz, 1989 圆尾叉棘䲁;圆尾叉棘鱼

Stalix eremia Smith-Vaniz, 1989 口孵叉棘䲁;口孵叉棘鱼

Stalix flavida Smith-Vaniz, 1989 黄叉棘䲁;黄叉棘鱼

Stalix histrio Jordan & Snyder, 1902 红海叉棘䲁;红海叉棘鱼

Stalix immaculata Xu & Zhan, 1980 无斑叉棘䲁;无斑叉棘鱼 陆

Stalix moenensis (Popta, 1922) 礁栖叉棘䲁;礁栖叉棘鱼

Stalix omanensis Norman, 1939 阿曼叉棘䲁;阿曼叉棘鱼

Stalix sheni Smith-Vaniz, 1989 沈氏叉棘䲁;沈氏叉棘鱼 台

Stalix toyoshio Shinohara, 1999 丰广叉棘䲁;丰广叉棘鱼

Stalix versluysi (Weber, 1913) 弗氏叉棘䲁;弗氏叉棘鱼

Family 347 Dinopercidae 洞鲷科

Genus *Centrarchops* Fowler, 1923 中洞鲷属

Centrarchops chapini Fowler, 1923 蔡氏中洞鲷

Genus *Dinoperca* Boulenger, 1895 洞鲷属

Dinoperca petersi (Day, 1875) 高鳍洞鲷

Family 348 Banjosidae 寿鱼科;扁棘鲷科

Genus *Banjos* Bleeker, 1876 寿鱼属;扁棘鲷属

Banjos banjos (Richardson, 1846) 寿鱼;扁棘鲷 陆 台

Family 349 Centrarchidae 棘臀鱼科

Genus *Acantharchus* Gill, 1864 刺臀鱼属

Acantharchus pomotis (Baird, 1855) 刺臀鱼

Genus *Ambloplites* Rafinesque, 1820 钝鲈属

Ambloplites ariommus Viosca, 1936 阴影钝鲈

Ambloplites cavifrons Cope, 1868 穴钝鲈

Ambloplites constellatus Cashner & Suttkus, 1977 锥星钝鲈

Ambloplites rupestris (Rafinesque, 1817) 岩钝鲈

Genus *Archoplites* Gill, 1861 断线日鲈属

Archoplites interruptus (Girard, 1854) 断线日鲈

Genus *Centrarchus* Cuvier, 1829 棘臀鱼属(太阳鲈属)

Centrarchus macropterus (Lacepède, 1801) 大鳍棘臀鱼(太阳鲈)

Genus *Enneacanthus* Gill, 1864 九棘日鲈属

Enneacanthus chaetodon (Baird, 1855) 黑带九棘日鲈

Enneacanthus gloriosus (Holbrook, 1855) 蓝点九棘日鲈

Enneacanthus obesus (Girard, 1854) 暗色九棘日鲈

Genus *Lepomis* Rafinesque, 1819 太阳鱼属

Lepomis auritus (Linnaeus, 1758) 红胸太阳鱼

Lepomis cyanellus Rafinesque, 1819 蓝太阳鱼

Lepomis gibbosus (Linnaeus, 1758) 驼背太阳鱼

Lepomis gulosus (Cuvier, 1829) 密西西比河太阳鱼

Lepomis humilis (Girard, 1858) 橙点太阳鱼

Lepomis macrochirus Rafinesque, 1819 蓝鳃太阳鱼

Lepomis marginatus (Holbrook, 1855) 缘边太阳鱼

Lepomis megalotis (Rafinesque, 1820) 长耳太阳鱼

Lepomis microlophus (Günther, 1859) 小冠太阳鱼

Lepomis miniatus (Jordan, 1877) 小太阳鱼

Lepomis punctatus (Valenciennes, 1831) 点太阳鱼

Lepomis symmetricus Forbes, 1883 勺太阳鱼

Genus *Micropterus* Lacepède, 1802 黑鲈属

Micropterus cataractae Williams & Burgess, 1999 暗鳍黑鲈

Micropterus coosae Hubbs & Bailey, 1940 红眼黑鲈

Micropterus dolomieu Lacepède, 1802 小口黑鲈

Micropterus floridanus (Lesueur, 1822) 佛罗里达黑鲈

Micropterus notius Bailey & Hubbs, 1949 南方黑鲈

Micropterus punctulatus (Rafinesque, 1819) 斑点黑鲈

Micropterus salmoides (Lacepède, 1802) 大口黑鲈 陆 台

Micropterus treculii (Vaillant & Bocourt, 1874) 特氏黑鲈

Genus *Pomoxis* Rafinesque, 1818 刺盖太阳鱼属

Pomoxis annularis Rafinesque, 1818 白刺盖太阳鱼(白莓鲈)

Pomoxis nigromaculatus (Lesueur, 1829) 黑斑刺盖太阳鱼(黑莓鲈)

Family 350 Percidae 鲈科

Genus *Ammocrypta* Jordan, 1877 隐鲈属

Ammocrypta beanii Jordan, 1877 比氏裸隐鲈

Ammocrypta bifascia Williams, 1975 双带隐鲈

Ammocrypta clara Jordan & Meek, 1885 西部隐鲈

Ammocrypta meridiana Williams, 1975 南方隐鲈

Ammocrypta pellucida (Putnam, 1863) 东部隐鲈

Ammocrypta vivax Hay, 1882 被鳞隐鲈

Genus *Crystallaria* Jordan & Gilbert, 1885 晶鲈属

Crystallaria asprella (Jordan, 1878) 晶鲈

Crystallaria cincotta Welsh & Wood, 2008 镰腹晶䰾

Genus *Etheostoma* Rafinesque, 1819 镖鲈属

Etheostoma acuticeps Bailey, 1959 尖头镖鲈

Etheostoma akatulo Layman & Mayden, 2009 鳞颊镖鲈

Etheostoma aquali Williams & Etnier, 1978 阿夸氏镖鲈

Etheostoma artesiae (Hay, 1881) 阿氏镖鲈

Etheostoma asprigene (Forbes, 1878) 泥镖鲈

Etheostoma atripinne (Jordan, 1877) 黑鳍镖鲈

Etheostoma australe Jordan, 1889 澳洲镖鲈

Etheostoma baileyi Page & Burr, 1982 贝氏镖鲈

Etheostoma barbouri Kuehne & Small, 1971 巴氏镖鲈

Etheostoma barrenense Burr & Page, 1982 巴伦镖鲈

Etheostoma basilare Page, Hardman & Near, 2003 蛮镖鲈

Etheostoma bellator Suttkus & Bailey, 1993 兵镖鲈

Etheostoma bellum Zorach, 1968 橙鳍镖鲈

Etheostoma bison Ceas & Page, 1997 野牛镖鲈

Etheostoma blennioides Rafinesque, 1819 似镖鲈

Etheostoma blennius Gilbert & Swain, 1887 镖鲈

Etheostoma boschungi Wall & Williams, 1974 博氏镖鲈

Etheostoma brevirostrum Suttkus & Etnier, 1991 短吻镖鲈

Etheostoma burri Ceas & Page, 1997 溪镖鲈

Etheostoma caeruleum Storer, 1845 蓝镖鲈

Etheostoma camurum (Cope, 1870) 蓝胸镖鲈

Etheostoma cervus Powers & Mayden, 2003 鹿色镖鲈

Etheostoma chermocki Boschung, Mayden & Tomelleri, 1992 切氏镖鲈

Etheostoma chienense Page & Ceas, 1992 切恩镖鲈

Etheostoma chlorobranchium Zorach, 1972 绿鳍镖鲈

Etheostoma chlorosomum (Hay, 1881) 绿身镖鲈

Etheostoma chuckwachatte Mayden & Wood, 1993 红唇镖鲈

Etheostoma cinereum Storer, 1845 灰镖鲈

Etheostoma collettei Birdsong & Knapp, 1969 科氏镖鲈

Etheostoma collis (Hubbs & Cannon, 1935) 卡罗利那镖鲈

Etheostoma colorosum Suttkus & Bailey, 1993 美洲镖鲈

Etheostoma coosae (Fowler, 1945) 库萨镖鲈

Etheostoma corona Page & Ceas, 1992 花冠镖鲈

Etheostoma cragini Gilbert, 1885 克氏镖鲈

Etheostoma crossopterum Braasch & Mayden, 1985 缨鳍镖鲈

Etheostoma davisoni Hay, 1885 戴氏镖鲈

Etheostoma denoncourti Stauffer & van Snik, 1997 谈氏镖鲈

Etheostoma derivativum Page, Hardman & Near, 2003 黑头镖鲈

Etheostoma ditrema Ramsey & Suttkus, 1965 冷水镖鲈

Etheostoma douglasi Wood & Mayden, 1993 道格氏镖鲈

Etheostoma duryi Henshall, 1889 德氏镖鲈

Etheostoma edwini (Hubbs & Cannon, 1935) 褐镖鲈

Etheostoma erythrozonum Switzer & Wood, 2009 红纹镖鲈

Etheostoma etnieri Bouchard, 1977 鲜红镖鲈

Etheostoma etowahae Wood & Mayden, 1993 伊氏镖鲈

Etheostoma euzonum (Hubbs & Black, 1940) 鞍斑镖鲈

Etheostoma exile (Girard, 1859) 细镖鲈

Etheostoma flabellare Rafinesque, 1819 扇鳍镖鲈

Etheostoma flavum Etnier & Bailey, 1989 黄体镖鲈

Etheostoma fonticola (Jordan & Gilbert, 1886) 泉镖鲈

Etheostoma forbesi Page & Ceas, 1992 福布斯氏镖鲈

Etheostoma fragi Distler, 1968 弗氏镖鲈

Etheostoma fricksium Hildebrand, 1923 萨瓦纳镖鲈

Etheostoma fusiforme (Girard, 1854) 纺锤镖鲈

Etheostoma gracile (Girard, 1859) 细身镖鲈

Etheostoma grahami (Girard, 1859) 格氏镖鲈

Etheostoma gutselli (Hildebrand, 1932) 古氏镖鲈

Etheostoma histrio Jordan & Gilbert, 1887 演斑镖鲈

Etheostoma hopkinsi (Fowler, 1945) 荷氏镖鲈

Etheostoma inscriptum (Jordan & Brayton, 1878) 刻印镖鲈

Etheostoma jessiae (Jordan & Brayton, 1878) 蓝侧镖鲈

Etheostoma jordani Gilbert, 1891 绿胸镖鲈

Etheostoma juliae Meek, 1891 约克氏镖鲈

Etheostoma kanawhae (Raney, 1941) 加氏镖鲈

Etheostoma kantuckeense Ceas & Page, 1997 肯塔基镖鲈

Etheostoma kennicotti (Putnam, 1863) 条尾镖鲈

Etheostoma lachneri Suttkus & Bailey, 1994 拉克内氏镖鲈

Etheostoma lawrencei Ceas & Burr, 2002 劳氏镖鲈

Etheostoma lemniscatum Blanton, 2008 纹鳍镖鲈

Etheostoma lepidum (Baird & Girard, 1853) 丽镖鲈

Etheostoma longimanum Jordan, 1888 长鳍镖鲈

Etheostoma lugoi Norris & Minckley, 1997 卢高氏镖鲈

Etheostoma luteovinctum Gilbert & Swain, 1887 红带镖鲈

Etheostoma lynceum Hay, 1885 猫镖鲈

Etheostoma maculatum Kirtland, 1840 斑镖鲈

Etheostoma mariae (Fowler, 1947) 玛氏镖鲈

Etheostoma marmorpinnum Blanton & Jenkins, 2008 斑鳍镖鲈

Etheostoma microlepidum Raney & Zorach, 1967 小鳞镖鲈

Etheostoma microperca Jordan & Gilbert, 1888 小镖鲈

Etheostoma moorei Raney & Suttkus, 1964 黄颊镖鲈

Etheostoma neopterum Howell & Dingerkus, 1978 新鳍镖鲈

Etheostoma nianguae Gilbert & Meek, 1887 尼氏镖鲈

Etheostoma nigripinne Braasch & Mayden, 1985 暗鳍镖鲈

Etheostoma nigrum Rafinesque, 1820 黑体镖鲈

Etheostoma nuchale Howell & Caldwell, 1965 芥镖鲈

Etheostoma obeyense Kirsch, 1892 颊斑镖鲈

Etheostoma occidentale Powers & Mayden, 2007 西域镖鲈

Etheostoma okaloosae (Fowler, 1941) 奥卡氏镖鲈

Etheostoma olivaceum Braasch & Page, 1979 椭圆镖鲈

Etheostoma olmstedi Storer, 1842 奥姆氏镖鲈

Etheostoma oophylax Ceas & Page, 1992 护卵镖鲈

Etheostoma orientale Powers & Mayden, 2007 东方镖鲈

Etheostoma osburni (Hubbs & Trautman, 1932) 细鳞镖鲈

Etheostoma pallididorsum Distler & Metcalf, 1962 苍背镖鲈

Etheostoma parvipinne Gilbert & Swain, 1887 金纹镖鲈

Etheostoma percnurum Jenkins, 1994 暗尾镖鲈

Etheostoma perlongum (Hubbs & Raney, 1946) 圆点镖鲈

Etheostoma phytophilum Bart & Taylor, 1999 阿拉巴马镖鲈

Etheostoma planasaxatile Powers & Mayden, 2007 漫游镖鲈

Etheostoma podostemone Jordan & Jenkins, 1889 草丛镖鲈

Etheostoma pottsii (Girard, 1859) 波氏镖鲈

Etheostoma proeliare (Hay, 1881) 侧斑镖鲈

Etheostoma pseudovulatum Page & Ceas, 1992 北美镖鲈

Etheostoma punctulatum (Agassiz, 1854) 细点镖鲈

Etheostoma pyrrhogaster Bailey & Etnier, 1988 火色镖鲈

Etheostoma radiosum (Hubbs & Black, 1941) 橙腹镖鲈

Etheostoma rafinesquei Burr & Page, 1982 拉氏镖鲈

Etheostoma ramseyi Suttkus & Bailey, 1994 拉姆齐氏镖鲈

Etheostoma raneyi Suttkus & Bart, 1994 拉尼氏镖鲈

Etheostoma rubrum Raney & Suttkus, 1966 红镖鲈

Etheostoma rufilineatum (Cope, 1870) 红线镖鲈

Etheostoma rupestre Gilbert & Swain, 1887 石间镖鲈

Etheostoma sagitta (Jordan & Swain, 1883) 矢镖鲈

Etheostoma saludae (Hubbs & Cannon, 1935) 萨氏镖鲈

Etheostoma sanguifluum (Cope, 1870) 血镖鲈

Etheostoma scotti Bauer, Etnier & Burkhead, 1995 斯科特氏镖鲈

Etheostoma segrex Norris & Minckley, 1997 墨西哥镖鲈

Etheostoma sellare (Radcliffe & Welsh, 1913) 希拉里镖鲈

Etheostoma sequatchiense Burr, 1979 贪食镖鲈

Etheostoma serrifer (Hubbs & Cannon, 1935) 锯镖鲈

Etheostoma simoterum (Cope, 1868) 平鼻镖鲈

Etheostoma sitikuense Blanton, 2008 多鳞镖鲈

Etheostoma smithi Page & Braasch, 1976 史氏镖鲈

Etheostoma spectabile (Agassiz, 1854) 橙胸镖鲈

Etheostoma squamiceps Jordan, 1877 鳞首镖鲈

Etheostoma stigmaeum (Jordan, 1877) 密点镖鲈

Etheostoma striatulum Page & Braasch, 1977 沟纹镖鲈

Etheostoma susanae (Jordan & Swain, 1883) 苏珊镖鲈

Etheostoma swaini (Jordan, 1884) 海湾镖鲈

Etheostoma swannanoa Jordan & Evermann, 1889 斯旺镖鲈

Etheostoma tallapoosae Suttkus & Etnier, 1991 塔垃氏镖鲈

Etheostoma tecumsehi Ceas & Page, 1997 蓝橙镖鲈

Etheostoma tennesseense Powers & Mayden, 2007 田纳西镖鲈

Etheostoma tetrazonum (Hubbs & Black, 1940) 密苏里镖鲈

Etheostoma thalassinum (Jordan & Brayton, 1878) 海绿镖鲈

Etheostoma tippecanoe Jordan & Evermann, 1890 蒂普镖鲈

Etheostoma trisella Bailey & Richards, 1963 三点镖鲈

Etheostoma tuscumbia Gilbert & Swain, 1887 塔斯镖鲈

Etheostoma uniporum Distler, 1968 急流镖鲈

Etheostoma variatum Kirtland, 1840 杂色镖鲈

Etheostoma virgatum (Jordan, 1880) 树纹镖鲈

Etheostoma vitreum (Cope, 1870) 亮镖鲈

Etheostoma vulneratum (Cope, 1870) 伤镖鲈

Etheostoma wapiti Etnier & Williams, 1989 韦氏镖鲈

Etheostoma whipplei (Girard, 1859) 惠氏镖鲈

Etheostoma zonale (Cope, 1868) 宽带镖鲈

Etheostoma zonifer (Hubbs & Cannon, 1935) 多带镖鲈

Etheostoma zonistium Bailey & Etnier, 1988 条镖鲈

Genus *Gymnocephalus* Cocco, 1829 梅花鲈属

Gymnocephalus acerina (Güldenstädt, 1774) 长吻梅花鲈

Gymnocephalus ambriaelacus Geiger & Schliewen, 2010 大眼梅花鲈

Gymnocephalus baloni Holčík & Hensel, 1974 巴氏梅花鲈

Gymnocephalus cernua (Linnaeus, 1758) 密歇根梅花鲈 陆

  syn. *Acerina cernua* Linnaeus, 1758 梅花鲈

Gymnocephalus schraetser (Linnaeus, 1758) 条纹梅花鲈

Genus *Perca* Linnaeus, 1758 鲈属

Perca flavescens (Mitchill, 1814) 河黄鲈(金鲈)

Perca fluviatilis Linnaeus, 1758 河鲈 陆

Perca schrenkii Kessler, 1874 伊犁鲈 陆

Genus *Percarina* Nordmann, 1840 腔鲈属

Percarina demidoffii Nordmann, 1840 黑海腔鲈

Percarina maeotica Kuznetsov, 1888 底栖腔鲈

Genus *Percina* Haldeman, 1842 小鲈属

Percina antesella Williams & Etnier, 1977 琥珀小鲈

Percina aurantiaca (Cope, 1868) 橘色小鲈

Percina aurolineata Suttkus & Ramsey, 1967 金线小鲈

Percina aurora Suttkus & Thompson, 1994 金小鲈

Percina austroperca Thompson, 1995 澳小鲈

Percina bimaculata Haldeman, 1844 双斑小鲈

Percina brevicauda Suttkus & Bart, 1994 短尾小鲈

Percina burtoni Fowler, 1945 侧斑小鲈

Percina caprodes (Rafinesque, 1818) 羊小鲈

Percina carbonaria (Baird & Girard, 1853) 煤色小鲈

Percina copelandi (Jordan, 1877) 沟小鲈

Percina crassa (Jordan & Brayton, 1878) 壮实小鲈

Percina crypta Freeman, Freeman & Burkhead, 2008 隐栖小鲈

Percina cymatotaenia (Gilbert & Meek, 1887) 蓝纹小鲈

Percina evides (Jordan & Copeland, 1877) 娉婷小鲈

Percina fulvitaenia Morris & Page, 1981 黄带小鲈

Percina gymnocephala Beckham, 1980 裸首小鲈

Percina jenkinsi Thompson, 1985 詹氏小鲈

Percina kathae Thompson, 1997 凯氏小鲈

Percina kusha Williams & Burkhead, 2007 北美小鲈

Percina lenticula Richards & Knapp, 1964 雀斑小鲈

Percina macrocephala (Cope, 1867) 大头小鲈

Percina macrolepida Stevenson, 1971 大鳞小鲈

Percina maculata (Girard, 1859) 黑斑小鲈

Percina nasuta (Bailey, 1941) 长吻小鲈

Percina nevisense (Cope, 1870) 链背小鲈

Percina nigrofasciata (Agassiz, 1854) 黑带小鲈(黑带似鲈)

Percina notogramma (Raney & Hubbs, 1948) 背纹小鲈

Percina oxyrhynchus (Hubbs & Raney, 1939) 尖吻小鲈

Percina palmaris (Bailey, 1940) 青铜小鲈

Percina pantherina (Moore & Reeves, 1955) 豹纹小鲈

Percina peltata (Stauffer, 1864) 楯状小鲈

Percina phoxocephala (Nelson, 1876) 细首小鲈

Percina rex (Jordan & Evermann, 1889) 大王小鲈

Percina roanoka (Jordan & Jenkins, 1889) 罗阿诺克小鲈

Percina sciera (Swain, 1883) 暗淡小鲈

Percina shumardi (Girard, 1859) 舒氏小鲈

Percina sipsi Williams & Neely, 2007 赛氏小鲈

Percina smithvanizi Williams & Walsh, 2007 斯氏小鲈

Percina squamata (Gilbert & Swain, 1887) 鳞小鲈

Percina stictogaster Burr & Page, 1993 腹斑小鲈

Percina suttkusi Thompson, 1997 萨氏小鲈

Percina tanasi Etnier, 1976 坦氏小鲈

Percina uranidea (Jordan & Gilbert, 1887) 厄氏小鲈

Percina vigil (Hay, 1882) 眼带小鲈

Percina williamsi Page & Near, 2007 威氏小鲈

Genus *Romanichthys* Dumitrescu, Banarescu & Stoica, 1957 罗马尼亚鲈属

Romanichthys valsanicola Dumitrescu, Banarescu & Stoica, 1957 罗马尼亚鲈

Genus *Sander* Oken, 1817 梭吻鲈属

Sander canadensis (Griffith & Smith, 1834) 加拿大梭吻鲈

Sander lucioperca (Linnaeus, 1758) 白梭吻鲈 陆

  syn. *Lucioperca lucioperca* Linnaeus, 1758 梭鲈

Sander marinus (Cuvier, 1828) 滨海梭吻鲈

Sander vitreus (Mitchill, 1818) 玻璃梭吻鲈

Sander volgensis (Gmelin, 1789) 俄罗斯梭吻鲈

Genus *Zingel* Cloquet, 1817 金吉鲈属

Zingel asper (Linnaeus, 1758) 金吉鲈

Zingel balcanicus (Karaman, 1937) 裸颊金吉鲈

Zingel streber (Siebold, 1863) 大斑金吉鲈

Zingel zingel (Linnaeus, 1766) 斑尾金吉鲈

Family 351 Priacanthidae 大眼鲷科

Genus *Cookeolus* Fowler, 1928 牛目鲷属;红目大眼鲷属

Cookeolus japonicus (Cuvier, 1829) 日本牛目鲷;日本红目大眼鲷 陆 台

Genus *Heteropriacanthus* Fitch & Crooke, 1984 异大眼鲷属

Heteropriacanthus cruentatus (Lacepède, 1801) 灰鳍异大眼鲷 陆 台

  syn. *Cookeolus boops* (Forster, 1801) 黑鳍牛目鲷

Genus *Priacanthus* Oken, 1817 大眼鲷属

Priacanthus alalaua Jordan & Evermann, 1903 巨大眼鲷

Priacanthus arenatus Cuvier, 1829 砂大眼鲷

Priacanthus blochii Bleeker, 1853 布氏大眼鲷 陆

Priacanthus fitchi Starnes, 1988 深水大眼鲷 陆 台

Priacanthus hamrur (Forsskål, 1775) 金目大眼鲷;宝石大眼鲷 陆 台

Priacanthus macracanthus Cuvier, 1829 短尾大眼鲷;大棘大眼鲷 陆 台

Priacanthus meeki Jenkins, 1903 米氏大眼鲷

Priacanthus nasca Starnes, 1988 红身大眼鲷

Priacanthus prolixus Starnes, 1988 长身大眼鲷

Priacanthus sagittarius Starnes, 1988 高背大眼鲷 台

Priacanthus tayenus Richardson, 1846 长尾大眼鲷;曳丝大眼鲷 陆 台

Priacanthus zaiserae Starnes & Moyer, 1988 黄鳍大眼鲷 陆 台

Genus *Pristigenys* Agassiz, 1835 锯大眼鲷属;大鳞大眼鲷属

Pristigenys alta (Gill, 1862) 短锯大眼鲷;短大鳞大眼鲷

Pristigenys meyeri (Günther, 1872) 麦氏锯大眼鲷;麦氏大鳞大眼鲷 台

    syn. *Pristigenys multifasciata* Yoshina & Iwai, 1973 横带锯大眼鲷

Pristigenys niphonia (Cuvier, 1829) 日本锯大眼鲷;日本大鳞大眼鲷 陆 台

Pristigenys serrula (Gilbert, 1891) 锯大眼鲷;大鳞大眼鲷

Family 352 Apogonidae 天竺鲷科

Genus *Apogon* Lacepède, 1801 天竺鲷属

Apogon abrogramma Fraser & Lachner, 1985 美纹天竺鲷

Apogon affinis (Poey, 1875) 犬牙天竺鲷

Apogon albimaculosus Kailola, 1976 白斑天竺鲷

Apogon albomarginatus (Smith & Radclife, 1912) 白边天竺鲷 陆 台

Apogon amboinensis Bleeker, 1853 弓线天竺鲷 陆 台

Apogon americanus Castelnau, 1855 美洲天竺鲷

Apogon angustatus (Smith & Radcliffe, 1911) 纵带天竺鲷;宽带天竺鲷 陆 台

Apogon apogonoides (Bleeker, 1856) 短牙天竺鲷 陆

Apogon argyrogaster Weber, 1909 银腹天竺鲷

Apogon aroubiensis Hombron & Jacquinot, 1853 阔带天竺鲷

Apogon aterrimus Günther, 1867 黑体天竺鲷

Apogon atradorsatus Heller & Snodgrass, 1903 黑背天竺鲷

Apogon atricaudus Jordan & McGregor, 1898 黑尾天竺鲷

Apogon atrogaster (Smith & Radcliffe, 1912) 黑腹天竺鲷

Apogon aureus (Lacepède, 1802) 环尾天竺鲷 陆 台

Apogon aurolineatus (Mowbray, 1927) 金线天竺鲷

Apogon axillaris Valenciennes, 1832 腋天竺鲷

Apogon binotatus (Poey, 1867) 双斑天竺鲷

Apogon brevispinis Fraser & Randall, 2003 短棘天竺鲷

Apogon bryx Fraser, 1998 渊天竺鲷 台

Apogon campbelli Smith, 1949 坎氏天竺鲷

Apogon capricornis Allen & Randall, 1993 羊角天竺鲷

Apogon carinatus Cuvier, 1828 斑鳍天竺鲷 陆 台

Apogon catalai Fourmanoir, 1973 卡泰氏天竺鲷

Apogon cathetogramma (Tanaka, 1917) 垂带天竺鲷 陆 台

Apogon caudicinctus Randall & Smith, 1988 尾带天竺鲷

Apogon cavitensis (Jordan & Seale, 1907) 带背天竺鲷

Apogon ceramensis Bleeker, 1852 塞兰岛天竺鲷

Apogon chalcius Fraser & Randall, 1986 铜色天竺鲷

Apogon cheni Hayashi, 1990 陈氏天竺鲷 台

Apogon chrysopomus Bleeker, 1854 金盖天竺鲷

Apogon chrysotaenia Bleeker, 1851 黄体天竺鲷 台

Apogon cladophilos Allen & Randall, 2002 蜥蜴岛天竺鲷

Apogon coccineus Rüppell, 1838 透明红天竺鲷 陆

Apogon compressus (Smith & Radcliffe, 1911) 裂带天竺鲷 台

Apogon cookii Macleay, 1881 库氏天竺鲷 陆 台

    syn. *Apogon robustus* (Smith & Radcliffe, 1911) 粗体天竺鲷

Apogon crassiceps Garman, 1903 坚头天竺鲷 台

Apogon cyanosoma Bleeker, 1853 金带天竺鲷 陆 台

Apogon cyanotaenia Bleeker, 1853 蓝带天竺鲷

Apogon dammermani Weber & de Beaufort, 1929 达曼氏天竺鲷

Apogon deetsie Randall, 1998 灰红天竺鲷

Apogon dhofar Mee, 1995 小柄斑天竺鲷

Apogon dianthus Fraser & Randall, 2002 帕劳岛天竺鲷

Apogon dispar Fraser & Randall, 1976 箭欠天竺鲷 台

Apogon diversus (Smith & Radcliffe, 1912) 柄斑天竺鲷

Apogon doederleini Jordan & Snyder, 1901 稻氏天竺鲷 陆 台

Apogon doryssa (Jordan & Seale, 1906) 长棘天竺鲷 台

Apogon dovii Günther, 1862 达氏天竺鲷

Apogon ellioti Day, 1875 黑边天竺鲷 台

Apogon endekataenia Bleeker, 1852 细线天竺鲷 陆 台

Apogon erythrinus Snyder, 1904 粉红天竺鲷 陆 台

Apogon erythrosoma Gon & Randall, 2003 红身天竺鲷

Apogon evermanni Jordan & Snyder, 1904 埃氏天竺鲷

Apogon exostigma (Jordan & Starks, 1906) 单线天竺鲷 陆 台

Apogon fasciatus (White, 1790) 宽条天竺鲷 陆

Apogon flagelliferus (Smith, 1961) 丝鳍天竺鲷

Apogon flavus Allen & Randall, 1993 金黄天竺鲷

Apogon fleurieu (Lacepède, 1802) 斑柄天竺鲷 陆 台

Apogon franssedai Allen, Kuiter & Randall, 1994 弗氏天竺鲷

Apogon fukuii Hayashi, 1990 福氏天竺鲷

Apogon gouldi Smith-Vaniz, 1977 古氏天竺鲷

Apogon griffini (Seale, 1910) 格里芬氏天竺鲷

Apogon guadalupensis (Osburn & Nichols, 1916) 瓜达卢佩天竺鲷

Apogon gularis Fraser & Lachner, 1984 贪食天竺鲷

Apogon hartzfeldii Bleeker, 1852 哈茨氏天竺鲷

Apogon hoevenii Bleeker, 1854 霍氏天竺鲷

Apogon holotaenia Regan, 1905 全纹天竺鲷 台

Apogon hungi Fourmanoir & Do-Thi, 1965 亨氏天竺鲷

Apogon hyalosoma Bleeker, 1852 扁头天竺鲷 台

Apogon imberbis (Linnaeus, 1758) 欧洲天竺鲷

Apogon indicus Greenfield, 2001 印度天竺鲷

Apogon ishigakiensis Ida & Moyer, 1974 石恒岛天竺鲷

Apogon isus Randall & Böhlke, 1981 橙棕天竺鲷

Apogon jenkinsi (Evermann & Seale, 1907) 詹金斯天竺鲷

Apogon kallopterus Bleeker, 1856 丽鳍天竺鲷 陆 台

    syn. *Apogon snyder* (Jordan & Evermann, 1903) 斯氏天竺鲷

Apogon kalosoma Bleeker, 1852 美身天竺鲷

Apogon kautamea Greenfield & Randall, 2004 考氏天竺鲷

Apogon kiensis Jordan & Snyder, 1901 中线天竺鲷 陆 台

Apogon komodoensis Allen, 1998 科莫多岛天竺鲷

Apogon lachneri Böhlke, 1959 白星天竺鲷

Apogon lateralis Valenciennes, 1832 侧条天竺鲷 台

Apogon lativittatus Randall, 2001 褐红天竺鲷

Apogon latus Cuvier, 1828 喜荫天竺鲷

Apogon leptocaulus Gilbert, 1972 细尾天竺鲷

Apogon leptofasciatus Allen, 2001 细带天竺鲷

Apogon leslie (Schultz & Randall, 2006) 黄身天竺鲷

Apogon limenus Randall & Hoese, 1988 港神天竺鲷

Apogon lineatus Temminck & Schlegel, 1842 细条天竺鲷 陆 台

Apogon lineomaculatus Allen & Randall, 2002 线斑天竺鲷

Apogon luteus Randall & Kulbicki, 1998 褐黄天竺鲷

Apogon maculatus (Poey, 1860) 斑纹天竺鲷

Apogon maculiferus Garrett, 1864 锈斑天竺鲷

Apogon maculipinnis Regan, 1908 翼斑天竺鲷

Apogon margaritophorus Bleeker, 1854 珠带天竺鲷

Apogon marquesensis Greenfield, 2001 马克萨斯天竺鲷

Apogon melanoproctus Fraser & Randall, 1976 黑臀天竺鲷

Apogon melanopterus (Fowler & Bean, 1930) 黑鳍天竺鲷

Apogon melanopus Weber, 1911 暗鳍天竺鲷

Apogon melas Bleeker, 1848 黑身天竺鲷 台

Apogon micromaculatus (Kotthaus, 1970) 细斑天竺鲷

Apogon microspilos Allen & Randall, 2002 小污斑天竺鲷

Apogon moluccensis Valenciennes, 1832 摩鹿加天竺鲷 台

Apogon monospilus Fraser, Randall & Allen, 2002 单斑天竺鲷

Apogon mosavi Dale, 1977 莫氏天竺鲷

Apogon multilineatus (Bleeker, 1874) 多带天竺鲷

Apogon multitaeniatus Cuvier, 1828 细鳞天竺鲷

Apogon mydrus (Jordan & Seale, 1905) 菲律宾天竺鲷

Apogon nanus Allen, Kuiter & Randall, 1994 倭天竺鲷

Apogon natalensis Gilchrist & Thompson, 1908 纳塔尔天竺鲷

Apogon neotes Allen, Kuiter & Randall, 1994 少壮天竺鲷

Apogon nigripes Playfair, 1867 黑足天竺鲷

Apogon nigrocincta (Smith & Radcliffe, 1912) 暗条天竺鲷

Apogon nigrofasciatus Lachner, 1953 黑带天竺鲷 陆 台

Apogon nitidus (Smith, 1961) 褐条天竺鲷 陆

Apogon norfolcensis Ogilby, 1888 诺福天竺鲷

Apogon notatus (Houttuyn, 1782) 黑点天竺鲷 陆 台

Apogon noumeae Whitley, 1958 诺米天竺鲷

Apogon novaeguineae Valenciennes, 1832 新几内亚天竺鲷 陆 台

Apogon novemfasciatus Cuvier, 1828 九带天竺鲷 陆 台

Apogon ocellicaudus Allen, Kuiter & Randall, 1994 眼尾天竺鲷

Apogon omanensis Gon & Mee, 1995 阿曼天竺鲷

Apogon oxina Fraser, 1999 黑眼带天竺鲷

Apogon oxygrammus Allen, 2001 尖纹天竺鲷

Apogon pacificus (Herre, 1935) 太平洋天竺鲷

Apogon pallidofasciatus Allen, 1987 线带天竺鲷

Apogon parvulus (Smith & Radcliffe, 1912) 小天竺鲷

Apogon phenax Böhlke & Randall, 1968 月天竺鲷

Apogon photogaster Gon & Allen, 1998 发光天竺鲷

Apogon pillionatus Böhlke & Randall, 1968 宽鞍天竺鲷

Apogon planifrons Longley & Hildebrand, 1940 浅色天竺鲷

Apogon pleuron Fraser, 2005 侧带天竺鲷 台

Apogon poecilopterus Cuvier, 1828 杂色天竺鲷

Apogon posterofasciatus Allen & Randall, 2002 条背天竺鲷

Apogon properuptus (Whitley, 1964) 黄带天竺鲷 台

Apogon pselion Randall, Fraser & Lachner, 1990 臂饰天竺鲷

Apogon pseudomaculatus Longley, 1932 拟斑天竺鲷

Apogon quadrifasciatus Cuvier, 1828 四线天竺鲷 陆

Apogon quadrisquamatus Longley, 1934 锯颊天竺鲷

Apogon quartus Fraser, 2000 圆尾鳍天竺鲷

Apogon queketti Gilchrist, 1903 奎氏天竺鲷

Apogon quinquestriatus Regan, 1908 五条天竺鲷

Apogon radcliffei (Fowler, 1918) 雷氏天竺鲷

Apogon regula Fraser & Randall, 2003 皇天竺鲷

Apogon relativus Randall, 2001 黑纵带天竺鲷

Apogon retrosella (Gill, 1862) 后鞍天竺鲷

Apogon rhodopterus Bleeker, 1852 玫鳍天竺鲷

Apogon robbyi Gilbert & Tyler, 1997 罗比氏天竺鲷

Apogon robinsi Böhlke & Randall, 1968 粗唇天竺鲷

Apogon rubellus (Smith, 1961) 微红天竺鲷

Apogon rubrifuscus Greenfield & Randall, 2004 棕红天竺鲷

Apogon rubrimacula Randall & Kulbicki, 1998 棕斑天竺鲷

Apogon rueppellii Günther, 1859 鲁氏天竺鲷

Apogon rufus Randall & Fraser, 1999 赤色天竺鲷

Apogon sabahensis Allen & Kuiter, 1994 沙巴天竺鲷

Apogon sangiensis Bleeker, 1857 头带天竺鲷

Apogon schlegeli Bleeker, 1854 施氏天竺鲷

Apogon sealei (Fowler, 1918) 西尔天竺鲷

Apogon selas Randall & Hayashi, 1990 亮天竺鲷

Apogon semilineatus Temminck & Schlegel, 1842 半线天竺鲷 陆 台

Apogon seminigracaudus Greenfield, 2007 半黑尾天竺鲷

Apogon semiornatus Peters, 1876 半饰天竺鲷 台

Apogon septemstriatus Günther, 1880 七带天竺鲷

Apogon sinus Randall, 2001 海湾天竺鲷

Apogon smithi (Kotthaus, 1970) 史氏天竺鲷

Apogon spilurus Regan, 1905 污斑天竺鲷

Apogon spongicolus (Smith, 1965) 绵居天竺鲷

Apogon striatodes Gon, 1997 印度洋天竺鲷

Apogon striatus (Smith & Radcliffe, 1912) 条纹天竺鲷 台

Apogon susanae Greenfield, 2001 苏珊天竺鲷

Apogon taeniophorus Regan, 1908 褐带天竺鲷 台

Apogon taeniopterus Bennett, 1836 条鳍天竺鲷

Apogon talboti Smith, 1961 塔氏天竺鲷

Apogon tchefouensis Fang, 1942 烟台天竺鲷

Apogon thermalis Cuvier, 1829 条腹天竺鲷 台

Apogon townsendi (Breder, 1927) 汤氏天竺鲷

Apogon trimaculatus Cuvier, 1828 三斑天竺鲷 陆 台

Apogon truncatus Bleeker, 1855 截尾天竺鲷 台

Apogon unicolor Steindachner & Döderlein, 1883 单色天竺鲷 台

Apogon unitaeniatus Allen, 1995 单带天竺鲷

Apogon urostigma (Bleeker, 1874) 点尾天竺鲷

Apogon ventrifasciatus Allen, Kuiter & Randall, 1994 腹纹天竺鲷

Apogon victoriae Günther, 1859 红带天竺鲷

Apogon wassinki Bleeker, 1861 沃氏天竺鲷

Apogon wilsoni (Fowler, 1918) 威尔逊氏天竺鲷

Genus *Apogonichthyoides* Smith, 1949 似天竺鱼属;似天竺鲷属

Apogonichthyoides atripes (Ogilby, 1916) 野似天竺鱼;野似天竺鲷

syn. *Apogon atripes* (Ogilby, 1916) 野天竺鲷

Apogonichthyoides brevicaudatus (Weber, 1909) 短尾似天竺鱼;短尾似天竺鲷

syn. *Apogon brevicaudatus* (Weber, 1909) 短尾天竺鲷

Apogonichthyoides cantoris (Bleeker, 1851) 卡氏似天竺鱼;卡氏似天竺鲷

syn. *Apogon cantoris* (Bleeker, 1851) 卡氏天竺鲷

Apogonichthyoides chrysurus (Ogilby, 1889) 金尾似天竺鱼;金尾似天竺鲷

Apogonichthyoides euspilotus (Fraser, 2006) 真斑似天竺鱼;真斑似天竺鲷

syn. *Apogon euspilotus* (Fraser, 2006) 真斑天竺鲷

Apogonichthyoides gardineri (Regan, 1908) 加德纳氏似天竺鱼;加德纳氏似天竺鲷

syn. *Apogon gardineri* (Regan, 1908) 加德纳氏天竺鲷

Apogonichthyoides heptastygma (Cuvier, 1828) 七冥似天竺鱼;七冥似天竺鲷

syn. *Apogon heptastygma* (Cuvier, 1828) 七冥天竺鲷

Apogonichthyoides miniatus Fraser, 2010 朱沙似天竺鱼;朱沙似天竺鲷

Apogonichthyoides niger (Döderlein, 1883) 黑似天竺鱼;黑似天竺鲷 陆 台

Apogonichthyoides nigripinnis (Cuvier, 1828) 黑鳍似天竺鱼;黑鳍似天竺鲷 陆 台

syn. *Apogon nigripinnis* (Cuvier, 1828) 黑鳍天竺鲷

Apogonichthyoides opercularis (Macleay, 1878) 有盖似天竺鱼;有盖似天竺鲷

syn. *Apogon opercularis* (Macleay, 1878) 有盖天竺鲷

Apogonichthyoides pharaonis (Bellotti, 1874) 法老似天竺鱼;法老似天竺鲷

syn. *Apogon pharaonis* (Bellotti, 1874) 法老天竺鲷

Apogonichthyoides pseudotaeniatus (Gon, 1986) 拟双带似天竺鱼;拟双带似天竺鲷 陆

syn. *Apogon pseudotaeniatus* Gon, 1986 拟双带天竺鲷

Apogonichthyoides regani (Whitley, 1951) 里根似天竺鱼;里根似天竺鲷

syn. *Apogon regani* (Whitley, 1951) 里根天竺鲷

Apogonichthyoides sialis (Jordan & Thompson, 1914) 带似天竺鱼;带似天竺鲷

syn. *Apogon sialis* (Jordan & Thompson, 1914) 带天竺鲷

Apogonichthyoides taeniatus (Cuvier, 1828) 双带似天竺鱼;双带似天竺鲷 陆

syn. *Apogon taeniatus* (Cuvier, 1828) 双带天竺鲷

Apogonichthyoides timorensis (Bleeker, 1854) 帝汶似天竺鱼;帝汶似天竺鲷 陆 台

syn. *Apogon timorensis* (Bleeker, 1854) 帝汶天竺鲷

Apogonichthyoides umbratilis Fraser & Allen, 2010 五带似天竺鱼;五带似天竺鲷

Apogonichthyoides uninotatus (Smith & Radcliffe, 1912) 腋斑似天竺鱼;腋斑似天竺鲷

　　syn. *Apogon uninotatus* (Smith & Radcliffe, 1912) 腋斑天竺鲷

Genus *Apogonichthys* Bleeker, 1854 天竺鱼属;原天竺鲷属

Apogonichthys landoni Herre, 1934 兰登氏天竺鱼;兰登氏天竺鲷

Apogonichthys ocellatus (Weber, 1913) 眼斑天竺鱼;眼斑原天竺鲷 台

Apogonichthys perdix Bleeker, 1854 鸠斑天竺鱼;鸠斑原天竺鲷 陆 台

　　syn. *Apogonichthys waikiki* Jordan & Evermann, 1903 夏威夷天竺鱼

Genus *Archamia* Gill, 1863 长鳍天竺鲷属

Archamia ataenia Randall & Satapoomin, 1999 柄斑长鳍天竺鲷

Archamia biguttata Lachner, 1951 双斑长鳍天竺鲷 台

Archamia bilineata Gon & Randall, 1995 双线长鳍天竺鲷

Archamia bleekeri (Günther, 1859) 布氏长鳍天竺鲷 台

　　syn. *Archamia goni* Chen & Shen, 1993 龚氏长鳍天竺鲷

Archamia buruensis (Bleeker, 1856) 横带长鳍天竺鲷 台

Archamia flavofasciata Gon & Randall, 2003 长鳍天竺鲷

Archamia fucata (Cantor, 1849) 褐斑长鳍天竺鲷 台

　　syn. *Archamia dispilus* Lachner, 1951 横纹长鳍天竺鲷

Archamia leai Waite, 1916 利氏长鳍天竺鲷

Archamia lineolata (Cuvier, 1828) 原长鳍天竺鲷 陆

Archamia macroptera (Cuvier, 1828) 真长鳍天竺鲷 陆 台

Archamia mozambiquensis Smith, 1961 莫桑比克长鳍天竺鲷

Archamia pallida Gon & Randall, 1995 苍白长鳍天竺鲷

Archamia zosterophora (Bleeker, 1856) 黑带长鳍天竺鲷

Genus *Astrapogon* Fowler, 1907 星天竺鲷属

Astrapogon alutus (Jordan & Gilbert, 1882) 青铜星天竺鲷

Astrapogon puncticulatus (Poey, 1867) 黑鳍星天竺鲷

Astrapogon stellatus (Cope, 1867) 星天竺鲷

Genus *Cercamia* Randall & Smith, 1988 梭天竺鲷属

Cercamia cladara Randall & Smith, 1988 半透梭天竺鲷

Cercamia eremia (Allen, 1987) 玻璃梭天竺鲷

Genus *Cheilodipterus* Lacepède, 1801 巨牙天竺鲷属;巨齿天竺鲷属

Cheilodipterus alleni Gon, 1993 艾伦氏巨牙天竺鲷;艾伦氏巨齿天竺鲷

Cheilodipterus arabicus (Gmelin, 1789) 阿拉伯海巨牙天竺鲷;阿拉伯海巨齿天竺鲷

Cheilodipterus artus Smith, 1961 纵带巨牙天竺鲷;纵带巨齿天竺鲷 陆 台

Cheilodipterus intermedius Gon, 1993 中间巨牙天竺鲷;中间巨齿天鲷 台

Cheilodipterus isostigmus (Schultz, 1940) 等斑巨牙天竺鲷

Cheilodipterus lachneri Klausewitz, 1959 箭齿巨牙天竺鲷

Cheilodipterus macrodon (Lacepède, 1802) 巨牙天竺鲷;巨齿天竺鲷 陆 台

Cheilodipterus nigrotaeniatus Smith & Radcliffe, 1912 黑带巨牙天竺鲷

Cheilodipterus novemstriatus (Rüppell, 1838) 九带巨牙天竺鲷

Cheilodipterus octovittatus Cuvier, 1828 八带巨牙天竺鲷

Cheilodipterus parazonatus Gon, 1993 副条巨牙天竺鲷

Cheilodipterus persicus Gon, 1993 桃色巨牙天竺鲷

Cheilodipterus pygmaios Gon, 1993 矮身巨牙天竺鲷

Cheilodipterus quinquelineatus Cuvier, 1828 五带巨牙天竺鲷;五线巨齿天竺鲷 陆 台

Cheilodipterus singapurensis Bleeker, 1859-60 新加坡巨牙天竺鲷 陆

　　syn. *Cheilodipterus subulatus* Weber, 1909 圆盖巨牙天竺鲷

Cheilodipterus zonatus Smith & Radcliffe, 1912 带纹巨牙天竺鲷

Genus *Coranthus* Smith, 1961 多刺天竺鲷属

Coranthus polyacanthus (Vaillant, 1877) 多刺天竺鲷

Genus *Foa* Jordan & Evermann, 1905 腭竺鱼属;小天竺鲷属

Foa brachygramma (Jenkins, 1903) 短线腭竺鱼;短线小天竺鲷 台

Foa fo Jordan & Seale, 1905 菲律宾腭竺鱼;菲律宾小天竺鲷 台

Foa hyalina (Smith & Radcliffe, 1912) 玻璃腭竺鱼;玻璃小天竺鲷

Foa madagascariensis Petit, 1931 马达加斯加腭竺鱼;马达加斯加小天竺鲷

Genus *Fowleria* Jordan & Evermann, 1903 乳突天竺鲷属

Fowleria aurita (Valenciennes, 1831) 金色乳突天竺鲷 陆

Fowleria flammea Allen, 1993 金焰乳突天竺鲷

Fowleria isostigma (Jordan & Seale, 1906) 犬形乳突天竺鲷 陆

Fowleria marmorata (Alleyne & MacLeay, 1877) 显斑乳突天竺鲷 台

Fowleria polystigma (Bleeker, 1854) 多斑乳突天竺鲷

Fowleria punctulata (Rüppell, 1838) 等斑乳突天竺鲷 陆 台

Fowleria vaiulae (Jordan & Seale, 1906) 维拉乳突天竺鲷 陆 台

　　syn. *Foa abocellata* Goren & Karplus, 1980 驼峰鳄竺鱼

Fowleria variegata (Valenciennes, 1832) 杂斑乳突天竺鲷 陆 台

Genus *Glossamia* Gill, 1863 舌天竺鲷属

Glossamia abo (Herre, 1935) 阿波舌天竺鲷

Glossamia aprion (Richardson, 1842) 澳大利亚舌天竺鲷

Glossamia beauforti (Weber, 1907) 横带舌天竺鲷

Glossamia gjellerupi (Weber & de Beaufort, 1929) 吉氏舌天竺鲷

Glossamia heurni (Weber & de Beaufort, 1929) 休氏舌天竺鲷

Glossamia narindica Roberts, 1978 新几内亚舌天竺鲷

Glossamia sandei (Weber, 1907) 桑德氏舌天竺鲷

Glossamia trifasciata (Weber, 1913) 三带舌天竺鲷

Glossamia wichmanni (Weber, 1907) 威氏舌天竺鲷

Genus *Gymnapogon* Regan, 1905 裸天竺鲷属

Gymnapogon africanus Smith, 1954 非洲裸天竺鲷

Gymnapogon annona (Whitley, 1936) 无斑裸天竺鲷 台

Gymnapogon foraminosus (Tanaka, 1915) 孔裸天竺鲷

Gymnapogon japonicus Regan, 1905 日本裸天竺鲷 台

Gymnapogon melanogaster Gon & Golani, 2002 黑胸裸天竺鲷

Gymnapogon philippinus (Herre, 1939) 菲律宾裸天竺鲷 台

Gymnapogon urospilotus Lachner, 1953 尾斑裸天竺鲷 台

Gymnapogon vanderbilti (Fowler, 1938) 范氏裸天竺鲷

Genus *Holapogon* Fraser, 1973 全巨天竺鲷属

Holapogon maximus (Boulenger, 1888) 全巨天竺鲷

Genus *Lachneratus* Fraser & Struhsaker, 1991 茸天竺鲷属

Lachneratus phasmaticus Fraser & Struhsaker, 1991 鬼幻茸天竺鲷

Genus *Neamia* Smith & Radcliffe, 1912 扁天竺鲷属

Neamia articycla Fraser & Allen, 2006 红褐扁天竺鲷

Neamia notula Fraser & Allen, 2001 毛里求斯扁天竺鲷

Neamia octospina Smith & Radcliffe, 1912 八棘扁天竺鲷 台

Neamia xenica Fraser, 2010 凹尾扁天竺鲷

Genus *Nectamia* Jordan, 1917 圣天竺鲷属

Nectamia annularis (Rüppell, 1829) 环饰圣天竺鲷

Nectamia bandanensis (Bleeker, 1854) 颊纹圣天竺鲷 陆 台

　　syn. *Apogon bandanensis* Bleeker, 1854 颊纹天竺鲷

Nectamia fusca (Quoy & Gaimard, 1825) 褐色圣天竺鲷 陆 台

　　syn. *Apogon fusca* (Quoy & Gaimard, 1825) 棕色天竺鲷

　　syn. *Apogon guamensis* Valenciennes, 1832 云纹天竺鲷

Nectamia ignitops Fraser, 2008 发光圣天竺鲷

Nectamia luxuria Fraser, 2008 灿烂圣天竺鲷

Nectamia savayensis (Günther, 1872) 萨摩亚圣天竺鲷 陆 台

　　syn. *Apogon savayensis* Günther, 1872 萨摩亚天竺鲷

Nectamia similis Fraser, 2008 似圣天竺鲷

Nectamia viria Fraser, 2008 印度尼西亚圣天竺鲷

Nectamia zebrinus (Fraser, Randall & Lachner, 1999) 圣天竺鲷

Genus *Ostorhinchus* Lacepède, 1802 鹦天竺鲷属

Ostorhinchus apogonoides (Bleeker, 1856) 短齿鹦天竺鲷 台

syn. *Apogon apogonoides* (Bleeker, 1856) 短齿天竺鲷

Ostorhinchus fasciatus (White, 1790) 宽条鹦天竺鲷 台

Genus *Paxton* Baldwin & Johnson, 1999 帕氏天竺鲷属

Paxton concilians Baldwin & Johnson, 1999 帕氏天竺鲷

Genus *Phaeoptyx* Fraser & Robins, 1970 褶天竺鲷属

Phaeoptyx conklini (Silvester, 1915) 褶天竺鲷

Phaeoptyx pigmentaria (Poey, 1860) 噬色褶天竺鲷

Phaeoptyx xenus (Böhlke & Randall, 1968) 异域褶天竺鲷

Genus *Pristiapogon* Klunzinger, 1870 棘眼天竺鲷属

Pristiapogon fraenatus Valenciennes, 1832 棘眼天竺鲷 台

Genus *Pseudamia* Bleeker, 1865 拟天竺鲷属

Pseudamia amblyuroptera (Bleeker, 1856) 钝尾拟天竺鲷

Pseudamia gelatinosa Smith, 1956 犬牙拟天竺鲷 陆 台

Pseudamia hayashii Randall, Lachner & Fraser, 1985 林氏拟天竺鲷 台

Pseudamia nigra Allen, 1992 黑拟天竺鲷

Pseudamia rubra Randall & Ida, 1993 橘红拟天竺鲷

Pseudamia tarri Randall, Lachner & Fraser, 1985 塔氏拟天竺鲷

Pseudamia zonata Randall, Lachner & Fraser, 1985 黑带拟天竺鲷

Genus *Pseudamiops* Smith, 1954 准天竺鲷属

Pseudamiops diaphanes Randall, 1998 透体准天竺鲷

Pseudamiops gracilicauda (Lachner, 1953) 准天竺鲷 陆 台

Pseudamiops pellucidus Smith, 1954 长体准天竺鲷

Pseudamiops phasma Randall, 2001 魅形准天竺鲷

Genus *Pterapogon* Koumans, 1933 鳍天竺鲷属

Pterapogon kauderni Koumans, 1933 考氏鳍天竺鲷

Pterapogon mirifica (Mees, 1966) 鳍天竺鲷

Genus *Rhabdamia* Weber, 1909 箭天竺鲷属

Rhabdamia clupeiformis Weber, 1909 鲱形箭天竺鲷

Rhabdamia cypselurus Weber, 1909 燕尾箭天竺鲷 台

Rhabdamia gracilis (Bleeker, 1856) 箭天竺鲷 台

Rhabdamia mentalis (Evermann & Seale, 1907) 颏箭天竺鲷

Rhabdamia nigrimentum (Smith, 1961) 黑颏箭天竺鲷

Rhabdamia nuda (Regan, 1905) 裸箭天竺鲷

Rhabdamia spilota Allen & Kuiter, 1994 斑箭天竺鲷

Genus *Siphamia* Weber, 1909 管天竺鲷属

Siphamia argentea Lachner, 1953 银管天竺鲷

Siphamia cephalotes (Castelnau, 1875) 黑带管天竺鲷

Siphamia corallicola Allen, 1993 珊瑚管天竺鲷

Siphamia cuneiceps Whitley, 1941 楔首管天竺鲷

Siphamia cuprea Lachner, 1953 铜色管天竺鲷

Siphamia elongata Lachner, 1953 长身管天竺鲷

Siphamia fistulosa (Weber, 1909) 箫状管天竺鲷

Siphamia fuscolineata Lachner, 1953 棕线管天竺鲷 台

Siphamia guttulata (Alleyne & Macleay, 1877) 侧斑管天竺鲷

Siphamia jebbi Allen, 1993 杰布氏管天竺鲷

Siphamia majimai Matsubara & Iwai, 1958 马岛氏管天竺鲷 台

Siphamia mossambica Smith, 1955 莫桑比克管天竺鲷

Siphamia nigra Fourmanoir & Crosnier, 1964 黑色管天竺鲷

Siphamia ovalis Lachner, 1953 椭圆管天竺鲷

Siphamia permutata Klausewitz, 1966 红海管天竺鲷

Siphamia roseigaster (Ramsay & Ogilby, 1887) 纹腹管天竺鲷

Siphamia tubifer Weber, 1909 汤加管天竺鲷

Siphamia tubulata (Weber, 1909) 澳大利亚管天竺鲷

Siphamia versicolor (Smith & Radcliffe, 1911) 变色管天竺鲷 台

Siphamia woodi (McCulloch, 1921) 伍氏管天竺鲷

Siphamia zaribae Whitley, 1959 赞氏管天竺鲷

Genus *Sphaeramia* Fowler & Bean, 1930 圆天竺鲷属

Sphaeramia nematoptera (Bleeker, 1856) 丝鳍圆天竺鲷 陆 台

Sphaeramia orbicularis (Cuvier, 1828) 环纹圆天竺鲷 台

Genus *Vincentia* Castelnau, 1872 柄天竺鲷属

Vincentia badia Allen, 1987 巴地柄天竺鲷

Vincentia conspersa (Klunzinger, 1872) 小斑柄天竺鲷

Vincentia macrocauda Allen, 1987 大尾柄天竺鲷

Vincentia novaehollandiae (Valenciennes, 1832) 凹鳍柄天竺鲷

Vincentia punctata (Klunzinger, 1879) 横斑柄天竺鲷

Genus *Zoramia* Jordan, 1917 狸天竺鲷属

Zoramia flebila Greenfield, Langston & Randall, 2005 斐济狸天竺鲷

Zoramia fragilis (Smith, 1961) 脆身狸天竺鲷

Zoramia gilberti (Jordan & Seale, 1905) 齐氏狸天竺鲷 台

Zoramia leptacantha (Bleeker, 1856-1857) 小棘狸天竺鲷

Zoramia perlita (Fraser & Lachner, 1985) 珍珠狸天竺鲷

Zoramia viridiventer Greenfield, Langston & Randall, 2005 柄斑狸天竺鲷

Family 353 Epigonidae 后竺鲷科;深海天竺鲷科

Genus *Brephostoma* Alcock, 1889 幼竺鲷属;幼天竺鲷属

Brephostoma carpenteri Alcock, 1889 卡氏幼竺鲷;卡氏幼天竺鲷

Genus *Brinkmannella* Parr, 1933 勃林后竺鲷属;勃林深海天竺鲷属

Brinkmannella elongata Parr, 1933 长身勃林后竺鲷;长身勃林深海天竺鲷

Genus *Epigonus* Rafinesque, 1810 后竺鲷属;深海天竺鲷属

Epigonus affinis Parin & Abramov, 1986 安芬后竺鲷;安芬深海天竺鲷

Epigonus angustifrons Abramov & Manilo, 1987 窄叶后竺鲷;窄叶深海天竺鲷

Epigonus atherinoides (Gilbert, 1905) 太平洋后竺鲷;太平洋深海天竺鲷

Epigonus cavaticus Ida, Okamoto & Sakaue, 2007 穴栖后竺鲷;穴栖深海天竺鲷

Epigonus constanciae (Giglioli, 1880) 大头后竺鲷;大头深海天竺鲷

Epigonus crassicaudus de Buen, 1959 粗尾后竺鲷;粗尾深海天竺鲷

Epigonus ctenolepis Mochizuki & Shirakihara, 1983 栉鳞后竺鲷;栉鳞深海天竺鲷

Epigonus denticulatus Dieuzeide, 1950 细身后竺鲷;细身深海天竺鲷 台

Epigonus devaneyi Gon, 1985 德氏后竺鲷;德氏深海天竺鲷

Epigonus elegans Parin & Abramov, 1986 美丽后竺鲷;美丽深海天竺鲷

Epigonus elongatus Parin & Abramov, 1986 长身后竺鲷;长身深海天竺鲷

Epigonus fragilis (Jordan & Jordan, 1922) 脆后竺鲷;脆深海天竺鲷

Epigonus glossodontus Gon, 1985 齿舌后竺鲷;齿舌深海天竺鲷

Epigonus heracleus Parin & Abramov, 1986 大力神后竺鲷;大力神深海天竺鲷

Epigonus lenimen (Whitley, 1935) 巨睛后竺鲷;巨眼深海天竺鲷

Epigonus macrops (Brauer, 1906) 大眼后竺鲷;栉齿深海天竺鲷

Epigonus marimonticolus Parin & Abramov, 1986 苦味后竺鲷;苦味深海天竺鲷

Epigonus marisrubri Krupp, Zajonz & Khalaf, 2009 马氏后竺鲷;马氏深海天竺鲷

Epigonus merleni McCosker & Long, 1997 默氏后竺鲷;默氏深海天竺鲷

Epigonus notacanthus Parin & Abramov, 1986 背棘后竺鲷;背棘深海天竺鲷

Epigonus occidentalis Goode & Bean, 1896 西方后竺鲷;西方深海天竺鲷

Epigonus oligolepis Mayer, 1974 寡鳞后竺鲷;寡鳞深海天竺鲷

Epigonus pandionis (Goode & Bean, 1881) 皇后竺鲷;皇深海天竺鲷

Epigonus parini Abramov, 1987 褐后竺鲷;褐深海天竺鲷

Epigonus pectinifer Mayer, 1974 蜂巢后竺鲷;蜂巢深海天竺鲷

Epigonus robustus (Barnard, 1927) 壮体后竺鲷;壮体深海天竺鲷

Epigonus telescopus (Risso, 1810) 少耙后竺鲷;少耙深海天竺鲷

Epigonus waltersensis Parin & Abramov, 1986 印度后竺鲷;印度深海天竺鲷

Genus *Florenciella* Mead & De Falla, 1965 闪光后竺鲷属;闪光深海天竺鲷属

Florenciella lugubris Mead & De Falla, 1965 闪光后竺鲷;闪光深海天竺鲷

Genus *Microichthys* Rüppell, 1852 小后竺鲷属;小深海天竺鲷属

Microichthys coccoi Rüppell, 1852 柯氏小后竺鲷;柯氏小深海天竺鲷

Microichthys sanzoi Sparta, 1950 桑氏小后竺鲷;桑氏小深海天竺鲷

Genus *Rosenblattia* Mead & De Falla, 1965 粗天竺鲷属

Rosenblattia robusta Mead & De Falla, 1965 粗天竺鲷

Genus *Sphyraenops* Gill, 1860 舒天竺鲷属

Sphyraenops bairdianus Poey, 1861 舒天竺鲷

Family 354 Sillaginidae 鱚科;沙鲮科

Genus *Sillaginodes* Gill, 1861 似鱚属;似沙鲮属

Sillaginodes punctatus (Cuvier, 1829) 斑似鱚;斑似沙鲮

Genus *Sillaginopsis* Gill, 1861 拟鱚属;拟沙鲮属

Sillaginopsis panijus (Hamilton, 1822) 平头拟鱚;平头拟沙鲮

Genus *Sillago* Cuvier, 1816 鱚属;沙鲮属

Sillago aeolus Jordan & Evermann, 1902 杂色鱚;星沙鲮 陆 台

Sillago analis Whitley, 1943 金线鱚;金线沙鲮

Sillago arabica McKay & McCarthy, 1989 阿拉伯鱚;阿拉伯沙鲮

Sillago argentifasciata Martin & Montalban, 1935 银带鱚;银带沙鲮

Sillago asiatica McKay, 1982 亚洲鱚;亚洲沙鲮 台

Sillago attenuata McKay, 1985 波斯湾鱚;波斯湾沙鲮

Sillago bassensis Cuvier, 1829 银鱚;银沙鲮

Sillago boutani Pellegrin, 1905 北部湾鱚;北部湾沙鲮 陆

Sillago burrus Richardson, 1842 红鱚;红沙鲮

Sillago chondropus Bleeker, 1849 砂鱚;大指沙鲮 台

Sillago ciliata Cuvier, 1829 纤鱚;纤沙鲮

Sillago flindersi McKay, 1985 弗氏鱚;弗氏沙鲮

Sillago indica McKay, Dutt & Sujatha, 1985 印度鱚;印度沙鲮

Sillago ingenuua McKay, 1985 海湾鱚;湾沙鲮 台

Sillago intermedius Wongratana, 1977 中间鱚;中间沙鲮

Sillago japonica Temminck & Schlegel, 1843 少鳞鱚;日本沙鲮 陆 台

Sillago lutea McKay, 1985 泥鱚;泥沙鲮

Sillago macrolepis Bleeker, 1859 大鳞鱚;大鳞沙鲮

Sillago maculata Quoy & Gaimard, 1824 斑鱚;斑沙鲮 陆

Sillago megacephalus Lin, 1933 大头鱚;大头沙鲮

Sillago microps McKay, 1985 小眼鱚;小眼沙鲮 台

Sillago nierstraszi Hardenberg, 1941 粗鱚;粗沙鲮

Sillago parvisquamis Gill, 1861 细鳞鱚;小鳞沙鲮 台

Sillago robusta Stead, 1908 钝头鱚;钝头沙鲮

Sillago schomburgkii Peters, 1864 黄鳍鱚;黄鳍沙鲮

Sillago sihama (Forsskål, 1775) 多鳞鱚;多鳞沙鲮 陆 台

Sillago soringa Dutt & Sujatha, 1982 沙林鱚;沙林沙鲮

Sillago vincenti McKay, 1980 文氏鱚;文氏沙鲮

Sillago vittata McKay, 1985 斜纹鱚;斜纹沙鲮

Family 355 Malacanthidae 弱棘鱼科

Genus *Branchiostegus* Rafinesque, 1815 方头鱼属;马头鱼属

Branchiostegus albus Dooley, 1978 白方头鱼;白马头鱼 陆 台

Branchiostegus argentatus (Cuvier, 1830) 银方头鱼;银马头鱼 陆 台

Branchiostegus auratus (Kishinouye, 1907) 斑鳍方头鱼;斑鳍马头鱼 陆 台

Branchiostegus australiensis Dooley & Kailola, 1988 澳洲方头鱼;澳洲马头鱼

Branchiostegus doliatus (Cuvier, 1830) 横带方头鱼;横带马头鱼

Branchiostegus gloerfelti Dooley & Kailola, 1988 格氏方头鱼;格氏马头鱼

Branchiostegus hedlandensis Dooley & Kailola, 1988 赫德兰岛方头鱼;赫德兰马头鱼

Branchiostegus ilocanus Herre, 1928 大方头鱼;大马头鱼

Branchiostegus japonicus (Houttuyn, 1782) 日本方头鱼;日本马头鱼 陆 台

Branchiostegus paxtoni Dooley & Kailola, 1988 帕氏方头鱼;帕氏马头鱼

Branchiostegus sawakinensis Amirthalingam, 1969 红背方头鱼;红背马头鱼

Branchiostegus semifasciatus (Norman, 1931) 半带方头鱼;半带马头鱼

Branchiostegus serratus Dooley & Paxton, 1975 锯方头鱼;锯马头鱼

Branchiostegus vittatus Herre, 1926 条纹方头鱼;条纹马头鱼

Branchiostegus wardi Whitley, 1932 沃氏方头鱼;沃氏马头鱼

Genus *Caulolatilus* Gill, 1862 茎方头鱼属;茎马头鱼属

Caulolatilus affinis Gill, 1865 叉尾茎方头鱼;叉尾茎马头鱼

Caulolatilus bermudensis Dooley, 1981 百慕大茎方头鱼;百慕大茎马头鱼

Caulolatilus chrysops (Valenciennes, 1833) 金眼茎方头鱼;金眼茎马头鱼

Caulolatilus cyanops Poey, 1866 黑线茎方头鱼;黑线茎马头鱼

Caulolatilus dooleyi Berry, 1978 杜氏茎方头鱼;杜氏茎马头鱼

Caulolatilus guppyi Beebe & Tee-Van, 1937 沃氏茎方头鱼;沃氏茎马头鱼

Caulolatilus hubbsi Dooley, 1978 赫氏茎方头鱼;赫氏茎马头鱼

Caulolatilus intermedius Howell Rivero, 1936 中间茎方头鱼;中间茎马头鱼

Caulolatilus microps Goode & Bean, 1878 小眼茎方头鱼;小眼茎马头鱼

Caulolatilus princeps (Jenyns, 1840) 大洋茎方头鱼;大洋茎马头鱼

Caulolatilus williamsi Dooley & Berry, 1977 威氏茎方头鱼;威氏茎马头鱼

Genus *Hoplolatilus* Günther, 1887 似弱棘鱼属

Hoplolatilus chlupatyi Klausewitz, McCosker, Randall & Zetzsche, 1978 奇氏似弱棘鱼

Hoplolatilus cuniculus Randall & Dooley, 1974 似弱棘鱼 台

Hoplolatilus erdmanni Allen, 2007 厄氏似弱棘鱼

Hoplolatilus fourmanoiri Smith, 1964 福氏似弱棘鱼

Hoplolatilus fronticinctus (Günther, 1887) 叉尾似弱棘鱼 台

Hoplolatilus geo Fricke & Kacher, 1982 杰奥似弱棘鱼

Hoplolatilus luteus Allen & Kuiter, 1989 黄似弱棘鱼

Hoplolatilus marcosi Burgess, 1978 马氏似弱棘鱼 陆 台

Hoplolatilus oreni (Clark & Ben-Tuvia, 1973) 奥氏似弱棘鱼

Hoplolatilus pohle Earle & Pyle, 1997 波氏似弱棘鱼

Hoplolatilus purpureus Burgess, 1978 紫似弱棘鱼 陆 台

Hoplolatilus randalli Allen, Erdmann & Hamilton, 2010 兰道氏似弱棘鱼

Hoplolatilus starcki Randall & Dooley, 1974 斯氏似弱棘鱼 台

Genus *Lopholatilus* Goode & Bean, 1879 脊项弱棘鱼属

Lopholatilus chamaeleonticeps Goode & Bean, 1879 脊项弱棘鱼

Lopholatilus villarii Miranda Ribeiro, 1915 维氏脊项弱棘鱼

Genus *Malacanthus* Cuvier, 1829 弱棘鱼属

Malacanthus brevirostris Guichenot, 1848 短吻弱棘鱼 陆 台
　　syn. *Malacanthus hoedti* Bleeker, 1859 尾带弱棘鱼

Malacanthus latovittatus (Lacepède, 1801) 侧条弱棘鱼 陆 台

Malacanthus plumieri (Bloch, 1786) 帕氏弱棘鱼

Family 356 Lactariidae 乳香鱼科;乳鲭科

Genus *Lactarius* Valenciennes, 1833 乳香鱼属;乳鲭属

Lactarius lactarius (Bloch & Schneider, 1801) 乳香鱼;乳鲭 陆 台

Family 357 Dinolestidae 海盗鲷科

Genus *Dinolestes* Klunzinger, 1872 海盗鲷属

Dinolestes lewini (Griffith & Smith, 1834) 长鳍海盗鲷

Family 358 Scombropidae 青鲑科

Genus *Scombrops* Temminck & Schlegel, 1845 青鲑属

Scombrops boops (Houttuyn, 1782) 牛眼青鲑;牛眼鲑 陆 台

Scombrops gilberti (Jordan & Snyder, 1901) 吉氏青鲑;吉氏鲑

兰马头鱼

Scombrops oculatus (Poey, 1860) 古巴青鲶;古巴鲶

Family 359 Pomatomidae 鲶科;扁鲹科

Genus *Pomatomus* Risso, 1810 鲶属;扁鲹属

Pomatomus saltatrix (Linnaeus, 1766) 鲶;扁鲹 陆 台

Family 360 Nematistiidae 丝帆鱼科

Genus *Nematistius* Gill, 1862 丝帆鱼属

Nematistius pectoralis Gill, 1862 丝帆鱼

Family 361 Coryphaenidae 鲯鳅科;鳍科

Genus *Coryphaena* Linnaeus, 1758 鲯鳅科;鬼头刀属

Coryphaena equiselis Linnaeus, 1758 棘鲯鳅;棘鬼头刀 台

Coryphaena hippurus Linnaeus, 1758 鲯鳅;鬼头刀 陆 台

Family 362 Rachycentridae 军曹鱼科;海鲡科

Genus *Rachycentron* Kaup, 1826 军曹鱼属;海鲡属

Rachycentron canadum (Linnaeus, 1766) 军曹鱼;海鲡 陆 台

Family 363 Echeneidae 鮣科

Genus *Echeneis* Linnaeus, 1758 鮣属

Echeneis naucrates Linnaeus, 1758 鮣 陆 台

Echeneis neucratoides Zuiew, 1786 白鳍鮣

Genus *Phtheirichthys* Gill, 1862 虱鮣属

Phtheirichthys lineatus (Menzies, 1791) 虱鮣

Genus *Remora* Gill, 1862 短鮣属

Remora albescens (Temminck & Schlegel, 1850) 白短鮣 陆 台

Remora australis (Bennett, 1840) 澳洲短鮣 台

Remora brachyptera (Lowe, 1839) 短臂短鮣 陆 台

Remora osteochir (Cuvier, 1829) 大盘短鮣 陆 台

Remora remora (Linnaeus, 1758) 短鮣 陆 台

Family 364 Carangidae 鲹科

Genus *Alectis* Rafinesque, 1815 丝鲹属

Alectis alexandrina (Geoffroy Saint-Hilaire, 1817) 亚历山大丝鲹

Alectis ciliaris (Bloch, 1787) 丝鲹 陆 台

Alectis indica (Rüppell, 1830) 印度丝鲹 台

Genus *Alepes* Swainson, 1839 副叶鲹属

Alepes apercna Grant, 1987 细尾副叶鲹

Alepes djedaba (Forsskål, 1775) 吉打副叶鲹 陆 台

  syn. *Atule kalla* (Cuvier, 1833) 丽叶鲹

Alepes kleinii (Bloch, 1793) 克氏副叶鲹 陆 台

  syn. *Alepes para* (Cuvier, 1833) 副叶鲹

Alepes melanoptera (Swainson, 1839) 黑鳍副叶鲹 陆

  syn. *Atule malam* (Bleeker, 1851) 黑鳍叶鲹

  syn. *Atule pectoralis* (Chu & Cheng, 1958) 钝鳍叶鲹

Alepes vari (Cuvier, 1833) 范氏副叶鲹 陆 台

  syn. *Caranx macrurus* (Bleeker, 1851) 大尾叶鲹

Genus *Atropus* Oken, 1817 沟鲹属

Atropus atropos (Bloch & Schneider, 1801) 沟鲹 陆 台

Genus *Atule* Jordan & Jordan, 1922 叶鲹属

Atule mate (Cuvier, 1833) 游鳍叶鲹 陆 台

Genus *Campogramma* Regan, 1903 大齿鲹属

Campogramma glaycos (Lacepède, 1801) 大齿鲹

Genus *Carangoides* Bleeker, 1851 若鲹属

Carangoides armatus (Rüppell, 1830) 甲若鲹 陆 台

  syn. *Caranx schlegeli* (Wakiya, 1924) 许氏鲹

  syn. *Citula pescadorensis* Oshima, 1924 澎湖裸胸鲹

Carangoides bajad (Forsskål, 1775) 橘点若鲹 台

Carangoides bartholomaei (Cuvier, 1833) 巴氏若鲹

Carangoides chrysophrys (Cuvier, 1833) 长吻若鲹 陆 台

Carangoides ciliarius (Rüppell, 1830) 美若鲹

Carangoides coeruleopinnatus (Rüppell, 1830) 青羽若鲹 陆 台

Carangoides dinema Bleeker, 1851 背点若鲹 陆 台

Carangoides equula (Temminck & Schlegel, 1844) 高体若鲹 陆 台

Carangoides ferdau (Forsskål, 1775) 平线若鲹 陆 台

Carangoides fulvoguttatus (Forsskål, 1775) 黄点若鲹 台

Carangoides gymnostethus (Cuvier, 1833) 裸胸若鲹 台

Carangoides hedlandensis (Whitley, 1934) 海兰德若鲹 陆 台

Carangoides humerosus (McCulloch, 1915) 大眼若鲹 陆

Carangoides malabaricus (Bloch & Schneider, 1801) 马拉巴若鲹 陆 台

Carangoides oblongus (Cuvier, 1833) 卵圆若鲹 陆 台

Carangoides orthogrammus (Jordan & Gilbert, 1882) 直线若鲹 台

Carangoides otrynter (Jordan & Gilbert, 1883) 丝鳍若鲹

Carangoides plagiotaenia Bleeker, 1857 横带若鲹 陆 台

Carangoides praeustus (Anonymous [Bennett], 1830) 褐背若鲹 陆

Carangoides talamparoides Bleeker, 1852 白舌若鲹 陆 台

Genus *Caranx* Lacepède, 1801 鲹属

Caranx bucculentus Alleyne & Macleay, 1877 大口鲹;蓝点鲹 陆 台

Caranx caballus Günther, 1868 大马鲹

Caranx caninus Günther, 1867 犬鲹

Caranx crysos (Mitchill, 1815) 金鲹

Caranx fischeri Smith-Vaniz & Carpenter, 2006 费氏鲹

Caranx heberi (Bennett, 1830) 希伯氏鲹

Caranx hippos (Linnaeus, 1766) 马鲹 陆

Caranx ignobilis (Forsskål, 1775) 珍鲹;浪人鲹 陆 台

  syn. *Caranx sansun* (Forsskål, 1775) 散鲹

Caranx latus Agassiz, 1831 黑眼鲹

Caranx lugubris Poey, 1860 阔步鲹 台

  syn. *Caranx ishikawai* Wakiya, 1924 黑体鲹

Caranx melampygus Cuvier, 1833 黑尻鲹;蓝鳍鲹 陆 台

  syn. *Caranx stellatus* Eydoux & Souleyet, 1841 星点鲹

Caranx papuensis Alleyne & MacLeay, 1877 巴布亚鲹 台

Caranx rhonchus Geoffroy Saint-Hilaire, 1817 玫鲹 陆

Caranx ruber (Bloch, 1793) 红鲹

Caranx senegallus Cuvier, 1833 塞内加尔鲹

Caranx sexfasciatus Quoy & Gaimard, 1825 六带鲹 陆 台

  syn. *Caranx oshimai* Wakiya, 1924 黑边鲹

  syn. *Caranx xanthopygus* Cuvier, 1833 黄鲹

Caranx tille Cuvier, 1833 泰勒鲹 陆 台

Caranx vinctus Jordan & Gilbert, 1882 横带鲹

Genus *Chloroscombrus* Girard, 1858 鲭鲹属

Chloroscombrus chrysurus (Linnaeus, 1766) 绿鲭鲹

Chloroscombrus orqueta Jordan & Gilbert, 1883 太平洋鲭鲹

Genus *Decapterus* Bleeker, 1851 圆鲹属

Decapterus akaadsi Abe, 1958 红尾圆鲹 陆

Decapterus koheru (Hector, 1875) 宝圆鲹

Decapterus kurroides Bleeker, 1855 无斑圆鲹 陆 台

Decapterus macarellus (Cuvier, 1833) 颌圆鲹 台

Decapterus macrosoma Bleeker, 1851 长身圆鲹 陆 台

Decapterus maruadsi (Temminck & Schlegel, 1843) 红背圆鲹(蓝圆鲹) 陆 台

Decapterus muroadsi (Temminck & Schlegel, 1844) 穆氏圆鲹 陆

Decapterus punctatus (Cuvier, 1829) 黑点圆鲹

Decapterus russelli (Rüppell, 1830) 罗氏圆鲹 陆 台

  syn. *Decapterus lajang* Bleeker, 1855 颌圆鲹

Decapterus scombrinus (Valenciennes, 1846) 鲭圆鲹

Decapterus tabl Berry, 1968 泰勃圆鲹 台

Genus *Elagatis* Bennett, 1840 纺锤鲕属;带鲹属

Elagatis bipinnulata (Quoy & Gaimard, 1825) 纺锤鲕;双带鲹 陆 台

Genus *Gnathanodon* Bleeker, 1850 无齿鲹属

Gnathanodon speciosus (Forsskål, 1775) 无齿鲹 陆 台

Genus *Hemicaranx* Bleeker, 1862 半鲹属

Hemicaranx amblyrhynchus (Cuvier, 1833) 钝吻半鲹

Hemicaranx bicolor (Günther, 1860) 双色半鲹

Hemicaranx leucurus (Günther, 1864) 白尾半鲹

Hemicaranx zelotes Gilbert, 1898 梳齿半鲹

Genus *Lichia* Cuvier, 1816 波线鲹属

Lichia amia (Linnaeus, 1758) 镰鳍波线鲹

Genus *Megalaspis* Bleeker, 1851 大甲鲹属

Megalaspis cordyla (Linnaeus, 1758) 大甲鲹 陆 台

Genus *Naucrates* Rafinesque, 1810 舟鲕属;黑带鲹属

Naucrates ductor (Linnaeus, 1758) 舟鲕;黑带鲹 陆 台

Genus *Oligoplites* Gill, 1863 革鲹属

Oligoplites altus (Günther, 1868) 高革鲹

Oligoplites palometa (Cuvier, 1832) 帕洛革鲹

Oligoplites refulgens Gilbert & Starks, 1904 闪光革鲹

Oligoplites saliens (Bloch, 1793) 跳革鲹

Oligoplites saurus (Bloch & Schneider, 1801) 革鲹

Genus *Pantolabus* Whitley, 1931 唇鲹属

Pantolabus radiatus (Macleay, 1881) 穗鳍唇鲹

Genus *Parastromateus* Bleeker, 1864 乌鲳属

Parastromateus niger (Bloch, 1795) 乌鲳 陆 台

    syn. *Formio niger* (Bloch, 1795) 乌鲳

Genus *Parona* Berg, 1895 拟鲳鲹属

Parona signata (Jenyns, 1841) 拟鲳鲹

Genus *Pseudocaranx* Bleeker, 1863 拟鲹属

Pseudocaranx chilensis (Guichenot, 1848) 智利拟鲹

Pseudocaranx dentex (Bloch & Schneider, 1801) 黄带拟鲹 陆 台

    syn. *Caranx delicatissimus* Döderlein, 1884 条纹鲹

Pseudocaranx dinjerra Smith-Vaniz & Jelks, 2006 澳大利亚拟鲹

Pseudocaranx wrighti (Whitley, 1931) 沙拟鲹

Genus *Scomberoides* Lacepède, 1801 似鲹属;逆钩鲹属

Scomberoides commersonnianus Lacepède, 1801 康氏似鲹;大口逆钩鲹 台

Scomberoides lysan (Forsskål, 1775) 长颌似鲹;逆钩鲹 陆 台

    syn. *Chorinemus orientalis* Temminck & Schlegel, 1844 东方鲭鲹

    syn. *Chorinemus tolooparah* (Rüppell, 1829) 斑点鲭鲹

Scomberoides tala (Cuvier, 1832) 横斑似鲹;横斑逆钩鲹 陆

    syn. *Chorinemus hainanensis* Chu & Cheng, 1958 海南鲭鲹

Scomberoides tol (Cuvier, 1832) 革似鲹;托尔逆钩鲹 陆 台

    syn. *Chorinemus formosanus* (Wakiya, 1924) 台湾鲭鲹

Genus *Selar* Bleeker, 1851 凹肩鲹属

Selar boops (Cuvier, 1833) 牛目凹肩鲹 陆

Selar crumenophthalmus (Bloch, 1793) 脂眼凹肩鲹 陆 台

Genus *Selaroides* Bleeker, 1851 细鲹属

Selaroides leptolepis (Cuvier, 1833) 金带细鲹 陆 台

Genus *Selene* Lacepède, 1802 月鲹属

Selene brevoortii (Gill, 1863) 布雷氏月鲹

Selene brownii (Cuvier, 1816) 布氏月鲹

Selene dorsalis (Gill, 1863) 隆背月鲹

Selene orstedii Lütken, 1880 奥氏月鲹

Selene peruviana (Guichenot, 1866) 太平洋月鲹

Selene setapinnis (Mitchill, 1815) 大西洋月鲹

Selene spixii (Castelnau, 1855) 斯氏月鲹

Selene vomer (Linnaeus, 1758) 突颌月鲹

Genus *Seriola* Cuvier, 1816 鲕属

Seriola carpenteri Mather, 1971 卡彭氏鲕

Seriola dumerili (Risso, 1810) 杜氏鲕(高体鲕) 陆 台

Seriola fasciata (Bloch, 1793) 斑纹鲕

Seriola hippos Günther, 1876 马鲕

Seriola lalandi Valenciennes, 1833 黄尾鲕

Seriola peruana Steindachner, 1881 秘鲁鲕

Seriola quinqueradiata Temminck & Schlegel, 1845 五条鲕 陆

Seriola rivoliana Valenciennes, 1833 长鳍鲕 陆 台

Seriola zonata (Mitchill, 1815) 环带鲕

Genus *Seriolina* Wakiya, 1924 小条鲕属;小甘鲹属

Seriolina nigrofasciata (Rüppell, 1829) 黑纹小条鲕;小甘鲹 陆 台

Genus *Trachinotus* Lacepède, 1801 鲳鲹属

Trachinotus africanus Smith, 1967 非洲鲳鲹

Trachinotus anak Ogilby, 1909 阿纳鲳鲹 台

Trachinotus baillonii (Lacepède, 1801) 斐氏鲳鲹 陆 台

Trachinotus blochii (Lacepède, 1801) 布氏鲳鲹 陆 台

Trachinotus botla (Shaw, 1803) 大斑鲳鲹 陆

    syn. *Trachinotus russelli* Cuvier, 1832 勒氏鲳鲹

Trachinotus carolinus (Linnaeus, 1766) 北美鲳鲹

Trachinotus cayennensis Cuvier, 1832 卡椰鲳鲹

Trachinotus coppingeri Günther, 1884 科氏鲳鲹

Trachinotus falcatus (Linnaeus, 1758) 镰鳍鲳鲹

Trachinotus goodei Jordan & Evermann, 1896 谷氏鲳鲹

Trachinotus goreensis Cuvier, 1832 长鳍鲳鲹

Trachinotus kennedyi Steindachner, 1876 肯氏鲳鲹

Trachinotus marginatus Cuvier, 1832 缘边鲳鲹

Trachinotus maxillosus Cuvier, 1832 无斑鲳鲹

Trachinotus mookalee Cuvier, 1832 穆克鲳鲹

Trachinotus ovatus (Linnaeus, 1758) 卵形鲳鲹 陆

Trachinotus paitensis Cuvier, 1832 美洲鲳鲹

Trachinotus rhodopus Gill, 1863 红鲳鲹

Trachinotus stilbe (Jordan & McGregor, 1898) 灯鲳鲹

Trachinotus teraia Cuvier, 1832 短鳍鲳鲹

Genus *Trachurus* Rafinesque, 1810 竹荚鱼属

Trachurus aleevi Rytov & Razumovskaya, 1984 奥氏竹荚鱼

Trachurus capensis Castelnau, 1861 南非竹荚鱼

Trachurus declivis (Jenyns, 1841) 青背竹荚鱼

Trachurus delagoa Nekrasov, 1970 沙竹荚鱼

Trachurus indicus Nekrasov, 1966 印度竹荚鱼

Trachurus japonicus (Temminck & Schlegel, 1844) 日本竹荚鱼 陆 台

    syn. *Trachurus argenteus* Wakiya, 1924 银竹荚鱼

Trachurus lathami Nichols, 1920 粗鳞竹荚鱼

Trachurus longimanus (Norman, 1935) 长鳍竹荚鱼

Trachurus mediterraneus (Steindachner, 1868) 地中海竹荚鱼

Trachurus murphyi Nichols, 1920 智利竹荚鱼

Trachurus novaezelandiae Richardson, 1843 新西兰竹荚鱼

Trachurus picturatus (Bowdich, 1825) 蓝竹荚鱼

Trachurus symmetricus (Ayres, 1855) 太平洋竹荚鱼

Trachurus trachurus (Linnaeus, 1758) 竹荚鱼

Trachurus trecae Cadenat, 1950 短线竹荚鱼

Genus *Ulua* Jordan & Snyder, 1908 羽鳃鲹属

Ulua aurochs (Ogilby, 1915) 丝背羽鳃鲹 陆

Ulua mentalis (Cuvier, 1833) 短丝羽鳃鲹 陆 台

Genus *Uraspis* Bleeker, 1855 尾甲鲹属

Uraspis helvola (Forster, 1801) 白舌尾甲鲹 陆 台

Uraspis secunda (Poey, 1860) 棉口尾甲鲹

Uraspis uraspis (Günther, 1860) 白口尾甲鲹 台

Family 365 Menidae 眼镜鱼科

Genus *Mene* Lacepède, 1803 眼镜鱼属;眼眶鱼属

Mene maculata (Bloch & Schneider, 1801) 眼镜鱼;眼眶鱼 陆 台

Family 366 Leiognathidae 鲾科

Genus *Equulites* Fowler, 1904 马鲾属

Equulites absconditus Chakrabarty & Sparks, 2010 秘马鲾

Equulites antongil (Sparks, 2006) 安东马鲾

Equulites elongatus (Günther, 1874) 长身马鲾 陆 台

    syn. *Leiognathus elongatus* (Günther, 1874) 长鲾

Equulites klunzingeri (Steindachner, 1898) 克隆氏马鲾

Equulites laterofenestra (Sparks & Chakrabarty, 2007) 砖红马鲾

Equulites leuciscus (Günther, 1860) 曳丝马鲾 台
  syn. *Leiognathus leuciscus* (Günther, 1860) 曳丝鲾
Equulites moretoniensis (Ogilby, 1912) 丝背马鲾
Equulites rivulatus (Temminck & Schlegel, 1845) 条马鲾 陆 台
  syn. *Leiognathus rivulatus* (Temminck & Schlegel, 1845) 条鲾

Genus *Eubleekeria* Fowler, 1904 布氏鲾属
Eubleekeria jonesi (James, 1971) 琼斯布氏鲾
Eubleekeria kupanensis (Kimura & Peristiwady, 2005) 印度尼西亚布氏鲾
Eubleekeria rapsoni (Munro, 1964) 小口布氏鲾
Eubleekeria splendens (Cuvier, 1829) 黑边布氏鲾 陆 台
  syn. *Leiognathus splendens* (Cuvier, 1829) 黑边鲾

Genus *Gazza* Rüppell, 1835 牙鲾属
Gazza achlamys Jordan & Starks, 1917 宽身牙鲾 台
Gazza dentex (Valenciennes, 1835) 长齿牙鲾
Gazza minuta (Bloch, 1795) 小牙鲾 陆 台
Gazza rhombea Kimura, Yamashita & Iwatsuki, 2000 菱牙鲾
Gazza squamiventralis Yamashita & Kimura, 2001 腹鳞牙鲾

Genus *Leiognathus* Lacepède, 1802 鲾属
Leiognathus berbis (Valenciennes, 1835) 细纹鲾 陆 台
Leiognathus brevirostris (Valenciennes, 1835) 短吻鲾 陆
Leiognathus daura (Cuvier, 1829) 黑斑鲾 陆
Leiognathus dussumieri (Valenciennes, 1835) 杜氏鲾 陆
Leiognathus equulus (Forsskål, 1775) 短棘鲾 陆 台
Leiognathus fasciatus (Lacepède, 1803) 条纹鲾 陆 台
Leiognathus lineolatus (Valenciennes, 1835) 粗纹鲾 陆 台
  syn. *Equulites lineolatus* (Valenciennes, 1835) 粗纹马鲾
Leiognathus longispinis (Valenciennes, 1835) 长刺鲾
Leiognathus oblongus (Valenciennes, 1835) 椭圆鲾
Leiognathus parviceps (Valenciennes, 1835) 细头鲾
Leiognathus robustus Sparks & Dunlap, 2004 强鲾
Leiognathus striatus James & Badrudeen, 1991 带纹鲾

Genus *Nuchequula* Whitley, 1932 项鲾属
Nuchequula blochii (Valenciennes, 1835) 布氏项鲾
  syn. *Leiognathus blochii* (Valenciennes, 1835) 布氏鲾
Nuchequula flavaxilla Kimura, Kimura & Ikejima, 2008 黄项鲾
Nuchequula gerreoides (Bleeker, 1851) 若盾项鲾 陆
  syn. *Leiognathus decorus* (De Vis, 1884) 美鲾
  syn. *Leiognathus gerreoide* (Bleeker, 1851) 若鲾
Nuchequula glenysae Kimura, Kimura & Ikejima, 2008 星项鲾
Nuchequula longicornis Kimura, Kimura & Ikejima, 2008 长角项鲾
Nuchequula mannusella Chakrabarty & Sparks, 2007 圈项鲾
Nuchequula nuchalis (Temminck & Schlegel, 1845) 项斑项鲾;项斑颈鲾 陆 台
  syn. *Leiognathus nuchalis* (Temminck & Schlegel, 1845) 项斑鲾

Genus *Photopectoralis* Sparks, Dunlap & Smith, 2005 光胸鲾属
Photopectoralis aureus (Abe & Haneda, 1972) 金黄光胸鲾 台
  syn. *Leiognathus aureus* Abe & Haneda, 1972 金黄鲾
Photopectoralis bindus (Valenciennes, 1835) 黄斑光胸鲾 陆 台
  syn. *Leiognathus bindus* (Valenciennes, 1835) 黄斑鲾
Photopectoralis hataii (Abe & Haneda, 1972) 赫氏光胸鲾
Photopectoralis panayensis (Kimura & Dunlap, 2003) 菲律宾光胸鲾

Genus *Secutor* Gistel, 1848 仰口鲾属
Secutor hanedai Mochizuki & Hayashi, 1989 羽田仰口鲾
Secutor indicius Monkolprasit, 1973 印度仰口鲾 陆 台
Secutor insidiator (Bloch, 1787) 静仰口鲾(静鲾);长吻仰口鲾 陆 台
Secutor interruptus (Valenciennes, 1835) 间断仰口鲾
Secutor megalolepis Mochizuki & Hayashi, 1989 大鳞仰口鲾
Secutor ruconius (Hamilton, 1822) 鹿斑仰口鲾(鹿斑鲾) 陆 台

Family 367 Bramidae 乌鲂科

Genus *Brama* Klein, 1775 乌鲂属
Brama australis Valenciennes, 1838 澳洲乌鲂
Brama brama (Bonnaterre, 1788) 乌鲂
Brama caribbea Mead, 1972 加勒比海乌鲂
Brama dussumieri Cuvier, 1831 杜氏乌鲂 陆
Brama japonica Hilgendorf, 1878 日本乌鲂 陆 台
Brama myersi Mead, 1972 梅氏乌鲂 陆 台
Brama orcini Cuvier, 1831 小鳞乌鲂 台
  syn. *Brama drachme* Snyder, 1904 圆币乌鲂
Brama pauciradiata Moteki, Fujita & Last, 1995 少辐乌鲂

Genus *Eumegistus* Jordan & Jordan, 1922 真乌鲂属
Eumegistus brevorti (Poey, 1860) 布氏真乌鲂
Eumegistus illustris Jordan & Jordan, 1922 真乌鲂 陆 台

Genus *Pteraclis* Gronow, 1772 帆鳍鲂属
Pteraclis aesticola (Jordan & Snyder, 1901) 帆鳍鲂 台
Pteraclis carolinus Valenciennes, 1833 卡罗来纳帆鳍鲂
Pteraclis velifera (Pallas, 1770) 叉尾帆鳍鲂

Genus *Pterycombus* Fries, 1837 高鳍鲂属
Pterycombus brama Fries, 1837 纽芬兰高鳍鲂
Pterycombus petersii (Hilgendorf, 1878) 彼氏高鳍鲂 陆 台

Genus *Taractes* Lowe, 1843 棱鲂属(小乌鲂属)
Taractes asper Lowe, 1843 粗棱鲂
Taractes rubescens (Jordan & Evermann, 1887) 红棱鲂 陆 台

Genus *Taractichthys* Mead & Maul, 1958 长鳍乌鲂属
Taractichthys longipinnis (Lowe, 1843) 叉尾长鳍乌鲂
Taractichthys steindachneri (Döderlein, 1883) 斯氏长鳍乌鲂 台

Genus *Xenobrama* Yatsu & Nakamura, 1989 异鲂属
Xenobrama microlepis Yatsu & Nakamura, 1989 小鳞异鲂

Family 368 Caristiidae 长鳍金眼鲷科

Genus *Caristius* Gill & Smith, 1905 长鳍金眼鲷属
Caristius groenlandicus Jensen, 1941 格陵兰长鳍金眼鲷
Caristius japonicus Gill & Smith, 1905 日本长鳍金眼鲷
Caristius macropus (Bellotti, 1903) 长鳍金眼鲷

Genus *Paracaristius* Trunov, Kukuev & Parin, 2006 副长鳍金眼鲷属
Paracaristius heemstrai Trunov, Kukuev & Parin, 2006 希氏副长鳍金眼鲷
Paracaristius maderensis (Maul, 1949) 马德拉副长鳍金眼鲷

Genus *Platyberyx* Zugmayer, 1911 高鳍金眼鲷属
Platyberyx opalescens Zugmayer, 1911 高鳍金眼鲷

Family 369 Emmelichthyidae 谐鱼科

Genus *Emmelichthys* Richardson, 1845 谐鱼属
Emmelichthys elongatus Kotlyar, 1982 长身谐鱼
Emmelichthys karnellai Heemstra & Randall, 1977 卡氏谐鱼
Emmelichthys nitidus cyanescens (Guichenot, 1848) 智利谐鱼
Emmelichthys nitidus nitidus Richardson, 1845 谐鱼
Emmelichthys ruber (Trunov, 1976) 红背谐鱼
Emmelichthys struhsakeri Heemstra & Randall, 1977 史氏谐鱼 陆 台

Genus *Erythrocles* Jordan, 1919 红谐鱼属
Erythrocles acarina Kotthaus, 1974 细红谐鱼
Erythrocles microceps Miyahara & Okamura, 1998 小头红谐鱼
Erythrocles monodi Poll & Cadenat, 1954 莫氏红谐鱼
Erythrocles schlegelii (Richardson, 1846) 史氏红谐鱼 陆 台
Erythrocles scintillans (Jordan & Thompson, 1912) 火花红谐鱼 台
Erythrocles taeniatus Randall & Rivaton, 1992 紫带红谐鱼

Genus *Plagiogeneion* Forbes, 1890 斜谐鱼属
Plagiogeneion fiolenti Parin, 1991 菲氏斜谐鱼
Plagiogeneion geminatum Parin, 1991 双生斜谐鱼
Plagiogeneion macrolepis McCulloch, 1914 大鳞斜谐鱼

Plagiogeneion rubiginosum (Hutton, 1875) 玫瑰斜谐鱼
Plagiogeneion unispina Parin, 1991 单棘斜谐鱼

Family 370 Lutjanidae 笛鲷科

Genus *Aphareus* Cuvier, 1830 叉尾鲷属;细齿笛鲷属

Aphareus furca (Lacepède, 1801) 叉尾鲷;榄色细齿笛鲷 陆 台
Aphareus rutilans Cuvier, 1830 红叉尾鲷;锈色细齿笛鲷 陆 台

Genus *Aprion* Valenciennes, 1830 短鳍笛鲷属

Aprion virescens Valenciennes, 1830 蓝短鳍笛鲷 陆 台

Genus *Apsilus* Valenciennes, 1830 丝鳍笛鲷属

Apsilus dentatus Guichenot, 1853 黑丝鳍笛鲷
Apsilus fuscus Valenciennes, 1830 叉尾丝鳍笛鲷

Genus *Etelis* Cuvier, 1828 红钻鱼属;滨鲷属

Etelis carbunculus Cuvier, 1828 红钻鱼;滨鲷 陆 台
Etelis coruscans Valenciennes, 1862 丝尾红钻鱼;长尾滨鲷 台
Etelis oculatus (Valenciennes, 1828) 大西洋红钻鱼;大西洋滨鲷
Etelis radiosus Anderson, 1981 多耙红钻鱼;多耙滨鲷 台

Genus *Hoplopagrus* Gill, 1861 管鼻鲷属

Hoplopagrus guentherii Gill, 1862 根室氏管鼻鲷

Genus *Lipocheilus* Anderson, Talwar & Johnson, 1977 叶唇笛鲷属

Lipocheilus carnolabrum (Chan, 1970) 叶唇笛鲷 陆 台

Genus *Lutjanus* Bloch, 1790 笛鲷属

Lutjanus adetii (Castelnau, 1873) 黄带笛鲷
Lutjanus agennes Bleeker, 1863 非洲红笛鲷
Lutjanus alexandrei Moura & Lindeman, 2007 亚历山大笛鲷
Lutjanus ambiguus (Poey, 1860) 加勒比海笛鲷
Lutjanus analis (Cuvier, 1828) 双色笛鲷
Lutjanus apodus (Walbaum, 1792) 八带笛鲷
Lutjanus aratus (Günther, 1864) 似鲻笛鲷
Lutjanus argentimaculatus (Forsskål, 1775) 紫红笛鲷;银纹笛鲷 陆 台
Lutjanus argentiventris (Peters, 1869) 纹眼笛鲷
Lutjanus bengalensis (Bloch, 1790) 孟加拉国湾笛鲷 陆 台
Lutjanus biguttatus (Valenciennes, 1830) 双斑笛鲷
Lutjanus bitaeniatus (Valenciennes, 1830) 双带笛鲷
Lutjanus bohar (Forsskål, 1775) 白斑笛鲷 陆 台
Lutjanus boutton (Lacepède, 1802) 蓝带笛鲷 台
Lutjanus buccanella (Cuvier, 1828) 黑鳍笛鲷
Lutjanus campechanus (Poey, 1860) 西大西洋笛鲷
Lutjanus carponotatus (Richardson, 1842) 胸斑笛鲷 陆 台
    syn. *Lutjanus chrysotaenia* (Bleeker, 1851) 菊条笛鲷
Lutjanus coeruleolineatus (Rüppell, 1838) 蓝线笛鲷
Lutjanus colorado Jordan & Gilbert, 1882 科罗拉多笛鲷
Lutjanus cyanopterus (Cuvier, 1828) 巴西笛鲷
Lutjanus decussatus (Cuvier, 1828) 斜带笛鲷;交叉笛鲷 陆 台
Lutjanus dentatus (Duméril, 1861) 牙笛鲷
Lutjanus dodecacanthoides (Bleeker, 1854) 似十二棘笛鲷 台
Lutjanus ehrenbergii (Peters, 1869) 埃氏笛鲷 台
Lutjanus endecacanthus Bleeker, 1863 十一棘笛鲷
Lutjanus erythropterus Bloch, 1790 红鳍笛鲷;赤鳍笛鲷 陆 台
    syn. *Lutjanus altifrontalis* Chan, 1970 高额笛鲷
Lutjanus fulgens (Valenciennes, 1830) 辉带笛鲷
Lutjanus fulviflamma (Forsskål, 1775) 金焰笛鲷;火斑笛鲷 陆 台
Lutjanus fulvus (Forster, 1801) 焦黄笛鲷;黄足笛鲷 陆 台
    syn. *Lutjanus vaigiensis* (Quoy & Gaimard, 1824) 金带笛鲷
Lutjanus fuscescens (Valenciennes, 1830) 大魟笛鲷
Lutjanus gibbus (Forsskål, 1775) 隆背笛鲷 陆 台
Lutjanus goldiei (Macleay, 1882) 戈氏笛鲷
Lutjanus goreensis (Valenciennes, 1830) 高里笛鲷

Lutjanus griseus (Linnaeus, 1758) 灰笛鲷
Lutjanus guilcheri Fourmanoir, 1959 奎氏笛鲷
Lutjanus guttatus (Steindachner, 1869) 墨西哥笛鲷
Lutjanus inermis (Peters, 1869) 长体笛鲷
Lutjanus jocu (Bloch & Schneider, 1801) 白纹笛鲷
Lutjanus johnii (Bloch, 1792) 约氏笛鲷 陆 台
Lutjanus jordani (Gilbert, 1898) 乔氏笛鲷
Lutjanus kasmira (Forsskål, 1775) 四线笛鲷 陆 台
Lutjanus lemniscatus (Valenciennes, 1828) 褶尾笛鲷
Lutjanus lunulatus (Park, 1797) 月尾笛鲷 台
Lutjanus lutjanus Bloch, 1790 正笛鲷 陆 台
    syn. *Lutjanus lineolatus* (Rüppell, 1828) 线纹笛鲷
Lutjanus madras (Valenciennes, 1831) 前鳞笛鲷 台
Lutjanus mahogoni (Cuvier, 1828) 马氏笛鲷
Lutjanus malabaricus (Bloch & Schneider, 1801) 马拉巴笛鲷 台
Lutjanus maxweberi Popta, 1921 宽带笛鲷
Lutjanus mizenkoi Allen & Talbot, 1985 迈兹氏笛鲷
Lutjanus monostigma (Cuvier, 1828) 单斑笛鲷 陆 台
Lutjanus notatus (Cuvier, 1828) 显赫笛鲷
Lutjanus novemfasciatus Gill, 1862 九带笛鲷
Lutjanus ophuysenii (Bleeker, 1860) 奥氏笛鲷 陆 台
Lutjanus peru (Nichols & Murphy, 1922) 秘鲁笛鲷
Lutjanus purpureus (Poey, 1866) 紫身笛鲷
Lutjanus quinquelineatus (Bloch, 1790) 五线笛鲷 陆 台
    syn. *Lutjanus spilurus* (Bennett, 1832) 五带笛鲷
Lutjanus rivulatus (Cuvier, 1828) 蓝点笛鲷;海鸡母笛鲷 陆 台
Lutjanus rufolineatus (Valenciennes, 1830) 红纹笛鲷 台
Lutjanus russellii (Bleeker, 1849) 勒氏笛鲷 陆 台
Lutjanus sanguineus (Cuvier, 1828) 红笛鲷
Lutjanus sebae (Cuvier, 1816) 千年笛鲷;川纹笛鲷 陆 台
Lutjanus semicinctus Quoy & Gaimard, 1824 黑纹笛鲷
Lutjanus stellatus Akazaki, 1983 星点笛鲷 台
Lutjanus synagris (Linnaeus, 1758) 巴哈马笛鲷
Lutjanus timoriensis (Quoy & Gaimard, 1824) 蒂摩笛鲷
Lutjanus viridis (Valenciennes, 1846) 镶带笛鲷
Lutjanus vitta (Quoy & Gaimard, 1824) 纵带笛鲷 陆 台
Lutjanus vivanus (Cuvier, 1828) 红边笛鲷

Genus *Macolor* Bleeker, 1860 羽鳃笛鲷属

Macolor macularis Fowler, 1931 斑点羽鳃笛鲷 陆 台
Macolor niger (Forsskål, 1775) 黑背羽鳃笛鲷 陆 台

Genus *Ocyurus* Gill, 1862 敏尾笛鲷属

Ocyurus chrysurus (Bloch, 1791) 黄敏尾笛鲷

Genus *Paracaesio* Bleeker, 1875 若梅鲷属;拟乌尾鲛属

Paracaesio caerulea (Katayama, 1934) 青若梅鲷;蓝色拟乌尾鲛 台
Paracaesio gonzalesi Fourmanoir & Rivaton, 1979 冈萨雷斯若梅鲷;瓦怒阿图拟乌尾鲛
Paracaesio kusakarii Abe, 1960 条纹若梅鲷;横带拟乌尾鲛 台
Paracaesio paragrapsimodon Anderson & Kailola, 1992 副蟹齿若梅鲷;副蟹齿拟乌尾鲛
Paracaesio sordida Abe & Shinohara, 1962 冲绳若梅鲷;梭地拟乌尾鲛 台
Paracaesio stonei Raj & Seeto, 1983 横带若梅鲷;石氏拟乌尾鲛 台
Paracaesio waltervadi Anderson & Collette, 1992 沃氏若梅鲷;沃氏拟乌尾鲛
Paracaesio xanthura (Bleeker, 1869) 黄背若梅鲷;黄拟乌尾鲛 陆 台

Genus *Parapristipomoides* Kami, 1973 副紫鱼属;副姬鲷属

Parapristipomoides squamimaxillaris (Kami, 1973) 颌鳞副紫鱼;颌鳞副姬鲷

Genus *Pinjalo* Bleeker, 1873 斜鳞笛鲷属

Pinjalo lewisi Randall, Allen & Anderson, 1987 利瓦伊氏斜鳞笛鲷 台
    syn. *Pinjalo microphthalmus* Lee, 1987 小眼斜鳞笛鲷
Pinjalo pinjalo (Bleeker, 1850) 斜鳞笛鲷 台

Genus *Pristipomoides* Bleeker, 1852 紫鱼属;姬鲷属

Pristipomoides aquilonaris (Goode & Bean, 1896) 高体紫鱼;高体姬鲷

Pristipomoides argyrogrammicus (Valenciennes, 1832) 蓝纹紫鱼;蓝纹姬鲷 台
    syn. *Tropidinius amoenus* (Snyder, 1911) 花鳞锦笛鲷

Pristipomoides auricilla (Jordan, Evermann & Tanaka, 1927) 日本紫鱼;黄尾姬鲷 台

Pristipomoides filamentosus (Valenciennes, 1830) 丝鳍紫鱼;丝鳍姬鲷 陆 台
    syn. *Pristipomoides Microlepis* (Bleeker, 1868) 细鳞紫鱼

Pristipomoides flavipinnis Shinohara, 1963 黄鳍紫鱼;黄鳍姬鲷 台

Pristipomoides freemani Anderson, 1966 长体紫鱼;长体姬鲷

Pristipomoides macrophthalmus (Müller & Troschel, 1848) 大眼紫鱼;大眼姬鲷

Pristipomoides multidens (Day, 1871) 多牙紫鱼;黄吻姬鲷 陆 台

Pristipomoides sieboldii (Bleeker, 1854) 西氏紫鱼;希氏姬鲷 台

Pristipomoides typus Bleeker, 1852 尖齿紫鱼;尖齿姬鲷 陆 台

Pristipomoides zonatus (Valenciennes, 1830) 斜带紫鱼;横带姬鲷 台

Genus *Randallichthys* Anderson, Kami & Johnson, 1977 莱氏笛鲷属

Randallichthys filamentosus (Fourmanoir, 1970) 长丝莱氏笛鲷

Genus *Rhomboplites* Gill, 1862 翼齿鲷属

Rhomboplites aurorubens (Cuvier, 1829) 百慕大翼齿鲷

Genus *Symphorichthys* Munro, 1967 帆鳍笛鲷属

Symphorichthys spilurus (Günther, 1874) 帆鳍笛鲷属 陆

Genus *Symphorus* Günther, 1872 长鳍笛鲷属;曳丝笛鲷属

Symphorus nematophorus (Bleeker, 1860) 丝条长鳍笛鲷;曳丝笛鲷 陆 台

Family 371 Caesionidae 梅鲷科;乌尾鮗科

Genus *Caesio* Lacepède, 1801 梅鲷属;乌尾鮗属

Caesio caerulaurea Lacepède, 1801 褐梅鲷;乌尾鮗 陆 台

Caesio cuning (Bloch, 1791) 黄尾梅鲷;黄尾乌尾鮗 陆 台
    syn. *Caesio erythrogaster* Cuvier, 1838 黄梅鲷

Caesio lunaris Cuvier, 1830 新月梅鲷;花尾乌尾鮗 陆 台

Caesio striata Rüppell, 1830 红海梅鲷;红海乌尾鮗

Caesio suevica Klunzinger, 1884 条尾梅鲷;条尾乌尾鮗

Caesio teres Seale, 1906 黄蓝背梅鲷;黄蓝背乌尾鮗 陆 台

Caesio varilineata Carpenter, 1987 多带梅鲷;多带乌尾鮗

Caesio xanthonota Bleeker, 1853 黄背梅鲷;黄背乌尾鮗 陆

Genus *Dipterygonotus* Bleeker, 1849 双鳍梅鲷属;双鳍乌尾鮗属

Dipterygonotus balteatus (Valenciennes, 1830) 双鳍梅鲷;双鳍乌尾鮗 陆 台

Genus *Gymnocaesio* Bleeker, 1876 裸梅鲷属

Gymnocaesio gymnoptera (Bleeker, 1856) 长体裸梅鲷

Genus *Pterocaesio* Bleeker, 1876 鳞鳍梅鲷属;鳞鳍乌尾鮗属

Pterocaesio capricornis Smith & Smith, 1963 东非鳞鳍梅鲷;东非鳞鳍乌尾鮗

Pterocaesio chrysozona (Cuvier, 1830) 金带鳞鳍梅鲷(金带梅鲷);金带鳞鳍乌尾鮗 陆 台

Pterocaesio digramma (Bleeker, 1864) 双带鳞鳍梅鲷;双带鳞鳍乌尾鮗 陆 台

Pterocaesio flavifasciata Allen & Erdmann, 2006 黄带鳞鳍梅鲷;黄带鳞鳍乌尾鮗

Pterocaesio lativittata Carpenter, 1987 宽带鳞鳍梅鲷;宽带鳞鳍乌尾鮗

Pterocaesio marri Schultz, 1953 马氏鳞鳍梅鲷;马氏鳞鳍乌尾鮗 台

Pterocaesio monikae Allen & Erdmann, 2008 莫尼卡鳞鳍梅鲷;莫尼卡鳞鳍乌尾鮗

Pterocaesio pisang (Bleeker, 1853) 斑尾鳞鳍梅鲷;斑尾鳞鳍乌尾鮗 陆 台

Pterocaesio randalli Carpenter, 1987 伦氏鳞鳍梅鲷;伦氏鳞鳍乌尾鮗 陆 台

Pterocaesio tessellata Carpenter, 1987 单带鳞鳍梅鲷

Pterocaesio tile (Cuvier, 1830) 黑带鳞鳍梅鲷;蒂尔鳞鳍乌尾鮗 陆 台

Pterocaesio trilineata Carpenter, 1987 三带鳞鳍梅鲷;三带鳞鳍乌尾鮗

Family 372 Lobotidae 松鲷科

Genus *Datnioides* Canestrini, 1860 拟松鲷属

Datnioides campbelli Whitley, 1939 坎贝尔拟松鲷

Datnioides microlepis Bleeker, 1853 小鳞拟松鲷

Datnioides polota (Hamilton, 1822) 波洛拟松鲷

Datnioides pulcher (Kottelat, 1998) 美拟松鲷

Datnioides undecimradiatus (Roberts & Kottelat, 1994) 曼谷拟松鲷

Genus *Lobotes* Cuvier, 1830 松鲷属

Lobotes pacificus Gilbert, 1898 太平洋松鲷

Lobotes surinamensis (Bloch, 1790) 松鲷 陆 台

Family 373 Gerreidae 银鲈科;钻嘴鱼科

Genus *Diapterus* Ranzani, 1842 连鳍银鲈属;连鳍钻嘴鱼属

Diapterus auratus Ranzani, 1842 金色连鳍银鲈;金色连鳍钻嘴鱼

Diapterus aureolus (Jordan & Gilbert, 1882) 华丽连鳍银鲈;华丽连鳍钻嘴鱼

Diapterus brevirostris (Sauvage, 1879) 短吻连鳍银鲈;短吻连鳍钻嘴鱼

Diapterus peruvianus (Cuvier, 1830) 秘鲁连鳍银鲈;秘鲁连鳍钻嘴鱼

Diapterus rhombeus (Cuvier, 1829) 菱形连鳍银鲈;菱形连鳍钻嘴鱼

Genus *Eucinostomus* Baird & Girard, 1855 缩口银鲈属;缩口钻嘴鱼属

Eucinostomus argenteus Baird & Girard, 1855 斑鳍缩口银鲈;斑鳍缩口钻嘴鱼

Eucinostomus currani Zahuranec, 1980 柯氏缩口银鲈;柯氏缩口钻嘴鱼

Eucinostomus dowii (Gill, 1863) 道氏缩口银鲈;道氏缩口钻嘴鱼

Eucinostomus entomelas Zahuranec, 1980 内黑缩口银鲈;内黑缩口钻嘴鱼

Eucinostomus gracilis (Gill, 1862) 太平洋缩口银鲈;太平洋缩口钻嘴鱼

Eucinostomus gula (Quoy & Gaimard, 1824) 银缩口银鲈;银缩口钻嘴鱼

Eucinostomus harengulus Goode & Bean, 1879 拟鲱缩口银鲈;拟鲱缩口钻嘴鱼

Eucinostomus havana (Nichols, 1912) 大眼缩口银鲈;大眼缩口钻嘴鱼

Eucinostomus jonesii (Günther, 1879) 琼斯缩口银鲈;琼斯缩口钻嘴鱼

Eucinostomus lefroyi (Goode, 1874) 莱氏缩口银鲈;莱氏缩口钻嘴鱼

Eucinostomus melanopterus (Bleeker, 1863) 黑鳍缩口银鲈;黑鳍缩口钻嘴鱼

Genus *Eugerres* Jordan & Evermann, 1927 真银鲈属;真钻嘴鱼属

Eugerres axillaris (Günther, 1864) 腋斑真银鲈;腋斑真钻嘴鱼

Eugerres brasilianus (Cuvier, 1830) 巴西利亚真银鲈;巴西利亚真钻嘴鱼

Eugerres brevimanus (Günther, 1864) 短鳍真银鲈;短鳍真钻嘴鱼

Eugerres lineatus (Humboldt, 1821) 线纹真银鲈;线纹真钻嘴鱼

Eugerres mexicanus (Steindachner, 1863) 密歇根真银鲈;密歇根真钻嘴鱼

Eugerres periche (Evermann & Radcliffe, 1917) 佩里真银鲈;佩里真钻嘴鱼

Eugerres plumieri (Cuvier, 1830) 普氏真银鲈;普氏真钻嘴鱼

Genus *Gerres* Quoy & Gaimard, 1824 银鲈属;钻嘴鱼属

Gerres akazakii Iwatsuki, Kimura & Yoshino, 2007 赤崎银鲈;赤崎钻嘴鱼

Gerres argyreus (Forster, 1801) 素银鲈;银钻嘴鱼

Gerres baconensis (Evermann & Seale, 1907) 培根银鲈;培根钻嘴鱼

Gerres chrysops Iwatsuki, Kimura & Yoshino, 1999 金点银鲈;金点钻嘴鱼

Gerres cinereus (Walbaum, 1792) 灰银鲈;灰钻嘴鱼

Gerres decacanthus (Bleeker, 1865) 十刺银鲈;十棘钻嘴鱼 陆 台

Gerres equulus Temminck & Schlegel, 1844 黄腹银鲈;黄腹钻嘴鱼

Gerres erythrourus (Bloch, 1791) 红尾银鲈;短钻嘴鱼 陆 台

　　syn. *Gerres abbreviatus* Bleeker, 1850 短体银鲈

Gerres filamentosus Cuvier, 1829 长棘银鲈;曳丝钻嘴鱼 陆 台

Gerres infasciatus Iwatsuki & Kimura, 1998 无带银鲈;无带钻嘴鱼

Gerres japonicus Bleeker, 1854 日本银鲈;日本钻嘴鱼 陆 台

Gerres kapas Bleeker, 1851 卡帕斯银鲈;卡帕斯钻嘴鱼

Gerres limbatus Cuvier, 1830 缘边银鲈;缘边钻嘴鱼 陆 台

　　syn. *Gerres lucidus* Cuvier, 1830 短鳍银鲈

Gerres longirostris (Lacepède, 1801) 长吻银鲈;长吻钻嘴鱼 陆 台

　　syn. *Gerres acinaces* Bleeker, 1854 长鳍银鲈

　　syn. *Gerres poeti* Cuvier, 1829 强棘银鲈

Gerres macracanthus Bleeker, 1854 大棘银鲈;大棘钻嘴鱼 台

Gerres maldivensis Regan, 1902 马尔代夫群岛银鲈;马尔代夫群岛钻嘴鱼

Gerres methueni Regan, 1920 密氏银鲈;密氏钻嘴鱼

Gerres microphthalmus Iwatsuki, Kimura & Yoshino, 2002 小眼银鲈;小眼钻嘴鱼

Gerres mozambiquensis Iwatsuki & Heemstra, 2007 莫桑比克银鲈;莫桑比克钻嘴鱼

Gerres nigri Günther, 1859 横带银鲈;横带钻嘴鱼

Gerres oblongus Cuvier, 1830 长圆银鲈;长身钻嘴鱼 陆 台

　　syn. *Gerres macrosoma* Bleeker, 1854 长体银鲈

Gerres ovatus Günther, 1859 卵形银鲈;卵形钻嘴鱼

Gerres oyena (Forsskål, 1775) 奥奈银鲈;奥奈钻嘴鱼 陆 台

Gerres phaiya Iwatsuki & Heemstra, 2001 强棘银鲈;强棘钻嘴鱼

Gerres philippinus Günther, 1862 菲律宾银鲈;菲律宾钻嘴鱼

Gerres ryukyuensis Iwatsuki, Kimura & Yoshino, 2007 琉球银鲈;琉球钻嘴鱼

Gerres setifer (Hamilton, 1822) 大口银鲈;大口钻嘴鱼

Gerres shima Iwatsuki, Kimura & Yoshino, 2007 志摩银鲈;纵纹钻嘴鱼 台

Gerres silaceus Iwatsuki, Kimura & Yoshino, 2001 马来亚银鲈;马来亚钻嘴鱼

Gerres subfasciatus Cuvier, 1830 半带银鲈;半带钻嘴鱼

Genus *Parequula* Steindachner, 1879 副银鲈属;副钻嘴鱼属

Parequula melbournensis (Castelnau, 1872) 小口副银鲈;小口副钻嘴鱼

Genus *Pentaprion* Bleeker, 1850 五棘银鲈属;长臂钻嘴鱼属

Pentaprion longimanus (Cantor, 1849) 五棘银鲈;长臂钻嘴鱼 陆 台

Family 374 Haemulidae 仿石鲈科

Genus *Anisotremus* Gill, 1861 异孔石鲈属

Anisotremus caesius (Jordan & Gilbert, 1882) 蓝灰异孔石鲈

Anisotremus davidsonii (Steindachner, 1876) 达氏异孔石鲈

Anisotremus dovii (Günther, 1864) 多氏异孔石鲈

Anisotremus interruptus (Gill, 1862) 断线异孔石鲈

Anisotremus moricandi (Ranzani, 1842) 莫氏异孔石鲈

Anisotremus pacifici (Günther, 1864) 太平洋异孔石鲈

Anisotremus scapularis (Tschudi, 1846) 肩板异孔石鲈

Anisotremus surinamensis (Bloch, 1791) 苏里南异孔石鲈

Anisotremus taeniatus Gill, 1861 条纹异孔石鲈

Anisotremus virginicus (Linnaeus, 1758) 枝异孔石鲈

Genus *Boridia* Cuvier, 1830 北血鲷属

Boridia grossidens Cuvier, 1830 大西洋北血鲷

Genus *Brachydeuterus* Gill, 1862 裸颌鲈属

Brachydeuterus auritus (Valenciennes, 1832) 大眼裸颌鲈

Genus *Conodon* Cuvier, 1830 八带石鲈属

Conodon macrops Hildebrand, 1946 大眼八带石鲈

Conodon nobilis (Linnaeus, 1758) 德州八带石鲈

Conodon serrifer Jordan & Gilbert, 1882 锯齿八带石鲈

Genus *Diagramma* Oken, 1817 少棘胡椒鲷属

Diagramma centurio Cuvier, 1830 胀唇少棘胡椒鲷

Diagramma labiosum Macleay, 1883 大唇少棘胡椒鲷

Diagramma melanacra Johnson & Randall, 2001 黑鳍少棘胡椒鲷 台

Diagramma picta (Thunberg, 1792) 密点少棘胡椒鲷(胡椒鲷) 陆 台

Diagramma punctata Cuvier, 1830 头纹少棘胡椒鲷

Genus *Genyatremus* Gill, 1862 平颏鲈属

Genyatremus luteus (Bloch, 1790) 哥伦比亚平颏鲈

Genus *Haemulon* Cuvier, 1829 仿石鲈属

Haemulon album Cuvier, 1830 白仿石鲈;白石鲈

Haemulon aurolineatum Cuvier, 1830 金带仿石鲈;金带石鲈

Haemulon bonariense Cuvier, 1830 黑仿石鲈;黑石鲈

Haemulon boschmae (Metzelaar, 1919) 博氏仿石鲈;博氏石鲈

Haemulon carbonarium Poey, 1860 凯撒仿石鲈;凯撒石鲈

Haemulon chrysargyreum Günther, 1859 银仿石鲈;银石鲈

Haemulon flaviguttatum Gill, 1862 黄斑仿石鲈;黄斑石鲈

Haemulon flavolineatum (Desmarest, 1823) 黄线仿石鲈;黄线石鲈

Haemulon macrostomum Günther, 1859 大口仿石鲈;大口石鲈

Haemulon maculicauda (Gill, 1862) 斑尾仿石鲈;斑尾石鲈

Haemulon melanurum (Linnaeus, 1758) 黑尾仿石鲈;黑尾石鲈

Haemulon parra (Desmarest, 1823) 帕氏仿石鲈;帕氏石鲈

Haemulon plumierii (Lacepède, 1801) 普氏仿石鲈;普氏石鲈

Haemulon schrankii Agassiz, 1831 史氏仿石鲈;史氏石鲈

Haemulon sciurus (Shaw, 1803) 蓝仿石鲈;蓝石鲈

Haemulon scudderii Gill, 1862 短吻仿石鲈;短吻石鲈

Haemulon serrula (Cuvier, 1830) 锯棘仿石鲈;锯棘石鲈

Haemulon sexfasciatum Gill, 1862 六带仿石鲈;六带石鲈

Haemulon squamipinna Rocha & Rosa, 1999 鳞鳍仿石鲈;鳞鳍石鲈

Haemulon steindachneri (Jordan & Gilbert, 1882) 斯氏仿石鲈;斯氏石鲈

Haemulon striatum (Linnaeus, 1758) 真仿石鲈;真石鲈

Haemulon vittata (Poey, 1860) 佛罗里达仿石鲈;佛罗里达石鲈

Genus *Haemulopsis* Steindachner, 1869 小仿石鲈属;小石鲈属

Haemulopsis axillaris (Steindachner, 1869) 腋斑小仿石鲈;腋斑小石鲈

Haemulopsis elongatus (Steindachner, 1879) 长身小仿石鲈;长身小石鲈

Haemulopsis leuciscus (Günther, 1864) 白色小仿石鲈;白色小石鲈

Haemulopsis nitidus (Steindachner, 1869) 光泽小仿石鲈;光泽小石鲈

Genus *Hapalogenys* Richardson, 1844 髭鲷属

Hapalogenys analis Richardson, 1845 华髭鲷;臀斑髭鲷 陆 台

Hapalogenys dampieriensis Iwatsuki & Russell, 2006 澳大利亚髭鲷

Hapalogenys filamentosus Iwatsuki & Russell, 2006 丝鳍髭鲷

Hapalogenys kishinouyei Smith & Pope, 1906 岸上氏髭鲷 陆 台

Hapalogenys merguiensis Iwatsuki, Satapoomin & Amaoka, 2000 墨吉髭鲷

Hapalogenys mucronatus (Eydoux & Souleyet, 1850) 横带髭鲷 陆

Hapalogenys nigripinnis (Temminck & Schlegel, 1843) 黑鳍髭鲷 陆 台

Hapalogenys nitens Richardson, 1844 斜带髭鲷 陆

Hapalogenys sennin Iwatsuki & Nakabo, 2005 日本髭鲷

Genus *Isacia* Jordan & Fesler, 1893 艾莎石鲈属

Isacia conceptionis (Cuvier, 1830) 秘鲁艾莎石鲈

Genus *Microlepidotus* Gill, 1862 小鳞仿石鲈属;小鳞石鲈属

Microlepidotus brevipinnis (Steindachner, 1869) 短翅小鳞仿石鲈;短翅小鳞石鲈

Microlepidotus inornatus Gill, 1862 加州湾小鳞仿石鲈;加州湾小鳞石鲈

Genus *Orthopristis* Girard, 1858 锯鳃石鲈属

Orthopristis cantharinus (Jenyns, 1840) 墨西哥锯鳃石鲈

Orthopristis chalceus (Günther, 1864) 铜色锯鳃石鲈

Orthopristis chrysoptera (Linnaeus, 1766) 金鳍锯鳃石鲈

Orthopristis forbesi Jordan & Starks, 1897 福氏锯鳃石鲈

Orthopristis lethopristis Jordan & Fesler, 1889 无锉锯鳃石鲈

Orthopristis poeyi Scudder, 1868 波氏锯鰓石鲈
Orthopristis reddingi Jordan & Richardson, 1895 雷氏锯鰓石鲈
Orthopristis ruber (Cuvier, 1830) 红锯鰓石鲈

Genus *Parakuhlia* Pellegrin, 1913 副汤鲤属

Parakuhlia macrophthalmus (Osório, 1893) 大眼副汤鲤

Genus *Parapristipoma* Bleeker, 1873 矶鲈属

Parapristipoma humile (Bowdich, 1825) 褐矶鲈
Parapristipoma macrops (Pellegrin, 1912) 大眼矶鲈
Parapristipoma octolineatum (Valenciennes, 1833) 四线矶鲈
Parapristipoma trilineatum (Thunberg, 1793) 三线矶鲈 陆 台

Genus *Plectorhinchus* Lacepède, 1801 胡椒鲷属

Plectorhinchus albovittatus (Rüppell, 1838) 白带胡椒鲷 台
Plectorhinchus celebicus Bleeker, 1873 西里伯斯胡椒鲷 陆
Plectorhinchus ceylonensis (Smith, 1956) 锡兰胡椒鲷
Plectorhinchus chaetodonoides Lacepède, 1801 斑胡椒鲷 陆 台
Plectorhinchus chrysotaenia (Bleeker, 1855) 黄纹胡椒鲷 台
Plectorhinchus chubbi (Regan, 1919) 查氏胡椒鲷
Plectorhinchus cinctus (Temminck & Schlegel, 1843) 花尾胡椒鲷 陆 台
Plectorhinchus diagrammus (Linnaeus, 1758) 双带胡椒鲷 陆
Plectorhinchus faetela (Forsskål, 1775) 红海胡椒鲷
Plectorhinchus flavomaculatus (Cuvier, 1830) 黄点胡椒鲷 台
Plectorhinchus gaterinoides (Smith, 1962) 似密点胡椒鲷
Plectorhinchus gaterinus (Forsskål, 1775) 密点胡椒鲷
Plectorhinchus gibbosus (Lacepède, 1802) 驼背胡椒鲷 陆 台
Plectorhinchus harrawayi (Smith, 1952) 哈氏胡椒鲷
Plectorhinchus lessonii (Cuvier, 1830) 雷氏胡椒鲷 陆 台
Plectorhinchus lineatus (Linnaeus, 1758) 线纹胡椒鲷 陆 台
Plectorhinchus macrolepis (Boulenger, 1899) 厚唇胡椒鲷
Plectorhinchus macrospilus Satapoomin & Randall, 2000 大斑胡椒鲷
Plectorhinchus mediterraneus (Guichenot, 1850) 地中海胡椒鲷
Plectorhinchus multivittatus (Macleay, 1878) 多纹胡椒鲷
Plectorhinchus nigrus (Cuvier, 1830) 黑胡椒鲷 陆
Plectorhinchus obscurus (Günther, 1872) 暗色胡椒鲷
Plectorhinchus paulayi Steindachner, 1895 斑条胡椒鲷
Plectorhinchus pictus (Tortonese, 1936) 胡椒鲷 陆 台
Plectorhinchus picus (Cuvier, 1830) 暗点胡椒鲷 台
Plectorhinchus plagiodesmus Fowler, 1935 橘唇胡椒鲷
Plectorhinchus playfairi (Pellegrin, 1914) 白条胡椒鲷
Plectorhinchus polytaenia (Bleeker, 1852) 六孔胡椒鲷
Plectorhinchus punctatissimus (Playfair, 1868) 多点胡椒鲷 陆
Plectorhinchus schotaf (Forsskål, 1775) 邵氏胡椒鲷 台
Plectorhinchus sinensis Zhu, Wu & Jin, 1977 中华胡椒鲷 陆
Plectorhinchus sordidus (Klunzinger, 1870) 红唇胡椒鲷
Plectorhinchus umbrinus (Klunzinger, 1870) 多荫胡椒鲷
Plectorhinchus unicolor (Macleay, 1883) 单色胡椒鲷
Plectorhinchus vittatus (Linnaeus, 1758) 条斑胡椒鲷 陆 台
　　syn. *Plectorhinchus orientalis* (Bloch, 1793) 东方胡椒鲷

Genus *Pomadasys* Lacepède, 1802 石鲈属;鸡鱼属

Pomadasys aheneus McKay & Randall, 1995 阿曼石鲈;阿曼鸡鱼
Pomadasys andamanensis McKay & Satapoomin, 1994 安达曼岛石鲈;安达曼岛鸡鱼
Pomadasys argenteus (Forsskål, 1775) 银石鲈;银鸡鱼 陆 台
　　syn. *Pomadasys hasta* (Bloch, 1790) 断斑石鲈
Pomadasys argyreus (Valenciennes, 1833) 蓝颊石鲈;蓝颊鸡鱼
Pomadasys auritus (Cuvier, 1830) 金石鲈;金鸡鱼
Pomadasys bayanus Jordan & Evermann, 1898 加州湾石鲈;加州湾鸡鱼
Pomadasys bipunctatus Kner, 1898 双斑石鲈;双斑鸡鱼
Pomadasys branickii (Steindachner, 1879) 布氏石鲈;布氏鸡鱼
Pomadasys commersonnii (Lacepède, 1801) 康氏石鲈;康氏鸡鱼
Pomadasys corvinaeformis (Steindachner, 1868) 侧扁石鲈;侧扁鸡鱼
Pomadasys crocro (Cuvier, 1830) 喀罗石鲈;喀罗鸡鱼

Pomadasys empherus Bussing, 1993 似石鲈;似鸡鱼
Pomadasys furcatus (Bloch & Schneider, 1801) 赤笔石鲈;赤笔鸡鱼 陆
Pomadasys guoraca (Cuvier, 1829) 古龙石鲈;古龙鸡鱼
Pomadasys incisus (Bowdich, 1825) 切齿石鲈;切齿鸡鱼
Pomadasys jubelini (Cuvier, 1830) 裘氏石鲈;裘氏鸡鱼
Pomadasys kaakan (Cuvier, 1830) 点石鲈;星鸡鱼 陆 台
Pomadasys laurentino (Smith, 1953) 多线石鲈;多线鸡鱼
Pomadasys macracanthus (Günther, 1864) 大棘石鲈;大棘鸡鱼
Pomadasys maculatus (Bloch, 1793) 大斑石鲈;斑鸡鱼 陆 台
Pomadasys multimaculatus (Playfair, 1867) 密点石鲈;密点鸡鱼
Pomadasys olivaceus (Day, 1875) 黄鳍石鲈;黄鳍鸡鱼
Pomadasys panamensis (Steindachner, 1876) 巴拿马石鲈;巴拿马鸡鱼
Pomadasys perotaei (Cuvier, 1830) 细纹石鲈;细纹鸡鱼
Pomadasys punctulatus (Rüppell, 1838) 斑块石鲈;斑块鸡鱼
Pomadasys quadrilineatus Shen & Lin, 1984 四带石鲈;四带鸡鱼 台
Pomadasys ramosus (Poey, 1860) 截尾石鲈;截尾鸡鱼
Pomadasys rogerii (Cuvier, 1830) 罗氏石鲈;罗氏鸡鱼
Pomadasys schyrii Steindachner, 1900 舒氏石鲈;舒氏鸡鱼
Pomadasys striatus (Gilchrist & Thompson, 1908) 线绞石鲈;线绞鸡鱼
Pomadasys stridens (Forsskål, 1775) 红海石鲈;红海鸡鱼 陆
Pomadasys suillus (Valenciennes, 1833) 猪石鲈;猪鸡鱼
Pomadasys taeniatus McKay & Randall, 1995 条纹石鲈;条纹鸡鱼
Pomadasys trifasciatus Fowler, 1937 三带石鲈;三带鸡鱼
Pomadasys unimaculatus Tian, 1982 单斑石鲈;单斑鸡鱼 陆

Genus *Xenichthys* Gill, 1863 奇石鲈属

Xenichthys agassizii Steindachner, 1876 阿氏奇石鲈
Xenichthys rupestris Hildebrand, 1946 岩奇石鲈
Xenichthys xanti Gill, 1863 赞氏奇石鲈

Genus *Xenistius* Jordan & Gilbert, 1883 异石鲈属

Xenistius californiensis (Steindachner, 1876) 加州异石鲈
Xenistius peruanus Hildebrand, 1946 秘鲁异石鲈

Genus *Xenocys* Jordan & Bollman, 1890 离鳍石鲈属

Xenocys jessiae Jordan & Bollman, 1890 杰氏离鳍石鲈

Family 375 Inermiidae 纹谐鱼科

Genus *Emmelichthyops* Schultz, 1945 拟纹谐鱼属

Emmelichthyops atlanticus Schultz, 1945 大西洋拟纹谐鱼

Family 376 Nemipteridae 金线鱼科

Genus *Nemipterus* Swainson, 1839 金线鱼属

Nemipterus aurifilum (Ogilby, 1910) 黄唇金线鱼
Nemipterus aurorus Russell, 1993 赤黄金线鱼 台
Nemipterus balinensis (Bleeker, 1859) 巴利金线鱼
Nemipterus balinensoides (Popta, 1918) 三带金线鱼
Nemipterus bathybius Snyder, 1911 深水金线鱼(黄肚金线鱼);底金线鱼 陆 台
Nemipterus bipunctatus (Valenciennes, 1830) 双斑金线鱼
Nemipterus celebicus (Bleeker, 1854) 西里伯斯金线鱼
Nemipterus furcosus (Valenciennes, 1830) 横斑金线鱼 台
　　syn. *Nemipterus oveni* (Bleeker, 1853) 奥氏金线鱼
Nemipterus gracilis (Bleeker, 1873) 红稍金线鱼
Nemipterus hexodon (Quoy & Gaimard, 1824) 六齿金线鱼 陆 台
Nemipterus isacanthus (Bleeker, 1873) 宽带金线鱼
Nemipterus japonicus (Bloch, 1791) 日本金线鱼 陆 台
Nemipterus marginatus (Valenciennes, 1830) 缘金线鱼
Nemipterus mesoprion (Bleeker, 1853) 苏门答腊金线鱼
Nemipterus nematophorus (Bleeker, 1853) 长丝金线鱼 陆
Nemipterus nematopus (Bleeker, 1851) 黄稍金线鱼
Nemipterus nemurus (Bleeker, 1857) 红棘金线鱼
Nemipterus peronii (Valenciennes, 1830) 裴氏金线鱼 陆 台
　　syn. *Nemipterus tolu* (Valenciennes, 1830) 波鳍金线鱼
Nemipterus randalli Russell, 1986 郎氏金线鱼

Nemipterus tambuloides (Bleeker, 1853) 五带金线鱼

Nemipterus theodorei Ogilby, 1916 齐氏金线鱼

Nemipterus thosaporni Russell, 1991 黄缘金线鱼 台

Nemipterus virgatus (Houttuyn, 1782) 金线鱼 陆 台

　　syn. *Nemipterus matsubarae* Jordan & Evermann, 1902 松原金线鱼

Nemipterus vitiensis Russell, 1990 斐济金线鱼

Nemipterus zysron (Bleeker, 1857) 长体金线鱼 台

　　syn. *Nemipterus metopias* (Bleeker, 1857) 画眉金线鱼

Genus *Parascolopsis* Boulenger, 1901 副眶棘鲈属

Parascolopsis aspinosa (Rao & Rao, 1981) 斑鳍副眶棘鲈

Parascolopsis baranesi Russell & Golani, 1993 巴氏副眶棘鲈

Parascolopsis boesemani (Rao & Rao, 1981) 红鳍副眶棘鲈

Parascolopsis capitinis Russell, 1996 大头副眶棘鲈

Parascolopsis eriomma (Jordan & Richardson, 1909) 宽带副眶棘鲈 陆 台

Parascolopsis inermis (Temminck & Schlegel, 1843) 横带副眶棘鲈 陆 台

Parascolopsis melanophrys Russell & Chin, 1996 黑眉副眶棘鲈

Parascolopsis qantasi Russell & Gloerfelt-Tarp, 1984 腋斑副眶棘鲈

Parascolopsis rufomaculatus Russell, 1986 红点副眶棘鲈

Parascolopsis tanyactis Russell, 1986 长鳍副眶棘鲈

Parascolopsis tosensis (Kamohara, 1938) 土佐副眶棘鲈 台

Parascolopsis townsendi Boulenger, 1901 汤氏副眶棘鲈

Genus *Pentapodus* Quoy & Gaimard, 1824 锥齿鲷属

Pentapodus aureofasciatus Russell, 2001 黄带锥齿鲷

Pentapodus bifasciatus (Bleeker, 1848) 双带锥齿鲷

Pentapodus caninus (Cuvier, 1830) 犬牙锥齿鲷 陆 台

Pentapodus emeryii (Richardson, 1843) 艾氏锥齿鲷 台

Pentapodus nagasakiensis (Tanaka, 1915) 长崎锥齿鲷 台

Pentapodus numberii Allen & Erdmann, 2009 努氏锥齿鲷

Pentapodus paradiseus (Günther, 1859) 长尾锥齿鲷

Pentapodus porosus (Valenciennes, 1830) 单带锥齿鲷

Pentapodus setosus (Valenciennes, 1830) 线尾锥齿鲷 陆

Pentapodus trivittatus (Bloch, 1791) 三带锥齿鲷

Pentapodus vitta Quoy & Gaimard, 1824 西澳锥齿鲷

Genus *Scaevius* Whitley, 1947 裸颊鲷属

Scaevius milii (Bory de Saint-Vincent, 1823) 绿带裸颊鲷

Genus *Scolopsis* Cuvier, 1814 眶棘鲈属

Scolopsis affinis Peters, 1877 乌面眶棘鲈 台

Scolopsis aurata (Park, 1797) 黄带眶棘鲈

Scolopsis bilineata (Bloch, 1793) 双带眶棘鲈 陆 台

Scolopsis bimaculata Rüppell, 1828 双斑眶棘鲈

Scolopsis ciliata (Lacepède, 1802) 齿颌眶棘鲈 陆 台

Scolopsis frenatus (Cuvier, 1830) 带尾眶棘鲈

Scolopsis ghanam (Forsskål, 1775) 淡带眶棘鲈

Scolopsis lineata Quoy & Gaimard, 1824 线纹眶棘鲈 陆 台

　　syn. *Scolopsis cancellatus* (Cuvier, 1830) 栅纹眶棘鲈

Scolopsis margaritifera (Cuvier, 1830) 珠带眶棘鲈 陆 台

Scolopsis monogramma (Cuvier, 1830) 单带眶棘鲈 台

Scolopsis taeniata (Cuvier, 1830) 背带眶棘鲈

Scolopsis taenioptera (Cuvier, 1830) 条纹眶棘鲈 陆 台

Scolopsis temporalis (Cuvier, 1830) 花吻眶棘鲈 陆

Scolopsis trilineata Kner, 1868 三带眶棘鲈 陆 台

Scolopsis vosmeri (Bloch, 1792) 伏氏眶棘鲈 陆 台

Scolopsis xenochrous Günther, 1872 榄斑眶棘鲈 陆 台

Family 377 Lethrinidae 裸颊鲷科;龙占鱼科

Genus *Gnathodentex* Bleeker, 1873 齿颌鲷属

Gnathodentex aureolineatus (Lacepède, 1802) 金带齿颌鲷 陆 台

Genus *Gymnocranius* Klunzinger, 1870 裸顶鲷属;白鱲属

Gymnocranius audleyi Ogilby, 1916 奥氏裸顶鲷;奥氏白鱲

Gymnocranius elongatus Senta, 1973 长裸顶鲷;长身白鱲

Gymnocranius euanus (Günther, 1879) 真裸顶鲷;真白鱲 陆 台

　　syn. *Gymnocranius japonicus* Akazaki, 1961 日本裸顶鲷

Gymnocranius frenatus Bleeker, 1873 黄吻裸顶鲷;黄吻白鱲

Gymnocranius grandoculis (Valenciennes, 1830) 蓝线裸顶鲷;蓝线白鱲 陆 台

Gymnocranius griseus (Temminck & Schlegel, 1843) 灰裸顶鲷;灰白鱲 陆 台

Gymnocranius microdon (Bleeker, 1851) 小齿裸顶鲷;小齿白鱲 陆 台

Gymnocranius oblongus Borsa, Béarez & Chen, 2010 椭圆裸顶鲷;椭圆白鱲

Genus *Lethrinus* Cuvier, 1829 裸颊鲷属;龙占鱼属

Lethrinus amboinensis Bleeker, 1854 安汶裸颊鲷;安邦龙占鱼

Lethrinus atkinsoni Seale, 1910 阿氏裸颊鲷;阿氏龙占鱼 陆 台

Lethrinus atlanticus Valenciennes, 1830 大西洋裸颊鲷;大西洋龙占鱼

Lethrinus borbonicus Valenciennes, 1830 云纹裸颊鲷;云纹龙占鱼

Lethrinus conchyliatus (Smith, 1959) 红斑裸颊鲷;红斑龙占鱼

Lethrinus crocineus Smith, 1959 印度洋裸颊鲷;印度洋龙占鱼

Lethrinus enigmaticus Smith, 1959 塞舌尔裸颊鲷;塞席尔龙占鱼

Lethrinus erythracanthus Valenciennes, 1830 红棘裸颊鲷;红棘龙占鱼 陆 台

　　syn. *Lethrinus kalloperus* Bleeker, 1855 丽鳍裸颊鲷

Lethrinus erythropterus Valenciennes, 1830 赤鳍裸颊鲷;红鳍龙占鱼 台

Lethrinus genivittatus Valenciennes, 1830 长棘裸颊鲷;丝棘龙占鱼 陆 台

　　syn. *Lethrinus nematacanthus* Bleeker, 1854 丝棘裸颊鲷

Lethrinus haematopterus Temminck & Schlegel, 1844 红鳍裸颊鲷;正龙占鱼 陆 台

Lethrinus harak (Forsskål, 1775) 黑点裸颊鲷;单斑龙占鱼 陆 台

　　syn. *Lethrinus rhodopterus* Bleeker, 1852 黑斑裸颊鲷

Lethrinus laticaudis Alleyne & Macleay, 1877 纹鳍裸颊鲷;纹鳍龙占鱼

Lethrinus lentjan (Lacepède, 1802) 扁裸颊鲷;乌帽龙占鱼 陆 台

　　syn. *Lethrinus mahsenoides* Valenciennes, 1830 拟黄尾裸颊鲷

Lethrinus mahsena (Forsskål, 1775) 黄尾裸颊鲷;黄尾龙占鱼 陆

Lethrinus microdon Valenciennes, 1830 小齿裸颊鲷;小齿龙占鱼

Lethrinus miniatus (Forster, 1801) 长吻裸颊鲷;长吻龙占鱼 陆

Lethrinus nebulosus (Forsskål, 1775) 星斑裸颊鲷;青嘴龙占鱼 陆 台

　　syn. *Lethrinus choerorynchus* (Bloch & Schneider, 1801) 蓝带裸颊鲷

　　syn. *Lethrinus fraenatus* Valenciennes, 1830 黑斑裸颊鲷

Lethrinus obsoletus (Forsskål, 1775) 橘带裸颊鲷;橘带龙占鱼 台

Lethrinus olivaceus Valenciennes, 1830 尖吻裸颊鲷;尖吻龙占鱼 台

Lethrinus ornatus Valenciennes, 1830 短吻裸颊鲷;黄带龙占鱼 陆 台

Lethrinus punctulatus Macleay, 1878 斑裸颊鲷;斑龙占鱼

Lethrinus ravus Carpenter & Randall, 2003 黄褐裸颊鲷;黄褐龙占鱼

Lethrinus reticulatus Valenciennes, 1830 网纹裸颊鲷;网纹龙占鱼 陆 台

Lethrinus rubrioperculatus Sato, 1978 红裸颊鲷;红鳃龙占鱼 台

Lethrinus semicinctus Valenciennes, 1830 半带裸颊鲷;半带龙占鱼 陆 台

Lethrinus variegatus Valenciennes, 1830 杂色裸颊鲷;杂色龙占鱼 陆 台

Lethrinus xanthochilus Klunzinger, 1870 黄唇裸颊鲷;黄唇龙占鱼 陆 台

Genus *Monotaxis* Bennett, 1830 单列齿鲷属

Monotaxis grandoculis (Forsskål, 1775) 单列齿鲷 陆 台

Genus *Wattsia* Chan & Chilvers, 1974 脊颌鲷属

Wattsia mossambica (Smith, 1957) 莫桑比克脊颌鲷 陆 台

Family 378 Sparidae 鲷科

Genus *Acanthopagrus* Peters, 1855 棘鲷属

Acanthopagrus akazakii Iwatsuki, Kimura & Yoshino, 2006 赤崎氏棘鲷

Acanthopagrus australis (Günther, 1859) 澳洲棘鲷 台

Acanthopagrus berda (Forsskål, 1775) 灰鳍棘鲷 陆 台

　　syn. *Sparus berda* (Forsskål, 1775) 灰鳍鲷

Acanthopagrus bifasciatus (Forsskål, 1775) 双带棘鲷

Acanthopagrus butcheri (Munro, 1949) 布氏棘鲷

Acanthopagrus chinshira Kume & Yoshino, 2008 琉球棘鲷 台

Acanthopagrus latus (Houttuyn, 1782) 黄鳍棘鲷 陆 台

　　syn. *Sparus latus* Houttuyn, 1782 黄鳍鲷

Acanthopagrus omanensis Iwatsuki & Heemstra, 2010 阿曼棘鲷

Acanthopagrus pacificus Iwatsuki, Kume & Yoshino 2010 太平洋棘鲷 台

Acanthopagrus palmaris (Whitley, 1935) 北澳棘鲷

Acanthopagrus randalli Iwatsuki & Carpenter, 2009 兰德氏棘鲷

Acanthopagrus schlegelii (Bleeker, 1854) 黑棘鲷 陆 台

   syn. *Sparus macrocephalus* (Basilewsky, 1855) 黑鲷

Acanthopagrus sivicolus Akazaki, 1962 橘鳍棘鲷 台

Acanthopagrus taiwanensis Iwatsuki & Carpenter, 2006 台湾棘鲷 台

Genus *Archosargus* Gill, 1865 羊鲷属

Archosargus pourtalesii (Steindachner, 1881) 波氏羊鲷

Archosargus probatocephalus (Walbaum, 1792) 加拿大羊鲷

Archosargus rhomboidalis (Linnaeus, 1758) 菱羊鲷

Genus *Argyrops* Swainson, 1839 四长棘鲷属

Argyrops bleekeri Oshima, 1927 四长棘鲷;布氏长棘鲷 陆 台

Argyrops filamentosus (Valenciennes, 1830) 镰胸四长棘鲷;镰胸长棘鲷

Argyrops megalommatus (Klunzinger, 1870) 红海四长棘鲷;红海长棘鲷

Argyrops spinifer (Forsskål, 1775) 高体四长棘鲷 台

Genus *Argyrozona* Smith, 1938 银带鲷属

Argyrozona argyrozona (Valenciennes, 1830) 犬齿银带鲷

Genus *Boops* Gronow, 1854 牛眼鲷属

Boops boops (Linnaeus, 1758) 牛眼鲷

Boops lineatus (Boulenger, 1892) 线纹牛眼鲷

Genus *Boopsoidea* Castelnau, 1861 拟牛眼鲷属

Boopsoidea inornata Castelnau, 1861 丑拟牛眼鲷

Genus *Calamus* Swainson, 1839 芦鲷属

Calamus arctifrons Goode & Bean, 1882 北芦鲷

Calamus bajonado (Bloch & Schneider, 1801) 大西洋芦鲷

Calamus brachysomus (Lockington, 1880) 短体芦鲷

Calamus calamus (Valenciennes, 1830) 芦鲷

Calamus campechanus Randall & Caldwell, 1966 弯口芦鲷

Calamus cervigoni Randall & Caldwell, 1966 鹿角芦鲷

Calamus leucosteus Jordan & Gilbert, 1885 白骼芦鲷

Calamus mu Randall & Caldwell, 1966 巴西芦鲷

Calamus nodosus Randall & Caldwell, 1966 瘤突芦鲷

Calamus penna (Valenciennes, 1830) 羊头芦鲷

Calamus pennatula Guichenot, 1868 翼芦鲷

Calamus proridens Jordan & Gilbert, 1884 小头芦鲷

Calamus taurinus (Jenyns, 1840) 韧皮芦鲷

Genus *Cheimerius* Smith, 1938 冬鲷属

Cheimerius matsubarai Akazaki, 1962 松原冬鲷 陆

Cheimerius nufar (Valenciennes, 1830) 紫背冬鲷

Genus *Chrysoblephus* Swainson, 1839 丽眼鲷属

Chrysoblephus anglicus (Gilchrist & Thompson, 1908) 红带丽眼鲷

Chrysoblephus cristiceps (Valenciennes, 1830) 红鳍丽眼鲷

Chrysoblephus gibbiceps (Valenciennes, 1830) 驼背丽眼鲷

Chrysoblephus laticeps (Valenciennes, 1830) 白条丽眼鲷

Chrysoblephus lophus (Fowler, 1925) 马脸丽眼鲷

Chrysoblephus puniceus (Gilchrist & Thompson, 1908) 隆背丽眼鲷

Genus *Chrysophrys* Quoy & Gaimard, 1824 金鲷属

Chrysophrys auratus (Forster, 1801) 金鲷 台

Genus *Crenidens* Valenciennes, 1830 波牙鲷属

Crenidens crenidens (Forsskål, 1775) 波牙鲷

Genus *Cymatoceps* Smith, 1938 眶鳞鲷属

Cymatoceps nasutus (Castelnau, 1861) 南非眶鳞鲷

Genus *Dentex* Cuvier, 1814 牙鲷属

Dentex abei Iwatsuki, Akazaki & Taniguchi, 2007 阿部氏牙鲷 台

Dentex angolensis Poll & Maul, 1953 安哥拉牙鲷

Dentex barnardi Cadenat, 1970 巴氏牙鲷

Dentex canariensis Steindachner, 1881 红尾牙鲷

Dentex congoensis Poll, 1954 刚果牙鲷

Dentex dentex (Linnaeus, 1758) 细点牙鲷

Dentex fourmanoiri Akazaki & Séret, 1999 福氏牙鲷

Dentex gibbosus (Rafinesque, 1810) 丝鳍牙鲷

Dentex hypselosomus Bleeker, 1854 黄背牙鲷 台

Dentex macrophthalmus (Bloch, 1791) 大眼牙鲷

Dentex maroccanus Valenciennes, 1830 摩洛哥牙鲷

Dentex spariformis Ogilby, 1910 鲷形牙鲷

Genus *Diplodus* Rafinesque, 1810 重牙鲷属

Diplodus annularis (Linnaeus, 1758) 尾斑重牙鲷

Diplodus argenteus argenteus (Valenciennes, 1830) 银重牙鲷

Diplodus argenteus caudimacula (Poey, 1860) 尾斑银重牙鲷

Diplodus bellottii (Steindachner, 1882) 纵带重牙鲷

Diplodus bermudensis Caldwell, 1965 百慕大重牙鲷

Diplodus capensis (Smith, 1844) 斑柄重牙鲷

Diplodus cervinus cervinus (Lowe, 1838) 横带重牙鲷

Diplodus cervinus hottentotus (Smith, 1844) 黑带重牙鲷

Diplodus cervinus omanensis Bauchot & Bianchi, 1984 阿曼重牙鲷

Diplodus fasciatus (Valenciennes, 1830) 六带重牙鲷

Diplodus holbrookii (Bean, 1878) 霍氏重牙鲷

Diplodus noct (Valenciennes, 1830) 红海重牙鲷

Diplodus prayensis Cadenat, 1964 双带重牙鲷

Diplodus puntazzo (Cetti, 1777) 尖吻重牙鲷

Diplodus sargus ascensionis (Valenciennes, 1830) 阿松森岛重牙鲷

Diplodus sargus cadenati de la Paz, Bauchot & Daget, 1974 卡氏重牙鲷

Diplodus sargus helenae (Sauvage, 1879) 沼泽重牙鲷

Diplodus sargus kotschyi (Steindachner, 1876) 单斑重牙鲷

Diplodus sargus lineatus (Valenciennes, 1830) 少带重牙鲷

Diplodus sargus sargus (Linnaeus, 1758) 沙重牙鲷

Diplodus vulgaris (Geoffroy Saint-Hilaire, 1817) 项带重牙鲷

Genus *Evynnis* Jordan & Thompson, 1912 犁齿鲷属;锄齿鲷属

Evynnis cardinalis (Lacepède, 1802) 二长棘犁齿鲷;红锄齿鲷 陆 台

Evynnis ehrenbergii (Valenciennes, 1830) 艾氏犁齿鲷;艾氏锄齿鲷

Evynnis tumifrons (Temminck & Schlegel, 1843) 黄犁齿鲷(黄鲷);黄锄齿鲷 陆 台

   syn. *Dentex tumifrons* (Temminck & Schlegel, 1843) 黄牙鲷

   syn. *Evynnis japonica* Tanaka, 1931 日本犁齿鲷

   syn. *Taius tumifrons* (Temminck & Schlegel, 1843) 黄鲷

Genus *Gymnocrotaphus* Günther, 1859 獠牙鲷属

Gymnocrotaphus curvidens Günther, 1859 蓝线獠牙鲷

Genus *Lagodon* Holbrook, 1855 兔牙鲷属

Lagodon rhomboides (Linnaeus, 1766) 菱体兔牙鲷

Genus *Lithognathus* Swainson, 1839 石颌鲷属

Lithognathus aureti Smith, 1962 短头石颌鲷

Lithognathus lithognathus (Cuvier, 1829) 长头石颌鲷

Lithognathus mormyrus (Linnaeus, 1758) 细条石颌鲷

Lithognathus olivieri Penrith & Penrith, 1969 奥氏石颌鲷

Genus *Oblada* Cuvier, 1829 尾斑鲷属

Oblada melanura (Linnaeus, 1758) 黑尾斑鲷

Genus *Pachymetopon* Günther, 1859 切齿鲷属

Pachymetopon aeneum (Gilchrist & Thompson, 1908) 蓝切齿鲷

Pachymetopon blochii (Valenciennes, 1830) 布氏切齿鲷

Pachymetopon grande Günther, 1859 锈色切齿鲷

Genus *Pagellus* Valenciennes, 1830 小鲷属

Pagellus acarne (Risso, 1827) 腋斑小鲷

Pagellus affinis Boulenger, 1888 安芬小鲷

Pagellus bellottii Steindachner, 1882 贝洛氏小鲷

Pagellus bogaraveo (Brünnich, 1768) 黑斑小鲷

Pagellus erythrinus (Linnaeus, 1758) 绯小鲷

Pagellus natalensis Steindachner, 1903 纳塔尔小鲷

Genus *Pagrus* Plumier, 1802 赤鲷属;真鲷属

Pagrus africanus Akazaki, 1962 非洲赤鲷;非洲真鲷

Pagrus auratus (Forster, 1801) 金赤鲷;金真鲷

Pagrus auriga Valenciennes, 1843 三长棘赤鲷;三长棘真鲷

Pagrus caeruleostictus (Valenciennes, 1830) 蓝点赤鲷;蓝点真鲷

Pagrus major (Temminck & Schlegel, 1843) 真赤鲷(真鲷);日本真鲷 陆 台

  syn. *Pagrosomus major* (Temminck & Schlegel, 1843) 真鲷

Pagrus pagrus (Linnaeus, 1758) 赤鲷;真鲷

Genus *Parargyrops* Tanaka, 1916 二长棘鲷属

Parargyrops edita Tanaka, 1916 二长棘鲷

Genus *Petrus* Smith, 1938 强齿鲷属

Petrus rupestris (Valenciennes, 1830) 南非强齿鲷

Genus *Polyamblyodon* Norman, 1935 钝牙鲷属

Polyamblyodon germanum (Barnard, 1934) 蓝灰钝牙鲷

Polyamblyodon gibbosum (Pellegrin, 1914) 驼背钝牙鲷

Genus *Polysteganus* Klunzinger, 1870 拟牙鲷属

Polysteganus baissaci Smith, 1978 贝氏拟牙鲷

Polysteganus coeruleopunctatus (Klunzinger, 1870) 蓝点拟牙鲷

Polysteganus praeorbitalis (Günther, 1859) 前眶拟牙鲷

Polysteganus undulosus (Regan, 1908) 波纹拟牙鲷

Genus *Porcostoma* Smith, 1938 猪嘴鲷属

Porcostoma dentata (Gilchrist & Thompson, 1908) 獠牙猪嘴鲷

Genus *Pterogymnus* Smith, 1938 裸翼鲷属

Pterogymnus laniarius (Valenciennes, 1830) 红裸翼鲷

Genus *Rhabdosargus* Fowler, 1933 平鲷属

Rhabdosargus globiceps (Valenciennes, 1830) 圆头平鲷

Rhabdosargus haffara (Forsskål, 1775) 红海平鲷

Rhabdosargus holubi (Steindachner, 1881) 黄带平鲷

Rhabdosargus sarba (Forsskål, 1775) 平鲷 陆 台

  syn. *Sparus sarba* (Forsskål, 1775) 平鲷

Rhabdosargus thorpei Smith, 1979 大眼平鲷

Genus *Sarpa* Bonaparte, 1831 叉牙鲷属

Sarpa salpa (Linnaeus, 1758) 叉牙鲷

Genus *Sparidentex* Munro, 1948 刷齿鲷属

Sparidentex hasta (Valenciennes, 1830) 矛状刷齿鲷

Genus *Sparodon* Smith, 1938 石齿鲷属

Sparodon durbanensis (Castelnau, 1861) 橘尾石齿鲷

Genus *Sparus* Linnaeus, 1758 鲷属

Sparus aurata Linnaeus, 1758 金头鲷 陆

Genus *Spondyliosoma* Cantor, 1849 椎鲷属

Spondyliosoma cantharus (Linnaeus, 1758) 长吻椎鲷

Spondyliosoma emarginatum (Valenciennes, 1830) 绒牙椎鲷

Genus *Stenotomus* Gill, 1865 门齿鲷属

Stenotomus caprinus Jordan & Gilbert, 1882 长棘门齿鲷

Stenotomus chrysops (Linnaeus, 1766) 绿身门齿鲷

Genus *Virididentex* Poll, 1971 突颌鲷属

Virididentex acromegalus (Osório, 1911) 突颌鲷

Family 379 Centracanthidae 中棘鱼科

Genus *Centracanthus* Rafinesque, 1810 中棘鱼属

Centracanthus cirrus Rafinesque, 1810 红尾中棘鱼(棘鲈)

Genus *Spicara* Rafinesque, 1810 棒鲈属

Spicara alta (Osório, 1917) 大眼棒鲈

Spicara australis (Regan, 1921) 澳洲棒鲈

Spicara axillaris (Boulenger, 1900) 腋斑棒鲈

Spicara maena (Linnaeus, 1758) 黑斑棒鲈

Spicara martinicus (Valenciennes, 1830) 马丁棒鲈

Spicara melanurus (Valenciennes, 1830) 尾斑棒鲈

Spicara nigricauda (Norman, 1931) 鞍斑棒鲈

Spicara smaris (Linnaeus, 1758) 细鳞棒鲈

Family 380 Polynemidae 马鲅科

Genus *Eleutheronema* Bleeker, 1862 四指马鲅属

Eleutheronema rhadinum (Jordan & Evermann, 1902) 多鳞四指马鲅 陆 台

Eleutheronema tetradactylum (Shaw, 1804) 四指马鲅 陆

Eleutheronema tridactylum (Bleeker, 1849) 三趾四指马鲅

Genus *Filimanus* Myers, 1936 丝指马鲅属

Filimanus heptadactyla (Cuvier, 1829) 七丝指马鲅

Filimanus hexanema (Cuvier, 1829) 六丝指马鲅

Filimanus perplexa Feltes, 1991 丛丝指马鲅

Filimanus sealei (Jordan & Richardson, 1910) 西氏丝指马鲅 台

Filimanus similis Feltes, 1991 真丝指马鲅

Filimanus xanthonema (Valenciennes, 1831) 印度丝指马鲅

Genus *Galeoides* Günther, 1860 十指马鲅属

Galeoides decadactylus (Bloch, 1795) 黑斑十指马鲅

Genus *Leptomelanosoma* Motomura & Iwatsuki, 2001 小黑体马鲅属

Leptomelanosoma indicum (Shaw, 1804) 小黑体马鲅

Genus *Parapolynemus* Feltes, 1993 副马鲅属

Parapolynemus verekeri (Saville-Kent, 1889) 维氏副马鲅

Genus *Pentanemus* Günther, 1860 长指马鲅属

Pentanemus quinquarius (Linnaeus, 1758) 五丝长指马鲅

Genus *Polydactylus* Lacepède, 1803 多指马鲅属

Polydactylus approximans (Lay & Bennett, 1839) 太平洋多指马鲅

Polydactylus bifurcus Motomura, Kimura & Iwatsuki, 2001 双叉多指马鲅

Polydactylus longipes Motomura, Okamoto & Iwatsuki, 2001 长肘多指马鲅

Polydactylus luparensis Lim, Motomura & Gambang, 2010 卢帕尔多指马鲅

Polydactylus macrochir (Günther, 1867) 大手多指马鲅

Polydactylus macrophthalmus (Bleeker, 1858) 大眼多指马鲅

Polydactylus malagasyensis Motomura & Iwatsuki, 2001 马达加斯加多指马鲅

Polydactylus microstomus (Bleeker, 1851) 小口多指马鲅 台

Polydactylus mullani (Hora, 1926) 马伦氏多指马鲅

Polydactylus multiradiatus (Günther, 1860) 繁辐多指马鲅

Polydactylus nigripinnis Munro, 1964 黑翅多指马鲅

Polydactylus octonemus (Girard, 1858) 大西洋多指马鲅

Polydactylus oligodon (Günther, 1860) 寡齿多指马鲅

Polydactylus opercularis (Gill, 1863) 黄多指马鲅

Polydactylus persicus Motomura & Iwatsuki, 2001 波斯湾多指马鲅

Polydactylus plebeius (Broussonet, 1782) 五指多指马鲅 陆 台

Polydactylus quadrifilis (Cuvier, 1829) 四线多指马鲅

Polydactylus sexfilis (Valenciennes, 1831) 六丝多指马鲅 陆 台

Polydactylus sextarius (Bloch & Schneider, 1801) 六指多指马鲅 陆 台

Polydactylus siamensis Motomura, Iwatsuki & Yoshino, 2001 暹罗湾多指马鲅

Polydactylus virginicus (Linnaeus, 1758) 黑腹多指马鲅

Genus *Polynemus* Linnaeus, 1758 马鲅属

Polynemus aquilonaris Motomura, 2003 长丝马鲅

Polynemus bidentatus Motomura & Tsukawaki, 2006 双齿马鲅

Polynemus dubius Bleeker, 1854 野马鲅

Polynemus hornadayi Myers, 1936 霍氏马鲅

Polynemus kapuasensis Motomura & van Oijen, 2003 卡普阿斯马鲅

Polynemus melanochir dulcis Motomura & Sabaj, 2002 湖马鲅

Polynemus melanochir melanochir Valenciennes, 1831 黑鳍马鲅

Polynemus multifilis Temminck & Schlegel, 1843 多线马鲅
Polynemus paradiseus Linnaeus, 1758 长指马鲅

Family 381 Sciaenidae 石首鱼科

Genus *Aplodinotus* Rafinesque, 1819 淡水石首鱼属

Aplodinotus grunniens Rafinesque, 1819 淡水石首鱼

Genus *Argyrosomus* De la Pylaie, 1835 白姑鱼属;银身鰔属

Argyrosomus amoyensis (Bleeker, 1863) 厦门白姑鱼;厦门银身鰔 陆
 syn. *Argyrosomus miichthioide* (Chu, Lo & Wu, 1963) 鮸状白姑鱼
Argyrosomus beccus Sasaki, 1994 喙吻白姑鱼;喙吻银身鰔
Argyrosomus coronus Griffiths & Heemstra, 1995 花冠白姑鱼;花冠银身鰔
Argyrosomus heinii (Steindachner, 1902) 海氏白姑鱼;海氏银身鰔
Argyrosomus hololepidotus (Lacepède, 1801) 腋斑白姑鱼;腋斑银身鰔
Argyrosomus inodorus Griffiths & Heemstra, 1995 无味白姑鱼;无味银身鰔
Argyrosomus japonicus (Temminck & Schlegel, 1843) 日本白姑鱼;日本银身鰔 陆 台
 syn. *Nibea japonicus* (Temminck & Schlegel, 1843) 日本黄姑鱼鰔
Argyrosomus regius (Asso, 1801) 大西洋白姑鱼;大西洋银身鰔
Argyrosomus thorpei Smith, 1977 方尾白姑鱼;方尾银身鰔

Genus *Aspericorvina* Fowler, 1934 项棘叫姑鱼属

Aspericorvina jubata (Bleeker, 1855) 项棘叫姑鱼

Genus *Atractoscion* Gill, 1862 锤形石首鱼属

Atractoscion aequidens (Cuvier, 1830) 非洲锤形石首鱼
Atractoscion nobilis (Ayres, 1860) 阿拉斯加锤形石首鱼

Genus *Atrobucca* Chu, Lo & Wu, 1963 黑姑鱼属;黑鰔属

Atrobucca adusta Sasaki & Kailola, 1988 暗褐黑姑鱼;暗褐黑鰔
Atrobucca alcocki Talwar, 1980 大眼黑姑鱼;大眼黑鰔
Atrobucca antonbruun Sasaki, 1995 安东黑姑鱼;安东黑鰔
Atrobucca bengalensis Sasaki, 1995 孟加拉国黑姑鱼;孟加拉国黑鰔
Atrobucca brevis Sasaki & Kailola, 1988 短胸黑姑鱼;短胸黑鰔
Atrobucca geniae Ben-Tuvia & Trewavas, 1987 狭眼黑姑鱼;狭眼黑鰔
Atrobucca kyushini Sasaki & Kailola, 1988 久氏黑姑鱼;久氏黑鰔
Atrobucca marleyi (Norman, 1922) 马氏黑姑鱼;马氏黑鰔
Atrobucca nibe (Jordan & Thompson, 1911) 黑姑鱼;黑鰔 陆 台
Atrobucca trewavasae Talwar & Sathirajan, 1975 屈氏黑姑鱼;屈氏黑鰔

Genus *Austronibea* Trewavas, 1977 澳黄姑鱼属

Austronibea oedogenys Trewavas, 1977 澳洲黄姑鱼

Genus *Bahaba* Herre, 1935 黄唇鱼属

Bahaba chaptis (Hamilton, 1822) 黑缘黄唇鱼
Bahaba polykladiskos (Bleeker, 1852) 波利黄唇鱼
Bahaba taipingensis (Herre, 1932) 黄唇鱼 陆

Genus *Bairdiella* Gill, 1861 贝氏石首鱼属

Bairdiella armata Gill, 1863 大鳞贝氏石首鱼
Bairdiella chrysoura (Lacepède, 1802) 银色贝氏石首鱼
Bairdiella ensifera (Jordan & Gilbert, 1882) 闪光贝氏石首鱼
Bairdiella icistia (Jordan & Gilbert, 1882) 加州湾贝氏石首鱼
Bairdiella ronchus (Cuvier, 1830) 大眼贝氏石首鱼
Bairdiella sanctaeluciae (Jordan, 1890) 圣太路西亚贝氏石首鱼

Genus *Boesemania* Trewavas, 1977 波曼石首鱼属

Boesemania microlepis (Bleeker, 1858) 小鳞波曼石首鱼

Genus *Cheilotrema* Tschudi, 1846 孔石首鱼属

Cheilotrema fasciatum Tschudi, 1846 条纹孔石首鱼
Cheilotrema saturnum (Girard, 1858) 黑唇孔石首鱼

Genus *Chrysochir* Trewavas & Yazdani, 1966 黄鳍牙鰔属;黄鳍鰔属

Chrysochir aureus (Richardson, 1846) 尖头黄鳍牙鰔;黄金鳍鰔 陆 台
 syn. *Nibea acuta* (Tang, 1937) 尖头黄鳍鱼

Genus *Cilus* Delfin, 1900 毛突石首鱼属

Cilus gilberti (Abbott, 1899) 吉氏毛突石首鱼

Genus *Collichthys* Günther, 1860 梅童鱼属

Collichthys lucidus (Richardson, 1844) 棘头梅童鱼 陆 台
Collichthys niveatus Jordan & Starks, 1906 黑鳃梅童鱼 陆

Genus *Corvula* Jordan & Eigenmann, 1889 科氏石首鱼属

Corvula batabana (Poey, 1860) 古巴科氏石首鱼
Corvula macrops (Steindachner, 1876) 大眼科氏石首鱼

Genus *Ctenosciaena* Fowler & Bean, 1923 栉石首鱼属

Ctenosciaena gracilicirrhus (Metzelaar, 1919) 细须栉石首鱼
Ctenosciaena peruviana Chirichigno F., 1969 秘鲁栉石首鱼

Genus *Cynoscion* Gill, 1861 犬牙石首鱼属

Cynoscion acoupa (Lacepède, 1801) 苏里南犬牙石首鱼
Cynoscion albus (Günther, 1864) 乳色犬牙石首鱼
Cynoscion analis (Jenyns, 1842) 秘鲁犬牙石首鱼
Cynoscion arenarius Ginsburg, 1930 沙犬牙石首鱼
Cynoscion guatucupa (Cuvier, 1830) 乌拉圭犬牙石首鱼
Cynoscion jamaicensis (Vaillant & Bocourt, 1883) 牙买加犬牙石首鱼
Cynoscion leiarchus (Cuvier, 1830) 巴西犬牙石首鱼
Cynoscion microlepidotus (Cuvier, 1830) 小鳞犬牙石首鱼
Cynoscion nannus Castro-Aguirre & Arvizu-Martinez, 1976 矮犬牙石首鱼
Cynoscion nebulosus (Cuvier, 1830) 云纹犬牙石首鱼
Cynoscion nortoni Béarez, 2001 诺氏犬牙石首鱼
Cynoscion nothus (Holbrook, 1848) 银色犬牙石首鱼
Cynoscion othonopterus Jordan & Gilbert, 1882 直鳍犬牙石首鱼
Cynoscion parvipinnis Ayres, 1861 短鳍犬牙石首鱼
Cynoscion phoxocephalus Jordan & Gilbert, 1882 犬头犬牙石首鱼
Cynoscion praedatorius (Jordan & Gilbert, 1889) 海神犬牙石首鱼
Cynoscion regalis (Bloch & Schneider, 1801) 犬牙石首鱼
Cynoscion reticulatus (Günther, 1864) 网纹犬牙石首鱼
Cynoscion similis Randall & Cervigón, 1968 史氏犬牙石首鱼
Cynoscion squamipinnis (Günther, 1867) 鳞鳍犬牙石首鱼
Cynoscion steindachneri (Jordan, 1889) 斯氏犬牙石首鱼
Cynoscion stolzmanni (Steindachner, 1879) 施氏犬牙石首鱼
Cynoscion striatus (Cuvier, 1829) 条纹犬牙石首鱼
Cynoscion virescens (Cuvier, 1830) 绿色犬牙石首鱼
Cynoscion xanthulus Jordan & Gilbert, 1882 黄颌犬牙石首鱼

Genus *Daysciaena* Talwar, 1970 双须石首鱼属

Daysciaena albida (Cuvier, 1830) 戴氏双须石首鱼

Genus *Dendrophysa* Trewavas, 1964 枝鳔石首鱼属

Dendrophysa russelii (Cuvier, 1829) 勒氏枝鳔石首鱼 陆

Genus *Elattarchus* Jordan & Evermann, 1896 小齿鰔属

Elattarchus archidium (Jordan & Gilbert, 1882) 澳洲小齿鰔

Genus *Equetus* Rafinesque, 1815 高鳍鰔属

Equetus lanceolatus (Linnaeus, 1758) 矛高鳍鰔
Equetus punctatus (Bloch & Schneider, 1801) 斑高鳍鰔

Genus *Genyonemus* Gill, 1861 颏丝鰔属

Genyonemus lineatus (Ayres, 1855) 条纹颏丝鰔

Genus *Isopisthus* Gill, 1862 等鳍石首鱼属

Isopisthus parvipinnis (Cuvier, 1830) 等鳍石首鱼
Isopisthus remifer Jordan & Gilbert, 1882 加州湾等鳍石首鱼

Genus *Johnius* Bloch, 1793 叫姑鱼属

Johnius amblycephalus (Bleeker, 1855) 团头叫姑鱼 陆 台
Johnius australis (Günther, 1880) 澳洲叫姑鱼
Johnius belangerii (Cuvier, 1830) 皮氏叫姑鱼 陆 台
Johnius borneensis (Bleeker, 1851) 婆罗叫姑鱼
Johnius cantori Bleeker, 1874 坎氏叫姑鱼
Johnius carouna (Cuvier, 1830) 卡氏叫姑鱼
Johnius carutta Bloch, 1793 白条叫姑鱼
Johnius coitor (Hamilton, 1822) 突吻叫姑鱼

Johnius distinctus (Tanaka, 1916) 鳞鳍叫姑鱼 陆 台
    syn. *Wak tingi* (Tang, 1937) 丁氏鲩

Johnius dorsalis (Peters, 1855) 莫桑比克叫姑鱼

Johnius dussumieri (Cuvier, 1830) 杜氏叫姑鱼 陆 台

Johnius elongatus Mohan, 1976 长体叫姑鱼

Johnius fasciatus Chu, Lo & Wu, 1963 条纹叫姑鱼 陆

Johnius fuscolineatus (von Bonde, 1923) 棕线叫姑鱼

Johnius gangeticus Talwar, 1991 恒河叫姑鱼

Johnius glaucus (Day, 1876) 斑鳍叫姑鱼

Johnius goldmani (Bleeker, 1854) 戈氏叫姑鱼

Johnius grypotus (Richardson, 1846) 叫姑鱼 陆 台

Johnius heterolepis Bleeker, 1873 异鳞叫姑鱼

Johnius hypostoma (Bleeker, 1853) 下口叫姑鱼

Johnius laevis Sasaki & Kailola, 1991 滑鳞叫姑鱼

Johnius latifrons Sasaki, 1992 宽眼叫姑鱼

Johnius macropterus (Bleeker, 1853) 大鳍叫姑鱼

Johnius macrorhynus (Mohan, 1976) 大吻叫姑鱼 陆 台

Johnius mannarensis Mohan, 1971 印度叫姑鱼

Johnius novaeguineae (Nichols, 1950) 新几内亚叫姑鱼

Johnius novaehollandiae (Steindachner, 1866) 新荷兰叫姑鱼

Johnius pacificus Hardenberg, 1941 太平洋叫姑鱼

Johnius philippinus Sasaki, 1999 菲律宾叫姑鱼

Johnius plagiostoma (Bleeker, 1849) 斜口叫姑鱼

Johnius trachycephalus (Bleeker, 1851) 尖尾叫姑鱼

Johnius trewavasae Sasaki, 1992 屈氏叫姑鱼 陆

Johnius weberi Hardenberg, 1936 韦氏叫姑鱼

Genus *Kathala* Mohan, 1969 卡鲩属

Kathala axillaris (Cuvier, 1830) 腋斑卡鲩

Genus *Larimichthys* Jordan & Starks, 1905 黄鱼属

Larimichthys crocea (Richardson, 1846) 大黄鱼 陆 台

Larimichthys pamoides (Munro, 1964) 似长鳍黄鱼

Larimichthys polyactis (Bleeker, 1877) 小黄鱼 陆 台
    syn. *Pseudosciaena polyactis* (Bleeker, 1877)

Genus *Larimus* Cuvier, 1830 大口石首鱼属

Larimus acclivis Jordan & Bristol, 1898 陡背大口石首鱼

Larimus argenteus (Gill, 1863) 银大口石首鱼

Larimus breviceps Cuvier, 1830 短头大口石首鱼

Larimus effulgens Gilbert, 1898 闪光大口石首鱼

Larimus fasciatus Holbrook, 1855 条纹大口石首鱼

Larimus pacificus Jordan & Bollman, 1890 太平洋大口石首鱼

Genus *Leiostomus* Lacepède, 1802 平口石首鱼属

Leiostomus xanthurus Lacepède, 1802 黄尾平口石首鱼

Genus *Lonchurus* Bloch, 1793 矛尾石首鱼属

Lonchurus elegans (Boeseman, 1948) 秀美矛尾石首鱼

Lonchurus lanceolatus (Bloch, 1788) 矛尾石首鱼

Genus *Macrodon* Schinz, 1822 皇石首鱼属

Macrodon ancylodon (Bloch & Schneider, 1801) 钩牙皇石首鱼

Macrodon mordax (Gilbert & Starks, 1904) 螯皇石首鱼

Genus *Macrospinosa* Mohan, 1969 大棘鱼属

Macrospinosa cuja (Hamilton, 1822) 斜纹大棘鱼

Genus *Megalonibea* Chu, Lo & Wu, 1963 毛鲿鱼属

Megalonibea fusca Chu, Lo & Wu, 1963 褐毛鲿 陆

Genus *Menticirrhus* Gill, 1861 无鳔石首鱼属

Menticirrhus americanus (Linnaeus, 1758) 美洲无鳔石首鱼

Menticirrhus elongatus (Günther, 1864) 长身无鳔石首鱼

Menticirrhus littoralis (Holbrook, 1847) 海湾无鳔石首鱼

Menticirrhus nasus (Günther, 1868) 大鼻无鳔石首鱼

Menticirrhus ophicephalus (Jenyns, 1840) 蛇首无鳔石首鱼

Menticirrhus paitensis Hildebrand, 1946 秘鲁无鳔石首鱼

Menticirrhus panamensis (Steindachner, 1877) 巴拿马无鳔石首鱼

Menticirrhus saxatilis (Bloch & Schneider, 1801) 岩无鳔石首鱼

Menticirrhus undulatus (Girard, 1854) 波纹无鳔石首鱼

Genus *Micropogonias* Bonaparte, 1831 绒须石首鱼属

Micropogonias altipinnis (Günther, 1864) 高鳍绒须石首鱼

Micropogonias ectenes (Jordan & Gilbert, 1882) 大头绒须石首鱼

Micropogonias fasciatus (de Buen, 1961) 条纹绒须石首鱼

Micropogonias furnieri (Desmarest, 1823) 弗氏绒须石首鱼

Micropogonias manni (Moreno, 1970) 马氏绒须石首鱼

Micropogonias megalops (Gilbert, 1890) 大眼绒须石首鱼

Micropogonias undulatus (Linnaeus, 1766) 波纹绒须石首鱼

Genus *Miichthys* Lin, 1938 鮸属

Miichthys miiuy (Basilewsky, 1855) 鮸 陆 台

Genus *Miracorvina* Trewavas, 1962 岔鳔石首鱼属

Miracorvina angolensis (Norman, 1935) 安哥拉岔鳔石首鱼

Genus *Nebris* Cuvier, 1830 软颅石首鱼属

Nebris microps Cuvier, 1830 小眼软颅石首鱼

Nebris occidentalis Vaillant, 1897 西洋软颅石首鱼

Genus *Nibea* Jordan & Thompson, 1911 黄姑鱼属

Nibea albiflora (Richardson, 1846) 黄姑鱼 陆 台

Nibea chui Trewavas, 1971 元鼎黄姑鱼 陆

Nibea coibor (Hamilton, 1822) 浅色黄姑鱼

Nibea leptolepis (Ogilby, 1918) 小鳞黄姑鱼

Nibea maculata (Bloch & Schneider, 1801) 斑纹黄姑鱼

Nibea microgenys Sasaki, 1992 小口黄姑鱼

Nibea mitsukurii (Jordan & Snyder, 1900) 箕作氏黄姑鱼

Nibea semifasciata Chu, Lo & Wu, 1963 半斑黄姑鱼 陆 台

Nibea soldado (Lacepède, 1802) 黑缘黄姑鱼

Nibea squamosa Sasaki, 1992 细鳞黄姑鱼

Genus *Odontoscion* Gill, 1862 齿鲩属

Odontoscion dentex (Cuvier, 1830) 海湾齿鲩

Odontoscion eurymesops (Heller & Snodgrass, 1903) 宽眼齿鲩

Odontoscion xanthops Gilbert, 1898 黄眼齿鲩

Genus *Ophioscion* Gill, 1863 蛇石首鱼属

Ophioscion adustus (Agassiz, 1831) 棕色蛇石首鱼

Ophioscion costaricensis Caldwell, 1958 哥斯达黎加蛇石首鱼

Ophioscion imiceps (Jordan & Gilbert, 1882) 低冠蛇石首鱼

Ophioscion panamensis Schultz, 1945 巴拿马蛇石首鱼

Ophioscion punctatissimus Meek & Hildebrand, 1925 斑点蛇石首鱼

Ophioscion scierus (Jordan & Gilbert, 1884) 阴影蛇石首鱼

Ophioscion simulus Gilbert, 1898 仿蛇石首鱼

Ophioscion strabo Gilbert, 1897 斜眼蛇石首鱼

Ophioscion typicus Gill, 1863 蛇石首鱼

Ophioscion vermicularis (Günther, 1867) 虫纹蛇石首鱼

Genus *Otolithes* Oken, 1817 牙鲩属

Otolithes cuvieri Trewavas, 1974 居氏牙鲩

Otolithes ruber (Bloch & Schneider, 1801) 红牙鲩 陆 台
    syn. *Otolithes argenteus* (Cuvier , 1830) 银牙鲩

Genus *Otolithoides* Fowler, 1933 拟牙鲩属

Otolithoides biauritus (Cantor, 1849) 长吻拟牙鲩

Otolithoides pama (Hamilton, 1822) 珀玛拟牙鲩

Genus *Pachypops* Gill, 1861 多须鲩属

Pachypops fourcroi (Lacepède, 1802) 福氏多须鲩

Pachypops pigmaeus Casatti, 2002 侏儒多须鲩

Pachypops trifilis (Müller & Troschel, 1849) 特氏多须鲩

Genus *Pachyurus* Agassiz, 1831 五孔鲩属

Pachyurus adspersus Steindachner, 1879 巴西五孔鲩

Pachyurus bonariensis Steindachner, 1879 乌拉圭五孔鲩

Pachyurus calhamazon Casatti, 2001 纵带五孔鲩

Pachyurus francisci (Cuvier, 1830) 弗氏五孔鲸

Pachyurus gabrielensis Casatti, 2001 亚马孙五孔鲸

Pachyurus junki Soares & Casatti, 2000 琼克氏五孔鲸

Pachyurus paucirastrus Aguilera, 1983 少耙五孔鲸

Pachyurus schomburgkii Günther, 1860 肃氏五孔鲸

Pachyurus squamipennis Agassiz, 1831 鳞鳍五孔鲸

Pachyurus stewarti Casatti & Chao, 2002 斯氏五孔鲸

Genus *Panna* Mohan, 1969 潘纳石首鱼属

Panna heterolepis Trewavas, 1977 异鳞潘纳石首鱼

Panna microdon (Bleeker, 1849) 小牙潘纳石首鱼

Panna perarmatus (Chabanaud, 1926) 泰国潘纳石首鱼

Genus *Paralonchurus* Bocourt, 1869 副矛鲸属

Paralonchurus brasiliensis (Steindachner, 1875) 巴西副矛鲸

Paralonchurus dumerilii (Bocourt, 1869) 杜氏副矛鲸

Paralonchurus goodei Gilbert, 1898 古氏副矛鲸

Paralonchurus peruanus (Steindachner, 1875) 秘鲁副矛鲸

Paralonchurus petersii Bocourt, 1869 彼氏副矛鲸

Paralonchurus rathbuni (Jordan & Bollman, 1890) 拉氏副矛鲸

Genus *Paranebris* Chao, Béarez & Robertson, 2001 副斑姑鱼属

Paranebris bauchotae Chao, Béarez & Robertson, 2001 鲍氏副斑姑鱼

Genus *Paranibea* Trewavas, 1977 副黄姑鱼属

Paranibea semiluctuosa (Cuvier, 1830) 黑鳍副黄姑鱼

Genus *Pareques* Gill, 1876 副矛鳍石首鱼属

Pareques acuminatus (Bloch & Schneider, 1801) 尖头副矛鳍石首鱼

Pareques fuscovittatus (Kendall & Radcliffe, 1912) 棕带副矛鳍石首鱼

Pareques iwamotoi Miller & Woods, 1988 岩本副矛鳍石首鱼

Pareques lanfeari (Barton, 1947) 兰氏副矛鳍石首鱼

Pareques perissa (Heller & Snodgrass, 1903) 奇副矛鳍石首鱼

Pareques umbrosus (Jordan & Eigenmann, 1889) 纵纹副矛鳍石首鱼

Pareques viola (Gilbert, 1898) 堇色副矛鳍石首鱼

Genus *Pennahia* Fowler, 1926 银姑鱼属;白姑鱼属

Pennahia anea (Bloch, 1793) 截尾银姑鱼;截尾白姑鱼 陆 台

　　syn. *Argyrosomus aneus* (Bloch, 1793) 截尾白姑鱼

　　syn. *Argyrosomus macrophthalmus* Bleeker, 1850 大眼白姑鱼

Pennahia argentata (Houttuyn, 1782) 银姑鱼;白姑鱼 陆 台

　　syn. *Argyrosomus argentatus* (Houttuyn, 1782) 白姑鱼

Pennahia macrocephalus (Tang, 1937) 大头银姑鱼;大头白姑鱼 陆 台

　　syn. *Argyrosomus macrocephalus* (Tang, 1937) 大头白姑鱼

Pennahia ovata Sasaki, 1996 卵形银姑鱼;卵形白姑鱼

Pennahia pawak (Lin, 1940) 斑鳍银姑鱼;斑鳍白姑鱼 陆 台

　　syn. *Argyrosomus pawak* (Lin, 1940) 斑鳍白姑鱼

Genus *Pentheroscion* Trewavas, 1962 须鳔石首鱼属

Pentheroscion mbizi (Poll, 1950) 黑口须鳔石首鱼

Genus *Petilipinnis* Casatti, 2002 瘦翅石首鱼属

Petilipinnis grunniens (Jardine & Schomburgk, 1843) 亚马孙河瘦翅石首鱼

Genus *Plagioscion* Gill, 1861 异鳞石首鱼属

Plagioscion auratus (Castelnau, 1855) 金黄异鳞石首鱼

Plagioscion casattii Aguilera & Rodrigues de Aguilera, 2001 卡氏异鳞石首鱼

Plagioscion montei Soares & Casatti, 2000 蒙氏异鳞石首鱼

Plagioscion pauciradiatus Steindachner, 1917 大西洋异鳞石首鱼

Plagioscion squamosissimus (Heckel, 1840) 巴西异鳞石首鱼

Plagioscion surinamensis (Bleeker, 1873) 苏里南异鳞石首鱼

Plagioscion ternetzi Boulenger, 1895 特氏异鳞石首鱼

Genus *Pogonias* Lacepède, 1801 多须石首鱼属

Pogonias cromis (Linnaeus, 1766) 佛罗里达多须石首鱼

Genus *Protonibea* Trewavas, 1971 原黄姑鱼属

Protonibea diacanthus (Lacepède, 1802) 双棘原黄姑鱼 陆 台

Genus *Protosciaena* Sasaki, 1989 原石首鱼属

Protosciaena bathytatos (Chao & Miller, 1975) 极深原石首鱼

Protosciaena trewavasae (Chao & Miller, 1975) 屈氏原石首鱼

Genus *Pseudotolithus* Bleeker, 1863 似牙鲸属

Pseudotolithus elongatus (Bowdich, 1825) 斑鳍似牙鲸

Pseudotolithus epipercus (Bleeker, 1863) 条纹似牙鲸

Pseudotolithus moorii (Günther, 1865) 西非似牙鲸

Pseudotolithus senegalensis (Valenciennes, 1833) 塞内加尔似牙鲸

Pseudotolithus senegallus (Cuvier, 1830) 毛里塔尼亚似牙鲸

Pseudotolithus typus Bleeker, 1863 长体似牙鲸

Genus *Pteroscion* Fowler, 1925 翼石首鱼属

Pteroscion peli (Bleeker, 1863) 短体翼石首鱼

Genus *Pterotolithus* Fowler, 1933 翼牙鲸属

Pterotolithus lateoides (Bleeker, 1850) 婆罗洲翼牙鲸

Pterotolithus maculatus (Cuvier, 1830) 斑点翼牙鲸

Genus *Roncador* Jordan & Gilbert, 1880 鼓石首鱼属

Roncador stearnsii (Steindachner, 1876) 加利福尼亚鼓石首鱼

Genus *Sciaena* Linnaeus, 1758 石首鱼属

Sciaena callaensis Hildebrand, 1946 秘鲁石首鱼

Sciaena deliciosa (Tschudi, 1846) 娇姿石首鱼

Sciaena umbra Linnaeus, 1758 弓背石首鱼

Sciaena wieneri Sauvage, 1883 威氏石首鱼

Genus *Sciaenops* Gill, 1863 拟石首鱼属

Sciaenops ocellatus (Linnaeus, 1766) 眼斑拟石首鱼 陆 台

Genus *Seriphus* Ayres, 1860 皇后石首鱼属

Seriphus politus Ayres, 1860 皇后石首鱼

Genus *Sonorolux* Trewavas, 1977 索诺石首鱼属

Sonorolux fluminis Trewavas, 1977 沙捞越索诺石首鱼

Genus *Stellifer* Oken, 1817 叉鳔石首鱼属

Stellifer brasiliensis (Schultz, 1945) 巴西叉鳔石首鱼

Stellifer chaoi Aguilera, Solano & Valdez, 1983 赵氏叉鳔石首鱼

Stellifer chrysoleuca (Günther, 1867) 金叉鳔石首鱼

Stellifer colonensis Meek & Hildebrand, 1925 巴拿马叉鳔石首鱼

Stellifer ephelis Chirichigno F., 1974 雀斑叉鳔石首鱼

Stellifer ericymba (Jordan & Gilbert, 1882) 棘头叉鳔石首鱼

Stellifer fuerthii (Steindachner, 1876) 富氏叉鳔石首鱼

Stellifer griseus Cervigón, 1966 灰叉鳔石首鱼

Stellifer illecebrosus Gilbert, 1898 魔叉鳔石首鱼

Stellifer lanceolatus (Holbrook, 1855) 星斑叉鳔石首鱼

Stellifer magoi Anguilera, 1983 马氏叉鳔石首鱼

Stellifer mancorensis Chirichigno F., 1962 哥斯达黎加叉鳔石首鱼

Stellifer melanocheir Eigenmann, 1918 黑臂叉鳔石首鱼

Stellifer microps (Steindachner, 1864) 小眼叉鳔石首鱼

Stellifer minor (Tschudi, 1846) 小叉鳔石首鱼

Stellifer naso (Jordan, 1889) 大鼻叉鳔石首鱼

Stellifer oscitans (Jordan & Gilbert, 1882) 尼加拉瓜叉鳔石首鱼

Stellifer pizarroensis Hildebrand, 1946 比萨叉鳔石首鱼

Stellifer rastrifer (Jordan, 1889) 少耙叉鳔石首鱼

Stellifer stellifer (Bloch, 1790) 叉鳔石首鱼

Stellifer venezuelae (Schultz, 1945) 委内瑞拉叉鳔石首鱼

Stellifer walkeri Chao, 2001 沃氏叉鳔石首鱼

Stellifer wintersteenorum Chao, 2001 温氏叉鳔石首鱼

Stellifer zestocarus Gilbert, 1898 圆头叉鳔石首鱼

Genus *Totoaba* Villamar, 1980 托头石首鱼属

Totoaba macdonaldi (Gilbert, 1890) 麦氏托头石首鱼

Genus *Umbrina* Cuvier, 1816 短须石首鱼属

Umbrina analis Günther, 1868 阿纳短须石首鱼

Umbrina broussonetii Cuvier, 1830 布氏短须石首鱼

Umbrina bussingi López S., 1980 伯氏短须石首鱼

Umbrina canariensis Valenciennes, 1843 斜纹短须石首鱼

Umbrina canosai Berg, 1895 阿根廷短须石首鱼

Umbrina cirrosa (Linnaeus, 1758) 波纹短须石首鱼

Umbrina coroides Cuvier, 1830 巴哈马岛短须石首鱼

Umbrina dorsalis Gill, 1862 背短须石首鱼

Umbrina galapagorum Steindachner, 1878 加拉帕戈斯短须石首鱼

Umbrina imberbis Günther, 1873 短须石首鱼

Umbrina milliae Miller, 1971 密氏短须石首鱼

Umbrina reedi Günther, 1880 里氏短须石首鱼

Umbrina roncador Jordan & Gilbert, 1882 黄鳍短须石首鱼

Umbrina ronchus Valenciennes, 1843 褐短须石首鱼

Umbrina steindachneri Cadenat, 1951 斯氏短须石首鱼

Umbrina wintersteeni Walker & Radford, 1992 温氏短须石首鱼

Umbrina xanti Gill, 1862 赞氏短须石首鱼

Family 382 Mullidae 羊鱼科;须鲷科

Genus *Mulloidichthys* Whitley, 1929 拟羊鱼属;拟须鲷属

Mulloidichthys dentatus (Gill, 1862) 墨西哥拟羊鱼;墨西哥拟须鲷

Mulloidichthys flavolineatus (Lacepède, 1801) 黄带拟羊鱼;黄带拟须鲷 陆 台

    syn. *Mulloidichthys samoensis* (Günther, 1874) 斑带拟羊鱼

Mulloidichthys martinicus (Cuvier, 1829) 马丁拟羊鱼;马丁拟须鲷

Mulloidichthys mimicus Randall & Guézé, 1980 仿拟羊鱼;仿拟须鲷

Mulloidichthys pfluegeri (Steindachner, 1900) 红背拟羊鱼;红背拟须鲷 台

Mulloidichthys vanicolensis (Valenciennes, 1831) 无斑拟羊鱼;金带拟须鲷 陆 台

Genus *Mullus* Linnaeus, 1758 羊鱼属;须鲷属

Mullus argentinae Hubbs & Marini, 1933 银羊鱼;银须鲷

Mullus auratus Jordan & Gilbert, 1882 金羊鱼;金须鲷

Mullus barbatus barbatus Linnaeus, 1758 须羊鱼;须鲷

Mullus barbatus ponticus Essipov, 1927 红斑羊鱼;红斑须鲷

Mullus surmuletus Linnaeus, 1758 纵带羊鱼;纵带须鲷

Genus *Parupeneus* Bleeker, 1863 副绯鲤属;海绯鲤属

Parupeneus angulatus Randall & Heemstra, 2009 角副绯鲤;角海绯鲤

Parupeneus barberinoides (Bleeker, 1852) 似条斑副绯鲤;须海绯鲤 台

    syn. *Pseudupeneus barberinoides* (Bleeker, 1852) 似条斑副绯鲤

Parupeneus barberinus (Lacepède, 1801) 条斑副绯鲤;单带海绯鲤 陆 台

    syn. *Pseudupeneus barberinus* (Lacepède, 1801) 条斑副绯鲤

Parupeneus biaculeatus (Richardson, 1846) 双带副绯鲤;双带海绯鲤 台

Parupeneus chrysonemus (Jordan & Evermann, 1903) 金线副绯鲤;金线海绯鲤

Parupeneus chrysopleuron (Temminck & Schlegel, 1843) 黄带副绯鲤;红带海绯鲤 陆 台

Parupeneus ciliatus (Lacepède, 1802) 短须副绯鲤;短须海绯鲤 陆 台

    syn. *Parupeneus fraterculus* (Valenciennes, 1831) 纵条副绯鲤

Parupeneus crassilabris (Valenciennes, 1831) 粗唇副绯鲤;粗唇海绯鲤 台

Parupeneus cyclostomus (Lacepède, 1801) 圆口副绯鲤;圆口海绯鲤 陆 台

    syn. *Parupeneus chryserdros* (Lacepède, 1801) 头副绯鲤

Parupeneus diagonalis Randall, 2004 留尼汪副绯鲤;留尼汪海绯鲤

Parupeneus forsskali (Fourmanoir & Guézé, 1976) 福氏副绯鲤;福氏海绯鲤 陆

    syn. *Mulloidichthys auriflamma* (Forsskål, 1775) 金带拟羊鱼

Parupeneus fraserorum Randall & King, 2009 白须副绯鲤;白须海绯鲤

Parupeneus heptacanthus (Lacepède, 1802) 七棘副绯鲤;七棘海绯鲤 陆 台

Parupeneus indicus (Shaw, 1803) 印度副绯鲤;印度海绯鲤 陆 台

Parupeneus insularis Randall & Myers, 2002 岛栖副绯鲤;岛栖海绯鲤

Parupeneus jansenii (Bleeker, 1856) 詹氏副绯鲤;詹氏海绯鲤 陆

Parupeneus louise Randall, 2004 路易斯副绯鲤;路易斯海绯鲤

Parupeneus macronemus (Lacepède, 1801) 大丝副绯鲤;大丝海绯鲤

Parupeneus margaritatus Randall & Guézé, 1984 珍珠副绯鲤;珍珠海绯鲤

Parupeneus minys Randall & Heemstra, 2009 明亚副绯鲤;明亚海绯鲤

Parupeneus moffitti Randall & Myers, 1993 莫菲特副绯鲤;莫菲特海绯鲤

Parupeneus multifasciatus (Quoy & Gaimard, 1825) 多带副绯鲤;多带海绯鲤 陆 台

Parupeneus nansen Randall & Heemstra, 2009 内森副绯鲤;内森海绯鲤

Parupeneus orientalis (Fowler, 1933) 东方副绯鲤;东方海绯鲤

Parupeneus pleurostigma (Bennett, 1831) 黑斑副绯鲤;黑斑海绯鲤 陆 台

Parupeneus porphyreus (Jenkins, 1903) 白带副绯鲤;白带海绯鲤

Parupeneus posteli Fourmanoir & Guézé, 1967 波氏副绯鲤;波氏海绯鲤

Parupeneus procerigena Kim & Amaoka, 2001 印度洋副绯鲤;印度洋海绯鲤

Parupeneus rubescens (Lacepède, 1801) 玫瑰副绯鲤;玫瑰海绯鲤

Parupeneus seychellensis (Smith & Smith, 1963) 塞舌尔副绯鲤;塞席尔海绯鲤

Parupeneus signatus (Günther, 1867) 黑点副绯鲤;黑点海绯鲤

Parupeneus spilurus (Bleeker, 1854) 点纹副绯鲤;大型海绯鲤 台

Parupeneus trifasciatus (Lacepède, 1801) 三带副绯鲤;三带海绯鲤 陆 台

    syn. *Parupeneus bifasciatus* (Lacepède, 1801) 双带副绯鲤

Genus *Pseudupeneus* Bleeker, 1862 拟绯鲤属

Pseudupeneus grandisquamis (Gill, 1863) 大鳞拟绯鲤

Pseudupeneus maculatus (Bloch, 1793) 斑点拟绯鲤

Pseudupeneus prayensis (Cuvier, 1829) 西非拟绯鲤

Genus *Upeneichthys* Bleeker, 1855 似绯鲤属

Upeneichthys lineatus (Bloch & Schneider, 1801) 蓝点似绯鲤

Upeneichthys stotti Hutchins, 1990 斯氏似绯鲤

Upeneichthys vlamingii (Cuvier, 1829) 伐氏似绯鲤

Genus *Upeneus* Cuvier, 1829 绯鲤属

Upeneus asymmetricus Lachner, 1954 金带绯鲤

Upeneus australiae Kim & Nakaya, 2002 澳大利亚绯鲤

Upeneus davidaromi Golani, 2001 戴氏绯鲤

Upeneus doriae (Günther, 1869) 多氏绯鲤

Upeneus filifer (Ogilby, 1910) 线绯鲤

Upeneus francisi Randall & Guézé, 1992 弗氏绯鲤

Upeneus guttatus (Day, 1868) 斑绯鲤

Upeneus indicus Uiblein & Heemstra, 2010 印度绯鲤

Upeneus japonicus (Houttuyn, 1782) 日本绯鲤 陆 台

    syn. *Upeneus bensasi* (Temminck & Schlegel, 1843) 条尾绯鲤

Upeneus luzonius Jordan & Seale, 1907 吕宋绯鲤 陆 台

Upeneus margarethae Uiblein & Heemstra, 2010 珠绯鲤

Upeneus mascareinsis Fourmanoir & Guézé, 1967 留尼汪绯鲤

Upeneus moluccensis (Bleeker, 1855) 马六甲绯鲤 陆 台

Upeneus mouthami Randall & Kulbicki, 2006 蒙氏绯鲤

Upeneus oligospilus Lachner, 1954 寡斑绯鲤

Upeneus parvus Poey, 1852 小绯鲤

Upeneus pori Ben-Tuvia & Golani, 1989 波氏绯鲤

Upeneus quadrilineatus Cheng & Wang, 1963 四带绯鲤 陆 台

Upeneus suahelicus Uiblein & Heemstra, 2010 花尾绯鲤

Upeneus subvittatus (Temminck & Schlegel, 1843) 纵带绯鲤 陆 台

Upeneus sulphureus Cuvier, 1829 黄带绯鲤 陆 台

Upeneus sundaicus (Bleeker, 1855) 黄尾绯鲤

Upeneus supravittatus Uiblein & Heemstra, 2010 长须绯鲤

Upeneus taeniopterus Cuvier, 1829 纹鳍绯鲤

Upeneus tragula Richardson, 1846 黑斑绯鲤 陆 台

Upeneus vittatus (Forsskål, 1775) 多带绯鲤 陆 台

Upeneus xanthogrammus Gilbert, 1892 黄线绯鲤

Family 383 Pempheridae 单鳍鱼科;拟金眼鲷科

Genus *Parapriacanthus* Steindachner, 1870 副单鳍鱼属;充金眼鲷属

Parapriacanthus dispar (Herre, 1935) 异副单鳍鱼;异充金眼鲷

Parapriacanthus elongatus (McCulloch, 1911) 长体副单鳍鱼;长体充金眼鲷

Parapriacanthus marei Fourmanoir, 1971 马氏副单鳍鱼;马氏充金眼鲷

Parapriacanthus pseudelongatus Garafino & Roscalo, 2010 拟长身副单鳍鱼;拟长身充金眼鲷

Parapriacanthus ransonneti Steindachner, 1870 红海副单鳍鱼;雷氏充金眼鲷 陆 台

Genus *Pempheris* Cuvier, 1829 单鳍鱼属;拟金眼鲷属

Pempheris adspersa Griffin, 1927 壮单鳍鱼;壮拟金眼鲷

Pempheris adusta Bleeker, 1877 暗单鳍鱼;暗拟金眼鲷

Pempheris affinis McCulloch, 1911 安芬单鳍鱼;安芬拟金眼鲷

Pempheris analis Waite, 1910 棕黄单鳍鱼;棕黄拟金眼鲷

Pempheris compressa (White, 1790) 黑鳍单鳍鱼;黑鳍拟金眼鲷 陆

Pempheris japonica Döderlein, 1883 日本单鳍鱼;日本拟金眼鲷 陆 台

Pempheris klunzingeri McCulloch, 1911 克氏单鳍鱼;克氏拟金眼鲷

Pempheris mangula Cuvier, 1829 黑边单鳍鱼;黑边拟金眼鲷

Pempheris molucca Cuvier, 1829 摩鹿加单鳍鱼;拟金眼鲷

Pempheris multiradiata Klunzinger, 1879 多辐单鳍鱼;多辐拟金眼鲷

Pempheris nyctereutes Jordan & Evermann, 1902 白边单鳍鱼;白缘拟金眼鲷 陆 台

Pempheris ornata Mooi & Jubb, 1996 妆饰单鳍鱼;妆饰拟金眼鲷

Pempheris otaitensis Cuvier, 1831 喜暖单鳍鱼;喜暖拟金眼鲷

Pempheris oualensis Cuvier, 1831 黑稍单鳍鱼;乌伊兰拟金眼鲷 陆 台

Pempheris poeyi Bean, 1885 短鳍单鳍鱼;短鳍拟金眼鲷

Pempheris rapa Mooi, 1998 芜菁单鳍鱼;芜菁拟金眼鲷

Pempheris schomburgkii Müller & Troschel, 1848 斯氏单鳍鱼;斯氏拟金眼鲷

Pempheris schreineri Miranda Ribeiro, 1915 沙氏单鳍鱼;沙氏拟金眼鲷

Pempheris schwenkii Bleeker, 1855 银腹单鳍鱼;南方拟金眼鲷 台

Pempheris vanicolensis Cuvier, 1831 黑缘单鳍鱼;黑缘拟金眼鲷 台

Pempheris xanthoptera Tominaga, 1963 黄鳍单鳍鱼;黄鳍拟金眼鲷 陆

Pempheris ypsilychnus Mooi & Jubb, 1996 叉形单鳍鱼;叉形拟金眼鲷

Family 384 Glaucosomatidae 叶鲷科

Genus *Glaucosoma* Temminck & Schlegel, 1843 叶鲷属

Glaucosoma buergeri Richardson, 1845 叶鲷 陆 台

　　syn. *Glaucosoma fauveli* Sauvage, 1881 条叶鲷

Glaucosoma hebraicum Richardson, 1845 青叶鲷

Glaucosoma magnificum (Ogilby, 1915) 丝鳍叶鲷

Glaucosoma scapulare Ramsay, 1881 肩叶鲷

Family 385 Leptobramidae 脂眼鲂科

Genus *Leptobrama* Steindachner, 1878 脂眼鲂属

Leptobrama muelleri Steindachner, 1878 密氏脂眼鲂

Family 386 Bathyclupeidae 深海鲱鲈科;深海鲱科

Genus *Bathyclupea* Alcock, 1891 深海鲱属

Bathyclupea argentea Goode & Bean, 1896 银深海鲱 台

Bathyclupea elongata Trunov, 1975 长体深海鲱

Bathyclupea gracilis Fowler, 1938 细身深海鲱

Bathyclupea hoskynii Alcock, 1891 霍氏深海鲱

Bathyclupea malayana Weber, 1913 马来亚深海鲱

Bathyclupea megaceps Fowler, 1938 大头深海鲱

Bathyclupea schroederi Dick, 1962 斯氏深海鲱

Family 387 Monodactylidae 大眼鲳科;银鳞鲳科

Genus *Monodactylus* Lacepède, 1801 大眼鲳属;银鳞鲳属

Monodactylus argenteus (Linnaeus, 1758) 银大眼鲳;银鳞鲳 陆 台

Monodactylus falciformis Lacepède, 1801 镰大眼鲳;镰银鳞鲳

Monodactylus kottelati Pethiyagoda, 1991 科氏大眼鲳;科氏银鳞鲳

Monodactylus sebae (Cuvier, 1829) 脂大眼鲳;脂银鳞鲳

Genus *Schuettea* Steindachner, 1866 舒鲳属

Schuettea scalaripinnis Steindachner, 1866 澳大利亚舒鲳

Schuettea woodwardi (Waite, 1905) 伍氏舒鲳

Family 388 Toxotidae 射水鱼科

Genus *Toxotes* Cuvier, 1816 射水鱼属

Toxotes blythii Boulenger, 1892 布氏射水鱼

Toxotes chatareus (Hamilton, 1822) 斯里兰卡射水鱼

Toxotes jaculatrix (Pallas, 1767) 横带射水鱼

Toxotes kimberleyensis Allen, 2004 金伯利射水鱼

Toxotes lorentzi Weber, 1910 洛氏射水鱼

Toxotes microlepis Günther, 1860 小鳞射水鱼

Toxotes oligolepis Bleeker, 1876 寡鳞射水鱼

Family 389 Arripidae 澳鲈科

Genus *Arripis* Jenyns, 1840 澳鲈属

Arripis georgianus (Valenciennes, 1831) 大眼澳鲈

Arripis trutta (Forster, 1801) 鳟澳鲈

Arripis truttacea (Cuvier, 1829) 小眼澳鲈

Arripis xylabion Paulin, 1993 静澳鲈

Family 390 Dichistiidae 双帆鱼科

Genus *Dichistius* Gill, 1888 双帆鱼属

Dichistius capensis (Cuvier, 1831) 安哥拉双帆鱼

Dichistius multifasciatus (Pellegrin, 1914) 多带双帆鱼

Family 391 Kyphosidae 鲀科

Genus *Atypichthys* Günther, 1862 异型蝎鲀属

Atypichthys latus McCulloch & Waite, 1916 新西兰异型蝎鲀

Atypichthys strigatus (Günther, 1860) 条纹异型蝎鲀

Genus *Bathystethus* Gill, 1893 渊胸舌鲐属

Bathystethus cultratus (Bloch & Schneider, 1801) 渊胸舌鲐

Bathystethus orientale Regan, 1913 东方渊胸舌鲐

Genus *Doydixodon* Not applicable 少鳞鲀属

Doydixodon laevifrons (Tschudi, 1846) 少鳞鲀

Genus *Girella* Gray, 1835 鲀属;瓜子鱲属

Girella albostriata Steindachner, 1898 白带鲀;白带瓜子鱲

Girella cyanea Macleay, 1881 蓝鲀;蓝瓜子鱲

Girella elevata Macleay, 1881 沼泽鲀;沼泽瓜子鱲

Girella feliciana Clark, 1938 南太平洋鲀;南太平洋瓜子鱲

Girella fimbriata (McCulloch, 1920) 流苏鲀;流苏瓜子鱲

Girella freminvillii (Valenciennes, 1846) 弗氏鲀;弗氏瓜子鱲

Girella leonina (Richardson, 1846) 小鳞黑鲀;小鳞瓜子鱲 台

Girella mezina Jordan & Starks, 1907 绿带鲀;黄带瓜子鱲 台

Girella nebulosa Kendall & Radcliffe, 1912 云纹鲀;云纹瓜子鱲

Girella nigricans (Ayres, 1860) 黑鲀;黑瓜子鱲

Girella punctata Gray, 1835 斑鲀;瓜子鱲 陆 台

　　syn. *Girella melanichthys* (Richardson, 1846) 黑带鲀鱼

Girella simplicidens Osburn & Nichols, 1916 单齿鲀;单齿瓜子鱲

Girella stuebeli Troschel, 1866 斯氏鲀;斯氏瓜子鱲

Girella tephraeops (Richardson, 1846) 蓝眼鲀;蓝眼瓜子鱲

Girella tricuspidata (Quoy & Gaimard, 1824) 三尖鲀;三尖瓜子鱲

Girella zebra (Richardson, 1846) 斑纹鲀;斑纹瓜子鱲

Girella zonata Günther, 1859 带鲀;带瓜子鱲

Genus *Graus* Philippi, 1887 格氏鲀属

Graus nigra Philippi, 1887 智利格氏鲀

Genus *Hermosilla* Jenkins & Evermann, 1889 岗鲀属

Hermosilla azurea Jenkins & Evermann, 1889 斑纹岗鲀

Genus *Kyphosus* Lacepède, 1801 鲀属

Kyphosus analogus (Gill, 1862) 蓝鲀

Kyphosus bigibbus Lacepède, 1801 双峰鲀 台

Kyphosus cinerascens (Forsskål, 1775) 长鳍鲀 陆 台

Kyphosus cornelii (Whitley, 1944) 长体鲏
Kyphosus elegans (Peters, 1869) 丽鲏
Kyphosus hawaiiensis Sakai & Nakabo, 2004 夏威夷鲏
Kyphosus incisor (Cuvier, 1831) 黄鲏
Kyphosus lutescens (Jordan & Gilbert, 1882) 褐黄鲏
Kyphosus pacificus Sakai & Nakabo, 2004 太平洋鲏
Kyphosus saltatrix (Linnaeus, 1758) 跳鲏
Kyphosus sydneyanus (Günther, 1886) 悉尼鲏
Kyphosus vaigiensis (Quoy & Gaimard, 1825) 低鳍鲏 陆 台
    syn. *Kyphosus lembus* (Cuvier, 1831) 短鳍鲏

Genus *Labracoglossa* Peters, 1866 贪食鲏属
Labracoglossa argenteiventris Peters, 1866 银腹贪食鲏
Labracoglossa nitida McCulloch & Waite, 1916 光泽贪食鲏

Genus *Medialuna* Jordan & Fesler, 1893 间蝎鱼属
Medialuna ancietae Chirichigno F., 1987 安氏间蝎鱼
Medialuna californiensis (Steindachner, 1876) 加州湾间蝎鱼

Genus *Microcanthus* Swainson, 1839 细刺鱼属;柴鱼属
Microcanthus strigatus (Cuvier, 1831) 细刺鱼;柴鱼 陆 台

Genus *Neatypus* Waite, 1905 真蝎鲏属
Neatypus obliquus Waite, 1905 斜纹真蝎鲏

Genus *Neoscorpis* Smith, 1931 新蝎鱼属
Neoscorpis lithophilus (Gilchrist & Thompson, 1908) 岩新蝎鱼

Genus *Parascorpis* Bleeker, 1875 副蝎鲏属
Parascorpis typus Bleeker, 1875 副蝎鲏

Genus *Scorpis* Valenciennes, 1832 蝎鱼属
Scorpis aequipinnis Richardson, 1848 灰蝎鱼
Scorpis chilensis Guichenot, 1848 智利蝎鱼
Scorpis georgiana Valenciennes, 1832 横带蝎鱼
Scorpis lineolata Kner, 1865 鲳形蝎鱼
Scorpis violacea (Hutton, 1873) 堇色蝎鱼

Genus *Sectator* Jordan & Fesler, 1893 箬鲏属
Sectator ocyurus (Jordan & Gilbert, 1882) 箬鲏

Genus *Tilodon* Thominot, 1881 毛齿蝎鱼属
Tilodon sexfasciatum (Richardson, 1842) 六带毛齿蝎鱼

Family 392 Drepaneidae 鸡笼鲳科

Genus *Drepane* Cuvier, 1831 鸡笼鲳属
Drepane africana Osório, 1892 非洲鸡笼鲳
Drepane longimana (Bloch & Schneider, 1801) 条纹鸡笼鲳 陆 台
Drepane punctata (Linnaeus, 1758) 斑点鸡笼鲳 陆 台

Family 393 Chaetodontidae 蝴蝶鱼科

Genus *Amphichaetodon* Burgess, 1978 双蝶鱼属
Amphichaetodon howensis (Waite, 1903) 宽带双蝶鱼
Amphichaetodon melbae Burgess & Caldwell, 1978 窄带双蝶鱼

Genus *Chaetodon* Linnaeus, 1758 蝴蝶鱼属
Chaetodon adiergastos Seale, 1910 项斑蝴蝶鱼;乌顶蝴蝶鱼 陆 台
Chaetodon andamanensis Kuiter & Debelius, 1999 安达曼岛蝴蝶鱼
Chaetodon argentatus Smith & Radcliffe, 1911 银身蝴蝶鱼 陆 台
Chaetodon assarius Waite, 1905 点列蝴蝶鱼
Chaetodon aureofasciatus Macleay, 1878 金带蝴蝶鱼
Chaetodon auriga Forsskål, 1775 丝蝴蝶鱼;扬幡蝴蝶鱼 陆 台
Chaetodon auripes Jordan & Snyder, 1901 叉纹蝴蝶鱼;耳带蝴蝶鱼 陆 台
Chaetodon austriacus Rüppell, 1836 红海蝴蝶鱼
Chaetodon baronessa Cuvier, 1829 曲纹蝴蝶鱼 陆 台
Chaetodon bennetti Cuvier, 1831 双丝蝴蝶鱼;本氏蝴蝶鱼 陆 台
Chaetodon blackburnii Desjardins, 1836 勃氏蝴蝶鱼
Chaetodon burgessi Allen & Starck, 1973 柏氏蝴蝶鱼 台
Chaetodon capistratus Linnaeus, 1758 四斑蝴蝶鱼
Chaetodon citrinellus Cuvier, 1831 密点蝴蝶鱼;胡麻斑蝴蝶鱼 陆 台
Chaetodon collare Bloch, 1787 领蝴蝶鱼 陆

Chaetodon daedalma Jordan & Fowler, 1902 绣蝴蝶鱼
Chaetodon declivis Randall, 1975 斜蝴蝶鱼
Chaetodon decussatus Cuvier, 1829 横纹蝴蝶鱼
Chaetodon dialeucos Salm & Mee, 1989 穹苍蝴蝶鱼
Chaetodon dolosus Ahl, 1923 黑缘蝴蝶鱼
Chaetodon ephippium Cuvier, 1831 鞭蝴蝶鱼;鞍斑蝴蝶鱼 陆 台
Chaetodon falcula Bloch, 1795 纹带蝴蝶鱼 陆
Chaetodon fasciatus Forsskål, 1775 条纹蝴蝶鱼
Chaetodon flavirostris Günther, 1874 黄吻蝴蝶鱼
Chaetodon flavocoronatus Myers, 1980 黄冠蝴蝶鱼
Chaetodon fremblii Bennett, 1828 蓝纹蝴蝶鱼
Chaetodon gardineri Norman, 1939 加氏蝴蝶鱼
Chaetodon guentheri Ahl, 1923 贡氏蝴蝶鱼 台
Chaetodon guttatissimus Bennett, 1833 绿侧蝴蝶鱼
Chaetodon hoefleri Steindachner, 1881 霍氏蝴蝶鱼
Chaetodon humeralis Günther, 1860 肩带蝴蝶鱼
Chaetodon interruptus Ahl, 1923 贾氏蝴蝶鱼
Chaetodon kleinii Bloch, 1790 珠蝴蝶鱼;克氏蝴蝶鱼 陆 台
Chaetodon larvatus Cuvier, 1831 怪蝴蝶鱼
Chaetodon leucopleura Playfair, 1867 白肋蝴蝶鱼
Chaetodon lineolatus Cuvier, 1831 细纹蝴蝶鱼;纹身蝴蝶鱼 陆 台
Chaetodon litus Randall & Caldwell, 1973 白稍蝴蝶鱼
Chaetodon lunula (Lacepède, 1802) 新月蝴蝶鱼;月斑蝴蝶鱼 陆 台
Chaetodon lunulatus Quoy & Gaimard, 1825 弓月蝴蝶鱼 陆 台
Chaetodon madagaskariensis Ahl, 1923 马达加斯加蝴蝶鱼 陆
    syn. *Chaetodon chrysurus* Desjardins, 1834 橘尾蝴蝶鱼
Chaetodon marleyi Regan, 1921 马利蝴蝶鱼
Chaetodon melannotus Bloch & Schneider, 1801 黑背蝴蝶鱼 陆 台
Chaetodon melapterus Guichenot, 1863 黑鳍蝴蝶鱼
Chaetodon mertensii Cuvier, 1831 默氏蝴蝶鱼
Chaetodon mesoleucos Forsskål, 1775 中白蝴蝶鱼
Chaetodon meyeri Bloch & Schneider, 1801 麦氏蝴蝶鱼 台
Chaetodon miliaris Quoy & Gaimard, 1825 粟点蝴蝶鱼 陆
Chaetodon mitratus Günther, 1860 僧帽蝴蝶鱼
Chaetodon multicinctus Garrett, 1863 多带蝴蝶鱼
Chaetodon nigropunctatus Sauvage, 1880 黑斑蝴蝶鱼
Chaetodon nippon Steindachner, 1883 日本蝴蝶鱼 台
Chaetodon ocellatus Bloch, 1787 鳍斑蝴蝶鱼
Chaetodon ocellicaudus Cuvier, 1831 尾点蝴蝶鱼
Chaetodon octofasciatus Bloch, 1787 八带蝴蝶鱼 陆 台
Chaetodon ornatissimus Cuvier, 1831 华丽蝴蝶鱼 陆 台
Chaetodon oxycephalus Bleeker, 1853 尖头蝴蝶鱼
Chaetodon paucifasciatus Ahl, 1923 稀带蝴蝶鱼
Chaetodon pelewensis Kner, 1868 夕阳蝴蝶鱼
Chaetodon plebeius Cuvier, 1831 四棘蝴蝶鱼;蓝斑蝴蝶鱼 陆 台
Chaetodon punctatofasciatus Cuvier, 1831 斑带蝴蝶鱼;点斑横带蝴蝶鱼 陆 台
Chaetodon quadrimaculatus Gray, 1831 四点蝴蝶鱼 台
Chaetodon rafflesii Anonymous [Bennett], 1830 格纹蝴蝶鱼;雷氏蝴蝶鱼 陆 台
Chaetodon rainfordi McCulloch, 1923 林氏蝴蝶鱼
Chaetodon reticulatus Cuvier, 1831 网纹蝴蝶鱼 陆 台
Chaetodon robustus Günther, 1860 强壮蝴蝶鱼
Chaetodon sanctaehelenae Günther, 1868 圣赫拿岛蝴蝶鱼
Chaetodon sedentarius Poey, 1860 礁蝴蝶鱼
Chaetodon selene Bleeker, 1853 弯月蝴蝶鱼 陆 台
Chaetodon semeion Bleeker, 1855 细点蝴蝶鱼;点缀蝴蝶鱼 陆 台
Chaetodon semilarvatus Cuvier, 1831 黄色蝴蝶鱼
Chaetodon smithi Randall, 1975 史氏蝴蝶鱼
Chaetodon speculum Cuvier, 1831 镜斑蝴蝶鱼 陆 台
Chaetodon striatus Linnaeus, 1758 条带蝴蝶鱼

Chaetodon tinkeri Schultz, 1951 丁氏蝴蝶鱼

Chaetodon triangulum Cuvier, 1831 三角蝴蝶鱼

Chaetodon trichrous Günther, 1874 三色蝴蝶鱼

Chaetodon tricinctus Waite, 1901 波带蝴蝶鱼

Chaetodon trifascialis Quoy & Gaimard, 1825 三纹蝴蝶鱼;川纹蝴蝶鱼 陆台

   syn. *Chaetodon strigangulus* Gmelin, 1789 羽纹蝴蝶鱼

Chaetodon trifasciatus Park, 1797 三带蝴蝶鱼 陆

Chaetodon ulietensis Cuvier, 1831 乌利蝴蝶鱼 台

Chaetodon unimaculatus Bloch, 1787 单斑蝴蝶鱼;一点蝴蝶鱼 陆台

Chaetodon vagabundus Linnaeus, 1758 斜纹蝴蝶鱼;飘浮蝴蝶鱼 陆台

Chaetodon wiebeli Kaup, 1863 丽蝴蝶鱼;魏氏蝴蝶鱼 陆台

   syn. *Chaetodon bellamaris* Seale, Seale, 1914 美蝴蝶鱼

Chaetodon xanthocephalus Bennett, 1833 黄头蝴蝶鱼

Chaetodon xanthurus Bleeker, 1857 黄蝴蝶鱼;红尾蝴蝶鱼 陆台

Chaetodon zanzibarensis Playfair, 1867 桑给巴尔蝴蝶鱼

Genus *Chelmon* Cloquet, 1817 钻嘴鱼属;管嘴鱼属

Chelmon marginalis Richardson, 1842 缘钻嘴鱼;缘管嘴鱼

Chelmon muelleri Klunzinger, 1879 黑鳍钻嘴鱼;黑鳍管嘴鱼

Chelmon rostratus (Linnaeus, 1758) 钻嘴鱼;长吻管嘴鱼 陆台

Genus *Chelmonops* Bleeker, 1876 镊蝶鱼属

Chelmonops curiosus Kuiter, 1986 尖嘴镊蝶鱼

Chelmonops truncatus (Kner, 1859) 截尾镊蝶鱼

Genus *Coradion* Kaup, 1860 少女鱼属

Coradion altivelis McCulloch, 1916 褐带少女鱼 陆台

Coradion chrysozonus (Cuvier, 1831) 少女鱼;金斑少女鱼 陆台

Coradion melanopus (Cuvier, 1831) 双点少女鱼

Genus *Forcipiger* Jordan & McGregor, 1898 镊口鱼属

Forcipiger flavissimus Jordan & McGregor, 1898 黄镊口鱼 陆台

Forcipiger longirostris (Broussonet, 1782) 长吻镊口鱼 陆台

Genus *Hemitaurichthys* Bleeker, 1876 霞蝶鱼属;银斑蝶鱼属

Hemitaurichthys multispinosus Randall, 1975 多棘霞蝶鱼

Hemitaurichthys polylepis (Bleeker, 1857) 多鳞霞蝶鱼 台

Hemitaurichthys thompsoni Fowler, 1923 汤氏霞蝶鱼

Hemitaurichthys zoster (Bennett, 1831) 霞蝶鱼;银斑蝶鱼 陆

Genus *Heniochus* Cuvier, 1816 马夫鱼属;立旗鲷属

Heniochus acuminatus (Linnaeus, 1758) 马夫鱼;白吻双带立旗鲷 陆台

Heniochus chrysostomus Cuvier, 1831 金口马夫鱼;三带立旗鲷 陆台

   syn. *Heniochus permutatus* Cuvier, 1831 三带马夫鱼

Heniochus diphreutes Jordan, 1903 多棘马夫鱼;多棘立旗鲷 台

Heniochus intermedius Steindachner, 1893 红海马夫鱼;红海立旗鲷

Heniochus monoceros Cuvier, 1831 单角马夫鱼;乌面立旗鲷 陆台

Heniochus pleurotaenia Ahl, 1923 印度洋马夫鱼;印度洋立旗鲷

Heniochus singularius Smith & Radcliffe, 1911 四带马夫鱼;单棘立旗鲷 陆台

Heniochus varius (Cuvier, 1829) 白带马夫鱼;黑身立旗鲷 陆台

Genus *Johnrandallia* Nalbant, 1974 约翰兰德蝴蝶鱼属

Johnrandallia nigrirostris (Gill, 1862) 约翰兰德蝴蝶鱼

Genus *Parachaetodon* Bleeker, 1874 副蝴蝶鱼属

Parachaetodon ocellatus (Cuvier, 1831) 眼点副蝴蝶鱼 陆

Genus *Prognathodes* Gill, 1862 前颌蝴蝶鱼属

Prognathodes aculeatus (Poey, 1860) 长吻前颌蝴蝶鱼

Prognathodes aya (Jordan, 1886) 阿耶前颌蝴蝶鱼

Prognathodes brasiliensis Burgess, 2001 巴西前颌蝴蝶鱼

Prognathodes carlhubbsi Nalbant, 1995 卡氏前颌蝴蝶鱼

Prognathodes dichrous (Günther, 1869) 双色前颌蝴蝶鱼

Prognathodes falcifer (Hubbs & Rechnitzer, 1958) 镰形前颌蝴蝶鱼

Prognathodes guezei (Maugé & Bauchot, 1976) 格氏前颌蝴蝶鱼

Prognathodes guyanensis (Durand, 1960) 眼带前颌蝴蝶鱼

Prognathodes guyotensis (Yamamoto & Tameka, 1982) 深水前颌蝴蝶鱼

Prognathodes marcellae (Poll, 1950) 海栖前颌蝴蝶鱼

Prognathodes obliquus (Lubbock & Edwards, 1980) 斜纹前颌蝴蝶鱼

Genus *Roa* Jordan, 1923 罗蝶鱼属

Roa australis Kuiter, 2004 澳洲罗蝶鱼

Roa excelsa (Jordan, 1921) 夏威夷罗蝶鱼

Roa jayakari (Norman, 1939) 杰氏罗蝶鱼

Roa modesta (Temminck & Schlegel, 1844) 朴罗蝶鱼;尖嘴罗蝶鱼 陆台

   syn. *Chaetodon modesta* (Temminck & Schlegel, 1844) 朴蝴蝶鱼

Family 394 Pomacanthidae 刺盖鱼科;盖刺鱼科

Genus *Apolemichthys* Burton, 1934 阿波鱼属

Apolemichthys arcuatus (Gray, 1831) 弓形阿波鱼

Apolemichthys armitagei Smith, 1955 易变阿波鱼

Apolemichthys griffisi (Carlson & Taylor, 1981) 格氏阿波鱼

Apolemichthys guezei (Randall & Maugé, 1978) 大眼阿波鱼

Apolemichthys kingi Heemstra, 1984 金氏阿波鱼

Apolemichthys trimaculatus (Cuvier, 1831) 三点阿波鱼(三斑刺蝶鱼) 陆台

Apolemichthys xanthopunctatus Burgess, 1973 金点阿波鱼

Apolemichthys xanthotis (Fraser-Brunner, 1950) 蓝嘴阿波鱼

Apolemichthys xanthurus (Bennett, 1833) 黄褐阿波鱼

Genus *Centropyge* Kaup, 1860 刺尻鱼属

Centropyge abei Allen, Young & Colin, 2006 阿部刺尻鱼

Centropyge acanthops (Norman, 1922) 荆眼刺尻鱼

Centropyge argi Woods & Kanazawa, 1951 百慕大刺尻鱼

Centropyge aurantia Randall & Wass, 1974 金刺尻鱼

Centropyge aurantonotus Burgess, 1974 金背刺尻鱼

Centropyge bicolor (Bloch, 1787) 二色刺尻鱼 陆台

Centropyge bispinosa (Günther, 1860) 双棘刺尻鱼 陆台

Centropyge boylei Pyle & Randall, 1992 博氏刺尻鱼

Centropyge colini Smith-Vaniz & Randall, 1974 科氏刺尻鱼

Centropyge debelius Pyle, 1990 吸口刺尻鱼

Centropyge eibli Klausewitz, 1963 虎纹刺尻鱼

Centropyge ferrugata Randall & Burgess, 1972 锈红刺尻鱼 陆台

Centropyge fisheri (Snyder, 1904) 条尾刺尻鱼;费氏刺尻鱼 陆台

Centropyge flavicauda Fraser-Brunner, 1933 黄尾刺尻鱼 陆

Centropyge flavipectoralis Randall & Klausewitz, 1977 黄胸鳍刺尻鱼

Centropyge flavissima (Cuvier, 1831) 黄刺尻鱼

Centropyge heraldi Woods & Schultz, 1953 海氏刺尻鱼 陆台

Centropyge hotumatua Randall & Caldwell, 1973 霍通刺尻鱼

Centropyge interruptus (Tanaka, 1918) 断线刺尻鱼 台

Centropyge joculator Smith-Vaniz & Randall, 1974 乔卡刺尻鱼

Centropyge loricula (Günther, 1874) 鹦鹉刺尻鱼

Centropyge multicolor Randall & Wass, 1974 多彩刺尻鱼

Centropyge multifasciata (Smith & Radcliffe, 1911) 多带刺尻鱼 陆台

Centropyge multispinis (Playfair, 1867) 多棘刺尻鱼

Centropyge nahackyi Kosaki, 1989 纳氏刺尻鱼

Centropyge narcosis Pyle & Randall, 1993 库克群岛刺尻鱼

Centropyge nigriocella Woods & Schultz, 1953 黑睛刺尻鱼

Centropyge nox (Bleeker, 1853) 黑刺尻鱼 台

Centropyge potteri (Jordan & Metz, 1912) 波氏刺尻鱼

Centropyge resplendens Lubbock & Sankey, 1975 闪光刺尻鱼

Centropyge shepardi Randall & Yasuda, 1979 施氏刺尻鱼 陆

Centropyge tibicen (Cuvier, 1831) 白斑刺尻鱼 陆台

Centropyge venusta (Yasuda & Tominaga, 1969) 仙女刺尻鱼 陆台

Centropyge vrolikii (Bleeker, 1853) 福氏刺尻鱼 陆台

Genus *Chaetodontoplus* Bleeker, 1876 荷包鱼属

Chaetodontoplus ballinae Whitley, 1959 巴林荷包鱼

Chaetodontoplus caeruleopunctatus Yasuda & Tominaga, 1976 淡斑荷包鱼

Chaetodontoplus chrysocephalus (Bleeker, 1854) 黄头荷包鱼 台

   syn. *Chaetodontoplus cephalareticulatus* Shen & Lim, 1975 网纹头荷包鱼

Chaetodontoplus conspicillatus (Waite, 1900) 大堡礁荷包鱼

Chaetodontoplus dimidiatus (Bleeker, 1860) 秀美荷包鱼

Chaetodontoplus duboulayi (Günther, 1867) 眼带荷包鱼;杜宝荷包鱼 陆 台

Chaetodontoplus melanosoma (Bleeker, 1853) 黑身荷包鱼 台

Chaetodontoplus meredithi Kuiter, 1990 梅氏荷包鱼

Chaetodontoplus mesoleucus (Bloch, 1787) 中白荷包鱼 台

Chaetodontoplus niger Chan, 1966 暗色荷包鱼

Chaetodontoplus personifer (McCulloch, 1914) 罩面荷包鱼 台

Chaetodontoplus poliourus Randall & Rocha, 2009 黄吻荷包鱼

Chaetodontoplus septentrionalis (Temminck & Schlegel, 1844) 蓝带荷包鱼 陆 台

Chaetodontoplus vanderloosi Allen & Steene, 2004 范氏荷包鱼

Genus *Genicanthus* Swainson, 1839 月蝶鱼属;颊刺鱼属

Genicanthus bellus Randall, 1975 美丽月蝶鱼;美丽颊刺鱼

Genicanthus caudovittatus (Günther, 1860) 纹尾月蝶鱼;纹尾颊刺鱼

Genicanthus lamarck (Lacepède, 1802) 月蝶鱼;颊刺鱼 台

Genicanthus melanospilos (Bleeker, 1857) 黑斑月蝶鱼;黑纹颊刺鱼 陆 台

Genicanthus personatus Randall, 1975 夏威夷月蝶鱼;夏威夷颊刺鱼

Genicanthus semicinctus (Waite, 1900) 半带月蝶鱼;半带颊刺鱼

Genicanthus semifasciatus (Kamohara, 1934) 半纹月蝶鱼;半纹背颊刺鱼 台

Genicanthus spinus Randall, 1975 棘月蝶鱼;棘颊刺鱼

Genicanthus takeuchii Pyle, 1997 塔氏月蝶鱼;塔氏颊刺鱼

Genicanthus watanabei (Yasuda & Tominaga, 1970) 渡边月蝶鱼;渡边颊刺鱼 台

Genus *Holacanthus* Lacepède, 1802 刺蝶鱼属

Holacanthus africanus Cadenat, 1951 非洲刺蝶鱼

Holacanthus bermudensis Goode, 1876 百慕大刺蝶鱼

Holacanthus ciliaris (Linnaeus, 1758) 额斑刺蝶鱼

Holacanthus clarionensis Gilbert, 1891 塞拉利昂刺蝶鱼

Holacanthus isabelita (Jordan & Rutter, 1898) 伊萨刺蝶鱼

Holacanthus limbaughi Baldwin, 1963 林博氏刺蝶鱼

Holacanthus passer Valenciennes, 1846 雀点刺蝶鱼

Holacanthus tricolor (Bloch, 1795) 三色刺蝶鱼

Genus *Pomacanthus* Lacepède, 1802 刺盖鱼属;盖刺鱼属

Pomacanthus annularis (Bloch, 1787) 环纹刺盖鱼;环纹盖刺鱼 陆 台

Pomacanthus arcuatus (Linnaeus, 1758) 弓纹刺盖鱼;弓纹盖刺鱼

Pomacanthus asfur (Forsskål, 1775) 阿拉伯刺盖鱼;阿拉伯盖刺鱼

Pomacanthus chrysurus (Cuvier, 1831) 黄尾刺盖鱼;黄尾盖刺鱼

Pomacanthus imperator (Bloch, 1787) 主刺盖鱼;条纹盖刺鱼 陆 台

Pomacanthus maculosus (Forsskål, 1775) 斑纹刺盖鱼;斑纹盖刺鱼

Pomacanthus navarchus (Cuvier, 1831) 马鞍刺盖鱼;马鞍盖刺鱼 陆

Pomacanthus paru (Bloch, 1787) 巴西刺盖鱼;巴西盖刺鱼

Pomacanthus rhomboides (Gilchrist & Thompson, 1908) 似菱形刺盖鱼;似菱形盖刺鱼

Pomacanthus semicirculatus (Cuvier, 1831) 半环刺盖鱼;迭波盖刺鱼 陆 台

Pomacanthus sexstriatus (Cuvier, 1831) 六带刺盖鱼;六带盖刺鱼 陆 台

Pomacanthus xanthometopon (Bleeker, 1853) 黄颅刺盖鱼;黄颅盖刺鱼 台

Pomacanthus zonipectus (Gill, 1862) 胸带刺盖鱼;胸带盖刺鱼

Genus *Pygoplites* Fraser-Brunner, 1933 甲尻鱼属

Pygoplites diacanthus (Boddaert, 1772) 双棘甲尻鱼 陆 台

Family 395 Enoplosidae 姥鲈科

Genus *Enoplosus* Lacepède, 1802 姥鲈属

Enoplosus armatus (White, 1790) 盔姥鲈

Family 396 Pentacerotidae 五棘鲷科

Genus *Evistias* Jordan, 1907 尖吻棘鲷属

Evistias acutirostris (Temminck & Schlegel, 1844) 尖吻棘鲷 台

Genus *Histiopterus* Temminck & Schlegel, 1844 帆鳍鱼属

Histiopterus typus Temminck & Schlegel, 1844 帆鳍鱼 陆 台

Genus *Parazanclistius* Hardy, 1983 副镰鲷属

Parazanclistius hutchinsi Hardy, 1983 哈氏副镰鲷

Genus *Paristiopterus* Bleeker, 1876 副帆鳍鱼属

Paristiopterus gallipavo Whitley, 1944 黄点副帆鳍鱼

Paristiopterus labiosus (Günther, 1872) 驼背副帆鳍鱼

Genus *Pentaceropsis* Steindachner, 1883 似五棘鲷属

Pentaceropsis recurvirostris (Richardson, 1845) 长吻似五棘鲷

Genus *Pentaceros* Cuvier, 1829 五棘鲷属

Pentaceros capensis Cuvier, 1829 岬五棘鲷

Pentaceros decacanthus Günther, 1859 黄五棘鲷

Pentaceros japonicus Steindachner, 1883 日本五棘鲷 陆 台

Pentaceros quinquespinis Parin & Kotlyar, 1988 智利五棘鲷

Genus *Pseudopentaceros* Bleeker, 1876 拟五棘鲷属

Pseudopentaceros richardsoni (Smith, 1844) 李氏拟五棘鲷

Pseudopentaceros wheeleri Hardy, 1983 惠氏拟五棘鲷

Genus *Zanclistius* Jordan, 1907 镰鲷属

Zanclistius elevatus (Ramsay & Ogilby, 1888) 泽生高镰鲷

Family 397 Nandidae 南鲈科

Genus *Afronandus* Meinken, 1955 非洲南鲈属

Afronandus sheljuzhkoi (Meinken, 1954) 谢氏非洲南鲈

Genus *Badis* Bleeker, 1853 棕鲈属

Badis assamensis Ahl, 1937 斑柄棕鲈

Badis badis (Hamilton, 1822) 棕鲈(变色鲈)

Badis blosyrus Kullander & Britz, 2002 眼带棕鲈

Badis chittagongis Kullander & Britz, 2002 印度棕鲈

Badis corycaeus Kullander & Britz, 2002 似囊棕鲈

Badis dibruensis Geetakumari & Vishwanath, 2010 迪布鲁棕鲈

Badis ferrarisi Kullander & Britz, 2002 费氏棕鲈

Badis kanabos Kullander & Britz, 2002 斑鳍棕鲈

Badis khwae Kullander & Britz, 2002 卡瓦棕鲈

Badis kyar Kullander & Britz, 2002 亚洲棕鲈

Badis pyema Kullander & Britz, 2002 细身棕鲈

Badis ruber Schreitmüller, 1923 红棕鲈

Badis siamensis Klausewitz, 1957 暹罗棕鲈

Badis tuivaiei Vishwanath & Shanta, 2004 图氏棕鲈

Genus *Dario* Kullander & Britz, 2002 达里奥鲈属

Dario dario (Hamilton, 1822) 印度达里奥鲈 陆

   syn. *Badis dario* (Hamilton, 1822) 无线棕鲈

Dario dayingensis Kullander & Britz, 2002 紫红达里奥鲈

Dario hysginon Kullander & Britz, 2002 棕红达里奥鲈

Genus *Nandus* Valenciennes, 1831 南鲈属

Nandus andrewi Ng & Jaafar, 2008 安氏南鲈

Nandus mercatus Ng, 2008 高体南鲈

Nandus nandus (Hamilton, 1822) 南鲈

Nandus nebulosus (Gray, 1835) 云纹南鲈

Nandus oxyrhynchus Ng, Vidthayanon & Ng, 1996 尖吻南鲈

Nandus prolixus Chakrabarty, Oldfield & Ng, 2006 长身南鲈

Genus *Polycentropsis* Boulenger, 1901 多棘鲈属

Polycentropsis abbreviata Boulenger, 1901 非洲多棘鲈(西非叶鲈)

Genus *Pristolepis* Jerdon, 1849 锯鳞鲈属

Pristolepis fasciata (Bleeker, 1851) 横带锯鳞鲈

Pristolepis grootii (Bleeker, 1852) 格氏锯鳞鲈

Pristolepis marginata Jerdon, 1849 缘锯鳞鲈

Family 398 Polycentridae 叶鲈科

Genus *Monocirrhus* Heckel, 1840 单须叶鲈属

Monocirrhus polyacanthus Heckel, 1840 多棘单须叶鲈

Genus *Polycentrus* Müller & Troschel, 1849 叶鲈属

Polycentrus schomburgkii Müller & Troschel, 1849 斯氏叶鲈

Family 399 Terapontidae 鯻科

Genus *Amniataba* Whitley, 1943 羊鯻属

Amniataba affinis (Mees & Kailola, 1977) 安芬羊鯻
Amniataba caudavittata (Richardson, 1845) 斑尾羊鯻
Amniataba percoides (Günther, 1864) 横纹羊鯻

Genus *Bidyanus* Whitley, 1943 锯眶鯻属

Bidyanus bidyanus (Mitchell, 1838) 银锯眶鯻
Bidyanus welchi (McCulloch & Waite, 1917) 韦氏锯眶鯻

Genus *Hannia* Vari, 1978 汉尼鯻属

Hannia greenwayi Vari, 1978 格氏汉尼鯻

Genus *Hephaestus* De Vis, 1884 弱棘鯻属

Hephaestus adamsoni (Trewavas, 1940) 亚氏弱棘鯻
Hephaestus carbo (Ogilby & McCulloch, 1916) 澳大利亚弱棘鯻
Hephaestus epirrhinos Vari & Hutchins, 1978 上吻弱棘鯻
Hephaestus fuliginosus (Macleay, 1883) 厚唇弱棘鯻
Hephaestus habbemai (Weber, 1910) 赫氏弱棘鯻
Hephaestus jenkinsi (Whitley, 1945) 詹氏弱棘鯻
Hephaestus komaensis Allen & Jebb, 1993 康马河弱棘鯻
Hephaestus lineatus Allen, 1984 线纹弱棘鯻
Hephaestus obtusifrons (Mees & Kailola, 1977) 钝额弱棘鯻
Hephaestus raymondi (Mees & Kailola, 1977) 拉氏弱棘鯻
Hephaestus roemeri (Weber, 1910) 罗氏弱棘鯻
Hephaestus transmontanus (Mees & Kailola, 1977) 横山弱棘鯻
Hephaestus trimaculatus (Macleay, 1883) 三斑弱棘鯻
Hephaestus tulliensis De Vis, 1884 昆士兰弱棘鯻

Genus *Lagusia* Vari, 1978 拉格鯻属

Lagusia micracanthus (Bleeker, 1860) 小棘拉格鯻

Genus *Leiopotherapon* Fowler, 1931 匀鯻属

Leiopotherapon aheneus (Mees, 1963) 澳洲匀鯻
Leiopotherapon macrolepis Vari, 1978 大鳞匀鯻
Leiopotherapon plumbeus (Kner, 1864) 铅色匀鯻
Leiopotherapon unicolor (Günther, 1859) 单色匀鯻

Genus *Mesopristes* Fowler, 1918 中锯鯻属

Mesopristes argenteus (Cuvier, 1829) 银身中锯鯻 台
Mesopristes cancellatus (Cuvier, 1829) 格纹中锯鯻 陆 台
Mesopristes elongatus (Guichenot, 1866) 长身中锯鯻
Mesopristes iravi Yoshino, Yoshigou & Senou, 2002 依氏中锯鯻
Mesopristes kneri (Bleeker, 1876) 克氏中锯鯻

Genus *Pelates* Cuvier, 1829 牙鯻属

Pelates octolineatus (Jenyns, 1840) 八带牙鯻
Pelates qinglanensis (Sun, 1991) 清澜牙鯻
Pelates quadrilineatus (Bloch, 1790) 四带牙鯻 陆 台
Pelates sexlineatus (Quoy & Gaimard, 1825) 六带牙鯻 陆 台

Genus *Pingalla* Whitley, 1955 壮鯻属

Pingalla gilberti Whitley, 1955 吉氏壮鯻
Pingalla lorentzi (Weber, 1910) 洛氏壮鯻
Pingalla midgleyi Allen & Merrick, 1984 米氏壮鯻

Genus *Rhynchopelates* Fowler, 1931 突吻鯻属

Rhynchopelates oxyrhynchus (Temminck & Schlegel, 1842) 尖突吻鯻 陆

Genus *Scortum* Whitley, 1943 革鯻属

Scortum barcoo (McCulloch & Waite, 1917) 高体革鯻
Scortum hillii (Castelnau, 1878) 褐斑革鯻
Scortum neili Allen, Larson & Midgley, 1993 尼氏革鯻

Scortum parviceps (Macleay, 1883) 小头革鯻

Genus *Syncomistes* Vari, 1978 聚鯻属

Syncomistes butleri Vari, 1978 巴氏聚鯻
Syncomistes kimberleyensis Vari, 1978 金伯利聚鯻
Syncomistes rastellus Vari & Hutchins, 1978 澳洲聚鯻
Syncomistes trigonicus Vari, 1978 三角聚鯻

Genus *Terapon* Cuvier, 1816 鯻属

Terapon jarbua (Forsskål, 1775) 细鳞鯻;花身鯻 陆 台
Terapon puta Cuvier, 1829 三线鯻
Terapon theraps Cuvier, 1829 鯻;条纹鯻 陆 台

Genus *Variichthys* Allen, 1993 杂竺鯻属

Variichthys jamoerensis (Mees, 1971) 贾穆杂竺鯻
Variichthys lacustris (Mees & Kailola, 1977) 湖杂竺鯻

Family 400 Kuhliidae 汤鲤科

Genus *Kuhlia* Gill, 1861 汤鲤属

Kuhlia boninensis (Fowler, 1907) 小竺原汤鲤
Kuhlia caudavittata (Lacepède, 1802) 尾纹汤鲤
Kuhlia malo (Valenciennes, 1831) 马洛岛汤鲤
Kuhlia marginata (Cuvier, 1829) 黑边汤鲤 陆 台
    syn. *Kuhlia taeniura* (Cuvier, 1829) 花尾汤鲤
Kuhlia mugil (Forster, 1801) 鲻形汤鲤 陆 台
Kuhlia munda (De Vis, 1884) 洁汤鲤
Kuhlia nutabunda Kendall & Radcliffe, 1912 银身汤鲤
Kuhlia petiti Schultz, 1943 佩氏汤鲤
Kuhlia rubens (Spinola, 1807) 红汤鲤
Kuhlia rupestris (Lacepède, 1802) 大口汤鲤 陆 台
Kuhlia salelea Schultz, 1943 锯眶汤鲤
Kuhlia sandvicensis (Steindachner, 1876) 夏威夷汤鲤
Kuhlia xenura (Jordan & Gilbert, 1882) 黑尾汤鲤

Family 401 Oplegnathidae 石鲷科

Genus *Oplegnathus* Richardson, 1840 石鲷属

Oplegnathus conwayi Richardson, 1840 岬石鲷
Oplegnathus fasciatus (Temminck & Schlegel, 1844) 条石鲷 陆 台
Oplegnathus insignis (Kner, 1867) 罕石鲷
Oplegnathus peaolopesi Smith, 1947 皮氏石鲷
Oplegnathus punctatus (Temminck & Schlegel, 1844) 斑石鲷 陆 台
Oplegnathus robinsoni Regan, 1916 罗氏石鲷
Oplegnathus woodwardi Waite, 1900 眼带石鲷

Family 402 Cirrhitidae 鯒科

Genus *Amblycirrhitus* Gill, 1862 钝鯒属

Amblycirrhitus bimacula (Jenkins, 1903) 双斑钝鯒 陆 台
Amblycirrhitus earnshawi Lubbock, 1978 厄氏钝鯒
Amblycirrhitus oxyrhynchos (Bleeker, 1858) 尖吻钝鯒
Amblycirrhitus pinos (Mowbray, 1927) 红点钝鯒
Amblycirrhitus unimacula (Kamohara, 1957) 单斑钝鯒 陆

Genus *Cirrhitichthys* Bleeker, 1857 金鯒属

Cirrhitichthys aprinus (Cuvier, 1829) 斑金鯒 陆 台
Cirrhitichthys aureus (Temminck & Schlegel, 1842) 金鯒 陆 台
Cirrhitichthys bleekeri Day, 1874 布氏金鯒
Cirrhitichthys calliurus Regan, 1905 美尾金鯒
Cirrhitichthys falco Randall, 1963 鹰金鯒 陆 台
Cirrhitichthys guichenoti (Sauvage, 1880) 盖氏金鯒
Cirrhitichthys oxycephalus (Bleeker, 1855) 尖头金鯒 陆 台
Cirrhitichthys randalli Kotthaus, 1976 伦氏金鯒

Genus *Cirrhitops* Smith, 1951 须鯒属

Cirrhitops fasciatus (Bennett, 1828) 条纹须鯒
Cirrhitops hubbardi (Schultz, 1943) 哈氏须鯒
Cirrhitops mascarenensis Randall & Schultz, 2008 马斯卡林须鯒

Genus *Cirrhitus* Lacepède, 1803 鯒属

Cirrhitus albopunctatus Schultz, 1950 白斑鲢

Cirrhitus atlanticus Osório, 1893 大西洋鲢

Cirrhitus pinnulatus (Forster, 1801) 翼鲢 陆 台

Cirrhitus rivulatus Valenciennes, 1846 沟鲢

Genus *Cristacirrhitus* Randall, 2001 冠毛鲢属

Cristacirrhitus punctatus (Cuvier, 1829) 斑冠毛鲢

Genus *Cyprinocirrhites* Tanaka, 1917 鲤鲢属

Cyprinocirrhites polyactis (Bleeker, 1874) 多棘鲤鲢 陆 台

Genus *Isocirrhitus* Randall, 1963 等须鲢属

Isocirrhitus sexfasciatus (Schultz, 1960) 六带等须鲢

Genus *Itycirrhitus* Randall, 2001 环鲢属

Itycirrhitus wilhelmi (Lavenberg & Yañez, 1972) 威廉环鲢

Genus *Neocirrhites* Castelnau, 1873 新鲢属

Neocirrhites armatus Castelnau, 1873 盔新鲢

Genus *Notocirrhitus* Randall, 2001 背鲢属

Notocirrhitus splendens (Ogilby, 1889) 澳洲背鲢

Genus *Oxycirrhites* Bleeker, 1857 尖吻鲢属

Oxycirrhites typus Bleeker, 1857 尖吻鲢 台

Genus *Paracirrhites* Steindachner, 1883 副鲢属

Paracirrhites arcatus (Cuvier, 1829) 副鲢 陆 台

Paracirrhites bicolor Randall, 1963 双色副鲢

Paracirrhites forsteri (Schneider, 1801) 福氏副鲢 陆 台

Paracirrhites hemistictus (Günther, 1874) 杂色副鲢

Paracirrhites nisus Randall, 1963 鹰副鲢

Paracirrhites xanthus Randall, 1963 黄副鲢

Family 403 Chironemidae 丝鳍鲢科

Genus *Chironemus* Cuvier, 1829 丝鳍鲢属

Chironemus bicornis (Steindachner, 1898) 双角丝鳍鲢

Chironemus delfini (Porter, 1914) 德氏丝鳍鲢

Chironemus georgianus Cuvier, 1829 乔奇丝鳍鲢

Chironemus maculosus (Richardson, 1850) 白点丝鳍鲢

Chironemus marmoratus Günther, 1860 云斑丝鳍鲢

Chironemus microlepis Waite, 1916 小鳞丝鳍鲢

Family 404 Aplodactylidae 鹰鲢科

Genus *Aplodactylus* Valenciennes, 1832 鹰鲢属

Aplodactylus arctidens Richardson, 1839 直齿鹰鲢

Aplodactylus etheridgii (Ogilby, 1889) 埃氏鹰鲢

Aplodactylus guttatus Guichenot, 1848 细斑鹰鲢

Aplodactylus lophodon Günther, 1859 脊牙鹰鲢

Aplodactylus punctatus Valenciennes, 1832 斑点鹰鲢

Aplodactylus westralis Russell, 1987 小口鹰鲢

Family 405 Cheilodactylidae 唇指鲢科

Genus *Cheilodactylus* Lacepède, 1803 唇指鲢属

Cheilodactylus ephippium McCulloch & Waite, 1916 斜带唇指鲢

Cheilodactylus fasciatus Lacepède, 1803 条纹唇指鲢

Cheilodactylus francisi Burridge, 2004 弗氏唇指鲢

Cheilodactylus fuscus Castelnau, 1879 暗色唇指鲢

Cheilodactylus gibbosus Richardson, 1841 隆背唇指鲢

Cheilodactylus nigripes Richardson, 1850 宽带唇指鲢

Cheilodactylus pixi Smith, 1980 黑带唇指鲢

Cheilodactylus plessisi Randall, 1983 普氏唇指鲢

Cheilodactylus quadricornis (Günther, 1860) 四角唇指鲢 陆 台

    syn. *Goniistius quadricornis* (Günther, 1860) 四角隼鲢

Cheilodactylus rubrolabiatus Allen & Heemstra, 1976 红唇唇指鲢

Cheilodactylus spectabilis Hutton, 1872 横带唇指鲢

Cheilodactylus variegatus Valenciennes, 1833 杂色唇指鲢

Cheilodactylus vestitus (Castelnau, 1879) 澳洲唇指鲢

Cheilodactylus vittatus Garrett, 1864 饰带唇指鲢

Cheilodactylus zebra Döderlein, 1883 斑马唇指鲢 陆 台

Cheilodactylus zonatus Cuvier, 1830 花尾唇指鲢 陆 台

Genus *Chirodactylus* Gill, 1862 鳍指鲢属

Chirodactylus brachydactylus (Cuvier, 1830) 短臂鳍指鲢

Chirodactylus grandis (Günther, 1860) 灰体鳍指鲢

Chirodactylus jessicalenorum Smith, 1980 南非鳍指鲢

Genus *Dactylophora* De Vis, 1883 胸指鲢属

Dactylophora nigricans (Richardson, 1850) 长体胸指鲢

Genus *Nemadactylus* Richardson, 1839 线指鲢属

Nemadactylus bergi (Norman, 1937) 贝氏线指鲢

Nemadactylus douglasii (Hector, 1875) 道格拉斯线指鲢

Nemadactylus gayi (Kner, 1865) 加氏线指鲢

Nemadactylus macropterus (Forster, 1801) 大鳍线指鲢

Nemadactylus monodactylus (Carmichael, 1819) 单指线指鲢

Nemadactylus valenciennesi (Whitley, 1937) 瓦氏线指鲢

Nemadactylus vemae (Penrith, 1967) 魏玛线指鲢

Family 406 Latridae 婢鲢科

Genus *Latridopsis* Gill, 1862 拟婢鲢属

Latridopsis ciliaris (Forster, 1801) 厚唇拟婢鲢

Latridopsis forsteri (Castelnau, 1872) 福氏拟婢鲢

Genus *Latris* Richardson, 1839 婢鲢属

Latris lineata (Forster, 1801) 条纹婢鲢

Latris pacifica Roberts, 2003 太平洋婢鲢

Genus *Mendosoma* Guichenot, 1848 错体鲢属

Mendosoma lineatum Guichenot, 1848 南极错体鲢

Family 407 Cepolidae 赤刀鱼科

Genus *Acanthocepola* Bleeker, 1874 棘赤刀鱼属

Acanthocepola abbreviata (Valenciennes, 1835) 小棘赤刀鱼

Acanthocepola indica (Day, 1888) 印度棘赤刀鱼 陆 台

Acanthocepola krusensternii (Temminck & Schlegel, 1845) 克氏棘赤刀鱼 台

Acanthocepola limbata (Valenciennes, 1835) 背点棘赤刀鱼 陆 台

Genus *Cepola* Linnaeus, 1764 赤刀鱼属

Cepola australis Ogilby, 1899 澳洲赤刀鱼

Cepola haastii (Hector, 1881) 哈氏赤刀鱼

Cepola macrophthalma (Linnaeus, 1758) 大眼赤刀鱼

Cepola pauciradiata Cadenat, 1950 少辐赤刀鱼

Cepola schlegelii Bleeker, 1854 史氏赤刀鱼 陆 台

Genus *Owstonia* Tanaka, 1908 欧氏膛属

Owstonia dorypterus (Fowler, 1934) 矛鳍欧氏膛

Owstonia grammodon (Fowler, 1934) 粒牙欧氏膛

Owstonia maccullochi Whitley, 1934 麦克欧氏膛

Owstonia macrophthalmus (Fourmanoir, 1985) 大眼欧氏膛

Owstonia nigromarginatus (Fourmanoir, 1985) 黑缘欧氏膛

Owstonia pectinifer (Myers, 1939) 梳状欧氏膛

Owstonia sarmiento Liao, Reyes & Shao, 2009 隆眼欧氏膛

Owstonia simoterus (Smith, 1968) 仰吻欧氏膛

Owstonia totomiensis Tanaka, 1908 欧氏膛 台

Owstonia weberi (Gilchrist, 1922) 韦勃欧氏膛

Genus *Pseudocepola* Kamohara, 1935 拟赤刀鱼属

Pseudocepola taeniosoma Kamohara, 1935 带状拟赤刀鱼 台

Genus *Sphenanthias* Weber, 1913 楔花鲭膛属

Sphenanthias sibogae Weber, 1913 实武氏楔花鲭膛

Sphenanthias tosaensis (Kamohara, 1934) 土佐湾楔花鲭膛 陆 台

Suborder Elassomatoidei 小日鲈亚目

Family 408 Elassomatidae 小日鲈科

Genus *Elassoma* Jordan, 1877 小日鲈属

Elassoma alabamae Mayden, 1993 阿拉巴马小日鲈

Elassoma boehlkei Rohde & Arndt, 1987 博氏小日鲈
Elassoma evergladei Jordan, 1884 黑泥小日鲈
Elassoma gilberti Snelson Jr, Krabbenhoft & Quattro, 2009 吉尔伯小日鲈
Elassoma okatie Rohde & Arndt, 1987 奥氏小日鲈
Elassoma okefenokee Böhlke, 1956 佛州小日鲈
Elassoma zonatum Jordan, 1877 眼带小日鲈

Suborder Labroidei 隆头鱼亚目

Family 409 Cichlidae 丽鱼科

Genus *Abactochromis* Oliver & Arnegard, 2010 黑慈鱼属

Abactochromis labrosus (Trewavas, 1935) 厚唇黑慈鱼

Genus *Acarichthys* Eigenmann, 1912 萎鳃丽鱼属

Acarichthys heckelii (Müller & Troschel, 1849) 赫氏萎鳃丽鱼

Genus *Acaronia* Myers, 1940 大眼丽鱼属

Acaronia nassa (Heckel, 1840) 大眼丽鱼
Acaronia vultuosa Kullander, 1989 鹰大眼丽鱼

Genus *Aequidens* Steindachner, 1915 宝丽鱼属

Aequidens biseriatus (Regan, 1913) 双列宝丽鱼
Aequidens chimantanus Inger, 1956 委内瑞拉宝丽鱼
Aequidens coeruleopunctatus (Kner, 1863) 黑斑宝丽鱼
Aequidens diadema (Heckel, 1840) 宽口宝丽鱼
Aequidens epae Kullander, 1995 埃帕宝丽鱼
Aequidens gerciliae Kullander, 1995 葛西宝丽鱼
Aequidens hoehnei (Miranda Ribeiro, 1918) 赫恩氏宝丽鱼
Aequidens latifrons (Steindachner, 1878) 宽体宝丽鱼
Aequidens mauesanus Kullander, 1997 亚马孙宝丽鱼
Aequidens metae Eigenmann, 1922 后宝丽鱼
Aequidens michaeli Kullander, 1995 迈克尔氏宝丽鱼
Aequidens pallidus (Heckel, 1840) 苍色宝丽鱼
Aequidens paloemeuensis Kullander & Nijssen, 1989 苏里南宝丽鱼
Aequidens patricki Kullander, 1984 帕氏宝丽鱼
Aequidens plagiozonatus Kullander, 1984 缘带宝丽鱼
Aequidens potaroensis Eigenmann, 1912 圭亚那宝丽鱼
Aequidens pulcher (Gill, 1858) 蓝宝丽鱼
Aequidens rivulatus (Günther, 1860) 溪宝丽鱼
Aequidens rondoni (Miranda Ribeiro, 1918) 朗登氏宝丽鱼
Aequidens sapayensis (Regan, 1903) 沙巴宝丽鱼
Aequidens tetramerus (Heckel, 1840) 鞍斑宝丽鱼
Aequidens tubicen Kullander & Ferreira, 1991 管宝丽鱼
Aequidens viridis (Heckel, 1840) 绿宝丽鱼

Genus *Alcolapia* Thys van den Audenaerde, 1969 雀丽鱼属

Alcolapia alcalica (Hilgendorf, 1905) 肿唇雀丽鱼
Alcolapia grahami (Boulenger, 1912) 格氏雀丽鱼
Alcolapia latilabris (Seegers & Tichy, 1999) 宽头雀丽鱼
Alcolapia ndalalani (Seegers & Tichy, 1999) 口孵雀丽鱼

Genus *Alticorpus* Stauffer & McKaye, 1988 高身丽鱼属

Alticorpus geoffreyi Snoeks & Walapa, 2004 乔氏高身丽鱼
Alticorpus macrocleithrum (Stauffer & McKaye, 1985) 大肩高身丽鱼
Alticorpus mentale Stauffer & McKaye, 1988 大颏高身丽鱼
Alticorpus peterdaviesi (Burgess & Axelrod, 1973) 彼氏高身丽鱼
Alticorpus profundicola Stauffer & McKaye, 1988 深水高身丽鱼

Genus *Altolamprologus* Poll, 1986 高身亮丽鱼属

Altolamprologus calvus (Poll, 1978) 光头高身亮丽鱼
Altolamprologus compressiceps (Boulenger, 1898) 侧扁高身亮丽鱼

Genus *Amatitlania* Schmitter-Soto, 2007 娇丽鱼属

Amatitlania coatepeque Schmitter-Soto, 2007 中美洲娇丽鱼
Amatitlania kanna Schmitter-Soto, 2007 尾斑娇丽鱼
Amatitlania nigrofasciata (Günther, 1867) 黑带娇丽鱼
Amatitlania siquia Schmitter-Soto, 2007 橘斑娇丽鱼

Genus *Amphilophus* Agassiz, 1859 双冠丽鱼属

Amphilophus alfari (Meek, 1907) 阿尔发氏双冠丽鱼
Amphilophus altifrons (Kner, 1863) 壮体双冠丽鱼
Amphilophus amarillo Stauffer & McKaye, 2002 横带双冠丽鱼
Amphilophus astorquii Stauffer, McCrary & Black, 2008 阿氏双冠丽鱼
Amphilophus bussingi Loiselle, 1997 巴氏双冠丽鱼
Amphilophus calobrensis (Meek & Hildebrand, 1913) 纵带双冠丽鱼
Amphilophus chancho Stauffer, McCrary & Black, 2008 绿头双冠丽鱼
Amphilophus citrinellus (Günther, 1864) 橘色双冠丽鱼 (台)
Amphilophus diquis (Bussing, 1974) 纵斑双冠丽鱼
Amphilophus flaveolus Stauffer, McCrary & Black, 2008 黄双冠丽鱼
Amphilophus globosus Geiger, McCrary & Stauffer, 2010 球冠双冠丽鱼
Amphilophus hogaboomorum (Carr & Giovannoli, 1950) 洪都拉斯双冠丽鱼
Amphilophus labiatus (Günther, 1864) 厚唇双冠丽鱼 (台)
Amphilophus longimanus (Günther, 1867) 长鳍双冠丽鱼
Amphilophus lyonsi (Gosse, 1966) 莱氏双冠丽鱼
Amphilophus macracanthus (Günther, 1864) 大棘双冠丽鱼
Amphilophus margaritifer (Günther, 1862) 珍珠双冠丽鱼
Amphilophus nourissati (Allgayer, 1989) 诺氏双冠丽鱼
Amphilophus rhytisma (López S., 1983) 哥斯达黎加双冠丽鱼
Amphilophus robertsoni (Regan, 1905) 罗氏双冠丽鱼
Amphilophus rostratus (Gill, 1877) 大鼻双冠丽鱼
Amphilophus sagittae Stauffer & McKaye, 2002 箭状双冠丽鱼
Amphilophus supercilius Geiger, McCrary & Stauffer, 2010 慈双冠丽鱼
Amphilophus xiloaensis Stauffer & McKaye, 2002 纵斑双冠丽鱼
Amphilophus zaliosus (Barlow, 1976) 札里双冠丽鱼

Genus *Andinoacara* Musilová, Schindler & Staeck, 2009 安迪丽鱼属

Andinoacara stalsbergi Musilová, Schindler & Staeck, 2009 斯氏安迪丽鱼

Genus *Anomalochromis* Greenwood, 1985 变色丽鱼属

Anomalochromis thomasi (Boulenger, 1915) 托氏变色丽鱼

Genus *Apistogramma* Regan, 1913 隐带丽鱼属

Apistogramma acrensis Staeck, 2003 阿克里隐带丽鱼
Apistogramma agassizii (Steindachner, 1875) 阿氏隐带丽鱼
Apistogramma alacrina Kullander, 2004 哥伦比亚隐带丽鱼
Apistogramma amoena (Cope, 1872) 美艳隐带丽鱼
Apistogramma angayuara Kullander & Ferreira, 2005 斑条隐带丽鱼
Apistogramma arua Römer & Warzel, 1998 珍珠隐带丽鱼
Apistogramma atahualpa Römer, 1997 秘鲁隐带丽鱼
Apistogramma baenschi Römer, Hahn, Römer, Soares & Wöhler, 2004 贝氏隐带丽鱼
Apistogramma barlowi Römer & Hahn, 2008 巴氏隐带丽鱼
Apistogramma bitaeniata Pellegrin, 1936 双带隐带丽鱼
Apistogramma borellii (Regan, 1906) 博氏隐带丽鱼
Apistogramma brevis Kullander, 1980 短身隐带丽鱼
Apistogramma cacatuoides Hoedeman, 1951 丝鳍隐带丽鱼
Apistogramma caetei Kullander, 1980 凯氏隐带丽鱼
Apistogramma commbrae (Regan, 1906) 花颊隐带丽鱼
Apistogramma cruzi Kullander, 1986 克氏隐带丽鱼
Apistogramma diplotaenia Kullander, 1987 双纹隐带丽鱼
Apistogramma elizabethae Kullander, 1980 伊丽沙白隐带丽鱼
Apistogramma eremnopyge Ready & Kullander, 2004 幽暗隐带丽鱼
Apistogramma erythrura Staeck & Schindler, 2008 红尾隐带丽鱼
Apistogramma eunotus Kullander, 1981 矶隐带丽鱼
Apistogramma geisleri Meinken, 1971 盖氏隐带丽鱼
Apistogramma gephyra Kullander, 1980 亚马孙河隐带丽鱼
Apistogramma gibbiceps Meinken, 1969 隆头隐带丽鱼
Apistogramma gossei Kullander, 1982 戈斯氏隐带丽鱼
Apistogramma guttata Antonio C., Kullander & Lasso A., 1989 斑点隐带丽鱼

Apistogramma hippolytae Kullander, 1982 希氏隐带丽鱼

Apistogramma hoignei Meinken, 1965 霍氏隐带丽鱼

Apistogramma hongsloi Kullander, 1979 杭氏隐带丽鱼

Apistogramma huascar Römer, Pretor & Hahn, 2006 黄身隐带丽鱼

Apistogramma inconspicua Kullander, 1983 眼纹隐带丽鱼

Apistogramma iniridae Kullander, 1979 圭亚那隐带丽鱼

Apistogramma inornata Staeck, 2003 丑隐带丽鱼

Apistogramma juruensis Kullander, 1986 儒鲁亚河隐带丽鱼

Apistogramma linkei Koslowski, 1985 林氏隐带丽鱼

Apistogramma luelingi Kullander, 1976 利氏隐带丽鱼

Apistogramma macmasteri Kullander, 1979 麦氏隐带丽鱼

Apistogramma martini Römer, Hahn, Römer, Soares & Wöhler, 2003 马丁隐带丽鱼

Apistogramma meinkeni Kullander, 1980 迈氏隐带丽鱼

Apistogramma mendezi Römer, 1994 门氏隐带丽鱼

Apistogramma moae Kullander, 1980 莫氏隐带丽鱼

Apistogramma nijsseni Kullander, 1979 尼氏隐带丽鱼

Apistogramma norberti Staeck, 1991 诺氏隐带丽鱼

Apistogramma ortmanni (Eigenmann, 1912) 奥氏隐带丽鱼

Apistogramma panduro Römer, 1997 壮身隐带丽鱼

Apistogramma pantalone Römer, Römer, Soares & Hahn, 2006 尾斑隐带丽鱼

Apistogramma paucisquamis Kullander & Staeck, 1988 少鳞隐带丽鱼

Apistogramma payaminonis Kullander, 1986 厄瓜多尔隐带丽鱼

Apistogramma personata Kullander, 1980 奇隐带丽鱼

Apistogramma pertensis (Haseman, 1911) 佩坦隐带丽鱼

Apistogramma piauiensis Kullander, 1980 皮奥伊隐带丽鱼

Apistogramma pleurotaenia (Regan, 1909) 侧带隐带丽鱼

Apistogramma pulchra Kullander, 1980 美身隐带丽鱼

Apistogramma regani Kullander, 1980 里根隐带丽鱼

Apistogramma resticulosa Kullander, 1980 绳状隐带丽鱼

Apistogramma rositae Römer, Römer & Hahn, 2006 红臀隐带丽鱼

Apistogramma rubrolineata Hein, Zarske & Zapata, 2002 红线隐带丽鱼

Apistogramma rupununi Fowler, 1914 鲁氏隐带丽鱼

Apistogramma salpinction Kullander & Ferreira, 2005 宝莲隐带丽鱼

Apistogramma similis Staeck, 2003 大口隐带丽鱼

Apistogramma staecki Koslowski, 1985 斯特克隐带丽鱼

Apistogramma steindachneri (Regan, 1908) 斯坦氏隐带丽鱼

Apistogramma taeniata (Günther, 1862) 条纹隐带丽鱼

Apistogramma trifasciata (Eigenmann & Kennedy, 1903) 三纹隐带丽鱼

Apistogramma tucurui Staeck, 2003 塔氏隐带丽鱼

Apistogramma uaupesi Kullander, 1980 乌氏隐带丽鱼

Apistogramma urteagai Kullander, 1986 厄氏隐带丽鱼

Apistogramma velifera Staeck, 2003 委内瑞拉隐带丽鱼

Apistogramma viejita Kullander, 1979 维杰隐带丽鱼

Genus *Apistogrammoides* Meinken, 1965 似隐带丽鱼属

Apistogrammoides pucallpaensis Meinken, 1965 普卡尔似隐带丽鱼

Genus *Archocentrus* Gill, 1877 始丽鱼属

Archocentrus centrarchus (Gill, 1877) 柄斑始丽鱼

Archocentrus multispinosus (Günther, 1867) 多棘始丽鱼

Archocentrus spinosissimus (Vaillant & Pellegrin, 1902) 始丽鱼

Genus *Aristochromis* Trewavas, 1935 美色丽鱼属

Aristochromis christyi Trewavas, 1935 克氏美色丽鱼

Genus *Astatoreochromis* Pellegrin, 1904 溪丽鲷属

Astatoreochromis alluaudi Pellegrin, 1904 奥氏溪丽鲷

Astatoreochromis straeleni (Poll, 1944) 斯氏溪丽鲷

Astatoreochromis vanderhorsti (Greenwood, 1954) 范氏溪丽鲷

Genus *Astatotilapia* Pellegrin, 1904 妊丽鱼属

Astatotilapia bloyeti (Sauvage, 1883) 布氏妊丽鱼

Astatotilapia burtoni (Günther, 1894) 伯氏妊丽鱼

Astatotilapia calliptera (Günther, 1894) 美妊丽鱼

Astatotilapia desfontainii (Lacepède, 1802) 妊丽鱼

Astatotilapia flaviijosephi (Lortet, 1883) 弗氏妊丽鱼

Astatotilapia stappersii (Poll, 1943) 斯塔普氏妊丽鱼

Astatotilapia swynnertoni (Boulenger, 1907) 斯温纳氏妊丽鱼

Astatotilapia tweddlei Jackson, 1985 特氏丽鱼

Genus *Astronotus* Swainson, 1839 图丽鱼属(地图鱼属)

Astronotus crassipinnis (Heckel, 1840) 厚鳍图丽鱼

Astronotus ocellatus (Agassiz, 1831) 图丽鱼(地图鱼)

Genus *Aulonocara* Regan, 1922 孔雀鲷属

Aulonocara aquilonium Konings, 1995 北方孔雀鲷

Aulonocara auditor (Trewavas, 1935) 奥迪孔雀鲷

Aulonocara baenschi Meyer & Riehl, 1985 贝氏孔雀鲷

Aulonocara brevinidus Konings, 1995 短项孔雀鲷

Aulonocara brevirostre (Trewavas, 1935) 短吻孔雀鲷

Aulonocara ethelwynnae Meyer, Riehl & Zetzsche, 1987 小鳞孔雀鲷

Aulonocara gertrudae Konings, 1995 马拉维孔雀鲷

Aulonocara guentheri Eccles, 1989 冈氏孔雀鲷

Aulonocara hansbaenschi Meyer, Riehl & Zetzsche, 1987 汉斯孔雀鲷

Aulonocara hueseri Meyer, Riehl & Zetzsche, 1987 休氏孔雀鲷

Aulonocara jacobfreibergi (Johnson, 1974) 雅氏孔雀鲷

Aulonocara koningsi Tawil, 2003 康氏孔雀鲷

Aulonocara korneliae Meyer, Riehl & Zetzsche, 1987 科氏孔雀鲷

Aulonocara maylandi kandeensis Tawil & Allgayer, 1987 康地梅氏孔雀鲷

Aulonocara maylandi maylandi Trewavas, 1984 梅氏孔雀鲷

Aulonocara nyassae Regan, 1922 非洲孔雀鲷

Aulonocara rostratum Trewavas, 1935 大吻孔雀鲷

Aulonocara saulosi Meyer, Riehl & Zetzsche, 1987 索氏孔雀鲷

Aulonocara steveni Meyer, Riehl & Zetzsche, 1987 史氏孔雀鲷

Aulonocara stonemani (Burgess & Axelrod, 1973) 斯通氏孔雀鲷

Aulonocara stuartgranti Meyer & Riehl, 1985 斯塔氏孔雀鲷

Aulonocara trematocephalum (Boulenger, 1901) 孔头孔雀鲷

Genus *Aulonocranus* Regan, 1920 沟颅丽鱼属

Aulonocranus dewindti (Boulenger, 1899) 杜氏沟颅丽鱼

Genus *Australoheros* Rícan & Kullander, 2006 南丽鱼属

Australoheros autrani Ottoni & Costa, 2008 澳氏南丽鱼

Australoheros barbosae Ottoni & Costa, 2008 须南丽鱼

Australoheros capixaba Ottoni, 2010 长尾南丽鱼

Australoheros charrua Rícan & Kullander, 2008 雅致南丽鱼

Australoheros facetus (Jenyns, 1842) 华美南丽鱼

Australoheros forquilha Rícan & Kullander, 2008 喜暖南丽鱼

Australoheros guarani Rícan & Kullander, 2008 瓜氏南丽鱼

Australoheros ipatinguensis Ottoni & Costa, 2008 巴西南丽鱼

Australoheros kaaygua Casciotta, Almirón & Gómez, 2006 薄唇南丽鱼

Australoheros macacuensis Ottoni & Costa, 2008 马卡库南丽鱼

Australoheros macaensis Ottoni & Costa, 2008 南美南丽鱼

Australoheros minuano Rícan & Kullander, 2008 虹彩南丽鱼

Australoheros muriae Ottoni & Costa, 2008 穆尔南丽鱼

Australoheros paraibae Ottoni & Costa, 2008 少壮南丽鱼

Australoheros ribeirae Ottoni, Oyakawa, Costa, 2008 喜荫南丽鱼

Australoheros robustus Ottoni & Costa, 2008 壮体南丽鱼

Australoheros saquarema Ottoni & Costa, 2008 贪食南丽鱼

Australoheros scitulus (Rícan & Kullander, 2003) 驼背南丽鱼

Australoheros taura Ottoni & Cheffe, 2009 托拉南丽鱼

Australoheros tembe (Casciotta, Gómez & Toresanni, 1995) 强棘南丽鱼

Genus *Baileychromis* Poll, 1986 贝利丽鱼属

Baileychromis centropomoides (Bailey & Stewart, 1977) 似刺盖贝利丽鱼

Genus *Bathybates* Boulenger, 1898 渊丽鱼属

Bathybates fasciatus Boulenger, 1901 条纹渊丽鱼

Bathybates ferox Boulenger, 1898 凶猛渊丽鱼

Bathybates graueri Steindachner, 1911 格氏渊丽鱼

Bathybates hornii Steindachner, 1911 霍氏渊丽鱼

Bathybates leo Poll, 1956 狮色渊丽鱼

Bathybates minor Boulenger, 1906 小渊丽鱼

Bathybates vittatus Boulenger, 1914 饰带渊丽鱼

Genus *Benitochromis* Lamboj, 2001 慈丽鱼属

Benitochromis batesii (Boulenger, 1901) 巴氏慈丽鱼

Benitochromis conjunctus Lamboj, 2001 喀麦隆慈丽鱼

Benitochromis finleyi (Trewavas, 1974) 芬氏慈丽鱼

Benitochromis nigrodorsalis Lamboj, 2001 黑背慈丽鱼

Benitochromis riomuniensis (Thys van den Audenaerde, 1981) 粉红慈丽鱼

Benitochromis ufermanni Lamboj, 2001 乌氏慈丽鱼

Genus *Benthochromis* Poll, 1986 深丽鱼属

Benthochromis horii Takahashi, 2008 赫氏深丽鱼

Benthochromis melanoides (Poll, 1984) 似黑深丽鱼

Benthochromis tricoti (Poll, 1948) 特氏深丽鱼

Genus *Biotodoma* Eigenmann & Kennedy, 1903 双耳丽鱼属

Biotodoma cupido (Heckel, 1840) 眼带双耳丽鱼

Biotodoma wavrini (Gosse, 1963) 韦氏双耳丽鱼

Genus *Biotoecus* Eigenmann & Kennedy, 1903 生丽鱼属

Biotoecus dicentrarchus Kullander, 1989 金带生丽鱼

Biotoecus opercularis (Steindachner, 1875) 强盖生丽鱼

Genus *Boulengerochromis* Pellegrin, 1904 鲍伦丽鱼属

Boulengerochromis microlepis (Boulenger, 1899) 小鳞鲍伦丽鱼

Genus *Buccochromis* Eccles & Trewavas, 1989 颊丽鱼属

Buccochromis atritaeniatus (Regan, 1922) 黑条颊丽鱼

Buccochromis heterotaenia (Trewavas, 1935) 异带颊丽鱼

Buccochromis lepturus (Regan, 1922) 细尾颊丽鱼

Buccochromis nototaenia (Boulenger, 1902) 背带颊丽鱼

Buccochromis oculatus (Trewavas, 1935) 大眼颊丽鱼

Buccochromis rhoadesii (Boulenger, 1908) 罗氏颊丽鱼

Buccochromis spectabilis (Trewavas, 1935) 大头颊丽鱼

Genus *Bujurquina* Kullander, 1986 布琼丽鱼属

Bujurquina apoparuana Kullander, 1986 亚马孙河布琼丽鱼

Bujurquina cordemadi Kullander, 1986 科氏布琼丽鱼

Bujurquina eurhinus Kullander, 1986 真吻布琼丽鱼

Bujurquina hophrys Kullander, 1986 霍菲布琼丽鱼

Bujurquina huallagae Kullander, 1986 瓦氏布琼丽鱼

Bujurquina labiosa Kullander, 1986 大唇布琼丽鱼

Bujurquina mariae (Eigenmann, 1922) 白鳍布琼丽鱼

Bujurquina megalospilus Kullander, 1986 大斑布琼丽鱼

Bujurquina moriorum Kullander, 1986 大眼布琼丽鱼

Bujurquina oenolaemus Kullander, 1987 玻利维亚布琼丽鱼

Bujurquina ortegai Kullander, 1986 奥氏布琼丽鱼

Bujurquina peregrinabunda Kullander, 1986 异布琼丽鱼

Bujurquina robusta Kullander, 1986 壮体布琼丽鱼

Bujurquina syspilus (Cope, 1872) 污斑布琼丽鱼

Bujurquina tambopatae Kullander, 1986 坦邦布琼丽鱼

Bujurquina vittata (Heckel, 1840) 饰纹布琼丽鱼

Bujurquina zamorensis (Regan, 1905) 南美布琼丽鱼

Genus *Callochromis* Regan, 1920 衔丽鱼属

Callochromis macrops (Boulenger, 1898) 大眼衔丽鱼

Callochromis melanostigma (Boulenger, 1906) 黑点衔丽鱼

Callochromis pleurospilus (Boulenger, 1906) 胸斑衔丽鱼

Genus *Caprichromis* Eccles & Trewavas, 1989 羊丽鱼属

Caprichromis liemi (Mckaye & Mackenzie, 1982) 利氏羊丽鱼

Caprichromis orthognathus (Trewavas, 1935) 直颌羊丽鱼

Genus *Caquetaia* Fowler, 1945 卡奎丽鱼属

Caquetaia kraussii (Steindachner, 1878) 克氏卡奎丽鱼

Caquetaia myersi (Schultz, 1944) 迈尔氏卡奎丽鱼

Caquetaia spectabilis (Steindachner, 1875) 显目卡奎丽鱼

Caquetaia umbrifera (Meek & Hildebrand, 1913) 横带卡奎丽鱼

Genus *Cardiopharynx* Poll, 1942 心咽鱼属

Cardiopharynx schoutedeni Poll, 1942 斯氏心咽鱼

Genus *Chaetobranchopsis* Steindachner, 1875 拟鬃鳃鱼属

Chaetobranchopsis australis Eigenmann & Ward, 1907 澳大利亚拟鬃鳃鱼

Chaetobranchopsis orbicularis (Steindachner, 1875) 圆头拟鬃鳃鱼

Genus *Chaetobranchus* Heckel, 1840 鬃鳃鱼属

Chaetobranchus flavescens Heckel, 1840 黄鬃鳃鱼

Chaetobranchus semifasciatus Steindachner, 1875 半花鬃鳃鱼

Genus *Chalinochromis* Poll, 1974 勒纹丽鲷属

Chalinochromis brichardi Poll, 1974 勃氏勒纹丽鲷

Chalinochromis popelini Brichard, 1989 波氏勒纹丽鲷

Genus *Champsochromis* Boulenger, 1915 鳄丽鱼属

Champsochromis caeruleus (Boulenger, 1908) 淡黑鳄丽鱼

Champsochromis spilorhynchus (Regan, 1922) 斑唇鳄丽鱼

Genus *Cheilochromis* Eccles & Trewavas, 1989 唇丽鱼属

Cheilochromis euchilus (Trewavas, 1935) 真唇丽鱼

Genus *Chetia* Trewavas, 1961 穴丽鱼属

Chetia brevicauda Bills & Weyl, 2002 短尾穴丽鱼

Chetia brevis Jubb, 1968 短身穴丽鱼

Chetia flaviventris Trewavas, 1961 黄腹穴丽鱼

Chetia gracilis (Greenwood, 1984) 细穴丽鱼

Chetia mola Balon & Stewart, 1983 磨齿穴丽鱼

Chetia welwitschi (Boulenger, 1898) 韦氏穴丽鱼

Genus *Chilochromis* Boulenger, 1902 大唇丽鱼属

Chilochromis duponti Boulenger, 1902 杜氏大唇丽鱼

Genus *Chilotilapia* Boulenger, 1908 厚唇非鲫属

Chilotilapia rhoadesii Boulenger, 1908 罗氏厚唇非鲫

Genus *Chromidotilapia* Boulenger, 1898 结耙非鲫属

Chromidotilapia cavalliensis (Thys van den Audenaerde & Loiselle, 1971) 非洲结耙非鲫

Chromidotilapia elongata Lamboj, 1999 长体结耙非鲫

Chromidotilapia guntheri guntheri (Sauvage, 1882) 贡氏结耙非鲫

Chromidotilapia guntheri loennbergi (Trewavas, 1962) 洛氏结耙非鲫

Chromidotilapia kingsleyae Boulenger, 1898 金斯利结耙非鲫

Chromidotilapia linkei Staeck, 1980 林氏结耙非鲫

Chromidotilapia mamonekenei Lamboj, 1999 马氏结耙非鲫

Chromidotilapia melaniae Lamboj, 2003 梅兰结耙非鲫

Chromidotilapia mrac Lamboj, 2002 加蓬结耙非鲫

Chromidotilapia nana Lamboj, 2003 圆尾结耙非鲫

Chromidotilapia regani (Pellegrin, 1906) 里根氏结耙非鲫

Chromidotilapia schoutedeni (Poll & Thys van den Audenaerde, 1967) 斯氏结耙非鲫

Genus *Cichla* Bloch & Schneider, 1801 丽鱼属

Cichla intermedia Machado-Allison, 1971 间丽鱼

Cichla jariina Kullander & Ferreira, 2006 多鳞丽鱼

Cichla kelberi Kullander & Ferreira, 2006 凯氏丽鱼

Cichla melaniae Kullander & Ferreira, 2006 黑丽鱼

Cichla mirianae Kullander & Ferreira, 2006 睛斑丽鱼

Cichla monoculus Spix & Agassiz, 1831 单丽鱼

Cichla nigromaculata Jardine & Schomburgk, 1843 黑斑丽鱼

Cichla ocellaris Bloch & Schneider, 1801 眼点丽鱼 台

Cichla orinocensis Humboldt, 1821 阿根廷丽鱼

Cichla pinima Kullander & Ferreira, 2006 松丽鱼

Cichla piquiti Kullander & Ferreira, 2006 南美丽鱼

Cichla pleiozona Kullander & Ferreira, 2006 多色丽鱼

Cichla temensis Humboldt, 1821 金目丽鱼

Cichla thyrorus Kullander & Ferreira, 2006 甲状丽鱼

Cichla vazzoleri Kullander & Ferreira, 2006 范氏丽鱼

Genus *Cichlasoma* Swainson, 1839 丽体鱼属

Cichlasoma aguadae Hubbs, 1936 墨西哥丽体鱼

Cichlasoma alborum Hubbs, 1936 白喉丽体鱼

Cichlasoma amarum Hubbs, 1936 丽体鱼

Cichlasoma amazonarum Kullander, 1983 亚马孙河丽体鱼

Cichlasoma araguaiense Kullander, 1983 阿拉瓜亚河丽体鱼

Cichlasoma atromaculatum Regan, 1912 黑纹丽体鱼

Cichlasoma beani (Jordan, 1889) 比氏丽体鱼

Cichlasoma bimaculatum (Linnaeus, 1758) 双斑丽体鱼

Cichlasoma bocourti (Vaillant & Pellegrin, 1902) 鲍氏丽体鱼

Cichlasoma boliviense Kullander, 1983 玻里维亚丽体鱼

Cichlasoma cienagae Hubbs, 1936 秀美丽体鱼

Cichlasoma conchitae Hubbs, 1936 凶猛丽体鱼

Cichlasoma dimerus (Heckel, 1840) 玉丽体鱼

Cichlasoma ericymba Hubbs, 1938 强棘丽体鱼

Cichlasoma festae (Boulenger, 1899) 青丽体鱼

Cichlasoma geddesi (Regan, 1905) 格氏丽体鱼

Cichlasoma gephyrum Eigenmann, 1922 姥丽体鱼

Cichlasoma grammodes Taylor & Miller, 1980 线纹丽体鱼

Cichlasoma istlanum (Jordan & Snyder, 1899) 矶丽体鱼

Cichlasoma mayorum Hubbs, 1936 中美洲丽体鱼

Cichlasoma microlepis Dahl, 1960 小鳞丽体鱼

Cichlasoma orientale Kullander, 1983 东方丽体鱼

Cichlasoma orinocense Kullander, 1983 哥伦比亚丽体鱼

Cichlasoma ornatum Regan, 1905 饰妆丽体鱼

Cichlasoma paranaense Kullander, 1983 巴拉那河丽体鱼

Cichlasoma pearsei (Hubbs, 1936) 皮尔斯氏丽体鱼

Cichlasoma portalegrense (Hensel, 1870) 波塔莱丽体鱼

Cichlasoma pusillum Kullander, 1983 弱身丽体鱼

Cichlasoma salvini (Günther, 1862) 索氏丽体鱼

Cichlasoma sanctifranciscense Kullander, 1983 弗朗西斯科丽体鱼

Cichlasoma stenozonum Hubbs, 1936 窄带丽体鱼

Cichlasoma taenia (Bennett, 1831) 纹带丽体鱼

Cichlasoma trimaculatum (Günther, 1867) 三斑丽体鱼

Cichlasoma troschelii (Steindachner, 1867) 特氏丽体鱼

Cichlasoma tuyrense Meek & Hildebrand, 1913 图拉丽体鱼

Cichlasoma ufermanni (Allgayer, 2002) 乌氏丽体鱼

Cichlasoma urophthalmum (Günther, 1862) 高眼丽体鱼

Cichlasoma zebra Hubbs, 1936 斑马丽体鱼

Genus *Cleithracara* Kullander & Nijssen, 1989 棒丽鱼属

Cleithracara maronii (Steindachner, 1881) 马氏棒丽鱼

Genus *Congochromis* Stiassny & Schliewen, 2007 刚果丽鱼属

Congochromis dimidiatus (Pellegrin, 1900) 黄腹刚果丽鱼

Congochromis pugnatus Stiassny & Schliewen, 2007 好斗刚果丽鱼

Congochromis sabinae (Lamboj, 2005) 萨比刚果丽鱼

Congochromis squamiceps (Boulenger, 1902) 鳞头刚果丽鱼

Genus *Copadichromis* Eccles & Trewavas, 1989 桨鳍丽鱼属

Copadichromis atripinnis Stauffer & Sato, 2002 黑翼桨鳍丽鱼

Copadichromis azureus Konings, 1990 阿祖桨鳍丽鱼

Copadichromis borleyi (Iles, 1960) 博氏桨鳍丽鱼

Copadichromis chizumuluensis Stauffer & Konings, 2006 马拉维湖桨鳍丽鱼

Copadichromis chrysonotus (Boulenger, 1908) 金桨鳍丽鱼

Copadichromis cyaneus (Trewavas, 1935) 深蓝桨鳍丽鱼

Copadichromis cyanocephalus Stauffer & Konings, 2006 青头桨鳍丽鱼

Copadichromis diplostigma Stauffer & Konings, 2006 蓝颊桨鳍丽鱼

Copadichromis geertsi Konings, 1999 吉氏桨鳍丽鱼

Copadichromis ilesi Konings, 1999 艾利斯桨鳍丽鱼

Copadichromis insularis Stauffer & Konings, 2006 黄鳃桨鳍丽鱼

Copadichromis jacksoni (Iles, 1960) 杰氏桨鳍丽鱼

Copadichromis likomae (Iles, 1960) 利冈桨鳍丽鱼

Copadichromis mbenjii Konings, 1990 本氏桨鳍丽鱼

Copadichromis melas Stauffer & Konings, 2006 黑头桨鳍丽鱼

Copadichromis mloto (Iles, 1960) 洛氏桨鳍丽鱼

Copadichromis nkatae (Iles, 1960) 凯氏桨鳍丽鱼

Copadichromis parvus Stauffer & Konings, 2006 小桨鳍丽鱼

Copadichromis pleurostigma (Trewavas, 1935) 侧点桨鳍丽鱼

Copadichromis pleurostigmoides (Iles, 1960) 似侧点桨鳍丽鱼

Copadichromis quadrimaculatus (Regan, 1922) 四斑桨鳍丽鱼

Copadichromis trewavasae Konings, 1999 屈氏桨鳍丽鱼

Copadichromis trimaculatus (Iles, 1960) 三斑桨鳍丽鱼

Copadichromis verduyni Konings, 1990 维氏桨鳍丽鱼

Copadichromis virginalis (Iles, 1960) 维京桨鳍丽鱼

Genus *Corematodus* Boulenger, 1897 瞳丽鱼属

Corematodus shiranus Boulenger, 1897 希拉瞳丽鱼

Corematodus taeniatus Trewavas, 1935 条纹瞳丽鱼

Genus *Crenicara* Steindachner, 1875 弦尾鱼属

Crenicara latruncularium Kullander & Staeck, 1990 亚马孙河弦尾鱼

Crenicara punctulatum (Günther, 1863) 斑弦尾鱼

Genus *Crenicichla* Heckel, 1840 矛丽鱼属

Crenicichla acutirostris Günther, 1862 尖吻矛丽鱼

Crenicichla adspersa Heckel, 1840 魅矛丽鱼

Crenicichla albopunctata Pellegrin, 1904 白点矛丽鱼

Crenicichla alta Eigenmann, 1912 阿尔泰矛丽鱼

Crenicichla anthurus Cope, 1872 花尾矛丽鱼

Crenicichla brasiliensis (Bloch, 1792) 巴西矛丽鱼

Crenicichla britskii Kullander, 1982 布里茨克矛丽鱼

Crenicichla cametana Steindachner, 1911 矮矛丽鱼

Crenicichla celidochilus Casciotta, 1987 点唇矛丽鱼

Crenicichla cincta Regan, 1905 腰带矛丽鱼

Crenicichla compressiceps Ploeg, 1986 狭头矛丽鱼

Crenicichla coppenamensis Ploeg, 1987 苏里南矛丽鱼

Crenicichla cyanonotus Cope, 1870 秘鲁矛丽鱼

Crenicichla cyclostoma Ploeg, 1986 圆口矛丽鱼

Crenicichla empheres Lucena, 2007 等颌矛丽鱼

Crenicichla frenata Gill, 1858 缰矛丽鱼

Crenicichla gaucho Lucena & Kullander, 1992 河川矛丽鱼

Crenicichla geayi Pellegrin, 1903 吉氏矛丽鱼

Crenicichla hadrostigma Lucena, 2007 厚斑矛丽鱼

Crenicichla haroldoi Luengo & Britski, 1974 哈罗德氏矛丽鱼

Crenicichla heckeli Ploeg, 1989 赫克尔氏矛丽鱼

Crenicichla hemera Kullander, 1990 瀑布矛丽鱼

Crenicichla hu Piálek, Rican, Casciotta & Almirón, 2010 休氏矛丽鱼

Crenicichla hummelincki Ploeg, 1991 赫氏矛丽鱼

Crenicichla igara Lucena & Kullander, 1992 伊加拉矛丽鱼

Crenicichla iguapina Kullander & Lucena, 2006 伊瓜皮那矛丽鱼

Crenicichla iguassuensis Haseman, 1911 伊瓜苏矛丽鱼

Crenicichla inpa Ploeg, 1991 亚马孙河矛丽鱼

Crenicichla isbrueckeri Ploeg, 1991 伊氏矛丽鱼

Crenicichla jaguarensis Haseman, 1911 贾瓜拉矛丽鱼

Crenicichla jegui Ploeg, 1986 杰氏矛丽鱼

Crenicichla johanna Heckel, 1840 约翰娜矛丽鱼

Crenicichla jupiaensis Britski & Luengo, 1968 侏派矛丽鱼
Crenicichla jurubi Lucena & Kullander, 1992 朱氏矛丽鱼
Crenicichla labrina (Spix & Agassiz, 1831) 厚唇矛丽鱼
Crenicichla lacustris (Castelnau, 1855) 湖栖矛丽鱼
Crenicichla lenticulata Heckel, 1840 雀斑矛丽鱼
Crenicichla lepidota Heckel, 1840 红矛丽鱼
Crenicichla lucius Cope, 1870 黎明矛丽鱼
Crenicichla lugubris Heckel, 1840 郁矛丽鱼
Crenicichla macrophthalma Heckel, 1840 大眼矛丽鱼
Crenicichla maculata Kullander & Lucena, 2006 块斑矛丽鱼
Crenicichla mandelburgeri Kullander, 2009 门德尔矛丽鱼
Crenicichla marmorata Pellegrin, 1904 石纹矛丽鱼
Crenicichla menezesi Ploeg, 1991 米氏矛丽鱼
Crenicichla minuano Lucena & Kullander, 1992 苦矛丽鱼
Crenicichla missioneira Lucena & Kullander, 1992 贪食矛丽鱼
Crenicichla mucuryna Ihering, 1914 黏矛丽鱼
Crenicichla multispinosa Pellegrin, 1903 多刺矛丽鱼
Crenicichla nickeriensis Ploeg, 1987 尼克里河矛丽鱼
Crenicichla niederleinii (Holmberg, 1891) 尼德尔氏矛丽鱼
Crenicichla notophthalmus Regan, 1913 背斑矛丽鱼
Crenicichla pellegrini Ploeg, 1991 佩氏矛丽鱼
Crenicichla percna Kullander, 1991 黑点矛丽鱼
Crenicichla phaiospilus Kullander, 1991 黑斑矛丽鱼
Crenicichla prenda Lucena & Kullander, 1992 垂矛丽鱼
Crenicichla proteus Cope, 1872 变色矛丽鱼
Crenicichla punctata Hensel, 1870 点斑矛丽鱼
Crenicichla pydanielae Ploeg, 1991 派氏矛丽鱼
Crenicichla regani Ploeg, 1989 里根氏矛丽鱼
Crenicichla reticulata (Heckel, 1840) 网纹矛丽鱼
Crenicichla rosemariae Kullander, 1997 罗氏矛丽鱼
Crenicichla santosi Ploeg, 1991 桑托斯氏矛丽鱼
Crenicichla saxatilis (Linnaeus, 1758) 矛丽鱼
Crenicichla scottii (Eigenmann, 1907) 司各脱氏矛丽鱼
Crenicichla sedentaria Kullander, 1986 南美矛丽鱼
Crenicichla semicincta Steindachner, 1892 半纹矛丽鱼
Crenicichla semifasciata (Heckel, 1840) 半带矛丽鱼
Crenicichla sipaliwini Ploeg, 1987 赛氏矛丽鱼
Crenicichla stocki Ploeg, 1991 斯托克氏矛丽鱼
Crenicichla strigata Günther, 1862 条纹矛丽鱼
Crenicichla sveni Ploeg, 1991 斯文氏矛丽鱼
Crenicichla tendybaguassu Lucena & Kullander, 1992 羞矛丽鱼
Crenicichla ternetzi Norman, 1926 塔氏矛丽鱼
Crenicichla tesay Casciotta & Almirón, 2009 高体矛丽鱼
Crenicichla tigrina Ploeg, Jegu & Ferreira, 1991 虎纹矛丽鱼
Crenicichla tingui Kullander & Lucena, 2006 丁氏矛丽鱼
Crenicichla urosema Kullander, 1990 尾痕矛丽鱼
Crenicichla vaillanti Pellegrin, 1903 伐氏矛丽鱼
Crenicichla virgatula Ploeg, 1991 多枝矛丽鱼
Crenicichla vittata Heckel, 1840 维氏矛丽鱼
Crenicichla wallacii Regan, 1905 华莱士氏矛丽鱼
Crenicichla yaha Casciotta, Almirón & Gómez, 2006 背斑矛丽鱼
Crenicichla ypo Casciotta, Almirón, Piálek, Gómez & Rícan, 2010 伊博矛丽鱼
Crenicichla zebrina Montaña, López-Fernández & Taphorn, 2008 斑马矛丽鱼

Genus *Cryptoheros* Allgayer, 2001 隐丽鱼属
Cryptoheros altoflavus Allgayer, 2001 黄胸隐丽鱼
Cryptoheros chetumalensis Schmitter-Soto, 2007 墨西哥隐丽鱼
Cryptoheros cutteri (Fowler, 1932) 卡氏隐丽鱼
Cryptoheros myrnae (Loiselle, 1997) 默纳隐丽鱼
Cryptoheros nanoluteus (Allgayer, 1994) 绿臀隐丽鱼

Cryptoheros panamensis (Meek & Hildebrand, 1913) 巴拿马隐丽
Cryptoheros sajica (Bussing, 1974) 蓝身隐丽鱼
Cryptoheros septemfasciatus (Regan, 1908) 七带隐丽鱼
Cryptoheros spilurus (Günther, 1862) 斑尾隐丽鱼

Genus *Ctenochromis* Pfeffer, 1893 栉丽鱼属
Ctenochromis benthicola (Matthes, 1962) 坦噶尼喀湖栉丽鱼
Ctenochromis horei (Günther, 1894) 霍氏栉丽鱼
Ctenochromis luluae (Fowler, 1930) 卢勒河栉丽鱼
Ctenochromis oligacanthus (Regan, 1922) 小棘栉丽鱼
Ctenochromis pectoralis Pfeffer, 1893 大胸栉丽鱼
Ctenochromis polli (Thys van den Audenaerde, 1964) 波氏栉丽鱼

Genus *Ctenopharynx* Eccles & Trewavas, 1989 栉咽丽鱼属
Ctenopharynx intermedius (Günther, 1864) 中间栉咽丽鱼
Ctenopharynx nitidus (Trewavas, 1935) 耀栉咽丽鱼
Ctenopharynx pictus (Trewavas, 1935) 绣色栉咽丽鱼

Genus *Cunningtonia* Boulenger, 1906 库宁登丽鱼属
Cunningtonia longiventralis Boulenger, 1906 长腹库宁登丽鱼

Genus *Cyathochromis* Trewavas, 1935 杯口丽鱼属
Cyathochromis obliquidens Trewavas, 1935 斜齿杯口丽鱼

Genus *Cyathopharynx* Regan, 1920 杯咽丽鱼属
Cyathopharynx furcifer (Boulenger, 1898) 叉杯咽丽鱼

Genus *Cyclopharynx* Poll, 1948 圆咽丽鱼属
Cyclopharynx fwae Poll, 1948 刚果河圆咽丽鱼
Cyclopharynx schwetzi (Poll, 1948) 施氏圆咽丽鱼

Genus *Cynotilapia* Regan, 1922 犬齿非鲫属
Cynotilapia afra (Günther, 1894) 犬齿非鲫
Cynotilapia axelrodi Burgess, 1976 阿氏犬齿非鲫
Cynotilapia pulpican Tawil, 2002 横带犬齿非鲫

Genus *Cyphotilapia* Regan, 1920 驼背非鲫属
Cyphotilapia frontosa (Boulenger, 1906) 横带驼背非鲫 [陆]
Cyphotilapia gibberosa Takahashi & Nakaya, 2003 驼背非鲫

Genus *Cyprichromis* Scheuermann, 1977 爱丽鱼属
Cyprichromis coloratus Takahashi & Hori, 2006 坦噶尼喀湖爱丽鱼
Cyprichromis leptosoma (Boulenger, 1898) 细体爱丽鱼
Cyprichromis microlepidotus (Poll, 1956) 小鳞爱丽鱼
Cyprichromis pavo Büscher, 1994 孔雀爱丽鱼
Cyprichromis zonatus Takahashi, Hori & Nakaya, 2002 带纹爱丽鱼

Genus *Cyrtocara* Boulenger, 1902 隆背丽鲷属
Cyrtocara moorii Boulenger, 1902 穆尔氏隆背丽鲷

Genus *Danakilia* Thys van den Audenaerde, 1969 丹纳非鲫属
Danakilia franchettii (Vinciguerra, 1931) 法氏丹纳非鲫

Genus *Dicrossus* Steindachner, 1875 双缨丽鱼属
Dicrossus filamentosus (Ladiges, 1958) 长丝双缨丽鱼
Dicrossus foirni Römer, Hahn & Vergara, 2010 福伊氏双缨丽鱼
Dicrossus gladicauda Schindler & Staeck, 2008 剑尾双缨丽鱼
Dicrossus maculatus Steindachner, 1875 斑点双缨丽鱼
Dicrossus warzeli Römer, Hahn & Vergara, 2010 沃齐氏双缨丽鱼

Genus *Dimidiochromis* Eccles & Trewavas, 1989 恐怖丽鱼属
Dimidiochromis compressiceps (Boulenger, 1908) 扁头恐怖丽鱼
Dimidiochromis dimidiatus (Günther, 1864) 纵带恐怖丽鱼
Dimidiochromis kiwinge (Ahl, 1926) 基维恐怖丽鱼
Dimidiochromis strigatus (Regan, 1922) 细条恐怖丽鱼

Genus *Diplotaxodon* Trewavas, 1935 双弓齿丽鱼属
Diplotaxodon aeneus Turner & Stauffer, 1998 美丽双弓齿丽鱼
Diplotaxodon apogon Turner & Stauffer, 1998 天竺双弓齿丽鱼
Diplotaxodon argenteus Trewavas, 1935 银双弓齿丽鱼

Diplotaxodon ecclesi Burgess & Axelrod, 1973 埃氏双弓齿丽鱼

Diplotaxodon greenwoodi Stauffer & McKaye, 1986 格氏双弓齿丽鱼

Diplotaxodon limnothrissa Turner, 1994 沼泽双弓齿丽鱼

Diplotaxodon macrops Turner & Stauffer, 1998 大眼双弓齿丽鱼

Genus *Divandu* Lamboj & Snoeks, 2000 戴范丽鱼属

Divandu albimarginatus Lamboj & Snoeks, 2000 红缘戴范丽鱼

Genus *Docimodus* Boulenger, 1897 矛非鲫属

Docimodus evelynae Eccles & Lewis, 1976 伊夫林矛非鲫

Docimodus johnstoni Boulenger, 1897 约氏矛非鲫

Genus *Eclectochromis* Eccles & Trewavas, 1989 择丽鱼属

Eclectochromis lobochilus (Trewavas, 1935) 叶唇择丽鱼

Eclectochromis ornatus (Regan, 1922) 饰妆择丽鱼

Genus *Ectodus* Boulenger, 1898 外丽鲷属

Ectodus descampsii Boulenger, 1898 德氏外丽鲷

Genus *Enigmatochromis* Lamboj, 2009 伊内丽鱼属

Enigmatochromis lucanusi Lamboj, 2009 露氏伊内丽鱼

Genus *Eretmodus* Boulenger, 1898 桨丽鱼属

Eretmodus cyanostictus Boulenger, 1898 蓝带桨丽鱼

Genus *Etia* Schliewen & Stiassny, 2003 埃蒂丽鱼属

Etia nguti Schliewen & Stiassny, 2003 古氏埃蒂丽鱼

Genus *Etroplus* Cuvier, 1830 腹丽鱼属

Etroplus canarensis Day, 1877 印度腹丽鱼

Etroplus maculatus (Bloch, 1795) 花斑腹丽鱼

Etroplus suratensis (Bloch, 1790) 绿腹丽鱼

Genus *Exochochromis* Eccles & Trewavas, 1989 突背丽鲷属

Exochochromis anagenys Oliver, 1989 马拉维湖突背丽鲷

Genus *Fossorochromis* Eccles & Trewavas, 1989 沟非鲫属

Fossorochromis rostratus (Boulenger, 1899) 吻沟非鲫

Genus *Genyochromis* Trewavas, 1935 颊丽鲷属

Genyochromis mento Trewavas, 1935 马拉维湖颊丽鲷

Genus *Geophagus* Heckel, 1840 珠母丽鱼属

Geophagus abalios López-Fernández & Taphorn, 2004 侧斑珠母丽鱼

Geophagus altifrons Heckel, 1840 高体珠母丽鱼

Geophagus argyrostictus Kullander, 1991 银点珠母丽鱼

Geophagus brachybranchus Kullander & Nijssen, 1989 短鳃珠母丽鱼

Geophagus brasiliensis (Quoy & Gaimard, 1824) 巴西珠母丽鱼 台

Geophagus brokopondo Kullander & Nijssen, 1989 贪食珠母丽鱼

Geophagus camopiensis Pellegrin, 1903 卡默珠母丽鱼

Geophagus crassilabris Steindachner, 1876 厚唇珠母丽鱼

Geophagus dicrozoster López-Fernández & Taphorn, 2004 腹丝珠母丽鱼

Geophagus gottwaldi Schindler & Staeck, 2006 戈氏珠母丽鱼

Geophagus grammepareius Kullander & Taphorn, 1992 颊纹珠母丽鱼

Geophagus harreri Gosse, 1976 哈氏珠母丽鱼

Geophagus iporangensis Haseman, 1911 珍珠珠母丽鱼

Geophagus itapicuruensis Haseman, 1911 伊塔珠母丽鱼

Geophagus megasema Heckel, 1840 绿臀珠母丽鱼

Geophagus neambi Lucinda, Lucena & Assis, 2010 尼氏珠母丽鱼

Geophagus obscurus (Castelnau, 1855) 暗色珠母丽鱼

Geophagus parnaibae Staeck & Schindler, 2006 黑斑珠母丽鱼

Geophagus pellegrini Regan, 1912 高山珠母丽鱼

Geophagus proximus (Castelnau, 1855) 野珠母丽鱼

Geophagus steindachneri Eigenmann & Hildebrand, 1922 斯氏珠母丽鱼

Geophagus surinamensis (Bloch, 1791) 苏里南珠母丽鱼

Geophagus sveni Lucinda, Lucena & Assis, 2010 史凡珠母丽鱼

Geophagus taeniopareius Kullander & Royero, 1992 眼带珠母丽鱼

Geophagus winemilleri López-Fernández & Taphorn, 2004 瓦氏珠母丽鱼

Genus *Gephyrochromis* Boulenger, 1901 桥丽鱼属

Gephyrochromis lawsi Fryer, 1957 劳氏桥丽鱼

Gephyrochromis moorii Boulenger, 1901 穆氏桥丽鱼

Genus *Gnathochromis* Poll, 1981 颌丽鱼属

Gnathochromis permaxillaris (David, 1936) 全颚颌丽鱼

Gnathochromis pfefferi (Boulenger, 1898) 法氏颌丽鱼

Genus *Gobiocichla* Kanazawa, 1951 鮈丽鱼属

Gobiocichla ethelwynnae Roberts, 1982 哀思鮈丽鱼

Gobiocichla wonderi Kanazawa, 1951 伍氏鮈丽鱼

Genus *Grammatotria* Boulenger, 1899 三线丽鱼属

Grammatotria lemairii Boulenger, 1899 莱曼氏三线丽鱼

Genus *Greenwoodochromis* Poll, 1983 格氏丽鱼属

Greenwoodochromis bellcrossi (Poll, 1976) 贝尔格氏丽鱼

Greenwoodochromis christyi (Trewavas, 1953) 克里格氏丽鱼

Genus *Guianacara* Kullander & Nijssen, 1989 圭亚那丽鱼属

Guianacara cuyunii López-Fernández, Taphorn Baechle & Kullander, 2006 凯氏圭亚那丽鱼

Guianacara geayi (Pellegrin, 1902) 吉氏圭亚那丽鱼

Guianacara oelemariensis Kullander & Nijssen, 1989 秀美圭亚那丽鱼

Guianacara owroewefi Kullander & Nijssen, 1989 欧氏圭亚那丽鱼

Guianacara sphenozona Kullander & Nijssen, 1989 喜荫圭亚那丽鱼

Guianacara stergiosi López-Fernández, Taphorn Baechle & Kullander, 2006 施氏圭亚那丽鱼

Genus *Gymnogeophagus* Miranda Ribeiro, 1918 裸光盖丽鱼属

Gymnogeophagus australis (Eigenmann, 1907) 澳洲裸光盖丽鱼

Gymnogeophagus balzanii (Perugia, 1891) 鲍氏裸光盖丽鱼

Gymnogeophagus caaguazuensis Staeck, 2006 短尾裸光盖丽鱼

Gymnogeophagus che Casciotta, Gómez & Toresanni, 2000 阿根廷裸光盖丽鱼

Gymnogeophagus gymnogenys (Hensel, 1870) 裸光盖丽鱼

Gymnogeophagus labiatus (Hensel, 1870) 大唇裸光盖丽鱼

Gymnogeophagus lacustris Reis & Malabarba, 1988 湖栖裸光盖丽鱼

Gymnogeophagus meridionalis Reis & Malabarba, 1988 南方裸光盖丽鱼

Gymnogeophagus rhabdotus (Hensel, 1870) 眼带裸光盖丽鱼

Gymnogeophagus setequedas Reis, Malabarba & Pavanelli, 1992 蓝带裸光盖丽鱼

Gymnogeophagus tiraparae González-Bergonzoni, Loureiro & Oviedo, 2009 蒂氏裸光盖丽鱼

Genus *Haplochromis* Hilgendorf, 1888 朴丽鱼属

Haplochromis acidens Greenwood, 1967 锐缘朴丽鱼

Haplochromis adolphifrederici (Boulenger, 1914) 阿氏朴丽鱼

Haplochromis aelocephalus Greenwood, 1959 怪头朴丽鱼

Haplochromis aeneocolor Greenwood, 1973 铜色朴丽鱼

Haplochromis akika Lippitsch, 2003 艾卡朴丽鱼

Haplochromis albertianus Regan, 1929 艾伯特朴丽鱼

Haplochromis altigenis Regan, 1922 高颊朴丽鱼

Haplochromis ampullarostratus Schraml, 2004 肿吻朴丽鱼

Haplochromis angustifrons Boulenger, 1914 窄额朴丽鱼

Haplochromis annectidens Trewavas, 1933 大鳞朴丽鱼

Haplochromis apogonoides Greenwood, 1967 似竺朴丽鱼

Haplochromis arcanus Greenwood & Gee, 1969 隐朴丽鱼

Haplochromis argenteus Regan, 1922 银色朴丽鱼

Haplochromis artaxerxes Greenwood, 1962 阿尔泰朴丽鱼

Haplochromis astatodon Regan, 1921 动齿朴丽鱼

Haplochromis avium Regan, 1929 沙朴丽鱼

Haplochromis azureus (Seehausen & Lippitsch, 1998) 天蓝朴丽鱼

Haplochromis barbarae Greenwood, 1967 奇异朴丽鱼

Haplochromis bareli van Oijen, 1991 巴氏朴丽鱼

Haplochromis bartoni Greenwood, 1962 巴托氏朴丽鱼

Haplochromis bayoni (Boulenger, 1909) 贝氏朴丽鱼

Haplochromis beadlei Trewavas, 1933 比氏朴丽鱼

Haplochromis bicolor Boulenger, 1906 双色朴丽鱼

Haplochromis boops Greenwood, 1967 牛目朴丽鱼

Haplochromis brownae Greenwood, 1962 七彩朴丽鱼

Haplochromis bullatus Trewavas, 1938 大泡朴丽鱼

Haplochromis cassius Greenwood & Barel, 1978 盔朴丽鱼

Haplochromis cavifrons (Hilgendorf, 1888) 穴朴丽鱼

Haplochromis chilotes (Boulenger, 1911) 大唇朴丽鱼

Haplochromis chlorochrous Greenwood & Gee, 1969 绿朴丽鱼

Haplochromis chromogynos Greenwood, 1959 柔色朴丽鱼

Haplochromis chrysogynaion van Oijen, 1991 金光朴丽鱼

Haplochromis cinctus Greenwood & Gee, 1969 腰带朴丽鱼

Haplochromis cinereus (Boulenger, 1906) 灰色朴丽鱼

Haplochromis cnester Witte & Witte-Maas, 1981 锉朴丽鱼

Haplochromis commutabilis Schraml, 2004 变色朴丽鱼

Haplochromis crassilabris Boulenger, 1906 厚唇朴丽鱼

Haplochromis crebridens Snoeks, de Vos, Coenen & Thys van den Audenaerde, 1990 密齿朴丽鱼

Haplochromis crocopeplus Greenwood & Barel, 1978 红花朴丽鱼

Haplochromis cronus Greenwood, 1959 克鲁朴丽鱼

Haplochromis cryptodon Greenwood, 1959 隐齿朴丽鱼

Haplochromis cryptogramma Greenwood & Gee, 1969 隐条朴丽鱼

Haplochromis cyaneus Seehausen, Bouton & Zwennes, 1998 青色朴丽鱼

Haplochromis decticostoma Greenwood & Gee, 1969 宽口朴丽鱼

Haplochromis degeni (Boulenger, 1906) 德氏朴丽鱼

Haplochromis dentex Regan, 1922 大牙朴丽鱼

Haplochromis dichrourus Regan, 1922 迪希朴丽鱼

Haplochromis diplotaenia Regan & Trewavas, 1928 双带朴丽鱼

Haplochromis dolichorhynchus Greenwood & Gee, 1969 长吻朴丽鱼

Haplochromis dolorosus Trewavas, 1933 疼朴丽鱼

Haplochromis eduardianus (Boulenger, 1914) 爱德华湖朴丽鱼

Haplochromis eduardii Regan, 1921 埃都氏朴丽鱼

Haplochromis elegans Trewavas, 1933 华美朴丽鱼

Haplochromis empodisma Greenwood, 1960 碍口朴丽鱼

Haplochromis engystoma Trewavas, 1933 窄口朴丽鱼

Haplochromis erythrocephalus Greenwood & Gee, 1969 红首朴丽鱼

Haplochromis erythromaculatus de Vos, Snoeks & Thys van den Audenaerde, 1991 红斑朴丽鱼

Haplochromis estor Regan, 1929 埃斯托朴丽鱼

Haplochromis eutaenia Regan & Trewavas, 1928 美带朴丽鱼

Haplochromis exspectatus Schraml, 2004 灿烂朴丽鱼

Haplochromis fischeri Seegers, 2008 费氏朴丽鱼

Haplochromis flavipinnis (Boulenger, 1906) 黄翅朴丽鱼

Haplochromis flavus Seehausen, Zwennes & Lippitsch, 1998 黄朴丽鱼

Haplochromis fuelleborni (Hilgendorf & Pappenheim, 1903) 富氏朴丽鱼

Haplochromis fuscus Regan, 1925 棕朴丽鱼

Haplochromis fusiformis Greenwood & Gee, 1969 纺锤朴丽鱼

Haplochromis gigas (Seehausen & Lippitsch, 1998) 巨朴丽鱼

Haplochromis gigliolii (Pfeffer, 1896) 吉格利氏朴丽鱼

Haplochromis gilberti Greenwood & Gee, 1969 吉尔氏朴丽鱼

Haplochromis gowersii Trewavas, 1928 高氏朴丽鱼

Haplochromis gracilior Boulenger, 1914 细身朴丽鱼

Haplochromis granti Boulenger, 1906 格兰德朴丽鱼

Haplochromis graueri Boulenger, 1914 格劳尔朴丽鱼

Haplochromis greenwoodi (Seehausen & Bouton, 1998) 格林朴丽鱼

Haplochromis guiarti (Pellegrin, 1904) 吉阿氏朴丽鱼

Haplochromis harpakteridion van Oijen, 1991 钩朴丽鱼

Haplochromis heusinkveldi Witte & Witte-Maas, 1987 休氏朴丽鱼

Haplochromis hiatus Hoogerhoud & Witte, 1981 裂隙朴丽鱼

Haplochromis howesi van Oijen, 1992 豪斯氏朴丽鱼

Haplochromis humilior (Boulenger, 1911) 倭朴丽鱼

Haplochromis humilis (Steindachner, 1866) 矮朴丽鱼

Haplochromis igneopinnis (Seehausen & Lippitsch, 1998) 火翼朴丽鱼

Haplochromis insidiae Snoeks, 1994 英西氏朴丽鱼

Haplochromis iris Hoogerhoud & Witte, 1981 虹彩朴丽鱼

Haplochromis ishmaeli Boulenger, 1906 伊什氏朴丽鱼

Haplochromis kamiranzovu Snoeks, Coenen & Thys van den Audenaerde, 1984 卡米朴丽鱼

Haplochromis katavi Seegers, 1996 卡坦氏朴丽鱼

Haplochromis katonga Schraml & Tichy, 2010 卡托朴丽鱼

Haplochromis kujunjui van Oijen, 1991 库琼氏朴丽鱼

Haplochromis labiatus Trewavas, 1933 唇朴丽鱼

Haplochromis labriformis (Nichols & La Monte, 1938) 唇形朴丽鱼

Haplochromis lacrimosus (Boulenger, 1906) 多泪朴丽鱼

Haplochromis laparogramma Greenwood & Gee, 1969 腹纹朴丽鱼

Haplochromis latifasciatus Regan, 1929 侧带朴丽鱼

Haplochromis limax Trewavas, 1933 黏朴丽鱼

Haplochromis lividus Greenwood, 1956 蓝朴丽鱼

Haplochromis loati Greenwood, 1971 洛氏朴丽鱼

Haplochromis longirostris (Hilgendorf, 1888) 长鼻朴丽鱼

Haplochromis luteus (Seehausen & Bouton, 1998) 褐黄朴丽鱼

Haplochromis macconneli Greenwood, 1974 马氏朴丽鱼

Haplochromis macrocephalus (Seehausen & Bouton, 1998) 大头朴丽鱼

Haplochromis macrognathus Regan, 1922 大颌朴丽鱼

Haplochromis macrops (Boulenger, 1911) 大目朴丽鱼

Haplochromis macropsoides Greenwood, 1973 似大眼朴丽鱼

Haplochromis maculipinna (Pellegrin, 1913) 斑翅朴丽鱼

Haplochromis mahagiensis David & Poll, 1937 马哈吉朴丽鱼

Haplochromis maisomei van Oijen, 1991 梅索氏朴丽鱼

Haplochromis malacophagus Poll & Damas, 1939 软咽朴丽鱼

Haplochromis mandibularis Greenwood, 1962 大颚朴丽鱼

Haplochromis martini (Boulenger, 1906) 马丁朴丽鱼

Haplochromis maxillaris Trewavas, 1928 宽颌朴丽鱼

Haplochromis mbipi (Lippitsch & Bouton, 1998) 必帕氏朴丽鱼

Haplochromis megalops Greenwood & Gee, 1969 大眼朴丽鱼

Haplochromis melanopterus Trewavas, 1928 黑鳍朴丽鱼

Haplochromis melanopus Regan, 1922 黑肢朴丽鱼

Haplochromis melichrous Greenwood & Gee, 1969 蜜色朴丽鱼

Haplochromis mentatus Regan, 1925 短颏朴丽鱼

Haplochromis mento Regan, 1922 长颏朴丽鱼

Haplochromis michaeli Trewavas, 1928 米氏朴丽鱼

Haplochromis microchrysomelas Snoeks, 1994 小金色朴丽鱼

Haplochromis microdon (Boulenger, 1906) 细齿朴丽鱼

Haplochromis multiocellatus (Boulenger, 1913) 多睛朴丽鱼

Haplochromis mylergates Greenwood & Barel, 1978 研磨朴丽鱼

Haplochromis mylodon Greenwood, 1973 臼牙朴丽鱼

Haplochromis nanoserranus Greenwood & Barel, 1978 矮鲐朴丽鱼

Haplochromis nigrescens (Pellegrin, 1909) 黑身朴丽鱼

Haplochromis nigricans (Boulenger, 1906) 黑灰朴丽鱼

Haplochromis nigripinnis Regan, 1921 黑翼朴丽鱼

Haplochromis nigroides (Pellegrin, 1928) 似黑朴丽鱼

Haplochromis niloticus Greenwood, 1960 尼罗河朴丽鱼

Haplochromis nubilus (Boulenger, 1906) 云纹朴丽鱼

Haplochromis nuchisquamulatus (Hilgendorf, 1888) 项鳞朴丽鱼

Haplochromis nyanzae Greenwood, 1962 奈恩氏朴丽鱼

Haplochromis nyererei Witte-Maas & Witte, 1985 奈里朴丽鱼

Haplochromis obesus (Boulenger, 1906) 浅灰朴丽鱼

Haplochromis obliquidens (Hilgendorf, 1888) 斜纹朴丽鱼

Haplochromis obtusidens Trewavas, 1928 钝牙朴丽鱼

Haplochromis occultidens Snoeks, 1988 多耙朴丽鱼

Haplochromis oligolepis Lippitsch, 2003 寡鳞朴丽鱼

Haplochromis olivaceus Snoeks, de Vos, Coenen & Thys van den Audenaerde, 1990 榄色朴丽鱼

Haplochromis omnicaeruleus (Seehausen & Bouton, 1998) 杂食朴丽鱼

Haplochromis oregosoma Greenwood, 1973 伸口朴丽鱼

Haplochromis orthostoma Regan, 1922 直口朴丽鱼

Haplochromis pachycephalus Greenwood, 1967 厚首朴丽鱼

Haplochromis pallidus (Boulenger, 1911) 苍白朴丽鱼

Haplochromis paludinosus (Greenwood, 1980) 沼地朴丽鱼

Haplochromis pappenheimi (Boulenger, 1914) 佩氏朴丽鱼

Haplochromis paradoxus (Lippitsch & Kaufman, 2003) 叉齿朴丽鱼

Haplochromis paraguiarti Greenwood, 1967 帕拉氏朴丽鱼

Haplochromis paraplagiostoma Greenwood & Gee, 1969 副斜口朴丽鱼

Haplochromis paropius Greenwood & Gee, 1969 遮目朴丽鱼

Haplochromis parorthostoma Greenwood, 1967 副直口朴丽鱼

Haplochromis parvidens (Boulenger, 1911) 微齿朴丽鱼

Haplochromis paucidens Regan, 1921 寡齿朴丽鱼

Haplochromis pellegrini Regan, 1922 佩利氏朴丽鱼

Haplochromis percoides Boulenger, 1906 似鲈朴丽鱼

Haplochromis perrieri (Pellegrin, 1909) 佩林氏朴丽鱼

Haplochromis petronius Greenwood, 1973 岩朴丽鱼

Haplochromis pharyngalis Poll & Damas, 1939 大咽朴丽鱼

Haplochromis pharyngomylus Regan, 1929 喜贝朴丽鱼

Haplochromis phytophagus Greenwood, 1966 食草朴丽鱼

Haplochromis piceatus Greenwood & Gee, 1969 纯黑朴丽鱼

Haplochromis pitmani Fowler, 1936 皮特曼氏朴丽鱼

Haplochromis placodus Poll & Damas, 1939 扁盘朴丽鱼

Haplochromis plagiodon Regan & Trewavas, 1928 缘牙朴丽鱼

Haplochromis plagiostoma Regan, 1922 横嘴朴丽鱼

Haplochromis plutonius Greenwood & Barel, 1978 阴曹朴丽鱼

Haplochromis prodromus Trewavas, 1935 先行朴丽鱼

Haplochromis prognathus (Pellegrin, 1904) 前颌朴丽鱼

Haplochromis pseudopellegrini Greenwood, 1967 拟佩氏朴丽鱼

Haplochromis ptistes Greenwood & Barel, 1978 簸朴丽鱼

Haplochromis pundamilia (Seehausen & Bouton, 1998) 嗜虫朴丽鱼

Haplochromis pyrrhocephalus Witte & Witte-Maas, 1987 微红朴丽鱼

Haplochromis pyrrhopteryx van Oijen, 1991 火鳍朴丽鱼

Haplochromis retrodens (Hilgendorf, 1888) 弯锐棘朴丽鱼

Haplochromis riponianus (Boulenger, 1911) 裂纹朴丽鱼

Haplochromis rubescens Snoeks, 1994 胭脂朴丽鱼

Haplochromis rubripinnis (Seehausen, Lippitsch & Bouton, 1998) 赤翼朴丽鱼

Haplochromis rudolfianus Trewavas, 1933 糙身朴丽鱼

Haplochromis rufocaudalis (Seehausen & Bouton, 1998) 浅红尾朴丽鱼

Haplochromis rufus (Seehausen & Lippitsch, 1998) 淡红朴丽鱼

Haplochromis sauvagei (Pfeffer, 1896) 萨氏朴丽鱼

Haplochromis saxicola Greenwood, 1960 石朴丽鱼

Haplochromis scheffersi Snoeks, De Vos & Thys van den Audenaerde, 1987 谢氏朴丽鱼

Haplochromis schubotzi Boulenger, 1914 舒氏朴丽鱼

Haplochromis schubotziellus Greenwood, 1973 小舒氏朴丽鱼

Haplochromis serranus (Pfeffer, 1896) 鮨形朴丽鱼

Haplochromis serridens Regan, 1925 锯盖朴丽鱼

Haplochromis simotes (Boulenger, 1911) 扁鼻朴丽鱼

Haplochromis simpsoni Greenwood, 1965 辛普森朴丽鱼

Haplochromis smithii (Castelnau, 1861) 史氏朴丽鱼

Haplochromis snoeksi Wamuini Lunkayilakio & Vreven, 2010 斯诺氏朴丽鱼

Haplochromis spekii (Boulenger, 1906) 斯皮克氏朴丽鱼

Haplochromis squamipinnis Regan, 1921 鳞鳍朴丽鱼

Haplochromis squamulatus Regan, 1922 鳞侧朴丽鱼

Haplochromis sulphureus Greenwood & Barel, 1978 溪朴丽鱼

Haplochromis tanaos van Oijen & Witte, 1996 高身朴丽鱼

Haplochromis taurinus Trewavas, 1933 韧皮朴丽鱼

Haplochromis teegelaari Greenwood & Barel, 1978 蒂格氏朴丽鱼

Haplochromis teunisrasi Witte & Witte-Maas, 1981 托尼氏朴丽鱼

Haplochromis theliodon Greenwood, 1960 嫩齿朴丽鱼

Haplochromis thereuterion van Oijen & Witte, 1996 苦朴丽鱼

Haplochromis thuragnathus Greenwood, 1967 横颌朴丽鱼

Haplochromis tridens Regan & Trewavas, 1928 三齿朴丽鱼

Haplochromis turkanae Greenwood, 1974 特克朴丽鱼

Haplochromis tyrianthinus Greenwood & Gee, 1969 紫朴丽鱼

Haplochromis ushindi van Oijen, 2004 厄氏朴丽鱼

Haplochromis velifer Trewavas, 1933 缘膜朴丽鱼

Haplochromis venator Greenwood, 1965 猎者朴丽鱼

Haplochromis vicarius Trewavas, 1933 维卡朴丽鱼

Haplochromis victoriae (Greenwood, 1956) 维多利亚朴丽鱼

Haplochromis victorianus (Pellegrin, 1904) 维多利亚湖朴丽鱼

Haplochromis vittatus (Boulenger, 1901) 饰带朴丽鱼

Haplochromis vonlinnei van Oijen & de Zeeuw, 2008 冯氏朴丽鱼

Haplochromis welcommei Greenwood, 1966 威尔氏朴丽鱼

Haplochromis worthingtoni Regan, 1929 沃氏朴丽鱼

Haplochromis xanthopteryx (Seehausen & Bouton, 1998) 黄翼朴丽鱼

Haplochromis xenognathus Greenwood, 1957 异颌朴丽鱼

Haplochromis xenostoma Regan, 1922 异口朴丽鱼

Genus *Haplotaxodon* Boulenger, 1906 单列齿丽鱼属

Haplotaxodon microlepis Boulenger, 1906 小鳞单列齿丽鱼

Haplotaxodon trifasciatus Takahashi & Nakaya, 1999 三带单列齿丽鱼

Genus *Hemibates* Regan, 1920 半攀丽鱼属

Hemibates stenosoma (Boulenger, 1901) 窄身半攀丽鱼

Genus *Hemichromis* Peters, 1857 半丽鱼属

Hemichromis angolensis Steindachner, 1865 安哥拉半丽鱼

Hemichromis bimaculatus Gill, 1862 双斑半丽鱼 （台）

Hemichromis cerasogaster (Boulenger, 1899) 樱红半丽鱼

Hemichromis elongatus (Guichenot, 1861) 长体半丽鱼

Hemichromis exsul (Trewavas, 1933) 土卡拉湖半丽鱼

Hemichromis fasciatus Peters, 1857 条纹半丽鱼

Hemichromis frempongi Loiselle, 1979 弗氏半丽鱼

Hemichromis guttatus Günther, 1862 点纹半丽鱼

Hemichromis letourneuxi Sauvage, 1880 莱氏半丽鱼

Hemichromis lifalili Loiselle, 1979 玫瑰半丽鱼

Hemichromis stellifer Loiselle, 1979 星点半丽鱼

Genus *Hemitaeniochromis* Eccles & Trewavas, 1989 半带丽鱼属

Hemitaeniochromis urotaenia (Regan, 1922) 尾纹半带丽鱼

Genus *Hemitilapia* Boulenger, 1902 半非鲫属

Hemitilapia oxyrhyncha Boulenger, 1902 尖吻半非鲫

Genus *Herichthys* Baird & Girard, 1854 德州丽鱼属

Herichthys bartoni (Bean, 1892) 巴氏德州丽鱼

Herichthys carpintis (Jordan & Snyder, 1899) 珍珠德州丽鱼

Herichthys cyanoguttatus Baird & Girard, 1854 青斑德州丽鱼

Herichthys deppii (Heckel, 1840) 德普德州丽鱼

Herichthys labridens (Pellegrin, 1903) 厚唇德州丽鱼

Herichthys minckleyi (Kornfield & Taylor, 1983) 迈氏德州丽鱼

Herichthys pantostictus (Taylor & Miller, 1983) 墨西哥德州丽鱼

Herichthys steindachneri (Jordan & Snyder, 1899) 斯氏德州丽鱼

Herichthys tamasopoensis Artigas Azas, 1993 横带德州丽鱼

Genus *Heroina* Kullander, 1996 娜丽鱼属

Heroina isonycterina Kullander, 1996 似蝠娜丽鱼

Genus *Heros* Heckel, 1840 英丽鱼属

Heros efasciatus Heckel, 1840 金带英丽鱼

Heros notatus (Jardine, 1843) 显赫英丽鱼

Heros severus Heckel, 1840 哥伦比亚英丽鱼

Heros spurius Heckel, 1840 似英丽鱼

Genus *Heterochromis* Regan, 1922 异非鲫属

Heterochromis multidens (Pellegrin, 1900) 多齿异非鲫

Genus *Hoplarchus* Kaup, 1860 强棘非鲫属

Hoplarchus psittacus (Heckel, 1840) 强棘非鲫

Genus *Hypselecara* Kullander, 1986 高地丽鱼属

Hypselecara coryphaenoides (Heckel, 1840) 似鲯高地丽鱼

Hypselecara temporalis (Günther, 1862) 狮王高地丽鱼

Genus *Hypsophrys* Agassiz, 1859 高鳍丽鱼属

Hypsophrys nematopus (Günther, 1867) 白带高鳍丽鱼

Hypsophrys nicaraguensis (Günther, 1864) 尼加拉瓜湖高鳍丽鱼

Genus *Interochromis* Yamaoka, Hori & Kuwamura, 1988 中间丽鱼属

Interochromis loocki (Poll, 1949) 卢氏中间丽鱼

Genus *Iodotropheus* Oliver & Loiselle, 1972 厚唇丽鱼属

Iodotropheus declivitas Stauffer, 1994 斜陡厚唇丽鱼

Iodotropheus sprengerae Oliver & Loiselle, 1972 施氏厚唇丽鱼

Iodotropheus stuartgranti Konings, 1990 斯氏厚唇丽鱼

Genus *Iranocichla* Coad, 1982 伊朗丽鲷属

Iranocichla hormuzensis Coad, 1982 霍尔木兹丽鲷

Genus *Julidochromis* Boulenger, 1898 尖嘴丽鱼属

Julidochromis dickfeldi Staeck, 1975 迪氏尖嘴丽鱼

Julidochromis marlieri Poll, 1956 斑带尖嘴丽鱼

Julidochromis ornatus Boulenger, 1898 饰妆尖嘴丽鱼

Julidochromis regani Poll, 1942 雷氏尖嘴丽鱼

Julidochromis transcriptus Matthes, 1959 云斑尖嘴丽鱼

Genus *Katria* Stiassny & Sparks, 2006 瘤头丽鱼属

Katria katria (Reinthal & Stiassny, 1997) 横带瘤头丽鱼

Genus *Konia* Trewavas, 1972 康尼丽鱼属

Konia dikume Trewavas, 1972 喀麦隆康尼丽鱼

Konia eisentrauti (Trewavas, 1962) 埃氏康尼丽鱼

Genus *Krobia* Kullander & Nijssen, 1989 克罗比丽鱼属

Krobia guianensis (Regan, 1905) 圭亚那克罗比丽鱼

Krobia itanyi (Puyo, 1943) 伊氏克罗比丽鱼

Genus *Labeotropheus* Ahl, 1926 突吻丽鱼属

Labeotropheus fuelleborni Ahl, 1926 菲氏突吻丽鱼

Labeotropheus trewavasae Fryer, 1956 屈氏突吻丽鱼

Genus *Labidochromis* Trewavas, 1935 镊丽鱼属

Labidochromis caeruleus Fryer, 1956 淡黑镊丽鱼

Labidochromis chisumulae Lewis, 1982 希萨氏镊丽鱼

Labidochromis flavigulis Lewis, 1982 黄喉镊丽鱼

Labidochromis freibergi Johnson, 1974 弗氏镊丽鱼

Labidochromis gigas Lewis, 1982 巨镊丽鱼

Labidochromis heterodon Lewis, 1982 异齿镊丽鱼

Labidochromis ianthinus Lewis, 1982 紫镊丽鱼

Labidochromis lividus Lewis, 1982 浅蓝镊丽鱼

Labidochromis maculicauda Lewis, 1982 斑尾镊丽鱼

Labidochromis mathotho Burgess & Axelrod, 1976 马索镊丽鱼

Labidochromis mbenjii Lewis, 1982 本杰氏镊丽鱼

Labidochromis mylodon Lewis, 1982 白齿镊丽鱼

Labidochromis pallidus Lewis, 1982 苍白镊丽鱼

Labidochromis shiranus Lewis, 1982 希拉镊丽鱼

Labidochromis strigatus Lewis, 1982 条纹镊丽鱼

Labidochromis textilis Oliver, 1975 花雀镊丽鱼

Labidochromis vellicans Trewavas, 1935 绒镊丽鱼

Labidochromis zebroides Lewis, 1982 似纹镊丽鱼

Genus *Laetacara* Kullander, 1986 悦丽鱼属

Laetacara araguaiae Ottoni & Costa, 2009 阿氏悦丽鱼

Laetacara curviceps (Ahl, 1923) 弯头悦丽鱼

Laetacara dorsigera (Heckel, 1840) 高背悦丽鱼

Laetacara flavilabris (Cope, 1870) 黄唇悦丽鱼

Laetacara fulvipinnis Staeck & Schindler, 2007 黄翼悦丽鱼

Laetacara thayeri (Steindachner, 1875) 塞耶氏悦丽鱼

Genus *Lamprologus* Schilthuis, 1891 亮丽鲷属

Lamprologus callipterus Boulenger, 1906 美鳍亮丽鲷

Lamprologus congoensis Schilthuis, 1891 刚果亮丽鲷

Lamprologus finalimus Nichols & La Monte, 1931 锉缘亮丽鲷

Lamprologus kungweensis Poll, 1956 坦噶尼喀湖亮丽鲷

Lamprologus laparogramma Bills & Ribbink, 1997 腹纹亮丽鲷

Lamprologus lemairii Boulenger, 1899 勒氏亮丽鲷

Lamprologus lethops Roberts & Stewart, 1976 遗眼亮丽鲷

Lamprologus meleagris Büscher, 1991 珠点亮丽鲷

Lamprologus mocquardi Pellegrin, 1903 摩氏亮丽鲷

Lamprologus ocellatus (Steindachner, 1909) 眼斑亮丽鲷

Lamprologus ornatipinnis Poll, 1949 饰鳍亮丽鲷

Lamprologus signatus Poll, 1952 亮丽鲷

Lamprologus speciosus Büscher, 1991 灿亮丽鲷

Lamprologus stappersi Pellegrin, 1927 斯氏亮丽鲷

Lamprologus symoensi Poll, 1976 西氏亮丽鲷

Lamprologus teugelsi Schelly & Stiassny, 2004 托氏亮丽鲷

Lamprologus tigripictilis Schelly & Stiassny, 2004 珍珠亮丽鲷

Lamprologus tumbanus Boulenger, 1899 藤巴亮丽鲷

Lamprologus werneri Poll, 1959 沃氏亮丽鲷

Genus *Lepidiolamprologus* Pellegrin, 1904 雅丽鱼属

Lepidiolamprologus attenuatus (Steindachner, 1909) 狭身雅丽鱼

Lepidiolamprologus cunningtoni (Boulenger, 1906) 坎氏雅丽鱼

Lepidiolamprologus elongatus (Boulenger, 1898) 长体雅丽鱼

Lepidiolamprologus kendalli (Poll & Stewart, 1977) 肯氏雅丽鱼

Lepidiolamprologus mimicus Schelly, Takahashi, Bills & Hori, 2007 宝莲雅丽鱼

Lepidiolamprologus nkambae (Staeck, 1978) 卡氏雅丽鱼

Lepidiolamprologus profundicola (Poll, 1949) 深栖雅丽鱼

Genus *Lestradea* Poll, 1943 盗丽鱼属

Lestradea perspicax Poll, 1943 砂栖盗丽鱼

Lestradea stappersii (Poll, 1943) 斯氏盗丽鱼

Genus *Lethrinops* Regan, 1922 龙占丽鱼属

Lethrinops albus Regan, 1922 白龙占丽鱼

Lethrinops altus Trewavas, 1931 高背龙占丽鱼

Lethrinops argenteus Ahl, 1926 银龙占丽鱼

Lethrinops auritus (Regan, 1922) 金色龙占丽鱼

Lethrinops christyi Trewavas, 1931 克氏龙占丽鱼

Lethrinops furcifer Trewavas, 1931 叉龙占丽鱼

Lethrinops gossei Burgess & Axelrod, 1973 戈斯氏龙占丽鱼

Lethrinops leptodon Regan, 1922 弱齿龙占丽鱼

Lethrinops lethrinus (Günther, 1894) 马拉维湖龙占丽鱼

Lethrinops longimanus Trewavas, 1931 长手龙占丽鱼

Lethrinops longipinnis Eccles & Lewis, 1978 长翅龙占丽鱼

Lethrinops lunaris Trewavas, 1931 月龙占丽鱼

Lethrinops macracanthus Trewavas, 1931 大刺龙占丽鱼

Lethrinops macrochir (Regan, 1922) 大手龙占丽鱼

Lethrinops macrophthalmus (Boulenger, 1908) 大眼龙占丽鱼

Lethrinops marginatus Ahl, 1926 缘龙占丽鱼

Lethrinops micrentodon (Regan, 1922) 细齿龙占丽鱼

Lethrinops microdon Eccles & Lewis, 1977 小齿龙占丽鱼

Lethrinops microstoma Trewavas, 1931 小口龙占丽鱼

Lethrinops mylodon borealis Eccles & Lewis, 1979 北方龙占丽鱼

Lethrinops mylodon mylodon Eccles & Lewis, 1979 白齿龙占丽鱼

Lethrinops oculatus Trewavas, 1931 睛斑龙占丽鱼

Lethrinops parvidens Trewavas, 1931 微齿龙占丽鱼

Lethrinops stridei Eccles & Lewis, 1977 斯氏龙占丽鱼

Lethrinops turneri Ngatunga & Snoeks, 2003 塔氏龙占丽鱼

Genus *Lichnochromis* Trewavas, 1935 艳丽鱼属

Lichnochromis acuticeps Trewavas, 1935 尖头艳丽鱼

Genus *Limbochromis* Greenwood, 1987 缘边丽鱼属

Limbochromis robertsi (Thys van den Audenaerde & Loiselle, 1971) 罗氏缘边丽鱼

Genus *Limnochromis* Regan, 1920 湖丽鱼属

Limnochromis abeelei Poll, 1949 阿氏湖丽鱼
Limnochromis auritus (Boulenger, 1901) 金色湖丽鱼
Limnochromis staneri Poll, 1949 斯氏湖丽鱼

Genus *Limnotilapia* Regan, 1920 湖非鲫属

Limnotilapia dardennii (Boulenger, 1899) 达氏湖非鲫

Genus *Lobochilotes* Boulenger, 1915 圆唇丽鱼属

Lobochilotes labiatus (Boulenger, 1898) 圆唇丽鱼

Genus *Maylandia* Meyer & Foerster, 1984 拟丽鱼属

Maylandia aurora (Burgess, 1976) 金色拟丽鱼
Maylandia barlowi (Mckaye & Stauffer, 1986) 巴氏拟丽鱼
Maylandia benetos (Stauffer, Bowers, Kellogg & McKaye, 1997) 秀拟丽鱼
Maylandia callainos (Stauffer & Hert, 1992) 美拟丽鱼
Maylandia chrysomallos (Stauffer, Bowers, Kellogg & McKaye, 1997) 金鳞拟丽鱼
Maylandia cyneusmarginata (Stauffer, Bowers, Kellogg & McKaye, 1997) 贪食拟丽鱼
Maylandia elegans (Trewavas, 1935) 灿拟丽鱼
Maylandia emmiltos (Stauffer, Bowers, Kellogg & McKaye, 1997) 变色拟丽鱼
Maylandia estherae (Konings, 1995) 埃氏拟丽鱼
Maylandia flavifemina (Konings & Stauffer, 2006) 黄体拟丽鱼
Maylandia greshakei (Meyer & Foerster, 1984) 格氏拟丽鱼
Maylandia hajomaylandi (Meyer & Schartl, 1984) 哈氏拟丽鱼
Maylandia heteropicta (Staeck, 1980) 异绣色拟丽鱼
Maylandia lanisticola (Burgess, 1976) 胭脂拟丽鱼
Maylandia livingstonii (Boulenger, 1899) 利文斯通拟丽鱼
Maylandia lombardoi (Burgess, 1977) 隆氏拟丽鱼
Maylandia mbenjii (Stauffer, Bowers, Kellogg & McKaye, 1997) 带斑拟丽鱼
Maylandia melabranchion (Stauffer, Bowers, Kellogg & McKaye, 1997) 黑鳃拟丽鱼
Maylandia phaeos (Stauffer, Bowers, Kellogg & McKaye, 1997) 暗色拟丽鱼
Maylandia pursa (Stauffer, 1991) 马拉维湖拟丽鱼
Maylandia pyrsonotos (Stauffer, Bowers, Kellogg & McKaye, 1997) 魅形拟丽鱼
Maylandia sandaracinos (Stauffer, Bowers, Kellogg & McKaye, 1997) 少耙拟丽鱼
Maylandia thapsinogen (Stauffer, Bowers, Kellogg & McKaye, 1997) 黄颊拟丽鱼
Maylandia xanstomachus (Stauffer & Boltz, 1989) 黄口拟丽鱼
Maylandia zebra (Boulenger, 1899) 斑马拟丽鱼

Genus *Mazarunia* Kullander, 1990 马赞丽鱼属

Mazarunia mazarunii Kullander, 1990 圭亚那马赞丽鱼

Genus *Mchenga* Stauffer & Konings, 2006 桨鳍非鲫属

Mchenga conophoros (Stauffer, LoVullo & McKaye, 1993) 锥头桨鳍非鲫
Mchenga cyclicos (Stauffer, LoVullo & McKaye, 1993) 圆头桨鳍非鲫
Mchenga eucinostomus (Regan, 1922) 美口桨鳍非鲫
Mchenga flavimanus (Iles, 1960) 黄桨鳍非鲫
Mchenga inornata (Boulenger, 1908) 丑桨鳍非鲫
Mchenga thinos (Stauffer, LoVullo & McKaye, 1993) 砂栖桨鳍非鲫

Genus *Melanochromis* Trewavas, 1935 黑丽鱼属

Melanochromis auratus (Boulenger, 1897) 纵带黑丽鱼

Melanochromis baliodigma Bowers & Stauffer, 1997 马拉维湖黑丽鱼
Melanochromis benetos Bowers & Stauffer, 1997 野黑丽鱼
Melanochromis brevis Trewavas, 1935 短体黑丽鱼
Melanochromis chipokae Johnson, 1975 奇普黑丽鱼
Melanochromis cyaneorhabdos Bowers & Stauffer, 1997 蓝纹黑丽鱼
Melanochromis dialeptos Bowers & Stauffer, 1997 苍黑丽鱼
Melanochromis elastodema Bowers & Stauffer, 1997 弹跳黑丽鱼
Melanochromis heterochromis Bowers & Stauffer, 1993 异黑丽鱼
Melanochromis interruptus Johnson, 1975 中断黑丽鱼
Melanochromis joanjohnsonae (Johnson, 1974) 琼黑丽鱼
Melanochromis johannii (Eccles, 1973) 约翰黑丽鱼
Melanochromis kaskazini Konings-Dudin, Konings & Stauffer, 2009 卡氏黑丽鱼
Melanochromis lepidiadaptes Bowers & Stauffer, 1997 美艳黑丽鱼
Melanochromis loriae Johnson, 1975 洛里黑丽鱼
Melanochromis melanopterus Trewavas, 1935 黑鳍黑丽鱼
Melanochromis mossambiquensis Konings-Dudin, Konings & Stauffer, 2009 莫桑比克黑丽鱼
Melanochromis parallelus Burgess & Axelrod, 1976 平行黑丽鱼
Melanochromis perileucos Bowers & Stauffer, 1997 美鳞黑丽鱼
Melanochromis robustus Johnson, 1985 壮黑丽鱼
Melanochromis simulans Eccles, 1973 仿黑丽鱼
Melanochromis vermivorus Trewavas, 1935 蠕黑丽鱼
Melanochromis wochepa Konings-Dudin, Konings & Stauffer, 2009 长头黑丽鱼
Melanochromis xanthodigma Bowers & Stauffer, 1997 黄黑丽鱼

Genus *Mesonauta* Günther, 1862 中丽鱼属

Mesonauta acora (Castelnau, 1855) 神仙中丽鱼
Mesonauta egregius Kullander & Silfvergrip, 1991 秀美中丽鱼
Mesonauta festivus (Heckel, 1840) 灿烂中丽鱼
Mesonauta guyanae Schindler, 1998 盖伊中丽鱼
Mesonauta insignis (Heckel, 1840) 粗中丽鱼
Mesonauta mirificus Kullander & Silfvergrip, 1991 奇异中丽鱼

Genus *Microchromis* Johnson, 1975 小丽鱼属

Microchromis zebroides Johnson, 1975 似带小丽鱼

Genus *Mikrogeophagus* Meulengracht-Madson, 1968 小嗜土丽鲷属

Mikrogeophagus altispinosus (Haseman, 1911) 厚棘小嗜土丽鲷
Mikrogeophagus ramirezi (Myers & Harry, 1948) 雷氏小嗜土丽鲷

Genus *Myaka* Trewavas, 1972 迈卡丽鱼属

Myaka myaka Trewavas, 1972 迈卡丽鱼

Genus *Mylochromis* Regan, 1920 臼齿丽鲷属

Mylochromis anaphyrmus (Burgess & Axelrod, 1973) 无吸盘臼齿丽鲷
Mylochromis balteatus (Trewavas, 1935) 环纹臼齿丽鲷
Mylochromis chekopae Turner & Howarth, 2001 奇科帕臼齿丽鲷
Mylochromis ensatus Turner & Howarth, 2001 剑形臼齿丽鲷
Mylochromis epichorialis (Trewavas, 1935) 食蟹臼齿丽鲷
Mylochromis ericotaenia (Regan, 1922) 带纹臼齿丽鲷
Mylochromis formosus (Trewavas, 1935) 美丽臼齿丽鲷
Mylochromis gracilis (Trewavas, 1935) 细臼齿丽鲷
Mylochromis guentheri (Regan, 1922) 贡氏臼齿丽鲷
Mylochromis incola (Trewavas, 1935) 野生臼齿丽鲷
Mylochromis labidodon (Trewavas, 1935) 镊齿臼齿丽鲷
Mylochromis lateristriga (Günther, 1864) 砖纹臼齿丽鲷
Mylochromis melanonotus (Regan, 1922) 黑背臼齿丽鲷
Mylochromis melanotaenia (Regan, 1922) 黑带臼齿丽鲷
Mylochromis mola (Trewavas, 1935) 东非臼齿丽鲷
Mylochromis mollis (Trewavas, 1935) 软身臼齿丽鲷
Mylochromis obtusus (Trewavas, 1935) 钝吻臼齿丽鲷

Mylochromis plagiotaenia (Regan, 1922) 斜带白齿丽鲷
Mylochromis semipalatus (Trewavas, 1935) 半颌白齿丽鲷
Mylochromis sphaerodon (Regan, 1922) 圆牙白齿丽鲷
Mylochromis spilostichus (Trewavas, 1935) 扇鳍白齿丽鲷

Genus *Naevochromis* Eccles & Trewavas, 1989 多斑丽鲷属

Naevochromis chrysogaster (Trewavas, 1935) 金腹多斑丽鲷

Genus *Nandopsis* Meinken, 1954 南渡丽鲷属

Nandopsis haitiensis (Tee-Van, 1935) 海地南渡丽鲷
Nandopsis ramsdeni (Fowler, 1938) 伦氏南渡丽鲷
Nandopsis tetracanthus (Valenciennes, 1831) 四棘南渡丽鲷

Genus *Nannacara* Regan, 1905 矮丽鱼属

Nannacara adoketa Kullander & Prada-Pedreros, 1993 花脸矮丽鱼
Nannacara anomala Regan, 1905 矮丽鱼
Nannacara aureocephalus Allgayer, 1983 金头矮丽鱼
Nannacara bimaculata Eigenmann, 1912 双斑矮丽鱼
Nannacara quadrispinae Staeck & Schindler, 2004 四棘矮丽鱼
Nannacara taenia Regan, 1912 带纹矮丽鱼

Genus *Nanochromis* Pellegrin, 1904 彩短鲷属

Nanochromis consortus Roberts & Stewart, 1976 大头彩短鲷
Nanochromis minor Roberts & Stewart, 1976 细彩短鲷
Nanochromis nudiceps (Boulenger, 1899) 裸头彩短鲷
Nanochromis parilus Roberts & Stewart, 1976 蓝腹彩短鲷
Nanochromis splendens Roberts & Stewart, 1976 小头彩短鲷
Nanochromis teugelsi Lamboj & Schelly, 2006 托氏彩短鲷
Nanochromis transvestitus Stewart & Roberts, 1984 横带彩短鲷
Nanochromis wickleri Schliewen & Stiassny, 2006 威氏彩短鲷

Genus *Neolamprologus* Colombe & Allgayer, 1985 新亮丽鲷属

Neolamprologus bifasciatus Büscher, 1993 双带新亮丽鲷
Neolamprologus boulengeri (Steindachner, 1909) 博氏新亮丽鲷
Neolamprologus brevis (Boulenger, 1899) 短新亮丽鲷
Neolamprologus brichardi (Poll, 1974) 布氏新亮丽鲷
Neolamprologus buescheri (Staeck, 1983) 巴氏新亮丽鲷
Neolamprologus cancellatus Aibara, Takahashi & Nakaya, 2005 格纹新亮丽鲷
Neolamprologus caudopunctatus (Poll, 1978) 尾斑新亮丽鲷
Neolamprologus chitamwebwai Verburg & Bills, 2007 奇氏新亮丽鲷
Neolamprologus christyi (Trewavas & Poll, 1952) 克氏新亮丽鲷
Neolamprologus crassus (Brichard, 1989) 厚体新亮丽鲷
Neolamprologus cylindricus Staeck & Seegers, 1986 圆筒新亮丽鲷
Neolamprologus devosi Schelly, Stiassny & Seegers, 2003 迪氏新亮丽鲷
Neolamprologus falcicula (Brichard, 1989) 镰鳍新亮丽鲷
Neolamprologus fasciatus (Boulenger, 1898) 条纹新亮丽鲷
Neolamprologus furcifer (Boulenger, 1898) 叉新亮丽鲷
Neolamprologus gracilis (Brichard, 1989) 细新亮丽鲷
Neolamprologus hecqui (Boulenger, 1899) 赫氏新亮丽鲷
Neolamprologus helianthus Büscher, 1997 蓝边新亮丽鲷
Neolamprologus leleupi (Poll, 1956) 勒氏新亮丽鲷
Neolamprologus leloupi (Poll, 1948) 淡黄新亮丽鲷
Neolamprologus longicaudatus Nakaya & Gashagaza, 1995 长尾新亮丽鲷
Neolamprologus longior (Staeck, 1980) 郎吉新亮丽鲷
Neolamprologus marunguensis Büscher, 1989 刚果河新亮丽鲷
Neolamprologus meeli (Poll, 1948) 米氏新亮丽鲷
Neolamprologus modestus (Boulenger, 1898) 静新亮丽鲷
Neolamprologus mondabu (Boulenger, 1906) 蒙代新亮丽鲷
Neolamprologus multifasciatus (Boulenger, 1906) 多带新亮丽鲷
Neolamprologus mustax (Poll, 1978) 新亮丽鲷
Neolamprologus niger (Poll, 1956) 浅黑新亮丽鲷
Neolamprologus nigriventris Büscher, 1992 黑腹新亮丽鲷
Neolamprologus obscurus (Poll, 1978) 暗色新亮丽鲷

Neolamprologus olivaceous (Brichard, 1989) 榄色新亮丽鲷
Neolamprologus pectoralis Büscher, 1991 大胸新亮丽鲷
Neolamprologus petricola (Poll, 1949) 岩新亮丽鲷
Neolamprologus pleuromaculatus (Trewavas & Poll, 1952) 胸斑新亮丽鲷
Neolamprologus prochilus (Bailey & Stewart, 1977) 前唇新亮丽鲷
Neolamprologus pulcher (Trewavas & Poll, 1952) 美新亮丽鲷
Neolamprologus savoryi (Poll, 1949) 萨氏新亮丽鲷
Neolamprologus schreyeni (Poll, 1974) 施氏新亮丽鲷
Neolamprologus sexfasciatus (Trewavas & Poll, 1952) 六带新亮丽鲷
Neolamprologus similis Büscher, 1992 似新亮丽鲷
Neolamprologus splendens (Brichard, 1989) 大头新亮丽鲷
Neolamprologus tetracanthus (Boulenger, 1899) 四棘新亮丽鲷
Neolamprologus toae (Poll, 1949) 托氏新亮丽鲷
Neolamprologus tretocephalus (Boulenger, 1899) 孔头新亮丽鲷
Neolamprologus variostigma Büscher, 1995 杂点新亮丽鲷
Neolamprologus ventralis Büscher, 1995 腹新亮丽鲷
Neolamprologus walteri Verburg & Bills, 2007 华氏新亮丽鲷
Neolamprologus wauthioni (Poll, 1949) 沃氏新亮丽鲷

Genus *Nimbochromis* Eccles & Trewavas, 1989 雨丽鱼属

Nimbochromis fuscotaeniatus (Regan, 1922) 棕条雨丽鱼
Nimbochromis linni (Burgess & Axelrod, 1975) 林氏雨丽鱼
Nimbochromis livingstonii (Günther, 1894) 利氏雨丽鱼
Nimbochromis polystigma (Regan, 1922) 多点雨丽鱼
Nimbochromis venustus (Boulenger, 1908) 爱神雨丽鱼

Genus *Nyassachromis* Eccles & Trewavas, 1989 奈沙丽鱼属

Nyassachromis boadzulu (Iles, 1960) 博氏奈沙丽鱼
Nyassachromis breviceps (Regan, 1922) 短头奈沙丽鱼
Nyassachromis leuciscus (Regan, 1922) 白奈沙丽鱼
Nyassachromis microcephalus (Trewavas, 1935) 小头奈沙丽鱼
Nyassachromis nigritaeniatus (Trewavas, 1935) 黑带奈沙丽鱼
Nyassachromis prostoma (Trewavas, 1935) 原口奈沙丽鱼
Nyassachromis purpurans (Trewavas, 1935) 紫色奈沙丽鱼
Nyassachromis serenus (Trewavas, 1935) 塞伦奈沙丽鱼

Genus *Ophthalmotilapia* Pellegrin, 1904 大眼非鲫属

Ophthalmotilapia boops (Boulenger, 1901) 牛目大眼非鲫
Ophthalmotilapia heterodonta (Poll & Matthes, 1962) 异齿大眼非鲫
Ophthalmotilapia nasuta (Poll & Matthes, 1962) 黄鳍大眼非鲫
Ophthalmotilapia ventralis (Boulenger, 1898) 腹大眼非鲫

Genus *Oreochromis* Günther, 1889 口孵非鲫属

Oreochromis amphimelas (Hilgendorf, 1905) 橙胸口孵非鲫
Oreochromis andersonii (Castelnau, 1861) 黄边口孵非鲫 陆
Oreochromis angolensis (Trewavas, 1973) 安哥拉口孵非鲫
Oreochromis aureus (Steindachner, 1864) 奥利亚口孵非鲫 陆
Oreochromis chungruruensis (Ahl, 1924) 马拉维湖口孵非鲫
Oreochromis esculentus (Graham, 1928) 美味口孵非鲫
Oreochromis hunteri Günther, 1889 亨氏口孵非鲫
Oreochromis ismailiaensis Mekkawy, 1995 埃及口孵非鲫
Oreochromis jipe (Lowe, 1955) 吉帕口孵非鲫
Oreochromis karomo (Poll, 1948) 卡罗口孵非鲫
Oreochromis karongae (Trewavas, 1941) 卡朗口孵非鲫
Oreochromis korogwe (Lowe, 1955) 科罗口孵非鲫
Oreochromis lepidurus (Boulenger, 1899) 美丽口孵非鲫
Oreochromis leucostictus (Trewavas, 1933) 白斑口孵非鲫
Oreochromis lidole (Trewavas, 1941) 利多口孵非鲫
Oreochromis macrochir (Boulenger, 1912) 大臂口孵非鲫
Oreochromis mortimeri (Trewavas, 1966) 莫氏口孵非鲫
Oreochromis mossambicus (Peters, 1852) 莫桑比克口孵非鲫 陆 台
Oreochromis mweruensis Trewavas, 1983 姆韦鲁湖口孵非鲫

Oreochromis niloticus baringoensis Trewavas, 1983 巴林口孵非鲫

Oreochromis niloticus cancellatus (Nichols, 1923) 格纹口孵非鲫

Oreochromis niloticus eduardianus (Boulenger, 1912) 大鳞口孵非鲫

Oreochromis niloticus filoa Trewavas, 1983 菲洛口孵非鲫

Oreochromis niloticus niloticus (Linnaeus, 1758) 尼罗口孵非鲫(尼罗非鲫) 陆
台

Oreochromis niloticus sugutae Trewavas, 1983 萨格口孵非鲫

Oreochromis niloticus tana Seyoum & Kornfield, 1992 坦纳口孵非鲫

Oreochromis niloticus vulcani (Trewavas, 1933) 沃氏口孵非鲫

Oreochromis pangani girigan (Lowe, 1955) 吉里口孵非鲫

Oreochromis pangani pangani (Lowe, 1955) 潘氏口孵非鲫

Oreochromis placidus placidus (Trewavas, 1941) 柔口孵非鲫

Oreochromis placidus ruvumae (Trewavas, 1966) 鲁沃口孵非鲫

Oreochromis rukwaensis (Hilgendorf & Pappenheim, 1903) 鲁夸湖口孵非鲫

Oreochromis saka (Lowe, 1953) 沙卡口孵非鲫

Oreochromis salinicola (Poll, 1948) 沙莉口孵非鲫

Oreochromis schwebischi (Sauvage, 1884) 施氏口孵非鲫

Oreochromis shiranus chilwae (Trewavas, 1966) 奇尔口孵非鲫

Oreochromis shiranus shiranus Boulenger, 1897 希拉纳口孵非鲫

Oreochromis spilurus niger Günther, 1894 暗黑口孵非鲫

Oreochromis spilurus percivali (Boulenger, 1912) 佩氏口孵非鲫

Oreochromis spilurus spilurus (Günther, 1894) 金斑口孵非鲫

Oreochromis squamipinnis (Günther, 1864) 鳞翅口孵非鲫

Oreochromis tanganicae (Günther, 1894) 坦噶尼喀口孵非鲫

Oreochromis upembae (Thys van den Audenaerde, 1964) 厄佩口孵非鲫

Oreochromis urolepis hornorum (Trewavas, 1966) 画眉口孵非鲫

Oreochromis urolepis urolepis (Norman, 1922) 尾鳞口孵非鲫

Oreochromis variabilis (Boulenger, 1906) 杂色口孵非鲫

Genus *Orthochromis* Greenwood, 1954 直口非鲫属

Orthochromis kalungwishiensis (Greenwood & Kullander, 1994) 卡隆直口非鲫

Orthochromis kasuluensis De Vos & Seegers, 1998 横带直口非鲫

Orthochromis luichensis De Vos & Seegers, 1998 眼纹直口非鲫

Orthochromis luongoensis (Greenwood & Kullander, 1994) 赞比亚直口非鲫

Orthochromis machadoi (Poll, 1967) 马查氏直口非鲫

Orthochromis malagaraziensis (David, 1937) 布隆迪直口非鲫

Orthochromis mazimeroensis De Vos & Seegers, 1998 眼带直口非鲫

Orthochromis mosoensis De Vos & Seegers, 1998 隆额直口非鲫

Orthochromis polyacanthus (Boulenger, 1899) 多棘直口非鲫

Orthochromis rubrolabialis De Vos & Seegers, 1998 红唇直口非鲫

Orthochromis rugufuensis De Vos & Seegers, 1998 横斑直口非鲫

Orthochromis stormsi (Boulenger, 1902) 斯氏直口非鲫

Orthochromis torrenticola (Thys van den Audenaerde, 1963) 溪居直口非鲫

Orthochromis uvinzae De Vos & Seegers, 1998 井纹直口非鲫

Genus *Otopharynx* Regan, 1920 大咽非鲫属

Otopharynx antron Cleaver, Konings & Stauffer, 2009 穴栖大咽非鲫

Otopharynx argyrosoma (Regan, 1922) 银身大咽非鲫

Otopharynx auromarginatus (Boulenger, 1908) 金缘大咽非鲫

Otopharynx brooksi Oliver, 1989 布氏大咽非鲫

Otopharynx decorus (Trewavas, 1935) 华美大咽非鲫

Otopharynx heterodon (Trewavas, 1935) 异齿大咽非鲫

Otopharynx lithobates Oliver, 1989 石爬大咽非鲫

Otopharynx ovatus (Trewavas, 1935) 卵形大咽非鲫

Otopharynx pachycheilus Arnegard & Snoeks, 2001 厚唇大咽非鲫

Otopharynx selenurus Regan, 1922 月尾大咽非鲫

Otopharynx speciosus (Trewavas, 1935) 眩辉大咽非鲫

Otopharynx spelaeotes Cleaver, Konings & Stauffer, 2009 喜穴大咽非鲫

Otopharynx tetraspilus (Trewavas, 1935) 四斑大咽非鲫

Otopharynx tetrastigma (Günther, 1894) 四点大咽非鲫

Genus *Oxylapia* Kiener & Maugé, 1966 尖非鲫属

Oxylapia polli Kiener & Maugé, 1966 波氏尖非鲫

Genus *Pallidochromis* Turner, 1994 苍皮丽鱼属

Pallidochromis tokolosh Turner, 1994 马拉维苍皮丽鱼

Genus *Parachromis* Regan, 1922 副丽鱼属

Parachromis dovii (Günther, 1864) 达氏副丽鱼

Parachromis friedrichsthalii (Heckel, 1840) 弗氏副丽鱼

Parachromis loisellei (Bussing, 1989) 洛氏副丽鱼

Parachromis managuensis (Günther, 1867) 花身副丽鱼 陆 台

 syn. *Cichlasoma managuensis* Günther, 1867 珠丽体鱼

Parachromis motaguensis (Günther, 1867) 黄颊副丽鱼

Genus *Paracyprichromis* Poll, 1986 副爱丽鱼属

Paracyprichromis brieni (Poll, 1981) 布氏副爱丽鱼

Paracyprichromis nigripinnis (Boulenger, 1901) 黑翅副爱丽鱼

Genus *Parananochromis* Greenwood, 1987 副南丽鱼属

Parananochromis axelrodi Lamboj & Stiassny, 2003 阿氏副南丽鱼

Parananochromis brevirostris Lamboj & Stiassny, 2003 短吻副南丽鱼

Parananochromis caudifasciatus (Boulenger, 1913) 尾纹副南丽鱼

Parananochromis gabonicus (Trewavas, 1975) 加蓬副南丽鱼

Parananochromis longirostris (Boulenger, 1903) 长吻副南丽鱼

Parananochromis ornatus Lamboj & Stiassny, 2003 饰妆副南丽鱼

Genus *Paraneetroplus* Regan, 1905 副尼丽鱼属

Paraneetroplus argenteus (Allgayer, 1991) 银色副尼丽鱼

Paraneetroplus bifasciatus (Steindachner, 1864) 双纹副尼丽鱼

Paraneetroplus breidohri (Werner & Stawikowski, 1987) 布氏副尼丽鱼

Paraneetroplus bulleri Regan, 1905 布勒副尼丽鱼

Paraneetroplus fenestratus (Günther, 1860) 马头副尼丽鱼

Paraneetroplus gibbiceps (Steindachner, 1864) 隆头副尼丽鱼

Paraneetroplus guttulatus (Günther, 1864) 危地马拉副尼丽鱼

Paraneetroplus hartwegi (Taylor & Miller, 1980) 哈氏副尼丽鱼

Paraneetroplus maculicauda (Regan, 1905) 斑尾副尼丽鱼

Paraneetroplus melanurus (Günther, 1862) 黑尾副尼丽鱼

Paraneetroplus nebuliferus (Günther, 1860) 云纹副尼丽鱼

Paraneetroplus regani (Miller, 1974) 里根氏副尼丽鱼

Paraneetroplus synspilus (Hubbs, 1935) 粉红副尼丽鱼

Paraneetroplus zonatus (Meek, 1905) 带纹副尼丽鱼

Genus *Paratilapia* Bleeker, 1868 副非鲫属

Paratilapia polleni Bleeker, 1868 波伦副非鲫

Paratilapia toddi Boulenger, 1905 托氏副非鲫

Genus *Paretroplus* Bleeker, 1868 副热鲷属

Paretroplus dambabe Sparks, 2002 马达加斯加副热鲷

Paretroplus damii Bleeker, 1868 达米氏副热鲷

Paretroplus gymnopreopercularis Sparks, 2008 裸盖副热鲷

Paretroplus kieneri Arnoult, 1960 基氏副热鲷

Paretroplus lamenabe Sparks, 2008 舔食副热鲷

Paretroplus maculatus Kiener & Maugé, 1966 斑副热鲷

Paretroplus maromandia Sparks & Reinthal, 1999 红条带副热鲷

Paretroplus menarambo Allgayer, 1996 蓝鳍副热鲷

Paretroplus nourissati (Allgayer, 1998) 诺氏副热鲷

Paretroplus petiti Pellegrin, 1929 佩氏副热鲷

Paretroplus polyactis Bleeker, 1878 多线副热鲷

Paretroplus tsimoly Stiassny, Chakrabarty & Loiselle, 2001 橘额副热鲷

Genus *Pelmatochromis* Steindachner, 1894 突颌丽鱼属

Pelmatochromis buettikoferi (Steindachner, 1894) 比氏突颌丽鱼

Pelmatochromis nigrofasciatus (Pellegrin, 1900) 黑带突颌丽鱼

Pelmatochromis ocellifer Boulenger, 1899 睛斑突颌丽鱼

Genus *Pelvicachromis* Thys van den Audenaerde, 1968 矛耙丽鱼属

Pelvicachromis humilis (Boulenger, 1916) 矮矛耙丽鱼

Pelvicachromis pulcher (Boulenger, 1901) 矛耙丽鱼

Pelvicachromis roloffi (Thys van den Audenaerde, 1968) 罗氏矛耙丽鱼

Pelvicachromis rubrolabiatus Lamboj, 2004 红唇矛耙丽鱼

Pelvicachromis signatus Lamboj, 2004 几内亚矛耙丽鱼

Pelvicachromis subocellatus (Günther, 1872) 亚睛斑矛耙丽鱼

Pelvicachromis taeniatus (Boulenger, 1901) 带纹矛耙丽鱼

Genus *Perissodus* Boulenger, 1898 奇齿丽鱼属

Perissodus eccentricus Liem & Stewart, 1976 野奇齿丽鱼

Perissodus microlepis Boulenger, 1898 小鳞奇齿丽鱼

Genus *Petenia* Günther, 1862 灿丽鱼属

Petenia splendida Günther, 1862 灿丽鱼

Genus *Petrochromis* Boulenger, 1898 岩丽鱼属

Petrochromis famula Matthes & Trewavas, 1960 野岩丽鱼

Petrochromis fasciolatus Boulenger, 1914 带纹岩丽鱼

Petrochromis macrognathus Yamaoka, 1983 大颌岩丽鱼

Petrochromis orthognathus Matthes, 1959 直颌岩丽鱼

Petrochromis polyodon Boulenger, 1898 多齿岩丽鱼

Petrochromis trewavasae ephippium Brichard, 1989 坦噶尼喀湖岩丽鱼

Petrochromis trewavasae trewavasae Poll, 1948 屈氏岩丽鱼

Genus *Petrotilapia* Trewavas, 1935 岩非鲫属

Petrotilapia chrysos Stauffer & van Snik, 1996 金黄岩非鲫

Petrotilapia genalutea Marsh, 1983 吉纳岩非鲫

Petrotilapia microgalana Ruffing, Lambert & Stauffer, 2006 马拉维岩非鲫

Petrotilapia nigra Marsh, 1983 黑岩非鲫

Petrotilapia tridentiger Trewavas, 1935 三尖齿岩非鲫

Genus *Pharyngochromis* Greenwood, 1979 咽丽鱼属

Pharyngochromis acuticeps (Steindachner, 1866) 尖头咽丽鱼

Pharyngochromis darlingi (Boulenger, 1911) 达氏咽丽鱼

Genus *Placidochromis* Eccles & Trewavas, 1989 柔丽鲷属

Placidochromis acuticeps Hanssens, 2004 尖头柔丽鲷

Placidochromis acutirostris Hanssens, 2004 尖吻柔丽鲷

Placidochromis argyrogaster Hanssens, 2004 银胸柔丽鲷

Placidochromis boops Hanssens, 2004 牛眼柔丽鲷

Placidochromis borealis Hanssens, 2004 北方柔丽鲷

Placidochromis chilolae Hanssens, 2004 厚唇柔丽鲷

Placidochromis communis Hanssens, 2004 马拉维湖柔丽鲷

Placidochromis domirae Hanssens, 2004 多明柔丽鲷

Placidochromis ecclesi Hanssens, 2004 埃氏柔丽鲷

Placidochromis electra (Burgess, 1979) 琥珀柔丽鲷

Placidochromis elongatus Hanssens, 2004 长身柔丽鲷

Placidochromis fuscus Hanssens, 2004 棕色柔丽鲷

Placidochromis hennydaviesae (Burgess & Axelrod, 1973) 亨尼氏柔丽鲷

Placidochromis intermedius Hanssens, 2004 中间柔丽鲷

Placidochromis johnstoni (Günther, 1894) 约翰柔丽鲷

Placidochromis koningsi Hanssens, 2004 科宁柔丽鲷

Placidochromis lineatus Hanssens, 2004 线纹柔丽鲷

Placidochromis longimanus (Trewavas, 1935) 长鳍柔丽鲷

Placidochromis longirostris Hanssens, 2004 长吻柔丽鲷

Placidochromis longus Hanssens, 2004 长体柔丽鲷

Placidochromis lukomae Hanssens, 2004 卢氏柔丽鲷

Placidochromis macroceps Hanssens, 2004 大头柔丽鲷

Placidochromis macrognathus Hanssens, 2004 大颌柔丽鲷

Placidochromis mbunoides Hanssens, 2004 六带柔丽鲷

Placidochromis milomo Oliver, 1989 米洛柔丽鲷

Placidochromis minor Hanssens, 2004 小柔丽鲷

Placidochromis minutus Hanssens, 2004 微柔丽鲷

Placidochromis msakae Hanssens, 2004 棕黄柔丽鲷

Placidochromis nigribarbis Hanssens, 2004 黑须柔丽鲷

Placidochromis nkhatae Hanssens, 2004 七带柔丽鲷

Placidochromis nkhotakotae Hanssens, 2004 五带柔丽鲷

Placidochromis obscurus Hanssens, 2004 暗色柔丽鲷

Placidochromis ordinarius Hanssens, 2004 喜荫柔丽鲷

Placidochromis orthognathus Hanssens, 2004 直颌柔丽鲷

Placidochromis pallidus Hanssens, 2004 苍白柔丽鲷

Placidochromis phenochilus (Trewavas, 1935) 火唇柔丽鲷

Placidochromis platyrhynchos Hanssens, 2004 扁吻柔丽鲷

Placidochromis polli (Burgess & Axelrod, 1973) 波尔柔丽鲷

Placidochromis rotundifrons Hanssens, 2004 隆背柔丽鲷

Placidochromis subocularis (Günther, 1894) 下眼柔丽鲷

Placidochromis trewavasae Hanssens, 2004 屈氏柔丽鲷

Placidochromis turneri Hanssens, 2004 特氏柔丽鲷

Placidochromis vulgaris Hanssens, 2004 银黄柔丽鲷

Genus *Plecodus* Boulenger, 1898 织丽鱼属

Plecodus elaviae Poll, 1949 伊拉织丽鱼

Plecodus multidentatus Poll, 1952 多齿织丽鱼

Plecodus paradoxus Boulenger, 1898 奇织丽鱼

Plecodus straeleni Poll, 1948 斯氏织丽鱼

Genus *Protomelas* Eccles & Trewavas, 1989 原黑丽鱼属

Protomelas annectens (Regan, 1922) 大口原黑丽鱼

Protomelas dejunctus Stauffer, 1993 贪婪原黑丽鱼

Protomelas fenestratus (Trewavas, 1935) 孔窗黑丽鱼

Protomelas insignis (Trewavas, 1935) 奇原黑丽鱼

Protomelas kirkii (Günther, 1894) 柯氏原黑丽鱼

Protomelas labridens (Trewavas, 1935) 厚唇原黑丽鱼

Protomelas macrodon Eccles, 1989 大齿原黑丽鱼

Protomelas marginatus marginatus (Trewavas, 1935) 缘边原黑丽鱼

Protomelas marginatus vuae (Trewavas, 1935) 沃埃原黑丽鱼

Protomelas pleurotaenia (Boulenger, 1901) 侧条原黑丽鱼

Protomelas similis (Regan, 1922) 类原黑丽鱼

Protomelas spilonotus (Trewavas, 1935) 背点原黑丽鱼

Protomelas spilopterus (Trewavas, 1935) 斑鳍原黑丽鱼

Protomelas taeniolatus (Trewavas, 1935) 条纹原黑丽鱼

Protomelas triaenodon (Trewavas, 1935) 三尖叉齿原黑丽鱼

Protomelas virgatus (Trewavas, 1935) 枝原黑丽鱼

Genus *Pseudocrenilabrus* Fowler, 1934 褶唇丽鱼属

Pseudocrenilabrus multicolor multicolor (Schoeller, 1903) 多色褶唇丽鱼

Pseudocrenilabrus multicolor victoriae Seegers, 1990 维多利亚湖褶唇丽鱼

Pseudocrenilabrus nicholsi (Pellegrin, 1928) 尼氏褶唇丽鱼

Pseudocrenilabrus philander dispersus (Trewavas, 1936) 眼带褶唇丽鱼

Pseudocrenilabrus philander luebberti (Hilgendorf, 1902) 利氏褶唇丽鱼

Pseudocrenilabrus philander philander (Weber, 1897) 赞比西河褶唇丽鱼

Genus *Pseudosimochromis* Nelissen, 1977 拟扁鼻丽鱼属

Pseudosimochromis curvifrons (Poll, 1942) 拟扁鼻丽鱼

Genus *Pseudotropheus* Regan, 1922 若丽鱼属

Pseudotropheus ater Stauffer, 1988 黑若丽鱼

Pseudotropheus crabro (Ribbink & Lewis, 1982) 白斑若丽鱼

Pseudotropheus cyaneus Stauffer, 1988 青若丽鱼

Pseudotropheus demasoni Konings, 1994 德氏若丽鱼

Pseudotropheus elongatus Fryer, 1956 长体若丽鱼

Pseudotropheus fainzilberi Staeck, 1976 费氏若丽鱼

Pseudotropheus flavus Stauffer, 1988 灰黄若丽鱼

Pseudotropheus fuscoides Fryer, 1956 纺锤若丽鱼

Pseudotropheus fuscus Trewavas, 1935 棕若丽鱼

Pseudotropheus galanos Stauffer & Kellogg, 2002 乳色若丽鱼

Pseudotropheus longior Seegers, 1996 长若丽鱼

Pseudotropheus minutus Fryer, 1956 小若丽鱼

Pseudotropheus perspicax (Trewavas, 1935) 全矛若丽鱼

Pseudotropheus purpuratus Johnson, 1976 紫若丽鱼

Pseudotropheus saulosi Konings, 1990 索氏若丽鱼

Pseudotropheus socolofi Johnson, 1974 沙氏若丽鱼

Pseudotropheus tursiops Burgess & Axelrod, 1975 豚眼若丽鱼

Pseudotropheus williamsi (Günther, 1894) 威廉氏若丽鱼

Genus *Pterochromis* Trewavas, 1973 大鳍丽鱼属

Pterochromis congicus (Boulenger, 1897) 刚果大鳍丽鱼

Genus *Pterophyllum* Heckel, 1840 神仙鱼属

Pterophyllum altum Pellegrin, 1903 神仙鱼

Pterophyllum leopoldi (Gosse, 1963) 利氏神仙鱼

Pterophyllum scalare (Schultze, 1823) 大神仙鱼

Genus *Ptychochromis* Steindachner, 1880 褶丽鱼属

Ptychochromis curvidens Stiassny & Sparks, 2006 弯齿褶丽鱼

Ptychochromis ernestmagnusi Sparks & Stiassny, 2010 欧内氏褶丽鱼

Ptychochromis grandidieri Sauvage, 1882 格氏褶丽鱼

Ptychochromis inornatus Sparks, 2002 丑褶丽鱼

Ptychochromis insolitus Stiassny & Sparks, 2006 波鳍褶丽鱼

Ptychochromis loisellei Stiassny & Sparks, 2006 洛氏褶丽鱼

Ptychochromis makira Stiassny & Sparks, 2006 马面褶丽鱼

Ptychochromis oligacanthus (Bleeker, 1868) 少棘褶丽鱼

Ptychochromis onilahy Stiassny & Sparks, 2006 灰褐褶丽鱼

Genus *Ptychochromoides* Kiener & Maugé, 1966 拟褶丽鱼属

Ptychochromoides betsileanus (Boulenger, 1899) 魅形拟褶丽鱼

Ptychochromoides itasy Sparks, 2004 喜斗拟褶丽鱼

Ptychochromoides vondrozo Sparks & Reinthal, 2001 细柄拟褶丽鱼

Genus *Pungu* Trewavas, 1972 蛰丽鱼属

Pungu maclareni (Trewavas, 1962) 马氏蛰丽鱼

Genus *Reganochromis* Whitley, 1929 里根丽鱼属

Reganochromis calliurus (Boulenger, 1901) 美尾里根丽鱼

Genus *Retroculus* Eigenmann & Bray, 1894 后臀丽鱼属

Retroculus lapidifer (Castelnau, 1855) 南美后臀丽鱼

Retroculus septentrionalis Gosse, 1971 北方后臀丽鱼

Retroculus xinguensis Gosse, 1971 鳍斑后臀丽鱼

Genus *Rhamphochromis* Regan, 1922 钩嘴丽鱼属

Rhamphochromis esox (Boulenger, 1908) 梭钩嘴丽鱼

Rhamphochromis ferox Regan, 1922 野钩嘴丽鱼

Rhamphochromis longiceps (Günther, 1864) 长头钩嘴丽鱼

Rhamphochromis lucius Ahl, 1926 光钩嘴丽鱼

Rhamphochromis macrophthalmus Regan, 1922 大眼钩嘴丽鱼

Rhamphochromis woodi Regan, 1922 伍氏钩嘴丽鱼

Genus *Rocio* Schmitter-Soto, 2007 罗丽鲷属

Rocio gemmata Contreras-Balderas & Schmitter-Soto, 2007 宝石罗丽鲷

Rocio ocotal Schmitter-Soto, 2007 红腹罗丽鲷

Rocio octofasciata (Regan, 1903) 十带罗丽鲷

Genus *Sargochromis* Regan, 1920 帚丽鲷属

Sargochromis carlottae (Boulenger, 1905) 卡氏帚丽鲷

Sargochromis codringtonii (Boulenger, 1908) 克氏帚丽鲷

Sargochromis coulteri (Bell-Cross, 1975) 科氏帚丽鲷

Sargochromis giardi (Pellegrin, 1903) 希氏帚丽鲷

Sargochromis greenwoodi (Bell-Cross, 1975) 格氏帚丽鲷

Sargochromis mellandi (Boulenger, 1905) 梅氏帚丽鲷

Sargochromis mortimeri (Bell-Cross, 1975) 莫氏帚丽鲷

Sargochromis thysi (Poll, 1967) 赛氏帚丽鲷

Genus *Sarotherodon* Rüppell, 1852 帚齿非鲫属

Sarotherodon caroli (Holly, 1930) 卡罗帚齿非鲫

Sarotherodon caudomarginatus (Boulenger, 1916) 缘尾帚齿非鲫

Sarotherodon galilaeus borkuanus (Pellegrin, 1919) 博库帚齿非鲫

Sarotherodon galilaeus boulengeri (Pellegrin, 1903) 布氏帚齿非鲫

Sarotherodon galilaeus galilaeus (Linnaeus, 1758) 加利略帚齿非鲫 🔒

Sarotherodon galilaeus multifasciatus (Günther, 1903) 多带帚齿非鲫

Sarotherodon galilaeus sanagaensis (Thys van den Audenaerde, 1966) 塞内加尔帚齿非鲫

Sarotherodon linnellii (Lönnberg, 1903) 林氏帚齿非鲫

Sarotherodon lohbergeri (Holly, 1930) 洛氏帚齿非鲫

Sarotherodon melanotheron heudelotii (Duméril, 1861) 霍氏帚齿非鲫

Sarotherodon melanotheron leonensis (Thys van den Audenaerde, 1971) 莱昂帚齿非鲫

Sarotherodon melanotheron melanotheron Rüppell, 1852 黑颈帚齿非鲫

Sarotherodon mvogoi (Thys van den Audenaerde, 1965) 伏氏帚齿非鲫

Sarotherodon nigripinnis dolloi (Boulenger, 1899) 多尔氏帚齿非鲫

Sarotherodon nigripinnis nigripinnis (Guichenot, 1861) 黑翅帚齿非鲫

Sarotherodon occidentalis (Daget, 1962) 西域帚齿非鲫

Sarotherodon steinbachi (Trewavas, 1962) 斯氏帚齿非鲫

Sarotherodon tournieri liberiensis (Thys van den Audenaerde, 1971) 利比里亚帚齿非鲫

Sarotherodon tournieri tournieri (Daget, 1965) 图氏帚齿非鲫

Genus *Satanoperca* Günther, 1862 撒旦鲈属

Satanoperca acuticeps (Heckel, 1840) 尖头撒旦鲈

Satanoperca daemon (Heckel, 1840) 圣撒旦鲈

Satanoperca jurupari (Heckel, 1840) 朱氏撒旦鲈

Satanoperca leucosticta (Müller & Troschel, 1849) 白斑撒旦鲈

Satanoperca lilith Kullander & Ferreira, 1988 百合撒旦鲈

Satanoperca mapiritensis (Fernández-Yépez, 1950) 侧斑撒旦鲈

Satanoperca pappaterra (Heckel, 1840) 巴拉圭撒旦鲈

Genus *Schwetzochromis* Poll, 1948 施韦茨丽鱼属

Schwetzochromis neodon Poll, 1948 新齿施韦茨丽鱼

Genus *Sciaenochromis* Eccles & Trewavas, 1989 鬼丽鱼属

Sciaenochromis ahli (Trewavas, 1935) 阿氏鬼丽鱼

Sciaenochromis benthicola Konings, 1993 深栖鬼丽鱼

Sciaenochromis fryeri Konings, 1993 弗氏鬼丽鱼

Sciaenochromis psammophilus Konings, 1993 喜沙鬼丽鱼

Genus *Serranochromis* Regan, 1920 鲏丽鱼属

Serranochromis altus Winemiller & Kelso-Winemiller, 1991 驼背鲏丽鱼

Serranochromis angusticeps (Boulenger, 1907) 窄头鲏丽鱼

Serranochromis janus Trewavas, 1964 畸脸鲏丽鱼

Serranochromis longimanus (Boulenger, 1911) 长鳍鲏丽鱼

Serranochromis macrocephalus (Boulenger, 1899) 大头鲏丽鱼

Serranochromis meridianus Jubb, 1967 南方鲏丽鱼

Serranochromis robustus jallae (Boulenger, 1896) 杰氏粗壮鲏丽鱼

Serranochromis robustus robustus (Günther, 1864) 粗壮鲏丽鱼

Serranochromis spei Trewavas, 1964 斯氏鲏丽鱼

Serranochromis stappersi Trewavas, 1964 史氏鲏丽鱼

Serranochromis thumbergi (Castelnau, 1861) 灰斑鲏丽鱼

Genus *Simochromis* Boulenger, 1898 扁鼻丽鱼属

Simochromis babaulti Pellegrin, 1927 巴氏扁鼻丽鱼

Simochromis diagramma (Günther, 1894) 横线扁鼻丽鱼

Simochromis margaretae Axelrod & Harrison, 1978 珍珠扁鼻丽鱼

Simochromis marginatus Poll, 1956 缘扁鼻丽鱼

Simochromis pleurospilus Nelissen, 1978 胸斑扁鼻丽鱼

Genus *Spathodus* Boulenger, 1900 剑齿丽鱼属

Spathodus erythrodon Boulenger, 1900 红剑齿丽鱼

Spathodus marlieri Poll, 1950 马氏剑齿丽鱼

Genus *Steatocranus* Boulenger, 1899 隆头丽鱼属

Steatocranus bleheri Meyer, 1993 布氏隆头丽鱼

Steatocranus casuarius Poll, 1939 刚果隆头丽鱼

Steatocranus gibbiceps Boulenger, 1899 高首隆头丽鱼
Steatocranus glaber Roberts & Stewart, 1976 裸滑隆头丽鱼
Steatocranus irvinei (Trewavas, 1943) 欧文隆头丽鱼
Steatocranus mpozoensis Roberts & Stewart, 1976 姆普隆头丽鱼
Steatocranus rouxi (Pellegrin, 1928) 鲁氏隆头丽鱼
Steatocranus tinanti (Poll, 1939) 廷氏隆头丽鱼
Steatocranus ubanguiensis Roberts & Stewart, 1976 乌斑隆头丽鱼

Genus *Stigmatochromis* Eccles & Trewavas, 1989 点丽鱼属

Stigmatochromis modestus (Günther, 1894) 静点丽鱼
Stigmatochromis pholidophorus (Trewavas, 1935) 角鳞点丽鱼
Stigmatochromis pleurospilus (Trewavas, 1935) 侧点丽鱼
Stigmatochromis woodi (Regan, 1922) 伍氏点丽鱼

Genus *Stomatepia* Trewavas, 1962 大口非鲫属

Stomatepia mariae (Holly, 1930) 玛丽大口非鲫
Stomatepia mongo Trewavas, 1972 獴大口非鲫
Stomatepia pindu Trewavas, 1972 平德大口非鲫

Genus *Symphysodon* Heckel, 1840 盘丽鱼属(神仙鱼属)

Symphysodon aequifasciatus Pellegrin, 1904 黄棕盘丽鱼
Symphysodon discus Heckel, 1840 盘丽鱼(五彩神仙鱼)

Genus *Taeniacara* Myers, 1935 纹首丽鱼属

Taeniacara candidi Myers, 1935 坎氏纹首丽鱼

Genus *Taeniochromis* Eccles & Trewavas, 1989 纹丽鱼属

Taeniochromis holotaenia (Regan, 1922) 全带纹丽鱼

Genus *Taeniolethrinops* Eccles & Trewavas, 1989 带龙占丽鱼属

Taeniolethrinops cyrtonotus (Trewavas, 1931) 驼背带龙占丽鱼
Taeniolethrinops furcicauda (Trewavas, 1931) 叉尾带龙占丽鱼
Taeniolethrinops laticeps (Trewavas, 1931) 侧头带龙占丽鱼
Taeniolethrinops praeorbitalis (Regan, 1922) 前眶带龙占丽鱼

Genus *Tahuantinsuyoa* Kullander, 1986 塔豪丽鱼属

Tahuantinsuyoa chipi Kullander, 1991 奇氏塔豪丽鱼
Tahuantinsuyoa macantzatza Kullander, 1986 秘鲁塔豪丽鱼

Genus *Tangachromis* Poll, 1981 坦加丽鱼属

Tangachromis dhanisi (Poll, 1949) 汉氏坦加丽鱼

Genus *Tanganicodus* Poll, 1950 坦噶尼喀丽鱼属

Tanganicodus irsacae Poll, 1950 艾氏坦噶尼喀丽鱼

Genus *Teleocichla* Kullander, 1988 全丽鱼属

Teleocichla centisquama Zuanon & Sazima, 2002 圆鳞全丽鱼
Teleocichla centrarchus Kullander, 1988 刺点全丽鱼
Teleocichla cinderella Kullander, 1988 秀美全丽鱼
Teleocichla gephyrogramma Kullander, 1988 桥纹全丽鱼
Teleocichla monogramma Kullander, 1988 单线全丽鱼
Teleocichla prionogenys Kullander, 1988 锯全丽鱼
Teleocichla proselytus Kullander, 1988 贪婪全丽鱼

Genus *Teleogramma* Boulenger, 1899 远纹丽鱼属

Teleogramma brichardi Poll, 1959 布氏远纹丽鱼
Teleogramma depressa Roberts & Stewart, 1976 刚果远纹丽鱼
Teleogramma gracile Boulenger, 1899 细身远纹丽鱼
Teleogramma monogramma (Pellegrin, 1927) 单带远纹丽鱼

Genus *Telmatochromis* Boulenger, 1898 沼丽鱼属

Telmatochromis bifrenatus Myers, 1936 双缰沼丽鱼
Telmatochromis brachygnathus Hanssens & Snoeks, 2003 短颌沼丽鱼
Telmatochromis brichardi Louisy, 1989 布氏沼丽鱼
Telmatochromis dhonti (Boulenger, 1919) 德氏沼丽鱼
Telmatochromis temporalis Boulenger, 1898 温和沼丽鱼
Telmatochromis vittatus Boulenger, 1898 饰圈沼丽鱼

Genus *Theraps* Günther, 1862 驯丽鱼属

Theraps coeruleus Stawikowski & Werner, 1987 圆斑驯丽鱼
Theraps godmanni (Günther, 1862) 戈氏驯丽鱼

Theraps heterospilus (Hubbs, 1936) 黑鳞驯丽鱼
Theraps intermedius (Günther, 1862) 黑带驯丽鱼
Theraps irregularis Günther, 1862 纵带驯丽鱼
Theraps lentiginosus (Steindachner, 1864) 雀斑驯丽鱼
Theraps microphthalmus (Günther, 1862) 小眼驯丽鱼
Theraps wesseli Miller, 1996 韦氏驯丽鱼

Genus *Thoracochromis* Greenwood, 1979 胸丽鱼属

Thoracochromis albolabris (Trewavas & Thys van den Audenaerde, 1969) 白唇胸丽鱼
Thoracochromis bakongo (Thys van den Audenaerde, 1964) 刚果胸丽鱼
Thoracochromis brauschi (Poll & Thys van den Audenaerde, 1965) 布鲁氏胸丽鱼
Thoracochromis buysi (Penrith, 1970) 拜氏胸丽鱼
Thoracochromis callichromus (Poll, 1948) 美色胸丽鱼
Thoracochromis demeusii (Boulenger, 1899) 德氏胸丽鱼
Thoracochromis fasciatus (Perugia, 1892) 条纹胸丽鱼
Thoracochromis lucullae (Boulenger, 1913) 安哥拉胸丽鱼
Thoracochromis moeruensis (Boulenger, 1899) 墨鲁胸丽鱼
Thoracochromis schwetzi (Poll, 1967) 沙氏胸丽鱼
Thoracochromis stigmatogenys (Boulenger, 1913) 点颊胸丽鱼
Thoracochromis wingatii (Boulenger, 1902) 温氏胸丽鱼

Genus *Thorichthys* Meek, 1904 火口鱼属

Thorichthys affinis (Günther, 1862) 橙胸火口鱼
Thorichthys aureus (Günther, 1862) 金黄火口鱼
Thorichthys callolepis (Regan, 1904) 美鳞火口鱼
Thorichthys ellioti Meek, 1904 伊氏火口鱼
Thorichthys helleri (Steindachner, 1864) 赫氏火口鱼
Thorichthys meeki Brind, 1918 火口鱼
Thorichthys pasionis (Rivas, 1962) 墨西哥火口鱼
Thorichthys socolofi (Miller & Taylor, 1984) 索氏火口鱼

Genus *Thysochromis* Daget, 1988 缨丽鱼属

Thysochromis annectens (Boulenger, 1913) 连缨丽鱼
Thysochromis ansorgii (Boulenger, 1901) 安索氏缨丽鱼

Genus *Tilapia* Smith, 1840 非鲫属(罗非鱼属)

Tilapia bakossiorum Stiassny, Schliewen & Dominey, 1992 红腹非鲫
Tilapia baloni Trewavas & Stewart, 1975 巴劳氏非鲫
Tilapia bemini Thys van den Audenaerde, 1972 比氏非鲫
Tilapia bilineata Pellegrin, 1900 双线非鲫
Tilapia brevimanus Boulenger, 1911 短鳍非鲫
Tilapia busumana (Günther, 1903) 巴苏非鲫
Tilapia buttikoferi (Hubrecht, 1881) 布氏非鲫
Tilapia bythobates Stiassny, Schliewen & Dominey, 1992 深非鲫
Tilapia cabrae Boulenger, 1899 卡布拉非鲫
Tilapia cameronensis Holly, 1927 喀麦隆非鲫
Tilapia camerunensis Lönnberg, 1903 卡麦伦非鲫
Tilapia cessiana Thys van den Audenaerde, 1968 塞西非鲫
Tilapia coffea Thys van den Audenaerde, 1970 科非非鲫
Tilapia congica Poll & Thys van den Audenaerde, 1960 康杰非鲫
Tilapia dageti Thys van den Audenaerde, 1971 达氏非鲫
Tilapia deckerti Thys van den Audenaerde, 1967 德氏非鲫
Tilapia discolor (Günther, 1903) 杂色非鲫
Tilapia flava Stiassny, Schliewen & Dominey, 1992 黄非鲫
Tilapia guinasana Trewavas, 1936 吉纳非鲫
Tilapia guineensis (Bleeker, 1862) 几内亚非鲫
Tilapia gutturosa Stiassny, Schliewen & Dominey, 1992 大咽非鲫
Tilapia imbriferna Stiassny, Schliewen & Dominey, 1992 瓦鳞非鲫
Tilapia ismailiaensis Mekkawy, 1995 喜暖非鲫
Tilapia jallae (Boulenger, 1896) 贾氏非鲫
Tilapia joka Thys van den Audenaerde, 1969 乔克非鲫
Tilapia kottae Lönnberg, 1904 科特非鲫

Tilapia louka Thys van den Audenaerde, 1969 卢卡非鲫

Tilapia margaritacea Boulenger, 1916 珍珠非鲫

Tilapia mariae Boulenger, 1899 点非鲫

Tilapia nyongana Thys van den Audenaerde, 1971 尼翁非鲫

Tilapia pra Dunz & Schliewen, 2010 柔非鲫

Tilapia rendalli (Boulenger, 1897) 伦氏非鲫

Tilapia rheophila Daget, 1962 溪非鲫

Tilapia ruweti (Poll & Thys van den Audenaerde, 1965) 鲁氏非鲫

Tilapia snyderae Stiassny, Schliewen & Dominey, 1992 施氏非鲫

Tilapia sparrmanii Smith, 1840 斯氏非鲫

Tilapia spongotroktis Stiassny, Schliewen & Dominey, 1992 绵非鲫

Tilapia tholloni (Sauvage, 1884) 索氏非鲫

Tilapia thysi Stiassny, Schliewen & Dominey, 1992 赛氏非鲫

Tilapia walteri Thys van den Audenaerde, 1968 沃氏非鲫

Tilapia zillii (Gervais, 1848) 吉利非鲫 囚 台

Genus *Tomocichla* Regan, 1908 托莫丽鲷属

Tomocichla asfraci Allgayer, 2002 阿氏托莫丽鲷

Tomocichla sieboldii (Kner, 1863) 西氏托莫丽鲷

Tomocichla tuba (Meek, 1912) 管栖托莫丽鲷

Genus *Tramitichromis* Eccles & Trewavas, 1989 薄丽鲷属

Tramitichromis brevis (Boulenger, 1908) 短薄丽鲷

Tramitichromis intermedius (Trewavas, 1935) 中间薄丽鲷

Tramitichromis lituris (Trewavas, 1931) 蓝头薄丽鲷

Tramitichromis trilineatus (Trewavas, 1931) 三线薄丽鲷

Tramitichromis variabilis (Trewavas, 1931) 杂色薄丽鲷

Genus *Trematocara* Boulenger, 1899 孔丽鲷属

Trematocara caparti Poll, 1948 卡氏孔丽鲷

Trematocara kufferathi Poll, 1948 库氏孔丽鲷

Trematocara macrostoma Poll, 1952 大口孔丽鲷

Trematocara marginatum Boulenger, 1899 缘边孔丽鲷

Trematocara nigrifrons Boulenger, 1906 黑额孔丽鲷

Trematocara stigmaticum Poll, 1943 点斑孔丽鲷

Trematocara unimaculatum Boulenger, 1901 单斑孔丽鲷

Trematocara variabile Poll, 1952 杂色孔丽鲷

Trematocara zebra De Vos, Nshombo & Thys van den Audenaerde, 1996 斑纹孔丽鲷

Genus *Trematocranus* Trewavas, 1935 孔首丽体鱼属

Trematocranus labifer (Trewavas, 1935) 大唇孔首丽体鱼

Trematocranus microstoma Trewavas, 1935 小口孔首丽体鱼

Trematocranus placodon (Regan, 1922) 楯齿孔首丽体鱼

Genus *Triglachromis* Poll & Thys van den Audenaerde, 1974 绯丽鱼属

Triglachromis otostigma (Regan, 1920) 耳斑绯丽鱼

Genus *Tristramella* Trewavas, 1942 三列丽鲷属

Tristramella sacra (Günther, 1865) 三列丽鲷

Tristramella simonis intermedia Steinitz & Ben-Tuvia, 1959 中间三列丽鲷

Tristramella simonis magdalenae (Lortet, 1883) 藻食三列丽鲷

Tristramella simonis simonis (Günther, 1864) 锡莫三列丽鲷

Genus *Tropheops* Trewavas, 1984 尖吻慈鲷属

Tropheops gracilior (Trewavas, 1935) 细身尖吻慈鲷

Tropheops lucerna (Trewavas, 1935) 灯尖吻慈鲷

    syn. *Pseudotropheus lucerna* Trewavas, 1935 灯拟丽鱼

Tropheops macrophthalmus (Ahl, 1926) 大眼尖吻慈鲷

    syn. *Pseudotropheus macrophthalmus* Ahl, 1926 大眼拟丽鱼

Tropheops microstoma (Trewavas, 1935) 小口尖吻慈鲷

    syn. *Pseudotropheus microstoma* Trewavas, 1935 小口拟丽鱼

Tropheops modestus (Johnson, 1974) 静尖吻慈鲷

    syn. *Pseudotropheus modestus* Johnson, 1974 静尖拟丽鱼

Tropheops novemfasciatus (Regan, 1922) 九带尖吻慈鲷

    syn. *Pseudotropheus novemfasciatus* Regan, 1922 九带拟丽鱼

Tropheops romandi (Colombé, 1979) 罗氏尖吻慈鲷

Tropheops tropheops (Regan, 1922) 横纹尖吻慈鲷

    syn. *Pseudotropheus tropheops* Regan, 1922 横纹拟丽鱼

Genus *Tropheus* Boulenger, 1898 蓝首鱼属

Tropheus annectens Boulenger, 1900 连蓝首鱼

Tropheus brichardi Nelissen & Thys van den Audenaerde, 1975 布氏蓝首鱼

Tropheus duboisi Marlier, 1959 灰体蓝首鱼

Tropheus kasabae Nelissen, 1977 卡萨氏蓝首鱼

Tropheus moorii Boulenger, 1898 红身蓝首鱼

Tropheus polli Axelrod, 1977 波氏蓝首鱼

Genus *Tylochromis* Regan, 1920 球丽鱼属

Tylochromis aristoma Stiassny, 1989 美口球丽鱼

Tylochromis bangwelensis Regan, 1920 班韦球丽鱼

Tylochromis elongatus Stiassny, 1989 长身球丽鱼

Tylochromis intermedius (Boulenger, 1916) 中间球丽鱼

Tylochromis jentinki (Steindachner, 1894) 詹氏球丽鱼

Tylochromis labrodon Regan, 1920 唇齿球丽鱼

Tylochromis lateralis (Boulenger, 1898) 侧身球丽鱼

Tylochromis leonensis Stiassny, 1989 莱昂球丽鱼

Tylochromis microdon Regan, 1920 小齿球丽鱼

Tylochromis mylodon Regan, 1920 臼齿球丽鱼

Tylochromis polylepis (Boulenger, 1900) 多鳞球丽鱼

Tylochromis praecox Stiassny, 1989 似稚球丽鱼

Tylochromis pulcher Stiassny, 1989 美球丽鱼

Tylochromis regani Stiassny, 1989 雷氏球丽鱼

Tylochromis robertsi Stiassny, 1989 罗氏球丽鱼

Tylochromis sudanensis Daget, 1954 苏丹球丽鱼

Tylochromis trewavasae Stiassny, 1989 屈氏球丽鱼

Tylochromis variabilis Stiassny, 1989 杂色球丽鱼

Genus *Tyrannochromis* Eccles & Trewavas, 1989 暴丽鱼属

Tyrannochromis macrostoma (Regan, 1922) 大口暴丽鱼

Tyrannochromis maculiceps (Ahl, 1926) 斑头暴丽鱼

Tyrannochromis nigriventer Eccles, 1989 黑腹暴丽鱼

Tyrannochromis polyodon (Trewavas, 1935) 多齿暴丽鱼

Genus *Uaru* Heckel, 1840 三角丽鱼属

Uaru amphiacanthoides Heckel, 1840 似双刺三角丽鱼

Uaru fernandezyepezi Stawikowski, 1989 弗氏三角丽鱼

Genus *Variabilichromis* Colombe & Allgayer, 1985 杂色丽鲷属

Variabilichromis moorii (Boulenger, 1898) 穆氏杂色丽鲷

Genus *Xenochromis* Boulenger, 1899 奇丽鱼属

Xenochromis hecqui Boulenger, 1899 赫氏奇丽鱼

Genus *Xenotilapia* Boulenger, 1899 奇非鲫属

Xenotilapia albini (Steindachner, 1909) 阿氏奇非鲫

Xenotilapia bathyphila Poll, 1956 深奇非鲫

Xenotilapia boulengeri (Poll, 1942) 布氏奇非鲫

Xenotilapia burtoni Poll, 1951 伯氏奇非鲫

Xenotilapia caudafasciata Poll, 1951 尾纹奇非鲫

Xenotilapia flavipinnis Poll, 1985 黄翅奇非鲫

Xenotilapia leptura (Boulenger, 1901) 小尾奇非鲫

Xenotilapia longispinis Poll, 1951 长刺奇非鲫

Xenotilapia melanogenys (Boulenger, 1898) 钝头奇非鲫

Xenotilapia nasus De Vos, Risch & Thys van den Audenaerde, 1995 大鼻奇非鲫

Xenotilapia nigrolabiata Poll, 1951 黑唇奇非鲫

Xenotilapia ochrogenys (Boulenger, 1914) 苍奇非鲫

Xenotilapia ornatipinnis Boulenger, 1901 饰鳍奇非鲫

Xenotilapia papilio Büscher, 1990 蝶奇非鲫

Xenotilapia rotundiventralis (Takahashi, Yanagisawa & Nakaya, 1997) 圆腹奇非鲫

Xenotilapia sima Boulenger, 1899 扁鼻奇非鲫

Xenotilapia spiloptera Poll & Stewart, 1975 斑鳍奇非鲫

Xenotilapia tenuidentata Poll, 1951 柄斑奇非鲫

Family 410 Embiotocidae 海鲫科

Genus *Amphistichus* Agassiz, 1854 双齿海鲫属

Amphistichus argenteus Agassiz, 1854 银双齿海鲫

Amphistichus koelzi (Hubbs, 1933) 柯氏双齿海鲫

Amphistichus rhodoterus (Agassiz, 1854) 红尾双齿海鲫

Genus *Brachyistius* Gill, 1862 短鳍海鲫属

Brachyistius aletes (Tarp, 1952) 磨牙短鳍海鲫

Brachyistius frenatus Gill, 1862 短鳍海鲫

Genus *Cymatogaster* Gibbons, 1854 海鲂属

Cymatogaster aggregata Gibbons, 1854 墨西哥海鲂

Genus *Ditrema* Temminck & Schlegel, 1844 海鲋属

Ditrema jordani Franz, 1910 乔氏海鲋

Ditrema temminckii pacificum Katafuchi & Nakabo, 2007 太平洋海鲋

Ditrema temminckii temminckii Bleeker, 1853 海鲋

Ditrema viride Oshima, 1955 青色海鲋

Genus *Embiotoca* Agassiz, 1853 海鲫属

Embiotoca jacksoni Agassiz, 1853 海鲫

Embiotoca lateralis Agassiz, 1854 蓝带海鲫

Genus *Hyperprosopon* Gibbons, 1854 大眼海鲫属

Hyperprosopon anale Agassiz, 1861 双鳍大眼海鲫

Hyperprosopon argenteum Gibbons, 1854 银大眼海鲫

Hyperprosopon ellipticum (Gibbons, 1854) 灰鳍大眼海鲫

Genus *Hypsurus* Agassiz, 1861 硬头海鲫属

Hypsurus caryi (Agassiz, 1853) 卡里氏硬头海鲫

Genus *Hysterocarpus* Gibbons, 1854 妊海鲫属

Hysterocarpus traskii pomo Hopkirk, 1974 波莫妊海鲫

Hysterocarpus traskii traskii Gibbons, 1854 特拉氏妊海鲫

Genus *Micrometrus* Gibbons, 1854 岩小海鲫属

Micrometrus aurora (Jordan & Gilbert, 1880) 曙光岩小海鲫

Micrometrus minimus (Gibbons, 1854) 岩小海鲫

Genus *Neoditrema* Steindachner, 1883 褐海鲫属

Neoditrema ransonnetii Steindachner, 1883 兰氏褐海鲫

Genus *Phanerodon* Girard, 1854 显齿海鲫属

Phanerodon atripes (Jordan & Gilbert, 1880) 尖吻显齿海鲫

Phanerodon furcatus Girard, 1854 白显齿海鲫

Genus *Rhacochilus* Agassiz, 1854 粗唇海鲫属

Rhacochilus toxotes Agassiz, 1854 粗唇海鲫

Rhacochilus vacca (Girard, 1855) 太平洋粗唇海鲫

Genus *Zalembius* Jordan & Evermann, 1896 浪海鲫属

Zalembius rosaceus (Jordan & Gilbert, 1880) 玫瑰浪海鲫

Family 411 Pomacentridae 雀鲷科

Genus *Abudefduf* Forsskål, 1775 豆娘鱼属

Abudefduf abdominalis (Quoy & Gaimard, 1825) 平腹豆娘鱼

Abudefduf bengalensis (Bloch, 1787) 孟加拉国豆娘鱼 陆 台

Abudefduf concolor (Gill, 1862) 杂色豆娘鱼

Abudefduf conformis Randall & Earle, 1999 横带豆娘鱼

Abudefduf declivifrons (Gill, 1862) 白带豆娘鱼

Abudefduf hoefleri (Steindachner, 1881) 霍氏豆娘鱼

Abudefduf lorenzi Hensley & Allen, 1977 劳伦氏豆娘鱼 陆 台

Abudefduf luridus (Cuvier, 1830) 蓝鳍豆娘鱼

Abudefduf margariteus (Cuvier, 1830) 珍珠豆娘鱼

Abudefduf natalensis Hensley & Randall, 1983 南非豆娘鱼

Abudefduf notatus (Day, 1870) 黄尾豆娘鱼 陆 台

Abudefduf saxatilis (Linnaeus, 1758) 岩豆娘鱼

Abudefduf septemfasciatus (Cuvier, 1830) 七带豆娘鱼 陆 台

Abudefduf sexfasciatus (Lacepède, 1801) 六带豆娘鱼;六线豆娘鱼 陆 台

   syn. *Abudefduf coelestinus* (Cuvier, 1830) 蓝豆娘鱼

Abudefduf sordidus (Forsskål, 1775) 豆娘鱼;梭地豆娘鱼 陆 台

Abudefduf sparoides (Quoy & Gaimard, 1825) 鲷状豆娘鱼

Abudefduf taurus (Müller & Troschel, 1848) 夜豆娘鱼

Abudefduf troschelii (Gill, 1862) 屈氏豆娘鱼

Abudefduf vaigiensis (Quoy & Gaimard, 1825) 五带豆娘鱼;条纹豆娘鱼 陆 台

Abudefduf whitleyi Allen & Robertson, 1974 惠氏豆娘鱼

Genus *Acanthochromis* Gill, 1863 棘光鳃鲷属

Acanthochromis polyacanthus (Bleeker, 1855) 多刺棘光鳃鲷

Genus *Altrichthys* Allen, 1999 高身豆娘鱼属

Altrichthys azurelineatus (Fowler & Bean, 1928) 蓝条高身豆娘鱼

Altrichthys curatus Allen, 1999 菲律宾高身豆娘鱼

Genus *Amblyglyphidodon* Bleeker, 1877 凹牙豆娘鱼属;宽刻齿雀鲷属

Amblyglyphidodon aureus (Cuvier, 1830) 金凹牙豆娘鱼;黄背宽刻齿雀鲷 陆 台

Amblyglyphidodon batunai Allen, 1995 巴氏凹牙豆娘鱼;巴氏宽刻齿雀鲷

Amblyglyphidodon curacao (Bloch, 1787) 库拉索凹牙豆娘鱼;橘钝宽刻齿雀鲷 陆 台

Amblyglyphidodon flavilatus Allen & Randall, 1980 黄侧凹牙豆娘鱼;黄侧宽刻齿雀鲷

Amblyglyphidodon indicus Allen & Randall, 2002 印度凹牙豆娘鱼;印度宽刻齿雀鲷

Amblyglyphidodon leucogaster (Bleeker, 1847) 白腹凹牙豆娘鱼;白腹宽刻齿雀鲷 陆 台

Amblyglyphidodon melanopterus Allen & Randall, 2002 黑鳍凹牙豆娘鱼;黑鳍宽刻齿雀鲷

Amblyglyphidodon orbicularis (Hombron & Jacquinot, 1853) 黄臀凹牙豆娘鱼;黄臀宽刻齿雀鲷

Amblyglyphidodon ternatensis (Bleeker, 1853) 平颌凹牙豆娘鱼;绿身宽刻齿雀鲷 陆 台

Genus *Amblypomacentrus* Bleeker, 1877 钝雀鲷属

Amblypomacentrus breviceps (Schlegel & Müller, 1839) 短头钝雀鲷 台

Amblypomacentrus clarus Allen & Adrim, 2000 宽带钝雀鲷

Amblypomacentrus vietnamicus Prokofiev, 2004 越南钝雀鲷

Genus *Amphiprion* Bloch & Schneider, 1801 双锯鱼属

Amphiprion akallopisos Bleeker, 1853 背纹双锯鱼 陆

Amphiprion akindynos Allen, 1972 大堡礁双锯鱼

Amphiprion allardi Klausewitz, 1970 阿氏双锯鱼

Amphiprion barberi Allen, Drew & Kaufman, 2008 巴氏双锯鱼

Amphiprion bicinctus Rüppell, 1830 二带双锯鱼 陆

Amphiprion chagosensis Allen, 1972 查戈斯岛双锯鱼

Amphiprion chrysogaster Cuvier, 1830 金腹双锯鱼

Amphiprion chrysopterus Cuvier, 1830 橙鳍双锯鱼

Amphiprion clarkii (Bennett, 1830) 克氏双锯鱼 陆 台

   syn. *Amphiprion xanthurus* Cuvier, 1830 棕色双锯鱼

Amphiprion ephippium (Bloch, 1790) 大眼双锯鱼

Amphiprion frenatus Brevoort, 1856 白条双锯鱼 陆 台

Amphiprion fuscocaudatus Allen, 1972 棕尾双锯鱼

Amphiprion latezonatus Waite, 1900 宽带双锯鱼

Amphiprion latifasciatus Allen, 1972 侧带双锯鱼

Amphiprion leucokranos Allen, 1973 白罩双锯鱼

Amphiprion mccullochi Whitley, 1929 麦氏双锯鱼

Amphiprion melanopus Bleeker, 1852 黑双锯鱼

Amphiprion nigripes Regan, 1908 浅色双锯鱼

Amphiprion ocellaris Cuvier, 1830 眼斑双锯鱼 陆 台

Amphiprion omanensis Allen & Mee, 1991 阿曼双锯鱼

Amphiprion pacificus Allen, Drew & Fenner, 2010 太平洋双锯鱼

Amphiprion percula (Lacepède, 1802) 海葵双锯鱼 陆

Amphiprion perideraion Bleeker, 1855 项环双锯鱼;粉红双锯鱼 陆 台

Amphiprion polymnus (Linnaeus, 1758) 鞍斑双锯鱼 陆 台

Amphiprion rubrocinctus Richardson, 1842 红双锯鱼

Amphiprion sandaracinos Allen, 1972 白背双锯鱼 陆 台

Amphiprion sebae Bleeker, 1853 双带双锯鱼

Amphiprion thiellei Burgess, 1981 希氏双锯鱼

Amphiprion tricinctus Schultz & Welander, 1953 三带双锯鱼

Genus *Azurina* Jordan & McGregor, 1898 蓝鲷属

Azurina eupalama Heller & Snodgrass, 1903 真鳍蓝鲷

Azurina hirundo Jordan & McGregor, 1898 墨西哥蓝鲷

Genus *Cheiloprion* Weber, 1913 锯唇鱼属;厚唇雀鲷属

Cheiloprion labiatus (Day, 1877) 锯唇鱼;厚唇雀鲷 陆 台

Genus *Chromis* Plumier, 1801 光鳃鱼属;光鳃雀鲷属

Chromis abrupta Randall, 2001 墨体光鳃鱼

Chromis abyssicola Allen & Randall, 1985 底栖光鳃鱼

Chromis abyssus Pyle, Earle & Greene, 2008 深海光鳃鱼

Chromis acares Randall & Swerdloff, 1973 侏儒光鳃鱼 台

Chromis agilis Smith, 1960 捷光鳃鱼

Chromis albicauda Allen & Erdmann, 2009 白尾光鳃鱼

Chromis albomaculata Kamohara, 1960 白斑光鳃鱼 台

Chromis alleni Randall, Ida & Moyer, 1981 艾伦光鳃鱼;亚伦氏光鳃鱼 陆 台

Chromis alpha Randall, 1988 银白光鳃鱼 陆

Chromis alta Greenfield & Woods, 1980 高身光鳃鱼

Chromis amboinensis (Bleeker, 1871) 安汶光鳃鱼;安邦光鳃鱼

Chromis analis (Cuvier, 1830) 长臂光鳃鱼 陆 台

Chromis athena Allen & Erdmann, 2008 印度尼西亚光鳃鱼

Chromis atrilobata Gill, 1862 岩礁光鳃鱼

Chromis atripectoralis Welander & Schultz, 1951 绿光鳃鱼;黑腋光鳃鱼 台

Chromis atripes Fowler & Bean, 1928 腋斑光鳃鱼;黑鳍光鳃鱼 台

Chromis axillaris (Bennett, 1831) 腋光鳃鱼

Chromis bami Randall & McCosker, 1992 巴氏光鳃鱼

Chromis brevirostris Pyle, Earle & Greene, 2008 短吻光鳃鱼

Chromis cadenati Whitley, 1951 卡氏光鳃鱼

Chromis caerulea (Cuvier, 1830) 蓝光鳃鱼 陆

Chromis caudalis Randall, 1988 大尾光鳃鱼

Chromis chromis (Linnaeus, 1758) 光鳃鱼

Chromis chrysura (Bliss, 1883) 长棘光鳃鱼;短身光鳃鱼 陆 台

   syn. *Chromis isharae* (Schmidt, 1930) 奄美光鳃鱼

Chromis cinerascens (Cuvier, 1830) 灰光鳃鱼 台

Chromis circumaurea Pyle, Earle & Greene, 2008 黄鳍光鳃鱼

Chromis crusma (Valenciennes, 1833) 黑光鳃鱼

Chromis cyanea (Poey, 1860) 青光鳃鱼

Chromis dasygenys (Fowler, 1935) 多毛光鳃鱼

Chromis degruyi Pyle, Earle & Greene, 2008 德氏光鳃鱼

Chromis delta Randall, 1988 三角光鳃鱼 台

Chromis dimidiata (Klunzinger, 1871) 双色光鳃鱼 陆

Chromis dispilus Griffin, 1923 黑体光鳃鱼

Chromis durvillei Quéro, Spitz & Vayne, 2010 杜维氏光鳃鱼

Chromis earina Pyle, Earle & Greene, 2008 春色光鳃鱼

Chromis elerae Fowler & Bean, 1928 黑肛光鳃鱼 陆 台

Chromis enchrysura Jordan & Gilbert, 1882 矛尾光鳃鱼

Chromis fatuhivae Randall, 2001 紫白光鳃鱼

Chromis flavapicis Randall, 2001 大洋洲光鳃鱼

Chromis flavaxilla Randall, 1994 阿拉伯光鳃鱼

Chromis flavicauda (Günther, 1880) 橘尾光鳃鱼

Chromis flavipectoralis Randall, 1988 棕腋光鳃鱼

Chromis flavomaculata Kamohara, 1960 黄斑光鳃鱼 台

Chromis fumea (Tanaka, 1917) 烟色光鳃鱼;燕尾光鳃鱼 陆 台

Chromis hanui Randall & Swerdloff, 1973 汉氏光鳃鱼

Chromis hypsilepis (Günther, 1867) 高鳞光鳃鱼

Chromis insolata (Cuvier, 1830) 黄背光鳃鱼

Chromis intercrusma Evermann & Radcliffe, 1917 棕色光鳃鱼

Chromis iomelas Jordan & Seale, 1906 半光鳃鱼

Chromis jubauna Moura, 1995 巴西光鳃鱼

Chromis klunzingeri Whitley, 1929 克氏光鳃鱼

Chromis lepidolepis Bleeker, 1877 细鳞光鳃鱼 陆 台

Chromis leucura Gilbert, 1905 亮光鳃鱼 陆 台

Chromis limbata (Valenciennes, 1833) 缘光鳃鱼

Chromis limbaughi Greenfield & Woods, 1980 林氏光鳃鱼

Chromis lineata Fowler & Bean, 1928 线纹光鳃鱼

Chromis lubbocki Edwards, 1986 卢氏光鳃鱼

Chromis margaritifer Fowler, 1946 双斑光鳃鱼 陆 台

Chromis megalopsis Allen, 1976 大光鳃鱼

Chromis meridiana Greenfield & Woods, 1980 梅里光鳃鱼

Chromis mirationis Tanaka, 1917 东海光鳃鱼;横带光鳃雀鲷 陆 台

   syn. *Chromis fraenatus* Araga & Yoshino, 1975 叉尾光鳃鱼

Chromis monochroma Allen & Randall, 2004 紫棕光鳃鱼

Chromis multilineata (Guichenot, 1853) 多线光鳃鱼

Chromis nigroanalis Randall, 1988 黑臀光鳃鱼

Chromis nigrura Smith, 1960 黑尾光缌鱼

Chromis nitida (Whitley, 1928) 闪烁光鳃鱼

Chromis notata (Temminck & Schlegel, 1843) 尾斑光鳃鱼 陆 台

Chromis okamurai Yamakawa & Randall, 1989 冈村氏光鳃鱼 台

Chromis onumai Senou & Kudo, 2007 大沼氏光鳃鱼 台

Chromis opercularis (Günther, 1867) 盖光鳃鱼

Chromis ovalis (Steindachner, 1900) 卵圆光鳃鱼

Chromis ovatiformis Fowler, 1946 卵形光鳃鱼 陆 台

Chromis pamae Randall & McCosker, 1992 帕氏光鳃鱼

Chromis pelloura Randall & Allen, 1982 佩洛光鳃鱼

Chromis pembae Smith, 1960 彭伯光鳃鱼

Chromis planesi Lecchini & Williams, 2004 普氏光鳃鱼

Chromis punctipinnis (Cooper, 1863) 斑鳍光鳃鱼

Chromis pura Allen & Randall, 2004 纯洁光鳃鱼

Chromis randalli Greenfield & Hensley, 1970 蓝氏光鳃鱼

Chromis retrofasciata Weber, 1913 黑带光鳃鱼 台

Chromis sanctaehelenae Edwards, 1987 桑克塔光鳃鱼

Chromis scotochiloptera Fowler, 1918 菲律宾光鳃鱼

Chromis scotti Emery, 1968 紫光鳃鱼

Chromis struhsakeri Randall & Swerdloff, 1973 斯氏光鳃鱼

Chromis ternatensis (Bleeker, 1856) 条尾光鳃鱼;三叶光鳃鱼 陆 台

Chromis trialpha Allen & Randall, 1980 灵光鳃鱼

Chromis unipa Allen & Erdmann, 2009 黄带光鳃鱼

Chromis vanderbilti (Fowler, 1941) 凡氏光鳃鱼 台

Chromis verater Jordan & Metz, 1912 三点光鳃鱼

Chromis viridis (Cuvier, 1830) 蓝绿光鳃鱼 陆 台

Chromis weberi Fowler & Bean, 1928 韦氏光鳃鱼;魏氏光鳃鱼 陆 台

Chromis westaustralis Allen, 1976 西澳光鳃鱼

Chromis woodsi Bruner & Arnam, 1979 伍氏光鳃鱼

Chromis xanthochira (Bleeker, 1851) 黄腋光鳃鱼 陆 台

Chromis xanthopterygia Randall & McCarthy, 1988 黄翅光鳃鱼

Chromis xanthura (Bleeker, 1854) 黄尾光鳃鱼 陆 台

Chromis xouthos Allen & Erdmann, 2005 金尾光鳃鱼

Chromis xutha Randall, 1988 黄褐光鳃鱼

Genus *Chrysiptera* Swainson, 1839 金翅雀鲷属;刻齿雀鲷属

Chrysiptera albata Allen & Bailey, 2002 菲尼克斯岛金翅雀鲷;菲尼克斯岛刻齿雀鲷

Chrysiptera annulata (Peters, 1855) 紫带金翅雀鲷;紫带刻齿雀鲷

Chrysiptera arnazae Allen & Erdmann, 2010 阿纳兹金翅雀鲷;阿纳兹刻齿雀鲷

Chrysiptera biocellata (Quoy & Gaimard, 1825) 双斑金翅雀鲷;双斑刻齿雀鲷 陆 台

　syn. *Abudefduf zonatus* (Cuvier, 1830) 黄斑豆娘鱼

Chrysiptera bleekeri (Fowler & Bean, 1928) 布氏金翅雀鲷;布氏刻齿雀鲷

Chrysiptera brownriggii (Bennett, 1828) 勃氏金翅雀鲷;勃氏刻齿雀鲷 台

　syn. *Abudefduf xanthozona* (Bleeker, 1853) 黄带豆娘鱼

　syn. *Chrysiptera leucopoma* (Valenciennes, 1830) 白带金翅雀鲷

Chrysiptera caeruleolineata (Allen, 1973) 暗带金翅雀鲷;暗带刻齿雀鲷

Chrysiptera chrysocephala Manica, Pilcher & Oakley, 2002 金头金翅雀鲷;金头刻齿雀鲷

Chrysiptera cyanea (Quoy & Gaimard, 1825) 圆尾金翅雀鲷;蓝刻齿雀鲷 陆 台

　syn. *Abudefduf uniocellatus* (Quoy & Gaimard, 1825) 单斑豆娘鱼

Chrysiptera cymatilis Allen, 1999 巴布亚金翅雀鲷;巴布亚刻齿雀鲷

Chrysiptera flavipinnis (Allen & Robertson, 1974) 黄金翅雀鲷;黄刻齿雀鲷

Chrysiptera galba (Allen & Randall, 1974) 盖尔金翅雀鲷;盖尔刻齿雀鲷

Chrysiptera giti Allen & Erdmann, 2008 吉特金翅雀鲷;吉特刻齿雀鲷

Chrysiptera glauca (Cuvier, 1830) 青金翅雀鲷;灰刻齿雀鲷 陆 台

Chrysiptera hemicyanea (Weber, 1913) 半蓝金翅雀鲷;半蓝刻齿雀鲷

Chrysiptera kuiteri Allen & Rajasuriya, 1995 奎氏金翅雀鲷;奎氏刻齿雀鲷

Chrysiptera niger (Allen, 1975) 暗灰金翅雀鲷;暗灰刻齿雀鲷

Chrysiptera notialis (Allen, 1975) 新喀里多尼亚金翅雀鲷;新喀里多尼亚刻齿雀鲷

Chrysiptera oxycephala (Bleeker, 1877) 尖头金翅雀鲷;尖头刻齿雀鲷

Chrysiptera parasema (Fowler, 1918) 副金翅雀鲷;副刻齿雀鲷

Chrysiptera pricei Allen & Adrim, 1992 帕氏金翅雀鲷;帕氏刻齿雀鲷

Chrysiptera rapanui (Greenfield & Hensley, 1970) 雷氏金翅雀鲷;雷氏刻齿雀鲷

Chrysiptera rex (Snyder, 1909) 橙黄金翅雀鲷;雷克斯刻齿雀鲷 陆 台

Chrysiptera rollandi (Whitley, 1961) 罗氏金翅雀鲷;罗氏刻齿雀鲷

Chrysiptera sheila Randall, 1994 希拉金翅雀鲷;希拉刻齿雀鲷

Chrysiptera sinclairi Allen, 1987 辛氏金翅雀鲷;辛氏刻齿雀鲷

Chrysiptera springeri (Allen & Lubbock, 1976) 斯氏金翅雀鲷;斯氏刻齿雀鲷

Chrysiptera starcki (Allen, 1973) 史氏金翅雀鲷;史氏刻齿雀鲷 台

Chrysiptera talboti (Allen, 1975) 塔氏金翅雀鲷;塔氏刻齿雀鲷

Chrysiptera taupou (Jordan & Seale, 1906) 陶波金翅雀鲷;陶波刻齿雀鲷

Chrysiptera traceyi (Woods & Schultz, 1960) 特氏金翅雀鲷;特氏刻齿雀鲷

Chrysiptera tricincta (Allen & Randall, 1974) 三带金翅雀鲷;三带刻齿雀鲷 陆 台

Chrysiptera unimaculata (Cuvier, 1830) 无斑金翅雀鲷;无斑刻齿雀鲷 陆 台

Genus *Dascyllus* Cuvier, 1829 宅泥鱼属;圆雀鲷属

Dascyllus albisella Gill, 1862 白宅泥鱼;白圆雀鲷

Dascyllus aruanus (Linnaeus, 1758) 宅泥鱼;三带圆雀鲷 陆 台

Dascyllus auripinnis Randall & Randall, 2001 金鳍宅泥鱼;金鳍圆雀鲷

Dascyllus carneus Fischer, 1885 肉色宅泥鱼;肉色圆雀鲷

Dascyllus flavicaudus Randall & Allen, 1977 黄尾宅泥鱼;黄尾圆雀鲷

Dascyllus marginatus (Rüppell, 1829) 灰边宅泥鱼;灰边圆雀鲷 陆

Dascyllus melanurus Bleeker, 1854 黑尾宅泥鱼;黑尾圆雀鲷 陆 台

Dascyllus reticulatus (Richardson, 1846) 网纹宅泥鱼;网纹圆雀鲷 陆 台

Dascyllus strasburgi Klausewitz, 1960 斯氏宅泥鱼;斯氏圆雀鲷

Dascyllus trimaculatus (Rüppell, 1829) 三斑宅泥鱼;三斑圆雀鲷 陆 台

Genus *Dischistodus* Gill, 1863 盘雀鲷属

Dischistodus chrysopoecilus (Schlegel & Müller, 1839) 白点盘雀鲷

Dischistodus darwiniensis (Whitley, 1928) 达尔文盘雀鲷

Dischistodus fasciatus (Cuvier, 1830) 条纹盘雀鲷 台

Dischistodus melanotus (Bleeker, 1858) 黑斑盘雀鲷 陆 台

Dischistodus perspicillatus (Cuvier, 1830) 显盘雀鲷 陆

Dischistodus prosopotaenia (Bleeker, 1852) 黑背盘雀鲷 陆 台

Dischistodus pseudochrysopoecilus (Allen & Robertson, 1974) 暗褐盘雀鲷

Genus *Hemiglyphidodon* Bleeker, 1877 密鳃鱼属

Hemiglyphidodon plagiometopon (Bleeker, 1852) 密鳃鱼;密鳃雀鲷 陆 台

Genus *Hypsypops* Gill, 1861 高欢雀鲷属

Hypsypops rubicundus (Girard, 1854) 红尾高欢雀鲷

Genus *Lepidozygus* Günther, 1862 秀美雀鲷属

Lepidozygus tapeinosoma (Bleeker, 1856) 胭腹秀美雀鲷

Genus *Mecaenichthys* Whitley, 1929 高雀鲷属

Mecaenichthys immaculatus (Ogilby, 1885) 无斑高雀鲷

Genus *Microspathodon* Günther, 1862 小叶齿鲷属

Microspathodon bairdii (Gill, 1862) 珍珠小叶齿鲷

Microspathodon chrysurus (Cuvier, 1830) 金色小叶齿鲷

Microspathodon dorsalis (Gill, 1862) 长背小叶齿鲷

Microspathodon frontatus Emery, 1970 前额小叶齿鲷

Genus *Neoglyphidodon* Allen, 1991 新箭齿雀鲷属;新刻齿雀鲷属

Neoglyphidodon bonang (Bleeker, 1852) 睛斑新箭齿雀鲷;睛斑新刻齿雀鲷

Neoglyphidodon carlsoni (Allen, 1975) 卡氏新箭齿雀鲷;卡氏新刻齿雀鲷

Neoglyphidodon crossi Allen, 1991 克氏新箭齿雀鲷;克氏新刻齿雀鲷

Neoglyphidodon melas (Cuvier, 1830) 黑新箭齿雀鲷;黑新刻齿雀鲷 陆 台

Neoglyphidodon nigroris (Cuvier, 1830) 黑褐新箭齿雀鲷;黑褐新刻齿雀鲷 陆 台

Neoglyphidodon oxyodon (Bleeker, 1858) 尖齿新箭齿雀鲷;尖齿新刻齿雀鲷 陆

Neoglyphidodon polyacanthus (Ogilby, 1889) 多棘新箭齿雀鲷;多棘新刻齿雀鲷

Neoglyphidodon thoracotaeniatus (Fowler & Bean, 1928) 纹胸新箭齿雀鲷;纹胸新刻齿雀鲷

Genus *Neopomacentrus* Allen, 1975 新雀鲷属

Neopomacentrus anabatoides (Bleeker, 1847) 似攀鲈新雀鲷 陆

Neopomacentrus aquadulcis Jenkins & Allen, 2002 紫黑新雀鲷

Neopomacentrus azysron (Bleeker, 1877) 黄尾新雀鲷 台

Neopomacentrus bankieri (Richardson, 1846) 斑氏新雀鲷 陆

Neopomacentrus cyanomos (Bleeker, 1856) 蓝黑新雀鲷 台

Neopomacentrus fallax (Peters, 1855) 拟态新雀鲷

Neopomacentrus filamentosus (Macleay, 1882) 长丝新雀鲷

Neopomacentrus fuliginosus (Smith, 1960) 煤色新雀鲷

Neopomacentrus metallicus (Jordan & Seale, 1906) 穴新雀鲷

Neopomacentrus miryae Dor & Allen, 1977 米拉氏新雀鲷

Neopomacentrus nemurus (Bleeker, 1857) 线纹新雀鲷

Neopomacentrus sindensis (Day, 1873) 辛德新雀鲷

Neopomacentrus sororius Randall & Allen, 2005 橙尾新雀鲷

Neopomacentrus taeniurus (Bleeker, 1856) 条尾新雀鲷 陆 台

Neopomacentrus violascens (Bleeker, 1848) 紫身新雀鲷

Neopomacentrus xanthurus Allen & Randall, 1980 黄新雀鲷

Genus *Nexilosus* Heller & Snodgrass, 1903 连鳍雀鲷属

Nexilosus latifrons (Tschudi, 1846) 侧连鳍雀鲷

Genus *Parma* Günther, 1862 盾豆娘鱼属

Parma alboscapularis Allen & Hoese, 1975 白肩盾豆娘鱼

Parma bicolor Allen & Larson, 1979 双色盾豆娘鱼

Parma kermadecensis Allen, 1987 大洋洲盾豆娘鱼

Parma mccullochi Whitley, 1929 马氏盾豆娘鱼

Parma microlepis Günther, 1862 小鳞盾豆娘鱼

Parma occidentalis Allen & Hoese, 1975 西洋盾豆娘鱼

Parma oligolepis Whitley, 1929 蓝纹盾豆娘鱼

Parma polylepis Günther, 1862 多鳞盾豆娘鱼

Parma unifasciata (Steindachner, 1867) 单带盾豆娘鱼

Parma victoriae (Günther, 1863) 维多利亚盾豆娘鱼

Genus *Plectroglyphidodon* Fowler & Ball, 1924 椒雀鲷属; 固曲齿鲷属

Plectroglyphidodon dickii (Liénard, 1839) 狄氏椒雀鲷;迪克氏固曲齿鲷 陆 台

Plectroglyphidodon flaviventris Allen & Randall, 1974 黄腹椒雀鲷;黄腹固曲齿鲷

Plectroglyphidodon imparipennis (Vaillant & Sauvage, 1875) 羽状椒雀鲷;明眸固曲齿鲷 台

Plectroglyphidodon johnstonianus Fowler & Ball, 1924 尾斑椒雀鲷;约岛固曲齿鲷 台

Plectroglyphidodon lacrymatus (Quoy & Gaimard, 1825) 眼斑椒雀鲷;眼斑固曲齿鲷 陆 台

Plectroglyphidodon leucozonus (Bleeker, 1859) 白带椒雀鲷;白带固曲齿鲷 陆 台

Plectroglyphidodon phoenixensis (Schultz, 1943) 凤凰椒雀鲷;凤凰固曲齿鲷 台

Plectroglyphidodon randalli Allen, 1991 兰氏椒雀鲷;兰氏固曲齿鲷

Plectroglyphidodon sagmarius Randall & Earle, 1999 椒雀鲷;固曲齿鲷

Plectroglyphidodon sindonis (Jordan & Evermann, 1903) 岩栖椒雀鲷;岩栖固曲齿鲷

Genus *Pomacentrus* Lacepède, 1802 雀鲷属

Pomacentrus adelus Allen, 1991 隐雀鲷

Pomacentrus agassizii Bliss, 1883 阿氏雀鲷

Pomacentrus albicaudatus Baschieri-Salvadori, 1955 白尾雀鲷

Pomacentrus albimaculus Allen, 1975 白斑雀鲷 台

Pomacentrus alexanderae Evermann & Seale, 1907 胸斑雀鲷 陆

Pomacentrus alleni Burgess, 1981 艾伦氏雀鲷

Pomacentrus amboinensis Bleeker, 1868 安汶雀鲷 陆 台

Pomacentrus aquilus Allen & Randall, 1980 雕雀鲷

Pomacentrus arabicus Allen, 1991 阿拉伯雀鲷

Pomacentrus armillatus Allen, 1993 环雀鲷

Pomacentrus atriaxillaris Allen, 2002 马达加斯加雀鲷

Pomacentrus aurifrons Allen, 2004 金雀鲷

Pomacentrus auriventris Allen, 1991 金腹雀鲷

Pomacentrus australis Allen & Robertson, 1974 澳洲雀鲷

Pomacentrus azuremaculatus Allen, 1991 蓝斑雀鲷

Pomacentrus baenschi Allen, 1991 贝氏雀鲷

Pomacentrus bankanensis Bleeker, 1853 班卡雀鲷 陆 台

　syn. *Pomacentrus dorsalis* Gill, 1959 斑鳍雀鲷

Pomacentrus bintanensis Allen, 1999 印度尼西亚雀鲷

Pomacentrus bipunctatus Allen & Randall, 2004 双斑雀鲷

Pomacentrus brachialis Cuvier, 1830 臂雀鲷;腋斑雀鲷 陆 台

　syn. *Pomacentrus melanopterus* Bleeker, 1852 黑鳍雀鲷

Pomacentrus burroughi Fowler, 1918 伯氏雀鲷

Pomacentrus caeruleopunctatus Allen, 2002 绿斑雀鲷

Pomacentrus caeruleus Quoy & Gaimard, 1825 淡黑雀鲷

Pomacentrus callainus Randall, 2002 银光雀鲷

Pomacentrus chrysurus Cuvier, 1830 金尾雀鲷 陆 台

　syn. *Pomacentrus rhodonotus* Bleeker, 1853 玫瑰雀鲷

Pomacentrus coelestis Jordan & Starks, 1901 霓虹雀鲷 陆 台

Pomacentrus colini Allen, 1991 科氏雀鲷

Pomacentrus cuneatus Allen, 1991 楔雀鲷

Pomacentrus emarginatus Cuvier, 1829 礁外雀鲷

Pomacentrus fuscidorsalis (Allen & Randall, 1974) 棕背雀鲷

Pomacentrus geminospilus Allen, 1993 沙巴雀鲷

Pomacentrus grammorhynchus Fowler, 1918 蓝点雀鲷 台

Pomacentrus imitator (Whitley, 1964) 仿雀鲷

Pomacentrus indicus Allen, 1991 印度雀鲷

Pomacentrus javanicus Allen, 1991 爪哇雀鲷

Pomacentrus komodoensis Allen, 1999 科莫多岛雀鲷

Pomacentrus lepidogenys Fowler & Bean, 1928 颊鳞雀鲷 陆 台

Pomacentrus leptus Allen & Randall, 1980 细雀鲷

Pomacentrus limosus Allen, 1992 锉雀鲷

Pomacentrus littoralis Cuvier, 1830 海滨雀鲷

Pomacentrus melanochir Bleeker, 1877 黑肢雀鲷

Pomacentrus microspilus Allen & Randall, 2005 小斑雀鲷

Pomacentrus milleri Taylor, 1964 密氏雀鲷

Pomacentrus moluccensis Bleeker, 1853 摩鹿加雀鲷 陆 台

Pomacentrus nagasakiensis Tanaka, 1917 长崎雀鲷 陆 台

Pomacentrus nigromanus Weber, 1913 黑手雀鲷

Pomacentrus nigromarginatus Allen, 1973 黑缘雀鲷;黑鳍缘雀鲷 陆 台

Pomacentrus opisthostigma Fowler, 1918 楔斑雀鲷

Pomacentrus pavo (Bloch, 1787) 孔雀雀鲷;青玉雀鲷 陆 台

Pomacentrus philippinus Evermann & Seale, 1907 菲律宾雀鲷 陆 台

Pomacentrus pikei Bliss, 1883 派氏雀鲷

Pomacentrus polyspinus Allen, 1991 多棘雀鲷

Pomacentrus proteus Allen, 1991 原雀鲷

Pomacentrus reidi Fowler & Bean, 1928 莱氏雀鲷

Pomacentrus rodriguesensis Allen & Wright, 2003 罗德里格雀鲷

Pomacentrus saksonoi Allen, 1995 萨克索雀鲷

Pomacentrus similis Allen, 1991 似雀鲷

Pomacentrus simsiang Bleeker, 1856 新星雀鲷

Pomacentrus smithi Fowler & Bean, 1928 史氏雀鲷

Pomacentrus spilotoceps Randall, 2002 头斑雀鲷

Pomacentrus stigma Fowler & Bean, 1928 斑点雀鲷 台

Pomacentrus sulfureus Klunzinger, 1871 奇雀鲷

Pomacentrus taeniometopon Bleeker, 1852 弓纹雀鲷 台

Pomacentrus trichourus Günther, 1867 野雀鲷

Pomacentrus trilineatus Cuvier, 1830 三线雀鲷

Pomacentrus tripunctatus Cuvier, 1830 三斑雀鲷 陆 台

Pomacentrus vaiuli Jordan & Seale, 1906 王子雀鲷 陆 台

Pomacentrus wardi Whitley, 1927 澳氏雀鲷

Pomacentrus xanthosternus Allen, 1991 黄胸雀鲷

Pomacentrus yoshii Allen & Randall, 2004 约氏雀鲷

Genus *Pomachromis* Allen & Randall, 1974 波光鳃鱼属; 波光鳃雀鲷属

Pomachromis exilis (Allen & Emery, 1973) 细波光鳃鱼;细波光鳃雀鲷

Pomachromis guamensis Allen & Larson, 1975 关岛波光鳃鱼;关岛波光鳃雀鲷

Pomachromis richardsoni (Snyder, 1909) 李氏波光鳃鱼;李氏波光鳃雀鲷 陆 台

Genus *Premnas* Cuvier, 1816 棘颊雀鲷属

Premnas biaculeatus (Bloch, 1790) 棘颊雀鲷

Genus *Pristotis* Rüppell, 1838 锯雀鲷属;锯齿雀鲷属

Pristotis cyanostigma Rüppell, 1838 蓝点锯雀鲷;蓝点锯齿雀鲷

Pristotis obtusirostris (Günther, 1862) 钝吻锯雀鲷;钝吻锯齿雀鲷 台

Genus *Similiparma* Hensley, 1986 似盾豆娘鱼属

Similiparma hermani (Steindachner, 1887) 白尾似盾豆娘鱼

Genus *Stegastes* Jenyns, 1840 眶锯雀鲷属;高身雀鲷属

Stegastes acapulcoensis (Fowler, 1944) 海湾眶锯雀鲷

Stegastes adustus (Troschel, 1865) 火焰眶锯雀鲷;火焰高身雀鲷

Stegastes albifasciatus (Schlegel & Müller, 1839) 白带眶锯雀鲷;白带高身雀

269

鲷 [台]

Stegastes altus (Okada & Ikeda, 1937) 背斑眶锯雀鲷;背斑高身雀鲷 [台]

Stegastes apicalis (De Vis, 1885) 尖斑眶锯雀鲷;尖斑高身雀鲷 [台]

Stegastes arcifrons (Heller & Snodgrass, 1903) 箱形眶锯雀鲷

Stegastes aureus (Fowler, 1927) 金色眶锯雀鲷;黄高身雀鲷 [台]

Stegastes baldwini Allen & Woods, 1980 鲍氏眶锯雀鲷;鲍氏高身雀鲷

Stegastes beebei (Nichols, 1924) 比氏眶锯雀鲷;比氏高身雀鲷

Stegastes diencaeus (Jordan & Rutter, 1897) 加勒比海眶锯雀鲷;加勒比海高身雀鲷

Stegastes emeryi (Allen & Randall, 1974) 埃氏眶锯雀鲷;埃氏高身雀鲷

Stegastes fasciolatus (Ogilby, 1889) 胸斑眶锯雀鲷;蓝纹高身雀鲷 [陆][台]
  syn. *Pomacentrus jenkinsi* Jordan & Evermann, 1903 黑边雀鲷
  syn. *Pomacentrus niomatus* De Vis, 1884 暗缘雀鲷

Stegastes flavilatus (Gill, 1862) 黄侧眶锯雀鲷;黄侧高身雀鲷

Stegastes fuscus (Cuvier, 1830) 棕眶锯雀鲷;棕高身雀鲷

Stegastes gascoynei (Whitley, 1964) 盖氏眶锯雀鲷;盖氏高身雀鲷

Stegastes imbricatus Jenyns, 1840 覆瓦鳞眶锯雀鲷;覆瓦鳞高身雀鲷

Stegastes insularis Allen & Emery, 1985 岛屿眶锯雀鲷;岛屿高身雀鲷 [台]

Stegastes leucorus (Gilbert, 1892) 紫黑眶锯雀鲷;紫黑高身雀鲷

Stegastes leucostictus (Müller & Troschel, 1848) 白点眶锯雀鲷;白点高身雀鲷

Stegastes limbatus (Cuvier, 1830) 缘眶锯雀鲷;缘高身雀鲷

Stegastes lividus (Forster, 1801) 长吻眶锯雀鲷;长吻高身雀鲷 [陆][台]

Stegastes lubbocki Allen & Smith, 1992 卢氏眶锯雀鲷;卢氏高身雀鲷

Stegastes nigricans (Lacepède, 1802) 黑眶锯雀鲷;黑高身雀鲷 [陆][台]

Stegastes obreptus (Whitley, 1948) 斑棘眶锯雀鲷;斑棘高身雀鲷 [台]

Stegastes otophorus (Poey, 1860) 大耳眶锯雀鲷;大耳高身雀鲷

Stegastes partitus (Poey, 1868) 深裂眶锯雀鲷;深裂高身雀鲷

Stegastes pelicieri Allen & Emery, 1985 佩氏眶锯雀鲷;佩氏高身雀鲷

Stegastes pictus (Castelnau, 1855) 绣眶锯雀鲷;绣高身雀鲷

Stegastes planifrons (Cuvier, 1830) 漫游眶锯雀鲷;漫游高身雀鲷

Stegastes rectifraenum (Gill, 1862) 直缰眶锯雀鲷;直缰高身雀鲷

Stegastes redemptus (Heller & Snodgrass, 1903) 丑眶锯雀鲷;丑高身雀鲷

Stegastes robertsoni Randall, 2001 罗氏眶锯雀鲷;罗氏高身雀鲷

Stegastes rocasensis (Emery, 1972) 罗卡眶锯雀鲷;罗卡高身雀鲷

Stegastes sanctaehelenae (Sauvage, 1879) 圣眶锯雀鲷;圣高身雀鲷

Stegastes sanctipauli Lubbock & Edwards, 1981 桑氏眶锯雀鲷;桑氏高身雀鲷

Stegastes trindadensis Gasparini, Moura & Sazima, 1999 黄项眶锯雀鲷;黄项高身雀鲷

Stegastes uenfi Novelli, Nunan & Lima, 2000 尤氏眶锯雀鲷;尤氏高身雀鲷

Stegastes variabilis (Castelnau, 1855) 杂色眶锯雀鲷;杂色高身雀鲷

Genus *Teixeirichthys* Smith, 1953 蛳雀鲷属;细鳞雀鲷属

Teixeirichthys jordani (Rutter, 1897) 乔氏蛳雀鲷;乔氏细鳞雀鲷 [陆][台]
  syn. *Teixeirichthys formosanus* (Forwler & Bean, 1922) 台湾蛳雀鲷

Family 412 Labridae 隆头鱼科

Genus *Acantholabrus* Valenciennes, 1839 刺隆头鱼属

Acantholabrus palloni (Risso, 1810) 帕氏刺隆头鱼

Genus *Achoerodus* Gill, 1863 蓝唇鱼属

Achoerodus gouldii (Richardson, 1843) 古氏蓝唇鱼

Achoerodus viridis (Steindachner, 1866) 绿蓝唇鱼

Genus *Ammolabrus* Randall & Carlson, 1997 砂栖唇鱼属

Ammolabrus dicrus Randall & Carlson, 1997 夏威夷砂栖唇鱼

Genus *Anampses* Quoy & Gaimard, 1824 阿南鱼属

Anampses caeruleopunctatus Rüppell, 1829 荧斑阿南鱼;青斑阿南鱼 [陆][台]
  syn. *Anampses diadematus* Rüppell, 1835 纹线阿南鱼

Anampses chrysocephalus Randall, 1958 金头阿南鱼

Anampses cuvier Quoy & Gaimard, 1824 居氏阿南鱼

Anampses elegans Ogilby, 1889 美丽阿南鱼

Anampses femininus Randall, 1972 蓝带阿南鱼

Anampses geographicus Valenciennes, 1840 蠕纹阿南鱼;虫纹阿南鱼 [陆][台]

Anampses lennardi Scott, 1959 伦氏阿南鱼

Anampses lineatus Randall, 1972 线纹阿南鱼

Anampses melanurus Bleeker, 1857 乌尾阿南鱼 [陆][台]

Anampses meleagrides Valenciennes, 1840 黄尾阿南鱼 [陆][台]

Anampses neoguinaicus Bleeker, 1878 新几内亚阿南鱼 [台]

Anampses twistii Bleeker, 1856 星阿南鱼;双斑阿南鱼 [陆][台]

Anampses viridis Valenciennes, 1840 绿阿南鱼

Genus *Anchichoerops* Barnard, 1927 猪唇鱼属

Anchichoerops natalensis (Gilchrist & Thompson, 1909) 南非猪唇鱼

Genus *Austrolabrus* Steindachner, 1884 澳隆头鱼属

Austrolabrus maculatus (Macleay, 1881) 点斑澳隆头鱼

Genus *Bodianus* Bloch, 1790 普提鱼属;狐鲷属

Bodianus anthioides (Bennett, 1832) 似花普提鱼;燕尾狐鲷 [陆][台]

Bodianus axillaris (Bennett, 1832) 腋斑普提鱼;腋斑狐鲷 [陆][台]

Bodianus bathycapros Gomon, 2006 深普提鱼;深狐鲷

Bodianus bilunulatus (Lacepède, 1801) 双带普提鱼;双带狐鲷 [陆][台]

Bodianus bimaculatus Allen, 1973 双斑普提鱼;双斑狐鲷 [台]

Bodianus busellatus Gomon, 2006 马克萨斯岛普提鱼;马克萨斯岛狐鲷

Bodianus cylindriatus (Tanaka, 1930) 圆身普提鱼;圆身狐鲷 [台]

Bodianus diana (Lacepède, 1801) 鳍斑普提鱼;对斑狐鲷 [陆][台]

Bodianus dictynna Gomon, 2006 网纹普提鱼;网纹狐鲷

Bodianus diplotaenia (Gill, 1862) 带纹普提鱼;带纹狐鲷

Bodianus eclancheri (Valenciennes, 1846) 埃氏普提鱼;埃氏狐鲷

Bodianus flavifrons Gomon, 2001 黄体普提鱼;黄体狐鲷

Bodianus flavipinnis Gomon, 2001 黄翅普提鱼;黄翅狐鲷

Bodianus frenchii (Klunzinger, 1879) 弗氏普提鱼;弗氏狐鲷

Bodianus insularis Gomon & Lubbock, 1980 尖鳍普提鱼;尖鳍狐鲷

Bodianus izuensis Araga & Yoshino, 1975 伊津普提鱼;伊津狐鲷 [台]

Bodianus leucosticticus (Bennett, 1832) 点带普提鱼;点带狐鲷 [台]

Bodianus loxozonus (Snyder, 1908) 斜带普提鱼;斜带狐鲷 [陆][台]

Bodianus macrognathos (Morris, 1974) 大颌普提鱼;大颌狐鲷

Bodianus macrourus (Lacepède, 1801) 黑带普提鱼;黑带狐鲷 [陆]
  syn. *Bodianus hirsutus* (Lacepède, 1801) 斜斑普提鱼

Bodianus masudai Araga & Yoshino, 1975 益田普提鱼;益田氏狐鲷 [台]

Bodianus mesothorax (Bloch & Schneider, 1801) 中胸普提鱼;中胸狐鲷 [陆][台]

Bodianus neilli (Day, 1867) 尼尔氏普提鱼;尼尔氏狐鲷

Bodianus neopercularis Gomon, 2006 新盖普提鱼;新盖狐鲷

Bodianus opercularis (Guichenot, 1847) 盖普提鱼;盖狐鲷

Bodianus oxycephalus (Bleeker, 1862) 尖头普提鱼;尖头狐鲷 [陆][台]

Bodianus paraleucosticticus Gomon, 2006 副白斑普提鱼;副白斑狐鲷

Bodianus perditio (Quoy & Gaimard, 1834) 大黄斑普提鱼;黄斑狐鲷 [台]

Bodianus prognathus Lobel, 1981 白斑普提鱼;白斑狐鲷

Bodianus pulchellus (Poey, 1860) 美普提鱼;美狐鲷

Bodianus rubrisos Gomon, 2006 红赭普提鱼;红点斑狐鲷 [台]

Bodianus rufus (Linnaeus, 1758) 淡红普提鱼;淡红狐鲷

Bodianus sanguineus (Jordan & Evermann, 1903) 血色普提鱼;血色狐鲷

Bodianus scrofa (Valenciennes, 1839) 半带普提鱼;半带狐鲷

Bodianus sepiacaudus Gomon, 2006 乌尾普提鱼;乌尾狐鲷

Bodianus solatus Gomon, 2006 变色普提鱼;变色狐鲷

Bodianus speciosus (Bowdich, 1825) 黑纹普提鱼;黑纹狐鲷

Bodianus tanyokidus Gomon & Madden, 1981 无纹普提鱼;无纹狐鲷 [台]

Bodianus thoracotaeniatus Yamamoto, 1982 丝鳍普提鱼;丝鳍狐鲷 [台]

Bodianus trilineatus (Fowler, 1934) 三线普提鱼;三线狐鲷

Bodianus unimaculatus (Günther, 1862) 单斑普提鱼;单斑狐鲷

Bodianus vulpinus (Richardson, 1850) 黑点普提鱼;黑点狐鲷

Genus *Centrolabrus* Günther, 1861 棘隆头鱼属

Centrolabrus caeruleus Azevedo, 1999 淡黑棘隆头鱼

Centrolabrus exoletus (Linnaeus, 1758) 小口棘隆头鱼

Centrolabrus trutta (Lowe, 1834) 鳟形棘隆头鱼

Genus *Cheilinus* Lacepède, 1801 唇鱼属

Cheilinus abudjubbe Rüppell, 1835 丝尾唇鱼

Cheilinus chlorourus (Bloch, 1791) 绿尾唇鱼 陆 台

Cheilinus fasciatus (Bloch, 1791) 横带唇鱼 陆 台

Cheilinus lunulatus (Forsskål, 1775) 雀尾唇鱼

Cheilinus oxycephalus Bleeker, 1853 尖头唇鱼 陆 台

Cheilinus oxyrhynchus Bleeker, 1862 尖吻唇鱼 陆

Cheilinus trilobatus Lacepède, 1801 三叶唇鱼 陆 台

Cheilinus undulatus Rüppell, 1835 波纹唇鱼(苏眉);曲纹唇鱼 陆 台

Genus *Cheilio* Lacepède, 1802 管唇鱼属

Cheilio inermis (Forsskål, 1775) 管唇鱼 陆 台

Genus *Choerodon* Bleeker, 1847 猪齿鱼属

Choerodon anchorago (Bloch, 1791) 鞍斑猪齿鱼 陆 台

Choerodon azurio (Jordan & Snyder, 1901) 蓝猪齿鱼 陆 台

Choerodon balerensis Herre, 1950 吕宋猪齿鱼

Choerodon cauteroma Gomon & Allen, 1987 蓝点猪齿鱼

Choerodon cephalotes (Castelnau, 1875) 花面猪齿鱼

Choerodon cyanodus (Richardson, 1843) 蓝缘猪齿鱼

Choerodon fasciatus (Günther, 1867) 七带猪齿鱼 台

Choerodon frenatus Ogilby, 1910 缰猪齿鱼

Choerodon gomoni Allen & Randall, 2002 戈氏猪齿鱼

Choerodon graphicus (De Vis, 1885) 大眼猪齿鱼

Choerodon gymnogenys (Günther, 1867) 紫纹猪齿鱼 台

Choerodon jordani (Snyder, 1908) 乔氏猪齿鱼 陆 台

Choerodon margaritiferus Fowler & Bean, 1928 菲律宾猪齿鱼

Choerodon melanostigma Fowler & Bean, 1928 大斑猪齿鱼;黑斑猪齿鱼 陆 台

Choerodon monostigma Ogilby, 1910 鳍斑猪齿鱼

Choerodon oligacanthus (Bleeker, 1851) 少棘猪齿鱼

Choerodon paynei Whitley, 1945 佩氏猪齿鱼

Choerodon robustus (Günther, 1862) 粗猪齿鱼 台

    syn. *Choerodon pescadorensis* Yu, 1968 澎湖猪齿鱼

Choerodon rubescens (Günther, 1862) 隆额猪齿鱼

Choerodon schoenleinii (Valenciennes, 1839) 邵氏猪齿鱼 陆 台

    syn. *Choerodon quadrifasciatus* Yu, 1968 四带猪齿鱼

Choerodon sugillatum Gomon, 1987 青淤猪齿鱼

Choerodon venustus (De Vis, 1884) 粉红猪齿鱼

Choerodon vitta Ogilby, 1910 红带猪齿鱼

Choerodon zamboangae (Seale & Bean, 1907) 扎汶猪齿鱼 台

Choerodon zosterophorus (Bleeker, 1868) 腰纹猪齿鱼

Genus *Cirrhilabrus* Temminck & Schlegel, 1845 丝隆头鱼属;丝鳍鹦鲷属

Cirrhilabrus adornatus Randall & Kunzmann, 1998 红身丝隆头鱼;红身丝鳍鹦鲷

Cirrhilabrus aurantidorsalis Allen & Kuiter, 1999 橘背丝隆头鱼;橘背丝鳍鹦鲷

Cirrhilabrus balteatus Randall, 1988 环纹丝隆头鱼;环纹丝鳍鹦鲷

Cirrhilabrus bathyphilus Randall & Nagareda, 2002 黄腹丝隆头鱼;黄腹丝鳍鹦鲷

Cirrhilabrus beauperryi Allen, Drew & Barber, 2008 博氏丝隆头鱼;博氏丝鳍鹦鲷

Cirrhilabrus blatteus Springer & Randall, 1974 粉红丝隆头鱼;粉红丝鳍鹦鲷

Cirrhilabrus brunneus Allen, 2006 深棕丝隆头鱼;深棕丝鳍鹦鲷

Cirrhilabrus cenderawasih Allen & Erdmann, 2006 印度尼西亚丝隆头鱼;印度尼西亚丝鳍鹦鲷

Cirrhilabrus claire Randall & Pyle, 2001 浅棕丝隆头鱼;浅棕丝鳍鹦鲷

Cirrhilabrus condei Allen & Randall, 1996 康氏丝隆头鱼;康氏丝鳍鹦鲷

Cirrhilabrus cyanopleura (Bleeker, 1851) 蓝身丝隆头鱼;蓝身丝鳍鹦鲷 陆 台

Cirrhilabrus earlei Randall & Pyle, 2001 厄氏丝隆头鱼;厄氏丝鳍鹦鲷

Cirrhilabrus exquisitus Smith, 1957 艳丽丝隆头鱼;艳丽丝鳍鹦鲷 台

Cirrhilabrus filamentosus (Klausewitz, 1976) 细条丝隆头鱼;细条丝鳍鹦鲷

Cirrhilabrus flavidorsalis Randall & Carpenter, 1980 黄背丝隆头鱼;黄背丝鳍鹦鲷

Cirrhilabrus joanallenae Allen, 2000 乔安娜氏丝隆头鱼;乔安娜氏丝鳍鹦鲷

Cirrhilabrus johnsoni Randall, 1988 约氏丝隆头鱼;约氏丝鳍鹦鲷

Cirrhilabrus jordani Snyder, 1904 乔氏丝隆头鱼;乔氏丝鳍鹦鲷

Cirrhilabrus katherinae Randall, 1992 凯瑟琳丝隆头鱼;凯瑟琳丝鳍鹦鲷

Cirrhilabrus katoi Senou & Hirata, 2000 卡氏丝隆头鱼;卡氏丝鳍鹦鲷

Cirrhilabrus laboutei Randall & Lubbock, 1982 拉氏丝隆头鱼;拉氏丝鳍鹦鲷

Cirrhilabrus lanceolatus Randall & Masuda, 1991 尖尾丝隆头鱼;尖尾丝鳍鹦鲷

Cirrhilabrus lineatus Randall & Lubbock, 1982 红丝丝隆头鱼;红丝丝鳍鹦鲷

Cirrhilabrus lubbocki Randall & Carpenter, 1980 卢氏丝隆头鱼;卢氏丝鳍鹦鲷

Cirrhilabrus lunatus Randall & Masuda, 1991 新月丝隆头鱼;新月丝鳍鹦鲷 台

Cirrhilabrus luteovittatus Randall, 1988 黄环丝隆头鱼;黄环丝鳍鹦鲷

Cirrhilabrus marjorie Allen, Randall & Carlson, 2003 艳红丝隆头鱼;艳红丝鳍鹦鲷

Cirrhilabrus melanomarginatus Randall & Shen, 1978 黑缘丝隆头鱼;黑缘丝鳍鹦鲷 陆 台

Cirrhilabrus morrisoni Allen, 1999 莫氏丝隆头鱼;莫氏丝鳍鹦鲷

Cirrhilabrus naokoae Randall & Tanaka, 2009 中恒氏丝隆头鱼;中恒氏丝鳍鹦鲷

Cirrhilabrus punctatus Randall & Kuiter, 1989 大斑丝隆头鱼;大斑丝鳍鹦鲷

Cirrhilabrus pylei Allen & Randall, 1996 派氏丝隆头鱼;派氏丝鳍鹦鲷

Cirrhilabrus randalli Allen, 1995 兰氏丝隆头鱼;兰氏丝鳍鹦鲷

Cirrhilabrus rhomboidalis Randall, 1988 菱体丝隆头鱼;菱体丝鳍鹦鲷

Cirrhilabrus roseafascia Randall & Lubbock, 1982 玫纹丝隆头鱼;玫纹丝鳍鹦鲷

Cirrhilabrus rubrimarginatus Randall, 1992 红缘丝隆头鱼;红缘丝鳍鹦鲷 台

Cirrhilabrus rubripinnis Randall & Carpenter, 1980 红翼丝隆头鱼;红翼丝鳍鹦鲷

Cirrhilabrus rubrisquamis Randall & Emery, 1983 红鳞丝隆头鱼;红鳞丝鳍鹦鲷

Cirrhilabrus rubriventralis Springer & Randall, 1974 红腹丝隆头鱼;红腹丝鳍鹦鲷

Cirrhilabrus sanguineus Cornic, 1987 血身丝隆头鱼;血身丝鳍鹦鲷

Cirrhilabrus scottorum Randall & Pyle, 1989 暗丝隆头鱼;暗丝鳍鹦鲷

Cirrhilabrus solorensis Bleeker, 1853 绿丝隆头鱼;绿丝鳍鹦鲷 陆

Cirrhilabrus temminckii Bleeker, 1853 丁氏丝隆头鱼;丁氏丝鳍鹦鲷 台

Cirrhilabrus tonozukai Allen & Kuiter, 1999 汤氏丝隆头鱼;汤氏丝鳍鹦鲷

Cirrhilabrus walindi Allen & Randall, 1996 瓦氏丝隆头鱼;瓦氏丝鳍鹦鲷

Cirrhilabrus walshi Randall & Pyle, 2001 沃氏丝隆头鱼;沃氏丝鳍鹦鲷

Genus *Clepticus* Cuvier, 1829 尖胸隆头鱼属

Clepticus africanus Heiser, Moura & Robertson, 2000 非洲尖胸隆头鱼

Clepticus brasiliensis Heiser, Moura & Robertson, 2000 巴西尖胸隆头鱼

Clepticus parrae (Bloch & Schneider, 1801) 尖胸隆头鱼

Genus *Conniella* Allen, 1983 无腹隆头鱼属

Conniella apterygia Allen, 1983 无腹隆头鱼

Genus *Coris* Lacepède, 1801 盔鱼属

Coris atlantica Günther, 1862 大西洋盔鱼

Coris auricularis (Valenciennes, 1839) 红带盔鱼

Coris aurilineata Randall & Kuiter, 1982 金线盔鱼

Coris aygula Lacepède, 1801 鳃斑盔鱼;红喉盔鱼 陆台

   syn. *Coris angulata* Lacepède, 1801 角盔鱼

Coris ballieui Vaillant & Sauvage, 1875 巴利氏盔鱼

Coris batuensis (Bleeker, 1856-57) 巴都盔鱼 陆台

   syn. *Coris schroederii* (Bleeker, 1858) 施氏盔鱼

Coris bulbifrons Randall & Kuiter, 1982 额瘤盔鱼

Coris caudimacula (Quoy & Gaimard, 1834) 尾斑盔鱼 台

Coris centralis Randall, 1999 莱恩群岛盔鱼

Coris cuvieri (Bennett, 1831) 居氏盔鱼

Coris debueni Randall, 1999 德氏盔鱼

Coris dorsomacula Fowler, 1908 背斑盔鱼 台

Coris flavovittata (Bennett, 1828) 黄纹盔鱼

Coris formosa (Bennett, 1830) 红尾盔鱼

Coris gaimard (Quoy & Gaimard, 1824) 露珠盔鱼;盖马氏盔鱼 陆台

Coris hewetti Randall, 1999 休氏盔鱼

Coris julis (Linnaeus, 1758) 杂斑盔鱼

Coris marquesensis Randall, 1999 马克萨斯岛盔鱼

Coris musume (Jordan & Snyder, 1904) 黑带盔鱼 陆台

Coris nigrotaenia Mee & Hare, 1995 墨带盔鱼

Coris picta (Bloch & Schneider, 1801) 斑盔鱼

Coris pictoides Randall & Kuiter, 1982 橘鳍盔鱼 陆

Coris roseoviridis Randall, 1999 玫瑰盔鱼

Coris sandeyeri (Hector, 1884) 桑氏盔鱼

Coris variegata (Rüppell, 1835) 杂色盔鱼

Coris venusta Vaillant & Sauvage, 1875 美女盔鱼

Genus *Ctenolabrus* Valenciennes, 1839 梳隆头鱼属

Ctenolabrus rupestris (Linnaeus, 1758) 岩梳隆头鱼

Genus *Cymolutes* Günther, 1861 钝头鱼属

Cymolutes lecluse (Quoy & Gaimard, 1824) 侧线钝头鱼

Cymolutes praetextatus (Quoy & Gaimard, 1834) 紫带钝头鱼

Cymolutes torquatus (Valenciennes, 1840) 环状钝头鱼 陆台

Genus *Decodon* Günther, 1861 裸齿隆头鱼属

Decodon grandisquamis (Smith, 1968) 大鳞裸齿隆头鱼

Decodon melasma Gomon, 1974 黑裸齿隆头鱼

Decodon pacificus (Kamohara, 1952) 太平洋裸齿隆头鱼 台

Decodon puellaris (Poey, 1860) 裸齿隆头鱼

Genus *Diproctacanthus* Bleeker, 1862 双臀刺隆头鱼属

Diproctacanthus xanthurus (Bleeker, 1856) 黄尾双臀刺隆头鱼

Genus *Doratonotus* Günther, 1861 矛背隆头鱼属

Doratonotus megalepis Günther, 1862 犬鳞矛背隆头鱼

Genus *Dotalabrus* Whitley, 1930 海神隆头鱼属

Dotalabrus alleni Russell, 1988 艾伦氏海神隆头鱼

Dotalabrus aurantiacus (Castelnau, 1872) 海神隆头鱼

Genus *Epibulus* Cuvier, 1815 伸口鱼属

Epibulus brevis Carlson, Randall & Dawson, 2008 短伸口鱼

Epibulus insidiator (Pallas, 1770) 伸口鱼 陆台

Genus *Eupetrichthys* Ramsay & Ogilby, 1888 鹦隆头鱼属

Eupetrichthys angustipes Ramsay & Ogilby, 1888 弓纹鹦隆头鱼

Genus *Frontilabrus* Randall & Condé, 1989 前唇隆头鱼属

Frontilabrus caeruleus Randall & Condé, 1989 浅黑前唇隆头鱼

Genus *Gomphosus* Lacepède, 1801 尖嘴鱼属

Gomphosus caeruleus Lacepède, 1801 雀尖嘴鱼

Gomphosus varius Lacepède, 1801 杂色尖嘴鱼 陆台

   syn. *Gomphosus tricolor* Quoy & Gaimard, 1824 三色尖嘴鱼

Genus *Halichoeres* Rüppell, 1835 海猪鱼属

Halichoeres adustus (Gilbert, 1890) 火红海猪鱼

Halichoeres aestuaricola Bussing, 1972 湾口海猪鱼

Halichoeres argus (Bloch & Schneider, 1801) 珠光海猪鱼 陆台

   syn. *Halichoeres leparensis* (Bleeker, 1952) 柄斑海猪鱼

Halichoeres bathyphilus (Beebe & Tee-Van, 1932) 绿带海猪鱼

Halichoeres bicolor (Bloch & Schneider, 1801) 双色海猪鱼 陆

   syn. *Halichoeres hyrili* (Bleeker, 1856) 赫氏海猪鱼

Halichoeres binotopsis (Bleeker, 1849) 双背海猪鱼

Halichoeres biocellatus Schultz, 1960 双眼斑海猪鱼 台

Halichoeres bivittatus (Bloch, 1791) 双带海猪鱼

Halichoeres bleekeri (Steindachner & Döderlein, 1887) 布氏海猪鱼 台

Halichoeres brasiliensis (Bloch, 1791) 巴西海猪鱼

Halichoeres brownfieldi (Whitley, 1945) 布朗氏海猪鱼

Halichoeres burekae Weaver & Rocha, 2007 巴氏海猪鱼

Halichoeres caudalis (Poey, 1860) 单孔海猪鱼

Halichoeres chierchiae Di Caporiacco, 1948 奇尔氏海猪鱼

Halichoeres chlorocephalus Kuiter & Randall, 1995 绿头海猪鱼

Halichoeres chloropterus (Bloch, 1791) 绿鳍海猪鱼

Halichoeres chrysus Randall, 1981 金色海猪鱼 陆台

Halichoeres claudia Randall & Rocha, 2009 虫颊海猪鱼

Halichoeres cosmetus Randall & Smith, 1982 波纹海猪鱼

Halichoeres cyanocephalus (Bloch, 1791) 蓝首海猪鱼

Halichoeres dimidiatus (Agassiz, 1831) 黄蓝海猪鱼

Halichoeres discolor Bussing, 1983 无色海猪鱼

Halichoeres dispilus (Günther, 1864) 双棘海猪鱼

Halichoeres erdmanni Randall & Allen, 2010 厄德曼海猪鱼

Halichoeres garnoti (Valenciennes, 1839) 黄首海猪鱼

Halichoeres girardi (Bleeker, 1859) 吉氏海猪鱼

Halichoeres hartzfeldii (Bleeker, 1852) 哈氏海猪鱼 陆台

Halichoeres hilomeni Randall & Allen, 2010 希洛氏海猪鱼

Halichoeres hortulanus (Lacepède, 1801) 格纹海猪鱼;云斑海猪鱼 陆台

   syn. *Halichoeres Centiquadrus* (Lacepède, 1801) 方斑海猪鱼

Halichoeres insularis Allen & Robertson, 1992 小岛海猪鱼

Halichoeres iridis Randall & Smith, 1982 虹彩海猪鱼

Halichoeres kallochroma (Bleeker, 1853) 秀色海猪鱼

Halichoeres lapillus Smith, 1947 宝石海猪鱼

Halichoeres leptotaenia Randall & Earle, 1994 细纹海猪鱼

Halichoeres leucoxanthus Randall & Smith, 1982 黄白海猪鱼

Halichoeres leucurus (Walbaum, 1792) 亮海猪鱼

Halichoeres maculipinna (Müller & Troschel, 1848) 斑鳍海猪鱼

Halichoeres malpelo Allen & Robertson, 1992 玛尔海猪鱼

Halichoeres margaritaceus (Valenciennes, 1839) 斑点海猪鱼 陆台

Halichoeres marginatus Rüppell, 1835 缘鳍海猪鱼 陆台

Halichoeres melanochir Fowler & Bean, 1928 胸斑海猪鱼;黑腕海猪鱼 陆台

Halichoeres melanotis (Gilbert, 1890) 黑背海猪鱼

Halichoeres melanurus (Bleeker, 1851) 黑尾海猪鱼 陆台

Halichoeres melas Randall & Earle, 1994 黑身海猪鱼

Halichoeres melasmapomus Randall, 1981 盖斑海猪鱼

Halichoeres miniatus (Valenciennes, 1839) 臀点海猪鱼;小海猪鱼 陆台

Halichoeres nebulosus (Valenciennes, 1839) 星云海猪鱼;云纹海猪鱼 陆台

Halichoeres nicholsi (Jordan & Gilbert, 1882) 尼氏海猪鱼

Halichoeres nigrescens (Bloch & Schneider, 1801) 云斑海猪鱼;黑带海猪鱼 陆台

   syn. *Halichoeres dussumieri* (Valenciennes, 1839) 杜氏海猪鱼

Halichoeres notospilus (Günther, 1864) 背斑海猪鱼

Halichoeres orientalis Randall, 1999 东方海猪鱼 陆台

Halichoeres ornatissimus (Garrett, 1863) 饰妆海猪鱼 台

Halichoeres pallidus Kuiter & Randall, 1995 苍白海猪鱼

Halichoeres papilionaceus (Valenciennes, 1839) 蝶海猪鱼

Halichoeres pardaleocephalus (Bleeker, 1849) 豹头海猪鱼

Halichoeres pelicieri Randall & Smith, 1982 派氏海猪鱼 台

Halichoeres penrosei Starks, 1913 彭氏海猪鱼

Halichoeres pictus (Poey, 1860) 彩虹海猪鱼

Halichoeres podostigma (Bleeker, 1854) 足斑海猪鱼

Halichoeres poeyi (Steindachner, 1867) 波氏海猪鱼

Halichoeres prosopeion (Bleeker, 1853) 黑额海猪鱼 陆 台

Halichoeres purpurescens (Bloch & Schneider, 1801) 紫色海猪鱼 陆

Halichoeres radiatus (Linnaeus, 1758) 辐纹海猪鱼

Halichoeres raisneri Baldwin & McCosker, 2001 雷氏海猪鱼

Halichoeres richmondi Fowler & Bean, 1928 纵纹海猪鱼

Halichoeres rubricephalus Kuiter & Randall, 1995 红头海猪鱼

Halichoeres rubrovirens Rocha, Pinheiro & Gasparini, 2010 赤绿海猪鱼

Halichoeres salmofasciatus Allen & Robertson, 2002 鲑纹海猪鱼

Halichoeres sazimai Luiz, Ferreira & Rocha, 2009 萨氏海猪鱼

Halichoeres scapularis (Bennett, 1832) 侧带海猪鱼;项带海猪鱼 陆 台

Halichoeres semicinctus (Ayres, 1859) 半带海猪鱼

Halichoeres signifer Randall & Earle, 1994 阿曼海猪鱼

Halichoeres socialis Randall & Lobel, 2003 伯利兹海猪鱼

Halichoeres solorensis (Bleeker, 1853) 索洛海猪鱼

Halichoeres stigmaticus Randall & Smith, 1982 眼点海猪鱼

Halichoeres tenuispinis (Günther, 1862) 细棘海猪鱼 陆 台

Halichoeres timorensis (Bleeker, 1852) 帝汶海猪鱼 陆 台

    syn. *Halichoeres kawarin* (Bleeker, 1852) 画海猪鱼

Halichoeres trimaculatus (Quoy & Gaimard, 1834) 三斑海猪鱼 陆 台

Halichoeres trispilus Randall & Smith, 1982 三点海猪鱼

Halichoeres vrolikii (Bleeker, 1855) 弗氏海猪鱼

Halichoeres zeylonicus (Bennett, 1833) 大鳞海猪鱼;塞隆海猪鱼 陆 台

Halichoeres zulu Randall & King, 2010 裸头海猪鱼

Genus *Hemigymnus* Günther, 1861 厚唇鱼属;半裸鱼属

Hemigymnus fasciatus (Bloch, 1792) 横带厚唇鱼;条纹半裸鱼 陆 台

Hemigymnus melapterus (Bloch, 1791) 黑鳍厚唇鱼;黑鳍半裸鱼 陆 台

Genus *Hologymnosus* Lacepède, 1801 细鳞盔鱼属;全裸鹦鲷属

Hologymnosus annulatus (Lacepède, 1801) 环纹细鳞盔鱼;环纹全裸鹦鲷 陆 台

    syn. *Hologymnosus semidiscus* (Lacepède, 1801) 细鳞盔鱼

Hologymnosus doliatus (Lacepède, 1801) 狭带细鳞盔鱼;狭带全裸鹦鲷 陆 台

Hologymnosus longipes (Günther, 1862) 长鳍细鳞盔鱼

Hologymnosus rhodonotus Randall & Yamakawa, 1988 玫瑰细鳞盔鱼;玫瑰全裸鹦鲷 陆 台

Genus *Iniistius* Gill, 1862 项鳍鱼属

Iniistius aneitensis (Günther, 1862) 短项鳍鱼;安纳地项鳍鱼 陆 台

Iniistius auropunctatus Randall, Earle & Robertson, 2002 金斑项鳍鱼

Iniistius baldwini (Jordan & Evermann, 1903) 鲍氏项鳍鱼;巴氏项鳍鱼 陆 台

Iniistius celebicus (Bleeker, 1856) 西里伯斯项鳍鱼

Iniistius cyanifrons (Valenciennes, 1840) 青色项鳍鱼

Iniistius griffithsi Randall, 2007 格氏项鳍鱼

Iniistius melanopus (Bleeker, 1857) 黑斑项鳍鱼 陆 台

    syn. *Xyrichtys melanopus* (Bleeker, 1857) 黑斑连鳍鱼

Iniistius pavo (Valenciennes, 1840) 孔雀项鳍鱼;巴父项鳍鱼 陆 台

Iniistius trivittatus (Randall & Cornish, 2000) 三带项鳍鱼 陆 台

Iniistius umbrilatus (Jenkins, 1901) 喜荫项鳍鱼

Genus *Labrichthys* Bleeker, 1854 突唇鱼属

Labrichthys unilineatus (Guichenot, 1847) 单线突唇鱼 陆 台

    syn. *Labrichthys cyanotaenia* Bleeker, 1854 突唇鱼

Genus *Labroides* Bleeker, 1851 裂唇鱼属

Labroides bicolor Fowler & Bean, 1928 双色裂唇鱼 陆 台

Labroides dimidiatus (Valenciennes, 1839) 裂唇鱼 陆 台

Labroides pectoralis Randall & Springer, 1975 胸斑裂唇鱼 陆 台

Labroides phthirophagus Randall, 1958 宽纵带裂唇鱼

Labroides rubrolabiatus Randall, 1958 红唇裂唇鱼

Genus *Labropsis* Schmidt, 1931 褶唇鱼属

Labropsis alleni Randall, 1981 艾伦褶唇鱼

Labropsis australis Randall, 1981 澳洲褶唇鱼

Labropsis manabei Schmidt, 1931 曼氏褶唇鱼 陆 台

Labropsis micronesica Randall, 1981 密克罗尼西亚褶唇鱼

Labropsis polynesica Randall, 1981 波利尼西亚褶唇鱼

Labropsis xanthonota Randall, 1981 多纹褶唇鱼 陆 台

Genus *Labrus* Linnaeus, 1758 隆头鱼属

Labrus bergylta Ascanius, 1767 贝氏隆头鱼

Labrus merula Linnaeus, 1758 褐隆头鱼

Labrus mixtus Linnaeus, 1758 红纹隆头鱼

Labrus viridis Linnaeus, 1758 绿隆头鱼

Genus *Lachnolaimus* Cuvier, 1829 毛唇隆头鱼属

Lachnolaimus maximus (Walbaum, 1792) 长棘毛唇隆头鱼

Genus *Lappanella* Jordan, 1890 拉潘隆头鱼属

Lappanella fasciata (Cocco, 1833) 带纹拉潘隆头鱼

Lappanella guineensis Bauchot, 1969 几内亚拉潘隆头鱼

Genus *Larabicus* Randall & Springer, 1973 拉隆鱼属

Larabicus quadrilineatus (Rüppell, 1835) 四线拉隆鱼

Genus *Leptojulis* Bleeker, 1862 蓝胸鱼属;尖猪鱼属

Leptojulis chrysotaenia Randall & Ferraris, 1981 金带蓝胸鱼;金带尖猪鱼

Leptojulis cyanopleura (Bleeker, 1853) 阿曼蓝胸鱼;阿曼尖猪鱼 陆

Leptojulis lambdastigma Randall & Ferraris, 1981 项斑蓝胸鱼;项斑尖猪鱼 陆 台

Leptojulis polylepis Randall, 1996 多鳞蓝胸鱼;多鳞尖猪鱼

Leptojulis urostigma Randall, 1996 尾斑蓝胸鱼;尾斑尖猪鱼 台

Genus *Macropharyngodon* Bleeker, 1862 大咽齿鱼属;大咽齿鲷属

Macropharyngodon bipartitus bipartitus Smith, 1957 白点大咽齿鱼;白点大咽齿鲷

Macropharyngodon bipartitus marisrubri Randall, 1978 马氏大咽齿鱼;马氏大咽齿鲷

Macropharyngodon choati Randall, 1978 乔氏大咽齿鱼;乔氏大咽齿鲷

Macropharyngodon cyanoguttatus Randall, 1978 蓝点大咽齿鱼;蓝点大咽齿鲷

Macropharyngodon geoffroy (Quoy & Gaimard, 1824) 杰弗罗大咽齿鱼;杰弗罗大咽齿鲷

Macropharyngodon kuiteri Randall, 1978 基氏大咽齿鱼;基氏大咽齿鲷

Macropharyngodon meleagris (Valenciennes, 1839) 珠斑大咽齿鱼;珠斑大咽齿鲷 陆 台

    syn. *Macropharyngodon pardalis* (Kner, 1867) 真珠大咽齿鱼

Macropharyngodon moyeri Shepard & Meyer, 1978 莫氏大咽齿鱼;莫氏大咽齿鲷 台

Macropharyngodon negrosensis Herre, 1932 胸斑大咽齿鱼;黑大咽齿鲷 陆 台

Macropharyngodon ornatus Randall, 1978 饰妆大咽齿鱼;饰妆大咽齿鲷

Macropharyngodon vivienae Randall, 1978 肩斑大咽齿鱼;肩斑大咽齿鲷

Genus *Malapterus* Valenciennes, 1839 软鳍隆头鱼属

Malapterus reticulatus Valenciennes, 1839 网纹软鳍隆头鱼

Genus *Minilabrus* Randall & Dor, 1980 细唇隆头鱼属

Minilabrus striatus Randall & Dor, 1980 条纹细唇隆头鱼

Genus *Nelabrichthys* Russell, 1983 奈拉布隆头鱼属

Nelabrichthys ornatus (Carmichael, 1819) 饰妆奈拉布隆头鱼

Genus *Notolabrus* Russell, 1988 背唇隆头鱼属

Notolabrus celidotus (Bloch & Schneider, 1801) 新西兰背唇隆头鱼

Notolabrus cinctus (Hutton, 1877) 带纹背唇隆头鱼

Notolabrus fucicola (Richardson, 1840) 红背唇隆头鱼

Notolabrus gymnogenis (Günther, 1862) 红鳍背唇隆头鱼

Notolabrus inscriptus (Richardson, 1848) 雕纹背唇隆头鱼

Notolabrus parilus (Richardson, 1850) 澳洲背唇隆头鱼

Notolabrus tetricus (Richardson, 1840) 凶猛背唇隆头鱼

Genus *Novaculichthys* Bleeker, 1862 美鳍鱼属;新隆鱼属

Novaculichthys taeniourus (Lacepède, 1801) 带尾美鳍鱼;带尾新隆鱼 陆 台

Genus *Novaculoides* Randall & Earle, 2004 似美鳍鱼属

Novaculoides macrolepidotus (Bloch, 1791) 大鳞似美鳍鱼 台

Genus *Ophthalmolepis* Bleeker, 1862 毛利隆头鱼属

Ophthalmolepis lineolata (Valenciennes, 1839) 白条毛利隆头鱼

Genus *Oxycheilinus* Gill, 1862 尖唇鱼属

Oxycheilinus arenatus (Valenciennes, 1840) 斑点尖唇鱼 台

Oxycheilinus bimaculatus (Valenciennes, 1840) 双斑尖唇鱼 陆 台

Oxycheilinus celebicus (Bleeker, 1853) 西里伯斯唇鱼 陆 台

    syn. *Cheilinus celebicus* (Bleeker, 1853) 西里伯斯唇鱼

Oxycheilinus digramma (Lacepède, 1801) 双线尖唇鱼 陆 台

Oxycheilinus lineatus Randall, Westneat & Gomon, 2003 条纹尖唇鱼

Oxycheilinus mentalis (Rüppell, 1828) 大颏尖唇鱼 陆

Oxycheilinus nigromarginatus Randall, Westneat & Gomon, 2003 黑缘尖唇鱼

Oxycheilinus orientalis (Günther, 1862) 东方尖唇鱼 陆 台

    syn. *Cheilinus rhodochrous* Günther, 1867 红唇鱼

Oxycheilinus rhodochrous (Günther, 1867) 玫瑰尖唇鱼

Oxycheilinus unifasciatus (Streets, 1877) 单带尖唇鱼 陆 台

Genus *Oxyjulis* Gill, 1863 尖隆头鱼属

Oxyjulis californica (Günther, 1861) 加州湾尖隆头鱼

Genus *Paracheilinus* Fourmanoir, 1955 副唇鱼属

Paracheilinus angulatus Randall & Lubbock, 1981 凹尾副唇鱼

Paracheilinus attenuatus Randall, 1999 鲜红副唇鱼

Paracheilinus bellae Randall, 1988 贝拉氏副唇鱼

Paracheilinus carpenteri Randall & Lubbock, 1981 卡氏副唇鱼 台

Paracheilinus cyaneus Kuiter & Allen, 1999 蓝背副唇鱼

Paracheilinus filamentosus Allen, 1974 月尾副唇鱼

Paracheilinus flavianalis Kuiter & Allen, 1999 黄臀副唇鱼

Paracheilinus hemitaeniatus Randall & Harmelin-Vivien, 1977 丝尾副唇鱼

Paracheilinus lineopunctatus Randall & Lubbock, 1981 线斑副唇鱼

Paracheilinus mccoskeri Randall & Harmelin-Vivien, 1977 麦氏副唇鱼

Paracheilinus nursalim Allen & Erdmann, 2008 大斑副唇鱼

Paracheilinus octotaenia Fourmanoir, 1955 八线副唇鱼

Paracheilinus piscilineatus (Cornic, 1987) 鱼纹副唇鱼

Paracheilinus rubricaudalis Randall & Allen, 2003 红尾副唇鱼

Paracheilinus togeanensis Kuiter & Allen, 1999 印度尼西亚副唇鱼

Paracheilinus walton Allen & Erdmann, 2006 沃尔顿副唇鱼

Genus *Parajulis* Bleeker, 1865 副海猪鱼属

Parajulis poecilepterus (Temminck & Schlegel, 1845) 花鳍副海猪鱼 陆 台

Genus *Pictilabrus* Gill, 1891 绣隆头鱼属

Pictilabrus brauni Hutchins & Morrison, 1996 布氏绣隆头鱼

Pictilabrus laticlavius (Richardson, 1840) 黄条绣隆头鱼

Pictilabrus viridis Russell, 1988 绿绣隆头鱼

Genus *Polylepion* Gomon, 1977 多鳞普提鱼属

Polylepion cruentum Gomon, 1977 血色多鳞普提鱼

Polylepion russelli (Gomon & Randall, 1975) 勒氏多鳞普提鱼

Genus *Pseudocheilinops* Schultz, 1960 拟小眼唇鱼属

Pseudocheilinops ataenia Schultz, 1960 细条拟小眼唇鱼

Genus *Pseudocheilinus* Bleeker, 1862 拟唇鱼属

Pseudocheilinus citrinus Randall, 1999 橙黄拟唇鱼

Pseudocheilinus dispilus Randall, 1999 尖吻拟唇鱼

Pseudocheilinus evanidus Jordan & Evermann, 1903 姬拟唇鱼 陆 台

Pseudocheilinus hexataenia (Bleeker, 1857) 六带拟唇鱼 陆 台

Pseudocheilinus ocellatus Randall, 1999 眼斑拟唇鱼 台

Pseudocheilinus octotaenia Jenkins, 1901 八带拟唇鱼 陆 台

Pseudocheilinus tetrataenia Schultz, 1960 四带拟唇鱼

Genus *Pseudocoris* Bleeker, 1862 拟盔鱼属

Pseudocoris aequalis Randall & Walsh, 2008 珊瑚海拟盔鱼

Pseudocoris aurantiofasciata Fourmanoir, 1971 橘纹拟盔鱼 台

Pseudocoris bleekeri (Hubrecht, 1876) 布氏拟盔鱼 台

Pseudocoris heteroptera (Bleeker, 1857) 异鳍拟盔鱼 台

Pseudocoris ocellata Chen & Shao, 1995 眼斑拟盔鱼 台

Pseudocoris yamashiroi (Schmidt, 1931) 山下氏拟盔鱼 陆 台

Genus *Pseudodax* Bleeker, 1861 拟凿牙鱼属;拟岩鳕属

Pseudodax moluccanus (Valenciennes, 1840) 摩鹿加拟凿牙鱼;摩鹿加拟岩鳕 陆 台

Genus *Pseudojuloides* Fowler, 1949 似虹锦鱼属;拟海猪鱼属

Pseudojuloides argyreogaster (Günther, 1867) 银腹似虹锦鱼;银腹拟海猪鱼

Pseudojuloides atavai Randall & Randall, 1981 阿氏似虹锦鱼;阿氏拟海猪鱼

Pseudojuloides cerasinus (Snyder, 1904) 细尾似虹锦鱼;细尾拟海猪鱼 台

Pseudojuloides elongatus Ayling & Russell, 1977 长体似虹锦鱼;长体拟海猪鱼

Pseudojuloides erythrops Randall & Randall, 1981 红眼似虹锦鱼;红眼拟海猪鱼

Pseudojuloides inornatus (Gilbert, 1890) 岬似虹锦鱼;岬拟海猪鱼

Pseudojuloides kaleidos Kuiter & Randall, 1995 纵带似虹锦鱼;纵带拟海猪鱼

Pseudojuloides mesostigma Randall & Randall, 1981 中斑似虹锦鱼;中斑拟海猪鱼

Pseudojuloides pyrius Randall & Randall, 1981 焰火似虹锦鱼;焰火拟海猪鱼

Pseudojuloides severnsi Bellwood & Randall, 2000 斯氏似虹锦鱼;斯氏拟海猪鱼

Pseudojuloides xanthomos Randall & Randall, 1981 黄肩似虹锦鱼;黄肩拟海猪鱼

Genus *Pseudolabrus* Bleeker, 1862 拟隆头鱼属

Pseudolabrus biserialis (Klunzinger, 1880) 红带拟隆头鱼

Pseudolabrus eoethinus (Richardson, 1846) 红项拟隆头鱼 台

Pseudolabrus fuentesi (Regan, 1913) 富氏拟隆头鱼

Pseudolabrus gayi (Valenciennes, 1839) 盖伊拟隆头鱼

Pseudolabrus guentheri Bleeker, 1862 贡氏拟隆头鱼

Pseudolabrus japonicus (Houttuyn, 1782) 日本拟隆头鱼 陆

Pseudolabrus luculentus (Richardson, 1848) 橙色拟隆头鱼

Pseudolabrus miles (Schneider & Forster, 1801) 截尾拟隆头鱼

Pseudolabrus rubicundus (Macleay, 1881) 红尾拟隆头鱼

Pseudolabrus semifasciatus (Rendahl, 1921) 半花拟隆头鱼

Pseudolabrus sieboldi Mabuchi & Nakabo, 1997 西氏拟隆头鱼 台

Pseudolabrus torotai Russell & Randall, 1981 托氏拟隆头鱼

Genus *Pteragogus* Peters, 1855 高体盔鱼属;长鳍鹦鲷属

Pteragogus aurigarius (Richardson, 1845) 长鳍高体盔鱼;长鳍鹦鲷 陆 台

Pteragogus cryptus Randall, 1981 隐秘高体盔鱼;隐秘长鳍鹦鲷 台

Pteragogus enneacanthus (Bleeker, 1853) 九棘高体盔鱼;九棘长鳍鹦鲷 台

Pteragogus flagellifer (Valenciennes, 1839) 红海高体盔鱼;红海长鳍鹦鲷

Pteragogus guttatus (Fowler & Bean, 1928) 斑点高体盔鱼;斑点长鳍鹦鲷

Pteragogus pelycus Randall, 1981 斑鳍高体盔鱼;斑鳍长鳍鹦鲷

Pteragogus taeniops (Peters, 1855) 颊带高体盔鱼;颊带长鳍鹦鲷

Genus *Semicossyphus* Günther, 1861 突额隆头鱼属

Semicossyphus darwini (Jenyns, 1842) 达尔文氏突额隆头鱼

Semicossyphus pulcher (Ayres, 1854) 美丽突额隆头鱼
Semicossyphus reticulatus (Valenciennes, 1839) 金黄突额隆头鱼

Genus *Stethojulis* Günther, 1861 紫胸鱼属

Stethojulis albovittata (Bonnaterre, 1788) 蓝线紫胸鱼
Stethojulis balteata (Quoy & Gaimard, 1824) 圈紫胸鱼 [陆]
 syn. *Stethojulis axillaris* (Quoy & Gaimard, 1824) 虹彩紫胸鱼
Stethojulis bandanensis (Bleeker, 1851) 黑星紫胸鱼 [陆][台]
 syn. *Stethojulis linearis* Schultz, 1960 线纹紫胸鱼
Stethojulis interrupta (Bleeker, 1851) 断带紫胸鱼 [陆]
 syn. *Stethojulis kalosoma* (Bleeker, 1852) 美体紫胸鱼
Stethojulis maculata Schmidt, 1931 斑紫胸鱼
Stethojulis marquesensis Randall, 2000 马克萨斯岛紫胸鱼
Stethojulis notialis Randall, 2000 黄带紫胸鱼
Stethojulis strigiventer (Bennett, 1833) 虹纹紫胸鱼 [陆][台]
 syn. *Stethojulis renardi* (Bleeker, 1851) 双线紫胸鱼
Stethojulis terina Jordan & Snyder, 1902 断纹紫胸鱼 [陆][台]
Stethojulis trilineata (Bloch & Schneider, 1801) 三线紫胸鱼 [陆][台]
 syn. *Stethojulis phekadopleura* (Bleeker, 1849) 侧星紫胸鱼

Genus *Suezichthys* Smith, 1958 苏彝士隆头鱼属

Suezichthys arquatus Russell, 1985 青带苏彝士隆头鱼
Suezichthys aylingi Russell, 1985 艾氏苏彝士隆头鱼
Suezichthys bifurcatus Russell, 1986 双叉苏彝士隆头鱼
Suezichthys caudavittatus (Steindachner, 1898) 红海苏彝士隆头鱼
Suezichthys cyanolaemus Russell, 1985 蓝喉苏彝士隆头鱼
Suezichthys devisi (Whitley, 1941) 德氏苏彝士隆头鱼
Suezichthys gracilis (Steindachner & Döderlein, 1887) 细长苏彝士隆头鱼 [陆][台]
Suezichthys notatus (Kamohara, 1958) 头斑苏彝士隆头鱼
Suezichthys russelli Randall, 1981 勒氏苏彝士隆头鱼
Suezichthys soelae Russell, 1985 尾点苏彝士隆头鱼

Genus *Symphodus* Rafinesque, 1810 扁隆头鱼属

Symphodus bailloni (Valenciennes, 1839) 贝氏扁隆头鱼
Symphodus cinereus (Bonnaterre, 1788) 灰扁隆头鱼
Symphodus doderleini Jordan, 1890 多氏扁隆头鱼
Symphodus mediterraneus (Linnaeus, 1758) 地中海扁隆头鱼
Symphodus melanocercus (Risso, 1810) 黑扁隆头鱼
Symphodus melops (Linnaeus, 1758) 娇扁隆头鱼
Symphodus ocellatus (Forsskål, 1775) 睛斑扁隆头鱼
Symphodus roissali (Risso, 1810) 罗氏扁隆头鱼
Symphodus rostratus (Bloch, 1791) 大鼻扁隆头鱼
Symphodus tinca (Linnaeus, 1758) 东大西洋扁隆头鱼

Genus *Tautoga* Mitchill, 1814 梳唇隆头鱼属

Tautoga onitis (Linnaeus, 1758) 裸首梳唇隆头鱼

Genus *Tautogolabrus* Günther, 1862 拟梳唇隆头鱼属

Tautogolabrus adspersus (Walbaum, 1792) 珠光拟梳唇隆头鱼
Tautogolabrus brandaonis (Steindachner, 1867) 巴西拟梳唇隆头鱼

Genus *Terelabrus* Randall & Fourmanoir, 1998 光灿隆头鱼属

Terelabrus rubrovittatus Randall & Fourmanoir, 1998 红腹光灿隆头鱼

Genus *Thalassoma* Swainson, 1839 锦鱼属

Thalassoma amblycephalum (Bleeker, 1856) 钝头锦鱼 [陆][台]
Thalassoma ascensionis (Quoy & Gaimard, 1834) 丽锦鱼
Thalassoma ballieui (Vaillant & Sauvage, 1875) 灰锦鱼
Thalassoma bifasciatum (Bloch, 1791) 双带锦鱼
Thalassoma cupido (Temminck & Schlegel, 1845) 环带锦鱼 [陆][台]
Thalassoma duperrey (Quoy & Gaimard, 1824) 红项锦鱼
Thalassoma genivittatum (Valenciennes, 1839) 红颊锦鱼
Thalassoma grammaticum Gilbert, 1890 黑带锦鱼
Thalassoma hardwicke (Bennett, 1830) 鞍斑锦鱼;哈氏锦鱼 [陆][台]
Thalassoma hebraicum (Lacepède, 1801) 金带锦鱼
Thalassoma heiseri Randall & Edwards, 1984 海斯氏锦鱼

Thalassoma jansenii (Bleeker, 1856) 詹氏锦鱼 [陆][台]
Thalassoma loxum Randall & Mee, 1994 弯纹锦鱼
Thalassoma lucasanum (Gill, 1862) 蓝首锦鱼
Thalassoma lunare (Linnaeus, 1758) 新月锦鱼 [陆][台]
Thalassoma lutescens (Lay & Bennett, 1839) 胸斑锦鱼 [陆][台]
Thalassoma newtoni (Osório, 1891) 黑纵带锦鱼
Thalassoma nigrofasciatum Randall, 2003 黑横带锦鱼
Thalassoma noronhanum (Boulenger, 1890) 巴西锦鱼
Thalassoma pavo (Linnaeus, 1758) 孔雀锦鱼
Thalassoma purpureum (Forsskål, 1775) 紫锦鱼 [陆][台]
 syn. *Thalassoma umbrostigma* (Rüppell, 1835) 暗斑锦鱼
Thalassoma quinquevittatum (Lay & Bennett, 1839) 纵纹锦鱼;五带锦鱼 [陆][台]
Thalassoma robertsoni Allen, 1995 罗伯逊锦鱼
Thalassoma rueppellii (Klunzinger, 1871) 鲁氏锦鱼
Thalassoma sanctaehelenae (Valenciennes, 1839) 圣海伦岛锦鱼
Thalassoma septemfasciatum Scott, 1959 七带锦鱼
Thalassoma trilobatum (Lacepède, 1801) 三叶锦鱼 [陆][台]
 syn. *Thalassoma fuscum* (Lacepède, 1801) 栅纹锦鱼
Thalassoma virens Gilbert, 1890 绿锦鱼

Genus *Wetmorella* Fowler & Bean, 1928 湿鹦鲷属

Wetmorella albofasciata Schultz & Marshall, 1954 白条湿鹦鲷
Wetmorella nigropinnata (Seale, 1901) 黑鳍湿鹦鲷 [台]
Wetmorella tanakai Randall & Kuiter, 2007 田中氏湿鹦鲷

Genus *Xenojulis* de Beaufort, 1939 异锦鱼属

Xenojulis margaritaceus (Macleay, 1883) 高鳍异锦鱼

Genus *Xiphocheilus* Bleeker, 1857 剑唇鱼属

Xiphocheilus typus Bleeker, 1857 剑唇鱼 [陆]
 syn. *Xiphocheilus quadrimaculatus* Günther, 1880 四斑剑唇鱼

Genus *Xyrichtys* Cuvier, 1814 连鳍唇鱼属

Xyrichtys bimaculatus Rüppell, 1829 双斑连鳍唇鱼
Xyrichtys blanchardi (Cadenat & Marchal, 1963) 布氏连鳍唇鱼
Xyrichtys dea Temminck & Schlegel, 1845 洛神连鳍唇鱼;红连鳍唇鱼 [陆][台]
 syn. *Iniistius dea* (Temminck & Schlegel, 1845) 洛神项鳍鱼
Xyrichtys geisha Araga & Yoshino, 1986 黑背连鳍唇鱼 [台]
 syn. *Iniistius geisha* (Araga & Yoshino, 1986) 黑背项鳍鱼
Xyrichtys incandescens Edwards & Lubbock, 1981 巴西连鳍唇鱼
Xyrichtys jacksonensis (Ramsay, 1881) 杰克逊连鳍唇鱼
Xyrichtys javanicus (Bleeker, 1862) 爪哇连鳍唇鱼
Xyrichtys koteamea Randall & Allen, 2004 红体连鳍唇鱼
Xyrichtys martinicensis Valenciennes, 1840 玫瑰连鳍唇鱼
Xyrichtys mundiceps Gill, 1862 洁首连鳍唇鱼
Xyrichtys niger (Steindachner, 1900) 黑鳍连鳍唇鱼
Xyrichtys novacula (Linnaeus, 1758) 条尾连鳍唇鱼
Xyrichtys pastellus Randall, Earle & Rocha, 2008 棕眼连鳍唇鱼
Xyrichtys pentadactylus (Linnaeus, 1758) 五指连鳍唇鱼 [陆][台]
 syn. *Iniistius pentadactylus* (Linnaeus, 1758) 五指项鳍鱼
Xyrichtys rajagopalani Venkataramanujam, Venkataramani & Ramanathan, 1987 拉氏连鳍唇鱼
Xyrichtys sanctaehelenae (Günther, 1868) 圣连鳍唇鱼
Xyrichtys splendens Castelnau, 1855 闪光连鳍唇鱼
Xyrichtys twistii (Bleeker, 1856) 彩虹连鳍唇鱼 [台]
 syn. *Iniistius twistii* (Bleeker, 1856) 彩虹项鳍鱼
Xyrichtys verrens (Jordan & Evermann, 1902) 蔷薇连鳍唇鱼 [陆][台]
 syn. *Hemipteronotus caeruleopunctatus* Yu, 1968 红斑离鳍鱼
Xyrichtys victori Wellington, 1992 维克托连鳍唇鱼
Xyrichtys virens Valenciennes, 1840 绿身连鳍唇鱼
Xyrichtys wellingtoni Allen & Robertson, 1995 威氏连鳍唇鱼
Xyrichtys woodi (Jenkins, 1901) 伍氏连鳍唇鱼 [台]
 syn. *Novaculops woodi* (Jenkins, 1901) 伍氏软棘唇鱼

Family 413 Odacidae 岩鳕科

Genus *Haletta* Whitley, 1947 海岩鳕属

Haletta semifasciata (Valenciennes, 1840) 半花海岩鳕

Genus *Neoodax* Castelnau, 1875 新岩鳕属

Neoodax balteatus (Valenciennes, 1840) 纵带新岩鳕

Genus *Odax* Valenciennes, 1840 岩鳕属

Odax acroptilus (Richardson, 1846) 虹岩鳕

Odax cyanoallix Ayling & Paxton, 1983 青岩鳕

Odax cyanomelas (Richardson, 1850) 长吻岩鳕

Odax pullus (Forster, 1801) 暗岩鳕

Genus *Siphonognathus* Richardson, 1858 管颌鱼属

Siphonognathus argyrophanes Richardson, 1858 唇须管颌鱼

Siphonognathus attenuatus (Ogilby, 1897) 尾斑管颌鱼

Siphonognathus beddomei (Johnston, 1885) 长体管颌鱼

Siphonognathus caninis (Scott, 1976) 尖吻管颌鱼

Siphonognathus radiatus (Quoy & Gaimard, 1834) 条纹管颌鱼

Siphonognathus tanyourus Gomon & Paxton, 1986 长尾管颌鱼

Family 414 Scaridae 鹦嘴鱼科;鹦哥鱼科

Genus *Bolbometopon* Smith, 1956 大鹦嘴鱼属;隆头鹦哥鱼属

Bolbometopon muricatum (Valenciennes, 1840) 驼峰大鹦嘴鱼;隆头鹦哥鱼 [陆][台]

Genus *Calotomus* Gilbert, 1890 绚鹦嘴鱼属;鹦鲤属

Calotomus carolinus (Valenciennes, 1840) 星眼绚鹦嘴鱼;卡罗鹦鲤 [台]

Calotomus japonicus (Valenciennes, 1840) 日本绚鹦嘴鱼;日本鹦鲤 [陆][台]

Calotomus spinidens (Quoy & Gaimard, 1824) 凹齿绚鹦嘴鱼;台湾鹦鲤 [陆][台]

Calotomus viridescens (Rüppell, 1835) 绿绚鹦嘴鱼;绿鹦鲤

Calotomus zonarchus (Jenkins, 1903) 带绚鹦嘴鱼;带鹦鲤

Genus *Cetoscarus* Smith, 1956 鲸鹦嘴鱼属;鲸鹦哥鱼属

Cetoscarus bicolor (Rüppell, 1829) 双色鲸鹦嘴鱼;双色鲸鹦哥鱼 [陆][台]

Genus *Chlorurus* Swainson, 1839 绿鹦嘴鱼属;绿鹦哥鱼属

Chlorurus atrilunula (Randall & Bruce, 1983) 肯尼亚绿鹦嘴鱼;肯尼亚绿鹦哥鱼

Chlorurus bleekeri (de Beaufort, 1940) 白氏绿鹦嘴鱼;白氏绿鹦哥鱼

Chlorurus bowersi (Snyder, 1909) 鲍氏绿鹦嘴鱼;鲍氏绿鹦哥鱼 [陆][台]

Chlorurus capistratoides (Bleeker, 1847) 拟绿鹦嘴鱼;拟绿鹦哥鱼

Chlorurus cyanescens (Valenciennes, 1840) 青绿鹦嘴鱼;青绿鹦哥鱼

Chlorurus enneacanthus (Lacepède, 1802) 九棘绿鹦嘴鱼;九棘绿鹦哥鱼

Chlorurus frontalis (Valenciennes, 1840) 高额绿鹦嘴鱼;高额绿鹦哥鱼 [陆][台]

Chlorurus genazonatus (Randall & Bruce, 1983) 颊纹绿鹦嘴鱼;颊纹绿鹦哥鱼

Chlorurus gibbus (Rüppell, 1829) 驼背绿鹦嘴鱼;驼背绿鹦哥鱼 [陆]

Chlorurus japanensis (Bloch, 1789) 日本绿鹦嘴鱼;日本绿鹦哥鱼 [台]

    syn. *Scarus pyrrhurus* (Jordan & Seale, 1906) 红尾鹦嘴鱼

Chlorurus microrhinos (Bleeker, 1854) 小鼻绿鹦嘴鱼;小鼻绿鹦哥鱼 [陆][台]

Chlorurus oedema (Snyder, 1909) 瘤绿鹦嘴鱼;瘤绿鹦哥鱼 [陆][台]

Chlorurus perspicillatus (Steindachner, 1879) 壮绿鹦嘴鱼;壮绿鹦哥鱼

Chlorurus rhakoura Randall & Anderson, 1997 瘤额绿鹦嘴鱼;瘤额绿鹦哥鱼

Chlorurus sordidus (Forsskål, 1775) 蓝头绿鹦嘴鱼;蓝头绿鹦哥鱼 [陆][台]

    syn. *Chlorurus spilurus* Valenciennes, 1840

    syn. *Scarus erythrodon* Valencinnes, 1840 红牙鹦嘴鱼

Chlorurus strongylocephalus (Bleeker, 1854) 圆头绿鹦嘴鱼;圆头绿鹦哥鱼

Chlorurus troschelii (Bleeker, 1853) 屈氏绿鹦嘴鱼;屈氏绿鹦哥鱼

Genus *Cryptotomus* Cope, 1871 隐鹦嘴鱼属;隐鹦哥鱼属

Cryptotomus roseus Cope, 1871 蓝唇隐鹦嘴鱼;蓝唇隐鹦哥鱼

Genus *Hipposcarus* Smith, 1956 马鹦嘴鱼属;马鹦哥鱼属

Hipposcarus harid (Forsskål, 1775) 长吻马鹦嘴鱼;长吻马鹦哥鱼

Hipposcarus longiceps (Valenciennes, 1840) 长头马鹦嘴鱼;长头马鹦哥鱼 [陆][台]

Genus *Leptoscarus* Swainson, 1839 纤鹦嘴鱼属;纤鹦鲤属

Leptoscarus vaigiensis (Quoy & Gaimard, 1824) 纤鹦嘴鱼;纤鹦鲤 [陆][台]

Genus *Nicholsina* Fowler, 1915 尼氏鹦嘴鱼属;尼氏鹦哥鱼属

Nicholsina denticulata (Evermann & Radcliffe, 1917) 小齿尼氏鹦嘴鱼;小齿尼氏鹦哥鱼

Nicholsina usta collettei Schultz, 1968 塞内加尔尼氏鹦嘴鱼;塞内加尔尼氏鹦哥鱼

Nicholsina usta usta (Valenciennes, 1840) 尤斯尼氏鹦嘴鱼;尤斯尼氏鹦哥鱼

Genus *Scarus* Gronow, 1763 鹦嘴鱼属;鹦哥鱼属

Scarus altipinnis (Steindachner, 1879) 高翅鹦嘴鱼;高翅鹦哥鱼

Scarus arabicus (Steindachner, 1902) 阿拉伯海鹦嘴鱼;阿拉伯海鹦哥鱼

Scarus caudofasciatus (Günther, 1862) 尾纹鹦嘴鱼;尾纹鹦哥鱼

Scarus chameleon Choat & Randall, 1986 蓝臀鹦嘴鱼;蓝臀鹦哥鱼 [陆][台]

Scarus chinensis (Steindachner, 1867) 中华鹦嘴鱼;中华鹦哥鱼

Scarus coelestinus Valenciennes, 1840 紫鹦嘴鱼;紫鹦哥鱼

Scarus coeruleus (Edwards, 1771) 蓝鹦嘴鱼;蓝鹦哥鱼

Scarus collana Rüppell, 1835 红海鹦嘴鱼;红海鹦哥鱼

Scarus compressus (Osburn & Nichols, 1916) 窄体鹦嘴鱼;窄体鹦哥鱼

Scarus dimidiatus Bleeker, 1859 弧带鹦嘴鱼;新月鹦哥鱼 [陆][台]

Scarus dubius Bennett, 1828 腹纹鹦嘴鱼;腹纹鹦哥鱼

Scarus falcipinnis (Playfair, 1868) 镰鳍鹦嘴鱼;镰鳍鹦哥鱼

Scarus ferrugineus Forsskål, 1775 锈色鹦嘴鱼;锈色鹦哥鱼 [陆]

    syn. *Scarus aeruginosus* Valencinnes, 1840 条腹鹦嘴鱼

Scarus festivus Valenciennes, 1840 杂色鹦嘴鱼;横纹鹦哥鱼 [陆][台]

    syn. *Scarus lunula* (Snyder, 1908) 新月鹦嘴鱼

Scarus flavipectoralis Schultz, 1958 黄鳍鹦嘴鱼;黄鳍鹦哥鱼

Scarus forsteni (Bleeker, 1861) 绿唇鹦嘴鱼;福氏鹦哥鱼 [陆][台]

Scarus frenatus Lacepède, 1802 网纹鹦嘴鱼;网纹鹦哥鱼 [陆][台]

Scarus fuscocaudalis Randall & Myers, 2000 灰尾鹦嘴鱼;灰尾鹦哥鱼 [陆][台]

Scarus fuscopurpureus (Klunzinger, 1871) 紫褐鹦嘴鱼;紫褐鹦哥鱼

Scarus ghobban Forsskål, 1775 青点鹦嘴鱼;蓝点鹦哥鱼 [陆][台]

    syn. *Scarus dussumieri* Valencinnes, 1840 杜氏鹦嘴鱼

Scarus globiceps Valenciennes, 1840 黑斑鹦嘴鱼;虫纹鹦哥鱼 [陆][台]

    syn. *Scarus lepidus* Jenyns, 1842 侧带鹦嘴鱼

Scarus gracilis (Steindachner, 1869) 细鹦嘴鱼;细鹦哥鱼

Scarus guacamaia Cuvier, 1829 虹彩鹦嘴鱼;虹彩鹦哥鱼

Scarus hoefleri (Steindachner, 1881) 霍氏鹦嘴鱼;霍氏鹦哥鱼

Scarus hypselopterus Bleeker, 1853 高鳍鹦嘴鱼;高鳍鹦哥鱼 [陆][台]

    syn. *Scarus javanicus* Bleeker, 1854 爪哇鹦嘴鱼

Scarus iseri (Bloch, 1789) 艾氏鹦嘴鱼;艾氏鹦哥鱼

Scarus koputea Randall & Choat, 1980 珊瑚鹦嘴鱼;珊瑚鹦哥鱼

Scarus longipinnis Randall & Choat, 1980 长翅鹦嘴鱼;长翅鹦哥鱼

Scarus maculipinna Westneat, Satapoomin & Randall, 2007 斑鳍鹦嘴鱼;斑鳍鹦哥鱼

Scarus niger Forsskål, 1775 黑鹦嘴鱼;黑鹦哥鱼 [陆][台]

Scarus obishime Randall & Earle, 1993 小笠原鹦嘴鱼;小笠原鹦哥鱼

Scarus oviceps Valenciennes, 1840 黄鞍鹦嘴鱼;姬鹦哥鱼 [陆][台]

Scarus ovifrons Temminck & Schlegel, 1846 突额鹦嘴鱼;卵头鹦哥鱼 [陆][台]

Scarus perrico Jordan & Gilbert, 1882 珀利鹦嘴鱼;珀利鹦哥鱼

Scarus persicus Randall & Bruce, 1983 桃鹦嘴鱼;桃鹦哥鱼

Scarus prasiognathos Valenciennes, 1840 绿颌鹦嘴鱼;绿颌鹦哥鱼 [台]

    syn. *Scarus chlorodon* Jenyns, 1842 绿牙鹦嘴鱼

    syn. *Scarus janthochir* Bleeker, 1853 蓝颊鹦嘴鱼

Scarus psittacus Forsskål, 1775 棕吻鹦嘴鱼;棕吻鹦哥鱼 陆 台

    syn. *Scarus taeniurus* Valenciennes, 1840 带尾鹦嘴鱼

    syn. *Scarus venosus* Valenciennes, 1840 五带鹦嘴鱼

Scarus quoyi Valenciennes, 1840 瓜氏鹦嘴鱼;瓜氏鹦哥鱼 台

Scarus rivulatus Valenciennes, 1840 截尾鹦嘴鱼;杂纹鹦哥鱼 台

    syn. *Scarus fasciatus* Valenciennes, 1840 带纹鹦嘴鱼

Scarus rubroviolaceus Bleeker, 1847 钝头鹦嘴鱼;红紫鹦哥鱼 陆 台

Scarus russelii Valenciennes, 1840 勒氏鹦嘴鱼;勒氏鹦哥鱼

Scarus scaber Valenciennes, 1840 横带鹦嘴鱼;横带鹦哥鱼 陆

Scarus schlegeli (Bleeker, 1861) 许氏鹦嘴鱼;史氏鹦哥鱼 陆 台

Scarus spinus (Kner, 1868) 刺鹦嘴鱼;刺鹦哥鱼 陆 台

Scarus taeniopterus Desmarest, 1831 带鳍鹦嘴鱼;带鳍鹦哥鱼

Scarus tricolor Bleeker, 1847 三色鹦嘴鱼;三色鹦哥鱼

Scarus trispinosus Valenciennes, 1840 三棘鹦嘴鱼;三棘鹦哥鱼

Scarus vetula Bloch & Schneider, 1801 皇后鹦嘴鱼;皇后鹦哥鱼

Scarus viridifucatus (Smith, 1956) 绿圆头鹦嘴鱼;绿圆头鹦哥鱼

Scarus xanthopleura Bleeker, 1853 黄肋鹦嘴鱼;黄肋鹦哥鱼 陆 台

    syn. *Scarus atropectoralis* Schulz, 1958 红鹦嘴鱼

Scarus zelindae Moura, Figueiredo & Sazima, 2001 齐氏鹦嘴鱼;齐氏鹦哥鱼

Scarus zufar Randall & Hoover, 1995 佐法尔鹦嘴鱼;佐法尔鹦哥鱼

Genus *Sparisoma* Swainson, 1839 鹦鲷属

Sparisoma amplum (Ranzani, 1841) 粉红腹鹦鲷

Sparisoma atomarium (Poey, 1861) 盖斑鹦鲷

Sparisoma aurofrenatum (Valenciennes, 1840) 金缰鹦鲷

Sparisoma axillare (Steindachner, 1878) 斑鳍鹦鲷

Sparisoma chrysopterum (Bloch & Schneider, 1801) 红尾鹦鲷

Sparisoma cretense (Linnaeus, 1758) 异齿鹦鲷

Sparisoma frondosum (Agassiz, 1831) 艳红鳍鹦鲷

Sparisoma griseorubrum Cervigón, 1982 委内瑞拉鹦鲷

Sparisoma radians (Valenciennes, 1840) 发光鹦鲷

Sparisoma rocha Pinheiro, Gasparini & Sazima, 2010 岩栖鹦鲷

Sparisoma rubripinne (Valenciennes, 1840) 红鳍鹦鲷

Sparisoma strigatum (Günther, 1862) 枭鹦鲷

Sparisoma tuiupiranga Gasparini, Joyeux & Floeter, 2003 红体鹦鲷

Sparisoma viride (Bonnaterre, 1788) 绿鹦鲷

Suborder Zoarcoidei 绵鳚亚目

Family 415 Bathymasteridae 深海鳚科

Genus *Bathymaster* Cope, 1873 深海鳚属

Bathymaster caeruleofasciatus Gilbert & Burke, 1912 阿拉斯加深海鳚

Bathymaster derjugini Lindberg, 1930 鳃斑深海鳚

Bathymaster leurolepis McPhail, 1965 光鳞深海鳚

Bathymaster signatus Cope, 1873 斑鳍深海鳚

Genus *Rathbunella* Jordan & Evermann, 1896 拉氏鳚属

Rathbunella alleni Gilbert, 1904 粗体拉氏鳚

Rathbunella hypoplecta (Gilbert, 1890) 细体拉氏鳚

Genus *Ronquilus* Jordan & Starks, 1895 真深海鳚属

Ronquilus jordani (Gilbert, 1889) 乔氏真深海鳚

Family 416 Zoarcidae 绵鳚科

Genus *Aiakas* Gosztonyi, 1977 阿根廷绵鳚属

Aiakas kreffti Gosztonyi, 1977 克氏阿根廷绵鳚

Aiakas zinorum Anderson & Gosztonyi, 1991 贪食阿根廷绵鳚

Genus *Andriashevia* Fedorov & Neyelov, 1978 安德烈绵鳚属

Andriashevia aptera Fedorov & Neyelov, 1978 安德烈绵鳚

Genus *Austrolycus* Regan, 1913 澳绵鳚属

Austrolycus depressiceps Regan, 1913 扁头澳绵鳚

Austrolycus laticinctus (Berg, 1895) 斑纹澳绵鳚

Genus *Bellingshausenia* Matallanas, 2009 贝林绵鳚属

Bellingshausenia olasoi Matallanas, 2009 奥氏贝林绵鳚

Genus *Bilabria* Schmidt, 1936 双唇绵鳚属

Bilabria gigantea Anderson & Imamura, 2008 巨双唇绵鳚

Bilabria ornata (Soldatov, 1922) 日本海双唇绵鳚

Genus *Bothrocara* Bean, 1890 长孔绵鳚属

Bothrocara brunneum (Bean, 1890) 褐长孔绵鳚 台

Bothrocara elongatum (Garman, 1899) 长身长孔绵鳚

Bothrocara hollandi (Jordan & Hubbs, 1925) 何氏长孔绵鳚

Bothrocara molle Bean, 1890 宽头长孔绵鳚 台

Bothrocara nyx Stevenson & Anderson, 2005 白令海长孔绵鳚

Bothrocara pusillum (Bean, 1890) 尖尾长孔绵鳚

Bothrocara soldatovi (Schmidt, 1950) 苏氏长孔绵鳚

Bothrocara tanakae (Jordan & Hubbs, 1925) 田中氏长孔绵鳚

Genus *Bothrocarina* Suvorov, 1935 孔锦鳚属

Bothrocarina microcephala (Schmidt, 1938) 小头孔绵鳚

Bothrocarina nigrocaudata Suvorov, 1935 黑尾孔绵鳚

Genus *Crossostomus* Lahille, 1908 横口绵鳚属

Crossostomus chilensis (Regan, 1913) 智利横口绵鳚

Crossostomus fasciatus (Lönnberg, 1905) 条纹横口绵鳚

Crossostomus sobrali Lloris & Rucabado, 1989 索氏横口绵鳚

Genus *Dadyanos* Whitley, 1951 炬绵鳚属

Dadyanos insignis (Steindachner, 1898) 炬绵鳚

Genus *Davidijordania* Popov, 1931 乔丹绵鳚属

Davidijordania brachyrhyncha (Schmidt, 1904) 短吻乔丹绵鳚

Davidijordania jordaniana Schmidt, 1936 鳍斑乔丹绵鳚

Davidijordania lacertina (Pavlenko, 1910) 蜥乔丹绵鳚

Davidijordania poecilimon (Jordan & Fowler, 1902) 多色乔丹绵鳚

Davidijordania yabei Anderson & Imamura, 2008 八部氏乔丹绵鳚

Genus *Derepodichthys* Gilbert, 1896 咽足鳚属

Derepodichthys alepidotus Gilbert, 1896 无鳞咽足鳚

Genus *Dieidolycus* Anderson, 1988 寒绵鳚属

Dieidolycus adocetus Anderson, 1994 俾斯麦海寒绵鳚

Dieidolycus gosztonyii Anderson & Pequeño R., 1998 戈氏寒绵鳚

Dieidolycus leptodermatus Anderson, 1988 南极寒绵鳚

Genus *Ericandersonia* Shinohara & Sakurai, 2006 相模湾绵鳚属

Ericandersonia sagamia Shinohara & Sakurai, 2006 相模湾绵鳚

Genus *Eucryphycus* Anderson, 1988 真隐绵鳚属

Eucryphycus californicus (Starks & Mann, 1911) 加州湾真隐绵鳚

Genus *Exechodontes* DeWitt, 1977 迷鳚属

Exechodontes daidaleus DeWitt, 1977 美迷鳚

Genus *Gosztonyia* Matallanas, 2009 戈斯绵属

Gosztonyia antarctica Matallanas, 2008 南极戈斯绵鳚

Genus *Gymnelopsis* Soldatov, 1922 似裸绵鳚属

Gymnelopsis brashnikovi Soldatov, 1922 无斑似裸绵鳚

Gymnelopsis brevifenestrata Anderson, 1982 鄂霍次克海似裸绵鳚

Gymnelopsis humilis Nazarkin & Chernova, 2003 矮似裸绵鳚

Gymnelopsis ocellata Soldatov, 1922 睛斑似裸绵鳚

Gymnelopsis ochotensis (Popov, 1931) 奥霍塔似裸绵鳚

Genus *Gymnelus* Reinhardt, 1834 裸鳚属

Gymnelus andersoni Chernova, 1998 安氏裸鳚

Gymnelus diporus Chernova, 2000 多带裸鳚

Gymnelus esipovi Chernova, 1999 伊氏裸鳚

Gymnelus gracilis Chernova, 2000 细裸鳚

Gymnelus hemifasciatus Andriashev, 1937 半花裸鳚

Gymnelus obscurus Chernova, 2000 暗色裸鳚

Gymnelus pauciporus Anderson, 1982 少孔裸鳚

Gymnelus popovi (Taranetz & Andriashev, 1935) 波氏裸鳚

Gymnelus retrodorsalis Le Danois, 1913 逆背裸鳚

Gymnelus soldatovi Chernova, 2000 索氏裸鳚

Gymnelus taeniatus Chernova, 1999 条纹裸鳚

Gymnelus viridis (Fabricius, 1780) 绿裸鳚

Genus *Hadropareia* Schmidt, 1904 厚颊绵鳚属

Hadropareia middendorffii Schmidt, 1904 米氏厚颊绵鳚

Hadropareia semisquamata Andriashev & Matyushin, 1989 半鳞厚颊绵鳚

Genus *Hadropogonichthys* Fedorov, 1982 厚髭绵鳚属

Hadropogonichthys lindbergi Fedorov, 1982 林氏厚髭绵鳚

Genus *Iluocoetes* Jenyns, 1842 软绵鳚属

Iluocoetes elongatus (Smitt, 1898) 长体软绵鳚

Iluocoetes fimbriatus Jenyns, 1842 智利软绵鳚

Genus *Japonolycodes* Shinohara, Sakurai & Machida, 2002 日本绵鳚属

Japonolycodes abei (Matsubara, 1936) 阿部氏日本绵鳚

Genus *Krusensterniella* Schmidt, 1904 凹鳍绵鳚属

Krusensterniella maculata Andriashev, 1938 侧斑凹鳍绵鳚

Krusensterniella multispinosa Soldatov, 1922 多棘凹鳍绵鳚

Krusensterniella notabilis Schmidt, 1904 津轻海峡凹鳍绵鳚

Krusensterniella pavlovskii Andriashev, 1955 帕氏凹鳍绵鳚

Genus *Letholycus* Anderson, 1988 大狼绵鳚属

Letholycus magellanicus Anderson, 1988 魔形大狼绵鳚

Letholycus microphthalmus (Norman, 1937) 小眼大狼绵鳚

Genus *Leucogrammolycus* Mincarone & Anderson, 2008 白纹绵鳚属

Leucogrammolycus brychios Mincarone & Anderson, 2008 白纹绵鳚

Genus *Lycenchelys* Gill, 1884 蛇绵鳚属

Lycenchelys alba (Vaillant, 1888) 白身蛇绵鳚

Lycenchelys albeola Andriashev, 1958 白体蛇绵鳚

Lycenchelys albomaculata Toyoshima, 1983 白斑蛇绵鳚

Lycenchelys alta Toyoshima, 1985 高身蛇绵鳚

Lycenchelys antarctica Regan, 1913 南极蛇绵鳚

Lycenchelys aratrirostris Andriashev & Permitin, 1968 多椎蛇绵鳚

Lycenchelys argentina Marschoff, Torno & Tomo, 1977 银色蛇绵鳚

Lycenchelys aurantiaca Shinohara & Matsuura, 1998 金黄蛇绵鳚

Lycenchelys bachmanni Gosztonyi, 1977 黑口蛇绵鳚

Lycenchelys bellingshauseni Andriashev & Permitin, 1968 贝氏蛇绵鳚

Lycenchelys bullisi Cohen, 1964 布氏蛇绵鳚

Lycenchelys callista Anderson, 1995 美丽蛇绵鳚

Lycenchelys camchatica (Gilbert & Burke, 1912) 堪察加半岛蛇绵鳚

Lycenchelys chauliodus Anderson, 1995 突齿蛇绵鳚

Lycenchelys cicatrifer (Garman, 1899) 下口蛇绵鳚

Lycenchelys crotalinus (Gilbert, 1890) 蜥头蛇绵鳚

Lycenchelys fedorovi Anderson & Balanov, 2000 费氏蛇绵鳚

Lycenchelys folletti Anderson, 1995 福氏蛇绵鳚

Lycenchelys hadrogeneia Anderson, 1995 厚颊蛇绵鳚

Lycenchelys hippopotamus Schmidt, 1950 高眼蛇绵鳚

Lycenchelys hureaui (Andriashev, 1979) 亨氏蛇绵鳚

Lycenchelys imamurai Anderson, 2006 英氏蛇绵鳚

Lycenchelys incisa (Garman, 1899) 切口蛇绵鳚

Lycenchelys jordani (Evermann & Goldsborough, 1907) 乔氏蛇绵鳚

Lycenchelys kolthoffi Jensen, 1904 斑纹蛇绵鳚

Lycenchelys lonchoura Anderson, 1995 矛首蛇绵鳚

Lycenchelys maculata Toyoshima, 1985 褐斑蛇绵鳚

Lycenchelys makushok Fedorov & Andriashev, 1993 狡蛇绵鳚

Lycenchelys maoriensis Andriashev & Fedorov, 1986 新西兰蛇绵鳚

Lycenchelys melanostomias Toyoshima, 1983 黑胃蛇绵鳚

Lycenchelys micropora Andriashev, 1955 小孔蛇绵鳚

Lycenchelys monstrosa Anderson, 1982 怪蛇绵鳚

Lycenchelys muraena (Collett, 1878) 鳗形蛇绵鳚

Lycenchelys nanospinata Anderson, 1988 小棘蛇绵鳚

Lycenchelys nigripalatum DeWitt & Hureau, 1979 黑腭蛇绵鳚

Lycenchelys novaezealandiae Anderson & Møller, 2007 新蛇绵鳚

Lycenchelys parini Fedorov, 1995 珀氏蛇绵鳚

Lycenchelys paxillus (Goode & Bean, 1879) 蛇绵鳚

Lycenchelys pearcyi Anderson, 1995 皮氏蛇绵鳚

Lycenchelys pentactina Anderson, 1995 五条蛇绵鳚

Lycenchelys pequenoi Anderson, 1995 佩氏蛇绵鳚

Lycenchelys peruana Anderson, 1995 佩鲁纳蛇绵鳚

Lycenchelys platyrhina (Jensen, 1902) 扁鼻蛇绵鳚

Lycenchelys plicifera Andriashev, 1955 白令海蛇绵鳚

Lycenchelys polyodon Anderson & Møller, 2007 多齿蛇绵鳚

Lycenchelys porifer (Gilbert, 1890) 野蛇绵鳚

Lycenchelys rassi Andriashev, 1955 拉斯蛇绵鳚

Lycenchelys ratmanovi Andriashev, 1955 拉氏蛇绵鳚

Lycenchelys remissaria Fedorov, 1995 日本蛇绵鳚

Lycenchelys rosea Toyoshima, 1985 玫瑰蛇绵鳚

Lycenchelys ryukyuensis Shinohara & Anderson, 2007 琉球群岛蛇绵鳚

Lycenchelys sarsii (Collett, 1871) 沙氏蛇绵鳚

Lycenchelys scaurus (Garman, 1899) 突踝蛇绵鳚

Lycenchelys squamosa Toyoshima, 1983 大鳞蛇绵鳚

Lycenchelys tohokuensis Anderson & Imamura, 2002 无腹鳍蛇绵鳚

Lycenchelys tristichodon DeWitt & Hureau, 1979 叉齿蛇绵鳚

Lycenchelys uschakovi Andriashev, 1958 尤氏蛇绵鳚

Lycenchelys verrillii (Goode & Bean, 1877) 真蛇绵鳚

Lycenchelys vitiazi Andriashev, 1955 维氏蛇绵鳚

Lycenchelys volki Andriashev, 1955 沃氏蛇绵鳚

Lycenchelys wilkesi Anderson, 1988 威氏蛇绵鳚

Lycenchelys xanthoptera Anderson, 1991 黄鳍蛇绵鳚

Genus *Lycodapus* Gilbert, 1890 无足狼鳚属

Lycodapus antarcticus Tomo, 1982 南极无足狼鳚

Lycodapus australis Norman, 1937 澳洲无足狼鳚

Lycodapus derjugini Andriashev, 1935 迪氏无足狼鳚

Lycodapus dermatinus Gilbert, 1896 韧皮无足狼鳚

Lycodapus endemoscotus Peden & Anderson, 1978 月眼无足狼鳚

Lycodapus fierasfer Gilbert, 1890 黑口无足狼鳚

Lycodapus leptus Peden & Anderson, 1981 东白令海无足狼鳚

Lycodapus mandibularis Gilbert, 1915 大颚无足狼鳚

Lycodapus microchir Schmidt, 1950 小鳍无足狼鳚

Lycodapus pachysoma Peden & Anderson, 1978 厚体无足狼鳚

Lycodapus parviceps Gilbert, 1896 小头无足狼鳚

Lycodapus poecilus Peden & Anderson, 1981 杂色无足狼鳚

Lycodapus psarostomatus Peden & Anderson, 1981 阔嘴无足狼鳚

Genus *Lycodes* Reinhardt, 1831 狼绵鳚属

Lycodes adolfi Nielsen & Fosså, 1993 阿氏狼绵鳚

Lycodes akuugun Stevenson & Orr, 2006 阿留申岛狼绵鳚

Lycodes albolineatus Andriashev, 1955 白纹狼绵鳚

Lycodes albonotatus (Taranetz & Andriashev, 1934) 浅色狼绵鳚

Lycodes bathybius Schmidt, 1950 深海狼绵鳚

Lycodes beringi Andriashev, 1935 贝氏狼绵鳚

Lycodes brevipes Bean, 1890 短鳍狼绵鳚

Lycodes brunneofasciatus Suvorov, 1935 褐带狼绵鳚

Lycodes caudimaculatus Matsubara, 1936 斑尾狼绵鳚

Lycodes concolor Gill & Townsend, 1897 同色狼绵鳚

Lycodes cortezianus (Gilbert, 1890) 科尔狼绵鳚

Lycodes diapterus Gilbert, 1892 黑狼绵鳚

Lycodes esmarkii Collett, 1875 艾氏狼绵鳚

Lycodes eudipleurostictus Jensen, 1902 六带狼绵鳚

Lycodes fasciatus (Schmidt, 1904) 条纹狼绵鳚

Lycodes frigidus Collett, 1879 寒狼绵鳚

Lycodes fulvus Toyoshima, 1985 金黄狼绵鳚
Lycodes gracilis Sars, 1867 细身狼绵鳚
Lycodes heinemanni Soldatov, 1916 海氏狼绵鳚
Lycodes hubbsi Matsubara, 1955 赫氏狼绵鳚
Lycodes japonicus Matsubara & Iwai, 1951 日本狼绵鳚
Lycodes jenseni Taranetz & Andriashev, 1935 捷氏狼绵鳚
Lycodes jugoricus Knipowitsch, 1906 脸罩狼绵鳚
Lycodes lavalaei Vladykov & Tremblay, 1936 拉氏狼绵鳚
Lycodes luetkenii Collett, 1880 利氏狼绵鳚
Lycodes macrochir Schmidt, 1937 大鳍狼绵鳚
Lycodes macrolepis Taranetz & Andriashev, 1935 大鳞狼绵鳚
Lycodes marisalbi Knipowitsch, 1906 马氏狼绵鳚
Lycodes matsubarai Toyoshima, 1985 松原狼绵鳚
Lycodes mcallisteri Møller, 2001 加拿大狼绵鳚
Lycodes microlepidotus Schmidt, 1950 小鳞狼绵鳚
Lycodes microporus Toyoshima, 1983 小孔狼绵鳚
Lycodes mucosus Richardson, 1855 黏狼绵鳚
Lycodes nakamurae (Tanaka, 1914) 中村狼绵鳚
Lycodes nishimurai Shinohara & Shirai, 2005 西村狼绵鳚
Lycodes obscurus Toyoshima, 1985 暗色狼绵鳚
Lycodes ocellatus Toyoshima, 1985 睛斑狼绵鳚
Lycodes paamiuti Møller, 2001 帕氏狼绵鳚
Lycodes pacificus Collett, 1879 太平洋狼绵鳚
Lycodes palearis Gilbert, 1896 砂栖狼绵鳚
Lycodes pallidus Collett, 1879 苍色狼绵鳚
Lycodes paucilepidotus Toyoshima, 1985 丑狼绵鳚
Lycodes pectoralis Toyoshima, 1985 凹胸狼绵鳚
Lycodes polaris (Sabine, 1824) 北极狼绵鳚
Lycodes raridens Taranetz & Andriashev, 1937 紫斑狼绵鳚
Lycodes reticulatus Reinhardt, 1835 网纹狼绵鳚
Lycodes rossi Malmgren, 1865 罗氏狼绵鳚
Lycodes sadoensis Toyoshima & Honma, 1980 佐渡狼绵鳚
Lycodes sagittarius McAllister, 1976 箭狼绵鳚
Lycodes schmidti Gratzianov, 1907 施米德氏狼绵鳚
Lycodes semenovi Popov, 1931 西氏狼绵鳚
Lycodes seminudus Reinhardt, 1837 半裸狼绵鳚
Lycodes sigmatoides Lindberg & Krasyukova, 1975 带斑狼绵鳚
Lycodes soldatovi Taranetz & Andriashev, 1935 索氏狼绵鳚
Lycodes squamiventer Jensen, 1904 鳞腹狼绵鳚
Lycodes tanakae Jordan & Thompson, 1914 田中狼绵鳚
Lycodes teraoi Katayama, 1943 寺尾氏狼绵鳚
Lycodes terraenovae Collett, 1896 特氏狼绵鳚
Lycodes toyamensis (Katayama, 1941) 斑鳍狼绵鳚
Lycodes turneri Bean, 1879 近北极狼绵鳚
Lycodes uschakovi Popov, 1931 邬氏狼绵鳚
Lycodes vahlii Reinhardt, 1831 细裸头狼绵鳚
Lycodes yamatoi Toyoshima, 1985 山都氏狼绵鳚
Lycodes ygreknotatus Schmidt, 1950 白斑狼绵鳚

Genus *Lycodichthys* Pappenheim, 1911 真狼绵鳚属

Lycodichthys antarcticus Pappenheim, 1911 南极真狼绵鳚
Lycodichthys dearborni (DeWitt, 1962) 断线真狼绵鳚

Genus *Lycodonus* Goode & Bean, 1883 狼牙绵鳚属

Lycodonus flagellicauda (Jensen, 1902) 鞭尾狼牙绵鳚
Lycodonus malvinensis Gosztonyi, 1981 马岛狼牙绵鳚
Lycodonus mirabilis Goode & Bean, 1883 乌头狼牙绵鳚
Lycodonus vermiformis Barnard, 1927 虫状狼牙绵鳚

Genus *Lycogrammoides* Soldatov & Lindberg, 1929 白狼绵鳚属

Lycogrammoides schmidti Soldatov & Lindberg, 1929 斯氏似白狼绵鳚

Genus *Lyconema* Gilbert, 1896 线狼绵鳚属

Lyconema barbatum Gilbert, 1896 墨西哥线狼绵鳚

Genus *Lycozoarces* Popov, 1935 似狼绵鳚属

Lycozoarces regani Popov, 1933 里根氏似狼绵鳚

Genus *Magadanichthys* Shinohara, Nazarkin, Yabe & Chereshnev, 2006 断线绵鳚属

Magadanichthys skopetsi (Shinohara, Nazarkin & Chereshnev, 2004) 史氏断线绵鳚

Genus *Maynea* Cunningham, 1871 梅绵鳚属

Maynea puncta (Jenyns, 1842) 斑点梅绵鳚

Genus *Melanostigma* Günther, 1881 黑绵鳚属

Melanostigma atlanticum Koefoed, 1952 大西洋黑绵鳚
Melanostigma bathium Bussing, 1965 单鼻黑绵鳚
Melanostigma gelatinosum Günther, 1881 胶黑绵鳚
Melanostigma inexpectatum Parin, 1977 赤道黑绵鳚
Melanostigma orientale Tominaga, 1971 东方黑绵鳚
Melanostigma pammelas Gilbert, 1896 全黑黑绵鳚
Melanostigma vitiazi Parin, 1979 维氏黑绵鳚

Genus *Nalbantichthys* Schultz, 1967 纳尔巴绵鳚属

Nalbantichthys elongatus Schultz, 1967 长身纳尔巴绵鳚

Genus *Notolycodes* Gosztonyi, 1977 背绵鳚属

Notolycodes schmidti Gosztonyi, 1977 斯氏背绵鳚

Genus *Oidiphorus* McAllister & Rees, 1964 卵眼绵鳚属

Oidiphorus brevis (Norman, 1937) 卵眼绵鳚
Oidiphorus mcallisteri Anderson, 1988 麦克氏卵眼绵鳚

Genus *Opaeophacus* Bond & Stein, 1984 妙声绵鳚属

Opaeophacus acrogeneius Bond & Stein, 1984 白令海妙声绵鳚

Genus *Ophthalmolycus* Regan, 1913 狼眼绵鳚属

Ophthalmolycus amberensis (Tomo, Marschoff & Torno, 1977) 安贝狼眼绵鳚
Ophthalmolycus andersoni Matallanas, 2009 安氏狼眼绵鳚
Ophthalmolycus bothriocephalus (Pappenheim, 1912) 孔头狼眼绵鳚
Ophthalmolycus campbellensis Andriashev & Fedorov, 1986 新西兰狼眼绵鳚
Ophthalmolycus chilensis Anderson, 1992 智利狼眼绵鳚
Ophthalmolycus conorhynchus (Garman, 1899) 锥吻狼眼绵鳚
Ophthalmolycus eastmani Matallanas, 2010 伊斯门狼眼绵鳚
Ophthalmolycus macrops (Günther, 1880) 大狼眼绵鳚
Ophthalmolycus polylepis Matallanas, 2010 多鳞狼眼绵鳚

Genus *Pachycara* Zugmayer, 1911 壮绵鳚属

Pachycara alepidotum Anderson & Mincarone, 2006 无鳞壮绵鳚
Pachycara andersoni Møller, 2003 安氏壮绵鳚
Pachycara arabica Møller, 2003 阿拉伯海壮绵鳚
Pachycara brachycephalum (Pappenheim, 1912) 短头壮绵鳚
Pachycara bulbiceps (Garman, 1899) 球头壮绵鳚
Pachycara cousinsi Møller & King, 2007 库氏壮绵鳚
Pachycara crassiceps (Roule, 1916) 粗头壮绵鳚
Pachycara crossacanthum Anderson, 1989 缨刺壮绵鳚
Pachycara dolichaulus Anderson, 2006 长身壮绵鳚
Pachycara garricki Anderson, 1990 加氏壮绵鳚
Pachycara goni Anderson, 1991 冈氏壮绵鳚
Pachycara gymninium Anderson & Peden, 1988 裸壮绵鳚
Pachycara lepinium Anderson & Peden, 1988 细鳞壮绵鳚
Pachycara mesoporum Anderson, 1989 中孔壮绵鳚
Pachycara microcephalum (Jensen, 1902) 小头壮绵鳚
Pachycara nazca Anderson & Bluhm, 1997 秘鲁壮绵鳚
Pachycara pammelas Anderson, 1989 全黑壮绵鳚
Pachycara priedei Møller & King, 2007 普氏壮绵鳚
Pachycara rimae Anderson, 1989 里氏壮绵鳚
Pachycara saldanhai Biscoito & Almeida, 2004 塞氏壮绵鳚

Pachycara shcherbachevi Anderson, 1989 希氏壮绵鳚

Pachycara sulaki Anderson, 1989 沙氏壮绵鳚

Pachycara suspectum (Garman, 1899) 巴拿马壮绵鳚

Pachycara thermophilum Geistdoerfer, 1994 蛇壮绵鳚

Genus *Phucocoetes* Jenyns, 1842 菲高绵鳚属

Phucocoetes latitans Jenyns, 1842 菲高绵鳚

Genus *Piedrabuenia* Gosztonyi, 1977 皮特兰绵鳚属

Piedrabuenia ringueleti Gosztonyi, 1977 林氏皮特兰绵鳚

Genus *Plesienchelys* Anderson, 1988 龟绵鳚属

Plesienchelys stehmanni (Gosztonyi, 1977) 斯氏龟绵鳚

Genus *Pogonolycus* Norman, 1937 芒绵鳚属

Pogonolycus elegans Norman, 1937 美丽芒绵鳚

Pogonolycus marinae (Lloris, 1988) 海生芒绵鳚

Genus *Puzanovia* Fedorov, 1975 红绵鳚属

Puzanovia rubra Fedorov, 1975 白令海红绵鳚

Puzanovia virgata Fedorov, 1982 多纹红绵鳚

Genus *Pyrolycus* Machida & Hashimoto, 2002 火绵鳚属

Pyrolycus manusanus Machida & Hashimoto, 2002 新几内亚火绵鳚

Pyrolycus moelleri Anderson, 2006 莫氏火绵鳚

Genus *Seleniolycus* Anderson, 1988 月绵鳚属

Seleniolycus laevifasciatus (Torno, Tomo & Marschoff, 1977) 光纹月绵鳚

Seleniolycus pectoralis Møller & Stewart, 2006 长胸鳍月绵鳚

Seleniolycus robertsi Møller & Stewart, 2006 劳氏月绵鳚

Genus *Taranetzella* Andriashev, 1952 塔拉绵鳚属

Taranetzella lyoderma Andriashev, 1952 松皮塔拉绵鳚

Genus *Thermarces* Rosenblatt & Cohen, 1986 暖绵鳚属

Thermarces andersoni Rosenblatt & Cohen, 1986 安氏暖绵鳚

Thermarces cerberus Rosenblatt & Cohen, 1986 墨西哥暖绵鳚

Thermarces pelophilum Geistdoerfer, 1999 巴巴多斯暖绵鳚

Genus *Zoarces* Cuvier, 1829 绵鳚属

Zoarces americanus (Bloch & Schneider, 1801) 美洲绵鳚

Zoarces andriashevi Parin, Grigoryev & Karmovskaya, 2005 安氏绵鳚

Zoarces elongatus Kner, 1868 长绵鳚 陆

Zoarces fedorovi Chereshnev, Nazarkin & Chegodaeva, 2007 费氏绵鳚

Zoarces gillii Jordan & Starks, 1905 吉氏绵鳚

Zoarces viviparus (Linnaeus, 1758) 绵鳚

Family 417 Stichaeidae 线鳚科

Genus *Acantholumpenus* Makushok, 1958 刺北鳚属

Acantholumpenus mackayi (Gilbert, 1896) 马氏刺北鳚

Genus *Alectrias* Jordan & Evermann, 1898 鸡冠鳚属

Alectrias alectrolophus (Pallas, 1814) 砾栖鸡冠鳚

Alectrias benjamini Jordan & Snyder, 1902 绿鸡冠鳚 陆

Alectrias cirratus (Lindberg, 1938) 须鸡冠鳚

Alectrias gallinus (Lindberg, 1938) 加林鸡冠鳚

Alectrias mutsuensis Shiogaki, 1985 睦奥氏鸡冠鳚

Genus *Alectridium* Gilbert & Burke, 1912 无线鸡冠鳚属

Alectridium aurantiacum Gilbert & Burke, 1912 无线鸡冠鳚

Genus *Anisarchus* Gill, 1864 弧线属

Anisarchus macrops (Matsubara & Ochiai, 1952) 大眼弧线鳚

Anisarchus medius (Reinhardt, 1837) 中间弧线鳚

Genus *Anoplarchus* Gill, 1861 脊冠鳚属

Anoplarchus insignis Gilbert & Burke, 1912 细脊冠鳚

Anoplarchus purpurescens Gill, 1861 紫脊冠鳚

Genus Askoldia Pavlenko, 1910 囊北鳚属

Askoldia variegata Pavlenko, 1910 杂色囊北鳚

Genus *Azygopterus* Andriashev & Makushok, 1955 离鳍鳚属

Azygopterus corallinus Andriashev & Makushok, 1955 离鳍鳚

Genus *Bryozoichthys* Whitley, 1931 饰鳚属

Bryozoichthys lysimus (Jordan & Snyder, 1902) 饰鳚

Bryozoichthys marjorius McPhail, 1970 马氏饰鳚

Genus *Cebidichthys* Ayres, 1855 猿鳚属

Cebidichthys violaceus (Girard, 1854) 紫堇猿鳚

Genus *Chirolophis* Swainson, 1839 笠鳚属

Chirolophis ascanii (Walbaum, 1792) 阿氏笠鳚

Chirolophis decoratus (Jordan & Snyder, 1902) 饰笠鳚

Chirolophis japonicus Herzenstein, 1890 日本笠鳚 陆

　　syn. *Azuma emmnion* Jordan & Snyder, 1902 燧鳚

Chirolophis nugator (Jordan & Williams, 1895) 美笠鳚

Chirolophis saitone (Jordan & Snyder, 1902) 网纹笠鳚 陆

Chirolophis snyderi (Taranetz, 1938) 史氏笠鳚

Chirolophis tarsodes (Jordan & Snyder, 1902) 白令海笠鳚

Chirolophis wui (Wang & Wang, 1935) 伍氏笠鳚

Genus *Dictyosoma* Temminck & Schlegel, 1845 网鳚属

Dictyosoma burgeri van der Hoeven, 1855 伯氏网鳚 陆 台

Dictyosoma rubrimaculatum Yatsu, Yasuda & Taki, 1978 红斑网鳚

Genus *Ernogrammus* Jordan & Evermann, 1898 六线鳚属

Ernogrammus hexagrammus (Schlegel, 1845) 六线鳚 陆

Ernogrammus walkeri Follett & Powell, 1988 沃氏六线鳚

Genus *Esselenichthys* Anderson, 2003 精线鳚属

Esselenichthys carli (Follett & Anderson, 1990) 卡氏精线鳚

Esselenichthys laurae (Follett & Anderson, 1990) 劳拉氏精线鳚

Genus *Eulophias* Smith, 1902 美冠鳚属

Eulophias owashii Okada & Suzuki, 1954 欧氏美冠鳚

Eulophias tanneri Smith, 1902 坦氏美冠鳚

Genus *Eumesogrammus* Gill, 1864 蛇线鳚属

Eumesogrammus praecisus (Krøyer, 1836) 四线蛇线鳚

Genus *Gymnoclinus* Gilbert & Burke, 1912 裸胎鳚属

Gymnoclinus cristulatus Gilbert & Burke, 1912 单冠裸胎鳚

Genus *Kasatkia* Soldatov & Pavlenko, 1916 喀萨线鳚属

Kasatkia memorabilis Soldatov & Pavlenko, 1916 喀萨线鳚

Kasatkia seigeli Posner & Lavenberg, 1999 塞氏喀萨线鳚

Genus *Leptoclinus* Gill, 1861 细鳚属

Leptoclinus maculatus (Fries, 1838) 斑细鳚

Genus *Leptostichaeus* Miki, 1985 细线鳚属

Leptostichaeus pumilus Miki, 1985 截尾细线鳚

Genus *Lumpenella* Hubbs, 1927 小北鳚属

Lumpenella longirostris (Evermann & Goldsborough, 1907) 长吻小北鳚

Genus *Lumpenopsis* Soldatov, 1916 拟北鳚属

Lumpenopsis clitella Hastings & Walker, 2003 背斑拟北鳚

Lumpenopsis hypochroma (Hubbs & Schultz, 1932) 大头拟北鳚

Lumpenopsis pavlenkoi Soldatov, 1916 巴氏拟北鳚

Lumpenopsis triocellata (Matsubara, 1943) 三睛拟北鳚

Genus *Lumpenus* Reinhardt, 1836 北鳚属

Lumpenus fabricii Reinhardt, 1836 斑鳍北鳚

Lumpenus lampretaeformis (Walbaum, 1792) 秀美北鳚

Lumpenus sagitta Wilimovsky, 1956 矢北鳚

Genus *Neolumpenus* Miki, Kanamaru & Amaoka, 1987 新胎绵鳚属

Neolumpenus unocellatus Miki, Kanamaru & Amaoka, 1987 无斑新胎绵鳚

Genus *Neozoarces* Steindachner, 1880 新绵鳚属

Neozoarces pulcher Steindachner, 1881 美丽新绵鳚

Neozoarces steindachneri Jordan & Snyder, 1902 斯氏新绵鳚

Genus *Opisthocentrus* Kner, 1868 背斑鳚属

Opisthocentrus ocellatus (Tilesius, 1811) 睛斑背斑鳚

Opisthocentrus tenuis Bean & Bean, 1897 斑鳍背斑鳚

Opisthocentrus zonope Jordan & Snyder, 1902 垂纹背斑鳚

Genus *Pholidapus* Bean & Bean, 1897 穴栖线鳚属

Pholidapus dybowskii (Steindachner, 1880) 穴栖线鳚

Genus *Phytichthys* Hubbs, 1923 带线鳚属

Phytichthys chirus (Jordan & Gilbert, 1880) 白令海带线鳚

Genus *Plagiogrammus* Bean, 1894 叉鳚属

Plagiogrammus hopkinsii Bean, 1894 霍氏叉鳚

Genus *Plectobranchus* Gilbert, 1890 褶鳃鳚属

Plectobranchus evides Gilbert, 1890 蓝带褶鳃鳚

Genus *Poroclinus* Bean, 1890 坚鳚属

Poroclinus rothrocki Bean, 1890 罗斯氏坚鳚

Genus *Pseudalectrias* Lindberg, 1938 假鸡冠鳚属

Pseudalectrias tarasovi (Popov, 1933) 塔氏假鸡冠鳚

Genus *Soldatovia* Taranetz, 1937 堪察加线鳚属

Soldatovia polyactocephala (Pallas, 1814) 堪察加线鳚

Genus *Stichaeopsis* Kner, 1870 断线鳚属

Stichaeopsis epallax (Jordan & Snyder, 1902) 褐断线鳚

Stichaeopsis nana Kner, 1870 网纹断线鳚

Stichaeopsis nevelskoi (Schmidt, 1904) 尼氏断线鳚

Genus *Stichaeus* Reinhardt, 1836 单线鳚属

Stichaeus fuscus Miki & Maruyama, 1986 灰体单线鳚

Stichaeus grigorjewi Herzenstein, 1890 厚唇单线鳚

Stichaeus nozawae Jordan & Snyder, 1902 燕尾单线鳚

Stichaeus ochriamkini Taranetz, 1935 斑鳍单线鳚

Stichaeus punctatus pulcherrimus Taranetz, 1935 秀美单线鳚

Stichaeus punctatus punctatus (Fabricius, 1780) 北极单线鳚

Genus *Ulvaria* Jordan & Evermann, 1896 食莼鳚属

Ulvaria subbifurcata (Storer, 1839) 纽芬兰食莼鳚

Genus *Xiphister* Jordan, 1880 剑带鳚属

Xiphister atropurpureus (Kittlitz, 1858) 黑剑带鳚

Xiphister mucosus (Girard, 1858) 阿拉斯加剑带鳚

Genus *Zoarchias* Jordan & Snyder, 1902 小绵鳚属

Zoarchias glaber Tanaka, 1908 裸小绵鳚

Zoarchias hosoyai Kimura & Sato, 2007 霍氏小绵鳚

Zoarchias macrocephalus Kimura & Sato, 2007 大头小绵鳚

Zoarchias major Tomiyama, 1972 壮体小绵鳚 囹

Zoarchias microstomus Kimura & Jiang, 1995 短颌小绵鳚

Zoarchias neglectus Tanaka, 1908 点线小绵鳚

Zoarchias uchidai Matsubara, 1932 内田小绵鳚 囹

Zoarchias veneficus Jordan & Snyder, 1902 狭带小绵鳚

Family 418 Cryptacanthodidae 隐棘鳚科

Genus *Cryptacanthodes* Storer, 1839 隐棘鳚属

Cryptacanthodes aleutensis (Gilbert, 1896) 阿留滕内隐棘鳚

Cryptacanthodes bergi (Lindberg, 1930) 贝氏隐棘鳚

Cryptacanthodes giganteus (Kittlitz, 1858) 巨隐棘鳚

Cryptacanthodes maculatus Storer, 1839 斑隐棘鳚

Family 419 Pholidae 锦鳚科

Genus *Apodichthys* Girard, 1854 无足鳚属

Apodichthys flavidus Girard, 1854 黄色无足鳚

Apodichthys fucorum Jordan & Gilbert, 1880 食藻无足鳚

Apodichthys sanctaerosae (Gilbert & Starks, 1897) 驼背无足鳚

Genus *Pholis* Scopoli, 1777 锦鳚属

Pholis clemensi Rosenblatt, 1964 长鳍锦鳚

Pholis crassispina (Temminck & Schlegel, 1845) 粗棘锦鳚

Pholis fangi (Wang & Wang, 1935) 方氏锦鳚 囹

Pholis fasciata (Bloch & Schneider, 1801) 条纹锦鳚

Pholis gunnellus (Linnaeus, 1758) 冰岛锦鳚

Pholis laeta (Cope, 1873) 乐锦鳚

Pholis nea Peden & Hughes, 1984 软锦鳚

Pholis nebulosa (Temminck & Schlegel, 1845) 云纹锦鳚 囹

Pholis ornata (Girard, 1854) 饰妆锦鳚

Pholis picta (Kner, 1868) 眼带锦鳚

Pholis schultzi Schultz, 1931 红锦鳚

Genus *Rhodymenichthys* Jordan & Evermann, 1896 银带锦鳚属

Rhodymenichthys dolichogaster (Pallas, 1814) 银带锦鳚

Family 420 Anarhichadidae 狼鱼科

Genus *Anarhichas* Linnaeus, 1758 狼鱼属

Anarhichas denticulatus Krøyer, 1845 小齿狼鱼

Anarhichas lupus Linnaeus, 1758 大西洋狼鱼

Anarhichas minor Olafsen, 1772 花狼鱼

Anarhichas orientalis Pallas, 1814 东方狼鱼

Genus *Anarrhichthys* Ayres, 1855 鳗狼鱼属

Anarrhichthys ocellatus Ayres, 1855 睛斑鳗狼鱼

Family 421 Ptilichthyidae 翎鳚科

Genus *Ptilichthys* Bean, 1881 翎鳚属

Ptilichthys goodei Bean, 1881 吉氏翎鳚

Family 422 Zaproridae 额鳚科

Genus *Zaprora* Jordan, 1896 额鳚属

Zaprora silenus Jordan, 1896 额鳚

Family 423 Scytalinidae 蝮鳚科

Genus *Scytalina* Jordan & Gilbert, 1880 蝮鳚属

Scytalina cerdale Jordan & Gilbert, 1880 圆尾蝮鳚

Suborder Notothenioidei 南极鱼亚目

Family 424 Bovichtidae 牛鱼科

Genus *Bovichtus* Valenciennes, 1832 牛鱼属

Bovichtus angustifrons Regan, 1913 窄身牛鱼

Bovichtus argentinus MacDonagh, 1931 银光牛鱼

Bovichtus chilensis Regan, 1913 智利牛鱼

Bovichtus diacanthus (Carmichael, 1819) 双棘牛鱼

Bovichtus oculus Hardy, 1989 大眼牛鱼

Bovichtus psychrolutes Günther, 1860 寒牛鱼

Bovichtus variegatus Richardson, 1846 杂色牛鱼

Bovichtus veneris Sauvage, 1879 爱神牛鱼

Genus *Cottoperca* Steindachner, 1876 杜父鲈膛属

Cottoperca gobio (Günther, 1861) 鞍斑杜父鲈膛

Genus *Halaphritis* Last, Balushkin & Hutchins, 2002 海牛鱼属

Halaphritis platycephala Last, Balushkin & Hutchins, 2002 平头海牛鱼

Family 425 Pseudaphritidae 拟牛鱼科

Genus *Pseudaphritis* Castelnau, 1872 拟牛鱼属

Pseudaphritis porosus (Jenyns, 1842) 多孔拟牛鱼

Pseudaphritis undulatus (Jenyns, 1842) 浪花拟牛鱼

Pseudaphritis urvillii (Valenciennes, 1832) 鳞头拟牛鱼

Family 426 Eleginopidae 油南极鱼科

Genus *Eleginops* Gill, 1862 油南极鱼属

Eleginops maclovinus (Cuvier, 1830) 智利油南极鱼

Family 427 Nototheniidae 南极鱼科

Genus *Aethotaxis* DeWitt, 1962 奇南极膛属

Aethotaxis mitopteryx mitopteryx DeWitt, 1962 奇南极膛

Aethotaxis mitopteryx pawsoni Miller, 1993 波森氏奇南极膛

Genus *Cryothenia* Daniels, 1981 寒极鱼属

Cryothenia amphitreta Cziko & Cheng, 2006 海神寒极鱼

Cryothenia peninsulae Daniels, 1981 斑条寒极鱼

Genus *Dissostichus* Smitt, 1898 犬牙南极鱼属

Dissostichus eleginoides Smitt, 1898 小鳞犬牙南极鱼

Dissostichus mawsoni Norman, 1937 鳞头犬牙南极鱼

Genus *Gobionotothen* Balushkin, 1976 鲋南极鱼属

Gobionotothen acuta (Günther, 1880) 尖吻鲋南极鱼

Gobionotothen angustifrons (Fischer, 1885) 窄身鲋南极鱼

Gobionotothen barsukovi Balushkin, 1991 巴氏鲋南极鱼

Gobionotothen gibberifrons (Lönnberg, 1905) 驼背鲋南极鱼

Gobionotothen marionensis (Günther, 1880) 马里恩岛鲋南极鱼

Genus *Gvozdarus* Balushkin, 1989 格伏南极鱼属

Gvozdarus balushkini Voskoboinikova & Kellermann, 1993 巴氏格伏南极鱼

Gvozdarus svetovidovi Balushkin, 1989 斯氏格伏南极鱼

Genus *Lepidonotothen* Balushkin, 1976 雅南极鱼属

Lepidonotothen larseni (Lönnberg, 1905) 拉氏雅南极鱼

Lepidonotothen mizops (Günther, 1880) 灰雅南极鱼

Lepidonotothen nudifrons (Lönnberg, 1905) 裸身雅南极鱼

Lepidonotothen squamifrons (Günther, 1880) 大鳞雅南极鱼

Genus *Notothenia* Richardson, 1844 南极鱼属

Notothenia angustata Hutton, 1875 窄体南极鱼

Notothenia coriiceps Richardson, 1844 革首南极鱼

Notothenia cyanobrancha Richardson, 1844 蓝鳃南极鱼

Notothenia microlepidota Hutton, 1875 小鳞南极鱼

Notothenia neglecta Nybelin, 1951 多鳍南极鱼

Notothenia rossii Richardson, 1844 花纹南极鱼

Notothenia trigramma Regan, 1913 三线南极鱼

Genus *Nototheniops* Balushkin, 1976 拟南极鱼属

Nototheniops nybelini (Balushkin, 1976) 尼氏拟南极鱼

Genus *Pagothenia* Nichols & La Monte, 1936 南冰䲢属

Pagothenia borchgrevinki (Boulenger, 1902) 博氏南冰䲢

Pagothenia brachysoma (Pappenheim, 1912) 短体南冰䲢

Genus *Paranotothenia* Balushkin, 1976 副南极鱼属

Paranotothenia dewitti Balushkin, 1990 德氏副南极鱼

Paranotothenia magellanica (Forster, 1801) 新西兰副南极鱼

Genus *Patagonotothen* Balushkin, 1976 南美南极鱼属

Patagonotothen brevicauda brevicauda (Lönnberg, 1905) 短尾南美南极鱼

Patagonotothen brevicauda shagensis Balushkin & Permitin, 1982 黄鳍南美南极鱼

Patagonotothen cornucola (Richardson, 1844) 神仙南美南极鱼

Patagonotothen elegans (Günther, 1880) 秀美南美南极鱼

Patagonotothen guntheri (Norman, 1937) 根室氏南美南极鱼

Patagonotothen jordani (Thompson, 1916) 乔氏南美南极鱼

Patagonotothen kreffti Balushkin & Stehmann, 1993 克氏南美南极鱼

Patagonotothen longipes (Steindachner, 1876) 长肢南美南极鱼

Patagonotothen ramsayi (Regan, 1913) 拉氏南美南极鱼

Patagonotothen sima (Richardson, 1845) 扁鼻南美南极鱼

Patagonotothen squamiceps (Peters, 1877) 鳞头南美南极鱼

Patagonotothen tessellata (Richardson, 1845) 短吻南美南极鱼

Patagonotothen thompsoni Balushkin, 1993 汤氏南美南极鱼

Patagonotothen wiltoni (Regan, 1913) 大眼南美南极鱼

Genus *Pleuragramma* Boulenger, 1902 侧纹南极鱼属

Pleuragramma antarctica Boulenger, 1902 侧纹南极鱼

Genus *Trematomus* Boulenger, 1902 肩孔南极鱼属

Trematomus bernacchii Boulenger, 1902 伯氏肩孔南极鱼

Trematomus eulepidotus Regan, 1914 真鳞肩孔南极鱼

Trematomus hansoni Boulenger, 1902 汉氏肩孔南极鱼

Trematomus lepidorhinus (Pappenheim, 1911) 吻鳞肩孔南极鱼

Trematomus loennbergii Regan, 1913 韦德尔海肩孔南极鱼

Trematomus newnesi Boulenger, 1902 纽氏肩孔南极鱼

Trematomus nicolai (Boulenger, 1902) 尼氏肩孔南极鱼

Trematomus pennellii Regan, 1914 彭氏肩孔南极鱼

Trematomus scotti (Boulenger, 1907) 斯氏肩孔南极鱼

Trematomus tokarevi Andriashev, 1978 托氏肩孔南极鱼

Trematomus vicarius Lönnberg, 1905 南乔治亚海肩孔南极鱼

Family 428 Harpagiferidae 裸南极鱼科

Genus *Harpagifer* Richardson, 1844 裸南极鱼属

Harpagifer andriashevi Prirodina, 2000 安氏裸南极鱼

Harpagifer antarcticus Nybelin, 1947 真裸南极鱼

Harpagifer bispinis (Forster, 1801) 双棘裸南极鱼

Harpagifer crozetensis Prirodina, 2004 克罗森裸南极鱼

Harpagifer georgianus Nybelin, 1947 乔奇裸南极鱼

Harpagifer kerguelensis Nybelin, 1947 颗突裸南极鱼

Harpagifer macquariensis Prirodina, 2000 马岛裸南极鱼

Harpagifer nybelini Prirodina, 2002 尼氏裸南极鱼

Harpagifer palliolatus Richardson, 1845 冠棘裸南极鱼

Harpagifer permitini Neyelov & Prirodina, 2006 珀氏裸南极鱼

Harpagifer spinosus Hureau, Louis, Tomo & Ozouf, 1980 头棘裸南极鱼

Family 429 Artedidraconidae 阿氏龙䲢科

Genus *Artedidraco* Lönnberg, 1905 阿氏龙䲢属

Artedidraco glareobarbatus Eastman & Eakin, 1999 石须阿氏龙䲢

Artedidraco lonnbergi Roule, 1913 尖须阿氏龙䲢

Artedidraco mirus Lönnberg, 1905 稀有阿氏龙䲢

Artedidraco orianae Regan, 1914 管鳞阿氏龙䲢

Artedidraco shackletoni Waite, 1911 大口阿氏龙䲢

Artedidraco skottsbergi Lönnberg, 1905 长胸鳍阿氏龙䲢

Genus *Dolloidraco* Roule, 1913 多罗龙䲢属

Dolloidraco longedorsalis Roule, 1913 长背多罗龙䲢

Genus *Histiodraco* Regan, 1914 帆龙䲢属

Histiodraco velifer (Regan, 1914) 南极帆龙䲢

Genus *Pogonophryne* Regan, 1914 须蟾䲢属

Pogonophryne albipinna Eakin, 1981 白鳍须蟾䲢

Pogonophryne barsukovi Andriashev, 1967 巴氏须蟾䲢

Pogonophryne bellingshausenensis Eakin, Eastman & Matallanas, 2008 大洋洲须蟾䲢

Pogonophryne cerebropogon Eakin & Eastman, 1998 脑状须蟾䲢

Pogonophryne dewitti Eakin, 1988 迪氏须蟾䲢

Pogonophryne eakini Balushkin, 1999 伊氏须蟾䲢

Pogonophryne fusca Balushkin & Eakin, 1998 暗色须蟾䲢

Pogonophryne immaculata Eakin, 1981 无斑须蟾䲢

Pogonophryne lanceobarbata Eakin, 1987 尖须蟾䲢

Pogonophryne macropogon Eakin, 1981 大须蟾䲢

Pogonophryne marmorata Norman, 1938 斑块须蟾䲢

Pogonophryne mentella Andriashev, 1967 斑头须蟾䲢

Pogonophryne orangiensis Eakin & Balushkin, 1998 奥兰治须蟾䲢

Pogonophryne permitini Andriashev, 1967 潘氏须蟾䲢

Pogonophryne platypogon Eakin, 1988 扁须蟾䲢

Pogonophryne scotti Regan, 1914 史氏须蟾䲢

Pogonophryne squamibarbata Eakin & Balushkin, 2000 鳞须蟾䲢

Pogonophryne ventrimaculata Eakin, 1987 腹斑须蟾䲢

Family 430 Bathydraconidae 渊龙䲢科

Genus *Acanthodraco* Skora, 1995 棘龙䲢属

Acanthodraco dewitti Skora, 1995 棘龙䲢

Genus *Akarotaxis* DeWitt & Hureau, 1979 裸头龙䲢属

Akarotaxis nudiceps (Waite, 1916) 裸头龙䲢

Genus *Bathydraco* Günther, 1978 渊龙䲢属

Bathydraco antarcticus Günther, 1887 南极渊龙䲢

Bathydraco joannae DeWitt, 1985 多耙渊龙䲢
Bathydraco macrolepis Boulenger, 1097 大鳞渊龙䲢
Bathydraco marri Norman, 1938 斑条渊龙䲢
Bathydraco scotiae Dollo, 1906 断线渊龙䲢

Genus *Cygnodraco* Waite, 1916 天鹅龙䲢属
Cygnodraco mawsoni Waite, 1916 天鹅龙䲢

Genus *Gerlachea* Dollo, 1900 姥龙䲢属
Gerlachea australis Dollo, 1900 澳洲姥龙䲢

Genus *Gymnodraco* Boulenger, 1902 裸龙䲢属
Gymnodraco acuticeps Boulenger, 1902 尖头裸龙䲢
Gymnodraco victori Hureau, 1963 强齿裸龙䲢

Genus *Parachaenichthys* Boulenger, 1902 副带腭鱼属
Parachaenichthys charcoti (Vaillant, 1906) 扁嘴副带腭鱼
Parachaenichthys georgianus Fischer, 1885 副带腭鱼

Genus *Prionodraco* Regan, 1914 锯渊龙䲢属
Prionodraco evansii Regan, 1914 锯渊龙䲢

Genus *Psilodraco* Norman, 1938 滑龙䲢属
Psilodraco breviceps Norman, 1937 滑龙䲢

Genus *Racovitzia* Dollo, 1900 拉氏渊龙䲢属
Racovitzia glacialis Doll, 1900 拉氏渊龙䲢

Genus *Vomeridens* DeWitt & Hureau, 1979 犁齿龙䲢属
Vomeridens infuscipinnis (DeWitt, 1964) 犁齿龙䲢

Family 431 Channichthyidae 冰鱼科

Genus *Chaenodraco* Regan, 1914 棘冰鱼属
Chaenodraco wilsoni Regan, 1914 威氏棘冰鱼

Genus *Champsocephalus* Gill, 1862 鳄头冰鱼属
Champsocephalus esox (Günther, 1861) 鳄头冰鱼
Champsocephalus gunnari Lönnberg, 1905 裘氏鳄头冰鱼

Genus *Channichthys* Richardson, 1844 冰鱼属
Channichthys aelitae Shandikov, 1995 艾氏冰鱼
Channichthys bospori Shandikov, 1995 博氏冰鱼
Channichthys irinae Shandikov, 1995 艾里纳冰鱼
Channichthys mithridatis Shandikov, 2008 大眼冰鱼
Channichthys normani Balushkin, 1996 诺曼氏冰鱼
Channichthys panticapaei Shandikov, 1995 丝背冰鱼
Channichthys rhinoceratus Richardson, 1844 独角冰鱼
Channichthys rugosus Regan, 1913 南大洋冰鱼
Channichthys velifer Meisner, 1974 鸭嘴冰鱼

Genus *Chionobathyscus* Andriashev & Neyelov, 1978 雪冰䲢属
Chionobathyscus dewitti Andriashev & Neyelov, 1978 雪冰䲢

Genus *Chionodraco* Lönnberg, 1906 雪冰鱼属
Chionodraco hamatus (Lönnberg, 1905) 独角雪冰鱼
Chionodraco myersi DeWitt & Tyler, 1960 龙嘴雪冰鱼
Chionodraco rastrospinosus DeWitt & Hureau, 1979 眼斑雪冰鱼

Genus *Cryodraco* Dollo, 1900 小带腭鱼属(冰龙䲢属)
Cryodraco antarcticus Dollo, 1900 南极小带腭鱼
Cryodraco atkinsoni Regan, 1914 罗斯海小带腭鱼
Cryodraco pappenheimi Regan, 1913 佩氏小带腭鱼

Genus *Dacodraco* Waite, 1916 螯冰鱼属
Dacodraco hunteri Waite, 1916 南极螯冰鱼

Genus *Neopagetopsis* Nybelin, 1947 新拟冰䲢属
Neopagetopsis ionah Nybelin, 1947 南极新拟冰䲢

Genus *Pagetopsis* Regan, 1913 拟冰䲢属
Pagetopsis macropterus (Boulenger, 1907) 大鳍拟冰䲢
Pagetopsis maculatus Barsukov & Permitin, 1958 云纹拟冰䲢

Genus *Pseudochaenichthys* Norman, 1937 拟冰鱼属
Pseudochaenichthys georgianus Norman, 1937 南乔治亚拟冰鱼

Suborder Trachinoidei 龙䲢亚目;鳄鳕亚目

Family 432 Chiasmodontidae 叉齿龙䲢科;叉齿鱼科

Genus *Chiasmodon* Johnson, 1864 叉齿龙䲢属;叉齿鱼属
Chiasmodon braueri Weber, 1913 布氏叉齿龙䲢;布氏叉齿鱼
Chiasmodon niger Johnson, 1864 黑叉齿龙䲢;黑叉齿鱼 台
Chiasmodon pluriradiatus Parr, 1933 多辐叉齿龙䲢;多辐叉齿鱼
Chiasmodon subniger Garman, 1899 暗灰叉齿龙䲢;暗灰叉齿鱼

Genus *Dysalotus* MacGilchrist, 1905 线棘细齿䲢属
Dysalotus alcocki MacGilchrist, 1905 阿氏线棘细齿䲢 台
Dysalotus oligoscolus Johnson & Cohen, 1974 犁齿线棘细齿䲢;锄齿线棘细齿䲢

Genus *Kali* Lloyd, 1909 蛇牙龙䲢属
Kali colubrina Melo, 2008 深潜蛇牙龙䲢
Kali falx Melo, 2008 法氏蛇牙龙䲢
Kali indica Lloyd, 1909 印度蛇牙龙䲢
Kali kerberti (Weber, 1913) 克氏蛇牙龙䲢
Kali macrodon (Norman, 1929) 大口蛇牙龙䲢
Kali macrura (Parr, 1933) 大尾蛇牙龙䲢
Kali parri Johnson & Cohen, 1974 帕氏蛇牙龙䲢

Genus *Pseudoscopelus* Lütken, 1892 黑线岩鲈属
Pseudoscopelus altipinnis Parr, 1933 高鳍黑线岩鲈
Pseudoscopelus aphos Prokofiev & Kukuev, 2005 长舌黑线岩鲈
Pseudoscopelus astronesthidens Prokofiev & Kukuev, 2006 无耙黑线岩鲈
Pseudoscopelus australis Prokofiev & Kukuev, 2006 澳洲黑线岩鲈
Pseudoscopelus bothrorrhinos Melo, Walker & Klepadlo, 2007 凹吻黑线岩鲈
Pseudoscopelus cephalus Fowler, 1934 大头黑线岩鲈
Pseudoscopelus lavenbergi Melo, Walker & Klepadlo, 2007 拉氏黑线岩鲈
Pseudoscopelus obtusifrons (Fowler, 1934) 钝头黑线岩鲈
Pseudoscopelus parini Prokofiev & Kukuev, 2006 帕氏黑线岩鲈
Pseudoscopelus pierbartus Spitz, Quéro & Vayne, 2007 吹砂黑线岩鲈
Pseudoscopelus sagamianus Tanaka, 1908 黑线岩鲈 陆
Pseudoscopelus scriptus Lütken, 1892 蛇牙黑线岩鲈
Pseudoscopelus scutatus Krefft, 1971 截吻黑线岩鲈

Family 433 Champsodontidae 鳄齿鱼科

Genus *Champsodon* Günther, 1867 鳄齿鱼属
Champsodon atridorsalis Ochiai & Nakamura, 1964 弓背鳄齿鱼 陆
Champsodon capensis Regan, 1908 南非鳄齿鱼
Champsodon fimbriatus Gilbert, 1905 缨鳄齿鱼
Champsodon guentheri Regan, 1908 贡氏鳄齿鱼 陆 台
Champsodon longipinnis Matsubara & Amaoka, 1964 长鳍鳄齿鱼
Champsodon machaeratus Nemeth, 1994 剑鳄齿鱼
Champsodon nudivittis (Ogilby, 1895) 裸鳄齿鱼
Champsodon omanensis Regan, 1908 阿曼鳄齿鱼
Champsodon pantolepis Nemeth, 1994 全鳞鳄齿鱼
Champsodon sagittus Nemeth, 1994 箭形鳄齿鱼
Champsodon sechellensis Regan, 1908 塞舌尔群岛鳄齿鱼
Champsodon snyderi Franz, 1910 短鳄齿鱼;斯氏鳄齿鱼 陆 台
Champsodon vorax Günther, 1867 贪食鳄齿鱼

Family 434 Trichodontidae 毛齿鱼科

Genus *Arctoscopus* Jordan & Evermann, 1896 叉牙鱼属
Arctoscopus japonicus (Steindachner, 1881) 日本叉牙鱼 陆

Genus *Trichodon* Tilesius, 1813 毛齿鱼属
Trichodon trichodon (Tilesius, 1813) 毛齿鱼

Family 435 Pinguipedidae 肥足䲢科;拟鲈科

Genus *Kochichthys* Kamohara, 1961 高知鲈属

Kochichthys flavofasciatus (Kamohara, 1936) 黄带高知鲈 台

Genus *Parapercis* Steindachner, 1884 拟鲈属

Parapercis albipinna Randall, 2008 白翅拟鲈

Parapercis alboguttata (Günther, 1872) 蓝吻拟鲈 陆

Parapercis allporti (Günther, 1876) 奥氏拟鲈

Parapercis atlantica (Vaillant, 1887) 大西洋拟鲈

Parapercis aurantiaca Döderlein, 1884 黄拟鲈 陆 台

Parapercis australis Randall, 2003 澳洲拟鲈

Parapercis banoni Randall & Yamakawa, 2006 班氏拟鲈

Parapercis basimaculata Randall & Yoshino, 2008 日本拟鲈

Parapercis bicoloripes Prokofiev, 2010 双色拟鲈

Parapercis binivirgata (Waite, 1904) 雪拟鲈

Parapercis biordinis Allen, 1976 斑尾拟鲈

Parapercis cephalopunctata (Seale, 1901) 头斑拟鲈 陆

Parapercis clathrata Ogilby, 1910 四斑拟鲈 陆 台

Parapercis colemani Randall & Francis, 1993 科氏拟鲈

Parapercis colias (Forster, 1801) 爱神拟鲈

Parapercis compressa Randall, 2008 扁拟鲈

Parapercis cylindrica (Bloch, 1792) 圆拟鲈 陆 台

Parapercis decemfasciata (Franz, 1910) 十横斑拟鲈 台

Parapercis diagonalis Randall, 2008 六斑拟鲈

Parapercis diplospilus Gomon, 1981 双斑拟鲈

Parapercis dockinsi McCosker, 1971 多氏拟鲈

Parapercis elongata Fourmanoir, 1967 长身拟鲈

Parapercis filamentosa (Steindachner, 1878) 长鳍拟鲈 陆

Parapercis flavescens Fourmanoir & Rivaton, 1979 黄鳍拟鲈

Parapercis flavolabiata Johnson, 2006 黄唇拟鲈

Parapercis flavolineata Randall, 2008 黄线拟鲈

Parapercis fuscolineata Fourmanoir, 1985 棕线拟鲈

Parapercis gilliesii (Hutton, 1879) 吉氏拟鲈

Parapercis haackei (Steindachner, 1884) 黑带拟鲈

Parapercis hexophtalma (Cuvier, 1829) 六睛拟鲈 陆
  syn. *Parapercis polyophthalma* (Cuvier, 1829) 多斑拟鲈

Parapercis kamoharai Schultz, 1966 蒲原氏拟鲈 台

Parapercis katoi Randall & Yoshino, 2008 卡氏拟鲈

Parapercis lata Randall & McCosker, 2002 横条拟鲈

Parapercis lineopunctata Randall, 2003 线斑拟鲈

Parapercis macrophthalma (Pietschmann, 1911) 大眼拟鲈 台

Parapercis maculata (Bloch & Schneider, 1801) 中斑拟鲈 台

Parapercis maritzi Anderson, 1992 马氏拟鲈

Parapercis millepunctata (Günther, 1860) 雪点拟鲈 陆 台

Parapercis multifasciata Döderlein, 1884 多带拟鲈;多横带拟鲈 陆 台

Parapercis multiplicata Randall, 1984 织纹拟鲈 台

Parapercis muronis (Tanaka, 1918) 鞍带拟鲈;牟娄拟鲈 陆 台

Parapercis natator Randall & Yoshino, 2008 红背拟鲈

Parapercis nebulosa (Quoy & Gaimard, 1825) 云斑拟鲈

Parapercis okamurai Kamohara, 1960 冈村氏拟鲈

Parapercis ommatura Jordan & Snyder, 1902 眼斑拟鲈;真拟鲈 陆 台

Parapercis pacifica Imamura & Yoshino, 2007 太平洋拟鲈 陆 台

Parapercis phenax Randall & Yamakawa, 2006 魅形拟鲈

Parapercis pulchella (Temminck & Schlegel, 1843) 美拟鲈 陆 台

Parapercis punctata (Cuvier, 1829) 细点拟鲈 陆

Parapercis punctulata (Cuvier, 1829) 斑点拟鲈

Parapercis quadrispinosa (Weber, 1913) 四刺拟鲈

Parapercis queenslandica Imamura & Yoshino, 2007 昆士兰拟鲈

Parapercis ramsayi (Steindachner, 1883) 拉氏拟鲈

Parapercis randalli Ho & Shao, 2010 兰道氏拟鲈 台

Parapercis robinsoni Fowler, 1929 小鳞拟鲈

Parapercis roseoviridis (Gilbert, 1905) 红带拟鲈

Parapercis rufa Randall, 2001 淡红拟鲈

Parapercis schauinslandii (Steindachner, 1900) 玫瑰拟鲈 台

Parapercis sexfasciata (Temminck & Schlegel, 1843) 六带拟鲈 陆 台

Parapercis sexlorata Johnson, 2006 六横带拟鲈

Parapercis shaoi Randall, 2008 邵氏拟鲈 台

Parapercis signata Randall, 1984 横带拟鲈

Parapercis simulata Schultz, 1968 类拟鲈

Parapercis snyderi Jordan & Starks, 1905 史氏拟鲈 陆 台

Parapercis somaliensis Schultz, 1968 索马里拟鲈 陆

Parapercis stricticeps (De Vis, 1884) 缩头拟鲈

Parapercis striolata (Weber, 1913) 斑棘拟鲈 陆 台

Parapercis tetracantha (Lacepède, 1801) 斑纹拟鲈;四棘拟鲈 陆 台

Parapercis vittafrons Randall, 2008 白头拟鲈

Parapercis xanthogramma Imamura & Yoshino, 2007 黄斜线拟鲈

Parapercis xanthozona (Bleeker, 1849) 黄纹拟鲈 陆 台

Genus *Pinguipes* Cuvier, 1829 肥足鰧属;虎鳝属

Pinguipes brasilianus Cuvier, 1829 巴西肥足鰧;巴西虎鳝

Pinguipes chilensis Valenciennes, 1833 智利肥足鰧;智利虎鳝

Genus *Prolatilus* Gill, 1865 小原鲈鰧属

Prolatilus jugularis (Valenciennes, 1833) 大头小原鲈鰧

Genus *Pseudopercis* Miranda Ribeiro, 1903 似拟鲈属

Pseudopercis numida Miranda Ribeiro, 1903 努米底似拟鲈

Pseudopercis semifasciata (Cuvier, 1829) 半纹似拟鲈

Genus *Ryukyupercis* Imamura & Yoshino, 2007 琉球拟鲈属

Ryukyupercis gushikeni (Yoshino, 1975) 古希氏拟鲈

Genus *Simipercis* Johnson & Randall, 2006 扁鼻拟鲈属

Simipercis trispinosa Johnson & Randall, 2006 三棘扁鼻拟鲈

Family 436 Cheimarrhichthyidae 冬鰧科

Genus *Cheimarrichthys* Haast, 1874 冬鰧属(冰沙鲈属)

Cheimarrichthys fosteri Haast, 1874 福氏冬鰧(冰沙鲈)

Family 437 Trichonotidae 毛背鱼科;丝鳍鳝科

Genus *Myopsaron* Shibukawa, 2010 芒背鱼属

Myopsaron nelsoni Shibukawa, 2010 内氏芒背鱼

Genus *Trichonotus* Rafinesque, 1815 毛背鱼属;丝鳍鳝属

Trichonotus arabicus Randall & Tarr, 1994 阿拉伯海毛背鱼;阿拉伯海丝鳍鳝

Trichonotus blochii Castelnau, 1875 布氏毛背鱼;布氏丝鳍鳝

Trichonotus cyclograptus (Alcock, 1890) 孟加拉国毛背鱼;孟加拉国丝鳍鳝

Trichonotus elegans Shimada & Yoshino, 1984 美丽毛背鱼;美丽丝鳍鳝 台

Trichonotus filamentosus (Steindachner, 1867) 丝鳍毛背鱼;曳丝丝鳍鳝 陆

Trichonotus halstead Clark & Pohle, 1996 哈氏毛背鱼;哈氏丝鳍鳝

Trichonotus marleyi (Smith, 1936) 马氏毛背鱼;马氏丝鳍鳝

Trichonotus nikii Clark & von Schmidt, 1966 尼氏毛背鱼;尼氏丝鳍鳝

Trichonotus setiger Bloch & Schneider, 1801 毛背鱼;丝鳍鳝 陆 台

Family 438 Creediidae 无棘鳚科

Genus *Apodocreedia* de Beaufort, 1948 无足沙鳝属

Apodocreedia vanderhorsti de Beaufort, 1948 范氏无足沙鳝

Genus *Chalixodytes* Schultz, 1943 鸭嘴鳚属

Chalixodytes chameleontoculis Smith, 1957 南非鸭嘴鳚

Chalixodytes tauensis Schultz, 1943 细尾鸭嘴鳚

Genus *Creedia* Ogilby, 1898 无棘鳚属

Creedia alleni Nelson, 1983 阿氏无棘鳚

Creedia bilineatus Shimada & Yoshino, 1987 双线无棘鳚

Creedia haswelli (Ramsay, 1881) 哈氏无棘鳚

Creedia partimsquamigera Nelson, 1983 大鳞无棘鳚

Genus *Crystallodytes* Fowler, 1923 晶穴鱼属

Crystallodytes cookei Fowler, 1923 柯氏晶穴鱼

Crystallodytes pauciradiatus Nelson & Randall, 1985 少辐晶穴鱼

Genus *Limnichthys* Waite, 1904 沼泽鱼属;沙鳝属

Limnichthys donaldsoni Schultz, 1960 唐氏沼泽鱼;唐氏沙鳝
Limnichthys fasciatus Waite, 1904 条纹沼泽鱼;横带沙鳝 台
Limnichthys nitidus Smith, 1958 沙栖沼泽鱼(沙鳝) 陆 台
Limnichthys orientalis Yoshino, Kon & Okabe, 1999 东方沼泽鱼;东方沙鳝 陆 台
Limnichthys polyactis Nelson, 1978 新西兰沼泽鱼;新西兰沙鳝
Limnichthys rendahli Parrott, 1958 伦氏沼泽鱼;伦氏沙鳝

Genus *Schizochirus* Waite, 1904 裂鳍鳎属

Schizochirus insolens Waite, 1904 裂鳍鳎

Genus *Tewara* Griffin, 1933 鳄形无棘鳎属

Tewara cranwellae Griffin, 1933 鳄形无棘鳎

Family 439 Percophidae 鲈䲁科

Genus *Acanthaphritis* Günther, 1880 棘吻鱼属

Acanthaphritis barbata (Okamura & Kishida, 1963) 须棘吻鱼 陆 台
Acanthaphritis grandisquamis Günther, 1880 大鳞棘吻鱼 陆
Acanthaphritis ozawai (McKay, 1971) 奥氏棘吻鱼
Acanthaphritis unoorum Suzuki & Nakabo, 1996 昂氏棘吻鱼 台

Genus *Bembrops* Steindachner, 1876 鲬状鱼属

Bembrops anatirostris Ginsburg, 1955 鸭嘴鲬状鱼
Bembrops cadenati Das & Nelson, 1996 凯氏鲬状鱼
Bembrops caudimacula Steindachner, 1876 尾斑鲬状鱼 陆 台
Bembrops curvatura Okada & Suzuki, 1952 曲线鲬状鱼 陆 台
Bembrops filifer Gilbert, 1905 丝棘鲬状鱼 陆
Bembrops gobioides (Goode, 1880) 拟虾虎鲬状鱼
Bembrops greyi Poll, 1959 圆尾鲬状鱼
Bembrops heterurus (Miranda Ribeiro, 1903) 截尾鲬状鱼
Bembrops macromma Ginsburg, 1955 大鲬状鱼
Bembrops magnisquamis Ginsburg, 1955 大鳞鲬状鱼
Bembrops morelandi Nelson, 1978 莫兰氏鲬状鱼
Bembrops nelsoni Thompson & Suttkus, 2002 奈氏鲬状鱼
Bembrops nematopterus Norman, 1939 丝鳍鲬状鱼
Bembrops ocellatus Thompson & Suttkus, 1998 睛斑鲬状鱼
Bembrops platyrhynchus (Alcock, 1894) 扁吻鲬状鱼 台
Bembrops quadrisella Thompson & Suttkus, 1998 苏里南鲬状鱼
Bembrops raneyi Thompson & Suttkus, 1998 兰氏鲬状鱼

Genus *Chrionema* Gilbert, 1905 低线鱼属

Chrionema chlorotaenia McKay, 1971 绿尾低线鱼 陆 台
Chrionema chryseres Gilbert, 1905 黄疣低线鱼 陆 台
Chrionema furunoi Okamura & Yamachi, 1982 少鳞低线鱼 陆 台
Chrionema pallidum Parin, 1990 苍白低线鱼
Chrionema squamentum (Ginsburg, 1955) 鳞甲低线鱼
Chrionema squamiceps Gilbert, 1905 鳞首低线鱼

Genus *Dactylopsaron* Parin, 1990 大指鲈䲁属

Dactylopsaron dimorphicum Parin & Belyanina, 1990 大指鲈䲁

Genus *Enigmapercis* Whitley, 1936 迷鲈䲁属

Enigmapercis acutirostris Parin, 1990 尖吻迷鲈䲁
Enigmapercis reducta Whitley, 1936 砂栖迷鲈䲁

Genus *Hemerocoetes* Valenciennes, 1837 双犁鱼属;双锄鱼属

Hemerocoetes artus Nelson, 1979 新西兰双犁鱼;新西兰双锄鱼
Hemerocoetes macrophthalmus Regan, 1914 大眼双犁鱼;大眼双锄鱼
Hemerocoetes monopterygius (Schneider, 1801) 单鳍双犁鱼;单鳍双锄鱼
Hemerocoetes morelandi Nelson, 1979 莫氏双犁鱼;莫氏双锄鱼
Hemerocoetes pauciradiatus Regan, 1914 少辐双犁鱼;少辐双锄鱼

Genus *Matsubaraea* Taki, 1953 松原鲈䲁属

Matsubaraea fusiforme (Fowler, 1943) 凹鳍松原鲈䲁

Genus *Osopsaron* Jordan & Starks, 1904 小骨䲁属

Osopsaron formosensis Kao & Shen, 1985 台湾小骨䲁 台

Osopsaron karlik Parin, 1985 大头小骨䲁
Osopsaron verecundum (Jordan & Snyder, 1902) 骏河湾小骨䲁

Genus *Percophis* Quoy & Gaimard, 1825 鲈䲁属

Percophis brasiliensis Quoy & Gaimard, 1825 巴西鲈䲁

Genus *Pteropsaron* Jordan & Snyder, 1902 帆鳍鲈䲁属

Pteropsaron evolans Jordan & Snyder, 1902 帆鳍鲈䲁 台
Pteropsaron heemstrai Nelson, 1982 希氏帆鳍鲈䲁
Pteropsaron incisum Gilbert, 1905 切齿帆鳍鲈䲁
Pteropsaron natalensis (Nelson, 1982) 南非帆鳍鲈䲁
Pteropsaron neocaledonicus Fournanoir & Rivaton, 1979 新喀里多尼亚帆鳍鲈䲁
Pteropsaron springeri Smith & Johnson, 2007 斯氏帆鳍鲈䲁

Genus *Squamicreedia* Rendahl, 1921 鳞鲈䲁属

Squamicreedia obtusa Rendahl, 1921 钝吻鳞鲈䲁

Family 440 Leptoscopidae 细䲁科

Genus *Crapatalus* Günther, 1861 沙䲁属

Crapatalus angusticeps (Hutton, 1874) 窄头沙䲁鱼
Crapatalus munroi Last & Edgar, 1987 芒氏沙䲁
Crapatalus novaezelandiae Günther, 1861 新西兰沙䲁

Genus *Leptoscopus* Gill, 1859 细䲁属

Leptoscopus macropygus (Richardson, 1846) 大臀细䲁

Genus *Lesueurina* Fowler, 1908 莱苏䲁属

Lesueurina platycephala Fowler, 1908 扁头莱苏䲁

Family 441 Ammodytidae 玉筋鱼科

Genus *Ammodytes* Linnaeus, 1758 玉筋鱼属

Ammodytes americanus DeKay, 1842 美洲玉筋鱼
Ammodytes dubius Reinhardt, 1837 多椎玉筋鱼
Ammodytes hexapterus Pallas, 1814 六斑玉筋鱼
Ammodytes marinus Raitt, 1934 海玉筋鱼
Ammodytes personatus Girard, 1856 太平洋玉筋鱼 陆
Ammodytes tobianus Linnaeus, 1758 鳞柄玉筋鱼

Genus *Ammodytoides* Duncker & Mohr, 1939 似玉筋鱼属

Ammodytoides gilli (Bean, 1895) 吉氏似玉筋鱼
Ammodytoides idai Randall & Earle, 2008 埃达似玉筋鱼
Ammodytoides kimurai Ida & Randall, 1993 木村氏似玉筋鱼
Ammodytoides leptus Collette & Randall, 2000 细似玉筋鱼
Ammodytoides praematura Randall & Earle, 2008 条ummatura似玉筋鱼
Ammodytoides pylei Randall, Ida & Earle, 1994 派尔氏似玉筋鱼
Ammodytoides renniei (Smith, 1957) 伦氏似玉筋鱼
Ammodytoides vagus (McCulloch & Waite, 1916) 迷游似玉筋鱼
Ammodytoides xanthops Randall & Heemstra, 2008 黄眼似玉筋鱼

Genus *Bleekeria* Günther, 1862 布氏筋鱼属

Bleekeria kallolepis Günther, 1862 美鳞布氏筋鱼
Bleekeria mitsukurii Jordan & Evermann, 1902 箕作布氏筋鱼 陆 台
    syn. *Bleekeria anguilliviridis* (Fowler, 1931) 绿布氏筋鱼
Bleekeria viridianguilla (Fowler, 1931) 绿鳗布氏筋鱼 陆 台

Genus *Gymnammodytes* Duncker & Mohr, 1935 裸筋鱼属

Gymnammodytes capensis (Barnard, 1927) 南非裸筋鱼
Gymnammodytes cicerelus (Rafinesque, 1810) 裸筋鱼
Gymnammodytes semisquamatus (Jourdain, 1879) 半鳞裸筋鱼

Genus *Hyperoplus* Günther, 1862 富筋鱼属

Hyperoplus immaculatus (Corbin, 1950) 无斑富筋鱼
Hyperoplus lanceolatus (Le Sauvage, 1824) 尖头富筋鱼

Genus *Lepidammodytes* Ida, Sirimontaporn & Monkolprasit, 1994 丽筋鱼属

Lepidammodytes macrophthalmus Ida, Sirimontaporn & Monkolprasit, 1994 大眼丽筋鱼

Genus *Protammodytes* Ida, Sirimontaporn & Monkolprasit,

1994 原玉筋鱼属

Protammodytes brachistos Ida, Sirimontaporn & Monkolprasit, 1994 短身原玉筋鱼 [台]

Protammodytes sarisa (Robins & Böhlke, 1970) 加勒比海原玉筋鱼

Family 442 Trachinidae 龙䲢科

Genus *Echiichthys* Bleeker, 1861 蛇龙䲢属

Echiichthys vipera (Cuvier, 1829) 北海蛇龙䲢

Genus *Trachinus* Swainson, 1839 龙䲢属

Trachinus araneus Cuvier, 1829 斑点龙䲢

Trachinus armatus Bleeker, 1861 铠龙䲢

Trachinus collignoni Roux, 1957 科氏龙䲢

Trachinus cornutus Guichenot, 1848 斜口龙䲢

Trachinus draco Linnaeus, 1758 大龙䲢

Trachinus lineolatus Fischer, 1885 黄纹龙䲢

Trachinus pellegrini Cadenat, 1937 佩氏龙䲢

Trachinus radiatus Cuvier, 1829 褐斑龙䲢

Family 443 Uranoscopidae 䲢科

Genus *Astroscopus* Brevoort, 1860 星䲢属

Astroscopus guttatus Abbott, 1860 斑点星䲢

Astroscopus sexspinosus (Steindachner, 1876) 六棘星䲢

Astroscopus y-graecum (Cuvier, 1829) 大西洋星䲢

Astroscopus zephyreus Gilbert & Starks, 1897 斜列星䲢

Genus *Genyagnus* Gill, 1861 单鳍䲢属

Genyagnus monopterygius (Schneider, 1801) 新西兰单鳍䲢

Genus *Ichthyscopus* Swainson, 1839 披肩䲢属

Ichthyscopus barbatus Mees, 1960 颏须披肩䲢

Ichthyscopus fasciatus Haysom, 1957 横带披肩䲢

Ichthyscopus insperatus Mees, 1960 对纹披肩䲢

Ichthyscopus lebeck (Bloch & Schneider, 1801) 披肩䲢 [陆][台]

Ichthyscopus malacopterus (Bennett, 1839) 软鳍披肩䲢

Ichthyscopus nigripinnis Gomon & Johnson, 1999 黑翅披肩䲢

Ichthyscopus sannio Whitley, 1936 丑披肩䲢

Ichthyscopus spinosus Mees, 1960 棘披肩䲢

Genus *Kathetostoma* Günther, 1860 竖口䲢属

Kathetostoma albigutta Bean, 1892 白点竖口䲢

Kathetostoma averruncus Jordan & Bollman, 1890 护神竖口䲢

Kathetostoma canaster Gomon & Last, 1987 浅灰竖口䲢

Kathetostoma cubana Barbour, 1941 古巴竖口䲢

Kathetostoma fluviatilis Hutton, 1872 溪竖口䲢

Kathetostoma giganteum Haast, 1873 平头竖口䲢

Kathetostoma laeve (Bloch & Schneider, 1801) 褐竖口䲢

Kathetostoma nigrofasciatum Waite & McCulloch, 1915 黑带竖口䲢

Genus *Pleuroscopus* Barnard, 1927 侧眼䲢属

Pleuroscopus pseudodorsalis Barnard, 1927 拟背侧眼䲢

Genus *Selenoscopus* Okamura & Kishimoto, 1993 月䲢属

Selenoscopus turbisquamatus Okamura & Kishimoto, 1993 日本月䲢

Genus *Uranoscopus* Linnaeus, 1758 䲢属

Uranoscopus affinis Cuvier, 1829 紫䲢

Uranoscopus albesca Regan, 1915 长肩棘䲢

Uranoscopus archionema Regan, 1921 圆鳞䲢

Uranoscopus bauchotae Brüss, 1987 瞻天䲢

Uranoscopus bicinctus Temminck & Schlegel, 1843 双斑䲢 [陆][台]

Uranoscopus cadenati Poll, 1959 凯氏䲢

Uranoscopus chinensis Guichenot, 1882 中华䲢 [台]

Uranoscopus cognatus Cantor, 1849 黄尾䲢

Uranoscopus crassiceps Alcock, 1890 糙头䲢

Uranoscopus dahlakensis Brüss, 1987 红海䲢

Uranoscopus dollfusi Brüss, 1987 多氏䲢

Uranoscopus filibarbis Cuvier, 1829 细须䲢

Uranoscopus fuscomaculatus Kner, 1868 棕斑䲢

Uranoscopus guttatus Cuvier, 1829 小斑䲢

Uranoscopus japonicus Houttuyn, 1782 日本䲢 [陆][台]

Uranoscopus kaianus Günther, 1880 橘黄䲢

Uranoscopus marisrubri Brüss, 1987 马氏䲢

Uranoscopus marmoratus Cuvier, 1829 斑䲢

Uranoscopus oligolepis Bleeker, 1878 少鳞䲢;寡鳞䲢 [陆][台]

Uranoscopus polli Cadenat, 1951 白点䲢

Uranoscopus scaber Linnaeus, 1758 平头䲢

Uranoscopus sulphureus Valenciennes, 1832 白缘䲢

Uranoscopus tosae (Jordan & Hubbs, 1925) 土佐䲢 [陆][台]

Genus *Xenocephalus* Kaup, 1858 奇头䲢属

Xenocephalus armatus Kaup, 1858 盾奇头䲢

Xenocephalus australiensis (Kishimoto, 1989) 澳大利亚奇头䲢

Xenocephalus cribratus (Kishimoto, 1989) 筛青奇头䲢

Xenocephalus egregius (Jordan & Thompson, 1905) 雀斑奇头䲢

Xenocephalus elongatus (Temminck & Schlegel, 1843) 青奇头䲢 [陆][台]

    syn. *Gnathagnus elongatus* (Temminck & Schlegel, 1843) 青䲢

Xenocephalus innotabilis (Waite, 1904) 大奇头䲢

Suborder Pholidichthyoidei 裸鳗鳚亚目

Family 444 Pholidichthyidae 裸鳗鳚科

Genus *Pholidichthys* Bleeker, 1856 锦鳗鳚属

Pholidichthys anguis Springer & Larson, 1996 蛇形锦鳗鳚

Pholidichthys leucotaenia Bleeker, 1856 白条锦鳗鳚

Suborder Blennioidei 鳚亚目

Family 445 Tripterygiidae 三鳍鳚科

Genus *Acanthanectes* Holleman & Buxton, 1993 棘泳鳚属

Acanthanectes hystrix Holleman & Buxton, 1993 南非棘泳鳚

Acanthanectes rufus Holleman & Buxton, 1993 红棘泳鳚

Genus *Apopterygion* Kuiter, 1986 蜂翼三鳍鳚属

Apopterygion alta Kuiter, 1986 高体蜂翼三鳍鳚

Apopterygion oculus Fricke & Roberts, 1994 大眼蜂翼三鳍鳚

Genus *Axoclinus* Fowler, 1944 轴胎鳚属

Axoclinus cocoensis Bussing, 1991 可可轴胎鳚

Axoclinus lucillae Fowler, 1944 墨西哥轴胎鳚

Axoclinus multicinctus Allen & Robertson, 1992 多带轴胎鳚

Axoclinus nigricaudus Allen & Robertson, 1991 黑尾轴胎鳚

Axoclinus rubinoffi Allen & Robertson, 1992 鲁氏轴胎鳚

Genus *Bellapiscis* Hardy, 1987 丽鳚属

Bellapiscis lesleyae Hardy, 1987 莱氏丽鳚

Bellapiscis medius (Günther, 1861) 中间丽鳚

Genus *Blennodon* Hardy, 1987 黏牙鳚属

Blennodon dorsalis (Clarke, 1879) 厚背黏牙鳚

Genus *Brachynectes* Scott, 1957 短泳三鳍鳚属

Brachynectes fasciatus Scott, 1957 条纹短泳三鳍鳚

Genus *Ceratobregma* Holleman, 1987 额角三鳍鳚属

Ceratobregma acanthops (Whitley, 1964) 棘眼额角三鳍鳚

Ceratobregma helenae Holleman, 1987 海伦额角三鳍鳚 [台]

Genus *Cremnochorites* Holleman, 1982 岩三鳍鳚属

Cremnochorites capensis (Gilchrist & Thompson, 1908) 南非岩三鳍鳚

Genus *Crocodilichthys* Allen & Robertson, 1991 鳄鳚属

Crocodilichthys gracilis Allen & Robertson, 1991 细鳄鳚

Genus *Cryptichthys* Hardy, 1987 秘隐鳚属

Cryptichthys jojettae Hardy, 1987 乔氏秘隐鳚

Genus *Enneanectes* Jordan & Evermann, 1895 岩游鳚属

Enneanectes altivelis Rosenblatt, 1960 巴哈马岩游鳚

Enneanectes atrorus Rosenblatt, 1960 黑边岩游鳚

Enneanectes boehlkei Rosenblatt, 1960 粗头岩游鳚

Enneanectes carminalis (Jordan & Gilbert, 1882) 卡明岩游鳚

Enneanectes jordani (Evermann & Marsh, 1899) 鳞腹岩游鳚

Enneanectes pectoralis (Fowler, 1941) 红眼岩游鳚

Enneanectes reticulatus Allen & Robertson, 1991 网纹岩游鳚

Enneanectes smithi Lubbock & Edwards, 1981 史氏岩游鳚

Genus *Enneapterygius* Rüppell, 1835 双线鳚属

Enneapterygius abeli (Klausewitz, 1960) 黄双线鳚

Enneapterygius atriceps (Jenkins, 1903) 黑首双线鳚

Enneapterygius atrogulare (Günther, 1873) 黑双线鳚

Enneapterygius bahasa Fricke, 1997 马来双线鳚 台

Enneapterygius cheni Wang, Shao & Shen, 1996 陈氏双线鳚 台

Enneapterygius clarkae Holleman, 1982 横带双线鳚

Enneapterygius clea Fricke, 1997 昆士兰双线鳚

Enneapterygius destai Clark, 1980 德氏双线鳚

Enneapterygius elaine Holleman, 2005 橄榄双线鳚

Enneapterygius elegans (Peters, 1876) 美丽双线鳚 陆

Enneapterygius erythrosomus Shen & Wu, 1994 红身双线鳚

Enneapterygius etheostomus (Jordan & Snyder, 1902) 筛口双线鳚 陆 台

Enneapterygius fasciatus (Weber, 1909) 条纹双线鳚 台

Enneapterygius flavoccipitis Shen, 1994 黄项双线鳚 台

Enneapterygius fuscoventer Fricke, 1997 黑腹双线鳚 台

Enneapterygius genamaculatus Holleman, 2005 颊斑双线鳚

Enneapterygius gracilis Fricke, 1994 薄双线鳚

Enneapterygius gruschkai Holleman, 2005 格氏双线鳚

Enneapterygius hemimelas (Kner & Steindachner, 1867) 半黑双线鳚

Enneapterygius hollemani Randall, 1995 霍氏双线鳚

Enneapterygius howensis Fricke, 1997 洛德豪岛双线鳚

Enneapterygius hsiojenae Shen, 1994 孝真双线鳚 台

Enneapterygius kermadecensis Fricke, 1994 大洋洲双线鳚

Enneapterygius kosiensis Holleman, 2005 小口双线鳚

Enneapterygius larsonae Fricke, 1994 拉森双线鳚

Enneapterygius leucopunctatus Shen, 1994 白点双线鳚 台

Enneapterygius melanospilus Randall, 1995 黑斑双线鳚

Enneapterygius minutus (Günther, 1877) 小双线鳚 陆 台

Enneapterygius mirabilis Fricke, 1994 奇异双线鳚

Enneapterygius miyakensis Fricke, 1987 三宅双线鳚

Enneapterygius namarrgon Fricke, 1997 澳洲双线鳚

Enneapterygius nanus (Schultz, 1960) 矮双线鳚 台

Enneapterygius niger Fricke, 1994 黑色双线鳚

Enneapterygius nigricauda Fricke, 1997 黑尾双线鳚 台

Enneapterygius obscurus Clark, 1980 暗色双线鳚

Enneapterygius ornatus Fricke, 1997 饰妆双线鳚

Enneapterygius pallidoserialis Fricke, 1997 淡白斑双线鳚 台

Enneapterygius paucifasciatus Fricke, 1994 少纹双线鳚

Enneapterygius philippinus (Peters, 1868) 菲律宾双线鳚 台

Enneapterygius pusillus Rüppell, 1835 弱鳍双线鳚

Enneapterygius pyramis Fricke, 1994 金塔双线鳚

Enneapterygius randalli Fricke, 1997 伦氏双线鳚

Enneapterygius rhabdotus Fricke, 1994 棒状双线鳚 台

Enneapterygius rhothion Fricke, 1997 黑头双线鳚

Enneapterygius rubicauda Shen, 1994 红尾双线鳚 陆 台

Enneapterygius rufopileus (Waite, 1904) 红冠双线鳚

Enneapterygius senoui Motomura, Harazaki & Hardy, 2005 濑上双线鳚

Enneapterygius shaoi Chiang & Chen, 2008 邵氏双线鳚 台

Enneapterygius sheni Chiang & Chen, 2008 沈氏双线鳚 台

Enneapterygius signicauda Fricke, 1997 尾斑双线鳚

Enneapterygius similis Fricke, 1997 类双线鳚

Enneapterygius triserialis Fricke, 1994 三列双线鳚

Enneapterygius trisignatus Fricke, 2001 喀里多尼亚双线鳚

Enneapterygius tutuilae Jordan & Seale, 1906 隆背双线鳚 台

Enneapterygius unimaculatus Fricke, 1994 单斑双线鳚 台

Enneapterygius ventermaculus Holleman, 1982 裸头双线鳚

Enneapterygius vexillarius Fowler, 1946 黑鞍斑双线鳚 台

Enneapterygius williamsi Fricke, 1997 威氏双线鳚

Enneapterygius ziegleri Fricke, 1994 齐氏双线鳚

Genus *Forsterygion* Whitley & Phillipps, 1939 深水三鳍鳚属

Forsterygion capito (Jenyns, 1842) 大头深水三鳍鳚

Forsterygion flavonigrum Fricke & Roberts, 1994 黄黑深水三鳍鳚

Forsterygion gymnotum Scott, 1977 裸背深水三鳍鳚

Forsterygion lapillum Hardy, 1989 野深水三鳍鳚

Forsterygion malcolmi Hardy, 1987 马氏深水三鳍鳚

Forsterygion maryannae (Hardy, 1987) 玛丽氏深水三鳍鳚

Forsterygion nigripenne (Valenciennes, 1836) 黑翅深水三鳍鳚

Forsterygion varium (Forster, 1801) 变色深水三鳍鳚

Genus *Gilloblennius* Whitley & Phillipps, 1939 鳃鳚属

Gilloblennius abditus Hardy, 1986 秘鳃鳚

Gilloblennius tripennis (Forster, 1801) 三鳍鳃鳚

Genus *Helcogramma* McCulloch & Waite, 1918 弯线鳚属

Helcogramma albimacula Williams & Howe, 2003 白斑弯线鳚

Helcogramma alkamr Holleman, 2007 桑给巴尔弯线鳚

Helcogramma aquila Williams & McCormick, 1990 雕弯线鳚

Helcogramma billi Hansen, 1986 比尔氏弯线鳚

Helcogramma capidata Rosenblatt, 1960 卡皮弯线鳚

Helcogramma cerasina Williams & Howe, 2003 樱红弯线鳚

Helcogramma chica Rosenblatt, 1960 奇卡弯线鳚 台

Helcogramma decurrens McCulloch & Waite, 1918 澳洲弯线鳚

Helcogramma desa Williams & Howe, 2003 矶弯线鳚

Helcogramma ellioti (Herre, 1944) 多孔弯线鳚

Helcogramma ememes Holleman, 2007 变色弯线鳚

Helcogramma fuscipectoris (Fowler, 1946) 四纹弯线鳚 陆 台

Helcogramma fuscopinna Holleman, 1982 黑鳍弯线鳚 台

Helcogramma gymnauchen (Weber, 1909) 裸项弯线鳚

Helcogramma hudsoni (Jordan & Seale, 1906) 赫氏弯线鳚 陆

Helcogramma inclinata (Fowler, 1946) 三角弯线鳚 台

Helcogramma kranos Fricke, 1997 盔弯线鳚

Helcogramma lacuna Williams & Howe, 2003 黏滑弯线鳚

Helcogramma larvata Fricke & Randall, 1992 蠕弯线鳚

Helcogramma maldivensis Fricke & Randall, 1992 马尔代夫岛弯线鳚

Helcogramma microstigma Holleman, 2006 小斑弯线鳚

Helcogramma nesion Williams & Howe, 2003 四国岛弯线鳚

Helcogramma nigra Williams & Howe, 2003 暗色弯线鳚

Helcogramma novaecaledoniae Fricke, 1994 新喀里多尼亚弯线鳚

Helcogramma obtusirostris (Klunzinger, 1871) 钝吻弯线鳚 台

Helcogramma randalli Williams & Howe, 2003 伦氏弯线鳚

Helcogramma rharhabe Holleman, 2007 拉拉布弯线鳚

Helcogramma rhinoceros Hansen, 1986 锉角弯线鳚

Helcogramma rosea Holleman, 2006 玫瑰弯线鳚

Helcogramma serendip Holleman, 2007 斯里兰卡弯线鳚

Helcogramma solorensis Fricke, 1997 索洛兰岛弯线鳚

Helcogramma springeri Hansen, 1986 斯氏弯线鳚

Helcogramma steinitzi Clark, 1980 史氏弯线鳚

Helcogramma striata Hansen, 1986 纵带弯线鳚 台

Helcogramma trigloides (Bleeker, 1858) 斑鳍弯线鳚

Helcogramma vulcana Randall & Clark, 1993 火神弯线鳚

Genus *Helcogrammoides* Rosenblatt, 1990 似弯线鳚属

Helcogrammoides antarcticus (Tomo, 1982) 南极似弯线鳚

Helcogrammoides chilensis (Cancino, 1960) 智利似弯线鳚

Helcogrammoides cunninghami (Smitt, 1898) 坎氏似弯线鳚

Genus *Karalepis* Hardy, 1984 空鳞鳚属

Karalepis stewarti Hardy, 1984 斯氏空鳞鳚

Genus *Lepidoblennius* Steindachner, 1867 美三鳍鳚属

Lepidoblennius haplodactylus Steindachner, 1867 单指美三鳍鳚

Lepidoblennius marmoratus (Macleay, 1878) 云纹美三鳍鳚

Genus *Lepidonectes* Bussing, 1991 丽项鳚属

Lepidonectes bimaculatus Allen & Robertson, 1992 双斑丽项鳚

Lepidonectes clarkhubbsi Bussing, 1991 克氏丽项鳚

Lepidonectes corallicola (Kendall & Radcliffe, 1912) 珊瑚丽项鳚

Genus *Matanui* Jawad & Clements, 2004 马塔鳚属

Matanui bathytaton (Hardy, 1989) 深水马塔鳚

Matanui profundum (Fricke & Roberts, 1994) 真马塔鳚

Genus *Norfolkia* Fowler, 1953 诺福克鳚属

Norfolkia brachylepis (Schultz, 1960) 短鳞诺福克鳚 台

Norfolkia leeuwin Fricke, 1994 矶诺福克鳚

Norfolkia squamiceps (McCulloch & Waite, 1916) 鳞头诺福克鳚

Norfolkia thomasi Whitley, 1964 托氏诺福克鳚 台

Genus *Notoclinops* Whitley, 1930 背斜眼鳚属

Notoclinops caerulepunctus Hardy, 1989 黑斑背斜眼鳚

Notoclinops segmentatus (McCulloch & Phillipps, 1923) 饰妆背斜眼鳚

Notoclinops yaldwyni Hardy, 1987 耶氏背斜眼鳚

Genus *Notoclinus* Gill, 1893 南胎鳚属

Notoclinus compressus (Hutton, 1872) 窄背南胎鳚

Notoclinus fenestratus (Forster, 1801) 南胎鳚

Genus *Ruanoho* Hardy, 1986 芦鳚属

Ruanoho decemdigitatus (Clarke, 1879) 长鳍芦鳚

Ruanoho whero Hardy, 1986 喜砂芦鳚

Genus *Springerichthys* Shen, 1994 史氏三鳍鳚属

Springerichthys bapturus (Jordan & Snyder, 1902) 黑斑史氏三鳍鳚 台

Springerichthys kulbickii (Fricke & Randall, 1994) 澳洲史氏三鳍鳚

Genus *Trianectes* McCulloch & Waite, 1918 三游鳚属

Trianectes bucephalus McCulloch & Waite, 1918 牛头三游鳚

Genus *Trinorfolkia* Fricke, 1994 诺福克三鳍鳚属

Trinorfolkia clarkei (Morton, 1888) 克氏诺福克三鳍鳚

Trinorfolkia cristata (Kuiter, 1986) 女神诺福克三鳍鳚

Trinorfolkia incisa (Kuiter, 1986) 切齿诺福克三鳍鳚

Genus *Tripterygion* Risso, 1827 三鳍鳚属

Tripterygion delaisi Cadenat & Blache, 1970 德氏三鳍鳚

Tripterygion melanurum Guichenot, 1850 黑尾三鳍鳚

Tripterygion tartessicum Carreras-Carbonell, Pascual & Macpherson, 2007 西班牙三鳍鳚

Tripterygion tripteronotum (Risso, 1810) 地中海三鳍鳚

Genus *Ucla* Holleman, 1993 突颌三鳍属

Ucla xenogrammus Holleman, 1993 沟线突颌三鳍

Family 446 Dactyloscopidae 指膳科

Genus *Dactylagnus* Gill, 1863 粗指膳属

Dactylagnus mundus Gill, 1863 滨海粗指膳

Dactylagnus parvus Dawson, 1976 小粗指膳

Dactylagnus peratikos Böhlke & Caldwell, 1961 哥斯达黎加粗指膳

Genus *Dactyloscopus* Gill, 1859 指膳属

Dactyloscopus amnis Miller & Briggs, 1962 溪指膳

Dactyloscopus boehlkei Dawson, 1982 博氏指膳

Dactyloscopus byersi Dawson, 1969 拜氏指膳

Dactyloscopus comptus Dawson, 1982 头饰指膳

Dactyloscopus crossotus Starks, 1913 大眼指膳

Dactyloscopus fimbriatus (Reid, 1935) 纵带指膳

Dactyloscopus foraminosus Dawson, 1982 大头指膳

Dactyloscopus lacteus (Myers & Wade, 1946) 乳色指膳

Dactyloscopus lunaticus Gilbert, 1890 新月指膳

Dactyloscopus metoecus Dawson, 1975 定栖指膳

Dactyloscopus minutus Dawson, 1975 小指膳

Dactyloscopus moorei (Fowler, 1906) 穆氏指膳

Dactyloscopus pectoralis Gill, 1861 鳍指膳

Dactyloscopus poeyi Gill, 1861 短颌指膳

Dactyloscopus tridigitatus Gill, 1859 三指指膳

Dactyloscopus zelotes Jordan & Gilbert, 1896 背斑指膳

Genus *Gillellus* Gilbert, 1890 吉氏指膳属

Gillellus arenicola Gilbert, 1890 沙栖吉氏指膳

Gillellus chathamensis Dawson, 1977 查塔姆吉氏指膳

Gillellus greyae Kanazawa, 1952 箭状吉氏指膳

Gillellus healae Dawson, 1982 希尔吉氏指膳

Gillellus inescatus Williams, 2002 纳瓦萨岛吉氏指膳

Gillellus jacksoni Dawson, 1982 杰克斯吉氏指膳

Gillellus ornatus Gilbert, 1892 饰妆吉氏指膳

Gillellus searcheri Dawson, 1977 塞奇吉氏指膳

Gillellus semicinctus Gilbert, 1890 半带吉氏指膳

Gillellus uranidea Böhlke, 1968 疣眼吉氏指膳

Genus *Heteristius* Myers & Wade, 1946 鞍膳属

Heteristius cinctus (Osburn & Nichols, 1916) 带鞍膳

Genus *Leurochilus* Böhlke, 1968 滑唇膳属

Leurochilus acon Böhlke, 1968 巴哈马滑唇膳

Genus *Myxodagnus* Gill, 1861 黏膳属

Myxodagnus belone Böhlke, 1968 巴哈马黏膳

Myxodagnus macrognathus Hildebrand, 1946 大颌黏膳

Myxodagnus opercularis Gill, 1861 黏膳

Myxodagnus sagitta Myers & Wade, 1946 箭黏膳

Myxodagnus walkeri Dawson, 1976 瓦氏黏膳

Genus *Platygillellus* Dawson, 1974 扁指膳属

Platygillellus altivelis Dawson, 1974 高体扁指膳

Platygillellus brasiliensis Feitoza, 2002 巴西扁指膳

Platygillellus bussingi Dawson, 1974 布氏扁指膳

Platygillellus rubellulus (Kendall & Radcliffe, 1912) 微红扁指膳

Platygillellus rubrocinctus (Longley, 1934) 红带扁指膳

Platygillellus smithi Dawson, 1982 史氏扁指膳

Genus *Sindoscopus* Dawson, 1977 信德指膳属

Sindoscopus australis (Fowler & Bean, 1923) 信德指膳

Genus *Storrsia* Dawson, 1982 斯通膳属

Storrsia olsoni Dawson, 1982 奥森氏斯通膳

Family 447 Blenniidae 鳚科

Genus *Aidablennius* Whitley, 1947 远鳚属

Aidablennius sphynx (Valenciennes, 1836) 地中海远鳚

Genus *Alloblennius* Smith-Vaniz & Springer, 1971 异鳚属

Alloblennius anuchalis (Springer & Spreitzer, 1978) 毛里求斯异鳚

Alloblennius jugularis (Klunzinger, 1871) 大项异鳚

Alloblennius parvus Springer & Spreitzer, 1978 小异鳚

Alloblennius pictus (Lotan, 1969) 黑斑异鳚

Genus *Alticus* Valenciennes, 1836 跳弹鳚属;高冠鳚属

Alticus anjouanae (Fourmanoir, 1955) 花点跳弹鳚;花点高冠鳚

Alticus arnoldorum (Curtiss, 1938) 项冠跳弹鳚;项冠高冠鳚

Alticus kirkii (Günther, 1868) 克氏跳弹鳚;克氏高冠鳚

Alticus monochrus Bleeker, 1869 单色跳弹鳚;单色高冠鳚

Alticus montanoi (Sauvage, 1880) 南海跳弹鳚;南海高冠鳚

Alticus saliens (Lacepède, 1800) 跳弹鳚;高冠鳚 陆 台

Alticus sertatus (Garman, 1903) 丑跳弹鳚;丑高冠鳚

Alticus simplicirrus Smith-Vaniz & Springer, 1971 马克萨斯岛跳弹鳚;马克萨斯岛高冠鳚

Genus *Andamia* Blyth, 1858 唇盘鳚属

Andamia amphibius (Walbaum, 1792) 双栖唇盘鳚

Andamia heteroptera (Bleeker, 1857) 异鳍唇盘鳚

Andamia reyi (Sauvage, 1880) 雷氏唇盘鳚 台

Andamia tetradactylus (Bleeker, 1858) 四指唇盘鳚 台

Genus *Antennablennius* Fowler, 1931 触角鳚属

Antennablennius adenensis Fraser-Brunner, 1951 亚丁湾触角鳚

Antennablennius australis Fraser-Brunner, 1951 澳洲触角鳚

Antennablennius bifilum (Günther, 1861) 背叉触角鳚

Antennablennius ceylonensis Bath, 1983 锡兰触角鳚

Antennablennius hypenetes (Klunzinger, 1871) 红海触角鳚

Antennablennius simonyi (Steindachner, 1902) 辛氏触角鳚

Antennablennius variopunctatus (Jatzow & Lenz, 1898) 杂斑触角鳚

Genus *Aspidontus* Cuvier, 1834 盾齿鳚属

Aspidontus dussumieri (Valenciennes, 1836) 杜氏盾齿鳚 台

Aspidontus taeniatus Quoy & Gaimard, 1834 纵带盾齿鳚 陆 台

Aspidontus tractus Fowler, 1903 宽带盾齿鳚

Genus *Atrosalarias* Whitley, 1933 乌鳚属

Atrosalarias fuscus (Rüppell, 1838) 乌鳚

Atrosalarias holomelas (Günther, 1872) 全黑乌鳚 陆 台

Atrosalarias hosokawai Suzuki & Senou, 1999 霍氏乌鳚

Genus *Bathyblennius* Bath, 1977 渊鳚属

Bathyblennius antholops (Springer & Smith-Vaniz, 1970) 花渊鳚

Genus *Blenniella* Reid, 1943 真动齿鳚属;真蛙鳚属

Blenniella bilitonensis (Bleeker, 1858) 对斑真动齿鳚;对斑真蛙鳚 陆 台

Blenniella caudolineata (Günther, 1877) 尾纹真动齿鳚;尾纹真蛙鳚 台

Blenniella chrysospilos (Bleeker, 1857) 红点真动齿鳚;红点真蛙鳚 台

Blenniella cyanostigma (Bleeker, 1849) 蓝点真动齿鳚;蓝点真蛙鳚

Blenniella gibbifrons (Quoy & Gaimard, 1824) 驼背真动齿鳚;驼背真蛙鳚

Blenniella interrupta (Bleeker, 1857) 断纹真动齿鳚;断纹真蛙鳚 台

Blenniella leopardus (Fowler, 1904) 豹纹真动齿鳚;豹纹真蛙鳚

Blenniella paula (Bryan & Herre, 1903) 野真动齿鳚;野真蛙鳚

Blenniella periophthalmus (Valenciennes, 1836) 围眼真动齿鳚;围眼真蛙鳚 陆 台

Genus *Blennius* Linnaeus, 1758 鳚属

Blennius normani Poll, 1949 诺曼氏鳚

Blennius ocellaris Linnaeus, 1758 蝶鳚

Genus *Chalaroderma* Norman, 1944 软皮鳚属

Chalaroderma capito (Valenciennes, 1836) 云纹软皮鳚

Chalaroderma ocellata (Gilchrist & Thompson, 1908) 背斑软皮鳚

Genus *Chasmodes* Valenciennes, 1836 宽口鳚属

Chasmodes bosquianus (Lacepède, 1800) 横带宽口鳚

Chasmodes longimaxilla Williams, 1983 长颌宽口鳚

Chasmodes saburrae Jordan & Gilbert, 1882 萨氏宽口鳚

Genus *Cirripectes* Swainson, 1839 穗肩鳚属;项须鳚属

Cirripectes alboapicalis (Ogilby, 1899) 浅白穗肩鳚;浅白项须鳚

Cirripectes alleni Williams, 1993 阿氏穗肩鳚;阿氏项须鳚

Cirripectes auritus Carlson, 1981 项斑穗肩鳚;项斑颈须鳚

Cirripectes castaneus (Valenciennes, 1836) 颊纹穗肩鳚;颊纹项须鳚 陆 台

Cirripectes chelomatus Williams & Maugé, 1984 大眼穗肩鳚;大眼项须鳚

Cirripectes filamentosus (Alleyne & Macleay, 1877) 丝背穗肩鳚;丝鳍项须鳚 台

Cirripectes fuscoguttatus Strasburg & Schultz, 1953 微斑穗肩鳚;微斑项须鳚 台

Cirripectes gilberti Williams, 1988 吉氏穗肩鳚;吉氏项须鳚

Cirripectes heemstraorum Williams, 2010 希氏穗肩鳚;希氏项须鳚

Cirripectes hutchinsi Williams, 1988 哈氏穗肩鳚;哈氏项须鳚

Cirripectes imitator Williams, 1985 紫黑穗肩鳚;紫黑项须鳚 台

Cirripectes jenningsi Schultz, 1943 詹氏穗肩鳚;詹氏项须鳚

Cirripectes kuwamurai Fukao, 1984 纵带穗肩鳚;纵带项须鳚

Cirripectes obscurus (Borodin, 1927) 暗色穗肩鳚;暗色项须鳚

Cirripectes perustus Smith, 1959 袋穗肩鳚;袋项须鳚 台

Cirripectes polyzona (Bleeker, 1868) 多斑穗肩鳚;多斑项须鳚 陆 台

Cirripectes quagga (Fowler & Ball, 1924) 斑穗肩鳚;斑项须鳚 台

Cirripectes randalli Williams, 1988 兰氏穗肩鳚;兰氏项须鳚

Cirripectes springeri Williams, 1988 斯氏穗肩鳚;斯氏项须鳚

Cirripectes stigmaticus Strasburg & Schultz, 1953 点斑穗肩鳚;点斑项须鳚

Cirripectes vanderbilti (Fowler, 1938) 范氏穗肩鳚;范氏项须鳚

Cirripectes variolosus (Valenciennes, 1836) 暗褐穗肩鳚;暗褐项须鳚 陆 台

Cirripectes viriosus Williams, 1988 强壮穗肩鳚;强壮项须鳚

Genus *Cirrisalarias* Springer, 1976 穗鳚属

Cirrisalarias bunares Springer, 1976 山穗鳚

Genus *Coryphoblennius* Norman, 1944 顶鳚属

Coryphoblennius galerita (Linnaeus, 1758) 盔顶鳚

Genus *Crossosalarias* Smith-Vaniz & Springer, 1971 缕凤鳚属

Crossosalarias macrospilus Smith-Vaniz & Springer, 1971 缕凤鳚

Genus *Dodekablennos* Springer & Spreitzer, 1978 多迪鳚属

Dodekablennos fraseri Springer & Spreitzer, 1978 弗氏多迪属鳚

Genus *Ecsenius* McCulloch, 1923 异齿鳚属;无须鳚属

Ecsenius aequalis Springer, 1988 似异齿鳚;似无须鳚

Ecsenius alleni Springer, 1988 艾伦氏异齿鳚;艾伦氏无须鳚

Ecsenius aroni Springer, 1971 阿伦氏异齿鳚;阿伦氏无须鳚

Ecsenius australianus Springer, 1988 澳洲异齿鳚;澳洲无须鳚

Ecsenius axelrodi Springer, 1988 阿氏异齿鳚;阿氏无须鳚

Ecsenius bandanus Springer, 1971 班达异齿鳚;班达无须鳚

Ecsenius bathi Springer, 1988 巴氏异齿鳚;巴氏无须鳚 陆 台

Ecsenius bicolor (Day, 1888) 二色异齿鳚;二色无须鳚 陆 台

Ecsenius bimaculatus Springer, 1971 双斑异齿鳚;双斑无须鳚

Ecsenius caeruliventris Springer & Allen, 2004 苏拉威西异齿鳚;苏拉威西无须鳚

Ecsenius collettei Springer, 1972 科氏异齿鳚;科氏无须鳚

Ecsenius dentex Springer, 1988 大牙异齿鳚;大牙无须鳚

Ecsenius dilemma Springer, 1988 真异齿鳚;真无须鳚

Ecsenius fijiensis Springer, 1988 斐济异齿鳚;斐济无须鳚

Ecsenius fourmanoiri Springer, 1972 福氏异齿鳚;福氏无须鳚

Ecsenius frontalis (Valenciennes, 1836) 额异齿鳚;额无须鳚 陆

Ecsenius gravieri (Pellegrin, 1906) 格氏异齿鳚;格氏无须鳚

Ecsenius isos McKinney & Springer, 1976 伊索异齿鳚;伊索无须鳚

Ecsenius kurti Springer, 1988 库氏异齿鳚;库氏无须鳚

Ecsenius lineatus Klausewitz, 1962 线纹异齿鳚;线纹无须鳚 陆 台

Ecsenius lividanalis Chapman & Schultz, 1952 蓝异齿鳚;蓝无须鳚

Ecsenius lubbocki Springer, 1988 卢氏异齿鳚;卢氏无须鳚

Ecsenius mandibularis McCulloch, 1923 颌异齿鳚;颌无须鳚

Ecsenius melarchus McKinney & Springer, 1976 黑色异齿鳚;黑色无须鳚 陆 台

Ecsenius midas Starck, 1969 金黄异齿鳚;金黄无须鳚

Ecsenius minutus Klausewitz, 1963 微异齿鳚;微无须鳚

Ecsenius monoculus Springer, 1988 单臀异齿鳚;单臀无须鳚

Ecsenius nalolo Smith, 1959 紫色异齿鳚;紫色无须鳚

Ecsenius namiyei (Jordan & Evermann, 1902) 纳氏异齿鳚;纳氏无须鳚 陆 台

Ecsenius niue Springer, 2002 纽埃岛异齿鳚;纽埃岛无须鳚

Ecsenius oculatus Springer, 1988 大眼异齿鳚;大眼无须鳚

Ecsenius oculus Springer, 1971 眼斑异齿鳚;眼斑无须鳚 台

Ecsenius ops Springer & Allen, 2001 蓝头异齿鳚;蓝头无须鳚

Ecsenius opsifrontalis Chapman & Schultz, 1952 前额异齿鳚;前额无须鳚

Ecsenius pardus Springer, 1988 睛斑异齿鳚;睛斑无须鳚

Ecsenius paroculus Springer, 1988 侧肛异齿鳚;侧肛无须鳚

Ecsenius pictus McKinney & Springer, 1976 花异齿鳚;花无须鳚

Ecsenius polystictus Springer & Randall, 1999 印度尼西亚异齿鳚;印度尼西亚无须鳚

Ecsenius portenoyi Springer, 1988 波氏异齿鳚;波氏无须鳚

Ecsenius prooculis Chapman & Schultz, 1952 前眼异齿鳚;前眼无须鳚

Ecsenius pulcher (Murray, 1887) 美丽异齿鳚;美丽无须鳚

Ecsenius randalli Springer, 1991 伦氏异齿鳚;伦氏无须鳚

Ecsenius schroederi McKinney & Springer, 1976 施氏异齿鳚;施氏无须鳚

Ecsenius sellifer Springer, 1988 塞利异齿鳚;塞利无须鳚

Ecsenius shirleyae Springer & Allen, 2004 蓝腹异齿鳚;蓝腹无须鳚

Ecsenius stictus Springer, 1988 斑点异齿鳚;斑点无须鳚

Ecsenius stigmatura Fowler, 1952 眼点异齿鳚;眼点无须鳚

Ecsenius taeniatus Springer, 1988 条纹异齿鳚;条纹无须鳚

Ecsenius tessera Springer, 1988 红臀异齿鳚;红臀无须鳚

Ecsenius tigris Springer, 1988 虎纹异齿鳚;虎纹无须鳚

Ecsenius tricolor Springer & Allen, 2001 三色异齿鳚;三色无须鳚

Ecsenius trilineatus Springer, 1972 三线异齿鳚;三线无须鳚

Ecsenius yaeyamaensis (Aoyagi, 1954) 八重山岛异齿鳚;八重山无须鳚 台

Genus *Enchelyurus* Peters, 1869 连鳍鳚属

Enchelyurus ater (Günther, 1877) 圆吻连鳍鳚

Enchelyurus brunneolus (Jenkins, 1903) 深棕连鳍鳚

Enchelyurus flavipes Peters, 1868 黄连鳍鳚

Enchelyurus kraussii (Klunzinger, 1871) 克氏连鳍鳚 陆 台

Enchelyurus petersi (Kossmann & Räuber, 1877) 彼氏连鳍鳚

Genus *Entomacrodus* Gill, 1859 犁齿鳚属;间项须鳚属

Entomacrodus cadenati Springer, 1967 卡氏犁齿鳚;卡氏间项须鳚

Entomacrodus caudofasciatus (Regan, 1909) 尾带犁齿鳚;尾带间项须鳚 陆 台

Entomacrodus chapmani Springer, 1967 查氏犁齿鳚;查氏间项须鳚

Entomacrodus chiostictus (Jordan & Gilbert, 1882) 雪斑犁齿鳚;雪斑间项须鳚

Entomacrodus corneliae (Fowler, 1932) 科妮莉亚犁齿鳚;科妮莉亚间项须鳚

Entomacrodus cymatobiotus Schultz & Chapman, 1960 波犁齿鳚;波间项须鳚

Entomacrodus decussatus (Bleeker, 1858) 斑纹犁齿鳚;斑纹间项须鳚 台

Entomacrodus epalzeocheilos (Bleeker, 1859) 触角犁齿鳚;缨唇间项须鳚 台

Entomacrodus lemuria Springer & Fricke, 2000 项毛犁齿鳚;项毛间颈须鳚

Entomacrodus lighti (Herre, 1938) 赖氏犁齿鳚;莱特氏间项须鳚 台

Entomacrodus longicirrus Springer, 1967 长须犁齿鳚;长须间项须鳚

Entomacrodus macrospilus Springer, 1967 大斑犁齿鳚;大斑间项须鳚

Entomacrodus marmoratus (Bennett, 1828) 石纹犁齿鳚;石纹间项须鳚

Entomacrodus nigricans Gill, 1859 黑犁齿鳚;黑间项须鳚

Entomacrodus niuafoouensis (Fowler, 1932) 云纹犁齿鳚;虫纹间项须鳚 台

Entomacrodus randalli Springer, 1967 伦氏犁齿鳚;伦氏间项须鳚

Entomacrodus rofeni Springer, 1967 罗氏犁齿鳚;罗氏间项须鳚

Entomacrodus sealei Bryan & Herre, 1903 西尔氏犁齿鳚;西尔氏间项须鳚

Entomacrodus solus Williams & Bogorodsky, 2010 索勒犁齿鳚;索勒间项须鳚

Entomacrodus stellifer (Jordan & Snyder, 1902) 星斑犁齿鳚;星斑间项须鳚 陆

Entomacrodus strasburgi Springer, 1967 斯氏犁齿鳚;斯氏间项须鳚

Entomacrodus striatus (Valenciennes, 1836) 点斑犁齿鳚;横带间项须鳚 台

Entomacrodus textilis (Valenciennes, 1836) 珠犁齿鳚;珠间项须鳚

Entomacrodus thalassinus (Jordan & Seale, 1906) 海犁齿鳚;海间项须鳚 台

Entomacrodus vermiculatus (Valenciennes, 1836) 虫纹犁齿鳚;蠕纹间项须鳚

Entomacrodus vomerinus (Valenciennes, 1836) 犁齿鳚;间项须鳚

Entomacrodus williamsi Springer & Fricke, 2000 威氏犁齿鳚;威氏间项须鳚

Genus *Exallias* Jordan & Evermann, 1905 豹鳚属;多须鳚属

Exallias brevis (Kner, 1868) 短豹鳚;短多须鳚 陆 台

Genus *Glyptoparus* Smith, 1959 曲雀鳚属

Glyptoparus delicatulus Smith, 1959 曲雀鳚

Genus *Haptogenys* Springer, 1972 缚颊鳚属

Haptogenys bipunctata (Day, 1876) 双斑缚颊鳚

Genus *Hirculops* Smith, 1959 长眉鳚属

Hirculops cornifer (Rüppell, 1830) 背斑长眉鳚

Genus *Hypleurochilus* Gill, 1861 侧唇鳚属

Hypleurochilus aequipinnis (Günther, 1861) 等鳍侧唇鳚

Hypleurochilus bananensis (Poll, 1959) 巴那侧唇鳚

Hypleurochilus bermudensis Beebe & Tee-Van, 1933 百慕大侧唇鳚

Hypleurochilus caudovittatus Bath, 1994 尾纹侧唇鳚

Hypleurochilus fissicornis (Quoy & Gaimard, 1824) 裂角侧唇鳚

Hypleurochilus geminatus (Wood, 1825) 冠羽侧唇鳚

Hypleurochilus langi (Fowler, 1923) 兰氏侧唇鳚

Hypleurochilus multifilis (Girard, 1858) 多线侧唇鳚

Hypleurochilus pseudoaequipinnis Bath, 1994 拟等鳍侧唇鳚

Hypleurochilus springeri Randall, 1966 橙点侧唇鳚

Genus *Hypsoblennius* Gill, 1861 高鳚属

Hypsoblennius brevipinnis (Günther, 1861) 短鳍高鳚

Hypsoblennius caulopus (Gilbert, 1898) 茎高鳚

Hypsoblennius digueti Chabanaud, 1943 迪氏高鳚

Hypsoblennius exstochilus Böhlke, 1959 外高鳚

Hypsoblennius gentilis (Girard, 1854) 海湾高鳚

Hypsoblennius gilberti (Jordan, 1882) 吉氏高鳚

Hypsoblennius hentz (Lesueur, 1825) 亨氏高鳚

Hypsoblennius invemar Smith-Vaniz & Acero P., 1980 墨西哥高鳚

Hypsoblennius ionthas (Jordan & Gilbert, 1882) 斑点高鳚

Hypsoblennius jenkinsi (Jordan & Evermann, 1896) 詹氏高鳚

Hypsoblennius maculipinna (Regan, 1903) 斑鳍高鳚

Hypsoblennius paytensis (Steindachner, 1876) 无鳞高鳚

Hypsoblennius proteus (Krejsa, 1960) 始祖高鳚

Hypsoblennius robustus Hildebrand, 1946 粗体高鳚

Hypsoblennius sordidus (Bennett, 1828) 污斑高鳚

Hypsoblennius striatus (Steindachner, 1876) 条纹高鳚

Genus *Istiblennius* Whitley, 1943 动齿鳚属;蛙鳚属

Istiblennius bellus (Günther, 1861) 美丽动齿鳚;美丽蛙鳚

Istiblennius colei (Herre, 1934) 柯氏动齿鳚;柯氏蛙鳚

Istiblennius dussumieri (Valenciennes, 1836) 杜氏动齿鳚;杜氏蛙鳚 陆 台

syn. *Istiblennius zamboangae* (Evermann & Seale, 1906) 赞宝伽动齿鳚

Istiblennius edentulus (Forster & Schneider, 1801) 暗纹动齿鳚;暗纹蛙鳚 台

Istiblennius flaviumbrinus (Rüppell, 1830) 云纹动齿鳚;云纹蛙鳚

Istiblennius lineatus (Valenciennes, 1836) 条纹动齿鳚;线纹蛙鳚 陆 台

Istiblennius meleagris (Valenciennes, 1836) 珠点动齿鳚;珠点蛙鳚

Istiblennius muelleri (Klunzinger, 1879) 穆氏动齿鳚;穆氏蛙鳚 台

Istiblennius pox Springer & Williams, 1994 波动齿鳚

Istiblennius rivulatus (Rüppell, 1830) 沟动齿鳚

Istiblennius spilotus Springer & Williams, 1994 斑点动齿鳚;斑点蛙鳚

Istiblennius steindachneri (Pfeffer, 1893) 斯氏动齿鳚;斯氏蛙鳚

Istiblennius unicolor (Rüppell, 1838) 单色动齿鳚;单色蛙鳚

Istiblennius zebra (Vaillant & Sauvage, 1875) 斑纹动齿鳚;斑纹蛙鳚

Genus *Laiphognathus* Smith, 1955 宽颌鳚属

Laiphognathus longispinis Murase, 2007 长棘宽颌鳚

Laiphognathus multimaculatus Smith, 1955 多斑宽颌鳚 台

Genus *Lipophrys* Gill, 1896 无眉鳚属

Lipophrys adriaticus (Steindachner & Kolombatovic, 1883) 亚德里亚海无眉鳚

Lipophrys canevae (Vinciguerra, 1880) 凯恩无眉鳚

Lipophrys dalmatinus (Steindachner & Kolombatovic, 1883) 达耳无眉鳚

Lipophrys pholis (Linnaeus, 1758) 穴栖无眉鳚

Lipophrys trigloides (Valenciennes, 1836) 似绯无眉鳚

Lipophrys velifer (Norman, 1935) 无眉鳚

Genus *Litobranchus* Smith-Vaniz & Springer, 1971 纤鳃鳚属

Litobranchus fowleri (Herre, 1936) 福氏纤鳃鳚

Genus *Lupinoblennius* Herre, 1942 小狼鳚属

Lupinoblennius dispar Herre, 1942 小狼鳚

Lupinoblennius nicholsi (Tavolga, 1954) 高鳍小狼鳚

Lupinoblennius paivai (Pinto, 1958) 佩氏小狼鳚

Lupinoblennius vinctus (Poey, 1867) 蛇眼小狼鳚

Genus *Meiacanthus* Norman, 1944 稀棘鳚属

Meiacanthus abditus Smith-Vaniz, 1987 纵带稀棘鳚

Meiacanthus anema (Bleeker, 1852) 安尼稀棘鳚

Meiacanthus atrodorsalis (Günther, 1877) 金鳍稀棘鳚 陆 台

Meiacanthus bundoon Smith-Vaniz, 1976 燕尾稀棘鳚

Meiacanthus crinitus Smith-Vaniz, 1987 海绵稀棘鳚

Meiacanthus ditrema Smith-Vaniz, 1976 叉纹稀棘鳚

Meiacanthus fraseri Smith-Vaniz, 1976 弗氏稀棘鳚

Meiacanthus geminatus Smith-Vaniz, 1976 黄腹稀棘鳚

Meiacanthus grammistes (Valenciennes, 1836) 黑带稀棘鳚 陆 台

Meiacanthus kamoharai Tomiyama, 1956 浅带稀棘鳚 台

Meiacanthus limbatus Smith-Vaniz, 1987 缘边稀棘鳚

Meiacanthus lineatus (De Vis, 1884) 条纹稀棘鳚

Meiacanthus luteus Smith-Vaniz, 1987 黄稀棘鳚

Meiacanthus mossambicus Smith, 1959 莫桑比克稀棘鳚

Meiacanthus naevius Smith-Vaniz, 1987 黑痣稀棘鳚

Meiacanthus nigrolineatus Smith-Vaniz, 1969 黑纹稀棘鳚

Meiacanthus oualanensis (Günther, 1880) 黄身稀棘鳚

Meiacanthus phaeus Smith-Vaniz, 1976 黑缘尾稀棘鳚

Meiacanthus procne Smith-Vaniz, 1976 燕神稀棘鳚

Meiacanthus reticulatus Smith-Vaniz, 1976 网纹稀棘鳚

Meiacanthus smithi Klausewitz, 1962 史氏稀棘鳚

Meiacanthus tongaensis Smith-Vaniz, 1987 汤加岛稀棘鳚

Meiacanthus urostigma Smith-Vaniz, Satapoomin & Allen, 2001 尾斑稀棘鳚

Meiacanthus vicinus Smith-Vaniz, 1987 圣稀棘鳚

Meiacanthus vittatus Smith-Vaniz, 1976 饰带稀棘鳚

Genus *Microlipophrys* Almada, Almada, Guillemaud & Wirtz, 2005 微眉鳚属

Microlipophrys bauchotae (Wirtz & Bath, 1982) 鲍乔微眉鳚

Microlipophrys caboverdensis (Wirtz & Bath, 1989) 卡布维顿微眉鳚

Microlipophrys nigriceps (Vinciguerra, 1883) 黑头微眉鳚

Genus *Mimoblennius* Smith-Vaniz & Springer, 1971 仿鳚属;拟鳚属

Mimoblennius atrocinctus (Regan, 1909) 黑点仿鳚;拟鳚 台

Mimoblennius cas Springer & Spreitzer, 1978 凯斯仿鳚;凯斯拟鳚

Mimoblennius cirrosus Smith-Vaniz & Springer, 1971 流苏仿鳚;流苏拟鳚

Mimoblennius lineathorax Fricke, 1999 纹胸仿鳚;纹胸拟鳚

Mimoblennius rusi Springer & Spreitzer, 1978 鲁氏仿鳚;鲁氏拟鳚

Genus *Nannosalarias* Smith-Vaniz & Springer, 1971 矮凤鳚属

Nannosalarias nativitatis (Regan, 1909) 矮凤鳚

Genus *Oman* Springer, 1985 阿曼鳚属

Oman ypsilon Springer, 1985 阿曼鳚

Genus *Omobranchus* Valenciennes, 1836 肩鳃鳚属

Omobranchus angelus (Whitley, 1959) 天使肩鳃鳚

Omobranchus anolius (Valenciennes, 1836) 蜥肩鳃鳚

Omobranchus aurosplendidus (Richardson, 1846) 金灿肩鳃鳚

Omobranchus banditus Smith, 1959 横带肩鳃鳚

Omobranchus elegans (Steindachner, 1876) 美肩鳃鳚 陆 台

Omobranchus elongatus (Peters, 1855) 长肩鳃鳚 陆 台

Omobranchus fasciolatoceps (Richardson, 1846) 斑头肩鳃鳚 台

Omobranchus fasciolatus (Valenciennes, 1836) 条纹肩鳃鳚

Omobranchus ferox (Herre, 1927) 猛肩鳃;凶猛肩鳃鳚 陆 台

Omobranchus germaini (Sauvage, 1883) 吉氏肩鳃鳚 台

Omobranchus hikkaduwensis Bath, 1983 斯里兰卡肩鳃鳚

Omobranchus loxozonus (Jordan & Starks, 1906) 云纹肩鳃鳚

Omobranchus mekranensis (Regan, 1905) 梅克兰肩鳃鳚

Omobranchus obliquus (Garman, 1903) 斜肩鳃鳚

Omobranchus punctatus (Valenciennes, 1836) 斑点肩鳃鳚 台

Omobranchus robertsi Springer, 1981 罗氏肩鳃鳚

Omobranchus rotundiceps (Macleay, 1881) 圆头肩鳃鳚

Omobranchus smithi (Rao, 1974) 史氏肩鳃鳚

Omobranchus steinitzi Springer & Gomon, 1975 斯氏肩鳃鳚

Omobranchus verticalis Springer & Gomon, 1975 顶肩鳃鳚

Omobranchus woodi (Gilchrist & Thompson, 1908) 伍氏肩鳃鳚

Omobranchus zebra (Bleeker, 1868) 斑纹肩鳃鳚

Genus *Omox* Springer, 1972 似肩鳃鳚属

Omox biporos Springer, 1972 双孔似肩鳃鳚

Omox lupus Springer, 1981 狼似肩鳃鳚

Genus *Ophioblennius* Gill, 1860 真蛇鳚属

Ophioblennius atlanticus (Valenciennes, 1836) 大西洋真蛇鳚

Ophioblennius macclurei (Silvester, 1915) 马氏真蛇鳚

Ophioblennius steindachneri Jordan & Evermann, 1898 斯氏真蛇鳚

Ophioblennius trinitatis Miranda Ribeiro, 1919 秀美真蛇鳚

Genus *Parablennius* Miranda Ribeiro, 1915 副鳚属

Parablennius cornutus (Linnaeus, 1758) 双角副鳚

Parablennius cyclops (Rüppell, 1830) 圆眼副鳚

Parablennius dialloi Bath, 1990 戴氏副鳚

Parablennius gattorugine (Linnaeus, 1758) 浅红副鳚

Parablennius goreensis (Valenciennes, 1836) 戈雷副鳚

Parablennius incognitus (Bath, 1968) 野副鳚

Parablennius intermedius (Ogilby, 1915) 间副鳚

Parablennius laticlavius (Griffin, 1926) 侧副鳚

Parablennius lodosus (Smith, 1959) 枝角副鳚

Parablennius marmoreus (Poey, 1876) 云纹副鳚

Parablennius opercularis (Murray, 1887) 大盖副鳚

Parablennius parvicornis (Valenciennes, 1836) 小角副鳚

Parablennius pilicornis (Cuvier, 1829) 环项副鳚

Parablennius rouxi (Cocco, 1833) 鲁氏副鳚

Parablennius ruber (Valenciennes, 1836) 红副鳚

Parablennius salensis Bath, 1990 佛得角副鳚

Parablennius sanguinolentus (Pallas, 1814) 血副鳚

Parablennius serratolineatus Bath & Hutchins, 1986 锯痕副鳚

Parablennius sierraensis Bath, 1990 塞拉利昂副鳚

Parablennius tasmanianus (Richardson, 1842) 塔斯马尼亚副鳚

Parablennius tentacularis (Brünnich, 1768) 触角副鳚

Parablennius thysanius (Jordan & Seale, 1907) 缨副鳚

Parablennius verryckeni (Poll, 1959) 维氏副鳚

Parablennius yatabei (Jordan & Snyder, 1900) 八部副鳚 陆 台

Parablennius zvonimiri (Kolombatovic, 1892) 兹氏副鳚

Genus *Parahypsos* Bath, 1982 副高鳚属

Parahypsos piersoni (Gilbert & Starks, 1904) 皮氏副高鳚

Genus *Paralticus* Springer & Williams, 1994 副肥鳚属

Paralticus amboinensis (Bleeker, 1857) 安汶副肥鳚

Genus *Parenchelyurus* Springer, 1972 龟鳚属;拟鳗尾鳚属

Parenchelyurus hepburni (Snyder, 1908) 赫氏龟鳚;赫氏拟鳗尾鳚 陆 台
Parenchelyurus hyena (Whitley, 1953) 鬣龟鳚;鬣拟鳗尾鳚

Genus *Pereulixia* Smith, 1959 石岩鳚属

Pereulixia kosiensis (Regan, 1908) 柯西石岩鳚

Genus *Petroscirtes* Rüppell, 1830 跳岩鳚属

Petroscirtes ancylodon Rüppell, 1835 弯齿跳岩鳚
Petroscirtes breviceps (Valenciennes, 1836) 短头跳岩鳚 台
   syn. *Dasson trossulus* (Jordan & Snyder, 1902) 纵带美鳚
Petroscirtes fallax Smith-Vaniz, 1976 大堡礁跳岩鳚
Petroscirtes lupus (De Vis, 1885) 狼跳岩鳚
Petroscirtes marginatus Smith-Vaniz, 1976 缘边跳岩鳚
Petroscirtes mitratus Rüppell, 1830 高鳍跳岩鳚 陆 台
Petroscirtes pylei Smith-Vaniz, 2005 派尔氏跳岩鳚
Petroscirtes springeri Smith-Vaniz, 1976 史氏跳岩鳚 台
Petroscirtes thepassii Bleeker, 1853 西氏跳岩鳚
Petroscirtes variabilis Cantor, 1849 变色跳岩鳚 台
Petroscirtes xestus Jordan & Seale, 1906 光跳岩鳚

Genus *Phenablennius* Springer & Smith-Vaniz, 1972 蒙鳚属

Phenablennius heyligeri (Bleeker, 1858-1859) 海氏蒙鳚

Genus *Plagiotremus* Gill, 1865 短带鳚属;横口鳚属

Plagiotremus azaleus (Jordan & Bollman, 1890) 焦短带鳚;焦横口鳚
Plagiotremus ewaensis (Brock, 1948) 夏威夷短带鳚;夏威夷横口鳚
Plagiotremus flavus Smith-Vaniz, 1976 金黄短带鳚;金黄横口鳚
Plagiotremus goslinei (Strasburg, 1956) 戈氏短带鳚;戈氏横口鳚
Plagiotremus iosodon Smith-Vaniz, 1976 贪食短带鳚;贪食横口鳚
Plagiotremus laudandus (Whitley, 1961) 云雀短带鳚;劳旦横口鳚 陆 台
Plagiotremus phenax Smith-Vaniz, 1976 黑背短带鳚;伪横口鳚
Plagiotremus rhinorhynchos (Bleeker, 1852) 粗吻短带鳚;粗吻横口鳚 陆 台
Plagiotremus spilistius Gill, 1865 叉短带鳚;叉横口鳚 陆
Plagiotremus tapeinosoma (Bleeker, 1857) 窄体短带鳚;黑带横口鳚 陆 台
Plagiotremus townsendi (Regan, 1905) 托氏短带鳚;托氏横口鳚

Genus *Praealticus* Schultz & Chapman, 1960 矮冠鳚属

Praealticus bilineatus (Peters, 1868) 双线矮冠鳚 陆
Praealticus caesius (Seale, 1906) 蓝灰矮冠鳚
Praealticus dayi (Whitley, 1929) 戴氏矮冠鳚
Praealticus labrovittatus Bath, 1992 纹唇矮冠鳚
Praealticus margaritarius (Snyder, 1908) 犬牙矮冠鳚 陆 台
Praealticus margaritatus (Kendall & Radcliffe, 1912) 珍珠矮冠鳚
Praealticus multistriatus Bath, 1992 多纹矮冠鳚
Praealticus natalis (Regan, 1909) 圣诞岛矮冠鳚
Praealticus oortii (Bleeker, 1851) 乌氏矮冠鳚
Praealticus poptae (Fowler, 1925) 波氏矮冠鳚
Praealticus semicrenatus (Chapman, 1951) 半痕矮冠鳚
Praealticus striatus Bath, 1992 吻纹矮冠鳚 陆 台
Praealticus tanegasimae (Jordan & Starks, 1906) 种子岛矮冠鳚 台
Praealticus triangulus (Chapman, 1951) 三角矮冠鳚

Genus *Rhabdoblennius* Whitley, 1930 棒鳚属

Rhabdoblennius nigropunctatus Bath, 2004 黑斑棒鳚
Rhabdoblennius nitidus (Gunther, 1861) 灿烂棒鳚 台
Rhabdoblennius papuensis Bath, 2004 巴布棒鳚
Rhabdoblennius rhabdotrachelus (Fowler & Ball, 1924) 纹喉棒鳚
Rhabdoblennius snowi (Fowler, 1928) 斯诺氏棒鳚

Genus *Salaria* Forsskål, 1775 拟凤鳚属;拟唇齿鳚属

Salaria basilisca (Valenciennes, 1836) 巴西拟凤鳚;巴西拟唇齿鳚
Salaria economidisi Kottelat, 2004 伊氏拟凤鳚;伊氏拟唇齿鳚
Salaria fluviatilis (Asso, 1801) 河溪拟凤鳚;河溪拟唇齿鳚
Salaria pavo (Risso, 1810) 孔雀拟凤鳚;孔雀拟唇齿鳚

Genus *Salarias* Cuvier, 1816 凤鳚属;唇齿鳚属

Salarias alboguttatus Kner, 1867 白点凤鳚;白点唇齿鳚
Salarias ceramensis Bleeker, 1852 塞兰岛凤鳚;塞兰岛唇齿鳚
Salarias fasciatus (Bloch, 1786) 细纹凤鳚;细纹唇齿鳚 陆 台
Salarias guttatus Valenciennes, 1836 雨斑凤鳚;胸斑唇齿鳚 陆 台
Salarias luctuosus Whitley, 1929 点纹凤鳚;点纹唇齿鳚
Salarias nigrocinctus Bath, 1996 黑带凤鳚;黑带唇齿鳚
Salarias obscurus Bath, 1992 暗色凤鳚;暗色唇齿鳚
Salarias patzneri Bath, 1992 佩氏凤鳚;佩氏唇齿鳚
Salarias ramosus Bath, 1992 澳洲凤鳚;澳洲唇齿鳚
Salarias segmentatus Bath & Randall, 1991 薄凤鳚;薄唇齿鳚
Salarias sexfilum Günther, 1861 六线凤鳚;六线唇齿鳚
Salarias sibogai Bath, 1992 西宝凤鳚;西宝唇齿鳚
Salarias sinuosus Snyder, 1908 皱唇凤鳚;皱唇唇齿鳚

Genus *Scartella* Jordan, 1886 敏鳚属;顶须鳚属

Scartella caboverdiana Bath, 1990 佛得角敏鳚
Scartella cristata (Linnaeus, 1758) 敏鳚;顶须鳚
Scartella emarginata (Günther, 1861) 缘敏鳚;缘顶须鳚 陆 台
Scartella itajobi Rangel & Mendes, 2009 伊氏敏鳚;伊氏顶须鳚
Scartella nuchifilis (Valenciennes, 1836) 项线敏鳚;项线顶须鳚
Scartella poiti Rangel, Gasparini & Guimarães, 2004 波伊氏敏鳚
Scartella springeri (Bauchot, 1967) 斯氏敏鳚;斯氏顶须鳚

Genus *Scartichthys* Jordan & Evermann, 1898 鹦鳚属

Scartichthys crapulatus Williams, 1990 智利鹦鳚
Scartichthys gigas (Steindachner, 1876) 大鹦鳚
Scartichthys variolatus (Valenciennes, 1836) 杂色鹦鳚
Scartichthys viridis (Valenciennes, 1836) 绿鹦鳚

Genus *Spaniblennius* Bath & Wirtz, 1989 罕鳚属

Spaniblennius clandestinus Bath & Wirtz, 1989 秘罕鳚
Spaniblennius riodourensis (Metzelaar, 1919) 毛里塔尼亚罕鳚

Genus *Stanulus* Smith, 1959 呆鳚属;锡鳚属

Stanulus seychellensis Smith, 1959 塞舌尔呆鳚;塞席尔锡鳚 台
Stanulus talboti Springer, 1968 塔氏呆鳚;塔氏锡鳚

Genus *Xiphasia* Swainson, 1839 带鳚属

Xiphasia matsubarai Okada & Suzuki, 1952 松原带鳚
Xiphasia setifer Swainson, 1839 带鳚 陆 台

Family 448 Clinidae 胎鳚科

Genus *Blennioclinus* Gill, 1860 凹鳍胎鳚属

Blennioclinus brachycephalus (Valenciennes, 1836) 短头凹鳍胎鳚
Blennioclinus stella Smith, 1946 星点凹鳍胎鳚

Genus *Blennophis* Valenciennes, 1843 颊鳞胎鳚属

Blennophis anguillaris (Valenciennes, 1836) 鳗形颊鳞胎鳚
Blennophis striatus (Gilchrist & Thompson, 1908) 赤带颊鳞胎鳚

Genus *Cancelloxus* Smith, 1961 颏胎鳚属

Cancelloxus burrelli Smith, 1961 细身颏胎鳚
Cancelloxus elongatus Heemstra & Wright, 1986 长体颏胎鳚
Cancelloxus longior Prochazka & Griffiths, 1991 长身颏胎鳚

Genus *Cirrhibarbis* Valenciennes, 1836 须胎鳚属

Cirrhibarbis capensis Valenciennes, 1836 条斑须胎鳚

Genus *Climacoporus* Barnard, 1935 捷胎鳚属

Climacoporus navalis Barnard, 1935 南非捷胎鳚

Genus *Clinitrachus* Swainson, 1839 粗针鳚属

Clinitrachus argentatus (Risso, 1810) 银色粗针鳚

Genus *Clinoporus* Barnard, 1927 斜孔胎鳚属

Clinoporus biporosus (Gilchrist & Thompson, 1908) 斜孔胎鳚

Genus *Clinus* Cuvier, 1816 草鳚属

Clinus acuminatus (Bloch & Schneider, 1801) 眼带草鳚

Clinus agilis Smith, 1931 宝石草鳚

Clinus arborescens Gilchrist & Thompson, 1908 喜斗草鳚

Clinus berrisfordi Penrith, 1967 贝氏草鳚

Clinus brevicristatus Gilchrist & Thompson, 1908 短冠草鳚

Clinus cottoides Valenciennes, 1836 钝吻草鳚

Clinus helenae (Smith, 1946) 海氏草鳚

Clinus heterodon Valenciennes, 1836 异牙草鳚

Clinus latipennis Valenciennes, 1836 白点草鳚

Clinus nematopterus Günther, 1861 发鳍草鳚

Clinus robustus Gilchrist & Thompson, 1908 粗体草鳚

Clinus rotundifrons Barnard, 1937 薄唇草鳚

Clinus spatulatus Bennett, 1983 凹鳍草鳚

Clinus superciliosus (Linnaeus, 1758) 光唇草鳚

Clinus taurus Gilchrist & Thompson, 1908 短棘草鳚

Clinus venustris Gilchrist & Thompson, 1908 花体草鳚

Clinus woodi (Smith, 1946) 吴氏草鳚

Genus *Cristiceps* Valenciennes, 1836 鸡冠胎鳚属

Cristiceps argyropleura Kner, 1865 银腹鸡冠胎鳚

Cristiceps aurantiacus Castelnau, 1879 黄体鸡冠胎鳚

Cristiceps australis Valenciennes, 1836 澳洲鸡冠胎鳚

Genus *Ericentrus* Gill, 1893 强刺胎鳚属

Ericentrus rubrus (Hutton, 1872) 强刺胎鳚

Genus *Fucomimus* Smith, 1946 鼠胎鳚属

Fucomimus mus (Gilchrist & Thompson, 1908) 南非鼠胎鳚

Genus *Gibbonsia* Cooper, 1864 吉氏胎鳚属

Gibbonsia elegans (Cooper, 1864) 斑点吉氏胎鳚

Gibbonsia evides (Jordan & Gilbert, 1883) 美形吉氏胎鳚

Gibbonsia metzi Hubbs, 1927 带纹吉氏胎鳚

Gibbonsia montereyensis Hubbs, 1927 大斑吉氏胎鳚

Genus *Heteroclinus* Castelnau, 1872 异胎鳚属

Heteroclinus adelaidae Castelnau, 1872 异胎鳚

Heteroclinus antinectes (Günther, 1861) 静胎鳚

Heteroclinus eckloniae (McKay, 1970) 埃克氏异胎鳚

Heteroclinus equiradiatus (Milward, 1960) 等辐异胎鳚

Heteroclinus fasciatus (Macleay, 1881) 条纹异胎鳚

Heteroclinus flavescens (Hutton, 1872) 黄身异胎鳚

Heteroclinus heptaeolus (Ogilby, 1885) 七色异胎鳚

Heteroclinus johnstoni (Saville-Kent, 1886) 约翰异胎鳚

Heteroclinus kuiteri Hoese & Rennis, 2006 库氏异胎鳚

Heteroclinus macrophthalmus Hoese, 1976 大眼异胎鳚

Heteroclinus marmoratus (Klunzinger, 1872) 云纹异胎鳚

Heteroclinus nasutus (Günther, 1861) 大鼻异胎鳚

Heteroclinus perspicillatus (Valenciennes, 1836) 壮美异胎鳚

Heteroclinus puellarum (Scott, 1955) 丽异胎鳚

Heteroclinus roseus (Günther, 1861) 玫红异胎鳚

Heteroclinus tristis (Klunzinger, 1872) 黯异胎鳚

Heteroclinus whiteleggii (Ogilby, 1894) 怀氏异胎鳚

Heteroclinus wilsoni (Lucas, 1891) 威氏异胎鳚

Genus *Heterostichus* Girard, 1854 异线鳚属

Heterostichus rostratus Girard, 1854 大吻异线鳚

Genus *Muraenoclinus* Smith, 1946 鳝胎鳚属

Muraenoclinus dorsalis (Bleeker, 1860) 黄鳍鳝胎鳚

Genus *Myxodes* Cuvier, 1829 黏鳚属

Myxodes cristatus Valenciennes, 1836 冠毛黏鳚

Myxodes ornatus Stephens & Springer, 1974 饰妆黏鳚

Myxodes viridis Valenciennes, 1836 青黏鳚

Genus *Ophiclinops* Whitley, 1932 拟蛇鳚属

Ophiclinops hutchinsi George & Springer, 1980 哈氏拟蛇鳚

Ophiclinops pardalis (McCulloch & Waite, 1918) 斑点拟蛇鳚

Ophiclinops varius (McCulloch & Waite, 1918) 少棘拟蛇鳚

Genus *Ophiclinus* Castelnau, 1872 蛇鳚属

Ophiclinus antarcticus Castelnau, 1872 南极蛇鳚

Ophiclinus brevipinnis George & Springer, 1980 短翅蛇鳚

Ophiclinus gabrieli Waite, 1906 加氏蛇鳚

Ophiclinus gracilis Waite, 1906 黑背蛇鳚

Ophiclinus ningulus George & Springer, 1980 海神蛇鳚

Ophiclinus pectoralis George & Springer, 1980 大胸蛇鳚

Genus *Pavoclinus* Smith, 1946 凤胎鳚属

Pavoclinus caeruleopunctatus Zsilavecz, 2001 暗斑凤胎鳚

Pavoclinus graminis (Gilchrist & Thompson, 1908) 白条凤胎鳚

Pavoclinus laurentii (Gilchrist & Thompson, 1908) 劳伦凤胎鳚

Pavoclinus litorafontis Penrith, 1965 项冠凤胎鳚

Pavoclinus mentalis (Gilchrist & Thompson, 1908) 红凤胎鳚

Pavoclinus myae Christensen, 1978 细尾凤胎鳚

Pavoclinus pavo (Gilchrist & Thompson, 1908) 孔雀凤胎鳚

Pavoclinus profundus Smith, 1961 网纹凤胎鳚

Pavoclinus smalei Heemstra & Wright, 1986 红斑凤胎鳚

Genus *Peronedys* Steindachner, 1883 尖斜胎鳚属

Peronedys anguillaris Steindachner, 1883 鳗形尖斜胎鳚

Genus *Ribeiroclinus* Pinto, 1965 黑胎鳚属

Ribeiroclinus eigenmanni (Jordan, 1888) 艾氏黑胎鳚

Genus *Richardsonichthys* Smith, 1958 理查德森胎鳚属

Richardsonichthys leucogaster (Richardson, 1848) 理查德森胎鳚

Genus *Smithichthys* Hubbs, 1952 史氏胎鳚属

Smithichthys fucorum (Gilchrist & Thompson, 1908) 叶状史氏胎鳚

Genus *Springeratus* Shen, 1971 跳矶鳚属

Springeratus caledonicus (Sauvage, 1874) 喀里多尼亚跳矶鳚

Springeratus polyporatus Fraser, 1972 多孔跳矶鳚

Springeratus xanthosoma (Bleeker, 1857) 黄身跳矶鳚 台

Genus *Sticharium* Günther, 1867 棘蛇胎鳚属

Sticharium clarkae George & Springer, 1980 克氏棘蛇胎鳚

Sticharium dorsale Günther, 1867 澳大利亚棘蛇胎鳚

Genus *Xenopoclinus* Smith, 1948 眼瓣胎鳚属

Xenopoclinus kochi Smith, 1948 高知眼瓣胎鳚

Xenopoclinus leprosus Smith, 1961 鞍斑眼瓣胎鳚

Family 449 Labrisomidae 脂鳚科

Genus *Alloclinus* Hubbs, 1927 异脂鳚属

Alloclinus holderi (Lauderbach, 1907) 霍氏异脂鳚

Genus *Auchenionchus* Gill, 1860 项瘤鳚属

Auchenionchus crinitus (Jenyns, 1841) 弯线项瘤鳚

Auchenionchus microcirrhis (Valenciennes, 1836) 小须项瘤鳚

Auchenionchus variolosus (Valenciennes, 1836) 项瘤鳚

Genus *Calliclinus* Gill, 1860 美脂鳚属

Calliclinus geniguttatus (Valenciennes, 1836) 美脂鳚

Calliclinus nudiventris Cervigón & Pequeño, 1979 裸腹美脂鳚

Genus *Cottoclinus* McCosker, Stephens & Rosenblatt, 2003 犬眼脂鳚属

Cottoclinus canops McCosker, Stephens & Rosenblatt, 2003 犬眼脂鳚

Genus *Cryptotrema* Gilbert, 1890 隐孔鳚属

Cryptotrema corallinum Gilbert, 1890 隐孔鳚

Cryptotrema seftoni Hubbs, 1954 塞氏隐孔鳚

Genus *Dialommus* Gilbert, 1891 苍脂鳚属

Dialommus fuscus Gilbert, 1891 暗色苍脂鳚

Dialommus macrocephalus (Günther, 1861) 大头苍脂鳚

Genus *Exerpes* Jordan & Evermann, 1896 棕带脂鳚属

Exerpes asper (Jenkins & Evermann, 1889) 棕带脂鳚

Genus *Haptoclinus* Böhlke & Robins, 1974 缚脂鳚属

Haptoclinus apectolophus Böhlke & Robins, 1974 缚脂鳚

Genus *Labrisomus* Swainson, 1839 脂鳚属

Labrisomus albigenys Beebe & Tee-Van, 1928 白颊脂鳚

Labrisomus bucciferus Poey, 1868 花鳍脂鳚

Labrisomus conditus Sazima, Carvalho-Filho, Gasparini & Sazima, 2009 隐脂鳚

Labrisomus cricota Sazima, Gasparini & Moura, 2002 圆头脂鳚

Labrisomus dendriticus (Reid, 1935) 厚唇脂鳚

Labrisomus fernandezianus (Guichenot, 1848) 南太平洋脂鳚

Labrisomus filamentosus Springer, 1960 条纹脂鳚

Labrisomus gobio (Valenciennes, 1836) 牛目脂鳚

Labrisomus guppyi (Norman, 1922) 格氏脂鳚

Labrisomus haitiensis Beebe & Tee-Van, 1928 珊瑚脂鳚

Labrisomus jenkinsi (Heller & Snodgrass, 1903) 詹氏脂鳚

Labrisomus kalisherae (Jordan, 1904) 绒毛脂鳚

Labrisomus multiporosus Hubbs, 1953 多茧脂鳚

Labrisomus nigricinctus Howell Rivero, 1936 斑颊脂鳚

Labrisomus nuchipinnis (Quoy & Gaimard, 1824) 项鳍脂鳚

Labrisomus philippii (Steindachner, 1866) 菲利浦脂鳚

Labrisomus pomaspilus Springer & Rosenblatt, 1965 厄瓜多尔脂鳚

Labrisomus socorroensis Hubbs, 1953 黑横带脂鳚

Labrisomus striatus Hubbs, 1953 条脂鳚

Labrisomus wigginsi Hubbs, 1953 威氏脂鳚

Labrisomus xanti Gill, 1860 赞氏脂鳚

Genus *Malacoctenus* Gill, 1860 软梳鳚属

Malacoctenus africanus Cadenat, 1951 非洲软梳鳚

Malacoctenus aurolineatus Smith, 1957 金线软梳鳚

Malacoctenus boehlkei Springer, 1959 钻石软梳鳚

Malacoctenus brunoi Guimarães, Nunan & Gasparini, 2010 布鲁诺软梳鳚

Malacoctenus costaricanus Springer, 1959 哥斯达黎加软梳鳚

Malacoctenus delalandii (Valenciennes, 1836) 德氏软梳鳚

Malacoctenus ebisui Springer, 1959 埃氏软梳鳚

Malacoctenus erdmani Smith, 1957 厄氏软梳鳚

Malacoctenus gigas Springer, 1959 巨软梳鳚

Malacoctenus gilli (Steindachner, 1867) 灰体软梳鳚

Malacoctenus hubbsi Springer, 1959 赫氏软梳鳚

Malacoctenus macropus (Poey, 1868) 玫瑰软梳鳚

Malacoctenus margaritae (Fowler, 1944) 珍珠软梳鳚

Malacoctenus tetranemus (Cope, 1877) 四丝软梳鳚

Malacoctenus triangulatus Springer, 1959 角斑软梳鳚

Malacoctenus versicolor (Poey, 1876) 条鳍软梳鳚

Malacoctenus zacae Springer, 1959 扎克软梳鳚

Malacoctenus zonifer (Jordan & Gilbert, 1882) 带纹软梳鳚

Malacoctenus zonogaster Heller & Snodgrass, 1903 纹腹软梳鳚

Genus *Nemaclinus* Böhlke & Springer, 1975 线矶鳚属

Nemaclinus atelestos Böhlke & Springer, 1975 细鳍线矶鳚

Genus *Paraclinus* Mocquard, 1888 副脂鳚属

Paraclinus altivelis (Lockington, 1881) 高身副脂鳚

Paraclinus arcanus Guimarães & Bacellar, 2002 隐藏副脂鳚

Paraclinus barbatus Springer, 1955 颏副脂鳚

Paraclinus beebei Hubbs, 1952 毕氏副脂鳚

Paraclinus cingulatus (Evermann & Marsh, 1899) 珊瑚副脂鳚

Paraclinus ditrichus Rosenblatt & Parr, 1969 变色副脂鳚

Paraclinus fasciatus (Steindachner, 1876) 背睛副脂鳚

Paraclinus fehlmanni Springer & Trist, 1969 费氏副脂鳚

Paraclinus grandicomis (Rosén, 1911) 头角副脂鳚

Paraclinus infrons Böhlke, 1960 巴哈马副脂鳚

Paraclinus integripinnis (Smith, 1880) 整鳍副脂鳚

Paraclinus magdalenae Rosenblatt & Parr, 1969 马氏副脂鳚

Paraclinus marmoratus (Steindachner, 1876) 三斑副脂鳚

Paraclinus mexicanus (Gilbert, 1904) 加州湾副脂鳚

Paraclinus monophthalmus (Günther, 1861) 单睛斑副脂鳚

Paraclinus naeorhegmis Böhlke, 1960 枝冠副脂鳚

Paraclinus nigripinnis (Steindachner, 1867) 斜带副脂鳚

Paraclinus rubicundus (Starks, 1913) 眼带副脂鳚

Paraclinus sini Hubbs, 1952 西氏副脂鳚

Paraclinus spectator Guimarães & Bacellar, 2002 项冠副脂鳚

Paraclinus stephensi Rosenblatt & Parr, 1969 斯氏副脂鳚

Paraclinus tanygnathus Rosenblatt & Parr, 1969 长颌副脂鳚

Paraclinus walkeri Hubbs, 1952 沃氏副脂鳚

Genus *Starksia* Jordan & Evermann, 1896 斯氏脂鳚属

Starksia atlantica Longley, 1934 大西洋斯氏脂鳚

Starksia brasiliensis (Gilbert, 1900) 巴西斯氏脂鳚

Starksia cremnobates (Gilbert, 1890) 贪婪斯氏脂鳚

Starksia culebrae (Evermann & Marsh, 1899) 丘尔斯氏脂鳚

Starksia elongata Gilbert, 1971 长身斯氏脂鳚

Starksia fasciata (Longley, 1934) 横带斯氏脂鳚

Starksia fulva Rosenblatt & Taylor, 1971 黄金斯氏脂鳚

Starksia galapagensis Rosenblatt & Taylor, 1971 加拉帕戈斯岛脂鳚

Starksia grammilaga Rosenblatt & Taylor, 1971 线纹斯氏脂鳚

Starksia guadalupae Rosenblatt & Taylor, 1971 瓜达卢佩斯氏脂鳚

Starksia guttata (Fowler, 1931) 斑点斯氏脂鳚

Starksia hassi Klausewitz, 1958 巴哈马岛斯氏脂鳚

Starksia hoesei Rosenblatt & Taylor, 1971 霍氏斯氏脂鳚

Starksia lepicoelia Böhlke & Springer, 1961 腹鳞斯氏脂鳚

Starksia lepidogaster Rosenblatt & Taylor, 1971 美腹斯氏脂鳚

Starksia leucovitta Williams & Mounts, 2003 白条斯氏脂鳚

Starksia melasma Williams & Mounts, 2003 黑点斯氏脂鳚

Starksia multilepis Williams & Mounts, 2003 多鳞斯氏脂鳚

Starksia nanodes Böhlke & Springer, 1961 扇斑斯氏脂鳚

Starksia occidentalis Greenfield, 1979 西域斯氏脂鳚

Starksia ocellata (Steindachner, 1876) 云斑斯氏脂鳚

Starksia posthon Rosenblatt & Taylor, 1971 茎斑斯氏脂鳚

Starksia rava Williams & Mounts, 2003 多巴哥斯氏脂鳚

Starksia sella Williams & Mounts, 2003 秀美斯氏脂鳚

Starksia sluiteri (Metzelaar, 1919) 大眼斯氏脂鳚

Starksia smithvanizi Williams & Mounts, 2003 碎斑斯氏脂鳚

Starksia spinipenis (Al-Uthman, 1960) 棘刺斯氏脂鳚

Starksia starcki Gilbert, 1971 斯氏脂鳚

Starksia variabilis Greenfield, 1979 杂色斯氏脂鳚

Starksia y-lineata Gilbert, 1965 尼加拉瓜斯氏脂鳚

Genus *Xenomedea* Rosenblatt & Taylor, 1971 奇棒鳚属

Xenomedea rhodopyga Rosenblatt & Taylor, 1971 奇棒鳚

Family 450 Chaenopsidae 烟管鳚科

Genus *Acanthemblemaria* Metzelaar, 1919 棘胎鳚属

Acanthemblemaria aspera (Longley, 1927) 粗头棘胎鳚

Acanthemblemaria atrata Hastings & Robertson, 1999 黑棘胎鳚

Acanthemblemaria balanorum Brock, 1940 龟头棘胎鳚

Acanthemblemaria betinensis Smith-Vaniz & Palacio, 1974 贝特棘胎鳚

Acanthemblemaria castroi Stephens & Hobson, 1966 卡氏棘胎鳚

Acanthemblemaria chaplini Böhlke, 1957 蔡氏棘胎鳚

Acanthemblemaria crockeri Beebe & Tee-Van, 1938 克罗克氏棘胎鳚

Acanthemblemaria cubana Garrido & Varela, 2008 古巴棘胎鳚

Acanthemblemaria exilispinus Stephens, 1963 弱刺棘胎鳚

Acanthemblemaria greenfieldi Smith-Vaniz & Palacio, 1974 格氏棘胎鳚

Acanthemblemaria hancocki Myers & Reid, 1936 汉氏棘胎鳚

Acanthemblemaria harpeza Williams, 2002 贪食棘胎鳚

Acanthemblemaria hastingsi Lin & Galland, 2010 黑氏棘胎鳚

Acanthemblemaria johnsoni Almany & Baldwin, 1996 约氏棘胎鳚

Acanthemblemaria macrospilus Brock, 1940 大斑棘胎鳚

Acanthemblemaria mangognatha Hastings & Robertson, 1999 红色棘胎鳚

Acanthemblemaria maria Böhlke, 1961 褐带棘胎鳚

Acanthemblemaria medusa Smith-Vaniz & Palacio, 1974 水母棘胎鳚

Acanthemblemaria paula Johnson & Brothers, 1989 小棘胎鳚

Acanthemblemaria rivasi Stephens, 1970 李氏棘胎鳚

Acanthemblemaria spinosa Metzelaar, 1919 棘头棘胎鳚

Acanthemblemaria stephensi Rosenblatt & McCosker, 1988 斯氏棘胎鳚

Genus *Chaenopsis* Gill, 1865 烟管鳚属

Chaenopsis alepidota (Gilbert, 1890) 黄喉烟管鳚

Chaenopsis coheni Böhlke, 1957 科恩氏烟管鳚

Chaenopsis deltarrhis Böhlke, 1957 三角烟管鳚

Chaenopsis limbaughi Robins & Randall, 1965 黄脸烟管鳚

Chaenopsis megalops Smith-Vaniz, 2000 大眼烟管鳚

Chaenopsis ocellata Poey, 1865 蓝胸烟管鳚

Chaenopsis resh Robins & Randall, 1965 委内瑞拉烟管鳚

Chaenopsis roseola Hastings & Shipp, 1981 玫瑰烟管鳚

Chaenopsis schmitti Böhlke, 1957 施氏烟管鳚

Chaenopsis stephensi Robins & Randall, 1965 斯氏烟管鳚

Genus *Cirriemblemaria* Hastings, 1997 冠毛鳚属

Cirriemblemaria lucasana (Stephens, 1963) 冠毛鳚

Genus *Coralliozetus* Evermann & Marsh, 1899 双角鳚属

Coralliozetus angelicus (Böhlke & Mead, 1957) 天使双角鳚

Coralliozetus boehlkei Stephens, 1963 鲍氏双角鳚

Coralliozetus cardonae Evermann & Marsh, 1899 科登氏双角鳚

Coralliozetus micropes (Beebe & Tee-Van, 1938) 小眼双角鳚

Coralliozetus rosenblatti Stephens, 1963 罗氏双角鳚

Coralliozetus springeri Stephens & Johnson, 1966 斯氏双角鳚

Genus *Ekemblemaria* Stephens, 1963 外旗鳚属

Ekemblemaria lira Hastings, 1992 高脊外旗鳚

Ekemblemaria myersi Stephens, 1963 迈氏外旗鳚

Ekemblemaria nigra (Meek & Hildebrand, 1928) 暗色外旗鳚

Genus *Emblemaria* Jordan & Gilbert, 1883 隆胎鳚属

Emblemaria atlantica Jordan & Evermann, 1898 大西洋隆胎鳚

Emblemaria australis Ramos, Rocha & Rocha, 2003 澳洲隆胎鳚

Emblemaria biocellata Stephens, 1970 双斑隆胎鳚

Emblemaria caldwelli Stephens, 1970 考氏隆胎鳚

Emblemaria caycedoi Acero P., 1984 卡氏隆胎鳚

Emblemaria culmenis Stephens, 1970 高脊隆胎鳚

Emblemaria diphyodontis Stephens & Cervigón, 1970 喜贝隆胎鳚

Emblemaria hudsoni Evermann & Radcliffe, 1917 霍氏隆胎鳚

Emblemaria hyltoni Johnson & Greenfield, 1976 希氏隆胎鳚

Emblemaria hypacanthus (Jenkins & Evermann, 1889) 下棘隆胎鳚

Emblemaria nivipes Jordan & Gilbert, 1883 雪隆胎鳚

Emblemaria pandionis Evermann & Marsh, 1900 帆鳍隆胎鳚

Emblemaria piratica Ginsburg, 1942 巴拿马隆胎鳚

Emblemaria piratula Ginsburg & Reid, 1942 隆胎鳚

Emblemaria vitta Williams, 2002 喜荫隆胎鳚

Emblemaria walkeri Stephens, 1963 沃氏隆胎鳚

Genus *Emblemariopsis* Longley, 1927 拟隆胎鳚属

Emblemariopsis bahamensis Stephens, 1961 巴哈马拟隆胎鳚

Emblemariopsis bottomei Stephens, 1961 博氏拟隆胎鳚

Emblemariopsis dianae Tyler & Hastings, 2004 黛安娜拟隆胎鳚

Emblemariopsis diaphana Longley, 1927 蜇栖拟隆胎鳚

Emblemariopsis leptocirris Stephens, 1970 细髭拟隆胎鳚

Emblemariopsis occidentalis Stephens, 1970 西洋拟隆胎鳚

Emblemariopsis pricei Greenfield, 1975 普氏拟隆胎鳚

Emblemariopsis ramirezi (Cervigón, 1999) 拉氏拟隆胎鳚

Emblemariopsis randalli Cervigón, 1965 兰氏拟隆胎鳚

Emblemariopsis ruetzleri Tyler & Tyler, 1997 鲁氏拟隆胎鳚

Emblemariopsis signifer (Ginsburg, 1942) 魅形拟隆胎鳚

Emblemariopsis tayrona (Acero P., 1987) 泰罗准拟隆胎鳚

Genus *Hemiemblemaria* Longley & Hildebrand, 1940 半隆胎鳚属

Hemiemblemaria simulus Longley & Hildebrand, 1940 半隆胎鳚

Genus *Lucayablennius* Böhlke, 1958 箭颌鳚属

Lucayablennius zingaro (Böhlke, 1957) 箭颌鳚

Genus *Mccoskerichthys* Rosenblatt & Stephens, 1978 麦考鳚属

Mccoskerichthys sandae Rosenblatt & Stephens, 1978 沙氏麦考鳚

Genus *Neoclinus* Girard, 1858 新热鳚属

Neoclinus blanchardi Girard, 1858 勃氏新热鳚

Neoclinus bryope (Jordan & Snyder, 1902) 穗瓣新热鳚

Neoclinus chihiroe Fukao, 1987 日本新热鳚

Neoclinus lacunicola Fukao, 1980 穴居新热鳚

Neoclinus monogrammus Murase, Aizawa & Sunobe, 2010 单线新热鳚

Neoclinus nudiceps Murase, Aizawa & Sunobe, 2010 裸头新热鳚

Neoclinus nudus Stephens & Springer, 1971 裸新热鳚 台

Neoclinus okazakii Fukao, 1987 冈崎新热鳚

Neoclinus stephensae Hubbs, 1953 黄鳍新热鳚

Neoclinus toshimaensis Fukao, 1980 丰岛新热鳚

Neoclinus uninotatus Hubbs, 1953 单斑新热鳚

Genus *Protemblemaria* Stephens, 1963 原旗鳚属

Protemblemaria bicirrus (Hildebrand, 1946) 双须原旗鳚

Protemblemaria perla Hastings, 2001 巴拿马原旗鳚

Protemblemaria punctata Cervigón, 1966 斑原旗鳚

Genus *Stathmonotus* Bean, 1885 平背鳚属

Stathmonotus culebrai Seale, 1940 丘氏平背鳚

Stathmonotus gymnodermis Springer, 1955 无鳞平背鳚

Stathmonotus hemphillii Bean, 1885 黑腹平背鳚

Stathmonotus lugubris Böhlke, 1953 眶脊平背鳚

Stathmonotus sinuscalifornici (Chabanaud, 1942) 西氏平背鳚

Stathmonotus stahli (Evermann & Marsh, 1899) 鳞平背鳚

Genus *Tanyemblemaria* Hastings, 1992 塔棱鳚属

Tanyemblemaria alleni Hastings, 1992 阿氏塔棱鳚

Suborder Icosteoidei 裁鱼亚目

Family 451 Icosteidae 裁鱼科

Genus *Icosteus* Lockington, 1880 裁鱼属

Icosteus aenigmaticus Lockington, 1880 阿拉斯加裁鱼

Suborder Gobiesocoidei 喉盘鱼亚目

Family 452 Gobiesocidae 喉盘鱼科

Genus *Acyrtops* Schultz, 1951 绿喉盘鱼属

Acyrtops amplicirrus Briggs, 1955 大髯绿喉盘鱼

Acyrtops beryllinus (Hildebrand & Ginsburg, 1927) 绿喉盘鱼

Genus *Acyrtus* Schultz, 1944 拟喉盘鱼属

Acyrtus artius Briggs, 1955 拟喉盘鱼

Acyrtus pauciradiatus Sampaio, de Anchieta, Nunes & Mendes, 2004 少辐拟喉盘鱼

Acyrtus rubiginosus (Poey, 1868) 锈色拟喉盘鱼

Genus *Alabes* Cloquet, 1816 翼喉盘鱼属

Alabes bathys Hutchins, 2006 深海翼喉盘鱼

Alabes brevis Springer & Fraser, 1976 短翼喉盘鱼

Alabes dorsalis (Richardson, 1845) 高背翼喉盘鱼

Alabes elongata Hutchins & Morrison, 2004 长身翼喉盘鱼

Alabes gibbosa Hutchins & Morrison, 2004 驼背翼喉盘鱼

Alabes hoesei Springer & Fraser, 1976 霍氏翼喉盘鱼

Alabes obtusirostris Hutchins & Morrison, 2004 钝吻翼喉盘鱼

Alabes occidentalis Hutchins & Morrison, 2004 西域翼喉盘鱼

Alabes parvula (McCulloch, 1909) 诺福克岛翼喉盘鱼
Alabes scotti Hutchins & Morrison, 2004 斯科特氏翼喉盘鱼
Alabes springeri Hutchins, 2006 斯氏翼喉盘鱼

Genus *Apletodon* Briggs, 1955 圆喉盘鱼属

Apletodon bacescui (Murgoci, 1940) 巴氏圆喉盘鱼
Apletodon barbatus Fricke, Wirtz & Brito, 2010 须圆喉盘鱼
Apletodon dentatus (Facciolà, 1887) 圆喉盘鱼
Apletodon incognitus Hofrichter & Patzner, 1997 岩栖圆喉盘鱼
Apletodon pellegrini (Chabanaud, 1925) 佩氏圆喉盘鱼
Apletodon wirtzi Fricke, 2007 威氏圆喉盘鱼

Genus *Arcos* Schultz, 1944 阿科斯喉盘鱼属

Arcos decoris Briggs, 1969 美艳阿科斯喉盘鱼
Arcos erythrops (Jordan & Gilbert, 1882) 红眼阿科斯喉盘鱼
Arcos macrophthalmus (Günther, 1861) 大眼阿科斯喉盘鱼
Arcos poecilophthalmos (Jenyns, 1842) 杂斑阿科斯喉盘鱼
Arcos rhodospilus (Günther, 1864) 玫斑阿科斯喉盘鱼

Genus *Aspasma* Jordan & Fowler, 1902 姥鱼属

Aspasma minima (Döderlein, 1887) 日本小姥鱼 台

Genus *Aspasmichthys* Briggs, 1955 鹤姥鱼属

Aspasmichthys ciconiae (Jordan & Fowler, 1902) 台湾鹤姥鱼 台

Genus *Aspasmodes* Smith, 1957 似姥鱼属

Aspasmodes briggsi Smith, 1957 布氏似姥鱼

Genus *Aspasmogaster* Waite, 1907 拟姥鱼属

Aspasmogaster costata (Ogilby, 1885) 隆线拟姥鱼
Aspasmogaster liorhyncha Briggs, 1955 滑吻拟姥鱼
Aspasmogaster occidentalis Hutchins, 1984 西方拟姥鱼
Aspasmogaster tasmaniensis (Günther, 1861) 塔斯马尼亚拟姥鱼

Genus *Briggsia* Craig & Randall, 2009 喉姥鱼属

Briggsia hastingsi Craig & Randall, 2009 哈氏喉姥鱼

Genus *Chorisochismus* Brisout de Barneville, 1846 巨喉盘鱼属

Chorisochismus dentex (Pallas, 1769) 锐齿巨喉盘鱼

Genus *Cochleoceps* Whitley, 1943 宽头喉盘鱼属

Cochleoceps bassensis Hutchins, 1983 巴塞宽头喉盘鱼
Cochleoceps bicolor Hutchins, 1991 双色宽头喉盘鱼
Cochleoceps orientalis Hutchins, 1991 东方宽头喉盘鱼
Cochleoceps spatula (Günther, 1861) 宽头喉盘鱼
Cochleoceps viridis Hutchins, 1991 绿宽头喉盘鱼

Genus *Conidens* Briggs, 1955 锥齿喉盘鱼属

Conidens laticephalus (Tanaka, 1909) 黑纹锥齿喉盘鱼 台
Conidens samoensis (Steindachner, 1906) 萨摩亚锥齿喉盘鱼

Genus *Creocele* Briggs, 1955 瘤喉盘鱼属

Creocele cardinalis (Ramsay, 1883) 红瘤喉盘鱼

Genus *Dellichthys* Briggs, 1955 隐喉盘鱼属

Dellichthys morelandi Briggs, 1955 莫氏隐喉盘鱼

Genus *Derilissus* Briggs, 1969 项喉盘鱼属

Derilissus altifrons Smith-Vaniz, 1971 高背项喉盘鱼
Derilissus kremnobates Fraser, 1970 眼带项喉盘鱼
Derilissus nanus Briggs, 1969 矮项喉盘鱼
Derilissus vittiger Fraser, 1970 饰带项喉盘鱼

Genus *Diademichthys* Pfaff, 1942 环盘鱼属

Diademichthys lineatus (Sauvage, 1883) 线纹环盘鱼 陆

Genus *Diplecogaster* Fraser-Brunner, 1938 褶腹喉盘鱼属

Diplecogaster bimaculata bimaculata (Bonnaterre, 1788) 双点褶腹喉盘鱼
Diplecogaster bimaculata euxinica Murgoci, 1964 黑海褶腹喉盘鱼
Diplecogaster bimaculata pectoralis Briggs, 1955 双斑褶腹喉盘鱼
Diplecogaster ctenocrypta Briggs, 1955 梳褶腹喉盘鱼

Diplecogaster megalops Briggs, 1955 大眼褶腹喉盘鱼

Genus *Diplocrepis* Günther, 1861 新西兰喉盘鱼属

Diplocrepis puniceus (Richardson, 1846) 圆头新西兰喉盘鱼

Genus *Discotrema* Briggs, 1976 盘孔喉盘鱼属

Discotrema crinophilum Briggs, 1976 琉球盘孔喉盘鱼 台
Discotrema monogrammum Craig & Randall, 2008 单线盘孔喉盘鱼
Discotrema zonatum Craig & Randall, 2008 带纹盘孔喉盘鱼

Genus *Eckloniaichthys* Smith, 1943 艾氏喉盘鱼属

Eckloniaichthys scylliorhiniceps Smith, 1943 艾氏喉盘鱼

Genus *Gastrocyathus* Briggs, 1955 腹杯喉盘鱼属

Gastrocyathus gracilis Briggs, 1955 腹杯喉盘鱼

Genus *Gastrocymba* Briggs, 1955 腹盏喉盘鱼属

Gastrocymba quadriradiata (Rendahl, 1926) 四辐腹盏喉盘鱼

Genus *Gastroscyphus* Briggs, 1955 似腹杯喉盘鱼属

Gastroscyphus hectoris (Günther, 1876) 似腹杯喉盘鱼

Genus *Gobiesox* Lacepède, 1800 喉盘鱼属

Gobiesox adustus Jordan & Gilbert, 1882 野喉盘鱼
Gobiesox aethus (Briggs, 1951) 淡黑喉盘鱼
Gobiesox barbatulus Starks, 1913 髯须喉盘鱼
Gobiesox canidens (Briggs, 1951) 犬齿喉盘鱼
Gobiesox crassicorpus (Briggs, 1951) 糙体喉盘鱼
Gobiesox daedaleus Briggs, 1951 美喉盘鱼
Gobiesox eugrammus Briggs, 1955 线纹喉盘鱼
Gobiesox fluviatilis Briggs & Miller, 1960 河栖喉盘鱼
Gobiesox fulvus Meek, 1907 溪喉盘鱼
Gobiesox juniperoserrai Espinosa Pérez & Castro-Aguirre, 1996 朱氏喉盘鱼
Gobiesox juradoensis Fowler, 1944 哥伦比亚喉盘鱼
Gobiesox lucayanus Briggs, 1963 斑点喉盘鱼
Gobiesox maeandricus (Girard, 1858) 条纹喉盘鱼
Gobiesox marijeanae Briggs, 1960 马氏喉盘鱼
Gobiesox marmoratus Jenyns, 1842 石纹喉盘鱼
Gobiesox mexicanus Briggs & Miller, 1960 密歇根喉盘鱼
Gobiesox milleri Briggs, 1955 密勒氏喉盘鱼
Gobiesox multitentaculus (Briggs, 1951) 多须喉盘鱼
Gobiesox nigripinnis (Peters, 1859) 黑鳍喉盘鱼
Gobiesox nudus (Linnaeus, 1758) 裸喉盘鱼
Gobiesox papillifer Gilbert, 1890 须喉盘鱼
Gobiesox pinniger Gilbert, 1890 翼喉盘鱼
Gobiesox potamius Briggs, 1955 河口喉盘鱼
Gobiesox punctulatus (Poey, 1876) 带纹喉盘鱼
Gobiesox rhessodon Smith, 1881 加洲湾喉盘鱼
Gobiesox schultzi Briggs, 1951 斯氏喉盘鱼
Gobiesox stenocephalus Briggs, 1955 狭头喉盘鱼
Gobiesox strumosus Cope, 1870 肥壮喉盘鱼
Gobiesox woodsi (Schultz, 1944) 伍兹氏喉盘鱼

Genus *Gouania* Nardo, 1833 软喉盘鱼属

Gouania willdenowi (Risso, 1810) 威氏软喉盘鱼

Genus *Gymnoscyphus* Böhlke & Robins, 1970 裸杯喉盘鱼属

Gymnoscyphus ascitus Böhlke & Robins, 1970 裸杯喉盘鱼

Genus *Haplocylix* Briggs, 1955 单杯喉盘鱼属

Haplocylix littoreus (Forster, 1801) 单杯喉盘鱼

Genus *Kopua* Hardy, 1984 科珀喉盘鱼属

Kopua kuiteri Hutchins, 1991 基氏科珀喉盘鱼
Kopua nuimata Hardy, 1984 新西兰科珀喉盘鱼

Genus *Lecanogaster* Briggs, 1957 盆腹喉盘鱼属

Lecanogaster chrysea Briggs, 1957 金色盆腹喉盘鱼

Genus *Lepadichthys* Waite, 1904 连鳍喉盘鱼属

Lepadichthys bolini Briggs, 1962 波氏连鳍喉盘鱼
Lepadichthys caritus Briggs, 1969 浅色连鳍喉盘鱼
Lepadichthys coccinotaenia Regan, 1921 眼带连鳍喉盘鱼
Lepadichthys ctenion Briggs & Link, 1963 红颊连鳍喉盘鱼
Lepadichthys erythraeus Briggs & Link, 1963 淡红连鳍喉盘鱼
Lepadichthys frenatus Waite, 1904 连鳍喉盘鱼 台
　　syn. *Aspasma misaki* Tanaka, 1908 三鳍姥鱼
Lepadichthys lineatus Briggs, 1966 双纹连鳍喉盘鱼
Lepadichthys minor Briggs, 1955 小连鳍喉盘鱼
Lepadichthys sandaracatus Whitley, 1943 澳洲连鳍喉盘鱼
Lepadichthys springeri Briggs, 2001 斯氏连鳍喉盘鱼

Genus *Lepadicyathus* Prokofiev, 2005 鳞杯喉盘鱼属
Lepadicyathus mendeleevi Prokofiev, 2005 鳞杯喉盘鱼

Genus *Lepadogaster* Goüan, 1770 鳞腹喉盘鱼属
Lepadogaster candolii Risso, 1810 坎氏鳞腹喉盘鱼
Lepadogaster lepadogaster (Bonnaterre, 1788) 鳞腹喉盘鱼
Lepadogaster purpurea (Bonnaterre, 1788) 黑海鳞腹喉盘鱼
Lepadogaster zebrina Lowe, 1839 条纹鳞腹喉盘鱼

Genus *Liobranchia* Briggs, 1955 滑鳃喉盘鱼属
Liobranchia stria Briggs, 1955 条纹滑鳃喉盘鱼

Genus *Lissonanchus* Smith, 1966 无耙喉盘鱼属
Lissonanchus lusheri Smith, 1966 路氏无耙喉盘鱼

Genus *Modicus* Hardy, 1983 莫迪喉盘鱼属
Modicus minimus Hardy, 1983 小莫迪喉盘鱼
Modicus tangaroa Hardy, 1983 新西兰莫迪喉盘鱼

Genus *Opeatogenys* Briggs, 1955 钻颊喉盘鱼属
Opeatogenys cadenati Briggs, 1957 凯氏钻颊喉盘鱼
Opeatogenys gracilis (Canestrini, 1864) 细钻颊喉盘鱼

Genus *Parvicrepis* Whitley, 1931 微鳍喉盘鱼属
Parvicrepis parvipinnis (Waite, 1906) 微鳍喉盘鱼

Genus *Pherallodichthys* Shiogaki & Dotsu, 1983 贪婪喉盘鱼属
Pherallodichthys meshimaensis Shiogaki & Dotsu, 1983 贪婪喉盘鱼

Genus *Pherallodiscus* Briggs, 1955 喉异盘鱼属
Pherallodiscus funebris (Gilbert, 1890) 致命喉异盘鱼
Pherallodiscus varius Briggs, 1955 杂色喉异盘鱼

Genus *Pherallodus* Briggs, 1955 细喉盘鱼属;异齿喉盘鱼属
Pherallodus indicus (Weber, 1913) 印度细喉盘鱼;印度异齿喉盘鱼 台
Pherallodus smithi Briggs, 1955 史氏细喉盘鱼;史氏异齿喉盘鱼

Genus *Posidonichthys* Briggs, 1993 海神喉盘鱼属
Posidonichthys hutchinsi Briggs, 1993 海神喉盘鱼

Genus *Propherallodus* Shiogaki & Dotsu, 1983 前鳍喉盘鱼属
Propherallodus briggsi Shiogaki & Dotsu, 1983 前鳍喉盘鱼

Genus *Rimicola* Jordan & Evermann, 1896 长喉盘鱼属
Rimicola cabrilloi Briggs, 2002 卡氏长喉盘鱼
Rimicola dimorpha Briggs, 1955 双形长喉盘鱼
Rimicola eigenmanni (Gilbert, 1890) 艾氏长喉盘鱼
Rimicola muscarum (Meek & Pierson, 1895) 斑点长喉盘鱼
Rimicola sila Briggs, 1955 色拉长喉盘鱼

Genus *Sicyases* Müller & Troschel, 1843 杯吸盘鱼属
Sicyases brevirostris (Guichenot, 1848) 短吻杯吸盘鱼
Sicyases hildebrandi Schultz, 1944 希氏杯吸盘鱼
Sicyases sanguineus Müller & Troschel, 1843 杯吸盘鱼

Genus *Tomicodon* Brisout de Barneville, 1846 锐齿喉盘鱼属
Tomicodon absitus Briggs, 1955 野锐齿喉盘鱼
Tomicodon abuelorum Szelistowski, 1990 三叉锐齿喉盘鱼

Tomicodon australis Briggs, 1955 澳大利亚锐齿喉盘鱼
Tomicodon bidens Briggs, 1969 双牙锐齿喉盘鱼
Tomicodon boehlkei Briggs, 1955 博氏锐齿喉盘鱼
Tomicodon briggsi Williams & Tyler, 2003 布氏锐齿喉盘鱼
Tomicodon chilensis Brisout de Barneville, 1846 智利锐齿喉盘鱼
Tomicodon clarkei Williams & Tyler, 2003 克氏锐齿喉盘鱼
Tomicodon cryptus Williams & Tyler, 2003 巴哈马锐齿喉盘鱼
Tomicodon eos (Jordan & Gilbert, 1882) 东方锐齿喉盘鱼
Tomicodon fasciatus (Peters, 1859) 横带锐齿喉盘鱼
Tomicodon humeralis (Gilbert, 1890) 上臂锐齿喉盘鱼
Tomicodon lavettsmithi Williams & Tyler, 2003 拉氏锐齿喉盘鱼
Tomicodon leurodiscus Williams & Tyler, 2003 光盘锐齿喉盘鱼
Tomicodon myersi Briggs, 1955 迈氏锐齿喉盘鱼
Tomicodon petersii (Garman, 1875) 佩氏锐齿喉盘鱼
Tomicodon prodomus Briggs, 1969 锐齿喉盘鱼
Tomicodon reitzae Briggs, 2001 赖氏锐齿喉盘鱼
Tomicodon rhabdotus Smith-Vaniz, 1969 条纹锐齿喉盘鱼
Tomicodon rupestris (Poey, 1860) 岩栖锐齿喉盘鱼
Tomicodon vermiculatus Briggs, 1955 虫纹锐齿喉盘鱼
Tomicodon zebra (Jordan & Gilbert, 1882) 斑马锐齿喉盘鱼

Genus *Trachelochismus* Brisout de Barneville, 1846 喉载鱼属
Trachelochismus melobesia Phillipps, 1927 新西兰喉载鱼
Trachelochismus pinnulatus (Forster, 1801) 喉载鱼

Suborder Callionymoidei 鮨亚目
Family 453 Callionymidae 鮨科

Genus *Anaora* Gray, 1835 指背鮨属
Anaora tentaculata Gray, 1835 指背鮨

Genus *Bathycallionymus* Nakabo, 1982 深水鮨属
Bathycallionymus kaianus (Günther, 1880) 基岛深水鮨 陆 台
Bathycallionymus sokonumeri (Kamohara, 1936) 纹鳍深水鮨 台

Genus *Callionymus* Linnaeus, 1758 鮨属
Callionymus aagilis Fricke, 1999 留尼汪鮨
Callionymus acutirostris Fricke, 1981 尖吻鮨
Callionymus afilum Fricke, 2000 龟鮨
Callionymus africanus (Kotthaus, 1977) 非洲鮨
Callionymus altipinnis Fricke, 1981 大鳍鮨 台
Callionymus amboina Suwardji, 1965 安汶鮨
Callionymus annulatus Weber, 1913 环鮨
Callionymus australis Fricke, 1983 澳大利亚鮨
Callionymus bairdi Jordan, 1888 巴氏鮨
Callionymus belcheri Richardson, 1844 贝氏鮨 陆 台
　　syn. *Callionymus belcheri recurvispinni* (Li, 1966) 反棘鮨
Callionymus benteguri Jordan & Snyder, 1900 本氏鮨 陆 台
Callionymus bentuviai Fricke, 1981 红海鮨
Callionymus bifilum Fricke, 2000 双线鮨
Callionymus bleekeri Fricke, 1983 布氏鮨
Callionymus caeruleonotatus Gilbert, 1905 绿标鮨
Callionymus carebares Alcock, 1890 重头鮨
Callionymus colini Fricke, 1993 科林氏鮨
Callionymus comptus Randall, 1999 饰带鮨
Callionymus cooperi Regan, 1908 柯氏鮨
Callionymus curvicornis Valenciennes, 1837 弯角鮨 陆 台
　　syn. *Repomucenus richardsonii* (Bleeker, 1854) 李氏斜棘鮨
Callionymus curvispinis Fricke & Zaiser Brownell, 1993 弯棘鮨
Callionymus decoratus (Gilbert, 1905) 华饰鮨
Callionymus delicatulus Smith, 1963 娇鮨
Callionymus doryssus (Jordan & Fowler, 1903) 丝背鮨 陆 台
Callionymus draconis Nakabo, 1977 龙鮨 陆
　　syn. *Spinicapitichthys draconis* (Nakabo, 1977) 龙棘鮨

Callionymus enneactis Bleeker, 1879 斑鳍䲗 陆 台

  syn. *Callionymus altidorsalis* Wang & Ye, 1982 高背䲗

Callionymus erythraeus Ninni, 1934 红身䲗

Callionymus fasciatus Valenciennes, 1837 条纹䲗

Callionymus filamentosus Valenciennes, 1837 单丝䲗 陆 台

Callionymus flavus Fricke, 1983 黄䲗

Callionymus fluviatilis Day, 1876 溪䲗

Callionymus formosanus Fricke, 1981 台湾䲗 台

  syn. *Bathycallionymus formosanus* (Fricke, 1981) 台湾深水䲗

Callionymus futuna Fricke, 1998 富图纳岛䲗

Callionymus gardineri Regan, 1908 长尾䲗

Callionymus goodladi (Whitley, 1944) 古氏䲗

Callionymus grossi Ogilby, 1910 格氏䲗

Callionymus guentheri Fricke, 1981 贡氏䲗

Callionymus hainanensis Li, 1966 海南䲗 陆 台

Callionymus hildae Fricke, 1981 希尔氏䲗

Callionymus hindsii Richardson, 1844 海氏䲗 台

Callionymus huguenini Bleeker, 1858-1859 长崎䲗 陆 台

  syn. *Callionymus kitaharae* Jordan & Seale, 1906 短鳍䲗

Callionymus ikedai (Nakabo, Senou & Aizawa, 1998) 池田䲗

Callionymus io Fricke, 1983 约氏䲗

Callionymus japonicus Houttuyn, 1782 日本䲗 陆 台

Callionymus kailolae Fricke, 2000 西澳大利亚䲗

Callionymus kanakorum Fricke, 2004 新喀里多尼亚䲗

Callionymus keeleyi Fowler, 1941 开氏䲗

Callionymus koreanus (Nakabo, Jeon & Li, 1987) 朝鲜䲗 陆

Callionymus kotthausi Fricke, 1981 科氏䲗

Callionymus leucobranchialis Fowler, 1941 白鳃䲗

Callionymus leucopoecilus Fricke & Lee, 1993 白点䲗

Callionymus limiceps Ogilby, 1908 锉首䲗

Callionymus luridus Fricke, 1981 浅黄䲗

Callionymus lyra Linnaeus, 1758 欧洲䲗

Callionymus macclesfieldensis Fricke, 1983 中沙䲗 陆

Callionymus maculatus Rafinesque, 1810 斑点䲗

Callionymus margaretae Regan, 1905 玛格丽特䲗

Callionymus marleyi Regan, 1919 马利氏䲗

Callionymus marquesensis Fricke, 1989 马克萨斯岛䲗

Callionymus martinae Fricke, 1981 黑缘䲗

Callionymus mascarenus Fricke, 1983 睛斑䲗

Callionymus megastomus Fricke, 1982 大口䲗

Callionymus melanotopterus Bleeker, 1851 黑鳍䲗

Callionymus meridionalis Suwardji, 1965 南方䲗 陆 台

  syn. *Callionymus monofilispinnus* Li, 1966 棘丝䲗

Callionymus moretonensis Johnson, 1971 美拉尼西亚䲗

Callionymus mortenseni Suwardji, 1965 莫氏䲗

Callionymus muscatensis Regan, 1905 马斯喀特䲗

Callionymus neptunius (Seale, 1910) 海神䲗

Callionymus obscurus Fricke, 1989 暗色䲗

Callionymus ochiaii Fricke, 1981 落合氏䲗

Callionymus octostigmatus Fricke, 1981 斑臀䲗 陆 台

Callionymus ogilbyi Fricke, 2002 奥氏䲗

Callionymus oxycephalus Fricke, 1980 尖头䲗

Callionymus persicus Regan, 1905 波斯湾䲗

Callionymus planus Ochiai, 1955 扁身䲗 陆 台

Callionymus platycephalus Fricke, 1983 扁头䲗

Callionymus pleurostictus Fricke, 1982 白臀䲗 台

Callionymus pusillus Delaroche, 1809 弱棘䲗

Callionymus regani Nakabo, 1979 里根氏䲗

Callionymus reticulatus Valenciennes, 1837 网纹䲗

Callionymus richardsonii Bleeker, 1854 李氏䲗 陆

Callionymus risso Lesueur, 1814 灰䲗

Callionymus rivatoni Fricke, 1993 里氏䲗

Callionymus russelli Johnson, 1976 勒氏䲗

Callionymus sagitta Pallas, 1770 箭䲗

Callionymus scabriceps Fowler, 1941 粗首䲗 台

Callionymus schaapii Bleeker, 1852 沙氏䲗 陆 台

Callionymus semeiophor Fricke, 1983 鳍斑䲗

Callionymus sereti Fricke, 1998 塞氏䲗

Callionymus simplicicornis Valenciennes, 1837 单角䲗

Callionymus sphinx Fricke & Heckele, 1984 缚䲗

Callionymus spiniceps Regan, 1908 棘首䲗

Callionymus stigmatopareius Fricke, 1981 斑颊䲗

Callionymus sublaevis McCulloch, 1926 次光䲗

Callionymus superbus Fricke, 1983 牛目䲗

Callionymus tenuis Fricke, 1981 薄䲗

Callionymus tethys Fricke, 1993 海仙䲗

Callionymus umbrithorax Fowler, 1941 暗胸䲗

Callionymus valenciennei Temminck & Schlegel, 1845 瓦氏䲗 陆 台

Callionymus variegatus Temminck & Schlegel, 1845 曳丝䲗 陆 台

Callionymus whiteheadi Fricke, 1981 怀氏䲗

Callionymus zythros Fricke, 2000 巴布亚新几内亚䲗

Genus *Calliurichthys* Jordan & Fowler, 1903 美尾䲗属

Calliurichthys izuensis (Fricke & Zaiser Brownell, 1993) 伊津美尾䲗 台

Calliurichthys scaber (McCulloch, 1926) 粗美尾䲗

Genus *Dactylopus* Gill, 1859 指脚䲗属;指鳍䲗属

Dactylopus dactylopus (Valenciennes, 1837) 指脚䲗;指鳍䲗 陆 台

Dactylopus kuiteri (Fricke, 1992) 基氏指脚䲗;基氏指鳍䲗

Genus *Diplogrammus* Gill, 1865 双线䲗属

Diplogrammus goramensis (Bleeker, 1858) 葛罗姆双线䲗 陆

Diplogrammus gruveli Smith, 1963 格氏双线䲗

Diplogrammus infulatus Smith, 1963 锯棘双线䲗

Diplogrammus pauciradiatus (Gill, 1865) 圆双线䲗

Diplogrammus pygmaeus Fricke, 1981 侏儒双线䲗

Diplogrammus randalli Fricke, 1983 兰氏双线䲗

Diplogrammus xenicus (Jordan & Thompson, 1914) 暗带双线䲗 台

Genus *Draculo* Snyder, 1911 单鳍䲗属

Draculo celetus (Smith, 1963) 独棘单鳍䲗

Draculo maugei (Smith, 1966) 牟氏单鳍䲗

Draculo pogognathus (Gosline, 1959) 穗颌单鳍䲗

Draculo shango (Davis & Robins, 1966) 香戈单鳍䲗

Genus *Eleutherochir* Bleeker, 1879 喉褶䲗属

Eleutherochir mirabilis (Snyder, 1911) 单鳍喉褶䲗 陆

Eleutherochir opercularis (Valenciennes, 1837) 双鳍喉褶䲗 台

Genus *Eocallionymus* Nakabo, 1982 原䲗属

Eocallionymus papilio (Günther, 1864) 蝶形原䲗

Genus *Foetorepus* Whitley, 1931 棘红䲗属

Foetorepus agassizii (Goode & Bean, 1888) 艾氏棘红䲗

Foetorepus calauropomus (Richardson, 1844) 异味棘红䲗

Foetorepus dagmarae (Fricke, 1985) 黑臀棘红䲗

Foetorepus garthi (Seale, 1940) 加氏棘红䲗

Foetorepus kamoharai Nakabo, 1983 蒲原氏棘红䲗

Foetorepus paxtoni (Fricke, 2000) 帕氏棘红䲗

Foetorepus phasis (Günther, 1880) 侧扁棘红䲗

Foetorepus talarae (Hildebrand & Barton, 1949) 泰拉棘红䲗

Foetorepus valdiviae (Trunov, 1981) 瓦尔德棘红䲗

Genus *Minysynchiropus* Nakabo, 1982 小连鳍䲗属

Minysynchiropus kiyoae (Fricke & Zaiser, 1983) 基氏小连鳍䲗

Genus *Neosynchiropus* Nalbant, 1979 新连鳍䲗属

Neosynchiropus bacescui Nalbant, 1979 巴氏新连鳍䲗

Genus *Paracallionymus* Barnard, 1927 副䲗属

Paracallionymus costatus (Boulenger, 1898) 长丝副䲗

Genus *Protogrammus* Fricke, 1985 原线䲗属

Protogrammus antipodus Fricke, 2004 反足原线䲗

Protogrammus sousai (Maul, 1972) 苏氏原线䲗

Genus *Pseudocalliurichthys* Nakabo, 1982 拟美尾䲗属

Pseudocalliurichthys brevianalis (Fricke, 1983) 短臀拟美尾䲗

Genus *Repomucenus* Whitley, 1931 斜棘䲗属

Repomucenus calcaratus (Macleay, 1881) 野生斜棘䲗

Repomucenus lunatus (Temminck & Schlegel, 1845) 月斑斜棘䲗 陆 台

Repomucenus macdonaldi (Ogilby, 1911) 麦氏斜棘䲗

Repomucenus olidus (Günther, 1873) 香斜棘䲗 陆 台

    syn. *Callionymus olidus* (Günther, 1873) 香䲗

Repomucenus ornatipinnis (Regan, 1905) 饰鳍斜棘䲗 台

Repomucenus virgis (Jordan & Fowler, 1903) 丝鳍斜棘䲗 陆 台

Genus *Synchiropus* Gill, 1859 连鳍䲗属

Synchiropus altivelis (Temminck & Schlegel, 1845) 红连鳍䲗 陆 台

Synchiropus atrilabiatus (Garman, 1899) 叉棘连鳍䲗

Synchiropus australis (Nakabo & McKay, 1989) 澳洲连鳍䲗

Synchiropus bartelsi Fricke, 1981 巴氏连鳍䲗

Synchiropus circularis Fricke, 1984 圆连鳍䲗

Synchiropus claudiae Fricke, 1990 克氏连鳍䲗

Synchiropus corallinus (Gilbert, 1905) 珊瑚连鳍䲗 台

Synchiropus delandi Fowler, 1943 戴氏连鳍䲗 台

Synchiropus goodenbeani (Nakabo & Hartel, 1999) 古氏连鳍䲗

Synchiropus grandoculis Fricke, 2000 锈色连鳍䲗

Synchiropus grinnelli Fowler, 1941 格氏连鳍䲗 台

Synchiropus hawaiiensis Fricke, 2000 夏威夷连鳍䲗

Synchiropus ijimae Jordan & Thompson, 1914 饭岛氏连鳍䲗 陆

Synchiropus kanmuensis (Nakabo, Yamamoto & Chen, 1983) 瞻星连鳍䲗

Synchiropus kinmeiensis (Nakabo, Yamamoto & Chen, 1983) 金美连鳍䲗

Synchiropus laddi Schultz, 1960 莱氏连鳍䲗 台

Synchiropus lateralis (Richardson, 1844) 侧斑连鳍䲗 陆 台

    syn. *Synchiropus ornatus* Fowler, 1931 饰纹连鳍䲗

Synchiropus lineolatus (Valenciennes, 1837) 线纹连鳍䲗

Synchiropus marmoratus (Peters, 1855) 云斑连鳍䲗

Synchiropus masudai (Nakabo, 1987) 益田氏连鳍䲗 台

    syn. *Foetorepus masudai* (Nakabo, 1987) 益田氏棘红䲗

Synchiropus minutulus Fricke, 1981 小连鳍䲗

Synchiropus monacanthus Smith, 1935 深水连鳍䲗

Synchiropus morrisoni Schultz, 1960 莫氏连鳍䲗 陆

    syn. *Neosynchiropus morrisoni* Schultz, 1960 莫氏新连鳍䲗

Synchiropus moyeri Zaiser & Fricke, 1985 摩氏连鳍䲗

Synchiropus novaecaledoniae Fricke, 1993 新喀里多尼亚连鳍䲗

Synchiropus ocellatus (Pallas, 1770) 眼斑连鳍䲗 陆 台

Synchiropus orientalis (Bloch & Schneider, 1801) 东方连鳍䲗

Synchiropus orstom Fricke, 2000 奥斯通连鳍䲗

Synchiropus phaeton (Günther, 1861) 黑鳍连鳍䲗

Synchiropus picturatus (Peters, 1877) 绣鳍连鳍䲗 台

Synchiropus postulus Smith, 1963 短体连鳍䲗

Synchiropus rameus (McCulloch, 1926) 帆鳍连鳍䲗

Synchiropus randalli Clark & Fricke, 1985 伦氏连鳍䲗

Synchiropus richeri Fricke, 2000 里氏连鳍䲗

Synchiropus rosulentus Randall, 1999 鸟嘴连鳍䲗

Synchiropus rubrovinctus (Gilbert, 1905) 丝背连鳍䲗

Synchiropus sechellensis Regan, 1908 红海连鳍䲗

Synchiropus signipinnis Fricke, 2000 魅翼连鳍䲗

Synchiropus splendidus (Herre, 1927) 花斑连鳍䲗 台

Synchiropus springeri Fricke, 1983 史氏连鳍䲗

Synchiropus stellatus Smith, 1963 红斑连鳍䲗

Synchiropus zamboangana Seale, 1910 三宝颜连鳍䲗

Genus *Tonlesapia* Motomura & Mukai, 2006 洞里萨湖䲗属

Tonlesapia tsukawakii Motomura & Mukai, 2006 冢胁氏洞里萨湖䲗

Family 454 Draconettidae 蜥䲗科

Genus *Centrodraco* Regan, 1913 粗棘蜥䲗属

Centrodraco abstractum Fricke, 2002 柄斑粗棘蜥䲗

Centrodraco acanthopoma (Regan, 1904) 短鳍粗棘蜥䲗 台

Centrodraco atrifilum Fricke, 2010 鞍斑粗棘蜥䲗

Centrodraco gegonipus (Parin, 1982) 海脊粗棘蜥䲗

Centrodraco insolitus (McKay, 1971) 栗色粗棘蜥䲗

Centrodraco lineatus Fricke, 1992 线纹粗棘蜥䲗

Centrodraco nakaboi Fricke, 1992 中坊氏粗棘蜥䲗

Centrodraco oregonus (Briggs & Berry, 1959) 巴西粗棘蜥䲗

Centrodraco ornatus (Fourmanoir & Rivaton, 1979) 饰妆粗棘蜥䲗

Centrodraco otohime Nakabo & Yamamoto, 1980 虫纹粗棘蜥䲗

Centrodraco pseudoxenicus (Kamohara, 1952) 珠点粗棘蜥䲗 陆

Centrodraco rubellus Fricke, Chave & Suzumoto, 1992 微红粗棘蜥䲗

Centrodraco striatus (Parin, 1982) 条纹粗棘蜥䲗

Genus *Draconetta* Jordan & Fowler, 1903 蜥䲗属

Draconetta xenica Jordan & Fowler, 1903 蜥䲗 陆

    syn. *Draconetta margarostigma* Cheng & Tain, 1980 珠点蜥䲗

Suborder Gobioidei 虾虎鱼亚目

Family 455 Rhyacichthyidae 溪鳢科

Genus *Protogobius* Watson & Pöllabauer, 1998 原溪鳢属

Protogobius attiti Watson & Pöllabauer, 1998 阿氏原溪鳢

Genus *Rhyacichthys* Boulenger, 1901 溪鳢属

Rhyacichthys aspro (Valenciennes, 1837) 溪鳢 台

Rhyacichthys guilberti Dingerkus & Séret, 1992 吉氏溪鳢

Family 456 Odontobutidae 沙塘鳢科

Genus *Micropercops* Fowler & Bean, 1920 小黄黝鱼属

Micropercops swinhonis (Günther, 1873) 小黄黝鱼 陆

    syn. *Micropercops borealis* (Nichols, 1930) 北方小黄黝鱼

    syn. *Micropercops cinctus* (Dabry de Thiersant, 1872) 斑小黄黝鱼

    syn. *Micropercops dabryi* (Fowler & Bean, 1920) 达氏小黄黝鱼

Genus *Neodontobutis* Chen, Kottelat & Wu, 2002 新沙塘鳢属

Neodontobutis aurarmus (Vidthayanon, 1995) 金鳍新沙塘鳢

Neodontobutis hainanensis (Chen, 1985) 海南新沙塘鳢 陆

    syn. *Philypnus macrolepis* Wu & Ni, 1986 大鳞细齿塘鳢

Neodontobutis macropectoralis (Mai, 1978) 大胸鳍新沙塘鳢

Neodontobutis tonkinensis (Mai, 1978) 八带新沙塘鳢

Genus *Odontobutis* Bleeker, 1874 沙塘鳢属

Odontobutis haifengensis Chen, 1985 海丰沙塘鳢 陆

Odontobutis hikimius Iwata & Sakai, 2002 斜口沙塘鳢

Odontobutis interrupta Iwata & Jeon, 1985 断纹沙塘鳢

Odontobutis obscura (Temminck & Schlegel, 1845) 暗色沙塘鳢

Odontobutis platycephala Iwata & Jeon, 1985 平头沙塘鳢

Odontobutis potamophila (Günther, 1861) 河川沙塘鳢 陆

Odontobutis sinensis Wu, Chen & Chong, 2002 中华沙塘鳢 陆

Odontobutis yaluensis Wu, Wu & Xie, 1993 鸭绿沙塘鳢 陆

Genus *Perccottus* Dybowski, 1877 鲈塘鳢属

Perccottus glenii Dybowski, 1877 葛氏鲈塘鳢 陆

Genus *Sineleotris* Herre, 1940 华黝鱼属

Sineleotris chalmersi (Nichols & Pope, 1927) 海南华黝鱼 陆

Sineleotris namxamensis Chen & Kottelat, 2004 越南华黝鱼

Sineleotris saccharae Herre, 1940 萨氏华黝鱼 陆

    syn. *Hypseleotris compressocephalus* Chen, 1985 侧扁黄黝鱼

Genus *Terateleotris* Shibukawa, Iwata & Viravong, 2001 怪沙塘鳢属

Terateleotris aspro (Kottelat, 1998) 老挝怪沙塘鳢

Family 457 Eleotridae 塘鳢科

Genus *Allomogurnda* Allen, 2003 跃塘鳢属

Allomogurnda flavimarginata Allen, 2003 黄边跃塘鳢

Allomogurnda hoesei Allen, 2003 霍氏跃塘鳢

Allomogurnda insularis Allen, 2003 眼带跃塘鳢

Allomogurnda landfordi Allen, 2003 兰氏跃塘鳢

Allomogurnda montana Allen, 2003 蒙塔纳跃塘鳢

Allomogurnda nesolepis (Weber, 1907) 岛栖跃塘鳢

Allomogurnda papua Allen, 2003 巴布亚新几内亚跃塘鳢

Allomogurnda sampricei Allen, 2003 萨氏跃塘鳢

Genus *Belobranchus* Bleeker, 1857 棘鳃塘鳢属

Belobranchus belobranchus (Valenciennes, 1837) 棘鳃塘鳢

Genus *Bostrychus* Lacepède, 1801 乌塘鳢属

Bostrychus africanus (Steindachner, 1879) 非洲乌塘鳢

Bostrychus aruensis Weber, 1911 阿鲁乌塘鳢

Bostrychus expatria (Herre, 1927) 巴拉望岛乌塘鳢

Bostrychus microphthalmus Hoese & Kottelat, 2005 小眼乌塘鳢

Bostrychus sinensis Lacepède, 1801 中华乌塘鳢 陆 台

Bostrychus strigogenys Nichols, 1937 颊纹乌塘鳢

Bostrychus zonatus Weber, 1907 带乌塘鳢

Genus *Bunaka* Herre, 1927 丘塘鳢属

Bunaka gyrinoides (Bleeker, 1853) 蝌蚪丘塘鳢 台

Genus *Butis* Bleeker, 1856 脊塘鳢属

Butis amboinensis (Bleeker, 1853) 安汶脊塘鳢

Butis butis (Hamilton, 1822) 脊塘鳢 陆

Butis gymnopomus (Bleeker, 1853) 裸首脊塘鳢 台

Butis humeralis (Valenciennes, 1837) 印度尼西亚脊塘鳢

Butis koilomatodon (Bleeker, 1849) 锯脊塘鳢 陆 台

Butis melanostigma (Bleeker, 1849) 黑点脊塘鳢 陆 台

Genus *Calumia* Smith, 1958 巧塘鳢属

Calumia eilperinae Allen & Erdmann, 2010 伊氏巧塘鳢

Calumia godeffroyi (Günther, 1877) 戈氏巧塘鳢 陆 台

Calumia papuensis Allen & Erdmann, 2010 巴布巧塘鳢

Calumia profunda Larson & Hoese, 1980 珊瑚巧塘鳢

Genus *Dormitator* Gill, 1861 脂塘鳢属

Dormitator cubanus Ginsburg, 1953 古巴脂塘鳢

Dormitator latifrons (Richardson, 1844) 侧叶脂塘鳢

Dormitator lebretonis (Steindachner, 1870) 网纹脂塘鳢

Dormitator lophocephalus Hoedeman, 1951 冠头脂塘鳢

Dormitator maculatus (Bloch, 1792) 斑脂塘鳢

Dormitator pleurops (Boulenger, 1909) 胸眼脂塘鳢

Genus *Eleotris* Bloch & Schneider, 1801 塘鳢属

Eleotris acanthopoma Bleeker, 1853 刺盖塘鳢 陆 台

Eleotris amblyopsis (Cope, 1871) 钝塘鳢

Eleotris andamensis Herre, 1939 安达曼岛塘鳢

Eleotris annobonensis Blanc, Cadenat & Stauch, 1968 赤道几内亚塘鳢

Eleotris aquadulcis Allen & Coates, 1990 泽生塘鳢

Eleotris balia Jordan & Seale, 1905 巴利岛塘鳢

Eleotris brachyurus Bleeker, 1849 短尾塘鳢

Eleotris daganensis Steindachner, 1870 锈色塘鳢

Eleotris feai Thys van den Audenaerde & Tortonese, 1974 费氏塘鳢

Eleotris fusca (Forster, 1801) 褐塘鳢 陆 台

Eleotris lutea Day, 1876 黄腹塘鳢

Eleotris macrocephala (Bleeker, 1857) 大头塘鳢

Eleotris macrolepis (Bleeker, 1875) 大鳞塘鳢

Eleotris mauritiana Bennett, 1832 毛利塔尼亚塘鳢

Eleotris melanosoma Bleeker, 1852 黑体塘鳢 陆 台

  syn. *Eleotris fasciatus* Chen, 1964 条纹塘鳢

Eleotris melanura Bleeker, 1849 黑尾塘鳢

Eleotris oxycephala Temminck & Schlegel, 1845 尖头塘鳢 陆 台

Eleotris pellegrini Maugé, 1984 佩氏塘鳢

Eleotris perniger (Cope, 1871) 全黑塘鳢

Eleotris picta Kner, 1863 斑塘鳢

Eleotris pisonis (Gmelin, 1789) 颊棘塘鳢

Eleotris pseudacanthopomus Bleeker, 1853 拟刺盖塘鳢

Eleotris sandwicensis Vaillant & Sauvage, 1875 桑威奇岛塘鳢

Eleotris senegalensis Steindachner, 1870 塞内加尔塘鳢

Eleotris soaresi Playfair, 1867 索氏塘鳢

Eleotris tecta Bussing, 1996 多鳞塘鳢

Eleotris tubularis Heller & Snodgrass, 1903 管塘鳢

Eleotris vittata Duméril, 1861 纹带塘鳢

Eleotris vomerodentata Maugé, 1984 犁齿塘鳢;锄齿塘鳢

Genus *Erotelis* Poey, 1860 绿塘鳢属

Erotelis armiger (Jordan & Richardson, 1895) 细绿塘鳢

Erotelis shropshirei (Hildebrand, 1938) 希氏绿塘鳢

Erotelis smaragdus (Valenciennes, 1837) 宝石绿塘鳢

Genus *Giuris* Sauvage, 1880 珍珠塘鳢属

Giuris margaritacea (Valenciennes, 1837) 珍珠塘鳢 陆 台

  syn. *Ophieleotris aporos* (Bleeker, 1854) 无孔蛇塘鳢

Genus *Gobiomorphus* Gill, 1863 鲍塘鳢属

Gobiomorphus australis (Krefft, 1864) 澳洲鲍塘鳢

Gobiomorphus basalis (Gray, 1842) 基鲍塘鳢

Gobiomorphus breviceps (Stokell, 1939) 短头鲍塘鳢

Gobiomorphus cotidianus McDowall, 1975 新西兰鲍塘鳢

Gobiomorphus coxii (Krefft, 1864) 考克斯鲍塘鳢

Gobiomorphus gobioides (Valenciennes, 1837) 似鲍塘鳢

Gobiomorphus hubbsi (Stokell, 1959) 蓝鳃鲍塘鳢

Gobiomorphus huttoni (Ogilby, 1894) 红鳍鲍塘鳢

Genus *Gobiomorus* Lacepède, 1800 呆塘鳢属

Gobiomorus dormitor Lacepède, 1800 嗜睡呆塘鳢

Gobiomorus maculatus (Günther, 1859) 斑点呆塘鳢

Gobiomorus polylepis Ginsburg, 1953 多鳞呆塘鳢

Genus *Grahamichthys* Whitley, 1956 格氏塘鳢属

Grahamichthys radiata (Valenciennes, 1837) 格氏塘鳢

Genus *Guavina* Bleeker, 1874 瓜维那塘鳢属

Guavina guavina (Valenciennes, 1837) 瓜维那塘鳢

Guavina micropus Ginsburg, 1953 小眼瓜维那塘鳢

Genus *Hemieleotris* Meek & Hildebrand, 1916 半塘鳢属

Hemieleotris latifasciata (Meek & Hildebrand, 1912) 侧带半塘鳢

Hemieleotris levis Eigenmann, 1918 光滑半塘鳢

Genus *Hypseleotris* Gill, 1863 黄黝鱼属

Hypseleotris aurea (Shipway, 1950) 金色黄黝鱼

Hypseleotris barrawayi Larson, 2007 巴氏黄黝鱼

Hypseleotris compressa (Krefft, 1864) 纵带黄黝鱼

Hypseleotris cyprinoides (Valenciennes, 1837) 似鲤黄黝鱼 台

Hypseleotris dayi Smith, 1950 台氏黄黝鱼

Hypseleotris ejuncida Hoese & Allen, 1982 纤细黄黝鱼

Hypseleotris everetti (Boulenger, 1895) 伊氏黄黝鱼

Hypseleotris galii (Ogilby, 1898) 盖氏黄黝鱼

Hypseleotris guentheri (Bleeker, 1875) 贡氏黄黝鱼

Hypseleotris kimberleyensis Hoese & Allen, 1982 金伯利黄黝鱼

Hypseleotris klunzingeri (Ogilby, 1898) 克氏黄黝鱼

Hypseleotris leuciscus (Bleeker, 1853) 银白黄黝鱼

Hypseleotris pangel Herre, 1927 喜荫黄黝鱼

Hypseleotris regalis Hoese & Allen, 1982 皇黄黝鱼

Hypseleotris tohizonae (Steindachner, 1880) 托希黄黝鱼

Genus *Incara* Rao, 1971 英卡塘鳢属

Incara multisquamatus Rao, 1971 多鳞英卡塘鳢

Genus *Kimberleyeleotris* Hoese & Allen, 1987 金伯利塘鳢属

Kimberleyeleotris hutchinsi Hoese & Allen, 1987 哈氏金伯利塘鳢
Kimberleyeleotris notata Hoese & Allen, 1987 金伯利塘鳢

Genus *Kribia* Herre, 1946 克列比塘鳢属

Kribia kribensis (Boulenger, 1907) 克列比塘鳢
Kribia leonensis (Boulenger, 1916) 莱昂克列比塘鳢
Kribia nana (Boulenger, 1901) 那那克列比塘鳢
Kribia uellensis (Boulenger, 1913) 刚果克列比塘鳢

Genus *Leptophilypnus* Meek & Hildebrand, 1916 仿细齿塘鳢属

Leptophilypnus fluviatilis Meek & Hildebrand, 1916 仿细齿塘鳢
Leptophilypnus guatemalensis Thacker & Pezold, 2006 危地马拉仿细齿塘鳢
Leptophilypnus panamensis (Meek & Hildebrand, 1916) 巴拿马仿细齿塘鳢

Genus *Microphilypnus* Myers, 1927 小细齿塘鳢属

Microphilypnus amazonicus Myers, 1927 亚马孙小细齿塘鳢
Microphilypnus macrostoma Myers, 1927 大口小细齿塘鳢
Microphilypnus ternetzi Myers, 1927 特氏小细齿塘鳢

Genus *Milyeringa* Whitley, 1945 澳洲大口塘鳢属

Milyeringa brooksi Chakrabarty, 2010 布氏澳洲大口塘鳢
Milyeringa veritas Whitley, 1945 澳洲大口塘鳢

Genus *Mogurnda* Gill, 1863 彩塘鳢属

Mogurnda adspersa (Castelnau, 1878) 大眼彩塘鳢
Mogurnda aiwasoensis Allen & Renyaan, 1996 印度尼西亚彩塘鳢
Mogurnda aurifodinae Whitley, 1938 奥氏彩塘鳢
Mogurnda cingulata Allen & Hoese, 1991 腰纹彩塘鳢
Mogurnda clivicola Allen & Jenkins, 1999 黄身彩塘鳢
Mogurnda furva Allen & Hoese, 1986 黑彩塘鳢
Mogurnda kaifayama Allen & Jenkins, 1999 横带彩塘鳢
Mogurnda kutubuensis Allen & Hoese, 1986 库图巴湖彩塘鳢
Mogurnda larapintae (Zietz, 1896) 砂栖彩塘鳢
Mogurnda lineata Allen & Hoese, 1991 条纹彩塘鳢
Mogurnda maccuneae Jenkins, Buston & Allen, 2000 长尾彩塘鳢
Mogurnda magna Allen & Renyaan, 1996 大头彩塘鳢
Mogurnda malsmithi Allen & Jebb, 1993 马尔氏彩塘鳢
Mogurnda mbuta Allen & Jenkins, 1999 花身彩塘鳢
Mogurnda mogurnda (Richardson, 1844) 彩塘鳢
Mogurnda mosa Jenkins, Buston & Allen, 2000 宝石彩塘鳢
Mogurnda oligolepis Allen & Jenkins, 1999 寡鳞彩塘鳢
Mogurnda orientalis Allen & Hoese, 1991 东方彩塘鳢
Mogurnda pardalis Allen & Renyaan, 1996 豹斑彩塘鳢
Mogurnda pulchra Horsthemke & Staeck, 1990 美丽彩塘鳢
Mogurnda spilota Allen & Hoese, 1986 斑点彩塘鳢
Mogurnda thermophila Allen & Jenkins, 1999 红点彩塘鳢
Mogurnda variegata Nichols, 1951 杂色彩塘鳢
Mogurnda vitta Allen & Hoese, 1986 饰带彩塘鳢
Mogurnda wapoga Allen, Jenkins & Renyaan, 1999 红头纹彩塘鳢

Genus *Odonteleotris* Gill, 1863 齿塘鳢属

Odonteleotris canina (Bleeker, 1849) 犬牙齿塘鳢
Odonteleotris macrodon (Bleeker, 1854) 大牙齿塘鳢

Genus *Ophiocara* Gill, 1863 头孔塘鳢属

Ophiocara macrolepidota (Bloch, 1792) 大鳞头孔塘鳢
Ophiocara porocephala (Valenciennes, 1837) 头孔塘鳢 陆 台

Genus *Oxyeleotris* Bleeker, 1874 尖塘鳢属

Oxyeleotris altipinna Allen & Renyaan, 1996 高鳍尖塘鳢
Oxyeleotris aruensis (Weber, 1911) 印度尼西亚尖塘鳢
Oxyeleotris caeca Allen, 1996 盲尖塘鳢
Oxyeleotris fimbriata (Weber, 1907) 缨尖塘鳢
Oxyeleotris herwerdenii (Weber, 1910) 赫氏尖塘鳢
Oxyeleotris heterodon (Weber, 1907) 异齿尖塘鳢
Oxyeleotris lineolata (Steindachner, 1867) 线纹尖塘鳢

Oxyeleotris marmorata (Bleeker, 1852) 云斑尖塘鳢;斑驳尖塘鳢 陆 台
Oxyeleotris nullipora Roberts, 1978 无孔尖塘鳢
Oxyeleotris paucipora Roberts, 1978 少孔尖塘鳢
Oxyeleotris selheimi (Macleay, 1884) 塞氏尖塘鳢
Oxyeleotris siamensis (Günther, 1861) 暹罗尖塘鳢
Oxyeleotris urophthalmoides (Bleeker, 1853) 似尾斑尖塘鳢
Oxyeleotris urophthalmus (Bleeker, 1851) 尾斑尖塘鳢
Oxyeleotris wisselensis Allen & Boeseman, 1982 威氏尖塘鳢

Genus *Parviparma* Herre, 1927 小盾塘鳢属

Parviparma straminea Herre, 1927 小盾塘鳢

Genus *Philypnodon* Bleeker, 1874 平齿塘鳢属

Philypnodon grandiceps (Krefft, 1864) 大头平齿塘鳢
Philypnodon macrostomus Hoese & Reader, 2006 大口平齿塘鳢

Genus *Pogoneleotris* Bleeker, 1875 芒塘鳢属

Pogoneleotris heterolepis (Günther, 1869) 芒塘鳢

Genus *Prionobutis* Bleeker, 1874 锯塘鳢属

Prionobutis dasyrhynchus (Günther, 1868) 粗吻锯塘鳢
Prionobutis microps (Weber, 1907) 小眼锯塘鳢

Genus *Ratsirakia* Maugé, 1984 拉思塘鳢属

Ratsirakia legendrei (Pellegrin, 1919) 利氏拉思塘鳢

Genus *Tateurndina* Nichols, 1955 新几内亚塘鳢属

Tateurndina ocellicauda Nichols, 1955 眼尾新几内亚塘鳢

Genus *Thalasseleotris* Hoese & Larson, 1987 海塘鳢属

Thalasseleotris adela Hoese & Larson, 1987 海塘鳢
Thalasseleotris iota Hoese & Roberts, 2005 狭鳃海塘鳢

Genus *Typhleotris* Petit, 1933 盲塘鳢属

Typhleotris madagascariensis Petit, 1933 马达加斯加盲塘鳢
Typhleotris pauliani Arnoult, 1959 波氏盲塘鳢

Family 458 Xenisthmidae 峡塘鳢科

Genus *Allomicrodesmus* Schultz, 1966 异蠕鳢属

Allomicrodesmus dorotheae Schultz, 1966 大堡礁异蠕鳢

Genus *Paraxenisthmus* Gill & Hoese, 1993 副峡塘鳢属

Paraxenisthmus cerberusi Winterbottom & Gill, 2006 帕劳副峡塘鳢
Paraxenisthmus springeri Gill & Hoese, 1993 斯氏副峡塘鳢

Genus *Rotuma* Springer, 1988 路岛峡塘鳢属

Rotuma lewisi Springer, 1988 大眼路岛峡塘鳢

Genus *Tyson* Springer, 1983 泰森峡塘鳢属

Tyson belos Springer, 1983 泰森峡塘鳢

Genus *Xenisthmus* Snyder, 1908 峡塘鳢属

Xenisthmus africanus Smith, 1958 非洲峡塘鳢
Xenisthmus balius Gill & Randall, 1994 斑峡塘鳢
Xenisthmus chi Gill & Hoese, 2004 希氏峡塘鳢
Xenisthmus clarus (Jordan & Seale, 1906) 峡塘鳢
Xenisthmus eirospilus Gill & Hoese, 2004 多斑峡塘鳢
Xenisthmus polyzonatus (Klunzinger, 1871) 多纹峡塘鳢 陆 台
Xenisthmus semicinctus Gill & Hoese, 2004 半带峡塘鳢

Family 459 Kraemeriidae 柯氏鱼科

Genus *Gobitrichinotus* Fowler, 1943 盘鳍塘鳢属

Gobitrichinotus arnoulti Kiener, 1963 阿氏盘鳍塘鳢
Gobitrichinotus radiocularis Fowler, 1943 琉球盘鳍塘鳢

Genus *Kraemeria* Steindachner, 1906 柯氏鱼属

Kraemeria bryani Schultz, 1941 布氏沙鳢(夏威夷柯氏鱼)
Kraemeria cunicularia Rofen, 1958 穴沙鳢(穴柯氏鱼) 陆
Kraemeria galatheaensis Rofen, 1958 匐匋沙鳢(匐匋柯氏鱼)
Kraemeria merensis Whitley, 1935 沙鳢(柯氏鱼)
Kraemeria nuda (Regan, 1908) 裸沙鳢(裸柯氏鱼)
Kraemeria samoensis Steindachner, 1906 萨摩亚沙鳢(萨摩亚柯氏鱼)

Kraemeria tongaensis Rofen, 1958 汤加沙鳢(汤加柯氏鱼)

Family 460 Gobiidae 虾虎鱼科

Genus *Aboma* Jordan & Starks, 1895 阿匍虾虎鱼属

Aboma etheostoma Jordan & Starks, 1895 紧口阿匍虾虎鱼

Genus *Acanthogobius* Gill, 1859 刺虾虎鱼属

Acanthogobius elongata (Fang, 1942) 长体刺虾虎鱼 陆

Acanthogobius flavimanus (Temminck & Schlegel, 1845) 黄鳍刺虾虎鱼 陆

Acanthogobius lactipes (Hilgendorf, 1879) 乳色刺虾虎鱼 陆

Acanthogobius luridus Ni & Wu, 1985 棕刺虾虎鱼 陆

Acanthogobius ommaturus (Richardson, 1845) 斑尾刺虾虎鱼 陆 台

    syn. *Acanthogobius hasta* (Temminck & Schlegel, 1845) 矛尾刺虾虎鱼

    syn. *Synechogobius hasta* (Temminck & Schlegel, 1845) 矛尾复虾虎鱼

Acanthogobius stigmothonus (Richardson , 1845) 斑鳍刺虾虎鱼 陆

Genus *Acentrogobius* Bleeker, 1874 细棘虾虎鱼属

Acentrogobius audax Smith, 1959 弯纹细棘虾虎鱼

Acentrogobius cyanomos (Bleeker, 1849) 青细棘虾虎鱼

Acentrogobius dayi Koumans, 1941 戴氏细棘虾虎鱼

Acentrogobius ennorensis Menon & Rema Devi, 1980 印度细棘虾虎鱼

Acentrogobius griseus (Day, 1876) 灰细棘虾虎鱼

Acentrogobius masoni (Day, 1873) 梅氏细棘虾虎鱼

Acentrogobius multifasciatus (Herre, 1927) 多带细棘虾虎鱼

Acentrogobius ocyurus (Jordan & Seale , 1907) 圆头细棘虾虎鱼 台

    syn. *Drombus ocyurus* (Jordan & Seale , 1907) 圆头捷虾虎鱼

Acentrogobius pellidebilis Lee & Kim, 1992 朝鲜细棘虾虎鱼

Acentrogobius simplex (Sauvage, 1880) 简细棘虾虎鱼

Acentrogobius suluensis (Herre, 1927) 苏禄细棘虾虎鱼

Acentrogobius therezieni Kiener, 1963 特氏细棘虾虎鱼

Acentrogobius viganensis (Steindachner, 1893) 头纹细棘虾虎鱼 台

Acentrogobius viridipunctatus (Valenciennes, 1837) 青斑细棘虾虎鱼 陆 台

Genus *Afurcagobius* Gill, 1993 阿富卡虾虎鱼属

Afurcagobius suppositus (Sauvage, 1880) 阿富卡虾虎鱼

Afurcagobius tamarensis (Johnston, 1883) 塔马拉岛阿富卡虾虎鱼

Genus *Akihito* Watson, 2007 明仁虾虎鱼属

Akihito futuna Keith, Marquet & Watson, 2008 富图纳岛明仁虾虎鱼

Akihito vanuatu Watson, Keith & Marquet, 2007 叉牙明仁虾虎鱼

Genus *Akko* Birdsong & Robins, 1995 阿科虾虎鱼属

Akko brevis (Günther, 1864) 短阿科虾虎鱼

Akko dionaea Birdsong & Robins, 1995 巴西阿科虾虎鱼

Akko rossi Van Tassell & Baldwin, 2004 路氏阿科虾虎鱼

Genus *Amblychaeturichthys* Bleeker, 1874 钝尾虾虎鱼属

Amblychaeturichthys hexanema (Bleeker, 1853) 六丝钝尾虾虎鱼 陆 台

Amblychaeturichthys sciistius (Jordan & Snyder, 1901) 斑鳍钝尾虾虎鱼

Genus *Amblyeleotris* Bleeker, 1874 钝塘鳢属

Amblyeleotris arcupinna Mohlmann & Munday, 1999 网鳍钝塘鳢

Amblyeleotris aurora (Polunin & Lubbock, 1977) 红带钝塘鳢

Amblyeleotris bellicauda Randall, 2004 美尾钝塘鳢

Amblyeleotris biguttata Randall, 2004 双斑钝塘鳢

Amblyeleotris bleekeri Chen, Shao & Chen, 2006 布氏钝塘鳢 台

Amblyeleotris callopareia Polunin & Lubbock, 1979 美颊钝塘鳢

Amblyeleotris cephalotaenius (Ni, 1989) 头带钝塘鳢 陆

    syn. *Cryptocentrus cephalotaenius* Ni, 1989 头带丝虾虎鱼

Amblyeleotris delicatulus Smith, 1958 迷人钝塘鳢

Amblyeleotris diagonalis Polunin & Lubbock, 1979 斜带钝塘鳢 台

Amblyeleotris downingi Randall, 1994 唐宁氏钝塘鳢

Amblyeleotris ellipse Randall, 2004 横带钝塘鳢

Amblyeleotris fasciata (Herre, 1953) 条带钝塘鳢

Amblyeleotris fontanesii (Bleeker, 1852) 福氏钝塘鳢 台

Amblyeleotris guttata (Fowler, 1938) 点纹钝塘鳢 陆 台

Amblyeleotris gymnocephala (Bleeker, 1853) 裸头钝塘鳢 陆

    syn. *Cryptocentrus gymnocephala* (Bleeker, 1853) 裸头丝虾虎鱼

Amblyeleotris harrisorum Mohlmann & Randall, 2002 项带钝塘鳢

Amblyeleotris japonica Takagi, 1957 日本钝塘鳢 台

Amblyeleotris latifasciata Polunin & Lubbock, 1979 侧纹钝塘鳢

Amblyeleotris macronema Polunin & Lubbock, 1979 大丝钝塘鳢

Amblyeleotris marquesas Mohlmann & Randall, 2002 马克萨斯岛钝塘鳢

Amblyeleotris masuii Aonuma & Yoshino, 1996 琉球钝塘鳢

Amblyeleotris melanocephala Aonuma, Iwata & Yoshino, 2000 黑头钝塘鳢 台

Amblyeleotris morishitai Senou & Aonuma, 2007 莫氏钝塘鳢

Amblyeleotris neglecta Jaafar & Randall, 2009 五带钝塘鳢

Amblyeleotris neumanni Randall & Earle, 2006 诺氏钝塘鳢

Amblyeleotris novaecaledoniae Goren, 1981 新喀里多尼亚钝塘鳢

Amblyeleotris ogasawarensis Yanagisawa, 1978 小笠原钝塘鳢 台

Amblyeleotris periophthalma (Bleeker, 1853) 圆眶钝塘鳢 台

Amblyeleotris randalli Hoese & Steene, 1978 兰道氏钝塘鳢 陆 台

Amblyeleotris rhyax Polunin & Lubbock, 1979 林克钝塘鳢

Amblyeleotris rubrimarginata Mohlmann & Randall, 2002 红缘钝塘鳢

Amblyeleotris steinitzi (Klausewitz, 1974) 史氏钝塘鳢 陆 台

Amblyeleotris stenotaeniata Randall, 2004 眼带钝塘鳢 台

Amblyeleotris sungami (Klausewitz, 1969) 孙氏钝塘鳢

Amblyeleotris taipinensis Chen, Shao & Chen, 2006 太平岛钝塘鳢 台

Amblyeleotris triguttata Randall, 1994 三斑钝塘鳢

Amblyeleotris wheeleri (Polunin & Lubbock, 1977) 威氏钝塘鳢 陆 台

Amblyeleotris yanoi Aonuma & Yoshino, 1996 亚诺钝塘鳢 台

Genus *Amblygobius* Bleeker, 1874 钝虾虎鱼属

Amblygobius albimaculatus (Rüppell, 1830) 白条钝虾虎鱼 陆

Amblygobius buanensis (Herre, 1927) 菲律宾钝虾虎鱼

Amblygobius bynoensis (Richardson, 1844) 百瑙钝虾虎鱼 陆

Amblygobius decussatus (Bleeker, 1855) 华丽钝虾虎鱼 陆

Amblygobius esakiae Herre, 1939 伊氏钝虾虎鱼

Amblygobius linki Herre, 1927 林克钝虾虎鱼

Amblygobius magnusi (Klausewitz, 1968) 马氏钝虾虎鱼

Amblygobius nocturnus (Herre, 1945) 短唇钝虾虎鱼 陆 台

Amblygobius phalaena (Valenciennes, 1837) 尾斑钝虾虎鱼 陆 台

Amblygobius semicinctus (Bennett, 1833) 半带钝虾虎鱼

Amblygobius sphynx (Valenciennes, 1837) 红海钝虾虎鱼 陆

Amblygobius stethophthalmus (Bleeker, 1851) 胸眼钝虾虎鱼

Amblygobius tekomaji (Smith, 1959) 泰氏钝虾虎鱼

Genus *Amblyotrypauchen* Hora, 1924 钝孔虾虎鱼属

Amblyotrypauchen arctocephalus (Alcock, 1890) 窄头钝孔虾虎鱼 陆

Genus *Amoya* Herre, 1927 缰虾虎鱼属

Amoya brevirostris (Günther, 1861) 短吻缰虾虎鱼 陆

    syn. *Ctenogobius brevirostris* (Günther, 1861) 短吻栉虾虎鱼

Amoya caninus (Valenciennes, 1837) 犬牙缰虾虎鱼 台

    syn. *Acentrogobius caninus* (Valenciennes, 1837) 犬牙细棘虾虎鱼

Amoya chlorostigmatoides (Bleeker, 1849) 绿斑缰虾虎鱼 陆 台

    syn. *Acentrogobius chlorostigmatoides* (Bleeker, 1849) 绿斑细棘虾虎鱼

Amoya chusanensis (Herre, 1940) 舟山缰虾虎鱼 陆

    syn. *Acentrogobius chusanensis* (Herre, 1940) 舟山细棘虾虎鱼

Amoya gracilis (Bleeker, 1875) 蓝点缰虾虎鱼

Amoya janthinopterus (Bleeker, 1852) 紫鳍缰虾虎鱼 陆 台

    syn. *Acentrogobius janthinopterus* (Bleeker, 1852) 紫鳍细棘虾虎鱼

Amoya madraspatensis (Day, 1868) 马达拉斯缰虾虎鱼 陆

    syn. *Ctenogobius notophthalmus* Bleeker,1875 多线栉虾虎鱼

Amoya microps (Chu & Wu, 1963) 小眼缰虾虎鱼 陆

    syn. *Acentrogobius microps* Chu & Wu, 1963 小眼细棘虾虎鱼

Amoya moloanus (Herre, 1927) 黑带缰虾虎鱼 陆

Amoya pflaumi (Bleeker, 1853) 普氏缰虾虎鱼 陆 台

    syn. *Acentrogobius pflaumii* (Bleeker, 1853) 普氏细棘虾虎鱼

Amoya signata (Peters, 1855) 獠牙缰虾虎鱼

Amoya veliensis (Greevarghese & John, 1982) 费尔缰虾虎鱼

Genus *Anatirostrum* Iljin, 1930 鸭吻虾虎鱼属

Anatirostrum profundorum (Berg, 1927) 里海鸭吻虾虎鱼

Genus *Ancistrogobius* Shibukawa, 2010 颊钩虾虎鱼属

Ancistrogobius dipus Shibukawa, Yoshino & Allen, 2010 双鳍颊钩虾虎鱼

Ancistrogobius squamiceps Shibukawa, Yoshino & Allen, 2010 鳞头颊钩虾虎鱼

Ancistrogobius yanoi Shibukawa, Yoshino & Allen, 2010 矢野颊钩虾虎鱼

Ancistrogobius yoshigoui Shibukawa, Yoshino & Allen, 2010 良口颊钩虾虎鱼

Genus *Aphia* Risso, 1827 玻璃虾虎鱼属

Aphia minuta (Risso, 1810) 微体玻璃虾虎鱼

Genus *Apocryptes* Valenciennes, 1837 平牙虾虎鱼属

Apocryptes bato (Hamilton, 1822) 棘平牙虾虎鱼

Genus *Apocryptodon* Bleeker, 1874 叉牙虾虎鱼属

Apocryptodon glyphisodon (Bleeker, 1849) 少齿叉牙虾虎鱼 陆

Apocryptodon madurensis (Bleeker, 1849) 马都拉叉牙虾虎鱼 陆 台

Apocryptodon malcolmi Smith, 1931 细点叉牙虾虎鱼 陆

Apocryptodon punctatus Tomiyama, 1934 短斑叉牙虾虎鱼 陆 台

Genus *Arcygobius* Larson & Wright, 2003 网虾虎鱼属

Arcygobius baliurus (Valenciennes, 1837) 网虾虎鱼

Genus *Arenigobius* Whitley, 1930 砂栖虾虎鱼属

Arenigobius bifrenatus (Kner, 1865) 双缰砂栖虾虎鱼

Arenigobius frenatus (Günther, 1861) 单缰砂栖虾虎鱼

Arenigobius leftwichi (Ogilby, 1910) 莱氏砂栖虾虎鱼

Genus *Aruma* Ginsburg, 1933 阿鲁虾虎鱼属

Aruma histrio (Jordan, 1884) 阿鲁虾虎鱼

Genus *Asterropteryx* Rüppell, 1830 星塘鳢属

Asterropteryx atripes Shibukawa & Suzuki, 2002 琉球星塘鳢

Asterropteryx bipunctata Allen & Munday, 1995 双斑星塘鳢

Asterropteryx ensifera (Bleeker, 1874) 剑星塘鳢

Asterropteryx ovata Shibukawa & Suzuki, 2007 卵形星塘鳢

Asterropteryx semipunctata Rüppell, 1830 半斑星塘鳢 陆 台

Asterropteryx senoui Shibukawa & Suzuki, 2007 濑上氏星塘鳢

Asterropteryx spinosa (Goren, 1981) 棘星塘鳢 台

Asterropteryx striata Allen & Munday, 1995 条纹星塘鳢

Genus *Astrabe* Jordan & Snyder, 1901 鞍虾虎鱼属

Astrabe fasciata Akihito & Meguro, 1988 黑带鞍虾虎鱼

Astrabe flavimaculata Akihito & Meguro, 1988 黄斑鞍虾虎鱼

Astrabe lactisella Jordan & Snyder, 1901 乳斑鞍虾虎鱼

Genus *Aulopareia* Smith, 1945 颊沟虾虎鱼属

Aulopareia atripinnatus (Smith, 1931) 黑鳍颊沟虾虎鱼

Aulopareia janetae Smith, 1945 泰国颊沟虾虎鱼

Aulopareia koumansi (Herre, 1937) 库氏颊沟虾虎鱼

Aulopareia unicolor (Valenciennes, 1837) 单色颊沟虾虎鱼

Genus *Austrolethops* Whitley, 1935 软塘鳢属

Austrolethops wardi Whitley, 1935 沃氏软塘鳢 台

Genus *Awaous* Valenciennes, 1837 阿胡虾虎鱼属

Awaous acritosus Watson, 1994 昆士兰阿胡虾虎鱼

Awaous aeneofuscus (Peters, 1852) 锈色阿胡虾虎鱼

Awaous banana (Valenciennes, 1837) 巴那纳阿胡虾虎鱼

Awaous commersoni (Schneider, 1801) 康氏阿胡虾虎鱼

Awaous flavus (Valenciennes, 1837) 橙黄阿胡虾虎鱼

Awaous fluviatilis (Rao, 1971) 河川阿胡虾虎鱼

Awaous grammepomus (Bleeker, 1849) 纹鳃阿胡虾虎鱼

Awaous guamensis (Valenciennes, 1837) 关岛阿胡虾虎鱼

Awaous lateristriga (Duméril, 1861) 侧纹阿胡虾虎鱼

Awaous litturatus (Steindachner, 1861) 菲律宾阿胡虾虎鱼

Awaous macrorhynchus (Bleeker, 1867) 大吻阿胡虾虎鱼

Awaous melanocephalus (Bleeker, 1849) 黑头阿胡虾虎鱼 陆 台

Awaous nigripinnis (Valenciennes, 1837) 黑鳍阿胡虾虎鱼

Awaous ocellaris (Broussonet, 1782) 眼斑阿胡虾虎鱼 台

Awaous pallidus (Valenciennes, 1837) 苍白阿胡虾虎鱼

Awaous personatus (Bleeker, 1849) 裸颊阿胡虾虎鱼

Awaous tajasica (Lichtenstein, 1822) 砂栖阿胡虾虎鱼

Genus *Babka* Iljin, 1927 裸喉虾虎鱼属

Babka gymnotrachelus (Kessler, 1857) 裸喉虾虎鱼

Genus *Barbulifer* Eigenmann & Eigenmann, 1888 胡虾虎鱼属

Barbulifer antennatus Böhlke & Robins, 1968 长须胡虾虎鱼

Barbulifer ceuthoecus (Jordan & Gilbert, 1884) 短须胡虾虎鱼

Barbulifer enigmaticus Joyeux, Tassell & Macieira, 2009 颏须胡虾虎鱼

Barbulifer mexicanus Hoese & Larson, 1985 墨西哥胡虾虎鱼

Barbulifer pantherinus (Pellegrin, 1901) 豹纹胡虾虎鱼

Genus *Barbuligobius* Lachner & McKinney, 1974 髯毛虾虎鱼属

Barbuligobius boehlkei Lachner & McKinney, 1974 髯毛虾虎鱼 台

Genus *Bathygobius* Bleeker, 1878 深虾虎鱼属

Bathygobius aeolosoma (Ogilby, 1889) 杂色深虾虎鱼

Bathygobius albopunctatus (Valenciennes, 1837) 白斑深虾虎鱼

Bathygobius andrei (Sauvage, 1880) 安氏深虾虎鱼

Bathygobius antilliensis Tornabene, Baldwin & Pezold, 2010 脾状深虾虎鱼

Bathygobius arundelii (Garman, 1899) 阿氏深虾虎鱼

Bathygobius burtoni (O'Shaughnessy, 1875) 伯顿氏深虾虎鱼

Bathygobius casamancus (Rochebrune, 1880) 卡萨深虾虎鱼

Bathygobius coalitus (Bennett, 1832) 蓝点深虾虎鱼 台

　　syn. *Bathygobius padangensis* (Bleeker, 1851) 巴东深虾虎鱼

Bathygobius cocosensis (Bleeker, 1854) 椰子深虾虎鱼 台

Bathygobius cotticeps (Steindachner, 1879) 阔头深虾虎鱼 台

Bathygobius curacao (Metzelaar, 1919) 凹舌深虾虎鱼

Bathygobius cyclopterus (Valenciennes, 1837) 圆鳍深虾虎鱼 陆 台

Bathygobius fishelsoni Goren, 1978 菲氏深虾虎鱼

Bathygobius fuscus (Rüppell, 1830) 褐深虾虎鱼 陆 台

Bathygobius geminatus Tornabene, Baldwin & Pezold, 2010 双生深虾虎鱼

Bathygobius karachiensis Hoda & Goren, 1990 卡拉其深虾虎鱼

Bathygobius kreftii (Steindachner, 1866) 克氏深虾虎鱼

Bathygobius laddi (Fowler, 1931) 莱氏深虾虎鱼 台

Bathygobius lineatus (Jenyns, 1841) 线纹深虾虎鱼

Bathygobius meggitti (Hora & Mukerji, 1936) 梅氏深虾虎鱼 陆 台

　　syn. *Bathygobius hongkongensis* Lam, 1986 香江深虾虎鱼

Bathygobius mystacium Ginsburg, 1947 白点深虾虎鱼

Bathygobius niger (Smith, 1960) 黑深虾虎鱼

Bathygobius ostreicola (Chaudhuri, 1916) 蛎居深虾虎鱼

Bathygobius panayensis (Jordan & Seale, 1907) 菲律宾帕奈深虾虎鱼

Bathygobius petrophilus (Bleeker, 1853) 扁头深虾虎鱼 陆 台

Bathygobius ramosus Ginsburg, 1947 多枝深虾虎鱼

Bathygobius smithi Fricke, 1999 史氏深虾虎鱼

Bathygobius soporator (Valenciennes, 1837) 褶鳍深虾虎鱼

Genus *Benthophiloides* Beling & Iljin, 1927 似深蝛虾虎鱼属

Benthophiloides brauneri Beling & Iljin, 1927 布氏似深蝛虾虎鱼

Benthophiloides turcomanus (Iljin, 1941) 厚唇似深蝛虾虎鱼

Genus *Benthophilus* Eichwald, 1831 瘤虾虎鱼属

Benthophilus baeri Kessler, 1877 贝氏瘤虾虎鱼

Benthophilus casachicus Ragimov, 1978 里海瘤虾虎鱼

Benthophilus ctenolepidus Kessler, 1877 栉鳞瘤虾虎鱼

Benthophilus durrelli Boldyrev & Bogutskaya, 2004 杜氏瘤虾虎鱼

Benthophilus granulosus Kessler, 1877 颗粒瘤虾虎鱼

Benthophilus grimmi Kessler, 1877 格氏瘤虾虎鱼

Benthophilus kessleri Berg, 1927 凯氏瘤虾虎鱼

Benthophilus leobergius Berg, 1949 伏尔加河瘤虾虎鱼

Benthophilus leptocephalus Kessler, 1877 小头瘤虾虎鱼

Benthophilus leptorhynchus Kessler, 1877 细吻瘤虾虎鱼

Benthophilus macrocephalus (Pallas, 1787) 大头瘤虾虎鱼
Benthophilus magistri Iljin, 1927 马氏瘤虾虎鱼
Benthophilus mahmudbejovi Ragimov, 1976 亚速夫海瘤虾虎鱼
Benthophilus nudus Berg, 1898 裸身瘤虾虎鱼
Benthophilus ragimovi Boldyrev & Bogutskaya, 2004 拉氏瘤虾虎鱼
Benthophilus spinosus Kessler, 1877 棘瘤虾虎鱼
Benthophilus stellatus (Sauvage, 1874) 星瘤虾虎鱼
Benthophilus svetovidovi Pinchuk & Ragimov, 1979 斯氏瘤虾虎鱼

Genus *Boleophthalmus* Valenciennes, 1837 大弹涂鱼属

Boleophthalmus birdsongi Murdy, 1989 澳洲大弹涂鱼
Boleophthalmus boddarti (Pallas, 1770) 薄氏大弹涂鱼
Boleophthalmus caeruleomaculatus McCulloch & Waite, 1918 绿斑大弹涂鱼
Boleophthalmus dussumieri Valenciennes, 1837 杜氏大弹涂鱼
Boleophthalmus pectinirostris (Linnaeus, 1758) 大弹涂鱼 陆 台

Genus *Bollmannia* Jordan, 1890 白睛虾虎鱼属

Bollmannia boqueronensis Evermann & Marsh, 1899 波克白睛虾虎鱼
Bollmannia chlamydes Jordan, 1890 栉孔白睛虾虎鱼
Bollmannia communis Ginsburg, 1942 裸吻白睛虾虎鱼
Bollmannia eigenmanni (Garman, 1896) 艾氏白睛虾虎鱼
Bollmannia gomezi Acero P., 1981 戈氏白睛虾虎鱼
Bollmannia litura Ginsburg, 1935 多米尼加白睛虾虎鱼
Bollmannia longipinnis Ginsburg, 1939 长鳍白睛虾虎鱼
Bollmannia macropoma Gilbert, 1892 大盖白睛虾虎鱼
Bollmannia marginalis Ginsburg, 1939 贪婪白睛虾虎鱼
Bollmannia ocellata Gilbert, 1892 睛斑白睛虾虎鱼
Bollmannia pawneea Ginsburg, 1939 巴拿马白睛虾虎鱼
Bollmannia stigmatura Gilbert, 1892 眼点白睛虾虎鱼
Bollmannia umbrosa Ginsburg, 1939 荫白睛虾虎鱼

Genus *Brachyamblyopus* Bleeker, 1874 盲虾虎鱼属

Brachyamblyopus brachysoma (Bleeker, 1853) 短体盲虾虎鱼
Brachyamblyopus intermedius (Volz, 1903) 中间盲虾虎鱼

Genus *Brachygobius* Bleeker, 1874 短虾虎鱼属

Brachygobius aggregatus Herre, 1940 群栖短虾虎鱼
Brachygobius doriae (Günther, 1868) 道氏短虾虎鱼
Brachygobius kabiliensis Inger, 1958 婆罗洲短虾虎鱼
Brachygobius mekongensis Larson & Vidthayanon, 2000 湄公河短虾虎鱼
Brachygobius nunus (Hamilton, 1822) 印度短虾虎鱼
Brachygobius sabanus Inger, 1958 马来西亚短虾虎鱼
Brachygobius sua (Smith, 1931) 休阿短虾虎鱼
Brachygobius xanthomelas Herre, 1937 黄黑短虾虎鱼
Brachygobius xanthozonus (Bleeker, 1849) 黄带短虾虎鱼

Genus *Bryaninops* Smith, 1959 珊瑚虾虎鱼属

Bryaninops amplus Larson, 1985 狭鳃珊瑚虾虎鱼
Bryaninops dianneae Larson, 1985 黛安娜珊瑚虾虎鱼
Bryaninops erythrops (Jordan & Seale, 1906) 红眼珊瑚虾虎鱼
Bryaninops isis Larson, 1985 大堡礁珊瑚虾虎鱼
Bryaninops loki Larson, 1985 罗氏珊瑚虾虎鱼 台
Bryaninops natans Larson, 1985 漂游珊瑚虾虎鱼 台
Bryaninops nexus Larson, 1987 单鼻珊瑚虾虎鱼
Bryaninops ridens Smith, 1959 裸头珊瑚虾虎鱼
Bryaninops tigris Larson, 1985 虎纹珊瑚虾虎鱼
Bryaninops yongei (Davis & Cohen, 1969) 勇氏珊瑚虾虎鱼 陆 台

Genus *Buenia* Iljin, 1930 冰岛虾虎鱼属

Buenia affinis Iljin, 1930 安芬冰岛虾虎鱼
Buenia jeffreysii (Günther, 1867) 冰岛虾虎鱼

Genus *Cabillus* Smith, 1959 大眼虾虎鱼属

Cabillus atripelvicus Randall, Sakamoto & Shibukawa, 2007 黑腹大眼虾虎鱼

Cabillus caudimacula Greenfield & Randall, 2004 尾斑大眼虾虎鱼
Cabillus lacertops Smith, 1959 腹鳞大眼虾虎鱼
Cabillus macrophthalmus (Weber, 1909) 大眼虾虎鱼
Cabillus tongarevae (Fowler, 1927) 汤加岛大眼虾虎鱼

Genus *Caecogobius* Berti & Ercolini, 1991 隐眼虾虎鱼属

Caecogobius cryptophthalmus Berti & Ercolini, 1991 菲律宾隐眼虾虎鱼

Genus *Caffrogobius* Smitt, 1900 卡佛虾虎鱼属

Caffrogobius agulhensis (Barnard, 1927) 斑鳍卡佛虾虎鱼
Caffrogobius caffer (Günther, 1874) 横带卡佛虾虎鱼
Caffrogobius dubius (Smith, 1959) 钝头卡佛虾虎鱼
Caffrogobius gilchristi (Boulenger, 1898) 好望角卡佛虾虎鱼
Caffrogobius natalensis (Günther, 1874) 点纹卡佛虾虎鱼
Caffrogobius nudiceps (Valenciennes, 1837) 裸头卡佛虾虎鱼
Caffrogobius saldanha (Barnard, 1927) 点鳍卡佛虾虎鱼

Genus *Callogobius* Bleeker, 1874 美虾虎鱼属;硬皮虾虎鱼属

Callogobius amikami Goren, Miroz & Baranes, 1991 网仓氏美虾虎鱼;网仓氏硬皮虾虎鱼
Callogobius andamanensis Menon & Chatterjee, 1974 安达曼群岛美虾虎鱼;安达曼群岛硬皮虾虎鱼
Callogobius bauchotae Goren, 1979 鲍氏美虾虎鱼;鲍氏硬皮虾虎鱼
Callogobius bifasciatus (Smith, 1958) 双带美虾虎鱼;双带硬皮虾虎鱼
Callogobius centrolepis Weber, 1909 暗带美虾虎鱼;暗带硬皮虾虎鱼
Callogobius clitellus McKinney & Lachner, 1978 鞍美虾虎鱼;鞍硬皮虾虎鱼 陆
Callogobius crassus McKinney & Lachner, 1984 新几内亚美虾虎鱼;新几内亚硬皮虾虎鱼
Callogobius depressus (Ramsay & Ogilby, 1886) 扁美虾虎鱼;扁硬皮虾虎鱼
Callogobius dori Goren, 1980 多氏美虾虎鱼;多氏硬皮虾虎鱼
Callogobius flavobrunneus (Smith, 1958) 黄棕美虾虎鱼;黄棕硬皮虾虎鱼 台
Callogobius hasseltii (Bleeker, 1851) 长鳍美虾虎鱼;哈氏硬皮虾虎鱼 陆 台
Callogobius hastatus McKinney & Lachner, 1978 矛状美虾虎鱼;矛状硬皮虾虎鱼
Callogobius liolepis Koumans, 1931 圆鳞美虾虎鱼;圆鳞硬皮虾虎鱼 台
Callogobius maculipinnis (Fowler, 1918) 斑鳍美虾虎鱼;斑鳍硬皮虾虎鱼 台
Callogobius mucosus (Günther, 1872) 粘孔美虾虎鱼;粘孔硬皮虾虎鱼
Callogobius nigromarginatus Chen & Shao, 2000 黑鳍缘美虾虎鱼;黑鳍缘硬皮虾虎鱼 台
Callogobius okinawae (Snyder, 1908) 冲绳美虾虎鱼;冲绳硬皮虾虎鱼 陆 台
Callogobius plumatus (Smith, 1959) 羽饰美虾虎鱼;羽饰硬皮虾虎鱼
Callogobius producta (Herre, 1927) 菲律宾美虾虎鱼;菲律宾硬皮虾虎鱼
Callogobius sclateri (Steindachner, 1879) 美虾虎鱼;棱头硬皮虾虎鱼 陆 台
Callogobius seshaiyai Jacob & Rangarajan, 1960 塞氏美虾虎鱼;塞氏硬皮虾虎鱼
Callogobius sheni Chen, Chen & Fang, 2006 沈氏美虾虎鱼;沈氏硬皮虾虎鱼 台
Callogobius snelliusi Koumans, 1953 史氏美虾虎鱼;史氏硬皮虾虎鱼 台
Callogobius stellatus McKinney & Lachner, 1978 星斑美虾虎鱼;星斑硬皮虾虎鱼
Callogobius tanegasimae (Snyder, 1908) 种子岛美虾虎鱼;种子岛硬皮虾虎鱼 台

Genus *Caragobius* Smith & Seale, 1906 头虾虎鱼属

Caragobius burmanicus (Hora, 1926) 缅甸头虾虎鱼
Caragobius rubristriatus (Saville-Kent, 1889) 红纹头虾虎鱼
Caragobius urolepis (Bleeker, 1852) 尾鳞头虾虎鱼 陆 台
　　syn. *Brachyamblyopus anotus* (Franz, 1910) 高体盲虾虎鱼

Genus *Caspiosoma* Iljin, 1927 里海虾虎鱼属

Caspiosoma caspium (Kessler, 1877) 里海虾虎鱼

Genus *Chaenogobius* Gill, 1859 裸头虾虎鱼属

Chaenogobius annularis Gill, 1859 尾纹裸头虾虎鱼 陆 台
　　syn. *Chasmichthys dolichognathus* (Hilgendorf,1879) 长颌大口虾虎鱼
Chaenogobius gulosus (Sauvage, 1882) 大口裸头虾虎鱼 陆

Genus *Chaeturichthys* Richardson, 1844 矛尾虾虎鱼属

Chaeturichthys stigmatias Richardson, 1844 矛尾虾虎鱼 陆 台

Genus *Chlamydogobius* Whitley, 1930 皱鳃虾虎鱼属

Chlamydogobius eremius (Zietz, 1896) 皱鳃虾虎鱼

Chlamydogobius gloveri Larson, 1995 葛氏皱鳃虾虎鱼

Chlamydogobius japalpa Larson, 1995 澳洲皱鳃虾虎鱼

Chlamydogobius micropterus Larson, 1995 小鳍皱鳃虾虎鱼

Chlamydogobius ranunculus Larson, 1995 蝌蚪皱鳃虾虎鱼

Chlamydogobius squamigenus Larson, 1995 颊鳞皱鳃虾虎鱼

Genus *Chriolepis* Gilbert, 1892 双鳞塘鳢属

Chriolepis atrimelum Bussing, 1997 丝鳍双鳞塘鳢

Chriolepis benthonis Ginsburg, 1953 深水双鳞塘鳢

Chriolepis cuneata Bussing, 1990 楔形双鳞塘鳢

Chriolepis dialepta Bussing, 1990 穹苍双鳞塘鳢

Chriolepis fisheri Herre, 1942 透明双鳞塘鳢

Chriolepis lepidota Findley, 1975 美丽双鳞塘鳢

Chriolepis minutillus Gilbert, 1892 微双鳞塘鳢

Chriolepis tagus Ginsburg, 1953 矶双鳞塘鳢

Chriolepis vespa Hastings & Bortone, 1981 黄身双鳞塘鳢

Chriolepis zebra Ginsburg, 1938 条纹双鳞塘鳢

Genus *Chromogobius* de Buen, 1930 柔虾虎鱼属

Chromogobius britoi Van Tassell, 2001 布氏柔虾虎鱼

Chromogobius quadrivittatus (Steindachner, 1863) 四带柔虾虎鱼

Chromogobius zebratus (Kolombatovic, 1891) 斑带柔虾虎鱼

Genus *Clariger* Jordan & Snyder, 1901 翼棘虾虎鱼属

Clariger chionomaculatus Shiogaki, 1988 花斑翼棘虾虎鱼

Clariger cosmurus Jordan & Snyder, 1901 翼棘虾虎鱼

Clariger exilis Snyder, 1911 细翼棘虾虎鱼

Clariger papillosus Ebina, 1935 乳突翼棘虾虎鱼

Genus *Clevelandia* Eigenmann & Eigenmann, 1888 箭虾虎鱼属

Clevelandia ios (Jordan & Gilbert, 1882) 加拿大箭虾虎鱼

Genus *Corcyrogobius* Miller, 1972 瞳虾虎鱼属

Corcyrogobius liechtensteini (Kolombatovic, 1891) 利氏瞳虾虎鱼

Corcyrogobius lubbocki Miller, 1988 卢氏瞳虾虎鱼

Genus *Coryogalops* Smith, 1958 真盔虾虎鱼属

Coryogalops adamsoni (Goren, 1985) 阿氏真盔虾虎鱼

Coryogalops anomolus Smith, 1958 真盔虾虎鱼

Coryogalops bretti Goren, 1991 布氏真盔虾虎鱼

Coryogalops bulejiensis (Hoda, 1983) 巴基斯坦真盔虾虎鱼

Coryogalops monospilus Randall, 1994 单斑真盔虾虎鱼

Coryogalops ocheticus (Norman, 1927) 沟真盔虾虎鱼

Coryogalops sordida (Smith, 1959) 鳞鳍真盔虾虎鱼

Coryogalops tessellatus Randall, 1994 方斑真盔虾虎鱼

Coryogalops william (Smith, 1948) 威廉氏真盔虾虎鱼

Genus *Coryphopterus* Gill, 1863 鲑塘鳢属

Coryphopterus alloides Böhlke & Robins, 1960 带胸鲑塘鳢

Coryphopterus dicrus Böhlke & Robins, 1960 双点鲑塘鳢

Coryphopterus eidolon Böhlke & Robins, 1960 斑柄鲑塘鳢

Coryphopterus glaucofraenum Gill, 1863 缰纹鲑塘鳢

Coryphopterus gracilis Randall, 2001 细身鲑塘鳢

Coryphopterus hyalinus Böhlke & Robins, 1962 巨目鲑塘鳢

Coryphopterus kuna Victor, 2007 秀美鲑塘鳢

Coryphopterus lipernes Böhlke & Robins, 1962 脂鲑塘鳢

Coryphopterus personatus (Jordan & Thompson, 1905) 环肛鲑塘鳢

Coryphopterus punctipectophorus Springer, 1960 斑点鲑塘鳢

Coryphopterus thrix Böhlke & Robins, 1960 条鳍鲑塘鳢

Coryphopterus tortugae (Jordan, 1904) 托尔图加岛鲑塘鳢

Coryphopterus urospilus Ginsburg, 1938 尾斑鲑塘鳢

Coryphopterus venezuelae Cervigón, 1966 委内瑞拉鲑塘鳢

Genus *Cotylopus* Guichenot, 1863 杯虾虎鱼属

Cotylopus acutipinnis Guichenot, 1863 尖鳍杯虾虎鱼

Cotylopus rubripinnis Keith, Hoareau & Bosc, 2005 红翼杯虾虎鱼

Genus *Cristatogobius* Herre, 1927 项冠虾虎鱼属

Cristatogobius aurimaculatus Akihito & Meguro, 2000 金斑项冠虾虎鱼

Cristatogobius lophius Herre, 1927 项冠虾虎鱼

Cristatogobius nonatoae (Ablan, 1940) 浅色项冠虾虎鱼 陆 台
syn. *Cristatogobius albius* Chen, 1959 白色项冠虾虎鱼

Cristatogobius rubripectoralis Akihito, Meguro & Sakamoto, 2003 红胸鳍项冠虾虎鱼

Genus *Croilia* Smith, 1955 宽鳃虾虎鱼属

Croilia mossambica Smith, 1955 莫桑比克宽鳃虾虎鱼

Genus *Cryptocentroides* Popta, 1922 拟丝虾虎鱼属

Cryptocentroides arabicus (Gmelin, 1789) 阿拉伯拟丝虾虎鱼

Cryptocentroides gobioides (Ogilby, 1886) 厚唇拟丝虾虎鱼

Cryptocentroides insignis (Seale, 1910) 拟丝虾虎鱼 陆

Genus *Cryptocentrus* Valenciennes, 1837 丝虾虎鱼属

Cryptocentrus albidorsus (Yanagisawa, 1978) 白背带丝虾虎鱼 陆 台

Cryptocentrus bulbiceps (Whitley, 1953) 球首丝虾虎鱼

Cryptocentrus caeruleomaculatus (Herre, 1933) 棕斑丝虾虎鱼 台

Cryptocentrus caeruleopunctatus (Rüppell, 1830) 青斑丝虾虎鱼

Cryptocentrus callopterus Smith, 1945 丽鳍丝虾虎鱼

Cryptocentrus cebuanus Herre, 1927 长尾丝虾虎鱼

Cryptocentrus cinctus (Herre, 1936) 黑唇丝虾虎鱼

Cryptocentrus cryptocentrus (Valenciennes, 1837) 丝虾虎鱼

Cryptocentrus cyanotaenia (Bleeker, 1853) 蓝带丝虾虎鱼 陆

Cryptocentrus diproctotaenia Bleeker, 1876 喜荫丝虾虎鱼

Cryptocentrus fasciatus (Playfair, 1867) 条纹丝虾虎鱼

Cryptocentrus flavus Yanagisawa, 1978 金丝虾虎鱼

Cryptocentrus inexplicatus (Herre, 1934) 颊纹丝虾虎鱼

Cryptocentrus insignitus (Whitley, 1956) 独丝虾虎鱼

Cryptocentrus koumansi (Whitley, 1933) 柯氏丝虾虎鱼

Cryptocentrus leonis Smith, 1931 狮纹丝虾虎鱼

Cryptocentrus leucostictus (Günther, 1872) 白斑丝虾虎鱼

Cryptocentrus lutheri Klausewitz, 1960 卢瑟氏丝虾虎鱼

Cryptocentrus malindiensis (Smith, 1959) 肯尼亚丝虾虎鱼

Cryptocentrus maudae Fowler, 1937 莫氏丝虾虎鱼

Cryptocentrus nigrocellatus (Yanagisawa, 1978) 眼斑丝虾虎鱼 台

Cryptocentrus niveatus (Valenciennes, 1837) 雪丝虾虎鱼

Cryptocentrus octofasciatus Regan, 1908 八带丝虾虎鱼

Cryptocentrus pavoninoides (Bleeker, 1849) 孔雀丝虾虎鱼 陆

Cryptocentrus polyophthalmus (Bleeker, 1853) 多斑丝虾虎鱼

Cryptocentrus pretiosus (Rendahl, 1924) 银丝虾虎鱼 陆

Cryptocentrus russus (Cantor, 1849) 红丝虾虎鱼 陆

Cryptocentrus shigensis Kuroda, 1956 骏河丝虾虎鱼

Cryptocentrus singapurensis (Herre, 1936) 新加坡丝虾虎鱼

Cryptocentrus strigilliceps (Jordan & Seale, 1906) 纹斑丝虾虎鱼 台

Cryptocentrus tentaculatus Hoese & Larson, 2004 触角丝虾虎鱼

Cryptocentrus wehrlei Fowler, 1937 韦氏丝虾虎鱼

Cryptocentrus yatsui Tomiyama, 1936 谷津氏丝虾虎鱼 台

Genus *Crystallogobius* Gill, 1863 晶虾虎鱼属

Crystallogobius linearis (Düben, 1845) 线纹晶虾虎鱼

Genus *Ctenogobiops* Smith, 1959 栉眼虾虎鱼属

Ctenogobiops aurocingulus (Herre, 1935) 斜带栉眼虾虎鱼 台

Ctenogobiops feroculus Lubbock & Polunin, 1977 丝棘栉眼虾虎鱼 陆 台

Ctenogobiops formosa Randall, Shao & Chen, 2003 台湾栉眼虾虎鱼 台

Ctenogobiops maculosus (Fourmanoir, 1955) 颊纹栉眼虾虎鱼 台
syn. *Ctenogobiops crocineus* Smith, 1959 褐斑栉眼虾虎鱼

Ctenogobiops mitodes Randall, Shao & Chen, 2007 丝背栉眼虾虎鱼 台

Ctenogobiops phaeostictus Randall, Shao & Chen, 2007 小斑栉眼虾虎鱼

Ctenogobiops pomastictus Lubbock & Polunin, 1977 点斑栉眼虾虎鱼 白

Ctenogobiops tangaroai Lubbock & Polunin, 1977 长棘栉眼虾虎鱼 南 白

Ctenogobiops tongaensis Randall, Shao & Chen, 2003 汤加栉眼虾虎鱼

Genus *Ctenogobius* Gill, 1858 栉虾虎鱼属

Ctenogobius boleosoma (Jordan & Gilbert, 1882) 巴哈马栉虾虎鱼

Ctenogobius fasciatus Gill, 1858 条纹栉虾虎鱼

Ctenogobius lepturus (Pfaff, 1933) 小尾栉虾虎鱼

Ctenogobius manglicola (Jordan & Starks, 1895) 墨西哥栉虾虎鱼

Ctenogobius phenacus (Pezold & Lasala, 1987) 长尾栉虾虎鱼

Ctenogobius pseudofasciatus (Gilbert & Randall, 1971) 拟纹栉虾虎鱼

Ctenogobius saepepallens (Gilbert & Randall, 1968) 眼带栉虾虎鱼

Ctenogobius sagittula (Günther, 1861) 箭栉虾虎鱼

Ctenogobius shufeldti (Jordan & Eigenmann, 1887) 北美栉虾虎鱼

Ctenogobius smaragdus (Valenciennes, 1837) 巴西栉虾虎鱼

Ctenogobius stigmaticus (Poey, 1860) 加勒比栉虾虎鱼

Ctenogobius stigmaturus (Goode & Bean, 1882) 百慕大栉虾虎鱼

Ctenogobius thoropsis (Pezold & Gilbert, 1987) 苏里南栉虾虎鱼

Genus *Ctenotrypauchen* Steindachner, 1867 栉孔虾虎鱼属

Ctenotrypauchen chinensis Steindachner, 1867 中华栉孔虾虎鱼 南

Genus *Deltentosteus* Gill, 1863 三角虾虎鱼属

Deltentosteus collonianus (Risso, 1820) 地中海三角虾虎鱼

Deltentosteus quadrimaculatus (Valenciennes, 1837) 四斑三角虾虎鱼

Genus *Didogobius* Miller, 1966 皇后虾虎鱼属

Didogobius amicuscaridis Schliewen & Kovacic, 2008 短吻皇后虾虎鱼

Didogobius bentuvii Miller, 1966 本氏皇后虾虎鱼

Didogobius kochi Van Tassell, 1988 高知皇后虾虎鱼

Didogobius schliewe Miller, 1993 施氏皇后虾虎鱼

Didogobius splechtnai Ahnelt & Patzner, 1995 斯氏皇后虾虎鱼

Didogobius wirtzi Schliewen & Kovacic, 2008 沃氏皇后虾虎鱼

Genus *Discordipinna* Hoese & Fourmanoir, 1978 异翼虾虎鱼属

Discordipinna griessingeri Hoese & Fourmanoir, 1978 格氏异翼虾虎鱼

Genus *Drombus* Jordan & Seale, 1905 捷虾虎鱼属

Drombus dentifer (Hora, 1923) 黄身捷虾虎鱼

Drombus globiceps (Hora, 1923) 球头捷虾虎鱼

Drombus halei Whitley, 1935 哈氏捷虾虎鱼

Drombus key (Smith, 1947) 高体捷虾虎鱼

Drombus kranjiensis (Herre, 1940) 新加坡捷虾虎鱼

Drombus lepidothorax Whitley, 1945 鳞胸捷虾虎鱼

Drombus palackyi Jordan & Seale, 1905 帕氏捷虾虎鱼

Drombus simulus (Smith, 1960) 长身捷虾虎鱼

Drombus triangularis (Weber, 1909) 三角捷虾虎鱼 南

  syn. *Acentrogobius triangularis* (Weber, 1909) 三角细棘虾虎鱼

Genus *Ebomegobius* Herre, 1946 埃博虾虎鱼属

Ebomegobius goodi Herre, 1946 古德氏埃博虾虎鱼

Genus *Echinogobius* Iwata, Hosoya & Niimura, 1998 荆虾虎鱼属

Echinogobius hayashii Iwata, Hosoya & Niimura, 1998 林氏荆虾虎鱼

Genus *Economidichthys* Bianco, Bullock, Miller & Roubal, 1987 依柯虾虎鱼属

Economidichthys pygmaeus (Holly, 1929) 侏儒依柯虾虎鱼

Economidichthys trichonis Economidis & Miller, 1990 希腊依柯虾虎鱼

Genus *Egglestonichthys* Miller & Wongrat, 1979 伊氏虾虎鱼属

Egglestonichthys bombylios Larson & Hoese, 1997 黄蜂伊氏虾虎鱼

Egglestonichthys melanoptera (Visweswara Rao, 1971) 黑鳍伊氏虾虎鱼

Egglestonichthys patriciae Miller & Wongrat, 1979 南海伊氏虾虎鱼 南 白

Genus *Ego* Randall, 1994 大头虾虎鱼属

Ego zebra Randall, 1994 横带大头虾虎鱼

Genus *Elacatinus* Jordan, 1904 霓虹虾虎鱼属

Elacatinus atronasus (Böhlke & Robins, 1968) 黑鼻霓虹虾虎鱼

Elacatinus chancei (Beebe & Hollister, 1933) 钱氏霓虹虾虎鱼

Elacatinus colini Randall & Lobel, 2009 科氏霓虹虾虎鱼

Elacatinus digueti (Pellegrin, 1901) 迪氏霓虹虾虎鱼

Elacatinus dilepis (Robins & Böhlke, 1964) 橘色霓虹虾虎鱼

Elacatinus evelynae (Böhlke & Robins, 1968) 尖吻霓虹虾虎鱼

Elacatinus figaro Sazima, Moura & Rosa, 1997 菲格罗霓虹虾虎鱼

Elacatinus gemmatus (Ginsburg, 1939) 八带霓虹虾虎鱼

Elacatinus genie (Böhlke & Robins, 1968) 格尼氏霓虹虾虎鱼

Elacatinus horsti (Metzelaar, 1922) 黄线霓虹虾虎鱼

Elacatinus illecebrosus (Böhlke & Robins, 1968) 墨西哥霓虹虾虎鱼

Elacatinus inornatus Bussing, 1990 丑霓虹虾虎鱼

Elacatinus janssi Bussing, 1981 詹氏霓虹虾虎鱼

Elacatinus jarocho Taylor & Akins, 2007 黄条霓虹虾虎鱼

Elacatinus limbaughi Hoese & Reader, 2001 林博氏霓虹虾虎鱼

Elacatinus lobeli Randall & Colin, 2009 洛比氏霓虹虾虎鱼

Elacatinus lori Colin, 2002 洛氏霓虹虾虎鱼

Elacatinus louisae (Böhlke & Robins, 1968) 路易莎霓虹虾虎鱼

Elacatinus macrodon (Beebe & Tee-Van, 1928) 大牙霓虹虾虎鱼

Elacatinus multifasciatus (Steindachner, 1876) 多带霓虹虾虎鱼

Elacatinus nesiotes Bussing, 1990 岛栖霓虹虾虎鱼

Elacatinus oceanops Jordan, 1904 佛罗里达霓虹虾虎鱼

Elacatinus pallens (Ginsburg, 1939) 柄鳞霓虹虾虎鱼

Elacatinus panamensis Victor, 2010 巴拿马霓虹虾虎鱼

Elacatinus phthirophagus Sazima, Carvalho-Filho & Sazima, 2008 黄带霓虹虾虎鱼

Elacatinus pridisi Guimarães, Gasparini & Rocha, 2004 普氏霓虹虾虎鱼

Elacatinus prochilos (Böhlke & Robins, 1968) 前唇霓虹虾虎鱼

Elacatinus puncticulatus (Ginsburg, 1938) 红脑霓虹虾虎鱼

Elacatinus randalli (Böhlke & Robins, 1968) 兰德尔霓虹虾虎鱼

Elacatinus redimiculus Taylor & Akins, 2007 头带霓虹虾虎鱼

Elacatinus rubrigenis Victor, 2010 赤带霓虹虾虎鱼

Elacatinus saucrus (Robins, 1960) 秀美霓虹虾虎鱼

Elacatinus serranilla Randall & Lobel, 2009 眼带霓虹虾虎鱼

Elacatinus tenox (Böhlke & Robins, 1968) 黄色吻带霓虹虾虎鱼

Elacatinus xanthiprora (Böhlke & Robins, 1968) 黄吻霓虹虾虎鱼

Elacatinus zebrellus (Robins, 1958) 细纹霓虹虾虎鱼

Genus *Eleotrica* Ginsburg, 1933 鳢虾虎鱼属

Eleotrica cableae Ginsburg, 1933 凯氏鳢虾虎鱼

Genus *Enypnias* Jordan & Evermann, 1898 懒虾虎鱼属

Enypnias aceras Ginsburg, 1939 野懒虾虎鱼

Enypnias seminudus (Günther, 1861) 半裸懒虾虎鱼

Genus *Eucyclogobius* Gill, 1862 圆虾虎鱼属

Eucyclogobius newberryi (Girard, 1856) 纽氏圆虾虎鱼

Genus *Eugnathogobius* Smith, 1931 真颌虾虎鱼属

Eugnathogobius illotus (Larson, 1999) 颊纹真颌虾虎鱼

Eugnathogobius indicus Larson, 2009 印度真颌虾虎鱼

Eugnathogobius kabilia (Herre, 1940) 巨口真颌虾虎鱼

Eugnathogobius mas (Hora, 1923) 玛斯真颌虾虎鱼

Eugnathogobius microps Smith, 1931 小眼真颌虾虎鱼

Eugnathogobius mindora (Herre, 1945) 头纹真颌虾虎鱼

Eugnathogobius polylepis (Wu & Ni, 1985) 多鳞真颌虾虎鱼

  syn. *Mugilogobius polylepis* Wu & Ni, 1985 多鳞鲻虾虎鱼

Eugnathogobius siamensis (Fowler, 1934) 泰国真颌虾虎鱼

Eugnathogobius stictos Larson, 2009 无孔真颌虾虎鱼

Eugnathogobius variegatus (Peters, 1868) 杂色真颌虾虎鱼

Genus *Eutaeniichthys* Jordan & Snyder, 1901 带虾虎鱼属

Eutaeniichthys gilli Jordan & Snyder, 1901 带虾虎鱼 南

Genus *Evermannia* Jordan, 1895 埃弗曼虾虎鱼属

Evermannia erici Bussing, 1983 伊氏埃弗曼虾虎鱼

Evermannia longipinnis (Steindachner, 1879) 长鳍埃弗曼虾虎鱼
Evermannia panamensis Gilbert & Starks, 1904 巴拿马埃弗曼虾虎鱼
Evermannia zosterura (Jordan & Gilbert, 1882) 尾纹埃弗曼虾虎鱼

Genus *Evermannichthys* Metzelaar, 1919 艾虾虎鱼属

Evermannichthys bicolor Thacker, 2001 双色艾虾虎鱼
Evermannichthys convictor Böhlke & Robins, 1969 巴哈马岛艾虾虎鱼
Evermannichthys metzelaari Hubbs, 1923 粗尾艾虾虎鱼
Evermannichthys silus Böhlke & Robins, 1969 仰鼻艾虾虎鱼
Evermannichthys spongicola (Radcliffe, 1917) 艾虾虎鱼

Genus *Eviota* Jenkins, 1903 矶塘鳢属

Eviota abax (Jordan & Snyder, 1901) 矶塘鳢 陆 台
Eviota afelei Jordan & Seale, 1906 条纹矶塘鳢 台
Eviota albolineata Jewett & Lachner, 1983 细点矶塘鳢 陆 台
Eviota bifasciata Lachner & Karnella, 1980 丝鳍矶塘鳢
Eviota bimaculata Lachner & Karnella, 1980 双斑矶塘鳢
Eviota cometa Jewett & Lachner, 1983 对斑矶塘鳢 陆 台
Eviota disrupta Karnella & Lachner, 1981 萨摩亚岛矶塘鳢
Eviota distigma Jordan & Seale, 1906 细身矶塘鳢 台
Eviota epiphanes Jenkins, 1903 项纹矶塘鳢 台
Eviota fasciola Karnella & Lachner, 1981 横带矶塘鳢
Eviota guttata Lachner & Karnella, 1978 细斑矶塘鳢
Eviota herrei Jordan & Seale, 1906 赫氏矶塘鳢
Eviota hoesei Gill & Jewett, 2004 霍氏矶塘鳢
Eviota indica Lachner & Karnella, 1980 印度矶塘鳢
Eviota infulata (Smith, 1957) 红点矶塘鳢
Eviota inutilis Whitley, 1943 项斑矶塘鳢
Eviota irrasa Karnella & Lachner, 1981 亮矶塘鳢
Eviota japonica Jewett & Lachner, 1983 日本矶塘鳢
Eviota korechika Shibukawa & Suzuki, 2005 双胸斑矶塘鳢
Eviota lachdeberei Giltay, 1933 高体矶塘鳢
Eviota lacrimae Sunobe, 1988 泣矶塘鳢 陆
Eviota latifasciata Jewett & Lachner, 1983 侧带矶塘鳢 陆 台
Eviota masudai Matsuura & Senou, 2006 益田氏矶塘鳢
Eviota melasma Lachner & Karnella, 1980 黑体矶塘鳢 台
Eviota mikiae Allen, 2001 米氏矶塘鳢
Eviota monostigma Fourmanoir, 1971 单斑矶塘鳢
Eviota natalis Allen, 2007 裸胸矶塘鳢
Eviota nebulosa Smith, 1958 云纹矶塘鳢
Eviota nigripinna Lachner & Karnella, 1980 黑翅矶塘鳢
Eviota nigrispina Greenfield & Suzuki, 2010 隐棘矶塘鳢
Eviota nigriventris Giltay, 1933 黑腹矶塘鳢 台
Eviota ocellifer Shibukawa & Suzuki, 2005 睛斑矶塘鳢
Eviota pardalota Lachner & Karnella, 1978 豹斑矶塘鳢
Eviota partimacula Randall, 2008 杂斑矶塘鳢
Eviota pellucida Larson, 1976 透体矶塘鳢 陆 台
Eviota prasina (Klunzinger, 1871) 葱绿矶塘鳢 陆 台
Eviota prasites Jordan & Seale, 1906 胸斑矶塘鳢 陆 台
Eviota pseudostigma Lachner & Karnella, 1980 拟矶塘鳢
Eviota punctulata Jewett & Lachner, 1983 大斑矶塘鳢
Eviota queenslandica Whitley, 1932 昆士兰矶塘鳢 陆 台
Eviota raja Allen, 2001 点尾矶塘鳢
Eviota randalli Greenfield, 2009 兰德尔矶塘鳢
Eviota readerae Gill & Jewett, 2004 塔斯曼海矶塘鳢
Eviota rubrisparsa Greenfield & Randall, 2010 赤点矶塘鳢
Eviota saipanensis Fowler, 1945 塞班矶塘鳢 台
Eviota sebreei Jordan & Seale, 1906 希氏矶塘鳢 陆 台
Eviota shimadai Greenfield & Randall, 2010 岛田氏矶塘鳢
Eviota sigillata Jewett & Lachner, 1983 大印矶塘鳢 陆
Eviota smaragdus Jordan & Seale, 1906 蜘蛛矶塘鳢 台
Eviota sparsa Jewett & Lachner, 1983 罕矶塘鳢
Eviota spilota Lachner & Karnella, 1980 斑点矶塘鳢 陆

Eviota storthynx (Rofen, 1959) 颛斑矶塘鳢 陆
Eviota susanae Greenfield & Randall, 1999 苏珊矶塘鳢
Eviota tigrina Greenfield & Randall, 2008 虎纹矶塘鳢
Eviota toshiyuki Greenfield & Randall, 2010 利安矶塘鳢
Eviota variola Lachner & Karnella, 1980 杂色矶塘鳢
Eviota winterbottomi Greenfield & Randall, 2010 温特氏矶塘鳢
Eviota zebrina Lachner & Karnella, 1978 条尾矶塘鳢 陆
Eviota zonura Jordan & Seale, 1906 绿带矶塘鳢

Genus *Evorthodus* Gill, 1859 琴虾虎鱼属

Evorthodus lyricus (Girard, 1858) 墨西哥琴虾虎鱼
Evorthodus minutus Meek & Hildebrand, 1928 微琴虾虎鱼

Genus *Exyrias* Jordan & Seale, 1906 鹦虾虎鱼属

Exyrias akihito Allen & Randall, 2005 明仁鹦虾虎鱼
Exyrias belissimus (Smith, 1959) 黑点鹦虾虎鱼 台
Exyrias ferrarisi Murdy, 1985 费氏鹦虾虎鱼
Exyrias puntang (Bleeker, 1851) 纵带鹦虾虎鱼 陆 台

Genus *Favonigobius* Whitley, 1930 蜂巢虾虎鱼属

Favonigobius aliciae (Herre, 1936) 艾丽西亚蜂巢虾虎鱼
Favonigobius exquisitus Whitley, 1950 外蜂巢虾虎鱼
Favonigobius gymnauchen (Bleeker, 1860) 裸项蜂巢虾虎鱼 陆 台
Favonigobius lateralis (Macleay, 1881) 新西兰蜂巢虾虎鱼
Favonigobius lentiginosus (Richardson, 1844) 雀斑蜂巢虾虎鱼
Favonigobius melanobranchus (Fowler, 1934) 黑鳃蜂巢虾虎鱼
Favonigobius opalescens (Herre, 1936) 南海蜂巢虾虎鱼
Favonigobius punctatus (Gill & Miller, 1990) 斑纹蜂巢虾虎鱼

Genus *Feia* Smith, 1959 费尔虾虎鱼属

Feia dabra Winterbottom, 2005 背带费尔虾虎鱼
Feia nota Gill & Mooi, 1999 澳大利亚费尔虾虎鱼
Feia nympha Smith, 1959 神女费尔虾虎鱼
Feia ranta Winterbottom, 2003 眼带费尔虾虎鱼

Genus *Fusigobius* Whitley, 1930 纺锤虾虎鱼属

Fusigobius aureus Chen & Shao, 1997 金斑纺锤虾虎鱼
Fusigobius duospilus Hoese & Reader, 1985 裸项纺锤虾虎鱼 陆 台
Fusigobius humeralis (Randall, 2001) 臂斑纺锤虾虎鱼 台
    syn. *Coryphopterus humeralis* Randall, 2001 肱斑鲔塘鳢
Fusigobius inframaculatus (Randall, 1994) 下斑纺锤虾虎鱼 台
Fusigobius longispinus Goren, 1978 长棘纺锤虾虎鱼 陆 台
Fusigobius maximus (Randall, 2001) 巨纺锤虾虎鱼 台
Fusigobius melacron (Randall, 2001) 橘斑纺锤虾虎鱼 台
Fusigobius neophytus (Günther, 1877) 短棘纺锤虾虎鱼 陆 台
Fusigobius pallidus (Randall, 2001) 橘点纺锤虾虎鱼
Fusigobius signipinnis Hoese & Obika, 1988 斑鳍纺锤虾虎鱼 陆 台

Genus *Gammogobius* Bath, 1971 配偶虾虎鱼属

Gammogobius steinitzi Bath, 1971 斯氏配偶虾虎鱼

Genus *Gillichthys* Cooper, 1864 姬虾虎鱼属

Gillichthys mirabilis Cooper, 1864 长颌姬虾虎鱼
Gillichthys seta (Ginsburg, 1938) 加利福尼亚湾姬虾虎鱼

Genus *Ginsburgellus* Böhlke & Robins, 1968 金氏虾虎鱼属

Ginsburgellus novemlineatus (Fowler, 1950) 八纹金氏虾虎鱼

Genus *Gladiogobius* Herre, 1933 盖棘虾虎鱼属

Gladiogobius brevispinis Shibukawa & Allen, 2007 短刺盖棘虾虎鱼
Gladiogobius ensifer Herre, 1933 剑形盖棘虾虎鱼 陆
Gladiogobius rex Shibukawa & Allen, 2007 皇盖棘虾虎鱼

Genus *Glossogobius* Gill, 1859 舌虾虎鱼属;叉舌虾虎鱼属

Glossogobius ankaranensis Banister, 1994 马达加斯加舌虾虎鱼;马达加斯加叉舌虾虎鱼
Glossogobius aureus Akihito & Meguro, 1975 金黄舌虾虎鱼;金黄叉舌虾虎鱼 陆 台
Glossogobius bellendenensis Hoese & Allen, 2009 贝利舌虾虎鱼;贝利叉舌虾虎鱼

Glossogobius bicirrhosus (Weber, 1894) 双须舌虾虎鱼;双须叉舌虾虎鱼 陆台

Glossogobius brunnoides (Nichols, 1951) 拟背斑舌虾虎鱼;拟背斑叉舌虾虎鱼 台

Glossogobius bulmeri Whitley, 1959 布氏舌虾虎鱼;布氏叉舌虾虎鱼

Glossogobius callidus (Smith, 1937) 美丽舌虾虎鱼;美丽叉舌虾虎鱼

Glossogobius celebius (Valenciennes, 1837) 盘鳍舌虾虎鱼;盘鳍叉舌虾虎鱼 陆台

Glossogobius circumspectus (Macleay, 1883) 钝吻舌虾虎鱼;钝吻叉舌虾虎鱼 台

Glossogobius coatesi Hoese & Allen, 1990 科特氏舌虾虎鱼;科特氏叉舌虾虎鱼

Glossogobius concavifrons (Ramsay & Ogilby, 1886) 锥舌虾虎鱼;锥叉舌虾虎鱼

Glossogobius flavipinnis (Aurich, 1938) 黄鳍舌虾虎鱼;黄鳍叉舌虾虎鱼

Glossogobius giuris (Hamilton, 1822) 舌虾虎鱼;叉舌虾虎鱼 陆台

Glossogobius hoesei Allen & Boeseman, 1982 霍氏舌虾虎鱼;霍氏叉舌虾虎鱼

Glossogobius intermedius Aurich, 1938 中间舌虾虎鱼;中间叉舌虾虎鱼

Glossogobius kokius (Valenciennes, 1837) 科克舌虾虎鱼;科克叉舌虾虎鱼

Glossogobius koragensis Herre, 1935 库拉高舌虾虎鱼;库拉高叉舌虾虎鱼

Glossogobius matanensis (Weber, 1913) 马坦舌虾虎鱼;马坦叉舌虾虎鱼

Glossogobius minutus Greevarghese & John, 1983 微舌虾虎鱼;微叉舌虾虎鱼

Glossogobius muscorum Hoese & Allen, 2009 黏舌虾虎鱼;黏叉舌虾虎鱼

Glossogobius obscuripinnis (Peters, 1868) 暗鳍舌虾虎鱼;无斑叉舌虾虎鱼 台

Glossogobius olivaceus (Temminck & Schlegel, 1845) 斑纹舌虾虎鱼;点带叉舌虾虎鱼 陆台

    syn. *Glossogobius fasciato-punctotus* (Richardson, 1845)

Glossogobius robertsi Hoese & Allen, 2009 罗氏舌虾虎鱼;罗氏叉舌虾虎鱼

Glossogobius sparsipapillus Akihito & Meguro, 1976 少乳突舌虾虎鱼;少乳突叉舌虾虎鱼

Glossogobius torrentis Hoese & Allen, 1990 新几内亚舌虾虎鱼;新几内亚叉舌虾虎鱼

Genus *Gnatholepis* Bleeker, 1874 颌鳞虾虎鱼属

Gnatholepis anjerensis (Bleeker, 1851) 颌鳞虾虎鱼 陆台

    syn. *Gnatholepis deltoides* (Seale, 1901) 臀斑颌鳞虾虎鱼

Gnatholepis argus Larson & Buckle, 2005 光亮颌鳞虾虎鱼

Gnatholepis australis Randall & Greenfield, 2001 澳洲颌鳞虾虎鱼

Gnatholepis cauerensis (Bleeker, 1853) 高伦颌鳞虾虎鱼 台

    syn. *Gnatholepis scapulostigma* Herre, 1953 肩斑颌鳞虾虎鱼

Gnatholepis davaoensis Seale, 1910 德瓦颌鳞虾虎鱼 台

Gnatholepis gymnocara Randall & Greenfield, 2001 裸颌鳞虾虎鱼

Gnatholepis hawaiiensis Randall & Greenfield, 2001 夏威夷颌鳞虾虎鱼

Gnatholepis pascuensis Randall & Greenfield, 2001 帕斯颌鳞虾虎鱼

Gnatholepis thompsoni Jordan, 1904 汤氏颌鳞虾虎鱼

Gnatholepis volcanus Herre, 1927 宝石颌鳞虾虎鱼

Gnatholepis yoshinoi Suzuki & Randall, 2009 吉野氏颌鳞虾虎鱼

Genus *Gobiodon* Bleeker, 1856 叶虾虎鱼属

Gobiodon acicularis Harold & Winterbottom, 1995 丝背叶虾虎鱼

Gobiodon albofasciatus Sawada & Arai, 1972 白横斑叶虾虎鱼

Gobiodon atrangulatus Garman, 1903 黑角叶虾虎鱼

Gobiodon axillaris De Vis, 1884 腋斑叶虾虎鱼

Gobiodon brochus Harold & Winterbottom, 1999 斐济叶虾虎鱼

Gobiodon ceramensis (Bleeker, 1852) 塞兰岛叶虾虎鱼

Gobiodon citrinus (Rüppell, 1838) 橙色叶虾虎鱼 陆台

Gobiodon erythrospilus Bleeker, 1875 红点叶虾虎鱼 陆

Gobiodon fulvus Herre, 1927 黄褐叶虾虎鱼 台

Gobiodon heterospilos Bleeker, 1856 异斑叶虾虎鱼

Gobiodon histrio (Valenciennes, 1837) 宽纹叶虾虎鱼 陆

    syn. *Gobiodon verticalis* Alleyne & Macleay, 1877 纵纹叶虾虎鱼

Gobiodon micropus Günther, 1861 小鳍叶虾虎鱼

Gobiodon multilineatus Wu, 1979 多线叶虾虎鱼 陆台

Gobiodon oculolineatus Wu, 1979 眼带叶虾虎鱼 陆台

Gobiodon okinawae Sawada, Arai & Abe, 1972 黄体叶虾虎鱼 陆台

Gobiodon prolixus Winterbottom & Harold, 2005 长叶虾虎鱼

Gobiodon quinquestrigatus (Valenciennes, 1837) 五带叶虾虎鱼 陆台

Gobiodon reticulatus Playfair, 1867 网纹叶虾虎鱼

Gobiodon rivulatus (Rüppell, 1830) 沟叶虾虎鱼

Gobiodon spilophthalmus Fowler, 1944 污眼叶虾虎鱼

Gobiodon unicolor (Castelnau, 1873) 灰叶虾虎鱼 陆台

Genus *Gobioides* Lacepède, 1800 似虾虎鱼属

Gobioides africanus (Giltay, 1935) 非洲似虾虎鱼

Gobioides broussonnetii Lacepède, 1800 勃氏似虾虎鱼

Gobioides grahamae Palmer & Wheeler, 1955 格氏似虾虎鱼

Gobioides peruanus (Steindachner, 1880) 秘鲁似虾虎鱼

Gobioides sagitta (Günther, 1862) 箭状似虾虎鱼

Genus *Gobionellus* Girard, 1858 小虾虎鱼属

Gobionellus atripinnis Gilbert & Randall, 1979 黑鳍小虾虎鱼

Gobionellus comma Gilbert & Randall, 1979 普通小虾虎鱼

Gobionellus daguae (Eigenmann, 1918) 胸斑小虾虎鱼

Gobionellus liolepis (Meek & Hildebrand, 1928) 滑鳞小虾虎鱼

Gobionellus microdon (Gilbert, 1892) 细齿小虾虎鱼

Gobionellus munizi Vergara R., 1978 穆氏小虾虎鱼

Gobionellus mystax Ginsburg, 1953 墨西哥小虾虎鱼

Gobionellus occidentalis (Boulenger, 1909) 西方小虾虎鱼

Gobionellus oceanicus (Pallas, 1770) 大洋小虾虎鱼

Gobionellus stomatus Starks, 1913 大口小虾虎鱼

Genus *Gobiopsis* Steindachner, 1861 髯虾虎鱼属

Gobiopsis angustifrons Lachner & McKinney, 1978 窄体髯虾虎鱼

Gobiopsis aporia Lachner & McKinney, 1978 短须髯虾虎鱼

Gobiopsis arenaria (Snyder, 1908) 砂髯虾虎鱼 陆台

Gobiopsis atrata (Griffin, 1933) 黑髯虾虎鱼

Gobiopsis bravoi (Herre, 1940) 菲律宾髯虾虎鱼

Gobiopsis canalis Lachner & McKinney, 1978 波斯湾髯虾虎鱼

Gobiopsis exigua Lachner & McKinney, 1979 短髯虾虎鱼

Gobiopsis macrostoma Steindachner, 1861 大口髯虾虎鱼 陆

Gobiopsis malekulae (Herre, 1935) 马利克髯虾虎鱼

Gobiopsis namnas Shibukawa, 2010 无须髯虾虎鱼

Gobiopsis pinto (Smith, 1947) 蛇首髯虾虎鱼

Gobiopsis quinquecincta (Smith, 1931) 五带髯虾虎鱼 陆

Gobiopsis springeri Lachner & McKinney, 1979 斯氏髯虾虎鱼

Gobiopsis woodsi Lachner & McKinney, 1978 伍氏髯虾虎鱼

Genus *Gobiopterus* Bleeker, 1874 鳍虾虎鱼属

Gobiopterus birtwistlei (Herre, 1935) 伯氏鳍虾虎鱼

Gobiopterus brachypterus (Bleeker, 1855) 短鳍鳍虾虎鱼

Gobiopterus chuno (Hamilton, 1822) 湄公河鳍虾虎鱼

Gobiopterus lacustris (Herre, 1927) 湖栖鳍虾虎鱼

Gobiopterus macrolepis Cheng, 1965 大鳞鳍虾虎鱼 陆

Gobiopterus mindanensis (Herre, 1944) 明达鳍虾虎鱼

Gobiopterus panayensis (Herre, 1944) 菲律宾鳍虾虎鱼

Gobiopterus semivestitus (Munro, 1949) 半饰鳍虾虎鱼

Gobiopterus smithi (Menon & Talwar, 1973) 史氏鳍虾虎鱼

Gobiopterus stellatus (Herre, 1927) 星点鳍虾虎鱼

Genus *Gobiosoma* Girard, 1858 鮈虾虎鱼属

Gobiosoma bosc (Lacepède, 1800) 灰鮈虾虎鱼

Gobiosoma chiquita (Jenkins & Evermann, 1889) 墨西哥鮈虾虎鱼

Gobiosoma ginsburgi Hildebrand & Schroeder, 1928 金氏鮈虾虎鱼

Gobiosoma grosvenori (Robins, 1964) 格氏鮈虾虎鱼

Gobiosoma hemigymnum (Eigenmann & Eigenmann, 1888) 半裸鮈虾虎鱼

Gobiosoma hildebrandi (Ginsburg, 1939) 希氏鮈虾虎鱼

Gobiosoma homochroma (Ginsburg, 1939) 同色鮈虾虎鱼

Gobiosoma longipala Ginsburg, 1933 长身鮈虾虎鱼

Gobiosoma nudum (Meek & Hildebrand, 1928) 裸鲐虾虎鱼

Gobiosoma paradoxum (Günther, 1861) 丝鳍鲐虾虎鱼

Gobiosoma parri Ginsburg, 1933 帕氏鲐虾虎鱼

Gobiosoma robustum Ginsburg, 1933 壮体鲐虾虎鱼

Gobiosoma schultzi (Ginsburg, 1944) 舒氏鲐虾虎鱼

Gobiosoma spes (Ginsburg, 1939) 穴栖鲐虾虎鱼

Gobiosoma spilotum (Ginsburg, 1939) 巴拿马鲐虾虎鱼

Gobiosoma yucatanum Dawson, 1971 北美鲐虾虎鱼

Genus *Gobius* Linnaeus, 1758 虾虎鱼属

Gobius ater Bellotti, 1888 阿蒂虾虎鱼

Gobius ateriformis Brito & Miller, 2001 黑体虾虎鱼

Gobius auratus Risso, 1810 黄虾虎鱼

Gobius bontii Bleeker, 1849 邦氏虾虎鱼

Gobius bucchichi Steindachner, 1870 布氏虾虎鱼

Gobius cobitis Pallas, 1814 似鳅虾虎鱼

Gobius couchi Miller & El-Tawil, 1974 库氏虾虎鱼

Gobius cruentatus Gmelin, 1789 红嘴虾虎鱼

Gobius fallax Sarato, 1889 喜诈虾虎鱼

Gobius gasteveni Miller, 1974 加氏虾虎鱼

Gobius geniporus Valenciennes, 1837 细虾虎鱼

Gobius hypselosoma Bleeker, 1867 高体虾虎鱼

Gobius kolombatovici Kovacic & Miller, 2000 科氏虾虎鱼

Gobius koseirensis Klunzinger, 1871 红海虾虎鱼

Gobius leucomelas Peters, 1868 黑白虾虎鱼

Gobius melanopus Bleeker, 1860 黑眼虾虎鱼

Gobius niger Linnaeus, 1758 黑虾虎鱼

Gobius paganellus Linnaeus, 1758 石虾虎鱼

Gobius roulei de Buen, 1928 朗氏虾虎鱼

Gobius rubropunctatus Delais, 1951 红斑虾虎鱼

Gobius scorteccii Poll, 1961 斯氏虾虎鱼

Gobius senegambiensis Metzelaar, 1919 塞内加尔虾虎鱼

Gobius strictus Fage, 1907 缚虾虎鱼

Gobius tetrophthalmus Brito & Miller, 2001 四眼虾虎鱼

Gobius tropicus Osbeck, 1765 热带虾虎鱼

Gobius vittatus Vinciguerra, 1883 条纹虾虎鱼

Gobius xanthocephalus Heymer & Zander, 1992 黄头虾虎鱼

Genus *Gobiusculus* Duncker, 1928 尻虾虎鱼属

Gobiusculus flavescens (Fabricius, 1779) 黄体尻虾虎鱼

Genus *Gobulus* Ginsburg, 1933 暗背虾虎鱼属

Gobulus birdsongi Hoese & Reader, 2001 伯氏暗背虾虎鱼

Gobulus crescentalis (Gilbert, 1892) 新月暗背虾虎鱼

Gobulus hancocki Ginsburg, 1938 汉氏暗背虾虎鱼

Gobulus myersi Ginsburg, 1939 迈氏暗背虾虎鱼

Genus *Gorogobius* Miller, 1978 戈罗虾虎鱼属

Gorogobius nigricinctus (Delais, 1951) 黑带戈罗虾虎鱼

Gorogobius stevcici Kovacic & Schliewen, 2008 斯氏戈罗虾虎鱼

Genus *Grallenia* Shibukawa & Iwata, 2007 格拉伦虾虎鱼属

Grallenia arenicola Shibukawa & Iwata, 2007 砂栖格拉伦虾虎鱼

Grallenia lipi Shibukawa & Iwata, 2007 利氏格拉伦虾虎鱼

Genus *Gymneleotris* Bleeker, 1874 裸身塘鳢属

Gymneleotris seminuda (Günther, 1864) 半裸身塘鳢

Genus *Gymnoamblyopus* Murdy & Ferraris, 2003 裸钝虾虎鱼属

Gymnoamblyopus novaeguineae Murdy & Ferraris, 2003 新几内亚裸钝虾虎鱼

Genus *Gymnogobius* Gill, 1863 裸身虾虎鱼属

Gymnogobius breunigii (Steindachner, 1879) 布氏裸身虾虎鱼

Gymnogobius castaneus (O'Shaughnessy, 1875) 栗色裸身虾虎鱼 陆

Gymnogobius cylindricus (Tomiyama, 1936) 圆筒裸身虾虎鱼

Gymnogobius heptacanthus (Hilgendorf, 1879) 七棘裸身虾虎鱼 陆

syn. *Chloea sarchynnis* Jordan & Snyder, 1901 肉犁克丽虾虎鱼

Gymnogobius isaza (Tanaka, 1916) 疣舌裸身虾虎鱼

Gymnogobius macrognathos (Bleeker, 1860) 大颌裸身虾虎鱼 陆

Gymnogobius mororanus (Jordan & Snyder, 1901) 网纹裸身虾虎鱼 陆

Gymnogobius nigrimembranis (Wu & Wang, 1931) 黑皮裸身虾虎鱼

Gymnogobius opperiens Stevenson, 2002 北海道裸身虾虎鱼

Gymnogobius petschiliensis (Rendahl, 1924) 日本裸身虾虎鱼

Gymnogobius scrobiculatus (Takagi, 1957) 沟裸身虾虎鱼

Gymnogobius taranetzi (Pinchuk, 1978) 塔氏裸身虾虎鱼 陆

Gymnogobius transversefasciatus (Wu & Zhou, 1990) 横带裸身虾虎鱼 陆

Gymnogobius uchidai (Takagi, 1957) 内田氏裸身虾虎鱼

Gymnogobius urotaenia (Hilgendorf, 1879) 条尾裸身虾虎鱼 陆

syn. *Gymnogobius laevis* (Seeindachner, 1879) 黄带裸身虾虎鱼

Gymnogobius zhoushanensis Zhao, Wu & Zhong, 2007 舟山裸身虾虎鱼 陆

Genus *Hazeus* Jordan & Snyder, 1901 粗棘虾虎鱼属

Hazeus elati (Goren, 1984) 伊氏粗棘虾虎鱼

Hazeus maculipinna (Randall & Goren, 1993) 斑鳍粗棘虾虎鱼

Hazeus otakii Jordan & Snyder, 1901 大泷氏粗棘虾虎鱼 台

syn. *Acentrogobius otakii* (Jordan & Snyder, 1901) 大泷细棘虾虎鱼

Genus *Hemigobius* Bleeker, 1874 半虾虎鱼属;间虾虎鱼属

Hemigobius hoevenii (Bleeker, 1851) 斜纹半虾虎鱼;霍氏间虾虎鱼 陆 台

syn. *Mugilgobius obliquifasciatus* Wu & Ni, 1985 斜纹鲻虾虎鱼

Hemigobius mingi (Herre, 1936) 新加坡半虾虎鱼;新加坡间虾虎鱼

Genus *Hetereleotris* Bleeker, 1874 异塘鳢属

Hetereleotris apora (Hoese & Winterbottom, 1979) 无孔异塘鳢

Hetereleotris bipunctata Tortonese, 1976 双斑异塘鳢

Hetereleotris caminata (Smith, 1958) 半带异塘鳢

Hetereleotris diademata (Rüppell, 1830) 红海异塘鳢

Hetereleotris exilis Shibukawa, 2010 细身异塘鳢

Hetereleotris georgegilli Gill, 1998 乔氏异塘鳢

Hetereleotris kenyae Smith, 1958 凯尼异塘鳢

Hetereleotris margaretae Hoese, 1986 光鳞异塘鳢

Hetereleotris nebulofasciata (Smith, 1958) 云纹异塘鳢

Hetereleotris poecila (Fowler, 1946) 杂色异塘鳢 台

Hetereleotris readerae Hoese & Larson, 2005 里德异塘鳢

Hetereleotris tentaculata (Smith, 1958) 触手异塘鳢

Hetereleotris vinsoni Hoese, 1986 文森氏异塘鳢

Hetereleotris vulgaris (Klunzinger, 1871) 莫桑比克异塘鳢

Hetereleotris zanzibarensis (Smith, 1958) 桑给巴尔异塘鳢

Hetereleotris zonata (Fowler, 1934) 眼带异塘鳢

Genus *Heterogobius* Bleeker, 1874 异虾虎鱼属

Heterogobius chiloensis (Guichenot, 1848) 智利异虾虎鱼

Genus *Heteroplopomus* Tomiyama, 1936 异刺盖虾虎鱼属

Heteroplopomus barbatus (Tomiyama, 1934) 细须异刺盖虾虎鱼

Genus *Hyrcanogobius* Iljin, 1928 豚虾虎鱼属

Hyrcanogobius bergi Iljin, 1928 伯氏豚虾虎鱼

Genus *Ilypnus* Jordan & Evermann, 1896 泞虾虎鱼属

Ilypnus gilberti (Eigenmann & Eigenmann, 1889) 吉氏泞虾虎鱼

Ilypnus luculentus (Ginsburg, 1938) 灿烂泞虾虎鱼

Genus *Istigobius* Whitley, 1932 衔虾虎鱼属

Istigobius campbelli (Jordan & Snyder, 1901) 康培氏衔虾虎鱼 陆 台

syn. *Acentrogobius campbelli* (Jordan & Snyder, 1901) 凯氏细棘虾虎鱼

Istigobius decoratus (Herre, 1927) 华丽衔虾虎鱼 陆 台

Istigobius diadema (Steindachner, 1876) 印度衔虾虎鱼

Istigobius goldmanni (Bleeker, 1852) 戈氏衔虾虎鱼 陆 台

Istigobius hoesei Murdy & McEachran, 1982 豪氏衔虾虎鱼

Istigobius hoshinonis (Tanaka, 1917) 和歌衔虾虎鱼 陆 台

Istigobius nigroocellatus (Günther, 1873) 黑点衔虾虎鱼 陆

Istigobius ornatus (Rüppell, 1830) 饰妆衔虾虎鱼 陆 台

syn. *Acentrogobius ornatus* (Rüppell, 1830) 妆饰细棘虾虎鱼

Istigobius perspicillatus (Herre, 1945) 橘黄衔虾虎鱼

Istigobius rigilius (Herre, 1953) 线斑衔虾虎鱼 陆 台
Istigobius spence (Smith, 1947) 珠点衔虾虎鱼

Genus *Karsten* Murdy, 2002 卡斯顿虾虎鱼属

Karsten totoyensis (Garman, 1903) 斐济卡斯顿虾虎鱼

Genus *Kelloggella* Jordan & Seale, 1905 黏虾虎鱼属

Kelloggella cardinalis Jordan & Seale, 1906 萨摩亚黏虾虎鱼 台
Kelloggella disalvoi Randall, 2009 迪氏黏虾虎鱼
Kelloggella oligolepis (Jenkins, 1903) 寡鳞黏虾虎鱼
Kelloggella quindecimfasciata (Fowler, 1946) 多带黏虾虎鱼
Kelloggella tricuspidata (Herre, 1935) 叉牙黏虾虎鱼

Genus *Knipowitschia* Iljin, 1927 奈波虾虎鱼属

Knipowitschia cameliae Nalbant & Otel, 1995 卡氏奈波虾虎鱼
Knipowitschia caucasica (Berg, 1916) 高加索奈波虾虎鱼
Knipowitschia croatica Mrakovcic, Kerovec, Misetic & Schneider, 1996 克罗
地亚奈波虾虎鱼
Knipowitschia ephesi Ahnelt, 1995 埃氏奈波虾虎鱼
Knipowitschia goerneri Ahnelt, 1991 戈氏奈波虾虎鱼
Knipowitschia iljini Berg, 1931 伊氏奈波虾虎鱼
Knipowitschia longecaudata (Kessler, 1877) 长尾奈波虾虎鱼
Knipowitschia mermere Ahnelt, 1995 马尔马拉湖奈波虾虎鱼
Knipowitschia milleri (Ahnelt & Bianco, 1990) 米氏奈波虾虎鱼
Knipowitschia montenegrina Kovacic & Sanda, 2007 意大利奈波虾虎鱼
Knipowitschia mrakovcici Miller, 1991 姆氏奈波虾虎鱼
Knipowitschia panizzae (Verga, 1841) 帕氏奈波虾虎鱼
Knipowitschia punctatissima (Canestrini, 1864) 横斑奈波虾虎鱼
Knipowitschia radovici Kovacic, 2005 雷氏奈波虾虎鱼
Knipowitschia thessala (Vinciguerra, 1921) 砂栖奈波虾虎鱼

Genus *Koumansetta* Whitley, 1940 库曼虾虎鱼属

Koumansetta hectori (Smith, 1957) 海氏库曼虾虎鱼 台
   syn. *Amblygobius hectori* (Smith, 1957) 赫氏钝虾虎鱼
Koumansetta rainfordi (Whitley, 1940) 雷氏库曼虾虎鱼 台
   syn. *Amblygobius rainfordi* (Whitley, 1940) 雷氏钝虾虎鱼

Genus *Larsonella* Randall & Senou, 2001 拉森叶虾虎鱼属

Larsonella pumila (Larson & Hoese, 1980) 拉森叶虾虎鱼

Genus *Lebetus* Winther, 1877 壶虾虎鱼属

Lebetus guilleti (Le Danois, 1913) 吉氏壶虾虎鱼
Lebetus scorpioides (Collett, 1874) 似鲉壶虾虎鱼

Genus *Lentipes* Günther, 1861 韧虾虎鱼属

Lentipes adelphizonus Watson & Kottelat, 2006 喜斗韧虾虎鱼
Lentipes armatus Sakai & Nakamura, 1979 韧虾虎鱼 台
Lentipes concolor (Gill, 1860) 同色韧虾虎鱼
Lentipes crittersius Watson & Allen, 1999 贪食韧虾虎鱼
Lentipes dimetrodon Watson & Allen, 1999 恐怖韧虾虎鱼
Lentipes kaaea Watson, Keith & Marquet, 2002 新喀里多尼亚韧虾虎鱼
Lentipes mindanaoensis Chen, 2004 棉兰老韧虾虎鱼
Lentipes multiradiatus Allen, 2001 多辐韧虾虎鱼
Lentipes rubrofasciatus Maugé, Marquet & Laboute, 1992 红带韧虾虎鱼
Lentipes solomonensis Jenkins, Allen & Boseto, 2008 所罗门岛韧虾虎鱼
Lentipes venustus Allen, 2004 秀美韧虾虎鱼
Lentipes watsoni Allen, 1997 沃森氏韧虾虎鱼
Lentipes whittenorum Watson & Kottelat, 1994 惠氏韧虾虎鱼

Genus *Lepidogobius* Gill, 1859 鳞虾虎鱼属

Lepidogobius lepidus (Girard, 1858) 秀美鳞虾虎鱼

Genus *Lesueurigobius* Whitley, 1950 莱苏尔虾虎鱼属

Lesueurigobius friesii (Malm, 1874) 费氏莱苏尔虾虎鱼
Lesueurigobius heterofasciatus Maul, 1971 异纹莱苏尔虾虎鱼
Lesueurigobius koumansi (Norman, 1935) 孔氏莱苏尔虾虎鱼
Lesueurigobius sanzi (de Buen, 1918) 桑氏莱苏尔虾虎鱼
Lesueurigobius suerii (Risso, 1810) 休氏莱苏尔虾虎鱼

Genus *Lethops* Hubbs, 1926 遗虾虎鱼属

Lethops connectens Hubbs, 1926 墨西哥遗虾虎鱼

Genus *Leucopsarion* Hilgendorf, 1880 冰虾虎鱼属

Leucopsarion petersii Hilgendorf, 1880 彼氏冰虾虎鱼

Genus *Lobulogobius* Koumans, 1944 裂虾虎鱼属

Lobulogobius bentuviai Goren, 1984 本氏裂虾虎鱼
Lobulogobius morrigu Larson, 1983 侧扁裂虾虎鱼
Lobulogobius omanensis Koumans, 1944 阿曼裂虾虎鱼

Genus *Lophiogobius* Günther, 1873 蝌蚪虾虎鱼属

Lophiogobius ocellicauda Günther, 1873 眼尾蝌蚪虾虎鱼 陆

Genus *Lophogobius* Gill, 1862 冠虾虎鱼属

Lophogobius bleekeri Popta, 1921 布氏冠虾虎鱼
Lophogobius cristulatus Ginsburg, 1939 冠虾虎鱼
Lophogobius cyprinoides (Pallas, 1770) 鲤形冠虾虎鱼

Genus *Lotilia* Klausewitz, 1960 白头虾虎鱼属

Lotilia graciliosa Klausewitz, 1960 白头虾虎鱼 台

Genus *Lubricogobius* Tanaka, 1915 裸叶虾虎鱼属

Lubricogobius dinah Randall & Senou, 2001 琉球群岛裸叶虾虎鱼
Lubricogobius exiguus Tanaka, 1915 短身裸叶虾虎鱼 陆 台
Lubricogobius ornatus Fourmanoir, 1966 饰妆裸叶虾虎鱼
Lubricogobius tre Prokofiev, 2009 特里裸叶虾虎鱼

Genus *Luciogobius* Gill, 1859 竿虾虎鱼属

Luciogobius adapel Okiyama, 2001 日本竿虾虎鱼
Luciogobius albus Regan, 1940 白竿虾虎鱼
Luciogobius ama (Snyder, 1909) 大头竿虾虎鱼
Luciogobius brevipterus Chen, 1932 短鳍竿虾虎鱼
Luciogobius dormitoris Shiogaki & Dotsu, 1976 长头竿虾虎鱼
Luciogobius elongatus Regan, 1905 长竿虾虎鱼
Luciogobius grandis Arai, 1970 鳍丝竿虾虎鱼
Luciogobius guttatus Gill, 1859 斑点竿虾虎鱼 陆 台
Luciogobius koma (Snyder, 1909) 鳞竿虾虎鱼
Luciogobius martellii Di Caporiacco, 1948 马氏竿虾虎鱼
Luciogobius pallidus Regan, 1940 浅色竿虾虎鱼
Luciogobius parvulus (Snyder, 1909) 小竿虾虎鱼
Luciogobius platycephalus Shiogaki & Dotsu, 1976 扁头竿虾虎鱼 陆
Luciogobius saikaiensis Dôtu, 1957 西海竿虾虎鱼 台

Genus *Luposicya* Smith, 1959 狼牙双盘虾虎鱼属

Luposicya lupus Smith, 1959 狼牙双盘虾虎鱼 台

Genus *Lythrypnus* Jordan & Evermann, 1896 血虾虎鱼属

Lythrypnus alphigena Bussing, 1990 高体血虾虎鱼
Lythrypnus brasiliensis Greenfield, 1988 巴西血虾虎鱼
Lythrypnus cobalus Bussing, 1990 哥斯达黎加血虾虎鱼
Lythrypnus crocodilus (Beebe & Tee-Van, 1928) 大鳄血虾虎鱼
Lythrypnus dalli (Gilbert, 1890) 蓝带血虾虎鱼
Lythrypnus elasson Böhlke & Robins, 1960 侏儒血虾虎鱼
Lythrypnus gilberti (Heller & Snodgrass, 1903) 吉氏血虾虎鱼
Lythrypnus heterochroma Ginsburg, 1939 橙带血虾虎鱼
Lythrypnus insularis Bussing, 1990 岛栖血虾虎鱼
Lythrypnus lavenbergi Bussing, 1990 拉氏血虾虎鱼
Lythrypnus minimus Garzón & Acero P., 1988 小血虾虎鱼
Lythrypnus mowbrayi (Bean, 1906) 莫氏血虾虎鱼
Lythrypnus nesiotes Böhlke & Robins, 1960 横带血虾虎鱼
Lythrypnus okapia Robins & Böhlke, 1964 五带血虾虎鱼
Lythrypnus phorellus Böhlke & Robins, 1960 斑血虾虎鱼
Lythrypnus pulchellus Ginsburg, 1938 美丽血虾虎鱼
Lythrypnus rhizophora (Heller & Snodgrass, 1903) 闪光血虾虎鱼
Lythrypnus solanensis Acero P., 1981 哥伦比亚血虾虎鱼
Lythrypnus spilus Böhlke & Robins, 1960 胸斑血虾虎鱼
Lythrypnus zebra (Gilbert, 1890) 斑马血虾虎鱼

Genus *Macrodontogobius* Herre, 1936 壮牙虾虎鱼属

Macrodontogobius wilburi Herre, 1936 威氏壮牙虾虎鱼 台

Genus *Mahidolia* Smith, 1932 巨颌虾虎鱼属

Mahidolia mystacina (Valenciennes, 1837) 大口巨颌虾虎鱼 台

Genus *Mangarinus* Herre, 1943 芒虾虎鱼属

Mangarinus waterousi Herre, 1943 华氏芒虾虎鱼 陆

Genus *Mauligobius* Miller, 1984 蒙眬虾虎鱼属

Mauligobius maderensis (Valenciennes, 1837) 加那利岛蒙眬虾虎鱼

Mauligobius nigri (Günther, 1861) 尼氏蒙眬虾虎鱼

Genus *Mesogobius* Bleeker, 1874 中虾虎鱼属

Mesogobius batrachocephalus (Pallas, 1814) 蟾头中虾虎鱼

Mesogobius nigronotatus (Kessler, 1877) 黑背中虾虎鱼

Mesogobius nonultimus (Iljin, 1936) 里海中虾虎鱼

Genus *Microgobius* Poey, 1876 侏虾虎鱼属

Microgobius brevispinis Ginsburg, 1939 短棘侏虾虎鱼

Microgobius carri Fowler, 1945 卡氏侏虾虎鱼

Microgobius crocatus Birdsong, 1968 红花侏虾虎鱼

Microgobius curtus Ginsburg, 1939 短侏虾虎鱼

Microgobius cyclolepis Gilbert, 1890 圆鳞侏虾虎鱼

Microgobius emblematicus (Jordan & Gilbert, 1882) 真侏虾虎鱼

Microgobius erectus Ginsburg, 1938 直侏虾虎鱼

Microgobius gulosus (Girard, 1858) 丑侏虾虎鱼

Microgobius meeki Evermann & Marsh, 1899 米氏侏虾虎鱼

Microgobius microlepis Longley & Hildebrand, 1940 小鳞侏虾虎鱼

Microgobius miraflorensis Gilbert & Starks, 1904 意大利侏虾虎鱼

Microgobius signatus Poey, 1876 闪光侏虾虎鱼

Microgobius tabogensis Meek & Hildebrand, 1928 蓝斑侏虾虎鱼

Microgobius thalassinus (Jordan & Gilbert, 1883) 绿侏虾虎鱼

Genus *Millerigobius* Bath, 1973 米勒虾虎鱼属

Millerigobius macrocephalus (Kolombatovic, 1891) 大头米勒虾虎鱼

Genus *Minysicya* Larson, 2002 小瓜虾虎鱼属

Minysicya caudimaculata Larson, 2002 尾斑小瓜虾虎鱼

Genus *Mistichthys* Smith, 1902 神秘虾虎鱼属

Mistichthys luzonensis Smith, 1902 吕宋神秘虾虎鱼

Genus *Mugilogobius* Smitt, 1900 鲻虾虎鱼属

Mugilogobius abei (Jordan & Snyder, 1901) 阿部氏鲻虾虎鱼 陆 台

Mugilogobius adeia Larson & Kottelat, 1992 马塔诺湖鲻虾虎鱼

Mugilogobius amadi (Weber, 1913) 阿玛达鲻虾虎鱼

Mugilogobius cagayanensis (Aurich, 1938) 菲律宾鲻虾虎鱼

Mugilogobius cavifrons (Weber, 1909) 清尾鲻虾虎鱼 陆 台

Mugilogobius chulae (Smith, 1932) 诸氏鲻虾虎鱼 陆 台

Mugilogobius duospilus (Fowler, 1953) 污斑鲻虾虎鱼

Mugilogobius durbanensis (Barnard, 1927) 德班鲻虾虎鱼

Mugilogobius fasciatus Larson, 2001 条纹鲻虾虎鱼

Mugilogobius filifer Larson, 2001 线鳍鲻虾虎鱼

Mugilogobius fontinalis (Jordan & Seale, 1906) 泉鲻虾虎鱼 台

Mugilogobius fusca (Herre, 1940) 灰鲻虾虎鱼

Mugilogobius fusculus (Nichols, 1951) 暗色鲻虾虎鱼

Mugilogobius inhacae (Smith, 1959) 斑鳍鲻虾虎鱼

Mugilogobius karatunensis (Aurich, 1938) 印度尼西亚鲻虾虎鱼

Mugilogobius latifrons (Boulenger, 1897) 侧鲻虾虎鱼

Mugilogobius lepidotus Larson, 2001 大鳞鲻虾虎鱼

Mugilogobius littoralis Larson, 2001 滨海鲻虾虎鱼

Mugilogobius mertoni (Weber, 1911) 梅氏鲻虾虎鱼

Mugilogobius myxodermus (Herre, 1935) 粘皮鲻虾虎鱼 陆 台

Mugilogobius notospilus (Günther, 1877) 背斑鲻虾虎鱼

Mugilogobius paludis (Whitley, 1930) 沼泽鲻虾虎鱼

Mugilogobius parvus (Oshima, 1919) 小鲻虾虎鱼

Mugilogobius platynotus (Günther, 1861) 扁背鲻虾虎鱼

Mugilogobius platystomus (Günther, 1872) 平口鲻虾虎鱼

Mugilogobius rambaiae (Smith, 1945) 蓝贝鲻虾虎鱼

Mugilogobius rexi Larson, 2001 赖氏鲻虾虎鱼

Mugilogobius rivulus Larson, 2001 溪鲻虾虎鱼

Mugilogobius sarasinorum (Boulenger, 1897) 苏拉威西鲻虾虎鱼

Mugilogobius stigmaticus (De Vis, 1884) 斑点鲻虾虎鱼

Mugilogobius tagala (Herre, 1927) 泰加拉鲻虾虎鱼

Mugilogobius tigrinus Larson, 2001 虎纹鲻虾虎鱼

Mugilogobius wilsoni Larson, 2001 威氏鲻虾虎鱼

Mugilogobius zebra (Aurich, 1938) 斑马鲻虾虎鱼

Genus *Myersina* Herre, 1934 犁突虾虎鱼属;锄突虾虎鱼属

Myersina adonis Shibukawa & Satapoomin, 2006 泰国犁突虾虎鱼;泰国锄突虾虎鱼

Myersina crocata (Wongratana, 1975) 橘点犁突虾虎鱼;橘点锄突虾虎鱼

Myersina fasciatus (Wu & Lin, 1983) 横带犁突虾虎鱼;横带锄突虾虎鱼 陆
    syn. *Oligolepis fasciatus* Wu & Lin, 1983 横带寡鳞虾虎鱼

Myersina filifer (Valenciennes, 1837) 长丝犁突虾虎鱼;丝鳍锄突虾虎鱼 陆 台
    syn. *Cryptocentrus filifer* (Valenciennes, 1837) 长丝虾虎鱼

Myersina lachneri Hoese & Lubbock, 1982 拉氏犁突虾虎鱼;拉氏锄突虾虎鱼

Myersina macrostoma Herre, 1934 大口犁突虾虎鱼;大口锄突虾虎鱼 陆 台

Myersina nigrivirgata Akihito & Meguro, 1983 黑带犁突虾虎鱼;黑带锄突虾虎鱼

Myersina papuanus (Peters, 1877) 巴布亚犁突虾虎鱼;巴布亚锄突虾虎鱼 台
    syn. *Cryptocentrus papuanus* (Peters, 1877) 巴布亚丝虾虎鱼

Myersina pretoriusi (Smith, 1958) 普氏犁突虾虎鱼;普氏锄突虾虎鱼

Myersina yangii (Chen, 1960) 杨氏犁突虾虎鱼;杨氏锄突虾虎鱼 台

Genus *Nematogobius* Boulenger, 1910 线鳍虾虎鱼属

Nematogobius ansorgii Boulenger, 1910 线鳍虾虎鱼

Nematogobius brachynemus Pfaff, 1933 短线线鳍虾虎鱼

Nematogobius maindroni (Sauvage, 1880) 梅氏线鳍虾虎鱼

Genus *Neogobius* Iljin, 1927 新虾虎鱼属

Neogobius bathybius (Kessler, 1877) 深水新虾虎鱼

Neogobius caspius (Eichwald, 1831) 里海新虾虎鱼

Neogobius fluviatilis (Pallas, 1814) 河栖新虾虎鱼

Neogobius melanostomus (Pallas, 1814) 黑口新虾虎鱼

Neogobius pallasi (Berg, 1916) 帕拉新虾虎鱼

Neogobius platyrostris (Pallas, 1814) 扁吻新虾虎鱼

Neogobius ratan (Nordmann, 1840) 拉登新虾虎鱼

Genus *Nes* Ginsburg, 1933 尼斯虾虎鱼属

Nes longus (Nichols, 1914) 尼斯虾虎鱼

Genus *Nesogobius* Whitley, 1929 岛栖虾虎鱼属

Nesogobius greeni Hoese & Larson, 2006 格氏岛栖虾虎鱼

Nesogobius hinsbyi (McCulloch & Ogilby, 1919) 欣氏岛栖虾虎鱼

Nesogobius maccullochi Hoese & Larson, 2006 麦氏岛栖虾虎鱼

Nesogobius pulchellus (Castelnau, 1872) 美丽岛栖虾虎鱼

Genus *Obliquogobius* Koumans, 1941 歪虾虎鱼属

Obliquogobius cirrifer Shibukawa & Aonuma, 2007 琉球歪虾虎鱼

Obliquogobius cometes (Alcock, 1890) 慧尾歪虾虎鱼

Obliquogobius megalops Shibukawa & Aonuma, 2007 大眼歪虾虎鱼

Obliquogobius turkayi Goren, 1992 特氏歪虾虎鱼

Obliquogobius yamadai Shibukawa & Aonuma, 2007 山田氏歪虾虎鱼

Genus *Odondebuenia* de Buen, 1930 地中海虾虎鱼属

Odondebuenia balearica (Pellegrin & Fage, 1907) 地中海虾虎鱼

Genus *Odontamblyopus* Bleeker, 1874 狼牙虾虎鱼属

Odontamblyopus lacepedii (Temminck & Schlegel, 1845) 拉氏狼牙虾虎鱼 陆 台

Odontamblyopus rebecca Murdy & Shibukawa, 2003 丽贝卡狼牙虾虎鱼

Odontamblyopus roseus (Valenciennes, 1837) 玫瑰狼牙虾虎鱼

Odontamblyopus rubicundus (Hamilton, 1822) 红狼牙虾虎鱼

Odontamblyopus tenuis (Day, 1876) 细狼牙虾虎鱼

Genus *Oligolepis* Bleeker, 1874 寡鳞虾虎鱼属

Oligolepis acutipennis (Valenciennes, 1837) 尖鳍寡鳞虾虎鱼 陆 台

Oligolepis cylindriceps (Hora, 1923) 柱头寡鳞虾虎鱼

Oligolepis dasi (Talwar, Chatterjee & Dev Roy, 1982) 戴氏寡鳞虾虎鱼

Oligolepis jaarmani (Weber, 1913) 杰氏寡鳞虾虎鱼

Oligolepis keiensis (Smith, 1938) 长颌寡鳞虾虎鱼

Oligolepis stomias (Smith, 1941) 大口寡鳞虾虎鱼 陆 台

Genus *Ophiogobius* Gill, 1863 蛇头虾虎鱼属

Ophiogobius jenynsi Hoese, 1976 詹氏蛇头虾虎鱼

Ophiogobius ophicephalus (Jenyns, 1842) 蛇头虾虎鱼

Genus *Oplopomops* Smith, 1959 拟刺盖虾虎鱼属

Oplopomops diacanthus (Schultz, 1943) 双棘拟刺盖虾虎鱼

Genus *Oplopomus* Valenciennes, 1837 刺盖虾虎鱼属;盖刺虾虎鱼属

Oplopomus caninoides (Bleeker, 1852) 拟犬牙刺盖虾虎鱼;拟犬牙盖刺虾虎鱼 陆

Oplopomus oplopomus (Valenciennes, 1837) 刺盖虾虎鱼;盖刺虾虎鱼 陆 台

Genus *Opua* Jordan, 1925 妙音虾虎鱼属

Opua atherinoides (Peters, 1855) 莫桑比克妙音虾虎鱼

Opua nephodes Jordan, 1925 妙音虾虎鱼

Genus *Oxuderces* Eydoux & Souleyet, 1850 背眼虾虎鱼属

Oxuderces dentatus Eydoux & Souleyet, 1850 犬齿背眼虾虎鱼 陆

　　syn. *Apocryptichthys sericus* Herre, 1927 中华钝牙虾虎鱼

Oxuderces wirzi (Koumans, 1937) 沃氏背眼虾虎鱼

Genus *Oxyurichthys* Bleeker, 1857 沟虾虎鱼属

Oxyurichthys amabalis Seale, 1914 长背沟虾虎鱼 陆

Oxyurichthys auchenolepis Bleeker, 1876 项鳞沟虾虎鱼

Oxyurichthys cornutus McCulloch & Waite, 1918 角质沟虾虎鱼 台

Oxyurichthys formosanus Nichols, 1958 台湾沟虾虎鱼 台

Oxyurichthys guibei Smith, 1959 盖氏沟虾虎鱼

Oxyurichthys heisei Pezold, 1998 海斯氏沟虾虎鱼

Oxyurichthys lemayi (Smith, 1947) 饰带沟虾虎鱼

Oxyurichthys lonchotus (Jenkins, 1903) 矛状沟虾虎鱼 台

Oxyurichthys macrolepis Chu & Wu, 1963 大鳞沟虾虎鱼 陆

Oxyurichthys microlepis (Bleeker, 1849) 小鳞沟虾虎鱼 陆 台

Oxyurichthys mindanensis (Herre, 1927) 棉兰老沟虾虎鱼

Oxyurichthys notonema (Weber, 1909) 背丝沟虾虎鱼

Oxyurichthys oculomirus Herre, 1927 眼点沟虾虎鱼 陆

Oxyurichthys ophthalmonema (Bleeker, 1856-1857) 眼瓣沟虾虎鱼 陆 台

Oxyurichthys papuensis (Valenciennes, 1837) 巴布亚沟虾虎鱼 陆 台

Oxyurichthys paulae Pezold, 1998 保氏沟虾虎鱼

Oxyurichthys petersenii (Steindachner, 1893) 彼氏沟虾虎鱼

Oxyurichthys saru Tomiyama, 1936 帚形沟虾虎鱼

Oxyurichthys stigmalophius (Mead & Böhlke, 1958) 项点沟虾虎鱼

Oxyurichthys takagi Pezold, 1998 高木氏沟虾虎鱼

Oxyurichthys tentacularis (Valenciennes, 1837) 触角沟虾虎鱼 陆

Oxyurichthys uronema (Weber, 1909) 丝尾沟虾虎鱼

Oxyurichthys viridis Herre, 1927 绿沟虾虎鱼

Oxyurichthys visayanus Herre, 1927 南方沟虾虎鱼 陆 台

Genus *Padogobius* Berg, 1932 帕多虾虎鱼属

Padogobius bonelli (Bonaparte, 1846) 帕多虾虎鱼

Padogobius nigricans (Canestrini, 1867) 暗色帕多虾虎鱼

Genus *Paedogobius* Iwata, Hosoya & Larson, 2001 帕爱多虾虎鱼属

Paedogobius kimurai Iwata, Hosoya & Larson, 2001 木村氏帕爱多虾虎鱼

Genus *Palatogobius* Gilbert, 1971 犁虾虎鱼属

Palatogobius grandoculus Greenfield, 2002 大臀犁虾虎鱼

Palatogobius paradoxus Gilbert, 1971 犁虾虎鱼

Genus *Palutrus* Smith, 1959 苔虾虎鱼属

Palutrus meteori (Klausewitz & Zander, 1967) 红海苔虾虎鱼

Palutrus pruinosa (Jordan & Seale, 1906) 霜点苔虾虎鱼

Palutrus reticularis Smith, 1959 网纹苔虾虎鱼

Palutrus scapulopunctatus (de Beaufort, 1912) 肩斑苔虾虎鱼

Genus *Pandaka* Herre, 1927 矮虾虎鱼属

Pandaka bipunctata Chen, Wu, Zhong & Shao, 2008 双斑矮虾虎鱼 陆

Pandaka lidwilli (McCulloch, 1917) 莱氏矮虾虎鱼 陆

Pandaka pusilla Herre, 1927 微矮虾虎鱼

Pandaka pygmaea Herre, 1927 菲律宾矮虾虎鱼

Pandaka rouxi (Weber, 1911) 路氏矮虾虎鱼

Pandaka silvana (Barnard, 1943) 裸头矮虾虎鱼

Pandaka trimaculata Akihito & Meguro, 1975 三斑矮虾虎鱼

Genus *Papillogobius* Gill & Miller, 1990 点颊虾虎鱼属

Papillogobius reichei (Bleeker, 1853) 雷氏点颊虾虎鱼 陆 台

　　syn. *Favonigobius reichei* (Bleeker, 1853) 赖氏蜂巢虾虎鱼

Genus *Papuligobius* Chen & Kottelat, 2003 丘疹虾虎鱼属

Papuligobius ocellatus (Fowler, 1937) 睛斑丘疹虾虎鱼

Papuligobius uniporus Chen & Kottelat, 2003 单孔丘疹虾虎鱼

Genus *Parachaeturichthys* Bleeker, 1874 拟矛尾虾虎鱼属

Parachaeturichthys ocellatus (Day, 1873) 睛斑拟矛尾虾虎鱼

Parachaeturichthys polynema (Bleeker, 1853) 多须拟矛尾虾虎鱼 陆 台

Genus *Paragobiodon* Bleeker, 1873 副叶虾虎鱼属

Paragobiodon echinocephalus (Rüppell, 1830) 棘头副叶虾虎鱼 陆

Paragobiodon lacunicolus (Kendall & Goldsborough, 1911) 黑鳍副叶虾虎鱼 陆 台

Paragobiodon melanosomus (Bleeker, 1852) 黑副叶虾虎鱼 陆

Paragobiodon modestus (Regan, 1908) 疣副叶虾虎鱼 陆 台

Paragobiodon xanthosoma (Bleeker, 1852) 黄身副叶虾虎鱼 陆 台

Genus *Parapocryptes* Bleeker, 1874 副平牙虾虎鱼属

Parapocryptes rictuosus (Valenciennes, 1837) 印度副平牙虾虎鱼

Parapocryptes serperaster (Richardson, 1846) 蜥形副平牙虾虎鱼 陆

　　syn. *Parapocryptes macrolepis* (Bleeker, 1851) 大鳞副平牙虾虎鱼

Genus *Parasicydium* Risch, 1980 副瓢虾虎鱼属

Parasicydium bandama Risch, 1980 班达副瓢虾虎鱼

Genus *Paratrimma* Hoese & Brothers, 1976 副磨塘鳢属

Paratrimma nigrimenta Hoese & Brothers, 1976 黑颏副磨塘鳢

Paratrimma urospila Hoese & Brothers, 1976 尾斑副磨塘鳢

Genus *Paratrypauchen* Murdy, 2008 副孔虾虎鱼属

Paratrypauchen microcephalus (Bleeker, 1860) 小头副孔虾虎鱼 陆 台

　　syn. *Ctenotrypauchen microcephalus* (Bleeker, 1860) 小头栉孔虾虎鱼

Genus *Parawaous* Watson, 1993 副阿胡虾虎鱼属

Parawaous megacephalus (Fowler, 1905) 大头副阿胡虾虎鱼

Genus *Pariah* Böhlke, 1969 椒虾虎鱼属

Pariah scotius Böhlke, 1969 暗色椒虾虎鱼

Genus *Parkraemeria* Whitley, 1951 拟沙虾虎鱼属

Parkraemeria ornata Whitley, 1951 琉球拟沙虾虎鱼

Genus *Parrella* Ginsburg, 1938 麦虾虎鱼属

Parrella fusca Ginsburg, 1939 棕色麦虾虎鱼

Parrella ginsburgi Wade, 1946 金氏麦虾虎鱼

Parrella lucretiae (Eigenmann & Eigenmann, 1888) 卢氏麦虾虎鱼

Parrella macropteryx Ginsburg, 1939 大鳍麦虾虎鱼

Parrella maxillaris Ginsburg, 1938 大颌麦虾虎鱼

Genus *Pascua* Randall, 2005 食素虾虎鱼属

Pascua caudilinea Randall, 2005 条尾食素虾虎鱼

Pascua sticta (Hoese & Larson, 2005) 斑点食素虾虎鱼

Genus *Periophthalmodon* Bleeker, 1874 齿弹涂鱼属

Periophthalmodon freycineti (Quoy & Gaimard, 1824) 裸峡齿弹涂鱼

Periophthalmodon schlosseri (Pallas, 1770) 许氏齿弹涂鱼

Periophthalmodon septemradiatus (Hamilton, 1822) 鳞峡齿弹涂鱼

Genus *Periophthalmus* Bloch & Schneider, 1801 弹涂鱼属

Periophthalmus argentilineatus Valenciennes, 1837 银线弹涂鱼 陆 台

Periophthalmus barbarus (Linnaeus, 1766) 奇弹涂鱼
Periophthalmus chrysospilos Bleeker, 1852 金点弹涂鱼
Periophthalmus darwini Larson & Takita, 2004 达尔文弹涂鱼
Periophthalmus gracilis Eggert, 1935 细弹涂鱼
Periophthalmus kalolo Lesson, 1831 卡路弹涂鱼
Periophthalmus magnuspinnatus Lee, Choi & Ryu, 1995 大鳍弹涂鱼 陆
Periophthalmus malaccensis Eggert, 1935 马六甲弹涂鱼
Periophthalmus minutus Eggert, 1935 小弹涂鱼
Periophthalmus modestus Cantor, 1842 弹涂鱼 陆 台
Periophthalmus novaeguineaensis Eggert, 1935 新几内亚弹涂鱼
Periophthalmus novemradiatus (Hamilton, 1822) 九刺弹涂鱼
Periophthalmus spilotus Murdy & Takita, 1999 杂斑弹涂鱼
Periophthalmus takita Jaafar & Larson, 2008 田北氏弹涂鱼
Periophthalmus variabilis Eggert, 1935 杂色弹涂鱼
Periophthalmus walailakae Darumas & Tantichodok, 2002 瓦氏弹涂鱼
Periophthalmus waltoni Koumans, 1941 澳氏弹涂鱼
Periophthalmus weberi Eggert, 1935 韦氏弹涂鱼

Genus *Phoxacromion* Shibukawa, 2010 丰泽虾虎鱼属
Phoxacromion kaneharai Shibukawa, Suzuki & Senou, 2010 金原氏丰泽虾虎鱼

Genus *Phyllogobius* Larson, 1986 叶状虾虎鱼属
Phyllogobius platycephalops (Smith, 1964) 平头叶状虾虎鱼

Genus *Platygobiopsis* Springer & Randall, 1992 扁眼虾虎鱼属
Platygobiopsis akihito Springer & Randall, 1992 明仁扁眼虾虎鱼
Platygobiopsis dispar Prokofiev, 2008 南海扁眼虾虎鱼
Platygobiopsis tansei Okiyama, 2008 坦氏扁眼虾虎鱼

Genus *Pleurosicya* Weber, 1913 腹瓢虾虎鱼属
Pleurosicya annandalei Hornell & Fowler, 1922 项鳞腹瓢虾虎鱼
Pleurosicya australis Larson, 1990 澳大利亚腹瓢虾虎鱼
Pleurosicya bilobata (Koumans, 1941) 双叶腹瓢虾虎鱼 陆
Pleurosicya boldinghi Weber, 1913 鲍氏腹瓢虾虎鱼 台
Pleurosicya carolinensis Larson, 1990 卡罗林腹瓢虾虎鱼
Pleurosicya coerulea Larson, 1990 厚唇腹瓢虾虎鱼 台
Pleurosicya elongata Larson, 1990 长体腹瓢虾虎鱼
Pleurosicya fringilla Larson, 1990 大眼腹瓢虾虎鱼
Pleurosicya labiata (Weber, 1913) 粗唇腹瓢虾虎鱼
Pleurosicya larsonae Greenfield & Randall, 2004 拉森氏腹瓢虾虎鱼
Pleurosicya micheli Fourmanoir, 1971 米氏腹瓢虾虎鱼 台
Pleurosicya mossambica Smith, 1959 莫桑比克腹瓢虾虎鱼 台
Pleurosicya muscarum (Jordan & Seale, 1906) 鬼形腹瓢虾虎鱼
Pleurosicya occidentalis Larson, 1990 西岸腹瓢虾虎鱼
Pleurosicya plicata Larson, 1990 皱褶腹瓢虾虎鱼
Pleurosicya prognatha Goren, 1984 燕神腹瓢虾虎鱼
Pleurosicya sinaia Goren, 1984 西纳腹瓢虾虎鱼
Pleurosicya spongicola Larson, 1990 海绵腹瓢虾虎鱼

Genus *Polyspondylogobius* Kimura & Wu, 1994 多椎虾虎鱼属
Polyspondylogobius sinensis Kimura & Wu, 1994 中华多椎虾虎鱼 陆

Genus *Pomatoschistus* Gill, 1863 长臀虾虎鱼属
Pomatoschistus bathi Miller, 1982 巴氏长臀虾虎鱼
Pomatoschistus canestrinii (Ninni, 1883) 密点长臀虾虎鱼
Pomatoschistus knerii (Steindachner, 1861) 尼氏长臀虾虎鱼
Pomatoschistus lozanoi (de Buen, 1923) 洛氏长臀虾虎鱼
Pomatoschistus marmoratus (Risso, 1810) 云斑长臀虾虎鱼
Pomatoschistus microps (Krøyer, 1838) 小眼长臀虾虎鱼
Pomatoschistus minutus (Pallas, 1770) 小长臀虾虎鱼
Pomatoschistus montenegrensis Miller & Sanda, 2008 门的内哥罗长臀虾虎鱼
Pomatoschistus norvegicus (Collett, 1902) 长臀虾虎鱼
Pomatoschistus pictus (Malm, 1865) 大眼长臀虾虎鱼
Pomatoschistus quagga (Heckel, 1837) 夸氏长臀虾虎鱼
Pomatoschistus tortonesei Miller, 1969 托氏长臀虾虎鱼

Genus *Ponticola* Iljin, 1927 高加索虾虎鱼属
Ponticola cephalargoides (Pinchuk, 1976) 黑海高加索虾虎鱼
Ponticola constructor (Nordmann, 1840) 穴栖高加索虾虎鱼
Ponticola cyrius (Kessler, 1874) 高山高加索虾虎鱼
Ponticola eurycephalus (Kessler, 1874) 宽头高加索虾虎鱼
Ponticola gorlap (Iljin, 1949) 戈拉高加索虾虎鱼
Ponticola kessleri (Günther, 1861) 凯氏高加索虾虎鱼
Ponticola rhodioni (Vasil'eva & Vasil'ev, 1994) 罗氏高加索虾虎鱼
Ponticola rizensis (Kovacic & Engín, 2008) 土耳其高加索虾虎鱼
Ponticola syrman (Nordmann, 1840) 散漫高加索虾虎鱼
Ponticola turani (Kovacic & Engín, 2008) 特氏高加索虾虎鱼

Genus *Porogobius* Bleeker, 1874 犀孔虾虎鱼属
Porogobius schlegelii (Günther, 1861) 施氏犀孔虾虎鱼

Genus *Priolepis* Valenciennes, 1837 锯鳞虾虎鱼属
Priolepis agrena Winterbottom & Burridge, 1993 菲律宾锯鳞虾虎鱼
Priolepis ailina Winterbottom & Burridge, 1993 阿莲娜锯鳞虾虎鱼
Priolepis aithiops Winterbottom & Burridge, 1992 亮睛锯鳞虾虎鱼
Priolepis anthioides (Smith, 1959) 似花锯鳞虾虎鱼
Priolepis ascensionis (Dawson & Edwards, 1987) 阿森松岛锯鳞虾虎鱼
Priolepis aureoviridis (Gosline, 1959) 黄绿锯鳞虾虎鱼
Priolepis boreus (Snyder, 1909) 广裸锯鳞虾虎鱼 台
Priolepis cincta (Regan, 1908) 横带锯鳞虾虎鱼 陆 台
　　syn. *Priolepis naraharae* (Snyder, 1908) 纳氏锯鳞虾虎鱼
Priolepis compita Winterbottom, 1985 大眼锯鳞虾虎鱼
Priolepis dawsoni Greenfield, 1989 道氏锯鳞虾虎鱼
Priolepis eugenius (Jordan & Evermann, 1903) 优锯鳞虾虎鱼
Priolepis fallacincta Winterbottom & Burridge, 1992 拟横带锯鳞虾虎鱼 台
Priolepis farcimen (Jordan & Evermann, 1903) 棒状锯鳞虾虎鱼
Priolepis goldshmidtae Goren & Baranes, 1995 戈氏锯鳞虾虎鱼
Priolepis hipoliti (Metzelaar, 1922) 希氏锯鳞虾虎鱼
Priolepis inhaca (Smith, 1949) 裸颊锯鳞虾虎鱼 陆 台
Priolepis kappa Winterbottom & Burridge, 1993 卡氏锯鳞虾虎鱼 台
Priolepis latifascima Winterbottom & Burridge, 1993 侧带锯鳞虾虎鱼 台
Priolepis limbatosquamis (Gosline, 1959) 缘边锯鳞虾虎鱼
Priolepis nocturna (Smith, 1957) 夜栖锯鳞虾虎鱼
Priolepis nuchifasciata (Günther, 1873) 项纹锯鳞虾虎鱼
Priolepis pallidicincta Winterbottom & Burridge, 1993 淡带锯鳞虾虎鱼
Priolepis profunda (Weber, 1909) 深水锯鳞虾虎鱼
Priolepis psygmophilia Winterbottom & Burridge, 1993 裸项锯鳞虾虎鱼
Priolepis randalli Winterbottom & Burridge, 1992 兰氏锯鳞虾虎鱼
Priolepis robinsi Garzón-Ferreira & Acero P., 1991 罗氏锯鳞虾虎鱼
Priolepis semidoliata (Valenciennes, 1837) 半纹锯鳞虾虎鱼 陆 台
Priolepis squamogena Winterbottom & Burridge, 1989 太平洋锯鳞虾虎鱼
Priolepis sticta Winterbottom & Burridge, 1992 斑点锯鳞虾虎鱼
Priolepis triops Winterbottom & Burridge, 1993 三眼锯鳞虾虎鱼
Priolepis vexilla Winterbottom & Burridge, 1993 旗鳍锯鳞虾虎鱼
Priolepis winterbottomi Nogawa & Endo, 2007 温氏锯鳞虾虎鱼

Genus *Proterorhinus* Smitt, 1900 原吻虾虎鱼属
Proterorhinus marmoratus (Pallas, 1814) 云斑原吻虾虎鱼
Proterorhinus semilunaris (Heckel, 1837) 半月原吻虾虎鱼
Proterorhinus semipellucidus (Kessler, 1877) 半透明原吻虾虎鱼
Proterorhinus tataricus Freyhof & Naseka, 2007 乌克兰原吻虾虎鱼

Genus *Psammogobius* Smith, 1935 砂虾虎鱼属
Psammogobius biocellatus (Valenciennes, 1837) 双眼斑砂虾虎鱼 陆 台
　　syn. *Glossogobius biocellatus* (Valenciennes, 1837) 双斑舌虾虎鱼
Psammogobius knysnaensis Smith, 1935 南非砂虾虎鱼

Genus *Pseudaphya* Iljin, 1930 拟玻璃虾虎鱼属
Pseudaphya ferreri (de Buen & Fage, 1908) 费氏拟玻璃虾虎鱼

Genus *Pseudapocryptes* Bleeker, 1874 拟平牙虾虎鱼属

Pseudapocryptes borneensis (Bleeker, 1855) 婆罗洲拟平牙虾虎鱼
Pseudapocryptes elongatus (Cuvier, 1816) 长身拟平牙虾虎鱼 陆 台
　　syn. Pseudapocryptes lanceolatus (Bloch & Schneider, 1801) 矛状拟平牙虾虎鱼

Genus *Pseudogobiopsis* Koumans, 1935 拟髯虾虎鱼属

Pseudogobiopsis festivus Larson, 2009 华美拟髯虾虎鱼
Pseudogobiopsis oligactis (Bleeker, 1875) 眼带拟髯虾虎鱼
Pseudogobiopsis paludosus (Herre, 1940) 沼栖拟髯虾虎鱼
Pseudogobiopsis tigrellus (Nichols, 1951) 似虎拟髯虾虎鱼
Pseudogobiopsis wuhanlini Zhong & Chen, 1997 伍氏拟髯虾虎鱼

Genus *Pseudogobius* Popta, 1922 拟虾虎鱼属

Pseudogobius avicennia (Herre, 1940) 大眼拟虾虎鱼
Pseudogobius isognathus (Bleeker, 1878) 等颌拟虾虎鱼
Pseudogobius javanicus (Bleeker, 1856) 爪哇拟虾虎鱼 陆 台
Pseudogobius masago (Tomiyama, 1936) 小口拟虾虎鱼 陆 台
Pseudogobius melanostictus (Day, 1876) 黑斑拟虾虎鱼
Pseudogobius olorum (Sauvage, 1880) 天鹅拟虾虎鱼
Pseudogobius poicilosoma (Bleeker, 1849) 杂色拟虾虎鱼

Genus *Pseudotrypauchen* Hardenberg, 1931 拟孔虾虎鱼属

Pseudotrypauchen multiradiatus Hardenberg, 1931 多辐拟孔虾虎鱼

Genus *Psilogobius* Baldwin, 1972 裸滑虾虎鱼属

Psilogobius mainlandi Baldwin, 1972 梅氏裸滑虾虎鱼
Psilogobius prolatus Watson & Lachner, 1985 条腹裸滑虾虎鱼
Psilogobius randalli (Goren & Karplus, 1983) 兰氏裸滑虾虎鱼

Genus *Psilotris* Ginsburg, 1953 裸滑塘鳢属

Psilotris alepis Ginsburg, 1953 六带裸滑塘鳢
Psilotris amblyrhynchus Smith & Baldwin, 1999 钝吻裸滑塘鳢
Psilotris batrachodes Böhlke, 1963 似蟾裸滑塘鳢
Psilotris boehlkei Greenfield, 1993 贝氏裸滑塘鳢
Psilotris celsus Böhlke, 1963 高棘裸滑塘鳢
Psilotris kaufmani Greenfield, Findley & Johnson, 1993 考氏裸滑塘鳢

Genus *Pterogobius* Gill, 1863 高鳍虾虎鱼属

Pterogobius elapoides (Günther, 1872) 蛇首高鳍虾虎鱼 陆
Pterogobius virgo (Temminck & Schlegel, 1845) 纵带高鳍虾虎鱼
Pterogobius zacalles Jordan & Snyder, 1901 五带高鳍虾虎鱼 陆
Pterogobius zonoleucus Jordan & Snyder, 1901 白带高鳍虾虎鱼

Genus *Pycnomma* Rutter, 1904 半鳞虾虎鱼属

Pycnomma roosevelti Ginsburg, 1939 鲁氏半鳞虾虎鱼
Pycnomma semisquamatum Rutter, 1904 加州湾半鳞虾虎鱼

Genus *Quietula* Jordan & Evermann, 1895 静虾虎鱼属

Quietula guaymasiae (Jenkins & Evermann, 1889) 瓜氏静虾虎鱼
Quietula y-cauda (Jenkins & Evermann, 1889) 大尾静虾虎鱼

Genus *Redigobius* Herre, 1927 雷虾虎鱼属

Redigobius amblyrhynchus (Bleeker, 1878) 钝吻雷虾虎鱼
Redigobius balteatops (Smith, 1959) 斜带雷虾虎鱼
Redigobius balteatus (Herre, 1935) 环带雷虾虎鱼
Redigobius bikolanus (Herre, 1927) 拜库雷虾虎鱼 台
Redigobius chrysosoma (Bleeker, 1875) 金色雷虾虎鱼
Redigobius dewaali (Weber, 1897) 迪氏雷虾虎鱼
Redigobius dispar (Peters, 1868) 异雷虾虎鱼
Redigobius lekutu Larson, 2010 斐济雷虾虎鱼
Redigobius macrostoma (Günther, 1861) 大口雷虾虎鱼
Redigobius nanus Larson, 2010 长鼻雷虾虎鱼
Redigobius penango (Popta, 1922) 砾栖雷虾虎鱼
Redigobius tambujon (Bleeker, 1854) 菲律宾雷虾虎鱼

Genus *Rhinogobiops* Hubbs, 1926 鲼虾虎鱼属

Rhinogobiops nicholsii (Bean, 1882) 尼氏鲼虾虎鱼

Genus *Rhinogobius* Gill, 1859 吻虾虎鱼属

Rhinogobius albimaculatus Chen, Kottelat & Miller, 1999 白斑吻虾虎鱼
Rhinogobius aporus (Zhong & Wu,1998) 无孔吻虾虎鱼 陆
　　syn. Pseudorhinogobius aporus Zhong & Wu,1998 无孔拟吻虾虎鱼

Rhinogobius boa Chen & Kottelat, 2005 越南吻虾虎鱼
Rhinogobius brunneus (Temminck & Schlegel, 1845) 褐吻虾虎鱼
Rhinogobius bucculentus (Herre, 1927) 丰颊吻虾虎鱼
Rhinogobius candidianus (Regan, 1908) 明潭吻虾虎鱼 台
Rhinogobius carpenteri Seale, 1910 卡氏吻虾虎鱼
Rhinogobius changjiangensis Chen, Miller, Wu & Fang, 2002 昌江吻虾虎鱼 陆
Rhinogobius changtinensis Huang & Chen, 2007 长汀吻虾虎鱼 陆
Rhinogobius chiengmaiensis Fowler, 1934 清迈吻虾虎鱼
Rhinogobius cliffordpopei (Nichols, 1925) 波氏吻虾虎鱼 陆
Rhinogobius davidi (Sauvage & Dabry de Thiersant, 1874) 戴氏吻虾虎鱼 陆
Rhinogobius delicatus Chen & Shao, 1996 细斑吻虾虎鱼 台
Rhinogobius duospilus (Herre, 1935) 溪吻虾虎鱼 陆
Rhinogobius filamentosus (Wu, 1939) 丝鳍吻虾虎鱼 陆
　　syn. Ctenogobius filamentosus Wu, 1939 丝鳍栉虾虎鱼
Rhinogobius flavoventris Herre, 1927 黄腹吻虾虎鱼
Rhinogobius flumineus (Mizuno, 1960) 河川吻虾虎鱼
Rhinogobius fukushimai Mori, 1934 福岛吻虾虎鱼 陆
　　syn. Ctenogobius aestivaregia (Mori, 1934) 夏宫栉虾虎鱼
Rhinogobius genanematus Zhong & Tzeng, 1998 颊纹吻虾虎鱼 陆
Rhinogobius gigas Aonuma & Chen, 1996 大吻虾虎鱼 台
Rhinogobius giurinus (Rutter, 1897) 子陵吻虾虎鱼;极乐吻虾虎鱼 陆 台
　　syn. Ctenogobius giurinus (Rutter, 1897) 子陵栉虾虎鱼
　　syn. Ctenogobius hadropterus Jordan & Snyder, 1901 壮鳍栉虾虎鱼
Rhinogobius henchuenensis Chen & Shao, 1996 恒春吻虾虎鱼 台
Rhinogobius honghensis Chen, Yang & Chen, 1999 红河吻虾虎鱼 陆
Rhinogobius lanyuensis Chen, Miller & Fang, 1998 兰屿吻虾虎鱼 台
Rhinogobius leavelli (Herre, 1935) 李氏吻虾虎鱼 陆
　　syn. Ctenogobius cervicosquamus Wu, Lu & Ni, 1986 项鳞栉虾虎鱼
　　syn. Rhinogobius cervicosquamus (Wu, Lu & Ni, 1986) 项鳞吻虾虎鱼
Rhinogobius lentiginis (Wu & Zheng, 1985) 雀斑吻虾虎鱼 陆
Rhinogobius lindbergi Berg, 1933 林氏吻虾虎鱼 陆
Rhinogobius lineatus Chen, Kottelat & Miller, 1999 线纹吻虾虎鱼
Rhinogobius linshuiensis Chen, Miller, Wu & Fang, 2002 陵水吻虾虎鱼 陆
Rhinogobius liui Chen & Wu , 2008 刘氏吻虾虎鱼 陆
　　syn. Gobius (Sinogobius) szechuanensis Liu, 1940 四川华吻虾虎鱼
Rhinogobius longyanensis Chen, Cheng & Shao, 2008 龙岩吻虾虎鱼 陆
Rhinogobius lungwoensis Huang & Chen, 2007 龙窝吻虾虎鱼 陆
Rhinogobius maculafasciatus Chen & Shao, 1996 斑带吻虾虎鱼 台
Rhinogobius maculicervix Chen & Kottelat, 2000 项斑吻虾虎鱼
Rhinogobius mekongianus (Pellegrin & Fang, 1940) 湄公河吻虾虎鱼
Rhinogobius milleri Chen & Kottelat, 2001 米勒吻虾虎鱼
Rhinogobius multimaculatus (Wu & Zheng, 1985) 密点吻虾虎鱼 陆
Rhinogobius nagoyae formosanus Oshima, 1919 台湾名古屋吻虾虎鱼 台
Rhinogobius nagoyae nagoyae Jordan & Seale, 1906 名古屋吻虾虎鱼 陆
Rhinogobius nammaensis Chen & Kottelat, 2001 老挝南马吻虾虎鱼
Rhinogobius nandujiangensis Chen, Miller, Wu & Fang, 2002 南渡江吻虾虎鱼 陆
Rhinogobius nantaiensis Aonuma & Chen, 1996 南台吻虾虎鱼 台
Rhinogobius parvus (Luo, 1989) 小吻虾虎鱼 陆
　　syn. Ctenogobius parvus Luo, 1989 小栉虾虎鱼
Rhinogobius ponkouensis Huang & Chen, 2007 朋口吻虾虎鱼 陆
Rhinogobius reticulatus Li, Zhong & Wu, 2007 网纹吻虾虎鱼 陆
Rhinogobius rubrolineatus Chen & Miller, 2008 红线吻虾虎鱼 陆
Rhinogobius rubromaculatus Lee & Chang, 1996 短吻红斑吻虾虎鱼 台
Rhinogobius sagittus Chen & Miller, 2008 箭吻虾虎鱼
Rhinogobius shennongensis (Yang & Xie, 1983) 神农架吻虾虎鱼 陆
　　syn. Ctenogobius shennongensis Yang & Xie, 1983 神农栉虾虎鱼
Rhinogobius similis Gill, 1859 真吻虾虎鱼 陆
Rhinogobius sulcatus Chen & Kottelat, 2005 颊痕吻虾虎鱼
Rhinogobius szechuanensis (Tchang, 1939) 四川吻虾虎鱼 陆
　　syn. Ctenogobius chengtuensis Chang, 1944 成都栉虾虎鱼
Rhinogobius taenigena Chen, Kottelat & Miller, 1999 带颊吻虾虎鱼

Rhinogobius variolatus Chen & Kottelat, 2005 杂色吻虾虎鱼

Rhinogobius vermiculatus Chen & Kottelat, 2001 虫纹吻虾虎鱼

Rhinogobius virgigena Chen & Kottelat, 2005 纹颊吻虾虎鱼

Rhinogobius wangchuangensis Chen, Miller, Wu & Fang, 2002 万泉河吻虾虎鱼 陆

Rhinogobius wangi Chen & Fang, 2006 韩江吻虾虎鱼 陆

Rhinogobius wuyanlingensis Yang, Wu & Chen, 2008 乌岩岭吻虾虎鱼 陆

Rhinogobius wuyiensis Li & Zhong, 2007 武义吻虾虎鱼 陆

Rhinogobius xianshuiensis Chen, Wu & Shao, 1999 仙水吻虾虎鱼 陆

Rhinogobius yaoshanensis (Luo, 1989) 瑶山吻虾虎鱼 陆

Rhinogobius zhoui Li & Zhong, 2009 周氏吻虾虎鱼 陆

Genus *Risor* Ginsburg, 1933 獠牙虾虎鱼属

Risor ruber (Rosén, 1911) 小口獠牙虾虎鱼

Genus *Robinsichthys* Birdsong, 1988 罗宾斯虾虎鱼属

Robinsichthys arrowsmithensis Birdsong, 1988 加勒比海罗宾斯虾虎鱼

Genus *Sagamia* Jordan & Snyder, 1901 相模湾虾虎鱼属

Sagamia geneionema (Hilgendorf, 1879) 相模湾虾虎鱼

Genus *Scartelaos* Swainson, 1839 青弹涂鱼属

Scartelaos cantoris (Day, 1871) 肯氏青弹涂鱼

Scartelaos gigas Chu & Wu, 1963 大青弹涂鱼 陆 台

Scartelaos histophorus (Valenciennes, 1837) 青弹涂鱼 陆 台

Scartelaos tenuis (Day, 1876) 细青弹涂鱼

Genus *Schismatogobius* de Beaufort, 1912 裂身虾虎鱼属

Schismatogobius ampluvinculus Chen, Shao & Fang, 1995 宽带裂身虾虎鱼 台

Schismatogobius bruynisi de Beaufort, 1912 勃氏裂身虾虎鱼

Schismatogobius deraniyagalai Kottelat & Pethiyagoda, 1989 德氏裂身虾虎鱼

Schismatogobius fuligimentus Chen, Séret, Pöllabauer & Shao, 2001 鳍斑裂身虾虎鱼

Schismatogobius insignus (Herre, 1927) 裂身虾虎鱼

Schismatogobius marmoratus (Peters, 1868) 斑纹裂身虾虎鱼

Schismatogobius pallidus (Herre, 1934) 苍白裂身虾虎鱼

Schismatogobius roxasi Herre, 1936 罗氏裂身虾虎鱼 台

Schismatogobius vanuatuensis Keith, Marquet & Watson, 2004 瓦努阿图岛裂身虾虎鱼

Schismatogobius vitiensis Jenkins & Boseto, 2005 斐济裂身虾虎鱼

Genus *Sicydium* Valenciennes, 1837 瓢虾虎鱼属

Sicydium adelum Bussing, 1996 隐瓢虾虎鱼

Sicydium altum Meek, 1907 哥斯达黎加瓢虾虎鱼

Sicydium brevifile Ogilvie-Grant, 1884 短瓢虾虎鱼

Sicydium buscki Evermann & Clark, 1906 布氏瓢虾虎鱼

Sicydium bustamantei Greeff, 1884 巴斯氏瓢虾虎鱼

Sicydium cocoensis (Heller & Snodgrass, 1903) 科科斯岛瓢虾虎鱼

Sicydium crenilabrum Harrison, 1993 锯唇瓢虾虎鱼

Sicydium fayae Brock, 1942 费伊氏瓢虾虎鱼

Sicydium gilberti Watson, 2000 吉氏瓢虾虎鱼

Sicydium gymnogaster Ogilvie-Grant, 1884 裸腹瓢虾虎鱼

Sicydium hildebrandi Eigenmann, 1918 希氏瓢虾虎鱼

Sicydium multipunctatum Regan, 1906 多斑瓢虾虎鱼

Sicydium plumieri (Bloch, 1786) 普氏瓢虾虎鱼

Sicydium punctatum Perugia, 1896 细斑瓢虾虎鱼

Sicydium rosenbergii (Boulenger, 1899) 罗森堡瓢虾虎鱼

Sicydium salvini Ogilvie-Grant, 1884 萨氏瓢虾虎鱼

Genus *Sicyopterus* Gill, 1860 瓢鳍虾虎鱼属

Sicyopterus aiensis Keith, Watson & Marquet, 2004 瓦努阿图瓢鳍虾虎鱼

Sicyopterus brevis de Beaufort, 1912 短身瓢鳍虾虎鱼

Sicyopterus caeruleus (Lacepède, 1800) 灰黑瓢鳍虾虎鱼

Sicyopterus caudimaculatus Maugé, Marquet & Laboute, 1992 尾斑瓢鳍虾虎鱼

Sicyopterus crassus Herre, 1927 瓢鳍虾虎鱼

Sicyopterus cynocephalus (Valenciennes, 1837) 犬首瓢鳍虾虎鱼

Sicyopterus eudentatus Parenti & Maciolek, 1993 真齿瓢鳍虾虎鱼

Sicyopterus fasciatus (Day, 1874) 条纹瓢鳍虾虎鱼

Sicyopterus franouxi (Pellegrin, 1935) 弗氏瓢鳍虾虎鱼

Sicyopterus fuliag Herre, 1927 纺锤瓢鳍虾虎鱼

Sicyopterus griseus (Day, 1877) 灰瓢鳍虾虎鱼

Sicyopterus hageni Popta, 1921 亨氏瓢鳍虾虎鱼

Sicyopterus japonicus (Tanaka, 1909) 日本瓢鳍虾虎鱼 台

Sicyopterus lacrymosus Herre, 1927 秀丽瓢鳍虾虎鱼

Sicyopterus lagocephalus (Pallas, 1770) 兔头瓢鳍虾虎鱼 台

Sicyopterus laticeps (Valenciennes, 1837) 侧头瓢鳍虾虎鱼

Sicyopterus lividus Parenti & Maciolek, 1993 浅蓝瓢鳍虾虎鱼

Sicyopterus longifilis de Beaufort, 1912 长丝瓢鳍虾虎鱼

Sicyopterus macrostetholepis (Bleeker, 1853) 宽颊瓢鳍虾虎鱼 台

Sicyopterus marquesensis Fowler, 1932 马克萨斯岛瓢鳍虾虎鱼

Sicyopterus microcephalus (Bleeker, 1854) 小头瓢鳍虾虎鱼

Sicyopterus micrurus (Bleeker, 1853) 短尾瓢鳍虾虎鱼

Sicyopterus ouwensi Weber, 1913 奥氏瓢鳍虾虎鱼

Sicyopterus panayensis Herre, 1927 菲律宾瓢鳍虾虎鱼

Sicyopterus parvei (Bleeker, 1853) 帕氏瓢鳍虾虎鱼

Sicyopterus pugnans (Ogilvie-Grant, 1884) 萨摩亚瓢鳍虾虎鱼

Sicyopterus punctissimus Sparks & Nelson, 2004 点纹瓢鳍虾虎鱼

Sicyopterus rapa Parenti & Maciolek, 1996 丑瓢鳍虾虎鱼

Sicyopterus sarasini Weber & de Beaufort, 1915 萨氏瓢鳍虾虎鱼

Sicyopterus stimpsoni (Gill, 1860) 斯氏瓢鳍虾虎鱼

Sicyopterus wichmanni (Weber, 1894) 威氏瓢鳍虾虎鱼

Genus *Sicyopus* Gill, 1863 瓢眼虾虎鱼属

Sicyopus auxilimentus Watson & Kottelat, 1994 砂栖瓢眼虾虎鱼

Sicyopus bitaeniatus Maugé, Marquet & Laboute, 1992 双带瓢眼虾虎鱼

Sicyopus cebuensis Chen & Shao, 1998 宿雾瓢眼虾虎鱼

Sicyopus chloe Watson, Keith & Marquet, 2001 喜荫瓢眼虾虎鱼

Sicyopus discordipinnis Watson, 1995 盘鳍瓢眼虾虎鱼

Sicyopus exallisquamulus Watson & Kottelat, 2006 宝贝瓢眼虾虎鱼

Sicyopus fehlmanni Parenti & Maciolek, 1993 菲氏瓢眼虾虎鱼

Sicyopus jonklaasi (Axelrod, 1972) 乔氏瓢眼虾虎鱼

Sicyopus leprurus Sakai & Nakamura, 1979 糙体瓢眼虾虎鱼 台

Sicyopus multisquamatus de Beaufort, 1912 多鳞瓢眼虾虎鱼

Sicyopus mystax Watson & Allen, 1999 大唇瓢眼虾虎鱼

Sicyopus nigriradiatus Parenti & Maciolek, 1993 黑缘瓢眼虾虎鱼

Sicyopus pentecost Keith, Lord & Taillebois, 2010 五肋瓢眼虾虎鱼

Sicyopus sasali Keith & Marquet, 2005 萨氏瓢眼虾虎鱼

Sicyopus zosterophorum (Bleeker, 1857) 环带瓢眼虾虎鱼 台

Genus *Signigobius* Hoese & Allen, 1977 护稚虾虎鱼属

Signigobius biocellatus Hoese & Allen, 1977 双睛护稚虾虎鱼

Genus *Silhouettea* Smith, 1959 扁头虾虎鱼属

Silhouettea aegyptia (Chabanaud, 1933) 红海扁头虾虎鱼

Silhouettea capitlineata Randall, 2008 头纹扁头虾虎鱼

Silhouettea chaimi Goren, 1978 钱氏扁头虾虎鱼

Silhouettea dotui (Takagi, 1957) 道津氏扁头虾虎鱼

Silhouettea evanida Larson & Miller, 1986 软扁头虾虎鱼

Silhouettea hoesei Larson & Miller, 1986 霍氏扁头虾虎鱼

Silhouettea indica Visweswara Rao, 1971 印度扁头虾虎鱼

Silhouettea insinuans Smith, 1959 南方扁头虾虎鱼

Silhouettea nuchipunctatus (Herre, 1934) 项斑扁头虾虎鱼

Silhouettea sibayi Farquharson, 1970 丝鳍扁头虾虎鱼

Genus *Siphonogobius* Shibukawa & Iwata, 1998 眶管虾虎鱼属

Siphonogobius nue Shibukawa & Iwata, 1998 日本眶管虾虎鱼

Genus *Speleogobius* Zander & Jelinek, 1976 岩穴虾虎鱼属

Speleogobius trigloides Zander & Jelinek, 1976 似红岩穴虾虎鱼

315

Genus *Stenogobius* Bleeker, 1874 狭虾虎鱼属

Stenogobius alleni Watson, 1991 艾伦狭虾虎鱼

Stenogobius beauforti (Weber, 1907) 博氏狭虾虎鱼

Stenogobius blokzeyli (Bleeker, 1861) 布氏狭虾虎鱼

Stenogobius caudimaculosus Watson, 1991 尾斑狭虾虎鱼

Stenogobius fehlmanni Watson, 1991 费氏狭虾虎鱼

Stenogobius genivittatus (Valenciennes, 1837) 条纹狭虾虎鱼 台

Stenogobius gymnopomus (Bleeker, 1853) 裸盖狭虾虎鱼

Stenogobius hawaiiensis Watson, 1991 夏威夷狭虾虎鱼

Stenogobius hoesei Watson, 1991 霍氏狭虾虎鱼

Stenogobius ingeri Watson, 1991 英氏狭虾虎鱼

Stenogobius keletaona Keith & Marquet, 2006 弱视狭虾虎鱼

Stenogobius kenyae Smith, 1959 非洲狭虾虎鱼

Stenogobius kyphosus Watson, 1991 驼背狭虾虎鱼

Stenogobius lachneri Allen, 1991 拉氏狭虾虎鱼

Stenogobius laterisquamatus (Weber, 1907) 侧鳞狭虾虎鱼

Stenogobius macropterus (Duncker, 1912) 大鳍狭虾虎鱼

Stenogobius marinus Watson, 1991 滨海狭虾虎鱼

Stenogobius marqueti Watson, 1991 马氏狭虾虎鱼

Stenogobius mekongensis Watson, 1991 湄公河狭虾虎鱼

Stenogobius ophthalmoporus (Bleeker, 1853) 眼带狭虾虎鱼 陆 台

　　syn. *Rhinogobius hainanensis* Oshma, 1926 海南吻虾虎鱼

Stenogobius polyzona (Bleeker, 1867) 多带狭虾虎鱼

Stenogobius psilosinionus Watson, 1991 新几内亚狭虾虎鱼

Stenogobius randalli Watson, 1991 伦氏狭虾虎鱼

Stenogobius squamosus Watson, 1991 大鳞狭虾虎鱼

Stenogobius watsoni Allen, 2004 华氏狭虾虎鱼

Stenogobius yateiensis Keith, Watson & Marquet, 2002 野田狭虾虎鱼

Stenogobius zurstrassenii (Popta, 1911) 泽氏狭虾虎鱼

Genus *Stigmatogobius* Bleeker, 1874 点虾虎鱼属

Stigmatogobius borneensis (Bleeker, 1851) 婆罗洲点虾虎鱼

Stigmatogobius elegans Larson, 2005 华美点虾虎鱼

Stigmatogobius minima (Hora, 1923) 微点虾虎鱼

Stigmatogobius pleurostigma (Bleeker, 1849) 胸斑点虾虎鱼

Stigmatogobius sadanundio (Hamilton, 1822) 斑鳍点虾虎鱼

Stigmatogobius sella (Steindachner, 1881) 塞拉点虾虎鱼

Stigmatogobius signifer Larson, 2005 加里曼丹点虾虎鱼

Genus *Stiphodon* Weber, 1895 枝牙虾虎鱼属

Stiphodon allen Watson, 1996 艾伦枝牙虾虎鱼

Stiphodon astilbos Ryan, 1986 艳丽枝牙虾虎鱼

Stiphodon atratus Watson, 1996 深黑枝牙虾虎鱼

Stiphodon atropurpureus (Herre, 1927) 黑紫枝牙虾虎鱼 台

Stiphodon aureorostrum Chen & Tan, 2005 金吻枝牙虾虎鱼

Stiphodon birdsong Watson, 1996 伯德枝牙虾虎鱼

Stiphodon caeruleus Parenti & Maciolek, 1993 淡黑枝牙虾虎鱼

Stiphodon carisa Watson, 2008 苏门答腊枝牙虾虎鱼

Stiphodon discotorquatus Watson, 1995 环盘枝牙虾虎鱼

Stiphodon elegans (Steindachner, 1879) 美丽枝牙虾虎鱼 台

Stiphodon hydroreibatus Watson, 1999 萨摩亚枝牙虾虎鱼

Stiphodon imperiorientis Watson & Chen, 1998 明仁枝牙虾虎鱼

Stiphodon julieni Keith, Watson & Marquet, 2002 朱利恩枝牙虾虎鱼

Stiphodon kalfatak Keith, Marquet & Watson, 2007 瓦努阿图枝牙虾虎鱼

Stiphodon larson Watson, 1996 拉森氏枝牙虾虎鱼

Stiphodon martenstyni Watson, 1998 马氏枝牙虾虎鱼

Stiphodon mele Keith, Marquet & Pouilly, 2009 黑枝牙虾虎鱼

Stiphodon multisquamus Wu & Ni, 1986 多鳞枝牙虾虎鱼 陆

Stiphodon oatea Keith, Feunteun & Vigneux, 2010 黄绿枝牙虾虎鱼

Stiphodon olivaceus Watson & Kottelat, 1995 橄榄枝牙虾虎鱼

Stiphodon ornatus Meinken, 1974 饰妆枝牙虾虎鱼

Stiphodon pelewensis Herre, 1936 大洋洲枝牙虾虎鱼

Stiphodon percnopterygionus Watson & Chen, 1998 黑鳍枝牙虾虎鱼 台

Stiphodon rubromaculatus Keith & Marquet, 2007 红斑枝牙虾虎鱼

Stiphodon rutilaureus Watson, 1996 浅红枝牙虾虎鱼

Stiphodon sapphirinus Watson, Keith & Marquet, 2005 莎菲枝牙虾虎鱼

Stiphodon semoni Weber, 1895 西蒙氏枝牙虾虎鱼

Stiphodon surrufus Watson & Kottelat, 1995 橘红枝牙虾虎鱼

Stiphodon tuivi Watson, 1995 图氏枝牙虾虎鱼

Stiphodon weberi Watson, Allen & Kottelat, 1998 韦氏枝牙虾虎鱼

Stiphodon zebrinus Watson, Allen & Kottelat, 1998 斑马枝牙虾虎鱼

Genus *Stonogobiops* Polunin & Lubbock, 1977 连膜虾虎鱼属

Stonogobiops dracula Polunin & Lubbock, 1977 横带连膜虾虎鱼

Stonogobiops larsonae (Allen, 1999) 拉森氏连膜虾虎鱼

Stonogobiops medon Hoese & Randall, 1982 中间连膜虾虎鱼

Stonogobiops nematodes Hoese & Randall, 1982 丝鳍连膜虾虎鱼

Stonogobiops pentafasciata Iwata & Hirata, 1994 五带连膜虾虎鱼

Stonogobiops xanthorhinica Hoese & Randall, 1982 黄吻连膜虾虎鱼

Stonogobiops yasha Yoshino & Shimada, 2001 红带连膜虾虎鱼

Genus *Sueviota* Winterbottom & Hoese, 1988 猪虾虎鱼属

Sueviota aprica Winterbottom & Hoese, 1988 查戈斯岛猪虾虎鱼

Sueviota atrinasa Winterbottom & Hoese, 1988 围鼻猪虾虎鱼

Sueviota lachneri Winterbottom & Hoese, 1988 橙色猪虾虎鱼

Sueviota larsonae Winterbottom & Hoese, 1988 拉氏猪虾虎鱼

Genus *Sufflogobius* Smith, 1956 多棘虾虎鱼属

Sufflogobius bibarbatus (von Bonde, 1923) 双须多棘虾虎鱼

Genus *Suruga* Jordan & Snyder, 1901 骏河湾虾虎鱼属

Suruga fundicola Jordan & Snyder, 1901 底栖骏河湾虾虎鱼

Genus *Taenioides* Lacepède, 1800 鳗虾虎鱼属

Taenioides anguillaris (Linnaeus, 1758) 鳗虾虎鱼 陆 台

Taenioides buchanani (Day, 1873) 布氏鳗虾虎鱼

Taenioides caniscapulus Roxas & Ablan, 1938 菲律宾鳗虾虎鱼

Taenioides cirratus (Blyth, 1860) 须鳗虾虎鱼 陆 台

Taenioides eruptionis (Bleeker, 1849) 贪食鳗虾虎鱼

Taenioides esquivel Smith, 1947 大牙鳗虾虎鱼

Taenioides gracilis (Valenciennes, 1837) 细鳗虾虎鱼

Taenioides jacksoni Smith, 1943 杰氏鳗虾虎鱼

Taenioides kentalleni Murdy & Randall, 2002 肯氏鳗虾虎鱼

Taenioides limicola Smith, 1964 等颌鳗虾虎鱼 台

Taenioides mordax (De Vis, 1883) 螫鳗虾虎鱼

Taenioides nigrimarginatus Hora, 1924 黑缘鳗虾虎鱼

Taenioides purpurascens (De Vis, 1884) 微紫鳗虾虎鱼

Genus *Tamanka* Herre, 1927 塔曼加虾虎鱼属

Tamanka maculata Aurich, 1938 斑纹塔曼加虾虎鱼

Tamanka siitensis Herre, 1927 苏禄岛塔曼加虾虎鱼

Genus *Tasmanogobius* Scott, 1935 塔斯曼虾虎鱼属

Tasmanogobius gloveri Hoese, 1991 格氏塔斯曼虾虎鱼

Tasmanogobius lasti Hoese, 1991 拉氏塔斯曼虾虎鱼

Tasmanogobius lordi Scott, 1935 洛氏塔斯曼虾虎鱼

Genus *Thorogobius* Miller, 1969 猛虾虎鱼属

Thorogobius angolensis (Norman, 1935) 安哥拉猛虾虎鱼

Thorogobius ephippiatus (Lowe, 1839) 地中海猛虾虎鱼

Thorogobius macrolepis (Kolombatovic, 1891) 大鳞猛虾虎鱼

Thorogobius rofeni Miller, 1988 罗氏猛虾虎鱼

Genus *Tomiyamichthys* Smith, 1956 富山虾虎鱼属

Tomiyamichthys alleni Iwata, Ohnishi & Hirata, 2000 艾伦氏富山虾虎鱼 台

Tomiyamichthys fourmanoiri (Smith, 1956) 福氏富山虾虎鱼

Tomiyamichthys lanceolatus (Yanagisawa, 1978) 梭形富山虾虎鱼 台

Tomiyamichthys latruncularius (Klausewitz, 1974) 红海富山虾虎鱼

Tomiyamichthys oni (Tomiyama, 1936) 奥奈氏富山虾虎鱼 陆 台

Tomiyamichthys praealta (Lachner & McKinney, 1981) 高身富山虾虎鱼

Tomiyamichthys smithi (Chen & Fang, 2003) 史氏富山虾虎鱼 台

　　syn. *Flabelligobius smithi* Chen & Fang, 2003 斯氏瓣鼻虾虎鱼

Tomiyamichthys tanyspilus Randall & Chen, 2007 长斑富山虾虎鱼

Genus *Tridentiger* Gill, 1859 缟虾虎鱼属

Tridentiger barbatus (Günther, 1861) 髭缟虾虎鱼 陆 台

Tridentiger bifasciatus Steindachner, 1881 双带缟虾虎鱼 陆 台

Tridentiger brevispinis Katsuyama, Arai & Nakamura, 1972 短棘缟虾虎鱼 陆

Tridentiger kuroiwae Jordan & Tanaka, 1927 黄斑缟虾虎鱼

Tridentiger nudicervicus Tomiyama, 1934 裸项缟虾虎鱼 陆 台

Tridentiger obscurus (Temminck & Schlegel, 1845) 暗缟虾虎鱼 陆 台

Tridentiger trigonocephalus (Gill, 1859) 纹缟虾虎鱼 陆 台

Genus *Trimma* Jordan & Seale, 1906 磨塘鳢属

Trimma agrena Winterbottom & Chen, 2004 肩斑磨塘鳢

Trimma anaima Winterbottom, 2000 透明磨塘鳢 台

Trimma annosum Winterbottom, 2003 橘点磨塘鳢 台

Trimma anthrenum Winterbottom, 2006 大蜂磨塘鳢

Trimma avidori (Goren, 1978) 珠点磨塘鳢

Trimma barralli Winterbottom, 1995 红海磨塘鳢

Trimma benjamini Winterbottom, 1996 本氏磨塘鳢

Trimma bisella Winterbottom, 2000 红头纹磨塘鳢

Trimma caesiura Jordan & Seale, 1906 红磨塘鳢 台

Trimma cana Winterbottom, 2004 黄横带磨塘鳢

Trimma caudipunctatum Suzuki & Senou, 2009 尾斑磨塘鳢

Trimma corallinum (Smith, 1959) 珊瑚磨塘鳢

Trimma dalerocheila Winterbottom, 1984 火唇磨塘鳢

Trimma emeryi Winterbottom, 1985 埃氏磨塘鳢 陆 台

Trimma fangi Winterbottom & Chen, 2004 方氏磨塘鳢 台

Trimma filamentosus Winterbottom, 1995 丝鳍磨塘鳢

Trimma fishelsoni Goren, 1985 弗氏磨塘鳢

Trimma flammeum (Smith, 1959) 焰色磨塘鳢

Trimma flavatrum Hagiwara & Winterbottom, 2007 金黄磨塘鳢

Trimma flavicaudatum (Goren, 1982) 黄尾磨塘鳢

Trimma fraena Winterbottom, 1984 缰磨塘鳢

Trimma fucatum Winterbottom & Southcott, 2007 苦涩磨塘鳢

Trimma gigantum Winterbottom & Zur, 2007 巨磨塘鳢

Trimma grammistes (Tomiyama, 1936) 纵带磨塘鳢 台

    syn. *Eviota grammistes* Tomiyama, 1936 纵带矶塘鳢

Trimma griffithsi Winterbottom, 1984 格氏磨塘鳢

Trimma haima Winterbottom, 1984 查戈斯群岛磨塘鳢

Trimma halonevum Winterbottom, 2000 红小斑磨塘鳢 台

Trimma hayashii Hagiwara & Winterbottom, 2007 早矢氏磨塘鳢

Trimma hoesei Winterbottom, 1984 霍氏磨塘鳢

Trimma hotsarihiensis Winterbottom, 2009 穴栖磨塘鳢

Trimma imaii Suzuki & Senou, 2009 今井氏磨塘鳢

Trimma kudoi Suzuki & Senou, 2008 久藤氏磨塘鳢

Trimma lantana Winterbottom & Villa, 2003 白背斑磨塘鳢

Trimma macrophthalmum (Tomiyama, 1936) 大眼磨塘鳢 台

Trimma marinae Winterbottom, 2005 滨海磨塘鳢

Trimma mendelssohni (Goren, 1978) 孟氏磨塘鳢

Trimma milta Winterbottom, 2002 橘黄磨塘鳢

Trimma nasa Winterbottom, 2005 大鼻磨塘鳢

Trimma naudei Smith, 1957 丝背磨塘鳢 台

Trimma necopina (Whitley, 1959) 砾栖磨塘鳢

Trimma nomurai Suzuki & Senou, 2007 诺氏磨塘鳢

Trimma okinawae (Aoyagi, 1949) 冲绳磨塘鳢 陆 台

Trimma omanensis Winterbottom, 2000 阿曼磨塘鳢

Trimma preclarum Winterbottom, 2006 截尾磨塘鳢

Trimma randalli Winterbottom & Zur, 2007 兰氏磨塘鳢

Trimma rubromaculatum Allen & Munday, 1995 红斑磨塘鳢

Trimma sanguinellus Winterbottom & Southcott, 2007 血红磨塘鳢

Trimma sheppardi Winterbottom, 1984 希氏磨塘鳢

Trimma sostra Winterbottom, 2004 索司崔磨塘鳢

Trimma squamicana Winterbottom, 2004 大鳞磨塘鳢

Trimma stobbsi Winterbottom, 2001 斯氏磨塘鳢

Trimma tauroculum Winterbottom & Zur, 2007 帕劳岛磨塘鳢

Trimma taylori Lobel, 1979 泰勒氏磨塘鳢

Trimma tevegae Cohen & Davis, 1969 底斑磨塘鳢 台

Trimma unisquamis (Gosline, 1959) 单斑磨塘鳢

Trimma volcana Winterbottom, 2003 紫红磨塘鳢

Trimma winchi Winterbottom, 1984 怀氏磨塘鳢

Trimma winterbottomi Randall & Downing, 1994 温氏磨塘鳢

Trimma woutsi Winterbottom, 2002 沃氏磨塘鳢

Trimma yanagitai Suzuki & Senou, 2007 柳田氏磨塘鳢

Trimma yanoi Suzuki & Senou, 2008 亚诺磨塘鳢

Genus *Trimmatom* Winterbottom & Emery, 1981 微虾虎鱼属

Trimmatom eviotops (Schultz, 1943) 红带微虾虎鱼

Trimmatom macropodus Winterbottom, 1989 大足微虾虎鱼 台

Trimmatom nanus Winterbottom & Emery, 1981 微虾虎鱼

Trimmatom offucius Winterbottom & Emery, 1981 查戈斯岛微虾虎鱼

Trimmatom pharus Winterbottom, 2001 条纹微虾虎鱼

Trimmatom sagma Winterbottom, 1989 鞍微虾虎鱼

Trimmatom zapotes Winterbottom, 1989 大堡礁微虾虎鱼

Genus *Trypauchen* Valenciennes, 1837 孔虾虎鱼属

Trypauchen pelaeos Murdy, 2006 细头孔虾虎鱼

Trypauchen raha Popta, 1922 印度尼西亚孔虾虎鱼

Trypauchen taenia Koumans, 1953 大鳞孔虾虎鱼 陆

Trypauchen vagina (Bloch & Schneider, 1801) 孔虾虎鱼 陆 台

Genus *Trypauchenichthys* Bleeker, 1860 真孔虾虎鱼属

Trypauchenichthys larsonae Murdy, 2008 拉森氏真孔虾虎鱼

Trypauchenichthys sumatrensis Hardenberg, 1931 苏门答腊真孔虾虎鱼

Trypauchenichthys typus Bleeker, 1860 真孔虾虎鱼

Genus *Trypauchenopsis* Volz, 1903 孔眼虾虎鱼属

Trypauchenopsis intermedia Volz, 1903 中间孔眼虾虎鱼

Genus *Tryssogobius* Larson & Hoese, 2001 精美虾虎鱼属; 美丽虾虎鱼属

Tryssogobius colini Larson & Hoese, 2001 科林氏精美虾虎鱼;科林氏美丽虾虎鱼

Tryssogobius flavolineatus Randall, 2006 黄线精美虾虎鱼;黄线美丽虾虎鱼

Tryssogobius longipes Larson & Hoese, 2001 纵带精美虾虎鱼;纵带美丽虾虎鱼

Tryssogobius nigrolineatus Randall, 2006 黑线精美虾虎鱼;黑线美丽虾虎鱼

Tryssogobius porosus Larson & Chen, 2007 大孔精美虾虎鱼;多孔美丽虾虎鱼 台

Tryssogobius quinquespinus Randall, 2006 五棘精美虾虎鱼;五棘美丽虾虎鱼

Genus *Tukugobius* Herre, 1927 塔库虾虎鱼属

Tukugobius philippinus Herre, 1927 菲律宾塔库虾虎鱼

Genus *Typhlogobius* Steindachner, 1879 加州盲虾虎鱼属

Typhlogobius californiensis Steindachner, 1879 加州盲虾虎鱼

Genus *Valenciennea* Bleeker, 1856 凡塘鳢属;范氏塘鳢属

Valenciennea alleni Hoese & Larson, 1994 艾氏凡塘鳢;艾氏范氏塘鳢

Valenciennea bella Hoese & Larson, 1994 美丽凡塘鳢;美丽范氏塘鳢

Valenciennea decora Hoese & Larson, 1994 华美凡塘鳢;华美范氏塘鳢

Valenciennea helsdingenii (Bleeker, 1858) 双带凡塘鳢;双带范氏塘鳢 台

    syn. *Eleotriodes helsdingenii* (Bleeker, 1858) 赫氏美塘鳢

Valenciennea immaculata (Ni, 1981) 无斑凡塘鳢;无斑范氏塘鳢 陆 台

    syn. *Eleotriodes immaculata* Ni,1981 无斑美塘鳢

Valenciennea limicola Hoese & Larson, 1994 泥栖凡塘鳢;泥栖范氏塘鳢

Valenciennea longipinnis (Lay & Bennett, 1839) 长鳍凡塘鳢;长鳍范氏塘鳢 陆 台

    syn. *Eleotriodes longipinnis* (Lay & Bennett, 1839) 长鳍美塘鳢

Valenciennea muralis (Valenciennes, 1837) 石壁凡塘鳢;石壁范氏塘鳢 陆 台

317

syn. *Eleotriodes muralis* (Valenciennes, 1837) 石壁美塘鳢

Valenciennea parva Hoese & Larson, 1994 小凡塘鳢;小范氏塘鳢

Valenciennea persica Hoese & Larson, 1994 波斯湾凡塘鳢;波斯湾范氏塘鳢

Valenciennea puellaris (Tomiyama, 1956) 大鳞凡塘鳢;点带范氏塘鳢 困 台

   syn. *Eleotriodes puellaris* (Tomiyama, 1956) 大鳞美塘鳢

Valenciennea randalli Hoese & Larson, 1994 兰氏凡塘鳢;兰氏范氏塘鳢

Valenciennea sexguttata (Valenciennes, 1837) 六斑凡塘鳢;六点范氏塘鳢 台

   syn. *Eleotriodes sexguttata* (Valenciennes, 1837) 六斑美塘鳢

Valenciennea strigata (Broussonet, 1782) 丝条凡塘鳢;红带范氏塘鳢 困 台

   syn. *Eleotriodes strigata* (Broussonet, 1782) 丝条美塘鳢

Valenciennea wardii (Playfair, 1867) 鞍带凡塘鳢;沃德范氏塘鳢 困 台

   syn. *Eleotriodes wardii* (Playfair, 1867) 鞍带美塘鳢

Genus *Vanderhorstia* Smith, 1949 梵虾虎鱼属

Vanderhorstia ambanoro (Fourmanoir, 1957) 安贝洛罗梵虾虎鱼 台

Vanderhorstia attenuata Randall, 2007 菊条梵虾虎鱼

Vanderhorstia auronotata Randall, 2007 金背梵虾虎鱼

Vanderhorstia auropunctata (Tomiyama, 1955) 金斑梵虾虎鱼

Vanderhorstia bella Greenfield & Longenecker, 2005 秀美梵虾虎鱼

Vanderhorstia belloides Randall, 2007 似秀美梵虾虎鱼

Vanderhorstia delagoae (Barnard, 1937) 彩色梵虾虎鱼

Vanderhorstia dorsomacula Randall, 2007 背斑梵虾虎鱼

Vanderhorstia fasciaventris (Smith, 1959) 纹腹梵虾虎鱼

Vanderhorstia flavilineata Allen & Munday, 1995 黄纹梵虾虎鱼

Vanderhorstia hiramatsui Iwata, Shibukawa & Ohnishi, 2007 平松氏梵虾虎鱼

Vanderhorstia kizakura Iwata, Shibukawa & Ohnishi, 2007 木埼氏梵虾虎鱼

Vanderhorstia longimanus (Weber, 1909) 长鳍梵虾虎鱼

Vanderhorstia macropteryx (Franz, 1910) 大鳍梵虾虎鱼

Vanderhorstia mertensi Klausewitz, 1974 默氏梵虾虎鱼

Vanderhorstia nannai Winterbottom, Iwata & Kozawa, 2005 月斑梵虾虎鱼

Vanderhorstia nobilis Allen & Randall, 2006 尖尾梵虾虎鱼

Vanderhorstia opercularis Randall, 2007 红海梵虾虎鱼

Vanderhorstia ornatissima Smith, 1959 黄点梵虾虎鱼 台

Vanderhorstia papilio Shibukawa & Suzuki, 2004 琉球梵虾虎鱼

Vanderhorstia puncticeps (Deng & Xiong, 1980) 斑头梵虾虎鱼 困

   syn. *Ctenogobius puncticeps* Deng & Xiong, 1980 斑头栉虾虎鱼

Vanderhorstia rapa Iwata, Shibukawa & Ohnishi, 2007 伊豆梵虾虎鱼

Vanderhorstia steelei Randall & Munday, 2008 斯氏梵虾虎鱼

Genus *Vanneaugobius* Brownell, 1978 范尼虾虎鱼属

Vanneaugobius canariensis Van Tassell, Miller & Brito, 1988 加那利群岛范尼虾虎鱼

Vanneaugobius dollfusi Brownell, 1978 多氏范尼虾虎鱼

Vanneaugobius pruvoti (Fage, 1907) 普氏范尼虾虎鱼

Genus *Varicus* Robins & Böhlke, 1961 管虾虎鱼属

Varicus bucca Robins & Böhlke, 1961 加勒比海管虾虎鱼

Varicus imswe Greenfield, 1981 白带管虾虎鱼

Varicus marilynae Gilmore, 1979 玛丽氏管虾虎鱼

Genus *Vomerogobius* Gilbert, 1971 犁齿虾虎鱼属;锄齿虾虎鱼属

Vomerogobius flavus Gilbert, 1971 黄身犁齿虾虎鱼;黄身锄齿虾虎鱼

Genus *Wheelerigobius* Miller, 1981 惠勒虾虎鱼属

Wheelerigobius maltzani (Steindachner, 1881) 马氏惠勒虾虎鱼

Wheelerigobius wirtzi Miller, 1988 沃氏惠勒虾虎鱼

Genus *Yoga* Whitley, 1954 梨眼虾虎鱼属

Yoga pyrops (Whitley, 1954) 梨眼虾虎鱼

Genus *Yongeichthys* Whitley, 1932 裸颊虾虎鱼属

Yongeichthys nebulosus (Forsskål, 1775) 云斑裸颊虾虎鱼 困 台

   syn. *Yongeichthys criniger* (Valenciennes, 1837) 云纹裸颊虾虎鱼

Yongeichthys thomasi (Boulenger, 1916) 汤氏裸颊虾虎鱼

Yongeichthys tuticorinensis (Fowler, 1925) 印度裸颊虾虎鱼

Genus *Zappa* Murdy, 1989 柴帕钝牙虾虎鱼属

Zappa confluentus (Roberts, 1978) 柴帕钝牙虾虎鱼

Genus *Zebrus* de Buen, 1930 真斑马虾虎鱼属

Zebrus zebrus (Risso, 1827) 真斑马虾虎鱼

Genus *Zosterisessor* Whitley, 1935 蜥头虾虎鱼属

Zosterisessor ophiocephalus (Pallas, 1814) 蜥头虾虎鱼

Family 461 Microdesmidae 蠕鳢科;蚓虾虎鱼科

Genus *Aioliops* Rennis & Hoese, 1987 动眼鳍鳢属

Aioliops brachypterus Rennis & Hoese, 1987 短鳍动眼鳍鳢

Aioliops megastigma Rennis & Hoese, 1987 大斑动眼鳍鳢

Aioliops novaeguineae Rennis & Hoese, 1987 新几内亚动眼鳍鳢

Aioliops tetrophthalmus Rennis & Hoese, 1987 四睛动眼鳍鳢

Genus *Cerdale* Jordan & Gilbert, 1882 狐虾虎鱼属

Cerdale fasciata Dawson, 1974 条纹狐虾虎鱼

Cerdale floridana Longley, 1934 佛州狐虾虎鱼

Cerdale ionthas Jordan & Gilbert, 1882 狐虾虎鱼

Cerdale paludicola Dawson, 1974 沼栖狐虾虎鱼

Cerdale prolata Dawson, 1974 巴拿马狐虾虎鱼

Genus *Clarkichthys* Smith, 1958 克氏小带虾虎鱼属

Clarkichthys bilineatus (Clark, 1936) 克氏小带虾虎鱼

Genus *Gunnellichthys* Bleeker, 1858 鳉虾虎鱼属

Gunnellichthys copleyi (Smith, 1951) 柯氏鳉虾虎鱼

Gunnellichthys curiosus Dawson, 1968 眼带鳉虾虎鱼 台

Gunnellichthys grandoculis (Kendall & Goldsborough, 1911) 后鳍鳉虾虎鱼

Gunnellichthys irideus Smith, 1958 长腹鳉虾虎鱼

Gunnellichthys monostigma Smith, 1958 鳃斑鳉虾虎鱼

Gunnellichthys pleurotaenia Bleeker, 1858 纵带鳉虾虎鱼

Gunnellichthys viridescens Dawson, 1968 黄带鳉虾虎鱼

Genus *Microdesmus* Günther, 1864 蠕鳢属

Microdesmus aethiopicus (Chabanaud, 1927) 埃塞俄比亚蠕鳢

Microdesmus affinis Meek & Hildebrand, 1928 安芬蠕鳢

Microdesmus africanus Dawson, 1979 非洲蠕鳢

Microdesmus bahianus Dawson, 1973 纵带蠕鳢

Microdesmus carri Gilbert, 1966 卡氏蠕鳢

Microdesmus dipus Günther, 1864 巴拿马蠕鳢

Microdesmus dorsipunctatus Dawson, 1968 背斑蠕鳢

Microdesmus lanceolatus Dawson, 1962 矛尾蠕鳢

Microdesmus longipinnis (Weymouth, 1910) 长鳍蠕鳢

Microdesmus luscus Dawson, 1977 独眼蠕鳢

Microdesmus retropinnis Jordan & Gilbert, 1882 背翼蠕鳢

Microdesmus suttkusi Gilbert, 1966 萨氏蠕鳢

Genus *Navigobius* Hoese & Motomura, 2009 舟虾虎鱼属

Navigobius dewa Hoese & Motomura, 2009 迪韦舟虾虎鱼

Genus *Paragunnellichthys* Dawson, 1967 副锦虾虎鱼属

Paragunnellichthys seychellensis Dawson, 1967 塞舌尔副锦虾虎鱼

Paragunnellichthys springeri Dawson, 1970 斯氏副锦虾虎鱼

Genus *Pterocerdale* Hoese & Motomura, 2009 狡蠕鳢属

Pterocerdale insolita Hoese & Motomura, 2009 狡蠕鳢

Family 462 Ptereleotridae 鳍塘鳢科;凹尾塘鳢科

Genus *Nemateleotris* Fowler, 1938 线塘鳢属

Nemateleotris decora Randall & Allen, 1973 华丽线塘鳢 困 台

Nemateleotris helfrichi Randall & Allen, 1973 赫氏线塘鳢

Nemateleotris magnifica Fowler, 1938 大口线塘鳢 困 台

Genus *Oxymetopon* Bleeker, 1860 窄颅塘鳢属

Oxymetopon compressus Chan, 1966 侧扁窄颅塘鳢 困

Oxymetopon cyanoctenosum Klausewitz & Condé, 1981 蓝梳窄颅塘鳢

Oxymetopon filamentosum Fourmanoir, 1967 越南窄颅塘鳢

Oxymetopon formosum Fourmanoir, 1967 美丽窄颅塘鳢

Oxymetopon typus Bleeker, 1861 窄颅塘鳢

Genus *Parioglossus* Regan, 1912 舌塘鳢属

Parioglossus aporos Rennis & Hoese, 1985 无孔舌塘鳢

Parioglossus caeruleolineatus Suzuki, Yonezawa & Sakaue, 2010 蓝线舌塘鳢

Parioglossus dotui Tomiyama, 1958 尾斑舌塘鳢 陆 台

Parioglossus formosus (Smith, 1931) 华美舌塘鳢 陆 台

Parioglossus galzini Williams & Lecchini, 2004 盖氏舌塘鳢

Parioglossus interruptus Suzuki & Senou, 1994 断带舌塘鳢

Parioglossus lineatus Rennis & Hoese, 1985 纵带舌塘鳢

Parioglossus marginalis Rennis & Hoese, 1985 黑缘舌塘鳢

Parioglossus multiradiatus Keith, Bosc & Valade, 2004 多辐舌塘鳢

Parioglossus neocaledonicus Dingerkus & Séret, 1992 新喀里多尼亚舌塘鳢

Parioglossus nudus Rennis & Hoese, 1985 裸舌塘鳢

Parioglossus palustris (Herre, 1945) 沼泽舌塘鳢

Parioglossus philippinus (Herre, 1945) 菲律宾舌塘鳢

Parioglossus rainfordi McCulloch, 1921 横斑舌塘鳢

Parioglossus raoi (Herre, 1939) 背斑舌塘鳢

Parioglossus senoui Suzuki, Yonezawa & Sakaue, 2010 濑能舌塘鳢

Parioglossus sinensis Zhong, 1994 中华舌塘鳢 陆

Parioglossus taeniatus Regan, 1912 带状舌塘鳢 台

Parioglossus triquetrus Rennis & Hoese, 1985 三角舌塘鳢

Parioglossus verticalis Rennis & Hoese, 1985 横带舌塘鳢

Parioglossus winterbottomi Suzuki, Yonezawa & Sakaue, 2010 温氏舌塘鳢

Genus *Ptereleotris* Gill, 1863 鳍塘鳢属;凹尾塘鳢属

Ptereleotris arabica Randall & Hoese, 1985 阿拉伯鳍塘鳢;阿拉伯凹尾塘鳢

Ptereleotris brachyptera Randall & Suzuki, 2008 短鳍鳍塘鳢;短鳍凹尾塘鳢

Ptereleotris calliura (Jordan & Gilbert, 1882) 美尾鳍塘鳢;美尾凹尾塘鳢

Ptereleotris carinata Bussing, 2001 龙首鳍塘鳢;龙首凹尾塘鳢

Ptereleotris crossogenion Randall & Suzuki, 2008 流苏鳍塘鳢;流苏凹尾塘鳢

Ptereleotris evides (Jordan & Hubbs, 1925) 黑尾鳍塘鳢;黑尾凹尾塘鳢 陆 台

Ptereleotris grammica Randall & Lubbock, 1982 纵带鳍塘鳢;纵带凹尾塘鳢

Ptereleotris hanae (Jordan & Snyder, 1901) 丝尾鳍塘鳢;丝尾凹尾塘鳢 陆 台

Ptereleotris helenae (Randall, 1968) 海伦娜鳍塘鳢;海伦娜凹尾塘鳢

Ptereleotris heteroptera (Bleeker, 1855) 尾斑鳍塘鳢;尾斑凹尾塘鳢 陆 台

Ptereleotris kallista Randall & Suzuki, 2008 菲律宾鳍塘鳢;菲律宾凹尾塘鳢

Ptereleotris lineopinnis (Fowler, 1935) 粗须鳍塘鳢;粗须凹尾塘鳢

Ptereleotris melanopogon Randall & Hoese, 1985 黑须鳍塘鳢;黑须凹尾塘鳢

Ptereleotris microlepis (Bleeker, 1856) 细鳞鳍塘鳢;细鳞凹尾塘鳢 陆 台

Ptereleotris monoptera Randall & Hoese, 1985 单鳍鳍塘鳢;单鳍凹尾塘鳢 台

Ptereleotris randalli Gasparini, Rocha & Floeter, 2001 兰氏鳍塘鳢;兰氏凹尾塘鳢

Ptereleotris uroditaenia Randall & Hoese, 1985 尾纹鳍塘鳢;尾纹凹尾塘鳢

Ptereleotris zebra (Fowler, 1938) 斑马鳍塘鳢 陆 台

Family 463 Schindleriidae 辛氏微体鱼科

Genus *Schindleria* Giltay, 1934 辛氏微体鱼属(辛氏鳉属)

Schindleria brevipinguis Watson & Walker, 2004 短壮辛氏微体鱼

Schindleria pietschmanni (Schindler, 1931) 等鳍辛氏微体鱼 陆 台

Schindleria praematura (Schindler, 1930) 早熟辛氏微体鱼 陆 台

Suborder Kurtoidei 钩鱼亚目

Family 464 Kurtidae 钩鱼科

Genus *Kurtus* Bloch, 1786 钩鱼属

Kurtus gulliveri Castelnau, 1878 钩鱼

Kurtus indicus Bloch, 1786 印度钩鱼

Suborder Acanthuroidei 刺尾鱼亚目

Family 465 Ephippidae 白鲳科

Genus *Chaetodipterus* Lacepède, 1802 棘白鲳属

Chaetodipterus faber (Broussonet, 1782) 大西洋棘白鲳

Chaetodipterus lippei Steindachner, 1895 律氏棘白鲳

Chaetodipterus zonatus (Girard, 1858) 太平洋棘白鲳

Genus *Ephippus* Cuvier, 1816 白鲳属

Ephippus goreensis Cuvier, 1831 高伦白鲳

Ephippus orbis (Bloch, 1787) 白鲳 陆 台

Genus *Parapsettus* Steindachner, 1876 短棘白鲳属

Parapsettus panamensis (Steindachner, 1876) 巴拿马短棘白鲳

Genus *Platax* Cuvier, 1816 燕鱼属

Platax batavianus Cuvier, 1831 印度尼西亚燕鱼 陆

Platax boersii Bleeker, 1852 波氏燕鱼

Platax orbicularis (Forsskål, 1775) 圆燕鱼 陆 台

Platax pinnatus (Linnaeus, 1758) 弯鳍燕鱼 台

Platax teira (Forsskål, 1775) 燕鱼 陆 台

Genus *Proteracanthus* Günther, 1859 神棘白鲳属

Proteracanthus sarissophorus (Cantor, 1849) 马来西亚神棘白鲳

Genus *Rhinoprenes* Munro, 1964 丝鳍鲳属

Rhinoprenes pentanemus Munro, 1964 澳洲丝鳍鲳

Genus *Tripterodon* Playfair, 1867 三鳍白鲳属

Tripterodon orbis Playfair, 1867 卵圆三鳍白鲳

Genus *Zabidius* Whitley, 1930 澳白鲳属

Zabidius novemaculeatus (McCulloch, 1916) 九斑澳白鲳

Family 466 Scatophagidae 金钱鱼科

Genus *Scatophagus* Cuvier, 1831 金钱鱼属

Scatophagus argus (Linnaeus, 1766) 金钱鱼 陆 台

Scatophagus tetracanthus (Lacepède, 1802) 四棘金钱鱼

Genus *Selenotoca* Myers, 1936 钱蝶鱼属

Selenotoca multifasciata (Richardson, 1846) 多纹钱蝶鱼

Selenotoca papuensis Fraser-Brunner, 1938 巴布亚钱蝶鱼

Family 467 Siganidae 篮子鱼科;臭肚鱼科

Genus *Siganus* Forsskål, 1775 篮子鱼属;臭肚鱼属

Siganus argenteus (Quoy & Gaimard, 1825) 银色篮子鱼;银臭肚鱼 陆 台

   syn. *Siganus rostratus* (Valenciennes, 1835) 钝吻篮子鱼

Siganus canaliculatus (Park, 1797) 长鳍篮子鱼;长鳍臭肚鱼 陆 台

   syn. *Siganus oramin* (Schneider, 1801) 黄斑篮子鱼

Siganus corallinus (Valenciennes, 1835) 凹吻篮子鱼;凹吻臭肚鱼 陆

Siganus doliatus Guérin-Méneville, 1829-38 马来西亚篮子鱼;大瓮臭肚鱼

Siganus fuscescens (Houttuyn, 1782) 褐篮子鱼;褐臭肚鱼 陆 台

   syn. *Siganus nebulosus* (Quoy & Gaimard, 1825) 云斑篮子鱼

Siganus guttatus (Bloch, 1787) 星斑篮子鱼;星斑臭肚鱼 陆 台

Siganus javus (Linnaeus, 1766) 爪哇篮子鱼;爪哇臭肚鱼 陆 台

Siganus labyrinthodes (Bleeker, 1853) 印度尼西亚篮子鱼;圈臭肚鱼

Siganus lineatus (Valenciennes, 1835) 金线篮子鱼;金线臭肚鱼

Siganus luridus (Rüppell, 1829) 截尾篮子鱼;截尾臭肚鱼

Siganus magnificus (Burgess, 1977) 大篮子鱼;大臭肚鱼

Siganus niger Woodland, 1990 黑篮子鱼;黑臭肚鱼

Siganus puelloides Woodland & Randall, 1979 似眼篮子鱼;似眼臭肚鱼

Siganus puellus (Schlegel, 1852) 眼带篮子鱼;眼带臭肚鱼 陆 台

Siganus punctatissimus Fowler & Bean, 1929 黑身篮子鱼;暗体臭肚鱼 陆 台

Siganus punctatus (Schneider & Forster, 1801) 斑篮子鱼;斑臭肚鱼 陆 台

　　syn. Siganus chrysospilos (Bleeker, 1852) 金点篮子鱼

Siganus randalli Woodland, 1990 兰氏篮子鱼;兰氏臭肚鱼

Siganus rivulatus Forsskål, 1775 金带篮子鱼;金带臭肚鱼

Siganus spinus (Linnaeus, 1758) 刺篮子鱼;刺臭肚鱼 陆 台

Siganus stellatus (Forsskål, 1775) 点篮子鱼;点臭肚鱼

Siganus sutor (Valenciennes, 1835) 白点篮子鱼;白点臭肚鱼

Siganus trispilos Woodland & Allen, 1977 三斑篮子鱼;三斑臭肚鱼

Siganus unimaculatus (Evermann & Seale, 1907) 单斑篮子鱼;单斑臭肚鱼 陆 台

Siganus uspi Gawel & Woodland, 1974 乌氏篮子鱼;乌氏臭肚鱼

Siganus vermiculatus (Valenciennes, 1835) 蠕纹篮子鱼;蠕纹臭肚鱼 陆 台

Siganus virgatus (Valenciennes, 1835) 蓝带篮子鱼;蓝带臭肚鱼 陆 台

Siganus vulpinus (Schlegel & Müller, 1845) 狐篮子鱼;狐面臭肚鱼 陆

Siganus woodlandi Randall & Kulbicki, 2005 伍氏篮子鱼;伍氏臭肚鱼

Family 468 Luvaridae 鳀鲭科

Genus Luvarus Rafinesque, 1810 鳀鲭属

Luvarus imperialis Rafinesque, 1810 鳀鲭

Family 469 Zanclidae 镰鱼科;角蝶鱼科

Genus Zanclus Cuvier, 1831 镰鱼属;角蝶鱼属

Zanclus cornutus (Linnaeus, 1758) 角镰鱼;角蝶鱼 陆 台

　　syn. Zanclus canescens (Linnaeus, 1758) 灰镰鱼

Family 470 Acanthuridae 刺尾鱼科;刺尾鲷科

Genus Acanthurus Forsskål, 1775 刺尾鱼属;刺尾鲷属

Acanthurus achilles Shaw, 1803 心斑刺尾鱼;心斑刺尾鲷

Acanthurus albipectoralis Allen & Ayling, 1987 白胸鳍刺尾鱼;白胸鳍刺尾鲷

Acanthurus auranticavus Randall, 1956 橘色刺尾鱼;橘色刺尾鲷

Acanthurus bahianus Castelnau, 1855 月斑刺尾鱼;月尾刺尾鲷

Acanthurus bariene Lesson, 1831 鳃斑刺尾鱼;肩斑刺尾鲷 陆 台

Acanthurus blochii Valenciennes, 1835 布氏刺尾鱼;布氏刺尾鲷 台

Acanthurus chirurgus (Bloch, 1787) 小带刺尾鱼;小带刺尾鲷

Acanthurus chronixis Randall, 1960 黑斑刺尾鱼;黑斑刺尾鲷 陆

Acanthurus coeruleus Bloch & Schneider, 1801 蓝刺尾鱼;蓝刺尾鲷

Acanthurus dussumieri Valenciennes, 1835 额带刺尾鱼;杜氏刺尾鲷 陆 台

Acanthurus fowleri de Beaufort, 1951 福氏刺尾鱼;福氏刺尾鲷

Acanthurus gahhm (Forsskål, 1775) 肩斑刺尾鱼;黑色刺尾鲷 陆

Acanthurus grammoptilus Richardson, 1843 黑体刺尾鱼;黑体刺尾鲷

Acanthurus guttatus Forster, 1801 斑点刺尾鱼;斑点刺尾鲷 台

Acanthurus japonicus (Schmidt, 1931) 日本刺尾鱼;日本刺尾鲷 陆 台

Acanthurus leucocheilus Herre, 1927 白唇刺尾鱼;白唇刺尾鲷

Acanthurus leucopareius (Jenkins, 1903) 白颊刺尾鱼;白斑刺尾鲷

Acanthurus leucosternon Bennett, 1833 白胸刺尾鱼;白胸刺尾鲷

Acanthurus lineatus (Linnaeus, 1758) 纵带刺尾鱼;线纹刺尾鲷 陆 台

Acanthurus maculiceps (Ahl, 1923) 斑头刺尾鱼;头斑刺尾鲷 陆 台

Acanthurus mata (Cuvier, 1829) 暗色刺尾鱼;后刺尾鲷 陆 台

　　syn. Acanthurus bleekeri Günther, 1861 蓝线刺尾鱼

Acanthurus monroviae Steindachner, 1876 尾斑刺尾鱼;尾斑刺尾鲷

Acanthurus nigricans (Linnaeus, 1758) 白面刺尾鱼;白面刺尾鲷 陆 台

　　syn. Acanthurus glaucopareius Cuvier, 1829 灰额刺尾鱼

Acanthurus nigricauda Duncker & Mohr, 1929 黑尾刺尾鱼;黑尾刺尾鲷 台

Acanthurus nigrofuscus (Forsskål, 1775) 褐斑刺尾鱼;褐斑刺尾鲷 陆 台

　　syn. Acanthurus matoides Valenciennes, 1835 马头刺尾鱼

Acanthurus nigroris Valenciennes, 1835 暗刺尾鱼;暗刺尾鲷

Acanthurus nubilus (Fowler & Bean, 1929) 密线刺尾鱼;密线刺尾鲷 台

Acanthurus olivaceus Bloch & Schneider, 1801 橙斑刺尾鱼;一字刺尾鲷 陆 台

Acanthurus polyzona (Bleeker, 1868) 多带刺尾鱼;多带刺尾鲷

Acanthurus pyroferus Kittlitz, 1834 黑鳃刺尾鱼;火红刺尾鲷 陆 台

Acanthurus randalli Briggs & Caldwell, 1957 蓝氏刺尾鱼;蓝氏刺尾鲷

Acanthurus reversus Randall & Earle, 1999 马克萨斯岛刺尾鱼;马克萨斯岛刺尾鲷

Acanthurus sohal (Forsskål, 1775) 红海刺尾鱼;红海刺尾鲷

Acanthurus tennentii Günther, 1861 坦氏刺尾鱼;坦氏刺尾鲷

Acanthurus thompsoni (Fowler, 1923) 黄尾刺尾鱼;黄尾刺尾鲷 陆 台

Acanthurus triostegus (Linnaeus, 1758) 横带刺尾鱼;绿刺尾鲷 陆 台

Acanthurus tristis Randall, 1993 暗体刺尾鱼;暗体刺尾鲷

Acanthurus xanthopterus Valenciennes, 1835 黄鳍刺尾鱼;黄鳍刺尾鲷 陆 台

　　syn. Acanthurus reticulatus Shen & Lim, 1973 网纹刺尾鱼

Genus Ctenochaetus Gill, 1884 栉齿刺尾鱼属;栉齿刺尾鲷属

Ctenochaetus binotatus Randall, 1955 双斑栉齿刺尾鱼;双斑栉齿刺尾鲷 陆 台

Ctenochaetus cyanocheilus Randall & Clements, 2001 青唇栉齿刺尾鱼;青唇栉齿刺尾鲷

Ctenochaetus flavicauda Fowler, 1938 黄尾栉齿刺尾鱼;黄尾栉齿刺尾鲷

Ctenochaetus hawaiiensis Randall, 1955 夏威夷栉齿刺尾鱼;夏威夷栉齿刺尾鲷

Ctenochaetus marginatus (Valenciennes, 1835) 缘栉齿刺尾鱼;缘栉齿刺尾鲷

Ctenochaetus striatus (Quoy & Gaimard, 1825) 栉齿刺尾鱼;涟纹栉齿刺尾鲷 陆 台

Ctenochaetus strigosus (Bennett, 1828) 扁体栉齿刺尾鱼;扁体栉齿刺尾鲷

Ctenochaetus tominiensis Randall, 1955 印度尼西亚栉齿刺尾鱼;印度尼西亚栉齿刺尾鲷

Ctenochaetus truncatus Randall & Clements, 2001 截尾栉齿刺尾鱼;截尾栉齿刺尾鲷

Genus Naso Lacepède, 1801 鼻鱼属

Naso annulatus (Quoy & Gaimard, 1825) 突角鼻鱼;环纹鼻鱼 陆 台

Naso brachycentron (Valenciennes, 1835) 粗棘鼻鱼 台

Naso brevirostris (Cuvier, 1829) 短吻鼻鱼 陆 台

Naso caeruleacauda Randall, 1994 蓝尾鼻鱼

Naso caesius Randall & Bell, 1992 马利亚纳岛鼻鱼

Naso elegans (Rüppell, 1829) 秀丽鼻鱼

Naso fageni Morrow, 1954 马面鼻鱼 台

Naso hexacanthus (Bleeker, 1855) 六棘鼻鱼 陆 台

Naso lituratus (Forster, 1801) 颊吻鼻鱼;黑背鼻鱼 陆 台

Naso lopezi Herre, 1927 洛氏鼻鱼 陆 台

Naso maculatus Randall & Struhsaker, 1981 斑鼻鱼 台

Naso mcdadei Johnson, 2002 方吻鼻鱼 台

Naso minor (Smith, 1966) 小鼻鱼 台

Naso reticulatus Randall, 2001 网纹鼻鱼 台

Naso tergus Ho, Shen & Chang, 2011 大眼鼻鱼 台

Naso thynnoides (Cuvier, 1829) 拟鲔鼻鱼 台

Naso tonganus (Valenciennes, 1835) 球吻鼻鱼 台

Naso tuberosus Lacepède, 1801 瘤鼻鱼

Naso unicornis (Forsskål, 1775) 单角鼻鱼 陆 台

Naso vlamingii (Valenciennes, 1835) 丝尾鼻鱼;高鼻鱼 陆 台

Genus Paracanthurus Bleeker, 1863 副刺尾鱼属;拟刺尾鲷属

Paracanthurus hepatus (Linnaeus, 1766) 黄尾副刺尾鱼;拟刺尾鲷 陆 台

Genus *Prionurus* Otto, 1821 多板盾尾鱼属;锯尾鲷属

Prionurus biafraensis (Blache & Rossignol, 1961) 比夫拉多板盾尾鱼;比夫拉锯尾鲷

Prionurus chrysurus Randall, 2001 印度尼西亚多板盾尾鱼;印度尼西亚锯尾鲷

Prionurus laticlavius (Valenciennes, 1846) 侧棒多板盾尾鱼;侧棒锯尾鲷

Prionurus maculatus Ogilby, 1887 斑块多板盾尾鱼;斑锯尾鲷

Prionurus microlepidotus Lacepède, 1804 小鳞多板盾尾鱼;小鳞锯尾鲷

Prionurus punctatus Gill, 1862 点纹多板盾尾鱼;点纹锯尾鲷

Prionurus scalprum Valenciennes, 1835 三棘多板盾尾鱼;锯尾鲷

Genus *Zebrasoma* Swainson, 1839 高鳍刺尾鱼属;高鳍刺尾鲷属

Zebrasoma desjardinii (Bennett, 1836) 德氏高鳍刺尾鱼;德氏高鳍刺尾鲷

Zebrasoma flavescens (Bennett, 1828) 黄高鳍刺尾鱼;黄高鳍刺尾鲷 陆 台

Zebrasoma gemmatum (Valenciennes, 1835) 宝石高鳍刺尾鱼;宝石高鳍刺尾鲷

Zebrasoma rostratum (Günther, 1875) 大吻高鳍刺尾鱼;大吻高鳍刺尾鲷

Zebrasoma scopas (Cuvier, 1829) 小高鳍刺尾鱼;小高鳍刺尾鲷 陆 台

Zebrasoma velifer (Bloch, 1795) 横带高鳍刺尾鱼;横带高鳍刺尾鲷 台

Zebrasoma xanthurum (Blyth, 1852) 紫高鳍刺尾鱼;紫高鳍刺尾鲷

Suborder Scombrolabracoidei 鲭鲈亚目;长鳍带鲭亚目

Family 471 Scombrolabracidae 鲭鲈科;长鳍带鲭科

Genus *Scombrolabrax* Roule, 1921 鲭鲈属;长鳍带鲭属

Scombrolabrax heterolepis Roule, 1921 鲭鲈;长鳍带鲭 台

Suborder Scombroidei 鲭亚目

Family 472 Sphyraenidae 舒科;金梭鱼科

Genus *Sphyraena* Bloch & Schneider, 1801 舒属;金梭鱼属

Sphyraena acutipinnis Day, 1876 尖鳍舒;尖鳍金梭鱼 台

Sphyraena afra Peters, 1844 横纹舒;横纹金梭鱼

Sphyraena argentea Girard, 1854 银舒;银金梭鱼

Sphyraena barracuda (Edwards, 1771) 大舒;巴拉金梭鱼 陆 台

Sphyraena borealis DeKay, 1842 北舒;北金梭鱼

Sphyraena chrysotaenia Klunzinger, 1884 黄纹舒;黄纹金梭鱼

Sphyraena ensis Jordan & Gilbert, 1882 剑形舒;剑形金梭鱼

Sphyraena flavicauda Rüppell, 1838 黄尾舒;黄尾金梭鱼 台
  syn. *Sphyraena langar* Bleeker, 1854 少鳞舒

Sphyraena forsteri Cuvier, 1829 大眼舒;大眼金梭鱼 陆 台

Sphyraena guachancho Cuvier, 1829 黄条舒;黄条金梭鱼

Sphyraena helleri Jenkins, 1901 黄带舒;黄带金梭鱼 陆

Sphyraena iburiensis Doiuchi & Nakabo, 2005 双带舒;双带金梭鱼

Sphyraena idiastes Heller & Snodgrass, 1903 隐舒;隐金梭鱼

Sphyraena japonica Bloch & Schneider, 1801 日本舒;日本金梭鱼 陆 台

Sphyraena jello Cuvier, 1829 斑条舒;斑条金梭鱼 陆 台

Sphyraena lucasana Gill, 1863 亮舒;亮金梭鱼

Sphyraena novaehollandiae Günther, 1860 箭舒;箭金梭鱼

Sphyraena obtusata Cuvier, 1829 钝舒;钝金梭鱼 陆

Sphyraena picudilla Poey, 1860 南舒;南金梭鱼

Sphyraena pinguis Günther, 1874 油舒;油金梭鱼 陆

Sphyraena putnamae Jordan & Seale, 1905 倒牙舒;布氏金梭鱼 台

Sphyraena qenie Klunzinger, 1870 暗鳍舒;暗鳍金梭鱼 台
  syn. *Sphyraena nigripinnis* Temminck & Schlegel, 1843 黑鳍舒

Sphyraena sphyraena (Linnaeus, 1758) 欧洲舒;欧洲金梭鱼

Sphyraena tome Fowler, 1903 巴西舒;巴西金梭鱼

Sphyraena viridensis Cuvier, 1829 黄口舒;黄口金梭鱼

Sphyraena waitii Ogilby, 1908 韦氏舒;韦氏金梭鱼

Family 473 Gempylidae 蛇鲭科;带鲭科

Genus *Diplospinus* Maul, 1948 双棘蛇鲭属;双棘带鲭属

Diplospinus multistriatus Maul, 1948 双棘蛇鲭;双棘带鲭 陆

Genus *Epinnula* Poey, 1854 短鳍蛇鲭属;短鳍带鲭属

Epinnula magistralis Poey, 1854 长腹短鳍蛇鲭;长腹短鳍带鲭

Genus *Gempylus* Cuvier, 1829 蛇鲭属;带鲭属

Gempylus serpens Cuvier, 1829 蛇鲭;带鲭 陆 台
  syn. *Acinacea notha* Bory, de Sai nt-Vincent, 1804 黑刀蛇鲭

Genus *Lepidocybium* Gill, 1862 异鳞蛇鲭属;鳞网带鲭属

Lepidocybium flavobrunneum (Smith, 1843) 异鳞蛇鲭;鳞网带鲭 陆 台

Genus *Nealotus* Johnson, 1865 若蛇鲭属;若带鲭属

Nealotus tripes Johnson, 1865 三棘若蛇鲭;三棘若带鲭 陆 台

Genus *Neoepinnula* Matsubara & Iwai, 1952 新蛇鲭属;新带鲭属

Neoepinnula americana (Grey, 1953) 美洲新蛇鲭;美洲新带鲭

Neoepinnula orientalis (Gilchrist & von Bonde, 1924) 东方新蛇鲭;东方新带鲭 陆 台

Genus *Nesiarchus* Johnson, 1862 无耙蛇鲭属;无耙带鲭属

Nesiarchus nasutus Johnson, 1862 无耙蛇鲭;无耙带鲭 陆

Genus *Paradiplospinus* Andriashev, 1960 副双棘蛇鲭属;副双棘带鲭属

Paradiplospinus antarcticus Andriashev, 1960 南极副双棘蛇鲭;南极副双棘带鲭

Paradiplospinus gracilis (Brauer, 1906) 细身副双棘蛇鲭;细身副双棘带鲭

Genus *Promethichthys* Gill, 1893 纺锤蛇鲭属;紫金鱼属

Promethichthys prometheus (Cuvier, 1832) 纺锤蛇鲭;紫金鱼 陆 台

Genus *Rexea* Waite, 1911 短蛇鲭属;短带鲭属

Rexea alisae Roberts & Stewart, 1997 艾氏短蛇鲭;艾氏短带鲭

Rexea antefurcata Parin, 1989 叉耙短蛇鲭;叉耙短带鲭

Rexea bengalensis (Alcock, 1894) 孟加拉国短蛇鲭;孟加拉国短带鲭

Rexea brevilineata Parin, 1989 短线短蛇鲭;短线短带鲭

Rexea nakamurai Parin, 1989 中村短蛇鲭;中村短带鲭

Rexea prometheoides (Bleeker, 1856) 短蛇鲭;短带鲭 陆 台

Rexea solandri (Cuvier, 1832) 索氏短蛇鲭;索氏短带鲭 陆

Genus *Rexichthys* Parin & Astakhov, 1987 皇蛇鲭属;皇带鲭属

Rexichthys johnpaxtoni Parin & Astakhov, 1987 皇蛇鲭;皇带鲭

Genus *Ruvettus* Cocco, 1833 棘鳞蛇鲭属;蔷薇带鲭属

Ruvettus pretiosus Cocco, 1833 棘鳞蛇鲭;蔷薇带鲭 台
  syn. *Ruvettus tydemani* Weber, 1913 台氏棘鳞蛇鲭

Genus *Thyrsites* Lesson, 1831 杖蛇鲭属(杖鱼属);杖带鲭属(杖鱼属)

Thyrsites atun (Euphrasen, 1791) 杖蛇鲭(杖鱼);杖带鲭(杖鱼)

Genus *Thyrsitoides* Fowler, 1929 黑鳍蛇鲭属;尖身带鲭属

Thyrsitoides marleyi Fowler, 1929 黑鳍蛇鲭;尖身带鲭 陆 台

Genus *Thyrsitops* Gill, 1862 拟蛇鲭属;拟带鲭属

Thyrsitops lepidopoides (Cuvier, 1832) 白拟蛇鲭(白杖鱼);白拟带鲭(白杖鱼)

Genus *Tongaichthys* Nakamura & Fujii, 1983 汤加蛇鲭属;汤加带鲭属

Tongaichthys robustus Nakamura & Fujii, 1983 壮体汤加蛇鲭;壮体汤加带鲭

Family 474 Trichiuridae 带鱼科

Genus *Aphanopus* Lowe, 1839 等鳍叉尾带鱼属

Aphanopus arigato Parin, 1994 大口等鳍叉尾带鱼

Aphanopus beckeri Parin, 1994 贝氏等鳍叉尾带鱼

Aphanopus capricornis Parin, 1994 羊角等鳍叉尾带鱼

Aphanopus carbo Lowe, 1839 狼牙等鳍叉尾带鱼
Aphanopus intermedius Parin, 1983 中间等鳍叉尾带鱼
Aphanopus microphthalmus Norman, 1939 小眼等鳍叉尾带鱼
Aphanopus mikhailini Parin, 1983 铜黑等鳍叉尾带鱼

Genus *Assurger* Whitley, 1933 剃刀带鱼属

Assurger anzac (Alexander, 1917) 长剃刀带鱼 陆

Genus *Benthodesmus* Goode & Bean, 1882 深海带鱼属

Benthodesmus elongatus (Clarke, 1879) 长体深海带鱼
Benthodesmus macrophthalmus Parin & Becker, 1970 大眼深海带鱼
Benthodesmus neglectus Parin, 1976 细尾深海带鱼
Benthodesmus oligoradiatus Parin & Becker, 1970 少辐深海带鱼
Benthodesmus pacificus Parin & Becker, 1970 太平洋深海带鱼
Benthodesmus papua Parin, 1978 巴布亚深海带鱼
Benthodesmus simonyi (Steindachner, 1891) 西蒙氏深海带鱼
Benthodesmus suluensis Parin, 1976 苏禄深海带鱼
Benthodesmus tenuis (Günther, 1877) 叉尾深海带鱼 陆 台
Benthodesmus tuckeri Parin & Becker, 1970 塔氏深海带鱼
Benthodesmus vityazi Parin & Becker, 1970 维氏深海带鱼

Genus *Demissolinea* Burhanuddin & Iwatsuki, 2003 新月带鱼属

Demissolinea novaeguineensis Burhanuddin & Iwatsuki, 2003 新几内亚新月带鱼

Genus *Eupleurogrammus* Gill, 1862 小带鱼属

Eupleurogrammus glossodon (Bleeker, 1860) 长牙小带鱼
Eupleurogrammus muticus (Gray, 1831) 小带鱼 陆
    syn. Trichiurus muticus Gray, 1831

Genus *Evoxymetopon* Gill, 1863 窄颅带鱼属

Evoxymetopon macrophthalmus Chakraborty, Yoshino & Iwatsuki, 2006 大眼窄颅带鱼
Evoxymetopon poeyi Günther, 1887 波氏窄颅带鱼 台
Evoxymetopon taeniatus Gill, 1863 条状窄颅带鱼 台

Genus *Lepidopus* Goüan, 1770 叉尾带鱼属

Lepidopus altifrons Parin & Collette, 1993 高额叉尾带鱼
Lepidopus calcar Parin & Mikhailin, 1982 卡尔叉尾带鱼
Lepidopus caudatus (Euphrasen, 1788) 银色叉尾带鱼
Lepidopus dubius Parin & Mikhailin, 1981 西非叉尾带鱼
Lepidopus fitchi Rosenblatt & Wilson, 1987 菲氏叉尾带鱼
Lepidopus manis Rosenblatt & Wilson, 1987 魔形叉尾带鱼

Genus *Lepturacanthus* Fowler, 1905 沙带鱼属

Lepturacanthus pantului (Gupta, 1966) 潘氏沙带鱼
Lepturacanthus roelandti (Bleeker, 1860) 罗氏沙带鱼
Lepturacanthus savala (Cuvier, 1829) 沙带鱼 陆 台

Genus *Tentoriceps* Whitley, 1948 狭颅带鱼属;隆头带鱼属

Tentoriceps cristatus (Klunzinger, 1884) 狭颅带鱼;隆头带鱼 陆 台
    syn. Pseudoxymetopon sinensis Chu & Wu, 1962 中华窄颅带鱼

Genus *Trichiurus* Linnaeus, 1758 带鱼属

Trichiurus auriga Klunzinger, 1884 珍带鱼
Trichiurus australis Chakraborty, Burhanuddin & Iwatsuki, 2005 澳洲带鱼
Trichiurus brevis Wang & You, 1992 短带鱼 陆 台
    syn. Trichiurus minor Li, 1992 琼带鱼
Trichiurus gangeticus Gupta, 1966 恒河带鱼
Trichiurus japonicus Temminck & Schlegel, 1844 日本带鱼 陆 台
Trichiurus lepturus Linnaeus, 1758 高鳍带鱼;白带鱼 陆 台
Trichiurus margarites Li, 1992 珠带鱼 陆
Trichiurus nanhaiensis Wang & Xu, 1992 南海带鱼 台
Trichiurus nickolensis Burhanuddin & Iwatsuki, 2003 澳洲短尾带鱼
Trichiurus russelli Dutt & Thankam, 1967 勒氏带鱼

Family 475 Scombridae 鲭科

Genus *Acanthocybium* Gill, 1862 刺鲅属;棘鲭属

Acanthocybium solandri (Cuvier, 1832) 沙氏刺鲅;棘鲭 陆 台

Genus *Allothunnus* Serventy, 1948 细鲣属

Allothunnus fallai Serventy, 1948 细鲣

Genus *Auxis* Cuvier, 1829 舵鲣属;花鲣属

Auxis rochei eudorax Collette & Aadland, 1996 项纹舵鲣;项纹花鲣
Auxis rochei rochei (Risso, 1810) 双鳍舵鲣;圆花鲣 陆 台
Auxis thazard brachydorax Collette & Aadland, 1996 黑首舵鲣;黑首花鲣
Auxis thazard thazard (Lacepède, 1800) 扁舵鲣;扁花鲣 陆 台
    syn. Auxis tapeinosoma Bleeker, 1854

Genus *Cybiosarda* Whitley, 1935 跃鲣属

Cybiosarda elegans (Whitley, 1935) 灰跃鲣

Genus *Euthynnus* Lütken, 1883 鲔属;巴鲣属

Euthynnus affinis (Cantor, 1849) 鲔;巴鲣 陆 台
    syn. Euthynnus yaito Kishinouye, 1915 白卜鲔
Euthynnus alletteratus (Rafinesque, 1810) 小鲔;小巴鲣
Euthynnus lineatus Kishinouye, 1920 黑鲔;黑巴鲣

Genus *Gasterochisma* Richardson, 1845 腹翼鲭属

Gasterochisma melampus Richardson, 1845 腹翼鲭

Genus *Grammatorcynus* Gill, 1862 双线鲭属

Grammatorcynus bicarinatus (Quoy & Gaimard, 1825) 澳洲双线鲭
Grammatorcynus bilineatus (Rüppell, 1836) 大眼双线鲭 陆 台

Genus *Gymnosarda* Gill, 1862 裸狐鲣属;裸鲔属

Gymnosarda unicolor (Rüppell, 1836) 裸狐鲣;裸鲔 陆 台

Genus *Katsuwonus* Kishinouye, 1915 鲣属;正鲣属

Katsuwonus pelamis (Linnaeus, 1758) 鲣;正鲣 陆 台

Genus *Orcynopsis* Gill, 1862 平鲣属

Orcynopsis unicolor (Geoffroy Saint-Hilaire, 1817) 平鲣

Genus *Rastrelliger* Jordan & Starks, 1908 羽鳃鲐属;金带花鲭属

Rastrelliger brachysoma (Bleeker, 1851) 短体羽鳃鲐;短体金带花鲭
Rastrelliger faughni Matsui, 1967 福氏羽鳃鲐;富氏金带花鲭 台
Rastrelliger kanagurta (Cuvier, 1816) 羽鳃鲐;金带花鲭 陆 台
    syn. Rastrelliger chrysozonus (Rüppell, 1836) 短翅羽鳃鲐

Genus *Sarda* Plumier, 1802 狐鲣属;齿鲔属

Sarda australis (Macleay, 1881) 澳大利亚狐鲣;澳洲齿鲔
Sarda chiliensis chiliensis (Cuvier, 1832) 智利狐鲣;智利齿鲔
Sarda chiliensis lineolata (Girard, 1858) 线狐鲣;线齿鲔
Sarda orientalis (Temminck & Schlegel, 1844) 东方狐鲣;东方齿鲔 陆 台
Sarda sarda (Bloch, 1793) 狐鲣;齿鲔

Genus *Scomber* Linnaeus, 1758 鲭属

Scomber australasicus Cuvier, 1832 澳洲鲭;花腹鲭 陆 台
    syn. Pneumatophorus tapeinocephalus (Bleeker, 1854) 狭头鲐
Scomber colias Gmelin, 1789 圆鲭
Scomber japonicus Houttuyn, 1782 日本鲭;白腹鲭 陆 台
    syn. Pneumatophorus japonicus (Houttuyn, 1782) 鲐鱼
Scomber scombrus Linnaeus, 1758 鲭(大西洋鲭)

Genus *Scomberomorus* Lacepède, 1801 马鲛属;马加鲅属

Scomberomorus brasiliensis Collette, Russo & Zavala-Camin, 1978 巴西马鲛;巴西马加鲅
Scomberomorus cavalla (Cuvier, 1829) 大耳马鲛;大耳马加鲅
Scomberomorus commerson (Lacepède, 1800) 康氏马鲛;康氏马加鲅 陆 台
Scomberomorus concolor (Lockington, 1879) 美洲马鲛;美洲马加鲅
Scomberomorus guttatus (Bloch & Schneider, 1801) 斑点马鲛;台湾马加鲅 陆 台
    syn. Scomberomorus kuhlii (Cuvier, 1832) 库氏马鲛
Scomberomorus koreanus (Kishinouye, 1915) 朝鲜马鲛;高丽马加鲅 陆 台
Scomberomorus lineolatus (Cuvier, 1829) 线纹马鲛;线纹马加鲅
Scomberomorus maculatus (Mitchill, 1815) 椭斑马鲛;椭斑马加鲅

Scomberomorus multiradiatus Munro, 1964 巴布亚马鲛;巴布亚马加鲢

Scomberomorus munroi Collette & Russo, 1980 澳洲马鲛;澳洲马加鲢

Scomberomorus niphonius (Cuvier, 1832) 蓝点马鲛;日本马加鲢 陆 台

Scomberomorus plurilineatus Fourmanoir, 1966 南非马鲛;南非马加鲢

Scomberomorus queenslandicus Munro, 1943 昆士兰马鲛;昆士兰马加鲢

Scomberomorus regalis (Bloch, 1793) 条斑马鲛;条斑马加鲢

Scomberomorus semifasciatus (Macleay, 1883) 半线马鲛;半线马加鲢

Scomberomorus sierra Jordan & Starks, 1895 东太平洋马鲛;东太平洋马加鲢

Scomberomorus sinensis (Lacepède, 1800) 中华马鲛;中华马加鲢 陆 台

Scomberomorus tritor (Cuvier, 1832) 西非马鲛;西非马加鲢

Genus *Thunnus* South, 1845 金枪鱼属;鲔属

Thunnus alalunga (Bonnaterre, 1788) 长鳍金枪鱼;长鳍鲔 陆 台

Thunnus albacares (Bonnaterre, 1788) 黄鳍金枪鱼;黄鳍鲔 陆 台

Thunnus atlanticus (Lesson, 1831) 黑鳍金枪鱼;黑鳍鲔

Thunnus maccoyii (Castelnau, 1872) 蓝鳍金枪鱼;南方黑鲔

Thunnus obesus (Lowe, 1839) 大眼金枪鱼;大目鲔 陆 台

Thunnus orientalis (Temminck & Schlegel, 1844) 东方金枪鱼;太平洋黑鲔 陆 台

Thunnus thynnus (Linnaeus, 1758) 金枪鱼;大西洋黑鲔 陆

Thunnus tonggol (Bleeker, 1851) 青干金枪鱼;长腰鲔 陆 台

Family 476 Xiphiidae 剑鱼科;剑旗鱼科

Genus *Xiphias* Linnaeus, 1758 剑鱼属;剑旗鱼属

Xiphias gladius Linnaeus, 1758 剑鱼;剑旗鱼 陆 台

Family 477 Istiophoridae 旗鱼科

Genus *Istiompax* Whitley, 1931 印度枪鱼属;立翅旗鱼属

Istiompax indica (Cuvier, 1832) 印度枪鱼;立翅旗鱼 台

Genus *Istiophorus* Lacepède, 1801 旗鱼属

Istiophorus albicans (Latreille, 1804) 大西洋旗鱼

Istiophorus platypterus (Shaw, 1792) 平鳍旗鱼;雨伞旗鱼 陆 台

    syn. *Istiophorus orientalis* Jordan & Snyder, 1901 东方旗鱼

Genus *Makaira* Lacepède, 1802 枪鱼属;蓝旗鱼属

Makaira mazara (Jordan & Snyder, 1901) 蓝枪鱼;蓝旗鱼 陆

Makaira nigricans Lacepède, 1802 大西洋蓝枪鱼;黑皮旗鱼 陆 台

Genus *Tetrapturus* Rafinesque, 1810 四鳍旗鱼属

Tetrapturus albidus Poey, 1860 白色四鳍旗鱼

Tetrapturus angustirostris Tanaka, 1915 小吻四鳍旗鱼 陆 台

Tetrapturus audax (Philippi, 1887) 红肉四鳍旗鱼 台

    syn. *Istiophorus gladiuss* McCulloch, 1921 灰旗鱼

    syn. *Kajikia audax* (Philippi, 1887) 红肉枪鱼

    syn. *Makaira formosana* (Hiraska & Nakamura, 1947) 台湾枪鱼

Tetrapturus belone Rafinesque, 1810 地中海四鳍旗鱼

Tetrapturus georgii Lowe, 1841 圆鳞四鳍旗鱼

Tetrapturus pfluegeri Robins & de Sylva, 1963 锯鳞四鳍旗鱼

Suborder Stromateoidei 鲳亚目

Family 478 Amarsipidae 无囊鲳科

Genus *Amarsipus* Haedrich, 1969 无囊鲳属

Amarsipus carlsbergi Haedrich, 1969 卡氏无囊鲳

Family 479 Centrolophidae 长鲳科

Genus *Centrolophus* Lacepède, 1802 长鲳属

Centrolophus niger (Gmelin, 1789) 黑长鲳

Genus *Hyperoglyphe* Günther, 1859 栉鲳属

Hyperoglyphe antarctica (Carmichael, 1819) 南极栉鲳

Hyperoglyphe bythites (Ginsburg, 1954) 底栖栉鲳

Hyperoglyphe japonica (Döderlein, 1884) 日本栉鲳 陆 台

Hyperoglyphe macrophthalma (Miranda Ribeiro, 1915) 大眼栉鲳

Hyperoglyphe perciformis (Mitchill, 1818) 美洲栉鲳

Hyperoglyphe pringlei (Smith, 1949) 普氏栉鲳

Genus *Icichthys* Jordan & Gilbert, 1880 鱼鲳属

Icichthys lockingtoni Jordan & Gilbert, 1880 鱼鲳

Genus *Psenopsis* Gill, 1862 刺鲳属

Psenopsis anomala (Temminck & Schlegel, 1844) 刺鲳 陆 台

Psenopsis cyanea (Alcock, 1890) 印度刺鲳

Psenopsis humerosa Munro, 1958 澳洲刺鲳

Psenopsis intermedia Piotrovsky, 1987 中间刺鲳

Psenopsis obscura Haedrich, 1967 褐刺鲳

Psenopsis shojimai Ochiai & Mori, 1965 庄岛氏刺鲳

Genus *Pseudoicichthys* Parin & Permitin, 1969 拟鱼鲳属

Pseudoicichthys australis (Haedrich, 1966) 澳洲拟鱼鲳

Genus *Schedophilus* Cocco, 1839 高体鲳属

Schedophilus griseolineatus (Norman, 1937) 灰线高体鲳

Schedophilus haedrichi Chirichigno F., 1973 亨氏高体鲳

Schedophilus huttoni (Waite, 1910) 赫顿氏高体鲳

Schedophilus maculatus Günther, 1860 花高体鲳

Schedophilus medusophagus (Cocco, 1839) 嗜水母高体鲳

Schedophilus ovalis (Cuvier, 1833) 卵形高体鲳

Schedophilus pemarco (Poll, 1959) 大眼高体鲳

Schedophilus velaini (Sauvage, 1879) 伐氏高体鲳

Genus *Seriolella* Guichenot, 1848 鲕鲳属

Seriolella brama (Günther, 1860) 镰鳍鲕鲳

Seriolella caerulea Guichenot, 1848 蓝灰鲕鲳

Seriolella porosa Guichenot, 1848 南美鲕鲳

Seriolella punctata (Forster, 1801) 斑鲕鲳

Seriolella tinro Gavrilov, 1973 灰鲕鲳

Seriolella violacea Guichenot, 1848 紫青鲕鲳

Genus *Tubbia* Whitley, 1943 灰柔鲳属

Tubbia tasmanica Whitley, 1943 塔斯马尼亚灰柔鲳

Family 480 Nomeidae 双鳍鲳科;圆鲳科

Genus *Cubiceps* Lowe, 1843 方头鲳属

Cubiceps baxteri McCulloch, 1923 巴氏方头鲳 台

Cubiceps caeruleus Regan, 1914 蓝灰方头鲳

Cubiceps capensis (Smith, 1845) 黑褐方头鲳

Cubiceps gracilis (Lowe, 1843) 长鳍方头鲳

Cubiceps kotlyari Agafonova, 1988 科氏方头鲳 台

Cubiceps macrolepis Agafonova, 1988 大鳞方头鲳

Cubiceps nanus Agafonova, 1988 矮方头鲳

Cubiceps paradoxus Butler, 1979 奇异方头鲳

Cubiceps pauciradiatus Günther, 1872 少鳍方头鲳 台

Cubiceps squamicepoides Deng, Xiong et Zhan, 1983 拟鳞首方头鲳 陆

Cubiceps whiteleggii (Waite, 1894) 怀氏方头鲳 陆 台

    syn. *Cubiceps squamiceps* (Lloyd, 1909) 鳞首方头鱼

Genus *Nomeus* Cuvier, 1816 双鳍鲳属;圆鲳属

Nomeus gronovii (Gmelin, 1789) 水母双鳍鲳;圆鲳 陆 台

Genus *Psenes* Valenciennes, 1833 玉鲳属

Psenes arafurensis Günther, 1889 水母玉鲳 陆

Psenes cyanophrys Valenciennes, 1833 玻璃玉鲳 陆 台

Psenes maculatus Lütken, 1880 银斑玉鲳 陆

Psenes pellucidus Lütken, 1880 花瓣玉鲳 陆 台

Psenes sio Haedrich, 1970 波玉鲳

Family 481 Ariommatidae 无齿鲳科

Genus *Ariomma* Jordan & Snyder, 1904 无齿鲳属

Ariomma bondi Fowler, 1930 庞氏无齿鲳

Ariomma brevimanum (Klunzinger, 1884) 短鳍无齿鲳 陆 台

Ariomma dollfusi (Chabanaud, 1930) 陶氏无齿鲳

Ariomma indicum (Day, 1871) 印度无齿鲳 陆 台

Ariomma luridum Jordan & Snyder, 1904 大眼无齿鲳

Ariomma melanum (Ginsburg, 1954) 褐无齿鲳
Ariomma parini Piotrovsky, 1987 帕氏无齿鲳
Ariomma regulus (Poey, 1868) 斑点无齿鲳

Family 482 Tetragonuridae 方尾鲳科

Genus *Tetragonurus* Risso, 1810 方尾鲳属

Tetragonurus atlanticus Lowe, 1839 大西洋方尾鲳
Tetragonurus cuvieri Risso, 1810 居氏方尾鲳
Tetragonurus pacificus Abe, 1953 太平洋方尾鲳

Family 483 Stromateidae 鲳科

Genus *Pampus* Bonaparte, 1834 鲳属

Pampus argenteus (Euphrasen, 1788) 银鲳 陆 台
Pampus chinensis (Euphrasen, 1788) 中国鲳 陆 台
Pampus cinereus (Bloch, 1795) 灰鲳 陆 台
    syn. *Pampus nozawae* (Ishikawa, 1904) 燕尾鲳
Pampus echinogaster (Basilewsky, 1855) 镰鲳 陆 台
Pampus minor Liu & Li, 1998 镜鲳 陆
Pampus punctatissimus (Temminck & Schlegel, 1845) 北鲳 陆

Genus *Peprilus* Cuvier, 1829 低鳍鲳属

Peprilus burti Fowler, 1944 海湾低鳍鲳
Peprilus medius (Peters, 1869) 中间低鳍鲳
Peprilus ovatus Horn, 1970 卵形低鳍鲳
Peprilus paru (Linnaeus, 1758) 北方低鳍鲳
Peprilus simillimus (Ayres, 1860) 太平洋低鳍鲳
Peprilus snyderi Gilbert & Starks, 1904 斯氏低鳍鲳
Peprilus triacanthus(Peck, 1804) 三刺低鳍鲳

Genus *Stromateus* Linnaeus, 1758 真鲳属

Stromateus brasiliensis Fowler, 1906 巴西真鲳
Stromateus fiatola Linnaeus, 1758 纵带真鲳
Stromateus stellatus Cuvier, 1829 星斑真鲳

Suborder Anabantoidei 攀鲈亚目

Family 484 Anabantidae 攀鲈科

Genus *Anabas* Cloquet, 1816 攀鲈属

Anabas cobojius (Hamilton, 1822) 柯氏攀鲈
Anabas testudineus (Bloch, 1792) 攀鲈 陆

Genus *Ctenopoma* Peters, 1844 非洲攀鲈属

Ctenopoma acutirostre Pellegrin, 1899 小点非洲攀鲈
Ctenopoma argentoventer (Ahl, 1922) 银腹非洲攀鲈
Ctenopoma ashbysmithi Banister & Bailey, 1979 阿氏非洲攀鲈
Ctenopoma gabonense Günther, 1896 加蓬非洲攀鲈
Ctenopoma garuanum (Ahl, 1927) 大眼非洲攀鲈
Ctenopoma houyi (Ahl, 1927) 非洲攀鲈
Ctenopoma kingsleyae Günther, 1896 尾点非洲攀鲈
Ctenopoma maculatum Thominot, 1886 斑非洲攀鲈
Ctenopoma multispine Peters, 1844 多棘非洲攀鲈
Ctenopoma muriei (Boulenger, 1906) 默氏非洲攀鲈
Ctenopoma nebulosum Norris & Teugels, 1990 云纹非洲攀鲈
Ctenopoma nigropannosum Reichenow, 1875 双点非洲攀鲈
Ctenopoma ocellatum Pellegrin, 1899 眼点非洲攀鲈
Ctenopoma pellegrini (Boulenger, 1902) 佩氏非洲攀鲈
Ctenopoma petherici Günther, 1864 彼氏非洲攀鲈
Ctenopoma riggenbachi (Ahl, 1927) 里氏非洲攀鲈
Ctenopoma togoensis (Ahl, 1928) 多哥非洲攀鲈
Ctenopoma weeksii Boulenger, 1896 威氏非洲攀鲈

Genus *Microctenopoma* Norris, 1995 细梳攀鲈属

Microctenopoma ansorgii (Boulenger, 1912) 安氏细梳攀鲈
Microctenopoma congicum (Boulenger, 1887) 刚果细梳攀鲈
Microctenopoma damasi (Poll & Damas, 1939) 达氏细梳攀鲈
Microctenopoma fasciolatum (Boulenger, 1899) 带纹细梳攀鲈
Microctenopoma intermedium (Pellegrin, 1920) 间细梳攀鲈

Microctenopoma lineatum (Nichols, 1923) 线细梳攀鲈
Microctenopoma milleri (Norris & Douglas, 1991) 密氏细梳攀鲈
Microctenopoma nanum (Günther, 1896) 矮细梳攀鲈
Microctenopoma nigricans Norris, 1995 黑细梳攀鲈
Microctenopoma ocellifer (Nichols, 1928) 小眼细梳攀鲈
Microctenopoma pekkolai (Rendahl, 1935) 皮氏细梳攀鲈
Microctenopoma uelense Norris & Douglas, 1995 非洲细梳攀鲈

Genus *Sandelia* Castelnau, 1861 圆鳞攀鲈属

Sandelia bainsii Castelnau, 1861 贝氏圆鳞攀鲈
Sandelia capensis (Cuvier, 1829) 岬圆鳞攀鲈

Family 485 Helostomatidae 吻鲈科

Genus *Helostoma* Cuvier, 1829 吻鲈属(接吻鱼属)

Helostoma temminkii Cuvier, 1829 吻鲈(接吻鱼)

Family 486 Osphronemidae 丝足鲈科

Genus *Belontia* Myers, 1923 格斗鱼属

Belontia hasselti (Cuvier, 1831) 海氏格斗鱼
Belontia signata (Günther, 1861) 梳尾格斗鱼

Genus *Betta* Bleeker, 1850 搏鱼属

Betta akarensis Regan, 1910 阿卡搏鱼
Betta albimarginata Kottelat & Ng, 1994 白边搏鱼
Betta anabatoides Bleeker, 1851 拟搏鱼
Betta antoni Tan & Ng, 2006 安东搏鱼
Betta apollon Schindler & Schmidt, 2006 阿波罗搏鱼
Betta aurigans Tan & Lim, 2004 浅黄搏鱼
Betta balunga Herre, 1940 加里曼丹搏鱼
Betta bellica Sauvage, 1884 细长搏鱼
Betta breviobesus Tan & Kottelat, 1998 厚身搏鱼
Betta brownorum Witte & Schmidt, 1992 苏拉威西搏鱼
Betta burdigala Kottelat & Ng, 1994 邦加搏鱼
Betta channoides Kottelat & Ng, 1994 似鳢搏鱼
Betta chini Ng, 1993 钦氏搏鱼
Betta chloropharynx Kottelat & Ng, 1994 绿咽搏鱼
Betta coccina Vierke, 1979 红身搏鱼
Betta compuncta Tan & Ng, 2006 橘带搏鱼
Betta cracens Tan & Ng, 2005 喜洁搏鱼
Betta dimidiata Roberts, 1989 离搏鱼
Betta edithae Vierke, 1984 伊迪丝搏鱼
Betta enisae Kottelat, 1995 伊氏搏鱼
Betta falx Tan & Kottelat, 1998 镰鳍搏鱼
Betta ferox Schindler & Schmidt, 2006 凶猛搏鱼
Betta foerschi Vierke, 1979 福氏搏鱼
Betta fusca Regan, 1910 棕搏鱼
Betta gladiator Tan & Ng, 2005 蓝色搏鱼
Betta hipposideros Ng & Kottelat, 1994 胸斑搏鱼
Betta ibanorum Tan & Ng, 2004 黄眼搏鱼
Betta ideii Tan & Ng, 2006 伊氏搏鱼
Betta imbellis Ladiges, 1975 新月搏鱼
Betta krataios Tan & Ng, 2006 圆尾搏鱼
Betta kuehnei Schindler & Schmidt, 2008 库恩氏搏鱼
Betta lehi Tan & Ng, 2005 李氏搏鱼
Betta livida Ng & Kottelat, 1992 蓝搏鱼
Betta macrostoma Regan, 1910 大口搏鱼
Betta mandor Tan & Ng, 2006 曼陀搏鱼
Betta midas Tan, 2009 食虫搏鱼
Betta miniopinna Tan & Tan, 1994 红鳍搏鱼
Betta obscura Tan & Ng, 2005 暗棕搏鱼
Betta ocellata de Beaufort, 1933 睛斑搏鱼
Betta pallida Schindler & Schmidt, 2004 苍白搏鱼
Betta pallifina Tan & Ng, 2005 绿鳍搏鱼
Betta pardalotos Tan, 2009 豹纹搏鱼

Betta patoti Weber & de Beaufort, 1922 佩氏搏鱼

Betta persephone Schaller, 1986 仙搏鱼

Betta pi Tan, 1998 盖斑搏鱼

Betta picta (Valenciennes, 1846) 爪哇搏鱼

Betta pinguis Tan & Kottelat, 1998 壮搏鱼

Betta prima Kottelat, 1994 报春搏鱼

Betta pugnax (Cantor, 1849) 好斗搏鱼

Betta pulchra Tan & Tan, 1996 艳搏鱼

Betta raja Tan & Ng, 2005 眼带搏鱼

Betta renata Tan, 1998 宽尾搏鱼

Betta rubra Perugia, 1893 鲁氏搏鱼

Betta rutilans Witte & Kottelat, 1991 红搏鱼

Betta schalleri Kottelat & Ng, 1994 沙勒氏搏鱼

Betta simorum Tan & Ng, 1996 赛氏搏鱼

Betta simplex Kottelat, 1994 塘搏鱼

Betta smaragdina Ladiges, 1972 绿宝搏鱼

Betta spilotogena Ng & Kottelat, 1994 斑颊搏鱼

Betta splendens Regan, 1910 五彩搏鱼

Betta stigmosa Tan & Ng, 2005 雨斑搏鱼

Betta stiktos Tan & Ng, 2005 柬埔寨搏鱼

Betta strohi Schaller & Kottelat, 1989 斯氏搏鱼

Betta taeniata Regan, 1910 婆罗洲搏鱼

Betta tomi Ng & Kottelat, 1994 汤姆氏搏鱼

Betta tussyae Schaller, 1985 马来西亚搏鱼

Betta uberis Tan & Ng, 2006 肥搏鱼

Betta unimaculata (Popta, 1905) 单斑搏鱼

Betta waseri Krummenacher, 1986 瓦氏搏鱼

Genus *Ctenops* McClelland, 1845 拟篦斗鱼属

Ctenops nobilis McClelland, 1845 印度拟篦斗鱼

Genus *Luciocephalus* Bleeker, 1851 梭头鲈属

Luciocephalus aura Tan & Ng, 2005 金色梭头鲈

Luciocephalus pulcher (Gray, 1830) 美丽梭头鲈

Genus *Macropodus* Lacepède, 1801 斗鱼属

Macropodus erythropterus Freyhof & Herder, 2002 红鳍斗鱼

Macropodus hongkongensis Freyhof & Herder, 2002 香港斗鱼 陆

Macropodus ocellatus Cantor, 1842 眼斑斗鱼

Macropodus opercularis (Linnaeus, 1758) 盖斑斗鱼 陆 台

    syn. *Macropodus chinensis* (Bloch, 1790) 圆斑斗鱼

Macropodus spechti Schreitmüller, 1936 施氏斗鱼

Genus *Malpulutta* Deraniyagala, 1937 畸斗鱼属

Malpulutta kretseri Deraniyagala, 1937 克氏畸斗鱼

Genus *Osphronemus* Lacepède, 1801 丝足鲈属

Osphronemus exodon Roberts, 1994 露齿丝足鲈

Osphronemus goramy Lacepède, 1801 点额丝足鲈

Osphronemus laticlavius Roberts, 1992 宽丝足鲈

Osphronemus septemfasciatus Roberts, 1992 七纹丝足鲈

Genus *Parasphaerichthys* Prashad & Mukerji, 1929 副棘鲷属

Parasphaerichthys lineatus Britz & Kottelat, 2002 条纹副棘鲷

Parasphaerichthys ocellatus Prashad & Mukerji, 1929 眼斑副棘鲷

Genus *Parosphromenus* Bleeker, 1877 副斗鱼属

Parosphromenus alfredi Kottelat & Ng, 2005 阿氏副斗鱼

Parosphromenus allani Brown, 1987 艾氏副斗鱼

Parosphromenus anjunganensis Kottelat, 1991 加里曼丹副斗鱼

Parosphromenus bintan Kottelat & Ng, 1998 民丹岛副斗鱼

Parosphromenus deissneri (Bleeker, 1859) 戴氏副斗鱼

Parosphromenus filamentosus Vierke, 1981 丝鳍副斗鱼

Parosphromenus harveyi Brown, 1987 哈维副斗鱼

Parosphromenus linkei Kottelat, 1991 林氏副斗鱼

Parosphromenus nagyi Schaller, 1985 纳氏副斗鱼

Parosphromenus opallios Kottelat & Ng, 2005 蓝腹鳍副斗鱼

Parosphromenus ornaticauda Kottelat, 1991 饰尾副斗鱼

Parosphromenus pahuensis Kottelat & Ng, 2005 婆罗洲副斗鱼

Parosphromenus paludicola Tweedie, 1952 沼泽副斗鱼

Parosphromenus parvulus Vierke, 1979 小副斗鱼

Parosphromenus quindecim Kottelat & Ng, 2005 凶蛮副斗鱼

Parosphromenus rubrimontis Kottelat & Ng, 2005 黑尾副斗鱼

Parosphromenus sumatranus Klausewitz, 1955 苏门答腊副斗鱼

Parosphromenus tweediei Kottelat & Ng, 2005 特氏副斗鱼

Genus *Pseudosphromenus* Bleeker, 1879 拟丝足鲈属

Pseudosphromenus cupanus (Cuvier, 1831) 马来西亚拟丝足鲈

Pseudosphromenus dayi (Köhler, 1908) 戴氏拟丝足鲈

Genus *Sphaerichthys* Canestrini, 1860 锯盖足鲈属

Sphaerichthys acrostoma Vierke, 1979 横口锯盖足鲈

Sphaerichthys osphromenoides Canestrini, 1860 白纹锯盖足鲈

Sphaerichthys selatanensis Vierke, 1979 婆罗洲锯盖足鲈

Sphaerichthys vaillanti Pellegrin, 1930 瓦氏锯盖足鲈

Genus *Trichogaster* Bloch & Schneider, 1801 毛足鲈属

Trichogaster chuna (Hamilton, 1822) 密毛足鲈

Trichogaster fasciata Bloch & Schneider, 1801 条纹毛足鲈

Trichogaster labiosa Day, 1877 厚唇毛足鲈

Trichogaster lalius (Hamilton, 1822) 红纹毛足鲈(小密鲈) 台

Trichogaster leerii (Bleeker, 1852) 珍珠毛足鲈

Trichogaster microlepis (Günther, 1861) 小鳞毛足鲈

Trichogaster pectoralis (Regan, 1910) 糙鳞毛足鲈

Trichogaster trichopterus (Pallas, 1770) 丝鳍毛足鲈 陆 台

Genus *Trichopsis* Canestrini, 1860 短攀鲈属

Trichopsis pumila (Arnold, 1936) 短攀鲈

Trichopsis schalleri Ladiges, 1962 沙尔氏短攀鲈

Trichopsis vittata (Cuvier, 1831) 条纹短攀鲈

Suborder Channoidei 鳢亚目

Family 487 Channidae 鳢科

Genus *Channa* Scopoli, 1777 鳢属

Channa amphibeus (McClelland, 1845) 两栖鳢

Channa argus argus (Cantor, 1842) 乌鳢 陆

Channa argus warpachowskii (Berg, 1909) 沃氏鳢

Channa asiatica (Linnaeus, 1758) 月鳢;七星鳢 陆 台

Channa aurantimaculata Musikasinthorn, 2000 橘斑鳢

Channa bankanensis (Bleeker, 1852) 印度尼西亚鳢

Channa baramensis (Steindachner, 1901) 巴拉望鳢

Channa barca (Hamilton, 1822) 巴卡鳢

Channa bleheri Vierke, 1991 布氏鳢

Channa burmanica Chaudhuri, 1919 缅甸鳢

Channa cyanospilos (Bleeker, 1853) 青点鳢

Channa diplogramma (Day, 1865) 双线鳢

Channa gachua (Hamilton, 1822) 缘鳢(宽额鳢) 陆

Channa harcourtbutleri (Annandale, 1918) 哈氏鳢

Channa lucius (Cuvier, 1831) 带鳢 陆

    syn. *Channa siamensis* (Günther, 1861) 长身鳢

Channa maculata (Lacepède, 1801) 斑鳢 陆 台

Channa marulioides (Bleeker, 1851) 似巨眼鳢

Channa marulius (Hamilton, 1822) 巨眼鳢

Channa melanoptera (Bleeker, 1855) 黑鳍鳢

Channa melasoma (Bleeker, 1851) 黑体鳢

Channa micropeltes (Cuvier, 1831) 小盾鳢 台

Channa nox Zhang, Musikasinthorn & Watanabe, 2002 无腹鳍鳢 陆

Channa orientalis Bloch & Schneider, 1801 东方鳢

Channa ornatipinnis Britz, 2007 饰鳍鳢

Channa panaw Musikasinthorn, 1998 伊洛瓦底江鳢

Channa pleurophthalma (Bleeker, 1851) 胸眼鳢

Channa pulchra Britz, 2007 秀鳢

Channa punctata (Bloch, 1793) 翠鳢 陆

Channa stewartii (Playfair, 1867) 斯氏鳢

Channa striata (Bloch, 1793) 线鳢 陆 台

Genus *Parachanna* Teugels & Daget, 1984 副鳢属

Parachanna africana (Steindachner, 1879) 非洲副鳢

Parachanna insignis (Sauvage, 1884) 真副鳢

Parachanna obscura (Günther, 1861) 暗副鳢

Suborder Caproidei 羊鲂亚目

Family 488 Caproidae 羊鲂科

Genus *Antigonia* Lowe, 1843 菱鲷属

Antigonia aurorosea Parin & Borodulina, 1986 金玫菱鲷

Antigonia capros Lowe, 1843 高菱鲷 陆 台

Antigonia combatia Berry & Rathjen, 1959 短棘菱鲷

Antigonia eos Gilbert, 1905 东方菱鲷

Antigonia hulleyi Parin & Borodulina, 2005 赫氏菱鲷

Antigonia indica Parin & Borodulina, 1986 印度菱鲷

Antigonia kenyae Parin & Borodulina, 2005 肯尼亚菱鲷

Antigonia malayana Weber, 1913 马来亚菱鲷

Antigonia ovalis Parin & Borodulina, 2006 卵菱鲷

Antigonia quiproqua Parin & Borodulina, 2006 窄唇菱鲷

Antigonia rhomboidea McCulloch, 1915 钻菱鲷

Antigonia rubescens (Günther, 1860) 红菱鲷 陆 台

Antigonia rubicunda Ogilby, 1910 绯菱鲷 陆

Antigonia saya Parin & Borodulina, 1986 法夸尔岛菱鲷

Antigonia socotrae Parin & Borodulina, 2006 索科特拉岛菱鲷

Antigonia undulata Parin & Borodulina, 2005 波菱鲷

Antigonia xenolepis Parin & Borodulina, 1986 宝鳞菱鲷

Genus *Capros* Lacepède, 1802 方鲷属

Capros aper (Linnaeus, 1758) 挪威方鲷

Order Pleuronectiformes 鲽形目

Suborder Psettodoidei 鳒亚目

Family 489 Psettodidae 鳒科

Genus *Psettodes* Bennett, 1831 鳒属

Psettodes belcheri Bennett, 1831 斑尾鳒

Psettodes bennettii Steindachner, 1870 贝氏鳒

Psettodes erumei (Bloch & Schneider, 1801) 大口鳒 陆 台

Suborder Pleuronectoidei 鲽亚目

Family 490 Citharidae 棘鲆科

Genus *Brachypleura* Günther, 1862 短鲽属

Brachypleura novaezeelandiae Günther, 1862 新西兰短鲽 陆

Genus *Citharoides* Hubbs, 1915 拟棘鲆属

Citharoides axillaris (Fowler, 1934) 腋鳞拟棘鲆

Citharoides macrolepidotus Hubbs, 1915 菲律宾拟棘鲆 台

Citharoides macrolepis (Gilchrist, 1904) 大鳞拟棘鲆 陆

Citharoides orbitalis Hoshino, 2000 圆眶拟棘鲆

Genus *Citharus* Reinhardt, 1837 尾棘鲆属

Citharus linguatula (Linnaeus, 1758) 斑尾棘鲆

Genus *Lepidoblepharon* Weber, 1913 鳞眼鲆属

Lepidoblepharon ophthalmolepis Weber, 1913 鳞眼鲆 陆 台

Family 491 Scophthalmidae 菱鲆科

Genus *Lepidorhombus* Günther, 1862 鳞鲆属

Lepidorhombus boscii (Risso, 1810) 鲍氏鳞鲆

Lepidorhombus whiffiagonis (Walbaum, 1792) 帆鳞鲆

Genus *Phrynorhombus* Günther, 1862 蟾鲆属

Phrynorhombus norvegicus (Günther, 1862) 挪威蟾鲆

Genus *Scophthalmus* Rafinesque, 1810 菱鲆属

Scophthalmus aquosus (Mitchill, 1815) 美洲菱鲆

Scophthalmus maeotica (Pallas, 1814) 黑海菱鲆

Scophthalmus maximus (Linnaeus, 1758) 大菱鲆 陆

Scophthalmus rhombus (Linnaeus, 1758) 菱鲆

Genus *Zeugopterus* Gottsche, 1835 轭鳍菱鲆属

Zeugopterus punctatus (Bloch, 1787) 纽芬兰轭鳍菱鲆

Zeugopterus regius (Bonnaterre, 1788) 大王轭鳍菱鲆

Family 492 Paralichthyidae 牙鲆科

Genus *Ancylopsetta* Gill, 1864 弯鲆属

Ancylopsetta antillarum Gutherz, 1966 安的列斯岛弯鲆

Ancylopsetta cycloidea Tyler, 1959 圆形弯鲆

Ancylopsetta dendritica Gilbert, 1890 枝状弯鲆

Ancylopsetta dilecta (Goode & Bean, 1883) 三眼弯鲆

Ancylopsetta kumperae Tyler, 1959 孔佩弯鲆

Ancylopsetta microctenus Gutherz, 1966 细梳弯鲆

Ancylopsetta ommata (Jordan & Gilbert, 1883) 小眼弯鲆

Genus *Cephalopsetta* Dutt & Rao, 1965 头棘鲆属

Cephalopsetta ventrocellatus Dutt & Rao, 1965 腹睛头棘鲆

Genus *Citharichthys* Bleeker, 1862 副棘鲆属

Citharichthys abbotti Dawson, 1969 阿氏副棘鲆

Citharichthys amblybregmatus Gutherz & Blackman, 1970 钝额副棘鲆

Citharichthys arctifrons Goode, 1880 北极副棘鲆

Citharichthys arenaceus Evermann & Marsh, 1900 沙副棘鲆

Citharichthys cornutus (Günther, 1880) 角副棘鲆

Citharichthys dinoceros Goode & Bean, 1886 刺副棘鲆

Citharichthys fragilis Gilbert, 1890 脆副棘鲆

Citharichthys gilberti Jenkins & Evermann, 1889 吉氏副棘鲆

Citharichthys gnathus Hoshino & Amaoka, 1999 大颌副棘鲆

Citharichthys gordae Beebe & Tee-Van, 1938 戈德氏副棘鲆

Citharichthys gymnorhinus Gutherz & Blackman, 1970 裸吻副棘鲆

Citharichthys macrops Dresel, 1885 斑副棘鲆

Citharichthys mariajorisae van der Heiden & Mussot-Pérez, 1995 玛丽副棘鲆

Citharichthys minutus Cervigón, 1982 微副棘鲆

Citharichthys platophrys Gilbert, 1891 扁平副棘鲆

Citharichthys sordidus (Girard, 1854) 太平洋副棘鲆

Citharichthys spilopterus Günther, 1862 斑鳍副棘鲆

Citharichthys stampflii (Steindachner, 1894) 斯氏副棘鲆

Citharichthys stigmaeus Jordan & Gilbert, 1882 眼点副棘鲆

Citharichthys surinamensis (Bloch & Schneider, 1801) 苏里南副棘鲆

Citharichthys uhleri Jordan, 1889 乌氏副棘鲆

Citharichthys valdezi Cervigón, 1986 伐氏副棘鲆

Citharichthys xanthostigma Gilbert, 1890 黄点副棘鲆

Genus *Cyclopsetta* Gill, 1889 圆棘鲆属

Cyclopsetta chittendeni Bean, 1895 奇氏圆棘鲆

Cyclopsetta fimbriata (Goode & Bean, 1885) 斑鳍圆棘鲆

Cyclopsetta panamensis (Steindachner, 1876) 巴拿马圆棘鲆

Cyclopsetta querna (Jordan & Bollman, 1890) 圆棘鲆

Genus *Etropus* Jordan & Gilbert, 1882 腹肢鲆属

Etropus ciadi van der Heiden & Plascencia González, 2005 查氏腹肢鲆

Etropus crossotus Jordan & Gilbert, 1882 腹肢鲆

Etropus cyclosquamus Leslie & Stewart, 1986 圆鳞腹肢鲆

Etropus delsmani delsmani Chabanaud, 1940 德氏腹肢鲆

Etropus delsmani pacificus Nielsen, 1963 太平洋腹肢鲆

Etropus ectenes Jordan, 1889 大头腹肢鲆

Etropus intermedius Norman, 1933 中间腹肢鲆

Etropus longimanus Norman, 1933 长身腹肢鲆

Etropus microstomus (Gill, 1864) 小口腹肢鲆

Etropus peruvianus Hildebrand, 1946 秘鲁腹肢鲆

Etropus rimosus Goode & Bean, 1885 灰腹肢鲆

Genus *Gastropsetta* Bean, 1895 鰕鲆属

Gastropsetta frontalis Bean, 1895 卡罗来纳鰕鲆

Genus *Hippoglossina* Steindachner, 1876 小庸鲽属

Hippoglossina bollmani Gilbert, 1890 博氏小庸鲽
Hippoglossina macrops Steindachner, 1876 大眼小庸鲽
Hippoglossina montemaris de Buen, 1961 小庸鲽
Hippoglossina mystacium Ginsburg, 1936 智利小庸鲽
Hippoglossina oblonga (Mitchill, 1815) 椭圆小庸鲽
Hippoglossina stomata Eigenmann & Eigenmann, 1890 大口小庸鲽
Hippoglossina tetrophthalma (Gilbert, 1890) 四眼小庸鲽

Genus *Paralichthys* Girard, 1858 牙鲆属

Paralichthys adspersus (Steindachner, 1867) 多耙牙鲆
Paralichthys aestuarius Gilbert & Scofield, 1898 河口牙鲆
Paralichthys albigutta Jordan & Gilbert, 1882 白点牙鲆
Paralichthys brasiliensis (Ranzani, 1842) 巴西牙鲆
Paralichthys californicus (Ayres, 1859) 北美牙鲆
Paralichthys coeruleosticta Steindachner, 1898 淡黑牙鲆
Paralichthys delfini Pequeño & Plaza, 1987 德氏牙鲆
Paralichthys dentatus (Linnaeus, 1766) 细齿牙鲆 陆
Paralichthys fernandezianus Steindachner, 1903 智利牙鲆
Paralichthys hilgendorfii Steindachner, 1903 希氏牙鲆
Paralichthys isosceles Jordan, 1891 黑斑牙鲆
Paralichthys lethostigma Jordan & Gilbert, 1884 漠斑牙鲆 陆
Paralichthys microps (Günther, 1881) 小眼牙鲆
Paralichthys olivaceus (Temminck & Schlegel, 1846) 牙鲆 陆 台
Paralichthys orbignyanus (Valenciennes, 1839) 阿根廷牙鲆
Paralichthys patagonicus Jordan, 1889 巴塔戈尼牙鲆
Paralichthys schmitti Ginsburg, 1933 施氏牙鲆
Paralichthys squamilentus Jordan & Gilbert, 1882 宽牙鲆
Paralichthys triocellatus Miranda Ribeiro, 1903 三眼牙鲆
Paralichthys tropicus Ginsburg, 1933 热带牙鲆
Paralichthys woolmani Jordan & Williams, 1897 伍氏牙鲆

Genus *Pseudorhombus* Bleeker, 1862 斑鲆属

Pseudorhombus annulatus Norman, 1927 阿曼斑鲆
Pseudorhombus argus Weber, 1913 光亮斑鲆
Pseudorhombus arsius (Hamilton, 1822) 大齿斑鲆 陆 台
Pseudorhombus binii Tortonese, 1955 皮氏斑鲆
Pseudorhombus cinnamoneus (Temminck & Schlegel, 1846) 桂皮斑鲆 陆 台
Pseudorhombus ctenosquamis (Oshima, 1927) 栉鳞斑鲆 陆 台
Pseudorhombus diplospilus Norman, 1926 双斑斑鲆
Pseudorhombus dupliciocellatus Regan, 1905 双瞳斑鲆 陆 台
Pseudorhombus elevatus Ogilby, 1912 高体斑鲆 陆 台
Pseudorhombus javanicus (Bleeker, 1853) 爪哇斑鲆 陆
Pseudorhombus jenynsii (Bleeker, 1855) 光齿斑鲆
Pseudorhombus levisquamis (Oshima, 1927) 圆鳞斑鲆 陆 台
Pseudorhombus malayanus Bleeker, 1865 马来斑鲆 陆
Pseudorhombus megalops Fowler, 1934 斑鳍斑鲆
Pseudorhombus micrognathus Norman, 1927 小颌斑鲆
Pseudorhombus natalensis Gilchrist, 1904 纳塔尔斑鲆
Pseudorhombus neglectus Bleeker, 1865 南海斑鲆 陆 台
Pseudorhombus oculocirris Amaoka, 1969 卷眼斑鲆
Pseudorhombus oligodon (Bleeker, 1854) 少牙斑鲆 陆 台
Pseudorhombus pentophthalmus Günther, 1862 五眼斑鲆 陆 台
Pseudorhombus polyspilos (Bleeker, 1853) 多点斑鲆
Pseudorhombus quinquocellatus Weber & de Beaufort, 1929 五目斑鲆 陆 台
Pseudorhombus russellii (Gray, 1834) 拉氏斑鲆
Pseudorhombus spinosus McCulloch, 1914 棘斑鲆
Pseudorhombus tenuirastrum (Waite, 1899) 澳大利亚斑鲆
Pseudorhombus triocellatus (Bloch & Schneider, 1801) 三眼斑鲆 陆

Genus *Syacium* Ranzani, 1842 潜鲆属

Syacium guineensis (Bleeker, 1862) 几内亚潜鲆
Syacium gunteri Ginsburg, 1933 贡氏潜鲆
Syacium latifrons (Jordan & Gilbert, 1882) 宽尾潜鲆
Syacium longidorsale Murakami & Amaoka, 1992 长背潜鲆
Syacium maculiferum (Garman, 1899) 眼斑潜鲆
Syacium micrurum Ranzani, 1842 小颊潜鲆
Syacium ovale (Günther, 1864) 卵形潜鲆
Syacium papillosum (Linnaeus, 1758) 暗色潜鲆

Genus *Tarphops* Jordan & Thompson, 1914 大鳞鲆属

Tarphops elegans Amaoka, 1969 雅大鳞鲆
Tarphops oligolepis (Bleeker, 1858-1859) 高体大鳞鲆 陆 台

Genus *Tephrinectes* Günther, 1862 花鲆属

Tephrinectes sinensis (Lacepède, 1802) 花鲆 陆 台

Genus *Thysanopsetta* Günther, 1880 缝鲆属

Thysanopsetta naresi Günther, 1880 奈氏缝鲆

Genus *Xystreurys* Jordan & Gilbert, 1880 扇尾鲆属

Xystreurys liolepis Jordan & Gilbert, 1880 滑鳞扇尾鲆
Xystreurys rasile (Jordan, 1891) 剃刀扇尾鲆

Family 493 Pleuronectidae 鲽科

Genus *Acanthopsetta* Schmidt, 1904 棘鲽属

Acanthopsetta nadeshnyi Schmidt, 1904 纳氏棘鲽

Genus *Atheresthes* Jordan & Gilbert, 1880 箭齿鲽属

Atheresthes evermanni Jordan & Starks, 1904 亚洲箭齿鲽
Atheresthes stomias (Jordan & Gilbert, 1880) 美洲箭齿鲽

Genus *Cleisthenes* Jordan & Starks, 1904 高眼鲽属

Cleisthenes herzensteini (Schmidt, 1904) 赫氏高眼鲽 陆
Cleisthenes pinetorum Jordan & Starks, 1904 松木高眼鲽 陆

Genus *Clidoderma* Bleeker, 1862 粒鲽属

Clidoderma asperrimum (Temminck & Schlegel, 1846) 粒鲽 陆

Genus *Dexistes* Jordan & Starks, 1904 小口鲽属

Dexistes rikuzenius Jordan & Starks, 1904 日本小口鲽

Genus *Embassichthys* Jordan & Evermann, 1896 北洋鲽属

Embassichthys bathybius (Gilbert, 1890) 阿拉斯加北洋鲽

Genus *Eopsetta* Jordan & Goss, 1885 虫鲽属

Eopsetta grigorjewi (Herzenstein, 1890) 格氏虫鲽 陆 台
Eopsetta jordani (Lockington, 1879) 乔氏虫鲽

Genus *Glyptocephalus* Gottsche, 1835 美首鲽属

Glyptocephalus cynoglossus (Linnaeus, 1758) 美首鲽
Glyptocephalus stelleri (Schmidt, 1904) 斯氏美首鲽
Glyptocephalus zachirus Lockington, 1879 美洲美首鲽

Genus *Hippoglossoides* Gottsche, 1835 拟庸鲽属

Hippoglossoides dubius Schmidt, 1904 犬形拟庸鲽 陆
Hippoglossoides elassodon Jordan & Gilbert, 1880 太平洋拟庸鲽
Hippoglossoides platessoides (Fabricius, 1780) 美洲拟庸鲽
Hippoglossoides robustus Gill & Townsend, 1897 粗壮拟庸鲽

Genus *Hippoglossus* Cuvier, 1816 庸鲽属

Hippoglossus hippoglossus (Linnaeus, 1758) 庸鲽 陆
Hippoglossus stenolepis Schmidt, 1904 狭鳞庸鲽

Genus *Hypsopsetta* Gill, 1862 高鲽属

Hypsopsetta guttulata (Girard, 1856) 钻高鲽
Hypsopsetta macrocephala Breder, 1936 大头高鲽

Genus *Isopsetta* Lockington, 1883 等鳍鲽属

Isopsetta isolepis (Lockington, 1880) 白令海等鳍鲽

Genus *Kareius* Jordan & Snyder, 1900 石鲽属

Kareius bicoloratus (Basilewsky, 1855) 石鲽 陆

Genus *Lepidopsetta* Günther, 1880 双线鲽属

Lepidopsetta bilineata (Ayres, 1855) 双线鲽

Lepidopsetta mochigarei Snyder, 1911 摩氏双线鲽

Lepidopsetta polyxystra Orr & Matarese, 2000 多耙双线鲽

Genus *Limanda* Gottsche, 1835 黄盖鲽属

Limanda aspera (Pallas, 1814) 糙黄盖鲽

Limanda ferruginea (Storer, 1839) 大西洋黄盖鲽

Limanda limanda (Linnaeus, 1758) 欧洲黄盖鲽

Limanda proboscidea Gilbert, 1896 长吻黄盖鲽

Limanda punctatissima (Steindachner, 1879) 斑点黄盖鲽

Limanda sakhalinensis Hubbs, 1915 萨哈林岛黄盖鲽

Genus *Liopsetta* Gill, 1864 光鲽属

Liopsetta glacialis (Pallas, 1776) 北极光鲽

Liopsetta pinnifasciata (Kner, 1870) 纹鳍光鲽

Liopsetta putnami (Gill, 1864) 普氏光鲽

Genus *Lyopsetta* Jordan & Goss, 1885 松鲽属

Lyopsetta exilis (Jordan & Gilbert, 1880) 松鲽

Genus *Marleyella* Fowler, 1925 马来鲽属

Marleyella bicolorata (von Bonde, 1922) 丝鳍马来鲽

Marleyella maldivensis Norman, 1939 马尔代夫岛马来鲽;马尔地夫岛马来鲽

Genus *Microstomus* Gottsche, 1835 油鲽属

Microstomus achne (Jordan & Starks, 1904) 亚洲油鲽 陆

Microstomus kitt (Walbaum, 1792) 小头油鲽

Microstomus pacificus (Lockington, 1879) 太平洋油鲽

Microstomus shuntovi Borets, 1983 舒氏油鲽

Genus *Nematops* Günther, 1880 线鳍瓦鲽属

Nematops grandisquamus Weber & de Beaufort, 1929 大鳞线鳍瓦鲽

Nematops macrochirus Norman, 1931 大手线鳍瓦鲽

Nematops microstoma Günther, 1880 小口线鳍瓦鲽

Nematops nanosquama Amaoka, Kawai & Séret, 2006 细鳞线鳍瓦鲽

Genus *Parophrys* Girard, 1854 副眉鲽属

Parophrys vetulus Girard, 1854 副眉鲽

Genus *Platichthys* Girard, 1854 川鲽属

Platichthys flesus (Linnaeus, 1758) 川鲽

Platichthys stellatus (Pallas, 1787) 星斑川鲽 陆

Genus *Pleuronectes* Linnaeus, 1758 鲽属

Pleuronectes herzensteini (Jordan & Snyder, 1901) 赫氏鲽(尖吻黄盖鲽) 陆

　　syn. *Pseudopleuronectes herzenstein* (Jordan & Snyder, 1901) 赫氏拟鲽

Pleuronectes obscurus (Herzenstein, 1890) 暗色鲽 陆

　　syn. *Pseudopleuronectes obscurus* (Herzenstein, 1890) 暗色拟鲽

Pleuronectes platessa Linnaeus, 1758 鲽

Pleuronectes quadrituberculatus Pallas, 1814 黄腹鲽

Pleuronectes yokohamae Günther, 1877 钝吻鲽(钝吻黄盖鲽) 陆

　　syn. *Pseudopleuronectes yokohamae* (Günther, 1877) 钝吻拟鲽

Genus *Pleuronichthys* Girard, 1854 木叶鲽属

Pleuronichthys coenosus Girard, 1854 污木叶鲽

Pleuronichthys cornutus (Temminck & Schlegel, 1846) 木叶鲽 陆 台

Pleuronichthys decurrens Jordan & Gilbert, 1881 卷鳍木叶鲽

Pleuronichthys ocellatus Starks & Thompson, 1910 眼斑木叶鲽

Pleuronichthys ritteri Starks & Morris, 1907 斑点木叶鲽

Pleuronichthys verticalis Jordan & Gilbert, 1880 头角木叶鲽

Genus *Psettichthys* Girard, 1854 鎌鲽属

Psettichthys melanostictus Girard, 1854 白令海鎌鲽

Genus *Pseudopleuronectes* Bleeker, 1862 拟鲽属

Pseudopleuronectes americanus (Walbaum, 1792) 美洲拟鲽

Pseudopleuronectes schrenki (Schmidt, 1904) 斯氏拟鲽

Genus *Reinhardtius* Gill, 1861 马舌鲽属

Reinhardtius hippoglossoides (Walbaum, 1792) 马舌鲽

Genus *Tanakius* Hubbs, 1918 长鲽属

Tanakius kitaharae (Jordan & Starks, 1904) 长鲽 陆

Genus *Verasper* Jordan & Gilbert, 1898 星鲽属

Verasper moseri Jordan & Gilbert, 1898 条斑星鲽 陆

Verasper variegatus (Temminck & Schlegel, 1846) 圆斑星鲽 陆

Family 494 Bothidae 鲆科

Genus *Arnoglossus* Bleeker, 1862 羊舌鲆属

Arnoglossus andrewsi Kurth, 1954 安氏羊舌鲆

Arnoglossus arabicus Norman, 1939 阿拉伯羊舌鲆

Arnoglossus armstrongi Scott, 1975 阿氏羊舌鲆

Arnoglossus aspilos (Bleeker, 1851) 无斑羊舌鲆 陆

Arnoglossus bassensis Norman, 1926 巴士海峡羊舌鲆

Arnoglossus boops (Hector, 1875) 大眼羊舌鲆

Arnoglossus brunneus (Fowler, 1934) 深棕羊舌鲆

Arnoglossus capensis Boulenger, 1898 西非羊舌鲆

Arnoglossus dalgleishi (von Bonde, 1922) 达氏羊舌鲆

Arnoglossus debilis (Gilbert, 1905) 弱羊舌鲆

Arnoglossus elongatus Weber, 1913 长体羊舌鲆

Arnoglossus fisoni Ogilby, 1898 法氏羊舌鲆

Arnoglossus grohmanni (Bonaparte, 1837) 格氏羊舌鲆

Arnoglossus imperialis (Rafinesque, 1810) 眶脊羊舌鲆

Arnoglossus japonicus Hubbs, 1915 日本羊舌鲆 陆 台

Arnoglossus kessleri Schmidt, 1915 凯氏羊舌鲆

Arnoglossus laterna (Walbaum, 1792) 大口羊舌鲆

Arnoglossus macrolophus Alcock, 1889 长冠羊舌鲆 台

Arnoglossus marisrubri Klausewitz & Schneider, 1986 马氏羊舌鲆

Arnoglossus micrommatus Amaoka, Arai & Gomon, 1997 细眼羊舌鲆

Arnoglossus muelleri (Klunzinger, 1872) 缪勒羊舌鲆

Arnoglossus multirastris Parin, 1983 多耙羊舌鲆

Arnoglossus nigrifrons Amaoka & Mihara, 2000 暗黑羊舌鲆

Arnoglossus oxyrhynchus Amaoka, 1969 尖吻羊舌鲆

Arnoglossus polyspilus (Günther, 1880) 多斑羊舌鲆 陆 台

Arnoglossus rueppelii (Cocco, 1844) 拉氏羊舌鲆

Arnoglossus sayaensis Amaoka & Imamura, 1990 佐屋羊舌鲆

Arnoglossus scapha (Forster, 1801) 大羊舌鲆 陆

Arnoglossus septemventralis Amaoka & Mihara, 2000 暗腹羊舌鲆

Arnoglossus tapeinosoma (Bleeker, 1865) 长鳍羊舌鲆 陆 台

Arnoglossus tenuis Günther, 1880 细羊舌鲆 陆 台

Arnoglossus thori Kyle, 1913 索氏羊舌鲆

Arnoglossus waitei Norman, 1926 韦氏羊舌鲆

Arnoglossus yamanakai Fukui, Yamada & Ozawa, 1988 山中氏羊舌鲆

Genus *Asterorhombus* Tanaka, 1915 角鲆属

Asterorhombus cocosensis (Bleeker, 1855) 可可群岛角鲆

Asterorhombus fijiensis (Norman, 1931) 菲济角鲆 陆 台

Asterorhombus filifer Hensley & Randall, 2003 线角鲆

Asterorhombus intermedius (Bleeker, 1865) 中间角鲆 陆 台

Genus *Bothus* Rafinesque, 1810 鲆属

Bothus assimilis (Günther, 1862) 圆鳞鲆 陆

Bothus constellatus (Jordan, 1889) 密点鲆

Bothus ellipticus (Poey, 1860) 椭圆鲆

Bothus guibei Stauch, 1966 几内亚鲆

Bothus leopardinus (Günther, 1862) 狮鲆

Bothus lunatus (Linnaeus, 1758) 孔雀鲆

Bothus maculiferus (Poey, 1860) 扁鲆

Bothus mancus (Broussonet, 1782) 凹吻鲆;蒙鲆 陆 台

Bothus mellissi Norman, 1931 米氏鲆

Bothus myriaster (Temminck & Schlegel, 1846) 繁星鲆 陆 台

　　syn. *Bothus ovalis* (Regan, 1908) 卵形鲆

Bothus ocellatus (Agassiz, 1831) 睛斑鲆

Bothus pantherinus (Rüppell, 1830) 豹纹鲆 陆 台

Bothus podas (Delaroche, 1809) 足鲆

Bothus robinsi Topp & Hoff, 1972 罗氏鲆

Bothus swio Hensley, 1997 印度洋鲆

Bothus tricirrhitus Kotthaus, 1977 三髭鲆

Genus *Chascanopsetta* Alcock, 1894 长颌鲆属

Chascanopsetta crumenalis (Gilbert & Cramer, 1897) 荷包长颌鲆

Chascanopsetta elski Foroshchuk, 1991 埃氏长颌鲆

Chascanopsetta kenyaensis Hensley & Smale, 1998 肯尼亚长颌鲆

Chascanopsetta lugubris Alcock, 1894 大口长颌鲆 陆 台

Chascanopsetta megagnatha Amaoka & Parin, 1990 东太平洋长颌鲆

Chascanopsetta micrognatha Amaoka & Yamamoto, 1984 小长颌鲆

Chascanopsetta prognatha Norman, 1939 前长颌鲆 台

Chascanopsetta prorigera Gilbert, 1905 夏威夷长颌鲆

Genus *Crossorhombus* Regan, 1920 缨鲆属

Crossorhombus azureus (Alcock, 1889) 青缨鲆 陆 台

Crossorhombus howensis Hensley & Randall, 1993 霍文缨鲆 台

Crossorhombus kanekonis (Tanaka, 1918) 双带缨鲆 陆 台

Crossorhombus kobensis (Jordan & Starks, 1906) 高本缨鲆 陆 台

Crossorhombus valderostratus (Alcock, 1890) 宽额青缨鲆 陆

Genus *Engyophrys* Jordan & Bollman, 1890 直眉鲆属

Engyophrys sanctilaurentii Jordan & Bollman, 1890 桑氏直眉鲆

Engyophrys senta Ginsburg, 1933 北美直眉鲆

Genus *Engyprosopon* Günther, 1862 短额鲆属

Engyprosopon annulatus (Weber, 1913) 环斑短额鲆

Engyprosopon arenicola Jordan & Evermann, 1903 砂栖短额鲆

Engyprosopon bellonaensis Amaoka, Mihara & Rivaton, 1993 庇隆短额鲆

Engyprosopon bleekeri (Macleay, 1881) 布氏短额鲆

Engyprosopon filimanus (Regan, 1908) 长丝短额鲆

Engyprosopon filipennis Wu & Tang, 1935 长鳍短额鲆 陆

Engyprosopon grandisquama (Temminck & Schlegel, 1846) 伟鳞短额鲆 陆 台

Engyprosopon hawaiiensis Jordan & Evermann, 1903 夏威夷短额鲆

Engyprosopon hensleyi Amaoka & Imamura, 1990 亨氏短额鲆

Engyprosopon hureaui Quéro & Golani, 1990 休氏短额鲆

Engyprosopon kushimotoensis Amaoka, Kaga & Misaki, 2008 串本短额鲆

Engyprosopon latifrons (Regan, 1908) 宽额短额鲆 陆

Engyprosopon longipelvis Amaoka, 1969 长腹鳍短额鲆 陆 台

Engyprosopon longipterum Amaoka, Mihara & Rivaton, 1993 丝胸短额鲆

Engyprosopon macrolepis (Regan, 1908) 大鳞短额鲆

Engyprosopon maldivensis (Regan, 1908) 马尔地夫短额鲆 台

   syn. *Engyprosopon macroptera* Amaoka ,1969 大鳍短额鲆

Engyprosopon marquisensis Amaoka & Séret, 2005 马克萨斯岛短额鲆

Engyprosopon mogkii (Bleeker, 1854) 黑斑短额鲆 陆

Engyprosopon mozambiquensis Hensley, 2003 莫桑比克短额鲆

Engyprosopon multisquama Amaoka, 1963 多鳞短额鲆 陆 台

Engyprosopon natalensis Regan, 1920 纳塔尔短额鲆

Engyprosopon obliquioculatum (Fowler, 1934) 斜眼短额鲆

Engyprosopon osculus (Amaoka & Arai, 1998) 接吻短额鲆

Engyprosopon raoulensis Amaoka & Mihara, 1995 拉乌尔岛短额鲆

Engyprosopon regani Hensley & Suzumoto, 1990 里根氏短额鲆

Engyprosopon rostratum Amaoka, Mihara & Rivaton, 1993 突吻短额鲆

Engyprosopon sechellensis (Regan, 1908) 塞舌尔岛短额鲆

Engyprosopon septempes Amaoka, Mihara & Rivaton, 1993 七丝短额鲆

Engyprosopon vanuatuensis Amaoka & Séret, 2005 瓦努阿图短额鲆

Engyprosopon xenandrus Gilbert, 1905 大眼短额鲆

Engyprosopon xystrias Hubbs, 1915 光短额鲆

Genus *Grammatobothus* Norman, 1926 双线鲆属

Grammatobothus krempfi Chabanaud, 1929 克氏双线鲆 台

Grammatobothus pennatus (Ogilby, 1913) 昆士兰羽双线鲆

Grammatobothus polyophthalmus (Bleeker, 1865) 多眼双线鲆 陆

Genus *Japonolaeops* Amaoka, 1969 日本左鲆属

Japonolaeops dentatus Amaoka, 1969 多齿日本左鲆 台

Genus *Kamoharaia* Kuronuma, 1940 鳄口鲆属

Kamoharaia megastoma (Kamohara, 1936) 大嘴鳄口鲆 陆 台

Genus *Laeops* Günther, 1880 左鲆属

Laeops clarus Fowler, 1934 光耀左鲆

Laeops cypho Fowler, 1934 驼背左鲆

Laeops gracilis Fowler, 1934 薄左鲆

Laeops guentheri Alcock, 1890 冈氏左鲆

Laeops kitaharae (Smith & Pope, 1906) 北原氏左鲆 陆 台

Laeops macrophthalmus (Alcock, 1889) 大眼左鲆

Laeops natalensis Norman, 1931 纳塔尔左鲆

Laeops nigrescens Lloyd, 1907 亚丁湾左鲆

Laeops nigromaculatus von Bonde, 1922 黑点左鲆

Laeops parviceps Günther, 1880 小头左鲆 陆 台

Laeops pectoralis (von Bonde, 1922) 长臂左鲆

Laeops tungkongensis Chen & Weng, 1965 东港左鲆 台

Genus *Lophonectes* Günther, 1880 冠毛鲆属

Lophonectes gallus Günther, 1880 冠毛鲆

Lophonectes mongonuiensis (Regan, 1914) 新西兰冠毛鲆

Genus *Monolene* Goode, 1880 单臂细鲆属

Monolene antillarum Norman, 1933 单臂细鲆

Monolene asaedai Clark, 1936 阿氏单臂细鲆

Monolene atrimana Goode & Bean, 1886 暗色单臂细鲆

Monolene danae Bruun, 1937 达南单臂细鲆

Monolene dubiosa Garman, 1899 似单臂细鲆

Monolene helenensis Amaoka & Imamura, 2000 海伦暗沙单臂细鲆

Monolene maculipinna Garman, 1899 斑鳍单臂细鲆

Monolene megalepis Woods, 1961 大鳞单臂细鲆

Monolene mertensi (Poll, 1959) 四眼单臂细鲆

Monolene microstoma Cadenat, 1937 小口单臂细鲆

Monolene sessilicauda Goode, 1880 深水单臂细鲆

Genus *Neolaeops* Amaoka, 1969 新左鲆属

Neolaeops microphthalmus (von Bonde, 1922) 小眼新左鲆 陆 台

Genus *Parabothus* Norman, 1931 拟鲆属

Parabothus amaokai Parin, 1983 尼冈氏拟鲆

Parabothus budkeri (Chabanaud, 1943) 巴氏拟鲆

Parabothus chlorospilus (Gilbert, 1905) 绿斑拟鲆

Parabothus coarctatus (Gilbert, 1905) 短腹拟鲆 陆 台

Parabothus filipes Amaoka, Mihara & Rivaton, 1997 线拟鲆

Parabothus kiensis (Tanaka, 1918) 少鳞拟鲆 台

Parabothus malhensis (Regan, 1908) 马尔亨拟鲆

Parabothus polylepis (Alcock, 1889) 多鳞拟鲆

Parabothus taiwanensis Amaoka & Shen, 1993 台湾拟鲆 台

Genus *Pelsartia* Whitley, 1943 棕鲆属

Pelsartia humeralis (Ogilby, 1899) 澳洲棕鲆

Genus *Perissias* Jordan & Evermann, 1898 怪丝鳍鲆属

Perissias taeniopterus (Gilbert, 1890) 怪丝鳍鲆

Genus *Psettina* Hubbs, 1915 鳒鲆属

Psettina brevirictis (Alcock, 1890) 小口鳒鲆

Psettina filimana Li & Wang, 1982 丝指鳒鲆

Psettina gigantea Amaoka, 1963 长鳒鲆 台

Psettina hainanensis (Wu & Tang, 1935) 海南鳒鲆 陆

Psettina iijimae (Jordan & Starks, 1904) 饭岛氏鳒鲆 陆 台

Psettina multisquamea Fedorov & Foroshchuk, 1988 多鳞鳒鲆

Psettina profunda (Weber, 1913) 深海鲆鲆

Psettina senta Amaoka & Larson, 1999 栉鳞鲆鲆

Psettina tosana Amaoka, 1963 土佐鲆鲆 台

Psettina variegata (Fowler, 1934) 杂色鲆鲆

Genus *Taeniopsetta* Gilbert, 1905 线鳍鲆属

Taeniopsetta ocellata (Günther, 1880) 眼斑线鳍鲆 台

Taeniopsetta radula Gilbert, 1905 夏威夷线鳍鲆

Genus *Tosarhombus* Amaoka, 1969 土佐鲆属

Tosarhombus brevis Amaoka, Mihara & Rivaton, 1997 短土佐鲆

Tosarhombus longimanus Amaoka, Mihara & Rivaton, 1997 长鳍土佐鲆

Tosarhombus neocaledonicus Amaoka & Rivaton, 1991 新喀里多尼亚土佐鲆

Tosarhombus nielseni Amaoka & Rivaton, 1991 尼氏土佐鲆

Tosarhombus octoculatus Amaoka, 1969 八斑土佐鲆

Tosarhombus smithi (Nielsen, 1964) 史氏土佐鲆

Genus *Trichopsetta* Gill, 1889 丝鳍鲆属

Trichopsetta caribbaea Anderson & Gutherz, 1967 加勒比丝鳍鲆

Trichopsetta melasma Anderson & Gutherz, 1967 黑点丝鳍鲆

Trichopsetta orbisulcus Anderson & Gutherz, 1967 眶沟丝鳍鲆

Trichopsetta ventralis (Goode & Bean, 1885) 丝鳍鲆

Family 495 Paralichthodidae 牙鲽科

Genus *Paralichthodes* Gilchrist, 1902 牙鲽属

Paralichthodes algoensis Gilchrist, 1902 莫桑比克牙鲽

Family 496 Poecilopsettidae 瓦鲽科

Genus *Poecilopsetta* Günther, 1880 瓦鲽属

Poecilopsetta albomaculata Norman, 1939 白斑瓦鲽

Poecilopsetta beanii (Goode, 1881) 比恩氏瓦鲽

Poecilopsetta colorata Günther, 1880 黑斑瓦鲽 陆

Poecilopsetta dorsialta Guibord & Chapleau, 2001 高背瓦鲽

Poecilopsetta hawaiiensis Gilbert, 1905 夏威夷瓦鲽

Poecilopsetta inermis (Breder, 1927) 无刺瓦鲽

Poecilopsetta macrocephala Hoshino, Amaoka & Last, 2001 大头瓦鲽

Poecilopsetta megalepis Fowler, 1934 大鳞瓦鲽

Poecilopsetta multiradiata Kawai, Amaoka & Séret, 2010 多辐瓦鲽

Poecilopsetta natalensis Norman, 1931 南非瓦鲽 陆 台

Poecilopsetta normani Foroshchuk & Fedorov, 1992 诺氏瓦鲽

Poecilopsetta pectoralis Kawai & Amaoka, 2006 大胸瓦鲽

Poecilopsetta plinthus (Jordan & Starks, 1904) 双斑瓦鲽 陆 台

Poecilopsetta praelonga Alcock, 1894 长体瓦鲽 陆 台

Poecilopsetta vaynei Quéro, Hensley & Maugé, 1988 沃氏瓦鲽

Poecilopsetta zanzibarensis Norman, 1939 桑给巴尔瓦鲽

Family 497 Rhombosoleidae 菱鲽科

Genus *Ammotretis* Günther, 1862 前鲽属

Ammotretis brevipinnis Norman, 1926 短鳍前鲽

Ammotretis elongatus McCulloch, 1914 长体前鲽

Ammotretis lituratus (Richardson, 1844) 椭圆前鲽

Ammotretis macrolepis McCulloch, 1914 大鳞前鲽

Ammotretis rostratus Günther, 1862 长吻前鲽

Genus *Azygopus* Norman, 1926 缝鲽属

Azygopus pinnifasciatus Norman, 1926 羽纹缝鲽

Genus *Colistium* Norman, 1926 彩菱鲽属

Colistium guntheri (Hutton, 1873) 贡氏彩菱鲽

Colistium nudipinnis (Waite, 1911) 裸翼彩菱鲽

Genus *Oncopterus* Steindachner, 1874 臀棘鲽属

Oncopterus darwinii Steindachner, 1874 达氏臀棘鲽

Genus *Pelotretis* Waite, 1911 连鳍鲽属

Pelotretis flavilatus Waite, 1911 柠檬连鳍鲽

Genus *Peltorhamphus* Günther, 1862 盾吻鲽属

Peltorhamphus latus James, 1972 砂栖盾吻鲽

Peltorhamphus novaezeelandiae Günther, 1862 新西兰盾吻鲽

Peltorhamphus tenuis James, 1972 薄身盾吻鲽

Genus *Psammodiscus* Günther, 1862 岩沙鲽属

Psammodiscus ocellatus Günther, 1862 睛斑岩沙鲽

Genus *Rhombosolea* Günther, 1862 菱鲽属

Rhombosolea leporina Günther, 1862 兔菱鲽

Rhombosolea plebeia (Richardson, 1843) 新西兰菱鲽

Rhombosolea retiaria Hutton, 1874 菱鲽

Rhombosolea tapirina Günther, 1862 绿背菱鲽

Genus *Taratretis* Last, 1978 泰拉菱鲽属

Taratretis derwentensis Last, 1978 泰拉菱鲽

Family 498 Achiropsettidae 无臂鲆科

Genus *Achiropsetta* Norman, 1930 无臂鲆属

Achiropsetta slavae Andriashev, 1960 斯氏多鳞无臂鲆

Achiropsetta tricholepis Norman, 1930 毛鳞无臂鲆

Genus *Mancopsetta* Gill, 1881 残臂鲆属

Mancopsetta maculata antarctica Kotlyar, 1978 南极残臂鲆

Mancopsetta maculata maculata (Günther, 1880) 斑点残臂鲆

Genus *Neoachiropsetta* Kotlyar, 1978 新臂鲆属

Neoachiropsetta milfordi (Penrith, 1965) 米氏新臂鲆

Genus *Pseudomancopsetta* Evseenko, 1984 拟残臂鲆属

Pseudomancopsetta andriashevi Evseenko, 1984 智利拟残臂鲆

Family 499 Samaridae 冠鲽科

Genus *Plagiopsetta* Franz, 1910 斜颌鲽属

Plagiopsetta glossa Franz, 1910 舌形斜颌鲽 陆 台

Plagiopsetta gracilis Mihara & Amaoka, 2004 细身斜颌鲽

Plagiopsetta stigmosa Mihara & Amaoka, 2004 多斑斜颌鲽

Genus *Samaris* Gray, 1831 冠鲽属

Samaris chesterfieldensis Mihara & Amaoka, 2004 切斯特冠鲽

Samaris costae Quéro, Hensley & Maugé, 1989 科氏冠鲽

Samaris cristatus Gray, 1831 冠鲽 陆 台

Samaris macrolepis Norman, 1927 大鳞冠鲽

Samaris spinea Mihara & Amaoka, 2004 棘点冠鲽

Genus *Samariscus* Gilbert, 1905 沙鲽属

Samariscus asanoi Ochiai & Amaoka, 1962 阿氏沙鲽

Samariscus corallinus Gilbert, 1905 珊瑚沙鲽

Samariscus desoutterae Quéro, Hensley & Maugé, 1989 德苏沙鲽

Samariscus filipectoralis Shen, 1982 丝鳍沙鲽 台

Samariscus huysmani Weber, 1913 胡氏沙鲽 陆

Samariscus inornatus (Lloyd, 1909) 无斑沙鲽 陆

Samariscus japonicus Kamohara, 1936 日本沙鲽 台

Samariscus latus Matsubara & Takamuki, 1951 满月沙鲽 陆 台

Samariscus longimanus Norman, 1927 长臂沙鲽 陆 台

Samariscus luzonensis Fowler, 1934 吕宋沙鲽

Samariscus macrognathus Fowler, 1934 大颌沙鲽

Samariscus maculatus (Günther, 1880) 斑沙鲽

Samariscus multiradiatus Kawai, Amaoka & Séret, 2008 多辐沙鲽

Samariscus nielseni Quéro, Hensley & Maugé, 1989 尼氏沙鲽

Samariscus sunieri Weber & de Beaufort, 1929 萨氏沙鲽

Samariscus triocellatus Woods, 1960 三斑沙鲽 台

Samariscus xenicus Ochiai & Amaoka, 1962 高知沙鲽 陆 台

Family 500 Achiridae 无臂鳎科

Genus *Achirus* Lacepède, 1802 无臂鳎属

Achirus achirus (Linnaeus, 1758) 亚马孙河无臂鳎

Achirus declivis Chabanaud, 1940 斜体无臂鳎

Achirus klunzingeri (Steindachner, 1880) 克氏无臂鳎

Achirus lineatus (Linnaeus, 1758) 线纹无臂鳎

Achirus mazatlanus (Steindachner, 1869) 马萨无臂鳎

Achirus mucuri Ramos, Ramos & Lopes, 2009 马氏无臂鳎

Achirus novoae Cervigón, 1982 南美无臂鳎

Achirus scutum (Günther, 1862) 盾纹无臂鳎

Achirus zebrinus Clark, 1936 斑纹无臂鳎

Genus *Apionichthys* Kaup, 1858 无锯鳎属

Apionichthys asphyxiatus (Jordan, 1889) 贪食无锯鳎

Apionichthys dumerili Kaup, 1858 杜氏无锯鳎

Apionichthys finis (Eigenmann, 1912) 鳍状无锯鳎

Apionichthys menezesi Ramos, 2003 梅氏无锯鳎

Apionichthys nattereri (Steindachner, 1876) 纳特氏无锯鳎

Apionichthys rosai Ramos, 2003 罗氏无锯鳎

Apionichthys sauli Ramos, 2003 索尔氏无锯鳎

Apionichthys seripierriae Ramos, 2003 塞氏无锯鳎

Genus *Catathyridium* Chabanaud, 1928 甲鳎属

Catathyridium garmani (Jordan, 1889) 加曼氏甲鳎

Catathyridium grandirivi (Chabanaud, 1928) 格氏甲鳎

Catathyridium jenynsii (Günther, 1862) 詹氏甲鳎

Catathyridium lorentzii (Weyenbergh, 1877) 洛兰氏甲鳎

Genus *Gymnachirus* Kaup, 1858 裸无臂鳎属

Gymnachirus melas Nichols, 1916 黑裸无臂鳎

Gymnachirus nudus Kaup, 1858 裸无臂鳎

Gymnachirus texae (Gunter, 1936) 特氏裸无臂鳎

Genus *Hypoclinemus* Chabanaud, 1928 下线鳎属

Hypoclinemus mentalis (Günther, 1862) 亚马孙河下线鳎

Genus *Trinectes* Rafinesque, 1832 三鳍鳎属

Trinectes fimbriatus (Günther, 1862) 缨三鳍鳎

Trinectes fluviatilis (Meek & Hildebrand, 1928) 河溪三鳍鳎

Trinectes fonsecensis (Günther, 1862) 丰泽三鳍鳎

Trinectes inscriptus (Gosse, 1851) 砂栖三鳍鳎

Trinectes maculatus (Bloch & Schneider, 1801) 斑点三鳍鳎

Trinectes microphthalmus (Chabanaud, 1928) 小眼三鳍鳎

Trinectes opercularis (Nichols & Murphy, 1944) 盖三鳍鳎

Trinectes paulistanus (Miranda Ribeiro, 1915) 巴西三鳍鳎

Trinectes xanthurus Walker & Bollinger, 2001 黄尾三鳍鳎

Family 501 Soleidae 鳎科

Genus *Achiroides* Bleeker, 1851 似无臂鳎属

Achiroides leucorhynchos Bleeker, 1851 白吻似无臂鳎

Achiroides melanorhynchus (Bleeker, 1851) 黑吻似无臂鳎

Genus *Aesopia* Kaup, 1858 角鳎属

Aesopia cornuta Kaup, 1858 角鳎 陆 台

Genus *Aseraggodes* Kaup, 1858 栉鳞鳎属

Aseraggodes albidus Randall & Desoutter-Meniger, 2007 白栉鳞鳎

Aseraggodes auroculus Randall, 2005 金栉鳞鳎

Aseraggodes bahamondei Randall & Meléndez, 1987 巴氏栉鳞鳎

Aseraggodes beauforti Chabanaud, 1930 比氏栉鳞鳎

Aseraggodes borehami Randall, 1996 博氏栉鳞鳎

Aseraggodes brevirostris Randall & Gon, 2006 短吻栉鳞鳎

Aseraggodes chapleaui Randall & Desoutter-Meniger, 2007 查氏栉鳞鳎

Aseraggodes cheni Randall & Senou, 2007 陈氏栉鳞鳎 台

Aseraggodes corymbus Randall & Bartsch, 2007 盉栉鳞鳎

Aseraggodes cyaneus (Alcock, 1890) 青栉鳞鳎

Aseraggodes cyclurus Randall, 2005 圆尾栉鳞鳎

Aseraggodes diringeri (Quéro, 1997) 迪氏栉鳞鳎

Aseraggodes dubius Weber, 1913 杜比栉鳞鳎

Aseraggodes filiger Weber, 1913 爪哇海栉鳞鳎

Aseraggodes firmisquamis Randall & Bartsch, 2005 坚鳞栉鳞鳎

Aseraggodes guttulatus Kaup, 1858 雨斑栉鳞鳎

Aseraggodes haackeanus (Steindachner, 1883) 南澳栉鳞鳎

Aseraggodes heemstrai Randall & Gon, 2006 希氏栉鳞鳎

Aseraggodes heraldi Randall & Bartsch, 2005 赫勒氏栉鳞鳎

Aseraggodes herrei Seale, 1940 赫尔氏栉鳞鳎

Aseraggodes holcomi Randall, 2002 霍氏栉鳞鳎

Aseraggodes jenny Randall & Gon, 2006 詹内栉鳞鳎

Aseraggodes kaianus (Günther, 1880) 日本栉鳞鳎;开因栉鳞鳎 陆 台

Aseraggodes kimurai Randall & Desoutter-Meniger, 2007 木村氏栉鳞鳎

Aseraggodes kobensis (Steindachner, 1896) 褐斑栉鳞鳎;可勃栉鳞鳎 陆 台

Aseraggodes lateralis Randall, 2005 砖红栉鳞鳎

Aseraggodes lenisquamis Randall, 2005 软鳞栉鳞鳎

Aseraggodes longipinnis Randall & Desoutter-Meniger, 2007 长翼栉鳞鳎

Aseraggodes magnoculus Randall, 2005 大栉鳞鳎

Aseraggodes matsuurai Randall & Desoutter-Meniger, 2007 松浦氏栉鳞鳎

Aseraggodes melanostictus (Peters, 1877) 黑点栉鳞鳎

Aseraggodes microlepidotus Weber, 1913 小鳞栉鳞鳎

Aseraggodes nigrocirratus Randall, 2005 黑髯栉鳞鳎

Aseraggodes normani Chabanaud, 1930 诺曼氏栉鳞鳎

Aseraggodes ocellatus Weed, 1961 睛斑栉鳞鳎

Aseraggodes orientalis Randall & Senou, 2007 东方栉鳞鳎 台

Aseraggodes pelvicus Randall, 2005 盘形栉鳞鳎

Aseraggodes persimilis (Günther, 1909) 似栉鳞鳎

Aseraggodes ramsaii (Ogilby, 1889) 拉氏栉鳞鳎

Aseraggodes satapoomini Randall & Desoutter-Meniger, 2007 萨氏栉鳞鳎

Aseraggodes senoui Randall & Desoutter-Meniger, 2007 濑能氏栉鳞鳎

Aseraggodes sinusarabici Chabanaud, 1931 辛氏栉鳞鳎

Aseraggodes steinitzi Joglekar, 1970 斯氏栉鳞鳎

Aseraggodes suzumotoi Randall & Desoutter-Meniger, 2007 铃本氏栉鳞鳎

Aseraggodes texturatus Weber, 1913 砾栖栉鳞鳎

Aseraggodes therese Randall, 1996 夏威夷栉鳞鳎

Aseraggodes umbratilis (Alcock, 1894) 蛰栖栉鳞鳎

Aseraggodes whitakeri Woods, 1966 惠氏栉鳞鳎

Aseraggodes winterbottomi Randall & Desoutter-Meniger, 2007 温特氏栉鳞鳎

Aseraggodes xenicus (Matsubara & Ochiai, 1963) 外来栉鳞鳎 台

Aseraggodes zizette Randall & Desoutter-Meniger, 2007 近视栉鳞鳎

Genus *Austroglossus* Regan, 1920 南非鳎属

Austroglossus microlepis (Bleeker, 1863) 小鳞南非鳎

Austroglossus pectoralis (Kaup, 1858) 南非鳎

Genus *Barnardichthys* Chabanaud, 1927 黄边鳎属

Barnardichthys fulvomarginata (Gilchrist, 1904) 柠檬黄边鳎

Genus *Bathysolea* Roule, 1916 深水鳎属

Bathysolea lactea Roule, 1916 乳色深水鳎

Bathysolea lagarderae Quéro & Desoutter, 1990 东非深水鳎

Bathysolea polli (Chabanaud, 1950) 波氏深水鳎

Bathysolea profundicola (Vaillant, 1888) 深水鳎

Genus *Brachirus* Swainson, 1839 宽箬鳎属

Brachirus aenea (Smith, 1931) 安尼宽箬鳎

Brachirus annularis Fowler, 1934 云斑宽箬鳎 陆 台

Brachirus aspilos (Bleeker, 1852) 盾宽箬鳎

Brachirus dicholepis (Peters, 1877) 薄鳞宽箬鳎

Brachirus elongatus (Pellegrin & Chevey, 1940) 长身宽箬鳎

Brachirus harmandi (Sauvage, 1878) 哈氏宽箬鳎

Brachirus heterolepis (Bleeker, 1856) 异鳞宽箬鳎

Brachirus macrolepis (Bleeker, 1858) 大鳞宽箬鳎

Brachirus muelleri (Steindachner, 1879) 密勒氏宽箬鳎

Brachirus niger (Macleay, 1880) 黑宽箬鳎

Brachirus orientalis (Bloch & Schneider, 1801) 东方宽箬鳎 陆 台
Brachirus pan (Hamilton, 1822) 恒河宽箬鳎 陆
Brachirus panoides (Bleeker, 1851) 似恒河宽箬鳎
Brachirus selheimi (Macleay, 1882) 塞氏宽箬鳎
Brachirus siamensis (Sauvage, 1878) 暹罗湾宽箬鳎
Brachirus sorsogonensis (Evermann & Seale, 1907) 菲律宾宽箬鳎
Brachirus swinhonis (Steindachner, 1867) 斯氏宽箬鳎 陆
Brachirus villosus (Weber, 1907) 绒鳞宽箬鳎

Genus *Buglossidium* Chabanaud, 1930 牛舌鳎属

Buglossidium luteum (Risso, 1810) 北海牛舌鳎

Genus *Dagetichthys* Stauch & Blanc, 1964 巧鳎属

Dagetichthys lakdoensis Stauch & Blanc, 1964 喀麦隆巧鳎

Genus *Dicologlossa* Chabanaud, 1927 双色鳎属

Dicologlossa cuneata (Moreau, 1881) 圆尾双色鳎
Dicologlossa hexophthalma (Bennett, 1831) 六斑双色鳎

Genus *Heteromycteris* Kaup, 1858 钩嘴鳎属

Heteromycteris capensis Kaup, 1858 南非钩嘴鳎
Heteromycteris hartzfeldii (Bleeker, 1853) 赫氏钩嘴鳎
Heteromycteris japonicus (Temminck & Schlegel, 1846) 日本钩嘴鳎 陆
Heteromycteris matsubarai Ochiai, 1963 松原氏钩嘴鳎 陆 台
Heteromycteris oculus (Alcock, 1889) 眼斑钩嘴鳎
Heteromycteris proboscideus (Chabanaud, 1925) 象鼻钩嘴鳎

Genus *Leptachirus* Randall, 2007 细鳎属

Leptachirus klunzingeri (Weber, 1907) 克氏细鳎

Genus *Liachirus* Günther, 1862 圆鳞鳎属

Liachirus melanospilos (Bleeker, 1854) 黑斑圆鳞鳎 陆 台
Liachirus whitleyi Chabanaud, 1950 怀氏圆鳞鳎

Genus *Microchirus* Bonaparte, 1833 短臂鳎属

Microchirus azevia (de Brito Capello, 1867) 吹砂短臂鳎
Microchirus boscanion (Chabanaud, 1926) 小头短臂鳎
Microchirus frechkopi Chabanaud, 1952 白条短臂鳎
Microchirus ocellatus (Linnaeus, 1758) 睛斑短臂鳎
Microchirus theophila (Risso, 1810) 无斑短臂鳎
Microchirus variegatus (Donovan, 1808) 杂色短臂鳎
Microchirus wittei Chabanaud, 1950 威氏短臂鳎

Genus *Monochirus* Rafinesque, 1814 单臂鳎属

Monochirus hispidus Rafinesque, 1814 葡萄牙单臂鳎
Monochirus trichodactylus (Linnaeus, 1758) 毛鳍单臂鳎 陆

Genus *Paradicula* Whitley, 1931 副虫鳎属

Paradicula setifer (Paradice, 1927) 副虫鳎

Genus *Pardachirus* Günther, 1862 豹鳎属

Pardachirus balius Randall & Mee, 1994 斑豹鳎
Pardachirus hedleyi Ogilby, 1916 赫氏豹鳎
Pardachirus marmoratus (Lacepède, 1802) 石纹豹鳎
Pardachirus morrowi (Chabanaud, 1954) 摩氏豹鳎
Pardachirus pavoninus (Lacepède, 1802) 眼斑豹鳎 陆 台
Pardachirus poropterus (Bleeker, 1851) 硬鳍豹鳎

Genus *Pegusa* Günther, 1862 大鼻鳎属

Pegusa cadenati Chabanaud, 1954 卡氏大鼻鳎
Pegusa impar (Bennett, 1831) 砂栖大鼻鳎
Pegusa lascaris (Risso, 1810) 几内亚大鼻鳎
Pegusa nasuta (Pallas, 1814) 大鼻鳎
Pegusa triophthalma (Bleeker, 1863) 三眼大鼻鳎

Genus *Phyllichthys* McCulloch, 1916 密斑鳎属

Phyllichthys punctatus McCulloch, 1916 密斑鳎
Phyllichthys sclerolepis (Macleay, 1878) 硬鳞密斑鳎
Phyllichthys sejunctus Whitley, 1935 离鳍密斑鳎

Genus *Pseudaesopia* Chabanaud, 1934 拟鳎属

Pseudaesopia japonica (Bleeker, 1860) 日本拟鳎 陆 台

syn. *Zebrias japonicus* (Bleeker, 1860) 日本条鳎

Genus *Rendahlia* Chabanaud, 1930 伦氏鳎属

Rendahlia jaubertensis (Rendahl, 1921) 伦氏鳎

Genus *Rhinosolea* Fowler, 1946 吻鳎属

Rhinosolea microlepidota Fowler, 1946 小鳞吻鳎

Genus *Solea* Rafinesque, 1810 鳎属

Solea aegyptiaca Chabanaud, 1927 埃及鳎
Solea capensis Gilchrist, 1902 岬鳎
Solea elongata Day, 1877 长鳎
Solea heinii Steindachner, 1903 海因氏鳎
Solea ovata Richardson, 1846 卵鳎 陆 台
Solea senegalensis Kaup, 1858 塞内加尔鳎 陆
Solea solea (Linnaeus, 1758) 鳎 陆
Solea stanalandi Randall & McCarthy, 1989 斯氏鳎

Genus *Soleichthys* Bleeker, 1860 长鼻鳎属

Soleichthys dori Randall & Munroe, 2008 红海长鼻鳎
Soleichthys heterorhinos (Bleeker, 1856) 异吻长鼻鳎 陆 台
Soleichthys maculosus Muchhala & Munroe, 2004 斑点长鼻鳎
Soleichthys microcephalus (Günther, 1862) 小头长鼻鳎
Soleichthys oculofasciatus Munroe & Menke, 2004 眼带长鼻鳎
Soleichthys serpenpellis Munroe & Menke, 2004 蛇纹长鼻鳎
Soleichthys siammakuti Wongratana, 1975 赛氏长鼻鳎
Soleichthys tubifer (Peters, 1876) 长鼻鳎

Genus *Synaptura* Cantor, 1849 箬鳎属

Synaptura albomaculata Kaup, 1858 白斑箬鳎
Synaptura cadenati Chabanaud, 1948 白点箬鳎
Synaptura commersonnii (Lacepède, 1802) 康氏箬鳎
Synaptura lusitanica lusitanica Brito Capello, 1868 点斑箬鳎
Synaptura lusitanica nigromaculata Pellegrin, 1905 黑斑箬鳎
Synaptura marginata Boulenger, 1900 暗斑箬鳎;黑缘箬鳎 陆 台
Synaptura megalepidoura (Fowler, 1934) 大鳞箬鳎
Synaptura salinarum (Ogilby, 1910) 杂食箬鳎

Genus *Synapturichthys* Chabanaud, 1927 拟箬鳎属

Synapturichthys kleinii (Risso, 1827) 克氏拟箬鳎

Genus *Synclidopus* Chabanaud, 1943 锚鳎属

Synclidopus macleayanus (Ramsay, 1881) 麦克利锚鳎

Genus *Typhlachirus* Hardenberg, 1931 盲鳎属

Typhlachirus caecus Hardenberg, 1931 印度尼西亚盲鳎

Genus *Vanstraelenia* Chabanaud, 1950 万氏鳎属

Vanstraelenia chirophthalma (Regan, 1915) 鳍眼万氏鳎

Genus *Zebrias* Jordan & Snyder, 1900 条鳎属

Zebrias altipinnis (Alcock, 1890) 高鳍条鳎
Zebrias annandalei Talwar & Chakrapany, 1967 安氏条鳎
Zebrias cancellatus (McCulloch, 1916) 格纹条鳎
Zebrias captivus Randall, 1995 暗纹条鳎
Zebrias craticula (McCulloch, 1916) 南澳条鳎
Zebrias crossolepis Zheng & Chang, 1965 缨鳞条鳎 陆 台
Zebrias fasciatus (Basilewsky, 1855) 线纹条鳎
Zebrias keralensis Joglekar, 1976 喀拉拉条鳎
Zebrias lucapensis Seigel & Adamson, 1985 卢卡条鳎
Zebrias maculosus Oommen, 1977 斑驳条鳎
Zebrias munroi (Whitley, 1966) 芒氏条鳎
Zebrias penescalaris Gomon, 1987 准糙鳞条鳎
Zebrias quagga (Kaup, 1858) 峨眉条鳎;格纹鳎 陆 台
Zebrias regani (Gilchrist, 1906) 里根氏条鳎
Zebrias scalaris Gomon, 1987 糙鳞条鳎
Zebrias synapturoides (Jenkins, 1910) 印度洋条鳎
Zebrias zebra (Bloch, 1787) 条鳎 陆 台
Zebrias zebrinus (Temminck & Schlegel, 1846) 斑纹条鳎

Family 502 Cynoglossidae 舌鳎科

Genus *Cynoglossus* Hamilton, 1822 舌鳎属

Cynoglossus abbreviatus (Gray, 1834) 短吻舌鳎 陆 台

Cynoglossus acaudatus Gilchrist, 1906 网斑舌鳎

Cynoglossus acutirostris Norman, 1939 尖吻舌鳎

Cynoglossus arel (Bloch & Schneider, 1801) 印度舌鳎 陆 台

Cynoglossus attenuatus Gilchrist, 1904 四线舌鳎

Cynoglossus bilineatus (Lacepède, 1802) 双线舌鳎 陆 台

Cynoglossus broadhursti Waite, 1905 布罗氏舌鳎

Cynoglossus browni Chabanaud, 1949 布朗氏舌鳎

Cynoglossus cadenati Chabanaud, 1947 凯氏舌鳎

Cynoglossus canariensis Steindachner, 1882 加那利舌鳎

Cynoglossus capensis (Kaup, 1858) 南非舌鳎

Cynoglossus carpenteri Alcock, 1889 卡氏舌鳎

Cynoglossus cynoglossus (Hamilton, 1822) 舌鳎

Cynoglossus dispar Day, 1877 圆头舌鳎

Cynoglossus dollfusi (Chabanaud, 1931) 多氏舌鳎

Cynoglossus dubius Day, 1873 红舌鳎

Cynoglossus durbanensis Regan, 1921 德班舌鳎

Cynoglossus feldmanni (Bleeker, 1853) 费氏舌鳎

Cynoglossus gilchristi Regan, 1920 吉氏舌鳎

Cynoglossus gracilis Günther, 1873 窄体舌鳎 陆 台

Cynoglossus heterolepis Weber, 1910 异鳞舌鳎

Cynoglossus interruptus Günther, 1880 断线舌鳎 陆 台

Cynoglossus itinus (Snyder, 1909) 单孔舌鳎 陆 台

Cynoglossus joyneri Günther, 1878 焦氏舌鳎 陆 台

Cynoglossus kapuasensis Fowler, 1905 卡普阿斯舌鳎

Cynoglossus kopsii (Bleeker, 1851) 格氏舌鳎 陆 台

Cynoglossus lachneri Menon, 1977 莱氏舌鳎

Cynoglossus lida (Bleeker, 1851) 南洋舌鳎 陆 台

Cynoglossus lighti Norman, 1925 长吻舌鳎 陆

Cynoglossus lineolatus Steindachner, 1867 线纹舌鳎 陆

Cynoglossus lingua Hamilton, 1822 长体舌鳎

Cynoglossus maccullochi Norman, 1926 麦氏舌鳎

Cynoglossus macrolepidotus (Bleeker, 1851) 巨鳞舌鳎 陆

Cynoglossus macrophthalmus Norman, 1926 大眼舌鳎

Cynoglossus macrostomus Norman, 1928 大口舌鳎

Cynoglossus maculipinnis Rendahl, 1921 斑翼舌鳎

Cynoglossus marleyi Regan, 1921 马氏舌鳎

Cynoglossus melampetalus (Richardson, 1846) 黑尾舌鳎 陆

Cynoglossus microlepis (Bleeker, 1851) 小鳞舌鳎 陆

Cynoglossus monodi Chabanaud, 1949 莫氏舌鳎

Cynoglossus monopus (Bleeker, 1849) 高眼舌鳎 陆

Cynoglossus nigropinnatus Ochiai, 1963 黑鳍舌鳎 陆 台

Cynoglossus ochiaii Yokogawa, Endo & Sakaji, 2008 落合氏舌鳎

Cynoglossus ogilbyi Norman, 1926 奥氏舌鳎

Cynoglossus oligolepis (Bleeker, 1854) 寡鳞舌鳎 陆

Cynoglossus pottii Steindachner, 1902 波特氏舌鳎

Cynoglossus puncticeps (Richardson, 1846) 斑头舌鳎 陆 台

Cynoglossus purpureomaculatus Regan, 1905 紫斑舌鳎 陆

Cynoglossus robustus Günther, 1873 宽体舌鳎 陆 台

Cynoglossus roulei Wu, 1932 黑鳃舌鳎 陆

Cynoglossus sealarki Regan, 1908 西氏舌鳎

Cynoglossus semifasciatus Day, 1877 半带舌鳎

Cynoglossus semilaevis Günther, 1873 半滑舌鳎 陆

Cynoglossus senegalensis (Kaup, 1858) 塞内加尔舌鳎

Cynoglossus sibogae Weber, 1913 西宝舌鳎 陆

Cynoglossus sinicus Wu, 1932 中华舌鳎 陆

Cynoglossus sinusarabici (Chabanaud, 1931) 红海舌鳎

Cynoglossus suyeni Fowler, 1934 书颜舌鳎 台

Cynoglossus trigrammus Günther, 1862 三线舌鳎 陆

Cynoglossus trulla (Cantor, 1849) 盘状舌鳎

Cynoglossus waandersii (Bleeker, 1854) 瓦氏舌鳎

Cynoglossus zanzibarensis Norman, 1939 桑给巴尔舌鳎

Genus *Paraplagusia* Bleeker, 1865 须鳎属

Paraplagusia bilineata (Bloch, 1787) 双线须鳎 陆 台

　syn. *Paraplagusia formosana* Oshima, 1927 台湾须鳎

Paraplagusia blochii (Bleeker, 1851) 布氏须鳎 陆 台

Paraplagusia guttata (Macleay, 1878) 栉鳞须鳎 陆 台

Paraplagusia japonica (Temminck & Schlegel, 1846) 日本须鳎 陆 台

Paraplagusia longirostris Chapleau, Renaud & Kailola, 1991 长吻须鳎

Paraplagusia sinerama Chapleau & Renaud, 1993 玉须鳎

Genus *Symphurus* Rafinesque, 1810 无线鳎属

Symphurus arawak Robins & Randall, 1965 阿拉维无线鳎

Symphurus atramentatus Jordan & Bollman, 1890 墨汁无线鳎

Symphurus atricaudus (Jordan & Gilbert, 1880) 黑尾无线鳎

Symphurus australis McCulloch, 1907 澳洲无线鳎

Symphurus bathyspilus Krabbenhoft & Munroe, 2003 深渊无线鳎 台

Symphurus billykrietei Munroe, 1998 比氏无线鳎

Symphurus callopterus Munroe & Mahadeva, 1989 美鳍无线鳎

Symphurus caribbeanus Munroe, 1991 加勒比海无线鳎

Symphurus chabanaudi Mahadeva & Munroe, 1990 查氏无线鳎

Symphurus civitatium Ginsburg, 1951 远岸无线鳎

Symphurus diabolicus Mahadeva & Munroe, 1990 魅形无线鳎

Symphurus diomedeanus (Goode & Bean, 1885) 鳍斑无线鳎

Symphurus elongatus (Günther, 1868) 长体无线鳎

Symphurus fasciolaris Gilbert, 1892 条纹无线鳎

Symphurus fuscus Brauer, 1906 暗纹无线鳎

Symphurus gilesii (Alcock, 1889) 吉氏无线鳎

Symphurus ginsburgi Menezes & Benvegnú, 1976 金氏无线鳎

Symphurus gorgonae Chabanaud, 1948 戈氏无线鳎

Symphurus hondoensis Hubbs, 1915 本州无线鳎 陆 台

Symphurus insularis Munroe, Brito & Hernández, 2000 岛栖无线鳎

Symphurus jenynsi Evermann & Kendall, 1906 焦氏无线鳎

Symphurus kyaropterygium Menezes & Benvegnú, 1976 巴西无线鳎

Symphurus leei Jordan & Bollman, 1890 李氏无线鳎

Symphurus ligulatus (Cocco, 1844) 叶舌无线鳎

Symphurus lubbocki Munroe, 1990 卢氏无线鳎

Symphurus luzonensis Chabanaud, 1955 吕宋无线鳎

Symphurus macrophthalmus Norman, 1939 大眼无线鳎

Symphurus maldivensis Chabanaud, 1955 马尔代夫岛无线鳎;马尔地夫岛无线鳎

Symphurus marginatus (Goode & Bean, 1886) 缘边无线鳎

Symphurus marmoratus Fowler, 1934 云斑无线鳎

Symphurus megasomus Lee, Chen & Shao, 2009 巨体无线鳎 台

Symphurus melanurus Clark, 1936 尾斑无线鳎

Symphurus melasmatotheca Munroe & Nizinski, 1990 黑点无线鳎

Symphurus microlepis Garman, 1899 小鳞无线鳎

Symphurus microrhynchus (Weber, 1913) 小吻无线鳎

Symphurus minor Ginsburg, 1951 镜鳞无线鳎

Symphurus monostigmus Munroe, 2006 单斑无线鳎

Symphurus multimaculatus Lee, Munroe & Chen, 2009 多斑无线鳎 台

Symphurus nebulosus (Goode & Bean, 1883) 云纹无线鳎

Symphurus nigrescens Rafinesque, 1810 暗黑无线鳎

Symphurus normani Chabanaud, 1950 诺氏无线鳎

Symphurus novemfasciatus Shen & Lin, 1984 九带无线鳎

Symphurus ocellaris Munroe & Robertson, 2005 似睛无线鳎

Symphurus ocellatus von Bonde, 1922 睛斑无线鳎

Symphurus ocellellus Munroe, 1991 小眼无线鳎

Symphurus oligomerus Mahadeva & Munroe, 1990 无线鳎

Symphurus ommaspilus Böhlke, 1961 双睛无线鳎

Symphurus orientalis (Bleeker, 1879) 东方无线鳎 陆 台

Symphurus parvus Ginsburg, 1951 小无线鳎

Symphurus pelicanus Ginsburg, 1951 长尾无线鳎

Symphurus piger (Goode & Bean, 1886) 深水无线鳎

Symphurus plagiusa (Linnaeus, 1766) 黑颊无线鳎

Symphurus plagusia (Bloch & Schneider, 1801) 扁无线鳎

Symphurus prolatinaris Munroe, Nizinski & Mahadeva, 1991 柔无线鳎

Symphurus pusillus (Goode & Bean, 1885) 弱无线鳎

Symphurus regani Weber & de Beaufort, 1929 里根氏无线鳎

Symphurus reticulatus Munroe, 1990 网纹无线鳎

Symphurus rhytisma Böhlke, 1961 斑痣无线鳎

Symphurus schultzi Chabanaud, 1955 舒氏无线鳎

Symphurus septemstriatus (Alcock, 1891) 七带无线鳎

Symphurus stigmosus Munroe, 1998 眼点无线鳎

Symphurus strictus Gilbert, 1905 多线无线鳎 陆 台

Symphurus tessellatus (Quoy & Gaimard, 1824) 格纹无线鳎

Symphurus thermophilus Munroe & Hashimoto, 2008 蛰栖无线鳎

Symphurus trewavasae Chabanaud, 1948 特氏无线鳎

Symphurus trifasciatus (Alcock, 1894) 三带无线鳎

Symphurus undatus Gilbert, 1905 波纹无线鳎

Symphurus undecimplerus Munroe & Nizinski, 1990 浪花无线鳎

Symphurus urospilus Ginsburg, 1951 斑尾无线鳎

Symphurus vanmelleae Chabanaud, 1952 范氏无线鳎

Symphurus variegatus (Gilchrist, 1903) 杂斑无线鳎

Symphurus varius Garman, 1899 杂色无线鳎

Symphurus williamsi Jordan & Culver, 1895 威氏无线鳎

Symphurus woodmasoni (Alcock, 1889) 伍氏无线鳎

Order Tetraodontiformes 鲀形目

Suborder Triacanthodoidei 拟三刺鲀亚目

Family 503 Triacanthodidae 拟三棘鲀科

Genus *Atrophacanthus* Fraser-Brunner, 1950 下棘鲀属

Atrophacanthus japonicus (Kamohara, 1941) 日本下棘鲀 陆

Genus *Bathyphylax* Myers, 1934 卫渊鲀属;深海拟三棘鲀属

Bathyphylax bombifrons Myers, 1934 长棘卫渊鲀;长棘深海拟三棘鲀 陆 台

Bathyphylax omen Tyler, 1966 阿曼卫渊鲀;阿曼深海拟三棘鲀

Bathyphylax pruvosti Santini, 2006 普氏卫渊鲀;普氏深海拟三棘鲀

Genus *Halimochirurgus* Alcock, 1899 管吻鲀属

Halimochirurgus alcocki Weber, 1913 阿氏管吻鲀 陆 台

Halimochirurgus centriscoides Alcock, 1899 长管吻鲀 陆 台

Genus *Hollardia* Poey, 1861 霍兰拟三刺鲀属;霍兰拟三棘鲀属

Hollardia goslinei Tyler, 1968 戈氏霍兰拟三刺鲀;戈氏霍兰拟三棘鲀

Hollardia hollardi Poey, 1861 霍兰拟三刺鲀;霍兰拟三棘鲀

Hollardia meadi Tyler, 1966 米氏霍兰拟三刺鲀;米氏霍兰拟三棘鲀

Genus *Johnsonina* Myers, 1934 约翰三刺鲀属;约翰三棘鲀属

Johnsonina eriomma Myers, 1934 约翰三刺鲀;约翰三棘鲀

Genus *Macrorhamphosodes* Fowler, 1934 拟管吻鲀属

Macrorhamphosodes platycheilus Fowler, 1934 扁唇拟管吻鲀

Macrorhamphosodes uradoi (Kamohara, 1933) 尤氏拟管吻鲀 陆 台

Genus *Mephisto* Tyler, 1966 魔鲀属

Mephisto fraserbrunneri Tyler, 1966 弗氏魔鲀

Genus *Parahollardia* Fraser-Brunner, 1941 副霍兰拟三刺鲀属;副霍兰拟三棘鲀属

Parahollardia lineata (Longley, 1935) 副霍兰拟三刺鲀;副霍兰拟三棘鲀

Parahollardia schmidti Woods, 1959 施氏副霍兰拟三刺鲀;施氏副霍兰拟三棘鲀

Genus *Paratriacanthodes* Fowler, 1934 副三棘鲀属

Paratriacanthodes abei Tyler, 1997 阿部氏副三棘鲀

Paratriacanthodes herrei Myers, 1934 赫氏副三棘鲀

Paratriacanthodes retrospinis Fowler, 1934 倒棘副三棘鲀 陆 台

Genus *Triacanthodes* Bleeker, 1857 拟三刺鲀属;拟三棘鲀属

Triacanthodes anomalus (Temminck & Schlegel, 1850) 拟三刺鲀;拟三棘鲀 台

Triacanthodes ethiops Alcock, 1894 六带拟三刺鲀;六带拟三棘鲀 陆 台

Triacanthodes indicus Matsuura, 1982 印度拟三刺鲀;印度拟三棘鲀

Triacanthodes intermedius Matsuura & Fourmanoir, 1984 中间拟三刺鲀;中间拟三棘鲀

Genus *Tydemania* Weber, 1913 倒刺鲀属;倒棘鲀属

Tydemania navigatoris Weber, 1913 尖尾倒刺鲀;尖尾倒棘鲀 陆 台

Suborder Balistoidei 鳞鲀亚目

Family 504 Triacanthidae 三棘鲀科

Genus *Pseudotriacanthus* Fraser-Brunner, 1941 假三刺鲀属;假三棘鲀属

Pseudotriacanthus strigilifer (Cantor, 1849) 长吻假三刺鲀;粗鳞假三棘鲀 陆 台

Genus *Triacanthus* Oken, 1817 三刺鲀属;三棘鲀属

Triacanthus biaculeatus (Bloch, 1786) 双棘三刺鲀;双棘三棘鲀 陆 台

syn. *Triacanthus brevirostris* Temminck & Schlegel, 1850 短吻三刺鲀

Triacanthus nieuhofii Bleeker, 1852 牛氏三刺鲀;牛氏三棘鲀 陆

Genus *Tripodichthys* Tyler, 1968 三足刺鲀属;三足棘鲀属

Tripodichthys angustifrons (Hollard, 1854) 窄体三足刺鲀;窄体三足棘鲀

Tripodichthys blochii (Bleeker, 1852) 布氏三足刺鲀;布氏三足棘鲀 陆 台

Tripodichthys oxycephalus (Bleeker, 1851) 尖头三足刺鲀;尖头三足棘鲀

Genus *Trixiphichthys* Fraser-Brunner, 1941 南方三刺鲀属;南方三棘鲀属

Trixiphichthys weberi (Chaudhuri, 1910) 韦氏南方三刺鲀;韦氏南方三棘鲀

Family 505 Balistidae 鳞鲀科

Genus *Abalistes* Jordan & Seale, 1906 宽尾鳞鲀属

Abalistes filamentosus Matsuura & Yoshino, 2004 丝鳍宽尾鳞鲀

Abalistes stellaris (Bloch & Schneider, 1801) 星点宽尾鳞鲀 台

Abalistes stellatus (Anonymous, 1798) 宽尾鳞鲀 陆

Genus *Balistapus* Tilesius, 1820 钩鳞鲀属

Balistapus undulatus (Park, 1797) 波纹钩鳞鲀 陆 台

Genus *Balistes* Linnaeus, 1758 鳞鲀属

Balistes capriscus Gmelin, 1789 灰鳞鲀

Balistes ellioti Day, 1889 埃氏鳞鲀

Balistes polylepis Steindachner, 1876 多鳞鳞鲀

Balistes punctatus Gmelin, 1789 蓝点鳞鲀

Balistes rotundatus Marion de Procé, 1822 卵圆疣鳞鲀

Balistes vetula Linnaeus, 1758 姬鳞鲀(姬鳞鲀) 陆

Balistes willughbeii Lay & Bennett, 1839 威氏鳞鲀

Genus *Balistoides* Fraser-Brunner, 1935 拟鳞鲀属

Balistoides conspicillum (Bloch & Schneider, 1801) 花斑拟鳞鲀 陆 台

Balistoides viridescens (Bloch & Schneider, 1801) 褐拟鳞鲀 陆 台

Genus *Canthidermis* Swainson, 1839 疣鳞鲀属

Canthidermis macrolepis (Boulenger, 1888) 大鳞疣鳞鲀

Canthidermis maculata (Bloch, 1786) 疣鳞鲀 陆 台

Canthidermis sufflamen (Mitchill, 1815) 大洋疣鳞鲀

Genus *Melichthys* Swainson, 1839 角鳞鲀属

Melichthys indicus Randall & Klausewitz, 1973 印度角鳞鲀

Melichthys niger (Bloch, 1786) 角鳞鲀 陆

Melichthys vidua (Richardson, 1845) 黑边角鳞鲀 陆 台

Genus *Odonus* Gistel, 1848 牙鳞鲀属;红牙鳞鲀属

Odonus niger (Rüppell, 1836) 红牙鳞鲀 陆 台

Genus *Pseudobalistes* Bleeker, 1865 副鳞鲀属

Pseudobalistes flavimarginatus (Rüppell, 1829) 黄缘副鳞鲀 陆 台

Pseudobalistes fuscus (Bloch & Schneider, 1801) 黑副鳞鲀 陆 台

Pseudobalistes naufragium (Jordan & Starks, 1895) 墨西哥湾副鳞鲀

Genus *Rhinecanthus* Swainson, 1839 锉鳞鲀属;吻棘鲀属

Rhinecanthus abyssus Matsuura & Shiobara, 1989 黑柄锉鳞鲀;黑柄吻棘鲀

Rhinecanthus aculeatus (Linnaeus, 1758) 叉斑锉鳞鲀;尖吻棘鲀 陆 台

Rhinecanthus assasi (Forsskål, 1775) 阿氏锉鳞鲀;阿氏吻棘鲀

Rhinecanthus cinereus (Bonnaterre, 1788) 灰锉鳞鲀;灰吻棘鲀

Rhinecanthus lunula Randall & Steene, 1983 月锉鳞鲀;月吻棘鲀

Rhinecanthus rectangulus (Bloch & Schneider, 1801) 黑带锉鳞鲀;斜带吻棘鲀 陆 台

　syn. *Rhinecanthus echarpe* (Anonymous, 1798) 斜带锉鳞鲀

Rhinecanthus verrucosus (Linnaeus, 1758) 毒锉鳞鲀;毒吻棘鲀 陆 台

Genus *Sufflamen* Jordan, 1916 多棘鳞鲀属;鼓气鳞鲀属

Sufflamen albicaudatum (Rüppell, 1829) 白尾多棘鳞鲀;白尾鼓气鳞鲀

Sufflamen bursa (Bloch & Schneider, 1801) 项带多棘鳞鲀;项带鼓气鳞鲀 陆 台

Sufflamen chrysopterum (Bloch & Schneider, 1801) 黄鳍多棘鳞鲀;金鳍鼓气鳞鲀 陆 台

Sufflamen fraenatum (Latreille, 1804) 缰纹多棘鳞鲀;黄纹鼓气鳞鲀 陆 台

　syn. *Balistes capistratus* Shaw, 1804 缰纹鳞鲀

Sufflamen verres (Gilbert & Starks, 1904) 真多棘鳞鲀;真鼓气鳞鲀

Genus *Xanthichthys* Kaup, 1856 黄鳞鲀属

Xanthichthys auromarginatus (Bennett, 1832) 金边黄鳞鲀 陆 台

Xanthichthys caeruleolineatus Randall, Matsuura & Zama, 1978 黑带黄鳞鲀 台

Xanthichthys lima (Bennett, 1832) 锉黄鳞鲀

Xanthichthys lineopunctatus (Hollard, 1854) 线斑黄鳞鲀 陆 台

Xanthichthys mento (Jordan & Gilbert, 1882) 门图黄鳞鲀

Xanthichthys ringens (Linnaeus, 1758) 大西洋黄鳞鲀

Genus *Xenobalistes* Matsuura, 1981 奇鳞鲀属

Xenobalistes tumidipectoris Matsuura, 1981 奇鳞鲀

Family 506 Monacanthidae 单角鲀科;单棘鲀科

Genus *Acanthaluteres* Bleeker, 1865 刺尾革鲀属;刺尾革单棘鲀属

Acanthaluteres brownii (Richardson, 1846) 勃氏刺尾革鲀;勃氏刺尾革单棘鲀

Acanthaluteres spilomelanurus (Quoy & Gaimard, 1824) 缰刺尾革鲀;缰刺尾革单棘鲀

Acanthaluteres vittiger (Castelnau, 1873) 饰圈刺尾革鲀;饰圈刺尾革单棘鲀

Genus *Acreichthys* Fraser-Brunner, 1941 鬃尾鲀属;鬃尾单棘鲀属

Acreichthys hajam (Bleeker, 1852) 琉球鬃尾鲀;琉球鬃尾单棘鲀

Acreichthys radiatus (Popta, 1900) 薄体鬃尾鲀;薄体鬃尾单棘鲀

Acreichthys tomentosus (Linnaeus, 1758) 白线鬃尾鲀;白线鬃尾单棘鲀 陆 台

Genus *Aluterus* Cloquet, 1816 革鲀属;革单棘鲀属

Aluterus heudelotii Hollard, 1855 紫点革鲀;紫点革单棘鲀

Aluterus maculosus Richardson, 1840 斑驳革鲀;斑驳革单棘鲀

Aluterus monoceros (Linnaeus, 1758) 单角革鲀;单角革单棘鲀 陆 台

Aluterus schoepfii (Walbaum, 1792) 橙斑革鲀;橙斑革单棘鲀

Aluterus scriptus (Osbeck, 1765) 拟态革鲀;长尾革单棘鲀 陆 台

Genus *Amanses* Gray, 1835 尾棘鲀属;美单棘鲀属

Amanses scopas (Cuvier, 1829) 美尾棘鲀;美单棘鲀 台

Genus *Anacanthus* Minding, 1832 拟须鲀属

Anacanthus barbatus Gray, 1830 拟须鲀 陆 台

Genus *Brachaluteres* Bleeker, 1865 短革鲀属;短革单棘鲀属

Brachaluteres jacksonianus (Quoy & Gaimard, 1824) 杰克逊短革鲀;杰克逊短革单棘鲀

Brachaluteres taylori Woods, 1966 泰勒氏短革鲀;泰勒氏短革单棘鲀

Brachaluteres ulvarum Jordan & Fowler, 1902 绿短革鲀;绿短革单棘鲀

Genus *Cantherhines* Swainson, 1839 前孔鲀属;刺鼻单棘鲀属

Cantherhines dumerilii (Hollard, 1854) 棘尾前孔鲀;杜氏刺鼻单棘鲀 陆 台

Cantherhines fronticinctus (Günther, 1867) 纵带前孔鲀;纵带刺鼻单棘鲀 台

Cantherhines longicaudus Hutchins & Randall, 1982 长尾前孔鲀;长尾刺鼻单棘鲀

Cantherhines macrocerus (Hollard, 1853) 白点前孔鲀;白点刺鼻单棘鲀

Cantherhines melanoides (Ogilby, 1908) 似黑体前孔鲀;似黑体刺鼻单棘鲀

Cantherhines multilineatus (Tanaka, 1918) 多线前孔鲀;多线刺鼻单棘鲀 台

Cantherhines pardalis (Rüppell, 1837) 细斑前孔鲀;细斑刺鼻单棘鲀 陆 台

Cantherhines pullus (Ranzani, 1842) 暗色前孔鲀;暗色刺鼻单棘鲀

Cantherhines rapanui (de Buen, 1963) 拉氏前孔鲀;拉氏刺鼻单棘鲀

Cantherhines sandwichiensis (Quoy & Gaimard, 1824) 桑威奇前孔鲀;桑威奇刺鼻单棘鲀

Cantherhines tiki Randall, 1964 蒂氏前孔鲀;蒂氏刺鼻单棘鲀

Cantherhines verecundus Jordan, 1925 真前孔鲀;真刺鼻单棘鲀

Genus *Cantheschenia* Hutchins, 1977 刺单角鲀属;刺单棘鲀属

Cantheschenia grandisquamis Hutchins, 1977 大鳞刺单角鲀;大鳞刺单棘鲀

Cantheschenia longipinnis (Fraser-Brunner, 1941) 长鳍刺单角纯;长鳍刺单棘纯

Genus *Chaetodermis* Swainson, 1839 棘皮鲀属;棘皮单棘鲀属

Chaetodermis penicilligerus (Cuvier, 1816) 单棘棘皮鲀;棘皮单棘鲀 陆 台

　syn. *Chaetodermis spinosissimus* (Quoy & Gaimard, 1824) 棘皮鲀

Genus *Colurodontis* Hutchins, 1977 板齿革鲀属;板齿革单棘鲀属

Colurodontis paxmani Hutchins, 1977 派氏板齿革鲀;派氏板齿革单棘鲀

Genus *Enigmacanthus* Hutchins, 2002 英格单棘鲀属

Enigmacanthus filamentosus Hutchins, 2002 丝鳍英格单棘鲀

Genus *Eubalichthys* Whitley, 1930 锯棘鲀属;锯棘单棘鲀属

Eubalichthys bucephalus (Whitley, 1931) 黑头锯棘鲀;黑头锯棘单棘鲀

Eubalichthys caeruleoguttatus Hutchins, 1977 黄斑锯棘鲀;黄斑锯棘单棘鲀

Eubalichthys cyanoura Hutchins, 1987 青尾锯棘鲀;青尾锯棘单棘鲀

Eubalichthys gunnii (Günther, 1870) 冈氏锯棘鲀;冈氏锯棘单棘鲀

Eubalichthys mosaicus (Ramsay & Ogilby, 1886) 高体锯棘鲀;高体锯棘单棘鲀

Eubalichthys quadrispinis Hutchins, 1977 四刺锯棘鲀;四刺锯棘单棘鲀

Genus *Lalmohania* Hutchins, 1994 拉尔单角鲀属;拉尔单棘鲀属

Lalmohania velutina Hutchins, 1994 绒皮拉尔单角鲀;绒皮拉尔单棘鲀

Genus *Meuschenia* Whitley, 1929 似马面鲀属;似马面单棘鲀属

Meuschenia australis (Donovan, 1824) 澳洲似马面鲀;澳洲似马面单棘鲀

Meuschenia flavolineata Hutchins, 1977 黄带似马面鲀;黄带似马面单棘鲀

Meuschenia freycineti (Quoy & Gaimard, 1824) 斑头似马面鲀;斑头似马面单棘鲀

Meuschenia galii (Waite, 1905) 蓝纹似马面鲀;蓝纹似马面单棘鲀

Meuschenia hippocrepis (Quoy & Gaimard, 1824) 缰纹似马面鲀;缰纹似马面单棘鲀

Meuschenia scaber (Forster, 1801) 粗皮似马面鲀;粗皮似马面单棘鲀

Meuschenia trachylepis (Günther, 1870) 锉鳞似马面鲀;锉鳞似马面单棘鲀

Meuschenia venusta Hutchins, 1977 纵带似马面鲀;纵带似马面单棘鲀

Genus *Monacanthus* Oken, 1817 单角鲀属;单棘鲀属

Monacanthus chinensis (Osbeck, 1765) 中华单角鲀;中华单棘鲀 陆 台

Monacanthus ciliatus (Mitchill, 1818) 垂腹单角鲀;垂腹单棘鲀

Monacanthus tuckeri Bean, 1906 塔氏单角鲀;塔氏单棘鲀

Genus *Nelusetta* Whitley, 1939 澳洲单角鲀属;澳洲单棘鲀属

Nelusetta ayraud (Quoy & Gaimard, 1824) 艾氏澳洲单角鲀;艾氏澳洲单棘鲀

Genus *Oxymonacanthus* Bleeker, 1865 尖吻鲀属;尖吻单棘鲀属

Oxymonacanthus halli Marshall, 1952 哈氏尖吻鲀;哈氏尖吻单棘鲀

Oxymonacanthus longirostris (Bloch & Schneider, 1801) 尖吻鲀;尖吻单棘鲀 陆 台

Genus *Paraluteres* Bleeker, 1865 副革鲀属;副革单棘鲀属

Paraluteres arqat Clark & Gohar, 1953 阿卡副革鲀;阿卡副革单棘鲀

Paraluteres prionurus (Bleeker, 1851) 锯尾副革鲀;锯尾副革单棘鲀 陆 台

Genus *Paramonacanthus* Steindachner, 1867 副单角鲀属;副单棘鲀属

Paramonacanthus arabicus Hutchins, 1997 阿拉伯副单角鲀;阿拉伯副单棘鲀

Paramonacanthus choirocephalus (Bleeker, 1852) 膜头副单角鲀;膜头副单棘鲀

Paramonacanthus cryptodon (Bleeker, 1855) 隐牙副单角鲀;隐牙副单棘鲀

Paramonacanthus curtorhynchos (Bleeker, 1855) 短吻副单角鲀;短吻副单棘鲀

Paramonacanthus filicauda (Günther, 1880) 丝鳍副单角鲀;丝鳍副单棘鲀

Paramonacanthus frenatus (Peters, 1855) 缰副单角鲀;缰副单棘鲀

Paramonacanthus japonicus (Tilesius, 1809) 日本副单角鲀;日本副单棘鲀 陆 台

Paramonacanthus lowei Hutchins, 1997 洛氏副单角鲀;洛氏副单棘鲀

Paramonacanthus matsuurai Hutchins, 1997 松浦副单角鲀;松浦副单棘鲀

Paramonacanthus nematophorus (Günther, 1870) 线纹副单角鲀;线纹副单棘鲀

Paramonacanthus oblongus (Temminck & Schlegel, 1850) 长方副单角鲀;长方副单棘鲀

Paramonacanthus otisensis Whitley, 1931 奥蒂副单角鲀;奥蒂副单棘鲀

Paramonacanthus pusillus (Rüppell, 1829) 布什勒副单角鲀;布什勒副单棘鲀 陆 台

  syn. *Paramonacanthus nipponensis* (Kamohara, 1939) 长吻副单角鲀

Paramonacanthus sulcatus (Hollard, 1854) 绒纹副单角鲀;绒鳞副单棘鲀 陆 台

  syn. *Arotrolepis sulcatus* (Hollard, 1854) 绒纹线鳞鲀

Paramonacanthus tricuspis (Hollard, 1854) 三叉牙副单角鲀;三叉牙副单棘鲀

Genus *Pervagor* Whitley, 1930 前角鲀属;前角单棘鲀属

Pervagor alternans (Ogilby, 1899) 交亘前角鲀;交亘前角单棘鲀

Pervagor aspricaudus (Hollard, 1854) 粗尾前角鲀;粗尾前角单棘鲀 台

Pervagor janthinosoma (Bleeker, 1854) 红尾前角鲀;红尾前角单棘鲀 陆 台

Pervagor marginalis Hutchins, 1986 缘前角鲀;缘前角单棘鲀

Pervagor melanocephalus (Bleeker, 1853) 黑头前角鲀;黑头前角单棘鲀 陆 台

Pervagor nigrolineatus (Herre, 1927) 黑纹前角鲀;黑纹前角单棘鲀

Pervagor randalli Hutchins, 1986 伦氏前角鲀;伦氏前角单棘鲀

Pervagor spilosoma (Lay & Bennett, 1839) 斑体前角鲀;斑体前角单棘鲀

Genus *Pseudalutarius* Bleeker, 1865 假革鲀属;假革单棘鲀属

Pseudalutarius nasicornis (Temminck & Schlegel, 1850) 前棘假革鲀;前棘假革单棘鲀 陆

Genus *Pseudomonacanthus* Bleeker, 1865 拟单角鲀属;拟单棘鲀属

Pseudomonacanthus elongatus Fraser-Brunner, 1940 长体拟单角鲀

Pseudomonacanthus macrurus (Bleeker, 1857) 斑拟单角鲀

Pseudomonacanthus peroni (Hollard, 1854) 庇隆氏拟单角鲀

Genus *Rudarius* Jordan & Fowler, 1902 粗皮鲀属;粗皮单棘鲀属

Rudarius ercodes Jordan & Fowler, 1902 粗皮鲀;粗皮单棘鲀 陆

Rudarius excelsus Hutchins, 1977 毛柄粗皮鲀;毛柄粗皮单棘鲀

Rudarius minutus Tyler, 1970 小粗皮鲀;小粗皮单棘鲀

Genus *Scobinichthys* Whitley, 1931 瓣棘鲀属;瓣棘单棘鲀属

Scobinichthys granulatus (White, 1790) 澳洲瓣棘鲀;澳洲瓣棘单棘鲀

Genus *Stephanolepis* Gill, 1861 细鳞鲀属;冠鳞单棘鲀属

Stephanolepis auratus (Castelnau, 1861) 金色细鳞鲀;金色冠鳞单棘鲀

Stephanolepis cirrhifer (Temminck & Schlegel, 1850) 丝背细鳞鲀;丝背冠鳞单棘鲀 陆 台

Stephanolepis diaspros Fraser-Brunner, 1940 网纹细鳞鲀;网纹冠鳞单棘鲀

Stephanolepis hispidus (Linnaeus, 1766) 墨西哥湾细鳞鲀;墨西哥湾冠鳞单棘鲀

Stephanolepis setifer (Bennett, 1831) 刺毛细鳞鲀;刺毛冠鳞单棘鲀

Genus *Thamnaconus* Smith, 1949 马面鲀属;短角单棘鲀属

Thamnaconus analis (Waite, 1904) 黑肛马面鲀;黑肛短角单棘鲀

Thamnaconus arenaceus (Barnard, 1927) 砂马面鲀;砂短角单棘鲀

Thamnaconus degeni (Regan, 1903) 德氏马面鲀;德氏短角单棘鲀

Thamnaconus fajardoi Smith, 1953 斑点马面鲀;斑点短角单棘鲀

Thamnaconus fijiensis Hutchins & Matsuura, 1984 斐济马面鲀;斐济短角单棘鲀

Thamnaconus hypargyreus (Cope, 1871) 黄鳍马面鲀;圆腹短角单棘鲀 陆 台

  syn. *Navodon xanthopterus* Xu & Zhen, 1988 黄鳍马面鲀

Thamnaconus melanoproctes (Boulenger, 1889) 黑腹马面鲀;黑腹短角单棘鲀

Thamnaconus modestoides (Barnard, 1927) 拟绿鳍马面鲀;拟短角单棘鲀 陆 台

Thamnaconus modestus (Günther, 1877) 马面鲀;短角单棘鲀 陆 台

Thamnaconus paschalis (Regan, 1913) 智利马面鲀;智利短角单棘鲀

Thamnaconus septentrionalis (Günther, 1874) 绿鳍马面鲀;七带短角单棘鲀 陆 台

Thamnaconus striatus (Kotthaus, 1979) 条纹马面鲀;条纹短角单棘鲀

Thamnaconus tessellatus (Günther, 1880) 密斑马面鲀;密斑短角单棘鲀 陆 台

Family 507 Ostraciidae 箱鲀科

Genus *Acanthostracion* Bleeker, 1865 三棱角箱鲀属

Acanthostracion guineensis (Bleeker, 1865) 几内亚三棱角箱鲀

Acanthostracion notacanthus (Bleeker, 1863) 背棘三棱角箱鲀

Acanthostracion polygonius Poey, 1876 多斑三棱角箱鲀

Acanthostracion quadricornis (Linnaeus, 1758) 四角三棱角箱鲀

Genus *Anoplocapros* Kaup, 1855 粒突六棱箱鲀属

Anoplocapros amygdaloides Fraser-Brunner, 1941 似杏粒突六棱箱鲀

Anoplocapros inermis (Fraser-Brunner, 1935) 无刺粒突六棱箱鲀

Anoplocapros lenticularis (Richardson, 1841) 白带粒突六棱箱鲀

Anoplocapros robustus (Fraser-Brunner, 1941) 壮体粒突六棱箱鲀

Genus *Aracana* Gray, 1838 六棱箱鲀属

Aracana aurita (Shaw, 1798) 金黄六棱箱鲀

Aracana ornata (Gray, 1838) 丽饰六棱箱鲀

Genus *Caprichthys* McCulloch & Waite, 1915 羊箱鲀属

Caprichthys gymnura McCulloch & Waite, 1915 裸羊箱鲀

Genus *Capropygia* Kaup, 1855 棘棱六棱箱鲀属

Capropygia unistriata (Kaup, 1855) 棘棱六棱箱鲀

Genus *Kentrocapros* Kaup, 1855 棘箱鲀属

Kentrocapros aculeatus (Houttuyn, 1782) 棘箱鲀 陆 台

Kentrocapros eco (Phillipps, 1932) 窄鳃棘箱鲀

Kentrocapros flavofasciatus (Kamohara, 1938) 黄纹棘箱鲀 陆

Kentrocapros rosapinto (Smith, 1949) 六棱棘箱鲀

Genus *Lactophrys* Swainson, 1839 棱箱鲀属

Lactophrys bicaudalis (Linnaeus, 1758) 斑点棱箱鲀

Lactophrys trigonus (Linnaeus, 1758) 棱箱鲀

Genus *Lactoria* Jordan & Fowler, 1902 角箱鲀属

Lactoria cornuta (Linnaeus, 1758) 角箱鲀 陆 台

Lactoria diaphana (Bloch & Schneider, 1801) 棘背角箱鲀 陆 台

Lactoria fornasini (Bianconi, 1846) 福氏角箱鲀 台

Lactoria paschae (Rendahl, 1921) 复活节岛角箱鲀

Genus *Ostracion* Linnaeus, 1758 箱鲀属

Ostracion cubicus Linnaeus, 1758 粒突箱鲀 陆 台

  syn. *Ostracion tuberculatus* Linnaeus, 1758 点斑箱鲀

Ostracion cyanurus Rüppell, 1828 蓝尾箱鲀

Ostracion immaculatus Temminck & Schlegel, 1850 无斑箱鲀 台

Ostracion meleagris Shaw, 1796 白点箱鲀 台

Ostracion rhinorhynchos Bleeker, 1852 突吻箱鲀 台

Ostracion solorensis Bleeker, 1853 蓝带箱鲀 陆

Ostracion trachys Randall, 1975 粗皮箱鲀

Ostracion whitleyi Fowler, 1931 惠氏箱鲀

Genus *Paracanthostracion* Whitley, 1933 副棘箱鲀属

Paracanthostracion lindsayi (Phillipps, 1932) 林氏副棘箱鲀

Genus *Polyplacapros* Fujii & Uyeno, 1979 多板箱鲀属

Polyplacapros tyleri Fujii & Uyeno, 1979 多板箱鲀

Genus *Rhinesomus* Swainson, 1839 糙身箱鲀属

Rhinesomus triqueter (Linnaeus, 1758) 三棱糙身箱鲀

Genus *Rhynchostracion* Fraser-Brunner, 1935 尖鼻箱鲀属

Rhynchostracion nasus (Bloch, 1785) 尖鼻箱鲀 陆

Genus *Tetrosomus* Swainson, 1839 真三棱箱鲀属

Tetrosomus concatenatus (Bloch, 1785) 双峰真三棱箱鲀;双峰三棱箱鲀 陆

Tetrosomus gibbosus (Linnaeus, 1758) 驼背真三棱箱鲀;驼背三棱箱鲀 陆 台

Tetrosomus reipublicae (Whitley, 1930) 小棘真三棱箱鲀;赖普三棱箱鲀 台

Tetrosomus stellifer (Bloch & Schneider, 1801) 北美真三棱箱鲀;北美三棱箱鲀

Suborder Tetraodontoidei 鲀亚目;四齿鲀亚目

Family 508 Triodontidae 三齿鲀科

Genus *Triodon* Cuvier, 1829 三齿鲀属

Triodon macropterus Lesson, 1831 三齿鲀 台

Family 509 Tetraodontidae 鲀科;四齿鲀科

Genus *Amblyrhynchotes* Troschel, 1856 宽吻鲀属

Amblyrhynchotes honckenii (Bloch, 1785) 白点宽吻鲀 陆

Amblyrhynchotes rufopunctatus Li, 1962 棕斑宽吻鲀 陆

Genus *Arothron* Müller, 1841 叉鼻鲀属

Arothron caeruleopunctatus Matsuura, 1994 青斑叉鼻鲀 陆 台

Arothron carduus (Cantor, 1849) 荆棘叉鼻鲀

Arothron diadematus (Rüppell, 1829) 红海叉鼻鲀

Arothron firmamentum (Temminck & Schlegel, 1850) 瓣叉鼻鲀 陆 台

Arothron gillbanksii (Clarke, 1897) 吉氏叉鼻鲀

Arothron hispidus (Linnaeus, 1758) 纹腹叉鼻鲀 陆 台

Arothron immaculatus (Bloch & Schneider, 1801) 无斑叉鼻鲀 陆 台

  syn. *Arothron basilevskianus* (Basilewsky, 1852) 墨绿多纪鲀

Arothron inconditus Smith, 1958 腹带叉鼻鲀

Arothron leopardus (Day, 1878) 狮色叉鼻鲀

Arothron manilensis (Marion de Procé, 1822) 菲律宾叉鼻鲀 台

Arothron mappa (Lesson, 1831) 辐纹叉鼻鲀 陆 台

Arothron meleagris (Lacepède, 1798) 白点叉鼻鲀 陆 台

Arothron nigropunctatus (Bloch & Schneider, 1801) 黑斑叉鼻鲀 陆 台

Arothron reticularis (Bloch & Schneider, 1801) 网纹叉鼻鲀 台

Arothron stellatus (Bloch & Schneider, 1801) 星斑叉鼻鲀 陆 台

  syn. *Arothron alboreticulatus* (Tanaka, 1908) 密点叉鼻鲀

Genus *Auriglobus* Kottelat, 1999 金球鲀属

Auriglobus amabilis (Roberts, 1982) 大眼金球鲀

Auriglobus modestus (Bleeker, 1851) 秀美金球鲀

Auriglobus nefastus (Roberts, 1982) 绿瓶金球鲀

Auriglobus remotus (Roberts, 1982) 喜贝金球鲀

Auriglobus silus (Roberts, 1982) 印度尼西亚金球鲀

Genus *Canthigaster* Swainson, 1839 扁背鲀属;尖鼻鲀属

Canthigaster amboinensis (Bleeker, 1864) 安汶扁背鲀;安邦尖鼻鲀 台

Canthigaster axiologus Whitley, 1931 轴扁背鲀;三带尖鼻鲀 台

Canthigaster bennetti (Bleeker, 1854) 点线扁背鲀;笨氏尖鼻鲀 陆 台

Canthigaster callisterna (Ogilby, 1889) 美丽扁背鲀;美丽尖鼻鲀

Canthigaster capistrata (Lowe, 1839) 头带扁背鲀;头带尖鼻鲀

Canthigaster compressa (Marion de Procé, 1822) 细纹扁背鲀;扁背尖鼻鲀 台

Canthigaster coronata (Vaillant & Sauvage, 1875) 花冠扁背鲀;花冠尖鼻鲀

Canthigaster cyanetron Randall & Cea Egaña, 1989 青蓝扁背鲀;青蓝尖鼻鲀

Canthigaster cyanospilota Randall, Williams & Rocha, 2008 蓝点扁背鲀;蓝点尖鼻鲀

Canthigaster epilampra (Jenkins, 1903) 亮丽扁背鲀;亮丽尖鼻鲀 台

Canthigaster figueiredoi Moura & Castro, 2002 菲氏扁背鲀;菲氏尖鼻鲀

Canthigaster flavoreticulata Matsuura, 1986 黄网纹扁背鲀;黄网纹尖鼻鲀

Canthigaster inframacula Allen & Randall, 1977 底斑扁背鲀;底斑尖鼻鲀

Canthigaster investigatoris (Annandale & Jenkins, 1910) 印度尼西亚扁背鲀;印度尼西亚尖鼻鲀

Canthigaster jactator (Jenkins, 1901) 圆点扁背鲀;圆点尖鼻鲀 陆

Canthigaster jamestyleri Moura & Castro, 2002 詹氏扁背鲀;詹氏尖鼻鲀

Canthigaster janthinoptera (Bleeker, 1855) 圆斑扁背鲀;白斑尖鼻鲀 陆 台

Canthigaster leoparda Lubbock & Allen, 1979 豹纹扁背鲀;豹纹尖鼻鲀

Canthigaster margaritata (Rüppell, 1829) 珍珠扁背鲀;珍珠尖鼻鲀

Canthigaster marquesensis Allen & Randall, 1977 马克萨斯岛扁背鲀;马克萨斯岛尖鼻鲀

Canthigaster natalensis (Günther, 1870) 纳塔尔扁背鲀;纳塔尔尖鼻鲀

Canthigaster ocellicincta Allen & Randall, 1977 眼带扁背鲀;眼带尖鼻鲀

Canthigaster papua (Bleeker, 1848) 巴布亚扁背鲀;巴布亚尖鼻鲀

Canthigaster punctata Matsuura, 1992 孔斑扁背鲀;孔斑尖鼻鲀

Canthigaster punctatissima (Günther, 1870) 斑条扁背鲀;斑条尖鼻鲀

Canthigaster pygmaea Allen & Randall, 1977 侏扁背鲀;侏尖鼻鲀

Canthigaster rapaensis Allen & Randall, 1977 拉帕岛扁背鲀;拉帕岛尖鼻鲀

Canthigaster rivulata (Temminck & Schlegel, 1850) 水纹扁背鲀;水纹尖鼻鲀 陆 台

Canthigaster rostrata (Bloch, 1786) 尖吻扁背鲀;尖吻尖鼻鲀

Canthigaster sanctaehelenae (Günther, 1870) 圣泽扁背鲀;圣泽尖鼻鲀

Canthigaster smithae Allen & Randall, 1977 斯氏扁背鲀;斯氏尖鼻鲀

Canthigaster solandri (Richardson, 1845) 细斑扁背鲀;索氏尖鼻鲀 台

Canthigaster supramacula Moura & Castro, 2002 背斑扁背鲀;背斑尖鼻鲀

Canthigaster tyleri Allen & Randall, 1977 泰勒氏扁背鲀;泰勒氏尖鼻鲀

Canthigaster valentini (Bleeker, 1853) 横带扁背鲀;瓦氏尖鼻鲀 陆 台

Genus *Carinotetraodon* Benl, 1957 龙脊鲀属

Carinotetraodon borneensis (Regan, 1903) 婆罗洲龙脊鲀

Carinotetraodon imitator Britz & Kottelat, 1999 仿龙脊鲀

Carinotetraodon irrubesco Tan, 1999 红眼龙脊鲀

Carinotetraodon lorteti (Tirant, 1885) 洛氏龙脊鲀

Carinotetraodon salivator Lim & Kottelat, 1995 纹唇龙脊鲀

Carinotetraodon travancoricus (Hora & Nair, 1941) 黑带龙脊鲀

Genus *Chelonodon* Müller, 1841 凹鼻鲀属

Chelonodon laticeps Smith, 1948 侧头凹鼻鲀

Chelonodon patoca (Hamilton, 1822) 凹鼻鲀 陆 台

Chelonodon pleurospilus (Regan, 1919) 侧斑凹鼻鲀

Genus *Chonerhinos* Bleeker, 1854 仰鼻鲀属

Chonerhinos naritus (Richardson, 1848) 婆罗洲仰鼻鲀

Genus *Colomesus* Gill, 1884 方头鲀属

Colomesus asellus (Müller & Troschel, 1849) 亚马孙河方头鲀

Colomesus psittacus (Bloch & Schneider, 1801) 点条方头鲀

Genus *Contusus* Whitley, 1947 短刺圆鲀属

Contusus brevicaudus Hardy, 1981 短尾短刺圆鲀

Contusus richei (Fréminville, 1813) 里氏短刺圆鲀

Genus *Ephippion* Bibron, 1855 鞍鼻鲀属

Ephippion guttifer (Bennett, 1831) 地中海鞍鼻鲀

Genus *Feroxodon* Su, Hardy & Tyler, 1986 猛齿鲀属

Feroxodon multistriatus (Richardson, 1854) 多带猛齿鲀

Genus *Guentheridia* Gilbert & Starks, 1904 冈瑟鲀属

Guentheridia formosa (Günther, 1870) 美丽冈瑟鲀

Genus *Javichthys* Hardy, 1985 爪哇鲀属

Javichthys kailolae Hardy, 1985 爪哇鲀

Genus *Lagocephalus* Swainson, 1839 兔头鲀属

Lagocephalus gloveri Abe & Tabeta, 1983 克氏兔头鲀 陆 台

Lagocephalus guentheri Miranda Ribeiro, 1915 贡氏兔头鲀

Lagocephalus inermis (Temminck & Schlegel, 1850) 黑鳃兔头鲀 陆 台

Lagocephalus laevigatus (Linnaeus, 1766) 光兔头鲀

Lagocephalus lagocephalus lagocephalus (Linnaeus, 1758) 兔头鲀

Lagocephalus lagocephalus oceanicus Jordan & Evermann, 1903 花鳍兔头鲀 陆

Lagocephalus lunaris (Bloch & Schneider, 1801) 月尾兔头鲀 陆 台

Lagocephalus spadiceus (Richardson, 1845) 棕斑兔头鲀 陆

Lagocephalus wheeleri Abe, Tabeta & Kitahama, 1984 怀氏兔头鲀 台

Genus *Marilyna* Hardy, 1982 宽额鲀属

Marilyna darwinii (Castelnau, 1873) 达尔文宽额鲀

Marilyna meraukensis (de Beaufort, 1955) 印度尼西亚宽额鲀

Marilyna pleurosticta (Günther, 1872) 侧斑宽额鲀

Genus *Monotretus* Troschel, 1856 单孔鲀属

Monotretus leiurus (Bleeker, 1850) 斑腰单孔鲀

Monotretus turgidus Kottelat, 2000 湄公河单孔鲀

Genus *Omegophora* Whitley, 1934 奥米加鲀属

Omegophora armilla (Waite & McCulloch, 1915) 浅棕奥米加鲀

Omegophora cyanopunctata Hardy & Hutchins, 1981 蓝斑奥米加鲀

Genus *Pelagocephalus* Tyler & Paxton, 1979 盘鼻鲀属

Pelagocephalus marki Heemstra & Smith, 1981 马氏盘鼻鲀

Genus *Pleuranacanthus* Bleeker, 1865 扁尾鲀属

Pleuranacanthus sceleratus (Gmelin, 1789) 圆斑扁尾鲀 陆 台

Pleuranacanthus suezensis (Clark & Gohar, 1953) 杂斑扁尾鲀 陆

syn. *Lagocephalus suezensis* (Clark & Gohar, 1953) 杂斑兔头鲀

Genus *Polyspina* Hardy, 1983 繁刺鲀属

Polyspina piosae (Whitley, 1955) 繁刺鲀

Genus *Reicheltia* Hardy, 1982 赖圆鲀属

Reicheltia halsteadi (Whitley, 1957) 赫氏赖圆鲀

Genus *Sphoeroides* [Lacepède], 1798 圆鲀属

Sphoeroides andersonianus Morrow, 1957 安德孙圆鲀

Sphoeroides angusticeps (Jenyns, 1842) 蛇首圆鲀

Sphoeroides annulatus (Jenyns, 1842) 黑点圆鲀

Sphoeroides cheesemanii (Clarke, 1897) 奇氏圆鲀

Sphoeroides dorsalis Longley, 1934 石纹圆鲀

Sphoeroides georgemilleri Shipp, 1972 乔氏圆鲀

Sphoeroides greeleyi Gilbert, 1900 格里利圆鲀

Sphoeroides kendalli Meek & Hildebrand, 1928 肯氏圆鲀

Sphoeroides lispus Walker, 1996 无棘圆鲀

Sphoeroides lobatus (Steindachner, 1870) 叶圆鲀

Sphoeroides maculatus (Bloch & Schneider, 1801) 斑点圆鲀

Sphoeroides marmoratus (Lowe, 1838) 斑纹圆鲀

Sphoeroides nephelus (Goode & Bean, 1882) 橘点圆鲀

Sphoeroides nitidus Griffin, 1921 灿圆鲀

Sphoeroides pachygaster (Müller & Troschel, 1848) 密沟圆鲀 台

syn. *Liosaccus cutaneus* (Günther, 1870) 澳洲密沟鲀

Sphoeroides parvus Shipp & Yerger, 1969 小圆鲀

Sphoeroides rosenblatti Bussing, 1996 路氏圆鲀

Sphoeroides sechurae Hildebrand, 1946 塞氏圆鲀

Sphoeroides spengleri (Bloch, 1785) 带尾圆鲀

Sphoeroides testudineus (Linnaeus, 1758) 龟纹圆鲀

Sphoeroides trichocephalus (Cope, 1870) 毛首圆鲀

Sphoeroides tyleri Shipp, 1972 泰勒圆鲀

Sphoeroides yergeri Shipp, 1972 耶氏圆鲀

Genus *Stenocephalus* Harada & Abe, 1994 窄额兔鲀属

Stenocephalus elongatus Harada et Abe, 1994 窄额兔鲀

Genus *Takifugu* Abe, 1949 多纪鲀属

Takifugu alboplumbeus (Richardson, 1845) 铅点多纪鲀 陆

Takifugu bimaculatus (Richardson, 1845) 双斑多纪鲀 陆 台

Takifugu chrysops (Hilgendorf, 1879) 痣斑多纪鲀

Takifugu coronoidus Ni & Li, 1992 晕环多纪鲀 陆

Takifugu exascurus (Jordan & Snyder, 1901) 虫斑多纪鲀

Takifugu fasciatus (McClelland, 1844) 暗纹多纪鲀 陆

syn. *Takifugu obscurus* (Abe, 1949) 暗色多纪鲀

Takifugu flavidus (Li, Wang & Wang, 1975) 菊黄多纪鲀 陆

Takifugu niphobles (Jordan & Snyder, 1901) 黑点多纪鲀 陆 台

Takifugu oblongus (Bloch, 1786) 横纹多纪鲀 陆 台

Takifugu ocellatus (Linnaeus, 1758) 弓斑多纪鲀 陆 台

Takifugu orbimaculatus Kuang, Li & Liang, 1984 圆斑多纪鲀 陆

Takifugu pardalis (Temminck & Schlegel, 1850) 豹纹多纪鲀 陆

Takifugu plagiocellatus Li, 2002 斜斑多纪鲀 陆

Takifugu poecilonotus (Temminck & Schlegel, 1850) 斑点多纪鲀 台

Takifugu porphyreus (Temminck & Schlegel, 1850) 紫色多纪鲀 陆 台

    syn. *Takifugu punctulatus* (Chu & Hsu, 1963) 细斑多纪鲀

Takifugu pseudommus (Chu, 1935) 假睛多纪鲀 陆

    syn. *Takifugu chinensis* (Abe, 1949) 中华多纪鲀

    syn. *Takifugu punctatus* (Chu & Hsu, 1963) 细斑东方鲀

Takifugu radiatus (Abe, 1947) 辐斑多纪鲀 台

Takifugu reticularis (Tien, Cheng & Wang, 1975) 网纹多纪鲀 陆

Takifugu rubripes (Temminck & Schlegel, 1850) 红鳍多纪鲀 陆 台

Takifugu snyderi (Abe, 1988) 斯氏多纪鲀

Takifugu stictonotus (Temminck & Schlegel, 1850) 密点多纪鲀 陆

Takifugu variomaculatus Li & Kuang, 2002 花斑多纪鲀 陆

Takifugu vermicularis (Temminck & Schlegel, 1850) 虫纹多纪鲀 陆 台

Takifugu xanthopterus (Temminck & Schlegel, 1850) 黄鳍多纪鲀 陆 台

Genus *Tetractenos* Hardy, 1983 四梳鲀属

Tetractenos glaber (Fréminville, 1813) 裸四梳鲀

Tetractenos hamiltoni (Richardson, 1846) 汉氏四梳鲀

Genus *Tetraodon* Linnaeus, 1758 鲀属

Tetraodon abei Roberts, 1998 阿部氏鲀

Tetraodon baileyi Sontirat, 1989 湄公河鲀

Tetraodon biocellatus Tirant, 1885 双斑鲀

Tetraodon cambodgiensis Chabanaud, 1923 柬埔寨鲀

Tetraodon cochinchinensis (Steindachner, 1866) 印度支那鲀

Tetraodon cutcutia Hamilton, 1822 睛斑鲀

Tetraodon duboisi Poll, 1959 杜波依氏鲀

Tetraodon erythrotaenia Bleeker, 1853 红尾鲀

Tetraodon fluviatilis Hamilton, 1822 溪鲀

Tetraodon implutus Jenyns, 1842 羞鲀

Tetraodon kretamensis Inger, 1953 克里特鲀

Tetraodon lineatus Linnaeus, 1758 阿拉伯鲀

Tetraodon mbu Boulenger, 1899 姆布鲀

Tetraodon miurus Boulenger, 1902 小尾鲀

Tetraodon nigroviridis Marion de Procé, 1822 暗绿鲀

Tetraodon palembangensis Bleeker, 1852 苏门答腊鲀

Tetraodon pustulatus Murray, 1857 丘疹鲀

Tetraodon sabahensis Dekkers, 1975 沙巴鲀

Tetraodon schoutedeni Pellegrin, 1926 斯考顿氏鲀

Tetraodon suvattii Sontirat, 1989 萨氏鲀

Tetraodon waandersii Bleeker, 1853 瓦氏鲀

Genus *Torquigener* Whitley, 1930 窄额鲀属(丽纹鲀属)

Torquigener altipinnis (Ogilby, 1891) 高鳍窄额鲀

Torquigener andersonae Hardy, 1983 安氏窄额鲀

Torquigener balteus Hardy, 1989 丽纹窄额鲀

Torquigener brevipinnis (Regan, 1903) 黄带窄额鲀 陆 台

Torquigener flavimaculosus Hardy & Randall, 1983 黄斑窄额鲀

Torquigener florealis (Cope, 1871) 花纹窄额鲀

Torquigener gloerfelti Hardy, 1984 南海窄额鲀 陆

    syn. *Torquigener rufopunctatus* (Li, 1962) 棕斑丽纹鲀

Torquigener hicksi Hardy, 1983 希氏窄额鲀;印度尼西亚窄额鲀

Torquigener hypselogeneion (Bleeker, 1852) 头纹窄额鲀 陆 台

    syn. *Amblyrhynchotes hypselogeneion* (Bleeker, 1852) 头纹宽吻鲀

Torquigener pallimaculatus Hardy, 1983 橙斑窄额鲀

Torquigener parcuspinus Hardy, 1983 贫棘窄额鲀

Torquigener paxtoni Hardy, 1983 帕氏窄额鲀

Torquigener perlevis (Ogilby, 1908) 大眼窄额鲀

Torquigener pleurogramma (Regan, 1903) 侧纹窄额鲀

Torquigener randalli Hardy, 1983 伦氏窄额鲀

Torquigener squamicauda (Ogilby, 1910) 鳞尾窄额鲀

Torquigener tuberculiferus (Ogilby, 1912) 瘤窄额鲀

Torquigener vicinus Whitley, 1930 澳洲窄额鲀

Torquigener whitleyi (Paradice, 1927) 惠氏窄额鲀

Genus *Tylerius* Hardy, 1984 泰氏鲀属

Tylerius spinosissimus (Regan, 1908) 长刺泰氏鲀 陆 台

Family 510 Diodontidae 刺鲀科;二齿鲀科

Genus *Allomycterus* McCulloch, 1921 异短刺鲀属

Allomycterus pilatus Whitley, 1931 黑斑异短刺鲀

Allomycterus whitleyi Phillipps, 1932 惠氏异短刺鲀

Genus *Chilomycterus* Brisout de Barneville, 1846 短刺鲀属

Chilomycterus affinis Günther, 1870 瘤短刺鲀 陆 台

Chilomycterus antennatus (Cuvier, 1816) 缰短刺鲀

Chilomycterus antillarum Jordan & Rutter, 1897 安地列斯短刺鲀

Chilomycterus atringa (Linnaeus, 1758) 斑点短刺鲀

Chilomycterus geometricus (Bloch & Schneider, 1801) 狡短刺鲀

Chilomycterus reticulatus (Linnaeus, 1758) 网纹短刺鲀 陆 台

Chilomycterus schoepfii (Walbaum, 1792) 许氏短刺鲀

Chilomycterus spinosus mauretanicus (Le Danois, 1954) 西非短刺鲀

Chilomycterus spinosus spinosus (Linnaeus, 1758) 棘短刺鲀

Genus *Cyclichthys* Kaup, 1855 圆刺鲀属

Cyclichthys hardenbergi (de Beaufort, 1939) 哈氏圆刺鲀

Cyclichthys orbicularis (Bloch, 1785) 圆点圆刺鲀 陆 台

Cyclichthys spilostylus (Leis & Randall, 1982) 黄斑圆刺鲀 陆

Genus *Dicotylichthys* Kaup, 1855 双叶鲀属

Dicotylichthys punctulatus Kaup, 1855 三斑双叶鲀

Genus *Diodon* Linnaeus, 1758 刺鲀属;二齿鲀属

Diodon eydouxii Brisout de Barneville, 1846 艾氏刺鲀;爱氏二齿鲀 台

Diodon holocanthus Linnaeus, 1758 六斑刺鲀;六斑二齿鲀 陆 台

Diodon hystrix Linnaeus, 1758 密斑刺鲀;密斑二齿鲀 陆 台

Diodon liturosus Shaw, 1804 大斑刺鲀;纹二齿鲀 陆 台

    syn. *Diodon bleekeri* Günther, 1870 布氏刺鲀

    syn. *Diodon novemmaculatus* Cuvier, 1818 九斑刺鲀

Diodon nicthemerus Cuvier, 1818 球刺鲀;球二齿鲀

Genus *Lophodiodon* Fraser-Brunner, 1943 异棘刺鲀属

Lophodiodon calori (Bianconi, 1854) 四带异棘刺鲀

Genus *Tragulichthys* Whitley, 1931 羊刺鲀属

Tragulichthys jaculiferus (Cuvier, 1818) 长棘羊刺鲀

Family 511 Molidae 翻车鲀科

Genus *Masturus* Gill, 1884 矛尾翻车鲀属

Masturus lanceolatus (Liénard, 1840) 矛尾翻车鲀 陆 台

Genus *Mola* Linck, 1790 翻车鲀属

Mola mola (Linnaeus, 1758) 翻车鲀 陆 台

Mola ramsayi (Giglioli, 1883) 拉氏翻车鲀

Genus *Ranzania* Nardo, 1840 长翻车鲀属

Ranzania laevis (Pennant, 1776) 斑点长翻车鲀 台

Class Sarcopterygii 肉鳍鱼纲

Subclass Coelacanthimorpha 腔棘亚纲

Order Coelacanthiformes 腔棘鱼目

Family 512 Latimeriidae 矛尾鱼科

Genus *Latimeria* Smith, 1939 矛尾鱼属

Latimeria chalumnae Smith, 1939 矛尾鱼

Latimeria menadoensis Pouyaud, Wirjoatmodjo, Rachmatika, Tjakrawidjaja, Hadiaty & Hadie, 1999 西里伯斯矛尾鱼

Subclass Dipnotetrapodomorpha 肺鱼四足亚纲

Order Ceratodontiformes 角齿鱼目

Family 513 Ceratodontidae 角齿鱼科

Genus *Neoceratodus* Castelnau, 1876 澳洲肺鱼属

Neoceratodus forsteri (Krefft, 1870) 澳大利亚肺鱼

Family 514 Lepidosirenidae 南美肺鱼科

Genus *Lepidosiren* Fitzinger, 1837 南美肺鱼属

Lepidosiren paradoxa Fitzinger, 1837 南美肺鱼

Family 515 Protopteridae 非洲肺鱼科

Genus *Protopterus* Owen, 1839 非洲肺鱼属

Protopterus aethiopicus aethiopicus Heckel, 1851 埃塞俄比非洲肺鱼

Protopterus aethiopicus congicus Poll, 1961 刚果非洲肺鱼

Protopterus aethiopicus mesmaekersi Poll, 1961 梅氏非洲肺鱼

Protopterus amphibius (Peters, 1844) 两栖非洲肺鱼

Protopterus annectens annectens (Owen, 1839) 塞内加尔非洲肺鱼

Protopterus annectens brieni Poll, 1961 布氏非洲肺鱼

Protopterus dolloi Boulenger, 1900 细鳞非洲肺鱼

参考文献

Albert J S, Crampton W G R. Seven new species of the neotropical electric fish *Gymnotus* (Teleostei, Gymnotiformes) with a redescription of *G. carapo* (Linnaeus) [J]. Zootaxa, 2003, 287: 1-54.

Allen G, Swainston R and Ruse J. Marine fishes of South-East Asia [M]. Periplus Editions Ltd., 2000: 1-292.

Anderson M E, Heemstra P C. Review of the glassfishes (Perciformes: Ambassidae) of the Western Indian Ocean [J]. Cybium, 2003, 27(3): 199-209.

Anderson M E. Studies on the Zoarcidae (Teleostei: Perciformes) of the Southern Hemisphere. XI. A new species of *Pyrolycus* from the Kermadec Ridge [J]. Journal of the Royal Society of New Zealand, 2006, 36(2): 63-38.

Broad G. Fishes of the Philippines [M]. Anvil Publishing, Inc. 2003, 510pp.

Caruso J H, Ross S W, Sulak K J and Sedberry G R. Deep-water chaunacid and lophiid anglerfishes (Pisces: Lophiiformes) off the South-eastern United States [J]. Journal of Fish Biology, 2007, 70: 1015-1026.

Chu Y T. Index Piscium Sinensium [M]. Biological Bulletin of St. John's University, 1931: 1-182.

Collette B B, Reeb C and Block B A. Systematics of the tunas and mackerles (Scombridae) [J]. Fish Physiology, 2001, 19: 1-32.

Collette B B. Family Hemiramphidae Gill 1859—Halfbeaks [J]. Annotated Checklists of Fishes, 2004, 22: 1-35.

Compagno L J V. Sharks of the world. An annotated and illustrated catalogue of shark species known to date. Vol. 2: Bullhead, mackerel and carpet sharks (Heterodontiformes, Lamniformes and Orectolobiformes) [J]. FAO, 2001, 2(1): 269.

Evseenko S A. Family Pleuronectidae Cuvier 1816—Righteye flounders [J]. California Academy of Sciences, Annotated checklist of fishes, 2004, 37: 1-37.

Fraser T H. Cardinalfishes of the genus *Nectamia* (Apogonidae, Perciformes) from the Indo-Pacific region with descriptions of four new species [J]. Zootaxa, 2008, 1691: 1-52.

Gill A C. Revision of the Indo-Pacific dottyback fish subfamily Pseudochrominae (Perciformes: Pseudochromidae) [M]. Smithiana, the South African Institute for Aquatic Biodiversity. 2004, 3: 1-46.

Gomon M F, Kuiter R H. Two new pygmy seahorses (Teleostei: Syngnathidae: *Hippocampus*) from the Indo-West Pacific. Aqua, International Journal of Ichthyology, 2009, 15(1): 37-44.

Gomon M F. A revision of the labrid fish genus *Bodianus* with descriptions of eight new species [J]. Records of the Australian Museum, Suppl. 2006, 30: 1-133.

Gon O, Randall J E. A review of the cardinalfishes (Perciformes: Apogonidae) of the Rea Sea [J]. Smithiana, 2003, 1: 1-48.

Greenfield D W, Winterbottom R and Collette B B. Review of the toadfish genera (Teleostei: Batrachoididae) [J]. Proceedings of the California Academy of Sciences, 2008, 59(15): 665-710.

Greenwood P H, Rosen D E, Weitzman S H and Myers G S. Phyletic studies of teleostean fishes with a provisional classification of living forms [J]. Bulletin of the American Museum of Natural History, 1966, 131(4): 339-456.

Hidaka K, Iwatsuki Y and Randall J. E. A review of the Indo-Pacific bonefishes of the *Albula argentea* complex, with a description of a new species [J]. Ichthyological Research, 2008, 55: 53-64.

Ho H C, Shao K T. Annotated checklist and type catalog of fish genera and species described from Taiwan [J]. Zootaxa, 2011, 2957: 1-74.

Ho H C, Smith D G, Wang S I, Shao K T, Ju Y M and Chang C W. Specimen catalog of pieces collection of National Museum of Marine Biology and Aquarium transferred from Tunghai University. (II) Order Anguilliformes [J]. Platax, 2010, 7: 13-34.

Holleman W. Fishes of the genus *Helcogramma* (Blennioidei: Tripterygiidae) in the Western Indian Ocean, including Sri Lanka, with description of four new species [J]. Smithiana Bulletin, 2007, 7: 51-81.

Hutchins J B. Checklist of the fishes of Western Australia [J]. Records of the Western Australian Museum Supplement, 2001, 63: 9-50.

Hutchins J B. Monacanthidae. Filefishes (leatherjackets) [M]//. In: Carpenter K E, Niem V. (eds.) FAO species identification guide for fishery purposes. The living marine resources of the Western Central Pacific. Vol. 6. Bony fishes part 4 (Labridae to Latimeriidae), estuarine crocodiles. FAO, Rome, 2001: 3927-3929.

Iwamoto T, Graham K J. Grenadiers (Families Bathygadidae and Macrouridae, Gadiformes, Pisces) of New South Wales, Australia [J]. Proceeding of the California academy of Sciences, 2001, 52(21): 407-509.

Iwatsuki Y, Heemstra P C. Taxonomic review of the Western Indian Ocean species of the genus *Acanthopagrus* Peters, 1855 (Perciformes: Sparidae), with description of a new species from Oman [J]. Copeia, 2010(1): 123-136.

Iwatsuki Y, Miyamoto K, Nakaya K and Zhang J. A review of the genus *Platyrhina* (Chondrichthys: Platyrhinidae) from the northwestern Pacific, with descriptions of two new species [J]. Zootaxa, 2011, 2378: 26-40.

Jordan D S. A classification of fishes, including families and genera as for as known [M]. Stanford University Press, Biological Sciences, 1923, 3: 1-340.

Kai Y, Nakabo T. Taxonomic review of the *Sebastes inermis* species complex (Scorpaeniformes: Scorpaenidae) [J]. Ichthyological Research, 2008, 55: 238-259.

Kenaley C P. Revision of Indo-Pacific species of the loosejaw dragonfish genus *Photostomias* (Teleostei: Stomiidae: Malacosteinae) [J]. Copeia, 2009, 1: 175-189.

Kottelat M, Freyhof J. Handbook of European freshwater fishes [M]. Imprimerie du Democrate SA, Delemont, Switzerland, 2007: 637-646.

Kottelat M, Freyhof J. Handbook of European Freshwater Fishes [M]. Switzerland and Freyhof, Berlin, Germany. 2007, 646pp.

Kottelat M. Freshwater fishes of northern Vietnam. A preliminary check-list of the fishes known or expected to occur in Northern Vietnam with comments on systematics and nomenclature [M]// Freshwater fishes of Northern Vietnam. Environment and Social Development Unit, East Asia and Pacific Region. The World Bank, Washington. A preliminary check-list of the fishes known or expected to occur in northern Vietnam with comments on systematics and nomenclature: i-iii + 1-123 + 1-18, 15 unnumb. color pls. 2001.

Kuiter R H, Debelius H. Surgeonfishes, rabbitfishes and their relatives [M]. A comprehensive guide to Acanthuroidei. TMC Publishing, Chorleywood, UK. Surgeonfishes, rabbitfishes and their relatives, 2001, 208pp.

Kuiter R H. Seahorses, pipefishes and their relatives: A comprehensive guide to syngnathiformes [M]. TMC. 2000, 240pp.

Larson H K. A revision of the gobiid fish genus *Mugilogobius* (Teleostei: Gobioidei), and its systematic placement [J]. Records of the Western Australian Museum, 2001, 62: 1-233.

Larson H K. Review of the gobiid fish genera *Eugnathogobius* and *Pseudogobiopsis* (Gobioidei: Gobiidae: Gobionellinae), with descriptions of three new species [J]. The Raffles Bulletin of Zoology, 2009, 57(1): 127-181.

Last P R, White W T and Pogonoski J J. Descriptions of new sharks and rays from Borneo [M]. CSIRO Marine and Atmaspheric Research, 2010, 165 pp.

Liao U C, Chen L S and Shao K T. A review of parrotfishes (Perciformes: Scaridae) of Taiwan with descriptions of four new records and one doubtful Species [J]. Zoological Studies, 2004, 43(3): 519-536.

Lovejoy N R. Reinterpreting recapitulation: systematics of needlefishes and their allies (Teleostei: Beloniformes) [J]. Evolution, 2000, 54(4): 1349-1362.

Melo M R S. Revision of the genus *Chiasmodon* (Acanthomorpha: Chiasmodontidae), with the description of two new species [J]. Copeia, 2009, 3: 583-608.

Merrett N R, Iwamoto T. Pisces Gadiformes: grenadier fishes of the New Caledonian region, Southwest Pacific Ocean: taxonomy and distribution, with ecological notes [J]. Résultats des Campagnes Musorstom, Memoires Du Museum National Dhistoire Naturelle, 2000, 21(184): 723-781.

Mok H -K, Chen Y -W. Distribution of hagfish (Myxinidae: Myxiniformes) in Taiwan [J]. Zool. Stud., 2001, 40(3) 233-239.

Moller P R, Schwarzhans W. Review of the Dinematichthyini (Teleostei, Bythitidae) of the Indo-west Pacific, Part II. *Dermatopsis*, *Dermatopsoides* and *Dipulus* with description of six new species [J]. The Beagle, 2006, 22: 39-76.

Moller P R, Schwarzhans W. Review of the Dinematichthyini (Teleostei: Bythitidae) of the Indo-west Pacific. Part IV. *Dinematichthys* and two new genera with descriptions of nine new species [J]. The Beagle, Records of the Museums and Art Galleries of the Northern Territory, 2008, 24: 87-146.

Moore J A, Hartel K E, Craddock J E and Galbraith J K. An annotated list of deepwater fishes from off the New England region, with new area records [J]. Northeastern Nat., 2003, 10(2): 159-248.

Motomura H, Iwatsuki Y, Kimura S and Yoshino T, Revision of the Indo-West Pacific polynemid fish genus *Eleutheronema* (Teleostei: Perciformes) [J]. Ichth. Research. 2002, 49(1): 47-61.

Motomura H, Matsuura K. Fishes of Yaku-shima Island—A world heritage island in the Osumi group, Kagoshima prefecture, Southern Japan [M]. National Museum of Nature and Science, Tokyo, 2010, 272 pp.

Motomura H. Family Polynemidae Rafinesque 1815—threadfins [J]. California Academy of Sciences

Annotated Checklists of Fishes, 2004, 32: 1-18.

Motomura H. Revision of the Indo-Pacific threadfin genus *Polydactylus* (Perciformes, Polynemidae) with a key to the species [J]. Bulletin of the National Science Museum Series A (Zoology), 2002, 28(3): 171-194.

Motomura H. Revision of the scorpionfish genus *Neosebastes* (Scorpaeniformes: Neosebastidae), with descriptions of five new species [M]. Indo-Pacific fishes, 2004, 37: 1-76, Pls. 1-2.

Motomura H. Threadfins of the world (Family Polynemidae). An annotated and illustrated catalogue of polynemid species known to date [M]. Food and Agriculture Organization of the United Nations. 2004, No. 3: iii-vii + 1-117, Pls. I-VI.

Moyer J T. Anemonefishes of the world [M]. 余吾丰, 译. Hankyu, 2005, 136pp.

Mundy B C. Checklist of the fishes of the Hawaiian Archipelago [M]. Bishop Museum Bulletins in Zoology 6. Bishop Museum Press, Honolulu, 2005, 6: 1-703.

Murdy E O, Shibukawa K. A revision of the Indo-Pacific fish genus *Caragobius* (Gobiidae: Amblyopinae) [J]. Zootaxa, 2003, 301: 1-12.

Murdy E O. A revision of the gobiid fish genus *Trypauchen* (Gobiidae: Amblyopinae). 2006, 1343: 55-68.

Nakabo T. Fishes of Japan with pictorial keys to the species, English edition [M]. Tokyo: Tokai University Press, 2002, 1749pp.

Nelson J S, Schultze H -P. and Wilson M V H. Origin and phylogenetic interrelationships of teleosts. Verlag Dr. Friedrich Pfeil, Munchen, Germany, 2010, 480 pp.

Nelson J S. Fishes of the World [M]. New Jersey: John Wiley & Sons, Inc. 2006, 601pp.

Nielsen J G. Revision of the bathyal fish genus *Pseudonus* (Teleostei, Bythitidae); *P. squamiceps* a senior synonym of *P. platycephalus*, new to Australian waters [J]. Zootaxa, 2011, 2867: 59-66.

Nielsen J G. Revision of the Indo-Pacific species of *Neobythites* (Teleostei, Ophidiidae), with 15 new species [J]. Galathea Report, 2002, 19: 5-104.

Orlov A M, Iwamoto T. Grenadiers of the world oceans: biology, stock assessment, and fisheries [M]. American Fisheries Society Bethesda, Maryland, 2008, 21 pp.

Parenti L R. A phylogenetic analysis and taxonomic revision of ricefishes, *Oryzias* and relatives (Beloniformes, Adrianichthyidae) [J]. Zoological Journal of the Linnean Society, 2008, 154: 494-610.

Parenti P, Randall J E. An annotated checklist of the species of the Labroid fish families Labridae and Scaridae [J]. Ichthyological Bulletin of the J. L. B. Smith Institute of Ichthyology, 2000, 68: 1-97.

Parenti P. Family Molidae Bonaparte 1832-molas and sunfishes [J]. California Academy of Sciences Annotated Checklists of Fishes, 2003, 18: 1-9.

Paulin C, Stewart A, Roberts C and McMillan P. New Zealand fish: a complete guide [M]. Press tepapa, 2001, 279pp.

Pyle R, Earle J L and Greene B D. Five new species of the damselfish genus *Chromis* (Perciformes: Labroidei: Pomacentridae) from deep coral reefs in the tropical Western Pacific [J]. Zootaxa, 2008, 1671: 3-31.

Randall J E, Desoutter-Meniger M. Review of the soles of the genus *Aseraggodes* (Pleuronectiformes: Soleidae) from the Indo-Malayan region, with descriptions of nine new species [J]. Cybium, 2007, 31(3): 301-331.

Randall J E, Eschmeyer W N. Revision of the Indo-Pacific scorpionfish genus *Scorpaenopsis*, with descriptions of eight new species [J]. Indo-Pacific Fishes, 2001, 34: 1-79, I-XII. [Correct year is 2001]. 34: 1-79.

Randall J E, Heemstra E, Three new goatfishes of the genus *Parupeneus* from the Western Indian Ocean, with resurrection of *P. seychellensis* [J]. Smithiana Bulletin, 2009, 10: 37-50.

Randall J E, Heemstra P C. Review of the Indo-Pacific fishes of the genus *Odontanthias* (Serranidae: Anthiinae), with descriptions of two new species and a related genus [J]. Indo-Pacific Fishes, 2006, 38: 1-32.

Randall J E, Lim K K P. A checklist of the fishes of the South China Sea [J]. Raffles Bulletin of Zoology 2000, 8: 569-667.

Randall J E, Shao K T, Chen J P. A review of the Indo-Pacific gobiid fish genus *Ctenogobiops*, with descriptions of two new species [J]. Zoological Studies, 2003, 42(4): 506-515.

Randall J E. A review of soles of the genus *Aseraggodes* from the South Pacific, with descriptions of seven new species and a diagnosis of *Synclidopus* [J]. Memoirs of Museum Victoria, 2005, 62(2): 191-212.

Randall J E. Five new Indo-Pacific lizardfishes of the genus *Synodus* (Aulopiformes: Synodontidae) [J]. Zoological Studies, 2009, 48(3): 407-417.

Randall J E. *Leptachirus*, a new soleid fish genus from New Guinea and Northern Australia, with descriptions of eight new species [J]. Records of the Western Australian Museum, 2007, 24: 81-108.

Randall J E. *Naso reticulatus*, a new unicornfish (Perciformes: Acanthuridae) from Taiwan and Indonesia, with a key to the species of *Naso* [J]. Zoological Studies, 2011, 40(2): 170-176.

Randall J E. Revision of the Indo-Pacific labrid fishes of the genus *Stethojulis*, with descriptions of two new species. Indo-Pacific Fishes, 2000, 31: 1-42, Pls. 1-6.

Randall J E. Six new sandperches of the genus *Parapercis* from the Western Pacific, with description of a neotype for *P. maculata* (Bloch and Schneider) [J]. The Raffles Bulletin Zoology, 2008, 19: 159-178.

Randall J E. Surgeonfishes of Hawaii and the world [M]. Mutual Publishing, 2002, 136pp.

Randall J E. Five new Indo-Pacific gobiid fishes of the genus *Coryphopterus*. Zoological Studies, 2001, 40(3): 206-225.

Rass T S, Lindberg G U. Modern concepts of the natural system of recent fishes [J]. Problem of Ichthyology, Academy Science U.S.S.R., 1971, 3(68): 380-407.

Sadovy Y, Cornish A S. Reef fishes of Hong Kong [M]. Hong Kong University Press, Hong Kong, 2000: i-xi, 1-321.

Schwarzhans W P R and Nielsen J. G. Review of the Dinematichthyini (Teleostei: Bythitidae) of the Indo-West Pacific. Part I. *Diancistrus* and two new genera with 26 new species [J]. Beagle Records of the Museums and Art Galleries of the Northern Territory, 2005, 21: 73-163.

Schwarzhans W, Møller P R. Review of the Dinematichthyini (Teleostei: Bythitidae) of the Indo-west Pacific. Part III. *Beaglichthys, Brosmolus, Monothrix* and eight new genera with description of 20 new species [J]. Beagle Records of the Museums and Art Galleries of the Northern Territory. 2007, 23: 29-110.

Shao K T, Ho H C, Lin P L, Lee P F, Lee M Y, Tsai C Y, Liao Y C and Lin Y C. A checklist of the fishes of southern Taiwan, northern South China Sea [J]. The Raffles Bulletin of Zoology, 2008, 19: 233-271.

Shao K T, Hsieh L Y, Wu Y Y and Wu C Y. Taxonomic and distributional database of fishes in Taiwan [J]. Environmental Biology of Fishes, 2002, 65(2): 235-240.

Shibukawa K, Yoshino T and Allen G R. *Ancistrogobius*, a new cheek-spine goby genus from the West Pacific and Red Sea, with descriptions of four new species (Perciformes: Gobiidae: Gobiinae) [J]. Bulletin of the National Museum of Nature and Science, 2010, Ser. A (Suppl. 4): 67-87.

Shinohara G, Endo H, Matsuura K, Machida Y and Honda H. Annotated checklist of the deepwater fishes from Tosa Bay, Japan [J]. National Science Museum Monographs, 2001, 20: 283-343.

Smith D G, Böhlke E B. Corrections and additions to the type catalog of Indo-Pacific Muraenidae [J]. Proceedings of the Academy of Natural Sciences of Philadelphia, 2006, 155: 35-39.

Smith-Vaniz W F. Descriptions of six new species of jawfishes (Opistognathidae: *Opistognathus*) from Australia [J]. Records of the Australian Museum, 2004, 56(2): 209-224.

Stein D L, Chernova N V and Andriashev A P. Snailfishes (Pisces: Liapridae) of Australia, Including descriptions of thirty new species [J]. Records of the Australian Museum. 2001, 53: 341-406.

Suzuki T, Yonezawa T and Sakaue J. Three new species of the ptereleotrid fish genus *Parioglossus* (Perciformes: Gobioidei) from Japan, Palau and India [J]. Bulletin of the National Museum of Nature and Science, 2010, Ser. A (Suppl. 4): 31-48.

Uiblein F, Heemstra P. C. A taxonomic review of the Western Indian Ocean goatfishes of the genus *Upeneus* (Family Mullidae), with descriptions of four new species [J]. Smithiana Bulletin, 2010, 11: 35-71.

Walsh J H, Ebert D A. A review of the systematics of western North Pacific angel sharks, genus *Squatina*, with redescriptions of *Squatina formosa, S. japonica*, and *S. nebulosa* (Chondrichthyes: Squatiniformes, Squatinidae) [J]. Zootaxa, 2007, 1551: 31-47.

Williams J T, Howe J C. Seven new species of the triplefin fish genus *Helcogramma* (Tripterygiidae) from the Indo-Pacific [J]. Aqua, Journal of Ichthyology and Aquatic Biology, 2003, 7(4): 151-176.

Williams J T, Tyler J C. Revision of the Western Atlantic clingfishes of the genus *Tomicodon* (Gobiesocidae), with descriptions of five new species [J]. Smithsonian Contributions to Zoology, 2003, 621: 1-26.

Wongratana T, Munroe A and Niziniski M S. Families Clupeiformes [M]. FAO Species Identification Guide, 2000, 1698-1753 pp.

Wu H L, Zheng J S and Chen I S. Taxonomic research of the gobioid fishes (Perciformes: Gobioidei) in China [J]. Korean Journal of Ichthyology, 2009, Suppl. 21: 63-72.

Yu M -J. Checklist of vertebrates of Taiwan [M]. Taizhong: Donghai University Press. 2009, 1-303pp.

王以康. 鱼类分类学[M]. 上海: 上海科技卫生出版社, 1958.

中国水产学会. 中国渔业统计年鉴[M]. 北京: 中国农业出版社, 2010: 20-41.

中国科学院动物研究所等. 南海鱼类志. 北京: 科学出版社, 1962.

东海水产研究所, 东海深海鱼类 编写组. 东海深海鱼类[M]. 上海: 学林出版社, 1988.

乐佩琦, 等. 中国动物志 硬骨鱼纲: 鲤形目（下卷）[M]. 北京: 科学出版社, 2000.

成庆泰, 郑葆珊. 中国鱼类系统检索[M]. 北京: 科学出版社, 1987.

朱元鼎, 孟庆闻, 等. 中国动物志 圆口纲　软骨鱼纲[M]. 北京: 科学出版社, 2001.

朱元鼎, 孟庆闻, 等. 中国动物志 圆口纲　软骨鱼纲[M]. 北京: 科学出版社, 2001.

朱元鼎, 孟庆闻. 中国软骨鱼类的侧线管系统及罗伦瓮和罗伦管系统的研究[M]. 上海: 上海科学技术出版社, 1979.

朱元鼎, 等. 东海鱼类志[M]. 北京: 科学出版社, 1963.

伍汉霖, 钟俊生, 等. 中国动物志 硬骨鱼纲: 鲈形目（五）虾虎鱼亚目[M]. 北京: 科学出版社. 2008.

庄平, 王幼槐, 李圣法, 郑思明, 李长松, 倪勇. 长江口鱼类[M]. 上海: 上海科技学术出版社, 2006.

刘柏辉, 李慧红. 亚太区活海鲜贸易鱼类辨别图鉴[M]. 中国香港: 香港特别行政区渔农自然护理署、世界自然基金会, 2000.

刘瑞玉. 中国海洋生物名录[M]. 北京: 科学出版社, 2008.

[苏] 贝尔格. 现代和化石鱼形动物及鱼类分类学[M]. 成庆泰, 译. 北京: 科学出版社, 1959.

苏锦祥, 李春生. 中国动物志 硬骨鱼纲: 鲀形目　海蛾鱼目　喉盘鱼目　鮟鱇目[M]. 北京: 科学出版社, 2002.

李思忠, 王惠民. 中国动物志 硬骨鱼纲: 鲽形目[M]. 北京: 科学出版社, 1995.

李思忠, 张春光, 等. 中国动物志 硬骨鱼纲: 银汉鱼目　鳉形目　颌针鱼自　蛇鳚目　鳕形目[M]. 北京: 科学出版社, 2011.

何宣庆. 棘茄鱼科（鮟鱇鱼目）之系统分类以及地理分布研究暨印度太平洋各属之重新检视[D]. 中国台湾: 台湾海洋大学海洋生物研究所, 2010.

沈世杰, 吴高逸. 台湾鱼类图鉴[M]. 中国屏东: 海洋生物博物馆, 2011.

沈世杰. 台湾鱼类志[M]. 中国台湾: 台湾大学动物学系, 1993.

张世义. 中国动物志 硬骨鱼纲: 鲟形目　海鲢目　鲱形目　鼠鱚目[M]. 北京: 科学出版社, 2001.

张春光, 等. 中国动物志 硬骨鱼纲: 鳗鲡目　背棘鱼目[M]. 北京: 科学出版社, 2010.

张春霖, 等. 黄渤海鱼类调查报告[M]. 北京: 科学出版社, 1955.

陈正平, 邵广昭, 詹荣桂, 郭人维, 陈静怡. 垦丁国家公园海域鱼类图鉴（增修一版）[M]. 垦丁国家公园管理处, 2010.

陈正平, 詹荣桂, 黄建华, 郭人维, 邵广昭. 东沙鱼类生态图鉴[M]. 中国高雄: 海洋国家公园管理处. 2011.

陈春晖. 澎湖产鱼类名录[M]. 中国台湾: 行政院农委会水产试验所, 2004.

陈春晖. 澎湖的鱼类[M]. 中国台湾: 行政院农委会水产试验所, 2003.

陈素芝. 中国动物志 硬骨鱼纲: 灯笼鱼目　鲸口鱼目　骨舌鱼目[M]. 北京: 科学出版社, 2002.

邵广昭, 彭镜毅, 吴文哲. 台湾物种名录2010 [M]. 中国台北: 农业委员会林务局, 2010.

国家水产总局南海水产研究所，等.南海诸岛海域鱼类志[M].北京：科学出版社，1979.

金鑫波.中国动物志 硬骨鱼纲：鲉形目[M].北京：科学出版社，2006.

赵亚辉，张春光.中国特有金线鲃属鱼类——物种多样性、洞穴适应、系统演化和动物地理[M].北京：科学出版社，2009.

黄宗国，林茂.中国海洋生物与图集（第1-8册）[M].北京：海洋出版社，2012.

黄宗国，林茂.中国海洋物种多样性（上、下册）[M].北京：海洋出版社，2012.

黄宗国.中国海洋生物种类与分布（增订版）[M].北京：海洋出版社，2008.

韩国海洋研究所.韩国产鱼名集[M].首尔：韩国海洋研究所，2000.

褚新洛，郑葆珊，戴定远，等.中国动物志 硬骨鱼纲：鲇形目[M].北京：科学出版社，1999.

属及属级以上拉丁学名索引

356

种本名（种小名、种加词）索引

aestuarius, 327
aethiopica, 45
aethiopicus, 318
aethiopicus aethiopicus, 340
aethiopicus congicus, 340
aethiopicus mesmaekersi, 340
aethiopus, 219
aetholepis, 170
aethus, 296
afasciata, 72
afelei, 307
afer, 18,22,56,213,221
affine, 147
affinis,
1,3,20,24,44,62,75,77,78,81,
85,86,90,93,104,106,118,119,
126,134,138,142,144,150,
161,166,167,169,171,172,
176,182,187,189,192,195,
225,228,229,237,238,244,
248,264,286,304,318,322,
339
afghana, 120
afilum, 297
afra, 254,321
africana,
3,7,9,13,15,31,151,245,326
africanum, 6,170,216
africanus,
3,20,30,124,197,218,227,
231,239,247,271,294,297,
300,301,308,318
afrofischeri, 117
afrohamiltoni, 39
afrovernayi, 39
afrum, 193
afuerae, 16,196
agafonovae, 185
agassizi, 143
agassizii,
14,78,82,99,124,133,134,
137,144,148,156,181,196,
209,211,214,236,250,269,
298
agastor, 107
agastos, 187
agboyiensis, 122
agdamicus, 63
agennes, 233
aggregata, 266
aggregatus, 304
agilae, 178
agilis, 267,293
agma, 67
agmatos, 77
agna, 84,104
agnesae, 90
agone, 33
agoo, 171
agostinhoi, 101
aguaboensis, 101
aguabonita, 136
aguadae, 253

aguadulce, 124
aguanai, 129
aguapeiensis, 78
aguarague, 98
aguirrepequenoi, 52
aguja, 11
agulha, 88
agulhensis, 304
aheneus, 236,248
ahli, 45,121,174,263
ahlstromi,
31,133,143,144,146
aiensis, 315
aiereba, 15
ailina, 313
aimara, 94
aitha, 214
aithiops, 313
aiwasoensis, 301
ajamaruensis, 169
ajuricaba, 82
akaadsi, 230
akaara, 214
akairos, 136
akajei, 15
akallopisos, 266
akamai, 113
akarensis, 324
akatulo, 223
akazakii, 234,237
akhtari, 111
akihito, 307,313
akika, 255
akili, 37
akindynos, 266
akiri, 123
akkistikos, 25
akuugun, 278
aky, 104
alabamae, 33,249
alacrina, 250
alaknandi, 111
alalaua, 224
alalunga, 323
alaotrensis, 169
alascanus, 198,206
alasensis, 127
alaskensis, 2
alastairi, 1
alata, 166,200
alateralis, 150
alatus,
94,104,144,146,158,166,191,
194,200
alba, 14,51,138,278
albacares, 323
albaiensis, 197
albanicus, 39
albata, 267
albater, 99,115
albatrossis, 143
albella, 35
albellus, 136
albeoguttatus, 62
albeola, 278

albeolus, 51,210
alberti, 3,117
albertianus, 255
albesca, 286
albescens,
28,119,208,210,230
albibulbus, 140
albicans, 129,323
albicauda, 9,267
albicaudatum, 335
albicaudatus, 269
albicoloris, 66
albicrux, 120
albida, 240
albidorsus, 305
albidum, 65
albidus, 32,37,153,323,331
albifasciatus, 269
albifimbria, 196
albiflora, 241
albifrons, 8,131
albigenys, 294
albigutta, 286,327
albilabiata, 12
albilabris, 122
albimacula, 287
albimaculatus, 171,302,314
albimaculosus, 225
albimaculus, 269
albimarginata, 219,324
albimarginatus,
6,7,22,175,255
albinares, 164
albini, 265
albinotatus, 98
albipectoralis, 320
albipenis, 6
albipennis, 141
albipinna, 282,284
albipinnatus, 60
albipinnis, 6
albipinnum, 5
albipunctata, 9
albipunctatus, 177
albirostris, 190,200
albisella, 268
albisoma, 4
albisuera, 73
albius, 305
albivallis, 50
albivelis, 181
albizonatus, 52
alboapicalis, 289
albobrunnea, 197
albofasciata, 275
albofasciatus,
129,161,198,217,308
alboguttata, 284
alboguttatus, 193,292
albolabris, 264
albolineata, 117,307
albolineatum, 88
albolineatus,
44,99,127,180,278
albomaculata,

11,267,278,330,332
albomaculatus,
11,107,118,193,216
albomaculosus, 191
albomarginata, 168,215
albomarginatus,
113,128,214,225
albonotatus, 278
albonubes, 63
alboplumbeus, 338
albopunctata, 253
albopunctatus,
104,122,249,303
alboreticulatus, 337
alborum, 253
alborus, 52
alboscapularis, 268
albostriata, 244
alboventer, 209
albovittata, 275
albovittatus, 236
albula, 136
albuloides, 37
album, 92,235
alburna, 77
alburnoides, 64,85
alburnops, 38
alburnus, 37,43,82,84,92
albus,
17,63,94,137,181,193,229,
240,258,310
alcalica, 250
alces, 18
alchichica, 168
alcicornis, 203
alcocki,
28,156,200,240,283,334
alcockii, 5,15,159
alcoides, 67
aldabraensis, 220
alectrolophus, 280
aleevi, 231
alegnotus, 51
alegretensis, 86
alepidota, 71,295
alepidotum, 279
alepidotus, 55,277
alepis, 314
alessandrae, 184
alestes, 52
aletes, 266
aleuropsis, 113
aleutensis, 281
aleutianus, 197
aleutica, 11
aleuticus, 204,207
alexanderae, 269
alexandrae, 74,204
alexandrei, 233
alexandri, 113,176
alexandrina, 230
alexandrinsis, 9
alexandrinus, 214
alfari, 250
alfredae, 84

alfredi, 16,110,187,325
alfredianus, 54
algeriensis, 33
algibarbata, 166
algiricus, 191
algoensis, 330
aliae, 9
aliceae, 132
aliciae, 39,145,307
aliculatus, 26
aliensis, 74
alii, 57
alikunhii, 123
alipioi, 80
alipionis, 106
alisae, 321
alisonae, 221
alius, 165
alkaia, 66
alkamr, 287
allani, 325
allardi, 266
allardicei, 21
allector, 165
allen, 316
alleni,
13,26,32,86,92,97,158,168,
173,211,216,219,221,227,
267,269,272,273,277,284,
289,295,316,317
alletteratus, 322
allisi, 205
alloides, 305
alloiopleurus, 55
allostoma, 45
allporti, 219,284
alluaudi, 39,48,122,251
almacai, 48
almiriensis, 180
almorae, 38
almorhae, 66
alosa, 33
alosoides, 17
aloyi, 39
alpenae, 136
alpha, 84,174,267
alphigena, 310
alphus, 3
alpinus, 136
alpinus alpinus, 137
alpinus erythrinus, 137
alporti, 195
alta,
64,72,225,239,253,267,278,
286
altae, 119
altamazonica, 32,77
altamazonicum, 101
altamira, 177
altavela, 16
altayensis, 68
alternans, 67,336
alternatus, 98,179
alternifasciatum, 102
alternimaculata, 182

alternus, 78,97
alterus, 98
altianalis, 39
alticaudex, 220
alticentralis, 48
alticeps, 74
alticorpora, 46
alticorpus, 52,53
alticrista, 72
altidorsalis, 39,61,90,158,298
altifrons, 250,255,296,322
altifrontalis, 233
altigenis, 255
altimus, 7
altior, 82
altiparanae, 82
altipedunculatus, 72
altipennis, 26
altipinna, 93,301
altipinnatus, 216
altipinnis,
8,52,64,91,108,114,121,140,
150,199,211,218,241,276,
283,297,332,339
altirostris, 197
altisambesi, 18
altishoulderus, 62
altispinis, 93
altispinosus, 259
altissimus, 129
altivela, 142
altivelis,
48,50,142,148,178,198,214,
221,246,286,288,294,299
altivelis altivelis, 135
altivelis chinensis, 135
altivelis ryukyuensis, 135
altocorpus, 103
altoflavus, 254
altoparanae, 79
altum, 263,315
altus,
39,45,75,76,81,94,177,231,
258,263,270
altuvei, 93
aluensis, 62,74
alula, 96,198
aluoiensis, 37
alutaceus, 37
alutus, 197,227
aluuensis, 123
alvarezdelvillari, 43
alvarezi,
122,167,181,182,185
alverniae, 47
alveyi, 168
alvordensis, 46
ama, 310
amabalis, 312
amabilis, 52,337
amaculata, 157
amadi, 311
amae, 78
amaena, 188
amanan, 178

amanapira, 178
amandae, 88
amandajanea, 99
amanpoae, 39
amaokai, 200,329
amapaensis, 88,97,99
amaricola, 170
amarillo, 250
amaronensis, 88
amarum, 253
amarus, 48,57,59
amates, 184
amatlana, 64
amatolicus, 39
amaurus, 113
amaxanthum, 129
amazonarum, 253
amazonensis, 107,131
amazonica,
31,35,77,78,103,162
amazonicus,
78,84,97,113,301
amazonum, 80,86,103,108
ambagiosus, 186
ambanoro, 318
ambassis, 57,211
amberensis, 279
ambiacus, 99
ambigua, 212
ambiguus, 90,233
ambiortus, 219
amblops, 48,120
amblybregmatus, 326
amblycephala, 51
amblycephalum, 275
amblycephalus, 214,240
amblygenys, 201
amblyodon, 22
amblyopsis, 300
amblyrhynchoides, 7
amblyrhynchos, 7
amblyrhynchus,
78,230,314
amblystomopsis, 204,211
amblyuroptera, 228
amblyurum, 129
amboina, 297
amboinensis,
7,23,196,225,237,267,269,
292,300,337
ambriaelacus, 224
ambulator, 203
ambusticauda, 38
ambyiacus, 119
amecae, 37,52
amemiyai, 127
americana, 15,212,321
americanus,
11,156,162,206,213,225,241,
280,285,328
americanus americanus, 137
americanus vermiculatus, 138
amethystinopunctatus, 138
amia, 231
amicuscaridis, 306

amieti, 175
amikami, 304
amirantensis, 149
amiscus, 201
amistadensis, 182
ammeri, 169
ammophila, 167
ammophilus, 52,102
amniculus, 170
amnis, 48,288
amoena, 250
amoenum, 174
amoenus, 52,86,234
amoyensis, 240
ampalong, 47
amphiacanthoides, 265
amphibelus, 99
amphibeus, 325
amphibius, 57,288,340
amphiloxa, 95
amphimelas, 260
amphirhamphus, 165
amphitreta, 281
amphoreus, 178
amplamala, 45
amplexilabris, 60
amplexus, 190
amplicephalus, 64
ampliceps, 4,208
amplicirrus, 295
amplimaculatus, 219
amplispinus, 163
amplisquamiceps, 195
amplistriga, 59
amplizona, 72
amplum, 277
amplus, 304
ampluvinculus, 315
ampullaceus, 31
ampullarostratus, 255
amudarjensis, 69
amurensis, 52,59
amydrozosterus, 149
amygdaloides, 337
anabantoides, 220
anabatoides, 268,324
anableps, 182
anacanthus, 114
anachoretes, 113
anagenys, 255
anago, 28
anagoides, 28
anaima, 317
anak, 231
anaktuvukensis, 137
anale, 28,34,102,266
analicarens, 190
analis,
5,32,75,87,92,120,128,141,
144,156,162,168,203,213,
214,218,229,233,235,240,
242,244,267,336
analogus, 214,244
analostana, 43
anambarensis, 72

ananas, 118
ananassa, 187
anaphyrmus, 259
anarthractae, 211
anary, 86
anascopa, 132
anastomella, 173
anatina, 22
anatirostris, 62,149,285
anatoliae, 181
anatolica, 71
anatolicus, 57,63
anaulorum, 136
anchipterus, 154
anchisporus, 57
anchoita, 32
anchorago, 271
anchoveoides, 85
anchovia, 82
ancietae, 245
ancistroides, 104
ancon, 1
ancylodon, 241,292
ancylostoma, 10
andamanensis,
156,159,220,236,245,304
andamanica, 12
andamensis, 300
anderseni, 145
andersi, 185
andersonae, 339
andersoni,
9,26,38,103,110,133,158,
166,213,214,277,279,280
andersonianus, 338
andersonii, 110,191,260
anderssoni, 135,146
andertoni, 200
andhraensis, 33
andover, 196
andreae, 145
andrei, 303
andresoi, 84
andrewi, 39,247
andrewsi, 328
andriashevi,
11,29,132,137,139,143,147,
148,151,153,164,186,195,
207,209,210,211,280,282,
330
andruzzii, 55
anduzei, 95,113,120
anea, 242
aneitensis, 273
anema, 39,291
aneus, 242
anfractus, 122
angayuara, 250
angeli, 74
angelica, 117
angelicus, 295
angelus, 291
angfa, 169
angipinnatus, 104
anglicus, 238

angolensis,
18,36,76,96,116,122,126,
196,238,241,257,260,316
angorae, 42,71
angorense, 42
angra, 48
anguiformis, 24
anguilla, 20,70,97
anguillare, 24
anguillaris,
67,122,130,292,293,316
anguillicauda, 110
anguillicaudatus, 67
anguillioides, 71
anguilliviridis, 285
anguilloides, 19
anguineus, 8
anguis, 286
angularis, 62
angulata, 272
angulatus, 94,243,274
angulicauda, 103
anguliceps, 150
angustata, 282
angustatus, 225
angusticauda, 22
angusticephalus, 54
angusticeps,
22,171,173,263,285,338
angustifrons,
82,96,212,228,255,281,282,
308,334
angustimanus, 153
angustipes, 272
angustiporus, 62
angustirostre, 98
angustirostris, 323
angustistomata, 53
angustus, 56,191,207
anhaguapitan, 108
anhembi, 92
aniarus, 199
aniptocheilos, 26
anisacanthus, 149,165
anisitsi, 82,88,97,108
anisodon, 135
anisophallos, 184
anisura, 114
anisurum, 65
anitae, 108
anjerensis, 308
anjouanae, 288
anjunganensis, 325
ankaranensis, 307
ankoseion, 93
ankutta, 127
annae, 109,220
annamarae, 200
annamariae, 18
annamensis, 48
annamitica, 68
annandalei,
11,13,44,45,66,111,313,332
annasona, 22
annectens,

39,48,97,104,117,175,185,
213,262,264,265
annectens annectens, 340
annectens brieni, 340
annectidens, 255
anniae, 39
annobonae, 196
annobonensis, 300
annona, 227
annosum, 317
annotata, 15
annularis,
218,222,227,238,247,304,
331
annulata, 144,268
annulatus,
11,22,176,215,273,297,320,
327,329,338
annulifera, 164
anoderkes, 211
anogenus, 52
anolius, 291
anomala,
120,133,146,260,323
anomalopteryx, 110
anomalum, 42,102
anomalura, 54
anomalus, 44,82,135,212,334
anomolus, 305
anophthalmus, 62,71
anoplus, 39,205
anopta, 199
anosteos, 103
anostomus, 78
anoterus, 116
anotus, 304
ansorgii,
17,18,19,35,36,39,48,58,64,
76,81,96,117,123,175,190,
193,264,311,324
ansp, 24
antalyae, 57
antalyensis, 42
antarctica,
133,146,277,278,282,323
antarcticus,
6,132,140,209,210,278,279,
282,283,287,293,321
anteanalis, 112
antefurcata, 321
antennata, 72,196
antennatus, 143,303,339
antenori, 179
anterior, 82
anterodorsalis, 26,74
anteroides, 89
anteroventris, 61
antesella, 224
antethoracalis, 45
anthias, 213
anthioides, 216,270,313
antholops, 289
anthracinus, 210
anthrax, 108
anthrenum, 317

anthurus, 253
antillarum,
134,142,201,326,329,339
antillensis, 5
antilliensis, 303
antilope, 203
antinectes, 293
antinorii, 182
antipai, 60
antipholus, 157
antipodianus, 133
antipodum, 35,151
antipodus, 299
antonbruun, 240
antonbruuni, 145,209
antoncichi, 171
antongil, 231
antoni, 324
antoniae, 169
antonii, 75
antraeus, 150
antrodes, 148
antron, 261
antrostomus, 141
anuchalis, 288
anudarini, 52
anus, 106
anzac, 322
anzuetoi, 183
aoki, 26
aor, 128
aorella, 128
aoteanus, 150
apache, 136
apachus, 26
apaii, 176
apangi, 109
apectolophus, 293
apeltogaster, 106
apenima, 89
aper, 326
apercna, 230
aphanea, 37
aphanes, 80,196
aphelios, 137
aphelocheilus, 72
aphipsi, 63
aphos, 91,134,283
aphotistos, 26
aphya, 57
aphyodes, 4,152
apia, 195
apiamici, 178
apiatus, 161
apicalis, 26,270
apiensis, 33
apiomycter, 213
apithanos, 108
apletostigma, 92
apleurogramma, 39
aplocheiloides, 179
aplodactylus, 214
apoda, 67,135,158
apodion, 173
apodus, 181,233

apoensis, 42
apogon,
43,44,45,120,166,254
apogonoides,
211,212,225,228,255
apolinari, 77
apollon, 324
apoparuana, 252
apopyris, 44
apora, 309
aporia, 308
aporos, 300,319
aporosus, 203
aporrhox, 156
aporus, 181,314
appelii, 164
appendiculata, 23
appendix, 2
appendixus, 165
appositus, 140
approuaguensis, 99
approximans, 239
aprica, 316
apricus, 12
aprinus, 248
aprion, 227
aprotaenia, 59
aptera, 277
apterus, 21
apterygia, 271
apurensis, 85,113,130,131
apurinan, 177
apus, 122,133,186
aquadulcis, 268,300
aquaecaeruleae, 74
aquali, 223
aquavitus, 138
aquihornes, 62
aquila, 16,287
aquilonaris, 234,239
aquilonarius, 162
aquilonium, 251
aquilus, 123,269
aquosus, 326
arabica, 34,200,229,279,319
arabicum, 4
arabicus,
28,39,145,148,173,227,269,
276,284,305,328,336
arachan, 176
arachthosensis, 66
aradensis, 63
arae, 5
arafura, 30
arafurensis, 13,159,323
aragai, 216
araguaiae, 258
araguaiaensis, 99
araguaiense, 253
araguaiensis, 183
araguaito, 93
araguayae, 129
aral, 193
arambourgi, 39
aramburui, 82

aramis, 72
arandai, 107
araneus, 286
arapaima, 130
aratrirostris, 278
aratrum, 149
aratus, 233
arawak, 333
araxensis, 68
arborella, 37
arborescens, 293
arborifer, 140
arborifera, 166
arca, 163
arcana, 95
arcanus, 255,294
arcasii, 37
arcatus, 249
archaeus, 168
archidium, 240
archiepiscopus, 188
archionema, 286
archipelagicus, 172
arcifrons, 270
arcislongae, 39
arcticeps, 171
arcticum, 147
arcticus, 137,148
arctidens, 249
arctifrons, 238,326
arctocephalus, 302
arcturi, 166
arctus arctus, 190
arctus coccineus, 190
arcuata, 35
arcuatus,
99,116,150,181,246,247
arcupinna, 302
arcus, 64,78
arcylepis, 134
ardens, 51,65
ardesiaca, 133
ardilai, 130
areio, 99
arekaima, 129
arel, 333
arenaceus, 326,336
arenae, 66
arenai, 197
arenaria, 13,308
arenaries, 4
arenarius, 124,202,240
arenatus, 57,124,131,224,274
arenicola, 202,288,309,329
arenicolus, 70,136
arenidens, 145
areolatus, 98,214,217
arfakensis, 169
argalus annobonensis, 173
argalus argalus, 173
argalus lovii, 173
argalus platura, 173
argalus platyura, 173
argalus pterura, 173
argalus trachura, 173

arge, 168
argentata, 242
argentatus,
61,62,149,154,229,242,245,
292
argentea,
20,42,59,64,78,92,135,142,
154,167,168,228,244,321
argenteiventris, 245
argenteofuscus, 79
argenteola, 139
argenteum, 156,266
argenteus,
39,52,77,78,80,84,86,90,91,
94,122,129,135,139,143,153,
166,187,188,205,231,234,
236,241,244,248,254,255,
258,261,266,319,324
argenteus argenteus, 154,238
argenteus caudimacula, 238
argenteus thori, 154
argentifasciata, 229
argentifer, 64
argentilineatus, 312
argentimaculatus, 233
argentina, 9,115,162,278
argentinae, 243
argentinensis, 12,168
argentinum, 129
argentinus, 281
argentissimus, 55
argentistigma, 212
argentiventris, 233
argentivittata, 32
argentivittatus, 128
argentosa, 45
argentoventer, 324
argi, 246
argiloba, 3
argipalla, 133
argoliba, 196
argulus, 191
argus,
23,104,149,192,200,214,221,
272,308,319,327
argus argus, 325
argus warpachowskii, 325
argyreogaster, 274
argyresca, 166
argyreus, 213,234,236
argyrimarginatus, 82
argyritis, 48
argyrogaster, 132,225,262
argyrogrammicus, 234
argyropastus, 153
argyrophanes, 276
argyrophanus, 187
argyropleura, 293
argyropleuron, 125
argyrosoma, 200,261
argyrostictus, 191,255
argyrotaenia, 59,90
argyrozona, 238
ariakensis, 135
arianae, 88

ariel, 92
arifi, 72
arigato, 321
arilepis, 84
ariommum, 65
ariommus, 52,150,222
aripuanaensis, 78
aripuanensis, 107
aristoma, 265
aristotelis, 121
arius, 124
ariza, 38
arleoi, 98
armandoi, 82
armata, 9,156,198,202,240
armatulus, 118
armatum, 157
armatus,
12,14,43,94,100,104,116,
127,150,155,189,193,194,
195,204,205,208,211,214,
230,247,249,286,310
armbrusteri, 119,125
armeniacus, 86,111
armiger, 125,127,158,300
armilla, 338
armillatus, 114,269
armitagei, 59,246
armstrongi, 328
arnazae, 268
arneutes, 26
arnoldi, 91,93,95,175
arnoldii, 74
arnoldorum, 288
arnoulti, 117,174,301
aroni, 289
aroubiensis, 225
arqat, 336
arquatus, 275
arrigonis, 54
arrowsmithensis, 315
arsius, 327
artaxerxes, 255
artedi, 130,136
artesiae, 223
articycla, 227
artifrons, 181
artius, 295
artus, 227,285
arua, 87,250
aruana, 177
aruanus, 268
aruensis, 300,301
arulius, 57
arunachalami, 48
arunachalensis, 64,66,68
arunchalensis, 109
arundelii, 303
arundinacea, 21
arupi, 45
arx, 24
asaedai, 329
asakusae, 26
asanoi, 29,330
ascanii, 280

ascensionis, 27,196,275,313
aschemeieri, 201
ascita, 112
ascitus, 296
ascotanensis, 181
asellus, 338
asfraci, 265
asfur, 247
ashbysmithi, 324
ashmeadi, 45
asiatica, 229,325
asiaticus, 65
asiro, 157
asmussii, 36
asodes, 21
asoka, 57
asopos, 114
asotus, 121
asper,
8,52,56,138,150,202,204,
224,232,293
aspera, 77,108,199,294,328
asperatus, 104
aspercephalus, 149
asperifrons, 52,133
asperilinguis, 213
asperispinis, 123
asperoculis, 206
asperrima, 199
asperrimum, 327
asperrimus, 11,15,16,204,207
aspersus, 210
asperula, 12
asperum, 147
aspetocheiros, 26
asphyxiatus, 331
aspidentata, 151
aspidolepis, 104
aspidura, 14
aspilogaster, 104
aspilos, 77,184,328,331
aspilus, 39
aspinosa, 237
aspius, 38,49
aspredinoides, 114
aspredo, 113
asprella, 222
asprellus, 150,205
aspricaudus, 336
asprigene, 223
aspro, 299
asquamatus, 181
assamensis, 44,71,111,247
assarius, 245
assasi, 335
assimilis, 55,57,124,328
astakhovi, 188
astatodon, 116,255
asterias, 6,13,91
asterifrons, 118
asteroblepa, 195
asteroides, 138,149
astigma, 218
astilbos, 316
astorquii, 250

astra, 15
astrabes, 131
astrifer, 162
astrigata, 95
astrolabium, 1
astronesthidens, 283
asuncionensis, 82
asymetricaudalis, 116
asymmetrica, 89
asymmetricus, 243
atactos, 67
ataenia, 227,274
atahualpa, 96,250
atahualpiana, 90
atakamensis, 208
atakorensis, 39
atami, 1
atavai, 274
atelestos, 294
ater,
20,57,63,113,121,124,140,
159,210,262,290,309
ateriformis, 309
aterrima, 117
aterrimus, 150,225
atesuensis, 96
athena, 267
atherinoides,
33,53,125,172,228,312
atherodon, 152
athiensis, 96
athos, 72
atkinsoni, 39,237,283
atkinsonii, 38
atlantica,
3,12,14,133,144,151,185,
272,284,295
atlanticum, 138,144,189,279
atlanticus,
5,20,25,27,28,30,130,138,
139,141,143,146,148,156,
163,187,203,209,213,236,
237,249,291,323,324
atlantis, 12
atolli, 22
atollorum, 158
atomarium, 277
atopodus, 93
atopus, 154
atra, 72
atracaudatus, 87
atradorsatus, 225
atramentatus, 210,333
atranalis, 80
atrangulatus, 308
atrans, 208
atrapiculus, 51
atraria, 46,138
atrarius, 30
atrata, 144,294,308
atratoensis,
78,82,86,94,103,109
atratulus, 59
atratum, 146
atratus, 15,86,116,178,316

atremius, 59
atrianalis, 78
atriaxillaris, 269
atribranchus, 122
atricauda, 35,218
atricaudus, 225,333
atriceps, 73,287
atricolor, 143
atridorsalis, 52,59,283
atrifasciatus, 127
atrifilum, 299
atrilabiatus, 299
atrilimes, 43
atrilobata, 267
atrilunula, 276
atrimana, 329
atrimanus, 216
atrimelum, 305
atrinasa, 316
atringa, 339
atripectoralis, 267
atripectus, 157
atripelvicus, 304
atripes, 142,226,266,267,303
atripinna, 12,182
atripinnatus, 303
atripinne, 223
atripinnis,
65,148,180,253,308
atrisignis, 171
atrisignum, 86
atritaeniatus, 252
atriventer, 142
atrizona, 113,185
atrobranchus, 218
atrobrunneus, 129
atrocaudalis, 53
atrocaudatus, 84
atrocinctus, 291
atrodorsalis, 291
atrodorsus, 7
atrofasciatus, 219
atrogaster, 225
atrogulare, 287
atrolabiatus, 210
atromaculatum, 253
atromaculatus, 39,62
atromarginatus, 8
atronasus, 21,119,306
atropatenae, 37
atropatenus, 57
atropectoralis, 277
atropersonatus, 100
atropinnis, 105
atropos, 230
atropurpureus, 281,316
atrora, 182
atrorus, 181,286
atroventralis, 75
atrovirens, 197
atrox, 141,145
atrum, 31,147
attalus, 37
attemsi, 122
attenuata, 139,183,229,318

attenuatum, 168
attenuatus,
6,19,20,177,208,210,211,
258,274,276,333
atterensis, 136
attiti, 299
attrita, 134
attu, 121
atukorali, 48
atun, 321
aturi, 204
atypindi, 89
atzi, 10
aubynei, 92
auca, 88
auchenolepis, 312
audax, 180,302,323
auditor, 251
audleyi, 237
augusta, 125
augusti, 23
aula, 60
aulacodes, 188
aulidion, 53
auliscus, 192
aulopygia, 119
aura, 325
aurantia, 214,216,246
aurantiaca, 224,278,284
aurantiacum, 280
aurantiacus,
14,81,107,128,272,293
auranticavus, 320
aurantidorsalis, 271
aurantimaculata, 325
aurantiofasciata, 274
aurantonotus, 246
aurarmus, 299
aurata, 108,182,237,239
aurata aralensis, 67
aurata aurata, 67
auratus,
123,135,166,179,219,229,
234,238,239,242,243,259,
309,336
auratus argenteaphthalmus,
42
auratus auratus, 42
auratus buergeri, 42
auratus grandoculis, 42
auratus langsdorfii, 42
aurea, 33,170,300
aureatus, 109
aureocephalus, 260
aureofasciatus, 237,245
aureoguttata, 95
aureoguttatus, 177
aureolineatus, 220,237
aureolus, 234
aureomarginatus, 208
aureorostrum, 316
aureorubens, 215
aureoviridis, 313
aureti, 238
aureum, 91,109,174

banforense, 176
banggiangensis, 56
banguela, 97
banguelensis, 126
bangwelensis, 265
banjos, 222
bankanensis, 59,121,269,325
bankieri, 268
banksi, 57
banmo, 48
bannaensis, 72
banneaui, 98
banneri, 190
bannikovi, 186
bannwarthi, 191
banoni, 284
bantamensis, 56
bantolanensis, 57
baolacensis, 37
baoshanensis, 52
baotingensis, 72
baoulan, 57
bapturus, 288
baracoana, 182
barakae, 63
barakensis, 110,112,120
baramensis, 110,120,127,325
baramenuke, 197
baranesi, 22,237
barapaniensis, 70
barathri, 195
barbarae, 255
barbarmatus, 103
barbarus, 313
barbata,
38,42,97,153,155,197,198,
207,285
barbatula, 56,68
barbatulum, 53,152
barbatulus, 36,48,53,150,296
barbatum,
53,109,140,157,279
barbatus,
18,36,44,45,48,101,108,113,
121,140,162,207,213,286,
294,296,309,317,335
barbatus barbatus, 243
barbatus ponticus, 243
barberi, 90,194,266
barberinoides, 243
barberinus, 243
barbifer, 8
barbiger, 201
barbosae, 251
barbouri, 3,6,90,98,191,223
barbulifer, 211
barbulus, 39
barbus, 39,124
barca, 325
barcoo, 248
bareli, 255
baremoze, 81
bargibanti, 191
bariene, 320
barila, 41

bario, 69
barlowi, 250,259
barmoiensis, 175
barna, 41
barnardi,
13,39,81,123,147,211,238
barnesi, 29,146,170
baronessa, 245
barotseensis, 39
barracuda, 321
barrae, 106
barralli, 317
barrawayi, 300
barreimiae barreimiae, 45
barreimiae shawkahensis, 45
barrenense, 223
barrigai, 86
barrigonae, 87
barroi, 218
barroisi, 42
barroni, 55
barryi, 161
barsukovi, 196,282
bartelsi, 299
barthemi, 120
bartholomaei, 230
bartlettorum, 217
bartonbeani, 141
bartoni, 81,168,206,255,257
bartschi, 156
basak, 60
basalis, 300
bascanium, 24
bascanoides, 24
bashanensis, 74
bashforddeani, 76
basilare, 223
basileusi, 145
basilevskianus, 337
basili, 165
basilisca, 292
basimaculata, 284
basimi, 42
baskini, 101
bassargini, 207
bassensis,
191,202,229,296,328
bastari, 125
bastiani, 117
bata, 49
batabana, 240
batanensis, 221
batanta, 169
batasio, 126
batavianus, 319
bataviensis, 33
batek, 69
batensoda, 117
batesi, 56
batesianus, 19
batesii,
19,32,49,58,81,116,117,174,
252
bathi, 289,313
bathium, 279

bathoiketes, 162
bathybius,
24,206,210,236,278,311,327
bathycapros, 270
bathycoetus, 208
bathymaster, 148
bathyopteryx, 144
bathyoreos, 164
bathyperimensis, 195
bathyphila, 13,265
bathyphilus,
22,107,138,147,271,272
bathys, 295
bathyspilus, 333
bathytaton, 288
bathytatos, 242
bathytopos, 29
batialis, 208
batis, 12
batmani, 107
bato, 303
batodes, 38
batrachocephalus, 311
batrachodes, 314
batrachostomus, 97
batrachus, 119,122
battalgilae, 37,47,57
batu, 122
batuensis, 272
batunai, 266
bauchotae,
9,21,28,195,217,242,286,
291,304
baudoensis, 95
baudoni, 39,96
baunti, 136
bavaricus, 136
bawkuensis, 39
baxteri, 8,323
bayano, 84
bayanus, 236
bayeri, 22
bayoni, 255
bdellium, 2
bea, 53
beadlei, 255
beani, 95,126,157,167,253
beanii, 31,186,200,222,330
beanorum, 195
bearnensis, 50
beateae, 158
beauforti,
59,68,173,201,227,316,331
beauperryi, 271
beavani, 72
bebe bebe, 18
bebe occidentalis, 18
beccarii, 99
beccus, 240
beckeri, 147,153,209,321
beckfordi, 95
beddomei, 276
beebei, 130,165,183,270,294
beeblebroxi, 158
beggini, 102

behreae, 84
behri, 38
beijiangensis, 37
beipanensis, 61
beipanjiangensis, 75
belachi, 60
belangeri, 54
belangerii, 240
belcheri, 192,297,326
belcheri recurvispinni, 297
beldingii, 204
belenos, 99
belensis, 98
belingi, 60
belinka, 38
belissimus, 307
belizanus, 182
belizensis, 32,124
bella, 72,317,318
bellae, 274
bellamaris Seale, 246
bellator, 223
bellcrossi, 43,255
bellendenensis, 307
bellica, 324
bellicauda, 302
bellingshausenensis, 282
bellingshauseni, 278
belloci, 20
belloides, 318
bellonaensis, 329
bellottii, 30,87,176,238
bellum, 223
bellus,
51,54,179,194,213,247,290
belobranchus, 300
belone, 173,288,323
belos, 301
beltrani, 181
belvica, 37
belyaevi, 211
belyaninae, 143
bemini, 264
bemisi, 3
benacensis, 60
benasi, 52
bendelisis, 41
bendirei, 204
benedetto, 190
benetos, 259
bengalense, 193
bengalensis, 233,240,266,321
bengalensis bengalensis, 20
bengalensis labiata, 20
beni, 86,87,92,95,101,108
beniensis, 178
beninensis, 121
beniteguri, 297
benjamini, 119,280,317
bennetti, 245,337
bennettii, 15,326
benoiti, 146
bensasi, 243
bensoni, 146
benthicola, 254,263

burgessi, 8,100,245
burgi, 56
burkei, 209
burmanensis, 120
burmanica, 68,124,127,325
burmanicus, 43,57,61,111,304
burmannicus, 125
burmensis, 4,121
buroensis, 22
burragei, 134,151
burrelli, 292
burri, 223
burroughi, 269
burrowsius, 135
burrus, 229
bursa, 335
burti, 325
burtoni,
56,145,224,251,265,303
buruensis, 211,227
busakhini, 148
buscki, 315
busellatus, 270
bussei, 189
bussingi,
134,159,242,250,288
bustamantei, 45,315
busumana, 264
butcheri, 237
buthupogon, 122
butis, 300
butleri, 122,163,184,248
buton, 211
buttikoferi, 264
buysi, 264
buytaerti, 174
byersi, 288
bynni bynni, 39
bynni occidentalis, 39
bynni waldroni, 39
bynoensis, 302
byrnei, 25
bythios, 133
bythites, 323
bythobates, 264
caaguazuensis, 255
caballeroi, 84
caballus, 19,230
caballus asinus, 19
caballus bumbanus, 19
caballus caballus, 19
caballus lualabae, 19
cabindae, 184
cableae, 306
caboclo, 131
caboverdensis, 291
caboverdiana, 292
cabrae, 264
cabrilla, 218
cabrilloi, 297
cacatuoides, 219,250
cacerensis, 108
cachimbensis, 88
cachiraensis, 98
cachius, 42

cacopsis, 197
cactiformis, 208
cadeae, 108
cadenati,
5,12,27,39,142,144,187,267,
285,286,290,297,332,333
cadmani, 200
cadwaladeri, 81
caeca, 301
caecus, 24,159,208,332
caecutiens, 109
caelata, 125
caelestis, 42
caelorhincus, 149
caeluronigricans, 11
caenosa, 108
caerulaurea, 234
caerulea,
13,14,43,87,169,233,267, 323
caeruleacauda, 320
caeruleofasciatus, 277
caeruleoguttatus, 335
caeruleolineata, 268
caeruleolineatus, 319,335
caeruleomaculatus, 304,305
caeruleomentum, 204
caeruleonotatus, 297
caeruleopunctatum, 4
caeruleopunctatus,
202,246,269,270,275,293,
305,337
caeruleostictus, 239
caeruleostigmata, 50
caerulepunctus, 288
caerulescens, 47,141
caeruleum, 223
caeruleus,
37,49,82,126,133,252,258,
269,270,272,315,316,323
caeruliventris, 289
caesiopercula, 216
caesiura, 317
caesius, 129,235,292,320
caetei, 250
caffer, 304
cagayanensis, 311
cahabae, 53
cahita, 65
cahni, 45
cahuali, 99
cahyensis, 97
caiana, 130
caiapo, 96
cainguae, 115
caipora, 98
cairae, 13
cairoense, 87
caitlinae, 220
cakaensis, 74
calabaricus, 17
calabazas, 53
calai, 86
calamus, 25,238
calauropomus, 298
calbasu, 49

calcar, 321
calcarata, 134,196
calcaratus, 299
calcarifer, 212
calcea, 8
calderoni, 66
caldwelli, 62,75,295
caledonicus, 195,293
calhamazon, 241
calidus, 39,210
caliensis, 77,98,185
calientis, 53
californica, 9,16,274
californicus, 6,277,327
californiensis,
30,147,168,192,236,245,317
caligans, 193
callaensis, 216,242
callainos, 259
callainus, 269
callensis, 39,57
callichromus, 72,264
callichthys, 99
callida, 167
callidus, 308
calliptera, 251
callipteron, 174
callipterus, 39,258
callisema, 43
callista, 278
callisterna, 337
callistia, 43
callitaenia, 43
calliura, 319
calliurum, 174
calliurus, 93,248,263
callolepis, 264
callopareia, 302
callops, 90
callopterus, 111,171,305,333
callorhini, 132
callorynchus, 3
calloura, 217
callyodon, 209
calmoni, 92
calobrensis, 250
calodactyla, 200
calori, 339
caloundra, 194
calva, 17
calvala, 133
calverti, 92
calvifrons, 151
calvus, 24,106,250
cambodgiensis, 46,75,339
camchatica, 278
camchaticus, 203
cameliae, 209,310
camelopardalis, 29,117,191
cameronense, 174
cameronensis, 36,116,264
cameroni, 107
camerunensis,
49,96,122,183,264
cametana, 253

caminata, 309
camopiensis, 255
campbellensis, 279
campbelli, 12,225,234,309
campbellicus, 149
campechanus, 233,238
campechiensis, 6
campelloi, 177
campomaanense, 174
camposdapazi, 131
camposensis, 95
camposi, 97
campsi, 168
camptacanthus, 39
camtschaticum, 2
camtschaticus, 205
camura, 44
camurum, 223
camurus, 150
cana, 183,317
canabravensis, 177
canabus, 29
canadensis, 224
canadum, 230
canaliculatus, 204,319
canalis, 308
canarensis, 41,127,255
canariensis,
196,238,243,318,333
canaster, 286
cancellatus, 237,248,260,332
cancila, 174
canciloides, 174
cancriensis, 140
cancrivora, 31
cancrivorus, 27
candalarius, 179
candens, 39,146
candida, 133,211
candidi, 264
candidianus, 314
candidum, 193
candidus, 53,98,136
candiru, 96
candolii, 297
canensis, 106
canescens, 5,320
canestrinii, 313
canevae, 291
canicula, 6
canidens, 296
canina, 22,27,155,301
caninis, 276
caninoides, 312
caninum, 156
caninus, 39,214,230,237,302
canio, 120
canis, 6,42
caniscapulus, 316
canius, 122
canops, 293
canosai, 243
cantharinus, 235
cantharus, 239
cantonensis, 21,42

382

cantori, 148,240
cantoris, 226,315
canus, 149,208
canutus, 4,12
caobangensis, 60
caobangi, 45
caohaiensis, 75
capapretum, 128
caparti, 265
capellei, 147
capensis,
1,3,6,10,24,29,32,49,141,
150,153,154,155,158,167,
172,173,189,191,197,200,
231,238,244,247,283,285,
286,292,323,324,328,332,
333
capetensis, 103
capidata, 287
capistrata, 337
capistratoides, 276
capistratus, 245,335
capitinis, 237
capitlineata, 315
capito, 51,150,185,287,289
capitonia, 108
capitulatus, 92
capixaba, 251
capoeta capoeta, 42
capoeta gracilis, 42
capoeta sevangi, 42
capoetoides, 64
capreoli, 170
capricornensis, 170
capricornis,
142,195,225,234,321
caprinus, 239
capriscus, 334
caprodes, 224
capros, 326
captivus, 180,332
capurrii, 167
caquetae, 89,101,109
caracasensis, 109
carapinus, 150
carapo, 130
carassiops, 221
carassius, 42
carberryi, 216
carbo, 248,322
carbonaria, 72,224
carbonarium, 235
carbunculus, 54,202,233
carce, 191
carcharhinoides, 39,111
carcharias, 4
cardinalis,
43,51,175,196,215,238,296,
310
cardonae, 295
cardozoi, 49
carduus, 337
carebares, 297
carens, 39
careospinus, 92

cariba, 93
caribbaea, 13,142,330
caribbaeus,
9,149,192,197,213
caribbea, 232
caribbeanus, 333
caribbeaus, 1
caribbeus, 30
carinata, 107,164,319
carinatum, 65,109
carinatus,
28,37,56,64,105,118,124,
151,166,192,194,225
carinicauda, 20
carinifer, 149
carinirostris, 193
carinotus, 103
carisa, 316
caritus, 297
carlae, 100,113
carlbondi, 210
carletoni, 70
carlettoi, 179
carlhubbsi, 1,246
carli, 280
carlosi, 84
carlottae, 263
carlsbergi, 139,146,165,323
carlsoni, 217,268
carmabi, 216
carmesinus, 81
carminalis, 287
carminatus, 149
carminifer, 150
carnaticus, 39,171
carnatus, 197
carnegiei, 103,182
carneus, 268
carnolabrum, 233
carnomagula, 198
carnosus, 116,128
carolae, 200
caroli, 263
carolinae, 81,204,211
carolinensis, 13,313
carolinus, 200,231,232,276
carolitertii, 63
carottae, 39
carouna, 240
carpathicus, 39,47
carpentariae, 33
carpenteri,
216,228,231,274,314,333
carpintis, 257
carpio, 65,137,181
carpio carpio, 44
carpio haematopterus, 44
carponotatus, 233
carrancas, 107
carri, 3,311,318
carrikeri, 32,77
carrilloi, 87
carrioni, 106
carsevennensis, 95
carteri, 8,92

carti, 93
cartieri, 25
cartledgei, 78
carutta, 240
carvalhoi, 99,103,105,176
carychroa, 22
caryi, 266
cas, 291
casachicus, 303
casalis, 19
casamancus, 303
casattii, 242
cascadiae, 209
cascajalensis, 182
cascasia, 167
caschive, 19
cashibo, 106
casiquiare, 90
caspia, 34,67
caspia caspia, 33
caspia knipowitschi, 33
caspia persica, 33
caspicus, 60
caspium, 304
caspius, 51,311
cassaicus, 18
cassius, 256
castaneus,
2,22,96,106,127,150,289, 309
castellanus, 63
castelloi, 10
castelnaeana, 32
castelnaui, 11,19,34,221
castilloi, 119
castlei, 22,27,29,30
castor, 18,196
castrasibutum, 39
castroi, 98,109,131,294
casuarius, 263
catableptus, 88
catalai, 166,225
catamarcensis, 98,109
cataniai, 118
cataniapo, 130
cataphracta, 106
cataphractum, 201
cataphractus, 118,204,206
cataracta, 72
cataractae, 57,59,183,222
cataractus, 122
catarinae, 179
catchpolei, 194
catemaco, 184
catemaconis, 184
catena, 157
catenarius, 39
catenata, 22
catenatus, 180,183
catharinensis, 119
catharus, 209
catherinae, 21,169,208
cathetogramma, 225
cathetostomus, 211
catla, 42
catostoma, 25

catostoma catostoma, 19
catostoma congicus, 19
catostoma haullevillei, 19
catostoma tanensis, 19
catostomops, 63
catostomus, 55
catostomus catostomus, 65
catostomus lacustris, 65
catus, 115
caucana, 184
caucanum, 80
caucanus,
82,84,86,87,102,106
caucasica, 67,310
caudafasciata, 265
caudalis,
81,117,155,191,215,217,220,
267,272
caudani, 149
caudaspinosa, 13
caudata, 193
caudatus, 209,322
caudavittata, 248
caudavittatus, 275
caudicinctus, 216,225
caudifasciatus, 261
caudilimbatus, 30
caudilinea, 312
caudimacula, 272,285,304
caudimaculata, 59,311
caudimaculatum, 188
caudimaculatus,
43,85,100,184,221,278,315
caudimaculosus, 131,316
caudiocellatus, 41,45,193
caudipunctata, 68
caudipunctatum, 317
caudispinosus, 14,147
caudistigmus, 8
caudivittatus, 121
caudocarinatus, 192
caudofasciata, 184
caudofasciatum, 174
caudofasciatus,
46,98,276,290
caudofurca, 72
caudolineata, 289
caudomaculatus, 43,81,85,92
caudomarginatus, 177,263
caudopunctatus, 260
caudosignatus, 39,96
caudovittata, 117
caudovittatus,
49,173,212,247,290
cauerensis, 308
caulias, 205
caulinaris, 162
caulophorus, 139
caulopus, 290
caurae, 178
caurinus, 52,197
cauteroma, 271
cautes, 199
cautus, 7
cauveriensis, 57

cliveri, 151
clivicola, 301
clivosius, 37
clupeaformis, 136
clupeiformis, 228
clupeoides, 31,32,33,136
clupeola, 34
cnester, 256
coalitus, 303
coarctatus, 329
coatepeque, 250
coatesi, 121,125,130,308
coatsi, 144
coatsii, 216
cobalus, 310
cobitinis, 135
cobitis, 43,59,309
cobojius, 324
cobra, 29
cobrensis, 103
cocama, 107
coccina, 324
coccinatus, 175
coccinea, 164
coccineus, 162,195,225
coccinicauda, 220
coccinotaenia, 297
cocco, 146
coccogenis, 51
coccoi, 229
coccus, 219
cochabambae, 114
cochae, 87
cochinchinensis, 120,339
cochliodon, 105,107
cochui, 86,94,100
cocibolca, 82
cocoensis, 160,286,315
cocosensis, 196,303,328
cocsa, 54
codoniphorus, 29
codringtonii, 49,263
coecutiens, 96
coeleste, 174
coelestinus, 88,266,276
coelestis, 269
coelolepis, 9
coenosus, 328
coerulea, 46,313
coeruleolineatus, 221,233
coeruleopinnatus, 230
coeruleopunctatus,
214,239,250
coeruleosticta, 327
coeruleus,
87,145,264,276,320
coffea, 264
cogginii, 56
cognatum, 174
cognatus, 204,286
cognita, 31
coheni,
21,151,153,154,159,209,295
coibor, 241
coila, 125

coioides, 214
coitor, 240
colanegra, 85
colarensis, 15
colaroja, 85
colax, 4
colchicum, 42
colchicus, 55,59
colcloughi, 3
colei, 168,220,290
colemani, 39,191,284
colesi, 12
colhuapiensis, 212
colias, 284,322
colifax, 82
colii, 137
colini, 246,269,297,306,317
collana, 276
collapsum, 65
collare, 3,220,245
collarti, 39
collettei,
34,85,161,172,216,223,289
colletti, 150,208
collettii, 90,127
colliei, 3
collignoni, 286
collingwoodii, 39
collinsae, 107
collinus, 127
collis, 223
collonianus, 306
colombia, 95
colombianus, 87,113
colombiense, 101
colombiensis, 10,103,167
colonensis, 32,242
colonorum, 212
colonus, 216
colorado, 233
colorata, 196,330
coloratus, 163,254
colorosum, 223
colubrina, 283
colubrinus, 26
columbianus, 65,88
colurus, 111
comatus, 171
combatia, 326
combibus, 25
come, 34
comes, 191
cometa, 307
cometae, 215
cometes, 220,311
comizo, 51
comma, 90,308
commbrae, 250
commerson, 162,322
commersoni, 105,211,303
commersonii, 65,193
commersonnianus, 231
commersonnii, 33,236,332
commersonoides, 107
communis, 262,304

commutabilis, 149,256
comoensis, 90,117
comoroensis, 6
compacta, 177
compactus, 69,96
compagnoi, 8,13
compiniei, 49
compita, 313
complicofasciata, 6
compressa,
31,32,92,185,244,284,300,
337
compressicauda, 152
compressiceps, 250,253,254
compressiformis, 57
compressirostris, 68
compressocephalus, 299
compressocorpus, 43
compressum, 168
compressus,
21,35,46,52,80,81,88,93,155,
163,164,215,225,276,288,
318
compsus, 131
compta, 95,108
comptus, 81,288,297
compuncta, 324
compunctus, 186
comus, 208
conatus, 202
concatenatus, 337
concavifrons, 308
concentricus, 14
conceptione, 214
conceptionis, 235
conchifer, 189
conchitae, 253
conchonius, 57
conchophilus, 126
conchorum, 168
conchos, 65
conchyliatus, 237
concilians, 228
concinnum, 205
concolor,
24,98,100,119,266,278,310,
322
condei, 39,85,102,271
condiscipulus, 100
conditus, 294
condotensis, 88
condylura, 151
confinis, 187,211
confluens, 69
confluentus, 137,180,318
conformis, 266
confusus, 12,136,145,204
confuzona, 69
congensis, 126
conger, 29
congestum, 65
congica, 34,117,125,264
congicum, 174,324
congicus,
42,43,76,90,116,123,194, 263

congoensis, 18,24,46,238,258
congoro, 49
congroides, 26,29,30
coniceps, 28
coniorta, 197
coniptera, 74
conirostris,
57,72,78,111,128,130
conjugator, 156
conjunctus, 252
conklini, 228
connectens, 310
connelli, 217
connieae, 169
conocephala, 133
conocephalus, 52
conophoros, 259
conorhynchus, 124,279
conquetaensis, 114
conquistador, 114
conradi, 98
conserialis, 81
consobrinus, 158
consocium, 168
consortus, 260
conspersa, 46,66,78,228
conspersus, 22
conspicillatus, 247
conspicillum, 334
conspicuus, 217
constanciae, 179,228
constellata, 15
constellatus, 197,222,328
consternans, 56
constructor, 313
conta, 112
contiguus, 140,190
continens, 185
continentalis, 208
contracta, 117
contractus, 69
contradens, 104
contrerasi, 168
conventus, 82
convergens, 151
convexus, 172
convictor, 307
conwayi, 248
cookei, 8,27,125,284
cooki, 5
cookianus, 149
cookii, 196,225
coomansi, 32
cooperae, 27
cooperensis, 121
cooperi, 202,217,297
coosae, 222,223
copandaro, 168
copei, 62,83,90,100,118,134
copei copei, 210
copei gibbericeps, 210
copei kerguelensis, 210
copei wilsoni, 210
copelandi, 27,88,224
copelandii, 78

copleyi, 318
coppenamensis, 100,105,253
coppingeri, 231
coprophagus, 129
coquenani, 84,108
coquettei, 28
coracinus, 111,210
coracoideus, 113,119
coracoralinae, 94
coralensis, 220
corallicola, 214,221,228,288
corallinum, 293,317
corallinus,
196,197,203,280,299,319,
330
corantijni, 105
corantijniensis, 108
cordemadi, 252
cordobensis, 106
cordovae, 82,105
corduvensis, 98
cordyla, 231
coregonoides, 144
corethromycter, 156
coriacea, 52
coriaceus, 120,199
coriatae, 100
corica, 72
coriiceps, 282
coriparoides, 47
corneliae, 290
cornelii, 245
corneta, 193
corneti, 20
cornifer, 164,290
corniger, 143,164,206
cornucola, 282
cornusaccus, 69
cornuta, 148,186,331,337
cornutum, 188
cornutus,
50,51,286,291,312,320,326,
328
coroides, 243
coromandelensis, 67,171
corona, 7,169,223
coronata, 166,185,337
coronatus, 191,205
coronoidus, 338
coronus, 240
coropinae, 130
corporalis, 62
corpulentus, 178
correntinus, 82
corruscans, 129
corsula, 167
cortesae, 180
cortezensis, 13
cortezi, 185,197
cortezianus, 278
corti, 79
coruhensis, 137
corumba, 107
corumbae, 78
coruscans, 72,187,233

coruscum, 188
corvinaeformis, 236
corycaeus, 247
corymbus, 331
coryphaenoides, 258
corythaeola, 139
cosmetus, 272
cosmops, 90
cosmurus, 305
costae, 90,214,330
costaecanariae, 207
costai, 179
costaricanus, 294
costaricensis, 241
costata, 70,296
costatus, 78,119,191,210,298
cosuatis, 54
cotidianus, 300
cotinho, 90
cotio cotio, 54
cotio cunma, 54
cotio peninsularis, 54
cotroneii, 29
cotticeps, 197,303
cottoides,
113,148,194,205,293
cotylephorus, 113
couardi, 7
coubie, 49
couchi, 309
couchianus, 185
couesii, 165
coulteri, 263
coulterii, 136
couma, 125
courensis, 82
courtenayi, 218
courteti, 117
cous, 111,124
cousinsi, 279
cousseauae, 11
coval, 34
coxeyi, 84
coxii, 300
crabro, 72,262
cracens, 163,324
cracentis, 86
craddocki, 143
cragini, 223
crameri, 54,197
cramptoni, 131
cranbrooki, 69
cranchii, 123
crandellii, 80
craneae, 186
cranwellae, 285
crapulatus, 292
crassa, 133,155,185,224
crassibarbis, 49
crassicauda,
46,75,104,105,112
crassicaudatus, 98
crassicaudus, 228
crassiceps,
93,149,157,159,185,225,279,

286
crassicorpus, 296
crassilabris,
74,78,124,127,243,255,256
crassilabrum, 55
crassiobex, 71
crassipinnis, 251
crassispina, 163,281
crassispinosa, 168
crassispinus, 8,187
crassus,
57,133,194,221,260,304,315
cratensis, 120
craticula, 332
crawfordi, 181
creaseri, 205
crebridens, 256
crebripunctata, 16
credispinulosus, 208
cremnobates, 82,294
crenastus, 69
crenatum, 93
crenatus, 86
crenidens, 238
crenilabis, 167
crenilabrum, 315
crenobiontus, 189
crenolepis, 170
crenuchoides, 54,87
crenula, 121
crenularis, 147
crenulatus, 190
creolus, 183
crepidater, 9
crescentalis, 309
crescentus, 57
cretense, 277
creutzbergi, 25
cribratus, 286
cribroris, 22
cricota, 294
crimmeni, 100
criniceps, 159
criniger, 190,318
crinitus, 164,191,291,293
crinophilum, 296
crisnejas, 90
cristata, 70,114,118,288,292
cristatus,
107,148,151,165,191,192,
193,293,322,330
cristiani, 84
cristiceps, 185,238
cristulata cristulata, 198
cristulata echinata, 198
cristulatus, 280,310
crittersius, 310
crixas, 178
croatica, 310
croaticus, 63
crocata, 311
crocatus, 311
crocea, 241
crocineus, 237,305
crockeri, 147,203,294

crocodila, 201
crocodili, 118
crocodilinus, 25
crocodilus,
32,76,146,189,310
crocodilus crocodilus, 173
crocodilus fodiator, 173
crocopeplus, 256
crocro, 236
cromis, 242
cronus, 256
crooki, 16
crosnieri, 12,26,156,219
crossacanthum, 279
crossensis, 50
crossi, 268
crossogenion, 319
crossolepis, 332
crossopterum, 223
crossotus, 140,197,288,326
crotalinus, 278
crozetensis, 208,282
cruciatus, 14,75
crucis, 140
cruentata, 214
cruentatus, 224,309
cruentifer, 26
cruentum, 274
cruentus, 192
crumenalis, 329
crumenophthalmus, 231
crusma, 267
crustosum, 201
cruxenti, 114
cruzi, 177,250
cruziensis, 100
cryomargarites, 154
crypta, 224
cryptacanthus, 9,163,194
cryptica, 158
crypticum, 147
crypticus, 77,100,115,131
cryptobulbus, 140
cryptobullatus, 96
cryptocallus, 178
cryptocentrus, 161,305
cryptodon, 108,256,336
cryptofasciata, 72
cryptogenes, 130
cryptogramma, 256
cryptolepis, 61
cryptonemus, 46
cryptophthalmus,
102,161,304
cryptopogon, 50
cryptopterus, 120
cryptus, 121,274,297
crysoleucas, 52
crysos, 230
crystallina, 167
csiroi, 210
ctenion, 296
ctenocephalus, 69
ctenocrypta, 297
ctenolepidus, 303

diabolus, 98,197
diacanthus, 192,214,242,247,281,312
diactithrix, 142
diadema, 188,220,250,309
diademata, 309
diadematus, 145,270,337
diademophilus, 145
diademus, 219
diagonalis, 243,284,302
diagramma, 263
diagrammus, 159,236
dialepta, 305
dialeptos, 259
dialeptura, 91
dialeucos, 245
dialloi, 291
dialonensis, 39
dialuzona, 66
diamantina, 90
diamantinensis, 130
diamouanganai, 39
diana, 270
dianae, 295
dianchiensis, 74
diancistrus, 88
dianneae, 304
dianthus, 8,163,225
diaphana, 139,295,337
diaphanes, 228
diaphanus, 84,97,161
diaphanus diaphanus, 180
diaphanus menona, 180
diapterus, 278
diardi, 73
diaspros, 336
diazi, 130,179
dibaphus, 178
dibranchodon, 173
dibruensis, 247
dicentrarchus, 252
diceraus, 204
dicholepis, 331
dichromum, 101
dichromus, 63
dichrostomus, 162
dichroura, 90
dichrourus, 256
dichrous, 246
dickfeldi, 258
dickii, 269
dicra, 101,222
dicromischus, 165
dicropotamicus, 86
dicrozoster, 255
dicrus, 270,305
dictynna, 270
didactylus, 162,195
didi, 58
dieffenbachii, 21
diehli, 12
diemensis, 162
dienbienensis, 54
dienbieni, 45
diencaeus, 270

dientonito, 93
dierythrura, 91
dies, 59
dieuzeidei, 200
difluviatilis, 100
digitatus, 140
digitopogon, 166
digittatus, 156
digramma, 234,274
digrammus, 95
digressus, 193
digueti, 30,290,306
diktyota, 90
dikume, 258
dilecta, 326
dilectus, 220
dilemma, 289
dilepis, 306
dimerus, 253
dimetrodon, 310
dimidiata, 267,324
dimidiatus, 64,76,247,253,254,272,273, 276
dimonikensis, 96
dimorpha, 297
dimorphicum, 285
dimorphicus, 41
dinah, 310
dinar, 220
dinema, 120,140,141,165,230
dinjerra, 231
dinoceros, 326
dioctes, 124
diodontus, 21
diomedeanus, 333
diomediana, 30
dionaea, 302
dionisi, 31
dipharus, 221
diphreutes, 246
diphyes, 100,182
diphyodontis, 295
diplochilus, 43
diplogramma, 325
diploproa, 197
diploprora, 210
diplospilus, 284,327
diplostigma, 253
diplostoma, 38
diplotaenia, 11,250,256,270
dipogon, 57
diporus, 277
diproctotaenia, 305
dipterura, 15
dipterus, 210
dipterygia, 10
dipus, 303,318
diquensis, 82
diquis, 250
dirempta, 183
diringeri, 331
disa, 58
disalvoi, 310
discobolus discobolus, 65

discobolus jarrovii, 65
discognathoides, 38
discolor, 264,272
discoloris, 75
discophorus, 55
discordipinnis, 315
discorhynchus, 18
discors, 164
discotorquatus, 316
discoveryae, 208
discus, 101,264
disii, 213
disjunctivus, 108
dislineatus, 8
disneyi, 116
dispar, 47,57,93,98,124,140,150, 173,180,196,217,225,244, 291,313,314,333
dispar dispar, 181
dispar richardsoni, 181
disparis disparis, 70
disparis qiongzhongensis, 70
disparizona, 72
dispilomma, 80
dispilonotus, 34
dispilos, 184
dispilurus, 119
dispilus, 227,267,272,274
disrupta, 307
disruptus, 85
dissidens, 103
dissimilis, 13,45,79,135,168
dissitus, 120
distans, 145
distichodoides distichodoides, 76
distichodoides thomasi, 76
distigma, 307
distinctus, 241
distoechus, 205
distofax, 145
distolothrix, 101
ditaenia, 46
ditchela, 32
ditinensis, 39
ditrema, 223,291
ditrichus, 294
ditropis, 4
divergens, 135,149,152
diversidens, 202
diversus, 135,225
divisorensis, 87
dixurus, 220
djajaorum, 170
djambal, 126
djarong, 191
djedaba, 230
djeremi, 126
djiddensis, 10
dlouhyi, 105
dnophos, 83
doaki, 143
dobsoni, 48
dobula, 47,78

doceana, 90
doceanum, 130
doceanus, 107
dockinsi, 284
docmak, 126
dodecacanthoides, 233
dodecaedron, 206
doderleini, 275
doederleini, 213,225
doederleinii, 171
doellojuradoi, 11
dofleini, 142,146
dogarsinghi, 41
dolganovi, 207
doliatus, 229,273,319
dolichaulus, 279
dolichogaster, 281
dolichognathus, 304
dolicholophia, 101
dolichonema, 61,110,166
dolichopterus, 70,102,179
dolichorhynchus, 24,66,256
dolichosomatum, 24
dolichurus, 113
dollfusi, 286,318,323,333
dolloi, 340
dolomieu, 222
dolorosus, 256
dolosus, 199,245
dominicensis, 183
domirae, 262
donaldsoni, 285
donghaiensis, 11
donglanensis, 62
donnyi, 18
dooleyi, 229
doonensis, 70
dorab, 33
dorae, 96
dorbignyi, 119
dorehensis, 162
dori, 304,332
doriae, 37,67,93,113,127,243,304
dorioni, 84
dorityi, 168
dormitator, 157
dormitor, 10,300
dormitoris, 310
dorotheae, 301
dorothy, 206
dorsale, 102,293
dorsalifera, 13
dorsalis, 6,22,53,58,74,77,111,118, 149,231,241,243,268,269, 286,293,295,338
dorseyi, 114
dorsialta, 330
dorsigera, 258
dorsimaculatus, 58,94,177
dorsinotata, 59
dorsinuda, 90
dorsiocellata, 42
dorsiocellatus, 193

ellioti, 225,264,287,334
ellipse, 302
ellipsifer, 194
ellipticum, 266
ellipticus, 328
ellisae, 100
ellisi, 84,131,162
elmaliensis, 61
elminensis, 162
elochini, 206
elongata,
1,7,31,32,34,46,51,57,64,66,
67,68,72,73,74,95,114,132,
139,142,145,170,184,196,
211,228,244,252,284,294,
295,302,313,332
elongatoides, 36,66
elongatum, 3,53,104,138,277
elongatus,
36,39,42,43,45,47,52,53,55,
61,65,68,72,76,79,80,90,93,
94,118,126,127,129,132,133,
134,138,139,140,147, 148,
155,156,167,175,176, 178,
187,197,199,203,217, 220,
228,231,232,235,237, 241,
242,244,248,257,258, 262,
265,274,278,279,280, 286,
291,292,310,314,322, 328,
330,331,333,336,338
elopsoides, 34
elphinstonei, 20
elski, 328
elsmani, 166
eltaninae, 208
eltanini, 163,210
elucens, 140,190
elymus, 170
emanueli, 98
emarginata, 109,116,292
emarginatum, 239
emarginatus, 93,116,128,269
embalohensis, 69
emblemarius, 195
emblematicus, 311
embryum, 203
ememes, 287
emeryi, 270,317
emeryii, 237
emiliae emiliae, 54
emiliae peninsularis, 54
emmae, 22
emmelas, 155
emmiltos, 259
emmnion, 280
emperador, 84
emphaeus, 197
empheres, 253
empherus, 236
empodisma, 256
empousa, 101
empyraeus, 181
enbarbatus, 140
encaustus, 180
enchrysura, 267

encrasicholoides, 33
encrasicolus, 32
endeavouri, 12,163,193
endecacanthus, 233
endecanalis, 58
endecarhapis, 61
endekataenia, 225
endemoscotus, 278
endlicherii congicus, 17
endlicherii endlicherii, 17
endoi, 162
endrachtensis, 170,202
endy, 83
enfurnada, 115
engelhardi, 217
engeli, 167
engelseni, 122
englemani, 143
englerti, 197
engrauliformis, 34
engraulis, 57
engrauloides, 53
engycephalus, 75
engyceros, 201
engystoma, 19,256
enigmatica, 129
enigmaticus, 22,30,237,303
enisae, 324
enneacanthus, 274,276
enneactis, 298
enneaktinos, 184
ennealepis, 59
enneaporos, 54
ennorensis, 302
enochi, 114
enoplus, 43
ensatus, 259
ensifer, 64,188,197,307
ensifera, 240,303
ensiferus, 153,211
ensis, 39,154,321
entaxis, 195
entemedor, 10
entochloris, 210
entomelas, 148,197,234
eoethinus, 274
eos,
1,43,68,88,189,197,209,217,
297,326
epa, 96
epae, 250
epakmos, 106
epakros, 85
epallax, 281
epalzeocheilos, 290
eperlanus, 135
ephelis, 72,242
ephesi, 310
ephimeros, 83
ephippiata, 220
ephippiatus, 86,138,162,316
ephippifer, 100,110
ephippium, 245,249,266
epiagos, 83
epicharis, 88

epichorialis, 259
epikarsticus, 97
epilampra, 337
epinepheli, 25
epinnulatus, 190
epipercus, 242
epiphanes, 307
epiroticus, 55
epirrhinos, 248
episcopa, 45
episcopi, 182
episcopus, 26
epistictus, 214
epithales, 165
eppleyi, 107
eptingi, 105
equatorialis, 13,22,24,30,31
eques,
78,88,95,100,114,128,153,
192
equinus, 121
equiradiatus, 293
equiselis, 230
equula, 230
equulus, 232,234
erabo, 26
erberi, 178
ercisianus, 39
ercodes, 336
erdali, 68
erdmani, 294
erdmanni, 229,272
erebennus, 29
erebi, 34
erectus, 191,311
eregliensis, 71
eregoodootenkee, 16
eremia, 222,227
eremica, 46
eremitus, 158
eremius, 305
eremnopyge, 250
eremus, 181
ergastularius, 215
ergodes, 25
erhaiensis, 71
erhani, 42
eriarcha, 115,167
ericae, 105
erici, 306
ericius, 105
ericotaenia, 259
ericymba, 242,253
erikssoni, 161
erimelas, 134
erimoensis, 134
erimyzonops, 63
erinacea, 13
erinaceus, 50,102,164,191
eriomma, 237,334
eristigma, 25
ernestmagnusi, 263
erondinae, 113
erosa, 195
erroriensis, 31

erubescens, 39
erugatus, 191
erumei, 326
eruptionis, 316
erythracanthus, 237
erythraeensis, 27
erythraeum, 216
erythraeus,
30,142,158,190,297,298
erythrea, 218
erythrina, 164
erythrinoides, 95
erythrinus, 94,225,238
erythrocephalus, 256
erythrodon, 263,276
erythrogaster, 43,234
erythromaculatus, 256
erythromicron, 44
erythromycter, 58
erythron, 174
erythrophthalmus, 61
erythrops,
94,161,274,296,304
erythropterus,
42,49,83,233,237,325
erythrorinchus, 172
erythrosoma, 31,225
erythrosomus, 287
erythrospila, 51
erythrospilus, 308
erythrostigma, 88
erythrotaenia, 194,339
erythrourus, 235
erythrozonum, 223
erythrozonus, 39,87
erythrura, 250
erythrurum, 65
erythrurus, 82,85,214
esakiae, 302
esau, 186
escambiae, 180
escaramosa, 166
escherichi, 174
escherichii, 37,51
eschmeyeri, 131,196,197,198
eschrichtii, 165
esconditus, 181
esculentus, 29,260
esekanus, 175
esfahani, 55
esipovi, 277
esmarkii, 154,278
esmeraldas, 96,130
esocinus, 38,51,56,61
esox, 170,263,283
espei, 64,95
esperanzae, 100
espiritosantensis, 107
esquivel, 316
essequibensis, 77,86,89,114
estherae, 259
estor, 168,256
estuarius, 112
esuncula, 20
etentaculatus, 108

griseorubrum, 277
griseum, 4
griseus, 6,8,22,61,100,106,116,177, 206,211,213,233,237,242, 302,315
griswoldi, 72
gritzenkoi, 137
grixalvii, 101
groenlandica, 133
groenlandicus, 164,211,232
grohmanni, 328
gronovii, 94,323
grootii, 247
grossi, 298
grossidens, 32,183,235
grosskopfii, 129
grosvenori, 84,308
grouseri, 1
grubii flavomaculatus, 137
grubii grubii, 137
grumi, 55
grunniens, 161,240,242
gruschkai, 287
gruveli, 40,202,298
gruzovi, 195
grypotus, 241
grypus, 36,40,118
guacamaia, 276
guacamaya, 99
guachancho, 321
guacharote, 106
guadalupae, 294
guadalupensis, 225
guahiborum, 104
guairense, 102
guajira, 176
guamachensis, 10
guamensis, 197,227,269,303
guanduensis, 62
guanes, 86
guangxiensis, 62
guapore, 100
guaporensis, 83,85,90,177
guarani, 88,251
guaraquessaba, 98
guasarensis, 115
guatemalensis, 84,93,124,167,179,301
guatucupa, 240
guavina, 300
guayaberensis, 97
guaymasiae, 314
guayoensis, 118
guaytarae, 84
gudgeri, 12,62
gudrunae, 139
gueldenstaedtii, 17
guentheri, 20,36,70,78,94,101,108,109, 116,134,143,144,146,150, 153,157,176,193,198,200, 245,251,259,274,283,298, 300,329,338
guentherii, 233

guernei, 141
guezei, 201,246
guganio, 58
guggenheim, 9
guianense, 98,104,157
guianensis, 30,32,83,100,104,173,258
guiarti, 256
guibei, 312,328
guichenoti, 43,54,248
guignardi, 176
guija, 167
guilberti, 299
guilcheri, 233
guildi, 40
guilinensis, 56,62,67
guilingensis, 47
guillemi, 208
guilleti, 310
guinasana, 264
guineense, 175
guineensis, 25,27,40,50,175,189,218, 264,273,327,337
guirali, 40
guiraonis, 51
guishanensis, 62,67
guizae, 84
guizhouensis, 62
gula, 234
gulare, 104
gularis, 175,225
gulielmi, 40
gulio, 127
gulliveri, 211,319
gulo, 87
gulosus, 186,204,222,304,311
gummigutta, 215
gundriseri, 74
gunnari, 282
gunnellus, 281
gunnii, 335
guntea, 66
gunteri, 33,327
guntheri, 109,147,282,330
guntheri guntheri, 252
guntheri loennbergi, 252
guoraca, 236
guppyi, 30,229,294
gurnardus, 200
gurneyi, 40
gurwicii, 206
gushikeni, 284
gutselli, 223
guttata, 15,95,117,196,202,250,294, 302,307,333
guttatissimus, 245
guttatus, 16,19,58,70,79,110,114,127, 147,154,215,219,221,233, 243,249,257,274,286,292, 310,319,320,322
guttavarius, 215
guttifer, 338

guttulata, 228,327
guttulatus, 28,191,261,331
gutturale, 193
gutturosa, 264
gutturosus, 136
guyanae, 259
guyanensis, 77,84,87,93,246
guyotensis, 195,246
gymnauchen, 287,307
gymnetrus, 75
gymninium, 279
gymnocara, 308
gymnocelus, 24
gymnocephala, 224,302
gymnocephalus, 211
gymnocheilus, 60
gymnoderma, 194
gymnodermis, 295
gymnodontus, 83
gymnogaster, 69,101,109,315
gymnogenis, 273
gymnogenys, 83,255,271
gymnopomus, 300,316
gymnopreopercularis, 261
gymnoptera, 234
gymnopterus, 26
gymnorhinus, 326
gymnorhynchus, 102,105,123,151
gymnostethus, 200,230
gymnota, 27
gymnotrachelus, 303
gymnotum, 287
gymnotus, 27,131,181
gymnoventris, 176
gymnura, 337
gymnurus, 189
gypsochilus, 150
gyrans, 167
gyrina, 119
gyrinoides, 207,300
gyrinops, 207
gyrinus, 110,116,207
gyrospilus, 86
haackeanus, 331
haackei, 284
haasi, 40
haasianus, 40
haastii, 249
habbemai, 248
habenatus, 29
habereri, 6,49,123
habrosus, 100
hachijoensis, 150
hadiatyae, 171
hadiyahensis, 36
hadrocephalus, 160
hadrogeneia, 278
hadropterus, 314
hadrostigma, 253
haeckeli, 3
haeckelii, 6
haedrichi, 323
haematocheilus, 166
haematopterus, 190,237

haemomyzon, 97
haffara, 239
hafizi, 201
hagedornae, 132
hageni, 172,315
hageyi, 195
hahni, 103,130
haifengensis, 299
haifensis, 215
haima, 317
hainanensis, 46,54,57,60,75,127,231,298, 299,316,329
hainanica, 16
hainesi, 124
haitej, 205
haitiensis, 160,260,294
haizhouensis, 32
hajam, 335
hajomaylandi, 259
hakonensis, 64
halavi, 11
halecinus, 82
halei, 3,45,306
halfibindus, 38
halimeda, 189
halisodous, 129
halleri, 14
halli, 336
hallstromi, 4
halonevum, 317
halstead, 284
halsteadi, 338
hamatus, 88,94,283
hamiltoni, 65,143,339
hamiltonii, 33,167
hamlini, 207
hamlyni, 16
hammarlundi, 104
hampaloides, 56
hamrur, 224
hamwii, 70
hanae, 319
hancocki, 164,294,309
hancockii, 118
handi, 145
handlirschi, 57
hanedai, 212,232
hangiongensis, 204
hanitschi, 69
hankinsoni, 48
hankugensis, 66
hanneloreae, 174
hannerzi, 185
hansbaenschi, 251
hanseni, 87,146
hansi, 22
hansoni, 282
hanui, 267
hapalias, 65
haplocaulus, 141
haplodactylus, 288
haplonema, 165
haplophos, 139
hara, 112

ineac, 96
inequalis, 90
inermis,
99,110,119,138,195,196,198,
204,206,207,214,217,233,
237,271,330,337,338
inescatus, 288
inexpectatum, 279
inexplicatus, 305
inexspectatum, 104
infans, 28,144,184
infasciatus, 235
infeliciter, 210
infernale, 193
inferomaculata, 29
inferus, 81
inflaticeps, 151
inflexidens, 208
infrabrunneus, 162
infrafasciatus, 41
inframacula, 337
inframaculatus, 307
inframundus, 137
infranudis, 151
infraspinatus, 206
infrons, 294
infulata, 307
infulatus, 111,298
infuscatus, 112
infuscipinnis, 283
infuscus, 149
ingens, 147,191,203
ingenuua, 229
ingeri, 54,69,316
ingerkongi, 54
ingerorum, 164
inglisi, 70
ingolfianus, 28
inhaca, 313
inhacae, 25,311
inion, 31
iniridae, 251
inmemoriam, 181
innesi, 92,133
innocens, 40
innominatus, 12
innotabilis, 149,286
inodorus, 240
inopinata, 159
inopinatus, 24
inops, 202
inornata,
13,77,112,216,238,251,259
inornatus,
24,43,128,219,221,235,263,
274,306,330
inosimae, 153
inpa, 253
inpai, 85,128,132
inquilinus, 209
inrai, 91
inscriptum, 223
inscriptus, 273,331
insculpta, 78
insculptus, 118,125

insidiae, 256
insidiator, 124,162,232,272
insidiosa, 70,113
insidiosus, 98
insignis,
45,65,70,78,84,91,94,110,
111,116,120,248,259,262,
277,280,305,326
insignitus, 305
insignus, 315
insinuans, 315
insolata, 267
insolens, 285
insolita, 10,318
insolitus, 27,122,263,299
inspector, 104,134
insperatus, 104,197,286
insulae, 192
insulaepinorum, 178
insularis,
25,33,50,190,192,197,221,
243,253,270,272,300,310,
333
insularum, 140,143,154,170
insuyanus, 47
integer, 83
integrigymnatus, 47
integrilabiatus, 61
integripinnis, 294
intercrusma, 267
interioris, 21,180
intermedia,
46,68,74,91,95,96,120,133,
145,185,212,252,317,323
intermedium, 324
intermedius,
18,19,49,54,63,76,79,81,83,
87,96,97,112,122,126,128,
139,140,143,164,165,171,
172,177,187,204,206,217,
227,229,246,254,262,264,
265,291,304,308,322,326,
328,334
intermittens, 175,178
internatus, 4
interrupta,
11,57,146,211,275,289,299
interruptum, 80
interruptus,
44,81,85,105,140,176,222,
232,235,245,246,259,319,
333
interspinalus, 111
interstitialis, 216
intertinctus, 25
intesi, 22
intestinalis, 190
intha, 44
intimus, 177
intonsa, 199
intonsus, 113
intricarius, 146
introniger, 150,155
introrsus, 69
inusitata, 121

inusitatus, 192,199
inutilis, 307
invemar, 290
inventionis, 138
investigatoris,
4,151,190,197,201,214,337
io, 298
ioani, 140
iomelas, 267
ionah, 283
ionthas, 290,318
ios, 1,166,305
iosodon, 292
iota, 87,104,185,188,301
ipanquianus, 82
ipatinguensis, 251
iphthimostoma, 64
ipni, 63
iporangensis, 255
iracundus, 198
iranica, 71
iravi, 248
ireneae, 180
irianjaya, 169
iridescens, 138,178
iridescens iridescens, 37
iridescens yuanjiangensis, 37
irideus, 318
iridis, 272
irinae, 79,282
iriodes, 19
iris, 155,157,169,256
irisae, 83
irrasa, 11,307
irregularis, 72,139,140,264
irretitus, 25
irritans, 93
irrorata, 67
irroratus, 215
irrubesco, 338
irsacae, 117,264
irvinei, 11,264
irwini, 212
isaaci, 109
isaacsi, 31,133,147
isabelita, 247
isabellum, 5
isacanthus, 120,236
isalineae, 94
isarankurai, 142
isaza, 309
isbruckeri, 103
isbrueckeri, 100,105,253
ischana, 32
ischchan, 137
ischnosoma, 110
ischyrus, 200
iselinoides, 146
iseri, 276
isfahanensis, 181
isharae, 267
ishigakiensis, 225
ishiharai, 11
ishikawae, 135,136,148,204
ishikawai, 230

ishiyamai, 12
ishiyamorum, 26
ishmaeli, 256
isidori fasciaticeps, 19
isidori isidori, 19
isidori osborni, 19
isingteena, 22
isiri, 88
isis, 304
islandicus, 158,189,211
ismailiaensis, 260,264
isodon, 7,8
isognathus, 21,79,314
isokawae, 201
isolatus, 143
isolepis, 327
isonycterina, 257
isopterus, 123
isos, 289
isosceles, 327
isostigma, 72,219,227
isostigmus, 227
isotrachys, 11
ispartensis, 73
ispi, 181
issykkulensis, 55
istanbulensis, 37
isthmensis, 178,196
isthmus, 45
istlanum, 253
isus, 225
ita, 83
itacaiunas, 115
itacambirussu, 98
itacarambiensis, 98
itacua, 105
itaimbe, 86
itaimbezinho, 103
itajara, 215
itajobi, 292
italicus, 150
itanhaensis, 177
itanyi, 258
itaparicensis, 88
itapicuruensis,
77,115,177,255
itasy, 263
itatiayae, 98
itchkeea, 110
itinus, 198,333
ittodai, 188
itupiranga, 94
iturii, 40,117
ivantsoffi, 169
ivindoensis, 20
iwamae, 15
iwame, 136
iwamotoi, 242
iwokrama, 96
ixocheilos, 50
iyonis, 221
izabalensis, 125
izecksohni, 179
izensis, 196
izuensis, 15,199,270,298

jaarmani, 312
jabonero, 87
jace, 220
jackrandalli, 158
jacksonensis, 148,275
jacksoni,
19,40,253,266,288,316
jacksonianus, 335
jacksoniensis, 211,221
jacksonii, 81,96
jacobfreibergi, 251
jacobinae, 83
jacobsoni, 59
jacobus, 188
jacobusboehlkei, 58
jactator, 337
jacuhiensis, 83
jacuiensis, 79,88,91
jaculatrix, 244
jaculiferus, 339
jaculum, 143
jacupiranga, 98
jacuticus, 137
jadovaensis, 66
jadovensis, 44
jae, 40
jaegari, 176
jaegeri, 64
jaensis, 122
jagorii, 192
jaguana, 34
jaguarensis, 253
jaguaribensis, 85
jaguribensis, 105
jahu, 130
jaimei, 132
jaintianensis, 44
jalalensis, 111
jalapensis, 178
jallae, 264
jamaicensis, 14,240
jamali, 219
jamesi, 32,79,91,220
jamesoni, 215
jamestyleri, 337
jamoerensis, 248
janae, 63,185
janaubensis, 179
jancupa, 92
janeirensis, 108
janeiro, 35
janeiroensis, 83,130,178
janetae, 303
janpapi, 176
jansenii, 243,275
janssensi, 40
janssi, 190,306
janthinoptera, 337
janthinopterus, 302
janthinosoma, 336
janthochir, 43,276
jantjae, 106
januaria, 32
januarius, 184
janus, 143,263

jaok, 205
japalpa, 305
japanensis, 276
japanica, 6,16
japenensis, 169
japonica,
2,9,10,16,21,27,29,34,142,
144,148,151,187,200,201,
202,207,229,232,238,244,
302,307,321,323,332,333
japonicum,
3,156,189,212,216
japonicus,
3,4,8,9,21,28,29,32,122,134,
137,138,142,147,148,149,
152,153,156,159,164,187,
188,189,190,191,193,195,
201,204,205,207,212,213,
217,219,224,227,229,231,
232,235,236,237,240,243,
247,274,276,279,280,283,
286,298,315,320,322,328,
330,332,334,336
japonicus coreanus, 63
japonicus japonicus, 63
japuhybense, 80
jaracatia, 120
jaraguensis, 109
jarbua, 248
jardinii, 17
jariina, 252
jarocho, 306
jarutanini, 72
jataiensis, 102
jatia, 124
jatuarana, 80
jatuaranae, 90
jatuncochi, 79
jaubertensis, 332
jauruensis, 103
javaensis, 156
javahe, 178
javanensis, 120
javanica, 16,21
javanicus,
14,22,28,138,171,269,275,
276,314,327
javari, 130
javedi, 66
javus, 319
jaya, 38
jayakari, 16,191,246
jayakari jayakari, 144
jayakari
pseudosphyraenoides, 144
jayarami, 48,58,111
jaynei, 120
jeannae, 156
jeanneli, 182
jeanpoli, 175
jeb, 158
jebbi, 228
jeffjohnsoni, 158
jeffreysii, 304
jeffwilliamsi, 160

jegui, 102,131,253
jeittelesii, 206
jella, 124
jello, 321
jelskii, 87,102
jemezanus, 53
jenkinsi,
180,224,225,248,270,290,
294
jenkinsii, 15
jenningsi, 289
jenny, 331
jensenae, 13
jenseni, 11,145,279
jentinki, 265
jentinkii, 45
jenynsi, 312,333
jenynsii, 83,92,115,327,331
jeoni, 52
jequitinhonha, 115
jequitinhonhae, 98,119
jerdoni, 58,112,157
jeruk, 54
jespersenae, 1
jesperseni, 31
jesse, 31
jessiae, 223,236
jessicalenorum, 249
jewettae, 160
jianchuanensis, 74
jiangxiensis, 47
jii, 62
jiloaensis, 167
jimbaranensis, 11
jimcraddocki, 140
jimi, 107
jimjoebob, 200
jingdongensis, 111
jinxiensis, 75
jipe, 260
jishouensis, 37
jiuchengensis, 62
jiuxuensis, 62
jivaro, 129
joanae, 85,213
joanallenae, 271
joanjohnsonae, 259
joannae, 283
joannis, 129
jobaerti, 183
joberti, 104
jocu, 233
joculator, 246
joergennielseni, 158
joergenscheeli, 174
johanna, 253
johannae, 59,136
johannii, 259
johannisdavisi, 12
johnboborum, 152
johnelsi, 123
johnfitchi, 144
johnii, 105,233
johnpaxtoni, 321
johnsoni,

22,25,98,162,195,271,294
johnsonianus, 20
johnsonii, 152,164
johnstonensis, 27
johnstoni,
135,182,255,262,293
johnstonianus, 269
johnstonii, 49
johntreadwelli, 60
johnvoelckeri, 219
johorensis, 58,71,127
jojettae, 286
joka, 264
jonasi, 130
jonassoni, 161
jonesi, 74,232
jonesii, 183,234
jonklaasi, 67,315
jordanensis, 83
jordani,
3,57,83,135,146,149,152,
159,164,168,198,204,206,
207,208,216,223,233,266,
270,271,277,278,282,287,
327
jordaniana, 277
joselimai, 106
joselimaianus, 108
josephi, 157
joshuai, 48
josianae, 175
jothyi, 217
joubini, 195
joungi, 8
jouyi, 55,57
joyneri, 198,333
juanlangi, 176
jubae, 64
jubata, 109,240
jubatus, 165,199
jubauna, 267
jubbi, 40,176,183
jubelini, 236
jucunda, 185
jucundus, 178,184
jugoricus, 279
jugosa, 201
jugularis, 284,288
jugumus, 191
juliae, 223
julianus, 135
julieni, 316
julii, 78,100
julis, 272
julisia, 180
jullieni, 43,56
jumbo, 107
juniperoserrai, 296
junki, 80,242
jupiaensis, 254
juquiae, 107,108
juradoensis, 296
jureiae, 130
jurubatibensis, 178
jurubi, 254

laudandus, 292
laukidi, 115
laurae, 45,280
laurahubbsae, 1
laurenti, 115
laurentii, 293
laurentino, 236
laurettae, 136
laureysi, 152
lauroi, 80
laurussonii, 4
lautior, 46
lauzannei, 40,79
lavalaei, 279
lavaretus, 136
lavenbergi, 31,283,310
lavettsmithi, 297
lawak, 48
lawrencei, 223
lawsi, 255
laxipella, 13
layardi, 58
laysanus, 219
lazera, 122
lazzarotoi, 178
leai, 227
leavelli, 314
lebaili, 79,94
lebeck, 286
lebedevi, 66
lebretonianus, 215
lebretonis, 300
lecluse, 272
lecointei, 150
lecontei, 68
lecorneti, 212
lecromi, 214
leda, 196
ledae, 168
leedsi, 44
leei, 333
leerii, 121,325
leeuwin, 288
lefiniense, 174
lefroyi, 234
leftwichi, 303
legandi, 142
legendrei, 17,301
leggetti, 168
legnota, 9
legras, 219
legula, 164
lehat, 50
lehi, 170,324
lehmanni, 50
lehoai, 47
leiacanthus, 120,122,127,128
leiarchus, 240
leiaspis, 192
leibyi, 25
leichardti, 17
leightoni, 109
leiodon, 7
leiogaster, 33
leioglossus, 132

leiognathus, 188
leiopleura, 104
leiopomus, 204
leiops, 207
leiotetodephalus, 125
leisi, 159
leitaoi, 177
leiura, 173
leiurus, 173,338
lekutu, 314
leleupanus, 64
leleupi, 53,82,260
leloupi, 260
lemairii, 255,258
lemaitrei, 183
lemassoni, 38
lemayi, 312
lembus, 245
lemmingii, 48
lemniscatum, 216,223
lemniscatus, 233
lemprieri, 12
lemur, 221
lemures, 3
lemuria, 290
lemuru, 35
lendlii, 73
lengerichi, 195
lenimen, 228
lenisquamis, 331
lennardi, 270
lennoni, 180
lenok, 135
lenticula, 224
lenticularis, 337
lenticulata, 254
lenticulatus, 6
lentiginis, 314
lentiginosa, 13,23,27,106
lentiginosus,
11,26,30,96,125,170,198,
264,307
lentjan, 237
leo, 252
leobergi, 37,210
leobergius, 303
leohoignei, 176
leonardi, 69
leonensis,
26,35,40,121,265,301
leoni, 176
leonidas, 83
leonina, 244
leonis, 151,305
leontinae, 70
leoparda, 10,15,117,338
leopardina, 117
leopardinus, 120,328
leopardum, 119
leopardus,
14,100,108,214,217,289,337
leopoldi, 15,65,83,263
leopoldianus, 18,81
lepadogaster, 297
leparensis, 272

lepechini, 137
lepiclastus, 86
lepicoelia, 294
lepida, 44
lepidentostole, 32
lepidiadaptes, 259
lepidion, 153
lepidocaulis, 71
lepidogaster, 69,294
lepidogenys, 158,269
lepidojugulata, 200
lepidolepis, 267
lepidolychnus, 146
lepidopoides, 321
lepidoptera, 213
lepidorhinus, 282
lepidota, 254,305
lepidothorax, 61,306
lepidotus, 311
lepidum, 223
lepidura, 77,91
lepidurus, 260
lepidus, 63,86,143,276,310
lepinium, 279
lepopareia, 219
leporhinus, 118
leporina, 330
leprocarus, 222
leprops, 203
lepros, 188
leprosus, 163,293
leprurus, 315
leprus, 185
leptacantha, 228
leptacanthus, 116,201
leptaspis, 125
leptobolus, 140,141
leptocauda, 12
leptocaulus, 225
leptocephalus, 52,56,177,303
leptocheilus, 50
leptochirus, 209
leptocirris, 295
leptodermatus, 277
leptodon, 258
leptofasciatus, 225
leptognathus, 28
leptogrammus, 88
leptokeras, 184
leptolepis, 150,189,231,241
leptolineatus, 3
leptonema, 166
leptonotacanthus, 124
leptopogon, 40
leptorhinus, 149,208
leptorhynchus,
89,126,131,192,207,303
leptos, 44,113
leptosoma, 59,74,115,189,254
leptosomatus, 29
leptosomus, 205
leptostriatus, 113
leptotaenia, 272
leptoura, 13,93
leptura, 96,265

lepturum, 53,102
lepturus,
26,30,52,111,113,121,130,
252,306,322
leptus, 215,220,269,278,285
lermae, 180
leschenaulti, 79
lesleyae, 286
leslie, 225
lessonii, 236
letholepis, 168
lethonemus, 150
lethophaga, 2
lethopristis, 235
lethops, 258
lethostigma, 327
lethostigmus, 91
lethrinus, 258
leticiae, 85,184
letnica, 137
letourneuxi, 180,257
lettiensis, 192
leucas, 7
leucichthys, 137
leuciodus, 53
leucisca, 78
leucisculus, 47
leuciscus,
50,81,167,232,235,260,300
leucobranchialis, 298
leucocheilus, 320
leucofrenatus, 104
leucogaster, 210,266,293
leucoglossus, 210
leucogrammicus, 213
leucokranos, 266
leucolomatus, 7
leucomaenis imbrius, 137
leucomaenis leucomaenis, 137
leucomaenis pluvius, 137
leucomelas, 100,102,309
leucometopon, 199
leucopaecilus, 199
leucopareius, 320
leucoperiptera, 6
leucophasis, 127
leucophrys, 104
leucopleura, 245
leucopoecilus, 298
leucopogon, 139
leucopoma, 268
leucopsarus, 147
leucoptera, 25
leucopteron, 168
leucopterygius, 175
leucopunctatus, 287
leucorhynchos, 331
leucorhynchus, 11,110,220
leucorus, 270
leucospilus, 11,141
leucosternon, 320
leucosteus, 238
leucosticta, 13,263
leucosticticus, 270
leucostictus,

5,34,111,121,174,216,223,
324
maculatus,
3,6,14,16,25,26,33,38,42,45,
47,53,55,62,76,79,82,90,93,
97,102,106,121,124,129,135,
142,149,155,161,163,183,
185,189,192,193,199,209,
212,215,217,218,225,236,
242,243,254,255,261,270,
280,281,283,298,300,320,
321,322,323,330,331,338
maculicauda,
53,54,76,88,107,217,235,
258,261
maculiceps, 73,265,320
maculicervix, 314
maculifer, 100
maculiferum, 327
maculiferus, 225,328
maculipinna,
94,256,272,276,290,309,329
maculipinnis,
20,92,104,110,178,196,225,
304,333
maculisquama, 151
maculisquamis, 83
maculoblongus, 92
maculosa, 67,162
maculosus,
5,26,79,82,86,99,130,169,
205,208,247,249,305,332,
335
macunaima, 97
macushi, 105
macuspanensis, 115
madagascariensis,
26,35,124,168,184,199,220,
227,301
madagaskariensis, 245
madeirae, 94,193
maderensis,
13,22,35,134,138,145,153,
166,196,232,311
madras, 233
madraspatanus, 111
madraspatensis, 302
madurensis, 303
maeandri, 57
maeandricus, 47,57,296
maena, 239
maensis, 64
maeotica, 33,224,326
maepaiensis, 73
maeseni, 175
maesii, 96
maesotensis, 112
maetaengensis, 44
magatensis, 125
magdalenae,
15,40,77,78,83,86,94,101,
109,113,178,294
magdalenensis, 82,131
magdaleniatum, 129
magellanica, 12,282

magellanicus, 153,208,278
magistralis, 321
magistri, 304
magna, 216,301
magnicirrus, 207
magnifica, 318
magnificum, 6,244
magnificus,
26,140,179,220,320
magnifilis, 150
magnifluvis, 73
magniscuttis, 215
magnisquamis, 285
magnoculus, 331
magnus, 156,201
magnusi, 302
magnuspinnatus, 313
magoi,
85,86,93,97,113,119,131, 242
mahagiensis, 182,256
mahakamensis, 110,126,128
mahakkamensis, 39
mahdiaensis, 178
mahecola, 58
mahmudbejovi, 304
mahnerti, 73,87
mahodadi, 157
mahogoni, 233
mahsena, 237
mahsenoides, 237
maii, 55
maindroni, 311
mainlandi, 314
maisomei, 256
maitianheensis, 62
majalis, 180
majimai, 228
major,
28,81,87,111,206,239,281
majua, 34
majusculus, 36,126,169
makaxi, 192
makiensis, 46
makira, 263
makondorum, 176
makue, 94
makushok, 278
malabarbai, 109,113,184
malabarensis, 111
malabarica, 33,34
malabaricus,
44,45,63,95,120,124,127,
173,193,215,230,233
malabonensis, 26
malacanthus, 49,61
malacanthus chengi, 61
malacanthus malacanthus, 61
malaccensis, 313
malacitanus, 63
malacocephala, 207
malacophagus, 256
malacops, 102
malacopterus, 37,62,286
malagaraziensis, 261
malagasyensis, 239

malaisei, 73,111
malaissei, 36,176
malalaxus, 221
malam, 230
malapterura, 71
malarmo, 129
malayana, 67,244,326
malayanus,
143,145,156,186,213,219,
327
malayensis, 45
malcolmi, 48,287,303
maldivensis,
29,235,287,328,329,333
maldonadoi, 97
maleboensis, 49
malekulae, 308
malgumora, 21
malhaensis, 156
malhensis, 329
maliger, 198
malinche, 185
malindiensis, 305
malispinosus, 156
malleti, 35
mallochi, 137
malma krascheninnikova, 137
malma malma, 137
malma miyabei, 137
malo, 248
malpelo, 272
malsmithi, 301
maltzani, 318
malumbresi, 174
malvinensis, 279
mambai, 97
mamillidens, 12
mamiraua, 130
mamonekenei, 252
mamonekenensis, 96
mamore, 100
mamshuqa, 46
manabei, 273
manadensis, 192,218
managuensis, 261
manalak, 58
manamensis, 32
manatinus, 155
manazo, 6
manciporus, 159
mancoi, 101
mancorensis, 242
mancus, 328
mandapamensis, 166
mandelburgeri, 254
mandevillei, 97,116,126
mandibularis,
63,126,204,210,256,278,289
mandor, 324
mandrensis, 37
manglae, 161
manglarensis, 124
manglicola, 306
mangognatha, 294
mangois, 110

manguaoensis, 58
mangula, 244
mangurus, 113
manicensis, 40
manifesta, 173
manilensis, 26,337
manillensis, 124
manipurensis,
44,45,46,58,62,67,69,73,110,
111
maniradii, 129
manis, 4,322
manmina, 34
mannarensis, 241
manni, 117,183,241
mannusella, 232
mantschurica, 67
mantschuricus, 47,51
manu, 86
manueli, 93
manuensis, 176
manusanus, 280
manyangae, 122
maolanensis, 71
maoriensis, 278
mapale, 124
mapiritensis, 263
mappa, 337
maquinensis, 109
maracaibero, 106
maracaiboensis, 86,94,98,104
maracasae, 102
maracaya, 98
maraena, 135,136
maraldi, 152
marang, 70
marapoama, 107
marasriae, 33
marathonicus, 55
marauna, 132
marcapatae, 102
marcellae, 246
marcellinoi, 184
marcgravii, 79
marchei, 20,194
marchenae, 143
marcia, 218
marcida, 10
marcidus, 207
marconis, 51
marcosi, 229
mareei, 22
marei, 244
mareikeae, 132
marequensis, 50
margaretae,
164,222,263,298,309
margareteae, 93
margarethae, 243
margarianus, 56
margarita, 15,51,141
margaritacea, 218,265,300
margaritaceus, 272,275
margaritae, 294
margaritarius, 292

margaritata, 338
margaritatus, 44,162,243,292
margaritella, 15
margarites, 322
margariteus, 266
margaritifer,
105,141,193,250,267
margaritifera, 214,237
margaritiferae, 155
margaritiferus, 271
margaritophorus, 22,225
margarostigma, 299
marginalis, 246,304,319,336
marginata,
15,16,153,158,220,247,248,
332
marginatoides, 110
marginatum,
28,102,157,265
marginatus,
26,52,87,93,95,110,129,150,
156,171,172,179,204,208,
215,222,231,236,258,263,
268,272,292,320,333
marginatus marginatus, 262
marginatus vuae, 262
margitae, 91
maria, 295
mariae,
2,19,40,64,78,101,107,121,
131,212,223,252,265
mariaelenae, 103
mariai, 114
mariajorisae, 326
mariamole, 98
marianae, 15,170
marianaensis, 156
marianne, 20
marianus, 188,211
mariarum, 67
mariensis, 212
marijeanae, 296
marilynae, 95,221,318
marimonticolus, 228
marina, 173
marinae, 15,280,317
marinii, 32,149
marinus,
2,124,198,224,285,316
marionae, 83,144
marionensis, 282
mariposa, 12
marisalbi, 279
marisinensis, 200
marisrubri,
153,187,188,228,286,328
maritzi, 284
marjoriae, 170
marjorie, 271
marjorius, 280
markehenensis, 74
marki, 118,338
marklei, 12
marleyi,
9,240,245,284,298,321,333

marlieri, 116,258,263
marmid, 36
marmorata,
10,15,16,21,25,36,73,74,114,
117,148,227,254,282,301
marmoratum, 156
marmoratus,
3,5,11,14,24,40,96,101,118,
119,121,126,129,130,137,
171,175,177,193,194,195,
198,202,205,207,209,212,
249,286,288,290,293,294,
296,299,313,315,332,333,
338
marmorescens, 102
marmoreus, 291
marmorpinnum, 223
marnkalha, 5
maroccana, 66
maroccanus, 64,238
marojejy, 168
maromandia, 261
maromba, 89
maroniensis, 89
maronii, 253
marquesaensis, 29,156
marquesas, 302
marquesensis,
35,190,225,272,275,298,315,
338
marqueti, 316
marquisensis, 329
marreroi, 132
marri, 234,283
marshallensis, 22,161,220
marshalli, 150
marshi, 80,183
martae, 87
martellii, 310
martensii, 139,190
martenstyni, 58,316
marthae, 82,113
martinae, 298
martinezi, 115
martini, 101,102,103,251,256
martinica, 168
martinicensis, 217,275
martinicus, 239,243
martis, 200
martorelli, 40
maruadsi, 230
marulioides, 325
marulius, 325
marunguensis, 260
marvelae, 167
maryannae, 287
mas, 306
masago, 314
mascareinsis, 243
mascarenensis, 219,248
mascarensis, 143,145
mascarenus, 298
maschalis, 205
mascotae, 65
maslowskii, 153

masoala, 168
masoni, 302
masou macrostomus, 136
masou masou, 136
masquinongy, 138
mastacembelus, 194
mastersi, 125
masticopogon, 141
masudai, 199,270,299,307
masuianus, 19
masuii, 302
masyai, 58,70
mata, 320
mataafae, 190
matahari, 220
matallanasi, 3
matamua, 149
matanensis, 171,308
mate, 230
matei, 87
mathotho, 258
matoides, 320
matsubarae, 203,237
matsubarai,
2,12,15,66,138,149,198,205,
238,279,292,332
matsuii, 207
matsushimae, 209
matsuurai, 331,336
matthesi, 40,117,183
matti, 221
mattogrossensis, 102
mattozi, 40
matuaensis, 205
matutinus, 51
maudae, 305
mauesanus, 250
maugeana, 14
maugei, 217,298
mauleanum, 168
mauli, 133,139,143,164
maunaloae, 213
maunensis, 82
mauricii, 42
mauritanicus, 21
mauritiana, 197,300
mauritianum, 28
maurofasciatus, 149
maurus, 112,123
mawambi, 40
mawambiensis, 40
mawsoni, 210,282,283
maxillaris,
86,87,92,136,137,186,256,
312
maxillingua, 45
maxillosus, 222,231
maxima, 95
maximowiczi, 153
maximum, 214
maximus,
4,83,227,273,307,326
maxinae, 69
maxweberi, 190,233
maya, 181

mayae, 185
maydelli, 36,67,127
maydeni, 116
mayiae, 149
maylandi, 169,184
maylandi kandeensis, 251
maylandi maylandi, 251
mayorum, 253
maytagi, 218
mazara, 323
mazaruni, 178
mazarunii, 259
mazatlanus, 331
mazimeroensis, 261
mbami, 50
mbenjii, 253,258,259
mbipi, 256
mbizi, 242
mbossou, 19
mboycy, 98
mbozi, 116
mbu, 339
mbunoides, 262
mbuta, 301
mbutaensis, 169
mcadamsi, 196
mcallisteri, 279
mcalpini, 207
mcclellandi, 46,148
mcconnaugheyi, 1
mccoskeri, 1,3,23,160,274
mccullochi, 266,269
mcdadei, 320
mcginnisi, 147
mcgintyi, 164
mcgroutheri, 159,202
mcmillanae, 1
mcmillani, 150
meadi,
6,28,143,144,145,166,334
meandrense, 43
meanyi, 205
mechthildae, 184
mecopterus, 26
medemi, 84
mederi, 208
media, 7
mediadiposalis, 110
medianalis, 128
medians, 104
medinai, 93
mediocris, 33
mediolateralis, 183
mediopapillatus, 179
mediorostris, 20
mediosquamatus, 40
medirastre, 35
medirostris, 17
mediterraneus,
68,149,150,154,231,236,275
mediterraneus mediterraneus,
187
mediterraneus sonodae, 187
mediterraneus trunovi, 187
medius,

miltotaenia, 184
milvus, 16
mimbon, 174
mimeticus, 162
mimicus, 243,258
mimonha, 98
mimulus, 107
mimus, 40,87,184
minacae, 46
minax, 145
mincaronei, 5
minckleyi, 257
mindanaoensis, 310
mindanensis, 308,312
mindii, 192
mindoensis, 101
mindora, 25,306
mingi, 309
miniata, 214
miniatum, 201
miniatus,
198,222,226,237,272
minicanis, 6
minima, 2,183,296,316
minimaculatus, 111
minimus,
88,94,95,140,147,177,182,
208,266,297,310
miniopinna, 324
minispinosa, 12
minjiriya, 121
mino, 124
minor,
1,23,63,88,89,93,120,184,
197,198,203,206,242,252,
260,262,281,297,320,322,
324,333
minotaur, 191
minuano, 176,251,254
minuscula, 112,132
minuta, 34,74,90,232,303
minutillus, 171,305
minutulus, 299
minutum, 95,98
minutus,
42,55,73,74,76,79,81,96,102,
107,111,114,154,159,182,
205,206,263,287,288,289,
308,313,326,336
minxianensis, 74
minyomma, 157
minys, 243
minytremus, 209
miodon, 34
miolepis, 40
miops, 211
miostoma, 120,196
miostomus, 209
mirabilis,
3,36,40,55,141,144,170,175,
209,211,279,287,298,307
miraensis, 84
miraflorensis, 311
miragoanensis, 183
miraletus, 13

mirationis, 267
mirianae, 252
miriceps, 142
mirifica, 44,228
mirificus, 259
mirinensis, 168
mirissumba, 98
mirofrontis, 46
mirus, 18,133,149,165,282
miryae, 268
misaki, 297
misakia, 152,205
miscella, 145
misgurnoides, 67
mishky, 114
misionera, 109
misolensis, 27
misoolensis, 169
missioneira, 254
mississippiensis, 212
mitchelli, 125
mitchellii, 163
mitchilli, 32
mithridatis, 283
mitodes, 305
mitoptera, 91
mitopterus, 80
mitopteryx mitopteryx, 281
mitopteryx pawsoni, 281
mitosis, 14
mitratum, 216
mitratus, 245,292
mitrigera, 164
mitsuii, 141
mitsukurii, 3,8,241,285
miurus, 27,116,339
mivartii, 77
mixei, 185
mixtus, 273
miyakensis, 287
mizenkoi, 233
mizolepis, 67,159
mizolepis bispinosus, 186
mizolepis mizolepis, 186
mizops, 282
mizquae, 89
mloto, 253
moae, 251
moara, 214
mobular, 16
mochigarei, 328
mochizuki, 213
mocoensis, 40
mocquardi, 258
modesta, 34,46,68,69,200,246
modestoides, 336
modestum, 153
modestus,
41,50,62,77,115,178,184,
205,260,264,265,312,313,
336,337
modificatus, 152
modjensis, 116
moebiusii, 126

moeiensis, 73
moelleri, 280
moenensis, 222
moenkhausii, 89
moensis, 175
moeone, 213
moeruensis,
34,51,182,194,264
moeschii, 128
moffitti, 243
mogkii, 329
mogurnda, 301
mohasicus, 40
mohnikei, 191
mohoity, 67
moisae, 91
mokarran, 7
mokelembembe, 17
moki, 1
mokotoensis, 49
mola, 38,90,252,259,339
molesta, 145
molesworthi, 61
molinae, 113
molinai, 210
molinus, 86
molitorella, 43
molitrix, 48
molle, 277
molleri, 8
mollespiculum, 121
mollinasum, 102
mollis,
10,145,150,163,166,187,199,
208,259
mollisoni, 192
mollispinis, 50
moloanus, 302
molobrion, 66
molokaiensis, 152
molossus, 94
moltrechti, 55
molucca, 244
moluccanus, 274
moluccense, 201
moluccensis,
8,23,27,225,243,269
molva, 154
molybdinus, 49
mombasae, 196
mona, 213
monacanthus, 199,299
monacha, 184
monachus, 45
monae, 186
monardi, 76
mondabu, 260
mondolfi, 98
mongo, 264
mongolicus, 43
mongolicus elongatus, 43
mongolicus mongolicus, 43
mongolicus qionghaiensis, 43
mongonuiensis, 329
monikae, 178,234

moniliger, 88
monilis, 70
monitor, 118
monkei, 121
monocellatus, 156
monoceros, 246,335
monochroma, 267
monochrous, 23
monochrus, 288
monocirrhus, 171
monoclonoides, 140
monoclonus, 140
monoculus, 252,289
monodactylus, 140,195,249
monodi, 24,76,162,232,333
monofilispinnus, 298
monogramma, 237,264
monogrammum, 296
monogrammus, 295
monoloba, 70
mononema, 120,140
monopelte, 109
monophthalmus, 294
monoporus, 210
monoptera, 319
monopteroides, 193
monopterygius,
9,203,206,285,286
monopus, 333
monospilus, 225,305
monostigma,
23,233,271,307,318
monostigmus, 333
monroviae, 175,320
monsembeensis, 121
monstrosa, 3,278
monstrosus, 176
montagui, 13,209
montalbani, 8
montana,
69,71,96,112,115,125,172,
300
montanoi, 58,288
montanus, 102,104,127,132
montebelloensis, 191
montei, 242
monteiri, 18
montemaris, 327
montenegrensis, 313
montenegrina, 310
montenigrinus, 63
montereyensis, 293
montevidensis, 162
montezumae, 185
monticola,
37,38,69,166,169,178,183
monticolus, 185
montium, 178
mooii, 220
mookalee, 231
moolenburghae, 126
moolenburghi, 120
mooni, 182
mooreanus, 218
mooreh, 70

mylodon, 47,256,258,265
mylodon borealis, 258
mylodon mylodon, 258
myops, 143
myriaster, 29,162,328
myriodon, 102
myrionemus, 165
myrnae, 93,254
myrus, 25
mysorensis, 68
mystacea, 154
mystaceus, 51
mystacina, 311
mystacinus, 26,215
mystacium, 303,327
mystax,
29,33,69,149,152,308,315
mystaxus, 221
mysteriosus, 129
mystes, 196
mysticetus, 32,127
mystinus, 198
mystus, 32,126
mytilogeiton, 24
myxodermus, 311
myzostoma, 112
myzostomus, 61
naccarii, 17
nachtigalli, 176
nachtriebi, 51
nadeshnyi, 327
naeocepaea, 29
naeorhegmis, 294
naevius, 291
naevus, 13
naga, 173
nagaensis, 73
naganensis, 44,46
nagaredai, 159
nagasakiensis, 237,269
nagelii, 77
naggsi, 59
nagodiensis, 73
nagoensis, 24
nagoyae formosanus, 314
nagoyae nagoyae, 314
nagyi, 325
nahackyi, 246
nahangensis, 55
nahuelbutaensis, 95
naia, 190
naipi, 98
naka, 221
nakaboi, 299
nakaharae, 221
nakamurae, 279
nakamurai, 8,64,321
nakasathiani, 112
naktongensis, 47,66
nalbanti, 73
nalolo, 289
nalseni, 93
nalua, 211
nama, 211
namaki, 37

namarrgon, 287
namatahi, 151
namaycush, 137
nambiquara, 87
namboensis, 73
nambulica, 46
namensis, 47
namiri, 73
namiyei, 289
namlenensis, 52
nammaensis, 314
nammauensis, 62
namnas, 308
namnuaensis, 69
namxamensis, 299
nana,
14,48,51,52,87,153,198,200,
252,281,301
nancyae, 28
nandanensis, 74
nandina, 49
nandingensis, 73
nandujiangensis, 314
nandus, 247
nanensis, 69
nangalensis, 58
nangra, 111
nanhaiensis, 11,322
nanii, 1
nankyweensis, 58
nanlaensis, 43
nannai, 318
nanningsi, 40
nannochir, 147
nannoculus, 116
nannus, 240
nanodes, 294
nanoluteus, 254
nanonocticolus, 119
nanoserranus, 256
nanospinata, 278
nanosquama, 328
nanpanjiangensis, 71,74,75
nansen, 243
nanshanensis, 145
nantaiensis, 74,314
nantingensis, 68
nantoensis, 110
nanum, 196,324
nanus,
100,190,192,193,209,217,
226,287,296,314,317,323
naokoae, 271
naos, 172
napoatilis, 92
napoensis, 100
naponis, 91
naraharae, 313
narayani, 58
narcissus, 100
narcosis, 246
narentana, 66
naresi, 162,327
naresii, 171
nareuda, 91

narinari, 16
narindica, 227
narinensis, 95
narinosa, 192
naritus, 338
nasa, 317
nasalis, 204
nasca, 224
nascens, 151
naseeri, 41,71
nashii, 54
nasicornis, 336
nasicus, 28
nasifilis, 73
naso, 242
nasobarbatula, 74
nasreddini, 37
nassa, 250
nassarum, 210
nasus,
4,32,34,40,43,49,61,77,113,
136,155,157,241,265,337
nasuta,
14,23,46,96,107,152,224,
260,332
nasutus,
5,8,29,59,79,83,94,116,126,
134,150,155,164,167,238,
293,321
natalensis,
5,16,50,96,132,142,153,156,
168,194,211,216,220,226,
239,266,270,285,304,327,
329,330,338
nataliae, 211
natalis, 115,292,307
natans, 191,304
natator, 284
nativitatis, 291
nativitatus, 221
nattereri,
32,79,82,84,93,95,100,103,
119,131,162,331
naucrates, 230
naudei, 317
naufragium, 335
nauticus, 118
navalha, 131
navalis, 292
navarchus, 247
navarrae, 15
navarroi, 129
navigatoris, 334
nawaga, 154
nazas, 53,181
nazca, 132,279
nazcae, 217
nazcaensis, 149
naziri, 74,111,125
ndalalani, 250
ndianus, 175
nea, 281
neambi, 255
neblinae, 130
nebris, 196

nebulifer, 112,216
nebuliferus, 65,261
nebulofasciata, 309
nebulosa,
9,21,22,69,117,142,189,244,
281,284,307
nebulosum, 324
nebulosus,
27,97,115,122,127,131,142,
171,198,237,240,247,272,
318,319,333
necopina, 317
nectabanus, 148
nedgia, 50
neefi, 40
neelovi, 210
nefasch, 76
nefastus, 337
neglecta,
16,32,35,196,197,282,302
neglectissimus, 151,172
neglectus,
23,40,172,281,322,327
negodagua, 88
negrensis, 93
negro, 100
negropinna, 156
negrosensis, 273
negrosensis malus, 190
negrosensis negrosensis, 190
nehereus, 142
neilgherriensis, 45
neili, 248
neilli, 54,270
neiva, 137
neivai, 120
neles, 144
nella, 125
nelsoni,
1,10,33,41,111,118,125,160,
284,285
nelsonii, 136
nelspruitensis, 64
nemacheir, 114
nematacanthus, 237
nematodes, 316
nematophorus, 234,236,336
nematophthalmus, 196,202
nematoptera, 228
nematopterus, 105,285,293
nematopteryx, 97
nematopus, 153,236,258
nematotaenia, 59
nematurus, 94
nemoptera, 20
nemotoi, 144
nemurus, 97,127,236,268
nenga, 125
neocaledonicus,
135,285,319,330
neocaledoniensis, 14,29,156
neocomensis, 137
neodon, 263
neogaeus, 55
neogranatensis, 125

parnaguae, 81
parnahybae, 106,115
parnaibae, 84,108,255
parnaibensis, 177,178
paroculus, 289
paropius, 257
parorthostoma, 257
parra, 235
parrae, 271
parrah, 58
parri,
140,146,155,186,283,309
parryi, 115
parsia, 167
partilineatus, 54
partimacula, 307
partimsquamigera, 284
partipentazona, 58
partitus, 270
paru, 247,324
parva,
32,34,57,67,97,109,115,119,
160,169,180,218,318
parvacauda, 13
parvanalis, 120
parvei, 315
parvellus, 89
parvibrachium, 155
parvibranchialis, 29
parvicarinatus, 191
parvicauda, 146
parviceps,
31,232,248,278,329
parvicornis, 291
parvidens, 188,257,258
parvidiscus, 208
parvifasciatus, 149
parvimaculatus, 4
parvimanus, 141
parvipectoralis, 26
parvipes, 152
parvipinne, 223
parvipinnis,
5,138,177,180,197,240,297
parviporatus, 208
parvirostris, 218
parvisquamis, 229
parvonigra, 15
parvula, 34,296
parvulus, 64,92,226,310,325
parvum, 5
parvus,
5,19,45,49,54,60,61,74,75,
76,114,121,135,164,174,185,
243,253,288,311,314,334,
338
pascalus, 218
paschae, 337
paschalis, 336
pascheni festivum, 174
pascheni pascheni, 174
pasco, 89
pascuensis, 197,308
pasionis, 264
paskai, 169

passany, 125
passarellii, 97
passaroi, 174
passensis, 97
passer, 247
passionis, 78
pastazensis, 100
pastellus, 275
pastinaca, 15
pastinacoides, 15
patachonicus, 213
pataecus, 199
patagonicus, 153,191,208,327
patana, 95
pataxo, 113
patella, 73
pathirana, 45
pati, 129
patiae, 78,103
patoca, 338
patoti, 325
patriciae, 84,174,176,202,306
patricki, 250
patrickyapi, 59
patrizii, 20,176
patronus, 33
pattersoni, 116
patulus, 141
patzcuaro, 168
patzneri, 292
paucerna, 100
paucibarbiger, 201
paucicincta, 73
paucidens,
1,25,106,155,210,257
paucifasciata, 73
paucifasciatus, 245,287
paucifilis, 141
paucifilosus, 164
paucilampa, 139
paucilaternatus, 141
paucilepidotus, 279
paucilepis, 68,89
paucimaculata, 184
paucimaculatus, 14,58,105
pauciperforatum, 64
paucipora, 28,301
pauciporus, 277
paucipunctata, 112
paucipunctatus, 105
pauciradiata,
183,190,232,249
pauciradiatum, 129
pauciradiatus,
18,71,85,98,99,114,161,162,
163,170,186,242,284,285,
295,298,323
pauciradii, 42
pauciradius, 141
paucirastella, 47
paucirastellus, 38
paucirastra, 146
paucirastris, 172
paucirastrus, 242
paucispinis, 103,194,198

paucispondylus, 135
paucisqualis, 59
paucisquama, 69,177
paucisquamata, 36
paucisquamatus, 40,52,91
paucisquamis, 251
paucovertebratis, 31
paucus, 4,125
paugyi, 18
paula, 289,295
paulae, 312
paulayi, 236
paulensis, 25,97
pauli, 201
pauliani, 301
paulinus, 104,105
paulistanus, 331
paulus, 204
paurolychnus, 147
pautzkei, 158
paviana, 59
paviei, 112
pavimentatus, 65
pavlenkoi, 280
pavlovskii, 278
pavo,
193,254,269,273,275,292,
293
pavonaceus, 71
pavonina, 23
pavoninoides, 305
pavoninus, 332
pawak, 242
pawneea, 304
pawneei, 140
paxillus, 278
paxmani, 335
paxtoni,
31,33,139,141,152,159,166,
190,208,213,219,229,298,
339
payaminonis, 251
paynei, 117,271
paytensis, 290
peaolopesi, 248
pearcyi, 278
pearsei, 103,161,253
pearsoni, 79,86,91,96,99
pecosensis, 181
pectegenitor, 108
pecten, 97
pectinata, 10,33,112
pectinatus, 84,92,96,144,211
pectinifer, 94,115,228,249
pectinifrons, 118
pectinirostris, 304
pectinopterus, 111
pectorale, 80,101
pectoralis,
7,20,32,51,125,138,143,148,
155,171,173,200,202,210,
218,230,254,260,273,279,
280,287,288,293,325,329,
330,331
pedaliota, 138

pedanopterus, 130
pedaraki, 167
pedderensis, 135
pedicellaris, 161
pediculatus, 103
pedimacula, 202
pedri, 83
peduncularis, 198
pedunculatus, 20
peelii, 212
pegasus, 154
peguensis, 71,127
peihoensis, 36
pejeraton, 131
pekinensis, 54
pekkolai, 324
pelaeos, 317
pelagica, 133,160,164
pelagicus, 4,183,192,209
pelagios, 4
pelagonicus, 137
pelamis, 322
pele, 197
pelecanoides, 31
pelecus, 83
peled, 136
pelewensis, 245,316
peli, 22,242
pelicanus, 334
pelicieri, 217,270,272
pellegrini,
19,30,40,44,49,51,64,67,83,
169,254,255,257,286,296,
300,324
pellegrinii, 51,79
pellidebilis, 302
pellopterygius, 113
pellos, 184
pellosemeion, 167
pelloura, 267
pellucida, 125,222,307
pellucidum, 80
pellucidus, 169,228,323
peloichthys, 120
pelonates, 22
pelophilum, 280
peloponensis, 63
peloponnesius, 40
pelta, 199
peltata, 224
pelusius, 127
pelvicus, 331
pelycus, 274
pelzami, 61
pemarco, 323
pembae, 219,267
pemon, 95
penango, 314
penescalaris, 332
pengelleyi, 181
penggali, 11
pengi, 69
pengxianensis, 42
penicillatus, 27,163
penicilligerus, 335

pi, 90,325
piaba, 93
piabilis, 146
piabinhas, 89
piacotensis, 182
piatan, 87
piau, 79
piauiensis, 251
picarti, 172
piceatus, 257
piceus, 6,52,210
pichardi, 167
picinguabae, 97
picklei, 113,186
picta,
15,23,101,103,183,196,201,
235,272,281,300,325
pictilis, 218
pictoides, 272
pictum, 5,54
picturatus, 179,231,299
pictus,
5,10,18,23,78,94,110,129,
163,178,192,195,203,213,
220,236,254,270,273,288,
289,313
picudilla, 321
picus, 236
pidschian, 136
pierbartus, 283
piercei, 201
pierrei, 38,48
piersoni, 291
pierucciae, 169,170
pietschi, 164,165,204
pietschmanni, 49,122,319
piger, 157,334
pigmaeus, 241
pigmentaria, 228
pigus, 60
pijpersi, 114
pikei, 23,269
pila, 86
pilatus, 339
pilchardus, 35
pileatus, 165
pilicornis, 291
pillaii, 70
pillionatus, 226
pilosus, 6,106
pilsbryi, 51
pimaensis, 169
pimatuae, 170
pindae, 23
pindu, 264
pindus, 71
pinetorum, 205,327
pingchowensis, 75
pingelii, 206
pingi, 46,68
pingi pingi, 55
pingi retrodorslis, 55
pingtungensis, 42
pinguis,
5,26,134,170,321,325

pinheiroi, 100
pinima, 178,253
pinjalo, 233
pinnata, 3,27,89,165
pinnatibarbatus altipennis,
171
pinnatibarbatus californicus,
171
pinnatibarbatus japonicus,
171
pinnatibarbatus
melanocercus, 171
pinnatibarbatus
pinnatibarbatus, 171
pinnatus,
120,141,153,155,319
pinnicaudatus, 130
pinniceps, 163
pinnifasciata, 328
pinnifasciatus, 330
pinniger, 198,296
pinnilepis, 77
pinnimaculata, 173
pinnimaculatus, 124
pinnulatus, 249,297
pinos, 248
pintado, 129
pinto, 308
pintoi, 92
piosae, 338
piperata, 67
piperatus,
5,14,65,114,119,120
pipri, 112
piquava, 168
piquiti, 253
piquitinga, 34
piracicabae, 77,106
pirai, 182
pirana, 89
pirareta, 102
piratatu, 105
piratica, 211,295
piratula, 295
pirauba, 91
piraya, 93
piresi, 120
piriana, 177
piriei, 150
piriformis, 102
pirinampu, 129
pirrensis, 101
pisang, 234
piscatorius, 162
pisciculus, 85
piscilineatus, 274
pisolabrum, 65
pisonis, 300
pisteri, 181
pistilliger, 204
pistillum, 159
pita, 13
pitcairnensis, 171
pitensis, 204
pitingai, 79

pitmani, 257
pittieri, 91
piurae, 98
pixi, 249
pizarroensis, 242
placidus, 116
placidus placidus, 261
placidus ruvumae, 261
placitus, 48
placodon, 265
placodus, 257
plagiocellatus, 339
plagiodesmus, 236
plagiodon, 257
plagiometopon, 268
plagionema, 165
plagiophthalma, 161
plagiostoma, 20,241,257
plagiostomus, 61,194,210
plagiosum, 4
plagiotaenia, 230,260
plagiozonatus, 250
plagitaenium, 174
plagiusa, 334
plagusia, 334
planaltinae, 92
planaltinus, 178
planasaxatile, 223
planeri, 2
planesi, 267
planicauda, 107
planiceps,
11,122,125,127,129
planifrons, 124,133,226,270
planiventris, 78
planquettei, 86,91,106
planus, 298
platae, 79
platana, 11,35,128
platanum, 129
platanus, 77,167
platei, 135,219
platensis, 82,168
platessa, 328
platessoides, 327
platiceps, 71
platicirris, 129
platophrys, 202,326
platorhynchus, 149
platorynchus, 17,103
platostomus, 17
platus, 123
platycephala, 281,285,299
platycephalops, 313
platycephalum, 129
platycephalus,
8,71,79,97,103,108,110,115,
122,123,137,158,206,298,
310
platycephalus platycephalus, 205
platycephalus taeniopterus, 205
platyceps, 63
platycheilus, 334
platychir, 96
platydorsus, 50

platygaster, 189
platymetopon, 106
platynemum, 128
platynogaster, 165
platynotus, 311
platypogon, 111,120,125,282
platypogonides, 111
platyprosopos, 122
platypterus, 323
platypus, 64
platyrhina, 278
platyrhincus, 17
platyrhinus, 41
platyrhyncha, 198
platyrhynchos, 129,262
platyrhynchus,
5,21,25,26,35,52,65,103,120,
158,285
platyrostris, 311
platysoma, 39,194
platysternus, 183
platystoma, 103
platystomus, 64,125,311
platyura, 109
platyventris, 24
playfairi, 236
playfairii, 25,174
plebeia, 330
plebeius, 65,239,245
plebejus, 41
plecostomoides, 105
plecostomus, 105
plectilis, 111
plectrodon, 162
pleiozona, 253
plesiomorphus, 220
plesiopsus, 221
pleskei, 70
plessisi, 249
pleuracanthica, 200
pleurobipunctatus, 63
pleurogramma, 41,339
pleuromaculatus, 260
pleuron, 226
pleuropholis, 43
pleurophthalma, 325
pleurops, 117,300
pleurospilus,
184,214,252,263,264,338
pleurosticta, 338
pleurostictus, 192,298
pleurostigma,
195,243,253,316
pleurostigmoides, 253
pleurotaenia,
7,45,58,75,95,126,218,246,
251,262,318
plicata, 313
plicatellus, 142
plicatilis, 166
plicatosurculus, 157
plicatus, 79
plicifera, 278
plinthus, 330
pliopterus, 140

ricei, 204
richardi, 152
richardsoni,
2,12,35,139,146,202,247, 269
richardsonii,
23,61,167,203,297,298
richei, 338
richeri, 199,299
richersoni, 182
richmondi, 273
richmondia, 35
rictuosus, 312
ridens, 69,304
ridgwayi, 20
rieffeli, 201
rierai, 10
riesei, 83
rifti, 187
riggenbachi, 174,324
rigilius, 310
riisei, 86
rikiki, 73
rikuzenius, 327
rimae, 279
rimensis, 205
rimiculus, 65
rimiventris, 208
rimosus, 327
ringens, 9,32,144,335
ringueleti, 104,280
riodourensis, 292
riograndensis, 178
riojai, 168
riojanus, 99
riomuniensis, 252
ripleyi, 70
riponianus, 257
risso, 144,146,298
rissoanus, 20
rita, 128
ritae, 80
ritteri, 8,147,207,328
ritvae, 193
riukiuensis, 157
rivasi, 119,183,295
rivatoni, 146,298
riverendi, 181
riveri, 5
riveroi, 55
riversandersoni, 159,201
rivoliana, 231
rivularis, 36,83
rivulata, 338
rivulatus,
99,215,232,233,249,250,
277,290,308,320
rivulicola, 72
rivuloides, 47
rivulus, 311
rizeensis, 137
rizensis, 313
roae, 95
roanoka, 224
roanokense, 65
robalito, 211

robbersi, 167
robbianus, 117
robbyi, 226
roberti, 212
roberti hildebrandi, 172
roberti roberti, 172
robertsi,
11,64,66,73,80,91,117,170,
172,173,194,201,217,259,
265,280,291,308
robertsoni,
160,175,250,270,275
robiginosa, 67
robineae, 100
robinii, 105
robinsae, 24
robinsi,
8,23,152,157,200,220,222,
226,313,329
robinsoni, 115,201,248,284
robinsorum, 1,24,158
robusta,
23,35,47,68,75,93,111,158,
167,188,195,229,252
robustispinus, 187
robustulus, 89
robustum, 65,109,153,309
robustus,
8,35,46,62,65,83,92,100,112,
113,128,141,155,159,172,
176,177,179,182,186,192,
206,225,228,232,245,251,
259,271,290,293,321,327,
333,337
robustus jallae, 263
robustus robustus, 263
rocadasi, 50
rocasensis, 270
roccae, 115
rocha, 277
rochai, 99
rochebrunei, 16
rochei, 157
rochei eudorax, 322
rochei rochei, 322
rodericensis, 202
rodriguesensis, 269
rodriguesi, 97
rodwayi, 88
roei, 146
roelandti, 322
roemeri, 248
roesseli, 80
rofeni, 290,316
rogaa, 213
rogerii, 236
rogersae, 118
rogersi, 14
rogoaguae, 179
rohani, 41,58
rohita, 49
roigi, 99
roissali, 275
rollandi, 268
roloffi,

81,91,175,176,178,262
romandi, 265
romani, 119
romanica, 67
romeri, 178
romeroi, 99
roncador, 243
ronchus, 240,243
rondeleti, 13,204
rondeletii, 171
rondoni, 105,130,250
ronquilloi, 33
roosae, 125
roosevelti, 314
roraima, 106
rosa, 75
rosacea, 216
rosaceus,
89,163,179,198,210,266
rosae,
41,49,86,114,148,172,220
rosai, 331
rosamariae, 130
rosapinto, 337
rosea, 189,220,278,287
roseafascia, 271
rosei, 101
roseigaster, 228
roseipinnis, 51
rosemariae, 254
rosenbergii, 222,315
rosenblatti,
26,31,165,187,198,222,295,
338
roseni,
24,77,132,171,182,185,193
rosenstocki, 176
roseofuscus, 208
roseola, 295
roseomaculatus, 199
roseopunctatus, 49,105
roseoviridis, 272,284
roseum, 201
roseus,
27,44,89,153,163,199,200,
213,276,293,311
rositae, 184,251
rossi,
164,173,210,211,279,302
rossica, 46
rossicus, 186
rossignoli, 162
rossii, 282
rossoi, 178
rossomeridionalis, 66
rossoperegrinatorum, 75
rostellatus, 26,192
rostellum, 164
rostrata,
11,20,21,66,107,132,152,
155,338
rostratum, 109,251,321,329
rostratus,
9,76,79,106,130,131,133,
135,171,191,246,250,255,

275,293,319,330
rostrum, 214
rosulentus, 299
roswithae, 182
rothrocki, 281
rothschildi, 145
rotunda, 195
rotundatus, 94,334
rotundicaudata, 66
rotundiceps, 97,291
rotundifrons,
122,208,262,293
rotundimaxillaris, 61
rotundinasus, 46
rotundirostris, 209
rotundiventralis, 265
rotundiventris, 75
rotundus, 27
rouaneti, 49
roulei, 38,212,309,333
rousseauxii, 128
roussellei, 41
rouxi, 13,35,41,264,291,312
roxasi, 315
royauxi, 34,116
royeroi, 96
roylii, 50
rua, 221
ruaha, 36
ruandae, 64,117
ruasae, 41
rubellio, 205
rubellopterus, 187
rubellulus, 288
rubellus, 53,226,299
rubens, 248
ruber,
164,192,219,230,232,236,
241,247,291,315
ruberrimus, 83,198
rubescens,
52,232,243,257,271,326
rubicauda, 287
rubiceps, 219
rubicunda, 326
rubicundus,
1,268,274,294,311
rubidipinnis, 68
rubigenis, 161
rubiginosum, 233
rubiginosus, 5,99,295
rubilio, 60
rubinoffi, 286
rubio, 200
rubirostris, 43
rubra, 160,216,228,280,325
rubre, 216
rubricauda, 84
rubricaudalis, 274
rubricaudus, 187
rubricephalus, 161,273
rubricroceus, 53
rubrifasciatus, 217
rubrifrons, 48,180
rubrifuscus, 226

rubrigenis, 306
rubrilabris, 67
rubrimacula, 226
rubrimaculatum, 280
rubrimarginata, 302
rubrimarginatus, 271
rubrimontis, 325
rubrioculus, 167
rubrioperculatus, 237
rubripectoralis, 305
rubripes, 339
rubripinna, 50
rubripinne, 277
rubripinnis,
91,169,176,195,257,271,305
rubripunctatus, 178
rubrirostris, 158
rubrisos, 270
rubrisparsa, 307
rubrisquamis, 271
rubristriatus, 304
rubriventer, 186
rubriventralis, 271
rubrivinctus, 197,198
rubrizonatus, 218
rubrocaudatus, 95,176
rubrocinctus, 267,288
rubrodorsalis, 59
rubrofasciatus, 310
rubrofluviatilis, 181
rubrofuscus, 44
rubrolabialis, 175,261
rubrolabiatus, 76,249,262,273
rubrolineata, 251
rubrolineatus, 178,218,314
rubromaculatum, 317
rubromaculatus, 49,314,316
rubromarginatus, 178,179
rubromarmoratus, 143
rubropictus, 85
rubropunctatus, 309
rubroreticulatus, 176
rubrostigma, 41
rubrotaeniatus, 78
rubrovinctus, 299
rubroviolaceus, 277
rubrovirens, 273
rubrovittatus, 275
rubrum, 188,223
rubrus, 293
ruconius, 232
ruddi, 49
rudis, 13,15,150
rudjakovi, 138
rudolfianus, 182,257
rudolphi, 107,115
rueppelii, 328
rueppelli, 71,123
rueppellii, 23,226,275
ruetzleri, 295
rufa, 46,186,284
rufescens, 127,195
rufigiensis, 76,117
rufilineatum, 223
rufilineatus, 222

rufinanus, 198
rufinus, 147
rufocaudalis, 257
rufolineatus, 233
rufomaculatus, 237
rufopileus, 287
rufopunctatus, 337,339
rufus,
27,179,188,198,214,226,257,
270,286
ruggeri, 139
rugifer, 27
rugimentum, 111
rugispinis, 124
rugocauda, 74
rugosa, 12,24,103,186
rugosus, 110,113,128,283
rugufuensis, 261
ruhkopfi, 175
ruhuna, 50
rukwaensis,
36,42,116,117,261
rume proboscirostris, 19
rume rume, 19
rumengani, 191
runa, 86,191
rupecula, 46,73
rupestre, 223
rupestris,
53,109,150,222,236,239,248,
272,297
rupicola, 70
rupiscartes, 65
rupununi, 83,85,176,251
rusbyi, 115
ruscarius, 200
rusi, 291
russa, 73
russeliana, 35
russelii, 148,196,240,277
russelli,
200,230,231,274,275,298,
322
russellii, 233,327
russula, 197
russulus, 69
russus, 305
ruthenus, 17
rutidoderma, 27
rutila, 44
rutilans, 233,325
rutilaureus, 316
rutilicaudus, 178
rutiliflavidus, 89
rutiloides, 77
rutilus, 60,110
rutrum, 13
rutteni, 59
rutteri, 209
ruudwildekampi, 176
ruwenzorii, 64
ruweti, 265
ruziziensis, 116
ryukyuensis, 201,235,278
sabahensis, 126,226,339

sabaji, 108,160
sabalo, 101
sabana, 47
sabanus, 50,74,120,127,304
sabaudicus, 204
sabex, 165
sabina, 15
sabinae, 53,253
saburrae, 289
saccharae, 299
saccostoma, 165
sacerdotum, 128
sachalinensis, 64
sachi, 207
sachsi, 131
sachsii, 58
sacra, 265
sacratus, 41
sadanundio, 316
sadina, 92
sadko, 207
sadleri, 81
sadoensis, 279
sadowskii, 14
saepepallens, 306
saetiger, 106
safina, 192
sagamia, 204,277
sagamianus, 154,283
sagamiensis, 146,217
sagamius, 164
sagax, 35
sageneus, 143
sagenodeta, 23
sagitta, 223,280,288,298,308
sagittae, 250
sagittarius, 225,279
sagittula, 306
sagittus, 283,314
sagma, 317
sagmacephalus, 23
sagmarius, 269
sagor, 125
saguanus, 180
saguazu, 83
saguiru, 77
sahilia gharbia, 46
sahilia sahilia, 46
sahyadriensis, 58
saida, 154
saikaiensis, 152,310
sainsburyi, 11,202
saipanensis, 307
saira, 174
saisii, 111
saitone, 280
saizi, 89
sajademalensis, 187
sajica, 254
sajori, 172
saka, 261
sakaramyi, 174
sakhalinensis, 328
saksonoi, 269
saladensis, 77

saladonis, 53
salae, 122
salagomeziensis, 148
salalah, 11
salamandroides, 135
salar, 137
saldanha, 5,304
saldanhai, 24,157,279
salelea, 248
salensis, 291
salessei, 41
salgadae, 102
saliens, 167,231,288
salinarum, 332
salinicola, 261
salinus milleri, 181
salinus salinus, 181
salivator, 338
sallaei, 38
sallei, 167
salmacis, 101
salmantinum, 37
salmofasciatus, 273
salmoides, 222
salmolucius, 59
salmonata, 45
salmoneum, 134
salmonicaudus, 178
salmonoides, 215
salmopunctatus, 213
salpa, 239
salpinction, 251
salsburyi, 54
saltator, 172
saltatrix, 230,245
saltor, 83
saludae, 223
salvadori, 181
salvati, 220
salvatoris, 184
salvelinoinsularis, 137
salvini, 253,315
salweenensis, 47,48,125
salweenica, 46
sam, 220
samantica, 73
sammara, 188
samoaensis, 157
samoensis, 31,243,296,301
sampricei, 300
samueli, 131
sanaga, 96
sanagaensis, 18,49,116
sanagali, 194
sanblasensis, 160
sanchesi, 100
sanchezi, 93
sanctaecatarinae, 182
sanctaefilomenae, 91
sanctaehelenae,
218,245,267,270,275,338
sanctaeluciae, 240
sanctaerosae, 281
sanctifranciscense, 253
sanctilaurentii, 329

sanctipauli, 270
sanctjohanni, 80
sandae, 295
sandakanensis, 67
sandaracatus, 297
sandaracinos, 259,267
sandei, 227
sandersi, 64
sandeyeri, 272
sandix, 188
sandkhol, 63
sandovali, 99
sandrae, 96,121
sandvicensis, 248
sandwicensis, 300
sandwichensis, 208
sandwichiensis, 335
sanga, 109
sanghaensis, 122
sanghensis, 96
sangiensis, 226
sangmelinensis, 175
sanguicauda, 170
sanguifluum, 223
sanguijuela, 114
sanguinea, 99
sanguinellus, 317
sanguineus,
21,121,143,157,163,233,270,
271,297
sanguinolentus, 291
sanitwongsei, 126
sankeyi, 220
sannio, 286
sansun, 230
santaanae, 65
santacatarinae, 77
santae, 89
santaelena, 184
santaeritae, 99
santamartae, 87
santanae, 179
santanderensis, 99,101
santensis, 178
santhamparaiensis, 70
santosi, 254
sanussii, 173
sanzi, 310
sanzoi, 229
saourensis, 181
sapa, 38
sapayensis, 250
sape, 178
sapidissima, 33
sapito, 113
saponaceus, 218
saposchnikowii, 33
sapphira, 13
sapphirinus, 316
saquarema, 251
saramaccensis, 100,105
sarana, 58
sarareensis, 100
sarasini, 315
sarasinorum, 169,171,311

saravacensis, 71,127
sarawakensis, 5,54,59
sarba, 239
sarchynnis, 309
sarcodes, 96
sarda, 322
sardella, 45
sardina, 82,90,167,168
sardinella, 60,136
sardinhai, 116
sargadensis, 71
sargassicus, 211
sargus ascensionis, 238
sargus cadenati, 238
sargus helenae, 238
sargus kotschyi, 238
sargus lineatus, 238
sargus sargus, 238
sarisa, 286
sarissophorus, 319
sarmaticus, 37,47
sarmiento, 249
sarmientoi, 98
sarsii, 278
saru, 312
sasali, 315
satapoomini, 331
sathete, 23
satomiae, 191
satterleei, 141
satunini, 50,66
saturnum, 240
saucrus, 306
sauli, 96,331
saulosi, 251,263
saurencheloides, 30
saurisqualus, 6
saurus, 20,143,231
saurus saurus, 174
saurus scombroides, 174
sauteri, 5
sauvagei, 48,257
sauvagii, 19
savagei, 89,166,186
savala, 322
savanna, 28
savannensis, 90
savayensis, 227
savinovi, 136
savona, 73
savorgnani, 116
savoryi, 260
sawadai, 68
sawakinensis, 229
saxatilis, 86,212,241,254,266
saxicola, 23,106,198,257
say, 15
saya, 326
sayademalha, 200
sayaensis, 328
sayanus, 148
saylori, 55
sazimai, 93,273
sazonovi, 28,148,152,153
scaber,

197,202,203,277,286,298,
336
scabriceps, 53,105,195,298
scabripinnis, 83
scabrus, 152
scalare, 263
scalaripinnis, 244
scalaris, 178,190,332
scalpridens, 184
scalprum, 321
scapanognatha, 75
scapanognathus, 56
scapha, 328
scaphiops, 12
scaphirhyncha, 103
scaphopsis, 149
scaphopterus, 208
scaphyceps, 105
scaphyrhynchura, 96
scapulare, 244
scapularis, 173,219,235,273
scapulopunctatus, 312
scapulostigma, 308
scarciensis, 59
scardafa, 61
scarlli, 184
scaturigina, 71
scaturigo, 204
scaurus, 278
sceleratus, 338
scepticus, 53,206
schaapii, 298
schall, 117
schalleri, 325
schanicus, 58
schantarensis, 209
scharffi, 137
schauenseei, 89
schauinslandii, 284
scheelei, 28
scheeli, 175,183
scheffersi, 257
schelly, 90
schenga, 76
schereri, 82
scherzeri, 212
schiefermuelleri, 137
schiffi, 141
schilbeides, 120
schilthuisiae, 18
schindleri, 80,92,177
schioetzi, 174,185
schischkovi, 37
schismatorhynchus, 22
schistonema, 165
schizochirus, 140
schizodon, 79
schlegeli, 192,226,230,277
schlegelii,
11,54,198,213,232,238,249,
313
schleseri, 176
schlieweni, 306
schlosseri, 312
schluppi, 175

schmardae, 15,88
schmidti,
13,30,31,50,111,132,134,
137,140,141,146,153,157,
165,192,203,207,209,279,
334
schmitti, 6,162,176,295,327
schnakenbecki, 133
schneideri, 121
schoenleinii, 14,271
schoepfii, 335,339
scholesi, 28
scholzei, 89
schomburgkii,
91,106,115,229,242,244,248
schoppeae, 43
schotaf, 236
schotti, 131
schoutedeni,
19,20,43,76,81,117,252,339
schraetser, 224
schrankii, 235
schreineri, 244
schreitmuelleri, 103
schrenckii, 17
schrenki, 328
schrenkii, 224
schreyeni, 20,260
schroederi,
9,12,15,45,244,290
schroederii, 272
schubarti, 80,83,114
schubotzi, 257
schubotziellus, 257
schuettei, 153
schuhmacheri, 16
schultzei, 26
schultzi,
5,8,21,73,113,114,119,167,
190,281,296,309,334
schwanenfeldii, 39,50
schwartzi, 100
schwarzhansi, 161
schwassmanni, 132
schwebischi, 261
schwenkii, 244
schwetzi, 254,264
schyrii, 236
sciadicus, 180
sciera, 224
scierus, 241
sciistius, 302
scintilla, 32
scintillans, 83,139,232
sciosemus, 60
scituliceps, 143
scitulus, 69,200,251
sciurus, 214,235
sclateri, 51,123,304
scleracanthus, 47
sclerolepis, 332
sclerolepis krefftii, 172
sclerolepis sclerolepis, 172
scleronema, 120
scleroparius, 85

311,315,322,328,330
tenuispinis, 110,125,273
tenura, 50,65,73
tephraeops, 244
tequila, 180
teraia, 231
teraoi, 279
teres, 34,95,152,234
teresae, 184
teresinarum, 160
teretulus, 55
tergimacula, 91
tergisus, 17
tergocellata, 9
tergocellatoides, 9
tergus, 320
terina, 275
terio, 58
terminalis, 50,51,77,131
terminata, 146
termophilus, 146
ternatensis, 266,267
ternetzi,
78,81,85,87,91,99,105,118,
242,254,301
terofali, 86,182
terrabae, 93
terrabensis, 85,182
terraenovae, 7,207,209,279
terraesanctae, 36
tertius, 198
terveri, 184
tesay, 254
tessellata, 234,282
tessellatus,
8,179,181,209,305,334,337
tessera, 290
tessmanni, 81,117
testacea, 14
testudineus, 324,338
tethys, 298
tetrabarbatus, 45
tetracantha, 284
tetracanthus, 260,319
tetradactylum, 239
tetradactylus, 288
tetralineata, 66
tetraloba, 75
tetramerus, 129,250
tetranema, 51,123,141
tetranemus, 294
tetrapteryx, 210
tetraradiata, 97
tetraspilus, 41,58,261
tetrastigma, 41,261
tetrataenia, 274
tetratrema, 27
tetrazona, 58
tetrazonum, 224
tetricus, 274
tetrophthalma, 327
tetrophthalmus, 192,309,318
teugelsi,
17,76,96,121,122,123,258,
260

teunisrasi, 257
teuthidopsis, 141
tevegae, 317
texae, 331
texana, 13
texanus, 53,65
texis, 24
textilis, 258,290
texturatus, 331
thacbaensis, 63
thacmoensis, 47
thaeocoryla, 139
thai, 73
thailandiae, 33
thalassa, 31
thalassina, 125
thalassinum, 224
thalassinus, 125,290,311
thalassobathyalis, 211
thaleichthys, 135
thamalakanensis, 41,117
thamani, 29
thamicola, 69
thanho, 73
thapsinogen, 259
thaumasia, 218
thavili, 50
thayeri, 78,87,258
thayeria, 81
thazard brachydorax, 322
thazard thazard, 322
theagenes, 213
thele, 165
thelestomus, 150
theliodon, 257
theloura, 90
thelys, 58
theodorae, 122
theodorei, 237
theodoritissieri, 165
theophila, 332
theophilii, 71
thepassii, 292
theraps, 248
therese, 331
theresiae, 101
thereuterion, 257
therezieni, 302
therma, 99
thermalis, 61,67,206,226
thermoicos, 45
thermophila, 301
thermophilum, 280
thermophilus, 334
therosideros, 153
thesproticus, 55
thessa, 170
thessala, 310
thessalicus, 37
thessalus, 41
theta, 146
thetidis, 15,195
theunensis, 46,61
thibaudeaui, 35
thielei, 159

thiellei, 267
thiemmedhi, 66
thienemanni, 52
thierryi, 176
thingvallensis, 137
thinos, 259
thiollierei, 146
thoburni, 167
tholloni, 81,265
thomaseni, 219
thomasi,
18,19,85,121,250,288,318
thomassi, 48,54,212
thomersoni, 119
thompsoni,
26,147,150,165,198,201,206,
218,246,282,308,320
thompsonii, 205
thomsoni, 103,197
thomsonii, 207
thonneri, 123
thoracata, 34,101
thoracatum, 104
thoracatus, 119
thoracotaeniatus, 268,270
thoreauianus, 62
thorectes, 108
thori, 328
thoropsis, 306
thorpei, 239,240
thosaporni, 237
thouin, 11
thouiniana, 11
thrissa, 33
thrissina, 34
thrissoceps, 109
thrix, 305
thumbergi, 263
thuragnathus, 257
thurla, 150
thurstoni, 16
thymallus, 137
thynnoides, 63,320
thynnus, 323
thyrorus, 253
thyrsoideus, 23
thysanema, 165
thysanius, 291
thysanochilus, 29
thysanopterus, 221
thysi,
36,41,96,117,121,123,175,
263,265
thysthlon, 152
tianeensis, 62,75
tianlinensis, 62
tianquanensis, 112
tiantian, 58
tiarella, 164
tibetana, 75
tibicen, 112,246
tiburo, 7
tico, 184
ticto, 58
tiekoroi, 41

tientainensis, 67
tiere, 188
tiereoides, 188
tierrae, 197
tiete, 91
tietensis, 105,108
tigerinus, 155
tigerivinus, 75
tigre, 130
tigrellus, 314
tigrina, 23,254,307
tigrinum, 73,128,129
tigrinus,
26,77,79,127,218,311
tigripictilis, 258
tigris,
71,108,190,216,290,304
tihoni, 123
tikaderi, 71
tiki, 188,335
tile, 23,234
tileihornes, 62
tileo, 42
tille, 230
tilstoni, 7
tiltoni, 194
timbuiense, 80
timlei, 10
timorensis,
11,27,171,215,227,273
timoriensis, 233
timucu, 173
tinanti, 75,264
tinca, 42,63,275
tincella, 38
tingi, 62,241
tingui, 254
tinkeri, 246
tinkhami, 69,197
tinro, 152,323
tinwini, 44,194
tiomanensis, 74
tiong, 111
tipiaia, 86
tippecanoe, 224
tiquiensis, 90
tiraparae, 255
tirapensis, 73
tiraquae, 99
tirbaki, 175
titteya, 58
titthos, 184
tittmanni, 139
tizardi, 73
tlahuacensis, 45
toae, 260
toba, 177
tobagoensis, 160
tobana, 59
tobianus, 285
tobijei, 16
tobitukai, 13
tocantinense, 81,86,103,179
tocantinsensis, 128
tocantinsi, 88,99

中文名索引

454

瓦氏深海糯鳗, 29
瓦氏弹涂鱼, 313
瓦氏斯坦达脂鲤, 78
瓦氏雅罗鱼, 50
瓦氏黑巨口鱼, 141
瓦氏筛耳鲇, 107
瓦氏鲀, 339
瓦氏搏鱼, 325
瓦氏锯盖足鲈, 325
瓦氏鲭, 218
瓦氏鲔雅鱼, 63
瓦氏鳘, 48
瓦氏蟾鱼, 140
瓦氏墨头鱼, 46
瓦氏澳小鲚, 177
瓦氏黏螣, 288
瓦氏鲱, 298
瓦可毛鼻鲇, 98
瓦卡马底鳉, 180
瓦田平鲉, 198
瓦尔齐澳小鲚, 177
瓦尔特河欧雅鱼, 63
瓦尔德棘红鲱, 298
瓦伦丁岩头长颌鱼, 19
瓦伦亚口鱼, 65
瓦讷舌鳞银汉鱼, 169
瓦状角金线鲃, 62
瓦努阿图岛裂身虾虎鱼, 315
瓦努阿图枝牙虾虎鱼, 316
瓦努阿图短额鲆, 329
瓦努阿图瓢鳍虾虎鱼, 315
瓦明氏角灯鱼, 145
瓦泽裸背电鳗, 130
瓦胡岛腔吻鳕, 149
瓦怒阿图拟乌尾鮗, 233
瓦鲃, 41
瓦鲽科, 330
瓦鲽属, 330
瓦鳞非鲫, 264
少女鱼, 246
少女鱼属, 246
少牙盲鳗, 1
少牙副狮子鱼, 210
少牙斑鲆, 327
少牙鳗鼬鳚, 155
少孔尖塘鳢, 301
少孔纹鲷属, 213
少孔喙吻鳗, 28
少孔裸鳚, 277
少丝鞭冠鮟鱇, 164
少灯黑巨口鱼, 141
少壮天竺鲷, 226
少壮南丽鱼, 251
少纹双线鳚, 287
少纹南鳅, 73
少纹黑巨口鱼, 141
少枝新条鳅, 71
少齿叉牙虾虎鱼, 303
少齿后甲鲇, 106
少齿须蛇鳗, 25
少齿须鳗, 25
少乳突叉舌虾虎鱼, 308
少乳突舌虾虎鱼, 308
少带南鳅, 73
少带重牙鲷, 238

少点九棘鲈, 214
少点九刺鮨, 214
少须黄鲂鮄, 201
少耙下鱵, 172
少耙下鱵鱼, 172
少耙叉鳔石首鱼, 242
少耙五孔鹹, 242
少耙毛鼻鲇, 98
少耙电灯鱼, 146
少耙白鱼, 38
少耙后丝鲱, 35
少耙后竺鲷, 228
少耙拟丽鱼, 259
少耙拟棘茄鱼, 164
少耙兵鲇, 100
少耙深海天竺鲷, 228
少耙深海尾鳗, 29
少耙鳅鮀, 47
少真巨口鱼, 141
少斑若花鲚, 184
少斑扁魟, 14
少斑褶鮻, 112
少棱圆鲱属, 34
少椎尾鲸, 24
少椎尾鳍, 24
少椎南乳鱼, 135
少椎囊鳃鳗, 31
少棘毛口鲇, 103
少棘拟蛇鳚, 293
少棘拟鲅鳒, 162
少棘刺鳅, 194
少棘胡椒鲷属, 235
少棘猪齿鱼, 271
少棘深海鳐, 12
少棘褶丽鱼, 263
少辐大丝油鲇, 129
少辐乌鲂, 232
少辐双犁鱼, 285
少辐双锄鱼, 285
少辐光蟾鱼, 162
少辐异长颌鱼, 18
少辐赤刀鱼, 249
少辐拟喉盘鱼, 295
少辐泥鳅, 183
少辐线油鲇, 114
少辐盾皮鮈, 99
少辐桂脂鲤, 85
少辐副臂胶鼬鳚, 161
少辐副臂胶鳚, 161
少辐深海带鱼, 322
少辐晶穴鱼, 284
少辐新腹吸鳅, 71
少辐滨海龙, 190
少鳍方头鲳, 323
少鳍平鲉, 198
少鳍海龙属, 190
少鳍深巨口鱼, 140
少鳞小鲉, 197
少鳞台鳅, 69
少鳞克奈鱼, 36
少鳞拟鲆, 329
少鳞低线鱼, 285
少鳞钩齿脂鲤, 86
少鳞须鳅, 68
少鳞莫鲴, 167

少鳞海蝴鳅, 148
少鳞隐带丽鱼, 251
少鳞鲆, 321
少鳞棘首鲷, 188
少鳞鲃, 40
少鳞鲃脂鲤, 89
少鳞犀鳕, 148
少鳞新光唇鱼, 52
少鳞寡脂鲤, 92
少鳞缨口鳅, 69
少鳞澳小鲚, 177
少鳞燕鳐鱼, 171
少鳞磨脂鲤, 91
少鳞鰧, 286
少鳞鮠, 244
少鳞鮠属, 244
少鳞鱚, 229
少鳞鳜属, 212
日内瓦湖白鲑, 136
日牛尾鱼属, 202
日本七鳃鳗, 2
日本下棘鲀, 334
日本下鱵, 172
日本下鱵鱼, 172
日本大鳞大眼鲷, 225
日本小口鲽, 327
日本小姥鱼, 296
日本小海鲂, 189
日本小鲉, 197
日本小褐鳕, 153
日本叉牙七鳃鳗, 2
日本叉牙鱼, 283
日本马头鱼, 229
日本马加鲦, 323
日本五棘鲷, 247
日本牛目鲷, 224
日本长吻鱼, 193
日本长趾鼬鳚, 156
日本长鲈, 216
日本长鳍金眼鲷, 232
日本长鳍蝠鱼, 164
日本公鱼, 134
日本月鰧, 286
日本乌鲂, 232
日本方头鱼, 229
日本双棘鼬鱼, 159
日本双棘鼬鳚, 159
日本左鲆属, 329
日本石川鱼, 48
日本平鲉, 198
日本甲眼的鲷, 189
日本仙女鱼, 142
日本白姑鱼, 240
日本半皱唇鲨(日本翅鲨), 6
日本发光鲷, 212
日本矛吻海龙, 190
日本尖牙鲈(光棘尖牙鲈), 213
日本尖吻鲈, 212
日本尖背角鲨, 9
日本光尾鲨, 4
日本光鳞鱼, 144
日本曲鼬鳚, 156
日本竹荚鱼, 231
日本舟尾鳕, 151

日本多囊狮子鱼, 211
日本羊舌鲆, 328
日本异齿鲨, 3
日本红目大眼鲷, 224
日本红点鲑, 137
日本红娘鱼, 200
日本红鲬, 201
日本赤鲬, 201
日本花鲈, 212
日本丽花鮨, 219
日本矶塘鳢, 307
日本拟冰杜父鱼, 204
日本拟奈氏鳕, 152
日本拟金眼鲷, 244
日本拟隆头鱼, 274
日本拟鲈, 284
日本拟鳃, 332
日本园鳗, 29
日本角鲨, 8
日本条鳗, 332
日本床杜父鱼, 205
日本沙鲮, 229
日本沙鲽, 330
日本青眼鱼, 143
日本松球鱼, 187
日本刺尾鱼, 320
日本刺尾鲷, 320
日本软首鳕, 151
日本软腕鱼, 142
日本金线鱼, 236
日本金梭鱼, 321
日本底尾鳕, 149
日本单鳍电鳚, 10
日本单鳍电鳐, 10
日本单鳍鱼, 244
日本细杜父鱼, 203
日本细尾海龙, 190
日本带鱼, 322
日本栉鲳, 323
日本栉鳞鳎, 331
日本背灯鱼, 147
日本星杜父鱼, 203
日本虹银汉鱼, 169
日本骨鳂, 188
日本骨鳞鱼, 188
日本钝塘鳢, 302
日本钩棘杜父鱼, 205
日本钩嘴鳎, 331
日本竿虾虎鱼, 310
日本鬼鲉, 195
日本须杜父鱼, 207
日本须鲂鮄, 201
日本须鲨, 3
日本须鳂, 148
日本须鳎, 333
日本突吻隐鱼, 155
日本突吻潜鱼, 155
日本扁吻鮈, 57
日本扁鲨, 9
日本绚鹦嘴鱼, 276
日本真鲷, 239
日本桥棘鲷, 187
日本桥燧鲷, 187
日本钻嘴鱼, 235
日本胸棘鲷, 187

日本胸燧鲷, 187
日本狼绵鳚, 279
日本海双唇绵鳚, 277
日本海晶狮鱼, 209
日本海鲂, 189
日本海蝴鳅, 148
日本海鲦, 34
日本宽叉杜父鱼, 204
日本姬鱼, 142
日本黄姑鱼, 240
日本副仙女鱼, 142
日本副单角鲀, 336
日本副单棘鲀, 336
日本眶管虾虎鱼, 315
日本眶鼻拟鲆, 21
日本眶鼻鳗, 21
日本眼眶牛尾鱼, 202
日本蛇绵鳚, 278
日本银身鳂, 240
日本银鱼属, 135
日本银带鲱, 35
日本银鲈, 235
日本银鮈, 63
日本犁齿鲷, 238
日本笠鳚, 280
日本康吉鳗, 29
日本康吉鳗属, 30
日本深海鳐, 12
日本隆背八角鱼, 207
日本隆背鳂(短鳂), 13
日本绯鲤, 243
日本绵属鳚, 278
日本绿鹦哥鱼, 276
日本绿鹦嘴鱼, 276
日本鲆, 321
日本棘花鲈, 217
日本棘花鮨, 217
日本紫鱼, 234
日本喉须鲨, 3
日本短尾康吉鳗, 28
日本短糯鳗, 28
日本颌吻鳗, 29
日本腔吻鳕, 149
日本腔蝠鱼, 163
日本犀鳕, 148
日本鲅, 110
日本锯大眼鲷, 225
日本锯尾鲨, 5
日本锯鲨, 9
日本新热鳚, 295
日本新鳞鲉, 195
日本裸天竺鲷, 227
日本裸平头鱼, 134
日本裸身虾虎鱼, 309
日本裸顶鲷, 237
日本蜥鲨, 5
日本管刺鱼(管鱼), 189
日本蝴蝶鱼, 245
日本蝠鲼, 16
日本髭鲷, 235
日本燕魟, 16
日本橙黄鲨, 3
日本瓢鳍虾虎鱼, 315
日本鹦鲤, 276
日本穆氏暗光鱼, 138

461

长吻副单角鲀, 336
长吻副南丽鱼, 261
长吻副粒鲇, 110
长吻眶锯雀鲷, 270
长吻银鲈, 235
长吻银鲛科, 3
长吻银鲛属, 3
长吻假三刺鲀, 334
长吻象齿脂鲤, 78
长吻椎鲷, 239
长吻棘角鱼, 201
长吻棘鳅, 193
长吻黑头鱼, 133
长吻腔吻鳕, 149
长吻颏齿鱼, 133
长吻锯尾鲨, 5
长吻锯鲨, 9
长吻鲍氏脂鲤, 95
长吻新平鲉, 195
长吻裸颊鲷, 237
长吻鮠, 127
长吻蜥鲨, 5
长吻管嘴鱼, 246
长吻寡脂鲤, 92
长吻缝鲉, 202
长吻蝙蝠鱼, 164
长吻镊口鱼, 246
长吻颞孔鳕, 152
长吻篦鲨, 4
长吻鲭, 16
长吻鲳, 47
长吻鳃脊海龙, 192
长吻鳅, 66
长吻鼬鳚, 157
长吻鳐属, 12
长吻鳚, 172
长吻鳚属, 172
长体八角鱼属, 206
长体大野蜥鱼, 144
长体小公鱼, 32
长体小鲲, 32
长体无线鳎, 333
长体瓦鲽, 330
长体文鳊, 64
长体水珍鱼, 132
长体石斧脂鲤, 94
长体叶鲱, 34
长体叫姑鱼, 241
长体半丽鱼, 257
长体舌鳎, 333
长体似牙鯻, 242
长体似虹锦鱼, 274
长体多锯鲈, 213
长体充金眼鲷, 244
长体羊舌鲆, 328
长体拟单角鲀, 336
长体拟海猪鱼, 274
长体拟腹吸鳅, 72
长体阿波鳅, 68
长体若丽鱼, 262
长体刺虾虎鱼, 302
长体软绵鳚, 278
长体爬鳅, 68
长体金线鱼, 237
长体油胡瓜鱼, 135

长体油康吉鳗, 21
长体线盲鳗, 1
长体细尾粗鳍鱼, 148
长体细棘鲷, 187
长体细燧鲷, 187
长体背灯鱼, 147
长体皇带鱼属, 148
长体须光鱼, 133
长体狮子鱼, 209
长体前鲽, 330
长体柔丽鲷, 262
长体结杷非鲫, 252
长体埃塞鱼, 42
长体真巨口鱼, 140
长体真泽鳝, 23
长体索深鼬鳚, 155
长体圆口鲴, 166
长体胸指鰯, 249
长体准天竺鲷, 228
长体脊首绒皮鲉, 199
长体宽盔鲇, 114
长体姬鲷, 234
长体副单鳍鱼, 244
长体雀杜父鱼, 203
长体蛇鲴, 142
长体银鲈, 235
长体笛鲷, 233
长体假鳃鳉, 175
长体盘鮈, 45
长体深海带鱼, 322
长体深海珠目鱼, 144
长体深海鲱, 244
长体斑鳍鲨, 3
长体棱鳀, 33
长体雅丽鱼, 258
长体紫鱼, 234
长体颌光鱼, 139
长体鲂, 51
长体颏胎鳉, 292
长体雷鲹, 218
长体鼠油鲇, 114
长体腹瓢虾虎鱼, 313
长体裸胸鳝, 22
长体裸胸鳍, 22
长体裸梅鲷, 234
长体管颌鱼, 276
长体澳小鳀, 176
长体黏盲鳗, 1
长体鲉, 245
长体鳍, 23

长身下口蜻鲇, 104
长身大吻电鳗, 130
长身大眼鲷, 225
长身上口脂鲤, 78
长身小石鲈, 235
长身小仿石鲈, 235
长身小油鲇, 114
长身小鲉, 197
长身小鲑脂鲤, 90
长身小鳔鮈, 52
长身马鲷, 231
长身无牙脂鲤, 80
长身无鳔石首鱼, 241
长身中锯鲉, 248
长身长孔绵鳚, 277
长身长须魣, 45
长身片鳞脂鲤, 95
长身巴塔鲹, 126
长身四须鲃, 39
长身白甲鱼, 53
长身白鲦, 237
长身舌珍鱼, 132
长身后竺鲷, 228
长身合鳃鳗, 24
长身壮绵鳚, 279
长身异华鲮, 55
长身异胡瓜鱼, 134
长身异康吉鳗, 30
长身异糯鳗, 30
长身纤柱鱼, 145
长身丽脂鲤, 83
长身拟平牙虾虎鱼, 314
长身拟雀鲷, 220
长身拟鲈, 284
长身坚银汉鱼, 170
长身纳尔巴绵鳚, 279
长身若花鳉, 184
长身欧白鱼, 37
长身欧雅鱼, 63
长身线纹陶鲇, 118
长身细棘鮠, 118
长身南鲈, 247
长身勃林后竺鲷, 228
长身勃林深海天竺鲷, 228
长身思凡鳅, 73
长身前肛鳗, 24
长身柔丽鲷, 262
长身圆鲹, 230
长身钻嘴鱼, 235
长身特拉爬鳅, 74
长身皱牙脂鲤, 79
长身高原鳅, 75
长身益秀朝鲜鳅, 66
长身烛光鱼, 138
长身宽箬鳎, 331
长身诺德脂鲤, 89
长身球丽鱼, 265
长身副裸吻鱼, 55
长身捷虾虎鱼, 306
长身铲吻油鲇, 129
长身盘唇鲹, 116
长身粒鲇, 110
长身深海天竺鲷, 228
长身谐鱼, 232
长身斯氏脂鲤, 294
长身棘花鲈, 217
长身裂腹鱼, 61
长身翘嘴脂鲤, 95
长身短吻狮子鱼, 208
长身短颊鲻, 21
长身颌须鲌, 47
长身鲃脂鲤, 89
长身颏胎鳉, 292
长身游鳔条鳅, 72
长身锯脂鲤, 93
长身矮脂鲤, 76
长身腹肢鲆, 326
长身鲉, 196
长身鲔虾虎鱼, 308
长身新鼬鳚, 156

长身溪鳉, 178
长身裸胸鳝, 23
长身裸胸鳍, 23
长身鲅, 126
长身管天竺鲷, 228
长身鲞, 47
长身墨头鱼, 46
长身潘鳅, 67
长身穗唇鲃, 43
长身翼喉盘鱼, 295
长身鳒, 212
长身鳍, 36
长身鳢, 325
长肘多指马鲅, 239
长角项鲾, 232
长角狡鮟鱇, 165
长条蛇鲻, 142
长沟泉水鱼, 56
长尾大角鮟鱇, 166
长尾大眼鲷, 225
长尾无线鳎, 334
长尾巨棘鮟鱇, 166
长尾白鱼, 38
长尾丝虾虎鱼, 305
长尾光鳞鲨, 4
长尾曲鼬鳚, 156
长尾后平鳅, 70
长尾羽油鲇, 114
长尾护尾鮠, 96
长尾拟雀鲷, 220
长尾足沟鱼, 207
长尾吻鲴, 14
长尾条鳅, 70
长尾纹胸鮡, 111
长尾刺鼻单棘鲀, 335
长尾刺鲷, 194
长尾奈波虾虎鱼, 310
长尾革单棘鲀, 335
长尾南氏鱼, 133
长尾南丽鱼, 251
长尾栉虾虎鱼, 306
长尾须鲨科, 4
长尾须鲨属, 4
长尾独焰鲇, 127
长尾弯牙海鳝(长海鳝), 23
长尾前孔鲀, 335
长尾高眉鳍, 21
长尾海龙属, 191
长尾副长颌鱼, 19
长尾蛇鳗, 26
长尾银花鮨, 215
长尾彩塘鳢, 301
长尾深海狗母鱼, 143
长尾深海鲬, 11
长尾锉甲鲇, 109
长尾短稚鳕, 152
长尾颌吻鳗, 29
长尾鲃, 39
长尾阔峡鲇, 121
长尾嗜肌深海鼬鱼, 158
长尾嗜肌深蛇鳚, 158
长尾锥齿鲷, 237
长尾新亮丽鲷, 260
长尾滨鲷, 233

长尾裸臀鳕, 21
长尾鲱, 112
长尾鲔属, 217
长尾鲴, 35
长尾鲨科, 4
长尾鲨属, 4
长尾懒康吉鳗, 29
长尾懒糯鳗, 29
长尾霞鲨, 8
长尾翼丘头鲇, 113
长尾鳐, 11
长尾鳐属, 11
长尾鲬, 298
长尾鳕科, 148
长尾鳕属, 151
长尾耀鲇, 122
长尾鳍胡鲇, 122
长若丽鱼, 263
长枝真巨口鱼, 140
长刺拟钩鲇, 108
长刺奇非鲫, 265
长刺金鳞鱼, 188
长刺食蚊鱼, 183
长刺泰氏鲀, 339
长刺真鳂, 188
长刺新鼬鳚, 156
长刺鳊, 42
长刺鳊属, 42
长刺鲴, 232
长齿牙鲷, 232
长齿拟鳉, 21
长齿草鳗, 21
长齿锯犁鳗, 31
长齿锯锄鳗, 31
长罗汉鱼, 57
长侧大蚜蜥鱼, 144
长肢南美南极鱼, 282
长肢准项鳍鲇, 119
长兔鲑属, 132
长肩棘腾, 286
长肩鳃鳉, 291
长线粒鲇, 110
长项小美腹鲇, 106
长项矮甲鲇, 101
长项溪鳉, 178
长带条鳅, 70
长胡鲇, 122
长南鳅, 73
长指马鲅, 240
长指马鲅属, 239
长指红娘鱼, 200
长指虎鲉, 195
长指真巨口鱼, 140
长指棘鲬(雷氏棘鲬), 202
长指鳞角鱼, 200
长背小叶齿鲷, 268
长背小鳔鮈, 52
长背云南鳅, 75
长背亚口鱼, 65
长背亚口鱼属, 65
长背多罗龙腾, 282
长背安彦鳅, 68
长背犹他脂鲤, 94
长背沟虾虎鱼, 312

471

477

503

504

511

513

519

548

550

574

附录一：科中文名歧异概况一览表

科号	拉丁科名	大陆科中文名	台湾科中文名	中文异名
F008	Heterodontidae	虎鲨科	异齿鲨科	异齿鲛科
F013	Stegostomatidae	豹纹鲨科	虎鲨科	虎鲛科
F020	Alopiidae	长尾鲨科	狐鲨科	狐鲛科
F021	Cetorhinidae	姥鲨科	象鲨科	象鲛科
F030	Sphyrnidae	双髻鲨科	双髻鲨科	丫髻鲛科
F033	Echinorhinidae	棘鲨科	笠鳞鲨科	笠鳞鲛科
F042	Torpedinidae	电鳐科	电鲼科	
F043	Narcinidae	双鳍电鳐科	双鳍电鲼科	
F044	Pristidae	锯鳐科	锯鳐科	锯鲼科
F045	Rhinidae	圆犁头鳐科	鲨头鲼科	
F046	Rhynchobatidae	尖犁头鳐科	龙纹鲼科	
F047	Rhinobatidae	犁头鳐科	琵琶鲼科	
F049	Platyrhinidae	团扇鳐科	黄点鲼科	
F067	Mormyridae	长颌鱼科	长颌鱼科	象鼻鱼科
F071	Albulidae	北梭鱼科	狐鳁科	
F077	Chlopsidae	草鳗科	拟鯙科	
F078	Myrocongridae	油康吉鳗科	油康吉鳗科	软糯鳗科
F079	Muraenidae	海鳝科	鯙科	
F080	Synaphobranchidae	合鳃鳗科	合鳃鳗科	连鳃鳗科
F082	Colocongridae	短尾康吉鳗科	短糯鳗科	
F085	Nemichthyidae	线鳗科	线鳗科	线口鳗科
F086	Congridae	康吉鳗科	糯鳗科	
F087	Nettastomatidae	鸭嘴鳗科	鸭嘴鳗科	丝鳗科
F088	Serrivomeridae	锯犁鳗科	锯锄鳗科	
F098	Chanidae	遮目鱼科	虱目鱼科	
F105	Catostomidae	亚口鱼科	亚口鱼科	胭脂鱼科
F118	Gasteropelecidae	胸斧鱼科	胸斧鱼科	胸斧脂鲤科
F135	Amblycipitidae	钝头鮠科	钝头鮠科	鉠科
F146	Auchenipteridae	项鳍鲇科	项鳍鲇科	颈鳍鲇科
F149	Auchenoglanididae	项鲇科	项鲇科	颈鲇科
F150	Chacidae	连尾鮡科	连尾鮡科	毛鲇科
F152	Clariidae	胡鲇科	胡鲇科	胡鲇科
F171	Alepocephalidae	平头鱼科	黑头鱼科	
F183	Ateleopodidae	辫鱼科	软腕鱼科	
F187	Synodontidae	狗母鱼科	合齿鱼科	
F199	Neoscopelidae	新灯笼鱼科	新灯笼鱼科	新灯鱼科
F201	Veliferidae	旗月鱼科	草鲹科	
F208	Polymixiidae	须鳂科	银眼鲷科	
F210	Aphredoderidae	胸肛鱼科	胸肛鱼科	喉肛鱼科
F211	Amblyopsidae	洞鲈科	洞鲈科	盲鲴科
F212	Muraenolepididae	鳗鳞鳕科	鳗鳞鳕科	南鳕科
F213	Bregmacerotidae	犀鳕科	海蝴鳅科	
F215	Macrouridae	长尾鳕科	鼠尾鳕科	
F216	Moridae	深海鳕科	稚鳕科	
F221	Carapidae	潜鱼科	隐鱼科	
F222	Ophidiidae	鼬鳚科	鼬鳚科	鼬鱼科
F223	Bythitidae	深蛇鳚科	深海鼬鱼科	胎鼬鳚科
F224	Aphyonidae	胶胎鳚科	裸鼬鱼科	

F225	Parabrotulidae	副须鼬鳚科	副须鼬鱼科	
F231	Brachionichthyidae	臂钩躄鱼科	臂钩躄鱼科	澳洲躄鱼科
F234	Caulophrynidae	茎角鮟鱇科	长鳍鮟鱇科	
F236	Melanocetidae	黑犀鱼科	黑鮟鱇科	黑犀鮟鱇科
F238	Diceratiidae	双角鮟鱇科	双角鮟鱇科	双角鱼科
F239	Oneirodidae	梦鮟鱇科	梦鮟鱇科	梦角鮟鱇科
F241	Centrophrynidae	刺鮟鱇科	刺鮟鱇科	深海鮟鱇科
F243	Gigantactinidae	大角鮟鱇科	巨棘鮟鱇科	长角鮟鱇科
F244	Linophrynidae	树须鱼科	须鮟鱇科	树须鮟鱇科
F252	Adrianichthyidae	怪颌鳉科	怪颌鳉科	青鳉科
F255	Belonidae	颌针鱼科	鹤鱵科	
F256	Scomberesocidae	竹刀鱼科	竹刀鱼科	秋刀鱼科
F266	Poeciliidae	花鳉科	花鳉科	胎鳉科
F271	Rondeletiidae	龙氏鲸头鱼科	红口仿鲸科	
F272	Barbourisiidae	须皮鱼科	须仿鲸科	刺皮鲸口鱼科
F274	Mirapinnidae	异鳍鱼科	异鳍鱼科	毛鱼科
F275	Megalomycteridae	大吻鱼科	大吻鱼科	大鼻鱼科
F277	Diretmidae	银眼鲷科	银眼鲷科	洞鳍鲷科
F278	Anomalopidae	灯颊鲷科	灯眼鱼科	
F279	Monocentridae	松球鱼科	松球鱼科	松球鱼科
F282	Holocentridae	鳂科	金鳞鱼科	
F284	Oreosomatidae	仙海鲂科	高的鲷科	
F285	Parazenidae	副海鲂科	准的鲷科	
F286	Zeniontidae	大海鲂科	甲眼的鲷科	
F288	Zeidae	海鲂科	的鲷科	
F297	Fistulariidae	烟管鱼科	马鞭鱼科	
F298	Macroramphosidae	长吻鱼科	鹬嘴鱼科	
F302	Mastacembelidae	刺鳅科	棘鳅科	
F303	Dactylopteridae	豹鲂鮄科	飞角鱼科	
F305	Caracanthidae	头棘鲉科	颊棘鲉科	
F306	Aploactinidae	绒皮鲉科	绒皮鲉科	疣鲉科
F307	Pataecidae	奇矮鲉科	奇矮鲉科	丑鲉科
F310	Triglidae	鲂鮄科	角鱼科	
F312	Bembridae	红鲬科	赤鲬科	
F313	Platycephalidae	鲬科	牛尾鱼科	
F314	Hoplichthyidae	棘鲬科	针鲬科	
F333	Percichthyidae	鮨鲈科	真鲈科	肖鲈科
F336	Symphysanodontidae	愈牙鮨科	愈齿鲷科	片山花鲷科
F340	Ostracoberycidae	鳂鲈科	巨棘鲈科	
F342	Pseudochromidae	拟雀鲷科	拟雀鲷科	准雀鲷科
F344	Plesiopidae	鮗科	七夕鱼科	
F346	Opistognathidae	后颌鰧科	后颌鱼科	后颌䲁科
F348	Banjosidae	寿鱼科	扁棘鲷科	
F349	Centrarchidae	棘臀鱼科	棘臀鱼科	太阳鲈科
F353	Epigonidae	后竺鲷科	深海天竺鲷科	
F354	Sillaginidae	鱚科	沙鮻科	
F356	Lactariidae	乳香鱼科	乳鲭科	
F358	Scombropidae	青鯥科	鯥科	
F359	Pomatomidae	鯥科	扁鲹科	
F361	Coryphaenidae	鲯鳅科	鱰科	鬼头刀科
F362	Rachycentridae	军曹鱼科	海鲡科	
F363	Echeneidae	䲟科	䲟科	印鱼科

580

F365	Menidae	眼镜鱼科	眼眶鱼科	
F371	Caesionidae	梅鲷科	乌尾鮗科	
F373	Gerreidae	银鲈科	钻嘴鱼科	
F374	Haemulidae	仿石鲈科	石鲈科	
F377	Lethrinidae	裸颊鲷科	龙占鱼科	
F379	Centracanthidae	中棘鱼科	中棘鱼科	棘鲈科
F382	Mullidae	羊鱼科	须鲷科	
F383	Pempheridae	单鳍鱼科	拟金眼鲷科	
F386	Bathyclupeidae	深海鲱鲈科	深海鲱科	
F387	Monodactylidae	大眼鲳科	银鳞鲳科	
F391	Kyphosidae	鮧科	鮧科	舵鱼科
F394	Pomacanthidae	刺盖鱼科	盖刺鱼科	
F414	Scaridae	鹦嘴鱼科	鹦哥鱼科	
F432	Chiasmodontidae	叉齿龙䲢科	叉齿鱼科	艾齿鱼科
F435	Pinguipedidae	肥足䲢科	拟鲈科	虎鳕科
F437	Trichonotidae	毛背鱼科	丝鳍鳕科	
F450	Chaenopsidae	烟管鳚科	烟管鳚科	梭鳚科
F459	Kraemeriidae	柯氏鱼科	柯氏鱼科	沙鳢科
F461	Microdesmidae	蠕鳢科	蚓虾虎鱼科	小带鳚科
F462	Ptereleotridae	鳍塘鳢科	凹尾塘鳢科	
F463	Schindleriidae	辛氏微体鱼科	辛氏微体鱼科	辛氏鳚科
F467	Siganidae	篮子鱼科	臭肚鱼科	
F469	Zanclidae	镰鱼科	角蝶鱼科	
F470	Acanthuridae	刺尾鱼科	刺尾鲷科	粗皮鲷科
F471	Scombrolabracidae	鲭鲈科	长鳍带鲭科	
F472	Sphyraenidae	魣科	金梭鱼科	
F473	Gempylidae	蛇鲭科	带鲭科	
F476	Xiphiidae	剑鱼科	剑旗鱼科	
F480	Nomeidae	双鳍鲳科	圆鲳科	
F485	Helostomatidae	吻鲈科	吻鲈科	接吻鱼科
F488	Caproidae	羊鲂科	羊鲂科	菱鲷科
F503	Triacanthodidae	拟三棘鲀科	拟三棘鲀科	拟三刺鲀科
F504	Triacanthidae	三棘鲀科	三棘鲀科	三刺鲀科
F506	Monacanthidae	单角鲀科	单棘鲀科	
F509	Tetraodontidae	鲀科	四齿鲀科	
F510	Diodontidae	刺鲀科	二齿鲀科	
F513	Ceratodontidae	角齿鱼科	角齿鱼科	澳洲肺鱼科

附录二：台湾和香港鱼种中文俗名对照表

科名	学名	台湾俗名	香港俗名
Heterodontidae	*Heterodontus zebra*	角鲨、虎沙、虎皮鲨(澎湖)	虎鲨、鲨鱼
Hemiscylliidae	*Chiloscyllium indicum*	狗沙、沙条	班竹鲨、狗螺鲨、鲨鱼
Hemiscylliidae	*Chiloscyllium plagiosum*	狗沙、沙条、斑竹狗鲛、红狗鲨(澎湖)	狗螺鲨、鲨鱼
Rhincodontidae	*Rhincodon typus*	豆腐沙、大憨沙、鲸鲛	鲸鲨、鲨鱼
Triakidae	*Mustelus griseus*	沙条、平滑鲛、灰貂鲛、白鲨条(澎湖)、启目布仔(澎湖)	灰星鲨、鲨鱼
Carcharhinidae	*Carcharhinusamblyrhynchos*	大沙、黑印白眼鲨、黑尾真鲨、灰礁鲨	鲨鱼
Carcharhinidae	*Carcharhinus dussumieri*	沙条、杜氏白眼鲛	鲨鱼
Carcharhinidae	*Carcharhinus falciformis*	大沙、平滑白眼鲛、鲨条(澎湖)、圆头鲨(澎湖)	鲨鱼
Carcharhinidae	*Carcharhinus macloti*	大沙、枪头白眼鲛	鲨鱼
Carcharhinidae	*Carcharhinus sorrah*	沙条、色拉白眼鲛、沙鱼(台东)、黑斩(澎湖)、乌翅尾(澎湖)	黑翼角、黑鳍鲨、黑角鲨、鲨鱼
Carcharhinidae	*Galeocerdo cuvier*	虎沙、鼬鲛、烂沙(台东)、鸟鲨(澎湖)	鲨鱼
Carcharhinidae	*Rhizoprionodon acutus*	沙条、尖头沙、尖头曲齿鲛	尖头鲨、鲨鱼
Carcharhinidae	*Scoliodon laticaudus*	沙仔、尖头沙、宽尾曲齿鲛、宽尾斜齿鲛	鲨鱼
Sphyrnidae	*Sphyrna lewini*	红肉双髻、牦头沙、双髻鲨、双过仔	丫髻鲨、鲨鱼
Sphyrnidae	*Sphyrna mokarran*	牦头沙、双髻鲨、双过仔、八鳍丫髻鲛	丫髻鲨、鲨鱼
Sphyrnidae	*Sphyrna zygaena*	牦头沙、双髻鲨、双过仔、丫髻鲛、白肉双髻(澎湖)	丫髻鲨、太子鲨、鲨鱼
Pristiophoridae	*Pristiophorus japonicus*	剑沙	锯鲨、鲨鱼、锯鱼
Narcinidae	*Narcine timlei*		电鲼、震手鲼、鲼鱼
Narcinidae	*Narke japonica*	电鲂、雷鱼	电鲼、震手鲼、鲼鱼
Pristidae	*Anoxypristis cuspidata*	剑沙	锯鱼
Rhinidae	*Rhina ancylostoma*	饭匙鲨、鲂仔、鲨壳鲨(澎湖)、圆头龙文(澎湖)、鲨壳鲼(澎湖)	琵琶、鲼鱼
Rhynchobatidae	*Rhynchobatus djiddensis*	饭匙鲨、鲂仔、沙条(台东)、龙文鲨(澎湖)、鲼仔(澎湖)	犁头鲨、鲼鱼
Rhinobatidae	*Rhinobatos (G.) granulatus*	饭匙鲨、鲂仔	犁头鲨、鲼鱼
Rhinobatidae	*Rhinobatos (R.) schlegelii*	饭匙鲨、鲂仔、饭匙(澎湖)、汤匙(澎湖)、鲼(澎湖)	犁头鲨、鲼鱼
Rhinobatidae	*Rhinobatos hynnicephalus*	饭匙鲨、鲂仔、香匙(澎湖)、汤匙(澎湖)	犁头鲨、鲼鱼
Rajidae	*Dipturus kwangtungensis*	鲂仔	鲼、鲼鱼
Rajidae	*Okamejei hollandi*	鲂仔、尿骚鲂(澎湖)	沙鲼、鲼鱼
Rajidae	*Okamejei kenojei*	鲂仔、魟仔(台东)	鲼、鲼鱼
Anacanthobatidae	*Anacanthobatis (S.) melanosoma*	鲂仔、黑体施氏鳐、黑身司氏裸鲼	鲼、鲼鱼
Platyrhinidae	*Platyrhina sinensis*		鲼、鲼鱼
Dasyatidae	*Dasyatis akajei*	红鲂、牛尾	鲂鲼、鲼鱼
Dasyatidae	*Dasyatis bennettii*	白肉鲼、白玉鲼、黄魟、笨氏土魟、黄鲂(澎湖)、红鲂(澎湖)	黄鲼、鲼鱼
Dasyatidae	*Dasyatis zugei*	鲂仔	鲼、鲼鱼
Dasyatidae	*Himantura gerrardi*	鲂仔、花鲂(澎湖)	鲼、鲼鱼
Dasyatidae	*Himantura uarnak*	鲂仔、豹纹魟、花点魟、魟仔(台东)、花鲂(澎湖)	花点鲼、鲼鱼
Dasyatidae	*Neotrygon kuhlii*	鲂仔、肉丝魟、古氏土魟、沙帽子(澎湖)、蝙仔(澎湖)、查某仔囝(澎湖)	鲼、鲼鱼
Dasyatidae	*Taeniura meyeni*	鲂仔、乌鲂(澎湖)、牛屎鲂(澎湖)	黑鲼、鲼鱼
Gymnuridae	*Gymnura bimaculata*	鲂仔	镬底鲼、鲼鱼
Gymnuridae	*Gymnura japonica*	鲂仔、臭尿破鲂(澎湖)	镬底鲼、鲼鱼
Gymnuridae	*Gymnura poecilura*		镬底鲼、鲼鱼
Myliobatidae	*Aetobatus flagellum*		长鹰、鲼鱼
Myliobatidae	*Aetomylaeus milvus*	鲂仔	长鹰、鲼鱼
Myliobatidae	*Aetomylaeus nichofii*	鲂仔、燕仔鲂(澎湖)、飞鲂仔(澎湖)、佛祖燕(澎湖)	鲼鱼
Myliobatidae	*Manta birostris*	飞鲂仔、鹰鲂	角庞、鲼鱼
Myliobatidae	*Rhinoptera javanica*	飞鲂仔、鹰鲂、乌鲂(澎湖)、燕仔鲂(澎湖)	鲼鱼
Acipenseridae	*Acipenser sinensis*		鲟龙、鲟鲨、中华鲟
Elopidae	*Elops machnata*	澜槽、四破、海鲢(台东)、澜槽(澎湖)、竹梭(澎湖)、烂土梭(澎湖)	竹锦、烂肉蔬

Megalopidae	*Megalops cyprinoides*	海庵、海鰱(台东)、草鰱(澎湖)、溪鰳(澎湖)、粗鳞鰱(澎湖)	大青鳞、坑鳢白
Albulidae	*Albula glossodonta*	北梭鱼、竹篙头、鲈鱼(台东)、竹篙鰱(澎湖)、林投梭(澎湖)	烂肉蔬
Albulidae	*Albula vulpes*		烂肉蔬
Anguillidae	*Anguilla japonica*	白鳗、日本鳗、正鳗、白鳝、鳗鲡、土鳗(澎湖)、淡水鳗(澎湖)	白鳝、白蟮、鳝
Anguillidae	*Anguilla marmorata*	鲈鳗、花鳗、乌耳鳗、土龙	坑蛮、坑鳗、鳝
Muraenidae	*Echidna nebulosa*	钱鳗、薯鳗、虎鳗、糯鳗(澎湖)、节仔鳗(澎湖)、蟒仔鳗(澎湖)	鳝
Muraenidae	*Enchelycore schismatorhynchus*	鸡角仔鳗、龙鳗、钱鳗、薯鳗、虎鳗、咖啡色鳗(澎湖)	鳝
Muraenidae	*Gymnothorax flavimarginatus*	钱鳗、薯鳗、虎鳗、鳗(台东)、糯鳗(澎湖)、青痣(澎湖)、蟒仔鳗(澎湖)、硓砧鳗(澎湖)	乌耳鳝、鯄追、鱲追、鳝
Muraenidae	*Gymnothorax isingteena*		鯄追、鱲追、鳝
Muraenidae	*Gymnothorax punctatofasciatus*		鯄追、鱲追、鳝
Muraenidae	*Gymnothorax reevesii*	钱鳗、薯鳗、虎鳗、糯鳗(澎湖)	鯄追、鱲追、鳝
Muraenidae	*Gymnothorax reticularis*	钱鳗、薯鳗、虎鳗	鯄追、鱲追、鳝
Muraenidae	*Gymnothorax richardsonii*	钱鳗、薯鳗、虎鳗	花追、鯄追、鱲追、鳝
Muraenidae	*Gymnothorax undulatus*	钱鳗、薯鳗、虎鳗、糯鳗(澎湖)、青痣(澎湖)、青头仔(澎湖)	杉追、鯄追、鱲追、鳝
Muraenidae	*Strophidon sathete*	钱鳗、薯鳗、虎鳗、竹竿鳗	血鳝、鯄追、鱲追、鳝、鳙蟮
Synaphobranchidae	*Dysomma anguillare*	合鳃鳗	鳝
Ophichthidae	*Brachysomophis cirrocheilos*	鳗、硬骨篡	沙鳝、沙蟮、鳝
Ophichthidae	*Brachysomophis crocodilinus*	鳗、硬骨篡	沙鳝、沙蟮、鳝
Ophichthidae	*Cirrhimuraena chinensis*	硬骨篡	沙鳝、沙蟮、鳝
Ophichthidae	*Ophichthus apicalis*	土龙、顶蛇鳗	沙鳝、沙蟮、鳝
Ophichthidae	*Ophichthus celebicus*		沙鳝、沙蟮、鳝
Ophichthidae	*Ophichthus cephalozona*	硬骨篡	沙鳝、沙蟮、鳝
Ophichthidae	*Ophichthus evermanni*	硬骨篡、鳗(台东)	沙鳝、沙蟮、鳝
Ophichthidae	*Ophichthus urolophus*	硬骨篡	沙鳝、沙蟮、鳝
Ophichthidae	*Pisodonophis boro*	硬骨篡	骨鳝、骨蟮、鳝
Ophichthidae	*Pisodonophis cancrivorus*	硬骨篡、鳗(台东)、硬骨鳠(澎湖)	骨鳝、骨蟮、鳝
Ophichthidae	*Scolecenchelys macroptera*		沙鳝、沙蟮、鳝
Muraenesocidae	*Congresox talabon*		门鳝、鳝、鳗蟮
Muraenesocidae	*Congresox talabon oides*		门鳝、鳝、鳗蟮、鹤蟮
Muraenesocidae	*Muraenesox bagio*	虎鳗、海鳗	门鳝、鳝、鳗蟮
Muraenesocidae	*Muraenesox cinereus*	虎鳗、海鳗、钱鳗(台东)	门鳝、鳝、鳗蟮
Congridae	*Ariosoma anago*	糯米鳗、穴子鳗、臭腥鳗、海鳗、沙鳗、白鳗(澎湖)	鳝
Congridae	*Rhynchoconger ectenurus*	糯米鳗、穴子鳗、臭腥鳗、海鳗、沙鳗	鳝
Congridae	*Uroconger lepturus*	糯米鳗、穴子鳗、臭腥鳗、海鳗、沙鳗	鳝
Pristigasteridae	*Ilisha elongata*	白力、力鱼、曹白鱼、吐目、鰳鱼(澎湖)	鳢白
Pristigasteridae	*Ilisha melastoma*	短鰳、印度鰳、圆眼仔	鳢白
Pristigasteridae	*Opisthopterus tardoore*	翘鼻鱼、薄刀、眶仔	黄姑
Engraulidae	*Coilia grayii*		凤尾鲚、凤尾鱼
Engraulidae	*Coilia mystus*		马仔、凤尾鱼
Engraulidae	*Coilia nasus*		凤尾鲚、凤尾鱼
Engraulidae	*Encrasicholina heteroloba*	鲂仔、白鲅	公鱼
Engraulidae	*Encrasicholina punctifer*	鲂仔、白鲅	公鱼
Engraulidae	*Engraulis japonicus*	苦蚵仔、鳀仔、片口、鲅仔、姑仔、黑鲅、苦蚝仔(澎湖)、厚壳鲅(澎湖)	公鱼
Engraulidae	*Setipinna taty*		公鱼
Engraulidae	*Stolephorus chinensis*		公鱼
Engraulidae	*Stolephorus commersonnii*	鲂仔	公鱼
Engraulidae	*Stolephorus indicus*	鲂仔、白骨鲅、丁香鲅、苦鲅、恶鲅	公鱼
Engraulidae	*Stolephorus insularis*	鲂仔	公鱼
Engraulidae	*Thryssa chefuensis*	突鼻仔、含西	青瓜
Engraulidae	*Thryssa dussumieri*	突鼻仔、含西	青瓜
Engraulidae	*Thryssa hamiltonii*	突鼻仔、含西	青瓜

Engraulidae	*Thryssa kammalensis*	突鼻仔、含西	青瓜
Engraulidae	*Thryssa mystax*		青瓜
Engraulidae	*Thryssa setirostris*	突鼻仔、含西、臭肉仔(台东)	青瓜
Engraulidae	*Thryssa vitrirostris*		青瓜
Chirocentridae	*Chirocentrus dorab*	西刀、布刀、狮刀鲩	宝刀
Chirocentridae	*Chirocentrus nudus*	西刀、布刀	宝刀
Clupeidae	*Amblygaster clupeoides*		横掷、沙甸鱼
Clupeidae	*Amblygaster sirm*	鳁仔、沙丁鱼、苦瞭(台东)	横掷、沙甸鱼
Clupeidae	*Clupanodon thrissa*	银耀鳞、银鳞水滑、多斑鲦、海鲫仔	银幼鳞、黄鱼
Clupeidae	*Dussumieria acuta*	臭肉鳁、鳁仔	海河
Clupeidae	*Dussumieria elopsoides*	臭肉鳁、鳁仔、银圆腹鳁、尖嘴鳁、尖头鳁(澎湖)、砂虰(澎湖)	海河
Clupeidae	*Etrumeus teres*	臭肉鳁、鳁仔、圆眼仔、鳁鱼、鳁仔鱼、圆仔鱼(幼鱼)、脂眼鲱、臭肉、臭肉鱼(澎湖)、肉鳁(澎湖)	海河
Clupeidae	*Konosirus punctatus*	扁屏仔、油鱼、海鲫仔	水滑、黄鱼、烂杉
Clupeidae	*Nematalosa come*	扁屏仔、油鱼、海鲫仔、土黄鱼	黄鱼
Clupeidae	*Nematalosa japonica*	扁屏仔、油鱼、海鲫仔、日本水滑、土黄(澎湖)	黄鱼
Clupeidae	*Nematalosa nasus*	扁屏仔、油鱼、黄肠鱼、海鲫仔	黄鱼
Clupeidae	*Sardinella albella*	青鳞仔、鳁仔、沙丁鱼、扁仔、扁鳁	横掷、青鳞、黄鱼
Clupeidae	*Sardinella aurita*		横掷、青鳞、黄鱼
Clupeidae	*Sardinella brachysoma*	青鳞仔、鳁仔、沙丁鱼、扁仔、扁鳁	横掷、青鳞、黄鱼
Clupeidae	*Sardinella fimbriata*	青鳞仔、鳁仔、沙丁鱼、扁仔、扁鳁	横掷、青鳞、黄鱼
Clupeidae	*Sardinella jussieu*	青鳞仔、鳁仔、沙丁鱼、扁仔、扁鳁	横掷、青鳞、黄鱼
Clupeidae	*Sardinella lemuru*	青鳞仔、鳁仔、沙丁鱼、扁仔、扁鳁、臭肉(台东)、鳁(澎湖)、竹叶鳁(澎湖)	横掷、青鳞、黄鱼
Clupeidae	*Sardinella sindensis*	青鳞仔、鳁仔、沙丁鱼、扁仔、扁鳁	横掷、青鳞、黄鱼
Clupeidae	*Sardinella zunasi*	青鳞仔、鳁仔、沙丁鱼、扁仔、扁鳁	横掷、青鳞、黄鱼
Clupeidae	*Spratelloides delicatulus*	无带丁香(澎湖)	青鳞
Clupeidae	*Spratelloides gracilis*	针嘴鳁、丁香鱼、鲂仔、丁香、鲩仔、灰海荷鳁、日本银带鲱	公鱼
Clupeidae	*Tenualosa reevesii*	生鳜、三来、锡箔鱼	三黎
Chanidae	*Chanos chanos*	海草鱼、遮目鱼、杀目鱼、安平鱼、国姓鱼、麻虱目仔、虱目鱼(台东)、虱目(澎湖)、麻虱目(澎湖)	虱目鱼
Cyprinidae	*Acrossocheilus beijiangensis*		鲤鱼、鲫鱼
Cyprinidae	*Acrossocheilus parallens*		鲤鱼、鲫鱼
Cyprinidae	*Aphyocypris lini*		鲤鱼、鲫鱼
Cyprinidae	*Carassius auratus auratus*	鲫仔、土鲫、本岛鲫、本岛仔、细头	鲫、鲫鱼
Cyprinidae	*Ctenopharyngodon idella*	鲩、鲲、池鱼、草根鱼	鲩鱼、草鱼
Cyprinidae	*Hemiculter leucisculus*	苦槽仔、海鲢仔、奇力仔、白条、白鲦、鳘条	蓝刀、饿鬼、白条
Cyprinidae	*Metzia formosae*	车栓仔、台湾黄鲴鱼、台湾细鳊、台湾麦氏鳊	鲤鱼、鲫鱼
Cyprinidae	*Metzia lineata*		鲤鱼、鲫鱼
Cyprinidae	*Mylopharyngodon piceus*	黑鲢、黑鰡、乌鰡、黑鲮	黑鲩、鲤鱼、鲫鱼
Cyprinidae	*Nicholsicypris normalis*		鲤鱼、鲫鱼
Cyprinidae	*Osteochilus salsburyi*		鲤鱼、鲫鱼
Cyprinidae	*Parazacco spilurus*		异鱲、鲤鱼、鲫鱼
Cyprinidae	*Pseudorasbora parva*	麦穗鱼、尖嘴仔、车栓仔、尖嘴鱼仔	鲤鱼、鲫鱼
Cyprinidae	*Puntius semifasciolatus*	红目鮘、红目猴、牛屎鲫仔、条纹二须鲃、条纹小鲃、五线无须鲃	红眼鲫、七间鲫、七星鱼、鲫鱼
Cyprinidae	*Rasbora steineri*		鲤鱼、鲫鱼
Cyprinidae	*Rhodeus ocellatus ocellatus*	牛屎鲫仔、红目鲫仔、鰟、点鳍	牛屎鲫、鲤鱼、鲫鱼
Cyprinidae	*Tanichthys albonubes*		白云金丝、鲤鱼、鲫鱼
Cyprinidae	*Zacco platypus*	溪哥仔♀(幼鱼)、青猫♂、宽鳍鱲、日本溪哥、溪哥仔(台东)	鲤鱼、鲫鱼
Cobitidae	*Cobitis sinensis*	花鳅、胡溜、沙鳅、沙溜、土鳅、中华花鳅	花鳅、鳅
Cobitidae	*Misgurnus anguillicaudatus*	土鳅、胡溜、鱼溜、雨溜、河鰡、旋鰡、旋鰡鼓	泥鳅、鳅
Balitoridae	*Liniparhomaloptera disparis disparis*	清道夫、鳅	
Balitoridae	*Oreonectes platycephalus*		清道夫、鳅
Balitoridae	*Pseudogastromyzon myersi*		清道夫、鳅

585

Balitoridae	*Schistura fasciolata*		清道夫、鳅
Siluridae	*Pterocryptis anomala*		黄鲇、坑鲇、鲇
Siluridae	*Silurus asotus*	念仔鱼、廉仔、鲲鱼、黄骨鱼	鲇、鲇鱼、鲇
Plotosidae	*Plotosus lineatus*	沙毛、海土虱、斜门(台东)	坑鲇、坑鲇、鲇
Clariidae	*Clarias fuscus*	土杀、本土土虱、塘虱鱼	塘虱、鲇
Ariidae	*Arius maculatus*	成仔鱼、成仔丁、银成、白肉成、臭臊成、生仔鱼、鳗鲇	庵钉、赤鱼、鲦鱼、小鲷鱼、鲇、大海鲇
Ariidae	*Netuma thalassina*	成仔鱼、成仔丁、银成、白肉成、臭臊成	庵钉、赤鱼、鲦鱼、鲷鱼、鲇、大海鲇
Ariidae	*Plicofollis nella*	成仔鱼、成仔丁、银成、白肉成、臭臊成	庵钉、赤鱼、鲦鱼、鲷鱼、鲇、大海鲇
Bagridae	*Tachysurus sinensis*		黄颡鱼、黄骨鱼
Osmeridae	*Plecoglossus altivelis altivelis*	鳞鱼、"Ayu"、年鱼	香鱼
Osmeridae	*Salanx ariakensis*		银鱼
Osmeridae	*Salanx chinensis*		银鱼
Synodontidae	*Harpadon microchir*	水狗母、粉粘、那哥	狗肚
Synodontidae	*Harpadon nehereus*	水狗母、粉粘、那哥	狗肚
Synodontidae	*Saurida elongata*	狗母梭、长蜥鱼、狗母(澎湖)、细鳞狗母(澎湖)	狗棍
Synodontidae	*Saurida tumbil*	狗母梭、狗母	狗棍
Synodontidae	*Saurida undosquamis*	狗母梭、狗母、黑狗母(澎湖)	狗棍
Synodontidae	*Saurida wanieso*		狗棍
Synodontidae	*Synodus jaculum*	狗母梭、狗母、番狗母(澎湖)、汕狗母(澎湖)	花狗棍、狗棍
Synodontidae	*Synodus ulae*	狗母梭、狗母	花狗棍、狗棍
Synodontidae	*Synodus variegatus*	狗母梭、狗母、花狗母	花狗棍、狗棍
Synodontidae	*Trachinocephalus myops*	狗母梭、狗母、短吻花狗母、臭腥仔(澎湖)、臭腥公仔(澎湖)、汕顶狗母(澎湖)	狗棍
Myctophidae	*Benthosema pterotum*	灯笼鱼、七星鱼、光鱼	灯笼鱼
Bregmacerotidae	*Bregmaceros lanceolatus*	海蝴鳅	
Bregmacerotidae	*Bregmaceros mcclellandi*		
Ophidiidae	*Neobythites sivicola*	鼬鱼	
Ophidiidae	*Neobythites unimaculatus*	鼬鱼	
Ophidiidae	*Sirembo imberbis*	鼬鱼、须鱼(澎湖)	坑鲇斑
Lophiidae	*Lophiomus setigerus*	鮟鱇、九牙(台东)、死团仔鱼(澎湖)、合笑(澎湖)	大口鱼
Antennariidae	*Antennarius biocellatus*	五脚虎	红公
Antennariidae	*Antennarius nummifer*	五脚虎	红公
Antennariidae	*Histrio histrio*	五脚虎、死团仔鱼(澎湖)	红公
Ogcocephalidae	*Halieutaea stellata*	棘茄鱼、死团仔鱼(澎湖)	
Mugilidae	*Chelon affinis*	豆仔鱼、乌仔、乌仔鱼、乌鱼、前鳞鲮	鲚鱼
Mugilidae	*Chelon carinatus*		鲚鱼
Mugilidae	*Chelon macrolepis*	豆仔鱼、乌仔、乌仔鱼、乌鱼、大鳞鲮、粗鳞乌(澎湖)	蚬鲚、鲚鱼
Mugilidae	*Chelon melinopterus*		鲚鱼
Mugilidae	*Chelon planiceps*		鲚鱼
Mugilidae	*Chelon tade*		鲚鱼
Mugilidae	*Crenimugil crenilabis*	乌鱼、乌仔、乌仔鱼	大尾档、鲚鱼
Mugilidae	*Moolgarda cunnesius*	豆仔鱼、乌仔、乌仔鱼、乌鱼、长鳍凡鲻	鲚鱼
Mugilidae	*Moolgarda seheli*	豆仔鱼、乌仔、乌仔鱼、乌鱼、薛氏凡鲻、豆仔(澎湖)、志仔(澎湖)、黄耳乌(澎湖)、青尾乌(澎湖)	鲚鱼
Mugilidae	*Moolgarda speigleri*		鲚鱼
Mugilidae	*Mugil cephalus*	青头仔(幼鱼)、奇目仔(成鱼)、信鱼、正乌、乌鱼、正头乌、回头乌、鲻、大乌(澎湖)	乌头
Mugilidae	*Paramugil parmatus*		鲚鱼
Notocheiridae	*Iso flosmaris*	沙丁鱼	
Atherinidae	*Atherinomorus insularum*	鲐仔	青鳞、银汉鱼
Atherinidae	*Atherinomorus lacunosus*	鲐仔、硬鳞(澎湖)、豆壳仔(澎湖)	重鳞、巡鳞、银汉鱼
Atherinidae	*Hypoatherina valenciennei*	鲐仔、硬鳞(澎湖)、豆壳仔(澎湖)	重鳞、巡鳞、银汉鱼

Adrianichthyidae	*Oryzias curvinotus*		大肚鱼
Exocoetidae	*Cheilopogon simus*		飞鱼
Hemiramphidae	*Hemiramphus far*	补网师、水针、簪针(澎湖)	水针、青针、鱵
Hemiramphidae	*Hyporhamphus dussumieri*	补网师、水针、针(台东)、刺针(澎湖)	水针、青针、鱵
Hemiramphidae	*Hyporhamphus gernaerti*	补网师、水针	水针、青针、鱵
Hemiramphidae	*Hyporhamphus intermedius*	补网师、水针	水针、青针、鱵
Hemiramphidae	*Hyporhamphus limbatus*	补网师、水针	水针、青针、鱵
Hemiramphidae	*Hyporhamphus paucirastris*		水针、青针、鱵
Hemiramphidae	*Hyporhamphus quoyi*		水针、青针、鱵
Hemiramphidae	*Rhynchorhamphus georgii*	补网师、水针	水针、青针、鱵
Hemiramphidae	*Zenarchopterus striga*		水针、青针、鱵
Belonidae	*Strongylura anastomella*	青旗、学仔、白天青旗	鹤鱵、鱵、青鹤
Belonidae	*Strongylura leiura*	青旗、学仔、白天青旗	鹤鱵、鱵、青鹤
Belonidae	*Strongylura strongylura*	青旗、学仔、白天青旗	鹤鱵、鱵、青鹤
Belonidae	*Tylosurus acus melanotus*	青旗、学仔、白天青旗、水针(台东)、圆学(澎湖)、四角学(澎湖)	鹤鱵、鱵、青鹤
Belonidae	*Tylosurus crocodilus crocodilus*	青旗、学仔、白天青旗、圆学(澎湖)	鹤鱵、鱵、青鹤
Berycidae	*Centroberyx lineatus*		将军甲、铁甲、日本大眼鱼
Holocentridae	*Myripristis murdjan*	赤松球、厚壳仔、金鳞甲、铁甲、铁甲兵、澜公妾、铁线婆、大目仔	将军甲、铁甲
Holocentridae	*Ostichthys japonicus*	金鳞甲、铁甲兵、澜公妾、铁线婆	将军甲、铁甲
Holocentridae	*Sargocentron rubrum*	金鳞甲、铁甲兵、澜公妾、铁线婆	将军甲、铁甲
Zeidae	*Zeus faber*	豆的鲷、马头鲷、海魴、镜鲳	
Syngnathidae	*Corythoichthys flavofasciatus*	海龙	海龙
Syngnathidae	*Hippocampus kuda*	海马	海马
Syngnathidae	*Hippocampus trimaculatus*	海马	海马
Syngnathidae	*Microphis leiaspis*	海龙	海龙
Syngnathidae	*Syngnathus acus*		海龙
Syngnathidae	*Syngnathus pelagicus*		海龙
Syngnathidae	*Syngnathus schlegeli*	海龙	海龙
Syngnathidae	*Trachyrhamphus serratus*	海龙	海龙
Fistulariidae	*Fistularia commersonii*	马成、枪管、火管、剃仔、土管(台东)	马鞭鱼、喇叭鱼
Fistulariidae	*Fistularia petimba*	马成、枪管、火管、剃仔、土管(台东)	马鞭鱼、喇叭鱼
Synbranchidae	*Monopterus albus*	鳝鱼	黄鳝、黄蟮
Mastacembelidae	*Mastacembelus armatus*		鹤嘴龙
Dactylopteridae	*Dactyloptena gilberti*	飞角鱼、红飞鱼、鸡角、海胡蝇、番鸡公	角鱼、飞角鱼、角须纹
Dactylopteridae	*Dactyloptena orientalis*	飞角鱼、红飞鱼、鸡角、海胡蝇、番鸡公、飞角(台东)	角鱼、飞角鱼、角须纹
Dactylopteridae	*Dactyloptena peterseni*	飞角鱼、红飞鱼、鸡角、海胡蝇、番鸡公、飞角(台东)	角鱼、飞角鱼、角须纹
Scorpaenidae	*Apistus carinatus*	狮子鱼、国公、白虎、须蓑鲉狮子鱼	
Scorpaenidae	*Erosa erosa*	虎鱼、石虎、沙姜虎、狮头鲉、石头鱼	石狮、石头鱼
Scorpaenidae	*Inimicus cuvieri*		老虎鱼、虎鱼
Scorpaenidae	*Inimicus japonicus*	鬼虎鱼、猫鱼、鱼虎、虎鱼、石狗公、石头鱼	老虎鱼、虎鱼
Scorpaenidae	*Minous monodactylus*	鬼虎鱼、猫鱼、鱼虎、虎鱼、石狗公、石头鱼	老虎鱼、虎鱼
Scorpaenidae	*Minous pusillus*	鬼虎鱼、猫鱼、鱼虎、虎鱼、石狗公、石头鱼	老虎鱼、虎鱼
Scorpaenidae	*Minous quincarinatus*	白尾鬼鱼、猫鱼、鱼虎、虎鱼、石狗公、鸡毛、石头鱼	老虎鱼、虎鱼
Scorpaenidae	*Neomerinthe rotunda*	石狗公、石头鱼	老虎鱼、虎鱼
Scorpaenidae	*Paracentropogon longispinis*	石狗公、石头鱼	老虎鱼、虎鱼
Scorpaenidae	*Paracentropogon rubripinnis*		老虎鱼、虎鱼
Scorpaenidae	*Parascorpaena picta*	石狗公、红鸡仔、狮瓮	老虎鱼、虎鱼
Scorpaenidae	*Pterois antennata*	狮子鱼、长狮、魔鬼、国公、石狗敢、虎鱼、鸡公、红虎、火烘、石头鱼	狮子鱼
Scorpaenidae	*Pterois lunulata*	狮子鱼、长狮、魔鬼、国公、石狗敢、虎鱼、鸡公、红虎、火烘、石头鱼	狮子鱼

587

Scorpaenidae	*Pterois russelii*	狮子鱼、长狮、魔鬼、国公、石狗敢、虎鱼、鸡公、红虎、火烘、石头鱼	狮子鱼
Scorpaenidae	*Pterois volitans*	狮子鱼、长狮、魔鬼、国公、石狗敢、虎鱼、鸡公、红虎、火烘、石头鱼	狮子鱼
Scorpaenidae	*Scorpaena neglecta*	石狗公、石头鱼	石松、石崇
Scorpaenidae	*Scorpaena onaria*	石狗公、石头鱼、沙姜虎(澎湖)、臭头格子(澎湖)	石松、石崇
Scorpaenidae	*Scorpaenodes guamensis*	石狗公、石头鱼、虎鱼(台东)	石松、石崇
Scorpaenidae	*Scorpaenopsis cirrosa*	石狮子、虎鱼、石崇、石狗公、沙姜虎、石降、过沟仔、臭头格仔	石松、石崇
Scorpaenidae	*Scorpaenopsis gibbosa*		石松、石崇
Scorpaenidae	*Scorpaenopsis neglecta*	石狮子、虎鱼、石崇、石狗公、沙姜虎、石降、过沟仔、臭头格仔、石头鱼、硓砧鱼(澎湖)	石松、石崇
Scorpaenidae	*Sebastiscus albofasciatus*	石狗公、石头鱼、红鲙仔	石狗公
Scorpaenidae	*Sebastiscus marmoratus*	石狗公、石头鱼、狮瓮(澎湖)、红鲙仔	石狗公
Scorpaenidae	*Sebastiscus tertius*	石狗公、石头鱼	石狗公
Scorpaenidae	*Synanceia horrida*		石狮、石头鱼
Scorpaenidae	*Trachicephalus uranoscopus*	石狗公、石头鱼	望天鱼、打龙锤、望天雷
Scorpaenidae	*Vespicula trachinoides*		老虎鱼
Aploactinidae	*Acanthosphex leurynnis*		老虎鱼
Aploactinidae	*Erisphex pottii*	虎鱼	老虎鱼
Aploactinidae	*Paraploactis hongkongiensis*		老虎鱼
Triglidae	*Chelidonichthys kumu*	鸡角、角仔鱼	角鱼
Triglidae	*Lepidotrigla alata*	鸡角、角仔鱼	角鱼
Triglidae	*Lepidotrigla guentheri*	鸡角、角仔鱼	角鱼
Triglidae	*Lepidotrigla japonica*	鸡角、角仔鱼	角鱼
Triglidae	*Lepidotrigla kanagashira*	鸡角、角仔鱼	角鱼
Triglidae	*Lepidotrigla microptera*		角鱼
Triglidae	*Lepidotrigla punctipectoralis*	鸡角、角仔鱼	角鱼
Triglidae	*Pterygotrigla hemisticta*	鸡角、角仔鱼	角鱼
Peristediidae	*Peristedion nierstraszi*	鸡角、角仔鱼	角鱼
Platycephalidae	*Cociella crocodila*	竹甲、狗祈仔、牛尾	牛鰍
Platycephalidae	*Grammoplites scaber*	竹甲、狗祈仔、牛尾	牛鰍
Platycephalidae	*Inegocia japonica*	竹甲、狗祈仔、牛尾	牛鰍
Platycephalidae	*Onigocia macrolepis*	竹甲、狗祈仔、牛尾	牛鰍
Platycephalidae	*Platycephalus indicus*	竹甲、狗祈仔、牛尾	牛鰍
Platycephalidae	*Ratabulus megacephalus*	竹甲、狗祈仔、牛尾	牛鰍
Platycephalidae	*Rogadius asper*	竹甲、狗祈仔、牛尾	牛鰍
Platycephalidae	*Sorsogona tuberculata*	竹甲、狗祈仔、牛尾	牛鰍
Platycephalidae	*Thysanophrys longirostris*	竹甲、狗祈仔、牛尾	牛鰍
Ambassidae	*Ambassis gymnocephalus*		透明梭萝
Ambassidae	*Ambassis miops*	玻璃鱼、大面侧仔	梭萝
Ambassidae	*Ambassis urotaenia*	玻璃鱼、大面侧仔	梭萝
Latidae	*Lates calcarifer*	金目鲈、盲槽、扁红目鲈	盲鳝、黑鳝
Latidae	*Psammoperca waigiensis*	红目鲈、红目、沙鲈	西鳝
Moronidae	*Lateolabrax japonicus*	七星鲈、花鲈、青鲈、鲈鱼、日本真鲈	鲈鱼、花鲈、斑鲈
Acropomatidae	*Malakichthys griseus*	大面侧仔	
Serranidae	*Aethaloperca rogaa*	红嘴石斑、过鱼、珞珈鲙、黑鲙仔	黑瓜子斑
Serranidae	*Anyperodon leucogrammicus*	白线鮨、过鱼、石斑、鲙仔(澎湖)	腊肠斑、蔬萝斑
Serranidae	*Cephalopholis argus*	眼斑鲙、过鱼、石斑、油鲙、青猫、黑鲙仅、黑鲙仔(澎湖)	蓝星斑
Serranidae	*Cephalopholis boenak*	横带鲙、过鱼、石斑、黑猫仔、黑丝猫、竹鲙仔、黑青猫仔(澎湖)	乌丝、石斑
Serranidae	*Cephalopholis sonnerati*	网纹鲙、过鱼、石斑、红舵	红瓜子斑、石斑
Serranidae	*Cephalopholis urodeta*	霓鲙、过鱼、石斑、珠鲙、红朱鲙(台东)、白尾朱鲙(澎湖)	白尾斑、石斑
Serranidae	*Cromileptes altivelis*	老鼠斑、鳖鱼、乌丸税、尖嘴鲙仔、观音鲙、斟鳗鲙(澎湖)	老鼠斑、石斑

Serranidae	*Diploprion bifasciatum*	皇帝鱼、火烧腰、拆西仔、酸监仔、虱梅鱼、涎鱼、鲈鱼(台东)、花鲈(台东)	火烧腰
Serranidae	*Epinephelus akaara*	红斑、石斑、过鱼、珠鲙	红斑、石斑
Serranidae	*Epinephelus areolatus*	流氓格仔、糯米格仔、石斑、过鱼、白尾鲙、珠鲙(澎湖)	白尾芝麻斑、石斑
Serranidae	*Epinephelus awoara*	黄丁斑、石斑、过鱼、中沟、白马罔仔	黄丁、黄斑、石斑
Serranidae	*Epinephelus bleekeri*	石斑、过鱼、红斑、红点鲙	芝麻斑、石斑
Serranidae	*Epinephelus bruneus*	石斑、过鱼、土鲙、土沟龙、油斑	双牙仔、油斑、石斑
Serranidae	*Epinephelus chlorostigma*	石斑、过鱼、白麻、碎米鲙、珠鲙	圆尾芝麻斑、石斑
Serranidae	*Epinephelus coioides*	石斑、过鱼、红花、红点虎麻、红斑、青斑	青斑
Serranidae	*Epinephelus cyanopodus*	石斑、过鱼、钱鳗鳗、手皮鲙	蓝瓜子斑、蓝点斑、石斑
Serranidae	*Epinephelus diacanthus*		象皮斑、石斑
Serranidae	*Epinephelus epistictus*	石斑、过鱼、甘梯、鲙仔(澎湖)	黑点斑、石斑
Serranidae	*Epinephelus fasciatomaculosus*	石斑、过鱼、罔仔、竹节鲙	石丁、石斑
Serranidae	*Epinephelus fasciatus*	石斑、过鱼、红斑、红鹭鸶、关公鲙、鲙仔(台东)	红丁、石斑
Serranidae	*Epinephelus fuscoguttatus*	老虎斑、过鱼	老虎斑、石斑
Serranidae	*Epinephelus lanceolatus*	龙胆石斑、过鱼、枪头石斑鱼、倒吞鲨、鸳鸯鲙	龙趸、花尾趸、石斑
Serranidae	*Epinephelus latifasciatus*	宽斑鮨、石斑、过鱼、花猫鲙	蔬萝斑、石斑
Serranidae	*Epinephelus maculatus*	石斑、过鱼、花鲙、鲙仔	长棘斑、石斑
Serranidae	*Epinephelus malabaricus*	马拉巴、石斑、过鱼、来猫、厉麻、虎麻、青斑、黑点、鲈鱼麻(澎湖)、厉麻鲙(澎湖)	花鬼斑、石斑
Serranidae	*Epinephelus merra*	蜂巢格仔、六角格仔、蝴蝶斑、牛屎斑、石斑(台东)、鲙仔(澎湖)	金钱斑、花头梅、石斑
Serranidae	*Epinephelus morrhua*	石斑、过鱼、鲙仔(澎湖)、倒吞鲨(澎湖)	油斑、石斑
Serranidae	*Epinephelus quoyanus*	石斑、过鱼、黑猫鲙、花鲙、深水鲙仔、鲙仔(澎湖)	金钱斑、花狗斑、花头梅、石斑
Serranidae	*Epinephelus radiatus*	石斑、过鱼、鲙仔	黄鳝
Serranidae	*Epinephelus rivulatus*	石斑、过鱼、鲙仔	白点斑、石斑
Serranidae	*Epinephelus septemfasciatus*	石斑、过鱼、鲙仔	七带斑、石斑
Serranidae	*Epinephelus summana*		石斑
Serranidae	*Epinephelus tauvina*	石斑、过鱼、虎麻	花斑、石斑
Serranidae	*Epinephelus trimaculatus*	石斑、过鱼、红皮鲙、红桧仔(澎湖)	鬼头斑、黑点红斑、石斑
Serranidae	*Plectropomus areolatus*	西星斑	西星斑、秤星、星斑、石斑
Serranidae	*Plectropomus leopardus*	鲙、过鱼、石斑、七星斑、青条、东星斑、条(澎湖)、黑条(澎湖)	东星斑、秤星、星斑、石斑
Serranidae	*Triso dermopterus*	鲙、过鱼、石斑、扁鲙(澎湖)	黑瓜子斑、石斑
Serranidae	*Variola louti*	朱鲙、过鱼、石斑、粉条(澎湖)、花条(澎湖)	燕星斑、燕尾星斑、石斑
Opistognathidae	*Opistognathus evermanni*	后颌鳝、狗旗仔	后颌鱼
Priacanthidae	*Heteropriacanthus cruentatus*	红目鲢、严公仔	黑鳍木绵、木绵、大眼鸡
Priacanthidae	*Priacanthus hamrur*	红目鲢、严公仔、红目孔(澎湖)、红严公(澎湖)	木绵、大眼鸡
Priacanthidae	*Priacanthus macracanthus*	红目鲢、严公仔、红严公、赤目鲢、大眼鲷、大目鲷、红目孔(澎湖)、红严公(澎湖)	齐尾木绵、木绵、大眼鸡
Priacanthidae	*Priacanthus tayenus*	红目鲢、严公仔	长尾木绵、大眼鳢、木绵、大眼鸡
Priacanthidae	*Pristigenys niphonia*	红目鲢、严公仔、大目仔(台东)、红目孔(澎湖)、红严公(澎湖)	日本木绵、木绵、大眼鸡
Apogonidae	*Apogon aureus*	大面侧仔、大目侧仔、大目丁(澎湖)	疏箩
Apogonidae	*Apogon carinatus*	大面侧仔、大目侧仔、大目丁(澎湖)	疏箩
Apogonidae	*Apogon cookii*	大面侧仔、大目侧仔、大目丁(澎湖)	四间疏箩
Apogonidae	*Apogon doederleini*	大面侧仔、大目侧仔、红三宝(澎湖)、大目丁(澎湖)	疏箩
Apogonidae	*Apogon ellioti*	大面侧仔、大目侧仔、大目丁	疏箩
Apogonidae	*Apogon endekataenia*	大面侧仔、大目侧仔	疏箩
Apogonidae	*Apogon erythrinus*	大面侧仔、大目侧仔	疏箩
Apogonidae	*Apogon fleurieu*	大面侧仔、大目侧仔	金疏箩
Apogonidae	*Apogon kiensis*	大面侧仔、大目侧仔、大目丁(澎湖)	疏箩
Apogonidae	*Apogon lineatus*	大面侧仔、大目侧仔	直间疏箩
Apogonidae	*Apogon novemfasciatus*	大面侧仔、大目侧仔	四间疏箩

Apogonidae	*Apogon semilineatus*	大面侧仔、大目侧仔、大目丁(澎湖)	红疏箩
Apogonidae	*Apogon striatus*	大面侧仔、大目侧仔	疏箩
Apogonidae	*Apogon taeniophorus*	大面侧仔、大目侧仔	疏箩
Apogonidae	*Apogonichthyoides niger*	大面侧仔、大目侧仔、黑天竺鲷	印度疏箩、疏箩
Apogonidae	*Apogonichthyoides nigripinnis*	大面侧仔、大目侧仔、黑鳍天竺鲷	疏箩
Apogonidae	*Apogonichthyoides pseudotaeniatus*	大眼疏箩	
Apogonidae	*Apogonichthyoides taeniatus*		疏箩
Apogonidae	*Apogonichthyoides timorensis*	大面侧仔、大目侧仔、绿身天竺鲷	疏箩
Apogonidae	*Nectamia bandanensis*	大面侧仔、大目侧仔	疏箩
Apogonidae	*Pristiapogon fraenatus*	大面侧仔、大目侧仔	疏箩
Apogonidae	*Sphaeramia orbicularis*	大面侧仔、大目侧仔	疏箩
Sillaginidae	*Sillago japonica*	沙肠仔、kiss 鱼、沙烫仔、沙钻(澎湖)	沙钻、沙鮻
Sillaginidae	*Sillago maculata*		花沙钻、船钉鱼、沙钻、沙鮻
Sillaginidae	*Sillago sihama*	沙肠仔、kiss 鱼	大头沙钻、沙钻、沙鮻
Malacanthidae	*Branchiostegus argentatus*	马头、方头鱼	马头鱼
Malacanthidae	*Branchiostegus auratus*	马头、方头鱼、黄面马(澎湖)	青根、马头鱼
Malacanthidae	*Branchiostegus japonicus*	马头、方头鱼、吧呗、红尾、吧口弄	方头鱼、马头鱼
Lactariidae	*Lactarius lactarius*	拟鲹	海鲢
Coryphaenidae	*Coryphaena hippurus*	鳝鱼、万鱼、飞乌虎、鬼头刀(台东)、鳝、万引、扁头刀(澎湖)、九万仔(澎湖)	鬼头刀
Rachycentridae	*Rachycentron canadum*	海丽仔、军曹鱼、海龙鱼、黑鲓、海丽(台东)、海鱼戾鱼、锡腊白、海鲡(澎湖)、鲡鱼(澎湖)、红目鲡(澎湖)	鳝仔
Echeneidae	*Echeneis naucrates*	长印仔鱼、印鱼(台东)、屎印(澎湖)、牛屎印(澎湖)、狗屎印(澎湖)	卿鱼、印鱼、柴鱼
Carangidae	*Alectis ciliaris*	花串、白须公、甘仔鱼(台东)、白须鲭(澎湖)、鲨包须(澎湖)	白须公、鲹鱼
Carangidae	*Alectis indica*	铜镜鲀仔、大花串、须甘、东京瓜仔、白须公、鲨包须(澎湖)、白须鲭(澎湖)、南方穴(澎湖)	白须公、鲹鱼
Carangidae	*Alepes djedaba*	甘仔鱼、瓜仔鱼、花鲳、甘仔、吉打鲹、白鲭仔(澎湖)	鲹鱼
Carangidae	*Alepes kleinii*	甘仔鱼	鲹鱼
Carangidae	*Alepes melanoptera*		虾尾鲹、鲹鱼
Carangidae	*Alepes vari*	甘仔鱼	青基
Carangidae	*Atropus atropos*	铜镜、白鲭仔(澎湖)	鲹鱼
Carangidae	*Atule mate*	四破鲹仔、黄尾瓜仔、平瓜仔、甘仔鱼(台东)、大目孔(澎湖)、大目巴弄(澎湖)	鲹鱼
Carangidae	*Carangoides armatus*	甘仔鱼、铠鲹、白鲭仔(澎湖)、瓜仔(澎湖)、山须仔鱼(澎湖)	鲹鱼
Carangidae	*Carangoides chrysophrys*	清水鲀仔、冬花鲹	鲹鱼
Carangidae	*Carangoides coeruleopinnatus*	甘仔鱼、青羽鲹、白鲭仔(澎湖)、瓜仔(澎湖)	鲹鱼
Carangidae	*Carangoides equula*	甘仔鱼、平鲹、白鲭仔(澎湖)、瓜仔(澎湖)	冬瓜盅、鲹鱼
Carangidae	*Carangoides ferdau*	甘仔鱼、印度平鲹、白鲭仔(澎湖)	带鱼、鲹鱼
Carangidae	*Carangoides malabaricus*	甘仔鱼、瓜仔鲹	花鲹、鲹鱼
Carangidae	*Carangoides plagiotaenia*	甘仔鱼	鲹鱼
Carangidae	*Carangoides praeustus*		鲹鱼
Carangidae	*Caranx ignobilis*	牛港鲹、牛港瓜仔、牛公瓜仔、流氓瓜仔、牛港过(台东)、白鲭仔(澎湖)、瓜仔(澎湖)	大鱼仔、鲹鱼
Carangidae	*Caranx sexfasciatus*	甘仔鱼、红目瓜仔、红目鲭(澎湖)、大瓜仔(澎湖)	鲹鱼
Carangidae	*Decapterus kurroides*	红瓜鱼、巴拢、红扁鲹、赤尾仔(台东)、赤尾、马尾冬、红瓜鲹、红尾巴弄(澎湖)	鲹鱼
Carangidae	*Decapterus macrosoma*	长鲹、四破	鲹鱼
Carangidae	*Decapterus maruadsi*	硬尾、广仔、甘广、四破、巴拢、金鼓、吧弄、巴弄(澎湖)、孔仔(澎湖)	鲹鱼
Carangidae	*Decapterus muroadsi*		鲹鱼
Carangidae	*Decapterus russelli*	红赤尾、硬尾、红瓜鲹	鲹鱼
Carangidae	*Gnathanodon speciosus*	虎斑瓜、甘仔鱼(台东)、黄鲭(澎湖)、花烧鲭(澎湖)	鲹鱼
Carangidae	*Megalaspis cordyla*	铁甲、扁甲、大目巴拢、大甲鲹	甲鲹、虾鲹、鲹鱼

Carangidae	*Naucrates ductor*	乌甘、番软钻(澎湖)	带水鱼、鳓鱼
Carangidae	*Parastromateus niger*	乌昌、三角昌、昌鼠鱼、黑鲳、暗鲳、黑鳍、燕尾鲳	黑鳓、鳓鱼
Carangidae	*Pseudocaranx dentex*	甘仔、瓜仔、纵带鲹、石午(澎湖)	鳓鱼
Carangidae	*Scomberoides commersonnianus*	七星仔、棘葱仔、鬼平、龟滨、龟柄、油面仔(台东)、归秉(澎湖)、龟秉(澎湖)、肥柄(澎湖)	眼白鲛、黄肠、鳓鱼
Carangidae	*Scomberoides lysan*	七星仔、棘葱仔、鬼平、刺葱仔(台东)、刺葱(澎湖)	眼白鲛、黄肠、鳓鱼
Carangidae	*Selar boops*		鳓鱼
Carangidae	*Selar crumenophthalmus*	大目瓜仔、大目巴拢，大目孔、目孔(台东)、大目巴弄(澎湖)、大目榕叶(澎湖)	大眼鳓、鳓鱼
Carangidae	*Selaroides leptolepis*	目孔、细鲹、木叶鲹、榕叶(澎湖)、松叶(澎湖)	金边鳓
Carangidae	*Seriola dumerili*	红甘、红甘鲹、竹午、汕午、红头午	章雄、金边、鳓鱼
Carangidae	*Seriolina nigrofasciata*	黑甘、油甘、软骨甘、软钻(澎湖)、软骨午(澎湖)	鳓鱼
Carangidae	*Trachinotus blochii*	金枪、金鲳、红杉、红沙瓜仔、黄腊鲹、甘仔鱼(台东)、红纱(澎湖)	黄鱲鳓、鳓鱼
Carangidae	*Trachinotus ovatus*		鳓鱼
Carangidae	*Trachurus japonicus*	巴拢、竹荚鱼、瓜仔鱼、真鲹、巴兰、瓜鱼、巴弄(澎湖)、硬尾(澎湖)	鳓鱼
Carangidae	*Ulua mentalis*	瓜仔、丝口鲹、甘仔鱼(台东)	鳓鱼
Carangidae	*Uraspis helvola*	瓜仔、冲鲹、黑面甘、黑甘、甘仔鱼(台东)、白皓仔(澎湖)、瓜仔(澎湖)	鳓鱼
Carangidae	*Uraspis uraspis*	瓜仔、正冲鲹	鳓鱼
Menidae	*Mene maculata*	皮刀、眼眶鱼、庖刀鱼、皮鞋刀、菜刀鱼、剃头刀(澎湖)	猪刀
Leiognathidae	*Equulites elongatus*	金钱仔	油鱲、油力
Leiognathidae	*Equulites leuciscus*	金钱仔、兵叶仔(澎湖)、方叶仔(澎湖)	油鱲、油力
Leiognathidae	*Equulites rivulatus*	金钱仔、兵叶仔(澎湖)、方叶仔(澎湖)	花生鱲、花甘子、油鱲、油力
Leiognathidae	*Eubleekeria splendens*	碗米仔、金钱仔、黑边鲳、狗祈(澎湖)、狗扁(澎湖)	油鱲、油力
Leiognathidae	*Gazza minuta*	花令仔、金钱仔、咪卵涨(澎湖)	油鱲、油力
Leiognathidae	*Leiognathus berbis*	金钱仔	油鱲、油力
Leiognathidae	*Leiognathus brevirostris*		油鱲、油力
Leiognathidae	*Leiognathus daura*		油鱲、油力
Leiognathidae	*Leiognathus dussumieri*		油鱲、油力
Leiognathidae	*Leiognathus equulus*	狗腰、金钱仔、三角仔(澎湖)、三角铁(澎湖)、狗扁(澎湖)	白油鱲、油鱲、油力
Leiognathidae	*Leiognathus lineolatus*		油鱲、油力
Leiognathidae	*Nuchequula nuchalis*	金钱仔、兵叶仔(澎湖)、方叶仔(澎湖)	油鱲、油力
Leiognathidae	*Photopectoralis bindus*	碗米仔、金钱仔	油鱲、油力
Leiognathidae	*Secutor insidiator*	碗米仔、金钱仔	油鱲、油力
Leiognathidae	*Secutor ruconius*	金钱仔、咪卵涨(澎湖)	油鱲、油力
Lutjanidae	*Aprion virescens*	青吾鱼、蓝鲷、蓝笛鲷、赤笔仔(台东)、汕午(澎湖)、龙占舅(澎湖)	哥鲤
Lutjanidae	*Etelis carbunculus*	红鸡仔、金兰(台东)、大头(澎湖)、红鱼(澎湖)、肉橷(澎湖)	红哥鲤
Lutjanidae	*Lipocheilus carnolabrum*	厚唇仔、红鱼(澎湖)	海鲤
Lutjanidae	*Lutjanus argentimaculatus*	红槽、红厚唇(澎湖)、丁斑(澎湖)	红友
Lutjanidae	*Lutjanus bohar*	海豚哥、红鱼曹、花脸、红槽(台东)	红鳍
Lutjanidae	*Lutjanus boutton*	赤笔仔、黄鸡母(澎湖)、黄记仔(澎湖)	火点
Lutjanidae	*Lutjanus erythropterus*	红鸡仔、赤海鸡、赤笔仔(台东)赤笔、赤海、红鳍赤海(澎湖)、铁汕婆(澎湖)	红鱼
Lutjanidae	*Lutjanus fulviflamma*	红鸡仔、赤笔仔、黑点(台东)、乌点仔(澎湖)、海鸡母(澎湖)、红花仔(澎湖)、黄记仔(澎湖)	五线火点
Lutjanidae	*Lutjanus fulvus*	石机仔、红公眉、赤笔仔、红槽(澎湖)、黄鸡母(澎湖)	火鳍
Lutjanidae	*Lutjanus gibbus*	红鸡仔、海豚哥、红鱼仔、红鸡鱼、铁汕婆(澎湖)	红鱼、红鸡
Lutjanidae	*Lutjanus johnii*	赤笔仔	牙点、黄鳍
Lutjanidae	*Lutjanus kasmira*	四线赤笔、条鱼、四线、赤笔仔	四间画眉
Lutjanidae	*Lutjanus lemniscatus*		画眉

Lutjanidae	*Lutjanus lutjanus*	赤笔仔	画眉
Lutjanidae	*Lutjanus malabaricus*	赤海、赤笔仔	红鱼
Lutjanidae	*Lutjanus monostigma*	点记、黑点仔、黄翅、赤笔仔、点志仔、龙王(台东)	火点
Lutjanidae	*Lutjanus quinquelineatus*	赤笔仔、海鸡母(澎湖)、乌点记(澎湖)	五线火点
Lutjanidae	*Lutjanus rivulatus*	海鸡母、大花脸、花鲢(台东)、厚唇(澎湖)、红厚唇(澎湖)、黄鸡母(澎湖)	花石蚌
Lutjanidae	*Lutjanus russellii*	加规、火点、海鸡母(台东)、乌点仔(澎湖)、红花仔(澎湖)	火点
Lutjanidae	*Lutjanus sanguineus*		红鱼
Lutjanidae	*Lutjanus sebae*	嗑头、白点赤海、厚唇仔、番仔加志、打铁婆、红鸡仔(台东)、铁汕婆(澎湖)	红鸡、假三刀
Lutjanidae	*Lutjanus stellatus*	花脸、红鱼、白点仔、黄翅仔、厚唇(澎湖)	石蚌
Lutjanidae	*Lutjanus vitta*	赤海、赤笔仔、金鸡鱼、一巡兵(澎湖)、必周(澎湖)、黄记仔(澎湖)	画眉
Lutjanidae	*Macolor niger*	琉球黑毛、黑鸡仔、黑加脊、黑加志、厚嘴唇(台东)、番毛(澎湖)	黑木鱼
Lutjanidae	*Paracaesio xanthura*	黄鸡仔、包公鸡、贡仔、黄脚佳仔、黄加甲(台东)、乌尾冬(澎湖)、青鸡仔(澎湖)	番薯
Lutjanidae	*Pinjalo pinjalo*	赤笔仔、青鸡仔(台东)	金波叵
Lutjanidae	*Pristipomoides filamentosus*	金兰、赤壳(澎湖)	哥鲤
Lutjanidae	*Pristipomoides typus*	金兰	哥鲤
Lutjanidae	*Symphorichthys spilurus*		鳢皇
Lutjanidae	*Symphorus nematophorus*	赤笔仔、铁汕婆(澎湖)	鳢皇
Caesionidae	*Caesio caerulaurea*	乌尾冬仔、红尾冬(台东)、青冬(澎湖)、乌尾冬(澎湖)	乌尾鮗、番薯
Caesionidae	*Caesio cuning*	乌尾冬仔，赤腹乌尾鮗、青尾鮗(台东)	乌尾鮗、番薯
Caesionidae	*Caesio lunaris*	乌尾冬仔	乌尾鮗、番薯
Caesionidae	*Pterocaesio digramma*	乌尾冬仔、青尾鮗(台东)、乌尾冬(澎湖)、红尾冬(澎湖)	番薯
Caesionidae	*Pterocaesio tile*	乌尾冬仔、红尾冬(台东)、乌尾冬(澎湖)、青尾冬(澎湖)	红尾鮗、番薯
Lobotidae	*Lobotes surinamensis*	打铁婆、枯叶、石鲫、睡鱼、库罗黛、困鱼、海南洋仔、南洋鲈鱼、海吴郭、流鱼(澎湖)、柴鱼(澎湖)、打铁鲈(澎湖)	松鲷、木鱼
Gerreidae	*Gerres decacanthus*	碗米仔	连米、脸米、银米
Gerreidae	*Gerres erythrourus*	碗米仔、埯米(澎湖)	连米、脸米、银米
Gerreidae	*Gerres filamentosus*	碗米仔、番埯米(澎湖)、三角埯米(澎湖)	连米、脸米、银米
Gerreidae	*Gerres japonicus*	碗米仔、埯米(澎湖)	连米、脸米、银米
Gerreidae	*Gerres limbatus*	碗米仔	连米、脸米、银米
Gerreidae	*Gerres longirostris*	碗米仔	连米、脸米、银米
Gerreidae	*Gerres oblongus*	碗米仔	连米、脸米、银米
Gerreidae	*Gerres oyena*	碗米仔、埯米(澎湖)、长身埯米(澎湖)	钻咀、鱼边鳞、脸米、银米
Haemulidae	*Diagramma pictum*	鸡仔鱼、加志、少棘石鲈、圭志(澎湖)、乌嘉志(澎湖)	花细鳞、细鳞鱼
Haemulidae	*Hapalogenys mucronatus*		打铁鳞、石碳鳞、大铁鳞
Haemulidae	*Hapalogenys nigripinnis*	铜盆鱼、番圭志(澎湖)	铁鳞、墨鳞、包公
Haemulidae	*Hapalogenys nitens*		银皮鳞、金丝、金风
Haemulidae	*Parapristipoma trilineatum*	三线鸡鱼、黄鸡仔、鸡仔鱼、番仔加志、黄公仔鱼、黄鸡鱼、三爪仔、鸡鱼(澎湖)	鸡鱼、海鲫
Haemulidae	*Plectorhinchus chaetodonoides*	小丑石鲈、燕子花旦、打铁婆、花脸、厚唇石鲈、番圭志(澎湖)、厚唇(澎湖)	铁鳞
Haemulidae	*Plectorhinchus cinctus*	加志、黄斑石鲷、花软唇、嘉志(台东)、包公鱼、番圭志(澎湖)	花细鳞、细鳞鱼
Haemulidae	*Plectorhinchus diagrammus*		细鳞鱼
Haemulidae	*Plectorhinchus faetela*		细鳞鱼
Haemulidae	*Plectorhinchus lineatus*	花脸仔、打铁婆、条纹石鲈、嘉志(台东)、花圭志(澎湖)、厚皮老(澎湖)	细鳞鱼
Haemulidae	*Plectorhinchus pictus*	加志、花石鲈、番圭志(澎湖)	细鳞鱼
Haemulidae	*Plectorhinchus picus*	加志、花旦石鲈、暗点石鲈、嘉志(台东)	白细鳞
Haemulidae	*Plectorhinchus vittatus*	打铁婆、花身舅仔、六线妞妞、多带石鲈	细鳞鱼
Haemulidae	*Pomadasys argenteus*	鸡仔鱼、石鲈、厚鲈	头鲈、星鲈
Haemulidae	*Pomadasys kaakan*	鸡仔鱼、石鲈、厚鲈、头额(澎湖)、金龙(澎湖)、刲额(澎湖)	头鲈

Haemulidae	*Pomadasys maculatus*	鸡仔鱼、石鲈、厚鲈、石鲫仔	头鲈、白鲈
Nemipteridae	*Nemipterus bathybius*	红海鲫、金线鲢、红姑鲤(澎湖)	红衫、红衫鱼
Nemipteridae	*Nemipterus japonicus*	金线鲢、番红姑鲤(澎湖)	红衫、红衫鱼、瓜衫
Nemipteridae	*Nemipterus marginatus*		红衫、红衫鱼
Nemipteridae	*Nemipterus peronii*	金线鱼、番红姑鲤(澎湖)	红衫、红衫鱼
Nemipteridae	*Nemipterus virgatus*	金线鲢、黄线、红衫	红衫鱼、红衫
Nemipteridae	*Parascolopsis inermis*	横带副赤尾冬、红尾冬仔、横带海鲇、红鱼(台东)	
Nemipteridae	*Scolopsis bimaculata*		白板
Nemipteridae	*Scolopsis vosmeri*	白颈赤尾冬、红海鲫、海鲇、赤尾冬仔、月白(台东)、国公(澎湖)、厚壳仔(澎湖)、赤壳(澎湖)、灶过仔(澎湖)	红海尺、白颈老鸦
Lethrinidae	*Gymnocranius euanus*	龙尖、龙占舅(澎湖)、白嘉鱲(澎湖)	白果鱲、尖咀鱲、脸尖、鲢尖
Lethrinidae	*Gymnocranius grandoculis*	龙尖、白嘉鱲(澎湖)	白果鱲、尖咀鱲、脸尖、鲢尖
Lethrinidae	*Gymnocranius griseus*	龙尖、踢马(澎湖)、白嘉鱲(澎湖)	白果鱲、尖咀鱲、脸尖、鲢尖
Lethrinidae	*Lethrinus erythracanthus*	龙尖、龙尖(澎湖)	脸尖、鲢尖
Lethrinidae	*Lethrinus haematopterus*	白龙占、龙尖、连占、龙占(澎湖)、红鳍龙占(澎湖)	尖咀鱲、尖咀鳍、脸尖、鲢尖
Lethrinidae	*Lethrinus lentjan*	龙尖、龙占(台东)、龙占舅(澎湖)	尖咀鱲、脸尖、鲢尖
Lethrinidae	*Lethrinus miniatus*		白果鱲、脸尖、鲢尖
Lethrinidae	*Lethrinus nebulosus*	龙尖、龙占、青嘴仔、青嘴(澎湖)、尖嘴仔(澎湖)	尖咀鱲、脸尖、鲢尖
Lethrinidae	*Lethrinus ornatus*	龙尖、红龙(澎湖)、猪哥仔(澎湖)、厚唇(澎湖)	脸尖、鲢尖
Lethrinidae	*Lethrinus reticulatus*	龙尖、龙占(台东)	脸尖、鲢尖
Lethrinidae	*Lethrinus variegatus*	龙尖、龙占(澎湖)	脸尖、鲢尖
Sparidae	*Acanthopagrus australis*	黑格	白鱲、鱲鱼
Sparidae	*Acanthopagrus berda*	灰鳍鲷、乌格、乌鲸、番黑格(澎湖)	牛屎鱲、鱲鱼
Sparidae	*Acanthopagrus latus*	黄鳍鲷、黄鳍、赤翅仔、赤翅、花身、镜鲷	黄脚鱲、鱲鱼
Sparidae	*Acanthopagrus schlegelii*	黑鲷、乌格、黑格、厚唇、乌毛、乌鲹、黑颊(澎湖)	黑沙鱲、黑鱲、鱲鱼
Sparidae	*Argyrops bleekeri*	小长棘鲷、盘仔、锅盖(澎湖)、胡须鲅仔(澎湖)	扯旗鱲、鱲鱼
Sparidae	*Argyrops spinifer*	盘仔	扯旗鱲、鱲鱼
Sparidae	*Evynnis cardinalis*	盘仔、鲅鲷、血鲷、齐头盘、鲅仔(澎湖)	扯旗鱲、鱲鱼
Sparidae	*Evynnis tumifrons*	黄鲷、赤章、赤鲸	波鱲、鱲鱼
Sparidae	*Pagrus major*	嘉鱲鱼、正鲷、加腊、加蚋、加鲈、真鲷、加几鱼、铜盆鱼	赤鱲、沙鱲、红鱲、鱲鱼
Sparidae	*Rhabdosargus sarba*	黄锡鲷、枋头、邦头(澎湖)、枋头(澎湖)、白嘉鱲(澎湖)	金丝鱲、鱲鱼
Polynemidae	*Eleutheronema tetradactylum*		马友
Polynemidae	*Polydactylus microstomus*	午仔	马友
Polynemidae	*Polydactylus plebeius*	五丝马鲅、午仔、须午仔(澎湖)	马友
Polynemidae	*Polydactylus sextarius*	六指马鲅、午仔、须午仔(澎湖)	马友
Sciaenidae	*Argyrosomus japonicus*	巨鮸、黄姑鱼、鮸(澎湖)、水鮸(澎湖)、金钱鮸(澎湖)	青鲈、鱴鱼
Sciaenidae	*Atrobucca nibe*	黑口、乌喉、黑喉(台东)、加正、乌加网、黑喉、臭鱼	鱴鱼
Sciaenidae	*Bahaba taipingensis*		黄唇、鱴鱼
Sciaenidae	*Chrysochir aureus*	鮸仔鱼	白花、鱴鱼
Sciaenidae	*Collichthys lucidus*	黄皮	黄花、黄皮、狮头、鱴鱼
Sciaenidae	*Dendrophysa russelii*		老鼠鱴、鱴鱼
Sciaenidae	*Johnius amblycephalus*	黑加网、黑口(澎湖)、臭肚仔(澎湖)	鱴鱼
Sciaenidae	*Johnius belangerii*	黑鮸、加网	老鼠鱴、鱴鱼
Sciaenidae	*Johnius carutta*		鱴鱼
Sciaenidae	*Johnius distinctus*	春子、油口(澎湖)、臭肚仔(澎湖)、金线加网(澎湖)	鱴鱼
Sciaenidae	*Johnius dussumieri*	春子	鱴鱼
Sciaenidae	*Larimichthys crocea*	黄鱼、黄瓜、黄花鱼、黄口、火口、大黄花	黄花、黄花鱼、鱴鱼
Sciaenidae	*Larimichthys polyactis*	黄鱼、小黄瓜、厚鳞仔、黄口、黄顺、黄瓜、红瓜	小黄花、鱴鱼
Sciaenidae	*Nibea albiflora*	春子、假黄鱼、黄婆	花鱴、白花鱴、鱴鱼
Sciaenidae	*Nibea coibor*		鱴鱼

Sciaenidae	Nibea semifasciata	假黄鱼	鹹鱼
Sciaenidae	Nibea soldado		鹹鱼
Sciaenidae	Otolithes ruber	三牙	三牙鹹、鹹鱼
Sciaenidae	Pennahia anea	帕头	鸡蛋鹹、鹹鱼
Sciaenidae	Pennahia argentata	白口、帕头、黄顺、加网(澎湖)	白鹹、黑耳鹹、鹹鱼
Sciaenidae	Pennahia macrocephalus	帕头、加网(澎湖)	鹹鱼
Sciaenidae	Pennahia pawak	春子、帕头	鹹鱼
Sciaenidae	Protonibea diacanthus	鮸仔鱼	石鳌、敏鱼、鹹鱼、鳈鱼
Sciaenidae	Sciaenops ocellatus	红鼓鱼	星鲈、红鼓
Mullidae	Mulloidichthys vanicolensis	秋姑、须哥、臭肉(台东)	生须
Mullidae	Parupeneus barberinoides	秋姑、须哥	生须
Mullidae	Parupeneus barberinus	大条鯙、秋姑、须哥、番秋哥(澎湖)、海汕秋哥(澎湖)	生须
Mullidae	Parupeneus chrysopleuron	秋姑、须哥、秋哥(澎湖)	生须
Mullidae	Parupeneus ciliatus	秋姑、须哥、蓬莱海绯鲤、红秋哥(澎湖)	红生须
Mullidae	Parupeneus indicus	秋姑、须哥、番秋哥(澎湖)、黑点秋哥(澎湖)	生须
Mullidae	Parupeneus spilurus	秋姑、须哥、红秋哥(澎湖)、黑点秋哥(澎湖)	生须
Mullidae	Parupeneus trifasciatus	秋姑、须哥	生须
Mullidae	Upeneus japonicus	红秋姑、须哥、红鱼、条纹绯鲤、红鱼仔(澎湖)、汕秋哥仔(澎湖)	生须、朱笔
Mullidae	Upeneus moluccensis	秋姑、须哥、秋高	生须
Mullidae	Upeneus quadrilineatus	秋姑、须哥	生须
Mullidae	Upeneus subvittatus	秋姑、须哥	生须
Mullidae	Upeneus sulphureus	秋姑、须哥、红鱼仔(澎湖)、汕秋哥仔(澎湖)	生须
Mullidae	Upeneus tragula	秋姑、须哥、番秋哥(澎湖)、海汕秋哥(澎湖)	石生须、生须
Mullidae	Upeneus vittatus	虎鯙、秋姑、须哥	生须
Pempheridae	Pempheris molucca		胭脂刀
Pempheridae	Pempheris oualensis	三角仔、刀片、水果刀、解饵刀、皮刀、洞丰仔(澎湖)、皮刀仔(澎湖)	胭脂刀
Pempheridae	Pempheris vanicolensis	三角仔、刀片、水果刀、解饵刀、皮刀	胭脂刀
Glaucosomatidae	Glaucosoma hebraicum		大眼容
Kyphosidae	Girella leonina	黑毛、乌毛(澎湖)、黑番(澎湖)、红皮囊(澎湖)	㽞蚌
Kyphosidae	Girella mezina	黑毛、乌目仔(澎湖)、绪腰(澎湖)	㽞蚌
Kyphosidae	Girella punctata	黑毛、菜毛、粗鳞黑毛、闷仔、粗鳞仔、乌毛(澎湖)、乌目仔(澎湖)、乌嘴仔(澎湖)	石狮鯙、瓜子鯙、㽞蚌
Kyphosidae	Kyphosus vaigiensis	白毛、白闷、开基(澎湖)	假㽞蚌、㽞蚌
Kyphosidae	Microcanthus strigatus	斑马、条纹蝶、花身婆(台东)、米统仔(澎湖)、花身婆(澎湖)、苦滀盘仔(澎湖)	花金鼓、花并、斑马蝶
Drepaneidae	Drepane longimana	铜盘仔、金龙、鸡仓、加破埔	鸡笼鲳
Drepaneidae	Drepane punctata	铜盘仔、镜鲳、金镜、加破埔、金钟(澎湖)	鸡笼鲳
Chaetodontidae	Chaetodon auriga	人字蝶、白刺蝶、碟仔(台东)、白虱鬃(澎湖)、金钟(澎湖)、米统仔(澎湖)	荷包鱼、人字蝶
Chaetodontidae	Chaetodon collare		荷包鱼
Chaetodontidae	Chaetodon melannotus	太阳蝶、曙色蝶、蝶仔(台东)、红司公(澎湖)、米统仔(澎湖)	荷包鱼
Chaetodontidae	Chaetodon octofasciatus	八线蝶、红司公(澎湖)、虱鬃(澎湖)、金钟(澎湖)	荷包鱼、八线蝶
Chaetodontidae	Chaetodon ornatissimus	斜纹蝶、角蝶仔(台东)、红司公(澎湖)、虱鬃(澎湖)	荷包鱼
Chaetodontidae	Chaetodon speculum	黄镜斑、黄一点、红司公(澎湖)、黄虱滨(澎湖)	荷包鱼、豆豉蝶
Chaetodontidae	Chaetodon trifasciatus		荷包鱼
Chaetodontidae	Chaetodon wiebeli	黑尾蝶、魏氏蝶、蝶仔(台东)、黄盘(澎湖)、虱鬃(澎湖)、红司公(澎湖)	荷包鱼
Chaetodontidae	Chaetodon xanthurus	黄网蝶、红司公(澎湖)、虱鬃(澎湖)	荷包鱼
Chaetodontidae	Chelmon rostratus	短火箭	荷包鱼
Chaetodontidae	Coradion chrysozonus	大斑马	荷包鱼
Chaetodontidae	Roa modesta	尖嘴蝶、尖嘴蝴蝶鱼	荷包鱼
Pomacanthidae	Centropyge nox	黑新娘	荷包鱼
Pomacanthidae	Pomacanthus annularis	蓝环神仙、神仙(台东)	荷包鱼、蓝纹

594

Terapontidae	*Pelates quadrilineatus*	四抓仔、四线鸡鱼	唱歌婆、钉公
Terapontidae	*Pelates sexlineatus*	鸡仔鱼、花身仔舅(澎湖)、兵舅仔(澎湖)、伊歪仔(澎湖)、屎柜(澎湖)	唱歌婆、钉公
Terapontidae	*Rhynchopelates oxyrhynchus*		钉公
Terapontidae	*Terapon jarbua*	花身仔、斑吾、鸡仔鱼、三抓仔、花身鯻、邦五(澎湖)、斑午(澎湖)、兵舅仔(澎湖)、斑龟仔(澎湖)	钉公
Terapontidae	*Terapon theraps*	花身仔、斑吾、鸡仔鱼、三抓仔、兵舅仔(澎湖)、斑午(澎湖)	金丝、钉公
Kuhliidae	*Kuhlia mugil*	国旗仔、美人鱼、花尾、乌尾冬仔、银汤鲤、白冬(澎湖)、客鸟(澎湖)、花尾鲲(澎湖)、乌尾冬(台东)	打浪鯦、银汤鲤
Cirrhitidae	*Cirrhitichthys aprinus*	短嘴格、格仔	哨牙婆
Cirrhitidae	*Cirrhitichthys aureus*	深水格、格仔、金狮(澎湖)	哨牙婆
Cheilodactylidae	*Cheilodactylus zonatus*	咬破布、三康、金花、万年瘦、瘦仔(澎湖)、虱鬓(澎湖)	鸡公鱼、斩三刀
Cepolidae	*Acanthocepola krusensternii*	红帘鱼、红带(澎湖)、红狮公(澎湖)、红新娘仔(澎湖)	红带
Cepolidae	*Acanthocepola limbata*	红帘鱼、红带(澎湖)、红狮公(澎湖)、红新娘仔(澎湖)	红带
Pomacentridae	*Abudefduf bengalensis*	厚壳仔、孟加拉国雀鲷、咬拨婆(澎湖)、黑盖仔(澎湖)、咬仁皮仔(澎湖)、黑花咬者婆(澎湖)	石刹婆、石刹
Pomacentridae	*Abudefduf septemfasciatus*	立身仔、厚壳仔、七带雀鲷、黑婆(台东)	石刹婆、石刹
Pomacentridae	*Abudefduf sexfasciatus*	厚壳仔、六线雀鲷、蓝豆娘鱼、燕仔壳(台东)、花翎仔(澎湖)、青尾仔(澎湖)、青花咬者婆(澎湖)	石刹婆、石刹
Pomacentridae	*Abudefduf vaigiensis*	厚壳仔、五线雀鲷、岩雀鲷、赤壳仔(台东)、花翎仔(澎湖)、咬拨婆(澎湖)、红花咬拨婆(澎湖)	石刹婆、石刹
Pomacentridae	*Amphiprion bicinctus*		小丑鱼
Pomacentridae	*Amphiprion percula*		小丑鱼
Pomacentridae	*Amphiprion polymnus*	鞍背小丑	小丑鱼
Pomacentridae	*Chromis lepidolepis*	厚壳仔	石刹婆、石刹
Pomacentridae	*Chromis notata*	厚壳仔、蓝雀、黑婆(台东)	石刹婆、蓝石刹
Pomacentridae	*Chromis xanthochira*	厚壳仔	石刹婆、石刹
Pomacentridae	*Neopomacentrus azysron*	黄尾雀	黄尾石刹、石刹
Pomacentridae	*Neopomacentrus bankieri*		石刹婆、黄尾石刹
Pomacentridae	*Neopomacentrus taeniurus*	蓝带雀鲷、青绀仔、厚壳仔	石刹婆、石刹
Pomacentridae	*Neopomacentrus violascens*		石刹婆、石刹
Pomacentridae	*Pomacentrus philippinus*	厚壳仔	石刹婆、石刹
Pomacentridae	*Stegastes fasciolatus*	太平洋真雀鲷、厚壳仔	石刹婆、石刹
Pomacentridae	*Stegastes lividus*	厚壳仔、黑婆(台东)	石刹婆、石刹
Pomacentridae	*Teixeirichthys jordani*	厚壳仔	石刹婆、石刹
Labridae	*Bodianus axillaris*	三齿仔、红娘仔、日本婆仔、腋斑寒鲷	牙衣
Labridae	*Bodianus bilunulatus*	三齿仔、红娘仔、黄莺鱼、日本婆仔、双带寒鲷、四齿(台东)	牙衣
Labridae	*Bodianus macrourus*		牙衣
Labridae	*Bodianus mesothorax*	三齿仔、红娘仔、日本婆仔、粗鳞沙、三色龙、中胸寒鲷	牙衣
Labridae	*Bodianus oxycephalus*	三齿仔、红娘仔、日本婆仔、黑点龙、尖头寒鲷、四齿(台东)	牙衣
Labridae	*Cheilinus chlorourus*	绿色龙、三齿仔、汕散仔、红斑绿鹦鲷、搭秉(台东)	杂衣
Labridae	*Cheilinus undulatus*	拿破仑、龙王鲷、海龙王、大片仔、石蚱仔、汕散仔、阔嘴郎、波纹鹦鲷、沙疕(澎湖)	苏眉、青眉
Labridae	*Choerodon azurio*	石老、四齿仔、西齿、帘仔、寒鲷、鲢仔(澎湖)	牙衣
Labridae	*Choerodon schoenleinii*	石老、四齿仔、西齿、石老、青威、邵氏寒鲷、青衣寒鲷、老仔(稚鱼)(澎湖)、黄鲍鱼♀(澎湖)、石老♀(成鱼)(澎湖)、青威♂(成鱼)(澎湖)	牙衣
Labridae	*Halichoeres bicolor*		蚝妹、哨牙妹
Labridae	*Halichoeres nigrescens*	柳冷仔、黑带儒艮鲷、四齿(台东)	蚝妹、哨牙妹
Labridae	*Halichoeres tenuispinis*	柳冷仔、细棘儒艮鲷	蚝妹、哨牙妹
Labridae	*Halichoeres trimaculatus*	蚝鱼、三重斑点濑鱼、青汕冷、三斑儒艮鲷、三点儒艮鲷、四齿(台东)	蚝妹、哨牙妹
Labridae	*Hemigymnus melapterus*	黑白龙、垂口倍良、阔嘴郎、黑鳍鹦鲷、垂口鹦鲷	假苏眉
Labridae	*Iniistius baldwini*	红姑娘仔、红新娘、竖停仔、胭脂冷、角龙、平倍良、丽楔鲷、星离鳍鲷、丽虹彩鲷、丁斑(台东)	石马头

595

Labridae	*Iniistius evides*		石马头
Labridae	*Iniistius pavo*	扁砾仔、红姑娘仔、红新娘、竖停仔、胭脂冷、角龙、平倍良、孔雀楔鲷、孔雀离鳍鲷、巴父虹彩鲷、沙丁斑(台东)	石马头
Labridae	*Oxycheilinus unifasciatus*	单带龙、汕散仔、阔嘴郎、单带鹦鲷、玫瑰鹦鲷、厚嘴丁斑(台东)	杂衣
Labridae	*Parajulis poecilepterus*	红点龙、红倍良♀、青倍良♂、花翅儒艮鲷、花鳍儒艮鲷、青汕冷(澎湖)	蚝妹、哨牙妹
Labridae	*Pseudolabrus japonicus*		蚝妹、哨牙妹
Labridae	*Pteragogus flagellifer*		蚝妹、哨牙妹
Labridae	*Semicossyphus reticulatus*		羊头衣
Labridae	*Stethojulis balteata*		蚝妹、哨牙妹
Labridae	*Stethojulis interrupta*		蚝妹、哨牙妹
Labridae	*Suezichthys gracilis*	红柳冷仔、细鳞拟鹦鲷	蚝妹、哨牙妹
Labridae	*Thalassoma amblycephalum*	四齿、砾仔、碇仔、青开叉、钝头叶鲷、钝吻叶鲷、丁斑(台东)	龙船、龙船鱼
Labridae	*Thalassoma hardwicke*	四齿、砾仔、六带龙、柳冷仔、青汕冷、青铜管、哈氏叶鲷、丁斑(台东)	龙船、龙船鱼
Labridae	*Thalassoma lunare*	四齿、砾仔、绿花龙、青衣、红衣、花衣、青猫公、青开叉、青汕冷、月斑叶鲷、丁斑(台东)、青猫公(澎湖)	龙船、龙船鱼
Labridae	*Xyrichtys dea*	扁砾仔、红姑娘仔、红新娘、竖停仔、胭脂冷、红角龙、红平倍良、红楔鲷、红离鳍鲷、红竖停(澎湖)	石马头
Labridae	*Xyrichtys pentadactylus*	扁砾仔、红姑娘仔、红新娘、竖停仔、胭脂冷、角龙、平倍良、五指楔鲷、五指离鳍鲷	石马头
Labridae	*Xyrichtys verrens*	扁砾仔、红姑娘仔、红新娘、竖停仔、胭脂冷、角龙、平倍良、蔷薇楔鲷、蔷薇离鳍鲷、假红新娘仔(澎湖)	石马头
Scaridae	*Calotomus spinidens*	鹦哥、蚝鱼、菜仔鱼♀、海代(台东)	衣
Scaridae	*Chlorurus gibbus*		衣
Scaridae	*Chlorurus sordidus*	青尾鹦哥、蓝鹦哥、青衫♂、蚝鱼♀、红鮋♀(澎湖)	衣
Scaridae	*Leptoscarus vaigiensis*	鹦哥、蚝鱼、臊鱼、海代(台东)	衣
Scaridae	*Scarus dubius*		青衣、衣
Scaridae	*Scarus ferrugineus*		衣
Scaridae	*Scarus frenatus*	鹦哥、青衫♂、蚝鱼♀	衣
Scaridae	*Scarus ghobban*	鹦哥、青衫♂、红蚝鱼♀、红衫、蚝鱼♀(澎湖)	黄衣
Scaridae	*Scarus niger*	鹦哥、青衫♂、蚝鱼♀、青蚝鱼	衣
Scaridae	*Scarus rivulatus*	鹦哥、青衣、青衫♂、蚝鱼♀	衣
Scaridae	*Scarus rubroviolaceus*	红鹦哥、红衣、青衫♂、红海蜇♀、红黑落♀、海代(台东)、红鮋♀(澎湖)、鹦哥♂(澎湖)	衣
Champsodontidae	*Champsodon capensis*		
Pinguipedidae	*Parapercis cylindrica*	海狗甘仔、狗鳕、举目鱼、雨伞闩、花狗母海、沙鲈	花尾鲈
Pinguipedidae	*Parapercis hexophtalma*		花尾鲈
Pinguipedidae	*Parapercis ommatura*	海狗甘仔、狗鳕、举目鱼、雨伞闩、花狗母海、沙鲈、花狗母(澎湖)	黑肠
Pinguipedidae	*Parapercis pulchella*	海狗甘仔、狗鳕、举目鱼、雨伞闩、花狗母海、沙鲈、花狗母(澎湖)	红肠
Pinguipedidae	*Parapercis punctulata*		花尾鲈
Pinguipedidae	*Parapercis sexfasciata*	海狗甘仔、狗鳕、举目鱼、雨伞闩、花狗母海、沙鲈、花狗母(澎湖)	黑肠
Pinguipedidae	*Parapercis snyderi*	海狗甘仔、狗鳕、举目鱼、雨伞闩、花狗母海、沙鲈、花狗母(澎湖)	红肠
Ammodytidae	*Bleekeria viridianguilla*	鳗形布氏筋鱼、沙鳅	青鳍
Uranoscopidae	*Ichthyscopus sannio*		望天鱼、打龙锤、望天雷
Uranoscopidae	*Uranoscopus japonicus*	大头丁、眼镜鱼、含笑、向天虎、日本瞻星鱼	望天鱼、打龙锤、望天雷
Uranoscopidae	*Uranoscopus oligolepis*	大头丁、眼镜鱼、含笑、向天虎、寡鳞瞻星鱼	望天鱼、打龙锤、望天雷
Uranoscopidae	*Uranoscopus tosae*	大头丁、眼镜鱼、含笑、向天虎、土佐瞻星鱼	望天鱼、打龙锤、望天雷
Uranoscopidae	*Xenocephalus elongatus*	大头丁、眼镜鱼、含笑、向天虎、瞻星鱼	望天鱼、打龙锤、望天雷

Blenniidae	*Parablennius thysanius*		咬手仔、咬手指
Blenniidae	*Petroscirtes breviceps*	狗鰶	咬手仔、咬手指
Blenniidae	*Petroscirtes variabilis*	狗鰶	咬手仔、咬手指
Callionymidae	*Bathycallionymus kaianus*	老鼠、狗坼	棺材钉、老鼠鱼
Callionymidae	*Callionymus altipinnis*	老鼠、狗坼	棺材钉、老鼠鱼
Callionymidae	*Callionymus belcheri*	老鼠、狗坼	棺材钉、老鼠鱼
Callionymidae	*Callionymus curvicornis*	老鼠、狗坼	棺材钉、老鼠鱼
Callionymidae	*Callionymus hindsii*	老鼠、狗坼	棺材钉、老鼠鱼
Callionymidae	*Callionymus japonicus*	老鼠、狗坼	棺材钉、老鼠鱼
Callionymidae	*Callionymus octostigmatus*	老鼠、狗坼	棺材钉、老鼠鱼
Eleotridae	*Bostrychus sinensis*		笋壳、乌鱼
Eleotridae	*Butis butis*		笋壳
Eleotridae	*Butis humeralis*		笋壳
Eleotridae	*Butis koilomatodon*		笋壳
Eleotridae	*Butis melanostigma*		笋壳
Eleotridae	*Eleotris acanthopoma*		笋壳
Eleotridae	*Eleotris melanosoma*	九甘仔(台东)、黑狗万(澎湖)	笋壳
Eleotridae	*Eleotris oxycephala*		笋壳
Gobiidae	*Acanthogobius flavimanus*		庵哥、林哥
Gobiidae	*Acanthogobius hasta*		庵哥、林哥
Gobiidae	*Acanthogobius lactipes*		庵哥、林哥
Gobiidae	*Acanthogobius ommaturus*		庵哥、林哥
Gobiidae	*Acentrogobius viridipunctatus*		庵哥、林哥
Gobiidae	*Amblychaeturichthys hexanema*		庵哥、林哥
Gobiidae	*Amblyeleotris gymnocephala*		庵哥、林哥
Gobiidae	*Amblygobius albimaculatus*		庵哥、林哥
Gobiidae	*Amblygobius phalaena*		庵哥、林哥
Gobiidae	*Amblyotrypauchen arctocephalus*		庵哥、林哥
Gobiidae	*Amoya brevirostris*		庵哥、林哥
Gobiidae	*Amoya caninus*		石庵、庵哥、林哥
Gobiidae	*Amoya chlorostigmatoides*		庵哥、林哥
Gobiidae	*Apocryptes bato*		庵哥、林哥
Gobiidae	*Apocryptodon madurensis*		白鸽鱼、印鱼、庵哥、林哥
Gobiidae	*Aulopareia unicolor*		庵哥、林哥
Gobiidae	*Awaous ocellaris*		庵哥、林哥
Gobiidae	*Bathygobius cyclopterus*	狗万仔(澎湖)、狗鰶(澎湖)	庵哥、林哥
Gobiidae	*Bathygobius fuscus*	狗母公(台东)、狗万仔(澎湖)、狗鰶(澎湖)	庵哥、林哥
Gobiidae	*Bathygobius meggitti*		庵哥、林哥
Gobiidae	*Boleophthalmus boddarti*		庵哥、林哥
Gobiidae	*Boleophthalmus pectinirostris*	花跳、花条、弹涂鱼、海兔、石跳仔、跳跳鱼	庵哥、林哥
Gobiidae	*Brachyamblyopus brachysoma*		庵哥、林哥
Gobiidae	*Caragobius urolepis*		庵哥、林哥
Gobiidae	*Chaeturichthys stigmatias*		庵哥、林哥
Gobiidae	*Cryptocentrus leptocephalus*		庵哥、林哥
Gobiidae	*Cryptocentrus russus*		庵哥、林哥
Gobiidae	*Ctenotrypauchen chinensis*		红弹、庵哥、林哥
Gobiidae	*Eviota storthynx*		庵哥、林哥
Gobiidae	*Favonigobius gymnauchen*		庵哥、林哥
Gobiidae	*Glossogobius giuris*		庵哥、林哥
Gobiidae	*Glossogobius olivaceus*		庵哥、林哥
Gobiidae	*Hemigobius hoevenii*		庵哥、林哥
Gobiidae	*Istigobius campbelli*	狗监仔(澎湖)、狗鰶(澎湖)	庵哥、林哥
Gobiidae	*Istigobius diadema*		庵哥、林哥
Gobiidae	*Istigobius ornatus*	狗母公(台东)、狗监仔(澎湖)、狗鰶(澎湖)	庵哥、林哥

Gobiidae	Luciogobius guttatus		庵哥、林哥
Gobiidae	Luciogobius platycephalus		庵哥、林哥
Gobiidae	Mugilogobius abei	狗监仔(澎湖)、狗鲦(澎湖)	庵哥、林哥
Gobiidae	Myersina fasciatus		庵哥、林哥
Gobiidae	Myersina filifer		庵哥、林哥
Gobiidae	Odontamblyopus rubicundus		庵哥、林哥
Gobiidae	Oxyurichthys microlepis		庵哥、林哥
Gobiidae	Oxyurichthys ophthalmonema	眼丝鸽鲨	庵哥、林哥
Gobiidae	Oxyurichthys papuensis	眼角鸽鲨	庵哥、林哥
Gobiidae	Oxyurichthys tentacularis		庵哥、林哥
Gobiidae	Papillogobius reichei	雷氏鲨、狗监仔(澎湖)、狗鲦(澎湖)	庵哥、林哥
Gobiidae	Parachaeturichthys polynema	深水狗监(澎湖)	庵哥、林哥
Gobiidae	Paratrypauchen microcephalus	栉赤鲨	庵哥、林哥
Gobiidae	Periophthalmus modestus	猴鮴(澎湖)、土猴(澎湖)	弹涂鱼、花鱼、庵哥、林哥
Gobiidae	Periophthalmus novaeguineaensis		弹涂鱼、花鱼、庵哥、林哥
Gobiidae	Priolepis nuchifasciata		庵哥、林哥
Gobiidae	Priolepis semidoliata	狗母公(台东)	庵哥、林哥
Gobiidae	Psammogobius biocellatus	双斑叉舌虾虎鱼	庵哥、林哥
Gobiidae	Pseudogobius javanicus		庵哥、林哥
Gobiidae	Pterogobius elapoides		庵哥、林哥
Gobiidae	Rhinogobius duospilus		庵哥、林哥
Gobiidae	Rhinogobius giurinus		庵哥、林哥
Gobiidae	Scartelaos histophorus	花跳	花鱼、庵哥、林哥
Gobiidae	Taenioides anguillaris		红檀、奶鱼、庵哥、林哥
Gobiidae	Taenioides cirratus		红檀、奶鱼、庵哥、林哥
Gobiidae	Tridentiger barbatus		庵哥、林哥
Gobiidae	Tridentiger bifasciatus		庵哥、林哥
Gobiidae	Tridentiger obscurus		庵哥、林哥
Gobiidae	Tridentiger trigonocephalus		庵哥、林哥
Gobiidae	Trypauchen taenia		红弹、庵哥、林哥
Gobiidae	Trypauchen vagina		红弹、庵哥、林哥
Gobiidae	Valenciennea muralis	狗万仔(澎湖)	庵哥、林哥
Gobiidae	Yongeichthys nebulosus	云斑虾虎鱼、狗母公(台东)、狗监仔(澎湖)、狗鲦(澎湖)	庵哥、林哥
Ptereleotridae	Oxymetopon compressus		庵哥、林哥
Ephippidae	Ephippus orbis	铜盘、鲳仔、金钟(澎湖)	银鲯
Ephippidae	Platax orbicularis	蝙蝠鱼、鲳仔、圆海燕、飞翼、咬破婆仔、富贵鱼、白鲳(台东)	石鲹
Ephippidae	Platax teira	蝙蝠鱼、鲳仔、海燕、飞翼、牛屎鲳(台东)、店窗(澎湖)、锅盖(澎湖)、风吹铃(澎湖)	石鲹
Scatophagidae	Scatophagus argus	变身苦、黑星银、遍身苦(澎湖)	金鼓、烂扁鱼
Siganidae	Siganus canaliculatus	臭肚、象鱼、象耳(澎湖)、臭肚仔(澎湖)、羊矮仔(澎湖)、卢矮仔(澎湖)	泥鲻
Siganidae	Siganus fuscescens	臭肚、象鱼、树鱼、羊锅、疏网、茄冬仔、象耳(澎湖)、臭肚仔(澎湖)、羊矮仔(澎湖)、卢矮仔(澎湖)	泥鲻
Siganidae	Siganus vulpinus		泥鲻
Zanclidae	Zanclus cornutus	角蝶、角蝶仔(台东)、孝包须(澎湖)、下包须(澎湖)	日本旗
Acanthuridae	Acanthurus bariene	粗皮仔、黑点粗皮鲷、红皮倒吊、倒吊(台东)	倒吊
Acanthuridae	Acanthurus leucopareius	粉蓝倒吊	倒吊
Acanthuridae	Acanthurus nigricans	颊面倒吊、黑面倒吊(台东)	倒吊
Acanthuridae	Acanthurus olivaceus	红印倒吊、一字倒吊、倒吊(台东)、番倒吊(澎湖)、宪兵(澎湖)	倒吊
Acanthuridae	Acanthurus triostegus	条纹刺尾鱼、番仔鱼(台东)、番倒吊(澎湖)	倒吊
Acanthuridae	Ctenochaetus binotatus	正吊、倒吊(台东)	倒吊
Acanthuridae	Naso annulatus	剥皮仔	倒吊
Sphyraenidae	Sphyraena barracuda	金梭、竹梭、巴拉库答、烂投梭(澎湖)、烂槽梭(澎湖)、粗鳞竹梭(澎湖)	海狼

598

Sphyraenidae	*Sphyraena flavicauda*	针梭、竹梭、巴拉库答、梭仔(澎湖)、粗鳞梭仔(澎湖)	签
Sphyraenidae	*Sphyraena helleri*		签
Sphyraenidae	*Sphyraena japonica*	大眼梭子鱼、倭鲌、竹操鱼、针梭、竹梭、巴拉库答、梭仔(澎湖)、细鳞梭仔(澎湖)	签
Sphyraenidae	*Sphyraena jello*	针梭、竹梭、巴拉库答、竹针鱼、细鳞竹梭(澎湖)	竹签、签
Sphyraenidae	*Sphyraena obtusata*		签
Sphyraenidae	*Sphyraena pinguis*		签
Trichiuridae	*Eupleurogrammus muticus*		牙带、带鱼、马鬃鱼、锡带
Trichiuridae	*Lepturacanthus savala*	带鱼	牙带、带鱼、马鬃鱼、锡带
Trichiuridae	*Trichiurus brevis*	带鱼	牙带、带鱼、马鬃鱼、锡带
Trichiuridae	*Trichiurus lepturus*	白鱼、裙带、肥带、油带、天竺带鱼、白带鱼、黄棱油带(澎湖)	牙带、带鱼、马鬃鱼、锡带
Trichiuridae	*Trichiurus margarites*		牙带、带鱼、马鬃鱼、锡带
Scombridae	*Acanthocybium solandri*	石乔、竹节鲭、土托舅、沙啦	鲛鱼
Scombridae	*Auxis rochei rochei*	烟管仔、竹棍鱼、枪管烟、鎗管烟子	花鲛、花鲛鳁
Scombridae	*Auxis thazard thazard*	烟仔鱼、油烟、花烟、平花鲣、憨烟、平花烟、腩肚烟(澎湖)	杜仲、倒串
Scombridae	*Euthynnus affinis*	三点仔、烟仔、倒串、鲼鲲、花烟、大憨烟、花鳋(澎湖)	杜仲、倒串
Scombridae	*Gymnosarda unicolor*	大梳齿(成功)、长翼、疏齿、大西齿(台东)	狗牙杜仲
Scombridae	*Katsuwonus pelamis*	鲲、烟仔、小串、柴鱼、烟仔虎、肥烟、卓鲲(台东)、烟仔鱼、鱼卓鲲、卓鲲(澎湖)、大烟(澎湖)	杜仲、倒串
Scombridae	*Rastrelliger faughni*	花飞、白面仔、妈鲨、富干氏鲭	花鲛、花鲛鳁
Scombridae	*Rastrelliger kanagurta*	铁甲、妈鲨	花鲛、花鲛鳁
Scombridae	*Scomber japonicus*	花飞、青辉、花飞(澎湖)、飞威(澎湖)、白肚花飞(澎湖)	花鲛、花鲛鳁
Scombridae	*Scomberomorus commerson*	土魠、马加、马鲛、梭齿、头魠、鳍、土托、康氏马发、涂魠(澎湖)	泥鲛、鲛鱼
Scombridae	*Scomberomorus guttatus*	白北、白腹仔	扁鲛、鲛鱼
Scombridae	*Scomberomorus koreanus*	破北、阔北、阔腹仔、高丽鲭	扁鲛、鲛鱼
Scombridae	*Scomberomorus niphonius*	正马加、尖头马加、马嘉、白北(台东)、燕鱼、蓝点马皎、马加(澎湖)、马鲛(澎湖)	竹鲛、鲛鱼
Scombridae	*Scomberomorus sinensis*	马加、大耳、西达、中华鲭、疏齿(澎湖)	大翼鲛、鲛鱼
Scombridae	*Thunnus albacares*	串仔、黄奇串、黑肉、瓮串、黄鳍金枪鱼、黄鳍串(澎湖)	黄鳍杜仲
Istiophoridae	*Istiompax indica*	翘翅仔、白肉旗鱼、阔胸仔、立翅旗鱼、白皮丁挽	旗鱼
Istiophoridae	*Istiophorus platypterus*	破雨伞、雨笠仔、芭蕉旗鱼、破钟、雨伞鱼	芭蕉旗鱼
Centrolophidae	*Psenopsis anomala*	肉鱼、肉鲫仔、土肉、肉鲫、瓜仔鲳、刺鲳	瓜子鲙、鲙鱼
Ariommatidae	*Ariomma indicum*	无齿鲳	鲙鱼、叉尾
Stromateidae	*Pampus argenteus*	白鲳、正鲳、银鲳、支子	白鲙、鲙鱼
Stromateidae	*Pampus chinensis*	白鲳	灰鲙、鲙鱼
Stromateidae	*Pampus cinereus*	暗鲳、黑鳍	燕鲙、长尾鲙、鲙鱼
Stromateidae	*Pampus minor*		燕鲙、长尾鲙、鲙鱼
Anabantidae	*Anabas testudineus*		攀木
Osphronemidae	*Macropodus hongkongensis*		塘金皮
Osphronemidae	*Macropodus opercularis*	台湾斗鱼、三斑菩萨鱼	塘金皮
Channidae	*Channa asiatica*	鮕鮘、月鳢	山斑、生鱼
Channidae	*Channa gachua*		山斑、生鱼
Channidae	*Channa maculata*	鮕鮘、雷鱼、南鳢	生鱼
Channidae	*Channa striata*	鮕鮘	金笔、生鱼
Psettodidae	*Psettodes erumei*	咬龙狗、左口、扁鱼、皇帝鱼、比目鱼、咬网狗(澎湖)、肉瞇仔(澎湖)	左口、地鲆鱼、鲽、比目鱼、版鱼
Citharidae	*Brachypleura novaezeelandiae*		鲽、比目鱼、版鱼
Paralichthyidae	*Paralichthys olivaceus*	扁鱼、皇帝鱼、半边鱼、比目鱼	鲽、比目鱼、版鱼
Paralichthyidae	*Pseudorhombus arsius*	扁鱼、皇帝鱼、半边鱼、比目鱼、肉瞇仔(澎湖)	布鲆、鲽、比目鱼、版鱼
Paralichthyidae	*Pseudorhombus cinnamoneus*	扁鱼、皇帝鱼、半边鱼、比目鱼、肉瞇仔(澎湖)	鲽、比目鱼、版鱼
Paralichthyidae	*Pseudorhombus dupliciocellatus*	扁鱼、皇帝鱼、半边鱼、比目鱼、肉瞇仔(澎湖)	鲽、比目鱼、版鱼
Paralichthyidae	*Pseudorhombus javanicus*		鲽、比目鱼、版鱼
Paralichthyidae	*Pseudorhombus levisquamis*	扁鱼、皇帝鱼、半边鱼、比目鱼、肉瞇仔(澎湖)	鲽、比目鱼、版鱼

Paralichthyidae	*Pseudorhombus malayanus*		鲽、比目鱼、版鱼
Paralichthyidae	*Pseudorhombus oligodon*	扁鱼、皇帝鱼、半边鱼、比目鱼、肉眯仔(澎湖)	鲽、比目鱼、版鱼
Paralichthyidae	*Pseudorhombus pentophthalmus*	扁鱼、皇帝鱼、半边鱼、比目鱼、肉眯仔(澎湖)	鲽、比目鱼、版鱼
Paralichthyidae	*Pseudorhombus quinquocellatus*	扁鱼、皇帝鱼、半边鱼、比目鱼	鲽、比目鱼、版鱼
Paralichthyidae	*Tarphops oligolepis*	扁鱼、皇帝鱼、半边鱼、比目鱼	鲽、比目鱼、版鱼
Paralichthyidae	*Tephrinectes sinensis*	扁鱼、皇帝鱼、半边鱼、比目鱼	鲽、比目鱼、版鱼
Pleuronectidae	*Pleuronectes herzensteini*		鲽、比目鱼、版鱼
Pleuronectidae	*Pleuronichthys cornutus*	扁鱼、皇帝鱼、半边鱼、比目鱼、肉眯仔(澎湖)	鲽、比目鱼、版鱼
Bothidae	*Arnoglossus japonicus*	扁鱼、皇帝鱼、半边鱼、比目鱼	鲽、比目鱼、版鱼
Bothidae	*Arnoglossus tapeinosoma*	扁鱼、皇帝鱼、半边鱼、比目鱼	鲽、比目鱼、版鱼
Bothidae	*Arnoglossus tenuis*	扁鱼、皇帝鱼、半边鱼、比目鱼	鲽、比目鱼、版鱼
Bothidae	*Asterorhombus intermedius*	扁鱼、皇帝鱼、半边鱼、比目鱼、肉眯仔(澎湖)	鲽、比目鱼、版鱼
Bothidae	*Bothus mancus*	扁鱼、皇帝鱼、半边鱼、比目鱼、肉眯仔(澎湖)	鲽、比目鱼、版鱼
Bothidae	*Bothus myriaster*	扁鱼、皇帝鱼、半边鱼、比目鱼、肉眯仔(澎湖)	鲽、比目鱼、版鱼
Bothidae	*Bothus pantherinus*	扁鱼、皇帝鱼、半边鱼、比目鱼、肉眯仔(澎湖)	鲽、比目鱼、版鱼
Bothidae	*Chascanopsetta lugubris*	扁鱼、皇帝鱼、半边鱼、比目鱼	鲽、比目鱼、版鱼
Bothidae	*Crossorhombus azureus*	扁鱼、皇帝鱼、半边鱼、比目鱼、肉眯仔(澎湖)	鲽、比目鱼、版鱼
Bothidae	*Crossorhombus valderostratus*		鲽、比目鱼、版鱼
Bothidae	*Engyprosopon grandisquama*	扁鱼、皇帝鱼、半边鱼、比目鱼	鲽、比目鱼、版鱼
Bothidae	*Engyprosopon latifrons*		鲽、比目鱼、版鱼
Bothidae	*Engyprosopon mogkii*		鲽、比目鱼、版鱼
Bothidae	*Engyprosopon multisquama*	扁鱼、皇帝鱼、半边鱼、比目鱼、肉眯仔(澎湖)	鲽、比目鱼、版鱼
Bothidae	*Laeops kitaharae*	扁鱼、皇帝鱼、半边鱼、比目鱼	鲽、比目鱼、版鱼
Bothidae	*Psettina brevirictis*		鲽、比目鱼、版鱼
Bothidae	*Psettina hainanensis*		鲽、比目鱼、版鱼
Bothidae	*Taeniopsetta ocellata*	扁鱼、皇帝鱼、半边鱼、比目鱼	鲽、比目鱼、版鱼
Poecilopsettidae	*Poecilopsetta colorata*		鲽、比目鱼、版鱼
Samaridae	*Samaris cristatus*	扁鱼、皇帝鱼、半边鱼、比目鱼、贴沙(澎湖)、西鳎(澎湖)	鲽、比目鱼、版鱼
Samaridae	*Samariscus huysmani*		鲽、比目鱼、版鱼
Soleidae	*Aesopia cornuta*	狗舌、角牛舌、比目鱼、扁鱼(台东)、牛舌(澎湖)	贴沙鱼、挞沙鱼、鳎沙鱼、比目鱼、版鱼
Soleidae	*Aseraggodes kobensis*	龙舌、鳎沙、比目鱼、贴沙(澎湖)、鳎西(澎湖)	贴沙鱼、挞沙鱼、鳎沙鱼、比目鱼、版鱼
Soleidae	*Brachirus orientalis*	龙舌、鳎沙、比目鱼	黏叶仔、贴沙鱼、挞沙鱼、鳎沙鱼、比目鱼、版鱼
Soleidae	*Brachirus swinhonis*		贴沙鱼、挞沙鱼、鳎沙鱼、比目鱼、版鱼
Soleidae	*Heteromycteris japonicus*		贴沙鱼、挞沙鱼、鳎沙鱼、比目鱼、版鱼
Soleidae	*Liachirus melanospilos*	龙舌、鳎沙、比目鱼、贴沙(澎湖)、鳎西(澎湖)	贴沙鱼、挞沙鱼、鳎沙鱼、比目鱼、版鱼
Soleidae	*Solea ovata*	龙舌、鳎沙、比目鱼、贴沙(澎湖)、鳎西(澎湖)	黏叶仔、贴沙鱼、挞沙鱼、鳎沙鱼、比目鱼、版鱼
Soleidae	*Synaptura marginata*	龙舌、鳎沙、比目鱼、扁鱼(台东)	七日鲜、比目鱼、版鱼
Soleidae	*Zebrias quagga*	龙舌、鳎沙、比目鱼	贴沙鱼、挞沙鱼、鳎沙鱼、比目鱼、版鱼
Soleidae	*Zebrias zebra*	闩丝、鳎沙、比目鱼	花鳎沙、贴沙鱼、挞沙鱼、鳎沙鱼、比目鱼、版鱼
Cynoglossidae	*Cynoglossus abbreviatus*	牛舌、龙舌、扁鱼、皇帝鱼、比目鱼	龙脷、贴沙鱼、挞沙鱼、鳎沙鱼、比目鱼、版鱼
Cynoglossidae	*Cynoglossus arel*	牛舌、龙舌、扁鱼、皇帝鱼、比目鱼	粗鳞挞沙、龙脷、贴沙鱼、挞沙鱼、鳎沙鱼、比目鱼、版鱼
Cynoglossidae	*Cynoglossus bilineatus*	狗舌、牛舌、龙舌、扁鱼、皇帝鱼、比目鱼	龙脷、贴沙鱼、挞沙鱼、鳎沙鱼、比目鱼、版鱼

Cynoglossidae	*Cynoglossus gracilis*	牛舌、龙舌、扁鱼、皇帝鱼、比目鱼	龙脷、贴沙鱼、挞沙鱼、鳎沙鱼、比目鱼、版鱼
Cynoglossidae	*Cynoglossus interruptus*	牛舌、龙舌、扁鱼、皇帝鱼、比目鱼	龙脷、贴沙鱼、挞沙鱼、鳎沙鱼、比目鱼、版鱼
Cynoglossidae	*Cynoglossus itinus*	牛舌、龙舌、扁鱼、皇帝鱼、比目鱼	龙脷、贴沙鱼、挞沙鱼、鳎沙鱼、比目鱼、版鱼
Cynoglossidae	*Cynoglossus joyneri*	牛舌、龙舌、扁鱼、皇帝鱼、比目鱼	龙脷、贴沙鱼、挞沙鱼、鳎沙鱼、比目鱼、版鱼
Cynoglossidae	*Cynoglossus kopsii*	牛舌、龙舌、扁鱼、皇帝鱼、比目鱼	龙脷、贴沙鱼、挞沙鱼、鳎沙鱼、比目鱼、版鱼
Cynoglossidae	*Cynoglossus lida*	牛舌、龙舌、扁鱼、皇帝鱼、比目鱼	龙脷、贴沙鱼、挞沙鱼、鳎沙鱼、比目鱼、版鱼
Cynoglossidae	*Cynoglossus melampetalus*		黑鳞鳎沙、贴沙鱼、挞沙鱼、鳎沙鱼、比目鱼、版鱼
Cynoglossidae	*Cynoglossus monopus*		龙脷、贴沙鱼、挞沙鱼、鳎沙鱼、比目鱼、版鱼
Cynoglossidae	*Cynoglossus puncticeps*	牛舌、龙舌、扁鱼、皇帝鱼、比目鱼	金边鳎沙、黑点鳎沙、贴沙鱼、挞沙鱼、鳎沙鱼、比目鱼、版鱼
Cynoglossidae	*Cynoglossus robustus*	牛舌、龙舌、扁鱼、皇帝鱼、比目鱼	龙脷、贴沙鱼、挞沙鱼、鳎沙鱼、比目鱼、版鱼
Cynoglossidae	*Cynoglossus semilaevis*		龙脷、贴沙鱼、挞沙鱼、鳎沙鱼、比目鱼、版鱼
Cynoglossidae	*Cynoglossus trulla*		龙脷、贴沙鱼、挞沙鱼、鳎沙鱼、比目鱼、版鱼
Cynoglossidae	*Paraplagusia bilineata*	牛舌、龙舌、扁鱼、皇帝鱼、比目鱼	龙脷、贴沙鱼、挞沙鱼、鳎沙鱼、比目鱼、版鱼
Cynoglossidae	*Paraplagusia blochii*	牛舌、龙舌、扁鱼、皇帝鱼、比目鱼	龙脷、贴沙鱼、挞沙鱼、鳎沙鱼、比目鱼、版鱼
Cynoglossidae	*Paraplagusia japonica*	牛舌、龙舌、扁鱼、皇帝鱼、比目鱼	龙脷、贴沙鱼、挞沙鱼、鳎沙鱼、比目鱼、版鱼
Cynoglossidae	*Symphurus orientalis*	牛舌、龙舌、扁鱼、皇帝鱼、比目鱼	龙脷、贴沙鱼、挞沙鱼、鳎沙鱼、比目鱼、版鱼
Triacanthidae	*Triacanthus biaculeatus*	三刺鲀、三脚钉、三角狄	剥皮鱼、三刺鲀
Balistidae	*Abalistes stellaris*	星点炮弹、宽尾板机鲀、剥皮竹(台东)、包仔(澎湖)、狄(澎湖)	炮弹、剥皮鱼、宽尾剥皮鱼
Monacanthidae	*Aluterus monoceros*	白达仔、一角剥、薄叶剥、光复鱼、剥皮鱼、狄仔鱼(兴达)	牛鳁、剥皮鱼
Monacanthidae	*Aluterus scriptus*	海扫手、乌达婆、扫帚鱼、剥皮鱼、粗皮狄、扫帚竹(台东)、达仔(澎湖)	扫把、剥皮鱼
Monacanthidae	*Cantherhines dumerilii*	剥皮鱼、粗皮狄、达仔、剥皮竹(台东)	剥皮鱼
Monacanthidae	*Cantherhines fronticinctus*	剥皮鱼、剥皮竹(台东)	剥皮鱼
Monacanthidae	*Cantherhines pardalis*	剥皮鱼、剥皮竹(台东)、狄婆(澎湖)	剥皮鱼
Monacanthidae	*Monacanthus chinensis*	中华角鲀、剥皮鱼、狄婆(澎湖)、黑狄(澎湖)	沙鳁、剥皮鱼
Monacanthidae	*Paramonacanthus japonicus*	剥皮鱼	沙鳁、剥皮鱼
Monacanthidae	*Paramonacanthus pusillus*	剥皮鱼、粗皮狄(澎湖)	沙鳁、剥皮鱼
Monacanthidae	*Paramonacanthus sulcatus*	剥皮鱼	沙鳁、剥皮鱼
Monacanthidae	*Rudarius ercodes*		沙鳁、剥皮鱼
Monacanthidae	*Stephanolepis cirrhifer*	鹿角鱼、沙猛鱼、曳丝单棘鲀、剥皮竹(台东)、狄婆(澎湖)、黑狄(澎湖)	沙鳁、剥皮鱼
Monacanthidae	*Stephanolepis setifer*		沙鳁、剥皮鱼
Monacanthidae	*Thamnaconus hypargyreus*	剥皮鱼	剥皮鱼、剥皮鱼
Monacanthidae	*Thamnaconus modestoides*	剥皮鱼、剥皮竹(台东)	剥皮鱼、剥皮鱼
Monacanthidae	*Thamnaconus modestus*	黑达仔、剥皮鱼、马面单棘鲀	剥皮鱼、剥皮鱼
Monacanthidae	*Thamnaconus tessellatus*	剥皮鱼、剥皮竹(台东)	剥皮鱼、剥皮鱼
Ostraciidae	*Lactoria cornuta*	长牛角、箱河鲀、牛角、牛角狄、海牛港、角规	三旁鸡、牛角
Ostraciidae	*Rhynchostracion nasus*		木盒

Ostraciidae	*Tetrosomus concatenatus*		木盒
Tetraodontidae	*Amblyrhynchotes honckenii*		鸡泡
Tetraodontidae	*Arothron manilensis*	黑线气规、条纹河鲀、规仔、刺规 (台东)	鸡泡
Tetraodontidae	*Arothron reticularis*	刺规	鸡泡
Tetraodontidae	*Arothron stellatus*	模样河鲀、规仔、刺规 (台东)、乌规(澎湖)	鸡泡
Tetraodontidae	*Canthigaster bennetti*	本氏河鲀、尖嘴规、规仔	鸡泡
Tetraodontidae	*Chelonodon patoca*	冲绳河鲀、气规、规仔	鸡泡
Tetraodontidae	*Lagocephalus gloveri*	鲭河鲀、烟仔规、黄鱼规、乌鱼规、青皮鱼规、金纸规、规仔、金规(澎湖)	鸡泡
Tetraodontidae	*Lagocephalus inermis*	滑背河鲀、规仔	鸡泡
Tetraodontidae	*Lagocephalus lunaris*	粟色河鲀、规仔	鸡泡
Tetraodontidae	*Lagocephalus spadiceus*		鸡泡
Tetraodontidae	*Lagocephalus wheeleri*	白鲭河鲀、烟仔规、规仔、金规	鸡泡
Tetraodontidae	*Pleuranacanthus sceleratus*	仙人河鲀、气规、规仔、沙规仔、凶兔头鲀	鸡泡
Tetraodontidae	*Takifugu alboplumbeus*		鸡泡
Tetraodontidae	*Takifugu bimaculatus*	气规、规仔	鸡泡
Tetraodontidae	*Takifugu niphobles*	日本河鲀、气规、规仔、金规、沙规仔	鸡泡
Tetraodontidae	*Takifugu oblongus*	横纹河鲀、气规、规仔、红目规、面规	鸡泡
Tetraodontidae	*Takifugu ocellatus*	眼斑河鲀、气规、规仔	鸡泡
Tetraodontidae	*Takifugu poecilonotus*	斑点河鲀、气规、规仔、红目规	鸡泡
Tetraodontidae	*Takifugu porphyreus*	正河鲀、气规、规仔	鸡泡
Tetraodontidae	*Takifugu xanthopterus*	黄鳍河鲀、气规、规仔、面规(澎湖)	鸡泡
Tetraodontidae	*Torquigener hypselogeneion*	花纹河鲀、宽纹鲀、气规、规仔	鸡泡
Diodontidae	*Cyclichthys orbicularis*	刺规、气瓜仔	鸡泡
Diodontidae	*Diodon hystrix*	刺规、气瓜仔、来麻规(澎湖)、番刺规(澎湖)	鸡泡